加氢裂化工艺与工程

（第二版）

方向晨　主编

中国石化出版社

内 容 提 要

本书全面、系统地论述了加氢裂化的基本理论、工艺与工程及其发展趋势和中国在加氢裂化领域的发展历程和丰硕的学术成就。

全书共 17 章，涵盖加氢裂化催化剂及化学反应，催化剂的器外预硫化、再生及活性复活，原料和产品，工艺工程及操作参数对反应过程的影响，反应动力学模型，工艺流程、高压物性及流体力学特征，主要工程设备及装置的自动化控制，工业装置操作技术，生产特种石油产品的加氢裂化技术，技术经济及节能减排与安全环保等内容。

本书内容翔实，理论与实际相结合，其学术性与实用性都达到较高的水平，可供炼油行业从事科研、教育、设计、生产及管理的人士阅读和参考，并可作为大专院校学生及研究生的专业参考读物。

图书在版编目 (CIP) 数据

加氢裂化工艺与工程/方向晨主编. —2 版.
—北京：中国石化出版社，2016. 11(2021. 9 重印)
ISBN 978−7−5114−4318−2

Ⅰ. ①加… Ⅱ. ①方… Ⅲ. ①加氢裂化-石油炼制
Ⅳ. ①TE624.4

中国版本图书馆 CIP 数据核字(2016)第 261057 号

中国石化出版社出版发行
地址:北京市东城区安定门外大街 58 号
邮编:100011　电话:(010)57512500
发行部电话:(010)57512575
http://www.sinopec-press.com
E-mail:press@ sinopec. com. cn
北京富泰印刷有限责任公司印刷
全国各地新华书店经销
*
787×1092 毫米 16 开本 80 印张 2034 千字
2017 年 1 月第 2 版　2021 年 9 月第 2 次印刷
定价:360. 00 元

序

　　近十多年来加氢裂化技术在继续得到发展提升的同时，应用也越来越广，全世界加氢裂化装置生产能力提高幅度超过了 20%。我国加氢裂化装置总加工能力提高的更快，到 2014 年年底，共建设高压、中压加氢裂化装置 43 套，加工能力从 2006 年的 18Mt/a 增加到 64Mt/a。未来的一段时期，加氢裂化技术及其应用仍会得到较快的发展，因为一是随着油品清洁化要求的提高，运输燃料要严格控制芳烃含量，而未来可供应的原油资源将趋向重质化，原料中的芳烃、特别是稠环芳烃将明显增加，与其他炼油工艺过程相比，加氢裂化是一个大幅度降低产品中芳烃含量的生产过程；二是随着炼油过程清洁化要求的提高，必须从源头上减少三废排放，加氢裂化是一种清洁的炼油工艺过程，三废排放少是其显著的特点；三是在一些油化结合的石油化工联合企业，加氢裂化是实现油化结合的重要装置，有了加氢裂化，乙烯、芳烃生产的原料调整就有了更大的灵活性。

　　为了让更多的从事加氢裂化技术开发、工程设计和生产运行的技术人员及操作人员更深入地了解并掌握加氢裂化的理论知识，更高水平地开展加氢裂化技术的研究开发和装置的工程设计，更高效率地组织加氢裂化装置的日常运行与设备维护，很有必要汇集补充加氢裂化工艺、技术研究的新成果和工程设计的新经验，对《加氢裂化工艺与工程》专著进行新编和再版。

　　负责本专著撰写及主编的人员，是专门从事加氢裂化科研和设计的老、中青专家，具有较高的理论水平和丰富的实践经验。他们查阅了大量国内外文献，结合自己的科研与设计实践，进行了系统的编辑整理，形成了本书。该书非常全面和完整地对加氢裂化所涉及的催化剂及工艺过程，反应化学及动力学模型，高压物性及流体力学，原料和产品，工业装置操作技术及主要设备、技术经济、节能减排与安全环保等方面作了深入的论述。和第一版相比本次再版的专著不仅充分反映国外加氢裂化技术的成就和最新的信息，还着重论述了中国在加氢裂化领域的发展历程和丰硕的学术成就。

　　《加氢裂化工艺与工程》是一本学术性与实用性并重的重要专著。相信第二版《加氢裂化工艺与工程》会同第一版一样受到读者们的欢迎。

2016.11.22

第二版前言

加氢裂化是现代炼油工业中主要的技术之一，它不仅是炼油工业生产轻质油品的重要手段，而且在充分利用石油资源、提高原油加工深度、增加轻质油品收率、生产清洁燃料和实现生产过程清洁化、提高炼化一体化效益等方面，已经成为石油化工企业的关键技术，发挥着其他技术不可替代的作用。

《加氢裂化工艺与工程》第一版于 2004 年发行，因其知识信息量大、理论性和实用性强而备受广大读者欢迎，至今已有十二个春秋。十几年来，为了满足日益严格的油品质量标准要求，充分发挥加氢裂化工艺在炼油生产过程中的作用，加氢裂化技术经过不断改进和完善，从工艺、催化剂到设备等各方面都已有了长足的进步。为了更好地反映这些新理论、新技术，充分体现国内外加氢裂化技术近些年在理论上、应用上及各方面的创新性，反映中国加氢裂化技术发展的现状和未来，本书在第一版的基础上进行了修订。这次修订，是对该书第一版的传承，在保持原有的技术风格和写作风格、充分体现学术水平和新颖性的同时，做到增新减旧。

加氢裂化的技术进步主要表现在：一是不断开发新催化剂，提高其活性、选择性和稳定性，降低装置操作压力和氢气消耗；二是完善已有工艺的同时，不断开发新工艺以满足工业生产的不同需要；三是改进反应器的内构件设计，适应反应器日趋大型化的需要，更好地发挥催化剂和反应器的潜在作用，确保装置长周期稳定运转。在本书第一章"绪论-加氢裂化技术发展及应用现状"一节，对国内外加氢裂化技术的工艺、催化剂、反应器和内构件及其他辅助技术作了较为全面系统的介绍。加氢裂化催化剂的器外预硫化技术开发，能提高催化剂活性金属组分的利用率，简化开工过程，节省装置开工时间，提高装置效益，满足炼化企业节能降耗和提高生产效率的需要；该技术的推广应用，适应了生产和安全环保的需要。本版较之第一版增加了"第四章-加氢裂化催化剂的器外预硫化、再生及活性复活"一章，对加氢裂化催化剂器外预硫化技术的特点、催化剂的反应性能及工业应用，催化剂的失活、器外再生及基本原理和再生方式的选择，加氢裂化催化剂的活性复活等进行了分类介绍。随着民众环保意识加强和国家环保法规的日趋严格，在开发应用清洁燃料生产技术的同时，提升装置的本质节能和环保技术，保证生产过程清洁、低碳、安全，是一个重要且永恒的课题。因此，增加了"第十七章-节能减排与安全环保"一章，从加氢装置的节能减排，安全性分析、本质安全分析、加氢裂化装置事故及事故分析，加氢裂化装置污染物分析、清洁生产及泄漏检测与维修等方面进行较为深入的论述和实例分析。加氢裂化是调整产品结构的重要手段，也是生产符合 API 高档润滑油基础料及各类优质白油和环烷基油的关键技术。为此，本版将第一版的第十四章"加氢脱蜡技术"更名为"生产特种石油产品的加氢裂化技术"，在本版为第十五章。

《加氢裂化工艺与工程（第二版）》共分 17 章。第一章为绪论，由方向晨编写；第二章为加氢裂化过程的化学反应，由王继峰、杨占林、孙晓艳编写；第三章为加氢裂化催化剂，由尹泽群、王凤来、杨占林编写；第四章为加氢裂化催化剂的器外预硫化、再生及活性复活，由高玉兰编写；第五章为加氢裂化的原料和产品，由杜艳泽编写；第六章为加氢裂化工艺过程，由曾榕辉编写；第七章为操作参数对反应过程的影响，由黄新露编写；第八章为加氢裂化工艺流程，第九章为高压下加氢裂化物系的物理化学性质，均由李立权编写；第十章为加氢裂化反应动力学模型，由方向晨编写；第十一章为反应器的流体力学特征，由李立权编写；第十二章为加氢裂化设备，由陈崇刚、杨成炯、范立民编写；第十三章为加氢裂化装置的自动控制，由高福祥编写；第十四章为工业装置操作技术，由关明华编写；第十五章为生产特种石油产品的加氢裂化技术，由张英、刘平编写；第十六章为技术经济，由李亮生编写；第十七章为节能减排与安全环保，由李立权编写。

本版的特点是：系统性——对加氢裂化技术的国内外进展、催化剂及工艺过程，反应化学及动力学模型，高压物性及流体力学，原料和产品，工业装置操作技术及主要工程设备、技术经济及节能减排与安全环保等方面进行了全面的阐述；新颖性——尽可能从文献报道中提供较新的信息，并展示工艺、工程、催化剂、原料和产品的发展趋势；学术性——对于重要的理论，尽量结合实际深入浅出地论述，达到较高的水平；实用性——对炼油、石化行业从事科研、设计、生产和管理的广大人员及高等院校有关专业师生有较大的实用价值。

我们希望本书的出版能为从事炼油及石化行业的人士、大专院校学生及研究生提供一本有价值的参考读物，也可以作为教学用的辅助教材，为推动加氢裂化技术的发展尽微薄之力。但由于多数撰写者都有繁忙的本职工作，时间有限，虽经多次审查、讨论和修改，仍难免有不妥和不足之处，敬请广大读者批评指正。中国石化洛阳工程公司和中国石化出版社的领导在本书的编写过程中给予了大力支持，谨在此致谢。

第一版前言

加氢裂化是重质馏分油深度加工的主要工艺之一，它不仅是炼油工业生产轻质油品的重要手段，而且也已成为石油化工企业的关键技术，发挥着其他工艺不可代替的作用。

当前，我国加工的重质及含硫原油的比例不断增多，特别是生产环境友好的喷气燃料、柴油、润滑油等清洁油品的需求迅速增加，为此，加氢裂化技术在我国工业上得到广泛的应用和飞速发展，从事炼油及石化行业的人士迫切需要更多、更深入地了解和掌握加氢裂化技术理论和最新进展。

近代加氢裂化已走过了 40 年的发展历程，国内外积累和发表了大量的文献资料，但到目前为止，我国尚无一本较完整的加氢裂化技术专著。这一情况引起了石化行业领导的重视，在有关部门的倡导下，决定组织从事加氢技术的专家撰写《加氢裂化工艺与工程》专著。

我国的炼油工作者，早在 50 年代就涉及页岩油及煤焦油加氢裂化技术的开发，为发展近代加氢裂化技术积累了经验。进入 60 年代中期，我国开发成功了第一代加氢裂化技术，并实现了工业化，与国外同类技术基本同步。改革开放以来，在国内开发技术的同时，我国又从国外先后引进了几套加氢裂化装置，进一步促进了我国加氢裂化技术的发展，三十多年来，采用国内技术建成和投产了各类加氢裂化装置 32 套，处理能力达到 18.1Mt/a，同时培养和锻炼了一大批专业人才，从而使我国加氢裂化技术在科研、设计、生产等各方面达到了世界先进水平。这也为本专著的撰写和出版提供了坚实的基础和有利的条件。

本书的撰写，力争做到主题突出，内容新颖翔实，论述全面系统，学术性和实用性均达到较高水平，既要反映本专业在国内外的最新成就，更要充分体现我国炼油及石化行业科技人员在本专业领域的学术成就，为此，本书首次发表了一部分我国的最新技术成果。

在撰写过程中，经编委及作者的共同努力，在明确了内容安排、文章结构、各章重点及分工的具体要求之后，作者历时一年多对大量国内外文献资料进行了查阅和研究，在此基础上制定了详细的写作提纲，又历时两年半完成了全部书稿。由于《加氢裂化工艺与工程》所涉及的领域较宽，再加上时间紧迫，为了保证全书进度，本书的执行主编对专著的技术编辑工作做了分工，其中第一~六章，九、十三、十四章由廖士纲、赵琰、金国干负责，第七、八、十、十一、十二及第十五章则由宋文模、张治和负责。全书涵盖了以下内容：加氢裂化催化剂及化学反应、原料及产品、工艺过程及反应参数、反应动力学及数学模型、装置流程及主要设备、传质传热及流体力学、工业装置操作技术及自动控制、高压下物流性质、加氢脱蜡技术、技术经济等。本书的论述范围仅限于重质馏分油固定床加氢裂化技术，没有涉及沸腾床、悬浮床工艺以及渣油加氢转化工艺过程。

我们希望本书的出版能对从事炼油及石化行业的人士、大专院校学生及研究生提供一本有一定价值的参考读物，也可作为教学用的辅助教材，为推动加氢技术的发展尽微薄之力。由于作者、编者水平及能力有限，书中肯定存在疏漏、不妥和失误之处，恳请读者不吝指正。

目 录

第一章 绪 论

现代炼油技术中"加氢裂化"的定义是指通过加氢反应将原料油分子变小从而得到产品的那些加氢工艺。其中包括：各种馏分油的加氢裂化和加氢改质，渣油加氢裂化，减压蜡油加氢改质生产润滑油基础油料和其他加氢工艺(催化脱蜡、异构脱蜡生产低凝点柴油，催化脱蜡、异构脱蜡生产润滑油基础油)。通常所说的"常规(高压)加氢裂化是指反应压力在12.0MPa以上的加氢裂化工艺"；"缓和或中压加氢裂化是指反应压力在12.0MPa以下的加氢裂化工艺"[1]。

加氢裂化可以加工的原料范围宽，包括直馏汽油、柴油、减压蜡油、常压渣油、减压渣油以及其他二次加工过程得到的原料，如催化柴油、催化澄清油、焦化柴油、焦化蜡油和脱沥青油等；加氢裂化生产的产品品种多且质量好，通常可直接生产液化气、汽油、煤油、喷气燃料、柴油等清洁燃料和轻石脑油、重石脑油、尾油等优质石油化工原料。轻石脑油既可直接用于调和生产高辛烷值汽油，也可用于生产化工溶剂油，并可用作制氢和蒸汽裂解制乙烯原料。重石脑油芳烃潜含量高，硫、氮含量低，是催化重整生产高辛烷值汽油或轻芳烃的优质进料。尾油BMCI值低，是生产乙烯或高黏度指数润滑油基础油的优质原料。而且，加氢裂化技术还具有生产方案灵活和液体产品收率高等特点。因此，随着近年来生产过程清洁化、生产清洁燃料、加工含硫原油、增加轻质油收率、提高炼化一体化生产效益等形势的发展，加氢裂化技术受到越来越多的关注。加氢裂化催化剂更新换代、新工艺的开发和装置建设的步伐不断加快，装置投资和生产成本降低、用能水平提高，应用领域拓宽。加氢裂化已成为21世纪石油化工企业的"龙头"工艺之一和油–化结合的核心。

第一节 背景和发展历程

现代加氢裂化源于第二次世界大战以前德国出现的"煤和煤焦油的高压加氢液化技术"[2]，这种被称为古典加氢的技术采用三段工艺流程。第一段是煤糊的悬浮床高压(反应压力70MPa)加氢，生产汽油、中间馏分油和重油，1926年实现工业化；第二段是以硫化钨为催化剂的气相加氢，脱除中间馏分油的硫、氮化合物，1931年首次工业应用；第三段是以硫化钨–HF活性白土为催化剂的加氢裂化，在压力22MPa、温度400~420℃、空速0.64h⁻¹的条件下，将精制后的中间馏分油转化为汽油和柴油，1937年工业应用。1942年，采用硫化钨–硫化镍–氧化铝催化剂的加氢裂化技术实现工业化，完善了老式三段加氢技术的第三段，并在德国得到广泛应用[3]。

第二次世界大战后，中东原油产量提高，采用高效分子筛的流化催化裂化技术得到发展，为转化重减压馏分油(HVGO)生产汽油提供了更经济的手段，使得人们对反应压力高、空速低、消耗氢气多的煤及焦油高压加氢生产液体燃料失去了兴趣，老式加氢技术的发展几近停止。尽管如此，在加氢工艺与工程设计、催化剂配方设计和高压设备制造技术等方面，古典加氢都为现代加氢裂化技术的开发和应用奠定了基础[4]。

一、国外加氢裂化技术的发展背景和历程

20世纪50年代中期,美国对汽油的需求量逐年增长,对柴油和燃料油的需求量逐年下降,产品结构不能适应需求结构的变化。虽然,当时通过热裂化、催化裂化、延迟焦化等二次加工技术可以增加汽油产量,但汽油质量不能满足车用汽油提高辛烷值的要求。随着汽车发动机压缩比提高,需要异构烷烃和芳烃含量高的汽油,以避免汽车出现爆震现象。因此,需要一种新的加工技术,把重质油品转化为轻质油品。许多石油公司根据催化裂化催化剂的开发经验和德国煤与煤焦油高压催化加氢生产汽油、柴油的经验,通过试验研究,发现了一些特殊的不可逆反应过程,并研究出能使单体烃按需要进行反应并支配整个混合物转化的固定床加氢裂化工艺和催化剂。1959年美国Chevron公司(加利福尼亚研究公司)首先宣布开发了Isocracking加氢裂化技术。在宣布以前,一套年加工48kt原料油(1000bbl/d)的工业试验装置已经在加州Mobil石油公司的Richmond炼油厂运转。在Chevron公司宣布以后不久,1960年UOP公司宣布开发了Lomax加氢裂化技术,Union公司宣布开发了Unicracking加氢裂化技术。1961年11月UOP公司的Lomax加氢裂化技术与Chevron公司的Isocracking加氢裂化技术合并,称为Isomax加氢裂化(加氢裂化催化剂仍由两公司分别供应)[5]。随后,美国Gulf公司、荷英Shell公司、法国IFP、德国BASF公司和英国BP公司等相继宣布开发成功自己的加氢裂化技术。经过数十年的市场竞争和企业之间的联合、兼并、重组,目前国外主要有UOP、Chevron、IFP、Shell等公司拥有并对外转让成套专利技术;另外,还有Akzo Nobel、Criterion、Haldor Topsoe、United Catalysts等主要的催化剂生产和供应商。50多年来加氢裂化技术的发展历程,可以归结如下[6]:

20世纪60年代初期,加氢裂化技术主要用于把焦化瓦斯油、催化循环油和直馏瓦斯油转化为汽油。因为当时催化裂化的转化率低,有些原料转化不了,所以加氢裂化主要用于转化在催化裂化装置中难以裂化的油料,以增产汽油。这时的加氢裂化装置都采用两段工艺,首先在第一段用加氢处理催化剂对原料油进行精制,脱除硫氮等杂质,然后进入第二段,用选择性裂化催化剂进行裂化生产汽油,得到的加氢裂化轻汽油辛烷值高,直接用作汽油调和组分;含环烷烃的重汽油进行催化重整,可以得到高收率的高辛烷值汽油和氢气。这种两段加氢裂化工艺目前仍在应用,一方面用在催化循环油多、汽油需求量大(如美国)和以减压瓦斯油为原料生产汽油和重整料的炼油厂,另一方面也用在以减压瓦斯油为原料主要生产中馏分油、加氢裂化装置能力大的炼油厂。

随着催化裂化技术(提升管技术和分子筛催化剂)的发展,催化裂化能够生产最大量高辛烷值汽油,同时由于油品市场喷气燃料和柴油需求量迅速增加,特别是进入20世纪70年代以后,活性高、选择性强、稳定性好、能转化较重原料油的新催化剂趋于成熟,在加氢裂化工艺方面出现了以生产中馏分油为主的单段流程和既能生产中馏分油又能生产石脑油灵活性较大的单段串联流程,炼油厂新建的加氢裂化装置多数都转向以加工减压瓦斯油生产喷气燃料和柴油为主要目的。到1975年,新建的加氢裂化装置60%的加工能力用于生产喷气燃料和柴油,而且逐年增加。80年代以来,加氢裂化技术发展的趋势,除了多生产中馏分油以外,就是把加氢裂化未转化富含烷烃的尾油用作生产乙烯的裂解原料或生产高黏度指数润滑油的基础油料。90年代新建的加氢裂化装置,90%的加工能力用于主要生产中间馏分油,单段、单段串联和两段工艺都有应用。进入21世纪以来,为了适应清洁燃料生产及其升级换代的需要,出现了部分转化加氢裂化等一批新工艺,在生产石脑油、喷气燃料和清洁柴油的同时,未转化的尾油用作催化裂化原料,直接生产清洁汽油组分,这也是21世纪加氢裂

化工艺的发展方向之一[7]。

　　催化剂的发展是加氢裂化技术进步的核心，多种形式新工艺的开发进一步提高了加氢裂化技术的水平。根据裂化组分不同，加氢裂化催化剂通常可分为无定形和分子筛型两大类。无定形催化剂工业应用历史悠久并且至今仍在市场上占有一定份额，但目前和将来加氢裂化催化剂的主要发展方向则是开发各种类型的含分子筛催化剂。由于技术的不断发展和完善，目前世界上许多大公司可以根据客户对产品的要求来设计催化剂，以最大限度满足客户的需求。

　　具有代表性的 UOP(Unocal) 和 Chevron 两大公司催化剂的发展概况简述如下。

　　1. UOP(含 Unocal)公司

　　Unocal 公司是分子筛型加氢裂化催化剂的开拓者和奠基者。1964 年，该公司开发的贵金属分子筛型催化剂首次用于洛杉矶炼油厂的 800kt/a(1600bbl/d)Unicracking 两段加氢裂化工业装置。1995 年，UOP 公司兼并 Unocal 公司的加氢技术部，从此，Unocal 的加氢裂化技术知识产权归 UOP 所有。经过 50 多年的发展，UOP(含 Unocal)公司所开发催化剂之间的性能关系和工业应用时间分别如图 1-1-1 和图 1-1-2 所示[8~11]。

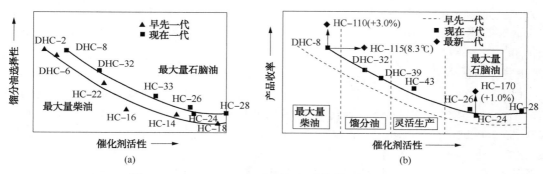

图 1-1-1　UOP(Unocal)公司加氢裂化催化剂性能关系

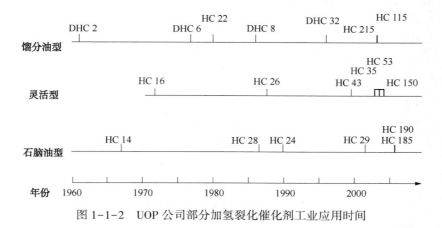

图 1-1-2　UOP 公司部分加氢裂化催化剂工业应用时间

　　按组成划分，这些催化剂可分为以下三类：

　　(1) 贵金属分子筛型催化剂

　　包括生产最大量石脑油和部分喷气燃料的 HC-11、HC-18、HC-28 和 HC-35，可用于两段装置，也可用于单段串联装置。

　　(2) 非贵金属分子筛型催化剂

　　第Ⅰ系列是生产最大量石脑油和部分喷气燃料的 HC-14、HC-24、HC-34、HC-29、

HC-170、HC-185 和 HC-190，主要用于单段串联装置；生产最大量石脑油的 HC-8 和 HC-100，主要用于两段装置，也可用于单段串联装置。

第Ⅱ系列是灵活生产石脑油、喷气燃料和柴油的 HC-16、HC-26、HC-33、HC-43、HC-150，主要用于单段串联装置，也可用于两段装置。

第Ⅲ系列是生产最大量中馏分油和少量石脑油的 HC-22、DHC-32、DHC-39、DHC-41、HC-115、HC-215，以及生产最大量柴油的 HC-110，主要用于单段串联装置。

第Ⅳ系列是以生产中馏分油为主的 DHC-100、DHC-200，主要用于单段串联装置，也可用于两段装置。

（3）非贵金属无定形催化剂

包括以生产中馏分油为主的 DHC-2、DHC-6、DHC-8 和 DHC-20。主要用于单段装置，也可用于两段装置。

上述催化剂中，HC-110、HC-150、HC-170、HC-115、HC-215、HC-29、HC-190、HC185 都是近几年问世的新催化剂。UOP（含 Unocal）公司的非贵金属分子筛催化剂，不仅品种多，而且能适应加工不同原料油生产不同产品的需要。近期开发的生产最大量柴油的非贵金属分子筛催化剂 HC-110，其活性、选择性和稳定性都优于其最好的无定形催化剂 DHC-8。

2. Chevron 公司

Chevron 公司的 Isocracking 技术最早于 1959 年在美国 Richmond 炼油厂建立了 48kt/a 的两段工业试验装置，1962 年在美国托利多炼油厂建成投产第一套工业装置，加工能力375kt/a（7500bbl/d）。以 AGO、LCO 和 CGO 为原料，采用两段流程，生产汽油（石脑油）。Chevron 公司最初开发无定形催化剂，20 世纪 70 年代以后开始开发分子筛型催化剂。1985年兼并 Gulf 公司，Gulf 公司的加氢裂化专利技术归 Chevron 公司所有。Chevron 公司开发的催化剂性能关系如图 1-1-3 所示[12]。

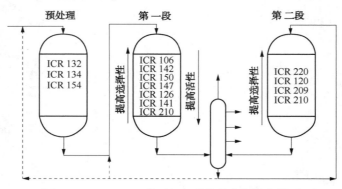

图 1-1-3　Chevron 公司加氢裂化催化剂性能关系

这些催化剂主要分为三大类：

（1）非贵金属无定形催化剂

包括生产最大量中馏分油特别是柴油的 ICR-102、ICR-106、ICR-120 和 ICR-150，既可用于单段装置，也可用于两段装置。

（2）非贵金属分子筛型催化剂

第Ⅰ系列是生产最大量石脑油和部分喷气燃料的 ICR-204、ICR-208、ICR-210、ICR-230 ICR-160，主要用于两段装置，也可用于单段装置。

第Ⅱ系列是生产最大量中馏分油的 ICR-126、ICR-136、ICR-142、ICR-162、ICR-240，主要用于单段装置。

第Ⅲ系列是灵活生产石脑油、喷气燃料和柴油的 ICR-117、ICR-139/141、ICR-147，主要用于单段装置。

（3）贵金属分子筛型催化剂

包括生产最大量石脑油和喷气燃料的 ICR-207、ICR-209、ICR-211，最新一代能生产最大量喷气燃料的 ICR-220，主要用于两段加氢裂化装置。

其中，ICR-160、ICR-162、ICR-220 和 ICR-240 都是近几年问世的新催化剂；ICR-240 还用于生产最大量润滑油基础油料，其性能比同类催化剂都好。

20 世纪 70 年代末和 80 年代初，国际市场重燃料油需求量减少，中间馏分油特别是柴油需求量增加，重油加氢脱硫（VGO-HDS）装置开工负荷不足，人们开始寻求将在中压下操作的 VGO-HDS 装置改造成为生产部分优质柴油的工艺技术。经过几年的开发，UOP、IFP、Chevron、Shell、Akzo、Lummus 和 Linde 等国外公司先后推出了缓和加氢裂化技术，对原有VGO-HDS 装置进行简单改造，更换催化剂，在操作压力不变的情况下，进行低转化率加氢裂化以增产柴油。由于受到原有设备的限制，缓和加氢裂化装置操作压力一般在 5.6～7.0MPa，产品质量改进受到限制，喷气燃料烟点及柴油的十六烷指数都不高。

Mobil 石油公司随后推出了中压加氢裂化技术，这是在压力 7.0～10.5MPa、温度 343～427℃的条件下以生产优质燃料产品为主，转化率较高（>40%）的加氢裂化过程，并于 1983年首次工业应用。由于近年来车用柴油的需求增长快于汽油，进行催化裂化轻循环油（LCO）改质生产柴油组分成为当前重要的发展方向。UOP 公司还开发了一种新的 LCO 改质技术，采用 HC-190 加氢裂化催化剂，使双环和多环芳烃开环裂解为单环芳烃，并同时生产超低硫汽油、柴油组分[13]。

20 世纪 70 年代，针对国际市场对低凝点柴油的需求，Mobil 石油公司在合成 ZSM-5 择形沸石的基础上，开发了馏分油择形裂化（Mobil Distillate Dewaxing，MDDW）技术，1974 年第一代催化剂工业化，之后又有两个换代催化剂实现工业应用。与此同时，Mobil 又推出择形裂化生产润滑油基础油（Mobil Lube Dewaxing，MLDW）技术，到 1996 年已有四代催化剂实现工业应用。Mobil 对 ZSM-5 分子筛进行改性的基础上，开发了一种双功能贵金属催化剂以及从馏分油生产低凝点柴油的择形异构化（Mobil Isodewaxing，MIDW）技术，1990 年建成投产第一套工业装置。在此基础上，Mobil 公司又开发了一种贵金属的合成沸石新催化剂以及择形异构化生产润滑油基础油技术（Mobil Selective Dewaxing，MSDW），生产高黏度指数的 API Ⅱ/Ⅲ类润滑油基础油，第一代和第二代催化剂先后于 1997 年和 1999 年实现工业应用。

Chevron 公司为了满足润滑油产品升级换代的需求，率先开发并工业化生产Ⅱ/Ⅲ类润滑油基础油的择形异构化技术，采用以中孔分子筛 SAPO-11 为载体的贵金属催化剂，第一代至第四代催化剂相继于 1993 年、1996 年、1999 年和 2004 年实现工业应用。

到目前为止，加氢裂化催化剂，可以分为如下 5 个系列[14~25]：第Ⅰ系列是生产最大量汽油（石脑油）和部分喷气燃料的贵金属分子筛加氢裂化催化剂；第Ⅱ系列是生产最大量汽油（石脑油）和部分喷气燃料的非贵金属分子筛加氢裂化催化剂；第Ⅲ系列是灵活生产汽油（石脑油）、喷气燃料和柴油的非贵金属分子筛加氢裂化催化剂。上述三个系列催化剂既可用于一段串联装置，也可用于两段装置。第Ⅳ系列是生产最大量中馏分油和少量汽油（石脑油）的非贵金属分子筛加氢裂化催化剂，主要用于单段串联装置。第Ⅴ系列是与分子筛加氢裂化催化剂配套的加氢预处理催化剂。

二、中国加氢裂化技术的发展背景和历程

中国加氢裂化技术的研究开发工作始于 20 世纪 50 年代初，抚顺石油三厂研制出硫化钼-白土 3511 和 3521 催化剂，以酸碱精制页岩轻柴油为原料，通过加氢裂化生产了车用汽油和灯用煤油，试制成功了航空汽油，并解决了国内加氢裂化工业装置初次开工的技术关键问题。后以库页岛原油和中亚原油的煤油馏分为原料，成功地生产了一批航空汽油和喷气燃料组分。与此同时，石油三厂与中国科学院大连化学物理研究所合作，开发了氧化钼-半焦催化剂 3592，先后进行了低温煤焦油的高压和中压加氢裂化工业试生产。这些研究开发和工业生产工作的开展，为中国现代加氢裂化技术的发展奠定了基础[26]。

1962 年大庆油田投产以后，石油三厂用硫化钨-白土 3622 催化剂，以大庆含蜡重柴油为原料，生产了车用汽油和灯用煤油，这些天然硅酸铝为载体的催化剂耐氮性能差，运转周期短。接着石油三厂又与中国科学院大连化学物理所合作，开发与生产了氧化钨-氧化镍-氧化硅-氧化铝 3652 催化剂，为中国第一代无定形催化剂，1966 年正式应用于大庆石油化工总厂 400kt/a 加氢裂化装置上。该装置是我国自行开发、设计和建造的第一套现代单段加氢裂化工业装置，其工艺简单，能耗低，主要用于生产喷气燃料和柴油，同时尾油尚可充分利用，标志着中国是世界上最早掌握单段加氢裂化技术，用无定形催化剂生产石脑油、喷气燃料和柴油的国家[27]。

70 年代初，石油三厂开发了生产润滑油基础油的催化脱蜡技术。用新开发的加氢精制催化剂 3714、3715 和催化脱蜡催化剂 3722，以大庆减二、三线蜡油为原料，在工业装置上生产出了轻质润滑油基础油。接着又开发了催化脱蜡新催化剂 3731，1973 年在工业装置上成功地生产了轻中质润滑油基础油，调制了汽油机油、柴油机油等 10 多种润滑油产品，并实现了长周期运转。在此基础上，经过多年的反复试验，合成成功了 β 沸石及 3762、3812 晶型加氢裂化和 3792 催化脱蜡新催化剂，同样以大庆减二、三线蜡油原料，在工业装置上得到的润滑油基础油凝点在 −5℃ 以下，凝点降低幅度达 50℃ 以上；而以加氢裂化尾油为原料，用 3792 催化剂进行催化脱蜡，得到的润滑油基础油凝点在 −20℃ 左右，液收可达 90%[28]。这些情况表明，中国是世界最早掌握生产润滑油基础油的催化脱蜡技术并实现工业化的国家。

继大庆油田投产以后，胜利、辽河等大型油田又相继建成投产。但由于国产原油轻油馏分含量较低，仅有 30%，因此要得到较多的运输燃料等轻质油品，就必须大力发展蜡油及重油加工技术。进入 80 年代以后，根据我国国民经济快速发展、石油产品特别是中馏分油（喷气燃料和柴油）需求大幅度增长的需要，中国炼油工业在大力发展催化裂化技术的同时，也加快了加氢裂化技术开发的步伐。

从 80 年代初开始，中国石化抚顺石油化工研究院（FRIPP）首先研制成功超稳 Y 沸石，继而开发了中油型 3824 与轻油型 3825 以及用于缓和加氢裂化的 3882 三种分子筛催化剂。3824 催化剂 1986 年首次在荆门炼油厂的中压加氢裂化装置上应用，1990 年用于茂名石化公司炼油厂的加氢裂化装置，3882 催化剂 1989 年首次在齐鲁石化公司炼油厂的缓和加氢裂化装置上应用，3825 催化剂于 1991 年在上海石化公司首次应用，后又用于多套装置[29,30]。1985 年以后，中国石化石油化工科学研究院（RIPP）开发了中压加氢改质技术，1992 年首次在大庆石油化工总厂进行工业运转[31,32]。与此同时，金陵石化公司炼油厂和 FRIPP 研究开发了催化脱蜡（临氢降凝）生产低凝点柴油的催化剂 NDZ−1 和 FDW−1，先后于 1986 年和

1988 年用于齐鲁石化公司炼油厂的工业装置并替代了进口催化剂[31]。此后，FRIPP 在加氢裂化催化剂领域的开发进入了蓬勃发展阶段，目前，已形成了多个系列 50 多个牌号催化剂，这些催化剂的性能关系如图 1-1-4 所示[29~31]。

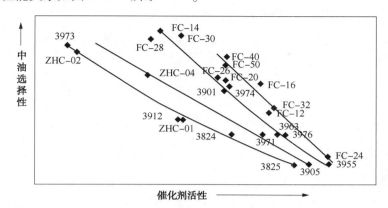

图 1-1-4　FRIPP 加氢裂化催化剂性能

按用途划分，这些催化剂可分为最大量生产石脑油的轻油型催化剂、灵活生产石脑油和中间馏分油的灵活型催化剂、最大量生产中间馏分油的高中油型催化剂、单段单剂最大量生产中间馏分油的催化剂，包括无定形催化剂和分子筛型催化剂。此外，还有劣质柴油改质（MCI）催化剂、生产低凝点柴油的择形裂化催化剂、生产润滑油基础油的择形裂化和择形异构化催化剂等。

在加氢裂化工艺技术开发方面，FRIPP 除对单段串联高压加氢裂化技术进行不断完善和革新外，还相继开发成功适合我国国情的加氢裂化-蜡油加氢脱硫组合工艺技术、中压加氢裂化（MPHC）、中压加氢改质（MHUG）、中压加氢裂化（改质）-中间馏分油补充加氢精制组合工艺技术、缓和加氢裂化（MHC）、最大量提高劣质柴油十六烷值的 MCI 技术、润滑油加氢处理、择形裂化、择形异构化、加氢降凝、加氢改质降凝等一系列加氢裂化新工艺，并在工业装置上得到广泛应用，取得了满意结果。在加氢裂化工艺流程开发方面，有单段串联一次通过、部分循环和全循环工艺流程、单段一次通过、部分循环和全循环工艺流程以及两段法工艺流程等。

RIPP 也先后开发成功了 RT-1、RT-5、RT-25、RT-30、RHC-1、RHC-5 等加氢裂化催化剂和生产润滑油基础油的择形裂化催化剂，以及中压加氢改质、中压加氢裂化（RMC）和最大限度提高劣质柴油十六烷值 RICH 等工艺技术，并先后实现工业应用[31,32]。此外，催化剂的器内、器外再生[33,34]和催化剂器内、器外预硫化[35,36]都已开发成功并得到了工业应用。

第二节　加氢裂化在炼油工业中的地位和作用

加氢裂化工艺可以加工各种重劣质原料油，生产优质汽油、喷气燃料、柴油、化工用石脑油、润滑油基础油和蒸汽裂解制乙烯原料。20 世纪 90 年代以来，世界炼油企业加工的原油明显变重，原油中硫和重金属逐年上升；各国政府公布的环保法规日趋严格，实现生产过程清洁化、生产清洁燃料的要求越来越迫切；成品油市场中柴油需求增长速度远高于汽油，芳烃和乙烯原料的需求增长仅仅依靠原油加工量的增长已不能满足需要。因此，加氢裂化工艺和技术受到日益广泛的重视。统计表明，世界加氢裂化的能力增长在蜡油转化装置中居首位，占原油一次加工能力的比例不断提高(见表 1-2-1)。毫无疑问，在充分利用石油资源、提高原油加工深度、增加轻质油品收率、生产清洁燃料和实现生产过程清洁化、提高炼化一体化效益等方面，加氢裂化技术将发挥越来越重要的作用。

表 1-2-1　近 20 年世界加氢裂化能力增长情况

项　　目	2005	2010	2015	2020
能力/(10^4bbl/d)	471	493	510	519
增长量/(10^4bbl/d)	14	22	17	9
增长率/%	3.16	4.67	3.44	1.76
占原油一次加工能力的比例/%	5.72	9.60	10.54	11.38

一、满足深度加工的需要

世界经济的发展促使石油产品的需求结构逐步向轻质油品转变，1970~2010 年世界油品市场需求结构的变化表明，重燃料油的需求大幅度下降，从 1970 年的 30%下降到 2014 年的8%；轻质油品的需求持续增长，从 1970 年的 27%增加到 2014 年的 43%。未来的数十年，石油和天然气仍将是世界经济发展不可替代的重要战略能源，世界石油产品的需求将继续向着重燃料油需求减少、中馏分油需求增加的方向发展。图 1-2-1 为 2020 年前世界各类油品需求变化的趋势。其中，汽油和柴油的年增长率分别为 1.2%和 2.8%，而重燃料油的年需求增长率为-0.5%。据估计，未来 30 年全世界在石油炼制工业的投资约为 4100 亿美元，主要用于增加炼油加工能力和满足不断变化的产品需求。

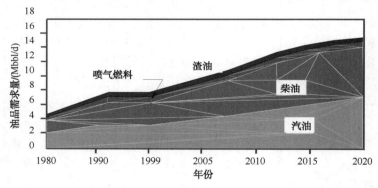

图 1-2-1　世界各类油品需求增长趋势[37]

随着全球原油资源变重趋势的加剧、重质燃料油需求的不断减少以及轻质清洁运输燃料需求的快速增长，中国炼油工业积极发展深度加工，提高轻质油收率，以最大限度利用石油资源，满足油品市场需求。1998~2014 年，加氢裂化装置能力年均增长 10.9%。燃料油产率由 1998 年的 12%下降至 2014 年的 4%左右，而轻油收率已由 66%上升到了 78%左右。加氢裂化、加氢改质、加氢处理等加氢工艺在炼油二次加工过程中的比例得到了大幅提高。因此，油品需求结构的变化，需要大力发展加氢裂化技术，将更多的重油深度加工转化为轻质油品。

二、满足加工含硫原油的需要

经过 100 多年的开采，世界上低硫轻质原油的产量已经越来越少，含硫和高硫原油比例增加，含酸和高酸原油产量也有所增长，特别是随着重质原油的开采和加工技术日臻成熟，这种趋势就更加明显。根据美国《油气杂志》统计，2002年世界原油总产量3300Mt，含硫和高硫原油占75%；其中，硫含量在1%以上的原油占56%，硫含量在2%以上的原油超过30%。2004年8月美国《烃加工》杂志报道，世界炼油工业中的硫黄产量将以每年7%的速度持续增长，其增长速度远远超过原油加工能力的增长速度。这表明，炼油企业加工的原油硫含量越来越高，硫回收率也越来越高。2005年2月召开的美国剑桥能源研究协会（CERA）年会上，马拉松石油公司总裁指出，目前世界80%的原油资源是重质含硫原油，2005年原油开采项目83%为中质或重质含硫（高硫）原油。在CERA年会上，Conoco Phillips石油公司指出，今后非常规石油资源开采可能加速。目前7×10^{12} bbl非常规石油资源中，油砂占39%、页岩油占38%、特殊重质油占23%，主要分布在加拿大（36%）、美国（32%）、委内瑞拉（19%）和其他地区（13%）。世界高酸（酸值≥1.0mgKOH/g）原油产量，1998年为140Mt，2004年为198Mt，2005年达到255Mt。高酸原油产量增长最快的地区是西非，其次是美洲。

因此，就全球范围而言，今后炼油厂加工的原油将是相对密度大、含硫高、质量差的常规原油和非常规原油。以美国为例，过去20年加工的原油质量重劣质化趋势不断加剧（如图1-2-2）。中国是油气资源相对缺乏的国家。近年来，我国油气产量一直保持增长态势，但增幅较缓。1991～2014年，原油产量从140Mt增长到215Mt，年均增长仅3.2%。而同期的原油消费量却从123Mt增长到490Mt，年均增长16.0%，使得我国原油对外依存度上升到56%左右。2014年我国石油加工量已接近500Mt，占一次能源比例从20%增加到25%。这一趋势仍将持续。一方面，国内东部老区油田在逐步减产，能够接替的是西部油田和部分海上原油，这些原油资源多为重质含硫原油；另一方面，石油资源对外依存度愈来愈高，进口原油将超过400Mt，进口依存度将达到60%～70%（图1-2-3）。与此同时，当前国际油价剧烈波动，轻、重质原油的价格差增大，因此，为了提高原油加工的效益，势必增加劣质高硫原油的进口比例，（高）含硫油的加工就成为必须面对的现实问题。

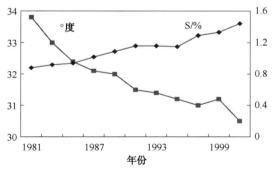

图1-2-2 1981～2001年美国炼油厂加工原油的
平均硫含量和相对密度[37]

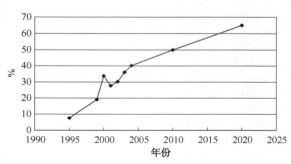

图1-2-3 我国石油对外依存度的变化[37]

总之，无论是国际原油资源的发展趋势，还是国内原油质量的变化情况，我国多数炼油企业都面临着加工密度越来越大，硫、残炭和重金属含量越来越高的原油，不大量采用包括加氢裂化在内的加氢技术已经无法满足生产需要。

三、满足生产清洁燃料的需要

为了实现人与自然、环境与经济的协调可持续发展，全球正在制定越来越严格的环保法规，有报道说，汽车尾气排放的有害物质对城市空气污染要承担60%～70%的责任。因此，包括改进汽车发动机、使用清洁燃料等在内的汽车清洁行动在全球已全面展开，而且清洁燃料的升级换代不断加快。

生产清洁燃料的核心是大幅度降低汽柴油中的硫含量，同时还要限制汽油中烯烃、芳烃和苯的含量，以及柴油中的多环芳烃含量，从而减少汽车尾气中有害物的排放。目前，欧美已成为全球油品质量要求最高的地区。美国 2006 年执行的最新规格 Tier 2 要求汽油硫含量不超过 $30\mu g/g$，其同期加州汽柴油硫含量均要求小于 $10\mu g/g$；加拿大从 2005 年起也分阶段执行汽油硫含量 $30\mu g/g$ 的标准；欧洲大多数国家，要求 2011 年车用汽、柴油硫含量降至 $10\mu g/g$ 以下(见表 1-2-2 和表 1-2-3)。

表 1-2-2　欧盟汽油规格标准(EN228)中的主要指标

项　　目		EN228-93(Ⅰ)	EN228-1998(Ⅱ)	EN228-1999(Ⅲ)	EN228-2004(Ⅳ)	EN228-2011(Ⅴ)
辛烷值(RON)	≥	95	95	95	95	95
辛烷值(MON)	≥	85	85	85	85	85
铅含量/(mg/L)	≤	13	13	—	—	—
密度/(kg/m³)		725~780	725~780	720~775	720~775	720~775
硫含量/(μg/g)	≤	1000①	500	150	50/10②	10
烃类组成						
烯烃/%(体)	≤	—	—	18	18	18
芳烃/%(体)	≤	—	—	42	35 *	35
苯含量/%(体)	≤	5.0	5.0	1.0	1.0	1.0
氧含量/%	≤			2.7	2.7	2.7

① 1995 年 1 月 1 日起，硫含量限制值为：$\leqslant 500\mu g/g$。

② 该指标于 2005 年 1 月 1 日起执行。从 2009 年 1 月 1 日起，硫含量限制值为：$\leqslant 10\mu g/g$。

表 1-2-3　欧盟柴油规格标准(EN590)中的主要指标

项　　目		EN590-1993(Ⅰ)	EN590-1998(Ⅱ)	EN590-1999(Ⅲ)	EN590-2004(Ⅳ)	EN590-2011(Ⅴ)
十六烷值	≥	49	49	51	51	51
十六烷指数	≥	46	46	46	46	46
硫含量/(μg/g)	≤	2000	500	350	50/10	10
密度/(kg/m³)		820~860	820~860	820~845	820~845	820~845
多环芳烃/%	≤	—	—	11	11	11
T95/℃	≤	370	370	360	360	360
润滑性(HFRR)，60℃，磨痕直径/μm	≤	—	460	460	460	460
脂肪酸甲酯/%(体)	≤	—	—	—	5	5

亚洲、中东地区国家清洁燃料生产的步伐也都在加快。2005 年，亚太地区汽油平均硫含量已降至 $220\mu g/g$，苯含量为 2%，芳烃含量平均为 35%。日本自 2009 年开始将汽油和柴油中硫含量控制在 $10\mu g/g$ 以下。

中国自 2005 年 7 月 1 日已在全国实施硫含量小于 $500\mu g/g$、烯烃含量小于 35%、芳烃含量小于 40%、苯含量小于 2.5% 的国Ⅱ汽油标准。北京则率先执行了硫含量小于 $150\mu g/g$、烯烃含量小于 25%、芳烃小于 35%、苯含量小于 1% 的京标 B 汽油标准，相当于欧Ⅲ排放标准。随后的十年，中国的汽柴油质量标准呈加速提高之势，2014 年全国达到国Ⅳ指标要求，部分重点城市，如北京、上海等已要求供应国Ⅴ类标准汽柴油，到 2017 年全国将普遍使用国Ⅴ标准汽柴油。国标汽柴油与同级欧盟标准具有一定的对应关系(见表 1-2-4 和表 1-2-5)。

表 1-2-4　中国车用汽油质量标准变化情况 (参见 GB 17930—2013)

项　目	国Ⅱ	国Ⅲ	国Ⅳ	国Ⅴ
执行时间	2005.07	2009.12	2014.01	2017.01
硫含量/(mg/kg)	500	150	50	10
烯烃含量/%(体)	35	30	28	24
芳烃含量/%(体)	40	40	40	40
苯含量/%(体)	2.5	1.0	1.0	1.0
氧含量/%	2.7	2.7	2.7	2.7
密度/(kg/m³)	—	—	—	720~775

表 1-2-5　中国车用柴油质量标准变化情况 (参见 GB 19147—2013)

项　目	国Ⅱ	国Ⅲ	国Ⅳ	国Ⅴ
执行时间	2002.01	2011.06	2015.01	2017.01
十六烷值	45/40	49/46/45	49/46/45	51/49/47
密度/(kg/m³)	—	810~850	810~850	810~850
多环芳烃/%	—	11	11	11
硫含量/(mg/kg)	2000	350	50	10
润滑性				
校正磨痕直径(60℃)/μm	—	460	460	460

可以看出，汽、柴油质量标准日趋严格的主要体现是硫含量。降低清洁燃料的生产成本，关系到炼油厂生存和发展，关键是要依靠技术进步。从总体上看，催化裂化一直是生产汽油的支柱技术，但即使是加工低硫原油，催化汽油的含硫量也不能符合生产清洁汽油的要求，催化柴油的含硫量、芳烃含量、十六烷值和安定性都与清洁柴油的要求相距甚远。因此，科学地选用包括加氢裂化在内的各类加氢技术，以及这些技术的组合工艺，是解决清洁燃料生产的有效途径。

四、满足生产Ⅱ/Ⅲ类润滑油基础油的需要

润滑油成品油的 70%~99% 为基础油。长期以来，润滑油特别是内燃机油的升级换代都是通过提高添加剂质量以及/或者改变添加剂品种和加入量来实现的。但是 20 世纪 90 年代后期以来，现代工业特别是汽车工业的发展，对车用润滑油(发动机油、自动传动液、齿轮油)的质量提出了越来越高的要求，产品升级换代的速度明显加快。从发动机油的情况看，其质量正在向高黏度指数、高氧化安定性、低挥发性和低黏度的方向发展，特别是新推出的 SL/ILSAC GF-3、GF-4 汽油机油以及 API PC-9 重负荷柴油机油等高档发动机油更是如此。从自动传动液的情况看，调制新牌号所用的基础油都需要有更好的氧化安定性、低温流动性和剪切安定性。采用常规老三套工艺生产的 API Ⅰ类基础油通过改变添加剂的种类和/或添加量已难以满足调制高档润滑油的要求。因此，许多大公司相继开发出生产 API Ⅱ/Ⅲ类润滑油基础油的加氢技术，包括加氢处理(加氢裂化)、择形裂化/择形异构化-加氢后精制等全加氢技术以及加氢与常规老三套工艺的组合技术，并迅速在炼油厂得到了推广应用。据统计，2010 年北美地区Ⅱ/Ⅲ类基础油的生产能力已占基础油总生产能力的 74%；2014 年全世界Ⅱ类基础油产量已达到 50% 左右。预计，今后Ⅱ/Ⅲ类基础油需求的增长速度将达到 GDP 增长速度的 2 倍，到 2020 年Ⅱ/Ⅲ类基础油的需求将达到 20Mt/a 以上。

近几年，中国生产的部分中高档轿车和重柴油车所使用的润滑油正逐步与国际接轨。目

前中国润滑油的表观消费量在 8Mt/a 左右。由于我国Ⅰ类基础油生产仍占主要地位，Ⅱ、Ⅲ类基础油生产能力严重不足，造成国产润滑油多以中档产品为多；而国外公司产品以高档润滑油为主，占据了中国高档润滑油基础油市场 70% 的份额。因此，我国润滑油工业面临着经济效益及环保法规的双重挑战，同时还面临着与国外公司在高档润滑油市场的激烈竞争，提高Ⅱ/Ⅲ类基础油的生产能力满足润滑油产品升级换代的需要已势在必行。与此同时，原油的重质化、劣质化致使采用传统工艺生产基础油，不仅受到操作条件的限制，而且适宜的原料也日渐减少；而只有用石蜡基原油才能生产的 HVIⅠ类润滑油基础油，也很难满足对润滑油质量日趋严格的要求。因此，必须大力发展加氢法生产润滑油的工艺技术，综合考虑原油资源、产品需求和加工流程配置等方面因素，开发不同的加氢工艺以提高基础油质量是目前及未来加氢裂化技术发展的重点之一。

五、满足生产石油化工优质原料的需要

随着汽油排放标准的日趋严格，降低烯烃和硫含量并保持较高的辛烷值是生产清洁汽油面临的主要问题。由于催化重整生成的油品辛烷值高，一般为 100~105（RON），烯烃的质量分数低（0.1%~1.0%），基本不含硫、氮、氧等杂质，安定性好，成为目前乃至今后相当一段时期世界各国炼油厂最重要的清洁汽油调和组分之一。与欧美国家相比，中国高辛烷值汽油组分生产能力低，重整汽油在成品中所占的比例还不到 10%，而美国和欧洲在 30% 以上。因此，要解决我国当前所面临的汽油消耗量逐年增加及生产清洁汽油的问题，需大力发展催化重整技术。

发展催化重整不但可以提供低烯烃含量、高辛烷值的清洁油品，改善中国汽油组分结构，同时还能满足芳烃和以芳烃为原料的下游石化产品的需求，并为迅速发展的加氢工艺提供大量廉价氢源。近几年芳烃需求量的年平均增长率为 5%，全世界的 BTX 芳烃中，有 60%~70% 来自催化重整，因此，石油化学工业中芳烃的发展在相当大程度上依赖于催化重整的发展[38]。

然而，随着中国乙烯能力的增加以及从裂解原料中石脑油为主要原料来源的现实情况出发，催化重整与乙烯工业争夺石脑油资源将成为一种长期的生产困境。因此，为了炼油工业和石油化学工业的持续发展，应当分别优化和扩大乙烯和催化重整的原料来源，合理配置和优化利用各种石油化工原料资源，实现效益最大化。加氢裂化通过选择适宜的催化剂和/或操作方式，可最大量生产重石脑油（约 70%），重石脑油芳潜含量高，硫、氮杂质含量低（<1μg/g），是优质的催化重整进料。加氢裂化副产的轻石脑油异构烃含量高，马达法辛烷值高（约 85），且无硫、无烯烃，是优质的高辛烷值清洁汽油调和组分。同时，加氢裂化所产的尾油也是优质的乙烯裂解装置的原料。因此，中国炼油厂中加氢裂化装置往往成为调整产品结构、实现油化原料优化的关键。

中国乙烯原料的构成不断向轻质化和优质化发展，加氢裂化尾油用作乙烯裂解原料的比例正稳步增大[39]，已达到原料总量的 15% 以上（表 1-2-6），而且，加氢裂化所产的轻烃和轻石脑油也是乙烯原料的可利用资源。近十年来，我国乙烯原料由轻烃、石脑油、常压柴油、加氢裂化尾油四大类组成的多样化格局不会有太大变化，但由于成本的压力，乙烯原料中各种轻烃的比例有较大幅度增加，加氢裂化尾油也略有增加。与 2004 年相比，2014 年中国乙烯原料的构成比例中石脑油降低了近 6 个百分点、轻烃增加了 12%、加氢裂化尾油增加了约 3%。

表 1-2-6　我国乙烯原料的构成

年份	乙烯产量/kt	原料总量/kt	原料名称及所占比例/%				
			石脑油	轻柴油	加氢尾油	轻烃	其他
1992	2003.4	6943.0	35.7	52.7	1.6	10.0	0
1996	3036.7	10260.0	47.01	38.56	7.46	6.94	0
1997	3584.6	11894.1	48.62	33.93	9.96	5.79	1.7
1998	3772.4	12326.4	47.51	30.22	10.87	6.51	4.89
1999	4348.0	14068.9	58.16	19.17	8.81	6.27	7.59
2000	4700.0	14800.0	62.86	16.31	9.62	5.56	5.09
2001	4806.7	14682.0	66.92	12.14	10.28	5.36	4.01
2002	5413.5	17255.8	59.97	11.37	12.77	5.36	4.30
2003	6117.7	19666.4	58.27	11.71	15.51	4.98	9.53

虽然目前煤化工的发展对石油化工的发展造成了一定的压力，但若考虑 CO_2 排放、水资源利用等因素，煤化工对石油化工的冲击是有限的。乙烯和芳烃未来仍会保持一定的发展速度，将要求炼油厂必须提供大量的石油化工原料，预测到 2020 年，中国炼油工业为石油化工提供的化工原料油将占到原油总加工能力的 20% 左右。因此，中国 21 世纪的炼油厂仍将是生产成品油和化工原料油并重的油化一体化的炼油企业。加氢裂化装置无论是中压还是高压，可提供 79%~83% 的化工原料。在油化一体化企业中，加氢裂化所产轻石脑油、轻烃和尾油可作为裂解制乙烯原料，重石脑油作为催化重整进料生产高辛烷值汽油组分或芳烃并联产氢气，同时顶替出直馏石脑油作乙烯原料，而乙烯装置副产的氢气和甲烷氢，可以提供给炼油厂作为加氢装置的氢源，从而实现石油资源的总体综合利用。加氢裂化已成为我国有效利用油气资源、最大限度满足石油化工原料需求的最适宜技术，本世纪将会得到更大发展。

第三节　加氢裂化技术的新进展

现代加氢裂化技术经过近 50 年的发展，工艺、催化剂和设备等都有了长足的进步。特别是 20 世纪 90 年代清洁燃料和 Ⅱ/Ⅲ 类润滑油基础油推出以来，为了适应市场需求、提高生产效益，世界各大石油公司对加氢裂化技术不断进行改进和完善，主要集中在三个方面：一是不断开发新催化剂，提高活性、选择性和稳定性，降低操作压力和氢气消耗；二是在完善已有工艺的同时，不断开发新工艺以满足工业生产的不同需要；三是改进反应器的内构件设计，适应反应器日趋大型化的需要，更好地发挥催化剂和反应器的潜在作用，确保装置顺利稳定运转。此外，催化剂器外再生和器外预硫化技术得到推广应用，适应生产和环保安全的需要。正是基于工艺、催化剂、反应器和工程设计等方面的不断创新，加氢裂化作为现代油、化一体化企业核心技术的作用越来越大。

一、催化剂

催化剂是加氢裂化工艺的技术核心，其中的分子筛型催化剂已成为当前加氢裂化领域的主导催化剂，也是今后进一步改进和提高的方向。近年来，UOP（含 Unocal）、Chevron（含 Gulf）、Albemarle（原为 Akzo Nobel）公司、Shell（含 Criterion 和 Zeolyst）以及中国石化 FRIPP 和 RIPP 等催化剂研发单位，围绕不断改进分子筛催化剂的性能、寻求新的金属组分、开发新的改性分子筛、改进制备工艺、采用比例合适的无定形硅铝作担体等方面进行新催化剂的开发和设计，满足企业生产适销对路产品和提高经济效益的需要。

UOP 公司[14,40~42]新推出近 10 种加氢裂化催化剂，其中，HC-170 和 HC-190 催化剂用于最大量生产石脑油，其目的产品石脑油收率增加高，氢耗低。HC-115、HC-215 和 HC-150 催化剂用于灵活生产石脑油、喷气燃料和柴油，提高了活性、降低了氢耗。HC-53 贵金属催化剂，能使芳烃选择性饱和生产含氢较多的中馏分油和含氢较少的汽油。特别是用于最大量生产柴油的 HC-110 催化剂，采用新沸石材料制造，通过酸性功能与加氢功能的优化匹配，既提高了活性又不牺牲选择性，成为最大量生产中间馏分油加氢裂化催化剂的最重要进展。大颗粒(1/8in，1in ≈ 0.0254m，余同)异形 LT 系列催化剂压降可以降低 55%~65%，UOP 公司开发的每一种加氢裂化催化剂都有相应的 LT 催化剂。

Chevron 公司[16]加氢裂化-择形异构化/加氢后精制(全氢法)是目前生产高档 II/III 类润滑油基础油最先进的技术，其核心是择形异构化。择形异构化催化剂采用 Pt/SAPO-11，加氢后精制催化剂采用 Pt-Pd/SiO_2-Al_2O_3。第三代催化剂 ICR-418/ICR-417 于 2003 年首次工业应用，ICR-418 催化剂能提高基础油的收率和质量，ICR-417 的反应活性大幅度提高。第四代催化剂 ICR-422 已经开发成功，并用于 Chevron 公司自己的择形异构化装置。馏分油加氢裂化催化剂方面，ICR-142、ICR-147、ICR-160、ICR-220、ICR-240 等新催化剂活性、选择性和稳定性都有了明显提高。

近年来，FRIPP[17~21]通过在分子水平上对加氢裂化原料和产品以及加氢裂化反应环境和反应化学等方面深入的研究，在已有催化剂系列基础上，不断推陈出新，适应不同加工工艺、不同加工原料和目的产品的需要。轻油型 FC-24、中油型 FC-50、灵活型 FC-16、单段 FC-14 和 FC-28 代表了同类催化剂的先进水平。择形异构化催化剂 FIW-1 性能优于 SAPO-11 的工业水平，是首先实现工业应用的国产化择形异构化催化剂，成为我国生产高档 II/III 类润滑油基础油加氢技术的突破性进展。

此外，国外的 Albemarle、Shell(含 Criterion 和 Zeolyst)等公司以及中国石化 RIPP、中国石油大庆石化研究院等单位也都相继推出新一代催化剂并得到工业应用。

二、工艺

随着加氢裂化在重质、含硫(高硫)原油加工、生产清洁燃料和实现清洁生产以及增产化工原料等方面的作用越来越重要，其新技术的开发、应用和推广明显加快。围绕提高原料适应性、优化氢气利用、提高转化率和目的产品选择性等方面，国外 UOP、Chevron 等公司及国内 FRIPP、RIPP 等单位近几年均推出了一些新的工艺技术。

UOP 公司的加氢裂化新工艺[23~25,43,44]包括 HyCycle Unicracking 工艺采用低单程转化率(20%~40%)完全转化技术，中间馏分油收率高 5%、氢气消耗减少约 20%、操作费用可降低 15%、装置总投资可减少 10%。先进部分转化加氢裂化(APCU)工艺是 Hycycle Unicracking 工艺设计理念的延伸，是一种效率更高的缓和加氢裂化工艺过程。轻循环油加氢改质(LCO Unicracking)工艺和 LCO 加氢联产芳烃的 LCO-X™ 工艺则是将低价值的催化裂化循环油(LCO)通过合适的催化剂和工艺条件组合分别转化为高价值的汽油或轻芳烃。加氢处理分离的加氢裂化(Separate Hydrotreat Unicracking)工艺主要是为加工重劣质原料和含杂质较多的焦化蜡油而设计，该工艺通过控制两个反应器的转化率来达到分别控制馏分油和未转化油质量的目的，该工艺的加氢裂化段高压设备负荷可降低 50%。

Chevron 公司的加氢裂化新工艺[45~48]包括单一氢气回路的两段全循环加氢裂化工艺即新鲜原料和循环油共用一个氢气回路，同时适应加氢处理段和加氢裂化段的要求，从而简化了装置流程，降低装置投资。反序串联加氢裂化工艺利用第二段反应流出物对新鲜进料的稀释作用，可减少第一段的急冷氢用量，提高反应的效果。优化部分转化（OPC）加氢裂化工艺的核心是利用两段加氢裂化可以充分发挥催化剂作用、提高目的产品收率，适应加工难转化原料的需要，如在现有低操作苛刻度的单段加氢裂化装置的基础上，增设一台小的第二段反应器，使单段装置变为部分（或全部）循环的两段装置，新氢（补充氢）只进新增加的第二反应器。该工艺于 2001 年用在美国 Premcor 炼制公司的 Port Arthur 炼油厂，加工 Maya 重质原油的 HCGO、LCO、VGO 的混合油，装置的运转数据如表 1-3-1 所列。分别进料（Split-Feed injection）加氢裂化工艺把催化裂化原料油预处理和催化裂化产品（LCO）改质集中在一套装置中进行。

表 1-3-1　优化部分转化加氢裂化（OPC）装置的运转数据

项　目		设计	实际运转
原料油性质	相对密度	0.9738	0.9716
	含硫/%	3.2	3.0
	含氮/（μg/g）	2900	1100
加工能力/（10kt/a）（bbl/d）		175（35000）	175（35000）
总转化率/%（体）		63	70
氢气消耗/（标 m³/m³）		365.1	329.5
总液收/%（体）		111	111

中国石化 FRIPP 的加氢裂化新工艺[49~52]包括有单段两剂、复合式两段多剂、一段串联反序、加氢裂化-蜡油加氢处理、加氢精制-加氢裂化分段进料、最大量提高劣质柴油十六烷值、择形裂化-加氢精制（改质）、择形异构化等十几种加氢裂化工艺技术。中国石化 RIPP 开发的加氢处理—择形裂化（临氢降凝）—加氢后精制高压全氢型工艺[53~56]生产橡胶填充油、各黏度等级的环烷基基础油，2000 年首次用于中国石油克拉玛依石化公司 300kt/a 环烷基基础油高压加氢装置，取得了成功。

加氢催化剂器外再生技术的工业应用始于 1976 年，20 世纪 80 年代得到较快发展，目前已经普遍应用[57,58]。现在美国和欧洲炼油厂器外再生的加氢催化剂已占到待生催化剂总量的 90%~95%。1996 年以后新建的加氢装置大多不再设置器内再生设施。器外再生的主要优点是：催化剂再生过程中不易产生局部过热，催化剂活性恢复程度较高；可以增加装置的开工天数；加氢装置反应系统不再承受再生气体中含硫气体的腐蚀等。目前国外工业应用的再生方法主要有三种：一是美国 CRI 公司采用的流化床+传送带再生工艺，二是欧洲 Eurecat 公司采用旋转百页窗炉再生工艺，三是美国 Tricat 公司采用的流化床再生工艺。其中，CRI 公司的再生工艺工业应用最多，CRI 和 Eurecat 两家公司占有世界市场的 85%，其余 15% 为 Tricat 公司和其他公司占有。据估计，目前世界上每年器外再生催化剂的总量约 18kt 左右，其中 85%~90% 为加氢处理和加氢裂化催化剂，其余的为催化重整及其他催化剂。

近年来，加氢催化剂的器外再生技术在国内也得到很大发展。催化剂再生公司依靠科技进步，研制开发了我国自己的加氢催化剂器外再生技术，如淄博恒基化工有限公司的 HCRT 技术等。这些再生技术已为数十家炼油化工企业再生了多种型号的加氢催化剂，平均脱碳率达 96.9%，脱硫率达 90.5%，比器内再生脱碳率高 5 个百分点，脱硫率高 10 个百分点，再生后催化剂活性恢复良好。目前，催化剂再生公司能为用户提供器外再生、预硫化和钝化整套服务，不仅在装卸、运输过程中安全可靠，而且可以随时取用，催化剂装进反应器以后就可以升温至进油温度，开工程序减少，时间缩短；此外，更加安全和符合环保要求。

器外预硫化技术的工业应用始于 20 世纪 80 年代中期，90 年代初技术上取得重大进展，器外完全硫化和表面钝化处理工业应用成功。器外预硫化技术具有下列优势：使加氢催化剂活性金属组分硫化得更充分，并相应减少还原态金属的生成，从而提高活性金属组分的利用率；开工方法更简便，可以节省装置开工时间；开工现场避免使用有毒的硫化物；装置建设不需设置专用的硫化设施；更利于工业装置催化剂撇头等。应用领域包括重整预精制、馏分油加氢精制、蜡油加氢处理、渣油加氢处理以及加氢裂化等各种类型加氢催化剂。国外典型技术有 Eurecat 公司的 EasyActive 技术、Criterion 公司的 actiCAT 技术和 TRICAT 公司的 Xpress 技术等。采用器外预硫化和钝化技术可提高炼油厂经济效益，据介绍，一套加工能力为 1.80Mt/a、加工利润为 5 美元/桶的加氢裂化装置，采用 actiCAT 预硫化催化剂，与器内预硫化相比，节省时间 40h，多得经济效益 31.5 万美元。

我国 FRIPP 和 RIPP 开发了拥有自主知识产权的加氢催化剂器外预硫化技术，并得到工业应用。FRIPP 开发的 EPRES 技术 2005 年首次用于焦化汽柴油加氢精制催化剂的器外预硫化，结果表明，采用 EPRES 生产的器外预硫化催化剂具有硫有效利用率高、硫化度高、持硫率高和放热效应低等特点；可降低装置建设投资，缩短装置开工时间，减轻开工现场环境污染等。截至 2014 年，EPRES 技术已在国内 40 余套工业加氢装置上得到应用，先后对加氢裂化、石脑油加氢、航煤加氢、柴油加氢及蜡油加氢等催化剂进行了器外预硫化。RIPP 开发的 RPS 技术，以廉价的单质硫为硫化剂，流程简单、产品收率高、硫保留度高，对各种加氢催化剂具有良好的适应性。

三、反应器和内构件[59~61]

装置大型化可节省投资、减少占地和人员、降低能耗，提高综合经济效益，因此，炼油装置正在向大型化发展。目前，国外已经出现馏分油加氢裂化单系列装置的最大规模达 4400kt/a。1997 年投产的荷兰 Pernis 炼油厂加氢裂化装置，年加工能力为 2.8Mt(5.6× 10^4 bbl/d)，采用单段一次通过流程，用一台反应器，重 1200t，高 34m，设计压力为 20MPa，设计温度 450℃。1997 年投产的新加坡 Jurong 炼油厂的润滑油加氢裂化装置，年加工能力为 650 kt(1.3×10^4 bbl/d)，采用单段一次通过流程，用一台小反应器装保护性催化剂，一台大反应器装加氢裂化催化剂。这台加氢裂化反应器重 1200t，高 41m，壁厚 280mm，设计压力 17.4~20.9MPa。美国 Port Arthur 炼油厂 2001 年投产的一套加氢裂化装置，一台加氢裂化反应器重 1438t，这些反应器都是由 2.25Cr-1Mo-0.25V 钢材制造。近年来，加氢反应器技术发展一直集中在新结构、新材料、新制造工艺和检测技术的应用。对于大型高压加氢反应器，为了减少其重量，降低运输和安装的困难，提高反应器在生产使用中的安全可靠性，将更多地采用以 2.25Cr-1Mo-V 钢为代表的改良型抗氢材料。

1989 年由中国石化洛阳石化工程公司(LPEC)联合第一重型机械厂(一重)、抚顺石油三厂、钢铁研究总院等单位设计了国内第一台主体材质为 2.25Cr-1Mo+TP347 堆焊、内径 1.8m，切线长度 22m，设计压力 20.6MPa，设计温度 450℃的锻焊结构热壁加氢反应器。该反应器的成功设计和研制填补了国内空白，标志着我国已掌握现代加氢反应器的设计、制造、检测技术。2002 年 8 月由 LPEC 联合一重、中国石化镇海石化分公司、中国石化工程建设公司(SEI)、抚顺石油三厂设备研究所等单位研制成功 2¼Cr-1Mo-¼V 钢制锻焊结构热壁加氢反应器并在镇海 1800kt/a 蜡油加氢脱硫装置工业应用，将国产大型化高压加氢反应器技术推到了一个新高度，随后该技术在国内其他大型加氢装置中得到广泛应用。2004

年，我国又自行设计了压力 17.225MPa、设计温度 455℃、直径为 4400mm、壳体厚度 240+6.5mm、设备总重 1420t 的锻焊结构热壁加氢反应器。该反应器已于 2007 年 4 月制造完成。

随着反应器向大型化发展，反应器内构件设计成为越来越重要的问题。对于大型馏分油固定床加氢裂化反应器，应开发压力降小、气相变化范围广、混合均匀的内构件；同时要降低内构件高度，减少投资，提高反应器有效利用率。为此，国内外许多工程公司经过大量卓有成效的研究开发，近年来推出了一批新型反应器内构件。如 Shell 公司的 SGSI 新型加氢反应器内构件，可实现均匀的气液流动分布，极大地改善催化剂的利用率；新开发的分配盘和泡罩系统，可保证在很宽的条件下分布优良。通过改善催化剂利用率，提供额外的装填空间，据称可提高装置能力 30%~40%。高效的分配盘使反应器床层顶部物流分布均匀性由 10%~20% 提高到 80%；超平流挡板（UFQ）占用空间小，使反应温度分布更均匀。目前 SGSI 内构件已在世界 100 多套加氢装置上应用。Topsoe 公司开发的新型反应器内构件有：入口扩散器、分配盘、催化剂支撑设施、急冷段设施（急冷环、混合器和再分配盘）、出口收集器、热偶配置等，已用于 80 多套工业装置。据介绍，反应器顶部床层温差达到 ±5℉ 以下，急冷段下游床层入口处径向温差达到 ±1℉。此外，UOP 公司的 UltraMix™ 加氢反应器内构件、CLG 公司的 ISOMIX 新型反应器内构件以及 Axens 公司的 EquiFlow 反应器内构件等也都得到不同程度的推广应用。

加氢反应器新型内构件研究开发方面，SEI 与 LPEC 先后推出了新型分配盘和新型冷氢箱等内构件，并获得国家专利。这些新技术于 2001 年应用于中国石化荆门石化分公司 200kt/a 润滑油加氢处理和加氢精制反应器上，经测定，反应器径向温差均小于 1℃；随后又应用于中国石化上海石化股份有限公司 1500kt/a 中压加氢裂化、齐鲁石化分公司 1400kt/a 加氢裂化、高桥石化分公司 1400kt/a 加氢裂化、中国石油大庆石化分公司 1200kt/a 加氢裂化装置上，反应器径向温差均小于 3℃，说明设计是成功的[3]。随后，FRIPP 和 RIPP 也分别开发出了效果更好的反应器内构件体系并成功获得工业应用。

第四节　工业应用现状和前景

自 1959 年第一套现代加氢裂化工业装置投产以来，加氢裂化技术的开发和工业应用得到长足的发展。特别是进入 21 世纪，世界炼油企业加工的原油重劣化趋势不断加剧，采用清洁生产工艺和生产清洁燃料的要求越来越迫切，成品油市场中汽油、喷气燃料等油品和芳烃、乙烯等化工品的需求量快速增长，使加氢裂化技术在世界范围内得到日益广泛的关注和应用，特别是在亚洲。据美国《油气杂志》报道，从 2013 年加氢裂化装置加工能力占世界原油加工能力的 9.6%，达 640Mt/a。预计到 2020 年加氢裂化装置加工能力占世界原油加工能力将提高到 12%。同期，加氢处理装置的加工能力将占原油加工能力的 75% 以上，加工量达 4500Mt/a。显然，包括加氢裂化在内的加氢技术将取代催化裂化成为 21 世纪炼油工业的核心工艺。

一、工业应用现状

目前国外已投产和在建（包括改造）的加氢裂化装置主要是由 UOP、Chevron、IFP 和 Shell 等公司转让的技术；另外还有较大的催化剂生产商如 Albemarle、Criterion、Topesoe 等公司提供加氢裂化催化剂。

UOP 公司的加氢裂化技术工业应用最多、总加工能力最大。截至 2012 年，UOP（含 Unocal 公司）的 Unicracking 加氢裂化技术已被 40 个国家近 180 套装置采用，总加工能力在 215Mt/a 以上，目前有近 100 套装置在运转。UOP 公司近年来也在中国大力推销其加氢裂化技术，在中国石油、中海石油炼化有限责任公司、中国化工集团公司及一些民营企业等企业都有不少应用，这也得益于近十年来中国炼化的快速发展。

Chevron 是世界上第一家进行现代馏分油加氢裂化技术开发和工业试验的公司。2000 年 Chevron 和 ABB Lummus Golabl 公司在合并资源共同组建了 Chevron Lummus Golabl LLC 技术公司，简称 CLG 公司。Chevron 公司的 Isocracking 加氢裂化技术已被 80 多套装置采用，总加工能力达 52Mt/a。Chevron 公司的润滑油择形异构化技术（包括工艺和催化剂）是当今世界上工业应用最多的技术，占到已投产润滑油加氢裂化装置的 80%（表 1-4-1）。

表 1-4-1　选用 Chevron 公司择形异构化的工业装置[62]

公司	地点	基础油产品	装置开工时间
Petrobas	巴西	II 类	2008 年
未宣布（2 套装置）			2008 年
CPC	中国台湾高雄	II 类，II+类	2007 年
BPCL	印度孟买	II 类	2006 年
未宣布（2 套装置）			2006 年
Glimar	波兰	II / III 类	2005 年
高桥	中国上海	II / III 类	2004 年
SK 公司 LBO2	韩国 Ulsan	III 类	2004 年
Lukoil	俄罗斯 Volgograd	II 类	2002 年
Motiva（STAR）II	美国得克萨斯州 Port Arthur	II 类	2000 年
大庆炼化	中国大庆	III / II 类	1999 年
Motiva（STAR）I	美国得克萨斯州 Port Arthur	II / III 类	1998 年
Fortum	芬兰 Porvoo	III 类	1997 年
SK 公司 LBO1	韩国 Ulsan	III 类	1997 年
Excel Paralubes	美国路易斯安那州 Lake Charles	II 类	1996 年
加拿大石油	加拿大 Mississauga	II / III 类	1996 年
美国 Chevron（2 套装置）	美国加利福尼亚州 Richmond	II / III 类	1993 年

Albemarle 公司 2004 年兼并 Akzo Nobel 公司的催化剂业务，开始成为世界上最大的炼油催化剂提供商之一。Akzo Nobel 公司曾与 ExxonMobil 公司、Kellogg Brown & Root 公司合作开发 MAKFining 中压加氢裂化（MPHC）、柴油加氢异构降凝（MIDW）和柴油加氢改质（包括降低 T95 点、降低密度和改善十六烷值）等技术，并与 Fina 研究公司合作开发柴油加氢降凝（CFI）和加氢脱芳（HDAr）等技术。

Albemarle 公司兼并 Akzo Nobel 公司催化剂业务之后，就接手继续开发生产加氢裂化预处理催化剂和加氢裂化催化剂，并与 UOP 公司结成策略联盟，在采用 UOP 公司技术设计建造的加氢裂化装置上配套使用由 Albemarle 公司生产的加氢裂化预处理和加氢裂化催化剂。

在催化剂方面，Albemarle 公司生产的 KF 848 加氢裂化预处理催化剂享有较高声誉，至今仍在世界上广泛使用。该公司开发生产的 NEBULA-20 体相法加氢裂化预处理催化剂的加氢脱氮和加氢脱芳性能更是居于国际领先水平，因而也备受炼油业界关注。在加氢裂化催化剂方面，该公司也有较多品种可供选择，其中：用于缓和加氢裂化工艺的有 KF 1014、1015、1022、1023 和 1025 等无定形催化剂，用于最大量生产中间馏分油的有 KF 1015MD、

KC 3210 和 3211 等分子筛型催化剂，用于灵活生产石脑油-中间馏分油的有 KC 2301、2601、2602、2610 和 2611 等分子筛型催化剂，用于最大量生产石脑油的有 KC 2710、2711 和 2715 等分子筛型催化剂。

1998 年 Exxon 与 Mobil 公司正式宣布合并，成立 ExxonMobil 公司。ExxonMobil 拥有的加氢裂化工艺范围较宽，几乎所有的加氢裂化技术都有。但中、高压加氢裂化技术与缓和加氢裂化技术主要用在自己独资和合资的炼油厂，MAK 中压加氢裂化技术用在自己的炼油厂两套，向外转让技术的只有 1 套，而择形裂化生产低凝点柴油技术（MDDW）和择形异构化生产低凝点柴油技术（MIDW）、择形裂化、异构脱蜡生产润滑油基础油技术（MLDW 和 MSDW），在国际市场上占有主导地位。迄今为止，世界各地采用 MDDW、MIDW、MLDW 和 MSDW 技术建成投产的工业装置总计已有 50 多套，加工能力超过 15Mt/a[63]。

我国加氢裂化装置所用技术和催化剂主要由中国石化 FRIPP 提供。统计到 2014 年底我国共建设高中压加氢裂化装置 43 套（未包括择形裂化、择形异构化和 MCI 装置），加工能力 64 Mt/a。其中，采用 FRIPP 开发的加氢裂化催化剂和工艺技术的装置套数占比为 65%。目前，FRIPP 成功开发了 20 大类 50 多个牌号的系列化加氢裂化催化剂，占据了国内主要市场。表 1-4-2 列出 FRIPP 开发的加氢裂化催化剂及其主要用途。FRIPP 在掌握常规单段、单段串联和两段加氢裂化工艺技术基础上，不断进行创新和发展，根据炼化企业的特定需求，可以提供"量体裁衣"的加氢裂化工艺和催化剂成套技术，典型的有灵活、单双段联合、一段串联反序、单段双剂、复合式两段多剂、中间馏分循环、目的产品深度脱芳等十几种工艺技术，它们已应用的范围如表 1-4-3 所示。

表 1-4-2　FRIPP 开发的馏分油加氢裂化催化剂

序号	催化剂牌号	主要用途
1	3825、3905、3955、FC-24、FC-52	高压加氢裂化（FHC），一段串联和两段工艺，最大量生产石脑油和尾油，尾油 BMCI 值低且 T90、T95 和终馏点大幅度降低
2	3824、3903、3971、3976、FC-12、FC-32、FC-36	高压加氢裂化（FHC），一段串联和两段工艺，灵活生产石脑油、中间馏分油和尾油，尾油 BMCI 值低且 T90、T95 和终馏点大幅度降低
3	3974、FC-26、FC-40、FC-50	高压加氢裂化（FHC），一段串联和两段工艺，最大量生产中间馏分油，尾油 BMCI 值低且 T90、T95 和终馏点大幅度降低
4	3901、FC-20	高压加氢裂化（FHC），一段串联和两段工艺，最大量生产低凝点柴油，尾油是低凝点的润滑油基础油生产原料
5	FC-16	高压加氢裂化（FHC），一段串联和两段工艺，最大量生产中间馏分油，兼顾柴油低温流动性和尾油 BMCI 值
6	3912、ZHC-01	高压加氢裂化（FHC），单段和两段工艺，灵活生产石脑油、中间馏分油和尾油，尾油 BMCI 值低且 T90、T95 和终馏点大幅度降低
7	3973、ZHC-02、ZHC-04、FC-28、FC-30	高压加氢裂化（FHC），单段和两段工艺，最大量生产中间馏分油，尾油 BMCI 值低且 T90、T95 和终馏点大幅度降低
8	FC-14	高压加氢裂化（FHC），单段和两段工艺，最大量生产低凝点柴油，尾油是低凝点的润滑油基础油生产原料
9	FC-22	高压加氢裂化（FHC），两段工艺，灵活生产石脑油和中间馏分油，贵金属催化剂
10	3905、3976、FC-12、FC-32 等	中压加氢裂化（MPHC）和中压加氢改质（MHUG）工艺
11	3882	缓和加氢裂化（MHC）工艺

续表

序号	催化剂牌号	主要用途
12	3963、FC-18	最大量提高劣质柴油十六烷值(MCI)工艺
13	3881(FDW-1)、FDW-3、FDW-4	临氢降凝(FDW)、加氢降凝(FHDW)和加氢改质降凝(FHUG-DW)工艺
14	FC-14、FC-20	柴油加氢改质异构降凝(FHI)工艺
15	3934、3935	高压加氢处理最大量生产尾油润滑油基础料(FLHT)工艺
16	FIW-1、FHDA-1	加氢裂化尾油择形异构化(WSI)工艺,贵金属催化剂
17	FDW-1、FDW-2、FDW-3	加氢裂化尾油择形裂化(FLDW)工艺,非贵金属催化剂
18	3906、3926、3936、3996、FF-16、FF-20、FF-26、FF-36	加氢裂化预精制段催化剂,高加氢脱氮活性和高芳烃加氢饱和活性
19	3962、FF-12	加氢裂化后精制段催化剂,加氢饱和脱除微量烯烃,抑制硫醇生成
20	FZC-100、FZC-101、FZC-102、FZC-102A、FZC-102B、FZC-103、FZC-103A、FZC-103B、FZC-204 等	加氢裂化保护床层用脱金属催化剂,脱除原料油中微量金属杂质和易生焦物质,容纳机械垢物,减缓压降上升,延长运行周期

表 1-4-3　加氢裂化技术的应用范围

项目	范围	
原料类型	LVGO、VGO、HVGO、CGO、HCGO、LCO、DAO 等	
产品收率	重整原料	15%~69%
	中间馏分油	0~80%(煤柴油组分)
	加氢裂化尾油	0~65%(润滑油原料)
	化工原料	30%~95%(乙烯及重整原料)
	高辛烷值汽油组分	15%~25%(无硫、无芳、无烯)
操作压力范围	8.0~17.0 MPa	
原料硫含量	无特殊限制	

二、发展前景

世界石油需求量随世界经济发展逐年增加。2010 年世界一次能源消费总量为 15.5Gt 石油当量,其中石油占 36%。国际能源机构(EIA)预测,从现在起到 2025 年,世界石油需求量将以年均约 1% 的速度增长;世界石油日需求量将从 2010 年 1.3×10^8 bbl 增长到 2025 年的 1.5×10^8 bbl,其中亚太地区的需求增长将占世界增长总量的大部分。2010 年世界原油产量为 4.68Gt,需求量为 4.472Gt;2020 年产量将达到 5.65Gt,而需求量为 5.387Gt,需求量均略低于同期产量。按此预测,全世界应该不会发生石油供应短缺,石油仍将是 21 世纪世界的主力能源[64]。

世界开采的原油总的趋势是变重,含硫和高硫原油在增加。就全球而言,低硫原油产量约占原油总产量的 1/3,而低硫原油的储量仅占原油总储量的 1/5。因此,含硫和高硫原油产量所占比例逐年增长是必然的,是无法回避的。近些年增加的原油,基本上是含硫在 0.5%~1.0% 或 1.0% 以上的原油。中东生产的超过 1.1Gt 原油中,95% 以上是含硫和高硫原油。2004 年全球原油贸易量为 2.38Gt,占原油产量的 61%,其中高硫油占 51%,含硫油占 17%,低硫油仅占 32%。尽管美国的页岩气开发大大改善了世界原油供需的格局,但页岩气的生产并没有影响到原油市场上交易的原油品质结构。

在世界石油资源日趋重劣质化的同时，石油产品的需求却继续向着重燃料油需求量减少、中馏分油(喷气燃料和柴油)需求量增加的方向发展。据预测，柴油需求量将从 2005 年的 $2.3×10^7$ bbl/d 增加到 2025 年的 $3.7×10^7$ bbl/d，与此同时，汽油的需求量将从 2005 年的 $2.1×10^7$ bbl/d 增加到 2025 年的 $2.75×10^7$ bbl/d，如图 1-4-1 所示。

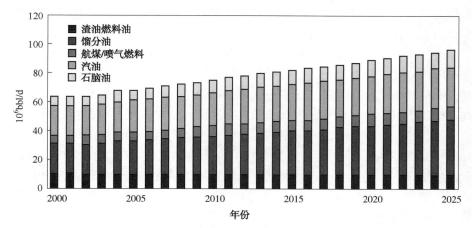

图 1-4-1 世界范围内对炼油产品的需求

进入 21 世纪以来，世界各国对油品的质量(尤其是硫含量)要求越来越严，汽车燃料的无硫化已是大势所趋。仅以欧盟燃油规范为例，2011 年开始执行的汽油欧 V 标准，即烯烃含量(体积分数)不大于 18%、芳烃含量(体积分数)不大于 35%、苯含量(体积分数)不大于 1%、硫含量不大于 10μg/g；同期柴油欧 IV 标准为多环芳烃含量不高于 11%，十六烷值不低于 51，硫含量不大于 10μg/g，同时对密度、95%点、磨痕直径等均作了相应的要求。

鉴于上述情况，在含硫和高硫重质原油以及含酸和高酸原油供应量增加的情况下，若要满足未来汽油、煤油、柴油、润滑油数量增加和质量提高的要求，预计各种加氢裂化技术的工业应用会得到较快的增长。从图 1-4-2 所示的新增加氢裂化能力的需求预测可见一斑。

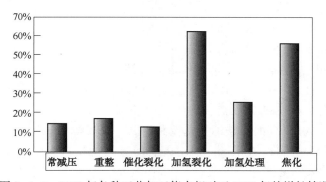

图 1-4-2 2015 年各种工艺加工能力相对于 2005 年的增长情况

近年来中国国民经济持续快速稳定增长，据国家发改委能源研究所预测，2020 年中国能源消费总量将达到 3.62Gt 标准煤，其中石油消费 2020 年将达到 650Mt。根据新一轮全国油气资源评价结果，2005～2020 年中国石油探明储量将稳定增长，年均探明储量将达到 800～1000Mt，石油产量将持续上升。即使如此，中国石油产量增长跟不上需求的增长，对外依存度仍会进一步提高。2014 年中国石油进口已达到 54.5%，2020 年原来预测的 60% 对外依存度恐怕都难以控制住。从 1993 年开始成为原油净进口国以来，中国含硫原油和重劣质原油的加工量比例逐年提高。无论是国际原油资源的发展趋势，还是国内原油质量的变化情况，我国多数炼油企业都面临着加工密度越来越大，硫、残炭和重金属含量越来越高的原油，这将是无法回避的未来形势。

中国的油品消费市场中，喷气燃料与汽油将长期保持较高的需求比例。与此同时，由于芳烃和乙烯需求的持续增长，我国化工轻油供需仍是一对矛盾。据预测，到 2020 年，我国炼油工业要为石油化工提供 62Mt 的化工原料油。

近十年来，由于国内环保法规日渐严格以及参与国际市场竞争的要求，国内汽、柴油质量标准逐步向国际先进标准靠拢，车用燃料升级换代的步伐不断加快。由于我国的现代汽车工业建立在引进国外汽车品牌及相应制造技术基础上，而且很多欧洲车型因较早引进并已占有国内汽车销售市场的主要份额，因此我国选择欧洲的排放法规体系，相应的燃料油标准也将与欧洲燃油规范相近。目前国Ⅳ汽柴油标准已在全国实行，部分中心城市已实行类似国Ⅴ汽柴油标准。到 2017 年，全国将普遍执行国Ⅴ汽柴油标准，部分中心城市可能会出台更严格的汽柴油质量控制指标。由于国内炼油厂的二次加工装置中催化裂化占比很大，造成国内汽油池中催化裂化汽油占比高达 75%，相应的 LCO 在国内柴油池中的占比也高达 25%，严重影响总体柴油池柴油的质量。与满足油品新排放标准的要求相比，目前我国汽油产品质量总体表现为硫和烯烃含量高、高辛烷值汽油组分少，柴油产品质量总体表现为硫、芳烃含量较高，密度大而十六烷值低。国内市场的柴汽比过高、化工原料供需偏紧。上述这些因素表明中国炼油厂的结构转型、提升盈利能力已成为突出矛盾。从油品分子结构转化的角度，加氢裂化过程能够发挥重要作用。加氢裂化技术的发展面临着很好的机遇，同时加氢裂化技术的进步也可为炼化企业转型发展提供创新驱动支持。

目前，我国润滑油产品特别是内燃机油和外国公司在品种牌号和质量档次上有较大差距。国外品牌在我国现行润滑油市场中占有 20% 份额，绝大多数都是高档品种，利润却占了整个市场的 80%；国产品牌占据了润滑油市场的 80% 份额，绝大多数都是中、低档品种，只分得整个市场 20% 的利润。我国的基础油生产中，仍然是生产Ⅰ类基础油的传统溶剂法占主导地位。从目前的状况看，我国润滑油水平比美国落后 2~4 档次，比印度还低 1~2 个档次，所以必须提高我国基础油的生产水平和产品质量。

在重油转化要求不断提高和原油硫含量不断上升的压力下，加氢裂化已成为炼油业的主要技术手段之一，同时加氢裂化技术的进步也为炼油业提供了各种可选的加工方案。通过选择合适的工艺和催化剂，采用最大量生产重整原料方案，可以得到约69%的高芳潜重整料和约23%的辛烷值高达 84~87 的无硫、无烯烃汽油调和组分；采用最大量生产中间馏分油方案时，可以得到70%~80%的煤柴油优质调和组分；采用最大量生产化工原料方案，可以得到约95%的重整和裂解制乙烯原料。采用灵活加氢裂化技术可以使原有的加氢裂化装置加工能力和操作弹性大幅度提高。通过择形裂化/择形异构化可以生产符合 APIⅡ、Ⅲ类质量标准的润滑油基础油；二次加工油品，如催化裂化轻循环油、焦化柴油馏分，可通过加氢改质、芳烃开环等提高产品质量。

石化工业的发展必须遵守可持续发展的原则，必须采用清洁的生产技术，从资源有限且质量更差(密度更大、硫含量更高)的原油，经济高效地生产更多的环境友好的清洁石油化工产品。而加氢裂化技术作为环境友好的清洁生产技术，因其原料适应性强、产品品种多样且质量好、液体产品收率高、生产方案灵活等特点，必将在我国得到更为迅猛的发展和更为广泛的应用。

参 考 文 献

[1] Marilyn Radler. Oil and Gas Journal, 2000, 97(51): 45-90.

[2] Robert A. Meyers Handbook of Petroleum Refininy Process (Second Editions). McGraw-Hill, 1996.

[3] 侯祥麟. 中国炼油技术[M]. 北京: 中国石化出版社, 1991.

[4] Pappal D A, et al. NPRA Annual Meeting, 2003, AM-03-59.

[5] 山本雅一. 石油和石油化学, 1964, 8(1): 12-16; 8(2): 13-18.

[6] 姚国欣等. 生产最大量中馏分油的加氢裂化技术[C]//. 加氢裂化协作组第三届年会报告论文集, 上海, 1999.

[7] 黎元生. 国外加氢裂化技术进展和分析[C]//. 加氢裂化协作组第五届年会报告论文选集, 乌鲁木齐, 2003.

[8] David C. Martingale. et al. NPRA Annual Meeting, 1997, AM-97-25.

[9] Mark VanWees. et al. NPRA Annual Meeting, 2002, AM-02-36.

[10] Tom Kalnes, et al. UnicrackingTM Innovations Deliver Profit[C]. NPRA Annual Meeting, 2001, AM-01-30.

[11] Donald B. Ackelson. et al. NPRA Annual Meeting, 2007, AM-07-47.

[12] Habib M M, et al. New generation of Isocracking catlysts[C]. NPRA Annual Meeting, 2000, AM-00-32.

[13] 侯芙生. 充分发挥加氢技术在炼油加工过程中的作用[C]//. 加氢裂化协作组第六届年会报告论文集, 天津, 2005.

[14] 姚国欣. 国外炼油技术新进展及其启示[J]. 当代石油石化, 2005, 13(3): 18-25.

[15] 钱伯章等. 润滑油异构脱蜡技术的新进展[J]. 天然气与石油, 2007, 25(1): 36-38.

[16] M Habib, et al. Solving clean fuels production and residuum conversion through hydroprocessing integration[C]. NPRA Annual Meeting, 2007, AM-07-62.

[17] 蒋广安等. 不断发展的轻油型加氢裂化催化剂. 抚顺石油化工研究院技术专辑. 2005: 34-38.

[18] 王刚等. 最大量生产中间馏分油型的加氢裂化催化剂. 抚顺石油化工研究院技术专辑. 2005: 39-45.

[19] 樊宏飞等. 单段加氢裂化催化剂的开发及应用. 抚顺石油化工研究院技术专辑. 2005: 46-52.

[20] 刘平等. 石蜡烃择形异构化(WSI)工艺技术的成功应用[C]//. 2005年中国石油学会第五届石油炼制学术年会报告论文集, 2005: 873-878.

[21] 卫建军. 1.5Mt/a加氢裂化装置的运行和FC-14催化剂的应用[J]. 炼油技术与工程. 2006, 36(4): 30-34.

[22] Ronnie Maddox, et al. Integrated Solutions for Optimized ULSD Economics[C]. NPRA Annual Meeting, 2003, AM-03-119.

[23] T. Kalnes, et al. Advanced Partial Conversion UnicrackingTM Technology-A Profitable Clean Fuel Solution[C]. ERTC 7th Annual Meeting, 2002.

[24] Vasant P. Thakkar, et al. LCO Upgrading: A Novel Approach for Greater Added Value and Improved Returns[C]. NPRA Annual Meeting, 2005, AM-05-53.

[25] Brieerley, G. R., et al. Changing Refinery Configuration for Heavy and Synthetic Crude Processing[C]. NPRA Annual Meeting, 2006, AM-06-16.

[26] 加氢二十五年(1950~1975年). 抚顺石油三厂, 1976.

[27] 宋文模. 炼油设计, 1996, 26(4): 2-11.

[28] 顾国璋等. 石油炼制与化工, 1998, 29(1): 8-14.

[29] 史建文等. 石油炼制, 1993, 24(6): 1-8.

[30] 胡永康等. 炼油技术, 1995, 25(2): 1-5, 10.

[31] 张德义. 炼油设计, 1995, 25(1): 1-6.

[32] 胡永康等. 加氢技术 北京: 中国石化出版社, 2000.

[33] 张德义. 炼油设计, 2000, 30(4): 1-6.

[34] 侯芙生. 炼油设计, 1998, 28(6): 1-6.

[35] 韩崇仁等. 石油炼制与化工, 1999, 30(9): 1-5.

[36] 刘谦等. 炼油设计, 2000, 30(1): 6-8.

[37] 孙丽丽. 含硫劣质原油加工与渣油加氢技术的适用性[C]//加氢裂化协作组第六届年会报告论文集. 天津, 2005, 21-28.

[38] 周广涛. 石油炼制与化工, 1999, 30(9): 68.

[39] 殷风春等. 炼油设计, 1999 29(10): 1-4.

[40] 黎元生. 国外加氢裂化技术进展和分析[C]//. 加氢裂化协作组第五届年会报告论文选集, 乌鲁木齐, 2003.

[41] 廖健. 国外加氢技术新进展[C]//. 加氢裂化协作组第五届年会报告论文选集, 乌鲁木齐, 2003.

[42] 姚国欣. 国外炼油技术新进展及其启示[J]. 当代石油石化. 2005, 13(3): 18-25.

[43] Johonson J., et al. LCO Upgrading: Unlocking High-Value Xylenes from Light Cycle Oil[C]. NPRA Annual Meeting, 2007, AM-07-40.

[44] Gary R. Brierley, et al. Changing Refinery Configuration for Heavy and Synthetic Crude Processing[C]. NPRA Annual Meeting, 2006, AM-06-16.

[45] Cash D R, et al. Petroleum Technology Quarterly, 2001, 6(2): 31-35.

[46] Pepper J. M., et al. Premor Heavy Oil Upgrade Project[C]. NPRA Annual Meeting, 2002, AM-02-59.

[47] U. K. Mukherjee, et al. Maximizing Hydrocracker Perfomance Using ISOFLEX Technology[C]. NPRA Annual Meeting, 2005, AM-05-71.

[48] Sigrid Spieler. Upgrading Residuum to Finished Products in Integrated Hydroprocessing Platforms: Solutions and Challenges[C]. NPRA Annual Meeting, 2006, AM-06-64.

[49] 黄新露等. 加氢裂化工艺技术新进展. 抚顺石油化工研究院技术专辑. 2005: 12-18.

[50] 馏分油加氢裂化技术开发进展. 抚顺石油化工研究院技术报告, 2007.

[51] 赵颖等. 金陵分公司FDC单段两剂多产中间馏分油全循环加氢裂化装置设计与试运行总结[C]//. 加氢裂化协作组第六届年会报告论文集, 天津, 2005.

[52] 孟祥兰等. 加氢降凝和加氢改质降凝组合工艺技术进展[J]. 工业催化, 2004, 12(11): 15-18.

[53] 范惠明等. 克石化300kt/a润滑油高压加氢装置生产运行总结[C]//. 加氢裂化协作组第五届年会报告论文集. 乌鲁木齐, 2003.

[54] 祖德光. 润滑油基础油生产技术的新进展[J]. 润滑油, 2001, 16(3): 2-5.

[55] 李国英等. 全氢工艺生产优质环烷基润滑油[J]. 润滑油, 2001, 16(6): 23-27.

[56] 刘广元等. 加氢技术在环烷基原油加工中的应用[C]//. 加氢裂化协作组第五届年会报告论文选集, 乌鲁木齐, 2003.

[57] S. E. Qeorge et al. Presented at the NPRA 1991 Annual Meetng March 17-19, 1991 Convention Center, San Antonio Texas. AM-91-13.

[58] D. R. Cash et al. Hydrocarbon Engineering, 1999, 4(9): 44-48.

[59] 李立权. 迎接国际挑战 加快加氢工程技术开发[J]. 炼油技术与工程, 2005, 35(12): 7-15.

[60] 沈燕华. 国外馏分油加氢裂化技术的新进展[J]. 当代石油石化, 2004, 12(7): 37-41.

[61] 王兴敏. 加氢裂化装置的工程设计与开发[J]. 炼油设计, 2001, 31(7): 10-14.

[62] Gieeger A I. Maximizing Premium Base Oil Yields and Viscisity Index with All-new ISODEWAXING Catalyst [C]. NPRA Annual Meeting, 2005, AM-05-39.

[63] Hydrocarbon Processing, 2006: 85(9).

[64] 张德义. 关注世界能源供需和结构变化, 积极应对重质与含硫原油加工[C]//. 大连石化公司含硫油加工技术交流会报告集. 2007, 5.

第二章　加氢裂化过程的化学反应

加氢裂化已经发展成为当今炼油和石油化工工业中最重要的催化加工过程之一。重质石油馏分，包括直馏馏分、催化裂化循环油和焦化馏出油，在氢分压和双功能催化剂存在下，经加氢裂化反应，既可以生产优质轻油产品(如喷气燃料、低凝点柴油)，也可以为多种过程(如催化裂化、水蒸气裂解和催化重整等)提供优质进料。不同产区的原油以及重油馏分的性质见表2-0-1~表2-0-3[1,2]。

表 2-0-1　各种原油的典型性质[1]

项　　目	阿拉伯轻油	阿拉伯重油	印尼阿塔卡油	索斯肯油	页岩油	沥青砂	煤液体产品(SRC-Ⅱ)
密度/(g/cm³)	0.86	0.89	0.81	0.998			
S/%	1.8	2.9	0.07	5.2	0.7	5	0.3
N/%	0.1	0.2	<0.1	0.7	1.6	0.5	0.9
O/%	<0.1	<0.1	<0.1	<0.1	1.5	0.5	3.8
V/(μg/g)	18	50	<1	1200		150	
Ni/(μg/g)	4	16	<1	150		75	
康氏残炭/%	3	7		15		20	
360℃馏出/%	54	47	91	20			
H/C		1.5			1.6	1.4	1.3

表 2-0-2　各种直馏馏分的性质[1]

项　　目	石脑油	煤油	柴油	常压渣油	减压馏分油	减压渣油
沸程/℃	40~180	180~230	230~360	343+	343~500/550	500+
对原油的百分比/%	~20	~10	~20	~50	~30	~20
组成/%						
烷烃	~50	~20	~10		~40	
环烷烃	~40	~60	~60	}~30		
芳烃	~10	~20	~30	~65	~60	
沥青质				~5	av. mv. ~400	~15
S/%	0.01~0.05	0.1~0.3	0.5~1.5	2.5~5	1.5~3	3~6
N/%	0.001	0.01	0.01~0.05	0.2~0.5	0.05~0.3	0.3~0.6
V/(μg/g)				20~1000		50~1500
Ni/(μg/g)				5~200		10~400
H/C	2.0~2.2	1.9~2.0	1.8~1.9	~1.6	~1.7	~1.4

表 2-0-3　我国若干原油重馏分油的性质[2]

原　油	大　庆	胜　利	辽　河	华　北	中　原	新　疆
实沸点范围/℃	350~500	355~500	350~500	350~500	350~500	350~500
收率/%	26~30	27.0	29.7	34.9	23.2	28.9
密度/(g/cm³)	0.8564	0.8876	0.9083	0.8690	0.8560	0.8721
凝点/℃	42	39	34	46	43	30

续表

原　油	大　庆	胜　利	辽　河	华　北	中　原	新　疆
折光指数 n_D^{70}	1.4600	1.4742	1.4897	1.4647	1.4588	1.4819(20℃)
平均相对分子质量	398	382	366	369	400	401
硫/%	0.045	0.47	0.15	0.27	0.35	0.055
氮/%	0.068		0.20	0.09	0.042	0.108
钒/(μg/g)	0.01	<0.1	0.06	0.03	0.01	<0.01
镍/(μg/g)	<0.1	<0.1		0.08	0.2	<0.07
残炭/%	<0.1	<0.1	0.038	<0.1	0.04	<0.1
结构族组成						
C_P/%	74.4	62.4	54.5	66.5	74.5	64.0
C_N/%	15.0	25.1	27.1	22.3	15.9	29.4
C_A/%	10.6	12.5	18.4	11.2	9.6	6.6
R_N	0.83	1.50	1.69	1.24	0.80	1.80
R_A	0.48	0.56	0.83	0.47	0.43	0.32
特性因数	12.5	12.3	11.8	12.4	12.5	12.3

加氢裂化尽管有多种工艺过程（将在第六章中详细论述），但其中的反应均可概括为两类：加氢精制反应和加氢裂化反应。加氢精制反应一般指杂原子烃中杂原子的脱除反应，如加氢脱硫、加氢脱氮、加氢脱氧、加氢脱金属以及不饱和烃的加氢饱和等反应，这些反应主要发生在单段流程中的第一反应器或两段流程中的第一段。加氢裂化反应，主要是烃类的加氢异构化和裂化（包括开环）反应，这些反应主要在单段串联流程中的第二反应器和两段流程中的第二段中进行。

本章将针对上述各类反应，主要选取含在重油馏分中有代表性的模型化合物为对象，讨论有关反应途径、反应机理、反应动力学和热力学特点及影响因素分析，旨在阐明加氢裂化过程的化学反应规律，有助于对加氢裂化过程优化工艺条件的选择并对新催化剂和馏分油加氢裂化反应动力学模型的开发提供有益的信息。尽可能探讨各类反应之间的交互作用，以便于将这些模型化合物加氢反应的研究结果应用于重油馏分的加氢裂化。

第一节　杂原子烃类的加氢反应

由表 2-0-1~表 2-0-3 看出，主要由各种烃类组成的石油（及馏分）中还含有各种杂原子烃——分子中含有硫、氮、氧等杂原子的有机化合物，其含量与原油的产地有关。杂原子烃分布在各种石油馏分中，一般说来，高沸点馏分中，杂原子的含量要高一些（见表 2-1-2）。这些杂原子的存在，既是石油加工过程中产生麻烦的因素，如设备腐蚀、催化剂中毒等，也是石油产品使用的制约因素，如安定性、腐蚀、环境污染等（有关这方面的问题，将在第五章作详细的论述）。因此，石油炼制科技工作者长期致力于从石油馏分中脱除各种杂原子的研究和实践，作为脱除杂原子重要而有效的工艺过程之一的加氢精制就是这些研究和实践的成果和继续。在加氢裂化过程中，杂原子的脱除，主要是为了生产安定性好、符合环保法规要求的优质产品；而作为单段串联加氢裂化流程的第一反应器或两段加氢裂化流程的第一段，杂原子的脱除水平还应满足为正常发挥第二反应器或第二段催化剂水平而提出的对该器（段）进料中杂原子含量的要求。

下面将分别论述加氢裂化过程中杂原子烃类的加氢反应。

一、加氢脱硫(HDS)

硫是普遍存在于各种石油中的一种重要杂元素，原油中的硫含量因产地而异，可低至 0.1%，亦可高达 2%~5%。石油馏分中典型的含硫化合物，主要有硫醇类 RSH、二硫化物 RSSR′、硫醚类 RSR′ 与杂环含硫化合物 (噻吩 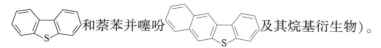、苯并噻吩、二苯并噻吩 和萘苯并噻吩 及其烷基衍生物)。

石油直馏馏分中，硫的浓度一般随馏分沸点的升高而增加，但硫醇含量较高的石油，低沸点馏分的含硫量更高些。有些石油，硫的 60% 聚集在 450℃ 以下的馏分中，而在渣油、胶质沥青质中的硫却不足 20%。

硫醇通常集中在低沸点馏分中，随着沸点的上升，硫醇含量显著下降，>300℃ 的馏分中几乎不含硫醇。

所有的石油都含硫醚，中沸点馏分中的硫醚含量更高，300~350℃ 馏分中的硫化物，硫醚含量有时可占该馏分硫含量的 50%，重质馏分中，硫醚含量一般下降。

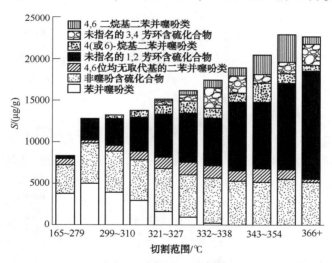

图 2-1-1　阿拉伯中质原油直馏馏分中硫化物的分布
(因噻吩类含量极少，故未表示；另外，最重馏分中
4，6-二烷基二苯并噻吩含量偏低，是由于从色谱柱中不能完全
回收高沸点化合物所致，即在硫化物类型分析中，当原料馏程
超过 350℃ 时，最重的硫化物将有损失)

二硫化物一般含于 110℃ 以上的馏分中，在 300℃ 以上的馏分中，其含量已无法测定。

杂环硫化物是许多石油的主要含硫化合物，尤其在中沸点馏分中，例如某中东原油柴油馏分中，所有硫化物几乎都是烷基苯并噻吩和烷基二苯并噻吩[3]，文献[4]给出直馏和裂化馏分油中硫化物的分子类型以及硫化物的分布(见表 2-1-1 和图 2-1-1)。可以看出，杂环硫化物在直馏馏分中占硫化物的 2/3 以上，而在裂化馏分中的含硫化合物则基本上是杂环硫化物。

表 2-1-1　石油馏分中的含硫化合物

含硫化合物	大约浓度[①]/(μg/g)	
	直馏馏分	裂化馏分
非噻吩类 RSH，RSR′，RSSR′	5000	300
噻吩类	0	0
苯并噻吩	1700	7300
非 2(或 4)位烷基二苯并噻吩类	1000	1900
2(或 4)-烷基二苯并噻吩类	1500	2300
2，4-二烷基二苯并噻吩类	600	900
3，4 环含硫化合物	100	20
1，2 环含硫化合物	5500	2800

①两种原料硫含量均为 1.55%。

(一)有机含硫化合物的反应活性

各种有机含硫化合物在加氢脱硫反应中的反应活性与分子大小和分子结构有关，当分子大小相同时，一般按如下顺序递减[5]：

硫醇>二硫化物>硫醚>噻吩类

而同类硫化物中，相对分子质量较大，分子结构较复杂的，反应活性一般较低。通常认为，上列四类含硫化合物中，前三类(非噻吩类)硫化物都很容易脱硫。噻吩及其衍生物的 HDS 则有以下顺序：

噻吩>苯并噻吩>二苯并噻吩

烷基侧链的存在影响噻吩类的脱硫活性。文献[1]把大量有关取代基对 HDS 活性影响的研究结果综合于表 2-1-2。尽管不同作者的研究结果略有出入，但由表 2-1-2 可以看出取代基的位置对脱硫活性影响很重要。一般来说，与硫原子相邻位置的取代基由于空间位阻而抑制 HDS 活性，而远离硫原子的取代基反而有助于 HDS，这可以解释为硫原子上电子密度增加所产生的结果。另外，由于二苯并噻吩的沸点为 332℃，其烷基衍生物的沸点则约为 340℃甚至更高，因此被公认为是较重馏分有代表性的模型化合物并被进行了广泛的 HDS 研究(表 2-1-2 中引用这类化合物的文献最多)。所有这些文献得出一致的结论是：烷基二苯并噻吩中，最难脱硫的是 4，6 位烷基(如 4，6-二甲基)二苯并噻吩，其次是 4(或 6)位烷基(如 4-甲基)二苯并噻吩，定量的活性比较列于表 2-1-3 和图 2-1-2、图 2-1-3。

表 2-1-2　取代基对 HDS 活性的影响

硫化物	相对活性	文献数
噻吩 （结构式，标注 2、3、4、5 位及 S）	2，5-二甲基<2-甲基<无取代基	2
	2-甲基<无取代基<3-甲基	1
苯并噻吩 （结构式，标注 2、3、4、5、6、7 位及 S）	3-甲基<2-甲基＝无取代基	1
	3，7-二甲基<3-甲基＝2-甲基＝7-甲基<无取代基	1

续表

硫化物	相对活性	文献数
二苯并噻吩	4，6-二甲基<4-甲基<无取代基<3，7-二甲基<2，8-二甲基	2
	4，6-二甲基<4-甲基<无取代基<2，8-二甲基	1
	4，6-二甲基<4-甲基<3，7-二甲基<2，8-二甲基<无取代基	1
	4，6-二甲基<4-甲基<无取代基	1

表 2-1-3　甲基取代二苯并噻吩的 HDS 活性[6,7]

反应物结构	$k^{①}$	$k^{②}$	反应物结构	$k^{①}$	$k^{②}$
（二苯并噻吩）	7.38×10^{-5}	7.1×10^{-4}	（4-甲基二苯并噻吩）	6.64×10^{-6}	6.9×10^{-5}
（2,8-二甲基）	6.72×10^{-5}	—	（4,6-二甲基）	4.92×10^{-6}	3.8×10^{-5}
（3,7-二甲基）	3.53×10^{-5}	—			

① 引自文献[6]，k 为拟一级速率常数，$L/(g \cdot s)$。反应条件：连续反应器，溶剂为正十六烷，300℃，12MPa，Co-Mo/Al₂O₃。

① 引自文献[7]，k 为 L-H 方程的速率常数，$mol/(g \cdot h)$。反应条件：连续反应器，溶剂为十氢萘，220℃，3MPa，Co-Mo/Al₂O₃。

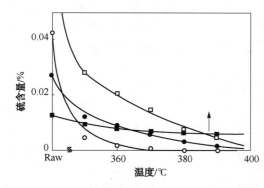

图 2-1-2　C_1-和 C_2-二苯并噻吩残留量与
反应温度的关系[7]

反应条件：总压 3MPa；温度 350～390℃；H_2/oil 120L(NTP)/L；
体积空速 $4.0h^{-1}$；连续反应器；Co-Mo/Al₂O₃
原料：245～374℃阿拉伯直馏馏分
●—4-甲基二苯并噻吩；■—4，6-二甲基二苯并噻吩；
○—其他 C_1-二苯并噻吩；□—其他 C_2-二苯并噻吩

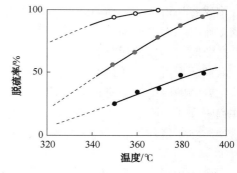

图 2-1-3　二苯并噻吩类脱硫率与温度的关系[7]
反应条件同图 2-1-2
○—二苯并噻吩；●—4-甲基二苯并噻吩；
●—4，6-二甲基二苯并噻吩

表 2-1-3 和图 2-1-2、图 2-1-3 的结果表明，取代基的位置不同，对 HDS 活性的影响有很大差异。2，8 和 3，7-二甲基苯并噻吩中的甲基只轻微地降低二苯并噻吩的脱硫活性，而处于 4 位或 6 位(单 β 位)尤其是同时处于 4 位和 6 位(双 β 位)的甲基都明显地抑制了加氢脱硫反应，反应速率常数下降了一个数量级。

馏分油 HDS 也得到类似的结果。Xiaoling Ma 等[3]曾报道了对中东油 232~235℃馏分的 HDS 研究，该原料油含硫 0.706%(其中二苯并噻吩、4-甲基苯并噻吩和 4，6-二甲基苯并噻吩的硫含量分别为 169μg/g、209μg/g 和 146μg/g)，部分实验结果见表 2-1-4。实验发现，大多数烷基苯并噻吩即使在 280℃的较低温度下也表现出较高的活性，在 360℃下便可大部脱除，而烷基二苯并噻吩则较难脱硫，在 360℃下反应 20min，脱硫油中仍保留其中的多数含硫化合物，4-甲基二苯并噻吩和 4，6-二甲基二苯并噻吩的脱硫尤为困难，即使在 420℃的较高温度下，后者仍有 63μg/g，脱硫率不足 60%。

表 2-1-4　馏分油 HDS 试验结果[①]

反应温度/℃	产物硫含量/(μg/g)					
	DBT		4-MDBT		4，6-DMDBT	
	A	B	A	B	A	B
280	156		204		142	
300	118	118	188	182	129	122
320	89	93	175	157	116	110
340	54	55	136	131	96	89
360	24	30	112	109	89	82
380	8	10	75	85	77	75
400	0	0	50	70	72	73
420	0	0	44		63	

① 搅拌釜高压反应器，总压 2.9MPa，反应时间 20min，A 为 Co-Mo/Al$_2$O$_3$，B 为 Ni-Mo/Al$_2$O$_3$。DBT 为二苯并噻吩，4-MDBT 为 4-甲基二苯并噻吩，4，6-DMDBT 为 4，6-二甲基二苯并噻吩。

与二苯并噻吩非常相似的苯萘并噻吩，当有一个芳环加氢后，其加氢脱硫活性就比噻吩化合物要容易得多[8]。所有这些结果都使人们认为，为了生产硫含量更低的汽柴油，炼油科技工作者们未来面临的一个艰巨任务就是开发使这些在 4-和 6-位含有烷基侧链的二苯并噻吩高效脱硫的新催化剂和工艺。

人们还发现，介质(溶剂)对 HDS 也有很大的影响，在相同的反应条件下，介质不同，含硫化合物的脱硫率会有很大差异。图 2-1-4 是相同的反应条件下二苯并噻吩、4-甲基二苯并噻吩和 4，6-二甲基二苯并噻吩分别在十氢萘和轻油中的反应结果对比[9]，结果表明，要达到与在十氢萘中相同的脱硫率，轻油 HDS 反应温度需提高 50℃左右，可见介质(溶剂)对 HDS 活性影响之大。

Kabe[9~11]等在一系列文章中报道了溶剂对 HDS 催化活性和产品选择性的阻滞效应。HDS 实验在 5MPa，200~310℃的条件下进行，催化剂为 Co-Mo/Al$_2$O$_3$。二苯并噻吩 HDS 的结果如图 2-1-5~图 2-1-7 所示。

从图 2-1-5 看出，二苯并噻吩在不同溶剂中的 HDS 反应速率有如下顺序：二甲苯>十氢萘>四氢萘>正十六烷；图 2-1-5 与图 2-1-6 形状酷似。这表明二苯并噻吩 HDS 主要是通过直接氢解脱硫的反应途径。从图 2-1-7 看出，二苯并噻吩生成环己基苯的反应几乎不受溶剂的影响，这表明在所用的实验条件下，二苯并噻吩先加氢后脱硫的反应途径是次要的，同时也说明，加氢反应和氢解反应是在两类不同的活性位上进行。

在解释溶剂对二苯并噻吩 HDS 的阻滞效应时，应考虑以下几个方面：①溶剂与硫化物对 HDS 活性位的竞争吸附，溶剂的吸附能力越强，对 HDS 反应的阻滞效应越大。例如下列溶剂的竞争吸附有以下顺序：二甲苯<十氢萘<四氢萘，这与上面所述的溶剂阻滞效应一致。

②溶剂汽化对 HDS 的影响，若溶剂比硫化物更易汽化，而在所用反应条件下，反应主要在液相中进行，则由于溶剂汽化使液相中硫化物浓度的提高导致 HDS 反应速率增加。表 2-1-5 列出了一些二苯并噻吩脱硫反应体系中各种组分的分压数据[12]。表中数据表明，所用四种溶剂中，正十六烷最难挥发，二甲苯最易挥发，由于毛细管凝聚作用，在所用反应条件下，反应主要在液相发生，二苯并噻吩在二甲苯中的浓度高于在正十六烷中的浓度，因而，尽管作为芳烃的二甲苯的吸附能力强于正十六烷，但仍有更高的 HDS 反应速率，从溶剂汽化的角度即可合理地解释从竞争吸附角度看似矛盾的实验现象：二甲苯对二苯并噻吩 HDS 的阻滞效应小于正十六烷。③氢在溶剂中的溶解度的差异也是值得考虑的，因为不同的溶解度会导致催化剂表面有效浓度改变而表现为不同的活性，特别是在氢分压变化较大的情况下。

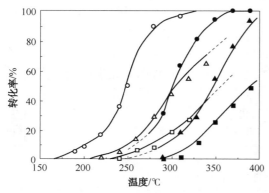

图 2-1-4　在轻油和十氢萘中 HDS 的结果

○、△、□分别代表二苯并噻吩、4-甲基二苯并噻吩和 4，6-二甲基二苯并噻吩在十氢萘中的反应结果，初始浓度均为 0.1%。●、▲、■分别为上述三种含硫化合物在轻油中的反应结果，其初始浓度分别为 0.13%、0.17%和 0.08%。催化剂为 Co-Mo/Al₂O₃

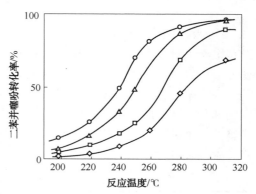

图 2-1-5　二苯并噻吩 HDS 的溶剂效应

反应条件：5MPa，催化剂装量 0.2g，70h⁻¹，H₂ 流率 18L/h，二苯并噻吩的初浓度 0.1%

溶剂：○—二甲苯；△—十氢萘；
□—四氢萘；◇—正十六烷

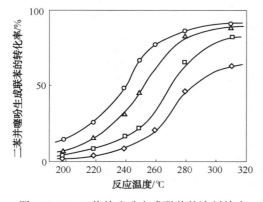

图 2-1-6　二苯并噻吩生成联苯的溶剂效应
图注同图 2-1-5

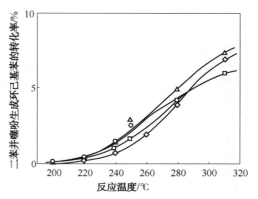

图 2-1-7　二苯并噻吩生成环己基苯的溶剂效应
图注同图 2-1-5

表 2-1-5　氢、二苯并噻吩和溶剂的分压①

溶剂	氢/MPa	二苯并噻吩/MPa	溶剂/MPa	温度②/℃
二甲苯	4.225	0.0043	0.740	240
十氢萘	4.405	0.0045	0.570	289

续表

溶剂	氢/MPa	二苯并噻吩/MPa	溶剂/MPa	温度[2]/℃
四氢萘	4.382	0.0044	0.613	304
正十六烷	4.618	0.0047	0.378	358

① 总压为5.0MPa，重时空速70h^{-1}，催化剂装量0.2g，氢流率18L/h，二苯并噻吩初始浓度0.1%，假定所有组分均为气体。

② 溶剂完全汽化所要求的温度。

总之，溶剂效应是各种因素的综合结果，很有进一步研究的必要。不过 Kabe 等还是倾向于认为溶剂与硫化物的竞争吸附是阻滞作用的主要因素，并主张用 Langmuir-Hinshelwood 方程描述溶剂阻滞效应。他们给出了吸附热的数据，并发现溶剂并不改变 HDS 反应的活化能。

(二) 反应网络和动力学

很多文献对纯含硫组分如噻吩、苯并噻吩、二苯并噻吩和含烷基二苯并噻吩进行了详细的研究。L-H 动力学方程假设了这些纯的含硫化合物在竞争吸附和非竞争吸附具有不同的模型。在文献中报道了对于 DBT 的 HDS 反应一些重要的动力学方程，列于表2-1-6[13]。有关噻吩和苯并噻吩的 HDS 反应的网络和动力学，文献[1]和文献[6]有简明的综述，并提供了丰富的文献可资参考，这里也不作过多叙述。下面介绍二苯并噻吩、4，6 二甲基二苯并噻吩和苯萘并噻吩的 HDS 反应。

表2-1-6　含硫化合物中间馏分的动力学表达式

催化剂	条件	反应表达式
CoMo/氧化铝		$r_{HDS} = k \dfrac{K_{DBT}p_{DBT}}{(1+K_{DBT}p_{DBT}+K_{PROD}p_{PROD})} \cdot \dfrac{K_{H_2}p_{H_2}}{(1+K_{H_2}p_{H_2})}$
CoMo/氧化铝		$r_{HDS} = \dfrac{k_{HDS}K_{DBT}K_{H_2}p_{DBT}p_{H_2}}{(1+K_{DBT}p_{DBT}+K_{H_2S}p_{H_2S})(1+K_{H_2}p_{H_2})}$
CoMo/氧化铝	200~240℃	$r_{HDS} = k \dfrac{K_{DBT}p_{DBT}}{(1+K_{DBT}p_{DBT}+K_{H_2S}p_{H_2S})^2} \cdot \dfrac{K_{H_2}p_{H_2}}{(1+K_{H_2}p_{H_2})}$
CoMo/氧化铝	275~325℃，7~26bar	$r_{HDS} = k \dfrac{K_{DBT}p_{DBT}}{(1+K_{DBT}p_{DBT}+K_{H_2S}p_{H_2S})^2} \cdot \dfrac{K_{H_2}p_{H_2}}{(1+K_{H_2}p_{H_2})}$
NiMo Ⅱ类	350℃，50bar	$r_{HDS} = \dfrac{k'_{DDS}c_{DBT}}{(1+K'_{DDS,N}C_{CZ}+K'_{DDS,N}C_{TC})} + \dfrac{k'_{HG}C_{DBT}}{(1+k'_{HG,N}C_{CZ}+K'_{HG,N}C_{TC})}$
CoMo/氧化铝 (整体型催化剂)	270~300℃，60~80bar	$-r_{DBT} = \dfrac{kK_{DBT}K_{H_2}C_{DBT}C_{H_2}}{(1+K_{DBT}C_{DBT}+K_{H_2}C_{H_2}+K_{H_2S}C_{H_2S})^2}$
CoMo/氧化铝	240~300℃，50~80bar	$-r_{DBT} = \dfrac{kK_{DBT}K_{H_2}C_{DBT}C_{H_2}}{[1+K_{DBT}C_{DBT}+K_{H_2S}C_{H_2S}(1+K_{H_2}C_{H_2})^{0.5}]^3}$
CoMo/氧化铝	十六烷，280~320℃，53bar	$r_{HDS} = \dfrac{K_{DBT}C_{DBT}}{1+\sum(K_iC_i)^{ni}}$

注：1bar=10^5Pa。

1. 二苯并噻吩的 HDS 反应

Houalla 等[14]用 Co-Mo/Al_2O_3 催化剂，以正十六烷为溶剂，分别在连续反应器（10MPa）和釜式反应器中进行了以二苯并噻吩及其加氢产物（包括1，2，3，4-四氢二苯并噻吩、六氢二苯并噻吩和联苯）为反应物的加氢实验，根据流动反应器的实验数据提出二苯并噻吩

HDS 反应网络如图 2-1-8 所示。两种氢化二苯并噻吩划为一集总，并较快转化为环己烷基苯。网络表示二苯并噻吩的加氢脱硫主要通过耗氢小的直接氢解脱硫途径进行，尽管氢化二苯并噻吩氢解较快，但加氢反应却很慢。联苯和环己烷基苯的加氢也是慢反应。两条脱硫途径对脱硫的贡献与反应条件(尤其是氢分压)和所用催化剂有关，例如当反应系统中 H_2S 浓度较高时，二苯并噻吩加氢的选择性也较高；而在一定的转化率情况下，使用加氢活性高的 $Ni-Mo/Al_2O_3$ 催化剂与 $Co-Mo/Al_2O_3$ 催化剂相比，产物中的环己烷基苯的产率约高 2 倍。文献[15]发表了用 $Ni-Mo/Al_2O_3$ 催化剂进行二苯并噻吩 HDS 的类似的网络，但氢解生成联苯的速率只是加氢速率的 2.5 倍，加氢选择性的提高，除 $Ni-Mo/Al_2O_3$ 催化剂加氢功能强于 $Co-Mo/Al_2O_3$ 的因素外，实验氢浓度较高(反应压力 17.4MPa)的贡献不可忽视，高压 HDS 必将导致氢耗较高。

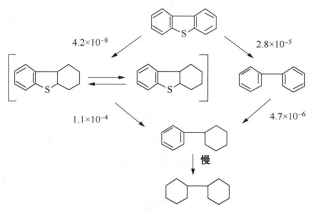

图 2-1-8　二苯并噻吩 HDS 反应网络

图中数字是 300℃的拟一级反应速率常数，$[L/(g \cdot s)]$

一些学者[16,17]研究过二苯并噻吩在加氢脱硫条件下的消失动力学，提出的速率方程有些与 L-H 机理有关，并把 H_2S 作为阻滞剂。图 2-1-8 表明二苯并噻吩的消失来自平行反应氢解和加氢，文献[15]提出了这两条反应途径的速率方程。

对二苯并噻吩的氢解反应：

$$r = \frac{kK_D K_{H_2} C_D C_{H_2}}{(1 + K_D C_D + K_{H_2S} C_{H_2S})^2 (1 + K_{H_2} C_{H_2})} \qquad (2-1-1)$$

其中　$k = 787 \times 10^5 \exp(-30.1/RT)$

$K_D = 0.18 \exp(4.5/RT)$

$K_{H_2} = 4 \times 10^3 \exp(-8.4/RT)$

$K_{H_2S} = 0.70 \exp(-5.3/RT)$

对二苯并噻吩的加氢反应：

$$r = \frac{k'K'_{\triangledown} K'_{H_2} C_{\triangledown} C_{H_2}}{1 + K'_D C_D} \qquad (2-1-2)$$

其中　$k'K'_{H_2} = 4.22 \times 10^{-4} \exp(-27.7/RT)$

$K'_D = 2.0 \exp(1.4/RT)$

式(2-1-1)和式(2-1-2)中 $k(k')$、$K(K')$ 分别为反应速率常数[单位为 $mol/(g \cdot s)$]和吸附平衡常数(单位为 L/mol)，下标 D 为二苯并噻吩。数据适用于 275~325℃。

式(2-1-1)意味着,二苯并噻吩的氢解反应遵循 L-H 机理,分别吸附在不同活性位上的氢分子与二苯并噻吩之间的表面反应是速率控制步骤,二苯并噻吩和 H_2S 均能阻滞氢解反应,H_2S 的阻滞效应更为强烈。这些结果与噻吩和苯并噻吩动力学研究结果基本一致。

二苯并噻吩加氢速率式与氢解的不同,表明这两类反应发生在不同的活性位上,而且 H_2S 并不阻滞加氢反应,这也与有关噻吩和苯并噻吩 HDS 的论述一致。

2.4,6-二甲基二苯并噻吩的 HDS 反应

在有机含硫化合物的反应活性部分已经有文献[3]报道了 4,6-二甲基二苯并噻吩的脱硫很困难。文献提到 4,6-二甲基二苯并噻吩加氢脱硫的主要反应历程如图 2-1-9 所示。

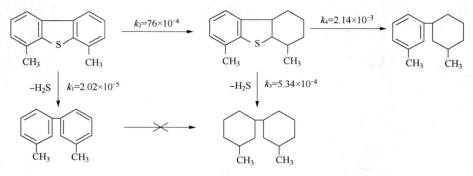

图 2-1-9　4,6-DMDBT 加氢脱硫反应途径

图 2-1-9 表明,4,6-二甲基二苯并噻吩的脱硫主要通过一个芳环先加氢的加氢途径,而直接脱硫的途径明显要弱得多。图 2-1-10 中 4,6-二甲基二苯并噻吩加氢脱硫生成产物的分布规律也验证这一结果[18]。从图 2-1-9 还可以发现,由于与芳环相邻的硫原子的影响,芳环变得容易加氢,而一旦脱硫完成,芳环加氢变得很困难。

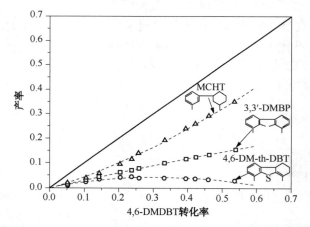

图 2-1-10　4,6-DMDBT 加氢脱硫反应生成产物分布情况

(NiMoP/Al$_2$O$_3$ 商品催化剂,反应条件:320℃、5.5MPa)

Kabe 等[7]已经发现 4,6-二甲基二苯并噻吩 HDS 的困难是由于取代基对 C—S 键断裂步骤的空间位阻造成的。

在芳环被加氢之前,4,6-二甲基二苯并噻吩中取代基(甲基)与芳环的连接是通过 sp^2 杂化轨道进行的。这样,4,6 位的甲基、两个芳环和中间的硫原子处于同一个平面中,阻止了硫原子与催化剂表面活性位的接触,从而大大增加了 4,6-二甲基二苯并噻吩 HDS 的

难度。当芳烃被加氢为环己烷环后，取代基、环己烷环中的 C 原子变成 sp^3 杂化，形成四面体结构。sp^3 杂化的环己烷环可以在船式结构和椅式结构之间变化，其上的取代基也就不再与硫原子处在相同的平面中，于是硫原子容易与催化剂表面活性位接触而反应，从而促进了4，6-二甲基二苯并噻吩的 HDS。

3. 苯萘并噻吩的 HDS 反应

苯萘并噻吩是我们在文献中所看到的模型化合物中最重的有机含硫化合物，苯（b）萘[2.3d]并噻吩的 HDS 在釜式反应器中进行，Co-Mo/Al$_2$O$_3$ 催化剂，300℃，7MPa[19]。也在釜式反应器中，用 Ni-Mo/Al$_2$O$_3$ 催化剂，在250℃，3.9MPa 条件下进行了苯[b]萘[1，2d]并噻吩的 HDS，并分别提出了这两种硫化物的反应网络如图 2-1-11 和图 2-1-12 所示。

从图 2-1-11 和图 2-1-12 看出，两种苯萘二苯并噻吩的 HDS 都通过氢解和加氢两种反应途径进行，而且，苯萘并噻吩氢解和加氢的反应速率也都差不多。其次，这两种苯萘并噻吩当萘中与 S 杂环相邻的芳环加氢后，其氢解脱硫速率远大于加氢前。但两种加氢产物氢解速率提高的倍数却又有很大的差别，其原因尚未清楚。

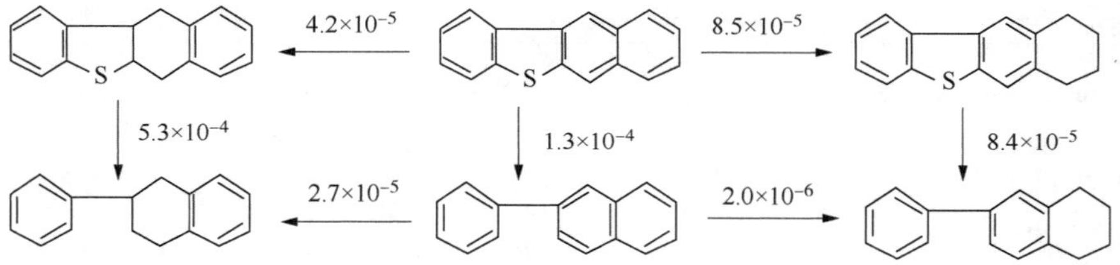

图 2-1-11　苯[b]萘[2，3d]并噻吩 HDS 反应网络
箭头上数字为相应反应300℃的拟一级反应速率常数，mol/(g·s)

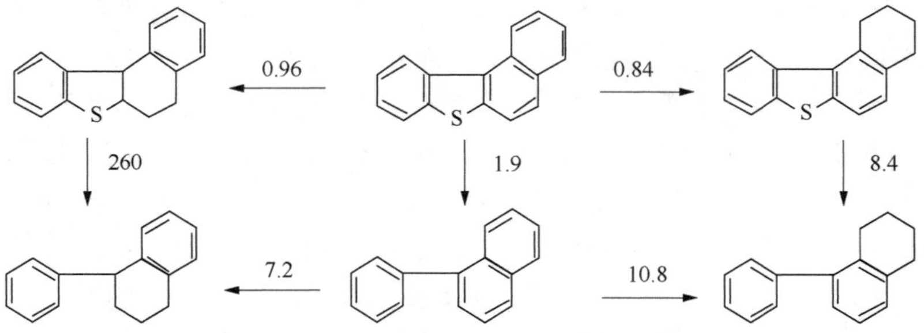

图 2-1-12　苯[b]萘[1，2d]并噻吩 HDS 反应网络
箭头上数字为相应反应拟一级反应速率常数的相对值

伴随着苯萘并噻吩(还有二苯并噻吩)的氢解发生的环加氢，部分地解释了为什么重油馏分的氢耗超过 HDS 所需的化学计量氢耗。由于苯萘并噻吩加氢相对迅速，因此认为这些化合物水平地吸附在催化剂上形成可以加氢的 π-键化合物。

未见有关苯萘并噻吩 HDS 网络 L-H 速率方程的报道。

(三) 加氢脱硫的热力学特点

有机硫化物的 HDS 是放热反应(见表 2-1-7)。在工业反应条件(340～425℃，5.5～17MPa)下，HDS 反应基本上是不可逆的，不存在热力学限制，表 2-1-8 列出了一些 HDS 反应的化学平衡常数[5,20]，其中427℃的 lg$K$ 均大于0。只有在比常用工艺条件高得多的温度下，lg$K$ 值才小于1。随着温度升高，平衡常数变小，这与放热反应特性一致，也说明从热力学角度看，较低的温度(和较高的压力)有利于 HDS 反应。

表 2-1-7　一些 HDS 反应的焓变[16]

反　　应	ΔH_{300K}/ (kJ/mol)	反　　应	ΔH_{300K}/ (kJ/mol)
$CH_3SH+H_2 \longrightarrow CH_4+H_2S$	79.5	噻吩$+4H_2 \longrightarrow C_4H_{10}+H_2S$	259.4
$CH_3SCH_3+2H_2 \longrightarrow 2CH_4+H_2S$	133.9	二苯并噻吩$+2H_2 \longrightarrow$ 联苯$+H_2S$	46.0
四氢噻吩$+2H_2 \longrightarrow C_4H_{10}+H_2S$	113.0		

表 2-1-8　一些加氢脱硫反应的化学平衡常数

反　　应	lg$K$ 227℃	lg$K$ 427℃	lg$K$ 627℃	反　　应	lg$K$ 227℃	lg$K$ 427℃	lg$K$ 627℃
$2\text{-}C_3H_7SH+H_2 \longrightarrow C_3H_8+H_2S$	6.05	4.45	3.52	四氢吡喃硫$+2H_2 \longrightarrow nC_5H_{10}+H_2S$	9.22	5.92	3.97
$CH_3\text{—}S\text{—}C_2H_5+H_2 \longrightarrow CH_4+C_2H_6+H_2S$	12.52	9.11	7.13	噻吩$+4H_2 \longrightarrow nC_4H_8+H_2S$	12.07	3.58	-0.85
四氢噻吩$+2H_2 \longrightarrow nC_4H_8+H_2S$	8.79	5.26	3.24	甲基噻吩$+4H_2 \longrightarrow iC_5H_{10}+H_2S$	11.27	3.17	-1.43

　　但正如上面反应网络的讨论中提到的，杂环硫化物的脱硫可通过两种反应途径，当脱硫包括环预加氢途径(对大分子多环硫化物尤其如此)时可能受热力学影响。图 2-1-13 给出不同温度和压力条件下芳烃加氢反应结果[21]。超过热力学平衡限制后，多环芳烃增加，表明温度过高会显著抑制 4，6-DMDBT 加氢反应途径的进行，从而影响超深度脱硫效果。但高温条件下有利于烷基转移反应的进行，从而对直接脱硫反应路径有利。不同催化剂受反应条件的影响不同，这主要源于催化剂对 HDS 反应路线的选择。一般来说，Mo-Co 型催化剂以直接脱硫为主，而 Mo-Ni 或 W-Mo-Ni 型催化剂则以加氢脱硫为主。在工业上，通过催化剂体系的级配装填可以取得不错的深度脱硫效果。

　　(四) 杂原子烃对 HDS 反应的影响

　　就像在之前讨论的那样[(二)反应网络和动力学]，DBT 和烷基取代的 DBTs 的脱硫按照两种反应路径进行，第一条路径是硫的直接移除，第二条路径包含两步，首先是芳环的加氢，然后是硫脱除为 H_2S。在很多研究中[22~26]，发现毒物对于脱硫的两种反应路线的抑制作用是不同的。因此对于超深度脱硫产品，清晰认识不同抑制物种对于烷基取代的二苯并噻吩反应影响是很重要的。一般来说，抑制顺序如下：含氮化合物>有机硫化物>多环芳烃≈含氧化合物≈H_2S>单环芳香族化合物。和溶剂对 HDS 的阻滞效应类似，杂原子烃也主要是通过对活性位的竞争吸附阻滞 HDS 反应，尤其是碱性氮化物，有些文献把碱性氮化物的阻滞作用称为中毒作用，因此本节重点讨论氮化物对 HDS 的影响。

　　1. 硫化物

　　含硫化物的影响已如上节所述，有机硫化物有自阻作用，而 H_2S 则只阻滞氢解反应而

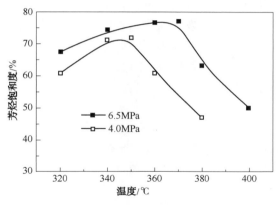

图 2-1-13　床层温度对芳烃饱和度的影响

不影响加氢反应[15]，Nagai 等[27]得到类似结果，并发现 H_2S 的阻滞作用与芳烃相仿。文献[28]报道了用由噻吩、环己烯、间二甲苯、正庚烷和丙醇等模型化合物混合而成的原料，在不同硫化方式硫化的 $Co-Mo/Al_2O_3$ 催化剂上考察了加入 H_2S 对 HDS 等反应的影响。反应条件：4.0MPa，280℃，H_2S 浓度（摩尔分数）0～5%。H_2S 的影响是复杂的，首先是生成强阻滞剂四氢噻吩（H_2S 促进二氢噻吩向四氢噻吩转化）和环己硫醇（H_2S 与环己烯反应的产物），作为阻滞剂，其吸附平衡常数有如下顺序：四氢噻吩>环己硫醇>>H_2S>噻吩。因此认为，四氢噻吩和环己硫醇的生成是造成噻吩转化率（脱硫率）下降[尤其是当 H_2S 浓度（摩尔分数）<1%时急剧下降]的主要因素。其次，H_2S 和 H_2 解离生成的 SH^- 和 H^- 有加速环状硫醚如四氢噻吩 C-S 氢解的作用，但 H_2S 的加入会部分抑制 H_2 的解离。可见，应调节反应条件，使 H_2S 的阻滞作用降至最小。

2. 氧化物

Nagai[27]等曾考察了单环和多环氧化物对二苯并噻吩 HDS 的影响，发现氧化物同时降低联苯和环己基苯的产率，因此认为氧化物的存在同时使氢解和加氢两种活性位中毒，描述这两类反应可用相同形式的速率方程：

$$r = \frac{kK_D K_{H_2} P_D P_{H_2}}{1 + K_O P_O} \qquad (2-1-3)$$

式中，下标 O 表示氧化物。生成联苯（氢解）速率方程中，二苯并呋喃、（夹）氧杂蒽和苯酚 300℃的吸附参数分别为 115.5$(MPa)^{-1}$、110.5$(MPa)^{-1}$和 90.8$(MPa)^{-1}$。鉴于这三种氧化物的吸附平衡常数相近，可认为单环和多环氧化物对 HDS 的阻滞作用相近似。较高氧化物浓度所得数据偏离式（2-1-3）的预测值，可能是由于加氢脱氧生成的水引起催化剂表面结构变化所致。

3. 氮化物

碱性有机氮化物是 HDS 反应最强的阻滞剂（甚至称之为毒物）之一，因而被进行了广泛的研究。

Bhinde[29]在研究中发现，喹啉对二苯并噻吩反应网络（图 2-1-8）中所有反应都有强烈的阻滞作用，而且在"反应初期"，当喹啉及其三种加氢产物——1，2，3，4-四氢喹啉和5，6，7，8-四氢喹啉以及十氢喹啉是反应系统中的主要含氮化合物时，阻滞作用较强；当反应系统中的含氮化合物只保留邻丙基苯胺和氨时便进入"反应末期"，而末期的阻滞作用较弱。分别对二苯并噻吩网络的各反应确定喹啉存在条件下不同反应阶段的拟一级反应速率常数，并与原料中的喹啉含量相关联，发现氮化物对加氢反应的阻滞作用大于对氢解反应，这也证明，二苯并噻吩加氢和氢解反应是在不同的活性位上进行的。

Lo[30]用文献[29]的数据，对二苯并噻吩 HDS 网络各反应开发了 L-H 型速率方程，发现参数较多的双位模型比单位模型更好拟合实验数据：

$$r = r_{\text{I}} + r_{\text{II}} \tag{2-1-4}$$

$$r_{\text{I}} = k_{\text{I}} C/(1 + K_{HC} C_{HC} + K_S C_S + K_{QBN, \text{I}} C_{QBN} + K_{A, \text{I}} C_A) \tag{2-1-4a}$$

$$r_{\text{II}} = k_{\text{II}} C/(1 + K_{HC} C_{HC} + K_S C_S + K_{QBN, \text{II}} C_{QBN} + K_{A, \text{II}} C_A) \tag{2-1-4b}$$

式（2-1-4）表示总反应速率是在两种不同活性位反应速率之和，r_{I} 对应于较为活泼的、对毒物较敏感的氢解活性位，r_{II} 对应于不太活泼、比较抗毒物的加氢活性位。发现氮化物在两种活性位的吸附参数值相差一个数量级以上。式中的下标 QBN 代表喹啉和它的三种加氢产物以及邻丙基苯胺集总；A 代表氨；I 和 II 分别代表氢解位和加氢位；S 和 HC 分别代表硫化物和烃类，这里假设它们在两活性位上的吸附参数相同（这当然是经验的假定，其前提是对数据拟合良好）。

有机氮化物对 HDS 的阻滞作用与其分子结构有关。文献[31]报道了氮化物中氮原子的空间位阻与其对 HDS 反应阻滞作用的关系，测定了各种甲基吡啶和乙基吡啶等对石脑油 HDS 的阻滞效应，提出了描述石脑油 HDS 的动力学方程如下：

$$r = kP_S/[(1 + K_{H_2S} P_{H_2S})(1 + K_A P_A^{0.5} + K_B P_B^{0.5} + K_C P_C^{0.5})] \tag{2-1-5}$$

式中的下标 S、A、B 和 C 分别代表石脑油中的硫化物、氨、石脑油中的氮化物和加入的氮化物，其吸附参数见表 2-1-9。表中数据表明，用以描述对 HDS 阻滞作用的吸附参数与围绕氮原子的空间位阻程度密切相关，例如 2，6-二甲基吡啶分子中与氮原子相邻（2，6位）的甲基的空间位阻程度最大，阻碍了它在活性位上的有效吸附，其吸附参数（对 HDS 的阻滞作用）便最小，而 4-乙基吡啶的影响适相反。4-甲基苯胺的弱阻滞作用可归因于其孤对电子的共振。定性地看，这与 LaVopa[32]关于氮化物对噻吩 HDS 中毒作用的研究结果吻合。

表 2-1-9 一些氮化物的吸附参数（292℃）

化合物	$K/(\text{MPa})^{-1}$	化合物	$K/(\text{MPa})^{-1}$
4-乙基吡啶	2.27	3.5-二甲基吡啶	1.58
2，4-二甲基吡啶	0.12	2，6-二甲基吡啶	0
4-甲基苯胺	0.12	氨	0.98

根据氮化物受空间位阻程度与 HDS 阻滞参数（阻滞剂的吸附平衡常数）的关系，提出氮化物阻滞 HDS 反应是由于氮原子通过 sp^2 孤对电子的吸附所致。这似乎与认为杂环氮化物是通过其 π 电子水平地吸附的假说[33]相矛盾，但在上述的阻滞实验中，并未发生明显的氮化物加氢，因而导致阻滞作用的吸附可能不同于导致阻滞剂的催化加氢。此外，在比阻滞实验更高的温度压力下，Kwart 等[33]曾指出，2，6-二甲基吡啶加氢生成的 2，6-二甲基哌啶是 HDS 的强阻滞剂，因为哌啶环的摺叠特性，其 sp^3 孤电子对不受阻碍。

不受位阻影响的氮化物对 HDS 的阻滞作用与其碱度有关，Lavopa[32]和 Nagai[34]等就噻吩 HDS 和二苯并噻吩加氢生成六氢二苯并噻吩的反应研究了这种关系。Nagai 等发现氮化物只阻滞加氢反应而不阻滞氢解反应。两组研究估计的氮化物吸附参数均不能与水溶液中氮化物的碱度（即 pK 值）很好关联，但却能与氮化物气相质子亲和力很好关联，显然，气相质子亲和力可以较好地描述有机碱与表面催化位之间的相互作用。

还应指出的是，就氮化物的阻滞作用而言，简单地区分氮化物的碱性与非碱性是不够的，因为正如后面在加氢脱氮（HDN）一节中述及的，非碱性氮化物在加氢反应条件下会转化为碱性氮化物，因而在考虑氮化物的阻滞作用时，不仅要看原料中存在（或添加）氮化物的碱性，还应预计到在加氢过程中所生成含氮中间产物的碱性。LaVopa[32]和 Nagai[34]等在研究中都发现非碱性氮化物咔唑的强阻滞作用，例如咔唑和碱性氮化物哌啶的吸附参数之比为 0.86[32]。

Shih 等提出了一个只适用于新催化剂的经验关联式，用以计算把馏分油的硫含量脱至 0.05%所需的反应温度：

$$T = T_0 + A\exp S + B\ln N \qquad (2-1-6)$$

式中，T 为所需反应温度，℉，可按下式换算为℃：$t(℃) = 5/9[t(℉)-32]$；T_0、A 和 B 均为常数，其值分别为 454、31.39 和 20.05；S 为原料馏分中 315.6℃（600℉）以上的硫含量，%；N 为原料中的总氮含量，$\mu g/g$。

式（2-1-6）说明，馏分油的深度脱硫只与 315.6℃ 以上的硫化物含量有关，而氮化物对深度脱硫的阻滞作用也在式中得到定量的反映。

顺便提一下，芳烃（当然不是杂原子烃）对 HDS 也有不可忽视的阻滞作用，而且不同的作者对这种阻滞程度的描述不尽一致，不过与碱性氮化物的阻滞作用相比确实要小得多（如前所述，与 H_2S 的阻滞作用相仿）。

（五）HDS 反应机理

文献报道了 HDS 过程中存在加氢和 C—S 键氢解两类不同活性位，上面在 HDS 反应网络和对 HDS 反应阻滞效应的讨论中也提到了加氢和氢解在不同的活性位进行。长期以来，人们认为硫离子空穴是 HDS 的活性位，硫化物通过硫原子吸附在那些不饱和配位（CUS），经 HDS 反应后，硫化物生成烃产物，而其中所含硫原子则留在空穴上，它进一步与氢反应生成 H_2S 而脱附，使该空穴复原。

已经证实，在加氢处理催化剂中涉及氢的各种反应的催化位位于 MoS_2 和 WS_2 片的边缘。Kasztelan[35]和 Tanaka[36]等强调了在加氢反应中具有三个不饱和配位的 Mo 或 W 的主要作用，价态较低的 Mo 产生更多的阴离子空穴（CUS），导致更高的催化活性，通过氢还原四硫代钼酸铵制备的氧化铝担载硫化钼催化剂中的 Mo 低于 4 价（传统氧化物经还原、硫化制备的 MoS_2-MoO_2 中，Mo 是 4 价），噻吩氢解反应的活性测量结果有力地支持这种观点。

在氢介质中，MoS_2 是一种 n-型半导体，从下面的反应中产生过剩电子：

$$S^{2-} + H_2 \Longleftrightarrow H_2S + \square_s + 2e^-$$

式中，$\square_s$ 是阴离子空穴。由于失去硫阴离子，阳离子层下面有过剩的正电荷，导致 Mo^{4+} 离子转化为较低的氧化态，提出 Mo^{3+} 是脱硫的活性位。文献[37]指出，噻吩在 Mo^{3+} 活性位吸附能削弱 C—S 键，HDS 活性显著。关于加氢活性位，文献[36]把它们表征为每个 Mo 活性位的阴离子空穴数，根据他们的模型，烯烃加氢发生在具有三个 CUS 的边位，这意味着，除金属硫化物的分散外，金属硫化物晶体的生成也很重要。催化剂的硫化条件、制备原料的性质和制备方法对加氢和碳-杂原子键氢解中心的成因都有着重要的影响。

Kabe 等[7]在 Co-Mo/Al_2O_3 和 Ni-Mo/Al_2O_3 催化剂上研究了二苯并噻吩及其 4 位和 4,6 位甲基衍生物的 HDS 反应机理，测量了三种二苯并噻吩在 Co-Mo/Al_2O_3 上 HDS 的活化能和反应热，发现均有如下顺序：二苯并噻吩<4-甲基二苯并噻吩<4,6-二苯并噻吩。活化能是

反应难度的反映，而吸附热则是反应物在催化剂上吸附难易的标志，实验结果说明，在 HDS 反应条件下，二苯并噻吩甚至比其 4-位和 4，6-位甲基取代物更难吸附，因此提出，后者 HDS 的困难并非由于取代基对吸附步骤而是由于对 C—S 键断裂步骤的空间位阻。在 C—S 键断裂之前，被吸附的硫化物可能旋转到硫原子与活性表面垂直时，C—S 键的断裂受 4-位和 4，6-位甲基的空间位阻，但若是有一个芳环被加氢且甲基处于环烷环的轴向位置，则甲基的空间位阻效应被削弱，因而在 C—S 键断裂中将变得不那么重要。

实验发现 Co-Mo/Al$_2$O$_3$ 与 Ni-Mo/Al$_2$O$_3$ 催化剂的脱硫反应的产品分布和反应途径有所不同。对于 Co-Mo/Al$_2$O$_3$ 催化剂，三种二苯并噻吩生成相应的环烷基苯的转化率之间没有或只有很小的差别，所以脱硫活性的差异可用三种二苯并噻吩生成相应联苯转化率的差异来说明。通过稳态条件下向反应系统加入联苯而产物中未见环烷基苯产率增加的实验证明，在 Co-Mo/Al$_2$O$_3$ 催化剂上，二苯并噻吩类通过联苯类生成环烷基苯的途径几乎是不可能的，因此，脱硫产物中的环烷基苯类化合物只能是二苯并噻吩类加氢的二氢或四氢化物脱硫生成的。对于 Ni-Mo/Al$_2$O$_3$ 催化剂，温度低于 290℃ 时，二苯并噻吩类的脱硫曲线形状与 Co-Mo/Al$_2$O$_3$ 的情况相似；但温度继续升高，则发现生成联苯的转化率迅速下降，而生成环烷基苯的转化率很快上升，至 340℃ 时可达 60%(Co-Mo/Al$_2$O$_3$ 只有 10%)。这是由于 Ni-Mo/Al$_2$O$_3$ 催化剂有较高的加氢活性，不仅可以通过上述二氢、四氢二苯并噻吩类脱硫，而且也可通过联苯类加氢(亦为实验所证实)的途径生成环烷基苯，尤其在较高温度下，硫化镍不稳定，在氢压下会析出金属镍，从而提供芳环加氢的活性位。

文献[37]提出了一个"边缘-棱角"模型(rim-edge model)来说明硫化钼催化剂的结构-功能关系，无载体硫化钼催化剂颗粒被描述为若干圆片的堆叠，顶部和底部圆片与边缘活性位相关，而夹在顶部底部圆片之间的那些圆片则与棱角活性位相关，认为硫的氢解反应在两种活性位上均可进行，而二苯并噻吩加氢反应则只有在边缘活性位上才能发生。文献[37]揭示了在 MoS$_2$ 单晶棱角表面的形态和催化剂选择性之间存在一关联，并提出一个模型指出二苯并噻吩 HDS 的选择性取决于具有暴露出底面的层数与被邻近 MoS$_2$ 层复盖的层数之比。

早期大多以噻吩为反应物对载体催化剂进行研究。文献[37]认为，二苯并噻吩是大分子，它的面积比一个 Mo 活性位大，因此可以预期，同一层中相邻的 Mo 原子以及下一层都具有空间位阻效应。金属中心与硫原子之间键的生成要求三个相邻的钼原子是配位不饱和的，因此垂直吸附模式导致生成联苯。另一方面，如果分子平行地吸附到涉及电子的催化剂表面，则边缘活性位就应是连接分子的键，因为只有这些活性位不受相邻层的影响。

Kabe 等[7]用同位素示踪法，以含有示踪原子 ^{35}S 的二苯并噻吩为反应物，在工业 Co-Mo/Al$_2$O$_3$ 催化剂上进行 HDS 反应，通过检测反应期间未反应的 ^{35}S-二苯并噻吩和生成的 ^{35}S-H$_2$S 的放射性，直接考察了在 HDS 催化剂上 S 的行为。实验发现：硫化物中的 S 在 HDS 过程中并非直接以 H$_2$S 形式释放出来，而是先结合到催化剂上；HDS 过程中生成的 H$_2$S 是催化剂中的 S 与氢反应的产物，但若无二苯并噻吩中的硫提供给催化剂，则催化剂中的硫不会释出；催化剂总硫中只有一部分对脱硫起作用，这部分硫称为可交换硫，可交换硫随反应温度和二苯并噻吩的初始浓度的升高而增加，因而认为脱硫活性位随温度和硫化物初浓度的提高而增加。

二、加氢脱氮(HDN)

氮化物普遍存在于天然石油、煤焦油和页岩油中。已经查明，这些原料中的氮多以杂环芳香化合物的形式存在。非杂环化合物苯胺类主要存在于煤焦油中，也是双、多环杂环氮化物 HDN 反应的重要中间产物；脂族胺虽也存在，但含量很少，是环状氮化物加氢反应生成的活泼中间化合物，其加氢脱氮较杂环氮化物快得多，不会给加氢脱氮过程带来困难。这些氮化物在催化反应过程中影响催化剂的活性及寿命，对石油产品质量具有一定的影响，此外，燃料油燃烧过程中排放的 NO_x 对环境影响严重，是空气中雾霾形成的主要原因之一。

石油馏分的氮含量一般随馏分沸点的升高而增加，在较轻的馏分中，单环、双环杂环氮化物（如吡啶、喹啉、吡咯、吲哚等）占支配地位，而稠环含氮化合物（如吖啶、咔唑等）则浓集在较重的馏分中。典型的氮化物见表 2-1-10。

氮化物可分碱性化合物和非碱性化合物两类，如表 2-1-10 中含五元氮杂环的化合物（吡咯及其衍生物）为非碱性氮化物，其余为碱性化合物。在加氢过程中非碱性化合物通常变为碱性的，例如：二氢吲哚（吲哚 HDN 过程的中间产物，见下文）等就是碱性的。油品中非杂环含氮化合物含量比较低，同时也较容易脱除，而较难脱除的杂环类含氮化合物的含量比较大，直接影响油品的质量。

表 2-1-10　典型的有机含氮化合物

化合物	分子式	结构式	化合物	分子式	结构式
苯胺	C_6H_7N		咔唑	$C_{12}H_9N$	
吡咯	C_4H_5N		吡啶	C_5H_5N	
吲哚	C_8H_7N		喹啉	C_9H_7N	
吖啶	$C_{13}H_9N$		二苯并吖啶	$C_{21}H_{13}N$	
苯并吖啶	$C_{17}H_{11}N$				

在加氢裂化过程中，HDN 的重要作用首先是将氮脱至符合工艺要求的程度，以便充分发挥第二段或第二反应器催化剂的功能，众所周知，氮化物是加氢反应，尤其是裂化、异构化和氢解反应的强阻滞剂，这一点在 HDS 一节以及后面有关各类化合物间交互作用的章节中已经并将作进一步的讨论。HDN 的第二个重要作用就是生产符合规格要求的产品，研究表明，油品的使用性能尤其是油的安定性与 HDN 深度[38]和氮含量[39]密切相关。

根据软硬酸碱（HSAB）理论知，氮原子属于硬碱、硫原子属于软碱，镍、钴原子分别属于交界酸碱，但是镍原子的电负性是 1.91，属于偏硬酸，钴原子的电负性是 1.88，属于偏软酸。由 HSAB 原则"硬亲硬，软亲软，交界酸碱两边管"知：镍优先与氮作用，钴优先与硫作用。所以含镍的催化剂有利于 C—N 键断裂，含钴的催化剂有利于 C—S 键断裂。

（一）有机含氮化合物的反应活性

一般情况是杂环含氮化合物在 C—N 键氢解之前，必须进行杂环的加氢饱和，即使是苯胺类非杂环氮化物，C—N 键氢解前，芳环也要先行饱和[40]。在 HDN 反应过程中因饱和程度不同而产生众多的含氮中间物，所以必须区别氮化物的转化率(氮化物消失分率)和脱氮率(生成烃和氨的氮化物分率)。文献[40]给出了各种模型含氮化合物环加氢和 C—N 键氢解的活性，列于表 2-1-11 和表 2-1-12，表中的活性以该反应使原料氮化物转化 50% 时的反应温度(T_{50})表示，T_{50} 越低表示活性越高。

表 2-1-11　杂环氮化物加氢反应的活性①

序　号	反　应　式	$T_{50}/℃$
单环化合物		
1	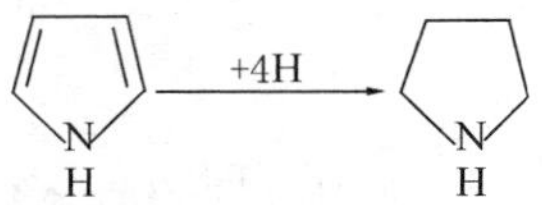	350②
2	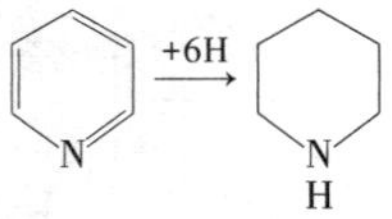	280
3	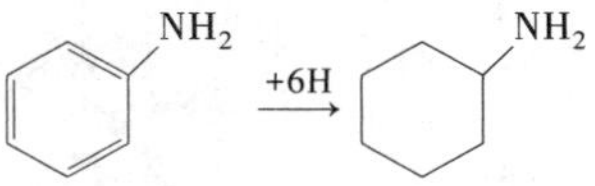	350
4	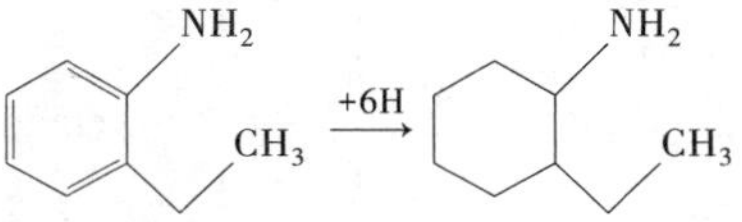	380
比较		
5	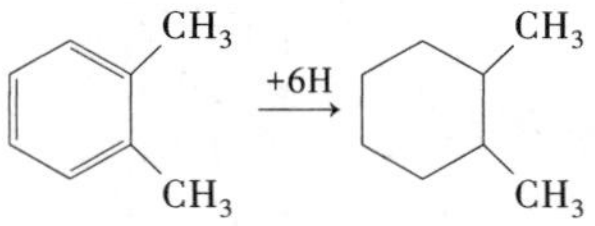	>450
6	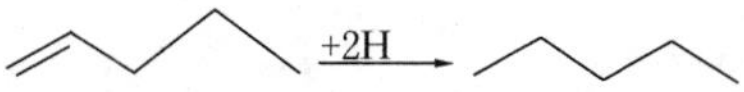	~250
双环化合物，第一步		
7	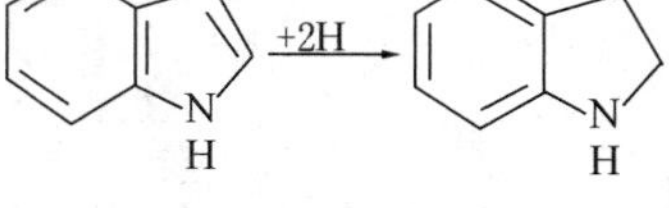	330
8	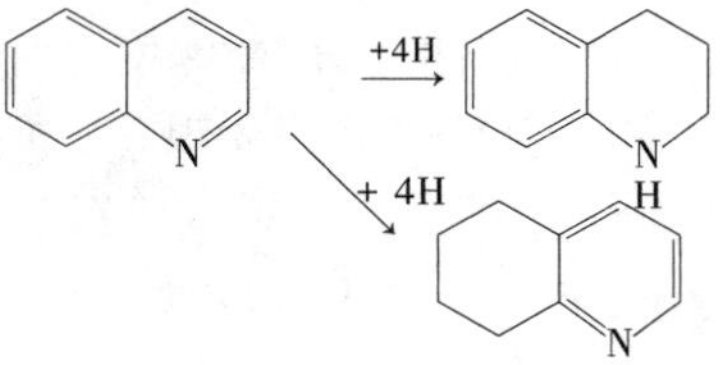	<200
9		370

续表

序　号	反　应　式	$T_{50}/℃$
10		<200
11		<200
12		300
13		300
比较		
14		>300
双环化合物，第二步		
15		~400
16		>400
17		380
18		>380
比较		
19		>350

序　号	反　应　式	$T_{50}/℃$
三环化合物，第一步		
20		250
21		250
22		250
比较		
23		~200
三环化合物，第二步		
24		~400
25		~400
26		>350

① 硫化型 $NiMo/Al_2O_3$，$P_{H_2}=4\sim5MPa$，$\tau=10s$。
② 转化率受吡咯平衡浓度限制。

表 2-1-12　有机含氮化合物 C—N 键氢解反应的活性①

脂族胺

$$↓270℃$$
伯胺　$R—CH_2—NH_2$

$$↓230℃$$
仲胺　$R—CH_2—NH—CH_2—R$

$220℃↓　　↓未测得$
$—CH_2—NH—C_2H_5$

续表

环烷基胺

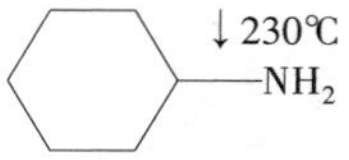

↓230℃
NH2

苯胺类

↓>450℃
NH2
↓>450℃
NH2
CH3

杂环氮化物

饱和单环

N
H ↑300℃
N
H ↑340℃
N
H ↑275℃

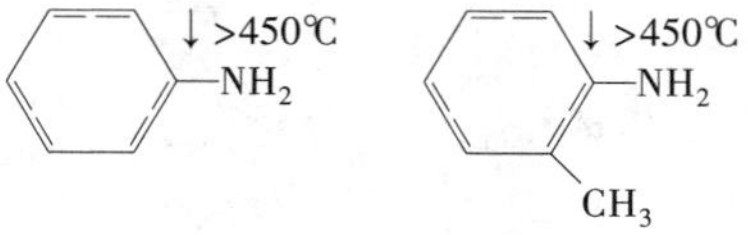

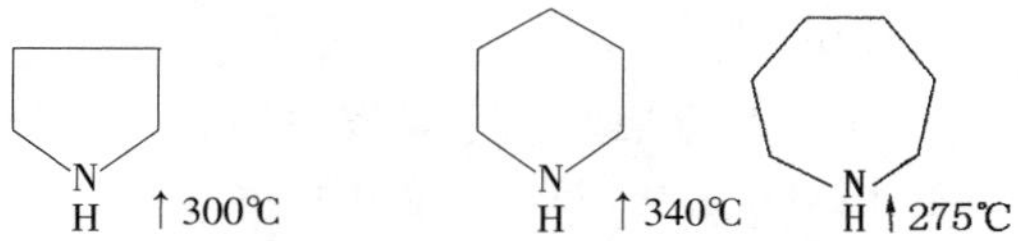

双环氮化物中的五元环

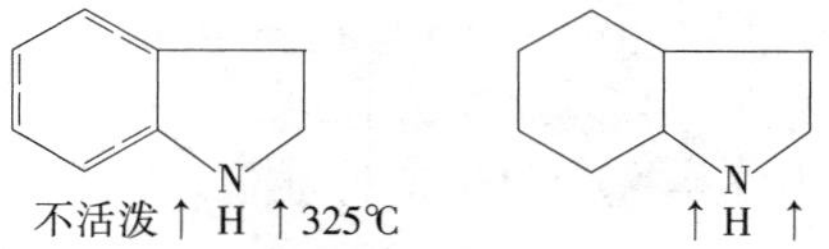

N
不活泼↑ H ↑325℃
N
↑ H ↑

由二氢吲哚生成的条件下活泼

三环氮化物中的五元环

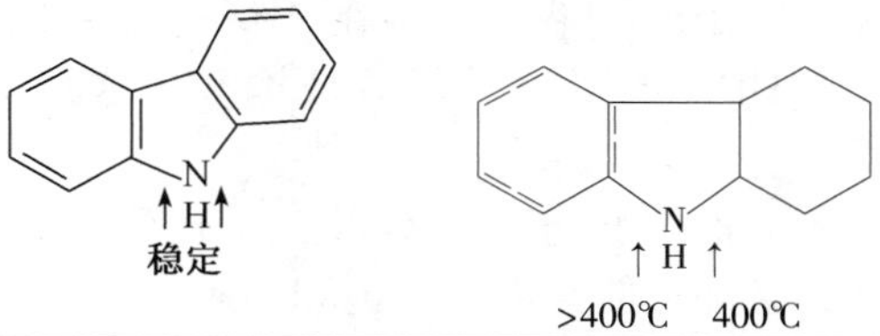

N
↑H↑
稳定
N
↑ H ↑
>400℃　400℃

双环氮化物中的六元环

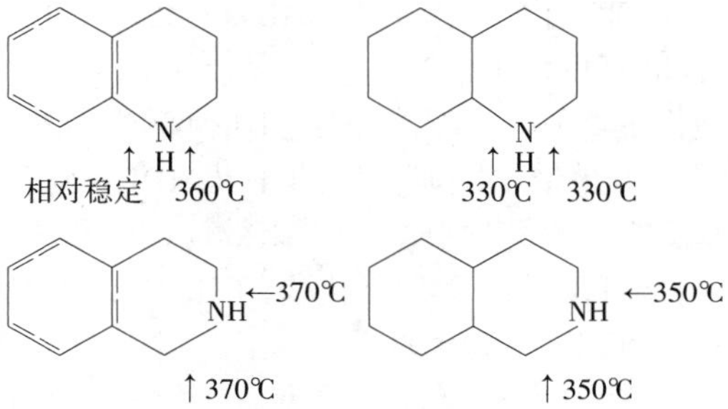

N
↑ H ↑
相对稳定　360℃
N
↑ H ↑
330℃　330℃
NH ←370℃
↑370℃
NH ←350℃
↑350℃

三环氮化物中的六元环

N
H ↑425℃
N
>425℃ ↑ H ↑370℃
N
↑　H

由吖啶生成条件下活泼

① 反应条件同表 2-1-10。表中的温度是箭头所指 C—N 键氢解反应的 T_{50}。

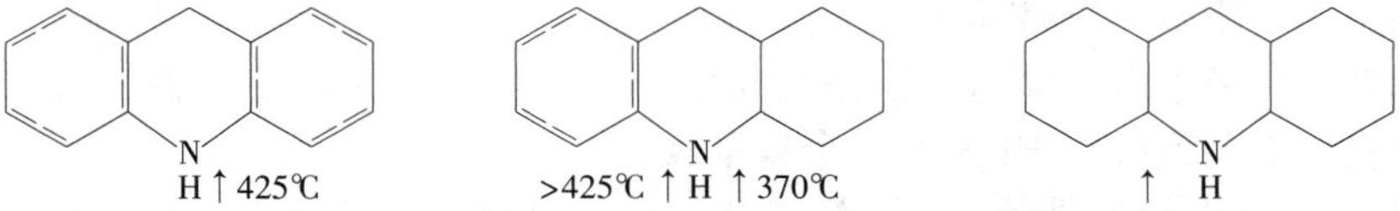

由表 2-1-11 的数据看出：

- 单环氮化物的加氢活性顺序为：

T_{50}　　280℃　　　　　350℃　　　　　　350℃　　　　　>450℃

且杂环和苯胺比苯环加氢容易得多。

- 多环杂环氮化物中，杂环(五元、六元)的加氢活性顺序如下：

三环>双环>单环

由于苯环的存在，杂环的加氢活性有所提高，且在杂环氮化物中，杂环的加氢活性比芳环的高得多。

由表 2-1-12 的数据可以看出：

- 脂族胺容易发生 C—N 键氢解($T_{50} \leqslant 270℃$)，因此是 HDN 反应网络中的快反应步骤；只有当杂环饱和反应也相对快(例如吡啶加氢的情况，$T_{50} = 280℃$)时，C—N 键氢解才对总的 HDN 反应速率有显著贡献。

- 所有芳环(包括单环、双环和三环)与相连生成的 C—N 键显然被芳环强化了，因此，该键在氢解前，通常需要先进行芳环加氢饱和。

- 单环饱和杂环氮化物 C—N 键氢解活性如下：

五元环>六元环>七元环

吡咯烷和哌啶的苯同系物，C—N 键氢解活性有所下降，且对苯环为 α 位的 C—N 键被强化而比较稳定，所以在 HDN 过程中，多在 β 位的 C—N 键氢解而生成邻位带取代基的苯胺类中间物，这意味着 HDN 前仍需进行芳环饱和，这是 HDN 与 HDS 的不同之处，也是 HDN 高氢耗的原因所在。

- 异喹啉杂环饱和后的情况与上述不同：由于不存在对芳环为 α 位的 C—N 键，可以预期，异喹啉的 HDN，芳环可能无需加氢饱和。

以上只是分别对氮化合物在 HDN 过程中所经历的加氢和 C—N 键氢解两个反应步骤的活性进行了讨论，还不能得出 HDN 活性的比较；但这些讨论对理解或设计氮化物 HDN 的反应网络，无疑是很有借鉴价值的。

Girgis 等[6]在他们的综述中给出了两组 HDN 活性数据，一组是不同氮化物的活性对比(见表 2-1-13)，另一组是带不同取代基的喹啉 HDN 反应结果(见表 2-1-14)。表 2-1-13 尽管没有考虑 HDN 反应中氮化物强烈的自阻效应(后文进一步讨论)而使活性的比较略嫌粗糙，但从表中数据还是可以看出这些氮化物的 HDN 活性基本上是同一数量级，三环、四环氮化物的 HDN 速率大致相仿(喹啉的活性应比表中所示的要高，因为它在原料中的浓度几乎是其余氮化物浓度的两倍，自阻效应较大)。数据发表者推断加氢速率大于 C—N 键氢解速率，则大致相等的 HDN 速率意味着 C—N 键断裂的速率也大致相等，即这些氮化物涉及 C—N 键氢解的空间位阻效应亦应大致相同，因而进一步推论通过氮原子的吸附并不发生，不然的话，像苯[c]并吖啶和二苯[c, h]并吖啶，这样的空间位阻效应可能形成较强的化合物，其 HDN 速率可能要比吖啶 HDN 小一个数量级。

表 2-1-14 的结果支持上述推论：所有的二甲基喹啉的 HDN 速率相仿，略小于喹啉，说明这些化合物的空间位阻效应也是大致相同的。因此，有理由认为氮化物的吸附不是通过氮原子而是通过芳环的 π 键。

表 2-1-13 若干碱性氮化物的 HDN 活性[①]

化 合 物	结 构 式	在原料中的浓度/%	拟一级速率常数[②]/[L/(g·s)]
喹啉		1.0	9.39×10^{-4}
吖啶		0.54	6.56×10^{-4}
苯[a]并吖啶		0.47	5.72×10^{-4}
苯[c]并吖啶		0.42	4.03×10^{-4}
二苯[c, h]并吖啶		0.41	1.41×10^{-3}

① 釜式反应器，376℃，13.8MPa，Ni-Mo/Al$_2$O$_3$ 催化剂，烷烃白油溶剂。
② HDN 对反应物和有机氮产物浓度之和是拟一级的。

表 2-1-14 喹啉和二甲基喹啉的 HDN 活性[①]

化 合 物	结 构	拟一级速率常数/[L/(g·s)]	化 合 物	结 构	拟一级速率常数/[L/(g·s)]
喹啉		3.81×10^{-5}	2, 7-二甲基喹啉		2×10^{-5}
2, 6-二甲基喹啉		3×10^{-5}	2, 8-二甲基喹啉		3×10^{-5}

① 釜式反应器，350℃，3.4MPa，NiMo/Al$_2$O$_3$，催化剂，正十六烷溶剂。

Bhinde[29] 在与表 2-1-14 所用相似的反应条件下研究了喹啉和吲哚的 HDN 反应网络，发现两者的 HDN 速率大致相同，喹啉和吲哚的拟一级速率常数分别为 3.81×10^{-5} 和 4.19×10^{-5} L·g^{-1}·s^{-1}，并认为非碱性氮化物因加氢而转化为碱性氮化物是产生这种活性相似的原因。但 Flinn 等[41] 在 252℃，6.9MPa，使用 NiW/Al$_2$O$_3$ 催化剂的条件下进行含氮模型化合物的研究中发现，开始吲哚 HDN 比喹啉快，其拟一级速率常数为后者的 4.4 倍，但当 HDN 深度提高(增加反应空时)则两者的反应速率趋于相近，如图 2-1-14 中，吲哚 HDN 曲线与喹啉的曲线趋于平行。文章作者在对加氢产物进行分析后认为，在吲哚 HDN 过程中生成一些反应物流中本来并不存在，而分子量比吲哚更大、结构也更复杂的含氮化合物是使吲哚 HDN 随脱氮深度提高而变得困难的原因(见表 2-1-15)。

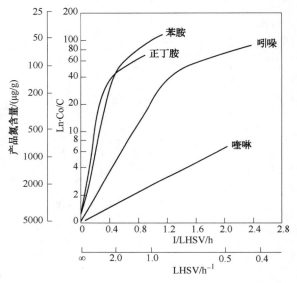

图 2-1-14　HDN 拟一级反应的动力学标绘

表 2-1-15　吲哚部分 HDN 产品中的氮化物[①]

总氮含量	4300	二氢吲哚	70
非碱性氮含量	3561	喹啉	15
碱性氮含量	739	未鉴定的较重氮比物	554
碱性氮化物组成(半定量)		非碱性氮化物(定性鉴定)	吲哚、带取代基吲哚，咔唑
胺类	80		

① 252℃，6.9MPa，NiW/Al$_2$O$_3$，表中氮含量单位：μg/g。

(二)反应网络和反应动力学

研究 HDN 过程动力学不仅能够为解决工业反应器的选型、设计计算提供必需的理论依据，为生产装置实现最优化操作提供依据，而且为阐明反应机理、强化生产或进一步改进催化剂的性能等指明方向。HDN 的动力学模型大致可分为：简单动力学模型，n 级动力学模型，Langmuir-Hinshelwood 机理模型和集总模型[42~50]。

正如上节所述，HDN 反应过程涉及三类反应：杂环与芳环加氢饱和以及 C—N 键氢解。当然不是所有的氮化物都涉及这三类反应，因分子结构不同，可能分别涉及其中之一、二或全部，例如表 2-1-16 所示。这实际上也是氮化物的一种分类方法，不同于碱性氮、非碱性氮的分类，也不同于五元、六元杂环氮化物的分类，而是根据氮化物 HDN 所涉及反应进行分类。从表 2-1-14、表 2-1-15 不难看出，表 2-1-16 中自上而下，氮化物 HDN 的难度递增，由于杂环比芳环容易加氢，因此实际上最下面的两类化合物的 HDN 难度大体相仿。

表 2-1-16　氮化物的结构及其对应的 HDN 反应

典型分子结构	HDN 所涉及反应
哌啶(N—H)　吡咯烷(N—H)　苯(CH$_2$)$_n$NH$_2$　C$_n$H$_{2n+1}$NH$_2$　$n \geqslant 1$	C—N 键断裂

续表

典 型 分 子 结 构	HDN 所涉及反应
（吡啶、吡咯、异喹啉结构式）	杂环加氢，C—N 键断裂
（四氢喹啉、吲哚啉、苯胺NH₂结构式）	芳环加氢，C—N 键断裂
（喹啉、吲哚结构式）	杂环加氢，芳环加氢，C—N 键断裂

喹啉是在 HDN 反应中涉及全部三类反应的分子最简单的氮化物之一，而且不太活泼，被公认为代表石油馏分加氢最好的模型化合物，并因此而被广泛研究。本节重点讨论喹啉的 HDN 反应，随后介绍三环氮化物，吲哚和苯胺类的 HDN 反应。

1. 喹啉的 HDN 反应

许多研究者都对喹啉的 HDN 进行过研究[40,41,51~55]，研究多在液相条件下进行，这种条件更接近工业原料的 HDN。图 2-1-15 表示喹啉的 HDN 反应网络。图 2-1-16 给出喹啉反应后，生成产物的选择性结果[56]。喹啉 HDN 要求一个或两个环先加氢饱和。喹啉加氢生成 1，2，3，4-四氢喹啉比生成 5，6，7，8-四氢喹啉快得多（如图中拟一级速率常数大一个数量级）。实际上，即使在低于 200℃喹啉加氢生成 1，2，3，4-四氢喹啉的反应也达到平衡，这时原料中的氮化物主要转化为 1，2，3，4-四氢喹啉。当温度升至 350℃，喹啉生成 5，6，7，8-四氢喹啉的反应开始发生，且较高温度下与 1，2，3，4-四氢喹啉相平衡的喹啉浓度较高，有利于生成 5，6，7，8-四氢喹啉。

两种四氢喹啉加氢生成十氢喹啉的反应都是慢反应，不过 5，6，7，8-四氢喹啉加氢稍快，约在 400℃开始。因此，400℃以上，喹啉加氢主要通过 5，6，7，8-四氢喹啉加氢生成十氢喹啉的途径进行。

邻丙基苯胺脱氮要求苯环先加氢生成活泼的邻丙基环己胺，因为从加氢产物中检测出丙基环己烯，在反应条件下，这不大可能由丙苯加氢或丙基环己烷脱氢而只能由邻丙基环己胺脱氮生成。

5，6，7，8-四氢喹啉与邻异丙基苯胺等摩尔混合物的加氢实验结果证明，前者的加氢活性比后者高得多，其 T_{50} 低 25℃，这表明在较高的反应温度（400℃以上），喹啉 HDN 主要是通过 5，6，7，8-四氢喹啉、十氢喹啉而不是 1，2，3，4-四氢喹啉、邻丙基苯胺的途径[40]。

图 2-1-17 是喹啉 HDN 反应网络中几组摩尔比的对数对反应温度倒数的标绘（因氢大大过量，忽略反应中氢浓度的变化），图中的直线部分即表示反应达到平衡。由图可见，三个环的饱和反应达到热力学平衡均与温度有关。喹啉加氢生成 1，2，3，4-四氢喹啉的反应在实验温度范围内（300~450℃），在硫化型和氧化型两种催化剂上均处于平衡状态。而喹啉生成 5，6，7，8-四氢喹啉的反应，对硫化型和氧化型 Ni-W/Al₂O₃ 催化剂，则分别在 400℃和 450℃以上才达到平衡，可见硫化型 W-Ni/Al₂O₃ 的加氢活性比氧化型的高得多。至于邻

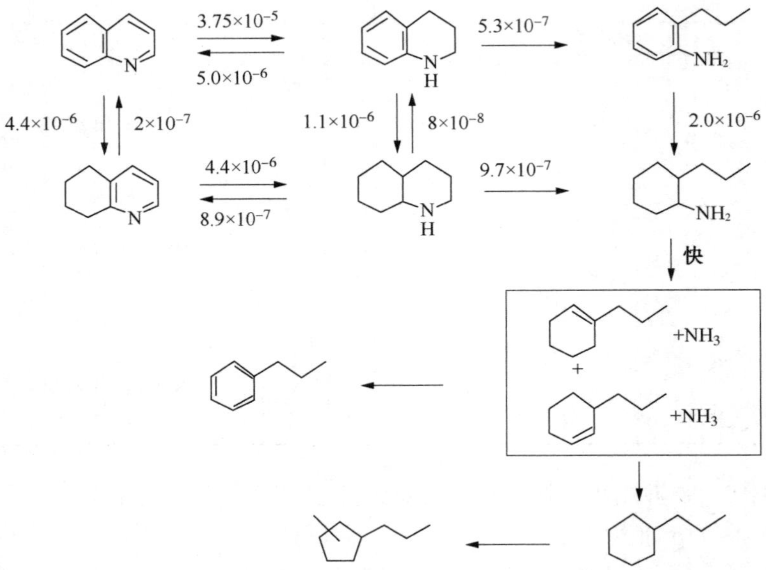

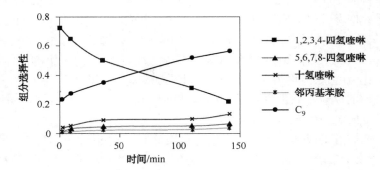

图 2-1-15　喹啉 HDN 反应网络[51]

反应条件：7.0MPa，375℃，原料中喹啉 5%，CS$_2$ 0.59%，Ni-Mo/Al$_2$O$_3$；

箭头上的数字为拟一级速率常数，单位：mol/(g·s)。

图 2-1-16　在无 H$_2$S 时喹啉加氢脱氮的产品选择性

丙基苯胺在硫化型催化剂上的芳环加氢反应，和 5，6，7，8-四氢喹啉加氢相似，也要在 400℃以上才能达到平衡。

　　文献［54］提出还存在与图 2-1-15 不同的一些喹啉 HDN 反应途径(见图 2-1-18)，主要是指 1，2，3，4-四氢喹啉可以同时开环和直接脱氮生成丙苯和丙基环己烷以及苯胺直接脱氮生成丙苯，但并未提供机理说明。提出这些反应途径主要是根据实验结果，即只有假定这些反应发生才能很好地拟合他们的实验数据。此外，显然图中所示的每一反应对总反应的贡献与压力条件有关，一些在低压下可以忽略的反应，在高压下却变成了活泼的反应，反之亦然。因此网络简化为两种极限形式之一：低压(<3.1MPa)和高压(>7.9MPa)。

　　由于氮化物在 HDN 过程中有强的自阻效应，因此，喹啉 HDN 网络中各反应和总的 HDN 动力学均用 L-H 速率方程模拟，但不同研究者在喹啉 HDN 反应网络研究中提出的速率方程也不尽相同。

　　路蒙蒙[57]通过对 MoP/SiO$_2$-TiO$_2$-ZrO$_2$ 催化剂上喹啉加氢脱氮活性考察，建立了带有氮化物吸附的拟一级反应动力学模型，并结合 Levenberg-Marquardt(L-M)算法对模型参数进行优化求解。将喹啉 HDN 反应的脱氮率实验值与模型计算值进行了比较，两者吻合较好，平均相对误差为 6.87%。

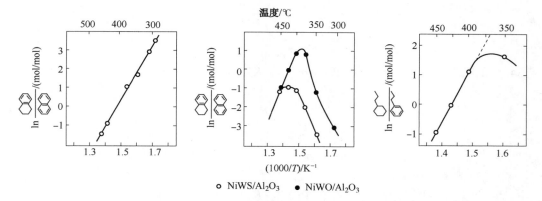

● NiWS/Al$_2$O$_3$　● NiWO/Al$_2$O$_3$

图 2-1-17　喹啉 HDN 产物中分子比与反应温度的关系[41]

反应条件：4.6MPa，硫化型和氧化型催化剂对应的 P_{H_2S} 分别为 1.27kPa 和 0

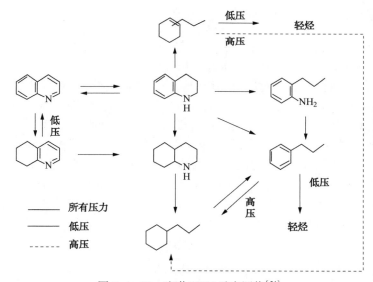

图 2-1-18　喹啉 HDN 反应网络[54]

反应条件：釜式反应器，1.0～15.2MPa，350℃，Ni-Mo/Al$_2$O$_3$ 催化剂

Satterfield 和 Yang[51,52]用图 2-1-15 所示的每一种反应物进行液相加氢实验，用单活性位 L-H 速率方程描述加氢和氢解反应，将反应物和产物归并为三个集总：氨、十氢喹啉和芳香胺（包括喹啉、两种四氢喹啉和邻丙苯胺）。可能由于反应条件下氮化物的表面覆盖率很高，喹啉遵循零级动力学，因此 L-H 速率式分母中的 1 被忽略了，速率方程如下：

$$r_{ij} = \frac{k_{ij}K_i c_i}{K_{AA}c_{AA} + K_D c_D + K_A c_A} \tag{2-1-7}$$

式中，r_{ij} 代表在 HDN 反应网络的 j 反应中化合物 i 的反应速率；下标 AA、D 和 A 分别代表芳香胺、十氢喹啉和氨。式中假设芳香胺集总中各组分的吸附参数相同，并假设吸附参数之比与温度无关，确定了它们之间的比值为 $K_D/K_{AA} = 2$，$K_A/K_{AA} = 0.7$。

Shih 等[55]假设加氢反应和氢解反应在两类不同的活性位上进行，HDN 网络中的这些反应在给定的反应条件下遵循拟一级动力学，且认为所有的含氮化合物(包括 NH_3)的吸附参数都相等，得到喹啉 HDN 网络的反应动力学方程如下：

对加氢反应：

$$r_{ij} = \frac{k_{ij}P_{H_2}^2 c_i}{(1 + K_{H_2}P_{H_2} + K_N c_{N_o})^2} \qquad (2-1-8)$$

342℃的吸附参数值为 $K_{H_2} = 0.49(MPa)^{-1}$，$K_N = 6.4 \times 10^8 g/mol$。

对氢解反应：

$$r_{ij} = \frac{k_{ij}P_{H_2}^n c_i}{(1 + K_{H_2}P_{H_2} + K_N c_{N_o})^2} \qquad (2-1-9)$$

1，2，3，4-四氢喹啉氢解反应 $n=1$；
十氢喹啉氢解反应 $n=0$。

342℃的吸附参数值为 $K_{H_2} = 0.49(MPa)^{-1}$，$K_N = 6.4 \times 10^6 g/mol$。

加氢反应与氢解反应氮化物的吸附参数相差两个数量级，与两类活性位的假设相符。

Gioia 和 Lee[58] 提出图 2-1-14 喹啉 HDN 网络的动力学方程为：

$$r_{ij} = \frac{k_{ij}c_{ij}}{1 + K_Q c_Q + K_{THQ}c_{THQ}} \qquad (2-1-10a)$$

Q 和 THQ 分别代表喹啉和 1，2，3，4-四氢喹啉(分母中含有其他吸附项并不改善对实验数据的拟合)，350℃，吸附参数 $K_Q = K_{THQ} = 10^5 g/mol$。

如前所述，他们研究了氢压对反应途径的影响，并据此把 HDN 网络中的反应分为两类，一类是伴有加氢的 C—N 键断裂(氢解)反应，包括 1，2，3，4-四氢喹啉分别生成邻丙基苯胺、丙基环己烯和丙基环己烷以及十氢喹啉生成丙基环己烷的反应。另一类则是加氢或脱氢反应(例如由喹啉生成 1，2，3，4-四氢喹啉、两种四氢喹啉生成十氢喹啉、邻丙基苯胺的芳环饱和、丙基环己烯生成丙基环己烷或轻烃以及 1，2，3，4-四氢喹啉脱氢为喹啉、丙基环己烷脱氢为丙苯等反应)。发现前一类(氢解)反应的速率常数 k_{ij} 几乎与氢压无关，并因此提出这些反应的控制步骤是 C—N 键断裂或结构重排；第二类反应的速率常数则强烈依赖于氢压，并确定了 k_{ij} 与氢分压 P_{H_2} 有如下关系：

$$k_{ij} = \frac{k'_{ij}P_{H_2}^m}{(1 + K_{H_2}P_{H_2})^n} \qquad (2-1-10b)$$

对加氢反应：$m=n$。
n 是化合物 i 加氢反应中氢的化学计量系数(只适用于 $n=1$ 或 2 的情况)。
对脱氢反应：$m=0$，$n=1$ 或 2，取决于反应涉及的氢的空活性位数。

Miller 和 Hineman[53] 提出喹啉总的 HDN 动力学方程为：

$$r_{HDN} = \frac{kc_N}{1 + K_N c_N} \qquad (2-1-11)$$

式中　$K_N = (7.9 \sim 9.6) \times 10^4 g/mol(330℃)$
　　　$K_N = (1.7 \sim 2.3) \times 10^4 g/mol(375℃)$

2. 吖啶和苯并喹啉的 HDN 反应

吖啶是典型的三环六元杂环氮化物。由于分子结构比喹啉更为复杂，因此可供选择并且相互交联的反应途径更多，其 HDN 反应网络也更复杂。图 2-1-19 是 Schulz[40] 提出的吖啶 HDN 反应网络。

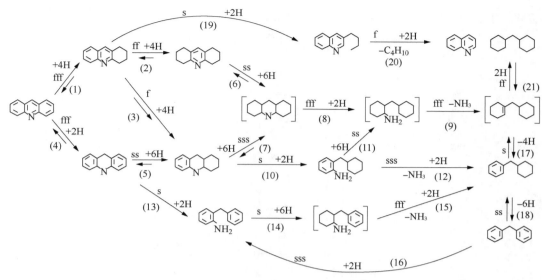

图 2-1-19　吖啶 HDN 反应网络[40]

反应条件：375~475℃，4.6MPa，硫化型 NiW/Al$_2$O$_3$ 催化剂；符号 f(s) 代表快(慢)，f(s) 越多代表越快(慢)

吖啶一个环(苯环或杂环)的加氢反应[(1)和(4)]都是非常快的，1，2，3，4-四氢吖啶继续环饱和的反应[(2)和(3)]也是快反应，因此在 400℃便达到了吖啶，1，2，3，4-四氢吖啶，9，10-二氢吖啶和两种八氢吖啶之间的热力学平衡(见图 2-1-20)。9，10-二氢吖啶中的苯胺型 C—N 键由于第二个芳环的削弱而变得较易断裂，在相对低的温度下生成邻苄基苯胺。非对称八氢吖啶中相对于芳环 β-位的 C—N 键较易断裂生成相对稳定的邻甲基环己基苯胺，它进一步加氢即生成活泼的饱和胺并快速脱氮。在吖啶 HDN 过程中还生成一定量的喹啉。

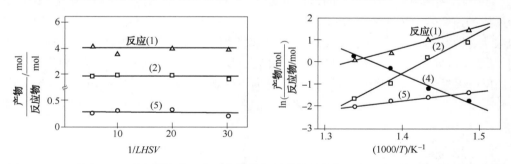

图 2-1-20　吖啶 HDN 反应网络中一些反应产物与反应物的摩尔比与反应时间或温度的关系[40]

反应条件：同图 2-1-15。

左图：400℃；右图：1/LHSV=5s

最简单且拟合数据最好的吖啶 HDN 反应网络见图 2-1-21[6]。箭头上数据是 367℃、13.9MPa、在 NiMo/Al$_2$O$_3$ 催化剂上的拟一级速率常数 g/(g·s)。

假设 HDN 网络中每一反应遵循对有机反应物浓度的拟一级动力学，总的 HDN 反应也符合对有机氮化物浓度之和的拟一级动力学。图 2-1-21 中的拟一级动力学常数表明，吖啶 HDN 也和喹啉类似，通过氮杂环加氢反应途径生成主要产物比通过芳环加氢途径要快得多。不对称八氢吖啶氢解速率小于其加氢速率，这也与喹啉 HDN 相似，即从动力学角度看，高耗氢 HDN 反应途径较为有利。吖啶 HDN 网络中各反应的相对速率可用空间位阻解释，例如可把 1，2，3，4-四氢吖啶生成不对称八氢吡啶非常慢(网络中忽略了这一反应)归因于环己烷环的空间位阻；而对称八氢吡啶加氢反应缓慢则是由于两个摺叠的环己烷环的位阻效应造成的。

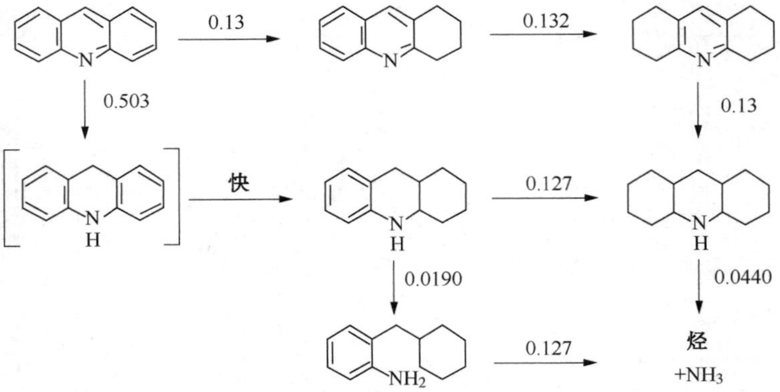

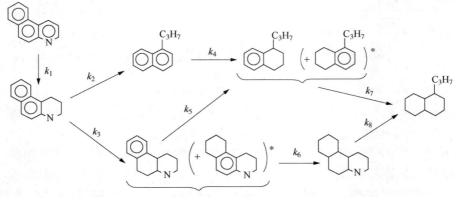

图 2-1-21　吖啶 HDN 反应网络[6]

反应条件：367℃，13.9MPa，Ni-Mo/Al$_2$O$_3$ 催化剂，进料吖啶浓度 0.5%。

箭头附近的数字为拟一级速率常数，g/(g·s)

苯并喹啉也是三环六元杂环氮化物，Shabtai 等[59]提出了 5，6-苯并喹啉的 HDN 反应网络（见图 2-1-22）。实验中发现，在 110℃ 的低温下，仅仅观察到 5，6-苯并喹啉氮杂环的加氢反应，而在 330℃ 下，则迅速生成它的连续加氢产物：1，2，3，4-四氢-5，6-苯并喹啉和八氢-5，6-苯并喹啉的两种异构体。随着反应时间的延长，脱氮产物 1-和 5-丙基四氢萘以及 1-丙基十氢萘的浓度很快升高。实验表明，温度不高于 110℃ 时，只加氢而不脱氮；温度升至 280℃，可进行一定的脱氮反应；330℃ 以上，反应时间>100min，可完全脱氮。1，2，3，4-四氢-5，6-苯并喹啉直接脱氮生成 1-丙基萘的反应很慢，脱氮主要是通过生成八氢-5，6-苯并喹啉并进一步氢解的途径进行。5，6-苯并喹啉 HDN 反应网络（图 2-1-22）中各步反应的速率常数列于表 2-1-17。由表 2-1-17 看出：即使在低温，反应(1)的速率常数 k_1 也较大，反应进行非常快；$k_2<k_3$（在 250℃ 和 330℃ 下，k_3 约分别为 k_2 的 30 倍和 5 倍），表明 1，2，3，4-四氢-5，6-苯并喹啉很快进一步加氢生成八氢-5，6-苯并喹啉，而直接脱氮的反应很慢，并且与喹啉的脱氮不同，这时没有观察到苯胺类中间产物；在研究温度范围内，总有 $k_5>k_6$，表明八氢-5，6-苯并喹啉氢解脱氮反应比加氢为全氢苯并喹啉的反应快得多。

图 2-1-22　5，6-苯并喹啉 HDN 反应网络[59]

* 次要的异构体

反应条件：釜式反应器，79～330℃，8～17.3MPa，正十二烷溶剂，

催化剂为 CoMo 和 NiMo（前者担在氯化的 Al$_2$O$_3$ 上，后者载体为 Al$_2$O$_3$）

表 2-1-17　5, 6-苯并喹啉 HDN 各反应步骤的拟一级反应速率常数[59]

反应温度/℃	拟一级反应速率常数/[cm³/(g·min)]							
	k_1	k_2	k_3	k_4	k_5	k_6	k_7	k_8
79	0.77	0	0					
93	1.91	0	0					
110	3.27	0	0					
250	未测到①	<0.01	0.30	未测到②	<0.10	0.01		
280	未测到①	0.01	0.49	未测到②	0.22	0.04		
300	未测到①	0.06	1.14	未测到②	0.52	0.08	0.07	未测到③
315	未测到①	0.17	1.14	0.30	0.98	0.48	0.075	未测到③
330	未测到①	0.28	1.38	0.66	1.35	0.66	0.08	未测到③

① 因该反应太快而不能测到；
② 因 1-丙基萘浓度太小未能测到；
③ 因全氢-5, 6-苯并喹啉浓度太小而未能测到。
反应条件：P_{H_2}=17.2MPa，硫化型 CoMo 催化剂。

　　5, 6-苯并喹啉 HDN 网络中各反应的指前因子和活化能列于表 2-1-18。由表中数据看出，氮杂环加氢(k_1)与第一个芳环加氢(k_3)的活化能相近，但最后一个环加氢的活化能却高得多(k_6)。氢解反应具有较高的活化能，芳香 C—N 键比脂肪 C—N 键氢解需要更高的能量，因为前者的键离解能更高。

表 2-1-18　5, 6-苯并喹啉 HDN 反应网络中各反应的动力学参数[59]

相应的速率常数①	指前因子②	活化能②/(kcal/mol)	相应的速率常数①	指前因子②	活化能②/(kcal/mol)
k_1	4.33×10⁷	12.4±0.9	k_5	1.03×10⁹	24.4±2.1
k_2	2.99×10¹⁷	49.4±1.8	k_6	1.32×10¹⁴	39.4±1.9
k_3	5.96×10⁴	12.7±0.9			

① 与图 2-1-22 反应网络及表 2-1-17 的 k 相对应，反应条件同表 2-1-17。
② 根据 Arrhenius 定律计算而得。

　　Moreau 等[60]提出的 5, 6-苯并喹啉 HDN 网络如图 2-1-23 所示。与图 2-1-22 不同的是只得到两种加氢产物：氮杂环加氢和与杂环相邻芳环加氢生成的产物，没有观察到末端芳环加氢。脱氮主要通过 1, 2, 3, 4-四氢-5, 6-苯并喹啉氢解生成丙基萘的途径进行，也没有发现苯胺类的中间物。

　　Moreau 等[60]还研究了 7, 8-苯并喹啉的 HDN，其反应网络见图 2-1-24。与图 2-1-23 相比，唯一的不同是同时观察到了苯并喹啉三个环单独加氢的产物(主要是杂环加氢产物)。

　　分别确定了图 2-1-23 和图 2-1-24 两个 HDN 反应网络中部分反应的速率常数(见表 2-1-19)。由表中数据可以看出：两种苯并喹啉的杂环加氢饱和反应都快，而且速率几乎相同(k_B 分别为 31×10⁻³ 和 30×10⁻³/g·min)，但其加氢产物 1, 2, 3, 4-四氢苯并喹啉的消失速率却有所区别(k_E、k_F、k_J 之和分别为 12×10⁻³/g·min 和 47×10⁻⁴/g·min)；1, 2, 3, 4-四氢苯并喹啉氢解为 2-(或 1-)丙基萘而脱氮的选择性较高，如 1, 2, 3, 4-四氢-7, 8-苯并喹啉的氢解选择性[$k_F/(k_E+k_F+k_J)$]高达 46.7%。文献作者认为，这与杂环相邻环的芳香性有关，低芳香性有利于氮杂环的饱和芳香 C—N 键氢解。

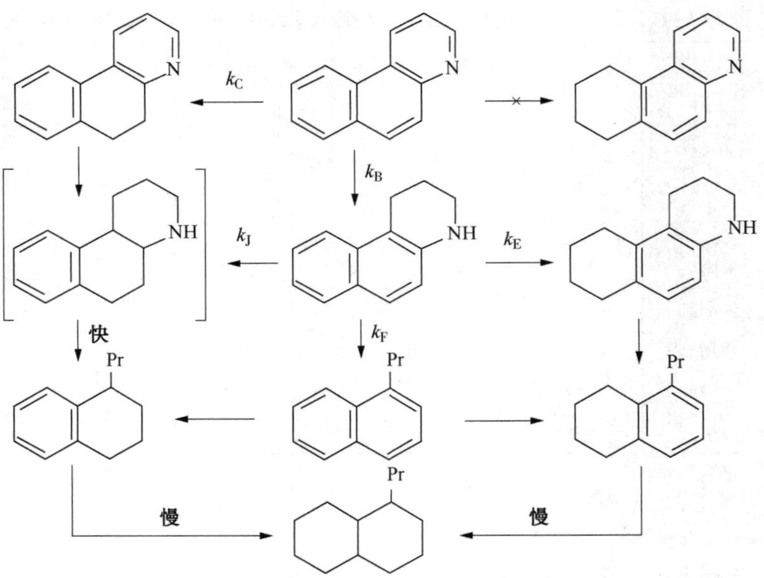

图 2-1-23　5, 6-苯并喹啉 HDN 反应网络[60]

反应条件：340℃，P_{H_2} = 7.0MPa，硫化型 NiMo/γ-Al$_2$O$_3$ 催化剂。

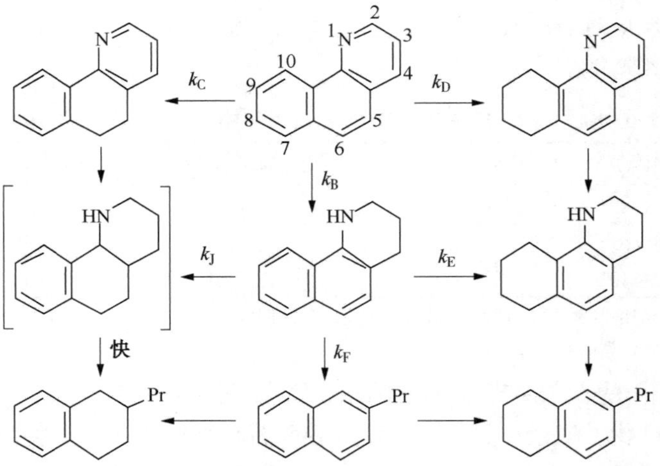

图 2-1-24　7, 8-苯并喹啉 HDN 反应网络[60]

反应条件同图 2-1-23

表 2-1-19　苯并喹啉 HDN 反应网络中部分反应的速率常数[①]

HDN 网络	k_B	k_C	k_D	k_E	k_F	k_J
图 2-1-23	31×10^{-3}	8×10^{-3}		12×10^{-3} [②]		
图 2-1-24	30×10^{-3}	3×10^{-3}	3×10^{-3}	7×10^{-3}	22×10^{-3}	18×10^{-3}

① 反应条件同图 2-1-19，拟一级速率常数单位为(L/g·min)。

② 为 $k_E + k_F + k_J$ 之和。

3. 吲哚和咔唑的 HDN 反应

　　众所周知，多数五元杂环氮化物在烃类中的溶解度非常小并且不稳定，有关五元环氮化物加氢脱氮的报道并不是很多。Bhinde[29]提出的吲哚 HDN 反应网络较为详细(见图 2-1-25)，并进行了该网络的动力学研究。吲哚加氢生成二氢吲哚的反应很快，实际上反应达到平衡，因此在动力学分析中把吲哚和二氢吲哚划为一个集总。没有检测到苯环被加氢的有机氮化物，说明吲哚也和其他氮化物一样，杂环容易加氢。检测到两种烃产物：乙基环己烷和乙苯，在动力学处理时也被视为一集总。用拟一级动力学描述总氮脱除和网络中各个反应，350℃的拟一级速率常数标于图 2-1-25 中的箭头附近。

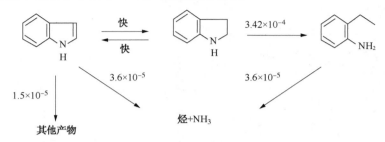

图 2-1-25　吲哚 HDN 反应网络[29]

反应条件：釜式反应器，350℃，3.4MPa，正十六烷溶剂，NiMo/Al$_2$O$_3$ 催化剂。

箭头附近的数字为拟一级速率常数，L/(g·s)

Schulz 等[40] 提出的吲哚 HDN 网络更为详细（图 2-1-26），但未给出动力学研究结果。与上述研究一样，发现杂五元环的加氢很快，350℃的二氢吲哚平衡产率约为 10% ~ 15%。二氢吲哚的脂肪 C—N 键断裂要在 300℃ 以上才能发生，是慢反应，生成很稳定的邻乙基苯胺，它只在 >350℃ 才开始加氢生成活泼的饱和胺，最终得到的主要烃是乙基环己烷。HDN 的控制步骤为邻乙基苯胺的加氢反应。

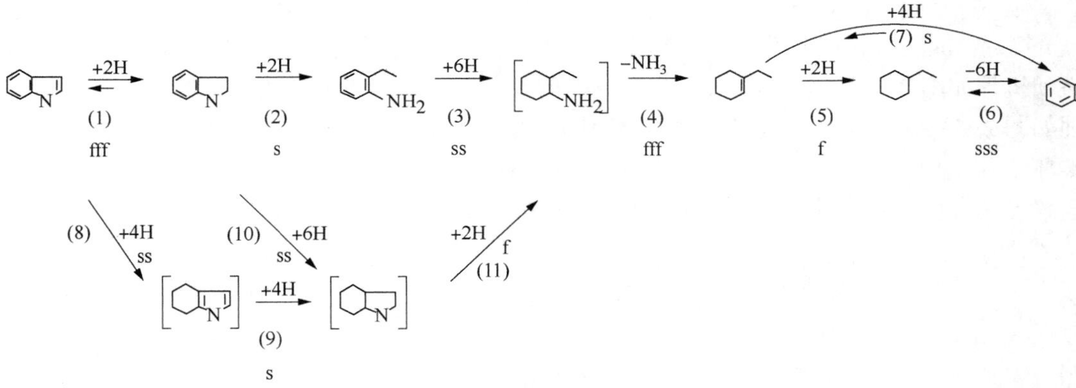

图 2-1-26　吲哚 HDN 反应网络[40]

反应条件：300~450℃，P_{H_2}=4.5MPa，NiW/Al$_2$O$_3$ 催化剂。符号 f(s)意义见图 2-1-19 注

反应产物中发现有苯胺、甲苯、甲基环己烷、苯和环己烷，认为是二氢吲哚五元环中的脂肪 C—C 键和芳香 C—C 键断裂生成的胺类进一步反应的产物。

Schulz[40] 还提出了咔唑 HDN 的反应网络如图 2-1-27 所示，但没有给出动力学研究结果。

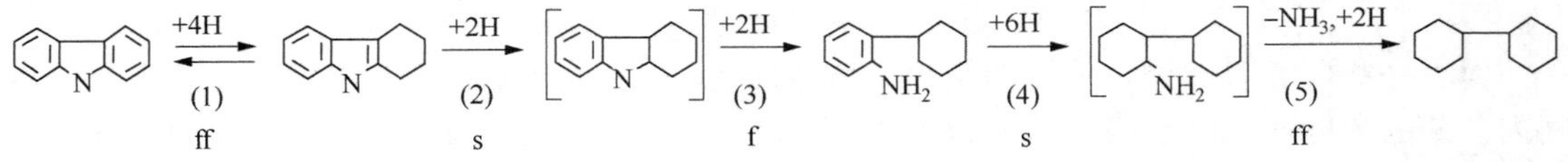

图 2-1-27　咔唑 HDN 反应网络[40]

反应条件：300~375℃，P_{H_2}=4.6MPa，NiW/Al$_2$O$_3$ 催化剂

符号 f(s)意义见图 2-1-19 注

咔唑加氢生成1，2，3，4-四氢咔唑的反应是快反应，在 NiW/Al$_2$O$_3$ 催化剂，4.6MPa 氢分压条件下，其 T_{50} 约为300℃。进一步加氢生成六氢咔唑的反应较慢，但后者会很快氢解生成比较稳定的2-环己基苯胺，在脱氮前，需要进行苯环加氢，这也是较慢的反应，因此，在375℃时咔唑的脱氮率只有60%左右。咔唑这种反应网络与产物组成(以碳数的百分数表示，见图2-1-28)相符。

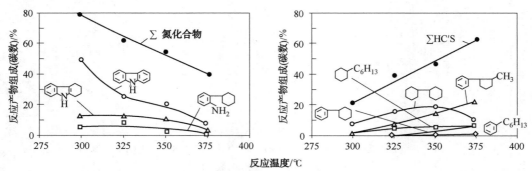

图2-1-28 　咔唑 HDN 反应产物组成与温度的关系[40]

P_{H_2} = 4.6MPa，NiW/Al$_2$O$_3$ 催化剂

4. 苯胺衍生物的 HDN 反应

几乎所有杂环氮化物在 HDN 过程中都生成苯胺类中间物，因此苯胺衍生物的 HDN 反应是最重要的反应之一，引起人们的关注。

文献[6]介绍，苯胺直接氢解和通过加氢中间物 HDN 均可发生，关键似乎是氢浓度。文献介绍了 Mathur 等在考察了苯胺及若干苯胺衍生物的 HDN 反应后提出的苯胺 HDN 反应网络和机理如图2-1-29(a)所示。图(a)的网络表明，苯胺 HDN 的主要产物是苯。其反应机理如图2-1-29(b)所示，表明苯胺类的 HDN 首先生成二氢中间物，这种中间物的生成大概破坏了与氮原子孤对电子的芳香共振相互作用而削弱了 C—N 键，造成二氢中间物 C—N 键氢解迅速发生，这意味着，对苯胺类的 HDN，环的完全加氢不是必需的。

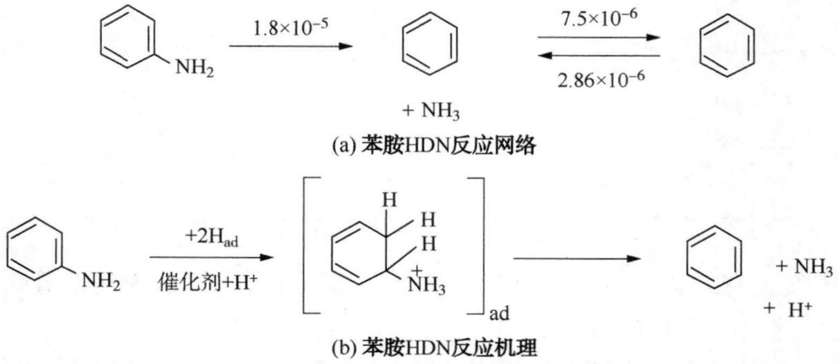

(a) 苯胺HDN反应网络

(b) 苯胺HDN反应机理

图2-1-29 　苯胺 HDN 反应网络和反应机理[6]

箭头附近的数字代表该反应速率常数，L/(g·s)。

但另一些研究者却得到不同的结论。Finiels 等[61]在二苯胺的研究中发现，在短反应时间内，苯的浓度比苯胺小得多。若如上述，苯和苯胺只是由二氢化物生成，则二者的浓度应相等，且苯胺加氢比苯快(参见表2-1-10)，因此，苯胺相对于苯浓度更高这一实验结果证明，通过二氢化物氢解不是唯一有效的 HDN 途径。因而提出苯胺衍生物 HDN 主要途径是芳香环完全加氢，然后 C—N 键氢解。

Schulz 等[40]关于苯胺 HDN 的报道，观点与文献[61]相同。他们用苯胺和甲基环己烯混合物(摩尔比为 78:22)加氢的结果证明他们提出的苯胺 HDN 反应网络(图 2-1-30)的正确性。图 2-1-30 表明，苯胺 HDN 的主要反应途径正是先行环饱和然后 C—N 键氢解。

Girgis 等[6]在评述这两种不同观点时指出，实验所用氢分压的不同可能是导致实验结果和由此产生不同结论的原因。较高的氢分压使苯环较快加氢并造成二氢化中间物氢解途径的贡献较小，每脱除一个氮原子的氢耗也较高。

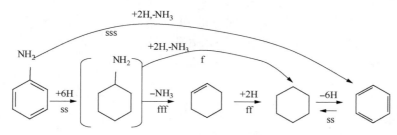

图 2-1-30　苯胺 HDN 反应网络[40]

符号 f(s)的意义见图 2-1-19 注

(三)加氢脱氮的热力学

正如上节所述，杂环氮化物的 HDN 在 C—N 键断裂之前往往要求杂环加氢饱和，这意味着加氢反应的平衡状态可能影响 HDN 速率：若反应网络中杂环加氢是 HDN 反应的速率控制步骤，表明被加氢的杂环氮化物一生成就会反应掉，加氢反应不会达到平衡，因此加氢反应的平衡位置(反应条件下的平衡浓度)不影响总的 HDN 速率；反之，若氢解(C—N 键断裂)反应是速率控制步骤，则意味着杂环加氢反应可能达到平衡，这时杂环加氢氮化物的浓度便取决于平衡位置，这种情况下总的 HDN 速率就是 C—N 键氢解反应的速率，它既与反应速率常数(反应温度的函数)也与饱和氮化物的浓度(受环加氢平衡状态支配)有关。因此，杂环氮化物的热力学问题理所当然地引起研究者们的关注。

文献[62]研究了吖啶在 Rh/Al$_2$O$_3$ 上的加氢规律(反应条件：氢分压 4MPa，100℃，甲醇为溶剂)，发现随着反应时间的推移，产物中十四氢吖啶的含量最多，见图 2-1-31(a)。由图 2-1-31(b)能看出，从十氢吖啶反应生成十四氢吖啶，ΔG 要升高 32.24kJ/mol(7.7kcal/mol)，这对其反应是不利的，但由于氢气压力很高，使得反应平衡偏向十四氢吖啶产物端。

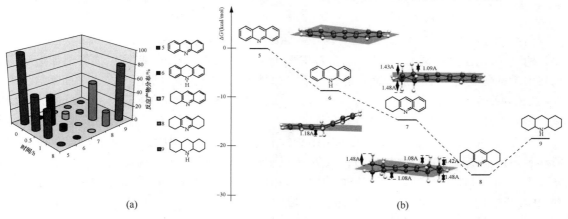

(a)　　　　　　　　　　　　　　　　(b)

图 2-1-31　吖啶还原反应产物分布(a)及反应吉布斯自由能变化图(b)

Cocchetto 等[63,64]研究了一些杂环氮化物(包括吡啶、喹啉、异喹啉、吖啶、吡咯、吲哚和咔唑)加氢和氢解反应的化学平衡常数。这些平衡常数是根据标准吉布斯生成自由能计算的,对无法从文献中获得标准自由能的氮化物,则采用基团贡献法计算,尽管由此计算的平衡常数有一定误差(估计对环加氢误差为 2~3 个数量级,对氢解约为一个数量级),但不影响使用这些数据对问题作定量的分析[63]。根据喹啉 HDN 实验数据确定的喹啉反应网络的平衡常数比较准确[64]。

若干有代表性的杂环氮化物加氢反应的平衡常数与温度的关系如图 2-1-32~图 2-1-36 所示(假设 HDN 反应网络所涉及的反应列于相应的图中)。其中图 2-1-32 和图 2-1-33 中同时绘出了平衡常数的理论估计值和根据实验结果的估计值,图 2-1-34~图 2-1-36 的平衡常数为理论估计值。

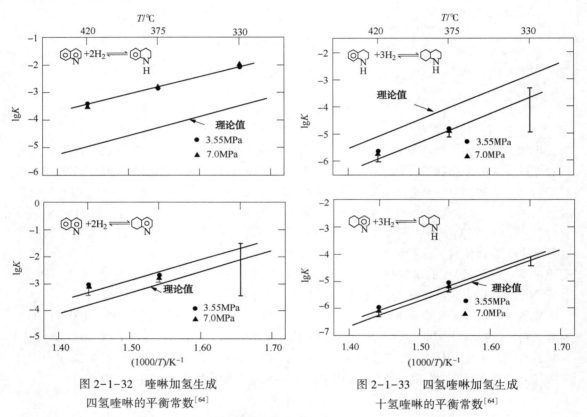

图 2-1-32　喹啉加氢生成
四氢喹啉的平衡常数[64]

图 2-1-33　四氢喹啉加氢生成
十氢喹啉的平衡常数[64]

由图 2-1-32~图 2-1-35 可以看出,在 300~450℃(覆盖加氢过程常用反应温度)范围内,所列杂环化合物环加氢反应平衡常数均小于 1($\lg K < 0$),表明这些氮化物的环加氢反应从热力学的角度看是不利的,而且环加氢反应都是放热反应,所以温度升高,平衡常数值下降(意味着平衡左移,不利于加氢产物生成)。对所列杂环化合物的氢解反应和总的脱氮反应,则在上述温度范围内都属热力学有利的。

图 2-1-36 表示的咔唑 HDN 反应网络中没有涉及环加氢,因此,在较宽的温度范围内所涉及各反应步骤的平衡常数均>1,从热力学角度看咔唑的 HDN 较为有利。然而,在 HDN 条件下,咔唑中的杂环是否先于某种程度的饱和而开环是有争议的,如图 2-1-27 所示的咔唑 HDN 反应网络便是主张先环饱和而后开环,按此反应网络,咔唑 HDN 的热力学特征应与图 2-1-32~图 2-1-35 相似。

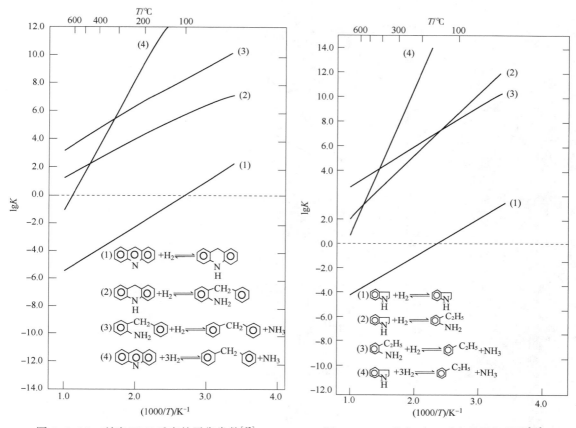

图 2-1-34　吖啶 HDN 反应的平衡常数[63]　　　图 2-1-35　吲哚 HDN 反应的平衡常数[63]

图 2-1-32～图 2-1-33 表示喹啉 HDN 反应网络中若干环加氢反应步骤平衡常数的理论计算值和根据实验结果的估计值，可以看出，除喹啉中杂环加氢反应两组数据误差较大（约两个数量级）外，其余反应的两种平衡常数十分接近，且图中理论计算和由实验结果估计的两条直线平行，由此直线斜率可确定该反应的标准反应热。

杂环氮化物的 HDN 反应包括环加氢和 C—N 键氢解等一系列反应步骤，上述研究结果表明，从热力学角度看，只有环加氢反应是不利的，热力学对总 HDN 的影响取决于反应网络中不同反应步骤的反应动力学。在较低的反应温度下操作，平衡有利于环加氢反应，但此时氢解反应速率较低，总的 HDN 速率也将较低；随着反应温度的升高，一方面是氢解速率常数提高，有利于 HDN 速率提高，另一方面则是加氢反应平衡常数下降，因而由平衡常数决定的氢解反应物（环加氢产物）的浓度减小，而导致总 HDN 速率下降。因此，随着反应温度的升高，总的 HDN 速率（或总脱氮率）必定会出现一个最高点。此最高点之前，HDN 属动力学控制；之后属热力学控制。

就化学平衡而言，提高压力只影响反应前后摩尔数有变化的反应，对总的 HDN 反应，因为没有摩尔数变化，提高压力不会改善脱氮反应的平衡。实际上在 HDN 操作条件下，总的 HDN 反应可视为不可逆反应。但环饱和反应是可逆反应，而且摩尔数有变化，因为反应是耗氢的，提高压力有利于平衡右移，当然这种影响的大小取决于反应所消耗的氢摩尔数。对于在环加氢反应中耗氢量大的杂环氮化物，其加氢生成物浓度对反应压力和反应温度都非常敏感。在含稠环杂环氮化物较多的重油馏分 HDN 工业实践中，为了得到令人满意的脱氮

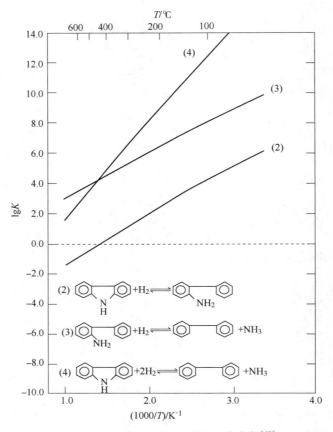

图 2-1-36　咔唑 HDN 反应的平衡常数[63]

率，往往采用较高的反应温度和压力，前者是为了提高氢解反应速率常数，后者是为了提高杂环氮化物加氢产物浓度，而代价则是过程氢耗较高。

（四）竞争环境中的 HDN

硫、氮、氧杂环化合物和芳烃结构的相似性，使这些类型的化合物以类似的方式与催化剂表面的催化位相互作用，这就是这些化合物之间的竞争吸附，在加工工业原料时，竞争吸附确实起着重要的作用。

HDN 与其他杂原子加氢脱除反应和芳烃加氢反应的相互作用可定性地叙述如下：氮化物由于其强吸附性而对其他加氢反应具有极强的阻滞作用，而其他加氢反应只轻度阻滞 HDN 反应，在某些环境中，HDS 和 HDO 反应实际上还促进了 HDN 反应。下面分别讨论这种交互作用。

1. 硫化物的影响

Satterfild 等[65] 在 $NiMo/Al_2O_3$ 和 $NiCo/Al_2O_3$ 催化剂上，在 $1.0\sim7.0MPa$，$200\sim450℃$ 的反应条件下以吡啶和噻吩为模型化合物考察了 HDS 和 HDN 的相互影响，发现吡啶的存在严重阻抑了 HDS 反应，而噻吩则对 HDN 反应表现了双重效应：低温下由于竞争吸附，吡啶的加氢反应轻度受阻滞；而高温下，HDS 生成的 H_2S 增加了 C—N 键氢解速率，而造成总的 HDN 速率增加，即噻吩的存在促进了吡啶的 HDN 反应（但 H_2S 对杂环硫化物的加氢和氢解均起阻滞作用）。

对喹啉的 HDN 研究也表明，H_2S 对加氢反应有轻度阻滞，但明显促进 C—N 键的氢解反应。表 2-1-20 列出了喹啉 HDN 反应网络中若干反应步骤受 H_2S 影响的定量研究结果，其中 R_i 是各反应步骤在 H_2S 存在与否的条件下拟一级反应速率常数之比。由表中数据看出，加(脱)氢反应步骤的速率常数约降低 10%～15%(k_4 除外，认为这是参数估计造成的)，而氢解反应步骤的反应速率却由于 H_2S 的存在而增加 1～4 倍。

表 2-1-20　H_2S 对喹啉 HDN 各反应步骤的影响[①]

反应	R_i[②]	反应类型	反应	R_i[②]	反应类型
k_1	0.91	加氢	k_5	0.86	加氢
k_2	0.80	加氢	k_6	1.73	氢解
k_3	0.88	脱氢	k_7	5.0	氢解
k_4	1.09	加氢			

① $P=7.0\text{MPa}$，$T=375℃$，硫化型 NiMo/Al_2O_3 催化剂。
② $R_i=k_i(P_{H_2S}=1.35\text{kPa})/k_i(P_{H_2S}=0)$。

Nagai 等[66]研究过不同硫化物对吖啶 HDN 的影响，发现硫化物阻滞吖啶 HDN，随着加入硫化物浓度的增加，二环己基甲烷产率下降。假定全氢吖啶氢解为二环己基甲烷是 HDN 网络中的慢反应步骤，给出动力学方程如下：

$$r_{DCM} = \frac{kK_{PA}K_{H_2}P_{PA}P_{H_2}}{(1 + K_{PA}P_{PA} + K_{H_2}P_{H_2} + K_SP_S)^2} \tag{2-1-12}$$

式中，下标符号 DCM、PA 和 S 分别表示二环己基甲烷、全氢吖啶和加入的硫化物。式(2-1-12)暗含全氢吖啶是唯一吸附在氢解活性位上的氮化物。在 360℃ 条件下分别对加入不同硫化物的反应测定了吸附参数(列于表 2-1-21)，遗憾的是全氢吖啶吸附参数的估计值因加入的硫化物不同而不同。表中数据表明，全氢吖啶的吸附参数总比硫化物的大两个数量级；杂环硫化物比链状结构的硫化物具有更强的阻滞作用，并存在阻滞作用随环数增加而加强的趋势。此外，还发现 K_{H_2} 比 K_S 小三个数量级。

以上结果是由模型化合物研究得到的，把这些结果用于工业加氢过程时则应注意原料中所含氮化物加氢步骤和氢解步骤对总的脱氮速率的贡献，也应考虑所用催化剂加氢和氢解的相对活性。

表 2-1-21　全氢吖啶和若干硫化物的阻滞参数[66]

硫化物	$K_S/(MPa)^{-1}$	$K_{PA}/(MPa)^{-1}$	硫化物	$K_S/(MPa)^{-1}$	$K_{PA}/(MPa)^{-1}$
二苯并噻吩	157.9	13323.5	$(CH_3)_2S$	31.6	8981.0
苯并噻吩	68.1	7105.8	CH_3CH_2SH	9.9	8191.5
噻吩	51.3	5526.8			

2. 氧化物的影响

Odebunmi 等[67]在 P_{H_2} = 7.0MPa，T = 250~350℃ 的条件下，研究了吲哚在 $CoMo/Al_2O_3$ 催化剂上的加氢反应。用简化的 L-H 模型可很好拟合加入间甲苯酚的吲哚 HDN 实验数据：

$$F_{NO}\frac{dx_N}{dW} = \frac{k_{HDN}K_N C_{NO}(1-x_N)}{1+K_N C_N + K_O C_O + K_S C_S} \tag{2-1-13}$$

模型假设存在两种不同的活性位，反应物(吲哚、间甲苯酚)及其转化产物在其中之一竞争吸附，氢在另一种活性位上非竞争吸附，还假设吲哚及其反应产物(邻乙基苯胺和 NH_3)具有相同的吸附平衡常数 K_N。式中下标 N、O 和 S 分别代表氮化物、氧化物和原料中痕量的硫化物，x_N 为脱氮率。模型的参数估计见表 2-1-22(表中同时列出了间甲苯酚 HDO 速率常数)。

表 2-1-22　吲哚和间甲苯酚的反应速率常数和吸附参数[67]

温度/℃	吲哚		间甲苯酚	
	$10^4 k_{HDN}/(mol/g)$	$K_N/(L/mol)$	$10^4 k_{HDO}/(mol/g)$	$K_O/(L/mol)$
250	1.1	2172.5	13.4	21.1
275	2.5	79.6	62.6	5.6
300	5.3	3.7	254.9	1.7
350	20.2		3006.4	

表中数据表明，吲哚明显地支配着与催化剂的相互作用，间甲苯酚只轻微阻滞吲哚的 HDN，而间甲苯酚的 HDO 则受到吲哚的严重阻滞。文献[67]还报道，当原料中的间甲苯酚含量大大超过吲哚含量时，则对 HDN 的阻滞作用明显变大(可使 k_{HDN} 下降20%)。

Satterfield 和 Yang[68]研究了间乙基苯酚、邻乙基苯酚、苯并呋喃和二苯基醚对 HDN 的影响，在喹啉或喹啉与等摩尔氧化物混合物的实验中发现加入氧化物使喹啉脱氮率提高，且每种氧化物促进 HDN 的程度大致相同。作者提出氧化物主要促进氢解反应，认为快速 HDO 生成的水是促进 HDN 的原因，这亦为原料中添加 0.01% 的水产生相同效应的实验所证实。但加水未能提高邻乙基苯胺的的脱氮率，因为邻乙基苯胺 HDN 强烈地受其加氢速率影响，而水却不能促进加氢反应。水和硫化氢各自单独存在或同时存在时对喹啉 HDN 的影响见表 2-1-23。表中数据说明，水单独存在时对 HDN 的促进作用较 H_2S 单独存在时小，而二者同时存在，则明显促进了 HDN 反应。动力学研究表明，十氢喹啉对水和 H_2S 的存在十分敏感，水和 H_2S 单独加入可使氢解速率常数分别提高20%和167%，而同时加入二者则可提高197%。

表 2-1-23　H_2O 和 H_2S 对喹啉 HDN 的影响

P_{H_2O}/kPa	P_{H_2S}/kPa	喹啉脱氮率/%	P_{H_2O}/kPa	P_{H_2S}/kPa	喹啉脱氮率/%
0	0	42	0	12.2	78
6.38	0	54	6.38	12.2	94

反应条件：375℃，7.0MPa，空时 365(h·g)/mol，$NiMo/Al_2O_3$ 催化剂。

总之，氧化物和氮化物的竞争吸附导致在低转化率下对 HDN 的轻度阻滞；在较高的 HDO 转化率下，生成较多的水则使 HDN 稍有提高，若水和 H_2S 同时存在则对 HDN 有明显的促进。

3. 氮化物的影响

由于氮化物的强吸附性，因此其自阻滞效应和彼此阻滞效应都较明显。Bhinde[29]曾研究过喹啉和吲哚 HDN 彼此的影响，把 0.5% 喹啉加到 0.5% 吲哚中，则图 2-1-21 吲哚反应网络的拟一级速率常数下降 1/3，表明喹啉及其加氢产物对吲哚 HDN 反应的强阻滞作用；同样，吲哚的存在也使喹啉 HDN 反应网络的拟一级速率常数降低 10%，吲哚的阻滞作用较弱是由于其吸附性能较弱，可以期待，当吲哚浓度较高，则其碱性加氢产物二氢吲哚会对喹啉 HDN 产生更为明显的阻滞效应。

表 2-1-24 是原料中不同喹啉浓度对其 HDN 反应网络中若干反应及总的 HDN 反应速率常数的影响，可以看出，随着原料中喹啉浓度的升高，喹啉 HDN 反应网络中有代表性的加氢和氢解反应的速率常数明显下降，总的 HDN 反应亦然。表明喹啉在 HDN 中的自阻滞效应明显。

表 2-1-24　喹啉 HDN 反应的自阻滞效应[29]

反应	原料中喹啉浓度/%			反应	原料中喹啉浓度/%		
	0.2	0.5	2.0		0.2	0.5	2.0
喹啉 $\xrightarrow{H_2}$ 5，6，7，8-四氢喹啉	3.2×10^{-3}	1.8×10^{-3}	7.8×10^{-4}	喹啉 $\xrightarrow{H_2}$ 烃类+氨	6.7×10^{-4}	2.8×10^{-4}	9.7×10^{-5}
十氢喹啉 $\xrightarrow{H_2}$ 烃类+氨	7.5×10^{-3}	3.1×10^{-3}	1.5×10^{-3}				

反应条件：350℃，3.5MPa，正十六烷溶剂，$NiMo/Al_2O_3$ 催化剂。

4. 芳烃的影响

芳烃的吸附平衡常数比氮化物的小得多，故对 HDN 的阻滞作用也远低于氮化物的自阻效应，但重馏分中的芳烃尤其是稠环芳烃含量较多，其竞争吸附和生焦倾向便成为重馏分 HDN 困难的原因之一。Bhinde[29]发现十六烷溶液中 5.9% 的萘对（含量 0.2% 的）喹啉 HDN 的阻滞效应使喹啉 HDN 反应网络的拟一级速率常数降低 10%～15%。文献[69]在述及 2-甲基萘对 2，4-二甲基吡啶 HDN 影响时指出，2，4-二甲基吡啶的加氢反应不受 2-甲基萘的影响，而哌啶的 C—N 键（1，6 位之间）的氢解反应只受 2-甲基萘的轻度阻滞。

（五）HDN 反应机理

一般认为，使氮化物活化和使氢活化的活性位是不相同的。

活化氮化物的活性位多认为是与暴露的钼离子相联的硫离子空穴。这些配位不饱和位发生在 MoS_2 晶体的边缘处。这些空穴位可简化为两类，一类提供催化加氢反应的活性位，另一类则提供催化氢解反应的活性位，两类活性位可相互转化。在一定的催化表面，这两类活性位的相对量很大程度上取决于催化剂的硫化方法以及 H_2S 和 H_2 的局部浓度。与硫离子空穴相联的钼离子的电子排列和结构型式会受到助剂金属的影响，催化剂的活性因此而改变，对此，作者们提出各种观点：Co 削弱 Mo—S 键，促进硫离子脱除而产生配位不饱和 Mo 离子；助剂金属的促进作用与其向钼贡献电子的能力相关；助剂可能改进催化剂的结构，从而使催化位更为稳定[69]。

对使氢活化的活性位了解更少，根据通过多种测试手段实验所得的结果提出，离解氢可

能与硫而不是与钼相联，这些硫氢根使催化剂表面产生了对 C—N 键氢解必不可少的
B 酸[69]。

关于氮化物的吸附，文献概括为两类：通过氮原子垂直于催化表面的吸附和通过芳烃 π
键的平面吸附[1,69]。氮化物垂直吸附的间接证明见上述氮化物对 HDS 阻滞作用的讨论，表 2-
1-9 的数据表明，由于 N 原子邻位甲基对 N 原子吸附的空间位阻，2，6-二甲基砒啶的存在
对石脑油 HDS 没有影响，而 4-乙基砒啶中的乙基不会阻碍 N 原子吸附，所以它的存在对
HDS 具有强烈的阻滞作用。而表 2-1-14 的数据以及发现雷尼镍上 2，6-二甲基吡啶加氢比
吡啶快，都可认为是通过芳环 π 键平面吸附的证明。

氮化物在催化表面上的吸附比含氧、含硫化合物和芳烃容易得多，因此可能出现这样的
情况：催化剂表面上氮化物的覆盖率相当大，但并非所有吸附的氮化物都经受加氢、氢解而
脱氮，这不仅阻滞其他的加氢反应，还可能导致催化剂表面积炭的生成，使催化剂由原来的
可逆吸附中毒变成了永久失活。

一般认为，作为杂环氮化物 HDN 的第一步的杂环加氢反应，是通过平行于表面的环生
成表面 π 络合中间物进行的，与芳烃在金属上加氢的 π-σ 机理相似。H_2S 对加氢反应的阻
滞被认为是 H_2S 对空活性位的物理屏蔽造成的。

C—N 键氢解反应是从含氮化合物中脱除氮原子必不可少的反应步骤，文献[1]、[69]
和[70]对 C—N 键断裂机理有简明的综述，并提供了大量参考文献。

正如本章在 HDN 活性一节指出的那样，在一般加氢处理条件下，只有当 C—N 键中的
C 原子是脂肪碳时，键断裂才能发生，所以含氮杂环化合物，甚至苯胺在 C—N 键断裂前需
要进行杂环或芳环加氢。从脂族 C—N 脱去 N 原子，既可通过经典的 Hofmann 裂解，也可通
过先取代后氢解的途径进行。以四氢喹啉和邻-丙基苯胺为例，表示于图 2-1-37 中。

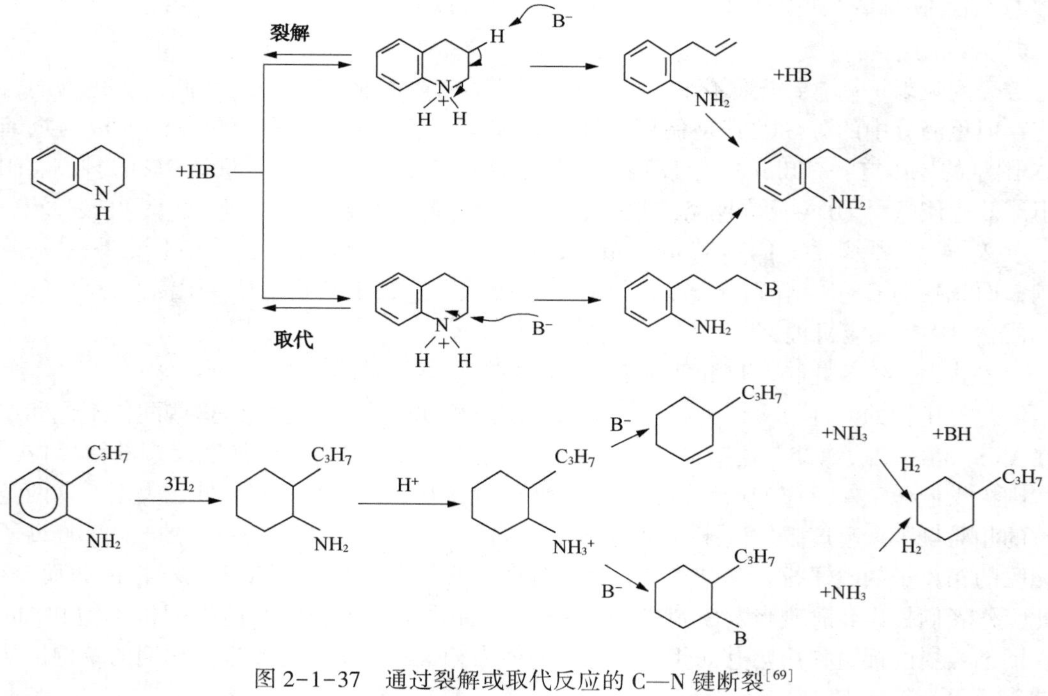

图 2-1-37　通过裂解或取代反应的 C—N 键断裂[69]

已经证明，硫化型 Mo、Mo-Co 和 Mo-Ni 催化剂上存在 B 酸中心，在这些催化剂上，相

对于氮原子为 β-位的碳原子上有氢原子(β-H)的氮化物容易脱氮，且 β-H 越多，HDN 越快[71]。因此，250℃下，叔戊胺比戊胺 HDN 快，275℃下 2，6-二甲基哌啶比哌啶的 HDN 速率高。没有 β-氢的氮化物也能在高温下脱氮，如苄基胺 HDN 生成甲苯和 NH_3，这可认为胺根被硫氢根亲核取代，随后发生较易进行的 C—S 键氢解，如图 2-1-38 所示。

对有 α-H 但无 β-H 烷基胺，其 C—N 键断裂的另一机理如图 2-1-39，即 HDN 反应经历脱氢生成亚胺，然后与 H_2S 加成、C—N 键断裂，C＝S 键加氢后脱除 H_2S 等步骤。

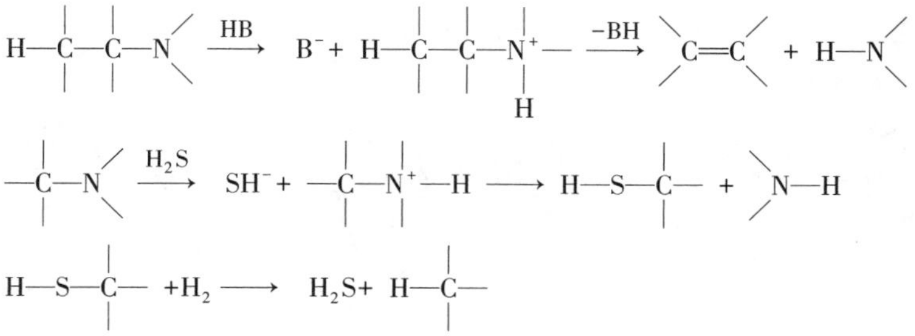

图 2-1-38 C—N 键断裂机理一[68]

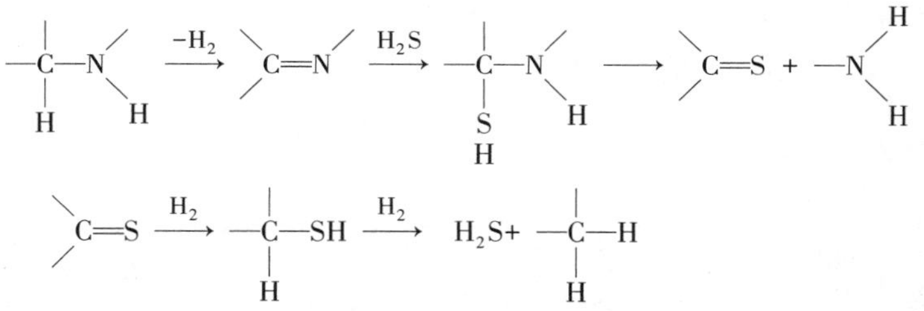

图 2-1-39 C—N 键断裂机理二[70]

C—N 键断裂的金属中间物机理如图 2-1-40 所示，氮化物在金属表面或有机金属簇上，分别通过生成金属烷基中间物或金属亚碳中间物，并经加氢、脱金属而发生 C—N 键断裂(开环)生成易于脱氮的脂族胺。为了说明 H_2S 对这类 C—N 键断裂的促进作用，如图所示，也用金属复合物上的亲核攻击来解释。

金属碳化物或氮化物具有类贵金属的性质，对它们的催化性能进行大量研究，显示出比工业催化剂更加优良的 HDN、HDS 性能。图 2-1-41 给出咔唑在 $\gamma-Mo_2N(110)$ 片晶上的 HDN 反应路径[72]。咔唑中的氮原子吸附在 $\gamma-Mo_2N(110)$ 片晶上的 Mo 原子上，成功地进行了加氢反应。氢分子在两个 Mo 原子的桥位置发生解离吸附。由于氢攻击碳原子导致四氢咔唑反应生成八氢咔唑。同样，氢原子攻击四氢咔唑和八氢咔唑上与氮原子相邻的碳原子，由于具有更低的活化能，导致 C—N 键的断裂。

三、加氢脱氧(HDO)

石油中的含氧化合物含量远低于硫、氮化合物，通常在 0.1% 以下。石油馏分中的有机氧化物以羧酸(如环烷酸)和酚类为主。合成燃料中的氧化物含量较高，煤焦油含氧化合物尤高，氧是其中含量最高的杂原子。这些氧化物包括苯酚类、呋喃类、醚和羧酸。

(一) 有机含氧化合物的反应活性

不同类型的氧化物其 HDO 活性变化很大。Topsoe 等[1]总结氧化物 HDO 活性时指出，醚类 HDO 相对容易，呋喃类最不活泼，酚类居上述二者之间，而醇和酮则是最易转化的。

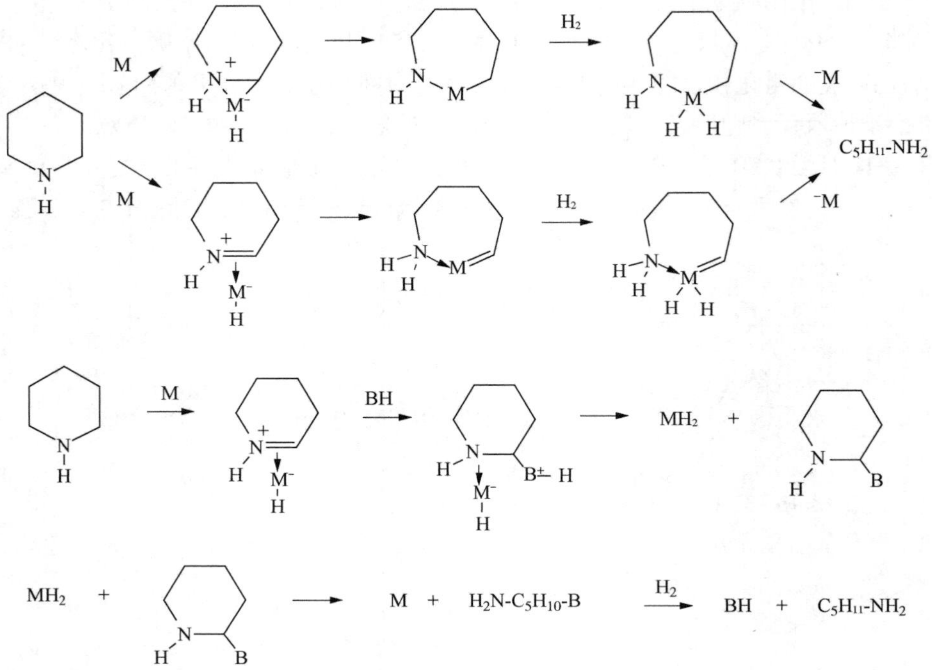

图 2-1-40　金属中间物 HDN 机理[70]

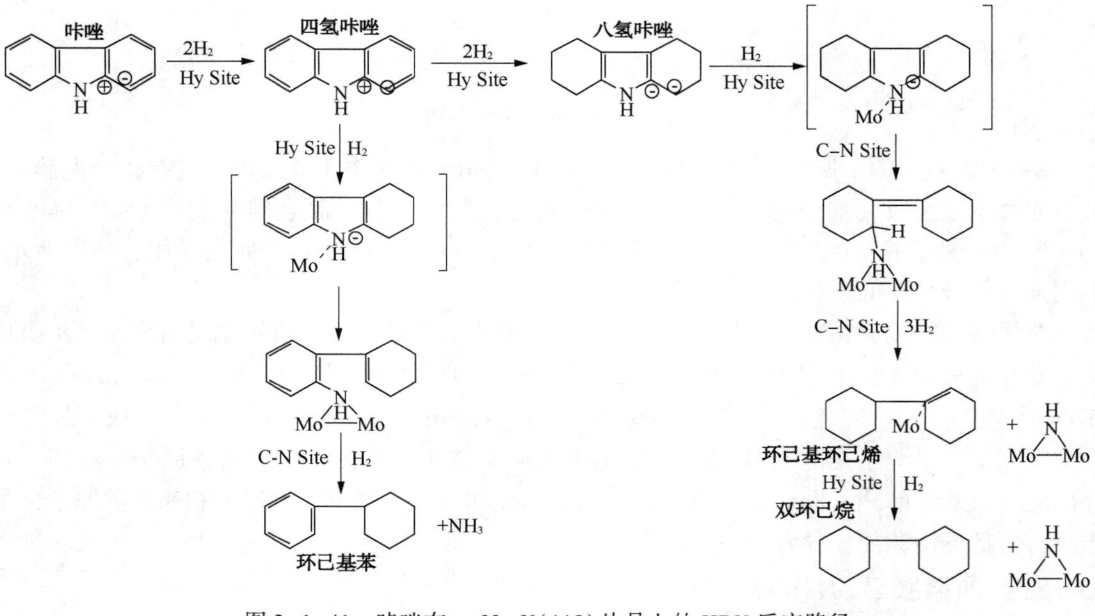

图 2-1-41　咔唑在 γ-Mo$_2$N(110)片晶上的 HDN 反应路径

　　Girgis 等[6]也指出，若以呋喃的相对活性为 1，则 4-甲基苯酚、2-乙基苯酚和 2-苯基苯酚的相对活性分别为 5.2、1.2 和 1.4，二苯并呋喃最难反应，其相对活性只有 0.4。

　　表 2-1-25 列出了两组不同作者的研究结果，数据表明，取代基所处位置不同，对苯酚的 HDO 活性的影响也不同。一般认为，相对于 -OH 根为邻位的取代基的阻带作用最大。至于间位和对位取代基苯酚哪个较活泼，不同作者有不同的结论，例如 Odebunmi 等发现甲基

苯酚的活性顺序为间甲酚>对甲酚>邻甲酚，与 Bobysher 等的结果对甲酚>间甲酚>邻甲酚有所不同[73]。

表 2-1-25　各种甲基苯酚 HDO 的拟一级速率常数[6]

化合物	温度/℃	速率常数/[L/(g·s)]	化合物	温度/℃	速率常数/[L/(g·s)]
2-甲基苯酚①	350	1.6×10^{-7}	4-甲基苯酚②	300	4.9×10^{-5}
3-甲基苯酚①	350	3.1×10^{-7}	2,4-二甲基苯酚②	300	2.8×10^{-5}
4-甲基苯酚①	350	9.4×10^{-8}	2,6-二甲基苯酚②	300	6.3×10^{-6}
2-甲基苯酚②	300	2.4×10^{-5}	2,4,6-三甲基苯酚②	300	8.3×10^{-6}

① 滴流床反应器，6.9MPa，正十六烷溶剂，Co-Mo/Al₂O₃ 催化剂。
② 釜式反应器，5.1MPa，正十六烷溶剂，Ni-Mo/Al₂O₃ 催化剂。

(二)反应网络和动力学

1. 萘酚 HDO

Li 等[74]提出的 1-萘酚 HDO 反应网络见图 2-1-42。网络表明，1-萘酚 HDO 既可通过直接脱氧，也可先加氢而后脱氧，可以用拟一级反应动力学方程来描述这一网络，比较各反应的拟一级速率常数可知，最快的脱氧反应是通过加氢生成 1-四氢萘酮中间物这一途径发生的。这意味着 1-萘酚 HDO 需要较高的氢耗。

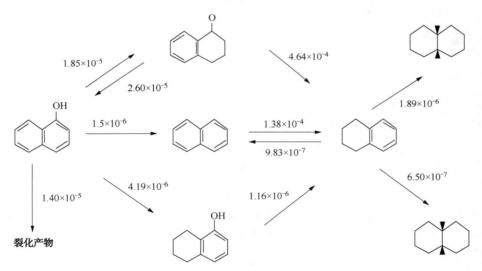

图 2-1-42　1-萘酚 HDO 反应网络

箭头附近的数字是在 Ni-Mo/Al₂O₃ 上 200℃的拟一级反应速率常数，L/(g·s)。

2. 二苯并呋喃 HDO

Krishnamurthy 等[75]研究了二苯并呋喃的 HDO 反应。检测到的中间物中有联苯和苯基环己醇，这表明不经苯环预饱和便可直接脱氧；而 1,2,3,4-四氢-二苯并呋喃中与苯环相连的 C—O 键可以断裂。提出二苯并呋喃 HDO 的反应网络及其用于动力学分析的简化网络分别示于图 2-1-43 和图 2-1-44。这两个图说明，既可通过芳环 C—O 键断裂直接脱氧(与HDS 相似)，也可通过先加氢后 C—O 键断裂的反应途径脱氧(类似于 HDN)。

图 2-1-44 反应网络中各反应均可用一级动力学方程描述(模型计算与实验值拟合良好)：

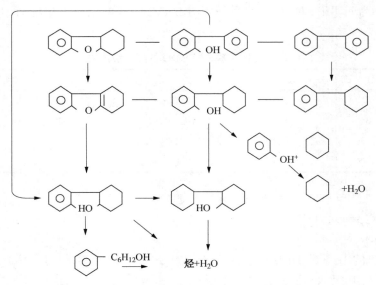

图 2-1-43　二苯并呋喃 HDO 反应网络[76]

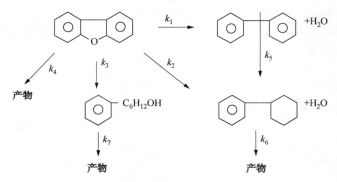

图 2-1-44　二苯并呋喃 HDO 简化反应网络[75]

$$r_{ij} = k'_j P_{H_2}^{n_j} c_i = k_j c_i \qquad (2\text{-}1\text{-}14)$$

其中，r_{ij} 为 i 组分在 j 反应中的消失速率；k_j 为拟一级速率常数(假设与 $P_H^{n_j}$ 成正比)，g/(g·min)；c_i 为 i 组分浓度，mol/g；P_H 为氢压，MPa；n_j 为 j 反应相对于氢压的级数，动力学参数列于表 2-1-26。

表 2-1-26　二苯并呋喃 HDO 简化网络的动力学参数[75]

反应编号 j	$k_j^①$/min^{-1}	E_j/(kJ/mol)	n_j	反应编号 j	$k_j^①$/min^{-1}	E_j/(kJ/mol)	n_j
1	0.028	68.4	1.07	5	1.633	19.4	2.28
2	0.077	76.2	1.53	6	0.377	38.9	2.83
3	0.026	97.3	0.92	7	0.235	49.0	2.55
4	0.710	20.5	2.47				

① t=365℃，P_{H_2}=10.34MPa，NiMo/γ-Al$_2$O$_3$ 催化剂。

二苯并呋喃 HDO 简化网络虽不详细，但其动力学分析结果对于认识二苯并呋喃的 HDO 历程，估计其中主要反应步骤的相对速率还是很有用的。由表 2-1-26 看出，虽然可以进行芳环 C—O 键直接断裂脱氧(如反应 1、2)，但速率很低；对脱氧贡献最大的是反应 4，比较

图 2-1-42 和图 2-1-43 可知，反应 4 代表了二苯并呋喃经由中间物环己基苯酚，进而生成邻-环己基环己醇以及苯酚并进一步脱氧的结果。这一过程与咔唑 HDN（见图 2-1-27）有许多共同之处；Schulz[40] 多次指出 HDN 与 HDO 的共性，Prins[70] 在讨论 C—X 键（X 为杂原子）断裂机理时也认为 C—N 和 C—O 的断裂机理相同而区别于 C—S 键断裂的。图 2-1-44 和表 2-1-28 的数据表明，联苯加氢（k_5）比所有二苯并呋喃 HDO 反应都快得多，而图 2-1-18 二苯并噻吩 HDS 网络中的数据表明，联苯加氢要比二苯并噻吩氢解慢得多。两相比较，大概可以认为二苯并呋喃 HDO 比二苯并噻吩 HDS 至少慢一个数量级。

文献[6]报道 Lavopa 等也提出了一个二苯并呋喃 HDO 反应网络，与 Krishnamurthy 等的结果不同的是，他们并未检测到 6-苯基-1-己醇，但发现一种与其保留时间相似的产物（环戊基甲基）苯，而且也没有发现生成中间物 2-苯基环己醇和 2-环己基环己醇的证据。

3. 羧酸酯和羧酸 HDO

Laurent 等[76,77] 报道了他们对含羧基化合物 HDO 的研究结果。发现羧基比羰基难脱氧，在 MoCo 和 MoNi 催化剂上，在接近 300℃ 的温度下，羧基分子起反应，几乎全部转化为烃，很少裂化副反应。

分别用羧酸酯和羧酸进行加氢的实验表明，存在两条主要反应途径，一是羧基加氢反应，另一是脱羧基反应。发现羧酸酯的活性比相应的羧酸的活性高，而羧酸的脱羧基选择性则比羧酸酯高（见表 2-1-27）。还发现 MoNi 催化剂比 MoCo 催化剂具有较高的活性，例如 300℃ 下相应的拟一级速率常数和脱羧率分别为 $17.0×10^{-3}/(min·g)$ 和 66.5% 及 $15.2×10^{-3}/(min·g)$ 和 49.2%，相应的活化能分别为 104.7kJ/mol 和 108.9kJ/mol。

表 2-1-27　羧酸酯和羧酸 HDO 活性和选择性[76]

反 应 物	活性①/[1/(min·g)]	选择性②
癸酸乙酯	$9.1×10^{-3}$	1.1
癸酸	$4.6×10^{-3}$	1.5

① 280℃，MoNi 催化剂，用拟一级速率常数表示活性。
② 定义选择性为产物中的正壬烷/正癸烷（mol/mol）。

提出羧酸酯（羧酸）HDO 简化反应网络如图 2-1-45，表示羧酸酯和羧酸的 HDO 都是通过加氢和脱羧两种反应进行，而羧酸酯生成羧酸则是有限的副反应。

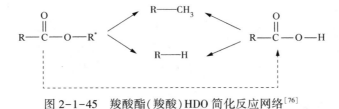

图 2-1-45　羧酸酯（羧酸）HDO 简化反应网络[76]

（三）杂原子烃的影响

硫化物对 HDO 有弱阻滞效应，文献[6]报道可用带氧化物和硫化物吸附项的 L-H 模型描述硫化物、氧化物混合物加氢过程二者的相互影响，并引用了 Lavopa 等的二苯并呋喃 HDO 结果：原料中 P_{H_2S} 由 0 提高至 5.1kPa，二苯并呋喃转化率由 60% 下降至 44%。但 Krishnamurthy 等[75] 在 NiMo/γ-Al$_2$O$_3$ 催化剂上进行二苯并呋喃 HDO 的实验中发现预硫化型催化剂的活性比氧化型催化剂高约 3 倍；在催化剂预硫化基础上，反应过程中添加 CS$_2$0.026%（体）和 0.10%（体）则活性分别提高 18% 和 27%。Laurent 等[76]也发现 H$_2$S 对羧酸酯 HDO 活性的促进作用。当 H_2S 的浓度为 196mmol/L 时 MoNi/γ-Al_2O_3 和 MoCo/Al_2O_3 催化剂的活性分别提高 79% 和 38%。

氮化物对 HDO 有较强的阻滞作用。Satterfield 等[68]用等摩尔氧化物和氮化物混合原料考察了喹啉和邻乙基苯胺对 HDO 的阻滞效应,发现邻乙基苯酚、苯并呋喃、二苯基醚均受较强阻滞,喹啉的阻滞效应更强。例如喹啉和邻乙基苯胺可使间乙基苯酚的 HDO 转化率从未加氮前的 98% 分别下降至约 60% 和 79%。Odebunmi[67]研究了间甲苯酚和吲哚在加氢过程中的相互影响(见脱氮部分),表 2-1-22 的数据表明吲哚对间甲苯酚的 HDO 有强烈的阻滞效应;当反应温度较低时,这种阻滞作用更大,因为这时脱氮率较低且碱性的二氢吲哚与吲哚的平衡浓度比较高。Laurent 等[76]考察了 NH_3 对羧酸酯 HDO 的影响,发现很小的 NH_3 浓度便具有对 HDO 的阻滞效应,例如当 NH_3 浓度为 5mmol/L 时,MoNi/γ-Al_2O_3 和 MoCo/γ-Al_2O_3 的 HDO 速率常数分别降至无氨条件下的 62% 和 52%。氨浓度升高还使脱羧反应的选择性下降,表明 NH_3 对脱羧反应的阻滞大于对加氢反应的阻滞。对反应中间物的详细分析表明,氨阻滞羧酸中间物的生成。

总的说来,在 HDO 反应中,氧化物的自阻滞效应较小。

苯酚类和呋喃类化合物的 HDO 机理与苯胺类和杂环氮化物的 HDN 机理大体相似(参见上节)。

四、加氢脱金属(HDM)

石油中一般含有金属组分,其含量因原油的产地不同而异。它们的存在对炼制过程中原料油的性质影响很大。金属组分以任何形式在催化剂上沉积都可能造成孔堵塞或催化活性位的破坏而导致催化剂失活。此外还发现在石油的热加工过程中,金属组分会促进焦炭的生成。

研究发现,低于 540℃的馏分不含金属,金属组分浓集在 540℃以上的馏分尤其是在渣油中[77],因此在重质馏分特别是渣油加氢过程中,关注金属组分的 HDM 反应是理所当然的。

HDM 就是通过加氢工艺从重油中把含金属的有机杂质脱除。石油中的金属组分主要是钒和镍,其中多(10%~60%)以卟啉结构形式存在,其浓度从几 μg/g 至高达 1300μg/g[78、79]。非卟啉金属化合物也存在,但有关研究报道极少。典型的金属卟啉化合物和非卟啉化合物的结构见图 2-1-46。图(a)的镍-卟啉常作为含镍的模型化合物用于 HDM 研究,其中 Ni-Etio 是可以在原油中检测得到的;Ni-TPP 可能是存在于石油沥青中镍卟啉的代表,但它在矿物油中的溶解度不大(20μg/g),而 Ni-T3MPP 在油中的溶解度则比 Ni-TPP 大得多(达 120μg/g),更便于用作模型化合物。钒卟啉的结构与镍卟啉相似,其结构式只需将图 2-1-46 中的镍换成氧钒基(V=O)即可。

如图 2-1-46(a)所示,镍和钒的卟啉络合物通常是直角四面体,镍或氧钒基配位于四个氮原子上,由于具有四吡咯芳香结构,与沥青质中的稠环芳烃相似,故很容易渗混到沥青质胶束中,而沥青质中的稠环芳烃是通过硫键(桥)、脂肪键(桥)与金属卟啉结构相连接(见图 1-2-47)[80],这与白户义美[81]有关这些络合物紧密地与沥青质分子相缔合的论述一致。由此可见,重油的 HDM 反应常与沥青质的裂解反应紧密相连。

尽管石油中金属组分的分子结构复杂以及在重油馏分(特别是渣油)中反应的复杂性,对 HDM 的认识尚不够清楚,但人们还是进行过许多金属卟啉模型化合物的研究,对其 HDM 反应的途径、反应机理、影响因素和动力学等都有论述,文献[1]对此有索引性的简述,并

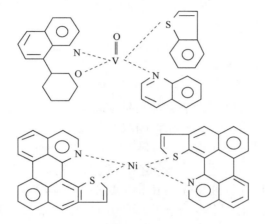

镍–初卟啉:Ni-Etio(Ni-Ep);镍–四苯基卟啉:Ni-TPP;镍–四(B–甲基苯基)卟啉:Ni-T3MPP

(a) 镍卟啉化合物结构[78]

(b) 非卟啉化合物结构[79]

图 2-1-46　典型金属卟啉化合物的结构

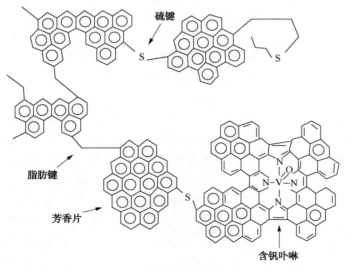

图 2-1-47　X–光衍射法测定的沥青质结构简图[80]

提供了很丰富的参考文献。

Rankel[82] 以钒和镍的卟啉化合物为原料研究了这些模型化合物在 CoMo 催化剂上的 HDM 反应。在高温下反应可观察到：卟啉环断裂，生成含 2~4 个吡咯环的线形聚吡咯化合物；卟啉环结构周围不同位置加氢，使卟啉环变形；卟啉环与 H_2S 反应；脱金属。他认为金属卟啉化合物降解为聚吡咯的可能途径是通过氢化金属卟啉中间物进行，这些中间物由于卟啉环变形而变得不稳定。因此，在环反应之前，即卟啉环原封未动，金属卟啉的脱金属反应不会发生。例如 VO-(TPP)与 H_2+H_2S 反应，部分 VO-(TPP)转化为 VO_xS_y，二氢化 VO-(TPP)也是产物，可以推测，在生成 VO_xS_y 之前生成了氢化中间物，可能还有 H_2S 加成物。

Galiasso[83]也证明生成氢化卟啉化合物是 HDM 反应的中间产物，并指出，由于在催化剂表面可能存在若干吸附型态，因此当反应温度由低到高，金属卟啉 HDM 的机理会发生变化，换言之，不允许把低温下金属卟啉化合物的 HDM 机理外推到高温反应。氧钒基卟啉通过 VO^{2+} 在活性位上吸附的脱金属反应，仅仅在 380℃ 的温度下发生，通过芳香基团的吸附只不过是生成氢化中间物。研究还表明，纯氧钒基卟啉化合物的活性差不多是胶质和沥青质中所谓"卟啉化合物"活性的 10 倍。

Takeuchi 等[84]研究了沉积在催化剂上钒的特性，并据此提出了钒卟啉在钒硫化物上加氢脱钒的反应机理。研究结果表明：

- HDM 需要 H_2S 的存在；
- 钒沉积物是由结晶的 V_3S_4 相构成（当然 V 可能被其他过渡金属如 Ni 取代），且 V_3S_4 相是一种非化学计量化合物，S 对 V 的原子比约为 1.2~1.5；
- 对 V_3S_4 的 X-射线光电子谱法研究显示，V_3S_4 中的钒以 V^{4+} 存在，而在催化剂的外表面则以钒的还原态如 V^0 存在；电子自旋共振法的研究表明，分布于表面的 $(V=O)^{2+}$ 与 V_3S_4 层共存，并可确定，其中的氧钒基与 4S 配位，与重油中 4N 配位的氧钒基不同。
- 沉积钒硫化物表现出生长为针状晶体的方向选择性，并证明这种生长表面具有脱钒自催化活性。

提出钒卟啉化合物在钒硫化物上加氢脱钒的机理如图 2-1-48。卟啉型（4N 配位）氧钒基与硫化物表面 V_3S_4 的 S 反应，然后进一步与 H_2S 反应，生成 4S 配位的氧钒基，再经 HDO 反应，而变成稳定的 V_3S_4 层，如是，重复沉积 S 和钒。

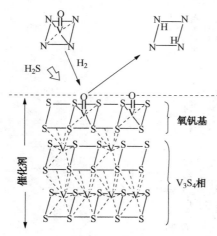

图 2-1-48　在钒硫化物上的 HDV 机理

Galiasso[83]研究了原油胶质和沥青质中金属化合物的 HDM，认为化合物的类型和分子大小不同，其反应活性和扩散影响也不同，因此原油的 HDM 反应是十分复杂的。所提出的简化机理认为，含大量 N、S 和烷基支链的金属卟啉和非卟啉分子连接成为一个大"分子"（Miscele），它通过溶剂分解作用而稳定地存在于油中，在加氢条件下，大"分子"分散并吸附在活性位上，原先钒是与 N、S 或 O 相连的，随着这些链的选择性加氢，使钒基脱除，然后这些原先吸附着的分子脱附，而 V 则留在催化剂表面并进一步转化为硫化物。在反应过程中，加氢产物、卟啉和非卟啉化合物分子都会发生某些裂化和脱烷基反应。在冷却的过程中，加氢产物将重聚生成相对分子质量较小的部分脱金属的胶质或沥青质。提高反应温度，反应更为剧烈，生成的轻产品更多，得到的渣油聚合物也更多。

Ware[79,85,86]等系统地对镍卟啉的 HDM 进行了研究。提出 Ni-Etio 的反应网络如图 2-1-

49 所示。HDM 是一串联反应，首先是构成 Ni-Etio 大环的四个吡咯之一的周边双键进行可逆加氢，生成 Ni-EP$_{H_2}$，后者进一步氢解破环，并把镍沉积在催化剂表面上。生成物中没有检测到无金属卟啉环，表明在 HDM 条件下，无金属卟啉很快破坏，证明中心金属对大环结构的稳定性是必不可少的。

按图 2-1-49 所示反应网络，假定反应遵循拟一级动力学，反应中忽略浓度变化，其动力学参数列于表 2-1-28。数据表明，Ni-Etio 加氢生成 Ni-EPH$_2$ 是 HDM 的速率控制步骤。

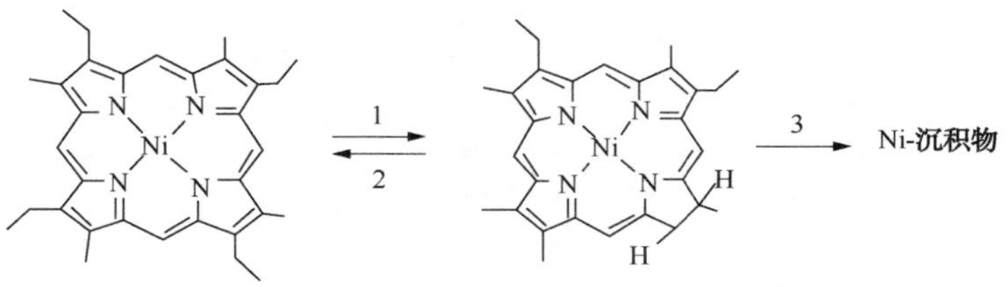

图 2-1-49　Ni-Etio HDM 反应网络[79]

表 2-1-28　Ni-Etio　HDM 反应动力学参数 [78]

反应	$k/[\mathrm{mol}/(\mathrm{g}\cdot\mathrm{h})]$	$E/(\mathrm{kJ/mol})$
1	25.0	68.2
2	100.0	85.8
3	80.0	120.2

注：反应条件：$t=343℃$，$P_{H_2}=6.99\mathrm{MPa}$，催化剂：$CoO\text{-}MoO_3/Al_2O_3$，固定床反应器。

研究还发现，k_1、k_2 和 k_3 与氢压的关系分别为一级、零级和二级，这与反应 1 生成的中间物需添加 1mol 氢一致。

Ni-T3MPP 与 Ni-Etio 具有相似的四吡咯环宏观结构，但大环外围结构不同（见图 2-1-46）。反应生成物分析表明 Ni-T3MPP 加氢产物中比 Ni-Etio 加氢存在更多的稳定中间物，原料镍卟啉一个外围双键加氢生成的 Ni-PH$_2$ 以及 Ni-PH$_2$ 在已加氢环相邻的吡咯环选择二次加氢生成的 Ni-PH$_4$。观察到中心金属有利于生成这种相邻吡咯环部分加氢的四氢卟啉。

研究中发现，反应初始，原料中的 Ni-P 随着 Ni-PH$_2$ 和 Ni-PH$_4$ 的快速生成而迅速消失，之后（$W/Q>0.04\mathrm{g}\cdot\mathrm{h/mL}$）Ni-PH$_2$ 和 Ni-PH$_4$ 进一步反应而逐渐脱除，而 Ni-P/Ni-PH$_2$ 和 Ni-PH$_2$/Ni-PH$_4$ 之比值亦保持不变，表明金属卟啉化合物之间建立了热力学平衡。

Ni-T3MPP HDM 反应网络可简化为如图 2-1-50 所示。原料 Ni-T3MPP 经两次可逆加氢反应生成了两个相邻吡咯环部分加氢的 Ni-PH$_4$，后者通过两条途径进行反应：一是镍在催化剂表面上直接沉积；另一则是生成稳定的中间物 Ni-X，它亦可进一步反应使 Ni 沉积在催化剂表面上。如图 2-1-50 所示的 HDM 反应网络的拟一级动力学参数见表 2-1-29。

表 2-1-29　Ni-T3MPP HDM 反应网络的动力学参数[78]

反应	$k/[\mathrm{mL}/(\mathrm{g}\cdot\mathrm{h})]$	$E/(\mathrm{kJ/mol})$	反应	$k/[\mathrm{mL}/(\mathrm{g}\cdot\mathrm{h})]$	$E/(\mathrm{kJ/mol})$
1	85.0	74.5	5	66.0	88.8
2	90.0	91.3	6	4.6	83.7
3	130.0	79.1	7	25.0	100.5
4	150.0	96.7			

注：$t=345℃$，原料 Ni 浓度 $=26\mu\mathrm{g/g}$，余同表 2-1-28。

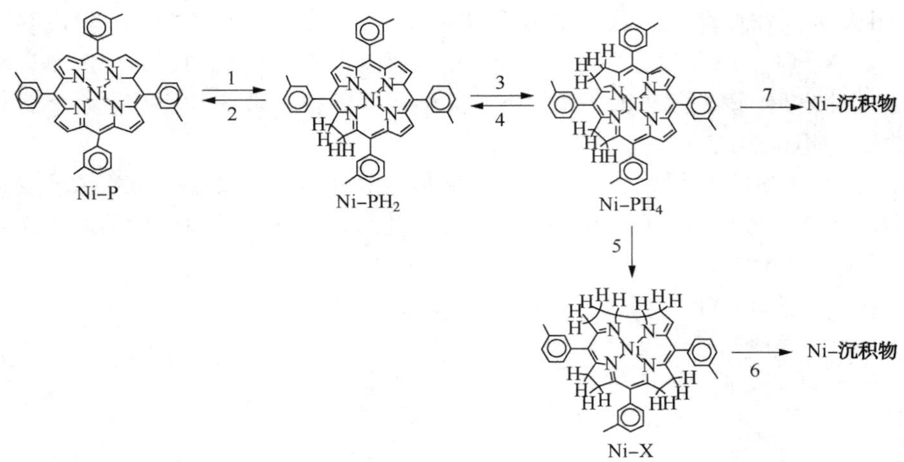

图 2-1-50　Ni-T3MPP HDM 反应网络[79]

表 2-1-29 中的速率常数表明，Ni-T3MPP HDM 反应网络中的加氢步骤是快反应，而 Ni 沉积的氢解步骤(反应 6 和反应 7)是反应网络的速率控制步骤。不同 Ni 浓度(16~90μg/g)下所测得的反应速率常数和活化能差别不大，这意味着镍卟啉在催化剂上是一种弱吸附。

发现网络各反应速率常数与氢压的关系如下，k_1 和 k_3 为一级，k_2 和 k_4 为零级，k_5、k_6 和 k_7 为二级。这与 Ni-Etio 的情况相似。

以上对不同结构的镍卟啉模型化合物的研究表明，其 HDM 反应都是从吡咯环的加氢开始，生成物最终经历氢解反应使镍沉积在催化剂表面上。镍-卟啉分子周边结构的不同，对其反应网络的复杂性及其加氢和氢解的相对速率都有重大的影响(见图 2-1-48 和图 2-1-49 及表 2-1-28、表 2-1-29)，而吡咯环 β 位和亚甲基桥碳原子上的取代基起着支配作用，使不同卟啉化合物脱金属总体速率的限制步骤发生变化，例如 Ni-Etio 中吡咯环上的甲基和乙基的给电子效应使其碱性较强，加之甲基和乙基对加氢活性位的位阻效应使 Ni-Etio 的加氢活性低于 Ni-T3MPP 且成为脱镍网络中的限制步骤；而 Ni-T3MPP 中亚甲基桥上的甲苯基的存在，则形成较稳定的中间物 Ni-X，这是使 HDM 反应网络复杂化以及沉积步骤成为速率控制步骤的原因。尽管不同结构的镍-卟啉在反应网络和反应相对速率方面有所不同，但先加氢、后氢解使金属沉积的反应顺序不变。

研究还表明[85]在有碱性氮化物(吡啶)存在或使用硫化型 CoMo/Al₂O₃ 催化剂的条件下，Ni-T3MPP HDM 的反应网络不变，各反应步骤与温度、压力的关系也与前面的讨论相似。吡啶强烈抑制加(脱)氢活性，但对金属沉积步骤的影响很小；而使用硫化型催化剂，则可大大提高金属沉积的速率，但加(脱)氢速率提高较小(详见表 2-1-30)。

表 2-1-30　吡啶和催化剂预硫化对 HDM 反应的影响[①][79]

反应	$R_1^{②}$	$R_2^{③}$	反应	$R_1^{②}$	$R_2^{③}$
1	0.42	1.7	5	0.15	3.5
2	0.56	1.7	6	0.61	7.1
3	0.35	2.0	7	0.78	6.7
4	0.52	2.6			

① 反应条件：$t = 345℃$，$P_{H_2} = 6.99MPa$，原料油 Ni 含量 = 65μg/g。
② $R_1 = k_{pyd}/k_{oxide}$，k_{pyd} 和 k_{oxide} 分别代表在氧化型催化剂上原料中含吡啶 100μg/g 和不含吡啶的反应速率常数。
③ $R_2 = k_{sul}/k_{oxide}$，k_{sul} 代表催化剂经预硫化，k_{oxide} 同上。

此外，N 和 S 的存在还降低了 Ni-PH$_4$ 生成 Ni-X 的选择性（k_5/k_7 变小），非卟啉金属化合物脱金属速率较慢，从催化剂颗粒内金属沉积均匀的意义上说，这是符合要求的，因此，通过改变 HDM 网络中加氢、氢解的相对速率来控制金属在催化剂内的沉积位置，从而达到改善催化剂的性能和寿命或许正是这一研究结果的重要意义所在。

关于镍-卟啉脱金属的反应机理可以认为与 HDS 相似[78]。卟啉结构中相邻于二氢吡咯环的亚甲基桥非常活泼，它与 Mo 离子空穴相互作用，π 电子与金属的相互作用导致 C—Cπ 键转化生成 σ 键，同时，也激活了亚甲基桥的加氢反应。该桥的芳香性一旦被加氢破坏，通过大环共轭的分子稳定性亦随之失去，从而有利于开环而形成开环金属-四吡咯结构。酸性催化剂的存在，这种开环反应可能通过正碳离子裂化机理进行。

N、S 对加氢和氢解相对速率的影响表明，这两类反应可能在不同的两类活性位上发生。

第二节　烃类的加氢反应

烃类是加氢裂化原料的主体（见表 2-0-2、表 2-0-3），在加氢裂化过程中各类烃的反应总结果直接决定了过程的产品分布和质量，从而也决定了过程的经济效益和社会效益。

可以根据反应条件的不同把烃类的加氢反应分为两类：一类是加氢处理条件下不饱和烃的加氢饱和反应，主要是烯烃和芳烃的加氢反应，这些反应与杂原子脱除反应同时进行，基本上不涉及分子碳数的变化；另一类是加氢裂化条件下的烃类反应，这类反应或涉及 C—C 键断裂，或涉及骨架异构，或二者兼而有之。当然两类反应之间并不存在不可逾越的鸿沟，多环芳烃的加氢饱和与加氢开环反应可同时发生便是典型的例子。不过为叙述的方便，下面仍将按此思路来介绍加氢裂化过程中的烃类反应。

一、不饱和烃的加氢饱和反应

直馏石油馏分加氢裂化原料中的不饱和烃主要就是芳烃，基本上不含烯烃。但二次加工产品作为加氢裂化原料，则其中会有一定数量的烯烃甚至会有一些二烯烃（其含量取决于二次加工过程和条件），但烯烃加氢反应很快，本节主要讨论芳烃加氢。

（一）芳烃加氢

现代分析手段（如高压液相色谱、^{13}C 核磁共振、色质联用以及紫外、红外技术等）的分析结果表明，石油馏分中的芳烃主要有四类：

- 单环芳烃，包括苯和烷基苯、苯基（或苯并）环烷烃；
- 双环芳烃，包括萘和烷基萘、联苯和萘并环烷烃；
- 三环芳烃，如蒽、菲和芴及其烷基化物；
- 多环芳烃，如芘、䓛蒽。

以上是按分子中所含芳环个数分类，但也有按分子中含聚核芳环的个数分类的，如文献 [6] 把联苯和苯基萘分别归为单环和双环芳烃。

多环芳烃主要存在于高沸点（>350℃）馏分中，中间馏分中主要含前三类芳烃，其类型和含量取决于原料来源（见表 2-2-1）。

从表中数据看出，直馏瓦斯油（LGO）中的芳烃含量相对低，而 FCC 轻循环油（LCO）的芳烃含量却高达 70%，其中的单环芳烃又几乎集中在它的初馏分~290℃馏分中，LCO 的 290℃$^+$ 馏分中的芳烃主要是双环和三环芳烃。

加氢裂化过程中芳烃加氢的目的在于：生产芳烃含量满足产品规格要求的汽油、柴油

(脱芳烃)和高黏温指数的润滑油基础油(多环芳烃加氢),提供优质 FCC 进料和水蒸气裂解生产乙烯的原料;芳烃加氢饱和反应也是从某些含杂原子芳香化合物中脱除杂原子和把多环芳烃转化为轻质馏分过程中必不可少的步骤(参看本章第一节和下文有关芳烃加氢裂化反应途径的叙述);芳烃,尤其是多环芳烃在催化剂表面的强吸附可能进一步转化为重质缩聚芳烃,并最终转化为焦炭,导致催化剂失活,因此芳烃饱和反应对延长加氢装置的操作周期具有重要意义。

表 2-2-1　不同瓦斯油中的芳烃分布[86]

烃类组成①/%	LGO②	LCO③	LGO/LCO④	FE-LCO⑤	BE-LCO⑥
饱和烃	74.0	29.0	59.4	25.2	58.4
总芳烃	26.0	70.2	40.6	74.8	41.6
单环芳烃	16.8	11.2	12.6	29.0	0.1
双环芳烃	8.8	49.5	24.3	45.8	32.0
三环芳烃	0.4	9.5	3.7	0	9.5
多环芳烃	0	0.8	0	0	0.8

① 高压液相色谱分析数据。
② LGO 为直馏轻瓦斯油。
③ LCO 为 FCC 装置的轻循环油。
④ 混合油,LGO/LCO = 70/30。
⑤ LCO 中<290℃馏分。
⑥ LCO 中>290℃馏分。

1. 芳烃加氢的热力学

芳烃加氢反应:

$$A + nH_2 \Longleftrightarrow AH$$

是物质的量减少(耗氢)的可逆的放热反应(反应热在 63~71kJ/mol H_2 之间)。作为放热反应,就意味着正向反应(加氢)的加氢活化能低于其逆反应(脱氢),因此提高反应温度,脱氢反应速率的增值大于加氢反应(平衡常数降低),故随着温度的提高,芳烃转化率会出现一个最高点,与此最高点对应的温度就是最优加氢温度,低于这一温度为动力学控制区,高于这一温度为热力学控制区,这时若提高反应温度,反因平衡转化率降低而使芳烃转化率下降,因此,从热力学的角度看,高温操作不利于芳烃加氢。作为物质的量减少的反应,就意味着提高反应压力,平衡右移,有利于芳烃加氢,尤其有利于耗氢多(n 大)的反应。由此看来,了解芳烃加氢热力学的重要性是不言自明的。

已发表的可用于精确计算芳烃加氢产物平衡浓度的热力学数据不多,Frye[87]等测量了一些芳烃和氢的气相混合物在若干温度和压力下达到平衡后的组成。由此导出的平衡常数与绝对温度的关联式列于表 2-2-2。

表 2-2-2　部分芳烃加氢反应平衡常数表达式[88,89]

芳　烃	反　应	表　达　式
萘	$C_{10}H_8 \Longleftrightarrow C_{10}H_{12}$	$\lg K = 6460/T - 12.40$
萘	$C_{10}H_8 \Longleftrightarrow cis\text{-}C_{10}H_{18}$	$\lg K = 16500/T - 32.88$
$cis\text{-}C_{10}H_{18}$	$cis\text{-}C_{10}H_{18} \Longleftrightarrow trans\text{-}C_{10}H_{18}$	$\lg K = 695/T - 0.301$
联苯	$C_{12}H_{10} \Longleftrightarrow C_{12}H_{16}$	$\lg K = 11750/T - 21.71$①
环己烷基苯	$C_{10}H_{16} \Longleftrightarrow C_{12}H_{22}$	$\lg K = 11750/T - 22.37$①
联苯	$C_{12}H_{10} \Longleftrightarrow C_{12}H_{22}$	$\lg K = 23500/T - 44.08$①

续表

芳　烃	反　应	表　达　式
菲	$C_{14}H_{10} \Longleftrightarrow C_{14}H_{12}$	$\lg K = 2600/T - 6.11$ [①]
菲	$C_{14}H_{10} \Longleftrightarrow C_{14}H_{14}$	$\lg K = 6565/T - 13.25$ [①]
菲	$C_{14}H_{10} \Longleftrightarrow C_{14}H_{18}$	$\lg K = 13030/T - 26.38$ [①]
菲	$C_{14}H_{10} \Longleftrightarrow C_{14}H_{24}$	$\lg K = 23190/T - 46.49$ [①]
茚	$C_9H_8 \Longleftrightarrow C_9H_{10}$	$\lg K = 4990/T - 6.21$
二氢茚	$C_9H_{10} \Longleftrightarrow C_9H_{16}$	$\lg K = 10052/T - 20.01$
C_9H_{16}	$trans\text{-}C_9H_{16} \Longleftrightarrow cis\text{-}C_9H_{16}$	$\lg K = -310/T + 0.602$
芴	$C_{13}H_{10} \Longleftrightarrow cis\text{-}C_{13}H_{16}$	$\lg K = 9242/T - 19.00$
芴	$C_{13}H_{10} \Longleftrightarrow C_{13}H_{22}$ [②]	$\lg K = 17830/T - 38.66$
芴	$C_{13}H_{10} \Longleftrightarrow C_{13}H_{22}$ [③]	$\lg K = 18339/T - 37.76$

① 引自文献[87]，其余引自文献[88]。
② 由各种结构的六氢芴转化为全氢芴。
③ 只由顺式-六氢芴转化成全氢芴。

以萘、菲和芴为例，按表 2-2-2 所列公式计算了若干反应温度下的平衡常数，见表 2-2-3。

表 2-2-3　若干芳烃加氢反应的平衡常数

反应	$\lg K$		
	300℃	350℃	400℃
萘+2H$_2$ $\Longleftrightarrow$ 四氢萘	-1.13	-2.03	-2.80
9，10 二氢菲	-1.57	-1.94	-2.25
芴+3H$_2$ $\Longleftrightarrow$ 顺式六氢芴	-2.87	-4.17	-5.27

表 2-2-3 的数据表明，平衡常数随温度升高而下降，在常用的加氢温度条件下，芳烃加氢平衡常数小于 1，若要达到一定的芳烃转化率，必须适当提高操作压力。

在缺乏实验数据的情况下，平衡常数可应用基团贡献法进行计算，但如 Girgis 等[6]指出，这样的计算只能得到粗糙的近似值，例如对芳烃加氢平衡常数计算，其不确定性超过一个数量级。不过，这并不影响使用这些计算结果对问题作定量分析，如曾在 HDN 一节所指出的那样。

计算的平衡常数表明，不同类型的芳烃的加氢平衡常数有很大的不同。苯同系物加氢平衡常数随侧链数以及侧链中 C 原子数的增加而减小，而且，侧链数目比 C 原子数的影响大（如图 2-2-1 所示）。对萘也有类似情况。

双环以上的聚核芳烃加氢是逐环进行的。一般来说，第一环加氢的平衡常数较高，如图 2-2-2 所示，在 390℃（$1/T \cong 1.5 \times 10^{-3}$）下，菲第一环加氢比最后一环加氢的平衡常数高 2~3 个数量级。从图 2-2-2 还看出，加氢反应涉及的氢物质的量越多，其平衡常数的温度梯度也越大。由于最后的环加氢涉及的氢物质的量比第一环加氢高，例如菲第一环加氢需 1mol 或 2mol 氢，最后一环加氢需 3mol 氢，因此在典型的加氢处理条件下，可能出现这样的情况：从热力学角度看，最后一环加氢比第一环加氢更为有利。这点也可从图 2-2-3 菲和萘加氢平衡浓度与温度关系中看到，在 3MPa、<375℃ 和 10MPa、<435℃ 的条件下，第一环加氢的芳烃平衡浓度均高于最后的环加氢。图 2-2-3 也证明氢分压对芳烃的平衡浓度有着强烈的影响，例如在 350℃ 下，反应压力由 3MPa 升高到 10MPa，萘和菲加氢生成相应四氢化物的反应，反应物的平衡浓度分别对应地由 11.4% 和 21.5% 降至 1.2% 和 4.5%。这表明，

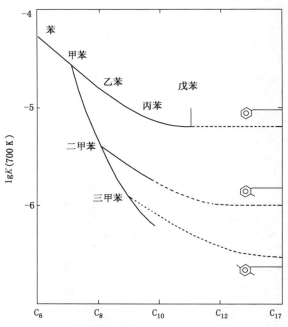

图 2-2-1　苯和烷基苯加氢的平衡常数（427℃）[66]

对于多环缩聚芳烃加氢，尤其是要获得充分加氢的产品，提高操作压力十分必要；而为了能在热力学更为有利的低温下反应，必须开发加氢活性更高的新催化剂。

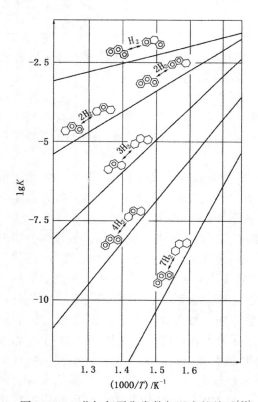

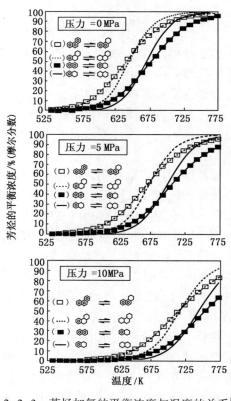

图 2-2-2　菲加氢平衡常数与温度的关系[66]　　　　图 2-2-3　芳烃加氢的平衡浓度与温度的关系[66]

2. 芳烃加氢反应网络和反应动力学

一些作者对各种类型芳烃的模型化合物进行过反应网络和动力学的研究，文献[6]和文献[86]对此作过很好的评述，并提供了丰富的参考文献。

（1）苯和取代基苯加氢

Cooper[86]概括苯加氢反应的三种网络如图 2-2-4 所示。其中（a）认为，苯在 Co-Mo-S/Al$_2$O$_3$ 催化剂上加氢生成环己烷和甲基环戊烷是一串联反应[89]；但其中（b）显然认为环己烷和甲基环戊烷均由苯的部分加氢中间物环己烯生成；而（c）则是苯在Ⅷ族金属催化剂上的加氢反应网络，认为苯加氢是通过中间物环烯烃进行的串联反应。发现环烯烃脱附，但没有观察到环己二烯脱附。

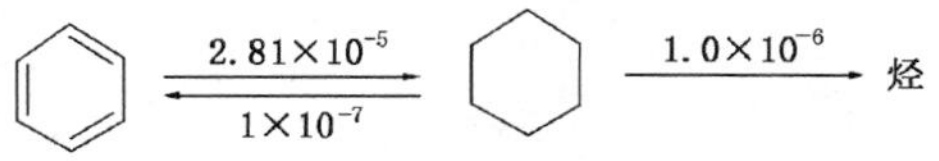

箭头上的数字为 Co-Mo-S/γ-Al$_2$O$_3$ 325℃，7.6MPa 下的拟一级速率常数，L/(g·s)

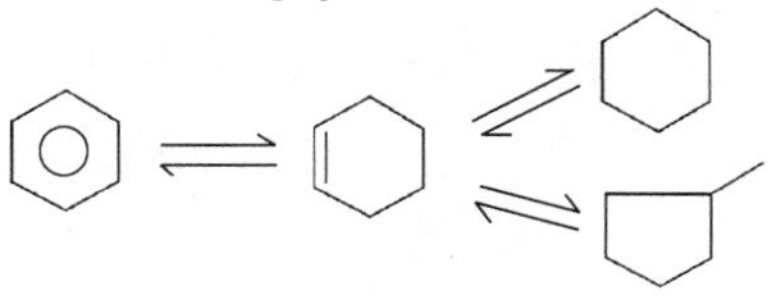

（b）

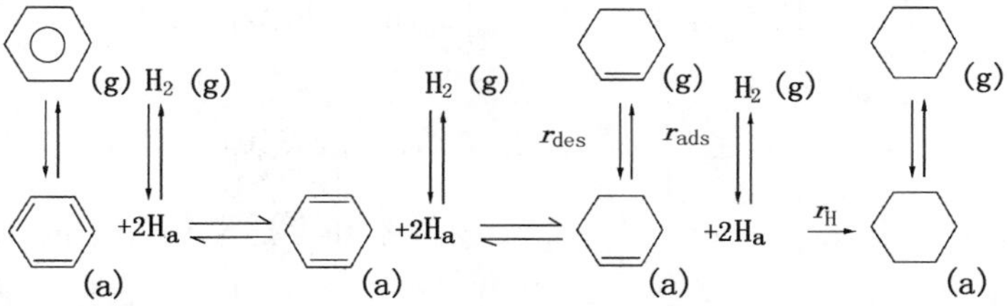

图 2-2-4　苯加氢反应网络图[86]

Sapre 等[89]用拟一级反应描述图 2-2-4(a)中的网络，模型与实验数据拟合良好。

在 Pd、Pt、Ni 金属催化剂上苯加氢速率可用式（2-2-1）表示[88]：

$$r = \frac{kK_{H_2}P_{H_2}}{1 + K_{H_2}P_{H_2}} \qquad (2-2-1)$$

式中，k 为加氢反应速率常数，K_{H_2} 为氢分子的吸附平衡常数。这意味着氢是分子吸附，且对苯是零级反应。三种金属催化剂的活性相近，活化能约 58.6kJ/mol。

据文献[86]介绍，甲苯在 Ni-W/Al$_2$O$_3$ 催化剂上加氢速率可用下式表示：

$$r = \frac{kK_A P_A P_{H_2}}{1 + \sum K_{Si}P_{Si}} \qquad (2-2-2)$$

式中，k 为速率常数，K_A 和 K_{Si} 分别为甲苯和硫化物（包括 H$_2$S）的吸附平衡常数，P_A、P_{H_2} 和 P_{Si} 分别为甲苯、氢和硫化物的分压。该式表明反应对甲苯和氢都是一级反应。

在高于 0.4MPa 压力下，式（2-2-2）变为：

$$r = \frac{kK_A P_A P_{H_2}}{1 + K_A P_A + \sum K_{Si}P_{Si}} \cdot \exp\left(\frac{-E}{RT}\right) \qquad (2-2-2a)$$

可以认为氢吸附与其他组分无关，而甲苯与硫化物竞争吸附，甲苯加氢的活化能为 92kJ/mol。

Sapre 等[89]提出联苯加氢的反应网络如图 2-2-5 所示。

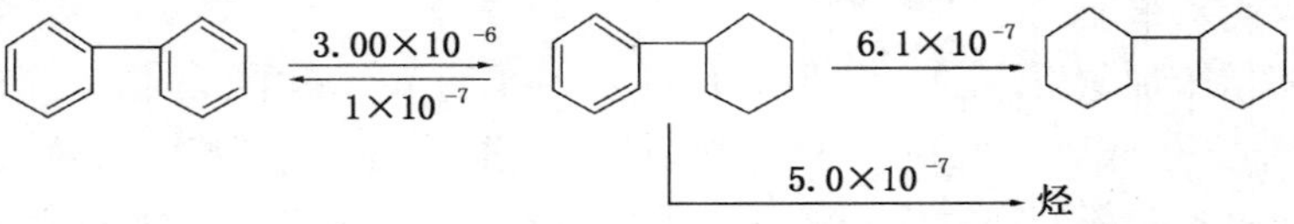

图 2-2-5　联苯加氢反应网络[67]

箭头上的数字为 Co-Mo-S/γ-Al$_2$O$_3$ 325℃、7.6MPa 下的拟一级速率常数，L/(g·s)

联苯加氢反应的主要产物是环己基苯，后者可继续加氢生成联环己烷，网络中的"烃"，

主要是甲基戊基苯异构物(， 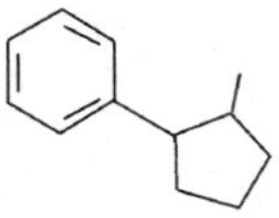 和 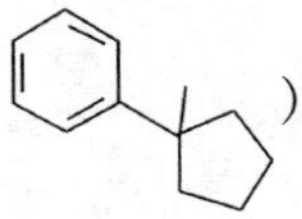)的混合物。

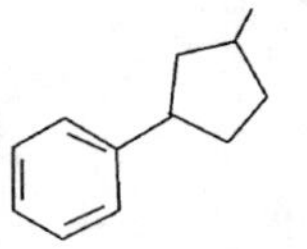

Aubert 等[90]研究了苯和取代基苯在 Ni-Mo-S/γ-Al$_2$O$_3$ 催化剂上的加氢反应，反应式为：

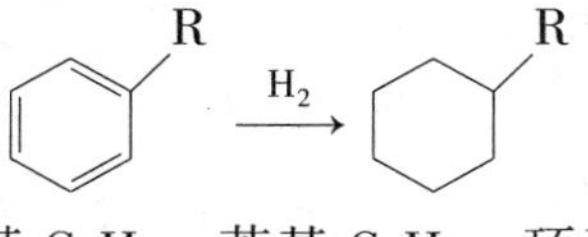

其中，R 为 H 或取代基，包括乙基 C$_2$H$_5$、苯基 C$_6$H$_5$、环己基 C$_6$H$_{11}$、苄基 C$_6$H$_5$-CH$_2$ 和环

己基甲基 C$_6$H$_{11}$-CH$_2$。若取代基也是加氢对象(如苯基和苄基)，则反应产物()继

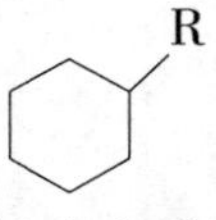

续发生加氢反应。在 340℃、7.0MPa 条件下，测得苯和上述取代基苯的拟一级速率常数依次为：2×10^{-3}、2×10^{-3}、6×10^{-3}、2×10^{-3}、3×10^{-3}(min^{-1}·g^{-1})。这表明，饱和取代基或可加氢取代基的存在对苯环加氢速率没有大的影响(反应速率处于同一数量级)。因此可排除至催化剂表面吸附过程中的空间位阻作用，也可排除电子因素的妨碍作用(即这些取代基的电子因素无明显差别)。这与文献[109]报道在 Ni-W-S/Al$_2$O$_3$ 催化剂上苯和取代基苯加氢的规律一致；但与在金属催化剂上观察到的反应规律相反(见表 2-2-4)。

表 2-2-4　苯环加氢的相对速率常数[83]

芳　烃	金属催化剂			金属硫化物催化剂	
	Pt/SiO$_2$	Pd/Al$_2$O$_3$	Rh/MgO	Ni-W-S/Al$_2$O$_3$	Ni-Mo-S/Al$_2$O$_3$
	1	1	1	1	1
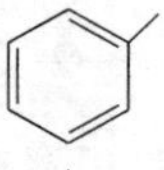	0.3	0.63	0.52	1.6	1.96
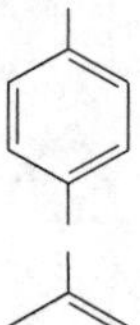	0.08	0.65	0.3		2.2
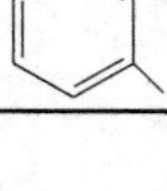		0.47			

续表

芳　烃	金属催化剂			金属硫化物催化剂	
	Pt/SiO$_2$	Pd/Al$_2$O$_3$	Rh/MgO	Ni-W-S/Al$_2$O$_3$	Ni-Mo-S/Al$_2$O$_3$
(邻二甲苯结构)		0.11		1.7	
(1,3,5-三甲苯结构)	0.01		0.24		
(乙苯结构)				3.5	1.0[①]
(联苯结构)					3.0[①]
(环己基苯结构)					1.0[①]
(二苯甲烷结构)					1.5[①]
(苄基环己烯结构)					1.0[①]

① 引自文献[90]，其余引自文献[86]。

　　用金属催化剂的研究者们发现，芳烃加氢速率取决于取代基的数目和位置，取代基可使苯环加氢速率相差达 1~2 两个数量级。

　　取代基对芳烃在这两类催化剂上加氢影响不同的原因，Stanislaus 等[86]认为大概是由于芳烃在这两类催化剂上的吸附机理不同。众所周知，芳烃如苯和甲苯是通过 π 键与金属表面相连接，涉及电子从芳环向未充满电子的 d-金属轨道迁移。因为甲苯的 π 电子云密度比苯的大，因此甲苯比苯的吸附将更强，而且随着金属的缺电子性增加，这种吸附强度的差别也增加，因而甲苯在金属表面比苯更为稳定，其加氢速率也就比苯小。苯环上甲基数目增加，电子密度增加，因而二甲苯的活性更低；而其中邻二甲苯活性最低可归因于空间位阻效应。

　　至于在金属硫化物催化剂上的芳烃加氢，Stanislaus 等[86]在综述中提到，一些作者根据在 Ni-Mo/Al$_2$O$_3$ 催化剂上一系列负电性不同的取代基苯（这些取代基包括 NH$_2$，NHC$_6$H$_5$，OH，OC$_6$H$_5$，SH，SC$_6$H$_5$ 和卤素）的加氢实验结果提出，加氢和氢解反应后受 π 电子离域作用的影响相当大，认为芳香化合物中的给电子取代基可引起 π 电子的离域作用而导致 π 吸附强度下降，从而提高反应速率。这与 Nag[91]的观点相似，Nag 认为，芳烃的双键由于共振而稳定，因而难以加氢，但当生成 π-络合物时，这些键便被削弱了，π-络合键越强，双键便变得越弱，在被氢攻击时自然也更为脆弱，因此，任何强化 π-络合键的因素都将促进加氢。这种解释显然与上述关于给电子取代基会增加 π-电子云密度使金属和芳烃化合物之间的键强度提高而降低加氢活性的观点相矛盾。要解释这些矛盾尚需进行更多的研究。

　　（2）萘和取代基萘的加氢

　　Sapre 等[89]提出萘和 2-苯基萘在 Co-Mo-S/γ-Al$_2$O$_3$ 上加氢的反应网络（图 2-2-6）。

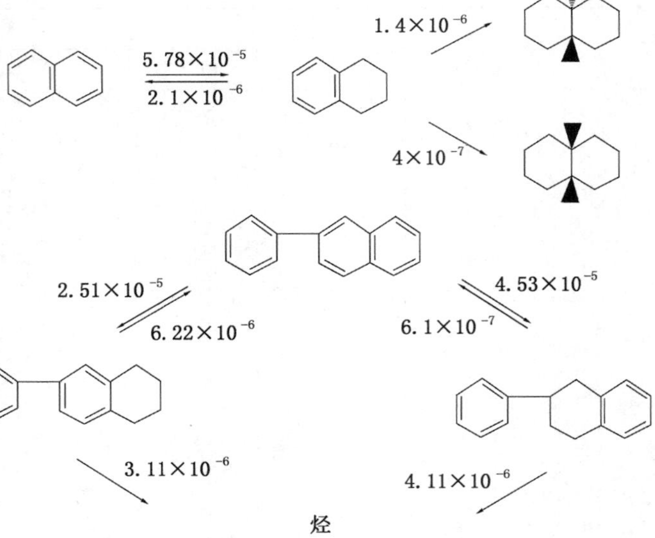

图 2-2-6　萘和 2-苯基萘的加氢反应网络[67]

反应条件：Co-Mo-S/γ-Al₂O₃ 催化剂，325℃，7.6MPa

箭头上的数字为拟一级速率常数，L/(g·s)

反应网络表明，萘首先快速加氢生成四氢萘，并进一步加氢分别生成反式和顺式十氢萘，以反式十氢萘为主。实验数据表明，四氢萘与萘之间接近平衡。2-苯基萘加氢可平行生成两种主要加氢产物：2-苯基四氢萘和 6-苯基四氢萘，二者均可进一步加氢，二次加氢产物主要是苯基十氢萘，图中以"烃"表示。实验数据也表明 2-苯基萘与两种主要加氢产物 2-苯基四氢萘和 6-苯基四氢萘之间也接近平衡。

图 2-2-6 反应网络中的各个反应均可用对反应物的拟一级反应动力学描述。可以看出，萘分子中第一芳环加氢比第二芳环加氢快得多(速率常数高一个数量级)；与图 2-2-4 和图 2-2-5 中苯和联苯加氢动力学常数相比，萘加氢生成四氢萘比苯加氢也快得多(20 倍以上)，苯基萘与联苯第一步加氢速率也相差一个数量级；苯和萘分子上苯基的存在对其加氢速率没有大的影响，可能是苯基给电子对加氢的促进作用基本上被苯基对吸附的位阻效应所抵消所致，而苯基萘在加氢时，与苯基相连的苯环加氢比另一苯环快，可能与苯基的给电子效应有关。

(3)三环(多环)缩聚芳烃加氢

三环缩聚芳烃有代表性的模型化合物是蒽、菲和含有五元环的芴。其反应网络见图 2-2-7~图 2-2-9。

图 2-2-7 表明，蒽加氢是逐环进行的。在 435℃的加氢产物中检测到烷基萘，证明外环发生开环反应，推测随后会异构化。蒽中间环比较活泼，据报道其性质有如双键，是最先加氢的环[86]。

Stanislaus[86]等综合一些作者的工作，提出的菲加氢反应网络如图 2-2-8 所示。9，10-二氢菲和 1，2，3，4-四氢菲是主要产物。二氢菲不太稳定，容易脱氢生成菲。全氢菲的生成很慢，因为对称八氢菲中心环加氢受到空间位阻。而对称八氢菲则假定是由四氢菲生成的。超过 427℃，外边的饱和环将发生开环反应，生成正丁基萘[6]。

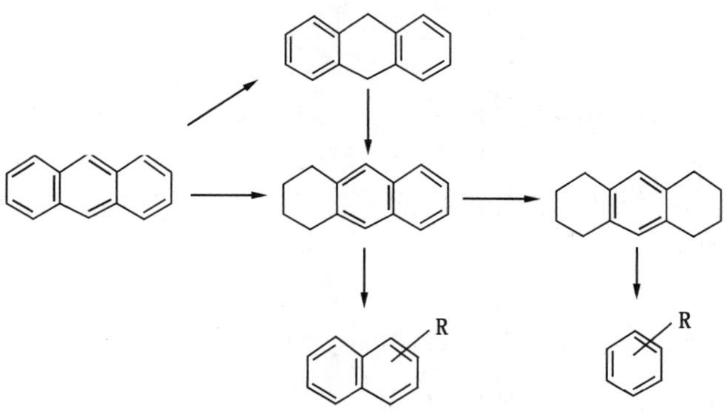

图 2-2-7　蒽加氢反应网络[92]

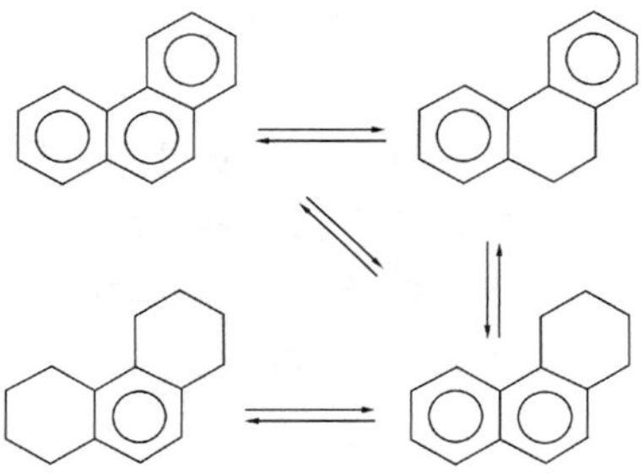

图 2-2-8　菲加氢反应网络[93]

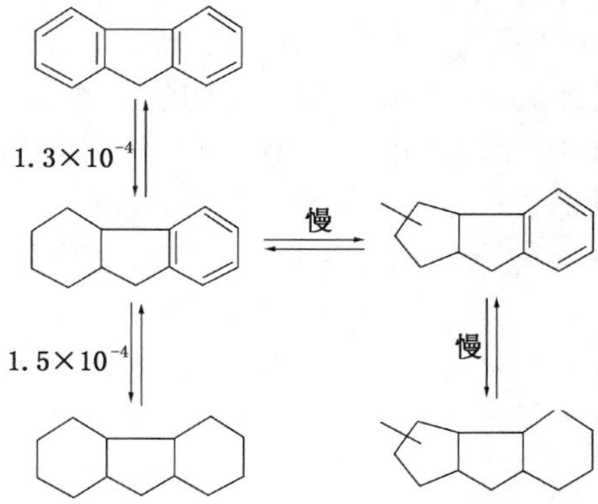

图 2-2-9　芴加氢反应网络[94]

箭头上数字为 380℃，15.5MPa，正十六烷溶剂，Ni-W/Al$_2$O$_3$
催化剂条件下的拟一级速率常数，单位为 L/(g·s)

表 2-2-5　芳烃第一环加氢的相对速率常数[86]

反　应	相对速率常数				总共振能/（kJ/mol）	每环共振能/（kJ/mol）
	Ni-Mo-S/Al$_2$O$_3$	Ni-Mo-S/Al$_2$O$_3$	Co-Mo-S/Al$_2$O$_3$	WS$_2$		
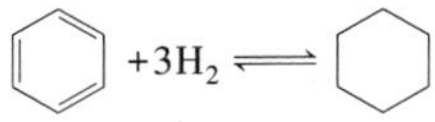	1	1	1	1	150.7~167.5	167.5
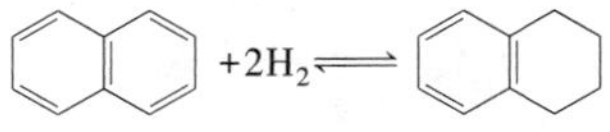	10	18	21	23	247.0~314.0	117.2
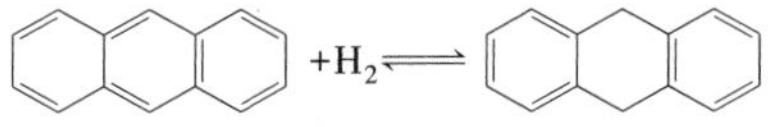	36	40		62	297.3~439.6	
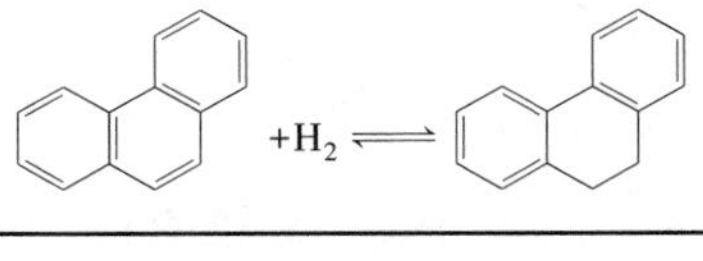	4				355.9~385.2	

　　具有缩聚环的芳烃，其第一环的加氢从动力学角度看最为有利，反应速率最快，第二环次之，最后一个芳环因其芳香性已接近苯，其加氢与第一环相比就相当困难了。表 2-2-5列出若干缩聚芳烃第一环加氢的相对速率常数（为便于比较，也列出了苯的）和表示芳香性

的共振能，共振能数据表明表中芳烃的芳香性有如下顺序：

苯<萘<蒽<菲

缩聚多环芳烃中不同环的部分共振能不同，如萘分子中一个环的共振能比苯的低得多，萘加氢生成四氢萘的反应速率比苯加氢高一个数量级便表明萘中一个环的芳香性较低。多环芳烃中，最容易加氢的环便是芳香性最低的环。表 2-2-5 中的相对速率常数表明第一环加氢活性顺序如下：

蒽>萘>菲>苯

同是三环芳烃的菲和蒽加氢活性的差别可能是由于菲的电子密度较低，因而吸附强度较低所致。有报道一系列芳烃加氢的速率常数的对数与其 π 电子密度之间存在良好的线性关系，经验关联式为

$$\lg k = 151.23\pi - 155.66 \qquad (2-2-3)$$

π 值根据每个可能的加氢部位确定，π 值最大的部位便是动力学上最有利的加氢部位。

芴的加氢反应网络主要由芴的连续加氢反应构成(图 2-2-9)，苯环异构为五元环的反应并不重要，因为即使在 380℃ 下也只生成痕量产物。芴的单环加氢速率较低可归因于芴分子中的亚甲基破坏了两个芳环的共面性。

Lepinas[95] 还提出了含有四个环的荧蒽加氢反应网络(图 2-2-10)。网络表明，荧蒽首先加氢生成 1，2，3，10b-四氢荧蒽，继而进一步加氢生成对称十氢荧蒽，再继续加氢则生成全氢荧蒽。第一、二步加氢为可逆反应。在研究所采用的反应条件下，对称六氢荧蒽和不对称十氢荧蒽生成很慢。与芴的第一步加氢相比，荧蒽加氢速率大一个数量级。

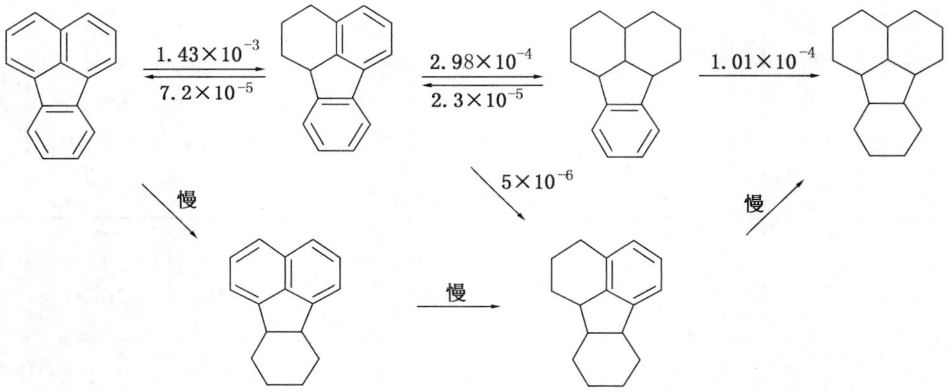

图 2-2-10　荧蒽加氢反应网络[96]

箭头上的数字为 380℃，15.5MPa，正十六烷为溶剂，Ni-W/Al₂O₃ 催化剂条件下的拟一级速率常数

3. 杂原子烃对芳烃加氢的影响

(1) 硫化物的影响

一些研究者发表了硫化物(包括 H_2S)对芳烃加氢的阻滞作用。

上节介绍的甲苯加氢[86] 便是在硫化物存在的条件下进行的，硫化物对甲苯加氢的强阻滞效应反映在 H-L 速率方程(式 2-2-2 和式 2-2-2a)分母的阻滞项 $\Sigma K_{si}P_{si}$ 中。Girgis 和 Gatas[6] 也报道了在 375℃、6.9MPa 下，当 H_2S 分压由 0 升高至 13.2kPa，丙基苯在 Ni-Mo/Al₂O₃ 催化剂上加氢的速率常数下降了 56%。

Sapre 等[96] 用 L-H 速率式描述 H_2S 对联苯在 Co-Mo/Al₂O₃ 上加氢(反应网络见图 2-2-

5)的影响：

$$r = \frac{kK_{BP}K_{H_2}^3(C_{BP}C_{H_2}^3 - C_{CHB}/K)}{(1 + K_{BP}C_{BP} + K_{H_2S}C_{H_2S})^2(1 + K_{H_2}C_{H_2})^2} \quad (2-2-4)$$

式中，k、K_i 和 K 分别代表联苯加氢反应速率常数，组分 i 的吸附平衡常数和联苯加氢反应的化学平衡常数，下标 BP 和 CHB 分别代表联苯和环己基苯。在 350℃ 下，K_{BP} 和 K_{H_2S} 的值分别为 4.6L/mol 和 12L/mol。Lo[36] 则用修正的拟一级速率常数

$$k'_i = \frac{k_i}{1 + K_{HC}C_{HC} + K_{DBT}C_{DBT}} \quad (2-2-5)$$

描述二苯并噻吩对图 2-2-6 中萘和四氢萘加氢反应的影响，下标 HC 和 DBT 分别代表芳烃（萘和四氢萘）和二苯并噻吩，假设所有烃的吸附平衡常数相同，$K_{HC} = 2.7$L/mol，$K_{DBT} = 12$L/mol。

尽管式(2-2-4)与式(2-2-5)形式有别，但对比 Sapre 等和 Lo 的结果（硫化物与烃的吸附常数之比分别为 2.6 和 4.4）仍然可以认为硫化物对芳烃加氢的阻滞作用略强于芳烃本身的自阻滞效应。

总之，硫化物对芳烃加氢的阻滞作用源于硫化物与芳烃的竞争吸附，但考虑到 H_2S 可改变催化表面的酸性质，又是为保持催化剂活性金属组分的硫化状态所不可缺少的，因此在应用 L-H 式描述硫化物的阻滞效应应注意式子对硫化物浓度的适用范围。

Kasztalan 等[97] 在 $MoS_2/\gamma\text{-}Al_2O_3$ 催化剂上，在很宽的反应条件下研究了不同 H_2S 分压（P_{H_2S} 从 0~0.3MPa）对甲苯加氢的影响，发现当 $P_{H_2S} < 50$Pa，甲苯加氢活性稳定（至少在 320℃ 和 350℃ 是这样）；当 $P_{H_2S} = 50~60000$Pa，H_2S 的阻滞效应明显，甲苯加氢活性随 P_{H_2S} 升高而下降；当 $P_{H_2S} > 60000$Pa，甲苯加氢活性不再随着 P_{H_2S} 升高而下降（见图 2-2-11）。

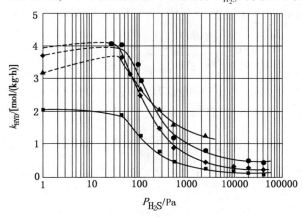

图 2-2-11　H_2S 对甲苯加氢反应的影响[97]
■—320℃；◆—350℃；●—370℃；▲—410℃

可用对甲苯和氢为一级、对 H_2S 为 n 级的幂指数方程描述甲苯的加氢反应：

$$r = kP_A P_{H_2} P_{H_2S}^n \quad (2-2-6)$$

式中，k 为速率常数。发现表观活化能随 P_{H_2S} 而改变，而且对 P_{H_2S} 的反应级数 n 也随 P_{H_2S} 而变化：

当 $P_{H_2S} < 50$Pa，$n = 0$；

当 $P_{H_2S} = 50~60000$Pa，$n = -1/2~0$；

当 $P_{H_2S} > 60000Pa$，$n = 0$。

反应的表观活化能以及对于 P_{H_2S} 反应级数随 P_{H_2S} 而改变表明，随着 P_{H_2S} 的变化，加氢反应机理或反应速率控制步骤发生了改变。经详细的动力学分析后，文献[97]的作者为甲苯加氢提出了双位加氢机理：

首先是 H_2 和 H_2S 分别在两种不同的活性位(MoS$_2$ 表面的不饱和 Mo 离子和硫离子——下面分别表示为 $*-v$ 和 $\cdot-S^{2-}$)上解离吸附：

$$H_2 + *-v + \cdot-S^{2-} = *-H^- + \cdot-SH^-$$

$$H_2S + *-v + \cdot-S^{2-} = *-SH^- + \cdot-SH^-$$

其次是芳烃(R)在不饱和 Mo 离子上吸附：

$$R + *-V \rightleftharpoons *-R$$

再其次是吸附的芳烃与负氢离子加成，生成半加氢中间物，再与质子加成：

$$*-R + *-H^- \rightleftharpoons *-V + *-RH^-$$

$$*-RH^- + \cdot-SH^- \rightleftharpoons *-V + \cdot-S^{2-} + RH_2$$

在低 P_{H_2S} 下，速率控制步骤是负氢离子加成反应；而在高 P_{H_2S} 下，则速率控制步骤是质子加成反应。对应于不同的速率控制步骤，可以推导出不同的动力学方程(详见文献[97])，从而解释了随着 P_{H_2S} 改变，对于 P_{H_2S} 级数变化的原因。

(2)氮化物的影响

氮化物的强吸附性能使它成为芳烃加氢反应最强的阻滞剂。有机氮化物的阻滞作用比氨强，其阻滞作用与其碱性、结构(通过氮原子吸附时所受到的空间位阻效应)等有关，这已在前面关于氮化物对 HDS、HDO 等反应的影响的讨论中论述过。氮化物对芳烃反应的阻滞作用一般用 L-H 速率方程表示，但有关氮化物的吸附平衡常数，不同研究者提供的数值往往不同或存在矛盾，因此，为了有效地对阻滞作用进行模拟，最可靠的方法是进行系统的实验。

Bhinde[29] 和 Lo[30] 报道过喹啉及其加氢产物对萘加氢网络加氢反应的阻滞作用，喹啉及其早期三个加氢产物(两种四氢喹啉和十氢喹啉)的阻滞作用大于后来生成的其他含氮组分(邻-丙基苯胺和 NH$_3$)，为了模拟喹啉的阻滞效应，采用了两种方法。

其一是对各加氢反应的速率常数进行修正：

$$k'_i = k_i / (1 + k_Q C_{Q0}) \tag{2-2-7}$$

C_{Q0} 为喹啉的初始浓度，K_Q 为喹啉及其加氢产物的吸附平衡常数。显然原料中的喹啉浓度 C_{Q0} 越高，阻滞越强。为了区别"早期"和"末期"喹啉加氢产物阻滞效应的不同，提出"早期"K_Q 为 1000~1300L/mol，而"末期"K_Q 值要小得多，为 210~370L/mol。

其二是按阻滞效应的强弱把喹啉及其所有的加氢产物划分为 QBN(包括喹啉、三种氢化喹啉和邻丙基苯胺)和 A(NH$_3$)两个集总，并用 L-H 方程描述各加氢反应：

$$r_{ij} = \frac{k_{ij} C_i}{1 + K_{HC} C_{HC} + K_{QBN} C_{QBN} + K_A C_A} \tag{2-2-8}$$

其中，r_{ij} 和 k_{ij} 分别表示反应网络第 j 反应中芳烃 i 的反应速率和反应速率常数，K_{HC} 表示萘及其加氢产物(作为一个集总)的吸附参数。根据实验数据估计上式分母中的三个吸附参数值依次为：2.7L/mol、1000L/mol 和 400L/mol。这些参数表明有机氮化物的阻滞作用比氨大；而即使是氨，其吸附参数也比烃高两个数量级。因此原料中存在少量的氮化物也会明显抑制加氢反应。

与硫化物的吸附参数相比，NH_3 的阻滞也比硫化物大得多。

Lo[30] 还报道了非碱性吲哚对萘加氢的影响。处理方法类似二苯并噻吩对萘加氢反应的阻滞［式(2-2-5)］，令非碱性吲哚的吸附参数与萘相同，估出吲哚的碱性加氢产物(二氢吲哚和邻乙基苯胺)的吸附参数 K_{IBN} = 700L/mol，与喹啉加氢碱性产物集总的吸附参数相近，表明把碱性氮化物划分为一个强阻滞剂集总来模拟氮化物对芳烃加氢的阻滞效应是一种可行的近似方法。

（二）烯烃加氢

如前所述，加氢裂化直馏原料中基本上不含烯烃，若以石油二次加工过程的产物作为加氢裂化原料时，原料中含有烯烃或二烯烃。此外，裂化反应也会生成烯烃。加氢裂化原料中烯烃(特别是二烯)的存在会缩短操作周期；而且烯烃和二烯烃会降低产品的安定性。因此，烯烃加氢饱和反应也是重要的反应。

与芳烃加氢相反，即使在氢压为常压的条件下，在硫化钼催化剂上，烯烃加氢也能相对容易发生。烯烃加氢常伴随双键(少数情况下还有骨架)异构化发生，不过加氢反应速率一般不受这些平行副反应的影响。

Uchytil 等[98] 在 $Co-Mo/Al_2O_3$ 催化剂上，在常压和300℃的反应条件下研究了 $C_2 \sim C_{10}$ 烯烃的加氢反应，测量了不同原料组成条件下的烯烃加氢初速率(见表 2-2-6，表中还列出了半加氢态的立体常数之和)。以烯烃加氢初速率 r_A^0 对原料中烯烃摩尔分率 Y_A［Y_A = 烯烃摩尔数/(烯烃摩尔数+氢摩尔数)］作图(例如图 2-2-12)，发现：不同烯烃的 $r_A^0 \sim Y_A$ 曲线形状相似；且最大加氢速率 r_{max}^A 均出现在 Y_A = 0.15 附近；r_{max}^A 强烈依赖于原料烯烃的分子结构，对实验所用的 12 种 $C_2 \sim C_{10}$ 烯烃，r_A^{max} 在两个数量级的范围内变化。

表 2-2-6　烯烃加氢的最大初速率及其半加氢态的立体常数之和[98]

序号	结构式		R_A^{max}①/[mol/(h·kg)]	E_s^{0}①
	烯烃	半加氢态中间物		
1	$CH_2 = CH_2$	CH_3CH_2-	46	0.50
2	$CH_2 = CH-CH_3$	$(CH_3)_2CH-$	40	0.25
3	$CH_2 = CH-C_2H_5$	$(CH_3)(C_2H_5)CH-$	19	-0.02
4	$CH_2 = CH-C_4H_9$	$(CH_3)(C_4H_9)CH-$	11	-0.34
5	$CH_2 = CH-tC_4H_9$	$(CH_3)(tC_4H_9)CH-$	29	-1.89
6	$CH_2 = CH-C_6H_{13}$	$(CH_3)(C_6H_{13})CH-$	10	-0.33
7	$CH_2 = CH-C_8H_{17}$	$(CH_3)(C_8H_{17})CH-$	22	-0.32②
8	$CH_2 = C(CH_3)_2$	$(CH_3)_3C-$	32	0.00
9	$CH_2 = C(CH_3)(iC_3H_7)$	$(CH_3)_2(iC_3H_7)C-$	0.80	-2.3
10	$trans-CH_3-CH = CH-CH_3$	$(CH_3)_2(C_2H_5)CH-$	21	-0.02
11	$cis-CH_3-CH = CH-CH_3$	$(CH_3)_2(C_2H_5)CH-$	20	-0.02
12	$(CH_3)_2C = C(CH_3)_2$	$(CH_3)_2(iC_3H_7)C-$	0.62	-2.3

① R_A^{max} 为烯烃加氢的最大初速率；E_s^0 为半加氢态中间物的立体常数之和。
② 估计值。

在金属催化剂上，加氢反应速率随双键碳原子上取代基的数目和大小的增加而减小，但从表 2-2-6 的结果看，在 $Co-Mo/Al_2O_3$ 催化剂上却观察不到这种规律。文献作者根据反式和顺式丁烯(表 2-2-6 中的 10 和 11)具有相同的加氢活性提出，这两种丁烯加氢生成相同的半加氢态中间物，而后者进一步加氢恰是整个反应过程的速率控制步骤：

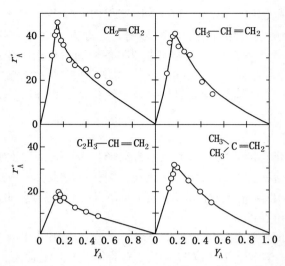

图 2-2-12　烯烃加氢初速率与原料组成的关系[98]

$$
\begin{array}{c}
\underset{H_3C}{\overset{H}{>}}C=C\underset{H}{\overset{CH_3}{<}} \\
\\
\underset{H_3C}{\overset{H}{>}}C=C\underset{CH_3}{\overset{H}{<}}
\end{array}
\longrightarrow
CH_3-\underset{*}{CH}-C_2H_5
$$

假设第一个氢原子加到双键中取代基少的碳原子上,上述假设也圆满地解释了 2,3-二甲基-1-丁烯和 2,3-二甲基-2-丁烯(表中的 9 和 12)的加氢速率相同:

$$
\begin{array}{c}
\underset{H_3C}{\overset{H_3C}{>}}C=C\underset{CH_3}{\overset{CH_3}{<}} \\
\\
\underset{(CH_3)_2HC}{\overset{H_3C}{>}}C=C\underset{H}{\overset{H}{<}}
\end{array}
\longrightarrow
\begin{array}{c}
CH(CH_3)_2 \\
| \\
CH_3-\underset{*}{C}-CH_3
\end{array}
$$

按第一个氢原子快速加成到与双键相连且其中取代基少的碳原子上生成半加氢态中间物的假设,发现烯烃加氢最大速率的对数与代表半加氢态中间物上取代基空间影响的立体常数 E_s^0 的总和之间存在良好的线性关系(见图 2-2-13),其中反-丁基-乙烯的对直线的偏离,或许可解释为庞大的取代基可能使吸附状态变形而引起的所谓空间促进效应所致[98]。

值得注意的是,在金属催化剂上的情况与此相反,直链烯烃双键上取代基的立体常数之和与 $\lg r_A^{max}$ 成功地关联,表明第一个氢原子加成到双键上是速率控制步骤,文献作者认为这可能是由于 π-连接的烯烃与 σ-连接的中间物稳定性不同所致,也许这也是在金属催化剂和 Mo-Co 催化剂上观察到取代基对加氢活性影响规律不同的原因。

提出烯烃在 $Co-Mo/Al_2O_3$ 催化剂上加氢的反应机理为:

$$H_2+2* \Longleftrightarrow 2*-H \qquad\qquad 氢解离吸附$$

$$A + * \rightleftharpoons * - A$$

$$* - A + * - H \rightleftharpoons * AH + *$$

$$* - AH + * - H \rightleftharpoons AH_2 + 2 *$$

烯烃吸附

生成半加氢态中间物

速率控制步骤

与此对应的 H-L 方程(若假设氢为弱吸附)可简化为:

$$r = \frac{k P_A P_{H_2}}{(1 + K_A P_A)^2} \qquad (2-2-9)$$

式中, k 为反应速率常数, K_A 为烯烃吸附平衡常数, P_A 和 P_{H_2} 分别为烯烃和氢的分压。

与芳烃加氢相反, H_2S 对烯烃加氢的影响很小或没有影响。例如 1-丁烯在硫化型 Co-Mo/Al_2O_3 催化剂上加氢速率受丁烯和氢阻滞, 但与 H_2S 加入的水平关系不大[99], 己烯加氢对 H_2S 浓度变化也不敏感[100]; 环己烯加氢[101]大体如此。H_2S 对芳烃和烯烃加氢活性影响的不同, 似乎表明这两类不饱和烃的加氢反应是在两种不同的活性位上进行。

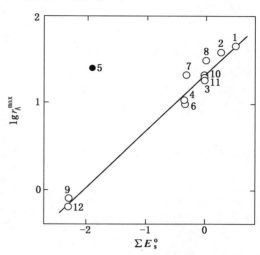

图 2-2-13　烯烃加氢最大速率与半加氢中间物
上的取代基的立体常数之和的关系[98]
图中数字与表 2-2-6 的序号相对应。

由于氮化物的强吸附性能, 对烯烃加氢也是一种毒物, 例如吡啶、苯胺、喹啉及其甲基衍生物都明显抑制己烯加氢[102]。

在这里有必要介绍一下 Massoth 等[103]的工作。吡啶对己烯加氢影响的实验结果见表 2-2-7。

表 2-2-7　吡啶对己烯加氢的影响①[103]

W_N②/(mmol/g)	P_N/Pa	x_H③	A_H④	W_N②/(mmol/g)	P_N/Pa	x_H③	A_H④
0	0	0.349	1.0	0.148	173.3		
0.029		0.314	0.855	0.160	249.3	0.195	0.452
0.054		0.285	0.744	0.177	376.9	0.202	0.472
0.072	—	0.270	0.690	0.199	763.0	0.184	0.422
0.089	19.3	0.265	0.674	0.231	1570.5	0.166	0.371
0.102	38.5	0.250	0.621	0.252	3333.6	0.143	0.312
0.123	80.0	0.229	0.555	0.287	7062.4	0.122	0.259

① 反应条件: 釜式反应器, 350℃, 97.2kPa。

② W_N: 加入吡啶量, 在稳态条件下加入。

③ x_H: 己烯转化率。

④ 相对活性 A_H, 按式(2-2-10)计算。

前面在讨论由竞争吸附导致的阻滞效应时都使用了单位机理或双位机理的 L-H 模型。其实, 这些模型的前提条件是在反应条件下阻滞剂的吸附和脱附速率都很快(即很快达到平衡)。但实际上有时情况并非如此。例如吡啶在反应条件下达到吸附平衡很慢, 当吡啶浓度有一阶跃变化后, 要达到新的稳态需 3~4h, 计算出吡啶的吸附速率与噻吩加氢速率之比小于 0.13。在这种情况下, 用 L-H 方程模拟吡啶的阻滞作用效果不好。于是开发了"准不可逆中毒模型"。

"准不可逆中毒模型"对吡啶阻滞效应的处理不是通过对活性位的竞争吸附, 而是按活性位"准永久性"中毒处理。"准不可逆"中毒不是真正的不可逆中毒，毒物（吡啶）的吸附（影响催化活性）程度随毒物浓度的变化而变化，相应地，加氢反应速率常数也随之而变化。

定义相对活性为：

$$A_H = \frac{x/(1-x)}{x^0/(1-x^0)} \tag{2-2-10}$$

式中，A_H 为相对活性（$A_H \leqslant 1$），x 和 x^0 分别为在"准永久性"中毒和未中毒催化剂上烯烃的转化率。

若中毒催化剂上的加氢速率表为：

$$r = \frac{kP_{H_2}P_A^0(1-x)}{(D)^n} \tag{2-2-11}$$

D 为中毒催化剂的阻滞项，n 取 1 或 2。类似地，未中毒催化剂上的加氢速率可表示为：

$$r^0 = \frac{k^0 P_{H_2}P_A^0(1-x^0)}{(D^0)^n} \tag{2-2-12}$$

对于釜式反应器，两种催化剂的加氢反应速率相应为：

$$r = Fx/W \tag{2-2-13}$$

$$r^0 = Fx^0/W \tag{2-2-14}$$

F 为烯烃流率，W 为催化剂装量。将式（2-2-11）~式（2-2-14）代入式（2-2-10）可得

$$A_T = \frac{k}{k^0}\left(\frac{D^0}{D}\right)^n \tag{2-2-15}$$

对于快速吡啶吸附-脱附，D 应包括 $K_N P_N$ 项（K_N、P_N 分别为吡啶的吸附平衡常数和分压），且 $k = k^0$；而对于吡啶的"准不可逆"吸附，认为 $D \cong D^0$（在实验转化率范围内误差<5%）。由于吸附吡啶而使部分活性位失活，因此有

$$k = k_0(1 - \theta'_N) \qquad n = 1 \tag{2-2-16}$$

$$k = k_0(1 - \theta'_N)^2 \qquad n = 2 \tag{2-2-17}$$

θ'_N 为氮化物对活性位的覆盖率。

将式（2-2-16）和式（2-2-17）代入式（2-2-15）：

$$1 - A_T = \theta'_N \qquad n = 1 \tag{2-2-18}$$

$$1 - A_T^{1/2} = \theta'_N \qquad n = 2 \tag{2-2-19}$$

采用改进的 Temkin 方程

$$\theta_N = b\ln\frac{1 + a_0 P_N}{1 + a_0 P_N \exp(-1/b)} \tag{2-2-20}$$

可以很好拟合吡啶吸附数据。其中 a_0 和 b 是常数。

考虑到 Temkin 方程适用于吡啶在催化剂上的总吸附量，包括在催化活性位上和非活性位上吸附量的总和。不具催化加氢活性的非活性位包括：在氧化铝载体上的非活性位，可能还有不活泼的 CoMo 位。在反应条件下，吡啶在前一种非活性位上的吸附约占 20%，因此把式（2-2-20）代入式（2-2-18）和式（2-2-19）时，模型参数作了相应的修改，变成

$$1 - A_T = b'\ln\frac{1 + a'_0 P_N}{1 + a'_0 P_N \exp(-1/b')} \tag{2-2-21}$$

$$1 - A_T^{1/2} = b'\ln\frac{1 + a'_0 P_N}{1 + a'_0 P_N \exp(1/b')} \tag{2-2-22}$$

式（2-2-21）和式（2-2-22）就是描述砒啶对烯烃加氢阻滞作用的"准不可逆中毒"模型，均能较好拟合实验数据，而以 $n=2$ 的式（2-2-22）为优，模型参数见表 2-2-8。

表 2-2-8　己烯加氢活性关联式中的常数值[103]

常数	关联式	
	式（2-2-21）	式（2-2-22）
a'_0/Pa^{-1}	$7.60 \pm 6.81$①	$2.17 \pm 1.48$①
b'	$0.068 \pm 0.008$①	$0.049 \pm 0.005$①

① ±值的置信区间为95%。

其实，氮化物并非都能假定为快吸附-脱附，例如吲哚对二苯并噻吩和萘加氢活性的影响见表 2-2-9，表中的数据表明，即使在催化剂不再接触吲哚三天后，催化剂仍未恢复到其初活性，尽管活性在不断恢复之中。在这种情况下要用 L-H 方程来模拟吲哚对 HDS 或加氢反应是困难的。因此，在阻滞剂（毒物）在催化活性位上的吸附-脱附速率相对于加氢反应速率慢得多的情况下，用"准不可逆中毒模型"来模拟阻滞剂对加氢反应（包括烯烃、芳烃加氢和 HDS 等）的阻滞效应是有效的。

表 2-2-9　吲哚对二苯并噻吩 HDS 和萘加氢的影响[103]

项目	转化率/%	
	二苯并噻吩 HDS	萘加氢
与吲哚接触前	87	69
与吲哚脱离接触后①	64	21
与吲哚脱离接触后②	80	39

① 不再接触吲哚，并在二苯并噻吩中经一夜 HDS。

② 在①的基础上再在二苯并噻吩中两日后 HDS。

二、烃类的加氢裂化反应

本节主要讨论在由加氢组分和酸性载体构成的双功能催化剂上烃类的 C—C 键裂解加氢反应，石油馏分的加氢裂化反应多属于这一类。至于同时发生的少量氢解（在加氢组分上发生的裂解加氢）反应和非催化热裂解加氢反应将不涉及。

多年来曾对在双功能催化剂上烃类的加氢裂化反应机理进行过广泛的研究，大多研究用模型化合物进行，主要是烷烃，其次是环烷烃、烷基芳烃和稠环芳烃。Scherzer 和 Gruia[104] 对此作了最新的概括。

从化学反应的角度看，加氢裂化反应是催化裂化反应叠加加氢反应，其反应机理是正碳离子机理，这一观点已经得到了广泛的认同。因此，烃类最初在酸性位上被催化的异构化和裂化的反应规律和催化裂化反应是一致的；所不同的是由于大量氢和催化剂中加氢组分的存在而生成加氢产物，并随催化剂两种功能匹配的不同而在不同程度上抑制二次反应如二次裂化和生焦反应的进行，这正是导致加氢裂化和催化裂化两种工艺过程在设备、操作条件，产品分布和产品质量等诸多方面不同的根本原因。

催化裂化反应机理是正碳离子机理，遵循 β-断裂法则，加氢裂化反应亦然。在文献[105~107]中对正碳离子的生成、性质和反应已有深入的论述。为方便以后的讨论，在这里只简单强调两点，有兴趣的读者可参看上列文献。

● 正碳离子是烃分子 C-H 键异裂的产物之一：

$$
\begin{array}{c}
\overset{\displaystyle H}{\underset{\displaystyle |}{-\!\!\overset{|}{\underset{|}{C}}\!\!-}} \longrightarrow \overset{+}{\underset{\displaystyle |}{-\!\!\overset{|}{\underset{|}{C}}\!\!-}} +H^- -E_+
\end{array}
$$

生成正碳离子所需能量 E_+ 包括电离能、氢与烷基的电子亲和力以及 C—H 键的离解能。E_+ 越高，意味着正碳离子越难生成或生成后其稳定性越低。业已发现 E_+ 随失去负氢离子的碳原子上氢原子数目增加而提高(见表 2-2-10)，因此，正碳离子的稳定性有如下顺序：

叔碳>仲碳>伯碳>甲基

表 2-2-10　气相正碳离子的相对稳定性[104、105]

正碳离子类型	E_+ 的相对值/(kJ/mol)	正碳离子类型	E_+ 的相对值/(kJ/mol)
$\begin{array}{c}+\\-C-C-C-\\\|\\C\\\|\end{array}$	0	$-C-CH_2^+$	87.9
$\begin{array}{c}+\\-C-C-C-\\\|\\H\end{array}$	58.6		

正碳离子的这种特性，导致当正碳离子生成时，往往不是伯正碳离子，而是相对稳定的仲或叔正碳离子，即使有时 β-裂化首先生成的是伯正碳离子，后者也会迅速进行氢转移反应，生成仲正碳离子。正碳离子的这种特性，正是加氢裂化(和催化裂化)产品中富含异构烷烃的内因。

● 正碳离子可通过多种途径生成，双功能催化加氢过程中，正碳离子的生成主要通过以下途径：不饱和烃(如烯烃、芳烃)均可在催化剂的酸性位获取质子而生成正碳离子；烷烃失去负氢离子也可生成正碳离子，当烷烃与正碳离子反应时，能发生负氢离子转移，生成新的正碳离子，其中以烷烃中叔碳原子上的负氢离子转移至伯(仲)正碳离子的速率最快，前者转化为更稳定的叔正碳离子，后者则变为烷烃。这也是正碳离子链反应的传递方式。

下面应用正碳离子机理分别讨论烷烃、环烷和芳烃的加氢裂化反应。

(一) 烷烃的加氢裂化反应

烷烃在无定形双功能催化剂上的加氢转化机理，20 世纪 60 年代便进行了详细的研究[108~110]，Coonradt 和 Garwood[108] 首次提出的经典的双功能机理描述，如图 2-2-14 所示，该机理能合理地解释烷烃"理想加氢裂化"(催化剂的酸功能和金属功能处于平衡状态下的加氢裂化)情况的产品分布。后来对烷烃在贵金属分子筛催化剂上加氢转化的研究表明，其反应机理与对无定形双功能加氢裂化催化剂提出的机理相似[111]。

按图 2-2-14，正构烷烃在双功能催化剂上的加氢裂化反应步骤如下：

● 正构烷烃在催化剂的金属位吸附；

● 吸附的正烷烃脱氢生成正构烯烃[反应(1)]

● 正烯烃从金属位扩散到酸性位；

● 烯烃在酸性位获得质子生成仲正碳离子[反应(2)]；

● 仲正碳离子通过质子化环丙烷中间物生成叔正碳离子[反应(3)]；仲正碳离子通过 β-断裂生成正构烯烃和伯正碳离子的几率很小，故该反应在图中未予表示；

● 叔正碳离子通过 β-断裂生成异构烯烃和一个新的正碳离子[反应(4)]；

● 叔正碳离子失去质子生成异构烯烃[反应(5)]；

● 正、异构烯烃从酸性位扩散至金属位；

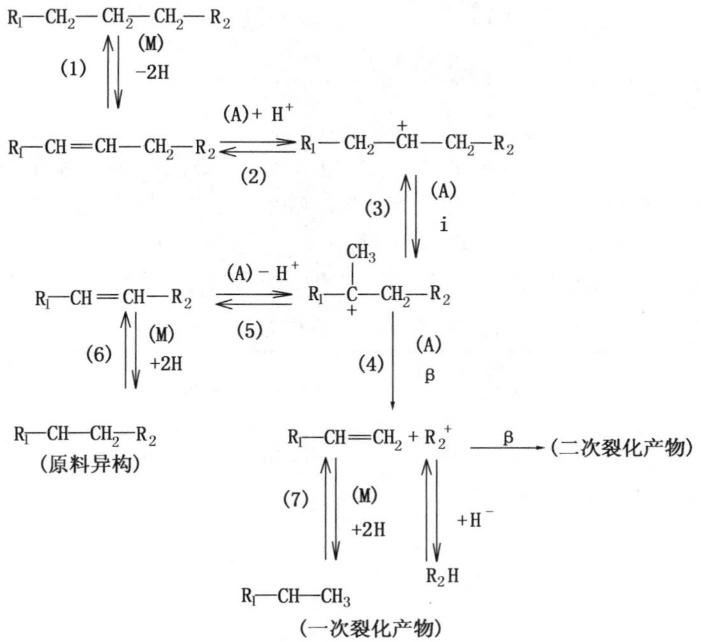

$$R_1-CH_2-CH_2-CH_2-R_2$$

$$(1) \updownarrow \begin{matrix} (M) \\ -2H \end{matrix}$$

$$R_1-CH=CH-CH_2-R_2 \xrightleftharpoons{(A)+H^+} R_1-CH_2-\overset{+}{C}H-CH_2-R_2$$

$$(2)$$

$$(3) \updownarrow \begin{matrix} (A) \\ i \end{matrix}$$

$$R_1-CH=CH-R_2 \xrightleftharpoons[(5)]{(A)-H^+} R_1-\overset{CH_3}{\underset{+}{C}}-CH_2-R_2$$

$$(6) \updownarrow \begin{matrix} (M) \\ +2H \end{matrix} \qquad (4) \downarrow \begin{matrix} (A) \\ \beta \end{matrix}$$

$$R_1-CH-CH_2-R_2 \qquad R_1-CH=CH_2 + R_2^+ \xrightarrow{\beta} （二次裂化产物）$$

（原料异构）

$$(7) \updownarrow \begin{matrix} (M) \\ +2H \end{matrix} \qquad \downarrow \begin{matrix} +H^- \\ R_2H \end{matrix}$$

$$R_1-CH-CH_3$$

（一次裂化产物）

图 2-2-14　正构烷烃的典型双功能加氢转化机理
（M）：金属位；（A）：酸性位；i：异构化反应；β：β-断裂反应

- 正、异构烯烃在金属位上加氢饱和[如反应（6）和（7）]；
- 新生的正碳离子（如 R_2^+）既可获得负氢离子变成烷烃，也可继续发生 β-断裂（二次裂化），直至生成不能再进行 β-断裂的 C_3 和 i-C_4 正碳离子为止。这正是加氢裂化气体产物中富含 C_3 和 i-C_4 的原因。

图 2-2-14 中的所有反应均可发生，若催化剂与其酸性功能相比具有足够的加-脱氢功能，则叔正碳离子的生成及其进一步裂化的反应[反应（3）和（4）]占优。烷烃加氢裂化时，其典型的产品特性如下：

- 在低、中等原料转化率情况下，原料异构物的选择性高；
- 原料异构物的纯一次裂化[反应（4）]形成裂化产物在碳数上对称的分子分布；
- 不生成甲烷、乙烷，生成丙烷的量也相对少；
- 单支链裂化产物产率高，在脱去一个丙烷所得的碳数馏分中尤其如此。

在动力学研究[112,113]中发现，加氢异构、加氢裂化反应的合适网络是：

$$正烷烃 \rightleftharpoons 单支链烷烃 \rightleftharpoons 双支链烷烃 \longrightarrow 裂化产物$$

这一网络的正确性亦已为实验所证明：分别用正癸烷烃、单支链癸烷和双支链癸烷进行加氢裂化，结果都得到相同的裂化产物[114]。这证明正构的和单支链的烷基正碳离子在裂化之前会发生进一步的支链重排。Nakamura 等[115]的 nC_7 加氢裂化（Pd/脱铝丝光分子筛催化剂）结果也支持这一结论。

烷基正碳离子的裂化一般遵循 β-断裂机理，β-断裂可生成叔正碳离子或仲正碳离子，但未见伯正碳离子生成。有支链仲、叔正碳离子的 β-断裂机理，见表 2-2-11。该反应涉及两个电子从带正电荷碳原子的 β-位 C—C 键向 α-位 C—C 键迁移，C—C 键断裂后，α-位 C—C 键变为不饱和双键，而原来处于 γ-位的碳原子则成为较小正碳离子的缺电子碳原子。由表 2-2-11 可以看出：β-断裂机理只适用于长链（C_6 以上）稳定的叔、仲正碳离子；要发生 A 型、B_1 型、B_2 型和 C 型 β-断裂，要求母正碳离子的最小 C 数相应为 8、7、7 和 6，其最少支链数相应为三支链、二支链、二支链和单支链。

表 2-2-11 中所示四类 β-断裂反应的速率顺序如下[104]：

$$A \gg B_1 > B_2 > C$$

即三支链正碳离子生成两个异构产物的 A 型 β-断裂要比其他类型的裂化要快得多，而单支链正碳离子通过 C 型 β-裂化生成两个正构产物的反应速率则最慢，以 C_{10} 烷烃加氢裂化为例，其 B_1、B_2 和 C 型 β-裂化的相对速率为 6.9、2.5 和 1.0[116]。

这正是加氢裂化产物中异构烷/正构烷比很高，甚至超过热力学平衡的原因。

表 2-2-11　烷基正碳离子 β-断裂机理[104,107]

β-断裂类型	β-断裂反应	正碳离子类型①	对正碳离子要求		
			最小正碳离子	最少支链	支链位置
A		$t \rightarrow t$	$C_8H_{17}^+$	三支链	α、γ、γ
B_1		$s \rightarrow t$	$C_7H_{15}^+$	二支链	γ、γ
B_2		$t \rightarrow s$	$C_7H_{15}^+$	二支链	α、γ
C		$s \rightarrow s$	$C_6H_{13}^+$	单支链	γ

① s、t 分别表示烷基伸、叔正碳离子。

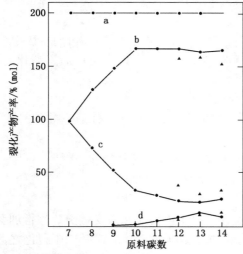

图 2-2-15　正构烷烃加氢裂化产物产率与原料碳数的关系[112]

a—总产率；b—单支链裂化产物；
c—正构裂化产物；d—双支链裂化产物
反应条件：WHSV: $0.4 \sim 1.9 h^{-1}$；t: $408 \sim 475K$；P_{H_2}: $0.1 \sim 2.0MPa$，P_{HC}: $0.4 \sim 4.4kPa$；Pt/USY 催化剂。
●—$P_{H_2} = 0.1MPa$ 的结果；▲—$P_{H_2} = 2.0MPa$ 的结果。

Martens 等[111] 在 Pt/USY 催化剂上研究了正庚烷至正十七烷的加氢裂化，详细分析了反应产物，用表 2-2-11 的四种 β-断裂机理解释了实验结果，并对长链烷烃的加氢裂化网络提出了修正。

主要实验结果见图 2-2-15～图 2-2-19。

图 2-2-15 是裂化产物产率对原料烃碳原子数的标绘，由图看出每裂化 100mol 原料烃都得到 200mol 裂化产物，属于纯一次裂化。各种原料的裂化产物中单支链烃均占优：n-C_7 裂化实际上得到等摩尔数的单支链烃和正构烃；碳数较多的原料，单支链烃产物靠消耗正构烃而提高；从 C_{10} 原料开始，单支链产物产率保持不变，而双支链产物缓缓上升，相应地，正构产物有所下降。

n-C_7 裂化实际上只生成异丁烷和丙烷（C_4 中 i-C_4 几乎占 100%）；C_8 和 C_9 裂化产物中 i-C_4 的选择性则低得多；C_{10} 以上原料加氢裂化，i-C_4 的选择性基本不变（见图 2-2-16）。

n-C_8 加氢裂化生成的 C_5 产物中异戊烷的产率很高；而 C_9 以上原料裂化，i-C_5 的选择性有所下降并保持基本不变(图 2-2-17)。

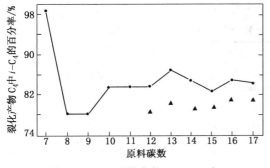

图 2-2-16 裂化产物 i-C_4/C_4 与

原料碳数的关系[112]

(图注参看图 2-2-15)

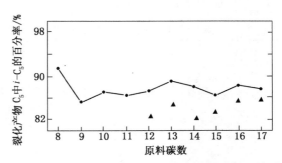

图 2-2-17 裂化产物 i-C_5/C_5 与原料碳数的关系[112]

(图注参看图 2-2-15)

图 2-2-18 和图 2-2-19 分别是裂化产物 C_6 和 C_7 的组成与原料烷烃碳数的关系，可以明显地看出：当原料比产物至少多 C_4 时，该产物的组成大致不变。

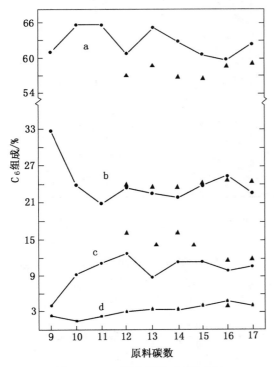

图 2-2-18 裂化产物 C_6 组成与

原料碳数的关系[112]

a —2-甲基戊烷；b —3-甲基戊烷；

c —己烷；d —2，3-二甲基丁烷；

其余参看图 2-2-15 图注

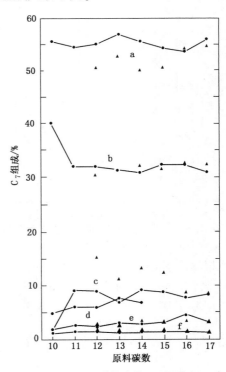

图 2-2-19 裂化产物 C_7 组成与

原料碳数的关系[112]

a —2-甲基己烷+2，3-二甲基戊烷；

b —3-甲基己烷；c —庚烷；

d —2，3-二甲基戊烷与 2，4-二甲基戊烷之和；

e —2，4-二甲基戊烷；f —3-乙基戊烷；

其余参看图 2-2-15 图注

　　分析上述实验结果，文献[111]提出了可能生成正、异构 $C_4 \sim C_8$ 碎片的裂化反应所要求原料烷烃碳链末端的特定支链结构及其 β-断裂类型，共计有反应243种。以生成 $i\text{-}C_4$ 为例的十种反应列于表 2-2-12。

表 2-2-12　C_m 烷烃通过 β-断裂生成 $i\text{-}C_4$ 碎片所需正碳离子末端的特殊结构[111]

特殊结构	β-断裂类型	m_{min}[①]	原料异构化程度[②]	产物[③]
（结构式）	A	8	trM	$2\text{—}MC_3 + 2\text{—}MC_n$
（结构式）	A	8	trM	$2\text{—}MC_3 + 2\text{—}MC_n$
（结构式）	A	10	diME	$2\text{—}MC_3 + 3\text{—}MC_n$
（结构式）	A	10	diME	$2\text{—}MC_3 + 3\text{—}MC_n$
（结构式）	B1	7	diM	$2\text{—}MC_3 + n\text{—}C_n$
（结构式）	B1	8	trM	$2\text{—}MC_3 + n\text{—}C_n$
（结构式）	B1	9	diME	$2\text{—}MC_3 + n\text{—}C_n$
（结构式）	B2	7	diM	$2\text{—}MC_3 + n\text{—}C_n$
（结构式）	B2	9	ME	$2\text{—}MC_3 + n\text{—}C_n$
（结构式）	B2	10	diME	$2\text{—}MC_3 + 4\text{—}MC_n$

① m_{min} 代表要求原料最小碳数。
② di、tr 分别代表支链数二和三，M、E 分别代表甲基和乙基例如 trM 为三甲基，diME 为二甲基乙基等。
③ C_n 代表裂化碎片的碳数，$n = m - 4$。

　　根据这些可能的反应，合理地解释了实验结果，也可以得到一些重要结论。例如对图 2-2-15 裂化产物产率的趋势可作如下分析：$n\text{-}C_7$ 的加氢裂化：C_7 唯一的三支链结构是 2，2，3-三甲基丁基正碳离子，这种正碳离子不能进行表 2-2-11 所列的任何一种类型的 β-断裂；2，2-和 2，4-二甲基戊基正碳离子（　　 和 　　）分别通过 B_1 和 B_2 型 β-裂解均可生成 $i\text{-}C_4$ 和 C_3（见表 2-2-12）；而 2，3-二甲基戊基正碳离子（　　）的 C 型 β-断裂产物是 $n\text{-}C_4$ 和 C_3，这是实验中产生 $n\text{-}C_4$ 的唯一反应，$n\text{-}C_4$ 只占 C_4 的1%表明，在 nC_7 的裂化反应中通过 C 型 β-断裂的反应速率最慢，因而这类反应并不重要。$C_8 \sim C_{10}$ 烷烃裂化产物中单支链异构物随碳数增加而正构物相应地减少的现象，说明裂化前，原料异构化为三支链异构物而后进行 A 型 β-断裂的反应随碳数增加超过二支链原料异构物的 B_1、B_2 型 β-断裂，且单支链正碳离子通过 C 型 β-断裂的贡献很小。但从 C_{10} 起，单支链产物产率几乎不变，而正构产物产率下降，二支链裂化产物增加，这可能是随着烷烃碳链的增长，生成 α，α，γ-位三支链结构正碳离子（这是 C_8 以上烷烃进行 A 型 β-裂化的唯一结构，见表 2-2-11）的反应可能由于需要几个连续的烷基转移步骤而受到影响。C_{10} 以上烷烃裂化产物中单支链烷烃的产率不变，表明碳数的增加对二支链和三支链裂化途径的影响是等效的。至于正构产物产率下降而双支链产物增加，则是由于三支链原料异构物通过 B_1-、B_2-和 C-型 β-裂化的贡献增加的结果（若要由 A 型 β-裂化生成双支链产物需要原料异构成四支链正碳离子，这种几率应该是非常低的）。由于产物中二支链烷烃产率低（图 2-2-15），因此，三支链原料异构物通过 A 型 β-裂化（生成单支链烷烃）比其他三种类型的 β-裂化（生成双支链烷烃）重要得多。

C_{10} 以上烷烃裂化产物的总体组成不变（图 2-2-15），而且不同碳数馏分中单体异构物的相对量也保持不变（图 2-2-16~图 2-2-19），这可能是由于正碳离子的相对组成不变和 β-断裂反应相对速率不变所致。由于在实验上，双支链异构物集总内各组分总处于平衡状态，可以预期，在碳链末端具有特殊结构异构物的相对量与原料碳原子数无关；而三支链异构物又是由二支链异构物通过非选择性质子化环丙烷中间物生成的，故三支链异构物的组成也将不随原料碳原子数而改变。

根据单体烷烃加氢裂化产物中当某碳数馏分是由至少比所考虑馏分多 4 个碳原子的烷烃生成时，该碳数馏分的组成不变的特性，推测在长链烷烃混合的加氢裂化反应中应得到该碳数馏分相同的组成。考虑到碎片的二次裂化是对初始最大的分子起作用的渐进现象，因此，在理想的大孔双功能分子筛催化剂上，所有正构、单支链和双支链烷烃混合物的加氢裂化都应得到如图 2-2-16~图 2-2-19 所示的产物组成[111]。

综上所述，文献[111]提出对 C_8 以上正构烷烃的加氢裂化反应网络可修改为：

正烷烃→单支链异构物→双支链异构物→三支链异构物

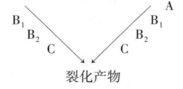

裂化产物

以上较详细讨论了在相对于其酸性功能具有足够高的加氢功能与匹配的催化剂上烷烃"理想加氢裂化"的反应途径（机理）和产品分布（组成）。实际上加氢裂化最终的产品分布和组成取决于图 2-2-14 中各种反应的速率比例（选择性），而这又与催化剂的性能，主要是酸性位的强弱以及酸性功能与加氢功能的匹配有关。图 2-2-20 表示正十六烷在不同加氢组分，不同载体构成的催化剂上加氢裂化产物的碳数分布[104]。图中 Pt/CaY 具有足够高的加氢活性，反应属"理想加氢裂化"，其典型的产品特性已如前述，它的产品碳数分布较宽，表明由于强加氢活性组分的存在，一次裂化产物的脱附和加氢速率较高，避免了二次裂化产生。相比之下，图中 Co-Mo-S/$SiO_2 \cdot Al_2O_3$ 催化剂的加氢/酸性功能比较小，正十六烷的一部分一次裂化产物较长时间吸附在酸性位上，并进行二次裂化，因而低分子烃（$C_2 \sim C_6$）的产率较高。纯酸性的催化裂化催化剂 SiO_2-Al_2O_3-ZrO_2 不含加氢组分，二次裂化更显重要，低分子烃的产率也更高。

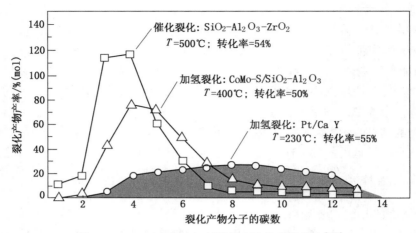

图 2-2-20　正十六烷加氢裂化产物的碳数分布[105]

　　另一极端情况就是在由强加氢组分和弱酸性或无酸性载体构成的催化剂上,烷烃的加氢裂化反应是通过在金属位上氢解机理进行的,与正碳离子机理不同,其产品 C_1、C_2 和正构烷烃产率高,几乎不生成异构烷烃。

　　Guisnet[117] 在 PtHY 催化剂上研究了不同双功能匹配对正庚烷加氢裂化反应的影响,发现双功能匹配不同,不仅影响催化剂的活性,而且影响反应途径和产品分布。

　　以加氢活性位数 n_{pt} 与酸性位数(其氨吸附热>100kJ/mol)n_A 之比表征催化剂的双功能匹配,发现 PtHY 催化剂的初活性先是随 n_{Pt}/n_A 的增加而提高,当 $n_{Pt}/n_A \geqslant 0.03$ 时达到平稳,这意味着催化剂已具有足够的加氢功能与裂化功能相匹配,此时的催化剂初活性仅取决于酸性位数。

　　正庚烷加氢反应产物可分三类:C_7 单支链异构物(M)、C_7 多支链异构物(B)和裂化产物(C)——主要是 iC_4 和 C_3。发现异构产物与裂化产物之比 I/C 和单、多支链异构产物之比 M/B 均随 n_{Pt}/n_A 的增加而提高,这意味着正庚烷的反应途径和产物分布取决于催化剂的双功能匹配 n_{Pt}/n_A。

　　当 $n_{Pt}/n_A <0.03$ 时,三类产物均"直接"由 $n\text{-}C_7$ 生成[见图 2-2-21(a)],当然并不是说 $n\text{-}C_7$ 直接裂化,因为产物 iC_4 不可能由 nC_4 生成,而只能是 $n\text{-}C_7$ 异构后裂化的结果。实际上,其反应途径如图 2-2-22 所示,即相当一部分烯烃中间物碰到足够多的酸性位,并进行连续的吸附,异构化和裂化,所生成的各类烯烃可分别在加氢位上被饱和生成最终的产物,但仍有部分继续在酸性位上反应,生成焦炭而使催化剂失活。

　　当 $0.03 \leqslant n_{Pt}/n_A <0.17$ 时,所有异构产物同时生成[见图 2-2-21(b)]。

　　nC_7 在加、脱氢位上脱氢生成的正构烯烃,可以遇到足够的酸性位进行异构化反应,并最终被加氢生成异构产物,但此前没有足够的酸性位使其发生裂化,反应路径见图 2-2-23。

　　对于 $n_{Pt}/n_A \geqslant 0.17$,即催化剂中每个金属位与 6 个以上的酸性位相匹配,也就是"理想加氢裂化"的情况,反应结果和反应途径分别见图 2-2-21(c)和图 2-2-24。nC_7 的反应是串联反应,每个烯烃中间物在两个金属位之间只与很少的酸性位接触,并且只经历一种转化:支链化或裂化。

　　研究表明,双功能催化剂的性能与加氢位数/酸性位数之间存在着确定的关系。

　　前面提到,对于高加氢位数/酸性位数比的催化剂,其活性取决于酸性位的数目;但必

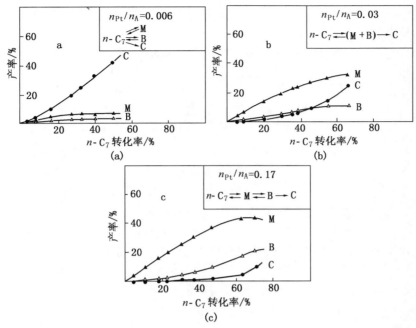

图 2-2-21　产物产率、正庚烷转化率和 n_{Pt}/n_A 的关系[117]

催化剂：PtHY；M、B、C 分别为单支链、多支链异构物和裂化产物

须指出的是，对于具有同样高加氢位数/酸性位数比值的催化剂，其活性却未必正比于其酸性位数，这是因为活性既与酸性位数，又与酸性位的酸强度和酸类型有关，而 n_A 是 B 酸位和 L 酸位的总和，而不同类型的分子筛，其酸强度及酸类型又有较大差别。

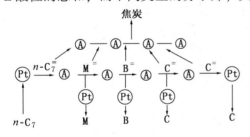

图 2-2-22　正庚烷在 PtHY（$n_{Pt}/n_A < 0.03$）
上的反应途径[117]

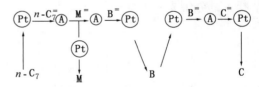

图 2-2-23　正庚烷在 PtHY（$0.03 \leqslant n_{Pt}/n_A < 0.17$）
上的反应途径[118]

（图注同图 2-2-22）

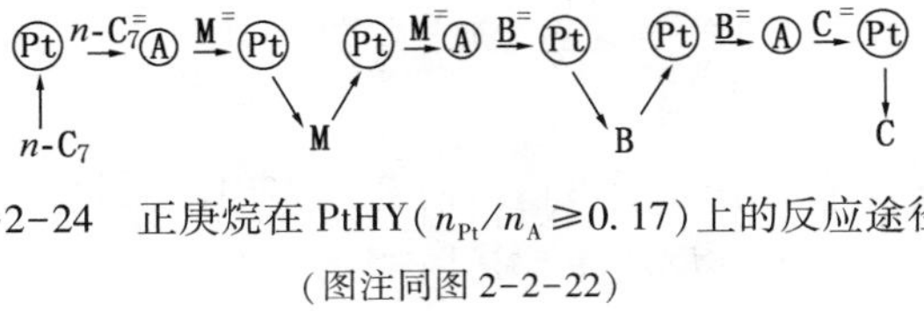

n-C$_7$、M、B 分别为正构、单支链和双支链 C$_7$ 烷烃；

n-C$_7^=$、M$^=$、B$^=$ 分别为对应于上述烷烃的烯烃；

C 和 C$^=$ 分别为 C$_3$、C$_4$ 烷烃和烯烃；

Pt 和 A 分别代表加氢活性位和酸性位

图 2-2-24　正庚烷在 PtHY（$n_{Pt}/n_A \geqslant 0.17$）上的反应途径[117]

（图注同图 2-2-22）

　　除催化剂的双功能匹配外，催化剂的孔大小、孔的结构特点也对产物产率分布有着重大的影响，对于具有特定骨架结构的沸石分子筛催化剂，尤其如此。通常，沸石分子筛催化剂的这种特性称之为择形性，图 2-2-25 是 nC_6 在具有三维骨架结构的中孔 Pt HZSM5 催化剂（$n_{Pt}/n_A = 0.03$）上加氢裂化的结果。

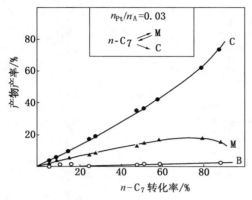

图 2-2-25　裂化产物产率与正庚烷转化率的关系[141]
催化剂：Pt-HZSM5

比较图 2-2-25 和图 2-2-21(b)，n_{Pt}/n_A 虽同为 0.03，但 Pt HZSM5 的选择性与 PtHY 明显不同，前者始终以裂化反应为主，而且多支链异构物产率很低；这种反应结果倒是更像图 2-2-21(a) 即 PtHY 当 n_{Pt}/n_A 比值较低时的结果。其原因有二：一是酸性位的强度不同，HZSM5 的强酸性位的活性较高；二是传递特性不同，烯烃中间物在 ZSM5 的较窄的孔道中迁移较慢。后者的影响可能是最重要的，众所周知，在多相催化反应中，反应物和产物分子在催化剂孔道中的传递对动力学和产物分布都有重大的影响，在 Pt HZSM5 的情况下，其孔结构对烯烃中间物扩散的阻滞，造成该中间物与酸性位之间的接触时间更长（与 PtHY 催化剂相比）而有利于裂化反应。至于 Pt HZSM5 裂化产物中二支链异构物产率很低，也可用催化剂的择形性解释：在孔道交叉处，由单支链异构物生成的双支链异构物，由于孔结构的限制而难以扩散并就地转化为裂化产物。

还发现 nC_7 在具有大孔、一维孔结构的丝光沸石 PtHMOR 上的加氢裂化与上述 PtHY 和 Pt HZSM5 不同，在活性达到平稳之前，随着 n_{Pt}/n_A 的增加，活性先提高，后下降。这是因为其一维孔道容易被 Pt 颗粒或生成的焦炭堵塞所致[117]。

低温低转化率的情况下，正构烷烃加氢异构化占优；随着温度的提高，加氢异构化升至一最高值后开始下降，而加氢裂化增加（见图 2-2-26），高温下异构化降低是由于加氢裂化而消耗了部分带支链的异构物所致。

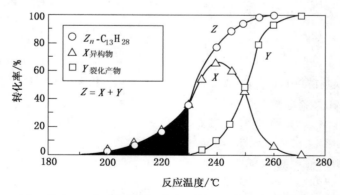

图 2-2-26　正十三烷在 Pt/CaY 催化剂上加氢异构化和加氢裂化与反应温度的关系[104]

(二)环烷烃的加氢裂化反应

对环烷烃的加氢裂化反应已有大量报道，研究也多用模型化合物进行。这些研究结果表明，环烷烃在加氢裂化催化剂上的反应主要是脱烷基，六元环的异构和开环反应。环烷正碳离子与烷烃正碳离子最大的不同在于前者裂化困难，只有在苛刻的条件下，环烷正碳离子才发生 β-断裂。

Egan 等[118]在 Ni–S/SiO$_2$–Al$_2$O$_3$ 催化剂上研究了一些烷基环己烷的反应，指出 iC$_4$ 和比反应物少 4 个碳原子的环烷是"剥皮"反应的主要产物，很少发生开环；Kochloefl 等[119]也发现，烷基环己烷在 Ni/Al$_2$O$_3$ 催化剂上可以脱侧链而不开环。

Lemberton 等[120]在 Ni–Mo–S/Y 分子筛催化剂上研究过丁基环己烷的加氢裂化反应，发现正丁基环己烷转化的主要产物是异构物双烷基（如甲基、丁基）环戊烷和双烷基（如甲基、丙基）环己烷，裂化产物是原料异构物二次反应生成的，主要是丁烷和 C$_6$ 环烷（环己烷和甲基环戊烷，没有观察到明显的开环产物。提出的反应网络和机理分别示于图 2-2-27 和图 2-2-28，表示正丁基环己烷的转化是通过两个平行反应：环异构化和侧链异构化，随后脱烷基。

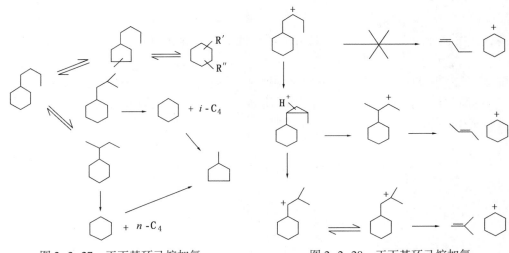

图 2-2-27　正丁基环己烷加氢　　　　　　　图 2-2-28　正丁基环己烷加氢
异构裂化反应途径[121]　　　　　　　　　　　异构裂化反应机理[121]

图 2-2-28 表明，正丁基环己烷不大可能直接脱丁基，而是迅速通过质子化环丙烷中间物进行侧链的异构化反应。前面已曾指出，叔正碳离子比仲正碳离子的裂化更快，这意味着正丁基环己烷脱烷基生成的 nC$_4$ 比 iC$_4$ 少（iC$_4$/nC$_4$ 约为 4）。

叔丁基环己烷脱烷基的产物有所不同，异构产物主要是二烷基环戊烷，只有痕量二烷基环己烷，裂化产物实际上只有 C$_4$（主要是 iC$_4$，iC$_4$/nC$_4$ = 20）和 C$_6$（主要是甲基环戊烷），表明主要反应是异构化，裂化是二次反应，因为裂化产物中主要是 iC$_4$ 和甲基环戊烷，所以脱烷基反应当在异构化之后发生，即

这很好理解，因为甲基异丁基五元环正碳离子脱烷基反应

由叔正碳离子转化为另外的叔正碳离子，被认为是最快的裂化反应[121]；而叔丁基六元环正碳离子脱烷基反应

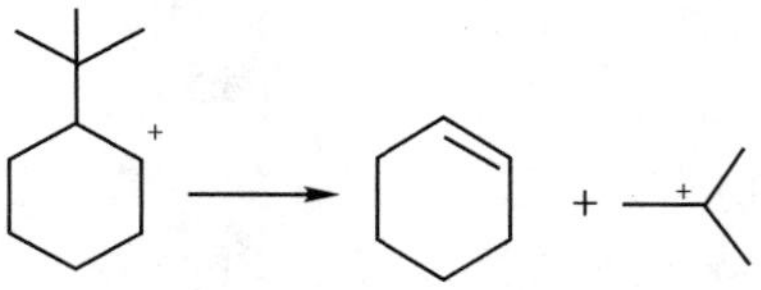

则是由仲正碳离子转化为更稳定的叔正碳离子，两相比较，当然是先异构化后脱环基的反应更为有利。

所谓"剥皮"反应，是指 $C_{10} \sim C_{12}$ 的烷基环己烷以高选择性的方式进行加氢裂化，烷基侧链被脱除("剥皮")，主要产物是 iC_4 和比反应物少 4 个碳原子的环状烃，烷烃的异构/正构比很高，还发生环缩小(异构)。以四甲基环己烷加氢裂化为例，其反应机理如图 2-2-29 所示。

图 2-2-29 也反映了环烷烃加氢裂化的两个基本特性：大量异构化先于 β-断裂；环内的 C—C 键断裂慢。由机理也可看出，为了使环外的 A 型 β-断裂成为可能，所以要求环烷烃的碳数至少是 10。

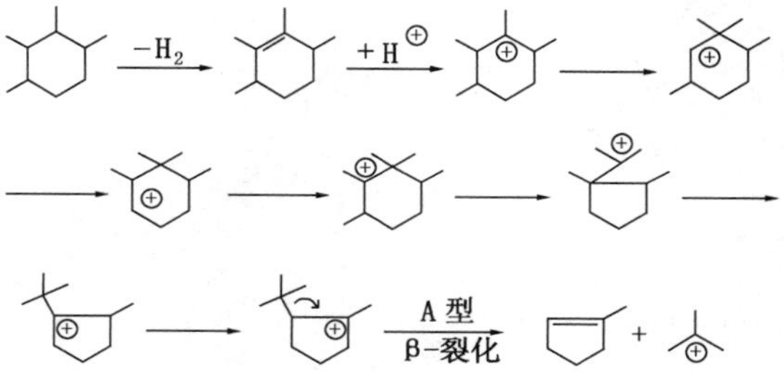

图 2-2-29　环烷烃"剥皮反应"机理[104]

多环环烷烃加氢裂化的报道较少，十氢萘加氢裂化产物中，异构烷烃与正构烷烃之比，甲基环戊烷与环己烷之比都高，这表明其反应是先开环生成烷基环己烷，其后的反应已如上述。

上面提到环烷烃正碳离子的裂化比烷烃正碳离子要困难得多，其原因概括如下[104]：

● 环烷正碳离子 β-断裂生成的非环正碳离子具有强烈的环化倾向：

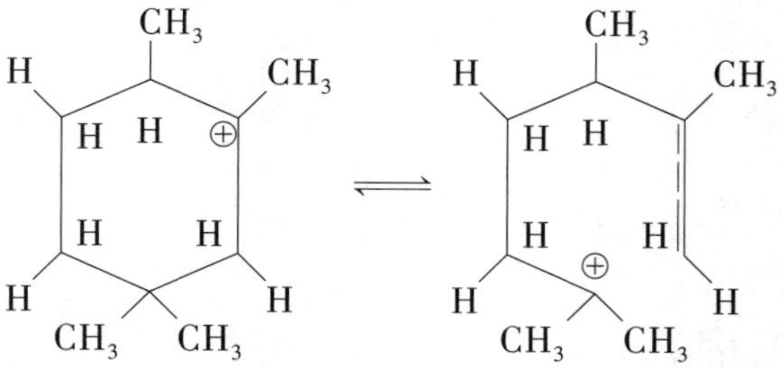

● 环烷正碳离子中带正电荷碳原子的 P 轨道与裂化 β 键的取向不利：在烷烃正碳离子中，二者是共面取向，有利于 β-断裂；而在环烷正碳离子中二者接近垂直，不利于 β-断裂。

Miki 等[122]在 Ni/Al_2O_3 催化剂上研究了环烷烃的开环反应，发现甲基环戊烷的活性比环

己烷高得多，反应温度可低约 50℃（见图 2-2-30）。一个有趣的现象是：两种环烷烃加氢开环的产物——C_6 烷烃的相对量（物质的量比）近似不变（见表 2-2-13）。

由表 2-2-13 看出，环己烷的开环产物中 n-C_6/(nC_6+iC_6) 比甲基环戊烷的高得多，但对两种环烷烃，其开环产物中的 2-和 3-甲基戊烷之比相等。

根据两种环烷烃加氢裂化产物组成，提出了环己烷加氢裂化的反应途径如图 2-2-31 所示。

该图表示环己烷的开环途径有二：（Ⅰ）环己烷直接开环，生成 n-C_6；（Ⅱ）环己烷先异构为甲基环戊烷，然后开环，按断键位置不同，分别生成正己烷、2-和 3-甲基戊烷。根据产物组成计算了两条开环途径的选择性如表 2-2-14 所示。

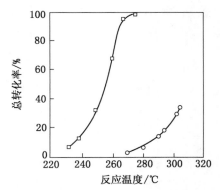

图 2-2-30 环烷开环反应对比[122]

P_{H_2}：1MPa，LHSV：1.2h^{-1}；

H_2/HC：33~34mol/mol；催化剂：Ni/Al$_2$O$_3$；

□和○分别代表甲基环戊烷和环己烷

表 2-2-13 加氢开环产物中 C_6 烷烃的生成[122]

反应物	开环产物		
	正己烷	2-甲基戊烷	3-甲基戊烷
环己烷	2	1	1
甲基环戊烷	1	5	5

注：（1）表中数字是指物质的量比（mol/mol）。

（2）反应条件：P_{H_2} = 1MPa，LHSV = 1.2h^{-1}，H_2/HC = 33~34mol/mol，催化剂 Ni/Al$_2$O$_3$。

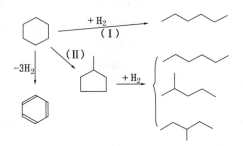

图 2-2-31 环己烷加氢开环反应途径[122]

表 2-2-14 环己烷加氢开环途径的选择性[122]

反应温度/℃	269.3	280	290.1	304.4
途径（Ⅰ）选择性	0.76	0.68	0.60	0.52

可见开环途径（Ⅰ）的选择性随反应温度提高而降低，由此可得出结论：低温下加氢开环反应主要循途径（Ⅰ）发生，而途径（Ⅱ）则在高温下占优。图 2-2-31 可以圆满解释了两种环烷烃开环产物分布的特点：两种甲基戊烷的比例相等。

图 2-2-31 还说明，环烷环中 CH$_2$—CH$_2$（仲-仲）键的断裂比 CH$_2$—CH（仲-叔）键容易得多。

关于六元环烷和五元环烷开环活性的不同，被认为是由它们在催化剂上的特殊吸附模式引起的[122]。吸附模式如图 2-2-32 所示。

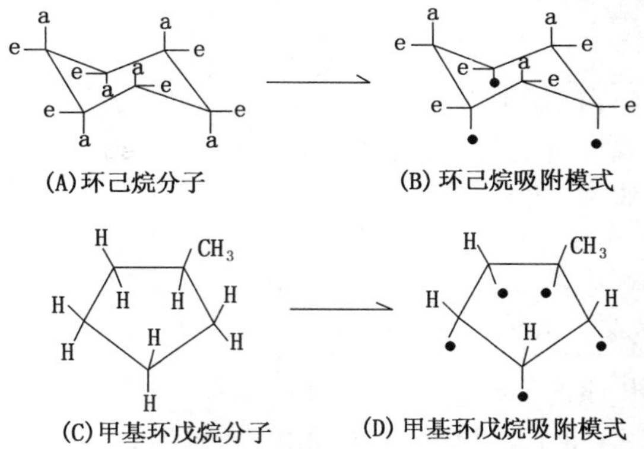

图 2-2-32　环己烷和甲基环戊烷的吸附模式[123]

环己烷以"椅形"结构存在[见图 2-2-32(A)]，其中的 12 个氢原子按几何特性分为两组，如图 2-2-32 中的 e 和 a，环己烷通过断开在平行于表面同一侧的三个轴向氢原子而优先吸附，如图 2-2-32(B)，这种吸附物的 C—C 键断裂比较困难。在 Ni 催化剂上 C—C 键断裂是通过吸附至少两个相邻的碳原子如 α，β-双吸附的中间物进行，这些组分的形成伴随着环己烷中键角的变形，六元碳环的稳定性可能是由于这种吸附组分的准芳香结构造成的。

甲基环戊烷分子中的五个氢原子则处在几乎水平的环骨架的同一侧，如图 2-2-30(C)，这种空间结构有利于甲基环戊烷通过断开其同侧氢原子吸附时不会引起键角变形[图 2-2-30(D)]，这种吸附物较易于进一步脱氢开环。

Miki 等[122]对环己烷异构化生成甲基环戊烷提出一个非正碳离子机理，认为如图 2-2-31 所示的反应中吸附态环己烷进一步脱氢导致 C—C 键断裂所生成的中间物仍与催化剂表面相连，它既可以生成 nC_6，也可以再环化生成甲基环戊烷，即把环己烷两种可供选择的开环途径（图 2-2-31）描述为非环吸附物的行为，在高温下，非环吸附物优先再环化为甲基环戊烷而不是直接开环，生成 nC_6。

（三）芳烃的加氢裂化反应

在本章不饱和烃的加氢饱和反应一节已较详细地描述了各类芳烃加氢饱和反应的规律，本节将主要讨论涉及 C—C 键断裂的芳烃加氢裂化反应。苯环是稳定的，不能直接开环，因而芳烃在开环前必须先经历芳环饱和反应，而环己烷的加氢裂化已如前述。本节将分述烷基苯和多环芳烃的加氢裂化反应。

1. 烷基苯的加氢裂化

烷基苯加氢裂化反应主要有异构化、脱烷基、烷基转移、"剥皮"反应和环化反应，造成产品的多样性[104]。

Lemberton 等[120]发现，正丁苯在 Ni-Mo-S/Y 分子筛催化剂上加氢裂化的产物与正丁基环己烷的相当不同，主要产物有加氢产物正丁基环己烷及其异构化产物双烷基环己烷和双烷基环戊烷（其产率比正丁基环己烷高得多），裂化产物苯、甲基环戊烷、环己烷和丁烷（iC_4/$nC_4 = 0.6$），以及反应物的异构化产物。提出的反应网络如图 2-2-33 所示，正丁苯脱烷基反应机理见图 2-2-34。

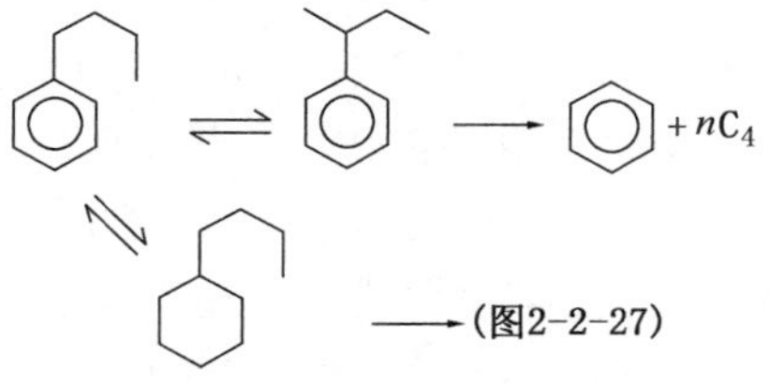

图 2-2-33 正丁苯加氢裂化反应网络[121] 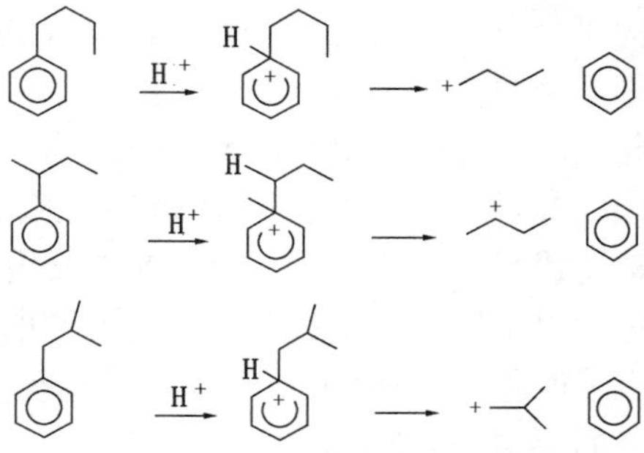　　　图 2-2-34 正丁苯脱烷基反应机理[120]

表明正丁苯加氢裂化是通过两个平行反应进行，一是加氢饱和，生成正丁基环己烷，进而如图 2-2-27 进行异构、裂化反应；另一是正丁苯的脱烷基反应。但无论是那一途径，裂化都是二次反应。由于产物中的 iC_4/nC_4 与正丁基环己烷的裂化产物的相应值小得多，因此可以肯定这是烷基苯脱烷基反应造成的结果，从图 2-2-34 中看，第一个反应生成不稳定的伯正碳离子，所以宁可相信，正丁苯脱烷基生成 nC_4 主要是通过第二个反应进行，第三个反应也是生成伯正碳离子，因此，正丁苯脱烷基主要通过第二反应进行。

Covini 等[123]曾研究过 $C_1 \sim C_4$ 侧链烷基苯的加氢裂化，发现脱烷基反应为主，异构和烷基转移为次，分别生成侧链为异构程度不同的烷基苯以及苯、二烷基苯。

烷基苯侧链的裂化既可以是脱烷基(环 $C—\alpha C$ 断裂，生成苯和烷烃)，也可以是侧链中的 $C—C$ 键断裂(生成烷烃和较小的烷基苯)。对正烷基苯，后者比前者容易发生。对脱烷基反应，则 α-C 上的支链越多，越容易进行，以正丁苯为例，脱烷基速率有以下顺序：

$$\text{叔丁苯}>\text{仲丁苯}>\text{异丁苯}>\text{正丁苯}$$

脱烷基反应是正碳离子机理反应，上述反应顺序与正碳离子的稳定性顺序一致是理所当然的。

正丁苯的侧链 $C—C$ 键断裂的速率按以下顺序递减：$\beta C—\gamma C$、$\alpha C—\beta C$、$\gamma C—\delta C$。

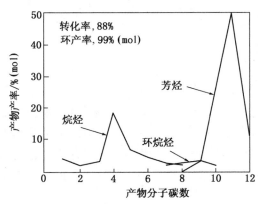

图 2-2-35 六甲苯加氢裂化的产率分布[125]
反应条件：$P=1.4MPa$；$t=349℃$；
$LHSV=8.0h^{-1}$；H_2/烃(摩尔比)$=1.86$；
催化剂：$Ni-S/SiO_2-Al_2O_3$

"剥皮"反应是一种产物分布特殊的脱烷基反应。Sullivan 等[124]以六甲苯的反应为例，描述了这种反应。实验在 $Ni-S/SiO_2-Al_2O_3$ 催化剂上进行，反应条件：压力 $1.4 \sim 8.3MPa$，温度 $317 \sim 362℃$，空速 $2.0 \sim 8.0h^{-1}$，H_2/烃(摩尔比)$1.86 \sim 12.1$，典型的产物分布见图 2-2-35。该图表明六甲苯加氢裂化产物具有以下特点：甲烷很少，轻烃以 C_4 为主，且异构/正构比高，环烷烃集中在 $C_7 \sim C_9$，而芳烃则基本上是 C_{10} 和 C_{11}；环结构破坏极少，对反应的六甲苯，环产率(摩尔分数)在 90% 以上。很显然，这种产物分布不是六甲苯简单脱烷基反应的结果。

Sullivan 等[124]把 C_{10} 以上烷基芳烃具有这种特殊产物分布的加氢裂化反应称之为"剥皮反应"，并提出了一个反应机理，以解释"剥皮反应"的特殊产物分布。机理认为，在苯环上的烷基碳数达到 4 以前，是链增长的反应即通过反复的缩环(五元环)和扩环(六元环)而进行的异构化反应，然后是 C_4(或大于 C_4)侧链脱除，生成 iC_4(或 iC_5 等)和较小的芳烃，可能的反应途径见图 2-2-36。

按此反应途径，二甲苯应是主要产物，但与图 2-2-35 所示结果不符，这可能是由于来自重芳烃(如六甲苯)的快速烷基转移反应而使二甲苯重新转化，生成大量 C_{10} 和 C_{11} 芳烃。此外甲基转移反应还可能与一些"剥皮反应"的中间物发生；也可能先于"剥皮反应"发生，例如通过六甲苯的歧化生成部分 C_{11} 芳烃和 1，1，2，3，4，5，6-七甲苯正碳离子。这种正碳离子也可能通过扩环(环庚二烯正碳离子)缩环(六元环)异构化而进行"剥皮反应"，成为另一可能的"剥皮反应"途径。

图 2-2-35 表明甲烷、乙烷产率很小，因为甲基、乙基难以从苯环上脱除。C_4 或 C_4 以上侧链从环上脱除很快，虽然含丁基侧链正碳离子中间物的稳态浓度可能很低，但一旦生成，便迅速裂化。

产物中的环烷烃是因为催化剂中有硫化镍的存在，发生一些芳烃加氢反应。六甲苯在硅铝载体上的"剥皮反应"便没有环烷生成。

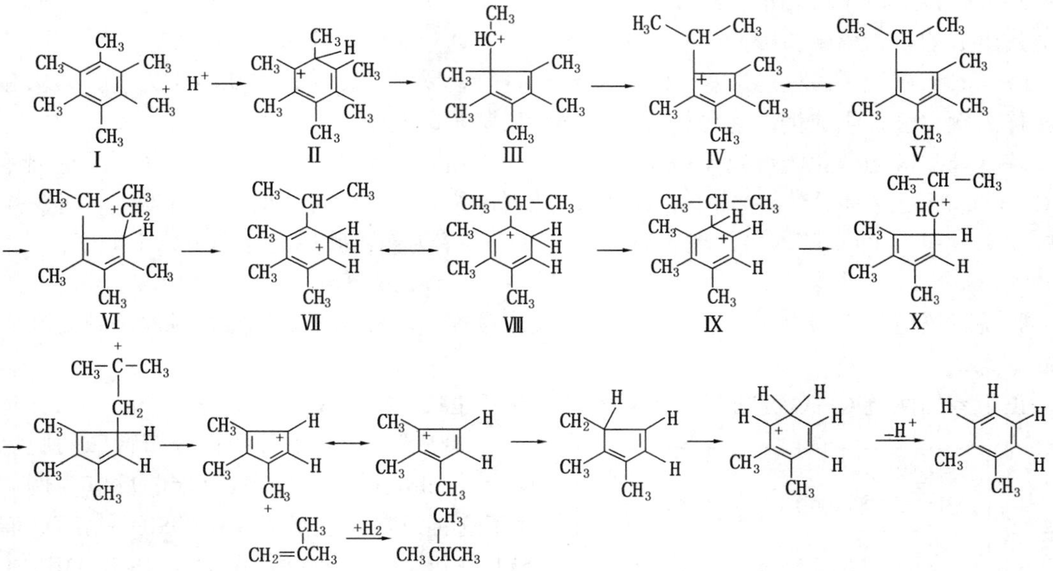

图 2-2-36　六甲苯的"剥皮反应"途径[125]

对于侧链较长的烷基苯，除脱烷基、侧链裂化等反应外，还可能发生侧链环化反应生成双环化合物。Sullivan 等[123]发表的正癸基苯加氢裂化结果(图 2-2-37)表明，正癸基苯的 26.6%转化为轻产物，35%转化为 C_{10} 烷烃和苯，39%转化为四氢萘。文献作者认为，通过环化和裂化反应，从长侧链单环芳烃生成大量四氢萘和二氢茚在热力学上是可行的，并提出其反应途径如图 2-2-38 所示。

2. 多环芳烃的加氢裂化

多环芳烃的加氢裂化因其在提高轻产品收率、改善产物质量和延长装置运转周期等方面的重要作用，长期以来备受研究者们的关注，已经发表了许多这方面的文献[126~128]。

研究表明，在加氢裂化条件下，多环芳烃的反应非常复杂，其反应网络中包括逐环加氢，开环(包括异构)和脱烷基等一系列平行、顺序反应，图 2-2-39 简明地表示了这些反应之间的关系及其相对速率。由图看出，多环芳烃很快加氢生成多环环烷芳烃，其中的环烷环较易开环，继而发生异构化、断侧链(或脱烷基)等反应。分子中含有两个芳环以上的多环芳烃，其加氢饱和及开环断侧链的反应都较容易进行(相对速率常数为 1~2)；含单芳环的多环化合物，苯环加氢较慢(相对速率只有 0.1)，但其饱和环的开环和断侧链的反应仍然较快(相对速率大于 1)；但单环环烷较难开环(相对反应速率 0.2)。因此，多环芳烃加氢裂化，其最终产物可能主要是苯类和较小分子烷烃的混合物，而不像催化裂化条件下主要是缩合生焦，这也正是两类催化反应的根本不同点，也是加氢裂化可以维持长周期运转，而催化裂化则必须连续烧焦的主要原因。

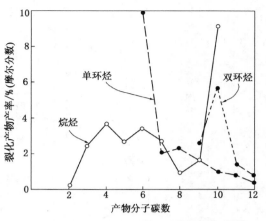

图 2-2-37　正癸基苯加氢裂化产物分布[125]

反应条件：$LHSV=8.0$，$T=288℃$，$P=8.2MPa$

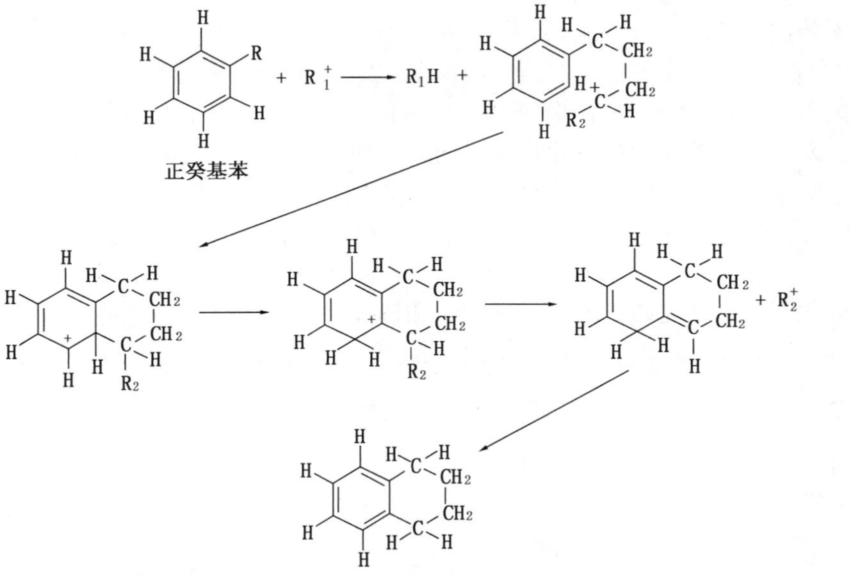

图 2-2-38　正癸基苯的环化反应途径[125]

若干有代表性的多环芳烃加氢裂化分述如下：

(1) 四氢萘的加氢裂化

萘加氢裂化时，首先最容易转化为四氢萘；四氢萘又是多环芳烃加氢裂化的重要中间产物，因此，了解四氢萘的反应规律不仅对研究萘，也对研究多环芳烃的加氢裂化具有重要意义。

Lemberton 等[120]研究了四氢萘在 Ni-Mo-S/Y 分子筛催化剂上的加氢裂化反应，发现反应之初，脱氢生成萘的反应更为有利，萘/四氢萘约为 0.2，接近热力学平衡。反应产物中有甲基二氢茚，十氢萘，双环芳烃(萘、甲基或二甲基萘)，甲基环戊烷类，甲基或二甲基四氢萘以及裂化产物丁苯、丁基环己烷和小于 C_{10} 的环己烷、甲基环戊烷和丁烷(iC_4/nC_4 约 1.5)。提出的反应网络见图 2-2-40，四氢萘加氢生成的十氢萘既可生成环异构物，也可开环生成正丁基环己烷，进而按图 2-2-27 的反应途径进行反应，正丁苯可能不是四氢萘直接

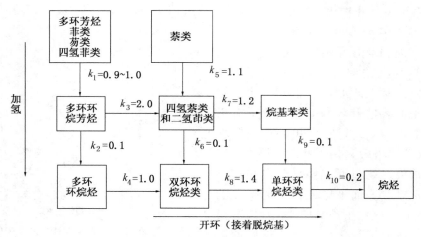

图 2-2-39　多环芳烃加氢裂化示意图[128]

开环生成的，因为这会生成不稳定的伯正碳离子，最可能是 2-甲基二氢茚经仲正碳离子生成的，正丁苯进而按图 2-2-33 反应途径继续反应。二烷基萘或二烷基四氢萘则可能是萘或四氢萘与添加在原料烃中的二甲二硫分解产生的甲基碎片反应生成的。

邱建国等[129]在两种改性 Y-分子筛含量不同的 Ni-Mo 催化剂上对四氢萘的加氢裂化进行了研究，发现四氢萘在两种催化剂上，均通过加氢、异构、裂化（A）和异构、裂化、加氢（B）两条途径进行加氢裂化反应。动力学分析表明，第一环的开环反应速率受加氢或异构步骤的控制；低温（320℃）下，反应主要沿 A 途径进行，而高温（380℃）下，途径 B 是反应的主要路径。

两种催化剂的双功能匹配不同，其活性和选择性有别，分子筛含量高的催化剂的活性较高，但单环产物选择性较低，这又一次说明，调节双功能的匹配是获得高目的产品选择性的有效措施之一。

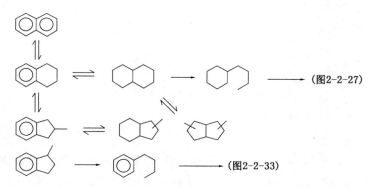

图 2-2-40　四氢萘加氢裂化反应网络[122]

（2）菲的加氢裂化

Sullivan 等[125]研究了菲在 Ni-S/SiO$_2$-Al$_2$O$_3$ 催化剂上的加氢裂化反应，发现产物中主要是四氢萘，甲基己己烷也不少，但烷烃不多，只有痕量 C$_4$，此外是部分加氢产物，C$_{14}$ 产物中大多只含一个芳环。

据此，Sullivan 等认为，菲的一个端环裂化生成烷烃和双环化合物（主要是四氢萘）的反应是不重要的反应；环加氢且中心环开环、裂化，是生成大量甲基-和乙基-环己烷的原因；

主要反应是生成双环化合物(主要是四氢萘)而不生成相当数量环烷的裂化反应,导致这种产物分布的反应机理如下:

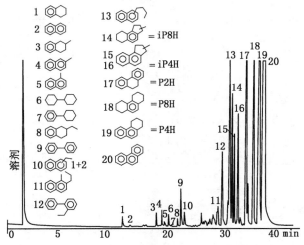

这一机理通过丁基转移(c)和环化(d)的结合,解释了双环产物多但烷烃很少这种产物分布。

图 2-2-41 菲加氢裂化产物的气相色谱图[103]

430℃,Ni-Mo-S/Al₂O₃ 催化剂

Lemberton 等[126]根据在 $Ni-Mo-S/Al_2O_3$ 上进行菲加氢裂化的产物分布(图 2-2-41)提出:

菲加氢转化的第一步是加氢,菲的加氢是逐环进行的:菲→二氢菲→四氢菲→八氢菲。没有发现全氢菲,说明最后一个芳环加氢是困难的。发现上述顺序反应中,只有第二步接近处于平衡(430℃,菲的转化率为70%左右时,四氢菲/二氢菲之比趋于3.0,而平衡比值为3.27),说明生成四氢菲的反应是快反应,而它转化为八氢菲的反应则慢得多。

菲中心环开环生成 2-乙基联苯,其反应机理如下:

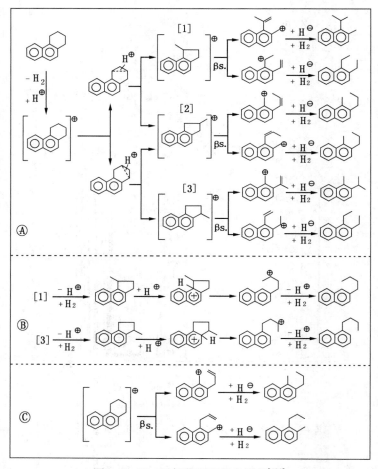

说明四氢菲中心环开环是通过酸性裂化机理进行的,虽然涉及不稳定伯正碳离子生成,但它很快通过负氢离子转移,异构化为很稳定的共轭正碳离子 ,进而生成 2-乙基联苯。

四氢菲末端开环可生成丁基萘、甲基丙基(或异丙基萘和二乙基萘),其机理如图 2-2-42 所示。

图 2-2-42　四氢菲开环反应机理[126]

Haynes 等[127] 发表菲在 Ni-W-S/USY 催化剂上加氢裂化反应的结果(图 2-2-43)显示,主要产物是 C_4、C_6 和 C_{10} 化合物。

与上述 Sullivan 等[125] 的结果(极少丁烷)明显不同,并提出,四氢菲的主要反应途径是:

开环，随后脱烷基。Scherzer 等[104]认为，两者的差别可能是由于所用的分子筛催化剂和无定形硅铝催化剂的酸性功能不同所致。

（3）氢化芘的加氢裂化

Haynes 等[127]以芘的加氢产物（各种氢化芘占 99%，其中全氢芘和十氢芘达 86%）为原料，在 Ni-W-S/USY 催化剂上研究了这种四环化合物的加氢裂化反应。之所以选择这种混合原料，是因为：减少加氢热效应的影响，便于等温控制；更接近工业裂化反应器的情况（进入裂化反应器的原料一般都是经过加氢的）；便于泵送。发现反应产物分布与菲的大不相同（见图 2-2-44，并与图 2-2-43 相比较），产物含大量丙烷和 C_{13} 烃，看来主要裂化途径是从芘的氢化物中裂掉一个丙烷生成 C_{13} 烃，而 C_3/C_{13} 随转化率提高而增加，可能是 C_{13} 裂化生成 C_{10} 烃（主要是四氢萘）的结果。提出反应主要循如下途径进行：

$$C_{16} \rightarrow C_{13} \rightarrow C_{10} \rightarrow C_6$$

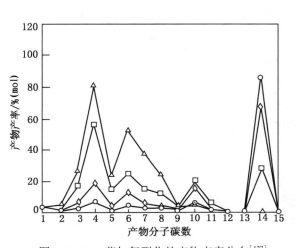

图 2-2-43　菲加氢裂化的产物产率分布[127]　　　图 2-2-44　芘加氢裂化的产物产率分布[127]

符号	t/℃	P/MPa	$LHSV$/[g/(h·g)]	H_2/HC 体积比
○	344	10.51	2.23	813
◇	344	10.51	1.12	1935
□	380	10.51	2.22	813
△	376	10.51	1.11	1613

符号	t/℃	P/MPa	$LHSV$/[g/(h·g)]	H_2/HC 体积比
○	343	10.68	1.09	1639
◇	371	10.44	2.11	806
□	372	10.51	1.08	1639
△	427	10.58	1.10	1613

各种氢化芘产率与裂化率（生成 C_{15-} 的转化率）的关系如图 2-2-45 所示。

由图看出，1，2，3，3a，4，5，5a，6，7，8-十氢芘  最为活泼，其反应机理如图 2-2-46 所示。

比较图 2-2-45 中的曲线可以看出，全氢芘的加氢裂化活性相对低，对此提出两种可能的解释：其一认为，饱和 C—C 键长（0.154nm）比芳香 C—C 键长（0.140nm）稍长，因此，全氢芘分子可能比芘分子也稍大。而分子大小差 1% nm，对其在沸石中的扩散将产生强烈的影响；其二认为，芳烃分子在沸石中的吸附较强，竞争吸附的结果使芳烃、环烷混合物中的芳烃优先占据了表面的活性位，使全氢芘表现出较低的活性。

三、烃类的异构化反应

在上一节叙述烃类加氢裂化反应的过程中，实际上已经涉及烃类在加氢裂化条件下的异

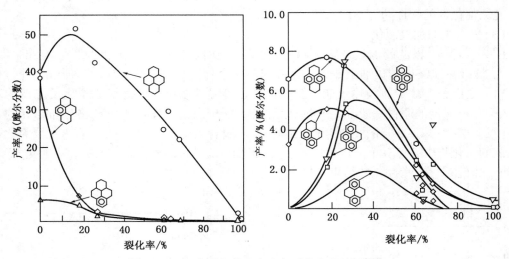

图 2-2-45   各种氢化芘产率与裂化率的关系[127]

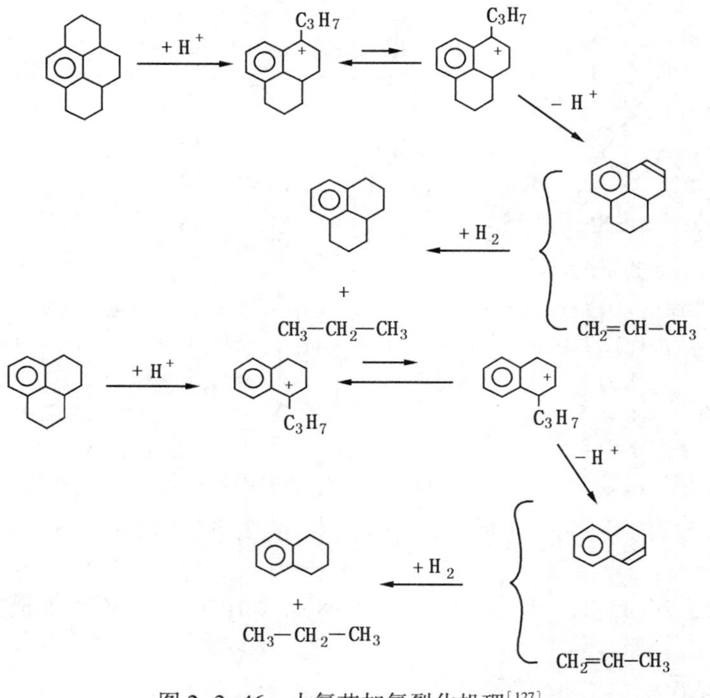

图 2-2-46   十氢芘加氢裂化机理[127]

构化反应(烷烃正碳离子的先异构后裂化,环烷加氢裂化过程中环大小的互变,环状烃侧链大小和异构化程度的改变等),以及催化剂结构和双功能匹配对异构化和裂化选择性的影响。

    异构化反应对加氢裂化最终产品的质量无疑有着重要的影响,例如异构烃可明显改善汽油的辛烷值和柴油、润滑油的低温性能(见表 2-2-15 和表 2-2-16),自然引起人们对这一重要反应的关注。

表 2-2-15　一些 C_5、C_6 烃的空白辛烷值

烃	研究法	马达法	烃	研究法	马达法
正戊烷	62	61	2，2-二甲基丁烷	94	95
异戊烷	93	90	2，3-二甲基丁烷	105	104
环戊烷	102	85	甲基环戊烷	96	85
正己烷	31	30	环己烷	84	77
2-甲基戊烷	74	75	苯	>100	>100
3-甲基戊烷	75	76			

表 2-2-16　正十六烷异构化[1]结果[130]

催化剂	Pt/SAPO-11	Pt/SiO$_2$-Al$_2$O$_3$	催化剂	Pt/SAPO-11	Pt/SiO$_2$-Al$_2$O$_3$
温度/℃	340	360	甲基-C_{15}	53.3	21.6
异构化选择性/%	85	64	二甲基-C_{14}	29.8	37.8
C_{16}产物组成/%			其他 C_{16}	12.2	34.6
n-C_{16}	4.7	6.0	倾点/℃	-51	-28

① P：6.9MPa；$WHSV$：3.1h^{-1}；H$_2$/HC：30；转化率：96%。

（一）烷烃的加氢异构化

1. 反应机理

在双功能催化剂上的烷烃异构化反应是通过正碳离子机理进行的，异构化本身是正碳离子链反应的一部分，该链反应包括链引发[生成正碳离子，如图 2-2-14 中反应（2）]，正碳离子异构化[异构化本身，如图 2-2-14 中反应（3）]和链传播，链传播是指异构的烷基正碳离子与原料正烷烃分子之间的反应，负氢离子从原料正构烷烃分子中转移到异构烷基正碳离子，后者变成异构烷烃，而原料的正构烷烃变成了正构烷基正碳离子，并在酸性位上继续进行正碳离子的异构化反应，于是导致烷烃异构化的正碳离子链反应便得以传播下去。

最近，文献把烷烃异物化反应机理细分为 A 型异构和 B 型异构[104,131]，图 2-2-47 表示了这两种机理，为便于比较，还表示了传统的异构化机理。A 型异构化反应包括负氢离子迁移，环化生成角质子化环丙烷中间物、开环和负氢离子迁移等步骤，如图 2-2-47（a）所示。A 型异构化保持碳骨架的分支程度不变，但可涉及烷基迁移（至不同碳链位置）和侧链增长或缩短（主链相应缩短或增长）。B 型异构化则改变碳骨架的分支程度，与 A 型异构化的主要区别在于，前者在质子化环丙烷开环前多发生一步反应：质子从环丙烷的一个角跃迁到另一个角（H$^+$角-角跃迁），如图 2-2-47（b）所示。该机理涉及烷基仲正碳离子和环烷基仲（叔、季）正碳离子，并提供了在能量上更为有利的反应途径——无须涉及传统机理[图 2-2-47（C）]中所产生的不稳定的烷基伯正碳离子（如前所述，伯正碳离子的生成能较高）。文献[130]指出生成质子化双烷基环丙烷结构不涉及高能垒，因为这种结构可认为是如图 2-2-48 所示的共振结构的混合物，这种共振使质子化环丙烷具有较高的稳定性。因此，从能量的观点看，通过质子化环丙烷结构的异构化机理是可以接受的。

研究发现，A 型异构反应速率总快于 B 型，后者的活化能比前者约高 10~20kJ/mol，这一能差大概是完成 B 型异构化中的 H$^+$角-角跃迁所需要的[154]。尽管 B 型异构化的速率低于 A 型，但由 C_5 以上正构烷烃生成单支链异构物以及进一步生成多支链异构物都是通过 B 型异构化反应进行的。根据 B 型异构化机理，通过质子化环丙烷或更大的质子化环烷结构可以预测所有可能的单支链异构物的生成。作为例子，正癸烷异构化的反应机理示于图 2-2-

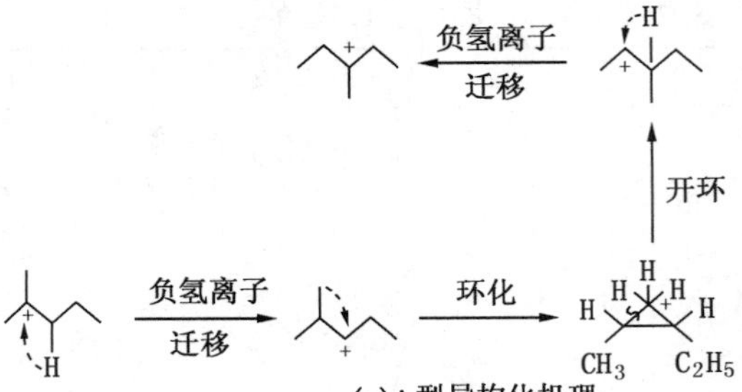

(a)A 型异构化机理

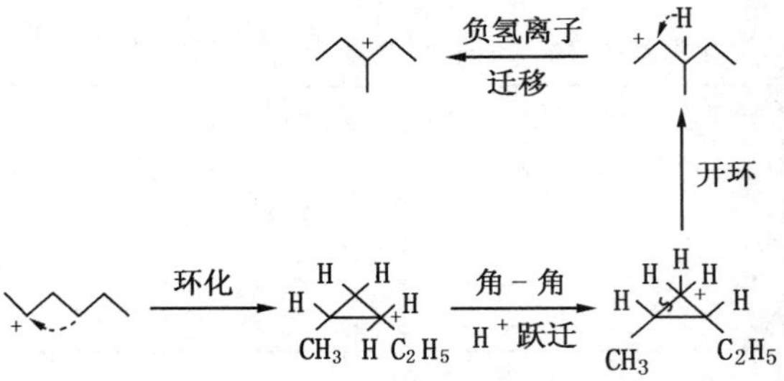

(b)B 型异构化机理

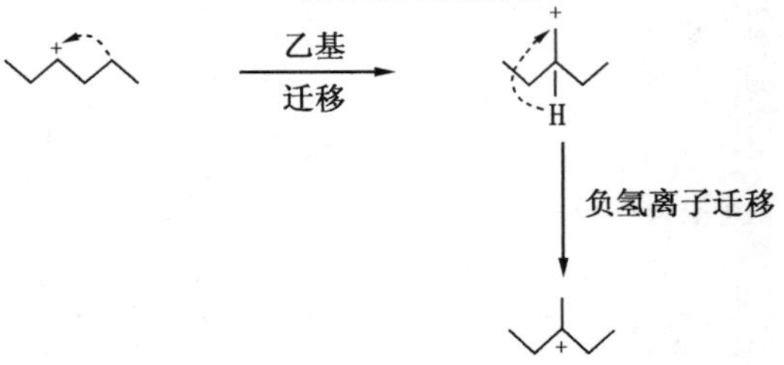

(c)传统异构化机理

图 2-2-47 烷烃的异构化机理[1]

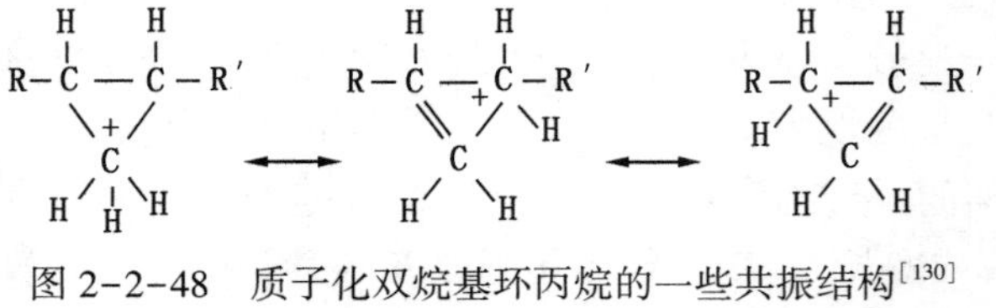

图 2-2-48 质子化双烷基环丙烷的一些共振结构[130]

49，这里只表示质子化环烷结构生成后的反应，考虑了全部可能生成单支链 C_{10} 烷基仲正碳离子的环结构(三元环至八元环)，一种角-角 H^+ 跃迁和开环。图 2-2-50 和图 2-2-51 分别表示在双功能分子筛上癸烷单支链异构物产率分布、不同质子化环烷中间物对异构化的贡献和原料链长对 2-甲基异构物生成的影响。

由这些图可以看出，异构化反应主要是通过质子化环丙烷机理进行，其对异构化的贡献最大，见图 2-2-50(b)，因而异构产物中以单甲基异构物为主，图 2-2-50(a)表明，近 90%的异构物是单甲基壬烷；单乙基(丙基)异构物是通过质子化环丁(戊)烷中间物开环生成的(图 2-2-49)，所占比例很小，且其对异构化的贡献随质子化环烷环中碳原子数的增加而下降，这可归因于质子化环烷中间物的稳定性随环中碳原子数增加而下降[154]；单甲基异构物中，甲基位于碳链中间或靠近中间的碳原子上的几率较高(对碳原子数为奇数的单甲基异构物，的确是甲基居中的异构物产率最高，但对碳原子数为偶数的单甲基异构物则不是居中碳原子上而是与之相邻碳原子上的甲基异构物产率最高，这可能是因为前者居中碳原子有

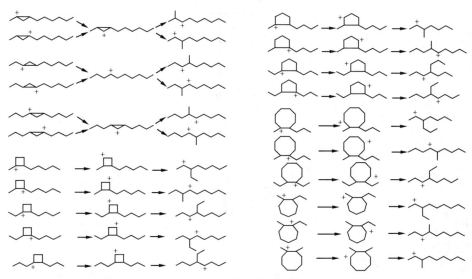

图 2-2-49　正癸烷生成单支链异构物反应机理[131]

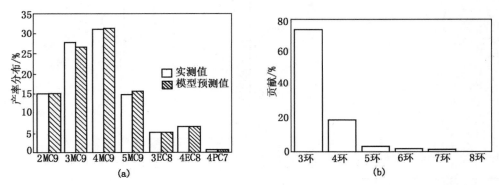

图 2-2-50　(a)单支链异癸烷的产率分布；(b)质子化环烷中间物对异构化反应的贡献[129]

两个，而后者只有一个有关），因此 2-甲基异构物的产率随原料链长的增加而呈下降趋势，例如原料由正己烷 C 和正十四烷的异构产物中 2-甲基异构物从 50% 以上下降至 10% 以下 [图 2-2-50(a)和图 2-2-51]。

原料碳链长度对异构化速率也有影响，碳链越长，生成质子化环丙烷结构的数目越多，异构化活性也越高，假设所有质子化环丙烷结构生成异构物的概率相同，则烷烃异构化的活性应与(N-4)成正比(N 是烷烃的碳原子数)，实验结果恰好与此假设相吻合，见表 2-2-17。

表 2-2-17　正构烷烃异构化的相对速率[130]①

烷　　烃	实验值	预测值	烷　　烃	实验值	预测值
正戊烷	1	1	正庚烷	3.1	3
正已烷	2.0	2	正辛烷	4.2	4

①340℃，硫化钨催化剂。

2. 烷烃异构化热力学

若干烷烃异构化反应的热力学数据列于表 2-2-18。

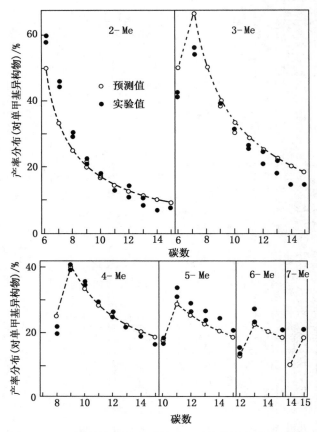

图 2-2-51　原料烷烃链长对单甲基异构物分布的影响[132]

表 2-2-18　若干烷烃气相异构化的热力学数据[132]①

反　　应	300K			500K			700K		
	$-\Delta H°$	$-\Delta S°$	K_p	$-\Delta H°$	$-\Delta S°$	K_p	$-\Delta H°$	$-\Delta S°$	K_p
正丁烷——→2-甲基丙烷	8.4	15.5	4.5	8.2	15.3	1.2	8.0	14.8	0.7
正戊烷——→2-甲基丁烷	8.0	5.4	13.0	8.1	5.5	3.6	7.8	5.2	2.1
正己烷——→2-甲基戊烷	7.1	7.9	6.7	6.6	6.8	2.2	6.1	5.9	1.4
正庚烷——→2-甲基己烷	7.2	7.9	6.8	7.2	7.9	2.2	7.1	7.9	1.3
正辛烷——→2-甲基庚烷	7.1	11.5	4.2	7.0	11.5	1.4	7.0	11.5	0.8
正癸烷——→2-甲基壬烷	7.1	10.1	5.2	6.1	7.3	1.8	5.4	16.2	1.2
平　均	7.1	9.8	5.3	6.8	8.9	1.7	6.2	11.2	0.8
正己烷——→2，3-二甲基丁烷	10.6	22.7	4.6	10.7	23.2	1.0	10.5	22.9	0.4
正庚烷——→2，3-二甲基戊烷	11.5	13.8	18.7	11.5	13.8	1.5	9.3	13.8	1.4
正癸烷——→2，3-二甲基辛烷	11.5	17.4	12.2	11.5	17.8	1.9	11.2	17.3	0.9
平　均	11.5	15.6	15.1	11.5	15.8	1.8	10.2	15.6	0.9
正戊烷——→2，2-二甲基丙烷	19.5	42.5	15.0	18.7	40.5	0.7	17.4	38.3	0.2
正己烷——→2，2-二甲基丁烷	18.3	30.1	14.5	18.2	29.8	2.2	17.4	28.5	0.6
正庚烷——→2，2-二甲基戊烷	18.3	34.9	13.7	18.3	34.9	1.2	18.3	34.9	0.3
正辛烷——→2，2-二甲基己烷	16.3	35.5	9.5	16.3	35.5	0.7	16.3	35.5	0.2
正癸烷——→2，2-二甲基辛烷	17.8	32.9	24.0	16.0	28.3	1.5	14.1	25.2	0.5
平　均	17.5	34.4	17.8	16.9	32.9	1.1	16.2	31.6	0.5

续表

反　　应	300K			500K			700K		
	$-\Delta H°$	$-\Delta S°$	K_p	$-\Delta H°$	$-\Delta S°$	K_p	$-\Delta H°$	$-\Delta S°$	K_p
正己烷——3-甲基戊烷	4.4	8.6	2.1	4.3	8.6	1.03	4.4	8.6	0.8
正庚烷——3-甲基己烷	4.5	3.8	3.9	4.1	3.8	1.9	4.5	3.8	1.4
正辛烷——3-甲基庚烷	4.2	5.1	2.9	3.3	5.1	1.5	4.2	5.1	1.1
正癸烷——3-甲基壬烷	4.3	4.3	3.3	3.8	3.0	1.7	3.3	2.2	1.4
平　　均	4.3	4.4	3.3	3.7	4.3	1.5	3.0	3.7	1.0
正庚烷——2,4-二甲基戊烷	14.2	31.2	8.4	14.2	31.2	0.7	14.2	31.2	0.3
正辛烷——2,4-二甲基己烷	11.0	21.1	8.1	11.0	21.1	1.1	11.0	21.1	0.5
正壬烷——2,4-二甲基庚烷	11.5	17.1	11.8	12.0	18.2	1.9	11.6	17.8	0.9
平　　均	12.2	23.1	8.1	12.4	24.4	1.0	12.3	23.4	0.4
正庚烷——3-乙基戊烷	1.9	164	0.3	1.9	16.4	0.2	1.9	16.4	0.2
正辛烷——3-乙基己烷	2.4	8.5	0.9	2.4	8.5	0.7	2.4	8.5	0.1
正壬烷——3-乙基庚烷	1.4	9.8	0.5	1.7	10.5	0.4	1.5	10.2	0.4
平　　均	1.9	11.6	0.5	2.0	12.8	0.4	2.3	11.7	0.4
正辛烷——2,2,4-三甲基戊烷	15.7	43.5	1.1	15.7	43.5	0.2	15.7	43.5	0.08
正壬烷——2,2,4-三甲基己烷	14.2	39.8	2.5	13.9	39.3	0.3	12.4	36.7	0.1
正癸烷——2,2,4-三甲基庚烷	14.2	40.2	2.4	13.6	38.9	0.2	12.6	36.2	0.1
平　　均	14.7	41.2	2.5	14.4	40.6	0.2	13.1	38.8	0.1

①-$\Delta H°$(熵变)：kJ/mol；-$\Delta S°$(熵变)：J/(mol·K)；K_p：化学平衡常数。

由表看出，烷烃异构化是弱放热反应，反应热约为2~20kJ/mol，且随反应温度变化很小，反应热取决于产物支链的数目、相对位置及支链结构。

- 反应化学平衡常数随温度升高而降低，即低温有利于异构化反应；低温(如300K)下，从热力学角度看，生成双甲基异构物比单甲基异构物有利，而生成乙基或三甲基异构物的可能性较小。

- 对于 C_{7+} 烷烃，当其反应产物类型相同(即其支链大小、位置和数目均同)，则其热力学数据差别不大(见表2-2-18中的平均值)，因此，对 C_{7+} 烷烃，与计算平衡组成时，可不考虑原料碳原子数的不同而采用表中各种异构类型产物的平均平衡常数即可。C_{7+} 烷烃异构化的平衡组成见表2-2-19。

表2-2-19　C_{7+}烷烃异构化的平衡组成[132]

温度/K	组成分率							
	正烷（I）	2-甲基异构体（II）	3-甲基异构体（III）	2,2-二甲基异构体（IV）	2,3-二甲基异构体（V）	2,4-二甲基异构体（VI）	3-乙基异构体（VII）	2,2,4-三甲基异构体（VIII）
只生成 I，II								
300	0.16	0.84	—	—	—	—	—	—
500	0.37	0.63	—	—	—	—	—	—
700	0.56	0.44	—	—	—	—	—	—
生成 I，II，III								
300	0.10	0.55	0.35	—	—	—	—	—
500	0.24	0.40	0.36	—	—	—	—	—
700	0.36	0.28	0.36	—	—	—	—	—

续表

温度/K	正烷（I）	2-甲基异构体（II）	3-甲基异构体（III）	2，2-二甲基异构体（IV）	2，3-二甲基异构体（V）	2，4-二甲基异构体（VI）	3-乙基异构体（VII）	2，2，4-三甲基异构体（VIII）
				·组　成　分　率				
				生成 I ~ VII				
300	0.02	0.10	0.06	0.35	0.30	0.16	0.01	—
500	0.12	0.20	0.18	0.13	0.20	0.20	0.05	—
700	0.20	0.16	0.20	0.10	0.18	0.08	0.08	—
				生成 I ~ VIII				
300	0.02	0.10	0.06	0.33	0.28	0.15	0.01	0.05
500	0.11	0.20	0.17	0.13	0.20	0.11	0.05	0.03
700	0.19	0.16	0.20	0.10	0.18	0.08	0.08	0.01

此外，压力对异构化的化学平衡影响很小，即 $K_f \approx K_p$。

（二）环烷烃加氢异构化

环烷烃在双功能催化剂上，在加氢裂化条件下的异构化反应，主要是五元、六元环烷烃之间的相互转化（环异构），烷基侧链的异构烷基在环上的迁移和烷基数目大小的变化。有关反应途径、机理可参看上述环烷烃反应的加氢裂化一节。

这里对有关环烷异构化热力学数据和规律作简要的补充。

一些环烷烃气相异构化的热力学数据见表2-2-20。

表 2-2-20　一些环烷烃气相异构化的热力学[①]数据[132]

反　应	300K			500K			700K		
	$\Delta H°$	$\Delta S°$	K_p	$\Delta H°$	$\Delta S°$	K_p	$\Delta H°$	$\Delta S°$	K_p
1，1-二甲基环戊烷（I）——→顺-1，2-二甲基环戊烷（II）	8.7	7.1	0.07	8.7	7.2	0.3	8.7	7.2	0.5
I——→反-1，2-二甲基环戊烷（III）	1.6	7.5	1.2	1.7	7.9	1.7	1.6	7.7	1.9
I——→顺-1，3-二甲基环戊烷（IV）	2.4	7.5	0.85	2.5	7.9	1.4	2.5	7.7	1.7
I——→反-1，3-二甲基环戊烷（V）	4.7	7.5	0.4	4.9	7.9	0.8	4.7	7.7	1.1
II——→IV	−6.3	0.4	14.0	−6.2	0.7	5.0	−6.2	0.5	3.2
III——→V	3.1	0.0	0.3	3.1	0.0	0.5	3.1	0.0	0.6
I——→乙基环戊烷（VI）	11.1	19.0	0.1	11.0	18.7	0.7	10.2	17.2	1.4
1，1-二甲基环己烷（VII）——→顺-1，2-二甲基环己烷（VIII）	8.6	9.5	0.09	9.1	10.3	0.4	9.1	10.2	0.7
VII——→反-1，2-二甲基环己烷（IX）	1.3	6.0	1.3	1.9	8.3	1.7	2.4	9.0	2.0
VII——→顺-1，3-二甲基环己烷（X）	−3.7	5.5	8.7	−3.3	6.5	4.9	−3.2	6.7	4.0
VII——→反-1，3-二甲基环己烷（XI）	4.4	11.2	0.6	4.8	12.1	1.4	4.5	0.7	1.9
VII——→顺-1，4-二甲基环己烷（XII）	4.3	5.5	0.3	4.7	0.3	6.7	4.8	6.0	1.0
VII——→反-1，4-二甲基环己烷（XIII）	−3.6	−0.2	4.1	−2.9	1.6	2.3	−2.5	2.3	2.0
VII——→乙基环己烷（XIV）	9.2	17.5	0.2	9.9	19.4	0.9	10.0	19.5	0.2
VIII——→X	−12.5	−4.0	98.0	−12.4	−3.7	13.0	−12.2	−3.5	5.5
VIII——→XII	−4.5	−4.0	3.7	−4.4	−4.0	1.8	−4.6	−4.2	1.3
IX——→XI	−4.5	−4.0	3.7	−4.4	−4.0	1.8	−4.6	−4.2	1.3
IX——→XIII	−4.6	−6.0	3.0	−4.8	−6.7	1.4	−4.9	−6.7	1.0
环己烷——→甲基环戊烷	16.4	41.5	0.2	16.6	42.2	3.0	15.4	40.0	9.1
甲基环己烷——→I	16.4	15.8	0.009	15.8	14.2	0.12	14.3	12.0	0.3

续表

反　应	300K			500K			700K		
	$\Delta H°$	$\Delta S°$	K_p	$\Delta H°$	$\Delta S°$	K_p	$\Delta H°$	$\Delta S°$	K_p
甲基环己烷——Ⅱ	22.7	23.5	$0.6×10^{-8}$	21.4	18.2	0.03	19.0	18.5	0.2
甲基环己烷——Ⅲ	18.4	23.3	0.01	17.5	22.1	0.2	16.0	19.7	0.7
Ⅱ——Ⅲ	−7.1	0.7	19.5	−7.1	0.7	6.2	−7.1	0.7	3.8
Ⅳ——Ⅴ	2.2	—	0.4	2.2	—	0.6	2.2	—	0.7
Ⅲ——Ⅸ	−7.5	−3.6	15.0	−7.2	−2.0	4.5	−6.7	−1.2	2.8
Ⅹ——Ⅺ	8.2	5.7	0.07	8.2	5.5	0.3	7.7	5.0	0.5
甲基环己烷——乙基环戊烷	27.1	34.8	0.001	26.8	33.0	0.08	24.5	29.2	0.5

① 表注同表2-2-18。

分析表2-2-20数据，可看出以下规律：

- 与烷烃异构化相类似，$\Delta H°$和$\Delta S°$均较小，且随反应温度变化很小。
- 对同类型取代基迁移反应，无论是环己烷类还是环戊烷类烃，在大多数情况下其$\Delta H°$、$\Delta S°$和K_p均变化不大，例如500K下，1，1-二甲基环戊烷生成顺-1，2-二甲基环戊烷与1，1-二甲基环己烷生成顺-1，2-二甲基环己烷，其反应热、熵变和平衡常数均颇接近，依次分别为：8.7kJ/mol和9.7kJ/（mol·K）、7.2kJ/（mol·K）和10.3kJ/（mol·K）以及0.3和0.4。

环上侧链减少的异构化反应为吸热反应，但热效应很小，平衡常数也不大。

环烷烃仅产生侧链的异构化反应时，其反应特征与烷烃相似。

总之，环烷烃发生侧链位置或数目改变的异构化反应，其热力学参数变化不大，且与环的碳原子数关系较小。

- 环碳原子数减小的异构化反应为吸热反应，且伴随着较明显的熵值增大，使平衡常数随温度升高有较大的增加，例如环己烷生成甲基环戊烷的反应，$K_{p,700K}/K_{p,300K}=45.5$，从热力学的角度看，高温对缩环反应有利。随着原料碳原子数增加，这类反应的平衡常数值下降。

$C_6 \sim C_8$环烷烃异构物的平衡组成见表2-2-21和表2-2-22。

表2-2-21　C_6以及C_7环烷异构物的平衡组成[132]

异　构　体	组　成　分　率①								
	300K			500K			700K		
	a	b	c	a	b	c	a	b	c
环己烷	0.83			0.25			0.10		
甲基环戊烷	0.17			0.75			0.90		
1，1-二甲基环戊烷	0.009	0.28		0.07	0.17		0.10	0.13	
顺-1，2-二甲基环戊烷	0.0006	0.02	0.05	0.02	0.05	0.15	0.05	0.07	0.22
反-1，2-二甲基环戊烷	0.01	0.35	0.95	0.12	0.29	0.85	0.18	0.25	0.78
顺-1，3-二甲基环戊烷	0.006	0.20	0.62	0.10	0.24	0.65	0.16	0.22	0.59
反-1，3-二甲基环戊烷	0.004	0.12	0.38	0.06	0.13	0.35	0.10	0.15	0.41
乙基环戊烷	0.001	0.03		0.05	0.12		0.13	0.18	
甲基环己烷	0.97			0.58			0.28		

a—生成全部异构体；b—仅生成七碳环烷烃；c—顺反异构体间平衡。

表 2-2-22 C$_8$ 烷基环己烷异构物的平衡组成[132]

烷基环己烷结构	组 成 分 率					
	300K		500K		700K	
	a	b	a	b	a	b
1，1-二甲基环己烷	0.06		0.08		0.07	
顺-1，2-二甲基环己烷	0.006	0.07	0.03	0.19	0.04	0.19
反-1，2-二甲基环己烷	0.08	0.93	0.13	0.81	0.14	0.81
顺-1，3-二甲基环己烷	0.53	0.93	0.36	0.77	0.28	0.68
反-1，3-二甲基环己烷	0.04	0.07	0.11	0.23	0.13	0.32
顺-1，4-二甲基环己烷	0.02	0.07	0.05	0.23	0.07	0.33
反-1，4-二甲基环己烷	0.25	0.93	0.17	0.77	0.14	0.67
乙基环己烷	0.01		0.07		0.13	

a—生成全部异构体；b—顺式反式异构体。

（三）烷基芳烃异构化热力学

加氢裂化条件下，烷基芳烃的异构化反应主要有烷基侧链在芳环上的迁移和侧链数目及结构的变化（如 C$_{10}$ 以上芳烃的"剥皮"反应之前发生的反应）等，其反应途径和机理可参看芳烃加氢裂化一节，这里不再赘述。

一些烷基苯气相异构化反应的热力学数据列于表 2-2-23。C$_8$、C$_9$ 烷基苯的异构化平衡组成见表 2-2-24 和表 2-2-25。

表 2-2-23 一些烷基苯气相异构化反应的热力学① 数据[132]

反　　应	300K			500K			700K		
	$\Delta H°$	$\Delta S°$	K_p	$\Delta H°$	$\Delta S°$	K_p	$\Delta H°$	$\Delta S°$	K_p
1，2-二甲苯（Ⅰ）→1，3-二甲苯	-1.8	5.0	3.7	-2.6	3.0	2.6	-3.0	2.1	2.2
Ⅰ→1，4-二甲苯	-1.1	-0.4	1.5	-2.1	-0.8	1.2	-2.6	-2.9	1.0
Ⅰ→乙苯	10.8	7.5	0.03	10.5	6.7	0.2	11.0	7.1	0.4
1-甲基-2-乙苯(Ⅱ)→1-甲基-3-乙基苯	-3.1	4.6	6.5	-4.0	2.5	3.6	-4.4	2.1	2.8
Ⅱ→1-甲基-4-乙基苯	-4.6	-0.4	5.8	-5.9	-3.3	4.2	-6.3	-4.2	1.7
Ⅱ→正丙苯	6.7	1.3	0.08	4.6	-2.9	0.4	5.9	0.0	0.3
Ⅱ→异丙苯	2.5	-10.9	0.09	2.1	-12.1	0.2	2.5	-11.7	0.2
Ⅱ→1，2，3-三甲苯	-10.9	-8.2	29	-12.1	-12.5	6.8	-13.8	-14.6	1.7
Ⅱ→1，2，4-三甲苯	-15.1	-3.1	310	-16.4	-7.1	35.5	-17.8	-9.2	7.0
Ⅱ→1，3，5-三甲苯	-17.3	-13.8	195	-19.1	-19.2	15.4	-20.6	-21.7	2.5

① 表注同表 2-2-18。

表 2-2-24 C$_8$ 烷基苯异构化平衡组成[132]

温度/K	平 衡 组 成 分 率			
	1，2-二甲基苯	1，3-二甲基苯	1，4-二甲基苯	乙　苯
	生成全部异构体			
300	0.16	0.595	0.24	0.01
500	0.20	0.53	0.23	0.04
700	0.23	0.48	0.22	0.08

续表

温度/K	平 衡 组 成 分 率			
	1，2-二甲基苯	1，3-二甲基苯	1，4-二甲基苯	乙 苯
只生成二甲苯				
300	0.16	0.60	0.24	
500	0.21	0.55	0.24	
700	0.25	0.52	0.24	
只生成邻、间二甲苯				
300	0.21	0.79		
500	0.28	0.72		
700	0.32	0.60		
只生成间、对二甲苯				
300		0.71	0.29	
500		0.70	0.30	
700		0.70	0.30	

表 2-2-25 C_9 烷基苯异构化平衡组成[132]

温度/K	混合物平衡组成分率							
	三甲苯			甲乙苯			丙 苯	
	1，2，3-	1，2，4-	1，3，5-	1-甲基-2-乙基苯	1-甲基-3-乙基苯	1-甲基-4-乙基苯	正丙苯	异丙苯
生成全部异构体								
300	0.05	0.56	0.36	0.002	0.012	0.01		
500	0.10	0.51	0.22	0.02	0.08	0.06	0.005	0.005
700	0.10	0.41	0.14	0.06	0.16	0.10	0.02	0.01
生成三甲苯								
300	0.05	0.58	0.37					
500	0.12	0.61	0.27					
700	0.15	0.63	0.22					
生成二烷基苯								
300				0.08	0.48	0.44		
500				0.13	0.49	0.38		
700				0.18	0.51	0.31		
生成正、异丙苯								
300							0.47	0.53
500							0.62	0.38
700							0.69	0.31

由表 2-2-23 看出，双烷基苯使二烷基的距离发生变化的烷基迁移反应的反应热不大；在 300~700K 范围内，所有 C_8 异构体中，间二甲苯的平衡浓度总是占优（表 2-2-24），而三甲苯中，则以 1，2，4-三甲苯的平衡浓度最高（表 2-2-25）。

支链数减少的烷基苯异构化反应是吸热反应。平衡有利于生成多支链异构物，在 300~700K 范围内，C_8 芳烃以二甲苯为主，乙苯不足 10%（表 2-2-24）；C_9 芳烃中，三甲苯占 50% 以上，其次为甲基乙基苯，而丙苯不超过 5%（表 2-2-25）。

参 考 文 献

[1] H. Topsoe, B. S. Clausen, F. E. Massoth et al. Hydrotreating Catalysis, in: J. R. Anderson and M. Boudart (ed.) CATALYSIS – Science and Technology[M]. New York, 1996, 11: 1–269.

[2] 侯祥麟. 中国炼油技术[M]. 北京: 中国石化出版社, 1991.

[3] M. Xiaoliang, Kinya Sakanishi, Isao Mochida et al. Hydrodesulfurization reactivities of various sulfur compounds in diesel fuel[J]. Ind. Eng. Chem. Res. , 1994, 33: 218–222.

[4] T. Halbert. Preprint of the 15th world Petroleum Congress, Topic [9], 1997.

[5] 林世雄主编. 石油炼制工程下册(第二版)[M]. 北京: 石油工业出版社, 1988.

[6] M. J. Girgis, C. Bruce. Gates Reactivities, reaction networks, and kinetics in high-pressure catalytic hydroprocessing[J]. Ind. Eng. Chem. Res. , 1991, 30: 2021–2058.

[7] T. Kabe, Deep Desulfurization of Middle Distillate, 1995.

[8] D. R. Kilanowski, H. Teeuwen, V. H. J. de Beer, et al. Hydrodesulfurization of thiophene benzothiophene, dibenzothiophene, and related compounds catalyzed by sulfided $CoO+MoO_3\gamma-Al_2O_3$: Low-pressure reactivity studies[J]. J. Catal. 1978, 55: 129–137.

[9] A. Ishihara, T. Kabe. Ind. Eng. Res. , 1993, 32(4): 753.

[10] T. Kabe. Chem. Lett. , 1991: 2233.

[11] A. Ishihara, T. Itoh, T. Hino, et al. Effects of Solvents on Deep Hydrodesulfurization of Benzothiophene and Dibenzothiophene[J]. J. Catal. 140, 1993: 184–189.

[12] G. R. Kocis, T. C. Ho. Effects of liquid evaporation on the performance of trickle-bed reactors[J]. Eng. Res. Des. , 1986, 64: 288–291.

[13] A. Stanislaus, A. Marafi, S. Mohan. Recent advances in the science and technology of ultra low sulfur diesel (ULSD)[J]. Catl today, 2010, 153: 1–68.

[14] M. Houalla, N. K. Nag, A. V. Sapre, D. H. Broderick, et al. Gates Hydrodesulfurization of dibenzothiophene catalyzed by sulfided $CoO-MoO_3\gamma-Al_2O_3$: The reaction network[J]. AICHE J. 1978, 24: 1015–1020.

[15] D. H. Broderick, B. C. Gates. Hydrogenolysis and hydrogenation of dibenzothiophene catalyzed by sulfided $CoO-MoO_3/\gamma-Al_2O_3$: The reaction kinetics[J]. AICHE J. , 1981, 27: 663–673.

[16] M. L. Vrinat. The kinetics of the hydrodesulfurization process – a review[J]. Appl. Catal. , 1983, 6: 137–158.

[17] W. S. O'Brien, J. W. Chen, R. V. Nayak, et al. Catalytic hydrodesulfurization of dibenzothiophene and a coal-derived liquid[J]. Ind. Eng. Chem. Pro. Des. Dev. , 1986, 25: 221–229.

[18] J. C. Garcia-Martinez, C. O. Castillo-Araiza, J. A. De los Reyes Heredia, et al. , Kinetics of HDS and of the inhibitory effect of quinoline on HDS of 4, 6-DMDBT over a Ni-Mo-P/Al_2O_3 catalyst: Part I[J]. Chemical Engineering Journal. 2012, 210: 53–62.

[19] A. V. Sapre, D. H. Broderick, D. Fraenkel, et al. Hydrodesulfurization of benzo[b]naphtho[2, 3-d]thiophene catalyzed by sulfided $CoO-MoO_3/\gamma-Al_2O_3$: The reaction network[J]. AICHE J. , 1980, 26: 690–694.

[20] J. G. Speight. The Desulfurization of Heary Oil and Residua[M]. New York, 1981: 145–170.

[21] 方向晨, 郭蓉, 杨成敏. The development and application of catalysts for ultra-deep hydrodesulfurization of diesel[J]. 催化学报, 2013, 34(1): 130–139.

[22] H. Topsøe, B. Hinnemann, J. K. Nørskov, et al. The role of reaction pathways and support interactions in the development of high activity hydrotreating catalysts[J]. Catal. Today, 2005, 12: 107–108.

[23] A. Logadottir, P. G. Moses, B. Hinnemann, et al. A density functional study of inhibition of the HDS hydrogenation pathway by pyridine, benzene, and H_2S onMoS_2-based catalysts[J]. Catal. Today, 2006, 111: 44–51.

[24] F. Besenbacher, M. Brorson, B. S. Clausen, et al. Recent STM, DFT and HAADF-STEM studies of sulfide-

based hydrotreating catalysts: insight into mechanistic, structural and particle size effects[J]. Catal. Today 2008, 130: 86–96.

[25] H. Wang, R. Prins. Hydrodesulfurization of dibenzothiophene, 4, 6 – dimethyldibenzothiophene, and their hydrogenated intermediates over Ni–MoS$_2$/γ–Al$_2$O$_3$[J]. J. Catal. 2009, 26: 431–43.

[26] H. Farag, K. Sakanishi. Investigation of 4, 6 – dimethyldibenzothiophene hydrodesulfurization over a highly active bulk MoS$_2$ catalyst[J]. J. Catal. 2004, 225: 531–535.

[27] M. Nagai, T Kabe. Selectivity of molybdenum catalyst in hydrodesulfurization, hydrodenitrogenation, and hydrodeoxygenation: Effect of additives on dibenzothiophene hydrodes[J]. J. Catal., 1983, 81: 440–449.

[28] J. Van Gestel. Catalytic Hydroprocessing of petroleum and Distillates[M]. New York, 1993: 357.

[29] M. V. Bhinde, Ph. D. Dissertation, University of Delaware, Newark, 1979.

[30] H. S. Lo., Ph. D. Dissertation, University of Delaware, Newark, 1981.

[31] L. Charles Gutberlet, Ralph J. Bertolacini, Inhibition of hydrodesulfurization by nitrogen compounds[J]. Ind. Eng. Chem. Prod. Res. Dev., 1983, 23: 246–250.

[32] V. L. Vopa; C. N. Sattertield. Poisoning of thiophene hydrodesulfurization by nitrogen compounds[J]. J. Catal., 1988, 110(2): 375–387.

[33] H. Kwart, J. Katzer, J. Horgan. Hydroprocessing of phenothiazine catalyzed by cobalt – molybdenum γ – aluminum oxide [J]. J. Phys. Chem., 1982, 86: 2641–2646.

[34] M. Nagai, T. Sato, A. Aiba, et al. Poisoning effect of nitrogen compounds on dibenzothiophene hydrodesulfurization on sulfided NiMoAl$_2$O$_3$ catalysts and relation to gas–phase basicity[J]. J. Catal., 1986, 97: 52–58.

[35] S. Kasztelan, H. Toulhoat, J. Grimblot, et al. A geometrical model of the active phase of hydrotreating catalysts[J]. Appl. Catal., 1984, 13: 127–159.

[36] K. Tanaka and T. Okuhara, Regulation cf Intermediates on Sulfided Nickel and MoS$_2$ Catalysts[J]. Catal. Rev. – Sci. Eng. 1977, 15: 249–292.

[37] M. Daage and R. R. Chianelli, Structure–Function Relations in Molybdenum Sulfide Catalysts: The "Rim– Edge" Model[J]. J. Catal. 149, 1994: 414–427.

[38] 夏邦惠. 几种典型柴油的加氢精制深度与储存安定性的关系[J]. 石油炼制, 1986, 3: 25–31.

[39] Y. Shi. in Proceedings of 8th China–Japan Joint Seminar on Research and Technology for Pletroleum Rifining Editorial Board. Tokyo, Japan, 1998: 54.

[40] H. Schulz. Catalytic Hydrogenation, a modern Approach[J], Stud. Surf. Sci. Catal., 1986, 27: 201.

[41] R. A. Flinn. Hydrocarbon processing and petroleum refiner[J]. 1963, 42(9): 129.

[42] M. Mapiour, V. Sundaramurthy, A. K. Dalai, et al. Effects of the operating variables on hydrotreating of heavy gas oil: Experimental, modeling, and kinetic studies[J]. Fuel, 2010, 89(9): 2536–2543.

[43] A. T. Jarullah, I. M. Mujtaba, A. S. Wood. Kinetic model development and simulation of simultaneous hydrodenitrogenation and hydrodemetallization of crude oil in trickle bed reactor[J]. Fuel, 2011, 90(6): 2165–181.

[44] D. Ferdous, A. K. Dalai, J. Adjaye. Hydrodenitrogenation and hydrodesulfurization of heavy gas oil using NiMo/Al$_2$O$_3$ catalyst containing boron: Experimental and kinetic studies[J]. Ind Eng Chem Res, 2006, 45(2): 544–552.

[45] H. E. Boahene, K. K. Soni. Hydroprocessing of heavy gas oil using FeW/SBA – 15 catalysts: Experimentals, optimization of metals loading and kinetics study[J]. Catal. Today, 2013, 207: 101–111.

[46] 张富平, 胡志海, 董建伟, 等. 减压蜡油加氢脱氮宏观反应动力学模型[J]. 石油学报(石油加工), 2011, 27(1): 5–10.

[47] F. S. Mederos, M. A. Rodriguez. Dynamic modeling and simulation of catalytic hydrotreating reactors[J]. Energy&Fuels, 2006, 20(3): 936–945.

[48] M. A. Rodriguez, J. Ancheyta. Modeling of hydrodesulfurization (HDS), hydrodenitrogenation (HDN), and

the hydrogenation of aromatics(HAD) in a vacuum gas oil hydrotreater[J]. Energy & Fuels, 2004, 18(3): 789-794.

[49] Han Longnian, Fang Xiangchen, Peng Chong, et al. Application of discrete lumped kinetic modeling on vacuum gas oil hydrocracking[J]. China Petroleum Processing and Petrochemical Technology, 2013, 15(2): 67-73.

[50] 彭冲, 方向晨, 韩龙年, 等. 减压蜡油加氢裂化六集总动力学模型研究[J]. 石油炼制与化工, 2014, 45(1): 35-41.

[51] C. N. Satterfield, S. H. Yang. Hydrodenitrogenation of quinoline in a trickle-bed reactor. Comparison with vapor phase reaction[J]. Ind. Eng. Chem. Process Des. Dev. , 1984, 23: 11-19.

[52] S. H. Yang, C. N. Satterfield. Catalytic hydrodenitrogenation of quinoline in a trickle-bed reactor. Effect of hydrogen sulfide[J]. Ind. Eng. Chem. Process Des. Dev. , 23, 1984: 20-25.

[53] J. T. Miller, M. F. Hineman. Non-first-order hydrodenitrogenation kinetics of quinoline[J]. J. Catal, 1984, 85: 117-126.

[54] F. Gioia, V. Lee, Effect of Hydrogen Pressure on Catalytic Hydrodenitrogenation of Quinoline[J]. Ind. Eng. Chem. Process Des. Dev. , 1986, 25: 918-925.

[55] S. S. Shih. Am. Chem. Soc. , Pel. Chem. Div. , Prepr. , 1977, 22: 919-940.

[56] H. Farag, M. Kishida, H. Al-Megren. Competitive hydrodesulfurization of dibenzothiophene and hydrodenitrogenation of quinoline over unsupported MoS_2 catalyst [J]. Applied Catalysis A: General. 2014, 469: 173-182.

[57] 路蒙蒙, 孙守华, 臧树良. MoP/SiO_2-TiO_2-ZrO_2 催化喹啉加氢脱氮的反应动力学[J]. 石油学报(石油加工), 2012, 28(2): 275-280.

[58] G. F. Froment, U. Gent. Hydrotreament and Hydrocracking of Oil Fractions [J]. Stud. Surf. Sci. Catal. 1997, 106: 1-16.

[59] J. Shabtai, G. J. C. Yeh, C. Russell, et al. Fundamental hydrodenitrogenation studies of polycyclic N-containing compounds found in heavy oils. 1. 5, 6-Benzoquinoline [J]. Ind. Eng. Chem. Res. , 1989, 28: 139-146.

[60] C. Moreau, P. Geneste, R. Durand. Hydrodenitrogenation of benzo(f)quinoline and benzo(h)quinoline over a sulfided NiO-MoO_3/. gamma. Al_2O_3 catalyst[J]. J. Catal. , 1988, 122: 411-417.

[61] A. Finiels, P. Geneste, C. Moulinas, et al. Hydroprocessing of secondary amines over NiW-Al_2O_3 Catalyst[J]. Appl. Catal. , 1986, 22: 257-262.

[62] P. Mignon, M. Tiano, P. Belmont, et al. Unusual reactivities of acridine derivatives in catalytic hydrogenation. A combined experimental and theoretical study[J]. Journal of Molecular Catalysis A: Chemical, 2013, 371: 63-69.

[63] J. F. Cocchetto, C. N. Satterfield. Thermodynamic Equilibria of Selected Heterocyclic Nitrogen Compounds with Their Hydrogenated Derivatives[J]. Ind. Eng. Process Des. Dev. , 1976, 15(2): 272-277.

[64] J. F. Cocchetto, C. N. Satterfield. Chemical equilibriums among quinoline and its reaction products in hydrodenitrogenation[J]. Ind. Eng. Process Des. Dev. , 1981, 20(1): 49-53.

[65] C. N. Satterfield, M. Modell, J. A. Wilkens. Study of the simultaneous catalytic hydrogenation of pyridine and hydrodesulfurization of thiophene[J]. Ind. Eng. Chem. , Process Des. Dev. , 1980, 19(1): 154-160.

[66] M. Nagai, T. Masunaga, N. Hana-oka. Selectivity of molybdenum catalyst in hydrodenitrogenation, hydrodesulfurization and hydrodeoxygenation: Effects of sulfur and oxygen compounds on acridine hydrodenitrogenation [J]. J. Catal. , 1986, 101(2): 284-292.

[67] E. D. Odebunmi, D. F. Ollis. Catalytic hydrodeoxygenation: III. Interactions between catalytic hydrodeoxygenation of m-cresol and hydrodenitrogenation of indole[J]. J. Catal. , 1983, 80(1): 76-89.

[68] C. N. Satterfield, S. N. Yang. Simultaneous hydrodenitrogenation and hydrodeoxygenation of model compounds in a trickle bed reactor[J]. J. Catal., 1983, 81(2): 335-346.

[69] T. C. Ho. Hydrodenitrogenation Catalysis[J]. Catal. Rev. -Sci. Eng., 1988, 30(1): 117-160.

[70] P. Prins. Hydrodesulfurization, Hydrodenitrogenation, Hydrodeoxygenation and Hydrodechlorination [M]. Heterogeneous Catalysis, 1997, 4: 1908.

[71] J. L. Portefaix, M. Cattenot, M. Guerriche, et al. Conversion of saturated cyclic and noncyclic amines over a sulphided NiMo/Al$_2$O$_3$ catalyst: mechanisms of carbon - nitrogen bond cleavage[J]. Catal. Today, 1991, 10 (4): 473-487.

[72] H. Tominaga, M. Nagai. Reaction mechanism for hydrodenitrogenation of carbazole on molybdenum nitride based on DFT study[J]. Applied Catalysis A: General, 2010, 389: 195-204.

[73] S. Stuart, S. Mizrahi, L. A. Green, et al. Deep desulfurization of distillates[J]. Ind. Eng. Chem. Res., 1992, 31(4): 1232-1235.

[74] C. L. Li, Z. R. Xu, Z. A. Cao, et al. Hydrodeoxygenation of 1-naphthol catalyzed by sulfided Ni-Mo/γ-Al$_2$O$_3$: Reaction network[J]. AICHE J., 1985, 31(1): 170-174.

[75] S. Krishnamurthy, S. Panvelker, Y. T. Shah. Hydrodeoxygenation of 1-naphthol catalyzed by sulfided Ni-Mo/γ-Al$_2$O$_3$: Reaction network[J]. AICHE J., 1981, 27: 994-1001.

[76] E. Laurent, B. Delmon. Study of the hydrodeoxygenation of carbonyl, caroylic and guaiacyl groups over sulfided CoMo/γ-Al$_2$O$_3$ and NiMo/γ-Al$_2$O$_3$ catalysts: I. Catalytic reaction schemes[J]. Appl. Catal, 1994, 1091: 77-96.

[77] J. G. Reynolds. Metals and heteroatoms in heavy crude oils[M]. in Petroleum Chemistry and Refining, Taylor & Francis, Washington, 1998: 63.

[78] R. A. Ware, J. Wei. Catalytic hydrodemetallation of nickel porphyrins: I. Porphyrin structure and reactivity[J]. J. Catal., 1985, 93(1): 100-121.

[79] W. I. Beaton, R. J. Bertolacini. Resid Hydroprocessing at Amoco[J]. Catal. Rev. Sci. Eng., 1991, 33(3-4): 281-317.

[80] E. L. McGinnis. Symposium on developments in hydrodemetallization catalysts presented before the division of petroleum chemistry, INC. American Chemical Society Miami Beach meeting, April 28~May 3, 1985.

[81] 白户义美. 重油催化加氢裂化沥青质的反应[C]//中国石油学会石油炼制委员会"原油深度加工学术讨论会", 杭州, 1981. 10. 26.

[82] L. A. Rankel. Am. Chem. Soc. Petrol. Chem. Div. Prepr., 26, 1981: 689.

[83] R. Galiasso et al., Reactions of porphyrinic and non porphyrinic molecules during hydrodemetallization of heavy crude oils[J]. Am. Chem. Soc. Petrol. Chem. Prepr., 1985, 30(1): 50-61.

[84] C. Takeuchi. Am. Chem. Soc. Petrol. Chem. Div. Prepr., 1985, 30: 50.

[85] R. A. Ware, J. Wei. Catalytic hydrodemetallation of nickel porphyrins: II. Effects of pyridine and of sulfiding [J]. J. Catal., 1985, 93(1): 122-134.

[86] A. Stanislaus, B. H. Cooper. Aromatic hydrogenation catalysis: a review[J]. Catal. Rev. -Sci. Eng., 1994, 36(1): 75-123.

[87] C. G. Frye. Equilibria in the Hydrogenation of Polycyclic Aromatics[J]. J. Chem. Eng. Data, 1962, 7(4): 592-595.

[88] C. G. Frye, A. W. Weitkamp. Equilibrium hydrogenations of multi-ring aromatics[J]. J. Chem. Eng. Data, 1969, 14(3): 372-376.

[89] A. V. Sapre, B. C. Gates. Hydrogenation of aromatic hydrocarbons catalyzed by sulfided cobalt oxide-molybdenum oxide/. alpha. - aluminum oxide. Reactivities and reaction networks [J]. Ind. Eng. Chem. Process Des. Dev., 1981, 20(1): 68-73.

[90] C. Aubert, R. Durand, P. Geneste, et al. Factors affecting the hydrogenation of substituted benzenes and phenols over a sulfided NiO+MoO$_3$γ−Al$_2$O$_3$ catalyst[J]. J. Catal. , 1988, 112: 12−20.

[91] N. K. Nag. On the mechanism of the hydrogenation reactions occurring under hydroprocessing conditions[J] Appl. Catal. , 1984, 10: 53−62.

[92] H. Wendell. S. Singh, S. A. Qader, et al. Catalytic Hydrogenation of Multiring Aromatic Coal Tar Constituents [J]. Ind. Eng. Chem. Prod. Des. Dev. , 1970, 9(3): 350−357.

[93] J. Shabtai, L. Veluswamy, A. G. Oblad. Steric effects in the hydrogenation−hydrodenitrogenation of isomeric benzoquinolines catalyzed by sulfided Ni−W/Al$_2$O$_3$[J]. Am. chem. Soc. , Fuel chem. Div. Prepr. , 1978, 23: 114−121.

[94] T. A. Lapinas, M. T. Klein, B. C. Gates, et al. Catalytic hydrogenation and hydrocracking of fluorene: reaction pathways, kinetics, and mechanisms[J]. Ind. Eng. Chem. Res. , 1991, 30: 42−50.

[95] A. T. Lapinas. Catalytic hydrogenation and hydrocracking of fluoranthene: reaction pathways and kinetics[J]. Ind Eng. Chem. Res. , 1987, 26: 1026−1033.

[96] A. V. Sapre, B. C. Gates. Hydrogenation of biphenyl catalyzed by sulfided cobalt monoxide−molybdenum trioxide−aluminum trioxide. The reaction kinetics[J]. Ind. Eng. Chem. Process Des. Dev. , 1982, 21: 86−94.

[97] S. Kasztelan, D. Guillaume. Inhibiting effect of hydrogen sulfide on toluene hydrogenation over a molybdenum disulfide/alumina catalyst[J]. Ind. Eng. Chem. Res. , 1994, 33: 203−210.

[98] J. Uchytil, E. Jakubíčková, M. Kraus. Hydrogenation of alkenes over a cobalt−molybdenum−alumina catalyst [J]. J. Catal. , 1980, 64: 143−149.

[99] H. C. Lee, J. B. Butt. Kinetics of the desulfurization of thiophene: Reactions of thiophene and butane[J]. J. Catal. , 1977, 49: 320−331.

[100] R. Ramachandran, F. E. Massth. The effects of pyridine and coke poisoning on benzothiophene hydrodesulfurization over CoMo/Al$_2$O$_3$ catalyst[J]. Chem. Eng. Commun, 18(1−4), 1982: 239−254.

[101] R. Ramachandran, F. E. Massthm. Studies of molybdena−alumina catalysts. X. temperature programmed desorption of H$_2$S and thiophene[J]. Can J. Chem. Eng. , 1982, 60(1): 17−22.

[102] J. Miciukiewicz et al. , Proc. 8th Int. Congr. Catal. , Verlag chemic, Weinheim, Vol. 2, P. 671, 1984.

[103] F. E. Massoth, J. Miciukiewicz. The effect of pyridine poisoning on the kinetics of thiophene hydrogenolysis and hexene hydrogenation[J]. J. Catal. , 1986, 101: 505−514.

[104] J. Scherzer, A. J. Gruia. Hydrocracking Science and Technology[M]. New York Basel Hong Kong, 73.

[105] 陈俊武, 许友好主编. 催化裂化工艺与工程(第三版)[M]. 北京: 中国石化出版社, 2015: 115.

[106] B. C. 盖茨等著, 徐晓等译. 催化过程的化学[M]. 北京: 化学工业出版社, 1985: 5.

[107] D. S. Santilli, B. C. Gates. in Handbook of Heterogeneous Catalysis [M]. 1997: 1123.

[108] H. L. Coonradt, W. E. Garwood. Mechanism of Hydrocracking Reactions of Paraffins and Olefins [J]. Ind. Eng. Chem. Proc. Des. Dev. , 1964, 3(1): 38−45.

[109] H. Beuther, O. A. Larson. Role of Catalytic Metals in Hydrocracking[J]. Ind. Eng. Chem. Proc. Des. Dev. , 1965, 4(2): 177−181.

[110] G. E. Langlois, R. F. Sullivan, Clark J. Egan. The Effect of Sulfiding a Nickel on Silica−Alumina Catalyst[J]. J. Phys. Chem. , 1966, 70(11): 3666−3671.

[111] J. A. Martens, P. A. Jacobs, J. Weitkamp. Attempts to rationalize the distribution of hydrocracked products. I qualitative description of the primary hydrocracking modes of long chain paraffins in open zeolites[J]. Appl. Catal. , 1986, 20: 239−281.

[112] M. Steijns, G. Froment. Hydroisomerization and Hydrocracking: 3. Kinetic Analysis of Rate Data for n−Decane and n−Dodecane[J]. Ind. Eng. , chem. Prod. Res. Dev. , 1981, 20(4): 660.

[113] M. A. Baltanas, H. Vansina, G. F. Froment. Hydroisomerization and hydrocracking. 5. Kinetic analysis of rate

data for n-octane[J]. Ind. Eng. Chem. Prod. Res. Dev. , 1983, 22(4): 531-539.

[114] J. Weitkamp, P. Jacobs. Isomerization and hydrocracking of long chain alkanes: new insight into carbenium ion chemistry. [CaY zeolite][J]. Am. Chem. Soc. Petrol. Chem. div. Prepr. , 1981, 26: 9-17.

[115] I. Nakamura. Hydrotreament and Hydrocracking of Oil Fractions [J]. stud. Surt. Sci. Catal. , 1997, 106: 361.

[116] J. A. Martens, P. A. Jacobs, J. Weitkamp. Attempts to rationalize the distribution of hydrocracked products. II. Relative rates of primary hydrocracking modes of long chain paraffins in open zeolites [J]. Appl Catal. , 1986, 20: 283-303.

[117] M. Guisnet, F. Alvarez, G. Giannetto, G. Perot. Hydroisomerization and hydrocracking of n-heptane on Pth zeolites. Effect of the porosity and of the distribution of metallic and acid sites[J]. Catal. Taday, 1987, 1 (4): 415-433.

[118] C. G. Egan et al. , J. Amer. chem. Soc. , 84, 1962: 1024.

[119] K. Kochloefl and V. Bazant, J. Catal. , 8, 1967: 140.

[120] J. L. Lemberton. Hydrtreament and Hydrocracking of Oil Fractions[J]. Stud. Surt. Sci. Catal. , 1997, 106: 129-136.

[121] P. A. Jacobs, J. A. Martens. Introduction to Zeolite and Practice[J]. Stud. Surt. Sci. Catal. , 1991, 58: 445.

[122] Yasuo Miki, Shoko Yamadaya, Masaaki Oba. The selectivity in ring opening of cyclohexane and methylcyclopentane over a nickel-alumina catalyst [J]. J. Catal. , 1977, 49(3): 278-284.

[123] R. Covini, H. Pines. Alumina: Catalyst and support: XXII. Effect of intrinsic acidities of aluminas in molybdena-alumina catalysts upon the hydrogenolysis and isomerization of alkylbenzenes[J]. J. Catal. , 1965, 4: 454-468.

[124] R. F. Sullivan. A New Reaction That Occurs in the Hydrocracking of Certain Aromatic Hydrocarbons[J]. J. Am. Chem. Soc. , 1961, 83(5): 1156-1160.

[125] R. F. Sullivan, C. J. Egan, G. E. Langlois. Hydrocracking of alkylbenzenes and polycyclic aromatic hydrocarbons on acidic catalysts. Evidence for cyclization of the side chains[J]. J. Catal. , 1964, 3(2): 183-195.

[126] J. L. Lemberton, P. Michaud, G. Perot. hydrodesulphurization of Dibenzothiophene and 4, 6-dimethyldibenzothiophene: Effect of an Acid Component on the Activity of a Sulphided NiMo on Alumina Catalyst[J]. App. Catal. A: General. 1998, 169(2): 343-353.

[127] H. W. Haynes, J. F. Parcher, N. E. Heimer. Hydrocracking polycyclic hydrocarbons over a dual-functional zeolite (faujasite)-based catalyst[J]. Ind. Eng. Chem. Proc. Des. Dev. , 1983, 22: 401-409.

[128] 侯芙生主编. 中国炼油技术(第三版)[M]. 北京: 中国石化出版社, 2011: 253.

[129] 李家鹏. 国际重油、渣油改质及利用学术研讨会论文集[C]. 北京: 万国学术出版社, 1992: 315.

[130] S. T. Sie. Isomerization Reactions, in Handbook of Heterogenious Catalysis, 1997, 4: 1998.

[131] J. A. Martens and P. A. Jacobs, Reaction Mechanisms of Acid-Catalyzed Hydrocarbon Conversions in Zeolites [J], Handbook of Hetergenious Catalysis, 1997, 3: 1137-1149.

[132] 李承烈等. 烃类异构化[M]. 北京: 中国石化出版社, 1992.

第三章 加氢裂化催化剂

第一节 加氢裂化催化剂的设计

一、双功能加氢裂化催化剂设计原则

加氢裂化反应是催化裂化羰离子反应伴随加氢反应。重质馏分油典型的加氢裂化反应网络见图 3-1-1[1]。

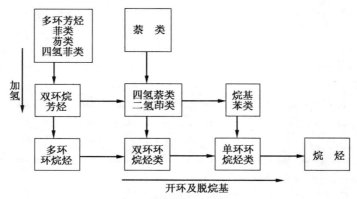

图 3-1-1 加氢裂化反应

由此看来加氢裂化反应催化剂需具备加氢功能及裂化功能，属于双功能催化剂。催化剂由非贵金属或贵金属负载到载体上提供加氢活性中心；裂化和异构化活性主要由改变催化剂载体的酸性来实现，即使用无定形（Al_2O_3、$SiO_2-Al_2O_3$）或晶形硅铝或其混合物作为载体，来提供裂化活性中心。

加氢裂化催化剂的设计，除双功能外尚需满足一个工业催化剂基本要求[2,3]，应具有好的活性、选择性、稳定性，在生产和使用过程中还提出一些要求如机械强度、形貌和粒度大小、堆积密度和再生性能等。当然催化剂制备工艺简单，价格便宜是必要的，因此设计一种加氢裂化催化剂首先要了解加氢裂化催化剂的基本性能。

总之，为了满足加氢裂化性能及工程需要，加氢裂化催化剂由加氢组分、载体、助剂三部分组成，图 3-1-2 示出三者相互依赖关系[3,4]。

加氢裂化催化剂设计中首先要考虑的是加氢功能和酸性功能，根据不同原料和目的产品，设计出不同特性的加氢裂化催化剂，其不同类型加氢裂化催化剂性能要求见表 3-1-1。

表 3-1-1 不同类型加氢裂化催化剂性能

原料	目的产品	催化剂					
		酸性强度	酸性种类	加氢活性	金属	比表面积/（m^2/g）	最适孔径/nm
HAGO VGO RFCC-LCO	石脑油	强	沸石	中等	Pt，Pd Mo-Ni W-Ni	>350	0.85~5.0

原料	目的产品	催化剂					
		酸性强度	酸性种类	加氢活性	金属	比表面积/(m²/g)	最适孔径/nm
VGO HAGO CGO DAO	喷气燃料 柴油 FCC 和 SCR 原料 润滑油基础料	中等	无定形 无定形 +沸石	强	Mo－Ni W－Ni	230～300	4.0～10.0
VGO DAO	高黏度指数润滑油	中弱	无定形 无定形 +沸石	强	Pt，Pd W－Ni Mo－Ni	约 300	4.0～10.0
GO CGO	HC，MHC，MHUG FCC，RFCC 原料	弱	无定形 无定形 +沸石	强	W－Ni Mo－Ni Mo－Co W－Mo－Ni Mo－Ni－Co	≥150	4.0～8.0

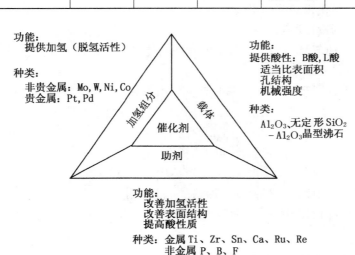

图 3-1-2 加氢裂化催化剂组成及其功能

从表 3-1-1 可以看出加氢裂化催化剂按其催化功能，可分为四类：

1）具有强酸性和弱加氢活性的双功能催化剂，通称轻油型加氢裂化催化剂。主要反应是加氢、脱氢、氢转移和 C—C 键氢解断裂以及分子异构。所用的酸性载体为沸石，酸中心数多，一个重烃分子进入沸石结构后，将与酸性中心接触产生一次裂化，反应产物又可能被毗邻的酸性中心所吸附，从而产生二次裂化。可用的沸石有超稳 Y 沸石（USY）及脱铝补硅沸石（SSY），沸石含量 60% 左右。

2）具有中等酸性和强加氢活性的双功能催化剂，通称为中油型加氢裂化催化剂。主要反应是使饱和烃脱氢生成活性的烯烃中间体，借催化剂酸性中心生成正碳离子而后裂化，同时使多环芳烃、环烷烃及不饱和的裂化产物加氢饱和。其酸性载体有无定形 SiO₂-Al₂O₃、含卤素或含磷的 Al₂O₃ 及改性的 Y 型沸石、β 沸石以及沸石和无定形 SiO₂-Al₂O₃ 或 Al₂O₃ 的混合物。单一的无定形 SiO₂-Al₂O₃ 为载体的中油型加氢裂化催化剂，中油选择性好、氢耗低，但温度在 395℃ 以上，氢分压保持在 9.65MPa 以上[5]。晶型中油型加氢裂化催化剂用晶胞参数低的改性 Y 沸石(如 NTY、MUY、USSY-1、REUHPY 等),沸石用量为 5% ~ 20%,反应温度比无定形加氢裂化催化剂低 20 ~ 40℃,稳定性好,但中油选择性稍差,尤其是运转末期。

3)具有中弱酸性和强加氢活性的双功能催化剂,反应主要在加氢组分上进行,主要是加氢饱和、开环、异构,这是制造高级润滑油和低凝柴油所需反应,该剂可用无定形 SiO_2-Al_2O_3 及酸度低的沸石作为酸性载体,金属组分主要是 W-Ni、贵金属。

4)具有弱酸性和强加氢活性的催化剂,通常用于加氢裂化、FCC 原料预处理上,目的是 C—S、C—N、C—O 氢解断裂,C—C 键断裂很少,常用的载体是 Al_2O_3、$AlPO_4$、AlF_3、少量 SiO_2 稳定的 Al_2O_3 及 Al_2O_3 中加入少量沸石,它的反应机理是有机硫、有机氮化物吸附在 Ni(Co)-Mo(W)-S 活性相边和角上,发生氢解反应,少量 SiO_2 稳定的 Al_2O_3 能增加 Al_2O_3 载体吸附金属的吸附中心,提高金属的分散度从而提高加氢活性,原因是 Si^{4+} 能在 Al_2O_3 四面体孔隙中稳定下来,使得在焙烧过程中 Ni^{2+}、Mo^{6+} 不能占据这些孔隙,阻止它生成活性低的尖晶石。沸石也能起到这种效果,不仅起助剂作用,调节催化剂孔结构,影响表面活性相生成,还能强化钼酸镍的生成。

加氢裂化催化剂的设计原则[2,4,7]:

1)根据原料与目的产品,调节加氢功能与酸功能平衡,确保催化剂活性高、选择性好、耐氮、耐氨毒害能力强,结焦少。

2)根据需要,加入适当助剂,促进加氢金属组分在酸性载体上更好分散,生成更多的活性相以及在反应条件下金属硫化物与 H_2S 作用产生更多的 B 酸中心。

3)调整催化剂或载体的制备条件,制取孔径大小适中、孔分布集中的催化剂,减缓加氢裂化反应过程的扩散控制,改善催化剂的选择性。

4)在保证催化剂气流分布均匀、床层压降适中、催化剂生产工艺简单和收率高等条件下,制备具有一定机械强度、适当粒度、形状的成品催化剂。

5)催化剂成本低,稳定性好,且易硫化与再生,再生后催化剂活性恢复率高,催化剂寿命长。

二、加氢金属组分及其加氢功能

加氢金属组分是加氢处理、加氢裂化催化剂加氢活性的主要来源,通常是元素周期表中ⅥB 族和Ⅷ族的金属元素,其中非贵金属有 W、Mo、Cr、Fe、Co、Ni 等,贵金属有 Pt、Pd、Rh、Ru 等。由于贵金属催化剂容易被有机硫和硫化氢中毒而失活,只适用于不含硫的原料中,也有研究将部分贵金属加到非贵金属中,如 Ni-Ru/Al_2O_3、Ru-Co-Mo/Al_2O_3 等催化剂[6]。由于双金属组分催化剂的活性比单金属组分活性好,目前石油馏分加氢催化剂常用ⅥB 族和Ⅷ族中金属元素搭配,一般用两种或三种金属搭配,如 Mo-Ni、W-Ni、Mo-Co、W-Mo-Ni、Mo-Ni-Co 等,在催化剂的制备过程中以金属的氧化物形态存在,经验证明硫化态比氧化态加氢活性高,催化剂使用前需进行硫化,Topsoe H. 提出生成 Co-Mo-S 或 Ni-Mo-S 活性相。

催化剂加氢活性表现在反应物以适当的速度吸附在催化剂表面,吸附的分子和催化剂表面之间形成弱键,ⅤB 族和ⅥB 族吸附强度太大,ⅠB 吸附太弱或不吸附,而Ⅷ族吸附强度适宜,因而加氢活性高[7]。

催化剂的吸附特征与金属的几何结构和电子特性有关,凡适合作加氢催化剂加氢组分的金属，都具有立方晶格或六角晶格，如 W、Mo、Fe、Cr 是形成体心立方晶格的元素，Pt，Pd，Co，Ni 是具有面心立方晶格的元素，MoS_2（或 WS_2）则为层状六角对称晶格，Co 或 Ni 助剂位于 MoS_2（或 WS_2）1010 平面的孔穴五配位中心（正方晶角锥结构）的空穴上[8,9]。根据 Norskor J. K.[10] 和 Topsoe H.[11,12] 等最近提出的键能模型，它是测定催化剂活性关键参数之一。在现有过渡金属硫化物中，活性最高的为含有表面最不稳定硫原子体系，即催化发生在没有硫覆盖的金属活性中心上（即硫空位），空位数越多，活性越高，即金属–硫键能越低，活性越高，见图 3-1-3。由图看出，Pt、Ru、Rh 与 S 键能低，二苯并噻吩加氢脱硫活性高，而 Ti、Zr 与硫的键能大，活性低。若双金属助金属 Co（或 Ni）取代一些主金属 Mo（或 W）原子边位，显著降低边位硫的键能，提供更多的活性中心，从而提高活性。至于生成的 Co_9S_8 因金属与硫的键强度太弱而容易分解，这些硫化物限制了含硫反应物的吸附速度，MoS_2 则因金属与硫键强度大，也妨碍催化剂吸附反应物，这些硫化物活性低[13]。

　　除了几何特性外，金属的电子特性也很重要，它决定吸附热大小，同时决定反应物与催化剂表面原子之间的键强度。主要靠过渡金属 d 电子层的电子参与，形成催化剂和反应物分子间的共价键。Ternan M.[14] 用假设的 $(MoMS_9)^{n-1}$ 簇计算出周期表中不同位置过渡金属活性参数 A_2 与 HDS、HDN 相关联，见图 3-1-4。由图可以看出，Co、Ni 能促进 MoS_2 脱硫脱氮活性，V、Cr、Mn、Fe、Zn 影响较小，Cu 则降低 MoS_2 活性，主要原因是助金属原子的电子改变 Mo 原子的电子密度。Chianelli R. R. 等[15] 进行电子研究，首先提出 Mo 与 Co 原子共用一个 S 原子，形成一个空位，吸附一个含硫反应物，进行加氢脱硫。Ni 和 Co 是很好的助剂，因它们增加了 MoS_2 体系电子密度。

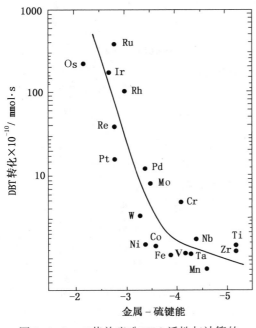

图 3-1-3　二苯并噻吩 HDS 活性与计算的
金属–硫键能关系

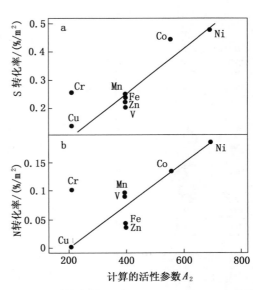

图 3-1-4　活性参数 A_2 与 HDS(a)、HDN(b) 的关系

　　在加氢催化反应中，那些具有 d 空轨道或 α 能带中的空穴，并且对加入的电子有强吸引力的金属，会强烈吸附氢；而从 H_2 得来的电子可以成为主体电子体系的一部分，这类金属是不好的加氢催化剂，因为它们对反应有效的氢吸附太牢。而没有 d 空轨道的金属，对氢

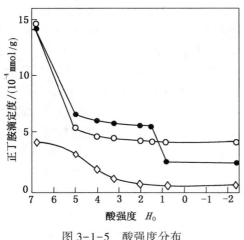

图 3-1-5　酸强度分布
◇—Al_2O_3；　○—MoO_3/Al_2O_3；
●—$NiO-MoO_3/Al_2O_3$

只有弱的吸附力，因此在纯金属元素状态时，它们不能强烈地吸附氢，因而也显示出较差的催化加氢能力。有少数 d 空轨道的金属（如 Ni、Pt）则可使 H_2 被吸附，但又能很快放还给反应物，只有这类金属才是良好的加氢催化剂。若加入某种助剂，能影响 d 空轨道的数目，改变对 H_2 的吸附性能，使催化剂活性明显改善，这种助剂可以认为是一种电子助剂[2]。

从周期表上看，Pd 电子排布是 $Kr4d^{10}5s^0$，d 层轨道是充满的，似与 d 空穴理论矛盾。实际上 Pd 的 4d10 个电子中有 2.6 个 d 轨道以 $d^{2.56}sp^{2.22}$ 方式杂化而用于构成金属原子间键，余下的 2.44 个 d 轨道作为原子轨道使用。金属键中最多可容纳 5.78 个电子，所以 Pd 的 10 个 d 电子中有 4.22 个电子进入原子轨道，这样 d 轨道中就存在 2×2.44-4.22=0.66 个空穴，这就造成了 Pd 仍是好的加氢金属组分。

此外，金属组分对酸性有影响，单独 MoO_3 没有酸性，但 MoO_3 载入 Al_2O_3 上，形成了极弱和极强两种酸中心，因而酸性增加，新产生的酸性中心中含有 B 酸，硫化后酸性更强。若再引入 Co 可抑制强酸中心生成，若引入 Ni 则可增加中强酸中心数，见图 3-1-5[16]。硫化后 $Co-Mo/Al_2O_3$ 或 $Ni-Mo/Al_2O_3$ 催化剂 L 酸增加，有利于提高加氢活性。

三、不同金属组分与配比

加氢裂化催化剂常用的金属组分有 W、Mo、Ni、Co 等，其性能见表 3-1-2。

表 3-1-2　几种常用金属性能

金属	原子量	电子排列	电负性	实测离子半径/nm	晶　型	d 特性/%
Mo	95.94	$Kr4d^55s^1$	1.8	Mo^{6+} 4 配位 0.059 6 配位 0.062	MoO_3 层状晶格	
W	183.85	$Xe5d^46S^2$	1.7 W^{4+} 1.6 W^{6+} 2.0	W^{4+} 6 配位 0.072 W^{6+} 4 配位 0.059 6 配位 0.062	WO_3 斜方晶格	
Co	58.93	$Ar3d^74S^2$	1.7	Co^{2+} 4 配位 0.082 Co^{3+} 6 配位 0.065	Co 面心立方	39.5
Ni	58.71	$Ar3d^84S^2$	1.8	Ni^{2+} 4 配位 0.078	Ni 面心立方	40
Pt	195.08	$Xe4f^{14}5d^86s^2$	2.2		Pt 面心立方	44
Pd	106.4	$Kr4d^{10}5s^0$	2.1		Pd 面心立方	46

由于双金属比单金属组分加氢性能好，氢解能力强，因此在加氢裂化催化剂中多选用双金属组分。不同金属组分是随所加工原料与目的产品不同而改变的，如 Mo-Co 金属组分广泛用于渣油加氢脱硫及加氢裂化上[17]。Nat 等推荐最大量生产汽油用 Ni-Mo/沸石催化剂，而 Ni-W/沸石催化剂多用于生产中间馏分油，这是因为 Ni-W 的加氢功能比 Ni-Mo 强[18]。M. A-Halabi 等[19]在研究 VRO-HDT 时发现 Ni-W-Mo 催化剂加氢活性高于 Ni-W，是因为单位面积活性中心数增加。

G. K Slmon 等[20]用轻质循环油（$d^{15.6}$ = 0.9186，C 88.58%，H 10.37%，S 0.55%，N

485μg/g，芳烃 69.5%，其中多环芳烃为 42.2%，馏程 160~402℃）为原料，考察不同金属组分含沸石催化剂的加氢脱氮、多环芳烃饱和、加氢裂化的相对活性，结果见表 3-1-3、表 3-1-4。

表 3-1-3　催化剂组成

催化剂	金属/%	USY/%	载体/%
A	NiO(3.5) WO₃(18)	0	γ-Al₂O₃
B	NiO(2.0) WO₃(18)	35	γ-Al₂O₃
C	NiO(2.0) WO₃(18)	50	γ-Al₂O₃
D	NiO(2.0) WO₃(18)	35	SiO₂-Al₂O₃
E	NiO(3.0) MoO₃(18) P(1.5)	35	γ-Al₂O₃
F	CoO(3.0) MoO₃(10)	35	SiO₂-Al₂O₃
G	NiO(2.0) WO₃(18) P0.75	35	Al₂O₃
H	NiO(3.5) MoO₃(18.0) P(3.0)	35	Al₂O₃
工业(1)	NiO-MoO₃	高	不详
工业(2)	NiO-MoO₃	0	γ-Al₂O₃

表 3-1-4　各种催化剂的性能（相对活性）

催 化 剂	加氢脱氮	多环芳烃饱和	加氢裂化
A	1.1	2.3	无
B	1.3	2.0	1.2
C	1.2	2.0	1.3
D	1.0	1.0	1.0
E	1.3	1.0	0.5
F	0.4	0.4	0.4
工业(1)	0.6	0.3	1.0
工业(2)	1.0	1.6	无

由表 3-1-4 可以看出，催化剂 F(Mo-Co) 三种活性最差，即使消除载体的影响，与相同载体(35%USY 分散在 SiO₂-Al₂O₃ 中)的催化剂 D(W-Ni) 比，三种活性均为 0.4，而催化剂 D 为 1.0，足以证明 Mo-Co 催化剂加氢脱氮、芳烃饱和、加氢裂化性能差；其次，相同载体 35%USY 分散在 Al₂O₃ 中，W-Ni 催化剂 B 的多环芳烃饱和及加氢裂化性能明显优于 Mo-Ni 催化剂 E。此外，相同金属不同的载体影响加氢脱氮、加氢裂化、多环芳烃饱和性能，如加入 35% 或 50%USY 分散到 Al₂O₃ 中的 W-Ni 催化剂 B 和 C，比单纯 γ-Al₂O₃ 或 35%USY 分散到 SiO₂-Al₂O₃ 中 W-Ni 催化剂 A 或 D，加氢脱氮及加氢裂化活性好，这是因每种载体具有不同物理或化学性质，金属和载体相互作用不同，而金属和载体的相互作用关键在载体，每种载体对活性金属提供不同分布和局部结构。

A. Nishijima 等[21]用模型化合物二苯基甲烷，考察载体种类、金属量、硫化对加氢裂化活性的影响，认为脱铝 USY 沸石及其与 Al₂O₃ 或 SiO₂-Al₂O₃ 作为载体，加氢裂化活性高，担载金属量也比活性高的加氢催化剂高，如图 3-1-6 所示。

此外，Mo-Ni 与 W-Ni 催化剂所要求硫化程度亦不相同，见图 3-1-7，对于 W-Ni 催化剂要适当控制 W 的硫化，减少 WS₂ 晶体增长，以利提高加氢裂化活性。

总之，加氢裂化催化剂金属组分不能视为单一加氢活性组分，它与选用的助剂、载体、制备与硫化条件密切相关。

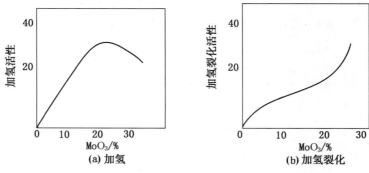

图 3-1-6　MoS$_2$ 加氢及加氢裂化活性与 Mo 担载量的关系

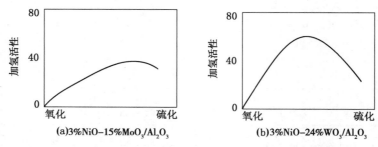

图 3-1-7　Ni-Mo 及 Ni-W 催化剂的加氢活性与硫化程度的关系

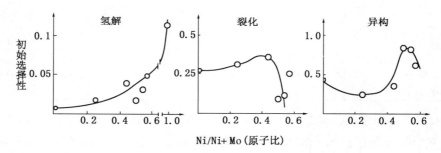

图 3-1-8　氢解、裂解及异构反应中初始选择性与催化剂 Ni/Ni+Mo 原子比的关系

(一) Mo-Ni 系

Mo-Ni 金属组分由于 HDN、HDS 性能好，具有一定的多环芳烃饱和性能，且受原料油中硫含量、循环氢中的 H$_2$S 影响较小，广泛用在加氢裂化第一段精制上，同时也是早期各大公司开发加氢裂化催化剂首选的金属组分，而今多用于渣油 HT、HC，馏分油轻油型加氢裂化催化剂及部分生产中间馏分油加氢裂化催化剂。

用于加氢裂化第一段加氢精制催化剂，要求催化剂酸性弱，多选用 γ-Al$_2$O$_3$ 或低 SiO$_2$ 稳定的 Al$_2$O$_3$，因考虑到 Al$_2$O$_3$ 本身表面积大、孔分布集中、酸度适宜，且与 Mo 具有一定的相互作用，MoO$_3$ 和 NiO 总金属含量增加，HDS、HDN、HYD 性能好，但并非越高越好[6]。对于 Al$_2$O$_3$、SiO$_2$-Al$_2$O$_3$ 各种载体，最佳原子比为 0.25 左右。对于加氢处理催化剂金属原子比不宜过高，是因 NiO 含量高，B 酸增多，氢解能力强而断裂多，同时促进尖晶石结构生成，不易硫化还原，降低加氢活性。

对于馏分油加氢裂化催化剂，要求中等或强的酸性，多选用晶型 Y 沸石及其与无定形氧化物的混合物作为载体，对于 Mo-Ni 金属组分的选择，最大差异是 Ni/Ni+Mo 原子比高，这是因为一方面可提供金属分散的表面积大，另一方面要求氢解能力强。

M. I. Vazquez 等[22]用 Ni-Mo/USY 催化剂在 2.45MPa 氢压，300~350℃下研究 nC_7（正庚烷）的加氢裂化与异构，发现 Ni/Ni+Mo 原子比影响氢解、异构和裂化，见图 3-1-8。

按 nC_7 转化率计算出反应速度，对于 Ni-Mo/USY 催化剂最佳原子比为 0.44~0.5，活性最高。见图 3-1-9。

当 Ni/Ni+Mo<0.44，加氢裂化的控制步骤为 nC_7 在金属上脱氢，而 Ni/Ni+Mo≥0.5 时，酸中心上正碳离子反应为控制步骤。反应速度与催化剂 B 酸浓度相关。B 酸浓度可用吡啶吸附-脱附（红外光谱 1550cm^{-1} 频率）来测定，见图 3-1-10。

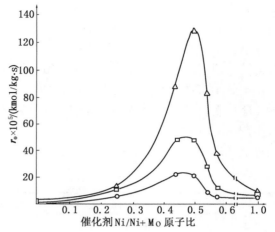

图 3-1-9　nC_7 反应速率与催化剂
Ni/Ni+Mo 原子比的关系
反应温度：○—300℃；□—330℃；△—350℃

天津大学和中国石化抚顺石油化工研究院（FRIPP）曾以 REUSY 和 Al₂O₃ 为载体，考察不同 Ni/Ni+Mo 原子比的催化剂，以甲苯为原料，甲基环己烷生成率表征加氢活性，发现 Ni/Ni+Mo=0.4~0.5 时，加氢活性最高。

（二）W-Ni 系

当前新一代重质馏分油加氢裂化催化剂为 W-Ni/沸石+SiO₂-Al₂O₃，其特点是中间馏分油（喷气燃料+柴油）选择性好，中间馏分油质量好，催化剂寿命长[29]。如新 UOP 公司开发的 DHC-32 催化剂柴油选择性比 HC-22 高 2.4%（体积分数），S 从 32μg/g 降至 12μg/g，芳烃从 12%（体积分数）降至 5%（体积分数），产品氢含量从 14.23% 增加到 14.28%。

通常加氢裂化催化剂 WO₃ 含量为 22%~26%，NiO 含量为 6%~8%，为了考察 Ni/W+Ni 最佳原子比，FRIPP 分别以 Al₂O₃ 和 USY+Al₂O₃ 为载体，WO₃24% 和不同 NiO 含量，制成不同 Ni/Ni+W 原子比（0.2~0.6）的两种系列催化剂，以环己烯为模型化合物，在氢压为 0.98MPa、300℃条件下，在连续式微反色谱上测定环己烷的生成率来表示加氢活性，结果表明 NiO-WO₃/Al₂O₃ 和 NiO-WO₃/Al₂O₃+USY 催化剂最佳 Ni/Ni+W 原子比分别为 0.35~0.4 和 0.4~0.45，见图 3-1-11。

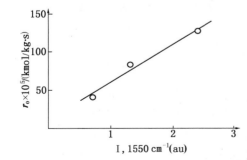

图 3-1-10　催化剂 Ni/Ni+Mo≥0.5 时
nC_7 反应速率与 B 酸强度的关系

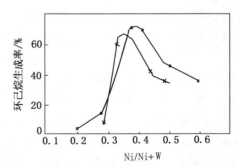

图 3-1-11　不同 Ni/Ni+W 原子比加氢活性
×—NiO-WO₃-Al₂O₃；■—NiO-WO₃-USY-Al₂O₃

(三) 贵金属体系的催化剂

贵金属是指 Pt、Pd 等，由于价格昂贵，且易中毒失活，因此较少使用，除非有特殊要求，如需要最高的液体收率，最大的喷气燃料选择性及优异的产品质量。

Unocal 公司首先把 0.5%Pd-Y 沸石作为第一代的加氢裂化催化剂，1964 年就开始用在工业装置上。其特点是：耐氨性能、活性、稳定性好。因 Pd 耐氨性能较好，Unicracking 流程无论一段或两段流程的第一段都采用加氢精制和加氢裂化串联流程。因活性高，反应温度低，一般生产汽油反应温度为 380℃左右，生产喷气燃料第二段温度为 280℃左右，再生周期 2 年以上。Chevron 公司最大量生产喷气燃料的最佳方案是采用两段加氢裂化流程，第一段采用 Ni-Mo-SiO$_2$-Al$_2$O$_3$-分子筛催化剂，第二段采用 Pd-SiO$_2$-Al$_2$O$_3$(ICR-202) 催化剂。国外贵金属加氢裂化催化剂发展见表 3-1-5。

表 3-1-5　国外贵金属加氢裂化催化剂

公　司	催化剂号	贵金属	载　体	使用年限	目的产品
Unocal	HC-11	Pd	HY-沸石	1964 年	石脑油
	HC-18	Pd	HY-沸石	70 年代初	石脑油
	HC-28	Pd	USY	1987 年	石脑油、喷气燃料
	HC-35	Pt	疏水 HPY 超稳 Y	1955 年	石脑油、喷气燃料
Chevron	ICR-202	Pd	SiO$_2$-Al$_2$O$_3$	70 年代初	
	ICR-207	Pd	Y 沸石	1988 年	石脑油、喷气燃料
	ICR-209	Pd	Y 沸石	1991 年	石脑油、喷气燃料
	ICR-220			1999 年	石脑油、喷气燃料
	ICR-220			1999 年	石脑油、喷气燃料
	ICR-209	贵金属	沸石		石脑油、润滑油
	ICR-210	贵金属	沸石		石脑油、煤油/喷气燃料
	ICR-211	贵金属	沸石		石脑油、煤油/喷气燃料
Shell	Z-773				

贵金属加氢裂化催化剂都含有沸石组分，用离子交换方式将贵金属置于沸石结构上，贵金属加氢裂化催化剂的改进，关键在于沸石的改性和交换技术的改进，沸石的改性从 NH$_4$Y、HY、USY 到 HPY(疏水沸石)、UHPY(超疏水沸石)，沸石骨架 Si/Al 提高、晶胞参数减小，酸中心数减少，酸强度增加等。如 HC-28 用 USY 沸石代替 HC-18 的 HY 沸石，采用新的交换技术，使 Pd 原子进入沸石通道上，由于沸石 B 酸酸强度高，吸引贵金属外层电子，诱导出弱的极性，贵金属正电荷有利于加氢，HC-28 催化剂活性高，反应温度比 HC-18 低 5.6~11℃，多环芳烃转化率高，炼油厂可处理高终馏点原料油，同时改善贵金属抗 H$_2$S 和 NH$_3$ 中毒的能力；此外由于电荷分布改变，酸强度变更，减少二次裂解，增加中间馏分油产率，C$_{5+}$ 液收增加 5%(体积分数)。HC-28 催化剂用于 Marathon 炼油厂改进的单段 Unicracking 装置上及 Los Angles 炼油厂两段法第二段催化剂，生产石脑油和喷气燃料。表 3-1-6 列出 Marathon Unicracking 装置用 HC-18、HC-28 催化剂的产品产率[24]。

HC-35 贵金属催化剂不仅沸石改性，而且用 Pt 代替 Pd，目的在于最大量生产喷气燃料，它比 HC-28 催化剂喷气燃料产率增加 4%(体积分数)，比非贵金属轻油型 HC-24 催化剂多 12%(体积分数)，同时活性高，氢耗低，但它只用于无硫无氨二段流程上[12]。

表 3-1-6　Marathon Unicracking 装置产品产率

项目	HC-18 石脑油方案	HC-28 石脑油方案	HC-28 喷气燃料方案
产率/%(体)			
丁烷	19.0	14.6	9.7
戊烷	16.5	13.6	10.4
C_{5+}轻石脑油	28.0	25.5	22.3
重石脑油	72.5	79.1	50.8
喷气燃料			38.8
尾油	2.3	3.1	2.7
>C_{5+}	102.8	107.7	114.6

Chevron 公司早期贵金属加氢裂化催化剂为无定形，20 世纪 80 年代末期用 Y 沸石为载体的 ICR-207 用于北非的 Isocracker 工业装置二段流程的裂化装置上。90 年代推出 ICR-209，生产石脑油和喷气燃料，尽管产品产率和产品质量与 ICR-207 催化剂相同，但稳定性好(相对失活率分别为 1.0 和 4.0)，多环芳烃转化率高。Chevron 公司对比了贵金属与非贵金属加氢裂化催化剂性能差异，见表 3-1-7[25]。

表 3-1-7　Chevron Isocracking 催化剂典型性能比较

催化剂	ICR-210	ICR-209	催化剂	ICR-210	ICR-209
金属	非贵金属	贵金属	产品性质		
产率/%(体)			轻石脑油 RON	B	b-1
C_4^-	B	b-2	石脑油芳烃/%	5~10	0~2
iC_4	B	b-1.5	喷气燃料烟点/mm	25~30	≥35
C_{5+}液体收率	B	b+3	运转周期/a	1.0	≥1.5
喷气燃料	B	b+7			

总之，贵金属加氢裂化催化剂液体收率高、喷气燃料产率高且质量好，稳定性好，可以采用专门再生与更新技术，使催化剂活性恢复到新鲜催化剂活性水平，但催化剂价格高，有待于开发用于一段串联工艺、高转化率、多产中间馏分油的催化剂。

四、助催化剂[26~29]

加氢裂化催化剂曾用过的少量助催化剂为 P、F、Sn、Ti、Zr、RE、La 等，目的是调变载体 γ-Al_2O_3、SiO_2-Al_2O_3 和沸石的性质，减弱主金属与载体之间、主金属与助金属之间强的相互作用，改善负载型催化剂的表面结构，提高金属的还原能力，促使还原为低价态，以提高金属的加氢性能，另一目的是将助剂(如 RE、La 等)引入沸石，占据六方柱笼的 I 或 I'位置，促使主金属与助金属结合，生成活性相(Ni-Mo-S，Ni-W-S)的基质或前驱物(如 Ni-W-O、Ni-Mo-O)，另外助剂交换到沸石阳离子位置，由于电荷密度不同，改变了原有 H^+ 的电荷密度 δ^+，影响酸强度变化，改善了沸石的裂化性能和耐氮性能。

五、加氢裂化催化剂的载体

在工业上使用的催化剂，很少有单一组分的，特别是炼油工业的催化剂都由载体和活性组分两部分组成。早期对载体的作用仅认为是活性组分的基底、支座，即使有催化活性也是很小的。近几十年的研究表明绝非如此，特别是对加氢裂化催化剂来说载体是重要的活性组分之一。一般来说载体的作用包括：赋予机械强度，帮助消散热量防止熔结，增加活性组分的表面，保持活性组分微小晶粒的隔离，以减少熔结和降低对毒物的敏感性。加氢裂化催化剂的载体除有上述之共性外，还有其特殊性。

（一）加氢裂化催化剂载体的作用

如前所述加氢裂化催化剂是具有加氢活性和裂解活性的双功能催化剂，而其裂解活性则是由载体来提供的，这是加氢裂化催化剂载体最重要的作用。

1. 提供酸性中心

加氢裂化反应中的裂化和异构化性能，主要靠酸性载体提供的固体酸中心。关于酸的概念有许多定义，比较严格的是 Bronsted 和 Lewis 的定义。Bronsted 酸又称 B 酸或质子酸，指的是能给出质子的物质；Lewis 酸又称 L 酸或非质子酸，指的是能接受电子对的物质。与其相对应的还有 B 碱和 L 碱。

要全面描述加氢裂化催化剂载体的酸性，必须弄清三个基本问题，即酸的种类、强度和浓度。

- 酸种类指的是属于 B 酸还是 L 酸。
- 酸强度指的是给出质子或接受电子对的能力。对 B 酸来说常用 Hammett 函数(H_0)来表示。

不同的指示剂有不同的质子接受能力，反映在它的不同 pK_a 值上，用 pK_a 可以测得各种酸的强度。若以 B 代表指示剂，H^+ 代表酸，碱性指示剂 B 与催化剂或载体表面上的 H^+ 起作用，

$$BH^+ \rightleftharpoons B + H^+$$

变成共轭酸 BH^+，其共轭酸的解离平衡如下：

$$K_a = \frac{a_{H^+} a_B}{a_{BH^+}} = \frac{a_{H^+} C_B f_B}{C_{BH^+} f_{BH^+}} \tag{3-1-1}$$

式中，a_{H^+}、a_B、a_{BH^+}，C_B，C_{BH^+}，f_B、f_{BH^+} 分别为相应的活度、浓度和活度系数。BH^+ 指示剂与表面酸作用后，指示剂的颜色变化取决于 C_{BH^+}/C_B 之比值。

$$C_{BH^+}/C_B = f_B \cdot a_{H^+}/f_{BH^+} \cdot K_a \tag{3-1-2}$$

K_a 是常数，实际上 C_{BH^+}/C_B 决定于 $f_B \cdot a_{H^+}/f_{BH^+}$，因此定义

$$H_0 = -\lg f_B \cdot a_{H^+}/f_{BH^+} \tag{3-1-3}$$

由式可见 H_0 越小，B 转化为 BH^+ 的能力越大，即酸强度越强。将式(3-1-2)取对数演变后即得

$$\lg C_{BH^+}/C_B = pK_a - H_0 \tag{3-1-4}$$

当 $C_{BH^+} = C_B$ 时 $pK_a = H_0$。

这样选取不同 pK_a 的指示剂就可以求得不同强度酸的 H_0。

酸浓度又称酸度，是指单位表面积或单位质量的酸量，用毫克摩尔/单位面积或毫克摩尔/单位质量或酸点数/单位面积来表示。对固体酸来说，表面酸中心可以有不同的强度，而每一个强度的酸点数也不同，因此酸度对强度来说是一个分布。

2. 提高催化剂的热稳定性

加氢裂化是放热反应，要防止反应热的积蓄而造成催化剂烧结使催化剂活性下降，要扩大散热面积和增加导热系数，将反应热及时散发而保持催化剂的活性。

3. 提供合适的孔结构和增加有效表面

加工不同原料和生产不同目的产品的催化剂对孔结构有不同的要求。催化剂的有效表面和孔结构是影响其活性和选择性的主要因素之一，而催化剂的有效表面和孔结构在很大的程

度上又决定于载体。

4. 与活性组分作用形成新的化合物

越来越多的研究表明，活性组分与载体间不仅是吸附关系，而且形成新化合物，这些化合物将对催化剂性质有重要影响。

（二）加氢裂化催化剂的无定形载体

加氢裂化催化剂的载体有酸性的和弱酸性两种：酸性载体包括无定形硅铝、硅镁和沸石分子筛；弱酸性载体主要是氧化铝。

1. 氧化铝

氧化铝是使用最早的催化剂，早在 1797 年就用作乙醇脱水反应的催化剂。对它的研究在 20 世纪 20 年代发展最快，它也是加氢裂化催化剂载体中使用最广泛、历史最长、研究最多的一种氧化物。它可以制成高度分散的大表面及微孔，同时具有强度好、热稳定性好、吸水率大的特点，是制备各种负载型催化剂的理想载体，在石油、石油化工和化肥工业中已被广泛用作催化剂载体。

（1）铝源

全世界现年产氧化铝超过 40Mt，其中绝大部分氧化铝和金属铝都是由铝土矿通过湃尔法制取的，而用作载体的氧化铝大多用以下三种原料先制成氢氧化铝再经脱水而制得。

铝酸盐：偏铝酸钠溶液与各种酸性溶液［HNO_3、$Al_2(SO_4)_3$、CO_2 等］中和成凝胶，通过调节 pH 值、温度、浓度、阴离子种类等方式可以得到不同结构及孔结构的产品。此法具有成本低、产品纯度高的优点，但洗涤较难。

铝盐：当前最常用的方法是氯化铝溶液与氨水中和成胶，此法操作简便，容易重复，杂质洗去也不难，但成本高于铝酸盐法。此法中还包括先制成碱式氯化铝［$Al_2(OH)_5Cl$］，然后与六次甲基四胺混合，油柱成型。此法的产品孔分布单一，抗破碎，强度高，孔体积大。

醇铝：醇铝经水解可得到纯度很高的氢氧化铝，且不含杂质（Na、Fe、S 等），产物的比表面积、孔体积、堆密度均可在一个较宽的范围内调节，此法成本较高，但有使用前景。

（2）氢氧化铝的分类

氧化铝一般都是由氢氧化铝脱水而得，要了解氧化铝就必须从其前驱物氢氧化铝开始。氢氧化铝和氧化铝从化学组成上看都不复杂，但是从结晶学角度来看，则很复杂，在不同条件下可以生成许多同质异晶体，而这些同质异晶体之间，还可以相互转化，各同质异晶体的孔结构、物化性质、酸性以及催化性质都不尽相同。

氢氧化铝是氧化铝的水合物，按照水合水分子的数目可分为一水和三水两类，每类中还可分为几种晶型，这些晶型的中文译名各书中各不相同。表 3-1-8 列出了氧化铝水合物的译名对照。

表 3-1-8　氧化铝水合物名称对照

英文名	化学式	中文名	本书用名[①]
Gibbsite，Hydragiute	$\alpha\text{-}Al(OH)_3$	三水铝石、水铝氧、三水铝矿、水矾土、α-三水氧化铝	三水铝石
Bayerite	$\beta_1\text{-}Al(OH)_3$	β-三水氧化铝、拜耳体、三羟铝石、湃铝石、β_1-三水氧化铝	湃铝石
Nordsfoandife Bayerife（Ⅱ）	$\beta_2\text{-}Al(OH)_3$	β_2-三水氧化铝、诺水铝石、新三水氧化铝	诺水铝石

英文名	化学式	中文名	本书用名[1]
Boehmife	α-AlOOH	一水软铝石、勃姆石、波美石、薄水铝石、α-单水氧化铝	薄水铝石
Diaspore	β-AlOOH	一水硬铝石、水矾土、硬水铝石、单水铝石、β-单水氧化铝	单水铝石
Pseudo-boehmife	α'-AlOOH	假-水软铝石、假勃姆石、拟薄水铝石、准薄水铝石	拟薄水铝石

① 表中本书用名为地质学名。

在所有铝的三水化合物中，铝离子都是三价的，八面体空穴的 2/3 大小，羟基点阵近似六方密堆积。其基本结构是 Al^{3+} 离子散布于羟基的 AB 双层中，而 $Al(OH)_6$ 八面体为边缘。三水铝石是 AB-AB-BA-BA 堆积，湃铝石和诺水铝石是 AB-AB-AB 和 AB-AB-BA-BA 堆积。

在两种单水化合物中薄水铝石可以转化为有催化活性的 γ-Al_2O_3，而单水铝石则转变为无催化活性的 α-Al_2O_3。单水铝石是氢氧键的六方密堆积，Al—O 相互作用有两种，键长分别是 0.185nm 和 0.198nm，较长的 Al—O 键和其他的三个铝呈金字塔形，较短的 Al—O 键和其他三个铝呈共平面形。薄水铝石和拟薄水铝石有相似的结构，薄水铝石是斜方晶系，铝离子处于扭曲了的氧八面体中。拟薄水铝石常常被认为是含有过量水的、结晶度差的薄水铝石，其组成是每个 Al_2O_3 含有 1.5~2.5 个 H_2O。表 3-1-9 列出了氢氧化铝系统分类和晶系数据。

表 3-1-9　氢氧化铝分类及晶系数据

化学名		三 水 氧 化 铝			一 水 氧 化 铝		
地质学名		三水铝石	湃铝石	诺水铝石	薄水铝石	拟薄水铝石	单水铝石
美国晶相学名		α-三水	β-三水		α-一水	-	β-一水
存在方式	天然	+	-	+	+	-	+
	合成	+	+	+	+	+	-
一般合成方法		在 40~60℃ pH > 12 时用 CO_2 中和铝酸钠	20℃ 下用 CO_2 快速中和铝酸钠或氨水中和铝盐并经长时间老化	氨水中和铝盐后在高温下乙二胺溶液中老化	三水氧化铝 250℃ 水热处理	氨水与铝盐反应	
		单斜晶系	单斜晶系	三斜晶系	三斜晶系		
		$a=8.64$	$a=4.72$	$a=8.75$	$a=3.70$		
		$b=5.07$	$b=8.68$	$b=5.07$	$b=12.23$		
		$c=9.72$	$c=5.06$	$c=10.24$	$c=2.87$		
		$\beta=85°26'$	$\beta=90°11'$				

鉴定氢氧化铝主要和有效的方法是差热分析和 X 光衍射分析。

氢氧化铝在加热过程中，发生吸热的脱水反应，在差热曲线中表现为吸热峰，利用这些峰的温度不同，可以鉴定出不同的晶相。三水铝石和湃铝石的差热曲线很相似，都在 300~330℃ 间有一个大吸热峰，差别仅在于温度不同。薄水铝石的峰温与颗粒度和晶化度关系很大，颗粒小、结晶度低的峰温低，相反峰温高。拟薄水铝石的特征峰一般在 450~550℃ 之间，与细颗粒薄水铝石相似。

X 光衍射则是更为有效和快速的方法。各种氢氧化铝的差别在于最主要特征晶面间距 d 值及其相对强度，如果样品中同时存在三种晶相时，可以利用它们的第一条最强衍射线来加以鉴别。

（3）氧化铝的晶型及其相互转化

氢氧化铝在高温下完全脱水变成稳定的最终产物 α-Al_2O_3，在此之前由于温度、压力、蒸汽分压的不同可形成多种不同的晶型，这些晶型可以看作是中间（或过渡）形态。迄今为止包括 α-Al_2O_3 在内已知的 Al_2O_3 结晶形态有 8 种，即 χ-、η-、γ-、δ-、κ-、θ-、ρ-和 α-Al_2O_3，由于初始氢氧化铝和脱水条件不同，它们的密度、孔隙率、孔径大小分布、比表面积以及酸性各不相同。这 8 种氧化铝按照其生成温度可以分为低温（<600℃）和高温两类，属于低温的有 ρ-、χ-、η-和 γ-Al_2O_3 4 种。它们的分子式可以写成 $Al_2O_3 \cdot nH_2O$，其中 $0<n<0.6$；属于高温的其他四种则几乎是无定形。它们之间的相互转化可以由图 3-1-12 进行概括。

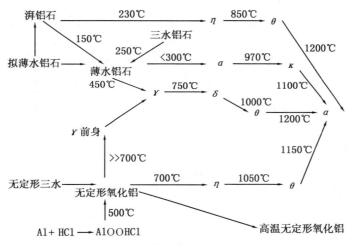

图 3-1-12　不同晶型氧化铝的互相转化图

鉴别各种晶型氧化铝的主要手段仍然是 X-光衍射。各国对氧化铝的命名有所差异，我国用名与美国铝公司（AlCoa）及 1957 年在 Munster 国际讨论会的命名是一致的。表 3-1-10 列出了 8 种晶型氧化铝的命名差异和一些主要性质，为简化起见表中将 Al_2O_3 略去，仅列出其命名主要部分。

表 3-1-10　氧化铝命名和主要性质

晶型	α	κ	θ	δ	χ	η	γ	ρ
美国	α	κ	θ	δ	χ	η	γ	
国际	α	κ		δ	χ	η	γ	
英国	α	$\kappa+\theta$		$\delta+\theta$	$\chi+\gamma$	γ	δ	
法国	α	$\delta+\kappa$	ρ	δ	$\chi+\gamma$	η	γ	
组成	Al_2O_3	←含有微量水的 Al_2O_3→						
晶系	六方	六方	单斜	四方	六方	六方	四方	接近无定形
空间群	D_{3a}^{b}		C_{2h}^{3}					
晶胞中分子数	2		4					

续表

晶型		α	κ	θ	δ	χ	η	γ	ρ
密度/(g/cm^3)		3.98	3.1~3.3	3.4~3.9	3.2	3.0	2.5~3.6	3.2	
晶胞参数 $\times 10^{-10}$ m	a	4.758	9.71	11.24	7.94	5.56	7.92	8.01	
	b			5.72	7.94				
	c	12.991	17.86	11.74	23.5	13.44			

欲制备不同晶型的氧化铝，必先制备其相应的前驱物氢氧化铝。而制备过程的每一个参数均对产品性质有影响，包括溶液浓度，成胶过程的温度、pH值，物料加入方式，停留时间，洗涤时的水量、温度、pH值，干燥，成型，焙烧等。

（4）氧化铝的酸性

氧化铝的酸性是加氢裂化催化剂研究者重点关心的问题之一。

极纯的氧化铝仅有 L 酸而无 B 酸。作为催化剂载体的氧化铝其原料皆来自铝矾土，而其中不可避免含有硅原子，极难除尽，所以用各种方法均可测出 B 酸，是因为硅存在引起的。

经典的理论认为，氧化铝水合物经脱水而产生 L 酸中心及碱中心，这一过程大致如下：

$$
\begin{array}{ccc}
\text{OH} & \text{OH} & \text{OH} \quad \text{OH} \\
\text{HO—Al—OH} + \text{HO—Al—OH} & \xrightarrow{-H_2O} & \text{HO—Al—O—Al—OH}
\end{array}
$$

此时的 L 酸中心很容易吸附水而变成 B 酸中心：

$$\xrightarrow{\;} \quad \text{— Al}^+ \text{(L 酸中心) — O — Al = O(碱中心) — 或 — O — Al}^+ \text{(L 酸中心) — O}^{2-}\text{(碱中心) — Al — O —}$$

$$\xrightarrow{+H_2O} \quad \text{— O — Al(B 酸中心, O—H \; H) — O — Al — O}^-\text{(碱中心) —}$$

（5）氧化铝的表面结构和活性中心

在 8 种氧化铝中，η-Al_2O_3 和 γ-Al_2O_3 由于其有特别的化学吸附性质而广泛用作催化剂和吸附剂。氨的化学吸附表明两种氧化铝的酸中心数目都是预处理温度的函数，并且 η-Al_2O_3 酸强度要高些。

Lippens、Knozinger 和 Cocke[30] 等都对表面结构、酸性和活性中心进行了大量研究工作。就氧化铝的晶体结构来说，η-Al_2O_3 和 γ-Al_2O_3 都是有缺陷的尖晶石点阵，并有轻微的扭曲，而此扭曲对 γ-Al_2O_3 来说更为厉害一些，这样此点阵结构就被强烈干扰了。它们的单位晶胞都是由 32 个氧原子、$21\frac{1}{3}$ 个铝原子所组成，这样在每个单位晶胞中就有 $2\frac{2}{3}$ 个空缺。

在 γ-Al_2O_3 中 Al-O 键的平均键长是 0.1818~0.1820nm，略小于 η-Al_2O_3 中的 0.1825~0.1838nm。在两种氧化铝中 Al^{3+} 阳离子的构型是相同的，但是阳离子的分布不同。首先占有的是八面体配位中心，而四面体配位的占有率 γ-Al_2O_3 略高于 η-Al_2O_3。

根据能量原则，在晶体的终止层应是阴离子层，按照 Pauling 的电价规则，这一表面层最好是羟基。因此在氢氧化铝表面是为(OH)⁻所覆盖的。随着表面羟基或水的除去，出现了配位不饱和(CUS)的阴离子(氧离子)和阳离子(暴露的 Al^{3+} 离子、阴离子空位)，这些都提供了化学吸附和催化活性中心。

　　研究表明，氧化铝的表面酸碱性取决于表面羟基的数目、构型以及脱水条件，而表面羟基的构型又决定于与其相连的次表面层。对 η-Al_2O_3 来说优先暴露的是(111)面，而 γ-Al_2O_3 则是(110)或(100)面。在(111)面上存在两种不同的阳离子分布状态(A层和B层)(如图3-1-13)。在 B 层上有 24 个处于八面体配位的阳离子，而 A 层上有 8 个处于八面体配位和 16 个处于四面体配位的阳离子。C 层的阳离子处于四面体配位和八面体配位之间联结处(氧的间隙)，D 层只有处于间隙上的八面体配位阳离子。

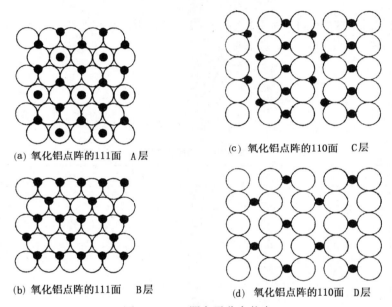

(a) 氧化铝点阵的111面　A层
(c) 氧化铝点阵的110面　C层
(b) 氧化铝点阵的111面　B层
(d) 氧化铝点阵的110面　D层

图 3-1-13　阴离子分布状态

　　在(111)面的 A 层上有两种羟基构型，一种是对应于单个四面体配位的 Al^{3+} 离子的 Ⅰa 型

Ⅰa 型

$$
\begin{array}{c}
\text{HO} \\
| \\
\text{Al}
\end{array}
$$

另一种是连结四配位体和六配位阳离子铝的桥羟基(Ⅱa)

Ⅱa 型

$$
\begin{array}{c}
\text{H} \\
\text{O} \\
\text{Al}\quad\text{Al}
\end{array}
$$

而 Ⅱa 型的羟基出现是 Ⅰa 型的三倍。

　　相似的在 B 层上的羟基也有两种构型。Ⅱb 是连结两个六配位阳离子的桥羟基。

Ⅱb 型

$$
\begin{array}{c}
\text{H} \\
\text{O} \\
\text{Al}\quad\text{Al}
\end{array}
$$

第四种是连结三个六配位阳离子的羟基(Ⅲ)。

Ⅲ型
$$
\begin{array}{c}
H \\
O \\
\diagup | \diagdown \\
Al \quad\quad Al \\
Al
\end{array}
$$

在此层中Ⅱb型羟基的出现频率为Ⅲ型的三倍。如果有阳离子空位也可能发生另一种构型的羟基(Ⅰb),它仅与单个六配位阳离子相连。这种构型的羟基一般来自于Ⅱa或Ⅱb构型,当Ⅱa构型中的四配位铝被除去,或Ⅱb构型中除去一个六配位阳离子就形成Ⅰb构型羟基。

而在C层上羟基构型是Ⅰa和Ⅱb,在D层上则仅可能出现Ⅰb型羟基,(100)面上也主要是Ⅰb型的羟基。

Ⅰb型
$$
\begin{array}{c}
OH \\
| \\
Al
\end{array}
$$

表3-1-11列出了氧化铝各晶面上的点阵中心密度。

表 3-1-11　氧化铝各晶面上的点阵中心密度

晶层	中心密度/$10^{15}\,cm^{-2}$					
面型	总	Ⅰa	Ⅰb	Ⅱa	Ⅱb	Ⅲ
(111)A	1.45		0.36		1.08	
B	1.45			1.08		0.36
(110)C	0.93		0.47	0.47		
D	0.93	0.93				
(100)	1.25	1.25				

脱羟基反应的发生还与温度有关,在低温下氧化铝表面为羟基所覆盖,当升高温度时,首先相邻的羟基发生脱水,继续升高温度剩余的羟基发生脱水而产生缺陷。图3-1-14表示的是氧化铝表面羟基密度与脱羟基温度的关系。由图可见,脱羟基温度越高表面羟基密度越低。而图3-1-15是氧化铝表面脱水过程示意图。两种氧化铝在25℃下都是非酸性的,η-Al_2O_3在100℃即显示酸性。而γ-Al_2O_3只有在较高的温度下才能观察到酸性(一般在300℃以上),在此温度以上两种氧化铝酸性都增加很快,但η-Al_2O_3有更强的酸性,超过500℃略有下降,强酸度在此附近达到一个最大值,然后开始下降一直到900℃酸度就大幅降低。

表3-1-12总结了在理想的氧化铝表面五种羟基构型,还列出了表面阴离子的配位数和几种构型中O和OH上的净电荷,按照Pauling规则稳定的离子结构净电荷应为零,由表3-1-12可见只有构型Ⅲ的净电荷为零。实际上这种构型的羟基酸性最强,因为当从此羟基上除去质子后,氧上的净电荷为-0.5,仍然接近于零。按此观点各种羟基的质子酸性随其净电荷变小而降低,而五种羟基构型上的净电荷可排出如下次序:

Ⅲ(+0.5)>Ⅱa(+0.25)>Ⅱb(0)>Ⅰa(-0.25)>Ⅰb(-0.5)

当提高温度时表面脱水,即表面羟基与相邻羟基上的氢形成水分子而除去,此时表面上就产生配位不饱和的氧离子(L 碱中心)和在四面体配位位置上的三配位配位不饱和 Al^{3+} 阴离子空位(L 酸中心)。继续升高温度剩余的羟基继续脱水再度产生缺陷，图 3-1-14 是表面羟基密度与温度的关系。表 3-1-13 是不同脱水温度时的羟基密度、阴离子空位和配位不饱和氧原子数。

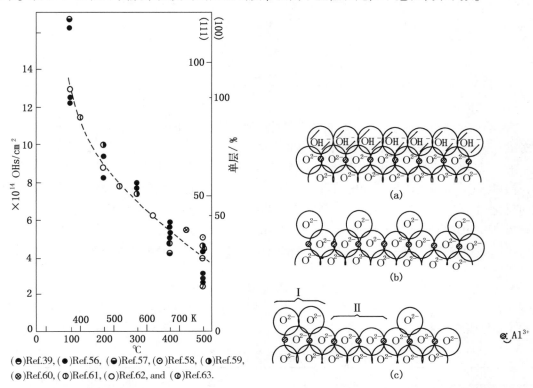

(●)Ref.39, (●)Ref.56, (◐)Ref.57, (○)Ref.58, (◑)Ref.59,
(⊗)Ref.60, (◉)Ref.61, (○)Ref.62, and (◐)Ref.63.

图 3-1-14 氧化铝表面羟基密度与
脱羟基温度的关系

图 3-1-15 氧化铝表面脱水过程示意图

表 3-1-12 Al_2O_3 表面羟基构型

晶面	层	构型	表面阴离子配位数		氧上净电荷	OH 上净电荷
			Al(Ⅵ)	Al(Ⅳ)		
(111)	B	III	3	—	−0.5	+0.5
	B	IIb	2	—	−1.0	0
	A	IIa	1	1	−0.75	+0.25
	A	Ia	—	1	−1.25	−0.25
	A、B	IB	1	—	−1.5	−0.5
(110)	C	IIb	2	—	−1.0	0
	C	Ia	—	1	−1.25	−0.25
	D	Ib	1	—	−1.5	−0.5
(100)		Ib	1	—	−1.5	−0.5

注：○表示羟基或氧原子；●表示六配位铝；⊗表示四配位铝。

表 3-1-13　氧化铝脱水温度与阴离子空位密度和氧原子密度

脱水温度/℃	OH 密度/×10^{14}cm^{-2}	阴离子空位密度/×10^{14}cm^{-2}	氧原子密度/×10^{14}cm^{-2}
100	12.6	0.95	0.95
200	8.9	2.8	2.8
300	7.2	3.65	3.65
400	5.5	4.5	4.5

（6）氧化铝的改性

为了适应催化反应的需要，对制备出氧化铝的某些性质进行调整，往往是很必要的。随着对氧化铝研究的深入，改性方法也日益增多，现将一些主要方法予以简介。

● 二氧化硅改性：二氧化硅改性是常用的方法，也可以用沸石分子筛作为 SiO_2 改性剂，当以 SiO_2 作为改性剂时其使用量一般均小于 3%，在特殊情况下为 5% 以下，称之为硅化的氧化铝[31]（Silicated alumina），其比表面积等物理化学性质与 Al_2O_3 相差很小，但酸度略有提高。SiO_2 含量较高时就成为无定形硅铝，将在后面讨论。用 SiO_2 作为改性剂可以提高氧化铝的强度和热稳定性。一般加入方法是在铝凝胶中加入硅酸盐或硅铝凝胶，或用原硅酸酯浸渍[32]。

● 稀土氧化物改性：稀土氧化物熔点高可以改善氧化铝的热稳定性，在相同的高温下煅烧含稀土氧化物的表面积均高于不含稀土氧化物的，还可提高氧化铝的相变温度[33]和孔结构[34]（见表 3-1-14）。

表 3-1-14　La_2O_3 含量与 Al_2O_3 孔结构的关系

La_2O_3/%	$V_总$/(mL/g)	$S_总$/(m^2/g)	孔径/10^{-10}m
0	2.1	125.7	34.0
1.0	3.3	137.7	48.5
4.0	3.1	139.3	44.3
5.0	3.7	166.9	44.0
10.0	3.7	202.9	34.7

● 氧化钡改性：氧化钡也可提高氧化铝的热稳定性，例如以 1:6 的 Ba 和 Al_2O_3 组成的载体，在 1600℃ 的高温下仍可保持较高的表面积。而一般的氧化铝在 1200℃ 下煅烧即成为 α-Al_2O_3。

● 氧化钛改性：氧化钛是近期国内外十分关注的新载体材料，它对硫有较强的吸附力，用它作加氢脱硫催化剂载体，活性和稳定性均比用氧化铝载体好，而且不需要硫化。它的存在还可以削弱 MoO_3 与 Al_2O_3 间的相互作用，使 MoO_3 更容易硫化成活性相，这些特点在加氢催化剂上是很有意义的。但它存在一些问题，例如比表面积小，一般仅 100m^2/g 左右，强度差，热稳定性差，具有活性的锐钛矿结构，在高温下变成无活性的金红石结构，如果用氧化钛改性氧化铝则可优势互补而制得理想的载体。

一般说来，TiO_2 处于 γ-Al_2O_3 的表面上，当 TiO_2 含量低于 0.168g/gγ-Al_2O_3 时，它以单层分散状态存在，当 TiO_2 含量高于此值时就出现 TiO_2 晶相[35]。

TiO_2-Al_2O_3 载体的酸性：单位面积 TiO_2 的总酸度比 Al_2O_3 低 60%，而且 TiO_2 没有强于 $H_0=-5.6$ 的强酸中心，但是 TiO_2-Al_2O_3 具有与 Al_2O_3 相似的酸性，即使在 TiO_2 含量极高

时，$H_0 \leq -8.2$ 的强酸中心数也没有降低，这说明 TiO_2 没有影响 Al_2O_3 载体的酸性中心数目与分布[36]。

TiO_2-Al_2O_3 载体的孔结构：由于 TiO_2 表面积小，所以人们对 TiO_2-Al_2O_3 载体的孔结构更为关注，许多研究表明，TiO_2-Al_2O_3 载体的孔结构与制备方法有密切关系。由 $TiCl_4$-$AlCl_3$ 氨水解制备的载体，尽管 TiO_2 含量变化较大，但载体的比表面积和孔体积基本没有变化，其载体仍是 Al_2O_3 的基本骨架[37]。当用浸渍法、沉淀法和嫁接法制备 TiO_2-Al_2O_3 载体时，比表面积随 TiO_2 含量增加而降低，但对沉淀法来说降低到一定程度又出现上升，这主要是由于制备方法不同，TiO_2 在 γ-Al_2O_3 表面上形态不同所致[38]。

TiO_2-Al_2O_3 载体的主要制备方法有：浸渍法、沉淀法和嫁接法。

沉淀法是将 <0.1mm 的 γ-Al_2O_3 加入到强烈搅拌的 $TiCl_4$ 溶液中，用氨水将 pH 调到 7.5 再经洗涤、干燥、焙烧，用此法制备的载体，TiO_2 分散度差，TiO_2 只聚集在 Al_2O_3 表面上的局部区域。

浸渍法是将 γ-Al_2O_3 用含钛的异丙醇溶液浸渍，蒸发除去异丙醇、干燥、焙烧，此法 TiO_2 基本上是较均匀地分布在 Al_2O_3 表面上，当其量超过单层分散时，Al_2O_3 表面局部发生 TiO_2 堆积而比表面积明显下降。

嫁接法是将 Al_2O_3 放在石英管中加热，通氨气 2h 后，再通入用 $TiCl_4$ 饱和的氮气，直到 Al_2O_3 变成黄色，用氮气扫除未反应的 $TiCl_4$，在室温下通过饱和蒸汽使 Al_2O_3 再由黄变白、干燥、焙烧，若需 TiO_2 含量较高可进行多次。此法是通过 $TiCl_4$ 与 Al_2O_3 表面上的羟基反应而使 Ti 嫁接在 Al_2O_3 上，故很均匀，多次嫁接的则可能是后面的 $TiCl_4$ 与前面的 TiO_2 上的羟基作用而使 TiO_2 粒子增大造成不均匀。

混胶法是用 $TiCl_4$-$AlCl_3$ 和氨水制备出来的 TiO_2/γ-Al_2O_3 载体，它是表面组分为 TiO_2 的 TiO_2/γ-Al_2O_3 负载型载体，克服了比表面积小、强度差的缺点。且随 TiO_2 含量的增加，载体比表面积和孔体积变化不大，表明 TiO_2 并未进入 γ-Al_2O_3 晶格。当 TiO_2 含量<0.33g/gγ-Al_2O_3 时，整个 TiO_2/γ-Al_2O_3 由一种物质组成结构致密；TiO_2 与 γ-Al_2O_3 发生作用形成一种物质，当 TiO_2 增加时，TiO_2 弥散地分布于 TiO_2/γ-Al_2O_3 基质上。

• 氟改性：氟也是最常用的改性剂之一，研究工作也很多[35,37]，氟对氧化铝的影响主要是提高了载体的酸性，增强了如裂化、异构化等的酸催化反应。当氧化铝中氟含量低于 10% 时，氟主要分布在表面层，取代氧或羟基，增强了表面酸性，可以如下图示意[39]：

由于氟的电负性很大，附近的电子云向氟移动，左侧的 Al 由于电子云向氟移动而增强了 L 酸，右侧的 Al 由于电子云向氟的移动而使羟基上的 O—H 键变弱，使 H^+ 更易脱出而产生质子酸（B 酸）。当氟含量为 6%~8% 时 B 酸达到最大值。

氧化铝加氟后比表面积降低，孔直径由 6nm 扩大到 15nm，而总孔体积基本不变，特别是在氟含量较高时更为明显，这主要由于：在氟含量低时 F^- 破坏了孔间的薄壁而使比表面积减少；当氟含量高时，生成了体相的 AlF_3，而 AlF_3 的比表面积远比 Al_2O_3 小。

氟还可以降低氧化铝的等电点，加入氟后，在氧化铝表面产生了 AlO^-，在浸镍时，镍以正离子的形式吸附，等电点的降低有利于镍离子的吸附，改善其分散性。对钼的吸附情况要复杂一些，总的来说等电点的降低对阴离子的吸附不利，但当以仲钼酸铵浸渍时，浸渍液中有 MoO_4^{2-} 和 $Mo_7O_{24}^{6-}$ 两种离子，当氧化铝等电点降低后，负电荷较高的 $Mo_7O_{24}^{6-}$ 较负电荷低的 MoO_4^{2-} 难以吸附在氧化铝上，这样也增加了钼在氧化铝上的分散度。

- 用两价和三价阳离子对 $\gamma\text{-}Al_2O_3$ 改性[40]：一般情况下任何形态的 Al_2O_3 在 1200℃ 下均变成 $\alpha\text{-}Al_2O_3$，当加入 MgO 和 La_2O_3 时，由于它们填入 Al_2O_3 的空穴而产生低温固溶体，当温度升高时形成压缩物，表 3-1-15 列出了以 MgO、La_2O_3 改性后的 $\gamma\text{-}Al_2O_3$ 性质变化。

表 3-1-15　MgO、La_2O_3 改性 $\gamma\text{-}Al_2O_3$ 性质变化

添加物	比表面积/(m^2/g)	$\alpha\text{-}Al_2O_3$/%	机械强度/MPa	添加物	比表面积/$(m^2 \cdot g)$	$\alpha\text{-}Al_2O_3$/%	机械强度/MPa
1200℃焙烧后				1300℃下焙烧后			
—	8	100	28	—	5	100	30
3%MgO	7	100	54	3%MgO	6	100	62
12%La$_2$O$_3$	24	痕迹	34	12%La$_2$O$_3$	12	100	35
3%MgO，12%La$_2$O$_3$	27	痕迹	60	3%MgO，12%La$_2$O$_3$	24	痕迹	74

此时在 Al_2O_3 表面上检出的是 $MgA_{11}LaO_{11}$ 的固熔体。

表中数据显示的结果，不但热稳定性和机械强度均明显变好，而且比表面积也有所增加。

- 对酸性的改变：酸性是加氢裂化催化剂的主要性质之一，改变载体的酸性可以直接影响催化剂的各种反应性能，所以改变氧化铝的酸性是重要的也是最常用的方法。改变制备条件、路线均可在一定范围内改变氧化铝的酸性。往氧化铝中添加一些化学物质也是常用的方法，加入的物质有硅、氟等。

- 氧化铝孔结构的控制：载体的孔结构直接影响催化剂的孔结构，因而也是影响催化剂性质的重要因素之一，它包括比表面积、孔体积、平均孔径、集中孔径、孔分布等许多参数。当前对催化剂及载体孔的要求大致是扩大平均孔径和制备孔径在某一、二个区域内高度集中(即所谓单峰孔分布和双峰孔分布)两个方面。要对氧化铝的孔结构进行调整，一般可通过三条途径：第一是通过制备条件来控制生成氢氧化铝晶粒大小，一般来说晶粒大可改善载体的多孔性，增大孔径，但相应比表面积下降。摆动 pH 成胶是前一段常用的方法，当沉淀开始时 pH 值>8 生成 $Al(OH)_3$ 沉淀粒子，然后将 pH 值降低至酸性，此时生成的较小沉淀粒子溶解，再将成胶 pH 值调节到>8，再度生成沉淀。如此反复进行使生成的小粒子溶解而大粒子长大，粒子大小与摆动频率、pH 值摆动范围均有关系。日本千代田化工建设公司研究了 pH 摆动频率、反应时间等对 Al_2O_3 孔结构的影响，提出了一种制备孔体积在 0.5~1.5mL/g、孔径在大到 10~100nm 时仍具有狭窄孔分布范围的氧化铝方法。此外还可以将制成的 $Al(OH)_3$ 在高温、水蒸气存在下处理，也可以得到大孔、孔分布集中的载体，且有较好的强度和适宜的堆密度。第二个途径是在沉淀时加入水溶性的造孔剂。由于调节 $Al(OH)_3$ 粒子大小，不可能使氧化铝的物性有大幅度的变化，故常在沉淀时加入水溶性的扩孔剂。这些扩孔剂大多是有机聚合物，在焙烧时，将其烧去可将孔隙贯通并增加孔隙率。常用的可溶性扩孔剂有：聚乙二醇或聚环氧乙烷，选取不同相对分子质量可使氧化铝孔体积从 0.50mL/

g 扩大到 1.44mL/g，比表面积 250~300m²/g。纤维素甲醚可使氧化铝孔体积从 0.84mL/g 扩大到 1.64mL/g，几乎扩大了一倍，但比表面积下降。聚乙烯醇和聚丙烯胺可大幅度增加孔体积，而比表面积变化不大，但松密度明显下降。此类扩孔剂还有许多，例如尿素、硫脲、水溶性脂肪酸、多元醇、纤维素、淀粉等均有一定的扩孔作用。第三条途径是在成型时造孔，在含水的凝胶中加入一定量的干凝胶再挤条成型，它与不加干胶的相比孔体积可从 0.45mL/g 增加到 1.61mL/g，有时将两种不同制备方法的干胶粉混合成型，可以得到双峰型孔结构的氧化铝，且具有强度好，成本低，大孔和微孔可在较大幅度内调节的优点，此种途径也被广泛采用。除上述调节氧化铝孔结构的主要方法外，也还有些其他手段，例如：将氧化铝与酸性物质（HNO_3、有机酸）混合一定时间后控制焙烧时间和温度也可在一定范围内改变氧化铝的孔结构。

2. 无定形硅铝的结构和酸性

硅酸铝是最常用的固体酸催化剂，还可用作许多催化剂的载体，也是加氢裂化催化剂最常用的载体之一。

（1）硅酸铝酸性来源及酸性与组成的关系

单独的 SiO_2 仅有极弱的酸性，Al_2O_3 酸性也不强，但二者相互结合后表现出很强的酸性。用正丁胺滴定法测出 $SiO_2-Al_2O_3$ 的酸强度 H_0 至少为 -8.2 的强酸部位，而且酸强度在 $+3 \sim -8.2$ 之间几乎不变（见图 3-1-16），酸度可达 0.35mmol/g。许多研究者对 $SiO_2-Al_2O_3$ 上的酸性中心的结构进行过详细研究和讨论，他们用物理性质、催化性质、阳离子交换速率，与 D_2O、D、$H_2^{18}O$ 或 O_2^{18} 的交换反应以及电子衍射等手段普遍得出的

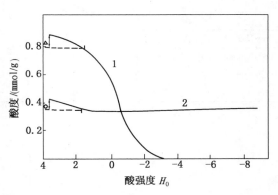

图 3-1-16 酸度对酸强度的分布
1—$SiO_2 \cdot MgO$；2—$SiO_2 \cdot Al_2O_3$

结论是：无论是 B 酸中心或 L 酸中心，它们在 $SiO_2-Al_2O_3$ 中的存在是靠三价铝对氧化硅晶体中四价硅的同晶取代而产生的，这种同晶取代如下图所示：

$$—Si—O—Al^-—O—Si—$$

正常的铝原子是六配位的，在 $SiO_2-Al_2O_3$ 被强制处于四配位结构中，就使此点产生负的净电荷，按照 Pauling 规则，就必需有一个正电荷使其达到电荷平稳，这一正电荷常常是质子。

在此条件下铝原子倾向于夺取一对电子，以使它的 P 壳达到 8 个电子（如下图）就形成 L 酸中心：

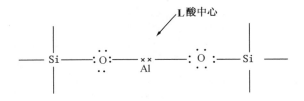

在有一个水分子存在时则产生一个质子的中心（如下图）：

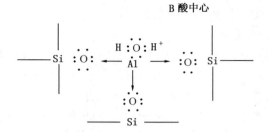

B 酸中心

如前所述，无定形硅铝 L 酸与 B 酸间的转换取决于水分子的存在，所以它的 B 酸和 L 酸量与脱水温度有关，在较低温度下无定形硅铝主要是 B 酸，而在高温（900℃以上）则以 L 酸为主，在 300~600℃ 范围内 L 酸和 B 酸共存。这样，在同一组成的无定形硅铝在不同条件下其表面酸度就不同（见表 3-1-16），但总酸却变化不大。

表 3-1-16　不同焙烧温度下 SiO_2-Al_2O_3 的表面酸度

焙烧温度/℃	25	180	300	400	500	600	750
B 酸/(mmol/g)	1.20	0.90	0.85	0.55	0.50	0.50	0.20
L 酸/(mmol/g)		0.10	0.50	0.70	0.70	0.70	1.00
总酸/(mmol/g)	1.20	1.00	1.15	1.25	1.20	1.20	1.20

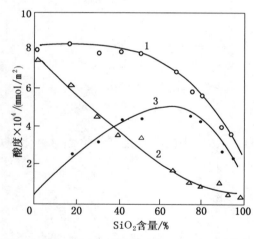

图 3-1-17　SiO_2-Al_2O_3 酸度与 SiO_2 含量的关系
1—总酸度（$H_0 \leqslant +1.5$）；2—L 酸；3—B 酸

SiO_2-Al_2O_3 的酸性随 SiO_2 含量的变化而改变，用已知量的铝胶和硅胶混合均匀后在 500℃ 下焙烧，所得到的酸度与硅含量的关系如图 3-1-17。

由图 3-1-17 可见，SiO_2 含量增加时，总酸度增加，当 SiO_2 含量增至 70% 左右时，B 酸出现极大值。L 酸随 SiO_2 含量的增加快速降低。

但是硅铝的酸性还与制备方法有很大关系，不同制备方法酸度最强的位置可能不同，可总规律是相似的。用连续成胶方法制备不同 SiO_2 含量的无定形 SiO_2-Al_2O_3，其酸度分布列于表 3-1-17。

表 3-1-17　不同 SiO_2 含量 SiO_2-Al_2O_3 的酸度分布

SiO_2/Al_2O_3/%	总酸/(mmol/g)	$H_0 \leqslant -8.2$/(mmol/g)	$H_0 = -8.2 \sim -5.6$/(mmol/g)	$H_0 = -5.6 \sim -3.0$/(mmol/g)	$H_0 = -3.0 \sim +3.3$/(mmol/g)
0/100	0.25	0.05	0.05	0.05	0.10
7.5/92.5	0.65	0.45	0.05	0.05	0.10
12.5/87.5	0.70	0.45	0	0	0.25
25/75	0.60	0.40	0	0	0.20

续表

$SiO_2/Al_2O_3/\%$	总酸/ (mmol/g)	$H_0 \leqslant -8.2$/ (mmol/g)	$H_0 = -8.2 \sim -5.6$/ (mmol/g)	$H_0 = -5.6 \sim -3.0$/ (mmol/g)	$H_0 = -3.0 \sim +3.3$/ (mmol/g)
50/50	0.50	0.35	0.05	0	0.10
70/30	0.40	0.15	0.10	0.10	0.05
90/10	0.30	0.15	0.05	0.05	0.05
100/0	0.10	0.00	0.025	0.025	0.05

可以看到用连续成胶法制备的 $SiO_2-Al_2O_3$ 在含 SiO_2 12.5%时总酸和强酸都最多。

表 3-1-18 示出使用接枝共聚方法制备 $SiO_2-Al_2O_3$ 的酸度分布与组成的关系。

表 3-1-18　用接枝共聚成胶方法制备的 $SiO_2-Al_2O_3$ 酸度分布与组成的关系

$SiO_2/Al_2O_3/\%$	25/75	30/70	50/50	75/25
总酸度/(mmol/g)	0.9	0.9	0.8	0.7
$H_0 \leqslant -8.2$/(mmol/g)	0.4	0.6	0.5	0.4
$H_0 = -8.2 \sim -5.6$/(mmol/g)	0.2	0.1	0.5	0
$H_0 = -5.6 \sim -3.0$/(mmol/g)	0.1	0.1	0.1	0.1
$H_0 = -3.0 \sim +3.3$/(mmol/g)	0.2	0.1	0.1	0.2

在含 SiO_2 25% ~ 30% 的 $SiO_2-Al_2O_3$ 中总酸最高，而 $H_0 \leqslant -8.2$ mmol/g 的强酸在含 SiO_2 30%时达到最高。

此外，同一化学组成的 $SiO_2-Al_2O_3$ 用不同方法制备其表面酸性有很大差别，一般来说，其比表面积越大，表面酸性也越大。

$SiO_2-Al_2O_3$ 中 B 酸和 L 酸的存在也可从红外光谱研究中表现出来。在 500℃ 真空焙烧过的 $SiO_2-Al_2O_3$ 上，引入 NH_3 或吡啶气体，NH_3 既可在 B 酸上吸附又可在 L 酸上吸附，二者对应的吸收峰分别为 1432cm^{-1} 和 1620cm^{-1}，吡啶在 B 酸和 L 酸上的吸收峰分别是 1449cm^{-1} 和 1540cm^{-1}。当样品在 300℃ 下抽真空，由于脱水而使 B 酸减少，1449cm^{-1} 峰减弱而 1540cm^{-1} 峰不变。相反，在吸附水后 1449cm^{-1} 峰增强而 1540cm^{-1} 峰变弱，由此可以证明在 $SiO_2-Al_2O_3$ 上 L 酸和 B 酸中心同时存在。

Trombetta[31] 等人用乙腈和吡啶吸附研究了 $SiO_2-Al_2O_3$ 体系的表面酸性，其顺序为：$SiO_2 < Al_2O_3 <$ 硅化的 $Al_2O_3 < SiO_2-Al_2O_3$ (< 镁碱沸石 < HZSM-5)。对 SiO_2、Al_2O_3、硅化的 Al_2O_3 和 $SiO_2-Al_2O_3$ 最强的 B 酸羟基是末端羟基，对两种分子筛则是桥羟基。$SiO_2-Al_2O_3$ 末端羟基 B 酸是在其附近配位不饱和的铝阳离子引起的。

J. B. Peri 总结了在 $SiO_2-Al_2O_3$ 表面上可能存在的中心类型共有 8 种，列入表 3-1-19。

从 CO_2 和其他分子在 $SiO_2-Al_2O_3$ 上吸附的红外光谱研究认为，在 $SiO_2-Al_2O_3$ 脱水后的表面上无疑是"酸-碱中心"（α-中心）起催化作用，在表面上此中心存在的浓度约为 5×10^{12} 个/cm^2，这些中心可以化学吸附三苯甲基衍生物而生成正碳离子。

Heeribout[41] 等用 ^{1}H 宽线 MASNMR 研究了无定形 $SiO_2-Al_2O_3$ 的 B 酸，但是在低温下（室温）进行的，故仅可供参考。

（2）无定形硅铝的制备

无定形硅铝可用许多方法制备，例如可先分别沉淀制备硅凝胶和铝凝胶，然后混合，而在加氢裂化催化剂用作载体时最常用的还是共沉淀法。

表 3-2-19　中心类型

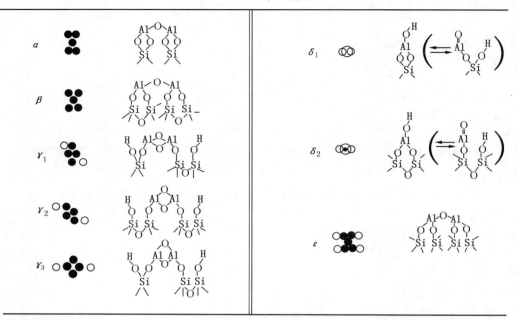

硅铝胶球的骨架是由平滑的胶球粒子所组成，由于制备条件的不同，其胶球大小可由几个纳米到几十个纳米。由于其堆积形式不同，就形成了不同的孔。所以硅铝孔的大小与形状取决于胶球的大小和堆积方式，而且，硅铝的内表面积与胶球的总表面积十分接近。

由于共沉淀法是硅和铝两种物质共同沉淀，因此在制备过程中就存在着 SiO_2 和 Al_2O_3 的分布均匀问题。硅和铝在胶团内和胶团之间是否均匀取决于成胶时各溶液的组成、比例和成胶条件，其中主要是溶液混合顺序和注入速度。

在制备硅胶时将无机酸注入水玻璃溶液中时，即使在极强烈搅拌下也得不到均匀的溶胶，生成的是带有杂质的 SiO_2 水合物沉淀。相反将水玻璃溶液注入无机酸中在强烈搅拌下可以得到均匀的 SiO_2 溶胶。

在制备硅铝时将水玻璃溶液加入到铝盐溶液中时，随 pH 值的逐渐升高，首先沉淀的是硅胶，然后是不同组成的硅酸铝，最后沉淀的是铝胶，如果搅拌不够充分，这种不均匀性在胶体总化学组成和各胶粒之间都存在。

硅铝化学组成的均匀与否还和溶液混合速度与凝胶生成速度之比有关。当强烈搅拌时混合速度大大超过凝胶生成速度，则生成凝胶中的 SiO_2 与 Al_2O_3 之比就与投料比基本相当。如果搅拌速度不够快，混合速度小于凝胶生成速度，SiO_2 和 Al_2O_3 在凝胶中的分布就不均匀。

如前所述，在制备 SiO_2-Al_2O_3 时由于加料顺序和混合速度的不同对 SiO_2-Al_2O_3 载体中 SiO_2、Al_2O_3 分布均匀有较大影响，就影响载体的反应性能，在一般制备催化剂载体时希望 SiO_2-Al_2O_3 分布尽量均匀，以便有更好的重复性。

(3) 无定形 SiO_2-MgO 载体简介

在加氢裂化催化剂发展过程中 Chevron 公司在 20 世纪 60 年代曾开发了一种 5.3% Ni-16.0% W-72% SiO_2-28% MgO 的一段法生产柴油的加氢裂化催化剂。后来发现，MgO 活化后很快与金属盐发生反应使金属在载体上分布变坏，而影响加氢裂化催化剂的性能，这种载体现在已不见使用。

一般来说 SiO_2-MgO 载体的酸性，较 SiO_2-Al_2O_3 弱，当 MgO 含量低于 10% 时，仅具有很弱的酸性，在高浓度下显示适度的强酸性，表 3-1-20 列出的是 SiO_2-MgO 在不同焙烧温度下的酸性。

表 3-1-20　SiO_2-MgO 的酸性

焙烧温度/℃	酸性/($\mu mol/m^2$)			焙烧温度/℃	酸性/($\mu mol/m^2$)		
(H_0)	+0.8~+3.3	+3.3~+5.1	+5.1~+6.3	600	1.70	0.92	0.42
400	1.73	0.23	0.06	700	1.52	0.85	1.02
500	1.43	0.74	0.13	800	0.28	1.19	2.48

SiO_2-MgO 在低温下灼烧有较多的中等强度的酸性部位和少量弱酸部位，在高温焙烧时仅有很少的中等酸部位，而弱酸部位数目成比例地增大。

（三）加氢裂化催化剂的沸石分子筛载体

天然沸石是瑞典矿物学家 Baron. Cranstedt 在 1756 年发现的一种矿石[42]，它在吹管焰中强热，能冒泡呈沸腾状，故称沸石。直到 1963 年 Smith 对沸石进行了广义表述："沸石是一种硅铝酸盐，其骨架结构有被离子和水分子占据的腔，而这些离子和水可自由移动，可进行离子交换和可逆脱水。"而分子筛是具有一般分子大小的均匀微孔，根据其有效孔径可筛分大小不同的流体分子，这种物质包括天然及人工合成的沸石、炭分子筛、微孔玻璃等。沸石、分子筛名称很不统一。其实具有分子筛作用的不仅是沸石，也不是所有的沸石均可当作分子筛用。为了表述全面确切，本书拟用"沸石分子筛"一词，简称"沸石"。自 20 世纪 60 年代沸石分子筛被工业使用以来，它已形成了一门独立的学科，但它与无机化学、有机化学、表面与胶体化学、结晶化学、物理化学、催化、生物、地质、矿物、光谱等方面均有密切的联系。迄今为止已发现的天然沸石有三十多种，人工合成的有二百种以上，但是在加氢裂化催化剂上工业应用的仅几种而已。

关于沸石分子筛的专著很多，本文主要论述与加氢裂化催化剂有密切关系的沸石分子筛。

构成沸石骨架的原始单元是硅(铝)氧四面体(图 3-1-18)。

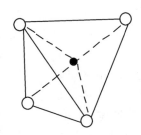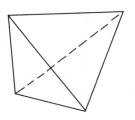

图 3-1-18　硅(铝)氧四面体

这些四面体通过氧原子为桥连结成二级单元，连结的原则是每个氧原子都为 2 个四面体共用，而相邻的四面体仅可共用一个氧原子，两个相邻的铝氧四面体不能相连(即 Lowensteins 规则)，几个四面体首尾连成多元环，可以是四、五、六、八、十二及十八元环，可以简化为四边形、五边形、六边形……。四元环、六元环见图 3-2-19，图中每个顶点为硅(铝)原子，边为氧桥。由二级单元再相互联结成多面体结构的三级单元，这些多面体的三级单元，进一步排列成沸石骨架结构。由此可见硅(铝)氧组成的骨架结构是很空旷的、有规则排列的孔道和笼。

多元环的中间是孔，由于构成环的元数不同，孔的直径就不同，表3-2-21列出了多元环的最大直径。但实际上组成这些环的原子往往不处于同一平面上，有扭曲现象，因此有效孔径要与最大孔径有所出入。图3-1-20是几种笼的结构。

表3-1-21　多元环的最大直径

环的员数	最大直径/nm	环的员数	最大直径/nm	环的员数	最大直径/nm
4	0.155	6	0.28	10	0.63
5	0.148	8	0.45	12	0.80

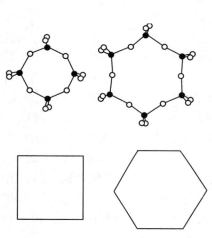

图3-1-19　四元环和六元环

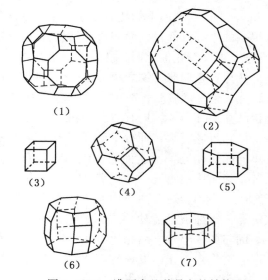

图3-1-20　沸石中几种晶穴的结构

(1)α笼；(2)八面沸石笼；(3)立方体笼；
(4)β笼；(5)六角柱笼；(6)γ笼；(7)八角柱笼

以下是几种最常用沸石的基本结构：

● Y型沸石：八面沸石(包括X和Y型沸石)主要由八面沸石笼、β笼和六角柱笼所组成。八面沸石结构如图3-1-21。由图可见它是以β笼通过双六元环组成的六角柱笼联结，按照正四面体排列成三维的骨架结构，同时形成一个直径为1.2nm的超笼，每个超笼通过12元氧环(直径约0.74nm)以正四面体形式与四个超笼相联，形成立方空间骨架结构，它是沸石分子筛中最空旷的，单位晶胞的总

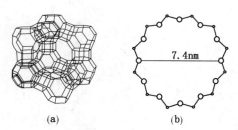

图3-1-21　八面沸石的结构
(a)八面沸石的单位晶胞；(b)八面沸石的主孔道

孔隙体积占总体积的51%，而超笼的体积就占45%。

X型和Y型沸石晶体结构完全相同，其区别仅在于硅铝比不同，前者Si/Al≤1.5，后者在1.5~3.0之间。单位晶胞中硅铝原子总数均为192个。在Y型沸石中平衡铝原子的阳离子位置一般有56个，分布于S_I、S_{II}和S_{III}三种位置，它可以被其他阳离子所交换。

● 丝光沸石：丝光沸石中含有大量的五元环，它们成对地联结在一起，即相邻的两个

五元环共用两个硅(铝)氧四面体，又通过氧桥与另一对五元环相联结，就形成了八元环和十二元环(如图 3-1-22)，其主孔道是由十二元环组成的二维椭圆形管状通道并与 C 轴平行，由于十二元环有不同程度的扭曲，其直径约为 0.65×0.7nm。其中的八元环排列不规则，所以孔径仅有 0.26nm 左右，一般分子不易通过。丝光沸石晶胞中有 8 个钠离子，4 个在八元环孔道中，另 4 个位置不固定。由于双晶等原因会造成主孔道的堵塞。

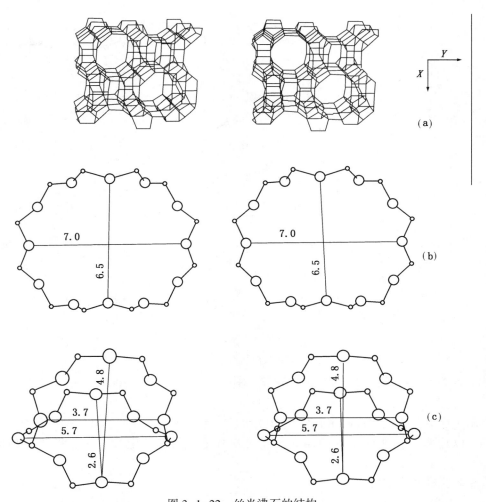

图 3-1-22　丝光沸石的结构

(a)骨架结构；(b)[001]方向 12 元环通道；(c)[010]方向 8 元环通道

- ZSM-5 沸石：ZSM-5 沸石是由 10 元环构成的两种相互交叉的孔道，轴向是 0.51nm×0.57nm 的直通道，它们之间以直径为 0.54nm×0.56nm 的之字形孔道相联。其结构模型如图 3-1-23 所示。

- β 沸石：β 沸石是早在 20 世纪 60 年代就合成出来的大孔高硅沸石，长期未引起注意，80 年代以后由于在许多反应中显示出良好的性质，才引起广泛关注。近年来，有关 β 沸石的研究很多，由于其具有特殊性，本书将在后面进行较祥细的介绍。

1. Y 沸石

由于当今的加氢裂化催化剂绝大多数是含沸石分子筛的，而所用的沸石分子筛品种大多

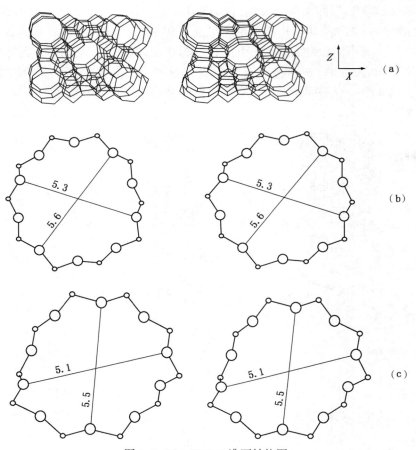

图 3-1-23　ZSM-5 沸石结构图

(a)骨架结构；(b)[010]方向四元环主通道；(c)[100]方向 10 元环之字形通道

由 Y 沸石改性而得，故对加氢裂化催化剂用沸石分子筛的主要原料——Y 沸石作详细的讨论。

能用于加氢裂化催化剂的沸石分子筛应具有以下一些基本条件：首先是应具有酸性，并可以调节以适应双功能催化剂的需求；其次要有足够的热稳定性、水热稳定性和化学稳定性。

Y 沸石的典型晶胞组成为：

$Na_{58}(Al_{58}Si_{134}O_{384}) \cdot 240H_2O$ 属立方晶系，空间群为 Fd3m，晶胞参数为 $a_0 = 2.47nm$ 左右。骨架密度为 12.77/100mm³。但由于合成条件之不同，其单位晶胞之组成在一定范围内有所变化，因而其晶胞参数也略有不同。

Y 沸石中平衡铝氧四面体附近负电荷的阳离子一般都处于立方晶胞的对角线上，如图 3-1-24 和表 3-1-22 所示[43]。由于在钠离子存在体系中合成，所以阳离子一般是钠离子。

表 3-1-22　Y 沸石中钠离子位置分布

位置	S_I	S_{II}	S_{III}
个/u.c.	16	32	8

由于合成产品的硅铝比不同，钠离子数也不同，一般情况下，单位晶胞中的钠离子应与

铝原子数相同。

沸石分子筛的性质取决于它的结构，具体对 Y 沸石来说，可改变的因素有：骨架外阳离子的种类、数目和位置；骨架铝原子的密度与分布；骨架中杂原子的引入；非骨架铝（EFAL）的数量、位置与存在形式等。改变上述因素的过程称之为改性。

（1）离子交换

一般沸石的离子交换是改性的最基本过程。沸石中阳离子是在骨架外以平衡骨架负电荷的（如图 3-1-24），它的移动性较大，可被其他离子所交换。

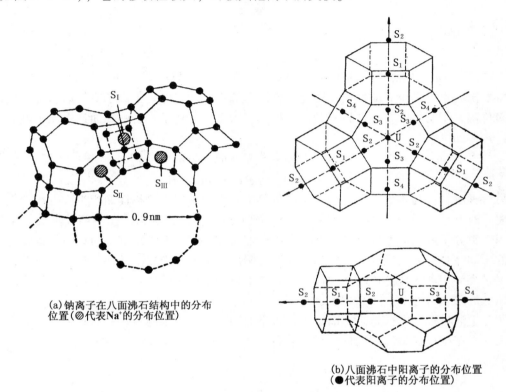

（a）钠离子在八面沸石结构中的分布位置（⊘代表 Na⁺ 的分布位置）

（b）八面沸石中阳离子的分布位置（●代表阳离子的分布位置）

图 3-1-24　八面沸石中阳离子的分布

Y 沸石的离子交换性决定于交换离子（包括离子种类、大小、价态）和交换条件（包括温度、浓度、溶剂、pH 值）等。

S_1 位于六角柱中，交换离子必需通过直径仅有 0.26nm 的六元环才能进入，许多离子很难直接交换到 S_1 位置上去，特别是高价离子，其水合物直径更大，只能交换到 S_{II} 等位置上，需要给以足够的能量脱掉水合水才能进入 S_1 位置，说明温度的重要性。此外还有电势选择性和离子筛作用，就是沸石在低离子浓度下，优先选择高价离子，在高离子浓度时优先选择低价离子。

离子交换有可逆的和不可逆的，一般在常温下易于交换的离子是可逆的，它可用作交换剂。对那些难以交换，需要加入能量去掉水合水的离子，一旦进入 S_1 位置，就基本固定于其中，很难再进行反交换，这一点对催化剂来说是很重要的。

（2）酸性

Y 沸石的酸性对加氢裂化催化剂来说是至关重要的，而且变化较多。

$$\text{Si—Si—Al}^- \cdots\cdots + 2NH_4^+ \rightleftharpoons$$

（此处为沸石骨架结构示意图，含 O、Si、Al^-、Na^+ 等）

$$\xrightarrow[<300℃]{>300℃}$$

（含 NH_4^+ 的骨架结构示意图）

$$\cdots\cdots + 2NH_3\uparrow$$

（含 H^+ 的骨架结构示意图）

NaY 沸石本身是没有酸性的，因此也就没有催化活性，经过阳离子交换后就产生酸性。

多价阳离子交换沸石酸性较复杂，一种解释为多价阳离子水合解离而产生质子酸与非质子酸，过程如下：

$$M^{2+}+H_2O \rightleftharpoons M(OH)^+ + H^+$$

$$RE^{3+}+2H_2O \rightleftharpoons RE(OH)_2^- + 2H^+$$

另一种解释认为多价阳离子处于所取代单价阳离子时的不对称性而产生静电场，例如三价阳离子时，它靠近一个 Al^- 而距另一个 Al^- 较远（如下图），这样，在距离较远处产生静电场，当烃类分子进入静电场时 C—H 键就被极化成 C^+-H^-，键中缺电子的碳原子就成为正碳离子的中间体，然后发生反应。电场的强度与阳离子类型、位置、沸石的硅铝比有关，通常的情况是高价阳离子比低价的强，价数相同的阳离子半径小的比半径大的强，硅铝比高的比硅铝比低的强，S_{III} 位置比 S_{II} 位置的强。

按照上述机理，电荷越高、离子半径越小的阳离子，对水的极化能力越强，所产生的酸性越大，对正碳离子型反应的催化活性越高，三价稀土离子交换的 Y 沸石证明了这一点。

（此处为 RE^{3+} 与沸石骨架 Si、Al^- 结构示意图）

Y 沸石的酸性还与其骨架中铝的数目与分布有关，要调节它的酸性可以通过脱铝来改变沸石骨架铝的密度和分布来实现。Dempsey 与 Mikovsky 和 Marshall 提出了 Y 沸石酸强度与骨架中铝原子微观环境的关系（DMM 模型）。按照 Lowensteins 规则在沸石骨架中不可能有铝铝相联（Al-O-Al）结构，也就是铝原子相邻的位置总是为硅所占有（Al-O-Si），只有在次邻层（The Next-Nearest-Neighbor，简称 NNN）位置上才有可能被铝或硅所占有。对某个铝来说（如图 3-1-25）其次邻层共有 9 个位置，如果此 9 个位置皆为硅所占，则该铝位则以 O-NNN 标记，如果某个铝原子次邻层的 9 个位置中有 8 个为硅所占，1 个为铝所占则以 1-NNN 标记，依次类推。而铝位的酸强度与次邻层位置中铝的数目有关，当 O-NNN 时酸性最强，当 9-NNN 时酸性最弱。大量的研究表明，脱铝改性的 Y 沸石的裂解活性与单位晶胞(U. C)中铝原子个数(Al/U.C)有火山形曲线关系[44]，只有当强酸中心数目和强度达到最多和最强时，才出现最高裂解活性。他们所用的脱铝方法和实验条件都不相同[45,46]，使相应的最高活性所对应的 Al/U.C，Si/Al，a_0 和 Al/(Al+Si) 有所不同，但其规律是一致的。

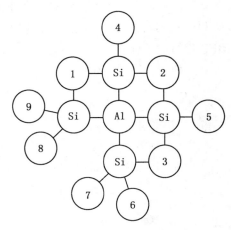

图 3-1-25　Y 沸石中的铝位

（3）Y 沸石的改性

原料 NaY 沸石是没有酸性的，经过交换处理虽然具有酸性，但仍不能适应加氢裂化催化剂的各项要求。许多研究工作者对 Y 沸石进行了大量的改性研究工作，主要是围绕催化剂的活性、选择性和稳定性，具体来说就是调节沸石的酸性质、孔结构、硅铝比、晶胞参数、非骨架铝等。

对酸性质的调节除了交换外，更主要的是调节沸石的硅铝比。一般市售的 Y 沸石 SiO_2/Al_2O_3 约为 5，其酸性不能满足加氢裂化的要求，一般需要脱去骨架中的部分铝以提高硅铝比，达到提高酸性和稳定性的目的，因此脱铝几乎是制备加氢裂化催化剂用 Y 沸石的必经过程。所以在 Y 沸石的脱铝方面国内外进行了大量的工作，发表了数百篇文献，开发了许多脱铝方法，概括起来可归纳为水热法和化学法两大类。

水热法是将低钠的 NH_4NaY 沸石，在水汽存在下，高温处理一段时间。这种方法的特点是：方法简单易行；可以产生部分二次孔；从骨架上脱下来的铝并未离开沸石，而是以各种形式存在于沸石的通道中、阳离子位置等处。

化学法是用化学试剂对其进行处理而使骨架部分脱铝，此法虽然操作略复杂但变化范围大；从骨架上脱下来的铝不附着在沸石上。此类方法还可分为两类：一种是脱铝补硅，即在用化学试剂脱除部分骨架铝时，硅原子填充于脱了铝的空位上，可以保持较高的结晶度。典型的方法是用 $SiCl_4$ 气相脱铝补硅和用 $(NH_4)_2SiF_6$[47] 液相脱铝补硅；另一种是单纯脱铝，用酸(碱)或络合物与 Y 沸石作用脱除部分骨架铝，此法也可产生部分二次孔，常用的试剂是无机酸或 EDTA 等。

实际上由于两种方法各有特点，所以除了有时分别使用某种方法外，也经常相互结合使用。

脱铝是 Y 沸石改性的主要方式，此外还有金属阳离子交换(回交换)而制成的 MeY 和 MeHY 沸石，而各种金属阳离子(Me)交换又有其规律性。

几种已成功地在加氢裂化催化剂中使用的改性沸石将在以后讨论。

（4）二次孔的作用与形成

关于二次孔与反应关联的报导不多，但是二次孔对加氢裂化催化剂来说是很重要的，S W Addison[48]认为，二次孔在烃类转化反应中起了"陷阱"作用，大分子陷入以后，阻碍了小分子进入而使活性降低。但是 A Corma[49]认为，二次孔可以改善大分子进入沸石晶体内表面的情况，同时产物更容易扩散出来。国内外对重油加氢裂化的研究表明，后者是正确的。特别是对以生产中间馏分油为主的加氢裂化催化剂，沸石的二次孔尤为重要。

除了脱铝补硅方式以外，伴随着骨架脱铝，都产生二次孔，关于它的形成过程有三种可能，一种是由于 Y 沸石脱铝首先从方钠石笼开始，它的脱铝会引起骨架的部分崩溃而产生；另一种是超笼的崩塌而产生；第三种是由于 Si(3Al) 的迁出而产生[50,51]，其产生过程如

图 3-1-26 所示。至于是以哪种方式生成,则与脱铝的方式和条件有关,而二次孔产生的多少则与原料沸石的 NH_4^+ 交换度和脱铝条件有关(见表 3-1-23)。图 3-1-27 和表 3-1-24 是 FRIPP 进行的工作。

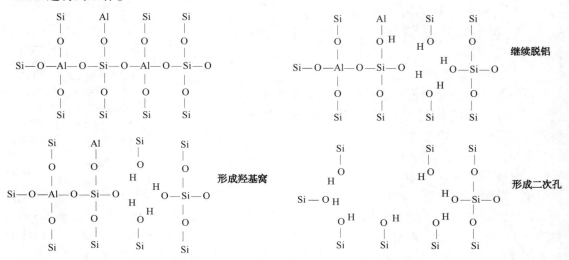

图 3-1-26　Y 沸石水热处理脱铝机理

表 3-1-23　二次孔与原料水热处理温度的关系

样品	Si/Al	处理温度/℃	脱铝度/%	骨架 Si/Al	二次孔体积/(cm^3/g)
NH_4NaY-51	2.43	550	12	2.9	0.039
		770	25	3.6	0.081
NH_4NaY-69	2.43	550	14	3.0	0.046
		770	46	3.7	0.086
NH_4NaY-78	2.43	550	27	5.4	0.148
		770	49	5.7	0.156

表 3-1-24　二次孔与 NH_4^+ 交换度的关系

样品	交换度/%	二次孔体积/(cm^3/g)
NH_4NaY	71	0.154
NH_4NaY	89	0.224
NH_4NaY	95	0.292

图 3-1-27 是表 3-1-23 中三个样品的低温氮吸附-脱附等温线,图中在高比压(P/P_0)下等温线上翘,表示了毛细管凝聚的 0.2nm 以上的二次孔,也可以看出,二次孔依次变大。

由表 3-1-23 和表 3-1-24 可以看出,在相同水热处理条件下,铵交换度大的所产生的二次孔体积大,这是由于钠的存在可以保护骨架铝原子不被脱去。而在相同铵交换度情况下,则处理温度越高,脱铝越厉害,所生成的二次孔体积就越大。

(5) 非骨架铝(EFAl)的形成和作用

近 20 年来 EFAl 的研究已为国内外广大研究者所重视,但对其存在形式、状态和对催化性能的影响等问题,从已有的文献报道来看,仍无统一的看法。NH_4NaY 沸石经水热处理或 $SiCl_4$ 处理,部分铝从骨架上脱除形成非骨架铝,以及催化剂在再生时也可能产生非骨架铝的观点[52] 基本是统一的。EFAl 的产生和存在形式与脱铝方式、条件有密切关系。J Scherzer[53] 总结了超稳 Y 沸石(USY)中 EFAl 存在的形式有以下几种:

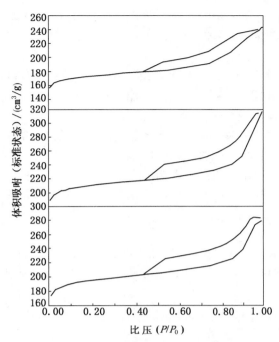

图 3-1-27　低温氮吸附-脱附等温线

中性：AlO(OH)，Al(OH)$_3$，拟薄水铝石

阳离子：Al^{3+}，AlO$^+$，Al(OH)$^{2+}$，Al(OH)$_2^+$

$$\left[\begin{array}{c} Al\!-\!O\!-\!Al\!-\!O\!-\!Al \\ \diagdown \quad\quad\quad \diagup \\ O \end{array}\right]^{3+} 、\left[\begin{array}{c} O \\ Al \diamond Al \\ O \end{array}\right]^{2+} 、[\ Al\!-\!O\!-\!Al\ ]^{4+}$$

还有一种是多核铝氧化物[60]Al$_x$O$_y$(OH)$_2^{n+}$ 用于平衡沸石骨架电荷。

至于其以何种形式存在，其数量和位置则取决于处理条件。在较高温度下是高聚合态，移动性较差，而沸石表面铝富集较多[54,55]。Jeajear[56]通过 XRD 和计算证明，EFAl 阳离子，处于方钠石笼的 S$_{(I')}$、S$_{(II')}$ 和超笼的 S$_{(II)}$ 位置。

关于 EFAl 的酸性，G Garralon[57]认为，它可以掩盖部分骨架上的酸性中心，同时它本身也能显示酸性，甚至有可能比骨架的酸性还强，呈现超强酸(Superacid)；但多数研究者认为 EFAl 主要是 L 酸，它来源于骨架外的 Al-O 物种。至于 EFAl 对催化反应的作用则是众说纷纭。有人认为它对裂解反应起促进作用[48,58]；Mavrodinova[59]认为不起作用；也有人认为其起负作用，还有人认为它既起负作用又起正作用。之所以有如此大的差别可能是与反应种类、反应条件等有关，所以对 EFAl 的作用应针对具体反应来讨论。

2. 已工业化的几种加氢裂化用改性 Y 沸石

自从 1964 年美国联合油品公司将沸石用于加氢裂化催化剂取得成功以后，国内外对 Y 沸石以及其他沸石用于加氢裂化催化剂进行了广泛的研究。我国从 20 世纪 60 年代起就对 Y 沸石改性进行了研究，70 年代末以后更研究的为广泛和深入了，迄今已开发出了多种改性 Y 沸石用于工业加氢裂化催化剂。

(1) 超稳 Y 沸石(USY)

USY 是 C. V. McDaniel 和 P. K. Maber 在 1976 年首先发表的，J. W. Ward 和 G. T. Kerr 等

人相继对其形成机理等进行了大量的工作。联合油品公司（Union）首先把 USY 使用于加氢裂化催化剂，由于其热稳定性和耐氨性能好，实现了一段串联工艺，简化了流程，延长了催化剂使用寿命。

用水热法制备 USY 沸石的基本过程是：NaY 沸石先用铵盐溶液进行交换使其成 NH$_4$NaY 沸石（简称前交换），将其在水汽存在下于一定温度进行处理，最后再进行补充交换（简称后交换）。

原料 NaY 沸石中的 Na$^+$ 是平衡骨架铝剩余负电荷的，因此对铝有保护作用，应先将其转换成 NH$_4^+$ 或 H$^+$。在其他条件相同时，铵交换度越高，水热处理时脱铝越多、晶胞收缩越多，对其物理化学性质和催化性质都有影响。

前交换的交换度不可能太高，因为在六角柱中的 Na$^+$ 由于四元环、六元环的孔口太小难以进行交换。

水热处理可以多种方式进行，基本有四种。

不论何种处理方式水汽存在是必不可少的条件，因为制备 USY 的过程实质上是 Al—O 键的水解过程。这四种处理方式对相同 NH$_4^+$ 交换度的 NH$_4$NaY 沸石晶胞收缩情况如表 3-1-25 和图 3-1-28 所示。

表 3-1-25　不同处理方式制备 USY 晶胞收缩

处理方式	温度/℃	晶胞参数/nm	晶胞收缩/%
NH$_4$NaY		2.466~2.468	
深层灼烧	500~800	2.466~2.449	0.08~0.70
自身水热处理	500~800	2.461~2.447	0.20~0.77
注水水热处理	500~700	2.454~2.406	0.49~1.87
密闭容器处理	450~800	2.455~2.440	0.45~1.02

在超稳处理过程中，在脱铝同时也发生硅迁移反应，使 Y 沸石骨架中部分 Al—O 键被 Si—O 键所取代。由于 Si—O 键（0.161nm）比 Al—O 键（0.173nm）短，所以晶胞收缩是生成 USY 的重要标志之一。NH$_4^+$ 交换度对晶胞收缩的影响见图 3-1-29。由表 3-1-25 和图 3-1-29 还可看出处理方式和处理温度都对晶胞收缩有影响。在相同的 NH$_4^+$ 交换度和温度下，深层灼烧方式的晶胞收缩最小，而密闭容器处理的最大。图 3-1-30 所示的是 SiO$_2$/Al$_2$O$_3$ 比与晶胞收缩的关系，表示 USY 是存在于一定范围内的。

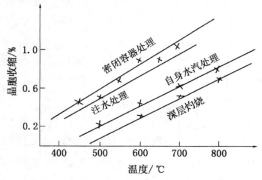

图 3-1-28　不同处理方式对相同 NH$_4^+$ 交换度的 NH$_4$NaY 沸石晶胞收缩情况

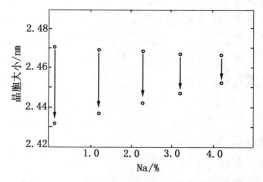

图 3-1-29　NH$_4^+$ 交换的 NaY 沸石的 Na 含量与稳定化时晶胞收缩的关系

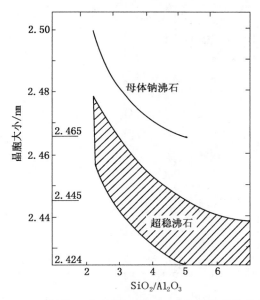

图 3-1-30 超稳 Y 沸石的 SiO_2/Al_2O_3 和晶胞收缩的关系

NH_4NaY 沸石在水热处理阶段发生一系列化学反应和结构变化。这些反应包括脱氨、脱铝、脱羟基和硅迁移等几个主要反应，其中又以脱铝和硅迁移反应最为重要，以反应式表示如下：

脱氨：

$$O \quad O \quad NH_4^+ \quad O \quad O \qquad O \quad OH \qquad O \quad O$$
$$Si \qquad \overline{Al} \qquad Si \quad \xrightarrow{\triangle} \quad Si \qquad Al \qquad Si \quad + \ NH_3 \nearrow \qquad (1)$$
$$O \quad O \quad O\ O \quad O \quad O \qquad O \quad O\ O \quad O\ O \quad O \quad O$$

脱铝：

$$\begin{array}{c} -Si- \\ | \\ O \\ | \\ -Si-O-Al \quad O-Si- \ + \ 3H_2O \ \longrightarrow \ -Si-OH \quad HO-Si- \ + \ Al(OH)_3 \\ | \quad\quad\quad O \quad | \\ O \quad\quad H \\ | \\ -Si- \end{array} \qquad (2)$$

所生成的 $Al(OH)_3$ 可以和 HY 继续作用：

$$O \quad OH \qquad O \quad O \qquad O \qquad O \quad O \quad O \quad O$$
$$Si \qquad Al \qquad Si \quad + Al(OH)_3 \ \longrightarrow \ Si \qquad Al \qquad Si \quad + H_2O \qquad (3)$$
$$O \quad O \quad O\ O \quad O\ O \quad O \qquad O \quad O\ O \quad O\ O \quad O$$

还可以是形成的 $Al(OH)^{2+}$ 与两个骨架铝负电荷平衡：

$$Al(OH)^{2+}$$

(结构图：O O O O O O — Si Al Si Al Si，下方 O O O O O O O)

脱羟基：

$$2 \quad \text{(Al—Si 结构)} \longrightarrow \text{(Al—Si)} + \text{(Al—Si)}^+ + H_2O \quad (4)$$

硅迁移：

$$\text{(—Si—OH HO—Si— + SiO}_2) \longrightarrow \text{(—Si—O—Si—O—Si—)} + 2H_2O \quad (5)$$

在处理过程中氨的存在是有作用的，如果氨较长时间存在于沸石周围，可与 HY 沸石作用生成胺 Y 沸石与水：

$$\text{(Si—OH + Al)} + NH_3 \longrightarrow \text{(Si—NH}_2\text{ + Al)} + H_2O \quad (6)$$

所生成的水不安定，易与 HY 反应生成 USY，在较高的温度下胺 Y 沸石还可与质子酸反应生成非质子酸与氨。

上述反应中如果反应(2)、(3)以相近的速率进行则可保持较高的产品结晶度，但同时也会影响脱铝度。主反应骨架脱铝后所产生的四羟基窝可能有以下变化：

1）由原沸石中残留的无定形 Si 或部分骨架破坏而产生的 Si 填充，即反应(5)。

2）脱水缩合成 Si—O—Si 键。

3）缩合成三元环结构。

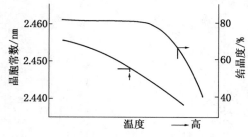

图 3-1-31　不同温度制备的 USY 晶胞常数与结晶度的变化

后一个反应会使相邻的六元环高度扭曲而使结构破坏。因此如果温度太高，脱铝反应进行过快，四羟基窝积累过多而容易发生此反应造成结晶度下降较多(如图 3-1-31)。

在水热处理过程中除了发生前述各种化学反应和结构变化外，部分处于六角柱笼中的 Na^+ 因热运动而迁移出来，使得容易被交换，部分非骨架铝阳离子也可以再被 NH_4^+ 交换，从而使钠含量降低，进一步改善活性和稳定性。

USY 的主要特性首先是具有好的热稳定性，如前所述 Si—O 键比 Al—O 键短，Si—O 键能(800kJ/mol)比 Al—O 键能(511kJ/mol)大，因此部分骨架铝为硅取代后，晶胞收缩热稳定性变好，用差热测定其结构崩溃的放热峰出现在 1050℃，而相应 NaY 为 900℃。曾将几种沸石在 900℃高温下灼烧 2h 后测量其所保留的比表面积，也可以作为衡量其热稳定的尺度之一。表 3-1-26 列出的是几种沸石的测定结果。USY 沸石在 940℃高温下灼烧 2h 仍保持有 613m²/g 的高比表面积。

表 3-1-26　几种沸石在 900℃下灼烧 2h 后所保留的比表面积

沸石种类	比表面积/(m²/g)	沸石种类	比表面积/(m²/g)
NaY	71	USY	600~700
HY	<10	USY(940℃)	613
REY	~500		

由于 USY 还有好的耐氨性能，才使原料 VGO 通过精制后不必将 H₂S、NH₃ 等分离直接进入裂化段，从而实现了一段串联的工艺流程。

USY 的酸性质较为复杂，由于处理方法和条件不同，使沸石骨架中铝的数目和分布有差别。在 USY 结构中存在着不同酸中心的不规则分布。L A Pine[61] 等人提出了一种简化计算，可以将晶胞参数与不同中心的量及分布相关联(见图 3-1-32)。由图可以看出，当晶胞参数小于 2.43nm 时，0-NNN 和 1-NNN 占绝大多数，表明在此时 USY 具有最强的酸性中心。A Corma[62] 还提出了硅铝比与质子酸中心分布的关系(见图 3-1-33)。

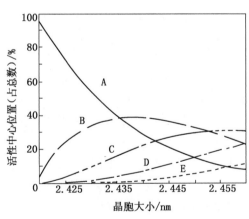

图 3-1-32　晶胞大小与酸中心分布
A—0-NNN；B—1-NNN；C—2-NNN；
D—3-NNN；E—4-NNN

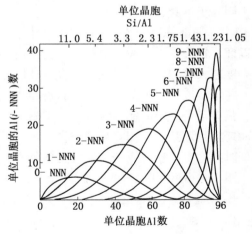

图 3-1-33　不同 Si/Al 比下的
各种质子酸中心分布

红外光谱是表征沸石结构的有效手段，脱铝是制备 USY 过程的主要反应，而脱铝后产生羟基铝阳离子和骨架硅羟基，相应在红外光谱 3700cm⁻¹ 和 3600cm⁻¹ 处有吸收峰(见图 3-1-34)，当处理温度升高时，羟基硅和阳离子铝上羟基均发生缩合而使相应的峰强度减弱。

USY 沸石已成功地用于多种工业加氢裂化催化剂上，取得良好效果。工业用的 USY 主要性质如下：

SiO_2/Al_2O_3　　　　　　　　　　　　~5.6
晶胞参数/nm　　　　　　　　　　　　2.444~2.455

结晶度/%	≥75
Na₂O/%	<0.15
IR 酸度/(mmol/g)	
B 酸	~0.7
L 酸	~0.3
总酸	~1.0

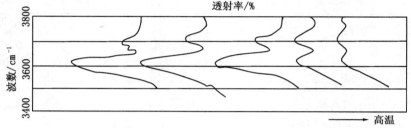

图 3-1-34　不同稳定温度的 USY 在波数
3600cm⁻¹ 和 3700cm⁻¹ 谱带强度的变化

(2) 含稀土脱铝 Y 沸石(REDAY)

沸石可以用不同的金属离子进行交换，包括碱土金属、过渡金属、稀土金属等。一些研究者对它们的性质作了全面综述。一般规律是含多价阳离子沸石比含单价阳离子的活性高，而其活性又随沸石硅铝比的提高、阳离子半径的减少、阳离子价数的提高而提高。后两项取决于阳离子本身，RE³⁺ 具有以上两项的特性，因此它是含阳离子沸石中最常用的。用于交换的 RE³⁺ 一般都是混合氯化稀土或硝酸稀土，其中主要成分是镧、铈、钕、镨 4 种，而其中又以镧、铈为主。实验表明用稀土交换时稀土离子之间没有选择性。稀土交换的 Y 沸石的交换度越大其酸性越高，钠离子含量越低，对沸石的稳定性越有利。

在水溶液中稀土离子呈水合状态，$RE(H_2O)_6^{3+}$ 水合离子体积较大，难以进入方钠石笼中，只有给予一定的能量使水合水剥离，才能使其进入 S_I 位置，同时 S_I 位置上的钠也因受热而迁移出六角柱笼而容易被交换，所以稀土离子交换的沸石需进行热处理或水热处理。热处理时除发生上述反应外，还发生部分骨架脱铝而产生部分二次孔。

图 3-1-35 是沿 REDAY 沸石晶体对角线方向所测到的电子密度，由图看出稀土离子主要处于 S_I 位置上，在 S_{II} 位置上也有一些。图 3-1-36 表明出现了 4nm 左右的二次孔，当处理温度达到 750℃时，RE³⁺ 也可能进入 S_I 位置。但是超过 750℃结晶度大幅度降低(图 3-1-37)。

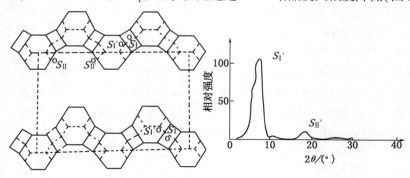

图 3-1-35　沿 REDAY 对角线的电子密度

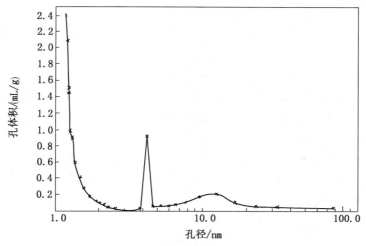

图 3-1-36 REDAY 的孔分布

稀土交换的 Y 沸石虽然酸强度分布较宽，特别是在高交换度时出现了 $H_0 \leqslant -12.8$ 的高强度酸。当对 REY 进行焙烧或水蒸气处理时，随着温度的提高和时间的延长，酸量下降，而水蒸气处理时尤为明显（见图 3-1-38）。

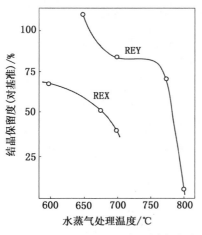

图 3-1-37 REX 和 REY 在不同水汽处理
温度下的结晶度变化

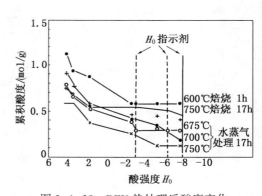

图 3-1-38 REY 热处理后酸度变化

REDAY 沸石由于引入 RE^{3+} 在沸石上产生了电子密度变化，所以除了原有沸石酸催化外还可能有静电场作用，有较高的硅铝比和一些二次孔，这样其耐氮能力提高，活性有所提高，可用作缓和加氢裂化或加氢裂化催化剂的酸性组分。

（3）硅取代的 Y 沸石（Silicon Substitutedy Zeolite，简称 SSY）

1983 年联合碳化物公司（Unincal）发表了一种液相脱铝补硅技术，即同晶取代技术，其产品是"骨架高硅"的 LZ-210[63]。它是用化学法脱铝同时补硅的一种方法。

其制备的基本方法是，先将 NaY 沸石（其他沸石）用铵盐溶液交换成 NH_4NaY 沸石，然后在 $(NH_4)_2SiF_6$ 溶液中反应。

其基本原理是：氟硅酸铵在水溶液中逐渐水解产生 H^+ 离子、游离的 F^- 和羟基硅，其总反应过程可用下反应式表示。

$$\begin{array}{c} O \quad M^+ \quad O \\ \backslash \quad | \quad / \\ Al^- \\ / \quad | \quad \backslash \\ O \quad \quad O \end{array} + (NH_4)_2SiF_6 \rightleftharpoons \begin{array}{c} O \quad \quad O \\ \backslash \quad / \\ Si \quad O \\ / \quad \backslash \\ O \quad \quad O \end{array} + (NH_4)_2AlF_5 + MF$$

但是详细的反应历程还不很清楚。对沸石来说每取得 1mol 的硅，就有 1mol 的铝从骨架中除去，实际结果与理论计算符合得很好。此反应是沸石中的铝先脱出然后硅插入，在实际反应中脱铝的速度要比硅插入速度快，如果脱铝速度过快，硅来不及插入就会造成晶体结构的崩溃，所以一定要把反应条件控制好，随着铝的脱除，沸石中的残余钠也以 NaF 的形式脱除，所以产品的钠含量很低。原则上讲其他类似的盐如 $(NH_4)_2MF_6$ 也可以水解，使沸石脱铝补 M，但如果产生了某种金属不溶性氟化物沉淀在沸石上就会破坏沸石结构，在较高的温度下，$(NH_4)_2SiF_6$ 发生下述反应[64]：

$$(NH_4)SiF_6 \longrightarrow 2NH_3 + H_2SiF_6$$
$$H_2SiF_6 \longrightarrow 2HF + SiF_4$$
$$SiF_4 + 2H_2O \longrightarrow SiO_2 + 4HF$$

所产生的 HF 可使沸石急剧脱铝而破坏结构。

制备过程决定了 SSY 沸石具有结晶完整、没有 EFAl 和二次孔、硅铝比较高、酸性强、结晶度高的特点。但是由于扩散的原因，脱铝不均匀而造成表面缺铝形成硅壳，因此也称之为"骨架富硅"的 Y 沸石。SSY 沸石的性质在很大程度上取决于制备条件，包括反应时间、温度、$(NH_4)_2SiF_6$/沸石之比。

适用的 SSY 基本性质如下：

结晶度/%	~100
晶胞参数/nm	~2.450
Na_2O/%	<0.1
SiO_2/Al_2O_3	9~11
孔体积/(mL/g)	~0.37
比表面积/(m^2/g)	~900
总酸/(mmol/g)	1.60~1.70
B 酸/(mmol/g)	1.56~1.60
L 酸/(mmol/g)	0.04~0.10

SSY 沸石的羟基红外光谱很简单，有三个清晰的骨架羟基振动峰：$3738cm^{-1}$ 处的末端羟基、$3631cm^{-1}$ 处的高频超笼羟基和 $3550cm^{-1}$ 处的六角柱和方钠石笼中的羟基，吸附吡啶后前二个峰消失，后者变小，表明三个羟基都是酸性的，而且部分方钠石或六角柱的孔口变大，致使吡啶可以进入笼内。由于 SSY 的酸性较强且以 B 酸为主，二次孔少，故它适宜用作轻油型加氢裂化催化剂的酸性组分。如将 SSY 进行水蒸气处理制成 US-SSY 则可在不影响结晶度、硅铝比等性质情况下，使总酸和 B 酸大幅度降低，而 L 酸升高，变化程度取决于处理条件。US-SSY 的中油选择性较 SSY 有提高，两种沸石均已在多种催化剂中工业使用，并取得良好的效果。

（4）NTY 沸石（Nitrogen Tolerant Y Zeolite）

一段串联流程中精制油的氮含量对裂化催化剂的性能发挥有很大影响，除了开发脱氮能力更强的精制催化剂以外，还必需提高裂化催化剂的耐氮能力，才能全面发展加氢裂化催化剂。加氢裂化催化剂的耐氮能力与所用沸石有密切关系，近十余年来许多研究工作者对提高沸石的耐氮能力进行了大量的研究工作，并找出一些规律也开发出几种耐氮能力可达 30～50μg/g 的沸石品种。

一些研究表明[65,66]，碱性氮化物与反应物分子竞争吸附在酸性中心上，剩余电荷通过诱导效应传递到相邻的酸性中心，改变原有电荷密度使其失去足够的酸强度。综合前人和现在的实验结果可以认为，影响耐氮能力，酸强度起重要作用，酸量也起到一定作用。

NTY 沸石是以 NaY 沸石为原料，先经铵交换、再选择适当的水热处理条件，使骨架均匀脱铝，然后用溶液处理，选择性除去堵塞孔道及无用的 EFAl。产物既有丰富的二次孔又有高的表面积，既有高的结晶度又有较低的晶胞参数。上述特点既有利于提高耐氮能力，又可充分暴露出内表面，增加酸性中心数。Q. L. Wang[67]等详细研究了 NH₄NaY 沸石水热处理时脱铝的动力学，提出了动力学方程式，他们认为脱铝可以分成快和慢的两个阶段。FRIPP 在 USY 研究的基础上又对水蒸气处理时的温度、时间、水汽分压对脱铝速度、脱铝量进行了研究。确定了合适的脱铝条件，使沸石骨架脱铝均匀，既达到了预定的硅铝比，又不使局部过度脱铝而造成结晶度下降。在水热处理阶段也发生脱下来的铝向外表面迁移，在外表面形成富铝层，而其迁移的速度与量也与处理条件相关。图 3-1-39 至图 3-1-40 是水热处理条件与沸石性质的关系。

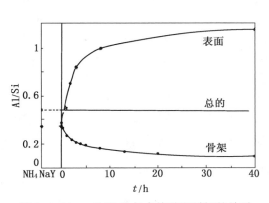

图 3-1-39a　Al/Si 比与水热处理时间的关系

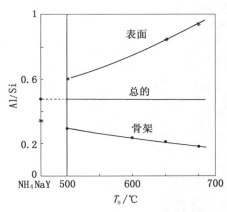

图 3-1-39b　在 93.3kPa 水汽分压下处理 3h
硅铝比与水热处理温度的关系

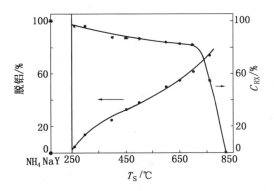

图 3-1-40a　在 93.3kPa 水汽分压下处理 3h
脱铝百分数、结晶度与水热处理温度的关系

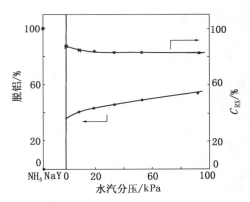

图 3-1-40b　NH₄NaY 沸石在 650℃水热处理 3h
脱铝百分数、结晶度与水汽分压的关系

　　与 NH_4^+ 相联的铝比与 H^+ 相联的铝较难被脱除，选择适当的 NH_4^+ 和 H^+ 浓度使有选择地脱除非骨架铝，而尽量少脱除骨架铝以保持其结晶度，而保留的部分 EFAl，以阳离子状态存在于无酸性的末端硅羟基附近，诱导部分硅末端羟基产生酸性，而成为潜在的酸性中心。

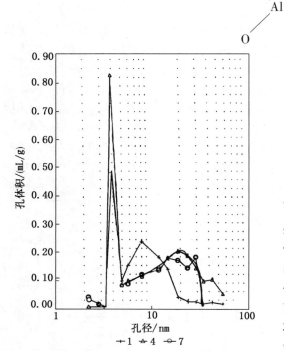

所开发的 NTY 沸石主要物化性质如下：

结晶度/%	≥90
晶胞参数/nm	≤2.440
比表面积/(m²/g)	≥750
SiO_2/Al_2O_3	11~15
$V_{>1.7nm}/V_{P/P_0 \to 1}$/%	≥35

　　图 3-1-41 所示是 NTY 沸石孔分布曲线，可以看到>1.7nm 的孔体积约占 44%。经水热处理的沸石已生成二次孔，骨架上脱下来的铝以各种形式大部分处于沸石外表面，还有的存在于孔道内和阳离子位置上。过多的非骨架铝会覆盖沸石表面酸性中心，堵塞孔道而影响活性，必须有选择地除去覆盖和堵塞孔道的非骨架铝，还要将由六角柱中移出的 Na^+ 交换掉，使用含有 NH_4^+ 和 H^+ 的溶液处理，此体系中发生下述反应。

图 3-1-41　NTY 沸石孔分布曲线

$$\tag{1}$$

$$\tag{2}$$

　　用 NH_3-TPD 方法对比了 NTY 与国外通常用的 LZ-20 沸石酸中心数列于表 3-1-27。

表 3-1-27　NTY 与 LZ-20 酸中心数

沸石	酸中心数/(×10⁻⁴mol/g)			
	弱酸	强酸	超强酸	总酸
LZ-20	0.58	0.55	0.12	1.25
NTY	0.71	1.26	0.10	2.08

　　两者弱酸相近，总酸 NTY 高，特别是 NTY 的酸中心较集中于强酸，这对提高耐氮能力是有利的。

　　图 3-1-42 和图 3-1-43 是 NTY 沸石的^{29}Si 和^{27}Al 魔角自旋核磁共振图（MAS-NMR），由^{29}Si-MAS-NMR 图可以看出：有较多的 Si（OAl）（-106.33δμg/g）和少量 Si（1Al）（-101.13δμg/g），而没有 Si（2Al）以上峰，表明铝的分布较为均匀。^{27}Al-MAS-NMR 图显示铝主要以骨架中四配位为主（0μg/g）以及少量 EFAL（60μg/g）。

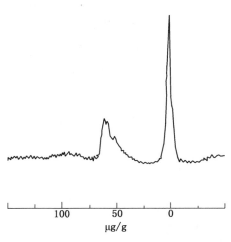

图 3-1-42　NTY 沸石的^{27}Al MAS-NMR 谱　　　　图 3-1-43　NTY 沸石的^{29}Si MAS-NMR 谱

　　当进入裂化段原料油中氮含量增加时，为保持一定的活性往往需要提高反应温度来补偿，与 USY 催化剂相比 NTY 催化剂的补偿温度明显低。

氮含量/（μg/g）	含 USY 催化剂反应温度/℃	平均升高/℃	含 NTY 催化剂反应温度/℃
<10	基础 1	—	基础 2
20～50	基础 1+5～20	12.5	基础 2+4
50～100	基础 1+10～25	17.5	基础 2+9

分别以 USY 和 NTY 为酸性组分制成催化剂，当原料油中氮含量<10μg/g 时以 NTY 为组分的催化剂反应温度低 10℃左右。在氮含量 100μg/g 情况下，反应温度与 USY 的<10μg/g 相同，显示出 NTY 沸石具有优良的耐氮性能。

　　NTY 沸石已在多个催化剂上工业使用。

　　（5）其他的改性 Y 沸石

　　DAY（Deep dealumium Y Zeolite）沸石脱铝较深、结晶度低，因而它具有类似于无定形载体的某些性质，可直接用于含氮量在 2000μg/g 左右的孤岛 VGO 加氢裂化，中油选择性高，但反应温度也较高。

　　MUY（Modified Ultrahydrophobic Y Zeolite）酸中心数少、酸强度高，可用于多产中间馏分特别是柴油的催化剂，并已在工业装置上使用。

　　HSSY 采用（NH$_4$）2SiF$_6$+水热处理+无机酸脱铝，它具有相对结晶度高、硅铝比高、非骨架铝含量少、孔体积大、二次孔发达等特点，并且具有适当的酸性和畅通开放的孔道结构，可用于高中油加氢裂化催化剂。

　　TUSY 改性沸石采用脱铝补硅+水热处理+缓冲溶液改性处理，具有相对结晶度高、硅铝比适宜、非骨架铝少、孔体积孔径大、二次孔多等特点，并且具有适中的酸强度、畅通开放的孔道结构和良好的环状烃开环选择性，适合于多产化工原料型加氢裂化催化剂。

3. β 沸石

β 沸石是一种大孔高硅沸石，早在 1967 年就由 R. L. Wadlinger 等人合成出来了，但其结构直到 1988 年才由 B. Higgins 等人发表[68]。它是由三个互成直角的多晶体通过 12 元环相互联结的三维体系。Naβ 在 25℃ 下的交换等温线表明 TEA+(四乙基铵)这样的离子可以进入孔道，证明 β 沸石孔道是 12 元环组成的椭圆形结构，孔道直径为 0.64nm×0.76nm，介于八面沸石和丝光沸石之间；β 沸石中的阳离子可以被完全交换掉，表明它的孔道是通道形而没有"腔"。图 3-1-44[69] 是 β 沸石的结构和孔形状，由图可见沿 100 面的线形通道直径为 0.64nm×0.76nm，沿 001 面的非线形通道直径为 0.55nm×0.55nm，其化学式可以写作：

$$Na_n[Al_nSi_{64}-nO_{128}] \quad n>7$$

一般合成条件下产品的 SiO_2/Al_2O_3 比为 30~50。

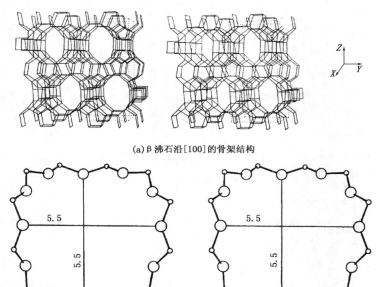

(a) β 沸石沿[100]的骨架结构

(b) β 沸石沿[001]的12元环孔口

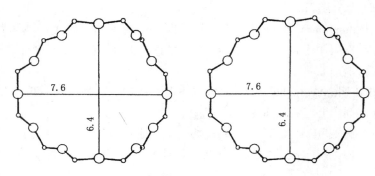

(c) β 沸石沿[100]的12元环孔口

图 3-1-44　β 沸石的结构图

由于硅铝比高、酸性高，又有特殊的孔道结构，热和水热稳定性好，因此有很好的工业应用前景。并已在催化裂化[70]、加氢处理[71]、长链烷烃异构化[72]、烷基化[73]、加氢裂化[74]等反应中显示出高的催化活性。由于高的活性和低的氢转移能力，所以，以它为活性组分的催化裂化催化剂可以得到高辛烷值的汽油产品[75]。但对重质馏分油加氢裂化来说，与 USY 相比有活性高、中油收率高、柴油凝点低的优点，但也存在气体产量高、积炭多[76,77]，石脑油的芳烃潜含量低和尾油 BMCI 值高的不足，已有很大改进。

由于硅铝比高，在单位体积内的铝原子数很少，就造成不同沸石样品和经各种改性后铝原子的分布和状态产生差异。E. Bourgeat-Lam[78]等人的研究表明，β 沸石中铝原子构型很大程度上取决于平衡电荷的阳离子与吸附分子。当阳离子为铵、钠、钾时，所有铝原子都处于四面体骨架位置。而当这些阳离子为质子所取代时，除了上述铝构型外，又出现八面体骨架位置和非骨架铝，他们认为这是由于质子高的电子亲和力使铝所处位置发生扭曲所致，而四面体和八面体构型的铝原子之间变化是可逆的。

L. C. de Menorval[79]等人的研究表明 β 沸石八面体骨架铝的形成与吸附的水有关，当有铵和水的沸石受热脱铵和水时，对其他沸石来说是产生 EFAl，但对 β 沸石即使在很缓和的条件下，都可能促成四面体构型和八面体构型的骨架铝相互转换。这些骨架铝构型的变化必然对沸石的酸性有影响。

在合成 β 沸石时都要使用模板剂，这些模板剂实际上也是阳离子和吸附物，所以模板剂本身及其除去方法都会影响 β 沸石产品中铝的分布与构型。实践表明，以四甲基溴化铵为模板剂合成的样品中，铝原子分布于较为稳定的位置上。而以四甲基氢氧化铵为模板剂合成样品，铝原子处于较活泼的位置，即使在很缓和的条件下脱除模板剂时，就有部分铝从骨架上脱除。

羟基是产生酸性的重要来源，前期 Corma[80]做过工作，近来 Kiricis[81]等用 IR 和 ^{27}Al-NMR 研究了 β 沸石羟基的酸性，在 β 沸石上有 5 个羟基 IR 吸收峰，它们是：3605cm^{-1} 处的酸性桥羟基、3660~3680cm^{-1} 处的与 EFAl 相联的羟基、3730cm^{-1} 处的骨架缺陷内部硅羟基、3745cm^{-1} 处的末端硅羟基和 3782cm^{-1} 处的移动高频吸收羟基。其酸性的顺序是：3605cm^{-1}（桥羟基）>3660cm^{-1}（EFAl 羟基）>3782cm^{-1}（移动高频羟基）>3730cm^{-1}（骨架缺陷硅羟基）>3745cm^{-1} 末端羟基。

水蒸气处理作为沸石改性的重要手段，早已被工业上广泛采用，对一般沸石来说经水蒸气处理后所发生的变化是：骨架硅铝比提高，热和水热稳定性提高、离子交换容量降低、晶胞参数变小、X 光衍射峰向 2θ 角增大方向移动、^{29}Si-MASNMR 中的 Si(OAl) 信号明显增强、骨架铝分布趋于不均匀、IR 的酸性羟基峰降低，总酸量下降、酸强度增加，结晶度下降，形成二次孔等。但对 β 沸石来说就有很大差别，图 3-1-45 和表 3-1-28 分别表示一种 β 沸石样品经水蒸气处理后 XRD 图的（302）和（008）衍射峰 d 值和按四方晶系计算的晶胞参数和晶胞体积。

由 XRD 图看出与 Y 沸石相反，β 沸石经

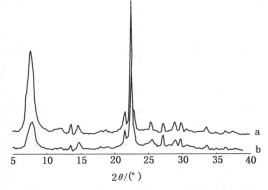

图 3-1-45　水蒸气处理前后 β 沸石的 XRD 图
a—水蒸气处理前；b—水蒸气处理后

水蒸气处理后衍射峰明显增高，而且没有杂晶出现，这是因为无论是一次合成的还是脱铝的 β 沸石，它的 XRD 衍射峰强度与其铝含量有关[81,82]，不仅仅是结晶度的函数，还与其铝含量有关。

表 3-1-28　水蒸气处理前后 β 沸石的变化

样品	水蒸气处理前	水蒸气处理后	样品	水蒸气处理前	水蒸气处理后
			晶胞参数/nm		
(302)　d(Å)	3.944	3.971	a	1.240	1.249
(008)　d(Å)	3.288	3.292	c	2.630	2.634
Si/Al	33.21	32.72	晶胞体积/nm³	4.046	4.111

晶胞参数的变化也与 Y 沸石相反，这是因为 Y 沸石存在体积很大的超笼，完全可以容纳水蒸气处理时产生的各种形式的非骨架铝碎片，而在 β 沸石中这些碎片只能存在于通道中，使通道受到支撑表现为晶胞参数增大，当用酸溶去这些碎片后晶胞参数就发生收缩。

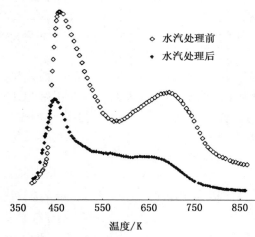

图 3-1-46　β 沸石水蒸气处理前后的 NH₃-TPD 图

M. Maache[83] 认为 β 沸石的 B 酸强度是不均匀的，存在 A、B 两种 B 酸中心，A 位相应存在于高结晶度区，B 位存在于不完整结晶的骨架上。图 3-1-46 是一种 β 沸石水蒸气处理前后的 NH₃-TPD 图，由图可以看出水蒸气处理后 β 沸石的酸强度有所降低，强、弱酸中心数大为减少，这与 Y 沸石也有区别。产生这一差别的原因是：Y 沸石中铝含量较多，脱铝后增加了（O-NNN）的数目，虽然酸性中心数少了，但每个中心的酸强度却增加了，而 β 沸石中本来铝就很少，铝-铝间的距离已经很大，脱铝后沸石中铝的分布变得很不均匀，这对减少次邻层铝来提高酸性的作用已经很微弱了，而主要的是减少酸性中心数目。

综上所述，β 沸石虽有很好的应用前景，但因其结构复杂，原料、去有机模板剂的条件、阳离子种类、脱铝条件都对 β 沸石的性质产生影响，变化因素多，有许多规律还没有完全掌握，所以还需进行大量的基础工作。

加氢裂化催化剂所用的沸石都要进行改性，而改性中脱铝几乎是所有改性中都要使用的手段，脱铝的方式很多，导致一些性质上的差别，用表 3-1-29 概括其主要差别。

表 3-1-29　不同脱铝方式对产品性质的差别

序号	处理方式	表面性能	铝类型	孔类型
1	水热	富铝	EFAl FAl	微孔，二次孔
2	水热+酸	铝分布均匀	FAl	微孔，二次孔
3	SiCl₄	富铝	EFAl FAl	微孔
4	(NH₄)₂SiF₆	缺铝	FAl	微孔
5	(NH₄)₂SiF₆+水热	缺铝	FAl+EFAl	微孔，少量二次孔
6	EDTA	缺铝	FAl	微孔，二次孔

表 3-1-29 中 3、4、5 处理方式基本上适用于生产轻油为主或中油型的催化剂，而 1、2、6 较适用于生产中间馏分油及高中油型的催化剂。

1992 年美国 Mobil 公司 Beck 等人[84] 开发了一种孔径在 1.5~10nm 间可调的大孔沸石 M41S 一族，MCM-41 为其中之代表，孔道为六方排列，有大的比表面积和吸附容量，热稳定性好，但酸性较弱，与无定形硅铝相近且水热稳定性差。

当沸石分子筛与氧化铝或无定形硅铝混合，特别是焙烧时两者相互发生作用脱去部分水而使沸石分子筛与载体联结起来。牛国兴等[85] 对比了 Ni-W/Al$_2$O$_3$ 与 Ni-W/Al$_2$O$_3$+USY 两个催化剂，发现当载体中加入沸石后，B 酸数目增加，在 Al$_2$O$_3$+USY 的载体中 USY 分散在 Al$_2$O$_3$ 表面，减少了 Al$_2$O$_3$ 中游离铝的含量。这可能是沸石中的硅与氧化铝中游离铝形成了新的 Si-O-Al 键。当加入 Ni 和 W 后发现它们不仅分散在氧化铝表面上，而且也分散在沸石表面上与 B 酸位相互作用。

$$ Z-OH + HO\begin{bmatrix} & O- \\ Al & \\ & O- \end{bmatrix} \xrightarrow{-H_2O} Z-O-Al\begin{matrix} O- \\ \\ O- \end{matrix} $$

4. 多级孔道沸石分子筛

多级孔道沸石分子筛的合成、表征及催化应用在过去几年内一直是研究的热点课题，得到了广泛的研究。已有的催化及扩散性能研究表明介孔的存在可以明显改善沸石分子筛的传质性能、提高沸石分子筛在催化反应中的转化率及选择性。多级孔道沸石分子筛的这些特点使它成为有潜力的重油催化裂化和加氢裂化催化剂。

5. 原位分子筛

目前，催化裂化和加氢裂化催化剂最常使用的是 Y 型分子筛，其平均直径（简称"粒径"）一般为 1000 nm 左右。由于晶粒较大，一定程度上影响了催化剂的强度，且孔道相对较长，扩散阻力大，导致重油大分子难以进入孔道内反应，反应产物也不容易从孔道中脱离扩散出来，进一步提高裂化活性和选择性的难度较大。小晶粒分子筛在催化特性上有着与常规尺寸分子筛不同的特点，随着晶粒粒径减小、比表面积增大、表面原子数增多及表面原子配位不饱和性导致生成大量的悬键和不饱键等。比表面积越大，表面原子数所占比率越大，粒径越小，表面光滑程度变差，形成凹凸不平的原子台阶，增加了化学反应的接触面，使小晶粒分子筛具有了优良的催化性能。分子筛晶粒缩小后，表面积尤其是外表面积的明显增大，活性点相对增多，活性或催化效率提高；同时晶粒减小导致粒子分散性增加，孔道长度缩短，显著改善扩散性能，有利于受扩散控制的多环芳烃分子在催化剂表面活性中心上吸附，发生裂解反应，同时生成的产物小分子也容易快速扩散、分离出来，可以有效防止过渡裂化和结焦反应的发生。然而，从另一方面讲，分子筛晶粒变得太小，表面能急剧增大，会导致晶体结构易坍塌，使分子筛的稳定性，尤其是水热稳定性明显变差。例如，在裂化催化剂中若采用小晶粒 NaY 分子筛，当晶粒变为 500nm 以下时，其水热稳定性已不能满足使用要求。

为了充分利用小晶粒分子筛材料在重油裂解反应中的特点，同时解决其稳定性问题，原位晶化技术是一条非常有效的解决途径，首先被引入到催化裂化领域。用原位晶化法得到的高岭土型或全白土型 FCC 催化剂的工业化首先由美国 Engelhard 公司实现，其制备特征就是将高岭土浆液经先喷雾制成高岭土微球并将此微球焙烧，再将焙烧微球在碱性体系下进行原位晶化得到晶化产物 CRM（crystallized microspheres）后，进一步经各种后处理即制备成原位晶化型 FCC 催化剂。与常规合成工艺制备的 FCC 催化剂相比，原位晶化工艺制备的催化剂具有以下几个重要特点：①原位晶化过程可以使生成的分子筛和基质以化学键形式相连，使分子筛具有更好的稳定性；②分子筛均匀分布在基质孔壁上，大大提高分子筛的利用率；③原位晶化分子筛的晶粒比凝胶法合成的 NaY 晶粒小，提高了分子筛的活性表面；④基质具有丰富的内表面，且孔分布集中在 5~10nm，更适合渣油预裂化；⑤具有尖晶石结构的富铝基质，具有捕集钒、镍的作用；⑥基质本身热容大，可防止高温下催化剂结构坍塌，延长催化剂寿命。

为了使原位技术能在加氢裂化领域发挥其处理大分子转化方面的优势，各石油公司及研究院所也积极开展了相关的工作。FRIPP 在催化材料的开发及加氢裂化技术应用方面具有丰富的实践经验，充分地认识到原油劣质化、重质化对二次加工技术带来的影响，以及原位材料结构及性能特点在重油大分子，尤其是对于处理常规分子筛材料难以转化的稠环烃类(如卵苯、晕苯等)上可能表现出良好的催化转化能力。

原位 Y 型分子筛与常规 Y 型分子筛扫描电镜图像比较情况见图 3-1-47 和图 3-1-48。从图中的比较可以看出，传统凝胶法制备的 Y 分子筛粒径约为 1μm，原位催化材料晶粒大小约在 100~200nm。原位分子筛这些特点非常适合对大分子化合物的裂解反应，尤其是用于加氢裂化过程作为其核心裂解组分。原位分子筛扫描电镜可以直观地看出来，原位分子筛颗粒接近纳米级，不仅提供了更多的裂化进行的外表面，而且由二级颗粒以基质为框架构造出有利于大分子扩散的晶间空洞或空腔。另外，原位催化剂也有灵活方便的调变形式，除了完全适应传统的成熟催化剂制备工艺外，更重要也更值得展望的是原位催化剂这种调变可以进一步整合到合成过程中，实现广义的原位合成，从而在微观的分子形成级别给催化剂带来更多样的变化。原位 Y 分子筛催化材料的开发及其改性技术研究为加氢裂化技术的发展搭建了一座良好的催化材料平台。

图 3-1-47　原位分子筛扫描电镜(尺度：左 500nm，右 10μm)

图 3-1-48　传统 NaY 分子筛扫描电镜(尺度：左 500nm，右 10μm)

（四）含沸石分子筛载体和无定形载体的差别

由于无定形载体和沸石分子筛载体的酸性（包括酸中心数、酸强度等）、结构上的差别，就给加氢裂化催化剂的性能带来较大的差别。

其差别首先表现在活性上，含沸石分子筛的载体，在其他条件大致相同情况下，反应温度低得多，与此相联的是寿命长，灵活性大，对温度的敏感性高。

其次是选择性，含沸石分子筛载体的催化剂一般中油选择性较无定形载体的差，而且随运转时间的延长其差别越来越大，在产品质量方面，含沸石的载体在运转后期有变差的趋势，同时氢耗上升（见图 3-1-49～图 3-1-52）。

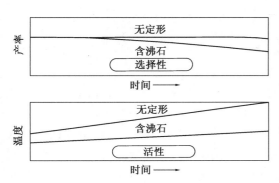

图 3-1-49　无定形载体和含沸石分子筛载体的催化剂活性、选择性和随运转时间的变化

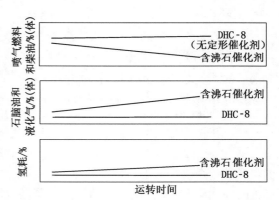

图 3-1-50　使用无定形载体和含沸石分子筛载体的催化剂时喷气燃料、石脑油和氢耗随运转时间的关系

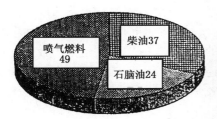

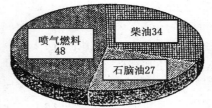

图 3-1-51　含沸石催化剂运转初末期产品分布的变化

六、加氢金属与载体的相互作用

载体是催化剂的重要组成部分之一，经常能显著改变催化剂的活性和选择性，它与负载的金属之间有多种不同类型的相互作用[86]。

● 金属的可还原性取决于所用载体，如 Fe^{3+}、Fe^{2+} 负载于 SiO_2 或活性炭上，极易还原成金属 Fe，若负载于 Al_2O_3 上，只能还原到 Fe^{2+} 态，因而可根据反应需要选择不同的载体。Rh 也观察到类似情况，而 $MoO_3(WO_3)/NiO(CoO)$ 载在 Al_2O_3 上，硫化还原为 $MoS_2(WS_2)$、Ni_3S_2、Co_9S_8。从程序升温还原 TPR 测出，不同载体负载 NiO，都比纯 NiO 难以还原，表明 NiO 与载体间存在着不同程度的相互作用，根据反应需要确定所要的载体。如加氢、氢转移反应不希望生成无活性的 $NiAl_2O_4$，而制氢催化剂希望有少量 $NiAl_2O_4$ 尖晶石存在，以改善催化剂的稳定性。

● 金属粒子的大小、形态和分布，随所选用载体不同而有显著变化。这是因为金属对

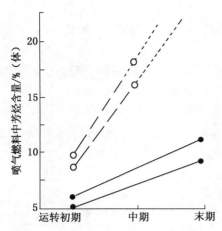

图 3-1-52　无定形催化剂和含沸石分子筛催化剂运转末期喷气燃料中芳烃的变化
● 无定形催化剂；
○ 含沸石的催化剂

有些载体能润湿，而对另一些载体不能润湿。此外载体的孔结构、表面结构以及金属粒子在载体表面的润度，将会控制金属粒子大小和形貌，如 Mo 载在活性炭和 Al_2O_3 上完全不同。

● 重要的是金属微粒与载体之间的电子相互作用，负载于 TiO_2、ZrO_2、Nb_2O_5、Ta_2O_5、V_2O_5 等可还原性氧化物上的金属，与载体之间有强的相互作用，即 SMSI（Strong-Metal-Support-Interaction）效应。它导致金属诱发出特有的催化活性和化学吸附性能，是同种金属负载于 Al_2O_3 等类似载体上所不具备的。这是由于负载于 TiO_2 表面上金属原子相对于体相的原子，其壳层能级发生了位移，是电荷由载体向金属转移的结果，这种相互作用所作出的电荷修饰作用大于前面所说的湿润作用，使金属粒子在负载表面的形貌发生大的变化，变成二维或呈筏状排列。

对给定金属，载体组成可影响负载金属的颗粒大小和形貌，金属颗粒的表面电子性质，以及与载体相接触部位的活性中心性质，三种效应只有后两种属于 SMSI 作用，因焙烧、再分散也能导致金属颗粒大小和形貌变化。

金属在载体上的引入方式对其分散度和金属–载体相互作用都有影响，而且金属和载体的相互作用可在催化剂制备各步骤中发生，并影响催化剂性能。加氢催化剂通常引入的金属方式有浸渍法、混捏法、共沉法以及有机金属络合物吸附法，其中浸渍法应用最为广泛。对于混捏法是将固体金属盐类粒子与载体原粉混合，加入特殊黏合剂成型，而后干燥、焙烧制成催化剂，金属粒子大小、分布既取决于载体的孔结构，又与焙烧过程中金属粒子在载体表面迁移有关，同时还和载体本身金属氧化物的还原性有关。浸渍法则是金属溶液浸渍在焙烧成型的载体上，而后干燥、焙烧。浸渍的金属粒子很细小，金属与载体的电子相互作用会更显著，一般会有从金属流向氧化物的净电子流，使金属粒子带少量正电荷，也有相反的电子流，如 TiO_2、ZrO_2、Nb_2O_5、V_2O_5 等还原金属氧化物[86]。共沉法是使活性组分高度分散的有效方法。因活性组分分散与组分之间作用深度有关，共沉法则提供了活性组分、助剂和载体能均匀混合和高度分散，浸渍法往往将活性组分富集在载体表面。

（一）加氢催化剂活性组分分散及其表征

在气–固–液相接触催化反应中，反应速率与催化剂表面上活性中心数目成正比，活性组分一定量时，活性组分的高度分散及具有潜活性高的活性相，催化剂则具有更高活性，同时还可节省金属用量，降低催化剂成本。

催化剂制备方法与制备过程对活性组分的分散影响极大，要得到高分散的活性组分，最有效的方法是共沉法，其次是浸渍法，最差的是混捏法。用共沉法制备的催化剂，其活性组分、助剂和载体能均匀混合和高度分散，部分活性组分处于催化剂骨架内部，不像浸渍法制得的催化剂活性组分富集在载体表面。混捏法则是载体干粉与金属盐类机械混合，分散的好坏受原料和混捏条件影响较大。

工业加氢催化剂中最广泛使用浸渍法，通常是把活性组分的金属盐水溶液，浸渍到具有所要求特性的载体中，而后干燥、焙烧、硫化还原。活性组分在孔内外分散状态与浸渍液的浓度、浸渍液用量、载体孔体积的比率、浸渍方法与时间、干燥方法、有无竞争吸附剂和杂质存在与否有关。应当指出，并不是所有催化剂都要求孔内外均匀负载，对于由外扩散控制的催化反应，则要求活性组分富集在催化剂外表面，浸渍法则可以根据不同浸渍条件及竞争吸附剂达到这一目的。该法制备技术简单、重复性好，催化剂机械强度好，因而被广泛采用。

加氢催化剂活性组分分散表征，主要是测定晶粒大小及其分布，载金属催化剂分散性测定方法见表 3-1-30[87]。

表 3-1-30　加氢催化剂晶粒分散测试方法

技术	检测特性	计算特性	应用范围
SEM-TEM(扫描-透射电镜)	粒度大小与分布	平均大小 分布 表面平均大小(ϕs) 体积平均大小(ϕv)	$\phi>2nm$
SAXS(小角 X 光散射)	线宽	体积平均大小(ϕv)	$\phi>0.3nm$ 金属含量>0.5%
XPS(能谱)	金属与载体强度比	表面平均大小(ϕs) 分布	无限制
Chemisorption(化学吸附)	气体吸附量	表面平均大小(ϕs)	无限制

（二）加氢活性相的探讨

所有非贵金属加氢催化剂至少含有周期表Ⅵ族和Ⅷ族两种金属元素，两种金属元素之间催化协合效应的起因及所提出的模型，是研究与发展催化剂的关键。至今已提出 17 种理论或假说来解释这种催化协合效应，其中主要有单层模型（Monolayer model）、夹层模型（Intercalation model）、接触协合模型（Contact Synergy model）及 CoMoS（或 NiMoS、FeMoS 等）模型等[88~90]，见图 3-1-53，其中争论焦点在 Topsфe. H[88,90~93] 等人提出的结构联接 CoMoS 活性相和 Delmon. B 等人提出的两个单独硫化物协合效应的间接控制理论（remote control theory）。图 3-1-54 示出氧化铝载体担载 Co-Mo 硫化催化剂之表面模型，Mo 作为 MoS$_2$ 微晶，Co（Ni）作为 Co$_9$S$_8$（NiS$_x$）和分散在 Al$_2$O$_3$ 相中的 Co^{2+}（Ni^{2+}），同时 Co（Ni）物种和 MoS$_2$ 相互作用生成 Co-Mo-S（Ni-Mo-S）相。

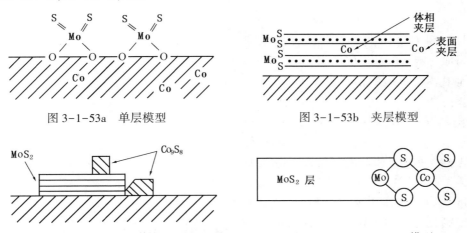

图 3-1-53a　单层模型　　　　　　　　　图 3-1-53b　夹层模型

图 3-1-53c　接触协合模型（ref. 136）　　　图 3-1-53d　Co-Mo-S 模型

首先要了解 MoS$_2$（WS$_2$）及 Co（Ni）-MoS$_2$（WS$_2$）活性相生成、结构与性质[90,96]，MoO$_3$ 硫化时有 90% 以上 Mo 转化为 MoS$_2$ 而 WO$_3$ 转化为 WS$_2$ 较少、MoS$_2$（WS$_2$）具有特殊的层状结

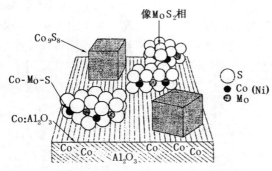

图 3-1-54　硫化 Co-Mo/Al₂O₃ 催化剂结构模型[91]

构, 金属原子介于两相邻硫原子层之间, 如图 3-1-55(a) 所示, 金属原子位于三棱柱中心, 构成不同形状的 S-W(Mo)-S"三明治", 层与层之间藉弱的范德华力维系, 由于金属原子周围环境的不同, 以晶型模型为基准, 活性中心可分为边位、角位、基面位, 见图 3-1-55(b)。边位 W 少掉一个 S 原子, 角位少掉 2 个 S 原子, 每个 S-Mo-S(或 S-W-S)单元构成一个三棱形, 图 3-1-56 中(a)到(e)从无序到有序菱形排列。也可见图 3-1-57 及图 3-1-58。

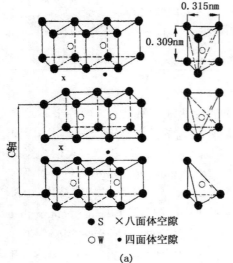

● S　×八面体空隙
○ W　●四面体空隙

(a)

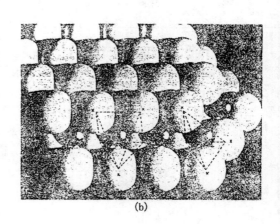

(b)

图 3-1-55　MoS₂(WS₂)结构

(a)金属原子位于三棱柱中心; (b)MoS₂(WS₂)晶体的边缘

关于助剂 Co(Ni) 的作用见有关文献[90]。添加一定量的助剂能改进 MoS₂(WS₂)加氢过程中各种反应的活性, Al₂O₃ 单独负载的 Co₉S₈、Ni₃S₂ 没活性。图 3-1-59 示出助剂的作用, Co(Ni) 的存在, 促使 Mo 还原为 MoS₂, Co 或 Ni 在 Co-MoS₂ 或 Ni-MoS₂ 体系中为电子给予体, 使其 Co(Ni) 与 MoS₂ 真正接触, 生成 Co-Mo-S 或 Ni-Mo-S 活性相, 而 Delmin 认为助剂作用在于一相(Co₉S₈)通过间接控制到另一相(MoS₂)协合效应, 即 Co₉S₈ 激活的氢溢流到 MoS₂(WS₂)受体。

1. CoMoS 理论

按原子分散的 Co 位于 MoS₂ 层状结晶的

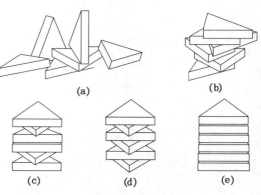

(a)

(b)

(c)　　(d)　　(e)

图 3-1-56　MoS₂(WS₂)晶体组成的不同阶段[96]

(a)完全无序; (b)开始沿垂直于 C 轴又叠层;
(c)在叠层时具有一个缺陷六方晶系排列;
(d)完整的六方晶系排列; (e)菱形排列

边上，具有特殊配位，呈正方晶角锥[88]，见图 3-1-60。由 Ledoux 等人对 Co-Mo 硫化催化剂所做的[59]Co 固体核磁共振（NMR）研究及高分辨电子显微镜（HREM）观察结果，提出如图 3-1-61 所示 CoMoS 活性相结构，同时为穆斯保尔谱（MES）、红外光谱（IR）、扩展 X 光吸附精细结构（EXAFS）、X 光吸附邻近边位结构（XANES）、分析电子谱（AEM）等现代物理化学技术证实。CoMoS 活性相为直径 3.0nm 左右，5～10 片六角层状 MoS₂ 组成[97]。不是单一按 Co∶Mo∶S 当量组成整个固定的体相，可看作一系列结构，从纯的 MoS₂ 到 Co 完全覆盖 MoS₂ 边，由于 Co 所处不同边角几何位置，Co-Co 相互作用，Co 与 S 配位变化，Co-Mo-S 中 Co 原子性质也不完全相同。

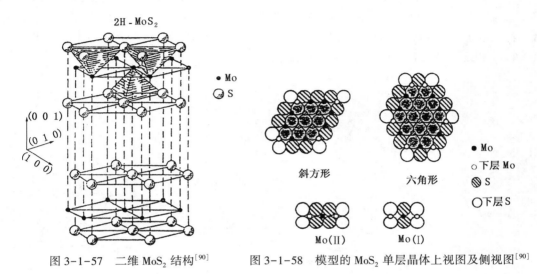

图 3-1-57　二维 MoS₂ 结构[90]　　　　图 3-1-58　模型的 MoS₂ 单层晶体上视图及侧视图[90]

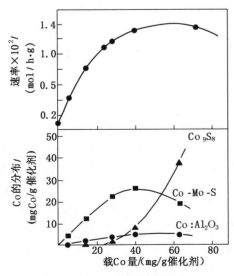

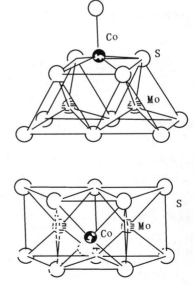

图 3-1-59　三种不同环境的 Co
相对分布与噻吩 HDS 活性

图 3-1-60　方锥体 CoMoS 结构的
俯视与侧视图

Co-Mo-S 活性相又分为单层（又叫 I 型 CoMoS）及多层（又叫 II 型 CoMoS）结构，主要取决于制备条件、活化、添加剂、载体形式、金属负载方式等。一般来说以 Al₂O₃ 为载体的催化剂, 金属与载体作用强, 通过 Mo-O-Al 联接, 多为单层结构, 以活性炭为载体, 因与载体作用弱, 多为多层结构[94,95]。

2. 间接控制理论

Delmon B. 认为[94~97]两种单独分离的硫化相, 在催化反应时接触, 产生催化协合效应。间接控制位于六角层状 MoS_2(或 WS_2)晶体被能够活化氢的第二个活性相作用, 即活化氢的固体(如 CoS_x、Co_9S_8)又称给予体, 在外来 H_2 作用下产生激活的氢 H_{so}, 溢流到受体(MoS_2 六角层状结晶), 这种激活氢不是直接参与氢解或加氢反应, 而是产生或改变催化活性中心[93,94,97]。这种间接控制模型示意图见图 3-1-62。两种模型不同的催化协合效应见图 3-1-63。溢流的氢可进一步还原钼的硫化物, 可以部分摧毁 MoS_2 六角层状结晶的边, 使硫分出。若硫原子分离出来, 则形成三维不饱和配位中心(CUS), 它是加氢活性中心, 进一步还原, 邻近 CUS 有 MoSH, 它可能是 HDS 活性中心[95]。

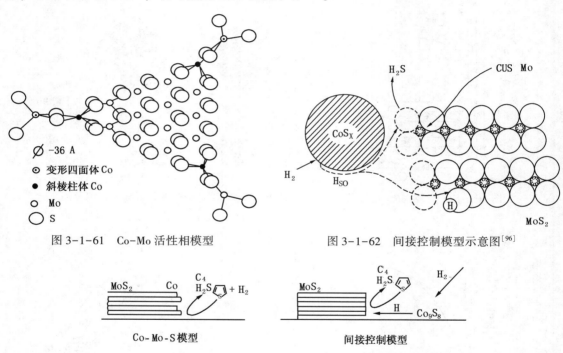

图 3-1-61　Co-Mo 活性相模型　　　　图 3-1-62　间接控制模型示意图[96]

图 3-1-63　Co-Mo 催化剂的催化协合效应

当前更趋向于第二种理论, 认为在催化反应时来解释活性中心生成与变更, 更为真实。因为 VIB 族和 VIII 族硫化物机械混合物就存在这种催化协合效应, 其次 Co-Mo-S 活性相不稳定, 在缓和条件下短时间内即分解, 因此新鲜催化剂中能检测出来, 而催化反应时分解为 Mex 和 MoS_2, 即使存在 CoMoS、NiMoS、FeMoS 活性相, 在有 CoS_x(NiS_x)存在时, 活性更高, 同时它们也能被另外的活性相(供氢体)促进, 加速 MeMoS 相的分解(Me = Ni, Co, Fe), 这种活性相可以是 CoS_x、NiS_x、Co_9S_8, 也可是贵金属 Pt、Pd、Rh, 加氢脱硫(HDS)和加氢(HYD)活性中心可互为转化, 两种活性中心相对浓度取决于溢流氢 H_{so} 效率及 Co/Mo 原子比。因此高活性为"CoMoS" + Co_9S_8, "FeMoS" + Co_9S_8 及"NiMoS" + Co_9S_8 混合物, MeMoS 属于亚稳态。

在加氢脱氮(HDN)反应中, 也观察到间接控制的催化协合效应, 但机理更复杂, 包括三种催化活性中心, 加氢, C—N 断裂(即氢解)和酸性催化断裂(与 β 位断裂或亲核基取代类似），它们都影响 HDN 反应。

用于各种加氢反应不同的催化体系（W-Ni、Co-Mo、Ni-Mo、Co-W），得出的活性相的推论没有什么矛盾。ⅥB 族金属离子周围未被硫原子占满，它们位于晶体的边位、角位或有晶体缺陷上，这些是活性中心所在。

关于Ⅰ型与Ⅱ型活性相 Co-Mo-S（或 Ni-Mo-S）以及 AKZO 新近推出的 STARS 工艺（Super Type Ⅱ Active Reaction Sites），高脱氮活性 KF-848 催化剂（图 3-1-64），高脱硫活性 KF-757 催化剂（图 3-1-65），有必要作进一步介绍[99~101]。

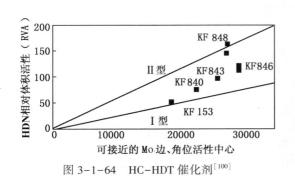

图 3-1-64　HC-HDT 催化剂[100]　　　图 3-1-65　柴油深度脱硫催化剂[100]

Ⅰ型活性相具有高度分散的单层 MoS_2 结构，是低硫配位的 Co-Mo-S（Ni-Mo-S）活性相，以 Mo-O-Al 连接载体，Mo 与 Al 相互作用较强，因而影响 MoS_2 层边、角位 Co（Ni）电子状态，导致每个活性中心潜（内在）活性低。

Ⅱ型活性相充分硫化，呈堆积（叠层）MoS_2 结构，为高硫配位的 Co-Mo-S（Ni-Mo-S）活性相，通常由较大的片堆积（叠层）在一起，不与载体相联，Ⅱ型活性相每个活性中心潜活性高，噻吩 HDS 及吡啶 HDN 活性比Ⅰ型高，对二苯基噻吩（DBT）HDS 活性较差。在 HDN 反应中表观酸度（Apparent Acidity）即对含 N 反应分子的亲和力是主要因素，Ⅱ型活性相表观酸度较Ⅰ型高。为此加氢催化剂活性改进，一为增加活性中心数［增加金属量及（或）改善金属分散］，一为提高活性中心的潜活性，以Ⅱ型取代Ⅰ型活性相。AKZO 公司开发的加氢裂化预处理催化剂历程及其催化剂性能，见表 3-1-31 和图 3-1-64。由此可知，纯 Al_2O_3 靠 Mo-O-Al 连接，MoS_2 单层分散好，为Ⅰ型活性相，加入 P、B、Si 助剂，可削弱 Mo-O-Al 连接，出现Ⅰ型和Ⅱ型混合活性相。要制备Ⅱ型活性相催化剂，可采用以下措施：高温硫化，浸渍时用 N 川三乙酸等有机溶剂，使用特殊载体如活性炭，Zro_2-TiO_2，加入少量贵金属如 Pt、Pd、Ru、U 等。

表 3-1-31　HC 预处理 Ni-Mo 催化剂历程与性能

催化剂	KF-153	KF-840	KF-843	KF-846	KF-848
工业应用	20 世纪 70 年代	1982 年	20 世纪 80 年代	1997 年	1998 年
特点	纯 Al_2O_3，低 Ni，Mo 含量	提高金属含量，加助剂 P，改进 Al_2O_3 及浸渍工艺	同左 改进制备工艺	两种助剂 特殊的 Al_2O_3 浸渍时用 N 川三乙酸、高温硫化	一种特殊助剂 和特殊的 制备 工艺
Ni/（个原子/nm²）	1.1	1.6	2.0	1.4	2.7
Mo/（个原子/nm²）	2.7	4.1	6.1	5.1	8.4
晶体平均长度/nm	3~6	3~7	4~5	4~5	4~7

续表

催化剂	KF-153	KF-840	KF-843	KF-846	KF-848
晶体平均层数	1.0~1.2	1.4~1.6	1.6~1.9	1.4~1.8	1.2~2.3
每 $1000nm^2$ 平均晶体密度	9	17	22	19	19
可见堆积晶片平均 Mo 原子数	190	210	240	220	250
可接近的 Mo 活性中心(边角位)/%	77	73	69	76	73
可接近的 Mo 原子数	19100	23100	27700	30400	29200
相对分散性	90	85	81	89	85
活性中心类型	I	I 和 II	I 和 II	I 和 II	II
可估测 II 型活性中心比例/%	0	25	40	50	100
RVA[①]	~50	~75	~100	120~125	150~170

① KF-843 RVA 定为 100。

（三）催化剂热处理过程对金属分散的影响[86~101]

加氢催化剂热处理(焙烧)过程中，金属组分的变化主要是晶粒变化和晶形变化，晶粒大小的变化导致表面积变化，晶粒长大归结于：①金属粒子整体迁移聚结；②载体表面积和孔结构变化，使原来被隔开的金属变得接近。对于加氢催化剂所用的过渡金属盐类及氧化物，在焙烧过程中与载体作用，使其金属盐分解，转化为氧化物，并在载体表面上分散，分散均匀程度与载体性质、孔结构、助剂、焙烧条件有关。

焙烧条件包括焙烧温度、时间与介质，对于加氢催化剂，焙烧通常使用空气，焙烧温度和时间则影响金属表面积与形态，高温焙烧易造成烧结、表面积下降、晶格缺陷部分减少，四面体配位的 Ni(Co)增加、八面体配位的 Ni(Co)减少；催化剂一旦硫化后，Co(Ni)-Mo-S 量减少，活性降低；温度>700℃时，生成 $Al_2(MoO_4)_3$，MoO_3 挥发，同时随着温度增高，$\beta-CoMoO_4(\beta-NiMoO_4)$、$CoAl_2O_4(NiAl_2O_4)$ 尖晶石增多。加氢催化剂适宜的焙烧温度为 450~550℃。

第二节　加氢裂化催化剂的制备

决定催化剂性能的主要因素是其组成和结构，当组成和结构已经确定，其制备条件对其性能有重大影响。当找到最宜化学组成后，仅由于制备方法之不同，催化剂的性能可以相差极大，甚至同一制作者按同一配方所制出催化剂性能不重复的情况也多次出现，所以了解和掌握催化剂制备方面的规律是十分必要的。

一、加氢裂化催化剂制备特点及原则要求

和其他催化剂一样，加氢裂化催化剂作为高技术精细化工产品，其制备涉及许多学科的专门知识。过去由于测试表征手段及技术水平所限，使催化剂制备理论发展缓慢，在较长一段时间里加氢裂化催化剂制备技术被看成是一种"技巧"，而不是一门科学。近年来，随着相关学科的技术进步，许多新的、先进的测试表征技术被日益广泛地用于加氢裂化催化剂的研究开发和生产控制，使人们对加氢裂化催化剂制备技术有了日臻完善的理论认识，使加氢裂化催化剂研究开发和生产技术水平迅速提高，催化剂更新换代速度明显加快，催化剂性能

大大改善，从而使加氢裂化催化剂制备技术从"技巧"阶段逐渐走上科学的发展道路。

加氢裂化催化剂是双功能催化剂，其加氢功能和裂化功能要根据加氢裂化原料油性质、工艺流程、工艺条件和目的产品要求等进行综合优化平衡。除此之外，有时还加有其他助剂，用于改善催化剂的加氢功能、裂化功能及其平衡。因此，加氢裂化催化剂在组成配比上相当复杂，不同催化剂之间可以有很大差异。另外，组成相同的加氢裂化催化剂往往还因原材料、制备路线及控制条件不同而在物化性质和催化性能上有显著的差异。因此，加氢裂化催化剂制备过程参数很多，通过过程参数选择和优化可以制备出满足不同厂家需要的催化剂。这为我们研究开发和生产新一代加氢裂化催化剂提供了种种可能。

在工业上，加氢裂化催化剂制备通常采用浸渍法、混合法和共沉法。尽管这三种方法也是其他类型催化剂工业制备所普遍采用的，但由于加氢裂化催化剂组成配比复杂、制备过程参数众多且大多是保密的，在公开发表的文献中仅有原则性报道[102~104]，因此要评述加氢裂化催化剂具体制备工艺条件是困难的。

下面仅介绍加氢裂化催化剂制备的一般原理和有规律性的普遍问题。

加氢裂化催化剂是加氢裂化技术的核心，其性能优劣将直接影响加氢裂化装置的正常运转和用户的经济效益，因此它和其他只要符合一定规格就可以广泛应用的普通化工产品不同，它除了必须满足产品规格指标要求外，还必须能够在加氢裂化工业装置实际操作条件下长期稳定运转，保持其优异性能。只有这样，它才能赢得用户信赖，具有工业推广应用价值。所以，加氢裂化催化剂实验室开发成功并不意味着其工业化过程的完成，而仅仅是向工业化过程迈出的第一步，在其工业化过程中还有许多问题需要考虑解决。

在进行加氢裂化催化剂研究开发和工业生产时，应该注意以下事项：

（1）催化剂性能应满足用户需求

加氢裂化催化剂性能通常包括活性、选择性、稳定性以及颗粒大小、形状和强度等流体力学特性。只有各方面性能均符合要求的催化剂，才可向用户推荐。一种性能优异的催化剂应具有活性高、选择性好、稳定性好和合理的流体力学特性。活性高，可以提高装置处理量或降低反应温度以降低装置能耗。选择性好，可以增加目的产品产率和收率。催化剂稳定性包括活性稳定性和选择性稳定性两个方面，它们取决于催化剂本身的热稳定性、结构稳定性、机械稳定性和抗结焦中毒能力等。稳定性好，可保证催化剂在实际生产中能够长期稳定运转，具有比较稳定的产品分布和产品性质以及较长的运转周期寿命。合理的流体力学特性则是从化学工程角度要求催化剂具有最佳的颗粒大小和形状以及较好的机械强度，以便在催化剂床层压降、滞液量、扩散传质及纳污能力等众多因素之间找到一个较理想的综合平衡点。

加氢裂化催化剂的催化性能与其化学组成和物理结构密切相关，但不同因素之间常常又是相互矛盾的。提高催化剂活性要求提高比表面积、增加活性中心密度和强度，这有时会降低催化剂对目的产品的选择性。提高机械强度有时需要适当降低催化剂的孔隙率，这将导致孔体积和比表面积的降低，从而影响催化剂的选择性及稳定性。合理处理这些矛盾因素，确定适宜的催化剂配方及制备方法，是加氢裂化催化剂实验室研究开发阶段需要重点解决的问题。但在催化剂工业生产中还必须进一步优化操作方法并确定质量控制步骤，以保证催化剂产品质量重复实验室小试结果，符合产品规格指标要求，并满足用户的特定需要。

（2）合理选择原材料

加氢裂化催化剂一次用量比较大。一套加氢裂化工业装置一次催化剂用量少则几十吨，多则上百吨。因此，在研究开发和生产加氢裂化催化剂时必须考虑原材料资源和价格，尽可能选用资源丰富、供应充足、价格便宜且毒性小的原材料。在原材料杂质含量符合要求的前提下，应尽可能采用工业原料或一般化学试剂，以降低催化剂生产成本。

原材料选择与催化剂制备路线确定密切相关。共沉法用水溶性好的盐类作原料，要求盐的阴离子或阳离子要易于在洗涤或热分解操作步骤中除去。共沉法常用的钨盐有钨酸钠、钨酸铵和偏钨酸铵；钼盐有钼酸钠、钼酸铵、仲钼酸铵和七钼酸铵；镍盐有硝酸镍、氯化镍、醋酸镍和草酸镍。浸渍法要求金属组分的原材料能配制出稳定的浸渍液，并要求其所含的阴离子或阳离子能够在热分解操作步骤中除去。因此浸渍法常用偏钨酸铵、钼酸铵、硝酸镍等水溶性好且阴离子或阳离子易于热分解除去的盐类作原料。不过，在催化剂允许磷组分存在的情况下，还可以用三氧化钼、碳酸镍等不溶于水的原料与磷酸一起配制成稳定的钼–镍–磷浸渍液，用于浸渍法制备催化剂，这样可以免除热分解操作步骤的 NO_x 排放及治理问题。混合法包括干混法、湿混法和打浆法，它们对原料水溶性要求不一，但和浸渍法一样，要求原料所含的阴离子或阳离子能够在热分解操作步骤中除去。因此，混合法常用的金属化合物有：钨酸、钨酸铵和偏钨酸铵；三氧化钼、钼酸铵、仲钼酸铵和七钼酸铵；硝酸镍、醋酸镍、草酸镍和碳酸镍等。至于含铂或钯贵金属加氢裂化催化剂，在工业上通常都采用浸渍法制备，所用原料为：H_2PtCl_6、$Pt(NH_3)_2Cl_2$、$PdCl_2$、$Pd(NO_3)_2$ 等。

原材料规格是非常严肃的指标，是催化剂研究开发者经过多年对杂质影响的研究才最终确定的。催化剂生产者应严格按规格要求选购或自己组织生产原材料，在原材料来源有变化时必须严格进行生产前的检查工作。无根据地放宽对原材料规格的要求可能会严重损害催化剂性能。但盲目提高原材料规格则必然要增加催化剂生产成本，从而带来不必要的浪费。催化剂研究开发者在实验室进行催化剂筛选时，就要对原材料选择进行技术经济评价，选择供应充足、经济合理的原材料并确定合适的规格指标，以保证工业生产催化剂在性能和价格上均具有竞争力。

（3）制备重复性好

加氢裂化催化剂组成复杂、制备过程影响因素众多，原材料来源改变或制备过程中操作参数极细小的变化都可能会引起产品质量的极大变化。因此，在催化剂实验室研究开发阶段就应进行深入细致的边界条件考察，确定原材料规格指标和制备过程操作参数允许波动范围，以保证催化剂制备具有良好的重复性。当几种制备技术均能达到同样的性能要求时，则应尽量结合催化剂生产厂的实际装备情况选择容易实现工业化生产、操作参数允许波动范围较宽的制备方法，使催化剂生产容易控制，产品质量更加稳定。

在进行催化剂工业生产时，为了达到良好的制备重复性，必须选用符合规格指标要求的原材料，严格控制制备过程操作条件，并确立必要的分析测试项目，保证各种中间产品质量合格，这样才能使成品催化剂性能稳定在所要求的规定指标范围内。

（4）生产装置适应性强

加氢裂化催化剂品种繁多，需求多变。催化剂生产厂不可能为每种催化剂建一条专用生产线。为了适应加氢裂化催化剂品种多、需求变化大的特点，催化剂生产厂常把各类生产设备装配成几条生产线，把单元操作相似的几种催化剂按需求量和供货日期的要求先后轮换地安排在同一生产线上生产。为了做到这一点，催化剂生产厂在设计和建造催化剂生产线时要充分考虑灵活性问题，使每一关键单元设备具有较大的操作弹性，以适应不同催化剂的生产要求，并要不断提高自动化水平和操作参数控制精度，以保证催化剂产品质量稳定。这样既可以保证催化剂产品质量和生产进度，又可以提高设备利用率，降低催化剂生产成本，因而有利于提高催化剂生产厂的产品市场竞争能力。催化剂研究开发者也要有市场竞争意识，在最终确定一种新开发催化剂的制备路线时，在不影响催化剂性能的前提下，不要盲目去标新立异，而要从降低催化剂生产成本出发，尽量去利用催化剂生产厂现有生产装置和设备，使之能在催化剂生产厂现有生产线上进行该催化剂生产。

（5）注意环境保护

加氢裂化催化剂生产中用到许多对人体有毒或有害的原材料并产生相当量的有毒或有害粉尘、废气、废液和废渣，其中氨氮、粉尘和重金属污染最为严重，处理不当就会给环境和人身安全带来危害。因此在设计和建造催化剂生产装置时，必须充分考虑环境保护问题，采取适当措施来有效治理有毒或有害粉尘、废气、废液和废渣。在催化剂生产过程中，还要尽可能避免使用毒性大的原材料，以改善劳动条件。催化剂生产人员在从事催化剂生产时要根据具体情况配带必要的劳动保护用具，防止人体直接与有毒或有害物料、粉尘、废气、废液和废渣等接触。

二、催化剂制备的单元操作

加氢裂化催化剂大多属于负载型催化剂，通常是先制备出载体，再负载上金属组分，也有是将载体与金属组分同时沉淀出来。无论那种方式，都可以认为催化剂制备过程是某些单元操作的组合，这些单元操作包括：

- 原料选择与工作溶液的配制；
- 沉淀或生成凝胶，这是制备催化剂十分重要的一步，它基本确定了催化剂的孔结构与性质；
- 洗涤，主要目的是从催化剂中除去杂质；
- 干燥，此过程主要对催化剂物理性质有影响；
- 成型，根据催化剂使用要求制成一定的形状（如片、粒、球、三叶草、四叶草等）；
- 煅烧或活化，将催化剂中水合组分，或盐类煅烧成氧化物；
- 浸渍，将活性组分负载于相应的载体上。

除上述单元操作外还有一些，如陈化（老化）、切粒等，上述单元操作对每种催化剂不一定都用，而有的单元操作对某个催化剂来说多次使用。例如浸渍活性组分后的催化剂要再次干燥、煅烧，将其转化成相应的金属氧化物。

已确定组成的催化剂，其物理化学性质与反应性能决定于催化剂制备的整个历程。催化剂制备过程的焦点是，在达到预期物化性质的前提下，保证产品的均匀性和重复性。

三、载体的制备

目前多数加氢裂化催化剂是先制备出载体再用各种方法将活性金属负载上去。因此载体制备是关键的一步，它基本确定了最终催化剂的某些物化性质，例如孔体积、表面积等。

（一）原料选择及工作溶液的配制

一般情况下所用原料的阳离子为催化剂组成所确定，如 Al^{3+}、Ni^{2+} 等。在另一些情况下则是阴离子，如 OH^-、$Mo_7O_{24}^{6+}$、WO_3^{2-} 等。与其相应的阴（阳）离子，在选择时就要考虑许多因素，如溶解度、杂质含量及其除去的难易、对催化剂有无影响、环保问题、价格等。

工作溶液的浓度，对生成的沉淀物影响较大，这一影响主要表现在对晶核生成与生长速度的影响，当两种溶液相互作用生成沉淀的开始阶段只有晶核生成一种作用，一旦在体系中出现晶核，并继续进行沉淀时，体系中就发生晶核生成、晶核成长和晶核溶解三种作用，其中晶核溶解仅与溶剂和晶核的大小有关。而晶核生成和生长速度则与溶液浓度有关，晶核生成速度为：

$$N=k(C-C^*)^m$$

晶核生长速度为：

$$N'=k'A(C-C^*)^n$$

式中，C 和 C^* 分别为沉淀物的过饱和浓度与饱和浓度，都与原始工作溶液浓度有直接关系，式中 k、k'、A、m 和 n 均为常数，其中 $m=3\sim4$，$n=1\sim2$。当所用的溶液为稀溶液时，则沉淀出现时间长而所得的晶粒大，反之则快速出现大量的小晶粒。晶粒的大小和堆积情况就影响载体的孔结构和比表面积。当然，粒子大小不仅决定于工作溶液浓度，还与温度、pH 值等因素有关。

（二）成胶

此过程又称沉淀，几乎所有的加氢裂化催化剂，至少都有一部分是由沉淀制得的。这一过程基本确定了所制备载体的物化性质，所以它是制备载体中十分重要的一步。

沉淀过程分三个阶段进行：过饱和、成核、长大。影响过饱和度的参数有浓度、温度和 pH 值，浓度的影响已在前面讨论过，现在来看温度对沉淀的影响。溶液的过饱和度对晶核的生成和长大都有影响，而过饱和度与温度的关系很密切，当溶液中溶质数量一定时，一般情况下温度与过饱和度呈反变关系。但实际情况并非完全如此，当溶液温度很低时，虽然过饱和度很大，但溶质分子的能量太低，晶核生成的速度仍很慢。当温度升高时，过饱和度降低了，晶核生成速度加快并达到一个极大值；继续升高温度，一方面过饱和度下降，另一方面溶质分子的动能加大，反而会降低晶核生成速度。实践表明晶核生成最大速度时的温度要比晶核长大最快时的温度低得多。也就是说在低温时沉淀有利于晶核的生成而不利于晶核的生长，（参见图 3-2-1）。

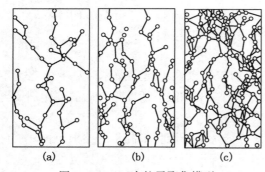

图 3-2-1　一次粒子聚集模型
(a)形成絮凝体；(b)生成凝胶；(c)生成致密沉淀物

上述生成的一次粒子——晶核，由于表面能很大不稳定，需长大或多个晶核聚结来降低表面能，这种许多一次粒子的聚集现象（也就是堆积情况不同）可分为三种，如图 3-2-1 所示。一种是生成致密的沉淀物，它的孔体积和比表面积都很小，在催化剂中不适用；另一种是形成絮凝体，就是一次性粒子延伸于整个溶液中；再一种是居于前二者之间的是凝胶，在催化剂中这部分是最重要的，它具有三维疏松的连接结构，小粒子由填充在其间隙的水分子通过氢键形成长程结构。

pH 值的影响：沉淀过程是酸碱中和反应，通常是用碱性物质作为沉淀剂。pH 值除了影响饱和度外，还影响产品形态，例如用碱性沉淀剂由 Al^{3+} 盐溶液中制备 Al_2O_3 时，在 $20\sim40$℃下，溶液 pH 值从<8 到>10 间可以得到五种不同产物：

$$Al^{3+}+3OH \xrightarrow{pH<8} 碱式\ Al^{3+}盐 \xrightarrow{pH>8} 无定形凝胶$$

$$\Big\downarrow pH>9$$

$$\alpha\text{-}Al_2O_3\cdot3H_2O \xleftarrow{Na^+} \beta\text{-}Al_2O_3\cdot3H_2O \xleftarrow{pH>10} Al(OH)_3\ 胶$$

制备加氢裂化催化剂载体时，一般停止在无定形凝胶或 $Al(OH)_3$ 胶阶段。

pH 值还是影响凝聚的重要因素，例如硅溶胶在 pH = 5~7 之间有凝聚时间的最小值，而对铝溶胶来说，随 pH 值之上升，其黏度呈指数上升。

对 Al_2O_3 或 $SiO_2-Al_2O_3$ 载体还可用摆动 pH 法来制备较窄孔分布的载体，本法用酸性铝盐如 $AlCl_3$、$Al_2(SO_4)_3$ 及碱性铝酸盐如 $NaAlO_2$ 或 NH_4OH 成胶。在成胶过程中交替加入酸性溶液或碱性溶液，使成胶 pH 值大幅度波动，在酸性条件下部分粒子溶解，小粒子溶解快，大粒子溶解慢，在碱性条件下又生成新粒子和原有粒子长大，在 pH 值不断变更的条件下，小粒子不断溶解大粒子不断长大，可以通过调节 pH 值波动幅度、波动次数及停留时间来控制沉淀的性质。

如果需要得到较大的沉淀粒子则可采用较高温度、剧烈搅拌和低浓度溶液。而浓度、温度、电解质和搅拌情况均对粒子的凝聚有影响。

总之，在成胶时通过控制条件，改变一次粒子的大小及排列方式，得到具有各种表面积、孔体积和孔分布的载体。

（三）老化（陈化）过程

沉淀的性质因放置时间或介质不同而发生变化称之为沉淀的老化（陈化）。

此过程虽不是每个催化剂所必需的，但老化与否和老化条件对最终产品性质也有相当的影响。

在老化过程中主要发生的是小粒子的溶解和大粒子的长大。Ostward-Freundlich 计算了大粒子的溶解度 S_∞ 和半径为 r 粒子的溶解度 S_r 存在有以下关系：

$$RT/M\ln(S_r/S_\infty) = 2\sigma/(\rho \cdot r)$$

式中，R 为气体常数；T 为绝对温度；M 为相对分子质量；σ 为表面张力；ρ 为沉淀粒子的相对密度。

由上式可见粒子越小溶解度越大，而且溶解度与粒子大小的关系受表面张力的制约。当溶液中大小粒子共存时，对大粒子是饱和状态，对小粒子则是不饱和的。结果是小粒子溶解，大粒子长大，对同一结晶则是形状不规则部分溶解度大，而形状规则的部分溶解度小，这样老化的总结果是沉淀刚生成时的不规则粒子，大小趋于均匀，形状趋于规则。

此外在老化过程中还会发生沉淀与母液的离子交换或化学吸附，而导致沉淀杂质含量的增加，所以要制备纯度较高的载体时，生成沉淀后要尽快与母液分离。需要老化时可换用其他介质。

（四）洗涤

洗涤的目的是为了除去杂质，但洗涤条件的不同也会给载体的物化性质带来一些差别，洗涤过程要注意的是：由于液体中电介质的除去电动势增大，而使凝胶部分地回复为溶胶，造成过滤困难等问题，为避免此现象的发生，往往向洗涤液中加入些如氨水之类的电介质，以保持凝胶的稳定。

（五）干燥

虽然干燥的主要目的是除去凝胶中的大量水，但在干燥过程中随着水分的脱去，凝胶的比孔体积要发生变化，所以干燥过程中条件的控制也是不可忽视的。

在开始干燥时，是凝胶外表面水分蒸发，受温度、相对湿度、表面上气流流动速率和干燥物体积等因素影响，失水的速率是恒定的。继续脱水至水含量降至 50% 左右时，滤饼开始收缩，失水速率降低，水分的蒸发受制于毛细管力，毛细管孔径越小，平衡蒸气压越低，蒸发就越慢。在干燥过程中应避免在样品中形成大的温度梯度，在低温时蒸发速度慢，表面积减小得少，干燥带、回转窑都是较好的干燥设备，较理想的干燥方式是在恒定脱水速率阶段用快速干燥，在脱水速率减少阶段用慢速干燥。

(六) 煅烧

煅烧是干燥后的进一步热处理，在煅烧过程中发生以下一些变化：失去化学键合的水或二氧化碳，改变孔分布，形成活性相和稳定机械强度。对加氢裂化催化剂来说多数是含氧化铝的载体，形成那种 Al_2O_3 相是很重要的，因此煅烧温度也必需满足其相变的要求，煅烧温度还对覆盖在氧化铝表面的羟基有影响，因此也影响其酸度。

煅烧时会造成较小孔的消失，使平均孔径增加，对 $\gamma-Al_2O_3$ 来说，在一定范围内煅烧温度越高，平均孔径越大。

关于沸石的制备过程已在有关章节中讨论过。一般情况下沸石是在成胶时或用与载体混捏方法加入到催化剂中。

四、载体的成型

早期的加氢裂化催化剂多采用打片、抹板成型，现代的主要是挤条成型，形状则以圆柱形、三叶草、四叶草较为常用，也有个别使用球形的。

压片是将粉末注入圆柱形孔中，在活塞上施以 $10\sim400MPa$ 压力，使成片，有时需加些石墨、滑石粉、硬脂酸等作为润滑剂或塑化剂，它有强度好、均匀等优点。但生产效率低，活性发挥差而早已不用。

抹板与压片相似，只不过是将湿滤饼注入圆柱形孔中，在干燥时待其脱水而自然脱落，也因有压片相类似的缺点而被淘汰。

挤条是当前国内外加氢裂化催化剂成型中最常用的方式，它是将干燥到一定程度的载体，或需挤条的物料干粉，加入黏合剂制成糊膏。从料斗喂入螺杆驱动装置，迫使物料通过机头的孔板，挤出后即行干燥并硬化，以保持其形状，还可在孔板外侧装一旋刀，将挤出的条切成一定长度(称为切粒)。可以通过孔板上孔的形状来控制挤出条的形状和大小，此法除了强度略低于压片以外，无论在生产效率、保持孔隙率、充分发挥催化剂活性组分等方面都明显优于前者。

催化剂成型技术除上述介绍外，尚有各种方式的成球、造粒等，在加氢裂化催化剂中很少使用而不再详述。

目前，加氢精制和加氢裂化催化剂的生产方法都已经比较成熟，除了继续进行催化剂的新配方和新工艺的研究外，催化剂外形的创新也成为一个发展方向。

催化剂的外形经历了从小球形到条形，再到齿球形的发展，如图 3-2-2、图 3-2-3 所示。齿球形催化剂既具有球形催化剂装填均匀的优点，又具有异形条形催化剂外比表面积大、传质效率高的优点，是今后成型技术发展的一个方向。

1. 齿球形催化剂的特点

(1) 传质性能好

对于加氢精制和加氢裂化反应，反应物是大的烃类分子，反应物的扩散对催化反应的影响非常大，因此提高扩散速度能提高反应速度。反应物扩散包括内扩散和外扩散。由于受到催化剂物性(主要是比表面积和孔道结构)和反应原料的限制，一般相同类型催化剂的内扩散基本相同，而外扩散主要受反应物流速和催化剂外表面积的影响。一般来说，催化剂外表面积越大，扩散影响越小，催化剂的活性就能更好地发挥。通过计算表明，在外切圆尺寸相同的情况下，三叶草外表面积是圆柱条的 1.25 倍，而齿球是圆柱条的 1.3 倍。如果计算催

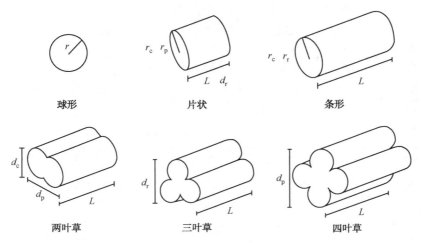

图 3-2-2 催化剂的外观形状

化剂的单位体积外表面积，那么三叶草是圆柱条的 1.7 倍，而齿球是圆柱条的 2.1 倍，因此，齿球形催化剂大大增加了催化剂的外比表面积，进而加大了外扩散传质的速度，提高了催化反应速度。

（2）装填均匀，装卸容易

条形催化剂床层容易发生催化剂架桥，导致物料分布不均匀，产生沟流、局部过热和催化剂结焦等不良现象，造成催化剂使用寿命的降低。为了改善条形催化剂装填效果，在装填时需要使用特殊的工具和技术。而齿球形催化剂具有球形催化剂的优

图 3-2-3 齿球催化剂 3D 图

点，即装填容易、操作简单、装填均匀等，采用普通装填方法就能使催化剂床层均匀，同时可以确保反应器内催化剂床层阻力和压力均衡，有效解决了反应器内物料分配不易均匀的问题，消除了因催化剂架桥而产生的沟流和局部过热，减少了催化剂的结焦，延长了催化剂的使用寿命。同时也避免了由于装填不均匀而对催化剂使用造成的不良影响。

表 3-2-1 不同载体外表面积比较

项目	条形	三叶草形	齿球形
相同尺寸	1	1.25	1.32
相同体积	1	1.7	2.1

（3）齿球形催化剂床层压降小

齿球形催化剂的床层压降小于条形催化剂的床层压降，并且齿球形催化剂的外形尺寸可以调整，可根据反应器的直径和催化剂床层高度确定催化剂的粒径大小，选择合适的催化剂粒径，优化催化剂的床层压降。

（4）齿球形催化剂床层不易塌陷

降低催化剂颗粒的尺寸可以增大催化剂外表面积，从而提高催化剂的性能。但催化剂几何尺寸（即粒度）的减小会导致反应器床层压降增大，因此条形催化剂为了防止催化剂床层压降过大，必须有一定直径和长度。由于条形催化剂轴向和径向受力不均匀，条形催化剂容

易折断变短，使催化剂床层塌陷，影响催化剂的反应性能，而齿球形催化剂具有球型催化剂的优点：受力均匀，具有高抗压强度，不易产生催化剂床层塌陷现象。

2. 齿球形催化剂的工业应用

2002~2012 年，齿球形型催化剂分别在柴油加氢脱硫、加氢裂化预精制、裂解汽油加氢、焦化汽油加氢、加氢裂化、加氢降凝等十五套工业装置使用，齿球形催化剂平均反应温度比三叶草条形催化剂低 10~20℃，反应负荷提高 20%~25%，工业应用结果良好(见表 3-2-2)。

表 3-2-2　齿球形催化剂应用实例

装置名称及规模	主要技术条件	催化剂及使用效果
大庆 800kt/a 柴油加氢精制	反应温度：210~280℃ 反应压力：8.0MPa 液体空速：2.5h^{-1} 加氢指标：S<50μg/g，N<200μg/g	催化剂：Mo、Ni/Al$_2$O$_3$ 平均反应温度比三叶草催化剂低 20.5℃，齿球催化剂床层径向温差小于 2℃
大庆 300kt/a 焦化汽油加氢	反应温度：210~350℃ 反应压力：3.5MPa 液体空速：1.7~2.0h^{-1} 加氢指标：溴价<2.0gBr/100，总氮<50μg/g	催化剂：Mo、Co、Ni/Al$_2$O$_3$ 催化剂活性、稳定性较高，装填均匀，平均提温速率为 1.25℃/月，催化剂床层径向温差仅仅为 1℃
大港 160kt/a 焦化汽油加氢	反应温度：200~360℃ 反应压力：4.0MPa 液体空速：2.2~2.5h^{-1} 加氢指标：硫含量<5μg/g，氮含量<5μg/g，烯烃饱和率≥98%	催化剂：Mo、Co、Ni/Al$_2$O$_3$ 催化剂再生周期超过 2 年
大庆 100kt/a 裂解汽油加氢	反应温度：210~280℃ 反应压力：5.0MPa 液体空速：2.5h^{-1} 加氢指标：S<1μg/g，溴价<1.0gBr/100	催化剂：Mo、Co、Ni/Al$_2$O$_3$ 催化剂加氢活性高，反应温度较三叶草催化剂低 10℃，再生周期最长达 6 年
抚顺 50kt/a 裂解汽油加氢	反应温度：220~320℃ 反应压力：3.5MPa 液体空速：3.5h^{-1} 加氢指标：S<1μg/g，溴价<0.5gBr/100	催化剂：Mo、Co、Ni/Al$_2$O$_3$ 起始反应温度比三叶草形催化剂低 36℃
大庆 1200kt/a 加氢裂化预精制	反应温度：350~390℃ 反应压力：13.5MPa 液体空速：1.26h^{-1} 加氢指标：S<1μg/g，N<10μg/g	催化剂：Mo、Ni、P/Al$_2$O$_3$ 与三叶草催化剂相比，反应负荷提高 15%，反应器入口温度降低 10℃。齿球催化剂床层径向温差小于 2℃
杭炼 250kt/a 汽柴油加氢改质	反应温度：320~370℃ 反应压力：6.0MPa 液体空速：1.2h^{-1} 加氢指标：S<1μg/g，N<10μg/g，柴油凝点<0℃	催化剂：Mo、Ni、P/Al$_2$O$_3$+分子筛 与三叶草催化剂相比，入口反应温度低 14℃
大庆炼化分公司 600kt/a 柴油加氢改质	反应温度：320~370℃ 反应压力：9.0MPa 液体空速：1.2h^{-1} 加氢指标：S<1μg/g，N<10μg/g，柴油凝点<-35℃	催化剂：Mo、Ni、P/Al$_2$O$_3$+分子筛 采用齿球型催化剂后，在原料性质基本相近的情况下，柴油收率提高 2.05%；齿球催化剂床层径向温差小于 2℃

五、加氢金属的引入

加氢裂化催化剂是固体催化剂，通常它由加氢金属组分、助剂和载体三部分组成，成为具有活性高、选择性好、强度高和寿命长的催化剂。本节将讨论加氢活性组分——单元、二元、三元Ⅷ族和ⅥB族金属引入载体的方法。该方法有混捏法（混合法）、浸渍法、共沉法（沉淀法）和离子交换法。前三种为非贵金属引入方法，后一种主要是贵金属引入方法。混捏法为加氢金属盐类和载体粉状物机械混合，加入适量黏合剂碾压至一定程度，而后成型、干燥、焙烧，它不需要配制金属溶液，常用的金属盐为硝酸盐、铵盐、有机盐（乙酸盐、乳酸盐）、特制的金属氧化物，而其他三种制备方法均要求配置专门含金属盐的溶液，常用的溶剂是水。

（一）加氢金属盐类的选择及溶液配制

当选择制备催化剂盐类时，要考虑它是否容易取得、价格便宜、溶解度大、结构稳定且能在缓和条件下热分解，排放毒物最少，通常钼、钨用铵盐，镍、钴用硝酸盐、碳酸盐等，专利文献还提到 Ni(Co)-Mo 铵盐类、杂多酸盐。

共沉法是金属盐与载体所用硅酸盐、铝盐共同沉淀制成，为此根据金属盐水溶液酸碱性，分别加到酸性（或碱性）溶液中，常用的金属盐有氯化盐、铵盐、醋酸盐等。

离子交换法常用在贵金属上，常用的金属盐有氯化盐、氯氧化物、氯酸盐，如 $PdCl_4$、$PtCl_4$、$PdOCl_2$、$RuCl_4$、H_2PtCl_6、$Pt(NH_3)Cl_2$、$Pt(NH_3)_2(OH)_2$ 等。

溶液配制：通常以水为溶剂，必要时也可用有机溶剂（醇或烃）。为了减少工序和提高设备生产率，广泛采用一次浸渍或共浸，根据催化剂金属含量要求和载体吸水性，决定配制溶液的浓度。一般在室温下用铵盐和硝酸盐配制成高浓度双金属混合液，常用仲钨酸铵 $(NH_4)_2W_4O_{13} \cdot 4H_2O$、硝酸镍 $Ni(NO_3)_2 \cdot 6H_2O$ 配成 W-Ni 水溶液，用七钼酸铵（或多聚钼酸铵）$(NH_4)_6Mo_7O_{24} \cdot 4H_2O$ 和硝酸镍配成 Mo-Ni-NH_4OH 碱性溶液。为了配制高浓度 Mo-Ni 溶液，也可用特制 MoO_3、碱式碳酸镍 $NiCO_3 \cdot Ni(OH)_2 \cdot 4H_2O$ 和磷酸配制成 Mo-Ni-P 酸性溶液。为了提高催化剂活性，在浸渍液中加入稳定剂，如磷酸、柠檬酸、尿素、铵盐、过氧化物、胺类，也有用磷钼酸盐、杂多钼酸钴盐、含钴或镍的钼酸铵盐[105,106]。Yukie Ohta 等用氮川三乙酸（NTA）、乙二胺四乙酸（EDTA）、环己烷二胺四乙酸（CYDTA）螯合剂加到金属盐溶液中，能改善 Mo-Co、W-Ni/Al_2O_3 催化剂苯并噻吩、二苯并噻吩及二甲苯和甲基萘的加氢性能。P. Blanchard 等考察了乙烯基二胺螯合剂对 Ni-Mo，Co-Mo 催化剂 HDS 活性的影响[107]。

（二）加氢金属加入方式

1. 浸渍法

将载体放在含有活性组分的溶液中浸泡称为浸渍。浸渍原理是固体载体的孔隙与液体接触时，由于表面张力的作用产生毛细管压力，使液体渗透到毛细管内部以及液体中活性组分与载体表面相互作用，在载体表面产生吸附作用[108]。如前面所述，吸附有两种形式，阳离子交换和阴离子吸附[109]。通常载体的孔填满溶液只需 10min 左右，理论上孔内各点溶质浓度相同，实际上在某种情况下，低黏度的溶剂比溶质扩散快，需要几小时才能达到均匀[110]。

（1）载体浸渍工艺

包括以下基本步骤：包括成型在内的载体制备、干燥及焙烧；浸渍液的制备；一步或两步浸渍法在载体上担载金属盐；最后干燥和焙烧。两步浸渍法还需进行中间干燥或焙烧。若浸渍时有些载体表面积大、亲水性强，受毛细管压力作用及吸水放热、局部温度升高，造成载体吸湿瞬间产生龟裂，此时可选用比水极性低的液体预浸、低温干燥，而后再浸金属盐溶液或采用真空浸渍,或用蒸汽预处理也可减少龟裂。也有的为了改善金属分散使更均匀,用水、氨水、稀酸液进行预浸。

(2) 浸渍方法

浸渍方法有两种:

A. 过剩溶液浸渍法(又称平衡吸附法或循环浸渍法),见图3-2-4、图3-2-5。

B. 喷淋法(又称孔饱和浸渍法或干式浸渍法或吸湿法),见图3-2-6。

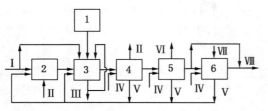

图 3-2-4　循环浸渍法制备催化剂示意图

1—溶液制备;2—润滑;3—浸渍;4—干燥;
5—煅烧;6—硫化;

I —载体;II —水;III —母液;IV —供热;V —反回润滑
或再次浸渍;VI —排放尾气;VII —H$_2$+H$_2$S;VIII —成品

A法浸渍液组成在变化,同时需要排渣,因此溶液不能完全使用,需进行补充和调整浓度。但浸渍均匀,金属载量高。B法为载体与适当浓度的溶液(相当于载体总孔体积或稍低)接触,该法操作简单,无过剩液处理问题,载体龟裂现象少,但金属分散较A法差。两种浸渍技术主要的操作因素:首先是温度,因它影响金属盐的溶解度和溶液的黏度,最终将影响浸渍时间。也可以加入助剂增加金属盐的溶解度,浸渍时间必需足够,确保浸透载体颗粒,四种典型的浸渍活性组分分布剖面图见图3-2-7[111]。

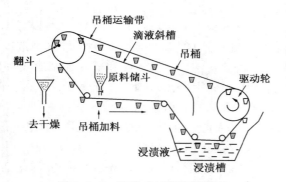

图 3-2-5　连续式过剩液浸渍法

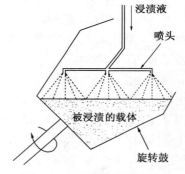

图 3-2-6　喷淋浸渍示意图

(3) 活性组分负载量和浸渍液的浓度

浸渍液的浓度决定催化剂中活性组分的含量,设所需制备的催化剂要求活性组分的含量(以氧化物计)为$A\%$,所用载体的孔体积为V_p(mL/g),以氧化物计算的浸渍液浓度为C(g/L),则每克载体浸入溶液,所负载的活性组分含量(以氧化物计)为:

$$A\% = \frac{V_p C}{1000 + V_p C} \times 100$$

若催化剂中活性组分含量$A\%$已定,并知载体孔体积V_p,可计算出所需配制浸渍液的浓度C。

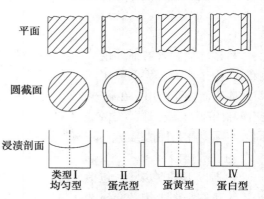

图 3-2-7　四种典型的浸渍剖面图

前两行为催化剂纵横截面金属分布区,

底行表示浸渍外形图

当需要活性组分在载体上呈单层分布，则负载量可按下式估算：

$$A = \frac{10^4 S d^{2/3} M^{1/3}}{N^{1/3}}$$

式中，S——载体的表面积，m^2/g；

M——活性组分的摩尔质量，g/mol；

d——活性组分密度，g/mL；

N——Avogadro 常数，6.023×10^{23} 个/mol。

但实际应用过程中，一般根据催化剂预定的金属组分（以氧化物计）含量，载体的吸水率（或吸收率），来计算配制浸渍液的浓度，如 $MoO_3 - NiO/\gamma - Al_2O_3$ 催化剂 MoO_3 24%，NiO 4%，需配制溶液的浓度 C_{MoO_3} 及 C_{NiO} 为：

$$C_{MoO_3} = \frac{24 \times 100}{w \times a_{H_2O}} \times 1000 \qquad C_{NiO} = \frac{4 \times 100}{w \times a_{H_2O}} \times 1000$$

式中　　w——100g 催化剂中载体含量，g；

a——100g 载体吸水或吸收率，mL；

C_{MoO_3}——浸渍液中 MoO_3 浓度，g MoO_3/L；

C_{NiO}——浸渍液中 NiO 浓度，g NiO/L。

同时可根据 MoO_3 最大分散量按密置单层模型计算与实验测得值相符，浸渍法为 $0.14 g MoO_3/100 m^2 \gamma - Al_2O_3$（或 $0.226 g WO_3/100 m^2 \gamma - Al_2O_3$），干混法 $0.12 \sim 0.13 g/100 m^2 \gamma - Al_2O_3$，则催化剂 MoO_3 单层密置最大分散量为：

$$MoO_3\% = 0.14 \times 载体表面积$$

Ni^{2+} 有两种状态，一种位于 MoO_3 层内，一种在载体尖晶石内，$NiAl_2O_4$ 仅限于表面一单分子层，因此双金属或多金属组分只需考虑主金属单分子层分布。

刘英骏等测定 MoO_3 在不同氧化物表面分散域值见表 3-2-3[112]。

表 3-2-3　MoO_3 在不同氧化物表面分散域值

载体	氧化物		MoO_3 在表面分散域值		表面覆盖率/%	形成体相化合物最低温度/℃
	酸性	碱性	g MoO_3/100m^2	$\times 10^{18}$ Mo 原子/m^2		
MgO	弱	强				290
$\gamma - Al_2O_3$	↓	↓	0.12	4.9	100	500
TiO_2	↓	↓	0.12	4.9	100	
SiO_2	强	弱	0.032	1.3	27	

浸渍法制备催化剂涉及大量的经验规律，这就使条件参数的选择成为一个比较复杂不确定性的问题，孙予罕等[113]提出多组分浸渍制备的专家系统原型 IACES-Ⅱ，采用集总方法将浸渍参数优化选择问题分解为若干子问题，并采用"规则架+规则体"这种基本结构来形成知识库的整体结构，根据目标推理给出以下浸渍参数。

- 吸附形式
- 离子交换形式
- 浸渍体系稳定的 pH 值范围
- 竞争吸附剂
- 操作参数（初始浓度、载体用量和溶液体积比、浸渍时间等）

浸渍金属最大担载量取决于：金属盐在溶剂中的溶解度和载体的孔体积，当需要量大于最大担载量时，载体需几次浸渍、干燥和焙烧。

(4) 浸渍载体分类与浸渍液的 pH 值

浸渍载体一般分为两类，一种为载体与浸渍液之间没有特殊的相互作用，一种是载体与浸渍液有相互作用，借此使活性组分均匀分散，原子分散率接近 1，同时在干燥、焙烧或还原过程仍保持高度分散，通常这种情况担载金属粒度大小约为 1.0nm，而前者很少低于5.0nm。加氢催化剂其载体与浸渍液具有相互作用的特性。

Brunelie J. P 认为氧化物对金属络离子的吸附取决于三个重要参数，即氧化物的等电点，浸渍液的 pH 值和金属络离子的性质。

1) 氧化物的等电点：悬浮在水溶液中的氧化物粒子能极化而带电，粒子表面的有效电荷被溶液中的反离子部分中和，如图 3-2-8 所示[104]。

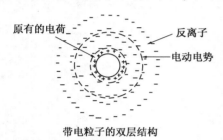

图 3-2-8　带电粒子的双层结构

从图 3-2-8 可见，带正电荷的粒子吸引溶液中的阴离子，反离子形成空间电荷，其中一部分与正离子之间吸引较强，随正离子的布朗运动而跟着移动，造成电动现象中的电动势，亦称 ε 电势(或电位)，它受 pH 值影响。大部分的载体氧化物是两性的，因此粒子所带电荷的性质决定于所在溶液的 pH 值，以 S—OH 表示粒子表面的吸附位，在酸性介质中(H^+A^-)为：

$$S-OH+H^+A^- \Longrightarrow S-OH_2^+A^-$$

按照双电层理论，粒子带正电，在其周围有一带负电的 A^- 离子的扩散层，在碱性介质中，以 B^+OH^- 表示碱，则

$$S-OH+B^+·OH^- \Longrightarrow S-O^-B^+ + H_2O$$

此时粒子带负电，而周围为带正电的异电离子扩散层，见图 3-2-9[110]。图 3-2-10 为 pH 值对氧化铝电动势的影响。从图 3-2-9、图 3-2-10 可以看出，在这两种情况之间有一 pH 值，在该 pH 值下，正负电荷相等，即所带的电荷为零，这一状态称为等电点 IEC(或零点电荷ZPC)，即 IEC 描述了在溶液中固体表面带电尺度，IEC 大，在酸性溶液中因表面上羟基数目多，有利于阴离子吸附，反之在碱性溶液中因固体表面上质子数目多，有利于阳离子交换。

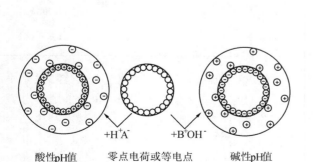

图 3-2-9　一种氧化物粒子表面极化
与溶液 pH 值的关系

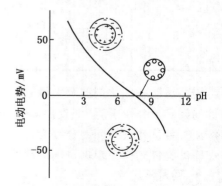

图 3-2-10　pH 值对氧化铝的
电动电势的影响

这就是说离子在固体表面上的吸附取决于固体 IEC，根据载体 IEC 来选择吸附方式。表3-2-4 给出常见载体氧化物的等电点。

表 3-2-4　常见载体氧化物的等电点

氧化物	等电点	吸附离子种类	氧化物	等电点	吸附离子种类
Sb_2O_3	<0.4	阳离子	ZrO_2 水合物	~6.7	阳离子或阴离子
WO_3 水合物	<0.5		CeO 水合物	~6.75	
SiO_2 水合物	1.0~2.0		Cr_2O_3 水合物	6.5~7.5	
U_3O_3	~4.0	阳离子或阴离子	$\alpha,\ \gamma-Al_2O_3$	7.0~9.0	
MnO_2	3.9~4.5		Y_2O_3 水合物	~8.9	阴离子
SnO_2	~5.5		$\alpha-Fe_2O_3$	8.4~9.0	
TiO_2(金红石、锐钛矿)	~6.0		ZnO	8.7~9.7	
UO_2	5.7~6.7		La_2O_3 水合物	~10.4	
$\gamma-Fe_2O_3$	6.5~6.9		MgO	12.1~12.7	

2）浸渍液的 pH 值对载体性质的影响：由表 3-2-4 看出，SiO_2 等电点很低，为 1~2，表明它是一酸性氧化物，在浸渍液 pH 值<7 时，其表面具有负的电荷，对 H_2PtCl_6 无吸附能力，但 pH 值>7 时，用 $[Pt(NH_3)_4](OH)_2$ 作溶质，才能吸附铂氨络离子。氧化铝为典型的两性，等电点为 7.5，当溶液 pH 值<7.5 时，Al_2O_3 粒子带正电荷，能够吸附阴离子；而当 pH 值>7.5 时，Al_2O_3 粒子带负电荷，可以吸附阳离子。

3）金属的络合离子：金属络合阴、阳离子见表 3-2-5、表 3-2-6。

表 3-2-5　金属络合阴离子

Mn MnO_4^-	Fe	Co	Ni	Cu
Tc	Ru	Rh $RhCl_6^{3-}$	Pd $PdCl_4^{2-}$	Ag
Re ReO_4^-	Os $OsCl_6^{2-}$	Ir $IrCl_6^{2-}$	Pt $PtCl_6^{2-}$	Au $AuCl_4^{2-}$

表 3-2-6　金属络合阳离子

Mn	Fe	Co $Co(NH_3)_2^{2+}$	Ni $Ni(NH_3)_2^{2+}$	Cu $Cu(NH_3)_2^{2+}$
T_C	Ru $Ru(NH_3)_5Cl^{2+}$	Rh $Rh(NH_3)_5Cl^{2+}$	Pd $Pd(NH_3)_4^{2+}$	Ag $Ag(NH_3)_4^{2+}$
		Ir $Ir(NH_3)_5Cl^{2+}$	Pt $Pt(NH_3)_4^{2+}$	
Re	Os			Au

Al_2O_3 吸附所需要的两个条件为 pH 值<8 的络阴离子溶液或 pH 值>8 的络阳离子溶液，用 H_2PtCl_6 溶液，$Pt(NH_3)_4(OH)_2$ 溶液或 $Pt(NH_3)_4Cl_2$ 的氨溶液都能满足这两个条件，因此都能使 Pt 吸附，而 Na_2PtCl_6 溶液，pH 值接近 Al_2O_3 等电点，不能满足溶液 pH 值这一要求，因而不能进行铂吸附。

（5）竞争吸附与竞争吸附剂

在浸渍液中除活性组分外，还加入适量另一组分，载体在吸附活性组分的同时，也吸附第二组分，有时可做到两种组分在载体表面上被吸附的机率相同，所加入的第二组分称为竞争吸附剂，这种作用叫做竞争吸附。如 $\gamma-Al_2O_3$ 对 H_2PtCl_6 吸附很快，但 H_2PtCl_6 扩散进孔是速率控制步骤，所以沉积在外壳，为蛋壳型。这对催化重整反应不利，将 HCl 加到溶液中，HCl 与 H_2PtCl_6 对吸附部位是竞争吸附的，这种迫使 Pt 深入 $\gamma-Al_2O_3$ 颗粒内部，HCl 即竞争吸附剂，此外还有草酸、酒石酸、柠檬酸、乳酸、三氯乙酸等都可用作竞争吸附剂，随所用酸的强度不同，铂在载体表面分布情况亦不同。

在选择竞争吸附剂时，要考虑活性组分与竞争吸附剂间吸附特性差异、扩散系数不同以及用量不同的影响，此外还应考虑容易分解挥发，没有污染、毒害作用，同时根据不同反应需要制取不同蛋型分布。如用 H_2PtCl_6 浸渍 $\gamma-Al_2O_3$，HCl 为竞争吸附剂，加入不同 HCl 量以调整浸渍液 pH 值，随着竞争吸附剂量加多，pH 值降低，Pt 浸渍深度增加，见表 3-2-7。

表 3-2-7　H_2PtCl_6 的浸渍深度与溶液 pH 值的关系

溶液 pH 值	2.3	2.0	1.8	1.6	1.4
浸渍深度/nm	150	180	210	250	320

采用不同用量竞争吸附剂，可以控制金属组分的浸渍深度，这是因等电点为 8 的 $\gamma-Al_2O_3$，随着溶液 pH 值降低，正的 ε 电位增加，对络阴离子 $PtCl_6^{2-}$ 的吸附能力增大，浸渍深度也增加。

2. 共沉法(沉淀法)

共沉法是指将金属组分与单元或二元氧化物载体同时沉淀，制成孔体积和表面积大的催化剂。由于它的金属分散均匀，尽管制备技术要求高，成本相对高，但仍是非均相催化剂制备的一项重要技术。图 3-2-11 及图 3-2-12[114] 为共沉法制备催化剂通用流程及从溶液生成固体产物衍变过程。

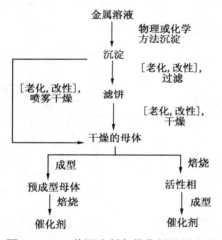

图 3-2-11　共沉法制备催化剂通用流程

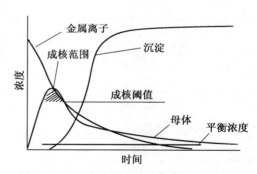

图 3-2-12　从溶液生成固体产物衍变过程

金属离子借水解或提高 pH 值生成母体粒子，当母体粒子的浓度超过成核阈值，产品开始沉淀，由于成核及核生长消耗母体，成核只在阴影区生成。图 3-2-12 中最重要的曲线是成核曲线，它表明母体浓度随时间而变，当母体浓度超过临界浓度阈值时，成核并开始沉淀，但母体的浓度仍在成核阈值之上，由于成核及占优势的核生长消耗母体，很快浓度下降至临界浓度以下。该过程能生产出多为单层氧化物或氢氧化物，且可根据成核时间长短，调整粒度大小分布。图 3-2-13 描述了影响沉淀的各种参数及其对主要性质的影响。图 3-2-14 示出共沉法制备加氢催化剂流程示意图。

下面就共沉法制备加氢催化剂分三步进行叙述：金属盐溶液配制；中和沉淀过程；洗涤与过滤。

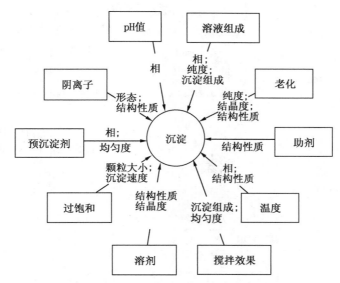

图 3-2-13　影响沉淀的各项参数及其对主要性质的影响

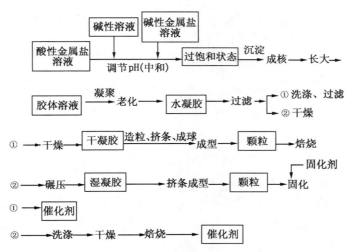

图 3-2-14　共沉法制备加氢催化剂示意图

注：方框表示从原料到成品所经历的各个阶段，箭头上面文字表示单元过程，

箭头之间文字表示整个过程各操作步骤

（1）金属盐溶液配制

将要把它转化为活性组分和载体的相应盐，按其酸、碱性分别配成适宜的溶液，溶剂最好是水，盐的用量根据预定氧化物含量而定，至于金属盐的阴离子的选择要考虑溶解度、杂质含量在洗涤、干燥、焙烧过程中易除去，并消除环境污染，容易获得且价格合适等问题，常用氯化物；硫酸盐便宜但难以除净杂质；草酸盐最好但价格贵。

（2）中和沉淀过程

将直径为 10~1000nm 的胶体粒子的溶胶沉淀，这是催化剂中多孔结构过程的起始。沉淀过快，形成粗大颗粒，缺少大表面积催化剂的特性。沉淀过程分三阶段进行：过饱和、成

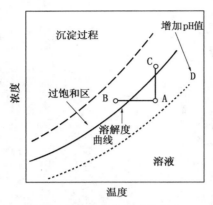

图 3-2-15　介稳的过饱和态

核、核长大，产生过饱和的适宜参数如图 3-2-15 所示。使溶液进入过饱和区有三种方法：通过蒸发提高溶液浓度（A 到 C）；降低溶液温度（A 到 B）；提高 pH 值（这实际上将溶解度曲线移至标有 D 的虚线位置，从而使 A 处于过饱和区）。提高 pH 值是三种方法中最方便的方法，通过加入碱性溶液提高 pH 值，可控制下述反应：

$$M^{n+} + n(OH)^- \rightleftharpoons M(OH)_n$$

一般所用的碱性物质是钠盐、铵盐、碳酸盐、碳酸氢盐，常用的是铵盐、碳酸铵盐。表 3-2-8 是加氢催化剂氢氧化物沉淀条件。

表 3-2-8　几种氢氧化物沉淀过程的 pH 值

氢氧化物	$Co(OH)_2$	$Ni(OH)_2$	$Fe(OH)_2$	$Al(OH)_3$	$Si(OH)_4$	$Cr(OH)_3$	$Fe(OH)_3$
pH 值	6.8	6.7	5.5	4.1	8.5	5.3	2.0
沉淀开始 pH 值	7.1	7.15	6.95	3.37	2.7	4.27	1.87
沉淀完全 pH 值	9.1	9.15	8.95	4.71	>10.5	5.6	3.2

随着溶液 pH 值不同，沉淀氢氧化物和水分子之间作用不同，使氧化物表面带正电或带负电，对于 pH 值低的酸性溶液，平衡按式（1）所示的方向，即粒子表面带正电，而 pH 值高时，粒子带负电，平衡按式（2）所示的方向进行：

$$\begin{array}{ccc} \overset{\displaystyle OH}{|} & \overset{\displaystyle OH}{|} & \overset{\displaystyle OH_2^+}{|} \\ -M-O-M- + H_2O & \rightleftharpoons & -M- + OH^- \end{array} \tag{1}$$

$$\begin{array}{ccc} \overset{\displaystyle OH}{|} & \overset{\displaystyle OH}{|} & \overset{\displaystyle O^-}{|} \\ -M-O-M- & \rightleftharpoons & -M- + H_3^+O \end{array} \tag{2}$$

粒子表面的有效电荷被溶液中的反离子部分中和，如图 3-4-6 及图 3-4-7 所示，带电荷的粒子吸引溶液中的反离子，造成电动电势，亦称 ε 电势，电动电势决定胶凝过程的速率，如果电势高，粒子实际上互相排斥避免接触；如果电势低，则热运动导致互相碰撞和凝聚。胶凝过程的速率在等电点（ZPC）最高，此时电动电势为零。

（3）洗涤与过滤

在制备催化剂或载体时，对杂质离子的含量有一定限制，否则会影响催化剂的性能和活性，但在实际生产过程中，原料不可避免地会带进杂质，这就需要用洗涤和过滤方法除去沉淀物中的杂质离子。

在催化剂或载体生产中，洗涤方法一般有倾析法和压缩法两种，倾析法为把大量净水加入水凝胶中，在容器内充分混合，静置时沉淀物粒子缓慢沉降，在降落过程中解吸所吸附的杂质反离子，每次洗涤都要花费较长时间沉降，沉降后放出一层清液再加水，反复几次，由于反离子除去使电动电势增大，凝胶部分产生胶溶作用，因而越洗沉降时间越长。压缩法是在压滤机上完成过滤、洗涤、去湿及卸料四种功能，常用的有加压型和真空型，有的将罐搅拌洗涤和加压过滤结合起来，目前催化剂厂广泛采用。

洗涤过程是凝胶过程的继续，所以选择洗涤液及洗涤条件时，不仅要考虑使杂质尽快除去，也要考虑对凝胶性质的影响，通常：

1）对溶解度小、非晶态的沉淀物，采用含有电解质的稀溶液，第一、二次洗涤在较高 pH 值条件下洗涤，这样可以避免胶溶，所加入电解质易挥发。

2）热洗涤容易洗去杂质，且易通过滤布，过滤速度快，但沉积物损失相对多。

3）采用多次洗涤，每次洗涤用量少一些，同时便于调整 pH 值，以清除不同杂质离子。

共沉法制备催化剂可采用先成型后洗涤方式，见图 3-2-14 之②，共沉法制备的水凝胶，首先过滤，滤出含大量杂质的母液，即进行干燥、控制一定水分的湿凝胶挤条成型、固化，而后在管式反应筒内加入洗涤液冲洗，当洗涤液中某离子被条状沉淀物选择吸附时，必然有带相同电荷的另一种原先被吸附的离子从沉淀物中分离出来，此种方法过滤速度快，洗涤液用量少，溶解损失小，且便于连续化。

六、载体和催化剂的干燥与焙烧[115、116]

（一）干燥过程

干燥是固体物质的脱水过程，对于催化剂干燥除了脱水以外，尚存在有些活性组分的再分配作用。一般不发生化学变化，但物理结构特别是干凝胶孔结构会发生明显变化。

通常固体物质的水分有三种：化学结合水，属于物料结构中的组成部分，必须经焙烧才能除去；吸附水，是固体表面或毛细孔中吸附的水；游离水，是处于物料颗粒之间的水，干燥过程只能除去后两种水。

干燥温度通常在 80~200℃ 之间，根据干燥物料的不同和要求差异，可分为快速和缓慢干燥，有的则需不同的气体介质，通常用空气。干燥方法除一般以气体介质干燥方法以外，还有真空干燥、冷冻干燥、红外线干燥或微波干燥等。

1. 凝胶的干燥

水凝胶中含有大量水（Al_2O_3 或 $SiO_2-Al_2O_3$ 水凝胶含水 75% 以上），在干燥过程中，随着水的脱除，凝胶的孔体积也在减小（见图 3-2-16）。开始干燥时，水凝胶外表面水分蒸发，失水的速率是恒定的，传质受温度、相对湿度、表面上空气的流动速率和滤出物的体积所控制，这个过程持续到水含量降到约 50%，此时滤饼开始收缩，因大部分水失去，可称为干凝胶。

干凝胶继续干燥，失水率较前减小，水分蒸发受毛细管压力限制，当毛细管的孔径变小，其平衡蒸汽压降低而蒸发缓慢，大孔中液面由于蒸汽压较大优先干燥。如果蒸发在进行时，而水分锁闭在小孔内，则会产生大的蒸汽内压使结构崩塌，而使孔体积、表面积降低。干燥温度对凝胶表面积的影响见图 3-2-17[104]。由图看出，温度低、蒸发速率慢，表面积减少亦慢。有条件的情况下，最好采取分段干燥，即水含量降到 50% 之前，用快速干燥；而水含量低于 50% 之后，采用慢速干燥，这样能保证干凝胶孔结构变化不大。此外，可用界面张力较小的液体（如异丙苯、丁醇等），来取代水凝胶中的水，然后再用普通方法干燥，可增大凝胶的孔径。载体干燥通用方法有：箱式干燥、带式干燥和喷雾干燥。箱式干燥器的特点是构造简单、投资少、适应性强，缺点是劳动强度大，设备利用率低，最突出的问题是干燥不均匀。带式干燥改进了箱式干燥的缺点，但投资比箱式干燥高。喷雾干燥是使液态的物料经过喷雾进入热的干燥介质中成为干粉料，料液从干燥器顶部喷出成为雾滴，干燥后的物料从干燥器底部和旋风分离器底部出来，空气通过加热炉预热也从干燥器顶部进入，与喷入的料液雾滴接触，将热量传给雾化料液，水分汽化，使物料干燥到需要湿度，最后在旋风分离器中回收粉状物料后将空气排出。喷雾干燥的特点是干燥速度快，干燥与成型结合，生产过程简单，操作控制方便，易实现自动化改善操作环境等。缺点是设备体积庞大，热效率低，对气-固分离要求高，附属设备比较复杂。

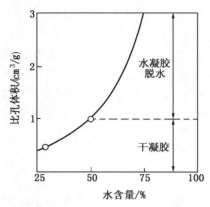

图 3-2-16　二氧化硅水凝胶干燥时孔体积的减小

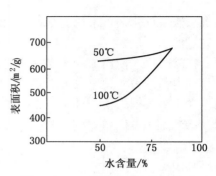

图 3-2-17　干燥过程温度的影响

2. 催化剂干燥

催化剂也是多孔物质，孔大小不均。图 3-2-18 表示三个相连的孔径各不相同的微孔结构，图(a)表示干燥前全部被液体充满；图(b)表示孔中部分液体蒸发后的情况，经干燥后最大孔中液体全部蒸发变成空的，中等孔部分变空，最小孔仍然被液体充满。产生这一现象的原因之一，是当缓慢干燥时，大孔中液面蒸汽压较大，优先蒸发，小孔中液面蒸汽压小，蒸发迟缓，同时由于小孔毛细管压力大于大孔毛细管压力（$P_{毛细} = 2\sigma\cos\theta/r$），小孔因蒸发减少的液体，能从吸引大孔中的液体来补充，这样大孔已蒸发干了，而小孔内仍有液体。对非饱和溶液，在干燥初始时，只有溶剂蒸发，溶质不会沉积出来，随着干燥的进行，溶液不断由大孔向小孔迁移，随着溶剂不断蒸发，致使溶液达到饱和，导致溶质沉积分布不均匀，这就是浸渍法制备催化剂，沉积在毛细管中的活性金属组分（即毛细管中浸渍液所含的溶质），在干燥过程中发生的迁移现象。另外，干燥时热量从颗粒外部传递到其内部，颗粒外部温度高先蒸发，同时在毛细管中凹弯月面上的蒸汽压要小于平面液体的蒸汽压也先蒸发，随着溶剂的蒸发，溶液的浓度逐渐提高，当浓度超过饱和浓度时，溶质开始从溶液中沉淀出来。为了保持毛细管内溶液液面在同一水平上，含有活性组分的溶液不断从内部的毛细孔移到外表面上来，随着溶剂的蒸发，溶质不断沉淀出来，这样就使表面上活性金属组分含量高于催化剂颗粒内部含量。共沉法制备的催化剂在进行干燥时，水溶性的溶质也会迁移到表面上来，使组分分布不均。严重时可在外部结块。

总之，活性物质在载体上的迁移和分布与载体对活性物质的吸附强度直接相关，强吸附时，在干燥过程中活性物质的分布不大可能变化，其分布主要由浸渍过程决定。而为弱吸附时，强烈地影响浸渍效果，并受干燥过程限制，此时采用快速干燥较为有利。因为在快速干燥情况下，由于毛细管压力的影响，溶剂的迁移和再分布可忽略不计，干燥速率随着蒸发前沿的深度而减小，并且蒸汽扩散到粒子外表面的阻力相应增大，这时可能得到均匀分布的催化剂。控制干燥速度的方法，最好是控制空气的湿度。

（二）焙烧过程

干燥后的催化剂一般是没有催化活性，需要继续加工处理。在不低于催化剂使用温度

下，加热焙烧，通常在空气中，低于600℃
进行焙烧，持续一段时间，在焙烧过程中
要发生物理和化学变化。加氢催化剂焙烧
的目的：

　　1）使催化剂中的氢氧化合物、金属盐
分解，转化为氧化物，并分解出某种气体
（如NO_2、NO_3、CO_2等）和水蒸气。

　　2）改善催化剂孔结构、催化性质并提
高强度等。

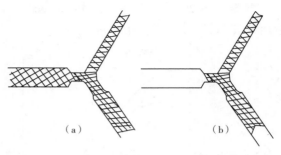

图 3-2-18　孔中液体蒸发前后不同孔的截面图
（a）蒸发前；（b）蒸发后

　　3）催化剂中金属组分之间（如 Mo-Ni、
W-Ni 生成 $NiMoO_4$、$NiWO_4$）、金属与载体之间相互作用（$Ni-Al_2O_3$、$Co-Al_2O_3$ 生成 $NiAl_2O_4$
$CoAl_2O_4$），发生固相反应生成活性相及不同晶型氧化物。

　　1. 焙烧条件的选择

　　焙烧条件是指焙烧温度、焙烧时间、焙烧气氛（或介质）及焙烧设备。

　　焙烧条件的选择，首先要使催化剂达到所要求的物化性能（活性、孔结构、晶型、强度
等），在此基础上要求提高焙烧速度，以提高生产率和设备利用率。同一催化剂要求的物理
化学性质不同，所选择最佳焙烧条件不完全相同，在上述焙烧条件中，最关键的是焙烧温
度，而焙烧温度的选择与以下有关：

　　1）催化剂金属盐种类、不同氢氧化铝晶型转变温度，不同硅铝、硅磷铝、硅钛（锆）铝
转化温度引起孔结构、表面积、强度变化，不同粒度大小的催化剂受扩散和传热控制。

　　2）利用加热时各种物理化学现象变化速度不一样的情况来选择合适条件，如结晶水脱
除、盐的分解、化合价的变化都在某一特定温度的狭窄区域中进行，而晶型变化、晶粒长
大、表面积减少、孔径增大等，其温度区域比较宽，随温度变化不太明显，综合这些条件可
选出最适宜的焙烧温度。

　　焙烧时间包括根据升温速度所需的时间及达到预定的焙烧温度的持温时间，首先要考虑
焙烧设备料层厚度、通风情况，保证金属盐、氢氧化物可挥发分全部逸出，物化性质达到预
定指标来确定。一般来说加氢催化剂焙烧升温速度，在150℃之前可以快些，其余升温速度
可控制在 25~100℃/h，持温时间 4~10h。

　　焙烧气氛一般采用预热空气作为载体，携带出焙烧过程中产生的气体（CO_2，NO_2，
NO_3，H_2O 等），除了从环保要求不污染外，水蒸气的存在对晶型沸石结构影响较大。

　　2. 焙烧过程对催化剂（或载体）物理和化学性质的影响

　　在焙烧过程中会发生物理和化学变化，但因焙烧条件和焙烧物质不同，某些变化为主，
某些变化次之，可对催化剂或载体产生的影响则是最终结果，这些影响为：

　　（1）对表面积和孔结构的影响

　　焙烧过程中因焙烧条件（温度、气氛、时间）和催化剂不同，对其表面积和孔结构的影
响也不同。图 3-2-19 示出焙烧温度对 $\gamma-Al_2O_3$、SiO_2 表面积的影响，温度超过 450℃，表
面积有下降趋势，而细孔样品比粗孔样品更显著（见图 3-2-19）。同时在焙烧过程中，引起
金属表面分散，导致金属表面积变化（见图 3-2-20、图 3-2-21）。

　　由图 3-2-20 可以看出，金属含量越高，随着焙烧温度增高，金属表面积变化越大，而金属种类不同，其变化规律也不相同。

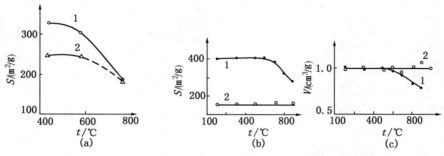

图 3-2-19　焙烧温度对氧化铝、硅胶表面积、孔体积的影响

（a）氧化铝；（b）、（c）硅胶；1—细孔；2—粗孔

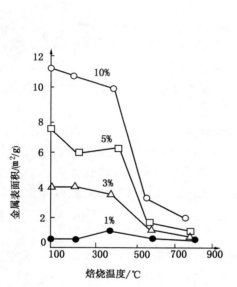

图 3-2-20　Pt/Al$_2$O$_3$ 催化剂在空气中焙烧
时金属表面积的变化

（曲线上数字表示 Pt 含量）

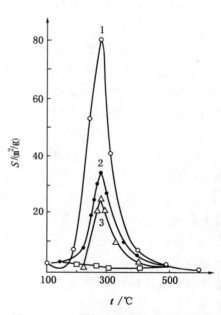

图 3-2-21　仲钼酸铵热处理时，比表
面积与煅烧温度的关系

1—真空下；2—氮气流；3—空气流；
4—未排分解气体产物

　　此外，与空气中进行的焙烧相比，水蒸气热处理会使孔结构产生较强烈的变化。如在 500℃ 采用干空气和采用饱和水蒸气的空气焙烧 Al$_2$O$_3$，表面积分别为 215m^2/g 和 125m^2/g，增加水蒸气分压，焙烧强度可以提高。对于金属盐的热分解也有最佳分解温度及热处理的介质，图 3-2-21 示出仲钼酸铵热处理时，表面积与焙烧温度、焙烧气氛的关系。仲钼酸铵在空气流、氮气流、真空及不排除气体产物情况下，三氧化钼表面积的变化，可以看出被释放出来的气体产物，能阻止仲钼酸铵的分解，同时增强烧结，降低表面积，使金属氧化物分散性变差。

　　（2）对催化剂酸量、酸分布的影响

　　焙烧过程中发生物理和化学的变化，对催化剂或载体的表面酸性产生一定的影响，尤其对含氧化铝催化剂和含分子筛的催化剂。氧化铝具有路易斯酸、碱中心，它除与制备条件有关，还和焙烧时脱水程度有关。焙烧温度高，脱水量增加，Al_2O_3 表面羟基少，酸量也就减少。$\gamma-Al_2O_3$ 的表面酸性与焙烧温度的关系用氨吸附量来表示，见图 3-2-22。当焙烧温度为 500℃ 左右时酸量最大，超过 500℃ 总酸量下降。沸石分子筛具有表面酸性质，它的强弱和分布与阳离子的性质和焙烧温度密切相关。Ward 研究不同阳离子交换的 Y 沸石，离子半径越小，路易斯酸性越强，质子酸中心数多。潘履让等[117] 曾用氨吸附程序升温脱附（NH_3-TPD）测定 H-ZSM-5 沸石酸度，见表 3-2-9。

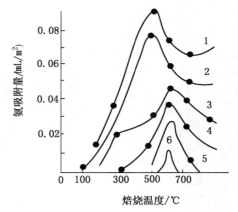

图 3-2-22 $\gamma-Al_2O_3$ 氨化学吸附量
与焙烧温度的关系
1~6—不同的吸附温度

表 3-2-9 不同焙烧温度下 H-ZSM-5 的 NH_3-TPD

焙烧温度/℃	NH_3 量/（mmol/g）	峰 I		峰 II	
		T_{M1}/℃	吸附氨中心数/（×10^{20}个/g）	T_{M2}/℃	吸附氨中心数/（×10^{20}个/g）
400	1.23	266	3.7	464	4.49
550	1.10	266	3.4	453	3.91
620	0.88	253	2.65	442	3.19
700	0.49	250	1.67		1.60
850	0.22		0.60		

T_{M1} 250~260℃ 为弱酸中心，T_{M2} 450~460℃ 为强酸中心，随着焙烧温度增高，两种酸中心数减少。

（3）对金属分散度的影响

金属在载体上的分散度是表征催化剂加氢活性的一项重要指标。金属分散度除与催化剂制备条件及金属含量有关外，还与催化剂的后处理条件（如焙烧温度、硫化）等有关。高温条件下金属在载体表面迁移快，导致金属粒子聚集长大，加氢活性降低，通常用 XRD、TEM 等手段检测。如 4201 催化剂金属加入方式，是以金属氧化物（MoO_3）及盐类[$Ni(NO_3)_2 \cdot 6H_2O$]固体粒子与氢氧化铝、沸石干粉机械混合、加入特制的黏合剂混捏挤条成型、干燥、焙烧制成。难溶的 MoO_3 结晶在 XRD $2\theta = 27.3°$、$25.7°$、$23.3°$ 衍射角处有特征峰，加入黏合剂后，特征峰显著降低，说明黏合剂起到很好分散 MoO_3 的作用，在 450~600℃ 下焙烧一段时间，MoO_3 再次分散，在 XRD 观察不出 MoO_3 特征峰（见图 3-2-23a）。但焙烧温度过高，如 800℃ 焙烧，则出现 $Al_2(MoO_4)_3$、$\beta-NiMoO_4$ 等结晶，表明金属聚集、烧结、活性显著降低（见图 3-2-23b）。$Mo-Ni-P/Al_2O_3$ 加氢处理催化剂是用 $Mo-Ni-P$ 溶液共浸制成的，XRD 检测不出任何金属晶粒，但硫化后能测出少量 MoS_2，长期使用后有 MoS_2 结晶，再生后出现 $\beta-NiMoO_4$，再生剂硫化后则有 MoS_2、Ni_2S_3 结晶，因而活性降低。对于 W-Ni 加氢裂化催化剂由于受制备方法、焙烧温度、使用期限的影响，XRD 能检测出 WO_3、$W_{19}O_{55}$、$NiWO_4$。TEM 可进一步测出金属晶粒大小，再生剂晶粒长大，活性降低。

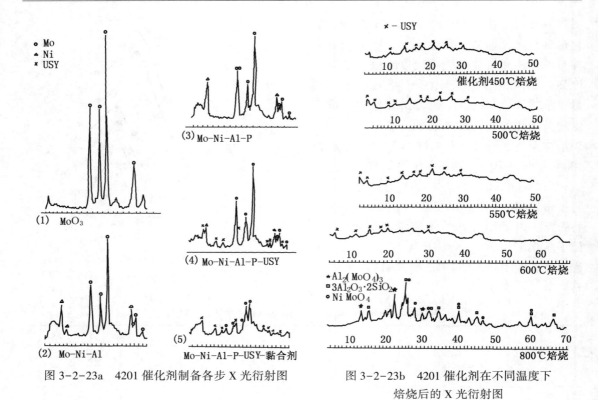

图 3-2-23a　4201 催化剂制备各步 X 光衍射图　　　图 3-2-23b　4201 催化剂在不同温度下
　　　　　　　　　　　　　　　　　　　　　　　　　　　　　　　焙烧后的 X 光衍射图

第三节　加氢裂化催化剂的性能及使用

一、加氢裂化催化剂的分类

加氢裂化是原料油在高温、高压、临氢及催化剂存在下进行加氢、脱硫、脱氮、分子骨架结构重排和裂解等反应的一种转化过程，其技术核心是催化剂。

加氢裂化催化剂是双功能催化剂，主要由提供加氢/脱氢功能的金属组分和提供裂化功能的酸性组分构成。这两种功能不同平衡及匹配可以制备出性能各异的加氢裂化催化剂，从而满足用户对不同工艺过程及工艺条件、加工不同原料油、生产不同目的的产品的各种需要。

加氢裂化催化剂品种繁多，通常按催化剂组成、工艺过程、原料油类型及产品方案等进行分类。

（一）按金属组分分类

加氢裂化催化剂根据金属组分不同，通常可分为非贵金属和贵金属催化剂两大类。非贵金属催化剂的金属组分通常选自 W-Ni、Mo-Ni、Mo-Co 和 W-Mo-Ni、Mo-Ni-Co 等金属组成，而贵金属催化剂的金属组分则选自 Pt 和/或 Pd。

非贵金属催化剂在使用条件下通常要求其金属组分以硫化态形式存在，以发挥其较强的加氢功能和改善酸性功能，因此催化剂在与反应原料接触前通常要先进行预硫化处理，将金属组分转化为硫化态，并且在使用过程中要求反应体系维持一定的硫化氢分压，以免金属组分被还原。

贵金属催化剂在使用条件下则要求其金属组分以还原态形式存在，因此催化剂在与反应原料接触前要先进行氢还原，将金属组分转化为还原态，并且在使用过程中大多要求反应体系基本无硫化氢或其他含硫化合物存在，以免金属组分被硫化中毒。

由于非贵金属和贵金属催化剂对反应体系中有无硫化氢或其他含硫化合物存在有着截然不同的要求，因此这两类催化剂的用途有着明显的差异。由于加氢裂化原料或多或少都含有硫化合物，反应体系中难免会有硫化氢存在，因此非贵金属催化剂的用途要比贵金属催化剂广泛得多。非贵金属催化剂被广泛用于单段、一段串联和两段法加氢裂化工艺，而贵金属催化剂则大多仅用于带有独立循环氢系统的两段法加氢裂化工艺的第二段，用以进一步转化来自分馏系统第一段和第二段加氢裂化的未转化循环油。

当然，上述非贵金属和贵金属催化剂在用途上的分工仅仅是从最大限度发挥催化剂性能角度考虑提出来的，因此也并非是一成不变的，在实际应用上也有例外，比较典型的例子是Unocal 公司开发的 HC-11、HC-18、HC-28 和 HC-35 催化剂。HC-11 催化剂于 1964 年开始工业化，1970 年 Marathon's Robinson 炼油厂的 Unicracking 装置[118]开始用贵金属催化剂HC-18 替代 HC-11，1995 年又更换为 HC-28 催化剂，一直为一段串联加氢裂化工艺，即这三种贵金属催化剂是在含 H_2S 和 NH_3 气氛下使用，目的产品为石脑油。而新开发的 HC-35贵金属催化剂是最大量生产优质、低芳烃喷气燃料，但要求在脱臭的气氛下（即带有独立的循环氢系统的两段法，第二段 H_2S 和 NH_3 含量很低）使用。当然也有使用非贵金属和贵金属催化剂（如 Chevron 公司 ICR-120、ICR-210 非贵金属催化剂和 ICR-209、ICR-220 贵金属催化剂）都用于第二裂化段的[115]。

（二）按酸性载体组分分类

加氢裂化催化剂根据酸性载体组分不同，通常又可分为无定形和晶型分子筛催化剂两大类。无定形催化剂的酸性载体组分通常选自无定形硅铝、无定形硅镁及其他改性氧化铝等，晶型分子筛催化剂的酸性载体组分则主要选自各种改性 Y 型分子筛、丝光沸石、β分子筛、ZSM 系列和 SAPO 系列分子筛以及 Ω 分子筛等。

无定形催化剂以无定形硅铝等为酸性载体，酸中心数少，孔径大，不易发生过度裂化且二次裂化少，因此有利于多产中间馏分油尤其是多产柴油，并且在使用过程中，随着运转时间的延长、催化剂的逐渐失活、反应温度的提升，产品分布也比较稳定，中间馏分油选择性下降幅度也很小。但无定形催化剂也有其明显不足之处，主要是：

- 裂化活性低。起始反应温度一般在 400℃ 左右，比常规晶型分子筛催化剂高 20~50℃，比最大量生产中间馏分型晶型分子筛催化剂也高 10~20℃。
- 生产灵活性差。不能通过提升反应温度来大幅度改变产品分布以适应市场需求的变化。
- 对原料变化适应性差。通常原料油终馏点受限制，在原料油终馏点很高或含有很多难裂解组分时，反应温度往往会提得很高，并且活性稳定性明显变差，提温速率明显加快，以致装置无法长周期正常运行。

晶型分子筛催化剂以改性 Y 型分子筛等为酸性载体，酸中心数多，孔径小，一方面有利于原料分子在微孔内的富集及转化，另一方面则不利于一次裂化产品的脱附和扩散，因此晶型分子筛催化剂通常具有较高的裂化活性、较大的生产灵活性和较强的原料适应性。但晶型分子筛催化剂不足之处是在使用过程中，随着运转时间的延长、催化剂的逐渐失活、反应温度的提升，中间馏分油选择性下降幅度比较大，且抗氮冲击的能力也相对较差。

在工业上，无定形催化剂主要用于单段和两段法加氢裂化工艺，最大量生产中间馏分油和/或润滑油基础油，而晶型分子筛催化剂则因品种繁多，性能各异，因此有更为广泛的用途，可以满足用户的各种特定需要。

（三）按工艺过程和条件分类

1）加氢裂化催化剂根据工艺过程不同，可分为单段催化剂、一段串联的裂化催化剂及两段法之第二段催化剂。

单段催化剂用于单段加氢裂化工艺和两段法加氢裂化工艺之第一段。由于进料中含有大量含硫含氮化合物，因此单段催化剂通常要有很高的加氢饱和、加氢脱硫、加氢脱氮活性和适宜的裂化活性，并要有很高的耐有机氮中毒能力和容积炭能力，以保证其在比较苛刻的运行条件下能够维持足够的活性稳定性。由于反应体系有大量含硫、含氮化合物存在，因此单段加氢裂化催化剂均为非贵金属催化剂，而酸性载体组分则既可以是无定形的，也可以是晶型的，或晶型与无定形复合的，具体视原料油及产品方案而定。

一段串联催化剂包括一段串联预精制催化剂和一段串联裂化催化剂，分别用于一段串联加氢裂化工艺的预精制段和裂化段。一段串联预精制催化剂通常以 Mo-Ni、W-Ni、Mo-Ni-Co 为金属组分，以改性氧化铝等为载体组分，要求催化剂具有很高的加氢饱和、加氢脱硫和加氢脱氮活性，以将进料中的含硫含氮化合物尽可能完全地转化为硫化氢和氨，保护后部裂化段催化剂免遭有机氮中毒，同时使多环芳烃加氢饱和。一段串联裂化催化剂是在含硫化氢和氨的气氛下使用，因此金属组分选自 W-Ni 和 Mo-Ni 非贵金属组分，酸性载体组分则主要选自耐氨性能好、在较高氨分压下能够保持较高裂化活性的各种改性分子筛，通过选择分子筛类型及含量，可以满足不同需要。

两段法之第二段催化剂包括两种情况，一种是用于与两段法加氢裂化工艺第一段共用循环氢系统的第二段，另一种则是用于带有独立循环氢系统的两段法加氢裂化工艺的第二段。前者由于反应体系中有相当数量硫化氢和氨存在，因此所用催化剂与单段催化剂或一段串联裂化催化剂基本相同，金属组分通常选自 W-Ni 和 Mo-Ni 非贵金属组分，酸性载体组分选自无定形硅铝和分子筛等。后者则因为反应体系中基本无硫化氢和氨存在，因此经常使用贵金属分子筛催化剂。

2）加氢裂化按操作压力，可分为高压(压力在 10MPa 以上)和中压(压力为 5~10MPa)，高压加氢裂化通常用于减压馏分油(VGO)、焦化蜡油(CGO)、脱沥青油(DAO)等原料，生产优质的石脑油、重整原料、喷气燃料、柴油及石油化工原料。中压加氢裂化则包括缓和加氢裂化(MHC)、中压加氢裂化(MPHC)以及针对劣质催化裂化柴油中压加氢改质(MPUG)和提高十六烷值(MCI)工艺。该工艺使用轻质减压馏分油(LVGO)、重质常压馏分油(HAGO)、FCC 和 RFCC 轻质循环油(LCO)等原料，目的产品为石脑油、重整原料、灯油、柴油或柴油组分、石油化工原料。一般来说，高压加氢裂化催化剂可用于中压加氢裂化，但针对中压加氢裂化的特点以及对目的产品的特殊要求，还专门开发了中压加氢裂化催化剂，如 MHC、MPHC、MPUG 等催化剂。

（四）按目的产品分类

加氢裂化催化剂根据加氢裂化所生产的主要目的产品的不同，可以分为轻油型、灵活型、中油型和尾油型加氢裂化催化剂。

轻油型加氢裂化催化剂主要用于最大量生产石脑油产品，以供作生产芳烃或高辛烷值汽油的催化重整进料。这类催化剂通常具有强的裂化活性和相对适中的加氢活性，以产生必要的二次裂化以及提高破环选择性和在石脑油馏分中富集单环烃类的能力。

灵活型加氢裂化催化剂主要用于灵活生产中间馏分油产品、石脑油产品和加氢尾油，温度敏感性大，通过改变反应温度，可显著改变产品分布，以适应市场需求的变化。这类催化剂通常具有较强的裂化活性和较强的加氢活性，并且这两种活性要相互较为平衡，中间馏分油产品质量较好。

中油型加氢裂化催化剂主要用于最大量生产中间馏分油产品和加氢尾油。这类催化剂通常具有相对较弱的裂化活性和很强的加氢活性，温度敏感性较小，但中间馏分油选择性高且产品质量好。

尾油型加氢裂化催化剂主要用于生产尾油产品，供作润滑油基础油原料、蒸汽裂解制乙烯原料或催化裂化进料。加氢功能很强，裂化功能适中或偏弱，但异构化性能和破环选择性则因尾油产品用途不同而有明显差异。当尾油产品用作润滑油基础油原料时，要求催化剂具有很强的异构化活性以及对多环烃类选择性开环而不断链的能力，使尾油产品富含异构烷烃和带侧链的单环烃类，以尽可能提高润滑油基础油产率和质量。当尾油产品用作蒸汽裂解制乙烯原料时，要求催化剂具有尽可能低的异构化活性和较强的对环状烃选择性开环能力，使尾油产品富集正构烷烃和带长正构烷基侧链的单环烃类，以提高乙烯产率。当尾油产品用作催化裂化进料时，要求催化剂具有优先转化链烷烃和多环烃类的能力，使尾油产品富含少环烃类和部分加氢饱和的多环烃类，以尽可能提高催化裂化轻油收率和产品质量。

二、国外加氢裂化催化剂的发展

加氢裂化催化剂的加氢金属组分四十年来没有明显变化，非贵金属催化剂通常采用钨-镍或钼-镍，贵金属催化剂通常采用铂或钯。但加氢金属组分添加方式方法一直在改进，在组分配比及含量上则根据催化剂类型及制备方法不同而有所调整。

与此相比，加氢裂化催化剂裂化组分几十年来变化很大，已从最初使用无定形硅铝发展到现在越来越多地使用分子筛，新材料的开发和应用是加氢裂化催化剂性能提升的源泉。另外，制备方法的进步也使加氢裂化催化剂的裂化功能和加氢功能匹配的层次更加合理，进而提高了催化剂的综合性能。

以下是国外主要炼油公司加氢裂化催化剂的开发进展情况。

（一）CLG 公司加氢裂化催化剂开发进展[120~123]

CLG 公司最先开发了具有实用意义的现代化加氢裂化技术——Isocracking 加氢裂化技术。在加氢裂化催化剂方面，CLG 公司通过优化催化剂配方、优选原材料、增强表征能力、提高试验效率、优化合成步骤和改进制备工艺，开发出了新一代系列加氢裂化催化剂。图 3-3-1 给出 CLG 公司加氢裂化催化剂性能关系图，其中 ICR-185、ICR-188、ICR-214、ICR-215、ICR-250 等催化剂为最新一代系列加氢裂化催化剂。与上一代催化剂相比，活性和中间馏分油选择性等综合性能有了明显提高。

ICR-185 催化剂于 2011 年首次工业应用，具有加氢脱蜡能力，采用具有脱蜡功能的分子筛替代 USY 分子筛。与 ICR-183 催化剂相比，ICR-185 催化剂活性降低 8.3℃，喷气燃料收率（体积分数）提高 0.8 个百分点，冰点降低 3℃；柴油收率（体积分数）提高 3.5 个百分点，倾点降低 6℃；尾油倾点降低 4℃。

ICR-188 催化剂是 CLG 公司 2011 年后新开发的一种最大量生产中间馏分油型加氢裂化催化剂，与上一代催化剂相比，ICR-188 催化剂活性增加，中间馏分油收率和质量相当。

ICR-214 和 ICR-215 是 CLG 公司 2011 年后新开发的两种最大量生产石脑油型加氢裂化催化剂，与早期的 ICR-210 催化剂相比，新开发的 ICR-214 和 ICR-215 催化剂在活性和石脑油选择性方面有大幅度提升。

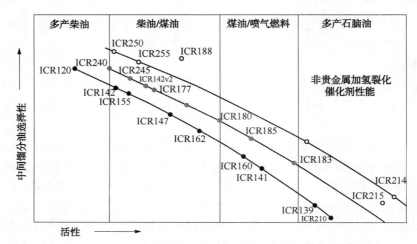

图 3-3-1　CLG 公司开发的加氢裂化催化剂性能关系图

ICR-250 催化剂于 2010 年首次工业应用，ICR-250 催化剂通过提高加氢金属硫化物的分散度，更好地实现了加氢功能。与 ICR-240 催化剂相比，ICR-250 催化剂活性提高 11.1℃，喷气燃料收率(体积分数)提高 1.1 个百分点，喷气燃料烟点增加 4mm，加氢尾油黏度指数进一步改善，适用于部分或全循环加氢裂化装置。

(二) UOP 公司加氢裂化催化剂开发进展[124、125]

UOP 公司是世界上加氢裂化技术与催化剂的重要专利商，占有最大的国外加氢裂化催化剂市场份额，采用 UOP 公司催化剂体系的加氢裂化装置已超过 200 套。因此，UOP 加氢裂化催化剂的发展水平和趋势具有较大的代表性。

在加氢裂化段催化剂方面，UOP 公司不断推出了新系列产品，主要包括轻油型、灵活型和中油型 3 大类。图 3-3-2 给出了 UOP 公司历年开发的加氢裂化催化剂的主要类型和牌号。图 3-3-3 给出了 UOP 公司开发加氢裂化催化剂的主要性能关系。

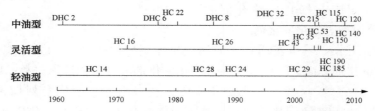

图 3-3-2　UOP 公司历年开发的加氢裂化催化剂的主要类型和牌号

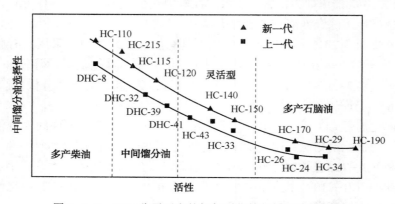

图 3-3-3　UOP 公司开发的加氢裂化催化剂的性能关系

在轻油型加氢裂化催化剂方面，UOP 公司推出的最新一代催化剂为 HC-170、HC-29、HC-185 和 HC-190 等。HC-170 催化剂与 HC-24 催化剂活性相当，重石脑油选择性较 HC-24 催化剂提高了 1.0~1.5 个百分点，氢耗降低 10%（约 10Nm^3/m^3）。HC-29 催化剂比 HC-26 催化剂活性提高了 4~6 ℃。HC-185 催化剂比 HC-24 催化剂反应活性提高 6℃，重石脑油选择性（体积分数）提高 1 个百分点，氢耗略有降低。最新一代轻油型催化剂 HC-190 比 HC-24 催化剂反应活性提高 8 ℃，轻石脑油收率降低了 2.8 个百分点，重石脑油收率提高 4.0 个百分点。

在灵活型加氢裂化催化剂方面，UOP 公司开发的新一代催化剂有 HC-53、HC-150 和 HC-140LT 催化剂。HC-53 催化剂通过降低石脑油产品的芳烃饱和度，实现选择性加氢，降低总化学氢耗，提高了轻石脑油的辛烷值。HC-150 催化剂在产品分布和产品质量与 HC-43 催化剂相似的情况下，活性提高了 5℃，氢耗降低了 20Nm^3/m^3，可以处理更劣质的原料油。HC-140LT 催化剂的突出特点是选择性加氢性能好和非均裂反应性能强，可降低化学氢耗并使产品具有良好的低温流动性。

在中油型加氢裂化催化剂方面，UOP 公司新近开发了 HC-110、HC-115、HC-215 和 HC-120LT 等催化剂。HC-110、HC-115 和 HC-215 催化剂为单段含分子筛中油型加氢裂化催化剂，与 DHC-8 催化剂相比，HC-110 催化剂的活性与其相当，中间馏分油收率提高 3 个百分点左右；HC-115 催化剂的活性明显提高，反应温度降低 10℃左右，中间馏分油收率与其相当，柴油十六烷值提高了 3 个单位，尾油 *BMCI* 值降低 1 个单位；HC-215 催化剂的活性和中间馏分油选择性均有所提高，反应温度降低 8℃左右，中间馏分油收率也提高 1.5~2.5 个百分点。HC-120LT 催化剂与 DHC-32LT 催化剂相比，活性基本相当，中间馏分油选择性提高 2 个百分点，产品分布趋向于提高重柴油收率。产品性质方面，HC-120LT 催化剂也有明显提高，其柴油产品中异构烃与正构烃比例约为 5.0，而 DHC-32LT 催化剂所得柴油产品中异构烃与正构烃比例约为 3.0，前者柴油产品浊点比后者降低了 6℃。

（三）Criterion 催化剂公司加氢裂化催化剂开发进展[126~130]

Criterion Catalysts & Technologies 通对催化剂制备技术的改进，推出了新一代加氢裂化系列催化剂，在催化活性和性能稳定性方面比上一代催化剂有了明显的提高，可以提高装置处理能力和改善装置操作灵活性。

Criterion 催化剂公司分别推出了用于精制段反应器底部的脱氮-缓和裂化型 Z-2513 加氢裂化催化剂，最大量生产中间馏分油型 Z-2623 加氢裂化催化剂，灵活生产石脑油-中间馏分油型 Z-2723、Z-3723、Z-3733 和 Z-FX10 加氢裂化催化剂和最大量生产石脑油型 Z-853、Z-863 和 Z-NP10 加氢裂化催化剂等。图 3-3-4 给出了 Criterion 催化剂公司开发的加氢裂化催化剂性能关系情况。其中，新一代灵活型加氢裂化催化剂 Z-2723、Z-3723 和 Z-3733 等与前一代催化剂 Z-723、Z-733 和 Z-803 等相比，活性、中间馏分油选择性以及产品低温流动性方面均获得了提升。最新开发的灵活型加氢裂化催化剂 Z-FX10 与 Z-3723 催化剂相比，柴油产品选择性和十六烷值都有了明显的提高。最新开发的轻油型加氢裂化催化剂 Z-FX10 与 Z-853 催化剂相比，活性提高了 5℃，气体降低了 6.6%，重石脑油收率提高了 3.3 个体积百分点，氢耗基本相当。另外，Criterion 公司还在催化剂外观形状及尺寸方面进行了深入的研究，新型催化剂的初始压降为原催化剂的 0.75 倍。

（四）Albemarle 公司加氢裂化催化剂开发进展[131、132]

Albemarle 公司于 2004 年兼并 Akzo Nobel 公司的催化剂研发业务，成为世界上最大的炼

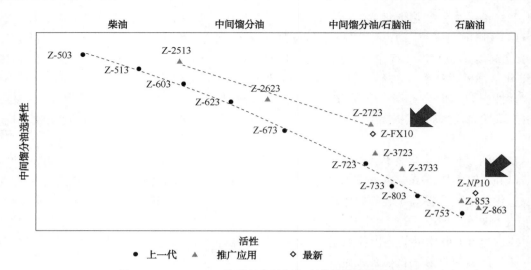

图 3-3-4　Criterion 公司开发的加氢裂化催化剂性能关系

油催化剂提供商之一，并与 UOP 公司结成市场策略联盟。

Albemarle 公司新近推出的两代催化剂活性和中间馏分油选择性的对比见图 3-3-5。KC-3210/3211 是该公司最新推出的含分子筛多产中间馏分油加氢裂化催化剂，与目前中间馏分油选择性最高的含分子筛催化剂 KC-2210/2211 相比，在活性相同时中间馏分油选择性高出许多。最新一代无定形加氢裂化催化剂 KF-1023 和 KF-1025 与上一代催化剂相比，中间馏分油选择性大幅提高，活性也有所改善。

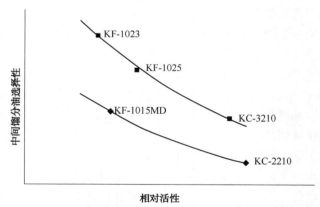

图 3-3-5　Albemarle 公司开发的中油型加氢裂化催化剂性能关系

（五）Haldor Topsoe 公司加氢裂化催化剂开发进展[133]

Haldor Topsoe 公司新近开发了能够提高转化率并改善产品质量的 TK-961、TK-962 和 TK-965 缓和加氢裂化催化剂，以及可以用于单段、一段串联和两段加氢裂化装置、最大量生产中间馏分油的 TK-925、TK-926 无定形加氢裂化催化剂和 TK-931、TK-941、TK-951 含微量分子筛加氢裂化催化剂。图 3-3-6 给出了 Topsoe 公司开发的部分加氢裂化催化剂的性能关系。其中，最新一代 TK-926 无定形加氢裂化催化剂在活性和选择性方面均超越了传统无定形催化剂，同时具有更好的异构性能，可以获得低温流动性更好的柴油产品。新一代含微量分子筛加氢裂化催化剂 TK-941 和 TK-951 比上一代 TK-931 催化剂具有更好的活性和中间馏分油选择性以及抗氮性能，反应活性分别高约 6℃ 和 13℃，且可更有效地利用氢气。

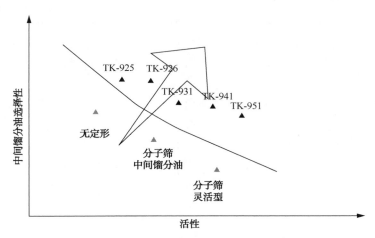

图 3-3-6　Topsoe 公司开发的加氢裂化催化剂催化性能关系

（六）Axens 公司加氢裂化催化剂开发进展[134]

Axens 公司作为法国石油研究院（IFP）下属的子公司，新近开发了 HTK 758 缓和加氢裂化催化剂和 HYK 732、HYK 742、HYK 752 和 HTK 758 等生产中间馏分油和润滑油料的加氢裂化催化剂。新开发的 HYK700 系列加氢裂化催化剂，与上一代 HYK600 系列催化剂相比，具有更高的裂化活性和加氢活性，催化性能稳定性更好，可以满足更长周期运转的需要。

三、中国加氢裂化催化剂的发展

我国加氢裂化催化剂的开发历史较早，1951 年即生产过 MoS_2-活性白土（牌号 3511 和 3521）催化剂，用于经过酸碱精制的页岩柴油加氢裂化，生产出车用汽油、灯用煤油以及航空汽油，并解决了我国加氢裂化工业装置初次开工的关键技术问题。

20 世纪 60 年代，开发出 WS_2-活性白土（含氟）（牌号 3622）催化剂，以及两种以无定形硅酸铝为载体、以 WO_3-NiO 或 MoO_3-NiO 为加氢组分的加氢裂化催化剂（牌号分别为 3652 和 3661），并建成相应的催化剂生产车间，满足了加工大庆原油的需要[135]。

20 世纪 70 年代，将分子筛应用于加氢裂化催化剂，开发出我国第一代晶型分子筛催化剂 3762，满足了生产低凝柴油和轻质润滑油基础油的需要。第一周期运转 573 天，器内再生后又使用了 480 天。

20 世纪 80~90 年代，在成功开发出以 β 分子筛和无定形硅酸铝为主要载体的 3812、3843、3901 等加氢裂化催化剂的同时，还开发了以超稳 Y 分子筛或超稳 SSY 分子筛为主要载体的 3824、3825、3903、3905、3976 等加氢裂化催化剂，使加氢裂化催化剂的生产立足于国内，并为加氢裂化技术及催化剂的进步奠定了坚实的基础[136,137]。

21 世纪以来，随着分子筛改性技术和催化剂制备技术的进步，对金属加氢活性中心掌控能力的不断增强，以及通过在分子水平上对加氢裂化原料、产品、催化剂组成结构及催化反应机理等进行深入研究，制备出了加氢活性中心和裂化活性中心匹配层次更加合理、催化性能明显改善的加氢裂化催化剂，并已形成系列化，可以根据用户特定需要对催化剂进行"量体裁衣"的开发，整体水平已与国外先进水平同步，部分催化剂性能已处于国际领先地位，同时催化剂的生产规模和自动化程度也取得显著进步，满足了我国加氢裂化技术进一步发展的需要。

（一）20 世纪 60 年代开发的催化剂

这一阶段主要是以无定形硅铝载体为主，金属加入方式为浸渍和打浆。这一阶段催化剂主要有 3652、3661 等催化剂，其性能与当时国际水平相近。由于使用模板成型，所以催化剂制备工艺比较落后。同时催化剂的反应温度高，加工原料的蒸馏点要求较低，但在运转末期产率变化不大。

3652 催化剂由中国科学院大连化学物理研究所于 20 世纪 60 年代开发成功，并用于我国第一套工业加氢裂化装置上。它分为甲、乙两个品种，其区别在于乙载体中加入了 10% 的 WO_3。表 3-3-1 列出了 3652 载体和催化剂的组成和物化性质。

表 3-3-1　3652 载体和催化剂的组成及物化性质

载　　体		催　化　剂	
SiO_2/%	25~35	平均孔径/nm	9~12
Al_2O_3/%	65~75	金属组成	W-Ni
Na_2O/%	≤0.035	堆积密度/(g/mL)	0.60~0.85
Fe/%	≤0.070	压碎强度/(N/粒)	50~60
堆积密度/(g/mL)	0.45~0.55	比表面积/(m²/g)	100~160
压碎强度/(N/粒)	≥60~70	孔体积/(mL/g)	0.3~0.6
比表面积/(m²/g)	280~320	粒度/mm	φ6×6
孔体积/(mL/g)	0.65~0.75		

3652 催化剂于 1966 年在大庆炼油厂的加氢裂化装置上首次应用。该装置是我国自行研究、设计和建设的具有当时先进技术水平的装置。共有两个反应器，年处理能力按一段操作时为 400kt，按两段操作时为 280kt。表 3-3-2 列出了 3652 催化剂在工业装置上的运转结果。

表 3-3-2　3652 催化剂在大庆加氢裂化工业装置上运转数据

原料油	大庆直馏 VGO	原料油	大庆直馏 VGO
馏程/℃	205~457	氢油体积比	1450~1820
密度/(g/cm³)	0.8179~0.8378	体积空速/h⁻¹	0.8~1.0
碱氮/(μg/g)	62.2	产品收率/%	
催化剂装量/m³		<C_4	
3652 甲	22.46	C_5~130℃	12.9
3652 乙	25.54	130~260℃	31.7
反应条件		260~320℃	24.9
反应压力/MPa	13.6~14.5	转化率/%	69.5
反应温度/℃	365~450	氢耗/(m³/t)	200

在 3652 催化剂开发的同时，当时石油工业部抚顺石油研究所（现抚顺石油化工研究院）也研制成功了 3661 加氢裂化催化剂，并进行了工业放大，其各项性能与 3652 催化剂相当。表 3-3-3 列出了 3661 载体催化剂的物化性质及反应性能。

表 3-3-3　3661 载体催化剂的物化性质及反应性能

载体性质		催化剂性质	
SiO_2/%	45~50	金属组成	Mo-Ni
Al_2O_3/%	50~55	堆积密度/(g/mL)	0.7~0.8

续表

载体性质		催化剂性质	
Na$_2$O/%	≤0.07	比表面积/(m^2/g)	200
Fe$_2$O$_3$/%	≤0.06	孔体积/(mL/g)	0.45
比表面积/(m^2/g)	300		
孔体积/(mL/g)	0.6		
原料油性质(大庆 VGO 320~480℃)		反应条件	
密度/(g/cm^3)	0.8823	氢分压/MPa	11.7
碱氮/(μg/g)	160	反应温度/℃	420
总氮/(μg/g)	470	氢油体积比	1500
凝点/℃	40	体积空速/h^{-1}	1.0
		产品分布及主要性质	
		<130℃收率/%	17.8
		130~260℃收率/%	37.8
		冰点/℃	-63
		260~320℃收率/%	14.3
		凝点/℃	-35

（二）20 世纪 70 年代和 80 年代初期开发的催化剂

这一时期的催化剂以 β 沸石分子筛为主，其特点是活性高，可生产汽油、喷气燃料、柴油和润滑油。同时针对存在的问题进行了相应的改进，成型则以打片成型发展为挤条成型。这一时期还开始了超稳 Y 沸石的研制，为以后加氢裂化催化剂的发展打下了基础。

3652 催化剂等虽然加氢、异构性能均较好，但初始反应温度较高，从而影响了其使用寿命。抚顺石油三厂针对这些不足开发了 3762 催化剂。该催化剂在无定形硅铝载体中添加了氟和 β 沸石分子筛，同时为了能有相应的加氢性能配合，提高了催化剂中的镍含量，并添加了助剂锡以防止金属在含量高的情况下发生聚集。由于催化剂中金属含量高，采用浸渍法难以满足金属含量要求，所以该催化剂采用共沉法制备。3762 催化剂的组成及物化性质见表 3-3-4。

表 3-3-4 3762 催化剂的组成及物化性质

组成	W-Ni-Sn-F-SiO$_2$-Al$_2$O$_3$	组成	W-Ni-Sn-F-SiO$_2$-Al$_2$O$_3$
物化性质		堆积密度/(g/mL)	0.82
比表面积/(m^2/g)	110~160	强度/(N/粒)	150~190
孔体积/(mL/g)	>0.25		

3762 催化剂在石油三厂两套工业装置上进行了工业应用。在相同条件下与 3652 催化剂相比，反应温度降低 30℃以上，轻油收率为 3652 催化剂的 1.3 倍，气体产率降低 1.75 个百分点，柴油收率有所提高，氢耗降低 5.5%。但不足之处是存在氟流失的问题，进而影响催化剂的活性稳定性。

为解决 3762 催化剂在使用和再生过程中氟流失以及含锡、组分复杂且成本高等问题，抚顺石油三厂又开发了 3812 催化剂。该催化剂用酸洗 β 沸石分子筛取代 β 沸石分子筛，并采用分步共沉法制备以改善金属分散，其组成及物化性质如表 3-3-5。

表 3-3-5　3812 催化剂的组成及物化性质

组成	W-Ni-SiO₂-Al₂O₃-沸石	组成	W-Ni-SiO₂-Al₂O₃-沸石
物化性质		孔体积/(mL/g)	>0.2
比表面积/(m²/g)	180~240	堆积密度/(g/mL)	0.86

表 3-3-6 列出了 3762 和 3812 催化剂工业应用的结果。由表中数据可见，3812 催化剂的稳定性大幅提高，同时具有更好的降凝效果。

表 3-3-6　3812 与 3762 催化剂工业应用结果对比

催化剂	3762	3812	催化剂	3762	3812
原料油	大庆 VGO		0#柴油	10.7	11.2
密度/(g/cm³)	0.8480	0.8571	尾油	36.9	29.8
馏程(初馏点~95%)/℃	318~506	284~531	尾油凝点/℃	23	17
碱性氮/(μg/g)	163	273	一次运转周期/d	573	1028
残炭/%	0.032	0.075	起始平均反应温度/℃	390	393
产品分布/%			末期平均反应温度/℃	430	425
气体	2.9	3.2	提温速率/(℃/d)	0.07	0.03
汽油	23.7	24.7	加工油量/(t 油/kg 催化剂)	11.03	24.76
-35#柴油	31.8	31.1			

为了适应加工大庆焦化柴油的需要，抚顺石油三厂开发了一种耐氮性能较好、可将焦化柴油转化为石脑油和低凝柴油的 3821 催化剂，其组成及物化性质列于表 3-3-7。3821 催化剂于 1982 年在石油三厂工业装置上使用。在处理焦化柴油时，该催化剂的活性和稳定性明显优于 3762 催化剂，具有反应温度低，轻油收率高的特点。

表 3-3-7　3821 催化剂组成及物化性质

组成	W-Ni-SiO₂-Al₂O₃-沸石	组成	W-Ni-SiO₂-Al₂O₃-沸石
物化性质		比表面积/(m²/g)	~250
堆积密度/(g/mL)	0.834	孔体积/(mL/g)	>0.25
外形/mm	φ1.6 条		

（三）20 世纪 80 年代初期后开发的催化剂

20 世纪 80 年代以来，由于我国国民经济的迅速增长，使市场对高质量石油产品和优质化工原料的需求量急剧增加。为缓解市场供需矛盾以及实现我国首次引进的四套大型加氢裂化装置所用催化剂的国产化，中国石化及时加大了对加氢裂化催化剂研发的投入。经过科研人员的努力，针对加工不同原料油及生产不同目的产品的需要，已开发出了种类齐全的系列加氢裂化催化剂，满足了不同时期我国石化工业发展和产品质量升级的要求。图 3-3-7 给出了所开发的主要加氢裂化催化剂性能关系情况。

1. 轻油型加氢裂化催化剂的开发

3825[138] 催化剂是 FRIPP 开发的第一代轻油型加氢裂化催化剂，性能达到当时国外同类催化剂的先进水平。该催化剂的研制成功，不仅实现了引进加氢裂化装置所用催化剂的国产化，也为国内以后新建或改建加氢裂化工业装置的催化剂配套提供了保证，对促进我国加氢

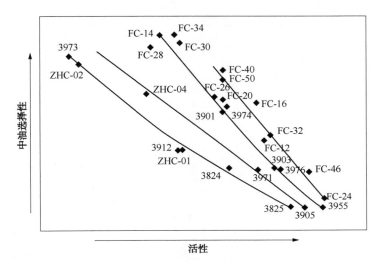

图 3-3-7　我国开发的主要加氢裂化催化剂性能关系

裂化技术的发展也起到重要作用。该催化剂于 1991 年在上海金山石化 900kt/a 加氢裂化装置上进行了首次工业应用。

3905 催化剂是第二代轻油型加氢裂化催化剂。与 3825 催化剂相比，具有活性高、抗氮能力强、重石脑油选择性好、产气少、C_{5+} 液体收率高等特点，反应温度可降低 4~5℃，可在精制油氮含量 10~20μg/g 条件下稳定运转。该催化剂于 1997 年在南京扬子石化 800kt/a 加氢裂化装置上进行了首次工业应用。

3955 催化剂是第三代轻油型加氢裂化催化剂。与 3825 催化剂相比，具有活性高、抗氮能力强、重石脑油选择性好等特点，反应温度可降低 7~9℃，可在精制油氮含量 15~25μg/g 条件下稳定运转。

FC-24 催化剂是第四代轻油型加氢裂化催化剂。该催化剂在保持 3955 催化剂高活性、高抗氮性能的同时，重石脑油选择性提高 2~3 个百分点，液收提高约 1.5 个百分点，干气产率和氢耗有所降低。该催化剂于 2004 年在南京扬子石化 2Mt/a 加氢裂化装置上进行了首次工业应用。

FC-46 催化剂是最新开发的轻油型加氢裂化催化剂。该催化剂采用新技术进行制备，催化剂中的活性组分分散均匀，金属与载体间的相互作用得到改善，加氢活性中心和裂化活性中心的匹配层次更加合理，具有反应活性适宜、反应温度敏感性好、选择性加氢性能好、抗氮性能强等特点。与 FC-24 催化剂相比，重石脑油收率提高 2 个百分点以上，喷气燃料、柴油和加氢尾油的质量明显提高。另外，由于 FC-46 催化剂的活性适中，使裂化段与预精制段反应温度可以较好地匹配，不仅利于装置操作，而且可以降低装置综合能耗。FC-46 催化剂的典型试验结果见表 3-3-8。

表 3-3-8　FC-46 催化剂典型试验结果

原料油	中东 VGO
密度（20℃）/（g/cm³）	0.9146
馏程/℃	318~550
硫/%	1.83
氮/（μg/g）	1565

续表

原料油	中东 VGO		
BMCI 值	46.1		
操作条件			
工艺流程	单段全循环		
反应总压/MPa	15.7		
氢油体积比	1200∶1		
精制油氮/(μg/g)	5~8		
体积空速(含循环油)/h^{-1}	1.8	1.8	2.0
反应温度/℃	t	t+3	t+10
循环油切割点/℃	370	260	177
单程转化率/%(体)	~65	~65	~60
产品分布和产品性质			
轻石脑油收率/%	6.57	6.19	14.85
重石脑油收率/%	42.52	57.18	75.92
密度(20℃)/(g/cm^3)	0.7438	0.7406	0.7367
芳潜/%	52.4	50.4	46.2
(S/N)/(μg/g)	<0.5/<0.5	<0.5/<0.5	<0.5/<0.5
喷气燃料收率/%	26.85	31.19	
密度(20℃)/(g/cm^3)	0.8014	0.7907	
闪点/℃	54	55	
冰点/℃	−67.8	−58.6	
烟点/mm	28.0	32.5	
柴油收率/%	20.04		
密度(20℃)/(g/cm^3)	0.8116		
凝点/℃	−11		
十六烷指数	81.7		
多环芳烃/%	0.4		
循环油性质			
馏分	>370℃	>260℃	>177℃
密度(20℃)/(g/cm^3)	0.8294	0.8131	0.7783
凝点/℃	38	24	−40
T95/℃	503	489	324
十六烷指数			60.9
BMCI 值	7.5	7.5	10.9

2. 灵活型加氢裂化催化剂的开发

3824[139] 催化剂是 FRIPP 根据加氢裂化催化剂国产化的需要开发的第一代灵活型加氢裂化催化剂，性能达到当时国外同类催化剂的先进水平。该催化剂于 1998 年在荆门石化 250kt/a 加氢裂化装置上进行了首次工业应用。

3903[140] 催化剂是 3824 催化剂的换代产品，该催化剂的中间馏分油选择性与 3824 催化剂相当，但活性明显提高，相同条件下的反应温度比 3824 催化剂降低 10℃ 以上。该催化剂于 1993 年在南京金陵石化 800kt/a 加氢裂化装置上进行了首次工业应用。

3976 催化剂是继 3824 和 3903 催化剂之后开发的第三代灵活型加氢裂化催化剂。3976

催化剂的重要特点之一是其高的生产灵活性。在按中油型方案运行时，3976 催化剂的活性和中间馏分油选择性不低于 3903 催化剂（反应温度降低 3℃ 左右，中间馏分油收率提高约 1.7 个百分点）。在按轻油型方案运行时，3976 催化剂裂化活性与第一代轻油型 3825 催化剂相当，但其加氢活性和重石脑油选择性明显高于 3825 催化剂。3976 催化剂的另一个重要特点是其优异的抗氮性能，其抗氮能力明显高于 3824、3825 和 3903 等催化剂，这样便为已有加氢裂化装置进行扩能改造提供了技术保证。3976 催化剂在裂化段进料氮含量 $20\sim50\mu g/g$ 的条件下不仅仍能保持其高活性，而且稳定性好，甚至在裂化段进料氮含量高达 $80\sim100\mu g/g$ 的条件下也能稳定运转。该催化剂于 1998 年在辽阳石化 1.2Mt/a 加氢裂化装置上进行了首次工业应用。

FC-12 催化剂是在 3976 催化剂基础上开发的又一种灵活型加氢裂化催化剂。该催化剂具有加氢活性高、抗氮和脱氮性能好、对原料适应性强、制备成本低、制备方法简单等特点，可按中油型或轻油型方案灵活进行生产，能加工质量更差的原料。FC-12 催化剂的反应活性略低于 3976 催化剂（反应温度高 3℃ 左右），中间馏分油选择性略优于 3976 催化剂（约提高 2 个百分点）。该催化剂于 2002 年在辽阳石化 1.6Mt/a 加氢裂化装置上进行了首次工业应用。

FC-32 催化剂是最新一代灵活型加氢裂化催化剂。该催化剂在不同压力等级下均具有适宜的加氢裂化活性、很高的开环选择性、良好的温度敏感性、显著的优先裂解重组分能力和良好的生产操作灵活性，可广泛用于生产高芳潜重石脑油、高十六烷值清洁柴油以及低 BMCI 值、富含链烷烃、终馏点较原料油显著降低的优质尾油乙烯裂解原料等高价值产品。由于该催化剂在较低压力下即可生产出优质的石油产品和化工原料，因此在能够满足我国化工行业尤其是乙烯工业蓬勃发展需要的同时，还可以明显降低加氢裂化装置的建设投资和操作费用，提高企业的经济效益。该催化剂于 2008 年在吉林石化 900kt/a 加氢裂化装置上进行了首次工业应用。FC-32 催化剂的典型试验结果见表 3-3-9。

表 3-3-9　FC-32 催化剂典型试验结果

原料油	中东 VGO		原料油	中东 VGO	
密度（20℃）/(g/cm³)	0.9164		芳潜/%	61.22	61.69
馏程/℃	328~531		喷气燃料收率/%	25.02	24.58
S/%	1.60		烟点/mm	22	25
N/(μg/g)	1475		芳烃/%（体）	9.6	5.9
BMCI 值	48.2		萘系烃/%（体）	0.12	0.06
氢油体积比	1250:1		柴油收率/%	13.79	13.76
体积空速/h⁻¹	1.38		凝点/℃	−21	−21
精制油氮/(μg/g)	5~10		十六烷指数	69.7	73.1
反应压力/MPa	12.0	15.7	尾油收率/%	30.18	29.83
反应温度/℃	t	$t+1$	BMCI 值	9.5	8.4
产品收率和性质			链烷烃/%	56.3	60.1
轻石脑油收率/%	4.13	4.74	芳烃/%	2.4	2.0
重石脑油收率/%	24.01	24.20			

3. 中油型加氢裂化催化剂的开发

3901 催化剂是 FRIPP 开发的第一个中油型加氢裂化催化剂，具有较高的活性和中间馏分油选择性高，尤其是低凝柴油的选择性，特别适合用来生产低凝点宽馏分柴油。

　　FC-20 催化剂是 3901 催化剂的换代产品。与 3901 催化剂相比，FC-20 催化剂不仅简化了生产工艺，降低了生产成本，而且反应温度降低 2℃ 以上，中间馏分油选择性有所提高，柴油的凝点更低，能够更好地满足我国寒冷地区冬季对低凝柴油的需求。另外，该催化剂还可用于劣质柴油加氢改质异构降凝工艺过程，以灵活生产不同凝点等级的清洁柴油。表 3-3-10 列出了 FC-20 催化剂典型试验结果。该催化剂于 2003 年在杭州炼油厂 250kt/a 柴油加氢改质装置上进行了首次工业应用。

表 3-3-10　FC-20 催化剂典型试验结果

催化剂	FC-20	3901	催化剂	FC-20	3901
原料油			柴油	24.4	17.7
密度（20℃）/（g/cm³）	0.9126		尾油	31.9	33.2
馏程/℃	330~563		中间馏分油选择性/%	79.9	77.1
硫/%	0.77		产品性质		
氮/（μg/g）	2266		重石脑油芳潜/%	52.7	51.0
$BMCI$ 值	44.6		喷气燃料		
操作条件			冰点/℃	<-60	<-60
氢分压/MPa	14.7		烟点/mm	26	25
氢油体积比	1500∶1		芳烃/%（体）	4.6	7.3
体积空速/h⁻¹	1.5		柴油		
精制油氮含量/（μg/g）	<10		凝点/℃	-17	-15
反应温度/℃	$t-2$	t	十六烷值	56.0	56.9
产品分布/%			尾油		
轻石脑油	3.1	3.6	凝点/℃	23	29
重石脑油	7.1	8.3	$BMCI$ 值	24.1	24.4
喷气燃料	30.0	33.8			

　　FC-16 催化剂是一种高活性的中油型加氢裂化催化剂，具有活性和中间馏分油选择性高、柴油馏分凝点低、对反应温度敏感性好等特点。与国外典型中油型催化剂相比，中间馏分油选择性提高了 1.6 个百分点，柴油的凝点降低了 4℃，反应温度降低了 9℃，具有了更大的操作灵活性，能满足炼油厂加氢裂化装置扩能改造，以及进一步增产中间馏分油，尤其是低凝柴油的需要。该催化剂于 2002 年在辽阳石化 1.6Mt/a 加氢裂化装置上进行了首次工业应用。

　　3974 催化剂是 FRIPP 开发的第一个兼产优质化工料的中油型加氢裂化催化剂，具有活性和中间馏分油选择性较高、开环选择性和加氢性能较好等特点，多在产中间馏分油的同时，兼产部分重石脑油作优质催化重整原料和部分加氢尾油作优质制乙烯原料。该催化剂于 1999 年在镇海炼化 1.0Mt/a 加氢裂化装置上进行了首次工业应用。

　　FC-26 催化剂是 3974 催化剂的换代产品，具有活性适宜、中间馏分油选择性高、产品质量好等特点，其整体性不低于国外同类参比剂。该催化剂于 2003 年在镇海炼化 1.0Mt/a 加氢裂化装置上进行了首次工业应用。

　　FC-50 催化剂是在 FC-26 催化剂基础上开发的最新一代中油型加氢裂化催化剂，通过对分子筛和硅铝载体进行改进及优化，使催化剂具了有更高的活性和中间馏分油选择性，尤其是喷气燃料选择性。该催化剂于 2010 年在镇海炼化 1.2Mt/a 加氢裂化装置上进行了首次工业应用。FC-50 催化剂的典型试验结果见表 3-3-11。

4. 单段加氢裂化催化剂的开发

ZHC-01 催化剂是 FRIPP 为满足催化剂国产化的需要而开发的第一个单段加氢裂化催化剂，其总体性能优于当时引进的同类催化剂。该催化剂于 1998 年在齐鲁石化 560kt/a 加氢裂化装置上进行了首次工业应用。

表 3-3-11　FC-50 催化剂典型试验结果

催化剂	FC-50 催化剂	FC-26 催化剂	催化剂	FC-50 催化剂	FC-26 催化剂
原料油			$(S/N)/(\mu g/g)$	<0.5/<0.5	<0.5/<0.5
密度(20℃)/(g/cm³)	0.9130		喷气燃料		
馏程/℃	336~542		收率/%	31.90	31.09
硫/%	1.59		密度(20℃)/(g/cm³)	0.8099	0.8056
氮/(μg/g)	1700		闪点/℃	45	46
BMCI 值	45.9		冰点/℃	<-60	<-60
操作条件			烟点/mm	26	26
反应总压/MPa	15.7		柴油		
氢油体积比	1500:1		收率/%	20.55	19.11
体积空速/h⁻¹	1.5		密度(20℃)/(g/cm³)	0.8348	0.8381
精制油氮/(μg/g)	~10		凝点/℃	-5	-6
反应温度/℃	t-5	t	十六烷指数	72.2	68.9
产品分布和产品性质			多环芳烃/%(体)	1.1	1.4
轻石脑油			$(S/N)/(\mu g/g)$	<10/1.0	<10/1.0
收率/%	3.53	3.90	尾油		
重石脑油			收率/%	35.37	35.53
收率/%	7.51	8.16	BMCI 值	12.1	12.4
密度(20℃)/(g/cm³)	0.7432	0.7368	中间馏分油选择性/%	81.15	77.87
芳潜/%	62.0	58.2	喷气燃料选择性/%	49.35	48.22

3973 催化剂和 ZHC-02 催化剂是为满足增产中间馏分油(特别是柴油)的需要而开发的无定形加氢裂化催化剂。不同之处是 3973 催化剂采用浸渍法制备，ZHC-02 催化剂采用共胶法制备。这两种催化剂具有中间馏分油选择性高、异构性能好等特点，性能与国外同类催化剂相当。3973 催化剂于 1998 年在抚顺石化 150kt/a 加氢裂化装置上进行了首次工业应用。ZHC-02 催化剂于 1999 年在大庆石化 260kt/a 加氢裂化装置上进行了首次工业应用。

FC-14、FC-28 和 FC-34 催化剂是针对无定形催化剂原料适应性较差、生产灵活性较低、喷气燃料馏分质量欠佳等不足而开发的单段加氢裂化催化剂。

FC-14 催化剂以特种复合材料为裂化组分，在充分发挥各自催化材料原有性能特点的同时，又产生了较好的协同催化作用，使催化剂的性能有了突破性的提高。与典型无定形催化剂相比，FC-14 催化剂不仅活性大幅度提高(单程通过时反应温度降低 10~15℃，全循环操作时反应温度降低 20~30℃)，而且中间馏分油选择性也提高 2 个百分点左右，特别适合用于最大量生产中间馏分油，尤其是低凝柴油。另外，鉴于 FC-14 催化剂优异的异构性能，该催化剂还可用于劣质柴油加氢改质异构降凝工艺过程以最大量生产不同凝点等级的清洁柴油。FC-14 催化剂于 2002 年在抚顺石化 400kt/a 加氢改质装置上进行了首次工业应用。FC-14 催化剂的典型试验结果见表 3-3-12。

表 3-3-12　FC-14 催化剂典型试验结果

催化剂	FC-14		典型无定形催化剂	
原料油				
密度(20℃)/(g/cm³)	0.9024		0.9019	
馏程/℃	321~528		290~546	
硫/%	1.01		1.54	
氮/(μg/g)	1138		1402	
BMCI 值	40.3		41.0	
操作条件				
工艺流程	全循环		全循环	
反应压力/MPa	15.7		15.7	
氢油体积比	1240		1240	
体积空速/h⁻¹	0.96		0.96	
反应温度/℃	$t-26$		t	
产品收率及性质				
石脑油	轻石脑油	重石脑油	轻石脑油	重石脑油
收率/%	6.65	10.98	6.39	13.26
密度/(g/cm³)	0.6694	0.7317	0.6688	0.7388
喷气燃料				
收率/%	29.87		34.23	
密度/(g/cm³)	0.7941		0.7987	
馏程/℃	149~249		147~257	
烟点/mm	29		27	
柴油				
收率/%	48.96		42.65	
凝点/℃	-38		-12	
十六烷值	59.5(十六烷指数)		64.8	

　　FC-28 催化剂以高硅铝比、高结晶度的改性分子筛为裂化组分，具有较高的活性和中间馏分油选择性，特别适合用于多产中间馏分油和加氢尾油。FC-28 催化剂于 2008 年在陕西神木 250kt/a 加氢改质装置上进行了首次工业应用。FC-28 催化剂的典型试验结果见表 3-3-13。

表 3-3-13　FC-28 催化剂典型试验结果

催化剂	FC-28	无定形催化剂	催化剂	FC-28	无定形催化剂
原料油			柴油	20.9	21.5
密度(20℃)/(g/cm³)	0.9024		尾油	32.0	32.1
馏程/℃	321~528		中间馏分油选择性/%	80.8	81.5
硫/%	1.019		主要产品性质		
氮/(μg/g)	1138		喷气燃料		

续表

催化剂	FC-28	无定形催化剂	催化剂	FC-28	无定形催化剂
BMCI 值	40.4		冰点/℃	<-60	-58
操作条件			烟点/mm	25	26
氢分压/MPa	14.7		芳烃/%（体）	7.4	9.0
氢油体积比	1200∶1		闪点/℃	41	41
体积空速/h^{-1}	0.9		柴油		
反应温度/℃	$t-10$	t	凝点/℃	-5	-7
产品分布			十六烷值	59.2	60.0
轻石脑油	3.7	3.6	尾油		
重石脑油	7.4	7.2	*BMCI* 值	12.6	13.8
喷气燃料	34.0	33.9			

　　FC-34 催化剂是最新开发的单段加氢裂化催化剂。通过使用特殊改性分子筛和催化剂制备新技术，使催化剂的加氢活性、环状烃选择性开环能力以及选择性加氢性能得到进一步改善，具有活性和中间馏分油选择性好（与 FC-14 催化剂相当）、优先裂解重组分能力强、制备成本低等特点，可用于最大量生产优质喷气燃料、高十六烷值清洁柴油以及低 *BMCI* 值、富含链烷烃的尾油乙烯裂解原料等高价值产品。FC-34 催化剂的典型试验结果见表 3-3-14。

表 3-3-14　FC-34 催化剂典型试验结果

催化剂	FF-36/FC-34			催化剂	FF-36/FC-34		
原料油				芳潜/%	61.8		
密度(20℃)/(g/cm³)	0.9059			(S/N)/(μg/g)	<0.5/<0.5		
馏程/℃	312~553			喷气燃料			
硫/%	1.83			收率/%	30.52		
氮/(μg/g)	1283			密度(20℃)/(g/cm³)	0.8156		
BMCI 值	43.1			闪点/℃	46		
操作条件				冰点/℃	-59		
工艺流程	单段两剂一次通过			烟点/mm	23		
反应总压/MPa	15.7			萘系烃/%（体）	0.33		
氢油体积比	1200∶1			柴油			
总体积空速/h^{-1}	0.92			收率/%	30.28		
反应温度/℃	基准			密度(20℃)/(g/cm³)	0.8357		
产品分布和产品性质				十六烷指数	74.1		
轻石脑油				多环芳烃/%	2.6		
收率/%	2.96			尾油馏分	>385℃	>350℃	>320℃
重石脑油				收率/%	28.48	39.65	48.03
收率/%	5.87			密度(20℃)/(g/cm³)	0.8334	0.8329	0.8327
密度(20℃)/(g/cm³)	0.7416			*BMCI* 值	7.8	9.5	10.5

5. 劣质柴油馏分加氢改质催化剂

由于清洁燃料标准的不断提高，使大部分一次和二次加工柴油的质量已不能满足指标要求。其中，劣质柴油馏分加氢改质是劣质柴油质量升级的重要手段之一，主要有以下三种模式：①劣质柴油馏分的加氢裂化；②劣质柴油馏分的加氢改质提高十六烷值；③劣质柴油馏分的加氢改质异构降凝。

劣质柴油馏分的加氢裂化以提高柴油产品质量和生产高芳潜石脑油为目的，要求催化剂具有很强的对多环烃类选择性开环转化和在石脑油馏分中富集单环烃类的能力。通常可选用轻油型和灵活型加氢裂化催化剂，如 FC-24、FC-32、FC-46 催化剂等。该模式比较适合在存在柴油产品出厂质量问题而同时又缺乏化工石脑油的企业使用。

劣质柴油馏分的加氢改质提高十六烷值以改善柴油产品十六烷值和安定性以及减少燃烧时污染物排放为目的，要求催化剂具有很高的加氢脱硫、加氢脱氮、加氢脱芳、加氢脱胶质活性和将多环烃类转化为少环烃类的能力，同时裂化活性则要限定在尽可能低的水平。3963 和 FC-18 催化剂就是 FRIPP 为此而开发的专用催化剂。该模式比较适合在存在柴油产品出厂质量问题而同时又不希望增加石脑油产量的企业使用。表 3-3-15 列出了 3963 催化剂用于催化柴油加氢改质的典型试验结果。

表 3-3-15　3963 催化剂用于催化柴油加氢改质(MCI)典型试验结果

(工艺条件：氢压 4.5~8.5MPa，体积空速 1.0~2.0h⁻¹，反应温度 340~370℃)

原料油名称	南京催柴	大港催柴	胜利催柴	辽河催柴
原料油性质				
硫/%	0.321	0.165	0.286	0.495
氮/(μg/g)	833	1278	639	1177
十六烷值	25	20	23	25
生成油性质				
硫/%	0.01	0.01	0.01	0.01
氮/(μg/g)	7.1	9.1	1.3	14
十六烷值	40	33	35	35
>180℃柴油收率/%	95.9	97.0	97.1	97.3

劣质柴油馏分的加氢改质异构降凝以改善柴油产品低温流动性、十六烷值和安定性以及减少燃烧时污染物排放为目的，要求催化剂具有很高的加氢脱硫、加氢脱氮、加氢脱芳活性和良好的环烷烃选择性开环性能、链烷烃异构化性能，以及适度的重馏分加氢裂化性能。通常可选用活性较低且具有异构性能的中油型和单段加氢裂化催化剂，如 FC-14、FC-20 催化剂等。该模式比较适合在希望根据季节变化多产不同凝点等级的柴油产品而同时又不希望过多增加石脑油产量的企业使用。

截至 2014 年，我国加氢裂化装置年处理能力约 68Mt，约占一次原油加工量的 13.9%，加氢裂化催化剂国内总的自给率约为 74%，特别是在中国石化，加氢裂化催化剂的自给率已达 100%。表 3-3-16~表 3-3-19 列出了我国自主开发的加氢裂化催化剂的主要品种、牌号、特点以及应用情况等。

表 3-3-16　减压馏分油加氢裂化催化剂

催化剂类型	牌号	金属	载体	外形	用途和特点
轻油型加氢裂化催化剂	3905	W-Ni	分子筛-氧化铝	圆柱形条或异形条	反应温度较 3825 催化剂降低 4~5℃，可在精制油氮含量 10~20μg/g 条件下稳定运转
	FC-24	Mo-Ni	分子筛-氧化铝	圆柱形条或异形条	保持 3955 催化剂高活性、高抗氮性的同时，重石脑油选择性提高约 2.5 个百分点，液体收率提高约 1.5 个百分点。在高压或中压下，用于一段串联和两段工艺过程，最大量生产重石脑油，同时兼产少量优质中间馏分油和加氢尾油。重石脑油芳烃潜含量高，是催化重整生产高辛烷油的优质进料；尾油 $BMCI$ 值较低，T_{95} 等较低原料有大幅降低，可作蒸汽裂解制乙烯原料
	FC-46	W-Ni	分子筛-氧化铝	圆柱形条或异形条	与 FC-24 催化剂相比，重石脑油收率提高 2 个百分点以上，喷气燃料、柴油和加氢尾油的质量明显提高，裂化段与预精制段的反应温度匹配更加合理。
	RT-5、RHC-5	W-Ni	分子筛-氧化铝-助剂氟	异形条或圆柱形条	RHC-5 催化剂加氢尾油的 $BMCI$ 值比 RT-5 催化剂降低 1 个单位以上。
灵活型加氢裂化催化剂	3976、FC-36	W-Ni	分子筛-无定形硅酸铝-氧化铝	圆柱形条或异形条	抗氮能力明显高于 3824 和 3903 催化剂，加氢性能有所提高
	FC-12	W-Ni	分子筛-氧化铝	圆柱形条或异形条	反应活性略优于 3976 催化剂，中间馏分油选择性略低于 3976 催化剂，加氢性能和抗氮性能进一步提高，可加工性质更差的原料。在高压或中压下，用于一段串联和两段工艺过程，灵活生产重石脑油、中间馏分油和加氢尾油。重石脑油芳烃潜含量较高，是较好的催化重整生产高辛烷或高辛烷值汽油的进料；中间馏分油是优质的 3 号喷气燃料和柴油；尾油 $BMCI$ 值较低，T_{95} 等较好原料有大幅降低，是较好的蒸汽裂解制乙烯原料
	FC-32	W-Ni	分子筛-氧化铝	圆柱形条或异形条	活性和中间馏分油选择性与 FC-12 催化剂相当，具有更高的开环选择性和优先裂解重组分的能力，可在更低反应压力下生产 $BMCI$ 值更低的加氢尾油等高价值产品
	RT-1、RHC-1、RHC-3、RHC-133	W-Ni	分子筛-氧化铝-助剂氟	异形条	RHC-1 催化剂加氢尾油的 $BMCI$ 值比 RT-1 催化剂降低约 1.7 个单位。RHC-3 催化剂开环能力优于 RHC-1 催化剂，加氢尾油中环烷烃相对含量降低约 10%。RHC-133 催化剂比 RHC-3 催化剂中间馏分油选择性高 1.2 个百分点，裂化活性中间馏分油活性低 13℃，尾油质量略优

续表

催化剂类型	牌号	金属	载体	外形	用途和特点	
中油型加氢裂化催化剂	FC-26、FC-50	W-Ni	分子筛-无定形硅酸铝-氧化铝	圆柱形条或异形条	在高压或中压下，用于一段串联和两段工艺过程，多产中间馏分油。中间馏分油是优质的3号喷气燃料和柴油，T_{95}等较原料有大幅度降低，$BMCI$值较低，尾油是较好的蒸汽裂解制乙烯原料	FC-50催化剂比3974和FC-26催化剂有更高的活性和中间馏分油的选择性，特别是喷气燃料选择性
	RHC-1M、RHC-132	W-Ni	分子筛-氧化铝-助剂氟	异形条	在高压或中压下，用于一段串联和两段工艺过程，多产低凝柴油和优质的3号喷气燃料，尾油是低凝点的润滑油基础油原料	RHC-1M催化剂活性高，柴油选择性好，RHC-132催化剂中间馏分油的选择性和质量进一步提高
	3901、FC-20	W-Ni	分子筛-无定形硅酸铝-氧化铝	圆柱形条或异形条	在高压或中压下，用于一段串联和两段工艺过程，多产优质中间馏分油。中间馏分油是优质的3号喷气燃料和凝点较低的柴油，T_{95}等较原料有大幅度降低，尾油$BMCI$值较低，是较好的蒸汽裂解制乙烯原料	与3901催化剂相比，FC-20催化剂成本低，反应温度降低2℃以上，中间馏分油选择性提高约2个百分点，柴油的凝点更低
	FC-16	W-Ni	分子筛-无定形硅酸铝-氧化铝	圆柱形条或异形条	主要用于高压单段工艺过程，中间馏分油。优质柴油或其调和组分，尾油是优质的蒸汽裂解制乙烯原料或润滑油基础油原料	活性高，兼顾柴油的低温流动性和尾油的$BMCI$值
	ZHC-01	W-Ni	分子筛-无定形硅酸铝-氧化铝	圆柱形条或异形条	主要用于高压单段工艺过程，中间馏分油。多产石脑油，是较好的催化重整生产高芳烃值或高辛烷值的进料；中间馏分油是较好的3号喷气燃料和柴油，T_{95}等较原料有大幅度降低，是较好的蒸汽裂解制乙烯原料	替代国外催化剂，实现同类催化剂国产化
单段加氢裂化催化剂	FC-28	W-Ni	分子筛-无定形硅酸铝-氧化铝	圆柱形条或异形条	主要用于高压单段工艺过程，优质3号喷气燃料，优质柴油或其调和组分，尾油$BMCI$值较低，T_{95}等较原料有大幅度降低，是较好的蒸汽裂解制乙烯原料	与无定形催化剂相比，中间馏分油选择性相当，活性显著提高，反应温度降低10℃左右，中间馏分油质量得到改善
	FC-14	W-Ni	分子筛-无定形硅酸铝-氧化铝	圆柱形条或异形条	主要用于高压单段工艺过程，最大量生产优质低凝柴油和优质的3号喷气燃料，尾油是低凝点的润滑油基础油原料	与无定形催化剂相比，活性大幅提高，通过调整反应温度可降低20~30℃，中间馏分油选择性提高2个百分点左右，中间馏分油质量得到改善。活性大幅度提高（单程环操作时，全循环操作选择性提高10~15℃），中间倾点可降低-30℃以下
	FC-34	W-Ni	分子筛-无定形硅酸铝-氧化铝	圆柱形条或异形条	主要用于高压单段工艺过程，中间馏分油和其调和组分，优质柴油或其调和组分，最大量生产优质3号喷气燃料，尾油$BMCI$值低，富含链烷烃，T_{95}等较原料有大幅度降低，是优质的蒸汽裂解制乙烯原料或润滑油基础油原料	活性和中间馏分油选择性与FC-14催化剂相当，能最大量生产优质尾油，中间馏分油质量好，中间馏分油相优质加氢生产尾油

表 3-3-17　劣质柴油馏分加氢改质催化剂

催化剂类型	牌号	金属	载体	外形	用途和特点
劣质柴油加氢裂化催化剂	3976, FC-12, FC-24, FC-32, FC-46	Mo-Ni 或 W-Ni	分子筛-氧化铝 或分子筛-无定形硅酸铝-氧化铝	圆柱形条或异形条	在中压下用于一段串联工艺过程加工劣质柴油，生产高芳烃潜含量的石脑油产品，以及十六烷值较原料大幅提高（一般提高 12~20 个单位），密度和 T_{95} 较原料大幅降低，颜色和安定性好的柴油产品
	RT-5, RHC-5	W-Ni	分子筛-氧化铝-助剂氟	异形条	
劣质柴油加氢改质提高十六烷值催化剂	3963, FC-18	W-Ni	分子筛-氧化铝 或分子筛-无定形硅酸铝-氧化铝	圆柱形条或异形条	在中压下用于一段串联工艺过程加工劣质柴油（主要是催化柴油），生产十六烷值较原料明显提高（一般提高 8~14 个单位），密度和 T_{95} 较原料有所降低，颜色和安定性好的柴油产品，并保持较高的柴油产品收率在 95% 以上
	RIC-1, RIC-2	W-Ni	分子筛-氧化铝-助剂氟	异形条	
劣质柴油加氢改质异构降凝催化剂	FC-14, FC-20	W-Ni	分子筛-无定形硅酸酯铝-氧化铝	圆柱形条或异形条	在中压或高压下用于一段串联工艺过程加工直馏柴油和/或二次加工柴油，生产十六烷值较原料明显提高（一般提高 8~12 个单位），凝点较原料明显降低（一般降低 5~70℃），密度和 T_{95} 较原料明显降低，颜色和安定性好的柴油产品，并保持较高的柴油产品收率（一般在 85% 以上，取决于原料蜡含量和降凝深度及 T_{95} 降低幅度要求）

表 3-3-18　FRIPP 加氢裂化催化剂工业应用概况

催化剂	应用时间	应用地点	装置类型	规模/(kt/a)	备　注
3824	1988	荆门	中压加氢裂化/单段串联	250	旧装置改造
	1990	茂名	高压加氢裂化/单段串联	800	旧装置换剂
	1993	宁波	高压加氢裂化/单段串联	800	新装置开工
3825	1991	上海	高压加氢裂化/单段串联	900	旧装置换剂
	1995	辽阳	高压加氢裂化/单段串联	1000	新装置开工
	1996	吉林	中压加氢裂化/单段串联	600	新装置开工
	1997	北京	中压加氢改质/单段串联	1000	新装置开工
	1997	南京	高压加氢裂化/单段串联	1200	旧装置换剂
3882	1989	淄博	缓和加氢裂化/单段串联	220	旧装置换剂
	1997	宁波	高压加氢裂化/单段串联	800	旧装置换剂
3903	1993	南京	高压加氢裂化/单段串联	800	旧装置换剂
	1996	南京	高压加氢裂化/单段串联	800	旧装置换剂
	1997	宁波	高压加氢裂化/单段串联	800	旧装置换剂
	1997	抚顺	高压加氢裂化/单段串联	400	旧装置换剂
3905	1997	南京	高压加氢裂化/单段串联	800	旧装置换剂
	1999	天津	高压加氢裂化/单段串联	800	新装置开工
	2001	抚顺	中压加氢改质/单段串联	1200	新装置开工
3963	1998	吉林	MCI 柴油加氢改质	200	新装置开工
	1999	大连	MCI 柴油加氢改质	800	新装置开工
	1999	大港	MCI 柴油加氢改质	400	新装置开工
	2001	大庆	MCI 柴油加氢改质	600	新装置开工
	2003	玉门	MCI 柴油加氢改质	500	新装置开工
	2003	洛川	MCI 柴油加氢改质	500	新装置开工
	2008	青岛	MCI 柴油加氢改质	4100	新装置开工
	2010	大庆	柴油加氢改质降凝	350	新装置开工
3973	1997	抚顺	高压加氢裂化/单段	150	旧装置换剂
3974	1999	宁波	高压加氢裂化/单段串联	1000	旧装置换剂
	2000	茂名	高压加氢裂化/单段串联	900	旧装置换剂
	2001	南京	高压加氢裂化/单段串联	800	旧装置换剂
3976	1998	辽阳	高压加氢裂化/单段串联	1200	旧装置换剂
	2000	吉林	中压加氢裂化/单段串联	600	旧装置换剂
	2002	吉林	中压加氢裂化/单段串联	600	旧装置换剂
	2004	上海	高压加氢裂化/单段串联	1400	新装置开工
	2005	吉林	中压加氢裂化/单段串联	900	旧装置换剂
	2010	乌鲁木齐	高压加氢裂化/单段串联	1000	新装置开工
	2011	上海	高压加氢裂化/单段串联	1400	旧装置换剂
ZHC-01	1998	淄博	单段加氢裂化	560	旧装置换剂
	2001	淄博	高压加氢裂化/单段串联	1400	新装置开工
	2013	淄博	单段加氢裂化	560	旧装置换剂
ZHC-02	1999	大庆	单段加氢裂化	260	旧装置换剂
FC-12	2002	辽阳	高压加氢裂化/单段串联	1600	旧装置换剂
	2003	上海	高压加氢裂化/单段串联	1500	旧装置换剂
	2005	天津	高压加氢裂化/单段串联	1200	旧装置换剂
	2008	舟山	中压加氢裂化/单段	1700	新装置开工
	2008	泉州	高压加氢裂化/单段串联	2100	新装置开工
	2010	舟山	中压加氢裂化/单段	1700	旧装置换剂

续表

催化剂	应用时间	应用地点	装置类型	规模/(kt/a)	备注
FC-14	2002	抚顺	FHI 柴油加氢改质异构降凝	400	旧装置换剂
	2003	华北	FHI 柴油加氢改质异构降凝	900	新装置开工
	2005	南京	高压加氢裂化/单段	1500	新装置开工
	2006	海口	高压加氢裂化/单段	1200	新装置开工
	2007	南京	高压加氢裂化/单段串联	1000	旧装置换剂
	2008	抚顺	FHI 柴油加氢改质异构降凝	400	旧装置换剂
	2010	海口	高压加氢裂化/单段	1200	旧装置换剂
	2010	庆阳	FHI 柴油加氢改质异构降凝	1200	新装置开工
	2010	锦州	高压加氢裂化/单段	1300	新装置开工
	2011	辽阳	高压加氢裂化/单段	1000	新装置开工
	2011	天津	FHI 柴油加氢改质异构降凝	400	旧装置换剂
	2011	盘锦	焦化全馏分加氢	800	旧装置换剂
	2013	辽阳	高压加氢裂化/单段	1000	旧装置换剂
	2013	盘锦	焦化全馏分加氢	800	旧装置换剂
	2014	锦州	高压加氢裂化/单段	1300	旧装置换剂
	2014	葫芦岛	高压加氢裂化/单段	1500	新装置开工
	2014	永坪	柴油加氢改质降凝	1400	新装置开工
FC-14B	2010	南京	高压加氢裂化/单段	1500	旧装置换剂
	2014	南京	高压加氢裂化/单段	1500	旧装置换剂
	2014	格尔木	中压加氢改质	800	旧装置换剂
FC-16	2002	辽阳	高压加氢裂化/单段串联	1600	旧装置换剂
	2004	大庆	高压加氢裂化/单段串联	1400	新装置开工
	2007	南京	高压加氢裂化/单段串联	1000	旧装置换剂
	2011	南京	高压加氢裂化/单段串联	1000	旧装置换剂
	2011	咸阳	高压加氢裂化/单段串联	1200	旧装置换剂
FC-16B	2008	大庆	高压加氢裂化/单段串联	1400	旧装置换剂
	2013	海南	高压加氢裂化/单段串联	1500	旧装置换剂
	2014	南京	高压加氢裂化/单段	1500	旧装置换剂
FC-18	2002	广州	MCI 柴油加氢改质	600	旧装置换剂
	2009	延安	柴油加氢改质降凝	1400	新装置开工
	2014	榆林	柴油加氢改质降凝	2000	新装置开工
	2014	榆林	柴油加氢改质	200	旧装置换剂
FC-20	2003	杭州	FHI 柴油加氢改质异构降凝	250	旧装置换剂
	2005	前郭	FHI 柴油加氢改质异构降凝	200	旧装置换剂
	2010	大庆	柴油加氢改质降凝	350	新装置开工
	2012	呼和浩特	FHI 柴油加氢改质异构降凝	900	新装置开工
	2013	玉门	柴油加氢改质降凝	300	旧装置换剂
	2013	宁夏	FHI 柴油加氢改质异构降凝	800	新装置开工
	2014	延安	柴油加氢改质降凝	2400	新装置开工
FC-20B	2009	杭州	FHI 柴油加氢改质异构降凝	250	旧装置换剂
FC-24	2004	南京	高压加氢裂化/单段串联	2000	旧装置换剂
	2007	宁波	高压加氢裂化/单段串联	1500	新装置开工
	2010	南京	高压加氢裂化/单段串联	2000	旧装置换剂
FC-24B	2013	南京	催柴加氢转化	800	旧装置换剂
	2014	茂名	催柴加氢转化	800	旧装置换剂
FC-26	2003	宁波	高压加氢裂化/单段串联	1000	旧装置换剂
	2006	广州	高压加氢裂化/单段串联	1500	新装置开工
	2009	广州	高压加氢裂化/单段串联	1500	旧装置换剂

续表

催化剂	应用时间	应用地点	装置类型	规模/(kt/a)	备 注
FC-28	2008	神木	煤焦油高压加氢裂化/两段	250	新装置开工
	2010	淄博	单段加氢裂化	560	旧装置换剂
	2011	淄博	单段加氢裂化	560	旧装置换剂
	2013	淄博	单段加氢裂化	400	旧装置换剂
FC-32	2008	吉林	中压加氢裂化/单段串联	900	旧装置换剂
	2008	上海	高压加氢裂化/单段串联	1500	旧装置换剂
	2008	天津	高压加氢裂化/单段串联	1200	旧装置换剂
	2009	天津	高压加氢裂化/单段串联	1800	新装置开工
	2009	辽阳	高压加氢裂化/单段串联	1600	旧装置换剂
	2010	宁波	高压加氢裂化/单段串联	1500	旧装置换剂
	2011	吉林	中压加氢裂化/单段串联	900	旧装置换剂
	2012	上海	高压加氢裂化/单段串联	1500	旧装置换剂
	2012	广州	柴油加氢改质	2000	新装置开工
	2012	克拉玛依	柴油加氢改质	1200	新装置开工
	2012	天津	高压加氢裂化/单段串联	1200	旧装置换剂
	2012	天津	高压加氢裂化/单段串联	1800	旧装置换剂
	2013	武汉	高压加氢裂化/单段串联	1800	新装置开工
	2013	盘锦	柴油加氢改质	1200	新装置开工
	2013	泉州	高压加氢裂化/单段串联	2380	旧装置补剂
	2014	宁波	高压加氢裂化/单段串联	1500	旧装置换剂
	2014	吉林	中压加氢裂化/单段串联	900	旧装置换剂
FC-32A	2012	舟山	中压加氢裂化/单段	800	旧装置换剂
	2012	青岛	高压加氢裂化/单段串联	2000	新装置开工
	2013	茂名	高压加氢裂化/单段串联	2400	新装置开工
	2013	舟山	中压加氢裂化/单段串联	800	旧装置换剂
	2014	南京	高压加氢裂化/单段串联	2000	新装置开工
	2014	上海	高压加氢裂化/单段串联	1400	旧装置换剂
	2014	漳州	高压加氢裂化/两段全循环	3160	旧装置换剂
FC-36	2007	茂名	高压加氢裂化/单段串联	1100	旧装置换剂
	2010	茂名	高压加氢裂化/单段串联	1100	旧装置换剂
FC-46	2014	宁波	高压加氢裂化/单段串联	1500	旧装置换剂
	2014	南京	高压加氢裂化/单段串联	2000	旧装置换剂
FC-50	2010	宁波	高压加氢裂化/单段串联	1200	旧装置换剂
	2013	广州	高压加氢裂化/单段串联	1200	旧装置换剂
	2013	宁波	高压加氢裂化/单段串联	1200	旧装置换剂
	2013	葫芦岛	柴油加氢改质	1000	旧装置换剂
	2014	宁波	高压加氢裂化/单段串联	1500	旧装置换剂

表 3-3-19　RIPP 加氢裂化催化剂工业应用概况

催化剂	应用时间	应用地点	装置类型	规模/(kt/a)	备 注
RIC-1	2001	洛阳	柴油加氢改质	1000	新建装置
	2004	锦州	柴油加氢改质	1200	旧装置换剂
	2004	燕山	柴油加氢改质	1000	旧装置换剂
RIC-2	2008	洛阳	柴油加氢改质	1000	旧装置换剂
	2009	湛江	柴油加氢改质	1500	新建装置
RT-5	1995	锦州	中压加氢改质/单段串联	800	旧装置换剂
	2000	燕山	中压加氢裂化/单段串联	1300	新建装置
	2002	上海	中压加氢裂化/单段串联	1500	新建装置
RHC-5	2009	齐鲁	高压加氢裂化/单段串联	1400	旧装置换剂

催化剂	应用时间	应用地点	装置类型	规模/(kt/a)	备注
	2007	燕山	中压加氢裂化/单段串联	1300	旧装置换剂
RHC-1	2007	燕山	高压加氢裂化/单段串联	2000	新建装置
	2007	扬子	中压加氢裂化/单段串联	1000	旧装置换剂
	2008	上海石化	中压加氢裂化/单段串联	1500	旧装置换剂
RHC-3	2010	燕山	高压加氢裂化/单段串联	2000	旧装置换剂
	2013	齐鲁	高压加氢裂化/单段串联	1400	旧装置换剂

四、加氢裂化催化剂的选用原则

加氢裂化作为 21 世纪最重要的劣质重油轻质化的炼油技术，将因其原料适应性强、产品方案灵活、液体产品收率高且质量好等特点得到更为广泛的应用。

加氢裂化催化剂是加氢裂化技术的核心，其性能好坏直接关系到加氢裂化装置加工目标能否实现，并对企业的经济效益产生极大影响。通常应根据实际需求，选择"最适合"的催化剂、工艺流程及操作模式，最大限度地满足实际生产要求，以获取最大的经济效益。

在选择加氢裂化催化剂时，通常应综合考虑以下几方面问题：

1）装置工艺流程（单段、一段串联、两段）和正常操作条件（包括原料与循环油比例、单程转化率）和允许操作极限。

2）反应器结构、各床层催化剂装量、允许压力降及急冷氢用量。

3）原料油性质及其变化情况。

4）目的产品、蒸馏切割点和主要产品收率及质量要求。

5）氢源和氢气平衡情况。

6）整个体系热量平衡情况。

7）装置上游和下游的关系。

8）市场对产品需求的变化情况。

9）其他配套设施。

通过对上述几方面问题进行综合分析，明确装置运行目标，从而对加氢裂化催化剂性能提出以下几方面具体要求：

1）催化剂的类型（轻油型、灵活型、中油型、耐氮性能等）和品种。

2）外形、尺寸及机械强度。

3）目的产品产率和质量。

4）对原料变化及对重金属（Fe、Na、V、Ni、Ca 等）含量的适应性。

5）耐氮、耐硫、耐氨、芳烃饱和性能。

6）运行周期及使用寿命。

7）催化剂装卸、开工、停工。

8）再生性能或活性更新性能。

由于市场上可供选用的加氢裂化催化剂品种繁多，性能差异又很大，而拥有加氢裂化装置的企业对每种催化剂性能特点的了解尚不全面，因此为能正确地选择催化剂，通常需要拥有加氢裂化装置的企业与催化剂开发单位及催化剂生产厂家密切合作并共同商讨确定，有时甚至需要通过中型试验来进行评选确定。

下面简要讨论在选择加氢裂化催化剂时应先了解的几个有关不同类型催化剂性能特点的

问题。

(一) 中油型晶型与无定形加氢裂化催化剂

中油型催化剂的加氢性能比酸性强，主要用来生产喷气燃料和柴油或多产柴油。这类催化剂又分为无定形(SiO_2-Al_2O_3 为酸性组分)和晶型(含有适量沸石和无定形 SiO_2-Al_2O_3 或其他二元氧化物)。

Chevron 公司用胜利 VGO 单段一次通过流程对比了 ICR-126(含分子筛)和 ICR-106(无定形)两种催化剂，见图 3-3-8。由图可以看出，两种催化剂喷气燃料产率相近，晶型 ICR-126 催化剂石脑油产率多些，柴油产率低一些。无定形 ICR-106 催化剂最大量生产中间馏分油时，中间馏分油产率(体积分数)可达 95%，石脑油产率(体积分数)只有 15%。

关于用这两种催化剂得到的油品质量，Chevron 公司研究了一个运转周期喷气燃料的芳烃与烟点(结果见图 3-3-9)，认为无定形催化剂好。此外，两段法用无定形催化剂，柴油倾点低 22℃ 左右，但芳烃含量高些。

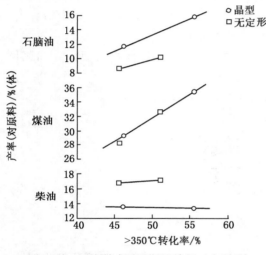

图 3-3-8　胜利减压瓦斯油单段一次通过
加氢裂化的结果

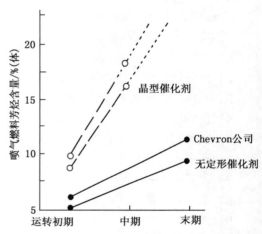

图 3-3-9　(加工中东 VGO)整个运转周期
喷气燃料芳烃含量的变化

在加工 VGO 时，尤其是环烷基 HVGO，晶型催化剂所得循环油中多环芳烃积累问题十分严重(见图 3-3-10 及图 3-3-11)。因此，使用晶型催化剂全循环操作时，必须排出 5% 左右的循环油，装置才能正常运转，而采用无定形催化剂，循环油中多环芳烃积累少，数量不到晶型催化剂的 10%。值得注意的是，无定形催化剂的循环油中多以单环芳烃为主，环越多的越少；而晶型催化剂的循环油中多以三至六环的芳烃为主，所以危害更大，这一情况可以通过增设热分离器、采用间接循环和选择吸附分离等措施得以改善。

总之，相对于晶型催化剂，无定形催化剂的优势在于多产柴油，中间馏分油的总收率通常稍高，且循环油中多环芳烃累积较少，但无定形催化剂反应温度高，运转周期短，对原料适应性较差。因此，在选择无定形或晶型催化剂时，首先要考虑的是目的产品，其次要考虑运转周期及产品产率与质量的稳定性，当然也要考虑装置情况及允许的耐氮能力等。当前，催化剂发展很快，新开发的晶型催化剂中间馏分油收率已达到或超过无定形催化剂，同时也开发出更优异的无定形催化剂。

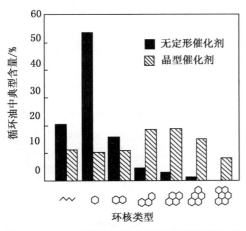

图 3-3-10　用分子筛催化剂和无定形催化剂
循环油中的芳烃类型

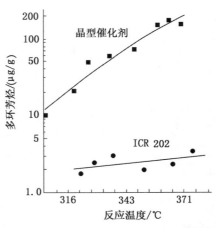

图 3-3-11　晶型催化剂与无定形催化剂
循环油中芳烃的含量

（二）用于生产石脑油或石脑油-喷气燃料的贵金属和非贵金属分子筛加氢裂化催化剂

用于生产石脑油或石脑油-喷气燃料的加氢裂化催化剂品种比较多。它们均以分子筛为裂化组分，而加氢组分既有用非贵金属的，也有用贵金属的。UOP 公司开发的 HC-18 和 HC-28 贵金属分子筛催化剂有较强的耐硫化氢和氨中毒能力，既可用于一段串联加氢裂化工艺，也可用于两段加氢裂化工艺，主要是用来最大量生产石脑油。此外，UOP 公司在 20 世纪 90 年代中期还开发了一种新型贵金属分子筛催化剂 HC-35，用于兼产石脑油和喷气燃料。由于该催化剂加氢能力强，所产喷气燃料芳烃含量低、烟点高，馏分范围可以放得更宽，因此可以比以往催化剂生产更多的喷气燃料。但 HC-35 催化剂耐硫化氢和氨中毒能力低，因此只能用于无硫化氢和氨存在的两段加氢裂化工艺。表 3-3-20、表 3-3-21 和图 3-3-12、图 3-3-13 对比了 UOP 公司非贵金属和贵金属分子筛加氢裂化催化剂。可以看出，UOP 公司贵金属催化剂用于一段串联工艺，在含硫化氢和氨气氛下使用，其实际效果并不比非贵金属催化剂好。但若用于无硫化氢和氨存在的两段加氢裂化工艺，则贵金属催化剂确实表现出了高加氢活性、高 C_{5+} 收率和能够多产喷气燃料的特点。

表 3-3-20　UOP 公司非贵金属和贵金属分子筛催化剂对比（含硫气氛）

催 化 剂	HC-14	HC-18	HC-28
催化剂金属组分	Mo-Ni	Pd	Pd
工艺流程	两段	一段串联	一段串联
原料油	伊朗马戎 VGO	VGO、LCGO、LCO、HCO 混合油	VGO、LCGO、LCO、HCO 混合油
密度（20℃）/（g/cm³）	0.911	0.895	0.895
终馏点/℃	~538	~483	~483
硫/%	2.02	0.75	0.75
氮/（μg/g）	1250	1000	1000
产品收率/%（体）			
C_4	14.7	19.0	14.6
C_{5+}轻石脑油	30.2	28.0	25.5
重石脑油（终馏点 204℃）	81.0	72.5	79.1
未转化油		2.3	3.1

续表

催 化 剂	HC-14	HC-18	HC-28
C_{4+}	125.9	121.8	122.3
C_{5+}	111.2	102.8	107.7
氢耗/(Nm^3/m^3)	315	445	359
备注	中试结果	工业结果	工业结果

表 3-3-21　UOP 公司非贵金属和贵金属分子筛催化剂对比(第二段无硫气氛)[141]

催化剂	HC-28	HC-24	HC-35
反应温度/℃	323	333	340
产品收率/%(体)			
C_4	9.6	9.8	7.6
轻石脑油	18.9	18.9	12.8
重石脑油	40.0	46.2	41.6
喷气燃料	46.7	38.5	50.8
C_{5+}	105.6	103.6	105.2
化学氢耗/SCFB	867	726	782

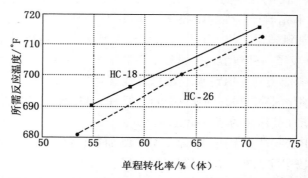

图 3-3-12　UOP 公司 HC-26 和 HC-18 催化剂活性对比

注：$1℉ = 9/5×t℃+32$

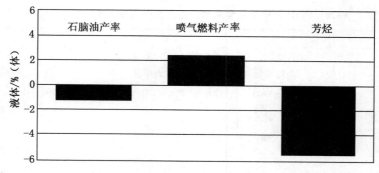

图 3-3-13　UOP 公司 HC-26 和 HC-18 催化剂产品收率及芳烃含量对比[141]

　　Chevron 公司在两段加氢裂化工艺的第二段也使用贵金属和非贵金属分子筛催化剂，其对比结果见表 3-3-22[142]。与 ICR-210 非贵金属催化剂相比，ICR-209 贵金属催化剂具有喷气燃料收率高、C_{5+} 液体收率高、产品芳烃含量低、运转周期长等特点，不足之处是氢耗略大、轻石脑油研究法辛烷值略低。

表 3-3-22 Chevron 公司非贵金属和贵金属分子筛催化剂对比（第二段无硫气氛）

催化剂	ICR-210	ICR-209	催化剂	ICR-210	ICR-209
催化剂金属组分	非贵金属	贵金属	产品性质		
产品收率/%（体）			轻石脑油 RON	基准	基准-1
C_4	基准	基准-2	石脑油芳烃含量/%	5~10	0~2
iC_4	基准	基准-1.5	喷气燃料烟点/mm	25~30	≥35
C_{5+} 液体收率	基准	基准+3	运转周期	基准	1.5×基准
喷气燃料	基准	基准+7			
净氢耗/SCFB	基准	基准+100（喷气燃料方案）			
		基准-50（石脑油方案）			

（三）用于灵活生产石脑油、喷气燃料和柴油的非贵金属分子筛加氢裂化催化剂

目前，非贵金属分子筛催化剂品种比较齐全，从轻油型、灵活性、中油型到尾油型等已形成了系列化，用户可根据自身装置的特定需要从中选择。

五、加氢裂化催化剂的发展趋势

（一）催化新材料的开发

新催化材料的开发是发展新催化剂的关键。回顾炼油和石油化工过程新催化剂和新工艺的出现无不以新催化材料的开发为基础。

例如 20 世纪 60 年代将沸石分子筛用于催化裂化后，催化裂化技术有了飞跃性的发展。转化率从无定形硅铝的 49.5%提高到 73.4%，汽油产率从 32.9%提高到 48.7%。

再如 70 年代合成出 ZSM 新型沸石分子筛后就出现了"择形催化"这一新过程，它可以从过去的按分子化学类别进行催化反应，而发展为按分子的形状进行催化反应，由此开发了 M-重整、柴油催化脱蜡、二甲苯异构化、甲苯歧化、甲醇合成汽油、催化裂化助辛烷值剂等十多种新工艺。

加氢裂化过程也是如此，将沸石分子筛用于催化剂中使反应温度大幅度下降，超稳 Y 沸石（USY）的出现实现了单段串联流程，耐氮沸石（NTY）的出现，使裂化催化剂由必须在<10μg/g 的氮含量下操作，提高到可在 100μg/g 左右氮含量下操作。

目前，人工合成的沸石分子筛品种已超过 200 种，其中已知结构的约 126 种，而在工业上使用的仅十余种，仅为已知结构的百分之十，可见使用潜力之大。虽然如此，但要选择一种新材料是否有作为催化材料的前景还应遵循以下原则：

1）首先应从分析材料结构特点入手，考虑其作为催化材料有什么特性，与现有的材料相比有什么优势，能用于什么新反应，对什么反应有利，对什么反应不利，可调变性如何。

2）在确认结构稳定的前提下，应考虑组成材料元素种类和数量以及变化的范围。只有变化较大的材料，才可能形成不同的活性中心，才有较大的性质调节范围（例如酸性）。但同时也应注意到，组元多的分子筛往往合成时的重复性会不很理想。例如 SAPO-11 是长链正构烷烃异构化性能很好的分子筛，但因合成时先生成 P-Al 分子筛后发生硅取代，而硅取代什么、取代多少则因条件不同而有差异，这就使最后产品中三元素的比例和位置产生不同，而影响其催化性质。

3）此外还要考虑这些材料在使用、再生、非正常操作时的稳定性，如温度、水蒸气、氢气气氛下的稳定性。当然还需考虑酸性是否易于调变、价格和成本等问题。

在探索使用新分子筛方面，国内外都进行了大量的研究工作。国内的如合成层柱分子

筛、纤蛇纹石等。国外在加氢裂化催化剂上使用 Ω、β 分子筛等均有专利报道。

目前较为活跃的作为催化材料新分子筛的有：

1）新结构分子筛：NU-87、SSZ-32、SSZ-33、SSZ-26、ITQ-4 等品种。

2）杂原子分子筛：包括杂原子 ZSM-5 和杂原子 Y 分子筛。

3）超大孔分子筛：如 M41S-族，特别是 MCM-41，由于其孔可在 $10\sim100nm$ 间调变，对提高中间馏分油选择性有利。

4）变价元素骨架杂原子分子筛：如 Ti-Si 和 V-Si 分子筛，其中 Ti-Si 已在许多化工反应中工业使用，并取得良好效果。

5）超微粒和小晶粒分子筛：小晶粒 Y 分子筛、β 分子筛和 ZSM-5 分子筛研制均取得较大进展。

6）"类沸石"：如晶体硫化物族等。

与 Y 分子筛相关联的还有 EMO 和 EMT 分子筛。它们都是由 β 笼组成，只是排列规则与 Y 分子筛不同，因而它们既具有 Y 分子筛的优势，又有孔径和硅铝比都比 Y 沸石大的特点。目前国内外正着力解决合成上的困难，主要是选用廉价、无毒的模板剂取代现用的剧毒昂贵的模板剂——18 冠醚-6。

此外，分子筛的新改性技术也是值得进一步研究和实践。例如，Y 分子筛传统常用的改性方法是水热脱铝、酸脱铝或其结合，而新的有机络合物脱铝、脱铝后补硅以及碱脱铝等方法都会给 Y 分子筛带来新的性能。另外，在脱铝改性过程，做到均匀脱铝也是非常重要的。

（二）催化剂方面

随着原油重质化、劣质化的日趋严重，环保法规的日益严格，以及市场对清洁燃油和优质化工原料需求的不断增长，加氢裂化技术的地位将越来越重要。未来加氢裂化催化剂的研发应注重以下方面的问题。

1）采用现代分析和信息技术，深入开展基础研究和微观表征，从分子水平上认识催化剂组成结构等对其使用性能的影响。

2）改善催化剂的加氢性能，实现选择性加氢，从而有效地利用氢气，以降低装置操作费用。

3）改进催化剂制备方法，最大限度实现活性组分在催化剂中的均匀分布，合理进行加氢组分与裂化组分的匹配，特别是匹配层次的优化。

4）提高催化剂的活性、选择性、稳定性和加氢裂化产品质量，满足汽油、煤油、柴油、润滑油等石油产品质量持续升级和重石脑油作为优质重整原料、加氢尾油作为优质蒸汽裂解制乙烯原料的质量要求，以及加氢裂化装置长周期运转的要求。

5）提高催化剂处理更重质劣质原料油的适应性，尤其是高终馏点减压蜡油和高含氮原料油，扩大加氢裂化原料来源。

6）降低催化剂成本。例如：提高催化剂生产的收率，实现包括载体、催化剂等筛下料的全部回用，使收率由目前的 95% 左右提高到 99% 左右；根据市场变化，使用价格较低的金属；提高催化剂表面金属的富集度，改善金属与载体的相互作用，从而保证在加氢性能不降低的同时，降低金属总用量；废旧催化剂适量回收利用等。

7）简化催化剂制备步骤，努力降低物耗能耗，并尽量使用不产生污染源的原料，实现生产过程的清洁化。

8）注重加强催化剂生产过程的连续化、自动化、流程优化以及器外预硫化、器外再生和活性更新技术。

9）在催化剂使用方面，可以开发新的催化剂装填技术或者使用异形的催化剂，实现催化剂最大限度的均匀装填，并进行不同类型和不同活性催化剂的级配和优化，以充分发挥催化剂的效能。

第四节 与裂化催化剂配套的加氢处理催化剂

加氢裂化技术的核心是催化剂，主要包括预处理催化剂和裂化催化剂，此外还有脱金属剂和后处理催化剂。其中加氢裂化预处理催化剂的主要作用是：加氢脱除原料中含有的硫、氮、氧和重金属等杂质以及加氢饱和多环芳烃，改善油品的性质，避免氮化物尤其是碱性氮化物毒害裂化催化剂的酸中心，造成裂化催化剂失活。保护剂、加氢脱金属作用在于改善加氢进料质量，抑制杂质对主催化剂孔道堵塞与活性中心被覆盖，保护主催化剂活性和稳定性，延长催化剂运转周期。加氢裂化后处理催化剂作用，是饱和裂化生成油中的烯烃，防止烯烃与气体中的 H_2S 反应生成硫醇，同时脱除已经生成的硫醇硫来满足产品指标及环保要求。本节主要讲述这些催化剂国内外进展及工业应用情况。

一、加氢裂化原料预处理及其对催化剂的要求

在高、中压一段或两段加氢裂化（HC）工艺过程中，往往在加氢裂化段前设有专门的原料预处理反应器，或在加氢裂化催化剂上部装有加氢处理（HT）催化剂，其作用是：多环芳烃加氢饱和、加氢脱除硫、氮、氧和重金属。目的在于降低加氢裂化催化剂反应温度，延长运转周期，提高产品产率和质量。该过程原料的分子结构变化不大，根据各种反应需要，伴随有加氢裂化反应，但转化深度不深，转化率一般在 10% 左右[143]。表明加氢处理催化剂需要加氢和氢解双功能，而氢解所需的酸度要求不高。

我国加氢裂化原料（VGO）大多属于低硫石蜡基和中间基，硫含量通常<1%，氮含量相对较高为 0.05% ~ 0.25%，重金属含量低，特别是钒<2μg/g，芳烃含量大多 ≤35%，最高40% 左右[144]。而中东的 VGO 含硫量一般为 1.2% ~ 3.0%，氮含量相对较低为 0.08% ~0.15%，芳烃一般为 40% ~ 60%。设计与裂化配套的加氢处理催化剂，首先要弄清原料性质与来源，是着重加氢脱硫，还是加氢脱氮，所选用催化剂金属组分、最佳原子比、金属含量、催化剂孔结构与酸度以及助剂及其含量将有所不同。其次，相对分子质量大的多环芳烃不仅化学吸附在催化剂酸性中心上使之中毒，同时也是结焦中心使催化剂失活，因此对芳烃含量高的原料，催化剂要提高加氢活性。

鉴于催化加氢脱氮比脱硫难，同时当前加工劣质、重质原油具有长期性，预计未来要以煤来生产燃料油和石油化工原料，这些原料均含有大量氮化物，它们与酸性催化剂作用，干扰裂解过程进行。第一段深度脱氮是保证第二段酸性加氢裂化催化剂发挥良好性能的重要条件，因为催化剂高脱氮活性将会降低裂化反应温度，这会使高温下受平衡制约的芳烃加氢反应得到改善，另外进入第二段原料中低芳烃含量使加氢裂化反应更容易进行，提高产品产率与质量，因此要求与裂化催化剂配套的加氢处理催化剂需加氢脱氮性能好。

近年来，VGO 质量由于重油深拔，VGO 终馏点提高，因而残炭增加，重金属及重质多环芳烃增加，为了减少加氢裂化装置因铁及其他重金属沉积，压降增大而停工的次数，加氢处理催化剂顶部多装有占加氢处理催化剂 10%（体积分数）左右的脱铁、脱金属保护剂，已取得一定的工业应用效果。

　　总之,加氢处理催化剂的活性与催化剂的化学组成、组分之间的比例、活性相的种类与分散、载体与助剂的性质、催化剂的制备与预处理条件、催化剂孔结构、颗粒形状大小等有关。

　　针对加氢处理催化剂活性相的结构,人们先后提出了十余种理论模型,影响较大的有单层模型、插入模型、接触协同模型、Rim-Edge 模型和 Co-Mo-S 模型[145]。其中 Topsøe 等人提出的 Co-Mo-S 模型是目前影响最为广泛的一种模型。Co-Mo-S 活性相分为单层(又叫 I 型 Co-Mo-S)及多层(又叫 II 型 Co-Mo-S)。I 型 Co-Mo-S 通过 Mo-O-Al 键与载体相连,是低硫配位的 Co-Mo-S 活性相,Mo 与 Al 相互作用较强,因而影响 MoS_2 层边、角位 Co 电子状态,导致每个活性中心本征活性低。II 型 Co-Mo-S 与载体相互作用较低,因此更易完全硫化,呈堆积(叠层)MoS_2 结构,为高硫配位的 Co-Mo-S 活性相,通常由较大的片堆积(叠层)在一起,不与载体相连,II 型活性相每个活性中心本征活性高。

　　从加氢处理催化剂发展历史看[146,147],20 世纪 50 年代中期使用 $CoMo/Al_2O_3$ 片状催化剂,其相对 HDN 活性为 100,20 世纪 60 年代中以 Ni 取代 Co,挤条代替压片 HDN 活性提高 30%~40%;70 年代初,加入磷活性显著提高;70 年代中活性又进一步提高,是因改变了催化剂颗粒形状与减小粒度,降低了扩散阻力;80 年代采用了高金属含量,Ni/Mo 质量比=1/6,认为形成适宜的 $NiMo_3S_4$ 菱形六面体结构,同时调整加氢与氢解功能平衡;90 年代又进一步改善金属分布,促使更多的活性相生成,P. H. Desai 等认为[148]应多生成潜活性高的活性相(II 型 Ni-Mo-S 或 Co-Mo-S)。

　　(一)催化剂设计原则

　　1)载体孔结构:适宜的孔体积、表面积、孔分布集中,并具有一定的酸度,对有机 S、N 有氢解作用。

　　2)金属组分优化:金属含量 20%~35%,金属分布均匀,富集表面,加氢活性高。

　　3)催化剂形状与粒度:有利于提高活性、压碎强度与耐磨性,而降低床层压降。

　　4)催化剂所用原料易得,制备工艺简单,成本低。

　　5)使用过程中氢耗低,运转周期长,并容易再生。

　　总之通过改变孔径大小及其分布,既保证原料油和氢分子在催化剂内表面有足够的机会接触反应,又能较好地延缓因结焦及重金属沉积而失活。通过载体的改性,在增加羟基改善金属分布的同时,改变酸度与酸强度,调节加氢与裂解活性的比例,添加助剂减弱金属与载体的相互作用,促进生成潜活性高的活性相。

　　典型的重质馏分油加氢处理催化剂,是用挤条成型制备的 φ1.0~1.3mm 异形条,因其床层空隙率高、压降小;催化剂压碎强度高;单位体积催化剂外表面大,有利于反应物分子更好接近催化剂活性中心。

　　(二)催化剂的组成

　　1. 加氢裂化预处理催化剂的载体

　　加氢处理催化剂载体的作用,正如加氢裂化催化剂载体一节所述,提供适宜反应与扩散所需的孔结构、担载分散金属均匀的有效表面积和一定的酸性,同时应改善催化剂压碎、耐磨强度与热稳定性,由于加氢处理催化剂要求加氢性能强,酸性弱,最广泛使用的载体是氧化铝(γ-Al_2O_3),是因它原料来源广泛,价格便宜,具有较高的抗破碎强度,热稳定性,催化剂氧化再生时稳定,黏结性好,易于制成粒度小的异形条,有利于扩散、提高堆积密度、增加活性、降低压降,另外表面积适中,孔径与孔分布可调节,添加某些助剂(如 F、P、

B、Si、Ba、RE、Ti、Zr 等)可调节酸度，控制孔结构，减弱金属与载体的相互作用，此外吸水性好，适用于浸渍法生产的负载型催化剂。

关于氧化铝的种类、性质与制备方法见第三章第一节之五。

适合作催化剂载体的物理性质有堆积密度、孔体积、表面积、平均孔径、孔分布和压碎强度。典型的 Al_2O_3 性质，曾有报道，根据实践经验，推荐为表 3-4-1 所列。

表 3-4-1　典型的 Al_2O_3 载体性质

堆积密度/(g/cm³)	0.55~0.7	可几孔径/nm	6.0~10.0
表面积/(m²/g)	200~350	孔分布(氮吸附法)	
孔体积/(mL/g)	0.5~0.7	<2nm	<1%

因为<2nm 的孔扩散速度低，容易堵塞孔口，大孔则表面积与体积比下降，原料油与催化剂表面接触减少，生焦多。G. P. Hamner 等提出，最适宜的孔分布取决于原料，轻质原料(馏程380~482℃)，平均孔径 3~10nm，最好5~8nm。而孔分布集中在3~8nm 孔径内较好，表 3-4-2 列出三种不同类型孔结构的载体对 HDS、HDN 活性的影响[149]。

表 3-4-2　三种不同类型载体孔结构的载体对 HDS、HDN 活性的影响

类　　型	I	II	III
孔体积/(mL/g)	0.63	0.64	0.673
孔分布/%			
5~8nm	48	86	17
8~10nm	35	9	39
>10nm	17	5	44
HDS/%	125	156	110
HDN/%	121	130	113

注：原料油馏程183~427℃，密度 0.9065g/cm³，硫 1.3%，氮0.188%，反应条件：氢压9.65MPa，温度371℃，体积空速 2.0h⁻¹。

FRIPP 曾对两种不同类型孔结构催化剂的 HDN 活性进行了考察，结果见表 3-4-3。

表 3-4-3　催化剂孔结构对 HDN 活性的影响

催化剂	A	B	C
含金属量/%	33.5	28.9	27.6
孔体积/(mL/g)	0.32	0.34	0.31
比表面积/(m²/g)	178	173	162
孔分布/%			
4~8nm	22.4	82.4	83.1
8~10nm	21.3	6.4	4.2
>10nm	45.5	10.8	6.0
HDN 所需温度/℃	383	378	378

注：原料油馏程305~513℃，密度 0.8861g/cm³，硫 0.53%，氮 0.17%，反应条件：压力 15.7MPa，体积空速 1.1h⁻¹，精制油含氮 5~8μg/g。

2. 加氢裂化预处理催化剂活性组分的选择

加氢金属组分是加氢精制、加氢处理催化剂加氢活性的主要来源，用作加氢催化剂的金

属组分是ⅥB族和Ⅷ族的金属，其中贵金属有 Pt、Pd、Ru，非贵金属有 W、Mo、Cr 和 Fe、Co、Ni 等，由于贵金属催化剂容易被有机硫、氮组分和 H₂S 中毒而失活，只能用于低硫或不含硫的原料中，因此未曾用于加氢裂化预精制过程，最常用的加氢处理催化剂金属组分最佳搭配为 Co-Mo、Ni-Mo、Ni-W，三组分有 Ni-Mo-W、Co-Ni-Mo 等，选用哪种金属组分搭配，取决于原料性质及要求达到的主要目的，如 HDS 或 HDN 或 HDA。通常认为 Co-Mo催化剂脱硫性能好，对直馏油脱硫，最好选择 Co-Mo 金属组分，但对含氮高的原料或裂化原料，则使用 Ni-Mo 催化剂为好。因为 Co-Mo 对 C—S 键断裂具有高活性，对 C—N，C=O键断裂亦有活性，但对 C—C 键断裂作用弱，因而具有液体收率高、氢耗低，结焦慢等优点，在相同条件下进行馏分油 HDS，Co-Mo 催化剂 HDS 率为 91%~93%，Ni-Mo 催化剂HDS 率只有 89% 左右[150]。对于提供 FCC、HC 进料，目的是 HDS、HDN 及多环芳烃饱和，进料往往是高氮高芳烃原料或混有焦化蜡油、重油催化裂化循环油，所以常用 Ni-Mo 催化剂，因在硫存在下，Ni-Mo 比 Co-Mo 的 HDN 活性高 2~2.5 倍[151,152]。此外原料中往往含有4,6-二甲基二苯并噻吩之类硫化物不易直接脱硫，而是先加氢后脱硫，则 Ni-Mo 催化剂具有较高加氢性能更为有利[153]。H₂S 降低 HDS 性能而加速 C—N 键氢解[154]。

对于 HDN，国内外公认[151,152,155]Ni-Mo 比 Co-Mo 催化剂活性高，是因 Ni-Mo 不能完全硫化，表面 Ni 金属原子能容纳未离解的强酸性的 H₂S，促使环烷烃开环。对于 Ni-Mo 和Ni-W 催化剂 HDN 活性的对比报道极少。J. F. Lepage 认为 Ni-Mo 和 Ni-W HDN 活性相当，A. Nishijima 等用 Ni-W 和 Ni-Mo 催化剂对灯油、柴油进行 HDN 试验[156]，认为前者 HDN 活性高，可 Kukes 等[157]考察了以 Al₂O₃ 或 Al₂O₃ 和 USY 为载体的轻循环油 HDN，认为 Ni-W和 Ni-Mo 催化剂 HDN 活性相同。有人曾对不同助剂 Ni-W-A 和 Ni-Mo-B 催化剂，进行VGO 加氢脱氮试验，发现前者初活性好，但稳定性差。

Frank. J. P 等用甲苯进行加氢试验[158]，提出芳烃加氢饱和性能 Ni-W>Ni-Mo>Co-Mo。Kukes 对轻循环油多环芳烃加氢结论相同。A. Nishijima 等用 1-甲基萘和二苯基甲烷为模型化合物，对 Ni-W、Ni-Mo、Co-Mo 催化剂进行加氢和加氢裂化试验，无硫时，加氢活性顺序为 Ni-W>Ni-Mo>Co-Mo，随着反应体系中硫化物浓度增加，Ni-W 催化剂加氢活性降低最快，其次是 Ni-Mo，再次为 Co-Mo，说明 W 比 Mo、Ni 比 Co 受硫化物影响大，降低其加氢活性。原因是 W 和 Mo，对硫的亲和力和硫化物的生成步骤不同，导致 W 系和 Mo 系催化剂反应步骤不同，W 和 Al₂O₃作用、W 和 Ni 的作用都小于 Mo 和 Al₂O₃、Mo 和 Ni 的作用，受 H₂S 影响大易生成 WS₂，因此加氢催化剂金属的选择取决于原料中硫含量。

初步认为不同金属组分的搭配，在各种反应的活性顺序为：

	有硫存在下	无 H₂S 时
HDS	CoMo>NiMo>NiW>CoW	
HDN	NiMo~NiW>CoMo>CoW	
HDO	NiMo>CoMo>NiW>CoW	
HY	NiW~NiMo>CoMo>CoW	Pt>Pd>>NiW>NiMo>CoMo>CoW
ISO	NiW>NiMo>CoMo>CoW	Pt-Pd>>NiW>NiMo>CoMo>CoW
HC/沸石	NiMo>NiW>CoMo>CoW	Pt-Pd>>NiW>NiMo>CoMo>CoW

总之 Ni-W 催化剂虽有较高的脱氮，脱芳性能，且国内 W 比 Mo 价格便宜，但 Ni-W、Co-W 硫化催化剂只能提供 10~15m²/g 表面积，而 Ni-Mo 硫化催化剂能提供 60m²/g 表面积[159]。国内外曾用透射电镜（TEM），扩展 X 光吸附精细结构（EXAFS）、X 光衍射（XRD）

研究新鲜与使用后的 Ni-W、Ni-Mo 催化剂，发现 WS₂ 晶粒大小不均，平均晶粒比 MoS₂ 大，使用后 Ni-W 催化剂 W—W 配位数增加得多，再生后出现 WO₃、W₁₉O₅₅ 聚合物，因此在选用 Ni-W 金属组分作为加氢处理催化剂时，在制备上要设法克服上述不足之处。

金属担载量及其最佳原子比：从加氢催化剂发展来看，金属含量各公司都在逐渐增加，以 Ni-Mo 催化剂为例，20 世纪 50 年代总金属含量为 18% 左右；70 年代中增加为 24% 左右；80 年代增到 28% 左右；90 年代金属总量仍不见减少，唯有前苏联采用晶型加氢处理催化剂，总金属含量<20%，并有降低趋势（如 ГКД-202П 总金属含量<15%）。关于最佳原子比

$$r = \frac{\mathrm{Co(Ni)}}{\mathrm{Co(Ni) + Mo(W)}}$$

P. Grange 认为[160] $r = 0.3$ 左右时，HDS、HDN、HDO、HDA 各反应活性最高。这与 J. F. Lepage 提出 $r = 0.25$ 时，各种反应达到最大值相符。Е. Д. Раченко 则认为 $r = 0.4 \sim 0.6$ 时，比表面积和比活性达到最大值，云然真照等以 1-甲基萘和二苯并噻吩为模型化合物，考察不同原子比的 Ni-Mo 催化剂加氢和加氢脱硫活性，认为 $r = 0.3 \sim 0.4$ 时，加氢活性高，$r = 0.4 \sim 0.5$ 时，加氢脱硫活性高，这与 Mobil 公司提出 $r = 0.5$ 时 HDS 活性高，$r = 0.4$ 时 HDN 活性高的结果类似。各作者推荐的最佳原子比不同，这与载体性能、金属盐种类、加入方法、硫化条件不同有关，总之，对于一般的加氢处理催化剂，$r = 0.25$ 左右为宜。

3. 加氢裂化预处理催化剂常用助剂

加入少量的第二助剂或添加剂，如 P、B、F、Ti、Zr、Mg、Zn 等，目的是调节载体性质及金属组分结构和性质及活性相的分散与类型，以改善催化剂的活性、选择性（HDY/HDS）、氢耗和寿命（减少结焦和金属沉积）等。

（1）磷（P）

它是以 Al₂O₃ 为载体最常用的助剂之一，工业上通常应用磷作为加氢处理催化剂的第三组分。

首先是将磷酸及其铵盐用来制备高浓度、稳定的活性金属混合溶液，采用共浸方法制备催化剂，工艺简单已被广泛应用，其次发现磷能促进 Mo(W)/Al₂O₃，Ni(Co)-Mo(W)/Al₂O₃ 催化剂的 HDS、HDN、HYD 活性，主要原因是 P 与 Al₂O₃ 相互作用，在 Al₂O₃ 表面生成 AlPO₄，改善 Al₂O₃ 酸性，A. Stanisiaus 等[161]以程序升温脱附研究加磷对氧化铝酸性影响，证实加磷能使强酸中心减少，中强酸增多。抑制金属与 Al 强的相互作用，如有人提出[161~163]，抑制 NiAl₂O₄（CoAl₂O₄）尖晶石及 Al₂(MoO₄)₃ [Al₂(WO₄)₃] 的生成，增加 P-Ni-Mo（P-Ni-W）杂多化合物中 Ni²⁺（八面体）的量。也有人提出生成易还原的八面体聚钼（或钨）酸盐及少量较小的 MoO₃ 或 WO₃ 簇，使表面活性组分浓度增大，HDS、HDN、HYD 活性提高。而 Van Veen 等认为，加入 P 后促使 I 型 Ni-Mo-S 转化为高活性 II 型 Ni-Mo-S 活性相，II 型比 I 型酸度高，增加催化剂对喹啉的亲和力，增加喹啉的裂化与异构性能。

C. Kwak 等研究了加入 P 的 Co-Mo-S/Al₂O₃ 催化剂对二苯并噻吩（DBT）及 4,6-二甲基二苯并噻吩（4,6-DMDBT）脱硫活性影响，提出加入 P 增加了 B 酸，改善了金属分布而增加了活性中心，因而提高了 HDS 活性，但原料或反应物不同，则产品分布不同，是因反应途径不同。

噻吩脱硫，加 P 只是提高转化率，DBT 的 HDS，加入 P 除提高转化率外，且促进 HYD 反应途径，多产环己基苯，而 4,6-DMDBT 的 HDS，加入 P 除了提高转化率外，还促进 DDS 反应途径，因增加 B 酸使 4,6-DMDBT 甲基迁移，使该化合物吸附在催化剂表面的立体障碍减少。C. K. Wak 等认为 Co-Mo/Al₂O₃ 催化剂，在含 P₂O₅ 0.5% 时催化活性高。

各研究者得出不同结论，是因金属组成、催化剂制备方法不同，所用的反应物及试验条件不同。

磷含量对催化剂活性影响，很难得出有规律的结论。如 D. Chadwick 等提出，共浸的 Ni-Mo-P/Al₂O₃ 催化剂，P 为 1% 时，噻吩 HDS 达到最大值；而 C. W. Fitz 等提出，中等 P 含量的 Ni-Mo-P/Al₂O₃ 催化剂有较好的噻吩 HDS 活性，对于含氮原料，则高 P 含量，HDN 性能好，而加氢(脱氢)性能差。J. Reyes 等赞同 J. M. Lewis 观点，VGO 用 Ni-Mo-P/Al₂O₃ 催化剂加氢，对 HDS、HDN、HYD 有不同的最佳 P 含量，HDS 为 1%，HDN 为 0.3% ~ 3%，HYD 为 3%。低 P 含量(<1%)与无 P 催化剂相比，HDS 活性显著增加，HDN 影响不大，P. Zeuthen 等用美国西海岸 VGO 为加氢裂化原料考察工业 Ni-Mo/Al₂O₃，催化剂加 P 与否，对 HDS、HDN 的影响，认为加 P 对 HDS 为负影响，而对 HDN 活性有利，见表 3-4-4。

表 3-4-4　Ni-Mo-P/Al₂O₃ 催化剂相对活性

性　　能	金属含量 Ni-Mo			Ni-Mo-P		
	低	中	高	低	中	高
HDS	96	104	159	86	94	125
HDN	100	120	156	135	160	209

关于 P 作为加氢裂化催化剂的助剂文献报导不多，加 P 的目的是抑制镍铝尖晶石的生成，改变含沸石催化剂的表面酸性，改善抗积炭性能。在催化剂制备过程中氧化镍与氧化铝相互作用，形成四面体和八面体的 NiAl₂O₄ 尖晶石，前者键长 0.172nm，后者键长 0.208nm，四面体 NiAl₂O₄ 尖晶石键强度大，不易硫化还原为 Ni₃S₂，而使催化剂活性下降，FRIPP 曾用紫外漫反射定性检测四面体 NiAl₂O₄，并考察加氢裂化催化剂制备方法、催化剂焙烧温度和时间对 NiAl₂O₄ 尖晶石生成的影响，以及加 P 能抑制 NiAl₂O₄ 尖晶石生成[164]。沈志红等研究了[165]加 P 改变含 USY 沸石裂化催化剂的酸性及减少积炭，裂化催化剂强酸中心主要来源于 USY 的 B 酸中心，加 P 后发生如下反应：

生成的磷羟基（POH）酸强度小于硅铝羟基（AlSiOH）的酸强度，同时由于磷酸分子大小及空间构型的影响，无法进入小孔内部与孔道内的酸中心发生反应，因为强酸中心降到一定数值后不再下降，见表 3-4-5。

表 3-4-5　磷对 FCC 催化剂酸度影响

催化剂	P/%	NH₃-TPD/（mmol/g）		
		120~250℃弱酸	250~550℃强酸	总酸
Z0	0.056	0.7	0.56	1.26
Z1	1.56	0.36	0.32	0.68
Z2	2.94	0.22	0.31	0.53
Z3	4.06	0.21	0.22	0.43
Z4	4.18	0.21	0.22	0.43

弱酸中心是由 Al_2O_3 和 USY 的 L 酸提供，当 H_3PO_4 很少时，L 酸与 H_3PO_4 分子反应，生成一个酸性较弱的磷羟基，使分子筛的弱酸中心数有所增加，但由于多重键形成，会减少可利用的表面羟基及暴露的铝原子数目，使酸度及酸强度下降。

烃类化合物在固体酸中心上的积炭，是由于吸附在表面 B 酸与强 L 酸中心的烃类发生歧化、缩聚及氢转移，催化剂强酸中心越多，酸强度越大，积炭速率越快，加磷后 B 酸强度减弱，焦炭的前驱物易于脱附和扩散，减轻聚结生焦，从而提高催化剂活性。

（2）硼（B）

它与 Al_2O_3 反应生成 Al—O—B 键，B—OH 比 Al—OH 有较高的酸强度，因而增加载体和催化剂的表面酸度，此外 B 的电负性比 Al 的电负性大，因而 $Mo_7O_{24}^{6-}$ 与 B^{3+} 作用比 Al^{3+} 强，使八面体 Ni^{2+}（Co^{2+}）增多，在载体表面有更多的 Co-Mo-O 或 Ni-Mo-O，产生更多的 HDS、HYD 活性中心，从而提高催化剂活性[166]。E. Lecrenay 等考察了[167]不同二元氧化物为载体，负载 Co-Mo 及 Ni-Mo 后，对 4，6-二甲基苯并噻吩 HDS 活性依次为：

15%B_2O_3-85%Al_2O_3>3%P_2O_5-97%Al_2O_3>20%ZrO_2-80%Al_2O_3

H_2S 对 Ni-Mo 催化剂 HDS 活性有抑制作用，而 Co-Mo 催化剂则不受 H_2S 影响，萘（芳烃）对 Ni-Mo、Co-Mo 催化剂均降低 HDS 活性比 H_2S 更明显。Y W Chen 等将 Co-Mo/B_2O_3-Al_2O_3 及 Ni-Mo/B_2O_3-Al_2O_3 催化剂用于科威特常压渣油加氢处理，认为 B_2O_3 含量4%时，HDS、HDN 活性最高。

（3）氟（F）

加氟能提高载体酸性，增强裂化、异构化的酸催化反应及 C—N、C—S、C—O 氢解作用，同时降低 Al_2O_3 的等电点，改善金属分布，提高加氢活性，因此加助剂氟也被广泛应用。

γ-Al_2O_3 氟化时，F 含量较低时，它可取代 Al_2O_3 表面羟基，以表面基和 AlF_i（OH）$^{3-}$

($i=1\sim3$)两种形式存在[168],当 F 含量>10%时,才产生体相 AlF_3。

γ-Al_2O_3 只有 L 酸中心,加入适量 F 后,F 取代 Al_2O_3 表面羟基或氧原子后,几个氟原子包围裸露的羟基,F 极化了晶粒,减弱 O—H 键,使羟基上氢原子更具酸性,即产生了 B 酸中心,使酸中心数增加,酸强度增高。加入 2%~4%的 F 时,总酸与 B 酸达到最大值,L 酸降低。F 加入方法也影响酸度及 B/L 酸比例,通常先加 F 后浸金属比后浸 F 及共浸好,前者 B 酸多,B/L 高。

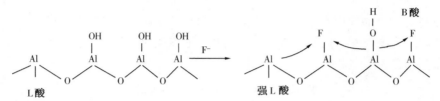

此外 F 吸附在 Al_2O_3 表面的 Al^{3+} 上产生 $OH^-_{(s)}$,同邻近的 AlOH 作用产生了 AlO^-,因而降低 Al_2O_3 等电点,加 F 的反应过程如下:

$$AlOH+F^-_{(ag)} \longrightarrow Al^+ \cdots\cdots F^- + OH^-_{(s)} \cdots$$

$$AlOH+OH^-_{(s)} \longrightarrow AlO^- + H_2O$$

F-Al_2O_3 中 F 含量愈高,AlO^- 离子愈多,Al_2O_3 的等电点随 F 含量增加而降低,在浸渍时有利于 $Ni^{2+}(Co^{2+})$ 正离子吸附,不利于钼阴离子吸附。钼的吸附量减少,焙烧后氧化钼晶体变大,硫化后相应 MoS_2 增大,活性降低。有的实验则相反,认为加 F 后降低 Al_2O_3 等电点,增加了 Mo 的分散,因它有利于 $Ni^{2+}(Co^{2+})$ 和 MoO_2^{2-} 吸附,不利于高负电荷聚合钼 $Mo_7O_{24}^{6-}$ 的吸附,因而改善 Mo 的分散,提高加氢性能。更具代表性的是 J. A. R. Ven. Veen 等提出的观点,加 F 增加表观酸度,即对含 N 分子的亲和力,此表观酸度取决于活性相组成,II 型比 I 型酸性强,加 F 促使 Ni-Mo-S I 型转化为 II 型,II 型对噻吩 HDS 活性高,二苯并噻吩 HDS 活性稍差,但 HDN 活性高。曲良龙等研究了[168] F 在硫化态 Ni-W/γ-Al_2O_3 催化剂中的作用,认为 F 加到 Al_2O_3 中,在其表面引入了 B 酸,Ni-W-F/Al_2O_3 催化剂 XPS 表明,加 F 后 W^{4+} 增多,说明 F 促进 W^{6+} 硫化还原,加 F 后使 Ni_{2P} 分为两部分,一是位于 853.5ev 小峰,类似 NiS_2 中的 Ni 物种,另一大峰值位于 859.1ev,Ni 趋向于八面体配位形式存在,W 趋向于单一形式的聚钨酸盐存在。对比了加 F 与不加 F Ni-W/Al_2O_3 催化剂噻吩 HDS,吡啶 HDN 活性及化学吸附的差异,见表 3-4-6。

表 3-4-6　Ni-W(F)/Al_2O_3 催化剂 HDS、HDN 活性

催化剂	K_{HDS}/[μmol/(g·s)]	K_{HDN}/[μmol/(g·s)]	化学吸附氢/(μmol/g)
Ni-W/Al_2O_3	7.762	1.422	38.24
Ni-W-F/Al_2O_3	9.158	2.124	45.06

(4)钛(Ti)或锆(Zr)

$TiO_2(ZrO_2)$ 与 Mo 的作用力强度介于 Mo/Al_2O_3 和 Mo/SiO_2 之间,Al_2O_3 本身有四面体和八面体配位,Mo/Al_2O_3 中有 1/3 左右的单层 Mo 与 Al_2O_3 作用太强,无 HDS 活性。而 TiO_2 表面 Ti 离子都是八面体配位,羟基分布均匀,Mo/TiO_2 主要以八面体配位 Mo-O-Mo 桥式结构形式存在[169,170],比 Al_2O_3 载体上既有八面体又有四面体配位 Mo 物种易硫化,因四面体配位 Mo 物种和尖晶石结构的 $Al_2(MoO_4)_3$ 难以还原成低价态,此外 TiO_2 本身能发生 O-S 交换反应，促使 Mo(W) 和 Co(Ni) 硫化，可是 TiO_2 表面积小，热稳定性差，>400℃从锐钛矿结构转为表面积更小的金红石结构，因此不能单独用 $TiO_2(ZrO_2)$ 作载体，而是将 TiO_2 覆盖在 Al_2O_3 上，即 TiO_2-Al_2O_3 载体，使它具有 Al_2O_3 那样较大的表面积、合适的孔结构和较高的热稳定性，同时又具有 $TiO_2(ZrO_2)$ 独特性质、几何效应(分散作用)、还原和电子效应[171]。实验证明 MoO_3 在 TiO_2-Al_2O_3 表面分散程度超过了单纯 γ-Al_2O_3 上的分散程度，这是因为 TiO_2 与 Al_2O_3 有较强的相互作用，使 TiO_2 均匀分散在 Al_2O_3 上。关于还原与电子效应可作以下解释：加氢催化剂硫化机理可能为 $MoO_3 \xrightarrow{还原} MoO_x \xrightarrow{硫化} MoS_x$，$3>x\geqslant 2$，易于还原的催化剂其硫化程度亦高，$TiO_2$ 能促进 MoO_3 还原是因 TiO_2 增加了 MoO_3 的分散度，其次是 TiO_2 在一定温度下容易被 H_2 还原而产生缺陷氧和低价态 Ti^{3+}，Ti^{3+} 离子具有强烈的给电子能力，它把电荷给予高价态 Mo 离子，使 Mo^{n+} 还原，Ti^{3+} 本身回复为 Ti^{4+}，在 H_2 作用下又重新还原为 Ti^{3+}，如此反复循环。

$$H^+ \circlearrowleft H_2 \qquad Ti^{3+} \circlearrowleft Ti^{4+} \qquad Mo^{n+1} \circlearrowleft Mo^n \qquad n=0\sim5$$

Mo-Ti 之间存在电子相互作用，Ti^{4+} 离子拉电子，致使 Mo^{4+} 相对缺电子，这种缺电子状态使 Mo^{4+} 易于接受含硫化合物中硫的孤对电子，并保持高的硫化状态。

Damyanova 等研究了不同 TiO_2 含量的 Ni-Mo/TiO_2-Al_2O_3 催化剂的酸度、还原性及噻吩脱硫活性，见表 3-4-7 及图 3-4-1。

表 3-4-7　Ni-Mo/TiO_2-Al_2O_3 催化剂性质

TiO_2/%	比表面积/(m^2/g)		酸度/(mmolNH$_3$/g)		TPR	
载体	载体	NiMo 催化剂	载体	NiMo 催化剂	T_{max}/K	耗氢量/(mL/mmol)
0	172	167	0.8	1.1	679	0.83
8	202	202	0.9	1.2	665	0.90
17	235	175	1,7	1,5	646	1.01
22	242	197	2.1	1.3	661	1.15

J. Ramirez 等考察了[172]不同 TiO_2/(TiO_2+Al_2O_3)摩尔比(0~1.0)载体的 Ni-W 催化剂氢耗、还原度及其硫化后 WS_2 平均长度、层数、边角位 W 原子所占比例与噻吩 HDS 活性关系。

此外，Quayle 等[173]提出 Mo-Ni-P/TiO_2-Al_2O_3 催化剂中 TiO_2 含量 6%~8%时，重柴油(N 0.303%)在 9.8MPa、385℃的 HDN 活性比纯 Al_2O_3 载体高 20%~30%。

关于 TiO_2-Al_2O_3 制备有气相吸附(嫁接)法、浸渍法及沉淀法[174~177]，其中沉淀法还有与 W，Ni 金属组分共沉法[178,179]。

1) 气相吸附法：是以 $TiCl_4$ 饱和氮气通入 γ-Al_2O_3，反复吸附 2~3 次，吸附法 TiO_2 在 Al_2O_3 上分布均匀，表面酸性质变化较大。

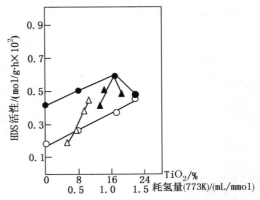

图 3-4-1　HDS 活性与氢耗、TiO_2 含量关系
○、● 分别为 MoO_3/TiO_2-Al_2O_3 和 MoO_3-NiO/TiO_2-Al_2O_3 催化剂不同 TiO_2 含量；
▲、△ 分别为 MoO_3/TiO_2-Al_2O_3 和 MoO_3-NiO/TiO_2-Al_2O_3 催化剂不同耗氢量

2）浸渍法：是用 $TiCl_4$ 的乙醇或异丙醇溶液浸渍 γ-Al_2O_3，也能做到均匀分布 TiO_2，但局部区域也会出现 TiO_2 堆积，引起表面积下降。

3）沉淀法：有 $TiCl_4$-Al_2O_3 氨水解混胶法；用钛盐 [$Ti(SO_4)_2$、$TiCl_4$]、钛氧盐（$TiOCl_2$、$TiOSO_4$ 等）和硫酸铝（氯化铝）溶液加至铝酸钠溶液中，共沉淀而制得；还有用碳酸铵中和异丙醇 Ti-异丙醇 Al，但沉淀法 TiO_2 可占 Al_2O_3 表面低，分散较差。因此用沉淀法制备过程中如何将 $Ti(OH)_4$ 载在 $Al(OH)_3$ 上十分重要。B. Y. Zhao 等[180]又提出将 $(NH_4)_6$ Mo_7O_{24} 溶液浸渍干燥的或低温焙烧 $Ti(OH)_4$ 或 $Zr(OH)_4$ 凝胶上，浸渍金属后再高温培烧，一方面能得到大表面积，同时生成具有酸性 Mo-O-Zr(Ti)。

（5）沸石

尽管沸石广泛应用在催化反应中，但研究应用在加氢处理上还是很少，近年有些研究提出，需要解决沸石中两种活性金属不分离，易生成活性相问题，另外要解决这些活性相对烃类化合物的低亲和性问题。

在加氢精制催化剂中加入少量沸石，可产生以下效应：

1）改进催化剂表面酸性分布，同时可利用适宜加氢处理各种反应的酸碱性质。

2）改进催化剂孔结构，表面积大以及择形性。

3）改善催化剂主金属的利用率，使主金属含量减少的情况下，不降低脱硫、脱氮活性。

4）利用分子筛交换能力改进催化剂性能。

前苏联在这方面做了大量研究，认为沸石具有一系列有利于脱硫、脱氮的性能，如大表面积，保证金属高度分散，有强的酸-碱性，在脱阳离子沸石中，提高了镍的还原性和它的分散度，促进高度分散状态中镍的稳定化，降低无活性尖晶石含量，并促进生成表面 Ni-Mo 化合物，同时酸中心数多且分布均匀，载体孔结构有改善，提高脱硫脱氮活性，延长再生周期。前苏联开发的 ГК、ГКМ、ГКД 等系列，已应用在几十套加氢装置上，比较典型的是 ГК-35、ГКД-202 催化剂用在柴油加氢精制上，新开发的用于柴油加氢精制 ГКД-202，及用于 VGO 加氢处理的 ГКД-205 等催化剂，特点是加氢金属含量低、强度好，能使反应温度降低 15～25℃，也曾进行不同沸石含量考察，认为在催化剂中加入 5%～10%沸石，裂解性能没有明显增长，MeY 和 HY 脱硫活性次序为 HY>NiY>CoY>MoY。用于 VGO 加氢处理催化剂性能见表 3-4-8[181]。

表 3-4-8　用于 VGO 加氢处理催化剂性能

编　　号	ГС-168Ш	ГКД-205	ГКД-205П
金属含量/%			
MoO_3	11～13	11～13	12～14
NiO	3～4	3～4	3～4
CoO			
P_2O_5			
B_2O_3		0.7	
沸石种类	SiO_2	NiY	NH_4Y
沸石含量/%		5～10	5～20
堆比/(g/cm³)	750	600～750	620
粒径/mm	3.7	1.7～2.5	
长度/mm	4～6	6.0	
比表面积/(m²/g)	220	240	
强度系数/(N/mm)	18	21～23	

在 NaY 中引入 Mo、Co、Ni 金属，Ni-Mo-MeY 脱氮活性高，而 Ni-Mo-HY 脱碱氮活性高。

此外，加拿大 R. S. Mamm 对比过 NiO 2.24%、MoO₃ 5.37%，含 REY 沸石催化剂与 NiO 3.8%、MoO₃ 16.8% 担载在 Al₂O₃ 上的催化剂，用于重质馏分油（d_4^{20} 0.9767，S 2.97%，N 0.47%）加氢脱硫，脱硫率从 86% 提高到 99%。杉冈正敏利用 USY 和 Rh 贵金属组合开发了高活性脱硫催化剂。

Mobil 公司开发的 MCM-41 分子筛具有均匀的六方有序孔道排列，孔径大小 1.5~10nm，表面积 700m²/g 左右，酸性可调整，其酸性中心以中强酸为主，强酸很少。曾将 MCM-41 作为载体，制备成 Ni-Mo/MCM-41 缓和加氢裂化催化剂，也制备成 NiMo/MCM-41+Al₂O₃ 渣油加氢精制催化剂[182]。

（三）活性金属的引入方法

将活性金属组分溶液引入到已成型并经高温焙烧的载体上，通常称为浸渍法。对于加氢处理催化剂，浸渍法比共沉法、混捏法制备的催化剂活性高，结构特性与机械强度好，因此普遍采用。它是将载体与浸渍液接触，借助毛细管压力，溶液进入载体的孔中并进行分布，即使一端封闭的孔也能吸进溶液，只是载体孔内气体会使浸湿减速，但这个过程仍相当迅速。

浸渍液穿透到载体孔内所需时间可用下述理想方程计算：

$$t = 4\eta X^2/rd$$

式中　η——浸渍液黏度，N·s/m²；

　　　X——穿透到毛细孔内的距离，mm；

　　　r——表面张力，N/m²；

　　　d——孔径，nm。

此式假设浸湿接触角为零，毛细管压力与黏稠阻力相等。

浸渍实际是金属离子吸附在氧化物颗粒（载体）上，在液-固界面上进行，它有两种吸附形式[183]：

1）阳离子交换：阳离子与氧化物载体表面上的质子交换而被吸附。

$$M^{n+}（溶质）+HO—S（载体）\longrightarrow H^+ + M^{(n-1)+}O^-S$$

2）阴离子吸附：金属离子以络合物等形式取代氧化物表面上的羟基或其他阴离子而被吸附。

$$MX_m^{n-} + HO—S \longrightarrow OH^- + MX_m^{(n-1)-}S$$

因此载体表面上质子或羟基的数目越多或者载体表面上的正电荷 $AlOH_2^+$（或负电荷 AlO^-）越多，金属离子就越易被吸附。

离子吸附的有效性主要取决于：

1）载体的零点电荷（载体在溶液中 Zeta 电势为零时，对应的 pH 值称为零点电荷 ZPC）及其在溶液中的稳定性。

2）金属离子存在形式及其在溶液中的稳定性。

3）溶液的 pH 值。

总之，浸渍液的酸度（pH）值控制钼酸根（或钨酸根）的性质和分散在载体表面的净电荷这两种性质。

（1）钼酸根在酸碱溶液中的变化

$$7MoO_4^{2-} + 8H^+ \rightleftharpoons Mo_7O_{24}^{6-} + 4H_2O$$

$$Mo_7O_{24}^{6-} + 8OH^- \rightleftharpoons 7MoO_4^{2-} + 4H_2O$$

Mo 溶液在 pH=2~6 时，主要以八面体 $Mo_7O_{24}^{6-}$ 形式存在，而 pH≥8.9 时完全转为四面

体 MoO_4^{2-}，酸性愈强的溶液($pH=1$)出现水合多聚含氧的阴离子(如 $Mo_8O_{20}^{4-} \cdot nH_2O$)；当钼和磷同时存在液液中时，溶液中存在磷钼酸盐离子，随着溶液 pH 值和钼、磷浓度不同，这些磷钼酸盐离子以不同形式存在，如 $PMo_{12}O_{40}^{3-}$、$P_2Mo_{18}O_{62}^{7-}$、$P_2Mo_5O_{23}^{6-}$ 等。

（2）Al_2O_3 载体 OH 基呈两性解离

$$AlOH_2^+ \rightleftharpoons AlOH \rightleftharpoons AlO^- + H^+$$

阳性	中性	阴性
pH	＜　　ZPC　　＜	pH

Al_2O_3 的 ZPC 为 $pH=7\sim8$，当溶液的 pH 值小于 Al_2O_3 的 ZPC 时，Al_2O_3 表面为正电荷，即酸性溶液浸渍时，是以 $Mo_6O_{24}^{6-}$、$PMo_{12}O_{42}^{7-}$ 等阴离子或络合阴离子吸附上，当溶液的 pH 值大于 Al_2O_3 的 ZPC 时，Al_2O_3 表面为负电荷，MoO_4^{2-} 吸附显著减弱，是以 $Mo-Ni-NH_4^+$ 络合阳离子，Ni^{2+} 阳离子交换上去而被吸附。

浸渍步骤分三步进行：①载体与浸渍液接触一段时间；②除去过剩液并干燥；③焙烧活化催化剂。

载体与浸渍液接触方法，根据所用溶液量又分为两种方法：过剩溶液浸渍和孔饱和浸渍法(详见本章第二节加氢裂化催化剂的制备)，两种方法各有利弊，沿用直今。过剩溶液浸渍是将载体用 $1.5\sim3.0$ 倍载体体积的溶液浸泡，经一定时间后，载体完全浸透，滤出或排出过剩溶液，而后进行干燥、焙烧。由于载体和金属盐相互作用，使浸渍溶液中金属浓度降低(个别浓度升高)，同时浸渍过程中不可避免出现粉尘、碎渣，必须排除，浸渍液需过滤，调整浓度，补充方可循环使用。不用时大量浸渍液需储罐存放。孔饱和浸渍法是用相当于载体总孔体积(或稍低一点)适宜浓度的溶液借助喷雾(或喷淋)在运动状态的载体上，溶液被载体吸收后继续旋转翻动一段时间。这种方法金属含量准确、操作简单，无过剩溶液配制与存放问题，同时由于逐渐润湿载体颗粒吸附热小，载体爆裂现象少，缺点是浸渍均匀度较差。

根据金属浸渍均匀程度分为四种极限形式，即蛋壳型、蛋白型、蛋黄型和均匀型见图 3-4-2。刘希尧等[181]用酸性钼酸铵溶液和碱性钼酸铵溶液分别浸渍 γ-Al_2O_3 载体，制成蛋壳型和均匀型 Mo/γ-Al_2O_3 催化剂，再用 NH_4OH 溶液分别浸渍上述两种 Mo/γ-Al_2O_3，进而制出蛋白及蛋黄型 Mo/γ-Al_2O_3 催化剂，见图 3-4-3；并提出 HDS 活性主要决定于活性中心数及其质量，在考虑脱附影响时，对于加氢脱硫，蛋白型 Mo 径向分布活性最好，对加氢性能蛋黄型 Mo 分布活性好。

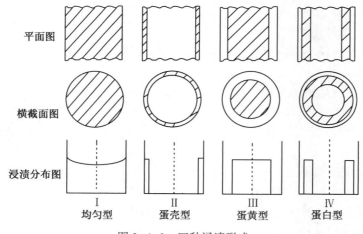

图 3-4-2　四种浸渍形式

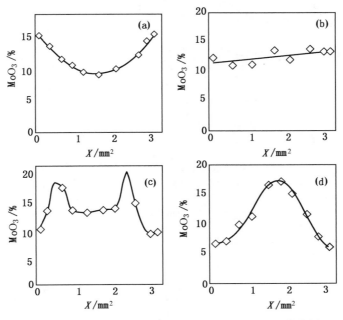

图 3-4-3　四种不同 Mo 径向分布的 Mo/γ-Al₂O₃ 催化剂

（a）蛋壳型［$C_{Mo}=0.74mol/L$，pH=4.5，$\tau_i=10min$（二次连续浸渍），在 120℃ 干燥 2h，300℃ 活化 1h，而后 550℃ 活化 5h］MoO₃ 12%；

（b）均匀型［$C_{Mo}=1.13mol/L$，pH=10，$\tau_i=10min$（一次浸渍），在 25℃ 干燥 20h，活化步骤同上］MoO₃ 13%；

（c）蛋白型［$C_{Mo}=0.82mol/L$，pH=5.5，$\tau_i=10min$（三次浸渍），在 120℃ 干燥 2h，NH₄OH 浸渍脱附，$\tau_d=90$ 再在 120℃ 干燥 2h，活化］MoO₃ 13%；

（d）蛋黄型［$C_{Mo}=1.25mol/L$，pH=10，$\tau_i=10min$（三次浸渍），在 25℃ 干燥 20h，120℃ 干燥 2h，NH₄OH 浸渍脱附，$\tau_d=246min$，每次脱附后 120℃ 干燥 2h，活化］MoO₃ 14%

　　刘希尧等[181]考察了 Ni-W/γ-Al₂O₃ 催化剂，认为浸渍方式、浸渍时间及干燥条件对 W、Ni 活性组分分布以及 NiAl₂O₄ 尖晶石生成和吡啶的加氢脱氮活性呈反比关系，浸渍时间是影响组分分布均匀程度的主要因素，见图 3-4-4。

　　浸渍方式对 W、Ni 分布影响，见图 3-4-5。由图可见，各种浸渍方式都能获得 Ni 均匀分布，而 W 分布有所不同，W 分布均匀与浸渍液量关系不大，关键是浸渍时间长并有对扩散有利的条件，这是因为 Al₂O₃ 在酸性溶液中（pH<6）浸渍，载体对 Ni²⁺ 阳离子吸附不强，W 以聚钨酸根阴离子形式吸附，同时有可能发生 W、Ni 竞争吸附，延长了达到均匀浸透的时间。

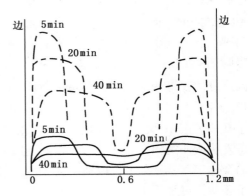

图 3-4-4　Ni-W 共浸不同时间 Ni-W 分布
实线：Ni 分布；虚线：W 分布

　　此外，还考察了干燥条件对 Ni-W 分布的影响，见图 3-4-6。由图看出，干燥条件对 Ni 分布影响不大，而 W 分布受干燥速度影响大，慢速干燥（浸渍后最初阶段干燥）可减慢溶剂蒸发，抑制聚钨酸根的反向扩散，有利于改善 W 分布的均匀性。

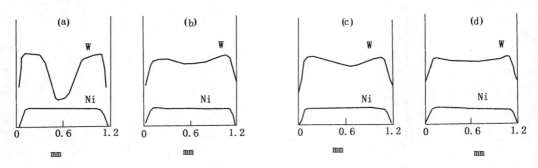

图 3-4-5　浸渍方式对 Ni、W 分布的影响

(a)过剩液共浸；(b)孔饱和浸渍；(c)水预浸-过剩液浸渍；(d)过剩液分段浸，先 W 后 Ni

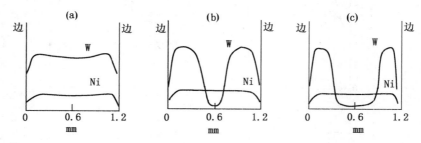

图 3-4-6　干燥条件对 Ni、W 分布的影响

(a) 浸渍后室温干燥过夜，在 30℃干燥 2h，60℃干燥 2h，150℃干燥 4h 后活化；

(b) 浸渍后室温干燥 10min，在 60℃干燥 2h，150℃干燥 4h 后活化；

(c) 浸渍后室温干燥 30min，在 150℃干燥 4h 后活化

　　总之，在确定某种载体与金属组分后，怎样能使载体上金属分布均匀，以提高活性、选择性及抗毒性，国内外研究都证明载体 ZPC、溶液的 pH 值、溶液浓度、浸渍时间、干燥速率、不同的竞争吸附剂等对金属分布均有影响。关于溶液 pH 值、浸渍时间、干燥速率前面已有论述。M. A. Goula 等提出 γ-Al$_2$O$_3$ 预先载 F$^-$，使 Al$_2$O$_3$ 的 ZPC 降低，即降低载体表面 AlOH$_2^+$ 浓度，而使金属分布均匀，加入 NH$_4$F、H$_3$PO$_4$、柠檬酸($C_6H_8O_7 \cdot H_2O$)作为竞争吸附剂，有利于金属分布均匀。Y Yoshimurd 等认为，制备 Co-Mo 催化剂用柠檬酸比铵作竞争吸附剂的 HDS 性能好，制备 Ni-Mo 催化剂铵比柠檬酸更有效，铵有利于 MoS$_2$ 分散，使 Ni 高度分散在这些 MoS$_2$ 上。Yohta 等[184] 推荐使用螯合剂(氮川三乙酸、乙烯基二胺四乙酸、环己烷二胺四乙酸、乙酰基胺等)，目的是控制适宜时间，使 Co^{2+}(Ni^{2+})与 Mo(W)结合。对于某些表面积大，亲水性强的载体，由于吸附热大，温度升高和毛细管张力作用，造成溶剂蒸发，溶质沉积在载体孔口，影响金属分布，可采用真空浸渍或有机溶剂预浸。对于不稳定的金属溶液，必须分段浸渍。为了增加载体表面上质子或羟基数目，使交换或吸附的金属离子多些，可采用水、氨、柠檬酸等预浸方法[185]。

　　(四)提高加氢裂化预处理催化剂性能的手段

　　1. 本征活性的提高

　　催化剂的载体及助剂，通过改变活性中心的几何性质和电子性质均能影响到催化剂的本征活性，γ-Al$_2$O$_3$ 是优良的载体，目前在工业上已广泛用于制备加氢催化剂，充当活性组分骨架，提高其利用率和催化剂稳定性，与活性组分相互作用，提供部分活性中心，是催化剂酸性的主要来源。助剂可以分为无机助剂和有机助剂。其中添加无机助剂如 F、P、B、Si、

Ti、Zr 等调节酸度，控制孔结构，减弱金属与载体的相互作用。添加有机助剂如 NTA、EDTA、ED 等，减弱金属与载体的相互作用，得到高活性相中心。

（1）载体影响

催化剂载体孔结构不仅对负载活性组分的分散度有重要影响，而且还直接影响着反应过程中的传质与扩散[186]。近年来，根据不同催化反应的要求，人们通过多种途径对氧化铝载体孔结构调变进行了研究。这些研究主要集中在前体拟薄水铝石制备、氧化铝载体成型过程及成型后处理等 3 个方面[187]。通过载体的焙烧温度可明显调节载体的孔性质[188,189]。经过不同焙烧温度制备出的载体及相应的催化剂，其孔体积变化不大，平均孔径逐渐增大，比表面积逐渐降低，特别是焙烧温度达到 650℃ 以上，载体比表面积损失较大。随 γ-Al_2O_3 载体焙烧温度的升高，硫化态 MoNiP/γ-Al_2O_3 催化剂中的 MoS_2 片晶平均长度变长，平均片层数增多。焙烧温度为 600℃ 时制得的催化剂表面的中强酸和强酸的含量较高。催化剂活性评价结果表明，HDS 和 HDN 的活性均呈先增大后减小的趋势，其中，焙烧温度为 600℃ 时制得的催化剂的活性最高[178]。

研究指出[190] 氧化铝表面存在不同的晶面，通过 HRTEM 统计结果指出，（110）晶面占整个晶面的主导地位。而不同的前体拟薄水铝石干胶粉对氧化铝载体性质有很大影响。通过统计载体表面暴露的晶面比例，发现不同的干胶粉得到的氧化铝载体性能差异很大，结果见图 3-4-7，催化剂的 HDS 活性与 110 晶面的比例呈现很好的线性关系。

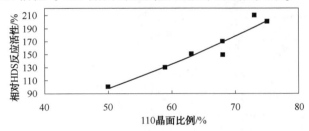

图 3-4-7　氧化铝载体 110 晶面比例对催化剂性能的影响

除了 γ-Al_2O_3 的载体外，其他具有大比表面积并适合作为载体的新材料也被进行了试验研究，这些载体包括 TiO_2、ZrO_2、MgO、活性炭、SiO_2、分子筛等[191~196]。徐[197] 等发现在 NiO 改性的 TiO_2 载体表面，负载的 W^{6+} 能置换出部分嵌入的 Ni^{2+}，形成一种新的表面物种。孙桂大[198] 等制备了不同载体（SiO_2，TiO_2，γ-Al_2O_3）负载的磷化钨催化剂，研究发现 TiO_2 载体制备的 WP 催化剂具有更佳的 HDS 和 HDN 活性。Klicpera[199] 等发现用碱性载体 MgO 负载 Co-Mo 和 Ni-Mo 催化剂，其噻吩 HDS 活性比 γ-Al_2O_3 负载的对应催化剂活性高 1.5~2.3 倍。活性炭作为载体，与载体更弱的相互作用，更易形成 II 型活性相，并且由于其更低的酸性，减少积炭失活，研究指出具有更高的加氢活性[195,196]。但在反应条件下，炭载体上的活性组分快速聚集长大，并且失活后不能再生，这限制了该类载体的应用。

（2）无机助剂影响

在氧化铝负载的加氢精制催化剂中，通过各种助剂 F、P、B、Si、Ti、Zr 等调节活性的情况很多，其中磷是最常见的助剂，它能改善加氢处理催化剂的性能，特别是 HDN 的活性。几篇文献[200~205] 报道其作用，包括改善活性组分的分散度、调变酸性质、减弱金属与载体的相互作用、增加 MoS_2 的叠层数等。磷酸与 γ-Al_2O_3 载体表面铝羟基的相互作用[206]，见图 3-4-8，磷主要是以 $AlPO_4$ 的形式存在于氧化铝表面。强酸量随磷含量的增加而逐渐降低；弱酸量随磷含量的增加呈现先减少后增加的趋势；中强酸量先增加而后逐渐减少。MoS₂层边缘的钼位片断与AlPO₄通过"Co-Mo-O-P"配位形式连接，含磷和不含磷的催化剂活性相结构之间不存在显著的差别，磷的存在只是对MoS₂层的形貌进行修饰，改变了活性位的数量，减弱了反应分子吸附到活性位上的空间位阻[207]。通过磷含量的考察发现[208]，随着磷含量的增加，MoS₂片晶层数增多，片晶长度增加，形成较大的堆垛，有利于噻吩和喹啉等含硫和含氮化合物克服空间位阻与活性中心位的接触；但过多的磷会引发MoS₂的团聚，减少催化剂表面的活性中心位数目，对脱硫和脱氮反应不利。催化剂上只有在添加适量的磷时才会具有最佳的脱硫和脱氮活性。

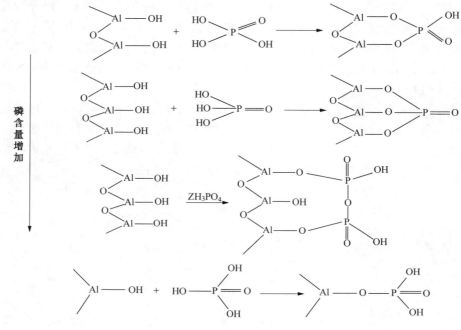

图 3-4-8　磷与氧化铝表面的作用方式

其他的助剂，如硼能调节金属与载体表面相互作用，改善金属分布，调变表面酸性质，形成更多的B酸中心，促进生成更多活性中心。随着硼含量的增加，单层钼峰强度减弱，而多层钼峰 Mo₇O₂₄⁶⁻强度增强，而 Mo₇O₂₄⁶⁻是形成Ⅱ型活性相的前驱体[209]。Saih 和 Segawa[210] 指出硼添加到氧化铝载体中能减少形成活性不高的 Co₉S₈ 活性相，促进形成更高活性的 Co-Mo-S 活性相。有一些研究集中在载体的酸碱性及其对金属载体相互作用的影响上面。含有 TiO₂ 的混合氧化物载体引起人们比较大的兴趣。Ramirez 等人给出了详细的结果[211]，指出 TiO₂-Al₂O₃负载的催化剂在硫化过程中，与 Al₂O₃负载的催化剂相比，电子结构发生了变化。TiO₂-Al₂O₃负载的 Mo 催化剂催化活性比 Al₂O₃负载的 Mo 催化剂高很多。NiMo/TiO₂-Al₂O₃ 催化剂对于模型化合物 DBT、4-MDBT 和 4,6-DMDBT 的 HDS 活性与 NiMo/Al₂O₃催化剂相比更有效果。

影响催化剂性能的无机助剂还有很多，总体上是通过减弱 SMSI 效应，调变催化剂酸性，从而提高催化剂本征活性。

（3）有机助剂影响

在催化剂的制备过程中加入有机配体会对催化剂的加氢活性产生很大影响，早在 1986

年 Thompson[212]等人申请专利，提出在催化剂的浸渍过程中添加乙二胺四乙酸（EDTA）等螯合剂，能制备出高活性的加氢催化剂。有机助剂的作用机理有以下几方面[213]：①有机助剂能与载体、金属作用，从而改变金属在载体表面的存在形态。②有机助剂能够提高活性金属组分在催化剂表面上的分散，减弱活性组分（Mo、W）和助剂（Ni、Co）与载体之间的相互作用。③在有机助剂存在的情况下，Co(Ni)的硫化温度提高，与 Mo(W)同时硫化或迟于 Mo(W)硫化，这样的硫化顺序可避免 Co(Ni)组分形成活性低的 Co(Ni)-S 结构，更多地镶嵌在已硫化的 MoS_2(或 WS_2)的边、角、棱位，形成了更多的 Co(Ni)-Mo(W)-S 活性相结构。

　　常用的有机助剂有柠檬酸、尿素、乙二醇、氨三乙酸（NTA）、EDTA 等[214~218]。这些络合剂能够使催化剂形成具有更高活性的 Co(Ni)-Mo(W)-S(Ⅱ)活性相结构。通过 CO 在不同硫化温度催化剂上吸附的 IR 谱图发现，加入 NTA 明显提高 CoMoS 相的数量，并延迟 Co 的硫化[219]。

　　对于含有有机助剂的催化剂来讲，采用干法硫化和湿法硫化对硫化后的催化剂活性中心性质影响大不一样，见图 3-4-9。湿法硫化活性中心更加稳定，其原因可能归结于硫化过程中产生的焦炭对活性中心颗粒的稳定作用[220]。因此，对于含有机助剂的催化剂，工业上一般建议使用湿法硫化。

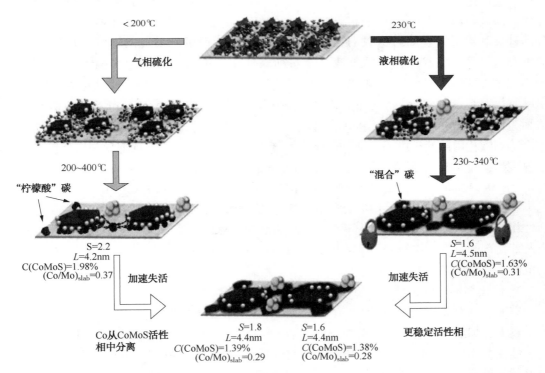

图 3-4-9　$Co_3(CA)_{4.5}$-Co_2Mo_{10}/Al_2O_3 催化剂气相和液相硫化时 CoMoS 活性相形成机理

2. 活性中心数量提升

　　对于提高催化剂活性中心的数量，可以从以下几方面着手：①提高催化剂的比表面积。②助剂改性，增加活性金属分散度。③在一定范围内增加活性金属含量及活性金属 Ni(Co)/Mo(W)合适原子比。

　　通常载体的比表面积决定了催化剂的比表面积，比表面积的增大，能够提高活性金属的分散度，通过实验数据发现[221]，550℃焙烧时，SiO_2 和 ZrO_2 改性载体，孔体积和比表面积大于纯 Al_2O_3 载体，而 MgO 和 TiO_2 改性载体，孔体积和比表面积略小于纯 Al_2O_3 载体，800℃焙烧，几种助剂改性载体孔体积和比表面积均大于纯 Al_2O_3 载体，值得注意的是 SiO_2、MgO 和 TiO_2 改性载体稳定性好。通过活性评价发现，几种改性载体制备催化剂的 HDS 活性和裂解活性均高于纯氧化铝载体，而以 SiO_2 改性载体制备催化剂的活性最高。

通过助剂改性能明显改善活性金属的分散度。硼能调节金属与载体表面相互作用，改善金属分布，促进生成更多活性中心。随着硼含量的增加，载体表面硼羟基取代铝羟基，在 B_2O_3 含量 3%~7%时，表面 Mo 的分散度较高。当 B_2O_3 含量在 3%~5%时，催化剂的活性最高，当 B_2O_3 含量在 7%~10%时，活性降低[222]。从 IR 谱图上可以看出。随着载体中硼含量的增加，高波段羟基基团峰强度变弱，可能是硼的负载优先消耗碱性羟基。当 B_2O_3 含量在 4.1%~5.7%时，几乎看不见碱性羟基的特征峰[223]。通过有机助剂改性也能明显改善活性金属的分散效果。于光林等人[224]在制备 NiW 系列催化剂时，发现通过加入 EDTA，活性金属组分有更好的分散度，同时提高 Ni 和 W 组分的硫化度。杨占林[225]等人也发现，加入有机添加剂，能够明显增加表面 Ni 的原子浓度，MoS_2 片晶长度明显缩短。

加氢催化剂的加氢功能主要由活性金属组分来提供。虽然长期以来，研究者发现载体的性质对加氢处理催化剂的活性有一定影响，但远不及活性金属组分的影响大，其中金属组分的种类和数量以及如何担载的方法都对催化剂的活性带来显著的影响。加氢活性组分的种类选定后，它在载体上的负载总量对加氢催化剂的活性有一定影响。研究发现[226]，HDN 活性随着活性金属总量的增加而增大，达到某一数值后，HDN 活性达到最大值，如果继续提高金属总量，反而引起 HDN 活性下降。文献[227]认为 MoO_3 和 NiO 的单层分散阈值均为 $0.12g/100m^2\gamma-Al_2O_3$，因此过多金属沉积后会引起载体孔口堵塞，造成反应物分子难以达到微孔内部活性中心，降低催化活性。在前面加氢裂化预处理催化剂活性组分的选择中曾讲到，对于 HDS 反应，最佳金属组分组合：CoMo>NiMo>NiW>CoW，对于 HDN 反应：NiW≈NiMo>CoMo>CoW。活性金属之间的配比 λ 值{Co(Ni)/[Co(Ni)+Mo(W)]原子比}也是十分重要的。助剂 Ni、Co 加入到 Mo、W 主活性组分中是形成了新的 CoMo-S 或 NiW-S 活性相，而大大提高了单金属 Mo-S、W-S 的活性。λ 最佳值与催化剂的评价条件、使用原料及催化剂的制备方法都有关系，根据加氢催化剂的基础研究结果[160,228,229]，一般认为合适的范围在 0.2~0.5 之间。

3. 催化剂形态的选择

VGO、CGO 加氢裂化预处理为滴流床反应器，属于气、固、液三相反应，由于反应物分子较大，加氢处理过程受扩散控制的影响，应该尽可能减小催化剂粒度，而粒度的下限决定于催化剂床层的压降。为了克服催化剂粒度减小而导致床层压降上升的缺点，设计了各种异形条，见图 3-4-10。常用的有三叶草、四叶草、圆柱条，其压碎强度、堆积密度见表 3-4-9，可以看出四叶草压碎强度最好，圆柱条堆积密度最大。工业装置装填催化剂单位量称为装填密度，又分为密相装填与普通装填(稀相装填)。密相装填与普通装填相比，球形催化剂多装 5%~8%，圆柱形多装 10%~15%，四叶草形多装 20%~25%，HDS 起始反应温度低，且 HDS 相对体积活性相应增加 7%、13%及 22%，但密相装填压强增加[230]。图 3-4-11 示出相同 V_P/S_P(颗粒体积/几何表面积)不同形状催化剂的相对体积活性，圆柱条催化剂空隙率低(0.41~0.43)，相对体积活性高。

图 3-4-10　不同形状的催化剂

环形 3 外径：内径＝3；环形 2 外径：内径＝2

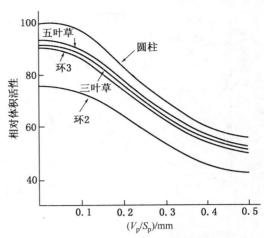

图 3-4-11　不同形状催化剂相对体积活性

表 3-4-9　三种催化剂压碎强度与堆积密度

形状	直径/mm	压碎强度/(N/mm)	堆积密度/(g/mL)	形状	直径/mm	压碎强度/(N/mm)	堆积密度/(g/mL)
圆柱条	1.1～1.2	15～25	0.96～1.03	四叶草	1.1×1.4	30～60	0.92～0.96
三叶草	1.1～1.3	20～50	0.90～0.94				

对于扩散控制的催化过程，Thiele 推导出下列方程式（对一级反应）

$$\phi_L = L_P (K_i C^{n-1} / D_{eff})^{0.5}$$

$$\eta = f(\phi_L)$$

式中　ϕ_L——Thiele 系数；

　　　η——有效因子（催化剂的利用效率）；

　　　K_i——本征反应速度常数，$(m^3/m^3 \cdot h)/(\%)^{n-1}$；

　　　C——反应物浓度，mol/m^3；

　　　n——反应级数；

　　　D_{eff}——扩散速度常数，m^2/s；

　　　L_P——颗粒大小，mm；$L_p = V_p/S_p$（颗粒体积/几何表面积）。

1981 年 A. D. Bruijn 等用不同颗粒大小及形状的 Mo-Co 催化剂对科威特 VGO（密度 0.9206g/cm³，馏程 331～533℃，S 2.8%）在 4.0MPa、365℃、LHSV1～3h⁻¹条件下进行 HDS 试验，1986 年 B H Cooper 等又以不同大小和形状的 Mo-Ni 催化剂对阿拉伯 HVGO（密度 0.9253，馏程 258～560℃，S 2.37%）在 7.0MPa、350℃条件下进行 HDS 试验，都证实试验结果与用 V_p/S_p 计算结果相符，见表 3-4-10 及图 3-4-12。

表 3-4-10　不同形状催化剂的 HDS 活性

催化剂形状	直径×长度/mm	V_p/S_p/mm	单位催化剂(质)HDS 活性
1/32″圆柱	0.83×3.7	0.189	9.7
1/20″圆柱	1.2×5.0	0.268	7.9
1/16″圆柱	1.55×5.0	0.345	5.7
1/16″环形	1.62D×0.64d×4.8	0.233	8.7
1/16″椭圆	1.9×1.0×5.0	0.262	8.4
1/12″三叶草	1.0×5.0	0.295	8.2
压碎颗粒	0.25～0.45	~0.04	14.0

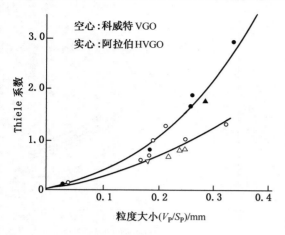

图 3-4-12　Thiele 系数与 V_p/S_p 关系

由表 3-4-10 可以看出，V_p/S_p 小扩散速度快，表观反应速度大，因而相对 HDS 活性高，但当外观尺寸相同、形状不同的催化剂，则三叶草，四叶草或环形催化剂相对活性高。

对于给定操作条件及原料后，催化剂床层压降与催化剂大小、形状和床层空隙率有关，Leva M 给出预测压降方程式

$$\Delta P_{LG} = f_1(X) \cdot \Delta P_L = f_2(X) \Delta P_G$$

$$X = \sqrt{\frac{\Delta P_G}{\Delta P_L}}$$

式中　ΔP_{LG}——每米催化剂床层的气液两相压降；

　　　　ΔP_L——每米催化剂床层液相压降；

　　　　ΔP_G——每米催化剂床层气相压降。

预测压降计算值与实测值误差范围为 10%～20%，计算出压降与不同形状的 V_p/S_p 关系见图 3-4-13 及图 3-4-14($1b/in^2 = 6.89kPa$，$1ft = 0.3m$)。由图 3-4-13、图 3-4-14 可以看出，对于给定的 V_p/S_p，圆柱条压降最大，三叶草和环 3($D/d = 3$)相对空隙率比圆柱条大 10%，因此压降低。工业装置设计有最大压降限制，运转过程中压降要增加，为了避免压降过大而停工，因此需要限制运转初期的压降，根据压降与 V_p/S_p 和 RVA(相对体积活性)与 V_p/S_p 关系，在相同压降下选择不同形状的催化剂，这又需要考虑三种不同的扩散控制(低扩散限制、中等扩散限制、高扩散限制)及密相、普通装填的差异以及催化剂颗粒形状。如原料处于低扩散限制操作条件下，减小粒度对提高活性影响不大，应以改善装填技术来提高活性，则密相装填较为有利；在中等扩散限制下，应在压降允许范围内，减小粒径比密相装填效果好；对高扩散限制，选择具有大表面积、粒度小的异形条普通装填方式效果好。

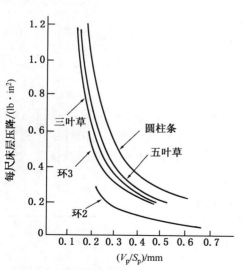

图 3-4-13　普通装填压降与 V_p/S_p 关系

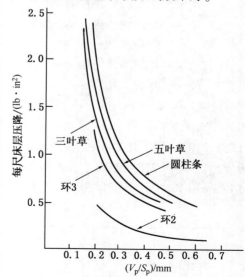

图 3-4-14　密相装填压降与 V_p/S_p 关系

在实际生产中，操作条件通常在动力学与扩散控制的过渡区。因此催化剂设计上要考虑孔的特点[231]，如图 3-4-15 和图 3-4-16 所示，尽量减少扩散对反应活性的影响。

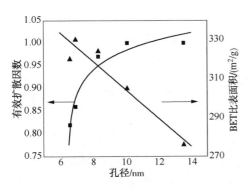

图 3-4-15 载体孔径与有效扩散因子
及比表面的关系

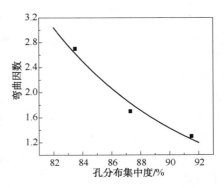

图 3-4-16 孔分布集中度与载体孔的
曲折因子之间的关系

（五）用于加氢裂化预处理的新材料、新方法

1. 超声波浸渍技术

提高负载型加氢催化剂上活性金属的利用效率一直是研究者努力的方向之一，人们尝试使用多种方法来实现这一目的，如各种助剂的使用、采用新的制备方法等，而超声波由于其固有的特点，完全可以用于加氢催化剂的制备技术上来[232~235]。通过超声辅助浸渍手段制备催化剂，由于超声波具有的"空化"作用，能够减少孔道堵塞情况的发生，催化剂的比表面积和孔体积明显高于常规浸渍催化剂，总酸含量提高，超声浸渍法制备催化剂，活性金属分散更加均匀，表面 Mo、Ni 原子浓度提高。

常规浸渍法制备的催化剂还原峰温度明显高于超声浸渍法制备的催化剂，并且活性组分钴在载体表面显现出凌乱、聚集的现象，而超声浸渍法制备的催化剂金属粒度小且分布均匀，能够弱化活性组分与载体间的相互作用力，有利于提高催化剂的活性和稳定性[295]。通过超声辅助浸渍手段制备催化剂（图 3-4-17），活性金属分布更为均匀，催化剂中八面体钼的含量高，有利于 Ⅱ 类活性中心的形成，能够提高催化剂的活性。

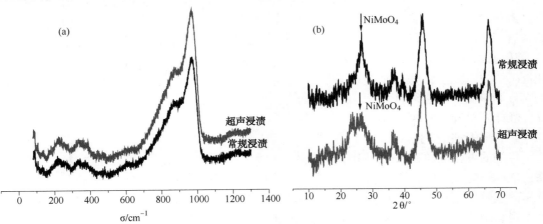

图 3-4-17 超声波辅助浸渍制备催化剂 LRS 和 XRD 结果
（a）LRS 表征结果；（b）XRD 结果。γ-Al₂O₃ 为载体，Mo、Ni、P 浸渍液制备

利用超声波辅助进行催化剂的制备，在实验室容易实现，但如何使其能够进行工业化大生产是我们需要考虑的问题，做到不影响催化剂的强度和性能，在超声波的功率、设备的构造、催化剂的生产工艺等方面有很多工作要做。

2. 纳米自组装技术

负载型的加氢催化剂由载体、活性金属和助剂组成，其中载体充当活性组分骨架，具有重要作用。如何改进载体的性能也一直是研究者积极探索的课题。如果能够提高载体的利用效率，降低内扩散阻力，催化剂的活性将会有明显的提升。

现有一些大孔氧化铝载体的扩孔方法包括物理扩孔法和化学扩孔法，这些方法产生的大孔是墨水瓶孔道，孔道呈非连续态，无法使大分子反应物进行有效的扩散，其内部孔道是低效的。20世纪90年代，针对重油和大分子化合物，美国Mobil公司发明了一类具有大比表面积、大孔体积和高孔隙率，具有笼型结构的一次纳米自组装材料——介孔分子筛[237]。

王鼎聪[238]等人进行了创新性研究，利用原创的熔盐超增溶分子一次纳米自组装技术，原位合成纳米氢氧化铝，纳米氢氧化铝与VB值小于1的表面活性剂自组装成球状或棒状二次纳米氢氧化铝自组装体。用二次纳米自组装合成的贯穿性多孔催化材料——大孔氧化铝，采用三次纳米自组装技术合成的高活性金属含量、高活性的大孔主客体催化剂。

采用纳米自组装技术制备的氧化铝载体，堆积密度降低，孔体积和孔径增大，大孔分布更多，有利于反应物分子的扩散。从反应结果来看，在堆积密度明显小于参比剂的条件下，纳米自组装催化剂的脱硫、脱氮活性明显提高[239]。

3. 过渡金属氮、碳、磷化物催化剂

金属碳化物或氮化物是将主族C或N元素引入前过渡金属元素晶格而形成的一类化合物，其物理及化学性质与母体金属显著不同，如具有较高的熔点、硬度和机械强度，良好的导热导电性，但电磁性质却与金属类似，对它们的催化性能进行了大量研究[240~243]。金属碳化物和氮化物具有如下特点：①Mo_2C和Mo_2N分别为六方和面心立方结构，非金属元素占据金属原子间隙位。②过渡金属碳或氮化物具有某些类似贵金属的催化性质。③显示出比工业催化剂更加优良的HDN、HDS性能。金属碳化物或氮化物的应用还需解决以下问题：①制备相对复杂，较难实现大规模生产。②表面碳、氮的流失。③金属碳或氮化物显示出一定的抗硫性，但仍无法与传统加氢精制催化剂相比[244]。

用于燃料油加氢精制的过渡金属磷化物主要包括Ni、W、Co、Mo、Fe等的一元或二元金属磷化物，近年来成为研究热点[245~248]。其物理和化学性质与金属碳或氮化物基本类似，但与后两者的结构显著不同，金属磷化物基本构造单元为三角棱柱，潜在更多的配位不饱和位，从而改善催化活性。它具有以下特点：①很高的加氢脱硫、脱氮活性。②良好的稳定性和抗硫能力。如需应用，过渡金属磷化物还需解决如下问题：①负载的金属磷化物的分散度不高。②单位质量催化剂中与金属磷化物有关的活性中心数目少。③催化剂的活性相性质、反应性能及机理还需深入研究。

4. 结构化催化剂

传统的催化剂颗粒床层，由于内扩散阻力大、外比表面积小、传热性能差、床层压降高，造成催化效率低、选择性差、温升高、能耗高等问题，而采用结构化催化剂，由于它具有高的空隙率以及单通道能够形成Talyor流，可以从反应工程上对这些问题进行解决。

规整结构催化剂及反应器在汽车尾气净化[249~252]方面已得到广泛应用。用于加氢催化剂上面需考虑与一些新技术的结合，如纳米自组装材料的使用等。还需要在结构化载体的材料和结构设计、载体表面粗糙化预处理方法、活性金属担载方法上面做工作，工业化的进程还有很多路要走。

目前，具有结构化催化剂优点的异形催化剂开发，已经取得了一些成就。如齿球型催化剂的开发，它具有球形催化剂易于装填与条形催化剂传质效率高的优点，更利于发挥催化剂

性能，改善装置的物流分配效果，具有高床层空隙率，降低床层压降，并能提高反应器容纳颗粒杂质能力。

二、国内外典型的加氢处理催化剂

（一）国外用于加氢裂化原料预处理典型催化剂

目前国外生产加氢处理催化剂有 14 家公司，生产 200 多个品种，其中品种多、产量大的公司有：Albemarle 公司、CLG 公司、Criterion Catalyst 公司以及丹麦的 Haldor Topsøe 公司、法国的 Axens 公司。

Albemarle 公司 2004 年兼并 Akzo Nobel 公司的催化剂业务，开始成为世界上最大的加氢处理催化剂供应商之一。Akzo Nobel 公司早期开发的加氢裂化预处理催化剂主要有 KF-843、KF-846，1998 年与 Nippon Ketjen 公司联合推出 II 型超活性中心即 STARS™（SuperType II Active Reaction Sites）技术，典型催化剂为 KF-848，其加氢脱氮活性比 KF-843 提高 60%。II 型活性相金属载体相互作用较低，硫化充分，呈堆积（叠层）MoS_2 结构，每个活性中心的本征活性高。2001 年由 Akzo Nobel、ExxonMobil 和 Nippon Ketjen 公司共同开发出 NEUBULA 催化剂，它是体相法制备的，其加氢脱硫、加氢脱氮和加氢脱芳活性是传统催化剂的 2~3 倍，特别适用于加氢裂化原料预处理。2003 年推出的 NEUBULA-20，进一步改善了孔隙率，适宜处理更重的原料。

2006 年，Albemarle 公司推出的 KF-860 STARS™ 催化剂，是专门针对劣质原料开发的，可有效减小因结焦和金属杂质沉积导致催化剂失活的影响。KF-860 的载体孔径分布是向具有更大的平均孔径发展，在其孔分布中，最小孔径甚至比 KF-848 的平均孔径还要大，具有稳定性好，使用寿命长的特点。

图 3-4-18 显示了作为预处理催化剂在标准工作温度上的性能差异[253]。正如所料，在运行的初期两种催化剂性能类似。但是，投产 3 个月后，KF-860 很明显保持了较好的活性并且污垢率较低。运转到 200 天时，KF-860 体系失活率很低，而 KF-848 体系还在继续失活。很显然，在这种焦炭形成高的条件下，KF-860 具有的稳定性能够承受焦炭形成的影响，有利于延长运转周期。

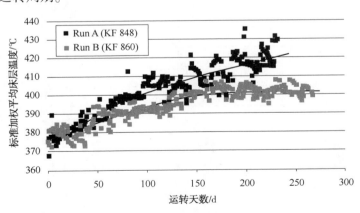

图 3-4-18　KF-860 与 KF-848 催化剂的工业结果比较

2009 年，雅宝公司结合了 KF-860 的载体开发技术，并通过控制酸性组成改进脱氮性能，推出了 KF-868 STARS™ 最新一代加氢裂化预处理催化剂，在活性和稳定性上均有所提高。另外，这新一代催化剂还降低了装填密度，在相同反应器体积时降低了催化剂的装填重量，节约了催化剂使用成本。

在图 3-4-19 中显示了 KF-848 和 KF-868 在使用三种不同的原料时的性能试验结果[253]：欧洲直馏蜡油、中东直馏蜡油和美国西海岸的石油焦化蜡油组合。从这组数据可看出两个关键点：第一，KF-868 在不同的蜡油原料试验中都显示出 15%~20% 的相对体积活性优势；第二，RWA(相对质量活性)活性显着高于 RVA。RVA 和 RWA 之间的这种差异是与较低的催化剂装填密度相一致的，强调了 KF-868 更高的本征活性。现实情况中，较低的装填密度意味着提高了性价比，这对采购很有吸引力。

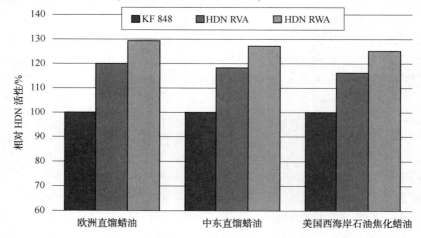

图 3-4-19　KF-868 高活性证明

在加氢裂化预精制催化剂开发方面，CLG 公司通过采用一种新的催化剂制备工艺，增加活性更高的 II 类活性中心的密度，同时维持特定原料临界分子的可接近性，可实现对催化剂性能的进一步优化[254]。图 3-4-20 给出了 CLG 公司开发的加氢裂化预处理催化剂相对脱氮活性比较情况。从图 3-4-20 中数据可见，CLG 公司开发出最新一代蜡油加氢处理催化剂 ICR179 和 ICR D179，比上一代 ICR 178 催化剂加氢脱氮活性分别提高了 10 ℉ 和 20 ℉。

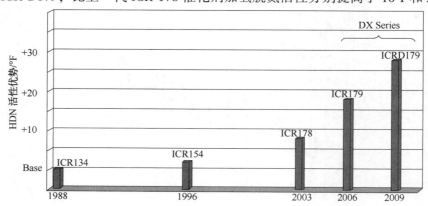

图 3-4-20　CLG 公司加氢裂化预处理催化剂性能关系

Criterion Catalyst 公司开发的 CENTINEL 和 ASCENT 等加氢裂化技术，已经获得良好的工业应用效果[255]。在原有 DN3110、DN3120 和 DN3300 等加氢裂化预精制催化剂的基础上，Criterion 推出了 CENTERA DN3630 新一代加氢预精制催化剂，通过对加氢金属与载体之间作用力的调变以及新型氧化铝载体的开发，DN3630 催化剂的活性和稳定性均有较大幅度的提高，具有更好的 HDN 活性和更高的间接脱硫能力。DN3630 在高压下的反应温度比前一代 DN3330 低 5.6～11.1℃。同期，Criterion 公司还推出了装填密度更低、价格更便宜的 AS-CENT DN3531 和 DN3551 蜡油加氢处理催化剂，装填密度比常规催化剂降低了约 10%，活性略低于 DN3300 催化剂。

Haldor Topsoe 公司近年开发了 BRIM™ 技术平台，并利用该技术平台，开发生产了新一代高活性加氢裂化预处理催化剂 TK-605 BRIM™ 和 FCC 原料预处理催化剂 TK-560 BRIM™、TK-561 BRIM™ 及 TK-562 BRIM™[256]。Axens 公司作为法国石油研究院（IFP）下属的分/子公司，加氢裂化预处理催化剂主要品种有基于 ACE™ 先进催化剂工程技术平台开发的 HRK 558 和 HDK 776 加氢裂化预处理催化剂[257]。

（二）国内用于加氢裂化原料预处理的典型催化剂

国内在研制、开发专门用于加氢裂化原料预处理催化剂方面起步较晚，20 世纪 70 年代曾开发成功润滑油加氢精制 3722W-Mo-Ni/Al₂O₃φ6mm 柱状催化剂，后经改进制成 φ1.6mm 条状 3722B 催化剂和新开发的 3926 催化剂，曾用于齐鲁石化公司胜利炼油厂 220kt/a 缓和加氢裂化（MHC）装置上，加氢处理胜利 LVGO 原料。80 年代推出的 3822 Mo-Ni-P/Al₂O₃ 为 φ1.3mm 三叶草催化剂，金属含量从 3722 催化剂的 35%～37% 降至 3822 催化剂的 25% 左右，孔体积从 0.24mL/g 提高到 0.32mL/g，金属加入方式由共沉-打浆到浸渍法，催化剂粒度小，强度高。90 年代由 FRIPP 研制成功，抚顺石油三厂催化剂厂生产的 3936 催化剂，先后成功地用于茂名、镇海、燕山、扬子石化工业加氢裂化装置上，其物化性能与脱氮活性达到了 HC-K 催化剂水平，关键在于最佳孔径集中，由 43.4% 提高到 83% 左右；改善了载体表面电子性质，使高金属含量分布均匀并增加活性中心数。由 RIPP 研制成功，长岭炼油化工总厂催化剂厂生产的 RN-1W-Ni/Al₂O₃ 催化剂，于 1992 年在大庆 120kt/a 装置上，用于大庆常三、减一、催化柴油混合原料中压加氢改质原料预精制，1995 年又用于锦州石油化工公司 800kt/a 中压加氢改质的原料预精制。

在 3936 催化剂之后，FRIPP 又陆续推出 3996、FF-16、FF-26、FF-36、FF-46 和 FF-56 等 Ni-Mo 型催化剂，满足了不同时期国内加氢裂化技术的需要。2010 年推出的 FF-46 催化剂，通过合适的助剂降低载体表面的强酸量，减缓结焦反应导致的催化剂失活，使用络合技术负载活性金属，使催化剂具有较高的加氢脱氮活性。

表 3-4-11 为 FF-46 在镇海炼化 1.2Mt/a 加氢裂化装置上工业应用时的原料性质，表 3-4-12 为主要工艺操作参数和精制油氮含量结果。精制反应器完全装填 FF-46 载硫型催化剂。由表 3-4-12 可以看出，精制反应器入口温度和出口温度均比设计值低 7℃，平均温度比设计值低 13℃。实际原料氮含量为 857μg/g，精制油氮含量为 8μg/g，精制脱氮率为 99.07%，而设计的脱氮率为 97.22%（原料氮含量 1800μg/g，精制油氮含量 50μg/g）。虽然标定期间原料氮含量低于设计值，但参照反应温度（主要是平均反应温度）和脱氮率来看，FF-46 催化剂的活性优于设计值，能够满足装置长周期运转的要求[258]。

表 3-4-11 镇海炼化 1.2Mt/a 加氢裂化原料性质

项　目	设计值	实际值	项　目	设计值	实际值
密度（20℃）/（g/cm³）	0.9199	0.9080	终馏点	555	527
馏程/℃			残炭/%	0.56	0.15
初馏点	270		w(S)/%	2.28	1.90
10%	387	380	w(N)/（μg/g）	1800	857
30%	444	426	比色/号	4	3
50%	525	492			

表 3-4-12　镇海炼化 1.2Mt/a 加氢裂化精制反应器主要工艺参数及精制油氮含量

项 目	设计值	实际值	项 目	设计值	实际值
工艺参数			入口温度/℃	355	348
冷高压分离器压力/MPa	15.40	15.24	出口温度/℃	405	398
体积空速/h⁻¹	1.31	1.34	平均反应温度/℃	386	373
氢油体积比	700	770	精制油氮质量含量/(μg/g)	50	8

RIPP 继 RN-1 之后，也陆续开发了 RN-2、RN-20、RN-32 等 Ni-W 型加氢裂化预处理催化剂。大庆化工研究中心开发了 DZN 加氢裂化预精制催化剂，2004 年在大庆石化公司分公司炼油厂 1.2Mt/a 加氢裂化装置上应用。

三、加氢脱金属剂

加氢处理工艺需要催化剂有较长的寿命，因此催化剂失活率通常用来标定一种工艺存在的价值。轻质馏分油加氢精制其催化剂失活主要是结焦，一次运转周期 3~10 年。重质馏分油加氢处理催化剂失活，除结焦外还有重金属沉积，覆盖在催化剂表面及堵塞孔口，影响传质，增加催化剂床层压降，运转周期为 0.5~3 年。对于渣油来说因重金属含量高，一次运转周期只有 0.5~1 年，为了降低催化剂失活率，通常采取以下措施：一是改善原油脱盐、脱水、蒸馏、输送与储存，防止及减少杂质携入；二是提高氢压减少结焦，同时增加保护剂、加氢脱金属剂，脱除胶质、沥青质和金属有机化合物等杂质。

保护剂、加氢脱金属作用在于改善加氢进料质量，抑制杂质对主催化剂孔道堵塞与活性中心被覆盖，保护主催化剂活性和稳定性，延长催化剂运转周期。

（一）重馏分油中重金属含量存在形式及危害

重馏分油含有 Fe、Ni、Cu、V、Pb、Ti 等重金属[259] 以及 Na、As、Ca、Mg 等，从含量和影响两方面考虑，危害性较大的为 V、Ni，其次是 Fe、Cu、Na、Ca 等，均属于永久性中毒。不同地区原油及不同馏分油重金属种类与含量亦不同，见表 3-4-13。V、Ni 富集于渣油的胶质和沥青质中，国内大多数原油属于陆相沉积，Ni 比 V 高几倍，国外大多数原油属于海相沉积，V 含量比 Ni 含量高 2~3 倍。

表 3-4-13　不同重质油（Ni+V）含量

原料产地 ＼ Ni+V/(μg/g)	VGO	DAO	ARO	VRO
胜利	0.11		42.5	56.3
科威特	1.2	14	61	117
阿拉伯（重质）	0.23	38	120	269

Ni 和 V 主要以卟啉类（Ni、V 两种金属以络合物形式与吡咯的氮原子络合构成卟啉类化合物）和沥青质形式（富含多环芳烃）存在，卟啉类相对分子质量 300~600，直径 1.2~2.0nm，沥青质相对分子质量为 400~1000[259]。卟啉钒中 V=O 垂直于卟啉分子平面（见图 3-4-21），它与催化剂表面相互作用，积聚在催化剂表面堵塞孔道，也有说金属卟啉在油加工过程中发生分解，游离出的金属 Ni 和 V 与催化剂酸性中心作用而使催化剂失活。VGO 及 CGO 中 V+Ni 含量不高，一般小于 1μg/g，详见表 3-4-14。因此，加氢裂化原料中的 Ni+V 脱除不是重要矛盾。

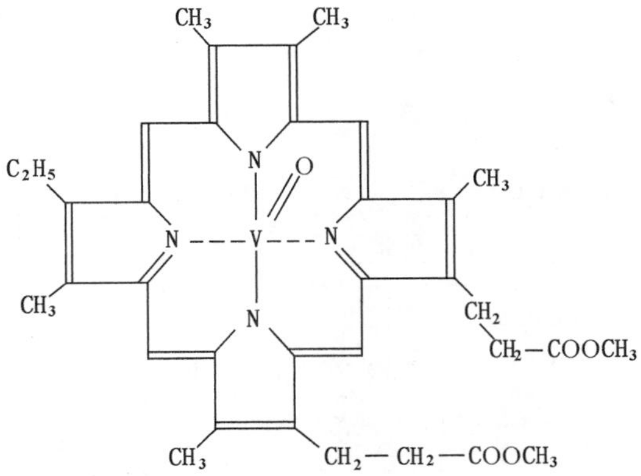

图 3-4-21　卟啉钒结构式

表 3-4-14　中国及中东典型的 VGO、CGO 微量金属含量

原　料	馏程/℃	密度/(g/cm³)	残炭/%	金属含量/(μg/g)						
				Na	Fe	Ni	Cu	V	Pb	As
大庆 VGO	340(5%)~522	0.8644	0.06	0.17	0.25	0.03	0.01	<0.05	<0.05	
大庆 CGO	241~543	0.8593	0.07		0.28	0.05	<0.01	<0.01		
胜利 VGO	345(5%)~528	09005	0.12	0.06	1.39	0.06	0.02	<0.05	<0.05	<0.5
孤岛 VGO	314~539	0.9143	0.14		1.51	0.54	0.05	0.01		
管输 CGO	224~488	0.8906	0.11		0.46	0.02	0.01	0.01	0.08	
沙轻 VGO	376(5%)~540	0.9058	0.27		0.23	<0.03	<0.03	0.07	<0.10	<0.1
也门 VGO	352(5%)~539	0.9050	0.12	0.08	0.8	<0.05	<0.05	<0.05	<0.05	<0.5
伊朗 VGO	366(5%)~538	0.9033			0.37	1.24	0.19	<0.03	0.11	<0.1
伊朗 CGO	241~515	0.9318	0.10		1.38	<0.01	<0.01	0.02		
阿曼 VGO	345(5%)~534	0.8955	0.14	0.06	2.05	0.02	0.03	0.06	<0.05	<0.5

　　Cu 含量很少，一般<0.05μg/g，不会构成危害。对于 Ca 不是所有原油都高，孤岛减压渣油含 Ca 23~26μg/g，因而在 Chevron 公司的 VRDS 装置，专门有脱钙催化剂，目前加氢裂化原料预处理尚没有专门的脱钙催化剂。

　　Na 为 Al_2O_3 的熔剂，它能降低催化剂结构的熔点，再生过程中有可能使污染部位熔化，Na 还中和酸性中心，降低催化剂活性，此外，Na 还能降低汽油辛烷值，因而应重视原料的脱盐，控制 Na 含量在 1~2μg/g 范围内。

　　在油中 Fe 含量多，毒性小，但容易在催化剂顶层由于微小铁垢引起偏流，压降增大，出现过热点，同时因焦化引起催化剂层板结成块，难以抽出，并造成不必要的停工。

　　(二) 铁的来源、存在形式及其影响

　　铁既以悬浮的无机物形式存在，又以油溶性环烷酸铁和络合物卟啉铁形式存在[260]（见图 3-4-22），铁一部分来自原油，统称原有铁，一般含量为 1~120μg/g，最高为 254μg/g。

　　我国孤岛原油铁含量最高为 41.9μg/g，青海乌尔禾原油次之，含铁为 31.5μg/g。铁在石油中的分布与钒镍等金属元素相似，随着沸点升高，含铁量逐渐增大，如胜利原油含铁 13μg/g。<200℃馏分检测不到铁元素，200~350℃馏分 Fe<1μg/g，350~500℃馏分 Fe 含量 2.5μg/g，>500℃渣油 Fe 含量高达 150μg/g，为原油铁含量的 11 倍。

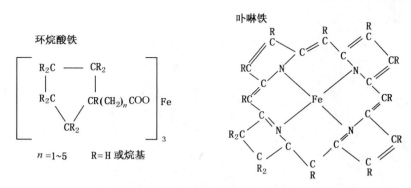

图 3-4-22　环烷酸铁与卟啉铁结构式

铁的另一部分来自与油接触的管道、储罐及加工设备的腐蚀产生的,统称为过程铁。一般认为过程铁要比原有铁多[261],结果见表 3-4-15,从实沸点蒸馏切出 310~540℃馏分 Fe 仅 0.4μg/g,而实际装置蒸馏 360~538℃,Fe 高达 13μg/g,扬子石化公司及上海石化公司的加氢裂化装置都碰到类似情况,实沸点蒸馏 350~500℃馏分 Fe 仅 0.9μg/g,而加氢裂化原料,在馏程基本相同情况下含铁达 3.1~9μg/g,说明经常减压蒸馏、储罐、管道运输,含铁量增长了 3~10 倍,可见过程铁所占量相当大。原料油中铁的来源和存在形态可描述如图 3-4-23[262]。

表 3-4-15　孤岛原油各馏分 Fe 含量

实沸点馏分/℃	310~500	310~520	310~540	>540
Fe²⁺/(μg/g)	0.2	0.2	0.4	27.8
工厂实际蒸馏/℃	208~438	247~524	360~538	383~538
Fe²⁺/(μg/g)	2.2	1.7	13	15

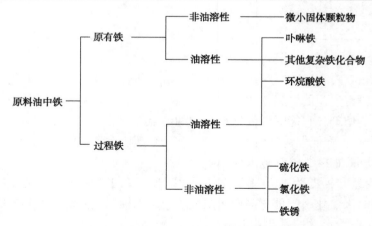

图 3-4-23　原料油中铁的来源与形态

由表 3-4-16 可以看出,原料中的酸值(环烷酸、硫、氯离子)及减压塔、管道、储罐的材质和环境温度都影响腐蚀,如环烷酸、$HCl-H_2O$、$H_2S-HCl-H_2O$ 都严重腐蚀碳钢,胜利炼油厂对常减压蒸馏装置进行了技术改造,更换材质。1992 年孤岛减二线铁离子含量平均为 1.35μg/g,比 1991 年降低一倍,1993 年铁离子平均含量 0.88μg/g,效果十分显著。改造后孤岛原油及重质馏分油酸值与铁含量关系见表 3-4-17。

表 3-4-16　VGO 的酸值、减压塔的材质与铁含量变化

项　　目		酸值/(mgKOH/g)	Fe^{2+}/(μg/g)	减压塔材质
胜利减二线油	1991 年平均值	1.52	5.96	一二段 1Cr18Ni9Ti 三四段 0Cr18Ni9Ti
	1992 年平均值	1.55	3.93	一二段 1Cr18Ni9Ti 三四段 0Cr17Ni14Mo+18Cr8Mo
	1993 年平均值	1.62	3.73	二段 0Cr17Ni14Mo 四段 0Cr17Ni14Mo+镀铝碳钢
孤岛减二线油	1991 年平均值	1.71	2.74	一段 0Cr17Ni14Mo 四段 18Cr8Mo
	1992 年平均值	1.63	1.35	二段 0Cr17Ni14Mo+317 四段 0Cr17Ni14Mo
	1993 年平均值	1.49	0.88	二段 0Cr17Ni14Mo+317 四段 0Cr17Ni14Mo

表 3-4-17　孤岛原油及重质馏分油酸值与铁含量

馏　　分	原油(一脱四注)[①]	常四线	减一线	减二线	减三线	减四线	减渣
酸值/(mgKOH/g)	0.87	1.40	1.14	1.56	1.64	1.27	
Fe^{2+}/(μg/g)	5.5	6.4	1.2	0.9	3.0		9.4

① 一脱四注指脱盐脱水、注碱、注氯、注缓腐剂、注酸性水。

扬子石化公司常减压装置改造后，减一线 Fe^{2+} 从 1.9μg/g 降至 0.55μg/g，减二线由 4.34μg/g 降至 1.65μg/g，减三线由 6.41μg/g 降至 1.58μg/g，都证明过程铁比原有铁大得多。加氢裂化原料铁离子高低与原油的环烷酸腐蚀密切相关，要控制原料中铁含量，必须化学防腐与选用耐蚀材料相结合。采取这些措施，不仅有效减少铁离子含量，对其他金属脱除也有效，见表 3-4-18。

表 3-4-18　加氢裂化原料质量变化

原料性质	馏程/℃ 5%～终馏点	残炭/%	N/(μg/g)	S/(μg/g)	Na/(μg/g)	Fe/(μg/g)	Ni/(μg/g)
技术改造前	339～542	0.31	1747	0.40	5.5	1.5	0.48
技术改造后	345～543	0.17	1718	0.34	0.14	0.35	0.23

加氢裂化原料油铁离子含量直接影响装置的运转周期，见表 3-4-19。

表 3-4-19　原料油铁含量与催化剂运转周期[263]

Fe^{2+}/(μg/g)	0.16～0.97	0.71～2.59	2.0～3.5	2.7～3.8	3.2～8.87	4.99～8.9	6.19～9
允许压降/MPa	0.429			0.448		0.34	
进料/(m³/h)					100	130	125
R101 床层初期压降/MPa	0.04		0.06	0.06	0.08	0.12	0.156
R101 床层末期压降/MPa	0.12		0.396	0.383	0.26	0.39	0.394
运转周期/d	1619	310	289	170	130	69	10

从停工撤头，更换顶部催化剂，分析废催化剂中粉尘含铁 44%（见表 3-4-20），用 X 射线衍射仪测定粉尘中铁的形态，确认主要是硫化铁 Fe$_x$S。证明造成装置床层压降上升原因，

是原料中微量铁结块堵塞床层，即 Fe_xS 和碳青质是产生压降和催化剂床层聚集的原因。

表 3-4-20　撇头顶部粉尘与催化剂的组成[263]

项　目	Al_2O_3	C	Ca	Fe	Mo	N	Na	Ni	S	Si
粉尘	2.0	1.52	0.23	44.0	0.58	0.06	0.03	1.55	31.2	0.34
催化剂	46.9	2.77	0.05	1.88	12.2	0.27	0.03	2.68	7.96	0.12

原料中微量铁结块堵塞床层的原因如下：

1) 穿透直径为 $15\sim25\mu m$，反洗式过滤器的铁锈（主要是过程铁）和焦粉，只有几微米到十几微米，以及在换热器、加热炉等过程中生成的细粉垢，在运转过程中不断堆积在反应器的催化剂颗粒之间，降低床层的孔隙率，使压降上升。当空隙率减少 15% 时，压降为运转初期的 2 倍，积垢多的部位形成过滤层，越积越多直至结块固化、局部堵塞。

2) 环烷酸铁、卟啉铁等开始沉积在催化剂外表面，堵塞封闭催化剂细孔，进而分解，堆积在催化剂颗粒之间的细粉上，同时进行反应生成 Fe_xS，堵塞催化剂颗粒之间的孔隙，成为催化剂床层结块的媒介物。

3) Fe_xS 高温下促进焦化反应，原料加热后生成的结焦母体遇到 Fe_xS，便产生聚合反应，生成焦炭也堆积在催化剂孔隙中。

4) 由 Fe_xS 焦炭堆积而产生压降和油分布不均，造成沟流，没有油的部位因换热不充分而局部过热（即热点）。催化剂颗粒之间堆积过多的硫化铁、焦炭部位，也会产生局部过热，使催化剂结块，压降迅速上升，卸剂困难。

为了延缓反应器床层压降上升，保证长周期运转，必须从原油进厂开始，采取各项措施，严格控制金属杂质含量，对加氢裂化原料规定指标[262]如下：

>0.8μm 颗粒物/(μg/g)	<2	镍+钒/(μg/g)	<1
有机与无机氯化物/(μg/g)	<1	胶质($n-C_5$不溶物)%	<0.02
铁/(μg/g)	<1		

对于高硫、高酸值的原油，关键在于减少腐蚀产生的过程铁，根本措施是优化常减压装置"一脱四注"工艺，易腐蚀部位用防腐合金钢；其次进料前脱铁，如改进储运系统，防止油污染，增设高效过滤器等；再次经过前两项措施，残留微量铁离子（主要是油溶性）随原料一同进入精制反应器，这就要求加防垢篮筐，顶部装脱铁或脱金属剂，催化剂进行分级装填等。

（三）国内外保护剂、脱金属剂发展现状

解决反应器压降上升的根本措施是控制上游加工装置的设备腐蚀和控制进料的杂质（包括铁离子），若进料杂质含量比较稳定，利用现有反应器改进催化剂装填方法来提高催化剂床层空隙率，控制压降上升，延长运转周期。20 世纪 80 年代丹麦 Topsoe 公司开发了催化剂分级装填技术（Composite Catalyst Fillings），其目的是增加催化剂床层空隙率以及与物料接触的不同尺寸催化剂的接触面，以利于原料中带入的污染物能够更均匀地分散。不同形状、大小的催化剂对床层空隙率的影响见表 3-4-21[264]。

由表 3-4-21 看出，车轮形、拉西环形、蜂窝形催化剂床层空隙率最高。

图 3-4-24 示出采用 TK-10 催化剂分级装填前后反应器压降对比情况，没有分级装填运转 10 个月，床层压降从 0.1MPa 上升到 0.5MPa。分级装填后运转 12 个月，压降没变。

表 3-4-21　催化剂对床层空隙率的影响

催化剂外形	稀相装填空隙率/%	有效床层空隙率/%	密相装填空隙率/%	有效床层空隙率/%
球形	33	11		
圆柱 ϕ1.6mm，$L/D=3$	41	19		
圆柱 ϕ1.3mm，$L/D=3$	43	21	34	12
三叶草 ϕ1.3mm，$L/D=3$	45	23	37	15
车轮形 ϕ2.54mm，$L/D=1$	52	30		
拉西环形	53	31		
蜂窝形（TK-10）	55	33		

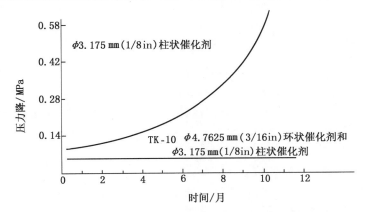

图 3-4-24　催化剂分级装填前后压力降变化趋势对比
（加工的原料为 VGO）

藤田胜久等采用三种不同组合催化剂进行试验，一是根据颗粒大小分段装填；二是采用 KG-1 催化剂分段装填；三是只有 ϕ1.3mm 四叶草形催化剂。催化剂装填情况见图 3-4-25，压降与相对处理量的试验结果见图 3-4-26。

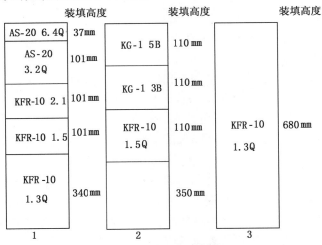

图 3-4-25　催化剂组合装填图

由图 3-4-26 看出，采用不同粒度分级装填（2）与颗粒大小相同的单一催化剂装填（3）相比，当加工量提高 50%~100% 时，未出现压降增大情况。

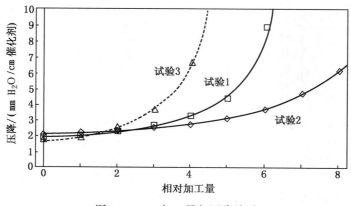

图 3-4-26　加工量与压降关系

TK 环及 KG-1 系列催化剂金属含量都不高，以防止催化剂床层顶部由于催化剂活性太高而结焦。因此，在加氢裂化装置第一精制反应器催化剂床层顶部，装上不同粒度、形状，不同空隙率和反应活性低的催化剂，实行分级装填，克服顶部催化剂床层结块和使沉积金属较均匀地分布在整个脱金属催化剂床层十分有效。目前国内大型加氢裂化装置一般都放置具有较大空隙率和较低活性的大颗粒催化剂。

1. 国外脱铁剂、脱金属剂研究技术进展

国外相关机构研究开发的渣油加氢处理催化剂主要包括：美国先进炼制技术公司(ART 公司)的 ICR 系列催化剂；美国 Criterion 催化剂公司的 RM/RN 系列催化剂、丹麦 Haldor Topse 公司的 TK 系列催化剂、美国 Albemarl 公司的 KG/KFR 系列催化剂和法国 Axens 公司的 HMC/HT/HF 系列催化剂。

ART 公司生产的固定床渣油加氢处理催化剂品种较多，可根据原料性质确定各类催化剂的装填比例，以达到最佳的渣油处理效果。ICR161 是该公司生产的新一代加氢脱金属催化剂，孔隙率高，脱金属活性和容金属能力均明显提高，可有效地将沥青质和其他生焦物质进行裂化。

Criterion 催化剂公司是全球最大的加氢催化剂生产供应商，其生产的渣油加氢处理催化剂主要为 RM/RN 系列。RM-5030 是 Criterion 催化剂公司开发的新一代渣油加氢脱金属催化剂，该脱金属催化剂具有大孔及微孔结构，孔体积高达 $1.04cm^3/g$，可以在容纳更多金属的同时，保持较高的脱钒活性及稳定性，其金属容量可达 100% 以上。

TK-719 是 Haldor Topse 公司用于固定床渣油加氢处理的第 2 代高孔隙率脱金属剂，该催化剂脱金属和脱沥青质性能强，还可降低渣油原料中的残炭含量。通常大粒径催化剂具有较低的 HDM 和容金属能力，但是 TK-719 具有独特的孔道系统，在保证具有较高的 HDM 性能的前提下，仍能提供较强的容金属能力。TK-733 和 TK-743 是装填在 TK-719 之后的脱金属剂，除具有脱金属、脱沥青质和脱残炭性能外，还有中等的 HDS 性能，其特殊的孔分布和大孔体积可以确保在容纳更多金属的同时保持一定的活性。第 2 代 TK 系列催化剂已成功应用于工业生产，包括催化裂化装置原料(减压馏分油/渣油调和料)的预处理和重油催化裂化渣油的预处理。

Albemarle 公司的 KG/KFR 系列渣油加氢处理催化剂已成功应用于 30 多套固定床渣油加氢处理装置，KG-1、KG-3 和 KG-5 催化剂是加氢处理过程中除垢和捕铁的保护催化剂。KG-1 具有独特的大孔结构，可使微米级的粒子通过或富集，并使有机铁配合物在催化剂颗粒(直径>100μm)内进行催化分解。在渣油加氢处理过程中除铁是最基本的要求，因为铁不仅会使催化剂床层的压降上升，而且会导致物流分布不均匀。KG-3和KG-5用于在孔内吸附有机铁和结垢颗粒，有助于防止压降上升及物流分布不均。KFR22和KFR23是Albemarle公司研制的新一代HDM催化剂，主要用于高压装置加工减压渣油。该催化剂孔径大，可增加大分子(如沥青质)的分散及转化，提高催化剂抗孔堵性能，其特有的双峰孔结构具有很高的加氢脱金属活性及容金属能力，并增强了沥青质裂化活性，即使在镍、钒沉积很严重的情况下，大孔也可以使大分子通过，提高了催化剂的稳定性。

H454是Axens公司最新一代的加氢脱金属催化剂，该剂在常/减压渣油加氢脱硫装置中起保护主催化剂的作用，较典型的催化剂组合是HMC868/HF402/HF858/HM848，经该催化剂体系处理后的渣油产品，可以最大限度地脱除金属及沥青质，获得最低硫、氮及残炭含量的渣油产品。

2. 国内脱铁剂、脱金属剂研究技术进展

国内从事渣油加氢处理催化剂研发的机构主要包括中国石化FRIPP和RIPP。

FRIPP开发了渣油固定床加氢S-RHT技术，分别使用FZC-XX系列减压渣油和FZC-XXX系列常压渣油加氢处理催化剂，于1986年和1995年开始研发，并先后在齐鲁石化、大连西太平洋石化等公司的渣油加氢处理装置上进行了成功应用，技术达到国内领先水平。2008年，FZC系列渣油加氢催化剂在印度尼西亚国家石油公司3.5Mt/a渣油加氢(ARHDM)装置上应用成功，标志着中国石化渣油加氢处理成套技术已走向国际市场。最新研发应用的FZC系列渣油加氢催化剂，采用新的氧化铝及其他催化材料，制备出不同孔结构和表面性质的催化剂；形成微米级-几百纳米级-(20-50)纳米级孔道组合的保护剂和脱金属剂体系，提高催化剂的脱/容铁和钙及Ni和V等重金属能力；优化保护剂和脱金属剂活性金属的负载方法，改善活性金属在颗粒内外的分散状态，利于催化剂容金属量的提升。微米级保护剂FZC-100B，可有效拦截容纳易脱除的铁及垢物等，使得铁等物质能进入颗粒内部，具有高的容金属能力，而积炭较少。FZC-3MN催化剂的双峰特征明显，具有大孔体积、大孔径、多大孔的特点，形成扩散通道和反应孔道，容金属量提高，能使大分子有效扩散，具有更多的有效反应表面，提高催化剂利用率。FZC-204、FZC-204A催化剂是Mo-Ni型高活性脱金属催化剂，具有较大孔径和比表面积，脱金属脱硫活性高，脱残炭性能好。FZC-204A催化剂为FZC-204催化剂升级产品，脱硫和脱金属性能得到进一步提升，容杂质能力可达自身质量的80%以上。新催化剂体系已在茂名石化、齐鲁石化、扬子石化等渣油加氢装置上成功应用，具有良好的活性和稳定性。

RIPP于2001年成功开发了具有自主知识产权的固定床和上流式微膨胀床(UFR)渣油加氢处理催化剂。RIPP开发的RHT系列渣油加氢处理专用催化剂选用合适的载体及金属组分，主剂均采用自行研制的独特蝶形或异型，尺寸合理，具有较高的渣油加氢活性、机械强度及床层空隙率，使用性能优良。单剂活性及组合功能均优于国外同类剂，各剂之间具有合理的活性级配和粒度级配，可保证工业装置长周期稳定运转；整体催化剂具有较低的装填堆比，可节约炼油厂生产成本；催化剂制备工艺简单，成本低，无特殊环保要求，工业生产容易实施；催化剂级配装填技术可根据工业实际情况进行合理调配，以达到最佳应用效果。

RIPP开发的RHT系列催化剂先后在齐鲁石化、海南炼化、茂名石化、长岭石化、上海石化和中国台湾中油公司大林炼油厂等公司的渣油加氢处理装置上进行了工业应用。

四、体相法催化剂

与传统负载型加氢催化剂相比,体相法催化剂活性中心密度要高得多,具有传统负载型加氢催化剂难以达到的脱硫、脱氮和芳烃饱和水平。由于其具有超高活性的特点,不仅可满足生产超低硫、低氮、低芳烃的优质清洁油品的市场需求和环保要求,还可以降低工厂的基本装置投资、解决老装置扩能和满足新装置生产优质石油产品的要求。

典型的 NEBULA 技术是 2001 年推出的,通过在催化剂研发领域的投入,Albemarle 和 ExxonMobil 联合研究开发出了创新性的高效 NEBULA 催化剂,它是目前已经开发的加氢处理催化剂中活性最高的催化剂[265],用于以下四种情况:ULSD 生产;煤油处理;加氢裂化预处理以及一种专利润滑油生产工艺。NEBULA 催化剂首次应用时增加操作成本是影响其使用的因素,但感受到使用 NEBULA 催化剂的好处后,多数炼油厂都再次使用。目前至少有 43 套装置装填了 NEBULA 催化剂。其中有 14 套加氢裂化预处理装置、10 套超低硫柴油生产装置、4 套煤油/石脑油加工装置。

在多个加氢处理领域的成功应用表明,NEBULA 催化剂具有独特的消除加氢裂化装置瓶颈的能力。对于加氢裂化预处理段来讲,可以适应更高的进料速度、具有处理更劣质进料的灵活性和更长的运转周期。从图 3-4-27 可见,使用 NEBULA 催化剂 HDN 活性很显著。当处理更劣质的原料,提高处理能力,在与先前运转相近的反应温度条件下,NEBULA 催化剂能够达到同样的产品质量。

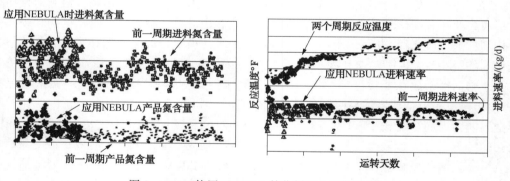

图 3-4-27　使用 NEBULA 催化剂工业运转数据

雅宝公司推出 STAX™ 技术,是其开发的专有动力学模型,可以按照多个目标最佳化来设计催化剂体系。采用 STAX 技术设计催化剂时,Nebula 催化剂可以设置在最高增值的地方,这样基本可以减少因其应用而带来的对装剂成本的负面影响,并仍然具有巨大的性能优势[253]。

FRIPP 基于新理念开发的体相催化剂(FH-FS/FTX),具有加氢活性高、稳定性好、对原料适应性强等特点。该催化剂采用自主研发的组成配方和制备工艺生产,制备过程简单可靠,清洁环保;解决了高金属物料挤条成型的难题,大大提高了催化剂的生产效率。体相催化剂适用于焦化石脑油加氢、煤油加氢、柴油加氢、加氢裂化预处理及重质馏分油加氢等工艺,并在镇海炼化、扬子石化、中国海油舟山石化和鑫泰石化等成功进行了工业应用。FRIPP 开发的体相催化剂可以再生使用,降低了体相催化剂的使用成本。同时,体相催化剂一般与常规精制催化剂级配使用,还可以与降级使用的再生剂级配使用,降低炼油厂产品质量升级的成本。

2010 年，采用 FRIPP 开发的 FHC-FHF 工艺技术的舟山石化 1.7Mt/a 馏分油加氢装置，由于第一周期实际加工的原料与设计原料的性质相差较大，原料氮含量高，装置不能满负荷运行[266]。为进一步提高装置的加氢脱氮性能，第二周期精制催化剂采用 FTX/FF-36 催化剂级配体系。结果表明：在满负荷操作工况下，装置原料油的氮含量控制在 2600~2800μg/g，加氢改质生成油氮含量在 1~2μg/g，改质反应器四床层（裂化剂第一床层）温升稳定在 15~20℃，各馏分产品均符合质量要求，装置可以满负荷运转，说明 FTX 催化剂的加氢脱氮性能优于上周期使用的加氢精制催化剂，FTX 催化剂适用于加氢裂化预处理工艺。再生后的 FTX 催化剂在柴油加氢精制反应器中继续使用，仍具有良好的加氢活性。

2011 年以前，扬子石化 695kt/a 焦化全馏分加氢处理装置一直采用进口催化剂，不能满足扬子石化产品质量升级的要求，决定通过改变催化剂级配方案来提高装置的加氢深度，使精制柴油硫含量小于 700μg/g，精制蜡油硫含量小于 2950μg/g，供作催化裂化装置进料，满足下游加工装置的进料需求。因此，FRIPP 建议该装置选用加氢性能优异的催化剂。若选用国外催化剂，建议选择其最新一代催化剂（KF-868 和 Nebula-20）；若选用国内催化剂，可选用常规催化剂与体相催化剂级配技术。由于 Nebula-20 催化剂目前不对中国市场销售，扬子石化选用 FRIPP 开发的 FTX/FF-46 催化剂级配方案。装置运转结果表明：FTX 催化剂在 2.4h⁻¹ 的平均空速下，表现出了优异的加氢反应活性，产出满足国Ⅲ标准车用柴油 279.3kt；产出低硫加氢蜡油 603.9kt，实现了催化裂化原料的低硫化，为扬子石化生产满足国Ⅲ标准车用柴油和国Ⅳ标准车用汽油提供了保障，缓解了扬子石化在成品油质量升级后的生产压力。FTX 催化剂级配技术的加氢活性明显高于进口催化剂。由于 FTX 催化剂优异的加氢性能，第二周期 FTX 催化剂用量减少，在满足成品油质量升级要求的同时，降低了质量升级的成本。该装置至今仍在稳定运转。

2013 年，淄博鑫泰石化有限公司新建的单段加氢裂化装置的预处理催化剂采用 FTX/RL-2（再生剂）级配方案，目前装置正在稳定运转。

五、加氢裂化后处理催化剂

VGO 原料经加氢裂化以后，产物中的少量烯烃会与系统中的硫化氢重新反应而生成硫醇。而产品中硫醇的存在不仅可使产品产生恶臭并使油品质量及安定性下降，硫醇本身还具有腐蚀性，严重影响产品质量。加氢裂化装置在处理高硫原料时所出现的喷气燃料银片腐蚀试验不合格的原因主要是由于油品中单质硫、H_2S 含量超标，硫醇的存在则加剧了腐蚀程度。随着高硫原油炼量的增加及环保规范的增强，使得硫醇的处理问题显得更为突出。

加氢精制是一种较为有效的硫醇脱除工艺，该方法在处理中间馏分油及轻质油品时（如灯用煤油、喷气燃料、FCC 汽油）应用较为普遍。由于该方法需要单独的反应器进行加氢精制（反应条件限制），因而用于加氢裂化过程中会增加设备投资及能耗。

加氢裂化后处理工艺（post-treatment）是指在加氢裂化反应器后段加上少量加氢裂化后处理催化剂以饱和烯烃，防止烯烃与气体中的 H_2S 反应生成硫醇，抑制硫醇硫的生成，同时脱除已经生成的硫醇硫来满足产品指标及环保要求。它是一种普遍采用可与工业加氢裂化装置直接匹配的脱硫醇方法。

在国产低硫原油的加工过程中，加氢裂化装置使用活性低于预处理催化剂的后处理催化剂（例如 UOP 公司的 HC-B 催化剂和我国六五期间开发的 3823 催化剂）就可以满足使用要求[267]。而随着原油硫含量的增加，系统硫化氢浓度大幅度提高，原有的后处理催化剂无法满足使用需求。为了提高后处理工艺的效果，同时也为了简化催化剂的牌号及管理，大部分装置开始采用加氢裂化预精制催化剂作后处理工艺所用催化剂。

在加氢裂化工业装置的使用过程中，一些偶发事故，使后精制催化剂由于超温导致积炭量急速增加，积炭将催化剂微孔结构堵塞并覆盖活性中心，同时超温使得活性金属组分聚集，活性中心数量大幅度减少，导致后精制催化剂加氢功能大大削弱，不足以脱除上部裂化所产生的硫醇，易导致重石脑油中总硫含量超标。

由于加氢裂化后处理催化剂通常装填于裂化器底部，而且装填量较少，因此要求后处理催化剂要在高空速下具有较高的加氢及脱硫性能。并且加氢裂化反应器底部的反应温度较高，高温不利于烯烃加氢，却使硫醇生成的趋势增加，因此要求加氢裂化后处理催化剂在高温下有良好的加氢及脱硫性能。

在装置运行末期和出现飞温等情况下，后精制段使用的预精制催化剂容易失活结焦，导致产品中硫醇含量增加，不能满足后精制过程的使用要求；因此，开发高温下结构稳定性更好，烯烃饱和能力强的专用加氢裂化后精制催化剂是当前加氢裂化技术研发急需解决的问题。

参 考 文 献

[1] Meyers, Robert A. Handbook of Petroleum Refining Processes[M]. McGraw-Hill Professional, 2003, 9: 341.

[2] 黄仲涛，林维明，庞先棠，等. 工业催化剂设计与开发[M]. 广州：华南理工大学出版社，1991.

[3] 高正中. 实用催化[M]. 北京：化学工业出版社，1996.

[4] 赵建宏，宋成盈，王留成. 催化剂的结构与分子设计[M]. 北京：中国工人出版社，1998.

[5] Maier C. E., P. H. Bigeard, A. Billon and P. Dufresne Boost middle distillate yield and quality with a new generation of hydrocracking catalyst(AM-88-76)[C]. NPRA Annual Meeting, March 20-22, 1988, San Antonio, TX.

[6] M. Zdrazil. Effect of Reaction Conditions, Transition Metal and Synergism on Selectivity in Hydrotreatment[J]. Bulletin des Sociétés Chimiques Belges, 1991, 100(11-12): 769-780.

[7] Charles N. Satterfield Heterogeneous Catalysis in Practice[M]. 2nd ED, McGraw-Hill, New York, 1991: 130.

[8] Henrik Topsøe, Bjerne S. Clausen, Nan-Yu Topsøe, Per Zeuthen. Progress in the Design of Hydrotreating Catalysts Based on Fundamental Molecular Insight[M]. Studies in Surface Science and Catalysis, 1989, 53: 77-102.

[9] Henrik Topsøe & Bjerne S. Clausen. Importance of Co-Mo-S Type Structures in Hydrodesulfurization[J]. Catalysis Reviews, 1984, 26(3-4): 395-420.

[10] J. K. Nørskov, B. S. Clausen, H. Topsøe. Understanding the trends in the hydrodesulfurization activity of the transition metal sulfides[J]. Catalysis Letters, 1992, 13(1): 1-8.

[11] L. S. Byskov, B. Hammer, J. K. Nørskov, B. S. Clausen, H. Topsøe. Sulfur bonding in MoS$_2$ and Co-Mo-S structures[J]. Catalysis Letters, 1997, 47(3-4): 177-182.

[12] Topsøe H., Clausen B. S., TopsΦe N. Y. and Hyldtoft J. Experimental and Theoretical Studies of Periodic Trends and Promotional Behaviors of Hydrotreating Catalysis[J]. ACS Petrol. Div. Prepr, 1993, 38: 638.

[13] S. Kasztelan. Kinetic interpretation of periodic trends in heterogeneous catalysis[J]. Applied Catalysis A, 1992, 83(1): 1-15.

[14] Marten Ternan. A comment on "catalysis by transition metal sulfides" by Harris and Chianelli[J]. Journal of Catalysis, 1987, 104(1): 256-257.

[15] R. R. Chianelli, T. A. Pecoraro, T. R. Halbert, W. −H. Pan, E. I. Stiefel. Transition metal sulfide catalysis: Relation of the synergic systems to the periodic trends in hydrodesulfurization[J]. Journal of Catalysis, 1984, 86(1): 226−230.

[16] 田部浩卫, 御园生诚, 小野嘉夫等著. 郑禄彬等译. 新固体酸和碱及其催化作用[M]. 北京: 化学工业出版社, 1992: 329.

[17] Le Page J. F., Cosyns J., Courty P., Freund E. etal. Applied Heterogeneous Catalysis: Design, Manufacture and Use of Solid Catalysts[M] Paris: Éditions Technip, 1987.: 41.

[18] I. E. Maxwell. Zeolite catalysis in hydroprocessing technology[J]. Catalysis Today 1987, 1(4): 385−412.

[19] M. Absi−Halabi, A. Stanislaus, K. Al−Dolama. Performance comparison of alumina−supported Ni−Mo, Ni−W and Ni−Mo−W catalysis in hydrotreating vacuum residue[J]. Fuel, 1998, 77(7): 787−790.

[20] Kukes Simon G, Shum Victor K, Hopkings P Donald, Gutberlet L Charles. Hydrocracking process: US4971680A[P]. 1990−11−20.

[21] A. Nishijima, T. Kameoka, T. Sato, H. Shimada, Y. Nishimura, Y. Yoshimura, N. Matsubayashi, M. Imamura. Catalyst design and development for upgrading hydrocarbon fuels[J]. Catalysis Today 1996, 29(1−4): 179−184.

[22] M. Isabel Vazquez, Agustin Escardino, Avelino Corma. Activity and selectivity of nickel−molybdenum/HY ultrastable zeolites for hydroisomerization and hydrocracking of alkanes[J]. Industrial & Engineering Chemistry Research, 1987, 26(8): 1495−1500.

[23] M. A. Halabi, A. Stanislaus and H. Qabazard. Trends in catalysis research to meet future refining needs[J]. Hydrocarbon Processing, 1997, 2: 45−55.

[24] Duncan H. G. Mitchell, Rick V. Bertram and Gary D. Dencker. New applications of noble metal catalysts in hyorocracking (AM−95−42)[C]. NPRA annual meeting, March 19−21, 1995, San Francisco, CA.

[25] A. J. Dahlberg, M. M. Habib, R. O. Moore, D. V. Law and L. J. Convery. Improved zeolitic isocracking catalysts (AM−95−66)[C]. NPRA annual meeting, March 19−21, 1995, San Francisco, CA.

[26] 傅军, 鲍书林, 须沁华. LADAIY 型沸石的裂解活性和抗氮性能[J]. 催化学报, 1993, 14(3): 203−207.

[27] 邓存, 周振华, 童迅. TiO$_2$ 调变对 MoO$_3$/γ-Al$_2$O$_3$ 和 CoO-MoO$_3$/γ-Al$_2$O$_3$ 催化性能的影响[J]. 分子催化, 1998, 12(2): 107−112.

[28] J. −W. Cut, F. E. Massoth, N. −Y. Topsøe Studies of molybdena−alumina catalysts: XVIII. Lanthanum−Modified supports[J]. Journal of Catalysis 1992, 136(2): 361−377.

[29] 牛国兴, 何坚铭, 陈晓银, 等. 不同添加物和制备方式对 Al$_2$O$_3$ 热稳定性的影响[J]. 催化学报, 1999, 20(5): 535−540.

[30] David L. Cocke, Erik D. Johnson & Robert P. Merrill. Planar Models for Alumina−Based Catalysts[J]. Catalysis Reviews 1984, 26(2): 163−231.

[31] Marcella Trombetta, Guido Busca, Stefano Rossini, Valerio Piccoli, Ugo Cornaro, Alberto Guercio, Roberto Catani, Ronald J. Willey. FT−IR Studies on Light Olefin Skeletal Isomerization Catalysis: III. Surface Acidity and Activity of Amorphous and Crystalline Catalysts Belonging to the SiO$_2$−Al$_2$O$_3$ System[J]. Journal of Catalysis, 1998, 179(2): 581−596.

[32] 黄志渊等译. 炼油工业加氢催化剂[M]. 北京: 中国石化出版社, 1993: 171.

[33] 谈世韶, 汪仁. 稀土掺杂的氧化铝载体及其抗热冲击性的研究[J]. 太原工业大学学报, 1987, 9(2).

[34] L. Wachowski, P. Kirszensztejn, R. Łopatka, T. N. Bell. Studies of physicochemical and surface properties of alumina modified with rare earth oxides[J]. Catalysis Letters 1995, 32(1−2): 123−130.

[35] 邓存, 段连运, 徐献平, 等. TiO$_2$ 在 γ-Al$_2$O$_3$ 上的单层分散态[J]. 分子催化 1992, 6(5): 394−397.

[36] G. B. McVicker, J. J. Ziemiak. Chemisorption properties of platinum and iridium supported on TiO$_2$+Al$_2$O$_3$

mixed-oxide carriers: Evidence for strong metal-support interaction formation[J]. Journal of Catalysis 1985, 95(2): 333-624.

[37] Elvira Rodenas, Tsutomu Yamaguchi, Hideshi Hattori, Kozo Tanabe. Surface and catalytic properties of TiO_2-Al_2O_3[J]. Journal of Catalysis 1981, 69(2): 434-444.

[38] Du Soung Kim, Koichi Segawa, Tomotsune Soeya, Israel E. Wachs. Surface structures of supported molybdenum oxide catalysts under ambient conditions[J]. Journal of Catalysis, 1992, 236(2): 539-553.

[39] P. M. Boorman, R. A. Kydd, Z. Sarbak, A. Somogyvari. Surface acidity and cumene conversion: I. A study of γ-alumina containing fluoride, cobalt, and molybdenum additives[J]. Journal of Catalysis, 1985, 96(1): 115-121.

[40] N. A. Koryabkina, R. A. Shkrabina, V. A. Ushakov, Z. R. Ismagilov. Synthesis of a mechanically strong and thermally stable alumina support for catalysts used in combustion processes[J]. Catalysis Today, 1996, 29(1-4): 427-431.

[41] Lara Heeribout, Robert Vincent, Patrice Batamack. Brønsted acidity of amorphous silica-aluminas studied by 1H NMR[J]. Catalysis Letters, 1998, 53(1-2): 23-31.

[42] 徐邦梁. 沸石[M]. 北京: 地质出版社, 1979.

[43] 中国科学院大连化物所. 沸石分子筛[M]. 北京: 科学出版社, 1978: 37.

[44] J. Scherzer, A. Humphries. Acidic properties of aluminum deficient Y-zeolites[J]. ACS Petrol. Div. Prepr, 1982, 27(2): 520-529.

[45] W. A. Wachter. Theoretical Asprcts of HeterogeneousCatalysis[M]. Springer, 1989: 111.

[46] 高滋, 唐颐. Y沸石的酸性[J]. 化学学报, 1990, 7: 632-638.

[47] Breck Deceased Donald W and Skeels Gary W. Silicon substituted zeolite compositions and process for preparing same: US4503023A[P]. 1985-03-05.

[48] S. W. Addison, S. Cartlidge, D. A. Harding, G. McElhiney. Role of zeolite non-framework aluminium in catalytic cracking[J]. Applied Catalysis, 1988, 45(2): 307-323.

[49] A. Corma, V. Fornes, A. Martinez, F. Melo, O. Pallota. Influence of the Method of Dealumination of Y Zeolites on its Behaviour for Cracking N-Heptane and Vacuum Gas-Oil[M]. Studies in Surface Science and Catalysis, 1988, 37: 495-503.

[50] Akira Yoshida, Yoshio Adachi. Partial destruction of USY and its effect on the hydrothermal stability[J]. Zeolites, 1989, 9(2): 111-114.

[51] Akira Yoshida, Kouzou Inoue, Yoshio Adachi. Hydrothermal stability of US-Ex[J]. Zeolites, 1991, 11(3): 223-231.

[52] A. Corma. Application of Zeolites in Fluid Catalytic Cracking and Related Processes[M]. Studies in Surface Science and Catalysis, 1989, 49: 49-67.

[53] J. Scherzer, J. L. Bass. Ion exchanged ultrastable Y zeolites: I. Formation and structural characterization of lanthanum-hydrogen exchanged zeolites[J]. Journal of Catalysis, 1977, 46(1): 100-108.

[54] A. Corma, V. Fornes, A. Martinez, F. Melo, O. Pallota. Influence of the Method of Dealumination of Y Zeolites on its Behaviour for Cracking N-Heptane and Vacuum Gas-Oil[M]. Studies in Surface Science and Catalysis, 1988, 37: 495-503.

[55] Th. Gross, U. Lohse, G. Engelhardt, K. -H. Richter, V. Patzelová. Surface composition of dealuminated Y zeolites studied by X-ray photoelectron spectroscopy[J]. Zeolites, 1984, 4(1): 25-29.

[56] J. Jeanjean, L. Aouali, D. Delafosse and A. Dereigne. Crystal structure of different dealuminated Y-type zeolites determination of framework vacancies and non-framework species[J]. J. Chem. Soc., Faraday Trans. 1: Physical Chemistry in Condensed Phases, 1989, 85(9): 2771-2783.

[57] G. Garralón, A. Cormat, V. Formés. Evidence for the presence of superacid nonframework hydroxyl groups

in dealuminated HY zeolites[J]. Zeolites, 1989, 9(1): 84-86.

[58] R. A. Beyerlein, G. B. McVicker, L. N. Yacullo, J. J. Ziemiak. The influence of framework and non-framework aluminum on the acidity of high-silica, proton-exchanged FAU-framework zeolites[J]. J. Phys. Chem, 1988, 92(7): 1967-1970.

[59] V. Mavrodinova, V. Penchev, U. Lohse, T. Gross. Factors influencing the conversions of alkylaromatic hydro-carbons on high-silica zeolites: Part II. Presence of extralattice Al[J]. Zeolites, 1989, 9(3): 203-207.

[60] V. Patzelová, E. Drahorádová, Z. Tvarůžková, U. Lohse. OH groups in hydrothermally treated dealuminated Y zeolites[J]. Zeolites, 1989, 9(1): 74-77.

[61] L. A. Pine, P. J. Maher, W. A. Wachter. Prediction of cracking catalyst behavior by a zeolite unit cell size model[J]. Journal of Catalysis, 1984, 85(2): 466-476.

[62] A. Corma, E. Herrero, A. Marfinez and J. Prieto. Influence of the method of preparation of ultrastable Y zeolites on extra framework aluminum and the activity andselectivity during the cracking gas oil[J]. ACS Petrol. Div. Prepr, 1987, 32(3-4): 639-646.

[63] Breck Deceased Donald W and Skeels Gary W. Silicon substituted zeolite compositions and process for prepar-ing same: US4503023A[P]. 1985-03-05.

[64] Q. L. Wang, G. Giannetto, M. Guisnet. Dealumination of Y zeolites with ammonium hexafluorosilicate: Effect of washing on the hydrothermal stability[J]. Zeolites, 1990, 10(4): 301-303.

[65] G. W. Young. Fluid catalytic cracker catalyst design for nitrogen tolerance[J]. J. Phys. Chem., 1986, 90(20): 4894-4900.

[66] Avelino Corma, Vicente Fornes, Juan B. Monton, Antonio V. Orchilles. Catalytic cracking of alkanes on large pore, high SiO_2/Al_2O_3 zeolites in the presence of basic nitrogen compounds. Influence of catalyst struc-ture and composition in the activity andselectivity[J]. Industrial & Engineering Chemistry Research, 1987, 26(5): 882-886.

[67] Q. L. Wang, G. Giannetto, M. Torrealba, G. Perot, C. Kappenstein, M. Guisnet. Dealumination of ze-olites II. Kinetic study of the dealumination by hydrothermal treatment of a NH_4NaY zeolite[J]. Journal of Catalysis, 1991, 130(2): 459-470.

[68] J. B. Higgins, R. B. LaPierre, J. L. Schlenker, A. C. Rohrman, J. D. Wood, G. T. Kerr, W. J. Rohrbaugh. The framework topology of zeolite beta[J]. Zeolites, 1988, 8(6): 446-452.

[69] W. M. Meier, D. H. Olson, Ch. Baerlocher. Atlas of Zeolite StructureTypes[M]. Elsevier, 1996.

[70] L. Bonetto, M. A. Camblor, A. Corma, J. Pérez-Pariente. Optimization of zeolite-β in cracking catalysts influence of crystallite size[J]. Applied Catalysis A, 1992, 82(1): 37-50.

[71] Johan A. Martens, Peter A. Jacobs. The potential and limitations of the n-decane hydroconversion as a test reaction for characterization of the void space of molecular sieve zeolites[J]. Zeolites, 1986, 6(5): 334-348.

[72] Z. B. Wang, A. Kamo, T. Yoneda, T. Komatsu, T. Yashima. Isomerization of n-heptane over Pt-loaded zeolite β catalysts[J]. Applied Catalysis A, 1997, 159(1-2): 119-132.

[73] JUGUIN BERNARD, RAATZ FRANCIS, MARCILLY CHRISTIAN. PROCEDE D'ALKYLDE DE PAR-AFFINES EN PRESENCE D'UNE ZEOLITE BETA: FP2631956B1[P]. 1990-11-02.

[74] Kennedy Clinton R, Shih Stuart S, Ware Robert A. Hydrocracking process with partial liquid recycle: US4983273A[P]. 1991-01-08.

[75] A. Corma, V. Fornés, J. B. Montón, A. V. Orchillés. Catalytic activity of large-pore high SiAl zeolites: Cracking of heptane on H-Beta and dealuminated HY zeolites[J]. Journal of Catalysis, 1987, 107(2): 288-295.

[76] A. Corma, V. Fornés, F. Melo, and J. Pérez-Pariente. Fluid Catalytic Cracking Role in Modern Refining,

Chapter 2: Zeolite Beta: Structure, Activity, and Selectivity for Catalytic Cracking[M]. ACS Symposium Series, 1988, 375: 49-33.

[77] E. Jacquinot, F. Raatz, A. Macedo, Ch. Marcilly. Evaluation of Non-Commercial Modified Large Pore Zeolites in FCC[M]. Studies in Surface Science and Catalysis, 1989, 46: 115-125.

[78] Elodie Bourgeat-Lami, Pascale Massiani, Francesco Di Renzo, Pierre Espiau, François Fajula, Thierry Des Courières. Study of the state of aluminium in zeolite-β[J]. Applied Catalysis, 1991, 72(1): 139-152.

[79] L. C. de Ménorval, W. Buckermann, F. Figueras, F. Fajula. Influence of Adsorbed Molecules on the Configuration of Framework Aluminum Atoms in Acidic Zeolite-β. A 27Al MAS NMR Study[J]. J. Phys. Chem, 1996, 100 (2): 465-467.

[80] A. Corma, V. Fornes, F. Melo, J. Perez-Pariente. Beta zeolitestructural properties and activity and selectivity for catalytic cracking[J]. ACS Petrol. Div. Prepr, 1987, 32(3-4): 632-638.

[81] I. Kiricsi, C. Flego, G. Pazzuconi, W. O. Jr. Parker, R. Millini, C. Perego, G. Bellussi. Progress toward Understanding Zeolite. beta. Acidity: An IR and 27Al NMR Spectroscopic Study [J]. J. Phys. Chem, 1994, 98 (17): 4627-4634.

[82] A. Corma, V. Fornes, F. Melo, J. Perez-Pariente. Beta zeolitestructural properties and activity and selectivity for catalytic cracking[J]. ACS Petrol. Div. Prepr, 1987, 32(3-4): 632-638.

[83] M. Maache, A. Janin, J. C. Lavalley, J. F. Joly, E. Benazzi. Acidity of zeolites Beta dealuminated by acid leaching: An FTi. r. study using different probe molecules (pyridine, carbon monoxide)[J]. Zeolites, 1993, 13(6): 419-426.

[84] Beck Jeffrey S., Chu Cynthia T., Johnson Ivy D., Kresge Charles T., Leonowicz Michael E., Roth Wieslaw J., Vartuli James C. Synthesis of mesoporous crystalline material: US5108725A[P]. 1992-04-28.

[85] 牛国兴, 张伟, 李全芝. 加氢处理催化剂载体中Y型分子筛组分对催化剂表面性质和催化性能的影响 [J]. 催化学报, 1995, 16(3): 190-195.

[86] 黄仲涛、林维明、庞光棠等. 工业催化剂设计与开发[M]. 广州: 华南理工大学出版社, 1991: 31, 188, 169.

[87] G. Leofanti, G. Tozzola, M. Padovan, G. Petrini, S. Bordiga, A. Zecchina. Catalyst characterization: characterization techniques[J]. Catalysis Today, 1997, 34(3-4): 307-327, 329-352.

[88] Henrik Topsøe, Bjerne S. Clausen, Nan-Yu Topsøe, Per Zeuthen. Progress in the Design of Hydrotreating Catalysts Based on Fundamental Molecular Insight[M]. Studies in Surface Science and Catalysis, 1989, 53: 77-102.

[89] S. M. A. M. Bouwens, F. B. M. Vanzon, M. P. Vandijk, A. M. Vanderkraan, V. H. J. Debeer, J. A. R. Vanveen, D. C. Koningsberger. On the Structural Differences Between Alumina-Supported Comos Type I and Alumina-, Silica-, and Carbon-Supported Comos Type Ⅱ Phases Studied by XAFS, MES, and XPS[J]. Journal of Catalysis, 1994, 146(2): 375-393.

[90] J. Grimblot. Genesis, architecture and nature of sites of Co(Ni)-MoS₂ supported hydroprocessing catalysts [J]. Catalysis Today, 1998, 41(1-3): 111-128.

[91] Henrik Topsøe, Bjerne S. Clausen, Franklin E. Massoth. Hydrotreating Catalysis[M]. (Volume 11 of the series Catalysis-Science and Technology) Springer Berlin Heidelberg, 1996.

[92] Henrik Topsøe, Bjerne S. Clausen, Roberto Candia, Carsten Wivel, Steen Mørup. In situ Mössbauer emission spectroscopy studies of unsupported and supported sulfided Co-Mo hydrodesulfurization catalysts: Evidence for and nature of a Co-Mo-S phase[J]. Journal of Catalysis, 1981, 68(2): 433-452.

[93] Henrik Topsøe & Bjerne S. Clausen. Importance of Co-Mo-S Type Structures in Hydrodesulfurization[J]. Catalysis Reviews, 1984, 26(3-4): 395-420.

[94] B. Delmon and J. -L. Dallons. Hydrogenolysis Mechanism of Five Membered Heteroatom Rings Over MoS2-

Based Catalysts[J]. Bulletin des Sociétés Chimiques Belges, 1988, 97(7): 475-480.

[95] M. Karroua, A. Centeno, H. K. Matralis, P. Grange, B. Delmon. Synergy in hydrodesulphurization and hydrogenation on mechanical mixtures of cobalt sulphide on carbon and MoS₂ on alumina[J]. Applied Catalysis, 1989, 51(1): 21-26.

[96] P. Grange, X. Vanhaeren. Hydrotreating catalysts, an old story with new challenges[J]. Catalysis Today, 1997, 36(4): 375-391.

[97] J. F. Lepage, J. Cosyns, P. Courty etc. Applied heterogeneous catalysis design manufacture use of rolid catalyst[M]. Houston, Texas, Gulf Pullishing Company, 1987: 401.

[98] P. Grange, X. Vanhaeren. Hydrotreating catalysts, an old story with new challenges[J]. Catalysis Today, 1997, 36(4): 375-391.

[99] J. A. R. van Veen, H. A. Colijn, P. A. J. M. Hendriks, A. J. van Welsenes. On the formation of type I and type II NiMoS phases in NiMo/Al₂O₃ hydrotreating catalysts and its catalytic implications[J]. Fuel Processing Technology, 1993, 35(1-2): 137-157.

[100] Pankaj H. Desai, Leen A. Gerritsen and Yoshi Inoue. Low cost produdtion of clean fuels with stars catalyst technology(AM-99-40)[C]. NPRA annual meeting, March 21-23, 1999, San Antonio, Txas.

[101] 谢有畅，杨乃芳，刘英骏，等. 某些催化剂活性组份在载体表面分散的自发倾向[J]. 中国科学 B 辑，1982，8：673-682.

[102] C. N. Satterfield. Heterogeneous Catalysis in IndustrialPractice[M]. New York, MCGraw-Hill, 1991: 87.

[103] J. Schevzer, A. J. Gruid. Hydrocracking Science and Technology [M]. New York, Marcel Dekker, 1996: 41.

[104] 高正中编著. 实用催化[M]. 北京：化学工业出版社，1996：170-176.

[105] Б. К. Нефедов, Е. Д. Радченко, Р. Р. Алиев 著. 李奉孝、黄志渊译. 原油深度加工过程催化剂 [M]. 北京：中国石化出版社，1995：201.

[106] J. W. Geus, J. A. R van Veen. An Integrated approach to homogeneous heterogeneous and industrial Catalysis[M]. Elsevier Amsterdam, 1993, Chap. 9.

[107] P. Blanchard, E. Payen, J. Grimblot, O. Poulet, R. Loutaty. Effects of ethylenediamine on the preparation of HDS catalysts: Comparison between Ni-Mo and Co-Mo based solids[M]. Studies in Surface Science and catalysis, 1997, 106: 211-223.

[108] 吉林大学化学系. 催化作用基础[M]. 北京：科学出版社，1980：357.

[109] 孙予罕，李永旺，陈诵英，等. 催化知识智能处理的初步研究[J]. 计算机与应用化学，1992，1：41-45.

[110] J. F. Lepage, J. Cosyns, P. Courty etc. Applied heterogeneous Catalysts design manufacture use of solid Catelysys[M]. Houston Texas: Gulf Pulbishing company, 1987: 108.

[111] Carlo Perego, Pierluigi Villa. Catalyst preparation methods[J]. Catalysis Today, 1997, 34(3-4): 281-305.

[112] 刘英骏，谢有畅，李册，等. MoO₃ 在不同来源的 γ-Al₂O₃ 表面上单层分散的研究[J]. 催化学报，1984，5(3)：234-239.

[113] 孙予罕，李永胜，陈诵英，等. 专家系统方法选择负载型催化剂的溶液浸渍制备的参数[J]. 催化学报，1993，14(4)：307-311.

[114] F. Schüth, K. Unger. Handbook of heterogeneous Catalysis[M]. Wiley Company, 1997, 1: 72.

[115] 潘履让. 固体催化剂的设计与制备[M]. 天津：南开大学出版社，1993：284.

[116] P. A. 布亚诺夫 主编，伍治华，薛蕃夫译. 催化剂生产科学原理[M]. 北京：中国石化出版社，1991.

[117] 潘履让，李赫喧. HZSM-5 沸石催化剂酸性和催化性能研究-I. 交换度和焙烧温度的影响[J]. 石油

化工，1983，12(10)：589-594.

[118] NPRA, New Applications of noble Metal Catalyst in Hydrocracking. Duncan H. G. Mitchell and Rick V. Bertram, UOP, and Gary D. Dencker. San Francisco California March 19-21, 1995.

[119] NPRA, New Generation of Isocracking Catalysts. M. M. Habib, A. J. Dahlberg, R. D. Bezman, J. F. Mayer, March 26-28, 2000.

[120] NPRA, Maximizing Hydrocracker Performance Using ISOFLEX Technology. Mukherjee, U., Dahlberg, A. J., and Kemoun, A., March 13-15, 2005.

[121] Vislocky, J., and Krenzke, L. D., Cracking Catalyst Systems[J]. Hydrocarbon Engineering, November 2007.

[122] NPRA, Torchia. Hydrocracking catalyst developments and innovative processing scheme. R. Wade, J. Vislocky, T. Maesen, D. San Antonio, TX, USA, 2009.

[123] AFPM, Hydroprocessing to Maximize Refinery Profitability. Annual Meeting. Natalia Koldachenko, Alex Yoon, Theo Maesen, Dan Torchia. San Diego, CA, USA, 2012.

[124] NPRA, Hydrocracking Technology Innovations for Seasonal and Economic Flexibility. Lawrence Roger, Myers David, Gala Hemant, et al. Annual Meeting, Phoenix, AZ, USA, 2010.

[125] NPRA, Hydrogen Solutions for Improved Profits. Ronald Long, Kathy Picioccio, Alan Zagoria. Annual Meeting, San Antonio, TX, USA, 2011.

[126] NPRA, Unlocking the Potential of the ULSD Unit: CENTERA is the Key. Torrisi Salvatore P Jr, Flinn Nick, Gabrielov Alexei, et al., Phoenix, AZ, USA, 2010.

[127] NPRA, Low to Moderate HydroConversion Allows for better Distillate Quality and Liquid. Robert Karlin. San Antonio, TX, USA, 2011.

[128] NPRA, Exceed Your Hydrocracker Potential Using the Latest Generation Max Diesel Flexible Catalysts. Ward Koester. San Antonio, TX, USA, 2011.

[129] AFPM, Increase the value of your hydrocracker when making naphtha with Z-NP10. Paul Robinson, Ferry Winter, W. Sjoerd Kijlstra. San Diego, CA, USA, 2012.

[130] NPRA, Exceed Your Hydrocracker Potential Using the Latest Generation Flexible Naphtha/middle Distillate Catalysts. Ward Koester. San Antonio, TX USA, 2011.

[131] NPRA, Increase Your Hydrocracker's Robustness to Handle Challenging Feeds and Operations. Mayo Steve, Burns Louis, Anderson George. Phoenix, AZ, USA, 2010.

[132] NPRA, Successful Production of ULSD in Low Pressure Hydrotreaters. Steven Mayo. San Antonio, TX, USA, 2011.

[133] NPRA, The Benefits of Cat Feed Hydrotreating and the Impact of Feed Nitrogen on Catalyst Stability. Zeuthen Per, Schmidt Michael T, Rasmussen Henrik W, et al. Phoenix, AZ, USA, 2010.

[134] NPRA, LCO Processing Solutions. Antoine Fournier. San Antonio, TX, USA, 2011.

[135] 宋文模. 我国近代加氢裂化的30年[J]. 炼油设计，1996，26(4)：2-11.

[136] 顾国璋，赵琰，李运鹏. 生产中间馏分油的3824加氢裂化催化剂性能及工业应用[J]. 石油炼制与化工，1998，29(1)：8-14.

[137] 胡永康等. 加氢技术[M]. 北京：中国石化出版社，2000：431-437.

[138] 胡永康，葛在贵，韩崇仁. 轻油型(3825)加氢裂化催化剂研制与工业应用[J]. 石油炼制与化工，1994，25(50).

[139] 顾国章，柯大安，赵琰. HC-K，3824，3823催化剂在工业加氢裂化装置上的应用[J]. 石油炼制，1992，23(5).

[140] 胡永康，葛在贵，丁连会等. 高活性中间馏分油型加氢裂化催化剂3903的性能及工业应用[J]. 炼油设计，1995，25(1).

[141] NPRA, Commercial ExperienceWith New – Generation Unicracking Catalysts. Suheil F. Abdo, Unocal Process Technology and Licensing, Richard T. San Antonio, TX, USA, March 20-22, 1994.

[142] NPRA, Improved Zeolitic Isocracking Catalysts. A. J. Dahlberg, M. M. Habib, and R. O. Moore, Chevron Research & Technology Company, and D. V. Law. San Francisco California March 19-21, 1995.

[143] Topsøe H, Clausen B S, Massoth F E. Hydrotreating Catalysis [M]. New York: Springer–Verlag Berlin Heidelberg, 1996: 131-146.

[144] 侯祥麟. 中国炼油技术 [M]. 北京: 中国石化出版社, 1991.

[145] 李大东. 加氢处理工艺与工程 [M]. 北京: 中国石化出版社, 2004: 543-547.

[146] Chianelli R R. Hydrotreating Catalyst Preparation Characterization and Performance [M]. 1989. 1, 3: 131-146.

[147] Martindale D C, Antos G L, Baron K. Sulfur, Nitrogen, and Aromatics Removal from Fuels: a Comparison of Processing Options. NPRA [C]. 1997, AM-97-25.

[148] Desai P H. Low cost production of clean fuels with stars catalyst technology. NPRA [C]. 1999, AM-99-40.

[149] Angmorter; Paul K., Simpson et al. Hydrotreating catalyst and process: US, 4568449 [P]. 1985-02-11.

[150] 华东石油学院炼油工程教研室主编. 石油炼制工程 (下册) [M]. 北京: 石油工业出版社, 1981: 230.

[151] Ledoux M J, Djellouli B. Comparative hydrodenitrogenation activity of molybdenum, Co—Mo and Ni—Mo alumina—supported catalysts [J]. Applied Catalysis, 1990, 67(1): 81-92.

[152] Ho T C, Jacobson A J, Chianeilli R R. Hydrodenitrogenation-selective catalysts I. Fe promoted Mo/W sulfides [J]. Journal of Catalysis, 1992, 138(1): 351-363.

[153] Tippett T, Topsøe H. Ultra low sulfur diesel: catalyst and processing options. NPRA [C]. 1999, AM-99-06.

[154] Zdrazil M. The chemistry of the hydrodesulphurization process (Review) [J]. Applied Catalysis, 1982, 4 (2): 107-125.

[155] Que Guohe, Liang Wenjie. Thermal conversion of Shengli residue and its constituents [J]. 1992, 71(12): 1483-1485.

[156] Nishijima A, Kameoka T, Sato T, et al. Catalyst design and development for upgrading hydrocarbon fuels [J]. Catalysis Today, 1996, 29(1-4): 179-184.

[157] Francois, Combes J., Roger, et al. Apparatus for separating at least two elements contained in a liquid or gaseous fluid by means of an absorbent filtering material: US, 4971688 [P]. 1988-08-19.

[158] Frank J P, Lepage J F. Proc 7th international congress in Catalysis [C]. Tokyo Janpan: Tetsuro Seiyama, 1980.

[159] Е Д 拉钦科, G K 涅费多夫, P P 阿里耶夫. 黄志渊, 史济群, 李奉孝, 译. 炼油工业加氢催化剂 [M]. 北京: 中国石化出版社, 1993.

[160] Grange P, Vanhaeren X. Hydrotreating catalysts, an old story with new challenges [J]. Catalysis Today, 1997, 36(4): 375-391.

[161] Stanislaus S A, Halabi M A, Dolama K A. Effect of phosphorus on the acidity of γ–alumina and on the thermal stability of γ–alumina supported nickel—molybdenum hydrotreating catalysts [J]. Applied Catalysis, 1988, 39: 239-253.

[162] Atanasova P, Halacheva T. Influence of Phosphorus Concentration on the Type and Structure of the Compounds Formed in the Oxide Form of Phosphorus—Nickel—Molybdenum/Alumina Catalysts for Hydrodesulphurization [J]. Applied Catalysis, 1989, 48(2): 295-306.

[163] Atanasova P, Tabakova T, Vladov C, et al. Effect of phosphorus concentration and method of preparation on the structure of the oxide form of phosphorus-nickel-tungsten/alumina hydrotreating catalysts [J]. Applied Catalysis. A: General, 1997, 161(1): 105-119.

[164] 李廷钰，宋纯范，赵琰. 磷在加氢裂化催化剂中的作用[J]. 石油学报(石油加工)，1986，2(4)：17-23.

[165] 沈志红，潘惠芳，徐春生等. 磷对烃类催化裂化催化剂表面酸性及抗炭性能的影响[J]. 石油大学学报(自然科学版)，1994，18(2)：86-90.

[166] Ramirez H, Castillo P, Cedeno L. Effect of boron addition on the activity and selectivity of hydrotreating Co-Mo/Al$_2$O$_3$ catalysts[J]. Applied Catalysis. 1995, 132(2)：317-334.

[167] Lecrenay E, Sakanishi K, Mochida I. Hydrodesulfurization activity of CoMo and NiMo catalysts supported on some acidic binary oxides[J]. Applied Catalysis. A：General, 1998, 175(1)：237-243.

[168] 曲良龙，建谋，石亚华等. F 在硫化态 NiW/γ-Al$_2$O$_3$催化剂中的作用[J]. 催化学报，1998，19(6)：608-609.

[169] 刘敬利，蒋建明，魏昭彬等. CoMo/TiO$_2$和 CoMo/γ-Al$_2$O$_3$催化剂硫化行为的研究[J] 石油学报(石油加工)，1994，10(4)：18-24.

[170] 魏昭彬，魏成栋，辛勤. MoO$_3$/TiO$_2$-Al$_2$O$_3$催化剂表面结构的 LRS 研究[J]. 物理化学学报，1992，8(2)：261-265.

[171] 傅贤智，杨锡尧，庞礼，加氢脱硫催化剂的研究——Ⅱ. Mo-Co-Ti/γ-Al$_2$O$_3$催化剂硫化态的 XPS 表征[J] 分子催化，1989，3(2)：155-158.

[172] Ramirez J, Alejandre A G. Relationship between hydrodesulfurization activity and morphological and structural changes in NiW hydrotreating catalysts supported on Al$_2$O$_3$-TiO$_2$mixed oxides[J] Catalysis Today, 1998, 43：123-133.

[173] Quayle Willam H. Hydrotreating catalyst：US, 4465790[P]. 1984-08-14.

[174] Parrott Stephen L, Kukes Simon G；Brandes Karlheinz K. Hydrofining process：US, 4734186[P]. 1988-03-29.

[175] 杨锡尧，傅贤智，李日初等. 烃类加氢脱硫催化剂：中国，1040610[P]. 1990-03-21.

[176] Otsuka Masahiro. Magenta toner for developing electrostatic images, colored resin, colored molded resin member and color filter：US, 5254240[P]. 1993-10-19.

[177] 朱永法，桂琳琳，唐有棋. 负载型 TiO$_2$/γ-Al$_2$O$_3$体系的制备及其表面状态表征[J]. 催化学报，1989，10(2)：118-122.

[178] Jaffe J. Hydrocarbon conversion process：US, 3535226[P]. 1970-10-20.

[179] Kittrell James R. Method for making multicomponent catalysts：US, 3639271[P]. 1972-02-01.

[180] Zhao B Y, Xu X P, Ma H R. Monolayer dispersion of oxides and salts on surfaceof ZrO$_2$and its application in preparation of ZrO$_2$-supported catalysts with high surface areas[J] Catalysis Letters, 1997, 45(3-4)：237-244.

[181] 刘希尧，康小洪，杨先春等. Ni-W/γ-Al$_2$O$_3$加氢催化剂的制备方式对活性组分分布及化学状态的影响[J] 催化学报，1986，7(2)：101-109.

[182] Shih Stuart S. Upgrading of a hydrocarbon feedstock utilizing a graded, mesoporous catalyst system：US, 5344553[P]. 1994-09-06.

[183] 孙予罕，李永旺，陈诵英等. 催化知识智能处理的初步研究[J] 计算机与应用化学，1992，9(1)：41-45.

[184] Ryan Robert C, Adams Charles T, Washe Check Don M. Hydrodenitrification catalyst：US, 4530911[P]. 1985-07-23.

[185] Simpson Howard D, Richardson Ryden L. Hydrotreating catalyst：US, 4446248[P]：1984-05-01.

[186] Zhang Y, Yoneyama Y, Tsubaki N, et al. A new preparation method of bimodal catalyst support and its application in Fischer-Tropsch synthesis[J]. Topics in Catalysis, 2003, 26(1-4)：129-137.

[187] 唐国旗，张春富，孙长山等. 活性氧化铝载体的研究进展[J]. 化工进展，2011，30(8)：1756-1765.

[188] 许灵瑞，王继锋，杨占林等. 载体焙烧温度对 MoNiP/γ-Al$_2$O$_3$ 加氢催化剂活性的影响[J]. 石油化工，2014，43(8)：908-913.

[189] 顾忠华，罗来涛，夏梦君等. TiO$_2$-Al$_2$O$_3$复合氧化物载体焙烧温度对 Au-Pd 催化剂加氢脱硫性能的影响[J]. 催化学报，2006，27(8)：719-724.

[190] 闫翔云，季洪海，程福礼等. 焙烧温度对 Al$_2$O$_3$ 微观结构和表面酸性的影响[J]. 石油炼制与化工，2011，42(11)：41-45.

[191] Trejo F, Rana M S, Ancheyta J. CoMo/MgO-Al$_2$O$_3$ supported catalysts：an alternative approach to prepare HDS catalysts[J]. Catal. Today, 2008, 130 (2-4)：327-336.

[192] Carati A, Ferraris G, Guidotti M, et al. Preparation and characterization of mesoporous silica-alumina and silica titania with a narrow pore size distribution[J]. Catal. Today, 2003, 77 (4)：315-323.

[193] Duchet J C, Tilliette M J, Cornet D, et al. Catalytic properties of nickel molybdenum sulphide supported on zirconia[J]. Catal. Today, 1991, 10 (4)：579-592.

[194] Tang Tiandi, Yin Chengyang, Wang Lifeng, et al. Good sulfur tolerance of a mesoporous Beta zeolite-supported palladium catalyst in the deep hydrogenation of aromatics[J]. J. Catal., 2008, 257 (1)：125-133.

[195] Furimsky E. Carbons and Carbon-supported Catalysts in Hydroprocessing[M]. Cambrige, UK：RSC, 2008.

[196] Kouzu M, Kuriki Y, Hamdy F, et al. Catalytic potential of carbon-supported NiMo-sulfide for ultra-deep hydrodesulfurization of diesel fuel[J]. Appl. Catal. A：Gen, 2004, 265 (1)：61-67.

[197] Xu Bin, Dong Lin, Fan Yining, et al. A Study on the Dispersion of NiO and/or WO$_3$ on Anatase. J Catal, 2000, 193(1)：88-95.

[198] 孙桂大，李翠清，周志军等. 载体对负载型磷化钨催化剂性能的影响[J]. 石油学报(石油加工)，2007，23(6)：18-23.

[199] Klicpera T, Zdrazil M. Preparation of High-Activity MgO-Supported Co-Mo and Ni-Mo Sulfide Hydrodesulfurization Catalysts. J Catal, 2002, 206(2)：314-320.

[200] Sun M, Nicosia D, Prins R. The effects of fluorine, phosphate and chelating agents on hydrotreating catalysts and catalysis[J]. Catal. Today, 2003, 86 (1-4)：173-189.

[201] Sundaramurthy V, Dalai A K, Adjaye J. The effect of phosphorus on hydrotreating property of NiMo/γ-Al$_2$O$_3$ nitride catalyst[J]. Appl. Catal. A：Gen., 2008, 335 (2)：204-210.

[202] Ferdous D, Dalai A K, Adjaye J. A series of NiMo/Al$_2$O$_3$ catalysts containing boron and phosphorus：Part II. Hydrodenitrogenation and hydrodesulfurization using heavy gas oil derived from Athabasca bitumen[J]. Applied. Catalysis. A：General, 2004, 260 (2)：153-162.

[203] Villarroel M, Baeza P, Gracia F, et al. Phosphorus effect on Co//Mo and Ni//Mo synergism in hydrodesulphurization catalysts[J]. Applied Cataysis. A：General, 2009, 364 (1-2)：75-79.

[204] Griboval A, Blanchard P, Payen E, et al. Characterization and catalytic performances of hydrotreatment catalysts prepared with silicium heteropolymolybdates：comparison with phosphorus doped catalysts [J]. Applied Catalysis. A：General, 2001, 217 (1-2)：173-183.

[205] Usman, Yamamoto T, Kubota T, et al. Effect of phosphorus addition on the active sites of a Co-Mo/Al$_2$O$_3$ catalyst for the hydrodesulfurization of thiophene[J]. Applied Catalysis. A：General, 2007, 328 (2)：219-225.

[206] Stanislaus A, Halabi M A, Doloma K A. Effect of phosphorus on the acidity of γ-alumina and on the thermal stability of γ-alumina supported nickel-molybdenum hydrotreating catalysts[J]. Applied Catalysis, 1988, 39：239-253.

[207] 周同娜，尹海亮，韩姝娜，等. 磷对 Ni(Co)Mo(W)/Al$_2$O$_3$加氢处理催化剂的影响研究进展[J]. 化工进展，2008，27(10)：1581-1587.

[208] 彭卫星，王继锋，杨占林，等. 磷对 MoNi/γ-Al₂O₃ 加氢处理催化剂性能的影响[J]. 工业催化，2012，20(10)：47-51.

[209] David J, Pérez-Martínez, Pierre Eloy, et al. Study of the selectivity in FCC naphta hydrotreating by modifying the acid-base balance of CoMo/γ-Al₂O₃ catalysts[J]. Applied Catalysis. A: General, 2010, 390 (1-2): 59-70.

[210] Saih Y, Segawa K. Catalytic activity of CoMo catalysts supported on boron-modified alumina for the hydrodesulphurization of dibenzothiophene and 4, 6 - dimethyldibenzothiophene [J]. Applied Catalysis. A: General, 2009, 353 (2): 258-265.

[211] Ramirez J, Ruiz-Ramirez L, Cedeno L, et al. Titania-alumina mixed oxides as supports for molybdenum hydrotreating catalysts[J]. Applied Catalysis. A: General, 1993, 93 (2): 163-180.

[212] Thompson M S. Preparation of high activity silica-supported hydrotreating catalysts and catalysts thus prepared: EP, 0181035[P]. 1986-05-14.

[213] 李丽，金环年，胡云剑. 加氢处理催化剂制备技术研究进展[J]. 化工进展，2013，32(7)：1564-1569.

[214] Nicosia D, Prins R. The effect of phosphate and glycol on the sulfidation mechanism of CoMo/Al₂O₃ hydrotreating catalysts: an in situ QEXAFS study[J]. J. Catal., 2005, 231 (2): 259-268.

[215] Sun M, Nicosia D, Prins R. The effects of fluorine, phosphate and chelating agents on hydrotreating catalysts and catalysis[J]. Catal. Today, 2003, 86 (1-4): 173-189.

[216] Fujikawa T, Kato M, Kimura H, et al. Development of highly active Co-Mo catalysts with phosphorus and citric acid for ultra-deep desulfurization of diesel fractions (Part 1) preparation and performance of catalysts [J]. J. Jpn. Petrol. Inst., 2005, 48 (2): 106-113.

[217] Lelias M A, Gestel J V, Mauge F, et al. Effect of NTA addition on the formation, structure and activity of the active phase of cobalt-molybdenum sulfide hydrotreating catalysts[J]. Catal. Today, 2008, 130 (1): 109-116.

[218] Kishan G, Coulier L, de Beer V H J, et al. Sulfidation and thiophene hydrodesulfurization activity of nickel tungsten sulfide model catalysts, prepared without and with chelating agents [J]. J. Catal., 2000, 196 (1): 180-189.

[219] Lélias M A, van Gestel J, MaugéF, et al. Effect of NTA addition on the formation, structure and activity of the active phase of cobalt-molybdenum sulfide hydrotreating catalysts[J]. Catal. Today, 2008, 130(1): 109-116.

[220] Nikulshin P A, Mozhaev A V, Maslakov K I, et al. Genesis of HDT catalysts prepared with the use of Co₂Mo₁₀HPA and cobalt citrate: Study of their gas and liquid phase sulfidation[J]. Appl. Catal. B: Environ., 2014: 158-159, 161-174.

[221] Trejo F, Rana M S, Ancheyta J, et al. Hydrotreating catalysts on different supports and its acid-base properties[J]. Fuel, 2012: 100, 163-172.

[222] Saih Y, Segawa K. Catalytic activity of CoMo catalysts supported on boron-modified alumina for the hydrodesulphurization of dibenzothiophene and 4, 6 - dimethyldibenzothiophene [J]. Appl. Catal. A: Gen., 2009, 353(2): 258-265.

[223] Chen Wenbin, Maugé F, van Gestel J, et al. Effect of modification of the alumina acidity on the properties of supported Mo and CoMo sulfide catalysts[J]. J. Catal., 2013, 304: 47-62.

[224] Yu Guanglin, Zhou Yasong, Wei Qiang, et al. A novel method for preparing well dispersed and highly sulfided NiW hydrodenitrogenation catalyst[J]. Catal. Commun., 2012, 23: 48-53.

[225] 杨占林，彭绍忠，姜虹，等. 制备技术对加氢处理催化剂性能的影响[J]. 石油化工，2012，41(8)：885-889.

[226] 李大东. 加氢处理工艺与工程[M]. 北京：中国石化出版社，2004：270.

[227] 赵建宏，宋成盈，王留成. 催化剂的结构与分子设计[M]. 北京：中国工人出版社，1998：42-56.

[228] Furimsky E；Amberg C H. A comparison of the catalytic properties of（unsupported）MoS$_2$ and WS$_2$（hydrodesulfurization catalysts）[C]. New Orleans：ACS，1977.

[229] De Beer V H J，Van Sint Fiet T H M，Engelen J F，et al. The CoO-MoO$_3$-Al$_2$O$_3$ catalyst. IV. Pulse and continuous flow experiments and catalyst promotion by cobalt，nickel，zinc，and manganese[J]. J. Catal.，1972，27(3)：357-368.

[230] E Furimsky. Selection of catalysts and reactors for hydroprocessing[J]. Applied Catalysis A：General，1998，Vol，171：177-206.

[231] 方向晨，郭蓉，杨成敏. 柴油超深度加氢脱硫催化剂的开发及应用[J]. 催化学报，2013，34(1)：130-139.

[232] Wei-yan Wang，Yun-quan Yang，Jian-guo Bao，et al. Characterization and catalytic properties of Ni-Mo-B amorphous catalysts for phenol hydrodeoxygenation[J]. Catal. Commun.，2009，11(2)：100-105.

[233] Lee J J，Kim H，Koh J H，et al. Performance of CoMoS/Al$_2$O$_3$ prepared by sonochemical and chemical vapor deposition methods in the hydrodesulfurization of dibenzothiophene and 4，6-dimethyldibenzothiophene[J]. Appl. Catal. B：Environ.，2005，58(1-2)：89-95.

[234] Lee S I，Cho A，Koh J H，et al. Co promotion of sonochemically prepared MoS$_2$/Al$_2$O$_3$ by impregnation with Co(acac)$_2$·2H$_2$O[J]. Appl. Catal. B：Environ.，2011，101(3-4)：220-225.

[235] Kan Tao，Wang Hongyan，He Hongxing，et al. Experimental study on two-stage catalytic hydroprocessing of middle-temperature coal tar to clean liquid fuels[J]. Fuel，2011，90(11)：3404-3409.

[236] 梁新义，张黎明，丁宏远，等. 超声促进浸渍法制备催化剂 LaCoO$_3$/γ-Al$_2$O$_3$[J]. 物理化学学报，2003，19(7)：666-669.

[237] Beck J S，Vartuli J C. Recent advances in the synthesis，characterization and applications of mesoporous molecular sieves[J]. Curr. Opin. Solid State Mater.. Sci.，1996，1(1)：176-87.

[238] 张凯，王鼎聪. 第三次纳米自组装制备大孔主客体催化材料[J]. 中国科学：化学，2013，43(11)：1548-1556.

[239] 李思洋，赵德智，王鼎聪，等. 纳米自组装大孔催化剂对催化裂化柴油的加氢催化性能[J]. 石油化工高等学校学报，2014，27(1)：11-16.

[240] CHU Qi，FENG Jie，LI Wenying，et al. Synthesis of Ni/Mo/N catalyst and its application in benzene hydrogenation in the presence of thiophene[J]. Chin. J. Catal，2013，34(1)：159-166.

[241] Ghampson I T，Sepúlveda C，Garcia R，et al. Guaiacol transformation over unsupported molybdenum-based nitride catalysts[J]. Appl. Catal. A：Gen.，2012，413-414：78-84.

[242] Park H K，Kim D S，Kim K L. Hydrodesulfurization of dibenzothiophene over supported and unsupported molybdenum carbide catalysts[J]. Korean J. Chem. Eng.，1998，15(6)：625-630.

[243] Satyakrishna Jujjuri，Fernando Cárdenas-Lizana，Mark A. Keane. Synthesis of group VI carbides and nitrides：application in catalytic hydrodechlorination[J]. J. Mater. Sci.，2014，49：5406-5417.

[244] Chouzier S，Vrinat M，Cseri T，et al. HDS and HDN activity of（Ni，Co）Mo binary and ternary nitrides prepared by decomposition of hexamethylenetetramine complexes[J]. Appl. Catal. A：Gen.，2011，400(1-2)：82-90.

[245] Roel P，Mark E B. Metal Phosphides：Preparation，Characterization and Catalytic Reactivity[J]. Catal. Lett.，2012，142(12)：1413-1436.

[246] S. Ted Oyama，Travis Gott，Haiyan Zhao，et al. Transition metal phosphide hydroprocessing catalysts：A review[J]. Catal. Today，2009，143(1-2)：94-107.

[247] Infantes-Molina A，Cecilia J A，Pawelec B，et al. Ni$_2$P and CoP catalysts prepared from phosphite-type

precursors for HDS-HDN competitive reactions[J]. Appl. Catal. A：Gen., 2010, 390(1-2)：253-263.

[248] Gott T, Ted O S. A general method for determining the role of spectroscopically observed species in reaction mechanisms：Analysis of coverage transients (ACT)[J]. J. Catal., 2009, 263(2)：359-371.

[249] John W, Geus, Joep C, et al. Monoliths in catalytic oxidation[J]. Catal. Today., 1999, 47(1-4)：169-180.

[250] Hayes R E, Liu B, Moxom R, et al. The effect of washcoat geometry on mass transfer in monolith reactors [J]. Chem. Eng. Sci., 2004, 59(15)：3169-3181.

[251] Saurabh Y J, Michael P H, Vemuri B. Low-dimensional models for real time simulations of catalytic monoliths[J]. AIChE J., 2009, 55(7)：1771-1783.

[252] Heck R M, Farrauto R J. Automobile exhaust catalysts[J]. Appl. Catal. A：Gen., 2001, 221(1-2)：443-457.

[253] Steve M, Louis B, George A, et al. Increase Your Hydrocracker's Robustness to Handle Challenging Feeds and Operations. NPRA[C]. 2010, AM-10-155.

[254] R Wade, J. Vislocky, T. Maesen, et al. Hydrocracking Catalyst Developments and Innovative Processing Schemes. NPRA[C]. 2009, AM-09-12.

[255] Salvatore P. Unlocking the Potential of the ULSD Unit：CENTERA is the Key. NPRA[C]. 2010, AM-10-169.

[256] Michael T, Henrik W. The Benefits of Cat Feed Hydrotreating and the Impact of Feed Nitrogen on Catalyst Stability. NPRA[C]. 2010, AM-10-167.

[257] Brian W, Charles O, David H. Balancing the Need for Low Sulfur FCC Products and Increasing FCC LCO Yields by Applying Advanced Technology for Cat Feed Hydrotreating. NPRA[C]. 2011, AM-11-21.

[258] 杨占林, 彭绍忠, 姜虹等. FF-46 加氢裂化预处理催化剂的开发与应用[J]. 石油炼制与化工, 2012, 43(1)：11-15.

[259] 刘长久, 张广林. 石油和石油产品中非烃化合物[M]. 北京：中国石化出版社. 1991：326-345.

[260] Vlado T, Serge S. CH stretching vibrations of pyrazole and of its deuterated species. Anharmonicity of modes and molecular pseudo-symmetry[J] Journal of Roman Spectroscopy, 1978, 7(2)：61-66.

[261] 颜志茂. 第一届加氢裂化协作组年会文集[C]. 《炼油设计》编辑部, 1995：184.

[262] 张广林. 加氢裂化装置第三次技术交流会文集[C]. 《炼油设计》编辑部, 1992：69.

[263] 李立波. 加氢裂化装置第三次技术交流会文集[C]. 《炼油设计》编辑部, 1992：175.

[264] 赵开诚. 加氢裂化装置第三次技术交流会文集[C]. 《炼油设计》编辑部, 1992：182.

[265] Ernie L. Debottlenecking Hydrocrackers with NEBULA™ Catalyst. NPRA[C]. 2005, AM-05-66.

[266] 牟银钢, 黄维章. 加氢裂化-加氢精制平行进料工艺的首次工业应用[J]. 炼油技术与工程, 2011, 41(4)：6-11.

[267] 顾国璋, 吴德俊, 蒋祥麟. 引进加氢裂化装置试运转技术总结[J]. 石油炼制与化工, 1985, 6：1-8.

第四章 加氢裂化催化剂的
器外预硫化、再生及活性复活

催化剂的器外预硫化：加氢过程是生产清洁燃料不可替代的过程。在环保要求不断提高的今天，我国加氢装置处理能力逐年增长。加氢过程中催化剂应用的重要环节之一是使催化剂的活性金属从氧化物状态转化为硫化物状态。目前国内主要采用的器内预硫化方法是在加氢装置内通过严格控制的复杂过程将催化剂的活性金属从氧化态转化为硫化态。为了满足环保日益严格、企业节能降耗和提高生产效率的需要，新开发和应用了器外预硫化技术。器外预硫化技术是为炼油厂提供预硫化好的加氢催化剂。因此，加氢裂化催化剂经过器外预硫化处理后运至炼油厂，装入加氢装置可以直接开工、无需硫化。

催化剂的再生：催化剂在加氢装置经过一定时间使用后，由于催化剂表面生成结焦和积炭使催化剂的活性下降，而催化剂这种暂时的而非永久性失活可以通过再生方法得以恢复。失活催化剂在加氢装置直接进行再生为催化剂器内再生，器内再生方法主要为"氮气-空气再生"和"水蒸气-空气再生"。为了提高催化剂的再生效果以及加氢装置在线使用效率，可采用将失活催化剂卸出反应器再生、再生后回装的器外再生方法。当加氢装置的反应器床层压降达到一定程度(>0.3MPa)，采用器外再生方法使催化剂的活性得到恢复，重新装入反应器再次使用，从而延长催化剂的使用周期。一般新鲜催化剂使用三年后可以再生一次，然后再延续使用三年。

催化剂的活性复活：关于催化剂的活性复活，还有学者称之为"催化剂的活性再生"、"催化剂的活性重生"、"催化剂的活性更新"、"催化剂的活性复苏"等。催化剂的活性复活就是失活催化剂经过烧焦后使用待生剂进行的活化，即采用等体积浸渍方法引入有机添加剂，使催化剂活性得到最大限度的恢复。一般多采用将失活催化剂卸出反应器、再生后回装的器外活性复活方法。

目前，加氢裂化催化剂的器外预硫化、再生及活性复活过程可以不同方式进行组合。如失活催化剂运到器外再生厂或器外预硫化处理厂后，可将失活催化剂先进行再生、然后进行器外预硫化处理，最后将再生和器外预硫化好的催化剂运回炼油厂重新使用。

第一节 加氢裂化催化剂的器外预硫化技术

一、器外预硫化技术的发展现状

由于对重油轻质化和油品清洁化的要求日益严格，加氢技术近年来得到了快速的发展。为了得到较高的加氢活性，非贵金属加氢催化剂通常都要在硫化状态下应用。因此，非贵金属加氢催化剂的预硫化成为提高催化剂活性、延长加氢装置运转周期的关键。

非贵金属加氢催化剂通常以氧化态装填在反应器中，催化剂的预硫化通常在工业反应器内直接进行，称为加氢催化剂的器内预硫化。虽然器内预硫化技术比较成熟并被广泛采用，但该方法存在着催化剂开工时间长(现场硫化需要占用正常生产时间)、装置现场需用专门的硫化设施和硫化剂储运系统(增加投资)、硫化剂污染源分散(各加氢装置都要有硫化剂储运系统）以及催化剂的硫化程度不易控制导致硫化不充分等缺点。因此，加氢催化剂在催化剂生产厂预硫化并直接在炼油厂使用的器外预硫化技术近年来得到了广泛的关注，成为研究和发展的重点。已有综述从技术的层面上包括技术路线、硫化剂选择、硫化剂的添加方式等方面进行了介绍[1]，但是器外预硫化还存在硫流失和催化剂开工集中放热等难题。FRIPP的研究工作者从 2002 年开始对加氢催化剂的器外预硫化技术进行了系统探索试验，历经实验室研制和工业放大，成功开发出具有自主知识产权的非贵金属加氢催化剂器外预硫化技术，简称 EPRES 技术，目前该技术在国内已经获得较广泛的应用。

（一）器外预硫化研究的由来

加氢精制和加氢裂化工艺使用的非贵金属催化剂一般由活性金属和载体两部分组成。催化剂活性金属多为 Ni-W、Ni-Mo、Co-Mo 和 Ni-Co-Mo 等，常用的载体为 Al_2O_3、$SiO_2-Al_2O_3$ 和分子筛等，催化剂通常添加了诸如 P、B、F 等助剂。在非贵金属催化剂出厂时活性金属多数以氧化态形式存在。在炼油厂加氢装置工业使用时，加氢催化剂必须先经过预硫化处理才会获得更高活性和稳定性。催化剂预硫化过程对其加氢性能的影响十分重要。

催化剂的预硫化按照载硫的方式可分为器内预硫化和器外预硫化。器内预硫化是在催化剂装入工业反应器之后再进行预硫化处理。器内预硫化又有两种方式：一种是在氢气存在下直接使用一定浓度的硫化氢或在循环气中注入二硫化碳或其他有机硫化物进行硫化，称为干法预硫化；另一种是在氢气存在下，用含有硫化合物（二硫化碳、硫醇、硫醚等）的烃类或馏分油在液相或半液相状态下进行硫化，称为湿法预硫化。长期以来在工业上广泛采用的硫化方法是器内预硫化，但是，该法存在着下列缺点：①器内预硫化开始阶段，硫化氢不能在短时间内穿透整个工业反应器。反应器顶部床层的催化剂硫化过程消耗大量的硫化氢，使反应器下部的硫化氢量偏低，甚至使反应器底部的催化剂处于纯氢状态，催化剂的氧化态组分被还原，如催化剂的 MoO_3 被还原后生成 MoO_2 就很难再硫化转化成 MoS_2，从而降低了催化剂的反应活性。②器内预硫化过程需要将硫化剂单独或与开工油的混合物一起注入工业反应器催化剂床层中，硫化效果会受到硫化剂的分解速率、催化床层中硫化合物浓度以及物流在催化剂的内、外扩散速率等因素的影响。③器内预硫化建设投资较高，而且在工业装置现场使用有毒的硫化剂，硫化剂的储罐、硫化管线和反应装置等部位均产生污染点，环境污染影响较大。④器内预硫化必须严格控制升温速率。加氢催化剂的硫化是放热反应，必须严格控制升温速度，以避免反应器床层出现飞温现象，造成催化剂活性金属的聚集、载体的烧结，最终导致催化剂活性的损失。⑤器内预硫化之前催化剂必须经过干燥，然后进行催化剂的润湿以及硫化等过程，因此催化剂器内预硫化的开工时间较长，一般需要一周左右；催化剂的开工操作繁琐，容易产生误操作而影响催化剂的硫化效果。⑥采用器内预硫化方法，催化剂的硫化程度低，降低了催化剂的初活性和使用寿命，加大了装置的能耗。

针对催化剂器内预硫化存在的缺点，已经采取了多种办法加以改进。例如，为了避免催化剂被氢还原，在反应器的中部增加硫化氢侧线来补充硫化氢；选用毒性较小的二甲基二硫化物（DMDS）作为硫化剂，但其价格昂贵。上述这些改进方法仍然难以克服催化剂开工时间长和硫化不充分的缺点，这是器内预硫化固有的缺陷，因此，器外预硫化技术得到了重视。

器外预硫化技术是将新鲜或再生的氧化态催化剂在装入加氢装置之前进行预硫化处理的工艺方法。采用特殊的工艺过程，将硫化剂提前引入催化剂孔道内，或以某种硫化物的形式与催化剂的活性金属组分相结合，将氧化态催化剂转变为器外预硫化催化剂。

器外预硫化工艺与器内预硫化的对比见图 4-1-1。其中图（a）所示的器内预硫化反应历程中，在硫化氢充足的情况下，在一定温度范围内 WO$_3$ 经硫化生成 WS$_2$；在无硫化氢或硫化氢不足时，金属氧化物被还原为金属态或低价态金属化合物，而这些状态的金属就很难再转化为金属硫化物。图（b）所示的器外预硫化反应历程中，由于加氢催化剂已经进行器外预硫化处理，催化剂的活性金属大部分由金属氧化物转化为金属氧硫化物（如 WO$_x$S$_y$），经过后续的活化步骤金属氧硫化物与氢气反应或与氢气和硫化氢共同作用生成金属硫化物，而不会形成还原态金属。

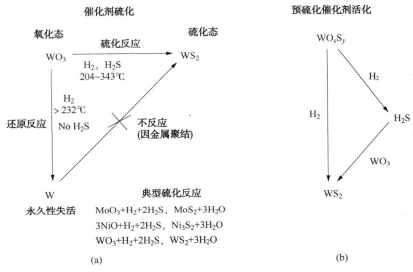

图 4-1-1　催化剂器内预硫化和器外预硫化反应历程对比工艺

器外预硫化与器内预硫化相比具有如下优点：

（1）催化剂硫化更充分，避免了活性金属组分被热氢还原为低活性金属组分的可能性，从而显著提高了加氢催化剂活性金属组分利用率和催化剂的性能；

（2）催化剂开工过程简便，开工时间明显缩短，从而可显著提高工业装置的在线效率；

（3）器外预硫化可以减少污染点，而且节省建设投资；

（4）用于工业催化剂撇头和部分换剂时，器外预硫化技术更能体现出开工简便快捷的特点。

国际上从 20 世纪 70 年代开始进行加氢催化剂器外预硫化研究。早期尝试用一种单质硫作为硫化剂进行器外预硫化，虽然简化了硫化设备，但是该硫化反应发生在一个很窄的温度范围，催化剂的硫化过程存在集中放热显著的问题。后来用一种或多种有机多硫化物作为硫化剂载到催化剂上，这样虽然放热量较小、硫化时间较短，但是在工业加氢装置上开工过程中仍会出现较大的温升。

当前国际上主要的器外预硫化技术有 EURACAT 公司的 EasyActive 技术、CRITERION 公司的 actiCAT 技术和 TRICAT 公司的 Xpress 技术[14~16]。中国石化石油化工科学研究院（RIPP）也进行了相关的研发。EURACAT 公司开发的器外预硫化技术采用复合硫化剂处理催化剂，先在氢气氛下硫化、然后再钝化。一般将有机多硫化物溶解于烃类溶剂，经过氢气处理后将硫键合到催化剂上，这种方法制备的催化剂在空气中可以稳定存在[17]。CRITERION 公司推出的 actiCAT 技术以单质硫作为硫化剂，采用干法快速、干法慢速以及湿法硫化的工艺，整个预硫化过程属于器外载硫、器内硫化[18]。TRICAT 公司开发的 Xpress 技术据称是世界上第一个真正完全硫化态的预硫化催化剂[19]。Sumitomo 公司推荐使用 R_1SnR_2、HSRSH 等多硫化物作硫化剂，将其制成水溶液再以浸渍等方式加入催化剂中[20]。

器外预硫化技术对选择合适的硫化剂十分关键。采用单质硫作为硫化剂的优点主要是经济和高效[21]；另外，使用单质硫制备的器外预硫化催化剂在空气中稳定，有利于催化剂的储存和装运。但是，该种催化剂开工时其担载的硫容易流失，而且硫化氢释放的温度范围比较集中，容易产生集中放热现象，从而导致反应器床层产生不可控的温升，影响催化剂的物化性质以及反应活性。采用硫化铵为硫化剂，通过两段浸渍提高载硫量，干燥后的催化剂经过反应释放硫化氢完成硫化[22]。使用硫化铵作硫化剂时存在吸附难的问题[23]。

有机含硫化合物常被用作硫化剂。使用单一有机含硫化合物也存在着放热过于集中的问题，所以使用最多的是多组分的有机含硫化合物。Yanik 等[24]建议使用包括 $C_1 \sim C_{20}$ 的硫醇、二甲基硫化合物、二硫化碳等作为硫化剂。通常在硫化剂 RS_xR' 中再添加一种如醛、醇、酮、酯或酸等有机化合物一起使用[25]。使用有机含硫化合物可以使催化剂的活化过程在较宽的温度范围内分散放热；但是所制备的预硫化催化剂成本高，而且催化剂成品会释放硫化氢等物质，存在催化剂运输和装填的安全性问题。

荷兰 Schoonhoven 公开了以巯基类硫化物作为硫化剂的专利，并对这类硫化物的结构与催化剂的自热现象进行关联对比[26]。Heinerman 等公布了使用几种硫氢基羟基类硫化物以及与 TPS37 预硫化催化剂的活性比较[27]。Dufresne 提出以单质硫与烷基多硫醚混合使用可以取得较好的硫化效果[28]。Seamans 报道了一种加氢裂化催化剂的器外预硫化方法，即先担载单质硫，然后在大于 150℃ 条件下用含烯烃的物质处理，制备的催化剂具有较好的加氢活性[29]。

综上所述，开发器外预硫化催化剂应着重关注以下几个方面：①硫化剂的选择；②提高器外预硫化催化剂的硫有效利用率并解决催化剂的集中放热问题；③器外预硫化催化剂的储存、运输和工业装填的安全性问题。

（二）催化剂活性中心和硫化机理

预硫化的反应机理非常复杂。对预硫化催化剂微观构型的认识有助于指导预硫化催化剂的设计。预硫化催化剂活性中心模型主要有单分子层结构模型、Ni-Mo-S 结构模型以及协同作用模型等。

单分子层结构模型：Schuit 等提出[30]，活性金属 Mo^{6+} 与 Al_2O_3 表面的羟基作用并在 Al_2O_3 上形成单层覆盖。活性金属 Ni^{2+}（或 Co^{2+}）取代 Al^{3+} 占据氧化铝四面体位置。催化剂在临氢硫化时，硫离子取代单层结构中氧离子，Mo^{6+} 还原为 Mo^{5+} 和 Mo^{4+}，这个模型很好地解释了活性金属 Mo 的作用，却不能说明活性金属 Ni(Co) 的助催化机制。

Ni-Mo-S 结构模型：Wivel 等通过考察 $Ni-Mo/Al_2O_3$ 催化剂对加氢脱硫反应的影响，发现 Ni-Mo-S（或 Co-Mo-S）结构中六方片状结构的 MoS_2 分层排列，Ni（或 Co）分布在层状 MoS_2 的边棱[31]。Ni-Mo-S 模型有两种类型，一种是由几个单层的 Ni-Mo-S 晶片组成晶体负载在 Al_2O_3 上，其活性金属与载体的相互作用较强，是低温硫化的结果；另一种由几层组成的棱柱晶体结构，活性金属与载体的相互作用较弱，是高温硫化的结果。后者形成的 Ni-Mo-S 促进了催化活性的提高。$Ni-Mo/Al_2O_3$ 催化剂硫化后，Ni 有三种存在形态。一种是在载体表面上聚集的 Ni_3S_2 晶体；另一种是 Ni 原子处在 MoS_2 晶体边棱的活性中心位，并与之形成 Ni-Mo-S 结构；第三种是嵌入载体中的 Ni^{2+}，它们处在 γ-Al_2O_3 的八面体或四面体位中，如图

4-1-2所示。

Sakashita 等研究了 $\gamma-Al_2O_3$ 表面 MoS_2 生长过程[32]，发现 MoS_2 晶体既有平行于 $\gamma-Al_2O_3$（111）表面生长，还有垂直于 $\gamma-Al_2O_3$（100）表面生长。其中，在 $\gamma-Al_2O_3$（100）表面通过 Mo-O-Al 键形成的具有边棱结构的 MoS_2 晶体，多数是加氢反应的活性中心，见图 4-1-3。另外，Topsøe 等人认为[33]，Ni（或 Co）起助催化作用，少量存在就能显著提高催化剂的活性。Ni（或 Co）的助催化作用是在 Ni-Mo-S 结构中才显现出来，而不是单纯的 Ni_3S_2（或 Co_9S_8）起作用，所以 Ni_3S_2（或 Co_9S_8）太多反而会降低催化剂的活性。

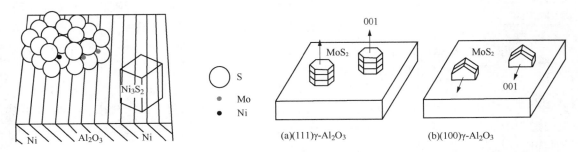

图 4-1-2　硫化的 $Ni-Mo/Al_2O_3$ 催化剂中 Ni 的三种存在形式：Ni-Mo-S 活性相中的 MoS_2 晶体、聚集的 Ni_3S_2 和载体中的 Ni^{2+} 离子

图 4-1-3　MoS_2 晶粒生长在 $\gamma-Al_2O_3$ 表面取向

协同作用模型：Grange 等认为 Co_9S_8 中的 Co 易与氢原子结合产生活化氢，活化氢通过溢流作用转移到 MoS_2 上，从而促进催化活性中心的形成[34]。"超级 II 类活性中心"（Super Type II Active Reaction Sites）理论认为真正起活性作用的金属是那些处于边、棱处的 MoS_2、Co_9S_8、和 Ni_3S_2 等所形成的微晶团的聚集体，见图 4-1-4[35]。

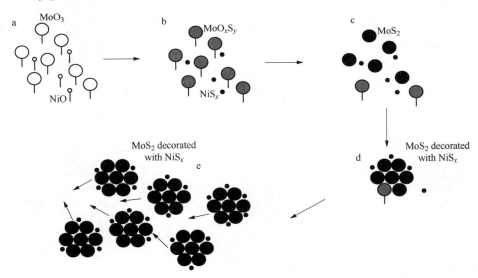

图 4-1-4　"超级 II 类活性中心"机理[35]

a—Mo 与 Ni（或 Co）均处于氧化态；b—部分 Ni（或 Co）被硫化；c—部分 Ni（或 Co）与 Mo 被硫化；

d—硫化的 MoS_2 形成微晶团并与部分 Ni_3S_2（或 Co_9S_8）结合；

e—完全硫化的 MoS2 微晶团并与 Ni（或 Co）的硫化物相结合形成聚集体

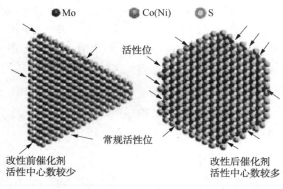

图 4-1-5　活性中心位数目的
增多对催化剂的优化作用

BRIM 理论：催化剂的活性中心至少需要一个钼原子和一个相邻的催化助剂镍或钴构成，它们之间也可以协同作用以形成多个复合活性中心，这是催化剂具有较高反应活性的源泉。活性中心数目越多，则催化剂的加氢作用越强。图 4-1-5 是在原子水平上对 BRIM 的两种活性结构的对比。对这些混合微晶粒形态的研究有助于开发出单位体积活性更高的新型催化材料[36]。MoS_2 的边缘结构以及 Co、Ni 助剂对 MoS_2 边缘结构的影响可以通过扫描隧道显微镜(STM)进行观察。研究发现，MoS_2 晶粒在氢气作用下以六角形稳定存在，而在硫化氢作用下以稳定的三角形存在。在氢气和硫化氢共同存在下的催化加氢反应过程中，氢气会与催化剂表面的硫原子反应生成硫化氢，在微晶的边缘产生 S 空位。硫化氢可能在边缘不饱和 Mo 原子上发生解离和吸附以取代硫[37]。

近年来，有关加氢处理催化剂的活性相的研究成为加氢技术学科领域的讨论热点。而加氢催化剂的预硫化条件对于催化剂活性相的形成以及对加氢催化剂活性的提高有很大影响。科技人员普遍认为，加氢催化剂的 I 类活性相和 II 类活性相这两类活性相中，含有 II 类活性相的加氢催化剂一般具有更高催化活性。催化剂的活性相不仅与催化剂的硫化方式和硫化条件关系密切，还与氧化态催化剂活性金属种类及焙烧温度、硫化温度、加氢反应的原料油性质、反应类型(噻吩加氢脱硫或是苯并噻吩加氢脱硫)以及加氢反应的反应途径(如加氢脱硫反应途径是遵循直接硫化反应还是间接脱硫反应)存在着相当大的关联性。

Reinhoudt 等人指出，硫化温度是 NiW-Al_2O_3 催化剂活性相转变的最重要影响因素，也是噻吩加氢脱硫和苯并噻吩加氢脱硫反应的重要影响因素[38]。在 $Ni-W/Al_2O_3$ 催化剂上进行加氢脱硫反应时，催化剂活性和选择性相互转换的最重要阶段也是催化剂活性相的活性金属状态转变过程(见图 4-1-6)。

由图 4-1-6 可见，催化剂活性相的转变主要发生在硫化温度 327~477℃(600~750K)之间，硫化温度大于 327℃时开始形成四价钨的硫化物 WS_2。硫化温度低于 300℃，催化剂活性相 Ni-W-S 已形成。$Ni-W/Al_2O_3$ 催化剂活性相 Ni-W-S 类似于 $Co-Mo/Al_2O_3$ 催化剂活性相 Co-W-S。通过 FTIR(NO)分析表明，

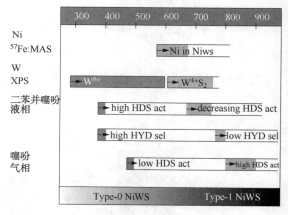

图 4-1-6　加氢脱硫反应时 $Ni-W/Al_2O_3$
催化剂活性金属状态发生转变的示意

Ni 修饰 WS_2 边角的活性相只有在硫化温度高于 427℃时才能形成，因此，噻吩加氢脱硫和苯并噻吩加氢脱硫反应都经历了两种活性相的转变过程，硫化温度高于 327℃时噻吩加氢脱硫反应活性开始由低到高的转变，硫化温度低于 300℃时苯并噻吩加氢脱硫反应活性和选择性开始变化，这两种硫化过程并未相互关联，由此说明两种硫化过程所形成的活性相并非相同。

改变 NiW-Al$_2$O$_3$ 催化剂的焙烧温度和硫化温度，催化剂生成两种类型的活性相。硫化温度达到 400℃ 时形成的活性相是 Type0-NiWS 活性相，硫化温度大于 477℃ 时催化剂活性相为 TypeI-NiWS。400℃ 硫化的 Type0-NiWS 活性相是高度分散的 NiS 与六价钨的硫氧化物之间产生较强的相互作用。而 477℃ 硫化的 TypeI-NiWS 活性相是由 NiS 修饰的 WS$_2$ 晶粒。

对于不同模型化合物（噻吩和苯并噻吩）进行加氢脱硫反应，催化剂所需最佳焙烧温度和最佳硫化温度有所不同。对于噻吩加氢脱硫反应，如果催化剂低于 400℃ 硫化，则在此之前催化剂焙烧温度越低活性越好。而高于 400℃ 硫化，则催化剂的焙烧温度对催化剂活性影响不大，但催化剂的焙烧温度最好不超过 600℃，否则催化剂活性将随之下降，所以噻吩加氢脱硫反应时，500℃ 焙烧、500℃ 硫化的催化剂反应活性最佳。其次，催化剂以 120℃ 干燥后不经过焙烧、直接在 200℃ 硫化的催化剂反应活性也较好。对于苯并噻吩加氢脱硫反应，催化剂最佳硫化温度范围为 100~350℃，而且，400℃ 焙烧氧化态催化剂反应活性优于 500℃ 焙烧。苯并噻吩的加氢脱硫反应同时经历了两种反应途径，即直接脱硫反应途径和间接加氢脱硫反应途径，而低温硫化后催化剂的间接加氢脱硫反应途径所占比例增多，因此提高了催化剂的加氢活性。使用 NiW 催化剂进行苯并噻吩加氢脱硫反应，催化剂硫化温度为 100℃ 对提高催化剂的加氢活性有利，即 100℃ 硫化 NiW 催化剂活性优于 200℃、300℃ 硫化 NiW 催化剂；但是 NiW 催化剂如果不经过硫化，则环烷基苯转化为联苯的转化率增大，催化剂活性大为下降。

氧化态 NiW/Al$_2$O$_3$ 催化剂在不同硫化阶段催化剂表面活性金属的不同硫化状态，以及活性相发生相应转变的示意图见图 4-1-7。^{57}Fe-MAS 分析结果表明，550℃ 焙烧、550℃ 硫化的 NiW 催化剂中形成了 Ni-W-S 活性相，该活性相是类似于 Co-Mo-S 的 Ni-W-S 活性相，即为 I 类活性相——Type I NiWS。高温硫化的 NiW-Al$_2$O$_3$ 催化剂仍然存在着

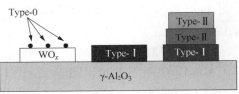

图 4-1-7　不同硫化阶段 Ni-W/Al$_2$O$_3$
催化剂表面活性金属的不同硫化状态

W-O-Al 键，所以 WS$_2$ 晶粒与载体之间存在着较强的相互作用。Type II NiWS 类似于 Type II CoMoS，不会在 400~550℃ 硫化形成，而是在更低温度硫化形成。综上所述，NiW 催化剂参与苯并噻吩加氢脱硫反应的活性相类似于 Type I CoMoS 活性相，550℃ 焙烧、475℃ 硫化的 NiW/Al$_2$O$_3$ 催化剂参与苯并噻吩加氢脱硫反应的活性相刚好介于高温硫化和低温硫化之间的活性相，活性相是一种中间的过渡态活性相，这说明活性相是逐步转变形成的。

具有 Type0-NiWS 活性相的催化剂上进行苯并噻吩的液相加氢脱硫反应时具有较高活性和选择性，而进行噻吩的气相加氢脱硫反应则活性较低。具有 TypeI-NiWS 活性相催化剂的噻吩气相加氢脱硫反应活性非常高、对于苯并噻吩液相加氢脱硫反应表现一般，但 Type I-NiWS 催化剂的苯并噻吩脱硫反应的直接氢解选择性较高。很显然，噻吩加氢脱硫反应所需要的活性相是完全一维硫化镍镶嵌的 WS$_2$ 晶粒，其活性较高；而苯并噻吩加氢脱硫反应所需活性相是部分小晶粒 Ni 的硫化物与 W^{6+} 的硫化物相互协同作用形成的。

关于活性相 Ni-W-S，研究者们提出了与活性相 Ni-Mo-S 完全不同的看法。Hensen 等人研究认为[39]，NiW 催化剂比 NiMo 催化剂更难进行硫化，因为 NiMo 催化剂硫化时直接转化为 MoS$_2$；而 NiW 催化剂硫化时需经金属氧硫化合物 WO$_x$S$_y$ 才能转化为 WS$_2$。高分散的硫化镍在 WO$_x$S$_y$ 上形成活性相 NiS-WO$_x$S$_y$，而 NiS-WO$_x$S$_y$ 是催化剂 Ni-W-S 活性相的前驱体。Co(Ni)Mo 催化剂经过硫化后形成活性相 Co(Ni)-Mo-S，穆斯堡尔谱分析发现 NiW 催化剂

硫化时 NiS 在 WS$_2$晶片的边角部位再次分散，由此可见，NiW 催化剂经过硫化后可以转化为活性相 Ni-W-S，也可以转化为活性相 NiS-WO$_x$S$_y$，NiS-WO$_x$S$_y$的存在有利于液相反应，而活性相 Ni-W-S 的存在有利于气相反应。这两种活性相的成因与催化剂焙烧温度和焙烧压力以及催化剂硫化温度和硫化压力有关。催化剂进行硫化时硫化压力比硫化温度的影响更大，因为低温下 WS$_2$晶粒很容易烧结，降低了催化剂的活性。

上述是以碳或氧化铝为载体制备 NiW 催化剂得出的硫化反应规律，而以多孔硅铝为载体的催化剂也得到类似硫化反应机理。以碳为载体 NiW 催化剂 400℃硫化时，有部分活性金属 Ni 是以活性相 Ni-W-S 形式存在，还有一些活性金属 Ni 并非以活性相 Ni-W-S 形式存在。当 NiW 催化剂的制备引入络合剂后会形成更多具有边角活性位的活性相，这些活性相可以减缓 Ni 的硫化速度，进而提高催化剂的加氢活性。

Raybaud 等人利用 DFT 方法对 Co(Ni)MoS 催化剂活性相的形成规律进行了研究，认为添加助剂、改变催化剂电子特性和催化反应条件都会使催化剂的形貌发生改变[40]。而且，催化剂的活性相与载体之间作用的稳定程度以及硫-金属间键能以 DFT 测算，测算结果很好地解释了 HDS 和 HYD 反应变化规律。他们认为催化剂的活性相 NiMo$_{(1-x)}$W$_x$S$_2$ 比活性相 Ni-Mo-S 或 Ni-W-S 具有更高反应活性，如具有活性相 NiMo$_{0.5}$W$_{0.5}$S 催化剂的加氢反应活性可以提高 30%。

(三)典型器外预硫化技术分析

世界各公司相继推出器外预硫化技术，典型的器外预硫化技术有 CRITERION 公司 actiCAT 技术、AKZO 公司 Ketjenfine EasyActive 技术、Eurecat 公司 TotsuCAT 技术。

1. CRITERION 公司 actiCAT 技术

CRITERION 公司推出的 actiCAT 技术以单质硫作为硫化剂，采用干法快速、干法慢速以及湿法硫化的工艺，整个预硫化过程属于器外载硫、器内硫化[41]。采用 actiCAT 器外预硫化催化剂可节省开工时间，将金属氧化物还原的可能性降至最低，可确保高的催化剂活性。器外预硫化也简化了开工步骤并可避免接触有害有味的硫化物化学试剂。

CRITERION 公司 actiCAT 技术的工艺过程中，催化剂的金属氧化物被转化成为一些复杂的金属硫氧化合物，此外，大约三分之一的金属被完全转化成为金属硫化物。当用氢气加热活化时，硫氧化合物被断裂直接形成金属硫化物，或生成 H$_2$S 后再将金属氧化物转化成为金属硫化物。氢气加热活化反应产生热量、水并消耗氢气。因此，此类反应可在数小时内完成，这一点很重要。CRITERION 公司 actiCAT 技术采用多种硫化物可以在较宽温度范围内反应。

该技术开发了用于加氢装置开工的液相和气相两种开工方法。因液体具有更佳的吸收活化放热的能力，所以一般易于采用液相开工方法，而 actiCAT 催化剂采用其中一种或两种的组合方式进行开工。

除了加氢精制装置，加氢裂化和 Claus 尾气处理等加氢装置也可采用 actiCAT 加氢裂化预硫化催化剂和 actiCAT 尾气预硫化催化剂，并获得了较好的催化剂活性。

该技术对于 actiCAT 预硫化催化剂的储藏、处置和装填均提出特别要求：①actiCAT 预硫化催化剂被认为是半自燃性物质，必须使用专门认可的容器运输和储存。②该技术要求 actiCAT 预硫化催化剂避免将原料过长时间暴露在空气中，原料长期暴露于空气中会产生二氧化硫与热量。注意保持容器的密封，仅当需要时方可打开容器。若包装袋破裂则应立即转移到桶内储存，而且催化剂原料在储存之前应检查容器的密封性。③actiCAT 预硫化催化剂制备所使用的原料应储存于阴凉干燥处，不应在室外储存。若在室外储存，则应该用整块防水布完全盖住容器，因为原料潮湿会产生二氧化硫与热量，暴露于空气及水中也会使原料脱色或形成聚集，虽然形成的聚集物相对较小，但是如果 actiCAT 预硫化催化剂的原料受潮，就应使用氮气或干冰吹扫包装容器并重新密封。在装进反应器之前也应进行检查。④actiCAT 催化剂可在空气或惰性气体环境中装入反应器。若在空气中装填催化剂，则应监视 SO_2 浓度及反应器床层温度变化。一旦原料开始反应，立即用氮气吹扫反应器。⑤装载催化剂时应穿戴个人防护用具，催化剂的硫、烃及粉尘可能会伤及眼睛、皮肤及呼吸系统。⑥若催化剂装填间断，则密切监视 SO_2 浓度及反应器床层温度变化，注意观测是否有反应发生。若装填间断时间超过 12h，则用氮气吹扫反应器。⑦催化剂装入反应器后，则应用氮气置换反应器的气氛并将反应器密封，防止空气留存在催化剂床层。若反应器出现自热现象，则立即用氮气吹扫反应器。

2. AKZO 公司 Ketjenfine EasyActive 技术

加氢催化剂通常以氧化态型提供。为使催化剂发挥更好的活性，必须使氧化态催化剂小心地转化为硫化态。以前，加氢催化剂预硫化只能在反应器中完成，而 AKZO 公司 Ketjenfine 加氢催化剂器外预硫化技术能够提供硫化态加氢催化剂，使其在加氢装置的开工过程变得简单快捷。

第一代加氢催化剂是利用氢和循环气或直馏瓦斯油中的硫来进行预硫化。试验及工业应用结果表明，预硫化方法对催化剂活性和稳定性有很大影响。例如，进料油中加硫化剂预硫化得到的催化剂活性就比用硫和氢所硫化的催化剂活性高。因此，加硫化剂的预硫化方法得到了长足发展。例如，采用二硫化碳(CS_2)、二甲基硫(DMS)、二甲二硫(DMDS)、叔丁聚硫(TBPS)及壬聚硫(TNPS)等。采用含硫化剂的硫化油预硫化是目前炼油厂普遍采用的方法，但这种预硫化方法存在不足，如必须采取相应的环境保护措施、需要处理毒物及易燃物、需要附加设备，而且也比较耗时。AKZO 公司开发器外预硫化技术，称作"Ketjenfine EasyActive"，该技术研究目标是使得预硫化催化剂简便快速地获得较高的活性。该工艺采用浸渍法或捏合法将有机硫添加剂载到催化剂表面和微孔内，采用氢气和硫化氢或在氢气下能产生硫化氢的含硫化合物，硫化过程在移动床或膨胀床中进行。先将含有添加剂的催化剂装入反应器，然后通入气相硫化剂进行硫化，由于含硫添加剂分散在催化剂表面和孔内，缩短了硫在催化剂孔内扩散的时间，这会使得硫化更容易进行。预硫化过程的硫是以化学方式固载在催化剂上。为了确保催化剂具有较高活性，通过金属担载量来调节硫含量。担载在预硫化催化剂上的碳不是焦炭，而是在氢活化过程中可从催化剂上释放出来的烃类物质。硫化产物没有特殊气味，与空气或水接触不会释放出硫化氢。

尽管该工艺的处理方法器外预硫化的催化剂本身无毒，但在高温条件下可与氧发生反应，因此建议在装填催化剂时需要采取一些安全措施。Ketjenfine 公司 EasyActive 催化剂用内部带有一层塑料衬里的白钢桶包装或密封，如此储存直至催化剂装入反应器内。储存过程应远离热源。在催化剂的实际装填过程中，催化剂通过一个传送带直接装入反应器内，或使用空气及惰性气体实现密封装填。催化剂避免与空气长时间接触，装填后应进行氮气钝化，以彻底清除内部残留的空气。催化剂不可存放于氢气氛围中。

由于器外预硫化催化剂使用前必须用氢活化，所以该工艺的开工活化过程最好使用直馏油，建议保持原料油和气体的循环。催化剂活化是在正常加热过程中实现完成，活化过程形成活性金属硫化物，活化过程的加热时间一般为 4~8h。在 150~280℃加热期间发生放热反应。最初放热峰是催化剂上硫化物活化和反应时出现，第二个放热峰是脱硫反应放热所产生的。在催化剂活化过程中生成硫化氢。循环气中硫化氢含量通常为 $1000\sim10000\mu g/g$。

3. EURECAT 公司器外预硫化技术

EURECAT 公司开发的 SulfurCAT 器外预硫化技术采用复合硫化剂处理催化剂，先在氢气氛下硫化、然后再钝化[42]。一般将有机多硫化物溶解于烃类溶剂，经过氢气处理后将硫键合到催化剂上，这种方法制备的催化剂在空气中可以稳定存在。EURECAT 公司对器外预硫化催化剂的催化反应机理方面进行了研究，并推出了 TotsuCAT 技术[43]。

据美国 2007 年 NPRA 年会报道，炼油厂加工焦化石脑油和催化轻循环油等裂化原料或重质原料油可以获得巨额利润。由于裂化原料油与直馏原料油相比含有大量烯烃和多环芳烃，所以具有较高的初期反应活性。在开工时为避免裂化原料油的影响，开工方案建议在器外预硫化催化剂换进原料油时至少前 3 天使用直馏原料油、而避免使用裂化原料油或重质原料油，以保证催化剂获得较好的活性和稳定性。而 EURECAT 公司开发的 TotsuCAT 技术不需要 3 天的原料油过渡期，可以直接加工裂化原料油或重质原料油。这项 TotsuCAT 专利技术与原有的器外预硫化技术相比，可以获得预硫化效果更好的器外预硫化催化剂，因为 TotsuCAT 催化剂装入反应器之前已经被完全活化，所以装置的开工可以直接进裂化原料或重质原料油。使用 TotsuCAT 技术排除了催化剂不完全活化的可能性，并缩短了催化剂的开工时间。

TotsuCAT 工艺的主要优点：①TotsuCAT 催化剂装进反应器就可以开工。装进反应器的催化剂已经被完全硫化和活化，既不需要加入任何硫化剂也不需要复杂的活化方法。②催化剂硫化过程提前在 EURECAT 公司设备中完成，所以不会出现大量放热。③催化剂开工过程中不需要额外使用氢气，并生成最少的水。④在装置开工反应器升温过程中放出的 H_2S 气体量极少，既能保护下游设备，又能省去对不需要副产物的燃烧。⑤避免与管理预硫化化学品相关的问题。炼油厂应用实例表明，采用 TotsuCAT 技术的催化剂活性稳定性更优。

4. TRICAT 公司 Xpress 器外预硫化技术

德国 TRICAT 公司开发了 Xpress 器外预硫化技术。该技术采用膨胀床反应器内加挡板，保证催化剂粒子完全硫化后才离开反应器[44]。预硫化催化剂在含氧的氮气中钝化。Xpress 技术于 1997 年首次工业应用，加热期间反应器内最高温升小于 5℃，表明在加氢过程中没有经历放热的硫化反应。该技术的器外预硫化催化剂制备工艺过程需要增设一个钝化的操作单元。

综上所述，国外典型器外预硫化技术的对比见表 4-1-1。国外开发的器外仍然存在诸多有待解决的问题：①法国 EURECAT 使用专门制造的含硫制剂（TPS37）处理加氢催化剂，在压力容器内通入氢气进行活化，然后再进行钝化。其过程繁琐，产品包装需用氮气保护，生产成本高，而且催化剂成品在储运装填过程中会释放硫化氢等有害物质。②美国 CRITERION 公司 actiCAT 技术采用单质硫作为活化剂，其催化剂器外活化过程于压力容器中在惰性气体保护下进行，产品储运装填过程也需要在惰性气体保护下进行，增加了生产、储运和装填成本。③德国 TRICAT 公司 Xpress 技术在超过 500℃高温条件下活化催化剂，虽然使工业应用时反应器的温升得到控制，但对于生产设备技术要求高，投资大，活化成本高。国外催化剂供应商在器外活化技术领域形成了技术垄断，并以此作为在加氢技术市场上获取竞争优势的一种重要手段。因此，研发拥有自主知识产权的加氢催化剂活化技术对于促进我国加氢技术进一步发展和增强整体竞争力具有重要意义。

表 4-1-1　国外器外预硫化技术比较

项　目	法国 EURECAT	美国 actiCAT	德国 Xpress
硫化剂特性	不易得	安全/廉价/易得	不安全
生产过程			
操作压力	带压	带压	带压
操作温度	高	较低	非常高
操作气氛	氢气/氮气	氮气	氢气
钝化与否	是	否	是
工艺流程	长	较简单	长
设备投资	高	较高	高
产品储运装	需氮气保护	需氮气保护	需氮气保护

二、加氢催化剂器外预硫化的特点

由 FRIPP 自主研究开发的 EPRES 器外预硫化技术具有自主知识产权，克服了器外预硫化存在的催化剂硫利用率不高和开工集中放热等难题[45~52]。EPRES 技术与国外器外预硫化技术相比具有若干技术优势。本文以 EPRES 技术为例介绍其特点及应用。

采用 EPRES 技术制备的器外预硫化催化剂具有硫有效利用率高、硫化度高和放热效应低等特点。经过工业应用实践证明，EPRES 催化剂储运安全、装填简便，开工时间短，而且开工过程无集中放热现象，开工过程反应器床层的温升不超过 14℃。

与器内预硫化相比，EPRES 技术缩短了开工时间、简化了开工过程。加氢精制装置开工时间从 72h 缩短至 24h；加氢裂化装置开工时间从 100h 缩短至 36h。避免了加氢装置开工过程反复升降温、升降压，不使用有毒有害硫化物，有利于人身安全和保护环境，而且不需设置开工专用的泵、罐、管线等硫化设施，减少了污染点，节省了设备投资。

用 EPRES 技术制备的器外预硫化催化剂在装入反应器之前活性金属组分大部分已经以金属氧硫化合物形式存在，但还没有完全转化为活泼的金属硫化物，因此，EPRES 催化剂可以与空气接触而不会发生自燃现象，从而保证了在储存、运输过程的安全性。EPRES 催化剂可以采用与氧化态催化剂相同的装填方法。

EPRES 催化剂孔内已填充硫化物不易吸潮，因此在催化剂活化前无需干燥。在装入工业反应器后，经过氮气置换、气密合格，即可直接进行氢气置换、升温开工。在开工过程中可以直接升温活化，使开工更加简便快捷。可明显提高企业经济效益。

EPRES 技术适用于不同种类的催化剂。采用 EPRES 技术，催化剂能够在整个开工过程中逐级释放硫，而且催化剂的硫化是在催化剂内直接进行原位反应，消除了催化剂扩散阻力的影响，使催化剂得到充分硫化。特别是遇到反应操作压力较低、器内物流不均的情况时，由于 EPRES 催化剂颗粒中可以释放硫来持续硫化，因而仍能达到较好的硫化效果。试验证明，EPRES 催化剂的活性优于器内预硫化的催化剂。

应用 EPRES 技术，2006 年建成规模 3kt/a 的工业生产装置，是国内第一套规模最大的器外预硫化催化剂生产装置。迄今为止，采用 EPRES 技术已器外预硫化处理了加氢精制、重整预精制、石蜡加氢和加氢裂化预处理等 40 多个品种的催化剂，所生产 EPRES 器外预硫化催化剂目前已在国内 56 套加氢装置工业应用，生产汽、煤、柴等清洁燃料。在节能、降耗和减排方面产生了显著的经济与社会效益，提高了我国加氢技术的整体竞争力。EPRES 技术开发成功后，在我国的南方和北方分别各建立了一套器外硫化处理装置以便于在不同地方进行催化剂的器外硫化处理，从而减少催化剂的长距离运输所产生的成本。另外，对于再生催化剂也可以进行器外预硫化处理，并使得催化剂的再生和器外预硫化处理相结合，形成连续化的生产过程。

（一）引入氮氧有机化合物制备器外催化剂

EPRES 加氢催化剂器外预硫化技术，生产过程安全环保，原料易得，并可利用催化剂厂现有的装、储、运系统，因而生产成本较低，具有明显的竞争优势。EPRES 技术首创性地引入氮氧有机化合物。图 4-1-8 的 TEM 对比结果表明，本技术在催化剂器外活化过程中引入氮氧有机化合物，不仅使单质硫更容易迁移到催化剂内部，且能实现均匀分散。图 4-1-9 的 XRD 结果表明，该技术由于引入氮氧有机化合物，加氢催化剂活化后形成了大量的金属氧硫化合物。氮氧有机化合物促进了过渡态金属氧硫化合物的生成，其反应方程式为：$MeO_x + yS + 2yH(溶剂提供) \longrightarrow MeO_{(x-y)}S_y + yH_2O + \Delta H$。氮氧有机化合物在此起到一种中间媒介的作用，改善了催化剂金属氧化物与单质硫的结合状态，加快了生成过渡态金属氧硫化合物的速度，同时由于有机氮对单质硫还原反应的抑制作用，有效解决了硫与氢作用生成 H_2S 所带来的安全和环保问题，因此可以在常压、空气气氛下进行器外活化，提高了生产过程的安全性。

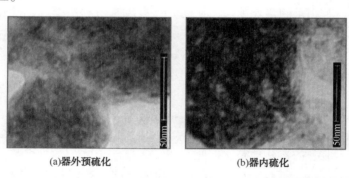

(a)器外预硫化　　　　　　　　　(b)器内硫化

图 4-1-8　助剂对催化剂活化的影响(Ⅰ)TEM 对比结果

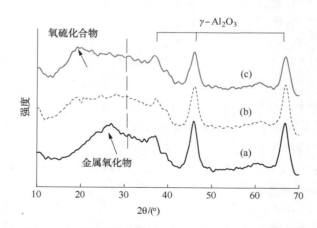

图 4-1-9　助剂对催化剂活化的影响(Ⅱ)XRD 结果

（a）—氧化态催化剂；（b）—活化后（未引入氮氧有机化合物）；（c）—活化后（引入氮氧有机化合物）

引入氮氧有机化合物，显著促进了活化剂的分散以及与金属氧化物的反应程度，解决了传统器内活化的安全生产隐患等问题。EPRES 技术与传统器内活化技术对比见表 4-1-2。

表 4-1-2　EPRES 技术与国内传统的器内活化技术对比

EPRES 技术	传统的器内活化技术
① 不使用有毒有害的硫化物，有利于人身安全和环保，保证了炼油装置开工过程的生产安全；	① 使用有毒有害的活化剂，对人员、设备具有危害性，给企业带来安全生产隐患；
② 催化剂活性金属已形成过渡态金属氧硫化合物，因而在开工活化过程中不必担心活性金属被高温氢气还原至金属态；	② 金属氧化物与高温氢气接触，一旦发生热氢还原至金属态，就很难再活化，从而使催化剂活性明显下降；
③ 器外活化过程属于原位反应，消除了催化剂扩散阻力的影响，因此催化剂的活化更加充分，提高了催化剂活性金属的利用率；	③ 器内活化需要在开工时注入活化剂，活化效果势必会受活化剂的分解速率、床层中硫化氢浓度分布及其在催化剂孔道内外扩散等因素影响；
④ 不需要设置加氢装置开工活化过程专用的泵、罐、管线等活化设施，减少了污染点，节省设备投资；	④ 加氢装置必须配备预活化设施，增加了装置建设投资；
⑤ 直接快速升温，活化时间短，仅为 10~20h。延长工业装置有效生产运行时间，提高企业的经济效益；	⑤ 必须严格控制升温速度并在不同温度段恒温活化，催化剂活化过程一般需要一周左右；
⑥ 装置开工操作简便，即使在操作压力偏低、器内物流分布不均等不利情况下仍能达到较好的活化效果；	⑥ 装置开工操作繁琐，设备故障、流体分布不均等因素都会导致活化不完全，降低催化剂的活性；
⑦ 快速升温活化，对设备的腐蚀危害较小	⑦ 反复升降温操作，易因热胀冷缩及腐蚀等而导致高温高压设备泄漏

（二）预硫化催化剂的放热效应

TRICAT 公司的 Xpress 器外活化技术需在氢气气氛下进行高温活化，使催化剂的活性金属转化为硫化态。由于该工艺过程在硫化氢气氛下进行，因此需要在惰性气氛保护下进行器外预活化催化剂的生产，过程复杂，对设备要求高、投资大。而硫化态金属与空气接触极易产生自燃，因此催化剂产品需要进行钝化处理。EURECAT 技术需要特殊制备的活化剂，活化后的催化剂产品同样需要进行钝化处理，增加生产成本。EURECAT 技术和 actiCAT 技术的器外活化过程均需要在一定压力和惰性气体的保护下进行。

EPRES 技术使用有机溶剂具有分散硫的功能，使之均匀地进入催化剂微孔；并可解离出氢，为过渡态金属氧硫化合物的生成反应提供氢源。由于硫被溶剂包裹，避免了硫与空气接触生成 SO_x 的副反应。有机溶剂在提供活化反应所需活泼氢的同时，自身或与氮氧有机化合物等反应生成覆盖催化剂表面的惰性保护膜，使器外活化催化剂不需要额外的钝化。

采用多段热处理方法，促进了单质硫与加氢催化剂中金属氧化物在不同的温度段下生成不同结构和类型的金属氧硫化合物，由于这些过渡态金属氧硫化合物在加氢装置开工时的转换温度不同，从而使加氢装置开工过程的放热得到合理分散，避免了开工过程中在某一温度点由于集中释放热量而导致催化剂结构破坏乃至安全事故。

采用高压差热分析（HPDTA）对比 EPRES 技术与国外同类活化技术的相对放热效应，可见 EPRES 催化剂的相对放热效应较低、放热量较小，特别是在高温段，放热量大幅度减少（见图 4-1-10）。在中国石化上海石化股份有限公司 3.3Mt/a 的柴油加氢装置工业应用中，开工升温活化过程中反应器出、入口温度变化平稳，而且整体开工过程未出现集中放热现象（见图 4-1-11）。

EPRES 催化剂的活性金属经过器外活化后转变为过渡态金属氧硫化合物，而并没有完全转化为活泼的金属硫化物，同时由于采用多段热处理方法，有效地控制了反应程度，在催化剂表面形成一层网状覆盖物（保护膜），从而保证了器外活化催化剂产品在储存、运输和工业装填过程中的安全性。这一特点使本技术与 EURECAT 技术和 actiCAT 技术相比，具有明显的技术优势。

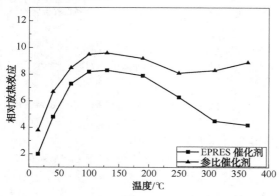

图 4-1-10　EPRES 催化剂与同类参比催化剂相对放热效应的比较

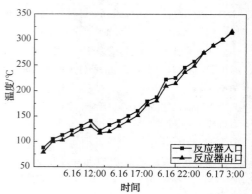

图 4-1-11　采用本发明活化技术工业加氢装置开工期间反应器出、入口温度的变化

EPRES 技术解决了众多炼油厂因催化剂活化所带来的环境污染问题，并实现催化剂活化装置的安全、清洁、简便生产，无特殊环保问题；本技术活化的催化剂在储存、运输和装填中均采用与氧化态催化剂完全相同的方式，无须采用特殊防护措施。与 EURECAT 技术和 actiCAT 技术相比，具有较强的技术优势；与传统器内活化技术相比，加氢装置开工时间节省 48h，大大降低了加氢装置开工过程有毒硫化氢泄漏排放的风险，并相应提高了装置的有效生产时间；EPRES 催化剂与国外同类参比催化剂相比相对放热效应较低，在工业加氢装置应用过程放热量较小。

（三）催化剂表面的活性物种及活性相

EPRES 催化剂活化效果好，高活性金属物种含量提高 8%，其活性优于传统器内活化催化剂。EPRES 技术(a)与传统器内活化方法(b)加氢催化剂的 XPS 分析对比结果见图 4-1-12～图 4-1-14。由图 4-1-12 可见，EPRES 技术所得催化剂表面高活性、低价态的 Mo^{4+} 含量（74%），比传统器内活化催化剂的 Mo^{4+} 含量（66%）提高 8%，Mo^{4+} 含量越高说明催化剂活性稳定性越好。由图 4-1-13 可见，采用 EPRES 技术，催化剂中不仅形成了较多 NiMoS 活性相，而且有效地抑制了零价 Ni 物种的生成。由图 4-1-14 可见，与传统活化方法相比，采用 EPRES 技术制备的催化剂表面上形成了更多高活性的负二价硫的硫化物种。因此，采用 EPRES 技术，提高了加氢催化剂的活化效果，进而提高了催化剂的加氢活性。

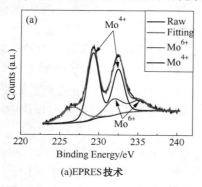

(a)EPRES 技术

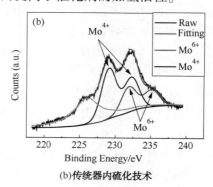

(b)传统器内硫化技术

图 4-1-12　EPRES 催化剂与传统活化催化剂中 Mo 物种的 XPS 对比结果

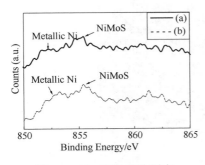

图 4-1-13　两种催化剂中
Ni 物种的 XPS 对比结果

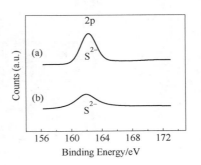

图 4-1-14　两种催化剂中
S 物种的 XPS 对比结果

催化剂经过器外预硫化处理后，由于催化剂的活性金属部分硫化后，活性金属与载体之间的相互作用的强弱会发生改变。根据 Ni-Mo-S 模型理论，活性金属与载体之间的相互作用较强时，催化剂形成表面上呈单层分散 Ni-Mo-S 结构，即催化剂表面形成了Ⅰ类活性相。活性金属与载体之间的相互作用较弱，催化剂形成表面的活性金属 MoS_2 呈现出多片层叠的结构，即 MoS_2 晶粒由多层晶片相叠而组成，并且 Ni 离子镶嵌 MoS_2 晶片的边、棱的位置所形成的活性相一般被认为是具有较高活性的Ⅱ类活性相。

在催化剂的实际应用中Ⅰ类活性相和Ⅱ类活性相是并存的，只不过Ⅰ类活性相或Ⅱ类活性相在活性相中所占的比例有所不同。如果催化剂的Ⅱ类活性相所占的比例较高，催化剂将具有更高的活性，因为具有 MoS_2 晶片的多层分散会提供更多的边、棱的活性中心。催化剂活性金属硫化后多层分散的 MoS_2 晶片的层叠层数和晶片长度的平均值与催化剂的活性密切相关，并可以通过以下计算公式进行计算。

$$L = \sum S_i L_i / \sum S_i$$

$$N = \sum X_i N_i / \sum X_i$$

$$i = 1, 2, 3, \cdots, t$$

式中　　L——晶片平均长度，nm；

　　　　N——平均叠层数；

　　　　L_i——单个晶片长度；

　　　　S_i——长度为 L_i 的晶片层数；

　　　　N_i——单个晶片层数；

　　　　X_i——含有 N_i 层晶片的数量。

对于同一种 $NiMo/Al_2O_3$ 催化剂分别进行器外预硫化和器内预硫化处理，硫化后催化剂利用上述公式计算 MoS_2 晶片的平均层数和平均长度。器外预硫化催化剂 MoS_2 晶片的平均层数和平均长度的数据结果如表 4-1-3 所示。器外预硫化催化剂 TEM 结果见图 4-1-15。

表 4-1-3　MoS_2 晶片的平均层数和平均长度

MoS_2 晶粒	器外预硫化	器内预硫化
平均层数	3.8	2.4
平均长度/nm	5.68	5.57

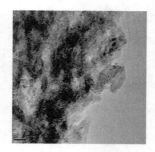

(a)器外硫化催化剂　　　　　　　　　　　(b)器内预硫化催化剂

图 4-1-15　EPRES 器外预硫化催化剂和器内预硫化催化剂的 TEM 结果

由表 4-1-3 可见，NiMo/Al$_2$O$_3$ 催化剂经过器外预硫化和器内预硫化后，MoS$_2$ 晶粒的平均层数分别为 3.8 和 2.4，器外预硫化催化剂 MoS$_2$ 晶粒的平均层数越多，越有利于克服大分子硫化物(如 4，6-DMDBT 等反应物)的空间位阻进行加氢脱硫反应，因此，器外预硫化催化剂比器内预硫化具有更好的加氢活性。值得注意的是催化剂 MoS$_2$ 晶粒的平均层数过多反而对提高催化剂活性不利，一般认为 MoS$_2$ 晶粒的平均层数为 3~5 层较好。

NiMo/Al$_2$O$_3$ 催化剂经过器外预硫化和器内预硫化后催化剂 MoS$_2$ 晶片的平均长度为 5.68nm 和 5.57nm，器外预硫化催化剂 MoS$_2$ 晶片的平均长度比器内预硫化催化剂稍长一些，在一定范围内如果单层 MoS$_2$ 晶片的平均长度越长越有利于加氢催化剂活性的提高。对于催化剂 MoS$_2$ 晶片的平均长度的长短对催化剂的活性影响，虽然有的学者持有相反的态度，但多数研究人员认为：一定范围内 MoS$_2$ 晶片的平均长度较长(即晶片较大)对于催化剂的活性有利。因为，催化剂 MoS$_2$ 晶片的平均层数和平均长度与催化剂 Ⅱ 类活性相的形成有关。

可以通过 MoS$_2$ 晶片的叠层数和晶片长度、XRD、TEM、XPS 等多种分析表征手段来判断器外预硫化催化剂的活性的高低，从而找到提高催化剂活性的有效途径。利用 XPS 分析方法对器外预硫化催化剂进行分析，获取催化剂表面各物种的结果，由拟合峰面积计算得到催化剂表面各组分含量及其分布情况。NiMo/Al$_2$O$_3$ 器外硫化催化剂与器内预硫化催化剂(MoO$_3$25%，NiO 4.1%)的表面元素分布见表 4-1-4。经过催化剂元素分析，器外预硫化催化剂与器内预硫化催化剂的硫含量分别为 7.2%、7.8%。

表 4-1-4　器外预硫化和器内预硫化催化剂的 XPS 表面元素分布

催化剂	原子比(表面元素/表面铝)					
	Mo^{4+}	Mo^{5+}	Mo^{6+}	Mo	Ni	S^{2-}
器外预硫化	8.1	1.0	1.6	10.6	2.3	21.0
器内预硫化	7.8	1.9	2.2	11.9	3.4	16.5

由表 4-1-4 所示器外预硫化催化剂和器内预硫化催化剂的 XPS 表面元素分布可见，器内预硫化催化剂样品表面上主要以 MoS$_2$ 形式存在的钼组分占钼总量的 65%，还有以 Mo^{5+}、Mo^{6+} 形式的钼占钼总量的 16%、19%，说明氧化态催化剂经过器内预硫化后催化剂的硫化不够完全，活性组分并没有得到充分利用。器外预硫化催化剂以 MoS$_2$ 形式存在的钼组分占钼总量的 76%，以 Mo^{5+} 存在的钼占钼总量的 16%，器外预硫化催化剂活性组分的利用率比器内预硫化催化剂高。这是因为经过器外预硫化处理后与器内预硫化催化剂相比，催化剂的活

性金属钼与载体的作用力有所减弱，形成了易于硫化的物种，从而提高了催化剂活性金属的利用率。

由表4-1-4可知，与器内预硫化催化剂相比，器外预硫化催化剂表面的硫组分S^{2-}更多，更易于在催化剂的表面分布。器内预硫化催化剂与器外预硫化催化剂的S^{2-}/Mo^{4+}比值分别为2.0和2.6。器外预硫化催化剂的S^{2-}/Mo^{4+}比值由2.0增至2.6，说明器外硫化催化剂的硫化更充分、硫化效果更好。

EPRES器外预硫化技术特点见表4-1-5。

表4-1-5　EPRES器外预硫化技术特点

项　　目	EPRES	项　　目	EPRES
硫化剂特性	安全/廉价/易得	钝化与否	否
生产过程		工艺流程	简单
操作压力	常压	设备投资	低
操作温度	低	产品储运和装填	无特殊要求
操作气氛	空气		

由表4-1-5可见，新器外预硫化技术通过上述创新的集成，与国外同类技术相比，实现了在常压、空气气氛下进行器外预硫化。所使用的硫化剂特点是：安全、廉价、易得；器外预硫化工艺流程简单；设备投资低；可以在常压、低温、空气氛围下加工生产器外预硫化加氢催化剂；器外预硫化催化剂产品在常温条件下性质稳定，不需要钝化；产品在储存、运输和装填过程中，也无需氮气保护。在生产过程、产品储运和应用等环节均具有投资少、成本低、安全清洁、性能好等优势。因此，EPRES技术具有明显的竞争优势。

三、加氢裂化器外预硫化催化剂的反应性能

为考察EPRES技术用于加氢裂化催化剂器外预硫化的适应性，FRIPP完成了FF-26加氢裂化预精制催化剂和FC-12加氢裂化催化剂的器外预硫化工业放大试验。工业放大器外预硫化催化剂样品编号分别为EP-FF-26和EP-FC-12。

在加氢裂化中型试验装置上，以伊朗VGO为原料，采用一段串联工艺及相同工艺条件，对EP-FF-26/EP-FC-12器外预硫化催化剂和需要在器内进行硫化的氧化态FF-26/FC-12催化剂进行了活性对比评价试验。

和器内硫化相比，EPRES器外预硫化催化剂开工具有以下优点：①催化剂开工步骤简单，开工时间缩短；②催化剂硫化效果好，主要表现为其加氢精制和加氢裂化活性高；③开工过程中不用外加CS_2或DMDS等对人体和环境有毒有害的硫化剂。

在EPRES器外预硫化催化剂评价试验中，直接用氢气和低氮开工油（喷气燃料或柴油）对EP-FF26和EP-FC12催化剂进行升温开工，升温速度明显比加氢裂化催化剂器内硫化时快，并省去了230℃、290℃和370℃等恒温硫化步骤，从而使总硫化时间缩短了$1/3 \sim 1/2$。EPRES催化剂开工期间，催化剂上的硫会以H_2S形式均匀释放，H_2S会很快穿透催化剂床层，但反应系统H_2S浓度能够平稳维持在$1000 \sim 7000\mu L/L$之间，从而避免催化剂上活性金属组分被热氢还原成低活性的金属态，使催化剂加氢性能得到最充分的发挥。

对比评价试验所用原料油为伊朗VGO，其主要性质列于表4-1-6。由表4-1-6可知，伊朗VGO是比较典型的加氢裂化进料。

表 4-1-6　原料油主要性质

原料油名称	伊朗 VGO	原料油名称	伊朗 VGO
密度(20℃)/(g/cm³)	0.9168	胶质	2.5
S/%	1.59	馏程/℃	
N/(μg/g)	1681	初馏点	336
残炭/%	0.39	10%	379
组成(质谱)/%		50%	433
链烷烃	20.3	90%	506
环烷烃	31.9	终馏点	542
总芳烃	45.3	BMCI 值	47.7

　　对比评价试验主要工艺条件列于表 4-1-7。在总压 15.7MPa、加氢精制体积空速 1.0h⁻¹、氢油体积比 1000∶1 和控制精制油氮含量约 10ng/μL 等条件下，加工处理伊朗 VGO，EP-FF-26 器外预硫化催化剂的加氢脱氮活性明显比器内硫化的 FF-26 催化剂好，其所需反应温度为 380℃，比器内硫化的 FF-26 催化剂降低 2℃；裂化段在体积空速 1.37h⁻¹、氢油体积比 1200∶1 和控制裂化转化率(<360℃)约 72% 等条件下，EP-FC-12 器外预硫化催化剂的裂化活性也比器内硫化的 FC-12 催化剂好，其所需反应温度为 373℃，比器内硫化的 FC-12 催化剂降低 3℃。器外预硫化催化剂加氢精制活性和加氢裂化活性比器内硫化催化剂好，其主要原因是 EPRES 器外预硫化催化剂的硫化效果要好于常规的器内硫化效果。

表 4-1-7　加氢裂化主要工艺条件及活性对比评价结果

项目	器外硫化	器内硫化	项目	器外硫化	器内硫化
精制段：			裂化段：		
精制催化剂	EP-FF-26	FF-26	裂化催化剂	EP-FC-12	FC-12
反应总压/MPa	15.7	15.7	体积空速/h⁻¹	1.37	1.37
体积空速/h⁻¹	1.00	1.00	氢油体积比	1200∶1	1200∶1
氢油体积比	1000∶1	1000∶1	反应温度/℃	373	376
反应温度/℃	380	382	<360℃转化率/%	约 72	约 72
精制油氮/(ng/μL)	约 10	约 10			

　　器外预硫化和器内预硫化催化剂对比评价试验加氢裂化产品分布列于表 4-1-8。加氢裂化产品主要性质分别列入表 4-1-9~表 4-1-12 中。

表 4-1-8　加氢裂化主要产品分布　　　　　　　(对原料)

催化剂	器外 EP-FC-12	器内 FC-12	催化剂	器外 EP-FC-12	器内 FC-12
轻石脑油	3.62	3.60	柴油	17.72	17.62
重石脑油	22.51	21.54	加氢尾油	27.90	27.84
喷气燃料	26.01	26.47	C₅₊液体收率	97.76	97.07

表 4-1-9　重石脑油产品主要性质

催化剂	器外 EP-FC-12	器内 FC-12	催化剂	器外 EP-FC-12	器内 FC-12
密度(20℃)/(g/cm³)	0.7442	0.7415	70%/90%	129/147	128/145
馏程/℃			95%/终馏点	155/167	156/166
初馏点/10%	61/93	43/95	芳潜/%	60.7	60.5
30%/50%	105/117	105/116			

表 4-1-10　喷气燃料馏分产品主要性质

催 化 剂	器外 EP-FC-12	器内 FC-12	催 化 剂	器外 EP-FC-12	器内 FC-12
密度(20℃)/(g/cm³)	0.8092	0.8058	黏度(20℃)/(mm²/s)	1.916	1.925
馏程/℃			闪点(闭)/℃	51	57
初馏点/10%	170/183	170/181	冰点/℃	<-60	<-60
30%/50%	193/203	189/200	烟点/mm	25	27
70%/90%	215/233	212/229	芳烃/%(体)	5.6	5.3
95%/终馏点	240/251	235/247			

表 4-1-11　柴油馏分产品主要性质

项 目	器外 EP-FC-12	器内 FC-12	项 目	器外 EP-FC-12	器内 FC-12
密度(20℃)/(g/cm³)	0.8242	0.8223	95%/终馏点	340/343	327/334
馏程/℃			黏度(20℃)/(mm²/s)	8.750	8.321
初馏点/10%	270/284	263/278	闪点/℃	126	125
30%/50%	292/303	288/293	十六烷指数（ASTM 4737—96a)	71.7	69.8
70%/90%	317/334	305/322			

表 4-1-12　加氢尾油产品主要性质

项 目	器外 EP-FC-12	器内 FC-12	项 目	器外 EP-FC-12	器内 FC-12
密度(20℃)/(g/cm³)	0.836	0.835	70%/90%	453/496	441/486
馏程/℃			95%/终馏点	520/532	507/529
初馏点/10%	382/396	368/385	黏度(50℃)/(mm²/s)	13.89	13.15
30%/50%	410/428	397/415	凝点/℃	41	38

由表 4-1-8 可知，对比评价试验加氢裂化产品分布非常相近。重石脑油收率分别为 22.51% 和 21.54%；航煤馏分收率分别为 26.01% 和 26.47%；柴油馏分收率分别为 17.72% 和 17.62%；加氢尾油收率分别为 27.90% 和 27.80%。

由表 4-1-9～表 4-1-12 可知，对比评价试验加氢裂化主要产品性质也基本相同。重石脑油芳潜分别为 60.7% 和 60.5%，均为优质的催化重整进料；喷气燃料馏分密度分别为 0.8092g/cm³ 和 0.8058g/cm³，冰点均 <-60℃，烟点分别为 25mm 和 27mm，均可以生产优质的 3# 喷气燃料；柴油馏分十六烷指数分别为 71.7 和 69.8，是优质的清洁柴油调和组分；加氢裂化尾油是优质的蒸汽裂解制乙烯原料。

上述对比评价试验结果表明，用 EPRES 技术制备的器外预硫化催化剂具有开工过程简单，升温硫化时间短，催化剂硫化效果好，加氢精制和加氢裂化活性均明显高于常规器内预硫化催化剂，而加氢裂化产品分布和产品性质与后者基本相同等特点。结果说明，EPRES 技术完全适用于加氢裂化催化剂器外预硫化，至此，器外预硫化加氢裂化催化剂已取得较好的应用效果。

四、加氢裂化器外预硫化催化剂的工业应用

（一）EPRES 器外预硫化催化剂的工业应用研究

1. 催化剂的储存、运输和装填的安全性

为了确保工业应用过程中器外预硫化催化剂储存、运输和装填的安全性，对 EPRES 催化剂进行锤击、燃烧和耐高温试验。

器外预硫化催化剂的锤击试验：在暗室中观察器外预硫化催化剂从 3m 高处自由坠落，以及用 5kg 重锤击打催化剂，两种情况下均未发现催化剂出现火星。

工业氧化态催化剂在装置上使用一定时间后需要进行催化剂再生，当这样的硫化态催化

剂从反应器卸出暴露于空气中会产生自燃。而器外预硫化催化剂是否也会产生自燃现象，为了证实这一点，进行了工业器外预硫化催化剂的燃烧试验。以三种方式进行燃烧试验：①明火点燃催化剂；②红外灯照射催化剂；③阳光下暴晒催化剂 5h。上述三种方式处理的器外预硫化催化剂均未出现自燃现象。

器外预硫化催化剂的耐高温试验：以 10℃/min 升温速度加热催化剂，在 150℃、200℃和 250℃温度下分别恒温 3h，采集气样进行气体组成分析。EPRES 器外预硫化催化剂高温下的气体组成分析结果见表 4-1-13。由表 4-1-13 可见，在 250℃下，催化剂产生了极其微量的硫化氢，未生成二氧化硫。

表 4-1-13　器外预硫化催化剂高温下的气体分析

温度/℃	气体组分含量/(μg/g)				
	H_2S	SO_2	CH_4	C_2H_4	C_2H_6
室温~150	0.01	0	0.20	0.57	3.30
150~200	0.31	0	0	0.01	0.06
200~250	0.04	0	0	—	0.02

迄今为止，国内加氢装置采用 EPRES 技术的器外预硫化催化剂的储存、运输和装填全部采用与氧化态催化剂完全相同的方式，无须采用任何特殊的防护措施。EPRES 催化剂在储存、运输和装填过程中均未出现放热和自燃等现象，说明 EPRES 技术很好地解决了器外预硫化催化剂在储存、运输和装填过程中的安全性问题。

2. 催化剂的开工时间

以典型柴油加氢精制为例，在开工期间器外预硫化催化剂的升温活化与氧化态催化剂硫化的操作温度和开工时间见图 4-1-16。试验证明，EPRES 催化剂的开工既可以采用湿法硫化，也可以采用干法硫化。

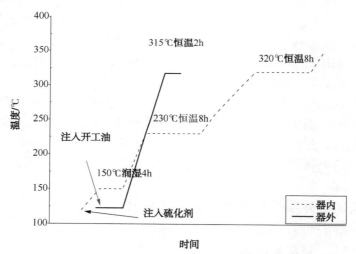

图 4-1-16　在开工期间器外预硫化催化剂升温活化
与氧化态催化剂硫化的操作温度和开工时间

氧化态催化剂的开工程序中催化剂的硫化需要经历一个缓慢升温和恒温过程，如何判断催化剂器内预硫化过程中每个恒温段的硫化进程是否完成，以及反应器各个床层催化剂是否得到充分硫化，均需要通过硫化氢是否穿透反应器来判断。而器外预硫化催化剂的开工程序是催化剂活化的过程，由于催化剂已经过器外预硫化处理，所以在装置开工过程中催化剂活化反应属于原位反应，催化剂在较低温度条件下就已经开始释放硫化氢，过早的硫化氢释放会对设备产生腐蚀作用，因此，器外预硫化催化剂开工程序需要快速完成，最好使得硫化氢在较短时间内通过反应器。

采用器内预硫化技术，必须缓慢升温并在不同温度段恒温硫化，使硫化氢逐一穿透反应器，因为催化剂的活性金属为氧化态，催化剂的金属氧化物与高温氢气接触，一旦发生热氢还原，就很难再被硫化，从而会使催化剂活性明显下降。相比之下，采用器外预硫化技术，催化剂活性金属已预硫化形成过渡态金属氧硫化物，因而在开工过程中不必担心像氧化态催化剂活性金属以金属氧化物形式存在极易被高温氢气还原的问题，因此，采用器外预硫化技术，加氢装置开工过程中可以使催化剂快速升温活化，因而解决了硫化氢短时通过的问题。通常在催化剂的活化期间硫化氢的浓度保证维持在 $200\sim10000\mu g/g$。

采用器外预硫化技术不必担心催化剂活性金属被高温氢气还原的问题，使得加氢装置开工过程中可以使催化剂快速升温活化，节省了加氢装置的开工时间。

将催化剂装入反应器之前将活性金属大部分转化为金属氧硫化物。器外预硫化催化剂的金属氧硫化物经过开工活化步骤转化生成活性硫化物所需的时间明显小于相应氧化态催化剂器内预硫化所需时间。采用 EPRES 技术与器内预硫化技术相比，节省了加氢装置开工时间。加氢裂化装置采用 EPRES 器外预硫化技术可节省开工时间 64h。

3. 开工过程中催化剂放热的起始温度预测

利用 DSC 分析方法进行各种类型器外预硫化催化剂的 DSC 放热分析，可以根据 DSC 分析结果与工业装置催化剂的开工过程的实际放热的起始温度点相关联，找到变化规律，从而指导分析工业应用的实际放热规律。

器外预硫化催化剂的开工过程放热的起始温度与分析预测值的对比结果见表 4-1-14。由表 4-1-14 结果可见，活性金属种类相同催化剂（如 NiMo、NiMoW）的起始放热温度点相近，而不同活性金属种类的催化剂工业的起始放热温度与 DSC 放热分析的起始温度相差 60℃，DSC 放热分析的起始温度为何会高于工业应用的起始放热温度，这是由于 DSC 放热分析测得的温度显示往往滞后于实际的温度值，特别是工业装填催化剂在几十吨或几百吨级规模时，开工过程放热的起始温度低于分析值。

表 4-1-14　器外预硫化催化剂开工过程放热的起始温度预测

催化剂	活性金属	初始温度/℃（DSC 分析）	工业预测温度/℃	工业实际温度/℃
NM（1）	NiMo	240	180	180
NM（2）	NiMo	220	160	160
NMW（1）	NiMoW	180	120	119
NMW（2）	NiMoW	205	145	142

因此，我们可以根据 DSC 分析结果来预测工业实际的起始温度点。根据 DSC 分析结果来预测工业实际的起始温度点，将有助于我们有效地预判和控制器外预硫化催化剂工业活化中的放热情况，从而确定合理的器外预硫化催化剂的开工应用程序。

（二）加氢裂化器外预硫化催化剂的开工

扬子石化公司 2Mt/a 联合装置更换催化剂，采用 FRIPP 器外预硫化 FZC 系列加氢保护剂、FF-56 加氢精制催化剂和 FC-46 加氢裂化催化剂。器外预硫化催化剂工业装填情况见表 4-1-15。

表 4-1-15　扬子石化器外预硫化催化剂工业装填情况

催化剂	装填体积/m³	装填质量/t	装填密度/(g/cm³)
FF-56	357.57	403.92	1.13
FC-46	232.086	214.7	0.93
FZC-105	8.89	5.594	0.63
FZC-106	16.4	10.816	0.66
FBN-02B01	2.88	2.24	0.78
FBN-03B01	14	15.2	1.09

　　工业器外预硫化催化剂用量较大(装填各类催化剂总质量 652.47t),为了防止气密过程中出现风险,所以对开工方案进行了优化,加氢装置气密时逐渐置入氢气,并严格控制好开工的氮气置换及气密过程,避免工业器外预硫化催化剂在开工活化过程中出现集中放热。采用优化器外预硫化催化剂开工方案[①氮气置换:引入氮气进行系统置换,经历了全氮气 1.0MPa、3.5MPa、5.0MPa 气密。②恒压升温:4.0MPa 条件下,以 10℃/h 的升温速度提升精制反应器入口温度。开始恒温等待反应器的器壁温度大于 120℃后进行恒温升压,加氢装置气密时逐渐置入氢气(使得循环氢中氢纯度有 3%、5%……50%)。③恒温升压:入口温度为 145℃,开始引入氢气高分压力升至 14MPa,引氢气密过程结束,硫化氢浓度为 0.05%~0.06%。④活化和注氨:置换及气密过程结束后,引入活化油。当双系列入口温度为 230℃进行注氨,开始向反应系统注入无水液氨进行钝化。⑤切换原料:温度升至 290℃,开始切换 VGO 原料,稳定后逐步提高新鲜进料比例,提至 100% 新鲜进料,调整操作],产品全部合格,加氢装置开汽一次成功。

　　采用优化的器外预硫化催化剂与原有器外预硫化技术相比,减少催化剂活化过程中的相对放热效应,提高生产安全性,器外预硫化技术的适应性和实用性更强。器外预硫化催化剂工业应用优化研究切合了当前国内炼油企业的现实需求。

(三) 器外预硫化加氢裂化催化剂的工业应用概况

　　采用 EPRES 技术,建成了国内唯一的规模化加氢催化剂器外预硫化工业装置。自 2005年起,生产了 40 多个品种共计 5kt 器外预硫化催化剂,并在汽柴油加氢、石蜡加氢及加氢裂化等不同类型的 56 套装置工业应用,总加工能力达到 63.18Mt/a,近三年仅 14 套加氢装置就为企业创经济效益约 4.69 亿元,是一项安全、环保并具有显著经济效益和社会效益的应用技术。本技术的成功开发打破了国外的技术垄断,与现有技术相比具有明显的优势,提高了国内加氢技术的市场竞争力,整体性能达到国际先进水平。

　　采用 EPRES 技术对多个品种的加氢裂化预精制和加氢裂化催化剂进行了器外预硫化,并在国内 19 套加氢装置上成功工业应用,总加工能力达到 30.70Mt/a,均取得了很好的使用结果,见表 4-1-16。

表 4-1-16　采用 EPRES 技术加工生产的器外预硫化催化剂的工业应用概况

序　号	应用单位	应用时间	规模/(10kt/a)
1	中国石油锦西石化分公司	2006.07	100
2	中国石化天津分公司	2006.12	120
3	中国石油吉林石化分公司	2007.06	90
4	中国石油辽阳石化分公司	2007.12	120
5	中国石油抚顺石化分公司石油三厂	2008.04	120

续表

序　号	应用单位	应用时间	规模/(10kt/a)
6	和邦化学有限公司	2008.04	170
7	中国石化镇海炼化分公司	2008.12	220
8	中国石化福建联合石化有限公司	2009.05	280
9	中国石化福建联合石化有限公司	2009.06	120
10	中国石化广州石化分公司	2009.12	100
11	中国石油锦西石化分公司	2010.09	90
12	中国石化镇海炼化分公司	2010.07	240
13	中国石油辽阳石化分公司	2010.09	260
14	中国石油抚顺石油三厂	2010.10	120
15	中国石化扬子石化有限公司(加氢裂化预精制)	2013.03	200
16	庆阳石化(加氢裂化预精制)	2013.08	120
17	中国石化扬子石油化工有限公司(加氢裂化预精制)	2014.06	200
18	中国石化扬子石油化工有限公司(加氢裂化新装置)	2014.06	200
19	中国石化扬子石油化工有限公司(加氢裂化老装置)	2014.06	200
合　　计			3070

采用 EPRES 技术对加氢裂化催化剂进行器外预硫化，具有催化剂持硫率高、硫化度高和放热效应低等特点。与器内预硫化催化剂相比，器外预硫化催化剂硫化更充分；活性对比评价试验结果表明，EPRES 器外预硫化催化剂的加氢精制和加氢裂化活性均优于器内预硫化催化剂；EPRES 器外预硫化催化剂开工过程简便，升温硫化时间短，开工过程无集中放热。

第二节　加氢裂化催化剂的再生

加氢是指在氢气和配套催化剂存在的条件下处理各种轻重石油馏分、油页岩、部分化工原料和煤提炼的各种原料，但主要以加工处理轻重石油馏分为主。根据炼油加氢过程中碳数低于原料分子的烃类产物生成量即转化深度的不同，可以粗略地将炼油加氢技术分为加氢精制、加氢处理、缓和加氢裂化和加氢裂化四大类，具体技术分类情况列于表 4-2-1。据报道，全世界炼油加氢催化剂消耗量为 150~170kt/a，并以每年 4%~5% 的速度增长，2010 年我国炼油加氢装置加工能力已达到约 300Mt，加氢催化剂年需求量达 110kt 以上，根据国内市场调研，到 2015 年炼油加氢催化剂总需求量将达到 37.5kt 左右。因此，高效利用加氢催化剂是我们必须面对的重要课题，而加氢的催化剂再生及有效利用是其中关键。

表 4-2-1　加氢过程分类

技术类型	加氢精制	加氢处理	缓和加氢裂化	加氢裂化
转化深度/%	接近于 0	<15	15~40	>40
实例	液化气加氢 石脑油加氢 直馏/催化/焦化油加氢 柴油加氢 石蜡加氢 润滑基础油加氢补充精制 特种油品深度加氢脱芳 重整生成油选择性加氢脱烯烃	催化汽油 RIDOS 催化柴油 MCI 催化柴油 FHI 蜡油加氢处理 渣油加氢处理	柴油中压加氢改质 柴油临氢降凝 柴油加氢降凝 柴油加氢改质降凝 柴油加氢改质异构降凝 蜡油缓和加氢裂化 润滑油加氢处理 加氢尾油催化脱蜡 加氢尾油异构脱蜡	催化柴油加氢转化 馏分油加氢裂化 渣油加氢裂化 —LC-Fining —H-Oil —STRONG —EST —Uniflex

对于加氢精制和加氢处理过程主要在是在相对缓和的条件下进行到 C—X(X＝S、N、O)键断裂和双键加氢饱和，而加氢裂化过程主要指以重质馏分油和渣油为原料生产化工原料或清洁交通运输燃料的过程，涉及到 C—C 键断裂，同时伴随有异构反应发生，操作条件比加氢处理苛刻，所用的催化剂与加氢处理有所不同，但不论是加氢精制过程还是加氢裂化过程都存在着催化剂失活的问题，而造成催化剂的失活有很多种因素，可导致催化剂暂时或永久失活。视装置类型和操作条件苛刻度不同，催化剂运转寿命一般为 6 个月到 5 年。加氢催化剂在装置运转过程中的失活是一个渐变的过程，可通过提高反应温度来弥补催化活性损失，直至最高点反应温度超过限制或产品分布及产品质量不能满足实际生产要求时停工，再根据实际情况确认催化剂是进行再生或是更换新鲜催化剂。

加氢催化剂的可再生性及再生价值，可以通过由炼油企业与催化剂专利商进行预评估的方法认定。再生一般应遵循如下原则：对于直馏轻质原料(如直馏石脑油、航煤、柴油)进行加氢脱硫、脱氮反应的催化剂，原则上可以再生两次。对于劣质原料(如催柴、焦柴、焦化汽油)及重质馏分油(如 VGO、焦化蜡油)、脱沥青油等加氢的催化剂，原则上只再生一次，如进行第二次再生，应认真进行技术经济评估和比较。对一些特殊专用的加氢催化剂，如用于石蜡、白油、芳烃、润滑油等加氢催化剂，原则上再生一次。对于具有双功能、多功能的加氢裂化、加氢改质、加氢异构化催化剂，基于其裂化活性、选择性及产品质量的要求，原则上再生一次，如要进行第二次再生应认真加以技术经济评估。而对于渣油加氢装置使用各类催化剂，其他加氢装置使用的加氢脱金属保护剂、加氢捕硅剂和加氢脱砷剂，反应器上部、金属等杂质沉积量较大的部分主催化剂和生产运行中因异常超温导致结构发生明显变化的催化剂不适合进行再生后使用。

目前加氢催化剂再生有两种方式，分别是器内再生和器外再生。20 世纪 70 年代以前，绝大多数加氢催化剂采用器内再生方法。70 年代中期发展了催化剂器外再生方法，80 年代器外再生方法得到了迅速推广，如今美国和欧洲的催化剂再生约有 90%～95% 是器外再生法处理的，而世界上可再生催化剂中约有 90% 是加氢催化剂。国内外 1996 年以后新建的多数加氢装置已不再包含器内再生的设施。

一、加氢催化剂的失活

催化剂的失活按照失活机理可分为中毒、结焦及烧结三类[53,54]。催化剂中毒：主要指碱性氮化物类化合物化学吸附在酸性中心上，不仅使该中心酸性丧失，还会减弱相邻酸性中心的酸度，使催化剂失去活性而且还可能堵塞孔口及内孔道；或者由于重金属的沉积导致催化剂失活。催化剂结焦：原料在催化剂表面形成炭质，覆盖在活性中心上，大量的结焦导致孔堵塞，阻止反应物进入孔内活性中心，Shiring 等人研究指出 5% 的积炭即可引起催化剂失活。催化剂烧结：指催化剂结构发生变化而丧失活性中心，如小金属聚集或晶体变大。

随着运转时间的延长，加氢催化剂的活性会逐渐下降。加氢催化剂失活一般情况下为缓慢和渐进的过程，除非发生突然事故或严重违章操作才会使催化剂突然失活。引起催化剂失活的原因很多，如在高温下催化剂的活性组分的聚集和挥发等。而多数失活是由于外来因素引起的，包括杂质的沉淀、积炭和化学变化引起的结构变化等，这些外来物质引起的失活称为中毒失活。有的中毒失活是暂时性的，可通过再生等手段恢复活性，如积炭、氨中毒等。有的则是永久性失活，不能通过常规的再生方法使催化剂活性恢复，如重金属沉积等。

加氢催化剂失活主要原因是积炭结焦和重金属沉积[55~57]。结焦积炭造成催化剂孔结构堵塞并覆盖活性中心，同时伴随着活性金属组分迁移或聚集、相组成的变化和活性中心数减少等现象，严重影响催化剂的活性，这种催化剂失活可以通过再生处理实现催化剂活性恢复。重金属 Ni、V、Fe、Na、Ca、Si、As 等杂质沉积、分子筛结构塌陷和氧化铝等载体烧结的催化剂不能再生利用。对于活性金属聚集和有部分活性组分流失的催化剂不能简单再生处理，应进行特殊的再生及专有活性恢复才能够使催化剂重新被利用。

另外，不同用途的催化剂失活的主要原因有所不同，如重质馏分油加氢处理催化剂失活，是因结焦生炭，部分金属聚集，造成催化剂活性中心数减少；渣油加氢催化剂失活是因重金属硫化物沉积和结焦；而加氢裂化催化剂失活，主要是因结焦，焦炭覆盖活性中心和堵塞孔道，S、N 杂质和重金属有机物化学吸附，使酸性中心中毒或分子筛结构破坏，金属迁移和聚集等。

（一）催化剂积炭结焦

在加氢过程中，原料油中烃类的裂解和不稳定化合物的缩合，都会在催化剂的表面或内部积炭结焦，导致加氢催化剂活性中心被覆盖和孔道被堵塞封闭，是加氢催化剂失活的重要原因。加氢催化剂因积炭结焦失活的速度取决于原料油的性质、操作条件的苛刻度以及加氢催化剂本身固有的特性。

加氢催化剂在使用过程中，会因积炭结焦使其活性逐渐降低，为达到预期产品分布和产品性质，可通过提高相应的操作温度来补偿其活性的下降。到了运转末期，装置须停工进行催化剂再生处理，再生时间应根据产品选择性是否达到极限和季节因素，并尽可能与炼油厂停工检修同步等方面综合考虑确定。

所有的加氢催化剂失活几乎都涉及到积炭结焦。焦炭生成机理十分复杂，烯烃齐聚生成环烷烃，而后脱氢生成芳烃，芳烃烷基化生成烷基芳烃，或芳烃聚合生成稠环芳烃，再脱氢即为焦炭，焦炭一般用 $CH_{1.0} \sim CH_{0.5}$ 表示。焦炭分为不溶性的假石墨型和有机溶剂可溶性的纤维状碳两种[58]，对于重质馏分油加氢过程中结焦，一般分为两类，一是沥青质及大分子多环芳烃（PNA，H/C = 1.0～1.3），也包括含氮、重金属的芳烃化合物，它们吸附在加氢催化剂表面，进一步聚合而结焦，这多发生在加氢处理过程中，图 4-2-1 列出加氢装置原料中 PNA 含量与催化剂积炭的关系；另一为裂化反应的产物或中间产物二次反应聚合而生焦（H/C = 0.4～0.6）。

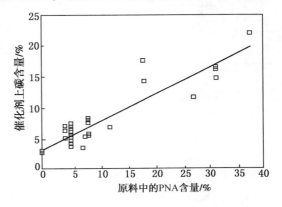

图 4-2-1　原料中 PNA 含量与催化剂上碳含量的关

催化剂结焦失活过程通常由三个阶段组成，见图 4-2-2 和图 4-2-3。由图中可以看出运转初期，由于少量焦炭沉积，在少数活性较强的中心上而使催化剂活性快速下降，需要提温来补偿活性损失；而后在长期运转中，强活性中心消失，重金属与焦炭沉积速率放缓，催化剂活性缓慢下降，温度呈线性增加；运转末期催化剂迅速失活，这是因温度升高后，加剧了炭沉积和金属沉积，造成孔口堵塞和活性中心被覆盖，表面积降低；同时随时间延长和温度升高，金属组分、氧化铝晶型、分子筛形态及大小都在变化。

F. Diez 等[59]为了弄清焦炭对加氢活性的影响，用轻质循环油（LCCO）及脱除灰分的煤焦油-烷基萘混合物为原料，对工业应用的 HDS-9A 进行结焦失活试验。由于重金属含量低，由重金属沉积引起失活可忽略，认为运转开始 20h 就生焦，催化剂含炭 3% 时，焦层厚

0.5nm,催化剂含炭 10.5%时,焦层厚 1.1nm,尽管整个催化剂表面结焦,但 Al_2O_3 上结焦比具有催化活性的 MoS_2、Ni_3S_2 上更厉害些,催化剂活性降低是由于 Al_2O_3 载体上焦炭堵塞及 MoS_2 晶体边角位活性中心被焦炭覆盖,一般来说,焦炭层厚>0.7nm,催化活性迅速下降。

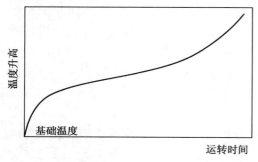

图 4-2-2　催化剂失活过程

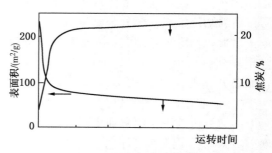

图 4-2-3　催化剂失活过程中焦炭与表面积变化

表 4-2-2 列出国内大型加氢装置催化剂积炭情况。由表 4-2-2 可以看出,加氢催化剂积炭除与每千克催化剂加工油量有关外,还与装置类型、装置负荷、操作条件和原料油性质有很大关系。从表 4-2-3 可以看出不同床层催化剂的积炭,床层操作温度愈高,积炭也愈多。

表 4-2-2　加氢装置催化剂积炭

催化剂	加氢处理			加氢裂化			加氢处理+加氢裂化
催化剂加工油量/(t/kg)	27.3	35.06	27.1	23.3	22.49	27.74	6.35
C/%	2.09	2.25	4.84	3.97	4.1	3.34	6.75

表 4-2-3　某炼油厂不同床层催化剂积炭

加氢处理	C/%	加氢裂化	C/%
一床层催化剂	2.03	一床层催化剂	2.87
二床层催化剂	2.14	二床层催化剂	2.85
		三床层催化剂	4.47
		四床层催化剂	5.70
		底部后精制	7.38

(二)灰分与重金属[56,60]

原料油中的重金属 Fe、Ni、V、Hg、Pb 以及 Ca、As 等以可溶性有机金属化合物形式存在于原料中,此外还有上游加工的添加物,如消泡剂 Si、防腐剂 P、脱盐剂 Na 和油品储运带来的金属污染物 Fe 等,它们都能沉积在催化剂表面和孔内,最终导致催化剂孔口堵塞和活性中心中毒而失活。图 4-2-4 示出不同金属含量的原料造成催化剂失活过程。

灰分是指石墨、氧化铝、硫化铝、硅凝胶杂质等,它们堵塞催化剂孔口,覆盖活性中心,再生温度高时,载体与灰分发生固相反应,属于永久性失活。

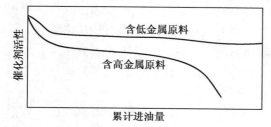

图 4-2-4　重金属引起的催化剂失活过程

下面介绍几种主要金属与杂质造成催化剂失活的原因。

Na 是一显著的造成催化剂失活因素，Na 能渗入催化剂微孔结构中，中和酸性中心，降低催化剂裂化功能，同时降低催化剂机械强度，Na 中毒最严重的效果是催化剂再生时，Na 能在高温再生时促进烧结，能够渗入到催化剂载体内部而利于烧结，能使催化剂表面积降低，使活性金属聚集，通常催化剂上 Na 超过 0.25%，就不进行再生了，此外 Na 的污染还造成装置压降上升，因此推荐原料中 Na 含量<5μg/g。

Fe 在加氢装置进料中是以有机的(环烷酸铁)和无机的(铁颗粒)形式存在，它主要集中在渣油馏分中，Fe 主要是在上游设备中腐蚀而带到其他馏分中去，Fe 聚集深度为 60～100nm，孔口基本堵死，造成催化剂失活。Fe 的另外一个危害是增大装置压降，因 Fe 与系统中的 H_2S 作用而生产 FeS，并且 FeS 可积存在催化剂颗粒之间，由于 FeS 具有强的脱氮活性，所以在 FeS 旁形容易成焦炭沉积，最终 FeS 与附在上面焦炭形成很硬的壳，增加装置压降，严重时需要装置停工进行催化剂更换。Fe 的问题关键是解决上游腐蚀，其次是采用大孔径保护剂，脱 Fe 剂及催化剂分级装填。

As 存在于某些原油中，同时油田钻井所用化学品也可带入。据报道，在 Co-Mo 加氢催化剂上若沉积 1000μg/g 的砷，催化剂活性要损失 5.5～3.3℃，再生后催化剂的活性也不能恢复到新鲜催化剂的水平。有试验表明，含砷 1.2%(质量分数)的催化剂，再生后催化剂的脱氮活性仅为新鲜催化剂的 70%，脱硫活性约为 90%。另外 As 可造成加氢催化剂永久失活，采用催化剂再生技术也不能恢复其活性，因此，要严格限制原料油中的 As 含量，防止催化剂中毒。

Si 是通过添加在馏分油中的消泡剂带入的，常存在于焦化与减黏的轻馏分中。Si 中毒主要是它覆盖催化剂活性中心，再生时 SiO_2 与 MoO_3 结合，生成无活性相。Si 在加氢条件下，不仅发生沉积，而且会生成一些容易挥发的硅化物，造成硅化物在床层中迁移而穿透催化剂床层。有研究认为，当 Si_2O 沉积量超过 3%～5%时就能彻底封闭催化剂活性中心而使催化剂失活。

Ni 与 V 存在于原油重馏分中，以大分子形态(胶质与沥青质)存在于 500℃以上馏分中，即 HVGO 或 ARO(VRO)中，V 聚集可达 200～300μm，Ni 与 V 在一起，可穿透深度 800μm。Ni 与 V 中毒机理是堵塞催化剂微孔孔口，催化剂上载有 3%～4%(V+Ni)时，活性降低 50%。Ni 与 V 可造成催化剂永久失活，不能通过催化剂再生的方式恢复催化剂活性。

此外 P、Ca、K、Mg 等均会给催化剂带来负面影响，应从原料中清除。Pb 是以四乙基铅形式加到汽油中，Hg 只存在于天然气及其凝缩油中，在重质馏分油加氢裂化过程中不易碰到。

总之，上述原料中杂质及重金属，都会使加氢活性中心中毒，降低加氢活性。加氢活性中心都是由过渡金属提供，而其活性来源于过渡金属的 d 轨道空穴，所以凡能影响 d 轨道空穴的元素或化合物均可使加氢活性降低、甚至丧失，例如含有未共用电子对的物质如 AsR_3、NR_3，正电子类的物质如 Hg^{2+}、Pb^{2+} 等；还有含有未成对电子或容易产生不成对电子的物质皆为催化剂加氢中心的毒物。而加氢裂化催化剂除加氢活性中心外，还有酸性中心，易被吡啶、氨化学吸附在酸性中心上，焦炭覆盖在酸中心上使裂化活性降低，使催化剂失活。还有 V 等重金属破坏分子筛结构，此外分子筛的催化剂长期使用，也存在分子筛结构倒塌，酸性中心与酸强度降低等因素，这可能是分子筛长期在高温、高压下，沸石骨架四配位铝水解作用造成的。表 4-2-4 列出新鲜加氢催化剂和再生后加氢催化剂红外酸度变化及 USY 峰高变化。由表 4-2-4 可以看出，加氢催化剂再生后，酸度降低，一是因金属聚集，活性中心数减少，另一是表征 USY 特征峰峰高降低，意味着沸石结晶度降低。此外再生过程中生成的 β-NiMoO$_4$（NiWO$_4$），经二次硫化后，其活性只能恢复到 80%[55]。

表 4-2-4　不同厂家使用新鲜与再生加氢催化剂 XRD、IR 变化

加氢处理催化剂	Mo-Ni					
	IR 酸度/（mmol/g）	晶相	IR 酸度/（mmol/g）	晶相	IR 酸度/（mmol/g）	晶相
新鲜剂（氧化型）	0.429	γ-Al$_2$O$_3$、无定形	0.319	γ-Al$_2$O$_3$、无定形	0.332	γ-Al$_2$O$_3$、无定形
再生剂（氧化型）	0.342	γ-Al$_2$O$_3$、无定形、少量 β-NiMoO$_4$	0.240	γ-Al$_2$O$_3$、无定形、少量 β-NiMoO$_4$	0.257	γ-Al$_2$O$_3$、无定形、β-NiMoO$_4$

加氢裂化催化剂	Mo-Ni（中油型）			W-Ni（中油型）			Mo-Ni（轻油型）		
	IR 酸度/（mmol/g）	晶相	USY 峰高/mm	IR 酸度/（mmol/g）	晶相	USY 峰高/mm	IR 酸度/（mmol/g）	晶相	USY 峰高/mm
新鲜剂（氧化型）	0.347	γ-Al$_2$O$_3$ 无定形 USY	96	0.615	γ-Al$_2$O$_3$ 无定形 SiO$_2$-Al$_2$O$_3$ USY	140	1.054	γ-Al$_2$O$_3$ USY	32.5
再生剂（氧化型）	0.302	γ-Al$_2$O$_3$ 无定形 USY 少量 β-NiMoO$_4$	57	0.318	γ-Al$_2$O$_3$ 无定形 USY，SiO$_2$-Al$_2$O$_3$ 少量 NiWO$_4$，W$_{19}$O$_{55}$，WO$_3$，NiO 等	118	0.638	γ-Al$_2$O$_3$、USY、少量 β-NiMoO$_4$	25.8

（三）金属聚集、大小与形态变化

非贵金属的加氢精制、加氢裂化催化剂，在长期运转过程中存在金属聚集、晶体长大、形态变化及分子筛结构破坏等问题。加氢过程一些金属氧化态可能发生迁移和变化，Y. Yoshimura 等[61]用金属含量、表面积、孔分布相近的 Mo-Ni 及 Mo-Co 催化剂，对煤提炼油精制，用 XPS 测出新鲜剂及失活剂表面组成变化，见表 4-2-5，以各元素对 Al 原子比的相对强度来表征。

表 4-2-5　新鲜与失活剂 XPS 结果

催化剂	Al	C	O	S	Ni	Co	Mo	Ni/Mo	Co/Mo
Mo-Ni									
新鲜剂（粉末）	1	0.32	2.49	0.20	0.06	—	0.09	0.73	—
失活剂（粉末）	1	0.84	2.40	0.17	0.06	—	0.08	0.71	—
失活剂（条）	1	4.46	5.02	0.71	0.11	—	0.27	0.40	—
Mo-Co									
新鲜剂（粉末）	1	0.38	2.38	0.20	—	0.06	0.08	—	0.70
失活剂（粉末）	1	1.01	2.39	0.18	—	0.06	0.09	—	0.68
失活剂（条）	1	4.10	3.08	0.43	—	0.09	0.20	—	0.42

由表 4-2-5 可以看出，Mo、Ni、Co 都迁移到外表面。作者认为煤提炼油含氧量高，操作温度亦高，硫一部分生成硫酸盐，Mo^{4+}有一部分氧化生成 Mo^{6+}，没有足够量的 S 保持催化剂完全硫化，氧化态金属发生迁移和变化。

FRIPP[62]近几年来曾将不同制备方法的工业长期应用加氢预处理（Mo-Ni），加氢裂化晶型催化剂（Mo-Ni 和 W-Ni），新鲜的、失活的、再生后的及新鲜和再生后硫化剂，用能谱

（XPS）进行 Mo(W)、Ni、S 等元素对 Al 原子相对强度测试，结果见表 4-2-6~表 4-2-8。

表 4-2-6 加氢处理催化剂 XPS

催化剂	HF		HK		
	I_{Mo}/I_{Al}	I_{Ni}/I_{Al}	I_{Mo}/I_{Al}	I_{Ni}/I_{Al}	I_S/I_{Al}
新鲜(O)	0.073	0.029	0.146	0.032	
再生(O)	0.070	0.021	0.126	0.027	
新鲜(S)			0.165	0.042	0.425
失活(S)			0.168	0.046	
再生(S)			0.187	0.037	0.336

表 4-2-7 加氢裂化催化剂 XPS

催化剂	24			03			16		25	
	I_{Mo}/I_{Al}	I_{Ni}/I_{Al}	I_S/I_{Al}	I_W/I_{Al}	I_{Ni}/I_{Al}	I_S/I_{Al}	I_{Mo}/I_{Al}	I_{Ni}/I_{Al}	I_{Mo}/I_{Al}	I_{Ni}/I_{Al}
新鲜(O)	0.133	0.029	—	0.098	0.049	—	0.108	0.060	0.0285	0.0163
再生(O)	0.127	0.033	—	0.080	0.037	—	0.094	0.040	0.0227	0.0168
新鲜(S)	0.151	0.060	0.374	0.13	0.107	0.349				
失活(S)	0.156	0.042	—	0.103	0.081	—				
再生(S)	0.153	0.050	0.285	0.10	0.063	0.306				

表 4-2-8 多次再生加氢裂化催化剂 XPS

催化剂	26		
	I_W/I_{Al}	I_{Ni}/I_{Al}	I_S/I_{Al}
新鲜(O)	0.134	0.117	
一次再生(O)	0.084	0.062	
二次再生(O)	0.062	0.0645	
新鲜(S)	0.132	0.111	0.402
一次再生(S)	0.087	0.094	—
二次再生(S)	0.067	0.082	0.296

由表 4-2-6~表 4-2-8 可以看出，Mo(W)、Ni 向内迁移，表面分散变差，W 比 Mo 更易迁移和聚集。硫化虽有利于金属分散，但硫化型的再生剂比硫化型新鲜剂，$I_{Mo(W)}/I_{Al}$、I_{Ni}/I_{Al}、I_S/I_{Al} 降低，表明金属聚集增多，再生次数愈多，金属分散愈差。

为了进一步考证加氢催化剂长期使用后金属聚集问题，利用透射电镜测出 MoS_2 六角形层状结构的晶片，根据其对角线长度、层数及单位面积的片数等，依照 Kargtelan 模型[63]，计算出活性较高的边、角位、基面位和不可接触位的 Mo 原子百分数，见表 4-2-9。

表 4-2-9 新鲜与再生加氢催化剂 Mo 结构对比

催化剂	加氢处理		加氢裂化	
	新型	再生	新鲜	再生
Mo 载量/(Mo 原子数/nm^2)	7.7	7.4	4.2	4.9
晶片数/$1600nm^2$	18	17	17	23
晶片的平均层数	2.5	3.1	2.0	2.4
晶片的平均长度/nm	5.2	6.9	4.2	5.5

催化剂	加氢处理		加氢裂化	
	新型	再生	新鲜	再生
Mo 原子数/1000nm²	4753	10902	2699	7652
Mo 边位/%	20.5	15.4	23.6	18.9
Mo 角位/%	3.6	1.8	4.7	2.8
Mo 基面位/%	60.1	52.8	71.7	64.8
Mo 不可接触位/%	15.8	30.0	0	13.5
理论 Mo/10^4nm³	16738	16530	13648	14214
可见率/%	28	66	20	54
M_E-M_O/1000nm²	8715	5430	7679	5805
M_C-M_O/1000nm²	11418	6699	10149	7285

从表 4-2-9 看出,再生后加氢催化剂 MoS_2 晶片长度增加,层数增多,单位面积 Mo 原子数明显增加,至于加氢处理催化剂 Mo 原子数比加氢裂化催化剂高,是因该剂 MoO_3 含量高所致。而加氢裂化催化剂再生后 Mo 原子数增加幅度大,是与该剂使用过程中沸石倒塌,改变了原先的金属分散性有关。对于活性较高、起催化作用边角位,再生剂都减少,不可接触位增加。

Takashi. k 等[64]用 XPS、TEM、EXAFS、XANES 方法测试了实验室新鲜与 HDN、HDA使用后 W-Ni/Al_2O_3 催化剂性能变化。TEM 表明,使用后的 W-Ni 催化剂 WS_2 晶粒长大,XPS 测出使用后 W-Ni 催化剂 Ni 的表面浓度在降低。而 EXAFS 与 XANES 测试表明,使用后的 W-Ni 催化剂,每个 W 原子配位 S 原子数在增加,每个 W 原子周围前邻近的 W 原子数也在增加,见表 4-2-10,说明 WS_2 在聚集,晶粒在长大,催化剂上有效活性中心数在减少。

表 4-2-10　Ni-W 催化剂中 W 原子周围原子配位数

项　　　目	W-O(N)	W-S(N)	W-W(N)
新鲜剂(O)	1.0	—	—
新鲜剂(S)	0.4	1.0	1.0
使用后顶部(S)	—	2.8	4.3
使用后底部(S)	—	2.5	4.4

上述三种催化剂失活机理中,只有因生焦积炭引起的催化剂失活,才能通过用含氧气体进行烧焦的方法来恢复其活性;由于重金属中毒而失活的催化剂一般情况下不能通过再生工艺而使催化剂活性恢复;由于金属聚集和形态变化造成的失活催化剂需要通过特殊的催化剂再生及活性恢复技术才可部分恢复催化剂活性。

二、加氢催化剂再生的基本原理及再生方式的选择

(一)加氢催化剂再生的基本原理

加氢过程中生焦(或积炭)是加氢催化剂失活的主要原因,可通过再生处理使其活性得到恢复。焦炭是氢含量少、碳氢比很高的固体缩合物覆盖在催化剂的表面上,能够使催化剂失活。催化剂再生的目的是恢复失活催化剂的活性,这就需要除去覆盖在活性中心和堵塞的孔口焦炭和部分金属沉积物,其中含炭青质的焦炭可以藉含氧气体反应而除去,能够生成二氧化碳和水,通常称为烧焦,它是放热反应,在再生初期阶段温度与氧含量控制要非常严格,以防超温导致催化剂产生不需要的变化,另外,由于绝大多数的加氢催化剂,都是在硫

化态下使用，因此失活催化剂再生烧焦的同时，金属硫化物也发生燃烧，生成 SO_x，烧焦和烧硫都是放热反应。加氢催化剂烧焦再生的化学反应式和热焓见表 4-2-11[65]。

表 4-2-11　加氢催化剂烧焦再生的化学反应式和热焓

反应式	$\Delta H/(kcal/mol)$	反应式	$\Delta H/(kcal/mol)$
$MoS_2 + 7/2O_2 \longrightarrow MoO_3 + 2SO_2$	−264	$Co_9S_8 + 25/2O_2 \longrightarrow 8SO_2 + 9CoO$	−856
$WS_2 + 7/2O_2 \longrightarrow WO_3 + 2SO_2$	—	$C_nH_m + (n+m/2)O_2 \longrightarrow nCO_2 + m/2H_2O$	−94
$Ni_3S_2 + 7/2O_2 \longrightarrow 2SO_2 + 3NiO$	−205	$H_2 + 1/2O_2 \longrightarrow H_2O$	−59

玉山昌显等[66]导出的再生 1t 待再生催化剂所释放的热量为：

$$H_v = 80778C + 338657(H-O/8) + 22500S \ \text{kcal/t 催化剂}$$

每 1t 待再生催化剂完全再生燃烧时所需要的空气量为：

$$A_w = (8C + S + 8H - O)/23t \ \text{空气/t 催化剂}$$

式中　C——催化剂上的碳含量，%；

　　　H——催化剂上的氢含量，%；

　　　S——催化剂上的硫含量，%；

　　　O——为催化剂再生燃烧的耗氧量。

美国 Union oil 公司推荐预测催化剂器内再生床层最高温度估算的经验公式为：

$$T_{max} = T_i + C \times 111.2 \text{℃}$$

式中　T_{max}——催化剂床层的最高温度，℃；

　　　T_i——反应器入口温度，℃；

　　　C——反应器入口循环气中的氧含量，%（体）。

由此可见，加氢催化剂上的碳、氢、硫在再生燃烧时会放出大量的热量；因此，必须使用一种严格控制其氧含量的气体介质，在专用的催化剂再生设备上小心地进行烧硫和烧焦，严格控制烧焦温度和料层温度，保证催化剂在适宜的条件下脱出附着在催化剂上的焦炭，使其活性得到最大程度恢复。

（二）加氢催化剂再生方式的选择

目前，工业上使用的催化剂再生方法有两种，一为器内再生，即催化剂在反应器中不卸出，直接采用含氧气体介质再生，这是早期使用的一种催化剂再生方法；另一种为近期越来越普遍使用的器外再生方法，它是将待再生的积炭覆盖暂时失活的催化剂从反应器中卸出，运送到专门的催化剂再生工厂进行再生。采用专用催化剂再生装置，在受控的高温含氧气流中对沉积在催化剂表面和微孔中的积炭进行氧化燃烧，使催化剂的活性基本恢复的过程。

多年器内再生的实践表明，器内再生存在的不足之处是：

① 生产装置因再生所需要的停工时间较长；

② 再生条件难以严格控制，催化剂再生效果较差，活性恢复不理想；

③ 再生时产生的有害气体（SO_2、SO_3）及含硫、含盐污水，若控制或处理不当，会严重腐蚀设备，污染所在社区的环境。

④ 加氢装置的操作运转周期长，操作人员多年才能遇到一次再生操作，技术熟练的程度远不及专业再生操作人员，某些操作上的失误或考虑不周、处理不当，不仅影响其再生效果，甚至可能会损伤催化剂和设备。

从 20 世纪 70 年代中期开始，催化剂器外再生技术开始使用并逐渐为炼油厂所接受，器外再生技术也取代了器内再生技术而成为现代加氢催化剂再生的首选方法。器外再生技术与器内再生相比，具有下列优点：

① 再生条件易于优化，可准确控制催化剂再生温度，再生后催化剂活性恢复率较高；

② 便于对再生前后催化剂进行采样分析和性能评价；

③ 便于过筛除去再生后催化剂中的细小颗粒和其他杂质；

④ 便于对反应器及其内构件、反应进料加热炉和高压换热器等进行检修；

⑤ 利于缩短装置停工检修占用时间；

⑥ 利于降低装置建设投资；

⑦ 免除含 CO_2、SO_2、SO_3 等再生气体对仪器、仪表、高压容器、管线和阀门等可能产生的腐蚀；

⑧ 免除再生尾气排放可能带来的环保问题。

加氢催化剂器外再生前，通过分析待再生催化剂样品，来确定再生工艺的操作参数。因此，器外再生条件不仅可以优化，而且可以得到严格控制，并且再生前、后都经过筛分，去除了粉末、瓷球等机械杂质，器外再生催化剂重复使用时，床层压降和催化剂活性恢复好，催化剂器内、外再生恢复活性的比较如表 4-2-12 及图 4-2-5 所示。

表 4-2-12　再生后加氢催化剂相对活性

催 化 剂	相对活性/%(对新催化剂)	
	器内再生	器外再生
Mo-Ni 加氢催化剂	75～80	95～98
Mo-Co 加氢催化剂	80～85	95～98
加氢裂化催化剂	75～80	90～95

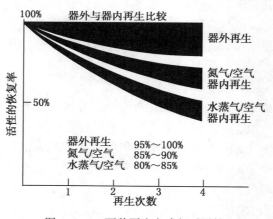

图 4-2-5　两种再生方式相对活性

将加氢催化剂从反应器内卸出时，为了避免氧化燃烧及防尘，可注入化学试剂保护剂，使催化剂吸附上一层油膜后再卸出；然后把预先准备好的新鲜催化剂(或再生剂)装入反应器，一般停产 5～10d，即可恢复正常生产。器内再生装置停工时间长，仅烧焦就需 5～8d，加上相关过程的准备和实施时间，通常装置要停工 30d 左右。此外，器内再生因再生时间长，下部催化剂受上部催化剂烧焦、烧硫生成 H_2O 和 SO_x 的影响，会破坏氧化铝、沸石的晶体结构，促使金属聚集，导致催化剂活性降低。器外再生时，大量的气体物流通过薄薄的催化剂层，不仅能有效地控制再生温度，并可大大缩短催化剂暴露在 H_2O、SO_x 气氛的时间。

三、加氢裂化催化剂的器外再生

（一）器外再生技术发展历程

加氢催化剂器外再生技术，始于 20 世纪 70 年代初期。早期的催化剂器外再生方法有"静态盘式"和"固定床"两种。

加氢催化剂器外固定床再生，类似于加氢处理装置的钢制反应器，在 $0.07\sim1.0MPa$ 的低压条件下操作。即待再生催化剂从固定床再生器的顶部装入，再生后从底部卸出。这种固定床器外再生本身与加氢装置的器内再生方法相似，但由于再生前催化剂已过筛，其总体效果要好于加氢反应器内再生。

加氢催化剂的烧焦反应是在有氧存在条件下催化剂上积炭、金属硫化物进行氧化脱炭、脱硫的气固两相反应过程，并伴随有强放热，产生强腐蚀性有毒有害气体。烧焦过程中首先要保护好催化剂。要确保载体的骨架结构不受到破坏，防止活性金属组分的聚集和流失。催化剂再生，只能基本恢复活性，既不能提高也不能产生新的活性，被判断为永久性失活的催化剂，烧焦后不能恢复其活性，不具有使用价值。在工业运转中，受到铁、砷、硅、钙、镁、钠或重金属镍、钒等中毒或严重污染的部分催化剂，不应进行烧焦再生使用。在工业运转中，催化剂床层发生严重超温，物化性质发生明显变化的催化剂，不应进行再生使用。对于含油、含碳、含硫极高，并受重金属严重污染的渣油加氢催化剂一般不宜进行器外再生。对于严重结炭、含大量焦块的催化剂不宜再生。

静态盘式再生器，使用的是马福炉，它很像做比萨饼的炉子，因此又称比萨炉。美国加州曾用这种方法再生催化剂。因存在空气分布不均、烧炭不完全、再生时间长、劳动强度大、温度难以控制，并常会导致催化剂颗粒熔结，而未得到推广应用。但催化剂的"第一次器外再生"就是采用的这种方法进行的。

加氢催化剂器外再生技术问世初期，就迅速得到了用户的积极反响，催化剂器外再生技术几经改进，已日臻完善；20 世纪 70 年代中期开始，催化剂器外再生技术很快在工业上得到越来越广的应用。到目前为止，主要有 Eurecat、CRI 及 Tricat 三种技术。据相关资料报道，世界废催化剂总量达 18144t/a，其中 90% 为加氢催化剂（大部分是加氢处理催化剂）。

据悉，废催化剂年增长率，欧美为 5%，亚太地区为 10%；20 世纪 70 年代主要是在反应器内再生，目前欧美 90%~95% 均在器外再生。1996 年以后新建的加氢处理已不再配置器内再生设施。器内再生催化剂的活性恢复率为 75%~85%，而器外再生为 75%~95%。器内再生重整催化剂的活性恢复优于加氢催化剂，因为重整催化剂再生只是烧掉积炭。

器外再生技术的发展过程。

1974 年 P. Ken Maher 及其合作者，在 Baltimore 成立了催化剂器外再生公司（CRI 公司），1976 年 9 月第一套催化剂器外再生装置建于 Lafayette La。

1980 年 CRI 为了满足欧洲用户的需求，在卢森堡 Rodange 建立了第二套催化剂器外再生装置。

1981 年 CRI 与日本合资，在 Miyoko 建立了第三套催化剂器外再生装置，用于满足亚太地区用户市场的需求。

1982 年 CRI 在美国亚特兰大 Medicine Hat，建立了第四套催化剂器外再生装置。

1995 年 CRI 在新加坡又新建了一个催化剂器外再生厂，其再生能力为 12~15t/a。

1989 年壳牌化学公司购买了 CRI 公司。

1980 年初 George Berebi 在法国 La Voulte 建立了 Eurecat S. A 厂，与 CRI 竞争。此后，Berebi 又相继在 Pasadena Tex、沙特阿拉伯 Jubail 工业城和日本 Niihama 建厂。AKZO Nobel 和 IFP(法国石油科学研究院)，自 1995 年就拥有了 Eurecat 的股权。

1992 年 Maher 与其他投资人建立了 Tricat 公司，并于 1993 年在美国俄克拉荷马州 McAl-ester 建立了第一座工厂，又于 1997 年在德国 Bitterfield 建立了第二座工厂。

目前，催化剂再生主要由以上三家公司竞争，CRI 与 Eurecat 占世界该领域市场份额的 85%，Tricat 和其他公司只占其余额。

除此之外，Engelhard 公司在美国犹他州盐湖城也有再生设施，但不能处理有污染的催化剂。

估计 CRI 所处理的催化剂，加氢处理占 60%，加氢裂化占 15%，重整与石油化工催化剂为 25%。

(二) 国外主要加氢催化剂器外再生工艺方法

1. Eurecat 技术

Eurecat 公司的催化剂器外再生技术，采用的是两段再生方法，其再生工艺流程如图 4-2-6 所示。

从图 4-2-6 可见，待再生催化剂经称重计量、过筛分离出夹杂在催化剂中的瓷球、粉末等杂质之后，首先进入再生炉 1 在低温下进行烧硫；然后进入再生炉 2，在 400~480℃ 烧炭，再生后的催化剂经再次过筛、称重计量后装桶出厂。

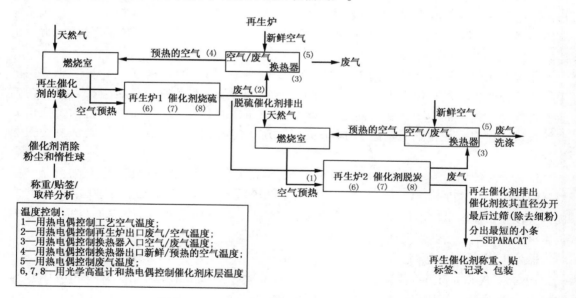

图 4-2-6　Eurecat 公司两段再生方法的工艺流程

该催化剂再生装置的主要设备是多台旋转百页窗炉，这些旋转百页窗炉可串联或并联操作。再生介质是用天然气加热后的含氧氮气。

再生炉 1 和再生炉 2 的催化剂床层温度，用远红外高温计和热电偶连续监控。因此，再生操作过程中，通过调节再生气中的空气流量防止生成热点，这对于保持催化剂的金属分散度和避免其强度受损害至关重要。

旋转百页窗炉(Roto-Louvre)如图 4-2-7 所示。

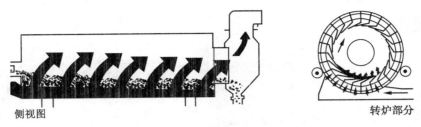

图 4-2-7 旋转百页窗炉的结构示意图

如果待再生催化剂的油含量超过 5%，再生烧硫、烧炭之前，需要气提脱油。Eurecat 的气提装置采用的也是旋转百页窗炉，待再生剂在旋转百页窗炉内与高速通过的惰性气体充分接触，在 180~200℃条件下，将催化剂表面和孔结构内的游离烃吹扫气提脱除，气提阶段催化剂不烧硫，也不烧炭。待再生催化剂气提脱油装置工艺流程如图 4-2-8 所示；在旋转百页窗炉中的薄层待生催化剂与预热的空气充分接触，并通过严格控制温度（包括催化剂流速、空气温度、空气流速和连续的质量分析）来控制再生烧焦，可满足催化剂均匀再生的要求。

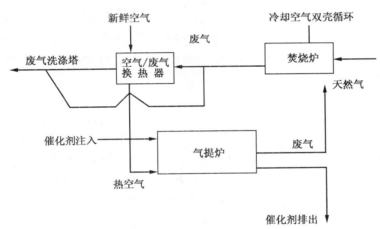

图 4-2-8 Eurecat 待再生催化剂气提脱油装置示意流程

2. CRI 技术

CRI 公司采用的是 CAT Plus 法带式催化剂再生工艺，其工艺流程见图 4-2-9。该传送带带宽 182.88cm（6ft），吹提段带长 1524cm（50ft），再生段带长 3048cm（100ft）。

由图 4-2-9 可见，这种传送带式再生技术，首先筛分除去待再生催化剂中的灰尘、粉末和惰性陶瓷支撑物；如果催化剂上的烃含量较高，必须通过惰性气体吹扫气提段脱除烃类，惰性气体吹扫气提段不同区段的薄层催化剂的温度，是在实验室通过热重分析等相关方法测试后预先确定的，它可以确保再生前完全脱除催化剂上的烃类。脱除烃类后，催化剂进入再生段开始烧硫和烧炭，催化剂通过传送段经过不同的加热区，在不同的温度下运行通过，烧掉待再生催化剂上不同性质的焦炭。

CRI 公司传送带式再生方法，能够通过调节催化剂层的厚度、严格控制空气流量和燃料烧嘴条件及传送带的速度，可更准确地控制再生区段的温度。同其相关器外再生法相比，传送带式再生法能使催化剂活性得到更好的恢复。

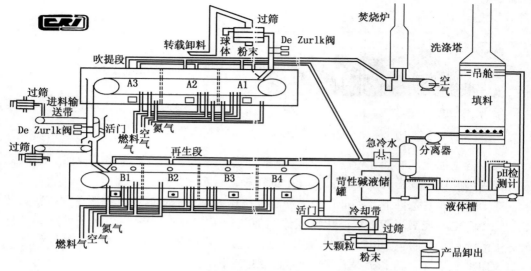

图 4-2-9　CRI 公司的带式催化剂再生工艺流程

　　20 世纪 80 年代初期，CRI 公司与法国埃尔夫研究中心合作，对加工瓦斯油运转一个周期后的催化剂，分别进行器内、外再生，并将这两种方式再生的催化剂，在不同操作温度下进行了中试研究，其试验结果如图 4-2-10 所示。试验结果充分表明，CRI 带式再生法明显优于器内再生法。

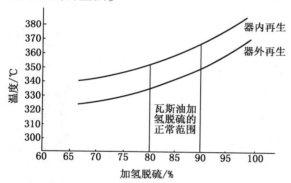

图 4-2-10　器内再生法和器外再生法的加氢脱硫率与反应器温度的关系

进料：	操作条件
类型：直馏瓦斯油	总压：3.5MPa
ASTM 沸程：170~391℃	氢烃体积比：150
相对密度：0.875	液时空速：3h^{-1}
S 含量：1.83%	

　　近几年来，CRI 公司通过优化空气流量、传送带设计、犁片设计以及温度控制，不断改进带式再生方法。另外，CRI 在用于确定合理操作条件的分析方法上也取得了长足进展。CRI 公司长期致力于利用传送带技术所固有的优势，来发展多种催化剂再生技术。例如，采用流化床、传送带串联工艺，以除去放热量最大的硫和炭，使传送带式再生因烧硫、烧炭大量集中放热降到最低限度，来提高传送带的处理量，是目前其显著进展之一。CRI 公司今后的研究目标，是对流化床再生技术进行精心改进，采用激光技术和新型红外线设备技术，既能充分脱硫、烧焦、恢复催化剂活性，又不使其化学、物理性质受损。

3. Tricat 技术[67]

　　Tricat 技术采用沸腾床(ebullated bed)再生催化剂。经过筛处理后的催化剂进入两个沸腾床反应器，以氮加空气作为流化介质，在 454~510℃ 的温度范围内，通过调节催化剂的加入料量、气体物流温度、冷却盘管的水量和沸腾床反应器的料面高度等工艺参数，优化催化剂再生操作。再生后的催化剂先要通过夹套水冷却器，然后再过筛和包装；再生烟气先冷却后除尘，最后通过烟气水洗塔脱除 SO$_x$。

以上三家公司的催化剂再生工厂，均有再生催化剂的硫化装置。1988年这三家均提出可将再生催化剂在催化剂再生工厂进行硫化，可节省用户开工硫化时间，降低用户对所在区域的环境污染。

用户对催化剂再生工厂的要求是：

1）再生后催化剂的活性恢复；

2）催化剂的物化指标有保证；

3）再生催化剂的收率高。

催化剂再生工厂在承运待再生催化剂之前，须弄清待再生催化剂的灼烧减量、固体含量、炭含量、硫含量、比表面积、游离烃含量、机械强度、条形催化剂的长度及其 As、Fe、Si、Na、V 的含量，以便根据这些资料，提供再生催化剂的规格质量保证书。催化剂运抵再生工厂后立即取样，以避免在再生时出现新问题。还要测定新催化剂、待生催化剂、再生后催化剂的比表面积，并要测长度直径比(L/D）及再生后催化剂的粉末含量，这些都是直接影响物料分配与压力降的重要因素。

Euracat 在法国 La Voulte，CRI 在美国得州 Woodland、新加坡均有小型评价装置，可模拟工厂的操作条件进行试验，评价检查催化剂的活性。CRI 现正在德国、新加坡建立评价设备。

（三）国内主要催化剂器外再生工艺方法

我国从20世纪90年代开始研究加氢催化剂器外再生技术，先后开发了隧道窑技术、网带窑技术和旋转窑技术等催化剂器外再生技术，填补了国内加氢催化剂再生领域的空白，为加氢催化剂的综合利用提供技术支撑。表4-2-13列出了国内加氢催化剂主要再生厂家及生产情况。从表4-2-13可以看出，国内的加氢催化剂再生主要是以网带式窑炉为主要催化剂再生设备，采用低温烧硫和高温烧炭相结合的工艺路线，能够最大程度恢复催化剂活性。

表4-2-13 国内加氢催化剂主要再生厂家及生产情况

再生厂家	淄博恒基	温州瑞博	江苏科创	山东兴武
再生炉技术				
隧道窑式				5 条生产线
网带窑式	2 条生产线	6 条生产线	7 条生产线	
旋转窑式	3 条生产线	2 条生产线		
再生能力/(t/d)	35～40	60～80	35～40	20～30

图4-2-11给处理了器外再生催化剂的原则流程图。从图中可以看出从待生催化剂进入到专业的再生厂家要经过实验室模拟再生（给出催化剂再生指标）、筛分、再生、再次筛分和检验合格出厂等几个环节。

图4-2-12列出了隧道窑的生产工艺流程图，从图中可以看出催化剂在窑内经过高温处理，可以脱出催化剂上的焦炭，同时也将硫化态的加氢技术变成氧化态形式，然后释放出CO、CO_2和SO_x等再生气体。

图4-2-13列出了双层网带式催化剂再生炉的工艺流程图和实物图片，双层网带式的烧硫和烧炭是分开进行的，待生催化剂先进入到再生炉的上层，一般情况下上层的温度控制在230～330℃，而下层一般控制温度在350～470℃是为了脱去催化剂上的焦炭，分步进行烧硫和烧炭有利于在可控温度的情况下将催化剂中的硫和碳分别烧掉，有利于催化剂的活性恢复。

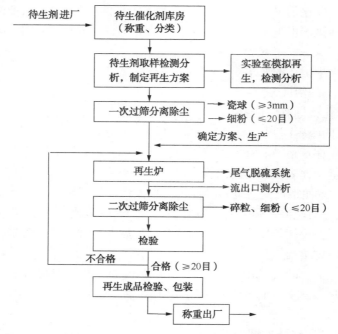

图 4-2-11　催化剂器外再生原则流程图

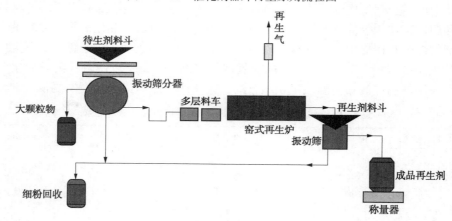

图 4-2-12　隧道窑生产工艺流程图

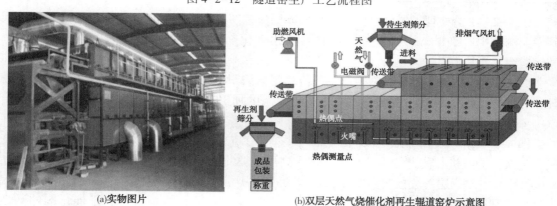

(a)实物图片　　　(b)双层天然气烧催化剂再生辊道窑炉示意图

图 4-2-13　双层网带式催化剂再生炉

图 4-2-14 列出了旋转式再生炉，催化剂颗粒在炉内随着炉体的转动而缓慢翻动，颗粒的温度及供氧条件相同，通过对催化剂再生过程的全程自动化监控，使催化剂能更均匀地、更好地恢复活性。

旋转再生炉采用再生过程中脱硫、脱碳完全隔离的两段连续再生，对含硫、碳不同特别是差距较大的催化剂，更能调整不同的再生时间和再生温度，达到更佳的再生效果。再生炉采用天然气为燃料，更容易做到自动控温，使之温度点与

图 4-2-14　旋转窑式催化剂再生炉

要求的温度保持在 5℃ 以内。旋转再生炉能有效保证催化剂再生质量做到最佳。旋转式再生炉也有一定的不足，由于催化剂颗粒在炉内是一种滚动的状态，会对催化剂的颗粒度有一定的影响，会造成一定程度的催化剂破损，降低了再生后催化剂的收率。

（四）加氢催化剂再生过程及其控制因素[68,69]

加氢催化剂再生工艺流程分脱油、再生、冷却三部分，器外再生装置脱油和再生分别在两个不锈钢网带或不锈钢网带回转炉上进行。

脱油段：经筛选后失活催化剂落入脱油网带，用液化气与适量空气混合，并混入氮气，使脱油气氧含量<4%（体积分数），在网带上燃烧加热，入口温度 150～300℃，出口温度 300～330℃，一般保持在 350℃ 左右脱油，网带分隔为三段，每段均有配气装置，脱油后气体从上部导出，集合送入焚烧炉，燃烧烃类后放空。脱油的目的一是使再生时放出热量减少，有利于再生段温度控制；二是抑制硫酸盐生成。

再生段：脱油后的催化剂落入第二个烧硫、烧碳网带或回转炉，网带通常被隔离为 4 个隔离带，分别供气控制温度与氧含量进行燃烧再生，如第一段烧硫，350～400℃；第二段烧碳，400～450℃；第三段烧碳，450℃ 恒温；第四段烧碳，450～500℃ 烧残炭。再生废气由上导出，经冷却器、分离器、洗涤塔洗涤后排空。

冷却段：再生后催化剂落入冷却网带，经振动筛分机，除去大粒和粉尘，成品装桶。

（五）再生效果考察

某炼油厂将再生后催化剂重新用于工业装置，使用再生后 HDT 催化剂 A 及 HC 催化剂 C，因 HDT 再生剂另有用处，HDT 补充新剂 39.4%，HC 催化剂补充 10.5%，使用再生后 HDT 催化剂 B 及 HC 催化剂 D，分别补充新剂 9.9% 及 5.4%。由表 4-2-14 可以看出，催化剂活性、中油选择性及稳定性均好，取得了显著的经济效益和社会效益[70]。

表 4-2-14　器外再生加氢催化剂工业应用结果

催化剂	A	C	B	D
	HDT	HC	HDT	HC
再生前运转天数/d	1491		1381	
再生前加工油量/(t/kg)	35.1	27.7	27.3	23.3
再生后运转时间	1995 年 3 月～1997 年 4 月		1997 年 5 月～2000 年 6 月	
再生后加工油量/(t/kg)	13.43	10.23	29.36	17.41
产品分布	1995 年 7 月		1997 年 7 月	
已加工原料量/t	99640		80577	

续表

催化剂	A	C	B	D
	HDT	HC	HDT	HC
月处理量/t	65406		66714	
干气/%	3.31		2.86	
液化气/%	3.56		2.34	
轻石脑油/%	16.31		8.88	
重石脑油/%	12.94		14.29	
喷气燃料/%	37.58		38.57	
柴油/%	22.36		20.70	
润滑油基础油/%	2.19		2.15	
乙烯原料/%	4.65		11.47	
液体收率/%	96.03		96.06	
中间馏分油/%	62.13		61.42	
再生后催化剂稳定性/(℃/d)	0.0052		0.0038	

中国石化集团公司山东淄博恒基化工有限公司 1997 年建成了再生能力为 1500t/a 的器外再生装置，采用间接方式加热，分脱油、再生、冷却三部分，再生过各种加氢精制催化剂以及 ICR 系列加氢裂化催化剂，碳含量为 1.47%～16%，硫含量 2.74%～9.12%，再生后碳含量一般为 0.2%～0.35%，硫为 0.40%～1.0%，孔体积、表面积恢复率较高，再生后 ICR 加氢裂化催化剂物化性质与工业应用情况见表 4-2-15。

表 4-2-15　国内器外再生 ICR 加氢裂化催化剂

催化剂	新鲜	二次失活	二次再生
C/%	—	3.78	0.26
S/%	—	7.74	1.02
孔体积/(mL/g)	0.318	0.220	0.317
表面积/(m²/g)	247	102	182
烧 C 率/%	—	—	93.1
烧 S 率/%	—	—	86.8
孔体积恢复率/%	—	—	99.7
表面积恢复率/%	—	—	73.7
反应温度/℃	405		412
产品分布/%			
石脑油	11.9	—	12.4
喷气燃料	28.0	—	29.7
柴油	15.5	—	14.4
尾油	39.9	—	37.7
液体收率	95.3	—	94.2

2008 年 5 月某加氢裂化装置使用近 5 年的精制催化剂和裂化催化剂进行再生。催化剂的再生工作由瑞博催化剂有限公司承担，本次催化剂再生量约 180t，其中精制催化剂再生约 80t，裂化催化剂再生 100t，均在其网带式窑炉中(单/双层)进行再生。

在整个催化剂再生过程中，温度控制平稳，最高点温度在 460℃ 左右；控制分析及时，再生催化剂硫、碳指标也较稳定，裂化催化剂平均硫含量在 0.3% 左右，碳含量为 0.5%～0.7%。精制催化剂硫、碳含量基本在 0.2% 左右。表 4-2-16 列出了精制/裂化催化剂待生剂和再生剂分析结果。

表4-2-16 精制/裂化催化剂分析结果

催化剂名称	加氢裂化		加氢精制	
	待生剂	再生剂	待生剂	再生剂
外观颜色	黑	青灰	黑	暗青微红、浅黄白
外观形状	圆柱条	圆柱条	三叶草	三叶草
状况	完整无粉末	完整无粉末	完整无粉末	完整无粉末
长度/mm	3~8	3~8	3~5	3~5
S/%	8.64	0.30	9.40	0.20
C/%	6.66	0.50	6.79	0.20
孔体积/(mL/g)	0.25	0.33	0.24	0.31
比表面积/(m²/g)	120.3	225.4	106.2	161.5
强度/(N/cm)	207.3	210.1	172.3	175.4

从表4-2-16看出，再生后，精制催化剂的烧硫和烧碳率分别为97.8%和97.1%；裂化催化剂的烧硫和烧碳率分别为96.5%和92.5%，其他指标的恢复也在正常范围之内，说明此次催化剂再生条件和催化剂指标控制的较为理想。

图4-2-15和图4-2-16分别为裂化和精制催化剂再生曲线趋势图。由催化剂再生曲线看出，两种催化剂的再生温度及硫/炭均得到了较好的控制。加氢裂化装置使用的精制/裂化催化剂由瑞博催化剂有限公司进行器外再生，再生后的催化剂颜色正常，筛分清晰且颗粒完整。从温度及催化剂指标来看，都达到了催化剂再生要求。表4-2-17列出了新鲜催化剂和再生催化剂的工业运转活性和产品分布，从表中数据可以看出，再生后催化剂表现出良好的催化活性，产品分布也和新鲜催化剂类似，说明催化剂再生效果良好，达到了预期的设想。

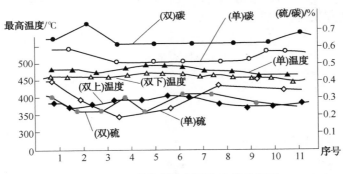

图 4-2-15 裂化催化剂再生曲线趋势图

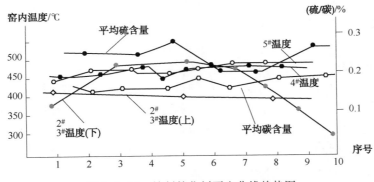

图 4-2-16 精制催化剂再生曲线趋势图

表 4-2-17　某炼厂催化剂新鲜催化剂与再生催化剂工业运转结果

催化剂	新鲜催化剂	再生后催化剂	催化剂	新鲜催化剂	再生后催化剂
精制段/裂化段平均反应温度/℃	380.0/382.0	383.5/384.5	重石脑油/%	29.82	31.12
产品分布			喷气燃料/%	16.44	15.55
干气/%	2.81	2.94	柴油/%	11.45	10.44
液化气/%	5.06	5.80	尾油/%	21.29	19.77
轻石脑油/%	10.20	11.24			

四、再生加氢催化剂应用

炼油厂对再生加氢催化剂的处理方式：

1）在原装置上再使用；

2）在同一炼油厂的其他加氢装置上再使用；

3）在同一公司内其他炼油厂的加氢装置上再使用；

4）在同一再生工厂其他用户的加氢装置上使用；

5）卖给催化剂再生工厂；

6）送往废催化剂金属回收工厂回收金属或在适宜的地方深埋处理。

欧洲加氢处理催化剂一般再生两次或多次，而北美加氢处理催化剂通常只再生一次。

加氢裂化和重整催化剂可再生两次或多次；如再生后催化剂的活性恢复率不到75%，则将其作回收金属处理或废弃。

再生后的加氢催化剂，通常都"逐级降格"使用，即减低其使用苛刻度，如降低加工原料中的金属等杂质含量或用作补充催化剂。比如，原本用于 VGO 加氢处理的催化剂，改用作馏分油加氢处理催化剂，最后可用作处理石脑油或将其用作一级反应器或保护反应器的催化剂。在加工含硅的原料油时，可装填在一级反应器上部以节省新催化剂。反应器催化剂"撇头"后，也可采用再生后的催化剂作为补充催化剂。

有时，炼油厂把催化剂卸出来分装后，先运往催化剂再生工厂的库中暂时存放，再去寻求买主，找到用户后将催化剂再生，再生催化剂售出后，物主与催化剂再生工厂利益分成。

另一种方式，是催化剂再生工厂将废催化剂购来后等买主，如找不到买主，最后就送到金属回收工厂作回收处理。这种处理方式，虽然售价较低，但炼油厂不担风险。

催化剂再生的经济性考虑：

经再生后的催化剂其活性可恢复 75%~95%，所需再生费用大约为新催化剂价格的 20%；近期加氢精制催化剂的再生费用为 1120~1344 美元/t(新催化剂的价格大约 6720 美元/t)。

炼油厂的装置如每停工一天要损失 10 万美元，那么可根据这笔费用来考虑换用新催化剂或采用再生催化剂。

催化剂再生是加氢催化剂长周期使用中的重要环节。这个环节的操作极大地影响加氢催化剂的使用效果和使用周期。由于炼油厂的微利特点，这个环节如能缩短花费的时间，就可以为炼油厂带来很大的经济效益，特别是大型炼油厂，更是如此。加氢催化剂的器外再生技术能达到这个目的，因而获得了广泛的应用。随着对环保要求的日益严格，加氢技术已成为提高产品质量的重要手段，加氢装置越来越大，加氢催化剂的用量日益增多，加氢催化剂器外再生技术越显出其重要性。

第三节 加氢裂化催化剂的活性复活

一、加氢催化剂的活性更新

(一)前言

加氢处理工艺的核心是加氢处理催化剂,国外许多大公司都一直十分重视新催化剂的研制开发工作。近年来,人们制备出活性更高的 II 型活性相催化剂,活性金属主要以金属盐或杂多酸的形式存在。催化剂在使用过程中活性会逐渐降低,对于积炭造成的失活催化剂可用再生的方法恢复其活性,而对于金属沉积污染造成的失活催化剂,不能再生使之恢复活性,只能废弃。催化剂再生分为器内再生和器外再生两种[71,72]。由于器内再生缺点太多,已经很少采用该方式进行催化剂再生。器外再生需要经过高温烧炭步骤,再生后催化剂中的金属大多呈氧化态存在。器外再生后催化剂活性恢复水平与催化剂的使用情况和再生水平有关,一般恢复到新鲜催化剂的 75%~95%[73]。

鉴于目前常规器外再生后催化剂活性恢复程度还不够高,尤其对于 II 型活性相催化剂,活性损失更大,人们研究对常规器外再生后催化剂进行后处理以增加活性[74~76]。在专利技术中阐述了一些方法,对再生后的催化剂进行后处理,如 WO96/41848 提出将催化剂与添加剂接触而活化,之后在一定条件下干燥所述催化剂以使所述添加剂基本保留在催化剂中,所述添加剂是选自至少两个羟基和 2~10 个碳原子的化合物和这些化合物的醚的至少一种化合物。WO01/02092 描述了一种基于添加剂的催化剂再生后活化的方法:在最高温度为 500℃下将该催化剂与含氧气体接触,随后通过与有机添加剂接触使其活化,如果必要的话随后在一定温度下干燥以使得至少 50% 的所述添加剂保持在该催化剂中。优选的添加剂是选自包含至少两个含氧部分和 2~10 个碳原子的化合物以及由这些化合物衍生的化合物。WO2005/035691 所述方法为:将催化剂与酸和沸点为 80~500℃ 以及在水中的溶解度至少为 5g/L 的有机添加剂接触,在一定条件下干燥以使至少 50% 的所述添加剂保留在催化剂中。

(二)催化剂复活技术路线

江苏科创石化有限公司开发了加氢催化剂再生-活化方法:先对失活催化剂进行烧焦,然后使用再生剂进行活化,使再生剂中活性金属重新分散在有机物中。再生剂可以选择氨基羧酸类螯合剂(如乙二胺四乙酸和氨基三乙酸)、羟基羧酸类(如柠檬酸)、羟氨基羧酸类(如羟乙基乙二胺三乙酸)和醇类(如丙三醇和乙二醇)等。采用此方法再生活化后 KF-848 催化剂的加氢脱硫、加氢脱氮和芳烃加氢活性,活性恢复率可达到 95% 以上[77]。

本书介绍的催化剂复活工艺流程示意图见图 4-3-1。催化剂复活技术路线主要有:①通过优化烧炭再生的工艺方法,控制待再生催化剂的烧炭深度,恢复催化剂的孔结构。②对烧炭后的催化剂进行再处理,通过加入络和助剂溶液,控制活性组分在催化剂中的分布和形态,调控后续处理方法,得到复活催化剂。

(三)复活催化剂的表征

对常规再生催化剂做后处理,表 4-3-1 给出孔分布结果。经过后处理过程,小于 4nm小孔的数量明显减少,大于 15nm 大孔的数量显著增加,这说明,常规再生后的催化剂,内部的一些孔道口可能被大的金属颗粒堵塞,经过添加助剂对活性组分再分散,可以明显改善活性金属在催化剂表面上的分散。

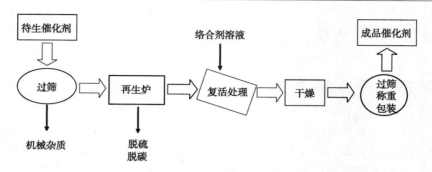

图 4-3-1　催化剂复活工艺流程示意图

表 4-3-1　后处理过程对再生剂孔分布的影响

样品号	<4nm	4~6nm	6~8nm	8~10nm	10~15nm	>15nm
常规再生催化剂	6.66	25.88	32.82	17.41	12.70	4.52
复活后催化剂	4.36	24.57	29.81	21.23	14.19	5.83

图 4-3-2 给出常规再生催化剂和复活催化剂的 XRD 谱图结果。图中蓝色箭头所指的谱峰为 $NiMoO_4$ 的特征峰,从图中可以看出,常规再生催化剂的 $NiMoO_4$ 的特征峰远远高于复活后的催化剂,说明活性金属 Mo、Ni 产生了聚集,经过后处理后,活性金属 Mo、Ni 发生重新分散。

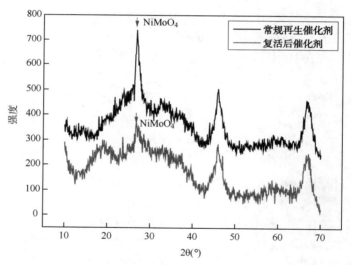

图 4-3-2　催化剂的 XRD 测定结果

图 4-3-3 给出了硫化后催化剂的 TEM 谱图。从中可以看出,常规再生催化剂 MoS_2 的叠层数较多,并且晶片较长,长度达 10nm 左右,说明活性组分产生了聚集;而复活后催化剂的 MoS_2 叠层数适中,并且与常规再生剂相比,晶片长度明显变短,MoS_2 片晶在催化剂表面的分布也更均匀,这也就是说复活后催化剂的边、角、棱位数目远高于常规再生催化剂,即具有更多的活性中心数[78]。

对硫化后的催化剂进行 XPS 分析。表 4-3-2 给出催化剂表面的 Mo、Ni 原子浓度和表面 S 原子浓度。从中可以看出复活后催化剂表面的 Mo、Ni 和 S 原子浓度都显著高于常规再生催化剂,说明后处理过程能够促进活性金属在催化剂表面的分散。这一结果也与前面的

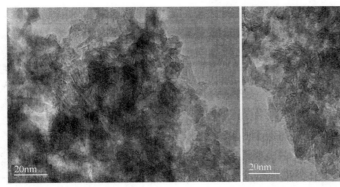

(a) 常规再生催化剂　　　　　　　　　　(b) 复活后催化剂

图 4-3-3　硫化态催化剂的 TEM 图

XRD 和 TEM 表征相吻合。从表 4-3-3 可以看出，复活后催化剂 Mo^{4+} 含量大，Mo^{5+} 和 Mo^{6+} 含量都小于常规再生催化剂，说明前者硫化程度最高。活性组分分散均匀并容易硫化使得复活后催化剂能形成更多高活性的 NiMoS 活性相，从而具有较高的加氢活性。

表 4-3-2　催化剂表面活性金属原子浓度

催化剂	复活催化剂	常规再生催化剂
Ni 与 Al 原子比	0.030	0.027
Mo 与 Al 原子比	0.16	0.14
S 与 Al 原子比	0.28	0.23

表 4-3-3　催化剂表面不同价态钼元素的相对含量

催化剂	Mo^{4+}	Mo^{5+}	Mo^{6+}	相对脱氮活性/%
复活催化剂	78.71	1.23	20.06	130
常规再生催化剂	69.39	5.10	25.51	100

参 考 文 献

[1] 张喜文，凌凤香，孙万付. 加氢催化剂器外预硫化技术现状. [J]. 化工进展，2006，25(4)：397-400.

[2] 姚国欣. 面向 21 世纪的车用清洁燃料生产技术. [J]. 石油炼制与化工，2000，31(1)：1-5.

[3] Dautzenberg F M, Mukherjee M. Process intensification using multifunctional reactors. [J]. Chem. Eng. Sci., 2001, 56(1-2)：251-267.

[4] Cooper B H, Donnis B B L. Process intensification using multifunctional reactors. [J]. Appl. Catal. A, 1996, 137(2)：203-223.

[5] Ramírez S, Cabrera C, Aguilar C. Two stages light gasoil hydrotreating for low sulfur diesel production. [J]. Catal. Today. 2004, 98(1-2)：323-332.

[6] Song C, Xiaoliang M. New design approaches to ultra-clean diesel fuels by deep desulfurization and deep dearomatization. [J]. Appl. Catal. B, 2003, 41(1-2)：207-238.

[7] Zhenmin C, Xiangchen F, Baoping H. Deep removal of sulfur and aromatics from diesel through two-stage concurrently and countercurrently operated fixed-bed reactors. [J]. Chem. Eng. Sci., 2004, 59(22-23)：5465-5472.

[8] Jean P P, Pierre E J, Mike S. Combining NiMo and CoMo catalysts for diesel hydrotreaters. NPRA, AM-99-51, 1999.

[9] Whitehurst D D, Farag T, Nagamatsu K. Assessment of limitations and potentials for improvement in deep desulfurization through detailed kinetic analysis of mechanistic pathways. [J]. Catal. Today, 1998, 45(1-4): 299-305.

[10] Kabe T, Aoyama Y, Ishihara A, et al. Effects of H_2S on hydrodesulfurization of dibenzothiophene and 4,6-dimethyldibenzothiophene on alumina-supported NiMo and NiW catalysts. [J]. Appl. Catal. A, 2001, 209 (1-2): 237-247.

[11] Guoran L, Wei L, Minghui Z, et al. Morphology and hydrodesulfurization activity of CoMo sulfide supported on amorphous ZrO_2 nanoparticles combined with Al_2O_3. [J]. Appl. Catal. A, 2004, 273(1-2): 233-238.

[12] Plantenga F L, Cefortain R, Eijsbouts S, et al. NEBULA: a hydroprocessing catalysts with breakthrough activity. [J]. Stud. Surf. Sci. Catal., 2003, 145 (1-2): 407-410.

[13] Tim C, Jean L N, Michel D. Axens advanced catalyst engineering. NPRA, AM-05-16, 2005.

[14] 曾榕辉. FRIPP 加氢技术新进展. 加氢技术论文集, 2004: 1-17.

[15] Georges B. Process for presulfurizing with phosphorous and/or halogen additive. US Patent, 1991, 4, 983, 559.

[16] Seamans J D. Method of presulfurizing a hydrotreating, hydrocracking or tail gas treating catalyst. US Patent, 1997, 5, 688, 736.

[17] 王月霞 (Wang Y X). 加氢催化剂的器外预硫化. 炼油设计(Petroleum Refinery Engineering), 2000, 30 (7): 57-58.

[18] Georges B. Process of presulfurizing catalysts for hydrocarbons treatment. EP, 1985, 130: 850.

[19] Welch J G, Poyner P, Skelly R F. Oil & Gas J. 1994, 92(10): 56-58.

[20] Neuman D J, Klavey H, Semper G K. Express: the first true-ex-situ pre-sulfiding process. [C]. NPRA, Annual meeting, AM-98-59, 1998.

[21] Tetsuro K. Method of preparing catalyst for hydrogenation of hydrocarbon oil. US5200381, 1993.

[22] Daniel H R, Albert S P. Hydrotreating process utilizing elemental sulfur for presulfiding the catalyst. US 4177136, 1978.

[23] Georges B. Process of presulfuration of hydrocarbon processing catalyst and catalyst produced by the process. US 5169816, 1992.

[24] Georges B. Process for presulfurizing a catalyst for treating hydrocarbons. EP469-022, 1990.

[25] Yanik S J, Montagna A A, Frayer J A. Method for presulfiding hydrodesulfurization catalysts. US4111796, 1976.

[26] Georges B. Process of presulfurizing catalysts for hydro-carbons treatment. US4530917, 1985.

[27] Schoonhoven, J W F M. Process for the preparation of a pre-sulfided and sulfided catalyst. US5017535, 1991.

[28] Heinerman, J J L. Process for the preparation of a sulfided catalyst. US5045518, 1991.

[29] Dufresne P. Presulfurizing petreoleum refining catalysts with elemental sulfur or an organic polysulfide in olefinic ester or petroleum refining fraction. EP564317, 1995.

[30] Seamans D J. Method of presulfurizing a catalyst. WO9302793, 1992.

[31] Schuit G C A, Gates B C. Chemistry and engineering of catalytic hydrodesulfurization. [J]. AICHE J. 1973, 19: 417-428.

[32] Wivel C, Clausen B S, Candia R, et al. Mössbauer emission studies of calcined $Co-Mo/Al_2O_3$ catalysts: Catalytic significance of Co precursors. [J]. J. Catal., 1984, 87(2): 497-513.

[33] Sakashita Y, Yoneda T. Orientation of MoS_2 clusters supported on two kinds of $\gamma-Al_2O_3$ single crystal surfaces with different indices. [J]. J. Catal., 1999, 185(2): 487-495.

[34] Topsoe H, Clausen B S, Candia R, et al. In situ Mössbauer emission spectroscopy studies of unsupported and supported sulfided Co-Mo hydrodesulfurization catalysts: Evidence for and nature of a Co-Mo-S phase.

[J]. J. Catal. 1981, 68(2): 433-452.

[35] Grange P, Vanhaeren X. Hydrotreating catalysts, an old story with new challenges. [J]. Catal. Today., 1997, 36(4): 375-391.

[36] Eijsbouts S. On the flexibility of the active phase in hydrotreating catalyst. [J]. Appl. Catal. A, 1997, 158 (1-2): 53-92.

[37] Henrik T, Kim G K, Lars S. ULSD with BRIMTM Catalyst technology. NPRA, AM-05-18. 2005.

[38] Reinhoudt H R, Van Langeveld A D, Kooyman P J. The nature of the active phase in sulfided NiW/γ-Al$_2$O$_3$ in relation to its catalytic performance in hyfrodesulfurization reactions[J]. J. Catal., 2001, 203: 509-515.

[39] Hensen E J M, Van Der Meer Y, Van Veen J A R. Insight into the formation of the active phases in supported NiW hydrotreating catalysts[J]. Appl. Catal. A: General, 2007, 322: 16-32.

[40] Raybaud P. Understanding and predicting improved sulfide catalysts: Insights from first principles modeling [J]. Appl. Catal. A: General, 2007, 322: 76-91.

[41] Seamans J D, et al. Method of presulfurizing a hydrotreating, hydrocracking or tail gas treating catalyst. US5292702, 1994.

[42] Dufresne P. Sulficat® : Off-Site presulfiding of hydroprocessing catalyst from Eurecat[J]. Studies in Surface Science and Catalysis, 1988, 38: 393-398.

[43] EURECAT. Sulfide and pre-activated hydroprocessing catalyst without passivation applicable to handling and loading under nitrogen. TOTSUCAT® technical document.

[44] Neuman D J, Semper G K, Creager T. Method of presulfiding and passivating a hydrocarbon conversion catalyst. US5958816, 1999.

[45] 高玉兰, 方向晨. 加氢催化剂器外预硫化技术的研究. [J]. 石油炼制与化工, 2005, 36(7): 1-4.

[46] Gao Y L, Fang X C. Hydrogenated catalyst composition, process for preparing the same and use thereof, CA2658415.

[47] 高玉兰, 方向晨. EPRES 器外预硫化技术的研究及其工业应用. [J]. 工业催化, 2007, 15(2).

[48] 高玉兰, 方向晨, 王刚. 器外预硫化加氢催化剂的工业放大. [J]. 炼油技术与工程, 2005, 35(4): 34-35.

[49] Gao Y L, Fang X C. A comparative study on the ex-situ and in-situ presulfurization of hydrotreating catalysts, Catalysis Today, 158(2010) 496-503.

[50] Gao Y L, Fang X C. 加氢催化剂组合物及其制备方法和应用, TW324529.

[51] Gao Y L, Fang X C. Hydrogenation catalyst composition, process for preparing the same and use thereof, US8329610B2.

[52] Gao Y L, Fang X C. A hydrogenated catalyst composition and its preparing method and use, EP2047908A1.

[53] 黄仲涛, 林维明, 庞先桑. 工业催化荆设计与开发. 华南理工大学出版社, 1991: 244.

[54] 李立权. 加氢催化剂再生技术. 炼油技术与工程. 2007, 37(4): 55-58.

[55] Б. К. Нефедов, Х. Т. Т. М 1991, (2): 13.

[56] E Furimsky, F massoth. Catal. Today. 1993, 17(4): 537.

[57] Wiwel P, Zewthem P, Jacolsen A C. Stud. in Surf. Sci. and Catal., 68: 257.

[58] J Scherger, A J Gruid. Hydrocracking Science and Technology. 1996: 113.

[59] F Diez, B C Gates, J T Miller. Ind. Eng. Chem. Res., 1990, 29: 1999.

[60] P Wynblatt. Prog. Solid State Chem., 1974(9): 21.

[61] Y Yoshimura, H Shimada, T Sato. Appl. Catal., 1987(29): 25.

[62] 赵琰, 张喜文. 工业催化. 1999, 6: 46.

[63] S Kargtelan, H Toulhoat, J Grimblot. Appl. Catal., 1984, 13: 127.

[64] T Kameoka, H Yanase, A Nishijima. Appl. Catal., 1995, 123: 217.

［65］J. Catal., 1975, 36: 164.

［66］玉山昌显. 化学工业, 1986, 50(9): 624.

［67］Oil & Gas Journal., 1994.

［68］P Dufresne, N Brahma, F Girardier. Eurecat. S. A. France: 1.

［69］E Furimsky. Appl. Catal., 1988, 144: 189.

［70］黄晓文. 加氢裂化协作组第三届年会论文集: 162.

［71］李大东. 加氢处理工艺与工程［M］. 北京, 中国石化出版社, 2004: 498-509.

［72］孙振光, 颜志茂, 周广涛. 加氢催化剂器外再生技术的开发［J］. 石油炼制与化工, 1998, 29(9): 16-18.

［73］方向晨. 加氢裂化［M］. 北京: 中国石化出版社, 2008: 329.

［74］Pierre Dufresne. Hydroprocessing catalysts regeneration and recycling［J］. Applied Catalysis, A: General, 2007, 322: 67-75.

［75］Eijsbouts. Process for regenerating and rejuvenating additive-based catalysts［P］. US7087546, 2006.

［76］M. A. 简森. 活化加氢处理催化剂的方法［P］. 中国专利, 200480035797. 3, 2004.

［77］顾齐欣. KF848 催化剂的器外再生及工业应用［J］. 石油炼制与化工, 2014, 45(9): 36-39.

［78］杨占林, 唐兆吉, 姜虹. 加氢裂化预处理催化剂复活研究［J］. 石油炼制与化工, 2012, 43(6): 58-61.

第五章　原料和产品

第一节　概　　述

　　馏分油加氢裂化是一种高温高压临氢固定床催化转化过程，是现代炼油工业最主要的重油深度加工工艺之一。该工艺具有技术成熟可靠、生产方案灵活、原料适应性强、目的产品选择性高、产品质量好、生产过程环境友好等特点，已在工业上得到广泛应用。加氢裂化装置通常可以加工从炼油厂常减压装置来的直馏石脑油、柴油和减压蜡油以及从其他二次加工装置得到的催化柴油、催化回炼油、焦化柴油、焦化蜡油、热裂化柴油、热裂化蜡油和溶剂脱沥青油等常规原料[1]，并可以加工从油母页岩干馏得到的页岩油、煤炼焦工艺副产的煤焦油、煤高温高压临氢催化液化得到的直接液化油、煤或天然气间接液化得到的费-托合成油以及各种动植物油脂等非常规原料[2-5]。

　　加氢裂化装置可以生产优质的液化气、汽油、煤油、喷气燃料、柴油等清洁燃料和轻石脑油、重石脑油、尾油等优质石油化工原料。加氢裂化装置生产的煤油、喷气燃料和柴油硫、氮和芳烃含量很低，燃烧性能很好，是环境友好的"绿色"石油产品；轻石脑油硫、氮、烯烃和芳烃含量均很低，既可直接用于调和生产超低硫清洁车用汽油，也可用于生产化工溶剂油，并可用作水蒸气重整制氢和蒸汽裂解制乙烯装置进料；重石脑油芳烃潜含量高，硫、氮含量低，是催化重整生产高辛烷值车用汽油或"三苯"等轻芳烃装置的优质进料；尾油饱和烃含量高，*BMCI* 值低，是蒸汽裂解制乙烯、异构脱蜡生产高黏度指数润滑油基础油和催化裂化生产车用汽油等装置的优质进料。

　　加氢裂化工艺过程所加工的原料种类和生产的产品如表 5-1-1 所示，从中看出，原料轻至石脑油，重至脱沥青油，除直馏油外，二次加工产品如催化循环油和焦化蜡油也可作为原料，近些年非常规原料也成为加氢裂化原料，如页岩油、煤焦油和动植物油脂等，但用量最多的还是直馏减压馏分油。在所生产的产品方面，轻至液态烃，重至润滑油料、催化裂化原料等，但生产量最大的是中间馏分油和石脑油或汽油组分。美国目前的轻质燃料结构仍是汽油组分的产量高于柴油，因此加氢裂化装置除生产中间馏分外还生产相当多量的石脑油和轻汽油馏分。西欧、日本、中东和我国则以生产中间馏分油和化工原料为主要目的产品，其中西欧和我国的一些炼化一体化的企业，以生产加氢裂化尾油作为乙烯裂解原料为主。

表 5-1-1　加氢裂化应用的原料及生产的产品

原　　料	产　　品	原　　料	产　　品
石脑油	液化气	焦化柴油	导热油
直馏煤、柴油	轻石脑油	焦化重蜡油	润滑油基础油
常压蜡油	重石脑油	页岩油	乙烯原料
减压蜡油	汽油	煤焦油	催化裂化原料
脱沥青油	灯用煤油	费-托合成油	白油
催化轻柴油	取暖油	煤直接液化油	石蜡
催化重循环油	喷气燃料和轻柴油	动植物油脂	变压器油

　　与其他二次加工深转化工艺如催化裂化、延迟焦化比较,其产品分布和产品性质的结果列于表5-1-2。可以看出,不仅产品分布不同,产品性质也有很大差别,主要是:

表 5-1-2　加氢裂化与催化裂化、延迟焦化的产品分布和产品性质

工艺过程	加氢裂化	催化裂化	延迟焦化
原料油	胜利减压馏分油	胜利减压馏分油	胜利减压渣油
产品产率/%			
干气+H_2S+NH_3	3.5	4.8	} 9.9
液化气	4.5	9.2	
石脑油	10.0(<132℃)		
汽油(<200℃)		45.8	12.7
喷气燃料	33.4(132~282℃)		
轻柴油(200~350℃)	13.3(282~350℃)	34.8	28.6
蜡油(>350℃)			25.6
尾油	37.3(>350℃)		
焦炭		5.4	23.2
合计	102	100	100
产品主要性质			
汽油 RON	<60	88~90	60~70
溴价/(gBr/100g)	<1.0		60~70
S/N/(μg/g)	<1.0	1000	
轻石脑油 RON	80~85	>90	
异构烷/%	>60		
重石脑油			
芳烃潜含量/%	50~60	20~30(芳烃)	
(S/N)/(μg/g)	<0.5/<0.5		
喷气燃料			
烟点/mm	26~32		
芳烃/%(体)	<5~10		
冰点/℃	<-50		
柴油组分			
十六烷值	>60	39	53
溴价/(gBr/100g)	<1		35
胶质/(mg/100mL)	<10	60	130
(S/N)/(μg/g)	<3~5		
尾油 $BMCI$ 值	5~10		
VI 值	90~110(脱蜡后)		

　　1)加氢裂化的液体产率高,C_5以上液体产率一般在95%以上,其中多产中间馏分油加氢裂化工艺过程,液体产品收率可以达到98%以上,体积产率则超过110%。而催化裂化只有75%~80%,延迟焦化只有65%~70%。

　　2)加氢裂化的气体产率很低,通常 C_1~C_4 只有2%~6%,C_1~C_2更少,仅1%~2%。而催化裂化 C_1~C_4 通常达15%以上,C_1~C_2达3%~5%。延迟焦化的气量略低一些,C_1~C_4约6%~8%。

　　3)加氢裂化产品的饱和度高,烯烃极少,非烃含量也很低,故产品的安定性好。喷气燃料芳烃含量低,烟点高;柴油的十六烷值高,胶质低。

　　4)原料中多环芳烃经选择性断环后,主要集中在石脑油馏分和中间馏分中,使石脑油馏分的芳烃潜含量较高,中间馏分中的环烷烃也保持较好的燃烧性能和较高的热值。而尾油则因环状烃的减少,$BMCI$ 降低,适合作为裂解制乙烯的原料。

　　5)加氢裂化过程异构能力很强,无论加工何种原料,产品中的异构烃都较多,从而保

持产品有优异的性能，例如气体 C_3、C_4 中的异构烃与正异构的比例通常在 2~3 以上，<80℃石脑油具有较好的抗爆性，其 *RON* 可达 75~85；喷气燃料冰点低，柴油有较低的凝点，尾油中由于异构烷烃含量较高，特别适合于制取高黏度指数和低挥发性的润滑油基础油。

6）通过催化剂、工艺流程、操作条件和模式的改变可大幅度调整加氢裂化产品的产率分布，汽油或石脑油馏分可由 15%~70%，中间馏分油产品（喷气燃料＋柴油）可以由 0~80%，很好地体现了加氢裂化技术操作灵活性大的特点。而催化裂化与延迟焦化产品产率可调变的范围很小，一般<10%。

加氢裂化与热转化产品不同虽然与催化剂和工艺过程有关，但最主要的是有"氢"的存在，而催化剂与工艺过程的可变性也与"氢"密切相关，否则就不能应用双功能（加氢、裂化）催化剂，并保持催化剂的长周期运行。同时在工艺方面可调变的手段也少了很多，例如精制-裂化串联工艺，两段裂化等工艺也无从进行。

从原料和产品的氢含量关系也可阐明加氢裂化过程的特点，图 5-1-1[6] 为不同石油产品氢含量的范围，可以看出，煤、柴油及润滑油的氢含量皆较高（约>12%），达到其氢含量方能满足使用性能的要求，如燃烧性等。由于加氢裂化工艺的氢分压较高，因此产品中非烃S、N 化合物的含量很低。

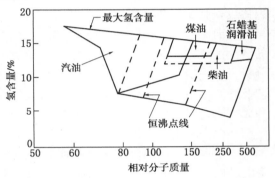

图 5-1-1　各种石油产品的含氢量[6]

图 5-1-2[6] 为较典型的四种原油不同馏分（相对分子质量）的氢含量分布图，Sumatran 原油氢含量较高，切取适当馏分即可直接制取煤、柴油和润滑油等产品。胜利原油的氢含量则较低，切取适当的直馏馏分可以制取柴油，但煤油和润滑油馏分的氢含量处于下限，性能不是很好。Arab Light 和 Russian 原油与上述两类原油不同，轻馏分氢含量高而重馏分的氢含量则较低，因此轻馏分可直接制取煤、柴油而重馏分则需通过脱芳烃或添氢后方能制取质量较佳的润滑油产品。

图 5-1-3[6] 则显示了加氢裂化与催化裂化加工上述原油的重馏分油进行裂化时产品的氢含量分布。当采用催化裂化时，产品的氢含量较低，煤、柴油馏分的含氢量，只有 10%~13%，不在一般煤柴油含氢量范围内，煤油的烟点低，柴油的十六烷值亦较低，燃烧性能较差。而采用单段单程通过加氢裂化工艺时，煤柴油及润滑油馏分的氢含量皆在 13% 以上，如果将加氢裂化未转化尾油再行循环裂解时，则产品中的氢含量更高，燃烧性能更好，可制取质量更优的煤柴油产品。

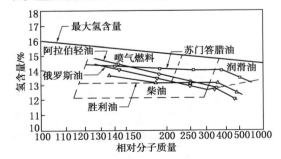

图 5-1-2　四种类型原油不同馏分的氢含量[6]

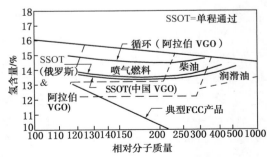

图 5-1-3　不同转化工艺裂化产品的氢含量[6]

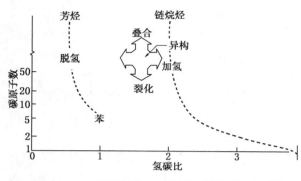

图 5-1-4　不同烃类氢/碳比与碳原子数关系[7]

不同转化方式的氢/碳比与油料碳数之间的关系由图 5-1-4[7] 示出，从链烷烃和芳烃两类烃的氢/碳比曲线看到，链烷烃高于芳烃，轻馏分的氢/碳高于重馏分，对于某一种原料，当进行加氢反应时，则氢/碳比提高，脱氢时则相反，裂化时碳数减少，叠合时则增加。加氢裂化过程使原料向右下方移动，即氢含量增加，碳数减少（即相对分子质量减小或馏分变轻）。而热转化过程如果没有脱氢反应，则氢/碳比虽可保持原比值向下方移动，但是距离低分子烷烃所需的氢/碳比更远。因而为了通过裂化过程制取饱和度高、安定性好的烷烃产品，添加氢气是十分必要的。

面向 21 世纪的马达燃料、润滑油及化工原料，正朝着更加符合环保要求及高使用性能的清洁油料方向发展，以追求低硫、低烯烃和芳烃含量，高异构化性能产品目标。综合上述分析，这一切都与炼油工艺中"氢"的加入及合理分配有关，从而显示了加氢及加氢裂化工艺及其产品在未来石化企业中的重要地位。随着原油重质化、劣质化，石油产品的深度精制和无害化，以及化工下游的精细化发展，氢气作为一种原料资源的作用将愈显重要，氢气的生产和综合利用受到越来越多的重视。

本章重点讨论加氢裂化过程对原料的要求，原料和产品的关系，以及影响产品性质和产率的某些因素，同时可以根据原料性质预测产品的产率和性质，并可为获得某种产品而选择适宜的原料和加工路线。

第二节　加氢裂化原料

一、加氢裂化过程对原料的要求

加氢裂化在制取不同目的产品时对原料组分或馏分的要求局限性不大，通过改变催化剂，调整工艺条件或流程可以大幅度地改变产品的产率和性质，从而最大限度地获取目的产品。但加氢裂化反应的特点是基本不发生环化反应，同时异构化能力很强，因此不能制取环数更多和正构烃较多的产品。但是利用异构性能强的特性可制取性能优异的石脑油、煤油、柴油及润滑油等产品，即便以正构蜡为原料也可获得冰点或凝点很低具有大量异构烷烃的煤油、柴油。若用断环选择性强的催化剂可制取环状烃含量较高的轻质产品，如催化重整原料，煤油、柴油等。当然，为了制取某种产品，在选择原料时还以采用接近目的产品族组成的油料为佳，如欲获得高质量的尾油乙烯裂解原料，采用链烷烃含量高的原料油和选择性开环性能好的催化剂，使得原料油中的链烷烃保留在尾油馏分中，可以获得 BMCI 值低，链烷烃含量高的加氢裂化尾油产品。

加氢裂化装置原料的正确表征（包括非设计变量），对于选出合适的催化剂、操作条件和工艺配置是至关重要的。在微观水平上对进料进行研究，将对原料的反应活性以及为满足既定工艺目标所需要的适宜操作条件有一个详细的了解。某种给定原料油中的氮化物和硫化物的属性和分布取决于进料的沸程、之前的加工工艺（是催化裂化还是热裂化）以及来自何种类型的原油。根据二次裂解料中的烯烃含量，可以预先估计温升，也可以对热量回收、急冷和分离系统的配置有所计划。炼油厂也可以根据烯烃含量选择出最佳的反应器催化剂床层布置。馏分油加氢裂化装置的氢分压将由进料的饱和要求以及芳烃含量来决定。该分压将对装置投资成本和操作费用有重大影响。总之，进料性质的改变需要得到准确预测，因为进料性质的改变将对装置的动力学产生重大影响[8]。

因此，对加氢裂化工艺主要考虑所采用的原料能否维持过程的长周期运行，但在讨论对原料指标要求时不能脱离催化剂及工艺，因为三者是相互关联又相互制约的。如果催化剂性能好，活性高，抗污染能力强，则可允许加工质量更劣、杂质较多的原料。而工艺过程的影响更大，如果在很高的氢压下(例如>20MPa)，很低的空速(如 0.2~0.3h⁻¹) 又采取多段反应过程，则质量很差的原料亦可加工处理，但这种条件下的经济性很差，不宜在工业上实施。因而在讨论对原料的要求时应从现有催化剂、工艺水平及过程经济性较佳的条件下考虑。

世界各国加氢裂化装置所采用的各项性质的指标范围大致如表 5-2-1 所示，实际生产所使用的原料多在其上限值以下，其连续一次运行周期一般都在两年以上，目前大多数为三年。但随着许多炼化公司挖潜增效要求的不断提高，某些主要装置运行周期已经延长至四年，作为"油-化-纤"结合的核心装置——加氢裂化，也提出了四年一个检修周期的运行要求。

表 5-2-1　加氢裂化原料各项指标控制范围

项　　目	含　　量	项　　目	含　　量
氮/(μg/g)	1000~2000	沥青质/%	<0.01~0.05
硫/%	0.3~3.0	残炭值/%	<0.3
终馏点/℃	<573	金属/(μg/g)	<2

在工业上超出指标范围的原料也应用过，例如美国 Richmond 炼油厂曾用脱沥青油作为加氢裂化原料，但其生产流程上采用的是将脱沥青油先经过高压下预精制处理，脱去一定量杂质，如沥青质、氮化物、金属等，然后再将一部分加氢脱沥青油混入减压馏分油中进行加氢裂化，所以并不是将这种油料直接去加氢裂化，而是采取了一些辅助措施，实际已降低了空速或加工能力，对经济性有一定影响。国内某炼油厂以纯焦化蜡油为原料，原料氮含量长期为 2000~3000μg/g，尽管选择了抗氮、耐氮性能非常高的加氢裂化催化剂，但催化剂的活性还是受到一些影响，裂化段反应温度长期处于高温状态运行，运转末期最高点反应温度已经达到 430℃。

原油加工量的增加以及燃料标准更加严格使得加氢操作对于炼油厂来说更为关键[9]。与此同时，劣质原料的加工增加了装置结垢的风险，而结垢会导致装置可靠性降低、维护/操作费用增加、装置转化率下降。预热换热器或加热炉结垢会降低传热，导致较高的燃料气消耗；结垢还会限制流体通过换热器和反应器床层，导致生产能力降低。传热效率低还会导致资金和能源的浪费。当因结垢问题需要停工时，会蒙受很大的经济损失。

将二次加工裂化产生的重蜡油和减压馏分油掺混送入加氢裂化装置，这类原料有结垢的倾向。储罐内的原料油中含有氧，能够形成过氧化物，在较高温度下引发结垢。结垢的两种途径是沉积和聚合。沉积是由于颗粒物尺寸太大以致不能继续存在于流体(液体或气体)中而析出到表面上形成的。当有小的颗粒物存在、流体温度高以及流体速度慢时该问题加剧。而聚合的影响因素则包括：温度、痕量组分、流体类型以及流体的储存和处理。聚合机理主要有三种，其中的两种或三种可能同时发生：

- 自由基机理。自由基与单体反应形成长链聚合物；
- 非自由基机理。单体或聚合物相互反应形成较长链分子；
- 金属催化机理。含有铜、铁、镍、钒、铬或镁的金属盐或者金属络合物催化聚合反应或者产生自由基。

加氢裂化装置内沉积物的形成也能够导致分馏部分、加热炉以及换热器出现严重结垢问题，同时也将对加氢裂化装置产品质量产生不利影响。加氢裂化装置内形成的沉积物分为两类，一类是无机物和焦炭，另一类是沉淀的沥青质。由于沥青质具有高的金属、氧、氮和硫含量，因此被认为是最复杂最严重的结垢因素。对于加氢裂化装置来说，减压塔加热炉和分馏部分（特别是常减压塔等塔底）结垢尤其成为问题，同时塔底物换热器的运转周期和维护要求对装置转化率和效率也有总的限制。这些区域结垢严重将限制装置运转并影响整个炼油厂的盈利能力[10]。为此要在加氢裂化装置中加入二次加工的焦化、热裂化等低质量重质馏分油应慎重评估，其掺混量将受到限制，尤其要限制其杂质含量，如残炭、沥青质、硫、氮等。

为了追踪结垢对加氢裂化装置操作的影响，可以对几个参数进行监测。这些参数包括：常减压塔底温度降低、塔底抽出线道壁和塔底表面温度较低、减压塔预加热炉（尤其是对流部分）表面温度较高、压降较高、减压塔底换热器出口温度较高。一旦观察到上述任何一种情况，说明加氢裂化装置可能在发生结焦和/或结垢，需要在装置停工等重大事故发生前采取一定缓解措施来解决该问题。

减轻加氢装置结垢的方案有多种。在用于冷却进料（至 232~260℃）的换热器上游注入洗涤水可以除去氯化铵沉积物，条件是流体在管内还能流动[11]。如果空冷器中温度太低（低于大约 66℃）或者流体流动不均，那么部分管束有完全堵塞的风险。为维持足够的温度，可能需要关闭空冷器的百叶窗风机，甚至用帆布覆盖空冷器的百叶窗。如果不能达到足够高的温度或者不能使用洗涤水，那么应该考虑盐分散剂技术。在某些情况下，通过关闭风机和使用帆布来将百叶窗内温度升至入口温度附近，已成功地用于从环烷烃和多环芳烃中除去沉积物。

炼油厂可以采取的另一种方案是优化操作条件来维持足够的性能同时有效地控制结垢。Baker Hughes 公司提供了两种测试方法来确定操作条件对结垢倾向以及装置转化率和燃料稳定性的影响。第一种测试方法是通过加入烷烃沉淀剂来测量燃料稳定性，据称此方法结果准确且重复性好，能够用于优化装置转化率以及设定操作条件，从而将结垢降至最低。第二种测试方法是 Baker Hughes 公司开发的专利方法，采用光阻测量仪来检测加氢裂化反应器内焦炭颗粒以及高度不溶的沥青质数量和大小。根据该方法提供的颗粒物分析数据，炼油厂可以增强对反应器内发生的反应和生成的化合物的理解，并能在过多形成焦炭之前进行必要的调整[2,7,9]。

针对沉积或者聚合而进行化学试剂处理通常是有效的。分散剂是通过使颗粒物保持分散或者限制颗粒物生长来减少或者消除沉积。自由基抑制剂能够将由储罐中原料油形成的聚合物降至最低程度。金属抑制剂能够降低金属催化剂的活性，而且抑制剂能够阻止非自由基机理继续进行至完成。在 Baker Hughes 公司给出的一个例子中，Slovnaft 公司选择 Baker Hughes 来解决其某炼油厂沸腾床加氢裂化装置结垢问题。Baker Hughes 首先对该装置进行分析并确定了结垢机理，之后采用阻垢剂来缓解该问题，尤其针对的是在常减压塔部分以及减压加热炉和塔底油换热器中发生的结垢。Baker Hughes 公司将阻垢剂在常压塔、减压加热炉和减压塔底换热器之前注入。结果表明，结垢问题得到缓解，装置运转周期延长[10]。

为缓解结垢问题还可从以下几方面进行考虑：进料过滤器、氧气汽提塔和工艺设计。这几种方案的优缺点见表 5-2-2。

表 5-2-2 几种缓解结垢方法的优缺点

解决方案	优 点	确 定
进料过滤器	• 将周期性的扰动造成的积垢降至最低程度 • 捕获颗粒物以减少沉积	• 仅能除去一定大小的颗粒物 • 需要定期维护
氧气汽提塔	• 将氧含量降至最低，减少聚合	• 投资成本高 • 即使氧浓度低也能够引起结垢
工艺设计	• 允许在线清理结垢区域 • 消除非计划停工	• 在清洁时生产能力受到限制 • 投资成本高

以下分别阐述原料性质与加氢裂化反应的关系及其影响。

（一）氮含量

原料要求控制的各项指标中，杂质、重金属以及馏分终馏点主要影响催化剂的稳定性，而氮化物则不仅影响稳定性，对活性的影响也很大，特别是碱性氮化物，对依靠酸性而产生裂解活性的加氢裂化催化剂的裂解性能有抑制作用，并且氮化物本身也不稳定，易缩合生焦造成催化剂失活，因此在各项指标中首要关注的是原料中的氮含量。

在各类原油中，页岩油含氮最高，煤焦油次之，天然原油相对较少，其氮含量因不同属地而有所差别。例如抚顺页岩油全馏分含氮高达 1.2%，抚顺古城子煤焦油含氮 0.9%，大庆原油只有 0.13%，胜利原油则含有较高的氮含量。通常天然原油中的含氮量一般从万分之几到千分之几。世界其他地区的原油通常是硫含量高，氮含量低，例如沙特油的含硫高，达 2.5%，但含氮却较低，只 0.13% 左右；而我国原油的特点是多数含硫低而含氮较高，例如辽河原油含硫只有 0.3%，而含氮却达 0.4%。因此在加工我国原油时，对原料中的氮含量应倍加关注。

以下为氮化物或原料中氮化物加氢产生的氨对加氢裂化反应的影响。

1. 原料氮含量对加氢裂化催化剂活性及稳定性的影响

表 5-2-3 为采用两种类型催化剂即金属钯和非贵金属 Ni-Mo 分子筛催化剂，使用含氮分别为 2000μg/g 及 0 的两种原料，在相同的转化率下（重油转化率为 65%），所需的反应温度。可以看出，无论贵金属或非贵金属催化剂，原料中的氮含量对裂化的活性都影响很大，对贵金属催化剂的影响更大，非贵金属 Ni-Mo 催化剂温度差大 85℃，而 Pd 催化剂则达 110℃。

表 5-2-3 原料中氮含量对不同金属类型催化剂活性的影响[12]

原料油 N 含量/(μg/g)	2000		0	
催化剂牌号	KC-2000	KC-2100	KC-2000	KC-2100
组分	Ni-Mo/分子筛	Pd/分子筛	Ni-Mo/分子筛	Pd/分子筛
裂解活性（转化率65%所需温度）/℃	380	360	295	250

表 5-2-4 则列出几种不同原油切割相同馏分加氢裂化时的反应温度，几种原料的硫含量相近，氮含量相差近一倍，在相近的重油转化深度下，其平均反应温度相差 13.9℃，说明氮含量高时，必须提高反应温度补偿，以达到相同的裂解深度。

表 5-2-4 不同氮含量的几种原料油对催化剂平均裂化反应温度的影响

原料 VGO 种类	科威特	IMEG-A	伊　朗
馏分/℃	349~549	349~549	349~549
N 含量/(μg/g)	640	765	1165
S 含量/%	2.5	2.3	1.7
初期反应温度/℃	B	B+6.1	B+13.9
产品产率/%			
C₅~82℃	5.3	4.5	6.4
82~150℃	15.8	15.4	15.4
150~371℃	61.4	65.1	61.8
>371℃	12.1	10.6	11.0

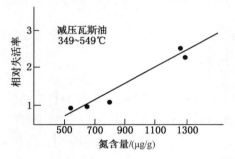

图 5-2-1 原料油氮含量对
催化剂失活率的影响[8]

图 5-2-1[13]示出原料中氮含量对催化剂失活速率的影响，可以看出，当氮含量由 500μg/g 增加至 1300μg/g 时，催化剂的失活率增加近 3 倍，说明氮含量对催化剂活性降低影响很大。

2. 气体中 NH₃ 含量对加氢裂化反应过程的影响

(1) 裂解活性

表 5-2-5 示出的循环氢气中含不同 NH₃ 量对反应温度及转化率的影响，可以看出，当氢气中含 NH₃ 量由 0 增至 184μg/g 时，反应温度需提高 20℃ 以上，虽然，两者<204℃馏分的收率相近，但无 NH₃ 时<C₄气体收率要高 1 倍左右，其裂解深度更高，说明气体中 NH₃ 对酸性裂化催化剂的裂解活性影响明显。

表 5-2-5 NH₃对 Pd-Y 分子筛加氢裂化催化剂活性的影响[14]

项　目	数　值	数　值	项　目	数　值	数　值
循环氢中含 NH₃/(μg/g)	0	184	<C₄收率/%(体)	30.9	16.9
平均反应温度/℃	362	384	C₅~204 收率/%(体)	89.6	97.7

(2) 裂解选择性

图 5-2-2[15]为气体中不含氨与含氨相当于原料中含氮 2000μg/g 时，在相同的转化率下(<C₂₄产率为 70%)，其中间馏分(C₁₁~C₂₄)产率的变化，可以看出，前者的 C₁₁~C₂₄产率只有 7%，而后者达 35%，相差甚大，这是因为氨含量高时，催化剂酸性中心受到抑制，此时原料中的大分子物仍会裂化，而中等和较小分子的裂化减弱，二次裂解反应速度降低，故维持了较高的中油选择性，因此注氨或维持一定的氨浓度也是提高中油选择性的一个手段。

然而，气体中氨含量对汽油选择性却影响很小，图 5-2-3[15]示出 C₅~C₁₁馏分与<C₁₁馏分产率的关系，可以看出，不同氮含量原料或不同氨含量气体对汽油 C₅~C₁₁馏分的产率基本没有影响，C₅~C₁₁/<C₁₁的比例大都在 0.9 左右，只是在<C₁₁达到>80%时方急剧下降，此时裂化反应过度发生，小分子烃又剧烈地产生了裂化反应。

上述情况对应用不同金属的沸石催化剂皆如此，如表 5-2-6 所示，无论是贵金属或非贵金属沸石催化剂，其汽油选择性皆相近。

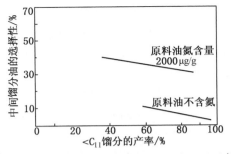

图 5-2-2 气体中 NH_3 对催化剂失活率的影响[15]

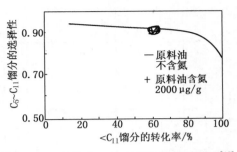

图 5-2-3 气体中 NH_3 对汽油选择性影响[15]

表 5-2-6 氨或原料中氮对各种催化剂的汽油选择性

催化剂	低氨, $C_5 \sim C_{11}$ 选择性/%	高氨, $C_5 \sim C_{11}$ 选择性/%
镍钨沸石催化剂	92	92
镍钼沸石催化剂	91	91
钯沸石催化剂	90	90

（3）氨或原料中氮对产品异构化的影响

与汽油相同，气体中含氨量的高低对液化气的产率亦基本没有影响，但其组成却有很大差异，如图 5-2-4 所示，低氨气体液化气产品中 iC_4/nC_4 的比值较含氨 2000μg/g 时几乎高出一倍，这种关系与 $<C_{11}$ 的转化率基本无关。

对 C_6 馏分的异构化亦有类似的结果，由表 5-2-7 看出，低氨气体所得裂化产品中，iC_6/nC_6 的比值高于高氨气体，但差值比 iC_4/nC_4 要小许多。

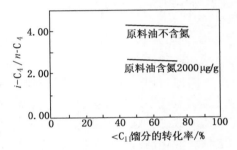

图 5-2-4 NH_3 含量对催化剂异构性质的影响[10]

表 5-2-7 不同氨（或氮）含量对催化剂异构化影响

催化剂	iC_4/nC_4 之比		iC_6/nC_6 之比	
	高氮	低氮	高氮	低氮
钯沸石催化剂	2.1	5.5	0.83	0.94
镍钼沸石催化剂	2.0	4.1	0.73	0.90
镍钨沸石催化剂	1.9	—	0.68	0.83

（4）氨对加氢裂化反应环境的影响

气体中形成的氨还会与其中的 H_2S 化合形成 $(NH_4)_2S$，其形成温度是气相中 NH_3 和 H_2S 浓度以及总操作压力的函数。由于加氢裂化多采用硫化系金属催化剂，这类催化剂必须在一定的 H_2S 分压下方能维持金属催化剂不脱硫而保持较好的活性。在加氢裂化反应条件下形成 $(NH_4)_2S$ 后，则造成 H_2S 浓度的降低。对高硫或中硫原料虽生成 $(NH_4)_2S$，但不会发生 H_2S 浓度过低的现象，对低硫高氮原料如辽河 VGO（含硫 0.20%，含氮 0.22%）加氢裂化则出现循环氢中 H_2S 浓度过低的现象。$(NH_4)_2S$ 还会在较低的温度下形成固体，多在空气冷却器或水冷器的表面上沉积，如果氨及硫化氢浓度高时，还会在上游换热器中析出结晶。出现上述各种情况时，应采用注水的方法将其溶解，地点在最后的热交换器高温侧入口或空冷器入口，一般注水量为原料的 5%，维持循环氢气中的氨含量 $<10μg/g$。如果通过注水不能维持最低的 H_2S 分压造成催化剂的活性下降，还应设法往装置系统中补硫。

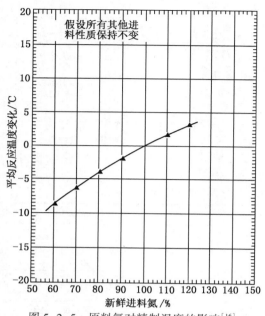

图 5-2-5　原料氮对精制温度的影响[16]

3. 原料含氮量对精制段反应温度的影响

为了充分发挥裂化催化剂的裂解活性以及保持活性稳定，需将原料中的氮脱除达到一定水平。图 5-2-5[16]为含氮量不同的原料在脱氮达到一定深度时对精制反应温度的影响，可以看出，原料氮含量增高，精制反应温度也必须提高。

4. 加工含氮较高原料的对策

综上所述，无论原料中含有氮化物或是气相中有氨存在，都对催化剂的裂解活性有明显影响，原料中的有机氮化物会缩合结焦，缩短催化剂的使用寿命，故加氢裂化过程中氮是对反应效果影响最重要的因素之一，为了减少或排除氮的影响，发挥催化剂的活性水平，延长运行周期，可采取以下几条路线及措施：

（1）将原料通过预加氢精制段脱氮后，再进入裂化反应段进行裂解

将原料预先通入精制催化剂段，将有机氮化物中的氮加氢转化为氨，然后再将精制产品及含氨氢气一同进入裂化催化剂段反应，由于不存在有机氮化物，因而裂化段催化剂缩合生焦速度减慢，延长了催化剂的寿命，但是气体中的氨仍对裂化催化剂的裂解活性有影响，加之精制催化剂占据了一些反应容积，因此进料总空速降低，即装置的加工能力下降，解决这一问题的方法是提高裂化段催化剂的活性，现含改性 Y 分子筛或含改性 β 分子筛裂化催化剂获得广泛应用，其活性很高，虽然遇到含氨气体会降低催化剂的裂化性能，但仍可保持很好的裂解活性和稳定性。从而仍能保持较高的加工能力。

（2）提高催化剂的抗氮性能

Corma 研究了碱性氮化物对裂化催化剂的中毒机理后认为，一个碱性氮分子通过酸碱吸附"锚定"在分子筛的一个酸性中心上，然后又通过"诱导效应"使邻近的酸性中心酸强度大为降低，从而导致催化剂裂化活性降低。提高加氢裂化催化剂的抗氮、耐氮性能，通常是采用改善分子筛酸性的办法，调变手段主要是离子交换和脱铝。脱铝方法主要是水热处理和/或化学脱铝的方法，来使其在满足裂化性能要求的前提下，尽量降低其强酸含量，以提高分子筛抗氮、耐氮能力。但酸强度的降低，往往需要依靠提高反应温度来补偿，这样就降低了催化剂的使用寿命，影响运行周期，提高催化剂活性又能抵抗氮化物的侵害是催化剂研究开发者一直在致力于解决的中心课题。

（3）采用两段加氢裂化工艺或反序串联工艺

两种工艺过程都是将原料进入第一段加氢反应段以后，控制较低些的转化率或完全采用精制催化剂体系，然后将加氢产品与气体分离，含氮量就很低了，然后再进入加氢裂化系统，裂化反应环境基本无氮化物和氨气的存在，故催化剂的活性能够充分发挥，从而可在较高的空速或较低的温度下操作，甚至在较低的氢压下操作，经济性有很大改观，故在加工劣质原料油，如高氮、高芳烃、高终馏点的原料时，常采用这种方式，从而解决了含氮较高的原料加工问题。

（二）硫含量

石油中另一类非烃化物即含硫化合物。在各类油料中，页岩油硫含量并不高，例如茂名、抚顺页岩油全馏分硫含量分别为 0.50% 和 0.55%，而天然原油的硫含量的差别很大，低至 0.01%（Northeast Shelf），高至 5.0%（Boscan），但大多数在 0.2%~2.5% 之间，我国原油大都含硫较低，在 0.1%~0.8% 范围内。

原料中各种有机硫化物在加氢过程中形成 H_2S，在气相中具有一定的 H_2S 分压，H_2S 的存在具有有利的一面，也有不利的一面。因为加氢裂化过程使用的绝大多数为非贵金属硫化型催化剂，必须在反应系统中保持一定的 H_2S 分压方能避免催化剂中的硫脱除而维持原有的活性。但是对于还原型贵金属催化剂则含硫高时并不利，表 5-2-8 示出同一原料在含不同浓度 H_2S 时的活性差别，H_2 中 H_2S 浓度 0.005m mol/mol 比 0.46m mol/mol 的氢气中达到相近裂解深度时，反应温度低了近 40℃，因此在使用这种类型催化剂时应尽量采用含硫较少的原料油，或在选择工艺流程和操作条件时设法将含硫化物除去。

表 5-2-8　氢气中 H_2S 浓度对 Pd-Y 分子筛裂化催化剂反应温度的影响[17]

H_2S/(mol/mol H_2)	0.005	0.46	H_2S/(mol/mol H_2)	0.005	0.46
反应温度/℃	199	237	204~277℃	21	25
裂解生成油/%(体)			277~343℃	47	—
C_5~204℃	4	3	>277℃	75	72

在加氢裂化产物离开裂化床层后，其中所存在的极少量烯烃还会与气体中的 H_2S 生成硫醇使产品腐蚀性增强，特别是制取喷气燃料时则不能满足产品质量规格的要求，因此为了保证产品中硫醇含量不高，可在裂化段后部加入少量精制型催化剂，以避免生成硫醇。还有一些加氢裂化专利商一些特殊的工艺流程，在分离器中添加补充精制催化剂段，实现烯烃的饱和/或硫醇的脱出，以保证喷气燃料和石脑油馏分的腐蚀或硫含量指标合格。

H_2S 存在的另一不利方面，除了如前所述会与氢气中的氨形成 $(NH_4)_2S$ 而堵塞系统外，当浓度高时还会对设备造成腐蚀。系统中的 H_2S 浓度通常不能超过 2%，高于此值应采取措施加以处理，如增加循环氢脱硫系统，采用乙醇胺为溶剂在高压系统中将 H_2S 脱除。如果循环氢中 H_2S 浓度过高，也可采用增加注水量或排废氢量的方法予以控制，排废氢有利于提高系统的氢分压，但排放废氢的方法会影响到装置的经济性。在装置实际运行过程中，过高的硫化氢分压将降低循环氢纯度，降低了氢分压，影响反应操作，将导致循环氢压缩机负荷过大；随着原料中硫含量的增加，床层温升、冷氢量和氢耗也增大。使备用冷氢储量减少，对反应岗位的安全操作不利。

总的来说，对于非贵金属型催化剂，在循环氢中维持一定 H_2S 分压是必要的，虽然不同催化剂所要求的 H_2S 分压不尽相同，并且所需的 H_2S 分压与反应工艺条件如氢分压，反应温度有关，但通常认为 H_2S 分压保持在 0.05MPa 以上较好，即在 10.0~15.0MPa 压力下，H_2S 浓度在 0.03%~0.05% 为宜。

对于含硫低的原料，为维持一定的 H_2S 分压，可采取以下措施，一是加入一定量的含硫化物，如 CS_2、RSH、DMS、DMDS 和 SZ-54 等，可以加入原料油中，也可直接加入系统，或者将单质硫溶于原料油中；二是与含硫较高的油料混合作为进料；三是减少反应出口流体的注水量，因为水可以溶解一定量的 H_2S，但应注意其用量应足够溶解所生成的氨；四是减少排除废氢气的数量，但需保持规定的氢分压。

　　另外，从设备和材质腐蚀的角度上原油中的硫可分为活性硫和非活性硫。由于单质硫、硫化氢和低分子硫醇都能直接与金属作用而腐蚀设备和管道，因此被称为活性硫，而不能直接与金属作用的硫化物被称为非活性硫。活性硫在高温下可与金属直接发生反应造成腐蚀；非活性硫在高温、高压下可部分分解为活性硫，从而也会对生产装置造成腐蚀。在加氢裂化和加氢精制等临氢装置中，由于氢气的存在加速了 H_2S 的腐蚀，在 240℃ 以上形成高温 H_2S+H_2 腐蚀环境。复杂的腐蚀环境是含硫油加氢装置设计与生产的突出特点。因此，认真分析各种介质工况及腐蚀机理，选用适当的材料，防止腐蚀的发生是很关键的。尽管高级材料的使用可以基本解决腐蚀问题，但由于其价格非常昂贵，因此必须考虑经济上的合理性与技术上的可靠性，这不仅对加氢装置长周期安稳运转有重要作用，而且对利用资源及社会效益均有重大的现实意义。

（三）氧含量

　　天然原油中含氧化物较少，一般氧含量<1%，主要是以环烷酸的型式存在，它的分子式为 $C_nH_{2n-2}O$。页岩油含氧量略高，主要以酚类型式存在，通常酚含量为 1%~2%。但煤焦油中的氧含量则很高，通常达 5%~10%，主要也是酚类化物。不久的未来，可再生能源在能源总消费中所占的比例越来越大，加氢裂化装置将面临氧含量较高的动植物油脂等原料的处理问题。

　　氧化物的加氢速度也较快，在不太苛刻的条件下，如较低的温度及压力下即可发生加氢反应。例如在 5.0~10.0MPa 下，200℃ 时，以 Ni-Al 催化剂加氢，即可有 90%~95% 的工业酚加氢为环己醇[18]，再提高温度可转化为苯或环己烷系化合物。

　　与氮、硫化物不同，氧加氢生成的 H_2O 在气相下对加氢精制催化剂的活性基本无明显影响，只是在氧化物加氢时占据了催化剂的一部分活性中心，因此在加氢精制中对原料中的氧含量没有具体指标要求。原料含氧较高时，只要设法将其加氢脱除，避免产生大幅度温升即可。例如含氧较高的煤焦油在加氢处理时，首先进行预饱和加氢，将氧、硫、氮化物加氢，在此段同时释放出一部分反应热，使过程可以顺利进行。加氢脱氧过程生成的水在与加氢产品共同经冷却后以液态形式与之分离后排出系统。但在加氢裂化过程中，较高的水蒸气浓度和温度条件下，会对加氢裂化催化剂所含的晶型结构产生破坏作用，影响加氢裂化催化剂的稳定性，所以在处理高氧含量的原料时，需要采取相应的措施，如采用反序串联工艺流程，精制反应生成物直接进入分离系统，使得精制后原料可以与水等杂质分离，然后在进入裂化段深度转化。

　　天然原油中的环烷酸可与容器、管线等作用而形成环烷酸铁，不仅设备受到腐蚀，并且环烷酸铁在一定温度下遇到系统中的 H_2S 即会生成固态 FeS 而沉积在催化剂床层上，造成床层堵塞而产生压降直至影响生产装置的正常运行。我国加工含酸较高的原料，如辽河 VGO，胜利 VGO 等的多套加氢裂化装置，即发生过反应器进口床层堵塞而停运。为了解决这一问题，采用在设备上涂防腐涂层有一定效果，但最有效的是在易腐蚀部位换用耐环烷酸腐蚀的钢材，实践证明采用了这种措施后彻底解决了环烷酸腐蚀问题而保证了加氢装置不产生因此造成的差压堵塞现象。表 5-2-13 是为解决环烷酸铁影响正常操作可采取的措施。

　　在加氢裂化过程中，反应系统中存在有水分以及水蒸气，其来源为：

1）原料中含氧化物加氢生成水；
2）原料油中溶解的水；
3）催化剂吸附的水分；
4）氧化型催化剂硫化时，被硫取代的氧加氢生成的水；
5）补充氢中带入的水分。

　　总体来说，这些水的数量不大，在反应系统中基本是以气态与催化剂接触，浓度较低，因而对催化剂的活性基本没有影响。如果以明水或高浓度水蒸气与催化剂接触将会造成催化剂上的金属聚结、晶体变化及外形改变。Si-Al 载体催化剂，特别是分子筛型催化剂的吸水能力很强，即便在有密封设施的保护下在装卸、搬运时也会吸收水分。金属氧化型催化剂在硫化时也会生成大量水分，因此在开工阶段催化剂升温脱水硫化时必须控制适当的升温及硫化剂注入的速度。此外，还应注意将原料油中析出的水分离出来和应将补充氢压缩机出口和循环氢压缩机出口设立分离器以排出凝结出的水分。

加氢裂化使用的原料氢多由水蒸气法或部分氧化法制氢装置提供，因净化深度不够氢气中会携带少量 CO 和 CO_2，通常允许小于 $50\mu g/g$ 或更低。这种气体在加氢裂化过程中会与氢反应生成 CH_4 和 H_2O，当 $CO+CO_2$ 过高时对加氢裂化过程产生什么影响，许多学者看法并不完全一致，但相同的认识[19]：

1）CO 对催化剂产生暂时性中毒现象，但这种情况是可逆的；CO_2 则起稀释作用，降低了氢分压。

2）CO 和 CO_2 与氢反应生成 CH_4 和 H_2O 时产生反应热，增加了催化剂床层的温升，所产生的水还可能促使催化剂生焦率的增加。

3）CO 及 CO_2 对加氢催化剂脱氮的影响比裂化的影响更大一些。

从上述分析看出，CO 和 CO_2 对加氢裂化是不利的。

但是 CO 和 CO_2 的含量达到什么范围将对加氢裂化反应产生明显影响，目前尚未见到文献中系统研究的报道，G. Ferris 曾在 4 个月内以含 CO 为 $2000\sim3000\mu g/g$ 的氢气进行加氢裂化试验，未发现对催化剂的活性有害。Money Maker 在一次历时数月的加氢裂化试验运行中，使用含 CO 为 $200\mu g/g$ 的氢气进行 VGO 的加氢裂化，也未发现加氢裂化的产品在产率、性质以及反应温度上有任何变化。Heck 曾用制氢装置产的未经甲烷化处理的含 CO 为 4% 的氢气进行了 5 天试验，也未发现明显影响。FRIPP 曾用含不同 CO 量的氢气进行了页岩油全馏分油加氢脱氮试验，考察 CO 对脱氮效果的影响，如表 5-2-9 所示，可以看出，CO 由 2.9% 降至 0.4%，加氢产品的氮含量由 0.32% 降至 0.15%，即脱氮率由 74% 增至 88%，有一定影响。

表 5-2-9　氢气中含 CO 对加氢脱氮催化剂活性的影响[20]

原　　料			抚顺页岩全馏分油，含 N 1.22%		
反应压力/MPa	反应温度/℃	气体中 CO/%（体）	空速/h^{-1}	加氢产品中 N/%
20	398	2.9	0.5	0.32
20	400	0.4	0.5	0.15

虽然某些炼制工作者所进行的工作认为 CO 含量少时对加氢裂化反应过程基本没有影响，但 CO 及 CO_2 在加氢裂化中会消耗一定量氢气，并生成少量水分，增加反应热，总的看来没有好处，因此以含量较低为宜。Unocal 公司提出氢气中的 $CO+CO_2$ 以 $<50\mu g/g$ 为限。

（四）氯含量

氯化物在各种油料中的含量都很低，加氢后所生成的 HCl 以及氯化物多呈酸性，因此对具有酸性的裂化催化剂的裂解性能没有不良影响，但却会对工艺过程的操作带来问题。

带入加氢裂化过程的氯主要有两个途径，一是原料本身含有少量氯化物，更多的情况是由重整氢带入。因为某些油田的原油在开采时需在油田中加入一定量有机氯化物方能提高采油效率，而混入原油中的氯化物在原油蒸馏时大部分集中在常压塔顶的石脑油馏分中，此石脑油在重整过程中氯化物分解为 HCl 而进入重整氢中。二是在重整装置的运行过程中，需要向系统中补充氯，弥补随氢气流失的氯，来保持重整催化剂的反应活性。当用作加氢裂化的原料氢时，则所生成的 HCl 与氢气中的 NH_3 反应生成 NH_4Cl，这种化合物比 $(NH_4)_2S$ 在系统中更易析出，在低于 350℃ 的部位即将沉积而堵塞系统的通路，因此必须设法除去。由于它在水中的溶解度较高，可通过注水的方法将其溶解。然而在较高温度下水将变为蒸汽而使溶解度减小，因此要选择适当的注水地点和数量。在较高温度下注水时，水呈汽态不能溶解 NH_4Cl，因此应设法将重整氢中的氯在未进入系统前预先脱除。1993 年抚顺石油三厂应用重整氢时曾发生过热交换管束中出现 NH_4Cl 白色结晶堵塞现象，采用在热交换器高温侧注水的措施解决了堵塞问题。

除了上述结晶堵塞问题外，HCl 在高温下还会与容器或管线中的 Ni 形成 $NiCl_2$，与 Fe 形成 $FeCl_3$ 而造成设备腐蚀，$NiCl_2$ 遇氢气后 Ni 会被还原成金属 Ni 而沉积在加热炉管内使炉管堵塞，因此应尽量将进入系统中的氯除去。

除去重整氢中的氯有以下几种方法，一是采用催化脱氯法，即将重整氢通过装有活性氧化铝的容器将氯进行催化脱氯，美国旧金山炼油厂即采用了这种方法。齐鲁石化公司采用 KT-405 脱氯剂将气体中的氯脱除，其反应历程为 $Ca^{2+} + 2Cl^- \longrightarrow CaCl_2 \downarrow$，操作条件为 1.7MPa，310℃ 下即可将重整装置预加氢原料的氯含量由 $4.7 \sim 16.6\mu g/g$ 降至 $0.5 \sim 2.4\mu g/g$，脱氯率达 80% 以上，从而有效地降低了重整氢中的氯含量。二是可采用将重整氢与带有饱和水蒸气的新鲜氢气混合后脱水，HCl 则溶于水而自分离器底部排出。也可将重整氢送入补充氢（或新鲜氢）压缩机进口处，喷入适量的水，然后在出口分离器中将水排出而除去溶解的氯。此外，需要注意的是新氢样品采集容器的选择，应该选用玻璃器皿，而不应该使用橡胶球或钢瓶，因为后者会与 HCl 发生化学反应，影响分析结果。

氯化物能够通过重整氢、补充氢或者液体进料引入该体系。进料中的氯化物含量即使低至难以测量的程度也会引起流出物结垢。在 2011 年 NPRA Q&A 会议上，UOP 强调进料中氯化物含量的最高允许值为 $0.5\mu g/g$，补充氢中氯化物含量的最高允许值为 $1\mu g/g$。氯化物的含量可以采用单波长色散 X 荧光（MWD XRF）分析仪按照 ASTM D-7536 方法进行测量。MWD XRF 能够不受硫或氮组分的影响计算出无机和有机氯含量。补充方法包括红外光谱法和燃烧离子色谱（IC）法。UOP 近期开发的燃烧 IC 法（ASTM 991）已成为测量氯化物含量的首选方法[21]。

换热器中氯化铵盐的沉积通常发生在 204℃ 以下。氯化铵沉淀的形成取决于流出物体系中 NH_3 和 HCl 的分压。该体系中氮含量为中等程度时，能够形成的氯化物沉淀仅 $1 \sim 2\mu g/g$。换热器内流体分布不均能够导致有些区域温度较低，易于发生沉积[22]。

当来自流出物冷却器的酸性水中铵盐含量高于 6% 时应该使用双炼钢。当铵盐浓度较低时可以使用碳钢，但是混合相速度应该限制在 6.1m/s。对于操作温度不高于氯化铵升华温度的换热器，UOP 建议管材选用合金 625。另外，可注入成膜抑制剂来保护碳钢管以及上下游管线[23]。

常用的解决方法为连续水洗，之后使用盐分散剂，如果有需要。洗涤水的硫化铵含量不应超过 4%，否则将发生腐蚀。一旦发生沉积，可以注入锅炉给水，汽提的酸性水或者蒸汽冷凝液，其作用是溶解盐；注入速度和注入位置是需要重点考察的两个方面。洗涤水系统可能存在的一些问题包括：水洗速率不足，腐蚀速率增加，洗涤水分布不好以及水流减少。水洗速率不足是由于水洗系统不连续以及过滤器、喷嘴和阀堵塞。腐蚀速率增加是由于水质量差以及洗涤水速度高。洗涤水分布不好是由于水速低以及喷嘴的位置、方向、尺寸不合理。最后，水流减少是由于过滤器、喷嘴和阀堵塞[24]。

（五）原料的终馏点

终馏点或馏分范围是加氢裂化原料十分重要的控制指标。它直接关系到可提供原料的数量，并与工艺技术水平及经济性有关。原料终馏点提高，除了因为黏度增加以致原料向催化剂内部扩散的速度减慢，从而降低了反应速度外，还带来数量更多、结构更为复杂的非烃化合物以及多环芳烃，胶质、沥青质、重金属等杂质，大大增加了加氢难度，同时这些杂质很不稳定，容易缩合生焦而使催化剂加速失活。稠环芳烃还会在加氢裂化产品的流出物中析出固体结晶物而造成系统压降或堵塞现象。因此在选择原料油馏分范围，特别是终馏点时必须从兼顾技术和经济两方面加以考虑。

表 5-2-10 为不同终馏点和馏分范围的大庆减压馏分油在相近的转化深度下所需的反应温度，可以看出，馏分较轻的常三、减一线混合油的 50% 点较减二线低 50℃，终馏点低 36℃，同时也看到前者氮含量也较低，两者相差 183μg/g，利用这两种原料在达到相近裂解深度下，反应温度前者低约 16℃，说明终馏点以及氮含量对反应温度的影响非常明显。

表 5-2-10　不同干点大庆馏分油加氢裂化的反应温度及产品产率

原料馏分	常三：减一＝2：1	减二线脱蜡油：减一＝1：1	减二线
原料性质			
密度（20℃）/（g/cm³）	0.8426	0.8583	0.8563
馏程/℃			
初馏点	224	259	316
50%	364	381	414
终馏点	440	453	476
氮/（μg/g）	160	320	343
反应温度/℃	411	423	427
裂化生成油馏分收率/%			
<130℃	12.9	13.6	13.6
130～260℃	34.3	34.6	32.3
260～320℃	19.3	18.6	14.6
<320℃	66.5	66.8	60.5

图 5-2-6[25] 为美国联合油公司提出进料终馏点对选用加氢裂化操作压力的关系，可以看出，在终馏点超过某一范围后，则所需的操作压力直线上升，增值非常迅速，说明超过该终馏点馏分后，杂质的增加也十分快速，裂化难度骤然增加。因此比较经济的方法是选择拐点以下的馏分作为原料。还可看出，直馏油可容许的终馏点高于热加工油。

在采用全循环的操作模式情况下，为避免加氢裂化过程生成的重稠环芳烃（HPNA）在反应流出物中达到某一定浓度成为固体物析出而影响正常操作，联合油公司也作了大量研究工作（关于重芳烃物的生成原因，处理方法等见本章第四节），认为原料终馏点高也是一个重要原因，对不同类型原料所要求控制的终馏点亦不相同，如表 5-2-11 所示，从中看出，对催化轻循环油的终馏点达到 385℃以上就应注意加以控制，焦化蜡油为 510℃，而直馏减压馏分油可达 540℃，也是由于催化轻循环油含芳烃量高及结构复杂所致。

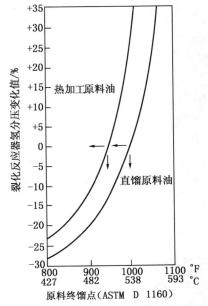

图 5-2-6　进料终馏点对操作压力的影响

表 5-2-11　加氢裂化对原料干点的一般控制原则[26]

原　　料	HPNA 生成	多环芳烃控制
催化轻循环油(LCO)	约 355℃	终馏点在 385℃以上需控制
焦化蜡油(CGO)	约 400℃	终馏点在 510℃以上所需控制
直馏减压蜡油(VGO)	约 440℃	终馏点在 540℃以上需控制

图 5-2-7[26]为该公司在中试装置中用不同终馏点轻阿拉伯减压馏分油产生重芳烃量的结果，可以看出，当原料终馏点由 537℃提高到 573℃时，则加氢裂化产品中含重芳烃量明显增加，因此原料终馏点应加以控制。

图 5-2-8[27]为不同终馏点的原料在不同空速下的相对再生周期，可知，终馏点愈高，催化剂再生间的周期愈短。

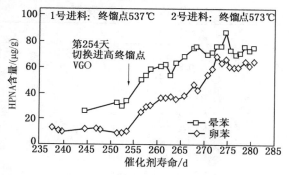

图 5-2-7　不同终馏点原料对生成重芳烃(HPNA)的影响

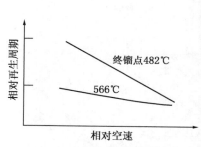

图 5-2-8　不同终馏点原料再生周期

精制-裂化串联工艺在精制段要求将原料中的杂质脱到一定水平，特别是氮含量，然后进入裂化段，不同终馏点的原料在达到相同精制深度时除需调整反应温度外，就是进料空速，即相当于单位原料需要催化剂的数量，图 5-2-9[28]示出不同终馏点进料在相同的工艺条件下达到相同精制深度时所需加氢精制催化剂的相对用量，可以看出，随着原料终馏点的增高，所需的催化剂量明显增多。

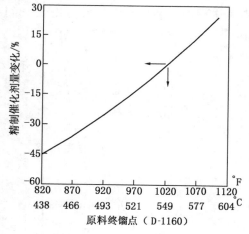

图 5-2-9　不同终馏点原料加氢精制催化剂的相对数量

通常所测定的终馏点的数据是在某一定蒸馏装置中于一定的压力下蒸馏原料油最终馏出物料时的温度。这种物理分析方法所得到的温度是一综合指标，不代表某相同沸点馏分的油料，也可以是较轻和较重沸点物的混合物，但如果有较重馏分混入，特别是沸点非常高的馏分混入时，即使数量很少，也会对催化剂的活性乃至寿命带来严重影响。在生产中经常遇到，一种原油切割出终馏点相近的两个原料，反应结果相差较大，主要是切割效率差等原因在 VGO 中混入更多的重质物如沥青质或稠环非烃化物所致。故为了控制原料符合加氢裂化工艺进料的要求，只控制终馏点是不够的，还需严格控制其他指标，如残炭、沥青质以及色度等。

为避免重质物被携入原料中，又保持尽可能高的终馏点原料作为加氢裂化原料以扩大重油加工数量，关键是要改善和提高原油减压蒸馏时的切割效率，可通过使用高效塔盘及优化操作的方法来减少重叠馏分及高沸物的带出以减少催化剂的失活速度，改善产品质量。

为了降低炼油成本，最大限度的利用原油资源，各大炼油企业纷纷采用常减压蒸馏装置减压深拔技术，使得减压蜡油终馏点已达 570℃ 以上，甚至达到 600℃。为了适应加氢裂化装置处理减压深拔蜡油，一方面通过上游装置的优化操作，严格控制减压蜡油的质量指标；另一方面，各大研究机构也积极投入科研力量，从工艺及催化剂等方面进行针对性的改进研究，应对随着终馏点的提高而带来的性质更加劣质化、重质化的减压深拔蜡油原料[29]。

（六）原料中的重杂质

随着原料沸点的升高，尤其是采用减压深拔技术的蜡油和二次加工产品，其所含的重杂质量也在增多，在减压馏分油中含有四环以上的稠环芳烃，特别是与硫、氮、氧组合成的非烃化合物非常不安定，相对分子质量一般在 1000 左右甚至更高，在较高温度下容易缩合。这些化合物在加氢工况下呈液相状态，在反应器中停留的时间相对较长，更增加了生焦的倾向而影响催化剂的使用寿命。因此对重杂质需严格控制其含量。主要控制项目为沥青质及残炭值，其控制范围与催化剂性能以及工艺技术水平及生产方案有关。一般要求控制范围为沥青质含量<0.01%~0.05%，残炭值的含量<0.3%~0.5%。在生产过程中，沥青质的分析方法较为复杂，对仪器设备要求高，较难付诸实际应用，通常有经验的生产技术人员采用控制原料油的色度（一般为<+5 号）和观察加氢精制油颜色（变黑或变灰通常是沥青质指标异常）的方法判断。

原料在储存、运输期间受到外界环境影响，质量也会变差，例如，稠环芳烃、非烃沥青质、胶质等遇光、热及氧后就会发生变化，缩合成更大分子，因此应当采取措施避免上述三种情况。在油品的储运中，避光是容易做到的，但重油的凝点较高，通常需加热到 50℃ 以上方能保持必要的流动性，在这种情况下就应设法隔绝空气，避免油与氧接触，特别是对焦化蜡油、催化循环油等。采用热进料也是个很好的方法。

（七）原料中的金属

原料中皆含有一定量的金属化物，但我国原油与国外许多原油相比，金属含量仍是比较低的，表 5-2-12 为国内外某些原油减压馏分油中的金属含量，可以看出，其中含有铁、镍、钒、钠等金属元素含量较多，而砷、铜、铅等则相对较少。

采用脱盐的方法可将原油中的碱金属或碱土金属如钾、钠大部分脱除，以无机盐的形式溶于水而除去，但其他元素基本仍保留在原油中。

表 5-2-12　国内外原料 VGO 性质

原料油	大庆 VGO	胜利 VGO	辽河 VGO	阿曼 VGO	沙特 VGO	伊朗 VGO	米纳斯 VGO
密度/(g/cm³)	0.8636	0.8997	0.9237	0.8942	0.9133	0.9091	0.8419
馏程/℃							
5%	352	326	238（初馏点）	323	319	331	380~500
10%	370	352	346	345	373	354	
50%	412	428	443	429	432	415	
90%	471	487	518	496	488	492	
终馏点	517	527	559	539	531	522	
残炭/%	0.041	0.13	0.2	0.15	0.08	0.18	0.04
S/%	0.21	0.40	0.21	0.81	2.2	1.43	0.06

续表

原料油	大庆 VGO	胜利 VGO	辽河 VGO	阿曼 VGO	沙特 VGO	伊朗 VGO	米纳斯 VGO
N/(μg/g)	717	1552	2040	519	790	1300	
砷/(μg/g)	<0.5	<0.5		<0.5		<0.5	
氯/(μg/g)	<2	<2		<2.7		<2	
钠/(μg/g)	0.06	0.09		2.38		0.12	
铁/(μg/g)	0.24	0.25	5	0.38	1.76	0.44	0.66
镍/(μg/g)	0.04	0.13	0.6	0.08	0.06	0.15	0.05
铜/(μg/g)	0.01	0.01	0.03	<0.01	0.02	0.06	0.02
钒/(μg/g)	<0.05	<0.05	0.8	<0.05	0.13	0.30	0
铅/(μg/g)	0.05	<0.05		<0.10		<0.05	

原料油中的金属化合物绝大部分集中在最重的渣油馏分中，而在加氢裂化所用的 VGO 中除铁而外，其他金属含量不高，一般总量在 $1\sim2\mu g/g$ 之间。

金属化合物在加氢裂化过程中，脱金属后以烃类形式进入产品中，但金属则沉积于催化剂上，造成催化剂的微孔堵塞而失去活性，并且很难用再生的方法将其脱除，形成不可逆的永久性中毒，因此对加氢裂化原料中金属含量的限制较为严格，通常要求<1μg/g。

虽然 VGO 中的金属总含量不高(<1μg/g)，但对酸性较强的 VGO，例如环烷酸较多的油料在原油蒸馏、储运系统中将会使器壁中的铁溶出而带入反应系统，造成反应器床层压降而缩短运行周期，带来严重影响。关于环烷酸溶铁问题的解决措施在本章"氧含量"一节及"催化剂"章已有阐述，主要是采用"一脱四注"，加防腐衬里或涂层的方法。在反应过程中，于反应器催化剂床层上部增设积垢篮筐，反应器封头上加装内置积垢器，应用脱金属保护催化剂以及分层装填技术，均是防止金属集中沉积而延缓床层压降的有效方法。除以上措施外，还有一些措施可以防止原料携带铁或金属物以及防止床层堵塞压降，亦列于表 5-2-13 中。

表 5-2-13　脱铁措施一览表

类　　别	措　　施	效　　果
一、原油脱铁	常减压一脱四注	脱盐，中和环烷酸
	关键部位用不锈钢	减少过程铁
	螯合剂脱铁	脱除铁离子
	溶剂萃取脱金属	同上
	磁分离技术脱铁	同上
二、原料油脱铁	加氢脱金属	脱除铁等金属
	吸附剂脱金属	同上
	保护性反应器	减少结垢，容纳杂质
	反洗过滤器	减少堵塞物
	惰性气体保护	防止生成胶质等聚合物
	控制切割温度	减少金属含量
	除掉中间罐	减少过程铁
三、改进反应器	积垢篮筐	收集污垢、焦炭，不影响压力降
	内置结构器	收集污垢、焦炭，不影响压力降
	催化剂分级装填	减少床层堵塞
	支撑球、环	减少结垢，容更多杂质
	注防垢剂	减少堵塞物，防止床层压降
	高金属容量催化剂	容更多金属
	吸铁作用催化剂	吸铁能力强于普通催化剂

采用循环加氢裂化装置操作的炼油厂更容易遇到硫化铁累积的问题，导致压降升高和运转周期降低[30]。硫化铁的形成主要源于分馏塔或 H_2S 汽提塔中的 H_2S 与装置材质起反应。这些硫化铁如果聚合成多硫化铁（ FeS_x ），则可能会以胶质存在[31]。炼油厂通常采用的几种解决方法见表 5-2-14。通过测量加氢裂化装置各床层的压降，再计算出反应器总压降，将可以对各床层间的流体和氢油比的变化进行归一化，并帮助确定具体哪个床层硫化铁累积量在增加。一旦确定了出现问题的床层，可以采取许多措施来减轻累积。方法之一是重新设计催化剂床层。级配床层催化剂的应用已非常普遍，即便炼油厂已经升级了装置材质来防止腐蚀产物进到反应器[32]。为防止压降问题而开发的异形催化剂也受到了炼油厂的欢迎。另一种方法是用低温烃冲刷洗去已经累积的硫化铁，但该方案仅推荐作为最后的备选方案，因为冲出的硫化铁能够导致下游设备（如聚结器）的零部件堵塞[33]。

表 5-2-14　缓解 VGO 加氢裂化装置硫化铁累积的方法

可选的解决方案	优　点	缺　点
进料过滤	• 保持催化剂体积，无级配床层的体积损失 • 对于较重进料可以比较频繁更换过滤器或者可以经受更大范围腐蚀而不影响加氢裂化装置	• 过滤器更换或者反冲洗频繁 • 经常有大量的油夹带在过滤器中损失掉 • 处置问题 • 经常性支出 • 为脱除 $5\sim10\mu m$ 颗粒物需要昂贵的过滤器
升级冶金	• 解决该问题，如果成功，不需要进一步改变 • 可能是最长期的解决方案，尤其对于高硫进料	• 昂贵 • 耗时
助剂	• 便宜，仅当产生压降问题时需要使用	• 不可预测 • 可以在重新堵塞以及助剂不太有效之前暂时解决问题
床层级配	• 除防止硫化铁堵塞外，还能够捕获其他固体物和焦炭，从而防止压降升高	• 通过减少活性催化剂体积来移除催化能力 • 如果大量活性金属存在，堵塞仍会发生
积垢篮	• 能够捕获颗粒物	• 有效性存在争议 • 能够引起催化剂床层分布不均以及使问题加剧

床层顶层可能会高效捕获颗粒物和胶质，以致于反应器不得不停工并将顶层除去。该过程，称作撇头，能够导致数百万美元的经济损失。多孔陶瓷材料（如 NorPro 公司的 MacroTrap 保护床材料）可以用作床层顶层，起到保护床层以及减少或消除撇头需求的作用。这类材料的优点是耐腐蚀、耐氧化和耐磨损，同时不具有反应活性，而且价格相对便宜。该类材料含有直径为 $80\sim500\mu m$ 的大孔，能够捕获颗粒物和吸附铁胶质；同时含有直径大约为 $1\mu m$ 的微孔，提供强度和耐磨损性。其颗粒形状将对压降产生影响：球形最大；环形较低；五角环形最低。Haldor Topsøe 公司还提供了一种顶床层材料，用在当级配床层对杂质的处理无能为力的情况下。Topsøe 的 TK-25 或者"TopTrap"是用于捕获微粒的大孔材料。

表 5-2-15 列出了几种具有催化活性以及惰性的顶层/支撑材料。左栏列出该材料的干净床层的空隙率（SOR），右栏列出在压降呈指数上涨前，该材料上可用于颗粒物沉积的有效空隙率。该值是由干净床层空隙率减去 22%（在此点压降大幅增加）得到的；该值代表床层顶层实际上能够提供的最大杂质沉积空间。

表 5-2-15　几种催化剂顶床层材料的干净床层空隙率和有效空隙率

催化剂形状	干净床层空隙率 SOR/%	有效空隙率/%	催化剂形状	干净床层空隙率 SOR/%	有效空隙率/%
球形	33	11	四叶形	45	23
圆柱形	40	18	环形催化剂	53	31
三叶形	42	20	高孔隙率惰性物质	55~65	33~43

对于压降成为问题的加氢裂化装置来说球形是最坏的选择，因为球形材料的有效空隙率最低(11%)。但球形支撑材料可能仍用在反应器内或者床层底部。对于顶床层使用球形支撑材料的装置，即使压降问题不是很大，操作人员也可能想要换用高空隙率材料。更换后有助于保护加氢裂化装置不因炼油厂发生意外、装置出现事故以及停电等事件而产生无法预料的压降问题。在正常情况下，当炼厂因电力断供而紧急停工时，整个装置的压降将高于停工前的压降[34]。Axens 公司建议使用传统的利用环形催化剂的级配床层，使杂质分布于环形材料尺寸逐渐减小的多个床层。该级配体系使得杂质在床层中的分布较深，将结块的可能性降至最低[35]。

（八）不同原油的加氢裂化原料的催化剂失活率

加氢裂化原料的各项质量指标并非是孤立的。对同类型原料油，通常是沸点越高，则杂质含量越高；而对不同类型原料，杂质不仅随着沸点的增高而增加，含芳烃较多的环烷基油

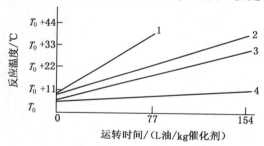

图 5-2-10　原料质量对催化剂稳定性的影响[28]

1—Aga Jari 原油重 VGO(氮含量 1700μg/g，终馏点 565℃)；
2—Aga Jari 原油轻 VGO(氮含量 1510μg/g，终馏点 543℃)；
3—Gash Saran 原油 VGO(氮含量 1470μg/g，终馏点 538℃)；
4—Ahwaz 原油 VGO(氮含量 860μg/g，终馏点 513℃)

及热加工产品的杂质含量也较高，因此在选用加氢裂化原料时，对其质量应进行综合评价。图 5-2-10[28] 示出三种原料的 4 组数据，通过对反应温度的提升速度表明原料质量对催化剂稳定性的影响。Aga jari 原油的两个 VGO 馏分，重 VGO 的终馏点高，含氮量也高，其温升速度最快。Aga Jari 原油轻 VGO 和 Gash Saran 原油 VGO 的终馏点和含氮量相近，但族组成及其他性质并不完全相同，前者的温升快一些。Ahwaz 原油的 VGO 终馏点低一些，而氮含量却低更多，它的提温速度明显低

于以上三者。从这些结果可以看出：一是原料的终馏点与氮含量是相关的，随着终馏点的升高、氮含量也相应增加。二是原料终馏点高、氮含量高者对催化剂的活性稳定性不利。三是不同类型原料的相当馏分虽然终馏点、含氮量相近，但其他性质不同时，加氢裂化反应结果也不相同。因此在选用加氢裂化原料时应当注意控制原料的主要指标(例如终馏点、氮含量、沥青质、残炭等)，但也要综合考虑其他性质[36]。

通过对原料各种质量指标影响加氢裂化反应效果的分析看出，其中终馏点、氮含量的指标最为关键，与其他项目不同，它们不仅影响催化剂的稳定性，还明显地影响活性。特别是终馏点，它与非烃化物、沥青质、残炭值、金属含量等有关。因而在加工某种油料时，很好地选择它的终馏点是十分重要的。

广义地说，加氢裂化过程因同时具有很好的精制和裂化性能，所以能加工质量很差或终馏点很高的原料，但经济上并不一定合理，因此拟加工某种原油时，应根据原油的全面性质选定馏分，特别是终馏点或馏分范围，以获得最佳的技术经济效果。

二、加氢裂化原料的预处理

原料油的性质对加氢裂化长周期稳定运行具有决定性的影响，原料油是否符合加氢裂化催化剂使用要求和是否经过适当的处理，将直接影响到装置的正常开工，对于原料油的处理，主要体现在保护、脱水以及过滤 3 个方面。

1. 原料油的保护

从罐区送来的原料，无论是直馏还是二次加工，在储罐中均要保护。保护的作用主要是防止接触空气中的氧，以免氧化产生沉渣（结焦的前驱物），避免在下游设备中的温度较高部位如换热器顶部结焦。原料的保护方法主要有惰性气体保护（氧含量<5μL/L）和内置浮顶罐保护。

2. 原料油脱水

加氢裂化原料在进入反器前要脱掉明水，原料中含水有如下危害：①引起加热炉操作波动，炉出口温度不稳，反应温度随之波动、燃料耗量增加，产品质量受到影响；②原料中大量水汽化后引起装置压力变化，恶化各控制回路的运行；③高温水蒸气与催化剂长时间接触，容易引起催化剂表面活性金属组分的老化聚集，强度及活性下降，催化剂颗粒发生粉化现象，堵塞反应器。为了解决原料带水，一般安排三个原料油罐，第一个用于接油，第二个进行水和淤渣的沉降并定时脱除，第三个用于出料。每个罐应用足够的沉降时间，严禁边收料和边出料的方式操作。加氢裂化催化剂的设计一般要求原料中含水<300μg/g。

3. 原料油过滤

原料油中常带有一些固体颗粒，如焦化装置 CGO 中含有一定量的炭粒，特别是当原料油酸值高时因设备腐蚀生成一些腐蚀产物，这些杂质将沉积在催化剂床层中，形成板块结构，导致反应器压降升高而使装置无法操作。因此，原料在进反应器前应先经过过滤装置，脱除其中的固体颗粒，工业装置都采用自动切换的多列原料过滤器及反冲洗过滤器，精滤过滤器滤芯孔一般为 10~25μm。

三、非常规加氢裂化原料

石油作为大自然赐与人类的最宝贵资源之一，在世界各国经济的发展中一直都起着举足轻重的作用，被誉为"工业的血液"。但石油并非取之不尽、用之不竭的能源，人们在努力探明新的石油资源的同时也在不断地寻找可替代的能源。非常规油气资源以其储量巨大、分布集中、开发技术日趋进步等特点成为世界石油市场的新宠。我国非常规资源十分丰富，发展非常规能源对保障国家能源安全、改善环境、煤炭安全生产、解决"三农"（农业、农村、农民）问题等都具有重要的战略意义。非常规资源作为加氢裂化装置原料，如页岩油、煤焦油和动植物油等，生产清洁燃油和优质化工原料已经成为研究的热点，采用加氢裂化工艺，对于处理上述原料，制取清洁燃料产品，应当是一种有效的工艺技术，技术上也获得了一些突破。这些非常规原料的杂质含量（氮、氧、硫等）和烃类组成等性质与常规石油馏分有较大差异，因此加工过程与常规加氢裂化工艺存在着明显的不同。

1. 页岩油[2]

在自然界的资源中，油页岩和石油一样主要由藻类等低等浮游生物经腐化作用和煤化作用而生成。而通过低温干馏等办法，从油页岩中"榨"出的页岩油则被称作"人造石油"，经过进一步加工提炼后可以制得汽油、煤油、柴油等液体燃料。在油页岩的开采初期由于技术不过关，生产过程污染环境，这一行业发展受到限制。近年来，随着技术的进步，该问题已得到了很好的解决。可以预见,在当前石油资源紧缺、油价高涨的形势下,页岩油将在能源家族中扮演越来越重要的角色。

与天然石油不同,页岩油中含有更多的不饱和烃以及硫、氮、氧等非烃组分。页岩油的加工手段主要有非加氢处理和加氢处理两种方法。非加氢处理一般包括酸碱精制、溶剂精制、吸附精制和加入稳定剂等。加氢处理方法方面,美国主要是对页岩油进行加氢预处理以脱除其中硫、氮、砷等杂质,然后在炼油厂按常规加工工艺生产各种油品;巴西炼油公司将页岩油分为轻、重两种馏分,轻馏分经催化裂化生产汽油产品,重馏分则作为燃料油;澳大利亚 SPP 公司对页岩油进行加氢精制以生产超低硫轻质燃料油。

油页岩热解后得到的页岩油富含烷烃和芳烃,但烯烃含量较天然石油高很多,并含氮、硫、氧等非烃类有机化合物。表 5-2-16 列出某典型页岩油的性质。页岩油常温下为褐色膏状物,带有刺激性气味。页岩油中轻馏分较少,汽油馏分仅为 0.4%~0.6%;370℃以下馏分约占 43.0%~45.0%;大于 370℃ 含蜡重油馏分约占 55.0%~56.0%。页岩油中含有大量石蜡,凝点较高,沥青质含量较低,氮含量高,属于含氮较高的石蜡基油,因此这类原料选择加氢裂化加工是一种好的手段。表 5-2-17 给出了采用一段串联反序加氢工艺技术进行页岩油全馏分加氢处理的实例。

表 5-2-16　页岩油性质及馏分油收率

项　　　目	分析数据	项　　　目	分析数据
密度(20℃)/(kg/cm^3)	895.0	康氏残炭/%	0.87
运动黏度(50℃)/(mm^2/s)	10.04	水分/%	痕迹
运动黏度(100℃)/(mm^2/s)	5.52	四组分组成/%	
酸值/(mgKOH/g)	0.10	链烷烃	32.2
S/%	0.51	环烷烃	18.7
N/%	1.21	芳烃	32.0
闪点(开)/℃	138	胶质	17.1
含蜡量/%	18.64	沥青质/%	0.6

表 5-2-17　加氢裂化试验结果

反应器	裂　　化	精　　制
主要工艺条件		
反应压力/MPa		12~17
新鲜原料体积空速/h^{-1}		0.3~0.8
循环油体积空速/h^{-1}	0.5~0.8	
氢油体积比	300~1000:1	300~1000:1
反应温度/℃	370~420	350~400
柴油馏分主要性质		
密度(20℃)/(g/cm^3)		0.8096
馏程/℃		181~340
十六烷值		59.0
S/(μg/g)		10
芳烃/%		7.3
石脑油馏分主要性质		
密度(20℃)/(g/cm^3)		0.7076
馏程/℃		42~172
S/(μg/g)		<1.0
N/(μg/g)		<1.0
链烷烃含量/%		70.44
芳潜/%		27.81

从表中数据可见，该页岩油原料，经加氢裂化-加氢精制、分馏，切取石脑油馏分和柴油馏分，柴油馏分中硫含量 $10\mu g/g$、芳烃含量 7.3%、十六烷值高达 59.0，满足柴油的欧Ⅳ排放标准；石脑油馏分芳潜含量 27.8%，链烷烃含量高达 70.4%，可以作制乙烯原料或优质的化工溶剂油产品。

随着页岩资源的持续开发，美国可能会通过许多行业来利用这些液体原料，从而减少其对国外原油的进口。预计到 2020 年美国将因页岩资源的开发增加 $660\times10^4 bbl/d$ 的液体石油产量，这会对全球原油供应和需求产生极大的影响。

目前，美国页岩油的交易价格低于 WTI 原油。与英国炼油厂相比，美国炼油厂在生产 ULSD 时通常具有大约 2 \$/bbl 的成本优势。表 5-2-18 比较了 WTI 原油和 Bakken 页岩油的原油性质和裂解收率。如表中所示，与 WTI 原油相比，Bakken 原油中柴油体积分数较高，而减压渣油体积分数较低，同时 Bakken 原油的喷气燃料/煤油和柴油的裂解收率较高，而残渣燃料油的裂解收率较低，对于寻求最大量生产中间馏分油同时最少量生产低质燃料油的炼油厂来说，Bakken 页岩油是一种理想的原料[37]。

表 5-2-18　WTI 原油和 Bakken 页岩油的比较

项　　目	Bakken	WTI	项　　目	Bakken	WTI
原油性质			减压渣油（>566℃）/%（体）	5.2	9.4
API 重度	41.0	39.0	裂解收率/%（体）		
硫/%	0.2	0.32	$C_3 \sim C_4$	−3.1	−2.9
轻馏分（$C_1 \sim C_4$）/%（体）	3.5	3.4	汽油	58.4	55.9
石脑油（$C_5 \sim 182℃$）/%（体）	36.3	32.1	喷气燃料/煤油	16.5	14.4
煤油（182~260℃）/%（体）	14.7	13.8	柴油	17.5	17.0
柴油（260~343℃）/%（体）	14.3	14.1	残渣燃料油	7.9	13.7
VGO（343~566℃）/%（体）	26.1	27.1			

尽管 Bakken 原油的柴油收率比 WTI 原油的高，但这些页岩油的特性导致汽油收率较高，因而中间馏分油收率降低。鉴于柴油需求增长继续超过汽油，美国炼油商将需要找到在确保改质更多页岩油的同时仍获得足够中间馏分油产量的方法，这样就不会造成美国炼油产品供需不平衡。

2. 煤焦油[3]

煤焦油是煤在干馏和气化过程中得到的液体产物，常温下煤焦油是一种黑色黏稠液体，组成极为复杂，目前已经分离和鉴定的物种有 500 多种，规模化生产的产品品种有 70 多种，密度较高，为 $1.00\sim1.20 g/cm^3$，主要由多环芳香族化合物组成，烷基芳烃含量较少，高沸点组分较多。根据干馏温度和过程不同，可以得到以下几种焦油：低温煤焦油，干馏温度 450~600℃；中温煤焦油，干馏温度 700~900℃；高温煤焦油，干馏温度 900~1100℃；以上各种类煤焦油中，低温煤焦油轻质油收率较高，含有较多的烷烃和环烷烃，芳烃、胶质和沥青质含量相对较低，较容易加工处理，生产轻质产品。

世界上许多国家进行了煤焦油加工利用技术的开发，如日本、德国、法国、俄罗斯等其焦油单套蒸馏装置能力在 100~500kt/a。国内煤焦油加工能力均集中在少数钢铁企业，如宝钢、鞍钢、本钢等 11 家大型企业焦油加工能力占总加工能力的 50% 以上，单套蒸馏加工量在 100~300kt/a，其余的煤焦油加工企业的规模均小于 30kt/a，特别是许多的中小型加工企业，加工技术较为落后。

开发和应用适宜的加氢处理或加氢裂化工艺，实现煤焦油的清洁化、轻质化，改善其安定性，降低硫含量，获得低硫石脑油和清洁燃料油，是充分利用煤干馏副产品煤焦油，提高其经济价值的有效途径。煤焦油的性质与天然石油的性质差异很大，主要体现在：

1）氧含量远远高于天然石油。这就要求煤焦油后序加工过程的催化剂对水蒸气甚至明水有较高的耐受性。

2）氮含量高，硫含量低。增大了加工难度。

3）密度大。中低温煤焦油的20℃密度通常都大于$1.0g/cm^3$。

4）终馏点高。中低温煤焦油80%的馏出温度一般都超过700℃。

5）金属、杂质及残炭含量高。在进入煤焦油后序加工装置前，必须将这些金属及杂质除去，以保证装置正常的操作周期。

6）芳烃含量高。考虑到胶质基本上均为稠环芳烃构成，通常中低温煤焦油的芳烃含量均在80%左右，加工难度很大。

7）碳氢比高。原料的不饱和程度高，增大了加工难度。

根据以上主要特点可知，煤焦油的加工难度很大，必须在全面考虑这些特点后，才能制定出适宜的加工方案，实现煤焦油清洁化、轻质化的目的。

中温煤焦油原料全馏分性质见表5-2-19。由表可见，中温煤焦油全馏分密度大，氮含量高，尤其是胶质、沥青质及重金属含量高，采用加氢法直接加工难度较大。中温煤焦油全馏分经过分馏后，<360℃馏分和<380℃馏分的性质有了明显改善，但密度大，十六烷值低，胶质、沥青质含量仍较高。

表5-2-19　中温煤焦油性质

项　目	全馏分	<360℃馏分	<380℃馏分
收率/%		48.0	55.8
密度（20℃）/（g/cm³）	1.064	0.950	1.007
馏程（ASTM D1160）/℃	208~515	180~360	180~385
硫/%	0.19	0.15	0.16
氮/%	0.81	0.628	0.662
凝点/℃	25	10	17
十六烷值（实测）	不着火	不着火	不着火
沥青质/%	14.4	0.8	2.6
金属/（μg/g）	84.0	0.37	0.78
质谱组成/%			
胶质	63.6	45.6	55.6
链烷烃	5.4	9.4	8.9
环烷烃	4.5	6.1	5.6
芳烃	26.5	38.9	29.9

以中温煤焦油<380℃馏分为原料，采用加氢精制-加氢裂化一段串联工艺流程进行试验，试验结果列于表5-2-20。从表列数据可以看出，在中压和高压两个工艺条件下，石脑油馏分，芳潜分别为82.4%和81.6%，硫含量分别为$2.6μg/g$和$1.5μg/g$，是很好的催化重整原料；柴油馏分产品硫含量分别为$27.5μg/g$和$12.6μg/g$，十六烷值分别为35.1和40.0，可以作为清洁柴油的调和组分，质量获得了大幅度提升。

表 5-2-20 典型煤焦油加氢裂化试验结果

项　目	数　值		项　目	数　值	
工艺条件	中压	高压	密度(20℃)/(kg/m³)	771.4	767.5
原料油	中温煤焦油<380℃馏分		馏程/℃	68~178	58~175
氢分压/MPa	9.5	14.5	硫含量/(μg/g)	2.6	1.5
氢油体积比	800	800	芳潜/%	82.4	81.6
体积空速/h⁻¹	0.4	0.4	>160℃柴油		
反应温度($R1/R2$)/℃	370/370	390/390	收率/%	69.7	65.55
生成水量/%	7.08	8.92	密度(20℃)/(kg/m³)	878.7	871.4
产品分布及产品性质			95%馏出温度/℃	359	357
C₅~160℃石脑油			硫含量/(μg/g)	27.5	12.6
收率/%	24.50	26.26	十六烷值(实测)	35.1	40.0

由以上试验结果及煤焦油原料性质可以看出，煤焦油因杂质含量高、终馏点高、密度大、直接采用加氢裂化处理，技术上还未完全成熟，技术经济性也不太合理，难以进行大规模工业化，还需进一步做深入的研究。

3. 费托合成油

费托(F-T)反应产物碳数分布很宽，以直链烷烃为主，副产物包含烯烃、芳烃及含氧化合物，通过精制可以获得多种油品及化工产品。按照反应条件的不同，费托反应分为高温费托反应(300~350℃)和低温费托反应(200~250℃)。二者所采用的催化剂、反应器均不相同，与之对应的合成产物也有很大的差别。

费托合成是一种将合成气(CO+H₂)在催化剂的作用下，生成以烃类产品为主的反应，转化为液体燃料或化工产品的技术，早在 20 世纪 30 年代就已在德国和日本等国实现了工业化。传统的费托合成技术是基于 F. Fischer(1923 年)和 H. Tropsch(1926 年)的发现建立起来的，其后历经几次起伏，在南非等缺油国家得以延续。进入 21 世纪以后，随着石油资源的不断消耗及日益增长的环保需求，研究开发洁净可替代的液体燃料或化工产品技术已经成为迫切的战略问题，费托合成技术在中国等国家和地区开始蓬勃发展。

2005 年统计数据显示，世界上在建或拟建的 50 个项目产能近 90Mt/a[38~40]，但随着经济形势与能源格局变化，多数项目下马，目前约为 20Mt/a。

针对中国能源禀赋，近年费托合成技术获得较快发展，到 2016 年在建和已建成的费托合成油产能约 9Mt/a，还有两套 2.8Mt/a 的装置拟建[41]。中国石化于 2006 年在镇海建成了一套 3kt/a 的费托合成装置，生产出优质费托合成油，因而其高效优化加工利用技术开发极为迫切。

国外费托合成及后加工技术以南非 Sasol 公司和 Shell 公司最为先进。南非 Sasol 公司长期以来在费托合成及费托合成油的加工技术水平和工业化程度上一直处于领先地位。Sasol 公司以高熔点产品(通常称作沙索蜡)著称，出口量达 55kt/a。其他主要产品为正构烷烃含量高、颜色浅、硫、氮和芳烃含量极低的溶剂和化学中间体等优质产品。Shell 公司采用 SMDS(Shell Middle Distillate Synthesis)工艺在马来西亚 Bintulu 建设的 GTL 装置采用加氢精制-加氢裂化-异构脱蜡工艺生产特种溶剂化工原料、蜡类产品及润滑油基础油等高附加值产品。近些年，FRIPP 系统地开展了费托合成油分析表征、加氢预处理、加氢生产马达燃料、加氢异构生产超高黏度指数基础油以及生产清洁无味溶剂油和蜡类产品等技术开发研究，形成较完整的技术方案，为费托合成油高效加工利用和我国替代能源战略的发展和实施打下基础。目前部分技术已在工业装置上得到验证，获得良好的技术经济效果。

由 F-T 合成产生的大多数长链脂肪族化合物形成的复杂混合物可作为加氢裂化装置石油基原料的合成替代品。F-T 合成过程使用的合成气可由天然气或生物质等原料制得，取决于原料的可获得性和经济性。F-T 蜡中含有一些含氧化合物和烯烃，但基本上不含硫、氮或芳烃。无论合成气的来源如何，所得 F-T 蜡必须经加氢裂化才能转化为高质量馏分油。F-T 蜡加氢裂化须采用具有酸性中心(裂解/异构化)和金属活性中心(加氢/脱氢)的双功能催化剂。近期研究表明，由 F-T 蜡生产的柴油与传统柴油相比在燃烧时排放更少的 CO_2、NO_x 和颗粒物。这些替代燃料的优点是与现有设施相适应；产品可直接替代常规石油基运输燃料，并能以任何比例与其调和。BP、Sasol Technology、Shell、UOP/Rentech 和 Velocys 都开发了 BTL 和 GTL 技术[42]。

在过去的两年里围绕 F-T 蜡加氢裂化生产运输燃料进行了大量的研发工作。其中包括：F-T 蜡和可再生原料共处理生产中间馏分油；加氢裂化的 F-T 蜡与来自 F-T 合成的馏出油共处理；通过重馏分循环来提高 F-T 蜡加氢裂化时的产品收率；F-T 蜡加氢裂化产物的多级气液分离；一种包括一个固定床反应器和两个加氢催化剂层的 F-T 蜡加氢裂化方法；一种用于 F-T 蜡和减压馏分油混合料加氢裂化的 Ni-W/氧化铝催化剂。也有许多工作提到将一种固体酸载体材料用于 F-T 蜡加氢裂化催化剂。

4. 动植物油脂

动植物油脂的主要成分是直链脂肪酸甘油三酸酯，其中脂肪酸链长度一般为 $C_{12} \sim C_{24}$，且以 C_{16} 和 C_{18} 居多。动植物油脂含有的典型脂肪酸包括饱和酸(棕榈酸、硬脂酸)、一元不饱和酸(油酸)及多元不饱和酸(亚油酸、亚麻酸)，植物油以不饱和一烯酸和二烯酸为主，动物脂则以饱和脂肪酸为主。动植物油脂加氢后产品杂质含量低，饱和直链烃含量高，不含芳烃，可以用作化工原料。

以油料作物、野生油料作物和工程微藻等水生植物油脂以及动物油脂、废餐饮油等为原料油，通过酯交换工艺制成的甲酯或乙酯燃料，称其为第一代生物柴油。第一代生物柴油优点是十六烷值高，具有良好的燃烧性能，硫含量低，污染小，使用可再生原料等，可以与石油基柴油混合使用；但其缺点是饱和脂肪酸酯凝固点高，冬季容易阻塞输送管路，不饱和脂肪酸酯易被氧化变质，存储时间受到限制，特殊的化学结构对车辆部件有腐蚀性，掺入燃料比例有限。

鉴于脂肪酸甲酯在使用中存在的一些问题，近几年以深度加氢生成脂肪烃为核心的第二代生物柴油技术发展迅速，第二代生物燃料主要成分是液态脂肪烃，在结构和性能方面更接近石油基燃料，加工和使用都比甲酯类燃料方便。油脂加氢过程中包含了多种化学反应，主要有不饱和脂肪酸的加氢饱和、加氢脱氧、加氢脱羧基和加氢脱羰基等反应，另外，还有临氢异构化反应等。油脂通过加氢饱和、加氢脱氧、脱羧或脱羰基等反应可以得到长链饱和烷烃，但经过不同反应途径得到的产物有所不同，加氢脱氧反应得到的是偶数碳烷烃，而脱羧或脱羰基反应得到的是少 1 个碳原子的奇数碳烷烃。加拿大 Sakatchewan 研究委员会(SRC)和 Natural Resource Canada 等合作，以葵花油、菜籽油、棕榈油等为原料，采用经硫化处理的负载 Co-Mo 或 Ni-Mo 金属的加氢催化剂，通过改变反应温度、压力和液时空速等主要操作参数，对反应产物的组成及分布、柴油馏分的性质等进行分析，得到了不同植物油原料加氢制备生物柴油的适宜操作条件。

以动植物油脂为原料，采用催化加氢工艺技术生产的第二代生物柴油，环境保护和产品质量等方面，均超过通过酯交换生产的生物柴油。与石油基柴油相比，具有相近的年度和发热值，而密度更低，十六烷值更高，是一种理想的替代燃料。动植物油脂以其特殊的结构特征，加氢处理后可用作制造大宗化工产品和可生物降解精细化工产品的原料，副产物甘油可以被精制成医药甘油，或用来制备 1,3-丙二醇。

目前，UOP 公司正在研究通过热解木质素的加氢裂化来生产大量汽油以及少量轻馏分和柴油。Nippon Oil 公司的一个共处理方案也即将实现工业化，即 20% 棕榈油与 VGO 混合，并在氢气存在的下于 10MPa（100bar）和 390~410℃（734~770°F）条件下进行加氢裂化生产柴油。其他有关直接以动/植物脂肪和油作为加氢裂化装置进料的研究工作包括：甘油三酯类化合物加氢裂化生产可再生柴油；一种从动/植物油生产生物石脑油的方法（包括加氢裂化）；以新型脂肪酸为加氢裂化原料生产可再生化学品；用于麻疯树油加氢裂化生产绿色柴油的新催化剂配方，即 Ni-HPW/Al$_2$O$_3$ 催化剂和硫化型 CoMo 催化剂。

此外，可再生原料的选择性加氢裂化和异构化，可生产具有良好低温流动性的柴油和喷气燃料包括：一种加氢处理/加氢裂化组合生产生物可再生柴油和石脑油产品的方法；一种将含有脂肪酸或甘油三酯组分和富含链烷烃的组分转化成可再生柴油的单段工艺，在该工艺中含氢的循环气体在串联的加氢脱氧区和加氢裂化区循环；一种含有可再生原料的进料经加氢裂化和脱蜡生产高黏度指数（VI）润滑油的方法；一种加氢热解和加氢转化工艺联合从生物质直接生产燃料的方法。

炼油商改质可再生原料面临的挑战是与现有发动机技术和基础设施的相容性问题。另外还必须考虑可再生原料的来源，因为世界各地有关"食品与燃料"的争论还在继续。总的来说，提高传统运输燃料和生物运输燃料的质量和供应安全，同时削弱能源密集度和环境排放增强的影响，对于未来可再生燃料技术的发展至关重要。

四、原料氢气

加氢裂化过程中耗用大量氢气，不同来源的氢还含有少量的其他组分，这些组分在反应系统中进行反应生成新的化合物或未转化保留在系统中，都将对氢纯度产生一定的影响。

新氢主要有两大来源，一是以烃类为原料通过转化而生成氢气，主要有水蒸气法和部分氧化法；另一是催化重整产氢。另外，在石油化工型企业中，乙烯装置和化肥生产装置还附产部分氢气。从几种方法所产氢气的典型组成可知，水蒸气转化法和部分氧化法的氢气纯度一般 >95%，其余主要是 CH$_4$ 和 N$_2$，以及少量的 CO 和 CO$_2$；而催化重整氢气则随着工艺的不同氢含量亦不同，半再生式重整比连续式重整的操作压力较高，苛刻度较低，故氢气纯度相对较低。重整装置的氢气纯度一般为 86%~92%，同时还有较多的 C$_1$~C$_4$ 低分子烃，但没有 CO 和 CO$_2$。重整氢中的低分子烃在加氢裂化反应过程中，一部分因操作压力高而溶于液体产物内，另一部分存留于气体组分中，最终在循环氢气中达到某一平衡浓度，导致循环氢的氢纯度降低。

为提高氢分压和循环氢纯度，减少或除去循环氢中非氢组分可有两条途径，一是将原料氢中的非氢组分预先除去，二是在加氢裂化系统中将非氢组分去除。将各种原料氢经过变压吸附工艺（PSA）处理，氢纯度大多可达 99% 以上，其回收率 90% 以上。水蒸气制氢经变压吸附后纯度可达 99.9%，其他杂质组分含量极少，这样可避免带入较多的非氢组分，有利于提高氢气纯度。然而这种方法不能完全避免氢纯度的下降，因为原料油裂解时也会生成低分子烃导致氢纯度的降低。故也可在加氢裂化系统中采取以下四种措施提高氢纯度：①排除废氢；②膜分离；③变压吸附；④油洗涤。

加氢裂化不同于其他热转化工艺，主要是有氢的存在，催化剂与工艺过程的可变性也与"氢"密切相关，否则就不能应用加氢、裂化双功能催化剂并保持催化剂的长周期运行，同时在工艺方面可调变的手段也少了很多，精制-裂化串联工艺、两段裂化等工艺也无从进行。加氢裂化处理能力的增长也导致了氢气消耗量的增大。

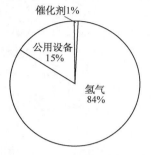

催化剂1%
公用设备 15%
氢气 84%

图 5-2-11　典型加氢裂化装置的花费

随着原油质量的劣质化、重质化的发展趋势，市场对清洁燃油产品和化工原料的需求的增长，限制温室气体排放受到更为广泛的重视，氢气在炼油和化工领域扮演着越来越重要的角色。通常，在炼油企业氢气耗量占原油加工量的 0.18%～2.17%，其中加氢裂化装置是氢耗最大的装置之一，氢耗量高达 2.0%～4.0%，占加氢裂化装置操作费用的近 80%，如图 5-2-11 所示[43]。炼油厂使用氢气的来源主要是重整氢、制氢（轻烃水蒸气转化和水煤浆气化制氢工艺）、回收氢（加氢、催化和焦化等装置的干气，利用 PSA 或膜分离工艺进行回收）、化工供氢气（化肥、乙烯）等。不同加氢装置对氢气的质量指标提出不同的要求，如氢纯度、氢分压、杂质含量等。加氢裂化装置使用的对补充新氢一般要求氢纯度>90%，循环氢纯度保持为>80%。随着氢气在炼油厂地位的不断提升，氢气资源的综合管理和系统挖潜变得尤为重要，通常炼油厂优化增加氢气产能所采取的办法主要有：

1）高催化重整装置的苛刻度；

2）收集焦化装置、加氢裂化装置、催化重整装置、蒸馏装置轻烃等气体作为制氢原料；

3）采用变压吸附、膜分离等技术提纯回收催化裂化干气中的氢气；

4）合成氨联产的石化厂可利用煤和沥青造合成气，提供氢气资源；

5）天然气产地附近，利用价格优势制氢；

6）进一步研究利用高硫焦（或沥青）气化制合成气再转换生产氢气的技术。

氢气的高效管理和利用不仅可以为炼油厂节省大量制取和供应成本，还可以使炼油厂避免为提高氢气产能而进行额外的投资。高效的管理氢气管网和充分的利用氢气资源，可以通过改进某装置的工艺或操作，如制氢、氢气提纯、用氢和氢气管网等装置或系统来实现。

减少氢气消耗提高经济效益方面已经工业应用的工艺有，杜邦公司开发的 IsoTherming，在原料油进反应器前先用氢气饱和原料油；SK 公司开发的加氢脱硫预处理工艺，含催化轻循环油或焦化蜡油的原料油在进加氢处理装置前先脱除耗氢多的化合物。此外，Axens 公司开发的 Prime-G⁺、EMRE 公司开发的 SCANfining 和 UOP 公司开发的 Selectfining，都是通过限制烯烃饱和使氢耗大大减少。JGC 公司开发的催化轻循油改质工艺采用两台流化床反应器，据称氢气消耗只是常规加氢处理装置的四分之一。

目前，炼油厂氢气需求增加主要有两方面原因：①世界原油供给品质下降，意味着需要使用更多的氢气来将重质原料改质成较轻质产品以及除去大量杂质；②针对运输燃料制定了更严格的法规，如对柴油的超低硫要求，意味着需要提高加氢处理水平。根据 Technip Stone & Webster 公司一位官员的介绍，这些因素将推动全球氢气需求从 2001 年的 $1280 \times 10^8 \mathrm{m}^3/\mathrm{a}$ 增长到 2021 年的 $2455 \times 10^8 \mathrm{m}^3/\mathrm{a}$。

在北美，页岩开发的蓬勃发展已导致天然气价格跌至接近历史低点，氢气的生产成本也已下降，这使得有充足的低成本氢气供应给炼油厂。加氢装置运营商可能会利用这些廉价氢气来提高装置转化率和/或改善产品质量。根据标准催化剂技术公司的报道，对于打算利用廉价氢气资源来增大反应器体积、提高装置处理能力或者延长催化剂和反应器使用寿命的炼油厂，可以采取如下四种方案：

1）通过增加装置的氢耗来提高芳烃饱和程度，以便处理较重的进料、改善馏分油产品烟点和/或提高 FCCU 进料质量；

2）利用具有选择性开环能力的催化剂来增加反应器体积以及提高柴油产量和十六烷值；

3）反应器第一个床层包括异构化催化剂来改善中间馏分油的低温流动性；

4）远离脱碳过程（如焦化）而转向加氢过程（如加氢裂化），以提高总的炼油产品质量以及增加炼油厂利润[44]。

五、冷凝水

加氢裂化原料中的氮化物经过加氢后生成氨，循环气中高浓度的氨对催化剂的活性产生抑制作用。此外氨可与氯化物和硫化物化合生成铵盐，铵盐大约在低于95℃时结晶生成固体物质。这些固体物质会引起空冷器的堵塞和腐蚀。因此在空冷器上游将冷凝水注入反应器流出物中，可以防止铵盐在低温下结晶而堵塞管道及冷却器管道，同时也可溶解部分硫化氢，减少分馏系统的负荷。铵盐和硫化氢溶解到水溶液中，通过高分的三相分离从底部排出。

冷凝水注入点流出物的温度应保持在130~200℃，冷凝水应是无空气的（因为空气会氧化反应器流出物的硫化氢或其他硫化物，生成单质硫而引起堵塞、腐蚀和无法从产品中分离等方面的问题）。如果冷凝水注入量过大，冷凝水吸热过多会降低生成油的温度，影响后面的换热器的换热效果，也加大了冷却器的冷却负荷（温差变小，流量变大），注入量过少则不能很好地溶解铵盐，一般加氢过程中冷凝水的注入量控制在 6.0%~10.0%（对进料）。

表 5-2-21 冷凝水的性质指标要求[45]

项　目	指标要求	项　目	指标要求
浊度/（mg/L）	<0.3	H_2S/（μg/g）	<1000
COD/（mg/L）	<15	Cl^-/（μg/g）	<50
NH_4^+/（μg/g）	<1000	Ca^{2+}/（μg/g）	<3

第三节　加氢裂化产品

加氢裂化过程可将不饱和烃加氢饱和，非烃除去。将原料烃裂解成较小的分子并发生异构化反应，可直接将质量较差的重质原料转化成优质产品，其可加工的原料和可生产的产品是所有炼油工艺中可生产产品品种最多，生产灵活性最强的一种加工方法。制取加氢裂化产品时具有的共同特点是：

1）饱和度高，非烃极少，安定性好。

2）正构烃含量低，低温流动性好。

3）对添加剂的感受性强。

4）通过对催化剂和反应工艺的调整可大幅度地改变产品产率和性质，具有非常好的生产灵活性。

5)液体产品产率高,气体产率低,特别是 C_1、C_2 低分子烃很少。

在当前和今后对环保要求日益严格的情况下,加氢裂化在发挥其生产低硫低芳烃清洁燃料方面将起更大作用。在生产化工原料和高黏度指数润滑油方面也将更加重要。

一、气体

加氢裂化产物中气体有三部分,一是原料中烃类裂解时所产生的低分子烃,如 CH_4、C_2H_6、C_3H_8、C_4H_{10} 等。二是原料中非烃化合物,如含硫、氮、氧等原子的非烃类在加氢裂化时形成 H_2S,NH_3 和 H_2O 等而与原始的碳或氢键分离。三是原料氢中带入的其他组分,如 CH_4、CO、CO_2、N_2 等,CO 及 CO_2 在过程中转化为 CH_4 和 H_2O,其含量将随供氢来源不同而异,若采用重整氢气时还将带有少量 C_2H_6、C_3H_8 及 C_4H_{10} 等。

1. 原料裂解生成的低分子烃

原料烃在催化加氢裂解过程中,碳分子间链的断裂依正碳离子反应机理进行,所生成的低分子气体烃大部分是 C_3H_6 和 C_4H_{10},并且异构烷烃较多,而生成的 CH_4、C_2H_6 很少,其比例如表 5-3-1 所示,异构烃一般高于正构烃量的一倍以上。

表 5-3-1　加氢裂化的气体产率与各种气体组成

原　　料	伊朗 VGO		伊朗 VGO	
气体产率/%(对进料)				
H_2S+NH_3	1.88		1.88	
C_1	0.17		0.30	
C_2	0.22		0.28	
C_3	1.09		1.94	
iC_4	1.64		3.48	
nC_4	0.90		1.63	
气体种类	循环氢	闪蒸气	循环氢	闪蒸气
气体组成/%(体)				
H_2S	2.34		1.96	
H_2	91.81	48.5	94.13	46.6
C_1	3.14	5.28	2.10	5.36
C_2	0.44	3.74	0.37	2.68
C_3	0.76	12.69	0.29	12.51
iC_4/nC_4	0.34/0.23	14.49/7.91	0.40/0.29	17.07/8.01
iC_5/nC_5	0.23/0.02	5.58/1.58	0.11/0.06	5.97/1.65
C_6	0.30	0.23	0.29	0.15
转化率	>350℃转化 75%		>350℃全循环	
原料氢纯度/%(体)	99.9		99.9	
催化剂	3824		3824	

这些气体烃类的另一特点是皆为饱和烃,因此加氢裂化生成的气体可归纳为以下三个特点:

1)生成的气体皆为饱和烃类。

2)C_3、C_4 烃含量远高于 C_1、C_2 烃。

3)异构烷烃较相同碳数的正构烷烃含量高。

气体生成的数量与催化剂的裂解选择性有关外,最关键的是裂解深度,因为裂解深度增加时，二次裂解反应亦随之增加，即裂解得到的产品进一步分解为更低分子的烃类，如图 5-3-1 及图 5-3-2[46]所示，所用的原料是石脑油馏分，当 C_5^+ 转化率达到 70% 以上时，C_3+C_4 的产率增加很快，而转化率超过 80% 以上时，C_1+C_2 的产率则快速增加。

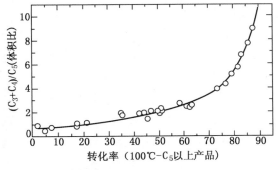

图 5-3-1　C_3+C_4 产率与转化率关系

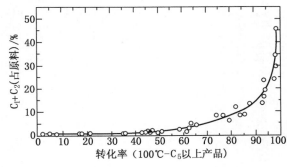

图 5-3-2　C_1+C_2 产率与转化率关系

这些气体烃在反应系统的物流中，分别存在于气相和液相中，其比例取决于系统的压力、温度、氢油比以及气体在液体中的溶解度等。在反应系统中的各个部位的环境条件都在改变，因而应由最后状态来确定其最终的分离结果。从工艺过程要求这些低分子烃在氢气中保留的数量越低越好以维持较高的循环氢纯度，从而保持较高的氢分压。

表 5-3-2 为各种气体在石油馏分及水中的溶解度系数，可以看出，碳数越少的烃在油中的溶解度越低，而且油越重时所溶解的低分子烃的数量也越少。

因此虽然加氢裂化中所产生的分子最小的 C_1 烃的量并不多，但因其溶解度低，连同新氢中带入一定量 C_1，故在气相循环氢中保留的量却最高(见表 5-3-1)。然而因其他低分子烃($C_2\sim C_4$)的溶解度相对较高，同时在高压下操作，有利于增加溶解量，并且这些低分子烃的生成量并不高，因之在气相中存留的量不多，连同 C_1 的量总和亦不甚多，从而一般可保持较高的循环氢纯度，利用这种溶解特性使循环氢气保持较高的氢浓度，从而减少了新鲜氢气的耗量。

表 5-3-2　各种气体在不同介质中的溶解度系数

气　　体	在重油中/[m³/(t·atm)]	在煤柴油中/[m³/(t·atm)]	在水中/[m³/(t·atm)]
NH_3			52.6*
H_2S	0.98	3.0	2.58
CO	0.05	0.16	0.023
CO_2	0.98	3.0	0.878
H_2	0.05	0.09	0.018
N_2	0.05	0.16	0.015
CH_4	0.18	0.60	0.033
C_2H_6	0.44	2.17	0.047
C_3H_8	0.79	5.06	
C_4H_{10}	5.5	13.86	

* 1.01325×10^5Pa 下 100g 水所吸收气体克数。

在工业生产装置中则采用高压分离、低压分离以及分馏、稳定的方法将这些气体自液体产品中除去。其过程为：加氢裂化反应器流出的氢气与产物经换热，冷却达 40℃ 以下后先进入高压分离器，顶部逸出的气体称循环氢气，底部排出的液体经减压后流入低压分离器，在此状态下，溶解的低分子烃和氢及其他气体又被释放出来，此气体称低分气或闪蒸气，底部液体再送至稳定塔、分馏塔，顶部排出的气体经分离后称干气、液化气。其气体组成如表5-3-3所示。

表 5-3-3　工业装置加氢裂化气体组成*

项　　目	新鲜氢	循环氢	低分气	干气	液化气
密度（20℃）/（kg/Nm³）	0.1100	0.2268		0.6433	
H_2	98.10	93.49	74.71	58.62	
CH_4	1.90	5.60	16.69	25.08	
C_2H_6		0.11	2.96	1.81	1.61
C_3H_8		0.28	2.20	5.66	20.18
iC_4H_{10}		0.36	2.04	6.05	51.94
nC_4H_{10}		0.09	0.68	2.00	23.27
C_5		0.07	0.59	0.78	2.90

* 镇海炼化公司加氢裂化装置 1994 年结果。

由表 5-3-3 看出，循环氢中含氢量较高，余下的组分主要是 C_1，$C_2 \sim C_4$ 有少量。低分气中含 C_3、C_4 数量较多，C_2 较少，但 C_1 却较多，这种结果的出现是由于 C_3、C_4 在加氢裂化中生成的量较多，而且 C_3、C_4 的溶解度较高所致，C_1 的含量较多却并非加氢裂化过程生成的 C_1 量多，而是由于制氢装置中生产的氢气有一定数量的 C_1 溶于液体油中所致。

为了保持循环氢气的氢纯度较高，采用排除一定量废氢气的方法也是一条途径，但这种方法要多耗费一定量氢气，在经济上是不利的。

所生成的气体中，C_1 和 C_2 的数量不多，通常作为燃料气使用。C_3 是生产液态烃的主要组分，也可用作燃料气。C_4 除可作为液态烃外，i-C_4 则可与催化裂化产品的正丁烯合成烷基化油，这种油料不含芳烃，辛烷值高，可很好地满足当前世界上对环保有更高要求的低芳烃、低烯烃、低硫的新汽油指标，将逐步成为高清洁性汽油的重要混兑组分。C_4 的抗爆性也较好，亦可直接混至汽油中使用，但它的蒸气压较高，混兑的数量有一定限制。

加氢裂化液化气组分饱和度高，非烃含量极少，可以直接作为乙烯裂解原料，乙烯收率高，焦油产率低，清焦周期长，是非常好的乙烯裂解原料。

2. 原料油中非烃化物转化生成的气体

在加氢裂化条件下，原料中的硫、氮、氧几乎全部转化为 H_2S、NH_3 和 H_2O 等。其中水蒸气经冷却后变为液体在高压分离器底部排出系统。H_2S 和 NH_3 一部分为气体在气相介质中，另一部分则溶于液体产物内。表 5-3-2 中亦示出 H_2S 和 NH_3 在不同介质中的溶解度，H_2S 较 NH_3 在油中的溶解度高，而在水中的溶解度远低于 NH_3。由于 NH_3 在水中的溶解度很大，因此采用将软化水注入反应器流出物时，无论气相或液相中的 NH_3 可绝大部分溶于水中而排除，注水虽可溶解一定数量的 H_2S，但仍有很多 H_2S 保留在气相的循环氢及液相的加氢产物中。H_2S 在加氢裂化过程中的影响以及浓度要求和控制方法在本章第二节中也已有阐述，在此不另叙及。在加氢产物中溶解的 H_2S 则随着液体产物自高压分离器流至低压分离器后被释放出来，一部分至低分气中，其量与操作条件（温度，压力）、油品性质、H_2S 的浓度、溶解度等因素有关。低分气中的 H_2S 应通过气体脱硫装置将其脱除后再作为燃料气或其他用途使用。残留在加氢产物中的 H_2S 则可通过气提装置或稳定蒸馏装置除去以保证产品的腐蚀试验合格。也可通过用碱水洗的方法使 H_2S 变为 Na_2S 而排除，虽然此法可有效

地除去 H_2S，但需增加设备、消耗碱液，并需将排出物进行环保处理。

3. 原料氢带入和生成的气体

加氢裂化过程中耗用大量氢气，不同来源的氢还含有少量的其他组分，这些组分在反应系统中进行反应生成新的化合物或未转化仍保留在系统中，都将对氢纯度产生一定的影响。

原料氢主要有两大来源，一是以烃类为原料通过转化而生成氢气，主要有水蒸气法和部分氧化法，另一是催化重整产氢，国外炼油厂所用原料氢气的构成如图 5-3-3 所示，从中可知水蒸气法作为原料氢占的比例最多，约 60%，重整氢约 30%，7% 为部分氧化法产的氢气，其他方法产氢只占 2%~3%。

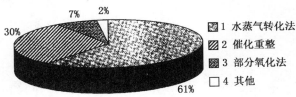

图 5-3-3　国外原料氢构成[47]

表 5-3-4 为这几种方法所产氢气的典型组成，可知水蒸气转化和部分氧化法的氢气纯度 >95%，其余主要是 CH_4 和 N_2，CO 和 CO_2 很少，而催化重整氢气则随着工艺的不同含氢量亦不同，半再生式比连续式的操作压力较高，苛刻度较低，故氢气纯度相对较低，两者的氢气纯度一般在 86% 至 92% 之间，同时还有较多的 C_1~C_4 轻烃，但没有 CO 和 CO_2、N_2，这些轻烃在加氢裂化系统中，一方面因操作压力高而溶于液体产物中，还有一部分则存留于气体中，并有一部分转化为更轻的气体烃，最终在循环氢气中达到某一平衡浓度，以致使循环氢的氢纯度降低。

减少或除去非氢组分可有两条途径，一是将原料氢中的非氢组分预先除去，二是在加氢裂化系统中将非氢组分去除。将各种原料氢经过变压吸附工艺(PSA)处理，氢纯度大多可达 99% 以上，其回收率约 95%，如表 5-3-4 中水蒸气制氢经变压吸附后可达 99.9%，其他组分含量极少。这样可避免带入较多的非氢组分，有利于提高氢气纯度。但需建立较大规模（与补充氢量相同）的提纯装置，可以省去传统工艺中的低温变换和甲烷化过程。因此是否使用 PSA 提纯需要做技术经济比较。然而这种方法不能完全避免氢纯度的下降，因为原料油裂解时也会生成轻烃造成氢浓度的降低。故也可在加氢裂化系统中采取一些措施提高氢纯度，主要有以下四种方法，一是排除废氢（循环氢），另一是膜分离，再者是变压吸附，还可采用油洗涤法。文献 [48] 对上述四种方法进行了对比，在高压下（14.7MPa）对纯度为 78% 的循环氢提纯至 93%，从投资、能耗及氢损失率的对比结果看，认为从全面比较时，膜分离方法的投资、操作费用及氢气损失较小而更有利一些，主要是操作压力较高，故膜分离的效果较好。

表 5-3-4　原料氢组成典型数据

原料氢来源	水蒸气转化法		部分氧化法	催化重整	
	传统方法	蒸汽转化+PSA		半再生式	连续式
组成/%（体）					
H_2	96.1	99.9	97.5	86.5	92.4
CH_4	2.5	<0.1	1.0	4.5	1.4
C_2H_6				3.9	2.8
C_3H_8				2.7	2.0
C_4H_{10}				1.5	1.1
C_5				0.9	0.3

原料氢来源	水蒸气转化法		部分氧化法	催化重整	
	传统方法	蒸汽转化+PSA		半再生式	连续式
其他杂质					
CO/(10^{-6}mL/mL)	}13	1.1	}10		
CO_2/(10^{-6}mL/mL)		3.2			
N_2/%	1.4		0.7		
A/%			0.8		

当使用的原料氢的纯度不同时，为了维持相同的循环氢纯度，则排放氢的数量不同，即实际耗氢量不同，表5-3-5为用水蒸气法与重整法耗氢量的比较，在二种不同压力下，氢纯度较低的重整氢的耗用氢量皆高于水蒸气法约30%，主要差别是尾气排放氢量不同。

表 5-3-5　采用不同氢源时加氢裂化耗氢量[49] %

氢耗量 ＼ 操作压力	10MPa	15MPa	氢耗量 ＼ 操作压力	10MPa	15MPa
水蒸汽法氢：$H_2$96%(体)			重整氢：H_2 85%(体)		
反应耗氢	1.200	3.250	反应耗氢	1.200	3.250
尾气排放氢	0.532	0.660	尾气排放氢	1.122	1.820
溶解氢	0.059	0.170	溶解氢	0.059	0.160
合计	1.791	4.080	合计	2.381	5.230

注：原料为350~500℃馏分油。

二、液体产品

加氢裂化液体产品依馏分范围的不同可分为三部分，一是轻馏分油，可作为石脑油、溶剂油和汽油组分；二是中间馏分油，包括喷气燃料、灯用煤油、取暖用油、轻柴油等；三是重馏分油，主要是润滑油料、蒸汽裂解原料、催化裂化原料、重柴油、燃料油等。以下分述加氢裂化所产液体产品的产率和性质。

（一）轻馏分油

石脑油为石油馏分中最轻部分的统称，它可以直接作为汽油组分或溶剂油等石油产品，也可作为中间产品经再加工而生产石油化工原料或运输燃料，例如通过催化重整生产轻芳烃、高辛烷值汽油或通过蒸汽裂解装置生产乙烯等轻烯烃。

表5-3-6为FRIPP的试验结果，应用两种不同原料，在不同转化率下以及不同产品馏分的轻重石脑油的较典型族组成及主要性质，它们中的碳原子数与所切割的馏分直接相关，当使用中间基或环烷基原料及转化深度低时，石脑油中的环状烃量较高。由于加氢裂化具深度加氢、异构能力强等功能，因此获得的石脑油有以下共同特点，一是异构烃占比例大，通常为正构烃的2~3倍甚至更多。二是芳烃含量少，一般<10%，基本没有不饱和烃。三是非烃含量很低，硫、氮含量极低。由于上述诸项性质，所以将其用于要求安定性好、饱和度高，芳烃及非烃少的溶剂油是适宜的。将加氢裂化产品直接切取不同馏分可以满足各类溶剂油的要求，但其需求量有限。故石脑油的用途主要还在于其他几个方面。

<65℃或<80℃轻石脑油主要是C_5组分和少量C_4、C_6，C_4组分无论是正构物或异构物皆有较高的辛烷值。C_5的正构烃辛烷值较低，异构烃及环状烃较高，如表5-3-7所示，而异构+环烷烃的含量较正构烃通常高出数倍，因此轻石脑油的辛烷值可达75~85以上，故常用

作汽油混兑组分。并因这些馏分中含六元环很少，其研究法辛烷值（RON）与马达法辛烷值的差值少，即敏感度较低，具有较好的抗爆指数，然而 C_4、C_5 的蒸气压偏高，故混于汽油中的数量有所限制。

加氢裂化工艺除应用了直馏蜡油为原料外，还可以掺炼催化循环油。表 5-3-8 为以直馏蜡油与催化循环油混合油为原料（混合比为 74：26）在全转化的情况下生产汽油，从中看出轻石脑油馏分（C_5~82℃）的净辛烷值 82~84，然而重石脑油馏分辛烷值偏低。

表 5-3-6　加氢裂化石脑油的族组成和主要性质

原料油	鲁宁管输 VGO+CGO		伊朗 VGO
工艺方案	单程转化率 65%	>177℃全循环	单程转化率 75%
原料密度（20℃）/（g/cm³）	0.8820	0.8820	0.9053
轻石脑油馏分/℃	<65	<65	<82
密度（20℃）/（g/cm³）	0.6585	0.6488	0.6702
组成/%（体）			
C_4	2.8	2.6	1.1
iC_5/nC_5	26.5/12.0	20.6/7.3	14.5/8.3
2,2-二甲基丁烷	12.0		0.21
环戊烷	0.3	} 31.3	
2-甲基戊烷	5.4		} 20.8
2,3-二甲基丁烷			
3-甲基戊烷	22.5	15.7	10.0
正己烷	11.5	7.6	9.0
甲基环戊烷	6.5	10.9	16.8
2,2-二甲基戊烷	10.8	2.2	
苯		0.8	3.7
环己烷	0.9	1.0	2.9
C_{7+}			12.7
重石脑油			
馏分/℃	65~177	65~177	82~132
密度（20℃）/（g/cm³）	0.7483	0.7425	0.7453
馏程/℃			
初馏点/10%	85/103	79/103	87/98
50%	126	125	107
90%/终馏点	157/180	158/176	126/147
S/（μg/g）	<1	<1	<1
N/（μg/g）	<1	<1	<1
组成/%			
烷烃	39.2	57.6	33.3
$C_4/C_5/C_6$	0.1/1.3/5.9	-/-/6.1	-/0.3/3.0
$C_7/C_8/C_9$	9.3/8.6/7.0	16.1/13.7/11.1	13.4/12.6/3.7
C_{10}/C_{11}	5.9/1.1	8.6/2.0	0.3/-
环烷烃	57.0	39.0	57.6
$C_5/C_6/C_7$	0.1/4.7/13.1	-/2.2/9.9	-/4.7/23.6
$C_8/C_9/C_{10}$	16.5/14.2/8.4	11.5/9.6/5.8	23.5/5.5/0.3
芳香烃	3.8	3.4	9.1
$C_6/C_7/C_8$	0.1/1.0/1.9	0.3/0.9/1.6	0.9/5.6/2.5
C_9/C_{10}	0.8/-	0.9/-	0.1/-
芳潜/%	57.6	36.9	63.4

表 5-3-7　　不同族组成轻烃的辛烷值(马达法)

项　　目	正构烷	异构烷	环烷	芳烃
C_5	61	83~89	83	
C_6	26	73~93	77	108
C_7		82~89	71	104
C_8	-17	70~100	41(正乙基)	97.9(正乙基)
C_9	-53	62~79	14(正丙基)	98.7(正丙基)

表 5-3-8　　美国汉堡(Humble)炼油公司加氢裂化装置生产汽油典型结果

原料油性质		82~193℃(95%)	80.3
密度(20℃)/(g/cm³)	0.8905	产品性质	
馏程/℃	217~467	C_5~82℃	
S/%	0.3	RON/MON	84.1/82.4
N/(μg/g)	256	82~193℃	
产品产率/%(体)		RON/MON	61.1/58.8
C_4	17.2	族组成:环烷/芳烃/%	52/12
C_5~82℃	28.1		

注:原料:直馏蜡油:催化循环油=74:26(体)。

　　20 世纪 60 年代后期,随着汽油辛烷值要求的提高,特别是加铅量要求减少甚至取消后,加氢裂化重石脑油由于辛烷值较低已不能直接用于生产汽油,需要通过催化重整工艺来提高辛烷值,一般可提高 20~30 个单位,以满足高辛烷值汽油的要求。加氢裂化石脑油的一个特点是硫、氮含量极低,一般<0.5μg/g,故可以直接作为催化重整原料。经过催化重整制取轻芳烃也是石脑油的一个重要应用途径,通过环烷烃脱氢和链烷烃脱氢环化反应,可以获得比芳烃潜含量更多的芳烃。

　　将石脑油作为重整原料时,选用的馏分根据目的产品的要求而定,由于环烷脱氢或链烷烃芳构化时,其沸点通常要增加 10~30℃,如表 5-3-9 所示,故在制取汽油时为了保证终馏点不超过规格指标205℃,常选择终馏点约180℃的重石脑油作为催化重整原料。如制取轻芳烃时,则根据要求产芳烃的碳原子数而决定选用的馏分范围。

表 5-3-9　　不同族组成低分子烃类的沸点　　　　　　　　　　　　℃

项　　目	正构烷	环烷	芳烃
C_5	36.7	49.3	
C_6	68.7	80.8	80.1
C_7	98.4	100.9	110.6
C_8	125.7	131.8(正乙基)	136.2(正乙基)
C_9	150.2	156.7(正丙基)	183.3(正丙基)
C_{10}	174.1	201.5(正丁基)	

　　将石脑油馏分作为蒸汽裂解制乙烯的原料亦是一条利用途径,虽然加氢裂化石脑油在使用断环选择性较好的催化剂时其环状烃含量较高,影响乙烯产率,但因石脑油馏分较中油或重油为轻,并且饱和度高,非烃等杂质少,因之裂解焦油的产率低,故在某些情况下(例如乙烯料不足时)也可作为蒸汽裂解装置的原料,表 5-3-10 为加氢裂化石脑油作为乙烯原料时的产率,可以看出,当以加氢裂化轻石脑油为原料时,乙烯产率较高,接近 30.0%,三烯产率达 49.5%,裂解焦油(燃料油)只 5.0%,因为轻石脑油中的环状烃量很少,馏分又较

轻，因此是良好的蒸汽裂解制乙烯原料。而重石脑油馏分则乙烯产率较低，约 20.0%，三烯产率只有 35.9%，主要因为其中环状烃含量较多，芳潜一般高于 50.0%，故并非蒸汽裂解的合适原料。

表 5-3-10 加氢裂化石脑油作为蒸汽裂解原料时的产品分布

项 目	加氢裂化轻石脑油	加氢裂化重石脑油	直馏石脑油
产品收率/%			
氢	1.00		0.8
甲烷	16.40		12.6
乙炔	0.85		0.45
乙烯	29.40	19.90	25.50
乙烷	3.35		3.65
丙二烯	1.35		1.02
丙烯	15.30	12.00	15.20
丙烷	0.25		0.28
丁二烯	4.80	4.00	5.25
丁烯	4.15		5.00
丁烷	0.15		0.45
碳五	2.6		4.35
碳六~碳八	2.65		3.30
苯	5.90	10.00	5.05
甲苯	2.70	5.50	5.70
二甲苯	0.70	3.00	2.20
苯乙烯	1.05		0.90
C_9~200℃	1.80		4.70
燃料油	5.00	13.00	3.60
三烯产率	49.5	35.9	46.0
合计	100.00		100.0

综上可知，加氢裂化石脑油主要用途是作为重整原料生产高辛烷值汽油或轻芳烃，其产率和性质决定于原料组成、性质、转化深度、催化剂的选择性以及气体介质多种因素，以下分述各因素对石脑油产率和性质的影响。

1. 原料族组成对石脑油族分布的影响

在相同的催化剂及转化深度下，产品石脑油的组成与原料族组成密切相关，加氢裂化不具环化反应，原料中环状烃含量高者产品环状亦相应较高，图 5-3-4[50] 为原料特性因数 K 值与加氢裂化石脑油的环烷加芳烃含量的关系，可以看出，原料 K 值高者加氢裂化产品 65~179℃ 石脑油中 C_6~C_8 及 C_6~C_9 的 $N+A$ 的量较低并基本成反比。

表 5-3-11 为国内几种不同类型原油 VGO 馏分加氢裂化产品石脑油的产率和族组成，原料中的环状烃的含量差别较大，石

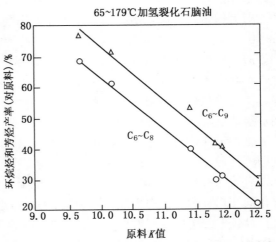

图 5-3-4 原料 K 值与石脑油中环状烃含量关系[50]

蜡基大庆与中原油 VGO 的 *N+A* 量约 40%，而中间基辽河油达 70% 以上，在使用同类催化剂加氢裂化于相近的裂解深度下所得石脑油的 *N+A* 含量前者只为 40%～45%，后者达 65%，故为了获得催化重整原料，以选用环烷基原料为佳。

表 5-3-11   不同原料加氢裂化生产石脑油的产率和族组成

原 料	大庆 VGO	中原 VGO	鲁宁管输 VGO	辽河 VGO
原料				
馏程/℃	350～500	350～450	350～500	350～500
(环烷+芳烃)/%	40.9	41.0	57.8	72.0
加氢裂化石脑油				
产率/%	30.0	32.0	31.6	31.0
环烷/%	35.7	30.7	53.0	53.0
芳烃/%	10.0	8.5	5.7	11.6
芳潜/%	43.5	45.1	55.8	61.8

催化柴油含芳烃量很高，通常达 50% 以上，MIP 柴油芳烃含量可达 70% 以上，这种油料的十六烷值低，燃烧性能差，不是理想的轻柴油，如果用它通过加氢裂化可获得较高环状烃含量的石脑油。表 5-3-12 为 FRIPP 在减压馏分油 VGO 中掺入一定量催化柴油及全部使用催化柴油在重石脑油产率相近的情况下进行加氢裂化的结果，可以看出，即便以石蜡基的中原油 VGO 所产的催化柴油进行加氢裂化时，所得到的 65～177℃ 馏分石脑油的环状烃含量亦达到了 60.2%，比全部用 VGO 为原料得到的数量 46% 高了 14.2%。

表 5-3-12   直馏 VGO 与催化柴油加氢裂化时产品石脑油的族组成

原 料	VGO	VGO：催柴=1：1	催化柴油
馏分范围/℃	350～450	200～450	200～300
加氢裂化石脑油			
馏分/℃	65～177	65～177	65～177
产率/%	28.6	32.9	34.0
环烷+芳烃/%	46.0	54.3	60.2
芳潜/%	44.8	53.0	57.2

注：原料：中原油，反应压力 6.5MPa，反应温度 380～390℃。

2. 催化剂选择性对石脑油产率和性质的影响

催化剂是影响加氢裂化产品产率和性质的重要因素之一。其孔结构又是个关键环节。较为典型的是具有固定结晶型的分子筛催化剂，如 ZSM-5 型分子筛催化剂的孔径小，只允许 ≤0.5～0.6nm 直径的直链烷烃进入孔内发生裂解反应，因而这种催化剂在加氢过程中常用于脱蜡降凝反应中。加氢裂化常用的 Y 型分子筛及无定形硅铝担体的催化剂孔径较大，允许环状烃进入，因而在加氢裂化过程中会将环烷烃或加氢后的芳烃裂解而转化到轻馏分中，当对环状烃的吸附能力强时，产品中就有较多的环状烃。加氢裂化反应的另一特点是芳烃加氢速度随着芳环数的增加而增加，但是随着饱和环数增加，加氢速度减慢，直至最后一个环则加氢速度更低，并且裂化速度也低，所以在加氢裂化过程中保持适当的加氢和裂解深度即可将轻馏分产品中的环状烃保留下来，从而使石脑油馏分保持较多的环状烃。

表 5-3-13 为 FRIPP 以 Y 型改性分子筛载体的 3824 催化剂与以新型分子筛载体的 3901 催化剂在相近的转化率下加工胜利减二线+焦化蜡油的裂化试验结果，两者的孔径不同，前者孔径较大，选择性有差异。从表 5-3-13 中看出，3824 催化剂的 <132℃ 馏分石脑油的产率较高，并且 82～132℃ 馏分石脑油的密度较高，环状烃含量也较多，比 3901 催化剂同馏分

油高约 20 个百分点。因此为了得到催化重整原料，可选用 3824 催化剂，若作为蒸汽裂解制乙烯原料，则可选用 3901 催化剂。催化剂对产品结构有明显的影响。

表 5-3-13　不同裂解选择性催化剂加氢裂化石脑油的产率和性质

	3824(Y型改性分子筛)	3901(新型分子筛)		3824(Y型改性分子筛)	3901(新型分子筛)
产率/%			$N/(\mu g/g)$	<1.0	<1.0
<82℃轻石脑油	4.2	2.3	族组成/%		
82~132℃重石脑油	10.7	7.3	链烷烃	40.3	60.2
82~132℃重石脑油主要性质			环烷烃	58.2	38.3
密度(20℃)/(g/cm³)	0.7753	0.7176	芳香烃	1.5	1.7
$S/(\mu g/g)$	<1.0	<1.0	芳烃潜含量/%	57.4	38.5

3. 原料馏分对石脑油产率的影响

石脑油馏分中有一定数量的二次裂解甚至多次裂解的产品，故为了多产石脑油，需进行深度裂解，但深度裂解又会造成液体收率的降低，环状烃量减少等不利后果，因而选用较轻馏分为原料则裂解深度可降低，液体收率可以提高。表 5-3-14 为 FRIPP 用不同馏分原料加氢裂化的结果。可以看出，两者所用的是同一种原油(辽河混合原油)的不同馏分，分别为 AGO+LVGO 和 VGO，两者的转化深度有一定差异，前者生成低于原料馏分的量为 49%，后者为 66%；虽然前者转化率低，所产的石脑油数量却较多，<180℃馏分为 47.1%，后者只有 36.7%，而两者重石脑油的芳潜却相近，前者为 60.1%。后者为 62.3%，这是因为同一种原料的轻重馏分的族组成相差不大所致。故可以这样认为，如果加氢裂化为了获得更多的轻馏分产品，可以采用沸程较低的馏分作原料。美国在 20 世纪 60~70 年代于许多生产装置中采用催化循环油作为加氢裂化原料生产汽油也是利用了这一特点。但我国的情况不同，低硫石蜡基原油居多，中间馏分油的需求量很大，并且催化柴油的十六烷值不是很低，因此催化柴油不宜再去裂解，多采用加氢精制方法改质。但原油中馏分不是很重的重柴油馏分(如常三，减一)送至催化裂化加工对增产轻油不利，而作为加氢裂化增产轻油馏分却是个较好的原料，既可增产轻油，又降低了加氢裂化难度。

表 5-3-14　不同馏分原料加氢裂化产品分布及重石脑油芳潜

原料油	AGO+LVGO	VGO	原料油	AGO+LVGO	VGO
原料馏分/℃	193~456	324~489	转化率*/%	49	66
族组成/%			加氢裂化产品产率/%		
链烷烃	18.1	19.6	<65℃	7.1	4.0
环烷烃	53.5	56.2	65~180℃	40.0	32.7
芳香烃	28.4	24.2	180~360℃	42.9	40.1
			>360℃	7.2	22.6
			65~180℃芳潜/%	60.1	62.3

* 指产品中低于原料馏分的数量。

4. 加氢裂化产品切割不同馏分的石脑油的产率和油性

加氢裂化过程可以制取多种产品，某些产品有固定的馏分要求，某些产品的馏分可在一定的范围内变动。因此不同种类产品可能使用同一段馏分，例如石脑油、汽油、喷气燃料、柴油等产品皆可有一部分馏分重叠，而馏分又很大程度影响产品的性质，因此在制取产品时应当将加氢裂化产物选取最适宜的馏分范围以最大限度地获取最佳的目的产品。

表 5-3-15 为以直馏蜡油与催化循环油混合油为原料进行加氢裂化时，所得到不同馏分

　　轻、重石脑油的辛烷值与族组成。可以看出，随着馏分的变重，轻重石脑油的 *RON* 皆降低，虽然重石脑油的链烷烃的量随着馏分的变重(沸程由 82~199℃ 至 149~199℃)而减少，芳烃含量增加，但是 *RON* 却降低，说明沸程对辛烷值的影响较大，或者说馏分较轻对提高辛烷值也是个重要因素。

表 5-3-15　不同馏分石脑油的辛烷值和族组成

	轻、重石脑油切割点			
	82℃	121℃	149℃	199℃
轻石脑油				
C_5+/%(体)	28.0	46.0	64.5	100.0
沸点范围/℃	C_5~82	C_5~121	C_5~149	C_5~199
研究法辛烷值 *RON*	86.0	80.0	75.0	65.0
重石脑油				
产率/%(体)	72.0	54.0	35.5	0
沸点范围/℃	82~199	121~199	149~199	
链烷烃/%(体)	49	45	42	
环烷烃/%(体)	38	39	41	
芳烃/%(体)	13	15	17	
研究法辛烷值 *RON*	63.5	61.5	61.0	

　　注：原料油：直馏蜡油与催化裂化混合油。

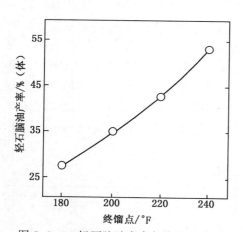

图 5-3-5　轻石脑油产率与终馏点关系

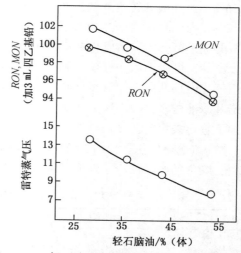

图 5-3-6　轻石脑油辛烷值、蒸汽压与产率的关系

表 5-3-16　轻石脑油干点与辛烷值、蒸汽压关系[51]

终馏点/℃	产率/对原料(体)	辛烷值(加 3mL TEL)		蒸汽压/Psi
		RON	*MON*	
82	27.5	99.8	101.8	13.5
93	35.0	98.5	100.0	11.5
104	42.5	97.0	98.7	10.0
116	53.0	94.0	94.6	8.0

　　注：1Psi=6.895kPa。

　　当以加氢裂化工艺生产催化重整原料，目的产品是轻芳烃时，其切取重石脑油的终馏点与产率及芳烃潜含量或环烷+芳烃的关系如表 5-3-17 所示。所用的原料是减压馏分油，其终馏点为 537℃，通过循环裂解以最大限度生产重石脑油。从表中的数据看出，当重石脑油

的终馏点由 217℃ 降至 157℃ 时，其产率下降，由 97.1% 降至 78%，但是其中 $C_6 \sim C_8$ 的环烷+芳烃含量却由 22% 增至 39.1%，$C_6 \sim C_9$ 中的环烷+芳烃也在增加，$C_6 \sim C_8$ 净环烷+芳烃含量却由 21% 增至 30.5%（对原料油），因此如果生产 $C_6 \sim C_8$ 芳烃时则终馏点切至 157℃ 即可，若是生产 $C_6 \sim C_9$ 芳烃，终馏点由 157℃ 至 182℃ 时，其环烷+芳烃的净产值相差不多，为 38.9% ~ 39.3%，故终馏点在此馏分范围内皆可。因此可根据所要求生产的轻芳烃的种类选择石脑油的终馏点，虽然终馏点高（217℃）时 $>C_6$ 的芳烃量（体积分数）较高（为 55%），但已超过了所要求芳烃的碳数，没有必要切取较高终馏点的馏分作为催化重整原料。

表 5-3-17　重石脑油终馏点与烃族组成关系

石脑油终馏点/℃	217	182	167	157
65℃ ~ 终馏点石脑油产率/%（对原料）（体）	97.1	87.5	84.7	78.0
65℃ ~ 终馏点石脑油中环烷+芳烃/%（体）				
$C_6 \sim C_8$	22	31.9	34.6	39.1
$C_6 \sim C_9$		44.4	46.8	50.4
C_{6+}	56	53.6	53.4	52.5
65℃ ~ 终馏点石脑油中环烷+芳烃/%（对原料）（体）				
$C_6 \sim C_8$	21	27.9	29.3	30.5
$C_6 \sim C_9$		38.9	39.6	39.3
C_{6+}	55	46.9	45.3	40.9

为了获得大量的目的产品，通常采用将沸程高于目的产品的馏分经过循环裂解的方式来完成，这种方法的优点是可以避免目的产品在获得较多数量时的再次大量裂解而产生更多的低分子物。根据对产品的要求，可以选用任何馏分及任何比例进行循环，充分显示出加氢裂化的灵活性。表 5-3-18 为 FRIPP 制取石脑油时采用不同馏分以不同比例进行循环裂解时的试验结果，可以看出，随着循环比（循环油量：新鲜进料量）的增加，所产的石脑油数量也增加，液体产品产率下降。虽然循环油的馏分不同，但影响不大。从 65 ~ 177℃ 重石脑油的性质看，随着循环比的增加其密度在逐渐下降，环烷+芳烃量亦在降低，说明随着裂解程度的加深，破环反应亦在增加；但从单程转化与 >177℃ 全循环转化相比后者产率增加了 1 倍以上（由 31.0% 增至 66.0%），而芳潜只降低了 16.0%（由 61.8% 降至 52.1%），故其总环量增加了很多，接近 80.0%（66.0%×52.1%：31.0%×61.8%），说明循环裂解对保持较高总环含量是有利的。

表 5-3-18　不同操作方式对石脑油产率和族组成影响

操作方式	单程转化	177 ~ 320℃ 馏分 50% 循环	177 ~ 320℃ 馏分 全循环	>177℃ 馏分 全循环
循环比（重）	0	0.33	0.66	0.69
液体产品分布/%（对原料）				
$C_5 \sim 65$℃	8.0	13.0	17.0	21.0
65 ~ 177℃	31.0	41.0	52.0	66.0
177 ~ 320℃	30.0	15.0		
>320℃	25.7	23.0	21.0	
重石脑油馏分性质（65 ~ 177℃）				
密度/（g/cm³）	0.7604	0.7580	0.7570	0.7560
链烷烃/%	35.4	39.4	41.5	44.8
环烷烃/%	53.0	50.5	49.7	47.6
芳香烃/%	11.6	10.1	8.9	7.6
芳潜/%	61.8	57.4	55.3	52.1

5. 气体介质对重石脑油族组成的影响

　　加氢裂化产生的 NH_3 和 H_2S 对催化剂的酸性裂解活性中心和加氢活性中心具有一定的阻抑或中毒作用，从而改变了催化剂的选择性，使产品中的烃族结构有所改变，图 5-3-7 示出气体中 NH_3 和 H_2S 对重石脑油馏分烃族组成的影响。因为 NH_3 减弱了裂解活性，故产品中裂解得到的链烷烃的数量减少。同时，为了保持原定的裂解深度，需要提高反应温度，反应温度的提高又不利于具有放热的加氢反应，因之原料中芳烃的加氢减少，亦即产品中具有较高的芳烃量。对于环烷烃来说，基本没有影响。而当 H_2S 分压增加时，因 H_2S 使加氢组分中毒，以致芳烃加氢减少，含量增加，环烷烃含量下降，但链烷烃基本没有影响。

6. 氢分压对石脑油中芳潜的影响

　　烃类中芳烃加氢难度最大，氢分压对其加氢速率影响也最敏感，氢分压低则产品中的芳烃相对含量高，如将重石脑油馏分生产汽油或作为催化重整原料，芳烃高都是有利的。图 5-3-8[54] 示出氢分压对石脑油中芳烃含量的影响。但氢分压低对维持催化剂的稳定性不利，国外常采用在加氢裂化第二段选择较低的操作压力，即对维持催化剂的活性稳定无明显影响，又节约了投资，并保持石脑油有较高的芳烃含量。但如果以产中间馏分为主要目的产品时，要求较低的芳烃，则需选用适宜的氢压。

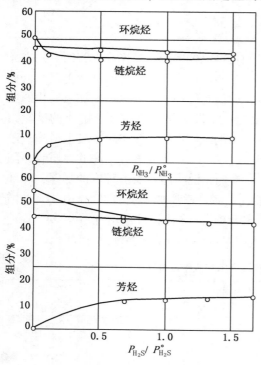

图 5-3-7　 NH_3 和 H_2S 分压对
重石脑油烃族组成的影响

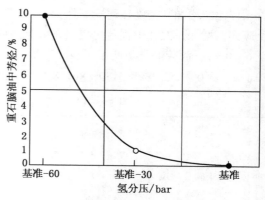

图 5-3-8　氢分压对重石脑油芳烃含量的影响
（1bar=0.1MPa）

7. 转化率对石脑油产率和性质的影响

　　重油转化过程中，转化深度与产品产率和性质的关系十分密切，特别是直接影响目的产品的产率，转化深度是一综合结果，主要取决于所选用的工艺条件(如反应温度、空速、压力等)、操作方式等因素，关于工艺参数及操作方式对转化率以及产品分布、性质的影响将在第六章进行讨论，在此不另赘述。总的是随着加氢裂化过程转化率的提高，石脑油产率增加，但环状烃数量及芳烃含量减少，即重石脑油芳潜降低。

（二）中间馏分油

中间馏分油主要指石油产品中的喷气燃料、轻柴油、取暖用油及灯用煤油等，其质量的共同要求是良好的燃烧性能、安定性及相当低的硫、氮含量。大多数产品还要求有好的低温流动性，对于喷气燃料，早期对其质量就有严格要求，如密度、冰点、芳烃含量、烟点等，因此，直至目前其质量要求尚无更大变化，而且我国与国际标准规格也十分接近。但轻柴油的规格近几年则变化较大，主要是环保法规对柴油燃烧引起大气污染的控制提出了更苛刻要求，因而导致对其有关的质量指标更加严格的规定。

表 5-3-19 列出了发达国家和地区与我国近期执行的柴油排放新标准，主要为硫含量和芳烃有关的指标，并对多环芳烃及总芳烃进行控制，发达国家和地区车用柴油的排放标准硫量仅为 $10\sim15\mu g/g$，十六烷值为 $40\sim51$。而我国轻柴油质量与先进国家尚有差距，但已在降低硫含量及增加十六烷值方面开始启动，当前采用的排放标准大致相当于欧Ⅲ标准，国家发改委于 2013 年年底实施相当于欧Ⅳ指标的新国Ⅳ排放标准，其总趋势将加快与国际接轨的步伐。

表 5-3-19　发达国家和地区与我国近期执行的柴油排放新标准

项目/国家与地区	欧盟	美国		日本	中国
标准名称	2009 年指令修订版	13CCR2881—2282（加州柴油）	ASTMD975—08a	JIS K2204：2007	GB 19147—2009
执行时间	2009.01	2006.06	2008.10	2007.01	2010.01
硫含量≥/($\mu g/g$)	10	15	15	10	350
十六烷值≮	51	40	40	50	49
总芳烃含量≥/%（体）		10/20	35		
多环芳烃含量≥/%（体）	11	1.4/4			11

对于加氢裂化工艺过程，其特点就是通过加氢反应在轻质化的同时，大幅度降低石油产品中的硫、氮、芳烃及烯烃含量，从而可以直接生产符合最新规格要求的优质中间馏分油，是其他工艺过程很难代替的。

表 5-3-20 为以两种原料加氢裂化生产喷气燃料和轻柴油的结果，原料 1 为胜利 VGO：伊朗 VGO＝4∶1 的混合原料，在氢压 $14.0\sim15.0$ MPa 下，使用工业 3824 催化剂进行一段串联循环裂解的工业装置数据；原料 2 为含芳烃及硫较高的沙特 VGO 的中试数据，其所用催化剂与操作压力亦同于前者，但所采用的是单程通过工艺。从原料 1 的产品喷气燃料的实际指标看出，烟点很高、达 31mm 以上，冰点较低，-55℃，芳烃只有 2.3%，烯烃也很少，$<1.0\%$，硫、氮含量很低，实际胶质含量很少，其他一些指标，如水反应、过滤器压降、电导率、颜色等皆可很好地满足要求，并颇具潜力，说明利用加氢裂化工艺可以获得质量优异的喷气燃料。利用原料 2 单程通过工艺所得到的产品，虽然原料质量较差，加氢深度略低，但 $132\sim282$℃喷气燃料的烟点仍达 25mm 以上，其他主要指标亦可满足规格要求，说明采用加氢裂化可将劣质原料生产喷气燃料。从柴油产品的性质看出，除了各项指标皆符合规格要求外，特别是含硫量很低，小于 0.01%，芳烃含量亦较低，并具很高的十六烷值（>60），因此是安定性及燃烧性能良好的柴油或柴油混兑组分，也可符合清洁度高的新标准柴油的要求。

由于中间馏分油的芳烃含量低、烟点高、硫含量低，故可满足灯用煤油或取暖用油的要求，亦可用于养茧用灯油。

表 5-3-20　加氢裂化产喷气燃料、轻柴油性质

项　　目	原料油 1 胜利 VGO：伊朗 VGO＝4∶1	喷气燃料	轻柴油	原料油 2 沙轻 VGO	喷气燃料 132~282℃	轻柴油 282~350℃
密度(20℃)/(g/cm³)	0.8927	0.7863	0.8009	0.9133	0.8074	0.8297
馏程/℃						
初馏点	375(5%)	150		319	126	292
10%	391	159		373	164	302
50%	451	186	290	432	200	310
90%	496	238	317	488	250	326
98%		262	324		280	
终馏点	534			531		335
凝点/℃	38		−13	29		
冰点/℃		−55	−9(冷滤点)		<−60	−12
闪点/℃		40	117		42	147
S/%	0.58	0.003	0.008	2.2	<0.001	<0.01
N/%	0.156	<0.001		0.079	<0.001	
硫醇硫/%		0.0003	0.0002		<0.001	
芳烃/%		2.3		芳烃,%51.0	6.9	<11
烯烃/%		0.6		环烷,%27.1	0.25(溴价)	
烟点/mm		31.6		链烷,%19.9	26	
实际胶质/(mg/100mL)		0.4	0.009(10%残炭)			
十六烷值			68			60
水反应：体积变化		0.5				
界面情况		1b				
分离程度		2 级				
过滤器压力降/kPa		0.3				
预热管评级		<1#				
电导率(20℃)/(pS/m)		266				

1. 原料对中间馏分油性质及产率的影响

原料对产品的影响是最直接的因素，在使用相同的催化剂及工艺条件下，产品性质很大程度决定于原料的性质，特别是与原料的族组成有关。表 5-3-21 是 FRIPP 对几种 VGO 在使用相同催化剂、相近的裂解深度下(重油转化率约 70%)单程通过时加氢裂化产品的产率和中间馏分油的主要性质研究结果，其中大庆油属石蜡基，沙特油属环烷基，原料的密度(20℃)由 0.861g/cm³ 至 0.913g/cm³，所得到的喷气燃料以及柴油馏分的密度与原料的密度关系相一致，即原料高者产品相对亦高。其低温流动性亦随原料中的烃族分布而有一定影响，大庆油含蜡量较高故其喷气燃料的冰点及柴油的凝点皆相对较高，132~282℃ 及 282~350℃ 馏分的冰点及凝点分别为−51℃ 及+5℃；胜利油次之，分别为−57℃ 和−2℃，而伊朗油与沙特油最低，分别为<−60℃ 和<−5℃。燃烧性能指标烟点及十六烷值与原料中的芳烃关系密切，原料中芳烃越高者产品中芳烃也越高，同时烟点与十六烷值越低。但同时也说明，尽管原料中链烷烃与环状烷烃含量有如此大的变化，却均可获得低温流动性好，芳烃低，烟点和十六烷值高的喷气燃料和柴油产品，这充分说明了加氢裂化工艺具有优异的芳烃饱和、

选择性断环及烃类异构化的性能，故加氢裂化是生产优质中间馏分油的最佳手段。

表 5-3-21 不同类型原料加氢裂化产品分布和主要性质

原料种类	大庆 VGO+CGO	胜利 VGO	伊朗 VGO	轻沙特 VGO
密度(20℃)/(g/cm³)	0.8607	0.8732	0.9012	0.9133
馏程/℃				
初馏点/10%	282/352	289/357	289/352	319/373
50%	406	425	417	432
90%/终馏点	483/-	484/528	494/528	488/531
S/%	0.14	0.44	1.42	2.20
N/(μg/g)	1320	1100	1270	790
族组成/%				
链烷烃	48.2	36.5	21.2	19.9
环烷烃	34.8	31.0	32.8	27.1
芳香烃	17.0	26.8	42.7	51.0
产品分布/%(对进料)				
<82℃	4.4	4.4	4.3	6.1
82~132℃	10.4	12.2	12.0	13.0
132~282℃	33.7	35.0	35.9	35.5
282~350℃	16.5	11.3	12.6	11.8
>350℃	26.1	28.0	28.4	31.6
中间馏分产品主要性质				
132~282℃喷气燃料				
密度(20℃)/(g/cm³)	0.7853	0.7864	0.8001	0.8018
冰点/℃	-51	-57	<-60	<-60
烟点/mm	32	32	30	27
芳烃/%	0.1	0.7	5.6	4.2
282~350℃柴油				
密度(20℃)/(g/cm³)	0.8034	0.8017	0.8186	0.8238
凝点/℃	5	-2	-7	-11
十六烷值	71	70	64	64

注：氢压：14.7MPa；催化剂：3903；操作模式：单程通过。

表 5-3-22 为 FRIPP 使用同一种原油，用不同加工方法得到不同油料的加氢裂化结果。试验采用单段串联工艺过程，反应压力 15.7MPa，单程转化率为 60%，尾油全循环操作。可以看出，直馏 VGO 和催化循环油的族组成有很大差别，前者链烷烃多而芳烃含量较少，它们的馏分范围基本相同，但密度却相差很大，分别为 0.8980g/cm³ 和 0.9360g/cm³；从产品性质可看出，其规律同于表 5-3-21，芳烃较高的催化循环油的产品喷气燃料的烟点及柴油的十六烷值皆较低，并且与直馏产品的差值较大，显示出产品与原料性质有关。

然而值得注意的是，无论是不同类型原料或同一原油不同加工方式得到的重质馏分油原料，在相同的催化剂及加工条件下加氢裂化时，如果重油转化率相近，则所得到的产品分布亦是接近的，表 5-3-21 中的 132~282℃ 和 282~350℃ 馏分的产率差值一般在 2% 以内，最多只有 3%(只大庆油差 5.2%)，而从表 5-3-22 中的结果看出，132~282℃ 馏分收率非常接近，282~350℃ 馏分的差值只有 1.5%。说明在使用相同催化剂时，如裂解深度相近则原料烃类结构对产品分布的影响不大,亦即催化剂择形裂解功能相差不多。藉此可以估测加工未使用过的原料的产品分布状况。

表 5-3-22 直馏减压馏分油与催化回炼油加氢裂化

项 目	胜利 VGO	胜利 VGO:催化回炼油=1:1	胜利催化回炼油
原料			
密度(20℃)/(g/cm³)	0.8984	0.9166	0.9362
馏程/℃			
初馏点/10%	305/367	373/381	374/391
50%	442	444	431
90%/终馏点	497/543	498/537	485/535
凝点/℃	35	37	34
S/%	0.53	0.57	0.58
N/%	0.17	0.17	0.17
BMCI	39.1	47.3	57.2
C/%	86.24	86.89	87.44
H/%	13.06	12.38	11.80
族组成/%			
链烷	22.0	19.2	16.0
环烷	41.4	39.1	36.4
芳烃	31.9	37.6	43.5
胶质	4.7	4.1	3.3
产品分布/%(对原料)			
C_4-气体	8.05	8.86	9.39
<82℃	11.03	11.49	11.83
82~132℃	20.79	21.24	21.35
132~282℃	45.93	45.88	45.89
282~350℃	17.05	16.26	15.54
>C_5液体	94.80	94.67	94.61
化学耗氢量/%(对原料)	2.85	3.33	4.00
喷气燃料主要性质			
密度(20℃)/(g/cm³)	0.7851	0.7921	0.8011
烟点/mm	28	28	25
芳烃/%	2.6	3.7	5.6
冰点/℃	<-60	<-60	<-60
柴油主要性质			
282~350℃馏分			
十六烷值	70	69	66
凝点/℃	-1	0	2

2. 催化剂对中间馏分产率和性质的影响

双功能加氢裂化催化剂的加氢活性、酸性、孔分布、孔结构等都对裂解选择性有影响,表 5-3-23 为 FRIPP 用不同孔结构分子筛载体的 3824 和 3901 催化剂在加氢裂化过程中裂解试验结果,其中间馏分(132~350℃)与石脑油馏分(<132℃)的比值分别为 3.2 和 5.3,相差较大。

表 5-3-23　不同裂解选择性催化剂加氢裂化产品分布及中间馏分主要性质

催化剂	3824(改性 Y 型分子筛)	3901(特殊 改性分子筛)	催化剂	3824(改性 Y 型分子筛)	3901(特殊 改性分子筛)
原料	胜利 VGO：焦化蜡油 = 9：1		132~350℃/<132℃	3.2	5.3
密度(20℃)/(g/cm³)	0.8778		132~282℃喷气燃料性质		
馏程/℃			密度(20℃)/(g/cm³)	0.7931	0.7946
5%/10%	358/375		冰点/℃	-53	-56
50%	433		烟点/mm	36	33
90%/终馏点	499/521		芳烃/%	2.1	6.1
加氢裂化产品产率/%			282~350℃柴油性质		
<132℃	14.9	9.6	密度(20℃)/(g/cm³)	0.8046	
132~282℃	33.4	33.5	凝点/℃	-2	-13
282~350℃	14.1	17.9	十六烷值	76	72

　　国外有的公司通过 Y 型分子筛改性后也使催化剂中油选择性有很大提高，表 5-3-24 示出以改性 Y 型分子筛制备的参比催化剂与 3901 催化剂的对比，两者在中油选择性上十分接近，132~370℃/<132℃ 的比值分别为 4.9 和 5.3。然而，两者 132~282℃喷气燃料的密度却相差较大，分别为 0.7879g/cm³ 和 0.7946g/cm³，烟点也不同，前者为 37mm，后者为 34mm，前者冰点略低，说明前者裂解产品中异构物较多。密度低、烟点高，说明其中的链烷烃较多，环状烃少，即 3901 催化剂优先断链烷烃而环状烃断的较少。282~370℃馏分中有一部分是与原料相重叠的馏分，3901 催化剂直链烷烃断裂较多，余下的馏分中正构烷烃相对减少，故表现出它的凝固点降低，明显低于参比剂相同馏分。

　　表 5-3-24 列出上述两种加氢裂化产品的族组成分析结果，可以证明以上分析是正确的，从中看出，132~282℃馏分参比剂产品的链烷烃较低而环烷烃较高，因芳烃经过深度加氢，故剩余的芳烃不多，两者相近；282~370℃馏分中 3901 的链烷烃较低，与原料中的链烷烃优先断裂有关，而>370℃馏分中的链烷烃低得更多，约差 20%，更可说明两者在断环选择性上有很大差别。

表 5-3-24　改性 Y 型分子筛参比催化剂与 3901 催化剂对中间馏分油性的影响

催化剂	高中油型参比催化剂 (Y 型改性分子筛)	3901	催化剂	高中油型参比催化剂 (Y 型改性分子筛)	3901
产品分布/%			环烷烃	48.1	36.4
<132℃	10.3	11.2	芳香烃	2.5	3.0
132~282℃	34.2	30.9	282~370℃性质		
282~370℃	21.2	24.1	凝点/℃	-2	-13
>370℃	31.8	31.1	族组成/%		
132~370℃/<132℃	5.4	4.9	链烷烃	75.8	65.8
132~282℃性质			环烷烃	22.5	28.9
密度(20℃)/(g/cm³)	0.7946	0.7879	芳香烃	1.7	5.3
冰点/℃	-54	-57	>370℃性质		
烟点/mm	34	37	族组成/%		
芳烃/%	0.9	0.8	链烷烃	71.1	50.8
族组成/%			环烷烃	25.9	42.9
链烷烃	49.4	60.6	芳香烃	3.0	6.8

　　注：原料油：胜利 VGO 296~532℃，N 1200μg/g，链烷 36.5%、环烷 31.0%、芳烃 25.9%，氢压 14.7MPa，空速 1.5h⁻¹(体)(裂化段)。

表 5-3-25 为无定形硅铝和沸石为担体的 ICR-106 和 ICR-117 催化剂的加氢裂化结果,前者裂解活性略低而中油选择性较高,可以看出,用 ICR-106 催化剂时,121~371℃馏分与 C_5~121℃馏分的比值为 5.56,而 ICR-117 催化剂只有 3.37。

表 5-3-25　无定形硅铝和沸石担体催化剂的裂解选择性

产品收率	ICR-106 催化剂 (无定形担体)	ICR-117 催化剂 (分子筛担体)	产品收率	ICR-106 催化剂 (无定形担体)	ICR-117 催化剂 (分子筛担体)
C_5~121℃石脑油/%(体)	16.4	24.6	288~371℃柴油/%(体)	37.4	28.0
121~288℃喷气燃料/%(体)	53.7	54.9	121~371℃/C_5~121℃	5.56	3.37

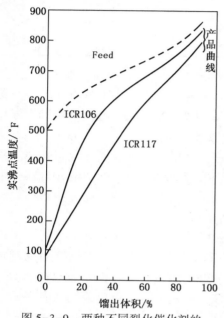

图 5-3-9　两种不同裂化催化剂的
产品分布曲线[53]

图 5-3-9[52] 为采用上述两种催化剂加氢裂化时的产品分布曲线,可以看出,两者馏分分布有明显的区别,可根据曲线情况选择产品的切割范围。

3. 不同转化率下中间馏分油的产率和性质

中间馏分油随着转化率的增加而增加,但与石脑油不同的是,其增幅低于石脑油馏分,并且越重的部分增加越少,甚至会下降,主要由于二次裂解反应造成,表 5-3-26 为 FRIPP 的试验结果,列出了转化率为 40%~70%时各中间馏分油的产率和性质的变化,其 177~260℃馏分产率随着转化率的增加而增加,但远低于 65~177℃ 的增幅,而 260~343℃ 馏分则基本不变。从油性看出,各馏分油的密度皆随着转化率的增加而降低,表示环状烃和芳烃减少,由于环状烃的减少,燃烧性能有明显改善,因此喷气燃料的烟点和柴油的十六烷值都在提高。产品的低温性质如冰点和凝点在转化率变化时影响不大,只是冰点略有降低,由于它们的冰点和凝点都较低,说明含有的正构烃很少,大多是异构烃和环状烃,它们具有较好的低温流动性,因此转化率对冰点或凝点的影响较小。

表 5-3-26　不同转化率下的产品分布和主要性质

>343℃转化率/%	39.6	50.9	59.4	70.2
裂化产品产率/%				
气体	3.32	4.9	6.1	8.9
<65℃轻石脑油	1.1	1.6	2.6	3.5
65~177℃重石脑油	13.0	18.1	24.3	31.6
177~260℃喷气燃料	12.7	15.8	16.9	18.7
260~343℃柴油	8.5	9.7	9.0	8.5
>343℃尾油	60.4	49.1	40.6	29.8
裂解中间产品主要性质				
177~260℃喷气燃料				
密度(20℃)/(g/cm³)	0.8245	0.8210	0.8111	0.8015
冰点/℃	-59	-59	-61	-61
烟点/mm	27	29	31	33
芳烃/%	10.5	10.2	8.6	7.4

续表

>343℃转化率/%	39.6	50.9	59.4	70.2
溴价/(mg/100mL)	0.18	0.18	0.18	0.18
260~343℃柴油				
密度(20℃)/(g/cm³)	0.8399	0.8349	0.8254	0.8222
凝点/℃	-4	-4	-4	-4
十六烷值	67	68	70	73
177~340℃柴油				
密度(20℃)/(g/cm³)	0.8310	0.8262	0.8175	0.8119
凝点/℃	-24	-21	-22	-26
十六烷值	51	50	55	58

注：原料：鲁宁 VGO；氢压：14.4MPa；催化剂：3824。

由于二次裂解反应的发生，故大幅度提高中间馏分的产率较为困难，特别是对较重的柴油馏分的提高，因此为了提高产率，通常采用未转化油循环裂解的方法，此时单程转化率应适中(一般为50%~60%)，从而可有效地增加中间馏分油的产率。表5-3-27亦为FRIPP试验结果，采用单程转化与循环裂解时的产品分布及其主要油性。从中看出，当单程转化率由65%增至75%时，<132℃馏分增加了46%，132~282℃馏分增加18%，282~350℃馏分反而减少了5%，但当尾油全循环裂解时，则与转化率为65%时比较，<132℃只增加了56%，而132~282℃馏分增加了51%，282~350℃馏分则增加了62%，说明采取尾油循环的方法可最有效地增加柴油馏分的产率。根据产品需要情况，可将尾油部分循环也可将任何一段馏分按不同比例循环裂解，从而可最大量地获得目的产品，具有很好的生产灵活性。尾油循环固然可以增加馏分油产品产率，但循环时能耗增加，新鲜进料处理量降低，因此应通过综合经济评价确定是否采用循环裂解方式，同时选择适宜的循环比。

表5-3-27 尾油循环裂解时产品产率与性质

>350℃转化率/%	65(单程)	75(单程)	>350℃馏分部分循环	>350℃馏分全循环
产品产率/%				
气体	1.9	2.6	5.1	6.0
<132℃	16.3	23.8	24.2	25.5
132~282℃	32.4	38.3	42.5	49.0
282~350℃	12.5	11.9	15.9	20.3
>350℃	36.9	23.6	12.7	0
132~282℃主要性质				
密度(20℃)/(g/cm³)	0.8074	0.7870	0.7981	
冰点/℃	<-60	<-60	<-60	<-60
烟点/mm	26	28	28	29
芳烃/%	6.9		3.3	2.4
280~350℃主要性质				
密度(20℃)/(g/cm³)	0.8293	0.8170	0.8160	0.8112
凝点/℃	-12	-16	-12	-11
十六烷值	60	65		68

注：原料：沙特轻油 VGO、319~531℃；操作压力 15.7MPa；催化剂：3824。

从油性分析结果看出，其产品性质的变化同于增加转化率时的规律，即相同馏分的循环裂解产品密度降低，烟点提高，芳烃减少，在此值得提出的是，循环裂解与提高转化率所不同的是，循环油经过两次加氢，因此芳烃含量更低，并且循环油中芳烃含量已低于原料，因而再次裂解时产品中的芳烃更少，故产品中间馏分油具有更好的燃烧性能。

4. 产品馏分的选择

喷气燃料和柴油除需有良好的安定性外，最主要的几个指标是燃烧性能、低温流动性和闪火点。根据内燃机种和使用环境的不同，所要求的馏分也有较大差别。不过由于加氢裂化产品的正构烃很少，有良好的低温流动性，故可使用较高的沸点馏分，即在较宽的沸程范围内皆可满足产品低温性质的要求，由表5-3-28看出，胜利油加氢裂化产品的238~350℃馏分凝点达-12℃，282~350℃亦只有-5℃，沙特油产品的凝点更低。馏分尾部达282℃的喷气燃料冰点亦很低，达-58℃。

表 5-3-28　不同馏分的冰点和凝点

原料油	胜利 VGO：CGO=9：1		沙特轻 VGO	
	冰点/℃	凝点/℃	冰点/℃	凝点/℃
馏分/℃				
132~238	<-60		<-60	
132~282	-58		<-60	
238~350		-12		-29
282~350		-5		-12

图5-3-10[53]示出改变产品馏分的切割点对喷气燃料和柴油收率的影响，其喷气燃料和柴油的总产率一定的情况下，当喷气燃料初馏切割点为121℃，柴油的终切割点为385℃时，喷气燃料/柴油的产率比值变化在0.5~1.2之间，有很大的灵活性。

图5-3-11[29]为变更喷气燃料初馏点对中间馏分油产率的变化，可以看出，当喷气燃料初馏点由121℃提高到193℃时，终馏点为385℃的中油总产率(喷气燃料+柴油)由96%降至78%(体积分数)，而石脑油馏分则由14%增至35%(体积分数)，产率有明显变化。如果循环油切割点对中间馏分油产率的影响不大，由371℃提高至385℃时，121~371℃收率为95.8%(体积分数)，而121~385℃只96.9%(体积分数)。

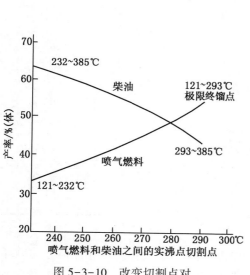

图 5-3-10　改变切割点对
中间馏分油产率的影响[53]

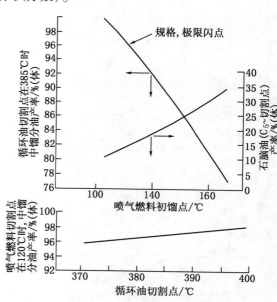

图 5-3-11　中间馏分与石脑油产率
和改变切割点的关系[29]
(用 ICR-120 催化剂)

加氢裂化产品不同馏分的燃烧性能随着馏分的变化而改变，一般随着馏分的提高而变差，如表5-3-29所示。当馏分由130~240℃提高到165~285℃时，其烟点由26降至24mm，芳烃由8.8%增至11.0%（体积分数），因此在选择馏分时还应考虑烟点的变化情况，不过当馏分提高时，烟点降低并不多，例如1号喷气燃料馏分提高到3号喷气燃料馏分时烟点只降低2mm，特别是对烟点较高的产品在选择馏分时有更大的灵活性。

表5-3-29 加氢裂化产品不同馏分的烟点

馏分范围/℃	130~240	130~260	130~285	165~285
烟点/mm	26	26	25	24
芳烃/%（体）	8.8	9.6	9.2	11.0

原料：沙特+科威特混合VGO，>350℃转化率60%。

初馏点的控制决定于产品闪点的要求，通常初馏点高于闪点约100℃，由于喷气燃料的闪点要求高于28℃，故喷气燃料的初馏点一般高于130℃。柴油的闪点多要求>55℃，故初馏点一般>160℃。

5. 原料中含有与产品重叠馏分对产品性质的影响

加氢裂化过程的异构反应可将原料中的正构烃很好地转化为异构烷烃，从而使裂解产品的低温流动性明显改善。表5-3-30的结果可以说明，从中看出，原料中的330~390℃馏分与产品>324℃馏分的沸程分布相近，只终馏点略高（约12℃），但倾点却高了30℃，表明原料较产品含有较多倾点较高的正构烷烃。通常加氢裂化的单程转化率为60%左右，因此原料中的原组分烃类不能全部转化，仍保留一部分在未转化油中，如果原料中含有的轻馏分沸程与产品相重叠，则生产该产品时，原料中未转化的正构烷烃也会直接进入产品馏分中，显然会影响产品的倾点。表5-3-31可进一步说明此问题。

表5-3-30 同馏分原料和产品的倾点

项 目	原料油	原料油中330~389℃馏分	产品中>324℃馏分
馏程/℃			
初馏点	313	330	328
10%	368	336	337
50%	428	346	346
90%	482	367	360
终馏点	504	389	377
产率/%（对原料）（体）	100		12.9
倾点/℃	37.8	21	-9

表5-3-31为FRIPP对原料中含有与产品重叠馏分产生影响的试验，所用原料为大庆VGO，其中Ⅰ号原料油是取自工业装置，Ⅱ号原料油是将Ⅰ号油中<340℃馏分切出后的油料，控制裂化转化率为60%，从两种原料的生成油切取相同馏分的产品，比较它们之间的凝点差异，可以看出，Ⅱ号油产品的凝点明显低于Ⅰ号油，相差达23℃~28℃之间，此差别主要由于Ⅰ号原料中有部分未转化的轻馏分凝点较高，这是因为该原料中未切割除去的中间馏分。在所使用的操作条件下，这部分较轻馏分，其裂化及异构性能都较差，而带入产品中所致。因此为了制取中间馏分油，特别是用含正构烃较高的原料制取低凝点柴油或喷气燃料时，将原料中轻于产品终馏点的部分切除是十分重要的，因为少量轻馏分油常因切割装置分离效果不佳而被带入。为提高产品产率及保证质量，应设法提高蒸馏装置的切割效率。

表 5-3-31 原料中带有轻产品重叠馏分的影响

项　目	I 油	II 油(拔头油)	项　目	I 油	II 油(拔头油)
原料油性质			蜡/%	25	25
馏程/℃			凝点/℃	20	—
初馏点	312	339	加氢裂化产品凝点/℃		
10%	340	360	250~310	−17	−40
50%	388	387	300~310	−3	−26
90%	442	441	310~320	4.5	−23

6. 氢压对加氢产品性质的影响

氢压与可获得产品的性质密切相关,特别是制取喷气燃料时,需保持足够的氢分压,方能使芳烃加氢达到要求的深度以保持产品有良好的燃烧性能,表 5-3-32 为 FRIPP 的试验结果,示出两种不同原料在不同氢压下所产中间馏分油的性质,从大庆油和鲁宁油在不同压力下加氢裂化的结果看出,虽然中压下所加工的原料馏分较轻,加氢难度小一些,但是喷气燃料的烟点却低很多,相差约 10 个单位,芳烃含量也很高,接近极限值(20%)。为保证其燃烧性能,应保持较高的氢分压。

表 5-3-32 不同氢压下加氢裂化中间馏分主要性质

项　目	大庆 VGO		鲁宁 VGO	
氢分压/MPa	15.0	6.37	14.7	6.37
原料性质:				
密度(20℃)/(g/cm³)	0.8612	0.8463	0.8780	
馏程/℃				
初馏点/10%	305/345	—/334	238/350	256/348
50%	426	392	428	403
90%/终馏点	499/520	472/499	502/527	446/—
S/N/(μg/g)	720/630	—/377	5300/900	3460/726
产品分布/%				
<180℃	30(<177℃)	31.6	26.9(<177℃)	35.5
180~260℃	27.5(177~280℃)	17.1	16.9(177~260℃)	18.4
260~360℃	11.9(280~360℃)	18.0(260~350℃)	9.0(260~343℃)	17.5
产品性质				
喷气燃料馏分/℃	177~280	180~260	177~260	180~260
密度(20℃)/(g/cm³)	0.7909	0.8061	0.8111	0.8055
烟点/mm	>30	23	31	21
芳烃/%	<10	15.7	8.6	17.8
冰点/℃	−37	<−60	−61	<−60
柴油馏分/℃	177~360	180~350	260~343	180~360
十六烷值	71	60	70	55
凝点/℃	−1	−11	−4	−9

总之,在提高柴油质量方面,原料油的链烷烃含量高,其加氢裂化所得柴油的十六烷值也高,芳烃含量低;反之,若原料油的芳烃含量高,则加氢裂化柴油的芳烃含量也高,而十六烷值低;采用全循环方式操作所得加氢裂化装置柴油产品的质量要优于采用部分循环和单程通过的操作方式;提高反应压力会增加加氢裂化装置的建设投资和操作费用,但同时也提高了加氢裂化柴油产品的质量及加氢裂化装置处理原料油的灵活性;柴油馏分切割点对加氢

裂化油产品质量有一定影响，提高加氢裂化深度，有利于提高柴油产品的十六烷值。在提高柴油收率方面，通过选用多产柴油的催化剂、调整循环油切割点、调整产品切割方案和优化装置操作条件等，可以大幅度提高柴油产品产率。

7. 加氢裂化柴油的综合利用

加氢裂化柴油组分十六烷值高、硫氮含量低、芳烃含量少，是非常理想的清洁柴油调和组分，通过选用特殊的加氢裂化催化剂和工艺技术，还可以生产低凝点的清洁柴油或调和组分；另外，还由于加氢裂化柴油具有颜色水白、杂质含量少、饱和烃含量高等特点，加氢裂化柴油还可以调和生产一些特种油品，如生产各种高级白油、防锈油、变压器油、涤纶纺油剂、铝冷轧制油、重液体石蜡和轻质特种润滑油基础油等，通过对加氢裂化柴油的综合利用可以获得更好的经济效益。

（三）加氢裂化尾油的利用

与其他重油轻质化工艺不同的是，加氢裂化过程中尾油同样获得了很好的加氢改质，硫、氮等杂质极少，环状烃或环数减少，异构烃含量增加。表5-3-46为加氢裂化尾油与原料油的一般性质比较。如果将这部分优质尾油加以利用，则不仅会使加氢裂化的加工费用降低(氢耗，能耗下降)，并可增加处理新鲜原料的能力，有较好的经济效益，如果制取具有更高价值的例如润滑油、石蜡等产品时，则经济效益会更提高一步。如我国金山、扬子等石化公司已将原全循环加氢裂化装置改造为生产石脑油、中间馏分油以及尾油(作为蒸汽裂解制乙烯原料)的单程转化装置，取得了较好的经济效益。

由于加氢裂化尾油所具上述特点，因而使它具有如图5-3-12所示多种可利用的途径。在工业上应用较多的有三个方面，分别是蒸汽裂解制乙烯原料、催化裂化装置原料和润滑油基础油原料。

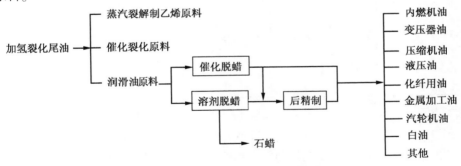

图 5-3-12　加氢裂化尾油可利用途径

1. 加氢裂化尾油用于蒸汽裂解制乙烯

乙烯是石油化工的基础原料，全球乙烯产量的99%以上是通过乙烯裂解及分离装置得到的。蒸汽裂解制乙烯在我国发展非常迅速，2010年全球乙烯生产能力已经达到138Mt/a，我国乙烯生产能力达到13Mt/a。制取乙烯，国外多以含氢量较高的天然气或石脑油为原料，我国乙烯厂较为分散，距油田较远，天然气供应不方便，并且绝大多数原油的轻馏分含量又较低(<350℃馏分一般≤30%，石脑油≤10%)，在制取透明燃料的同时，难以满足乙烯装置的需求量。因此，选择适宜的油料作为乙烯原料是必须考虑的。加氢裂化尾油作为蒸汽裂解制乙烯原料，乙烯单程收率可达27%左右，乙烷循环时乙烯收率可以达到31%以上，与直馏石脑油基本相当，是一种良好的裂解原料。国内不少大型石化企业都配有加氢裂化装

置，近年来经过不断的技术改造，加氢裂化尾油用作乙烯裂解原料的比例正稳步增大，已超过乙烯裂解原料总量的 10%，在数量和技术上，均处于世界领先地位。这是中国石化行业在乙烯原料优化和柔性化方面的重大突破。

（1）蒸汽裂解装置对原料的要求

蒸汽裂解装置除主产品乙烯外，还生产可供合成原料的其他轻烯烃，但也生成一定数量的热解汽油、柴油和焦油，其不饱和烃和芳烃含量较高，必须进一步精制方能使用。特别是热解焦油中杂质和胶质很多，一般只能作为产值较低的燃料油使用，故热解焦油量越低越好。

裂解装置的产品分布除与装置加工流程及工艺操作条件有关外，与原料的性质关系极为密切。裂解原料的优劣对乙烯生产有着至关重要的影响，在乙烯生产过程中原料费用在乙烯成本中约占 70%。提高乙烯收率降低单位产品的原料消耗，能大幅度降低单位产品的成本，从而提高企业的竞争力。

影响裂解制乙烯产品分布主要是烃类组成、氢含量、烃的碳原子数等因素，现简介如下。

1）族组成及 PONA 值：

不同结构烃类的碳-碳键及碳-氢键的键能不同，因此裂解过程产生的产品种类和产率各异。以 C_6 烃为例，如表 5-3-33 所示，在相同的反应条件下，正构烷烃的乙烯和三烯产率皆最高，转化率亦最高，异构烷烃产率亦较高，但丙烯产率更高些。环烷烃（环己烷及甲基环戊烷）的转化率较低，轻烯烃的产品分布不同，前者以乙烯和丁二烯为主，后者则以丙烯居多，因此可知轻烯烃产率和分布与原料烃族结构关系很大。

表 5-3-33　不同结构 C_6 烷烃的裂解产物产率

C_6 烃	转化率/%	收率/%（按转化原料为基准、C_2 循环）		
		乙烯	丙烯	丁二烯
正己烷	90	44.0	20.2	4.4
2-甲基戊烷	85	24.2	28.6	4.4
2,3-二甲基丁烷	95	16.0	31.8	3.7
环己烷	65	37.0	11.0	28.8
甲基环戊烷	25	18.3	33.0	7.8

石脑油的烃结构更加复杂，通常用族组成来表示结构特性。表 5-3-34 示出三种石脑油的 P（烷烃）N（环烷烃）A（芳烃）的族组成数值，图 5-3-13[53] 为三种石脑油蒸汽裂解的反应结果。可以看出，正异构烷较多的原料 1、原料 2，其烯烃产率较高，裂解汽油和燃料油（热解焦油）较少，环烷与芳烃较高的原料 3 则正相反。

表 5-3-34　三种石脑油的 PONA 值

项　　目	正烷烃 n-P	异烷烃 i-P	环烷烃 N	芳烃 A
石脑油 1	40.5	40.3	13.0	6.2
石脑油 2	37.1	35.0	13.7	14.2
石脑油 3	29.7	32.0	28.2	20.1

链状烃含量与裂解收率具有紧密的关联性，而结焦周期同环状烃含量相关。对于原料中各种烃类裂解性能，链烷烃最适宜作裂解原料。芳香烃中除了少量带有烷基侧链的之外，芳香核不生成烯烃而生成高分子焦油及焦炭。环烷烃主要裂解产物是芳烃，少量产物是烯烃。不同烃类的裂解性能排序为：

直链烷烃>带支链烷烃>环烷烃>芳烃

因此烃类的族组成是表征原料裂解性能的关键指标，从烃分子合理利用角度分析，乙烯裂解原料应选择链状烃含量高、环状烃含量低的原料。加氢裂化尾油的烃类组成中链烷烃含量对乙烯收率影响最为明显，图 5-3-14 给出了加氢裂化尾油链烷烃含量与乙烯收率之间的关系。从图 5-3-14 中数据可以看出，随着链烷烃含量的增加，乙烯收率明显提高，二者基本成线性关系。

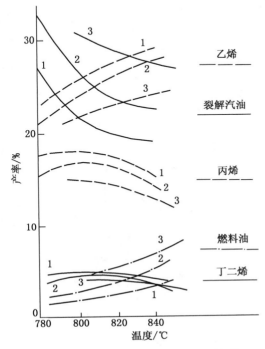

图 5-3-13　三种石脑油的裂解反应性能

反应条件：水蒸气/石脑油 = 0.7（质量比）；

　　　　　质量流速：13.5g/(cm² · s)；

　　　　　入口温度 580℃。

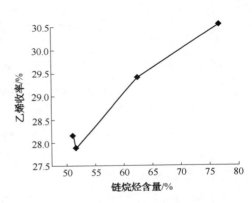

图 5-3-14　加氢裂化尾油的
链烷烃含量与乙烯收率的关系

2）氢含量：

测定原料的氢含量也可在一定程度上说明原料的裂解性能。不同族烃类的含氢量按下列顺序排列，即链烷烃>环烷烃>芳香烃。但是，除环烷烃外，氢含量随着烃类碳原子数的增加而减少，如图 5-3-15[54] 所示，链烷烃和芳烃皆随碳原子数的增加氢含量减少，然而即便链烷烃的碳原子数再高，其氢含量仍高于环烷烃和芳烃，同样，芳烃的原子数再低，其氢含量也低于链烷烃和环烷烃，因此，从氢含量的角度比较，仍然是族组成为主导因素，而馏分的轻重属次要地位。

图 5-3-16[55] 为具有不同氢含量的各种原料蒸汽裂解时的产品分布，可以看出，随着馏分变重，原料中氢含量降低，乙烯产率下降，C_{5+} 馏分的产率明显上升，甲烷产率有一最高值（与原料结构有关），氢产率相差不大。说明氢含量高者，乙烯产率相应增加。

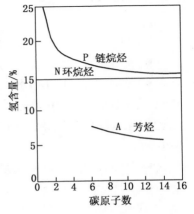

图 5-3-15　各族烃的氢含量

　　当以较重的馏分油(煤油、常压柴油、减压柴油)为原料时，原料的氢含量与乙烯产率几乎成一直线关系如图5-3-17[56]所示。

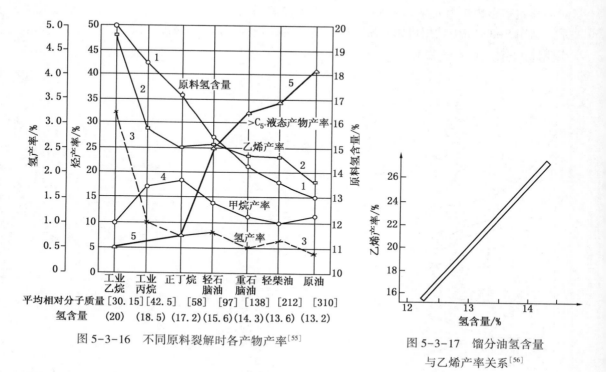

图5-3-16　不同原料裂解时各产物产率[55]　　　　图5-3-17　馏分油氢含量与乙烯产率关系[56]

3) 关联指数 BMCI 值:

　　BMCI 值是依据油品最基本的两个性质，即沸程和密度建立起的关联指标，它的建立基础是以正己烷的 BMCI 值为 0，苯为 100，故数值多少表示芳香性的高低，也称芳烃指数。

　　这种方法较 PONA 值方法的优点是 PONA 值不能反映出环状烃是单环、双环或多环结构，只能得到所占的数量，但 BMCI 值则因环数多时密度增加很多而反映出的油性更完全。

$$BMCI\ 值 = 48640/(t_v + 273) + 473.7 \times d_{15.6}^{15.6} - 456.8$$

式中　　t_v——原料的体积平均沸点，℃；

　　$d_{15.6}^{15.6}$——在 15.6℃下原料密度与水密度的比值。

　　不同族烃类的 BMCI 值的规律基本如下:

- 直链烷烃或分子结构接近直链烷烃的 BMCI 值接近于 0。
- 异构烷烃 BMCI 值高于直链烷烃，随着支链度的增加，BMCI 值亦增，多支链的烷烃 BMCI 值不大，只约 10~15。
- 无侧链单环烷烃的 BMCI 值约 50，有烷基侧链时减小，烷基化程度越大，BMCI 值越小。
- 单环芳烃如有烷基，则 BMCI 值小于苯，烷基化程度越大，BMCI 值越小。
- 多环芳烃比单环芳烃 BMCI 值高，环越多，BMCI 值越高。

　　图5-3-18[57]为多种原料的 BMCI 值与氢含量的关系，两者关系几乎成一条直线，说明二者关系是一致的。图5-3-19[57]为 BMCI 值与乙烯产率的关系。

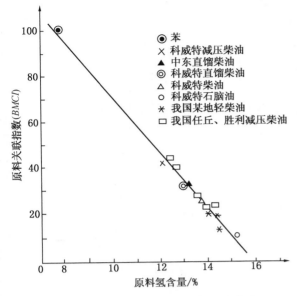

图 5-3-18　原料 BMCI 值与氢含量关系

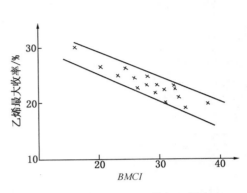

图 5-3-19　原料 BMCI 值与乙烯产率

由于石油的组分，结构非常复杂，因此上述诸项性能指标不可能将原料与产品产率关联得十分准确，但是可以大致作出估测和判定原料能否满足要求。关于对蒸汽裂解原料的指标要求，国内外一些科技工作者建议：H/C>0.14，BMCI 值<20，K 值>11.5，馏分终馏点<560℃，硫 0.01%~0.1%，单环和双环环烷烃<50%，三环环烷烃以上<3%~6%，烷基苯<10%，双环以上芳烃<2%，卵苯及晕苯含量分别不超过 40μg/g 和 15μg/g。

原料的沸程对蒸汽裂解装置的工艺流程、设备及操作条件皆有影响。当沸程高时，为了保持在气态下裂解，需增大汽油比，于裂解炉对流段还应注入大量过热蒸汽；但裂解温度较轻馏分可低一些；在产品冷却过程中，由于生成的重馏分油较多（如热解焦油），为了保持废热锅炉在露点以上操作，需提高炉出口温度。不同馏分油及气体原料进行蒸汽裂解时的工艺操作条件、产率及技术经济指标范围大致如表 5-3-35 所示。可以看出，由于重馏分的蒸汽用量大；液体产品多，后处理负荷大，流程相对复杂，并且通常重原料较轻原料的乙烯产率低，因此它的投资及操作费用较高。总体比较时，以乙烷为原料时的效果最好；但如无天然气供应的情况下，以液体原料进行比较时，虽然以石脑油为原料的投资和操作费用低于重柴油，但是石脑油的单价远高于重柴油，因此应用哪种原料经济效益更好将通过原料比价及产品价格进行全面核算后确定。

表 5-3-35　不同原料蒸汽裂解的工艺及技术经济指标

项　　目	乙烷	丙烷	正丁烷	石脑油	轻柴油	重柴油
工艺条件及产品产率						
裂解温度/℃	850~900	800~850	800~900	750~800	750~800	700~800
水蒸气量/%	20~25	20~25	20~25	60	100 以下	100 以下
产品分布/%						
H_2+CH_4	15.30	30.00	20.60	18.03	11.96	11.82
C_2H_4	76.89	42.00	36.40	31.40	26.40	24.40
C_3H_6	2.88	16.20	20.50	14.77	14.20	13.90
C_4H_6	1.35	3.15	3.04	5.73	3.89	3.39

续表

项　　目	乙烷	丙烷	正丁烷	石脑油	轻柴油	重柴油
C_4H_8	0.61	1.39	12.05	4.14	4.65	4.36
裂解汽油($C_5 \sim 204℃$)	2.88	6.05	4.09	24.20	19.52	17.73
热解焦油(初馏205℃)		1.21	2.32	3.73	19.38	24.40
消耗指标						
冷却水/(m³/t乙烯)	551.1	560	568.8	577.7	604.4	720.1
电/(kW/t乙烯)	26.6	35.5	44.4	53.3	71.1	88.8
蒸汽/(t/t乙烯)	2.1	1.4	1.3	1.2	1.3	3.0
燃料/(10^6kcal/t乙烯)	4.6	5.5	5.9	5.9	6.6	7.8
投资及操作费用[①]						
原料费/(美元/t乙烯)	142	266	291	433	486	483
操作费/(美元/t乙烯)	128	131	133	155	185	207
总计/(美元/t乙烯)	270	397	424	588	671	690
界区内投资/亿美元	1.04	1.20	1.25	1.51	1.72[②]	1.91[②]

① 按500kt/a乙烯装置，1977年国外价格估计。

② 包括原料加氢脱硫和制硫。

（2）加氢裂化尾油用于蒸汽裂解制乙烯

20世纪80年代以来，我国石化工业的发展对乙烯需求量迅速增加，而国产原油较重，制取乙烯的石脑油原料偏少，促使我国走乙烯原料多样化的道路，因此FRIPP与北京化工研究院等单位合作在加氢裂化尾油制取乙烯方面进行了大量的技术开发工作，并实现了工业应用。加氢裂化尾油除了沸程较高外，其他性质皆可很好地满足乙烯装置对原料的要求。表5-3-36为轻阿拉伯VGO加氢裂化的产品族组成分布及蒸汽裂解的产品产率，从中看出，＞343℃尾油较85～195℃和195～343℃馏分的链烷烃多，环状烃包括芳烃较少，因而乙烯和三烯产率较高。＜85℃馏分中沸点为80℃的苯含量少，故乙烯及三烯产率亦较高。

表5-3-36　加氢裂化产品不同馏分的族组成及蒸汽裂解产品分布

项　　目	原料油*	轻石脑油	重石脑油	轻柴油	＞343℃尾油
馏分/℃	300～550	$C_5 \sim 85$	85～193	193～343	343～565
产率/%	100	2.35	13.77	23.97	57.73
密度(20℃)/(g/cm³)	0.9300	0.6852	0.7848	0.8504	0.8519
50%点/℃	462		143	272	453
族组成/%(体)					
P	30	75.6	25.4	17.4	32.8
N	24	19.9	59.3	58.8	58.3
A	46	4.5	15.3	23.8	8.9
含氢量		15.3	14.0	13.4	14.2
蒸汽裂解产品分布/%					
C_2H_4		28.1	19.9	20.0	27.0
C_3H_6		15.0	12.0	13.1	13.4
C_4H_6		4.7	4.0	4.0	4.4
三苯		11.6	18.5	11.9	12.3
裂解汽油		1.9	5.4	2.9	2.0
裂解焦油		4.3	13.0	20.9	12.9
三烯		47.8	35.9	37.1	44.8

* 原料油为沙特VGO。

　　加氢裂化尾油与同一种原油的直馏石脑油（NAP）、AGO、VGO 和加氢精制 VGO（HT-VGO）、缓和加氢裂化尾油（MHC-VGO）的裂解产品分布如表 5-3-37 所示，可知，虽然尾油的馏分高于 NAP 和 AGO，但因其链烷烃高，BMCI 值低，故乙烯和三烯产率皆高于 AGO；乙烯产率与 NAP 相近，三烯产率还高一些；与 VGO 比较时不仅乙烯和三烯产率高出很多，热解焦油和生焦量也明显减少，但不稳定的热解焦油和生焦量要高于 NAP，略低于 AGO。各项指标也优于加氢精制和缓和加氢裂化尾油，上述结果说明加氢裂化尾油具有良好的裂解性能。

表 5-3-37　胜利直馏不同馏分油与加氢裂化尾油蒸汽裂解产率

项　　目	NAP	AGO	VGO	HT-VGO	MHC-VGO（尾油）	加氢裂化尾油
蒸汽裂解条件						
炉出口温度/℃	840	800	800	800	800	800
停留时间/s	0.4	0.4	0.39	0.4	0.4	0.38
水/油	0.65	0.75	0.75	0.76	0.75	0.75
主要产品产率/%						
甲烷	14.3	9.5	7.3	9.6	8.8	
乙烯	25.0	23.0	20.5	23.3	26.3	28.3
丙烯	14.2	15.3	14.0	15.1	16.9	17.8
丁二烯	4.6	5.0	4.8	5.0	6.3	6.8
三烯	43.8	43.3	39.4	43.4	49.5	52.9
>288℃裂解焦油	2.8	4.3	9.9	9.8	3.0	2.2
结焦量/（μg/g）	无	4.45	72		<1.12	

　　FRIPP 专门考察了不同基原料经过加氢裂化得到的尾油性质，表 5-3-38 为石蜡基，中间基、环烷基 VGO 加氢裂化尾油的性质，所用的催化剂及转化深度不尽相同，但尾油的BMCI 值都较低，皆在 10 左右，S、N 等杂质也很少，性能较好。由于通过转化深度可调整尾油的 BMCI 值，故加氢裂化具有对原料的很好适应性。

表 5-3-38　不同原料加氢裂化尾油性质

项　　目	大庆 VGO	胜利 VGO	鲁宁管输 VGO	大港 VGO	辽河 VGO
裂化催化剂	HC-14	ICR-126	3825	HC-14	3825
原料密度（20℃）/（g/cm³）	0.8584	0.8876	0.8789	0.8892	0.9284
馏分/℃	350~500	350~500	350~500	350~500	350~500
BMCI 值	21	32.7	28.6	35.9	53.2
S/N/%	0.36/0.11			0.14/0.13	
尾油：收率/%	27.8	45	40.6	37.6	20.7
密度（20℃）/（g/cm³）	0.8246	0.8456	0.8285	0.8322	0.8337
初馏点/50%/终馏点	358/396/460	320/-/489	333/404/506	325/385/488	-/423/496
BMCI 值	7.5	13.3	9.3	12.4	8.6
S/N/（μg/g）	1.3/<1	<3/<2	-/-	8.3/3.0	1.5/1.0

　　不同断环选择性的催化剂对加氢裂化产品的族组成亦有影响，图 5-3-20[58] 为两种不同裂解选择性催化剂加氢裂化尾油的环状烃含量与原料的环状烃含量的对比，可以看出催化剂A 较 B 具有更强的优先断环选择性，尾油中的环烷及芳烃含量较低，因而其 BMCI 值也较低，还可知，尾油中的环状烃含量低于原料，说明两种催化剂皆具优先断环选择性。

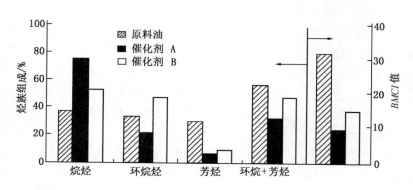

图 5-3-20　不同裂解选择性催化剂加氢裂化尾油的环含量及 *BMCI* 值[58]

表 5-3-39 为不同转化深度尾油的族组成及蒸汽裂解的结果，当 >360℃ 馏分转化率由 49.8% 增至 59.8% 时，尾油的链烷烃量明显增加，*BMCI* 值降低，蒸汽裂解产品的乙烯和三烯提高，故高转化率尾油有利于提高轻烯烃产率。

表 5-3-39　加氢裂化转化深度与蒸汽裂解产品产率

项　　目	原料油*	>360℃转化率49.8%尾油	>360℃转化率59.8%尾油
密度（20℃）/（g/cm³）	0.9055		
馏分/℃	278~509		
族组成/%			
P/N/A	25.1/36.3/35.0	45.0/48.2/6.3	57.2/40.6/2.2
BMCI 值	45.6	20.6	14.1
蒸汽裂解产品收率/%			
C_2H_4		22.80	24.55
C_3H_6		15.66	15.90
C_4H_6		5.72	6.03
三烯		44.18	46.48
热解焦油		2.84	4.20

＊原料为孤岛 VGO。

当加氢裂化的主要目的产品是轻质马达燃料时，单程转化率一般高于 60%，如主要目的是生产尾油供蒸汽裂解原料，则不一定需要维持较高的转化深度，因为转化率高虽可提高尾油蒸汽裂解时的烯烃产率，但尾油收率却因转化率的提高而减少。表 5-3-40 为 FRIPP 用胜利 VGO 于 7.8MPa 下在不同转化率下尾油产率与其进行蒸汽裂解时的烯烃产率的试验结果，可知，当转化率由 20.9% 提高到 51.3% 时，裂解产品中的乙烯和三烯产率增加 2%~3%，但是 >350℃ 尾油的产率却减少了 30% 左右，总的乙烯及轻烯产率以 20% 左右转化率时最高。因此为生产乙烯原料可通过烯烃总产率、油品精制程度及原料对蒸汽裂解工艺技术方面的适应性来选择适宜的转化深度。

转化率降低，则催化剂的生焦倾向减少，因此加氢裂化在较低些的压力下操作亦可维持催化剂的容许使用周期，同时亦可减少氢气耗量，因而可降低加氢装置的投资及加工费用，改善经济性，这种在较低压力和低转化率下操作的工艺通常称缓和加氢裂化（MHC）。压力降低的幅度应根据原料性质、催化剂性能及工艺条件而定。

表 5-3-40　缓和加氢裂化不同转化率下尾油族组成及蒸汽裂解产品产率

单程转化率/%	20.9	33.4	46.6	51.3
>350℃产率/%	75.17	62.23	52.10	47.54
族组成/%				
P	54.2	60.3	65.0	73.2
N	30.5	29.3	28.6	20.4
A	15.3	10.5	6.4	6.4
BMCI 值	14.6	10.4	9.5	7.2
主要产品产率/%				
乙烯	26.06	26.31	26.79	28.19
丙烯	16.66	17.74	17.61	17.46
丁二烯	6.07	6.52	5.38	6.32
三烯	48.79	50.57	49.78	51.97
乙烯总产率*	19.59	16.37	13.96	13.40

* 对原料 VGO。

(3) 工业应用

国内外加氢裂化尾油作为蒸汽裂解原料已在许多石化企业中得到应用，目前仅欧洲至少有七家，我国齐鲁、镇海、吉林、茂名、上海、天津等石化公司也在应用。表 5-3-41 是国外应用加氢裂化尾油作为裂解原料生产乙烯的概况，表 5-3-42 为我国扬子等石化公司所用原料及主要产品分布。这些单位多利用原有加氢裂化装置生产裂解原料，以高压加氢方法的装置居多，高压法的产品质量更好，生产灵活性也较强，可处理不同种类和终馏点的原料，并可根据产品要求而控制不同转化深度。从表 5-3-41 及表 5-3-42 看出，尾油的 BMCI 值多在 20 以内，较好的在 10 左右甚至更低一些，乙烯产率在 25% 以上，一次操作周期一般在 30~60 天，甚至达到 100 天。

表 5-3-41　国外使用加氢裂化尾油制乙烯工业装置概况

乙烯厂	加氢裂化投产日期/年	使用炉型	尾油性质		操作周期/天
			馏分/℃	BMCI 值	
URBK	1979	SRT-Ⅱ	239~541	12~18	30~50
VEBA	1982	Shell/LindePC-4-2	250~550	~20	~60
NESTE	1985	SRT-Ⅰ	287~498	6~25	
LEUNA	1986	SRT-Ⅳ	330~530	15~20	40~50
SOW	1988	LindePC-4-2	300~530	14~18	60~80
ROW	1989	LindePC-4-2	395~525	10~12	50~70
ZALUZI	1988	SRT-Ⅲ	293~520	20	30~35

表 5-3-42　国内加氢裂化尾油制乙烯工业应用油性及产品分布

公司名称	扬子	上海	齐鲁
尾油主要性质			
密度(20℃)/(g/cm³)	0.7939	0.8244	0.8487
馏分/℃	202~405	202~562	213~500
BMCI 值	7.7	10.6	18.1
氢含量/%	14.26	14.63	14.00
族组成/%			
P/N/A	71.5/25.1/3.4	68.9/25.4/5.5	34.2/59.4/6.3
裂解温度/℃	800	800	800
乙烯/%	30.54	28.48	25.87
丙烯/%	16.69	16.35	14.43
三烯/%	53.26	51.00	45.94

齐鲁石化公司 560kt/a SSOT 加氢裂化装置的裂解产品中，轻馏分生产喷气燃料等透明产品，尾油则用作蒸汽裂解装置原料，加工的原料是胜利 VGO 或混合部分孤岛 VGO，油性示于表 5-3-43。在 15.4MPa 压力下，体积空速 1.0h⁻¹，转化率约 50%。由于原料中的芳烃含量较高，进料空速也较高，转化率未达到正常加氢裂化所控制的 60% 以上，因此尾油 BMCI 值偏高，但仍在 20 以内。用这种原料在工业炉中使用，其结果如表 5-3-44 所示，乙烯产率达 25% 左右，三烯产率 45%～48%，不低于石脑油，热解焦油量约 3%～7%，裂解炉出口温度上升平缓，结焦速度较慢，运行周期可满足使用要求。

该公司自建的一套 220kt/a 缓和加氢裂化装置使用胜利 VGO 为原料，在 6.8MPa 氢压下，体积空速 0.67h⁻¹，转化率 40% 左右，目的是生产乙烯原料，同时副产 20%～30% 的轻柴油；原料和裂解产品产率亦分别列于表 5-3-43 及表 5-3-44。可以看出，虽然 MHC 加氢压力及转化率较 SSOT 低，但原料胜利 VGO 较孤岛 VGO 的芳烃低一些，并且加氢空速也低，因此尾油的 BMCI 值也保持在 20 以下，但芳烃量却高一些。工业装置的乙烯产率达 26% 以上，说明缓和加氢裂化亦可得到质量较好的尾油，从用这种尾油在该厂工业 SRT-Ⅲ 型炉中运行的情况看出，运转周期可达 30～35 天，加热炉结焦情况与使用轻柴油时相近，但废热锅炉较用轻柴油时生焦略多一些。

表 5-3-43 蒸汽裂解原料主要性质

项 目	SSOT 尾油		MHC 尾油
	胜利 VGO *	孤岛+胜利混合 VGO *	
密度(20℃)/(g/cm³)	0.8456	0.8510	0.8443
馏程/℃	302～489	303～492	233～473
S/%	<0.0007	<0.001	
N/(μg/g)	3.6	2.3	
氢含量/%	14.21	14.14	14.04
BMCI 值	17.3	19.2	18.2
K 值			12.45
饱和烃/%	98.7	98.2	86.2
芳烃/%	1.3	1.8	13.8
相对分子质量	310	375	

* 为 SSOT 加氢裂化所用原料的种类。

表 5-3-44 加氢裂化尾油工业炉裂解条件及产品产率

加氢原料来源	SSOT 尾油		MHC 尾油
	胜利 VGO	孤岛+胜利混合 VGO	胜利 VGO
蒸汽裂解工艺条件			
炉出口温度/%	800	800	800
出口压力/℃	0.206	0.208	0.208
停留时间/s	0.37	0.37	
汽/油比	0.75	0.80	0.80
气相产品产率/%			
$\sum C_4$ 收率			70.92
氢气+甲烷			11.86
乙烷+乙炔			4.27
乙烯	25.92	24.81	26.6
丙烷/丙炔			0.6/0.33
丙烯	16.47	16.14	16.50

续表

加氢原料来源	SSOT 尾油		MHC 尾油
	胜利 VGO	孤岛+胜利混合 VGO	胜利 VGO
丁烷			0.16
丁烯			5.35
丁二烯	5.25	6.14	5.24
三烯	47.64	47.09	48.34
液体产品产率/%			
苯/甲苯/乙苯/二甲苯			3.19/2.75/0.26/0.14
裂解汽油	21.85	27.93	16.65
裂解柴油	3.02	1.24	5.33
裂解焦油	6.50	3.14	7.10

2. 加氢裂化尾油用作催化裂化原料

催化裂化是炼油工业中重油轻质化应用最广的工艺，具有原料适应性强、产品附加值高、加工能耗低、经济效益好等特点，目前已可掺炼渣油馏分，对于石蜡基原料，不仅可以加工常压渣油，并且在原料 VGO 中的掺渣量已可超过100%，在世界炼油工业中得到了广泛应用，是最重要的原油二次加工手段之一。目前，我国 FCC 加工能力占原油蒸馏能力的33.5%，在我国交通运输燃油的组成中，FCC 汽油占成品汽油总量的70%~90%，FCC 柴油占柴油调和总量的近三分之一，FCC 产品是我国汽油和柴油产品的主要组成部分，同时也是成品油中硫和烯烃的主要来源，尤其汽油产品中，90%以上的硫和烯烃来自 FCC 汽油。

随着 FCC 原料范围的扩大，如掺入 CGO、DAO、LCO、AR 及 VR 等，FCC 原料性质进一步变差，终馏点进一步提高，原料烃分子更加复杂，硫、氮、金属、残炭、沥青质等含量增加。导致 FCC 产品质量进一步下降，最主要表现在 FCC 汽油和柴油硫含量增大。而随着环保法规的日益严格，尤其是硫含量的指标限制更加苛刻，汽油产品质量升级已经付诸实施。对于我国，汽油质量升级的关键是如何经济、有效地降低 FCC 汽油中的硫含量和烯烃含量。

然而催化裂化过程在原料转化时却不能获得较好的精制效果，进料中的硫、氮、芳烃、重杂质等只是在产物中进行再分配，因此产品中的杂质含量仍较高，特别是加工非烃和芳烃较多的环烷基原料或掺炼渣油时，柴油组分的硫、氮含量高，十六烷值低，安定性差，因此必须精制。

加氢是改善产品质量最有效实用的手段，可以采用原料预加氢或产品后精制两种方法。对 FCC 产品分别进行后处理，即采用后加氢方案，具有操作条件缓和、投资少，可充分利用现有闲置装置等优点；然而后加氢方案存在的主要问题是在脱硫的过程中，烯烃部分饱和，造成汽油辛烷值损失，降低经济效益，且工艺过程仅能提高产品质量，不会产生额外经济价值，另外，当 FCC 装置处理高硫原料时（一般含 S>0.5%），需要对再生烟气中的 SO_x 进行净化，增加了操作费用。FCC 原料油进行加氢预处理，即采用前加氢方案时，虽然装置投资较高、操作费用大；但投资回收期短、装置效益好，能够改善 FCC 进料的裂化性能，减少 FCC 催化剂的消耗量，减少高转化率下的生焦倾向，增加轻质产品产率，创造额外价值，降低产品硫含量，减少 FCC 烟气中的 SO_x 和 NO_x 含量，提高 FCC 装置加工劣质原料能力。故对加工低硫原料通常采用后加氢方法，而随着原料硫含量的提高和馏分的变重，后加氢方案越来越成为炼油企业的首选。原料预加氢方案有几条途径，一是加氢精制，一是高压加氢裂化，另一是缓和加氢裂化，后两种方法是把加氢尾油作为催化原料。

表5-3-45为以上后加氢方案三种方法的尾油馏分一般典型性质，加氢精制与缓和加氢裂化在中压(≤8.0MPa)下操作，精制过程的空速略高于缓和加氢裂化，高压加氢裂化在15.0MPa下进行。三种方法的脱硫率均可达90%以上，其他指标亦都有所改进，高压加氢裂化产品精制程度最深，缓和加氢裂化次之。加氢裂化尾油除了芳烃含量减少外，链烷烃含量也相应增加，对催化转化十分有利。高压加氢裂化产品中非烃含量极低，芳烃很少，为非常好的催化原料。

表 5-3-45　胜利 VGO 与加氢精制油缓和加氢裂化、高压加氢裂化尾油典型性质

	直馏 VGO	加氢精制油	MHC 尾油	加氢裂化尾油
密度(20℃)/(g/cm³)	0.9008		0.8427	0.8456
馏分/℃	321~507	350~530	320~500	302~489
S/%	0.59	0.02	0.003	0.0007
N/%	0.18	0.10	0.002	0.0004
残炭/%	0.05		0.02	0.01
芳烃/%	28		13	1.3

表5-3-46为以高压加氢裂化尾油与直馏未加氢 VGO 进行催化裂化的比较结果。可以看出，在相同的反应条件下，加氢裂化尾油的转化率提高了23%，汽油产率增加了约20%。由于原料中硫、氮及芳烃含量很低，产品应有良好的稳定性及燃烧性能。

表 5-3-46　加氢裂化尾油与直馏 VGO 催化裂化产品产率

项　目	直馏 VGO	加氢裂化尾油>343℃	项　目	直馏 VGO	加氢裂化尾油>343℃
原料性质			转化率/%	61.4	84.3
密度(20℃)/(g/cm³)	0.918	0.860	催化裂化产品分布/%(体)		
EBP(D1160)/℃	515	528	汽油	46.3	65.7
N/S/%	0.355/1.5	0.007/0.0022	柴油	28.3	10.9
折射率(50℃)	1.4955	1.4555	C₅+液收	101.7	105.7
苯胺点/℃	61	107			

表5-3-47为加氢精制油、缓和加氢裂化尾油与直馏 VGO 的油性及进行催化裂化的结果。两种加氢过程皆在 6.0MPa 氢压下操作，前者进料体积空速为 1.0h⁻¹，反应温度373℃，后者空速 0.5h⁻¹，反应温度413℃，转化率>40%，>370℃尾油馏分收率54%。从油性看出，加氢油的硫、氮、芳烃、折光率皆低于未加氢直馏 VGO，MHC 尾油因空速较低，精制程度更深一些。从催化裂化反应结果看出，MHC 尾油的转化率最高，汽油收率亦较高，生焦量少，加氢精制油次之，但 MHC 尾油提高的幅度不及加氢裂化尾油。从产品的油性中看出，催化柴油的十六烷值指数亦以 MHC 油产品较高，但汽油的辛烷值相近。

表 5-3-47　加氢精制油、缓和加氢裂化尾油与直馏 VGO 油性及催化裂化反应结果比较

项　目	直馏 VGO	加氢精制全馏分油	缓和加氢裂化全馏分油
密度(20℃)/(g/cm³)	0.9042	0.8793	0.8375
N/S/%	0.183/1.694	0.092/0.155	0.019/0.03
残炭/%	0.94	0.21	0.17
芳烃/%	49.4	42.2	42.6
馏分/%			
初馏点~370℃	10.49	17.10	45.90
>370℃	89.51	82.90	54.01

项　　目	直馏 VGO	加氢精制全馏分油	缓和加氢裂化全馏分油
>370℃馏分性质			
密度(50℃)/(g/cm³)	0.9052	0.8795	0.8621
N/S/%	0.1994/1.71	0.111/0.16	0.024/0.037
芳烃/%	49.7	40.9	36.2
催化裂化产品分布/%			
气体	14.46	16.19	19.45
汽油	52.48	57.05	56.38
柴油	13.97	12.92	9.83
塔底油	13.84	10.95	11.24
焦炭	5.26	2.89	3.10
催化柴油柴油指数	5.9	7.8	8.6

　　从以上不同加氢方法处理催化原料时对催化裂化的反应效果的影响看出，加氢裂化效果最好，MHC 次之，加氢精制较差。但是从经济性考虑则反之，加氢精制因操作压力低，空速大，氢耗小，故投资和加工费用也最低，因此，通常在可以满足催化产品质量要求的情况下，采用加氢精制方法的最多，例如美国大约 50%以上的催化裂化装置采用加氢预精制的方法加工。我国高硫及劣质油比例不大，使用的较少。

　　什么情况下采用加氢裂化尾油或 MHC 尾油作为催化原料？除了从油性、经济性考虑外，油品结构、油品质量等级、生产灵活性也是值得考虑的因素。加氢裂化过程固然加工成本较高，但是它们可以增产质量较佳的中间馏分油，缓和加氢裂化一般可产柴油 10%~20%，加氢裂化可产 30%~50%甚至更多，它们的十六烷值也都较高，一般可达 40~50 或更高，因此当加工质量很差、芳烃高的环烷基油时，采用加氢裂化尾油作为催化原料，不仅可提高催化裂化的反应效果，也可大幅度提高柴油的十六烷值及产率，并增加总液体收率。表5-3-48 为以单用催化裂化加工未处理的直馏 VGO 以及与加氢裂化联合加工时的汽、柴油收率，表5-3-49 为以上两种方案所生产柴油的主要性质。可看出，采用联合加工方案其汽、柴油总产率可达 100.8%(体积分数，对直馏 VGO，下同)，而催化裂化方案则只有 74.6%(体积分数)，(未包括烷基化油)，其柴/汽比前者达 1.25 而后者只有 0.61。联合法得到的柴油十六烷值达 48 而催化法只有 32。上例是加氢裂化转化率较深、未转化尾油只有 26.3%的情况下获得的，可以根据原料性质、产品性质和产率的要求灵活调整加氢裂化的转化深度而具很好的生产灵活性。联合方案的另一个优点是还可以加工含氢量很少的二次加工油，如焦化蜡油或催化循环油等。

表 5-3-48　联合加工方案与催化裂化方案汽柴油产率[59]

项　　目	催化裂化方案	联合方案(>343℃加裂尾油催化+直馏 VGO 加氢裂化)
催化裂化收率/%(体，占未处理 VGO)		
汽油	46.3	17.3
柴油	28.3	2.9
加氢裂化收率/%(体，占未处理 VGO)		
汽油		27.6
柴油		53.0
总收率/%(体)		
汽油	46.3	44.9
柴油	28.3	55.9
合计	74.6	100.8

表 5-3-49　不同加工方案的柴油性质

性　　质	催化轻柴油	加氢裂化改质后混合柴油
密度(20℃)/(g/m³)	0.943	0.831
馏程/℃	266~388	189~364
氮/(μg/g)	580	<2
硫/%	1.45	<5μg/g
十六烷值	32	48

通过上述分析，对加氢裂化尾油在什么情况下适用作催化原料归纳如下：

一个加工方案的确定有许多因素，但首先是技术性，即能否将规定的原料加工成所要求的产品，另一是生产灵活性，再者是经济性，在某些情况下，经济性成为决定性因素。通过原料的预加氢，对催化裂化的反应效果提高，产品质量改善是勿庸置疑的，但改进程度越大，付出的代价亦越多。加氢裂化、缓和加氢裂化以及加氢精制中前者的效果最好，但投资最高，加工费用也最大，然后依次减少。

催化裂化加工重油时，应主要依据原料的性质来选择加氢手段。对低硫石蜡基原料，不必预加氢，如果产品质量不能满足要求，可通过中、低压加氢精制解决。如果加工低硫环烷基油，则原料也不一定需要预加氢。劣质催化柴油可采用 FRIPP 开发的 MCI 新技术，在中压下轻度裂化，在基本不减少柴油产率的情况下可提高十六烷值 10 个单位或更多，同时柴油安定性明显提高。如果十六烷值仍不能达到要求，或为了增产柴油，则可采用缓和加氢裂化或加氢裂化先加工，然后将加氢裂化尾油作为催化原料，但加氢裂化成本较高，应通过全面的技术经济比较后加以确定。

加工含硫较高的原料时，则原料预加氢脱硫是最佳选择，应用加氢精制还是加氢裂化亦应根据原料性质及产品质量、结构以及生产灵活性等多方面因素，特别是经济性对比后确定。由于高含硫油必须经过预加氢，因此可以在增加预加氢裂化装置的基础上进行比较其经济性。

3. 加氢裂化尾油制取润滑油基础油

润滑油是品种繁多、用途广泛的一种石油产品，主要用于运动机械的润滑，另外还包括一些具有专门用途的产品。

在各类润滑油中，耗量最多、工作条件苛刻、性能要求较高的是内燃机油(耗量占润滑油总量约 50%)，因此制备优质内燃机油成为润滑油生产中的首要课题。近年来，随着现代车辆和机具的更新和发展以及对环保的日益重视，围绕延长使用寿命、节能降耗、通用、全天候应用以及环境保护等几大课题，对润滑油性能的要求越来越高。近年来美国每 3~5 年即提高一个档次，目前汽油机油已使用至 SJ 级，柴油机油为 C 级，并且 80% 以上为 5W/30 通用多级油，我国内燃机油的水平与先进国家相比还有相当大的差距，近年来对中高档内燃机油要求的比例在增加，中高档油占 50%~60%，液压油、齿轮油及电气用油等中高档油占的比例较高，在 80% 以上。

为了生产高档优质内燃机油，除需添加高性能添加剂外，更重要的是应制取优质润滑油基础油。高品质润滑油基础油要求具有低硫、低氮、低芳烃含量、优良的热安定性和氧化安定性、较低的挥发度、优异的黏温性能等诸多优点。而其中黏温性能是衡量基础油质量非常重要的指标，黏温性能好则表示润滑油黏度随温度变化的幅度不大，即润滑油可以在环境温度变化较大的情况下使用而不影响其性能。越高等级的润滑油基础油对黏温性能的要求越高。

油品的黏温性质是与其化学组成和分子结构密切相关的。现有研究表明，正构烷烃的黏温性质最好；分支程度较小的异构烷烃黏温性质较正构烷烃略差；环状烃的黏温性质比链烷烃差，但当分子中只有一个环时，其黏度指数虽有下降但降幅不大。以应用范围最广的内燃机润滑油为例，从化学组成上而言其理想组分是少环长侧链的烃类和少分支的异构烃类。生产高品质润滑油基础油对原料的要求和蒸汽裂解制乙烯对原料的要求是基本一致的，都要求原料中含有较多的正构烷烃。换而言之，选择可以生产优质蒸汽裂解制乙烯原料的加氢裂化催化剂，所生产的尾油也再经过脱蜡工艺技术，非常适合生产高品质的润滑油基础油。

（1）润滑油基础油对油品性能的要求

为满足高档内燃机油的各种要求，基础油应具备良好的安定性，高黏度指数，低的凝点和挥发度。

氧化安定性是各种润滑油品，特别是内燃机油最重要的性能之一。油品遇氧在一定的温度以上会形成自由基链锁反应生成酸、醇、酯等氧化物最后生成胶质和沉淀，造成磨损，增加消耗等。因此应当选择对氧不敏感的组分作为润滑油品。

烃类中饱和烃(烷烃+环烷烃)安定性较好，不饱和烃较差，芳烃如果是单独存在时氧化安定性较好，若与环烷烃同时存在时，则环烷会诱导芳烃氧化从而保护了环烷烃。如果形成部分饱和的环烷-芳烃化物则更不安定。芳烃中多环芳烃的安定性较差，但是四环芳烃含量如果不超过1%，却有一定的抗氧化作用。

非烃化物中硫化物具有一定的抗氧化能力，特别是与芳烃结合的硫化物抗氧化能力较强，它可以抑制或中止氧化自由基反应，但是硫含量亦不应过高，因为会产生腐蚀作用。氮化物，特别是碱性氮化物对氧十分敏感，因而含量愈低愈好。

文献[60]对30个基础油作了氧化安定性试验，比较了含氮及碱性氮的量与旋转氧弹的关系如图5-3-21及图5-3-22所示，该试验各加0.8%T501抗氧化添加剂，可以看出，氮及碱氮对氧化安定性皆有影响。

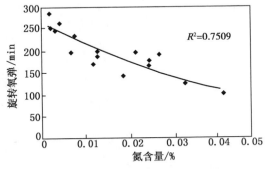
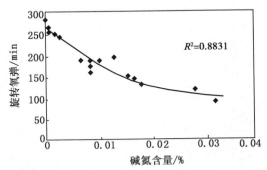

图5-3-21　氮含量与氧化安定性关系[60]　　　图5-3-22　碱氮与氧化安定性关系[60]

R. T. Mnkken等人，对12种基础油进行了氧化安定性测试，各油样加入等量汽轮机油复合添加剂。其结果如表5-3-50所示。这些油料的饱和烃含量为71.1%~95.4%，芳烃4.6%~26.3%，硫由0~1.0%，氮从0.6μg/g至113.5μg/g，其中以G油最好，D943与氧弹值最高，J油及F油最差，从组成和组分看出，正是G油的饱和烃含量最高，硫、氮含量最低，而后两种油的芳烃含量最高，硫、氮含量并非最高，居中间值，说明基础油的族组成起主导影响。

通过以上12组数据，他们进行了回归得出以下相关式：

D943(h)＝52.5%饱和烃＋147.7%硫－26.5%芳烃－3.7μg/g 碱氮

旋转氧弹(min)＝4.6%饱和烃＋36.2%硫－2.9%芳烃－0.4μg/g 碱氮

由上式推算出，如果 D943 达 3500h 以上，旋转氧弹达 325min 以上，则基础油的饱和烃含量就>80%，芳烃<19.5%，硫<0.5%，氮<45μg/g。

表 5-3-50　氧化试验结果

油　号	饱和烃/%	总芳烃/%	硫/%	碱氮/(μg/g)	D943/h	氧弹/min
A	85.3	14.5	0.2	75	4200	370
B	74.5	24.5	0.9	235	3600	340
C	83.1	16.0	0.9	30.0	3750	375
D	82.0	17.0	1.0	113.5	3675	310
E	88.5	11.0	0.5	13.7	4050	350
F	71.1	28.0	0.9	52.9	2770	200
G	95.4	4.6	0	0.6	4870	400
H	87.4	12.3	0.3	1.1	4500	375
I	76.0	23.7	0.2	19.9	3450	285
J	73.4	26.3	0.3	46.9	2700	225
K	84.3	15.5	0.1	50.6	3750	345
L	78.7	20.9	0.4	112.3	3300	285

黏度指数是制取内燃机油的重要指标，图 5-3-23 为几种不同族组成烃类的黏度指数和凝点的关系，表 5-3-51 为相当于润滑油馏分烃类的黏度指数，可以看出正构烃的黏度指数最高，但它的凝点也最高，异构烷和环烷带侧链的单双环环烷黏度指数也较高，凝点相对较低，但多环环烷及芳烃的黏度指数皆较低而凝点却较高，特别是多环芳烃的性质很差，因此应将产品中的芳烃尽量除去，并将正构烃转化或脱除以保持良好的低温流动性。

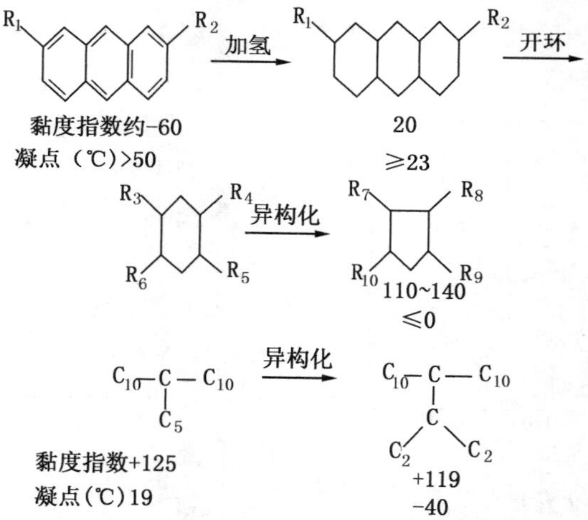

图 5-3-23　不同族组成烃类黏度指数与凝点[14]

表 5-3-51　相当于润滑油馏分的不同烃类黏度指数

烃的种类	黏度指数	烃的种类	黏度指数
正构烷烃 *	175	双环以上环烷烃	70
异构烷烃	155	芳香烃	50
单环环烷烃	142		

* 正构烷烃的凝点 nC_{20} 为 36.4℃，nC_{40} 为 81.5℃。

图 5-3-24 为不同类型润滑油基础油的挥发性，可以看出，在黏度相同的情况下，聚烯烃油和石蜡异构化油的挥发性最低，常规基础油（溶剂法矿物油）的挥发度最高，聚烯烃基本由异构烃组成，石蜡异构化油的异构烃含量也很高，说明异构烃的挥发度较低，是制取要求挥发性低的多级油理想组分，有利于减少油耗。

通过以上烃类对润滑油几种主要特性的影响可归纳如表 5-3-52 所示，由其中看出，从全面

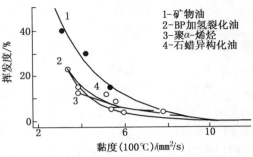

图 5-3-24 不同基础油的挥发性

考虑，以选用异构烷烃，带长侧链的单环环烷为佳，多环环烷与芳烃尽量减少为宜。

表 5-3-52 基础油中各组分对性能的影响

烃的种类	黏度指数	倾点	氧化安定性	对抗氧剂组成	挥发度
正构烷烃	高	高	高	好	低
异构烷烃	高	低-中	高	好	中
环烷带长侧链烷烃	高	低-中	高	好	中
多环烷烃	低	低	中	好	中
芳烃	低	低	中-差	差	高

为了制取不同档次的润滑油，需使用不同性能的润滑油基础油。目前基础油已由过去按原料类别和加工手段进行分类的方法，改为主要以黏度指数作为分类的标准。我国在 1993 年将基础油分为 5 类如表 5-3-53 所示，以黏度指数作为分类的主要标准，附以低温性能指标（W）及深度精制指标（S），其中 HVI，VHVI，UHVI 类基础油为制取中高档润滑油的原料，VHVI，UHVI 类中对低温性质有较高要求者主要生产多级内燃机油，深度精制油则生产重负荷工业用油等。美国石油学会（API）则不仅对黏度指数有要求外，对烃类组成和硫含量亦有所要求，如表 5-3-54 所示，这多种指标要求是建立在饱和烃对润滑油具有各种良好性能基础上的，并且饱和烃对添加剂有良好的感受性。硫固然对抗氧化性有利，但对机械亦有腐蚀作用，然而硫含量低对添加剂感受性有所改善，因而可通过增加少量添加剂即可明显改善油品的安定性。表中的 I 类油是通过传统的溶剂法生产的产品。而生产中、高档的 II、III 类润滑油基础油通常只能通过加氢方能达到要求，因而更加说明加氢工艺在制取润滑油方面的重要性。

表 5-3-53 我国润滑油基础油分类标准

黏度指数类别		超高黏度指数 $VI \geqslant 140$	很高黏度指数 $VI \geqslant 120$	高黏度指数 $VI \geqslant 90$	中黏度指数 $VI \geqslant 40$	低黏度指数 $VI < 40$
通用基础油		UHVI	VHVI	HVI	MVI	LVI
专用基础油	低凝	UHVIW	VHVIW	HVIW	MVIW	
	深度精制	UHVIS	VHVIS	HVIS	MVIS	

表 5-3-54 美国石油学会（API）润滑油分类标准

类 别	S/%	饱和烃/%	黏度指数
I	>0.03	<90	80~120
II	≤0.03	≥90	80~120
III	≤0.03	≥90	>120
IV	聚 α 烯烃		
V	I~III 类以外的其他基础油		

（2）加氢裂化尾油制取润滑油基础油的性质和特点

长期以来，工业上润滑油的生产主要是采用溶剂抽提-溶剂脱蜡-白土精制（或加氢精制）工艺方法，这种方法以石蜡基原料加工可以获取包括普通内燃机油在内的各种润滑油品，深度精制亦可获得中高档产品。随着对润滑油性能的要求愈来愈高，石蜡基原料的减少，以溶剂法生产高档产品的难度则越来越大，因此，可将非理想组分转化为异构烃类的加氢裂化愈加受到重视，成为近代生产高档润滑油的发展趋势。近年来，美国 Chevron、Mobil、Shell 等公司分别开发了异构脱蜡及异构裂化工艺，以加氢裂化尾油、经过加氢的糠醛精制油以及含软蜡较多的原料生产超高黏度指数基础油，而且基础油收率高，引起了广泛的重视。

将加氢裂化装置所生产的加氢裂化尾油作为下游异构脱蜡装置的原料油，通过异构脱蜡技术将加氢裂化尾油中的非理想组分进行异构化而转化为理想组分，并保留在基础油馏分中来达到降低倾点的目的，使脱蜡油倾点得到明显降低并且具有较高的润滑油基础油收率和黏度指数。由此可知，选择适宜的加氢裂化催化剂和工艺技术，生产黏温性能好的加氢裂化尾油作为异构脱蜡单元的原料是该组合工艺可以生产高品质润滑油基础油的关键环节。

1）黏度指数：

表 5-3-55 为以沙特 VGO 分别进行加氢裂化和溶剂精制所得润滑油基础油的族组成分布，从中看出，无论采用溶剂法或加氢法，产品中的烷烃和环烷烃的含量皆较原料 VGO 为高，芳烃减少，但加氢裂化产品的烷烃和环烷烃较溶剂法又高出很多，特别是单环环烷，单环环烷增多主要是由于多环芳烃加氢后断环及单环芳烃加氢的结果。上述结果使加氢法的产品黏度指数明显高于溶剂法。

表 5-3-55　沙特 VGO 不同加工方法润滑油的黏度指数和族组成

项　　目	沙特 VGO（原料）	加氢裂化（基础油）	溶剂法（基础油）	
			100#	200#
黏度（38℃）	171.4	86.8	117.6	207
黏度指数	72	128	108	99
族组成/%				
链烷烃	30	49	32	17
单环环烷烃	12	30	19	35
多环环烷烃	12	12	27	29
单环芳烃	31	5	10	12
多环芳烃	15	4	12	7

图 5-3-25 为以宾西法尼亚 VGO 用加氢裂化和溶剂法在获得相同黏度指数润滑油基础油时的产率比较，可以看出，产品黏度相同时加氢裂化产品黏度指数高于溶剂精制油，并且随着产率的提高，差值愈大。

文献对溶剂精制和加氢裂化两种工艺用不同类型油料在获取相同黏度指数产品时的产率进行了比较，如表 5-3-56 所示，当处理石蜡基原料时，加氢法的产率仅高 11.5%，而加工环烷基油时，则高 37%，说明加氢法在处理环状烃较多，或黏度指数较低的原料时更具优越性。

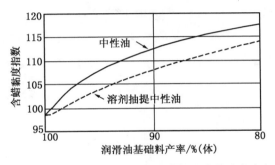

图 5-3-25   宾西法亚尼 VGO 加氢裂化中性油与溶剂法中性油产率与黏度指数关系[60]

表 5-3-56   不同类型原料采用加氢裂化或溶剂精制法制取润滑油的收率

原料类别	产品黏度指数	原料脱蜡后黏度指数	收率（对原料）/%	
			溶剂精制	加氢裂化
石蜡基 VGO	100	77	70	81.5
中间基 VGO	100	53	52	72
环烷基 VGO	100	17	10	47

表 5-3-57 为以不同加工方法获得黏度相近的润滑油基础油的基本组成及物理性质，深度加氢精制基本不发生裂化反应，聚 α-烯烃油的组成基本为异构烃。可以看出，加氢裂化和聚 α-烯烃油的黏度指数明显高于溶剂精制油和深度加氢油，冷启动（-20℃）时黏度也较低。它们的倾点也较低，特别是聚 α-烯烃合成油的倾点低达-54℃，可适于高寒地区使用，挥发度也较小。所有上述性质说明这两种油非常适合于配制性能优异的高档低黏度多级润滑油。加氢裂化油主要是由烷基取代的单环烷烃，双环烷烃及一些异构烷烃所组成，核磁共振分析进一步表明典型的分子结构末端为环己烷与碳原子数为 20~22 的异构烷烃相联。聚 α-烯烃（2-癸烯三聚物）则形成三维结构，两者结构较为相近，因此加氢裂化油与聚 α-烯烃油的性能接近。溶剂精制油与深度加氢油虽然都减少了不理想组分芳烃化物，但没有新的高黏度指数理想组分生成，故黏度指数相对要低。

表 5-3-57   不同加工方法润滑油基础油的物化性质

项 目	溶剂精制油	深度加氢油	加氢裂化油	聚 α-烯烃合成油
黏度/(mm²/s)				
40℃	18.5	15.69	16.91	17.02
100℃	3.81	3.5	3.95	3.89
黏度指数	92	99	130	124
倾点/℃	-18	-21	-27	-54
低温黏度 CCS(-20)/mPa·s	670	520	459	413
挥发度/%	32	40	15.3	13
硫含量/%	0.46	0.008	0.11	0
氮含量/%	17	5	12	0
芳烃/%	18.2	0	7.7	0
烷烃+环烷烃/%	81.8	100	92.3	100

用溶剂精制油，加氢裂化油和聚 α-烯烃合成油配制欧洲通用的 10W-40 及美国通用的 5W-30 多级油的结果如表 5-3-58 所示。从中看出，使用加氢裂化油及合成油时，用量比较

低,但加氢裂化油配制 10W-40 时添加的 500N 高黏度油的用量要多一些。溶剂精制油调配产品时,虽然也可达到要求的指标,但基础油及添加剂用量多,挥发度较高。

表 5-3-58　不同基础油配制多级油时的配方及性能对比

SAE 10W-40	溶剂精制油(100N)	加氢裂化油(100N)	合成油(100N)	G5 规格
低黏度基础油/%	30.0	25.0	16.0	
150N/%	52.3	44.3	63.6	
500N/%		14.0	3.5	
黏度指数添加剂/%	6.3	5.3	5.5	
分散性添加剂/%	11.4	11.4	11.4	
黏度(100℃)/10^{-6}(m^2/s)	14.3	14.27	14.05	12.5~16.3
低温黏度 CCS(-20)/mPa·s	3200	3200	3200	<3500
挥发度/%	16.8	12.3	12.5	<13
SAE 5W-30	溶剂精制油(80N)	加氢裂化油(80N)	合成油(80N)	GF-1 规格
低黏度基础油/%	63.6	45.0	38.3	
150N/%	12.0	31.4	38.3	
黏度指数添加剂/%	9.0	8.2	8.0	
分散性添加剂/%	15.4	15.4	15.4	
黏度(100℃)/(mm^2/s)	11.2	11.6	11.6	9.3~12.5
低温黏度 CCS(-20)/mPa·s	3400	3400	3400	<3500
挥发度/%	30.4	16.0	14.9	<30.0

2) 安定性:

润滑油的安定性可分为氧化安定性和光安定性两类,前者一般指避光条件下与氧接触时性能的变化,后者是指除了与氧接触外,在光照条件下性能发生变化。

加氢裂化产品的芳烃含量较少,特别是多环芳烃含量很低;硫、氮含量也极少,不过,由于除去了具天然抗氧化性的硫化物,也带来了一定不利因素。由于精制深度增加同时存在了正负效应,故并非精制程度深则氧化安定性好,因而在某种情况下,加氢法产品的氧化安定性不及溶剂法产品。但是加氢裂化的产品因精制深度很高,特别是对添加剂的感受性非常好,因而加氢裂化产品氧化安定性通常优于溶剂法产品。

表 5-3-59 是深度加氢的透平油与性质基本相同的溶剂法油的氧化安定性结果,两种油的密度、颜色及黏度相近,但后者的碘值较高(不饱和烃较多),从安定性的数据看出,加氢油明显优于溶剂法油。

加氢产品中通常存在一定数量部分加氢的环烷芳烃,这类化合物对光十分敏感,遇光和氧很快形成胶质和沉淀,光安定性很差。关于产生光安定性不好的原因及解决方法见后节。

表 5-3-59　加氢裂化与溶剂法透平油的氧化安定性

项　目	加氢裂化油	溶剂法油	项　目	加氢裂化油	溶剂法油
密度(20℃)/(g/cm³)	0.868	0.873	安定性(ASTM D943)		
黏度(98.9℃)/(mm²/s)	5.47	5.38	酸值达 2.0 的时长/h	210	90
颜色(ASTM D943)	1.0⁻	1.0⁻	热氧化安定性(115℃,铜条)		
碘值/(gI₂/100g)	2.8	9.1	色度升高 1 号的时长/h	98	36

3) 对添加剂的感受性:

加氢法的润滑油基础油对添加剂有优异的感受性又是它的一个特点,加氢裂化产品由于非烃极少，不饱和烃和芳烃含量也低，因而极性很弱，对添加剂功能的干扰也很小，所以加入少量添加剂就可对某种功能有很大改善，但加氢油因芳烃含量低(一般<5%～10%)，故对某些具有环状物或芳香性的添加剂的溶解能力较低而限制了它的使用量。

表5-3-60为加氢油与溶剂法生产的中间基油和石蜡基基础油对抗氧化剂、清净剂、分散剂以及抗氧复合剂感受性能的比较。可以看出，对上述各种添加剂的感受性能，加氢油皆远优于溶剂法的油料。

表5-3-60　加氢裂化法与溶剂法制润滑油基础油对添加剂感受性

项　目	新疆油*(中间基)	大庆油*(石蜡基)	加氢油(IFP)
抗氧化剂：TFOUT诱导期/min			
空白	67	53	28
+T203 1.5%	73	68	100
+LZ1095 1.5%	86	75	120
清净剂：热管氧化评级			
300℃，4h/级			
空白	7.5	6.5	1.5
+T106 5%	9	6.5	0.5
分散剂：STD斑点分散试验/%			
空白		41.4	41.2
LZ6418 6%		40.9	51.3
复合剂			
薄层氧化试验TFOUT诱导期/min			
空白	67	53	28
加剂	85	73	95
综合评价	一般	较好	最好

＊新疆油与大庆油为溶剂法制取的润滑油基础油。

对降凝剂加氢裂化油较溶剂法也有更好的感受性，表5-3-61列出两种润滑油基础油加入不同降凝剂时的凝点降低情况，可以看出，虽然加不同降凝剂时凝点降低幅度不同，但加氢油的凝点降低值皆大于溶剂法油，说明加氢油具有更佳的感受性。

表5-3-61　加氢裂化油与溶剂法油对降凝剂的感受性　　　　　　　凝点/℃

降凝剂及用量	溶剂法100SN		溶剂法150SN		加氢油150SN	
	原值	降低值	原值	降低值	原值	降低值
空白	-24		-9		-22	
T602+0.3%	-30	6	-23	14	-37	15
T602+0.5%	-33	9	-25	16	-40	18
T602+0.7%	-34	10	-25	16	-43	21
T801+0.3%	-23	-1	-20	11	-46	24
T801+0.5%	-25	1	-23	14	-48	26
T803+0.3%	-35	1	-25	16	-48	26

(3)影响加氢裂化尾油产率及性质的因素

1)转化深度的影响：

VGO经过加氢裂化生成轻馏分的同时，与原料相同馏分的族组成也在发生变化，并有一部分分子减小，但又大于柴油馏分分子的烃仍保留在尾油馏分内，它也可作为制取润滑油

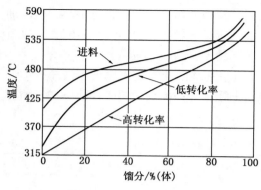

图 5-3-26　不同转化率下，
>315℃加氢裂化产品的馏分分布[61]

的原料，图 5-3-26 为不同转化率下，>315℃加氢裂化产品的馏分分布，可以看出，其沸程低于原料，说明轻馏分的数量较多，并且转化率愈高者，其沸程愈轻，如果将大于柴油馏分作为润滑油原料，其黏度必然低于原料。

图 5-3-27 及图 5-3-28 为不同转化率下润滑油料的异构烷烃和单环环烷烃含量的变化，可知，不论在低或高进料空速下，随着转化深度的增加，异构烷及单环环烷的量皆在增加。在达到相同转化率时，低空速的反应温度较低，低温有利于异构及芳烃加氢，故生成更多的异构烷和单环环烷烃。

表 5-3-62 为以 VGO 进料不同转化率下加氢裂化所获>315℃尾油的产率和性质，可以看出，随着转化率的提高，>315℃收率减少，其黏度指数增加，但黏度下降。进一步说明图 5-3-27 及图 5-3-28 的结果是由于沸程降低、异构烷和单环环烷烃增加（芳烃减少）所致。

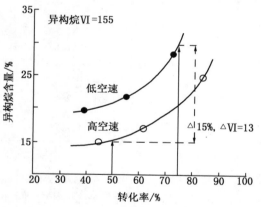

图 5-3-27　不同转化率下润滑油料
异构烷烃含量的变化[62]

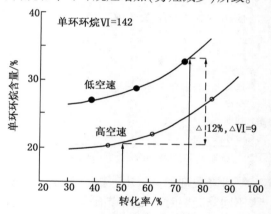

图 5-3-28　不同转化率下润滑油料
单环环烷含量的变化[62]

表 5-3-62　VGO 不同转化率下>315℃润滑油料的产率和性质

项　目	进料	>315℃润滑油油料	
	VGO	低转化率	高转化率
密度（20℃）/（g/cm³）	0.9131	0.8483	0.8477
馏程/℃			
初馏点/50%/终馏点	440/480/520	315/465/515	315/455/510
黏度（38℃）/SUS	264	161.7	127.4
含蜡油黏度指数 VI	84	100	120
脱蜡油黏度指数 VI		95	115
产率/%			
C₁~C₄		0.99	1.49
C₅~177℃		3.96	6.46
177~315℃		14.85	23.83
>315℃		79.21	67.52

表 5-3-63 为脱沥青油不同转化深度下所获润滑油基础油的产率、油性以及族组成，可以看出，与 VGO 转化时的规律基本相同，随着转化深度的增加，脱蜡基础油的收率降低，黏度指数增加，黏度降低，族组成也随着转化率的提高，烷烃、环烷烃增加，芳烃减少，特别值得注意的是，与原料相比，几种产品的环烷烃含量皆大幅度增加，芳烃减少，其中多环芳烃减少量更为明显，并大部分已转化为环烷烃，说明该过程获得了深度加氢。

表 5-3-63　脱沥青油不同转化深化度下润滑油基础油的产率和主要性质

性　　质　　加工深度	原料油①	加氢裂化深度		
		低	中	高
脱蜡基础油收率/%(体，对原料)		72.2	62.0	57.1
密度(20℃)/(g/cm³)	0.9271	0.8683	0.8529	0.8440
黏度(37.8℃)/(mm²/s)		85.4	44.2	34.5
(98.9℃)/(mm²/s)	43.8	10.5	7.1	6.2
黏度指数 VI	79②	112	123	130
倾点/℃	48.9	−12.2	−20.5	−20.5
碘值/(gI₂/100g)	13.4	4.6	4.2	2.5
馏程/℃				
10%	536	366	353	361
50%		514	482	469
90%		590	582	574
族组成/%(体)				
烷烃	8.8	5.1	8.7	12.8
环烷烃	32.6	78.6	81.2	81.7
单环芳烃	15.0	7.6	4.8	3.0
多环芳烃	43.6	8.7	5.3	2.5

① 原料为科威特脱沥青油。

② 为脱蜡后黏度指数。

图 5-3-29 为以含芳烃较多原料油进行加氢裂化时，不同转化深度下产品不同馏分的黏度指数，总的看出，转化率高者黏度指数较高，但是差值并不大，高和中等深度转化的产品的黏度指数可达 100 以上，低转化深度时黏度指数最低也达 85 左右，可以认为，通过控制适当的转化深度可获得要求黏度指数的产品。

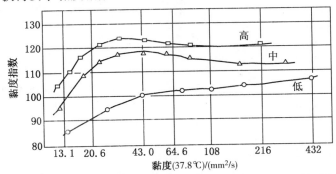

图 5-3-29　含芳烃较高原料裂解深度对产品黏度和黏度指数影响[69]

2) 原料的影响：

虽然通过改变加氢裂化的转化深度对润滑油产品的性质有很大影响，但原料的族组成对产品的性质和产率也有影响。图5-3-30为环状烃含量不同的三种原料在加氢裂化时不同馏分（或不同黏度）产品黏度指数变化情况。

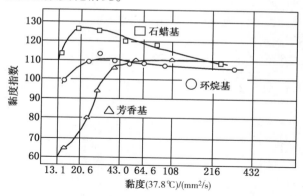

图5-3-30　原料组成对加氢油黏度指数的影响

在加氢裂化反应过程中，采用通常具优先断环选择性催化剂时，主要有三种反应产生，一是断环、断侧链，一是异构，另一是加氢。此外，从反应动力学角度，反应速率还与原料中烃类的浓度有关，即含量多者，反应速度较快。当原料中环状烃量较多者，转化为较轻馏分中的环状烃亦较多，故剩余未转化的油料中链烷烃含量相对增加较多，因此较重部分的黏度指数增值最多，或者是在各馏分中的黏度指数最高。对于链烷烃较多的如石蜡基原料，虽然环状烃也优先断环或侧链至较轻馏分中，但因其含量较少，也有相当多的链烷烃裂解，伴随着异构和加氢反应，产品中较轻馏分的黏度指数并不很低，并且原料中较轻馏分中亦有一定数量的环状烃裂解至更轻馏分中，也使该馏分的黏度指数提高，在最重馏分因环状烃减少不多而黏度指数增加不多的情况下，则产品较轻馏分的黏度指数可能与最重馏分相同，甚至更高一些，因而出现了曲线中A线较轻馏分黏度指数较高的现象。介于两种油料之间的B类油，由于环状烃与链烷烃的量相差不大，故裂解后轻馏分的黏度指数与较重馏分相近。

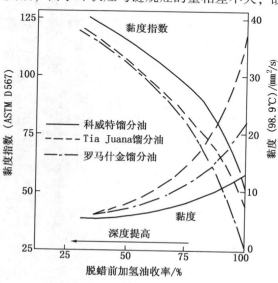

图5-3-31　三种不同原料加氢裂化时产品的黏度、黏度指数与产率的关系

图5-3-31为几种不同原料在不同裂解深度下润滑油馏分的黏度、黏度指数与产品收率的关系。三种原料的黏度指数不同，罗马什金馏分油的黏度指数只有25，科威特馏分油为50左右。通过加氢裂化，其差值在减少，但是仍然存在，如果用黏度指数较低的原料获得与优质原料相同的黏度指数产品，只得牺牲产率作为代价。从该图还可看出，以黏度指数为25的罗马什金原料获得黏度指数100的产品是可能的，但是产品产率只有50%～55%左右，而用科威特油时则可达70%～75%以上。

3）催化剂的影响：

无论以生产燃料或润滑油为主的加氢裂化过程，都可获得润滑油馏分，但为获取更多高质量润滑油时，则要求催化剂有较高的异构化活性、断环能力、较低的裂化活性和较高的加氢活性，催化剂的性能对生产润滑油也是至关重要的。

图 5-3-32 及图 5-3-33 为具有不同酸性和加氢功能的两种催化剂加氢裂化时润滑油馏分产率和黏度指数的关系，催化剂 A 加氢功能高于催化剂 B，但裂解功能相对较弱，可以看出，当加工同一原料(科威特 VGO)时，>380℃含蜡润滑油馏分收率相同时，催化剂 A 产品的黏度指数高于催化剂 B，或者达到相同黏度指数时，A 催化剂的润滑油馏分产率更高。

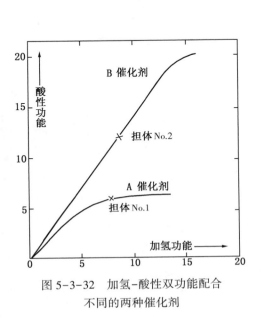

图 5-3-32　加氢-酸性双功能配合
不同的两种催化剂

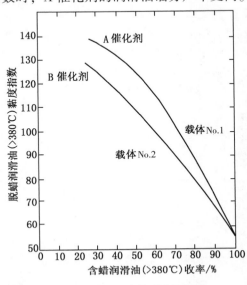

图 5-3-33　双功能配合不同的
两种催化剂的加氢裂化产品黏度指数

图 5-3-34 为 Chevron 公司生产的润滑油加氢裂化催化剂与普通燃料型加氢裂化催化剂裂解性能的对比，可以看出，在相同的含蜡润滑油收率下，前者的黏度指数约高 8~9 个单位，如果生产相同黏度指数产品时，则前者产率高约 8%~9%。

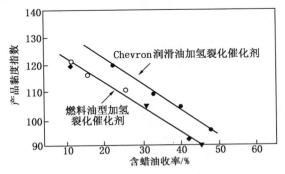

图 5-3-34　Chevron 润滑油加氢裂化催化剂
与普通燃料型催化剂的裂解选择性比较[63]

4）工艺方法的影响：

除了通过调整转化深度，选用催化剂及原料可提高润滑油的产量和性能外，工艺流程的改进亦为有效的方法，现分述于后。

① 产品循环或再处理流程：

加工质量较差的原料时，需要控制较高的裂解深度，这样润滑油黏度指数值提高但收率降低，如果裂解深度较低时，则产品黏度指数又很低。但对某些原料，加氢裂化尾油较重馏分黏度指数并不低，如图 5-3-35 所示，重馏分黏度指数比轻馏分高很多，因此将较轻的部分切出后进行循环裂解或再裂化，则可获得较高黏度指数的润滑油基础油，并且也提高了润滑油的总产率。

表 5-3-64 为将加氢裂化产品切割 330~510℃ 馏分进行循环或再加氢裂化的结果，可以看出，再处理方案的轻质润滑油与原方案黏度指数相近，产率略低，而重质润滑油的产率明显增加，黏度指数略低一些，但黏度指数值仍较高，总的润滑油产率则提高了 8%~10%。其再处理流程如图 5-3-36 所示。

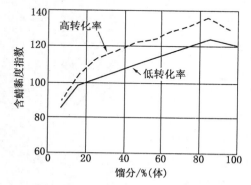

图 5-3-35　加氢裂化产品不同馏分黏度指数[63]

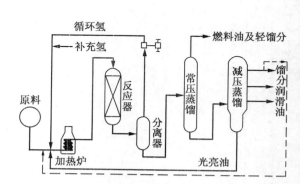

图 5-3-36　加氢裂化产品循环流程

表 5-3-64　一次通过和再处理加氢裂化方案比较

流程	原流程	新流程	原流程	新流程
	(不分馏)	(中间经分馏)	(不分馏)	(中间经分馏)
原料油				
密度(20℃)/(g/cm³)	0.9327		0.9352	
黏度(98.9℃)/(mm²/s)	26.18		13.48	
黏度指数 VI	65		55	
>330℃润滑油收率/%(体)	73	81.4	72.5	83.6
重质润滑油				
收率/%(体)	7.2	24.5	7.8	21.8
黏度(37.8℃)/(mm²/s)			108	108
(98.9℃)/(mm²/s)	31.68	31.68		
黏度指数 VI	110	98	110	100
轻质润滑油				
收率/%(体)	65.8	56.9	64.7	61.8
黏度(37.8℃)/(mm²/s)	48.4	48.4	38.5	38.5
黏度指数 VI	105	105	104	104

② 双催化剂工艺：

采用两种具有不同活性和选择性的催化剂可以改善产品的性质及提高产品产率，表 5-3-65 为以 $NiS-WS_2-SiO_2-Al_2O_3$ 与 $NiS-MoS_2-Al_2O_3+NiS-WS_2-SiO_2-Al_2O_3$ 两种催化剂分别进行加氢裂化的结果，从中看出，双催化剂工艺的脱蜡润滑油产品不仅黏度指数略高，并且收率亦较高，反应温度低 10℃ 以上，故选用适当的催化剂加以组合应用也是改善润滑油产率或质量的一种手段。

表 5-3-65　双催化剂与单催化剂加氢裂化对比

项　　目	单催化剂		双催化剂	
	NiS-WS$_2$-Si-Al		NiS-WS$_2$-Al+NiS-WS$_2$-Si-Al	
反应温度/℃	400	410	390	400
>385℃润滑油收率/%（体）	61	45	64.3	57.2
脱蜡油性质				
密度（20℃）/（g/cm^3）	0.8865	0.8712	0.8741	0.8600
黏度（37.8℃）/（mm^2/s）	251.2	91.9	140.4	88.3
黏度指数 VI	99.5	111	103.1	110.7
凝点/℃	-2	-10	-13	-10

注：（1）原料：科威特脱沥青油；

　　（2）反应条件：20MPa，空速 0.5h^{-1}，氢油比（体积比）800。

③ 按馏分轻重分段处理：

同一原油的不同馏分中环状烃和芳烃的含量不同，一般渣油经脱沥青后其环状物相对较低，VGO 馏分中相对较高，但通常用重 VGO 为原料制取的产品其黏度指数的要求相对高些，故要求有较高的转化深度，如果将几种油料混合后以宽馏分原料按某种产品的黏度指数要求控制转化深度时，则其他馏分的黏度指数可能达不到要求，或者过剩。如果将原料分为几个较窄的馏分，根据产品质量的要求而控制不同的转化深度，则可以得到满意的各种产品。海湾公司推荐将重油原料分为三种馏分：一是脱沥青油，二是重 VGO，三是中 VGO。将这三种原料分别进行加氢裂化，并采用不同的反应条件及转化深度，与混合原料进行对比其原料性质，反应工艺条件以及产品性质分列于表 5-3-66 及表 5-3-67。两种方案皆以达到相同质量的光亮油进行对比。可以看出，分别处理方案的重质润滑油基础油的黏度指数高于混合油方案的同级产品，轻质润滑油则高出一倍，分别处理法达 105，而混合法只有 57。如果将混合油方案的轻质润滑油基础油黏度指数也提高到 90 以上，必须增加裂解深度，将明显影响润滑油产品产率。从反应工艺条件看出，混合原料的反应温度为低限（390℃），空速较 VGO 为高，说明其转化深度较低，因而造成轻质润滑油的黏度指数较低，但是从氢耗量看出，混合油所耗氢与分别处理时相近（分别为 21613m^3/d 和 21889m^3/d），分别处理方案增加量不多，因此总的比较看出，分别处理方案有明显的优点。现美国刚果润滑油厂、里奇蒙炼油厂以及西班牙普伟托利亚炼油厂皆采用分别处理的方法进行加工。可用一套装置切换操作，也可用不同装置分别加工。

表 5-3-66　原料分别处理与混合处理的比较

原料油	DAO	重 VGO	中 VGO	反应条件	DAO	重 VGO	中 VGO	混合原料
处理量/（m^3/d）	54	36.5	69.6	压力/MPa	20.4	20.4	20.4	20.4
密度（20℃）/（g/cm^3）	0.9290	0.9441	0.9296	温度/℃	390	395	390	390
黏度（98.9℃）/（mm^2/s）	44.9	23.5	10.5	空速/h^{-1}	1.5	1.0	1.0	1.5
倾点/℃	46	40	35	氢耗/（m^3·m^{-3}原料）	98	142	164	135
硫/%	2.85	3.47	3.03	>330℃润滑油收率/%（体）	98	91	81	
兰氏残炭/%	1.50	0.94	0.20					
馏程/℃10%/90%	528/-	498/547	447/498					

表 5-3-67　两种加工方案的产品质量

项　　目	分别处理			混合处理		
	光亮油	重质油	轻质油	光亮油	重质油	轻质油
黏度(37.8℃)/(mm²/s)	541	91.6	36.3	541	112	31.9
黏度(98.9℃)/(mm²/s)	31.7	9.8	5.7	31.7	10.7	4.7
黏度指数	95	92	105	95	84	57

④ 加氢裂化与溶剂精制相结合:

加工芳烃含量较高的重质原料不仅多环芳烃全饱和加氢难度较大,并且易于造成催化剂的失活,故通常需在较高的压力下操作,氢耗量也很高,因此如能将这种劣质组分重芳烃除去后再进行加氢裂化,则难度可大为降低。溶剂精制法在抽提时对重质多环芳烃具有更好的选择性,并可除去多量硫、氮化物,因而劣质重原料通过溶剂预抽提后再加氢裂化可明显地缓和加氢裂化的操作条件及改善产品质量。当溶剂预抽提主要抽出重芳烃时,其抽提深度亦可降低很多,减少操作费用。由表 5-3-68 结果可以看出,抽余油加氢裂化时,在与未抽提原料相同的操作压力及反应温度下,空速可提高 2~4 倍,产品黏度指数有所提高,同时产率也提高 20%(对原料)以上。

表 5-3-68　原料预抽提后加氢裂化的效果

项　　目	原料油	原料油直接加氢裂化	原料预抽提		
			抽余油	抽余油加氢裂化	
加氢裂化工艺条件					
反应压力/MPa		10.5		10.5	10.5
反应温度/℃		413		413	413
空速/h⁻¹		0.25		1.0	0.5
油品性质		加氢+脱蜡产品		加氢+脱蜡产品	
密度(20℃)/(g/cm³)	0.9155	0.8742	0.8721	0.8694	0.8623
黏度(98.9℃)/(mm²/s)	9.63	5.33	7.48	6.10	5.13
黏度指数 VI	70①	100	107②	101	110
倾点/℃	38	-20	40	-17.8	-29
脱蜡油综合收率/%(体,对原料)		51		73	65

① 脱蜡油的倾点-17.8℃,VI 56。

② 脱蜡油的倾点-17.8℃,VI 89。

加氢原料进行预抽提时,应合理选择不同馏分。表 5-3-69 为不同馏分抽提的对比结果,以方案 1 与方案 4 比较时,两者的脱蜡润滑油的黏度指数大致相近,但方案 1 的产率高 8%(对原料),说明 533~571℃馏分可不必抽提,再比较方案 2 及方案 3,将 450~533℃馏分抽提后,则反应温度下降了约 11℃而产率和黏度指数相差不大,因而将 450~533℃馏分进行抽提是适宜的。

表 5-3-69　不同抽提方案对加氢裂化结果的影响

加工方案	1	2	3	4
加氢原料组成/%(体)				
363~450℃(不抽提)	28.1	64.0	63.4	63.7
450~533℃(不抽提)		36.0		
533~571℃(不抽提)	26.1			
450~533℃(抽提)	45.8		36.6	13.4

续表

加工方案	1	2	3	4
533~571℃(抽提)				22.8
加氢润滑油收率/%(体)	62.0	55.7	56.9	54.0
脱蜡润滑油 VI 值				
70#油	83	82	91	92
100#油	100	102	100	100
200#油	101	111	106	100
500#油	99	112	106	95
1000#油				95

注：加氢裂化压力 17.5MPa，方案 2 反应温度为 415℃，方案 3 反应温度为 404℃。

5）反应压力的影响：

由于润滑油对黏度有一定的要求，加氢裂化尾油的黏度通常低于原料的黏度，因此应选用较重的馏分作为加氢裂化原料，但这样做一是对维持催化剂的寿命不利，同时也增加了芳烃加氢的难度。为此，需要保持在较高的氢压下操作。从表 5-3-70 结果可以看出，压力升高，润滑油收率增加，黏度指数提高，黏度略有下降。从族组成分析数据看，压力高时，链烷烃及环烷烃的含量增加及芳烃量减少得较多。如果氢压只为 8.0MPa 时，多环芳烃的含量与原料几乎相同，因此操作压力不宜低，通常应维持在 12MPa 以上。但装置操作压力的提高，将增加装置投资和操作费用，因此应根据所加工原料的性质和产品要求而选用适当的压力。

表 5-3-70 操作压力对产品产率和性质的影响

项 目	原料油	操作压力/MPa		
		8.0	12.0	15.0
收率/%	100	61.8	62.7	66.0
黏度(37.8℃)/(mm²/s)	323.07	63.89	64.45	59.01
(98.9℃)/(mm²/s)	17.0	7.74	7.86	7.52
黏度指数 VI	42	92	95	97
碘值/(gI_2/100g)	13.19	4.78	3.32	3.01
烃族组成/%				
烷+环烷	76.5	77.3	83.3	86.1
单环芳烃	9.0	13.6	12.2	10.5
双环芳烃	7.0	4.2	1.9	0.6
多环芳烃	4.0	4.3	2.2	2.4
胶质	3.4	0.6	0.4	0.4

注：反应温度：420℃，空速 $1.0h^{-1}$。

（4）加氢裂化润滑油的光安定性

加氢裂化润滑油固然有许多优异的性能，但光安定性差是它一个突出的缺点，远不及溶剂法生产的润滑油，国内外学者做了大量分析研究工作，找到了几个主要原因及解决方法。

1）造成光安定差的原因：

加氢裂化润滑油基础油光安定性不好主要是产品中的氮化物、重芳烃、特别是部分饱和的多环芳烃不够稳定，遇光和氧后发生变质所致。

日本 Sera 等人对科威特 VGO 加氢裂化润滑油基础油用光照后所生成的沉淀与该油中分离出的两类氮化物作了元素分析，如表 5-3-71 所示，发现三者的含氮量皆较高，而含氧量却有很大差异,沉淀中含氧高达 23%,非碱性氮化物为 10%,而碱性氮化物中基本无氧。说明沉淀除了与氮化物有关外,与遇氧时氧化过程亦密切相关。而氮化物中碱性氮化物则比较稳定,非碱性氮化物是造成光安定性不好的一个因素。

表 5-3-71　加氢裂化油光照后沉淀及两类氮化物的组成分析

项　　目	沉　　淀	碱性氮组分	非碱性氮组分
外观	棕色粉末	浅棕色透明液	浅红棕色透明液
炭/%	59.2	86.5	76.5
氢/%	7.1	8.6	8.2
硫/%	0.74	0.78	1.33
氮/%	3.34	3.6	2.76
氧/%	23.2	0	10.2
N/C 原子比	0.048	0.036	0.031

但以上是科威特 VGO 加氢裂化油的结果,其他油种其影响程度可能会有所差异。

捷克诺瓦克等人对罗马什金 VGO 加氢裂化油与溶剂精制油进行了色谱分析和光照试验,发现加氢裂化油光照后产生的沉淀主要是不溶于已烷的沥青质,而其炭氢比又与分离出的重芳烃的炭氢比相近,说明它具有一定的"芳香性"。另外,从族分析的数据看出,加氢裂化油的芳烃含量大大低于溶剂精制油,但溶剂精制油却没有沉淀,因此认为加氢裂化油的"芳香性"小,没有足够能力去溶解光照后产生的物质,以致沉淀下来,而溶剂精制油中因含有相当多的中、轻芳烃,却没有安定性不好的重芳烃,因此表现出光安定性较好。

表 5-3-72 的分析数据可以说明上述结果。加氢裂化油 II 较 I 的 VI 高,具有更多的链烷烃和环烷烃,重芳烃量很少,碘值也低,因而形成胶质,沉淀的倾向较加氢裂化油 I 为低,而加氢裂化油 I 则相对高些,虽然轻、中芳烃含量高一些,可溶解大分子物略多,但不能抵消生成更多沉淀的倾向,以致沉淀量仍高于加氢裂化油 II。溶剂精制油虽芳烃量多,但基本没有重芳烃,因之生成大分子物胶质,沉淀的倾向小,只是不饱和烃稍多一些,生成的大分子物可溶于数量较多的中芳烃中,因此未形成沉淀,只是略有混浊。该油的颜色较深,也间接表示溶解了一定量大分子物。

表 5-3-72　两种精制油的性质和族分析结果

项目	加氢裂化油 I	加氢裂化油 II	溶剂精制油
油性分析			
黏度(50℃)/(mm²/s)	55	38	38
黏度指数 VI	84	120	87
凝点/℃	−11	−12	−10
碘值/(gI₂/100g)	6.3	2.1	11.3
残炭/%	0	0	0.015
族分析/%			
烷+环烷	82.4	96.7	62.4
轻芳烃	10.8	1.5	10.2
中芳烃	5.9	1.2	25.7
重芳烃	0.6	0.1	0
胶质	0.3	0.5	1.7
光安定性			
沉淀/%(体)	35	5	0(微浑浊)
色度*/拉维帮 1/4	2.6	0.5	8.5

＊数值愈大,颜色愈深。

2）解决光安定性的方法和措施：

针对上述分析产生光安定性问题的原因，可采用后处理，改进催化剂及工艺方法，加入优质添加剂以及与溶剂法产品调和等途径以改善光安定性，但至今尚未有一个彻底并经济有效的方法。

① 后处理可有多种处理方法，如白土、溶剂、加氢、催化脱氮等后处理方法，应用较多的是白土、溶剂、加氢等方法，现简介于后。

白土后处理：此法可改善加氢油的光安定性，从 20 世纪 60 年代以来即在许多炼油厂加以应用。表 5-3-73 为以工业生产的加氢油与溶剂法油经白土处理后测定热老化法（伦敦热试验法）色度变化的结果，除了色度有所改进外，加氢油的色度比溶剂法油更好一些。

因加氢法的氮化物及胶质量很少，故白土用量不多，一般 1%~3%。但白土处理所得到的残渣较难利用，并会对环境造成污染，因之并非十分理想的方法。

表 5-3-73　加氢油与溶剂法油经白土处理后色度

基础油　　老化小时　老化色度*	0	24	48	72	96
溶剂法 100# 油，$VI=98$	1.5⁻	1.5	2.0⁻	2.0⁻	2.0⁻
溶剂法 350# 油，$VI=95$	2.0	2.5	2.5	3.0⁻	3.5⁻
加氢法 400# 油，$VI=98$	1.5⁻	1.5⁻	1.5⁻	1.5⁻	1.5⁻
加氢法 250# 油，$VI=125$	1.5	1.5	1.5	2.0⁻	2.0⁻

* 伦敦热试验法。

溶剂后处理：这是一种较为有效的方法，它可处理加氢深度不同的产品，并且工艺简单，效果良好，在工业上获得较普遍应用。但应注意选择适当的溶剂和工艺条件。表 5-3-74 为采用糠醛和 N-甲基-2-吡咯烷酮（NMP）进行溶剂后处理的对比结果，可知，两种溶剂处理后油品的光安定性皆有所改进，NMP 的效果更好一些，不仅于此，NMP 产品的黏度指数增值也大一些，说明它对芳烃的抽提选择性优于糠醛。

表 5-3-74　糠醛和 NMP 后处理效果对比

项　　目	脱蜡加氢油	糠醛提余油	NMP 提余油
黏度（98.9℃）/（mm²/s）	10.30	11.92	11.50
黏度指数 VI	100	104	107
倾点/℃	-18	-20	-18
光安定性（光照 48h）	有絮状沉淀	无沉淀但油品混浊	无沉淀，表面清晰

注：（1）原料油：脱沥青油 15.6MPa 加氢裂化产品脱蜡油；
　　（2）光安定性测定方法：规定的灯源、温度，照射一定时间，观察油品外观。

抽提工艺条件也明显影响抽提效果。表 5-3-75 为抽提次数和溶剂比对光安定性的影响，可以看出，当抽提次数由 1 次增至 5 次时（溶剂比为 1.0 时），光安定性所测时间增加了 57 倍，即便溶剂比由 1.0 降至 0.5，亦增加了 52 倍，因此可知抽提次数是提高效果的关键环节。

后加氢：基于部分加氢的多环环烷烃-芳烃化物的光安定性很差，而加氢裂化的反应温度一般较高（>370~380℃），很难将残余的芳烃全部加氢，因此在裂化段后增设一精制饱和段将残余芳烃加氢是一个有效方法。有两点主要要求，一是将反应温度控制低一些以利于芳烃的加氢平衡，二是要求催化剂有较高的加氢活性。可用非贵金属催化剂，但最好用加氢活性更高的贵金属催化剂，这类催化剂反应温度低，加氢活性高，但通常不能抗硫，因此在进入精制饱和段前应将气体和原料中的硫脱除。近年来，研制了具有一定抗硫能力的贵金属催化剂，使操作条件进一步缓和。

表 5-3-75　糠醛后处理抽提条件对光安定性影响

项　　目	加氢裂化油	糠醛抽余油		
抽提次数		5	5	1
总剂油比(体积比)		1.0	0.5	1.0
提余油收率/%(体)		98	99	99
油品性质				
密度(20℃)/(g/cm³)	0.8508	0.8494	0.8501	
黏度(37.8℃)/(mm²/s)	66.35	68.30	67.50	
(98.9℃)/(mm²/s)	9.38	9.59	9.53	
黏度指数 VI	131	132	133	
色度 ASTM D1500	6⁻	1.5⁻	2.0⁻	2.5⁻
光安定性/h	<24	970	890	17

表 5-3-76 为加氢裂化油及用 $Ni-Mo/Al_2O_3$ 催化剂后精制以及用溶剂法生产的商品油经光照后的安定性对比。可以看出，未经精制的加氢裂化产品经光照后增值很多，沉淀亦较多，但后加氢产品则改善很多，并优于溶剂法商品油。

表 5-3-76　加氢裂化产品与后加氢产品以及溶剂法商品油的光安定性比较

项　　目	加氢裂化油			裂化-后加氢油			溶剂法商品油		
馏分	1#	2#	3#	1#	2#	3#	1#	2#	3#
起始色度	0.75	1.25	2.25	0.25	0.75	1.25	0.50	1.00	1.75
照后色度	5.75	5.75	5.00	1.00	1.25	2.00	4.50	4.00	4.50
色度增值	5.00	4.50	2.75	0.75	0.50	0.75	4.00	3.00	2.75
沉淀	很多	很多	轻微	轻微	混浊	无	很多	中等	无

注：色度按 ASTMD1500 法，光照 45h，该值愈低愈好。

前已述及，由于加氢油光照后的沉淀具有"芳香性"，而油中的芳烃含量很低，不能充分溶解，因此将它与溶剂法油混合也是改善光安定性的一条途径。通常以加氢裂化油 60%~80%与溶剂精制油 20%~40%比例调和再加以适当添加剂可获得光安定性较好的产品。

② 加抗紫外光添加剂：以添加剂改善光安定性是个简易的方法，但是目前尚未发现非常有效的品种，已有添加剂主要是含硫、氧的酯类、酚类和酮类等或它们的钙、锌、磷盐。如果将几种添加剂复合使用效果会更好一些。表 5-3-77 为以酯类和酮类添加剂应用的效果，可知，加入这些添加剂后，光安定性有很大改进，其中 2,2-二羧基-4-甲氧基二苯甲酮的效果最好。但如将两种添加剂复合使用，则效果更优于单剂。表 5-3-78 示出二苯甲酮与 ArmeenC 复合使用，虽然用量与单剂量相同(皆为 0.03%)，但生成沉淀的时间分别由 35h 和 89h 增至 105h。不过更佳性能的添加剂还应进一步开发，并使之达到较经济的水平。

目前，润滑油生产仍以溶剂法为主，但由于石蜡基原油生产量日益减少，特别是对润滑油性能要求越来越高，因此加氢裂化法生产润滑油的比例日益扩大。表 5-3-79 为以加氢裂化方法制取润滑油与溶剂法在各方面的综合对比，从中看出，加氢裂化产品在性能(特别是黏度指数)、产率、处理原料的灵活性等多方面都有明显的优势，主要源于它可将性能不佳的多环环烷烃及芳烃转化为异构烷烃及单、双环长侧链烷烃。但该法存在的不足之处是较溶剂精制装置的投资及操作费用高，产品光安定性较差等。不过通过综合衡量，加氢法优点明显，不足之处可通过采用技术措施加以克服或改进。

表 5-3-77 几种添加剂抗紫外光效果

添加剂	添加量/%	起 始	4h 后	8h 后
空白	0	0	0.6	0.9
4,4-芴二羧酸二乙酯	0.10	0	0.1	0.2
4,4-芴二羧酸二丁酯	0.25	0	0.1	0.2
芴(二苯乙烯)	0.10	0	0.4	0.6
2,2-芴二羧酸二乙酯	0.10	0	0.5	0.6
2,2-二羧基-4-甲氧基二苯甲酮	0.10	0	0.1	0.1

注：光源：相当六月份日照光的三倍，色度按 ASTM D1500 测定。

表 5-3-78 加氢油复合添加抗紫外光剂的效果

添加量/%		光安定性，达到下列指标的时长/h	
二苯甲酮	ArmeenC	ASTMD1500 色度1.5	生成沉淀
空白		15	15
	0.02	15	66
	0.03	14	89
0.01		30	15
0.03		32	35
0.01	0.02	35	105

表 5-3-79 加氢裂化与溶剂精制法制取润滑油优缺点综合比较

优 点	缺 点
1. 可制取高黏度指数产品；	1. 产品光安定性较差；
2. 原料灵活性强，可加工劣质原料；	2. 需通过后抽提或深加氢方能保持较好的安定性；
3. 基础油产率较高；	3. 投资及操作费用相对较高；
4. 通过调整转化深度可满足不同要求产品，生产灵活性强；	4. 用溶剂法脱蜡时，过滤性较差；
5. 对添加剂的感受性较好，可节省添加剂；	5. 对添加剂的溶解性能较差
6. 可获得较高产值的副产品，环保好	

　　加氢裂化工艺生产润滑油基本为三种方式，一是燃料型加氢裂化，其主要目的产品为透明燃料；二是以生产润滑油为主的加氢裂化；三是与溶剂精制相结合的方式。第一种方式依透明燃料的要求控制转化深度，可将全部尾油或部分尾油作润滑油料，这种方式一般单程转化率较高(>60%)，故尾油收率较低，但因转化深度高，故基础油黏度指数提高的幅度较大，然而黏度却下降较多，不过对于制取黏度指数较高，挥发性低，黏度要求不高的多级内燃机油亦是适宜的。第二种方式则根据原料性质和对润滑油产品的要求而灵活控制转化深度可获得较多的润滑油料。第三种方式对于加工质量较差的原料如含环状烃较多的中间基或环烷基原料更适宜，因为将多环芳烃及氮化物大部分预先脱除后，再加氢裂化可以大大缓和加氢裂化过程的苛刻度；可在缓和的条件下操作，抽提条件亦可缓和，因此虽然增设了加氢装置，但经济性不一定低于溶剂法。对于已有溶剂抽提生产润滑油的装置加以改造，增加加氢工序，可明显增加润滑油产率和改进产品质量。

对生产润滑油所用的加氢裂化催化剂要求有较好的破环及异构性能，也需较好的加氢活性，贵金属催化剂虽具有良好的上述性能，但这类催化剂对硫、氮等杂质敏感，易中毒失活，因之通常在前部需增设预脱硫、氮的加氢裂化或加氢精制装置，如果改进该催化剂使之可以抗硫、氮等杂质，则在利用加氢法生产润滑油领域中将是一个重大突破。以加氢法生产优质润滑油是今后重要的发展方向，通过进一步的技术改进和提高，将会获得更多的应用。

第四节　重多环芳烃(HPNA)的生成和控制

加氢裂化过程中，因加氢使不稳定化合物聚合的反应明显减少，故生成的聚合物及焦炭很少，运行周期较长。但是该过程原料中所含多环芳烃较多，结构较复杂，在反应条件较苛刻或催化剂加氢活性较差的情况下，会形成大分子重多环芳香烃(HPNA)，这种化合物在温度较高，浓度较低时，仍呈液态存在于反应物流中，但当温度降低时则溶解度下降而以固体状态析出，除影响催化剂活性外，特别是在热交换器中析出附于器壁而影响传热效率，严重时将堵塞设备通路和管道，最后导致装置运行周期的缩短或停运，因此必须加以控制。美国加氢裂化装置曾出现这种现象，影响装置的长周期运行，环球油品公司作了大量分析研究工作。

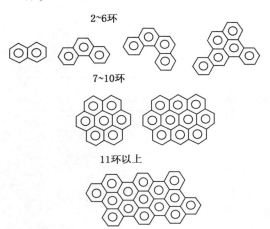

2~6环

7~10环

11环以上

图 5-4-1　不同环数芳烃典型结构

可以将加氢裂化原料及生成油中的多环芳烃划分为三种类型，一是 2~6 环芳烃，是原料中具有的，另一是 7~10 环芳烃，如卵苯，第三种是 11 环以上高分子芳烃，后两种都是在反应过程中生成的，其结构大致如图 5-4-1 所示。7 环以上芳烃称 HPNA。

由于 HPNA 的沸点较高，故集中于加氢裂化尾油中，图 5-4-2 为较典型的加氢裂化尾油中不同环数芳烃的相对浓度，从中看出 7~9 环 HPNA 较多，重 HPNA 较少。这些化合物的生成量与原料中带入芳烃的数量及结构有关，同时又与原料类型有关。因而对原料终馏点的要求也有所控制，表 5-2-11 已述及对不同热加工油及直馏油的终馏点有不同的要求。转化率和反应温度也是影响生成 HPNA 的因素，通常转化率高和反应温度高时，所生成的 HPNA 数量增加，图 5-4-3 为不同反应温度与转化率时，加氢裂化生成油>370℃馏分中 5 环以上多环芳烃的含量说明了上述结论。并且，当运行中催化剂活性降低后，要求有更高的反应温度保持转化率以致会生成更多的 HPNA。

HPNA 在尾油中的允许含量，美国旧金山炼油厂规定允许 50μg/g。而对于单段系统则可达 100~120μg/g。在实际生产中应根据原料性质、操作条件规定允许的 HPNA 含量。消除多环芳烃(PNA) 累积大分子的 PNAs 被认为是在加氢裂化工艺第一段中由缩合反应形成的[64]。这些化合物太大以致不能进入分子筛裂化催化剂孔中，因此在装置中温度较低部分沉淀下来，引发问题。当反应器温度升高，转化率增加以及加工重质或芳香基原料时，PNA 的形成加剧。

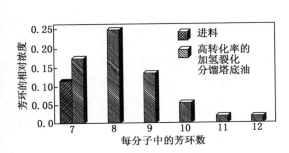

图 5-4-2　加氢裂化尾油的芳烃分布

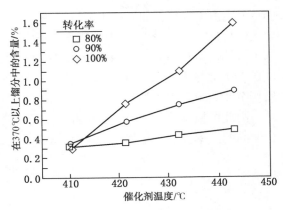

图 5-4-3　不同转化率及反应温度下
>370℃加氢裂化尾油 5 环以上多环芳烃含量

在一次通过操作中通常不会有足够的 PNAs 累积引起结垢。不过，在循环操作中，分馏塔底的 PNAs 超过 $100\mu g/g$ 就可能引发问题。对塔底物的颜色进行监测可以查明潜在的问题[65]。随着 PNAs 的累积，颜色会依次变成淡黄色、黄色、橙黄色和橙红色，当观察到橙红色时则表示即将形成沉淀。其他监测方法包括线性洗脱色谱法和高效液相色谱法（HPLC）。

Chevron 公司基于紫外吸收新开发了一种估算进料和循环油中 PNAs 含量的专有方法。由该方法得到的结果被称为多环指数（PCI），通过对该值进行每周一次的监测来查看进料构成、二次裂解料数量或者进料馏分是否发生变化。Chevron 称，其经验表明，由于 PNAs 开始累积的浓度依原油来源不同而发生变化，因此应根据具体要求的排量来设立合适的 PCI 目标值。与具有较高芳烃含量的进料相比，具有高烷烃含量的进料对个别的 PNA（如晕苯）具有更低的溶解度。为防止 PNA 累积，Chevron 建议降低在循环裂解之前初始加工步骤的 EOR 温度。降低反应温度将有助于改善加氢过程，并将重质 PNA 前驱体的形成降至最低程度。该公司还开发了催化剂体系指南，其中建议采用多床层催化剂级配来使重质 PNA 前驱体被最大程度地加氢和加氢裂化。Chevron 指出随着催化剂的老化以及催化剂温度的升高，将需要更多的排放[66]。

为防止发生 PNA 累积，应对进料质量和终馏点进行控制。这可以通过用结构型填料代替减压塔内构件或者向反应器内注氨抑制 PNAs 形成来实现。后种方法需要稍微提升反应器温度以防止转化率下降。

炼油厂用于防止 PNA 结垢的方案有多种，这些方案可以组合使用。方案之一是排放出分馏塔底的 PNAs。这可以通过使用热闪蒸分离或者将塔底物引入减压塔来实现。后种方法会造成 70% 的 PNAs 进入减压渣油中，同时还因塔底物需要蒸发导致减压塔处理能力降低 12% 左右。方案之二则是循环油从分馏塔侧线抽出，而 PNAs 从分馏塔底除去。还有两种方案分别是将分馏塔底物引出或者送入选择性吸附装置除去 PNAs，使得加氢裂化装置可以在较高转化率下操作。

归纳起来，系统地控制 HPNA 生成量有以下几种方法：排除尾油法、吸附法、注氨法以及催化剂优选法。

1）排除尾油法：由于 HPNA 是加氢裂化反应过程中生成的，通常生成的数量并不多，不能达到析出固体所需的浓度，因此如果将尾油不循环以单程通过方式操作，就不会发生

HPNA 的析出现象，如果排出少量尾油，使 HPNA 的积累不能达到固液平衡浓度，也不会产生固体析出现象。图 5-4-4 为装置运行中于不同时期排尾油对反应温度及柴油产率的影响，从中可知，运行 100 天后因不排尾油，催化剂的活性逐渐下降，达到相同转化率下，反应温度在 130 天内提升了约 10℃，柴油收率下降，并且循环油变为深红色，晕苯含量达 1500μg/g，操作至 235 天后排尾油量的 10%，此后催化剂活性逐渐恢复，反应温度下降，柴油产率上升。因此可根据原料性质和转化深度等情况选择排出尾油的适宜数量。然而，排出尾油将减少油品的产率及浪费了加氢的氢气，对经济性有影响，因此还应将尾油妥为利用。

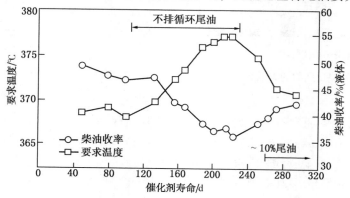

图 5-4-4　排尾油对催化剂活性稳定性和柴油产率影响

HPNA 不仅影响催化剂活性，在加氢产品冷却过程中因 HPNA 的溶解度下降会在热交换或冷却器中析出而堵塞通路，可采用增设高压热分离器的方法，将加氢裂化产品先进入热高分，底部重馏分直接送至分馏塔，可避免 HPNA 析出，然后将分馏塔底油排出一部分，其他去循环裂解，此法称直接排出法。也可将此油送至原料分馏塔中，HPNA 的沸点很高，与原料塔底的残渣油共同自塔底放出，加氢循环油则与原料一同进入反应系统中，此法称间接循环法。直接排出法由于有一部分循环油随着 HPNA 排出，故损失率较大，如不能妥为利用，造成的经济损失较多。表 5-4-1 为尾油间接循环时对催化剂失活率的影响。

表 5-4-1　尾油间接循环对催化剂失活率的影响

项　目	未脱 HPNA	间接循环脱 HPNA
催化剂运行时间/(m³/kg)	0~7.3	7.3~26.0
新鲜原料量/(m³/h)	40.3	46.3
转化率/%	94.3	95.3
催化剂失活率/[℃/(m³·kg)]	1.6	0.3

从中看出，间接循环时，加工的原料量增加，转化率相当，催化剂失活率明显下降，由 1.6℃/(m³·kg)降至 0.3℃/(m³·kg)。

2)吸附法：利用吸附剂将循环油中的 HPNA 脱出亦可解决 HPNA 析出的问题，损失率可小于直接排出法。其方法为将循环油轮流通过可切换使用的吸附器，使生成的 HPNA 被吸附剂脱除后再将尾油返回反应系统，这种方法的效果可由表 5-4-2 看出，在进料量与催化剂失活率相同时，转化率可由 93.2% 提高至 98.7%，而进料沸程也可提高，95%点由 516℃提升至 543℃。

表 5-4-2　安装 HPNA 吸附系统后加氢裂化装置操作状况对比

项　目	安装前	安装后	项　目	安装前	安装后
催化剂运行时间/（m³/kg）	0.5～6.3	6.3～13.7	转化率/%	93.2	98.7
催化剂失活率/[℃/（m³·kg）]	基准	基准	进料 95%馏出温度/℃	516	543
进料量/（m³/h）	基准	基准			

3）注氨法：注氨可以减弱催化剂酸性，降低裂解活性，但对加氢活性影响较小，亦即在达到相同转化率下相对增加了加氢活性，而芳烃通过加氢后即不易生成 HPNA，因而向反应器注氨可以减少 HPNA 的生成，图 5-4-5 为加氢裂化运行中往反应器中注氨的结果，未注氨前卵苯量逐渐增加，从第 43 天开始注氨 20μg/g，同时排出少量循环油（第 43～49 天），以后继续注氨，卵苯则一直保持在较低水平，但此法将以损失催化剂裂化活性为代价，还有可能影响选择性，因此应用此法较少。

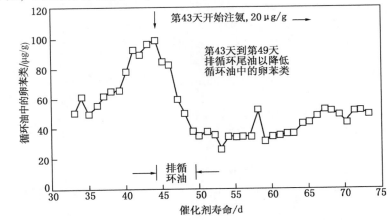

图 5-4-5　在裂化反应器中注氨对生成 HPNA 的影响

4）催化剂优选：HPNA 在加氢裂化中生成，但也在该过程中进一步加氢和裂化，其净生成量与催化剂性能、反应压力、空速、重油转化率皆有关，因此在较优越的反应条件下，例如高氢压、低空速、低转化率时，HPNA 的生成量会降至很少，但在该情况下将影响过程的经济性。较佳的方法是选用加氢及分解活性都较高的催化剂进行加氢裂化，从而在达到规定的转化率下减少 HPNA 的生成量。联合油公司以活性高的含高量沸石 HC-100 催化剂在工业装置中应用，即观察到 HPNA 的净含量低于生成的 HPNA 值。

总之，重多环芳烃 HPNA 的析出是加氢裂化过程中特有的问题。应注意加以控制，避免影响操作的正常运行。

参　考　文　献

[1] Julius Scherzer, A J. Gruid. Hydrocracking science and technology[M]. Marcel Dekker Inc, 1996.
[2] 赵桂芳，姚春雷，全辉. 页岩油的加工利用及发展前景[J]. 当代化工，2008，（37）：497-499.
[3] 姚春雷，全辉，张忠清. 中、低温煤焦油加氢生产清洁燃料油技术[J]. 化工进展，2013，（03）：501-507.
[4] 王建平，翁惠新. 费-托合成油品的加工利用[J]. 炼油技术与工程，2006，36（1）：39-42.
[5] Marker, Terry L, Petri, John A. Production of gasoline, diesel, naphthenes and aromatics from lignin and cellulosic waste by one step hydrocracking.: US, 7994375B2[P]. 2011-08-09.

［6］Alan G. Bridge. Chevron Isocracking-Hydrocracking For Superior Fuels and Lubes Production，Part 7 Hydrocracking Handbook of Petroleum［M］. 2nd ed. 1996.

［7］L F Hatch. A chemical view of refining［J］. Hydrocarbon Processing, 1969, 48(2)：77-78.

［8］Gurjar A. Choosing a hydroprocessing scheme［J］. Petroleum Technology Quarterly, 2010 (1)：109-115.

［9］Groce B. Chemical, mechanical treatment options reduce hydroprocesser fouling［J］. Oil & Gas Journal, 1996, (29)：81.

［10］Respini, M, Ekres, S, Wright, B, et al. Strategies to control sediment and coke in a hydrocracker［J］. Petroleum Technology Quarterly, 2013, (2)：23.

［11］2002 NPRA Q&A and Technology Forum：Answer Book. In 2002 NPRA Annual Question and Answer Session, Philadelphia, PA, Oct. 16-18, 2002［CD-ROM］；National Petrochemical and Refiners Assoc.：Washington, D. C., 2002：82, question 224.

［12］李大东，李永存. 加氢技术新进展［J］. 石油炼制与化工, 1989(2)：40-47.

［13］段孝林. 国外加氢裂化(下)［J］. 石油炼制与化工, 1978(10)：10：43.

［14］抚顺石油研究所，石油三厂. 加氢裂化［M］，北京：燃料化学工业部科技情报所, 1974, 50.

［15］Nat P L. 加氢裂化催化剂的活性及选择性与工艺条件间函数关系. 荷兰阿克苏公司1990年来华技术交流资料.

［16］抚顺石油化工研究院. 加氢裂化［M］. 北京：中国石化出版社, 1993：42-44.

［17］抚顺石油研究所，石油三厂. 加氢裂化 M］，北京：燃料化学工业部科技情报所, 1974：43.

［18］И. В. Рапопорт. 人造液体燃料［M］. 高等教育出版社, 1954：35.

［19］第三届国际加氢裂化/加氢脱硫年会用户问题回答. 90年代国外炼油实用技术文集(3)馏分油加氢, 1992, 辽宁石油学会.

［20］金本立，陶宗乾，姜炳南. 人造石油科学研究论文集［C］. 北京：石油工业出版社, 1960：164-174.

［21］2011 NPRA Q&A and Technology Forum：Answer Book. In 2011 NPRA Annual Question and Answer Session, San Antonio, TX, Oct. 9-12, 2011［CD-ROM］；National Petrochemical and Refiners Assoc.：Washington, D. C. 2011：30, question 6.

［22］1994 NPRA Q&A and Technology Forum：Answer Book. In 1994 NPRA Annual Question and Answer Session, Washington, D. C., Oct. 12-14, 1994［CD-ROM］；National Petrochemical and Refiners Assoc.：Washington, D. C. 1994：122, question 38.

［23］1996 NPRA Q&A and Technology Forum：Answer Book. In 1996 NPRA Annual Question and Answer Session, Anaheim, CA, Oct. 15-17, 1996［CD-ROM］；National Petrochemical and Refiners Assoc.：Washingto, D. C. 1996：135, question 11.

［24］2010 NPRA Q&A and Technology Forum：Answer Book. In 2010 NPRA Annual Question and Answer Session, Baltimore, MD, Oct. 10-13, 2010［CD-ROM］；National Petrochemical and Refiners Assoc.：Washington, D. C, 2010：48, question 17.

［25］侯祥麟. 中国炼油技术［M］. 北京：中国石化出版社, 1991：254.

［26］Gruia A. J. 美国加氢裂化发展译文集(C). 北京：石油化工科学研究院, 1992.

［27］段孝林. 国外加氢裂化(下)［J］. 石油炼制与化工, 1978(10)：43.

［28］抚顺石油化工研究院. 加氢裂化［M］. 北京：中国石化出版社, 1993：44-46.

［29］张广林. 加氢裂化装置第三次交流会文集［C］. 洛阳：炼油设计编辑部, 1991.

［30］In 1997 European Refining Technology Conference［C］. London, England, Nov. 17-19, 1997, Global Technology Forum：Surrey, England：26.

［31］Mills K J. Controlling Pressure Drop with Ceramics［J］. Hydrocarbon Engineering, July 2006：59.

［32］ERTC Q&A Session. In 1997 European Refining Technology Conference, London, England, Nov. 17-19, 1997；Global Technology Forum：Surrey, England.

［33］2012 AFPM Q&A and Technology Forum：Answer Book［C］. In 2012 AFPM Annual Question and Answer Session, Salt Lake City, UT, Oct. 1 - 3, 2012［CD - ROM］；American Fuel & Petrochemical Manufacturers：Washington. D. C. 2012：120, question 9.

［34］Moyse B. Ring-shaped catalysts make the grade［J］. Petroleum technology quarterly, 2010, 15(2)：25-26.

［35］2009 NPRA Q&A and Technology Forum：Answer Book. In 2009 NPRA Annual Question and Answer Session, Fort Worth, TX, Oct. 11 - 14, 2009［CD - ROM］；National Petrochemical and Refiners Assoc.：Washington, D. C., 2009：170, question 76.

［36］杨东升. 原料性质对加氢裂化过程的影响［J］. 工业催化, 2009, 17：301.

［37］Auers J. R. The Prospects for Bakken Crude From a Refiners Perspective：Bakken Infrastructure Development Summit, Denver, November 16, 2010［C］.

［38］姚国欣. 天然气合成油的发展及技术经济分析［J］. 国际石油经济, 2005, 13(5)：23-29.

［39］Steynberg A P, Dry M E, Davis B H et al. Fischer-Tropsch reactors, Fischer-Tropsch technology［J］. Studies in surface Science and Catalysis, 2004, 152：64-195.

［40］Victor Wan, PEP Report 247B：Small Scale Gas-To-Liquids Technology［M］. 2011, 12：3-21~3-22.

［41］张兴刚. 煤制油技术：能源替代殊归同途［J］. 中国石油和化工, 2013, 10：16~18.

［42］Pellegrini L A, Gamba S. Hydrocracking of Fischer-Tropsch waxes：Thermodynamic and kinetic aspects［C］// ABSTRACTS OF PAPERS OF THE AMERICAN CHEMICAL SOCIETY. 1155 16TH ST, NW, WASHINGTON, DC 20036 USA：AMER CHEMICAL SOC, 2009, 238.

［43］Ronald Long, Kathy Plclocclo, Alan Zagorla. Hydrogen solutions for improved profits［C］. In：NPRAAnnual Meeting AM-1l-62, SanAntonio, TX, USA, 2011.

［44］2012 AFPM Q&A and Technology Forum：Answer Book［C］. In 2012 AFPM Annual Question and Answer Session, Salt Lake City, UT, Oct. 1 - 3, 2012［CD - ROM］；American Fuel & Petrochemical Manufacturers：Washington, D. C. 2012：176, question 17.

［45］贾飞, 陈庆忠, 宋建智. 循环冷却水用作脱盐水的补充水［J］. 工业用水与废水, 2000, 3(21)：11~12.

［46］Henke A M, Schmid B K, Strom J R. Hydrocracking of Naphtha for LPG Production［J］. CHEMICAL ENGINEERING PROGRESS, 1967, 63(5)：51.

［47］古共伟, 陈健, 魏玺群. 变压吸附提纯氢技术在石化工业中的应用：加氢技术论文集［C］. 北京：中国石化集团公司加氢科技情报站, 1999：428.

［48］朱华兴, 王兴敏, 叶杏圆. 重油加氢装置循环氢的提纯方案分析：加氢裂化协作组第三届年会报告论文集［C］. 中石化加氢裂化协作组等, 1999.

［49］抚顺石油研究所, 石油三厂. 加氢裂化, 燃料化学工业部科技情报所, 1974, 43.

［50］侯祥麟. 中国炼油技术［M］. 北京：中国石化出版社, 1991：256.

［51］Steffens J H, Ring D D. Sotio's Six Years of Profitable Hydrocracking API Proceeding 1968：842.

［52］Rossi W. J., Mayer J. F., Powell B. E. H. P. 1978(5)：113-116.

［53］Bridge W. J. CRC 加氢异构裂化技术的进展：Meeting of The Japanese Petroleum Institutes［C］. 1982.

［54］邹仁鋆. 石油化工裂解原理与技术［M］. 北京：化学工业出版社, 1981：23.

［55］邹仁鋆. 石油化工裂解原理与技术［M］. 北京：化学工业出版社, 1981：19.

［56］邹仁鋆. 石油化工裂解原理与技术［M］. 北京：化学工业出版社, 1981：24.

［57］邹仁鋆. 石油化工裂解原理与技术［M］. 北京：化学工业出版社, 1981：28.

［58］廖士纲. 重油制取低碳烯烃工艺氢分配规律的探讨：中国石油学会石油炼制分会第三届年会论文集［C］. 济南, 1997.

［59］Peterson M. A. et al. 一次通过式联合加氢裂化：北京国际石油炼制和石油化工会议论文集［C］. 北京, 1991.

[60] 关子杰. 从 API 基础油分类谈对基础油质量的认识[J]. 润滑油, 1998, 13(5): 1-12.

[61] Houde E. J. 加氢裂化生产润滑油：美国加氢裂化技术发展译文集[C]. 北京：石油化工科学研究院, 1992: 118-127.

[62] Heizn Heinemann, Lubricant Base Oil and Wax Processing Avilino Segueira, Jr. Marcel Dekker Inc. 1994: 128-129.

[63] Chevron Refining Hydroprocessing Technology Seminar[C]. Beijing, China April 1998.

[64] 1994 NPRA Q&A and Technology Forum: Answer Book[C]. In 1994 NPRA Annual Question and Answer Session, Washington. D. C., Oct. 12-14, 1994[CD-ROM]; National Petrochemical and Refiners Assoc: Washington, D. C. 1994: 135, question 55.

[65] 1999 NPRA Q&A and Technology Forum: Answer Book[C]. In 1999 NPRA Annual Question and Answer Session, Dallas, TX, Oct. 6-8, 1999[CD-ROM]; National Petrochemical and Refiners Assoc: Washington, D. C. 1999: 144, question 31.

[66] 2009 NPRA Q&A and Technology Forum: Answer Book. In 2009 NPRA Annual Question and Answer Session, Anaheim, CA, Oct. 11-14, 2009[CD-ROM]; National Petrochemical and Refiners Assoc.: Washington, D. C. 2009: 164, question 72.

第六章　加氢裂化工艺

第一节　加氢裂化工艺过程

一、近代加氢裂化工艺过程的形成及发展

从 20 世纪 50 年代开始，以美国为主的各家石油公司都在致力于与加氢裂化相关的科学研究。由于经济的快速增长，特别是交通运输及汽车工业的发展，对汽油的需求有相当快的增加，从而刺激了各种从重质馏分油轻质化制取汽油等轻质油品的技术开发，其中最主要的就是催化裂化和加氢裂化。尽管催化裂化早在 1937 年就实现了工业化，但直到 20 世纪 50 年代，催化裂化因其催化剂仍停留在以白土为主要基质的水平上，汽油收率和产品质量都不是很理想。另一方面当时的 FCC 工艺，对于硫、氮及芳烃含量都较高的原料难以加工处理。

50 年代末，美国 Chevron 公司在加氢裂化催化剂及相应工艺的开发上有了较大的突破，该公司推出的 Isocracking 工艺于 1959 年在美国里奇蒙炼油厂实现工业运转，该工艺使用无定形硅铝为载体的双功能催化剂，以粗柴油馏分为原料制取汽油组分。这种新型的加氢裂化催化剂具有良好的活性与稳定性，再加上与工艺相配合，可以实现长期运转。曾在中试装置上进行过运转 10000h 的寿命试验，充分展示了这一工艺的先进性。

自 Chevron 公司第一套装置工业化之后，在 20 世纪 60 年代，其他公司在实验室进行的加氢裂化技术的开发都陆续走向成熟而实现工业化。所有工业装置均采用固定床，其工艺操作范围如下。

压力/MPa　　　10.5~20.0

反应温度/℃　　315~400

空速/h^{-1}　　　0.4~1.5

氢油体积比　　　650~1400

催化剂寿命　　一年以上

20 世纪 60 年代加氢裂化技术得以较快发展，除了市场需求和科学技术的进展之外，另一个重要原因就是在炼油企业中催化重整的工业化为炼油厂提供了较多的廉价副产氢气，降低了加氢裂化的生产成本，因此，催化重整技术的工业推广应用，对加氢裂化技术的发展起到了推动作用。

在 60 年代以后的相当长一段时间，大多数加氢裂化工业装置都采用未转化油全循环操作，即使个别采用单程通过，也是在高转化率下进行，再加上需要加工馏分更重和质量更差的原料油，因此所有装置的设计和运转操作压力都是在 10.5~20.0MPa 的相对高的压力范围。直到目前，为了加工更加重质、劣质的原料以及要求高的转化率、高的产品质量和长周期运行，绝大多数新建装置仍是在高压下操作。

但是，从 70 年代开始，为了满足用户的不同生产要求和市场对产品质量的要求，世界范围内逐渐出现了在小于 10.5MPa 压力下操作的中压加氢裂化、缓和加氢裂化和中压加氢改质等工艺过程的开发。并在 1976 年首次用 HDS 装置改造后实现工业化。

二、加氢裂化工艺过程的基本特征和过程原理

(一)基本特征

近代加氢裂化技术发展至今已超过 60 年，这种通过加氢与裂化双功能相结合的多相催化技术的基本原理一直没有改变。但它受多种因素的影响而发展了多种工艺过程，这些变化和差别主要有以下几方面。

- 不同时期或不同地区市场需求的变化导致不同品种和质量的产品有所差别和变化。
- 所加工的原料有相当大的差别。
- 装置规模较大，大型设备制造超出当时的技术水平或大型设备受用户所在地的运输条件制约。
- 多相催化学科的不断进步，具有各种不同性能的优良催化剂开发成功，从而影响了工艺过程的变化和发展。

姚国欣[1]曾对不同时期世界范围内加氢裂化技术加工的各种原料油及产品的变化作了简要的总结，列于表 6-1-1 中。

表 6-1-1　加氢裂化工艺过程产品目标变化趋势

年　　代	原　　料	目的产品
60 年代初期	LVGO、LCO、柴油	直接生产轻、重石脑油，LPG
60 年代后期至 70 年代初	VGO、LCO、焦化蜡油	更多装置生产中间馏分油
80 年代初期	VGO、LCO、焦化蜡油，脱沥青油	未转化油作为下游制取乙烯，FCC 进料及润滑油基础油
80 年代后期	VGO、LCO、焦化蜡油	90%新建装置以生产中馏分油为主①

① 20 世纪 90 年代初至 2005 年期间，我国几乎全部新建加氢裂化装置都是以生产化工原料(重石脑油作催化重整原料和加氢裂化尾油作蒸汽裂解制乙烯原料)为主。2005 年以后，新建加氢裂化装置中以多产中间馏分油为主要目的的加氢裂化装置所占比例才有所增加。

随着原料、产品的变化，需要开发相应工艺以适应这种变化，特别是适应原料、产品变化的新一代催化剂的推出，对工艺过程的开发也会带来影响。

尽管催化剂一章对加氢裂化催化剂的性能已有较详细的论述，但就催化剂的性能是影响工艺过程的重要因素而言，还有必要做进一步论述。

对于双功能加氢裂化催化剂，它主要由提供裂化活性并实现加氢金属组元高度分散的载体和提供加氢活性的金属组元两部分构成。载体主要类别有两种：一种是以无定形硅铝或/和氧化铝为基本组分；另一种则是在前者中再加入沸石分子筛组分。而加-脱氢金属组元也包括非贵金属和贵金属两大类：非贵金属主要有ⅥB 族的 W、Mo、Ni、Co 等，贵金属则以Ⅷ族的 Pt、Pd 为主。加氢裂化催化剂作为双功能催化剂都是由上述两大类材料作为基本组元构成，经过调变，形成了丰富多彩、性能各异的催化剂系列。

这些不同类型的催化剂，一方面表现出不同的反应性能，从而影响了产品的分布，并导致产品质量的差异；另一方面，它们对反应环境，特别是对进料中的杂质含量，如对有机硫、氮化合物，以及 H_2S、NH_3 的承受能力也有相当大的差别。

无定形非贵金属的加氢裂化催化剂，具有相当高的中馏分油选择性，它对进料中的硫、氮和循环氢中的 H_2S、NH_3 都有较强的承受能力。但与含沸石分子筛的催化剂相比较，其活性较低，起始反应温度较高，在相同原料及工艺条件下，产品质量差、催化剂寿命短。对于采用无定形载体的贵金属催化剂，对进料中的有机硫、氮化合物以及循环气中的 H_2S 及 NH_3 都十分敏感，其活性位将受到明显抑止或中毒而导致催化剂的加氢和裂化活性的降低，

因此为了充分发挥其反应活性，这类催化剂对反应进料的杂质含量要求非常苛刻。

含分子筛加氢裂化催化剂的出现，其裂化活性明显提高，但早期开发的这种催化剂其选择性趋向于增加石脑油的产率，而且对硫、氮及 H_2S、NH_3 等毒物都是敏感的，因此进入裂化段的进料要小心控制硫、氮含量和 H_2S、NH_3 含量，特别是氮和 NH_3 的含量，这些因素必然要影响对工艺过程的安排和变化。

20 世纪 60 年代中期，Union 公司首次开发了一种新的用于制备加氢裂化催化剂的分子筛，这种分子筛虽然不能承受过高含量的有机氮，但对反应环境中的 NH_3 含量却有相当强的承受能力，尽管在反应物流中 NH_3 分压的增加会使催化剂的裂化活性受到一定的抑止，但只需适当提温即可进行补偿，即使这样它也要比无定形加氢裂化催化剂活性高，而且具有良好的活性稳定性。

（二）过程原理

通过以上的讨论，可以把不同特性的催化剂对工艺过程的影响，概要地归纳为表 6-1-2。可以明晰地看出，不同催化剂对非烃类硫、氮化合物以及通过加氢后产生的硫化氢和氨的承受能力不同，从而说明要发挥催化剂的良好活性和活性稳定性，对进料和反应环境的要求，再加上对产品分布的选择性及进料质量差别等因素，从而导致工艺过程的差别和变化。

表 6-1-2　不同性能催化剂对工艺过程的影响

载　　体	无定形	含 Y 沸石	含 Y 沸石	含超稳 Y 沸石
金属组元	非贵金属	非贵金属	贵金属	非贵金属
对进料中杂质承受能力				
有机硫	√	√	×	√
有机氮	√	×	×	×
硫化氢	√	√	×	√
氨	√	×	×	√

三、典型的加氢裂化工艺过程

以馏分油（如汽、煤、柴及 VGO、CGO、DAO 等）为主要原料的加氢裂化技术，至今仍以固定床工艺过程为主。加氢裂化的工艺流程一般划分为反应部分和分馏部分，根据需要和实际情况，有些装置还包括酸性水处理部分、循环氢气体及干气、液化气脱硫部分等。加氢裂化工艺过程主要是根据反应部分反应器的排列、组合来划分。

尽管国内外加氢裂化专利商根据催化剂性能特点、原料构成和性质、大型设备的制造水平和运输条件以及市场对产品产率和质量的要求，开发了种类繁多的加氢裂化工艺过程（这些工艺过程将在下节进行介绍），但就总体而言，加氢裂化工艺过程的原则流程可分为两大类，即单段加氢裂化工艺过程和两段加氢裂化工艺过程。

（一）单段加氢裂化

单段加氢裂化工艺过程又分为单段加氢裂化（single-stage hydrocracking）和单段（一段）串联加氢裂化（one stage serial hydrocracking）工艺过程。

1. 单段加氢裂化工艺

近代加氢裂化的发展，一开始就是基于借鉴较早工业化的加氢精制的装置结构，使用带有裂化性质的催化剂，以此实现油品轻质化的过程。这种结构就是以单个固定床反应器为核心，再配以进料、换热、加热炉、气液分离及产品分离系统而构成。其原则流程如图 6-1-1。新鲜原料经与原料换热后与被加热的循环氢混合，然后进入反应器顶部，气液进料通过催化剂床层进行反应，反应生成物流出经换热后再进行冷却，然后进入高压分离器，被分离的循环氢气再用循环压缩机经换热及加热，再与原料混合返回反应系统。生成油则进入低压分离器，分离后的气体产品送入气体处理装置，液体产物则进入分馏系统切割为各种产品。塔底未转化油既可以循环回原料油缓冲罐与新鲜进料混合进入反应器继续转化，以使所有原料全部转化至低于进料初馏点的轻质产品，这种操作方式称为全循环操作；塔底未转化油也可以一部分作为产品出装置，另一部分循环回原料油缓冲罐与新鲜进料混合进入反应器继续转化，这种操作方式称为部分循环操作；第三种流程则是新鲜进料经反应转化到一定深度（一般转化率为 40%～80%），经反应后的未转化油不再返回反应系统，而是将其作为低硫燃料油、蒸汽裂解乙烯原料、催化裂化原料或生产润滑油基础油原料等产品出装置，这种工艺过程称为一次通过操作。

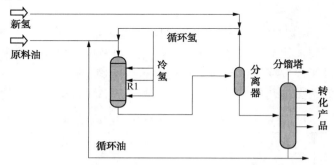

图 6-1-1　单段加氢裂化原则工艺流程

单段工艺过程的主要特征是最少可以用一种催化剂、在一台反应器内同时完成原料油的加氢脱硫、脱氮、芳烃烯烃加氢、饱和和裂化反应。有的处理量很大的装置，由于反应器的制造与运输等原因，可能使用 2 台或 2 台以上反应器并列操作，但其基本原理不变。

因为加氢裂化过程是较强的放热反应，所以反应器内部设有多个催化剂床层，并在床层间通入冷氢以控制反应温度。

单段加氢裂化是现代加氢裂化开发的第一个加氢裂化工艺技术，1959 年 Chevron 公司在美国里奇蒙炼油厂建设的世界上第一套现代加氢裂化装置和 1966 年我国自行设计、建设的第一套加氢裂化装置——大庆石化 400kt/a 加氢裂化装置就是采用单段工艺流程[2]。

（1）生产石脑油为主的单段工艺过程

早期的加氢裂化装置，一开始就是以石脑油为主要目的产品的单段裂化工艺过程，表 6-1-3 列出了美国第一套加氢裂化装置[3]从重石脑油（5%～90%馏程范围 189～207℃）及催化裂化轻循环油（LCO）制取轻、重石脑油的主要结果。LCO 原料中具有高的芳烃及环烷烃含量，产品的液体收率很高，转化产品中的轻石脑油加铅后具有高的辛烷值，可以直接作车用汽油；重石脑油加铅后也有较高辛烷值，而且经过铂重整后加铅辛烷值可再提高 11 个单位。单段工艺过程首先在生产石脑油的工业装置上应用，一方面是由于市场需求，另一方面也是因为当时技术尚不够成熟，这种年处理能力为 50kt 的装置还具有工业试验的性质。1963 年在美国巴伯炼油厂又开工一套生产汽油的装置，使用的是 Chevron 与 UOP 联合的 Iso-max 工艺，其本质与第一套区别不大，规模也仅有 70kt/a。但有一点需要说明，这两套生产石脑油及 LPG 的单段工艺过程的装置所使用的是硫、氮含量都较低的原料，在文献[2]中指出，进入加氢裂化装置的原料是经过加氢精制装置预先处理过，其硫、氮含量比较低。而第二套装置使用的是直馏重石脑油，其硫含量只有 $37\mu g/g$，而基本不含氮。可以认为，早期的单段裂化装置所使用的催化剂耐氮能力是比较差的。在 20 世纪 60 年代中后期世界上主要是美国又建设了多套生产汽油的加氢裂化装置。除了使用单段工艺过程外，有不少新建装置都是使用单段串联和两段工艺流程。这将在后面的章节中论述。

表 6-1-3　单段裂化制取石脑油结果

项　　目	重石脑油		催化循环油	
原料油				
API 度	36.7		31.0	
密度(25℃)/(g/cm³)	0.8370		0.8667	
馏程/℃ ASTM				
5%/10%	189/191		213/221	
50%/90%	195/207		248/273	
终馏点			299	
族组成/%(体)				
P/N/A	25/32/43		5/46/49	
辛烷值，F-1 加 3mL TEL	80.7			
典型产品收率	%	%(体)	%	%(体)
C₁/C₂	0.01/0.6		0.01/0.1	
C₃	3.6		1.7	
iC₄/nC₄	9.4/4.0	14.0/5.8	4.5/2.8	7.0/4.2
C₅+生成油	84.8	94.0	93.4	105.4
C₄+生成油	98.2	113.8	100.7	116.6
汽油产品性质	C₅~82℃	82~164℃	C₅~82℃	82~164℃
液体收率/%(体)	28	72	23	77
密度(25℃)/(g/cm³)	0.6637	0.7921	0.6628	0.8004
API 度	81.7	46.1	82	44.3
辛烷值				
F-1+3mL TEL	100	94.6	100	93.8
F-2+3mL TEL	100.6		100.6	
F-1+3mL TEL*		104.8		104.8
族组成/%(体)				
P/N/A	81/16/3	22/38/40	84/13/3	23/36/41

* 经铂重整后的辛烷值，重整 C₅+液体收率为 91%(体积分数)。

（2）最大量生产中间馏分油的单段工艺过程

大量的单段工艺过程还是用于最大限度的生产中间馏分油。这种模式主要使用无定形载体催化剂，或者使用无定形硅铝基质中含有少量沸石分子筛的催化剂[11]。一般情况下反应器中装单一的催化剂，也有的在一台反应器内装两种以上的组合剂。在世界范围内，实现单段多产中馏分油的工业化装置，以 Chevron 公司和 UOP/Unocal 的技术为主。它是由单段工艺过程的特点及所使用催化剂的性能所决定的。至今，它仍是最大量生产优质中间馏分油的主要过程。

中国在 20 世纪 40 年代已经开始进行加氢技术的开发，尽管在催化剂、工艺和工程等方面的技术水平都还不高，但它确为中国自主开发近代加氢裂化技术奠定了基础。中国早在 1966 年就在大庆投产了一套处理能力为 0.4Mt/a 的工业装置[2]。该装置使用的是中国自主开发的以多产中间馏分油的单段工艺过程，采用一次通过方式操作。中国是世界上较早实现近代加氢裂化工业化的国家和公司之一，而且较早使用了一次通过工艺过程以生产煤油、柴油中间馏分油为主的工业装置。

该工艺流程与其他单段工艺流程在基本原理上无多大差别,采用的是原料油先与循环氢混合后再经加热炉加热后进入反应器的流程。

该装置以大庆直馏 VGO 为原料,使用的催化剂为 3652-甲及 3652-乙组合剂,用以生产优质喷气燃料及低凝柴油。

1999 年该装置使用我国新开发的高中油型 ZHC-02 催化剂,以大庆 LVGO 为原料,表 6-1-4 列出了进料主要性质。以冬季大量生产优质-35#低凝柴油为主要目的产品。

表 6-1-4　原料油性质

密度(20℃)/(g/cm³)	0.8394	凝点/℃	23
馏程/℃		硫/(μg/g)	340
初馏点/30%	243/349	氮/(μg/g)	200
50%/90%	366/405	BMCI 值	23
终馏点	448		

从数据可见,原料油质量较好,硫、氮含量低,凝点则较高。装置在进入较长期的稳定运转后进行了两次标定,表 6-1-5 列出了工艺条件及产品分布。表 6-1-6 列出了加氢裂化产品的主要性质。

表 6-1-5　工艺条件及产品分布典型结果

项　目	A	B	项　目	A	B
工艺条件			主要产品分布/%		
反应氢分压/MPa	11.7	11.0	<145℃石脑油	15.3	15.9
入口温度/℃	380	382	145~310℃低凝柴油	49.9	51.5
平均温度/℃	406.0	408.5	310~350℃柴油	17.3	18.4
床层总温升/℃	41	41	>350℃尾油	15.6	12.4
氢油体积比	902	906	液体收率	98.1	98.2
体积空速/h⁻¹	0.98	0.98			

表 6-1-6　加氢裂化产品主要性质

项　目	A	B	项　目	A	B
全馏分生成油			凝点/℃	<-40	-39
密度(20℃)/(g/cm³)	0.7780	0.7765	十六烷值	57.4	57.7
硫/(μg/g)	9.8	14.6	闪点/℃	47.0	45.0
氮/(μg/g)	2.2	2.6	310~350℃轻柴油		
馏程/℃			密度(20℃)/(g/cm³)	0.8014	0.8013
初馏点/10%	84/138	86/132	凝点/℃	-4	-2
50%/95%	278/358	270/350	十六烷值	76	77
<145℃石脑油			闪点/℃	164.0	164.0
密度(20℃)/(g/cm³)	0.7140	0.7159	>350℃尾油		
硫/(μg/g)	<0.5	<0.3	硫/(μg/g)	1.6	3.3
芳潜/%	46.7	45.5	氮/(μg/g)	5.3	7.2
145~310℃低凝柴油			凝点/℃	13.0	8.0
密度(20℃)/(g/cm³)	0.7924	0.7921	BMCI 值	1.53	1.60

从所列工业运转典型结果可以看出,这种使用 ZHC-02 催化剂单段一次通过工艺,在氢分压 11~12MPa,空速 1.0h⁻¹ 的操作条件下,总液体收率在 98% 以上,其中低凝柴油加 0#柴油的总产率为 67.2%~69.9%,而-35℃低凝柴油高达 49.9%~51.5%。同时从全馏分生成油的馏程看,其 95% 点也很低,在夏季切去石脑油的中间馏分油的全馏分可直接生产轻柴油产品,其收率可达 82% 以上。

从各种产品的主要性质反映出 ZHC-02 催化剂的优异性能，所产石脑油不仅含硫小于 0.5μg/g，而且芳潜较高，是很好的重整进料。145~310℃低凝柴油既有良好的低温流动性，又有较高的十六烷值。310~350℃的柴油较重馏分，其凝点也只有-4~-2℃。显示了该催化剂具有良好的异构化性能和很高的中油选择性。加氢尾油硫、氮值低，BMCI 值小，是较好的裂解制乙烯料。

随着市场对中馏分油需求增加，从 20 世纪 60 年代末开始单段裂化工艺有一定的发展，实现工业化的公司分别有 UOP/Union 及 Chevron、BP、IFP/BASF 等，其中大量工业装置使用 UOP/Union 及 Chevron 的技术。由于多种原因，中国的加氢裂化在 60 年代并未得到发展。

各家的工艺过程在原则流程上均无多大差别，只是在催化剂的开发和更新上自成体系。但作为单段工艺过程所使用的催化剂主要为两种类型。

- 无定形载体+非贵金属
- 无定形/含分子筛载体+非贵金属

图 6-1-2 给出了 UOP 单段加氢裂化原则工艺流程图。图 6-1-3 为文献[4]报道的在单段工艺过程的工业装置上使用 UOP 开发的 DHC-8 用于最大量制取中间馏分油的产品构成。这种工艺在使用 VGO 作原料时，采用全循环操作方式中间馏分油(喷气燃料加柴油)的体积液体收率高达 93%。喷气燃料烟点及柴油的品质良好。

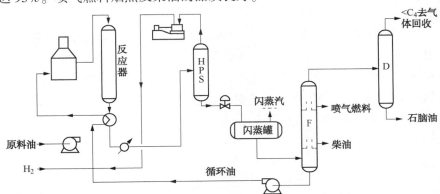

图 6-1-2　UOP 单段加氢裂化工艺流程

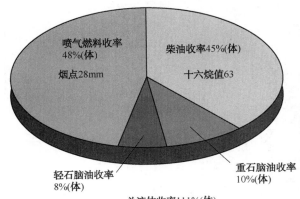

图 6-1-3　DHC-8 生产中间馏分油产品分布

表 6-1-7 为 UOP 单段工艺过程全循环操作，最大量制取中馏分的数据[5]。表中数据再次说明它具有很高的中馏分收率及相当好的产品质量。

表 6-1-7　中东油全循环操作原料及产品性质

原料性质

API 度	24.0
密度（20℃）/（g/cm³）	0.9060
馏程/℃	
初馏点/10%	346/400
50%/90%	449/488
终馏点	504
硫/%	1.8
氮/（μg/g）	1100
正庚烷不溶物/%	0.05

产品性质	轻石脑油	重石脑油	煤油	柴油
产率（对进料）/%（体）	5.5	8.5	44.5	51.0
API 度	73.0	59.5	45.4	40.6
馏程/℃				
初馏点	52	95	152	268
50%	69	106	202	318
终馏点	91	134	267	364
烟点/mm			30	
倾点/℃				-20.5
十六烷指数				74

　　Chevron 公司的单段工艺过程同样是以无定形载体的非贵金属催化剂为主。有代表性的催化剂为 ICR-106 及 ICR-120，另一种是掺有分子筛的 ICR-126 催化剂。

　　中国石化齐鲁石化公司胜利炼油厂引进了一套 Chevron 公司单段工艺加氢裂化装置[6]，它于 1991 年 11 月建成投产，该装置采用一次通过方式操作，其装置工艺流程图见图 6-1-4。加工原料为孤岛原油的直馏 VGO，使用 ICR-126 裂化催化剂。其原料性质及主要运转结果列于表 6-1-8 和表 6-1-9。

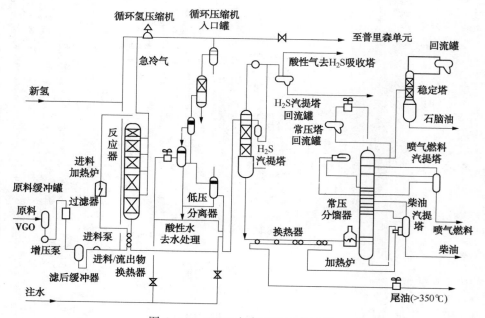

图 6-1-4　SSOT 加氢裂化工艺流程

表 6-1-8　运转结果

项　目	设　计	实际运转	项　目	设　计	实际运转
原料性质	孤岛减压瓦斯油	孤岛减压瓦斯油	操作条件		
密度(20℃)/(g/cm³)	≤0.9330	0.9157	高分压力/MPa	15.4	15.4
API 度	20.2	22.4	催化剂平均温度/℃	399	397.5
馏程/℃	350~500	297~527	产品收率/%		
硫含量/%	1.23	0.99	石脑油	7.83	9.14
氮含量/%	0.21	0.14	喷气燃料	26.69	26.92
残炭/%	0.3	0.058	柴油	16.53	17.23
沥青质/%	0.01	0.004	未转化油	46.72	44.12
Ni/(μg/g)	0.5	0.01	总液体收率	97.47	97.42
V/(μg/g)	0.02	0.01	化学耗氢(标准)/(m³/m³)	202.0	201.8
Fe/(μg/g)	0.5	0.7			

表 6-1-9　产品性质

项　目	石脑油	喷气燃料	柴油	尾油(HVGO)
密度(20℃)/(g/cm³)	0.7069	0.8164	0.8397	0.8601
馏程/℃	45~130.5	147~258	164~351	297~518
硫/(μg/g)	3.4	3.0	2.1	6.0
氮/(μg/g)	1.2	<1.0	1.0	1.3
闪点/℃		43	68	
倾点/℃			-9	36(凝点)
冰点/℃		<-60		
十六烷值			55	
BMCI 值				22
烟点/mm		22		
(Ni+V)/(μg/g)				<0.01
P+N/%				93.75
A/%(体)	2.98	14.0		6.25

在各种中国原油的直馏 VGO 中,孤岛 VGO 含有较多环状烃类,具有较高的密度和氮含量。从产品分布来看,使用单段一次通过工艺过程,其产品中的中间馏分油(喷气燃料+柴油)有较高的收率,石脑油收率较低。各种轻油品的性质较好,未转化油与原料相比质量也有较大改善。但是这种含分子筛的催化剂与 Chevron 早期开发的无定形催化剂相比,其中油选择性仍然较差。

(3) 石脑油与柴油兼顾的单段工艺过程

在一台反应器中装单个或组合催化剂的单段工艺,一直是最大限度生产中间馏分油的主要手段,它充分利用了无定形催化剂对中馏分油的高选择性,至今仍有大量这类装置在操作,催化剂也在不断地改进和提高。

为了增加单段工艺过程的灵活性,以适应市场对石脑油及柴油馏分需求的变化,为此在催化剂和工艺上作了改进,Chevron 在 1978 年开发的新一代 ICR-117 加氢裂化催化剂,是一种无定形载体中含有部分分子筛的催化剂,它具有较高的活性,其选择性则兼顾产石脑油和柴油组分。文献报道的采用单段一次通过工艺的主要结果见表 6-1-10。

表 6-1-10　多产汽油的单段加氢裂化结果

转化率%(体)*	40	55	70
产品收率/%(体)			
C₅~82℃	5.0	9.0	16.0
82~198℃	13.0	24.0	36.5
198~337℃	26.0	27.0	23.5
337℃⁺	65.0	45.0	30.0
C₅₊总收率	104.0	105.0	106.0
总的汽柴比	0.7	1.2	2.2

*进料：阿拉伯 VGO，馏程：343~548℃。

使用表中所述的切割方案，ICR-117 催化剂在高转化率时其汽油/柴油比值可以达到 2.2。这种含分子筛的催化剂有其共同点，即转化率相当高时，选择性更趋向于多产汽油。

从表 6-1-11 油性看，在高转化率下，重石脑油中芳烃潜含量相当高，而柴油的倾点较低，达-29℃。如果要生产-10℃倾点的柴油，则可将柴油终馏点提高，柴油收率还可以相应增加。

表 6-1-11　70%转化率，大量产汽油时的产品性质

项　目	C₅~82℃	82~198℃	198~337℃
API 度	81	51.5	38
密度(20℃)/(g/cm³)	0.6659	0.7685	0.8304
苯胺点/℃		45.5	61.6
族组成/%(体)			
P/N/A		37/48/15	36/37/27
倾点/℃			-29
辛烷值，F-1 不加铅	80.5	61	

如果要进一步增加柴油的收率，是在保证产品质量的前提下，扩宽馏程范围。文献提出了这一方案。数据见表 6-1-12。

表 6-1-12　多产柴油的单段加氢裂化结果

转化率/%(体)	40	55	70
产品收率/%(体)			
C₅~82℃	5.0	9.0	16.0
82~154℃	7.0	15.0	23.0
154~346℃	34.0	38.0	35.5
>346℃	58.0	43.0	31.5
C₅₊总液体收率	104.0	105.0	106.0
总汽油/柴油	0.4	0.6	1.1

注：这种扩宽馏分的办法，可以明显的增加柴油的产量。

（4）单段工艺过程技术特点

单段工艺过程最初是用以制取石脑油，但随着新催化剂的开发及工艺进展，证明它不是一个理想的工艺过程。最大量生产汽油馏分应当使用高活性的分子筛裂化催化剂，但与之相适应的是两段工艺或单段串联工艺过程。

因此，单段工艺过程最适合用于最大量地生产中间馏分油的产品目标，与单段工艺相匹配的催化剂则是加氢性能较强，而裂化性能较弱，特别是二次裂解性能较弱的无定形硅-铝催化剂。这种催化剂既有相当高的中油选择性，又由于加氢活性高及无定形载体的特性而具有较高的耐氮及氨的能力，这就不需要有加氢预处理的一段将原料氮脱除的必要性。

大量的工业实践及科学研究可以得到以下看法：

- 单段法是适于最大量制取中间馏分油的工艺过程。
- 使用无定形载体催化剂的单段工艺过程还有一个重要的优点，即反应中期和末期，整个过程的中馏分油收率基本不降低，这从图6-1-5及图6-1-6的结果可以明显看出。其好处有二，首先这样就可以长期为企业提供高效益的目的产品，其次是反应末期的装置氢耗不会增加，这对氢源紧张的炼油厂特别重要。反之使用含分子筛催化剂，如图6-1-6所示，在反应后期中油收率则有所降低。

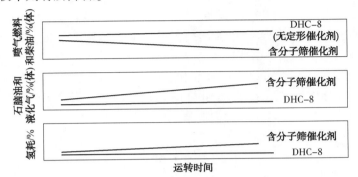

图6-1-5　无定形催化剂与含分子筛催化剂运转周期内产品收率比较

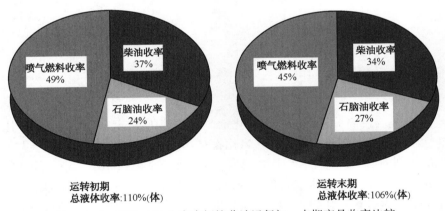

图6-1-6　DHC-100生产中间馏分油运行初、末期产品收率比较

- 流程简单而且容易操作。
- 与两段法及串联工艺相比较，投资相对要低。特别是单个反应器的制造体积和重量不受限制时更是如此。

但是单段工艺过程也存在着不足之处：

- 尽管单段过程对进料中氮的承受能力较强，但进料中氮的增加同样会抑止催化剂上的酸性中心，降低裂解活性，它需要提温进行补偿，因此单段工艺过程的起始反应温度比其他工艺过程的裂化段反应温度要高。
- 高的反应温度，从热力学来讲不利于芳烃的加氢反应，从而使喷气燃料、柴油和加氢裂化未转化油产品中芳烃含量相对要高，产品质量相对较差。
- 高的起始温度将导致装置的运转周期较短。
- 对原料油适应性较差。
- 在一般情况下单段工艺过程不能使用终馏点及氮含量过高的VGO原料。

2. 单段(一段)串联加氢裂化

单段串联工艺过程，从总体流程而言，它与单段工艺过程没有本质上的区别，但因使用不同性能的催化剂而导致化学反应过程及其控制方法的差别，又是传统单段工艺过程的发展和深化，从而显示了其自身的特点。

单段(一段)串联加氢裂化原则工艺流程如图6-1-7所示，它最少需要使用两台反应器和分别装在两台反应器的两种主催化剂。第一台(R1)反应器装填使用加氢精制催化剂，脱除进料的硫、氮等杂质，烯烃加氢饱和，同时使部分芳烃被加氢饱和，精制生成油不经任何冷却、分离而直接进入第二台(R2)反应器，物流中含有硫、氮化合物加氢后转化成的硫化氢和氨以及少量的轻烃。R2装填裂化催化剂，对经加氢精制的生成油进行加氢裂化反应。反应产物经高压分离器、低压分离器进入分馏系统，分馏出各种产品。未转化成所需轻质产品的重馏分油(加氢裂化尾油)可以再循环裂化，也可以采用尾油不循环的一次通过或一部分循环裂解、另一部分作为产品出装置(部分循环)方式操作。尾油可作优质的催化裂化或蒸汽裂解制取乙烯的原料，还可用以制取润滑油的基础料。

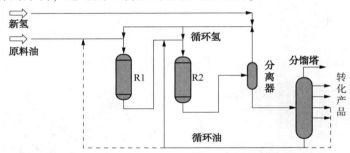

图 6-1-7　单段(一段)串联加氢裂化原则工艺流程

R2所使用的是含沸石分子筛的裂化催化剂。这种催化剂与无定形裂化剂相比，具有更高的反应活性及稳定性，但进料中的有机氮化物对其活性有强烈的抑止作用，并能导致加速结焦而损失催化剂的活性和稳定性，因此这种工艺过程要控制R1出口精制油的氮含量，以保证裂化剂充分发挥作用。这种裂化剂有良好的抗氨性能，故在两个反应器之间可以省去脱除氨及硫化氢的步骤。这一工艺过程首先由Union公司所创立，并在1964年实现工业化。之后文献中将这种工艺过程称之为单段串联工艺过程[4]。

对于加氢裂化装置的其他部分，如加热、换热、冷却、冷分离及分馏、氢气循环等，串联工艺与传统的单段过程则基本上无多大差别。

迄今为止，单段串联工艺过程在工业上应用最为广泛，它通过选择和搭配不同类型催化剂，可以实现三种不同产品结构的生产模式，它们分别是：

- 最大汽油型；
- 汽油/中间馏分油兼顾型；
- 最大中间馏分油型。

无论上述哪种模式，在一定范围内还可以通过温度及分馏条件的调变适度调整汽油和中间馏分油产品的比例。

(1) 最大量生产石脑油型单段串联加氢裂化

中国石化上海石油化工股份有限公司1985年引进Union公司技术建成投产的加氢裂化装置就是采用单段串联全循环全部生产石脑油的流程，1991年实现了催化剂的国产化。

裂化段使用 FRIPP 的 3825 催化剂。装置所用原料油以大庆 VGO 为主，一般掺兑 20% 的胜利 VGO，原料油性质及产品产率见表 6-1-13。因为大庆原油属石蜡基原油，从表中原料性质可以看出，混合 VGO 的 UOP K 值达到 12.47，倾点为 46℃，这是一种环状烃含量不高的进料，从某种意义上说它不是一种适宜的用于最大量生产重整原料的加氢裂化原料。原料的氮含量较低，这当然减轻了第一反应器加氢脱氮的难度。

表 6-1-13 石脑油方案工业结果[6]

原料油	大庆 VGO：胜利 VGO = 8：2 混合油	原料油	大庆 VGO：胜利 VGO = 8：2 混合油
密度（20℃）/（g/cm³）	0.8674	倾点/℃	46
馏程/℃		康氏残炭/%	0.04
初馏点	257	反应压力/MPa	14.8
10%	373	产品收率/%	
50%	435	$NH_3 + H_2S$	0.20
90%	501	$C_1 + C_2$	0.46
终馏点	528	$C_3 + C_4$	16.24
硫/%	0.12	C_5+ 轻石脑油	20.23
氮/%	0.05	重石脑油	66.37
UOP K 值	12.47	氢耗/%	3.50

这种全部生产汽油产品的操作，其轻、重石脑油的总收率达到 86.6%，气体收率高达 16.7%，但干气较少，对当时的上海而言，C_3、C_4 是市场销售相当好的产品，但也要看到，全石脑油型的生产模式因为高的氢气耗量而导致相当高的操作成本。

表 6-1-14 列出了主要产品性质，石脑油的硫、氮含量均小于 0.5μg/g，它不需要再进行加氢而直接作为催化重整的进料。从重石脑油的族组成分析数据，其烷烃含量高而环烷烃及芳烃含量较低，也就是说其芳烃潜含量低，这一方面与装置进料的 VGO 烃类组成有关，富含烷烃的原料，裂化所得石脑油芳潜较低，因此将其作为重整进料不是十分理想；另一方面与所采用操作条件、产品生产方案有关。

表 6-1-14 主要产品性质

项　　目	轻石脑油	重石脑油		
密度（20℃）/（g/cm³）	0.6435	0.7351		
馏程/℃				
初馏点	34.5	87		
10%	38.5	99		
50%	45.0	122.5		
90%	59	168		
终馏点	61.5	184		
硫含量/（μg/g）	<0.5	<0.5		
氮含量/（μg/g）	<0.5	<0.5		
	/%（体）		C_P/%	C_N/%	C_A/%
烃组成	$n-C_4$　0.75	C_5	0.08	0.01	
	$i-C_5$　44.49	C_6	6.88	2.88	0.19
	$n-C_5$　8.95	C_7	17.39	6.95	0.51
	$C_y C_5$　0.51	C_8	14.10	8.11	0.90
	$MC_y C_5$　0.51	C_9	10.48	7.16	1.03
	$i-C_6$　43.31	C_{10}	8.01	4.41	
	$n-C_6$　1.11	合计	56.94	29.52	2.63
	$i-C_7$　0.12	C_{11}		7.65	
	其他　0.25	C_{12}		3.40	

（2）石脑油/中间馏分油兼顾型的单段串联加氢裂化

在 20 世纪 80~90 年代，中国引进及自行设计、建设的工业装置中，这种类型的装置占有相当高的比例。例如中国石化茂名石化分公司 0.8Mt/a（引进 Union 公司专利技术，1981年建成投产）、金陵石化分公司 0.8Mt/a（引进 Union 公司专利技术，1986 年建成投产）、镇海炼化分公司 0.8Mt/a（我国自行设计、建设的第一套大型现代化加氢裂化装置，由 FRIPP、LPEC 及镇海炼化共同开发、设计，使用 FRIPP 开发的 3824 裂化催化剂，1993 年建成投产）和天津石化分公司 0.8Mt/a（由 FRIPP、SEI 及天津石化共同开发、设计，使用 FRIPP 开发的 3825 裂化催化剂，1999 年建成投产）装置等。表 6-1-15~表 6-1-17 为镇海 0.8Mt/a 加氢裂化装置的主要运转结果。所用原料油的氮含量较高，但主要物性指标都在设计规定值的范围之内。从产品分布及收率看，气体产率不高，轻、重石脑油总量为 31.96%，中间馏分油的总收率达到 60.97%，其中喷气燃料产率高达 45.11%，超过了设计保证值指标，喷气燃料的烟点为 32mm，芳烃含量（体积分数）只有 2.3%；柴油有非常低的硫含量及很浅的颜色，十六烷值高达 68。这些都是高质量的中间馏分油产品。

表 6-1-15　原料油性质

项　目	工业运转	设计要求	项　目	工业运转	设计要求
密度(20℃)/(g/cm³)	0.8887	0.8890	90%	496	505 最高
馏程/℃			终馏点	534	540 最高
5%	375	≮350	硫含量/%	0.58	0.45~0.70
10%	391		氮含量/%	0.1561	0.129~0.160
30%	430		凝点/℃	38	
50%	451		康氏残炭/%	0.12	0.16~0.20
70%	470				

表 6-1-16　工业运转产品收率

项　目	运转结果	设计要求 保证值	设计要求 设计值	项　目	运转结果	设计要求 保证值	设计要求 设计值
产品收率/%				柴油	15.59		
干气	2.44			未转化油	1.15		
液化气	5.41			C₅⁺收率	94.07	≮90	95.1
轻石脑油	16.22			总中间馏分	60.97	≮58	66.9
重石脑油	15.74			氢耗/(Nm³/t)	311.3	<379	310
喷气燃料	45.11	≮41.9	48.0				

表 6-1-17　主要产品性质

项　目	轻石脑油	重石脑油	项　目	轻石脑油	重石脑油
密度(20℃)/(g/cm³)	0.6713	0.7394	硫醇硫/%	0.0003	
硫/(μg/g)	0.87	1.62		轻柴油	
氮/(μg/g)	<5	<5	密度(20℃)/(g/cm³)	0.8009	
	喷气燃料		硫/%	0.008	
密度(20℃)/(g/cm³)	0.7863		硫醇硫/%	0.0002	
冰点/℃	-55		颜色/D1500	<0.5	
烟点/mm	32		凝点/℃	-13	
芳烃/%(体)	2.3		冷滤点/℃	-9	
硫/%	0.003		十六烷值	68	

（3）最大中间馏分油型单段串联加氢裂化

在本章前面的论述中，曾专门谈及以无定形载体催化剂为主的单段工艺是最大量制取中间馏分油的主要工艺过程，但它存在着不足，即起始反应温度高，催化剂稳定性相对差，难以加工较重的劣质原料等。针对以上问题，世界各研究部门相继进行了含沸石分子筛的最大中间馏分油催化剂的开发，而且使用了单段串联工艺过程，它既保留了相当高中间馏分油产率，同时又降低了起始反应温度和催化剂的提温速度。Union公司在20世纪80年代开发的HC-22即是这类催化剂，它于1986年在新加坡炼油公司实现工业应用[7]。从表6-1-18、表6-1-19及图6-1-8中可以看到，所用原料为高终馏点的含硫HVGO，裂化所得中间馏分油收率相当高，喷气燃料加柴油的总收率（体积分数）达到了85.2/%。如果因市场的变化需要更多的柴油，可通过改变分馏的切割点增加柴油的比例，但是一般来讲，对同一种原料，HC-22与无定形催化剂相比，其中间馏分油的总收率还是要低一些，但HC-22催化剂却能生产更多的喷气燃料。因此，用户可根据市场、原料、操作费用等多种因素进行选择。从产品质量来看，喷气燃料及柴油的质量都很好，1993年UOP/Unocal又有新的高中馏分油的HC-32催化剂投入工业运转，它具有更高的中间馏分油收率，在相同条件下与HC-22相比，喷气燃料加柴油的收率（体积分数）可增加1.8%~2.8%左右[8]。

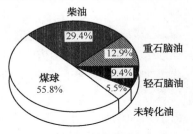

图 6-1-8 使用 HC-22 的平均产品产率

表 6-1-18 HC-22 的工业运转结果

项 目	第一周期	第二周期	项 目	第一周期	第二周期
进料性质			平均液体产品收率/%（体）		
密度（20℃）/（g/cm³）	0.9224	0.9212	轻石脑油	9.4	9.2
			重石脑油	12.9	14.6
终馏点/℃	565	565	煤油	55.8	58.2
氮/（μg/g）	1000	1200	柴油	29.4	25.6
			未转化油	5.5	5.5
硫/%	2.0	2.0	C₅+液体收率	113.0	113.1

表 6-1-19 主要产品平均性质

煤油		柴油	
烟点/mm	26.5	终馏点/℃	385
芳烃/%（体）	11.6	倾点/℃	12
冰点/℃	-52	十六烷指数	65
初馏点/℃	139		

（4）多产化工原料型单段串联加氢裂化

中国既是芳烃、烯烃消费大国，更是芳烃、烯烃的生产大国。生产芳烃的最主要原料是石脑油，生产烯烃的原料主要有炼厂气（干气、液化气）、石脑油和直馏柴油。炼厂气中只有干气中碳二组分和液化气中的正构碳三、正构碳四组分适合作生产烯烃原料，而干气又是炼厂加热炉的主要燃料，液化气是民用和车用燃料；只有链烷烃含量较高的直馏柴油才适合做生产烯烃原料，而直馏柴油是企业实现低成本柴油质量升级的最主要原料。因此，芳烃和烯烃齐头并进发展，不仅导致芳烃生产装置和烯烃生产装置争抢原料，而且还导致烯烃生产装置与市场争抢原料。加氢裂化技术不仅可以从重质、劣质原料中生产优质喷气燃料和低硫、高十六烷值柴油，而且加氢裂化技术生产的石脑油是优质的生产芳烃原料，加氢裂化未转化油(加氢裂化尾油)是优质的生产烯烃原料。因此，为了解决生产芳烃和生产烯烃之间互争原料以及生产烯烃与市场争抢原料的矛盾，从20世纪90年代中后期开始，我国建设的加氢裂化装置基本都是以生产化工原料(石脑油作催化重整原料，尾油作蒸汽裂解制乙烯原料)为主，不仅如此，还将80~90年代从国外引进及自行设计、建设的，如茂名、扬子、上海、镇海、天津等加氢裂化装置，也改造成多产化工原料。

表6-1-20是FRIPP开发的FC-32加氢裂化催化剂多产化工原料的中试结果。可以看出，加氢裂化生产的重石脑油芳烃潜含量高，是优质的催化重整原料，喷气燃料烟点高、芳烃含量低，可生产优质的3#喷气燃料，柴油密度小、十六烷值指数高、硫含量低，可作为清洁柴油调和组分，未转化油 BMCI 值低，是优质蒸汽裂解制乙烯原料(方案一)；方案二的未转化油是方案一柴油和未转化油的混合油，其 BMCI 值仍很低。因此，用户可根据市场需求及企业对化工原料的平衡情况，将加氢裂化柴油作为产品出装置或作为下游装置的原料。

表6-1-20　FC-32催化剂多产化工原料中试结果

项　目	方案一	方案二	项　目	方案一	方案二
进料性质			主要产品主要性质		
密度(20℃)/(g/cm³)	0.9059		重石脑油	53.75	53.75
终馏点/℃	553		芳潜/%		
氮/(μg/g)	1283		喷气燃料		
硫/%	1.83		烟点/mm	30	30
BMCI 值	43.1		芳烃/%(体)	7.1	7.1
液体产品收率/%			柴油		
轻石脑油	7.22	7.22	密度(20℃)/(g/cm³)	0.8050	
重石脑油	42.21	42.21	十六烷指数	74.5	
喷气燃料	20.70	20.70	S/(μg/g)	<5	
柴油	12.12		BMCI 值	12.3	
未转化油	13.14	25.26	未转化油		
C₅+液体收率	95.39	95.39	BMCI 值	7.4	8.8

(5) 单段串联工艺过程的技术特点

串联工艺过程由于使用了性能更好的催化剂及相应的工艺组合，而具有鲜明的特点和优势。这种过程具有可以根据市场需求对产品结构在相当大范围内进行调节的灵活性。它可以通过两种手段来实现，一种是不需要更换催化剂，主要通过改变操作方式及工艺条件来改变产品分布和结构，装置设备不需要改动或稍加改动即可；另一种手段则是通过更换不同性能的催化剂进行更大范围产品结构的调整。即使使用第二种手段在工业装置上执行起来也不会有什么困难。

表6-1-21列出了生产不同目的产品的灵活性，只需改变反应和/或分馏条件以及循环方式即可实现调变产品结构的目的。尽管这种方法可以调变石脑油及中馏分的产品分布，但是，如果企业要在一个相当长的时间内将主要目的产品由石脑油转变为喷气燃料及柴油，而且希望得到优化的最大中馏分收率，这时就需要更换最大量制取中间馏分油的催化剂。

表 6-1-21　从 HVGO 制取汽油、喷气燃料、柴油或炉用油

原料性质	科威特 HVGO			
API 度	22.3			
密度（20℃）/（g/cm³）	0.9161			
硫/%	2.9			
氮/（μg/g）	820			
沸程/℃	315~537			
目的的产品	汽油	喷气燃料	柴油	炉用油
收率/%（体），对进料				
C₁~C₃/［Nm³/m³（Scf/bbl）］	15.1（103）	11.0（75）	10.0（68）	5.9（40）
C₄	14.5	8.3	4.9	3.7
轻石脑油	31.7	17.2	11.5	11.8
重石脑油	78.9	28.0	19.6	13.8
喷气燃料	64.6		}81.1	
柴油				
炉用油				87.4
氢耗/［Nm³/m³（Scf/bbl）］	293（2000）	243（1660）	217（1480）	198（1350）

表 6-1-22 的数据清楚表明，同样使用单段串联工艺过程，为获得更多中馏分油收率，换用了高中油型裂化催化剂，喷气燃料的最大产率（体积分数）可增至 73.4%，当按最大量生产柴油方案操作时，柴油的最大产率（体积分数）则可达到 86.7%。同时也说明，换用催化剂后，通过变化操作条件，可以在多产喷气燃料及柴油两者之间进行调节。同样显示了加氢裂化技术在生产上的灵活性。

表 6-1-22　用非贵金属加氢裂化催化剂从 HVGO 制取喷气燃料和柴油

原料性质		
API 度	22.0	
密度（20℃）/（g/cm³）	0.9180	
硫/%	2.97	
氮/（μg/g）	820	
馏程/℃		
10%	384	
50%	445	
90%	491	
终馏点	522	
产品收率/%（体）	喷气燃料	柴油
C₁~C₃/［（scf/bbl）（Nm³/m³）］	62（9.1）	40（5.9）
C₄/%（体）	7.5	4.3
轻石脑油	16.2	9.8
重石脑油	22.9	14.5
喷气燃料	73.4	
柴油		86.7

中国石化上海石化分公司的加氢裂化装置，使用的也是单段串联工艺过程。建成投产的最初几年，该装置使用汽油型裂化催化剂，将大于 177℃ 的馏分进行全循环操作以全部制取石脑油产品，其中重石脑油作为制取轻质芳烃的催化重整进料，但通过全厂互供原料的优化，全产石脑油方案则重整料过剩，而且操作成本过高。上海石化根据市场对喷气燃料等优质中馏分油需求紧俏的问题，委托 FRIPP 开展了调整操作增产部分中间馏分油的工艺试验，其结果列于表 6-1-23。结果表明，采用高活性汽油型催化剂，不仅可最大量生产石脑油，

还具有一定的灵活性，在不更换催化剂的情况下，生产相当数量的喷气燃料及优质柴油，这只需改变循环油的切割点，适当降低反应温度，对附属设备稍加改造，即可达到优化产品结构，提高产品质量，增加 C_{5+} 液体收率和大幅度降低氢耗的目的。该企业按 FRIPP 试验所提供的数据，按兼产部分中间馏分油方案进行操作，取得了良好的效果。

表 6-1-23　调整产品结构工艺试验结果

试验编号	I	II	III
原料油	大庆/胜利 VGO	大庆/管输 VGO	
工艺流程	177℃⁺全循环	280℃⁺全循环	350℃⁺全循环
产品方案	石脑油	石脑油、喷气燃料	石脑油、喷气燃料、柴油
裂化段反应温度/℃	基准	基准-6	基准-8
单程转化率/%(体)	(177℃⁺)60	(280℃⁺)60	(350℃⁺)60
产品分布①/%			
液化石油气	13.73	10.17	6.94
轻石脑油	24.52	16.00	11.95
重石脑油	64.29	45.00	42.73
喷气燃料		31.00	27.25
柴油			13.54
C_{5+}液体收率②/%	88.81	92.00	95.47
化学氢耗量①/%	基准	基准-11.87	基准-14.37
重石脑油			
芳潜③/%	35.00	39.31	39.55

① 均指相对于原料油，下同。

② 液体收率简称液收，下同。

③ 芳烃潜含量，简称芳潜，下同。

　　串联工艺过程的第二个特点是可以加工更重的原料，其中包括高终馏点的重质 VGO 及溶剂脱沥青油。众所周知传统单段使用的是以无定形载体为主的裂化催化剂，这种剂在运转过程中有较快的生焦倾向，过重的进料将加快催化剂失活而缩短操作周期，而分子筛裂化催化剂则生焦倾向较弱，这可以从图 6-1-9 关于两种类型催化剂的失活速度来说明，对于分子筛裂化催化剂不仅起始反应温度低，而且提温速度很慢，具有良好的稳定性，因此可以认为，采用分子筛裂化催化剂的串联工艺将有机氮脱到一定深度，其裂化段的高活性及良好稳定性足以承受更重原料的裂化反应。

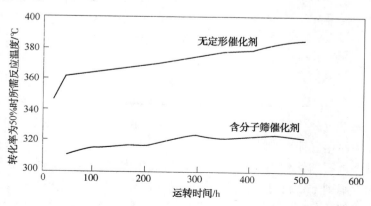

图 6-1-9　分子筛和无定形催化剂失活速率

S. D. Light 等在文献[9]中专门就使用无定形催化剂的单段单剂工艺过程与使用分子筛催化剂的串联工艺过程进行了比较。主要数据列于表 6-1-24 及表 6-1-25。

此次运转所用原料具有密度大，馏分重，环状烃及硫、氮含量高等特点，质量较差。对比两组运转数据可以明显看出，使用含分子筛的 HC-22 催化剂及单段串联工艺过程，它的起始反应温度低，催化剂失活速度慢，有良好的稳定性，显示这种串联工艺流程对重质、劣质原料的适应能力。

表 6-1-24 含分子筛 HC-22 与无定形 HC-102 催化剂对比的原料油性质(沙特 VGO)

		组成/%	
API 度	22.4	烷烃	26.4
密度(20℃)/(g/cm³)	0.9155	环烷烃	16.9
馏程/℃		单环环烷	8.1
初馏点	371	多环环烷	8.8
10%	411	芳烃	32.6
50%	460	单环芳烃	19.8
90%	521	多环芳烃	12.8
终馏点	550	总硫化物	18.5
硫/%	2.37	总氧+氮化物	5.5
氮/%	0.078		
倾点/℃	35		
残炭/%	0.15		

表 6-1-25 含分子筛 HC-22 与无定形 HC-102 催化剂对比的操作条件、产品分布及性质

	HC-102	HC-22			
催化剂牌号	HC-102	HC-22	154~288℃喷气燃料	47.1	54.8
催化剂类型	无定形	分子筛	154~370℃柴油	97.8	96.3
工艺过程	单段单剂	单段串联	C_5^+	108.93	113.0
催化剂平均反应温度/℃	基准+14	基准	C_4^+	111.1	117.0
催化剂失活/(℃/d)	0.06	0.028	柴油质量		
产品收率/%(体),对进料			API 度	41.9	43.9
C_1~C_3/[scf/bbl(Nm³/m³)]	59(8.7)	43(6.3)	密度(20℃)/(g/cm³)		
总 C_4	2.8	4.0	硫/(μg/g)	3.0	2.0
总 C_5	2.3	3.6	氮/(μg/g)	0.7	<0.1
C_5~C_6	5.9	9.3	倾点/℃	-35.5	-42.8
C_7~154℃汽油	4.6	7.4	十六烷指数	71	67

串联工艺过程的第三个特点是对原料适应性好。因为单段串联工艺第一台反应器装填加氢精制催化剂，对加氢裂化进料进行预处理，并在反应器出口设有采样口。因此，即使加氢裂化原料油性质(如密度、硫、氮、烯烃和芳烃等)发生较大幅度变化，通过调整第一台反应器的操作条件，基本可保证进入裂化反应器物料的性质基本稳定。目前，我国已成为原油净进口国，各炼油企业加工的原油来源杂、性质差异大，因此，串联加氢裂化工艺技术尤其适合我国国情，这也是我国目前建设的加氢裂化装置大多数采用串联工艺的主要原因之一。

串联工艺过程的第四个特点是比较适合用于多产化工原料，特别是生产加氢裂化尾油作为蒸汽裂解制乙烯原料。研究结果表明[10]，虽然改变加氢裂化转化深度是改变未转化油质量的最有效方法，但改变加氢精制反应深度，也能改变未转化油的质量，尽管其效果不如改变裂化深度明显。如图 6-1-10 是在固定催化剂和裂化段反应条件下，精制反应深度对加氢裂化产品未转化油性能的影响。由图可见，精制段反应温度提高，相应地加氢裂化产品未转化油 BMCI 值下降，因此，采用单段串联加氢裂化技术，用户可根据原料性质及对加氢裂化

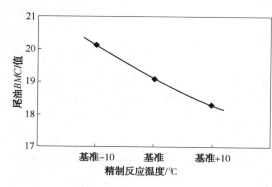

图 6-1-10　精制反应深度对
加氢裂化产品未转化油性能的影响

未转化油的质量的要求情况，随时通过调整精制反应器的操作温度，来获得满意的加氢裂化未转化油。如前所述，中国已建设的加氢裂化装置，主要是用于提供化工原料，这也是中国目前建设的加氢裂化装置大多数采用串联工艺的另一个重要原因。

单段串联加氢裂化技术的不足，一是相对于单段加氢裂化技术，总体积空速相对较小、装置建设投资和操作费用相对较高；二是由于受到所用催化剂（分子筛含量较高的加氢裂化催化剂）性能的制约，加氢裂化所得中间馏分油（喷气燃料和柴油）收率一般只能达到 65%~75% 左右，而且装置生产初、末期目的产品选择性变化较大。

（二）两段加氢裂化

如前所述，加氢裂化早期的开发及工业应用，主要是以轻柴油或重石脑油为原料制取石脑油或液化气，紧接着是向更重的原料发展，产品目标也逐步扩至制取煤油、喷气燃料及炉用燃料等。当时各大公司的科研机构都在探索各种催化剂在加氢裂化工艺过程中的应用，首先工业化的是用无定形硅铝为载体、非贵金属催化剂的单段工艺过程，但这种催化剂的不足是活性低、反应温度高及运转周期短。因此，各公司都在积极开发活性更高的催化剂，主要有以下三种类型：

- 贵金属/无定形载体
- 非贵金属、贵金属/无定形-分子筛载体
- 贵金属、非贵金属/分子筛载体

第一种类型尽管使用贵金属后加氢活性增强，但因载体酸性弱，裂化活性不高，且催化剂对进料中的有害毒物过于敏感，未能在工业上大量应用。目前应用较多的是以分子筛为载体的贵金属或非贵金属催化剂，但这种类型的催化剂仍然都对进料中有害杂质如硫、氮、金属十分敏感，即使进料中的硫、氮转化为硫化氢及氨无法适应，对其活性、选择性及稳定性都有很大影响。因此，凡是这类催化剂用以生产石脑油或兼顾生产喷气燃料的加氢裂化工艺过程，都毫无例外地使用两段工艺过程，即必须设置一个精制段，将有害物质尽量脱除，并在进二反裂化段前将硫化氢及氨分开。

20 世纪 60 年代后期，美国联合油公司通过对沸石分子筛进行改性，使其加氢裂化催化剂不仅不怕氨和硫化氢，而且对原料油中的氮、硫也具有一定的耐受性。此外，催化剂还具有很好的活性和稳定性。因为催化剂不怕氨和硫化氢，所以可以实现单段串联。由于活性和稳定性好，反应温度较低，所以催化剂运转周期长，一次平均寿命都在 2 年以上（目前催化剂的使用寿命已可以达到 3~4 年）。

根据加氢裂化催化剂耐氨、耐氮中毒能力的不同，两段加氢裂化（two-stage）技术也分为两种工艺流程，即独立设置循环氢系统和共用循环氢系统两种工艺流程。

1. 独立设置循环氢系统的两段加氢裂化工艺

独立设置循环氢系统两段加氢裂化技术的原则工艺流程如图 6-1-11。一段反应器主要装填加氢处理催化剂，除对原料油中的烯烃、芳烃进行加氢饱和外，还将脱除原料油中绝大

部分的硫、氮和氧等有机化合物，反应产物进入一段高压分离器进行气液分离，高压分离器顶部的富氢气体经循环压缩机循环回一段反应系统，高压分离器底部出来的液体经减压后，进入汽提塔，进一步将反应生成、并溶解在生成油中的 H_2S 和 NH_3 气提掉。经加氢处理并气提后，基本不含机硫、氮、氧和 H_2S、NH_3 的一段生成油，进入装有加氢活性极高，但对原料中所含有机硫、氮、氧和溶解的 H_2S、NH_3 非常敏感的催化剂的二段反应器中进行加氢（裂化），反应产物进入二段高压分离器进行气液分离，高压分离器顶部的富氢气体经循环压缩机循环回二段反应系统，高压分离器底部出来的液体经减压后，进入产品分馏系统。

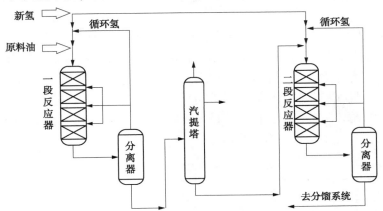

图 6-1-11　独立设置循环氢系统的两段加氢裂化原则工艺流程

2. 共用循环氢系统的两段加氢裂化工艺

共用循环氢系统两段加氢裂化技术的原则工艺流程如图 6-1-12。一段反应器可以是只装填加氢处理催化剂的一台反应器，或同时装填加氢处理催化剂和加氢裂化催化剂的一台反应器，也可以是分别装填精制催化剂和裂化催化剂的两台或两台以上串联反应器。一段反应器除对原料油中的烯烃、芳烃进行加氢饱和以及脱除原料油中绝大部分的硫、氮和氧等有机化合物外，还将对进料进行加氢裂化反应。一段反应产物进入一段高压分离器进行气液分离，高压分离器底部出来的液体经减压后，进入产品分馏塔分离出加氢裂化产品。分馏塔底的加氢裂化未转化油进入装有加氢裂化催化剂的二段反应器中进行加氢裂化，反应产物进入二段高压分离器进行气液分离，高压分离器顶部的富氢气体与从一段高压分离器顶部的富氢气体混合后，经循环压缩机循环回一、二段反应系统，高压分离器底部出来的液体经减压后，与一段反应生成油混合进入同一个产品分馏系统。

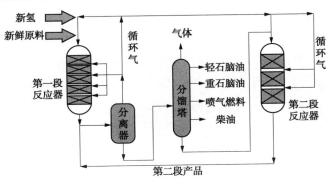

图 6-1-12　共用循环氢系统的两段加氢裂化原则工艺流程

共用循环氢系统两段加氢裂化工艺的一段和二段可以使用相同的加氢裂化催化剂,也可以使用不同的加氢裂化催化剂。

是否采用共用循环氢系统两段加氢裂化工艺,其决定因素不是所选用的催化剂类型,而是装置加工规模、大型设备制造能力及运输条件等。

3. 两段加氢裂化技术的工业应用

(1)独立设置循环氢系统的两段加氢裂化工艺

从 20 世纪 60 年代开始,开发两段工艺过程的公司分别有 Chevron、Union、UOP、IFP 和 H-G 等公司。

H-G 公司在 60 年代中开发了以柴油为原料制取石脑油的两段工艺过程,据称当时共有 5 套工业装置在运转和建设之中。表 6-1-26 为 Gulf 公司 Springs 炼油厂采用两段工艺过程以 AGO 为原料制取石脑油的工业运转结果,数据见表 6-1-26。采用全循环操作,可以制取体积分数为 71.8% 的重石脑油,总液体收率(体积分数)可达到 100.5%。表 6-1-27 为采用同一原料时,两段工艺与单段工艺的对比试验。结果表明,与单段法相比,两段具有目的产品收率高、气体产率低、干气少、氢耗不多等特点。

表 6-1-26　原料油性质及运转结果

原料性质		N	32.3
密度(20℃)/(g/cm³)	0.8425	A	27.5
API 度	35.6	烯烃	2.0
馏程/℃		产品收率及性质	
10%	224.8	收率(对进料)/%(体)	
50%	257	C₄	17.9
90%	296	轻石脑油	28.7
氮含量/(μg/g)	300	重石脑油	71.8
烃类组成/%(体)		氢耗/(Nm³/m³)	202.3
P	38.2		

表 6-1-27　主要产品分布及质量

原料性质	全馏分直馏柴油		C₃	5.1	3.5
沸点范围/℃	176.5~329		C₁+C₂/%	0.4	<0.2
操作类型	单段	两段	氢耗/(Nm³/m³)	197	176
产品收率(对进料)/%(体)			石脑油性质及组成		
石脑油	66.1	71.8	N/A/%(体)	45/3.2	43.1/2.3
轻汽油	33.2	31.0	S/N/(μg/g)	1.0/<0.2	1.0/<0.2
C₄	17.8	14.6			

IFP 与 BASF 公司合作,也在两段工艺过程方面做了不少工作。表 6-1-28 列出的数据为 IFP 公司两段过程加工阿拉伯 VGO 的工业运转数据,该过程使用的是具有较高酸性的无定形硅铝为载体的催化剂,目的产品为喷气燃料或柴油,它强调了该过程可以在空速基本不变的条件下,交替生产喷气燃料或柴油,有较大的灵活性。裂化产品则具有较高的质量。

表 6-1-28　轻阿拉伯 350~550℃VGO 两段加氢裂化

原料性质	
密度(20℃)/(g/cm³)	0.907
黏度(100℃)/(mm²/s)	5.50
硫/%	2.00
氮/(μg/g)	800

续表

产品收率/%	第一段	最大喷气燃料	最大柴油
H_2S+NH_3	2.20	2.20	2.20
C_1+C_2	0.50	0.60	0.58
C_3+C_4	1.40	8.77	3.40
轻石脑油	2.40	14.09	7.48
重石脑油	3.20	16.92	13.50
喷气燃料	16.50	60.52	
柴油	25.6		75.36
总收率	101.8	103.10	102.52
氢耗/（Nm³/t）	201.0	347.0	282.0
产品性质			
喷气燃料			
密度（20℃）/（g/cm³）		0.795	
冰点/℃		-60	
烟点/mm		25	
硫/（μg/g）		5	
柴油			
密度（20℃）/（g/cm³）			0.820
十六烷值			58
倾点/℃			-30
硫/（μg/g）			10
尾油			
密度（20℃）/（g/cm³）	0.840		
黏度（20℃）/（mm²/s）	4.25		
硫/%	<0.001		
氮/（μg/g）			

表 6-1-29 及表 6-1-30 是文献[11]报道的两段工艺过程的液体产品收率及主要产品性质，显示了高的喷气燃料收率及相当高的产品质量。

表 6-1-29　异构裂化装置原料-直馏减压瓦斯油性质

原油来源	阿拉伯/杜里	玛亚	阿拉斯加/加利福尼亚
ASTM 馏程/℃	260~454	260~443	288~454
密度（20℃）/（g/cm³）	0.8927	0.8871	0.9042
烃族组成/%（体）			
烷烃	25	27	17
环烷烃	30	30	34
芳烃	55	43	49
硫/%	2.0	2.4	0.7
氮/（μg/g）	320	750	1125
多环芳烃指数	281	244	727

表 6-1-30　几种工业加氢裂化催化剂运转初期的产率

催化剂	ICR-204	工业催化剂 X	ICR-207
产率结构			
<C_4/%	12.7	12.0	8.2
喷气燃料/%（体）	42.7	44.4	53.7
>C_5/%（体）	104.6	104.9	109.0
氢耗/（Nm³/m³）	203.3	188.79	201.25
喷气燃料产率/%（体）	42.7	44.4	53.7
烟点/mm	31	29	36
芳烃/%（体）	4.3	7.1	0.7

从有关数据可以看出，即使采用早期的 ICR-204 催化剂的两段工艺过程，喷气燃料主要产品的收率(体积分数)也可以达到 42.7%，如果使用贵金属/分子筛的新一代 ICR-207 催化剂，其选择性大幅度增加，总液体收率(体积分数)达到 109.0%，喷气燃料收率则高达 53.7%。喷气燃料产品的质量，用 ICR-204 已相当好了，烟点 31mm，芳烃体积分数为 4.3%，当用 ICR-207 后，其芳烃含量只有 0.7%，烟点高达 36mm，充分显示出使用贵金属催化剂两段工艺过程的特色。

表 6-1-31 列出了使用终馏点高达 580℃ 的沙特 VGO 生产喷气燃料和柴油的运转结果。从数据看，进入二反裂化段的硫、氮含量已经很低，分别为 8.0μg/g 和 0.8μg/g。这次运转所使用的无定形裂化催化剂要比过去通用的催化剂增产 5% 的柴油，更重要的是它的产品质量很高，无论是石脑油、喷气燃料或柴油，其芳烃含量(体积分数)均小于或等于 1%，喷气燃料的烟点高达 41mm，柴油十六烷值大于 68。这些都是炼油厂调和其他低质量产品的理想组分。

表 6-1-31　加工沙特 VGO 的产品收率和性质

原料油			沙特 VGO	
API 度			33.8	
密度(20℃)/(g/cm³)			0.8518	
硫/(μg/g)			8.0	
氮/(μg/g)			0.8	
D2887 馏程/℃				
初馏点/5			363/378	
10/30			386/416	
50			444	
70/90			479/527	
90/终馏点			546/580	
产　品	收　率		性　质	
	%	%(体)		
C₅~82℃	6.8	8.9	P/N/A	58/42/0
82~121℃	8.8	10.4	P/N/A	57/42/1
121~288℃	49.1	53.8	烟点/mm	41
			冰点/℃	≤-75
			十六烷值	>68
288~372℃	32.5	34.2	P/N/A	62/37/1
			浊点/℃	-18
			倾点/℃	-39

注：P/N/A=烷烃/环烷烃/芳烃。循环异构裂化最大量提高产品收率和性质，与通用的催化剂相比，重柴油收率增加 5%。

(2) 共用循环氢系统的两段加氢裂化工艺

Union 公司多年来也开发了两段工艺过程及相应的贵金属催化剂，但对这种过程，Union 有其独特的叫法，称为将加氢处理段分开的加氢裂化工艺过程(Hydrocracking with separate hydrotreating)。而该公司直接称为两段(Two-Stage)工艺过程则是更多从工程上考虑的工艺过程。

Union 公司在 20 世纪 60 年代初期就开发了使用 HC-11 贵金属催化剂的两段工艺过程[12]，但并未大量使用。之后在 70 年代初期开发了 HC-18，得到了工业应用，如 Marathon's Rohinson 炼油厂在 25 年中就先后使用过 HC-11、HC-18 和 HC-28。使用 HC-11

和 HC-18 时为典型的两段工艺流程，主要目的产品为石脑油。但在使用 HC-28 时，由于这种催化剂可以耐硫化氢及氨，因而改用了更为简单的单段串联流程，这应当说是在工艺上一个较大的突破。

早在 20 世纪 60 年代，Union 公司就已使用过这种共用循环氢系统的两段加氢裂化工艺流程。Union 在不少文献中都讨论过设计这种两段工艺过程的原因。该公司认为，当加氢裂化装置处理能力很大时，按照一段的单段或单独串联流程，单个反应器的体积和重量都很大，这将给反应器的制造与运输带来困难，这就势必要使用三个或更多的反应器。既然使用三个以上的反应器，反应器之间的管道联接是必不可少的了，因此将新增的第三反应器按图 6-1-13 所示安排为两段流程就顺理成章。因为从化学反应角度分析，三反进料的氮含量很低，这样至少有两点好处：一是裂化反应温度较低有利于减少气体产率；二是对提高催化剂的稳定性有好处。

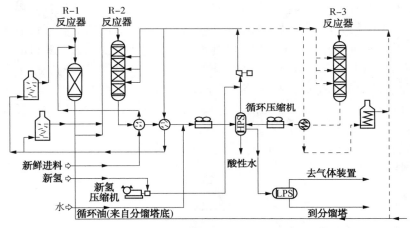

图 6-1-13　Union 公司开发的共用循环气系统两段加氢裂化工艺
单段：两个反应器，循环油到 R-2；两段：三个反应器，循环油到 R-3

现为中国石化扬子石油化工有限公司 1990 年 2 月建成投产[37] 的 1.2Mt/a 加氢裂化装置，就是采用 Union 公司共用循环氢系统的两段加氢裂化专利技术。该装置加工管输 VGO 和尤里卡加氢蜡油的混合油为原料，采用 >177℃ 馏分全循环至二段裂化反应器，最大量生产催化重整原料。表 6-1-32 为扬子石化两段加氢裂化装置的标定结果[13]。

表 6-1-32　扬子石化两段加氢裂化装置工业应用结果

原料油	管输 VGO：加氢蜡油 HCO＝7.5：2.5		
馏分范围/℃	186~487		
密度(20℃)/(g/cm³)	0.8812		
S/(μg/g)	3144		
N/(μg/g)	1119		
工艺条件	一段		二段
反应物料	新鲜原料		加氢裂化未转化油
反应总压/MPa	16.1		16.1
反应器	R_{1A}/R_{1B}	R_2	R_3
催化剂	HC-F	HC-14	HC-14
体积空速/h⁻¹	0.79	1.5	1.0
平均温度/℃	371.8/389.8	378.3	334.9

续表

氢油体积比	1065	1311	1052
<177℃转化率/%(体)		45	55
化学氢耗		3.54	
产品分布/%			
H$_2$S+NH$_3$+C$_1$+C$_2$		2.6	
液化石油气		19.21(脱戊烷塔顶液含C$_5$20%)	
<65℃轻石脑油		12.16	
65~177℃重石脑油		64.13	

　　如上所述，独立设置循环氢系统的两段加氢裂化工艺是为了满足加氢及裂化活性更高，但对原料油的硫、氮和循环氢中的硫化氢、氨含量有严格限制的加氢裂化催化剂(包括贵金属加氢裂化催化剂和非贵金属加氢裂化催化剂)的使用要求而开发和工业应用的。随着加氢裂化催化剂技术水平的不断提高，目前，非贵金属加氢裂化催化剂不仅具有很强的耐原料油的硫、氮和循环氢中的硫化氢、氨的中毒能力，而且具有很高的加氢和裂化活性。因此，独立设置循环氢系统的两段加氢裂化工艺，已基本不用于以生产油品为主要目的，而是用于生产某些特种产品，如用于生产超低芳烃含量柴油、溶剂油以及用于异构脱蜡生产润滑油基础油等(异构脱蜡生产润滑油基础油技术将有专门章节作详细介绍)。而随着加氢裂化装置的日趋大型化、以及用户加工原料及对加氢裂化产品需求的多样化，共用循环氢系统的两段加氢裂化技术将得到越来越广泛的应用。

　　上述介绍的两种加氢裂化工艺过程，可分类归纳为图6-1-14，从图中可以清楚看出各种工艺过程的特征及区别。

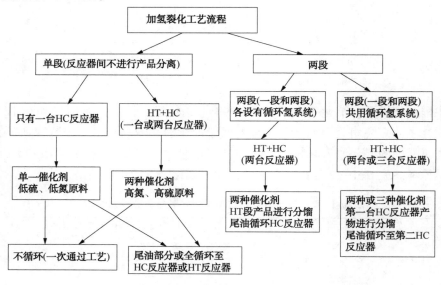

图6-1-14　加氢裂化工艺过程分类

第二节　现代加氢裂化工艺过程新进展

　　自1959年Chevron公司开发的现代加氢裂化技术首次进行工业应用以来，加氢裂化技术得到蓬勃发展。世界各大石油公司根据自身催化剂的特点、用户拟加工原料的特性及期望生产的加氢裂化产品产率及质量，在(本章第一节介绍的)单段加氢裂化和两段加氢裂化工艺流程基础上，开发、演变了多种各具特色的加氢裂化工艺过程。

一、国外加氢裂化工艺过程

国外最具代表性的加氢裂化技术专利商主要是美国的 UOP 公司和 Chevron 公司，这两家专利商的加氢裂化技术在世界范围内占有绝对的优势。

(一) UOP 公司

UOP 公司开发的加氢裂化技术工业应用已 50 多年。UOP 公司的加氢裂化技术不但工业应用最多、总加工能力最大，而且不断有新的技术进展[14,15]。

1. HyCycle 工艺

HyCycle 加氢裂化工艺流程示意图如图 6-2-1 所示。HyCycle 工艺采用了倒置的反应器排列，即加氢裂化反应器(一反)放在前面，加氢处理反应器(二反)放在后面，新鲜进料进入二反顶部，上游反应器具有高的氢分压及高的气/油比，更有利于裂化反应发生。新鲜进料进入二反，可吸收一反出口热量，从而有效利用反应热；加氢精制和裂化生成油首先进入装有精制催化剂的分离器/精制器，分离器/精制器的闪蒸轻液通过精制催化剂，进一步提高产品质量，闪蒸重液依次进入高压分离器、低压分离器及产品分馏塔，分馏出各种产品，加氢裂化未转化油可以从分馏塔底部循环回一反入口，也可从分离器/精制器的底部直接循环回一反入口。因为 HyCycle 工艺加氢裂化未转化油可以从分离器/精制器底部直接循环回裂化反应器，物料的热能和压力能得到充分利用，操作能耗大幅降低，因此该工艺可以采用低单程转化率(20%~40%)、大循环比的操作模式，实现原料油完全转化(99.5%)的目的。

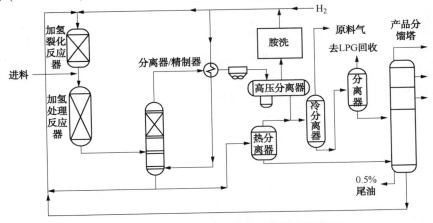

图 6-2-1　HyCycle 加氢裂化工艺流程示意图

该工艺的主要特点是可降低氢耗和提高柴油产品的选择性。与其他完全转化多产中馏分油的设计工艺相比，中馏分油的体积产率可提高 5%，其中柴油产率提高 15%。因氢耗降低和工艺热能的高效利用可使总操作费用降低 15%。由于该工艺技术裂化所得轻组分在分离器上部再次进行加氢精制，产品质量进一步得到提高，因此，HyCycle 工艺的另一个重要特点是在得到相同的产品质量时，可以降低操作压力，与典型装置相比，HyCycle 压力可降低 25%。

2. APCU 技术

APCU(Advanced Partial Conversion Unicracking)工艺是 UOP 专利技术 HyCycle™ Unicracking 工艺的延伸。其工艺流程示意图如图 6-2-2 所示。

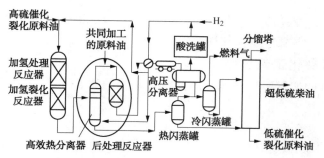

图 6-2-2　APCU 加氢裂化工艺流程示意图

　　加氢裂化在中等压力和较低转化率下操作,虽然可生产优质的低硫、高氢含量的催化裂化原料,但其副产的轻质产物,尤其是柴油馏分的质量却仍较差。APCU 技术就是为了在中压、低转化率下可同时生产优质催化裂化原料和柴油组分而开发的工艺新技术。该技术的特点是在传统的加氢裂化流程后部增加一个带有补充精制反应器的高效热分离器,补充精制反应器除处理经高效热分离器闪蒸出来的加氢裂化轻组分外,还可用来处理外来的轻质煤、柴油馏分,进行深度脱硫及提高十六烷值。而加氢裂化反应器系统仍然进重质 VGO 进行转化。加氢裂化和后处理反应器使用同一氢气循环系统,以减少操作费用。通过联合加工的流程,APCU 技术可以在低转化率(20%~50%)和中等压力(<10MPa)下,以及比全转化装置低得多的投资,生产超低硫及高十六烷值柴油,在产品质量上实现了跨越。

　　3. 单独加氢处理的加氢裂化工艺

　　单独加氢处理的加氢裂化工艺原则流程图如图 6-2-3 所示。原料油先进入装填加氢处理催化剂(也可装填加氢处理和加氢裂化催化剂)的加氢处理反应器,对原料油进行加氢脱硫、脱氮、脱氧、烯烃加氢饱和、部分芳烃加氢,如果需要还可将原料油进行适度裂化,使加氢处理生成油达到合适的氢含量。加氢处理反应产物经高、低压分离后,进入产品分馏部分。分馏塔底的未转化油进入装填加氢预处理/裂化催化剂的加氢裂化反应器进行循环裂化。裂化反应器可以控制较高的单程裂解率(约 80%)来提高馏分油质量。

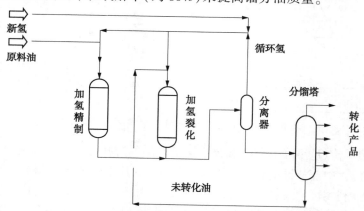

图 6-2-3　单独加氢处理的加氢裂化工艺流程示意图

　　与常规单程通过流程相比,该工艺裂化段的高压设备负荷可降低 50%,分馏塔负荷有所增加,但总体来说降低了投资和生产成本。

　　4. 加氢裂化-加氢处理组合工艺

　　UOP 公司在 2007 年 NPRA 年会上推出一种分步进料加工 DAO、VGO 和 AGO,生产清洁油品的加氢裂化-加氢处理组合工艺技术，该工艺是针对加拿大 Northern Lights 公司加工沥青基重质原油的需要而开发的，其原则工艺流程见图 6-2-4。

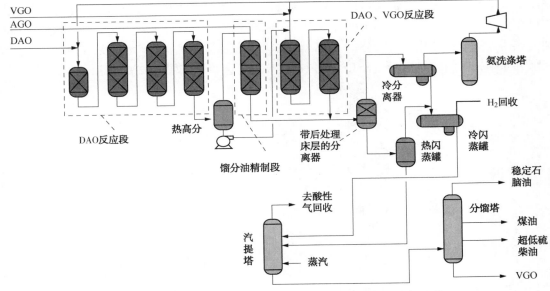

图 6-2-4　用于重质原油改质的加氢裂化-加氢处理组合工艺流程示意图

原料性质最好的 AGO 原料经加氢精制后，送到产品分馏系统；原料性质次之的 VGO 送到另一组加氢裂化预精制和加氢裂化反应器进行加氢转化，反应产物也送到与 AGO 原料加氢精制相同的产品分馏系统；原料性质最差的 DAO 原料进入一组装有保护催化剂、脱金属催化剂和加氢处理催化剂的反应器中进行脱金属、脱硫、脱氮、脱氧、烯烃加氢和芳烃加氢，DAO 加氢反应产物经热高分将闪蒸出轻组分，轻组分与 AGO 混合一起进入加氢精制反应器。从热高分底部出来的重组分送到加氢裂化反应器，与 VGO 混合一起进行加氢转化。

该组合工艺技术实际上是集 UOP 开发的渣油加氢（RCD Uniofining™）、馏分油加氢（Uniofining）和 VGO/DAO 加氢裂化（Unicracking）三种工艺于一套装置中，因此，可以在一套加氢装置上同时加工 DAO、VGO 和 AGO 进料。由于该工艺技术共用补充氢系统、循环氢及循环氢脱硫系统和产品分馏系统，故设备数量及压缩机、泵和工艺热所需的公用工程都有所减少，所以装置建设投资和操作费用可明显降低。

（二）Chevron 公司

为了降低装置投资和操作费用、适应原料加工和产品市场的需求，Chevron 公司在其单段一次通过（SSOT）、单段循环（SSREC）和两段循环（TSR）加氢裂化工艺技术的基础上，进行了许多改进，最近几年先后推出了几种新工艺[16,17]。

1. 单段反序串联（SSRS）加氢裂化工艺

在 2005 年 NPRA 年会上 Chevron 公司推出单段反序串联工艺（Single-stage Reaction Sequenced，SSRS）。这种工艺的主要特点是把第二段裂化反应器放在第一段反应器的上游，第二段流出物与新鲜原料油一起进入第一段反应器，使第二段反应器中未利用的氢气在第一段反应器中再利用，因而减少了循环氢的总量；其次是第二段的全部流出物与进入第一段的原料油直接混合，一方面减少了一、二段间的急冷氢的用量，另一方面最大限度利用了二段的反应热。由于这种工艺减少了循环氢压缩机负荷、高压换热器的换热面积和反应加热炉负荷,从而降低了装置投资和操作费用。采用 SSRS 技术可实现重质原料全转化,同时最大量生产优质中间馏分油;第三因为这种工艺将裂化反应器放在处理反应器前面,因此不像采用采用单段串联技术那样,需要考虑精制反应器出口温度与裂化反应器入口温度的匹配问题,故可在更高的体积空速下、加工处理更劣质的原料油。世界上首次采用此专利技术的中国石油大连西太平洋石油化工有限公司 1.5Mt/a 加氢裂化装置已建成投产(应用结果将在本节第三部分介绍)。单段反序串联(SSRS)加氢裂化原则工艺流程如图 6-2-5 所示。

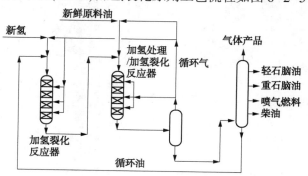

图 6-2-5　单段反序串联(SSRS)加氢裂化工艺流程示意图

2. 优化部分转化(OPC)加氢裂化工艺

为了加工难转化的原料和提高优质产品收率,Chevron 公司 1999 年推出了优化部分转化(OPC)加氢裂化工艺,用于转化 HVGO、LCO、HCGO 劣质料混合油。OPC 加氢裂化工艺原则流程示意图如图 6-2-6 所示。OPC 工艺的两台反应器均为带裂化性质的反应器,第一台反应器装填加氢精制和加氢裂化催化剂,用于对新鲜进料的深度脱 S、脱 N、芳烃加氢及部分裂化;第二台反应器装填加氢裂化催化剂,根据需要可将一部分未转化油再进一步转化为轻组分(另一部分作为催化裂化原料直接进 FCC 装置),也可同时将部分/或全部喷气燃料、柴油循环回二反裂化,进一步提高喷气燃料和柴油的质量,同时多产石脑油。OPC 技术实质是将两段循环加氢裂化工艺中第二段的"清洁化"优势,即提高催化剂加氢活性和选择性应用到部分转化加氢裂化装置中。该工艺于 2001 年在美国得克萨斯州 Premcor 炼制公司的约瑟港炼油厂投用,加工重质 Maya 原油的 HVGO、LCO 和 HCGO 的混合油,生产 FCC 原料的同时得到高质量馏分油产品。

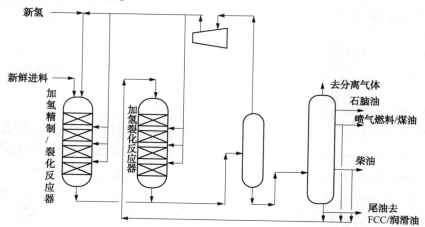

图 6-2-6　OPC 加氢裂化工艺原则流程示意图

　　OPC 工艺除了用于新建装置，还可用于改造原有的单段装置或两段全循环装置。对现有低操作苛刻度单段一次通过装置(SSOT)改造：可在原反应器的上游增加一台较小的反应器，使单段装置变为部分(或全部)循环的两段装置，新氢(补充氢)只进新增加的第二反应器。此工艺的优点是：能限制第一段反应器的转化率，减少低质量产品的产生；在第二段反应器得到高收率和高质量的产品；可循环一种或几种产品，提高不同馏分的产品质量；可改变循环油的数量和/或第二反应器的操作条件与催化剂，改变生产 FCC 原料油的数量。工艺流程见图 6-2-7。

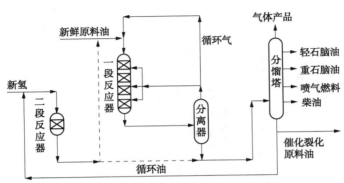

图 6-2-7　SSOT 装置采用 OPC 工艺改造的流程示意图

　　对现有单段循环装置(SSREC)改造基本原理与 SSOT 装置改造相同：在第一段反应器前增加一台小反应器，分馏塔底未转化油进第二反应器，其裂化产物或者直接送去分离或者"反序"进入第一反应器。研究结果表明 SSREC 装置改为 OPC 操作模式，加工能力可提高约40%~50%。原则流程见图 6-2-8。

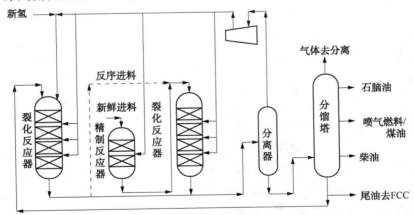

图 6-2-8　SSREC 装置采用 OPC 工艺改造的流程示意图

3. 分别进料 SFI 工艺

　　Chevron 公司和 ABB Lummus Global 公司共同组建的加氢技术公司 Chevron Lummus Global(简称 CLG)开发了分别进料(Split feed injection)工艺。该工艺是将 FCC 原料预处理与 FCC 产物后处理相结合的技术，即将 FCC 进料的预处理和 FCC 产物(LCO)的后处理过程在同一装置中完成，其原则工艺流程如图 6-2-9 所示。新鲜原料进入第一台加氢处理/加氢裂化反应器，需处理的柴油馏分和/或轻循环油与第一反应器产物混合进入第二台加氢处理反应器。由于加氢处理过程发生在加氢裂化催化剂床层的下游，因而可以避免目标产品馏分再度裂解。这种分别进料的方式，反应温度可降低 16.7℃，<360℃馏分转化率从 70%提高到 79%，氢耗降低 53.4m³/m³，柴油产率从 63%提高到 72%。加氢裂化反应器流出物可以为加氢处理反应提供富氢气，同时也作为加氢处理过程产生热量的"热阱"，使加氢处理反应器所需急冷氢大为减少。另外，由于省去了另外建设柴油/轻循环油加氢处理装置所需的配套设备(换热器、分离器、压缩机等)，投资可节省 20%～40%。

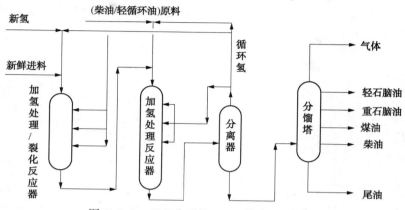

图 6-2-9　CLG 公司的 SFI 工艺流程示意图

4. ISOFLEX 加氢裂化工艺

ISOFLEX 加氢裂化工艺于 2005 年推出，其流程示意图如图 6-2-10 所示。

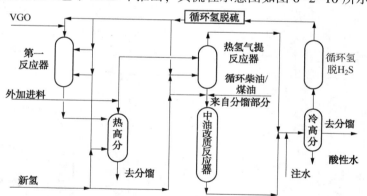

图 6-2-10　ISOFLEX 加氢裂化工艺流程示意图

原料油经第一段反应后，进入热高压分离器，在热高压分离器通入氢气对反应产物进行气提，将热高压分离器底部出来的气提重液送入分馏单元。在热高压分离器中气提、闪蒸出来的轻液，与需要转化成超低硫柴油的外部冷进料如 LCO 和 AGO 混合，进入汽提塔/反应器。在此以逆向流动方式与氢气接触，反应产物再进入中间馏分改质反应器，在此进行最后的脱硫和芳烃饱和反应。如果需要，也可将从分馏塔分离出来的煤油、柴油馏分循环到中间馏分改质反应器再进行脱硫和芳烃饱和反应，进一步提高产品质量。

因为经过缓和加氢裂化反应步骤后，未转化油马上离开反应系统，所以氢耗达到最小化，因此避免了未转化油中剩余芳烃的饱和。未转化油是优异的 FCC 装置进料。缓和加氢裂化装置可以在仅满足 FCC 汽油硫含量要求的条件下运行。例如，如果 FCC 汽油硫含量规范是 10μg/g，那么就设定缓和加氢裂化的操作条件把未转化油的硫含量控制在 80～100μg/g 指标内。而在此操作条件下，又可同时生产高品质的煤油、柴油产品。

ISOFLEX 加氢裂化工艺是 CLG 公司各种加氢裂化创新改进技术的集成,其技术核心是:在反应段最好地利用催化剂处理每一类原料油;将反应段的产品及时导出,防止再次裂化为不需要的轻质产品;再充分利用第二段的清洁环境实现高转化率;用最少的设备实现最大限度的转化,同时保持目的产品的高选择性;减少质量过剩和轻馏分的产生,使氢气消耗减至最少;装置在最低压力下操作,能加工柴油和 VGO 馏程范围内的多种原料;使每台反应段的氢分压最大,气体循环最小。ISOFLEX 工艺可应用于缓和加氢裂化、高转化率加氢裂化和两段加氢裂化等装置。

二、国内加氢裂化工艺新进展

中国石化抚顺石油化工研究院(FRIPP)是中国最早从事加氢裂化技术开发的研究机构,也是世界上最早从事加氢裂化技术开发的研究机构之一。伴随着中国加氢裂化技术的发展,FRIPP 除开发、掌握传统的单段加氢裂化、两段加氢裂化及中压加氢裂化、缓和加氢裂化和中压加氢改质工艺技术外,还开发出多种特点鲜明、能最大限度满足用户不同需求的加氢裂化技术[18,19]。

1. 加氢裂化-蜡油灵活加氢处理(FHC-FFHT)组合工艺技术

该组合工艺是基于对企业现有加氢裂化装置进行扩能改造而开发的组合工艺。该工艺具有如下特点:

对原加氢裂化装置几乎不做任何改动;新增蜡油灵活加氢处理系列(图 6-2-11)中原料油 2→加氢处理反应器)反应产物经热高分闪蒸出来的含富氢轻液回到原加氢裂化装置的裂化反应器入口,循环氢得到重复利用。因此,即使装置处理能力扩能 100% 以上,循环氢压缩机能力只需扩能 20% 左右;蜡油灵活加氢处理系列即可加工与加氢裂化系列相同的原料,也可加工馏分更重、质量更差的原料油;蜡油灵活加氢处理系列即可按高空速、较低温度模式操作,以脱除原料中的硫等杂质和部分芳烃加氢饱和为主,为下游的 FCC 装置提供优质原料。也可以按低空速、高温模式操作,使部分蜡油直接转化成轻质馏分,剩余未转化的馏分随加氢裂化系列的未转化油循环回加氢裂化系列继续裂化,从而实现蜡油的全部轻质化;改造后装置操作灵活,可进行加氢裂化和灵活加氢处理两系列同时操作,也可单开加氢裂化系列或蜡油灵活加氢处理系列;装置扩能改造幅度大、投资低。

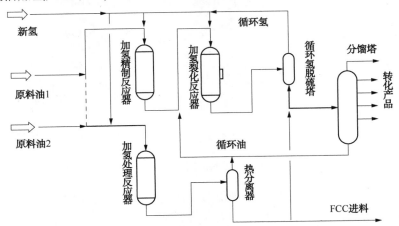

图 6-2-11　加氢裂化-蜡油灵活加氢处理组合工艺流程示意图

2. 单段两剂加氢裂化(FDC)工艺

传统的单段加氢裂化工艺采用一种主催化剂,在一台反应器内同时完成原料油的加氢脱硫、加氢脱氮、芳烃和烯烃加氢饱和以及加氢裂化等反应。单段加氢裂化的优点是工艺流程相对比较简单、体积空速大、投资和操作费用相对较低，以及所用催化剂(一般选用分子筛含量较低，裂化活性较弱的裂化催化剂)的特性，因此是最大量生产中间馏分油的最适宜工艺流程。但传统的单段加氢裂化也存在许多不足，主要有：对原料油性质变化的适应能力很差、催化剂使用周期短、只能加工终馏点相对较低的原料等。

　　通过分析发现，传统的单段加氢裂化技术之所以对原料油性质变化适应性差，是因为装在反应器上部的加氢裂化催化剂主要是以加氢脱硫、脱氮和烯烃、芳烃饱和为主，同时还具有一定的裂化功能。当进料性质较稳定时，反应器入口温度、温升也相对稳定，这时反应器上部催化剂的加氢和裂化功能也处于平衡状态，因此表现为装置操作平稳；但当进料性质发生较大变化时，特别是进料中的硫含量和不饱和烃含量增加较多时，反应器上部的温升会快速增加，催化剂的加氢和裂化平衡将被打破，这时如果没有及时调整反应器入口温度，将会发生连锁反应，造成装置操作波动，严重时还可能导致反应器超温。

　　FRIPP 开发的 FDC 单段两剂加氢裂化技术(如图 6-2-12 所示)的工艺流程与传统单段加氢裂化的工艺流程没有本质区别，其最大区别在于反应器由装填一种主催化剂改为级配装填两种主催化剂，将反应器上部的加氢裂化催化剂换成加氢精制催化剂。这样，即使进料性质发生较大变化，温升也只在基本没有裂化活性的精制段发生波动，通过调整冷氢用量，将反应温升消化在精制段，保持裂化段反应温度及反应深度基本不变化，从而确保装置的平稳操作。另外，尽管用于单段加氢裂化工艺的裂化催化剂具有很好的耐氮中毒能力，但高的氮含量仍将抑制裂化催化剂的裂化活性，并加速催化剂的积碳和结焦，从而缩短催化剂的使用周期。而在反应器上部用加氢活性更好的加氢精制催化剂替代裂化催化剂，可将进料的氮含量脱到较低的水平，从而确保下部裂化催化剂充分发挥其活性、稳定性。

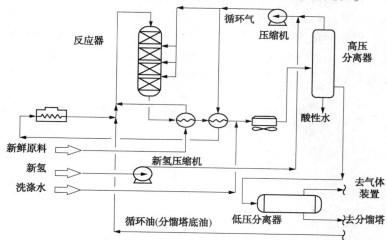

图 6-2-12　FDC 单段两剂加氢裂化工艺流程示意图

　　因此，FDC 单段两剂加氢裂化技术既保持了传统单段加氢裂化工艺技术工艺流程简单、体积空速大等优点，同时还弥补了传统单段加氢裂化工艺技术对原料油适应性差、催化剂运转周期短和加氢裂化产品质量相对较差等不足。

　　3. FMC2 多产优质化工原料两段加氢裂化技术

　　FMC2 多产化工原料两段加氢裂化技术原则流程如图 6-2-13 所示。采用共用氢气系统的两段工艺，但与传统的共用氢气系统的两段加氢裂化工艺所不同的是，第二段不是处理加氢裂化未转化油，而是加氢裂化装置本身所产煤柴油（部分或全部）或/和来自装置外的劣质柴油，最大限度为下游的催化重整装置和蒸汽裂解制乙烯装置提供优质原料（重石脑油和加氢裂化尾油）。

此技术尤其适合重整装置和/或乙烯生产装置扩能，但原油一次加工能力没有同步扩能的企业选用。

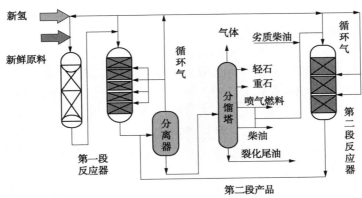

图 6-2-13　FMC2 多产化工原料两段加氢裂化工艺流程示意图

4. 中压加氢裂化（改质）-中间馏分油补充加氢精制组合技术

中压加氢裂化和中压加氢改质技术生产的喷气燃料和柴油馏分芳烃含量偏高，因此喷气燃料烟点和柴油十六烷值偏低，不能直接生产合格喷气燃料和柴油产品。为了进一步脱除中压加氢裂化、加氢改质所产喷气燃料和/或柴油中的芳烃，提高喷气燃料烟点和/或柴油十六烷值，FRIPP 开发了中压加氢裂化（改质）-中间馏分油补充加氢精制组合技术。

中压加氢裂化（改质）-中间馏分油补充加氢精制组合技术如图 6-2-14 所示。在中压加氢裂化或中压加氢改质的分馏塔产品侧线加一台加氢脱芳反应器。虽然中压加氢裂化（改质）所产喷气燃料/柴油质量不高，但其硫、氮含量非常低，而且基本不含硫化氢和氨，因此新增加氢脱芳反应器可装填加氢活性高，但对进料中的硫、氮、硫化氢和氨有严格限制的贵金属或非贵金属催化剂，并利用补充新氢在低压下对喷气燃料/柴油进行深度脱芳，反应产物经分离器后，富氢气体作为补充新氢回到中压加氢裂化或中压加氢改质装置的循环氢压缩机入口或出口。

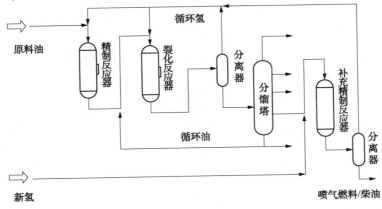

图 6-2-14　中压加氢裂化（改质）-中间馏分油补充加氢精制组合工艺流程示意图

5. 加氢裂化-加氢精制分段进料(FHC-FHF)组合技术

加氢裂化-加氢精制分段进料(FHC-FHF)组合技术是 FRIPP 针对有些企业需对柴油进行加氢精制、对蜡油进行加氢裂化或对劣质柴油进行加氢改质而开发的一种组合工艺。因为这些企业需要处理的柴油、蜡油(或劣质柴油)数量相对较小,如果建设独立的柴油精制、蜡油裂化(或劣质柴油加氢改质)装置,则装置的设备台数多、占地大,投资和操作费用也较高。

FHC-FHF 组合技术原则流程如图 6-2-15 所示。组合装置设有两个串联设置的反应段:第一反应段级配装填高加氢脱氮活性精制催化剂和对重、劣质组分有很强优先裂解、破环能力的裂化催化剂,用于重质原料选择性加氢裂化或劣质柴油加氢改质;第二反应段装填高加氢脱硫和脱氮活性的加氢精制催化剂,用于第一反应段产物的补充精制和从第二反应段入口引入的轻质原料的深度加氢精制。组合装置只设一台反应加热炉,用于提升进入第一反应段入口原料的温度。进入第二反应段入口的轻质原料通过与第二反应段流出物换热和与第一反应段流出物混合而提升到所需的反应温度,充分利用反应热,降低装置操作能耗和费用。

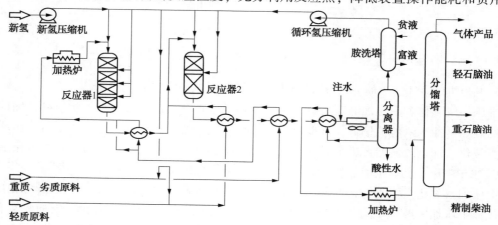

图 6-2-15　加氢裂化-加氢精制分段进料(FHC-FHF)组合工艺流程示意图

6. 加氢裂化-加氢处理(FHC-FHT)反序串联技术

加氢裂化-加氢处理(FHC-FHT)反序串联技术是 FRIPP 针对加工高氮原料以及高含氧的非常规石油如页岩油、煤焦油(或称蒽油)、煤直接液化油、F-T 合成油和动、植物油脂开发的一种组合工艺,其原则流程如图 6-2-16 所示。

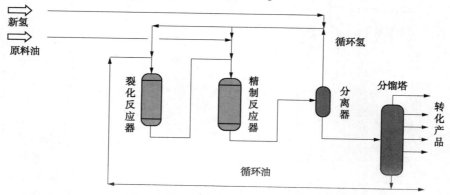

图 6-2-16　加氢裂化-加氢处理(FHC-FHT)反序串联工艺流程示意图

加氢裂化装置加工高含氮原料，反应系统氨分压提高，将严重抑制加氢裂化催化剂的裂解活性，而加氢裂化装置如果加工高含氧原料，反应系统过高的水分压，一方面会破坏裂化催化剂的分子筛结构，导致裂化催化剂失活；另一方面还会造成加氢催化剂的破碎。因此，采用常规工艺和催化剂技术，加工高含氮和/或氧原料油，如焦化蜡油、页岩油、煤焦油（或称蒽油）、煤直接液化油、F-T合成油和动、植物油脂等非常规原料，装置将很难实现长周期平稳运行。

FHC-FHT组合技术设置两个反序串联反应段：第一反应段（R1）装填高耐水蒸气、抗结焦和高脱氮活性的加氢精制催化剂，用于新鲜原料的深度加氢脱硫、脱氮、脱氧和第二反应段（R2）产物的补充精制。第一反应段的反应产物经高、低压分离器和产品分馏塔，分离出反应生成的水、氨和轻质馏分，分馏塔底油循环至第二反应段。第二反应段装填根据特定需要优选的加氢裂化催化剂，在洁净的气氛中对循环油深度加氢转化。

7. 加氢裂化-尾油异构脱蜡（FHC-WSI）组合技术

加氢裂化-尾油异构脱蜡（FHC-WSI）组合技术原则流程如图6-2-17所示。该组合工艺包括加氢裂化和尾油异构脱蜡两个单元：加氢裂化单元的尾油直接供给尾油异构脱蜡单元作原料，新氢一次通过尾油异构脱蜡单元，尾氢再返回给加氢裂化单元作补充氢，循环氢只在加氢裂化单元内循环。两个单元实现深度联合，因此装置建设投资和操作费用明显降低。

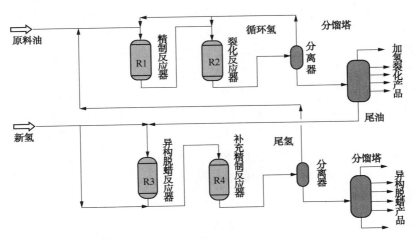

图6-2-17　加氢裂化-尾油异构脱蜡（FHC-WSI）组合工艺流程示意图

三、加氢裂化工艺过程在中国的工业应用

1966年，中国自行开发、建设的第一套加氢裂化装置在大庆建成投产，使中国成为世界上最早掌握加氢裂化技术的少数国家之一。但此后的十几年，由于各种原因，加氢裂化技术没有得到进一步的发展。直到20世纪70年末，随着中国经济的飞速发展，加氢裂化技术也得到快速发展和广泛应用。到2015年5月，中国石化、中国石油和中海石油三大国有石油公司以及其他炼化企业已建成投产的各种高、中压加氢裂化（不含柴油加氢改质装置）共计42套，总加工能力近70Mt/a，正在设计和规划建设的加氢裂化装置还有20余套，总加工能力近40Mt/a，加氢裂化装置已成为炼油企业装置构成的"标准配置"和油、化、纤结合的核心。

我国目前在产的 42 套高、中加氢裂化装置中，所用催化剂及工艺技术的专利商包括中国石化的 FRIPP 和 RIPP 以及国外的 UOP、Chevron、Shell。

（一）FRIPP

已建成投产的加氢裂化装置中，有 31 套加氢裂化装置采用 FRIPP 提供的专有技术设计建设。目前，有 27 套加氢裂化装置使用 FRIPP 开发的加氢裂化催化剂及工艺技术，所用工艺技术包括多产化工原料加氢裂化技术、灵活生产化工原料和中间馏分油加氢裂化技术、多产中间馏分油加氢裂化技术、FDC 单段两剂多产中间馏分油加氢裂化技术、加氢裂化-蜡油加氢处理组合技术和加氢裂化-加氢精制分段进料（FHC-FHF）组合技术等，加氢裂化催化剂包括轻油型系列、灵活性系列、中油型系列和高中油型系列。

1. 多产化工原料的加氢裂化技术

扬子 2.0Mt/a 加氢裂化装置为我国 20 世纪 70 年代末、80 年代初引进美国联合油公司四套加氢裂化专利技术之一，装置原设计加工能力 1.2Mt/a、采用>177℃尾油全循环二段裂化反应器的两段工艺流程，最大量生产石脑油，为催化重整装置提供原料，使用联合油的 HC-14 轻油型加氢裂化催化剂。为了适应乙烯发展的需要，1992～1993 年对装置进行扩能改造，在原先加工裂化循环油的二段（裂化）反应器前增加一台加氢预精制反应器，用于加工新鲜原料，将两段加氢裂化改成两套并列的单段串联、尾油一次通过流程加氢裂化装置。两套装置的反应部分并联、共用分馏部分及氢气系统，装置将加工能力扩能至 2.0Mt/a，1994 年改造完成。1997 年换用 FRIPP 开发的 3825 和 3905 轻油型加氢裂化催化剂，2004 年使用 FRIPP 开发的最新一代 FC-24 轻油型加氢裂化催化剂，表 6-2-1～表 6-2-3 为该装置 2004 年～2007 年 4 月的运行参数平均结果[20]。从数据表可以看出，该生产装置具有如下特点：

- 装置可长时间在高转化率条件下操作，重石脑油产率一直保持在 38%～39%；
- 装置除生产约 11% 的喷气燃料作为油品外，重石脑油可作重整原料，液化气、轻石脑油和加氢裂化尾油作乙烯原料，因此，装置可生产 90% 左右的化工原料；
- 尽管装置选用轻油型裂化催化剂，精制油氮含量一直控制在 15μg/g 左右，而且裂化转化率很高，但装置运转近 3 年，反应器基本没有提温。由此可见，加氢裂化装置可在高裂化转化率情况下长期稳定运行。

表 6-2-1　2004 年 8 月～2007 年 4 月加氢裂化原料性质

项　　目	最高值	最低值	平均值
一系列原料			
密度（15.6℃）/（t/m³）	0.8865	0.8490	0.8690
初馏点/℃	239	150	167.9
终馏点/℃	503	452	478.2
S/（μg/g）	9132	2671	5481.6
N/（μg/g）	1391.6	327.0	681.3
二系列原料			
密度（15.6℃）/（t/m³）	0.8859	0.8444	0.8687
初馏点/℃	224	150	167.5
终馏点/℃	509	451	476.9
S/（μg/g）	9996	849	5305.6
N/（μg/g）	1966.9	305	728.6

表 6-2-2　主要操作工艺条件

项　　目	2004 年 12 月	2005 年 12 月	2006 年 12 月	2007 年 4 月
一系列				
精制反应器 A/B 平均温度/℃	363.1/380.7	360.7/376.9	356.2/370.8	357.2/369.1
精制反应器 A/B 体积空速/h^{-1}	1.89/1.35	1.85/1.33	1.78/1.27	1.64/1.17
裂化反应器平均温度/℃	374.7	368.5	374.5	373.6
裂化反应器体积空速/h^{-1}	1.41	1.38	1.33	1.22
精制油氮含量/(μg/g)	16.2	13.5	15.0	14.0
二系列				
精制反应器平均温度/℃	368.4	360.1	365.6	359.2
精制反应器体积空速/h^{-1}	0.87	0.87	0.87	0.94
裂化反应器平均温度/℃	362.6	359.0	368.2	360.3
裂化反应器体积空速/h^{-1}	1.1	1.1	1.1	1.17
精制油氮含量/(μg/g)	14.2	13.0	17.4	10.4
高压分离器压力/MPa	14.1	14.0	14.1	14.0
循环氢纯度/%(体)	87.68	88.68	87.38	91.78

表 6-2-3　主要产品分布

项　　目	2004 年 8~12 月	2005 年 1~12 月	2006 年 1~12 月	2007 年 1~4 月
运行时间/h	3575.75	8760	8499.08	2880
负荷率/%	100.38	97.06	97.02	100
主要产品分布/%				
液化气	10.26	11.18	11.29	11.43
轻石脑油	7.34	8.81	7.59	7.60
重石脑油	38.34	38.00	39.13	38.11
喷气燃料	13.30	11.00	8.69	10.3
加氢裂化尾油	31.16	31.22	32.77	33.63
C$_5$+ 液收/%	92.32	92.00	91.35	92.17
氢耗/(Nm^3/t)	326.1	322.9	320.56	310.5

2. 灵活生产化工原料和中间馏分油加氢裂化技术

中国石化上海石油化工股份有限公司 1.5Mt/a 加氢裂化装置也是在我国 20 世纪 70 年代末、80 年代初引进了美国联合油公司四套加氢裂化专利技术之一，装置原设计加工能力 0.9Mt/a、采用>177℃尾油全循环至裂化反应器入口的单段串联工艺流程，最大量生产石脑油，为催化重整装置提供原料，使用联合油的 HC-14 轻油型加氢裂化催化剂。装置于 1985 年建成投产，1997~1998 年装置进行扩能改造，增加一台加氢预精制反应器，与原精制反应器并联、再共同与裂化反应器串联，并将尾油全循环改为单程一次通过流程，加工能力扩能至 1.5Mt/a。该装置 1991 年换用 FRIPP 开发的 3825 轻油型加氢裂化催化剂，2003 年换用 FRIPP 开发的 FC-12 灵活型加氢裂化催化剂，2008 年 5 月对 FC-12 裂化催化剂进行再生使用，不足部分装填新鲜 FC-12、FC-32 灵活型加氢裂化催化剂。表 6-2-4~表 6-2-6 为该装置在 2008 年 12 月~2009 年 12 月的运行结果[21,22]。

再生 FC-12 加氢裂化催化剂在反应器入口压力 15.0MPa，体积空速 1.30~1.32h^{-1}，平均反应温度 378.5~382.5℃条件下，处理硫含量 1.52%~1.93%、氮含量 649~954μg/g 的减压馏分油，裂化转化率 80%~84%。加氢裂化主要产品重石脑油收率 34.72%~35.12%，硫

含量小于 $0.5\mu g/g$，可直接作为催化重整原料；喷气燃料收率 $13.5\%\sim15.1\%$，烟点 29mm，是优质 $3^{\#}$ 喷气燃料调和组分；柴油收率 $8.47\%\sim12.38\%$，十六烷值 59.2；加氢裂化尾油收率 $16.34\%\sim19.81\%$，BMCI 值 6.7，是优质蒸汽裂解制乙烯原料。

尽管上海石化 1.5Mt/a 加氢裂化装置所用原料油性质及操作条件与扬子石化 2.0Mt/a 加氢裂化装置有所差别，但从表 6-2-4～表 6-2-6 的工业应用结果可以看出：

- 采用灵活型加氢裂化催化剂，重石脑油收率也可长期保持在 35% 以上；
- 在重石脑油产率接近的情况下，灵活型裂化催化剂的液化气产率明显低于轻油型裂化催化剂，故氢耗量明显低于轻油型裂化催化剂；
- 灵活型裂化催化剂的反应温度明显高于轻油型裂化催化剂，且在高转化率下，催化剂的活性稳定性较轻油型差。

表 6-2-4　2008～2009 年原料油性质

日　期	2008.12	2009.12	日　期	2008.12	2009.12
密度(20℃)/(g/cm³)	0.9005	0.9184	终馏点	521	546
馏程(ASTM D1160)/℃			残炭/%	0.152	0.186
初馏点	230	236	硫/%	1.52	1.93
10%	341	336	氮/(μg/g)	649	954
50%	422	446	Fe/(μg/g)	1.2	1.1
90%	491	515	酸值/(mg/kg)	0.48	0.50

表 6-2-5　反应系统主要操作参数

项　目	2008 年 12 月	2009 年 12 月	项　目	2008 年 12 月	2009 年 12 月
反应器入口压力/MPa	15.0	15.0	产品分布/%		
DC-101 精制反应器			酸性气	1.19	1.52
平均温度/℃	372.3	380.2	干气	3.88	3.62
空速/h⁻¹	0.89	0.93	丙烷	0.87	0.49
出口氮含量/(μg/g)	13.0	12.8	液化气	4.88	4.24
DC-103 精制反应器			轻石脑油	12.12	10.40
平均温度/℃	376.4	379.8	重石脑油	34.72	35.12
空速/h⁻¹	0.85	0.89	喷气燃料	13.50	15.51
出口氮含量/(μg/g)	13.9	11.2	柴油	8.47	12.38
DC-102 裂化反应器			尾油	19.81	16.34
平均温度/℃	378.5	382.5	C₅₊液收①	88.62	89.75
空速/h⁻¹	1.30	1.32	氢耗/(Nm³/t)	277	310
循环氢浓度/%(体)	85.23	83.40			

① 一般习惯，产品收率是对原料油，而上海石化计算的产品收率是对原料油+氢气，且加氢裂化原料中包括约3%的重整液化气，故液体产品收率较低。

表 6-2-6　产品主要性质

项　目	轻石脑油	重石脑油	喷气燃料	柴油	尾油
密度(20℃)/(g/cm³)	0.6361	0.7382	0.7889	0.7973	0.8122
馏分范围/℃	27～74	80～163	159～220	198～277	203～488
S/(μg/g)		<0.5			
冰点/℃			-55		
烟点/mm			29		
凝点/℃				<-25	
十六烷指数				59.2	
BMCI 值					6.7

3. 多产中间馏分油加氢裂化技术

镇海炼化分公司 I 套加氢裂化是在中国采用国内加氢裂化技术、主要设备国产化、自行设计建设的首套大型加氢裂化装置。装置原设计规模为 0.8Mt/a，以胜利原油减压蜡油为原料单段串联、尾油全循环流程，于 1993 年 9 月投料试车，一次成功。

随着原油品种、产品市场及镇海炼化总加工流程的变化，装置先后经历了 0.9Mt/加工高硫油改造、2.2Mt/加氢裂化和灵活加氢处理组合工艺和 2.4Mt/改造。目前加氢裂化系列处理量为 1.2Mt/，采用单段串联、一次通过流程，裂化反应器使用 FC-50 中油型加氢裂化催化剂。表 6-2-7 和表 6-2-8[23~25] 为装置的典型生产数据，表中同时列出了 1999 年使用 3974 裂化催化剂（FC-50 的上一代催化剂，编者注）、采用尾油全循环的操作条件、产品分布和产品主要性质。

从表中可以看出，不管是采用一次通过流程，还是尾油循环流程，中油型裂化催化剂的干气、液化气和轻石脑油产率均较低，煤柴油收率较高，同时还可生产一定数量重石脑油作催化重整原料。FC-50 加氢裂化催化剂在冷高分压力 15.2MPa，体积空速 $1.04h^{-1}$，平均反应温度 384.9℃条件下，处理硫含量 1.9%、氮含量 900μg/g 的减压馏分油，裂化转化率约 70%。加氢裂化主要产品重石脑油收率 21.75%，芳潜 56.65%；航煤收率 21.59%，烟点 28mm；加氢裂化尾油收率 30.76%，*BMCI* 值 9.6。

从表中还可以看出，采用一次通过操作流程时，不仅可生产出数量可观的加氢裂化尾油作为蒸汽裂解制乙烯原料，而且通过适当调整重石脑油馏分切割范围，甚至还可获得比尾油循环流程高的重石脑油产率。

表 6-2-7　装置原料性质、主要操作条件及产品收率

项　目	2010. 10. 15~16	1989. 8. 21	项　目	2010. 10. 15~16	1989. 8. 21
原料性质			裂化反应器 R302 平均温度/℃	384.9	384.7
密度(20℃)/(kg/m³)	908	900.8	裂化体积空速/h⁻¹	1.04	1.05
终馏点/℃	527	542	循环氢纯度/%(体)	89	86.18
S/%	1.9	1.46	产品收率/%		
N/(μg/g)	900	1408	酸性气		1.79
操作条件			脱硫干气	1.55	3.17
工艺流程	一次通过	尾油循环	脱硫液化气	0.01	1.03
催化剂(精制/裂化)	FF-46/	HC-K/	轻石脑油	0.81	9.96
	FC-50	3974	重石脑油	21.75	12.05
冷高分压力/MPa	15.2	15.8	航空煤油	21.59	44.15
精制反应器 R301 平均温度/℃	371.2	379.9	柴油①	21.73	26.06
精制体积空速/h⁻¹	1.34	1.00	尾油	30.76	2.35
精制油氮含量/(μg/g)	11	<5	氢耗/%	2.82	3.22

① 编者注：镇海加氢裂化的柴油馏分一般用于生产军用柴油和白油料。

表 6-2-8　产品主要性质

项　目	2010. 10. 15~16	1989. 8. 21	项　目	2010. 10. 15~16	1989. 8. 21
催化剂(精制/裂化)	FF-46/FC-50	HC-K/3974	馏分范围/℃	80~160	102~133
主要产品性质			芳潜/%	56.65	
重石脑油			喷气燃料		
密度(20℃)/(g/cm³)	0.7411	0.741	密度(20℃)/(g/cm³)	0.7946	0.7885

项　　目	2010.10.15~16	1989.8.21	项　　目	2010.10.15~16	1989.8.21
馏分范围/℃	151~245	141~249	凝点/℃	<-20	-7
芳烃/%(体)	4.5		十六烷指数		78.1
冰点/℃	<-50	-50	柴油		
烟点/mm	28		密度(20℃)/(g/cm³)		0.8258
军柴			馏分范围/℃		324~375
密度(20℃)/(g/cm³)	0.8172		凝点/℃		9
馏分范围/℃	221~271		十六烷指数		91.3
凝点/℃	<-20		尾油		
十六烷指数			密度(20℃)/(g/cm³)	0.8264	
白油料			馏分范围/℃	331~482	
密度(20℃)/(g/cm³)	0.8183	0.8207	BMCI 值	9.6	
馏分范围/℃	264~343	281~338			

4. FDC 单段两剂最大量生产中间馏分油的加氢裂化技术

如前面所述,一方面,中国是烯烃和芳烃生产与消费大国,另一方面,中国炼化企业,尤其是沿江、沿海企业所加工原料不仅品种变化频繁,而且性质差异大,而单段串联加氢裂化技术既是生产优质化工原料的最合适技术,又是一种对原料油性质变化适应性强、产品生产方案灵活性好的技术,因此,在 20 世纪 80~90 年代和 21 世纪 2005 年之前,国内建设的加氢裂化装置都是采用单段串联操作工艺流程。

为了满足国内市场对清洁油品需求不断增长的需要,FRIPP 开发了 FDC 单段两剂多产中间馏分油加氢裂化新技术,并于 2005 年 4 月在中国石化金陵分公司建成国内第一套最大量生产中间馏分油的 1.5Mt/a 加氢裂化装置,2006 年 9 月,国内第二套最大量生产中间馏分油的海南炼化分公司 1.2Mt/a 加氢裂化装置也建成投产。这两套加氢裂化装置均采用含少量分子筛的 FC-14 高中油型裂化催化剂。表 6-2-9、表 6-2-10 和表 6-2-11、表 6-2-12[26] 分别为金陵 1.5Mt/a 加氢裂化装置和海南 1.2Mt/a 加氢裂化装置的标定结果。

从表 6-2-9、表 6-2-10 金陵 1.5Mt/a 加氢裂化装置的标定结果可以看出,在反应器入口压力 16.04MPa,新鲜进料总体积空速(每小时新鲜进料总体积除以保护剂、精制剂、裂化剂和后精制剂的总体积)0.64h⁻¹,平均反应温度 408.4℃条件下,处理硫含量 1.97%、氮含量 1322μg/g 的减压馏分油,目的产品中间馏分油收率 78.99%。其中,喷气燃料收率 36.73%,烟点 24mm;柴油收率 42.26%,硫含量小于 1μg/g,十六烷值 59.5,总芳烃含量 10.6%。化学氢耗 2.31%。

从表 6-2-11、表 6-2-12 海南 1.2Mt/a 加氢裂化装置的标定结果可以看出,在反应器入口压力 14.77MPa,新鲜进料总体积空速 0.62h⁻¹,平均反应温度 400.3℃条件下,处理硫含量 0.6511%、氮含量 1023μg/g 的减压馏分油,重石脑油收率 15.87%,芳潜 40.1%;柴油收率 74.87%,硫含量 1μg/g,十六烷值 57.9。化学氢耗 2.15%。

金陵石化分公司 1.5Mt/a 加氢裂化装置催化剂一个运行周期达到三年,加工几十种不同性质原料,装置运转平稳。

这两套加氢裂化装置的运行结果表明,中国开发的 FDC 单段两剂多产中间馏分油加氢裂化技术,其空速、中间馏分油收率和催化剂运转周期均达到世界先进水平。

表 6-2-9　金陵 1.50Mt/aFDC 装置标定原料油及主要操作条件

项　目	中期标定	项　目	中期标定
原料油		工艺流程	尾油全循环
密度(20℃)/(g/cm³)	0.9088	反应器入口总压/MPa	16.04
馏分范围/℃	331~524	反应器入口氢分压/MPa	13.95
S/%	1.97	总体平均反应温度/℃	408.4
N/(μg/g)	1322	新鲜进料总空速/h⁻¹	0.64
操作条件		化学氢耗/%	2.31

表 6-2-10　金陵 1.50Mt/aFDC 装置目的产品收率和主要性质

项　目	中期标定	项　目	中期标定
轻石脑油		芳烃/%(体)	13.3
收率/%	3.86	柴油	
重石脑油		收率/%	42.26
收率/%	13.77	凝点/℃	-12
芳潜/%	43.0	硫/(μg/g)	<1
喷气燃料		十六烷值	59.5
收率/%	36.73	总芳烃/%(体)	10.6
烟点/mm	24	二环及二环以上芳烃/%(体)	1.1

表 6-2-11　海南 1.20Mt/a FDC 装置标定原料油及主要操作条件

项　目	初期标定	项　目	初期标定
原料油		工艺流程	尾油全循环
密度(20℃)/(g/cm)	0.9017	反应器入口总压/MPa	14.77
馏分范围/℃	260~540	反应器入口氢分压/MPa	13.31
S/%	0.6511	总平均反应温度/℃	400.3
N/(μg/g)	1023	新鲜进料总空速/h⁻¹	0.62
操作条件		化学氢耗/%	2.15

表 6-2-12　海南 1.20Mt/a FDC 装置目的产品收率和主要性质

项　目	初期标定	项　目	初期标定
轻石脑油		芳潜/%	40.1
收率/%	6.08	柴油	
RON	78.6	收率/%	74.87
MON	79.9	凝点/℃	<-30
重石脑油		硫/(μg/g)	1
收率/%	15.87	十六烷值指数	57.9

5. 加氢裂化-蜡油灵活加氢处理组合技术[27,28]

为了适应含硫油加工的需要，1999 年，中国石化镇海炼化分公司通过新增一台反应器、热高压分离器、热低压分离器，将原 900kt/a 加氢裂化装置改造成 2200kt/a 加氢裂化-灵活加氢处理组合装置，即 1000kt/a 加氢裂化+1200kt/a 灵活加氢处理。灵活加氢处理系列根据生产需要即可按 1200kt/a 蜡油加氢脱硫工况运行，也可按 336kt/a 缓和裂化工况运行，两个生产方案可灵活切换。改造后的装置工艺流程示意图如图 6-2-18。

当灵活加氢处理系列按蜡油加氢脱硫工况运行时，原料油与氢气混合后进入加氢处理反应器脱除硫、氮和烯烃、芳烃加氢，加氢处理反应产物进入热高压分离器，从热高压分离器顶部出来的富氢气体及闪蒸轻液与加氢裂化系列的预精制反应产物混合，进入裂化系列的裂化反应器。从热高分底部出来的闪蒸重液经减压进热低分，从热低分出来的加氢处理生成油可直接送到下游的 FCC 装置，或经汽提塔气提后，送至罐区。

而当灵活加氢处理系列按蜡油缓和裂化工况运行时，原料油与氢气混合后进入加氢处理反应器，在低空速、高温操作条件下，除对原料进行脱硫、脱氮和烯烃、芳烃加氢反应外，还进行浅度裂化反应。反应产物进入热高压分离器，从热高压分离器顶部出来的富氢气体及闪蒸轻液与加氢裂化系列的预精制反应产物混合，进入裂化系列的裂化反应器。从热高分底部出来的闪蒸重液经减压进热低分，从热低分出来的加氢处理生成油与从加氢裂化系列来的裂化生成油混合后，进入加氢裂化产品分馏塔，分离出轻、重石脑油、喷气燃料、柴油等产品，加氢裂化未转化油循环到裂化系列的裂化反应器入口，与预精制反应产物混合后进入裂化反应器进行循环裂解。实现裂化系列和蜡油缓和裂化系列的原料全转化。

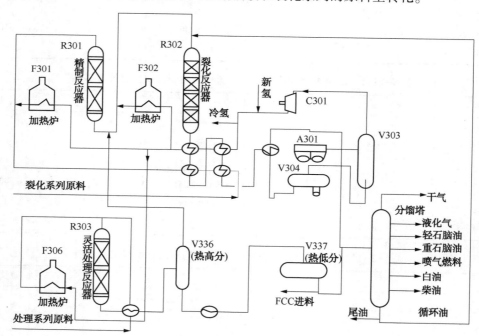

图 6-2-18　加氢裂化-蜡油灵活加氢处理组合工艺流程示意图

由于进入新增蜡油灵活加氢处理反应器的循环氢又通过热高分回到原加氢裂化反应器，故尽管加氢裂化装置由 900kt/a 扩能到 2200kt/a 加氢裂化-灵活处理组合装置，但循环氢能力仅由 $21.1×10^4Nm^3/h$ 提高到 $28.8×10^4Nm^3/h$。

（1）灵活加氢处理系列按缓和裂化工况运行结果

镇海 1000kt/a 加氢裂化+1200kt/a 灵活加氢处理联合装置于 1999 年 5 月改造完成并投料试车一次成功。装置按 1000kt/a 加氢裂化+336kt/a 缓和裂化工况运行，结果见表 6-2-13～表 6-2-16。

表 6-2-13　原料油主要性质

原 油 种 类	流花、布伦特、伊轻	原 油 种 类	流花、布伦特、伊轻
密度/(kg/m³)	890.8	10%	380
硫含量/%	0.8	50%	449
氮含量/(μg/g)	1300	90%	503
馏程/℃		终馏点	531

表 6-2-14　加氢裂化-蜡油缓和裂化典型操作条件

加氢裂化系列		蜡油灵活加氢处理系列	
F301 循环氢/(Nm³/h)	127210	F306 循环氢/(Nm³/h)	39517
R301　进料/(t/h)	102.7	R303　进料/(t/h)	42.0
入口温度/℃	359.1	入口温度/℃	340.2
一床出口温度/℃	395.2	一床出口温度/℃	400.3
二床入口温度/℃	370.3	二床入口温度/℃	357.3
二床出口温度/℃	386.6	二床出口温度/℃	380.1
平均温度/℃	380.1	平均温度/℃	367.1
F302 循环氢/(Nm³/h)	72470		
R302 循环油量/(t/h)	47.1		
一床入口温度/℃	365.6		
一床出口温度/℃	374.2		
二床入口温度/℃	372.1		
二床出口温度/℃	378.5		
三床入口温度/℃	375.1		
三床出口温度/℃	382.7		
四床入口温度/℃	379.8		
四床出口温度/℃	391.0		
平均温度/℃	378.0		
350℃⁺转化率/%	81.5		30.5

表 6-2-15　加氢裂化-蜡油缓和裂化总产品分布　　　　　　%

干气	2.7	轻润滑油料	23.0
液化气	2.4	柴油	6.7
轻石脑油	12.6	外排尾油	1.3
重石脑油	10.5	中间馏分油收率	69.5
T302 喷气燃料	34.8	总氢耗/[(Nm³/h)(Nm³/t 原料)]	45720(316.0)
T305 喷气燃料	5.0		

表 6-2-16　加氢裂化-蜡油缓和裂化各产品主要性质

项　　目	轻石脑油	重石脑油	T302 喷气燃料	轻润滑油料	柴油	循环油
密度(20℃)/(kg/m³)	675.5	746.5	787.0	817.7	824.8	834.7

续表

项　目	轻石脑油	重石脑油	T302喷气燃料	轻润滑油料	柴油	循环油
馏程/℃						
初馏点	36	94	143	290	316	
10%	44	105	164	304	343	411
50%	52	113	190	319	365	450
90%	64	124	237	341	377	495
终馏点	91	145	261	347	380	519
腐蚀		合格		一级		
闪点/℃			42	135		
冰点/℃			<-55			
银片腐蚀/级			0级			
凝点/℃				-8	15	34

（2）灵活加氢处理系列按蜡油加氢脱硫工况运行结果

从2000年6月起，蜡油灵活加氢处理系列按蜡油加氢脱硫工况运行，为FCC装置提供低硫加氢处理蜡油。灵活加氢处理系列从蜡油缓和裂化操作工况变成蜡油加氢脱硫操作工况，只需改变灵活加氢处理系列的处理量和反应温度，装置不需要停工，因此，也不会对裂化系列的正常生产造成影响。加氢裂化-蜡油灵活加氢处理联合装置典型操作条件列于表6-2-17和表6-2-18。

表6-2-17　原料油主要性质

密度/(kg/m³)	918.2	馏程/℃	
硫含量/%	1.48	终馏点	536
氮含量/(μg/g)	1944		

表6-2-18　加氢裂化-蜡油加氢脱硫典型操作条件

加氢裂化系列		蜡油灵活加氢处理系列	
循环氢总量/(kNm³/h)	44.7		
R301　进料/(t/h)	105.0	R303　进料/(t/h)	125.0
入口温度/℃	369.7	入口温度/℃	332.1
一床出口温度/℃	407.0	一床出口温度/℃	377.2
二床入口温度/℃	377.7	二床入口温度/℃	360.4
二床出口温度/℃	413.3	二床出口温度/℃	380.1
平均温度/℃	388.6	平均温度/℃	360.1
R302 循环油量/(t/h)	0	热低分油总氮/(μg/g)	458
一床入口温度/℃	379.5	热低分油总流/(μg/g)	1141
一床出口温度/℃	388.7		
二床入口温度/℃	381.2		
二床出口温度/℃	391.2		
三床入口温度/℃	385.6		
三床出口温度/℃	393.1		

续表

加氢裂化系列		蜡油灵活加氢处理系列
四床入口温度/℃	387.8	
四床出口温度/℃	395.1	
平均温度/℃	386.5	
低分油350℃⁺馏出量/%	78.5	

6. 加氢裂化-加氢精制分段进料(FHC-FHF)组合技术[29]

中海石油舟山石化有限公司(简称舟山石化)1.7Mt/a 馏分油加氢装置采用 FRIPP 开发的加氢裂化-加氢精制平行进料工艺技术(FHC-FHF),由中国石化集团洛阳石油化工工程公司(LPEC)设计,中国石化第三建设公司负责施工安装。装置加氢裂化反应部分设计规模为 0.8Mt/a,以焦化的重馏分油为原料;精制部分设计规模为 0.9Mt/a,以焦化石脑油和粗工业燃料油为原料,操作弹性为 60%~115%,设计开工时数为 8000h/a,生产轻石脑油、加氢石脑油、6 号溶剂油、120 号溶剂油、200 号溶剂油、工业己烷、柴油及液化石油气等各种优质产品。FHC-FHF 工艺流程如图 6-2-19 所示。

裂化原料换热后,经加热炉加热,进入装有精制和裂化催化剂的反应器进行加氢裂化反应,裂化产物与经换热器换热后的精制进料混合,一起进入精制反应器进行加氢精制,精制产物经高、低压分离器和空冷器后,进入产品分馏系统,分离出干气、液化气、石脑油和柴油产品。

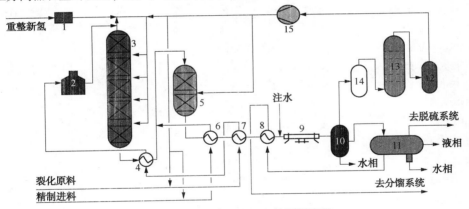

[图 6-2-19 FHC-FHF 工艺原则流程

1—新氢压缩机 C2102;2—反应进料加热炉 F2101;3—加氢裂化反应器 R2101;5—精制反应器 R2102;
9—高压空冷器 AC2101;10—高压分离器 V2103;11—低压分离器 V2104;13—循环氢脱硫塔 T2103;
14—循环氢脱硫塔入口分液罐 V2111;15—循环氢压缩机 C2101

装置于 2008 年 4 月建成并开车一次成功,运行二年后,于 2010 年 6 月停工对催化剂进行再生。由于本组合装置设计操作压力相对较低、而所加工原料的氮含量有较高,为提高脱氮效果,催化剂装填时,跟换部分加氢脱氮性能更优的精制催化剂。开工四个月后,对装置进行标定,结果列于表 6-2-19~表 6-2-22。

表 6-2-19　标定原料油性质

项　　目	裂化原料			精制原料		
时间	10/28 15：00	10/28 23：00	10/29 17：00	10/28 15：00	10/28 23：00	10/29 17：00
密度/(kg/m³)	891.1	892.1	893.4	773.7	774.6	774.8

续表

项　目	裂　化　原　料			精　制　原　料		
总硫/(μg/g)	4300	4500	4400	1900	1900	1900
总氮/(μg/g)	2650	2650	2640	330	366	397
馏程/℃						
初馏点	188	186	180	27.3	36.3	58.9
10%	284	283	281	60.4	75.6	90.8
50%	330	331	330	177.8	189.8	196.8
90%	377	376	375	245.3	254.6	258.0
终馏点	395	394	394	274.6	271.6	269.9

表 6-2-20　操 作 条 件

项　目	10/28 15:00	10/28 23:00	10/29 17:00
裂化原料量/(t/h)	100	100	100
精制原料量/(t/h)	112.5	112.5	112.5
新氢量/(m³/h)	37461	38332	39361
循环氢总量/(m³/h)	131581	131729	132377
R2101　入口温度/℃	380	379	380
一床入口温度/℃	415	416	416
一床出口温度/℃	419	419	417
二床入口温度/℃	415	415	415
二床出口温度/℃	417	417	417
三床入口温度/℃	418	418	418
三床出口温度/℃	418	418	418
四床入口温度/℃	412	411	412
四床出口温度/℃	428	430	432
五床入口温度/℃	398	397	399
五床出口温度/℃	417	417	419
R2102　入口温度/℃	303	302	303
一床入口温度/℃	308	307	307
一床出口温度/℃	340	338	339
二床入口温度/℃	339	339	340
二床出口温度/℃	348	347	347
V2103 压力/MPa	8.03	7.98	7.94

表 6-2-21　物 料 平 衡

项　目	产率/(t/h)	收率/%	项　目	产率/(t/h)	收率/%
入方			塔顶气	4.2	1.85
精制原料	118.3	52.14	液化石油气	11.3	4.98
裂化原料	99.1	43.68	轻石脑油	3.5	1.54
新氢	9.50	4.18	重石脑油	77.0	33.94
合计	226.9	100.00	柴油	128.8	56.77
出方			损失	0.3	0.13
低分气	1.8	0.79	合计	226.9	100.00

表 6-2-22　产品主要性质

项　　目	重石脑油			柴　油		
时间	10/28 15：00	10/28 23：00	10/29 17：00	10/28 15：00	10/28 23：00	10/29 17：00
密度/(kg/m³)	717.0	717.6	717.8	835.3	826.8	823.1
总硫/(μg/g)	2.0	2.0	1.9	3.4	3.5	3.5
总氮/(μg/g)	3.4	3.1	2.7	17	18	17
馏程/℃						
初馏点	32.1	32.0	32.0	195.0	196.0	191.7
10%	60.7	60.6	60.2	211.6	212.3	212.5
50%	106.7	106.6	106.7	249.4	249.8	250.0
90%	149.3	148.6	146.8	331.9	332.0	332.0
终馏点	162.1	161.6	161.4	359.1	359.2	359.0
十六烷值				48.2	48.1	48.1
铜片腐蚀/级				1a	1a	1a

（二）RIPP

中国石化齐鲁石化分公司 1.4Mt/a 加氢裂化于 2003 年 1 月建成投产，装置以生产石脑油作催化重整原料和加氢裂化尾油作蒸汽制乙烯原料为主，减产部分喷气燃料和柴油。2009年 5 月，装置使用 RIPP 开发的 RHC-5 多产化工原料加氢裂化催化剂。

表 6-2-23[30] 为 2010 年 4 月齐鲁 1.4Mt/a 加氢裂化装置生产数据。从表中可以看出，在反应器入口压力 16.2MPa，裂化平均反应温度 371.2℃ 条件下，处理硫含量 1.28%、氮含量 1900μg/g 的减压馏分油，单程转化率约 67%。加氢裂化主要产品石脑油收率 23.09%，硫含量 1μg/g；喷气燃料收率 23.69%，烟点 25.2mm；加氢裂化尾油收率 33.21%，BMCI 值 12.0。

表 6-2-23　齐鲁 1.4Mt/a 加氢裂化装置原料、主要操作参数及产品收率

项　　目	2010 年 4 月	项　　目	2010 年 4 月
原料性质		H_2S+NH_3	1.25
密度/(kg/m³)	918.8	C_1+C_2	1.86
终馏点/℃	529(97%馏出)	液化气	2.08
氮含量/(μg/g)	1900	C_5~石脑油	23.09
硫含量/%	1.28	S/(μg/g)	1
操作参数		芳潜/%	40.32
精制反应器入口压力/MPa	16.2	喷气燃料	23.69
精制催化剂平均反应温度/℃	376.5	烟点/mm	25.2
精制油氮含量/(μg/g)	3	柴油	9.89
裂化催化剂平均反应温度/℃	371.2	尾油	33.21
产品收率(%)和主要性质		BMCI 值	12.0

（三）UOP

中国石油大连石化分公司 3.6Mt/a 加氢裂化装置采用 UOP 工艺及催化剂专利技术，装置反应部分为并列两个系列，氢气系统和产品分馏系统共用，采用单段两剂尾油循环工艺流

程，裂化催化剂为含少量分子筛的 HC-115LT 高中油型催化剂，2008 月建成投产。表 6-2-24 为 2009 年 7 月装置标定结果[31]。

可以看出，在冷高分压力 14.6MPa，新鲜进料总体积空速 0.37h⁻¹（因标定时装置操作负荷仅为 70%，故对新鲜进料总体积空速较低），平均反应温度 392~393℃条件下，处理硫含量为 0.78%的减压馏分油。在外甩 4.4%尾油的情况下，中间馏分油收率为 73.1%，其中喷气燃料收率 26.2%，烟点 28mm；柴油 46.9%，硫含量 0.359μg/g，十六烷值 65.9，芳烃含量 3%。

表 6-2-24　大连石化 3.6Mt/a 加氢裂化装置原料、主要操作参数及产品收率

项　目	2009 年 7 月标定数据		项　目	2009 年 7 月标定数据
原料油			喷气燃料	26.2
密度(20℃)/(g/cm³)	0.9009		密度(20℃)/(g/cm³)	0.7908
S/%	0.78		馏分范围/℃	154~250
N/(μg/g)	528		冰点/℃	-55
馏分范围/℃	367~521		烟点/mm	28
操作条件	A 系列	B 系列	柴油	46.9
工艺流程	尾油全循环		密度(20℃)/(g/cm³)	0.8139
冷高分压力/MPa	14.6	14.6	馏分范围/℃	210~268
平均反应温度/℃	392.12	393.44	凝点/℃	0
新鲜进料总体积空速①/h⁻¹	0.37	0.37	十六烷值	65.9
产品收率(%)及主要性质			芳烃/%	3
脱硫低分气	2.0		S/(μg/g)	0.35
汽提塔顶气	1.5		加氢尾油	4.4
汽提塔顶油	19.5			

①大连石化加氢裂化装置设计新鲜原料总体积空速为 0.53h⁻¹，表中数据为 70%负荷标定结果。

（四）Chevron

中国石油大连西太平洋石油化工有限公司 1.5Mt/a 加氢裂化装置由 Chevron Lummus Global LLC(CLG)提供工艺包，采用单段反序串联(SSRS)工艺，尾油全循环，一反（处理新鲜原料和循环油）下部装填 ICR142 含少量分子筛裂化催化剂，二反（处理循环油）装填 ICR240 催化剂，最大量生产煤柴油。装置于 2007 年 11 月建成投产，2008 年 3 月进行标定。表 6-2-25 为装置的标定结果[32]，装置流程示意图如图 6-2-20。

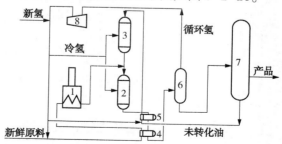

图 6-2-20　大连西太平洋石油化工有限公司 1.5Mt/aSSRS 装置流程示意图

1—加热炉；2—一级反应器；3—二级反应器；4—一反进料/反应流出物换热器；

5—二反进料/反应流出物换热器；6—分离器；7—分馏塔；8—循环气压缩机

由装置标定结果可以看出，该装置在反应器氢分压 14.6MPa，一反体积空速 2.2h^{-1}、平均反应温度 384℃，二反体积空速 1.65h^{-1}、平均反应温度 368.7℃条件下，处理硫含量 2.56%的高硫馏分油，中间馏分油收率为 76.12%，其中喷气燃料收率 33.15%，烟点 30mm；轻柴油收率 12.62%，硫含量 1.8μg/g；重柴油收率 30.42%，硫含量 4.79μg/g，十六烷指数 61。装置化学氢耗 2.28%。

表 6-2-25　大连西太平洋石油化工有限公司 1.5Mt/a 加氢裂化装置标定结果

项　　目	2008 年 3 月标定	项　　目	2008 年 3 月标定
原料油		液化气	1.86
密度（20℃）/（g/cm^3）	0.9064	轻石脑油	4.75
S/%	2.56	重石脑油	14.86
N/（μg/g）	766	喷气燃料	33.15
馏程/℃		密度（20℃）/（g/cm^3）	0.7881
初馏点	321.8	馏分范围/℃	158~253
50%	430.4	冰点/℃	-65
90%	509	烟点/mm	30
终馏点	516.8	轻柴油	12.62
操作条件		密度（20℃）/（g/cm^3）	0.8325
工艺流程	反序串联尾油全循环	馏分范围/℃	250~315
反应器氢分压/MPa	14.6	S/（μg/g）	1.8
一反加权平均反应温度/℃	384	重柴油	30.42
二反加权平均反应温度/℃	368.7	密度（20℃）/（g/cm^3）	0.8331
一反体积空速/h^{-1}	2.2	馏分范围/℃	206~373
二反体积空速/h^{-1}	1.65	十六烷指数	61
产品收率（%）和主要性质		S/（μg/g）	4.79
低分气	1.10	化学氢耗/%	2.28
干气	1.20		

（五）Shell

中国海洋石油总公司惠州炼油分公司的 4.0Mt/a 蜡油加氢裂化装置为中国首套采用 Shell Global Solutions 工艺技术及配套的 Criterion Catalysts &Technologies 公司开发的催化剂，是目前国内单套处理能力最大的高压加氢裂化装置。该装置采用一次通过流程，反应部分为两个系列，共用氢气及产品分馏系统，使用含少量分子筛的 Z2723 裂化催化剂，于 2009 年 4 月建成投产。2009 年 9 月 8~9 日进行了装置标定。表 6-2-26 和表 6-2-27 为装置标定结果，图 6-2-21 为该装置的原则流程示意图[33]。

由表中数据可以看出，因中国海洋石油总公司惠州炼油分公司以加工国内环烷基原油为主，故加氢裂化原料的硫含量较低只有 0.349%，氮含量却很高，为 0.221%，密度也较大，T90%不到 450℃，密度（20℃）却达到 0.9169g/cm^3。在反应器入口压力 14.9MPa，裂化催化剂在 1.54h^{-1}体积空速、平均反应温度 387℃条件下，转化率约 88%，其中，重石脑油收率 22.96%，硫含量<0.5μg/g，可直接作催化重整原料；喷气燃料收率 28.91%，烟点 25.8~26.3mm；柴油收率 27.39%，十六烷值较高，为 65，但硫含量也较高，为 105~335μg/g；加氢裂化尾油收率 11.93，$BMCI$ 值 13。装置化学氢耗 2.7%。

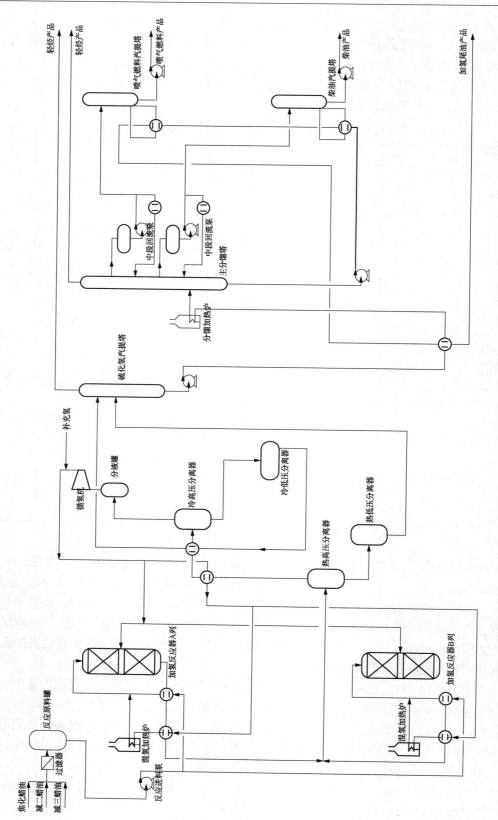

图6-2-21　惠州炼油4.0Mt/a加氢裂化装置流程示意图

表 6-2-26　惠州炼油 4.0Mt/a 加氢裂化装置标定数据

项　目	2009 年 9 月标定	项　目	2009 年 9 月标定	
原料油		裂化催化剂平均反应温度/℃	387	387
密度(20℃)/(g/cm³)	0.9169	精制催化剂体积空速/h⁻¹	1.29	1.29
S/%	0.349	裂化催化剂体积空速/h⁻¹	1.54	1.52
N/%	0.221	产品收率/%		
沥青质/(μg/g)	1000	低分气	0.71	
馏程/℃		干气	0.27	
5%	336.8	液化气	3.57	
10%	350.6	轻石脑油	6.88	
50%	396.8	重石脑油	22.96	
90%	449.6	喷气燃料	28.91	
操作条件	A 系列　　B 系列	柴油	27.39	
入口压力/MPa	14.9　　　14.9	加氢尾油	11.93	
精制催化剂平均反应温度/℃	386　　　386	化学氢耗/%	2.7	

表 6-2-27　产品主要性质

项　目	轻石脑油	重石脑油	喷气燃料	柴油	尾油
密度(20℃)/(g/cm³)	0.6446	0.7480	0.8063	0.8277	0.8390
馏分范围/℃	27~70	88~166	151~256	193~367	221~477
S/(μg/g)	<0.5	<0.5	16	10~33	23~54
辛烷值(MON)	79				
冰点/℃			<-60		
烟点/mm			25.8~26.3		
凝点/℃				-12	
十六烷值				65	
BMCI 值					13

第三节　中压加氢转化工艺

　　反应压力高，装置投资、操作能耗和氢耗大，一直是阻碍加氢裂化技术发展的主要因素，但随着加氢催化剂反应性能的不断提高，已经可以在相对较低的反应压力下，加工处理馏分较重、质量较差的原料油，并获得较高的产品质量。此外，随着环保法规日趋严格和原油性质日趋劣质化，许多原来可直接作为产品出厂或直接作为下游装置原料的馏分，现在必须再进行加氢处理。为此，国内外炼油专利商纷纷开发了各种中压加氢转化工艺技术。这些中压加氢转化工艺技术包括缓和加氢裂化(MHC)、中压加氢裂化(MPHC)和包括柴油中压加氢改质(MHUG)在内的各种劣质柴油提质技术等。

　　中压加氢裂化、缓和加氢裂化、中压加氢改质等中压加氢转化工艺技术的定义、区别和共同点如下：

1. 各种加氢转化过程的定义

1）加氢裂化：烃类在氢气和催化剂存在下，>10%的原料油转化为产品分子小于原料分子的加氢过程。但在炼油行业，加氢裂化是指>40%（一般为60%~70%）的原料油转化为产品分子小于原料分子的加氢过程。

2）缓和加氢裂化：烃类在氢气和催化剂存在下，20%~40%的原料油转化为产品分子小于原料分子的加氢过程称为缓和加氢裂化。

3）加氢改质：烃类在氢气和催化剂存在下，<20%的原料油转化为产品分子小于原料分子的加氢过程称为加氢改质。

4）高压加氢裂化和中压加氢裂化的定义：反应压力>10.0MPa的加氢裂化为高压加氢裂化，反应压力≤10.0MPa的加氢裂化为中压加氢裂化。但目前炼油行业将反应压力>13.0MPa称为高压加氢裂化，反应压力6.0~13.0MPa称为中压加氢裂化。

2. 各种加氢转化过程的共同点

加氢裂化（高压、中压）、缓和加氢裂化和加氢改质只是人们根据装置所加工原料性质、或装置操作压力等级、或装置生产目的、或裂化反应深度而命名，它们的反应机理都是一样的，都遵循正碳离子反应机理。催化剂和操作流程也都是通用的。

3. 各种加氢转化过程的主要区别

1）加氢裂化（高压、中压）：以减压蜡油（VGO）、焦化蜡油（CGO）、脱沥青油（DAO）的单一原料或混合原料为主，某些装置有时还可能掺炼少量劣质柴油，如催化柴油、焦化柴油、常压重柴油等。目的产品为石脑油、喷气燃料、柴油等分子小于原料分子的产品，某些装置可能还会生产部分分子与原料分子相同的产品（加氢裂化尾油）用作蒸汽裂解制乙烯原料或用作生产润滑油基础油的原料。

2）缓和加氢裂化：减压蜡油（VGO）、焦化蜡油（CGO）、脱沥青油（DAO）的单一原料或混合原料。目的产品为分子与原料分子相同的产品（低硫、低氮、高链烷烃含量的缓和加氢裂化尾油），用作催化裂化原料，兼产部分高芳烃潜含量石脑油和低硫柴油馏分。

3）中压加氢改质：顾名思义，就是通过加氢手段来改善油品的某一或某些性质。加氢改质的原料油一般为直馏柴油、催化柴油和焦化柴油（单一组分或混合油）等，某些装置可能还会掺炼部分常三和/或减一线原料。目的产品仍为加氢柴油，兼产部分高芳烃潜含量石脑油等。通过加氢改质，除脱除原料中的硫、氮，改善油品储存安定性外，主要目的是改善柴油的某些性质，如降低密度、提高十六烷值和/或降低柴油凝固点等。

4）高压加氢裂化与中压加氢裂化的区别：

高压加氢裂化可加工质量更差（如密度更大、馏分更重、氮含量更高）的原料油，产品质量更优（如喷气燃料烟点更高，柴油密度更低、十六烷值更高，加氢裂化尾油链烷烃含量更高、*BMCI* 值更低），催化剂失活速度更慢、运转周期更长等。反之，中压加氢裂化对原料油适应性较差，除加工石蜡基原料油外，中压加氢裂化生产的喷气燃料烟点一般都小于20mm，加氢裂化尾油的链烷烃含量较低、*BMCI* 值也相对较高。

一、缓和加氢裂化

（一）缓和加氢裂化（MHC）技术的开发

缓和加氢裂化工艺始于20世纪70年代。当时由于国际市场对燃料油需求量减少，对中间馏分油需求量增加，国外减压蜡油加氢脱硫（VGO-HDS）装置开工负荷不足，人们开始寻求将在中压下操作的VGO-HDS装置改造为生产部分优质柴油的工艺技术[34]。

由于 MHC 工艺首先是从 VGO-HDS 装置改造开始的。其反应压力受到原 HDS 装置的限制，一般在 6.0~8.0MPa 范围，而与 HDS 工艺操作的区别是 MHC 提高了过程的裂化深度，转化率在 10%~40% 之间。由于转化率的提高，再加上当时直接选用常规加氢处理催化剂，这种催化剂大多以氧化铝为载体，裂化活性不高，所以 MHC 的起始操作温度较高，在 400℃ 左右。在这种条件下，既有将 VGO 进料部分裂化为轻质油品的反应，又同时增加了过程的脱硫、脱氮的深度。裂化轻质产品的硫、氮含量都相当低，产品的其他质量也大为提高，而未转化尾油的质量也得到了较大改善，可以作为催化裂化或蒸汽裂解制乙烯进料。上述反应的发生，同时也增加了过程的氢耗。

尽管就原则流程而言，MHC 与 HDS 装置流程近似，但随着硫、氮脱除和裂化深度的增加，必须对原 HDS 装置进行必要的改造，以适应 MHC 工艺要求，归纳起来，主要有以下几个方面：

1. 反应器

加氢和转化深度的提高使过程的反应热增加，从而增加了反应的总温升，这就要增加反应床层及冷氢点的个数，以有效控制各床层的温升，提高催化剂的使用效率，同时防止运转过程中产生床层温度飞升的可能性。基于上述原因，必要时应对反应器的内构件进行改造。

2. 新氢及循环压缩机

氢耗与冷氢量的增加，导致氢油比增加，要求对原 HDS 装置的新氢及循压机进行重新核算，如不能满足需求，则应进行改造或更换。

3. 分馏系统

HDS 装置生成油中的轻馏分含量很少，一般在 5.0% 以下，使用一个汽提塔或稳定塔即可得到所需要的加氢 VGO 馏分。MHC 生成油中则有相当数量的轻质石脑油和柴油馏分，需要通过分馏以取得合格质量指标的产品或组分，有必要对原有汽提塔进行改造，可能通过增加一个分馏塔，或设置开侧线的汽提塔。采用何种方案，要视轻质产品的产率大小及目的产品种类而定。

4. 洗涤水

脱硫、脱氮的深度增加后，反应器出口中的 H_2S 以及 NH_3 的数量要比一段 HDS 装置有所增加，应对防止硫氢化铵在空冷系统堵塞的注水量及注水泵进行重新核算，如不够时，则应进行调整和改造。

图 6-3-1 及图 6-3-2 为从 HDS 改造为 MHC 原则流程的变化，除了增加反应器中床层数、新氢和循环氢量之外，从图上显示的区别为 MHC 流程中增加了一个侧线汽提塔，以保证生产合格的柴油产品。塔底则为加氢改质后的 VGO。

经过几年的开发，Axens、Haldor Topsøe、Shell Global Solutions 等国外公司先后推出 MHC 工艺。国内在 20 世纪 80 年代中期，FRIPP 也成功开发出了 MHC 工艺。

(二) 缓和加氢裂化的工业应用

1. Axens 公司

Axens 公司开发的 MHC (压力 4~10MPa，转化率 15%~45%) 通常用于将瓦斯油转化为中间馏分油 (尤其是柴油)，而未转化部分质量得到改进，可用作 FCC 原料油。该技术可在增产柴油的同时，维持或增加 FCC 汽油产量以及减少 FCC 装置的 SO_x 和 NO_x 排放，因此是一种具有吸引力的技术。但在此转化率范围内操作有多种因素会影响到柴油质量，不能生产超低硫柴油 (ULSD)。

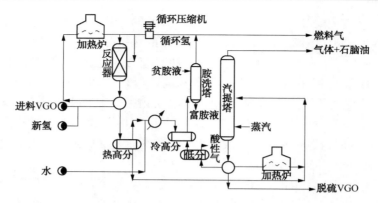

图 6-3-1　Kellogg 公司的 HDS 流程

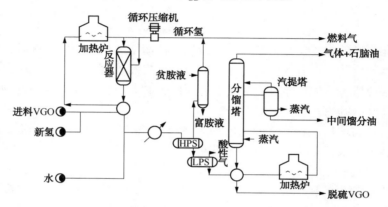

图 6-3-2　Kellogg 公司的 MHC 流程

为使柴油质量不受 VGO 转化率的限制，Axens 公司开发了 HyC-10™ 工艺，工艺流程见图 6-3-3[35]。该工艺以缓和加氢裂化为核心，与专用的精制段组合构成一体化流程。新鲜 VGO 进料与循环氢混合后进入缓和加氢裂化反应器，反应产物进行冷却、气提和分馏。经加氢处理的 VGO 馏分送往 FCC 装置或存储装置；而柴油馏分与新氢混合后进入一次通过的精制反应器。精制反应器采用高的氢分压，不仅确保了相对难以处理的柴油最大程度地进行加氢精制，还使得产品质量保持稳定，不受缓和加氢裂化反应器内条件变化的影响。另外，该工艺与两个分开的装置相比，不仅省去了两台压缩机和一台空冷器，还更好地实现了热联合，从而降低了投资成本和操作费用。

第一套 HyC-10 工业装置于 2004 年 6 月在 Repsol YPF 公司位于西班牙的 Puertollano 炼油厂开始运转。该装置的处理能力为 1.85Mt/a，加工 80% 直馏 VGO 和 20% HCGO 的混合油，原料油的硫和氮含量分别为 2.11% 和 1523μg/g。柴油收率（体积分数）是 33.6%，其硫含量低于 4μg/g。用作 FCC 进料的未转化油收率（体积分数）是 65.6%，其硫和氮含量均低于 100μg/g，氢含量 13%。

Axens 公司还开发了 HyC-10 的改进工艺 HyC-10+，该工艺将催化柴油（LCO）、焦化柴油（LCGO）和/或重直馏柴油（SRGO）与 MHC 柴油一起送入精制反应器，将这些馏分改质为 ULSD 调和组分。Motor Oil Hellas（MOH）公司位于希腊的 Corinth 炼油厂一套 HyC-10+ 装置于 2005 年 11 月开工。该炼油厂原有一套柴油加氢处理装置、一套 FCC 装置以及一套用于汽油脱硫的后处理装置。由于进料质量得到了改进，该装置能够生产硫含量为 15μg/g 的汽油。

而柴油加氢处理装置虽然能够从轻质 SR 柴油生产 ULSD，但当一起加工较重柴油馏分时，则不能生产 ULSD。因此，该炼油厂选择了 HyC-10⁺装置，既可同时生产 ULSG 和 ULSD，也可将较重柴油馏分转化为 ULSD。报道的运转结果表明，总转化率为 30%，改质后的 FCC 进料硫含量低于 600μg/g，柴油硫含量低于 10μg/g，十六烷指数大于 51[36]。

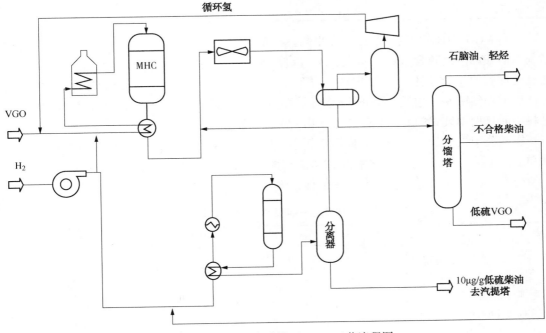

图 6-3-3 Axens 公司的 HyC-10 工艺流程图

Axens 公司提供了 HyC-10 装置的一个工业应用实例，处理来自阿拉伯/俄罗斯原油的重质 VGO 混合料，转化率为 30%。该装置的精制段还处理重质 SRGO 与 LCO 的混合料。运转结果见表 6-3-1。

表 6-3-1 HYC-10 工艺的产品性质

变 量	VGO 段	精制段
原料性质		
相对密度	0.9317	0.889
硫/%	2.67	2.00
氮/(μg/g)	1392	—
初馏点切割点/℃	350~570	
收率(相对于进料)%(体)		
石脑油	3.4	0.5
柴油	28.7	99.0
经过加氢处理的 VGO	70.7	—
氢耗/%	1.17	1.08
	HDT VGO(FCC 进料)性质	柴油性质
相对密度	0.897	<0.845

续表

变　　量	VGO 段	精制段
硫/（μg/g）	<400	<10
十六烷值	—	>51
H 含量/%	13.0	—

来自 VGO-MHC 段的柴油馏分在精制段与重质 SRGO 和 LCO 混合料一起进行加氢处理。精制段的柴油产品硫含量<10μg/g，十六烷值>51，相对密度<0.845，满足欧 V 标准。经过加氢处理后的 VGO 用作 FCCU 进料。这部分 VGO 的氢气含量为 13%，FCCU 的汽油产量因此能够增加约 14%。总之，VGO 段与精制段组合不仅能够生产满足欧 V 标准的柴油和 FCC 进料，而且使得装置的 CAPEX（资本支出）和氢耗降至最低。

在该公司提供的另一个工业应用实例中，HyC-10 用于共同处理 VGO 和 HCGO，生产柴油和 FCC 进料。该工艺在转化率为 20% 和 40% 时的运转结果见表 6-3-2。在该例中，尽管柴油硫含量符合欧 V 标准，但十六烷值低，也需要进一步改质。

表 6-3-2　HyC-10 工艺共同处理 VGO 和 HCGO 的运转结果

变　　量	20%转化率	40%转化率
产品收率/%（体）		
石脑油	1.2	5.7
柴油	20.7	36.9
经过加氢处理的 VGO	80.7	61.4
氢耗/%	1.23	1.39
柴油性质		
硫/（μg/g）	<10	<10
十六烷值	48	49
HDT VGO（FCC 进料）性质		
硫/（μg/g）	<300	<100
H 含量/%	13.0	13.1

2. Haldor Topsøe 公司

Haldor Topsøe 缓和加氢裂化工艺可加工的原料包括 SRGO、DAO 以及来自催化裂化、焦化装置或减黏裂化装置的瓦斯油，该工艺首先脱除原料油中的硫和氮，之后将其转化为石脑油、柴油和 FCC 原料油。操作压力和温度分别为 5.6~11MPa（55~110 bar）和 340~410℃（644~770℉）。全球至少有四套 Topsøe 的缓和加氢裂化/VGO 加氢处理装置在运转。工艺流程见图 6-3-4。

为提高缓和加氢裂化装置的中间馏分油产品质量，Haldor Topsøe 提出在该缓和加氢裂化方案基础上增加一个柴油后处理单元。在此配置下，缓和加氢裂化装置在类似于原配置的压力（6~10MPa）下操作，为 FCCU 提供进料。来自缓和加氢裂化分馏塔的重瓦斯油送入增加的加氢处理或加氢裂化反应器以生产高质量的 ULSD 以及部分石脑油。后处理工艺类型将取决于柴油产品的质量要求。表 6-3-3 列出了 MHC 工艺和带后处理的 MHC 工艺以及能够生产类似质量 ULSD 的常规高压加氢裂化工艺的操作条件、氢耗、投资和柴油产品收率、性质对比结果。可以看出，带后处理 MHC 配置与常规高压加氢裂化装置相比，柴油收率、质量相当，但投资和氢耗明显降低[37]。

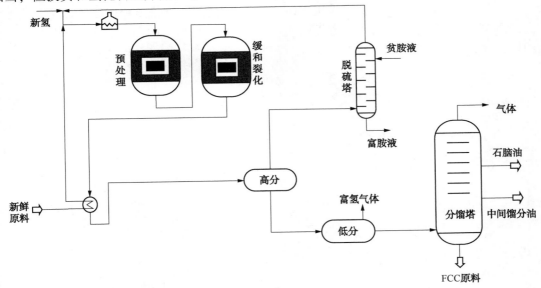

图 6-3-4　HALDOR TOPSØE 的缓和加氢裂化工艺流程图

表 6-3-3　**HALDOR TOPSØE 带后处理的 MHC 装置与其他装置柴油性质对比**

项　　目	缓和加氢裂化	常规加氢裂化	带后处理的缓和加氢裂化
工艺描述			
反应器压力/bar	80	160	80
转化率/%（体）	30	30	30
氢耗	基准	基准×2.2	基准×1.4
总安装成本	基准	基准×1.4	基准×1.3
柴油性质			
收率/%（体）	29	30	28
硫/（μg/g）	50	10	10
密度/（kg/m³）	875	845	845
十六烷值	40	51	51

3. Shell Global Solutions 公司

Shell 在 2011 年 6 月 21 日宣布与 KBR 结成加氢技术联盟，其目标是：提供能够满足日益严格的环保法规和产品规格的技术；提高加工低价值桶底油时的液体产品收率；提高炼油装置的利用率和生产力。

Shell 开发了一种商业名称叫 Dual-service 的缓和加氢裂化工艺，用于 VGO、HCGO、DAO 等重质物料的部分转化，主要用作 FCCU 的原料预处理，也可以用于润滑油生产以及乙烯裂解装置进料的预处理[38]。

Dual-service 工艺流程见图 6-3-5。典型操作条件：氢分压 5.0～8.5MPa（700～1200psi）；体积空速 0.3～1h⁻¹；氢油比 330～550Nm³/m³（2～3k scf/bbl）[39]。

Dual-service 工艺主要在分馏塔上进行创新，通过使用该创新分馏塔，可替代常规所使用汽提塔-分馏塔组合配置的功能，因此能源效率得到了显著提高(分馏塔能耗可节省35%～40%)。Shell 的缓和加氢裂化技术既可以采用独立配置并与下游加工装置联合，也可以通过安装一个平行的加氢处理反应器，采用 MHC/HDS 组合配置。独立的 MHC 装置操作灵活性较高，而 MHC/HDS 组合配置则节省投资成本。另外，MHC 的中间馏分油收率比组合装置大约低5%。

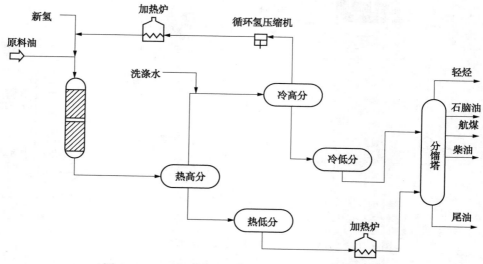

图 6-3-5　Shell 的 Dual-service 加氢裂化工艺流程图

4. UOP 公司

UOP 于20世纪70年代末开始进行缓和加氢裂化技术的研发，1983年美国有两套装置使用 UOP 的 MHC Unibon 技术开始工业运转，表6-3-4为进料性质及产率。

表 6-3-4　原料性质及产率

装　　置	文图拉炼油厂	加勒比炼油厂
VGO 原料性质		
密度(20℃)/(g/cm³)	0.9054	0.9308
馏程/℃		
初馏点/50%	223/413	291/465
终馏点	546	582
硫/%	1.24	1.26
氮/(μg/g)	3700	1900
残炭/%	0.10	0.71
C₇不溶物/%	0.02	0.02
BMCI 值	44.8	51.7
UOP*K* 值	11.81	11.77
<343℃馏分	～25	<1
产品收率/%(体)		
粗石脑油	3.9	9.1
轻柴油	43.2	23.4

续表

装　　　置	文图拉炼油厂	加勒比炼油厂
脱硫尾油	53.8	70.7
>343℃转化率	22.5	28.2
总液体收率	100.9	103.2
化学氢耗/CSFB. FF	348	450

表 6-3-5　主要产品性质

装　　　置	文图拉炼油厂	加勒比炼油厂
轻柴油		
密度(20℃)/(g/cm³)	0.8677	0.8753
90%点馏程/℃	350	336
硫/%	0.05	0.02
十六烷值	47.4	42.3
雾点/℃	0	−7
未转化尾油		
密度(20℃)/(g/cm³)	0.8984	0.9025
硫/%	0.09	0.08
UOPK 值	12.0	12.1
倾点/℃	29	—
BMCI 值	39.6	38.9

这两套装置使用 DHC 加氢裂化催化剂、装置允许压力较低，其中文图拉炼油厂装置高分压力只有 4.55MPa。所用原料相对较重、装置的转化率较低，分别为 22.5% 和 28.2%(体积分数)，运转结果表明，产品柴油有较低的硫含量和较高的十六烷值。塔底未转化油质量得到了较大改善，BMCI 值由进料的 44.8、51.7，降至 39.6 及 38.9。硫也较低，可作 FCC 的优质进料。

UOP 新开发的 MHC Unicracking 装置可将原料油中 343℃⁺ 组分 50% 转化为较轻质产品。未转化的尾油具有低的硫、氮、金属和康氏残炭含量，并富含饱和化合物，因而可用作燃料油或 FCC 装置、乙烯裂解装置或润滑油装置的原料油。

现有 VGO 加氢处理装置可以改造为 MHC Unicracking 装置，但这些改造的可行性受到许多限制，如氢气可获得性、装置压力等级、催化剂失活速率、装置材质以及运转周期。表 6-3-6 列出了 VGO 加氢处理装置、由 VGO 加氢处理装置改造成的 MHC Unicracking 装置以及新建 MHC Unicracking 装置加工中东 VGO 时的情况对比[40]。

表 6-3-6　改造与新建 MHC Unicracking 装置的对比

项　　　目	VGO HT	改造的 MHC	新建的 MHC
压力/MPa	7.0	7.0	10.5
循环气体流率/(Nm³/m³)	505	505	1010
设计温度/℃	427	427	446
运转周期/年	2	1	2

续表

项　　目	VGO HT	改造的 MHC	新建的 MHC
LHSV/h^{-1}	基准	基准×0.5	基准×0.5
氢耗/(Nm^3/m^3)	基准	基准×1.76	基准×2.23
总转化率/%(体)	14.5	30.0	45.0
产品收率			
重石脑油/%(体)	0.73	2.94	4.72
全馏分柴油/%(体)	13.70	28.50	42.20
未转化的塔底油/%(体)	85.50	70.00	55.00

5. FRIPP

20世纪80年代，我国相继引进4套300kt/a乙烯生产装置，生产乙烯的原料主要为石脑油和柴油。但当时我国各炼油企业主要加工大庆、胜利和辽河等国内原油，由于我国原油的轻组分含量普遍偏低，而乙烯生产装置又采用石脑油和直馏柴油作为蒸汽裂解原料，导致市场、或其他生产装置与生产乙烯装置争抢原料，为了扩大蒸汽裂解制乙烯原料来源，解决乙烯生产装置原料与市场及其他炼油装置争原料的矛盾，FRIPP在80年代中期开发了一种减压馏分油缓和加氢裂化(FMHC)技术。重馏分油在中等压力下轻度裂化，>350℃馏分转化率可根据需要控制在15%~40%，除了可生产一部分优质石脑油和轻柴油外，>350℃(或>370℃)尾油是优质的蒸汽裂解制乙烯原料。表6-3-7是FRIPP采用胜利、管输原料进行FMHC的中试结果。

表6-3-7　典型原料 FMHC 的中型试验结果

原　料　油	胜利 VGO	管输 VGO
密度(20℃)/(g/cm^3)	0.8711	0.8829
馏分范围/℃	290~520	261~569
硫/%	0.34	0.64
氮/(μg/g)	1100	1200
操作条件		
操作方式	一次通过	一次通过
压力/MPa	6.86	7.84
总体积空速/h^{-1}	0.67	0.53
目的产品收率和主要性质		
重石脑油，收率/%	7.8	11.2
芳潜/%	52.4	55.6
柴油，收率/%	22.4	32.8
十六烷值	46	46.5
S/(μg/g)	<30	<30
凝点/℃	-9	-13
加氢尾油，收率/%	67.0	51.6
BMCI 值	14.2	15.9
乙烯产率(820℃)/%	28.4	27.8

从表中结果可以看出，以终馏点为520~560℃的胜利和管输 VGO 为原料，在中等压力

（6.0~8.0MPa 氢分压），350⁺℃ 转化率为 30%~50% 的条件下，柴油收率为 20%~30%，硫含量小于 30μg/g，十六烷值大于 46；石脑油收率 7%~12%，芳烃潜含量大于 52%，是优质的催化重整原料；350℃⁺ 的尾油是优质的蒸汽裂解制乙烯原料（在 820℃ 的裂解温度、裂解气单程通过条件下，乙烯产率约 28%）。

FRIPP 与齐鲁石化分公司、洛阳石化工程公司合作，将胜利炼油厂一套 VGO-HDS 装置改造为 FMHC 装置，处理能力为 220kt/a，采用 FRIPP 专门开发的 3882 缓和加氢裂化催化剂，单段一次通过流程。该装置于 1989 年投产，其典型的运转结果见表 6-3-8 及表 6-3-9。

表 6-3-8　胜利炼油厂 FMHC 装置运转结果

项　目	数据	项　目	数据
原料种类	胜利 VGO	液化气收率/%	3.5
密度(20℃)/(g/cm³)	0.8781	<180℃ 石脑油收率/%	14.5
馏程/℃		密度(20℃)/(g/cm³)	0.7362
初馏点/10%	312/368	硫/(μg/g)	7.0
50%/90%	412/455	氮/(μg/g)	12.2
终馏点	495	马达法辛烷值(净)	62.5
硫含量/%	0.38	180~350℃ 柴油收率	20.6
氮含量/(μg/g)	1100	密度(20℃)/(g/cm³)	0.8484
BMCI 值	32.2	十六烷值	42
操作条件		凝点/℃	<-20
压力/MPa	7.6	未转化率油收率/%	61.8
裂化段空速/h⁻¹	1.57	密度(20℃)/(g/cm³)	0.8454
总空速/h⁻¹	0.61	馏程/℃	
裂化段温度/℃	369	初馏点/30%	318/386
>350℃ 转化率/%	36.3	50%/90%	405/453
		终馏点	494
		硫/(μg/g)	12
		氮/(μg/g)	7.5
		残炭/%	0.013
		BMCI 值	16.7

表 6-3-9　工业 FMHC 尾油、直馏石脑油和直馏柴油蒸汽裂解数据对比

蒸汽裂解原料	工业 FMHC 尾油	直馏石脑油	直馏柴油
蒸汽裂解条件			
炉出口温度/℃	800	840	800
水油比/(kg/kg)	0.75	0.64	0.75
停留时间/s	0.39	0.39	0.38
主要产品收率/%			
乙烯	26.7	23.6	23.7
丙烯	16.6	12.5	16.1
丁三烯	5.3	4.5	5.2
三烯	48.6	40.7	45.0
BTX	7.4	18.4	9.7
燃料油	6.9	2.8	8.1

数据说明，柴油硫、氮含量都很低，十六烷值为42，凝点也很低。未转化尾油的质量得到较大的改进，其密度仅有0.8454g/cm³与轻油相当，*BMCI*值由进料的36.3降至16.7。说明，通过缓和加氢裂化后，未转化油中环状烃有较大幅度减少，烷烃含量增加，为较好的裂解制乙烯原料，胜利炼油厂将其送至乙烯厂，其乙烯收率可达到26.7%，三烯收率为48.6%，要比同一胜利原油的直馏石脑油的乙烯产率还要高。

二、中压加氢裂化

(一)中压加氢裂化(MPHC)技术开发

MHC技术得到工业应用后，随着市场需求的增加，中压加氢转化工艺又得到了进一步发展[6,75]：一方面，有的企业根据实际需要，专门设计和建设了新装置，这些新装置的工艺条件可以更加优化。例如当处理更重和质量较差的进料，或者要求产品及尾油质量更好时，就可以选用10.0MPa或更高一点的反应压力。另一方面，MHC所使用的催化剂也不限于常规加氢处理催化剂，有的公司开发了专用的MHC催化剂，或者将高压加氢裂化催化剂用于MHC工艺过程，这些催化剂在保持良好的加氢活性及中馏分油的选择性的同时提高其裂化活性。

UOP公司专门进行了相关的研究工作[41]。图6-3-6为UOP的DHC型加氢裂化催化剂和常规HDS催化剂的对比结果，在其他条件相同时，DHC型催化剂具有更高的裂化活性。当转化率较低时，两者活性差别较小，转化率较高时，DHC有更高的活性，如控制转化率为30%，DHC的反应温度要低11℃(20℉)，在40%转化率时则要低14℃(25℉)，对于脱硫活性在低转化率时，DHC活性稍差，转化率达到20%，两者脱硫活性基本一致，已接近100%。文献[76]指出，在使用常规HDS催化剂时，要使转化率达到40%，运转初期的反应温度就将达到426℃，这对常规的HDS催化剂是相当困难的，因其最高使用温度一般都在430℃左右。但DHC型催化剂的最高使用温度可以允许到450℃。

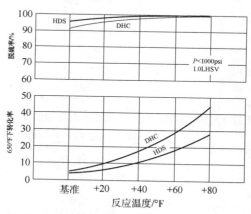

图6-3-6　DHC型催化剂与常规HDS催化剂的对比结果

AKZO公司专门开发了多种MHC催化剂[42]。将MHC催化剂KF-1010与该公司的KF-742常规HDS催化剂进行了对比，图6-3-7显示了各种反应参数对转化率的影响，两者同样差别显著，当空速减小，温度或压力增加时，其转化率差别加大。

这就说明，适当提高装置的操作压力和/或使用活性更高的催化剂，这样就可以达到加工更重的进料，同时可以提高单程转化率。因此有人便将在中压下控制转化率较高的工艺过程称为中压加氢裂化(MPHC)。

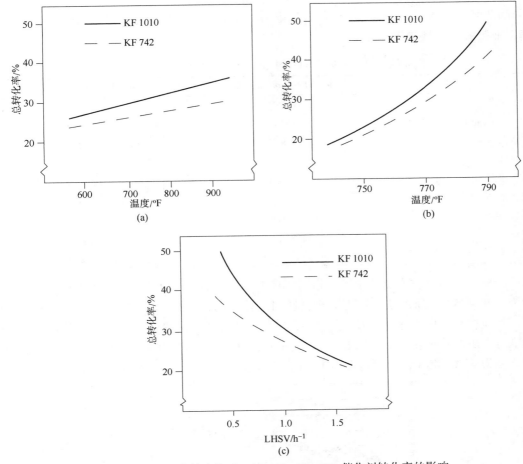

图 6-3-7 反应参数变化对 KF-1010、KF-742 催化剂转化率的影响

（二）中压加氢裂化的工业应用

1987 年 FRIPP 与洛阳石油化工工程公司、荆门炼油厂合作，在该厂改建成一套年处理能力为 250kt 的中压加氢裂化（FMPHC）装置，使用南阳 LVGO 为原料，一次通过流程，在 7.6MPa 压力操作，控制转化率为 60% 左右，以制取轻柴油和重石脑油等产品[43]。结果见表 6-3-10。

表 6-3-10 荆门 FMPHC 工业应用典型结果

原料油	南阳 LVGO	原料油	南阳 LVGO
密度（20℃）/（g/cm³）	0.8255	芳潜/%	39.4
馏分范围/℃	303~439	喷气燃料（180~260℃）	
硫/（μg/g）	468	收率	17.6
氮/（μg/g）	509	烟点/mm	28
工艺条件		柴油（180~330℃）	
工艺流程	单段串联一次通过	收率	40
压力（入口）/MPa	7.0	十六烷值	74
空速（精制/裂化）/h⁻¹	0.95/2.13	凝点/℃	-4~-2
主要产品收率（%）及性质		尾油（>330℃）	
重石脑油（65~180℃）		收率	22
收率	29.8	BMCI 值	5.8

Mobil 公司与 AKZO、Kellogg 公司合作推出了 MAK 中压加氢裂化工艺，表 6-3-11 为其两套工业装置的典型操作条件。

表 6-3-11　MAK 工业装置概况

炼油厂名称	日本 KPI 公司 Chiba 炼油厂	Mobil 新加坡石油公司炼油厂
VGO 原料性质及能力	1.75Mt/a	1.45Mt/a
密度/(g/cm³)	0.904~0.934	0.904~0.934
硫含量/%	1.8~2.8	1.8~2.8
操作条件		
高分压力/MPa	5.4	8.8
转化率/%	35~45	50~60
运转周期	两年	两年
装置情况	老装置改造(新反应器)	新建装置
工艺流程	单段一次通过	单段一次通过

两套所用原料性质变化范围基本相同，日本一套为旧装置改造，操作压力较低，控制转化率为 35%~45%。新加坡装置为新建，选用了较高的操作压力，高分压力 8.8MPa，按此推算，反应器入口压力达 9.5MPa 左右，其转化率为 50%~60%，苛刻度高于前者，但同样可以维持至少两年运转周期。图 6-3-8 及图 6-3-9 为日本装置的工业运转曲线，其长期控制转化率为 40%~45%，失活速度为 1.2℃/月，与高压装置相比还是比较快的。

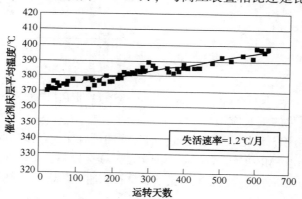

图 6-3-8　催化剂失活温升情况

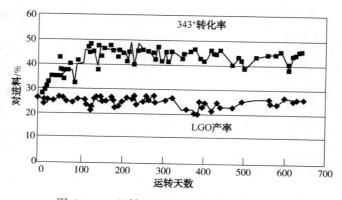

图 6-3-9　运转过程中产率和转化率的变化

表 6-3-12 则为 MAK 在中试装置上使用密度 $0.916\mathrm{g/cm^3}$，含硫 2.025%，含氮 $800\mu\mathrm{g/g}$ 的 VGO 为进料，反应压力 8.2MPa，转化率为 64% 的情况下，典型产品质量的有关数据。

表 6-3-12 中压加氢裂化试验结果

项 目	煤油	重柴油	全馏分柴油	低硫燃料
沸点范围/℃	149~266	266~360	149~366	360+
密度15℃/(g/cm³)	0.839	0.862	0.848	0.857
硫/(μg/g)	10	<100	250	2100
氮/(μg/g)	20			
芳烃/%	28			
烟点/mm	15.5			
冰点/℃	−50			
十六烷指数	51	45		

从结果可以看出，柴油十六烷值指数较高，各组分硫含量都很低，但是喷气燃料的芳烃及烟点均不符合指标要求，再次说明 MPHC 采用中东高硫 VGO 为原料不能直接生产高质量的喷气燃料。

20 世纪 90 年代，RIPP 也开发出 RT 系列分子筛型的 MPHC 催化剂及工艺技术（RMC）。表 6-3-13 是 RMC 工艺技术与 MAK 工艺技术中试结果的比较[44]。

表 6-3-13 RMC 工艺技术与 MAK 工艺技术中试结果比较

工 艺 名 称	RMC	MAK
原料性质		
馏程/℃	379~508(90%)	383~504(90%)
密度(20℃)/(g/cm³)	0.9235	0.9121
硫/%	3.1	2.25
氮/(μg/g)	898	800
工艺条件		
氢分压/MPa	8.0	8.2
360℃⁺单程转化率/%(体)	65	64
产品分布/%		
石脑油	24.5	21.0
煤油	29.2	29.5
柴油	18.9	20.7
尾油	35.4	35.7
主要产品性质		
煤油		
密度(20℃)/(g/cm³)	0.8206	0.8347
硫/(μg/g)	5.5	10
芳烃含量/%(体)	29	28
烟点/mm	17.0	15.5
冰点/℃	<−50	−50
柴油		
密度(20℃)/(g/cm³)	0.8389	0.8578
硫/(μg/g)	8.3	<100
十六烷指数	50.5	51.0

中国石化上海石油化工股份有限公司采用 RIPP 开发的 RMC 专利技术建设了一套 1.5Mt/a 中压加氢裂化装置,该装置采用冷高分、一次通过流程,设有两台反应器,主要产品是石脑油、柴油和加氢裂化尾油。装置于 2002 年 9 月 15 日投料开车一次成功。2008 年 10 月,该装置换用 RIPP 开发的第二代 RMC 配套催化剂 RN-32(精制催化剂)和 RHC-3(裂化催化剂),2009 年 4 月开工,装置运行一个月后于 2009 年 5 月 5~8 日对催化剂性能进行了标定,见表 6-3-14~表 6-3-16[45]。

从标定结果可以看出,第二代 RMC 技术及其配套使用的 RN-32 和 RHC-3,在反应器入口总压 12.17MPa,催化剂总体积空速 0.54h^{-1}等条件下,加工终馏点为 520~530℃的混合原料油,重石脑油收率 30.36%,柴油收率 34.02%,尾油收率 27.32%。各目的产品质量好,是很好的催化重整原料、柴油调和组分和蒸汽裂解制乙烯原料。

表 6-3-14 标定原料油性质

项 目	2009 年 5 月 7 日	2009 年 5 月 8 日	项 目	2009 年 5 月 7 日	2009 年 5 月 8 日
密度/(kg/m³)	0.9013	0.903	馏程/℃		
氮含量/(μg/g)	2.05	2.1	初馏点	247	228
硫含量/%	599.8	622.8	50%	425	429
凝点/℃	20	20	95%	514	518
残炭/%	0.1	0.11	终馏点	523	533

表 6-3-15 标定主要操作条件

项 目	2009 年 5 月 7 日		项 目	2009 年 5 月 7 日	
装置进料量/(t/h)	170		反应器出口温度/℃	368.2	367.4
反应器	精制	裂化	催化剂床层总温升/℃	33.94	44.39
入口压力/MPa	12.17		总体积空速/h^{-1}	0.54	
反应器入口温度/℃	343.7	349.3			

表 6-3-16 标定主要产品收率和性质

主要产品收率/%	数 据	主要产品收率/%	数 据
液化气	2.21	重石脑油	
轻石脑油	4.57	S/(μg/g)	<0.5
重石脑油	30.36	芳潜/%	56
柴油	34.02	柴油	
加氢裂化尾油	27.32	十六烷值	59
氢耗量	2.96	尾油	
产品主要性质		BMCI 值	8.2

(三)中压加氢裂化与高压加氢裂化技术经济性对比

随着催化剂技术的不断发展和进步,尽管在中压条件下也可获得较好的加氢裂化产品质量,但与高压加氢裂化相比,中压加氢裂化所得产品质量(尤其是喷气燃料和柴油质量)仍有一定差距。表 6-3-17[46]是 MAK-MPHC、RMC 和 FRIPP-MPHC 三家专利商采用中压加氢裂化技术生产的喷气燃料质量的对比结果。从表中数据可以看出,不管是国外的 MAK-

MPHC 技术，还是中国石化的 RMC 技术或 FRIPP-MPHC 技术，在 8.0MPa 左右氢分压、控制单程转换率约 65% 的条件下，加工偏环烷-中间基的中东减压蜡油，其喷气燃料烟点仅为 15.5~19mm，芳烃含量 17.8%~29%，无法满足 3# 喷气燃料质量指标。将反应总压提到 11.7MPa、转换率提高到 70%，此时喷气燃料烟点可以达到 21mm；而对于石蜡基的大庆减二线和石蜡-中间基的管输减二线原料，在 7.8MPa 氢分压、控制 75%~86% 的较高转换率时，其喷气燃料烟点为 25~27mm，可以满足 3# 喷气燃料质量指标。

表 6-3-17　中压加氢裂化喷气燃料的主要性质

工 艺 名 称	MAK-MPHC	RMC	FRIPP-MPHC			
原料油性质	中东 VGO	沙中 VGO	沙中 VGO		大庆减二	管输减二
密度(20℃)/(g/cm³)	0.9159	0.9235	0.9240		0.8478	0.8792
硫含量/%	2.25	3.10	2.43		0.1	0.34
氮含量/%	0.08	0.09	0.09		0.034	0.074
馏分范围/℃	293~537	305~553	327~546		257~536	293~512
氢分压/MPa	8.2	8.0	8.7(总压)	11.7(总压)	7.8	7.8
单程转化率/%(体)	64	65	64(质)	70(质)	75(质)	86(质)
喷气燃料组分主要性质						
密度(20℃)/(g/cm³)	0.8344	0.8206	0.8154	0.8051	0.7986	0.8056
硫含量/(μg/g)	10	5.5				
芳烃/%(体)	28	29	17.8	13.0	11.8	12.4
烟点/mm	15.5	17	19	21	27	25

表 6-3-18 是 FRIPP 所做的反应压力对加氢裂化柴油质量影响的研究结果。对于大庆减二线和管输减二线这种石蜡基或偏石蜡基原料油，在氢分压为 6.37MPa 条件下，其加氢裂化所得 180~350(360)℃ 柴油馏分的十六烷值分别为 71 和 55；对于偏中间基的伊轻减二线原料，在 8.0MPa 和 10.0MPa 氢分压条件下，如果不切割出喷气燃料组分，则其加氢裂化所得 165~370℃ 柴油馏分的十六烷值分别只有 44.1 和 48.7，而馏分更重的伊轻 VGO 在 14.7MPa 氢分压条件下，其 165~370℃ 柴油馏分的十六烷值可以达到 52；反应压力对沙轻 VGO 加氢裂化所得柴油馏分十六烷值的影响规律与伊轻原料油的试验结果相同。由此可见，不仅原料油的种类和柴油馏分的切割范围对加氢裂化柴油的十六烷值有影响，而且反应压力对柴油的十六烷值同样有非常明显的影响。

表 6-3-18　不同压力下加氢裂化柴油的主要性质

原料油名称	大庆减二	管输减二	伊轻减二线	伊轻 VGO	沙轻 VGO1		沙轻 VGO2
密度(20℃)/(g/cm³)	0.8478	0.8792	0.9048	0.9083	0.9024		0.9133
馏分范围/℃	257~536	293~512	325~461	326~543	342~492		319~531
S/N/%	0.1/0.034	0.34/0.074			2.10/0.075		2.2/0.079
操作条件							
氢分压/MPa	6.37	6.37	8.0	10.0	14.5	8.0	10.0	14.5
370℃⁺转化率/%	72	68	~69	~69	~70	~65	~60	~65
柴油产品主要性质							

续表

原料油名称	大庆减二	管输减二	伊轻减二线		伊轻 VGO	沙轻 VGO1	沙轻 VGO2
密度(20℃)/(g/cm³)			0.8419	0.8357	0.8226	0.8504　0.8400	0.8210
馏分范围/℃	180~350	180~360	165~370		165~370	238~350	
十六烷值	71	55	44.1	48.7	52	39.9　44.3	56
十六烷值指数			47.6	52.9	56.5		
总芳烃/%(体)			19.4	12.0	10.6	27.4　19.4	7.8

　　反应压力对加氢裂化投资和投资回收期的影响到底有多大,对于这一问题,虽然我们国家研究得不多。但 MAK[47]、法国研究院(IFP)和 Chevron 公司对此却作了细致的研究[48]。

　　MAK 将其开发的 MAK 技术与高压加氢裂化在操作条件和投资等方面进行了比较,结果如表 6-3-19。

表 6-3-19　MAK 技术与高压加氢裂化比较

项　　目	高压加氢裂化	MAK 技术	
操作压力/MPa	10.0~21.0	6.8~10.0	
单程转化率/%	70~100	20~70	
体积空速/h⁻¹	0.5~2.0	0.5~2.0	
循环氢流率/(m³/m³)	712~1780	356~1246	
平均反应温度/℃	343~427	343~427	
氢耗/(Nm³/m³)	214~623	71~214	
总压/MPa	>14.0	10.5	7.0
转化率/%	90~100	70	50
装置相对投资(界区内)	100	73	62
装置相对投资(含制氢)	134	94	62
相对操作费用	1	0.7	0.6

　　MAK 认为,中压加氢裂化不管是投资、氢耗,还是操作费用,都远低于高压加氢裂化。

　　表 6-3-20~表 6-3-22 和表 6-3-23、表 6-3-24 分别为 IFP 和 Chevron 公司考察反应压力对加氢裂化产品质量、装置投资和投资回收期影响的研究结果。

　　在加氢裂化目的产品质量方面,IFP 研究结果表明,在缓和加氢裂化(3~6MPa)条件下,无法生产喷气燃料,柴油的十六烷指数为 45;在中压加氢裂化(6~10MPa)条件下,喷气燃料烟点为 20~21mm,柴油的十六烷指数为 55;在高压加氢裂化(>10.0MPa)条件下,喷气燃料烟点为 27mm,柴油的十六烷指数为 54。Chevron 公司认为,在 8.4MPa 氢分压条件下,加氢裂化所得喷气燃料的烟点为 18,柴油十六烷指数为 46;在 10.5MPa 氢分压下,喷气燃料的烟点为 22,柴油十六烷指数为 50;在 14.1MPa 氢分压下,喷气燃料的烟点为 27,柴油十六烷指数为 55。

表 6-3-20　技术经济对比所用加氢裂化原料油性质

项　　目	阿拉伯轻原油减压瓦斯油	项　　目	阿拉伯轻原油减压瓦斯油
馏程(实沸点)5%/50%/90%/℃	370/460/550	氮/(μg/g)	800
相对密度	0.9210	黏度(100℃)/(mm²/s)	8.0
硫/%	2.7		

表 6-3-21　加氢裂化操作条件、产品收率和质量

项　目	缓和加氢裂化	中压加氢裂化	高压加氢裂化
操作条件			
压力/MPa	基准	1.5×基准	2×基准
空速	基准	0.75×基准	0.75×基准
转化率/%(体)	30	70	90
催化剂寿命/a	2	2	3
产品收率/%(体)			
液化气	0.67	1.67	4.8
石脑油	2.09	14.17	23.78
喷气燃料		32.65	45.07
柴油	26.71	30.29	31.60
尾油	72.31	32.13	11.03
C₃以上	101.78	110.91	116.28
氢耗/%	0.80	2.05	2.55
产品性质			
喷气燃料			
硫/(μg/g)		<20	<10
芳烃/%(体)		<20	11
烟点/mm		20~21	27
萘/%(体)		<1	<1
柴油			
硫/(μg/g)	300	<50	<20
十六烷指数	45	55	64
总芳烃/%		11	5
稠环芳烃/%	≤11	<6	<2
尾油			
相对密度	0.8950	0.8500	0.8350
硫/(μg/g)	1000	<50	<30
BMCI 值		18	8~10
脱蜡油黏度指数		100~110	125

在加氢裂化装置的投资、操作费用及投资回收期方面，IFP 认为，虽然高压加氢裂化的操作压力比中压加氢裂化高四分之一，但转化率高 20%，催化剂使用寿命长 50%，因此，对于一套 1.5Mt/a 装置，尽管高压加氢裂化装置的投资比中压加氢裂化高 26%，操作费用高23%，但装置的投资回收期仅长 0.1a。Chevron 公司认为，对于采用单段单程通过流程，控制 50%转化率，设计运转周期为 2a 的一套 2.5Mt/a 加氢裂化装置，则高压(氢压 14.1MPa)的投资比中压(氢压 8.4MPa)少 4%。

由于在石油产品的需求结构、对马达燃料质量的要求、石油产品的质量与价格的关系及高压设备国产化与进口之间的价格差异等方面，我国与法国、美国存在较大的差异，因此，MAK、IFP 和 Chevron 公司的研究结果并不能完全代表我国的实际情况。但有一点是完全可以肯定的，即在现有加氢催化剂技术水平的条件下，反应压力仍是决定加氢裂化产品(尤其是喷气燃料和柴油)的最关键因素。

表 6-3-22　加氢裂化装置的投资和操作费用

项　目	缓和加氢裂化	中压加氢裂化	高压加氢裂化
加工能力/(10^4t/a)	150(30000bbl/d)	150(30000bbl/d)	150(30000bbl/d)
转化率/%(体)	30	70	90
公用工程费用/(万美元/年)	427	675	725
催化剂费用/(万美元/年)	51	85	66
氢气费用/(万美元/年)	1036	2727	3436
可变费用[1]/万美元	1514	3487	4227
总投资[2]/万美元	7500	10800	13600
总操作费用[3]/(万美元/年)	3139	5837	7177
每桶进料费用/美元	3.17	5.90	7.24
产品-原料/(美元/bbl)	4.20	9.01	10.85
可变费用/(美元/bbl)	-1.53	-3.52	-4.27
投资回收期/年	2.8	2.0	2.1

①包括公用工程、催化剂和氢气。

②包括储存费用和应急费用等。

③0.25×总投资+可变费用。

表 6-3-23　加氢裂化压力对装置投资和产品质量的影响

氢分压/MPa	8.4	10.5	14.1
反应器体积	1.5×基准	基准	0.6×基准
投资/万美元	+9%	基准	+5%
产品质量			
喷气燃料烟点/mm	18	22	27
十六烷指数	46	50	55

表 6-3-24　建设投资和操作费用比较

装置类型	HPHC	MPHC	MPHC
高分总压/bar(表压)	140	100	70
运行方式	全循环	一次通过	一次通过
单程转化率/%(体)	70	70	50
总转化率/%(体)	90~100	70	50
相对建设投资[1]	100	73	62
单位转化深度相对建设投资[2]	100~111	104	124
相对建设投资[3]	134	94	62
单位转化深度相对建设投资[4]	134~149	134	124
相对操作费用[5]	1	0.7	0.6
单位转化深度相对操作费用[6]	1.0~1.1	1.0	1.2

①装置界区内;

②装置界区内;

③含制氢能力增加;

④含制氢能力增加;

⑤新氢按 0.08 \$/Nm³ 计算;

⑥新氢按 0.08 \$/Nm³ 计算。

根据中压加氢裂化的发展过程及不同要求，可以将中压转化工艺的基本特征总结于表6-3-25，并与传统的高压加氢裂化作一简要的对比。

表 6-3-25 各种加氢裂化工艺主要操作指标

项 目	VGO-HDS	MHC VGO-HDS 改造	MPHC 新建	加氢裂化
反应氢分压/MPa	5.0~8.0	5.0~8.0	5.0~10.0	10.0~20.0
空速/h⁻¹	0.5~3.0	0.4~1.5	0.4~1.5	0.5~2.0
反应温度/℃	340~410	350~440	350~440	350~450
氢油比/(NM³/m³)	300~600	300~1000	300~1000	1000~2000
转化率/%	<0.5	10~40	10~60	70~100

从表列数据表明，新建 MPHC 装置的工艺操作指标具有更大的灵活性。表中同时列出了高压加氢裂化的工艺条件，它具有很高的转化深度，可以加工质量更差的原料，因此其反应压力与循环氢都明显增加，但同时其产品质量和催化剂寿命也有大幅度提高，MPHC 装置的投资要低于高压装置。因此，企业对加氢裂化装置工艺的选择，要通过全面的技术经济比较来加以确定。

三、劣质柴油提质技术

催化裂化(FCC)是炼油工业从重油制取汽油的重要手段之一。特别是在我国，由于石脑油主要用作蒸汽裂解制乙烯原料和催化重整原料，而催化重整又主要用于生产三苯(苯、甲苯和二甲苯)，因此，催化裂化汽油是我国汽油的最主要来源，一般占产品汽油的 60%~80%，有些企业甚至占到90%以上。FCC 装置在生产汽油的同时还产出相当数量的催化柴油组分(国外称 LCO，或催化裂化轻循环油、一般占 FCC 进料的 20% 左右)，约占全部柴油 30%。

催化裂化柴油不仅硫、氮含量高，颜色深，储存安定性差，而且密度大、芳烃含量高、十六烷值低。近十多年来，随着渣油加氢的发展和普及，FCC 装置已由原来以加工 VGO 为主变为以加工加氢渣油为主。此外，随着汽柴油质量的不断升级，为了降低催化汽油中的烯烃含量，同时为了利用 FCC 装置多产丙烯，大量的 FCC 装置采用具有氢转移功能的催化裂化技术，但这些装置在多产丙烯和降低汽油烯烃含量的同时，所产的催化柴油质量(主要是密度、芳烃含量和十六烷值)却进一步劣质化，如中国石化所属企业的催化柴油，密度大于 0.93g/cm³(有些企业甚至高达 0.97g/cm³ 以上)、芳烃大于 60%(有些企业高达 80% 以上)、十六烷值小于 20。因此，催化柴油已成为我国，尤其是中国石化柴油质量升级的最主要瓶颈。为了经济、有效地改善催化柴油质量，20 世纪 90 年代以来，FRIPP 和 RIPP 都相继开展了相关工作，并开发成功了多项劣质柴油提质技术。

(一) 柴油中压加氢改质技术

1. 中压加氢改质(MHUG)技术开发

中压加氢改质(MHUG)技术，实际上是将中压加氢裂化或缓和加氢裂化技术用于催化柴油的改质，这种技术要求能在中压下进行，以便对所有 HDS 装置稍加改造即可使用，并减少投资及操作费用，同时需要选择或研制一种能对催化柴油中双环及多环芳烃有高的选择性破环能力的裂化催化剂，以及具有较好加氢活性，通过选择性破环，将催化柴油中的高浓度芳烃裂解至石脑油组分，使柴油中的芳烃含量降低，十六烷值提高，而石脑油则含有相当高的环状烃和芳烃，成为优质的重整原料。

FRIPP 对此进行了研究[49]，选择了两种掺炼渣油的催化柴油作原料，表 6-3-26 列出了其主要性质，从密度、碘值、十六烷值、BMCI 值及颜色可以看出其质量相当差，而大港重油催化柴油则因原油为环烷基油，其质量更差。

试验是在 6.4 氢分压下进行，采用单段串联的工艺流程，分别使用裂化活性高的 3825 和 3905 催化剂。原料先经加氢精制深度脱硫、氮，控制氮含量<30μg/g，其目的是为了更好发挥二段裂化催化剂的活性，同时又可制取硫含量很低的清洁柴油。表 6-3-27 列出了两种原料的典型的工艺条件和反应结果。

表 6-3-26　原料油主要性质

原料油名称	大庆重油催化柴油	大港重油催化柴油
密度(20℃)/(g/cm³)	0.8614	0.8949
馏分范围/℃	180~380	180~350
硫/(μg/g)	1167	1512
氮/(μg/g)	897	890
碘值/(gI/100g)	32.2	13.3
颜色(ASTM10)/色号	>8	>8
凝点/℃	−1	−23
十六烷值	37.1	27.0
BMCI 值	41.7	57.1

表 6-3-27　中压加氢改质工艺条件及结果

进料种类	大庆重油催化柴油		大港重油催化柴油	
R2 裂化催化剂	3825		3903	
工艺条件				
氢分压/MPa	6.4	6.4	6.4	6.4
改质段空速/h⁻¹	2.0	2.0	2.0	2.0
改质段温度/℃	370	380	360	380
产品收率/%对进料				
<65℃轻石脑油	2.7	7.3	0.5	1.1
65~180℃重石脑油	15.7	27.2	6.8	12.8
>180℃柴油	81.2	63.9	92.0	84.6
C₅+液体收率	99.6	98.4	99.3	98.5
化学氢耗/%	1.92	2.22	1.60	1.84

所有试验改质段的空速均为 2.0h⁻¹，在其他工艺条件相同时，分别列出了两个反应温度的试验结果，大庆催化柴油为 370℃、380℃，大港催化柴油则为 360℃、380℃。提高反应温度时转化率提高，石脑油产率增加，>180℃柴油收率则随之减少。

表 6-3-28 列出了各种产品的主要性质，不同原料的两组数据，由于所用改质(裂化)催化剂(3925，3903)性能有一定差别，互相之间难以比较，但就本组的数据来看，大庆催化柴油所产轻石脑油中的异构烷烃含量相当高，其马达法辛烷值大于 80，是良好的汽油调和组分。大港催化柴油所产轻石脑油中异构烷烃相对较少，但也大于正构烷烃，而 C₅~C₆ 环

烷烃及芳烃则多于大庆催化柴油原料，这是由于大港催化柴油原料中含有更多的芳烃及环烷烃的原故。两种原料所得的重石脑油都具有高的芳烃潜含量，大庆催化柴油进料分别为63.83%和59.03%，而大港原料则高达到79.70%和77.70%，硫、氮含量都很低，可以不经过预加氢直接进入重整反应系统，是催化重整的优质进料。改质后的>180℃轻柴油组分（如表6-3-22）碘值低，颜色浅。与原料相比，改质柴油十六烷值增幅为11.0到14，远大于加氢精制的效果，硫含量只有不到5μg/g，达到了超低硫水平。

表 6-3-28　中压加氢改质产品性质

进 料 种 类	大庆重油催化柴油		大港重油催化柴油	
R2 裂化催化剂	3825		3903	
<65℃轻石脑油				
密度(20℃)/(g/cm³)	0.6418	0.6418		
组成/%				
C₄~C₆正构烷烃	22.81	22.39	29.33	29.23
C₄~C₆异构烷烃	56.34	59.24	34.22	37.25
C₅~C₆环烷烃	16.99	15.73	24.70	23.40
苯	2.63	1.96	6.99	5.62
C₇烃	1.23	0.68	4.76	4.50
辛烷值(MONC)	81.4	83.0		
65~180℃重石脑油				
密度(20℃)/(g/cm³)	0.7651	0.7630	0.7874	0.7825
芳潜/%	63.83	59.03	79.70	75.70
硫/(μg/g)	<0.5	<0.5	<0.5	<0.5
氮/(μg/g)	<0.5	<0.5	<0.5	<0.5
>180℃轻柴油				
密度(20℃)/(g/cm³)	0.8243	0.8162	0.8511	0.8501
馏程/℃				
50%	250	236	248	244
90%	326	316	298	297
95%	341	335	313	313
硫含量/(μg/g)	2.9	2.9	4.8	4.7
碘值/(gI/100g)	0.64	0.22	0.61	0.00
颜色(ASTM1500)/色号		2.5	2.0	0.5
凝点/℃	-6	-8	-25	-23
十六烷值	48.2	48.8	40	41
十六烷值增值	11.1	11.7	13	14

近几年，随着 MIP、MIP-CGP 或 FDFCC 等多产丙烯及降低催化裂化汽油烯烃含量的催化裂化新技术的广泛应用，催化柴油的质量更差。表 6-3-29 是 FRIPP 针对 MIP 柴油及 MIP柴油与焦化柴油、直馏柴油混合油中压加氢改质的中试结果[50]。

表 6-3-29 中原料 1 为 MIP 柴油，该柴油密度大，十六烷值低；原料 2 和原料 3 为 MIP

柴油与焦化柴油、直馏柴油混合柴油。试验采用单段串联一次通过工艺流程，由中试结果可以看出，在压力 10.0~12.0MPa、总体积空速 0.7~1.0h^{-1} 及控制石脑油收率 9.8%~26.3% 等条件下，石脑油芳潜含量高达 65.6%~72.5%，硫、氮含量低，可以直接作为优质的催化重整原料。改质柴油馏分收率为 71.5%~89.5%，十六烷值由原料的 15~26.5 提高到 38.5~46，十六烷值增幅 19.5~25.5 个单位以上，密度降低 0.0695~0.0973g/cm^3，柴油的十六烷值和密度改善效果明显。但因原料柴油的质量极差，即使在反应压力高达 10.0MPa 以上的高苛刻度下进行加氢改质，柴油的密度、十六烷值与国Ⅳ、国Ⅴ柴油标准仍有较大距离，因此，仍只能作为柴油调和组分。

表 6-3-29　不同原料试验结果

原　料　油	原料 1	原料 2	原料 3
密度/(g/cm^3)	0.9500	0.9145	0.9210
馏分范围/℃	105~385	161~383	170~384
S/(μg/g)	4087	4454	2200
N/(μg/g)	920	1121	1052
十六烷值	<15	26.5	~16
工艺条件及产品			
反应压力/MPa	12.0	12.0	10.0
总体积空速/h^{-1}	0.7	1.0	1.0
反应温度/℃	365/385	362/382	353/373
石脑油			
收率/%	11.5	9.8	26.3
S/(μg/g)	<0.5	<0.5	<0.5
N/(μg/g)	<0.5	<0.5	<0.5
芳潜/%	72.5	65.6	69.8
柴油			
收率/%	87.4	89.5	71.5
密度/(g/cm^3)	0.8527	0.8359	0.8515
S/(μg/g)	<5	<5	<5
N/(μg/g)	<1	<1	<1
十六烷值	40.5	46.0	38.5
十六烷值增幅	>25.5	19.5	22.5

2. 中压加氢改质的工业应用

通过大量的试验研究之后，FRIPP 和 RIPP 的中压加氢改质技术都在 1990 年开始工业应用。

国内首套大型中压加氢改质装置——中国石化燕山分公司 1.0Mt/a 的中压改质工业装置，由 FRIPP 提供基础数据、SEI 承担工程设计，装置采用单段串联工艺流程，一反使用 3936 精制剂，二反为分子筛型的 3825 裂化剂，该装置于 1997 年 8 月投产，以大庆减二与重油催化柴油混合油为原料。表 6-3-30 为工业装置原料油、工艺操作参数、主要产品收率和主要性质的典型数据。混合原料油中重油催化柴油的含量为 60%，密度大，*BMCI* 值较高。

该装置的产品方案主要控制适当的裂化率，生产部分重石脑油作重整原料，主要产品为经过改质柴油组分，以制取十六烷值高、硫、氮含量较低的优质轻柴油。

工业装置所用原料为大庆重油催化柴油与大庆 LVGO 按 6∶4 的混合油，馏程较纯催化柴油要重，因此生成油中还生产一部分 340℃ 以上的尾油。重石脑油收率为 17.71%，有 64.0% 的高芳烃潜含量。180~340℃ 轻柴油收率达到 45.10%，十六烷值为 47.1，硫含量在 100μg/g 以下，柴油凝点相当低，低于−25℃，说明使用这种催化剂的中压改质工艺具有优良的异构化性能。大于 340℃ 的尾油收率为 30.38%，其 BMCI 值仅有 6.2，是很好的裂解制乙烯原料。

表 6-3-30　原料油主要性质及操作参数

项　　目	数据	项　　目	数据
原料油：直馏减二：重催	4∶6	65~180℃ 重石脑油	
密度(20℃)/(g/cm³)	0.8555	产率/%	17.71
馏程/℃		芳潜/%	64.0
10%/50%	218/364	240~340℃ 柴油组分	
90%/终馏点	447/470	产率/%	25.0
凝点/℃	27	十六烷值	57.3
硫/(μg/g)	928	凝点/℃	−16
氮/(μg/g)	810	180~340℃ 柴油	
BMCI 值	21.7	产率/%	45.10
主要操作参数		十六烷值	47.1
设计加工量/(Mt/a)	100	凝点/℃	<−25
氢分压/MPa	8.0	硫/(μg/g)	<100
R1 精制/R2 裂化温度/℃	372/371.5	>340℃ 尾油	
精制油含氮/(μg/g)	−5	产率/%	30.38
C₅ 液体收率/%	98.0	BMCI 值	6.2
氢耗/%	1.90		

中国石油锦州石化分公司 0.8Mt/a 柴油加氢改质装置，由 RIPP 提供装置设计基础数据、SEI 承担工程设计。装置采用单段串联一次通过流程，装填 RN-1 精制催化剂和 RT-5 裂化催化剂，加工辽河原油的催化裂化柴油。表 6-3-31 为工业装置标定结果[57]。

表 6-3-31　MHUG 工业试验装置典型操作

项　　目	辽河催化柴油	项　　目	辽河催化柴油
原料油性质		一反入氢油比/(Nm³/m³)	572
密度(20℃)/(g/cm³)	0.8983	主要产品分布(对原料油)/%	
馏分范围/℃	202~359	石脑油	5.77
硫/(μg/g)	2000	柴油	94.84
氮/(μg/g)	765	产品主要性质	
十六烷值	31.9	石脑油芳烃潜含量/%	66.4
主要工艺条件		柴油十六烷值	40.8
高分压力/MPa	6.62	凝点/℃	−14
反应入口温度(精制/裂化)/℃	326/344	硫/(μg/g)	70
总体积空速/h⁻¹	0.81		

　　工业运转标定结果表明，柴油收率为94.84%，因操作压力较低，十六烷值增幅只有8.9个单位。石脑油5.77%，芳烃潜含量较高，为66.4%。

　　柴油加氢改质技术在降低柴油密度、提高十六烷值的同时，还可兼产高芳烃潜含量的优质石脑油作催化重整原料，因此，对于那些在柴油质量升级中，柴油十六烷值、密度压力较大，且催化重整原料不足的企业，可考虑选择此技术。

　　(二)最大限度提高催化裂化柴油十六烷值技术

　　提高催化柴油十六烷值技术实质上也是柴油加氢改质技术，只是这种柴油加氢改质技术目标更明确，即十六烷值提高幅度和柴油收率最大化，根据这一目标，在催化剂和操作条件等方面的选择与柴油加氢改质技术有所区别，因此，将它从柴油加氢改质技术中分出来。

　　MCI(Maximum Cetane Improvement)十六烷值改进技术是由FRIPP针对劣质催化柴油改质开发的技术。尽管前面所谈及的MHUG技术可以较大幅度提高催化柴油的十六烷值，同时做到深度脱硫及改善安定性，但MHUG工艺要产相当数量的石脑油，降低了柴油的收率，而且氢耗量也相当高，所有这些，对于氢源紧缺和/或石脑油没有很好出路的企业来说是无法接受的。而对于常规的加氢精制，除脱硫、脱氮外，主要反应是烯烃和芳烃的加氢饱和，对提高十六烷值有限，一般在4~6个单位。FRIPP通过催化剂及相应工艺的开发，成功地研究出一种既能较大幅度提高催化柴油的十六烷值，又能保持柴油收率在95%或更高的新工艺技术，并迅速实现了工业化，FRIPP将其称为MCI工艺技术[52]。RIPP开发的RICH技术的生产目的与MCI技术相类似。

　　1. MCI工艺的反应机理和技术开发

　　众所周知，来自FCC或RFCC的LCO富含芳烃，特别有相当数量的多环芳烃如萘系烃。其十六烷值最低，采用常规的加氢精制技术，十六烷值提高的幅度有限，这是因为萘芳烃加氢饱和产生的四氢萘或十氢萘十六烷值仍然很低。图6-3-10为萘加氢及裂化反应的途径。

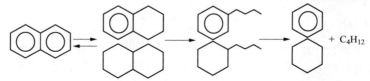

图6-3-10　萘系烃的反应途径

　　在MHUG工艺中，多环芳烃是通过裂化为小分子而减少柴油中芳烃或多环芳烃含量以达到提高十六烷值的目的。即四氢萘开环生成丁基苯，然后再断链为苯及C_4烷烃，这种反应途径虽然可大幅度提高柴油十六烷值，但同时柴油收率也明显降低、氢耗明显增加。MCI工艺则要求四氢萘开环生成丁基苯后，基本不再发生断键反应，而将烷基苯保留在柴油之中，以达到大幅提高柴油十六烷值和保持高柴油收率的目的。

　　FRIPP与抚顺石油学院合作专门研究了四氢萘加氢裂化的反应动力学，其简化反应网络见图6-3-11。

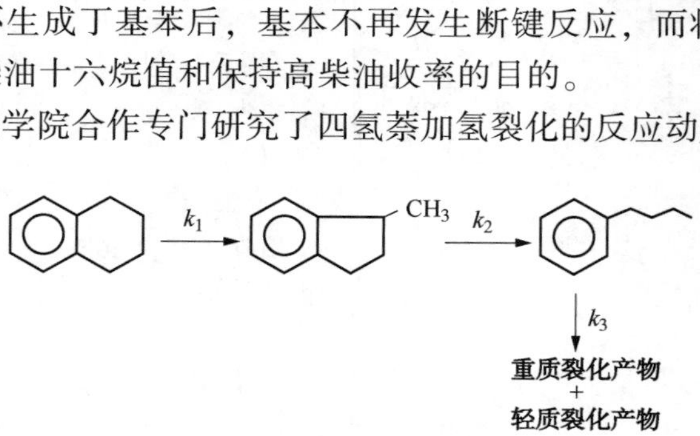

图6-3-11　简化的反应网络

不同温度下的裂化动力学反应速率常数列于表 6-3-32。

表 6-3-32　四氢萘加氢裂化动力学反应速率常数

反应温度/℃	k_1	k_2	k_3
320	0.096	3.752	2.089
340	0.368	4.140	3.275
380	4.418	10.498	6.525

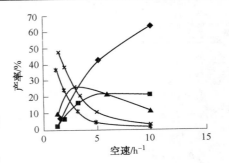

图 6-3-12　四氢萘在裂化产物中的分布

图 6-3-12 则给出了不同空速下四氢萘裂化产物的分布，综合以上结果，可以得出如下结论。

1）加氢异构形成茚类为反应的控制步骤，开环反应速率很快。

2）加氢异构反应对反应温度很敏感，且高温有利于异构反应。裂化反应也易发生，但对反应温度不如异构反应敏感。

3）通过对催化性能的调节、优化工艺条件，适当控制 k_2，提高异构化活性及限制裂化活性，使生成烷基苯，这是开发 MCI 技术的关键。

基于以上技术分析，设计和研制了 MCI 专用催化剂，要求做到 HDS、HDN 及芳烃化和加氢活性高；有较好的异构化活性，适宜的裂化活性；稳定性良好。为了达到上述要求，FRIPP 研制出一种开环选择性高、异构性能好的分子筛作为催化剂载体的关键组分，其活性稳定性示于图 6-3-13，效果很好。

其次是要解决好催化剂的耐氮性能，通过研究证实，具有高 HDN 活性的催化剂同时也具有好的耐氮能力（图 6-3-14）。

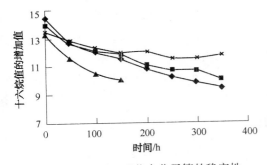

图 6-3-13　MCI 工艺中分子筛的稳定性

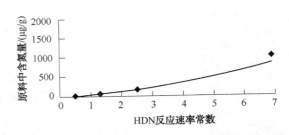

图 6-3-14　HDN 活性和耐氮能力的关系

通过研究还表明，进料中的氮含量对反应结果有较大影响，图 6-3-15 表明，进料氮含量对十六烷值增加及柴油收率有直接影响。当其他工艺条件控制在一定范围时，反应温度对柴油液体收率及十六烷值增值十分重要（图 6-3-16）。在优化的温度条件下，可以达到高的液体收率与十六烷值增加。FRIPP 试验取得进展后，又专门对多种 LCO 原料进行了考察，以研究 MCI 对不同原料的适应性。综合结果列于表 6-3-33。

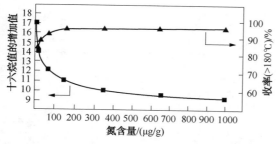

图 6-3-15 原料中氮含量对 MCI 结果的影响

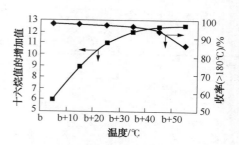

图 6-3-16 温度对 MCI 结果的影响

表 6-3-33 不同的 LCO 在 MCI 工艺中的试验结果

项 目	LCO 1	LCO 2	LCO 3	LCO 4	LCO 5	LCO 6
原料						
密度(20℃)/(g/cm³)	0.9123	0.9113	0.8966	0.9006	0.8833	0.8949
硫含量/%	0.321	0.165	0.286	0.495	0.344	0.140
氮含量/(μg/g)	833	1278	639	1177	714	1921
芳香烃/%	63.0	64.7	61.0	58		
十六烷值	25	20	23	25	32.9	25.1
产物						
密度(20℃)/(g/cm³)	0.8592	0.8650	0.8621	0.8720	0.8618	0.8746
硫含量/%	<100	<100	<100	<100	<100	<100
氮含量/(μg/g)	7.1	9.1	1.3	1.4	3.0	11
十六烷值	35.2	33	35	35	43.2	35.0
>180℃馏分收率/%	95.9	97.0	98.0	97.3	97.1	>97

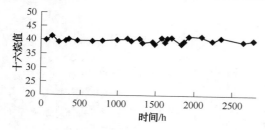

图 6-3-17 MCI 工艺稳定性的试验

试验结果表明,所有原料都有好的效果,十六烷值增幅都大于 10 个单位,柴油和液体收率均大于 95 以上,硫、氮含量都很低,是低硫优质轻柴油组分。

图 6-3-17 则为 3000h 的稳定性试验结果,在未提反应温度的条件下,十六烷值具有稳定的增值。

由于目前 MIP 柴油占催化裂化柴油比例越来越大,而且与常规催化裂化柴油相比,MIP 柴油的密度更大、芳烃含量更高、十六烷值更低,质量更差。为此,FRIPP 用 MIP 柴油进行 MCI 试验,其结果如表 6-3-34。在反应压力 12.0MPa、总体积空速 0.5h⁻¹ 的高苛刻操作条件下,采用 MCI 技术处理 MIP 柴油,改质柴油的密度由原料的 0.9440g/cm³ 下降到 0.8631~0.8741g/cm³,十六烷值由原料的约 15 提高到 37.8~41.5,硫含量小于 10μg/g。

虽然采用 MCI 技术处理 MIP 柴油,所得改质柴油的十六烷值增幅和密度降幅都很大,但因原料柴油质量太差,因此,即使在压力 12.0MPa、空速 0.5h⁻¹ 以及化学氢耗高达 4.22% 的高苛刻度操作条件下,MCI 柴油十六烷值也只有 41.5,密度 0.8631g/cm³,只能作为普通柴油调和组分。

表 6-3-34　MIP 柴油 MCI 中试结果

反应总压/MPa	12.0			
平均反应温度/℃	375			
体积空速/h⁻¹	0.5	0.67	1.0	
柴油收率/%	92.32	93.24	93.83	
化学氢耗/%	4.22	4.01	3.81	
原料与产品	原料	产品	产品	产品
密度(20℃)/(g/cm³)	0.9440	0.8631	0.8681	0.8741
硫/(μg/g)	8100	<10	<10	<10
十六烷值	~15	41.5	40.5	37.8
十六烷指数	23.8	38.7	37.6	37.0

MCI 技术比较适合那些在柴油产品质量升级中，十六烷值、密度稍有欠缺的企业选用。

2. MCI 工艺的工业应用

在实验室取得肯定结果后，MCI 于 1998 年实现首次工业应用[53]，在吉林化工公司炼油厂，使用 FRIPP 专门开发的 MCI 催化剂，装置处理能力为 200kt/a，该装置原是催化柴油加氢精制装置，由于 MCI 工艺石脑油产率很低，反应热也与加氢精制工段无明显差别，工艺条件也无大的变化，因此装置的工艺流程及设备都无需改动，可直接用于 MCI 工艺操作。

表 6-3-35 为工业装置运转的典型结果，运转高分压力为 6.5MPa，反应温度 349~355℃，柴油收率 98.60%~99.78%，十六烷值增加 11.3~12.1，硫含量低于 50μg/g，氮含量也很低，凝点比进料还低，没有常加氢精制凝点回新的情况，为优质低硫柴油的调和组分。

表 6-3-35　工业运转的典型结果

原 料 名 称	重催化柴油油 A	重催化柴油油 B	原 料 名 称	重催化柴油油 A	重催化柴油油 B
密度(20℃)/(g/cm³)	0.8824	0.8798	柴油	99.78	98.60
硫含量/(μg/g)	941	928	未稳定汽油	1.10	0.98
氮含量/(μg/g)	839	936	柴油产品性质		
凝点/℃	-32	-28	硫含量/(μg/g)	29.6	29.2
颜色/色号	2.5	3.0	氮含量/(μg/g)	23.0	54.6
十六烷值	26.9	28.6	凝点/℃	-39	-29
主要反应条件			颜色/色号	<1.5	<1.5
压力(高分)/MPa	6.5	6.5	十六烷值	39.0	39.9
平均反应温度/℃	366.1	349.0	十六烷值增加	12.1	11.3
产品产率/%					

（三）催化柴油加氢转化生产高辛烷值汽油或 BTX 技术

通过分析几种催化柴油提质技术可以发现，催化柴油加氢精制技术的开发理念是尽可能地将催化柴油中的二环、三环芳烃加氢饱和成单环或双环环烷芳烃。该技术的优点是改质柴油收率高（接近 100%）、氢耗相对较低，不足是改质柴油的密度降幅和十六烷值增幅有限；催化柴油加氢改质技术的开发理念是将一部分二环、三环芳烃进行加氢裂化，生成石脑油。该技术的优点是改质柴油的密度降幅和十六烷值增幅都很大，不足是由于该技术没对裂化反应生成的单环芳烃进一步加氢成环烷烃进行限制，因此，氢耗非常大，且生成的石脑油需送催化重整装置进一步加工，才能作为产品出厂；MCI 技术的开发理念是尽可能将催化柴油中的二环、三环芳烃加氢饱和及开环，但限制其进一步断侧链的反应。因此该技术的优点是柴油收率相对较高（>90%）、柴油的密度降幅和十六烷值增幅也很大，不足是与催化柴油加氢改质技术一样，MCI 技术也不对单环芳烃进一步加氢成环烷烃进行限制，因此，氢耗虽比改质技术有所降低，但仍很高。而且上述技术虽然改质柴油收率、质量提升幅度各有特点，但它们还有共同不足，即改质柴油还需要与大量的车用柴油调和，其十六烷值才能满足普通柴油要求，而且产生的石脑油需要送下游装置再加工、附加值低。因此，质量升级成本高、效益差。

为了提高催化柴油加氢转化产物的附加值，降低催化柴油质量升级成本，MAK、UOP、FRIPP 和 RIPP 先后开发出一种新型催化柴油加氢改质技术——催化柴油加氢转化生产高辛烷值汽油或 BTX 技术，这种技术在对催化柴油进行加氢改质的同时，可直接生产一部分附加值更高的高辛烷值汽油组分或 BTX 组分。

1. 催化柴油性质特点

FRIPP 用密度 0.9537g/cm³、氮含量 1069μg/g、总芳烃含量 79.2%（其中单环芳烃 11.9%、二环芳烃 56.2%、三环芳烃 11.1%）的典型 MIP 柴油馏分进行 10~15℃窄馏分切割，并分析各窄馏分的芳烃含量和密度，结果如图 6-3-18~图 6-3-20。可以看出：

1）总芳烃含量随馏分变重略有增加，但不明显。即使是<230℃馏分，总芳烃含量也高达 60%左右。

2）馏分越重，多环芳烃比例越高。单环芳烃主要集中在<260℃馏分中；在所有窄馏分中都含有较高的二环芳烃，在 245~340℃馏分中，几乎都是二环芳烃；从 300℃馏分开始出现三环芳烃，>350℃馏分中主要是三环芳烃。

3）馏分越重，二环、三环芳烃含量越高，密度也越大。<230℃馏分的密度已接近 0.9g/cm³、>260℃馏分密度达到 0.95g/cm³ 以上、>330 馏分密度已超过 1.0g/cm³。

4）含氮化合物主要集中在>330℃的馏分中。

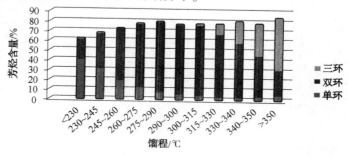

图 6-3-18　芳烃在催化裂化柴油中分布

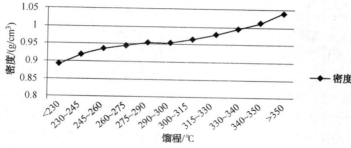

图 6-3-19　密度与催化裂化柴油馏程关系

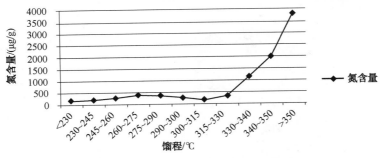

图 6-3-20　氮含量与催化裂化柴油馏程关系

2. 催化柴油加氢转化反应机理

虽然二环、三环芳烃等大分子芳烃富聚在柴油中，是导致柴油的密度大、十六烷值低及燃烧性差的根本原因，而单环芳烃的辛烷值却非常高，是高辛烷值汽油的优质组分，因此，如果能通过技术方法将二环、三环大分子芳烃转化成单环小分子芳烃并富聚在石脑油中，则生产的石脑油就可以作为高辛烷值汽油。表 6-3-36 是碳数相同、不同族组成烃类与辛烷值（ROM）的关系。

表 6-3-36　不同族组成烃类与辛烷值（ROM）的关系

芳烃	ROM	环烷烃	ROM	链烷烃	ROM
苯	100	环己烷	83	正己烷	25
				2-甲基戊烷	73
甲苯	115	甲基环己烷	74.8	3-甲基己烷	52
				2-甲基己烷	42
				正庚烷	0
间二甲苯	117.5	1，3-二甲基环己烷	71.7	正辛烷	0
				2，2-二甲基己烷	72
乙基苯	>100	乙基环己烷	46		

催化柴油加氢转化生产高辛烷值汽油或 BTX 的技术原理是通过使用专用的加氢转化催化剂和适宜的操作条件，使催化柴油中的二环、三环芳烃按图 6-3-21 中的路径①加氢转化生成单环芳烃，尽量减少发生路径②的加氢裂化反应以及路径①加氢转化生成的单环芳烃进一步加氢饱和（路径③）生成单环环烷烃。

3. 催化柴油加氢转化技术

（1）MAK-LCO 改质技术

MAK-LCO 改质技术是由 Mobil 研发公司、The M. W. Kellogg 公司和 Akzo Nobel Catalyst 公司合作开发的催化柴油加氢转化生产高辛烷值汽油技术[54]。

MAK-LCO 改质技术采用单段串联单程通过工艺流程，有两台反应器，一台装填加氢精制催化剂，另一台装填裂化催化剂，其原则工艺流程如图 6-3-22 所示。

中试原料油性质、操作条件和产品分布及性质分别列于表 6-3-37～表 6-3-38。以密度 $0.9626g/cm^3$、硫含量 3%、总芳烃含量 82.3%、终馏点 330℃的美国催化柴油（LCO）为原料，在典型的中压加氢裂化操作条件下，控制<200℃转化率分别为 40% 和 60%，<200℃汽油收率分别为 35% 和 52.5%，硫含量均<50μg/g，研究法辛烷值（ROM）分别>95 和>92；>200℃改质柴油收率分别为 60% 和 40%，密度比原料下降 0.081～0.0972g/cm³，为 0.8654g/cm³ 和 $0.8816g/cm^3$，十六烷指数为 34 和 40，比原料油提高 12～18 个单位，硫含量均<50μg/g。

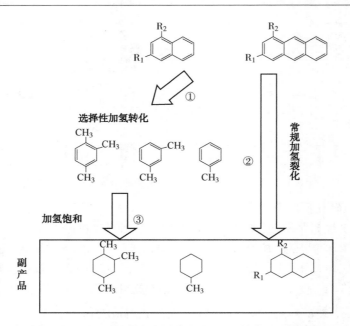

图 6-3-21　催化柴油加氢转化理想反应路径

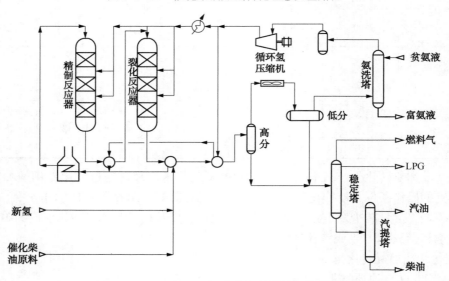

图 6-3-22　MAK-LCO 改质技术原则工艺流程图

表 6-3-37　LCO 主要性质

项　目	LCO	项　目	LCO
密度(20℃)/(g/cm³)	0.9626	终馏点	330
硫/%	3.0	组成分析/%	
氮/(μg/g)	220	链烷烃	12.1
十六烷指数	22.1	环烷烃	5.6
馏程/℃		芳烃	82.3
初馏点/10%	219/249	其中：单环芳烃	21.9
30%/50%	262/271	双环芳烃	56.6
70%/90%	281/299	三环芳烃	2.8

表 6-3-38　MAK LCO 改质典型操作条件

反应总压/MPa	5.0~10.0	平均反应温度/℃	345~425
总体积空速/h⁻¹	0.5~2.0	<193℃转化率/%	30~70
总气油比	1000~2000		

表 6-3-39　MAK LCO 改质收率及产品性质

<200℃转化率/%	60	40	<200℃转化率/%	60	40
产品分布/%(对原料油)			密度(20℃)/(g/cm³)	0.7839	0.8063
H₂S+NH₃	3.19	3.15	S/(μg/g)	<50	<50
C₁~C₃	2.9	1.9	辛烷值(ROM)	>92	>95
C₄	4.9	2.9	辛烷值(MOM)	>82	>85
C₅~200℃汽油	52.5	35	>200℃柴油		
>200℃柴油	40	60	密度(20℃)/(g/cm³)	0.8654	0.8816
化学耗氢	3.49	2.95	S/(μg/g)	<50	<50
产品性质			十六烷指数	40	34
C₅~200℃汽油					

（2）UOP

为了适应重质燃料油需求减少而清洁燃料需求增加的需求，2005 年 UOP 公司推出轻循环油加氢裂化（LCO Unicracking）新工艺[55]，提供了一种以较低投资进行 LCO 改质、拓宽 LCO 出路的方案。

UOP 开发的轻循环油加氢裂化（LCO Unicracking）原则工艺流程图如图 6-3-23 所示，该技术的工艺流程与常规的单段加氢裂化或单段串联加氢裂化工艺流程完全相同。其技术关键是通过选择适宜的操作条件和采用高裂化活性、高选择性的 HC-190 轻油型裂化催化剂，将催化裂化 LCO 转化成超低硫柴油和辛烷值较高的超低硫汽油调和组分。

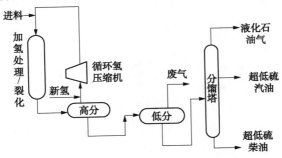

图 6-3-23　LCO Unicracking 工艺流程示意图

表 6-3-40 是 UOP 采用 LCO Unicracking 技术处理催化柴油的中试结果。可以看出，采用 LCO Unicracking 技术处理密度 0.9402~0.9652g/cm³、终馏点点 385~421℃、十六烷指数 22~25、芳烃含量 70%~90% 的催化柴油，重石脑油收率 35%~37%，研究法辛烷值（ROM）90~95，硫含量小于 10μg/g，可作为高辛烷值清洁汽油调和组分；改质柴油收率 46%~51%，十六烷指数比原料提高 6~8 个单位，硫含量小于 10μg/g，可作为清洁柴油调和组分。

表 6-3-40 LCO Unicracking 中试结果

原料油性质	工业催化柴油	原料油性质	工业催化柴油
密度(20℃)/(g/cm³)	0.9402~0.9652	三环芳烃	8~14
硫/(μg/g)	2290~7350	操作模式	部分转化
氮/(μg/g)	255~605	产品收率和主要性质	
十六烷指数	22~25	轻石脑油　收率/%	10.5~13.5
馏程/℃(ASTM D2887)		重石脑油　收率/%	35~37
95%	349~377	ROM	90~95
终馏点	385~421	硫/(μg/g)	<10
芳烃含量/%		柴油　收率/%	46~51
其中：单环芳烃	12~21	十六烷指数增幅	6~8
双环芳烃	40~55	硫/(μg/g)	<10

　　为了寻求更具成本效益的 LCO 加工方案并满足不断增长的芳烃产品需求，2007 年 UOP 公司在 NPRA 年会上又推出了 LCO 加氢联产芳烃的 LCO-X™新工艺[56]。该工艺主要包括两大部分：第一部分是 LCO 进料的加氢转化，脱除硫、氮等杂质；第二部分是产品分馏和芳烃最大化反应器。LCO-X™工艺的反应部分与 LCO Unicracking 完全相同，在产品分馏方面，LCO-X™工艺将 LCO Unicracking 工艺所产超低硫汽油细分为轻石脑油和重石脑油，重石脑油直接进芳烃最大化反应器，在该反应器中，将 LCO Unicracking 反应产生的环己烷、甲基环己烷和 2-甲基环己烷等（如图 6-3-21 反应路径②和路径③）副产物再转化成苯和混合二甲苯等芳烃产品。图 6-3-24 是 LCO-X™原则工艺流程图。

　　该工艺的操作压力较低，芳烃尽可能少发生饱和、开环和裂化反应，从而使芳烃产率最大。主产品是混合二甲苯和苯，主要副产品包括轻石脑油、LPG 和超低硫柴油调和组分以及少量燃料气。

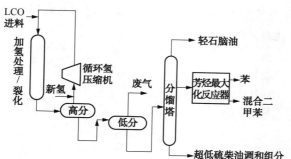

图 6-3-24 LCO-X 工艺流程示意图

（3）FRIPP

　　为了提高催化柴油加氢转化产品的附加值、降低柴油质量升级的成本，FRIPP 开发成功了一种催化柴油多环芳烃定向加氢转化技术——FD2G 催化柴油加氢转化生产高辛烷值汽油或 BTX 技术[57]。FD2G 技术通过开发强裂化、弱加氢、抗积炭能力强、稳定性好的 FC-24B 催化柴油加氢转化专用催化剂及配套工艺技术，可将催化柴油中的二环、三环大分子芳烃选择性转化成单环小分子芳烃并富聚在石脑油中，实现了在催化柴油提质过程中，生产部分高附加值的高辛烷值清洁汽油组分或 BTX 组分。

FD2G 催化柴油加氢转化生产高辛烷值汽油或 BTX 技术的原则工艺流程如图 6-3-25。原料油首先进入装有加氢精制催化剂的精制反应器进行加氢脱硫、加氢脱氮以及二环、三环芳烃的适度加氢饱和反应，精制反应物流直接进入装有加氢转化专用催化剂的加氢转化反应器，对催化柴油中的二环、三环芳烃进行选择性加氢转化，加氢转化反应产物经高、低压分离器到产品分馏系统，分馏塔侧线出高辛烷值汽油，塔底出改质柴油，根据需要，改质柴油可部分或全部循环回反应系统，进一步转化成汽油。

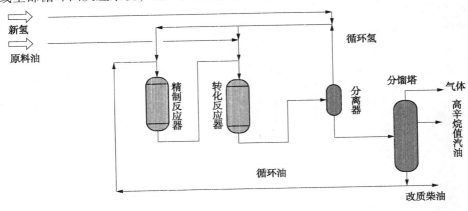

图 6-3-25 催化柴油加氢转化原则工艺流程图

表 6-3-41 和表 6-3-42 为 FD2G 技术的典型中试结果。以密度 0.95g/cm³、硫含量 0.79%、总芳烃含量 79.9%、十六烷值 15 的催化柴油为原料，采用改质柴油部分循环工艺流程，在中等压力条件，加氢转化所得<210℃汽油组分收率分别为 31.95% 和 53.27%，研究法辛烷值(ROM)分别为 90.1 和 92.4，硫含量<10μg/g，可作为国 V 清洁汽油调和组分；>210℃改质柴油收率分别为 65.24% 和 35.95%，密度分别为 0.8919g/cm³ 和 0.8645g/cm³，比原料降低 0.6~0.8g/cm³，十六烷值增幅 12~20 个单位以上，硫含量<10μg/g，改质柴油质量得到大幅度提升；65~165℃石脑油馏分收率分别为 16.35% 和 30.70%，C_6~C_9 含量>51%，其中 BTX>40%，可直接抽提生产芳烃。

表 6-3-41 FD2G 技术典型中试原料及工艺条件

项　　目	中试结果	项　　目	中试结果	
原料油		其中：一环	21.5	
密度(20℃)/(g/cm³)	0.9500	二环	48.7	
馏程范围/℃	195~379	三环	9.7	
硫/(μg/g)	7900	操作条件		
氮/(μg/g)	1109	工艺流程	单段串联部分循环至精制反应器	
十六烷值	~15	反应总压/MPa	8.0	8.0
质谱组成/%		总体积空速(新鲜进料)/h⁻¹	0.8	0.8
链烷烃	13.0	转化反应温度/℃	基准	基准+15
总环烷	7.1	化学氢耗/%	2.98	3.48
总芳烃	79.9			

表 6-3-42　FD2G 技术中试主要产品收率及主要性质

试　验　编　号	试验-1	试验-2
<65℃馏分		
收率/%	2.97	7.95
辛烷值(RON)	85.5	85.4
65~165℃馏分		
收率/%	16.35	30.70
密度(20℃)/(g/cm³)	0.8038	0.8059
组成分析/%		
烷烃	12.85	13.49
环烷烃	35.93	32.06
C_6~C_9芳烃	51.06	54.34
BTX	40.39	45.58
辛烷值(RON)	91.0	93.1
辛烷值(MON)	82.3	82.5
165~210℃馏分		
收率/%	12.63	14.62
密度(20℃)/(g/cm³)	0.8671	0.8579
辛烷值(RON)	90.1	89.7
辛烷值(MON)	80.7	81.5
<210℃汽油馏分		
收率/%	31.95	53.27
密度(20℃)/(g/cm³)	0.7932	0.7925
硫含量/(μg/g)	<1.0	<1.0
辛烷值(RON)	90.1	92.4
辛烷值(MON)	81.2	82.4
>210℃改质柴油馏分		
收率/%	65.24	35.95
密度(20℃)/(g/cm³)	0.8919	0.8645
硫含量/(μg/g)	<10	<10
十六烷值增幅	>12	>20

　　图 6-3-26 为 FD2G 技术加氢转化催化剂的稳定性试验结果，可以看出，该催化剂连续运行一年，其中运行 306 天共提温 8℃，催化剂失活速度为 0.026℃/d，具有良好的活性稳定性。

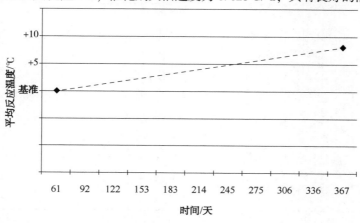

图 6-3-26　FD2G 加氢转化催化剂失活速率曲线

4. 催化柴油加氢转化技术工业应用结果

FRIPP 开发的 FD2G 催化柴油加氢转化生产高辛烷值汽油或 BTX 技术[58]于 2013 年 10 月在中国石化金陵分公司 1# 加氢裂化装置上进行工业应用。装置运行 4 个月后，于 2014 年 1 月 17~19 日进行标定。标定分为二种操作工况：工况一为改质柴油一次通过；工况二为改质柴油部分循环。

装置标定时的原料性质、主要工艺条件和主要产品收率、性质分别列于表 6-3-43~表 6-3-46。以密度 921~9318kg/m^3、总芳烃含量 62.4%~67.6%、十六烷值 24.8~25.3 的催化柴油为原料，在反应总压 9.4MPa、加氢转化体积空速 1.42h^{-1} 条件下，分别采用改质柴油一次通过（工况一）和改质柴油部分循环（工况二）操作流程，加氢转化平均反应温度分别为 391.7℃ 和 394.5℃，<210℃ 汽油收率分别为 38.6% 和 44.3%。其中，65~150℃ 重石脑油收率 15.39%~16.69%，C$_6$~C$_8$ BTX 含量为 41.19%~42.57%，可直接抽提生产芳烃；65~210℃ 汽油馏分收率为 35.74%~39.91%，研究法辛烷值（ROM）93.9~94.3，硫含量<10μg/g，可作为国 V 清洁汽油调和组分；>210℃ 改质柴油收率分别为 48.65% 和 42.72%，密度分别为 869.9kg/m^3 和 870.6kg/m^3，十六烷值较原料增幅 10 个单位左右，质量得到明显提升。

表 6-3-43　原料油主要性质

项　目	工况一	工况二
密度（20℃）/（kg/m^3）	931.8	921.0
馏程/℃		
初馏点	200	209
50%	276	273
终馏点	367	357
S/（μg/g）	3591	2991
N/（μg/g）	325.2	117.0
十六烷值	24.8	25.3
总芳烃	67.6	62.4
其中：一环	21.3	20.6
二环	38.2	34.7
三环	8.1	7.1

表 6-3-44　标定主要工艺条件

项　目	工况一	工况二
新鲜进料/（t/h）	80	70
循环油/（t/h）	0	10
反应入口压力/MPa	9.4	9.4
加氢转化裂化空速/h^{-1}	1.42	1.42
加氢转化平均反应温度/℃	391.7	394.5
汽油馏分收率（<210℃）/%	38.6	44.3

表 6-3-45　工况一主要产品收率和质量

项　目	重石脑油	混合汽油	柴油
馏分范围/℃	65~150	65~210	>210
收率/%	15.39	35.74	48.65
密度(20℃)/(kg/m³)	791.0	823.6	869.9
馏程/℃			
初馏点	70	82	222
50%	109	141	253
终馏点	152	197	363
S/(μg/g)	9.2	3.6	22.2
N/(μg/g)	<0.5	<0.5	
辛烷值(RON)	90.5	93.9	
组成/%			
芳烃	48.74	56.88	46.9
环烷烃	33.34	25.82	16.5
链烷烃	17.92	17.30	36.6
BTX 合计	44.19	27.47	
十六烷值			35.3

表 6-3-46　工况二主要产品收率和质量

项　目	重石脑油	混合汽油	柴油
馏分范围/℃	65~150	65~210	>210
收率/%	16.69	39.91	42.72
密度(20℃)/(kg/m³)	793.0	824.8	870.6
馏程/℃			
初馏点	70	79	220
50%	110	144	253
终馏点	158	204	361
S/(μg/g)	8.6	11.1	15.6
N/(μg/g)	<0.5	<0.5	
辛烷值(RON)	91.6	94.3	
组成/%			
芳烃	44.45	62.00	45.8
环烷烃	35.07	24.77	17.8
链烷烃	20.48	13.23	36.4
BTX 合计	42.57	31.57	
十六烷值			35.0

　　图 6-3-27 为汽油馏分辛烷值(RON)随装置运行时间变化趋势,可以看出,随着装置运行时间的延长,加氢转化所得汽油辛烷值逐渐提高。

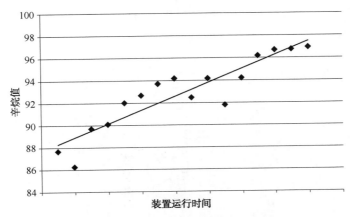

图 6-3-27 汽油馏分辛烷值(RON)随装置运行时间变化趋势

四、改善柴油低温流动性的柴油加氢改质技术

由于所处地理位置不同，世界各国以及同一国家的不同地区，冬季气温相差很大，需要使用不同牌号(凝点)的柴油，如我国的东北、西北地区，冬季只能使用-20#甚至-35#低凝柴油。

石油馏分的凝固点与烃类的分子大小和分子结构密切相关，如果烃类结构组成相同，则分子越大，其凝固点越高；而如果烃类分子大小相同，则烃类的异构化程度越高，其凝固点越低。因此，根据石油馏分烃类结构组成的特点，生产低凝柴油的手段主要有两种：一种是降低柴油馏分终馏点；另一种是改变柴油馏分的烃类结构组成。虽然采用降低柴油馏分终馏点生产低凝柴油的方法比较简单，但采用此方法生产低凝柴油时，势必将一部分柴油馏分留到减压蜡油组分中，一方面增加加工费用、降低企业轻油收率；另一方面，造成企业后续加工装置冬季与夏季生产负荷存在较大差别，给企业的生产安排造成一定的困难。因此，目前更多企业是采用改变柴油馏分的烃类结构组成的方法来生产低凝柴油。

(一)临氢(加氢)降凝

催化脱蜡(Catalytic dewaxing)又称临氢择形裂化，在我国也称临氢降凝。主要用于从直馏和二次加工轻蜡油生产低凝点柴油。Mobil 公司 20 世纪 60 年代末期开发了 ZSM-5 择形分子筛催化剂，1974 年进行临氢降凝工业试验，1978 年第 1 套工业装置建成投产。我国 70 年代末引进一套年加工能力为 200kt 的临氢降凝工业装置，同时开始自己的临氢降凝催化剂的研制工作，1986 年用于引进的临氢降凝工业装置。阿克苏菲纳公司 80 年代开发临氢降凝技术(称为 CFI 技术，即 Cold Flow Improvment)，第 1 套工业装置 1989 年投产。这些技术都在工业上得到了推广应用。环球油品公司也开发了临氢降凝技术，但工业装置不多。

1. 反应机理

催化脱蜡生产低凝点柴油采用以 ZSM-5 沸石为载体基质并载有少量非贵金属的催化剂。ZSM-5 是一种中孔沸石，其孔道体系如图 6-3-28 所示，沿[010]的 10 元环直孔道的大小为 0.54nm×0.56nm，沿[100]的 10 元环波形孔道的大小为 0.51nm×0.56nm。乙烷以下烷烃的分子直径约为 0.4nm，丙烷以上正构烷烃的分子直径约为 0.49nm，带一个甲基的异构烷烃的分子直径约为 0.56nm。分子直径<0.56nm、倾点较高的长直链烷烃、以甲基为支链的短支链烷烃和长链单烷基苯能够进入孔道，而倾点较低的多支链异构烷烃、多支链单环芳烃、多环环烷烃和多环芳烃都不能进入孔道(图 6-3-29)。进入孔道中的烃类分子通过氢负离子分离或与质子化的低分子烯烃、烷烃和单烷基苯的基支链反应转化为正碳离子，通过骨架异

构化接着 β 位断裂，发生正碳离子的裂化。裂化产物扩散到孔道的外面，进入催化剂黏结剂系统的较大孔道中，最终变为液体和气体。未进入孔道中的烃类分子不发生裂化反应，因此保持不变。

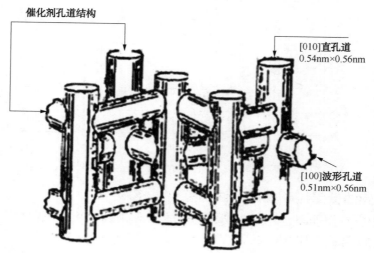

图 6-3-28　ZSM-5 合成沸石的孔道体系[59]

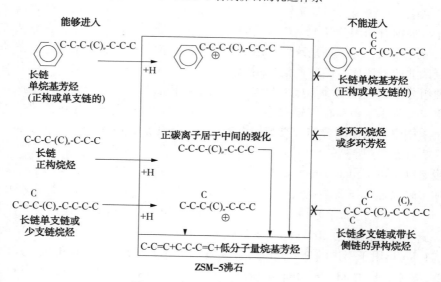

图 6-3-29　催化脱蜡反应机理[60]

$C_5 \sim C_7$ 烷烃分子用 HZSM-5 催化剂测得的相对裂化反应速度如表 6-3-47 所列。可见，裂化反应速度随分子链长的增加而增加，随分子体积的增大(链分支程度的增加)而明显降低。即：

正庚烷>正己烷>正戊烷

正庚烷>2-甲基己烷>3-甲基己烷>二甲基戊烷>3-乙基戊烷

正己烷>2-甲基戊烷>3-甲基戊烷>二甲基丁烷

正戊烷>异戊烷

也就是说，正构烷烃的裂化反应速度最快，且随相对分子质量的增大而增加；带一个甲基的异构烷烃次之，多甲基烷烃的裂化反应速度最慢。

　　C$_6$烷烃分子用 HZSM-5 分子筛催化剂在 500℃反应测得的扩散系数如图 6-3-30 所示。二甲基丁烷的分子直径比正己烷及甲基戊烷大得不多，但扩散系数却低 3 个数量级。正己烷的扩散系数也比 3-甲基戊烷差不多高 1 个数量级。

　　由此可见，在用 ZSM-5 分子筛催化剂的催化脱蜡过程中，主要是正构烷烃的选择性裂化反应，但同时也存在正构烷烃与短支链烷烃的竞争反应。对于工业装置所用含烷烃（正构烷烃、异构烷烃）、环烷烃和芳烃的原料油催化脱蜡，这种竞争反应非常明显。中东直馏轻蜡油（340~405℃馏分）在催化脱蜡过程中烃类分子的转化情况如图 6-3-31 所示。原料油含烷烃30%（其中正构烷烃8%），倾点+21℃，催化脱蜡以后得到86%倾点为-26℃的柴油，烷烃减少到16%（其中正构烷烃1%）。可见，竞争反应的结果是，正构烷烃的裂化率为 87.5%，异构烷烃的裂化率为 31.8%。用分子筛脱蜡和催化脱蜡的对比试验表明，催化脱蜡倾点降低主要是正构烷烃转化的结果，但也有一些短支链长直链烷烃和长直链环烷烃被转化。

表 6-3-47　C$_5$~C$_7$烷烃相对裂化反应速度[61]

烷 烃 名 称	相对裂化反应速度①	烷 烃 名 称	相对裂化反应速度①
正戊烷	0.23	2-甲基己烷	1.1
异戊烷	0.01	2，3-二甲基戊烷	0.2
正己烷	1.5	3-甲基己烷	0.8
2-甲基戊烷	0.8	2，2-二甲基戊烷	0.4
3-甲基戊烷	0.5	3-乙基戊烷	0.17
2，3-二甲基丁烷	0.2	3，3-二甲基戊烷	0.13
2，2-二甲基丁烷	0.2	2，4-二甲基戊烷	0.11
正庚烷	2.1		

①用新鲜催化剂测得的结果。

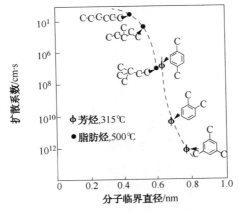

图 6-3-30　烷烃与芳烃用 HZSM-5 沸石催化剂反应测得的扩散系数[62]

　　美国中州 343~399℃馏分倾点为+10℃，催化脱蜡以后倾点下降到-60℃。由原料油和脱蜡产品的色谱图（图 6-3-32）可见，正构烷烃的峰值下降，表明沸点较高的正构烷烃都得到了优先转化。

　　值得注意的是，由于受 ZSM-5 沸石孔道直径的限制，裂化产物不再发生环化、缩合等二次反应，因此防止了积炭母体的形成，不会生焦，这样就能够长期保持催化剂酸性中心的活性稳定。这也是在催化脱蜡这类工业应用中，ZSM-5沸石催化剂比其他分子筛催化剂有较长运转周期的原因所在；其次，硫、氮非烃化合物和芳烃不能进入孔道，既不参与反应，也不对H[+]中心产生抑制作用；第三，ZSM-5沸石所有的酸性中心都是强酸，正构烷烃在较低的温度下进行裂化反应，排除了热裂化反应，$C_1 \sim C_2$气体产率很低。蜡油催化脱蜡的产物主要是低分子烷烃、烯烃和烷基苯，大约50%的裂化产物是<C_5馏分，其余50%是汽油馏分。除此之外，催化脱蜡催化剂表面载有加氢组分NiO，经过开工时的硫化过程转化为NiS，它是一种较弱的加氢脱氢活性中心，对催化脱蜡反应具有以下作用：①它的脱氢作用使一部分烷烃在进入孔道前就转化为烯烃，而烯烃极易生成正碳离子，这是促使催化脱蜡反应温度较低的一个重要原因；②它的加氢作用延缓了催化剂表面缩合积炭反应的发生，因而使催化脱蜡催化剂的裂化活性能够保持稳定；③它的加氢活性不强，裂化产品中的烯烃含量较高，因而汽油辛烷值较高，同时耗氢量极低。

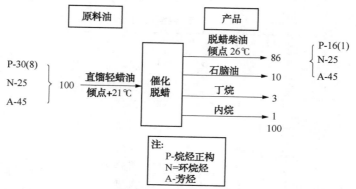

图6-3-31　催化脱蜡过程中烃类化学组成的变化[63]

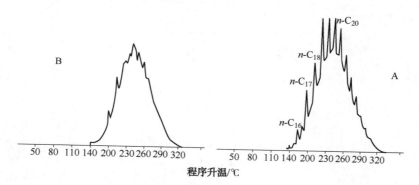

图6-3-32　催化脱蜡原料和产品的气相色谱图[64]

A—原料油正构烷烃峰值的气相色谱图；B—催化脱蜡以后正构烷烃峰值下降的气相色谱图

2. 催化剂

催化脱蜡催化剂是一种强酸性催化剂Ni-(ZSM-5)。ZSM-5分子筛是催化脱蜡催化剂载体的基质，也是催化脱蜡技术的关键。近50年来，先后发现了许多具有择形催化作用的合成分子筛。其中，部分小孔、中孔和大孔合成分子筛的孔口大小如图6-3-33所示。研究发现，小孔分子筛(如毛分子筛)的孔道体系有严格限制，除了最小的正构烷烃分子外，几乎所有的烃类分子都不能进入孔道，因此这类分子筛不能用于催化脱蜡；大孔分子筛(如β分子筛和丝光分子筛)因为某些非正构烷烃和环烷烃分子也能进入其孔道，在大孔道中非选择性裂化导致目的产品收率下降和润滑油基础油的黏度指数下降，所以也不适用于催化脱蜡；中孔分子筛，如 ZSM-5、ZSM-11、ZSM-22、ZSM-33、ZSM-35(镁碱分子筛)、ZSM-50、ZSM-57、NU-87(高硅分子筛)、AlPO$_4$-11(磷酸铝分子筛)和 SAPO-11(硅磷酸铝分子筛)，对中馏分油和蜡油催化脱蜡非常有效。但在这类中孔分子筛中，孔口形状和孔道形状的微小差别，都会影响烷烃分子扩散和裂化(脱蜡)的选择性。因此，要得到合适的裂化活性，每种合成分子筛的性质都必须精化优化。ZSM-5 分子筛的孔口接近圆形，特别适用于中馏分油和减压蜡油(重中性油料和光亮油料)的脱蜡。另外，ZSM-5 孔结构的三维特性，对抗结焦和减活也有明显作用。因此，直到目前为止，水平较高的催化脱蜡生产低凝点柴油和润滑油基础油技术，都是采用以 ZSM-5 分子筛为载体基质的催化剂。目前工业应用的几种生产低凝点柴油的催化脱蜡催化剂如表 6-3-48 所列。

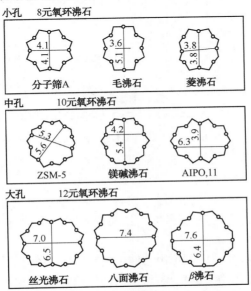

图 6-3-33　某些合成分子筛的孔口大小[65]

表 6-3-48　几种工业应用的催化脱蜡催化剂

项　　目	南京炼油厂 NDZ-1	FRIPP FDW-1、FDW-3	Mobil 公司 DDW-2	菲纳公司 EB7-1A	环球油品公司 HC-80
分子筛类型	ZSM-5	ZSM-5	ZSM-5	Silicalite	合成分子筛
合成方法	水热合成	直接法	水热合成		
结构导向剂	乙二胺	不加	季铵碱或盐		
加氢组分	镍	镍	镍	无	非贵金属
特点	合成分子筛过程中存在环境污染问题，反应温度较高，不能抗氨，价格较高	不存在环境污染问题，抗氨能力强，反应温度低，价格低廉	合成分子筛过程中存在环境污染问题，不能抗氨，反应温度高，价格高	反应温度低，反应产物中<C$_5$馏分少，反应生成油 50%～100%(体积分数)馏分的平均沸点下降不多	既不抗硫也不抗氨，原料油必须经过加氢预处理

我国 FRIPP 开发的 FDW-1、FDW-5 催化剂，采用国内新技术无胺法合成的沸石 ZSM-

5, 经过改性处理、洗涤、过滤、干燥、加氧化铝凝胶捏合、挤条、干燥、活化, 用镍盐浸渍、焙烧和水蒸气处理。FDW-1 作为我国第二代催化脱蜡催化剂于 1988 年首次用于催化脱蜡工业装置。FDW-3 为第三代催化脱蜡催化剂, 于 2005 年用于催化脱蜡工业装置。

3. 工艺流程与特点

（1）工艺流程

生产低凝点柴油的催化脱蜡工艺是一种临氢的固定床催化择形裂化过程, 装置的基本流程与加氢脱硫十分相似, 其设计原则、结构材料、设备布置等也都大同小异(图6-3-34)。

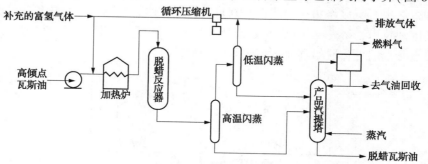

图 6-3-34　催化脱蜡生产低凝点柴油装置的原则流程[66]

原料油与氢气混合后进加热炉, 经加热到一定温度后进反应器, 反应产物与氢气在高压分离器中进行分离, 氢气循环使用, 生成油进分馏塔分出汽油和柴油馏分。

（2）操作条件

一般而言, 催化脱蜡的反应条件与原料油含蜡量、杂质含量和含蜡量的降低幅度有关。原料油的含蜡量越高, 降低凝点的幅度越大, 催化脱蜡反应的负荷越大, 反应条件就越苛刻, 而且对杂质含量也越敏感。

Mobil 公司在 20 世纪 70 年代中期提出的催化脱蜡的反应条件是: 原料油 177~566℃馏分, 反应压力 2.1~4.2MPa, 反应温度 260~427℃, 氢油体积比 89~356:1, 氢活化周期 10~60 天, 氧气再生周期 0.5~2 年[67]。

FRIPP 以大庆常三、减一及其混合油为原料, 用 FDW-1 催化剂进行催化脱蜡生产低凝点柴油的试验, 研究了反应条件对催化脱蜡效果的影响, 得出以下结论[68,69]:

1）反应温度。大庆油催化脱蜡的温度效应最为灵敏, 反应温度的变化对脱蜡效果(即降凝深度)影响较大。反应温度每提高 1℃, 柴油倾点降低 2.5~3.0℃。这个结果说明在大庆含蜡馏分油催化脱蜡时, 用改变反应温度的办法来调节产品柴油的倾点是一项有效措施。当然, 在生产实际中应综合考虑催化剂活性阶段, 反应温度阶段和对柴油倾点的要求, 来决定提温的幅度。

2）进料空速。在反应温度、压力、氢油比一定的条件下, 提高空速意味着提高加工量, 催化剂负荷增加, 结果是产品柴油倾点上升。大庆常三、减一线混合油为原料, 在 400℃、3.92MPa 和氢油比 400:1 的条件下进行催化脱蜡的试验结果表明, 空速由 1.0 提高到 1.5 时, 柴油倾点约上升 15~20℃, 空速由 1.0 提高到 2.0 时, 柴油倾点约上升 20~30℃。由此可见, 空速对催化脱蜡降低倾点的效果影响很大。因此, 在实际生产中应根据原料油性质和对柴油倾点的要求, 来选定合适的进料空速。

3）反应压力。催化脱蜡生产低凝点柴油的反应压力为中低压。以大庆常三、减一线混合油为原料, 在 373℃、空速 1.0、氢油体积比 400:1 的条件下进行催化脱蜡的试验结果表明，反应压力由2.45MPa升至3.92MPa时，反应温度等不变，产品分布、收率、质量等变化很小。但在低压下运转时，催化剂的稳定性较差，稳定期的温升速度约快1倍。因此，在原料来源和对柴油倾点要求一定的条件下，要实现合理的运转周期，必须选择合适的反应压力。

（3）工艺特点

催化脱蜡工艺具有以下特点：

1）轻油收率高，柴汽油比例高。工业装置的运转结果表明，催化脱蜡的主要产品是低凝点柴油，副产物为汽油及少量气体，C_5以上液体收率都在95%以上。柴油产率因原料不同而不同，石蜡基原料的柴油产率为60%~65%，柴油/汽油比为2.0~2.5；中间基或环烷基原料的柴油产率为70%~80%，柴油/汽油比为3.0~4.0，比催化裂化的柴油/汽油比（0.5~0.7）高2~3倍以上。另外，干气产率不超过2%，所以催化脱蜡的产物商品率高达98%以上。

2）柴油和汽油产品的质量较好。催化脱蜡的主产品柴油除了凝点大幅度下降外，还有较高的十六烷值，一般比相同原油的催化裂化柴油高10多个单位；安定性也比较好，以大庆馏分油为原料催化脱蜡柴油的沉渣小于2mg/mL，黏度偏高一些。但与直馏和催化裂化柴油调和能得到合格产品。副产物汽油的辛烷值较高，其特点是馏程前部轻，是很好的汽油"前端辛烷值"改进组分；烯烃含量很高，与其他汽油组分调和，对研究法空白辛烷值（RONC）有增效作用；缺点是诱导期短，安定性差，但工业调和实践表明，只要通过常规的碱洗，添加一定量的防胶剂，就可得到合格的汽油产品。

3）耗氢极少。催化脱蜡过程中加氢作用甚微，耗氢极少，有时甚至还副产少量氢气。氢气主要起有保护催化剂活性和热载体作用，同时减小催化剂床层的温降。一般催化脱蜡装置氢耗（包括溶解氢）仅为10~30Nm³/t原料。

4）调节产品方案灵活。对装置进料固定的情况下，在实际生产过程中，只要适当调节反应温度，就可以改变产品柴油的凝点或补偿催化剂的活性损失。如胜利原油常三、减一线混合油催化脱蜡，在催化剂的活性区间内，提温效应明显，反应温度每提高1℃，柴油倾点下降2.0~2.5℃；大庆原油常三、减一线混合油的提温效应为2.5~3.0℃。因此，在实际生产过程中，通过调整产品方案，可以满足不同季节市场对柴油质量的需要。例如，冬季生产-35号柴油，夏季生产0号柴油，每吨-35号柴油可以多得经济效益400元以上。

5）设备简单，投资不高，经济效益明显。齐鲁石化分公司炼油厂引进的200kt/a催化脱蜡装置，投资为697.3万美元；金陵石化分公司炼油厂自建的同样规模的催化脱蜡装置，投资1870.69万元人民币，1年多即可收回投资。此外，还可以利用炼油厂闲置的加氢精制装置改造，国外25套催化脱蜡生产低凝点柴油的装置中，有18套是利用加氢精制装置改造的，新建的只有7套；我国目前已投产的8套装置中新建的只有2套，改造的有6套，这样做不仅投资省、工期短，而且经济效益明显。

6）可以与其他炼油工艺结合构成组合工艺。从我国目前绝大多数炼油厂催化裂化能力富裕的实际情况出发，把难转化的常三、常四、减一线馏分从催化裂化原料中切出用作催化脱蜡原料，腾出的催化裂化能力多掺炼渣油，这种催化裂化-催化脱蜡组合工艺既充分发挥了催化裂化装置的作用，又增加了柴油产量提高了柴汽比。还可以把二次加工（催化裂化、延迟焦化、减黏裂化）柴油经过加氢精制再进行催化脱蜡，这样的组合工艺可以得到低凝点的低硫清洁柴油。

4. 原料和产品

（1）原料

催化脱蜡催化剂是一种择形裂化活性强、加氢性能弱的催化剂，既不能脱硫也不能脱氮。因此，如果原料油中硫、氮等杂质含量高，特别是含氮量高，不仅不能直接出合格产品，而且还会影响催化剂的活性和稳定性。原料油中的碱性氮含量尤为重要，因为碱性氮会使催化剂的酸性中心中毒，有些还会在催化剂表面生焦并复盖活性中心，使活性下降，对催化剂的稳定性影响最大。碱性氮的结构也有重要影响，原料油的碱性氮含量相同，但其结构不同，催化脱蜡的效果也不同。因此，有些原油的常三线、减一线油也不能直接作为催化脱蜡的原料，必须先脱除碱性氮才能进催化脱蜡装置。由于碱性氮含量与馏程是相互关联的，因此，碱性氮含量低的原料可适当放宽馏程，碱性氮含量高的原料要限制馏程。此外，原料油的馏分变重，胶质增加，在催化脱蜡过程中催化剂的生焦趋势加快，也会影响催化剂的稳定性和装置的运转周期[112]。为此，对催化脱蜡装置的进料有一定要求。Mobil 公司提出的要求如下：倾点 $<25℃$，含氮量 $<500μg/g$，含碱氮量 $<279μg/g$，镍＋钒 $<0.1μg/g$，残炭 $<0.1\%$，初馏点 $>204℃$，50%馏出点 $<360℃$，95%馏出点 $<427℃$，溶解水 $<300μg/g$，游离水 $0μg/g$，循环氢中水 $<1000μmL/mL$，补充氢（新鲜氢）中 CO $<10μmL/mL$，循环氢中 NH_3 $<500μmL/mL$[107、108]。FRIPP 开发的 FDW-1 催化剂能够抗氨，因此对循环氢中的氨浓度没有严格限制。

FRIPP 用 FDW-1 催化剂对我国多种国产原油的直馏轻蜡油进行催化脱蜡的试验结果如表 6-3-49 所列，尽管有些原料油馏分较重，而且含氮量也比较高，但降凝效果都非常明显。

催化柴油、焦化柴油特别是重油催化裂化柴油等劣质含蜡馏分油，硫氮含量高、安定性差、胶质含量高、颜色深、十六烷值低，如果直接用作催化脱蜡原料，不仅操作条件苛刻、装置运转周期短，同时产品质量也不理想，不能满足低硫、低凝点柴油的规格要求。FRIPP 对我国几种二次加工得到的劣质含蜡馏分油，采用加氢精制-催化脱蜡一段串联流程进行试验，得到的结果如表 6-3-50 所列。2000h 的稳定性试验表明，在加氢精制与催化脱蜡反应温度基本一致的情况下（两者的反应温度基本没有上升），既达到了精制深度又达到了脱蜡深度，加氢精制-催化脱蜡串联可以长周期运转，加氢精制改善了催化脱蜡原料的质量，降低了催化脱蜡的反应温度，延长了脱蜡催化剂的使用周期，也说明 FDW-1 催化剂具有足够的抗氨能力。

表 6-3-49　我国几种直馏蜡油用 FDW-1 催化剂催化脱蜡的试验结果

项　　　目	胜利常三减一线	大庆常三减一线	东疆宽馏分常二线	临商常三减一线	鲁宁管输减一线	沈北常三减一线
原料油性质						
密度(20℃)/(kg/m³)	831.5	836.6	828.0	866.7	869.4	826.9
馏程/℃	196~430	250~440	242~430	237~440	226~464	272~388
氮/(μg/g)	271	151	126	571	719	96
凝点/℃	20	30	14	23	24	21
含蜡量/%	12.1	32.0	14.7			39.2
反应温度/℃	370	355	355	355	380	355

续表

项 目	胜利常三减一线	大庆常三减一线	东疆宽馏分常二线	临商常三减一线	鲁宁管输减一线	沈北常三减一线
产品收率/%						
气体烃	8.5	6.5	8.1	6.5	3.6	10.5
C_5 ~170℃	21.0	33.5	28.6	19.1	15.4	35.4
>170℃	70.5	60.0	63.3	74.4	81.0	54.1
C_5 以上液收	91.5	93.5	91.9	93.5	96.4	89.5
汽油性质						
密度(20℃)/(kg/m³)	695.3	694.0	705.0	695.7	696.0	691.0
溴值/(gBr/100g)	138.6	103.0	120.0	137.6		123.0
辛烷值(MON)	79.0	77.0	74.0	78.0	78.0	77.8
柴油性质						
密度(20℃)/(kg/m³)	851.9	871.0	854.0	888.0	882.6	856.2
凝点/℃	−23	−7	−24	−12	−5	−15
运动黏度(20℃)/(mm²/s)	14.0	18.69	12.28	26.60		10.5
氮/(μg/g)	393	267	215	798	972	146
酸度/(mgKOH/100mL)	1.3	0.4	2.82	1.75	0.02	2.72
残炭/%	0.06	0.01	0.09	0.34	0.02	0.01
十六烷值	50	52	56	45	45	47
气体烃组成/%						
$C_1°$	1.3	1.4	2.8	0.7		1.4
$C_2°$	5.2	4.2	4.8	3.5		4.3
$C_2=$	0.9	1.4	0.5	0.9		0.9
$C_3°$	33.4	32.4	41.0	30.0		31.0
$C_3=$	12.6	7.1	10.9	15.0		16.0
$C_4°$	24.8	35.8	26.8	26.3		26.4
$C_4=$	21.0	18.3	13.2	23.6		20.0
合计	100.0	100.0	100.0	100.0		100.0

表 6-3-50 劣质含蜡馏分油加氢精制-催化脱蜡的试验结果[70]

项 目	乌鲁木齐石化总厂 焦化柴油-减一线混合油	齐鲁石化炼油厂 催化柴油常三线、减一线混合油
操作条件		
氢分压/MPa	5.0	4.0~6.0
反应温度/℃	340~360	330~360
产品收率/%		
柴油收率	>80	>75
液体收率	>95	>94

续表

项 目	乌鲁木齐石化总厂焦化柴油-减-线混合油			齐鲁石化炼油厂催化柴油常三线、减一线混合油	
油品性质	原料油	柴油（方案Ⅰ）	柴油（方案Ⅱ）	原料油	柴油
凝点/℃	-7	-26	-35	10	-40
冷滤点/℃		-20			-23
色度（ASTM D 1500）/号	>8.0	<1.5	<1.5	>8.0	<1.5
运动黏度（20℃）/(mm²/s)	5.996	5.695	5.84	8.944	8.41
10%蒸余物残炭/%		<0.01	<0.01		0.01
硫/(μg/g)	1300	80	65	4800	100
氮/(μg/g)	1080	119	75	750	150
碱氮/(μg/g)	500			400	
残余物（乙酸法）/%		0.15	0.16		0.18
十六烷值	50	50	48	42	45
密度（20℃）/(kg/m³)	841.4	840.4	843.9	837.4	842.0
馏程/℃					
初馏点	177	186	185	210	211
10%	239	227	230	234	236
50%	289	286	280	290	293
90%	359	357	351	360	361
终馏点	420	424	410	425	422

注：副产物汽油辛烷值为 75~77。

（2）产品

原料油的性质对催化剂的活性、选择性、稳定性和对脱蜡效果（产品分布、收率和质量）都有较大影响，而且影响复杂[107]。但是，从表 6-3-44 的数据可以看出，FDW-1 催化剂不仅适用于胜利油，而且也适用于大庆油、新疆油、沈北油等。催化脱蜡的柴油产率和性质与原料油的性质有关，脱蜡柴油的馏程与原料油相当，十六烷值都在 45 以上，符合宽馏分柴油规格（SHO 552—92）。副产物汽油的研究法辛烷值在 90~92 之间，是良好的高辛烷值汽油调和组分；气体烃产率不高，主要是 C_3 和 C_4 组分，其中含有相当量的烯烃，以丙烯和正丁烯为主，有化工利用价值。由表 6-3-37 的数据可见，乌石化焦化柴油-减一线混合油，经过加氢精制再催化脱蜡得到的柴油不仅含硫量低、颜色浅、安定性好，而且凝点和冷滤点都符合-20 号（SHO 552—90）和-35 号轻柴油规格（GB 252—87）要求。胜利催化柴油硫含量高、安定性差、十六烷值低，加氢精制后十六烷值提高幅度不大，仍不能满足使用要求，但掺入一部分常三减一线油以后，通过加氢精制-催化脱蜡，不仅缓解了加氢精制的苛刻度，补偿了十六烷值的不足，而且还降低了凝点，得到了低硫低凝点柴油，扩大了柴油的来源。这种加氢精制-催化脱蜡串联的组合工艺，已经在哈尔滨炼油厂和林源炼油厂的工业装置上实现。

5. 工业应用

生产低凝点柴油的催化脱蜡技术自 1974 年在 Mobil 公司的法国 Frontignan 炼油厂 150kt/a 工业装置上试验成功以后，在世界各地区得到了比较快的推广应用。

采用 Mobil 公司 MDDW 技术的催化脱蜡，在炼油厂有四种应用方案（图 6-3-35）：

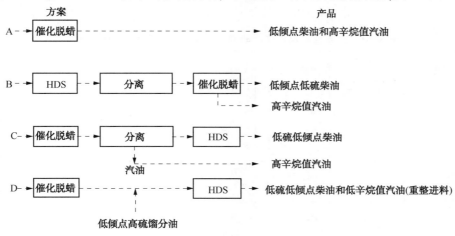

图 6-3-35　Mobil 公司催化脱蜡技术的应用方案

方案 A 是一种常规方案。催化脱蜡是一套单独装置，不配其他装置。因为催化脱蜡催化剂不是专用的脱硫催化剂，所以只有用低硫原料才能直接出产品。如果是含硫进料，脱蜡柴油要再进行脱硫，或调入低硫柴油或炉用油（2 号燃料油），汽油脱臭后再调入其他汽油组分中，没有脱臭设备的炼油厂可以与重整原料油一起进行预处理。

方案 B 是一种先加氢脱硫再催化脱蜡的方案。因为原料油在加氢脱硫的同时，也有一部分氮化物转化成氨。为了不降低催化脱蜡催化剂的活性，必须把加氢脱硫的流出物通过分离除去氨。加氢脱硫装置的苛刻度要适当调整，以与催化脱蜡装置匹配。这种方案的优点是可以加工质量较差的原料，得到低硫低凝点柴油和高辛烷值汽油组分。缺点是加氢脱硫反应流出物必须分离氨，增加了投资和操作费用，所以没有推广应用，只是在一套装置上进行过试验。

方案 C 是一种先催化脱蜡后加氢脱硫的方案。催化脱蜡的流出物先经过分离，分出高辛烷值汽油组分后再进行加氢脱硫。虽然催化脱蜡催化剂不是脱硫催化剂，但在反应过程中进料中的硫会生成一定量的 H_2S，烯烃与 H_2S 反应生成硫醇，使催化脱蜡汽油中的硫醇含量增加，需要用 Merox 工艺进行脱除。德国威廉港（拔头-重整型）炼油厂的催化脱蜡装置就是这种应用方案。这种方案的优点是柴油质量好，缺点是柴油凝点有回升问题，原料油质量差，影响脱蜡效果和运转周期，实际上是两段流程，投资大，生产成本高。

方案 D 是一种催化脱蜡与加氢脱硫串联的方案。催化脱蜡反应流出物直接进加氢脱硫反应器，使催化脱蜡汽油中的烯烃被饱和，研究法辛烷值下降 $10 \sim 20$ 个单位，不能直接用作汽油调和组分，但是很好的重整原料油。另一个问题是，加进脱硫反应器的是高硫低凝点馏分油，使脱硫的难度加大。这种方案的优点是投资和操作费用比较低。意大利威尼斯（减黏裂化型）炼油厂的催化脱蜡装置就是这种应用方案。

Mobil 公司的催化剂不能抗氨，所以采用 Mobil 公司催化脱蜡技术的工业装置没有采用加氢脱硫与催化脱蜡串联的方案。另外，根据发表的文献调查，采用 Mobil 公司催化脱蜡技术的工业装置，除了意大利威尼斯（Venice）炼油厂用直馏重蜡油+减黏瓦斯油为原料外，其他装置都是用直馏轻中重蜡油为原料，未见用二次加工馏分油为原料的报道。

我国 FRIPP 开发的 FDW-1 催化剂能够抗氨，所以能够采用加氢精制与催化脱蜡串联的方案,直接加工劣质直馏和二次加工馏分油,拓宽了催化脱蜡技术工业应用范围。目前我国已投产的催化脱蜡生产低凝点柴油的 8 套工业装置的情况如表 6-3-51 所列。

表 6-3-51　我国在建及已投产的催化脱蜡生产低凝点柴油的工业装置

炼油厂名称	加工量/ (kt/a)	原料油	目的产品	催化剂	技术方案	投产 时间
齐鲁石化	200	常三线+ 减一线	0~-10# 柴油	ZSM-5 NDZ-1 FDW-1 FDW-3		1982 1986 1988 2005
大连石化	100	常三线+ 减一线	0~-10# 柴油	FDW-1		1993
乌鲁木齐石化	200	宽馏分常二线	-20~-35# 柴油	FDW-1	催化脱蜡 (临氢降凝) (FDW)	1995
独山子石化	200	宽馏分常二线	0~-35# 柴油	FDW-1		1997
大庆石化	100	常三线+减一线	0~-20# 柴油	FDW-1		1998
玉门石化	100	常四线	0~-20#柴油	FDW-1		1999
哈尔滨石化	400	催化柴油+常三	-35#柴油	3926/FDW-1		1998
格尔木	150	青海LCO+常三	-35#柴油	FH-98//FDW-1	加氢降凝 (FHDW)	2003
山东垦利石化	1000	焦柴+常三+ LCO	-20#柴油	FH-98/FDW-3		2010
永坪	200	延长LCO+ 常三	-20#柴油	FH-5A//FDW-1 FH-98A//FDW-3		2001 2007
大庆林源	200	催化柴油+ 常三	-35#柴油	FH-98/3963/FDW-1 FH-5/3963/FDW-1		2013 1999
大庆炼化 延安炼油厂	600 400	催化柴油+ 常三+减一线 延长LCO+常三	0~-35# 柴油 -20#柴油	FH-98/3963/FDW-1 FH-98/3963//FDW-1		2001 2010 2003
榆林炼油厂	200	LCO+常三	-20#柴油	FH-98/3963//FDW-1 FHUDS-2/FC- 18//FDW-3	加氢改质降凝 (FHUGDW)	2004 2011
延安石化厂	1400	LCO+常三	-20#柴油	FH-98A/FC- 18//FDW-3		2009
榆林炼油厂	2000	LCO+常三	-20#柴油	FHUDS-6/FC- 18/FDW-3		2013
其他(不全)						
呼和浩特石化公司	200	LCO+常三	-20#柴油	HPD-1(罗继刚)		2004
呼和浩特石化公司	1400	常三	-20#柴油	RDW-1(RIPP)		2010
银川宝塔石化	200		-20#柴油	RDW-1(RIPP)		2008

（1）催化脱蜡生产低凝点柴油

由表6-3-51可见，目前我国有6套以直馏轻蜡油为原料生产低凝点柴油的工业装置。其中，齐鲁石化炼油厂、大连石化炼油厂和乌鲁木齐石化总厂催化脱蜡装置的实际生产数据如表6-3-39所列。

齐鲁石化炼油厂催化脱蜡装置的加工能力为200kt/a，中压操作（冷高分压力为3.87MPa），装置进料为胜利原油常三减一线混合油，生产0#及-10#宽馏分柴油。自1988年换用FDW-1催化剂以来已经使用四批，第四批催化剂仍在使用中。由表6-3-52所列数据可见，用FDW-1催化剂与引进催化剂相比，反应压力低，反应温度低，空速相当，柴油收率高0.9%，柴油凝点低7℃。

大连石化炼油厂催化脱蜡装置的加工能力为100kt/a，低压操作（系统压力为2.45MPa），装置进料为大庆原油常三减一线混合油，生产0#或-10#轻柴油。催化脱蜡生成油进催化裂化分馏塔，与催化轻柴油一起分馏出轻柴油产品，其余重馏分作为催化裂化回炼油处理，构成催化脱蜡-催化裂化组合工艺。

表6-3-52　我国炼油厂几套催化脱蜡装置的实际生产数据

项　　目	齐鲁石化				大连石化	乌鲁木齐石化
原料油	胜利常三减一线油				大庆常三减一	东疆宽常二线
密度（20℃）/（kg/m³）	830.0~860.0				837.2	840.7
馏程/℃						
初馏点	190~230				168	242
10%	265~285				307	270
50%	305~340				341	325
终馏点	310~440				396	360（88%）
硫/（μg/g）	3500~3900				200	500
氮/（μg/g）	270~350				85	108
碱氮/（μg/g）	150~310					80
残炭/%	0.01~0.03				0.02	0.05
凝点/℃	18~26				26	7
含蜡量/%	12.0~16.0				31.05	14.07
催化剂	FDW-1 新剂	FDW-1 一次氢活化剂	FDW-1 再生剂	引进新剂	FDW-1 新剂	FDW-1 新剂
操作条件						
反应器入口氢分压/MPa	3.69	3.76	3.97	4.34	2.39	3.76
床层平均温度/℃	395	402	392	407	364	366
体积空速/h⁻¹	1.11	1.10	1.03	1.12	1.04	0.96
氢油体积比	440	417	363	463	464	840
氢耗/（标准状态）/（m³/t）	28.8		24.7	19.3	9.98	
产品分布/%						
气体烃	4.5	4.0	3.9	4.4	3.8	5.0
C_5~170℃	23.1	22.2	21.5	24.1	35.6	21.0

续表

项　　目	齐鲁石化				大连石化	乌鲁木齐石化
>170℃	72.4	73.8	74.6	71.5	60.6	74.0
C_5 以上液体收率	95.5	96.0	96.1	95.0	96.2	95.0
汽油性质						
密度(20℃)/(kg/m³)	653.8	678.2	675.5	682.0	682.9	66.71
溴价/(gBr/100mL)	134.1	129.5	112.2	120.7	92.8	108.5
辛烷值(RON)	90	91	90	83(MON)	88	77(MON)
柴油性质						
密度(20℃)/(kg/m³)	846.3	846.3	864.5	856.4	871.4	861.4
馏程/℃	190~430	211~430	188~425	185~444	222~415	222~375
硫/(μg/g)	2920	4410	4450	3500	50	500
氮/(μg/g)	292	348	546	479		160
碱氮/(μg/g)	210	318	348			
凝点/℃	−20	−12	−11	−13	−14	−35
十六烷值	56	53	53		50	52

注：标准反应温度是产品凝点校正到−10℃时的反应温度。

乌鲁木齐石化总厂催化脱蜡装置夏季用于催化裂化柴油加氢精制，秋冬季用于催化脱蜡，加工东疆原油的宽常二线馏分油(凝点约10℃)，生产−20#或−35#低凝点柴油，操作压力较高。这套装置的投产，一方面实现了加氢精制与催化脱蜡的轮换操作；另一方面省下了调低凝点柴油的喷气燃料，解决了低凝点柴油与喷气燃料争原料的矛盾，提高了经济效益。

(2)加氢精制−催化脱蜡生产低凝点柴油

催化脱蜡催化剂金属含量低，加氢性能很弱，因此，所产低凝柴油不仅密度高于原料油，硫、氮含量与原料相当，而且进料的氮化物吸附在催化剂上，造成催化剂失活速度快，一般半年左右就需要对催化剂进行氢活化，以恢复催化剂的活性。随着催化脱蜡原料日益变差(密度越来越大，硫、氮含量越来越高)，和产品质量升级速度的加快，催化脱蜡技术已难以生产满足要求的清洁低凝柴油。为了提高催化脱蜡低凝柴油质量，同时延长催化脱蜡催化剂的运行周期，FRIPP开发了加氢精制−催化脱蜡组合技术(FHDW)。

FHDW技术采用单段一次通过或单段串联一次通过流程，其核心是在催化脱蜡催化剂前装填部分加氢精制催化剂，对催化脱蜡原料进行脱硫、脱氮、烯烃饱和和部分芳烃加氢，从而达到既改善催化脱蜡产品质量，又可大幅度延长催化剂使用周期的目的。

由表6−3−51可见，目前我国有2套催化柴油加氢精制−催化脱蜡串联生产低凝点柴油的工业装置。这两套装置的实际生产数据如表6−3−53所列。

哈尔滨炼油厂的加氢精制−催化脱蜡装置加工能力为300kt/a，反应压力较高，主要加工大庆重油催化裂化柴油，生产−35℃低凝点柴油。由表6−3−47的数据可见，全部以重油催化裂化轻柴油为原料，反应条件比较缓和，柴油收率高、产品柴油质量较好。以重油催化裂化重柴油掺部分轻柴油为原料，因为重馏分多、含蜡量高，所以反应苛刻度较高，所得柴油产品的密度也比原料的密度有较大提高。以重油催化裂化柴油掺常三线油为原料，因为含蜡量增多，加氢精制反应条件较前者缓和，催化脱蜡反应条件虽较苛刻，但仍低于前者。三种方案的实际数据表明，都可以生产凝点和冷滤点合格的-35℃柴油，加氢精制-催化脱蜡组合工艺加工重油催化裂化柴油生产低凝点柴油在工业生产上是可行的。

　　林源炼油厂的加氢精制-催化脱蜡装置加工能力为200kt/a，反应压力较高，加工大庆催化柴油、催化重柴油和常三线混合油，生产-35℃低凝点柴油。由表6-3-53的数据可见，无论采用方案1和方案2，只要调节反应温度，都可以得到凝点和冷滤点合格的-35℃柴油，再一次证明加氢精制-催化脱蜡串联的组合工艺加工催化柴油生产低凝点柴油在工业生产上是可行的。

表 6-3-53　我国炼油厂催化柴油加氢精制、催化脱蜡装置的生产数据[71]

项　　目	哈尔滨炼油厂			林源炼油厂	
	方案 1	方案 2	方案 3	方案 1	方案 2
原料油	大庆重催轻柴油	大庆重催重柴油掺部分轻柴油	大庆重催化柴油油掺常三线油	大庆催化柴油、催化重柴、常三线油	大庆催化柴油、催化重柴、常三线油
密度(20℃)/(kg/m³)	859.7	876.3	862.4	861.0	865.1
馏程/℃					
初馏点	176	180	187	210	203
10%	220	221	206	255	253
50%	252	231	306	321	319
95%	352	>370①	361	358	358
终馏点	365		373		
硫/(μg/g)	1146	1378	2537	1260	1300
氮/(μg/g)	568	975.5	72	690	700
凝点/℃	1	17	14	18	7
催化剂	3926-(FDW-1)	3926-(FDW-1)	3926-(FDW-1)	FH-5-(FDW1)-3963	(FH-5)-(FDW-1)-3963
操作条件					
压力/MPa	5.6②	7.5②	5.31②	6.7③	6.7③
平均反应温度/℃	343.5/340.3	377.4/368.8	361.3/343.64	358	354
氢油体积比				800	800
产品分布/%					
气体烃	2.52	2.60	1.47	3.0	1.5
汽油	6.09	24.11	19.7	25.0	20.5
柴油	93.21	71.31	71.72	72.0	78.0
合计	101.82	98.02	92.89	100.0	100.0
汽油性质					
密度(20℃)/(kg/m³)				695.0	695.0
溴价/(gBr/100mL)				25.0	27.0
辛烷值					

续表

项　目	哈尔滨炼油厂			林源炼油厂	
	方案1	方案2	方案3	方案1	方案2
柴油性质					
密度(20℃)/(kg/m³)	855.1	901.0	864.8	870.8	882.3
馏程/℃	174~338	187~370	171~362	170~358[④]	165~355[④]
硫/(μg/g)	1.2	17.6	13.6	<20	<20
氮/(μg/g)	15.2	19.3	12.1	<20	<20
凝点/℃	<-55	<-50	<-42	<-35	-45
冷滤点/℃	<-31	<-30	<-30	<-29	<-29
十六烷指数				48	44

①90%馏出温度;

②反应器入口总压;

③高分压力;

④初馏点~95%。

(3) 加氢改质-催化脱蜡生产低凝点柴油

加氢精制-催化脱蜡(FHDW)组合技术虽然在降低产品柴油凝固点的同时,可脱除生成油中的硫、氮,饱和烯烃和对部分芳烃进行加氢,从而改善产品柴油的质量,但该组合技术柴油产品的密度降幅和十六烷值增幅有限,对于密度大、十六烷值低的柴油原料,其低凝柴油的主要质量指标仍难以满足要求,为此,FRIPP 在 MCI 技术的基础上,开发了加氢改质-催化脱蜡生产低凝柴油组合技术(FHUG-DW)。

FHUG-DW 工艺中加氢改质部分的作用是在脱除硫、氮等杂质时,使多环芳烃等低十六烷值烃类加氢开环不断链,从而达到大幅度提高柴油十六烷值的目的。FHUG-DW 加氢改质降凝工艺技术集加氢改质、临氢降凝优点于一体,既能脱除油品中硫、氮等杂质、降低柴油凝点,同时在提高柴油十六烷值方面具有明显的技术优势。

FHUG-DW 工艺技术已于 2001 年实现工业应用。典型 FHUG-DW 加氢改质降凝工业应用结果如表 6-3-54 所示。工业应用实践证明,FHUG-DW 技术具有加氢降凝技术所有特点,不仅起到加氢降凝的作用,而且能明显提高柴油的十六烷值。加氢改质降凝柴油产品的十六烷值、硫含量、氧化安定性等性质满足国Ⅳ柴油标准,调整操作参数也可生产满足国Ⅴ标准的柴油产品。

表 6-3-54　典型 FHUG-DW 技术工业应用结果[72]

产品方案		-35#柴油	-20#柴油	-10#柴油
原料油			催化柴油+常三线	
工艺条件				
反应器入口压力/MPa		8.15	8.20	7.47
一反平均温度/℃		353	350	345
二反平均温度/℃		355	351	346
氢油体积比		800	800	800

续表

产品方案		-35#柴油	-20#柴油	-10#柴油
产品分布/%				
气体烃+H₂S+NH₃		2.34	2.13	2.01
石脑油		16.9	15	13.2
柴油		82.1	84.2	86.1
化学氢耗/%		1.34	1.33	1.31
原料及柴油产品主要性质	原料	柴油产品	柴油产品	柴油产品
密度/(kg/m³)	849.3	833.7	835.6	836.7
馏程/℃				
初馏点	177	177	179	184
10%	212	215	209	211
50%	295	286	268	267
95%	395	373	375	369
凝点/℃	+12	-45	-25	-13
冷滤点/℃		-31	-16	-8
硫含量/(μg/g)	1550	25	31	42
氮含量/(μg/g)	1100	21	28	39
十六烷值*	42	45	46	48

*国Ⅳ、国Ⅴ柴油十六烷值标准为45。

（二）加氢异构降凝

催化脱蜡技术虽然可以大幅度降低柴油凝固点，但因所用 ZSM-5 分子筛孔结构的特性，只能择型裂解高凝固点的链烷烃，而将低凝点的环状烃保留在柴油产品中，从而达到降低柴油凝点的目的。ZSM-5 分子筛择型裂解链烷烃的特性，不可避免带来产品柴油密度大、十六烷值低，尽管采用加氢精制-催化脱蜡组合技术和加氢改质-催化脱蜡组合技术后，低凝柴油的密度和十六烷值有所改善，但密度仍偏高、十六烷值偏低。为了在生产低凝柴油的同时，较大幅度降低其密度、提高其十六烷值，FRIPP 开发了 FHI 柴油加氢改质异构降凝工艺技术。

FHI 柴油加氢异构降凝技术采用单段单剂或单段两剂一次通过工艺流程，采用专门开发的具有加氢异构功能的催化剂，在中高压条件下加工直馏柴油、直馏轻蜡油、催化柴油、焦化柴油和/或二次加工重柴油/轻蜡油等原料，在实现原料深度加氢脱硫、脱氮、脱芳和选择性开环的同时，可以使原料中正构烷烃等高凝点组分进行异构化反应，并使进料中重组分发生适度加氢裂化反应，从而在保持较高柴油产品收率和显著降低柴油产品硫、氮、芳烃和稠环芳烃含量的同时，能够降低柴油产品的凝点，使柴油密度、T95%点和十六烷值等指标得到明显改善，具有很大的生产操作灵活性。

FHI 技术已于 2002 年在中国石油抚顺石化分公司首次工业应用获得成功，而后又在多套工业装置上应用。FHI 柴油加氢改质异构降凝技术工艺试验结果列于表 6-3-55。

表 6-3-55　FHI 技术应用于混合柴油的试验结果[72]

试验编号	性质	试验 1	试验 2	试验 3
工艺条件				
反应压力/MPa		7.0	7.0	7.0
反应温度/℃		基准	基准+4	基准+6
石脑油收率/%		3.9	5.4	8.8
柴油产品收率/%		96.1	94.6	91.2
原料及柴油产品性质	混合原料油	柴油	柴油	柴油
密度(20℃)/(kg/m³)	860.4	827.4	825.8	821.8
馏程/℃	170~381	177~367	161~355	158~349
硫/(μg/g)	2200	<10	<10	<10
多环芳烃/%	24.2	3.2	5.1	4.3
凝点/℃	+16	-7	-20	-35
十六烷值	47.6	54.9	52.6	52.2

　　上述研究试验结果表明，FHI 技术无论用于加工处理直馏柴油、催化柴油、焦化柴油，还是上述柴油的混合油，都具有很强的加氢脱硫、脱氮、选择性加氢开环和烷烃异构化能力，使柴油产品密度、T95%点、凝点、硫、氮等指标得到显著改善，并保持较高的柴油产品收率和十六烷值，在柴油质量要求越来越高的今天，FHI 柴油加氢改质异构降凝技术受到企业的广泛关注。

参 考 文 献

[1] 姚国欣. 国外加氢裂化技术的回顾与展望 [J] 炼油设计, 1996, 4 (26)：40-47.

[2] 侯祥麟. 中国炼油技术[M]. 北京：中国石化出版社, 1991.

[3] D. H. Starmont. New process has big possibilities [J]. The oil and gas journal, 1959, 57(44)：48-49.

[4] "Middle Distillate Hydrocracking"Technology Conference UOP, 1990.

[5] Sikonia J G, Jacobs W L, Gembicki S A. Hydrocrack for More Distillates [J]. Hydrocarbon Processing, 1978, 57(5)：117-121.

[6] 赵学法, 胡正海 SSOT 装置生产技术总结 [C]//第一届加氢裂化协作组年会论文集, 淄博, 炼油设计编剧部出版 1994：107-110.

[7] MG Hunter, DA Pappal, CL Pesek. Moderate pressure hydrocracking：a profitable conversion alternative [C]//NPRA：NPRA Annual Meeting. San Antonio, 1994：AM-94-21.

[8] M. E. Reno, H. B. Gala, G. J. Antos. Moderate pressure hydrocracking：a profitable conversion alternative [C]//NPRA：NPRA Annual Meeting. San Antonio, 1997：AM-97-15.

[9] Light S D, Bertram R V, Ward J W. Hydrocrack heavier feeds[J]. Hydrocarbon Processing, 1981, 60(5)：93-95.

[10] 胡志海, 熊震霖, 聂红等. 关于加氢裂化装置反应压力的探讨与实践[C]//中国石油学会, 中国石油学会第五届石油炼制学术年会论文集. 北京：中国石化出版社, 2005：565-570.

[11] D. Lewis, et al. 题目[C]//NPRA：NPRA Annual Meeting. San Antonio, 1990：AM-90-22.

[12] D. H. G. Mitehell, R. V. Bertram, G. D. Dencker. New Applications of Noble Metal Catalysts in Hydrocracking[C]//NPRA：NPRA Annual Meeting. San Francisco, 1995：AM-95-42.

[13] 贾贵 尤候平 郭仕清 加氢裂化扩建改造充分挖掘装置潜力 [C]//第一届加氢裂化协作组年会论文集.

淄博：炼油设计编剧部出版 1994：171-176.

[14] Alain P. Lamourelle, Mark Reno, Gregory Thompson et al. Hydrocracking for High Quality Distilates [C]// NPRA：NPRA Annual Meeting. San Antonio, 1991：AM-91-12.

[15] Donald B. Ackelson, Vasant Thakkar, Bart Dziabala et al. Innovative Hydrocracking Applications for Conversion of Heavy Feedstocks[C]//NPRA：NPRA Annual Meeting. San Antonio, 2007：AM-07-47.

[16] Ujjal Mukherjee, J. Meyer, Arthur J. Dahlberg et al. Maximizing Hydrocracker Performance Using ISOFLEX Technology[C]//NPRA：NPRA Annual Meeting. San Francisco, 2005：AM-05-71.

[17] Robert wade, Theo Maesen, Jim Vislocky et al. Hydrocracking Catalyst Developments and Innovativ Processing Scheme[C]//NPRA：NPRA Annual Meeting. San Antonio, 2009：AM-09-12.

[18] 曾榕辉. 结合企业实际创新发展加氢裂化新技术[C]//中国石化加氢技术情报站，加氢裂化技术论文集. 沈阳：, 2008：1-10.

[19] 姚春雷, 全辉. FRIPP 加氢生产特种油品技术[C]//中国石化加氢技术情报站，2011 年全国炼油加氢技术交流会论文集. 宁波：, 2011：386-394.

[20] 郭仕清, 单敏. 扬子石化高压加氢裂化装置生产枝木总结[C]//中国石化加氢技术情报站，加氢裂化技术论文集. 沈阳：, 2008：43-52.

[21] 张敏, 周会理. 上海石化 2008~2009 年加氢裂化装置生产运行总结[C]//中国石化加氢技术情报站，2010 年中国石化炼油加氢生产技术交流会论文集. 大连：, 2010：253-259.

[22] 刘昶, 杜艳泽, 王凤来等. FRIPP 灵活型加氢裂化催化剂开发及应用[C]//中国石化加氢技术情报站，2011 年全国炼油加氢技术交流会论文集. 宁波：, 2011：586-593.

[23] 王敬东. 镇海炼化 I 套加氢裂化装置扩能及节能改造[C]//中国石化加氢技术情报站，2011 年全国炼油加氢技术交流会论文集. 宁波：, 2011：532-537.

[24] 孙晓燕, 樊宏飞. FC-50 高中油型加氢裂化催化剂的研制及工业应用[C]//中国石化加氢技术情报站，2011 年全国炼油加氢技术交流会论文集. 宁波：, 2011：594-599.

[25] 陈连才, 沈春夜. 镇海加氢裂化扩能改造试生产技术分析[C]//加氢裂化协作组，加氢裂化协作组第三届年会报告论文集. 上海：, 1999：237-246.

[26] 曾榕辉, 孙洪江. FDC 单殿两剂多产中间馏分油加氢裂化技术开发及工业应用[C]//中国石化加氢技术情报站，加氢裂化技术论文集. 沈阳：, 2008：23-29.

[27] 任志刚, 李云鹏, 罗锦保. 220 万吨/年加氢裂化-加氢脱硫组合工艺过渡方案[C]//加氢裂化协作组，加氢裂化协作组第三届年会报告论文集. 上海：, 1999：148-152.

[28] 沈春夜. 镇海 220 万吨/年加氢裂化装置 1999-2000 年生产技术总结[C]//加氢裂化协作组，加氢裂化协作组第四届年会报告论文集. 茂名：, 2001：199-204.

[29] 牟银钢, 黄维章. 加氢裂化-加氢精制平行进料工艺的首次工业应用[J] 炼油技术与工程, 2001, 41 (4)：6-11.

[30] 顾望, 王明传. 多产化工原料型加氢裂化催化剂的工业应用[C]//中国石化加氢技术情报站，2011 年全国炼油加氢技术交流会论文集. 宁波：, 2011：604-609.

[31] 张维. 大连石化加氢裂化催化剂延长运行周期的可行性分析[C]//中国石化加氢技术情报站，2011 年全国炼油加氢技术交流会论文集. 宁波：, 2011：561-565.

[32] 柳广厦, 于承祖, 杨兴等. 单段反序串联工艺在加氢裂化装置上的工业应用[J] 石油炼制与化工, 2010, 41(8)：21-24.

[33] 熊守文, 张树广, 赵晨曦. 壳牌标准催化剂在惠州炼油分公司 400 万吨/年加氢裂化装置上的工业应用[C]//中国石化加氢技术情报站，2011 年全国炼油加氢技术交流会论文集. 宁波：, 2011：629-637.

[34] 方向晨. 加氢裂化[M]. 北京：中国石化出版社, 2008：155.

[35] P. Sarrazin, J. Bonnardot, S. Wambergue, et al. New Mild Hydrocracking Route Produces 10-μg/g-sulfur Diesel [J]. Hydrocarbon Processing, 2005, 84(2)：57-60.

[36] Morel, F. Latest Developments in Hydrocracking Technology[C]//In Proceedings of the 5th Bottom of the Barrel Technology Conference and Exhibition. Athens:, 2007.

[37] Haldor Topsøe brochure. Hydrocracking processes [EB/OL]. (2010-08-29) [2011-08-18] http://www. topsoe. com/business_ areas/refining/Hydrocracking/~/media/PDF%20files/Refining/topsoe_ hydrocracking_ processes_ 2011. ashx.

[38] KBR company websit. Mild Hydrocracking[EB/OL]. [2011-08-31] http://www. kbr. com.

[39] Process Description: Criterion Mild Hydrocracking [EB/OL]. [2011-08-31] http://www. cricatalyst. com.

[40] Ackelson, D.. Hydroprocessing for EU 2000 Fuels in FCC Refineries[C]//European Refining Technology Conference Annual Meeting. London, 1996.

[41] T. N. Kalnes, et al., NPRA Paper AM-84-36, 1984.

[42] G. E. Weismantel. Petroleum Processing Handbook[M]. New York: Marcel Dekker, 1992: 608-610.

[43] 韩崇仁，廖士纲，刘振华. 高质量油品及化工原料的需求促进了加氢裂化的发展[C]//国际重油、渣油改质及利用学术研究年会论文集. 北京：万国出版社，1993: 64-72.

[44] 石玉林，熊震霖. 高硫 VGO 的 RMC 工艺研究和开发[C]//加氢裂化协作组，加氢裂化协作组第三届年会报告论文集. 上海:, 1999.

[45] 周立新，荆蓉莉. 改善尾油烃类构成的第二代中压加氢裂化(RMC-Ⅱ)技术的应用[C]//中国石化加氢技术情报站，2010 年中国石化炼油加氢生产技术交流会论文集. 大连:, 2010: 466-472.

[46] 郑世桂. 反应压力对加氢裂化产品质量和装置投资的影响[J] 炼油技术与工程，2003，33(5): 11-14.

[47] Michael G. Hunter, David A. Pappal. Moderate Pressure Hydrocracking: A Profitable Conversion Alternative [C]//NPRA: NPRA Annual Meeting. San Francisco, 1994: AM-94-21.

[48] 姚国欣，刘伯华，廖健. 生产最大量中馏分油的加氢裂化技术—90 年代加氢裂化技术的新进展[C]//加氢裂化协作组，加氢裂化协作组第三届年会报告论文集. 上海:, 1999: 61-90.

[49] 刘守义，孙洪江，赵泽学等. [C]//炼油设计编辑部，加氢裂化协作组第二届年会论文集. 宁波:, 1996: 280-285.

[50] 乔迎超，曾榕辉，刘涛等. 高密度、低十六烷值柴油加氢改质生产优质清洁柴油工艺研究[J]. 当代化工，2012，41(1): 45-47.

[51] 李浩，王庆波，赵泽学. 中压加氢改质技术(MHUG)的工业应用[C]//加氢裂化协作组，加氢裂化协作组第三届年会报告论文集. 上海:, 1999.

[52] 韩崇仁，方向晨，赵玉琢等. 催化裂化柴油一段加氢改质的新技术—MCI[J]. 石油炼制与化工，1999，30(9): 1-5.

[53] 刘谦，李英玉，史振国等. MCI 工艺技术的工业应用[C]//加氢裂化协作组，加氢裂化协作组第三届年会报告论文集. 上海:, 1999: 443-448.

[54] David A. Pappal, Chang-Kuei Lee, Kenneth w goebel et al. MAK Light Cycle Oil Upgrading to Premium Products[C]//NPRA: NPRA Annual Meeting. San Francisco, 1995: AM-95-39.

[55] Vasant P. Thakkar, James F. McGehee, Suheil F. Abdo et al. LCO Upgrading: A Novel Approach for Greater Added Value and Improved Returns[C]//NPRA: NPRA Annual Meeting. San Francisco, 2005: AM-05-53.

[56] James A. Johnso, Stanley Frey, Dr. Vasant Thakkar. Unlocking High Value Xylenes From Light Cycle Oil [C]//NPRA: NPRA Annual Meeting. San Antonio, 2007: AM-07-40.

[57] 黄新露，曾榕辉. FRIPP 催化柴油加氢转化 FD2G 技术的开发与应用[C]//中国石化加氢技术情报站，中国石化炼油加氢生产技术交流会论文集. 西安:, 2014: 181-186.

[58] 窦翔. 高芳烃催化柴油加氢转化技术的工业应用[C]//中国石化炼油事业部，中国石化炼油加氢生产技术交流会论文集. 西安:, 2014: 187-193.

[59] Smith F A, et al. OGJ, 1990, 88(33): 51-55

[60] Helton T E, et al. OGJ, 1998, 96(29): 58-67

[61] 姚国欣. 加速基础油升级换代 迎接加入 WTO 挑战[J]. 现代化工, 2000, 20(4): 2-8

[62] 侯祥麟. 中国炼油技术[M]. 北京: 中国石化出版社, 1991.

[63] 曾昭槐. 择形催化[M]. 北京: 中国石化出版社, 1994.

[64] Chen N Y, et al. OGJ, 1997, 95(23): 165-170

[65] Smith C M, et al. Hydrocarbon Asia, 1994, 4(8): 54-70

[66] 孟祥兰, 彭焱. 临氢降凝工艺技术的发展及应用[J]. 石油炼制与化工, 1997, 28(5): 29-35

[67] 水天德. 现代润滑油生产工艺[M]. 北京: 中国石化出版社, 1997.

[68] 孟祥兰, 等. 抚顺石油化工研究院院报, 1992, 5(3): 13-21

[69] 姚宗君 临氢降凝工艺在我国的发展前景[J] 抚顺石油化工研究院院报, 1993, 6(1-2): 90-98

[70] 彭焱, 孟祥兰, 廖士纲. 制取优质低凝柴油的工艺[J]. 炼油设计, 1999, 29(1): 12-16

[71] 齐铁忠. 劣质原料生产低凝柴油的加氢精制-临氢降凝技术[J]. 炼油设计, 2000, 30(1): 9-12

[72] 孟祥兰, 关明华, 高鹏等. FRIPP 生产清洁低凝柴油的系列加氢技术[C]//中国石化炼油事业部, 2010 年中国石化加氢技术交流会论文集. 大连, 2010: 473-478.

第七章　操作参数对反应过程的影响

第一节　概　　述

　　任何以化学反应为基础的工艺过程，反应条件都是影响反应速率、历程及反应方向的主要因素。在各种石油加工工艺过程中，通过化学反应以改变各种烃和/或非烃类化合物的结构及分子大小的工艺过程，都要受到反应参数的影响。这些影响对于工业装置而言，则具体化为装置的操作参数。一方面它们将直接关系到装置的加工能力、各种产品，特别是目的产品的收率和分布，关系到各种产物或产品的质量。对于多相催化反应过程，还将影响到催化剂的使用寿命及装置运转周期。另一方面则会影响到工业装置的公用工程消耗及操作成本。因此，研究和获得各种主要操作参数对工艺过程的影响，具有十分重要的意义。

　　本章所论及的工艺过程是属于典型的固定床多相催化反应，这在本书其他章节已有详细论述。尽管早期的加氢裂化曾使用过重石脑油制取液化石油气等轻质产品，但目前已基本不使用，当今所用原料最轻的为 LCO 或直馏柴油，更多的是 VGO 等更重的馏分油。这是一种在有固体催化剂存在下汽、液共存的滴流床反应过程，这种固定床多相催化反应，只有在接近活塞流的状态下进行，才能使化学反应过程处于接近理想和高效的状态。几十年来，通过前人的大量研究和工业实践，分别在汽液流体均匀分布及高效传质传热方面不断取得进展，通过对反应器结构及分配器的改进、催化剂外形改变以及催化剂装填技术的进步，使得加氢裂化反应器中其物流随轴向流动的分布已达到如图 7-1-1(a) 所示的状态，而接近理想的活塞流。在反应温度方面，已能做到在工业操作工况下其反应温度的径向温差达到小于 3℃[1]。

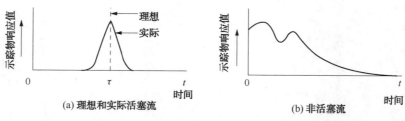

图 7-1-1　反应器中物流随轴向流动的分布

　　只有当固定床反应器的物流近似于活塞流且催化剂床层的径向温差又很小时，工业装置操作参数的变化对转化深度、产品分布和质量产生的影响，才具有典型性和规律性，才能较好地代表化学过程的真实情况。反之，如果存在着严重的返混、沟流、径向温差大等反应工程问题，则操作参数如温度、压力、空速、氢油比等对反应过程的影响将与理想情况相偏离。

　　在研究和使用加氢裂化工艺过程中反应参数的结果及数据时，还需要涉及到另一个问题，即工业装置由于客观条件的多变性，如原料组成及性质、界区内外公用工程条件等变化，一般情况下很难也很少在工业装置上直接做操作参数对反应过程影响的工业试验，以获得大量和有效的数据。因此，大量有关操作（反应）参数的数据和规律性结果是通过中、小型试验装置来进行的，这些试验装置的规模一般为催化剂装量在 50～1000mL 范围。在可能的条件下这些装置尽量模拟工业装置的流程及工况，但与工业装置的实际情况相比，仍有较大的差别。

- 小型试验装置质量流速的典型操作范围在 25～100lb/(h·in²)，工业加氢装置的操作范围则是 1000～3000lb/(h·in²)，二者相差 10～120 倍。当小试装置质量流速过低时，将会因受传质过程影响而使反应偏离工业装置的实际结果[2]。

- 中、小型试验装置为取得准确数据，反应温度均采用等温控制和操作，而工业固定床加氢反应器则为绝热操作。当加氢反应深度很小时，如直馏石脑油的加氢脱硫，其反应放热很少，反应器内轴向温升不大，这时小试与工业装置的温度情况比较接近。对于加氢裂化反应，由于放出大量的反应热，使床层有明显的温升，其轴向产生较大的温差，在工业反应器中，通常采用多床层打冷氢的办法来减小床层温差，但仍有 10～20℃ 范围。这样工业装置的实际反应温度应为整个反应器各床层的加权平均温度。显然它对反应过程的影响是有差别的。

- 中、小试试验装置与工业装置操作参数中的反应压力也有一定差别。这是因为前者质量流速低和器内基本无内构件等因素，其反应器出、入口的压降很小，可以认为出、入口是处于相等的压力下操作。而工业反应器由于高的线速度及内构件的影响，反应器进、出口产生一定的压降，这一情况在工业装置的操作末期更为突出。对于固定床馏分油加氢裂化工艺而言，其床层压降通常在 0.03～0.3MPa 之间。

因此，前人的不少文献都提出，将中试试验数据用于工业操作时，必须针对上述问题而小心从事，但同时也指出，对于中试试验装置其他条件，如催化剂、原料、试验装置工况等条件相对固定时，其操作条件对反应过程的影响规律具有代表性，可以用来指导工业装置的操作。

对多相催化反应，参数与反应结果的关系还受到所使用催化剂活性稳定性的影响，假如催化剂的失活速度很快，即使操作参数恒定，反应过程的转化率、产品分布、产品质量也都将发生变化，同样会影响所取数据的可靠性和代表性。但加氢裂化工艺过程催化剂失活速度很慢，故即使在相当长的一个时间区间内改变操作参数，也可以将催化剂失活的影响忽略不计。

本章将着重论述反应压力、温度、空间速度（停留时间）及氢油比等操作参数对加氢裂化转化深度、产品分布以及产品质量的影响。以上四个操作参数是专指对加氢裂化工艺中影响化学反应过程的反应参数，其他参数，如原料油和催化剂，在本书的第三章、第四章及第五章有关部分进行了论述，这里不予涉及。

第二节 反 应 温 度

反应温度是加氢裂化过程的主要工艺参数之一。尤其对工业装置而言，正常生产情况下反应压力、空速和氢油比相对固定，反应温度是最灵活、有效和常采用的调控手段。工业装置通过对反应温度的调整，可以在一定范围内改变加氢裂化的转化深度、产品分布和产品质量。工业装置反应温度不仅仅是指反应器入口温度，确切地说，影响反应深度的是反应器催化剂床层平均温度。工业装置利用冷氢来调节催化剂床层温度，使床层温度分布更为合理，可以更有效地利用催化剂，实现工业装置的长周期运行。而且由于加氢裂化反应是强放热反应，所以反应温度也是加氢裂化装置最需要关注和严格控制的操作参数，操作不当就可能引发加氢裂化装置"飞温"的风险。

一、反应温度的表述

加氢裂化反应器都是采用多床层设置，通过床层间冷氢来调控加氢裂化的反应温度，相应的反应温度也有多种不同的表述方式。

1. 反应器入口温度、反应器出口温度

反应器入口温度是加氢裂化装置生产操作中最重要的控制参数之一。通常加氢精制反应器入口温度是与进料加热炉的燃料量/燃料压力实行串级控制，加氢裂化反应器的入口温度由反应器间冷氢量来调控。

反应器出口温度在加氢裂化装置实际生产中一般不作为控制参数，但可作为催化剂或反应器允许最高温度的判断依据。

2. 催化剂床层入口温度、催化剂床层出口温度

加氢裂化装置设置有多个催化剂床层，每个催化剂床层设有两个或两个以上的热电偶口安装多点热电偶，来检测催化剂床层不同横截面上温度的分布。催化剂床层入口温度和出口温度分别是指催化剂顶部床层和底部床层热电偶检测到的温度。加氢反应器内催化剂床层同一个横截面检测到的温度有时不尽相同，一般用所有热电偶指示温度的算术平均反应温度代表该截面的温度。

3. 催化剂床层平均反应温度(BAT)

催化剂床层平均反应温度是该催化剂床层顶部温度与底部温度之和的算术平均值。

$$BAT_i = \frac{T_{ini} + T_{outi}}{2}$$

式中　　T_{ini}——第 i 个催化剂床层入口平均温度，℃；

　　　　T_{outi}——第 i 个催化剂床层出口平均温度，℃。

4. 温升

加氢裂化过程为强放热过程，表 7-2-1 列出了加氢过程一些主要反应的平均反应热。加氢裂化装置正常运行情况下，反应热在催化剂床层中传递、累积，使得催化剂床层不同横截面的温度是不一样的，即催化剂底部床层温度高于催化剂顶部床层温度，形成了温升。加氢裂化过程对温升的描述通常包括以下几种：催化剂床层温升，等于该催化剂床层底部温度减去该催化剂床层顶部温度；反应器催化剂床层总温升，为各个催化剂床层温升之和；反应器温升，为反应器出口温度减去反应器入口温度。

工业装置加氢裂化催化剂床层一般按照等比例(高度)设置，每个床层的温升情况基本可以表征该催化剂床层的反应程度(反应负荷)。工业装置操作通常是控制裂化反应器每个催化剂床层的温升相同，即每个床层的反应负荷基本相当，催化剂尽可能实现同步失活，保证催化剂的利用率最大化。

催化剂床层温升的控制以能达到预期的精制效果和/裂化深度为宜，避免过高温升导致不必要的操作能耗和带来"飞温"的风险。关于催化剂床层最高允许温升和工业装置所应用的工艺技术特点及工艺操作苛刻度有关。早期联合油的专利装置要求裂化反应器催化剂床层最高允许温升为 17℃[3]。而 UOP 对分子筛载体的催化剂(诸如 HC-22，DHC-100，DHC-32，和 DHC-39)而言，要求平均温升(平均的出口温度-入口温度)不可超过 28℃，或者对

于每个催化剂床层最大温度上升(最高床层温度-最低床层温度)不可超过33℃，对加氢精制催化剂而言，最大床层温差要求不超过42℃。

在工业装置运行中，由于条件的变化(如原料波动、压力波动、反应器入口温度波动、催化剂活性下降等影响)每个催化剂床层的温升通常也会处在一种动态变化过程中。有经验的操作员和工程师可以通过反应温升的变化情况快速地判明原因并进行相应的调整，保证装置的平稳、安全运行。

表 7-2-1　加氢过程主要反应的平均反应热[4]

反 应 类 型	单　　　　位	数据
烯烃加氢饱和	J/kmol	-1.047×10^8
芳烃加氢饱和	J/kmol	-3.256×10^7
加氢脱硫	J/kmol	-6.978×10^7
加氢脱氮	J/kmol	-9.304×10^7
环烷烃加氢开环	J/kmol	-9.304×10^6
烷烃加氢裂化	J/kmol 分子增加	-1.477×10^7

5. 平均反应温度

对于工业装置而言，由于加氢反应器轴向不同截面反应温度不一样，通常用催化剂加权平均反应温度来表示平均反应温度。加氢裂化平均反应温度一般有以下两种计算方法。

(1) 催化剂加权平均反应温度(CAT)

当反应器内催化剂采用同种装填方式时，CAT 定义为每个催化剂床层中活性催化剂体积百分数与其催化剂床层平均温度乘积的算术平均数，即：

$$CAT = \sum_{i}^{n} \varepsilon_i \times BAT_i$$

式中　ε_i——第 i 个床层活性催化剂体积百分数，%；

　　　BAT_i——第 i 个床层平均温度，℃；

　　　n——催化剂床层总数。

(2) 催化剂重量加权平均温度(WABT)

当反应器内同一床层催化剂采用不同装填方式时，WABT 为每一种装填层的平均温度与该层催化剂质量的乘积相加所得到的温度。反应器中催化剂在每一次的卸料和装填后，如果催化剂的数量有变化，那么平均床层温度(WABT)的计算应作调整。因此，装填时有必要对催化剂的数量作精确的统计记录。

$$WABT = \sum_{i}^{n} \delta_i (LAT_{ini} + LAT_{outi}) / n$$

式中　LAT_{ini}——每一种催化剂第 i 个床层入口水平面的平均温度，℃；

　　　LAT_{outi}——每一种催化剂第 i 个床层出口水平面的平均温度，℃；

　　　δ_i——第 i 个床层活性催化剂质量百分数，%；

　　　n——催化剂床层总数。

6. 径向温差

加氢裂化反应器内同一横截面上通常设有多点热电偶来检测温度，工业装置正常运行时这些测温点显示的温度不一定会相同，反应器内同一截面上最高点温度与最低点温度之差即为径向温差。径向温差直观反映了加氢反应器内物流分布的均匀情况。

　　当加氢反应器内物流分配均匀时,同一横截面上显示的温度基本相同,径向温差小。反之,当物流分配不均匀时,亦即通过同一横截面反应物流速不同时,则径向温差大。在反应物流速高的区域,反应物与催化剂接触时间短而产生的反应热少,同时单位时间通过此区域的反应物多使得携热能力相对强,此区域就容易形成低温区;反之,在反应物流速低的区域,反应物与催化剂接触时间长而产生的反应热多,同时单位时间通过此区域的反应物少使得携热能力相对弱,此区域就容易形成高温区。通常认为,加氢裂化装置径向温差在3℃以内说明反应物流分配效果较好,当径向温差超过11℃时说明物流分配效果较差,而当径向温差超过17℃时就应该考虑停工处理。

　　加氢裂化装置产生径向温差的根本原因是参与反应的物流分布不均匀,当径向温差产生时(排除热偶检测误差方面的因素)用户可从以下几方面来查找原因:

　　1)催化剂装填质量是否达标(是否装填均匀);

　　2)冷氢箱、分配盘内构件设计不合理或未按规范安装;

　　3)装置运行过程中由于某种原因导致催化剂产生局部结焦区或沟流。

　　7. 飞温

　　加氢裂化过程中发生的加氢脱硫、加氢脱氮、烯烃加氢和芳烃饱和及加氢裂化反应都是强放热反应,正常情况下,反应过程产生的热量和反应物料流动带走的热量是平衡的,因此加氢裂化装置平稳运行。而当反应过程产生的热量大于物料流动所能带走的热量时,若没有及时发现反应温度的上升并及时采取有效措施加以控制,则容易发生这种情况:反应温度的上升进一步加剧反应,从而产生更多的反应热,由此形成的连锁反应导致反应温度失控,加氢裂化反应器温度快速(几分钟之内)升高到600℃以上,这种情况被称为"飞温"。飞温对加氢裂化装置而言是非常严重的情况(事故),可能会对催化剂和反应器造成不可逆转的损害。加氢裂化装置运行过程中可能引发"飞温"风险的几种情况包括:

　　1)原料油性质发生较大程度变化而未及时调整操作参数(原料油中芳烃、烯烃含量急剧增加,如大比例掺入二次加工油的情况);

　　2)未按操作规程要求的升温速度调整反应温度,升温速度过快;

　　3)加氢裂化催化剂床层(裂化)有局部热点,装置操作的波动在热点处放大而引发"飞温";

　　4)加氢裂化装置紧急停工时未按操作规程要求泄压彻底就急于恢复操作、重新引入新氢和启动循环氢压缩机,引发"飞温"。

二、反应温度对转化率的影响

　　反应温度是影响加氢裂化反应的重要因素,它对反应速率的影响程度遵循阿累尼乌斯公式:

$$\frac{k_1}{k_2} = \exp\left[\frac{E}{R}\left(\frac{T_2 - T_1}{T_1 T_2}\right)\right]$$

式中　　k_1、k_2——反应温度 T_1 及 T_2 的反应速率常数;

　　　　T_1、T_2——反应温度 K;

　　　　E——反应活化能,kJ/kmol;

　　　　R——气体常数,8.33kJ/(kmol·K)。

　　馏分油加氢裂化的反应活化能与催化剂、原料的特性及反应温度区间有关系。表7-2-2为加氢裂化活化能数据。

表 7-2-2　加氢裂化反应的表观活化能

原料油	催化剂	活化能/（kJ/kmol）
重柴油	Ni-W/Si-Al	88200
VGO	Ni-Mo/Si-Al	108000
VGO	分子筛型	47700

在其他反应参数不变的情况下，反应温度的提高即意味着转化率的提高，而随着转化率提高，小分子产品的产率将相应增加，因此加氢裂化产品分布会发生很大变化，这必然要导致产品质量的变化。还应指出，加氢裂化为双功能多相催化反应，过程中的加脱氢反应同样受到反应温度的影响，它与产品的饱和率，杂质脱除率直接有关，从而导致产品质量的变化。

前已述及，加氢裂化是重质烃/非烃复杂混合物轻质化的过程，过程的裂化转化率理论上指的是通过反应生成进料中原来未含有的轻馏分产率。但这里有两种情况需要说明：

1）由于进料往往为很宽的馏分油，进料本身就含有一部分轻质产品组分，它并非由裂化产生。

2）进料中最重的部分通过轻微裂化变成较小的分子，但其沸点范围仍在原料范围之中而未进入轻质产品。

对于第一种情况，在计算转化率时应扣掉进料中轻组分所占的数量，而第二种情况，从实用角度则不予考虑。

过去在实际应用中将转化率做如下表示，例如目的轻质产品是指小于 350℃轻馏分油加气体产品，则转化率为 100-沸点高于 350℃的产率（%）。这种做法是不严谨的，实际的转化率则应按下式计算：

转化率=（1-产物中>350℃馏分%/原料中>350℃馏分%）×100

　　　　=（原料中>350℃馏分%-产物中>350℃馏分%）/原料中>350℃馏分%×100

对于研究反应参数影响时，应采用上述公式计算转化率。

UOP 公司使用无定形硅-铝催化剂 DHC-6 进行了中试研究，采用的是单段工艺流程，原料油为中东含硫 VGO，其主要性质见表 7-2-3。从图 7-2-1 结果可见，反应温度对转化率的影响为线性关系，在所使用的温度范围内，转化率每提高 10 个百分点，需要提温8.5℃。图中也列出了更早期的参比催化剂 DHC-2，该催化剂的活性远低于 DHC-6。在70%转化率时 DHC-2 反应温度比 DHC-6 高 4℃，而在 80%转化率时则要高约 10℃。

表 7-2-3　中试用原料性质

API 重度	21.9	硫含量/%	2.5
密度（20℃）/（g/cm³）	0.9189	氮含量/（μg/g）	900
馏程/℃		正庚烷不溶物/%	0.01
初馏点	317	镍和钒含量/（μg/g）	<2
50%	454	残炭/%	0.55
90%	532	黏度（50℃）/（mm²/s）	38

Union 公司在氢分压 11.0MPa 条件下，考察温度对转化率的影响。该工艺采用高活性的分子筛加氢裂化催化剂，使用单段串联一次通过的工艺流程，原料为重质 VGO，其主要性

质见表 7-2-4。图 7-2-2 显示出温度与反应生成油[分别按<367℃(700℉)，<257℃(500℉)和<202℃(400℉)三种馏分]产率之间的关系，其中<367℃馏分产率应为其总转化率。从图可见，在一定的转化率范围内，温度与转化率呈线性关系。其结果还说明，当转化率由 60%提至 80%时，只需提温 5.5℃。这就意味着每增加 10%转化率只需提温 2.8℃，说明含分子筛的加氢裂化催化剂活性很高，对反应温度十分敏感。

表 7-2-4　1 号重质 VGO 性质

		族组成/%	
API 重度	24.1		
密度(20℃)/(g/cm³)	0.9059	烷烃	23
馏程/℃		单环环烷	13
初馏点	328	多环环烷	15
终馏点	536	单环芳烃	17
氮含量/%	0.12	多环芳烃	12
硫含量/%	1.8	杂环化合物	20
		BMCI 值	44

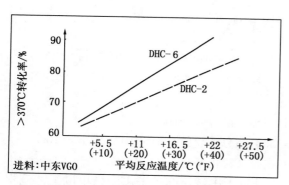

图 7-2-1　反应温度对转化率的影响

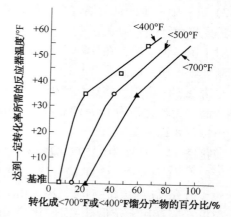

图 7-2-2　1 号原料转化率与加氢裂化的温度关系

注：$\dfrac{t_F}{℉}=\dfrac{9}{5}\dfrac{t}{℃}+32$，余同

FRIPP 也系统研究了反应温度对转化率的影响，在氢分压 6.4MPa 中压下使用分子筛型催化剂、采用单段串联工艺流程，进入二反的进料要控制其氮含量。原料为 LVGO 与 LCO 的混合油，主要性质见表 7-2-5。图 7-2-3 示出了温度对转化深度的影响，二者之间具有良好的线性关系。本过程显示反应温度对转化率的影响十分灵敏，如果要提高 10%的转化率，只需要提高 4.0℃反应温度。这也说明加氢裂化的操作具有很大的灵活性。

表 7-2-5　原料油主要性质(原料为 LVGO 与 LCO 的混合油)

密度(20℃)/(g/cm³)	0.8510	95%/终馏点	395/419
馏程/℃		凝点/℃	15
初馏点/10%	192/246	硫/(μg/g)	800
30%/50%	300/334	氮/(μg/g)	210
70%/90%	358/384	BMCI 值	28.5

不同类型的加氢裂化催化剂对反应温度的敏感性不一样，在相同工艺条件下，分子筛含量越高的加氢裂化催化剂对反应温度变化越为敏感。FRIPP 在反应压力 15.7MPa，基本相当的体积空速条件下考察了不同类型加氢裂化催化剂的提温敏感性。原料油为中东原油的减压蜡油，主要性质见表 7-2-6。图 7-2-4 和图 7-2-5 分别为高中油型加氢裂化催化剂和灵活型加氢裂化催化剂反应温度对转化深度的影响考察。从图中研究结果可以看出，对于分子筛含量适中的高中

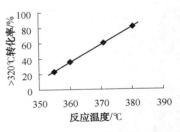

图 7-2-3　反应温度对
转化率的影响

油型加氢裂化催化剂而言，在高压条件下加工中东减压蜡油时，在一定转化率范围内，反应温度与转化深度呈线性关联，每提高 10% 的转化率，需要提高反应温度 6.3℃。而对于目前国内加氢裂化装置应用较为广泛的分子筛含量更高一点的灵活型加氢裂化催化剂而言，在高压条件下加工中东减压蜡油时，在一定转化率范围内，每提高 10% 的转化率，需要提高反应温度 4.5℃。

表 7-2-6　原料油主要性质（原料为中东原油的减压蜡油）

密度（20℃）/（g/cm³）	0.9010	95%/终馏点	522/532
馏程/℃		凝点/℃	35
初馏点/10%	323/380	硫/%	1.50
30%/50%	418/445	氮/（μg/g）	1320
70%/90%	472/507	BMCI 值	39.7

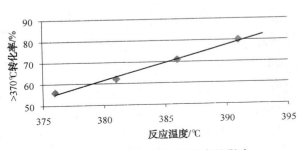

图 7-2-4　反应温度对转化率的影响
（高中油型加氢裂化催化剂）

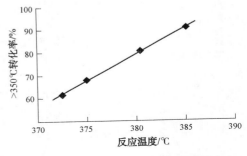

图 7-2-5　反应温度对转化率的影响
（灵活型加氢裂化催化剂）

三、温度变化对产品分布及质量的影响

前面讨论了反应温度与转化率的关系。当反应温度提高，转化率增加时，必然对产品分布和产品性质产生影响。

Chevron 公司用 ICR-117 加氢裂化催化剂进行了单段加氢裂化工艺过程的试验，原料为沙特原油的 VGO 馏分，其沸点范围为 354~549℃。试验考察了转化率与产品分布的关系，其规律结果见表 7-2-7。当转化率在 55% 左右时，柴油收率（体积分数）最高，为 27.0%，而转化率为 70% 时，柴油收率则降至 23.5%，轻石脑油（体积分数）则快速增长，由 9.0% 升至 16.0%。

表 7-2-7　单段裂化的产品分布

转化率/%(体)	40	55	70
各馏分产品收率/%(体)			
$C_5 \sim 82℃$	5.0	9.0	16.0
$82 \sim 200℃$	13.0	24.0	36.5
$200 \sim 338℃$	26.0	27.0	23.5
$338℃^+$	60.0	45.0	30.0
C_5+总液收	104.0	105.0	106.0

　　Union 公司考察了随着转化率增加时，产品分布的变化，其规律性变化示于图 7-2-6。从图可见，随着转化率增加，$C_5 \sim 204℃$ 石脑油及 $130 \sim 253℃$ 喷气燃料的收率持续增加。而 $253 \sim 367℃$ 重柴油收率开始为缓慢增加，在转化率 60% 时达最大值，这时石脑油的产率快速增加，这充分说明在高的反应温度和转化率下烃类分子的二次裂解增加，减少了中间馏分油的产率，柴油产率开始下降。

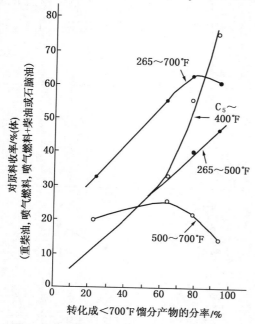

图 7-2-6　1# 原料产品收率与转化率的关系

　　表 7-2-8 列出了不同转化率下主要产品性质的变化规律。结果表明，所有不同馏分产品中的芳烃含量均随转化率增加而下降。但是即使在相当高的转化率下(94.2%)，石脑油中环烷烃加芳烃的总含量(体积分数)仍高达 56%，而在 60% 转化率下则高达 70%，充分显示了分子筛型加氢裂化催化剂选择性破环的能力。随着重质芳烃向轻质馏分中转移和饱和为环烷烃，中间馏分及尾油中与芳香性有关的性质如烟点、十六烷值、BMCI 值都明显改善，且随转化率增加持续改进。如柴油十六烷值，在低转化率时为 47，随转化率增加，最高达 69。喷气燃料的烟点也随转化率提高而增加，转化率为 79.2% 时，烟点为 23.5，可直接得到喷气燃料产品。>367℃ 未转化油的 BMCI 值可由原料的 44 降至 22 以下，在高转化率时则小于 10，是制取乙烯和 FCC 的优质原料。

表 7-2-8　1 号原料产物性质与转化率的关系

转化成实沸点 <371℃ 的转化率/%(体)	23.0	59.3	79.2	94.2
产品性质				
$60 \sim 177℃$石脑油				
密度(20℃)/(g/cm³)		0.7651	0.7519	0.7450
烃类组成/%(体)				
烷烃		30	38	44
环烷烃		60	55	50
芳烃		10	7	6

续表

转化成实沸点<371℃的转化率/%(体)	23.0	59.3	79.2	94.2
177~271℃喷气燃料				
密度(20℃)/(g/cm³)	0.8425	0.8304	0.8144	0.8044
芳烃/%(体)	30.5	19.6	15.3	12.9
烟点/mm	12.7	19.6	23.5	26.7
271~371℃柴油				
密度(20℃)/(g/cm³)	0.8710	0.8319	0.8157	0.8045
十六烷指数	47	60	65	69
芳烃/%	31.4	13.1	7.5	4.1
>371℃未转化油				
密度(20℃)/(g/cm³)	0.8634	0.8435	0.8344	0.8139
*BMCI*值	22	13	10	2
烃类组成/%				
烷烃	25	46	61	77
单环环烷	27	27	21	10
多环环烷	29	20	14	8
单环芳烃	10	2	1	1
多环芳烃	9	5	3	4
硫/(μg/g)	44	13	11	23
氮/(μg/g)	<2	>2	<2	>2

FRIPP 用大庆 VGO 原料做过转化深度与产品分布的试验。图 7-2-7 示出了大庆 VGO 在高压加氢裂化时的规律性结果：随转化率增加<130℃轻石脑油持续增加，且在转化率为 60%时增长速度加快；而柴油组分则在 60%转化率左右有一最大值，然后随之下降，说明过高的转化率将导致二次裂解的加剧。

表 7-2-9 的数据为转化率对产品质量的影响，变化明显的是与芳香性有关的物化性质。重石脑油具有高的芳烃潜含量，且随转化率增加而

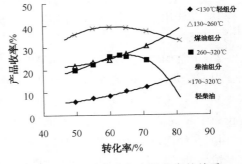

图 7-2-7 转化率与产品收率的关系

有所减少，但仍维持一个较高的水平。而柴油组分的十六烷值则逐步增加，尾油的 *BMCI* 值则有大幅度降低，在转化率为 22.1%时即已由原料的 28.5 降至 6.37，当 60%转化率时则为 1.8，是十分理想的乙烯原料。结果说明，使用分子筛型催化剂的加氢裂化工艺，优先选择破除多环芳烃的性能十分优良，大量环状烃通过轻质化进入轻组分。

表 7-2-9 产品质量与转化深度的关系

>320℃裂解率/%(体)	22.1	33.9	48.4	60.6
65~180℃重石脑油				
密度(20℃)/(g/cm³)	0.7653	0.7627	0.7615	0.7595
芳烃潜含量/%	66.6	62.9	56.6	56.1
180~320℃柴油				
密度(20℃)/(g/cm³)	0.8327	0.8220	0.8141	0.8108

续表

>320℃裂解率/%(体)	22.1	33.9	48.4	60.6
凝点/℃	−19	−18	−19	−19
十六烷值	46.0	47.0	50.0	54.0
>320℃尾油性质				
密度(20℃)/(g/cm³)	0.8121	0.8051	0.8035	0.8019
凝点/℃	29	29	28	30
氮含量/(μg/g)	1.4	<1	<1	<1
BMCI值	6.4	3.5	2.7	1.8

尽管上述两组试验使用了不同性质的原料油、不同类型的催化剂及反应条件,但转化深度与产品分布的变化规律是一致的:由于二次裂解的加剧而增加了气体及轻组分的产率,从而降低了中间馏分油的收率,总液体收率也有所降低,这种过度追求高的单程转化率是不经济的。当转化率高于60%时,不仅目的产品的收率减少,同时过程化学氢耗也将增加。这亦说明为什么在100%转化的加氢裂化工艺过程中,一般都控制单程转化率在60%~70%,然后将未转化尾油进行循环裂解,以提高目的产品的选择性。

四、工业装置反应温度调整原则

如前所述,反应温度与加氢裂化的转化率、产品分布和产品质量直接相关联,是加氢裂化装置最灵活有效和最常用的调节手段,而且不同类型加氢裂化催化剂对反应温度的敏感度不同,分子筛含量越高的加氢裂化催化剂对反应温度越敏感,因此,采用分子筛催化剂的工业装置在实际提温调整操作时,要格外谨慎。

工业装置反应温度控制方法和基本原则[5]包括:

1)一般用反应器入口温度控制第一床层的温升。采用床层间冷氢调节下一个催化剂床层的入口温度,控制其床层温升,使之达到预期的精制效果和裂化深度。

2)正常操作中对反应温度的调整应严格遵循"先提量后提温和先降温后降量"的基本原则,以避免加氢裂化装置超温或反应温度失控。

3)密切关注反应进料情况,如发生进料中断应立即按照应急预案降低反应器入口温度,防止由于装置携带热量能力下降而导致"飞温"事故。

4)在任何情况下,要确保催化剂床层的温度逐渐地、平稳地提升,反应温度的提升速度要始终处于安全、可控的操作范围内。国外 UOP 公司在使用含分子筛裂化催化剂时建议新鲜催化剂在345℃以上温度范围内的升温速度不应超出3℃/h。而根据国内加氢裂化装置多年运行经验,对于分子筛含量较高的加氢裂化催化剂,在初期使用时升温速度控制在不超过1℃/h是较为稳妥的做法。

第三节　空　　速

空间速度通常简称为空速,是加氢裂化工艺过程四大操作参数之一,也是加氢裂化装置重要的技术经济指标,当其他条件不变时,空间速度决定了反应物流在催化剂床层的停留时间。在一定条件下,空速对加氢裂化的单程转化率、产品分布和产品性质都有明显的影响。与反应温度所不同的是,加氢裂化装置建成投产后,为保证装置的运行绩效其空速并不是一个需要经常进行调整的参数,只有在原料油性质发生较大程度变化、装置的运行末期或某些设备临时出现故障、隐患的情况下,才会采取降低空速和反应温度的运行方式。通常加氢裂化装置是可以在其 60% ~110% 的设计负荷下进行正常操作的。

一、空速的表述方式

空速的表述方式有两种，体积空速和质量空速。在工业应用中，一般习惯使用比较方便的体积空速（LHSV），在试验研究过程中，特别是在进行两种催化剂性能的对比中还经常使用质量空速（WHSV），但在工业实际操作中则不常用。

1. 体积空速（LHSV）

体积空速的定义为单位时间内每单位体积催化剂所通过的原料体积数。其表达式为：

$$LHSV = V_{feed} / V_{cat}$$

式中　V_{feed}——单位时间进料的体积，m^3/h；

　　　V_{cat}——催化剂的体积，m^3。

2. 质量空速（WHSV）

质量空速的定义为单位时间内每单位质量催化剂所通过的原料质量。其表达式为：

$$WHSV = W_{feed} / W_{cat}$$

式中　W_{feed}——单位时间进料的质量，t/h；

　　　W_{cat}——催化剂的质量，t。

从空速的表达式看，空速倒数的单位是时间（小时），所以在工程上空速的倒数又被称为假反应时间。工业装置空速的选取是由原料油的性质、催化剂的活性、反应的类型及目的产品的质量要求等多因素来决定的。对高压加氢裂化过程而言，体积空速是一个重要的技术经济指标，因为体积空速的大小决定了工业装置反应器的体积，它还决定了催化剂用量，这两项所需资金，在装置总投资中占有相当大的份额。

二、空速对转化深度、产品分布及质量的影响

加氢裂化工艺与其他多相催化反应过程一样，空速与反应温度在一定范围内是互补的，即当提高空速而要保持一定的转化深度时，可以用提高反应温度来进行补偿，反之亦然。但是从工业应用的实际来看，对某一种催化剂，当原料油固定时，温度与体积空速的互补变动范围是有限的，这决定于以下两个因素。

1）由于高压固定床加氢裂化装置的装置投资及操作费用都相当高，操作技术也相当复杂，因此要求其连续运转时间至少应在 36~48 个月。否则频繁的再生和开停工在经济上不合理。这就要求工艺过程在保证运转周期的前提下选用能达到的最大体积空速，让开工时起始反应温度适当，以保证在整个运转周期有足够的提温区间。

2）对不同的催化剂和原料油，如果选用的体积空速过高，它将导致起始反应温度较高，从而使过程的选择性变坏，影响所需目的产品的收率，造成经济效益变差，这样同样是不可取的。这种情况有可能随着运转时间的向后推移、反应温度的提高而进一步恶化。

研究人员考察了体积空速对转化过程的影响。试验条件为：反应压力 15.0MPa，含分子筛钼镍催化剂，直馏 VGO 为原料，在固定的反应温度下，其主要结果列于表 7-3-1。从产品产率看，体积空速降低时转化率增加，其目的产品 130~280℃喷气燃料的收率也增加。

表 7-3-1　体积空速对转化结果的影响

空速/h^{-1}	1.4	1.0	0.7	0.5
转化率/%	48	56	70	90

续表

空速/h^{-1}	1.4	1.0	0.7	0.5
130~280℃馏分产率/%		22.3	40.6	48.0
生成油族组成/%				
烷烃+环烷	67.2	78.5	92.6	93.9
芳烃	31.9	20.7	6.9	6.0

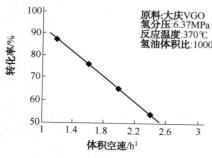

原料:大庆VGO
氢分压:6.37MPa
反应温度:370℃
氢油体积比:1000

图 7-3-1　空速对转化率的影响

FRIPP 考察了体积空速对转化深度的影响。以大庆 VGO 为原料,分子筛型加氢裂化催化剂,其他工艺条件及结果列在图 7-3-1。从图可见,使用 FRIPP 的高活性分子筛催化剂时,尽管反应温度只有 370℃,体积空速对转化深度的影响仍十分明显:当体积空速为 2.4h^{-1}时,转化率为 53.0%,而将体积空速降为 1.2h^{-1},则转化率高达 87.0%。

FRIPP 还使用催化剂总装量为 3.0L 的中型装置考察了温度与体积空速的互补关系,这种中型装置可以完全模拟工业装置进行操作,与工业装置具有很好的关联性。表 7-3-2 为试验用原料油胜利 VGO 的主要性质。表 7-3-3 则为在转化率相当接近的条件下,不同体积空速的试验结果。从结果看,当空速由 1.6h^{-1}提高至 2.0h^{-1}时,达到 38.0%转化率,反应温度由 366℃提至 371℃,增加 5℃。

表 7-3-2　VGO-MHC 原料油性质

密度(20℃)/(g/cm^3)	0.8620	BMCI 值	25.7
馏程/℃		S/N/%	0.342/0.082
初馏点/10%	234/352	组成分析/%	
30%/50%	399/427	P/N/A	57.7/18.7/21.0
70%/90%	442/473	噻吩+胶质	2.6
95%/终馏点	491/-		

表 7-3-3　VGO-MHC 相同转化率试验结果

转化率/%(体)	37.4	38.0
反应压力/MPa	7.35	7.35
裂化体积空速/h^{-1}	1.6	2.0
裂化段反应温度/℃	366	371
主要产品分布/%		
<65℃轻石脑油	3.10	3.04
65~180℃重石脑油	12.19	12.57
180~350℃柴油	30.34	30.08
>350℃尾油	53.62	53.34
C$_5^+$液收	99.25	99.03
产品主要性质		
65~180℃重石脑油		

续表

转化率/%（体）	37.4	38.0
芳烃/%	11.0	12.6
芳烃潜含量/%	61.46	60.00
180~350℃柴油		
十六烷值	54	54
凝点/℃	-6	-7
>350℃尾油		
BMCI 值	10.8	9.6

图 7-3-2 则为 FRIPP 的另一组试验数据图：在其他工艺条件不变，达到相同裂化转化率时，进料空速变化与反应温度的关系。结果表明，当所考察的空速从 1.0h⁻¹ 增至 2.0h⁻¹ 时，反应温度将增加 11.4℃。

下面进一步讨论空速变化对产品分布及质量的影响规律。从表 7-3-3 结果看，不同空速通过调节温度而达到了相同的转化率。在这种情况下，总的液体收率，轻、重石脑油及中间馏分油的收率均基本相同，说明在一定范围内温度与空速可相互补偿，在同一转化率下对过程的选择性没有什么影响。同样，轻质产品的主要性质如重石脑油的芳烃潜含量、柴油十六烷值、尾油的 BMCI 值也十分接近。

相反，当反应温度不变，空速降低即空间时间增加时，由于转化深度随之增加，将引起产品分布及性质的明显变化，图 7-3-3 示出了大庆 VGO 不同空速的试验结果。随着空速减少及转化深度的增加，轻、重石脑油产率均不断增加，其中 65~180℃ 重石脑油产率增加很快，而中间馏分油特别是 260~350℃ 馏分的中柴油组分产率，在高转化率(低空速)时则有所下降，这一结果与温度影响的规律是相近的，即过高的单程转化率将导致二次裂化反应的增加。

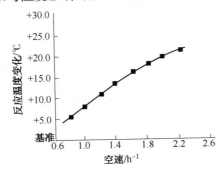

图 7-3-2 达到相同裂化转化率空速与
反应温度的关系

（原料：大庆 LCO+LVGO 混合油；

氢分压：6.37MPa；进入裂化段氮含量：5μg/g）

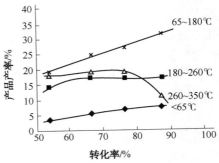

图 7-3-3 空速变化(转化率)
对产品分布的影响

（原料：大庆 VGO；氢分压：6.37MPa；

反应温度：370℃；氢油体积比：1000∶1）

第四节 反应压力

对于加氢和裂化反应同时发生的加氢裂化工艺过程而言，反应压力起着十分重要的作用，也是最关键的操作参数之一。虽然工业装置在实际运行中反应压力基本不作调整，但反应压力的选择和确定对反应过程的影响非常大，直接关系到装置的建设投资、原料油加工的适应性、装置的操作灵活性、加氢裂化产品的品质及催化剂的运行寿命。本节主要就反应压力对加氢裂化反应过程的影响进行探讨。

一、压力和氢分压

加氢裂化工艺过程与脱碳过程，如催化裂化、焦化等有较大的区别。催化裂化工艺主要以裂化、异构化和氢转移反应为主，其工业装置大多在微正压如 0.2MPa 条件下操作，这主要是工程的需要而不是反应所必须的，可以说压力条件对催化裂化反应影响很小[6]。

重质烃/非烃化合物的加氢裂化需要完成 HDS、HDN、芳烃饱和以及裂化形成的轻质产物的再加氢，这些都与氢气的存在及其反应压力密切相关。压力的变化不仅影响过程的反应速率，而且作为具有加脱氢双重性能的金属组元，在压力不够高时，往往受到热力学平衡的影响。其次是加氢裂化工艺由于所加工的原料性质、转化深度及对产品分布及质量的要求有所不同，因此其反应压力范围变化相当大。目前在工业上使用的装置，其操作压力一般在7.0~20.0MPa 间变动。以上情况清楚表明，反应压力与加氢裂化工艺过程关系密切，它是一个十分关键的操作参数，也是与其他炼油轻质化工艺最大的不同点。因此，研究和弄清其对过程的影响，对于工艺条件的选择及优化、工业装置设计、发挥装置的操作灵活性等都有十分重要的作用。

加氢裂化在较高反应温度的作用下，在完成所希望的裂解和加氢反应的同时，由于原料中含有一定数量的稠环芳烃、非烃化合物等，要产生一定程度的缩合反应，它将导致催化剂表面的积炭生成，使催化剂失活而降低催化剂的寿命，这又与反应压力有关。当提高氢气压力时可以抑制焦炭生成而减缓催化剂失活，从而延长装置的运转周期[7]。

对装置的设计、操作来说，压力参数有两种表示方法，即反应总压和氢分压，而影响加氢反应的决定因素则是反应物流中的氢分压，以重质馏分油为原料的固定床加氢裂化是滴流床反应过程，在这种情况下氢分压不仅受到反应总压、新氢及循环氢组成和纯度、温度、氢油比等因素的影响，而且也与原料油性质、转化深度、物流的汽液平衡及变化等多种因素有关。为此，有必要对氢分压问题作概要的论述。

在反应物流中，氢气为物流中多组分物质的一个组成部分，其在气相中的分压应符合道尔顿定律，即氢气在气相中的分子分率乘以总压。同时在滴流床反应中，存在相当部分的液相物流，根据拉乌尔定律，在一定温度下物流中的各种烃类在汽相中的分压应等于该物质在同一温度下的蒸汽压乘以该物质在液相中的分子分率。

在轻质直馏馏分油，如直馏喷气燃料、石脑油的加氢精制过程中，除微量的硫、氮非烃化合物经加氢后物性稍有变化外，绝大多数烃分子尺寸没有因裂解而变小，其物性的变化可以忽略不计，它的反应热很小，基本不产生温升，因此可以认定反应器进口和沿轴向床层至出口其氢分压是不变的。

对于深度加氢精制和加氢裂化工艺而言，情况则大不相同，反应器入口其氢分压由以下主要参数决定：

- 反应总压；
- 进料的气化量；
- 在汽-液混合相中的溶解气体量；
- 循环气组成。

当物料进入催化剂床层至出口时，其性质发生了较大变化。

- 进料裂化低分子烃类明显增加从而改变了气相中的物料分子分率；

- 汽-液混合相中的气体溶解量发生变化；
- 反应过程化学耗氢相当大，从而改变了物流中氢气组成；
- 反应压力通过床层产生压力降从而使床层及出口反应压力降低，在反应末期更加明显；
- 加氢裂化由于是放热反应而产生温升从而影响物流的汽化分率；
- 运转末期由于提温而对反应物流的汽-液组成产生影响。

综合以上情况可以认为，仅在加氢裂化的第一催化剂床层与反应器入口处相比较即有很大的变化。所以对于加氢裂化工艺而言，上述诸因素中化学氢耗对反应出口的影响很大，当反应入口氢油比一定时即进入的循环气流率是一定的，而过程的大量氢耗将使反应器床层中的氢气组成显著减少，从而使氢分压发生较大变化。特别是在使用较低氢/油比的条件时这种影响更大。

研究人员对 LCO/AGO 混合油加氢处理工艺反应器进出口的氢分压差别进行了考察，原料含硫1.4%，烯烃含量（体积分数）为5%，新氢纯度（体积分数）为85%，在相同的空速和初期反应温度下对反应器进出口及初期、末期操作状态下的氢分压进行计算，主要结果如表7-4-1。

表 7-4-1　反应器进出口及初末期的氢分压

运转时间	SOR	EOR	SOR
气油比/(m³/m³)	107	107	214
操作压力/MPa			
入口	3.40	3.40	3.40
出口	3.36	3.26	3.30
反应温度/℃			
入口	339	383	339
出口	356	400	335
反应器汽相氢分率/%(摩尔)			
入口	70.0	58.6	69.4
出口	56.3	42.5	60.8
氢分压/MPa			
入口	2.45	2.04	2.45
出口	1.94	1.43	2.11

通过表7-4-1所列数据可见，即使在加氢深度不太高的加氢精制装置中，由于化学氢耗以及反应温度的变化，导致出口氢分压与进口有相当差异，特别是在氢油比较低时更加突出，当提高装置的氢/油比时，这种差异明显减小。

对于加氢裂化，更深的转化深度导致低分子烃类显著增加，同时其化学氢耗也比加氢处理更高，从而造成进出口的氢分压差别更大，当然加氢裂化由于各种原因使用较高的氢油比从而减小了氢分压的差别。

对加氢及加氢裂化反应过程起作用的是反应物流中的氢分压。在不少情况下，为了方便和简化，一般都以反应器入口的循环氢纯度乘以总压来表示氢分压，这种使用方法误差和风险都较大。因此，当使用或分析反应压力对过程的影响时，必须弄清工艺过程对氢分压的影响因素，以便得出正确而可靠的结论。

二、反应压力对反应过程的影响

加氢裂化工艺过程，由于使用不同类型的催化剂及产品方案，所使用的工艺流程有所不同。对无定形裂化催化剂，因其抗氮能力较强，大多使用一种催化剂同时进行加氢及裂化反应的单段工艺过程。对于分子筛型催化剂，因催化剂的活性受到原料中氮化合物的抑制，一般使用单段串联流程或两段工艺过程。这两种流程都在裂化段之前配置一个精制段反应器，其目的是进行深度加氢脱氮和脱硫反应，从而使进入裂化段的氮含量控制在相当低的水平，大致在 $10\sim100\mu g/g$。目前在工业上使用单段串联流程的比例居多。因此，本节专门论述反应压力对这种流程反应过程的影响。

(一)压力对精制段的影响

研究人员考察了不同压力对 VGO/LCO 混合油的脱硫、脱氮效果的影响，所使用的催化剂牌号为 AERO HDS-3A，所使用原料主要性质列于表 7-4-2。

表 7-4-2　原料油性质

API 重度	23.5	氮含量/(μg/g)	1455
密度(20℃)/(g/cm³)	0.9094	多环芳烃含量/%	
馏程/℃		双环	25.6
初馏/10%	237/279	三环	10.3
30%/50%	306/331	四环	1.1
70%/90%	358/416	五环	0.1
95%/终馏点	448/466	总计	37.5
硫含量/%	1.40		

该原料馏分比较轻，但氮含量相当高，含有相当数量的多环芳烃。图 7-4-1 绘出了反应压力对脱硫率的影响。当反应温度为 367℃(700°F)，空速为 $4.0h^{-1}$ 时，即使在 2.74MPa 的较低反应压力下，脱硫率已达 87.5%；而将压力升至 8.27MPa 时，其脱硫率为 91.5% 左右，说明对加氢脱硫来说，压力影响不很显著。但对加氢脱氮反应，则压力的影响十分显著。在其他反应条件相同时，压力为 2.74MPa 时，脱氮率只有 26%；压力升至 8.27MPa 时，则脱氮率增至 71% 左右(图 7-4-2)，充分说明压力对脱氮反应速率的影响远远大于脱硫。图 7-4-3 为法国 IFP 公司的试验结果[8]，所用原料为焦化馏分油，催化剂为 $NiMo/Al_2O_3$。图示说明，压力对脱氮反应速率有更大的影响。

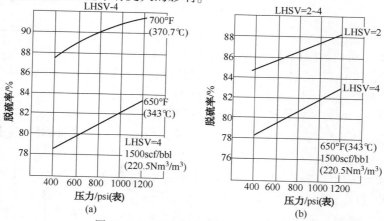

图 7-4-1　反应压力对脱硫率的影响

注：1psi=6894.757Pa，余同。

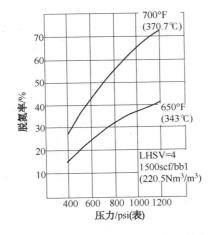

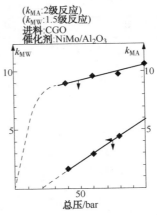

图 7-4-2　反应压力对脱氮率的影响

图 7-4-3　压力对 HDS、HDN 反应常数的影响

注：1bar = 10^5Pa

　　FRIPP 使用 W-Mo-Ni/Al$_2$O$_3$催化剂，以馏分更重的胜利 VGO 为原料，进行压力影响的考察[9]，其反应规律列于图 7-4-4。从反应压力对 HDS 和 HDN 反应速率比较结果可以看出，它对 HDS 速率的影响较小，对于 HDN 反应速率的影响则十分显著。

　　综合以上结果说明，使用不同的原料油及催化剂，在较宽的反应条件下，都得出压力对 HDN 有显著影响的结论。这是因为重质馏分油中主要含有杂环化合物，它们的 HDN 反应沿着先加氢饱和，然后 C—N 键氢解的途径进行。

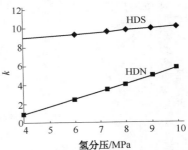

图 7-4-4　氢分压对 HDN、HDS 反应速度的影响

注：反应温度380℃，空速1.0h^{-1}，氢油体积比1000

　　对单段串联或两段流程的加氢裂化工艺过程，通常需要将进料的氮含量脱至 10~100μg/g 范围。FRIPP 专门考察了反应压力在深度脱氮时的影响。图 7-4-5(a) 为管输 VGO 使用 W-Ni-Al$_2$O$_3$加氢精制催化剂的有关数据，原料油主要性质见表 7-4-3。在反应空速 1.0h^{-1}、反应温度 385℃的条件下，如要将进料氮含量从 10.0μg/g 降至 2.0μg/g 时，反应压力将由 6.0MPa 提至 10.0MPa，图 7-4-5(b) 则为大庆 VGO 的脱氮效果，如将反应压力从 6.0MPa 升至 10.0MPa，则可将氮含量由 28μg/g 降至 2.0μg/g 左右，因大庆 VGO 的原料氮相对要低，故其反应温度为 370℃，要比前者低得多。

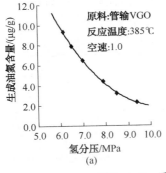

(a)

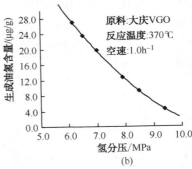

(b)

图 7-4-5　反应压力对精制段脱氢的影响

表 7-4-3　MPHC 用原料油主要性质

原料油名称	鲁宁管输 VGO(减二)	大庆 VGO(减二)
密度/(g/cm³)	0.8792	0.8478
馏程/℃		
初馏点/10%	293/341	257/353
30%/50%	376/400	380/409
70%/90%	423/453	437/471
95%/终馏点	473/512	493/536
凝点/℃	32	36
硫含量/%	0.34	0.10
氮含量/%	740	337
碳含量/%	85.99	85.93
氢含量/%	13.26	13.90
BMCI 值	33.9	19.0

(二)反应压力与转化深度的关系

在单段串联工艺过程的工业装置上，精制段先将进料进行加氢脱硫、脱氮和部分加氢饱

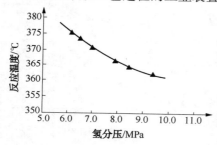

图 7-4-6　相同转化率下氢分压
对裂化段反应温度的影响

原料：鲁宁管输 VGO；空速：2.0h⁻¹；
裂化转化率：73%；进料氮含量：15μg/g；
氢油体积比：1000

和，使进入裂化段的原料油达到相当低的硫、氮含量和一定的芳烃饱和率。当需要研究压力对裂化段转化深度的影响时，必须保持精制油的加氢深度固定，特别是精制油的氮含量基本固定。因为氮含量的差异对催化剂的酸性裂化组分影响很大，它将干扰压力对转化深度的影响。FRIPP 专门考察了压力对两种原料油转化深度的影响，图 7-4-6 为鲁宁管输油 VGO 的试验结果，原料油性质见表 7-4-3，裂化段的进料氮含量都控制在 15μg/g 左右，在其他反应参数相对固定的情况下，将单程通过的转化率控制在 73% 的相同深度，曲线显示了氢分压与反应温度的关系，从比较结果看出，9.8MPa 氢分压下的反应温度为 363℃，而在

6.37MPa 达到同样转化率则要 375℃，相差约 12℃。同样，大庆 VGO 的结果见图 7-4-7 和表 7-4-4，达到同样转化率(71.0%)，反应氢分压从 6.37 升至 9.80 时，反应温度可低 13.6℃。说明压力对转化深度具有正的影响。图 7-4-8 则标示了压力对沙特 VGO 影响，在固定反应温度及其他条件下，压力对转化率产生正的影响[7]。

表 7-4-4　压力对转化深度的影响

裂化段工艺条件	①	②
氢分压/MPa	9.80	6.37
>350℃转化率/%	71.0	71.0
反应温度/℃	358	371.6
体积空速/h⁻¹	2.0	2.0

续表

裂化段工艺条件	①	②
氢油比(体)	1000	1000
液体收率/%	95.0	92.6
生成油性质		
密度(20℃)/(g/cm³)	0.7712	0.7777
芳烃/%(体)	5.2	8.3

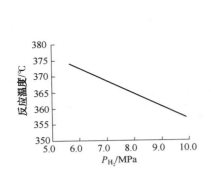

图 7-4-7 相同转化率下氢分压
对裂化段反应温度影响

原料:大庆 VGO;空速:2.0h⁻¹;

裂化转化率:71.0%;进料氮含量:15μg/g

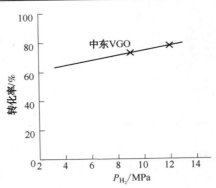

图 7-4-8 氢分压对裂解转化率的影响

$T = 380℃$;$SV = 1.5h^{-1}$;$H/O = 900$

三、反应压力对产品分布和质量的影响

对裂化产品分布及质量的影响,除了反应温度和空速外,反应压力也是一个重要的影响参数。文献[8]曾就不同压力下深度转化时对产品分布的影响进行了试验和比较,所用原料为 340~530℃ VGO,含硫 2.3%,含氮 0.08%,采用两段工艺流程,裂化段为含分子筛分子筛催化剂。分别在 7.0MPa 和 14.0MPa 下尾油全循环时进行了试验,主要结果列于表 7-4-5。从各产品产率分布的数据比较可以认为,反应压力对产品产率基本没有影响。文中还提出,中压下的化学氢耗要低 20%,这与中压过程催化剂的加氢性能变差相吻合,如表 7-4-5 中喷气燃料的烟点和柴油十六烷值都明显低于高压结果。

表 7-4-5 不同压力的比较

项 目	高 压	中 压	项 目	高 压	中 压
反应压力/MPa	14.0	7.0	喷气燃料	34.8	34.0
产品分布/%			柴油	41.7	40.6
H₂S+NH₃	2.5	2.5	产品性质		
C₁+C₂	0.5	0.5	喷气燃料烟点/mm	30	23.0
C₃+C₄	3.8	4.1	柴油十六烷值	68	58
石脑油	19.0	20.0			

UOP 公司则是在缓和加氢裂化条件下考察了压力的影响,使用单段工艺流程,原料为中东 VGO,主要性质列于表 7-4-6。使用了多产中馏分油的 DHC-6 无定形催化剂。从表 7-

4-7 的数据可以看出，在 5.6~9.1MPa 的压力范围，使用较高压力和较低压力，转化率相同时其产品分布基本不受压力的影响。同时还可以看出，在相同压力下，运转 8 个月后的产品分布与反应初期也基本相同。

表 7-4-6　中试用原料性质

原料名称	中东 VGO	原料名称	中东 VGO
API 重度	21.9	氮含量/（μg/g）	900
密度（20℃）/（g/cm³）	0.9189	正庚烷不溶物/%	0.01
馏程/℃		康氏残炭/%	0.55
初馏点/50%	317/454	Ni+V/（μg/g）	<2
90%/终馏点	532/571	黏度（50℃）/（mm²/s）	38
硫含量/%	2.5		

表 7-4-7　压力对产品分布的影响

压　力	较　高	较　低	较　高
催化剂运转时间/月	1	3	8
产品分布/%			
$C_1 \sim C_4$	1.2	1.4	1.5
$C_5 \sim C_6$	1.1	1.0	1.0
$C_7 \sim 166℃$	1.9	2.0	2.0
166~249℃	6.4	6.0	6.2
249~343℃	18.4	18.6	18.5
343℃⁺	69.2	69.1	69.2

注：压力范围：5.6~9.1MPa。

　　表 7-4-8 则为 FRIPP 使用管输 VGO 所考察压力的影响结果，原料油性质见本章表 7-4-3。采用单段串联一次通过流程，裂化段为分子筛型催化剂，进入裂化段的进料中氮含量控制在 15μg/g，反应单程转化率 73.7%。从数据比较可见，在该反应条件下，压力对产品分布没有什么影响。以上所有的数据充分说明，还是单段、单段串联或两段工艺流程，还是全循环深度转化或高转化率的一次通过以及缓和加氢裂化，在同一转化率下比较，反应压力对产品分布均没有影响。

表 7-4-8　管输 VGO 不同压力下的产品分布

反应氢分压/MPa	9.81	7.85	180~260℃	18.2	19.0
>350℃转化率/%	73.7	73.4	260~320℃	9.2	9.4
产品分布/%			320~350℃	8.6	9.0
<180℃	38.8	37.0	350℃⁺	25.2	25.6

　　压力对产品分布没有什么影响的内在原因，在化学过程及催化剂各章对反应机理已有较深入的论述。由于加氢裂化工艺过程的裂化功能，主要由无定形硅-铝或分子筛分子筛的固体酸所提供，它遵循正碳离子反应和 β-键断裂的反应机理，而这一催化反应过程基本上与氢气分压无关。

从理论上讲，反应氢分压是影响产品质量的最重要因素，无论使用那种工艺过程，重质原料在轻质化过程中都要进行脱硫、脱氮、烯烃和芳烃饱和等加氢反应，从而大大改变了产品质量。

FRIPP 曾对含有较多环状烃的大港 VGO 进行过研究，原料性质见表 7-4-9，采用含分子筛分子筛的裂化催化剂，工艺过程为有精制段的串联流程，一次通过操作。从表 7-4-10 所列数据比较，在转化深度相接近的条件下，无论是重石脑油、喷气燃料组分还是柴油，产品的主要性质，特别是芳烃含量与反应压力关系很大，在 14.7MPa 的高压下，石脑油和煤油组分芳烃含量都很低，煤油烟点相当高。随着压力降低，油品中与芳香性有关的指标都变差。表 7-4-11 则列出了大庆 VGO 加氢裂化时压力的影响，工艺流程和催化剂与考察压力对大港 VGO 原料影响的试验相同，压力考察范围分别为 9.8MPa、7.84MPa 和 6.37MPa，其影响规律与前面所述是一致的。另外，从表 7-4-11 所列喷气燃料烟点和柴油十六烷值亦随压力增加而显著增加。综上所述可以清楚表明，压力对产品质量的影响是相当大的。对此，廖士纲曾在文献[10]中进行过论述。因为对加氢裂化而言，所有液体产品的主要性质都与芳烃有关，特别是中间馏分油更是如此，而芳烃的加氢饱和与转化往往受到热力学平衡的限制。文献[11]对此进行了研究，并在图 7-4-9 中绘出了反应压力和温度与芳烃饱和的关系。结果表明，在 6.5MPa 的中压条件下，在相当窄的温度范围内，芳烃饱和率最大才能达到 45%左右，再提温则饱和率迅速下降，但在 12.5MPa 的较高压力下，在相当宽的温度范围内芳烃加氢饱和率仍不受热力学限制，并维持在相当高的水平，由此更加充分说明了压力对产品质量的影响。

表 7-4-9　原料油性质

密度(20℃)/(g/cm³)	0.8879	硫含量/%		0.133
馏程/℃		氮含量/%		0.08
初馏点/50%	314/447	凝点/℃		40
90%/终馏点	500/541			

表 7-4-10　反应压力对产品质量的影响

氢分压/MPa	14.7	8.3	6.4
产品分布/%			
未稳定轻石脑油	8.9	7.8	8.4
65~165℃重石脑油	41.7	38.7	33.9
165~240℃煤油		27.0	24.0
165~260℃煤油	26.3		
240~350℃柴油		14.9	19.3
260~350℃柴油	7.6		
>350℃尾油	15.5	11.6	14.4
产品主要性质			
65~165℃重石脑油			
密度(20℃)/(g/cm³)	0.7384	0.7423	0.7469
族组成/%			
P	44.9	45.2	42.6
N	53.2	47.1	45.4

续表

氢分压/MPa	14.7	8.3	6.4
A	1.9	7.7	12.0
芳潜/%	52.2	52.2	54.8
煤油			
馏程/℃	165~260	165~240	165~240
密度(20℃)/(g/cm³)	0.7901	0.8014	0.8180
冰点/℃	<-60	<-60	<-60
烟点/mm	32	22	16
芳烃/%(体)	5.4	16.1	27.4
柴油			
馏程/℃	260~350	240~350	240~350
密度(20℃)/(g/cm³)	0.8056	0.8026	0.8159
凝点/℃	-10	-13	-9
十六烷值	67.5	66.1	61.8

表 7-4-11　反应压力对产品性质的影响

氢分压/MPa	9.8	7.84	6.37
65~180℃重石脑油			
族组成/%			
P	51.3	52.8	53.5
N	44.9	41.3	39.4
A	3.8	5.9	7.1
芳烃潜含量/%	46.2	41.3	39.4
180~260℃喷气燃料			
密度(20℃)/(g/cm³)	0.7916	0.7985	0.8061
芳烃/%(体)	8.0	11.8	15.7
烟点/mm	30	27	23
180~350℃轻柴油			
十六烷值	75	—	71
凝点/℃	-1	-2	-1
>350℃尾油			
BMCI 值	5.1	6.4	7.2

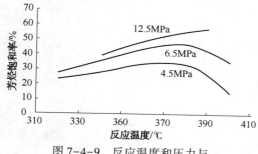

图 7-4-9　反应温度和压力与
芳烃加氢饱和度的关系
(以中东重柴油馏分为原料)

从 20 世纪 80 年代开始，人们日益认识到发动机燃料的大量使用将给环境造成严重污染，以柴油为例，硫、氮杂质和芳烃的含量是导致燃烧废气污染的重要原因之一，因此自 20 世纪 90 年代以来，发达国家提出了限制柴油硫及芳烃含量，增加十六烷值的环保要求，制定新配方的柴油标准，从 1995 年前后开始，这些国家对柴油中硫含量要求小于 500μg/g，芳烃含量(体积分数)要逐步降至 30% 以下，十六烷值在 45 以上[目前这一标准已提高到硫含量<10μg/g，多环芳烃含量(体积分数)<11%，十六烷值>51]。这些新指标要求使任何一种直馏柴油和其他二次加工柴油都难以达到[12]，但对于加氢裂化，特别是压力比较高时，却是一种能在重油轻质化的同时，柴油产品质量可直接满足柴油新标准的工艺技术，各种柴油的质量关系分别列于图7-4-10。

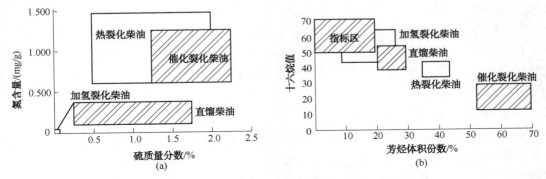

图7-4-10　炼油厂中各种柴油组分的质量情况

四、反应压力对催化剂活性稳定性的影响

催化剂的活性稳定性是决定工业装置运转周期的重要因素，它直接关系到过程的技术经济指标。在反应过程中，除了主导的加氢及裂化反应外，在高温下同时还伴随着一些叠合及缩聚反应，特别是原料中稠环芳烃、沥青质、非烃化合物的含量较高时更加严重，这些缩合反应所生成的高聚物是生成积炭的前驱物质，而积炭的生成和增加将导致催化剂活性中心的损失，造成失活而降低催化剂寿命，因此科技工作者十分关心反应压力对催化剂稳定性的影响。

FRIPP对压力影响催化剂失活速度积累了较多的数据[7]，其中图7-4-11为分子筛型裂化催化剂失活速率曲线。从图示说明，当反应氢分压小于7.0MPa时，催化剂失活速度加快，当然这还与催化剂的类型及所加工原料有关，但其趋势应当是一致的。反应压力增加会降低失活速度，其原因十分清楚，这是因为高的氢分压提高了过程的加氢反应速率，从而抑制了焦炭的生成，这在其他章节已有深入的论述。

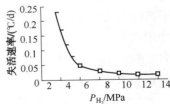

图7-4-11　氢分压对HC
催化剂失活速率的影响
$T=380℃$；$SV=1.5h^{-1}$；
$H/O=1200$

综合起来，可以得出以下几点基本结论：

1）影响加氢裂化反应结果的反应物流中的氢分压，与物料组成和性质、反应条件、过程氢耗和总压以及氢油比等因素有关。

2）对于VGO原料而言，在其他反应参数相对不变的条件下，氢分压对转化深度产生正的影响。

3）重质馏分油的加氢裂化，当转化率相同时，其产品的分布基本与压力无关。

4）反应氢分压是影响产品质量的重要参数，特别是产品中的芳烃含量与反应氢分压有很大的关系。

5）反应氢分压对催化剂失活速度也有很大的影响，过低的压力将导致催化剂快速失活而不能长期运转。

第五节　氢　油　比

　　氢油比同样是影响加氢裂化工艺过程的重要参数，其主要影响有三个方面：其一是影响加氢裂化的反应过程；其二是对催化剂寿命产生影响；其三是过高的氢油比将增加装置的操作费用及设备投资。工业装置氢油比是通过循环氢流率来控制和调节的，它是营造临氢气氛、相关水力学条件和提供加氢过程热平衡的重要手段。加氢裂化装置维持较高的氢油比是保持催化剂活性、稳定性、确保产品质量和装置安全平稳操作的重要条件。本节重点讨论氢油比对加氢裂化反应过程的影响。

一、氢油比的定义与表述

　　在工业装置上通用的是氢油体积比(通常简称为氢油比)，它是指在每小时单位体积的进料所需要通过的循环氢气的标准体积量。而循环氢气的流率则是指在与进料混合前，反应器入口循环气中的氢纯度乘以气体的总流率。如果不折算为氢气的标准体积量则为气油体积比。

　　为了更好地进行温度控制，工业装置分为多个催化剂床层，并通过在床层间调节冷氢的流量来控制床层温度。氢油比的概念包括两个：反应器入口氢油比和反应器出口氢油比。从表述就比较容易理解，分别是指在反应器入口和出口每小时单位标准体积的进料所通过的氢气的标准体积量。反应器出口的氢气量为扣除反应过程消耗氢气后的新鲜氢气量和循环氢气量(包括床层间注入的冷氢量)，所以对于加氢裂化装置而言，反应器出口氢油比要大于反应器入口氢油比。

　　基于加氢裂化工艺过程的特点，从反应和安全操作的角度考虑是希望采用大量富氢气体循环操作的，好处包括：增强了装置的携热能力，有利于反应温度的控制；促使原料油的雾化，保证良好的物流分布；可以保持系统处于较高的氢气氛围，对加氢反应施加正作用并减缓催化剂的积炭失活；降低催化剂表面液膜厚度，有利于化学反应的进行。但过高的氢油比必然会增加装置的建设投资和操作运行费用，也没有必要，新建加氢裂化装置设计的反应器入口氢油比一般要求不低于600~750：1即可(全循环加氢裂化装置要将循环油的量考虑进去)。

二、氢油比与氢分压的关系

　　对于重质馏分油的滴流床反应过程，无论是基本无裂解的加氢精制过程，还是裂解反应很强的加氢裂化过程，如果不涉及反应工程的影响，仅就反应过程而言，氢油比的变化其实质是影响反应过程的氢分压。在本章的第四小节的论述中，专门论述了反应压力与氢分压的关系。其中已经提到了氢油比的大小，对过程的氢分压有较大影响，可以进一步将其归纳为三个方面。

　　1)当过程的氢油比较低时，随着反应过程耗氢的产生，反应生成物中相对分子质量的减少而使汽化率增加；由反应热引起的床层温升，这些都导致反应器催化剂床层到反应器出口的氢分压与入口相比有相当大的降低。

　　2)在其他工况不变时，如果增加氢油比，则从入口到出口的氢分压的下降将显著减少。这就是说，氢油比的增加实质上是增加了反应过程的氢分压。

　　3)加氢裂化需用较高的氢油比的另一原因是床层取热问题，即过程的反应热需要通过打冷氢将其取走。

　　综上所述，可以认为，对于裂化反应很小的 VGO 加氢处理过程，因为基本不产生低分子烃类,这样反应物流中的汽化率变化很小,其次氢耗也相对较低,所使用的氢油比就相对较低。但对具有高裂解转化率的加氢裂化则要采用高氢油比;对于中压缓和加氢裂化则介于二者之间。

三、氢油比对反应结果的影响

前已述及,氢油比的变化实质上主要影响过程的氢分压,从某种意义上讲,它对裂化深度的影响机理与氢分压的影响基本上是相同的,图 7-5-1 及图 7-5-2 分别列出了工业装置在高、中压条件下,即进料流率不变的情况下,气体流率即氢油比变化对反应温度变化的影响,图 7-5-1 反应压力为 17MPa,原料油为胜利 VGO,使用的是分子筛型催化剂。若达到相同的转化率,当循环氢流率仅为设计值的 60% 时,反应温度将增加 4.8℃。反之如果循环氢流率超过设计值的 20%,则反应温度将降低约 2℃。图 7-5-2 为中压下 LCO 缓和加氢裂化的影响规律,其反应压力为 6.37MPa,催化剂为分子筛型催化剂,当气体流率仅为设计值的 60% 时,为达到同一转化率,其反应温度将提 3.2℃。反之,如果循环氢流率超过设计值的 20% 时,则反应温度降低 1℃。

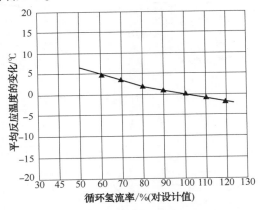

图 7-5-1　循环氢流率对裂化段平均反应温度的影响

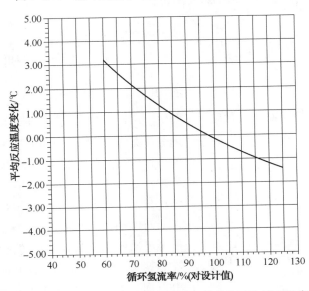

图 7-5-2　裂化反应器循环氢流率对所要求的裂化平均反应温度的影响

　　研究人员在中型试验装置上考察了氢油比对加氢精制反应结果的影响，原料为 VGO+LCO 的混合油，性质见表 7-4-2。氢油比对脱硫效果的影响分别列于图 7-5-3。当反应温度较低(343℃)而空速(4.0h⁻¹)又较高时，脱硫率先随氢油比的增加而提高；再继续增加氢油比，则脱硫率反而有所下降。而当反应温度较高和空速较低时，继续增加氢油比则脱硫率略有增加，没有呈现下降的趋势。对脱氮率的影响有所不同。图 7-5-4 显示了氢油比对脱氮率的影响规律。在所试验的范围内，无论是高、低反应温度或高、低空速，其脱氮率均有一个最高点，继续增加氢油比则脱氮率有所下降。

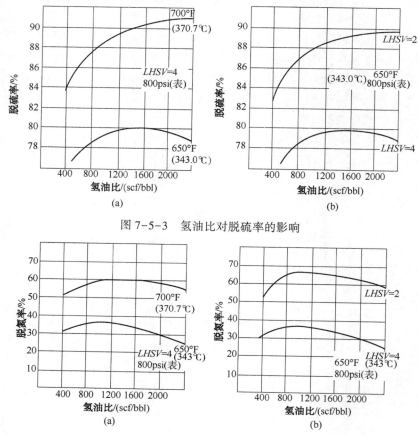

图 7-5-3　氢油比对脱硫率的影响

图 7-5-4　氢油比对脱氮率的影响

　　FRIPP 在中型试验装置上对管输 VGO 在中压下氢油比对裂化段的影响进行了考察，使用分子筛型催化剂，反应压力为 6.37MPa，反应温度为 374℃，空速 1.6h⁻¹。试验是在 70% 左右的高单程转化率下进行，其结果如图 7-5-5 所示。在较高氢油比时(氢油比为 1500)，转化率在 80% 左右，而氢油比为 1000 时对转化率影响不大，进一步将氢油比降至 700 时则转化率仅有 65% 左右，有较大影响。在所试验的范围内，当氢油比超过 1000 时，直到 1500，转化率基本没变化。

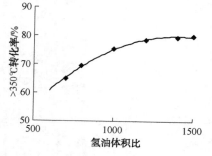

图 7-5-5　氢油体积比对裂化转化率的影响

　　造成上述情况的原因可以作如下解释：因为低

氢油比导致反应氢分压下降(在反应化学氢耗较大时更为突出),造成脱硫、脱氮及裂化转化率都有所下降。其次如果原料中硫含量较高而氮含量较低时,包括循环氢在内的反应物流中硫化氢含量较高,则高浓度的硫化氢会抑制加氢催化剂的脱硫活性。当氢油比过高时脱硫活性,特别是脱氮活性有所下降。文献[13]对此进行了讨论,认为过高的循环氢流率,对增加系统氢分压已没有什么帮助,这时反应床层中的气流速度相当大,而 VGO 的加氢及加氢裂化是典型的滴流床反应过程,有相当一部分进料处在液相状态,过高的气流速度减少了催化剂床层的液体藏量,从而减少了液体反应物在催化剂床层的停留时间,以致使脱硫率、脱氮率有所降低。另一方面,对脱氮反应,反应物流中的硫化氢浓度增加对脱氮效果有促进作用[13],增加氢气流率使硫化氢浓度减少,降低了脱氮效果。到目前为止,工业装置使用 VGO 原料,在较大范围内系统考察氢油比影响的文献发表得不多,因此要弄清其普遍规律,确认其在何种条件下,多种因素的相互影响及主导因素,还需要开展更多的工作。

这里还要提一下氢油比对催化剂寿命的影响。既然提高氢油比对加氢裂化的实际氢分压有利,前已述及氢分压对抑制催化剂积炭,提高催化剂在运转过程中的寿命均有好处,因此高的氢油比对减缓催化剂失活速度,延长装置运转周期是十分有益的。

参 考 文 献

[1] U. S. National Petroleum Refiners Association. Combine MAK Hydrocracking and FCC to Upgrade Heavy Oils,AM-97-64[R]. M. G. Hunter: NPRA, 1997.

[2] Bruce E 利奇. 工业应用催化[M]. 朱洪法, 译. 北京: 烃加工出版社, 1990: 108.

[3] 李立权. 炼油装置操作指南丛书: 加氢裂化装置操作指南[M]. 北京: 中国石化出版社, 2005: 71-72.

[4] 李大东. 加氢处理工艺与工程[M]. 北京: 中国石化出版社, 2004: 640-641.

[5] 方向晨, 关明华, 廖士纲, 等. 炼油工业技术知识丛书: 加氢裂化[M]. 北京: 中国石化出版社, 2008: 175-176.

[6] 陈俊武, 谭汉森, 等. 催化裂化工艺与工程[M]. 北京: 中国石化出版社, 2005: 670-671.

[7] 方向晨. 氢分压对加氢裂化过程的影响[J]. 石油学报(石油加工), 1999, 15(5): 6-12.

[8] Dufresne P., et al. Catalysis Today: New Developments In Hydrocracking[M]. Amsterdam: Elsevier Science Publishers B. V., 1987: 367-384.

[9] 方向晨, 谭汉森, 等. 重馏分油加氢脱氮反应动力学模型的研究[J]. 石油学报(石油加工), 1996, 12(2): 19-27.

[10] 廖士纲, 韩崇仁. 面向 21 世纪的加氢裂化技术[J]. 炼油设计, 1999, 29(5).

[11] Stanislaus A, Cooper B. H.. Catalysis Reviews: Aromatic Hydrogenation[M]. London: Taylor &Francis, 1994: 75-123.

[12] Lucien J. P., et al. Catalytic Hydroprocessing of Petroleum and Distillate: Shell Middle Distillate Hydrogenation Process[M]. New York: Marcel Dekker, 1994: 291-314.

[13] Bruce E 利奇. 工业应用催化[M]. 朱洪法, 译. 北京: 烃加工出版社, 1990: 126.

第八章 加氢裂化工艺流程

工艺流程是从原料油到产品的加工方法、加工工序和加工步骤。好的工艺流程应具备：加工原料范围广、副产品少、目的产品质量好、收率高、投资适宜、热能利用合理、加工费用相对较低、能够满足长周期安全稳定运行要求。

加氢裂化工艺流程随各企业生产实际需要、原料油性质、产品方案、产品质量、回收率要求、装置规模、建设地点、设备制造能力及供应条件、拟采用的催化剂性质、装置灵活性的要求、建设单位公用工程条件、能量回收利用程度、自动控制水平、企业的生产习惯及设计单位的水平等不同可能不同。当然，新技术、新设备、新材料的不断出现，也影响工艺流程的设计。越来越严格的环保法规、高苛刻度的产品、节能减排及安全要求对工艺流程的设计也有影响。加氢裂化反应是在双功能催化剂上完成的，也可以认为工艺流程是催化剂与工程的密切结合。工艺流程在装置中起着十分重要的作用。

工艺流程的表征形式为工艺流程图，一般表示为工艺示意流程、工艺原则流程和工艺管道及仪表流程。

加氢裂化工艺示意流程主要表征：反应器、压缩机、泵、塔、加热炉、分离器、部分罐、换热器、冷却器及相连管线等。根据需要也可增加设备内构件示意：如反应器床层、塔盘、换热器管壳程等。

加氢裂化工艺原则流程主要表征：反应器、压缩机、泵、塔、加热炉、分离器、罐、过滤器、换热器、冷却器及相连管线、物料名称、控制方案、设备负荷、物料流量、操作温度、操作压力、设备名称等。必须表示设备内构件：如反应器床层数、塔盘数、换热器管壳程等，所有表示应符合相应标准。

加氢裂化工艺管道及仪表流程主要表征：反应器、压缩机、泵、塔、加热炉、分离器、罐、过滤器、换热器、冷却器、透平、电机、聚结器、采样器、混合器、阻火器、阀门及相连管线、详细控制方案、管线保温(伴热、保冷)、大小头、管线材质、管径、管线编号等。必须表示备用设备(如备用泵、压缩机、电机等)、设备内构件(如反应器床层数、塔盘数、换热器管壳程等)，所有表示应符合相应标准。

第一节 加氢裂化工艺流程概况

传统加氢裂化技术主要以反应部分流程为主进行加氢裂化工艺流程命名。近年来，随着加氢裂化技术的快速发展，各种新型加氢裂化工艺流程不断应用于工业装置。本节所示加氢裂化工艺流程以加氢裂化工艺示意流程表征。

一、单段加氢裂化工艺流程

20 世纪 60 年代，美国各公司发明的单段加氢裂化工艺流程，目标是生产汽油或汽油和喷气燃料。该工艺主要由反应部分和产品分馏部分组成，加工直馏轻、重蜡油、催化裂化循环油、焦化蜡油的混合油。21 世纪，单段加氢裂化工艺流程的目的产品主要为最大量生产清洁柴油、中间馏分油[1,2]。

单段加氢裂化反应器只装填一种主催化剂,反应器数量不限,与规模、处理能力及运输条件等因素有关。

单段一次通过的典型加氢裂化工艺流程如图8-1-1所示[2~4]。

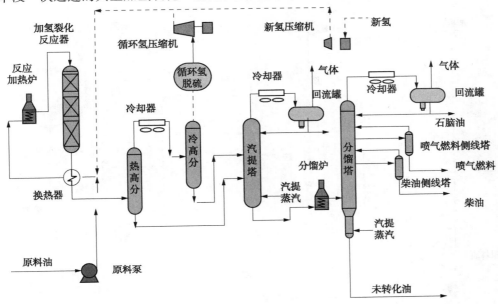

图 8-1-1 单段一次通过的典型加氢裂化工艺流程示意

从图8-1-1可看出:①只设一台裂化反应器;②混相反应加热炉;③循环氢脱硫;④热高分流程;⑤汽提塔+分馏塔流程;⑥一次通过流程,未转化油不循环;⑦汽提塔用水蒸气汽提;⑧分馏塔前设进料加热炉;⑨设喷气燃料侧线塔和柴油侧线塔。

单段全循环的典型加氢裂化工艺流程示意(一)如图8-1-2所示[2~4]。

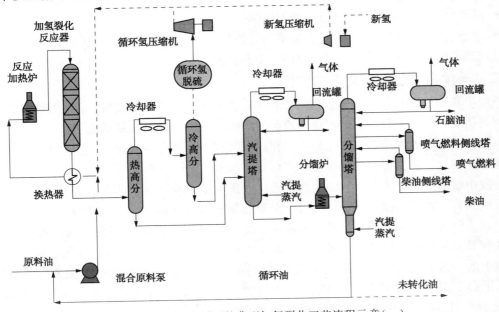

图 8-1-2 单段全循环的典型加氢裂化工艺流程示意(一)

从图 8-1-2 可看出：①循环油循环到原料泵入口，与原料油一起升压、换热；②不排尾油时，原料 100%转化；③长周期运转时，具有排少量尾油的灵活性；④其余特点同图 8-1-1。

单段全循环的典型加氢裂化工艺流程示意（二）如图 8-1-3 所示[2~4]。

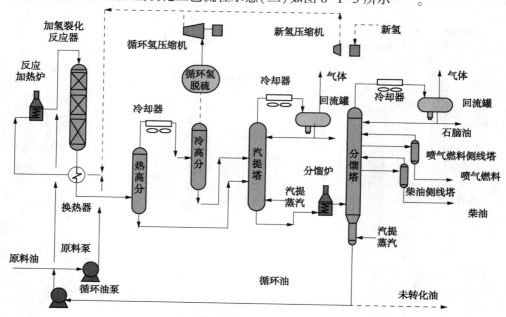

图 8-1-3　单段全循环的典型加氢裂化工艺流程示意（二）

从图 8-1-3 可看出：①循环油循环到反应加热炉出口；②单独设置高压循环油泵；③不排尾油时，原料 100%转化；④长周期运转时，具有排少量尾油的灵活性；⑤其余特点同图 8-1-1。

单段加氢裂化工艺流程具有的特点：

- 设备台数相对较少，工艺流程相对简单；
- 设备、管线、阀门、控制仪表数量相对较少，投资相对较低，特别是单个反应器的制造尺寸和重量不受限制时，更是如此。

二、一段串联加氢裂化工艺流程

一段串联加氢裂化工艺流程的目的产品主要为最大量生产化工原料、最大量生产中间馏分油、灵活生产中间馏分油、联产化工原料、中间馏分油和润滑油基础油[1,2]。

高酸性中心分子筛载体的裂化催化剂在高氨气氛下仍具有高活性的特性，从技术上为一段串联加氢裂化工艺流程长周期稳定生产奠定了基础。

一段串联加氢裂化工艺一般使用两种不同性能的主催化剂，分别装在至少两个反应器。第一反应器装填加氢精制催化剂，第二反应器装填加氢裂化催化剂，两个反应器反应温度、空速不同，但氢分压接近一致；原料油经第一反应器催化剂床层脱除大部分硫、氮杂质并饱和烯烃和部分芳烃后，直接进入第二反应器催化剂床层转化为轻质产品，无须分离第一反应流出物中的 H_2S 和脱 NH_3；由于裂化催化剂可在高氨气氛下具有高活性，但不能在高有机氮条件下具有高活性，精制反应流出物中的氮含量需要控制在一定数值下（如 $10\mu g/g$、$20\mu g/g$ 等），以避免裂化反应器催化剂失活。

随着催化剂技术、工程技术、设备制造技术的快速发展，不同需求的用户得到了不同的一段串联加氢裂化工艺流程。

一段串联一次通过的典型加氢裂化工艺流程示意(一)如图 8-1-4 所示[5,6]。

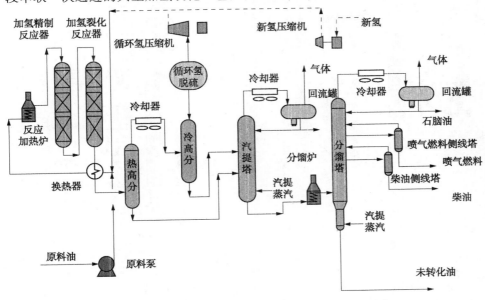

图 8-1-4 一段串联一次通过的典型加氢裂化工艺流程示意(一)

从图 8-1-4 可看出:①加氢精制反应器与加氢裂化反应器串联;②混相反应加热炉;③循环氢脱硫;④热高分流程;⑤汽提塔+分馏塔流程;⑥一次通过流程,未转化油不循环;⑦汽提塔用水蒸气汽提;⑧分馏塔前设进料加热炉;⑨设喷气燃料侧线塔和柴油侧线塔。

一段串联一次通过的典型加氢裂化工艺流程示意(二)如图 8-1-5 所示[5,6]。

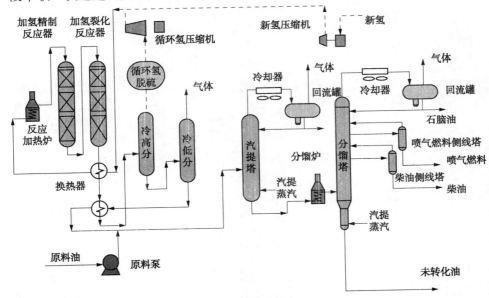

图 8-1-5 一段串联一次通过的典型加氢裂化工艺流程示意(二)

从图 8-1-5 可看出:①冷高分流程;②其余特点同图 8-1-4。

一段串联全循环的典型加氢裂化工艺流程示意(一)如图 8-1-6 所示[5,6]。

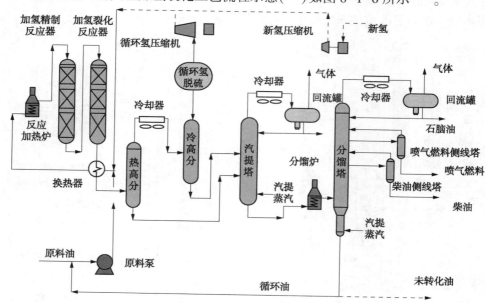

图 8-1-6　一段串联全循环的典型加氢裂化工艺流程示意(一)

从图 8-1-6 可看出：①循环油循环到原料泵入口，与原料油一起升压、换热；②不排尾油时，原料 100% 转化；④长周期运转时，具有排少量尾油的灵活性；⑤其余特点同图 8-1-4。

一段串联全循环的典型加氢裂化工艺流程示意(二)如图 8-1-7 所示[5,6]。

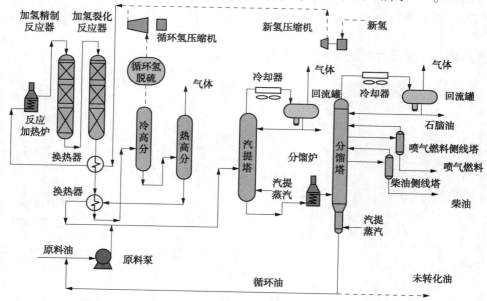

图 8-1-7　一段串联全循环的典型加氢裂化工艺流程示意(二)

从图 8-1-7 可看出：①循环油循环到原料泵入口，与原料油一起升压、换热；②冷高分流程；③不排尾油时，原料 100% 转化；④长周期运转时，具有排少量尾油的灵活性；⑤其余特点同图 8-1-4。

一段串联全循环的典型加氢裂化工艺流程示意(三)如图 8-1-8 所示[5,6]。

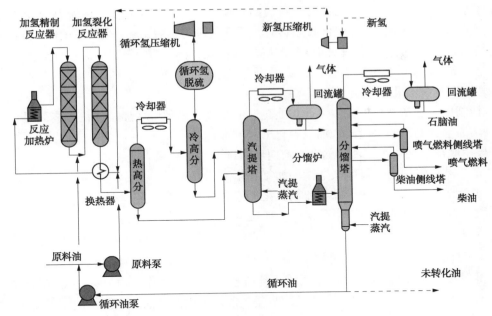

图 8-1-8　一段串联全循环的典型加氢裂化工艺流程示意(三)

从图 8-1-8 可看出：①设高温高压循环油泵；②循环油循环到裂化反应器入口；③不排尾油时，原料 100% 转化；④长周期运转时，具有排少量尾油的灵活性；⑤其余特点同图 8-1-4。

一段串联全循环的典型加氢裂化工艺流程示意(四)如图 8-1-9 所示[5,6]。

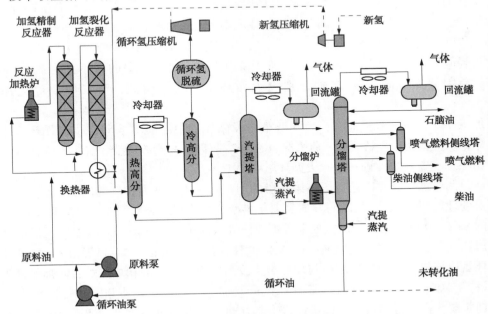

图 8-1-9　一段串联全循环的典型加氢裂化工艺流程示意(四)

从图 8-1-9 可看出：①设高温高压循环油泵；②循环油循环到精制反应器入口；③不排尾油时，原料 100% 转化；④长周期运转时，具有排少量尾油的灵活性；⑤其余特点同图 8-1-4。

　　除图 8-1-4～图 8-1-9 的流程外，一段串联加氢裂化工艺流程在处理能力>1.0Mt/a 时，也可采用氢气加热炉流程；加工低硫原料时，循环氢也可不脱硫；分馏部分的流程可设计为脱丁烷塔+分馏塔流程，或脱戊烷塔+分馏塔流程，或重沸汽提+分馏塔流程，或汽提塔+常压分馏塔+减压分馏塔等多种流程。

　　一段串联加氢裂化工艺流程还有：

- 精制反应器和裂化反应器之间加换热器的一段全循环串联加氢裂化工艺流程
- 柴油部分循环的一段串联加氢裂化工艺流程

　　一段串联加氢裂化工艺流程的命名有时和目的产品的要求有关，如：

- 多产重石脑油的一段串联全循环加氢裂化工艺流程
- 多产柴油的一段串联全循环加氢裂化工艺流程
- 多产中间馏分油的一段串联全循环加氢裂化工艺流程
- 最大量生产乙烯原料的一段串联一次通过加氢裂化工艺流程

三、两段加氢裂化工艺流程

　　20 世纪 60 年代，美国各公司发明的两段加氢裂化工艺流程，均由第一反应段、第二反应段和产品分馏部分组成，加工直馏轻重蜡油、催化裂化循环油、焦化蜡油、脱沥青油的混合油，生产汽油或汽油和喷气燃料。21 世纪，两段加氢裂化工艺流程的目的产品更加灵活，可以最大量生产清洁柴油，最大量生产化工原料(如重石脑油)，灵活生产中间馏分油，兼顾生产化工原料，燃料油品及润滑油基础油[1]。

　　为了最大量生产目的产品，第一段和第二段采用不同的催化剂[1,2]。

　　早期第一段的主要任务：原料加氢预处理，将原料油中金属、硫、氮有机化合物氢解，烯烃和芳烃加氢饱和，为第二段制备不含或少含硫、氮的原料油，避免催化剂的酸性中心中毒，以维持装置的长周期运转。因此，第一段或称为加氢处理段。

　　第二段的主要任务：加氢裂化，将低金属、低硫、低氮的第一段反应流出物中的重质馏分转化为轻质馏分，由于第二段加氢裂化催化剂不抗硫、氮，二段的循环氢系统必须保持清洁状态，就需要第一段和第二段分别设置循环氢系统。因此，第二段或称为加氢裂化段[1,2]。

　　当加工高硫含量的原料油时，为降低第一段循环氢中的 H_2S 含量，提高循环氢中氢的纯度，除在反应流出物空冷器(个别情况也在空冷前最后一台换热器)前注入洗涤水外，尚需增设循环氢脱硫系统，进一步除去循环氢中的 H_2S[1]。

　　目前，两段加氢裂化工艺逐渐将第一段的加氢处理段发展为加氢裂化段。

　　加氢处理段+加氢裂化段的两段加氢裂化典型工艺流程示意如图 8-1-10 所示[2~4]。

　　从图 8-1-10 可看出：①加氢处理段生成油进入加氢裂化段前，对降温降压后的加氢处理段流出物汽提，将溶解于生成油中的 NH_3 和 H_2S 汽提出去；②加氢处理段与加氢裂化段均设循环氢压缩机；③加氢处理段与加氢裂化段高压部分均设混相加热炉；④加氢处理段不设分馏塔；⑤加氢处理段设循环氢脱硫系统；⑥加氢处理段设汽提塔，汽提塔用水蒸气汽提；⑦加氢裂化段设分馏塔，分馏塔前设进料加热炉；⑧加氢裂化段分馏塔设喷气燃料侧线塔和柴油侧线塔；⑨不排尾油时，原料 100%转化；⑩长周期运转时，具有排少量尾油的灵活性。

　　单段加氢裂化段+加氢裂化段的两段加氢裂化典型工艺流程示意如图 8-1-11 所示[2~4]。

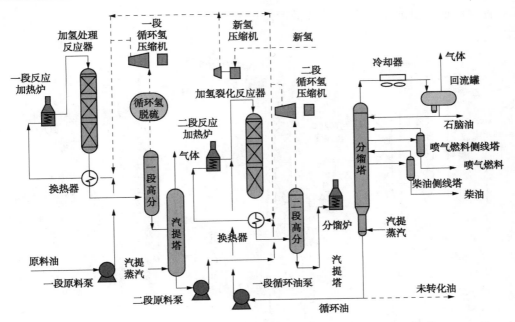

图 8-1-10　加氢处理段+加氢裂化段的两段加氢裂化工艺流程示意

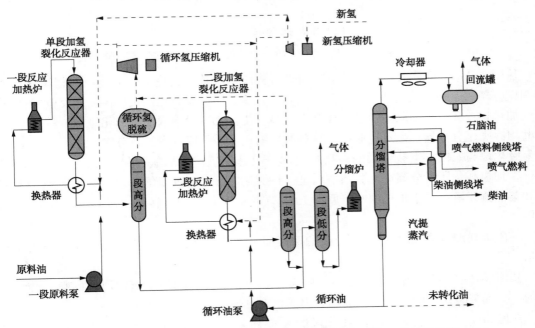

图 8-1-11　单段加氢裂化段+加氢裂化段的两段加氢裂化工艺流程示意

从图 8-1-11 可看出：①单段加氢裂化段与加氢裂化段高分油混合后进入低压分离器；②单段加氢裂化段循环氢单独设脱硫设施；③单段加氢裂化段脱硫循环氢与加氢裂化段循环氢混合后，共用循环氢压缩机；④加氢裂化段设高温高压循环油泵；⑤单段加氢裂化段不设分馏系统；⑥单段加氢裂化段与加氢裂化段高压部分均设混相加热炉；⑦加氢裂化段设分馏塔，分馏塔前设进料加热炉；⑧加氢裂化段分馏塔设喷气燃料侧线塔和柴油侧线塔；⑨不排尾油时，原料 100%转化；⑩长周期运转时，具有排少量尾油的灵活性。

一段串联加氢裂化段+加氢裂化段的两段加氢裂化典型工艺流程示意(一)如图8-1-12所示[5,6]。

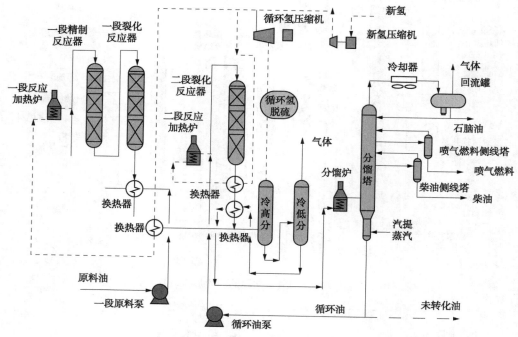

图8-1-12　一段串联加氢裂化段+加氢裂化段的两段加氢裂化工艺流程示意(一)

从图8-1-12可看出：①一段串联加氢裂化段采用精制反应器与裂化反应器串联流程，精制反应器前的一段反应加热炉为氢气加热炉；②二段加氢裂化段反应器前的反应加热炉为氢气加热炉；③一段串联加氢裂化段不设分馏系统；④一段串联加氢裂化段与二段加氢裂化段共用冷高压分离器、循环氢脱硫、循环氢压缩机、冷低压分离器及分馏系统；⑤一段串联加氢裂化段与二段加氢裂化段的高压换热部分分开设置；⑥加氢裂化段设高温高压循环油泵；⑦加氢裂化段设分馏塔，分馏塔前设进料加热炉；⑧加氢裂化段分馏塔设喷气燃料侧线塔和柴油侧线塔；⑨不排尾油时，原料100%转化；⑩长周期运转时，具有排少量尾油的灵活性。

一段串联加氢裂化段+加氢裂化段的两段加氢裂化典型工艺流程示意(二)如图8-1-13所示[5,6]。

从图8-1-13可看出：①一段串联加氢裂化段精制反应器前的一段反应加热炉为混相加热炉；②加氢裂化段的二段反应加热炉为混相加热炉；③其余特点同图8-1-12。

一段串联加氢裂化段+加氢裂化段的两段加氢裂化工艺流程示意(三)如图8-1-14所示[5,6]。

从图8-1-14可看出：①加氢裂化段的二段反应加热炉为混相加热炉；②一段串联加氢裂化段与二段加氢裂化段共用热高压分离器、冷高压分离器、循环氢脱硫、循环氢压缩机、热低压分离器、冷低压分离器及分馏系统；③其余特点同图8-1-12。

四、新型加氢裂化工艺流程

随着加氢裂化技术的发展，个性化的新型加氢裂化工艺流程不断出现。

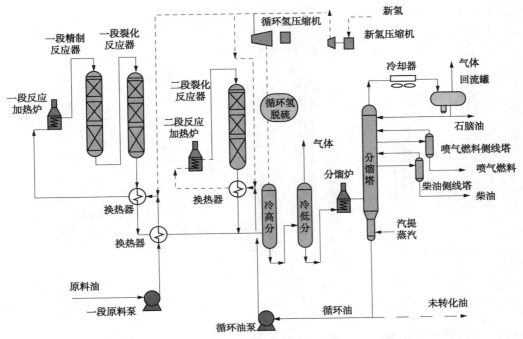

图 8-1-13　一段串联加氢裂化段+加氢裂化段的两段加氢裂化工艺流程示意(二)

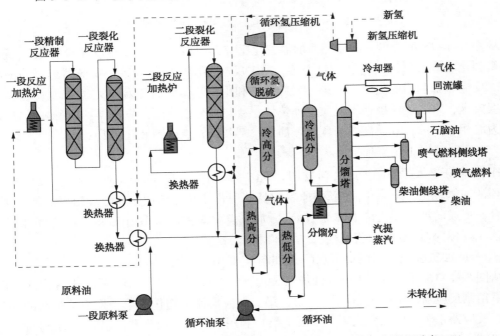

图 8-1-14　一段串联加氢裂化段+加氢裂化段的两段加氢裂化工艺流程示意(三)

(一) 次序反应加氢裂化(SSRS)工艺流程

SSRS 工艺流程由 CLG 公司发明，2007 年首次在中国大连西太平洋石化公司工业应用[7,8]。由循环油加氢裂化与未裂化油+新鲜原料加氢裂化组成顺序加氢裂化反应组合，形成的加氢裂化技术称为次序反应加氢裂化技术。采用次序反应加氢裂化技术设计的工艺流程称为次序反应工艺流程。

次序反应加氢裂化工艺流程示意如图 8-1-15 所示[7,8]。

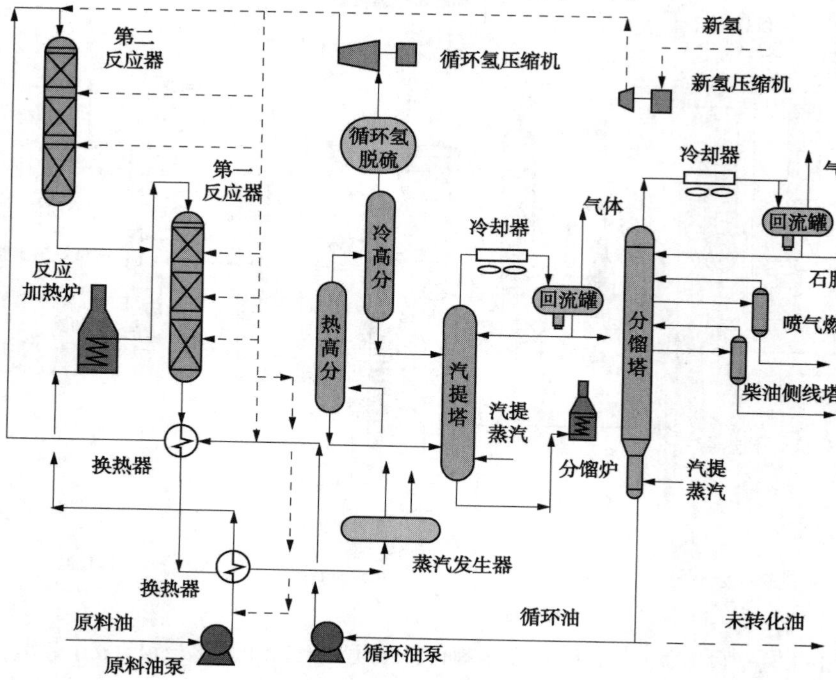

图 8-1-15　次序反应加氢裂化工艺流程示意

从图 8-1-15 可看出：①循环油加氢裂化反应器(即第二反应器)放在未裂化油+新鲜原料加氢裂化反应器(即第一反应器)上游，第二反应器流出物作为第一反应器进料的一部分；②第二反应器未利用的氢气进入第一反应器再利用；③循环油与第一反应流出物换热满足反应温度要求，第二反应器前不设反应加热炉；④热高分前设蒸汽发生器；⑤第一反应器前加热炉为混相加热炉；⑥设高温高压循环油泵；⑦其余特点同图 8-1-12。

（二）Hycycle 工艺流程

Hycycle 工艺流程由 UOP 公司发明，2009 年首次在 Thailand Bangchak 工业应用[9~11]。由循环油加氢裂化、未裂化油+新鲜原料加氢处理及热高分油加氢后处理组成的加氢裂化反应组合，形成的加氢裂化技术称为 Hycycle 加氢裂化技术。采用 Hycycle 加氢裂化技术设计的工艺流程称为 Hycycle 工艺流程。

Hycycle 加氢裂化工艺流程示意(一)如图 8-1-16 所示[9~11]。

从图 8-1-16 可看出：①循环油加氢裂化反应器(即第二反应器)放在未裂化油+新鲜原料加氢精制反应器(即第一反应器)上游，第二反应器流出物作为第一反应器进料的一部分；②第二反应器未利用的氢气进入第一反应器再利用；③第二反应器流出物与第一反应进料加热炉相结合实现第一反应器入口温度控制；④循环油与第一反应流出物换热满足反应温度要求，第二反应器前不设反应加热炉；⑤设置长循环和短循环流程，短循环油为热高压分离器底液，长循环油为分馏塔底液，调整短循环油和长循环油的比例，可调整产品分布和产品质量；⑥第一反应器前加热炉为混相加热炉；⑦设循环氢汽提的增强式热高压分离器精制轻质油品；⑧设分壁式分馏塔，降低稠环芳烃对操作周期的影响；⑨分壁式分馏塔前设进料加热炉。

Hycycle 加氢裂化工艺流程示意(二)如图 8-1-17 所示[9~11]。

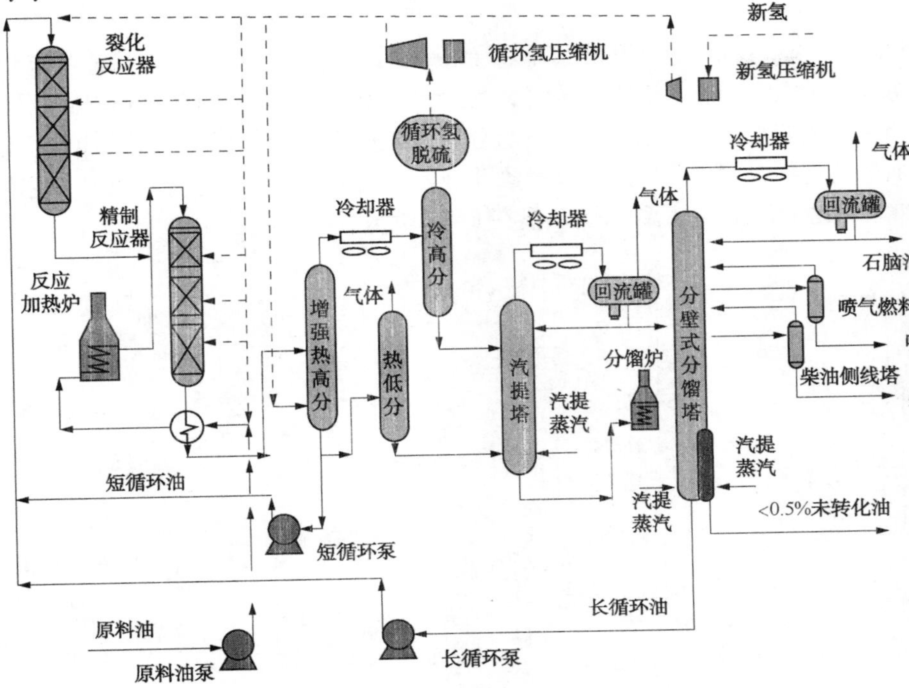

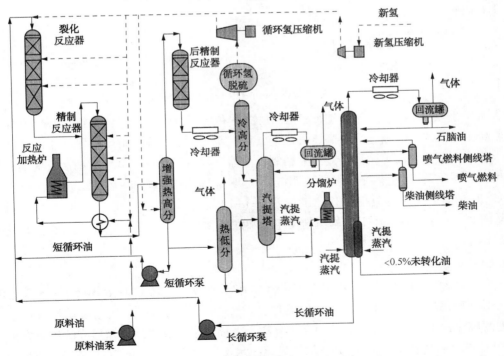

图 8-1-16 Hycycle 加氢裂化工艺流程示意(一)

图 8-1-17 Hycycle 加氢裂化工艺流程示意(二)

从图 8-1-17 可看出：①增强式热高压分离器气体去后精制反应器，以提高轻质油品质量；②其余特点同图 8-1-16。

（三）部分转化加氢裂化工艺流程

1. APCU

APCU 工艺流程由 UOP 公司发明，是将 Hycycle 工艺流程转化为一次通过流程的延伸[11,12]。由新鲜原料加氢处理、加氢裂化、增强型热高压分离器、热高压分离器气体+其他进料加氢后处理组成的加氢裂化反应组合，与分馏后未转化油一次通过形成的加氢裂化技术称为 APCU 加氢裂化技术。采用 APCU 加氢裂化技术设计的工艺流程称为 APCU 工艺流程。

APCU 加氢裂化工艺流程示意（一）如图 8-1-18 所示[11,12]。

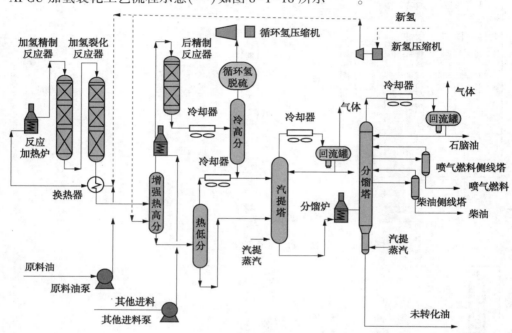

图 8-1-18　APCU 加氢裂化工艺流程示意（一）

从图 8-1-18 可看出：①设置加氢精制反应器和加氢裂化反应器；②设循环氢汽提的增强式热高压分离器；③增强式热高压分离器气体+其他进料去后精制反应器；④设置其他进料升压泵；⑤未转化油不循环；⑥加氢精制反应器、加氢裂化反应器及后精制反应器共用一套新氢和循环氢系统（包括循环氢脱硫系统）；⑦其余特点同图 8-1-16。

APCU 加氢裂化工艺流程示意（二）如图 8-1-19 所示[11,12]。

从图 8-1-19 可看出：①加氢精制反应器和加氢裂化反应器共用一台反应器；②其余特点同图 8-1-18。

2. OPC

OPC 工艺流程由 CLG 公司发明，2004 年首次工业应用，是 CLG 公司将 SSRS 工艺流程转化为部分转化的加氢裂化工艺流程的延伸[13~15]。由未转化油部分加氢裂化与新鲜原料加氢处理两段流程组成，两段加氢共用高压分离、循环氢系统及产品分馏形成的加氢裂化技术称为 OPC 加氢裂化技术。采用 OPC 加氢裂化技术设计的工艺流程称为 OPC 工艺流程。

OPC 加氢裂化工艺流程示意（一）如图 8-1-20 所示[13~15]。

从图 8-1-20 可看出：①一段设加氢处理反应器，二段设加氢裂化反应器；②部分循环油进二段加氢裂化反应器，部分循环油作 FCC 原料；③一段加氢处理反应流出物和二段加氢裂化反应流出物混合进热高压分离器;④两段共用热高压分离器、冷高压分离器、循环氢脱硫系统、循环氢压缩机、热低压分离器、冷低压分离器及分馏系统;⑤一段加氢处理反应器和二段加氢裂化反应器前分别设置混相反应加热炉;⑥其余特点同图 8-1-12。

OPC 加氢裂化工艺流程示意(二)如图 8-1-21 所示[13~15]。

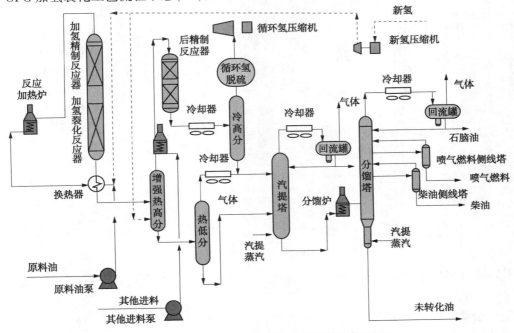

图 8-1-19 APCU 加氢裂化工艺流程示意(二)

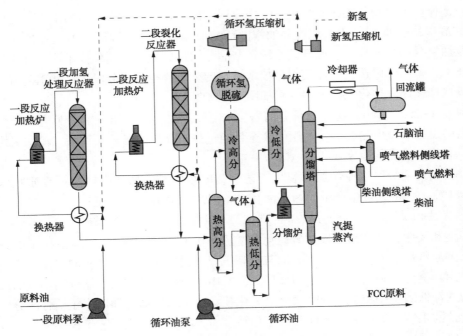

图 8-1-20 OPC 加氢裂化工艺流程示意(一)

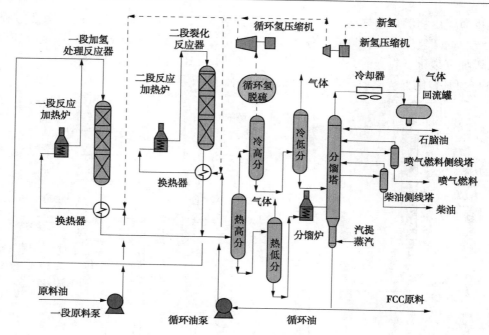

图 8-1-21　OPC 加氢裂化工艺流程示意(二)

从图 8-1-21 可看出：①二段加氢裂化反应流出物进一段加氢处理反应器；②其余特点同图 8-1-20。

CLG 公司发明 OPC 加氢裂化工艺流程的目的是：加工高比例 HCGO，生产 FCC 原料及超低硫柴油，优化氢气消耗[13]。

3. 分段选择性加氢裂化工艺流程

分段选择性加氢裂化工艺流程由 CLG 公司发明，2011 年首次工业应用，是 CLG 公司对 OPC 工艺流程的延伸[13]。由减压馏分油作循环油加氢裂化与新鲜原料加氢处理两段流程组成，两段加氢共用高压分离、循环氢系统及产品分馏形成的加氢裂化技术称为分段选择性加氢裂化技术。采用分段选择性加氢裂化技术设计的工艺流程称为分段选择性工艺流程。

分段选择性加氢裂化工艺流程示意如图 8-1-22 所示[13]。

从图 8-1-22 可看出：①设减压分馏塔，水蒸气汽提；②减压分馏塔为进料加热炉；③减压分馏塔设一个减压侧线；④减压侧线全量通过高温高压循环油泵作为二段加氢裂化反应器进料；⑤其余特点同图 8-1-20。

CLG 公司发明分段选择性加氢裂化工艺流程的目的是：加工高终馏点重质减压馏分油和高比例 HCGO，最大量生产中间馏分油和 FCC 原料，优化氢气消耗[13]。

4. 选择性和反序相结合的分段加氢裂化工艺流程

选择性和反序相结合的分段加氢裂化工艺流程由 CLG 公司发明[13]。由减压馏分油加氢裂化、新鲜原料加氢处理、中间馏分油与热高压分离器气体一起加氢精制三段流程组成，三段加氢采用新氢分级利用，串级使用循环氢，共用高压分离系统及产品分馏形成的加氢裂化技术称为选择性和反序相结合的分段加氢裂化技术。采用选择性和反序相结合的分段加氢裂化技术设计的工艺流程称为选择性和反序相结合的分段加氢裂化工艺流程。

选择性和反序相结合的分段加氢裂化工艺流程示意如图 8-1-23 所示[13]。

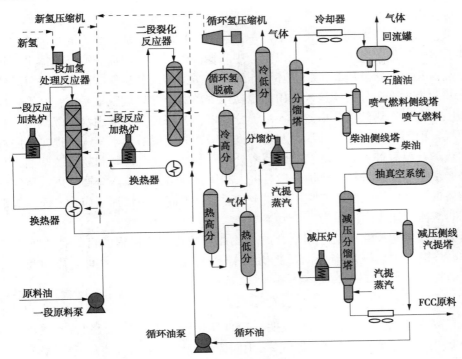

图 8-1-22　分段选择性加氢裂化工艺流程示意

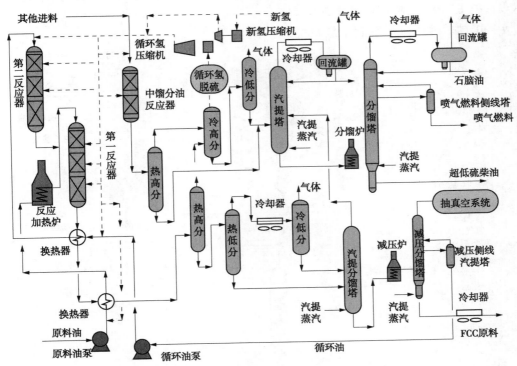

图 8-1-23　选择性和反序相结合的分段加氢裂化工艺流程示意

从图 8-1-23 可看出：①循环油加氢裂化反应器（即第二反应器）放在未裂化油+新鲜原料加氢裂化反应器（即第一反应器）上游，第二反应器流出物作为第一反应器进料的一部分；

②第二反应器未利用的氢气进入第一反应器再利用；③循环油与第一反应流出物换热满足反应温度要求，第二反应器前不设反应加热炉；④第一反应器前加热炉为混相加热炉；⑤设中间馏分油反应器，加工其他原料，用以生产中间馏分油；⑥中间馏分油反应器用的新氢和循环氢来自装置共用的新氢压缩机和循环氢压缩机；⑦中间馏分油反应流出物进单设的热高压分离器；⑧两个热高压分离器进入共用的冷高压分离器和循环氢脱硫系统；⑨第一反应流出物经热高压分离器、热低压分离器进入汽提分馏塔；⑩汽提分馏塔用水蒸气汽提；⑪汽提分馏塔塔顶气与中间馏分油热高分油一起进入汽提塔；⑫汽提塔用水蒸气汽提，塔底液经分馏塔进料加热炉升温后进入分馏塔；⑬分馏塔分出石脑油、喷气燃料和超低硫柴油；⑭汽提分馏塔底液经减压分馏塔进料加热炉升温后进入减压分馏塔；⑮减压分馏塔用水蒸气汽提；⑯减压分馏塔设一个减压侧线；⑰减压侧线全量通过高温高压循环油泵作为二段加氢裂化反应器进料；⑱减压分馏塔底液作为 FCC 原料。

CLG 公司发明选择性和反序相结合的分段加氢裂化工艺流程的目的是：联合加工中间馏分油和高终馏点重质减压馏分油及高比例 HCGO，最大量生产中间馏分油和 FCC 原料，优化氢气消耗[13]。

5. 沸腾床加氢裂化(H-Oil_{DC})工艺流程

H-Oil$_{DC}$工艺流程由 AXENS 公司发明，2004 年俄罗斯鲁克石油公司首次工业应用[16~18]。由上流式沸腾床反应器、高压分离器气体+中间馏分油固定床加氢精制反应器及共用的循环氢系统及产品分馏形成的加氢裂化技术称为 H-Oil$_{DC}$加氢裂化技术。采用 H-Oil$_{DC}$加氢裂化技术设计的工艺流程称为 H-Oil$_{DC}$加氢裂化工艺流程。

H-Oil$_{DC}$加氢裂化工艺流程示意如图 8-1-24 所示[16~18]。

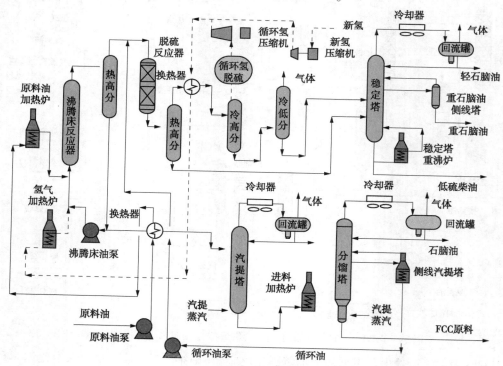

图 8-1-24　H-Oil$_{DC}$加氢裂化工艺流程示意

从图 8-1-24 可看出：①设单沸腾床反应器；②设原料油加热炉和氢气加热炉；③热高分流程；④热高分油部分通过高温高压沸腾床油泵作为沸腾床反应器进料；⑤热高分油部分通过换热后进汽提塔；⑥汽提分馏塔底液经分馏塔进料加热炉升温后进入分馏塔；⑦分馏塔用水蒸气汽提；⑧分馏塔设一个减压侧线；⑨减压侧线全量通过高温高压循环油泵与热高分气一起作为加氢脱硫反应器进料；⑩分馏塔底液作为 FCC 原料；⑪加氢脱硫反应流出物经另一热高压分离器，液体稳定塔，气体经冷却后进冷高压分离器；⑫冷高分气作为循环氢，脱硫后进循环氢压缩机；⑬冷高分液经冷低分后也进入稳定塔；⑭稳定塔分出石脑油和低硫柴油；⑮稳定塔采用重沸汽提。

AXENS 公司发明 H-Oil$_{DC}$ 加氢裂化工艺流程的目的是：加工固定床所不能加工的高杂质原料，并通过催化剂在线加入、排出系统实现长周期运行[16~18]。

6. Sheer 工艺流程

Sheer 工艺流程由 FRIPP、LPEC、中国石化股份公司广州分公司等单位发明，2012 年首次在中国石化股份公司广州分公司工业应用[24~25]。由反应进料开工炉、高压缠绕管换热器、微旋流分离器、非直接在线防垢除垢器、LYHC-I 反应器内构件及硫态化催化剂新型开工技术组成。采用 Sheer 加氢裂化技术设计的工艺流程称为 Sheer 工艺流程。

Sheer 加氢裂化工艺流程示意如图 8-1-25 所示[24、25]。

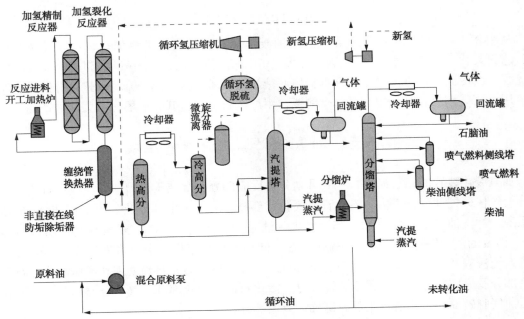

图 8-1-25　Sheer 加氢裂化工艺流程示意

从图 8-1-25 可看出：①设反应进料开工加热炉；②热高分流程；③高压缠绕管换热器；④非直接在线防垢除垢器；⑤微旋流分离器；⑥其余特点同图 8-1-4。

7. FHC-FHF 工艺流程

FHC-FHF 工艺流程由 FRIPP 发明，2010 年首次在中国海油舟山石化有限公司工业应用[26]。由裂化原料进裂化反应器，裂化反应流出物与精制原料混合进精制反应器，混合反应流出物经分离、分馏得到产品的工艺流程称为 FHC-FHF 工艺流程。

FHC-FHF 工艺流程示意如图 8-1-26 所示[26]。

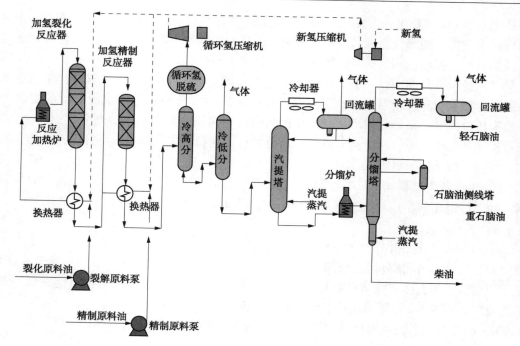

图 8-1-26　FHC-FHF 加氢裂化工艺流程示意

从图 8-1-26 可看出：①设裂化原料油泵；②设裂化反应进料加热炉；③设裂化反应器；④设裂化反应流出物/混合进料换热器；⑤设精制原料油泵；⑥设精制反应器；⑦冷高分流程；⑧冷高分油进汽提塔；⑨汽提塔底液经分馏塔进料加热炉升温后进入分馏塔；⑩分馏塔用水蒸气汽提；⑪分馏塔设一个侧线，生产重石脑油；⑪分馏塔底液为柴油产品。

第二节　加氢裂化工艺流程的组成

加氢裂化装置的工艺流程，一般可划分为反应部分、常减压分馏部分、液化石油气回收部分、气体分馏部分、气体和液化石油气脱硫部分、溶剂再生部分及公用工程部分(包括火炬系统、冲洗油系统、燃料油系统、轻重污油系统、氮气、蒸汽、压缩空气、燃料气等系统)。涉及的流程图还有：催化剂硫化流程、催化剂再生流程、中和清洗流程、催化剂在线加排系统流程及加热炉烧焦流程等。也有将反应部分拆分为原料预处理和增压部分、新氢压缩机部分及反应部分，将常减压分馏部分、液化石油气回收部分、气体分馏部分、气体和液化石油气脱硫部分、溶剂再生部分统称为分馏部分。

加氢裂化工艺流程根据各企业需要及实际情况，每个装置的工艺流程组成不尽相同。以下工艺流程组成按一般划分说明。

一、反应部分

反应部分一般由一个或两个独立的或两个共用一些设备(高压分离器、循环氢压缩机)的反应段组成。

一个典型的独立反应段，一般包括以下几种设备：

1) 反应设备。包括一个或多个反应器。反应器是反应部分的核心设备，具有精制原料油或转化原料油为目的产品的功能。

2）升温、降温设备。一般包括若干个换热器，一个或两个加热炉、空气冷却器、水冷却器。

3）气液分离设备。有热高压分离器、冷高压分离器、热低压分离器、冷低压分离器、中压分离器。

4）转动设备。包括：新氢压缩机、循环氢压缩机；高压原料油泵、循环油泵，高压贫胺液泵，注水泵、注硫泵、注氨泵，高压生成油能量回收液力透平及高压富胺液能量回收液力透平。

5）洗涤设备。循环氢脱硫塔、干气脱硫塔及其附属配套设备。

6）过滤设备。原料油过滤器。

7）脱水设备。原料油聚结器、原料油脱水罐、循环氢聚结器。

8）缓冲设备。原料油缓冲罐、注水罐、贫胺液缓冲罐、循环氢压缩机入口分液罐、新氢压缩机入口分液罐、新氢压缩机级间分液罐、注氨罐、注硫罐。

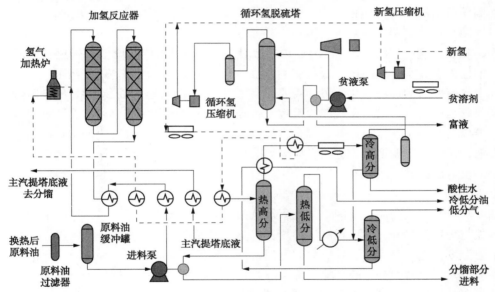

图 8-2-1　典型的加氢裂化反应部分工艺流程

从操作条件看，反应部分的设备基本上都是在压力下操作的。

从物料看，反应部分的工艺流程，可用氢气系统及油系统划分，也可按物流顺序划分。

按物料流序划分时，反应部分可划分为：原料增压、升降温及反应、气液分离、循环氢系统等部分。

（一）按氢气、油系统划分

1. 氢气系统

可以看成是富氢气体围绕着循环氢压缩机，由一系列设备和连接这些设备的管线组成。

循环氢压缩机在加氢装置中执行着向反应器输送氢气，承担着保证反应顺利进行及装置安全的任务，类似心脏在人体中输送血液的作用一样。

在反应过程中消耗的氢气，包括化学反应消耗的和溶解在油中的以及泄漏损失的氢气，采用新氢压缩机不断补充新鲜氢气加以解决。

在反应过程中未反应的氢气，从反应器出来，经过降温并与油分离后，用循环氢压缩机升压，大部分在换热器、加热炉中升温后，再循环到反应器中去，以保证加氢裂化反应在高氢气压力或过量氢气存在下顺利进行。

足够高的氢分压可抑制催化剂失活，获得满意的产品质量和保证长周期运行。氢分压的高低由反应器操作压力、进入反应器总反应气体(新鲜氢气及循环氢气的量)、化学氢耗量和原料油相对分子质量等因数决定。

从反应器出来的，包括未反应氢气、反应气体、轻烃、转化油品及未转化油品的物流，温度400℃左右，首先在换热器中降温，回收热量。换热器效率及热回收率高，可以减少加热炉的热负荷。

近年来，随着节能降耗和长周期运行的进一步深入，新建加氢裂化大多选择了热高压分离器，反应流出物在250~300℃的热高压分离器进行气液分离，热高压分离器底的高温液体直接进入分馏部分。设置热高压分离器的目的：①提高装置热利用率；②防止反应流出物中积聚的稠环芳烃析出堵塞高压换热器和高压空冷器；③降低高压空冷器和冷高压分离器的负荷。热高压分离器顶部分出的氢气、反应气体、轻烃及馏分油，经进一步回收热量和降温后，进入冷高压分离器，使富氢气体和冷凝油分离。

为了除去反应产生的 H_2S 和 NH_3，防止 NH_4HS 结晶析出堵塞设备和管道，一般在高压空冷器前注入洗涤水，在高压空冷器前的最后一台高压换热器注入备用洗涤水。

加工含硫原料的加氢裂化装置，需要对富氢气体脱硫，循环氢脱硫的目的：降低硫化物对设备、管道的腐蚀；提高反应的脱硫效率；提高循环氢纯度。脱硫后的循环氢经压缩机升压后，分成两路：①一路与原料油混合，先在高压换热器中与高温反应流出物换热，再去加热炉升温，达到反应温度后，进入反应器；②另一路直接去反应器，作为急冷氢控制催化剂下床层的反应温度。

2. 油系统

油在热、冷高压分离器前的工艺流程与氢系统的工艺流程接近一致。原料油经高压泵升压后，先与循环氢混合，然后在高压换热器中与高温反应流出物换热升温，再在加热炉中加热到反应温度，进入反应器。反应后的高温未反应氢气、反应气体、轻烃、转化油品及未转化油品，进入到原料油升温的换热流程中降温到250~300℃时，在热高压分离器进行气液分离，热高压分离器底的高温液体进热低压分离器。热高压分离器顶部分出的氢气、反应气体、轻烃及馏分油，经进一步回收热量和降温后，进入冷高压分离器，使富氢气体和冷凝油分离，冷高压分离器底油相进入冷低压分离器，冷高压分离器底水相进入酸性水处理部分。冷低压分离器、热低压分离器油相混合后可直接进入分馏部分，也可热低压分离器油相直接进入分馏部分，冷低压分离器油相换热后进分馏部分。

(二)按物料顺序划分

1. 原料增压

(1)原料油增压

原料油和氢气在进入反应器前，均需增压到规定操作压力。

一般原料增压包括原料增压、过滤、脱水几个过程。原料油在进入高压油泵前，经过过滤器、水凝聚器，除去固体杂质和水后，进入缓冲罐，再到高压油泵，升到所需的操作压力。

图8-2-2 表示了不带增压的原料预处理工艺流程[19]。

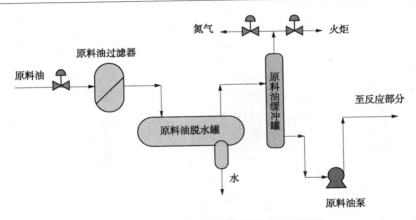

图 8-2-2　不带增压的原料预处理工艺流程

从图 8-2-2 可看出：原料油在原料油缓冲罐液位与原料油流量串级控制下，经原料油过滤器脱除 >25μm 固体颗粒，进入原料油脱水罐脱除原料油中的溶解水，从原料油脱水罐顶部溢出至原料油缓冲罐，原料油缓冲罐一般用氮气或燃料气作为气封气，维持在一定压力下，缓冲时间一般 30min（特殊情况可达 1h），高压原料油泵一般从原料油缓冲罐侧面抽出原料升压到反应所需压力。

图 8-2-3 表示了带增压的原料预处理工艺流程[19]。

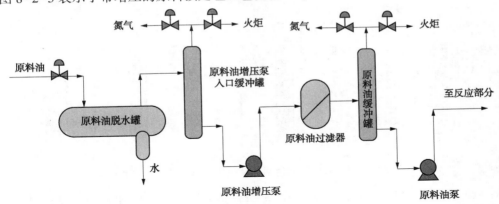

图 8-2-3　带增压的原料预处理工艺流程

从图 8-2-3 可看出：原料油在高压原料油泵前设两个原料油缓冲罐，一般用在原料油进装置压力低，不能满足高压原料油泵对汽蚀余量要求的情况下。原料油首先在第一个原料油缓冲罐液位控制下，进入原料油脱水罐脱除原料油中的溶解水，从原料油脱水罐顶部溢出至第一个原料油缓冲罐，经原料油增压泵升压后进入原料油过滤器，脱除 >25μm 固体颗粒后进入第二个原料油缓冲罐，两个原料油缓冲罐一般均用氮气或燃料气作为气封气，各自维持在一定压力下，缓冲时间一般 30min（特殊情况可达 1h），高压原料油泵一般从第二个原料油缓冲罐抽出原料升压到反应所需压力。

（2）氢气增压

氢气进入多段往复式压缩机前，一般先进入分离罐除去新氢气体中的液滴。

图 8-2-4 表示了以三段往复式压缩机为例，采用大返回的新氢压缩机部分工艺流程示意。

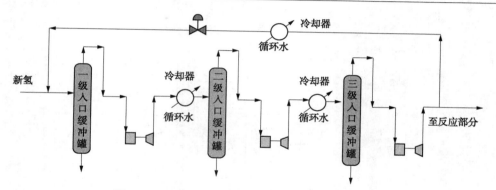

图 8-2-4　采用大返回的新氢压缩机部分工艺流程

从图 8-2-4 可看出：新氢经一级入口缓冲罐脱除其中的溶解水和烃后，进入一级压缩，一级压缩后温度升至 100~145℃，冷却后经二级入口缓冲罐脱除溶解水和烃(或润滑油)后，进入二级压缩，二级压缩后温度再次升至 100~145℃，冷却后经三级入口缓冲罐脱除溶解水和烃(或润滑油)后，进入三级压缩，压缩后大部分氢气进入反应部分，少部分经冷却后返回一级入口缓冲罐入口，返回量由高压分离器顶压力控制。

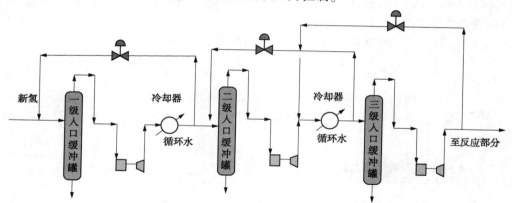

图 8-2-5　采用级间返回的新氢压缩机部分工艺流程

从图 8-2-5 可看出：新氢的缓冲、压缩、冷却流程与图 8-2-4 相同，只是一级压缩、冷却后返回一级入口缓冲罐、二级压缩、冷却后返回二级入口缓冲罐、三级压缩后返回二级冷却器前，返回量由高压分离器顶压力分程控制级间调节阀。

2. 升降温及反应

反应器可以是一个或多个。反应器中可装入一种或多种催化剂。

升压后的原料油和氢气，在进入反应器前，需要升温。升温一般在多台换热器中和 1~2 台加热炉中进行。升温时，可以是氢气和原料油分别与高温反应流出物换热，未转化油不换热直接进反应器，仅换热后的氢气进加热炉加热，可只在精制反应器入口设置氢气加热炉，也可精制反应器和裂化反应器入口分别设置氢气加热炉；还可：①氢气、原料油混合在一起后，先与反应器流出物在换热器中换热，然后进加热炉加热。②氢气与反应流出物在换热器中换热，原料油与反应流出物在换热器中换热，均适当升温后，氢气与原料油再混合，进一步在换热器中换热升温。③氢气与热高压分离器气体在换热器中换热，适当升温后，再与原料油混合，进一步在换热器中换热升温。④第一反应段采用氢气、原料油混合在一起后，先与反应器流出物在换热器中换热，然后进加热炉加热；第二反应段采用氢气、未转化油混合在一起后，与第一反应段反应器流出物在换热器中换热，然后直接进第二反应段反应器。图 8-2-6 表示了原料油、氢气分别升温，反应流出物降温工艺流程示意。

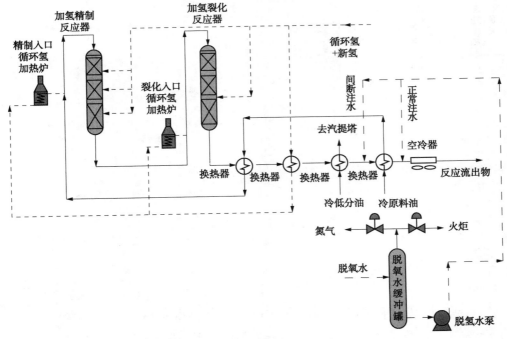

图 8-2-6　原料油、氢气分别升温，反应流出物降温工艺流程示意

从图 8-2-6 可看出：原料油与反应流出物在低温、高温分别换热后，与和反应流出物换热、精制入口循环氢加热炉加热后的氢气混合，进入加氢精制反应器，加氢精制反应流出物与经裂化入口循环氢加热炉加热后的氢气混合，进入加氢裂化反应器，加氢裂化反应流出物分别与热原料油、循环氢、冷低分油和冷原料油换热，然后经高压空冷器后进入后续工序。

当原料含氯时，为防止 NH_4Cl 结晶析出，需根据计算 NH_4Cl 结晶温度决定在冷原料油换热器还是冷低分油换热器前注入脱氧水；加工含硫油时，在高压空冷器前注入脱氧水以除去存留在氢气中和油中的 NH_3 及 H_2S。

脱氧水系统包括脱氧水缓冲罐和脱氧水泵。

图 8-2-7 表示了原料油、循环氢+新氢混合升温，反应流出物降温工艺流程示意。

从图 8-2-7 可看出：原料油与循环氢+新氢混合后，和反应流出物换热，然后经反应进料加热炉加热后和循环油混合，进入加氢精制反应器，加氢精制反应流出物直接进入加氢裂化反应器，加氢裂化反应流出物分别与混合原料和冷低分油换热，然后经高压空冷器后进入后续工序。

原料含氯、含硫及脱氧水系统说明同图 8-2-6。

3. 气液分离（以热高压分离器流程为例）

反应流出物换热降温后，在 250~300℃ 的热高压分离器进行气液分离，热高压分离器底的高温液体可用液力透平回收能量后去热低压分离器，也可直接减压后去热低压分离器；热高压分离器顶部分出的氢气、反应气体、轻烃及馏分油，经进一步回收热量，在高压空冷器或某一台换热器前注入脱氧水以除去存留在氢气中和油中的 NH_3、H_2S 及 NH_4Cl。

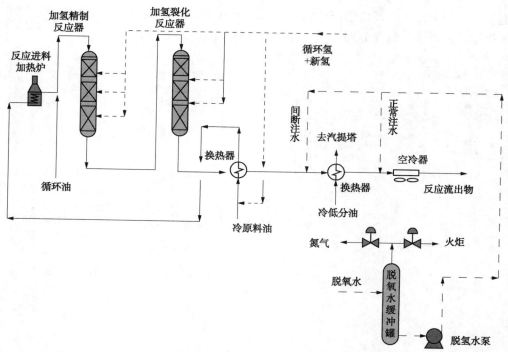

图 8-2-7　原料油、循环氢+新氢混合升温，反应流出物降温工艺流程示意

注入脱氧水后的热高分气经高压空气冷却器冷却后，进入冷高压分离器。富氢气体、油、水在此进行三相分离。冷高压分离器底油相进入冷低压分离器，冷高压分离器底水相经减压闪蒸，分离出气体后液体进入酸性水处理部分，冷高压分离器顶分出的气体至循环氢脱硫部分。

热高压分离器底的高温液体进入热低压分离器后，进行气、液分离，热低压分离器底油相直接进入分馏部分，热低压分离器顶分出的气体经冷却后，进冷低压分离器，热低压分离器顶气体进入低压空冷器前注入脱氧水以除去存留在氢气中和油中的 NH_3 及 H_2S。

热低分气和冷高分液进入冷低压分离器后进行气、油、水三相分离。冷低压分离器油相通过换热后进入分馏部分或与热低压分离器油相混合后进入分馏部分，冷低压分离器水相进入酸性水处理部分，冷低压分离器顶分出的气体进低分气脱硫塔底部，低分气脱硫塔顶部注入脱硫溶剂(一般为 30%~50%浓度的 MDEA 溶液)，经溶剂吸收 H_2S 后，低分气脱硫塔顶部出来的脱硫后低分气至燃料气管网或进 PSA 回收氢气，低分气脱硫塔底部的富胺液至溶剂再生系统。

图 8-2-8 为冷高分流程气液分离(含气体脱硫)工艺流程示意图。

从图 8-2-8 可看出：反应流出物进入冷高压分离器后进行气、油、水三相分离，气体作为循环氢，水以酸性水形式排出，油相正常进液力透平，回收的电能用于驱动高压原料油泵，经液力透平后进入冷低压分离器，液力透平故障时，冷高分油减压后直接进入冷低压分离器；冷低压分离器进行气、油、水三相分离，气体作为去低分气脱硫塔，经贫胺液吸收后的低分气可去变压吸附回收氢气，水以酸性水形式排出，油相进分馏系统。

图 8-2-9 表示了热高分流程气液分离(含气体脱硫)工艺流程示意图。

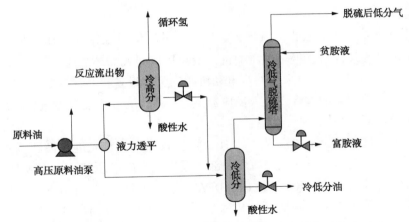

图 8-2-8　冷高分流程气液分离(含气体脱硫)工艺流程示意图

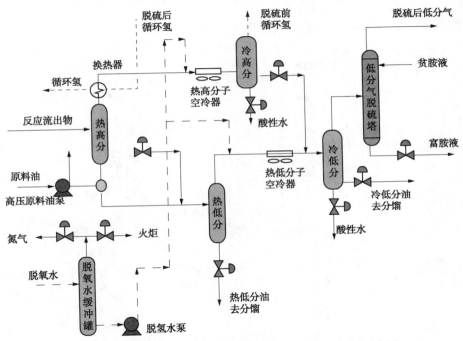

图 8-2-9　热高分流程气液分离(含气体脱硫)工艺流程示意图

从图 8-2-9 可看出：反应流出物进入热高压分离器后进行气、液分离，热高分气先与脱硫后循环氢换热，然后与脱氧水混合经热高分气空冷器冷却后进入冷高压分离器进行气、油、水三相分离，气体作为循环氢，含 NH₃ 及 H₂S 的水以酸性水形式排出，油相与热低分气混合后进入冷低压分离器；热高分液正常进液力透平，回收的电能用于驱动高压原料油泵，经液力透平后进入热低压分离器，液力透平故障时，热高分油减压后直接进入热低压分离器；热低压分离器进行气、液分离后的液相进分馏系统，热低分气与脱氧水混合经热低分气空冷器冷却后进入冷低压分离器进行气、油、水三相分离，气体去低分气脱硫塔，含少量 NH₃ 及 H₂S 的水以酸性水形式排出，冷低分油进分馏系统；经贫胺液吸收后的低分气可去变压吸附回收氢气，低分气脱硫塔底液作为富胺液去溶剂再生。

脱氧水系统包括脱氧水缓冲罐和脱氧水泵。

4. 循环氢系统

从冷高压分离器顶部出来的富氢气体，H₂S 含量较低时经循环氢压缩机入口缓冲罐分离，气体进入循环氢压缩机，循环氢压缩机一般采用离心式循环氢压缩机，蒸汽透平（背压或凝气）驱动，不设备机；也可采用同步电动机驱动，需设备机。循环氢压缩机升压后分成两股：一股与新氢、原料油混合，进入反应器；另一股作为反应器急冷氢，在催化剂床层温度控制下进入反应器。

从冷高压分离器顶部出来的富氢气体 H₂S 含量较高时，首先进入循环氢脱硫塔入口缓冲罐，分出凝液后的气体进循环氢脱硫塔底部，循环氢脱硫塔顶部注入温度高于循环氢 3~5℃的脱硫溶剂（一般为 30%~50%浓度的 MDEA 溶液），经溶剂吸收 H₂S 后，循环氢脱硫塔顶部出来的脱硫后循环氢至循环氢压缩机入口缓冲罐分离，分离后的气体进入循环氢压缩机；循环氢脱硫塔底部的富胺液可用液力透平回收能量（一般用于驱动贫胺液泵）后去溶剂再生系统，也可直接减压后去溶剂再生系统。

图 8-2-10 表示了循环氢系统工艺流程示意图。

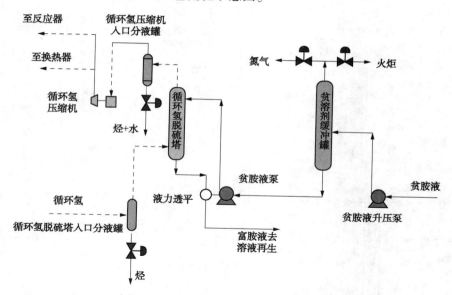

图 8-2-10　循环氢系统工艺流程示意图

从图 8-2-10 可看出：循环氢首先进入循环氢脱硫塔入口分液罐，分出重烃后，进入循环氢脱硫塔，与贫溶剂逆向接触，经溶剂吸收 H₂S 后，循环氢脱硫塔顶部出来的脱硫后循环氢至循环氢压缩机入口缓冲罐，重力沉降分离后的气体进入循环氢压缩机，液体为烃和水混合物进入低压分离器或火炬；循环氢脱硫塔底部的富溶剂用液力透平回收能量（用于驱动贫溶剂泵）后去溶剂再生系统；从装置外来的贫溶剂经贫溶剂升压泵升压后进入贫溶剂缓冲罐，从底部抽出，经贫溶剂泵升压后作为吸收剂打入循环氢脱硫塔上部。

二、汽提及常减压分馏部分

汽提及常减压分馏部分的核心设备是塔，根据产品品种要求，可以有蒸汽汽提塔（或稳定塔、脱戊烷塔）、常压分馏塔（或含第一侧线汽提塔、第二侧线汽提塔）、减压分馏塔（或含第一减压侧线汽提塔、第二减压侧线汽提塔）、第二减压分馏塔。其他设备有蒸汽汽提塔

(或稳定塔、脱戊烷塔)底重沸炉，常压分馏塔进料重沸炉(或常压分馏塔底重沸炉)，减压分馏塔进料重沸炉(或减压分馏塔底重沸炉)，第二减压分馏塔进料重沸炉(或第二减压分馏塔底重沸炉)，蒸汽汽提塔(或稳定塔、脱戊烷塔、常压分馏塔)冷凝冷却器，蒸汽汽提塔(或稳定塔、脱戊烷塔、常压分馏塔)回流罐，蒸汽汽提塔(或稳定塔、脱戊烷塔、常压分馏塔)回流泵，蒸汽汽提塔(或稳定塔、脱戊烷塔、常压分馏塔、减压分馏塔、第二减压分馏塔)底泵，第一侧线汽提塔(第二侧线汽提塔)底重沸器，轻石脑油(重石脑油、煤油、柴油、减压分馏塔底油、第二减压分馏塔底油)换热器、冷却器、蒸汽发生器，减压分馏塔或第二减压分馏塔顶抽空器、冷凝器、气液分离器等。

典型的液体产品：轻石脑油、重石脑油、喷气燃料(煤油)、柴油、未转化油。

图 8-2-11 表示了汽提及常减压分馏部分工艺流程示意图(一)[20]。

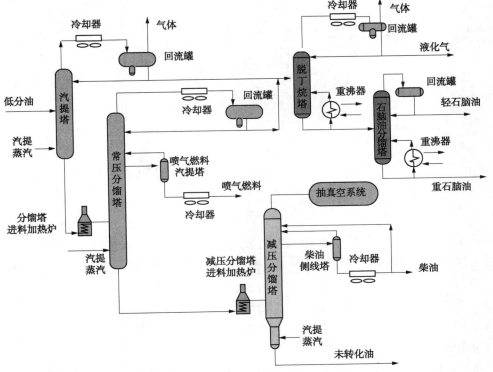

图 8-2-11　汽提及常减压分馏部分工艺流程示意图(一)

从图 8-2-11 可看出：低分油经汽提塔脱除 C_6 以下组分，塔顶回流罐气体去脱硫，液体至脱丁烷塔，汽提塔底液至分馏塔进料加热炉，汽提塔采用水蒸汽汽提；汽提塔底液经分馏塔进料加热炉升温后进常压分馏塔，常压分馏塔顶液至脱丁烷塔，常压分馏塔设一个侧线汽提塔，喷气燃料汽提塔底分离得到喷气燃料，常压分馏塔采用水蒸气汽提，常压分馏塔底液至减压分馏塔进料加热炉；汽提塔塔顶液+常压分馏塔顶液经脱丁烷塔后，塔顶回流罐气体去脱硫，液体为液化石油气产品，脱丁烷塔底液至石脑油分馏塔，脱丁烷塔采用重沸器汽提；石脑油分馏塔顶得轻石脑油产品，塔底为重石脑油产品，石脑油分馏塔采用重沸器汽提；常压分馏塔底液经减压分馏塔进料加热炉升温后进减压分馏塔，减压分馏塔塔顶为抽真空系统，减压分馏塔设一个侧线气提塔，柴油汽提塔分离得到柴油，冷却后的部分柴油作为减压分馏塔塔顶回流，减压分馏塔采用水蒸气汽提，减压分馏塔底液作为未转化油送出装置或作为循环油。

图 8-2-12 表示了汽提及常减压分馏部分工艺流程示意图(二)。

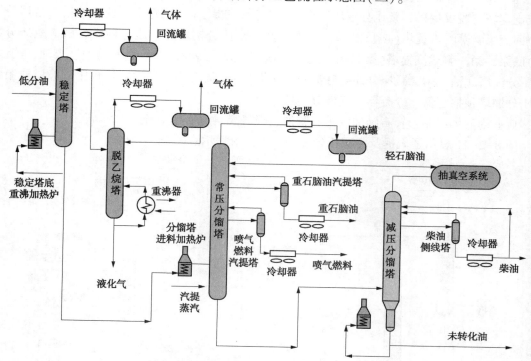

图 8-2-12　汽提及常减压分馏部分工艺流程示意图(二)

从图 8-2-12 可看出：低分油经进稳定塔脱除 C_4 以下组分，塔顶回流罐气体去脱硫，液体至脱乙烷塔，稳定塔底液至分馏塔进料加热炉，稳定塔采用重沸炉汽提；脱乙烷塔采用全回流，塔顶回流罐气体去脱硫，脱乙烷塔底液为液化石油气产品，脱乙烷塔采用重沸器汽提；经常压分馏塔进料加热炉升温后的稳定塔底液进常压分馏塔，常压分馏塔顶液为轻石脑油产品，常压分馏塔设两个侧线汽提塔，第一侧线汽提塔为重石脑油汽提塔，分离得到重石脑油，第二侧线汽提塔为喷气燃料汽提塔，分离得到喷气燃料，常压分馏塔采用水蒸气汽提，常压分馏塔底液至减压分馏塔；减压分馏塔塔顶为抽真空系统，减压分馏塔设一个侧线汽提塔，柴油汽提塔分离得到柴油，冷却后的部分柴油作为减压分馏塔塔顶回流，减压分馏塔采用重沸炉汽提，减压分馏塔底液作为未转化油送出装置或作为循环油。

图 8-2-13 表示了汽提及常减压分馏部分工艺流程示意图(三)[20]。

从图 8-2-13 可看出：与图 8-2-12 相比，稳定塔和减压分馏塔流程相同，只是稳定塔顶液去轻烃回收，常压分馏塔进料加热炉改为重沸炉，其余流程相同。

图 8-2-14 表示了汽提及常减压分馏部分工艺流程示意图(四)。

从图 8-2-14 可看出：低分油经稳定塔脱除 C_4 以下组分，塔顶回流罐气体去脱硫，液体至轻烃回收，稳定塔底液至常压分馏塔进料加热炉，稳定塔采用重沸炉汽提；经常压分馏塔进料加热炉升温后的稳定塔底液进常压分馏塔，常压分馏塔顶液至石脑油分馏塔，常压分馏塔设两个侧线汽提塔，第一侧线汽提塔为重石脑油汽提塔，分离得到重石脑油，第二侧线汽提塔为喷气燃料汽提塔，分离得到喷气燃料，常压分馏塔采用水蒸气汽提，常压分馏塔底液作为未转化油送出装置或作为循环油；常压分馏塔顶液经石脑油分馏塔，塔顶回流罐液体为轻石脑油产品，塔底为重石脑油产品，石脑油分馏塔采用重沸器汽提。

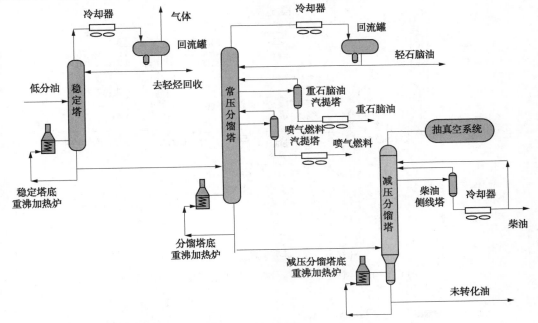

图 8-2-13　汽提及常减压分馏部分工艺流程示意图(三)

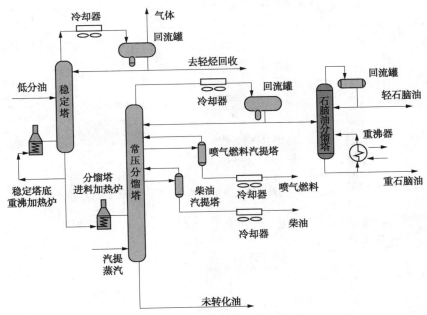

图 8-2-14　汽提及常减压分馏部分工艺流程示意图(四)

图 8-2-15 表示了汽提及常减压分馏部分工艺流程示意图(五)。

从图 8-2-15 可看出：与图 8-2-14 相比，只是将稳定塔重沸炉汽提改为蒸汽汽提，其余流程相同。

图 8-2-16 表示了汽提及常减压分馏部分工艺流程示意图(六)。

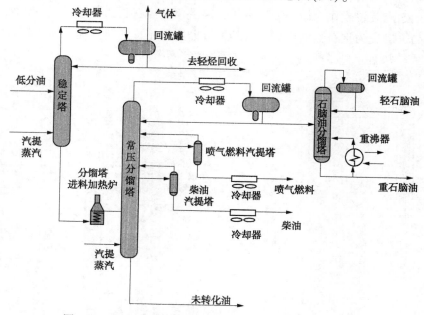

图 8-2-15　汽提及常减压分馏部分工艺流程示意图(五)

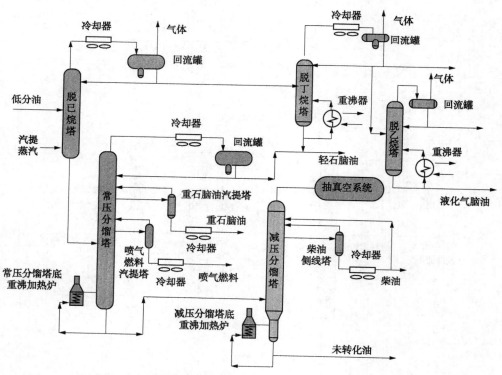

图 8-2-16　汽提及常减压分馏部分工艺流程示意图(六)

从图 8-2-16 可看出:低分油经脱己烷塔脱除己烷以下组分,塔顶回流罐气体去脱硫,液体至脱丁烷塔,脱己烷塔底液至常压分馏塔,脱己烷塔采用水蒸气汽提;脱丁烷塔顶回流罐气体去脱硫,液体至脱乙烷塔,脱丁烷塔底液为轻石脑油产品,脱丁烷塔采用重沸器汽提；脱乙烷塔顶回流罐气体去脱硫，脱乙烷塔顶采用全回流，脱乙烷塔底液为液化气产品，脱乙烷塔采用重沸器汽提；常压分馏塔顶液作为轻石脑油产品，常压分馏塔设两个侧线汽提塔，第一侧线汽提塔为重石脑油汽提塔，分离得到重石脑油，第二侧线汽提塔为喷气燃料汽提塔，分离得到喷气燃料，常压分馏塔采用重沸炉汽提，常压分馏塔底液至减压分馏塔；减压分馏塔塔顶为抽真空系统，减压分馏塔设一个侧线汽提塔，柴油汽提塔分离得到柴油，冷却后的部分柴油作为减压分馏塔塔顶回流，减压分馏塔采用重沸炉汽提，减压分馏塔底液作为未转化油送出装置或作为循环油。

图 8-2-17 表示了汽提及常减压分馏部分工艺流程示意图(七)。

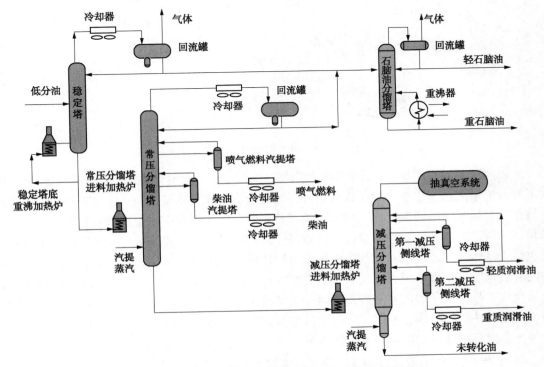

图 8-2-17　汽提及常减压分馏部分工艺流程示意图(七)

从图 8-2-17 可看出：稳定塔、常压分馏塔及石脑油分馏塔流程与图 7-2-14 基本相同，只是增设了减压分馏塔；常压分馏塔底液经减压分馏塔进料加热炉后进入减压分馏塔，塔顶为抽真空系统，减压分馏塔设二个侧线汽提塔，第一侧线汽提塔分离得到轻质润滑油基础油，第二侧线汽提塔分离得到重质润滑油基础油，第一侧线汽提塔底轻质润滑油基础油冷却后的部分作为减压分馏塔塔顶回流，减压分馏塔采用蒸汽汽提，减压分馏塔底液作为未转化油送出装置。

三、液化石油气回收部分

从石脑油分馏塔底产品中引出一股作吸收油，进轻烃吸收塔，吸收来自气体脱硫塔顶气、脱乙烷塔顶气及轻烃吸收塔底液的闪蒸气中所含的液化石油气组分，吸收油经脱乙烷塔再次分离后与石脑油汽提塔底液混合进入脱丁烷塔，脱丁烷塔顶得到液化石油气，脱丁烷塔塔底液进石脑油分馏塔，分离轻、重石脑油。

图 8-2-18 表示了液化石油气回收工艺流程示意图(一)。

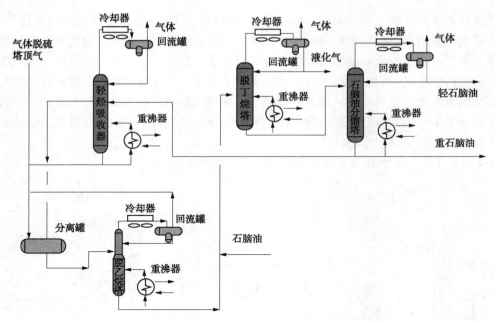

图 8-2-18　液化石油气回收工艺流程示意图(一)

从图 8-2-18 可看出:从石脑油分馏塔底产品中引出一股作吸收油,进轻烃吸收塔,吸收来自分离器闪蒸气中所含的液化气组分,轻烃吸收塔顶气体至管网,轻烃吸收塔采用全回流操作,轻烃吸收塔底含液化气的吸收油进分离器,轻烃吸收塔采用重沸器汽提;气体脱硫塔顶气、脱乙烷塔顶气及轻烃吸收塔底液混合进分离器,分离器闪蒸出的气体进一步进轻烃吸收塔,液体进脱乙烷塔;脱乙烷塔采用全回流操作,塔顶气至分离器,塔底液与外来石脑油混合后进脱丁烷塔,脱乙烷塔采用重沸器汽提;脱丁烷塔顶气体至管网,塔顶回流罐液体为液化气产品,脱丁烷塔底液进石脑油分馏塔,脱丁烷塔采用重沸器汽提;石脑油分馏塔一般不产生气体,维持压力的气体进管网,塔顶回流罐液体为轻石脑油产品,塔底液体为重石脑油产品,石脑油分馏塔采用重沸器汽提。

图 8-2-19 表示了液化石油气回收工艺流程示意图(二)。

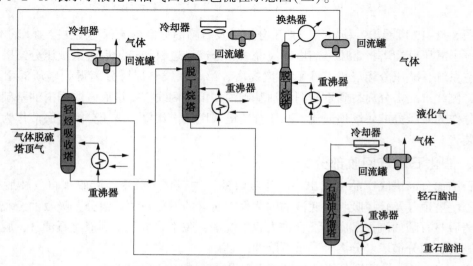

图 8-2-19　液化石油气回收工艺流程示意图(二)

从图 8-2-19 可看出：从石脑油分馏塔底重石脑油产品中引出一股作吸收油，进轻烃吸收塔，吸收来自脱丁烷塔顶气、脱乙烷塔顶气、气体脱硫塔顶气中所含的液化气组分，轻烃吸收塔顶气体至管网，轻烃吸收塔采用全回流操作，轻烃吸收塔底含液化气的吸收油进脱丁烷塔，轻烃吸收塔采用重沸器汽提；脱丁烷塔顶气体至轻烃吸收塔，塔顶回流罐液体至脱乙烷塔，脱丁烷塔底液进石脑油分馏塔，脱丁烷塔采用重沸器汽提；脱乙烷塔采用全回流操作，塔顶气至轻烃吸收塔，塔底液为液化石油气产品，脱乙烷塔采用重沸器汽提；石脑油分馏塔一般不产生气体，维持压力的气体进管网，塔顶回流罐液体为轻石脑油产品，塔底液体为重石脑油产品，石脑油分馏塔采用重沸器汽提。

图 8-2-20 表示了液化石油气回收工艺流程示意图（三）。

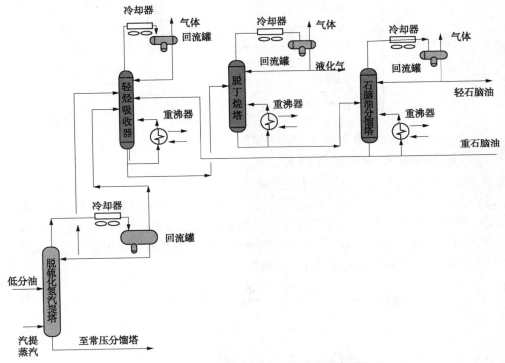

图 8-2-20　液化石油气回收工艺流程示意图（三）

从图 8-2-20 可看出：从石脑油分馏塔底重石脑油产品中引出一股作吸收油，进轻烃吸收塔，吸收来自脱硫化氢汽提塔顶气、脱硫化氢汽提塔顶液中所含的液化气组分，轻烃吸收塔顶气体至管网，轻烃吸收塔采用全回流操作，轻烃吸收塔底含液化气的吸收油进脱丁烷塔，轻烃吸收塔采用重沸器汽提；脱丁烷塔顶气体至管网，塔顶回流罐液体为液化石油气产品，脱丁烷塔底液进石脑油分馏塔，脱丁烷塔采用重沸器汽提；石脑油分馏塔一般不产生气体，维持压力的气体进管网，塔顶回流罐液体为轻石脑油产品，塔底液体为重石脑油产品，石脑油分馏塔采用重沸器汽提。

四、气体分馏部分

脱硫液化石油气经换热至进料温度后进入脱丙烷塔，脱丙烷塔塔顶气经冷凝冷却后进入脱丙烷塔顶回流罐，在罐中分离出塔顶干气，回流罐中冷凝液经脱丙烷塔回流泵升压后全部作脱丙烷塔顶回流。丙烷馏分自脱丙烷塔侧线抽出自流进入丙烷汽提塔，汽提后气相由丙烷汽提塔塔顶返回脱丙烷塔侧线抽出塔板上方，丙烷汽提塔底丙烷产品出装置去工厂罐区或去制氢装置作原料,脱丙烷塔塔底物料经换热至进料温度后进入脱异丁烷塔,脱异丁烷塔顶气经冷凝进入回流罐,回流罐冷凝液经脱异丁烷塔顶回流泵升压,一部分作塔顶回流,一部分作为异丁烷产品(或烷基化装置原料)出装置去工厂罐区,脱异丁烷塔底产品正丁烷出装置去工厂罐区或去制氢。

图 8-2-21 表示了气体分馏部分工艺流程示意图。

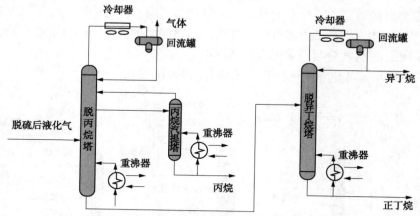

图 8-2-21　气体分馏部分工艺流程示意图

五、气体和液化石油气脱硫部分

气体脱硫可划分为低分气脱硫和干气脱硫。

低分气脱硫:从冷低分出来的含硫低分气进入低分气脱硫塔底部,贫胺液进入低分气脱硫塔顶部,逆流接触后,低分气脱硫塔顶部得到脱硫后低分气,低分气脱硫塔底部为富胺液,去溶剂再生;低分气脱硫部分需配套贫胺液升压泵、贫胺液缓冲罐及贫胺液泵。

图 8-2-22 表示了低分气脱硫部分工艺流程示意图。

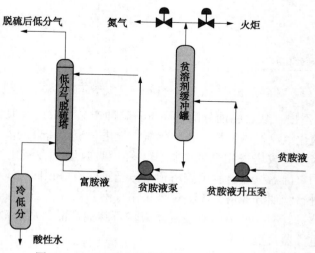

图 8-2-22　低分气脱硫部分工艺流程示意图

气体脱硫:包括石脑油汽提塔顶气+主汽提塔顶气(或脱戊烷塔顶气、或脱丁烷塔顶气)脱硫,石脑油汽提塔顶气+主汽提塔顶气(或脱戊烷塔顶气、或脱丁烷塔顶气)+低分气脱硫等。含硫气体进入气体脱硫塔底部,贫胺液进入气体脱硫塔顶部,逆流接触后,气体脱硫塔顶部得到脱硫后气体,气体脱硫塔底部为富胺液,去溶剂再生;气体脱硫部分需配套贫胺液升压泵、贫胺液缓冲罐及贫胺液泵。

图 8-2-23 表示了气体脱硫部分工艺流程示意图(一)。

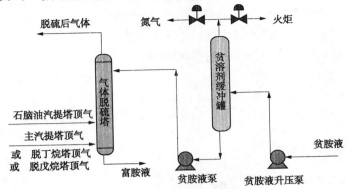

图 8-2-23　气体脱硫部分工艺流程示意图(一)

图 8-2-24 表示了气体脱硫部分工艺流程示意图(二)。

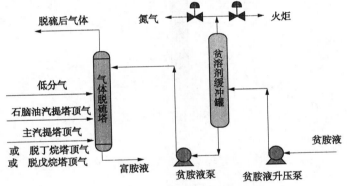

图 8-2-24　气体脱硫部分工艺流程示意图(二)

液化石油气脱硫：从脱丁烷塔顶出来的含硫液化气进入液化石油气脱硫塔底部，贫胺液进入液化石油气脱硫塔顶部，逆流接触后，液化石油气脱硫塔顶部得到脱硫后液化石油气，液化石油气脱硫塔底部为富胺液，去溶剂再生；液化石油气脱硫部分需配套贫胺液升压泵、贫胺液缓冲罐及贫胺液泵。

图 8-2-25 表示了液化石油气脱硫部分工艺流程示意图。

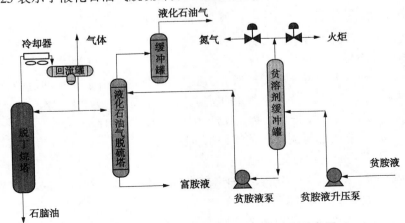

图 8-2-25　液化石油气脱硫部分工艺流程示意图

六、溶剂再生部分

从低分气脱硫塔底、气体脱硫塔底和液化石油气脱硫塔底来的富胺液进入闪蒸罐，将富胺液溶液中溶解的部分含硫油气分离出来，闪蒸后的富胺液进入溶剂再生塔，塔顶气体经溶剂再生塔顶空冷器和再生塔顶冷凝器冷凝后进入溶剂再生塔顶回流罐分离，酸性气送硫黄回收装置，溶剂再生塔底由重沸器供热，所得贫溶剂泵送至低分气脱硫塔、气体脱硫塔和液化石油气脱硫塔循环使用。

图 8-2-26 表示了溶剂再生部分工艺流程示意图。

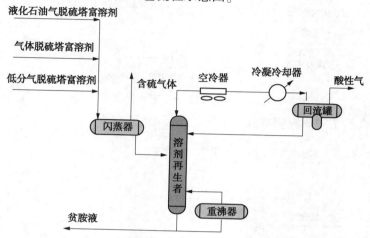

图 8-2-26　溶剂再生塔部分工艺流程示意图

第三节　加氢裂化工艺流程的种类

20 世纪 60 年代，近代加氢裂化技术的产生主要为生产汽油，采用的工艺流程均为两段工艺流程。主要原因是加氢裂化催化剂抗毒能力低，高压静设备、动设备的制造水平不高。70 年代，随着市场对中间馏分油需求量的增加、新催化剂的开发、高压静设备、动设备的制造水平的不断提高、新材料的出现，两段加氢裂化工艺流程得以改进或以两段加氢裂化工艺流程为基础，开发了适合市场需求的新加氢裂化工艺流程。因此，从技术发展的阶段而言，两段加氢裂化工艺流程被视为加氢裂化技术的基本工艺流程。

一、两段加氢裂化工艺流程——基本加氢裂化工艺流程

基本加氢裂化工艺流程有两种类型。

（一）基本加氢裂化工艺流程示意 I

采用不抗 H_2S 和 NH_3 的贵金属无定形硅-铝裂化催化剂。由于这种加氢裂化催化剂不能在杂原子化合物或 H_2S 和 NH_3 存在下顺利进行加氢裂化反应，所以，原料油在接触裂化催化剂前，必须脱除其所含杂原子化合物及反应生成的 H_2S 和 NH_3。

图 8-3-1 表示了基本加氢裂化工艺流程示意图 I -A。

基本加氢裂化工艺流程示意图 I -A 的特点：

1）在第一反应段反应器中，将原料油中的杂原子化合物氢解，生成 H_2S 和 NH_3 和烃。同时，对原料油中的烯烃、芳烃加氢饱和。

2）为了除去溶于生成油中的 H_2S 和 NH_3，在第一反应段和第二反应段之间，设置汽提

塔作为中间分离设施。第一反应段反应流出物降温、降压释放出部分 H_2S 和 NH_3 后，尚需再进行汽提，除去残余在油中的 H_2S 和 NH_3。

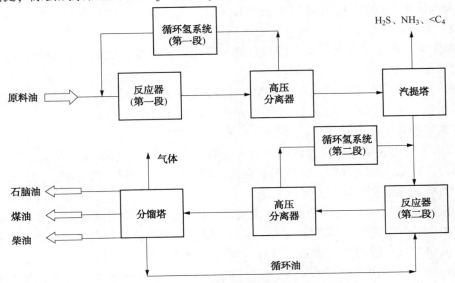

图 8-3-1　基本加氢裂化工艺流程示意图 Ⅰ-A

3）为确保第二反应段循环氢气中不含 H_2S 和 NH_3，第一反应段和第二反应段需分别设置各自独立的循环氢系统。

4）由于绝大部分裂化反应是在第二反应段反应器中进行，分馏部分设在第二反应段之后。

图 8-3-2 表示了基本加氢裂化工艺流程示意图 Ⅰ-B。

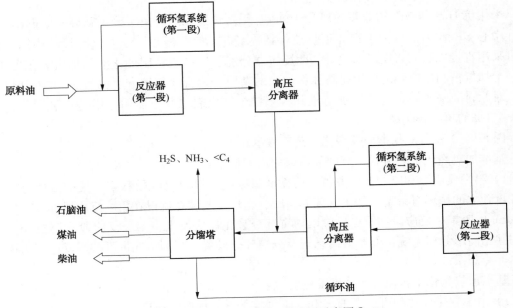

图 8-3-2　基本加氢裂化工艺流程示意图 Ⅰ-B

基本加氢裂化工艺流程示意图 Ⅰ-B 的特点：

1）在第一反应段反应器中，将原料油中的杂原子化合物氢解，生成 H_2S、NH_3 和烃。同时，对原料油中的烯烃、芳烃加氢饱和及部分加氢裂化。

2）为确保第二反应段循环氢气中不含 H_2S 和 NH_3，第一反应段和第二反应段需分别设置各自独立的循环氢系统。

3）由于第一反应段和第二反应段均有部分裂化反应发生，因此，分馏部分设在第一反应段和第二反应段之间。

由于第一反应段有部分裂化反应发生，且气体和石脑油收率低，中间馏分油收率高，因此，基本加氢裂化工艺流程示意 Ⅰ-B 可按多产中间馏分油设计。

基本加氢裂化工艺流程示意（包括 Ⅰ-A 及 Ⅰ-B）的特点：

1）可以采用更换第一反应段催化剂和调整第一反应段的工艺参数，以及在工艺流程中，将分馏部分放在第二反应段的后部或设置在第一反应段和第二反应段之间，达到改变产品结构、多产石脑油或多产中间馏分油的目的。

2）第二反应段中硫、氮等杂原子含量极低，因此，第二反应段反应器可在较低操作压力和反应温度条件下进行加氢裂化反应，有利于降低氢气消耗、提高目的产品选择性和产品质量；降低第二反应段 H_2S 对设备、管线、阀门的腐蚀，节省投资。

3）第一反应段和第二反应段可分别设有独立和不同压力的循环氢系统，除可确保第二反应段在不含 H_2S 和 NH_3 条件下进行操作外，还可根据目的产品要求调整反应压力。如：生产石脑油时，需要保存产品中的芳烃，可以采用较低的氢分压。当生产以喷气燃料或柴油为主时，由于芳烃可使喷气燃料烟点下降、柴油十六烷值降低，为了脱除芳烃，需要采用较高的氢分压。

4）从第一反应段产物中蒸出反应产生的轻馏分及中间馏分油后，可以减少第二反应段的进料量，降低装置投资和能耗。

（二）基本加氢裂化工艺流程示意 Ⅱ

采用抗 H_2S 和 NH_3 的非贵金属分子筛硅-铝裂化催化剂。由于分子筛硅-铝裂化催化剂酸性中心多，在 H_2S 和 NH_3 存在下仍能保持高裂化活性，所以，工艺流程设计中第一反应段可采用直接串联的双反应器流程，两反应器分别装填加氢精制催化剂和加氢裂化催化剂，第一个加氢精制反应器的作用是将原料油中的杂原子化合物氢解，生成 H_2S、NH_3 和烃。同时，对原料油中的烯烃、芳烃加氢饱和，第二个加氢裂化反应器的作用是加氢裂化，实现 35%~70% 的单程转化率。

图 8-3-3 表示了基本加氢裂化工艺流程示意图 Ⅱ。

基本加氢裂化工艺流程示意图 Ⅱ 可采取以下措施：

1）第一反应段和第二反应段可共用循环氢系统；第一反应段和第二反应段也可分别设置各自独立的循环氢系统，加工含硫原料时，循环氢脱硫系统设在第一反应段。

2）由于第一反应段和第二反应段均有部分裂化反应发生，第一反应段和第二反应段一般按共用高压分离系统、低压分离系统及分馏部分设置，个别情况也可共用反应流出物高压换热、冷却系统。

基本加氢裂化工艺流程示意图 Ⅱ 的特点：

1）由于裂化催化剂可以在 H_2S 和 NH_3 气氛下进行反应，所以

① 第一反应段中，裂化反应器可以直接和加氢精制反应器串联。

② 精制反应器不必降温、降压，可以直接进入裂化反应器，简化工艺流程，降低投资。

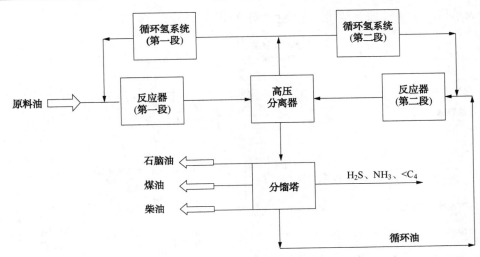

图 8-3-3　基本加氢裂化工艺流程示意图Ⅱ

③ 第一反应段和第二反应段可共用高压分离系统、循环氢系统、低压分离系统及分馏部分。

④ 一般情况下，对原料油硫含量、循环氢含量不限制，流程上可不设循环氢脱硫系统。

2）由于裂化催化剂抵抗有机氮化物能力低，因此，为了除去原料油中的有机氮化物，加氢精制的操作条件相对要求苛刻：一般要求，加氢精制反应流出物中有机氮化物的氮含量 ≤10μg/g，有些加氢裂化催化剂允许有机氮化物的氮含量 ≤20μg/g。

二、基本加氢裂化工艺流程的延伸

含硫原油、劣质原油、重质原油、含酸原油的加工，加氢裂化目的产品的多样性要求，目的产品质量要求的提高，大型化要求，生产灵活性和投资、利润之间的矛盾等，基本加氢裂化工艺流程显然不能适应这些变化和要求，促使基本加氢裂化工艺流程的改变和延伸。

随着加氢裂化装置规模的不断扩大，催化剂技术的进步、高压静设备、动设备、阀门、管线、仪表制造水平的不断提高、高性能新材料的应用，大大提高了加氢裂化技术。

（一）基本加氢裂化工艺流程示意图Ⅰ的延伸

从图 8-3-4 基本加氢裂化工艺流程示意Ⅰ可看出：

原料油在第一反应段中主要进行加氢精制，加氢精制反应流出物沿虚线进入汽提塔，脱除 H_2S 和 NH_3 后，去第二反应段进行加氢裂化反应，加氢裂化反应流出物去分馏部分，分馏得到石脑油、煤油、柴油，分馏塔底未转化油进入第二反应段。此即基本加氢裂化工艺流程示意Ⅰ-A。

当原料油在第一反应段中进行加氢精制并适当进行加氢裂化时，反应流出物沿实线与第二反应段来的反应流出物混合，一起进入分馏部分，在分馏部分分出石脑油、煤油、柴油后，仅分馏塔底未转化油进入第二反应段。此即基本加氢裂化工艺流程示意Ⅰ-B。

1. 单段一次通过加氢裂化工艺流程

在第一反应段采用一种既能加氢精制，又能加氢裂化的催化剂时，用第一反应段和分馏部分结合，新鲜原料油在第一反应段中加氢精制，并实现 35%~70% 的单程转化率，反应流出物进入分馏部分，分馏得到石脑油、煤油、柴油，分馏塔底未转化油作为中间产品排出装置（作催化裂化原料、润滑油基础油料、白油料等）。由此基本加氢裂化工艺流程示意Ⅰ-A

就延伸为单段一次通过加氢裂化工艺流程(英文简写 SSOT)。

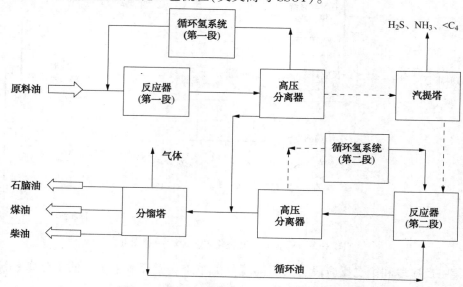

图 8-3-4　基本加氢裂化工艺流程示意图 I

2. 单段循环加氢裂化工艺流程

采用一种既能加氢精制，又能加氢裂化的催化剂，用第二反应段和分馏部分结合，新鲜原料油+循环油在第二反应段中加氢精制，并实现 35%~70% 的单程转化率，反应流出物进入分馏部分，分馏得到石脑油、煤油、柴油，分馏塔底未转化油循环到第二反应段反应器中，直至全部转化。由此基本加氢裂化工艺流程示意 I-A 就延伸为单段循环加氢裂化工艺流程(英文简写 SSREC)。

(二) 基本加氢裂化工艺流程示意图 II 的延伸

图 8-3-5 表示了基本加氢裂化工艺流程示意图 II 的延伸。

从图 8-3-5 基本加氢裂化工艺流程示意图 II 可看出：

该工艺流程由第一反应段(R-1、R-2)、第二反应段(R-3)及分馏部分组成。原料油在 R-1 加氢精制，直接进入 R-2，在 H_2S 和 NH_3 存在下进行加氢裂化反应，单程转化率 35%~70%。反应流出物经降温后与第二反应段来的反应流出物一起进入高压分离器，分离出的氢气进入循环氢压缩系统，高压分离器底油经降压后去分馏部分，分馏得到石脑油、煤油、柴油，分馏塔底未转化油进入第二反应段，可多次循环，直至全部转化。

1. 一段串联一次通过加氢裂化工艺流程

新鲜原料油在 R-1 加氢精制，在 H_2S 和 NH_3 存在下直接进入 R-2 进行加氢裂化反应，第一反应段反应流出物进入分馏部分，分馏得到石脑油、煤油、柴油，分馏塔底未转化油作为中间产品排出装置。由此基本加氢裂化工艺流程示意 II 就延伸为一段串联一次通过加氢裂化工艺流程。

图 8-3-6 表示了一段串联一次通过加氢裂化工艺流程示意图。

2. 一段串联全循环加氢裂化工艺流程

当一段串联一次通过加氢裂化得到的分馏塔底未转化油无法利用时，就需要将其升压循环到反应器，进一步加氢裂化，直至全部转化。由此基本加氢裂化工艺流程示意 II 就延伸为一段串联全循环加氢裂化工艺流程。

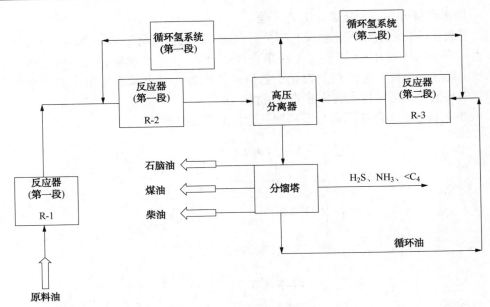

图 8-3-5 基本加氢裂化工艺流程示意图 II

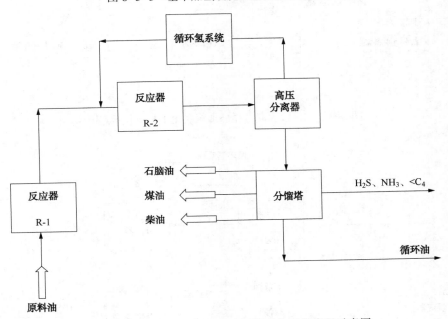

图 8-3-6 一段串联一次通过加氢裂化工艺流程示意图

根据需要，分馏塔底未转化油可循环到 R-1（图 8-3-7 中单虚线部分）。近年来，随着原料硫含量增加，腐蚀加剧，为了延长运转周期，提高产品质量，分馏塔底未转化油一般循环到新鲜原料油泵入口（图 8-3-7 中另一单虚线部分）。

图 8-3-7 表示了一段串联全循环加氢裂化工艺流程示意图。

随着新鲜原料油终馏点提高，稠环芳烃增加，为了延长运转周期，也有抽出 0.5%~5% 的分馏塔底未转化油进行第二次减压蒸馏，将 0.5%~5% 的第二减压蒸馏塔底物连续排出装置，由此产生的加氢裂化工艺流程仍称为一段串联全循环加氢裂化工艺流程。

3. 一段串联部分循环加氢裂化工艺流程

当加氢裂化分馏塔底未转化油只有部分可利用时，就需要将一部分循环到新鲜原料油泵入口，也可升压循环到 R-1（图 8-3-8 中单虚线部分），进一步加氢裂化，另一部分作为中间产品排出装置。由此产生的加氢裂化工艺流程仍称为一段串联部分循环加氢裂化工艺流程。部分循环的比例可根据未转化油的利用程度决定。

图 8-3-8 表示了一段串联部分循环加氢裂化工艺流程示意图。

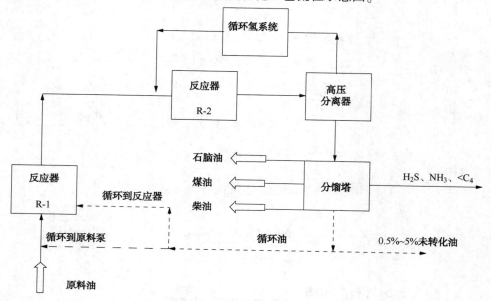

图 8-3-7　一段串联全循环加氢裂化工艺流程示意图

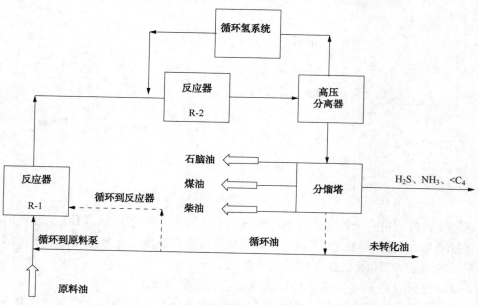

图 8-3-8　一段串联部分循环加氢裂化工艺流程示意图

三、基本加氢裂化工艺流程的创造

加氢裂化基本工艺流程是基于一种原料（或一种混合原料）为基础，实现不同转化率的工艺流程。对于多种原料，实现各自不同目的时，就派生了新的加氢裂化工艺流程。

（一）多种原料（或多种混合原料）加工的加氢裂化工艺流程

1. 加工多种原料的 APCU 工艺流程

APCU 工艺流程由 UOP 公司发明，由新鲜原料加氢处理+加氢裂化，增强式热高压分离器顶部气体与其他原料加氢后精制及共用的换热、分离、循环氢压缩和产品分馏系统组成的加氢裂化工艺流程。见图 8-1-18 及图 8-1-19。

2. 加工多种原料的选择性和反序相结合的分段加氢裂化工艺流程

选择性和反序相结合的分段加氢裂化工艺流程由 CLG 公司发明。由循环油加氢裂化、新鲜原料加氢处理、中间馏分油与热高压分离器气体一起加氢精制，共用高压分离系统及产品分馏形成的加氢裂化工艺流程。见图 8-1-23。

（二）多种产品生产的加氢裂化工艺流程

1. 加氢裂化-异构脱蜡组合加氢裂化技术工艺流程

由蜡油加氢裂化生产石脑油、煤油、柴油，加氢裂化未转化油异构脱蜡+补充精制生产溶剂油、白油、不同黏度等级润滑油基础油及相应的循环氢系统、分馏系统组成的加氢裂化-异构脱蜡组合加氢裂化工艺流程。

图 8-3-9 表示了加氢裂化-异构脱蜡组合加氢裂化技术工艺流程示意图。

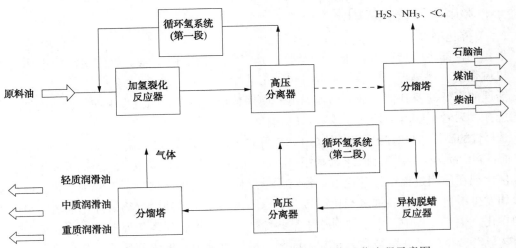

图 8-3-9　加氢裂化-异构脱蜡组合加氢裂化技术工艺流程示意图

2. 单一原料多产品加氢裂化工艺流程

单一蜡油原料加氢裂化生产石脑油、煤油、柴油、轻质白油、中质白油、轻质润滑油、中质润滑油和重质润滑油的加氢裂化工艺流程。

图 8-3-10 表示了单一原料多产品加氢裂化工艺流程示意图。

第四节　加氢裂化工艺流程的选择

加氢裂化是一个集催化反应技术、炼油技术、高压技术于一体的工艺装置，其工艺流程选择受催化剂性能、原料油性质、产品品种、产品质量、产品回收率、装置规模、建设地点、设备供应条件以及对装置灵活性的要求等因素影响。

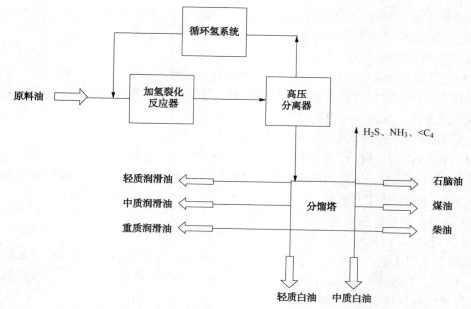

图 8-3-10　单一原料多产品加氢裂化工艺流程示意图

一、影响工艺流程的因素

(一)催化剂

催化剂性能主要指基本性能中的活性、选择性、稳定性,但工业使用性能中的再生性能、机械强度、耐热程度、装填密度等也对工艺流程产生一定的影响。

活性的高低涉及到催化剂的操作温度和使用数量,前者影响流程中加热设备的能力和型式的选择,后者影响反应器体积及数量的选择。

选择性的高低与目的产品产率有关,如果目的产品收率高,副产品少,除可节约原料使用量外,而且副产品易于分离,则工艺流程相对简单。反之,原料油消耗量大,分离流程复杂。

催化剂在使用过程中,理论上不参与化学反应,其活性、选择性不发生变化。但在实际上,均发生缓慢变化。对加氢裂化而言,其原因可能是原料油中毒物对催化剂活性组分或载体的毒化。生产过程中,由于原料油中某些烯烃、芳烃聚合、环化等反应产生的积炭和有机化合物氢解产生的金属覆盖在催化剂表面上;反应过程中,催化剂活性组分金属晶体粒子的长大,以及某些组分的挥发损失,均可降低催化剂的活性、选择性和稳定性。

加氢裂化催化剂影响工艺流程的典型事例是:采用贵金属无定形硅-铝载体催化剂或非贵金属晶型(分子筛)硅-铝载体催化剂,由于各催化剂对硫化氢、氨和碱性有机氮化物抵抗毒化能力的不同,其工艺流程明显的不一样。

(二)原料油

加工不同原料油和生产不同产品的加氢裂化装置,可以选用不同的催化剂,或对同一类型的催化剂,采用变更其金属组分和载体(无定形或晶型硅-铝)比例的办法加以适应。但在某些情况下,也可对工艺流程采取一些措施加以解决。例如:

原料油含水:由于水能使载体硅酸铝失去酸性活性,引起裂化活性下降。为此,在工艺流程中必须设置原料油脱水(缓冲罐、聚结器、旋流器、电脱水器等),使之在进反应器时,水含量降低到 $\leq 100 \mu g/g$。而且不能采用蒸汽作为稀释剂对失活催化剂进行再生。

原料油含硫：在反应过程中，原料油中的有机硫化物氢解后生成的硫化氢，大部分积存在循环氢气中，降低了循环氢气的氢纯度，即降低了氢分压，从而导致催化剂活性降低。此外，H_2S 的存在还会加剧设备的腐蚀。为了除去 H_2S，一般在循环氢压缩机入口前设置循环氢脱硫设施(包括沉降罐或旋流器、循环氢脱硫塔、贫溶剂罐、换热设备、贫溶剂泵、液力透平、富胺液闪蒸罐等)。反之，如果原料油硫含量过低，循环氢中的硫含量下降，会导致催化剂金属硫化物被还原，也能降低催化剂的加氢活性，因此，需对系统进行补硫(包括硫化剂罐、硫化剂泵等)。

原料油含氮：原料油中有机氮化物氢解生成的 NH_3，积存在循环氢气中。一般为了降低循环氢气中的 NH_3 浓度，防止形成 NH_4HS 沉积，采用在反应器流出物空冷前注入脱氧水，使 NH_4HS 溶于水中，为此在工艺流程设计上就需要设置注水设施(包括水罐、注水泵等)。

据 CLG 公司介绍，原料油的氮含量每增加 $500\mu g/g$，加氢处理催化剂的活性损失 $8.3 \sim 11.1℃$，寿命缩短 $6 \sim 12$ 个月；同样，加氢裂化催化剂的活性损失 $5.6 \sim 8.3℃$，寿命缩短 $6 \sim 12$ 个月。因此，对工业装置而言，如果原料的氮含量高，或终馏点和氮含量都高，要想使运转周期达到 2a 以上，也只能采用两段工艺流程。如果采用贵金属催化剂 ICR-220，只能采用两段工艺流程[21]。

原料油的供应能力：加氢裂化加工原料油量超过一定限度时，就需要采用两段加氢裂化工艺流程或双系列加氢裂化工艺流程。

图 8-4-1 表示了共用冷高压分离器的双系列加氢裂化工艺流程，图 8-4-2 表示了共用分馏系统的双系列加氢裂化工艺流程。

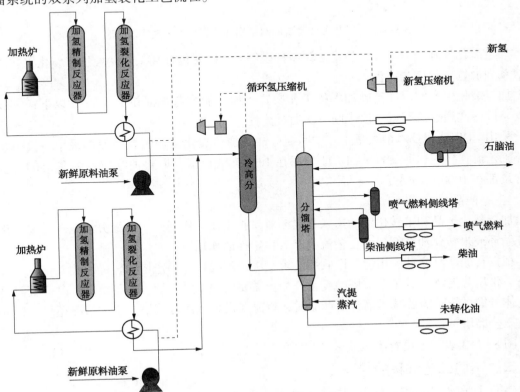

图 8-4-1　共用冷高压分离器的双系列加氢裂化工艺流程示意图

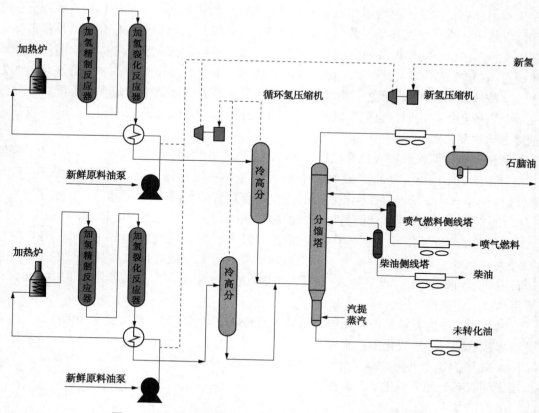

图 8-4-2　共用分馏系统的双系列加氢裂化工艺流程示意图

　　加氢裂化处理能力不大，但受运输条件限制时，也可能需要采用两段加氢裂化工艺流程或双系列加氢裂化工艺流程。

　　加氢裂化生产润滑油基础油料的工业装置，加工能力通常都在 1.0 Mt/a 以下，一般都采用单段一次通过流程或一段串联一次通过流程。

　　采用 UOP 公司技术最大量生产中间馏分油的加氢裂化工业装置一般都采用一段串联全循环工艺流程。但这些装置的加工能力都在 1.0 Mt/a 以下，原料油终馏点都在 550℃ 左右，氮含量都在 $1000\mu g/g$ 左右[21]。

　　(三) 产品

　　加氢裂化产品和未转化油的需求程度，对是否采用一次通过、中馏分油循环、未转化油部分循环或未转化油全循环的工艺流程起着决定性的作用。

　　根据目的产品品种、用途及回收率要求，决定汽提塔、稳定塔、轻烃回收系统、气体脱硫塔、常压分馏塔、减压分馏塔的设置。如：需要丙烷、异丁烷、正丁烷产品时，就需要设置气体分馏系统；需要减压馏分油产品时，就需要设置减压分馏塔，个别情况还需要设置第二减压分馏塔。

　　图 8-4-3 表示了设置第二减压分馏塔的工艺流程示意图。

二、不同工艺流程的特点

（一）两段工艺流程的特点（与 SSREC 工艺比较）

● 灵活性很高，可以达到最高转化率（包括 100% 转化率）。

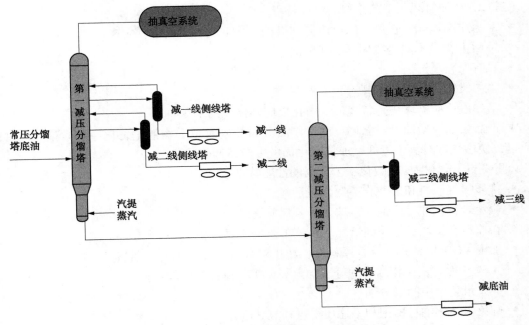

图 8-4-3　设置第二减压分馏塔的工艺流程示意图

- 较高的投资。
- 通过调整一段和二段反应器的转化率, 能够加工较差的原料。
- 干净的第二段: C_{5+} 产品收率最大 (最少的气体产率), 减少中间馏分的再裂化; 最少的氢消耗; 通过改变进入二段反应器的循环油切割点可以灵活调整石脑油和中间馏分产品分布, 产品收率灵活性最好 (例如: 能够生产最大喷气燃料/较少柴油, 或者最大量柴油/较少喷气燃料); 产品质量最好; 循环氢排放最少或者循环氢不排放。
- 也可以用于生产润滑油基础油。
- 进入第二段反应器原料为干净原料 (有机硫和氮已经被除去), 因而需要较少的催化剂体积。
- 相对于一段循环式和一段一次通过式, 烷烃组分加氢裂化可得到高十六烷值柴油。

UOP 增强型两段加氢裂化工艺流程的性能特点:

- 总馏分收率提高 5%~6%。
- 产品方案中, 柴油选择性提高 7%~8%。
- 可产出高性能重质柴油 (超低硫柴油, ULSD)。
- 更低的 H_2 消耗 (约 7%)。
- 总催化剂体积减小 25%~30%。

(二) APCU 工艺流程的性能特点

- 处理减压瓦斯油不需对 FCC 汽油进行后处理便可直接生产超低硫汽油 (ULSG) 调和组分。
- 生产高十六烷值的超低硫柴油调和组分, 提高出厂柴油质量的灵活性。
- 同时加工其他柴油馏分进料, 生产符合调和要求的超低硫柴油。
- 同时生产能够满足重整装置进料要求的石脑油。
- 优化氢气的利用 (避免产品的过度处理)。

（三）OPC 加氢裂化工艺流程的性能特点
- 对劣质高氮原料在最小的反应器和最少催化剂装填情况下，实现较高的转化率。
- 灵活生产优质催化裂化进料和柴油。
- 具有原料灵活。
- 第二段反应器转化率高。
- 第二段反应器体积是常规加氢裂化反应器体积的 1/3～1/2。
- 产品煤油或柴油可以循环：改变产品分布的同时不影响催化裂化原料质量；改进产品质量；使催化进料氢含量低，加氢裂化仍可生产超低硫柴油。

（四）分段选择性加氢裂化工艺流程的性能特点
- 优质喷气燃料和柴油收率低、质量好。
- 避免未转化油过度饱和，这使得氢耗显著降低。
- 在原料和工艺目标相同情况下，该工艺反应器体积小。
- 加工 VGO 和 HCGO 混合原料时，转化率可达 70%，运转周期超过 2 年。

（五）选择性和反序相结合的分段加氢裂化工艺流程的性能特点
- 最大量生产中间馏分油。
- 避免未转化油过度饱和，这使得氢耗显著降低。
- 优化氢气利用，在最大量生产中间馏分油和优质催化裂化原料时氢耗最小。
- 加工 VGO 和 HCGO 混合原料时，转化率可达 70%，运转周期超过 2 年。

三、工艺流程的选择

（一）高芳烃潜含量石脑油的生产

加氢裂化主要反应特征之一，多环芳烃加氢饱和、饱和环开环及其侧链断裂易于进行，而单环则难于打开。在重质馏分油加氢裂化时，虽然环烷环、芳烃相连的侧链及环可破坏掉，但仍保留较多的单环。因此，所产的石脑油，环状化合物含量高，是提供催化重整生产苯、甲苯、二甲苯的优质原料。

加氢裂化产品重石脑油中的环状化合物含量与原料油中的环状化合物含量密切相关，比例约为 0.85～0.95。如果用特性因数 K 表示原料油中的环状化合物含量，则原料油 K 值低，所得重石脑油中的环烷烃及芳烃含量就较高；反之，环烷烃及芳烃含量就较低。这一规律，对不同形式的加氢裂化催化剂、不同的工艺流程均适用。

中原减压馏分油（代号 Z）、辽河减压馏分油（代号 L）、管输减压馏分油（代号 G）掺 LCO 的实验表明：重石脑油产率 30% 左右时，原料油中环烷烃+芳烃总含量越高，重石脑油芳烃潜含量越高。

图 8-4-4 表示了原料油中环烷烃+芳烃总含量与重石脑油芳烃潜含量关系[22]。

因此，要多生产高芳烃潜含量石脑油时，应尽量采用直馏芳香基原料油或二次加工装置生产 LCO 或 CGO。

图 8-4-5 表示了 UOP 公司的 LCO-X 工艺流程示意图[23]。

当原料油供应受到一定限制，又要有多产

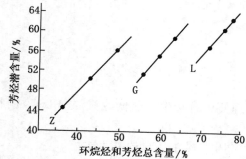

图 8-4-4　原料油中环烷烃+芳烃总含量与重石脑油芳烃潜含量关系

催化重整原料时，可采用单段全循环、一段串联全循环工艺流程、两段加氢裂化工艺流程。

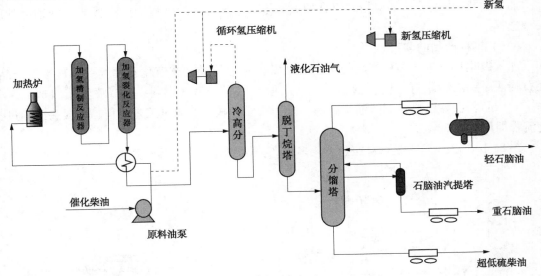

图 8-4-5 UOP 公司的 LCO-X 工艺流程示意图

当原料油供应充足，对未转化油有要求时，单段一次通过、一段串联一次通过。APCU 加氢裂化工艺流程、OPC 加氢裂化工艺流程、$H-Oil_{DC}$ 加氢裂化工艺流程、选择性和反序相结合的分段加氢裂化工艺流程是部分转化，可生产优质重石脑油的最新工艺流程。

当加氢裂化加工量大，反应器制造或运输有困难，可采用两段加氢裂化工艺流程。

FHC-FHF 加氢裂化工艺流程可以实现在原料条件不太好的情况下，最大量生产优质重石脑油。

（二）优质中间馏分油的生产

中间馏分油包括民用煤油、喷气燃料和柴油。民用煤油主要指灯用煤油及炉用煤油。

芳烃自燃点高（450~700℃），燃烧延迟时间长，燃烧时具有较大的烟焰，由热辐射放出大部分化学能，造成发动机结焦。芳烃还容易吸水，导致高空结冰堵塞管路。因此，灯用煤油要求芳烃 8%~15%，最好 10%，喷气燃料要求芳烃≤20%。柴油要求多环芳烃≤11%（也有标准要求≤8%）。加氢裂化原料油最好不选用芳烃含量高的直馏或二次加工原料油，否则，会消耗较多的氢气、需要更高压力或更多的催化剂。

当要求多产喷气燃料，又要有多产柴油的灵活性时，一般应选择分子筛催化剂。

当要求多产柴油，又不要有多产喷气燃料的灵活性时，一般应选择无定形催化剂或分子筛催化剂。

当原料油供应受到一定限制，又要有多产中间馏分油时，可采用一段串联全循环工艺流程、单段全循环工艺流程。

当原料油供应充足，对未转化油有要求时，可采用一段串联部分循环工艺流程或一段串联一次通过工艺流程。APCU 加氢裂化工艺流程、OPC 加氢裂化工艺流程、$H-Oil_{DC}$ 加氢裂化工艺流程、选择性和反序相结合的分段加氢裂化工艺流程是部分转化，生产优质中间馏分油的最新工艺流程。

当加氢裂化加工量大，反应器制造或运输有困难，可采用两段加氢裂化工艺流程。

反序加氢裂化工艺流程（SSRS）、Hycycle 加氢裂化工艺流程在降低投资和加工费用的同时，能够得到最大优质中间馏分油质量的产品及最大的中间馏分油收率。

加氢裂化-中馏分油加氢精制组合加氢裂化工艺流程是较低压力生产优质中间馏分油的一种选择。

（三）多种产品的联产

加氢裂化具有生产多种产品的功能，可以在一套装置生产液化石油气——直接作产品、轻石脑油——乙烯原料、重石脑油——催化重整原料、喷气燃料——3#喷气燃料产品、柴油——产品、乙烯原料、润滑油基础油，采用一段串联一次通过工艺流程、单段一次通过工艺流程即可生产。

图8-4-6表示了低硫原料加氢裂化多联产分馏部分工艺流程示意图。

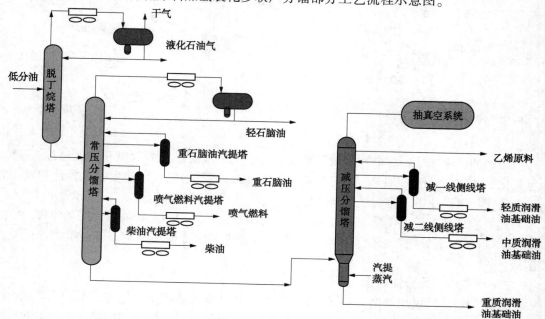

图8-4-6　低硫原料加氢裂化多联产分馏部分工艺流程示意图

（四）工艺流程选择

1）加工含硫或高硫原料时，应设置循环氢脱硫流程；

2）对节能有要求，装置规模较大，技术经济合理的条件下，可设置热高分流程、热高分油液力透平流程、冷高分油液力透平流程、富胺液液力透平流程；

3）循环氢纯度较低，氢气成本较高，装置规模较大，技术经济合理的条件下，可设置循环氢提纯流程；

4）对液化石油气回收率有要求时，可设置轻烃吸收流程；

5）需要正丁烷、异丁烷产品的装置，可设置液化石油气分馏流程；

6）对液化石油气、塔顶气、低分气硫含量有要求时，可分别设置液化石油气、塔顶气、低分气脱硫流程；

7）需要生产润滑油基础油时，可设置减压分馏流程；

8）要求95%以上转化率的装置，可设置尾油循环流程。

（五）工艺流程选择的思考

加氢裂化工艺流程选择：①确定加工装置规模、建设地点、原料条件、氢气条件、建设地点条件、产品质量标准、主产品收率要求、副产品回收率要求。②选择专利商,根据相应专利商工艺流程的性能特点,选择适宜的工艺流程。③根据模拟计算结果、节能环保要求及工程技术开发,确定初步的工程应用工艺流程。④根据装置建设地点,确定主要设备制造、运输条件,核实或修改工程应用工艺流程。

加氢裂化工艺流程选择随装置规模、工程技术开发、催化剂技术开发、设备制造技术、新材料技术、节能技术、环保技术、产品质量和收率要求、运输条件、现场组焊技术、连续运转周期的变化而变化。

世界范围应用的馏分油加氢裂化工艺流程 95% 以上为固定床(即滴流床)加氢裂化工艺流程,随着馏分油沸腾床加氢裂化工艺流程的工业应用,悬浮床、浆态床工艺流程的开发,不远的将来,各种床型的应用,将改变加氢裂化工艺流程,也将产生更多各种床型组合的加氢裂化工艺流程。

图 8-4-7 表示了加氢裂化工艺流程选择框图示意图。

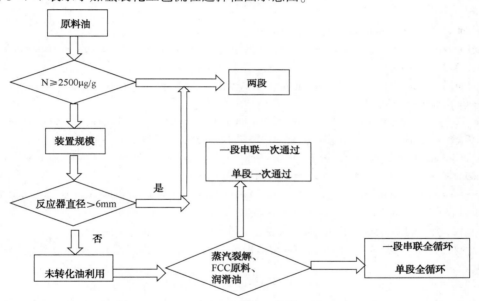

图 8-4-7　加氢裂化工艺流程选择框图示意图

从图 8-4-7 可看出:加氢裂化工艺流程选择的依据之一,反应器直径已由 5mm 放宽到 6mm,且重量不受限制。一是制造技术的发展,在反应器制造厂已可生产直径 6mm,厚度>340 mm 的反应器;二是现场组焊技术的发展,可不必将反应器组焊完成运输到现场,运输锻件,现场组焊也完全可达到技术要求。

参 考 文 献

[1] Tina Swangphol, Morgan McCauley, Michael Hu, et al. A Bold Move in Hydrocracking Catalyst Selection Resulted in a Significant Boost in Hydrocracker Margins[C]. NPRA Annual Meeting, San Diego, CA, 2008, AM-08-92.

[2] A J Dahlberg, M M Habib, R L Howell, et al. Process and Catalyst Innovations in Hydroprocessing for Minimum Capital Solutiongs in Fuels Production[C]. presentation to PETEM conference, 2002.

[3] Light S D, et al. HydroCarbon Processing, 1981, 60(5): 93-95.

[4] A G Bridge, U K Mukherjee. Isocracking Hydrocracking for Superior Fuels and Lube Production[M]. Handbook

of Petroleum Refining Processes, 3[rd]ed., R A Meyers ed., Chapter 7. 1, Mcgraw-Hill, 2003.

[5] Roger Lawrence, David Mye, Hemant Gala, et al. Hydrocracking Technology Innovations for Seasonal and E-conomic Flexibility[C]. NPRA Annual Meeting, San Phoenix AZ, 2010, AM-10-144.

[6] Donald B. Ackelson, Vasant Thakkar, Bart Dziabala. Innovative Hydrocracking Applications for Conversion of Heavy Feedstocks[C]. NPRA Annual Meeting, San Antonio, TX, 2007, AM-07-47.

[7] Robert Wade, Theo Maesen, Jim Vislocky, et al. Hydrocracking catalyst developments and innovative process-ing [C]. NPRA Annual Meeting, San Antonio, TX, 2009, AM-09-12.

[8] 曾茜, 柳广厦, 于承祖等. 单段反序串联全转化加氢裂化新工艺[J]. 炼油技术与工程, 2010, 40(2): 1-5.

[9] Technologies to meet Asia's refining challenges[J]. Hydrocarbon Asia, 2002, January/February: 33-42.

[10] 黎元生, 马艳秋. 重馏分油加氢裂化工艺和催化剂的新进展[J]. 工业催化, 2004, 12(2): 1-7.

[11] T. N. Kalnes, V. P. Thakkar, T. L. Marker, et al. Advanced partial conversion Unicracking technology: a profitable clean fuel solution [C]. European Refining Technology Comference 7th Annual Meeting, Paris: 2002.

[12] Vasant P Thakkar. Petroleum Technology Quarterly, Winter, 2004.

[13] Harjeet Virdi, Gary Sieli, Dan Torchia. Impact of Processing Heavy Coker Gas Oils in Hydrocracking Units [C]. NPRA Annual Meeting, San Phoenix AZ, 2010, AM-10-154.

[14] Jean Mare Papon, Jay Parekh, Art Dahlberg l, et al. Premcor heavy oil upgrade project [C]. NPRA Annual Meeting, San Antonio, TX, 2002, AM-02-59.

[15] Law David V. Hydrocracking: Past, Present and Future[C]. Petroleum Technology Quarterly Winter, 2000.

[16] 沈燕华. 国外馏分油加氢裂化技术新进展[J]. 当代石油化工, 2004, 12(7): 37-41.

[17] Alain Billon, John Duddy, Férédric Morel, et al. A novel approach to attain new fuel specifications[J]. Pe-troleum Technology Quarterly, 1999/2000(Winter): 51-59.

[18] GovanonNongbri, et al. Mild Hydrocracking of Virgin Vacuum Gas Oil, Coker Gas Oil with the T-STAR Process [C]. NPRA Annual Meeting, San Antonio, TX, 1996, AM-96-60.

[19] 李立权. 加氢裂化装置操作指南[M]. 北京: 中国石化出版社, 2005: 95-125.

[20] 李立权, 师敬伟, 曾茜. 含硫蜡油加氢裂化装置分馏流程的优化设计[J]. 炼油技术与工程, 2003, 33(1): 44-50.

[21] 姚国欣, 刘伯华, 廖健. 加氢裂化技术发展的思考[J]. 炼油设计, 2000, 30(4): 7-10.

[22] 赵晓青, 郭文良, 魏宜谦. 加氢裂化提高重石脑油芳潜新工艺[C]//. 加氢制氢装置工程设计40年论文集. 洛阳石油化工工程公司, 1996. 102-109.

[23] James A. Johnson. Stanley Frey, Dr. Vasant Thakkar. Unlocking High Value Xylenes From Light Cycle Oil[C]. NPRA Annual Meeting, San Antonio, TX, 2007, AM-07-40.

[24] 李立权, 陈崇刚. Sheer 加氢裂化技术——第一代 Sheer 加氢裂化技术开发[J]. 炼油技术与工程, 2013, 43(2): 1-5.

[25] 李立权, 陈崇刚, 陈剑等. Sheer 加氢裂化技术——第一代 Sheer 加氢裂化技术的工业验证[J]. 炼油技术与工程, 2013, 43(6): 1-5.

[26] 牟银钢, 黄维章. 加氢裂化-加氢精制平行进料工艺的首次工业应用[J]. 炼油技术与工程, 2011, 41(4): 4-11.

第九章 高压下加氢裂化物系的物理化学性质

加氢裂化装置运行在高压(操作压力 8~18MPa)、高温(平均反应温度 320~425℃)、临氢(氢纯度 80%~99.9%)环境下,反应产生 H_2S、NH_3、甲烷、乙烷、丙烷等气体组分,轻石脑油、重石脑油、喷气燃料、柴油、润滑油基础油等液体组分,加工原料为减压馏分油、焦化蜡油、减黏蜡油、溶剂脱沥青油、催化裂化循环油等重质油品,由于体系复杂,了解和掌握高压加氢裂化所涉及的各种物系的有关物理化学性质,并取得可靠的数据将是十分重要的。

第一节 高压加氢裂化涉及的物系特点及对物理性质的影响

一、高压加氢裂化涉及的物系特点及物性

(一) 高压加氢裂化物系特点

- 高压原料油(原料油泵升压后)——高压液相重质油品;
- 高压下原料油+H_2+轻烃的混合物(原料油泵升压后与循环氢混合)——高压两相分子相差很大的混合物;
- 高压下 H_2+轻烃的混合物(循环氢)——高压气相分子较小的混合物;
- 高压下 H_2+H_2S+轻烃的混合物(冷高分气)——含 H_2S 的高压气相分子较小的混合物;
- 高压下 H_2+H_2S+NH_3+轻烃+轻油的混合物(热高分气)——含 H_2S 的高压两相分子较小的混合物;
- 高压下 H_2+H_2S+NH_3+轻烃+轻油+中馏分油的混合物(热高分气)——含 H_2S 的高压两相分子连续但跨度较大的混合物;
- 高压下 H_2+H_2S+NH_3+轻烃+轻油+中馏分油+蜡油的混合物(反应流出物)——含 H_2S 的高压两相从轻到重分子连续的混合物;
- 高压下 H_2O+H_2S+NH_3混合物(冷高分水相)——高压下的弱电解质体系;
- 高压下 H_2+H_2O+H_2S+MDEA 混合物(循环氢脱硫塔内)——高压下涉及反应、溶解、电离体系。

以上特点表明:高压加氢裂化物系涉及最轻的 H_2 到重质油品,高压液相、气相、气液混相,弱电解质体系,反应、溶解、电离体系等,可谓广泛、复杂。

(二) 高压加氢裂化物性

- 焓、熵、比热容、密度等热力学及容量性质;
- 黏度、热导率、扩散系数、表面张力等传递性质;
- 相对分子质量、正常沸点、临界温度、临界压力、偏心因子等基本物理性质;
- 气液分离的相平衡常数等。

以上特点表明:高压加氢裂化物性涉及数据多,加上 H_2 的量子效应,使物性计算复杂,获得可靠的物性数据困难。

二、氢和轻烃的特殊性质及对加氢裂化物系的影响

（一）氢和以甲烷为主的轻烃的特殊性质及对加氢裂化物系的影响

氢在元素周期表中位于第一位。它的原子是所有原子中最小的。表9-1-1列出了氢的性质[1]。

表 9-1-1　氢的性质

项　目	单　位	数　值
相对原子质量		1.00794
密度(气相)	g/cm³	0.08987
熔点	℃(K)	−259.125(14.025)
沸点	℃(K)	−252.882(20.268)
原子半径	pm	53
共价半径	pm	37.1
临界温度	℃(K)	−239.95(33.2)
比热容(标准)	J/(kg·℃)	14179
比热容(25℃)	J/(kg·℃)	14282
热导率	W/(m·K)	180.5
汽化热	kJ/mol	0.44936

从表9-1-1可看出：氢的原子体积很小，临界温度很低，分子之间的作用很小。氢的比热很大，是汽油标准状态比热容[2200J/(kg·℃)]的大约7倍，水标准状态比热容[4200J/(kg·℃)]的3倍多。

氢通常的单质形态是氢气，分子结构为球形分子。它是无色无味无臭，极易燃烧的由双原子分子组成的气体。由于氢具有表9-1-1所列的特殊性质，其行为有许多反常之处，如在烃(油)中的偏摩尔溶解热为正值(几千卡/摩尔)，表现为强烈的吸热反应，可产生"量子效应"，被称为"量子气体"。

由于氢的特殊性，使其物理性质偏离宏观上的规律。如一般物质(体系)的有些性质服从对应状态原理，即对比温度(体系的热力学温度 T 和临界温度 T_c 之比)

$$T_r = \frac{T}{T_c} \tag{9-1-1}$$

和对比压力(压力 P 和临界压力 P_c 之比)

$$P_r = \frac{P}{P_c} \tag{9-1-2}$$

恒定时，各物质的对比性质相近。而量子气体氢却偏离这一规律。为了使之适应对应状态原理，在其临界温度(K)和临界压力(以 atm 计)上加8来计算对比温度和对比压力：

$$T_r = \frac{T}{T_c + 8} \tag{9-1-3}$$

$$P_r = \frac{P}{P_c + 8} \tag{9-1-4}$$

氢的物理性质特殊性不仅表现在单质状态，而且也反映在由氢与其他物质(如烃类)等构成的混合体系中。如有氢溶解的液体烃类(油)体系的许多物理性质不能用对应状态原理

计算，特别在高温高压下，因为含氢混合体系的虚拟临界常数不能使用；含氢体系的密度和焓等性质，也不符合对应状态原理，只能采用氢和溶剂的偏摩尔量加和计算等。

加氢裂化的高压物系中，氢含量 80%～99.9%，甲烷含量 5%～15%，氢和甲烷的存在对体系的性质有重要影响。

表 9-1-2 列出了甲烷的性质[2]。

表 9-1-2　甲烷的性质

项　　目	单　　位	数　　值
相对分子质量		16.0425
相对蒸气密度	g/cm³	0.5(空气=1)
熔点	℃(K)	-182.47(90.68)
沸点	℃(K)	-161.519(111.631)
临界温度	℃(K)	-82.595(190.555)
临界压力	MPa	4.641

从表 9-1-2 可看出：甲烷的临界温度(-161.55℃)比氢(-239.95℃)高很多，但与甲烷在加氢裂化过程中所处的温度(50～440℃)相比，仍低很多。

氢、甲烷、乙烷等轻烃在加氢裂化过程中处于超临界状态，这就给气、液两相系统的处理带来麻烦。氢、甲烷、乙烷等轻烃分子均很小，与重质馏分油混合在一起，由于分子大小的差异，形成了极端不对称体系，高压环境又增加了处理的困难。

（二）加压下 H_2 在烃(油)中的溶解度

Park 等[3,4]试验得出了 H_2 在一些重正构烷烃和芳香烃中的溶解度。

表 9-1-3 列出了 H_2 在一些重正构烷烃中的溶解度(x_1 为 H_2 在体系中的摩尔分率)数据。

表 9-1-3　H_2 在正构烷烃中的溶解度

溶剂	温度/℃	压力/MPa	x_1	压力/MPa	x_1	压力/MPa	x_1
葵烷	71.15	4.46	0.0369	8.60	0.0682	14.46	0.1094
		7.13	0.0576	12.46	0.0958	17.39	0.1288
	100.05	4.41	0.0418	8.36	0.0760	12.93	0.1124
		5.96	0.0557	10.85	0.0963	15.04	0.1286
	150.05	3.71	0.0435	7.48	0.0851	11.32	0.1232
		4.82	0.0561	8.13	0.0914	11.66	0.1264
二十烷	50.05	3.26	0.0320	7.02	0.0663	12.91	0.1152
		3.40	0.0333	10.51	0.0964		
		6.77	0.0644	10.71	0.0978		
	100.05	2.23	0.0273	5.81	0.0686	8.69	0.0989
		2.41	0.0296	6.73	0.0776	10.40	0.1147
		3.09	0.0371	7.01	0.0811	11.82	0.1289
	150.05	2.81	0.0410	5.33	0.0756	7.75	0.1064
		3.97	0.0573	6.24	0.0874	9.30	0.1246

续表

溶剂	温度/℃	压力/MPa	x_1	压力/MPa	x_1	压力/MPa	x_1
二十八烷	75.05	3.53	0.0452	7.31	0.0895	11.11	0.196
		6.14	0.0764	9.59	0.1139	13.10	0.1487
	100.05	4.02	0.0572	8.00	0.1076	12.43	0.1572
		4.34	0.0614	8.41	0.1123		
	150.05	2.86	0.0503	5.43	0.0921	8.74	0.1407
		2.95	0.0524	6.23	0.1047	9.53	0.1511
三十六烷	100.05	4.34	0.0747	7.47	0.1235	11.24	0.1728
		4.11	0.0677	8.32	0.1287	14.32	0.2001
		4.90	0.0813	9.62	0.1453	16.75	0.2271
	150.05	3.56	0.0720	7.24	0.1355	11.08	0.1941
		4.42	0.0881	8.39	0.1545	12.00	0.2080

从表 9-1-3 可看出：H_2 的溶解度与正构烷烃相对分子质量、温度、压力成正比。

表 9-1-4 列出了 H_2 在芳香烃中的溶解度(x_1 为氢在体系中的摩尔分率)数据。

表 9-1-4 H_2 在芳香烃中的溶解度

溶剂	温度/℃	压力/MPa	x_1	压力/MPa	x_1	压力/MPa	x_1
苯	50.05	4.07	0.0123	8.22	0.0245	11.97	0.0351
		4.56	0.0138	9.80	0.0290	15.73	0.0455
	100.05	2.55	0.0103	5.60	0.0233	11.51	0.0477
		4.15	0.0173	7.57	0.0316	12.71	0.0523
	150.05	4.05	0.0207	7.07	0.0381	10.44	0.0569
		4.85	0.0254	7.40	0.0400	10.73	0.0585
萘	100.05	5.29	0.0157	11.80	0.0346	18.53	0.0530
		5.50	0.0165	12.35	0.0362	19.39	0.0553
	150.05	4.29	0.0166	8.77	0.0337	14.08	0.0534
		4.84	0.0189	9.95	0.0385	15.21	0.0567
		7.06	0.0273	12.46	0.0470		
菲	110.05	6.33	0.0165	12.83	0.0328	19.79	0.0492
		8.85	0.0228	15.78	0.0398	21.69	0.0535
	150.05	5.89	0.0187	11.31	0.0354	16.74	0.0514
		7.14	0.0226	12.53	0.0391	18.25	0.0557
芘	160.05	5.17	0.0158	10.80	0.0325	16.97	0.0498
		6.05	0.0185	11.91	0.0358	19.73	0.0575

从表 9-1-4 可看出：H_2 的溶解度与芳香烃相对分子质量成反比，但与温度、压力成正比。

图 9-1-1 表示了不同温度、压力条件下 H_2 在柴油中的溶解度数据。

从图 9-1-1 可看出：H_2 的溶解度与柴油温度、压力成正比。

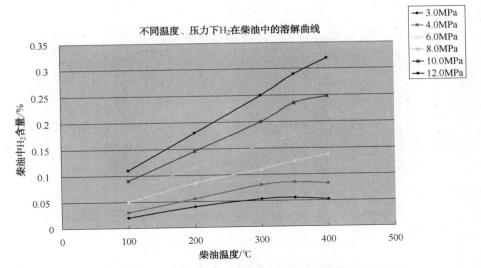

图 9-1-1　不同温度、压力条件下 H$_2$ 在柴油中的溶解度数据

图 9-1-2 表示了 8.0MPa 压力条件下，不同温度原料油品中 H$_2$ 的溶解度数据。

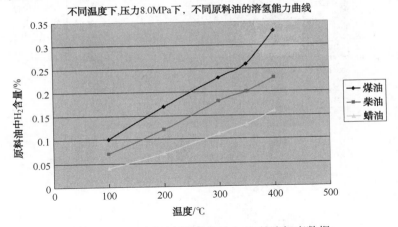

图 9-1-2　不同温度原料油品中 H$_2$ 的溶解度数据

　　从图 9-1-2 可看出：相同温度、压力条件下，H$_2$ 的溶解度：煤油＞柴油＞蜡油；温度增加，H$_2$ 在煤油、柴油、蜡油的溶解度相应增加。

　　图 9-1-3 表示了 H$_2$S 含量对 H$_2$ 在柴油中溶解度的影响。

　　从图 9-1-3 可看出：H$_2$S 含量增加，H$_2$ 在柴油的溶解度降低；压力越大，H$_2$S 对 H$_2$ 在柴油的溶解度影响越大。

　　（三）H$_2$S、NH$_3$、CH$_4$、C$_2$H$_6$、C$_3$H$_8$ 在油中的溶解规律

　　图 9-1-4 表示了以直馏柴油为基准的 H$_2$S 在柴油中溶解规律。

　　从图 9-1-4 可看出：温度在 100～200℃，随着温度增加，柴油中 H$_2$S 含量迅速减少；温度＞200℃，随着温度增加，柴油中 H$_2$S 含量缓慢减小；温度在 100～200℃，随着压力增加，柴油中 H$_2$S 含量迅速增加；温度＞200℃，随着压力增加，柴油中 H$_2$S 含量增加缓慢。

　　图 9-1-5 表示了以直馏柴油为基准的 NH$_3$ 在柴油中溶解规律。

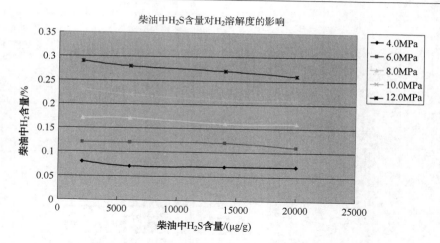

图 9-1-3　H_2S 含量对 H_2 在柴油中溶解度的影响

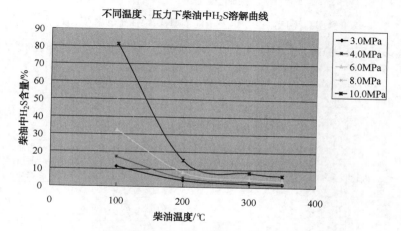

图 9-1-4　H_2S 在柴油中溶解规律

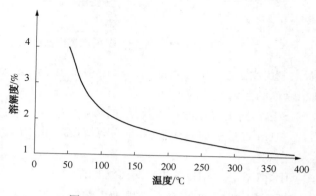

图 9-1-5　NH_3 在柴油中溶解规律

　　从图 9-1-5 可看出：温度<100℃，随着温度增加，柴油中 NH_3 含量迅速减少；温度>100℃，随着温度增加，柴油中 NH_3 含量缓慢减小。

　　图 9-1-6 表示了以直馏柴油为基准的 CH_4 在柴油中溶解规律。

　　从图 9-1-6 可看出：温度<100℃，随着温度增加，柴油中 CH_4 含量减少；温度>100℃，随着温度增加，柴油中 CH_4 含量缓慢增加。压力越高，CH_4 溶解量越大。

图 9-1-7 表示了以直馏柴油为基准的 C_2H_6 在柴油中溶解规律。

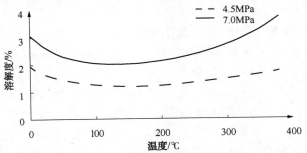

图 9-1-6　CH_4 在柴油中溶解规律

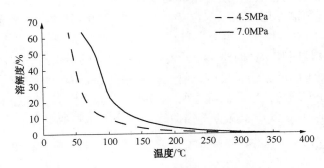

图 9-1-7　C_2H_6 在柴油中溶解规律

从图 9-1-7 可看出：温度<100℃，随着温度增加，柴油中 C_2H_6 含量迅速减少；温度> 100℃，随着温度增加，柴油中 C_2H_6 含量缓慢减小。压力越高，C_2H_6 溶解量越大，温度> 300℃后，C_2H_6 溶解量很小，数值接近相同。

图 9-1-8 表示了以直馏柴油为基准的 C_3H_8 在柴油中溶解规律。

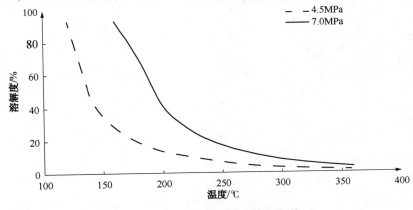

图 9-1-8　C_3H_8 在柴油中溶解规律

从图 9-1-8 可看出：温度<200℃，随着温度增加，柴油中 C_3H_8 含量迅速减少；温度> 200℃，随着温度增加，柴油中 C_3H_8 含量缓慢减小。压力越高，C_3H_8 溶解量越大。

三、对含 H_2、H_2S、NH_3、H_2O、轻烃和油的物系的处理方法

（一）处理思路

为了获得高压加氢裂化过程中各种物系的物理性质数据，必须对这类含 H_2、H_2S、

NH_3、H_2O、轻烃和油的物系作必要的处理。

　　除纯组分性质确定外，油是组成不确定的复杂混和物，加氢裂化装置可能加工一种或多种原料油，生成的产品包括轻石脑油、重石脑油、煤油、柴油、润滑油基础油等，各馏分的沸程宽窄不等，组成不同(几千至几十万个分子)，不能笼统用简单方式表示。20 世纪 30 年代，Katz 和 Brown 提出了"拟组分"的概念，他们指出：复杂体系如石油馏分，其组成通常表示为一个蒸馏曲线(如实沸点蒸馏曲线、恩氏蒸馏曲线)，可以被看作有限数目精确切割的窄馏分混合物。每一个窄馏分都可被当作一个纯组分处理，称为"拟组分"或"虚拟组分"，同时以窄馏分的平均沸点、密度、平均相对分子质量等表征各个拟组分的性质。在工艺计算过程中，将"拟组分"等同于纯组分进行模拟计算。这样，无论是加氢裂化加工的原料油，还是反应产物就均可表示为不同拟组分组成的混合物系。

　　实沸点蒸馏具有精馏作用，在一定意义上反映了石油馏分的组分分布，窄馏分切割的馏分宽度一般为：15~20℃，切割的组分数目越多，馏分越窄，越能反映组分分布的性质，但组分数目越多，计算越困难，耗时越多，也受计算机允许的最大组分限制。

　　加氢裂化装置加工的原料油、反应产物及分馏得到的石油产品，由于组分的复杂性，即使在一个很窄的馏分范围内，也无法确定所含每一个组分的性质，工程上只能用隐含的平均性质来表示。图 9-1-9 表示了 实沸点蒸馏曲线用积分法切割拟组分的示意。

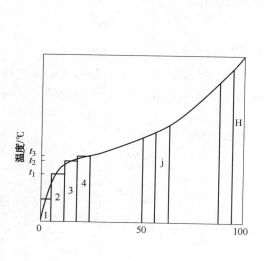
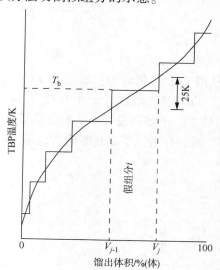

图 9-1-9　实沸点蒸馏曲线用积分法切割拟组分示意

　　图 9-1-9 的实沸点蒸馏曲线用函数表示为：

$$TBP = TBP_{(V)} \tag{9-1-5}$$

　　图 9-1-9 中每一个阶梯下面对应的面积代表切割的一个拟组分，实际上是一段窄馏分。如第 j 个拟组分，体积百分数为切割的体积区间 $V_j - V_{j-1}$，该拟组分的(平均)实沸点为：

$$TBP_j = (V_j - V_{j-1})^{-1} \int_{V_{j-1}}^{V_j} TBP_{(V)} \, dv \tag{9-1-6}$$

　　由于 $TBP_{(V)}$ 是一个隐函数，并不能严格积分。只有当两个切割点温度足够小时，才可以用 TBP_{j-1} 和 TBP_j 的算术平均值来代替拟组分 j 的实沸点，称为中沸点 $T_{\frac{1}{2}}$，即：

$$TBP_j = T_{\frac{1}{2}} = 0.5(TBP_{j-1} - TBP_j) \tag{9-1-7}$$

由于实沸点蒸馏所需样品多，通常只对原油作此蒸馏，而对馏分油，只做恩氏蒸馏，工程计算前往往需要将恩氏蒸馏数据换算为实沸点蒸馏数据。恩氏蒸馏曲线各段温差与实沸点蒸馏曲线各段温差互相换算的数学模型为[5]：

$$\Delta T_{t_1} = a_1 \times \Delta T_{a_1} + a_2 \times \Delta T_{a_1}^{1.65} + a_3 \times \Delta T_{a_1}^2 + a_4 \times \Delta T_{a_1}^{4.5} \tag{9-1-8}$$

$$\Delta T_{t_2} = a_1 \times \Delta T_{a_2} + a_2 \times \Delta T_{a_2}^{1.5} + a_3 \times \Delta T_{a_2}^{3.79} + a_4 \times \Delta T_{a_2}^{4.99} \tag{9-1-9}$$

$$\Delta T_{t_3} = a_1 \times \Delta T_{a_3} + a_2 \times \Delta T_{a_3}^{1.5} + a_3 \times \Delta T_{a_3}^{3.8} + a_4 \times \Delta T_{a_3}^6 \tag{9-1-10}$$

$$\Delta T_{t_4} = a_1 \times \Delta T_{a_4} + a_2 \times \Delta T_{a_4}^{1.55} + a_3 \times \Delta T_{a_4}^{3.79} + a_4 \times \Delta T_{a_4}^{3.3} \tag{9-1-11}$$

$$\Delta T_{t_5} = a_1 \times \Delta T_{a_5} + a_2 \times \Delta T_{a_5}^{1.65} + a_3 \times \Delta T_{a_5}^{3.3} \tag{9-1-12}$$

$$\Delta T_{t_6} = a_1 \times \Delta T_{a_6} + a_2 \times \Delta T_{a_6}^{2.59} + a_3 \times \Delta T_{a_6}^{2.92} \tag{9-1-13}$$

$$\Delta T_{a_1} = a_1 \times \Delta T_{t_1}^{1.29} + a_2 \times \Delta T_{t_1}^{1.3} + a_3 \times \Delta T_{t_1}^{3.5} \tag{9-1-14}$$

$$\Delta T_{a_2} = a_1 \times \Delta T_{t_2}^{0.9} + a_2 \times \Delta T_{t_2}^{2.8} + a_3 \times \Delta T_{t_2}^{3.8} + a_4 \times \Delta T_{t_2}^6 \tag{9-1-15}$$

$$\Delta T_{a_3} = a_1 \times \Delta T_{t_3}^{0.9} + a_2 \times \Delta T_{t_3}^{2.8} + a_3 \times \Delta T_{t_3}^{3.8} + a_4 \times \Delta T_{t_3}^{5.5} \tag{9-1-16}$$

$$\Delta T_{a_4} = a_1 \times \Delta T_{t_4}^{0.9} + a_2 \times \Delta T_{t_4}^{2.2} + a_3 \times \Delta T_{t_4}^{2.89} + a_4 \times \Delta T_{t_4}^6 \tag{9-1-17}$$

$$\Delta T_{a_5} = a_1 \times \Delta T_{t_5}^{0.9} + a_2 \times \Delta T_{t_5}^{1.9} + a_3 \times \Delta T_{t_5}^{3.1} + a_4 \times \Delta T_{t_5}^4 \tag{9-1-18}$$

$$\Delta T_{a_6} = a_1 \times \Delta T_{t_6}^{0.3} + a_2 \times \Delta T_{t_6}^{1.4} + a_3 \times \Delta T_{t_6}^{2.3} + a_4 \times \Delta T_{t_6}^4 \tag{9-1-19}$$

式中　ΔT_{a_1}、ΔT_{a_2}、ΔT_{a_3}、ΔT_{a_4}、ΔT_{a_5}、ΔT_{a_6}——依次为恩氏蒸馏馏出体积分数 $0 \sim 10\%$、$10\% \sim 30\%$、$10\% \sim 30\%$、$30\% \sim 50\%$、$50\% \sim 70\%$、$70\% \sim 90\%$、$90\% \sim 100\%$ 各段温度差，℃；

ΔT_{t_1}、ΔT_{t_2}、ΔT_{t_3}、ΔT_{t_4}、ΔT_{t_5}、ΔT_{t_6}——依次为实沸点蒸馏馏出体积分数 $0 \sim 10\%$、$10\% \sim 30\%$、$10\% \sim 30\%$、$30\% \sim 50\%$、$50\% \sim 70\%$、$70\% \sim 90\%$、$90\% \sim 100\%$ 各段温度差，℃；

a_1、a_2、a_3、a_4——公式系数。

由恩氏蒸馏 50% 点温度计算两曲线 50% 点温差的数学模型为：

$$\Delta T = a_1 + a_2 \times T_a^2 + a_3 \times T_a^3 + a_4 \times \Delta T_a^{3.7} \tag{9-1-20}$$

式中　T_a——恩氏蒸馏 50% 点的温度，℃；

ΔT——实沸点蒸馏 50% 点温度与恩氏蒸馏 50% 点温度温差，℃。

使用时应注意：

1）适用于特性因数 $K = 11.8$，沸点低于 427℃ 的油品。

2）凡恩氏蒸馏温度 >246℃ 时，考虑到裂化的影响，须进行温度校正：

$$\lg D = 0.00852T - 1.691 \tag{9-1-21}$$

式中　D——温度校正值（加至 T 上），℃；

T——超过 246℃ 的恩氏蒸馏温度，℃。

3）ΔT_{a_1} 使用的温差为 $0 \sim 50℃$，ΔT_{a_2}、ΔT_{a_3}、ΔT_{a_4}、ΔT_{a_5} 使用的温差为 $0 \sim 100℃$，ΔT_{a_6} 使用的温差为 $0 \sim 53℃$；

4）适用的加氢裂化原料馏出温度为 $38 \sim 483℃$；

5）ΔT_{t_1} 和 ΔT_{t_6} 适用温差为 $0\sim70℃$ ，ΔT_{t_2}、ΔT_{t_3}、ΔT_{t_4}、ΔT_{t_5} 适用温差为 $0\sim114℃$ 。

图 9-1-10 是典型重石脑油的恩氏蒸馏（ASTM D86）和实沸点蒸馏（TBP）曲线。

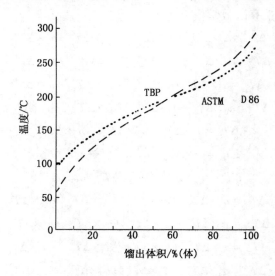

图 9-1-10　重石脑油典型恩氏蒸馏和实沸点蒸馏曲线

从图 9-1-10 可看出：重石脑油典型恩氏蒸馏和实沸点蒸馏曲线之间有一定差别。目前，商业软件采用 API 法[6]，不需要进行裂化修正，其换算关系为：

$$(TBP)_i = a_i\,(1.8TD86_i)^{b_i} \qquad (9\text{-}1\text{-}22)$$

式中，TBP 同前，为实沸点，K；$TD86$ 为恩氏蒸馏的馏分温度，K；下标 i 为馏出体积点，a_i，b_i 为随馏出体积分率变化的模型参数，数值列于表 9-1-5 中。

表 9-1-5　实沸点蒸馏与恩氏蒸馏温度转换常数

馏出体积/%	a_i	b_i	平均偏差/℃	适用温度范围/℃	
				TBP	ASTM D86
0	0.5093	1.0019	11.6	−45～324.4	22.8～315
10	0.2932	1.0900	6.2	10.6～293.9	36.1～306
30	0.4127	1.0425	4.2	36.1～310	48～313
50	0.4956	1.0176	3.4	57.2～320	59～320
70	0.4836	1.0226	3.7	67.2～330	66～327
90	0.5272	1.0110	4.4	82.7～350	74～342
95	0.4449	1.0355	6.1	72.8～423	72～399

通过式（9-1-7）、式（9-1-8）和表 9-1-5 可求得窄馏分的 $T_{\frac{1}{2}}$ 。

$d_{15.6}^{15.6}$ 可通过实测得到，也可通过下式计算[7]：

$$d_{15.6}^{15.6} = 1.216\,\frac{(T_{\frac{1}{2}})^{\frac{1}{3}}}{KF} \qquad (9\text{-}1\text{-}23)$$

式中　KF——宽馏分的特性因数。

如果已知 API 度，也可通过表 9-1-6 查取。

表 9-1-6　*API* 度与相对密度换算表

API 度	$d_{15.6}^{15.6}$	d_4^{20}	API 度	$d_{15.6}^{15.6}$	d_4^{20}
10	1.0000	0.9968	22.5	0.9188	0.9149
10.5	0.9965	0.9933	23.0	0.9159	0.9120
11.0	0.9930	0.9897	23.5	0.9129	0.9090
11.5	0.9895	0.9852	24.0	0.9100	0.9060
12.0	0.9861	0.9828	24.5	0.9071	0.9031
12.5	0.9826	0.9794	25.0	0.9042	0.9002
13.0	0.9792	0.9760	25.5	0.9013	0.8973
13.5	0.9759	0.9726	26.0	0.8984	0.8944
14.0	0.9725	0.9629	26.5	0.8956	0.8916
14.5	0.9692	0.9658	27.0	0.8927	0.8887
15.0	0.9659	0.9625	27.5	0.8899	0.8858
15.5	0.9626	0.9592	28.0	0.8871	0.8830
16.0	0.9593	0.9560	28.5	0.8844	0.8803
16.5	0.9561	0.9527	29.0	0.8816	0.8775
17.0	0.9529	0.9495	29.5	0.8789	0.8748
17.5	0.9497	0.9463	30.0	0.8762	0.8721
18.0	0.9465	0.9430	30.5	0.8735	0.8694
18.5	0.9433	0.9399	31.0	0.8708	0.8667
19.0	0.9402	0.9368	31.5	0.8681	0.8639
19.5	0.9371	0.9337	32.0	0.8654	0.8612
20.0	0.9340	0.9306	32.5	0.8628	0.8586
20.5	0.9309	0.9271	33.0	0.8602	0.8560
21.0	0.9279	0.9241	33.5	0.8576	0.8534
21.5	0.9248	0.9210	34.0	0.8550	0.8508
22.0	0.9218	0.9180	34.5	0.8524	0.8482

M 可通过实测得到，典型的计算平均相对分子质量的方法有：Riazi-Daubert 关联式、Lee-Kesler 关联式、Cavett 关联式、API 手册中的关联式和寿德清方法及经验关联式[7]。

- 改进的 Riazi-Daubert 方法

$$M=0.654494\times10^{-4}T_b^{2.3489}d_{20}^{-1.07276}　　　　　　　　(9-1-24)$$

式中　T_b——中平均沸点，K；

d_{20}——20℃下测得的密度为标准密度。

- Lee-Kesler 方法

$$M=-12272.6+9486.4d_{15.6}^{15.6}+(8.37414-5.99166d_{15.6}^{15.6})T_b+[1-0.77084d_{15.6}^{15.6}-0.02058(d_{15.6}^{15.6})^2]$$

$$\left(0.7465-\frac{222.466}{T_b}\right)\times\frac{10^7}{T_b}+(1-0.80882d_{15.6}^{15.6}-0.02226(d_{15.6}^{15.6})^2)\left(0.32284-\frac{17.3354}{T_b}\right)\times\frac{10^{12}}{T_b^3}$$

$$(9-1-25)$$

式中　T_b、$d_{15.6}^{15.6}$——同前。

- 改进的 Cavett 方法

$$M = (1.712001734 - 0.01029424API)API + (0.323547365 + 0.01067433API + 0.3333483058API^2) \times T_b + (8.188248556 \times 10^{-4} + 2.654179942 \times 10^{-5}API + 1.650658662 \times 10^{-7}API^2)T_b^2 + 26.868$$

$$(9-1-26)$$

式中　T_b、API——同前。

- 寿德清方法

$$M = 184.534 + 2.29451T_b - 0.23324T_b \times K + 0.132853 \times 10^{-4}(T_b \times K)^2 - 0.62217\rho \times T_b$$

$$(9-1-27)$$

式中　T_b、K、ρ——同前。

- 经验公式

$$M = a + bT_m + cT_m^2 \tag{9-1-28}$$

式中　T_m——实分子平均沸点，K；

a、b、c——随馏分特性因数不同而变化的常数，见表 9-1-7。

表 9-1-7　计算相对分子质量经验公式中的常数与特性因数的关系

K	10.0	10.5	11.0	11.5	12.0
a	56	57	59	63	69
b	0.23	0.24	0.24	0.225	0.18
c	0.0008	0.0009	0.0010	0.00115	0.0014

- 中国石油大学的计算公式

$$M = 184.534 + 2.29451T_b - 0.2332K \cdot T_b + 1.32853 \times 10^{-5}(K \cdot T_b)^2 - 0.6222d_{20} \cdot T_b$$

$$(9-1-29)$$

式中　T_b、K、d_{20}——同前。

- Total 关联式

$$M = 17.8312 \times 10^{-3} \times (d_{15.6}^{15.6})^{-0.0976}AP^{0.1238}T_v^{1.6971} \tag{9-1-30}$$

式中　$d_{15.6}^{15.6}$——同前；

　　　T_v——体积平均沸点，K；

　　　AP——苯胺点，℃。

获得 $T_{\frac{1}{2}}$、$d_{15.6}^{15.6}$、M 后，就可以将这一个窄馏分当作一个拟组分，与纯组分性质一样计算其他的基本物理性质了，如：临界性质、偏心因子等。加氢裂化原料油、反应产物及分馏得到的石油产品，这些复杂混合物就可以看成由一定数量的拟组分构成的假多元混合物，按照多元气液平衡的各种处理方法进行。表 9-1-8 列出了某加氢裂化原料油 *TBP* 切割数据，表 9-1-9 列出了某加氢裂化精制反应流出物 C_{5+} *TBP* 切割数据，表 9-1-10 列出了某加氢裂化反应产品的 *TBP* 切割数据，表 9-1-11 列出了某加氢裂化循环油的 *TBP* 切割数据。

表 9-1-8　某加氢裂化原料油 *TBP* 切割数据

$T_{\frac{1}{2}}$/K	$d_{15.6}^{15.6}$	M	%(体)	%(摩尔)
560.95	0.8513	223.50	4.9	8.021
617.05	0.8724	278.35	5.0	6.600

续表

$T\frac{1}{2}/K$	$d_{15.6}^{15.6}$	M	%(体)	%(摩尔)
645.95	0.8790	311.41	10.0	11.889
668.75	0.8795	340.61	10.0	10.876
687.55	0.8865	365.20	9.9	10.225
700.95	0.8964	382.36	9.9	9.875
712.05	0.9070	396.68	10.0	9.630
729.85	0.9206	421.21	10.0	9.206
749.85	0.9164	454.01	9.9	8.502
771.45	0.9086	494.94	10.0	7.732
790.95	0.9283	525.62	9.9	7.438

表 9-1-9 某加氢裂化精制反应流出物 C_{5+} TBP 切割数据

$T\frac{1}{2}/K$	$d_{15.6}^{15.6}$	M	%(体)	%(摩尔)
360.35	0.7877	99.78	2.9	9.489
507.55	0.85028	187.27	2.9	5.506
558.15	0.86042	231.05	3.9	6.022
604.85	0.86179	280.03	10.9	12.439
645.35	0.85821	330.53	9.9	10.496
671.45	0.85420	367.33	9.9	9.400
692.55	0.86163	397.05	9.9	8.772
713.75	0.87595	426.99	15.0	12.440
728.75	0.88133	450.60	15.0	11.860
763.75	0.86849	517.44	19.9	13.571

表 9-1-10 某加氢裂化反应产品的 TBP 切割数据

产 品	$T\frac{1}{2}/K$	$d_{15.6}^{15.6}$	M	%(体)	%(摩尔)
轻石脑油	327.05	0.67171	84.81	24.9	25.509
	337.05	0.68722	88.06	25.0	25.135
	345.35	0.70002	90.87	25.0	24.811
	352.05	0.71011	93.19	24.9	24.542
重石脑油	360.93	0.71687	96.88	19.9	20.878
	370.93	0.73092	100.66	19.9	20.487
	379.25	0.73969	104.11	19.9	20.045
	387.05	0.74592	107.57	20.0	19.565
	395.35	0.75146	111.45	20.0	19.022
喷气燃料	405.32	0.75196	118.45	9.9	12.351
	423.15	0.76256	127.71	19.9	23.233
	450.95	0.78120	143.23	20.0	21.223
	481.45	0.80032	162.24	20.0	19.195
	516.45	0.80583	188.43	19.9	16.640
	544.85	0.80490	212.90	10.0	7.355

产　品	$T\frac{1}{2}/\text{K}$	$d_{15.6}^{15.6}$	M	%(体)	%(摩尔)
柴油	559.25	0.81018	223.28	10.0	11.371
	568.75	0.81018	232.32	20.0	21.857
	582.05	0.81064	245.54	20.0	20.692
	597.05	0.81064	261.26	19.9	19.446
	612.05	0.81157	277.67	19.9	18.318
	632.05	0.80328	302.77	19.9	8.314

表 9-1-11　某加氢裂化循环油的 TBP 切割数据

$T\frac{1}{2}/\text{K}$	$d_{15.6}^{15.6}$	M	%(体)	%(摩尔)
620.35	0.80585	289.51	4.9	6.563
647.05	0.80080	323.44	4.9	5.837
660.95	0.80126	341.72	10.0	11.057
670.95	0.80447	354.73	10.0	10.694
678.75	0.80771	364.94	10.0	10.437
686.45	0.81050	375.50	10.0	10.179
695.95	0.81426	388.56	9.9	9.882
706.45	0.81853	403.58	9.9	9.564
720.35	0.82381	424.15	10.0	9.159
739.25	0.83113	453.44	9.9	8.643
765.35	0.84058	496.81	9.9	7.979

（二）纯组分的基本物理性质

加氢裂化的物性中，还含有 H_2、H_2S、NH_3、H_2O、CH_4、C_2H_6、C_3H_8 等纯组分的轻烃，这些纯组分对物性的性质也有很大影响。

1. 纯组分的固定性质

固定性质即不受温度、压力影响的物理性质和确定条件下的物理化学性质，如相对分子质量 MW、正常沸点 T_b、临界温度 T_c、临界压力 T_c、临界体积 V_c、临界压缩因子 Z_c、偏心因子 ω、API 重度、溶解度参数 δ、偶极矩 $DIPM$、生成热 ΔH_f 及生成自由能 ΔG_f 等。表 9-1-12 列出了来自《API Technical Data Book-Petroleum Refining》[8,9] 和《The Properties of Gases and Liquid》[10,11] 的部分纯组分的固定性质。

表 9-1-12　部分纯组分的固定性质

组分	MW	$T_b/$ K	$T_c/$ K	$P_c/$ MPa	$V_c/$ ($\text{cm}^3/$ mol)	Z_c	ω	API	$\delta/$ (cal/ mol^3)$^{0.5}$	$DIPM/$ Debye	$\Delta H_f/$ (J/mol)	$\Delta G_f/$ (J/mol)
H_2	2.016	20.3	33.0	1.29	64.3	0.303	-0.216			0	0	0
NH_3	17.031	239.8	405.5	11.35	72.5	0.244	0.250			1.5	-45720	-16160
H_2S	34.080	213.5	373.2	8.94	98.6	0.284	0.081			0.9	-20180	-33080
H_2O	18.015	337.2	647.3	22.12	57.1	0.235	0.344	10.00		1.8	-242000	-228800

续表

组分	MW	$T_b/$ K	$T_c/$ K	$P_c/$ MPa	$V_c/$ ($cm^3/$ mol)	Z_c	ω	API	$\delta/$ (cal/ mol^3)$^{0.5}$	$DIPM/$ Debye	$\Delta H_f/$ (J/mol)	$\Delta G_f/$ (J/mol)
CH_4	16.04	111.6	190.4	4.60	99.2	0.288	0.011	340.00	11.678	0	−74900	−50870
C_2H_6	30.07	186.6	305.4	4.88	148.3	0.285	0.099	265.76	12.375	0	−84740	−32950
C_3H_8	44.10	231.1	369.8	4.25	203.0	0.281	0.153	147.60	13.091	0	−103900	−23490
$n\text{-}C_4H_{10}$	58.12	272.7	425.2	3.80	255.0	0.274	0.199	110.79	13.844	0	−126200	−16100
$i\text{-}C_4H_{10}$	58.12	261.4	408.2	3.65	263.0	0.283	0.183	119.89	13.042	0.1	−134600	−20900
$n\text{-}C_5H_{12}$	72.15	309.2	469.7	3.37	304.0	0.263	0.251	92.70	14.439	0	−146500	−8370
$i\text{-}C_5H_{12}$	72.15	301.0	460.4	3.39	306.0	0.271	0.227	95.01	13.858	0.1	−154600	−14820

各物理量的意义和之间的关系如下：

（1）临界性质

平衡共存的气液相性质趋于一致的条件称为临界条件（或临界点），临界条件下的性质称为临界性质。典型的临界性质有：临界温度 T_c、临界压力 P_c、临界体积 V_c、临界压缩因子 Z_c、临界密度 ρ_c、临界黏度和临界热导率等。

临界密度 ρ_c 和临界体积 V_c 互成倒数：

$$\rho_c = \frac{1}{V_c} \tag{9-1-31}$$

临界压缩因子 Z_c 由临界温度 T_c、临界压力 P_c 和临界体积 V_c 按下式计算：

$$Z_c = \frac{P_c V_c}{R T_c} \tag{9-1-32}$$

Z_c 是一个无因次量。式中，R 是气体常数，其单位和数值须与 T_c、P_c 和 V_c 一致。

（2）偏心因子 ω

这是 Pitzer[12、13] 创建三参数对应状态原理来预测物系的热力学和容量性质引入的第三参数，定义为：

$$\omega = -\lg\left(\frac{P_s}{P_c}\right)_{T_r=0.7} - 1.00 \tag{9-1-33}$$

式中 $\left(\dfrac{P_s}{P_c}\right)_{T_r=0.7}$ ——对比温度 $T_r=0.7$ 时的对比饱和蒸气压。

这是一个纯经验定义的物理量，已被工程广泛应用。复杂分子之间的相互作用是分子之间各部分相互作用的总和。我国学者[14]曾试图把偏心因子和分子结构的"偏心"程度联系起来，用分子结构图论的分子结构之拓扑指数来预测饱和烷烃的偏心因子。

（3）API 重度

API 重度是美国石油学会定义的表示液体相对密度的方法，API 重度除作为制定石油价格的标准，还被用来对储存量、附加税和特许使用费进行分类，它是由波美刻度按如下公式导出：

$$Drgrees\ Baume = \frac{140}{d_{15.6}^{15.6}} - 130 \tag{9-1-34}$$

然而，人们很快发现按照波美刻度校正得到的液体相对密度存在一个固定偏差，经过进

一步修正后的方程式如下:

$$API = \frac{141.5}{d_{15.6}^{15.6}} - 131.5 \tag{9-1-35}$$

式中:$d_{15.6}^{15.6}$为北美石油工业协会规定15.6℃的试油密度与15.6℃水的密度之比,称为标准相对密度,后演化为国际标准。

$$d_{15.6}^{15.6} = \frac{\rho_{15.6\text{油}}}{\rho_{15.6\text{水}}} \tag{9-1-36}$$

加氢裂化装置加工的原料油的标准相对密度一般在0.85~1.0,表9-1-16给出了在此范围内 API 重度与相对密度的换算关系。

(4)溶解度参数 δ

Hilibrand[15]定义为液体内聚能密度的平方根:

$$\delta = \left(-\frac{E}{V_L}\right)^{\frac{1}{2}} \approx \left(\frac{\Delta U_V}{V_L}\right)^{\frac{1}{2}} = \left(\frac{\Delta H - RT}{V_L}\right)^{1.2} \tag{9-1-37}$$

式中　δ——溶解度参数,$(J/mol^3)^{0.5}$(25℃时,液体);

　　E——内聚能,$(J/mol)^{0.5}$(25℃时,液体);

　ΔU_V——蒸发能(等容),J/mol;

　ΔH——蒸发焓(等压),J/mol;

　V_L——液体摩尔体积,cm^3/mol;

　R——气体常数,$8.3143J/mol \cdot K$;

　T——温度,K。

2. 纯组分理想气体的热性质

(1)焓　由温度的五次方多项式拟合实验数据而得

$$H_i^0 = A_i B_i T + C_i T^2 + D_i T^3 + E_i T^4 + F_i T^5 \tag{9-1-38}$$

(2)等压比热容　由式(9-1-37)对温度求倒数而得

$$C_{P_i}^0 = \frac{\mathrm{d}H_i^0}{\mathrm{d}T} = B_i + 2C_i T + 3D_i T^2 + 4E_i T^3 + 5F_i T^4 \tag{9-1-39}$$

(3)熵　由式(9-1-38)处理后而得

$$S_i^0 = \int_T^{C_{P_i}^0} \mathrm{d}T = B_i \ln T + 2C_i T + \frac{3}{2}D_i T^2 + \frac{4}{3}E_i T^3 + \frac{5}{4}F_i T^4 + G_i \tag{9-1-40}$$

以上三式中

H^0——理想气体在温度 T 时的焓,kJ/kg;

C_P^0——理想气体在温度 T 时的等压质量比热容,$kJ/(kg \cdot K)$;

S^0——理想气体在温度 T 时的熵,$kJ/(kg \cdot K)$;

A——G-系数,由各组分理想气体焓的实验数据拟合而得,列于表9-1-13中。

表 9-1-13　式(9-1-37)~式(9-1-40)中的系数

组分	A	B	$C \times 10^4$	$D \times 10^6$	$E \times 10^8$	$F \times 10^{13}$	G
H_2	28.671997	13.396156	2.960131	−3.980744	2.661667	−6.099863	−11.801371
H_2O	−5.729915	1.915007	−0.395741	0.876232	−0.495086	1.038613	0.702815

组分	A	B	$C\times10^4$	$D\times10^6$	$E\times10^8$	$F\times10^{13}$	G
H_2S	−1.437049	0.998865	−0.184315	0.557087	−0.317734	0.636644	1.394812
NH_3	−2.202606	2.010317	0.650061	2.373264	−1.597595	3.761739	0.990447
CH_4	−16.228549	2.393594	−2.218007	5.740220	−3.727905	8.549685	−0.339779
C_2H_6	−0.049334	1.108992	−0.188512	3.965580	−3.140209	8.008187	1.995889
C_3H_8	−1.717565	0.722648	0.708716	2.923895	−2.615071	7.000545	2.289659
$n-C_4H_{10}$	17.283134	0.412696	2.028601	0.702953	−1.025871	2.883394	2.714861
$i-C_4H_{10}$	26.744208	0.195448	2.523143	0.195651	−0.772615	2.386087	3.466595
$n-C_5H_{12}$	63.201677	−0.011701	3.316498	−1.170510	0.199648	−0.086652	4.075275
$i-C_5H_{12}$	64.252075	−0.131900	3.541156	−1.333225	0.251463	−0.129589	4.572976

式中，H_2、H_2S、NH_3、H_2O、CH_4、C_2H_6、C_3H_8 的温度范围 −175～1200℃，$n-C_4H_{10}$、$i-C_4H_{10}$ 的温度范围 −20～1200℃，$n-C_5H_{12}$、$i-C_5H_{12}$ 的温度范围 −75～1200℃。

熵和熵是热力学状态函数，其值是相对于其特定的基准的，即 0K 时理想气体的焓为 0、、表示为 $H^0_{(T-0K)}=0$；0K、1kPa 下时理想气体的熵为 1 kJ/(kg·K)。用 T_0、P_0 作基准时，可分别作如下换算：

$$H_0 = H^0_T - H^0_{T_0} \tag{9-1-41}$$

$$S_0 = S^0_T - S^0_{T_0} - \ln P_0 \tag{9-1-42}$$

式中　H^0——新标准（T_0）时，在温度 T 条件下理想气体的焓，kJ/kg；

H^0_T——原基准时，温度 T 条件下理想气体的焓，kJ/kg；

$H^0_{T_0}$——原基准时，温度 T_0 条件下理想气体的焓，kJ/kg；

S^0——新标准（T_0、P_0）时，在温度 T 条件下理想气体熵，kJ/(kg·K)；

S^0_T——原基准时，温度 T 条件下理想气体的熵，kJ/(kg·K)；

$S^0_{T_0}$——原基准时，温度 T_0 条件下理想气体的熵，kJ/(kg·K)；

T_0——新标准温度，K；

P_0——新标准压力，kPa。

（三）石油及馏分的基本性质

1. 特性因数 KF

为了对复杂的石油馏分进行处理，就必须知其特征性质，由特征性质来关联其他性质，如作为拟组分应具备的组分基本性质。特性因数 KF 在评价加氢裂化原料、产品时被广泛使用，它是由密度和平均沸点计算得到，也可以从计算特性因数的诺谟图求出。KF 值有 $UOP\ KF$ 和 $Watson\ KF$ 两种：

$$UOP\ KF = \frac{(1.8T_{ca})^{\frac{1}{3}}}{d^{15.6}_{15.6}} \tag{9-1-43}$$

或

$$UOP\ KF = \frac{(1.8T_{CA})^{\frac{1}{3}}}{d^{15.6}_{15.6}} \tag{9-1-44}$$

式中　T_{ca}——立方平均沸点，K。

T_{CA}——立方平均沸点，℉。

$$Watson \ KF = \frac{(T_{me}+460)^{\frac{1}{3}}}{d_{15.6}^{15.6}} \tag{9-1-45}$$

式中　T_{me}——中平均沸点，℉。

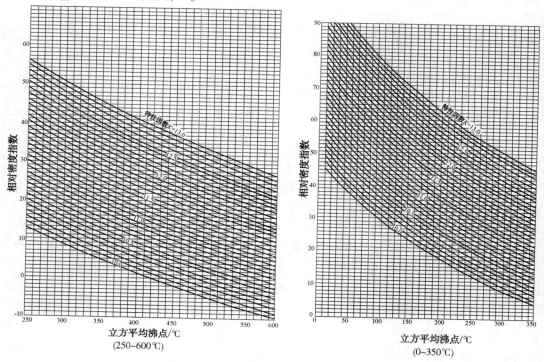

图 9-1-11　特性因数与立方平均沸点关系图

　　两种 KF 值的计算结果相差甚微。特性因数是说明馏分油石蜡烃含量的指标。KF 值高，原料的石蜡烃含量高；KF 值低，原料的石蜡烃含量低；但它在芳香烃和环烷烃之间则不能区分开。

　　KF 值的平均值，烷烃最大，约在 12 以上，烷烃中又以轻烃最大，如：甲烷为 19.54，乙烷为 18.38，正丁烷和异丁烷分别为 13.51 和 13.82，随相对分子质量的增大而变小，但在 C_5 以上逐渐稳定下来，约在 12~13 之间，同原子数的烷烃随歧化程度增大，KF 值增大；

　　芳香烃的 KF 值最小，一般在 9.5~10.8；芳烃化程度越高 KF 值越小，芳环上烷基链越长，KF 值则越大；

　　环烷烃的 K 值介于芳烃和石蜡烷烃之间，并且也随环上的烷基增长而增大。表 9-1-14 所示为不同蜡油加氢裂化原料的 K 值。

表 9-1-14　蜡油加氢裂化原料的 K 值

原料	华北	大庆	惠州	中原	大港	胜利	塔中	北疆	辽河
实沸点范围/℃	350~500	350~520	350~500	350~540	350~520	350~500	350~500	350~500	350~500
KF	13.39	12.65	12.60	12.58	12.23	11.88	11.86	11.79	11.51

　　由于加氢裂化反应基本不具备环化功能，原料的特性因数与加氢裂化石脑油的环烷烃+芳烃含量密切相关。原料 KF 值高者，加氢裂化产品 65~179℃ 石脑油中 C_6~C_9 的环烷烃+芳

烃含量较低。

　　在计算加氢裂化原料及产品馏分的值时，除相对密度外，还要用到沸点。对石油馏分不可能像纯烃一样能测得正常沸点，只能用平均沸点来表示。

　　典型的平均沸点的分类有 5 种：① 体积平均沸点，主要用于求定其他难以直接测定的平均沸点；② 质量平均沸点，主要用于求定油品的真临界温度；③ 立方平均沸点，主要用于求定油品的特性因数 KF 和运动黏度；④ 实分子平均沸点，主要用于求定油品的假临界温度和偏心因数；⑤ 中平均沸点，用于求定油品含氢量、特性因数、假临界压力、燃烧热和平均相对分子质量等物理性质。

　　5 种形式的平均沸点，分别定义为：

　　（1）体积平均沸点

$$T_v = \sum X_{vi} T_{bi} \tag{9-1-46}$$

式中　T_v——体积平均沸点，K；

　　　　X_{vi}——组分 i 的体积分率；

　　　　T_{bi}——组分 i 的正常沸点。

　　T_v 由恩式蒸馏馏出体积：10%、30%、50%、70%、90% 的气相温度计算得到。

$$T_v = \frac{T_{10} + T_{30} + T_{50} + T_{70} + T_{90}}{5} \tag{9-1-47}$$

式中　T_{10}、T_{30}、T_{50}、T_{70}、T_{90}——馏出体积 10%、30%、50%、70%、90% 的气相温度。

　　体积平均沸点主要用来求定其他难以直接测定的平均沸点。

　　（2）实分子平均沸点

$$T_m = \sum X_{mi} T_{bi} \tag{9-1-48}$$

式中　T_m——实分子平均沸点，K；

　　　　X_{mi}——组分 i 的摩尔分率；

　　　　T_{bi}——同前。

　　当用图表求定烃混合物或油品的假临界温度，偏心因数时需用实分子平均沸点，简称为分子平均沸点。

　　（3）质量平均沸点

$$T_w = \sum X_{wi} T_{bi} \tag{9-1-49}$$

式中　T_w——质量平均沸点，K；

　　　　X_{wi}——组分 i 的质量分率；

　　　　T_{bi}——同前。

　　当采用图表求定油品的真临界温度时则用到质量平均沸点。

　　（4）立方平均沸点

$$T_{ca} = \left(\sum X_{wi} T_{bi}^{\frac{1}{3}} \right)^3 \tag{9-1-50}$$

式中　T_{ca}——立方平均沸点，K；

　X_{wi}、T_{bi}——同前。

　　也可用经验公式表示：

$$T_{ca} = 79.23 M W^{0.3709} d_{20}^{0.1326} \tag{9-1-51}$$

式中　T_{ca}、MW、d_{20}——同前。

当用图表求定油品的特性因数和运动黏度比需用立方平均沸点。

（5）中平均沸点

中平均沸点是分子平均沸点和立方平均沸点的算术平均值。

$$T_b = \frac{T_m + T_{ca}}{2} \tag{9-1-52}$$

式中　T_b——中平均沸点，K；

　T_m、T_{ca}——同前。

当用图表求定油品的氢含量、特性因数、假临界压力、燃烧热和平均相对分子质量时需用中平均沸点。

（6）平均沸点之间的换算

1）查图换算[7]：

在平均沸点计算中，仅有体积平均沸点可由石油馏分的馏程测定数据直接计算得到，其他的平均沸点由相关图表查得（见图9-1-12）。

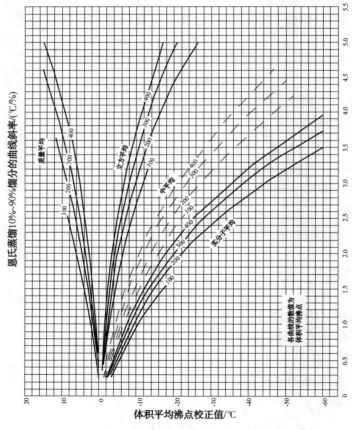

图9-1-12　平均沸点之间的换算图

2）公式换算：

周佩正[16]根据石油馏分的体积平均沸点及其馏程斜率，提出关联式如下：

$$T_w = T_v + \Delta w \tag{9-1-53}$$

$$\ln\Delta w = -3.64991 - 0.02706T_v^{0.6667} + 5.16388S^{0.25} \tag{9-1-54}$$

$$T_m = T_v + \Delta m \tag{9-1-55}$$

$$\ln\Delta m = -1.15158 - 0.01181T_v^{0.6667} + 3.70684S^{0.3333} \tag{9-1-56}$$

$$T_{ca} = T_v + \Delta ca \tag{9-1-57}$$

$$\ln\Delta ca = -0.82368 - 0.08997T_v^{0.45} + 2.45697S^{0.45} \tag{9-1-58}$$

$$T_{me} = T_v + \Delta me \tag{9-1-59}$$

$$\ln\Delta me = -1.53181 - 0.0128T_v^{0.6667} + 3.64678S^{0.3333} \tag{9-1-60}$$

式中　各温度和校正值温度单位均为℃；

S——恩氏蒸馏馏分斜率，$S = \dfrac{T_{90} - T_{10}}{90 - 10}$，单位为℃/%；

Δw——质量平均沸点校正，℃；

Δm——分子平均沸点校正，℃；

Δca——立方平均沸点校正，℃；

Δme——中平均沸点校正，℃。

重烃和重油在常压高温下容易裂解，不易得到沸点和平均沸点，常常用相对分子质量 MW 和 API 重度来求得其特性因数 KF。图 9-1-13 为特性因数 KF 和相对分子质量 MW 及 API 重度的关联图。

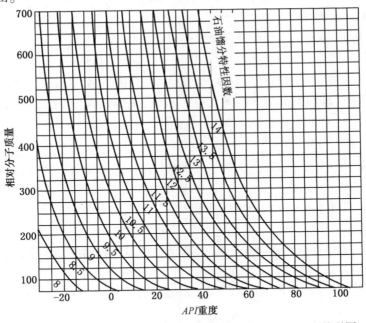

图 9-1-13　特性因数 KF 和相对分子质量 MW 及 API 重度关联图

2. 平均相对分子质量 MW

加氢裂化原料油或反应产品是一种组成不确定的复杂化合物，无法用各组分相对分子质量平均摩尔加和而得，一般用平均沸点（中平均沸点或中沸点）和相对密度（或 API 重度）来关联。

典型的计算平均相对分子质量的方法有：改进的 Riazi-Daubert 关联式、Lee-Kesler 关联式、改进的 Cavett 关联式、寿德清方法、经验关联式、石油大学的计算公式及 Total 关联式等。

（1）改进的 Riazi-Daubert 方法

张建忠等[17]在更广泛的数据基础上改进了 Riazi-Daubert 的关联式：

$$MW = 0.654494 \times 10^{-4} T_b^{2.3489} d_{20}^{-1.07276} \qquad (9-1-61)$$

式中　MW、T_b、d_{20}——同前。

当加氢裂化装置加工重减压馏分油、脱沥青油等时，由于馏分重，不能得到平均沸点数据，可用黏度和相对密度代替：

$$MW = 223.56 v_{38}^{(-1.2435+1.1228d_{20})} v_{99}^{(3.4758-3.038d_{20})} (d_{15.6}^{15.6})^{-0.6665} \qquad (9-1-62)$$

式中　MW、d_{20}、$d_{15.6}^{15.6}$——同前；

　　　　v_{38}——38℃时的绝对黏度，MPa/s；

　　　　v_{99}——99℃时的绝对黏度，MPa/s。

（2）Lee-Kesler 方法[18]

$$MW = -12272.6 + 9486.4 d_{15.6}^{15.6} + (8.37414 - 5.99166 d_{15.6}^{15.6}) T_b + [1 - 0.77084 d_{15.6}^{15.6} - 0.02058 (d_{15.6}^{15.6})^2]$$
$$\left(0.7465 - \frac{222.466}{T_b}\right) \times \frac{10^7}{T_b} + [1 - 0.80882 d_{15.6}^{15.6} - 0.02226 (d_{15.6}^{15.6})^2] \left(0.32284 - \frac{17.3354}{T_b}\right) \times \frac{10^{12}}{T_b^3}$$
$$(9-1-63)$$

式中　MW、T_b、$d_{15.6}^{15.6}$——同前。

Lee-Kesler 计算相对分子质量的方法与 Lee-Kesler 计算焓等热力学性质的方法相对应。

（3）改进的 Cavett 方法

Cavett[19]于 1962 年发明，至今计算结果仍很好。

当 $T_b > 149$℃时

$$MW = (1.712001734 - 0.01029424 API) API + (0.323547365 + 0.01067433 API + 0.3333483058 API^2) \times$$
$$T_b + (8.188248556 \times 10^{-4} + 2.654179942 \times 10^{-5} API + 1.650658662 \times 10^{-7} API^2) T_b^2 + 26.868$$
$$(9-1-64)$$

当 $T_b < 149$℃时

$$MW = 45.8 + 0.27 T_b + 0.01 \times (8.06 + 0.1818 T_b + 0.001798 T_b^2) API \qquad (9-1-65)$$

式中　MW、T_b、API——同前。

此式与计算汽液相平衡的 CS、GS 方法相对应。

（4）寿德清方法

寿德清等[20]对我国 6 种原油的 174 种宽馏分油等多种石油产品的平均相对分子质量实测回归得到如下关联式：

$$MW = 184.534 + 2.29451 T_b - 0.23324 T_b \times K + 0.132853 \times 10^{-4} (T_b \times K)^2 - 0.62217 \rho \times T_b$$
$$(9-1-66)$$

式中　MW、T_b、K、ρ——同前。

此式应用于加工平均沸点大于 149℃的加氢裂化装置原料油，与计算汽液相平衡的 CS、GS 方法相对应。

（5）经验公式[7]

$$MW = a + b T_m + c T_m^2 \qquad (9-1-67)$$

式中　MW、T_m——同前；

　　　　a、b、c——随馏分特性因数不同而变化的常数，见表 9-1-15。

表 9-1-15　计算相对分子质量经验公式中的常数与特性因数的关系

K	10.0	10.5	11.0	11.5	12.0
a	56	57	59	63	69
b	0.23	0.24	0.24	0.225	0.18
c	0.0008	0.0009	0.0010	0.00115	0.0014

（6）石油大学的计算公式

$$MW = 184.534 + 2.29451T_b - 0.2332K \cdot T_b + 1.32853 \times 10^{-5}(K \cdot T_b)^2 - 0.6222d_{20} \cdot T_b \tag{9-1-68}$$

式中　　MW、T_b、K、d_{20}——同前。

（7）Total 关联式

$$MW = 17.8312 \times 10^{-3} \times (d_{15.6}^{15.6})^{-0.0976} AP^{0.1238} T_v^{1.6971} \tag{9-1-69}$$

式中　　MW、T_v、$d_{15.6}^{15.6}$——同前；

　　　　AP——苯胺点，℃。

（8）混合物的相对分子质量

当已知混合原料在气相时的质量流率，要求得体积流率时，根据理想气体方程，必须先求定平均相对分子质量才能算出体积流率；在加氢裂化分馏部分的汽提塔计算中，一般都用水蒸气汽提，为求油气分压，也必须先求得相对分子质量；在热平衡计算中为求得汽化潜热，也需要相对分子质量数值等。

1）公式计算：

当两种以上馏分油混合时，混合馏分油的平均相对分子质量可以用加和法计算。

$$MW_混 = \frac{W_1 + W_2 + \cdots + W_i}{\dfrac{W_1}{MW_1} + \dfrac{W_2}{MW_2} + \cdots + \dfrac{W_i}{MW_i}} \tag{9-1-70}$$

式中　　　　　　　　$MW_混$——混合原料油的平均相对分子质量；

　　　W_1、W_2、……、W_i——同前；

MW_1、MW_2、……、MW_i——各馏分油的平均相对分子质量。

2）查图求取：

各关系图见图 9-1-14~图 9-1-16。

（9）蜡油加氢裂化原料的相对分子质量

表 9-1-16 列出了我国蜡油作加氢裂化原料时的典型相对分子质量[21]。

表 9-1-16　蜡油加氢裂化原料的相对分子质量

原料	惠州	中原	大庆	胜利	北疆	大港	任丘	辽河	塔中
实沸点范围/℃	350~500	350~500	350~500	350~500	350~500	350~520	350~500	350~500	350~500
MW	413	400	398	382	376	375	369	366	357

3. 蒸气压和气化率

运动是物质的存在形式，任何物质都处于运动状态。在一定条件下，液体中的一部分能量大的分子能克服液体表面分子的引力，离开液体，变成气体，即所谓的汽化；而气体中的一部分能量低的分子将回到液体中来，叫做凝聚。在一定温度下，密闭系统中，从液体飞到气相中的分子数和从气相回到液体中分子数相等时，即达到动态平衡，叫气液平衡（用热力学函数表示，两相中各组分的化学位相等 $\mu_i^L = \mu_i^V$）。这时液体上面的压力（也是系统的压力）叫饱和蒸气压（P^s），简称蒸气压。

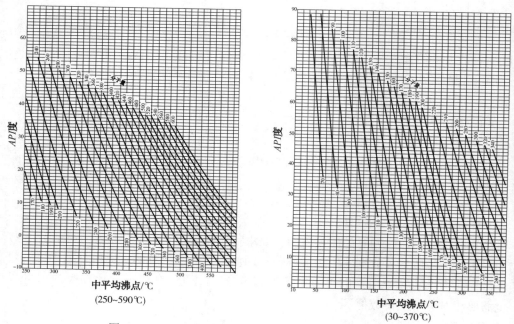

图 9-1-14　相对分子质量与中平均沸点、API 度关系图

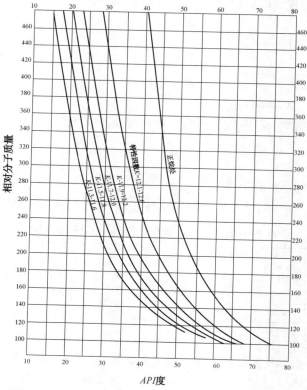

图 9-1-15　相对分子质量与 API 度、特性因数关系图

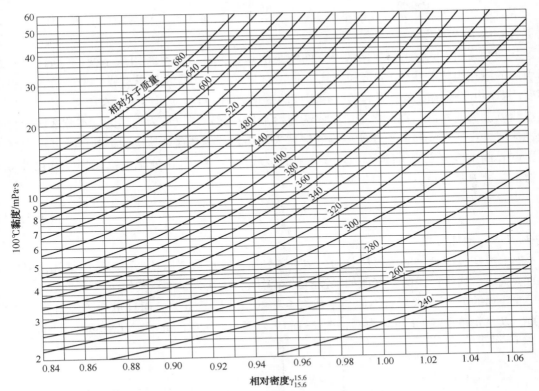

图 9-1-16　润滑油基础油相对分子质量与相对密度、黏度关系图

　　纯物质的蒸气压是温度的单值函数，$P-T$ 相图是一条从三相点到临界点的曲线，如图 9-1-17 是正构烷烃的 $P-T$ 相图。曲线以上是过冷液体，曲线以下是过热的蒸气。

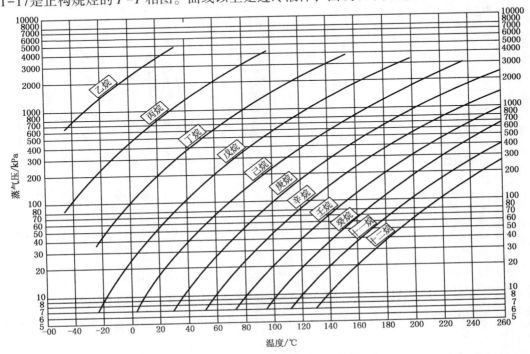

图 9-1-17　正构烷烃的 $P-T$ 相图

混合物的蒸气压不是温度的单值函数,除了与温度有关外,还与组成有关。图9-1-18是混合物的 P-T 相图。

从图9-1-18可看出:上面的一支曲线是泡点线,是保持系统组成不变(忽略由于蒸发所引起的液相组成的变化)的饱和蒸气压曲线;下面的一支曲线是露点线,是保持系统组成不变(忽略由于微滴凝聚所引起的气相组成的变化)的饱和蒸气压曲线。在临界点温度以下,泡点线以上为液相区,在此区域中物系为过冷液体;露点线以下为气相区,在此区域中物系为过热液体;泡点线和露点线所包围的区域为气相和液相共存区,也叫饱和区,其中会聚于临界点 C 的虚线分别为不同汽化(百)分率的蒸气压曲线。汽化分率即汽化率,汽化部分 V 占物系总量 F 的分率:

$$E = \frac{V}{F} = \frac{V}{L+V} \tag{9-1-71}$$

式中　L——液体分率。

由上可知,混合物的蒸气压分为:泡点蒸气压、露点蒸气压及平衡闪蒸中某气化率条件下的蒸气压。通常所说的蒸气压如果没有特殊说明,应认为是泡点蒸气压。

混合物的 P-T 曲线形状不但与组成混合物的组分性质有关,而且也与其各组分的含量有关。以二元系乙烷-正庚烷为例,图9-1-19为其不同组成的此类二元系的 P-T 图。

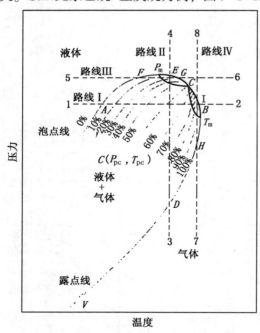

图9-1-18　混合物的 P-T 相图

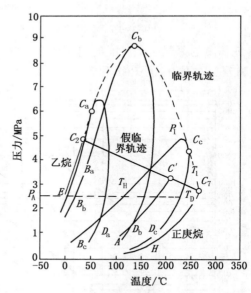

图9-1-19　不同组成的乙烷-正庚烷 P-T 图
C——临界点; B——泡点线; D——露点线

从图9-1-19可看出:EC_2 和 HC_7 分别为乙烷和正庚烷的蒸气压曲线,C_2 和 C_7 分别为乙烷和正庚烷蒸气压的高压端点,即临界点。曲线 $B_aC_aD_a$、$B_bC_bD_b$ 和 $B_cC_cD_c$ 分别是乙烷的摩尔分率为0.968、0.787和0.265的二元系的蒸气压曲线,C_a、C_b、C_c 分别为它们的临界点。

计算纯物质蒸气压广泛采用 Antoine 方程[22],它是经验式:

$$\lg P_r^S = A - \frac{B}{t+C} \tag{9-1-72}$$

或

$$\ln P_r^S = A - \frac{B}{t+C} \tag{9-1-73}$$

表 9-1-17 列出了 Antoine 方程常数[24]。

表 9-1-17　Antoine 方程常数

物质名	A	B	C	温度范围/℃
H_2	5.04577	71.615	276.337	$-260 \sim -248$
H_2O	7.07406	1657.46	227.02	$10 \sim 168$
NH_3	5.982	1066.00	232.00	$-50 \sim 57$
H_2S	6.11878	768.132	247.09	$-43 \sim -83$
CH_4	5.82051	405.42	267.78	$-181 \sim -152$
C_2H_6	5.95942	663.7	256.47	$-143 \sim -75$
C_3H_8	5.92888	803.81	246.99	$-108 \sim -25$
C_4H_{10}	5.93386	935.86	238.730	$-78 \sim 19$
C_5H_{12}	6.00122	1075.78	233.21	$-54 \sim 57$
C_6H_6	6.03055	1211.033	220.790	$-16 \sim 104$

饱和蒸气压的对应状态原理关联式为[9,23]：

$$\ln P_r^S = (\ln P_r^S)^{(0)} + \omega (\ln P_r^S)^{(1)} \tag{9-1-74}$$

式中　P_r^S——对比饱和蒸气压：

$$P_r^S = \frac{P^S}{P_c} \tag{9-1-75}$$

ω——偏心因子，同前；

$(\ln P_r^S)^{(0)}$——对比温度 T_c 的函数：

$$(\ln P_r^S)^{(0)} = 5.92714 - \frac{6.09648}{T_r} - 1.28862\ln T_r + 0.169347 T_r^6 \tag{9-1-76}$$

式中　$(\ln P_r^S)^{(1)}$——对比温度 T_c 的函数：

$$(\ln P_r^S)^{(1)} = 15.2518 - \frac{15.6875}{T_r} - 13.472\ln T_r + 0.43577 T_r^6 \tag{9-1-77}$$

用式(9-1-73)~式(9-1-76)可计算饱和蒸气压，前提是必须知道临界性质和偏心因子。当不具备上述物性数据，仅知特性因数和沸点，可推算临界性质和偏心因子；也可用下式计算饱和蒸气压：

令

$$X = \frac{\dfrac{T'_b}{T} - 0.00051606 T'_b}{7481 - 0.3861 T'_b} \tag{9-1-78}$$

$$T'_b = T'_b - 1.39 f(KF-12)\lg \frac{P^S}{101.3} \tag{9-1-79}$$

当 $X > 0.0022$ 或 $P^S < 0.27\text{kPa}(2\text{mmHg})$ 时，则

$$\lg P^S = \frac{3000.538X - 6.761560}{43X - 0.987672} - 0.8752041 \tag{9-1-80}$$

当 $0.0013 \leqslant X \leqslant 0.0022$ 或 $0.27\text{kPa} \leqslant P^s \leqslant 101.3\text{kPa}$ 时，则

$$\lg P^s = \frac{2663.129X - 5.994296}{95.76X - 0.972546} - 0.8752041 \tag{9-1-81}$$

当 $X < 0.0013$ 或 $P^s > 101.3\text{kPa}$ 时，则

$$\lg P^s = \frac{2770.085X - 6.412631}{36X - 0.989679} - 0.8752041 \tag{9-1-82}$$

式(9-1-77)~式(9-1-81)中 P_r^s、T_b、T、KF 同前；

T_b'——校正到 $KF = 12$ 的 T_b；

f——校正系数：

当 $T_b > 200℃$ 或 $P^s < 101.3\text{kPa}$ 时，$f = 1$，$T_b < 95℃$，$f = 0$，否则

$$f = \frac{T_b - 366.5}{111.1} \tag{9-1-83}$$

表9-1-18列出了各对比温度 T_r 下关联项 $(\ln P_r^s)^{(0)}$ 和 $(\ln P_r^s)^{(1)}$ 的对应值。

表 9-1-18　各 T_r 下关联项 $(\ln P_r^s)^{(0)}$ 和 $(\ln P_r^s)^{(1)}$ 的值[10]

T_r	$-(\ln P_r^s)^{(0)}$	$-(\ln P_r^s)^{(1)}$	T_r	$-(\ln P_r^s)^{(0)}$	$-(\ln P_r^s)^{(1)}$
1.00	0.00	0.00	0.64	3.012	3.218
0.98	0.118	0.098	0.62	3.280	3.586
0.96	0.238	0.198	0.60	3.568	3.992
0.94	0.362	0.303	0.58	3.876	4.440
0.92	0.489	0.412	0.56	4.207	4.937
0.90	0.621	0.528	0.54	4.564	5.487
0.88	0.757	0.650	0.52	4.951	6.098
0.86	0.899	0.781	0.50	5.370	6.778
0.84	1.046	0.922	0.48	5.826	7.537
0.82	1.200	1.973	0.46	6.324	8.386
0.80	1.362	1.237	0.44	6.869	9.338
0.78	1.531	1.415	0.42	7.470	10.410
0.76	1.708	1.608	0.40	8.133	11.621
0.74	1.896	1.819	0.38	8.869	12.995
0.72	2.093	2.050	0.36	9.691	14.560
0.70	2.303	2.303	0.34	10.613	16.354
0.68	2.525	2.579	0.32	11.656	18.421
0.66	2.761	2.883	0.30	12.843	20.820

饱和蒸气压除用以上公式计算外，也可查图求取。图9-1-20表示了 $(\ln P_r^s)^{(0)}$ 和 $(\ln P_r^s)^{(1)}$ 与对比温度 T_r 的关系。

混合物的蒸气压不是温度的单值函数，与测定条件也有关。ASTM规定了用雷德蒸气压 (RVP) 来衡量石油及馏分的挥发程度。RVP 是在37.8℃下一种气液体积比为4:1的设备测定的蒸气压，是恒定温度下部分气化的蒸气压。有时，仅知道这种条件蒸气压还不够，往往需要石油及馏分在不同温度下的真实蒸气压 TVP。

图9-1-21表示了汽油和成品油的 TVP 和 RVP 的关系。

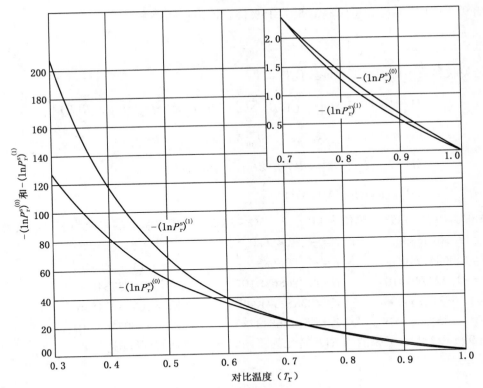

图 9-1-20 $(\ln P_r^s)^{(0)}$ 和 $(\ln P_r^s)^{(1)}$ 与 T_r 的关联图

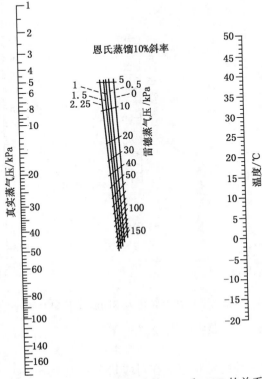

图 9-1-21 汽油和成品油的 *TVP* 和 *RVP* 的关系

图 9-1-21 以温度和恩氏蒸馏 5%~15%体积馏出点间斜率

$$SL_{10} = \frac{T_{15}-T_5}{10} \tag{9-1-84}$$

为关联参数。可用以下关联式代替

$$\begin{aligned}
TVP = 6.8974\exp\bigg\{ \frac{1}{T}\Big[& A+B\sqrt{SL_{10}}+C\ln(RVP)+D\sqrt{SL_{10}}\ln(RVP)+ \\
& P\cdot RVP+(E+G\sqrt{SL_{10}}+H\sqrt{SL_{10}}\ln(RVP)+O\cdot RVP)T+ \\
& ZI+ZJ\sqrt{SL_{10}}+ZK\ln(RVP)+ZL\sqrt{SL_{10}}\ln(RVP)+ \\
& ZM\cdot(RVP)+ZN\,(RVP)^2\Big]\bigg\}
\end{aligned} \tag{9-1-85}$$

式中，RVP、TVP 的单位为 kPa，T、5%~15%体积馏出温度的单位为 K。常数为

$A=12.86936830$	$B=-7.104568025$	$C=-0.51785524$
$D=1.06347710$	$E=-0.00568374$	$G=9.147938\times10^{-3}$
$H=-1.422743\times10^{-3}$	$O=4.386868\times10^{-5}$	$P=-0.02373461$
$ZI=-6831.754293$	$ZJ=2385.371248$	$ZK=609.8274856$
$ZL=-345.2415479$	$ZM=5.286843735$	$ZN=1.607165\times10^{-3}$

图 9-1-22 表示了原油的 RVP 转化为不同温度下 TVP 的列线图。

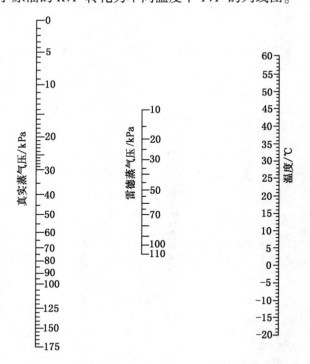

图 9-1-22　原油 RVP 转化为不同温度下 TVP 的列线图

从图 9-1-22 可看出：适应温度范围较窄。

4. 临界性质

临界性质反映物质的一种特殊状态，在对应状态原理中经常被用于推算其他物性，就成为物性计算中必备的重要基础性质数据之一。

根据临界状态物系的特性测得的临界温度和临界压力为物系的真实临界性质，即真临界温度和真临界压力。

由于混合物物性关联的需要，把烃类混合物看作理想溶液，认为其混合物的临界性质是组成它的各组分临界性质的摩尔分率加和，即

$$T_{pc} = \sum_{i=1}^{n} x_i T_{ci} \tag{9-1-86}$$

$$P_{pc} = \sum_{i=1}^{n} x_i P_{ci} \tag{9-1-87}$$

在高压下，混合物系不可能处于理想状态，由纯组分混合后，将产生性质数据的过剩量，因此，按式（9-1-85）、式（9-1-86）求得的临界性质数据和真实的临界性质值有较大差别，称其为假（或虚拟）临界性质，即假临界温度和假临界压力。

（1）真临界性质

石油馏分是复杂混合物，在计算汽化率时，常用真临界性质。

1）真临界温度 T_c：

Rose（1936）提出的估算真临界温度的方法至今仍为最好的方法：

$$T_c = 85.66 + 0.9259\Delta - 0.3959 \times 10^{-3}\Delta^2 \tag{9-1-88}$$

式中
$$\Delta = d_{15.6}^{15.6}(1.8T_v + 132.0) \tag{9-1-89}$$

式（9-1-87）的适用范围：临界温度 290～540℃，临界压力 1.7～4.8MPa，相对密度（15℃、0.1MPa）0.660～0.975。其误差为±3.3℃，最大误差12℃。

2）真临界压力 P_c：

图 9-1-23 表示了石油馏分真临界压力 P_c 关联图。

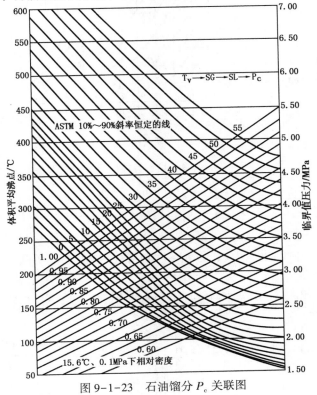

图 9-1-23　石油馏分 P_c 关联图

　　图 9-1-23 的适用范围：临界温度 290～540℃，临界压力 1.7～4.8MPa，相对密度（15℃、0.1MPa）0.660～0.975。其误差为±1.1MPa，最大误差 0.4MPa。

　　（2）假临界性质

　　假临界性质主要是为了便于关联各种校正值而假设的一种特性值，以便在计算其他性质（汽化率除外）时，能够利用与纯物质相同的关系而不致产生大的偏差。计算假临界性质的典型方法有以下几种。

　　1）改进的 Riazi-Daubert 方法：

　　张建忠等[17]在更广泛的数据基础上改进了 Riazi-Daubert 的关联式：

　　① 假临界温度 T_{pc}

$$T_{pc} = 18.2394 T_b^{0.595251} \rho^{0.347420} \tag{9-1-90}$$

式中　T_{pc}、T_b、ρ——同前。

　　图 9-1-24 表示了假临界温度 T_{pc} 与 API 度和特性因数 KF 的关联图。

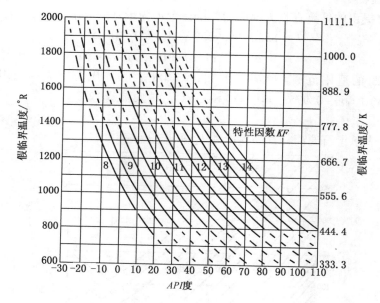

图 9-1-24　T_{pc} 与 API 度和特性因素 KF 的关联图

　　② 假临界压力 P_{pc}

$$P_{pc} = 0.295152 \times 10^7 T_b^{-2.20820} \rho^{2.22086} \tag{9-1-91}$$

式中　P_{pc}、T_b、ρ——同前。

　　图 9-1-25 表示了假临界压力 P_{pc} 与 API 度和特性因数 KF 的关联图。

　　2）Lee-Kesler 方法：

　　此方法用于 Lee-Kesler 三参数对应状态关联式计算焓、熵、比热容和气体密度中。

　　① 假临界温度 T_{pc}

$$T_{pc} = 189.83 + 450.56 d_{15.6}^{15.6} + (0.4244 + 0.1174 d_{15.6}^{15.6}) T_b + \frac{(0.1441 - 1.0069 d_{15.6}^{15.6}) \times 10^5}{T_b} \tag{9-1-92}$$

式中　T_{pc}、T_b、$d_{15.6}^{15.6}$——同前。

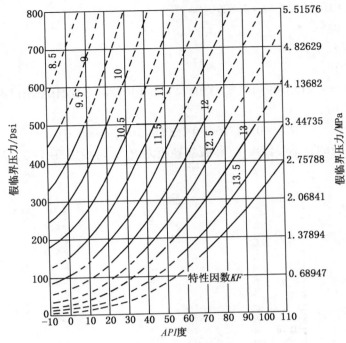

图 9-1-25　P_{pc} 与 API 度和特性因数 KF 的关联图

② 假临界压力 P_{pc}：

$$\ln P_{pc} = 10.294153 - \frac{0.0566}{d_{15.6}^{15.6}} - \left(0.436392 + \frac{4.12164}{d_{15.6}^{15.6}} + \frac{0.213426}{(d_{15.6}^{15.6})^2}\right) \times 10^{-3} T_b +$$
$$\left(4.75794 + \frac{11.81952}{d_{15.6}^{15.6}} + \frac{1.5301548}{(d_{15.6}^{15.6})^2}\right) \times 10^{-7} T_b^2 \left(2.45055 + \frac{9.9010}{(d_{15.6}^{15.6})^2}\right) \times 10^{-10} T_b^3 \tag{9-1-93}$$

式中　P_{pc}、T_b、ρ——同前。

3）Cavett 方法[19]：

此方法用于计算气液相平衡的 CS 和 GS 方法中。

① 假临界温度 T_{pc}：

$$T_{pc} = \{[(5.888088 \times 10^{-8} API + 9.5570856 \times 10^{-6}) T_b - 0.00892021122] API + \tag{9-1-94}$$
$$0.30582674 \times 10^{-3} + T_1\}(T_b + 17.7778) + 426.745$$

当 $T_b \leqslant 704.4℃$ 时，

$$T_1 = 1.67909873 - 0.001905318587 T_b + 1.260054922 \times 10^{-6} T_b^2 \tag{9-1-95}$$

当 $T_b > 704.4℃$ 时，

$$T_1 = 0.9622 - 0.00013004(T_b - 704.4) \tag{9-1-96}$$

式中　T_{pc}、T_b——同前。

② 假临界压力 P_{pc}：

$$P_{pc} = 0.68947 \times 10^{T_2} \tag{9-1-97}$$

式中，T_2 按下式计算：

$$T_2 = \left[\left(1.3949619 \times 10^{-10} API + 1.1047899 \times 10^{-8} \right) API \cdot t_f^2 - 4.8271599 \times 10^{-8} API - \right.$$
$$\left. 2.087611 \times 10^{-5} \right] API \cdot t_f + 2.8290406 + T_1 \tag{9-1-98}$$

其中

$$t_f = 1.8 T_b + 32 \tag{9-1-99}$$

T_1 按下式计算：

当 $T_b \leqslant 537.8℃$ 时，

$$T_1 = 9.4120109 \times 10^{-4} t_f - 3.0474749 \times 10^{-6} t_f^2 + 1.5184103 \times 10^{-9} t_f^3 \tag{9-1-100}$$

当 $T_b > 537.8℃$ 时，

$$T_1 = -0.587864 - 0.0005895 \times (t_f - 1000.0) \tag{9-1-101}$$

若已知石油馏分的真临界温度 T_c 和假临界压力 P_{pc}，可由图 9-1-26 列线图求得真临界压力 P_c。

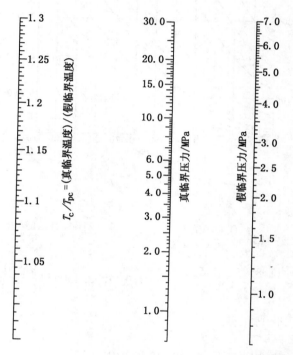

图 9-1-26　石油馏分 P_c、P_{pc} 列线图

由图 9-1-26 可得解析式：

$$P_c = 1.119887 \left(\frac{T_c}{T_{pc}} \right)^{5.656282} P_{pc}^{1.001047} \tag{9-1-102}$$

式中　P_c、P_{pc}、T_c、T_{pc}——同前。

5. 石油馏分的偏心因子 ω 和溶解度参数 ΔH_v

(1) 偏心因子 ω

当 $T_{br} > 0.8℃$ 时，

$$\omega = -7.904 + 0.1352 KF - 0.007465 KF^2 + 8.359 T_{br} + \frac{1.408 - 0.01063 KF}{T_{br}} \tag{9-1-103}$$

当 $T_{br} \leqslant 0.8℃$ 时，

$$\omega = \frac{\ln P_{br}^{S} - (\ln P_{br}^{S})^{(0)}}{(\ln P_{br}^{S})^{(1)}} \tag{9-1-104}$$

式中　KF——同前；

P_{br}^{S}——沸点时的对比饱和蒸气压；

$(\ln P_{br}^{S})^{(0)}$、$(\ln P_{br}^{S})^{(1)}$——$T_r = T_{br}$下的关联项。

若已知临界性质和沸点，不知沸点下的蒸气压，可用 Edmister 的方法

$$\omega = \frac{3}{7} \times \frac{\lg P_c}{\left(\dfrac{T_c}{T_b} - 1\right)} - 1.0 \tag{9-1-105}$$

用 Edmister 方法计算 ω 常与 Cavett 计算相对分子质量和临界性质的方法配伍。

（2）溶解度参数 ΔH_v

$$\Delta H_v = 4.18675(8.75 + R\ln T_b)T_b \tag{9-1-106}$$

式中　$R = 1.9872\text{cal}/(\text{mol} \cdot \text{K})$；

ΔH_v——单位 J/mol。

由式（9-1-105）将 ΔH_v 转化为 298.15K，即

$$\Delta H_{298.15} = \Delta H_b \left(\frac{T_c - 298.15}{T_c - T_b}\right)^{0.38} \tag{9-1-107}$$

式中，T_c、T_b 的单位为 K。

第二节　高压下氢、烃（油）物系的热力学和容量性质

加氢裂化物系的物性计算简明框图见图 9-2-1。

一、气液平衡的计算

在体系温度和压力确定后，体系中气相和液相达到平衡的条件是其中的任一组分的气、液相逸度相等，即

$$f_i^V = f_i^L \tag{9-2-1}$$

其中，气相逸度为

$$f_i^V = \phi_i^V y_i P \tag{9-2-2}$$

液相逸度为

$$f_i^L = \gamma_i x f_i^0 \tag{9-2-3}$$

式（9-2-1）~式（9-2-3）中：

P——体系压力；　　　　　f——逸度；　　　　　　　ϕ——逸度系数；

γ——液相活度系数；　　x——液相摩尔分率；　　　y——气相摩尔分率；

V、L——上标，气、液相；　0——上标，标准态；　　　i——下标，表示组分。

将式（8-2-2）、式（8-2-3）代入式（8-2-1），则有：

$$\phi_i^V y_i P = \gamma_i x_i f_i^0 \tag{9-2-4}$$

由此 i 组分的气-液相平衡常数定义为：

$$K_i = \frac{y_i}{x_i} = \frac{\gamma_i f_i^0}{\phi_i^V P} \tag{9-2-5}$$

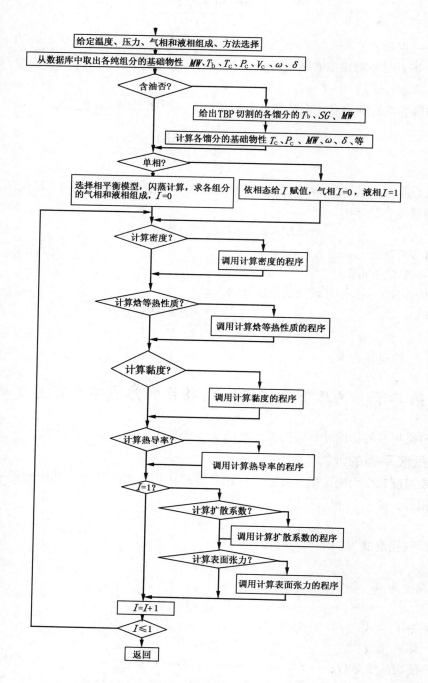

图 9-2-1　加氢裂化物系的物性计算简明框图

图中：$d_{15.6}^{15.6}$ 简化为 SG。

纯液体的逸度系数 v_i^0 定义为：

$$v_i^0 = \frac{f_i^0}{P}$$

$$(9-2-6)$$

代入式（9-2-5），则有：

$$K_i = \frac{\gamma_i v_i^0}{\phi_i^{\mathrm{v}}} \qquad (9-2-7)$$

由式（9-2-7），可预先求得逸度系数 ϕ_i^{v}、液相活度系数 γ_i 和纯液体的逸度系数 v_i^0，这样，气相和液相分别要用不同模型处理，由状态方程导出气相中各组分的逸度系数，由溶液理论导出各组分的活度系数，即可形成混合模型。

由于状态方程的发展，同时适于气相和液相，如式（9-2-2）类似来表示 i 组分的液相逸度：

$$f_i^L = \phi_i^L x_i P \qquad (9-2-8)$$

由式（9-2-1）、式（9-2-2）、式（9-2-8）和气-液平衡常数的定义，可得：

$$K_i = \frac{\phi_i^L}{\phi_i^{\mathrm{v}}} \qquad (9-2-9)$$

以上为单一状态方程求取气相和液相逸度系数，以下为解决加氢裂化气-液相平衡问题的两条路线。

（一）混合模型

1. 正规溶液的活度系数方法

正规溶液为纯液体混合为溶液时，无混合的体积效应和熵效应，但有热效应。由烃类等非极性物质所形成的溶液可近似认为是正规溶液。Chao 和 Seader[25] 采用了 Hildebrand 由正规溶液理论得出的活度系数表达式：

$$\ln\gamma_i = \frac{V_i^L (\delta_i - \bar{\delta})^2}{RT} \qquad (9-2-10)$$

其中，$\bar{\delta}$ 是溶液的平均溶解度参数

$$\bar{\delta} = \frac{\sum_{i=1}^{n} x_i V_i^L \delta_i}{\sum_{i=1}^{n} x_i V_i^L} \qquad (9-2-11)$$

式中　δ、V_i^L、x、i——同前。

三参数对应状态原理表达的纯液体的逸度系数：

$$\lg v_i^0 = \lg v_i^{(0)} + \omega_i \lg v_i^{(1)} \qquad (9-2-12)$$

$v_i^{(0)}$ 和 $v_i^{(1)}$ 均为对比温度 T_r 和对比压力 P_r 的函数，其形式为

$$\lg v_i^{(0)} = A_0 + \frac{A_1}{T_{ri}} + A_2 T_{ri} + A_3 T_{ri}^2 + A_4 T_{ri}^3 + (A_5 + A_6 T_{ri} + A_7 T_{ri}^2) P_{ri} + (A_8 + A_9 T_{ri}) P_{ri}^2 - \lg P_{ri} \qquad (9-2-13)$$

$$\lg v_i^{(1)} = -4.23893 + 8.65808 T_{ri} - \frac{1.22060}{T_{ri}} - 3.15224 T_{ri}^3 - 0.025(P_{ri} - 0.6) \qquad (9-2-14)$$

1961 年 Chao 和 Seader[25] 用压力 10MPa、温度-20~250℃范围内的数据分别拟出 H_2、CH_4 及油品的式（9-2-13）和式（9-2-14）的系数（因 H_2、CH_4 的 $\omega = 0$，所以只有第一式），即所谓的 CS 方法。1963 年 Grayson 和 Streed[19] 扩大了数据的范围：压力<20MPa、温度-20~482℃，重新拟合了上述系数，即所谓的 GS 方法。表 9-2-1 列出了 CS 方法和 GS 方法的系数。

表 9-2-1　CS 方法和 GS 方法的系数

系数	一般烃类		CH_4		H_2	
	CS 方法	GS 方法	CS 方法	GS 方法	CS 方法	GS 方法
A_0	5.75748	2.05135	2.43840	1.36822	1.96718	1.50709
A_1	-3.01761	-2.10899	-2.24550	-1.54831	1.02972	2.74283
A_2	-4.98500	0.0	-0.34084	0.0	-0.054009	-0.02110
A_3	2.02299	-0.19396	0.00212	0.02889	0.0005288	0.00011
A_4	0.0	0.02282	-0.00223	-0.01076	0.0	0.0
A_5	0.08427	0.08852	0.10486	0.10486	0.008585	0.008585
A_6	0.26667	0.0	-0.03691	-0.02529	0.0	0.0
A_7	-0.31138	-0.00872	0.0	0.0	0.0	0.0
A_8	-0.02655	-0.00353	0.0	0.0	0.0	0.0
A_9	0.02883	0.00203	0.0	0.0	0.0	0.0

1981 年 Sebastian 等[26]针对此类方法在较高温度下计算的平衡常数较实验值偏低(CS 方法约低 40%,GS 方法约低 25%),提出用体系温度下的溶解度参数代替 25℃下的值,用范德华体积 V_w 代替液体的摩尔体积,并由下式求 H_2 的平衡常数 K_H:

$$K_H = \frac{\left(\dfrac{f}{x}\right)}{P\phi^V} \tag{9-2-15}$$

式中,溶解 H_2 的活度系数 $\dfrac{f}{x}$ 表达式为

$$\ln\left(\frac{f}{x}\right) = \ln\left(\frac{f}{x}\right)_{P=0} + \frac{P\overline{V}}{RT} \tag{9-2-16}$$

其中:溶解 H_2 在 $P=0$ 条件下的活度系数 $\left(\dfrac{f}{x}\right)_{P=0}$ 有如下关联式

$$\ln\left(\frac{f}{x}\right)_{P=0} = A_1 + \frac{A_2 T}{\overline{\delta}} + A_3 T + A_4 T\overline{\delta} + A_6\left(\frac{\overline{\delta}}{T}\right)^2 \tag{9-2-17}$$

溶解 H_2 的偏摩尔体积 $\overline{V}$ 为

$$\overline{V} = B_1 + B_2 T + B_3 T^2 + B_4\overline{\delta} + B_5\overline{\delta}^2 + B_6\overline{\delta}T \tag{9-2-18}$$

式中　T、R、δ、P——同前。

表 9-2-2 列出了式(9-2-17)和式(9-2-18)的系数。

表 9-2-2　式(9-2-17)和式(9-2-18)的系数

下标 i	A_i	B_i	下标 i	A_i	B_i
1	5.39456	-91.813	4	1.3117×10^{-3}	13.988
2	-2.8823×10^{-3}	0.4486	5	-1.0410×10^{-7}	-0.3780
3	-3.3060×10^{-3}	-6.8692×10^{-5}	6	1117.88	-3.7818×10^{-2}

1968 年 Bondi[27]得出利用基团贡献法计算纯组分的范德华体积 V_w。H_2S、NH_3、CH_4、

C_2H_6、C_3H_8 等轻组分的范德华体积 V_w 列于表 9-2-3。

表 9-2-3　轻组分的范德华体积 V_w

组分	$V_w/(cm^3/mol)$	组分	$V_w/(cm^3/mol)$
H_2	1.21060	C_3H_8	37.33936
H_2S	18.71978	$n-C_4H_{10}$	47.80067
NH_3	13.80015	$i-C_4H_{10}$	47.78852
H_2O	13.95640	$n-C_5H_{12}$	58.03132
CH_4	17.04956	$i-C_5H_{12}$	58.01917
C_2H_6	27.33936		

范德华体积 V_w 与范德华接触直径 d_w 之间有如下关系：

$$V_w = \left(\frac{d_w}{1.47}\right)^3 \tag{9-2-19}$$

范德华接触直径 d_w 与 Lennard-Jones 的碰撞直径 σ 的长短相当，σ 和临界参数有如下关系：

$$\sigma = 0.1866 V_c^{\frac{1}{3}} Z_c^{-1.2} \tag{9-2-20}$$

$$\sigma = 0.812 \left(\frac{T_c}{P_c}\right)^{\frac{1}{3}} Z_c^{-\frac{13}{15}} \tag{9-2-21}$$

式中　T_c、V_c、P_c、Z_c——同前。

由式(9-2-19)~式(9-2-21)可计算化合物和石油馏分的 V_w。

2. 对气相的处理-RK 状态方程[28]

CS 方法和 GS 方法对气相的处理用 RK 状态方程：

$$P = \frac{RT}{V-b} - \frac{a}{T^{0.5}V(V+b)} \tag{9-2-22}$$

相应的无因次形式为：

$$Z^3 - Z^2 + B \cdot P\left(\frac{A}{B} - B \cdot P - 1\right)Z - \frac{A}{B}(B \cdot P)^2 = 0 \tag{9-2-23}$$

式中　T、V、P、R、Z——同前；

其中

$$a = \frac{\Omega_a R^2 T_c^{2.5}}{P_c} \tag{9-2-24}$$

$$b = \frac{\Omega_b R T_c}{P_c} \tag{9-2-25}$$

$$A = \frac{a}{R^2 T^{2.5}} \tag{9-2-26}$$

$$B = \frac{b}{RT} \tag{9-2-27}$$

式(9-2-24)、式(9-2-25)中：$\Omega_a = 0.42748$、$\Omega_b = 0.08664$。

对于混合物，以上各式中的 a、b、A、B 分别为 a_m、b_m、A_m、B_m，其混合规则为：

$$a_m = \left(\sum_{i=1}^{n} y_i a_i^{0.5}\right)^2 \tag{9-2-28}$$

$$b_m = \sum_{i=1}^n y_i b_i \tag{9-2-29}$$

由状态方程导出的组分 i 的逸度系数为：

$$\ln\phi_i = (Z-1)\frac{B_i}{B_m} - \ln(Z-B_mP) - \frac{A_m}{B_m}\left[2\left(\frac{A_i}{A_m}\right)^{0.5} - \frac{B_i}{B_m}\right]\ln\left(1-\frac{B_mP}{Z}\right) \tag{9-2-30}$$

以上各式中：T、P、T_c、P_c、Z、V、R、y、i、m 均同前。

3. CS 方法和 GS 方法的计算步骤

1）给定物系温度 T、压力 P 和气、液相组成，若有石油馏分，必要是预先作 TBP 切割为窄馏分，给出各窄馏分的相对密度 $d_{15.6}^{15.6}$ 和中沸点 T_b，具备条件后，给出各窄馏分的相对分子质量 MW；

2）从表 9-1-12 中或从数据库中取得各纯组分的基础物理数据（如 MW、T_b、T_c、P_c、ω、δ 等）；

3）若有石油馏分，则根据上面给出的各窄馏分的相对密度 $d_{15.6}^{15.6}$ 和中沸点 T_b，计算各窄馏分如同纯组分一样的基础物性数据；

4）根据所选的方法计算各组分的 CS 方法和 GS 方法的纯液相逸度系数 v_i^0 和活度系数 γ_i；

5）计算 RK 方程气相各参数，并解 RK 立方方程，求得气相压缩因子 Z；

6）计算各组分的气相逸度系数 ϕ_i^v；

7）计算各组分的平衡常数 K_i；

此计算步骤和下述的用 SRK 状态方程计算平衡常数的步骤同表示在图 9-2-2。

（二）单一状态方程方法-改进的 SRK 状态方程

上述立方型 RK 状态方程只能用来描述气相的 $P-V-T$ 关系，不能用于液相。许多学者从不同角度作了各种改进，工作做得最多、发展最快的要数 SRK 状态方程[29~38]和 PR 状态方程[39]，特别是 SRK 状态方程，该方程适用于：轻烃系统、分子大小悬殊的不对称系统、高压含氢和油系统、强极性溶液系统。

1972 年 Soave[29]针对 RK 状态方程对蒸气压的预测不准确作了改进，将其方程：式（9-2-22）右边第二项中的 $\dfrac{a}{T^{0.5}}$ 改为有普遍意义的温度函数 $a(T)$，其形式为：

$$P = \frac{RT}{V-b} - \frac{a(T)}{V(V+b)} \tag{9-2-31}$$

令

$$A = \frac{a(T)P}{R^2T^2} \tag{9-2-32}$$

$$B = \frac{bP}{RT} \tag{9-2-33}$$

则无因次型立方方程为：

$$Z^3 - Z^2 + (A-B-B^2)Z - AB = 0 \tag{9-2-34}$$

对于混合物有下列混合规则：

$$a = \sum_{i=1}^n \sum_{j=1}^n x_i x_j a_{ij} \tag{9-2-35}$$

$$b = \sum_{i=1}^n x_i b_i \tag{9-2-36}$$

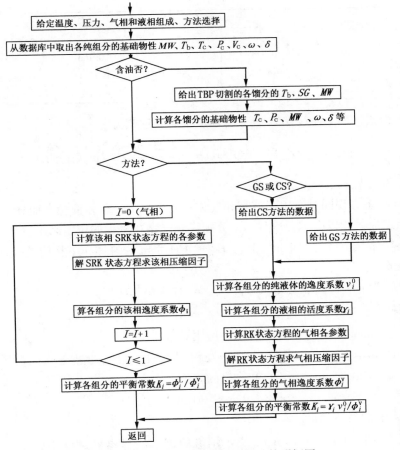

图 9-2-2　计算气-液平衡常数的简明框图

图中：$d_{15.6}^{15.6}$ 简化为 SG。

其中

$$b_i = 0.8664 \frac{RT_{ci}}{P_{ci}} \qquad (9\text{-}2\text{-}37)$$

$$a_{ij} = (a_i a_j)^{0.5} (1 - C_{ij}) \qquad (9\text{-}2\text{-}38)$$

$$a_i = a_{ci} a_i(T) \qquad (9\text{-}2\text{-}39)$$

$$a_{ci} = 0.42748 \frac{R^2 T_{ci}^2}{P_{ci}} \qquad (9\text{-}2\text{-}40)$$

$$a_i(T) = [1 + S_i(1 - T_r^{0.5})]^2 \qquad (9\text{-}2\text{-}41)$$

$$S_i = a_0 + a_i \omega_i + a_2 \omega_i^2 \qquad (9\text{-}2\text{-}42)$$

以上各式中　T、V、P、R、Z、ω、i——同前。

式(9-2-42)中的系数列于表 9-2-4 中。

表 9-2-4　式(9-2-42)中的系数

组分类型	沸点范围/K	系数			作者
		a_0	a_1	a_2	
重油馏分	>589	0.431	1.57	-0.161	Edmister

组分类型	沸点范围/K	系　　数			作者
		a_0	a_1	a_2	
重油馏分	>589	0.315	1.60	-0.166	Lee-Kesler
其他组分		0.48508	1.55171	-0.15613	Craboshi-Daubert[30]
其他组分		0.480	1.574	-0.176	Soave[29] 原始

由状态方程式（9-2-31）得出 i 组分的逸度系数表达式为

$$\ln\phi_i = \frac{b_i}{b}(Z-1) - \ln(Z-B) - \frac{A}{B}\left(\frac{2\sum x_j a_{ij}}{a} - \frac{b_i}{b}\right)\ln\left(1+\frac{B}{Z}\right) \qquad (9-2-43)$$

式中　ϕ、a、b、A、B、Z、ω、x、i、j——同前。

由于 SRK 状态方程同时适用于液相和气相，所以 x、ϕ_i 和 Z 依相态而异，x 分别代表气相组成和液相组成，均以摩尔分率计，Z 分别代表气相和液相的压缩因子。

此外，还对体系中所含的重油、H_2、H_2O、CH_4 和非烃气体作了相应的处理。

1. 重油馏分

Edmister 方法计算 S_i 时，选取的 a_0、a_1、a_2 计算结果较好。

2. 含 H_2 体系

主要改进：a 的表达式及最佳二元交互作用参数。

Graboski-Daubert 法[30,32]：不用二元交互作用参数，用氢的经典临界参数和偏心因子（$T_c = 41.67K$，$P_c = 20.75atm$，$\omega = 0$）和改进的 a 值：

$$a = 1.202\exp(-0.30228T_{r,H_2}) \qquad (9-2-44)$$

式中　T_{r,H_2}——氢的对比温度。

Moysan 法[33] 和 Elliott-Daubert 法[34]：用氢的真实临界参数和偏心因子（表 9-1-12）、求得的二元交互作用参数、不需改进的 a 值计算。若缺少氢和其他烃类二元交互作用参数时，可由下式求得：

$$C_{ij} = 1 + \frac{0.056(T_{r,H_2}-1)-1}{1+0.13615(1-T_{r,H_2}^{0.5})} \qquad (9-2-45)$$

式中　T_{r,H_2}——同前。

Moysan 法和 Elliott-Daubert 法的计算结果好于 Graboski-Daubert 法。

3. 含 H_2O 体系

当物系含 H_2O 时[35]

$$a_w = \sum_{j=1}^{n} x_w^2 x_j a'_{wj} \qquad (9-2-46)$$

式中　a'_{wj} 是 H_2O 和其他组分作用的修正项

$$a'_{wj} = G_j\left[1-\left(\frac{T}{T_{cw}}\right)^{0.812}\right] \qquad (9-2-47)$$

式中　下标 w——H_2O。

$$G_j = \sum_{k=1}^{n} g_i \qquad (9-2-48)$$

式（9-2-48）中的基团贡献值 g_i 列于表 9-2-5 中。

表 9-2-5　基团贡献值 g_i

基团 j	贡献值 $g_i/(10^{-5}/\text{atm} \cdot \text{m}^6)$	基团 j	贡献值 $g_i/(10^{-5}/\text{atm} \cdot \text{m}^6)$
CH_4	1.3580	$-CH=CH-(环)$ [①]	0.6180
$-CH_3$	0.9822	$CH_2=CH_2$	1.7940
$-CH_2-$	1.0780	$CH_2=CH-$	1.3450
$>CH-$	0.9728	$CH\equiv CH$	1.6870
$-C-(系碳)$	0.8687	$CH\equiv H-$	1.1811
$-CH_2-(环)$	0.7488	$-CH=H(芳)$	0.5117
$>CH-(环)$	0.7352	$>C-(芳)$	0.3902

①用较少数据得到。

对于含 H_2O 体系，逸度系数表达式为

$$\ln\phi_i = \frac{b_i}{b}(Z-1) - \ln(Z-B) - \frac{A}{B}\left[\sum_{j=1}^{n}\frac{2(x_j a_{ij}) + \varepsilon_j}{a} - \frac{b_i}{b}\right]\ln\left(1+\frac{B}{Z}\right) \tag{9-2-49}$$

式中　ϕ、a、b、A、B、Z、ω、x、i、j——同前。

若 $i=H_2O$，则

$$\varepsilon_i = \sum_{j=1}^{n}(2x_w x_j - x_w^2 x_j)a'_{wj} \tag{9-2-50}$$

若 $i=烃$，则

$$\varepsilon_i = x_w^2 a'_{wj} - \sum_{j=1}^{n}x_w^2 x_j a'_{wj} \tag{9-2-51}$$

H_2O 的 a 值为

$$a_w = [1.0 + 0.6620(1.0 - T_{tw}^{0.8})]^2 \tag{9-2-52}$$

表 9-2-6 列出了 H_2O 和烃类的二元交互作用参数 C_{wi}。

表 9-2-6　H_2O 和烃类的二元交互作用参数 C_{wi}

类别	C_{wi}	类别	C_{wi}	类别	C_{wi}
烷烃	0.500	炔烃	0.348	环烯	0.355
单烯	0.393	环烷	0.445	芳烃	0.315
双烯	0.311				

NH_3 和 H_2O 同属强极性物质，分子大小相近，可与水同样处理。

4. 含 CH_4、H_2S 体系

CH_4 是最轻的烷烃，分子中 4 个氢原子居于以 C 原子为中心的四面体的四个角处，分子呈球形，具有很多特殊性质，与 H_2S 存在于同一物系时，必须考虑其二元交互作用参数 C_{ij}。

表 9-2-7 列出了 H_2、CH_4、H_2S 和轻烃的二元交互作用参数 C_{ij} [34]。

表 9-2-7　H_2、CH_4、H_2S 和轻烃的二元交互作用参数 C_{ij}

组分	CH_4	H_2S	H_2	组分	CH_4	H_2S
H_2S	0.0823			$n-C_4H_{10}$	0.0215 [40]	0.0588
CH_4		0.0823	-0.0205	$i-C_4H_{10}$		0.0595

续表

组分	CH₄	H₂S	H₂	组分	CH₄	H₂S
C₂H₆	−0.0089[40]	0.0852	−0.009	n-C₅H₁₂		0.0681
C₃H₈	0.0180[40]	0.0798	0.1077			

若缺少这些参数时，可用溶解度参数 δ 或式（9-2-37）和式（9-2-40）中 b_i 和 a_{ci} 通过下列各式求得：

$$C_{ij}=d_0+d_1\,|\delta_i-\delta_j|+d_2\,|\delta_i-\delta_j|^2 \qquad (9-2-53)$$

$$C_{ij}=e_0+e_1k_{ij}+e_2k_{ij}^2 \qquad (9-2-54)$$

式中：

$$k_{ij}=-\frac{(E_i-E_j)^2}{2E_iE_j} \qquad (9-2-55)$$

其中：

$$E_i=\frac{(a_{ci}\ln2)^{0.5}}{b_i} \qquad (9-2-56)$$

式（9-2-53）和式（9-2-54）中的系数列于表9-2-8。

表 9-2-8　式（9-2-53）和式（9-2-54）中的系数

组分 i	a_0	a_1	a_2	e_0	e_1	e_2
H₂S	0.02843	0.01827	0.0	0.07654	0.017921	0.0
CH₄	−0.03512	0.04016	0.0	0.17985	2.6958	10.853

用 SRK 状态方程计算物系中各组分气-液相平衡常数 K_i 的步骤：

1）如同 CS 方法和 GS 方法的计算步骤一样，首先给定物系温度 T、压力 P 和气、液相组成，若有石油馏分，给出各窄馏分的相对密度 $d_{15.6}^{15.6}$ 和中沸点 T_b，具备条件后，给出各窄馏分的相对分子质量 MW；

2）从表9-1-12 中或从数据库中取得各纯组分的基础物理数据（如 MW、T_b、T_c、P_c、ω、δ 等）；

3）若有石油馏分，则根据上面给出的各窄馏分的相对密度 $d_{15.6}^{15.6}$ 和中沸点 T_b，计算各窄馏分如同纯组分一样的基础物性数据；

4）分别对气相和液相计算 SRK 方程中的各参数，建立各自的立方方程；

5）分别对气相和液相解 SRK 方程中的各参数，求得气相压缩因子 Z；

6）计算各组分的气相的逸度系数 ϕ_i^V 和液相的逸度系数 ϕ_i^L；

7）计算各组分的平衡常数 K_i。

以上计算步骤同框图9-2-2。

（三）计算方法比较

用上述三种方法，即改进的 SRK 状态方程法、CS 和 GS 法、PRO-Ⅱ法［SRK 状态方程法、SRK（KD）法和 GS 法］对两套加氢裂化装置和一套加氢精制装置所有混相物流的闪蒸数据进行了核算。这是三种不同类型的装置：一套以 VGO、CGO 和 H₂ 为原料的燃料油型加氢裂化装置，主要生产高质量的石脑油、喷气燃料和柴油；一套以 VGO、CGO 和 H₂ 为原料的石脑油油型加氢裂化装置。

表9-2-9 列出了某加氢裂化装置精制反应器入口（表示为1）、精制反应流出物（表示为2）及冷高分入口（表示为3）的物流组成。

表 9-2-9　某加氢裂化装置部分物流的组成

组分	组成/(kmol/h)			组分	组成/(kmol/h)		
	1	2	3		1	2	3
H_2O	2.552	16.696	349.965	$n\text{-}C_5H_{12}$	1.398	1.617	24.215
NH_3	0.0	12.783	12.919	轻石脑油	2.148	2.485	84.578
H_2S	6.328	27.197	35.638	重石脑油	1.292	1.494	156.667
H_2	3651.346	3681.427	7356.023	喷气燃料	0.326	0.378	328.225
CH_4	485.010	562.473	1193.915	柴油	0.0	0.0	66.987
C_2H_6	7.219	10.870	22.841	循环油	0.0	0.0	157.378
C_3H_8	13.107	20.193	56.458	>C_5馏分	0.0	282.800	0.0
$i\text{-}C_4H_{10}$	13.535	21.045	86.851	原料油	264.292	0.0	0.0
$n\text{-}C_4H_{10}$	5.259	9.440	40.697	Σ	4458.250	4656.035	10035.215
$i\text{-}C_5H_{12}$	4.464	5.164	61.882	MW	26.492	25.904	20.932

表 9-2-10 列出了 18.06MPa 压力下，某加氢裂化装置精制反应器入口物料闪蒸得出的汽化率。

表 9-2-10　某加氢裂化装置精制反应器入口物料闪蒸得出的汽化率

温度/℃	文献结果	本文所述方法			PROCESS 中方法		
		改进 SRK	GS	CS	SRK	SRK(KD)	GS
37.8	0.92124	0.91917	0.91982	0.92028	0.9134	0.9205	0.9229
93.3	0.92332	0.92244	0.92122	0.91970	0.9154	0.9218	0.9233
148.9	0.92358	0.92360	0.92002	0.91619	0.9153	0.9213	0.9218
204.4	0.92283	0.92339	0.91741	0.90902	0.9136	0.9197	0.9191
260.0	0.92162	0.92234	0.91415	0.90030	0.9117	0.9173	0.9155
315.6	0.92060	0.92109	0.91140	0.88531	0.9101	0.9152	0.9115
371.1	0.92062	0.92065	0.91097	0.86122	0.9105	0.9146	0.9079
426.7	0.92278	0.92286	0.91509	0.81043	0.9167	0.9184	0.9052
482.2	0.92841	0.93177	0.92610	0.57330	0.9384	0.9338	0.9040

表 9-2-11 列出了 17.83MPa 压力下，某加氢裂化装置精制反应流出物闪蒸得出的汽化率。

表 9-2-11　某加氢裂化装置精制反应流出物闪蒸得出的汽化率

温度/℃	文献结果	本文所述方法			PROCESS 中方法		
		改进 SRK	GS	CS	SRK	SRK(KD)	GS
37.8	0.90833	0.90663	0.90832	0.90900	0.9011	0.9108	0.9120
93.3	0.91940	0.91431	0.91473	0.91240	0.9090	0.9157	0.9181
148.9	0.92248	0.91920	0.91726	0.91197	0.9120	0.9182	0.9196
204.4	0.92416	0.92185	0.91778	0.90774	0.9131	0.9189	0.9195
260.0	0.92502	0.92305	0.91723	0.89939	0.9133	0.9186	0.9182

温度/℃	文献结果	本文所述方法			PROCESS 中方法		
		改进 SRK	GS	CS	SRK	SRK(KD)	GS
315.6	0.92609	0.92392	0.91720	0.88537	0.9141	0.9187	0.9166
371.1	0.92842	0.92595	0.91991	0.86001	0.9179	0.9209	0.9157
426.7	0.93284	0.93163	0.92730	0.79914	0.9299	0.9294	0.9161
482.2	0.94015	0.94747	0.94100	0.50915	0.9665	0.9553	0.9178

表 9-2-12 列出了 16.48MPa、49℃条件下，某加氢裂化装置高压分离器用几种方法计算得到的气、油、水的三相闪蒸结果。

表 9-2-12　某加氢裂化装置高压分离器三相闪蒸结果　　　　　　　　　kmol/h

组分	进料	文献			SRK		GS		CS	
		液相	气相	水相	液相	气相	液相	气相	液相	气相
H_2O	349.965	0.198	6.346	343.421	2.480	6.041	2.448	6.008	2.434	6.012
NH_3	12.919	0.0	0.0	12.919	0.0	0.0	0.0	0.0	0.0	0.0
H_2S	35.638	6.981	15.738	12.919	8.815	13.904	8.140	14.579	8.243	14.476
H_2	7356.023	117.371	7238.652		90.572	7265.451	118.700	7237.338	116.909	7239.126
CH_4	1193.915	84.712	1109.201		112.288	1081.627	95.322	1098.594	93.884	1100.032
C_2H_6	22.841	4.889	17.952		6.806	16.035	5.437	17.404	6.591	16.250
C_3H_8	56.458	23.863	32.595		31.070	25.388	26.300	30.158	26.641	29.817
$i\text{-}C_4H_{10}$	86.851	53.192	33.659		62.977	23.874	56.983	29.868	55.386	31.465
$n\text{-}C_4H_{10}$	40.697	27.620	13.078		31.630	9.067	29.414	11.283	28.472	12.224
$i\text{-}C_5H_{12}$	61.882	50.781	11.101		54.555	7.327	52.513	9.368	51.266	10.616
$n\text{-}C_5H_{12}$	24.215	20.740	3.476		21.888	2.327	21.271	2.944	20.850	3.365
轻石脑油	84.578	79.237	5.342		81.185	3.391	80.384	4.190	79.773	4.802
重石脑油	156.667	153.455	3.212		154.710	1.952	154.217	2.443	154.003	2.657
喷气燃料	328.225	327.414	0.812		327.751	0.422	327.566	0.603	327.629	0.540
柴油	66.987	66.986	0.001		66.986	0.0001	66.985	0.001	66.986	0.0
循环油	157.378	157.378	0.0		157.367	0.0	157.365	0.0	157.365	
Σ	10035.215	1174.815	8491.137	369.260						

表 9-2-9~表 9-2-12 对比表明：用上述方法编制的程序比 PROCESS 中的更好。如改进的 SRK 方法比 PROCESS 中的 SRK 方法和 SRK(KD) 方法更接近实际结果，更适应于高温、高压的加氢裂化体系。

表 9-2-13 为上述三种方法闪蒸计算上述加氢物系所得的气化率对原基础设计数据的相对偏差。

表 9-2-13　三种方法闪蒸计算加氢物系所得的气化率的平均偏差 $\Delta\varepsilon$　　　　　%

压力状况	点数	SRK	GS	CS
低压	50	6.95	11.91	9.96
高压	90	0.45	0.48	1.85
总计	140	2.77	4.59	4.67

从表 9-2-13 可看出：三种气-液平衡模型用于含氢物系时，对于高压的适应性比低压的更好；三种方法中，改进的 SRK 方法比 GS 方法和 CS 方法更好。

总结论：

1）GS 方法和 CS 方法在较低温度下对含氢高压系统的适应性均较好，但在高温下偏差较大；

2）在高压下，改进的 SRK 方法最好，有普遍的适应性；

3）在低压下，以 PROCESS 中的 GS 方法较好；

4）<100℃，GS 方法和 CS 方法较好；

5）>100℃，改进的 SRK 方法最好。

二、高压下含氢物系的密度

（一）气体密度

气相密度可以用改进的 SRK 状态方程、GS 状态方程、CS 状态方程、Lee-Kesler 状态方程等计算，但液相密度计算结果误差较大。

采用状态方程计算气相密度时，一般先由气相组成计算出状态方程的参数，建立状态方程，并在体系的温度和压力下求解压缩因子（多解时取最大值），进而计算摩尔体积：

$$V = \frac{ZRT}{P} \tag{9-2-57}$$

最后得密度
$$\rho = \frac{MW}{V} \tag{9-2-58}$$

式中　R、MW、V、T、P、Z——同前。

表 9-2-14 列出了 18.06MPa 压力下，某加氢裂化装置精制反应器入口物料（1）闪蒸后用三种相平衡模型得出的气相密度和 17.83MPa 压力下某加氢裂化装置精制反应流出物（2）闪蒸后用三种相平衡模型得出的气相密度。

表 9-2-14　三种相平衡模型计算的气相密度　　g/cm³

物流	1				2			
温度/℃	文献	SRK	GS	CS	文献	SRK	GS	CS
37.8	0.02478	0.02235	0.02281	0.02276	0.02729	0.02554	0.02614	0.02609
93.3	0.02202	0.02008	0.02049	0.02038	0.02542	0.02361	0.02418	0.02414
148.9	0.01972	0.01816	0.01849	0.01825	0.02356	0.02210	0.02275	0.02240
204.4	0.01785	0.01657	0.01689	0.01647	0.02205	0.02084	0.02154	0.02088
260.0	0.01651	0.01543	0.01160	0.01517	0.02106	0.02004	0.02098	0.01978
315.6	0.01598	0.01506	0.01633	0.01463	0.02100	0.02018	0.02181	0.01941
371.1	0.01670	0.01609	0.01881	0.01520	0.02231	0.02202	0.02478	0.02000
426.7	0.01923	0.01960	0.02427	0.01720	0.02530	0.02682	0.03048	0.02141

从表 9-2-14 可看出：由改进的 SRK 方法闪蒸所得气相组成后计算的密度与文献数据接近，约低 0.0015~0.0020g/cm³，且有规律，可简单加上此值进行校正。GS 方法和 CS 方法在较低温度下的闪蒸结果也可满足工程要求。

（二）含 H_2 液体密度

由于 H_2 具有的特殊量子效应，含 H_2 液体的密度需用溶质和溶剂的偏摩尔体积加合来计

算其含 H_2 液体的摩尔体积：

$$V = x_1 \overline{V_1} + x_2 \overline{V_2} \tag{9-2-59}$$

式中　V——混合物的摩尔体积；

　　　　x——摩尔分率；

　　下标 1——溶剂；

　　下标 2——溶质（H_2）；

　　　　$\overline{V}$——混合物的偏摩尔体积：

$$\overline{V} = \left(\frac{\partial(nV)}{\partial n_i}\right)_{T,P,n} \tag{9-2-60}$$

在温度和压力恒定时，Connolly 和 Kandalic[41] 将含溶解 H_2 30% 以内的溶液的偏摩尔体积表达为

$$V = a + bx_2 + cx_2^2 \tag{9-2-61}$$

　　进而导得

$$\overline{V_1} = V_1 - cx_2^2 \tag{9-2-62}$$

　　和

$$\overline{V_2} = \overline{V_2^\infty} + c(1 - x_1^2) \tag{9-2-63}$$

式中　$V_1 = a$——溶剂在体系的温度和压力下的摩尔体积；

　　$\overline{V_2^\infty} = a + b$——体系的温度和压力下，无限稀释条件下 H_2 的偏摩尔体积。

　　将式（9-2-62）和式（9-2-63）代入式（9-2-59），得

$$V^{(P)} = x_1 V_1^{(P)} + x_2 \overline{V_2^{\infty(P)}} + c^{(P)} x_2^2 \tag{9-2-64}$$

式中　上标（P）——强调体系压力；

　　　　$x_1 V_1^{(P)}$——溶剂摩尔体积的贡献项；

　　　　$x_2 \overline{V_2^{\infty(P)}}$——无限稀释条件下 H_2 的偏摩尔体积的贡献项；

　　　　$c^{(P)} x_2^2$——组成的贡献项。

1. 高压下 H_2 的无限稀释溶液的偏摩尔体积

　　加氢裂化一般在接近溶剂的临界温度（340~420℃）和高压（10.0~20.0MPa）下进行，此时应关注 H_2 的偏摩尔体积的等温可压缩性。

　　Connolly 和 Kandalic[41] 在研究 H_2-苯、H_2-正辛烷时指出，恒压下在 15MPa 之内 H_2 的无限稀释溶液的偏摩尔体积的倒数 $\dfrac{1}{V_2^\infty}$ 和压力 P 呈直线关系，如图 9-2-3 所示。

　　因此，等温无因次压缩系数为

$$\theta_r = \left[\frac{\partial\left(\dfrac{V_{c1}}{V_2^\infty}\right)}{\partial\left(\dfrac{P}{P_{c1}}\right)}\right]_T = \frac{P_{c1} V_{c1}}{V_2^\infty}\left(-\frac{1}{V_2^\infty}\frac{\partial \overline{V_2^\infty}}{\partial P}\right)_T \tag{9-2-65}$$

　　令

$$\overline{\beta_2^\infty} = \frac{1}{V_2^\infty}\left(\frac{\partial \overline{V_2^\infty}}{\partial P}\right)_T \tag{9-2-66}$$

　　故

$$\theta_r = \frac{P_{c1} V_{c1}}{V_2^\infty}\overline{\beta_2^\infty} \tag{9-2-67}$$

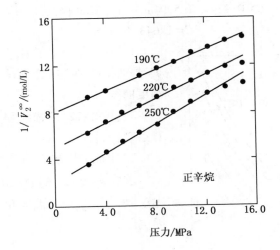

图 9-2-3　H_2-正辛烷体系中 $\dfrac{1}{V_2^{\infty}}$-P 关系

在 15MPa 以下可认为 θ 与压力无关，因此从溶剂的饱和蒸气压 P_1^S 到体系压力 P 对式 (9-2-65) 积分，得

$$\frac{1}{\overline{V}_2^{\infty(P)}} = \frac{1}{V_2^{\infty}(P_1^S)} + \frac{\theta_r}{P_{c1}V_{c1}}(P-P_1^S) \tag{9-2-68}$$

无因次压缩系数也为溶剂的对比温度和偏心因子的函数。

$$\ln\theta_r = D+ET_{r1} \tag{9-2-69}$$

式中：
$$D=-4.40+3.10\sqrt{\omega_1} \tag{9-2-70}$$
$$E=4.20-3.10\sqrt{\omega_1} \tag{9-2-71}$$

由式 (9-1-73) 或上节的状态方程求得溶剂的饱和蒸气压，式 (9-2-68) 的压力校正项即可得到。

在体系压力下，H_2 的无限稀释溶液的偏摩尔体积的倒数 $\dfrac{1}{V_2^{\infty}}$ 等于其在溶剂的饱和蒸气压

P_1^S 值的倒数加上压力校正项。

Chueh 和 Deal[42] 利用 H_2-苯、H_2-正辛烷及状态方程计算数据，建立了溶剂的饱和蒸气压下 H_2 的无限稀释溶液的偏摩尔体积为溶剂的对比温度和偏心因子的函数：

$$\ln\frac{\overline{V}_2^{\infty(P_1^S)}}{V_{c2}} = A+BT_{r1}^3+CT_{r1}^6 \tag{9-2-72}$$

式中　V_{c2}—H_2 的临界体积，典型值 $51.5\times10^{-3}\,\mathrm{m^3/kmol}$。

当 $\omega_1 \geqslant 0.2$ 时

$$A=-0.9556+1.244\omega_1 \tag{9-2-73}$$
$$B=1.712+0.28\omega_1 \tag{9-2-74}$$
$$C=1.282+0.840\omega_1 \tag{9-2-75}$$

当 $\omega_1 < 0.2$ 时

$$A=-0.9619+0.4259\omega_1+4.0935\omega_1^2 \tag{9-2-76}$$

$$B = 0.9247 + 7.5994\omega_1 - 91.377\omega_1^2 + 436.06\omega_1^3 \tag{9-2-77}$$

$$C = 1.643 - 0.965\omega_1 \tag{9-2-78}$$

图 9-2-4 表示了 H_2 在烃中的无限稀释溶液的偏摩尔体积(在溶剂饱和蒸气压下)和溶剂的对比温度曲线。

式(9-2-72)的描绘和实验点及由状态方程计算点吻合。

2. 组成的影响

求取式(9-2-64)中组成的贡献项 $c^{(P)}x_2^2$,需先求取 c 值。c 值为温度和压力的函数,表达为无因次形式:

$$\ln \frac{c}{V_{c2}} = -2.1288 - 0.1880P_{r1} + 5.4822T_{r1}^2 \tag{9-2-79}$$

3. 混合溶剂系统

混合溶剂系统的临界参数求取,遵循以下规则:

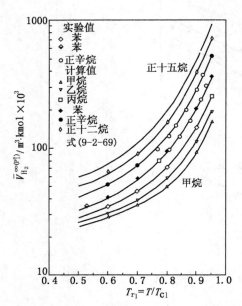

图 9-2-4　氢的无限稀释溶液的偏摩尔体积和溶剂的对比温度的关系

$$T_{cm} = \sum\sum\phi_i\phi_j T_{cij} \tag{9-2-80}$$

$$\phi_i = \frac{x_i V_{ci}^{\frac{2}{3}}}{\sum x_j V_{cj}^{\frac{2}{3}}} \tag{9-2-81}$$

$$T_{cij} = (T_{ci}T_{cj})^{0.5}(1-K_{ij}) \tag{9-2-82}$$

$$K_{ij} = 1 - \left\{ \frac{\left[(V_{ci})^{\frac{1}{3}} (V_{cj})^{\frac{1}{3}} \right]^{\frac{1}{2}}}{\frac{V_{ci}^{\frac{1}{3}} + V_{cj}^{\frac{1}{3}}}{2}} \right\}^3 \tag{9-2-83}$$

$$V_{cm} = \left(\sum x_i V_{ci}^{\frac{2}{3}} \right)^{\frac{3}{2}} \tag{9-2-84}$$

$$\omega_m = \sum x_i \omega_i \tag{9-2-85}$$

$$Z_{cm} = \sum x_i Z_{ci} \tag{9-2-86}$$

$$P_{cm} = \frac{Z_{cm}RT_{cm}}{V_{cm}} \tag{9-2-87}$$

式中　　　　　　　　　x——不含 H_2 的溶剂中各组分的摩尔分率;

T_c、P_c、V_c、Z_c、ω、i、j——同前;

m——混合溶剂的相应量,溶剂为石油馏分,以拟组分性质处理。

(三) 高压下无 H_2 液体的密度

计算步骤:首先计算饱和液体的密度,再作压力校正,即可计算高压下无 H_2 液体的密度。

1. 饱和液体的密度

(1) 纯组分饱和液体的密度 ρ_L^S

1）改进的 Rackett 状态方程[44、45]：

文献[43]介绍了 Rackett 状态方程计算纯组分饱和液体的密度 ρ_L^S，改进的 Rackett 状态方程为

$$\frac{1}{\rho_L^S} = \frac{RT_c}{P_c MW} Z_{RA}^{[1.0+(1.0-T_r)^{\frac{2}{7}}]} \tag{9-2-88}$$

式中　ρ_L^S——对比温度 T_r 下的饱和液体密度，g/cm³；

　　　Z_{RA}——组分的特征参数，由多点饱和液体密度数据回归得到。

式（8-2-88）的适用范围：石油馏分的饱和液体密度和低压石油馏分密度。式（8-2-88）变形后，得

$$\lg Z_{RA} = \frac{\lg\left(\dfrac{P_c MW}{RT_c \rho_L^S}\right)}{1.0+(1.0-T_r)^{\frac{2}{7}}} \tag{9-2-89}$$

由多点数据求得各点 i 的数据：

$$G_i = 1.0+(1.0-T_r)^{\frac{2}{7}} \tag{9-2-90}$$

$$Q_i = \lg\left(\frac{P_c MW}{RT_c \rho_L^S}\right) \tag{9-2-91}$$

由各点数据代入下式求得 Z_{RA}：

$$\lg Z_{RA} = \frac{\sum G_i Q_i}{\sum (G_i^2)} \tag{9-2-92}$$

Z_{RA} 与组分临界压缩因子相近 Z_c，可近似代替，但会形成误差。

式（9-2-92）的适用条件：已知各组分临界数据（T_c、P_c）、相对分子质量 MW 和特征常数 Z_{RA}。

表 9-2-15 列出了各非烃气体和轻烃的 Z_{RA}、ω_{SRK} 和 V^* 值。

表 9-2-15　有关非烃气体和轻烃的 Z_{RA}、ω_{SRK} 和 V^* 值

组分	Z_{RA}	ω_{SRK}	$V^*/(\text{cm}^3/\text{mol})$	组分	Z_{RA}	ω_{SRK}	$V^*/(\text{cm}^3/\text{mol})$
H_2	0.3218		64.237	C_3H_8	0.02763	0.1517	200.077
NH_3	0.2466	0.2520	70.105	$i\text{-}C_4H_{10}$	0.2730	0.1931	254.388
H_2S	0.2818	0.0827	99.383	$n\text{-}C_4H_{10}$	0.2760	0.1770	256.822
CH_4	0.2880	0.0108	99.383	$i\text{-}C_5H_{12}$	0.2685	0.2486	311.321
C_2H_6	0.2819	0.0990	145.766	$n\text{-}C_5H_{12}$	0.2718	0.2275	309.573

表中：ω_{SRK}——由 SRK 状态方程回归出的偏心因子；

　　　V^*——特征摩尔体积。

2）Hankinon 和 Thomson 状态方程[46、47]：

$$\frac{1}{\rho_L^S} = V^* V_R^0 \frac{1-\omega_{SRK} V_R^{(\delta)}}{MW} \tag{9-2-93}$$

式中　V_R^0、$V_R^{(\delta)}$——对比温度 T_r 下的函数：

$$V_R^0 = 1+a(1-T_r)^{\frac{1}{3}}+b(1-T_r)^{\frac{2}{3}}+c(1-T_r)+d(1-T_r)^{\frac{4}{3}} \tag{9-2-94}$$

$$V_{\mathrm{R}}^{(\delta)} = \frac{e+fT_{\mathrm{r}}+gT_{\mathrm{r}}^2+hT_{\mathrm{r}}^3}{T_{\mathrm{r}}-1.00001} \tag{9-2-95}$$

其中，a、b、c、d、e、f、g、h 为常数，列于表 9-2-16 中。

表 9-2-16　式(9-2-94)和式(9-2-95)中的常数

a	-1.52816	c	-0.81446	e	-0.296123	g	-0.0427258
b	1.43907	d	0.190454	f	0.386914	h	-0.0480645

（2）混合物的泡点密度 ρ_{bp}

1）改进的 Rackett 状态方程[49]：

文献[48]介绍了 Rackett 状态方程计算混合物的泡点密度 ρ_{bp}，改进的 Rackett 状态方程为

$$\frac{1}{\rho_{\mathrm{bp}}} = R\left(\sum_{i=1}^{n} x_i \frac{T_{ci}}{P_{ci}}\right)\frac{1}{MW_{\mathrm{m}}} Z_{\mathrm{RAm}}^{[1.0+(1.0-T_{\mathrm{m}})^{\frac{2}{7}}]} \tag{9-2-96}$$

式中：

$$T_{\mathrm{rm}} = \frac{T}{T_{\mathrm{cm}}} \tag{9-2-97}$$

若已知混合物的临界体积 V_{cm}，也可用下式计算：

$$\frac{1}{\rho_{\mathrm{bp}}} = \frac{V_{\mathrm{cm}}}{MW_{\mathrm{m}}} Z_{\mathrm{RAm}}^{(1.0-T_{\mathrm{rm}})^{\frac{2}{7}}} \tag{9-2-98}$$

式(9-2-96)和式(9-2-98)计算结果相近。

为求得混合物的 T_{cm}，采用类似式(9-2-80)、式(9-2-82)、式(9-2-83)的方法，仅 ϕ_i 与式(9-2-81)不同，为

$$\phi_i = \frac{x_i V_{ci}}{\sum_{j=1}^{n} x_j V_{ci}} \tag{9-2-99}$$

其他物理性质的混合规则为

$$Z_{RAm} = \sum_{i=1}^{n} x_i Z_{RAi} \tag{9-2-100}$$

$$MW_{\mathrm{m}} = \sum_{i=1}^{n} x_i MW_i \tag{9-2-101}$$

$$V_{\mathrm{cm}} = \sum_{i=1}^{n} x_i V_{ci} \tag{9-2-102}$$

或用式(9-2-84)计算 V_{cm}。

2）对应状态原理计算混合物的泡点密度 ρ_{bp}

Hankinon-Thomson 的对应状态方法，式(9-2-93)～式(9-2-95)也能用来计算混合物的泡点密度 ρ_{bp}，但也需将纯组分性质 V^*、MW、T_{c} 和 ω_{SRK} 转换为混合物的 V_{m}^*、MW_{m}、T_{cm} 和 ω_{SRKm} 对应值。其混合规则为：

$$\omega_{\mathrm{SRKm}} = \sum_{i=1}^{n} x_i \omega_{\mathrm{SRK}i} \tag{9-2-103}$$

$$T_{\mathrm{cm}} = \frac{\sum_{i=1}^{n}\sum_{j=1}^{n} x_i x_j V_{ij}^* T_{cij}}{V_{\mathrm{m}}^*} \tag{9-2-104}$$

$$V_m^* = \frac{1}{4}\left[\sum_{i=1}^{n} x_i V_i^* + 3\left(\sum_{i=1}^{n} x_i V_i^{*\frac{2}{3}}\right)\left(\sum_{i=1}^{n} x_i V_i^{*\frac{1}{3}}\right)\right] \tag{9-2-105}$$

$$V_{ij}^* T_{cij} = \left(V_i^* T_{ci} V_j^* T_{cj}\right)^{\frac{1}{2}} \tag{9-2-106}$$

2. 压力对无氢液体密度的影响

（1）Lu-Rea 方法

密度与其对应状态关系为：

$$\rho_2 = \rho_1 \frac{C_2}{C_1} \tag{9-2-107}$$

式中　ρ_1——T_{r1}、P_{r1} 下的密度；

　　　　ρ_2——T_{r2}、P_{r2} 下的密度；

C_1、C_2——相应状态下密度的关联因数，是对比状态（T_r、P_r）的函数。Lu[50] 将其绘为图 9-2-5。

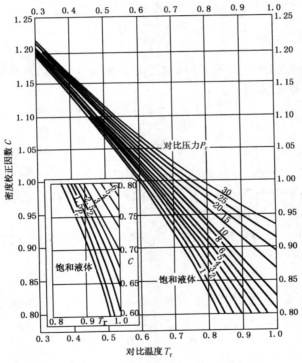

图 9-2-5　压力和温度对液体密度的影响

Rea 等[51] 将图 9-2-5 拟合为下式：

$$C = A_0 + A_1 T_r + A_2 T_r^2 + A_3 T_r^3 \tag{9-2-108}$$

式中，A_i 可表达为 P_r 的函数。

$$A_i = B_{0i} + B_{1i} P_r + B_{2i} P_r^2 + B_{3i} P_r^3 + B_{4i} P_r^4 \tag{9-2-109}$$

其中，B_{ji} 由曲线拟合而得，列于表 9-2-17 中。

表 9-2-17　式（9-2-109）中的系数

i	B_{0i}	B_{1i}	$B_{2i} \times 10^3$	$B_{3i} \times 10^5$	$B_{4i} \times 10^6$
0	1.6368	−0.04615	2.1138	−0.7845	−0.6923

i	B_{0i}	B_{1i}	$B_{2i}\times10^3$	$B_{3i}\times10^5$	$B_{4i}\times10^6$
1	-1.9693	0.21874	8.0028	-8.2328	5.3604
2	2.4638	-0.36461	12.8763	14.8059	-8.6895
3	-1.5841	0.25136	-11.3805	9.5672	2.1812

已知某一状态下的密度,可由图9-2-5或式(9-2-108)和式(9-2-109)求得两个状态下的关联因数 C_1 和 C_2,再由式(9-2-107)计算得到另一状态下的密度。

对于含烃类和石油馏分的混合物,可以常压、15.6℃下的液体密度为基准,经校正得到指定压力和温度下的液体密度,常常具备条件的为烃类和石油馏分的相对密度:

$$\rho = 0.999024 d_{15.6}^{15.6} \tag{9-2-110}$$

20℃下的液体密度与15.6℃下的液体密度的换算关系为:

$$d_{15.6}^{15.6} = 0.9944\rho_{20} + 0.0095 \tag{9-2-111}$$

20℃下的石油馏分密度与其他温度下的密度关联式为:

$$\rho = \frac{t(1.307\rho_{20} - 1.817) + 973.86\rho_{20} + 36.34}{1000} \tag{9-2-112}$$

烃类和石油馏分的混合物(低压下)的密度可由各组分(包括拟组分)的密度 ρ_i、相对分子质量 MW_i 及摩尔分率 x_i 求得:

$$\rho = \frac{\sum x_i MW_i}{\sum \dfrac{x_i MW_i}{\rho_i}} \tag{9-2-113}$$

已知低温、低压下的密度,可求得相应关联因数 C_1 和 C_2,再计算高压下的密度。混合体系的 T_{cm} 和 P_{cm} 等可由式(9-2-80)、式(9-2-82)、式(9-2-83)、式(9-2-86)、式(9-2-87)、式(9-2-99)和式(9-2-102)计算。

C_5 以下轻烃在常压、15.6℃下为气体,参考密度应为更低温度下的饱和密度,参考密度所处的压力为轻烃的蒸气压。

(2)Tait方法

将泡点温度下的密度 ρ_{bp} 经压力校正为泡点温度和指定压力下的密度的计算方法为:

$$\frac{1}{\rho_m} = \frac{1}{\rho_{bp}}\left(1 - C\ln\frac{B+P}{B+P_{bp}}\right) \tag{9-2-114}$$

$$\frac{B}{\rho_{cm}} = -1 + a(1-T_r)^{\frac{1}{3}} + b(1+T_r)^{\frac{2}{3}} + d(1-T_r) + e(1-T_r)^{\frac{4}{3}} \tag{9-2-115}$$

式中,ρ_{bp} 由 Hankinon-Thomson 的对应状态方法计算;

T_r 由式(9-2-104)~式(9-2-106)计算;

ω_{SRKm} 由式(9-2-103)计算;

C 由下式计算;

$$C = j + k\omega_{SRKm} \tag{9-2-116}$$

e 由下式计算;

$$e = \exp(f + g\omega_{SRKm} + h\omega_{SRKm}^2) \tag{9-2-117}$$

P_{cm} 由下式计算。

$$P_{cm} = \frac{Z_{cm}RT_{cm}}{V_m^*} \qquad (9-2-118)$$

其中　　　　　　　　　$Z_{cm} = 0.291 - 0.080\omega_{SRKm} \qquad (9-2-119)$

表9-2-18列出了式(9-2-115)～式(9-2-117)中的系数。

表9-2-18　式(9-2-115)～式(9-2-117)中的系数

a	b	d	f	g	h	i	k
-0.9070217	62.45326	-135.1102	4.79594	0.250047	1.14188	0.0861488	0.0344483

对比泡点压力由三参数对应状态原理关联式式(9-1-45)～式(9-1-48)计算，也由可普遍化的 Riedel 关联式计算：

$$\lg P_{bpr} = \lg\left(\frac{P_{bp}}{P_{cm}}\right) = P_{rm}^{(0)} + \omega_{SRKm}P_{rm}^{(1)} \qquad (9-2-120)$$

其中　　　　　　　$P_{rm}^{(0)} = 5.8031817\lg T_r + 0.07608141a \qquad (9-2-121)$

$$P_{rm}^{(1)} = 4.86601\beta \qquad (9-2-122)$$

以上两种　　　　　$a = 35.0 - \frac{36}{T_r} - 96.736\lg T_r + T_r^6 \qquad (9-2-123)$

$$\beta = \lg T_r + 0.03721754a \qquad (9-2-124)$$

3. 高压下石油馏分的密度

石油馏分单独存在时，常压下的密度可由式(9-2-110)～式(9-2-112)计算，也可用图9-2-6石油馏分常压下密度列线图求得。

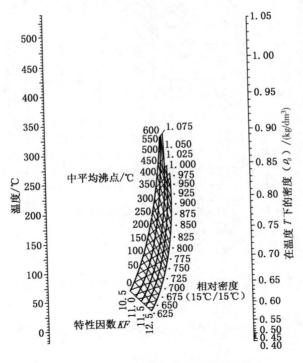

图 9-2-6　石油馏分常压下密度列线图

高压下石油馏分密度可由 Lu-Rea 方法求取，也可用以下方法：

先计算指定温度下的密度，再作压力校正：

$$\frac{\rho_0}{\rho}=1-\frac{P}{B_T} \tag{9-2-125}$$

式中　ρ_0、ρ——常压和高压时指定温度下石油馏分的密度，g/cm^3；

　　　　P——体系压力，MPa；

　　　　B_T——等温(T)下压力体积模量。

$$B_T=-\frac{1}{\rho}\left(\frac{\Delta P}{\Delta V}\right)_T \tag{9-2-126}$$

由于 $\left(\dfrac{\Delta P}{\Delta V}\right)_T$ 不易直接得到，可作如下变换：

$$B_T=mX+B_t \tag{9-2-127}$$

按式(9-2-127)将 B_T-X 关系绘于图 9-2-7。

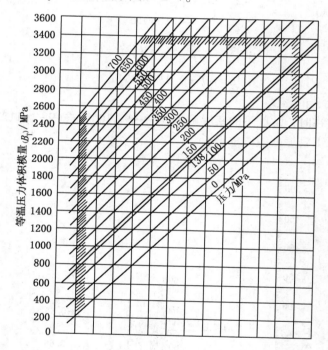

图 9-2-7　石油馏分等温压力体积模量的压力校正

式(9-2-127)中，

m 为斜率：

$$m=188.1+0.03739P+2.2735\times10^{-4}P^2-1.9396\times10^{-7}P^3 \tag{9-2-128}$$

B_t 为截距：

$$B_t=22.744+4.395P-0.002954P^2+1.6283\times10^{-6}P^3 \tag{9-2-129}$$

X 为自变量：

$$X=\frac{B_{138}-B_{t,138}}{m_{138}}=\frac{B_{138}-564.0}{197.1} \tag{9-2-130}$$

式中　m_{138}——图 9-2-7 中 $P=138$MPa 线的斜率，数值为 197.1；

　　　$B_{t,138}$——图 9-2-7 中 $P=138$MPa 线的截距，数值为 564.0；

　　　B_{138}——图 9-2-7 中 $P=138$MPa 时的 B_T，是温度和常压下密度的函数。

$$\lg B_{138}=-1.098\times10^{-3}t+2.7737+0.7133\rho_0 \qquad(9\text{-}2\text{-}131)$$

式中　t——温度，℃；

　　　ρ_0——常压下密度，g/cm^3。

按式(9-2-129)可绘制出图 9-2-8。

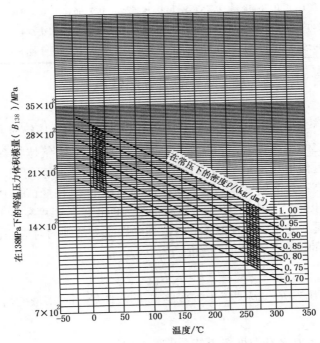

图 9-2-8　石油馏分在 138MPa 下的等温压力体积模量

（四）计算方法和计算结果说明

用上述方法计算了纯物质及混合物、石油馏分以及在高压下含溶解氢的流体的密度，与实验值和文献值很接近。

在上述无溶解氢的混合物流体密度计算中，以 Rackett 的饱和液体密度计算方法结合 Lu-Rea 的压力校正方法比较简单、准确、且适用于石油馏分。用此方法和含溶解氢的液体偏摩尔体积计算了两套加氢裂化装置和一套加氢精制装置的液体密度，结果与文献值相近。

表 9-2-18 列出了 18.06MPa 压力下，某加氢裂化装置精制反应器入口物料(1)闪蒸后用三种相平衡模型计算得出的含溶解氢的液体密度和 17.83MPa 压力下某加氢裂化装置精制反应流出物(2)闪蒸后用三种相平衡模型计算得出的含溶解氢的液体密度。

表 9-2-18　三种相平衡模型计算的含溶解氢液体密度　　　　　g/cm^3

物流	1				2			
温度/℃	文献	SRK	GS	CS	文献	SRK	GS	CS
37.8	0.87494	0.87345	0.87516	0.87531	0.84025	0.83749	0.83904	0.83240

物流	1				2			
温度/℃	文献	SRK	GS	CS	文献	SRK	GS	CS
93.3	0.85041	0.85086	0.85290	0.85209	0.81528	0.81343	0.81644	0.81546
148.9	0.82577	0.82750	0.82899	0.82709	0.79094	0.79061	0.79351	0.79019
204.4	0.80079	0.80354	0.80423	0.80097	0.76655	0.76763	0.76524	0.75122
260.0	0.77559	0.77908	0.77899	0.77290	0.74177	0.74388	0.73704	0.72684
315.6	0.75031	0.75448	0.75365	0.74257	0.71662	0.71949	0.70500	0.7021
371.1	0.72498	0.73002	0.72848	0.70687	0.69113	0.69473	0.66455	0.67697
426.7	0.69915	0.70574	0.70330	0.65427	0.66462	0.66952	0.65090	0.65600

三、高压下含 H_2、烃(油)物系的焓等热性质

(一)概述

高压下含 H_2、烃(油)物系的焓、熵、比热等热性质分为气体物系和液体物系的热性质两部分。气体分子之间距离较大，相互作用不显著，所以含 H_2 气体物系和无 H_2 气体物系一样，其热性质可以近似地用对应状态原理估算。但是，对于含溶解 H_2 的液体烃及混合物，随着压力和温度升高，其溶解度急剧增大，在高温高压下 H_2 在烃(油)中的溶解度可高达近50%(摩尔)；H_2 溶于烃(油)中 H_2 的偏摩尔焓是很大的正值，每摩尔约几千卡，因此和密度一样，其焓等热性质不能用以混合液体的虚拟临界性质为基础的对应(比)状态原理来估算，而用溶解 H_2 和溶剂的偏摩尔焓的加和来估算。

$$H = x_1 \overline{H_1} + x_2 \overline{H_2} \tag{9-2-132}$$

式中　H——在体系压力 P 和温度 T 下含溶解 H_2 的液体烃(油)溶液的焓；

x，1，2——同前；

$\overline{H}$——在体系压力 P 和温度 T 下体系的偏摩尔焓。

$$\overline{H_1} = H_1^{P_1^s} + \int_{P_1^s}^{P} \left[V_1 - T \left(\frac{\partial V_1}{\partial T} \right)_P \right] dP + RT^2 \left(\frac{\partial c'}{\partial T} \right)_P x_2^2 \tag{9-2-133}$$

$$\overline{H_2} = \overline{H_2}^{\infty} + \int_{P_1^s}^{P} \left[\overline{V_2}^{\infty} - T \left(\frac{\partial \overline{V_2}^{\infty}}{\partial T} \right)_P \right] dP + RT^2 \left(\frac{\partial c'}{\partial T} \right)_P (1 - x_1^2) \tag{9-2-134}$$

其中　　　　　$H_1^{P_1^s}$——溶剂的饱和蒸气压 P_1^s 下溶剂的焓；

$\int_{P_1^s}^{P} \left[\overline{V_2}^{\infty} - T \left(\frac{\partial \overline{V_2}^{\infty}}{\partial T} \right)_P \right] dP$——压力校正项；

$RT^2 \left(\frac{\partial c'}{\partial T} \right)_P x_2^2$——非理想性的影响项；

$H_1^{P_1^s} + \int_{P_1^s}^{P} \left[V_1 - T \left(\frac{\partial V_1}{\partial T} \right)_P \right] dP$——溶剂在压力 P 下的焓；

$\overline{H_2}^{\infty}$—— H_2 的无限稀释溶液的偏摩尔焓；

$\int_{P_1^s}^{P} \left[\overline{V_2}^{\infty} - T \left(\frac{\partial \overline{V_2}^{\infty}}{\partial T} \right)_P \right] dP$——压力校正项；

$$RT^2 \left(\frac{\partial c'}{\partial T}\right)_P (1-x_1^2)$$ ——非理想性的影响项。

由此，含溶解 H_2 的烃(油)物系的焓问题就归结为解决烃类及混合物(油)的焓问题及 H_2 溶解于烃(油)对体系所产生影响的问题。烃类及混合物(油)的焓、熵、比热容等热性质对气体物系和液体物系方法一致，可一起讨论。

(二) 烃类及混合物(油)焓、熵、比热等热性质

烃类及混合物(油)焓、熵、比热等热性质密切相关，可以焓为主讨论热性质及计算方法。

焓是温度和压力的热力学函数

$$H = H(T, P) \tag{9-2-135}$$

两个状态的焓变只与两个状态 $(T_1 、 P_1)$ 、 $(T_2 、 P_2)$ 有关，而与从一个状态到另一个状态所经过的途径无关，对式(9-2-135)取全微分

$$dH = \left(\frac{\partial H}{\partial T}\right)_P dT + \left(\frac{\partial H}{\partial P}\right)_T dP \tag{9-2-136}$$

图 9-2-9 表示了焓的计算路径示意图。

从图 9-2-9 可看出：由状态 $A(T_1 、 P_1)$ 到另一状态 $C(T_2 、 P_2)$ 可沿路线 ABC 完成，也可沿路线 ADC 完成，若沿路线 ABC

$$H_2 - H_1 = \int_{T_1}^{T_2} \left(\frac{\partial H}{\partial T}\right)_{P_1} dT + \int_{P_1}^{P_2} \left(\frac{\partial H}{\partial P}\right)_{T_2} dP \tag{9-2-137}$$

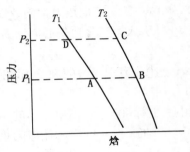

图 9-2-9　焓的计算路径示意图

当 P 很小时，物系呈理想状态，理想焓 $H^0 = \int_{T_1}^{T_2} \left(\frac{\partial H}{\partial T}\right)_{P_1} dT$。以状态 A 为基准，即令 $H_1 = 0$，则终态 C 的焓为

$$H = H_2 = H^0 + \int_{P_1}^{P_2} \left(\frac{\partial H}{\partial P}\right)_{T_2} dP \tag{9-2-138}$$

式(9-2-138)变换后可得

$$H - H^0 = \int_{P_1}^{P_2} \left(\frac{\partial H}{\partial P}\right)_T dP \tag{9-2-139}$$

式(9-2-139)称为压力校正式，或压力引起的焓偏差函数。将式(9-2-139)无因次化后，即变为

$$\frac{H - H^0}{RT_c} = \frac{1}{RT_c} \int_{P_1}^{P_2} \left(\frac{\partial H}{\partial P}\right)_T dP \tag{9-2-140}$$

由式(9-2-138)和式(9-2-140)可知，一个状态的焓可用该温度下的理想气体焓加上压力校正来推算，即

$$H = H^0 + \frac{RT_c}{MW} \left(\frac{H-H^0}{RT_c}\right) \tag{9-2-141}$$

热力学状态函数熵也由该温度下的理想气体熵 S^0 加上压力校正来推算，即

$$S = S^0 + \frac{R}{MW}\left(\frac{S-S^0}{R}\right) \tag{9-2-142}$$

热力学状态函数等压比热容为:

$$C_P = C_P^0 + \frac{R}{MW}\left(\frac{C_P-C_P^0}{R}\right) \tag{9-2-143}$$

热力学状态函数等容比热容为:

$$C_V = C_P^0 + \frac{R}{MW}\left[\left(\frac{C_V-C_V^0}{R}\right) - 1\right] \tag{9-2-144}$$

式中　H——体系在温度 T、压力 P 下的焓;

　　　　S——体系在温度 T、压力 P 下的熵;

　　　　C_P——体系在温度 T、压力 P 下的等压比热容;

　　　　C_V——体系在温度 T、压力 P 下的等容比热容;

上标(0)——体系在温度 T 时理想气体的相应量;

　　( )——分别为响应的偏差函数值。

Pitzer 等[12、13]把热力学函数以简单的球形分子流体为基础,除了对比温度 T_r 和对比压力 P_r 外引入第三参数偏心因子 ω,建立了三参数对应状态原理,如将压缩因子表示为:

$$Z = Z^{(0)} + \omega Z^{(1)} \tag{9-2-145}$$

上述热力学函数的偏差函数通用 G 代表为:

$$G = G^{(0)} + \omega G^{(1)} \tag{9-2-146}$$

式中　上标(0)——简单流体的相应各热力学函数的值,是对比状态(T_r、P_r)的函数;

　　　　上标(1)——实际流体的相应各热力学函数的分子类型校正项,为对比状态(T_r、P_r)的函数。

Lee-Kesler[23]选取热力学性质数据比较完整的较重烃(正辛烷)作为参比流体,以上标(r)表示,以偏心因子 ω 对简单流体和实际流体的相应热力学性质作内插或外延来求实际流体的偏差函数值,得

$$Z = Z^{(0)} + \frac{\omega}{\omega_r}\; Z^{(1)} - Z^{(1)} \tag{9-2-147}$$

$$G = G^{(0)} + \frac{\omega}{\omega_r}\; G^{(1)} - G^{(1)} \tag{9-2-148}$$

比较式(9-2-145)和式(9-2-147),有

$$Z^{(1)} = \frac{Z^{(r)} - Z^{(0)}}{\omega_r} \tag{9-2-149}$$

比较式(9-2-146)和式(9-2-148),有

$$G^{(1)} = \frac{G^{(r)} - G^{(0)}}{\omega_r} \tag{9-2-150}$$

式中　ω_r——正辛烷的偏心因子,其值为 0.3978。

在特定状态(T_r、P_r)下,分别对简单流体和实际流体解 Lee-Kesler 的状态方程

$$Z^{(1)} = \frac{P_r V_r}{T_r} = 1 + \frac{B}{V_r} + \frac{C}{V_r^2} + \frac{D}{V_r^5} + \frac{c_4}{T_r^3 V_r^2}\left(\beta + \frac{\gamma}{V_r^2}\right)\exp\left(-\frac{\gamma}{V_r^2}\right) \tag{9-2-151}$$

文献[52]给出了 $V_r^{(0)}$、$V_r^{(r)}$、$Z^{(0)}$、$Z^{(r)}$ 的计算方法,式(9-2-151)中各参数为 T_r 的

函数

$$B = b_1 - \frac{b_2}{T_r} - \frac{b_3}{T_r^2} - \frac{b_4}{T_r^3} \qquad (9-2-152)$$

$$C = c_1 - \frac{c_2}{T_r} - \frac{c_3}{T_r^3} \qquad (9-2-153)$$

$$D = d_1 - \frac{d_2}{T_r} \qquad (9-2-154)$$

式(9-2-151)~式(9-2-154)中：

    $Z^{(1)}$——压缩因子，$1=0$ 为简单流体，$1=r$ 为参比流体；

  T_r、P_r、V_r——同前；

b、c、β、γ 等常数——对简单流体和参比流体的各常系数，列于表 9-2-20 中。

表 9-2-20 Lee-Kesler 状态方程的常数

常数	简单流体	参比流体	常数	简单流体	参比流体
b_1	0.1181193	0.2026579	c_3	0.0	0.016901
b_2	0.265728	0.331511	c_4	0.042724	0.041577
b_3	0.154790	0.027655	$D_1 \times 10^4$	0.155488	0.48736
b_4	0.030323	0.203488	$D_2 \times 10^4$	0.623689	0.0740336
c_1	0.0236744	0.0313385	β	0.65392	1.226
c_2	0.0186984	0.0503618	γ	0.060167	0.03754

求得 $V_r^{(0)}$、$V_r^{(r)}$、$Z^{(0)}$、$Z^{(r)}$ 后，可进一步得到 Z 和其他热力学偏差函数（由 Lee-Kesler 状态方程导出），如

焓偏差：

$$\left(\frac{H-H^0}{RT_c}\right)^{(1)} = T_r \left[Z^{(1)} - 1 - \frac{b_2 + 2\frac{b_3}{T_r} + 3\frac{b_4}{T_r^2}}{T_r V_r} - \frac{c_2 - 3\frac{c_3}{T_r^2}}{2T_r V_r^3} + \frac{d_2}{5T_r V_r^5} + 3E^{(1)} \right] \qquad (9-2-155)$$

熵偏差：

$$\left(\frac{S-S^0}{R}\right)^{(1)} = \ln\left(\frac{p^*}{p}\right) + \ln Z^{(1)} - \frac{b_1 + \frac{b_3}{T_r^2} + 2\frac{b_4}{T_r^3}}{V_r} - \frac{c_1 - 2\frac{c_3}{T_r^3}}{2V_r^2} - \frac{d_1}{5V_r^5} + 2E^{(1)} \qquad (9-2-156)$$

等容比热容偏差：

$$\left(\frac{C_V - C_V^0}{R}\right)^{(1)} = \frac{2\left(b_3 + \frac{3b_4}{T_r}\right)}{T_r^2 V_r} - \frac{3c_3}{T_r^3 V_r^2} - 6E^{(1)} \qquad (9-2-157)$$

等压比热容偏差：

$$\left(\frac{C_P - C_P^0}{R}\right)^{(1)} = \left(\frac{C_V - C_V^0}{R}\right) - 1 - T_r \frac{\left(\frac{\partial P_r}{\partial T_r}\right)_{V_r}^2}{\left(\frac{\partial P_r}{\partial V_r}\right)_{T_r}} \qquad (9-2-158)$$

$$E^{(1)} = \frac{c_4}{2T_r^3 \gamma} \left[\beta + 1 - \left(\beta + 1 + \frac{\gamma}{V_r^2} \right) \exp\left(-\frac{\gamma}{V_r^2} \right) \right] \tag{9-2-159}$$

$$\left(\frac{\partial P_r}{\partial T_r} \right)_{V_r} = \frac{1}{V_r} \left[1 + \frac{b_1 + \dfrac{b_3}{T_r^2} + 2\dfrac{b_4}{T_r^3}}{V_r} + \frac{c_1 - 2\dfrac{c_3}{T_r^3}}{2V_r^2} + \frac{d}{5V_r^5} - \frac{2c_4}{T_r^3 V_r^2} \left(\beta + \frac{\gamma}{V_r^2} \right) \exp\left(-\frac{\gamma}{V_r^2} \right) \right] \tag{9-2-160}$$

$$\left(\frac{\partial P_r}{\partial V_r} \right)_{T_r} = -\frac{T_r}{V_r^2} \left\{ 1 + \frac{2B}{V_r} + \frac{3C}{V_r^2} + \frac{6D}{V_r^5} + \frac{c_4}{T_r^3 V_r^2} \left[3\beta + \left(5 - 2\beta + \frac{2\gamma}{V_r^2} \right) \frac{\gamma}{V_r^2} \right] \exp\left(\frac{\gamma}{V_r^2} \right) \right\} \tag{9-2-161}$$

式(9-2-159)~式(9-2-161)中:

$P^{(0)}$——大气压力;

V_r、$\left(\dfrac{\partial P_r}{\partial T_r} \right)_{V_r}$、$\left(\dfrac{\partial P_r}{\partial T_r} \right)_{T_r}$ 中,$r=0$ 为简单流体,$r=1$ 为参比流体。

1. 石油馏分的理想气体焓和比热容

石油馏分的理想气体的等压比热容关联式为

$$C_P^0 = A_1 + A_2 T + A_3 T^2 \tag{9-2-162}$$

式中:

$$A_1 = -1.492343 + 0.124432KF + A_4 \left(1.23519 - \frac{1.04025}{d_{15.6}^{15.6}} \right) \tag{9-2-163}$$

$$A_2 = -\left[2.20412 - (1.16993 - 0.04177KF)KF + A_4 \left(4.54307 - \frac{3.82042}{d_{15.6}^{15.6}} \right) \right] \times 10^{-3} \tag{9-2-164}$$

$$A_3 = -(2.29876 + 0.119917A_4) \times 10^{-6} \tag{9-2-165}$$

当 $10.0 < KF < 12.8$ 或 $0.70 < d_{15.6}^{15.6} < 0.885$ 时

$$A_4 = \left[\left(\frac{12.8}{KF} - 1.0 \right) \left(1.0 - \frac{10.0}{KF} \right) (d_{15.6}^{15.6} - 0.885)(d_{15.6}^{15.6} - 0.70) \times 10^4 \right]^2 \tag{9-2-166}$$

否则,$A_4 = 0$

石油馏分的理想气体焓由对式(9-2-162)积分而得

$$H^0 = \int_{T_0}^{T} C_P^0 dT = A_1 T + \frac{1}{2} A_2 T^2 + \frac{1}{3} A_3 T^3 \tag{9-2-167}$$

2. 石油馏分低压液体焓和比热容

在压力不太高($P_r < 1$)时,压力对液体焓和比热容的影响不大,可忽略不计,在 $T_r < 0.8$ 时,石油馏分液体比热容由下式计算

$$C_{PL} = B_1 + B_2 T + B_3 T^2 \tag{9-2-168}$$

式中:

$$B_1 = -4.90383 + (0.099319 + 0.104281 d_{15.6}^{15.6})KF + \frac{4.81407 - 0.194833KF}{d_{15.6}^{15.6}} \tag{9-2-169}$$

$$B_2 = (7.53624 + 6.21461KF) \left(1.12172 - \frac{0.27634}{d_{15.6}^{15.6}} \right) \times 10^4 \tag{9-2-170}$$

$$B_3 = -(1.35652 + 1.11863KF) \left(2.9027 - \frac{0.70958}{d_{15.6}^{15.6}} \right) \times 10^7 \tag{9-2-171}$$

在 $T_r<0.8$ 时，石油馏分液体焓由下式计算

$$H_L = \int_{T_0}^T C_{PL}dT = B_1(T - T_0) + \frac{1}{2}B_2(T - T_0)^2 + \frac{1}{3}B_3(T - T_0)^3 \qquad (9-2-172)$$

式中，T_0 为焓的基准条件。

在有相变热(汽化热)时，石油馏分液体焓由下式计算

$$H_L = \int_0^{0.8T_c} C_P^0 dT + \int_{0.8T_c}^T C_{PL}dT + \frac{RT_c}{MW}(4.507 + 5.266\omega) \qquad (9-2-173)$$

3. 混合规则

对于多组分体系，需要混合规则，求其混合物的理想气体焓、低压液体焓、相对分子质量、偏心因子和临界性质。

理想气体焓和低压液体焓依其单位相应地按摩尔分率或质量分率加和

$$H^0 = \sum_{i=0}^n x_i H_i^0 \qquad (9-2-174)$$

$$H_L = \sum_{i=0}^n x_i H_{Li} \qquad (9-2-175)$$

理想气体的等压比热容和低压液体等压比热容与上述焓的加和规则相同

$$C_P^0 = \sum_{i=0}^n x_i C_{Pi}^0 \qquad (9-2-176)$$

$$C_{PL} = \sum_{i=0}^n x_i C_{PLi} \qquad (9-2-177)$$

理想气体熵的混合规则为

$$S^0 = \sum_{i=0}^n \left[x_{wi}S_i^0 - \frac{R}{MW}(x_i \ln x_i) \right] \qquad (9-2-178)$$

混合物的相对分子质量、偏心因子和临界压缩因子按摩尔分数加和，分别如式(9-1-101)、式(9-2-85)和式(9-2-86)。

组分的临界压缩因子由偏心因子按下式计算

$$Z_{ci} = 0.2905 - 0.085\omega_i \qquad (9-2-179)$$

组分的临界体积由其他临界性质按下式计算

$$V_{ci} = \frac{RZ_{ci}T_{ci}}{P_{ci}} \qquad (9-2-180)$$

混合物的临界体积、临界温度、临界压力按下述各式计算

$$V_c = \frac{1}{8}\sum_{i=1}^n \sum_{j=1}^n x_i x_j (V_{ci}^{\frac{1}{3}} + V_{cj}^{\frac{1}{3}})^3 \qquad (9-2-181)$$

$$T_c = \frac{1}{8V_i}\sum_{i=1}^n \sum_{j=1}^n x_i x_j (V_{ci}^{\frac{1}{3}} + V_{cj}^{\frac{1}{3}})^3 (T_{ci}T_{cj})^{\frac{1}{2}} \qquad (9-2-182)$$

$$P_c = \frac{RZ_cT_c}{V_c} = (0.2905 - 0.085\omega)\frac{RT_c}{V_c} \qquad (9-2-183)$$

图 9-2-10 表示了用 Lee-Kesler 方法计算焓、熵、等压比热容、等容比热容、密度等热力学性质的简明框图，简要说明了计算步骤，图中 $d_{15.6}^{15.6}$ 用 SG 表示。

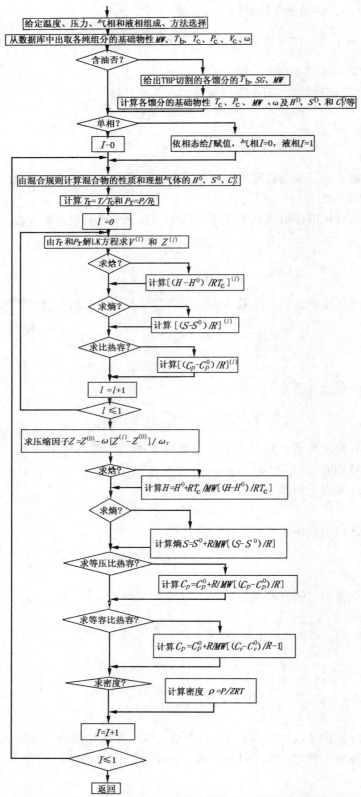

图 9-2-10　Lee-Kesler 方法计算焓等热力学性质的简明框图

（三）溶解 H_2 对含 H_2 的烃类溶液焓的影响

溶解 H_2 对含 H_2 的烃类溶液焓的影响即 H_2 在烃类的偏摩尔焓和非理想性对溶剂偏摩尔焓的影响。

1. Chueh-Deal[42] 的方法

（1） H_2 的无限稀释溶液的偏摩尔焓 $\bar{H}_2^\infty$

$$\bar{H}_2^\infty = H_2^0 + (\bar{H}_2^\infty - H_2^0) \tag{9-2-184}$$

式中　H_2^0——H_2 的理想焓；

$(\bar{H}_2^\infty - H_2^0)$——$H_2$ 的无限稀释溶液的溶解热之和，由于 H_2 溶解于烃（油）中是强烈的吸热过程，其溶解热为正值，$\bar{H}_2^\infty > H_2^0$。

H_2 在烃（油）中的溶解热数据不能直接由量热实验得到，可由溶解度数据关联

$$\bar{H}_2^\infty - H_2^0 = -RT^2 \left(\frac{\partial \ln h_{2,1}}{\partial T}\right)_P \tag{9-2-185}$$

式中　H_2^0、T、R——同前；

$h_{2,1}$——是 H_2（下标为 2）在烃类（下标为 1）中的亨利常数。

由于在溶剂（烃类）的饱和蒸气压 P_1^S 下的溶解度数据容易得到，对式（9-2-185）中恒压下 H_2 的亨利常数对温度的偏导数可与饱和条件下的偏导数关联。

$$\left(\frac{\partial \ln h_{2,1}}{\partial T}\right)_P = \left(\frac{\partial \ln h_{2,1}}{\partial T}\right)_S - \frac{P_1^S \bar{V}_2^\infty}{RT}\left(\frac{\mathrm{d}\ln P}{\mathrm{d}T}\right)_S \tag{9-2-186}$$

将实验数据代入式（9-2-185）和式（9-2-186），求 H_2 的溶解热；以溶剂的对比温度 T_{r1} 为横坐标，溶解热为纵坐标，标绘于图 9-2-11 中。

从图 9-2-11 可看出：H_2 在烃类的溶解热与溶剂的 T_{r1} 有普遍化关系，分烷烃与芳烃（烯烃）两支，分别关联为：

对烷烃（$KF \geqslant 12.0$）

$$\ln\left(\frac{\bar{H}_2^{\infty,P_1^S} - H_2^0}{RT_c}\right) = -0.20907846 - 4.024858 T_{r1} +$$
$$14.984728 T_{r1}^2 - 18.092651 T_{r1}^3 + 9.5373978 T_{r1}^4 \tag{9-2-187}$$

对芳烃（$KF \leqslant 9.73$）

$$\ln\left(\frac{\bar{H}_2^{\infty,P_1^S} - H_2^0}{RT_c}\right) = -0.20755554 - 1.440886 T_{r1} +$$
$$7.9220228 T_{r1}^2 - 11.182137 T_{r1}^3 + 7.2971343 T_{r1}^4 \tag{9-2-188}$$

对其他烃类或石油馏分（$9.73 < KF < 12.0$）作溶剂时，应以特性因数 KF 在 $KF = 12.0$ 和 $KF = 9.73$ 之间内插求得溶解热，进而得到在 P_1^S 下 H_2 的无限

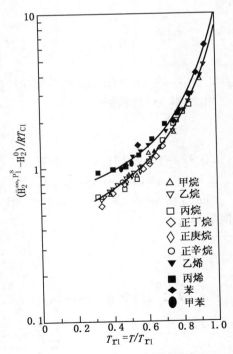

图 9-2-11　在溶剂（烃类）的饱和压力下 H_2 的无限稀释溶液的溶解热图

稀释溶液的偏摩尔焓 H_2^{∞,P_1^S}。

（2）压力对 H_2 在液体烃中的偏摩尔焓的影响

在温度和组成恒定时，压力对 H_2 在液体烃中的偏摩尔焓的影响由式（9-2-134）中的积分项给出

$$\overline{H}_2^{\infty,\,P} - H_2^{\infty,\,P_1^S} = \int_{P_1^S}^{P} \left[\overline{V}_2^{\infty} - T\left(\frac{\partial \overline{V}_2^{\infty}}{\partial T}\right)_P \right] \mathrm{d}P \tag{9-2-189}$$

式中　H_2^0、T——同前；

$\overline{V}_2^{\infty}$——压力的函数。

将式（9-2-68）、式（9-2-69）和式（9-2-76）代入式（9-2-189）中，积分得

$$\frac{\overline{H}_2^{\infty,\,P} - H_2^0}{RT_{c1}} - \frac{\overline{H}_2^{\infty,\,P_1^S} - H_2^0}{RT_{c1}} = \left(\frac{P_{c1}V_{c1}}{RT_{c1}\theta_r}\right) \left\{ (1 + ET_{r1})\ln\frac{\overline{V}_2^{\infty,\,P_1^S}}{\overline{V}_2^{\infty,\,P}} - \right.$$
$$\left. \left[\frac{3BT_{r1}^3 + 6CT_{r1}^6 + ET_{r1}}{\overline{V}_2^{\infty,\,P_1^S}} + 2\frac{P_1^S\theta_r}{P_{c1}V_{c1}}T\left(\frac{\mathrm{d}\ln P}{\mathrm{d}T}\right)_S \right](\overline{V}_2^{\infty,\,P_1^S} - \overline{V}_2^{\infty,\,P}) \right\} \tag{9-2-190}$$

式中：
$$E = 4.20 - 3.10\sqrt{\omega_1} \tag{9-2-191}$$
$$B = 1.712 + 0.28\omega_1 \tag{9-2-192}$$
$$C = 1.282 + 0.840\omega_1 \tag{9-2-193}$$

（3）非理想性对含 H_2 混合物焓的影响

$RT^2\left(\dfrac{\partial c'}{\partial T}\right)_P x_2^2$ 和 $RT^2\left(\dfrac{\partial c'}{\partial T}\right)_P(1-x_1^2)$ 为溶液的非理想性对溶剂和 H_2 的偏摩尔焓的影响，其和为

$$x_1\left[RT^2\left(\frac{\partial c'}{\partial T}\right)_P x_2^2\right] - x_2\left[RT^2\left(\frac{\partial c'}{\partial T}\right)_P(1-x_1^2)\right] = -x_2^2 RT^2\left(\frac{\partial c'}{\partial T}\right)_P = x_2^2 RTT_{r1}\left(\frac{\partial c'}{\partial T_{r1}}\right)_P \tag{9-2-194}$$

式中　c'——含 H_2 液体烃溶液中氢和烃的活度系数表达式的系数。

由文献[53]的数据得

$$-\left(\frac{\partial c'}{\partial T_{r1}}\right)_P = \exp(-3.817 + 8.3126T_{r1}^2 - 0.232P_{r1}) \tag{9-2-195}$$

式（9-2-195）由 H_2-C_2H_6 物系数据考察，有普遍意义。

2. Kim-Seebastian-Lin-Chao[54] 的方法

Kim 等在 Seebastian 等[26] 所建立的溶解 H_2 之活度系数关联式的基础上，导出了溶解 H_2 的偏摩尔焓：

$$\frac{H_2^0 - \overline{H}_2}{RT^2} = \left[\frac{\partial \ln\left(\dfrac{f}{x}\right)}{\partial T}\right]_{P,x} \tag{9-2-196}$$

将式（9-2-17）和式（9-2-18）代入式（9-2-196），得

$$\frac{H_2^0 - \overline{H}_2}{RT^2} = g_1 + g_2\frac{\mathrm{d}\overline{\delta}}{\mathrm{d}T} + g_3\frac{P}{RT} + g_4\frac{P}{RT}\frac{\mathrm{d}\overline{\delta}}{\mathrm{d}T} \tag{9-2-197}$$

式中：
$$g_1 = \frac{A_2}{\overline{\delta}} + A_3 + A_4\overline{\delta} + 2A_5\overline{\delta}^2 T - 2\frac{A_6\overline{\delta}^2}{T^3} \tag{9-2-198}$$

$$g_2 = -\frac{A_2 T}{\bar{\delta}^2} + A_4 T + 2A_5 \bar{\delta} T^2 + 2\frac{A_6 \bar{\delta}}{T^2} \tag{9-2-199}$$

$$g_3 = -\frac{B_1}{T} + B_3 T - \frac{B_4 \bar{\delta}}{T} - \frac{B_5 \bar{\delta}^2}{T} \tag{9-2-200}$$

$$g_4 = B_4 + 2B_5 \bar{\delta} + B_6 T \tag{9-2-201}$$

式中 T、R、δ、P——同前；

A_i、B_i——表 9-2-2 中的常系数，A_i 和 B_i 同样适用于式（9-2-198）~式（9-2-201）。

由 $\bar{\delta}$ 对 T 求导，得

$$\frac{\mathrm{d}\bar{\delta}}{\mathrm{d}T} = \frac{\sum\limits_{i=1}^{n} x_i V_{wi} \dfrac{\mathrm{d}\delta_i}{\mathrm{d}T}}{\sum\limits_{i=1}^{n} x_i V_{wi}} \tag{9-2-202}$$

H_2 的 $\dfrac{\mathrm{d}\delta_2}{\mathrm{d}T} = 0$，而溶剂的 $\dfrac{\mathrm{d}\delta_i}{\mathrm{d}T}$ 以体系温度 ±1K 的 δ_i 之差分求得

$$\frac{\mathrm{d}\delta_i}{\mathrm{d}T} = \frac{\Delta\delta_i}{2} \tag{9-2-203}$$

代之。

由于 Seebastian 等的方法的关联式有广泛的实验数据基础，所以此法适用于加氢裂化物系的液相焓计算。

（四）计算结果说明

刘天增用 Lee-Kesler 方法核算了 Lenoir 等[55,56]在不同温度（约 24~316℃）和压力（0~9.5MPa）下实验测得的纯烃（环己烷、苯和正十六烷）和二元系（不同组成的正戊烷-环己烷、正戊烷-苯、正戊烷-正十六烷等混合物，约 1700 个数据点）以及从轻石脑油、煤油至燃料油、重瓦斯油九个不同类型的石油馏分（约 1700 个数据点）的焓值。纯烃及混合物的焓值符合程度很好，平均绝对误差<4.2J/g，最大偏差<11.72J/g，其中混合物的焓值误差稍大于纯烃。

石油馏分的焓值误差稍大于文献[18]报道的结果，特别是低温高压下的液体值误差较大，平均绝对误差为 6.28J/g，最大误差为 25J/g，轻馏分的计算误差较小，重馏分的较大。

用前面所述的方法对本章述及的两套加氢裂化和一套加氢精制装置的焓数据进行全部核算，其结果和文件数据相近，平均相对偏差的绝对值（不计符号）约在 1.2%，平均相对偏差 8J/g，最大相对偏差为 26J/g。说明计算结果能满足设计要求。

表 9-2-21 列出了 18.06MPa 压力下某加氢裂化装置精制反应器入口物料（1）的焓值及计算偏差和 17.83MPa 压力下某加氢裂化装置精制反应流出物（2）的焓值及计算偏差。

表 9-2-21 某加氢裂化装置两个物流焓值及计算偏差

物流	1				2			
温度/℃	焓/（J/g）		偏差		焓/（J/g）		偏差	
	文件	计算	绝对/（J/g）	相对/%	文件	计算	绝对/（J/g）	相对/%
37.8	313.46	311.96	-1.5	-0.48	327.86	332.99	5.13	1.56
93.3	472.90	472.66	-0.24	-0.05	496.87	499.68	2.81	0.57

物流	1				2			
温度/℃	焓/(J/g)		偏差		焓/(J/g)		偏差	
	文件	计算	绝对/(J/g)	相对/%	文件	计算	绝对/(J/g)	相对/%
148.9	641.96	645.87	3.91	0.61	670.39	676.11	5.72	0.85
204.4	820.88	830.24	9.36	1.14	853.36	862.35	8.99	11.05
260.0	1009.68	1229.66	15.23	1.51	1045.90	1058.33	12.43	1.19
315.6	1208.65	1208.65	21.01	1.74	1248.82	1264.20	15.38	1.23
371.1	1418.43	1434.60	16.17	1.14	1462.84	1481.46	18.62	1.27
426.7	1640.00	1661.64	21.64	1.32	1688.50	1711.02	22.52	1.33

其他物流的焓值计算结果与此大体相当。

第三节　传递性质

动量传递、能量传递和质量传递是石油加工和化工中的三大传递过程，与流体流动(传输)、传热过程、分离过程及化学反应过程密切相关，反映这些传递过程的物理性质即传递性质尤为必要。

一、黏度和热导率

黏度和热导率密切相关，同属于物系的非平衡性质，都是温度、压力、组成的函数，密度的强函数，有时可以用一族系的方法来表达或计算。

黏度是反映流体分子相互作用的动量传递性质，在客观上反映流体流层之间的内摩擦的物理量。动力黏度定义为使流体的流层在其与流动方向垂直的方向上产生单位速度梯度所需的单位面积上的剪切力。运动黏度定义为绝对黏度与密度之比。

这里讨论的流体是剪切力和所产生的速度梯度之比为一恒值的流体。

热导率是反映流体能量传递的性质，除了是密度的强函数外，还是流体等容比热容的强函数。

气体分子之间的距离较其分子直径要大得多，分子间的作用较小，分子(以平均速度)自由地紊乱地运动，分子间碰撞将传递着动量和能量，由此分子运动理论导得的稀释(低压)气体黏度的简单表达式为

$$\eta = 26.69 \frac{(MW \times T)^{1.2}}{\sigma^2} \tag{9-3-1}$$

该式将定性地说明，气体黏度随温度升高而增大。但在高压下，气体的性质接近于液体的，其黏度和温度有相反的关系。气体的可压缩性，使气体黏度随压力(密度)增大而增大，液体分子之间的距离较小，在其分子的作用距离之中，液体分子受周围分子的约束，不像气体分子那样自由运动。液体分子的互相作用比较复杂，不能用简单的分子运动理论描述。液体的黏温关系与气体的相反，随温度升高而黏度减少，$\ln\eta - \frac{1}{T}$ 呈线性关系，可表述为：

$$\ln\eta = A + \frac{B}{T} \tag{9-3-2}$$

也有表示为 Antoine 蒸气压方程的形式，例如

$$\ln\eta = A + \frac{B}{T+C} \tag{9-3-3}$$

式中　η——液体的动力黏度，cP（1cP = 1mPa·s，余同）；

　　　　T——温度，K；

A、B、C——与物种有关的常数。

　　图 9-3-1 为苯的气体黏度和液体绝对黏度与温度的关系图。

　　从图 9-3-1 可看出：气体黏度和液体黏度随温度变化的趋势相反。

　　图 9-3-2 为苯的饱和气体和液体的运动黏度与温度的关系图。

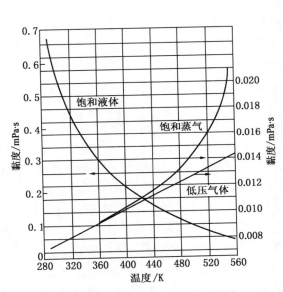

图 9-3-1　苯的气体和液体的黏图

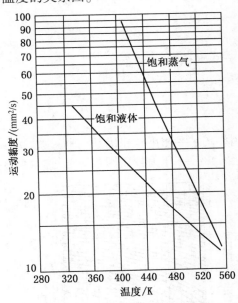

图 9-3-2　苯的饱和气体和液体的
运动黏度与温度的关系图

　　从图 9-3-2 可看出：饱和气体和饱和液体有一致的黏温关系，$\ln v$-T 近似呈线性关系，斜率为负值。图中，饱和气体和液体的黏度不是等压的。

　　液体的黏度受压力的影响很小，但也随压力的升高而增大。

$$\lg\frac{\eta}{\eta_0} = \frac{P}{68.947}(0.0239 + 0.01638\eta_0^{0.278}) \tag{9-3-4}$$

式中　η——液体高压下的黏度，mPa·s；

　　　　η_0——液体低压下的黏度，mPa·s；

　　　　P——体系压力，MPa。

　　式（9-3-4）可用来将相对分子质量较大的烃类和石油馏分的常压黏度转化为同温度下的高压下的黏度。

　　与黏度相比，热导率还与等容比热容有关，又多了一层关系，更加复杂。气体热导率和温度的关系与所处压力有关，在低压下，随温度升高而增加，随温度的变化率约为每升高 1K，气体热导率的增量为 $4\times10^{-5} \sim 1.2\times10^{-4}$ W/(m·K)；但在高压下，将随温度的升高而降低，此时温度的影响较压力的影响大。气体热导率随温度的升高而增大，但压力高低不同其

增值也不同，在极低压力下，如<0.03MPa，气体热导率正比于压力；在低压力下，如0.03～1.0MPa之间，每升高0.1MPa气体热导率只有≤1%的增值，此值与测量误差数量级相近，可忽略，此区的气体热导率为零压值；再升高至高压，影响又变大。

液体的热导率随温度升高而降低，关系式为

$$\lambda_L = A - BT \tag{9-3-5}$$

压力对液体热导率的影响主要表现为密度变化的影响，关系式为

$$\frac{\rho_2}{\rho_1} = \frac{C_2}{C_1} \tag{9-3-6}$$

同温度下液体热导率与密度（压力）变化的关系式为

$$\left(\frac{\lambda_2}{\lambda_1}\right)_T = \left(\frac{\rho_2}{\rho_1}\right)^m = \left(\frac{C_2}{C_1}\right)^m \tag{9-3-7}$$

式中：

$$m = -2.94T_r + 3.77 \tag{9-3-8}$$

令

$$\varepsilon = C^m \tag{9-3-9}$$

$$\left(\frac{\lambda_2}{\lambda_1}\right)_T = \frac{\varepsilon_2}{\varepsilon_1} \tag{9-3-10}$$

式中　C——密度校正因数，通过式(9-2-108)、式(9-2-109)求取；

ε——压力校正因数，通过式(9-3-8)、式(9-3-9)求取。

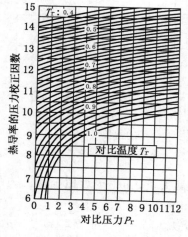

图9-3-3　液体热导率的
　　压力校正因数图

将 ε 数据作为 T_r 和 P_r 的函数，可形成图9-3-3，即液体热导率与温度、压力的关系图。

由于黏度和热导率同属非平衡性质，测量误差较大，对高压 H_2 含、轻烃和油等复杂体系，测量更困难。文献报道数据很少，只能计算或估算这些数据。

（一）CALS（Chung-Ajlan-Lee-Starling）方法

CALS方法[57,58]能适应于非极性、极性和有缔合作用的纯组分及混合物，适应低压下的气体和液体。但是对于有量子效应的组分未能作校正，不过通过对高压下含氢物系的计算，与国外所报道数据有很大可比性，用此法经适当校正可满足工程要求。

1. 低压气体的黏度和导热系数

（1）低压气体的黏度

$$\eta_0 = 4.0785 \times 10^{-5} \frac{(MW \cdot T)^{0.5}}{V_c^{\frac{2}{3}} \Omega^*} F_c \tag{9-3-11}$$

其中：

$$\Omega^* = \left(\frac{A}{T^{*B}}\right) + \frac{C}{\exp DT^*} + \frac{E}{\exp FT^*} + GT^{*B} \times \sin(ST^{*W} - H) \tag{9-3-12}$$

$$T^* = \frac{kT}{\varepsilon} \tag{9-3-13}$$

$$\sigma = 0.809 V_c^{\frac{1}{3}} \tag{9-3-14}$$

$$\frac{\varepsilon}{k} = \frac{T_c}{1.2593} \tag{9-3-15}$$

$$F_c = 1 - 0.2756\omega + 0.059035\mu_r^4 + K_s \tag{9-3-16}$$

$$\mu_r = 131.3 \frac{\mu}{(V_c T_c)^{\frac{1}{2}}} \tag{9-3-17}$$

式(9-3-11)~式(9-3-17)中：

η_0——低压气体黏度，cP；

T、T_c、MW、ω——同前；

V_c——临界体积，cm^3/mol；

k——波尔兹曼常数；

ε——球形分子作用的特征势能；

σ——硬球分子直径；

μ——偶极距；

K_s——偶合校正因数，与水有缔合，其值为 0.075908；

其他常数：　　　　　　　$A = 1.16145$　　　　　$B = 0.14874$

　　　$C = 0.52487$　　　　$D = 0.77320$　　　　$E = 2.16178$

　　　$F = 2.43787$　　　　$G = -6.435 \times 10^{-4}$　　　$H = 7.27371$

　　　$S = 18.0323$　　　　$W = -0.76830$

（2）低压气体的热导率

$$\lambda_0 = 3.12 \times 10^3 \left(\frac{\eta_0}{MW} \right) \psi \tag{9-3-18}$$

其中

$$\psi = 1 + a \frac{0.215 + 0.2828a - 1.061\beta + 0.26665Z}{0.6366 + \beta Z + 1.061a\beta} \tag{9-3-19}$$

$$a = \frac{C_v}{R} - 1.5 \tag{9-3-20}$$

$$\beta = 0.7862 - 0.7109\omega + 1.3168\omega^2 \tag{9-3-21}$$

$$Z = 2.0 + 10.5T_r^2 \tag{9-3-22}$$

式(9-3-18)~式(9-3-22)中：

λ_0——低压气体的热导率，$W/(m \cdot K)$；

η_0 C_v、T_r、R——同前。

2. 稠密流体的黏度

稠密流体为可压缩气体和液体，黏度为

$$\eta = \eta_K + \eta_P \tag{9-3-23}$$

其中

$$\eta_K = \eta_0 \left(\frac{1}{G_1} + A_6 Y \right) \tag{9-3-24}$$

$$\eta_P = \left(36.344 \times 10^{-6} \frac{(MW \cdot T_c)^{0.5}}{V_c^{\frac{2}{3}}} \right) A_7 Y^2 G_2 \exp \left(A_8 + \frac{A_9}{T^*} + \frac{A_{10}}{T^{*2}} \right) \tag{9-3-25}$$

$$Y = \frac{\rho V_c}{6} \tag{9-3-26}$$

$$G_1 = \frac{1.0 - 0.5Y}{(1-Y)^3} \tag{9-3-27}$$

$$G_2 = \frac{\left\{ \dfrac{A_1\left[1-\exp(-A_4 Y)\right]}{Y} + A_2 \cdot G_1 \exp(A_5 Y) + A_3 G_1 \right\}}{A_1 \times A_4 + A_2 + A_3}$$ (9-3-28)

式中　$\eta_0 V_c$、T_c、ρ、MW——同前；

　　　　$A_1 \sim A_{10}$——系数，按下式计算

$$A_i = a_{0i} + a_{1i}\omega + a_{2i}\mu_r^4 + a_{3i}K_s$$ (9-3-29)

其中：系数 $a_{0i} \sim a_{3i}$ 的值列于表 9-3-1 中。

表 9-3-1　关联黏度和热导率所用系数

i	a_{0i}	a_{1i}	a_{2i}	a_{3i}
1	6. 32402	50. 41190	−51. 68010	1189. 02000
2	0. 0012102	−0. 0011536	−0. 0062571	0. 037283
3	5. 28346	254. 20900	−168. 48100	3898. 2700
4	6. 62263	38. 09570	−8. 46414	31. 41780
5	19. 74540	7. 63034	−14. 35440	31. 52670
6	−1. 89992	−12. 53670	4. 98529	−18. 15070
7	24. 27450	3. 44945	−11. 29130	69. 34660
8	0. 79716	1. 11764	0. 012348	−4. 11661
9	−0. 23816	0. 067695	−0. 81630	4. 02528
10	0. 068629	0. 34793	0. 59256	−0. 72663

3. 稠密流体的热导率

$$\lambda = \lambda_K + \lambda_P$$ (9-3-30)

其中

$$\lambda_K = \lambda_0 \left(\frac{1}{H_2} + B_6 Y \right)$$ (9-3-31)

$$\lambda_P = 0.1272 \frac{\left(\dfrac{T_c}{MW} \right)^{0.5}}{V_c^{\frac{2}{3}}} B_7 Y^2 H_2 T_r^{0.5}$$ (9-3-32)

$$H_2 = \frac{\left\{ B_1\left[1 - \dfrac{\exp(-B_4 Y)}{Y}\right] + B_2 \times G_1 \exp(B_5 Y) + B_3 G_1 \right\}}{B_1 \times B_4 + B_2 + B_3}$$ (9-3-33)

式中　λ_0、T_r、T_c、MW——同前；

　　　　$B_1 \sim B_7$——系数，按下式计算

$$B_i = b_{0i} + b_{1i}\omega + b_{2i}\mu_r^4 + b_{3i}K_s$$ (9-3-34)

其中：系数 $b_{0i} \sim b_{3i}$ 的值列于表 9-3-2 中。

表 9-3-2　关联黏度和热导率所用系数

i	b_{0i}	b_{1i}	b_{2i}	b_{3i}
1	2. 41657	0. 74824	−0. 91858	121. 721
2	−0. 50924	−1. 50936	−49. 9912	69. 9834
3	6. 61069	5. 62073	64. 7599	27. 0389

i	b_{0i}	b_{1i}	b_{2i}	b_{3i}
4	14.5425	-8.91387	-5.63794	74.3435
5	0.79274	0.82019	-0.69369	6.31734
6	-5.8634	12.8005	9.58926	-65.5292
7	81.171	114.158	-60.841	446.775

4. 混合规则

$$\sigma_{\mathrm{m}}^3 = \sum_i \sum_j x_i x_j \sigma_{ij}^3 \tag{9-3-35}$$

$$\frac{\varepsilon_{\mathrm{m}}}{k} = \frac{\left[\sum_i \sum_j x_i x_j \left(\dfrac{\varepsilon_{ij}}{k}\right) \sigma_{ij}^3\right]}{\sigma_{\mathrm{m}}^3} \tag{9-3-36}$$

$$V_{\mathrm{cm}} = \left(\frac{\sigma_{\mathrm{m}}}{0.809}\right)^3 \tag{9-3-37}$$

$$T_{\mathrm{cm}} = \frac{1.2593 \varepsilon_{\mathrm{m}}}{k} \tag{9-3-38}$$

$$\omega_{\mathrm{m}} = \frac{\left[\sum_i \sum_j x_i x_j \overline{\omega}_{ij} \sigma_{ij}^3\right]}{\sigma_{\mathrm{m}}^3} \tag{9-3-39}$$

$$MW_{\mathrm{m}} = \left\{\frac{\left[\sum_i \sum_j x_i x_j \left(\dfrac{\varepsilon_{ij}}{k}\right) \sigma_{ij}^2 MW_{ij}^{0.5}\right]}{\left(\dfrac{\varepsilon_{\mathrm{m}}}{k}\right) \sigma_{\mathrm{m}}^2}\right\}^2 \tag{9-3-40}$$

$$\mu_{\mathrm{m}}^4 = \sigma_{\mathrm{m}}^3 \left(\frac{\varepsilon_{\mathrm{m}}}{k}\right) \frac{\left[\sum_i \sum_j x_i x_j \mu_i^2 \mu_j^2\right]}{\left(\dfrac{\varepsilon_{ij}}{k}\right) \sigma_{ij}^3} \tag{9-3-41}$$

$$K_{\mathrm{sm}} = \sum_i \sum_j x_i x_j K_{sij} \tag{9-3-42}$$

$$\mu_{\mathrm{rm}} = 131.3 \frac{\mu_{\mathrm{m}}}{(V_{\mathrm{cm}} T_{\mathrm{cm}})^{0.5}} \tag{9-3-43}$$

二元参数，按下式计算

$$\sigma_{ij} = \xi_{ij} (\sigma_i \sigma_j)^{0.5} \tag{9-3-44}$$

$$\frac{\varepsilon_{ij}}{k} = \xi_{ij} \left[\left(\frac{\varepsilon_i}{k}\right)\left(\frac{\varepsilon_j}{k}\right)\right]^{0.5} \tag{9-3-45}$$

$$\omega_{ij} = \frac{\omega_i + \omega_j}{2} \tag{9-3-46}$$

$$MW_{ij} = 2 \frac{MW_i MW_j}{MW_i + MW_j} \tag{9-3-47}$$

$$K_{sij} = (K_{si} \cdot K_{sj})^{0.5} \tag{9-3-48}$$

5. 计算结果说明

用前面所述的方法对本章述及的两套加氢裂化和一套加氢精制装置的气相和液相黏度及热导率数据进行全部核算。

表9-3-3 列出了 18.06MPa 压力下某加氢裂化装置精制反应器入口物料（1）和17.83MPa 压力下某加氢裂化装置精制反应流出物（2）的的气相和液相黏度计算结果及对比。

表9-3-3　某加氢裂化装置两个物流气相和液相黏度计算结果及对比

物流	1				2			
温度/℃	气相黏度/cP		液相黏度/cP		气相黏度/cP		液相黏度/cP	
	文件	计算	文件	计算	文件	计算	文件	计算
37.8	0.106	0.101	7.167	6.034	0.108	0.106	5.435	4.682
93.3	0.121	0.111	2.813	3.426	0.123	0.117	2.342	2.088
148.9	0.134	0.119	1.393	1.758	0.137	0.127	1.218	1.020
204.4	0.147	0.127	0.806	0.941	0.151	0.137	0.726	0.591
260.0	0.160	0.136	0.520	0.583	0.164	0.145	0.478	0.458
315.6	0.172	0.145	0.364	0.415	0.177	0.157	0.340	0.311
371.1	0.184	0.155	0.272	0.320	0.189	0.166	0.258	0.250
426.7	0.197	0.171	0.214	0.255	0.200	0.186	0.205	0.205

从表9-3-3 的对比可看出：与文件数据相比，气相黏度平均偏差在 13%，最大偏差24%，计算结果基本能满足设计要求；液相黏度偏离较大，但有规律性，需用几个关联式分别校正。

表9-3-4 列出了 18.06MPa 压力下某加氢裂化装置精制反应器入口物料（1）和17.83MPa 压力下某加氢裂化装置精制反应流出物（2）的的气相热导率计算结果及对比。

表9-3-4　某加氢裂化装置两个物流气相热导率计算结果及对比

物流	1		2	
温度/℃	文件/[W/(m·℃)]	计算/[W/(m·℃)]	文件/[W/(m·℃)]	计算/[W/(m·℃)]
37.8	13.52	13.06	12.32	12.04
93.3	13.62	14.47	11.98	13.18
148.9	16.81	15.71	14.39	14.21
204.4	17.18	16.76	14.52	15.00
260.0	20.08	17.58	16.63	15.88
315.6	19.94	18.20	16.49	16.49
371.1	21.24	18.66	17.55	16.96
426.7	19.56	18.85	16.77	17.22

从表9-3-4 的对比可看出：与文件数据相比，气相热导率偏差较大，随温度升高，偏差变大，用温度关联的校正式校正后，平均偏差约 12%，校正后气相热导率计算结果基本能满足设计要求。

（二）Brule-Starling 改进的 CALS 方法[59]

Brule 和 Starling 改进的 CALS 方法的基本关联式与上 CALS 方法的一样，只是 $A_1 \sim A_{10}$ 的

关系计算式不同，其表达式为

$$A_i = a_i + b_i \gamma \tag{9-3-49}$$

式中，a_i、b_i 为常系数，见表 9-3-5。

表 9-3-5　式 (9-3-49) 的常系数

i	a_i	b_i	i	a_i	b_i
1	17.4499	34.0631	6	4.66798	-39.9408
2	-0.961125×10^{-3}	0.00723459	7	3.76241	56.6234
3	51.0431	169.460	8	1.00377	3.13962
4	-0.605917	71.1743	9	-0.00777423	-3.58446
5	21.3818	-2.11014	10	0.317523	1.15995

γ 为方位参数，是反映物质结构的参数，数值与偏心因子 ω 相近，可用 ω 代替；几种纯物质的方位参数见表 9-3-6。

表 9-3-6　式 (9-3-49) 的方位参数

H_2	CH_4	C_2H_6	C_3H_8	$n\text{-}C_4H_{10}$	$i\text{-}C_4H_{10}$	$n\text{-}C_5H_{12}$	$i\text{-}C_5H_{12}$	H_2S	NH_3
0	0.01289	0.09623	0.1538	0.1991	0.183[60]	0.253	0.227[60]	0.081[60]	0.250[60]

这里略去了偶极和缔合作用的影响，此法只能用于计算烃类和石油馏分的黏度，特别适于重烃和石油馏分，由于加氢裂化物系中主要是氢和烃（油）物系，可用此法计算黏度，其混合物的参数可由 CALS 方法的混合规则计算。

（三）Vasques-Briano 的热导率方法[61]

以零压下纯石蜡烷烃作为参考流体，以参考流体的热导率为基础，作液体芳香特性校正、压力校正和混合物混合性质校正来计算烃类及混合物（石油馏分）的热导率。混合效应的校正是基于连续热力学方法而导得的。

1. 低压下液体石蜡烃的热导率

1981 年 Baroncini 提出的表达式为

$$\lambda = A \times (T_b) \frac{(1-T_r)^{0.38}}{T_r^{\frac{1}{6}}} \tag{9-3-50}$$

由覆盖较大沸点范围的 40 个化合物 2000 个数据点求得

$$A \times (T_b) = 0.1980 - 2.202 \times 10^{-4} T_b + 2.451 \times 10^{-7} T_b^2 \tag{9-3-51}$$

式中　T_r、T_b、λ——同前。

2. 低压下液体非石蜡烃的热导率

由统计热力学的扰动方法得出

$$\lambda = A \times (T_b) \frac{(1-T_r^P)^{0.38}}{(T_r^P)^{\frac{1}{6}}} + a_1 (KF - KF^P) + a_2 (KF - KF^P)^2 \tag{9-3-52}$$

式中　$a_1 = 0.014329$、$a_2 = 0.007267$；

上标 P——与物系沸点相同的石蜡烃为基础求得的物理量；

KF、T_r、T_b、λ——同前。

石蜡烃的临界温度、临界压力及特性因数与其沸点的关系为：

$$T_c^P = 9.292 + 1.756T_b^0 - 0.866 \times 10^{-4}(T_b^0)^2 \tag{9-3-53}$$

$$P_c^P = 6228.4 - 10.8T_b^0 + 3.80 \times 10^{-3}(T_b^0)^2 \tag{9-3-54}$$

$$KF^P = 14.25 - 7.739 \times 10^{-3}T_b^0 + 9.426 \times 10^{-6}(T_b^0)^2 \tag{9-3-55}$$

式中 T_b^0——参考流体的正常沸点。

3. 压力的影响

高压液体热导率由零压(低压)的液体热导率乘以压力校正因数,如

$$\lambda = \lambda_{P_r=0}[1 + (P_r^P)^{0.7084}g(T_r^P)] \tag{9-3-56}$$

式中：

$$g(T_r^P) = 0.003975 - 0.1132T_v + 0.1376T_v^2 \tag{9-3-57}$$

$\lambda_{P_r=0}$——石蜡烃为式(9-3-50),非石蜡烃为式(9-3-52);

P_r^P——以石蜡烃的 T_c 求得的对比压力。

4. 混合物

混合物的热导率为参考物(纯烃)的热导率加上混合物校正相

$$\lambda[T_r, P_r, KF, P(T_b)] = \lambda^0(T_r^0, P_r^0, KF, T_b^0) + \frac{\eta}{[T_b^0]^2}h(T_r^0) \tag{9-3-58}$$

式中：λ^0——参考物的热导率,低压用式(9-3-52),高压用式(9-3-56);

$$h(T_r^0) = 0.7789 - 1.29T_r \tag{9-3-59}$$

$$\eta = \sum_{i=1}^n x_i T_{bi}^2 - (T_b^0)^2 \tag{9-3-60}$$

上标 0 代表参考物,若以纯石蜡烃为参考物,T_b^0 为正常沸点;若以混合物为参考物,则

$$T_b^0 = \sum_{i=1}^n x_i T_{bi} \tag{9-3-61}$$

5. 石油馏分和煤焦油馏分

石油馏分和煤焦油馏分被切割为拟组分后,可按纯组分的上述方法计算。校正因子按下式计算

$$\eta = 863.67 \times SL + 914.72SL^2 \tag{9-3-62}$$

式中 SL——石油馏分和煤焦油馏分恩氏蒸馏曲线斜率。

将式(9-3-62)代入式(9-3-60),与式(9-3-58)、式(9-3-59)一起求得石油馏分的热导率。

二、扩散系数

扩散系数是扩散速度和扩散推动力(浓度梯度)之间的比例常数,如第一菲克定律所示：

$$J = D_{1,2}\frac{dc}{dl} \tag{9-3-63}$$

式中 J——溶质 1 在溶剂 2 中的扩散速率,即单位时间内溶质在溶剂中扩散通过单位面积的量;

$\dfrac{dc}{dl}$——溶质 1 在溶剂 2 中的浓度梯度;

$D_{1,2}$——溶质 1 在溶剂 2 中的扩散系数,是反映物质传质的物理量。

加氢裂化物系主要由 H_2 和烃(油)组成,涉及 H_2 在烃(油)的扩散性质,也涉及烃在烃(油)的扩散性质,这些扩散性质将直接影响 H_2 在烃(油)的溶解过程和加氢反应过程。

（一）无限稀释状态下的扩散系数

无限稀释状态一般认为溶质在溶液中浓度极低，如<5%（摩尔分数）。

1. Umesi-Danner 方法[62]

1981 年 Umesi 和 Danner 提出在非极性溶剂中无限稀释溶质的扩散系数为：

$$D_{1,2}^0 = 2.75 \times 10^{-8} \frac{T}{\eta_2} \left[\frac{\overline{R}}{\overline{R}_1^{\frac{2}{3}}} \right] \tag{9-3-64}$$

式中　$D_{1,2}^0$——溶质 1 在溶剂 2 中的无限稀释时的扩散系数，cm^2/s；

　　　$\overline{R}_1$、$\overline{R}_2$——溶质 1 和溶剂 2 的旋转半径，Å；

　　　η_2——溶剂 2 的黏度，$mPa \cdot s$；

由式（9-3-64）可看出：扩散系数 $D_{1,2}^0$ 随温度 T 升高而增加，随溶剂的黏度 η_2 增大而减小，同时还与反映分子大小和形状的分子旋转半径 $\overline{R}$ 有关，而随溶剂 $\overline{R}_2$ 的增大而增加，随溶质 $\overline{R}_1$ 的增大而减小。

式（9-3-64）适用于烃-烃系统的气体溶质和液体溶质在非极性的溶剂中的无限稀释扩散系数的计算，但不适于石油馏分作为溶剂的物系，因为石油馏分的旋转半径 $\overline{R}$ 无法得到。对于 H_2-烃系统，误差较大，最大至 85%。

几种纯物质的旋转半径见表 9-3-7。

表 9-3-7　几种纯物质的旋转半径

组　　分	旋转半径($\overline{R}$)/Å	组分	旋转半径($\overline{R}$)/Å
H_2	0.3708	C_3H_8	2.4255
H_2S	0.6384	$n-C_4H_{10}$	2.8885
NH_3	0.8533	$i-C_4H_{10}$	2.8962
CH_4	1.1234	$n-C_5H_{12}$	3.3850
C_2H_6	1.8314	$i-C_5H_{12}$	3.3130

从表 9-3-6 可看出：H_2 的 $\overline{R}$ 最小，因此 H_2 在烃（油）的扩散系数比其轻烃大得多；H_2S 和 NH_3 的 $\overline{R}$ 也比轻烃小，在烃（油）中的扩散系数也较大。H_2、H_2S 和 NH_3 的这些性质有利于加氢脱硫、脱氮反应的进行。

2. 自由体积型方法

1987 年 Matthews 和 Akgerman[63] 提出由粗糙的硬球模型建立自由体积型方法，用于对二元烷烃混合物预测扩散系数：

$$D_{1,2}^0 = \beta \cdot T^{0.5} (V_2 - V_D) \tag{9-3-65}$$

式中　V_2——溶剂的摩尔体积，cm^3/mol；

　　　V_D——扩散系数为 0 时的摩尔体积（仅与溶剂有关），cm^3/mol；

　　　$(V_2 - V_D)$——自由体积，cm^3/mol；

　　　β——系数，与溶质和溶剂均有关，对正构烷烃体系，可求得：

$$V_D = 0.308 V_c \tag{9-3-66}$$

$$\beta = 32.88 MW_1^{-0.61} V_D^{-1.04} \tag{9-3-67}$$

式中　V_c——溶剂的临界体积，cm^3/mol；

　　　MW_1——溶质的相对分子质量。

式(9-3-65)说明：扩散系数随溶质的相对分子质量和溶剂的临界体积增大而变小。

Rodden 和 Akgerman[64~66]提出测定了不同温度和压力下 H_2、CO 和 CO_2 在 n-C_7H_{16}、n-$C_{12}H_{16}$、n-$C_{16}H_{34}$、n-$C_{20}H_{42}$ 和 n-$C_{28}H_{60}$ 中的无限稀释扩散系数，求得不同物系的 V_D 和 β。熊献金利用这些数据求得 H_2-烃体系的 V_D 和 β 关联式：

$$V_D = 0.24686 V_c^{1.02882} \tag{9-3-68}$$

$$\beta = 6.47670 \times 10^{-6} \left(\frac{V_c}{1000} \right)^{-4.01539} \exp(100.961\omega \cdot Z_c - 8.40852 \times 10^{-3} V_c) \tag{9-3-69}$$

式中　V_c、Z_c、ω——同前。

将式(9-3-68)、式(9-3-69)代入式(9-3-65)，就可得到 H_2 在烷烃的无限稀释扩散系数。

H_2 在石油馏分的无限稀释扩散系数只需将石油馏分切割为拟组分，H_2 为溶质，石油馏分为溶剂，利用上述公式即可计算。

（二）在浓溶液和多组分体系中的扩散系数

在高压条件下，H_2 和轻烃在馏分油中的溶解度会超过 5%（摩尔分数），特别是 H_2 在高压、高温条件下在烃类和馏分油中的溶解度可高达 30%（摩尔分数）以上，所以只有无限稀释的扩散系数是不能满足需要的，必须将其转化为在浓溶液中的扩散系数。

1970 年 Leffier 和 Cullinan[68]提出如下方程式

$$D_{1,m} = \frac{(D_{1,2}^0 \cdot \eta_1)^{x_1} (D_{1,2}^0 \cdot \eta_2)^{x_2}}{\eta_m} \tag{9-3-70}$$

式中　$D_{1,m}$——溶质 1 在非极性溶剂的溶液中的扩散系数，cm^2/s；

　　　$D_{1,2}^0$——溶质 1 在非极性溶剂的溶液 2 中的无限稀释时的扩散系数，cm^2/s；

　　　η_1、η_2、η_m——溶质、溶剂和溶液的黏度，$mPa \cdot s$；

　　　x_1、x_2——溶剂中溶质 1 和溶剂 2 的摩尔分率。

Umesi 和 Danner[62]用非极性溶质在非极性溶剂的扩散系数数据考察了 4 种方法，以此法最好。但对溶解的非极性溶液的适用情况尚需进一步考察。

加氢裂化物系中除氢外，尚有确定组成的 H_2S、NH_3、CH_4、C_2H_6、C_3H_8、n-C_4H_{10}、i-C_4H_{10}、n-C_5H_{12}、i-C_5H_{12} 及石脑油、煤油、柴油等石油馏分，即使把所有石油馏分作为一个拟组分处理，也是一个复杂的多组分物系，因此必须考虑多组分存在的影响。所用的方法是式(9-3-70)的扩展[69]。

$$D_{A,m}\eta_m = \prod_{j \neq A}^{n} [D_{Aj}^0 \cdot \eta_j]^{x_j} \tag{9-3-71}$$

式中　下标 A、m、j——分别为溶质、混合物和除 A 外的各组分；

　　　其他标示同式(9-3-70)。

三、表面张力

液体和气体界面上的分子受液体和气体分子的吸引力不平衡使之液体的表面变至最小。作用在液体表面并与之平行，使其面积增加 1 个单位的平衡力叫表面张力，即单位长度的力，或叫表面自由能，即单位面积上的可逆功 σ。

（一）纯组分的表面张力

1923 年 Macleod 提出

$$\sigma^{0.25} = \frac{\prod}{MW}(\rho_L - \rho_G) \qquad (9-3-72)$$

式中　　　σ——表面张力，dyne/cm；

ρ_L、ρ_G、MW——同前；

　　　　$\prod$——等张比容。

1924 年 Sugden 提出 $\prod$ 是与温度无关，仅由分子结构决定的参数。

1953 年 Quale 用实测的许多化合物的表面张力及同一条件下的密度数据求得了它们的等张比容，又由此求得了 $\prod$ 的基团贡献值，提出了求 $\prod$ 的基团贡献方法。表 9-3-8 列出了等张比容的基团贡献值。

表 9-3-8　等张比容的基团贡献值

基　　团	贡献值	特殊基团	贡献值
C	9.0	—CHO	66
H	15.5	O(除注明外)	20
CH_3—	55.5	N(除注明外)	17.5
—CH_2—($n>12$ 为 40.3)	40.0	S	49.1
CH_3—$CH(CH_3)$—	133.3	P	40.5
CH_3—CH_2—$CH(CH_3)$—	171.9	F	26.1
CH_3—CH_2—CH_2—$CH(CH_3)$—	211.7	Cl	55.2
CH_3—$CH(CH_3)$—CH_2—	173.3	Br	68.0
CH_3—CH_2—$CH(C_2H_5)$—	209.5	I	90.3
CH_3—$C(CH_3)_2$—	170.4	双键 C=C	
CH_3—CH_2—$C(CH_3)_2$—	207.5	末端	19.1
CH_3—$CH(CH_3)$—$CH(CH_3)$—	207.9	2、3 位	17.7
CH_3—$CH(CH_3)$—$C(CH_3)_2$—	243.5	3、4 位	16.3
C_6H_5—	189.6	三键 C≡C	40.6
特殊基团			
—COO—	63.8	环	
—COOH—	73.8	三元	12.5
—OH	29.8	四元	6.0
—NH_2	42.5	五元	3.0
—O—	20.0	六元	0.8
—NO_2(亚硝酸根)	74	七元	4.0
—NO_3(硝酸根)	93		
—$CO(NH_2)$	91.7		
=O(酮)		苯环上位置	

续表

基　团	贡献值	特殊基团	贡献值
三碳原子	22.3	邻-间	1.8-3.4
四碳原子	20.0	间-对	0.2-0.5
五碳原子	18.5	邻-对	2.0-3.8
六碳原子	17.3		

在常压下，若已知正常沸点下的液体密度，则可由此计算任意温度下的液体密度和气体密度之差：

$$\rho_L - \rho_G = \rho_{Lb}\left(\frac{1-T_r}{1-T_{br}}\right)^n \tag{9-3-73}$$

式中　　ρ_{Lb}——正常沸点下的液体密度，mol/cm^3；

ρ_L、ρ_G、T_r——同前；

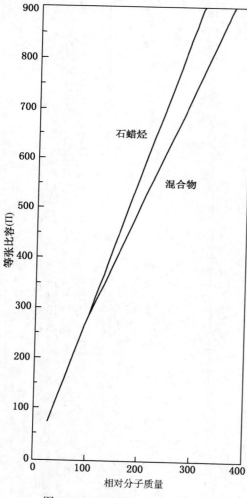

图 9-3-4　石蜡烃及混合物的
Π 和 MW 关系[70]

n——指数，与物质性质有关，对非极性的烃类及弱极性的醚类，$n=0.29$，对于醇类，$n=0.25$，其他有机化合物，$n=0.31$。

将式(9-3-73)代入式(9-3-72)可知，σ 随温度升高而变小。

（二）混合物的表面张力

对于有确定组成的混合物

$$\sigma_m^{0.25} = \sum_{i=1}^{n} \Pi_i \left[x_i\left(\frac{\rho_L}{MW_L}\right) - y_i\left(\frac{\rho_G}{MW_G}\right) \right] \tag{9-3-74}$$

对于无确定组成的混合物，可由图 9-3-4 求取等张比容。

从图 9-3-4 可求得：纯烃及混合物在相对分子质量 MW≤100 时

$$\Pi = 2.9032MW - 5 \tag{9-3-75}$$

纯烃及混合物在相对分子质量 MW>100 时

$$\Pi = 2.3077MW + 5 \tag{9-3-76}$$

Wilson 方程[71]可以直接用来计算石油馏分的表面张力

$$\sigma = \frac{673.7}{KF}(1-T_r)^{1.232} \tag{9-3-77}$$

式(9-3-77)的计算偏差约 10%左右。

1983 年 Gray 等[72]提出煤焦油馏分表面张力计算式

$$\sigma = 0.40294 \, (1-T_r)^{0.4} \cdot T_c^{\frac{1}{3}} P_c^{\frac{2}{3}} \tag{9-3-78}$$

气体溶于液体使其表面张力减少，若把溶入的气体和液体一起计算密度，求得的表面张力则比较接近实际的表面张力。惰性气体溶入液体大于 1%（摩尔分数）时，将使液体的表面张力减少 5%～20%，因此可以根据溶入的惰性气体多少，适度对求得的表面张力数据加以修正。

第四节　挥发性弱电解质水溶液 NH_3–H_2S–H_2O 体系的性质和相平衡

加氢裂化条件下，反应生成的 H_2S、NH_3、H_2O 存在于反应流出物、冷高分水相、冷低分水相，H_2S、H_2O 也存在于汽提塔顶回流罐水相中。由于环境保护和节水要求，需进一步处理。本节对水溶液物系的物理化学性质及相平衡的计算方法加以说明。

一、H_2S–NH_3–H_2O 物系的物理化学性质

H_2S、NH_3、H_2O 均为极性化合物，且 NH_3 和 H_2O 均为强极性化合物。在常温常压下，H_2O 以液态形式存在，呈中性；H_2S 和 NH_3 则为气态。H_2S 是具有恶臭的剧毒气体，NH_3 是有强烈刺激性臭味的气体。

由于 H_2O 是强极性的弱电解质液体，是极性化合物和离子型化合物的最佳溶剂，非极性或弱极性的烃类和油与之几乎不相溶，而 H_2S 和 NH_3 均极易溶于 H_2O，所以工业装置可以用 H_2O 洗涤 H_2S 和 NH_3。NH_3 在 H_2O 中溶解度很大，在常温常压下，1 体积的 H_2O 可以溶解 700 体积的 NH_3。溶解后的氨水密度比 H_2O 小。

H_2S 是弱酸性气体，NH_3 是弱碱性气体，它们溶于 H_2O 分别为弱酸和弱碱。

$$H_2S \Longleftrightarrow H^+ + HS^-$$

$$NH_3 + H_2O \Longleftrightarrow OH^- + NH_4^+$$

它们共同溶于水，则有下列化学反应

$$NH_3 + H_2S \Longleftrightarrow HS^- + NH_4^+$$

上式为电离–水解平衡式，当然 H_2S 还会进行二级电离反应

$$HS^- \Longleftrightarrow H^+ + S^{2-}$$

H_2O 作为弱电解质也具有电离平衡发生

$$H_2O \Longleftrightarrow OH^- + H^+$$

由以上分析可知：H_2S–NH_3–H_2O 物系是挥发性弱电解质水溶液，在一定压力和温度下，气相和液相之间存在溶解–解析的动态平衡，液相存在弱电解质的电离平衡，溶于 H_2O 中的 H_2S 和 NH_3 也发生化学反应，存在化学平衡，见图 9-4-1。

从图 9-4-1 可看出：解决挥发性弱电解质水溶液的平衡计算时，除计算气–液相平衡外，还需考虑电离平衡（或反应平衡）。

二、挥发性弱电解质水溶液 H_2S–NH_3–H_2O 物系的气–液平衡

不管是水洗生成物中的 H_2S 和 NH_3，还是处理水洗后得到的酸性水物系，均须解决挥发性弱电解质水溶液 H_2S–NH_3–H_2O 物系的气–液平衡问题。前者是根据一定压力和温度下气相物系中 H_2S 和 NH_3 的分压，解决加适量水生成一定浓度的 H_2S 和 NH_3 的水溶液。后者则是按照一定压力和温度下水溶液中 H_2S 和 NH_3 的浓度来计算气相的分压和组成。

（一）图示法

Newman[73,74]根据 Wilson 建立的关联式，制得了一系列不同温度下溶液中各种$\dfrac{NH_3}{H_2S}$摩尔比的 NH_3 和 H_2S 气相分压和溶液中的浓度图，如图 9-4-2~图 9-4-19。

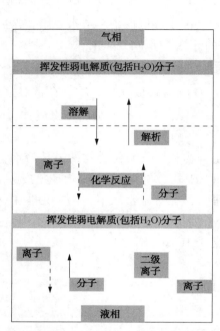

图 9-4-1　挥发性弱电解质
水溶液的平衡图

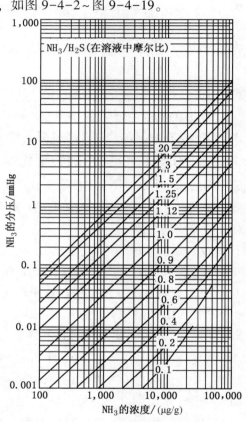

图 9-4-2　在 26.7℃时水溶液中 NH_3 的
气-液相平衡图

注：1mmHg＝133.3224Pa，余同

1. 水洗 H_2S 和 NH_3

水洗 H_2S 和 NH_3 的温度一般根据 NH_4HS 的结晶温度确定，见图 9-4-20。

在给定温度下，假设溶液中$\dfrac{NH_3}{H_2S}$的摩尔比，由其气相分压分别求得 NH_3 和 H_2S 在溶液中的浓度，计算所求的溶液中$\dfrac{NH_3}{H_2S}$的摩尔比，反复试差，直到求得溶液中$\dfrac{NH_3}{H_2S}$的摩尔比和所设定的一致为止，此时的溶液浓度即为合理结果。

表 9-4-1 为在 37.8℃，气相中 NH_3 的分压约 800Pa(6.0mmHg)，气相中 H_2S 的分压约 800Pa(6.0mmHg)，水洗 NH_3 和 H_2S 的计算实例。在溶液中$\dfrac{NH_3}{H_2S}$的摩尔比为 2.3 时假定值和计算结果吻合。

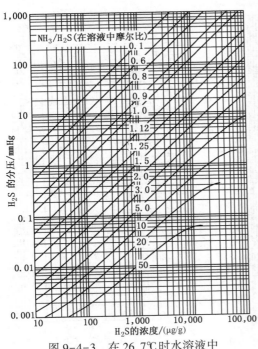

图 9-4-3 在 26.7℃时水溶液中
H₂S 的气-液相平衡图

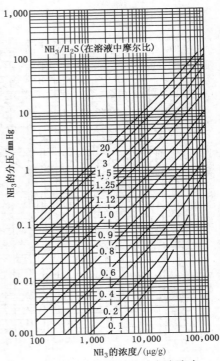

图 9-4-4 在 37.8℃时水溶液中
NH₃ 的气-液相平衡图

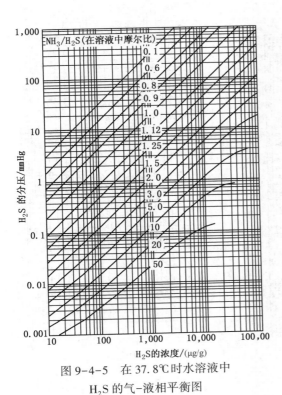

图 9-4-5 在 37.8℃时水溶液中
H₂S 的气-液相平衡图

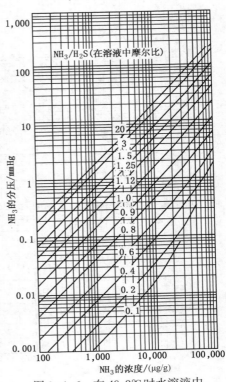

图 9-4-6 在 48.9℃时水溶液中
NH₃ 的气-液相平衡图

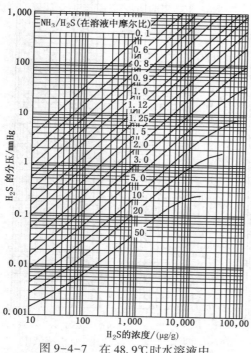

图 9-4-7　在 48.9℃时水溶液中
H₂S 的气-液相平衡图

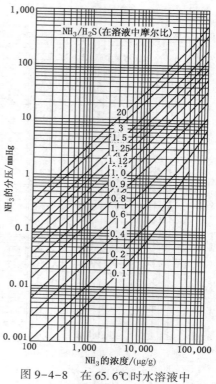

图 9-4-8　在 65.6℃时水溶液中
NH₃的气-液相平衡图

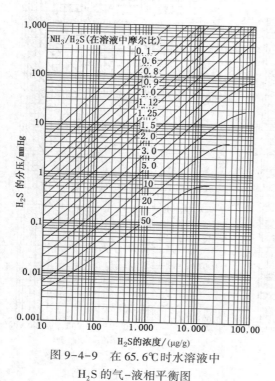

图 9-4-9　在 65.6℃时水溶液中
H₂S 的气-液相平衡图

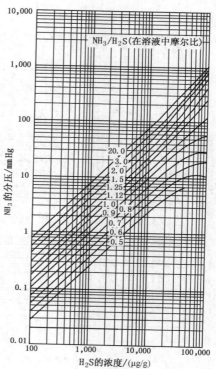

图 9-4-10　在 93.3℃时水溶液中
NH₃的气-液相平衡图

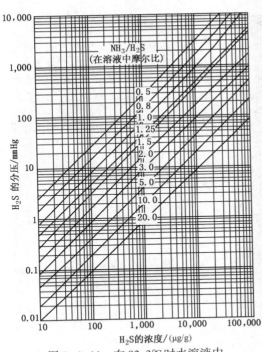

图 9-4-11　在 93.3℃时水溶液中

H_2S 的气-液相平衡图

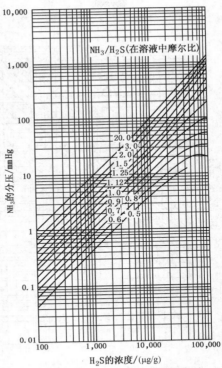

图 9-4-12　在 104.4℃时水溶液中

NH_3 的气-液相平衡图

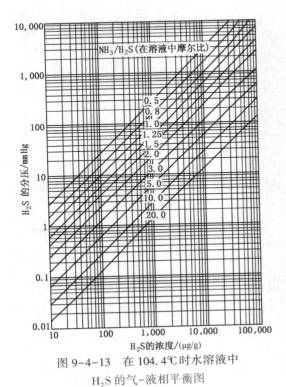

图 9-4-13　在 104.4℃时水溶液中

H_2S 的气-液相平衡图

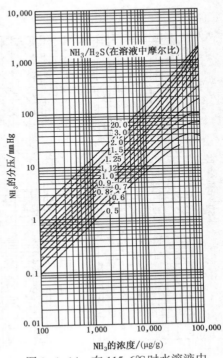

图 9-4-14　在 115.6℃时水溶液中

NH_3 的气-液相平衡图

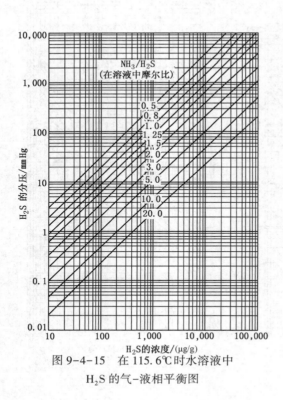

图 9-4-15 在 115.6℃时水溶液中
H_2S 的气-液相平衡图

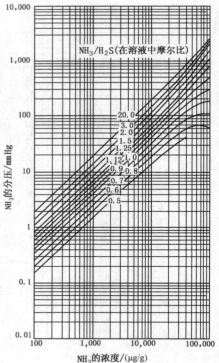

图 9-4-16 在 126.7℃时水溶液中
NH_3 的气-液相平衡图

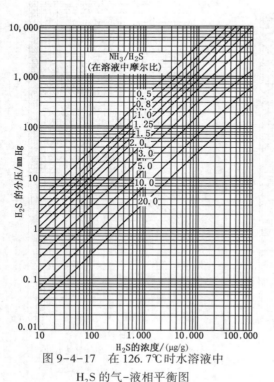

图 9-4-17 在 126.7℃时水溶液中
H_2S 的气-液相平衡图

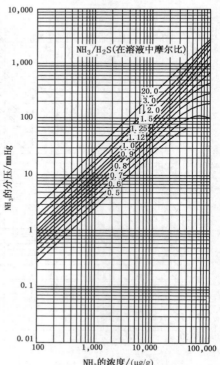

图 9-4-18 在 137.8℃时水溶液中
NH_3 的气-液相平衡图

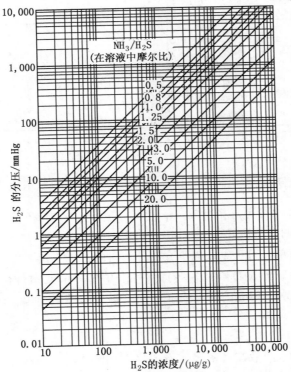

图 9-4-19　在 137.8℃时水溶液中 H_2S 的气-液相平衡图

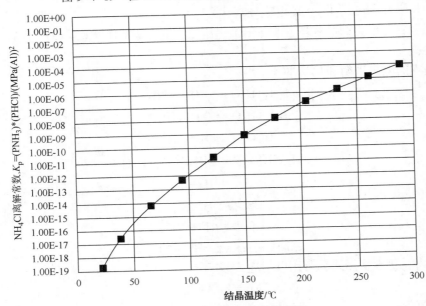

图 9-4-20　NH_4HS 的结晶温度图

表 9-4-1　水洗 NH_3 和 H_2S 的计算实例

假定 $\dfrac{NH_3}{H_2S}$ （摩尔比）	NH_3 浓度/（μg/g）（由图 9-4-4）	H_2S 浓度/（μg/g）（由图 9-4-5）	计算的 $\dfrac{NH_3}{H_2S}$	
			质量比	摩尔比
1.5	13500	2800	4.71	9.4

假定 $\dfrac{NH_3}{H_2S}$ (摩尔比)	NH_3浓度/(μg/g) (由图9-4-4)	H_2S浓度/(μg/g) (由图9-4-5)	计算的 $\dfrac{NH_3}{H_2S}$	
			质量比	摩尔比
2.0	9100	5500	1.65	3.3
2.3	8100	7000	1.16	2.3
3	6700	1100	0.61	1.2

2. 酸性水汽提[74]

由给定温度下酸性水溶液中 NH_3 和 H_2S 的浓度求得 $\dfrac{NH_3}{H_2S}$ 的摩尔比，再由相应的平衡图查得 NH_3 和 H_2S 的分压，即可得气相组成。

（二）分子热力学的解析法

上述图表直观、简单，可手算。以下介绍计算机的计算方法：以 Edwards 等[75,76]的分子热力学模型为基础，适于含 NH_3 和 H_2S 等挥发性弱电解质的水溶液体系，溶液的离子强度的最大值约为 6mol/kg 水，相应的最大浓度，依电解质的性质而定，约为 10~20mol/kg 水；温度范围 0~170℃。

1. 热力学模型

挥发性弱电解质的水溶液在其密闭体系中建立如图 9-4-1 所示的平衡状态。弱电解质在其水溶液中呈电离平衡和化学平衡，游离态分子在气-液两相中建立平衡。同时，体系中还保持着物料平衡和电荷平衡（即电中性规律）。

由于制氢装置产生的氢气均含少量 CO_2，所以在此考虑 NH_3-H_2S-CO_2-H_2O 四元系的上述四类平衡：

（1）基本的电离平衡和化学平衡

$$NH_3+H_2O \Longleftrightarrow OH^-+NH_4^+$$

$$CO_2+H_2O \Longleftrightarrow H^++HCO_3^-$$

$$HCO_3^- \Longleftrightarrow H^++CO_3^{2-}$$

$$NH_3+HCO_3^- \Longleftrightarrow NH_2COO^-+H_2O$$

$$H_2S \Longleftrightarrow H^++HS^-$$

$$HS^- \Longleftrightarrow H^++S^{2-}$$

$$H_2O \Longleftrightarrow H^++OH^-$$

$$NH_3+H_2S \Longleftrightarrow HS^-+NH_4^+$$

这些电离、化学平衡式，可用以下通式表示

$$AB \Longleftrightarrow A^++B^-$$

平衡常数为

$$K=\frac{a_{A^+} a_{B^-}}{a_{AB}} \tag{9-4-1}$$

$$a_i=m_i\gamma_i \tag{9-4-2}$$

（2）体系中游离态分子将建立气-液相之间的平衡

$$y_i P\phi_i = H_i^{(P)} a_i \tag{9-4-3}$$

（3）每种溶质都服从物料平衡

$$m_{Ai} = m_i + \frac{1}{v_{+i}+v_{-i}}(m_{+i}+m_{-i}) \tag{9-4-4}$$

（4）溶液呈电中性，即电荷平衡

$$\sum m_{+i}Z_{+i} = \sum m_{-i}Z_{-i} \tag{9-4-5}$$

式（9-4-1）～式（9-4-5）中

a——活度，mol/kg 水；

m——浓度，mol/kg 水；

m_{Ai}——i 种溶质的总浓活度，mol/kg 水；

H——亨利常数，atm·kg/mol；

K——化学（电离）平衡常数；

P——压力，atm；

y——气相组成，摩尔分率；

Z——离子所带的电荷数；

γ——液相活度系数；

ϕ——气相逸度系数；

v——分子溶质电离出某离子的数目；

下标 AB、A^+、B^-、i、$+i$、$-i$——物种种类。

2. 数学模型

热力学模型确定后，重要的问题是选择反映这些平衡的数学表达式和数据。

（1）电离（化学）平衡常数

式（9-4-1）中的电离（化学）平衡常数仅是温度的函数

$$\ln K = \frac{A_1}{T} + A_2\ln T + A_3 T + A_4 \tag{9-4-6}$$

式中，$A_1 \sim A_4$ 为系数，与溶质性质有关，部分组分的电离（化学）平衡常数的系数列于表 9-4-2。

表 9-4-2　部分组分的电离（化学）平衡常数的系数

组　分	A_1	A_2	A_3	A_4	温度范围/℃
NH_3	−3335.7	1.4971	−0.0370566	2.76	0～225
CO_2	−12092.1	−36.7816	0.0	235.482	0～225
HCO_3^-	−12431.7	−35.4819	0.0	220.067	0～225
NH_2COO^-	2900	0.0	0.0	−8.6	20～60
H_2S	−12995.4	−33.5471	0.0	218.599	0～150
H_2O	−13445.9	−22.4773	0.0	140.932	0～225
HS^-	$K = 0.018K_W$（K_W 为 H_2O 的离子积）				

（2）活度系数

活度系数是用来描述实际溶液与理想溶液偏离程度的物理参数。对于这类强极性物质，特别是弱碱性化合物 NH_3 和弱酸性化合物（H_2S 和 CO_2）同时存在时，水溶液中分子-分子、分子–离子、离子–离子的相互作用就显得特别重要，使溶液性质远远偏离理想溶液，因此，正确选择活度系数表达式就格外重要。Edwards 根据 Pitzer 理论导出的表达式为：

$$\ln\gamma_i = -A_\phi Z_i^2 \left[\frac{\sqrt{I}}{1+1.2\sqrt{I}} + \frac{2}{1.2}\ln\left(1+1.2\sqrt{I}\right) \right] + 2\sum_{j\neq w} m_j \left\{ \beta_{ij}^{(0)} + \frac{\beta_{ij}^{(1)}}{2I}\left[1 - \left(1+2\sqrt{I}\right)\exp\left(-2\sqrt{I}\right)\right] \right\} -$$

$$\frac{Z_i^2}{4I^2}\sum_{j\neq w}\sum_{k\neq w} m_j m_k \beta_{jk}^{(1)}\left[1 - \left(1+2\sqrt{I}+2I\right)\exp\left(-2\sqrt{I}\right)\right]$$

$$(9-4-7)$$

水的活度表达式为：

$$\ln a_w = M_w \left\{ \frac{2A_\phi \cdot I^{\frac{3}{2}}}{1+1.2\sqrt{I}} - \sum_{i\neq w}\sum_{j\neq w} m_i m_j \left[\beta_{ij}^{(0)} + \beta_{ij}^{(1)}\exp\left(-2\sqrt{I}\right)\right] \right\} - M_w\sum_{i\neq w} m_i \qquad (9-4-8)$$

其中：离子强度为

$$I = \frac{1}{2}\sum_j m_j Z_j^2 \qquad (9-4-9)$$

式(9-4-7)～式(9-4-9)中

　　　　A_ϕ——第拜–休克常数，为温度的函数；

　　下标 w——水；

　　　　M_w——水的摩尔质量，18kg/mol；

$\beta^{(0)}$、$\beta^{(1)}$——溶质的二元相互作用参数，计算方法和基础数据见后。

（3）溶质的二元相互作用参数

同类分子的二元相互作用参数是温度的函数

$$\beta_{ii}^{(0)} = E + \frac{F}{T} \qquad (9-4-10)$$

式中，E、F 为各溶质的系数，见表 9-4-3。

表 9-4-3　部分溶质的系数

溶　质	E	F
NH_3	−0.0260	12.29
CO_2	−0.4922	149.20
H_2S	−0.2106	61.56

不同溶质分子之间的二元相互作用参数为

$$\beta_{ij}^{(0)} = \frac{1}{2}\left(\beta_{ii}^{(0)} + \beta_{jj}^{(0)}\right) \qquad (9-4-11)$$

异电离子之间的相互作用参数可用 Bromley 方法近视求取

$$\beta_\pm = \beta_+ + \beta_- \qquad (9-4-12)$$

分子–离子的相互作用参数可用 Edwards 方法求取

$$\beta_{m-i} = \beta_{mol} + \beta_{ion} \qquad (9-4-13)$$

表 9-4-4 列出了离子的 $\beta_i^{(0)}$（$\beta_+^{(0)}$ 或 $\beta_-^{(0)}$）值。

表 9-4-4　离子的 $\beta_i^{(0)}$（$\beta_+^{(0)}$ 或 $\beta_-^{(0)}$）值

离　子	$\beta_+^{(0)}$ 或 $\beta_-^{(0)}/(\,\mathrm{kg/mol}\,)$	离　子	$\beta_+^{(0)}$ 或 $\beta_-^{(0)}/(\,\mathrm{kg/mol}\,)$
NH_4^+	−0.028	HS^-	0.074
HCO_3^-	−0.049	S^{2-}	0.007
CO_3^{2-}	−0.034	H^+	0.120
NH_2COO^-	0.078	OH^-	0.088

Pitzer 等把 $\beta_i^{(0)}$ 和 $\beta_i^{(1)}$ 关联起来

$$\beta_i^{(1)} = 0.018 + 3.06\beta_i^{(0)} \tag{9-4-14}$$

表 9-4-5 列出了温度范围 0~170℃下分子-离子的相互作用参数。

表 9-4-5　0~170℃下分子-离子的相互作用参数估算

分子-离子	$\beta_{m-i}^{(0)}/(\,\mathrm{kg/mol}\,)$	分子-离子	$\beta_{m-i}^{(0)}/(\,\mathrm{kg/mol}\,)$
$NH_3-NH_4^+$	0	$CO_2-HCO_3^-$	0
$NH_3-HCO_3^-$	$0.135-1.165\times10^{-3}T+2.05\times10^{-6}T^2$	$CO_2-NH_2COO^-$	0.017
$NH_3-CO_3^{2-}$	0.06	CO_2-OH^-	$0.26-1.62\times10^{-3}T+2.89\times10^{-6}T^2$
NH_3-HS^-	$0.16-1.24\times10^{-3}T+2.20\times10^{-6}T^2$	CO_2-H^+	0.033
NH_3-S^{2-}	0.32	$H_2S-NH_4^+$	$0.12-2.46\times10^{-3}4T+3.99\times10^{-7}T^2$
$NH_3-NH_2COO^-$	0	$H_2S-HCO_3^-$	−0.037
NH_3-OH^-	$0.227-1.47\times10^{-3}T+2.6\times10^{-6}T^2$	$H_2S-CO_3^{2-}$	0.077
NH_3-H^+	0.015	$H_2S-NH_2COO^-$	−0.032
$CO_2-NH_4^+$	$0.037-2.38\times10^{-3}T+3.83\times10^{-6}T^2$	H_2S-H^+	0.017
CO_2-HS^-	0	H_2S-OH^-	$0.26-1.72\times10^{-3}T+3.07\times10^{-6}T^2$
CO_2-S^{2-}	0.053	H_2S-HS^-	0
$CO_2-CO_3^{2-}$	0	H_2S-S^{2-}	0

（4）亨利常数

影响亨利常数主要因数是温度，其次为压力。其表达式为：

$$\ln H^{(P)} = \ln H^{(P_w^S)} + \frac{\overline{V}_a^\infty(P-P_w^S)}{RT} \tag{9-4-15}$$

式中　$H^{(P_w^S)}$——饱和水蒸气压下的亨利常数，为温度的函数：

$$\ln H^{(P_w^S)} = \frac{B_1}{T} + B_2\ln T + B_3 T + B_4 \tag{9-4-16}$$

其中，$B_1 \sim B_4$——系数，3 种溶质的系数列于表 9-4-6：

表 9-4-6　计算弱电解质亨利常数 $H^{(P_w^S)}$ 的系数

电解质	B_1	B_2	B_3	B_4	温度范围/℃
NH_3	−157.552	28.1001	−0.049227	−149.006	0~150
CO_2	−6789.04	−11.4519	−0.010454	94.4914	0~250
H_2S	−13236.8	−55.0551	0.0595651	342.595	0~150

$\overline{V}_a^\infty$——无限稀释水溶液中分子溶质的偏摩尔体积，$\mathrm{cm^3/mol}$，由 Brelvi 方法计算

$$\frac{\overline{V}_a^\infty}{Z_c RT} = 1 - C_{12}^0 \tag{9-4-17}$$

$$\ln\left(1 - \frac{1}{\rho Z_c RT}\right) = -0.42704(\overline{\rho}-1) + 2.089\,(\overline{\rho}-1)^2 - 0.42367\,(\overline{\rho}-1)^3 \tag{9-4-18}$$

$$\ln\left[-C_{12}^0\left(\frac{V_2^*}{V_1^*}\right)^{0.62}\right] = -2.4467 + 2.120740\overline{\rho}\,(2.0 \leqslant \overline{\rho} \leqslant 2.785) \tag{9-4-19}$$

$$\ln\left[-C_{12}^0\left(\frac{V_2^*}{V_1^*}\right)^{0.62}\right] = 3.02214 - 1.87085\overline{\rho} - 0.71955\,\overline{\rho}^2\ (2.785 \leqslant \overline{\rho} \leqslant 3.2) \tag{9-4-20}$$

$$\rho = \overline{\rho} \times V_2^* \tag{9-4-21}$$

式(9-4-17)~式(9-4-21)中

R——气体常数，$82.053\mathrm{cm}^3 \cdot \mathrm{atm}\,/(\mathrm{mol} \cdot \mathrm{K})$；

V_1^*、V_2^*——溶质和溶剂的特定摩尔体积，$\mathrm{cm}^3/\mathrm{mol}$(见表9-4-7)；

ρ——密度，$\mathrm{mol}\,/\mathrm{cm}^3$。

表 9-4-7　溶质和溶剂的特定摩尔体积

组分	V^*	组分	V^*	组分	V^*	组分	V^*
NH_3	65.2	CO_2	80	H_2S	90	H_2O	46.4

（5）状态方程和气相逸度系数

由 Nakamura 等的状态方程来描述气相

$$P = \frac{RT}{V}\left[\frac{1+\xi+\xi^2-\xi^3}{(1-\xi)^2}\right] - \frac{a}{V(V+C)} \tag{9-4-22}$$

其中

$$\xi = \frac{b}{4V} \tag{9-4-23}$$

对于气体混合物，混合规则为

$$a_m = \sum_{i=1}^m \sum_{j=1}^m y_i y_j a_{ij} \tag{9-4-24}$$

$$b_m = \sum_{i=1}^m y_i b_i \tag{9-4-25}$$

$$c_m = \sum_{i=1}^m y_i c_i \tag{9-4-26}$$

$$a_{ij} = a_{ij} + \frac{\beta_{ij}}{T} \tag{9-4-27}$$

$$a_{ij} = a_{ij}^{(0)} + a_{ij}^{(1)} \tag{9-4-28}$$

$$\beta_{ij} = \beta_{ij}^{(0)} + \beta_{ij}^{(1)} \tag{9-4-29}$$

$$a_{ij}^{(1)} = [a_{ii}^{(1)} a_{jj}^{(1)}]^{0.5} \tag{9-4-30}$$

$$\beta_{ij}^{(1)} = [\beta_{ii}^{(1)} \beta_{jj}^{(1)}]^{0.5} \tag{9-4-31}$$

$$\beta_{ij}^{(0)} = \frac{1}{2}[\beta_{ii}^{(0)} + \beta_{jj}^{(0)}] \tag{9-4-32}$$

$$\lg b_i = -\gamma_i - T \tag{9-4-33}$$

式(9-4-24)~式(9-4-33)中

$a_{ii}^{(0)}$、$a_{ii}^{(1)}$、$\beta_{ii}^{(0)}$、$\beta_{ii}^{(1)}$、γ、δ 的值见表9-4-8。

表9-4-8　气体的 $a_{ii}^{(0)}$、$a_{ii}^{(1)}$、$\beta_{ii}^{(0)}$、$\beta_{ii}^{(1)}$、γ 和 δ 值

组分	$a_{ii}^{(0)}$	$a_{ii}^{(1)}$	$\beta_{ii}^{(0)}$	$\beta_{ii}^{(1)}$	γ	δ
NH_3	1.83	0.81	13.3	548.3	1.3884	1.470
CO_2	3.17	0	253.17	0	1.2340	0.467
H_2S	2.52	1.10	16.6	437.7	1.1823	1.699
H_2O	1.06	2.07	8.4	1153.3	1.5589	0.593

$a_{ij}^{(0)}$ 为气体中的二元相互作用参数，其值见表9-4-9。

表9-4-9　气体中的二元相互作用参数

物质对	$a_{ij}^{(0)}$	物质对	$a_{ij}^{(0)}$
H_2O-NH_3	1.4	CO_2-H_2O	4.36
H_2O-H_2S	2.2	CO_2-NH_3	3.1
NH_3-H_2S	2.1	CO_2-H_2S	2.8

由以上状态方程导得的逸度系数表达式为

$$\ln\phi_k = \frac{4\xi - 3\xi^2}{(1-\xi)^2} + \left(\frac{b_k}{b_m}\right)\left[\frac{4\xi - 2\xi^2}{(1-\xi)^3}\right] - \frac{2}{RTV}\left(\sum_{i=1}^{m} y_i a_{ki}\right)\left[\sum_{n=1}^{5} \frac{(-1)^n}{n+1}\left(\frac{c_m}{V}\right)^n + 1\right] + \tag{9-4-34}$$

$$\frac{a_m c_k}{RTV^2}\left[\sum_{n=1}^{4} \frac{(-1)^n (n+1)}{n+2}\left(\frac{c_m}{V}\right)^n + \frac{1}{2}\right] - \ln Z$$

其中，气相压缩因素 Z 为

$$Z = \frac{PV}{RT} \tag{9-4-35}$$

3. 计算方法和步骤

由液相组成求气相分压和组成，及由气相组成求液相组成。

1) 已知体系温度和液相组成，计算平衡状态下的气相分压、组成和总压：

a. 假设和估算初值：假设 H^+ 和 OH^- 以及其他离子、分子的浓度初值，求出电离（化学）平衡常数，令各活度系数为1，由式(9-4-1)计算其他分子、离子浓度；

b. 由式(9-4-7)、式(9-4-8)计算各物质的活度系数和水的活度；

c. 按式(9-4-1)、式(9-4-4)和式(9-4-5)表达的溶液的电离（化学）平衡、物料平衡和电荷平衡，用牛顿-拉夫松法和主元素消去法求逆矩阵，解方程，求出新的浓度值；

d. 反复 b、c 两步骤，直至得到合理的浓度和活度系数值为止；

e. 忽略气相的非理想性，令其各逸度系数 $\phi_k = 1$，由式(9-4-16)求得给定温度的亨利常数，再由式(9-4-3)求得气相中各组分的气相分压、组成和总压；

f. 由式(9-4-22)~式(9-4-35)用牛顿迭代法计算各组成的气相逸度系数；

g. 再由式(9-4-3)求得气相中各组分的气相分压、组成和总压；

h. 重复 f、g 步骤，直至求得合理的气相中各组分的气相分压、组成和总压。

2) 已知体系温度和气相分压（或组成），计算平衡状态下的液相组成：

a. 由体系温度、压力和气相分压（或组成）按式(9-4-22)~式(9-4-35)用牛顿迭代法计算各组成的气相逸度系数；

b. 假设和估算初值：假设各游离分子、离子的活度系数和一些离子浓度的初值，求出各有关的平衡常数和亨利常数，由式(9-4-1)、式(9-4-3)计算其他分子、离子的浓度初值；

c. 由式(9-4-7)、式(9-4-8)计算各物质的活度系数和水的活度；

d. 按式(9-4-1)、式(9-4-4)和式(9-4-5)表达的溶液的电离(化学)平衡、物料平衡和电荷平衡，用牛顿-拉夫松法和主元素消去法求逆矩阵，解方程，求出新的浓度值；

e. 反复 c、d 两步骤，直至得到合理的浓度和活度系数值为止；

f. 由式(9-4-4)求得各类溶质的总浓度。

4. 计算结果说明

刘天增[77]用上述模型编制计算机程序为多套含 H_2S、NH_3 污水的单塔和双塔汽提设计作了计算，基本能满足工程设计要求。还核算了浙江大学化学系等的"H_2S-H_2O 体系气-液平衡的研究"和"$H_2S-NH_3-H_2O$ 三元体系气-液平衡的研究"中的实验数据和其他文献数据。对 H_2S-H_2O 体系的 30 个数据点的核算，H_2S 气相组成的计算平均相对误差为 0.5%，最大误差 1.1%。总分压的计算，平均相对误差为 6.6%，最大误差 10.4%，所有误差均为负值。

表 9-4-10 是该法对汽提塔顶和回流罐中的实验数据核算结果。

表 9-4-10　酸性水汽提塔顶和回流罐中气-液平衡的计算值和实验值比较

温度/ ℃	总压/MPa		液相浓度/ (mol/kg 水)		气相中 NH₃ (摩尔分率)		相对 误差/ %	气相中 H₂S (摩尔分率)		相对 误差/ %
	实验	计算	NH₃	H₂S	实验	计算		实验	计算	
114.3	0.608	6.67	11.121	2.024	0.6283	0.6791	8.8	0.1189	0.1317	-2.37
114.3	0.608	7.06	11.227	2.547	0.6039	0.6423	6.0	0.1648	0.1716	4.13
111.5	0.626	6.69	12.831	1.342	0.71	0.77	8.4	0.041	0.052	26.8
38	0.4~0.52	10.53	62.268	5.697	>0.98	0.9947	1.5	<1%	0.0441	
37.78	0.44	39.75	88.515	1.231	0.997	0.969	-3	0.05	0.031	

说明：温度 114.3℃、114.3℃、111.5℃ 为汽提塔顶的实验数据，温度 38℃、37.78℃是回流罐的实验数据。

从表 9-4-10 可看出：计算的回流罐总压较实验值高，特别是对高浓度的回流罐中的计算。其原因是回流罐中的弱电解质浓度太高，远超出本文的适用范围(10~20mol/kg)，虽然计算回流罐中的压力误差很大，但计算所得回流罐中的气相组成却与实验值基本相符。

参 考 文 献

[1] 王松汉. 石油化工设计手册第一卷石油化工基础数据[M]. 北京：化学工业出版社，2002：152-153, 540-544.

[2] 王松汉. 石油化工设计手册第一卷石油化工基础数据[M]. 北京：化学工业出版社，2002：483-486.

[3] Park J, Robinson R L Jr, Gasem K A M. Solubilities of Hydrogen in Heavy Normal Paraffins at Temperature from 323. 2 to423. 2Kand Pressure to 17. 4MPa [J]. Journal Chemical Engineering Data, 1995, 40：241-244.

[4] Park J, Robinson R L Jr, Gasem K A M. Solubilities of Hydrogen in Aromatic Paraffins at Temperature from 323. 2 to423. 2Kand Pressure to 21. 7MPa [J]. Journal Chemical Engineering Data, 1996, 41：70-73.

[5] 刘文静，仇汝臣，方晨昭. 石油馏分实沸点蒸馏曲线与恩氏蒸馏曲线关系的新数学模型[J]. 青岛科技大学学报(自然科学版)，2006，27(4)：304-308.

[6] 肖磊, 曹睿, 王俊等. 常压下石油馏分曲线换算的数学模型 [J]. 炼油技术与工程, 2008, 39(12): 49-53.

[7] 李立权. 加氢裂化装置工艺计算及技术分析[M]. 北京: 中国石化出版社, 2009: 1-32.

[8] American Petroleum Institute. API Technical Data Book - Petroleum Refining, 3 - rd ed [M]. Washington DC, 1976.

[9] American Petroleum Institute. API Technical Data Book - Petroleum Refining, 3 - rd ed [M]. Washington DC, 1992.

[10] Reid R C, Prausnitz J M, Sherwood T K. The Properties of Gases and Liquid. 3 - rd ed [M]. New York: McGRAM-HILL BOOK COMPY, 1977.

[11] Reid R C, Prausnitz J M, Sherwood T K. The Properties of Gases and Liquid. 3 - rd ed [M]. New York: McGRAM-HILL BOOK COMPY, 1987.

[12] Pitzer K S. The Volumetric and Themodynamic Properties of Fluids - I. Themotical Basis and Virial Coefficients [J]. Journal Amirecal Chemical Science, 1955, 77: 3427.

[13] Pitzer K S, Lippmann D Z, Curl R F. The Volumetric and Themodynamic Properties of Fluids - II. Compressibility Factor Vapor Pressure and Entropy of Vapozation [J]. Journal Amirecal Chemical Science, 1955, 77: 3433.

[14] 刘国正, 虞大红, 胡英. 饱和烷烃的偏心因子与分子拓扑[J]. 化学学报, 1991, 42(1): 1-5.

[15] Hilibrand J H, Scot R L. Solubility of Noneletrolyies 3 - rd Ed [M]. New York: Reiahold, 1950.

[16] Zhou Peizheng. Correlation of the Average Boiling Points of Petroleum Fractions with Pscudocritical Constans [J]. Int Eng Chem, 1984, 24: 731.

[17] 张建忠, 张彪, 王仁安. 用改进的 Riazi - Daubert 法预测烃类临界性质[J]. 石油炼制与化工, 1998, 29(3): 55.

[18] Kesler M G, Lee B I. Improve Prediction of Fraction[J]. Hydrocarbon Process, 1976, 55(3): 153.

[19] Grayson H G, Streed C W. Vapor-Liquid Equilibria for High Temperatures, High Pressure Hydrocarbon-Hydrocarbon Systems[J]. 6th World Congress, Frankfurt am Main, Jure 19-26, 1963.

[20] 寿德清, 向正为. 我国石油基础物性的研究(一)[J]. 石油炼制, 1984, 15(4): 1-7.

[21] 侯芙生主编. 炼油工程师手册[M]. 北京: 石油工业出版社, 1995: 46-131.

[22] Reid R C, Prausnitz J M, Poling B E. The Properties of Gases and Liquids. 4 - rd ed [M]. New York: McGRAM-HILL BOOK COMPY, 1987.

[23] Lee B I, Kesler M G. A Generalize Thermodynamic Based on three Parameter Corresponding States. 1975, 21(3): 511.

[24] 王松汉. 石油化工设计手册第一卷石油化工基础数据[M]. 北京: 化学工业出版社, 2002: 688-694.

[25] Chao, K C, Seader J D. A General Vorrelation of Vapor Liquid Equilibria in Hydrocarbon Mixture [J]. AIChE Journal, 1961, 7(4): 598.

[26] Sebastian H M, Lin h m, Chao, K C. Correlation of Solubility of Hydrogen in Hydrocarbon Solvents[J]. AIChE Journal, 1981, 27: 138-147.

[27] Bondi A. Physical Properties of Molecular Crystals, Liquid and Glasses [J]. New York: Wiley, 1968.

[28] Redlich O J, Kwong N S. On the Thermodynamics of Solutions. an Equation of States [J]. Chem Rev, 1949, 44: 233.

[29] Soave G. Equilibrium Constants for a Modified Redlich-Kwong Equation of State[J]. Chemical Engineering Science, 1972, 27: 1197-1203.

[30] Graboski M S, Daubert T E. A Modified Soave Equation of State for Phase Eqilibrium Calculations. 1. Hydocarbon Systems[J]. Ind eng Chem Process Des Dev. 1978, 17: 443.

[31] Graboski M S, Daubert T E. A Modified Soave Equation of State for Phase Eqilibrium Calculations. 2. Systems Containing CO_2, H_2S, N_2 and CO[J]. Ind eng Chem Process Des Dev. 1978, 17: 488.

[32] Graboski M S, Daubert T E. A Modified Soave Equation of State for Phase Eqilibrium Calculations. 3. Systems Containing H_2[J]. Ind eng Chem Process Des Dev. 1979, 18: 233.

[33] Moysan J M, Huron M J, Paradowski H, et al. Prediction of Solubility of Hyrogen in Hydrocarbon though Cubi Equation of State [J]. Journal Chemical Engineering Science, 1983, 38: 1085.

[34] Elliot J R, Daubert R P. Revised Procedure for Phase Eqilibrium Calculations with the Soave Equation of State [J]. Ind eng Chem Process Des Dev. 1985, 24: 743.

[35] Kabadi V N, Danner R P. A Modified Soave-Redlich-Kwong Equation of State for Water-Hydrocarbon Phase Eqilibrium[J]. Ind eng Chem Process Des Dev. 1985, 24: 537.

[36] Twu C H, Coon J E, Harvey A H, et al. An Approach for the Application of a Cubic Process to Hydrogen-Hydrocarbon Systems[J]. Ind eng Chem Process Des Dev. 1996, 25: 905-910.

[37] Mathias P M. A Versatile Phase Equilibrium Equation of State[J]. Ind eng Chem Fundam. 1983, 22: 385-391.

[38] Schwartzentruber J, Renon H, Watanasiri S. K-Values for Non-Ideal Systems: An Easier Way. Chem Eng, 1990(3): 118-124.

[39] Peng D Y, Robinson D B. A New Two-Constants Equation of State[J]. Ind eng Chem Fundam. 1976, 15: 59.

[40] 王松汉. 石油化工设计手册(第一卷)石油化工基础数据[M]. 北京: 化学工业出版社, 2002: 704-705.

[41] Connolly J F, Kandalic G A. Partial Molal Volumes of Hydrogen in Liquid Hydrocarbons [J]. Chem Eng Prog Symp Ser, 1963, 59(44): 8-10.

[42] Chueh P L, Deal C H. Liquid Densities and Liquid Enthalpies of Hydrogen Containing Hdrocarbon Mixtures [J]. AIChE Journal, 1973, 19(1): 138-145.

[43] Rackett H G. Equation of State for Saturated Liquids Density[J]. Journal Chem Eng Data, 1970, 15: 514.

[44] Spencer C F, Danner R P. Improved Equation for Prediction of Saturated Liquids Density[J]. Journal Chem Eng Data, 1972, 17(2): 236-241.

[45] Yamada T, Gunn R D. Saturated Liquids Molar Volumes. The Rackett Equation [J]. Journal Chem Eng Data, 1973, 18(2): 234-236.

[46] Hankinon R W, Thomson G H. A New Correlation for Saturated Density of Liquids and Their Mixtures[J]. AIChE Journal, 1979, 25(4): 653.

[47] Thomson G H, Brobst K R, Hankinon R W. A Improved Correlation for Density of Compressed Liquids and Liquid Mixtures[J]. AIChE Journal, 1982, 28(4): 671.

[48] Rackett H G. Calculation of Bubble-PointVolume of Hydrocarbon Mixtures [J]. Journal Chem Eng Data, 1971, 16: 308.

[49] Spencer C F, Danner R P. Prediction of Bubble-Point Density of Mixtures [J]. Journal Chem Eng Data, 1973, 18(2): 230-234.

[50] Lu B C-Y. Estimate Specitic Liquids Volume [J]. Chem Eng, 1959, 66(9): 137.

[51] Rea H E, Spencer C F, Danner R P. Effect of Pressure and Temperature on the Liquids Density of Pure Hydrocanbons[J]. Journal Chem Eng Data, 1973, 18(2): 227-230.

[52] 刘天增. 李-凯斯勒状态方程求解方法的探讨[J]. 炼油设计, 1985, 15(4): 37.

[53] Connolly J F. Thermodynamic Properties of Hydrogen in Benzene Solutions[J]. Journal Chem Physic, 1962, 36: 2897.

[54] Kim H Y, Seebastian H M, Lin H M, et al. Enthalpy of Hydrogen-Containing Hdrocarbon Liquids [J]. AIChE Journal, 1982, 28(5): 833-835.

[55] Lenoir J M, Hipkin H G. Measured Enthalpies of Eight Hydrocarbon Fractions[J]. Journal Chem Eng Data, 1973, 8(2): 195.

[56] Lenoir J M. Effect of Pressue on T Conductivity of Liquids[J]. Petrol Refiner, 1957, 36(8): 162.

［57］ Chung T M, Ajlan M, Lee L L, et al. Generalized Multiparameter Correlation for Nonpolar and Polar Fluid Transport Properties［J］. Ind eng Chem Res. 1988, 27: 671-678.

［58］Chung T H, Lee L L, Starling K E. Applications of Kinetic Gas Theories and Multiparameter Correlation for Predictionof Dilute Gas Viscosity and Thermal Conductivity［J］. Ind Eng Chem Fundam, 1984, 23(1): 8-10.

［59］ Brule M R, Starling K E. Thermophysical Properties of Complex Systems: Applications of Multiproperty Analysis［J］. Ind eng Chem Process Des Dev, 1988, 27: 671-679.

［60］ 王松汉. 石油化工设计手册(第一卷)石油化工基础数据［M］. 北京: 化学工业出版社, 2002: 2-15.

［61］ Vasques A, Briano J G. Thermal Conductivity of Hydrocarbon Mixtures: A Perturbation Approch［J］. Journal Chem Eng Res, 1993, 32: 194-199.

［62］ Umesi N O, Danner R P. Predicting Diffusion Coefficients on Nonpolar Solvents.［J］. Ind eng Chem Process Des Dev, 1981, 20: 662-665.

［63］ Matthews M A, Akgerman A. Diffusion Coefficients for Binary Alkane Mixture to 573K and 3. 5MPa［J］. AIChE Journal, 1987, 33(6): 881.

［64］ Matthews M A, Rodden J B, Akgerman A. High-Temperature Diffusion of Hydrogen, Carbon Monoxide and Carbon Dioxide in Liquid n-Heptane, n-Dodecane, and n-Hexadecane［J］. Journal Chem Eng Data, 1987, 32(3): 319-322.

［65］ Rodden J B, Erkey C, Akgerman A. High-Temperature Diffusion, Viscosity, and Density Measurements in n-Eicosane［J］. Journal Chem Eng Data, 1988, 33(3): 344-347.

［66］ Rodden J B, Erkey C, Akgerman A. Mutual Diffusion Coefficients for Several Dilute Diffusion Coefficients in n-Octacosane and the Solvent Density［J］. Journal Chem Eng Data, 1988, 33(4): 450-453.

［67］ 熊献金. 氢气在液体烃类中的扩散系数计算方法［J］. 石油炼制与化工, 1997, 28(3): 57-61.

［68］ Leffier J, Cullinan H T. Ind Eng Chem Fundam, 1970, 9: 84.

［69］ Leffier J, Cullinan H T. Ind Eng Chem Fundam, 1970, 9: 88.

［70］ Baker O, Swerdloff H T. Calculations of Surface Tension-3. Calculation of Surface Tension Parachor Values. Oil Gas J, 1955, 43: 141.

［71］ Wilson G M. In: Foundations of Computer-Aided Chemical Process, Mah R H, Selder V E Ed. Egineering Foundation, New York, Vol2, P31.

［72］ Gray A J, Brady C J, Cunningham J R, et al. Thermophysical Properties of Coal Liquid. 1. Selected Physical, Chemcal, nd Thermodynamic Propertie of Narow Boiling Range Coal Liuids［J］. Ind eng Chem Process Des Dev, 1983, 22: 410-424.

［73］ Newman S A. Part Ⅰ. Sour Water Design by Charts. Hydrocarbon Process, 1991(9): 145.

［74］ Newman S A. Part Ⅱ. Sour Water Design by Charts. Hydrocarbon Process, 1991(10): 101.

［75］ Edwards T J, Newman J, Prausnitz J M. Thermodynamic of Aqueous Solutions Containing Volatile Weak Electrolytes［J］. AIChE Journal, 1975, 21: 248.

［76］ Edwards T J, Maures G, Newman J, et al. Vapor-LiquidEquilibria in Multicomponent Aqueous Solution of Volatile Weak Electrolytes［J］. AIChE Journal, 1978, 24(6): 966.

［77］ 刘天增. 挥发性弱电解质水溶液的气-液平衡［J］. 石油学报(石油加工), 1982, 增刊: 104.

第十章　加氢裂化反应动力学模型

自从 1850 年 Wilhelmy[1] 对反应速度进行了定量研究以来，反应动力学就作为一门重要的化学工程分支学科得到了广泛的重视[2~13]。基于 Langmuir 吸附等温式[14] 及 Taylor 活性中心理论[15]，Hinshelwood、Hougen、Watson 及 Yang[16~18] 等系统阐释了多相催化反应动力学的基础——LHHW 理论。尽管已经发现有些体系[19~21] 不符合 Langmuir 吸附等温式，但以此为依据的 Langmuir-Hinshelwood(L-H) 模型目前仍是广为人们接受的动力学研究基础。Smith 等人[22~24] 系统地总结了反应动力学的理论及应用，充分地显示了反应动力学研究对于深入了解催化反应的机理、加快新催化剂及工业过程的研究开发速度；对于提高工程设计的可靠性和优化工程设计方案；对于指导工业装置生产、优选操作参数等方面的巨大应用前景。

加氢裂化是炼油厂重要的二次加工手段之一，它能够将低价值的重馏分油转化为高价值的各种石油化工产品[25,26]。自从 1959 年美国 Chevron 公司建立了第一套馏分油加氢裂化装置至今，加氢裂化技术进入了蓬勃发展的新阶段，目前其处理能力约占原油加工量的 6% ~ 7%。然而与之相对应，对加氢裂化的动力学研究及过程的模拟则大大落后于加氢裂化技术本身的发展水平[27]。在研究石油馏分加氢裂化这种复杂反应体系的动力学规律时，人们将面临两个方面的问题[28]：一是由于各种可逆、平行及顺序反应的同时存在，使反应体系各组分之间强偶联；二是参与反应的组分数多至成千上万，为了解决这些矛盾，有两种常用方法，即选择适当的单体模型化合物，研究其反应规律并建立相应的机理动力学模型[28,30]；和将大量的化合物按其动力学性质分成若干个虚拟(集总)组分，然后根据这些集总组分在加氢裂化反应中的变化，建立相应的过程动力学模型[31~34]。

加氢裂化反应工程中，大量的工作都在于研究这一重要工艺过程的复杂化学反应、动力学以及工艺参数对操作的影响。对于气、液、固多相催化反应来说，整个反应过程由一系列串联的物理和化学步骤组成[35]，对馏分油加氢裂化而言，绝大多数条件下，表面反应是这一系列步骤中的控制步骤[36]。为此本章将着重介绍反应动力学模型的研究成果。在实际的工程应用中，完整的加氢裂化数学模型还应考虑热平衡、滴流床的传质与传热特性、催化剂的中毒与失活等影响因素[37,38]。对这些因素的影响，本章将从反应动力学模型的应用角度加以介绍。

第一节　加氢裂化反应的动力学特征

加氢裂化的进料组成可分为两大类[25]，即烃类和非烃类，烃类主要是烷、环烷和芳香烃类，对于一些二次加工产品，如焦化、催化等，尚有部分烯烃存在。非烃类主要是含硫、含氮、含氧及结构极复杂的胶状和沥青状物质，其中对加氢裂化过程有较大影响的是含硫、含氮化合物。在加氢裂化过程中所发生的反应按反应类型分主要有加氢饱和、异构化、裂化、氢解等[36]。按反应目的分主要有脱杂原子的反应。如加氢脱硫(HDS)、加氢脱氮(HDN)等；纯烃类的反应，如芳烃、烯烃加氢饱和(HDA、HDE)、加氢裂化(HC)等。事实上，上述的每一类反应都是由一系列的平行、顺序反应所组成的复杂反应体系，为了叙述上的方便，我们将按反应目的对加氢裂化过程中所发生反应的动力学行为分类加以讨论。有关反应的具体化学基础、反应历程、催化作用的机理等请参阅第二、三章的相应章节。

一、各主要反应的动力学特征

(一) 加氢脱硫(HDS)

对石油馏分来说，其所含的硫化物类型主要有硫醇、硫醚、噻吩、苯并噻吩、二苯并噻吩以及带各种取代基的含硫化合物，且随着馏分的变重，硫化物的结构形态也越趋复杂[26]。长期以来，加氢脱硫反应都是人们关注和研究的重点之一，几乎每隔三至四年，都会有相应的综述性文章发表。Girgis 和 Gates 等[38]总结了各种模型化合物加氢脱硫的动力学研究结果，Kabe 等[39]则系统地报道了各种取代基及其位置对 HDS 的影响。很多研究[41,42]表明对石油馏分的加氢脱硫动力学数据的处理远较对模型化合物动力学数据的处理复杂。各研究结果之间出入很大。对模型化合物加氢脱硫反应动力学的深入了解，将有助于开发石油馏分的 HDS 动力学模型。

1. 反应活性

加氢脱硫反应的活性主要取决于含硫化合物分子的大小及结构。一般来说，对同一结构的硫化物，分子越大，HDS 的反应速度越低，但其影响程度远较结构影响为低[43]。不同结构硫化物的反应速度顺序如下：

硫醇(醚)>>噻吩>苯并噻吩>二苯并噻吩

对噻吩类硫化物，与硫原子相邻的取代基一般对 HDS 反应有阻滞作用，而与硫原子距离较远的取代基对 HDS 反应有促进作用。表 10-1-1 给出了各种典型的硫化物的相对一级反应速度常数(以二苯并噻吩为基准)。从表 10-1-1 的数据可以看出：不同的硫化物之间其相对反应速度相差很大，最大值和最小值之间的差别达 3 个数量级。4，6 位带有二个甲基的二苯并噻吩(4，6-DMDBT)在所有硫化物类型中最难进行 HDS，很多研究结果表明当用 Co-Mo/Al$_2$O$_3$催化剂时，4，6-DMDBT 即使是在很苛刻的反应条件下也难于完全转化，而馏分油 HDS 的分析数据[44]表明，在深度 HDS 的条件下，产品中残存的主要是 4，6-DMDBT 类结构的硫化物。一些电负性较大的取代基，如—NH$_2$、—OCH$_3$等，不但在对位和间位对 HDS 有促进作用，即使是在邻位也对 HDS 有一定的促进作用。事实上，取代基不仅仅限于影响 HDS 的反应速度，它还影响着 HDS 的反应历程[45]。

表 10-1-1　各种典型硫化物的相对一级反应速度常数*

反　应　物	反应速度常数	反　应　物	反应速度常数
丁基硫醇	97.5	二苯并噻吩	1.0
二丁基硫醚	88.1	4-甲基二苯并噻吩	0.16
二丁基二硫醚	109.3	4，6-二甲基二苯并噻吩	0.10
噻吩	22.6	3，7-二甲基二苯并噻吩	1.5
2-甲基噻吩	10.2	2，8-二甲基二苯并噻吩	2.6
3-甲基噻吩	29.3	萘苯并噻吩	2.6
苯并噻吩	13.5	四氢萘苯并噻吩	1.3

* 相对反应速度常数指对二苯并噻吩而言。

2. 影响 HDS 动力学的各种因素

对于模型化合物而言，绝大多数研究者认为 HDS 动力学符合 L-H 模型，即

$$r_{HDS} = \frac{k_{HDS}p_s}{(1+\sum K_j p_j)^n} f(p_H) \tag{10-1-1}$$

式(10-1-1)中 r_{HDS} 为硫化物的 HDS 反应速度；k_{HDS} 为相应的反应速度常数；K_j、P_j(或 C_j)则分别是各种反应物或产物的吸附平衡常数及其分压；n 为一常数，其取值一般为1。在文献[43]中，$f(p_H)$ 多数采用幂函数的形式，即

$$f(p_H) \sim p_H^a \tag{10-1-2}$$

也有一些研究者[45]认为 HDS 的反应发生在吸附的硫化物和吸附的氢原子之间，并认为两者占据着不同的催化活性中心，他们给出的 $f(p)$ 表达式为：

$$f(p) = \frac{k_H p_H^a}{(1+k_H P_H^b)^c} \tag{10-1-3}$$

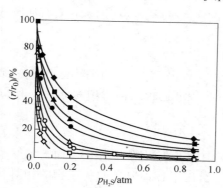

图 10-1-1　H_2S 分压对 DBTs HDS 活性的影响

$r_0 = $ 不存在 H_2S 时 DBTs 的 HDS 速度；

$r = $ 有 H_2S 时 DBTs 的 HDS 速度；

空心点为 DBT：◇—200℃，□—220℃，○—240℃，

△—260℃；实心点为 4,6-DMDBT：●—240℃，

▲—260℃，■—280℃，◆—300℃；总压：50atm；

催化剂：Co(4.0)-Mo(12.0)；溶剂：十氢萘

H_2S 对 HDS 具有很强的抑制作用，Kabe 等人[46]的研究结果(图 10-1-1)表明，在一定的条件下 H_2S 的加入几乎可以使二苯并噻吩(DBT)的活性丧失殆尽，但它对 4,6-DMDBT 的影响却要缓和得多，这是因为对 DBT 而言 HDS 是通过硫的直接脱除来达到的，而对 4,6-DMDBT，HDS 主要是沿着加氢饱和再 C—S 断裂来实现。提高反应温度可以减轻 H_2S 的抑制作用，有些研究者[47]发现在 400℃ 的高温下，较低浓度的 H_2S 甚至对 HDS 有少许的促进作用。这或许是由于少量的 H_2S 对保持催化剂金属硫化物的稳定性有一定作用的缘故。

另一个对 HDS 活性产生重大影响的因素为氮化物，其作用之强以致于一些研究者[48]将其归于 HDS 催化剂的毒物。不同氮化物对 HDS 活性影响的程度与氮化物的碱性成顺变关系[49]。

当氮原子相邻位置接有甲基、乙基等取代基团时，氮化物对 HDS 活性的影响明显减弱[50]。多芳环结构的氮化物[51]在较低的反应温度时，对二苯并噻吩的直接脱硫影响较小，但对部分饱和 DBT 的 HDS 有着较强的抑制作用，在较高的反应温度时，DBT 的直接脱硫也会受到较大的抑制。

Kabe 等人[52]详细地研究了各种溶剂对 HDS 活性的影响，表 10-1-2 列出了各种溶剂在催化剂上的吸附热数据，以及在相应溶剂中 DBT 的吸附热数据。不难看出当溶剂的芳香度增加时，DBT 的吸附热减少，对应地其 HDS 活性降低。进一步的研究[53]表明，当系统中存在 H_2S 或氮化物时，溶剂对 HDS 的影响就降到了次要的地位，一般情况下其作用可以被忽略。无论是 H_2S、氮化物或溶剂，它们对 HDS 反应的作用均可由式(10-1-1)来描述，即它们都是对 HDS 催化反应活性中心的竞争吸附作用。

表 10-1-2　溶剂、DBT 及 BT 在催化剂表面的相对吸附热数据*

溶剂类型	甲苯	二甲苯	十氢萘	四氢萘	甲基萘

续表

溶 剂 类 型	甲苯	二甲苯	十氢萘	四氢萘	甲基萘
溶剂吸附热/(kcal/mol)		15	16	18	24
DBT 吸附热/(kcal/mol)		16	12	10	
BT 吸附热/(kcal/mol)	22		16		10

＊DBT 为二苯并噻吩；BT 为苯并噻吩。

氢分压对 HDS 的影响较为复杂，以幂函数[式(10-1-2)]或以 Langmuir 吸附等温式[式(10-1-3)]表示，不同研究者间的结果出入较大，这与他们所采用的反应条件不同有关。综合大量的研究结果[46,54~57]，如采用幂函数表示氢分压对 HDS 活性的作用，可以归纳如下的规律：

1）在氢分压低于 20~30kg/cm³ 时，提高氢分压能够明显地促进 HDS 反应活性，式(10-1-2)的幂指数在 2.0~3.0 的范围内变化。

2）当氢分压大于 30kg/cm³ 时，对于那些 S 原子可以直接脱出的硫化物，如硫醇、DBT 等，氢分压的影响很小，幂指数一般为 0~0.2。

3）当上述 2）的体系中同时存在有氮化物，如吡啶、喹啉时，氢分压的作用增加，幂指数取值在 0.4~0.9 之间。其原因可能是提高氢分压可以使氮化物分解速度加快，从而释放出更多的催化活性中心供 HDS 用。

4）当氢分压大于 30kg/cm³ 时，对于那些不能或很难直接发生 C—S 键断裂的硫化物，如 4，6-DMDBT 等，提高氢分压可以较大地提高 HDS 的反应速度，其幂指数可达 0.8~1.5。

3. 催化剂对 HDS 动力学的作用

催化剂性质对 HDS 动力学的作用可大致分为以 Co-Mo 系为代表的低加氢饱和活性催化作用机制，和以 Ni-Mo 系为代表的高加氢饱和活性催化作用机制。对硫醇、硫醚、噻吩等硫化物，Co-Mo 系催化剂具有更高的催化活性[58]，对 DBT，仅以脱硫转化率看 Co-Mo 催化剂的活性与 Ni-Mo 的相当[59]，但从产品的结构来看，Co-Mo 的 HDS 产品主要为联苯，Ni-Mo 的 HDS 产品中部分饱和的联苯类占有相当比例，且随反应深度的增加而增加。Kabe 等的结果[60]（图 10-1-2）显示，Co-Mo 催化剂对 DBT、4-MDBT 及 4，6-DMDBT 的加氢脱硫反应具有不同的效果，即便是在 410℃ 的苛刻反应条件下，仍有相当部分的 4-MDBT 和 4，6-DMDBT未能转化；与此相对照，Ni-Mo 催化剂对 DBT、4-MDBT、4，6-DMDBT 的 HDS 反应影响要小得多，且都能达到较高的转化率水平。

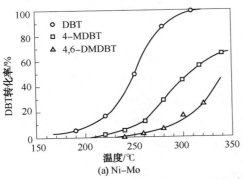
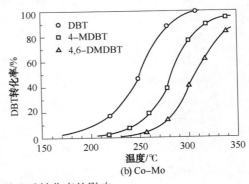

图 10-1-2　温度对二苯并噻吩转化率的影响

DBT 在十氢萘中浓度：0.1%；总压：50atm；WHSV：70h⁻¹；气油体积比：1100

也有一些学者[61]认为催化剂的酸性质对 HDS 也会产生一定的影响,如在催化剂中引入分子筛酸性组分等能够提高催化剂深度脱硫的活性,但目前其作用的机制尚未完全明了。

(二) 加氢脱氮反应(HDN)

分析数据[25]表明石油馏分中的氮化物绝大多数都是氮原子在环上的环状氮化物,它们可以分为碱性和非碱性两类。碱性氮化物大都是吡啶、喹啉、吖啶等六元氮杂环同系物,而非碱性氮化物主要是五元氮杂环同系物,如吡咯、吲哚等。正是由于石油馏分中氮化物的结构特点,使其在原油中的分布呈现出较大的不均一性,在沸点小于 200℃的直馏石油馏分中氮化物含量很低,一般都小于 1μg/g。

HDN 动力学研究对于开发加氢裂化动力学模型是非常重要的,这不仅因为它是加氢裂化过程的反应之一,更因为氮化物是影响 HC 过程中几乎所有其他反应的最重要因素之一。

与 HDS 相比,氮原子从芳香环上的脱除一般必须先经加氢饱和,然后才能发生 C—N 键的断裂(氢解),而大多数硫化物可以直接进行 C—S 键的断裂反应,且一般条件下 HDN 的反应难度要比相同结构的硫化物 HDS 困难。以噻吩和吡咯为例,虽然两者结构完全相同,但相应的一级反应速度常数之比竟达 20 倍之多。

1. 反应活性

加氢脱氮反应的活性主要取决于含氮化合物分子的大小。表 10-1-3 列出了各种不同氮化物的 HDN 一级反应速度常数。烷基胺的 HDN 相对于其他结构的氮化物而言要容易得多,但其在天然石油馏分中的含量极少。对杂环氮化物来说,结构对 HDN 活性的影响不是太大,以喹啉和吲哚为例,两者的 HDN 一级反应速度常数分别为 2.52 和 2.47,可以认为它们是相同的。如果从它们的反应历程[62]分析,这种一致性是不难理解的,虽然喹啉的六元氮杂环饱和反应活性高于吲哚的五元氮杂环,而此后的 C—N 键氢解速度则是饱和的六元氮杂环低于五元氮杂环,且两者都生成苯胺类中间产物。异喹啉的 HDN 反应速度较高[63],这与其 HDN 的中间产物是脂肪胺有关。有关各种取代基对 HDN 活性的影响[64]其规律与 HDS 类似,表 10-1-3 的数据也清楚地说明了这一点。但其作用的程度较之 HDS 要小得多。与 HDS 相比,HDN 的最大区别在于其相对反应活性的差别较小,基本上都在同一数量级的范围内。

表 10-1-3　各种典型氮化物的相对一级反应速度常数*

反应物	速度常数	反应物	速度常数
二乙基胺	37.9	喹啉	2.52
苯胺	9.96	异喹啉	8.96
1-丙基苯胺	4.85	咔唑	2.43
吡咯	15.2	吖啶	1.62
吡啶	11.8	苯并(a)吖啶	1.0
2,6-二甲基吡啶	11.3	苯并(c)吖啶	1.54
3,5-二甲基吡啶	10.1	二苯并(a,g)吖啶	0.83
吲哚	2.47	二苯并(c,f)吖啶	3.79

* 相对一级反应速度常数指对苯并(a)吖啶而言。

2. 影响 HDN 反应动力学的各种因素

对杂环氮化物的 HDN,综合而言包括如下的三步[65]:①氮杂环的加氢饱和;②C—N 键的断裂并生成胺类中间体;③胺类氢解生成烃和氨。与 HDS 相比,HDN 需要相对较高的反应温度，加氢饱和又是 HDN 过程的重要环节，因此加氢饱和热力学平衡对 HDN 动力学及产品分布产生较大的影响[62]，并对催化剂的选择有一定的指导作用[66]。

H_2S 对 HDN 反应活性的影响与对 HDS 相反，在一定的程度上可以促进 HDN 反应的进行。动力学分析表明[67]H_2S 对氮杂环的加氢饱和有轻微的抑制作用。对第一步的 C—N 键断裂有着很强的促进作用，对芳基胺的 C—N 键断裂反应不同的研究者得出的结果[68]往往相互矛盾。如果综合分析这些结果所基于的反应条件（如催化剂、温度、压力等），不难找出这些结果间的统一性。Satterfield 等[69]以更详细的反应网络研究了 H_2S 对 HDN 的影响，其结论是 H_2S 对几乎所有的氢解反应都有或多或少的促进作用，而对所有的加氢饱和活性都有一定的阻抑作用，对于纯芳烃饱和反应其抑制作用甚至相当明显。图 10-1-3 表明，当 H_2S 浓度过高时，这种促进 HDN 反应活性的作用随之减弱并转而降低了 HDN 活性。

与 H_2S 相类似，少量的 H_2O 对 HDN 也有一定促进作用。Satterfield 等人[69]系统地研究了 H_2S、H_2O 及 NH_3 对 HDN 的影响，H_2S 及 H_2O 对 HDN 均有促进作用，NH_3 则基本上不产生响应，且 H_2S 作用要强于 H_2O 的作用，当 H_2S 和 H_2O 同时存在时，其影响与 H_2S 单独存在时相同。

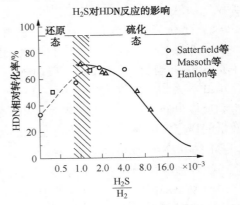

图 10-1-3　HDN 转化率与 H_2S/H_2 的关系

芳烃在催化活性中心上的吸附远弱于含氮化合物[65]，因此对 HDN 的活性阻抑作用不强。但大量芳烃特别是高度缩合的稠环芳烃的存在，将会导致较高的催化剂平衡积炭量，从而间接地降低 HDN 的反应速度[43]。原料中硫化物、氧化物的存在，一定程度上可提高 HDN 反应速度，通常认为这是由于它们的加氢产物 H_2S 和 H_2O 的促进所致。

与 HDS 反应不同，HDN 的反应产物 NH_3 对其活性没有影响[69]。但氮化物本身的自抑制作用则是建立 HDN 动力学模型必须考虑的因素。这种抑制作用是一种自中毒效应[70]。一般认为自中毒效应源自氮化物及其产物与催化活性中心具有较强的吸附键能，脱附较慢，从而抑制了催化活性的发挥。另一方面，对大多数模型氮化物而言，L-H 型方程可以满意地关联 HDN 动力学。不难想象，当反应体系中存在多种氮化物时，那些吸附平衡常数大，反应速度慢的氮化物将对其他种类氮化物的正常 HDN 反应产生中毒效应。

氢分压对 HDN 反应的影响是非常重要的。如以幂函数表示，其幂指数一般都在 1.0 以上[70]，个别研究结果[65]高达 2.0。提高氢分压不仅提高了 HDN 反应速度，并且通过改变 HDN 的主要反应途径从而改变相应的产品结构。对模型氮化物的 HDN 动力学研究表明，提高氢分压能够大幅度地提高加氢饱和活性，而对打开 C—N 键的氢解反应活性虽有促进，但作用很小。

3. 催化剂对 HDN 的动力学的作用

通常 Ni-Mo 催化剂的 HDN 活性要远高于 Co-Mo 催化剂的活性[71]，这是因为 Ni-Mo 催化剂的加氢饱和活性要远高于 Co-Mo 催化剂的缘故。由 HDN 动力学研究可知，描述 HDN 催化剂性能的有两个因素：一是加氢饱和活性；二是 C—N 氢解反应活性。综合而言，提高 C—N 氢解反应活性是提高 HDN 活性的主要研究方向。这一方面是因为对难于进行 HDN 反应的氮化物，C—N 氢解反应对 HDN 速度的影响更为关键[66]；更因为较之提高加氢饱和活性，提高氢解活性将会取得更好的经济效果。有关提高 HDN 催化剂活性的方法，文献[66,71,72]上有连篇累牍的报道，本书第三章对此已有较详细的论述。从动力学的角度而言，催化剂加氢饱和活性与氢解活性的匹配状态，将对相应的动力学模型参数产生不容忽视的影响。实际上，有些催化剂具有较好的低温 HDN 活性，而另一些则只有在高温下才能表现出良好的 HDN 活性，正是其活性匹配状态不同的表现。显然，一个好的 HDN 动力学模型应能够反应出这种作用所导致的差别。

（三）烯烃加氢饱和反应（HDE）

尽管烯烃的加氢饱和反应在加氢裂化反应任何阶段都可能存在，但对其动力学的研究却不是太多，这部分是由于在一般加氢的条件下，烯烃的饱和都能够顺利地进行到底的缘故。Uehytil 等人[73]的研究结果表明在 1atm（101.325kPa）氢压的条件下，烯烃在 Mo 催化剂上的饱和反应也非常迅速。由于烯烃饱和反应可放出大量的热量，而二次加工油品中又含有相当数量的烯烃，因此研究烯烃加氢饱和的动力学对建立加氢裂化数学模型仍是非常重要的。

1. 一般性的反应动力学规律

烯烃加氢饱和在表面化学反应为控制步骤时，L-H 方程可以较满意地描述其动力学行为。但 Vyskoul[74]等对环己烯的 HDE 数据却可以以用对环己烯的零级方程来表述。Tschernitz 等[75]对混合辛烯的加氢饱和反应的研究结果表明其表面反应的控制步骤是吸附的活泼氢与辛烯反应生成吸附态的部分加氢饱和辛烯。

Uchyeil 等[74]关联了 $C_2 \sim C_8$ 烯烃的加氢饱和速度方程，发现分子态的氢对 HDE 有抑制作用，其原因可能与催化剂表面吸附的活泼氢数量有关，也可能与烯烃的分子扩散速度有关。一般来说，烯烃分子的反应活性随烯烃分子的链长增加而下降。双键相连位置取代基团增加，HDE 活性下降。相同碳数的烯烃 HDE 活性按以下顺序排列：

共轭二烯烃>二烯烃>正构烯烃>异构烯烃>环烯烃

2. 影响 HDE 动力学的各种因素

对各种烯烃的 HDE 研究表明[76]该反应对 H_2S 的敏感性极小，这与芳烃加氢饱和的情形相反。它说明烯烃加氢饱和的催化活性中心与芳烃加氢饱和的活性中心是不一致的。

氮化物对烯烃的加氢饱和反应有较强的阻抑作用，Miciukiewicz 等[77]对吡啶、喹啉及其衍生物的实验证明他们对己烯的 HDE 反应都有明显的毒化作用，且不同的氮化物其影响程度是相同的。

对于烯烃的加氢饱和反应，Ni-Mo、Ni-W 型的高加氢活性催化剂具有更好的性能，这可能与在这些催化剂上烯烃的吸附性更强有关。由于大多数加氢裂化催化剂具有酸性和加氢两种功能，在一定的条件下，从建立动力学模型的角度，烯烃饱和的逆反应也应加以关联。

各种烃类的竞争吸附效应，对 HDE 来说，甚至连芳烃都不会对其产生大的作用[78]。这与前面所述 HDE 的催化活性中心与芳烃加氢饱和活性中心不同是一致的。

由于 HDE 反应非常容易，在大多数加氢裂化过程的反应条件下，烯烃的加氢饱和反应速度极快，以致于 HDE 的反应控制步骤已不再是表面反应，而是属于扩散控制过程。很多动力学数据显示，HDE 的反应活化能都在 41.868kJ（10kcal）以下，这是该反应受扩散控制的重要证明[79]。

3. 热缩聚反应

含有二烯烃等多元烯烃的组分，在热的作用下易于产生自由基，并引发烯烃分子间发生热缩聚反应，生成难以被加氢分解的胶质等物质。在实际生产过程中，当加工含大量不饱和烯烃的二次加工原料时，这些胶质往往会沉积在催化剂床层的顶部，从而造成床层压力降的异常升高，严重时会影响装置的运行。

对热缩聚反应的动力学研究文献报道较少。方向晨等人[80]在研究裂解汽油加氢反应时，提出耦合了烯烃饱和、热缩聚及胶质氢解等反应的动力学模型。该模型假定热缩聚反应发生在非催化区，属自由基反应，且自由基初始浓度与二烯烃的含量成正比。烯烃饱和和胶质氢解反应发生在催化区，烯烃饱和反应属体相扩散控制，而胶质的氢解属孔扩散控制。相应的反应网络见图10-1-4，动力学方程为

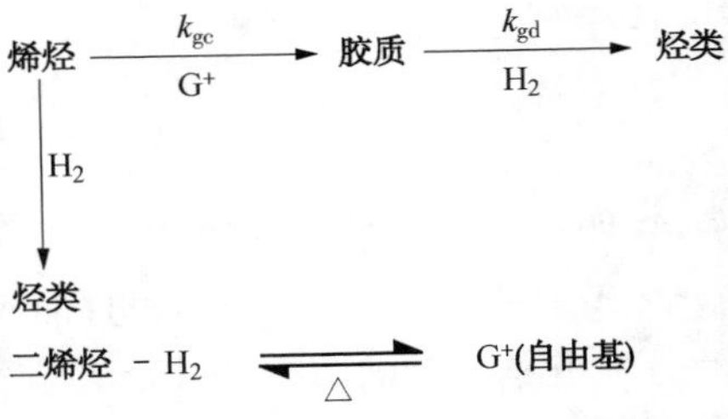

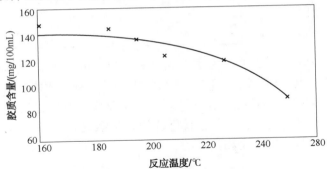

图10-1-4　烯烃热缩聚反应网络

对二烯烃饱和　　　　　　　　　　$C_i = C_{io} \exp(-k_i/SV)$

对烯烃饱和　　　　　　　　　　　$C_B = C_{BO} \exp(-k_B/SV)$

在非反应区胶质生成　　　　　　　$C_G = C_{GO} + k_{gc} \cdot C_{io} \times \tau$　　　　　　（10-1-4）

在反应区胶质氢解

$$C_G = k_{gc} \cdot C_{io} \exp(-k_i/SV)/(k_{gd}-k_i) + (C_{GO} - k_{gc} \cdot C_{io}/(k_{gd}-k_i)) \exp(-k_{gd}/SV)$$

图10-1-5表明式（10-1-4）非常好地拟合了实验数据。依据式（10-1-4）所建立的工业裂解汽油加氢调优软件也获得了成功的应用（图10-1-6）。

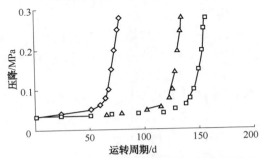

图10-1-5　胶质生成与氢解实验数据与模型比较

图10-1-6　催化剂床层压降和运转周期的关系
◇—未优化前；△—优化结果；□—优化的计算结果

（四）芳烃加氢饱和反应（HDA）

尽管在加氢裂化过程中HDA反应无处不在，但与HDS、HDN相比，所发表的文献相对较少。随着低硫低芳烃柴油的需求增长，人们对HDA的研究兴趣正在逐步增加。Cooper等人[81]最近综合性地总结了文献上HDA的基础研究和工业应用研究结果。

各种不同的分析技术(如高压液相色谱、核磁共振、色质联用、紫外、红外等)表明石油馏分中的芳烃大致可分为4类：

① 单环芳烃；

② 双环芳烃；

③ 三环芳烃；

④ 四环以上的多环芳烃。

表10-1-4给出了一些典型直馏VGO的芳烃含量数据。对于直馏馏分油来说，单环及双环芳烃占总芳烃的70%以上，单、双环芳烃中又以单环芳烃为主。也有极少数原油，如库图布原油的VGO中，三、四环芳烃含量甚至达到了50%。芳烃在石油馏分中的分布是随着馏分沸点的增加而增加，4环以上的多环芳烃只有在>350℃的馏分中才出现，而在柴油馏分中则存在着除多环芳烃外的其他3类芳烃。

表10-1-4　典型直馏VGO的芳烃含量数据

芳烃含量/% ＼ 油源	马里布	大庆	库突布	阿曼	考沙卡	沙轻	胜利
单环芳烃	14.1	7.8	7.9	13.2	10.2	15.8	12.8
双环芳烃	9.5	4.1	8.5	7.5	8.1	8.6	7.3
三环芳烃	5.0	2.1	7.6	4.7	5.1	6.5	4.2
四环以上芳烃	4.0	1.7	9.0	4.6	4.2	6.4	2.7
一、二环芳烃占总芳烃百分数/%	72	76	50	69	66	65	74

对芳烃加氢的动力学研究，必须考虑的因素有：反应的动力学、热力学(可逆反应)以及开环反应的影响等。与HDE相比，HDA需要高得多的氢分压才能有效地进行。HDA动力学行为可用L-H模型很好地加以描述。但由于HDA反应，特别是稠环芳烃的HDA反应，L-H模型所给出的方程过于复杂，不便于实际应用。很多实际工作[82]都采用一级动力学进行关联，并且其关联的拟合度也是相当好的。

1. 反应活性

不同芳烃的HDA反应速度取决于芳烃分子结构的诸多因素，综合文献数据对硫化态金属类加氢催化剂大致可以归纳出下述规律：

1) 对不同环数的芳烃而言，环越多则其第一个环的相对反应速度越高。Moreau[86,87]等人的数据见表10-1-5。与蒽相比，表中菲虽同为三元环，但由于其结构的特点，其π电子密度远小于蒽和萘，其相对反应活性也就低得多。

2) 环上的取代基也能够促进HDA反应活性。Girgis等人[39]对苯及其同系物的测定数据见表10-1-6。应注意的是对贵金属(如Pt、Pd等)催化剂，其HDA相对反应活性顺序恰好相反。但这种影响的程度与1)相比要小得多。

表10-1-5　不同环数芳烃的相对反应速度高低对比

加　氢　反　应	相对速度常数				π电子密度
	Ni-Mo/Al$_2$O$_3$	Ni-W/Al$_2$O$_3$	Co-Mo/Al$_2$O$_3$	WS$_2$	
⬡ +3H$_2$ ⇌ ⬡	1	1	1	1	1.0

续表

加　氢　反　应	相对速度常数				π电子密度
	Ni-Mo/Al$_2$O$_3$	Ni-W/Al$_2$O$_3$	Co-Mo/Al$_2$O$_3$	WS$_2$	
+2H$_2$ $\rightleftharpoons$	10	18	21	23	1.020
+H$_2$ $\rightleftharpoons$	36	40	—	62	1.031
+H$_2$ $\rightleftharpoons$	4	—	—	—	1.011

表 10-1-6　苯及其同系物在硫化型催化剂上的相对反应速度常数

加　氢　反　应	相对反应速度常数				
	金属催化剂			金属硫化催化剂	
	Pt/SiO$_2$	Pd/Al$_2$O$_3$	Rh/MgO	Ni-W-S/Al$_2$O$_3$	Ni-Mo-S/Al$_2$O$_3$
+3H$_2$ $\rightleftharpoons$	1	1	1	1	1
+3H$_2$ $\rightleftharpoons$	0.3	0.63	0.52	1.6	1.96
+3H$_2$ $\rightleftharpoons$	0.08	0.65	0.3		2.2
+3H$_2$ $\rightleftharpoons$		0.47			
+3H$_2$ $\rightleftharpoons$		0.11		1.7	
+3H$_2$ $\rightleftharpoons$	0.01		0.24		
+3H$_2$ $\rightleftharpoons$				3.5	

　　3）对于缩合型的多环芳烃，第一个环的饱和最容易，第二个环及随后各环的饱和依次变得越来越困难，最后一个环的饱和是非常困难的。这是因为随着饱和深度加深，分子中芳烃环的"芳香性"越来越接近于苯；芳烃环饱和后使分子失去了原有的平面性，使进一步的芳烃饱和受到空间障碍；同时分子内部芳烃及环烷烃间的热力学平衡条件也会产生相应的影响。

　　4）多环芳烃上最容易或首先被饱和的芳烃是那些位置比较突出，需氢少的环。有些研究者将之与π电子密度相关联(图 10-1-7)。

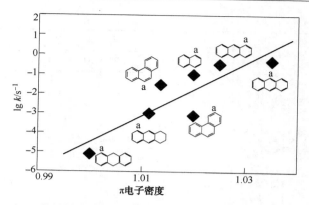

图 10-1-7 芳烃加氢相对反应速度常数与其相应 π 电子密度的关系

5）热力学平衡数据对 HDA 动力学的影响是不容忽视的。总的来说，同类结构的芳烃，分子越大热力学平衡常数越小；同芳烃分子的加氢饱和深度越大热力学平衡常数越小，不同芳烃第一个环加氢饱和的热力学平衡常数大小顺序为[88]：蒽>萘>菲>苯，它与其反应速度的大小顺序是一致的。

6）环烷开环反应能够促进 HDA 反应，这种促进作用源自开环反应有效地降低了系统中环烷的比例，从而使热力学平衡向有利于 HDA 的方向移动；同时开环反应降低了分子的复杂程度及非"平面性"，减少了反应的空间位阻作用。开环反应可以有两种途径进行：一是通过氢解反应直接开环，它一般需要较高的反应温度；一是通过异构裂解反应，大多数加氢裂化催化剂上发生的是这一类开环反应，它在较低的温度下即可发生。

2. 影响 HDA 动力学的各种因素

H$_2$S 对 HDA 的影响是非常显著的，Lepage[89]对甲苯的加氢饱和反应研究表明 H$_2$S 对 HDA 动力学的影响可以用竞争吸附方程来表示，即

$$r_{HDA} = \frac{kb_A p_A}{1+b_A p_A + \sum b_{is} p_{is}} p_{H_2} \tag{10-1-5}$$

式(10-1-5)中 p_{is} 表示各种硫化物的分压，当然也包括 H$_2$S。图 10-1-8 是相应的甲苯转化率与 H$_2$S 浓度间的关系。Kasztelan 等[90]则认为 H$_2$S 浓度的大小甚至会引起 HDA 反应控制步骤的改变。

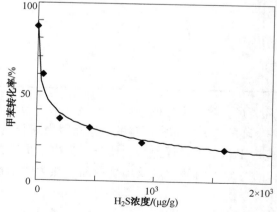

图 10-1-8 H$_2$S 对甲苯加氢转化的阻抑作用

氮化物是影响 HDA 反应的主要毒物之一。Ho 等人[65]的研究表明氮化物在催化活性中心上的吸附强度是芳烃的 20 倍以上。一些研究结果[91]揭示氮化物的吸附活性中心与芳烃的吸附活性中心是一致的。氮化物对 HDA 的影响可以用竞争吸附来关联，不同分子在加氢活性中心上的吸附强度次序[92]为：

$$R-C_6H_5 < H_2S < 氨、苯胺 << 十氢喹啉 < 四氢喹啉、喹啉$$

由此可见，即便是 NH_3 也是比 H_2S 要强的 HDA 反应毒物。

不同芳烃之间的交互作用，主要与其分子大小有关，同时其分子中芳烃缩合程度也有一定的影响。一般来说，分子越大，芳烃的缩合度越高，其在活性中心上的吸附强度越大，也就必将会对其他较轻烃类的 HDA 反应产生阻抑作用，但与氮化物相比这种阻抑作用要小得多。

多环芳烃，特别是那些含有氮、硫、氧等杂原子的多环芳烃，极易在催化活性中心上吸附，而其本身或部分加氢后的产物又难于脱附，在一定的条件下会发生脱氢缩合反应[93]，生成高度缩合的多环芳烃，如在高转化率下的加氢裂化产物中存在几十甚至上千 $\mu g/g$ 的卵苯、晕苯类物质[94]就是这一反应的结果。这种缩合反应可以一直进行到很高的程度并在催化剂上形成焦炭类物质，从而使催化剂失活。

氢分压对 HDA 反应的影响是从两方面起作用的。首先提高氢分压可以提高加氢饱和速度常数（k_s），而对环烷脱氢（k_D）及环烷开环（k_c）反应速度常数有阻抑作用。多数文献[82~87，95、96]报道的数据表明 $k_s \sim P_H^{1~1.5}$，$k_D \sim P_H^{-0.5~-2.5}$ 和 $k_c \sim P_H^{-0.3~-0.8}$。具体数值的大小与下列因素有关：催化剂的性质和类型、反应物分子的结构、反应的条件（温度、压力等）以及有无硫、氮化物存在等，对此目前尚未见有关定性和定量分析的报道。其次，提高氢分压能够显著地提高 HDA 反应的的热力学平衡常数，提高芳烃的转化深度。Magnabosco 等[97]详细列出了 1~4 环芳烃的相应热力学数据（表 10-1-7）。

表 10-1-7　各种芳烃加氢的热力学数据

		Me	Ec	Me Me	Me Me	Me Me	n-C_3	n-C_4
K_p	5.5×10^{-3}	2.8×10^{-3}	1.2×10^{-3}	4.5×10^{-4}	1.8×10^{-4}	5.2×10^{-4}	8.1×10^{-4}	5.7×10^{-4}
$-\Delta H/(\mathrm{kcal/mol})$	52.3	51.3	50.7	49.7	48.8	50.4	50.1	50.2

K_p	8.8×10^{-3}	5.6×10^{-4}	1.25×10^{-3}	2.25×10^{-4}
$-\Delta H/(\mathrm{kcal/mol})$	32.6	49.6	57.3	58.4

续表

K_p	1.2×10^{-2}	2.0×10^{-3}	1.7×10^{-3}	2.9×10^{-4}	1.3×10^{-4}	1.3×10^{-4}
$-\Delta H/(\mathrm{kcal/mol})$	11.9	30.0	29.6	47.7	46.5	46.5

K_p	5.0×10^{-3}	5.0×10^{-4}	1.7×10^{-4}	4.0×10^{-5}	1.0×10^{-4}	8.2×10^{-5}
$-\Delta H/(\mathrm{kcal/mol})$	10	24.4	32.3	46.3	44	47.7

注：K_p 为平衡数据，ΔH 为反应热。

（五）加氢裂化反应（HC）

对于实际过程来说，上面所述及的内容均属加氢裂化反应的范畴。为了便于讨论将其划分为不同的反应，本段所述的加氢裂化反应是指烃类本身所发生的裂解反应，烃类的裂化反应可分为烷烃（包括环上的侧链）的裂化和芳香环的裂化。有关芳香环的裂化反应实际上在对 HDA 反应的讨论中已有说明，即环的饱和、饱和环的开环、断裂等反应顺序进行，在此不再详细讨论。烷烃的催化加氢裂化反应与催化裂化反应一样都遵循羰离子反应机理[26]，即异构裂解，由于加氢裂化体系存在有大量的氢气，因此在催化裂化反应中存在的氢转移和脱氢缩合反应基本上不存在。

对于加氢裂化反应来说，催化剂的金属加氢、脱氢活性与酸性裂解活性的协同效应即所谓的双功能机制不但能够提高反应的速度，而且可显著地改变产品的结构和性质[98]。对于理想的双功能加氢裂化催化反应，其反应的控制步骤是在酸性中心上所发生的分子重排及 C—C 键的断裂[98]。大多数研究工作[99~102]表明，对同一反应物来说，在很宽的反应条件范围内（如温度、压力及氢烃分子比等）加氢裂化的产物分布是总转化率的唯一函数，与反应的条件无关。Martens 等人[103]对不同结构的 C_{10} 烷烃的加氢裂化反应研究表明，不同烷烃的加氢裂化反应研究表明，裂解反应仅发生在那些碳骨架上产生有两至三个侧链的位置。也就是说无论是正构烷烃，或是异构烷烃，只要其在发生 β 断裂之前仍需经过分子重排反应，其最终的产品分布都会是相一致的。有关加氢裂化的反应机理，请参阅本书第二章相应内容。

烷烃的裂化反应速度方程文献中大多采用拟一级动力学方程[98~103]，并且均能很好地拟合实验数据。且裂化反应的的活化能数据与分子的大小关系不大。表 10-1-8 给出了各种不同碳数正构烷烃的 HC 活化能数据。

表 10-1-8　各种正构烷烃的加氢裂化反应活化能

反应物	活化能/(kJ/mol)	反应物	活化能/(kJ/mol)
正己烷	151.4	正十三烷	124.1
正庚烷	146.0	正十四烷	141.1
正辛烷	136.8	正十五烷	152.5
正壬烷	137.3	正十六烷	140.5
正癸烷	138.9	正十七烷	136.3

续表

反应物	活化能/（kJ/mol）	反应物	活化能/（kJ/mol）
正十一烷	144.3	正十八烷	130.5
正十二烷	149.8	正二十烷	133.2

1. 加氢裂化反应活性

各种纯烃的相对加氢裂化反应速度的高低顺序[104]大致如下：

带 C_3，烷基链的芳烃>异构烷烃和环烷烃>正构烷烃

烷基芳烃的加氢裂化主要发生的是脱烷基反应，它的反应速度很高，这与芳环本身的高质子亲和势有关。且这种脱侧链反应所发生的位置多在与芳香环连接的键上。异构烷烃和环烷烃的加氢裂化速度较正构烷烃快的原因是由于存在叔碳原子和仲碳原子的缘故。此外带有较长烷基侧链的环烷烃，断侧链反应比开环裂解快。

通常各种烃类的加氢裂化反应速度都随相对分子质量的增加而增加[105]。但对以分子筛为主要酸性功能的催化剂而言，由于受扩散控制的作用，加氢裂化的反应速度随相对分子质量的增加而增加，当达到一最大值然后下降。表 10-1-9 列出了一些模型化合物的相对一级反应速度常数。由表 10-1-9 可见，分子筛类加氢裂化催化剂的活性远高于无定形 Si-Al 类催化剂。

表 10-1-9　一些模型化合物的相对一级反应速度常数

反应物	Si-Al 催化剂	ReHX 催化剂	k_{ReHX}/k_{Si-Al}
$n\text{-}C_{16}H_{34}$	60	1000	17
	140	2370	17
	190	2420	13
	205	953	4.7
	210	513	2.4

烷基脱除反应速度随其断下的正碳离子的稳定性呈如下规律：

叔丁基>异丙基>乙基>甲基，且烷基越大，其相对反应能力越高。

2. 影响加氢裂化动力学的各种因素

Ramachandran 等[106]的研究表明 H_2S 对裂化和异构化反应具有一定的促进作用。少量 H_2O 分子也能够促进加氢裂解化反应速度[107]。Yang 等[108]认为其作用的机制与促进 HDN 反应是相同的。

氨对加氢裂化反应的影响，Nat[109]和 Dufresne[110]等人的系统研究结果如下：

1）氨对 HC 反应速度有很强抑制作用，对正庚烷的裂化表明，原料中 NH_3 含量 0.1% 会

使反应活性明显降低。NH₃与裂化反应温度的关联为：

$$ROT = C + K\ln(P_{NH_3}) \tag{10-1-6}$$

2）NH₃对 HC 的抑制作用源于竞争吸附。这种竞争吸附是可逆的，并且吸附与脱附呈平衡性。但在极低的 NH₃ 浓度条件下，氨的脱附速度很慢，提高温度可以加快催化剂活性恢复的速度，提高活性恢复的程度。这种现象可能是由于 NH₃ 在一些高酸性活性中心的强吸附所致。

3）NH₃ 的存在可以提高反应产物中异构烃的选择性，且异构烃中以单侧链的烃类为主。但裂解产物的异构烃的比例降低。NH₃ 的存在可以有效地抑制二次裂化反应从而提高产品中间馏分的收率。

有机氮化物是影响加氢裂化反应的另一重要因素。其作用的机制与 NH₃ 的相类似，但其作用的强度要大得多。与 NH₃ 相比，有机氮化物的吸附速度快，强度大，而脱附速度很慢，因此有机氮化物对加氢裂化催化剂活性的抑制作用具有累积性。一般在加氢裂化的反应条件下，有机氮化物只有在反应转化成 NH₃ 之后才能得到顺利的解析。因此，加氢裂化催化剂的 HDN 活性高低与其抗有机氮化物中毒的能力具有很好的一致性（图 10-1-9）。显然描述有机氮化物对加氢裂化反应活性影响的关联，简单的 L-H 竞争吸附项是远远不够的，它还必须考虑到催化剂的 HDN 活性及氮化物在催化剂表面吸附的累积性。

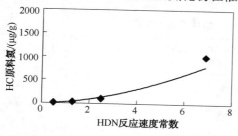

图 10-1-9　HC 化催化剂 HDN
活性对其抗氮能力的影响

不同烃类反应物间的竞争吸附对 HC 反应的作用也是不容忽视的。一般来说吸附常数的大小具有如下的规律[111]，即芳烃的吸附常数高于烷烃，正构烷烃的高于异构及环烷烃，同类烃中，分子越大吸附常数也越大。图 10-1-10 表明[112] 正己烷及苯之间的竞争反应。显然芳香环的加入对正己烷的裂化具有很大的抑制作用，同时芳香环尽管较难裂化，但在与烷烃共存时优先发生 HC 反应。在混合反应物中分子越大反应越快，但当大分子存在时，小分子的 HC 反应也会由于竞争吸附的作用而受到一定的抑制[111]。这种竞争吸附作用的影响程度由于分析方面的困难而难以由实验确定，但由吸附平衡常数可以从理论上计算出其作用的大小。

对于加氢裂化反应，氢的作用在于抑制催化剂上发生环化脱氢缩合生焦反应，使催化剂活性维持在较高的水平上。烷烃加氢裂化主要发生的是异构化和裂化反应，氢对这些反应具有抑制作用。芳香环的加氢裂化反应由于包含芳烃加氢过程，提高氢分压能够促进它们的加氢裂化，但当氢分压提高到一定的程度，当加氢裂化反应的控制步骤变为异构化和裂化反应时，提高氢分压将再度抑制加氢裂化反应。而且随着原料芳香性的增加，这种压力（氢分压）由促进到抑制作用的转折点相应提高，图 10-1-11 为氢分压对正己烷及苯的加氢裂化影响情况。另外有机氮化物和 NH₃ 的存在也会提高加氢裂化反应对氢分压的依从性，即需要较高的反应氢分压。对实际原料油的加氢裂化来说，氢分压的影响较为复杂，根据原料油性质及反应条件的不同氢分压作用可以出现抑制、促进及不受影响等不同的状态（图 10-1-12）。不管如何复杂，上述氢分压对模型化合物的作用规律对实际原料油也是适用的，即原料的芳香性，有无氮化物存在等是决定氢分压是否产生促进或抑制等作用的本质因素。

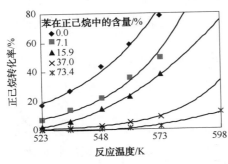 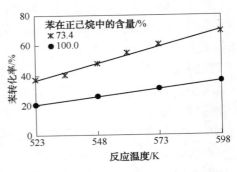

图 10-1-10　苯在正己烷加氢裂化反应中的竞争吸附作用

注：压力 0.76MPa，表观反应时间 130.5g·h/mol

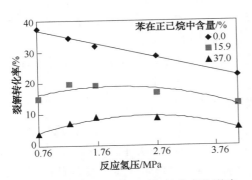 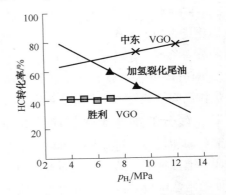

图 10-1-11　氢分压对裂解转化率的影响

注：温度为 274.85℃，表观反应时间为 130.5g·h/mol

图 10-1-12　氢分压对裂解转化率的影响

注：$T = 380℃$；$SV = 1.5h^{-1}$；$H/O = 900$

加氢裂化催化剂大致可分为两类：一类以无定形硅铝为酸性组分；另一类以分子筛为酸性组分。无定形硅铝催化剂的裂解反应活性低，所需的反应温度较高，因此在加氢裂化反应中，氢解反应占有相当比例，正是由于这种特性，使之具有较高的抗硫、氮中毒能力，可以直接使用高含氮的原料油。裂化产品分布以中间偏重馏分为主，且轻端产品中异构化程度低，而未裂化或轻度裂化产物中异构化程度却提高。与之相对应，分子筛催化剂的裂解反应活性高，所需反应温度低，加氢裂化反应基本上均属异构裂解羰离子反应机理。但这种催化剂一般抗有机氮化物中毒能力较弱，必须采用两段或串联一段工艺流程，预先将有机氮化物脱除。从裂化产品的分布上，中间馏分的产率低于无定形硅铝催化剂，且中间馏分中轻馏分较多。轻端产品中异构烃比例较高，但未裂化或轻度裂化产物中异构烃比例相对则较低。分子筛催化剂的另一个显著特点是其对分子的"择形性"作用，这种"择形性"源自于分子筛的特殊孔结构及活性位的分布状况[105]。"择形性"对分子筛催化剂的活性和反应行为的影响是不容忽视的。例如某些分子由于不能进入分子筛的孔道结构而难于反应，而另一些分子由于受扩散控制的作用而在分子筛孔道内发生二次裂解等。因此一个好的加氢裂化动力学模型应能够反映这些影响因素。

3. 裂化产物的分布模式及其影响因素

实际上在前面的论述中已经对这个问题分别作了说明。这里将之归类分析如下：

1）在理想的加氢裂化条件下，纯烷烃的裂化产物分布呈很好的对称性，且对称的中心点是反应物分子碳数的半数位置。这种对称性可保持到很高的转化率水平（约 80%～90%），转化率更高时，二次裂化将逐渐改变其分布的对称性。换句话说烷烃加氢裂化的产物分布与反应条件无关，只是转化率的函数。

2）带烷基侧链的芳烃和环烷烃在不太高的转化率时主要发生的是脱烷基反应，生成相应链长及大小的烷烃和芳烃。芳香环的裂化是循着环饱和、开环及脱烷基分步进行，因此其裂解产物是较小分子的芳烃和 C_6 以下的烷烃。

3）NH_3、有机氮化物及弱酸性的催化剂等因素对加氢裂化产物分布都会发生很大的影响。这些影响均可归纳为它们使加氢裂化反应偏离羰离子反应（或称理想加氢裂化）的程度。它们会导致异构反应和烷基转移反应的非正常中断，从而使裂化产物分布偏离对称性原则。当裂解反应是由氢解反应构成时，这种情况将更为明显。

4）分子筛催化剂的"择形性"对产品分布的作用也是不容忽视的。特别是孔扩散过程对二次裂化反应的促进作用，往往导致产品分布的根本性改变。当发生大量二次裂化反应时，产品的分布将不仅是转化率的函数，而且也是反应条件的函数。

5）氢分压虽然本身不会对加氢裂化产品分布产生影响，但它通过对 HDA、HDN 等反应的促进作用间接地对 HC 产品分布施加影响。

二、馏分油加氢裂化反应动力学模型的特点

馏分油加氢裂化过程是一种极为复杂的反应体系。加氢裂化原料油是由反应能力差别很大的成千上万种不同结构、不同类型的化合物组成。在目前的条件下很难对这些化合物进行较全面的定性定量分析。加氢裂化反应本身包含各种平行-顺序反应，且各种烃类之间的相互影响和竞争吸附更增加了加氢裂化反应动力学描述的难度。

目前，要建立理论解析的加氢裂化反应动力学模型几乎是不可能的。工程应用中通常根据实际的需要来建立一些简化的实用动力学模型。

（一）加氢裂化过程对建立动力学模型的要求

在实际应用中，加氢裂化过程以其产品质量好，不但能够提供各种优质的燃料油组分，也是炼油厂提供各种优质石油化工原料的主力工艺过程。因此加氢裂化过程产品方案多变、产品质量要求多样化等特点是动力学模型开发者必须考虑的因素。同时为了适应不同催化剂及不同原料油的特点，加氢裂化过程有着多种工艺流程方案，如二段加氢裂化、单段单剂加氢裂化、单段串联法加氢裂化，从操作的方式上尚有各种不同的产物循环流程等。

一个好的加氢裂化动力学模型应能够综合反映上述各种因素，即：

1）能够较好地表征原料油性质的影响。这种表征包括两个方面：其一是对原料油组成的正确和充分表征。只有在了解了原料油的组成后，才能深入分析它们对加氢裂化反应的影响。直接采用分析的手段来表征原料油的组成是很困难的，因此对原料油的组成和性质间的关联是非常重要的。随着分析手段的逐步提高，相信对原料油组成和性质间的关联方法也将会越来越完善。其二是对特定组成反应物的反应性能的关联，这种反应性能既包括反应组分本身的催化反应特征及影响该反应的主要因素，也包括这种特定反应对其他组分反应的作用。通过大量模型化合物的反应动力学研究可以为建模工作提供很多正确的信息。

2）能够正确地确定催化反应的关键因素，从而确定出能够简洁而又充分反映加氢裂化反应

特征的反应动力学网络及动力学参数，正确地表征各种操作参数对加氢裂化反应的影响。

3）能够完整地给出加氢裂化产物的分布及性质特性。从而满足加氢裂化过程对产品方案多变性及产品质量多样性的要求。

（二）开发加氢裂化数学模型的常用方法

在加氢裂化反应的动力学研究工作中，动力学模型大致可分为两类。一类称作黑箱模型或关联模型，另一类称作集总动力学模型。

黑箱模型是用很简化的动力学方程来表征加氢裂化反应，依据各种试验数据和生产装置的实测数据，回归出计算各产品产率和性质的关联式。如 Qadar[113] 和 Nelson[114] 等关联。加氢裂化关联模型的另一种类型属于类比模型，它是将加氢裂化化学反应类比为某种物理现象，这种模型的代表有误差函数关联模型[115]和正态分布函数关联模型[116]等。关联模型形式上通常比较简单，使用方便，且在一定的条件范围内具有很好的计算精度，但是，这种关联式不能较完整地描述反应过程的内在规律，应用的范围有限，外推性较差。

集总动力学模型由于其显著的优点，近来越来越多地被用于建立加氢裂化动力学模型。目前的加氢裂化集总动力学模型大致有如下几种类型：

1）按固定沸程集总的动力学模型。这类模型往往将原料和产品按生产方案划分集总组分。如三集总[117]、五集总[118]和七集总[119]模型。这种模型简洁明了，精度较高，但不能够预测不同的产品切割方案。由于集总过于简单，使之应用范围受到很大限制。

2）按可变沸程集总的动力学模型。这类模型往往将原料和产品按其沸程或分子碳数划分为一个个很窄的集总，或以连续分布函数为集总对象，这类模型的代表有 Stanglang 模型[120]和 Profimatics 模型[121]等。

3）按分子中官能团或按虚拟分子结构集总的动力学模型。Gray 等人[122]利用核磁共振分析数据，将分子间的加氢裂化反应转化为不同官能团间的加氢裂化反应，从而成功地关联了渣油加氢裂化数据。Monte Carlo 法[123]是另一类处理复杂反应动力学的有效方法。它是将极其复杂的反应物体系按照一定的概率分布划分为一系列有代表性的反应物分子，从而可借助于模型化合物的反应动力学数据及计算机来计算实际反应体系的动力学反应结果。但目前这两种方法在应用中尚存在着很多限制性。

总之，加氢裂化反应动力学模型的开发仍处于十分不完善的状态，目前的各种研究工作虽然取得了不少成果，但都只是在一定的程度上或在某些方面逐渐逼近加氢裂化实际过程。随着人们对加氢裂化过程的进一步深入了解，分析测试手段的进一步提高，相信加氢裂化模型将会变得越来越完善。

第二节　馏分油的加氢精制动力学研究

前已述及加氢裂化过程伴随着大量的加氢精制反应，其中最主要、并对加氢裂化反应产生显著影响的就是加氢脱硫和加氢脱氮反应，因此对这两类反应的动力学研究是非常重要的。上一节中讨论了这两类模型化合物反应的动力学特征，这些结果对指导开发馏分油 HDS 和 HDN 反应动力学模型是非常有意义的。但由于石油馏分的组成复杂，使得相应的馏分油 HDS 和 HDN 反应动力学模型具有与纯烃反应特征不相一致之处。这种不相一致部分源自于目前的分析测试手段的不足，部分源自于我们对各反应物之间交互作用的了解有限。很多研究者在建立馏分油 HDS 和 HDN 反应动力学模型时，为了克服上述不足，提出了不少巧妙的构思，从而使所建模型具有一定的实用价值。本节将集中介绍其中一些有代表性的研究成果。

一、加氢脱硫反应动力学模型

在上一节中详细地讨论了各种纯化物的加氢脱硫反应的动力学规律。在大多数情况下，纯化物的加氢脱硫反应均可用一级反应动力学方程加以描述。对石油馏分的加氢脱硫反应动力学的研究较对纯化物的研究而言要复杂得多，不同的研究者之间的研究结果差别很大，造成这种现象的原因是由于石油馏分中各种硫化物的 HDS 反应难易程度差距太大，且难反应硫化物，如 4，6-二甲基二苯并噻吩在很多情况下要先经加氢饱和后才能发生加氢脱硫反应。

（一）简单的 n 级反应动力学模型

早期对馏分油 HDS 动力学的研究均是采用对总硫的简单级数反应方程式来描述，这种方法在一定的场合是非常简单有效的，直至今日仍有很多研究者采用它来拟合他们的 HDS 动力学数据。

大多数研究者认为加氢脱硫反应符合对总硫的二级反应速率方程，即：

$$\frac{\mathrm{d}C_S}{\mathrm{d}t} = -k_{HDS} \cdot C_S^2$$

或
$$\frac{1}{C_S} - \frac{1}{C_{SO}} = -k_{HDS} \cdot \frac{1}{LHSV} \qquad (10\text{-}2\text{-}1)$$

式中，C_S、C_{SO} 为产品及原料中硫化物的浓度；$LHSV$ 为液时空速或视反应时间的倒数。K_{HDS} 为 HDS 反应速度常数，它是催化剂性质、氢分压、原料性质及反应温度的函数。采用这种数据处理方式的典型代表是 Fisher 等[124]，他们根据大量的柴油加氢脱硫工业运转数据总结出，对直馏柴油馏分的加氢脱硫反应速度常数与原料的 API 度成正比（图 10-2-1），即：

$$k_{HDS} = K_{HDS}^0 + 0.118 \cdot API \qquad (10\text{-}2\text{-}2)$$

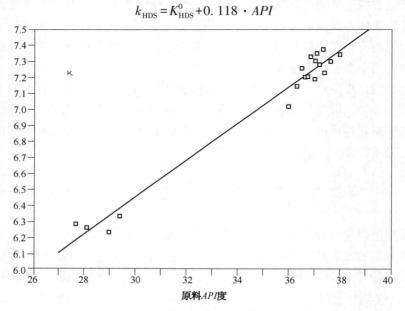

图 10-2-1 　HDS 反应速度常数 k 与原料 API 度的关系

　　Qader 等[125]则根据对 300~400℃馏分的加氢裂化动力学研究结果，认为 HDS 反应动力学符合一级反应动力学规律。Bruijin 的结果表明对科威特减压瓦斯油，在 350~400℃的反应温度范围内，HDS 的反应级数为 1.65。

　　Hisamitsu 等[126、127]在研究中东 VGO 的加氢脱硫反应时发现 HDS 反应级数与反应温度之间存在着某种关系（图 10-2-2），当反应温度从 340℃升至 420℃时，相应的 HDS 反应级数从 2.1 减少至 1.3。

　　从大量的 HDS 研究结果，我们可以总结出，HDS 反应级数，不但与温度有关，与 HDS 反应的深度及原料馏分轻重宽窄都有一定的关系。图 10-2-3 表明随着加氢脱硫反应深度的增加，HDS 反应级数不断下降，当反应深度达到 99%以上时，HDS 反应级数甚至低于 1。原料馏分对反应级数的影响较为复杂，目前尚未找到一定的规律。但一般来说，馏分越轻、馏分越窄，则反应级数越小，而馏分越重、馏程越宽，则反应级数越大。

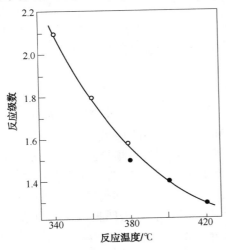

图 10-2-2　HDS 反应级数与反应温度的关系
●—首批结果；○—第二批结果

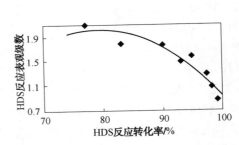

图 10-2-3　HDS 表观反应级数
与反应深度的关系
$P_{H_2}=14.7MPa$；H/O＝900∶1

（二）各种经验动力学方程

　　从上面的叙述可知简单的级数反应方程只能在很有限的范围内才能对 HDS 反应进行描述，对于要建立具有一定预测能力的动力学模型显然还需要引入其他的参量，近年来已有不少研究者都做过不少尝试。黄志渊[128]曾根据极限转化率的概念建立起类二级反应动力学模型，并认为极限转化率是反应温度的函数，它比较好地解决了纯级数反应方程中反应级数随反应温度而变的矛盾，但硫的极限转化率在实际中是不存在的，即只要条件适合，硫化物总是能被脱除的，因此根据这一概念所建立的模型在应用中难免不尽人意。Yityhaki 等[129、130]则提出将原料中的硫化物分为两类分别服从一级反应动力学方程的集总组分，这种模型虽然是对简单级数反应动力学的改善，但由于这种两集总仍是对原料复杂硫化物的过简集总，也很难从根本上解决问题。

1. 混合一、二级反应动力学模型

　　方向晨等[131]在研究重馏分油 HDS 反应中发现混合一、二级反应动力学模型可以在很宽的操作条件范围内非常好地拟合实际 HDS 反应结果。该动力学模型的基本假设是将原料中的硫化物按其反应的特点划分为两类不同型态的硫化物。一类硫化物主要反应历程为先分子中不饱和键加氢，然后是硫的脱除(该硫化物简称为Ⅰ型硫化物)；而另一类的主要反应历程是硫的直接脱除(简称的Ⅱ型硫化物)。若这两类化合物在反应中各自独立，相互之间没有量的交换，则总的加氢脱硫反应速度为二者反应速度之和。即：

$$-\frac{dC_S}{dt} = \left(-\frac{dC_{SⅠ}}{dt}\right) + \left(-\frac{dC_{SⅡ}}{dt}\right) \tag{10-2-3}$$

作者根据二级速度方程式能拟合低温和较低转化率，而一级速度方程式则可较好地预测高温和高转化率这一现象，并结合对加氢脱氮反应动力学研究的类比，认为Ⅰ型硫化物可用一级动力学方程式来描述，而Ⅱ型硫化物则可用二级动力学方程式来描述。

故上述式(10-2-3)进一步可写成：

$$-\frac{dC_S}{dt} = k_Ⅰ \cdot C_{SⅠ} + k_Ⅱ \cdot C_{SⅡ}^2 \tag{10-2-4}$$

式(10-2-3)、式(10-2-4)中，C_s 为总硫浓度，$\mu g/g$；$C_{SⅠ}$、$C_{SⅡ}$ 分别为Ⅰ型和Ⅱ型硫化物的浓度，$\mu g/g$；$k_Ⅰ$、$k_Ⅱ$ 则为相应的反应速度常数，它们可进一步写成：

$$k_Ⅰ = A_Ⅰ T_m^{-n} e^{-E_Ⅰ/RT} \cdot P_{H_2}^{m_1}$$
$$k_Ⅱ = A_Ⅱ T_m^{-n} e^{-E_Ⅱ/RT} \cdot P_{H_2}^{m_2} \tag{10-2-5}$$

式(10-2-5)中，A 为指前因子；T_m 为原料的中平均沸点，℃；E 为反应活化能；R 为气体常数；T 为反应温度，K；P_{H_2} 为反应氢分压，MPa；n、m 分别为相应的指因数。

数据回归的结果表明该混合一、二级动力学模型能够很好地模拟实际的 HDS 反应结果，且回归的动力学参数与建模的理论假设之间具有非常好的一致性。以混合中东减压柴油HDS 结果[127](见表 10-2-1 及图 10-2-4)为例，无论反应条件如何变化，代表原料中Ⅰ、Ⅱ型硫化物浓度比的 C_{20}/C_0 之值为只随原料而改变的定值，它表明把硫化物分成这两个集总是基本正确的。同时，对不同原料的反应结果分析表明，随着 C_{20}/C_0 值的增加，脱硫反应也变得容易，就是说Ⅱ型硫化物的脱硫较Ⅰ型硫化物容易进行。氢分压对两类硫化物的反应速度影响明显不同。Ⅱ型硫化物反应速度对氢分压的分级数为 0.2343，即受氢分压的影响不大，恰与前面Ⅱ型硫化物的分类假设相符合，氢分压的微弱作用，可能与硫碳键断裂后加氢而使产物趋于稳定有关；而Ⅰ型硫化物反应速度对氢分压的分级数为 1.2315，氢分压的影响十分明显，可见，对于Ⅰ型硫化物，加氢是一个非常重要的因素。

表 10-2-1 混合中东减压渣油 HDS 动力学参数

压力/MPa	温度/℃	k_1	k_2	C_{20}/C_0	表观活化能/(J/mol)		频率因子		反应速度对氢压的分级数	
					E_1	E_2	A_1	A_2	m_1	m_2
7.9	380	1.5274	1.9879	0.8012						
7.9	400	2.7659	2.9500	0.8012						
7.9	420	4.6819	4.3012	0.8012	105286	72519	3.2475×10^7	7.8451×10^5	1.2315	0.2343
4.0	380	0.6655	1.7003	0.8012						
4.0	400	1.1730	2.5001	0.8012						
4.0	420	2.0500	3.6781	0.8012						

如果将上述动力学研究结果与上一节中对单体硫化物的反应动力学规律相比较，不难看出该模型的诸多合理因素及明确的物理意义。对于几种不同原料的加氢脱硫反应应用该模型进行拟合的结果表明，反应温度320~420℃、氢分压4.0~15.0MPa及脱硫率50%~98%的范围内，混合一、二级反应动力学模型具有非常好的拟合精度，其相关系数均大于0.999，计算值与实测值相对误差小于1%的点占总数的95%以上。

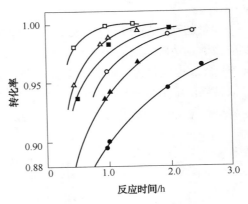

图10-2-4　混合中东减压柴油HDS
实验值与计算值的比较
○—380℃；△—400℃；□—420℃；
实心：4.0MPa；空心：7.9MPa

对十几种不同馏程范围原料的加氢脱硫应用该动力学模型的研究结果表明，式(10-2-5)中指因数 n 约为4，即HDS反应速度常数与馏分油的中平均沸点的4次方成反比。这一关系是否具有普遍性，目前尚缺少足够的数据。

混合一、二级反应动力学模型具有形式简单、物理意义较为明确的特点，并能够将文献上报道的许多级数反应动力学研究的形式矛盾的结果在新的基础上统一起来，使得该模型可在较宽的反应条件范围内使用，避免了级数反应动力学模型对反应条件的依赖性。

显然，这种二集总模型对于实际馏分油的加氢脱硫反应来说仍是一个过分简化的处理方法，在实际的应用中还存在着很多缺陷，这些不尽人意的地方包括：

1）在加氢脱硫转化率低于50%或高于98%时，根据模型预测HDS的转化率数据往往低于实际的反应结果。

2）两种类型硫化物的比例虽然对同一种油是一个定值，但对不同的原料，该值可在0.5~0.99之间变化，且难于找到一种规律以资关联。

3）对不同催化剂，尽管是相同的原料油，两种类型硫化物的比例也不相同，且差别较大。

所有这些不足都应是意料之中的事。从单体烃的结果可知HDS反应应服从一级反应动力学，而不同的硫化物之间反应速度的差别非常大，尽管一、二级混合动力学模型按照反应的类别将硫化物分为二个集总，但这两个集总很难充分表达硫化物大小及结构对HDS反应影响的差别。模型中出现二级反应就表明了该集总不符合适当集总的要求。

2. 四集总一级反应速度方程

Sugimoto等人[132]在研究柴油组分的深度脱硫反应时发现柴油中的不同类型硫化物在HDS反应过程中显示出不同的反应性能。图10-2-5表明了在深度HDS条件下，瓦斯油中各种硫化物的分布情况。从图中可以看出，随着反应程度的加深（在这里以反应温度代表反应深度），加氢产物中能残留的硫化物类型发生了显著的变化。当反应温度为基准温度时，加氢产物中残余硫化物主要是二苯并噻吩类及少量的苯并噻吩类。将反应温度提高15℃，总硫含量将从0.06%进一步下降至0.02%，这时的加氢产物中已观察不到苯并噻吩类硫化物，但仍有一些二苯并噻吩类硫化物存在。如果进一步提高15℃的反应温度，总硫含量这时仅为0.002%，加氢产物中所剩余的硫化物就只剩下4,6-二甲基二苯并噻吩类了。

大量的动力学分析数据表明[133、134]对每一类型硫化物而言，柴油馏分中硫化物的 HDS 反应级数均清晰地符合一级反应动力学方程，就如同这些不同类型硫化物单独进行反应时那样[135、136]。也就是说，通过将柴油馏分中的硫化物按照它们的可反应性划分为各种类型，就可以将柴油馏分的深度 HDS 用一级反应动力学来表示。通过深入的研究，Sugimoto 等认为应将柴油馏分中的硫化物按其可反应性划分为 4 个集总，即：

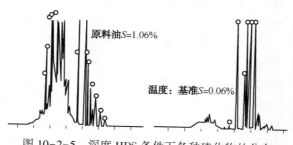

图 10-2-5 　深度 HDS 条件下各种硫化物的分布

组分 1：最容易脱除的硫化物；
组分 2：较容易脱除的硫化物；
组分 3：较难脱除的硫化物；
组分 4：最难脱除的硫化物。

图 10-2-6 表明了各集总硫化物的反应性及总硫反应性间的关系，即各集总的 HDS 符合一级反应动力学规律，而总硫是各集总硫化物的叠加，由于各集总间可反应性的较大差别，造成总硫的 HDS 不符合一级反应动力学规律(即非线性)。图 10-2-7 清楚地表明这种 4 集总一级反应动力学模型能够高度精确地拟合 HDS 反应数据。如果能够测定出这四类硫化物集总在原料油中的含量，相信将会对 HDS 反应结果具有很好的预测能力。

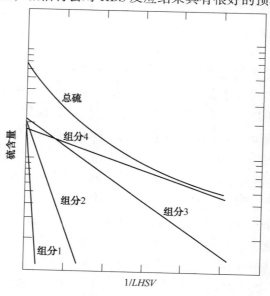

图 10-2-6 　不同硫化物的可反应性
组分 1—最易脱除的硫；组分 2—容易脱除的硫；组分 3—较难脱除的硫；组分 4—最难脱除的硫

　　至于如何划分这 4 种硫化物类型或集总以及各集总的 HDS 反应动力学参数的特征，该文未能提及，只是给出了 4 种柴油馏分的具体集总数据（表 10-2-2）。并认为密度、馏分范围及硫含量本身均与硫化物集总的分配有一定关联，但看来作者尚未能找到将原料的一般性质与硫化物集总分配之间的定量关系。

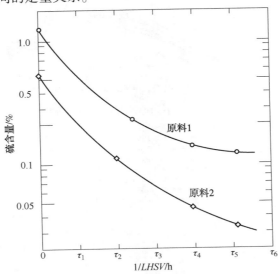

图 10-2-7　四集总模型的拟合效果

○—实测（原料 1）；◇—实测（原料 2）

表 10-2-2　不同原料所含四种类型硫化物的数据

瓦斯油原料	原料油-1	原料油-2	原料油-3	原料油-4
总硫含量/%	1.30	1.14	0.83	0.60
硫分布/%				
硫化物-1	18.6	21.3	24.9	23.2
硫化物-2	27.5	26.8	29.4	33.8
硫化物-3	13.7	14.5	15.1	18.8
硫化物-4	40.2	37.7	30.6	24.3

　　Amorelli 等人[41]利用 SIMDIS/AED 技术详细地分析了十几种直馏柴油（SR-LGO）及 LCO 的硫化物随馏程的分布情况（图 10-2-8 及图 10-2-9），结果表明 SR-LGO 的归一化硫分布和 LCO 的归一化硫分布对不同的原料且有很好的一致性，而按每 20℃ 窄馏分为集总的深度 HDS 反应结果（图 10-2-10 和图 10-2-11）说明 HDS 可反应性与馏程之间也存在着很好的一致性。这些结果暗示着蒸馏曲线有可能作为划分硫化物反应集总的重要依据之一。

（三）复杂集总反应动力学模型

　　随着现代分析手段和技术的提高，使得人们可以在更为精细的基础上了解硫化物的组成特性，前面提及的 SIMDIS/AED 利用模拟色谱蒸馏技术及微波激发等离子体原子发射检测技术可以对馏分油中的硫分布按沸点的高低给出非常准确和细致的结果。图 10-2-12 给出了一种 LCO 及其相应的加氢脱硫产物（在不同 HDS 反应深度条件下）的分析结果。

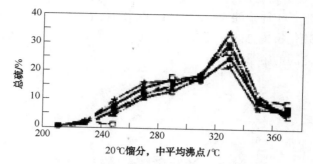

图 10-2-8　不同原油瓦斯油的硫分布

原油:	% S:
Challis	0.047
Ekofisk	0.071
Buzashinskaja	0.57
Zakum	0.68
Urmm Shaif	0.85
Kirkuk	0.94
Tran heavy	0.96

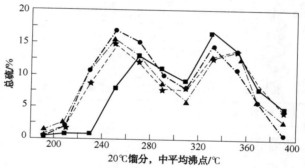

图 10-2-9　不同 LCO 原料的硫分布

A 1.10% S；—▲— B 1.83% S；

—●— C 3.10% S；—★— D 2.28% S；

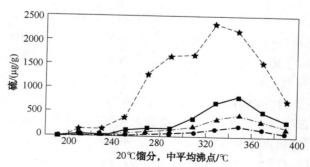

图 10-2-10　LGO 及其加氢产物的硫分布

340℃产物 0.35% S；—▲— 360℃产物 0.19% S；

—●— 380℃产物 0.07% S；—★— LGO 原料 1.25% S；

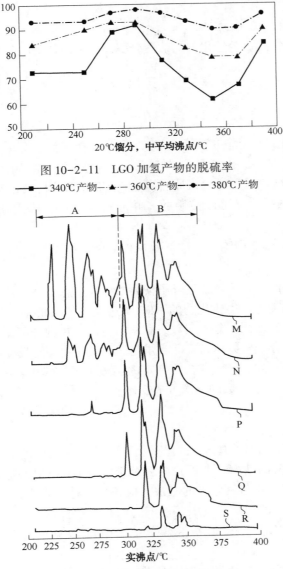

图 10-2-11　LGO 加氢产物的脱硫率

■—340℃ 产物 ▲—360℃ 产物 ●—380℃ 产物

图 10-2-12　不同硫化物的 HDS 反应性

1. Phillips 模型

Parratt 等人[137]利用 SIMDIS/AED 技术对柴油馏分(138~393℃)的 HDS 反应进行了深入的研究，提出了一个含 26 个组分的柴油馏分 HDS 集总反应动力学模型，并且利用 LOTUS 1-2-3 及 FORTRAN 开发出一个具有预测性能非常好的柴油馏分 HDS 实用软件。

该模型的基本构想是利用 SIMDIS/AED 的分析结果，根据不同硫化物的可反应性，按照实沸点馏程轻重将 138~393℃ 馏分中的硫化物划分为 26 个组分，并利用对峰面积积分的方法确定原料中这 26 个组分的相对含量。对每一个组分的硫化物，其 HDS 反应动力学符合一级反应动力学规律。即：

$$C_{Si} = C_{Si0} \cdot \exp\left(\frac{-k_i a_c}{LHSV}\right)$$

$$k_i = k_{i0} \cdot \exp\left(\frac{-E_i}{RT}\right) \qquad (10\text{-}2\text{-}6)$$

式中，i 表示第 i 种组分；a_c 为催化剂的活性分率。它可由如下的公式来描述：

$$a_c = \frac{1}{Ck_c} \cdot time + \frac{1}{a_{c0}}$$

$$\ln(k_i) = A + B\left(\frac{1000}{T}\right) + C(P) \qquad (10\text{-}2\text{-}7)$$

式中，$time$ 为催化剂的运转时间；a_{c0} 为催化剂的初始活性分率；T 和 P 分别为反应温度(K)和反应氢分压；A、B 和 C 分别为常系数，它们的取值范围分别为 25～34，−29～−21 和 −0.0005～0.0045。当无法取得原料中 26 个组分的分析数据时，Parrrott 等人认为原模型设定的相对含量数据也是可以使用的，并能够给出符合应用精度要求的预测 HDS 反应结果。

此外据称该模型也关联了 H_2S 对 HDS 反应的影响，但可惜的是未能见到具体的描述。

2. Profimatics 模型[121]

Powell 按照沸程高低将石油馏分按分子碳数划分为集总组分，在每一集总中又将硫化物按其反应的难易分为两类，两类硫化物的 HDS 均遵循一级反应动力学规律。硫化物在不同分子碳数集总中的分布，及同一分子碳数集总中两类硫化物的分配比例均为模型开发者事先设定的数据，一般来说分子碳数越高、硫含量越高，硫化物中难反应硫化物的比例越高。这些硫化物的反应活性与其分子碳数存在着一定的函数关系。式中：a 为 HDS 活性，C_n 为分子碳数。即 HDS 活性与分子碳数的三次方成反比。

$$a \propto \frac{1}{C_n^3} \qquad (10\text{-}2\text{-}8)$$

此外 Profimatics 模型考虑了 H_2S、氮化物及芳烃对 HDS 反应的影响，这些影响因素均是按竞争吸附机理引入相应的动力学方程式中。至于氢对 HDS 的影响，该模型认为两类硫化物的 HDS 动力学反应速度均与氢分压的三次方成正比，这一点在模型的应用中多数情况下均与实际存在较大偏差。即用某一氢压条件下的回归参数计算另一氢压条件下的 HDS 结果时存在较大偏差。如果将之与一、二级混合模型对氢分压影响的研究结果相对照，不难分析出问题的原因之所在。

此外，Sau 等人[138]利用连续集总理论对煤油馏分的加氢脱硫数据进行了关联，也取得了较好的效果。但在用连续集总理论处理更重的原料 HDS 数据时，为了方便计算需要太多的简化和假设，这显然会对模型的应用导致新的不确定因素。

从上节中对单体硫化物 HDS 反应动力学规律的介绍，以及本节中各种馏分油 HDS 反应动力学的应用特点，可以看出馏分油 HDS 反应动力学的适当集总的划分一是可以根据沸程的高低(或分子碳数的多少)确定各窄馏分的硫含量，二是根据各种硫化物 HDS 反应的难易程度而将这些硫化物分成几类。具体的分类方法可以根据需要来确定。如当各窄馏分划分较细致时，则对硫化物类型的划分可简单一些，而对硫化物类型划分较复杂时，对窄馏分的划分就可粗略些。这种加氢脱硫反应集总划分方法，能够比较好地解决不同硫化物的 HDS 反应活性差别较大的影响，同时简化了各种类型硫化物的区分，从而可以解析计算催化剂及氢分压等参数对不同类型硫化物的影响不一致的结果。这一点在混合一、二级反应动力学模型中就有很好的体现。

H_2S 对 HDS 的影响是建立 HDS 动力学模型的重要因素之一。目前文献中对 H_2S 影响的关联大致可以分为两类：一类[44,121]采用

$$k_{HDS} \sim \frac{1}{(1+K_{H_2S}C_{H_2S})^2} \qquad (10\text{-}2\text{-}9)$$

另一类[138,139]则认为

$$k_{HDS} \sim \frac{1}{(1+K_{H_2S}C_{H_2S})^2} \qquad (10\text{-}2\text{-}10)$$

对沙轻 VGO 及伊朗 VGO 的研究结果（图 10-2-13）表明式（10-2-10）能够更好地拟合实验数据。

二、加氢脱氮反应动力学模型

由于各种含氮化合物 HDN 活性之间的差别较小（与硫化物 HDS 活性的差别相比较而言），因此在研究馏分油 HDN 反应动力学时，大多数数据[113,140~143]可以用一级反应速率方程来描述。而更深入和详细的研究结果[65,144~146]则表明应用 Langmuir-Hiashelwood 速率方程可在更宽的条件范围内拟合实验数据，并认为这是由于氮化物本身的自阻效应引起的。

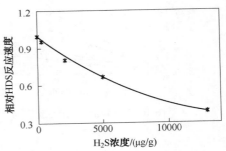

图 10-2-13　H_2S 浓度对相对 HDS 反应速度的影响

（$P_{H_2}=14.7MPa$；$H/O=900:1$；$LHSV=1.5h^{-1}$）

（一）一级反应动力学描述

用对总氮的一级反应动力学方程来描述 HDN 反应结果，在一定的条件下具有非常好的关联精度。Hisamitsu 等[127]以中东 VGO 为原料，考察了在 380~420℃、4.0~8.0MPa 条件下 HDN 反应的动力学行为。其结果见图 10-2-14。图 10-2-14（a）表明 $\ln[1/(1-C)]$ 与视反应时间之间存在着非常好的线性关系，这是 HDN 反应符合一级动力学规律的重要证据[式（10-2-11）]。

$$\ln\frac{1}{1-C}=A\exp\left(\frac{-E}{RT}\right)\cdot\left(\frac{P}{P_0}\right)^{\alpha}\cdot t \qquad (10\text{-}2\text{-}11)$$

式中：C 为 HDN 转化率，$C=1-C_N/C_{NO}$；A 为频率因子；E 为 HDN 反应活化能；R 为气体常数；P 为氢分压；α 为氢分压影响指数；t 为视反应时间或空速的倒数。图 10-2-14（b）则为图 10-2-14（a）的阿累尼乌斯标绘，图中 4.0MPa 和 7.9MPa 两条线相互平行，表明压力对 HDN 反应的作用独立于反应温度，它表明式（10-2-11）将氢分压的影响与温度的影响相分离是可行的，从图中直线的斜率可知 HDN 反应化能约为 22kcal/mol（约 92.11kJ/mol），而从两平行直线间的距离可求出氢分压的影响指数约为 1.5。

对焦化柴油的研究结果表明[144]，在 4~6MPa、350~370℃、1.0~4.0h^{-1} 及 200~800 氢油比的条件下，一级动力学方程[式（10-2-12）]可以非常好地关联 HDN 实验数据。

$$\ln\frac{1}{1-C}=6.7\times10^7\frac{1}{LHSV}\left(\frac{P}{P_0}\right)^{1.8}\exp\left(\frac{-21569}{RT}-\frac{0.12}{H/H_0}\right) \qquad (10\text{-}2\text{-}12)$$

式中，H 为氢油比；H_0 为参比氢油比。

谭汉森等人[146]在反应压力 12~16MPa，反应温度为 375~410℃，体积空速 0.75~3.3h^{-1}，氢油体积比 1000 的条件下，进行了胜利 VGO（350~520℃馏分）3822 加氢精制催

化剂的加氢脱氮实验，提出了对总氮浓度为一级，对氢分压为 1.4 级的加氢脱氮动力学模型。

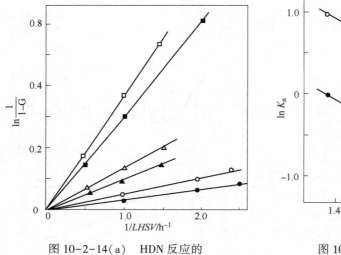

图 10-2-14(a)　　HDN 反应的
一级数据标绘

○—380℃；△—400℃；◇—420℃

实心：4.0MPa；空心：7.9MPa

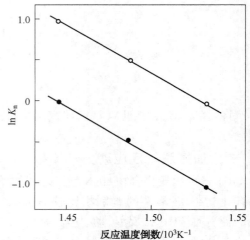

图 10-2-14(b)　　HDN 反应的
Arrkenius 标绘

实心：4.0MPa；空心：7.9MPa

(二) 带吸附中毒项的一级反应动力学模型

在描述 HDN 反应的动力学特征时已谈及氮化物不仅对 HDS、HDA 及 HC 反应产生负面作用。对 HDN 反应本身也具有自阻抑作用。Flinn 等人[134]在研究催化柴油(204~354℃)的 HDN 反应时，其动力学数据(图 10-2-15)表明在较宽的 HDN 反应转化率的条件下，曲线编离了一级动力学方程式的直线特征。

方向晨等[70]以胜利 VGO 为原料，在 380~410℃、1.0~4.0h^{-1} 及 6.5~10.0MPa 的条件下，用 3722B 催化剂进行了系统的 HDN 动力学实验。图 10-2-16 再次表明 HDN 转化率函数 $\ln(1/1-C)$ 与视反应时间之间不符合一级动力学方程的直线要求。进一步的研究(表 10-2-3)则显示随着催化剂床层中平均氮含量的增加，一级反应速度常数不断减小。这一点也是不难理解的，因为原料中的氮化物及 HDN 反应的中间产物均具有较强的碱性，它们可与活性中心产生很强的吸附作用，且难于脱附，因此它们应该在一定程度上对催化剂的催化反应活性产生阻抑作用或暂时中毒效应。

表 10-2-3　　HDN 反应速度对空速的依赖关系

空速/h^{-1}	1.0	1.2	1.4	1.6
氮含量/(μg/g)	15	30	75	115
平均氮含量/(μg/g)	263	303	358	428
反应速度常数	4.23	4.02	3.50	3.37

当将带有氮化物吸附中毒项的一级反应动力学方程：

$$\frac{dC_N}{dt} = \frac{-k_N C_N}{1 + K_N C_N}$$

(10-2-13)

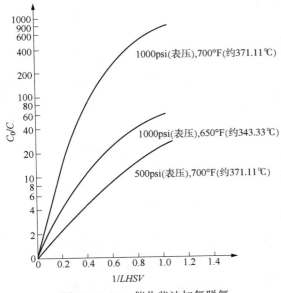

图 10-2-15 催化柴油加氢脱氮
反应中温度、压力、空速的影响

注：1psi=6894.76Pa。

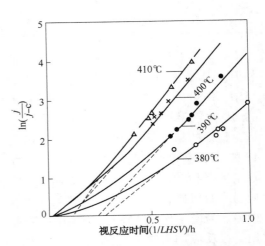

图 10-2-16 脱氮转化率函数与反应时间的关系

($P_{H_2}=6.5MPa$；H/O=1000：1)

用于拟合图 10-2-16 的 HDN 数据时，取得了非常好的效果[图 10-2-17(a)]。平均相对标准误差为 0.151，其中 83% 的点转化率偏差<1%，偏差>2% 的点只占 3.4%。图 10-2-17(b)则表明由式(10-2-13)求得的 k_N 值与反应温度之间完全符合 Arranius 关系，这是检验假设模型是否在一定范围内反映实际反应过程的标准。动力学参数中反应活化能为 23.6kcal/mol(约 98.81kJ/mol)，HDN 反应对氢分压为 1.0 级。文献[70]的研究结果还表明吸附中毒系数 k_N 在所研究的条件范围内为一常数(表 10-2-4)，虽然这一现象难于理解，但在实际应用中，k_N 为一常数则已多次为实际数据所支持。

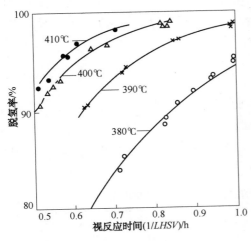

图 10-2-17(a) 模拟计算与实际结果的对比

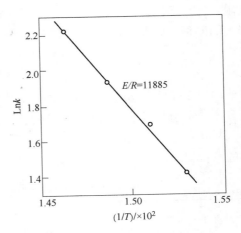

图 10-2-17(b) 反应速度常数的
对数与温度倒数的关系

($P_{H_2}=6.5MPa$；H_2/油=1000)

表 10-2-4　　不同温度下的中毒常数

温度/℃	380	380	380	390	400	410
氢分压/MPa	10.0	8.0	6.5	6.5	6.5	6.5
中毒常数/×10⁻³	1.176	1.176	1.188	1.213	1.176	1.176

我们用五种馏分及特性因素 K 值都很相近，但氮含量分别为 516、950、1230、1510、1680 及 1980μg/g 的直馏 VGO 原料的 HDN 实验结果对式(10-2-13)进行了验证，验证的结果见图 10-2-18。图 10-2-18 的结果清楚地表明，式(10-2-13)的计算结果(粗实线)与实验数据非常吻合，反应温度的预测值与实验值的差别均在 1.5℃以内。为便于比较，图中也给出了单纯应用一级反应动力学的预测结果。显然，当用原料氮含量为 516μg/g 的实验结果回归出的动力学参数求取其他原料的结果时，反应温度的预测值较实验值偏低，且原料氮含量越高偏差越大，反之，若用原料氮含量为 1980μg/g 的实验结果回归出的动力

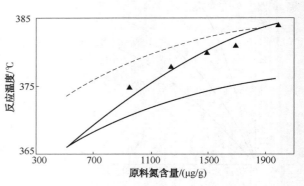

图 10-2-18　　不同 HDN 动力学模型
对反应温度的预测结果

—— 拟一级模型，以低氮原料为参数回归数
··· 拟一级模型，以高氮原料为参数回归数
—— 带吸附中毒项的拟一级模型，以低氮原料为参数回归数
$P_{H_2}=15.0$MPa；$H/O=1000:1$；$LHSV=1.0h^{-1}$

学参数来预测时，反应温度的计算值又较实验值为高。这一结果表明式(10-2-13)这种带吸附中毒项的一级反应动力学模型可以非常好地描述 HDN 反应的动力学行为。

(三) 各种其他关联因素

1. 原料油化学组成对 HDN 动力学参数的影响[70]

以特定的原料油为研究对象能开发出来的动力学模型，其使用范围不免受到所用原料油的局限。因为即使馏分相同，不同产地的馏分油由于组成和分子结构的不同，反应速率可能有很大的差别。如果将式(10-2-13)写成积分式：

$$A_0\exp\left(\frac{-E}{RT}\right)\bigg/ LHSV = \ln\frac{C_{NO}}{C_N} + K_N(C_{NO}-C_N) \qquad (10\text{-}2\text{-}14)$$

并将式(10-2-14)右端的某一固定值定义为标准脱氮深度，从而可以定义把不同原料油在同样氢分压、空速和氢油比条件下达到这一标准脱氮深度所需的温度定义为"标准反应温度 T^*"。表 10-2-5 的数据表明，同是 VGO 馏分，由于组成和分子结构的不同，达到相同转化深度的"标准反应温度"可相差 15℃以上。

表 10-2-5　　不同组成原料油的主要性质及其标准反应温度

项目	胜利 VGO-1	胜利 VGO-2	大港 VGO	管输 VGO	胜利 VGO-3	辽河 VGO
密度(20℃)/(g/cm)	0.8750	0.8799	0.8879	0.8889	0.8970	0.9015
体积平均沸点/℃	434.0	440.7	438.6	440.7	442.2	439.0
终馏点/℃	527.0	532.0	531.0	525.0	537.0	528.0

续表

项目	胜利 VGO-1	胜利 VGO-2	大港 VGO	管输 VGO	胜利 VGO-3	辽河 VGO
特性因数 K	12.44	12.26	12.13	12.09	12.04	11.70
S/N/%	0.53/0.11	0.45/0.107	0.133/0.08	0.68/0.125	0.46/0.134	0.20/0.14
标准反应温度/℃	365.5	370.1	374.0	374.3	376.0	382.0

　　对于相同馏程的原料油，影响其 HDN 反应性能的因素主要是氮化物分子的结构[72,65,146]。如果氮化物分子结构与其原料油分子结构一致，就可以假定：

　　1）假设含氮化合物的分子结构与原料油分子结构一致，而原料油的分子结构可以用特性因数 K 表征。

　　2）假设对于馏分相同的不同原料油，Arrenius 式中的指前因子 A_0 相同。

　　3）HDN 表观反应活化能 E 是由反应物的分子结构和催化剂所决定，因而对一种催化剂，E 可表示为原料油特性因数 K 的函数，即：

$$E = f(K) \qquad (10-2-15)$$

　　分析式（10-2-14）不难发现各种原料油的脱氮反应活化能和"标准反应温度"之间具有如下的关系：

$$\frac{E_1}{T_1^*} = \frac{E_2}{T_2^*} = \cdots\cdots = \frac{E_i}{T_i^*} = E_0 \qquad (10-2-16)$$

即各种原料油的 HDN 反应表现活化能与"标准反应温度"之比为常数 E_0，即：

$$E = E_0 T^* \qquad (10-2-17)$$

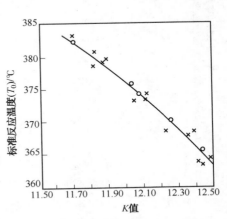

图 10-2-19　脱氮标准反应温度
与原料油特性因数的关系
○—第一类数据；×—第二类数据

　　由式（10-2-17）就可将式（10-2-15）的问题转化为寻找"标准反应温度 T^*"与原料特性因数 K 之间的关系。

　　图 10-2-19 清楚地显示出 HDN 标准反应温度与原料油特性因数之间存在着非常好的相关性。图中第一类数据是指实验所用的原料油馏程相近，并用于建立经验关联式的一组数据；而第二类数据是不同馏分原料油经校正馏分范围影响后的 HDN 数据。式（10-2-18）是作者从 33 种单因素方程中筛选出的最优关联式：

$$T^* = \frac{CK}{A \cdot K + B} \qquad (10-2-18)$$

式中，A、B、C 均为常系数。式（10-2-18）对第一类数据的相对拟合标准偏差的 2.76×10^{-3}，最大温度偏差为 1.2℃。对第一、二类数据的总相对标准偏差为 4.13×10^{-3}，最大温度偏差为 2.1℃。通过大量的数据验证表明式（10-2-18）对大多数直馏馏分及焦化馏分油具有很好的预测能力，但对催化馏分油的 HDN 反应预测的反应温度普遍较实际反应温度为高，它表明对催化馏分油而言，氮化物的分子结构与相应原料油的分子结构不具有一致性。

　　2. 原料油馏程对 HDN 反应动力学参数的影响[70]

　　众所周知，原料油越重，则其 HDN 反应也越难于进行。拟一级反应速率常数对原料油平均沸点的标绘见图 10-2-20[134]。原料油馏程的变化可从两个方面影响 HDN 反应。一方

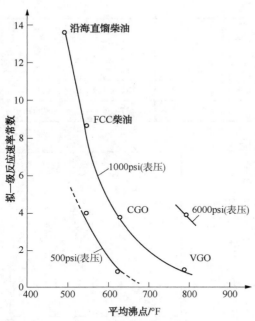

图 10-2-20　原料平均沸点对加氢脱氮
反应速率常数的影响
注:1psi≈6894.76Pa。

面,随着原料油馏程的变重,氮化物中芳香杂环氮化物的比例增加;另一方面,原料变重后氮化物的分子结构更为复杂,HDN 反应的空间位阻效应将增加。

一般原料油馏程的变化可用体积平均沸点和终馏点来表征,体积平均沸点表征了原料的平均分子大小,而终馏点则可表征原料油对平均性质的离散程度。图 10-2-21 清楚地说明了原料油终馏点变化对其 HDN 比反应速率的影响。这里比反应速率(S)是指实际反应速度与参比反应速度之比。所谓参比反应速度,是指当原料油终馏点与基准实验原料油相同时的 HDN 反应速度。由图 10-2-21可知原料的终馏点越高(图中所有原料的体积平均沸点均在 400℃ 左右),其比反应速度也越小,而且影响程度十分显著。

图 10-2-22 综合反映了原料油体积平均沸点及终馏点对 HDN 比反应速度的影响情况。从图中不难看出,随着体积平均沸点的增加,所有三组原料的 HDN 相对反应速度都是递减的,而终馏点

低的原料油中氮化物总是比相应体积平均沸点下终馏点高的原料油的氮化物易于脱出。当体积平均沸点相同时,终馏点从 530℃ 增加到 550℃ 的比反应速度下降幅度要比终馏点从 510℃ 增加到 530℃ 的下降幅度大,结合图 10-2-21 可以看出,随着终馏点的增加,终馏点对 HDN 的影响也越来越显著。此外图 10-2-22 三条线的斜率随着终馏点的降低而增加,它间接地说明体积平均沸点是决定 HDN 反应难易程度的关键因素。

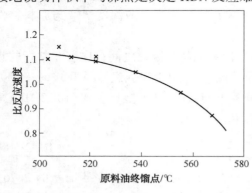

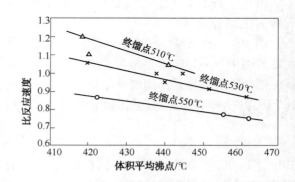

图 10-2-21　原料油干点对 HDN 反应的影响　　图 10-2-22　相对脱氮速度与体积平均沸点的关系

然而原料油的体积平均沸点与终馏点之间并不是相互独立而是紧密相关的。一般来说,体积平均沸点越低,则其终馏点也较低,反之亦然。因此在关联原料油馏程对 HDN 反应速度的影响时,可以选择一个能够同时反映体积平均沸点和终馏点影响的馏程综合因数

$$x = \sqrt[3]{T_{av} \cdot T_{ep}^{2}} \tag{10-2-19}$$

式中,T_{av} 为体积平均沸点,T_{ep} 为终馏点。图 10-2-23 表明馏程综合因数 x 的确能够反映出

HDN 的难易程度。数据回归可筛选出如下的单因素关联式：

$$S = A\exp(-Bx + C) \tag{10-2-20}$$

式中，A、B、C 均为常数。式(10-2-20)对实验数据的平均相对误差为 10%，相对标准偏差为 0.146，基本满足工业应用的要求。

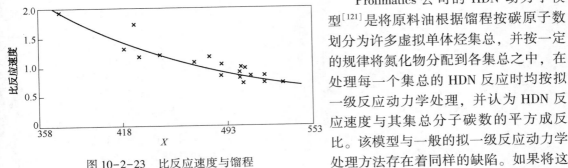

图 10-2-23　比反应速度与馏程
综合因数的关系图

Profimatics 公司的 HDN 动力学模型[121]是将原料油根据馏程按碳原子数划分为许多虚拟单体烃集总，并按一定的规律将氮化物分配到各集总之中，在处理每一个集总的 HDN 反应时均按拟一级反应动力学处理，并认为 HDN 反应速度与其集总分子碳数的平方成反比。该模型与一般的拟一级反应动力学处理方法存在着同样的缺陷。如果将这种集总方案引入到式(10-2-13)的方案中，应该会取得比较好的效果。

3. 加氢脱氮深度的影响

在上一节中，对模型氮化物的动力学研究表明，HDN 反应是由一系列的平行串联反应所组成。虽然大多数情况下简单的一级反应动力学方程式带吸附项的一级反应动力学方程可以较好地拟合实验数据，但由于这种拟合毕竟是对实际反应过程的一个过度简化。如果将相同脱氮深度但不同反应温度的 HDN 数据单独整理，可以发现一个有趣的现象，即脱氮转化率越高，其加氢脱氮反应活化能越低(图 10-2-24)。HDN 是由一系列的加氢和氢解反应组成的复杂反应网络。一般来说，加氢反应的活化能要较氢解反应活化能低。当 HDN 反应深度加深时，留下未反应的氮化物分子以难于反应的稠环杂环为主，由于稠环氮化物的脱除反应会随着其结构的复杂化而逐渐转向以加氢反应为其控制步骤，从而使其表观反应活化能会随着 HDN 转化率的增加而下降。

4. 氢分压的影响

氢分压对加氢脱氮反应动力学的影响目前的研究工作较少，多数研究者都将氢分压的影响用独立的指数方程来表示。这种处理方式在特定的条件下是可行的，但不同的研究者之间所得到的动力学参数，如氢分压的指因子或对氢分压的 HDN 级数可在 0.8~2.3 的范围内波动。图 10-2-25 则进一步表明加氢脱氮反应的表观活化能是氢分压的函数。当氢分压低于 10.0MPa 时，E/R 的变化是比较缓慢的，因此可以近似地认为是一常数，当氢分压高于 10.0MPa 时，E/R 的变化明显加快，这时就不能再将其视作为常数了。

氢分压对 HDN 反应动力学影响的复杂表现，仍源于原料油中氮化物组成的多样性，以及实际 HDN 反应的复杂性。如果将 HDN 反应简化为先加氢后氢解的串联反应，且二步反应中每一步都可能成为控制步骤时，上述动力学参数之间的不一致性就可得到很好的解释。

比较柴油和 VGO 的 HDN 反应，柴油馏分对氢分压的动力学级数在 1.8~2.0 之间，而 VGO 对氢分压的动力学级数在 1.0~1.5 之间。这是因为柴油馏分中氮化物的分子结构较为简单。氢解反应的步骤少，难度小。反应可能受加氢反应的控制程度较大，提高氢分压能够显著地提高 HDN 反应速度，因此表现出相应的对氢分压的动力学级数较高。对 VGO 而言，与柴油馏分正好相反，氢解在 HDN 反应中的控制作用增加，相应的对氢分压的动力学级数就较低。

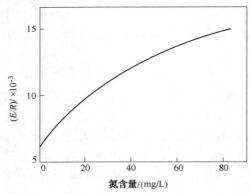

图 9-2-24　胜利 VGO 加氢脱氮产品　　　　　图 9-2-25　胜利 VGO 加氢脱氮表观反应
氮含量与 E/R 的关系　　　　　　　　　　活化能与氢分压的关系

HDN 反应活化能对氢分压的依赖关系可以这样来解释：提高反应氢分压，可以显著提高加氢反应程度，但对氢解反应影响不大，从而使整个 HDN 反应过程中氢解这一反应控制步骤的影响更为明显。而氢解反应活化能远大于加氢饱和反应活化能。因此，当氢分压上升时，加氢脱氮表观反应活化能增加。

综合而言，氢分压对 HDN 反应动力学的作用值得进一步深入、细致和全面地加以研究，以期开发出一个更有广泛应用意义的动力学模型。

5. 催化剂的影响

HDN 反应是由一系列的加氢及氢解反应构成的，因此催化剂上加氢和氢解活性中心位的多寡以及两种活性中心间的匹配也将成为影响 HDN 反应动力学参数的重要因素之一。

对柴油馏分而言，由于其 HDN 反应的主要控制步骤是加氢反应，因此开发高加氢反应活性的精制催化剂将对降低操作压力，提高 HDN 效率发挥很好的作用。而对 VGO，由于其 HDN 反应的主要控制步骤是氢解反应，因此提高氢解反应的活性是精制催化剂开发的首要目标。将适用于柴油馏分加氢的催化剂用于 VGO 的 HDN，或将适用于 VGO 的催化剂用于柴油馏分的 HDN 都可能不是最佳的选择。对于特定的原料油，首先要分析的是其 HDN 反应过程中加氢和氢解反应能扮演的角色，根据这种分析从而确定催化剂加氢及氢解活性中间的最佳匹配，从而得到最佳的催化反应结果。从建立 HDN 反应动力学模型的角度也应充分考虑催化剂的这些性质对模型参数带来的各种可能影响，一个精细的动力学模型应能够反映出这种影响，这还需要我们进行大量的工作。

6. H_2S 对 HDN 反应的影响

很多数据表明 H_2S 在一定的浓度范围内能够促进 HDN 反应。前已述及对模型氮化物的研究结果看，H_2S 显著促进了 C—N 键的氢解反应，而对加氢饱和的活性稍有抑制。NH_3 对 HDN 反应没有影响，H_2O 虽然对 HDN 也有促进作用，但当与 H_2S 共存时，对 HDN 所产生的作用与 H_2S 单独存在时的情况相同。

在整理各种反应条件下 VGO 的 HDN 反应数据时，发现可用如下的经验关联式反映 H_2S 的作用。

$$S = 1 + A\{1 - \exp(-B[H_2S])\} \tag{10-2-21}$$

式中，$[H_2S]$ 为 H_2S 的浓度，$\mu g/g$；S 为比反应速度常数。当应用该式校正由式（10-2-13）

~式（10-2-20）组成的 HDN 反应动力学模型计算结果时，可将计算的精度提高一个数量级[146]。

第三节　加氢裂化反应动力学模型

馏分油的加氢裂化反应是由大量的不同分子经历一系列平行顺序反应所组成的极为复杂的反应动力学网络。对于这样的复杂反应动力学网络，试图从分子的角度来研究几乎是不可能的。Mijan 等人[147,148]借助高性能的计算机对正十六烷从分子的角度分析其动力学行为，在适量的简化后，所建模型仍含有 361 个物种及 622 个反应。

为了研究这种极为复杂的反应动力学过程，往往采用一些简化的动力学模型。对加氢裂化反应而言，文献上不断报道出很具创意的各种动力学模型。这些模型基本上可划分为两类，一类是以经验关联式为基础的关联模型，另一类是以一定的反应机理为基础并对反应物分子按其结构和反应类型进行分类简化的集总反应动力学模型。此外，近年来随着人们对加氢裂化反应过程的进一步深入了解及大型分析仪器和计算机科学的发展，又出现了一些新的建模方法，如化学结构法[122]、Monte Carlo 法[123]及 Delplot 法[149]等。但这后一类模型目前均处于发展阶段，尚不具备应用于开发实用的加氢裂化动力学模型的条件，这一方面是由于这些方法的理论本身仍处于发展阶段，因而是不完整的，很难照顾到实际应用中的各种影响因素；另一方面是由于这类方法往往依赖于大型分析仪器所提供的数据，从而限制了数据来源。

一、加氢裂化反应的各种关联模型

（一）以裂解转化率为核心的关联模型

早期馏分油加氢裂化反应动力学规律的系统研究是以 Qader 等人的工作[113,125,150]为代表，Qader 等人对各种不同来源的轻重瓦斯油的加氢裂化试验研究[151]表明，瓦斯油的消去反应动力学可以用瓦斯油的一级反应速度方程来描述，即：

$$- dc_{瓦斯油}/dt = K \cdot c_{瓦斯油} \tag{10-3-1}$$

虽然对不同的瓦斯油所得出的动力学参数各不相同，如加氢裂化反应的活化能可在 14.1~17.6kcal/mol（59.03~73.69kJ/mol）之间变动。但不同的原料加氢裂化的反应结果之间在规律上，具有非常好的一致性。图 10-3-1 是 Qader 等人的典型加氢裂化反应结果。从图 10-3-1 不难看出无论是对 LAGO 或 HAGO，当裂解转化率低于 85% 时，各裂解产物的产率及石脑油的 RON 均为裂解转化率的线性函数。当转化率进一步增加时，气体及轻石脑油产率急剧增加，而重石脑油及中间馏分收率则迅速下降。进一步的分析（图 10-3-2）还表明石脑油的族组成与裂解转化率之间也存在着这种线性关系。

尽管受当时条件所限，Qader 等人只是针对无定形加氢裂化催化剂进行了研究，且原料油馏程相对现代加氢裂化而言要轻得多，但此后的很多研究工作[152,153]表明上述动力学规律在加氢裂化过程中是普遍存在的。显然，以裂解转化率为核心来建立加氢裂化的关联模型是一种比较直观有效的方法。

1. 轻石脑油关联方法

《炼油设计》[154]报道了国外用于技术经济评估的瓦斯油加氢裂化关联式，该关联式建立的基础是瓦斯油加氢裂化的产品分布是裂解转化率和原料性质的函数，并以轻石脑油（C_5~

82℃)产率为转化率的量度，其他产品产率则与轻石脑油的产率相关联。

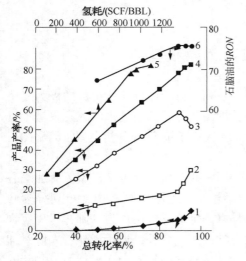

图 10-3-1(a)　轻瓦斯油的加氢裂化产品分布
1—气体；2—轻石脑油；3—重石脑油；
4—石脑油；5—对应石脑油产率的氢耗；6—RON

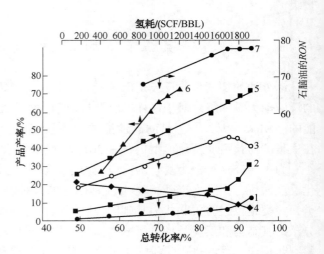

图 10-3-1(b)　重瓦斯油的加氢裂化产品分布
1—气体；2—轻石脑油；3—重石脑油；4—中间
馏分油；5—石脑油；6—对应石脑油产率的氢耗；7—RON

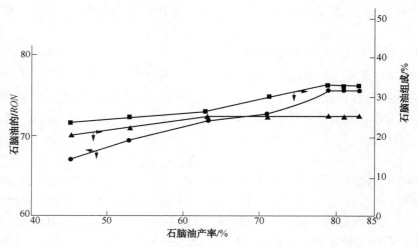

图 10-3-2　重瓦斯油 HC 石脑油质量
1—芳烃；2—异构烷烃；3—RON

　　轻石脑油的产率由原料相对密度和特性因数算出，但该关联对如何由反应条件确定轻石脑油的产率未能加以描述，而是按照固定的馏程切割并对三种全循环操作方案建立了各种关联式。这三种方案分别为：

　　1）石脑油方案，即大于 193℃全循环。其产品分别为干气、液化气、$C_5 \sim 82℃$轻石脑油及 82~193℃石脑油。

　　2）喷气燃料方案，即大于 288℃全循环。其产品分别为干气、液化气、$C_5 \sim 82℃$轻石脑油、82~141℃石脑油及 141~288℃喷气燃料。

　　3）柴油方案，即大于 343℃全循环，其产品为干气、液化气、$C_5 \sim 82℃$轻石脑油、82~

174℃石脑油及174~343℃柴油。

据称关联式可用于单段单剂流程、二段流程及串联流程和各种双功能催化剂，如硫化镍/硅铝、铂/硅铝、钼酸钴/氧化铝、钨/硅铝、钯/分子筛等。原料瓦斯油的典型沸程为316~560℃，特性因数范围11.0~12.2，但外延也能得到合理的结果。

为便于大家参考，现将这些关联式以表格的形式列于表10-3-1和表10-3-2。表中：K、T_{av}、S、N、SG及API分别为特性因数、体积平均沸点（℉）、硫含量（%）、氮含量（%）、相对密度（60℉/60℉）和API度；下标f、n、g、k、d分别表示原料、产品、石脑油方案、喷气燃料方案和柴油方案。三种方案的最重产品的产率均为物料平衡差值，因此全部产品的总产率为100+化学氢耗量。

表 10-3-1 轻石脑油关联方法产率关联式[①]

项　目	石脑油方案	喷气燃料方案	柴油方案
化学耗氢量	$H_g = 24.20 - 2.1(K_f) + 0.0055(T_{avf}) + 0.0625(S_f) + 0.214(N_f)$	$H_k = 22.67 - 1.93(K_f) + 0.004(T_{avf}) + 0.0625(S_f) + 0.214(N_f)$	$H_d = 21.14 - 1.76(K_f) + 0.003(T_{avf}) + 0.0625(S_f) + 0.214(N_f)$
硫化氢产率(三方案相同)		$H_2S = 1.0625(S_f)$	
氨产率(三方案相同)		$NH_3 = 1.214(N_f)$	
烃产率(三个方案相同)		$HC = 100 + H - H_2S - NH_3$	
轻石脑油产率	$LG_g = (HC/100)[0.15(API_f) + 2.4(K_f) - 8.59]$	$LG_k = (HC/100)[0.15(API_f) + 2.4(K_f) - 17.29]$	$LG_d = (HC/100)[0.15(API_f) + 2.4(K_f) - 22.89]$
干气(≤C₃)产率	$RG_g = 0.105(LG_g) + 1.0$	$RG_k = 0.105(LG_k) + 1.0$	$RG_d = 0.094(LG_d) + 1.0$
丁烷产率	$LPG_g = 0.55(LG_g)$	$LPG_k = 0.58(LG_k)$	$LPG_d = 0.59(LG_d)$
石脑油产率	$HN_g = HC - LG_g - LPG_g - RG_g$	$HN_k = 1.96(LG_k)$	$HN_d = 3.1(LG_d)$
喷气燃料产率		$JET = HC - RG_k - LPG_k - LG_k - HN_k$	
柴油产率			$DF = HC - RG_d - LPG_d - LG_d - HN_d$

注：化学氢耗量及产率单位均为对原料油的质量百分数。

表 10-3-2 轻石脑油关联方法物性关联式

项　目	石脑油方案	喷气燃料方案	柴油方案
RG 组成/% 　$C_1/C_2/C_3$	6.3/12.5/81.2	7.6/13.3/79.1	7.9/13.8/78.3
LPG 组成/% 　iC_4/nC_4	67.0/33.0	67.0/33.0	62.0/38.0
LG 性质(三个方案相同)			
特性因数		$K_n = 0.25(K_f) + 9.70$	
相对密度		$SG_n = 8.3897(K_n)$	
RON		$RON_n = -5.2(K_f) + 145.6$	

续表

项　目	石脑油方案	喷气燃料方案	柴油方案
HN 性质			
特性因数	$K_{ng} = 0.25(K_f) + 8.85$	$K_{nk} = 0.23(K_f) + 9.88$	$K_{nd} = 0.25(K_f) + 8.92$
相对密度	$SG_{ng} = 9.0831/(K_{ng})$	$SG_{nk} = 8.8578/(K_{nk})$	$SG_{nd} = 9.014/(K_{nd})$
RON	$RON_{ng} = 289.5 - 19.6(K_f)$	$RON_{nk} = 288.3 - 19.8(K_f)$	$RON_{nd} = 289.4 - 19.5(K_f)$
JET 性质			
特性因数		$K_n = 0.4(K_f) + 7.06$	
相对密度		$SG_n = 9.5728/(K_n)$	
芳烃含量/%(体)		$A_n = 199.5 - 15.4(K_n)$	
烟点/mm		$SP_n = 17.8(K_n) - 185.0$	
辉光值		$LN_n = -12.03 + 3.009(SP_n) - 0.0104(SP_n)^2$	
苯胺点/℉		$AP_n = 414.2/(SG_n) - 369.2$	
硫含量/%		$S_n = 0.008(S_f)$	
DF 性质			
特性因数			$K_n = 0.425(K_f) + 6.91$
相对密度			$SG_n = 9.8582/(K_n)$
苯胺点/℉			$AP_n = 439.1/(SG_n) - 375.4$
硫含量/%			$S_n = 0.02(S_f)$

　　为了使上述关联式具有更大的应用灵活性,笔者曾根据大量的实验数据,在这些关联式中引入了一个新的变量"X",它与单程转化率(体积)百分数与循环油切割温度(℃)有关。通过引入"X",不但提高了关联式的精度,同时也将上述三个方案(或更多方案)中化学氢耗、干气产率、轻石脑油产率、液化气产率等三套关联式统一成一套关联式。如对化学氢耗的关联式为:

$$H = 6.8739 + 2.2048(X) + 8.9035 \times 10^{-4}(T_{avf}) + 0.423(K_f) + 0.0625(S_f) + 0.214(N_f)$$

$$(10-3-2)$$

　　表 10-3-3 给出了该式对 8 组化学氢耗的预测结果,可以看出计算结果与实验数据之间相当吻合,平均标准偏差仅 0.053。

表 10-3-3　化学氢耗量的关联效果

项　目	1	2	3	4	5	6	7	8
实验氢耗量/%	3.23	3.20	3.00	2.98	2.93	2.96	2.74	3.02
计算氢耗量/%	3.26	3.16	2.92	3.01	2.89	2.96	2.81	2.99
平均标准偏差	0.0527							
催化剂	3822/3824							
操作方式	>350℃馏分全循环							

　　2. Nelson 关联方法[114,155,156]

　　该方法的适应对象是加氢裂化以石脑油为主要产品,其馏分切割方案为 $C_1 \sim C_3$ 干气、C_4 液化氢、$C_5 \sim 180$℉(约 82.2℃)轻石脑油、$180 \sim 400$℉(约 82.2~204.4℃)重石脑油及大于

400℉（约204.4℃）的重组分。与轻石脑油关联方法相同，Nelson 关联方法中也采用轻石脑油的产率作为关联其他产品分布的中介，但有所改进的是进一步采用氢耗量（裂解转化率的另一种度量）来确定轻石脑油的产率。

Nelson 关联方法是由一组莫诺图（图 10-3-3～图 10-3-5）和方程构成的。具体的计算方法如下：

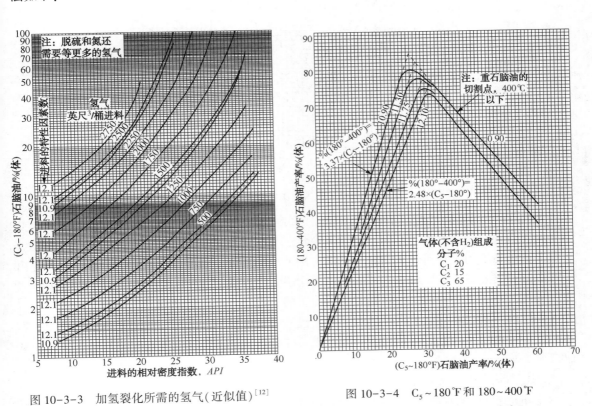

图 10-3-3　加氢裂化所需的氢气（近似值）[12]　　　　图 10-3-4　C₅～180℉ 和 180～400℉
　　　　　　　　　　　　　　　　　　　　　　　　　　　加氢裂化产物之间的关系[12]

1）应用图 10-3-3 求出轻石脑油的体积分数。

2）利用轻石脑油的体积分数和原料的 K 值，由图 10-3-4 求出重石脑油的体积分数。

3）按 $iC_4 = 0.377 \times$ 轻石脑油体积分数 $+nC_4 = 0.186 \times$ 轻石脑油体积%，计算出液化气的体积分数（液体）。

4）干气的质量分数 $= 1.0 + 0.09 \times$ 轻石脑油体积分数

5）设定轻、重石脑油的中平均沸点分别为 131℉（55℃）和 281℉（138.3℃），可以从图 10-3-5 中查得相应产品的特性因数 K，从而计算出各产品的密度及质量产率。400℉（204.4℃）以上产品的重量用差额法求得。

Nelson 关联方法由于采用了氢耗量作为裂解转化率的间接度量指标，从而使该关联可以考虑裂解转化率变化对产品分布的影响，并可兼顾尾油全循环、一次通过及部分循环等方式。与轻石脑油关联方法相比应用的灵活性较大。但是该关联方法不能给出大于 400℉（204.4℃）以后的产品分布等信息。

（二）以类比为特征的关联模型

前面所介绍的以裂解转化率为核心的关联模型，形式简单、意义明了，但难以追踪产品

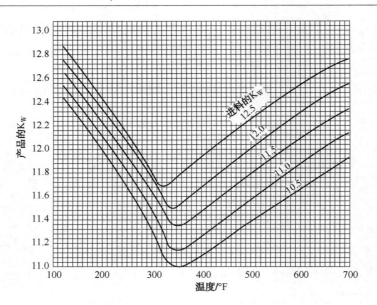

图 10-3-5　加氢裂化产品的特性因数

分布变化(如切割方案改变)的情况，同时对原料的描述过于简单，也使之无法反映原料变化对反应条件及产品分布的影响。而加氢裂化过程的优点之一是其具有非常好的产品方案灵活性，这是简单的裂解转化率关联方法所无法适应的。为了解决这一矛盾，很多研究者提出了各自的解决方案[157~164]。这些方案基本可分为二类：一类是在本节稍后要谈到的集总方法。实际上前述裂解转化率关联是一种最简单的二集总方法，集总划分越细致，则模型的可应用性越强，相应地待估参数也越多，建立模型的难度也越大。另一类则是这里要介绍的类比模型。它是将加氢裂化的原料和产品看成某种分布函数，而把加氢裂化反应过程类比为某种物理变换。

类比模型的典型成果有：

1）Stangeland 关联模型[120]。它利用固体粒子的破碎模型来模拟在一定反应条件下原料和产品的 TBP 曲线变换。由于该模型从结构上更接近于集总动力学模型，我们将在稍后一些再作介绍。

2）正态分布函数关联模型[116]，即：

$$\frac{\partial m}{\partial x} = \frac{m}{\sigma_0 \sqrt{2\pi}} \exp - \frac{(x - \overline{x_0})^2}{2\sigma_0^2} \qquad (10\text{-}3\text{-}3)$$

该模型将加氢裂化的原料用正态分布函数来表示，式中，m 表示质量分数、x 表示沸程。考虑有二次反应情况，加氢裂化产物分别用三组正态分布函数来表征。则总的加氢裂化产物分布可由三个产物的分布函数叠加组成，即：

$$\frac{\partial m}{\partial x} = \sum_{j=1}^{3} \frac{m_i}{\sigma_i \sqrt{2\pi}} \exp - \frac{(x - \overline{x_i})^2}{2\sigma_i^2} \qquad (10\text{-}3\text{-}4)$$

这样寻找加氢裂化反应物与产物之间的关系就转化为寻找 x_0、σ_0 与 x_i、σ_i 之间的关系。这种关系的转变可以用图 10-3-6 和图 10-3-7 形象地表示出来。

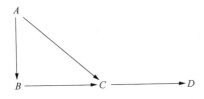

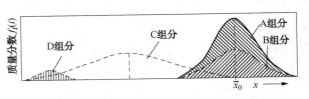

图 10-3-6　正态分布加氢裂化模型反应网络

注：A 组分表示原料；

B 组分表示与 A 组分有相同可几分布的产品；

C 组分为裂化产品；

D 组分为由 C 组分与二次裂解的产品

图 10-3-7　正态分布加氢裂化模型的图示

3）轴向扩散关联模型[115]。Krishna 和 Saxena 发现，无论加氢裂化的反应深度如何，其产物归一化 TBP 曲线是相同的，并通过类比导出该曲线可以用流体在两端边界开放的轴向扩散模型来描述。由于该模型用最少的动力学参数描述了加氢裂化的产物分布，从而使该模型具有非常好的应用基础。下面将对该模型作较详细的介绍。

如果将加氢裂化过程看成是对反应物分子大小分布的改变，则对加氢裂化反应的动力学研究就转变为对分子大小分布变化过程的研究。对石油馏分来说，分子大小的分布与沸点高低的分布具有非常好的线性对应关系[119]。因此，通常采用 TBP 曲线来表示分子大小的分布。若将加氢裂化原料和产物的 TBP 曲线绘于同一张图上（图 10-3-8），不难发现：当裂化反应时间（或反应深度）增加时，产品的平均分子大小降低，它反映在 TBP50% 点 T_{50} 的降低上。考虑到加氢裂化的目的是使大分子裂解为小分子，Krishna 和 Saxena[115] 采用：

$$T^* = (FBP_f - T)/(FBP_f - T_{50}) \tag{10-3-5}$$

来归一化加氢裂化原料和产物的 TBP 曲线。式中，FBP_f 为原料的终馏点，T、T_{50} 及 T^* 分别为产物的相应 TBP 温度、50% 点温度和归一化后的温度。用式（10-3-5）对图 10-3-8 的 TBP 曲线归一化后，四组不同反应条件下的归一化 TBP 曲线均落在了同一曲线上（图 10-3-9）。

图 10-3-9 的结果暗示对同一种原料油，不论反应条件如何改变，其反应产物都将具有相同的归一化 TBP 曲线。因此建立加氢裂化动力学模型的任务就是要找出这条归一化 TBP 曲线。加氢裂化反应过程中，随着反应时间延长，T_{50} 降低、沸点范围变宽。这一变化非常类似于示踪剂在管道中的轴向扩散过程：当流速恒定时，随着示踪剂所流过管道的延长（停留时间增加），示踪剂 50% 点的浓度降低，分布的范围变宽。

图 10-3-9 的光滑曲线就是轴向扩散模型在管两端边界条件均开放时解析解[165]的计算结果，即：

$$f = \frac{1}{2} + \frac{1}{2}erf\left(\frac{1 - T^*}{2T^{*1/2}}Pe^{1/2}\right) \tag{10-3-6}$$

式中，erf 为误差函数，Pe 为轴向扩散的毕克列准数，对图 10-3-9 Pe 取值 14。将式（10-3-6）与式（10-3-5）结合，若已知产物的 T_{50} 就可计算出实际的 TBP 曲线。对图 10-3-8 数据的拟合结果表明轴向扩散关联模型与实际数据非常一致，所有数据的平均标准偏差仅 0.031。

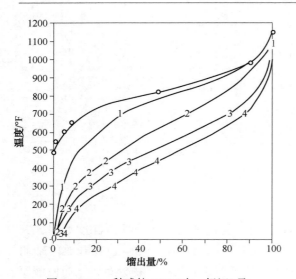

图 10-3-8　科威特 VGO（由 o 标记）及
不同 HC 深度下裂解产物
（分别由 1、2、3 和 4 标记）的 TBP 曲线

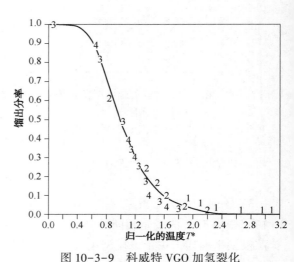

图 10-3-9　科威特 VGO 加氢裂化
产物的归一化 TBP 曲线

注：其中无量纲温度 T^* 曲线由式（10-3-5）计算，FBP_f
取值 1200 ℉（约 648.9℃），产品的 T_{50} 由图 10-3-8 求
得，图中曲线为 $Pe=14$ 时式（10-3-6）的计算结果

如果用轴向扩散关联模型来预测任一反应条件下的产品分布，现在要解决的是预测任一反应条件下的 T_{50}。图 10-3-10 清楚地显示出 T_{50} 与反应时间之间的关系，这种关系可以用：

$$\frac{\mathrm{d}\left(\dfrac{T_{50,\,t}}{T_{50,\,f}}\right)}{\mathrm{d}t} = -k_{50}\left(\frac{T_{50,\,t}}{T_{50,\,f}}\right)^{n} \tag{10-3-7}$$

来表示，该式与反应速度方程式非常类似。它表明 T_{50} 的下降速度与其本身的数值大小有关，T_{50} 数值越大，其下降的速度也越快。这一点其实不难理解，对加氢裂化反应而言，大分子的裂解要远比小分子的裂解容易进行，而 T_{50} 则正是馏分平均分子大小的一种度量。对图 10-3-8 的特例，式（10-3-7）中 k_{50} 为 $0.24\mathrm{h}^{-1}$，而 $n=1$，即 T_{50} 的变化符合一级反应速度方程。图 10-3-11（a）进一步表明与一含 60 个速度常数的复杂集总动力学模型的预测结果相比，轴向扩散模型仅用 2 个参数就得到了与之相当的预测精度。这表明轴向扩散模型应用于加氢裂化过程是非常成功的。

为了了解原料对轴向扩散模型参数的影响，Krishna 和 Saxena[115] 利用计算机进行了不同原料的系统模拟试验，原料组成（烷烃、环烷烃及芳烃）在 20%～60% 的范围内变化，$T_{50,f}$ 在 800～830 ℉（约 426.7～443.3℃）内变化。通过拟合筛选，得出了原料影响轴向扩散模型各参数的关联式：

$$Pe = 20.125 - 0.175 \times （原料中烷烃 \%） \tag{10-3-8}$$

$$n = 1.9 - 0.0015 \times （原料中烷烃 \%） \tag{10-3-9}$$

$$k_{50} = 0.4 - 0.003 \times （原料中烷烃 \%） \tag{10-3-10}$$

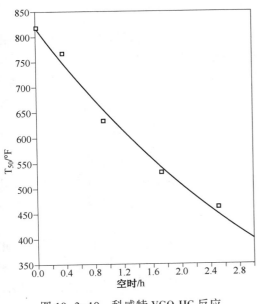

图 10-3-10　科威特 VGO HC 反应
深度与 T_{50} 的关系

注：图中曲线为式(10-3-7)的计算结果($k_{50}=0.24h^{-1}$)

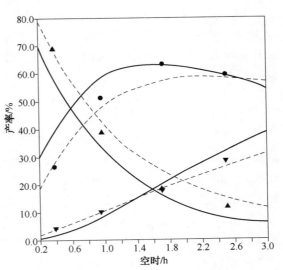

图 10-3-11(a)　科威特 VGO HC 的产率

▲—700℉以上产率；　●—300～700℉产率；
▼—300℉以下产率；　——轴向扩散模型计算值；
----含60个速度常数的复杂集总动力学模型计算值

也就是说原料中影响轴向扩散模型参数取值的主要因素是烷烃含量，这一结果与 Stange-land[120] 的研究结果是一致的。由于式(10-3-10)的导出所利用的数据源自计算机模拟实验结果，是否反映实际过程，因未做大量的检验，目前尚难评说。

用大量的中试及工业装置的数据对轴向扩散关联模型的验证结果[图 10-3-11(b)]表明该模型对中、低转化率条件下的加氢裂化数据具有比较好的拟合精度，而对中、高转化率条件下的加氢裂化数据的拟合精度较差，且转化率越高，数据拟合的标准差越大。图 10-3-11(b)的结果是易于解释的。因为在高转化率下，加氢裂化过程会发生相当程度的二次裂化反应，这一点轴向扩散关联模型是无法进行类比的。应该说加氢裂化转化率即使高达 60%～70%（大多数加氢裂化的单程转化率均在这一范围），轴向扩散关联模型仍不失为一个可选的模型，此时的平均标准差仍可在 10% 以内。

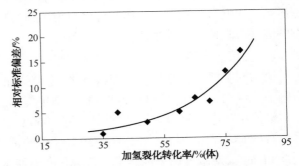

图 10-3-11(b)　转化率对轴向扩散模型精度的影响

轴向扩散模型的最大缺陷在于它只是通过类比的方法精确地描述了加氢裂化液体产品的 TBP 曲线（液体产品分布），因此无法给出 C_5 以下的轻端产品分布；由于模型避开了研究具体的化学反应过程，因此无法提供有关产品分布以外的任何信息，也就无从计算加氢裂化的产品性质、组成、氢耗等数据，而预测这些数据则同样是对加氢裂化动力学模型的基本要求。因此轴向扩散模型还是一个不完善的模型。随着工作的进一步深入，与其他的模型结合，将来有可能开发出一个具有实际应用价值的完整的加氢裂化关联模型。

二、加氢裂化各种集总动力学模型

加氢裂化反应动力学的研究对加氢裂化过程的发展起到了有力的推进作用，但加氢裂化反应动力学的研究就目前的状况而言，远落后于该过程的工艺和催化剂发展水平，这一现象对其他涉及催化反应的石油炼制过程也是如此。对于石油馏分这种复杂反应体系的动力学研究，其困难在于：

1）反应体系各组分之间的强偶联；

2）参与反应的组分数目太多，难于处理每种组分的反应。

20世纪60年代以来，对于处理这类复杂反应体系的动力学问题提出了集总理论，使复杂反应动力学的研究有了新的突破。在集总理论里把原料和产品中许多单一的化合物，按某种原则(如分子结构类型、反应类型等)归并成若干个虚拟可视为纯化合物的集总组分，然后去开发这些虚拟集总组分的反应网络及反应动力学模型。

Smith[166]的三集总催化重整模型是用集总方法处理复杂反应体系动力学的最早范例，此后Aris[28]、Weehman[33]及Wei[167~169]等人从理论和实际应用上对集总系统的反应动力学理论基础进行了深入的研究。提出了一级反应体系可精确集总的重要条件，即对一个包含几种组分的体系，可以通过一个唯一的线性变换而变为一个维数较低的 n 维向量(或虚拟组分)。

精确集总按其性质可分为三类：

1）适合集总：每一种化合物仅属于一个固定的集总，各虚拟组分或集总在动力学上完全独立或不偶联，并服从一级反应动力学规律。

2）半适合集总：每种化合物不是仅属于唯一的集总，可能同时属于另一个集总，但每个集总的反应仍符合一级动力学规律。

3）不适合集总：各集总之间不但高度偶联，而且其反应也不服从一级动力学规律。

集总的方法实质上是对复杂反应体系的一种简化，对馏分油加氢裂化这样的复杂反应体系，要建立符合精确适合集总几乎是不可能的，而如果集总的划分不当，使之成为不适合集总体系，人们将发现自己会面临许多意想不到的数据处理困难。因此，合理的加氢裂化集总方案应是力求使之进入半适合集总的范畴。

（一）按固定沸程集总的动力学模型

所谓固定沸程集总是指按加氢裂化生产方案的原料和产品划分集总的方法，即就气体、石脑油、煤油、柴油、原料(或尾油)来确定集总的方法。

最简单的固定沸程模型是以原料油(>350℃馏分)及产物(<350℃馏分)为集总组分。几乎所有的研究结果[150~157]均表明>350℃馏分的消去速度可以用一级动力学方程来描述。无论是Ptafenga对减压馏分油轻度加氢裂化的模拟结果(表10-3-4)或是Qader[1,13]的数据都清楚地表明二集总一级反应动力学模型对加氢裂化过程的拟合精度是非常高的。但由于该模型过于简单，性质差异较大的原料油、催化剂体系及加氢裂化深度等条件差异均会反映在模型的动力学参数上，如前者的表观活化能为129.8kJ/mol，而后者仅为63.5kJ/mol。尽管如此，由于该模型非常简单且具有相当好的拟合精度，往往被人们广泛地用于开发各种关联模型。

表10-3-4 VGO加氢裂化二集总模型计算值与实测值比较

反应温度/℃	390			410		
空速/h^{-1}	0.5	1.0	1.5	0.5	1.0	1.5
>350℃馏分转化率						

续表

反应温度/℃	390			410		
实测值	0.233	0.130	0.087	0.397	0.243	0.16
计算值	0.235	0.126	0.086	0.403	0.228	0.159
相对误差/%	0.9	−3.1	−1.2	1.5	−6.2	−0.6
反应速度常数/h^{-1}		0.1341			0.2582	
表观活化能(E)/(kJ/mol)				129.8		
常数 k_0				22.6×10^8		

为了改善二集总模型的不足，人们根据实际工作的需要，按照不同的产品切割方案分别开发了三集总[82,157]、四集总[118,171,172]和五集总[117,173]等模型。这些模型的基本特征为：

1) 把原料油和生成油按照沸程的差异(或切割方案)分成若干个集总组分，且反应物沸点与其生成物沸点均在同一集总沸程内的反应不予考虑。

2) 加氢裂化反应是由一系列的平行顺序反应所组成，即较重集总可以裂化生成所有比它轻的集总组分。

3) 加氢裂化反应中，虽然芳烃饱和反应会受到热力学平衡的限制，但该反应不会影响沸程的改变，能够影响沸程改变的主要是裂化反应。一般情况下裂化反应可认为是不可逆的，因此加氢裂化各集总之间的反应可认为是不可逆的。

4) 所有反应均可用一级反应动力学方程来描述。

按照上述集总模型的特征所建立的加氢裂化反应网络可以由图10-3-12来表达。图中序号越小表示越重的集总组分，越大表示集总组分越轻。对应的集总动力学方程为：

$$r_i = \frac{\mathrm{d}c_i}{\mathrm{d}t} = \sum_{j=1}^{i-1} k_{ji}c_j - \sum_{j=i+1}^{n} k_{ij}c_i \qquad (10\text{-}3\text{-}11)$$

式中，n 表示集总的数量；$\mathrm{d}C_i/\mathrm{d}t$ 表示第 i 集总组分的变化速率。式中右边第一项表示所有比 i 集总重的组分生成它的速率，而第二项则为 i 集总因加氢裂化为比之更轻集总而消耗的速率，k_{ij} 为集总生成 i 集总的反应速率常数。图10-3-13给出了典型的三集总和四集总加氢裂化模型计算值与实测值的比较结果，表10-3-5则为相应的五集总模型的结果。从这些结果可以看出，这些模型用于模拟加氢裂化过程的产率分布是非常好的。很多研究结果[157,171]表明在上述集总动力学反应的平行顺序网络中，平行反应不是主要的，因而对三集总过程，在数据处理中，可以按连续反应网络进行近似。对五集总等较复杂过程，则可用引入化学计量系数关系的方法来补充连续反应网络的不足。

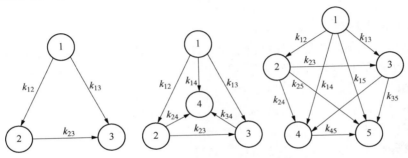

图10-3-12　固定沸程集总反应网络图

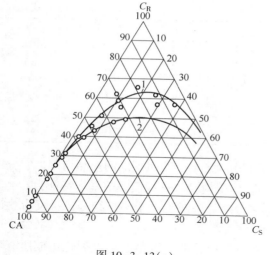

图 10-3-13(a)

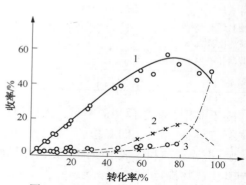

图 10-3-13(b)　三集总收率分布图
条件 10.0MPa，425℃

○，●，×—分别为柴油、汽油及气体实际收率；
曲线 1，2，3—分别为柴油、汽油及气体收率模型计算曲线

表 10-3-5　HC 五集总模型计算值与实测值的比较

操作条件 产品分布/%	6.0MPa，320℃，1.5h⁻¹		4.0MPa，360℃，1.5h⁻¹	
	观测值	计算值	实测值	计算值
$C_1 \sim C_4$	1.79	1.75	2.50	2.03
$C_5 \sim 132℃$	15.42	14.66	28.03	28.88
132~350℃	41.14	41.14	34.93	34.81
350~400℃	25.44	25.69	21.04	20.82
>400℃	16.21	16.76	13.50	13.45
合计	100.00	100.00	100.00	100.00
<350℃转化率	58.35	57.55	65.46	65.72

事实上，当一个烃类分子发生一次裂化反应时，所形成的两个较小的分子，总是随机地既可进入某同一产物集总，也可进入任意两个不同的产物集总。当大量的烃类分子发生裂化反应时，从统计学的角度看，可以认为该反应物在反应中会按照一定的化学计量系数关系形成所有可能的产物集总。即

$$F \to \gamma_1 G + \gamma_2 N + \gamma_3 D + \gamma_4 R$$

（二）按可变沸程集总的动力学模型

理论上，按沸程划分的集总数目越多，其对实际加氢裂化过程的模拟近似度也越高，但也意味着数据处理的难度将成几何级数地增加。从实际应用的角度，加氢裂化产品切割方案灵活是其重要的优势之一。人们在工作中往往会要求加氢裂化动力学模型能够估算出产品切割方案改变所产生的后果。这些都要求建立更为精细的加氢裂化集总动力学模型。

如果将式(10-3-11)进一步扩展，并令 n 足够大时，就可得到满足实际工作所需的动力学模型。若将分配系数引入式(10-3-11)，则可得

$$\frac{\mathrm{d}c_i}{\mathrm{d}t} = \sum_{j=1}^{i-1} k_j P_{ij} c_j - k_i c_i$$

$$(10-3-12)$$

$$i = 1, 2, \cdots, n$$

式中，P_{ij} 为第 j 集总裂化时生成第 i 集总的分率（或化学计量系数）。采用这一方式建立可变沸程集总加氢裂化动力学模型的典型代表有 Stangelang[120] 的破碎机模型和 Laximinarasinhan[186] 的连续集总模型。

1. 破碎机模型

在 Stangeland 的加氢裂化模型中，假定原料及产品包含一系列连续的，可只用沸点表示其特性的化合物。然后，这些化合物用 $10\,℃\,(50\,℉)$ 的固定沸程量分为各窄馏分（即一个集总组分）。每一集总组分都是经过一级反应生成一系列较轻的产品。因此，在加氢裂化反应中，i 集总的变化就用它本身裂化以及所有比它重的集总组分裂化生成它的总结果表示。则第 i 集总的微分方程即为式（10-3-12）。对于每一集总都可写出如式（10-3-12）的方程，形成一个微分方程组，它可用矩阵形式表示为：

$$\frac{\mathrm{d}\hat{c}(t)}{\mathrm{d}t} = -(I - \hat{P})\hat{k}\hat{c}(t) \tag{10-3-13}$$

式中，$\hat{c}(t)$ 为所有集总组分重量分数向量；I 为单位矩阵；$\hat{P}$ 为下三角产物分布系数矩阵；$\hat{k}$ 为以一级反应速度常数为元素的对角矩阵。

微分方程组式（10-3-13）的解析解为

$$\hat{c}(t) = \hat{D}\hat{E}(t) \tag{10-3-14}$$

式中，$\hat{D}$ 的各元素具体为：

$$D_{ij} = \begin{cases} \displaystyle\sum_{m=j}^{i-1} \frac{k_m P_{im}}{k_i - k_j} D_{mj} & i > j \\[2mm] C_i(0) - \displaystyle\sum_{m=1}^{i-1} & i = j \\[2mm] 0 & i < j \end{cases} \tag{10-3-15}$$

$\hat{E}(t)$ 为一与反应时有关的向量：

$$E_i(t) = \exp(-k_i t) \tag{10-3-16}$$

显然，要直接将式（10-3-14）应用于拟合实际加氢裂化过程，由于有太多的待估参数，实际上是不可能的。为了解决这一矛盾，模型中引入了与 K_i 及 P_{ij} 相关的三个分布函数参数，并以下述函数式计算：

$$K_i = K_0 [T_i + A(T_i^3 - T_i)] \tag{10-3-17}$$

$$[C_4] = C[-0.00693(TBP_i - 250)] \tag{10-3-18}$$

$$P'_{ij} = [Y_{ij} + B(Y_{ij}^3 - Y_{ij}^2)](1 - [C_4]) \tag{10-3-19}$$

上述式中，TBP_i 为 i 集总组分的实沸点蒸馏终馏点，$℉$；$[C_4]$ 为丁烷以下组分的质量分数；

$$T_i = TBP_i / 1000$$

$$Y_{ij} = \frac{TBP_j - 50}{TBP_i - 150} \tag{10-3-20}$$

$$P_{ij} = P'_{ij} - P'_{i+1,j}$$

$$K_0 = 1$$

这样，通过式(10-3-17)~式(10-3-20)就可将模型式(10-3-14)的待估参数减少为A、B 和 C 这三个取决于原料的组成和催化剂性质的参数上来，使模型具有了深入浅出的特殊效果。

对不同的催化剂和不同的原料组成，其模型的参数值也有所不同。图 10-3-14 是参数 A、B 和 C 与催化剂类型和原料中烷烃含量的关系。参数 A 与进料组成无关，主要取决于催化剂类型。脱氮催化剂有较高的 A 值，由式(10-3-17)可知 A 越大，裂解速度常数随沸点的下降也越快，这意味着脱氮催化剂使产品发生二次裂化的倾向减少。而 B 和 C 则即取决于原料组成，也与催化剂性质有关。图 10-3-14 表明，进料中烷烃增加，B 值下降(表示液体产品变轻)，C 值上升(表示产率增加)。这些规律与加氢裂化反应过程的基本特征是相吻合的。

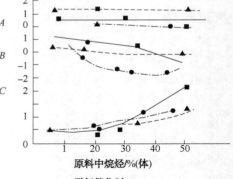

图 10-3-14　模型参数与催化剂和进料的关系

▲—脱氮催化剂；

■—一段加氢裂化催化剂；

●—二段加氢裂化催化剂

Stangeland 用该模型对一组加氢裂化数据进行拟合和预测都取得了非常好的结果。而 Mohanty[174] 等人将该模型用于指导工业装置，调整操作条件和产品切割方案，所预测的产品产率与实际工业生产数据非常吻合。我们也曾对该模型的适应性进行过考察，结果(图 10-3-15)表明该模型具有非常好的拟合精度，其最大偏差为 3.5%，标准偏差都小于 1%。此外，齐艳华[196]、杨朝合[197] 等人分别将 Stangeland 模型应用于 VGO 及渣油的加氢裂化，也都取得了非常好的效果。

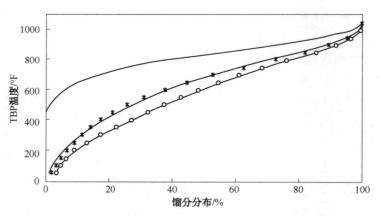

图 10-3-15　Stangeland 模型验证结果

2. 连续集总模型

连续集总的概念首先由 De Donder 等人[175] 提出，其后这一概念被广泛用于处理原油蒸馏[175]、多相催化反应[176~182]、焦化[183]、催化裂化[184] 及加氢裂化[185] 等各种问题。

较系统地阐释加氢裂化连续集总模型的当属 Iatminarasimhan[186]、Browarjik[185] 和 Eiff[187] 等人。尽管这些作者根据各自的假设来解释加氢裂化反应过程，但最后都推导出了相似的连续集总动力学模型。下面将简要介绍 Iaxminarasimhan 的连续集总动力学模型。

　　在连续集总中，反应混合物的特征仍然是 TBP 曲线。研究加氢裂化反应物与产物的变化规律，也就是研究 TBP 分布曲线的变化规律。因此所谓连续集总即是以 TBP 曲线为对象的集总方法。若将 TBP 曲线转化为以任何组分质量分率为基础的分布函数，则

$$C_i(t)\mathrm{d}i = C(\theta,\ t)\mathrm{d}\theta \tag{10-3-21}$$

　　式(10-3-21)的物理意义是对 i 组分，其在时刻 t 的组分浓度可以转化为 TBP 范围在 θ 和 $\theta+\mathrm{d}\theta$ 之间的样本分率。这里：

$$\theta = \frac{TBP - TBP(1)}{TBP(\mathrm{h}) - TBP(1)} \tag{10-3-22}$$

　　式中，$TBP(\mathrm{h})$ 和 $TBP(1)$ 分别为混合物的最高和最低沸点，即 θ 为规一化的沸点。

　　大量的文献报道表明加氢裂化反应速度常数是 TBP 的单调上升函数，因此可以用 C 对 k 的关系经坐标变换 $D(k)$ 来取代 C 对 θ 的关系，即在任意时刻 t，有：

$$C(\theta,\ t)\cdot\mathrm{d}\theta = C(k,\ t)\cdot D(k)\cdot\mathrm{d}k \tag{10-3-23}$$

　　若假设 k 与 θ 的关系可用简单的幂函数来描述：

$$k/k_{\max} = \theta^{1/\alpha} \tag{10-3-24}$$

　　式中，α 为模型参数，$k_{\max}$ 为沸点最高的样本所具有的速度常数，则：

$$D(k) = \frac{N\cdot\alpha}{k_{\max}^{\alpha}}\cdot k^{\alpha-1} \tag{10-3-25}$$

　　显然，式(10-3-25)满足坐标变换函数的规一化要求。

$$\frac{1}{N}\int_0^{k_{\max}} D(k)\cdot\mathrm{d}k = 1 \tag{10-3-26}$$

　　有了上述基础，就可方便地写出以 k 为参考坐标的动力学方程式(或物料平衡方程)：

$$\frac{\mathrm{d}c(k,\ t)}{\mathrm{d}t} = -k\cdot C(k,\ t) + \int_k^{k_{\max}} P(k,\ K)\cdot K\cdot C(K,\ t)\cdot D(k)\cdot\mathrm{d}K \tag{10-3-27}$$

　　式中，左边是 k 组分的浓度变化率，右边第一项为 k 组分裂解的速率，而第二项则为所有反应速度为 k 至 $k_{\max}$ 间各组分裂化生成 k 组分量的和。将式(10-3-27)与式(10-3-12)对照不难看出两者之间的一致性。事实上，如果将式(10-3-12)的沸程差无限细分，即令 N 趋近于无穷大，就可由式(10-3-12)推导出式(10-3-27)。

　　大量模型化合物的实验结果[188-190]表明，不对称截尾的高斯分布函数可用于描述加氢裂化产品分布状况。考虑到一些其他的因素，作者提出分布函数 $P(k,\ K)$ 的形式为：

$$P(k,\ K) = \frac{1}{S_0\sqrt{2\pi}}[\exp - [\{(k/K)a_0 - 0.5\}/a_i]^2 - A + B] \tag{10-3-28}$$

　　式中：

$$\begin{cases} A = \mathrm{e}^{-(0.5/a_1)^2} \\ B = \delta\cdot\left[1 - \left(\dfrac{k}{K}\right)\right] \end{cases} \tag{10-3-29}$$

　　其边界条件为：

$$P(k,\ K) = 0 \qquad \text{当 } k \geqslant K \tag{10-3-30}$$

　　及

$$\int_0^K P(k,\ K)\cdot D(k')\cdot\mathrm{d}k = 1 \tag{10-3-31}$$

　　式(10-3-28)中 a_0、a_1 及 δ 为取决于原料组成及催化剂性质等因素的调节参数，它们确

定了分布函数峰值出现的位置、截尾的位置等。参数 S_0 可由式(10-3-31)求出,即:

$$S_0 = \int_0^K \left[\frac{1}{\sqrt{2\pi}} (\exp - [\{(k/K)_0^a - 0.5\}/a_1]^2 - A + B \right] \cdot D(k)\,dk \qquad (10\text{-}3\text{-}32)$$

表 10-3-6 给出了该模型的两组计算结果,不难看出模型的预测结果与实验数据之间是非常一致的。

表 10-3-6　连续集总模型计算值与实验值的比较

项　目	计算值	实验值	计算值	实验值	计算值	实验值	计算值	实验值	原　料
数据来源	Bennett and Bourne(1972)[191]								
停留时间/h	0.383		0.952		1.724		2.5		
汽油	6.0	5.5	16.0	16.0	23.0	21.0	26.0	25.0	0
柴油	45.0	52.0	51.0	53.0	61.0	59.0	39.0	35.0	41.0
尾油	35.0	40.0	25.0	25.0	9.0	11.0	5.0	7.5	59.0
数据来源	EL-Kardy(1979)[192]								
停留时间/h	0.667		1.0		2.0		原料		
汽油	3.01	3.25	5.0	5.0	7.5	6.0	3.0		
柴油	14.0	13.9	23.0	24.0	36.0	39.0	13.5		
尾油	80.0	79.6	70.0	70.0	54.0	51.0	82.5		

(三)按组成集总的动力学模型

上述所介绍的各种加氢裂化模型,无论是简单的二集总模型或是复杂的连续集总模型,其共同的特征都是只着眼于反应物和产物分子大小的变化,也就是裂化反应本身,对反应物和产物间组成的变化情况均未涉及。因此这些模型往往只能提供加氢裂化产品分布的信息,而不能提供有关产物组成和性质等重要数据。前面已经分析过,加氢裂化过程所包含的反应是多种多样的,如芳烃饱和、异构化、开环及裂化等,而这些反应之间又是相互关联的,因此一个好的加氢裂化模型应能够在考虑裂化反应的同时,考虑到影响组成变化的各种因素。

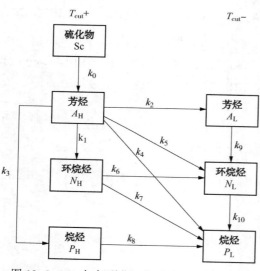

图 10-3-16　加氢裂化 7 集总动力学反应网络

Krishna 等人在总结前人工作[115,116,191,193]的基础上提出一个综合反映裂解和组成变化影响的 7 集总动力学模型。其反应网络见图 10-3-16。该模型按切割点分成轻重两层,每一层又按烃类的结构分成芳烃、环烷烃和烷烃三个集总,对重组分另增加一硫化物集总。硫化物集总当发生 S—C 键断裂时生成重芳烃,重芳烃既可加氢饱和生成环烷烃,也可发生开环及脱烷基反应生成重烷烃、轻烷烃、环烷烃和轻芳烃;重环烷烃则可生成轻环烷烃和轻烷烃;重烷烃则只能生成轻烷烃。作者同时认为所有的反应均可用一级不可逆动力学来描述。

表 10-3-7 列出了 7 集总动力学方程的解。Krishna 用 Bennett 等[191]的实验数据对该模型进行了验证。表 10-3-8 是 6 组不同切割温度下相应的反应速度常数。模型对实验数据的最大拟合偏差为 4%，且该偏差不受切割温度变化的影响，它表明该动力学模型可应用于任意切割温度。图 10-3-11 更清楚地表明了计算结果与实验数据间的一致性。

表 10-3-7 7 集总反应动力学方程的解

$$S_C = S_{C0}\exp(-k_0 t)$$
$$A_H = a_1\exp(-k_0 t) + a_2\exp[-(k_1+k_2+k_3+k_4+k_5)t]$$
$$N_H = a_3\exp(-k_0 t) + a_4\exp[-(k_1+k_2+k_3+k_4+k_5)t] + a_5\exp[-(k_6+k_7)t]$$
$$P_H = a_6\exp(-k_0 t) + a_7\exp[-(k_1+k_2+k_3+k_4+k_5)t] + a_8\exp(-k_8 t)$$
$$A_L = a_9\exp(-k_0 t) + a_{10}\exp[-(k_1+k_2+k_3+k_4+k_5)t] + a_{11}\exp(-k_9 t)$$
$$N_L = a_{12}\exp(-k_0 t) + a_{13}\exp[-(k_1+k_2+k_3+k_4+k_5)t] + a_{14}\exp[-(k_6+k_7)t] + a_{15}\exp(-k_9 t) + a_{16}\exp(-k_{10}t)$$
$$P_L = 100 - S_c - A_H - N_H - P_H - A_L - N_L$$

$$a_1 = k_0 S_{C0}/(k_1+k_2+k_3+k_4+k_5+k_6)$$
$$a_2 = A_{H0} - a_1$$
$$a_3 = k_1 a_1/(k_6+k_7-k_0)$$
$$a_4 = k_1 a_2/(k_6+k_7-k_1-k_2-k_3-k_4-k_5)$$
$$a_5 = N_{H0} - a_3 - a_4$$
$$a_6 = k_3 a_1/(k_8-k_0)$$
$$a_7 = k_3 a_2/(k_8-k_1-k_2-k_3-k_4-k_5)$$
$$a_8 = P_{H0} - a_6 - a_7$$
$$a_9 = k_2 a_1/(k_9-k_0)$$
$$a_{10} = k_2 a_2/(k_9-k_1-k_2-k_3-k_4-k_5)$$
$$a_{11} = A_{L0} - a_9 - a_{10}$$
$$a_{12} = (k_5 a_1+k_6 a_3+k_9 a_9)/(k_{10}-k_1-k_2-k_3-k_4-k_5)$$
$$a_{13} = (k_5 a_2+k_6 a_4+k_9 a_{10})/(k_{10}-k_1-k_2-k_3-k_4-k_5)$$
$$a_{14} = k_6 a_5/(k_{10}-k_6-k_7)$$
$$a_{15} = k_9 a_{11}/(k_{10}-k_9)$$
$$a_{16} = N_{L0} - a_{12} - a_{13} - a_{14} - a_{15}$$

分析表 10-3-8 的动力学数据，不难发现，层与层之间的速度常数(k_2、$k_4 \sim k_8$)均随切割温度的下降而迅速下降，表明分子越小越难发生裂化反应。与此对应，层内的各反应速度常数(k_1、k_3、k_9、k_{10})虽然也随切割温度下降而下降，但其影响程度较层间反应而言，可以看作不受切割温度的影响，它表明芳烃饱和和环烷开环反应基本不受分子大小的影响。

表 10-3-8 7 集总反应速度常数

k 值	$T_{cut}/°F$					
	700	437	375	300	180	32
k_0	8.3000	8.3000	8.3000	8.3000	8.3000	8.3000
k_1	1.2633	0.4943	0.4799	0.4624	0.4345	0.4000
k_2	0.6042	0.1809	0.1105	0.0397	0.0034	0.0200
k_3	0.0421	0.3131	0.2719	0.2593	0.2501	0.2302
k_4	0.5309	0.0211	0.0096	0.0095	0.0095	0.0095
k_5	0.0397	0.0383	0.0249	0.0131	0.0086	0.0000
k_6	1.1855	0.2772	0.2134	0.1117	0.0073	0.0000
k_7	0.1619	0.0474	0.0275	0.0275	0.0275	0.0275
k_8	0.4070	0.2391	0.1993	0.1518	0.0978	0.0299
k_9	0.2909	0.5434	0.5219	0.4509	0.4391	
k_{10}	0.0818	0.0740	0.0709	0.0618	0.0608	

三、理想的加氢裂化集总动力学模型

对石油馏分来说，给定两个独立的性质参数就可对其进行确切的表征，以沸程为基础的动力学模型能够精细地描述各加氢裂化产品的馏程数据，而以组成为基础的动力学模型能够提供加氢裂化产品的组成数据。如果将上述两类模型有机地结合起来，使所建立的加氢裂化动力学模型能够关联更多的原料影响因数、提供沸程和组成并进而求得产品的产率和性质数据，则这种模型将具有更好的应用前景。

（一）Profimatics 加氢裂化模型简介

Powell[21] 报道的 Profimatils 公司所开发的加氢裂化动力学模型是进行这种尝试的代表作。该模型的特点是按烃类分子碳数划分集总，并按结构族组成及一定的分布规则将芳烃碳、环烷环碳、烷烃碳（含侧链），以及硫、氮和烯烃（双键数）分配到每个碳数的虚拟分子集总之中。模型所考虑的反应包括裂化、HDS、HDN、芳烃饱和、环烷开环和烯烃饱和，并进一步认为各反应均符合一级不可逆反应动力学规律。即

$$\frac{dc_i}{dt} = a \cdot k_0 \cdot \exp(-E_a/RT) \cdot P_{H_2}^{\alpha} \cdot c_i \tag{10-3-33}$$

式中，a 为催化剂活性指数；k_0 为反应速度常数；E_a 为活化能；P_{H_2} 和 α 分别为氢分压及对氢的反应级数；C_i 为分子碳数为 i 的反应物浓度，故对应于不同的反应 C_i 可以分别是分子碳数为 i 集总的质量分率、硫含量、氮含量、芳环碳分数、环烷环碳分数及 C═C 键浓度。

这种处理方法的好处是模型的计算过程由于各反应之间互不干扰而变得较为简单，但其缺点也是显然的，将各种反应机械地拆开，又将反应的结果机械地捏合必然会产生与实际反应过程之间的各种矛盾，但无论如何，这是一个具有相当预测能力的比较完整的加氢裂化动力学模型。从其能够成为目前世界上唯一商品化的加氢工艺软件这一角度，也可看出该模型的广阔应用前景。

（二）FRIPP 加氢裂化动力学模型介绍

由于加氢裂化生产工艺灵活，产品质量好，能处理不同原料，而且可以根据需要改变产品结构，这就要求加氢裂化动力学模型能够做到：

1）考虑原料组成的影响，使所建模型具有对不同原料的预测能力；

2）根据具体情况的要求，提供优化产品结构、调整产品产率的信息和数据。

为了满足第一种要求，很多研究者[119,198,199]都提出过很有创意的解决方案，Stangeland 模型则是解决第二种问题的典型。Powell 采用按分子碳原子数划分集总，并用结构族组成来描述该集总虚拟性质的方法，较好地解决了上述两方面的问题，建立了比较完整的加氢裂化动力学模型，开发出目前唯一的商品化加氢裂化模拟软件。

FRIPP 根据长期在加氢裂化领域从事开发研究的经验，在 Stangeland 模型和 Powell 模型的基础上开发出了一个较为理想的 FRIPP 加氢裂化动力学模型[194,195]，并成功地将其应用于缓和加氢裂化技术开发的研究工作之中。本节将重点介绍 FRIPP 模型。

1. FRIPP 加氢裂化模型的结构

TBP 曲线是表征油品性质的最重要参数之一，作为集总划分的参数是很自然的选择。Stangeland 选择每 50℉（10℃）沸程为一集总组分，从实际应用角度，往往切割点的调整是在 10℃ 的范围内波动，因此 50℉ 沸程差就显得偏大。Powell 以分子碳原子数作为集总组分划

分的依据，由 TBP 曲线求得各分子碳数集总的量，图 10-3-17 清楚地表明，这种集总划分的方法存在着对轻组分集总划分过粗，而对重馏分集总划分过细的矛盾，同时将 TBP 曲线转化为碳原子数分布曲线，最后结果又需回到 TBP 曲线，我们认为其必要性不大。综合考虑上述因素及计算工作量，我们在建模时按每 20℉的沸程，在纵面上将烃类划分为 n 层。

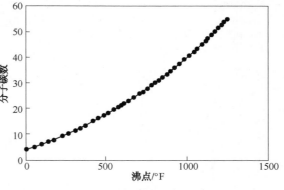

图 10-3-17　分子碳数与沸点的关系

为了进一步考虑烃类组成对加氢裂化反应的影响，与 Powell 模型类似，通过结构族组成数据在横面上，即在每一层内，再划分出烷烃(包括环上的侧链)、环烷和芳烃(均扣除侧链)三个集总。与 Powell 模型不同的是，这里将烷烃、环烷和芳烃考虑为三个集总，因此在进行计算时，C_A、C_N 和 C_P 可以有机地按反应动力学规律加以分解和综合。

与所有加氢裂化模型采用产率做物料平衡基础不同，考虑到加氢裂化过程中，原料和产品碳原子数维持严格的守恒，故每个集总的量以碳原子数量来表示。即出反应器的碳原子总数必须等于入反应器的碳原子总数，所不同的是这些碳原子在每个集总中的分布在反应前后发生了改变。

在加氢裂化模型中，所考虑的主要反应有：链烷烃的加氢裂解、环烷和芳烃的侧链脱除、环烷的开环及芳烃的饱和反应。烯烃饱和反应由于不影响 C_A、C_N 和 C_P 的分布，因此作为一个单独反应来处理。加氢脱硫和加氢脱氮反应往往伴随着一定程度的开环和断链反应，从而改变环结构和使烃类分子变小。为了反映这一因素的影响，我们在所开发的 C_A、C_N 和 C_P 计算方法中包含了 S、N 化合物的影响因素，即在计算芳烃饱和和环烷开环反应中已包含了 HDS 和 HDN 对 C_A、C_N 和 C_P 集总分布的影响；同时认为 HDN 对裂解反应的影响较小，可忽略不计，HDS 对裂解反应的影响可以用校正系数的方法来解决。考虑到 HDS 和 HDN 均不会影响碳原子数平衡，故这些反应均可作为单独反应来处理。

各集总反应之间符合下列关系：

1）环烷和芳烃的反应由两大类组成。一类为侧链断裂脱除，使较重的环烷和芳烃变为较轻的环烷和芳烃；另一类为芳烃的饱和和环烷的开环。

2）芳烃饱和为一可逆反应且芳烃不能直接转化为烷烃。以四氢萘为原料的加氢裂化反应结果[200]证实了上述反应规律。

3）芳烃饱和和环烷开环反应不改变该集总的沸程，即该反应只在同一层各集总之间进行。

4）烷烃(含环上侧链烷烃)裂化反应中，烷烃第 i 集总量(碳原子数)的变化是它本身的裂解，同一层中环烷第 i 集总开环，以及所有比它重的烷烃集总裂解生成它的结果。

5）相同层芳烃、环烷脱侧链的反应速度近似相同，因此，对由于脱侧链所引起的环烷和芳烃的变化，可以用总环的变化来表示。

6）第 i 层总环集总(即芳烃加环烷，不含环上的侧链烷烃)的变化是它本身向较轻环集总的转移，第 i 环烷集总开环(变为第 i 层烷烃集总)，以及所有比它重的环集总向第 i 环总转移的结果。

7）所有上述反应均符合一级动力学反应规律。

依据上述关系，可以得到反应的动力学网络向量流向图（图 10-3-18）。相对应地，可写出如下的反应动力学方程组：

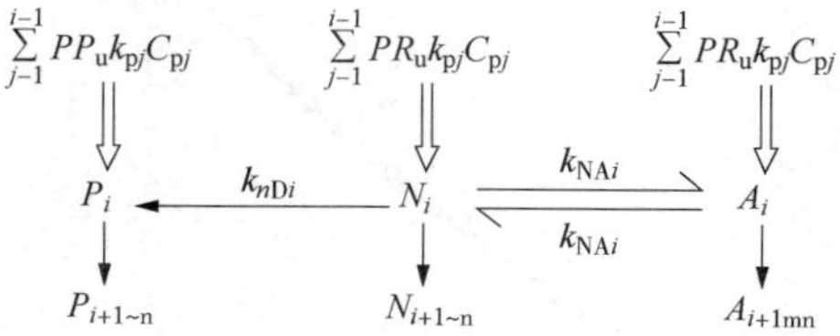

图 10-3-18

$$\frac{dC_{Ai}}{dt} = (-k_{Ri} - k_{ANi})C_{Ai} + k_{NAi}C_{Ni} + \sum_{j=1}^{i-1} PR_{ij}k_{Rj}C_{Aj}$$

$$\frac{dC_{Ni}}{dt} = k_{ANi}C_{Ai} + (-k_{NPi} - k_{NAi} - k_{Ri})C_{Ni} + \sum_{j=1}^{i-1} PR_{ij}k_{Rj}C_{Nj}$$

$$\frac{dC_{Pi}}{dt} = k_{NPi}C_{Ni} - k_{Pi}C_{Pi} + \sum_{j=1}^{i-1} PP_{ij}k_{Pj}C_{Pj}$$

$$(i = 1, 2, \cdots, n) \tag{10-3-34}$$

式中，i，j 均为以每 20°F 为一个窄馏分的分层编号，数字由小至大表示馏分由重变轻；C_{Pi}、C_{Ni} 和 C_{Ai} 分别表示第 i 层烷烃（含环状烃的侧链烷烃）、环烷烃及芳烃集总（均不含侧链）的碳原子数；k_{Pi} 为第 i 层烷烃裂解速度常数；k_{Ri} 为第 i 层环状烃脱侧链生成轻环状烃的速度常数；PP_{ij} 和 PR_{ij} 分别表示第 j 层烷烃和环状烃向第 i 层转移的分配系数；k_{ANi}、k_{NAj} 和 k_{NPi} 则分别表示第 i 层芳烃饱和、环烷脱氢和环烷开环的反应速度常数。

为了方便计算，根据加氢裂化反应的特点，假定：

1）对于同一类烃反应，速度常数与其沸点符合幂指数函数关系。虽然这一关系为许多研究者所采用，但实际的速度常数分布可能要比之复杂得多，特别是在需要考虑轻重组分吸附性及分子筛择形性等影响因素时更是如此。所幸的是对大多数场合在这一假定条件下的计算结果与实际数据均能给出满意的拟合精度。

2）对于同一类烃反应，由于反应机理相同，其反应的活化能相同。表 10-3-8 的数据表明烷烃裂化反应活化能基本上是一个常值。胜利原油的常二、常三、减一和减二线的加氢裂化数据（表 10-3-9）表明，它们的裂解反应活化能基本接近于常数。

表 10-3-9　胜利原油不同馏分加氢裂化反应活化能

馏分	平均沸点/℃	转化率计算切割点/℃	裂解反应活性化能 E/R
常二	280.4	>180	18356
常三	340.2	200	15725
减一	387.1	280	15801
减二	440.7	350	18809

因此，任何第 i 层集总的反应速度常数均可用如下的通式表示：

$$k_i = k_{i0}e^{-E/RT}\zeta_i^{\alpha} \cdot P_{H_2}^{\beta} \tag{10-3-35}$$

式中，ζ_i 为 i 层集总的特征沸点，°F

$$\zeta_i = 20(n - i) + 10 \tag{10-3-36}$$

P_{H_2} 为氢分压，α，β 分别为特征沸点 ζ_i 和氢分压 P_{H_2} 的幂指数，这里假定它们为不随特征沸点变化的常数。k_{i0} 为指前因子，它受多种因素（如竞争吸附，中毒、失活等）影响。下一节将对此进行介绍。以烷烃裂化为例，式（10-3-35）可写成：

$$k_{Pi} = k_{Pi0}e^{-E_P/RT}\zeta_i^{\alpha_P} \cdot P_{H_2}^{\beta_P} \tag{10-3-37}$$

krishna[119] 的 7 集总动力参数数据（表 10-3-8）表明芳烃饱和、环烷脱氢及开环等反应速度常数对沸程的依赖性远远小于烷烃裂化反应速度常数对沸程的依赖性。因此，为了模型简化，可以认为这几种反应的速度常数与特征沸点无关。以芳烃加氢为例，式(10-3-35)可写为：

$$k_{ANi} = k_{ANi_0} e^{-E_{AN}/RT} P_{H_2}{}^{\beta_{AN}} = k_{AN0} e^{-E_{AN}/RT} P_{H_2}{}^{\beta_{AN}} = k_{AN} \qquad (10-3-38)$$

式(10-3-38)表明由总括(全馏分)的芳烃饱和动力学研究所得到的动力学参数可直接代入式(10-3-35)使用，从而，大大简化了式(10-3-34)的求解过程。

前面已经提及 HDS 反应对裂解反应有一定程度的影响，这种影响可以用对相应的裂解速度常数(k_{Pi} 和 k_{Ri})加一校正项的方法来描述，即

$$k_{Pi}(\text{或} k_{Ri}) = [\text{式}(10-3-35)] + \delta(-dS_i/dt)\exp(-\gamma X_{Si}) \qquad (10-3-39)$$

式中，($-dS_i/dt$)为对应时该第 i 层 HDS 反应速度，X_{Si} 为相应的脱硫率，δ 和 γ 为非负常数。式(10-3-39)的意义是指 HDS 所导致的裂化产物的分配系数与相应烃类裂解的产物分配系数相同，HDS 对裂解的影响正比于相应的 HDS 反应速度，$\exp(-\gamma X_{Si})$ 项的设置，是为了使 $\delta(-dS_i/dt)$ 在 X_{Si} 达一定值时能够衰减为零，这是因为当 HDS 进行到一定程度后，硫醇、硫醚及二硫醚等易反应的硫化物均已脱除，剩下的是杂环硫化物。与 HDN 相似，杂环硫化物的脱除主要会影响 C_A、C_N 和 C_P 的分布，对裂解反应的影响可以忽略。

分配系数 PP_{ij} 及 PR_{ij} 也可表示为各特征沸点的函数，大多数文献或采用 Stangeland[120] 模型的函数型式，或采用截尾的正态分布函数型式。FRIPP 模型可根据实际情况在两种分布函数之间进行切换。以截尾正态分布函数为例，对 C_{4-} 产品其分配系数为：

$$\sum_{i=n-2}^{n} PP_{ij} = \theta\exp(-\varepsilon_{ej})$$

$$\sum_{i=n-2}^{n} PR_{ij} = 0 \qquad (j = 1, 2, \cdots, n-3) \qquad (10-3-40)$$

式中，θ、ε 均为常数。对 C_{5+} 产品其分配系数为：

$$PP_{ij} = \frac{\exp(-X^2/2\sigma_P^2)}{a_P\sigma_P \sum_{j=j+1}^{n-3}\left[\dfrac{\exp(-X^2/2\sigma_P^2)}{a_P\sigma_P}\right]}\left(1 - \sum_{i=n-2}^{n} PP_{ij}\right) \qquad (10-3-41)$$

$$PR_{ij} = \frac{\exp(-X^2/2\sigma_R^2)}{a_R\sigma_R \sum_{j=i+1}^{n-3}\left[\dfrac{\exp(-X^2/2\sigma_2^2)}{a_R\sigma_R}\right]} \qquad (10-3-42)$$

这里认为环状烃(环结构碳)在发生脱侧链反应时，不能直接生成小于 C_4 以下的组分。其次 C_{4-}(即 $n-2$、$n-1$ 和 n)仅由烷烃组成，且集合为一个集总，其中 $C_1 \sim C_4$ 的具体组成可由另外的经验关联式确定，类似如前面所介绍的轻石脑油关联加氢裂化动力学模型那样。

2. 计算过程说明

求解上述开发的模型需要原料的集总组成，模型的求解结果将给出产物的集总组成，而用户所提供的往往只是原料的常规分析结果，例如密度、馏程、硫、氮含量之类，而需要的则是各种产品方案的产率分布及主要产品性质。为了满足用户的需求，为了便于模型的应用和推广，计算过程必须解决如何由原料的常规物性求定适合模型需要的原料集总组分数据，以及由模型模拟所得到的产品集总组分数据求出能够与产品分析数据直接比较的计算结果。因此整个计算过程由三块组成：原料性质组成关联(正算)、反应动力学方程求解及产品组成性质关联(反算)。

1) 正算过程的计算顺序及方法如下：

① 输入原料的相关性质数据,包括密度、ASTM 馏程、元素组成(S、N、C、H 等)、溴价(或碘价)、黏度、凝点(或倾点)、质谱族组成等。其中密度、馏程、S、N 和溴价为必需数据,其他为可选项。

② 将 ASTM 馏程数据用 API 蒸馏曲线换算式转化为相应体积分数下 TBP 馏出温度。

$$T_{TBP} = a(1.8T_{ASTM} + 491.69)^b/1.8 - 273.16 \qquad (10-3-43)$$

式中,T_{TBP} 和 T_{ASTM} 分别为 TBP 和 ASTM 蒸馏曲线上 IBP,10%,30%,……,95%(体)的馏出温度,a、b 为随体积分数变化的常数,见表 10-3-10。进而用三次样条函数插值的方法,按 20℉间隔算出原料油各窄馏分的体积分数。

表 10-3-10　ASTM 与 TBP 蒸馏曲线互换常数

编号	馏出量/%(体)	a	b
1	IBP	0.9167	1.0019
2	10	0.5277	1.0900
3	30	0.7429	1.0425
4	50	0.8920	1.0176
5	70	0.8705	1.0266
6	90	0.9490	1.0110
7	95	0.8008	1.0355

③ 根据原料油的密度及规一化的密度分布曲线求定各窄馏分的密度。

根据原料油的硫、氮含量及相应规一化的硫、氮含量分布曲线求定各窄馏分的硫、氮含量。

根据原料油的溴价及规一化溴价分布曲线求定各窄馏分的溴价。该项只对以二次加工油品为原料时才加以考虑。

当已知原料油的油种及相应油种的原油评价数据时,上述几种规一化分布曲线可由原油评价数据求得。否则可以采用模型的推荐数据。

④ 由各窄馏分的密度、特征沸点、硫、氮及溴价数据计算相应的结构族组成数据 C_a、C_n、C_p。

⑤ 由特征沸点、密度、硫、氮及溴价求取各窄馏分的氢碳原子比,并进而求定相应窄馏分的碳原子数量。

⑥ 如果原料数据中有 C、H 等元素组成,则将之与计算所得各窄馏分相应的加和数据加以比较,调整规一化密度分布曲线直至计算结果与元素组成契合为止。

⑦ 对凝点和黏度只计算混合原料的性质,即根据原料油的密度和体积平均沸点计算其凝点和黏度。如果有相应的实测数据,将之与凝点和黏度数据比较从而分别求得支链度因子、黏性因子。

$$\begin{cases} 支链度因子(\theta) = 实测凝点 / 计算凝点 \\ 黏性因子(\tau) = 实测黏度 / 计算黏度 \end{cases} \qquad (10-3-44)$$

并且假定该比值能够适用于所有窄馏分并在加氢裂化反应中得到传输,并进一步假定这种传输属于扩增(比值增加)或衰减(比值降低)传输,即:

$$\begin{cases} \theta = \theta_0 + \alpha X \\ \tau = \tau_0 + \beta X \end{cases} \qquad (10-3-45)$$

式中,X 可为任意定义的裂解转化率,模型中一般定义为进料中最重产品馏分的单程转化率。α 和 β 根据催化剂的特点可以为正、负或零，而一个催化剂则对应着一个固定的 α 和 β 值。它将作为度量催化剂性能的一个方面。

2）动力学方程求解方法：

与大多数反应工程问题的解决方法类似，为了求解复杂的动力学方程组，式（10-3-34）将催化剂床层划分为许多小薄层（微元），用龙格-库塔法求解。对于绝热反应器，则根据相应的热量平衡微分方程式求取相应微元的温升及下一微元的入口温度。关于反应热的计算方法下一节将有相应的介绍。

3）反算过程的计算顺序及方法如下：

① 根据求解反应的动力学模型能得到产品的各窄馏分结构族组成、硫、氮及溴价数据，求相应的窄馏分产品的密度。

② 由特征沸点、密度、硫、氮及溴价等数据计算各窄馏分的氢碳原子比，并进而求得这些窄馏分的质量以及体积。

③ 所有产品质量之和与原料质量之差即总的化学耗氢量。

④ 按照所需的产品切割方案对各窄馏分质量进行分段加和求得产品分布数据。对前后两产品之间的重叠的几个窄馏分按照一定的比例进行分配。这些比例是模型修正时所采用的实际数据中相应产品之间的几个窄馏分的重迭比例。

⑤ 按照④的方法求定各产品的窄馏分分布，并利用三次样条函数计算出该产品的 TBP 曲线。

⑥ 由式

$$T_{\text{ASTM}} = a^{(-1/b)}(T_{\text{TBP}} \times 1.8 + 491.69)^{(1/b)}/1.8 - 273.16 \qquad (10\text{-}3\text{-}46)$$

求出该产品的 ASTM 蒸馏曲线。式中各项的意义同式（10-3-43）。并进而计算出相应的体积平均沸点。

⑦ 按照④的方法计算各产品的结构族组成、硫、氮及溴价。

⑧ 根据各产品的体积平均沸点，结构族组成、硫、氮及溴价求得各产品的密度。

⑨ 若为预测计算，转致步骤⑫。若为修正计算（求取动力学模型参数），则将实际结果，如氢耗、产品分布、液体产品密度、ASTM 馏程与相应的计算值相比较，并求出其残差平方和。

⑩ 由最优化方法（坐标轮换法）根据残差方和的大小给出新的动力学参数，转入动力学方程求解进行迭代计算，直至计算结果与实际数据间达到预定的拟合精度为止。

⑪ 由实际数据与计算结果的比较，求出式（10-3-45）的参数 α 和 β。

⑫ 根据上述已知数据能够得到较好计算结果的各产品其他性质有：

汽油的芳烃潜含量：

马达法辛烷值

煤油的芳烃：

烟点

黏度

冰点[可同样用式（10-3-45）校正]

柴油的芳烃：

十六烷值

凝点

黏度

尾油的芳烃:

倾点

黏度

以上简要叙述了整个模型的计算过程,用图 10-3-19 的框图表示如下:

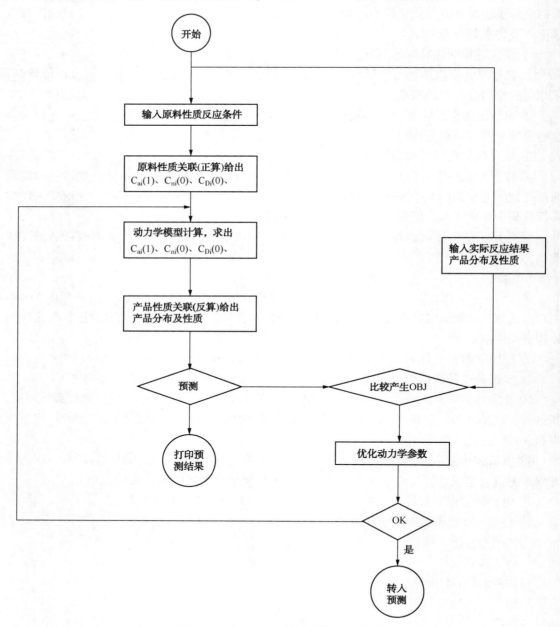

图 10-3-19　FRIPP 模型计算过程框图

3. FRIPP 模型的特点

在介绍模型的结构时对该模型的特点已有简单涉及,这里将对其中的主要两点加以详细说明。

（1）芳烃加氢的热力学平衡问题

高压条件下的芳烃加氢可近似为不可逆反应；中压条件下，其逆反应是必须考虑的。而考虑环烷脱氢反应是 FRIPP 模型与 Powell[121] 模型的显著区别之一。Powell 模型虽将 C_A、C_N 和 C_P 引入计算之中，但它是利用 C_A、C_N 和 C_P 构造一定结构的分子模型，然后研究该模型分子（虚拟集总）的加氢裂化反应规律。由于这种集总的结构特征，对芳烃加氢反应只能考虑芳烃饱和而不能计算逆反应环烷脱氢，为了解决热力学平衡的限制问题只能人为设定一些参数。FRIPP 模型则将 C_A、C_N 和 C_P 分别作为三个集总，因而可以方便地按实际反应过程构造这三个集总之间的反应网络图，即

$$A \underset{k_2}{\overset{k_1}{\rightleftharpoons}} \overset{k_3}{\longrightarrow} P$$

图 10-3-20　芳烃加氢反应网络

相应的动力学方程为

$$\begin{cases} \mathrm{d}C_A/\mathrm{d}t = -k_1 C_A + k_2 C_N \\ \mathrm{d}C_N/\mathrm{d}t = -(k_2 + k_3)C_N + k_1 C_A \end{cases} \qquad (10-3-47)$$

式中

$$\begin{cases} k_1 = k_{10}\mathrm{e}^{-E_1/RT}(P_{H_2}/6.5)^{\alpha_1} \\ k_2 = k_{20}\mathrm{e}^{-E_2/RT}(P_{H_2}/6.5)^{\alpha_2} \\ k_3 = k_{30}\mathrm{e}^{-E_3/RT}(P_{H_2}/6.5)^{\alpha_3} \end{cases} \qquad (10-3-48)$$

将式（10-3-47）应用于胜利 VGO 的加氢精制过程，它对实验数据的拟合精度颇高，相对标准差仅 0.862%。图 10-3-21 清楚地表明计算结果和实验值之间非常好的一致性。表 10-3-11 列出了相应的各反应动力学参数值。这些参数值不但与已知的反应规律相一致，且具体数值均落在文献报道的相应数据范围之内。众所周知，正逆反应活化能之差应等于该反应的标准反应焓变。对芳烃饱和反应，ΔH^0 的取值一般在 −113.0~125.0kJ/mol 之间，表 10-3-11 的 E_1-E_2 计算值为 −117.2kJ/mol，与理论分析结果相当一致。由此可见图 10-3-20 的集总划分方法是合理可靠的，可以用作加氢裂化集总动力学模型的基础。

表 10-3-11　参数的初值和精估值

项目	$k_{10}/\times10^{-4}$	$k_{20}/\times10^{-13}$	$k_{30}/\times10^{-19}$	$E_1/(\mathrm{kJ/mol})$	$E_2/(\mathrm{kJ/mol})$	$E_3/(\mathrm{kJ/mol})$	α_1	α_2	α_3
初值	6.60	3.89	2.24	65.31	183.0	248.9	1.14	−2.01	−0.59
精估值	6.77	3.68	2.37	65.31	182.6	248.9	0.942	−2.37	−0.52

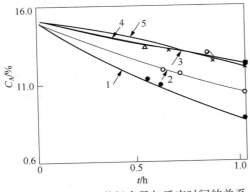

图 10-3-21（a）　芳烃含量与反应时间的关系

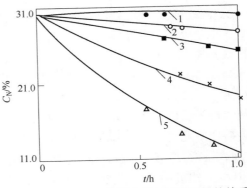

图 10-3-21（b）　环烷烃含量与反应时间的关系

从图 10-3-21 可以看出氢分压对芳烃饱和反应的影响相当显著，在 380℃ 条件下，氢分压由 10.0MPa 降至 6.5MPa，芳烃含量大幅上升，而烷烃含量几乎不变，它表明芳烃转化率的下降是压力降低导致环烷脱氢加剧造成的结果。与之相对应，在 6.5MPa 及不同温度下，芳烃含量的变化是非常有趣的。当表观反应时间小于 0.85h 时，C_a(400℃)>C_a(390℃)>C_a(380℃)，即芳烃饱和的净速度为 γ_a(380℃)>γ_a(390℃)>γ_a(400℃)，显然，芳烃饱和反应受到了热力学平衡的限制。当表观反

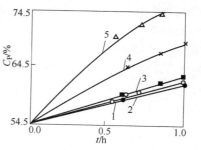

图 10-3-21(c)　加氢反应条件对烃类结构族组成的影响

应时间约为 1h 时，C_a(400℃)<C_a(380℃)，这似乎与热力学特性相左。但如果对照相应条件下环烷浓度的变化数据，不难看出，其实是在 400℃ 反应时间 1h 的条件下，由于环烷开环反应使环烷浓度锐减，而破坏了原已接近的热力学平衡，使芳烃饱和反应得以继续进行所致。综上所述，图 10-3-20 的反应网络和动力学模型不仅正确地反映了芳烃加氢的热力学平衡，而且也定量地反映了开环反应对平衡的影响。

（2）关于正算和反算

有关石油馏分的物性关联，每年都有大量的文献报道，新的方法不断出现[201~208]，API 数据手册每隔一定时期都要对其所推荐的物性计算方法进行一次更新。

认真分析这些关联方法，其最基本的自变量只有两个，即密度和体积平均沸点。虽然很多关联式往往将折射率作为一个独立的自变量，但寿德清等的关联式

$$n_D^{20} = 0.520545 + 0.854754\,D_4^{20} + 0.193995/D_4^{20} \qquad (10\text{-}3\text{-}49)$$

具有非常高的拟合精度(偏差<0.3%)表明它并非一个独立的自变量，而也是相对密度的函数。

大多数关联方法往往采用一些中间计算量，如相对分子质量、苯胺点、黏度等作重要关联参数。目前这些中间计算量的偏差都较大，如相对分子质量的偏差在 4.5%~23.2% 之间、黏度的误差在 2.3%~9.3% 之间，因此利用这些参数所得到的性质数据其精度也就可想而知了。

综合考虑上述因素，在我们开发正算、反算各种物性关联式时所遵循的原则为：

1）以密度、馏程及元素组成直接作为关联的变量，除特性因数 K、折射率 n_D^{20} 等少数几个参数外，尽量不引入像相对分子质量等参数，以避免计算过程中引入不必要的误差。

2）在进行动力学参数估计时，计算结果与实际反应结果的比较，或最优化目标函数的确立，也是以产品分布、密度、馏程等精度较高的数据作为基础。而像凝点、黏度、烟点等计算误差较大的数据不作为调整动力学参数的依据。

3）正算、反算都要用的关联，如由原料性质求 $C_{ai}(0)$，$C_{ni}(0)$ 和 $C_{pi}(0)$ 及由反应产品 $C_{ai}(1)$，$C_{ni}(1)$ 和 $C_{pi}(1)$ 求产品性质应是同一组公式。这就要求所开发的正算关联式能够方便地转换为反算关联式。其目的是避免在正、反算过程中如果采用不同的关联可能引起的误差传播现象发生。理论上说，正、反算采用同一种关联有利于减少计量误差的影响。

4）在正、反算过程中尽可能多地利用实际数据所提供的信息。如密度分布曲线的引入、C、H 元素组成的引入、支链度因子及黏性因子的引入、产品重叠比例的引入等。这为提高模型的适应性及预测能力打下了更牢固的基础。

5）在修正计算时，可利用多组实际原料和相应的系列反应结果，从而使动力学参数的计算结果更加系统可靠。采用坐标轮换最优化方法虽然计算过程较费时，但计算的收敛稳定性较好，且通过设置参数的上下限，可根据实际情况把一些待估参数锁定在固定值上。

4. FRIPP 模型的应用情况

图 10-3-22 是一组不同条件下胜利 VGO 的中压加氢裂化实验数据，以及相应条件下 FRIPP 加氢裂化模型的产率预测结果（曲线）。不难看出实验数据与计算结果之间吻合得相当好。

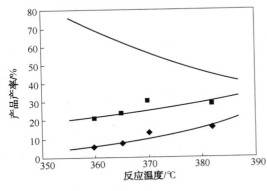

图 10-3-22（a） 反应温度对加氢裂化的影响　　　图 10-3-22（b） 空速对加氢裂化的影响

图 10-3-23 的结果则进一步表明，式（10-3-34）的各类反应动力学速度常数的对数与反应温度的倒数之间存在着非常好的线性关系，而这一点是反应动力学理论 Arrhenius 方程要求满足的。它充分说明 FRIPP 模型关于集总的划分、集总之间反应网络的构成及一级反应速度方程的采用等建模的构思是合理的，且满足半适合集总的重要条件。

实践表明，FRIPP 模型不仅能够对实验数据获得满意的拟合，而且能在较宽的反应条件范围内，较好地预测各种组成的原料的裂化行为。下面通过几个例子说明模型的预测能力。

1）在深度加氢处理的条件下，往往也有相当程度的加氢裂化反应发生，这就是缓和加氢裂化。图 10-3-24 清楚地表明 FRIPP 模型可用于精确地描述缓和加氢裂化的反应过程。图中 4 条曲线分别为原料及产品的 ASTM 蒸馏曲线。对产品而言，曲线为模型计算结果，点子为实验数据，尽管缓和加氢裂化的反应深度差别相当大，但除 IBP 点外几乎所有实验数据都落在曲线上。IBP 点误差较大是可以理解的，实验室中由于受样品采集和存放条件的制约，该实验数据出现较大误差往往很难以避免的。表 10-3-12 则进一步表明 FRIPP 模型对产品性质的预测能力也相当好。无论是产品密度或是结构族组成，实验数据与计算数据都能吻合。

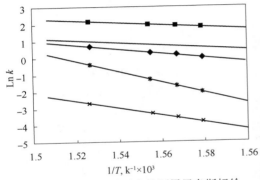

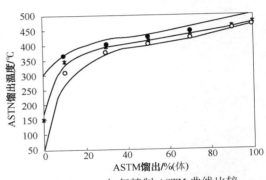

图 10-3-23 各种反应的阿累尼乌斯标绘　　　图 10-3-24 加氢精制 ASTM 曲线比较

表 10-3-12　缓和加氢裂化>350℃馏分性质预测结果

项　目	原　料	实验值-计算值		实验值-计算值		实验值-计算值	
反应条件							
温度/℃		380		390		400	
压力/MPa		6.5		6.5		6.5	
空速/h⁻¹		1.2		1.2		1.2	
氢油体积比		1000∶1		1000∶1		1000∶1	
产品性质							
密度(20℃)/(g/cm³)	0.8826	0.8653	0.8660	0.8601	0.8608	0.8508	0.8483
结构族组成/%							
C_P	54.79	63.91	62.92	69.22	69.99	74.38	73.43
C_N	30.29	25.02	26.15	20.65	20.15	16.04	16.88
C_A	14.92	11.07	10.86	10.13	9.86	9.58	9.70

2）对不同原料油的适应能力如何是评价一个模型成功与否的标志之一。图 10-3-25 是 FRIPP 模型预测七种不同原料油加氢裂化反应的结果。这七种原料油的性质差别较大，既有石蜡基和中间基原料，也有环烷基和环烷中间基原料。在对七种原料进行加氢裂化实验时，精制段出口氮含量 25μg/g，裂化段反应温度为 370℃。图 10-3-25 中横坐标为原料的特性因数 K 值，纵坐标为产品选择性，图中曲线为模型计算值，点子为实验值。可以看出模型对不同原料的产品选择性具有好的预测能力，预测反应趋势符合实际反应的规律，而且数据之间也很吻合。图 10-3-26 则以各产品的密度实验数据为横坐标，相应的计算数据为纵坐标作图，图中数据点均匀、紧密地分布在 45℃线的两侧，表明模型对产品性质的预测能力也是非常好的。对密度的统计数据分析结果平均标准偏差为 0.83%，最大标准偏差为 2.15%，也就是说大多数密度数据在小数点后第三位上才开始出现偏差。我们认为，FRIPP 模型对原料油性质变化的良好适应性，既得益于原料组成计算（正算）中自变量的正确选择以及比较符合实际的关联式的开发，也得益于集总总反应网估计和参数估计方法的合理性。

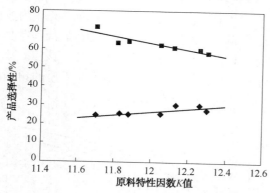

图 9-3-25　不同原料加氢裂化产品选择性

◆—65~180℃馏分选择性；
■—180~350℃馏分选择性

反应压力：8.0MPa；反应温度 370℃

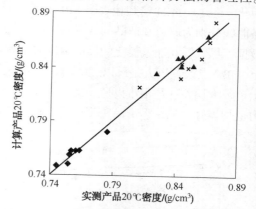

图 9-3-26　7 种原料加氢裂化产品密度比较

◆—65~180℃馏分密度；×—180~350℃馏分密度；▲—>350℃馏分选择性；

反应压力：8.0MPa；反应温度：370℃

3）产品方案灵活，是加氢裂化过程的优点之一，因此加氢裂化动力学模型能否准确预测不同产品切割方案的加氢裂化反应结果，是检验加氢裂化动力学模型成功与否的又一标志。表 10-3-13 给出了一组用 FRIPP 模型预测高压全循环加氢裂化反应的数据。表中第一列实验数据被用于拟合和修正 FRIPP 模型的动力学参数，第二、第三列为预测结果和实验结果的比较。第二列的反应条件与第一列相同，均为>350℃全循环。只是改变了产品切割方案。第三列的产品切割方案基本未变，只是改变了反应条件，将>350℃全循环改为>330℃全循环。表 10-3-13 的数据表明无论是调整产品切割方案或是改变循环油切割点，FRIPP 模型均能给出合理的预测结果。表中柴油凝固点和黏度的计算结果与实验结果的一致性也初步证明模型中支链度因子及黏性因子的引入是成功的。

表 10-3-13　FRIPP 模型对加氢裂化不同产品方案的模拟结果

工艺流程	>350℃馏分全循环	>350℃馏分全循环		>330℃馏分全循环	
空速/h⁻¹	1.20	1.40		1.40	
氢油比(体)	1200：1	1200：1		1200：1	
反应压力/MPa	15.7	15.7		15.7	
		实验值	预测值	实验值	预测值
反应温度/℃	360	364	362.5	372	372.2
精制油氮/(μg/g)	4~6	20~23		~20	
单程转化率/%(体)	70	60	60	60	60
产品分布(对原料)/%					
82~132℃	18.10	18.69	19.03	20.18	20.03
132~282℃	47.07	48.83	48.51	49.26	51.56
282~350℃	21.51	17.48	18.82		
282~330℃				13.05	12.29
产品性质					
82~132℃					
密度(20℃)/(g/cm³)	0.7370	0.7416	0.7449	0.7372	0.7365
芳烃/%	58.9	57.2	59.2	56	54
132~282℃					
密度(20℃)/(g/cm³)	0.7940	0.7908	0.7923	0.7924	0.7911
烟点/mm	31	30	29	31	31
282~350℃					
密度(20℃)/(g/cm³)	0.8135	0.8111	0.8109	0.8107	0.8089
黏度(20℃)/(mm²/s)	10.32	8.883	8.911	8.167	7.992
凝点/℃	0	-3	-5	-16	-18
十六烷值	70.8	69.7	71.5	64.8	66.0

四、其他复杂反应动力学模型简介

对于加氢裂化这一复杂反应，前面所介绍的各种动力学模型其主要着眼点是分子大小的分布或馏分的分布随反应条件的变化情况，对加氢裂化反应过程中分子结构的变化则关注较少。下面将介绍两种从分子结构的角度建立加氢裂化动力学模型的方法。

（一）化学结构集总模型[122]

化学结构集总的理论是在近几年内由 Astarita 和 Oncone[209]、Astarita[210] 和 Ho&White[211] 等发展起来的。化学分析方法的改进，使得 Prnas 和 Allen[212] 得以对加氢热分解反应更多地从反应物间的化学结构变化这一角度建立动力学模型。Quann 和 Jaffe[213] 将这种方法用于开发中间馏分油的加氢裂化反应动力学模型。在 Quann 的模型中将化学结构用一组向量来表示，相应地化学反应则可视为向量操纵子，从而使该模型能够用于描述成千上万的不同化合物反应过程。对中间馏分油加氢裂化这一特例，反应物的化学结构可以由一个 22 维的向量来表示，加氢裂化的反应，如加氢饱和、开环和裂化则可用一些对应的线性操纵子来描述。

$$\text{（萘结构）} + 2H_2 \Longleftrightarrow \text{（四氢萘结构）} \tag{10-3-50}$$

阐释化学结构集总的典型例子是对萘加氢生成四氢萘反应的描述：

在式(10-3-50)中，反应物和产物含有三个化学结构元素，它们是 6 个碳的芳烃环(A6)、4 个碳并与 6 碳芳烃环融合的芳烃环(A4)和 4 个碳的环烷环(N4)，若用向量来表示则为：

		[A6]	[A4]	[N4]	
反应物	萘	[1	1	0]	(10-3-51)
加氢饱和反应规则		[0	-1	+1]	
产物	四氢萘	[1	0	1]	

式(10-3-51)中，每一条反应规则都具有相应反应物选择性，以保证该反应仅适用于特定的反应物。

通过使用这种方法，Quann 等可以在分子结构的水平上来追踪有着成千上万种化合物的反应过程，从而大大减少了对化合物本身的集总。这种对复杂混合物体系的动力学方法基于对反应混合物进行详细分析的能力。对重质加氢裂化原料进行详细分析是不可能的，也就是说开发化学结构集总动力学的理论框架远远超出得到组成信息的实际能力。因此，现在的问题是如何将化学结构集总模型扩展，用于重质加氢裂化原料。

为了解决上述困难，人们提出利用不同性质范围原料的动力学反应行为来建立一种称为"定量结构活性关联"(QSARs)的方法，简单的定量结构活性关联的例子比比皆是，Guitan 等[214]提出用硫含量作为结构活性关联因子，Nagaishi 等[215]又以芳烃碳含量作为结构活性关联因子，而 Gray 等[216]则以芳环上的取代基作为结构活性关联因子。定量结构活性关联的基本思想是以所选定的(往往是易于得到分析数据的)结构活性关联因子为研究对象，通过实验寻找其与初始反应活性的关系，及其在加氢裂化反应过程中反应活性逐步改变的情况。而其他所有反应均通过与该结构活性关联因子的关系来间接求定。

Gray[122]应用核磁共振谱来确定混合烃的化学结构基团数据，从而避免了测定单体化合物浓度的困难，例如，若按化学结构基团来描述萘加氢生成萘的反应，则式(10-3-50)就可改写为：

$$2C_{Ar} - (C_{Ar})_3 + 4C_{Ar} - (H) + 2H_2 \longrightarrow 2C_{Ar} - (C_{aliph}) + 2\alpha - C + 2C_{naphth}$$

$$\tag{10-3-52}$$

式中，C_{Ar} 是芳烃碳，C_{aliph} 是 α 碳、α-C 则是与芳环相连的 α 碳，而 C_{naphth} 则是环中的 α 碳或短侧链上的 α 碳。

Gray[122]的研究结果表明不同化学结构基团的表观反应由共同的内在计量系数关系联系在一起。也就是说，以一种结构基团的反应速度对另一结构基团的反应速度作图，将会得到一条截距为零的直线。图 10-3-27 是焦化瓦斯油加氢处理的实验结果，图中横坐标为杂原子(O、N、S)的脱除速度，纵坐标为各种化学结构基团相应反应速度。它清楚地证明了上述线性关系的存在。这种关系的存在也是建立 QSARs 方法的基础。

QSARs 方法的最大不足有两点，一是所能得到的组成数据范围太窄，二是一些重要的变量之间存在着严重的交互作用。这给该方法在重油加氢裂化的成功应用设置了很难逾越的障碍。

近年来，Hans[275~277]等人将化学结构集总模型用于研究减压瓦斯油的加氢裂化反应动力学机理的研究，其结果表明这种研究方法对于解决催化剂在催化基元反应中的作用，进而了解催化剂的催化作用机制和催化改进方向是非常有指导价值的。未来将会成为反应动力学研究的一个热点。

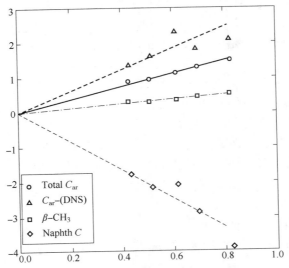

图 10-3-27　由 NMR 分析出的分子结构基团反应的计量系数
关系数据源有 CGO 的加氢结果

注：温度 380～420℃，进料速度 12.5～23.5mL/g 催化
剂。正值表示消去，负值表示生成。Total C_{ar} 为总芳烃
碳，C_{ar}-(ONS) 为与 O、N、S 相连接的芳烃碳，β-CH_3
表示与芳环在 β 位相连的甲基，Naphth C 为环烷烃

（二）单事件机理模型[147]

2000 年以来应用单事件模型来研究加氢裂化反应机理的文章[278～281]明显增多。Valery 等以角沙烷为原料，研究了大分子在酸性催化剂上的加氢裂化反应动力学；Baltanas 等针对正庚烷的非理想型加氢裂化反应，建立了相应的单事件集总参数混合动力学模型；Thybaut 等则利用单事件机理反应动力学模型研究长链正构烷烃与分子筛孔结构的加氢裂化反应构效关系；Mitsios 等用单事件机理反应动力学模型解释了长链正构烷烃在无定形加氢裂化催化剂上的裂化与异构化反应行为。所有这些研究工作对于解释加氢裂化反应的机理和催化作用机制都表现出了很好的适应能力，但目前该模型只能应用于像长链正构烷烃加氢裂化这样相对简单的体系。Baltanas 等[279]采用单事件与集总混合建模的思路可能为下一步深化加氢裂化动力学模型的研究提供一条值得探讨的路线。

（三）Monte Carlo 模型[123]

Monte Carlo 复杂反应动力学模型的思想方法是尽可能多地利用分子的信息，它是由 Klein 及其合作者们首先提出并发展起来的[217～219]，近来受到了人们的大量关注[220～224]。

Monte Carlo 模型的基本构思是：首先根据油品的已有化学性质来构建化学结构元素如侧链、芳环、环烷烃等的概率曲线，然后利用 Monte Cnnto 技术对这些概率分布进行随机采样并构建分子，如分子中环的数量、芳烃的数量、侧链和桥碳的数量和长度、杂原子的数量及位置等，通过一系列这种构建分子的集合来代表该油品；最后每一个分子均按照已知模型化合物的反应动力学行为进行反应。理论上来说，只要随机采样构建的分子集合足够大，如 10000 个不同分子，则油品的性质就能得到合理的表征。

这种建模方法的优点一是使人们避开了对复杂混合物详细的化学结构分析,一是使人们能够充分利用已有模型化合物的动力学研究结果。其缺点一是即便是对不同结构分子的动力学常数用线性自由能关联来估计,及用向量和矩阵来表示化学结构,要在现代计算机上追踪反应物和产物的变化也是相当困难的;一是如何调整初始的分子构建规则使之能够拟合实际油品的性质存在着相当的不确定因素。一个错误的初始规则往往会使分子构建难于收敛到实际油品性质上来。

从上面的介绍可以看出,人们对加氢裂化反应动力学模型的研究方法一直在不断地进步,对加氢裂化反应动力学特性的认识一直在不断的深入,然而我们对加氢裂化的复杂反应机理的了解仍是肤浅的、部分的。这正如圣·保罗的比喻那样,我们对加氢裂化复杂反应动力学的挑战如同"要看透一个黑色的水晶球",它需要人们不断地开展如下的周期性研发工作,即实验、分析、构思假设动力学模型和进一步验证假设。相信在激情、创造性和刻苦工作共同存在的条件下,人们一定能够在不久的将来设计出一个更加有效的加氢裂化动力学模型。

第四节　影响加氢裂化反应动力学的其他因素

前面各节对加氢裂化过程主要反应的反应动力学及其主要影响因素进行了较为详细的介绍。实际的加氢裂化反应过程要比上述章节的描述更为复杂得多,能够对加氢裂化反应动力学行为产生影响的各种因素也远未认识全面,这些因素包括氢的动力学行为,竞争吸附和中毒、传热与传质等因素的作用。本节将简要论述这些因素对加氢裂化反应动力学的影响。

一、氢对加氢裂化反应过程的影响

氢对加氢裂化反应过程的影响是无所不在的。作为一种反应物,氢几乎参与了加氢裂化的所有反应,氢分压(浓度)的高低不但对反应速度产生作用,同时也是影响产品质量的重要因素;作为一种工艺参数,氢气能够促使某些竞争反应朝着特定的方向进行,从而改变产品的分布特征,能够抑制结焦等不希望发生的副反应,从而使催化剂保持非常好的稳定性;作为一种工程介质,氢物流在加热、冷却等过程中也起着非常关键的作用。本质上说,加氢裂化反应与催化裂化反应是相通的,只是由于有了氢气的存在,才使得两种反应过程在工艺流程、反应条件及反应结果之间产生天壤之别。尽管氢气在加氢裂化反应中起着非常重要的作用,但是人们对氢在加氢裂化中的反应动力学行为研究得并不深入。这一方面是由于在大多数实际反应条件下,氢在反应系统中总是以过量的状况存在,在建立动力学方程时往往可作为常量来考虑,客观上人们更关心的是氢耗量和反应热等因素;另一方面在多步反应的过程中,氢往往参与的是这多步反应中的大部分步骤,要建立起能够详尽反映氢的作用的动力学方程,对于像石油馏分这样复杂的反应体系几乎是不可能的。

(一)氢在加氢裂化反应中的动力学行为

一般认为氢在 HC 反应中的催化作用机理为:

1)氢分子在加氢活性中心上吸附;

2)吸附的氢分子发生极化或解离为活泼态的原子氢;

3)极化后的质子氢或活泼态的原子氢与相邻裂解活性中心上吸附的烃类发生加氢反应。

这种催化作用机理就是众所周知的加氢裂化双中心反应理论[225],根据对吸附后的氢与烃类反应过程的不同假设,双中心反应理论又可分为几种不同的类型[226],其中氢溢流理论[227]是目前较流行的一种假说。有关氢在加氢裂化反应中详细的催化作用机制可参阅本书催化反应的各有关章节，这里不再赘述。

根据双中心机理，氢在 HC 各反应中的 L-H 动力学表述为：

$$-r_A = k_A \left(\frac{k_A C_A}{1 + \sum\limits_i K_i C_i} \right)^n \cdot \left(\frac{K_H P_H}{1 + K_H P_H} \right)^m \tag{10-4-1}$$

式（10-4-1）表明在 HC 反应的动力学表述中，氢可以作为一种分离的独立变量来处理。严格意义上，式（10-4-1）仅适合于 HC 反应中每一个基元反应步骤。换句话说也就是当我们对 HC 反应步骤的描述越细致，式（10-4-1）也就越能正确地反映出氢对 HC 反应的影响。一般情况下，在 HC 反应系统中氢都处于远远超过化学反应需要量的状态，即氢的浓度在反应前后接近于恒定值，式（10-4-1）就可简化为：

$$-r_A = k_A P_H^m \cdot \left(\frac{k_A C_A}{1 + \sum\limits_i k_i C_i} \right)^n \tag{10-4-2}$$

这一点在前面几节中已有叙述。

从双中心催化反应机理，不难看出理想的加氢裂化催化剂应同时具有非常好的加氢活性和非常强的裂解活性。加氢活性和裂解活性均能充分发挥的加氢裂化反应可以称之为理想加氢裂化过程。以纯正构烃烷为原料在 Pt-Y/Al$_2$O$_3$ 催化剂上的加氢裂化[98]是这种理想加氢裂化过程的典型例子。理想加氢裂化过程的主要反应特征为：

1）易于生成正碳离子，并发生与正碳离子有关的异构重排反应；

2）由于具有高的加氢活性，所生成的正碳离子不稳定，从而难于发生进一步的裂解反应；

3）在通过一系列的异构重排反应并生成相应的叔碳正碳离子时，裂解反应才能顺利进行。根据上述理想加氢裂化的反应特征，易于理解在此条件下加氢裂化产品以原料的均裂产品为主，产品中轻产品以异构烃为主，而重产品的异构化率却较低。这些特征反映在实际的加氢裂化产品上则为产品选择性以重石脑油和喷气燃料为主，LPG 的异构烃含量高、轻石脑油的辛烷值高、柴油及尾油的凝固点高。

与理想加氢裂化相对应的是非理想加氢裂化过程。非理想加氢裂化过程可分为两类，一类是只有很强的裂解活性而无加氢活性，另一类是只有加氢活性而无裂解活性。前者实际上就是催化裂化过程，这里不予讨论；后者的典型例子为悬浮床加氢裂化过程。这种非理想加氢裂化过程的主要反应特征为：

1）反应按自由基机理进行；

2）由于加氢活性的存在，抑制了自由基反应的传播；

3）由于氢的存在抑制了脱氢缩合反应的发生。

在此条件下，加氢裂化以原料的异裂为主，产品中重组分及气体组分较多，各产品中异构烃含量都较少。

实际的加氢裂化过程均介于这两种极端加氢裂化过程之间，以高酸性分子筛为催化剂活性组分的加氢裂化过程具有理想加氢裂化反应的特征。而以无定形硅铝为催化剂活性组分的加氢裂化过程则可找到非理想加氢裂化的痕迹。如产品以重组分为主、干气产率稍高，LPG 中异构烃含量低等。柴油及尾油的凝点较低是这类反应过程加氢活性高、异构裂解活性低的必然结果。这是由于在反应中甲基或乙基等侧链难于发生链转移等异构重排反应，不易生成易裂解的叔碳正碳离子，从而使这些侧链得以保留在柴油等重组分中，使得该馏分的凝点较低。

上面的分析表明，氢对 HC 反应的作用不仅重要，而且十分复杂。要清楚地描述它的各种影响是非常困难的。从实际应用的角度在加氢裂化过程中，氢分压多数情况下均为一固定值，因此人们关心的是氢气的消耗量以及由此产生的反应热等数据，而不是氢对 HC 反应过程的影响。多数情况下，第三节中各 HC 动力学模型中所归纳的氢对 HC 反应影响的动力学描述可以满足实际应用需要。

（二）化学氢耗量及反应热的计算方法

化学氢耗量是加氢裂化过程中参与化学反应的氢量，是一项对装置的投资和生产成本影响很大的重要参数。反应热是加氢裂化反应中所释放出的热量，它是装置的设计和操作上一项干系重大的工程参数。对加氢裂化化学氢耗及反应热进行研究的报道经常见诸文献[228~236]。

1. 化学氢耗及反应热的经验关联法

本章第三节有关加氢裂化经验关联模型的介绍中已对几种典型的化学氢耗量关联方法进行过介绍。这些关联式的特点主要是以某种主反应为反应深度的标志，将氢耗量与该标志性反应深度进行关联，并综合考虑原料性质的影响。式(10-3-2)是该种关联的典型例证。也有一些研究者[230,233]综合考虑脱硫、脱氮及裂化对化学氢耗量的影响，对每类反应选定一氢耗的平均值，如每脱除一克当量的氮原子需氢气 $8\sim11\mathrm{mol}$，每增加一克当量的裂解产物需氢气 $7\sim9\mathrm{mol}$ 等，总氢耗则是各分氢耗的和。

与这种氢耗关联计算方法相对应的是类似的反应热关联计算方法。易于想象加氢裂化反应热不仅是原料性质的函数，也是反应深度的函数。作者曾就单段单剂加氢裂化过程开发了如下的反应热关联公式：

$$Q_{HC}(X) = A/(K - K^*) + f_1(S, K)/\exp[(-f_2(S, N, K)X)] \quad (10\text{-}4\text{-}3)$$
$$f_1(S, K) = B \cdot S/(K - K^*)$$
$$f_2(S, N, K) = C \cdot S(K - K^*) - D \cdot \ln N$$

式(10-4-3)中，A、B、C 和 D 为非负常数；K、K^* 分别为原料的特性因数及参比特性因数；S、N 则分别为原料的硫、氮含量；$Q_{HC}(X)$ 为加氢裂化反应在裂解转化率(>350℃)为 X 时的反应热。图 10-4-1 是式(10-4-3)的一个应用实例，图中点子为实际反应热数据，曲线为式(10-4-3)的计算值，原料油的 K、S 和 N 分别为 11.80、0.95% 和 $1870\mu g/g$，对该实例 $Q_{HC}(X)$ 的单位为 kcal/kg 裂解产品。图 10-4-1 的结果表明式(10-4-3)在一定的条件下可较好地模拟加氢裂化过程的反应热。

与加氢裂化关联模型的特点一样，氢耗量和反应热的经验关联模型形式简单、易于应用，且在一定的条件下也具有非常好的拟合精度。但由于所考虑的影响因素太少，因此模型应用的条件性太强，往往只能一事一议，很难具有一定的通用性。如式(10-4-3)无法反映催化剂性能以及裂解产物分布不同对反应热的影响。

2. 化学氢耗及反应热的分析计算法

化学氢耗及反应热的分析计算法是建立在对加氢裂化过程进行严格氢平衡计算的基础上形成的。目前最常用的化学氢耗分析计算方法可分为两类，一类是以烃类氢含量变化为依据的氢平衡计算，一类是以烃类化学键反应为依据的氢平衡计算，无论采用何种化学氢耗的计

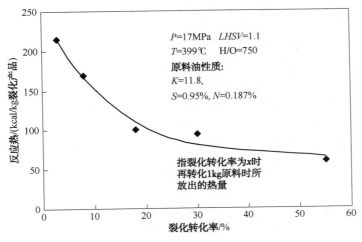

图 10-4-1　单段 HC 反应热与裂化率的关系

算方法，反应热的计算均是以反应的类型或氢的去向为依据来进行的。具体的反应热类型数据为：

芳烃饱和　　　　　　　−16.0kcal/mol H_2

烯烃饱和　　　　　　　−27.5kcal/mol H_2

烷烃裂化　　　　　　　−11.7kcal/mol H_2

环烷开环　　　　　　　−9.5kcal/mol H_2

C−N/C−S 断裂　　　　−14.0/−14.0kcal/mol H_2

上述反应热数据具有良好的实验基础[235] 表 10-4-1～表 10-4-3 是一些单体烃的典型反应热数据，可见与上述数据相当一致，表明这些数据是可以满足应用精度要求的。

表 10-4-1　饱和烃加氢反应 ΔH　　　　　　　　（kcal/mol H_2）

a	$n-C_{20}H_{42}+H_2 \longrightarrow 2n-C_{10}H_{22}$	−10.4
b	$n-C_{20}H_{42}+H_2 \longrightarrow n-C_8H_{18}+n-C_{12}H_{26}$	−10.4
c	$n-C_{20}H_{42}+H_2 \longrightarrow n-C_{18}H_{38}+C_2H_6$	−10.4
d	$n-C_{16}H_{34}+H_2 \longrightarrow 2n-C_8H_{18}$	−10.4
e	$n-C_{15}H_{32}+H_2 \longrightarrow n-C_{13}H_{28}+C_2H_6$	−10.4
f	$n-C_6H_{14}+H_2 \longrightarrow 2C_3H_8$	−9.7
g	$n-C_4H_{10}+H_2 \longrightarrow 2C_2H_6$	−10.3
h	$n-C_{20}H_{42}+H_2 \longrightarrow CH_4+n-C_{19}H_{40}$	−13.0
i	$n-C_{15}H_{32}+H_2 \longrightarrow CH_4+n-C_{14}H_{30}$	−13.0
j	$n-C_8H_{18}+H_2 \longrightarrow CH_4+n-C_7H_{16}$	−13.0
k	$n-C_3H_8+H_2 \longrightarrow CH_4+C_2H_6$	−13.3
l	$n-C_2H_6+H_2 \longrightarrow 2CH_4$	−15.5
m	$\bigcirc\!\!\!\!\diagup +H_2 \longrightarrow n-C_6H_{14}$	−10.5

续表

	反应	ΔH
n	(二甲基环戊烷) + H_2 ⟶ $n\text{-}C_5H_{12}$	−16.5
o	(双环结构) + H_2 ⟶ (环己烷)$\text{-}C_4H_9$	−7.4
p	(双环结构) + H_2 ⟶ (环己烷)$\text{-}C_3H_7$	−14.4
q	(双环结构) + H_2 ⟶ (环戊烷)$\text{-}C_4H_9$	−9.1
r	$C_{14}H_{29}$(环己烷) + H_2 ⟶ $n\text{-}C_{20}H_{42}$	−8.7
s	CH_3(环己烷) + H_2 ⟶ $n\text{-}C_7H_{16}$	−7.9
t	CH_3(环己烷) + H_2 ⟶ $i\text{-}C_7H_{16}$	−9.6
u	(芘类结构) + $2H_2$ ⟶ 2 (萘)	−6.9
v	(多环芳烃结构) + $2H_2$ ⟶ (苯) + (萘)	−7.3
w	$C_{16}H_{33}$(苯) + H_2 ⟶ (苯) + $C_{16}H_{34}$	−7.0
x	C_2H_5(苯) + H_2 ⟶ (苯) + C_2H_6	−7.4
y	(蒽类结构) + $2H_2$ ⟶ (苯)$\text{-}CH_3$ + CH_3(环己烷)	−6.7
z	(并四苯类结构) + $2H_2$ ⟶ (萘) + (二甲基苯)	−7.5

表 10-4-2　芳烃饱和反应 ΔH　　　　　（kcal/mol H_2）

	反应	ΔH
a	(苯) + $3H_2$ ⟶ (环己烷)	−16.4
b	CH_3(苯) + $3H_2$ ⟶ CH_3(环己烷)	−16.3

	反应	
c	C₁₆H₃₃ 苯 +3H₂ ⟶ C₁₆H₃₃ 环己烷	−15.9
d	CH₃ CH₃ 苯 +3H₂ ⟶ CH₃ CH₃ 环己烷	−15.5
e	萘 +2H₂ ⟶ 四氢萘	−16.7
f	四氢萘 +3H₂ ⟶ 十氢萘	−15.4
g	茚满类 + 3H₂ ⟶	−15.3
h	蒽(g) +H₂ ⟶ (g)	−14.9
i	(g) +6H₂ ⟶ (g)	−15.9
j	(g) +H₂ ⟶ (g)	−13.5

表 10-4-3　烯烃饱和反应 ΔH　　　　　　（kcal/mol H₂）

	反应	
a	$C_{20}H_{40} + H_2 \longrightarrow C_{20}H_{42}$	−30.0
b	$C_{16}H_{32} + H_2 \longrightarrow C_{16}H_{34}$	−30.0
c	$C_6H_{12} + H_2 \longrightarrow C_6H_{14}$	−30.0
d	$C_2H_4 + H_2 \longrightarrow C_2H_6$	−32.8
e	$CH=CH_2$ +H₂ ⟶ CH_2CH_3	−28.1
f	$CH=CH_2$ +H₂ ⟶ CH_2CH_3	−29.5
g	+H₂ ⟶	−28.2
h	CH_2CH_3 (1) +H₂ ⟶ CH_2CH_3 (1)	−25.2
i	+ H₂ ⟶	−26.9
j	(1) + H₂ ⟶ (1)	−23.8
k	+ H₂ ⟶	−24.3

(1) 氢含量平衡的化学氢耗计算方法

氢含量平衡的化学氢耗计算方法是通过分别计算加氢裂化前后原料和产品中的含氢总量，两者之差即为化学氢耗量。显然这种方法的关键在于如何准确地计算各种油品的氢含量。对于 C_5 以下轻组分、轻石脑油，其氢含量可以从单体烃组成方便地求得；而其他馏分的氢含量目前有 4 种求法，即：

1) 由实验测定油品的 C、H、S、N 等元素组成；

2) 由族组成计算氢含量；

3) 由结构族组成计算氢含量；

4) 由油品物化性质直接关联计算氢含量。

关于由族组成计算油品氢含量的方法，陈俊武等人[237]曾著文予以总结。它是利用油品的族组成分析数据及 Winn[238]的莫诺图(图 10-4-2)配合求得。具体方法是根据油品的平均相对分子质量(可实验测定或根据密度、馏程数据计算得到)由图 10-4-2 查得各族烃的氢含量数值，然后由分析所得的油品族组成数据按：

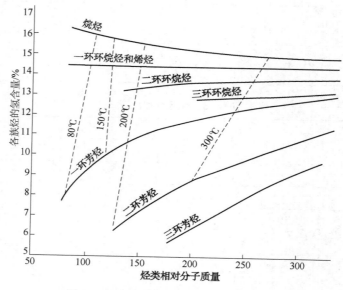

图 10-4-2　氢含量与族组成之间的关系

$$H = \sum_i H_i x_i / 100 \qquad (10\text{-}4\text{-}4)$$

加和计算得到。式(10-4-4)中，H 为油品的氢含量；H_i、x_i 则为族组成 i 的氢含量及质量分数。一般来说，由族组成数据计算氢含量，对石脑油、喷气燃料等较轻油品具有比较好的精度。对重质油品，由于实际结构的复杂程度远超过方法给出的族组成类型，计算的精度要差一些。另一方面，重馏分的族组成数据也并非处处可得，从而限制了该方法在计算 HC 化学氢耗量方面的应用。

结构族组成是用于表征油品平均化学结构组成的经典方法之一。它是将油品假想为一种由芳香环碳、环烷环碳及烷基碳组成的化学分子。n-d-M 法[236]及 n-d-υ 法[239]是用于计算油品结构族组成的常用方法，它能为人们提供 C_P、C_N、C_A、R_A、R_N 等分子结构参数。根据结构参数数据，人们不难推出相应氢含量的计算公式。陈俊武[237,240]就如何由结构族组成数

据求取油品氢含量作了深入的分析，提出了一个计算重油氢含量较好的公式，即

$$H = 0.084(2.016 - f_A)C - 201.6(R_A + R_N - 1)/M -$$
$$0.0312X \cdot S - 0.0714Y \cdot N - 2O_L/M \tag{10-4-5}$$

式中　H、C、S、N——氢、碳、硫、氮元素含量，%；

　　　　X、Y——硫原子及氮原子减少的氢原子数；

　　　　O_L——烯烃含量，%；

　　　　M——相对分子质量；

　f_A、R_A、R_N——芳碳分率、芳烃及环烷芳环数。

由结构族组成计算油品氢含量，中间经过多步转换计算，不但计算过程复杂，而且在计算中引入了如相对分子质量等误差较大的参数，计算结果可想而知也会有一定的误差。

直接由油品的物化性质，如密度、沸点、溴价等参数关联油品的氢含量是一种简单、直接且引入误差较小的方法。关于氢含量的关联计算方法在 API 每次发布的数据手册中都会有相应的章节，一般炼油教科书及参考书中也有介绍，这里不再予以介绍。应注意的是在采用这些关联式时一定要详细了解它们的应用范围。

（2）化学键变化的化学氢耗计算方法

烃类的加氢反应中，从化学键变化的角度，总是表现为 H—H 键、C—C 键的断裂，C—H 键的生成反应。C—C 键的断裂又可分为三类，即

C—Cσ 键的断裂（烷烃的断链）

C—Cπ 键的断裂（烯烃的饱和）

C—C 大 π 键的断裂（芳烃的饱和）

表 10-4-1～表 10-4-3 的数据表明同一类型的 C-C 键断裂并生成相应的 C-H 键所放出的热量基本上是一恒定值。根据这一特性，就可以将加氢裂化的化学氢耗量和反应热与上述化学键的变化相关联。Jaffe[241] 根据这一思想详细讨论了从化学键的角度计算化学氢耗量和反应热的方法。

$$H_2CON = \Delta[C=C]_{烯} + \Delta[C=C]_{芳} + \Delta[C-C] \tag{10-4-6}$$

式（10-4-6）中 H_2CON 为化学氢耗，右面的三项分别代表加氢裂化反应中烯烃双键、芳烃双键和 C-C 单键的变化量，即：

$$\Delta[C=C]_{烯} = [C=C]_{0烯} - [C=C]_{烯} \tag{10-4-7}$$

$$\Delta[C=C]_{芳} = [C=C]_{0芳} - [C=C]_{芳} \tag{10-4-8}$$

$$\Delta[C-C] = \{[C-C]_0 - [C-C]\}^2 + \{[C=C]_{0烯} - [C=C]_{烯}\} +$$
$$a\{[C=C]_{0芳} - [C=C]_{芳}\} \tag{10-4-9}$$

式（10-4-9）中右面后两项表示每减少一个烯烃双键要产生一个单键、每减少一个芳烃双键要产生 a 个单键，对单环芳烃 a 取值 2，对稠环芳烃的缩合环 a 取值 2.5。将式（10-4-7）～式（10-4-9）代入式（10-4-6）可得：

$$H_2CON = 2\{[C=C]_{0烯} - [C=C]_{烯}\} + (a+1)\{[C=C]_{0芳} - [C=C]_{芳}\} +$$
$$\{[C-C]_0 - [C-C]\} \tag{10-4-10}$$

如何确定油品中各种化学键的数量，Jaffe 提出了由结构族组成计算的方法。

$$[C=C]_{烯} = \rho \frac{溴价}{15.98} \qquad mol/L \tag{10-4-11}$$

$$[C{=\!=}C]_芳 = 0.5\rho(C_a/MW) \qquad mol/L \qquad (10\text{-}4\text{-}12)$$

$$[C{-}C] = \frac{\rho}{12}\left[3(1-H)\left(1-\frac{1}{2}\frac{C_a}{C}-\frac{1}{2}\frac{C_o}{C}\right)-\right.$$

$$\left. 12H - \frac{12}{MW}(3R_a - R_t - 1)\right] \qquad mol/L \qquad (10\text{-}4\text{-}13)$$

上述各式中 ρ 为密度(g/cm^3)，$Ca = Ca/C \cdot C$，C 为每升油品的碳原子数，Co/C 为烯烃的碳原子分数，Ca/C 为芳烃的碳原子分数，可由 n-d-M 法求得，H 为拟合分子中氢原子数。

$$H = 2C + 2 - (2R_t + 2R_{QS} + 4R_a + C_O) \qquad (10\text{-}4\text{-}14)$$

式中，R_t、R_a 及 R_{QS} 分别为总环数、芳烃环数和环烷环数。

FRIPP 加氢裂化动力学模型所采用的化学氢耗及反应热的计算方法为：

① 由物性关联的方法确定油品的氢含量；

② 由原料和产品氢含量的平衡计算加氢裂化反应的化学氢耗；

③ 计算原料和产品的各种化学键数量；

④ 根据原料和产品各种化学键数量确定每种化学键改变量相对于总化学键改变量的比例；

⑤ 由②及④的结果并按反应热类型数据求取反应热。

这种方法的特点是将两种计算精度较高的不同方法有机地结合在一起。

二、竞争吸附、中毒对 HC 的影响

竞争吸附和中毒是所有非均相催化反应都存在的一类催化现象。对馏分油加氢裂化这种反应物众多的催化反应来说更是如此。竞争吸附和中毒对催化剂的活性，选择性及稳定性都有非常大的影响。对这一现象的研究报道也很多[242~252]，但由于其机理十分复杂，目前还很难精确地对其影响加以数学描述[253]。从实用的角度，本节将简要讨论其中几个影响因素及其动力学修正方法。

（一）竞争吸附对 HC 反应动力学的影响

竞争吸附是指反应物、产物与催化剂表面相互作用的状况。根据具体的情况，竞争吸附又可分为反应物和产物对催化剂表面的化学竞争吸附、催化剂对反应物和产物的物理竞争选择。本章第一节中对各种竞争吸附作用的现象已有所论及。

1. 反应物及产物的交互作用

（1）分子大小的影响

加氢裂化原料和产物均是由一系列沸点不同的烃类组成的复杂混合物，任何产物又都是更轻产物的反应物，因此在考虑分子大小对 HC 影响时，不必考虑其是反应物或是产物，而统一由沸点高低来表示。大量的研究结果[111,119]表明烃类沸点越高其裂解反应活性也越高。造成这一结果的原因一是分子越大越易裂解，二是分子越大其与催化剂表面的竞争吸附能力越强。关于竞争吸附对 HC 反应的影响可见图 10-4-3，其中数据源自文献[119,254,255]。图 10-4-3清楚地表明混合烃反应时，轻组分的相对反应活性要明显低于其单独反应时的活性，而混合烃中重组分的相对反应活性则与相应单体烃的单独反应时的活性相同。这是由于在计算中分别以各自最重组分的数据作为参比数据的结果。理论上说，对混合烃而言，由于竞争吸附的作用，重组分的反应活性应低于在相应条件下其单体烃的反应活性。可惜的是由于数据源自不同的文献，且文献提供的条件不全，无法进一步得到这方面的信息。

按 Langmuir-Hinshelwood 理论，在反应物和产物有竞争吸附作用的条件下，相应的动力学方程可写为（对组分 i）：

$$\frac{dC_i}{dt} = -k_i \frac{C_i}{\left(1 + \sum_j K_j C_j\right)} \quad (10-4-15)$$

式中，K_j 为 j 组分的吸附常数。显然要按式（10-4-15）的方式去建立加氢裂化集总动力学模型，将会使问题变得极为复杂。

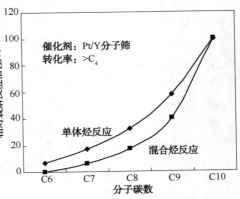

图 10-4-3　分子大小对加氢裂化
反应活性的影响

为了简化，FRIPP 加氢裂化集总动力学模型通过对裂化反应速度常数分布函数进行修正的方式来处理这一问题。首先是将

$$k_i = k_0 \xi_i \quad (10-4-16)$$

进行归一化处理，即：

$$k_i = k_0 \xi_i / \xi_0 \quad (10-4-17)$$

式中，ξ_i、ξ_0 分别为第 i 组分及最重组分的特征裂化反应速度分布系数，应该说，该分布系数是裂化反应速度差别和竞争吸附共同作用的结果。其次为了反映原料轻重对加氢裂化反应难易程度的影响，将 k_0 与原料的 50% 点温度相关联：

$$k_0 \propto T_{50}(℃) \quad (10-4-18)$$

严格地说式（10-4-17）、式（10-4-18）并无太多的理论依据和严格的实验证明。可以将之理解为原料轻重对加氢裂化动力学影响的调适参数。

（2）原料中芳香烃的影响

芳烃的吸附常数高于其他烃类这一现象，第一节中图 10-1-10 给出了清楚的说明，也是众所周知的事实。对于实际的加氢裂化原料而言，芳烃的竞争吸附对加氢裂化反应的影响是十分复杂的。它不但对裂解反应速度产生作用，对产品性质也会产生影响。

图 10-4-4 是一组以 VGO 混入富含芳烃（特别是稠环芳烃）的 FCC 重循环油为原料的加氢裂化反应结果。图 10-4-4 的结果表明，在其他条件完全相同的情况下，为达到一定的裂解率，随着原料中 FCC 重循环油含量的增加，加氢裂化反应温度随之增加以弥补裂解反应活性的降低，说明芳烃的裂化要难于其他烃类。图 10-4-5 的加氢裂化数据表明随着裂解转化率的提高，重石脑油的芳潜逐步下降，尾油的芳烃含量不断减少，这一结果表明在加氢裂化反应过程中，由于芳烃的竞争吸附能力强，因此它们优先发生加氢饱和、开环及脱侧链反应。

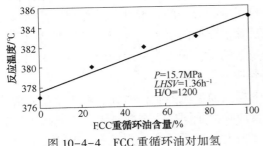

图 10-4-4　FCC 重循环油对加氢
裂化反应温度的影响

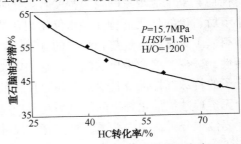

图 10-4-5　重石脑油芳潜与加氢
裂化转化率的关系

　　图10-4-6 给出了几种不同特性因数 K 值(芳烃含量多少的度量方式之一) VGO 在相同的缓和加氢裂化条件下裂解转化率与原料 K 值之间的关系，反应过程中控制加氢裂化原料的氮含量在 35μg/g 左右。虽然图10-4-6 的数据比较散乱，但大的趋势是裂解活性在 K 值为 11.9~12.2 左右达最大值。推测造成这一结果的可能原因是在缓和加氢裂化的条件下(转化率约 20%~40% 左右)构成加氢裂化转化的主要反应为环状烃脱侧链反应，当原料 K 值太低时，原料中的芳烃含量高且以多环芳烃为主，侧链较短和较少；而当原料 K 值太高时，原料中的芳烃较少。只有当 K 值适中时，原料中有适量的富含长侧链的芳烃，为环状烃脱侧链反应提供最为有利的反应物。这一现象是否具有普遍性，由于数据太少，目前尚难评述，但这至少是一个说明芳烃对加氢裂化反应影响的复杂性的例证。

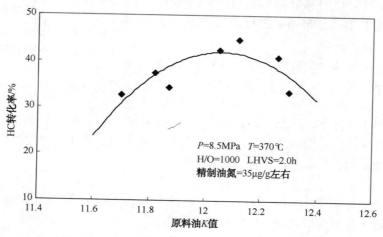

图 10-4-6　加氢裂化转化率与原料油 K 值的关系

　　从 FRIPP 加氢裂化动力学模型的构成可以看出它能够较好地表征芳烃的加氢裂化反应动力学行为。为了更完整地描述芳烃的影响，这里仅对式(10-3-35)中的 k_{pio} 作如下修正：

$$k_{pi0} = k'_{pi0} / (1 + K_A \overline{C}_A) \tag{10-4-19}$$

　　式中，K_A 为芳烃的吸附平衡常数，$\overline{C}_A$ 为加氢裂化反应系统中所有烃类物料的平均芳烃碳原子分数。当然若从考虑芳烃侧链对 HC 反应影响的角度，也可考虑将 k_{ri0} 与芳烃的族组成相关联，但这需要有大量的数据支持，目前尚缺乏进行这种关联所必须的基础数据。

　　2. 催化剂特性对竞争反应的作用

　　任何竞争反应现象的发生都受着催化剂表面特性与反应物分子性质间交互作用的支配。本小节所讨论的催化剂特性是指催化剂孔结构对反应物分子的择形性。这种择形性源自催化剂中引入了具有特殊规整孔结构的分子筛。分子筛催化剂的引入大大提高了加氢裂化催化剂的活性，减少了缩合生焦的倾向，是加氢裂化技术的里程碑式进展，而分子筛催化剂对反应物分子的特殊选择性及其对加氢裂化反应的影响是不容忽视的。

　　无定形硅铝催化剂上的加氢裂化反应基本上属表面反应控制，而分子筛催化剂的活性中心主要位于分子筛的内孔道，且其孔道尺寸与反应物分子同属一个数量级，因此孔扩散的作用就成为影响加氢裂化反应过程方方面面的重要因素。不同种类的分子筛，因其孔结构和酸性质等的不同从而具有特殊的分子择形性，如 ZSM-5 具有对正构烷烃的选择性裂化功能。SAPO-11 具有对正构烷烃的选择性异构化功能等。作为重油轻质化的重要手段之一的加氢裂化，其催化剂的裂化组分绝大多数为各种改性的 Y 形分子筛。本文只就 Y 分子筛讨论其分子择形性。

　　Maxwill[105]就 Y 分子筛的分子择形性对加氢裂化反应的影响进行过细致的研究。图 10-4-7 比较了分子大小不同的反应物在无定形硅铝和分子筛催化剂上的加氢裂化反应速度常数。从图中不难看出，在无定形硅铝催化剂上表面反应为控制步骤，分子越大反应速度越快，而在分子筛催化剂上则孔扩散为控制步骤，分子越大反应速度越慢。图 10-4-8 清楚地表明分子直径大小对其在 Y 分子筛内分子扩散系数的影响是以几个数量级来计算。这种分子择形性还可以从比较无定形硅铝催化剂和分子筛催化剂加氢裂化尾油馏程的差别（表 10-4-4）上看出，在相同的单程转化率条件下，无定形硅铝催化剂的尾油终馏点明显低于分子筛催化剂的尾油终馏点，而分子筛催化剂尾油的终馏点则与原料油的终馏点相差无几。

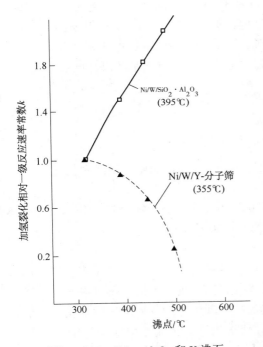

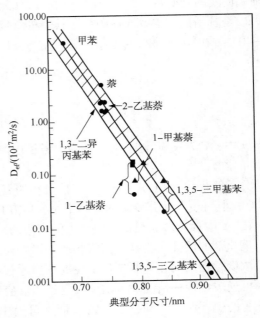

图 10-4-7　SiO$_2$-Al$_2$O$_3$ 和 Y 沸石　　　图 10-4-8　分子定形与 Y 沸石内孔扩散系数
加氢裂化反应性能比较

表 10-4-4　分子筛对反应物分子大小的择形性作用

馏程/℃	原料混合 VGO	分子筛催化剂>250℃馏分	无定形硅铝催化剂>250℃馏分
初馏点/10%	152.5/227.0	277.7/289.5	268.3/283.0
30%/50%	269.9/303.0	299.8/314.0	291.8/304.3
70%/90%	326.2/354.6	330.7/356.8	320.0/343.0
95%/终馏点	377.9/390.5	376.3/384.1	353.9/358.3

　　分子筛的分子择形作用不但对反应速度产生影响，当分子筛的裂解活性非常高时，同样的孔扩散对一次裂化产物扩散离开反应表面也会有限制作用，从而促进其发生二次裂化反

应,往往导致产品分布的重大改变。当发生大量二次裂化反应时,产品分布将不仅是转化率的函数,而且也是反应条件(特别是反应温度)的函数。图10-4-9是反应温度与产品中油选择性之间的关系(实验中通过调整反应温度与空速控制使加氢裂化单程转化率在75%左右)。从图中不难看出随着反应温度提高,中油选择性呈下降趋势,在390℃以上,这种二次裂化的作用表现得尤为明显。

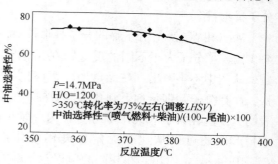

图10-4-9 中油选择性与反应温度的关系

在 FRIPP 加氢裂化动力学模型中为了反映分子筛催化剂的这种择形性作用,采取了两项修正措施。一是对式(10-3-35)按特征沸点 ζ_i 高低采用分段函数的办法来处理,以 650°F(约为343℃,余同)为界,当 $\zeta_i \leqslant 650$°F 时, k 为随 ζ_i 而变的升函数,当 $\zeta_i > 650$°F 时, k 为随 ζ_i 而变的线性函数。对不同的催化剂该线性函数可以是升函数、常数或降函数,具体将由基础态修正的线性函数斜率决定。二是对式(10-3-40)~式(10-3-42)的分布函数采用与反应温度进行关联的方法来解决,即:

$$\theta = \theta_0 \left[1 + A\exp\left(\frac{T - T_0}{T_0}\right) \right] \qquad (10-4-20)$$

$$a = a_0 \left[1 - B\left(\frac{T - T_0}{T_0}\right)^3 \right] \qquad (10-4-21)$$

式中, T 为反应温度,℃; T_0 为参考反应温度,℃,它是模型设定的可调参数之一; A、B 为固定常数。

分子筛催化剂的另一个反应特性是在加氢裂化反应过程中会生成微量大分子缩合稠环芳烃[256],但对模型计算结果的影响很小,FRIPP 模型中未予考虑。

(二)中毒对加氢裂化反应动力学模型的影响

催化剂的活性由于某些有害物质的影响而下降称为催化剂中毒。一般说来,只有那些以很低浓度存在就明显抑制催化活性的物质才被看作是毒物。催化剂的中毒可以分为可逆中毒和不可逆中毒两种情况。可逆中毒是指当反应物流中引起中毒的物质消失后催化剂的活性可以恢复的中毒形式(暂时性失活),而不可逆中毒则指当反应物流中引起中毒的物质消失后催化剂的活性仍不能恢复的中毒形式(永久性失活)。关于加氢裂化催化剂的各种中毒类型及其机理分析可参阅本书的有关章节,这里仅从动力学模型实际使用的角度考虑对加氢裂化过程可产生较大影响的几个因素及其关联方法。在数学处理方法上,我们是对反应速度常数统一作如下的校正:

$$k = k' \cdot a_c \qquad (10-4-22)$$

式中, a_c 为活性指数。

1. 暂时性失活(中毒)

加氢裂化催化剂的中毒可分为两类,酸中心中毒与加氢活性中心中毒。一般碱性化合物如氨和有机氮化物可吸附在酸性中心上,使裂化活性降低;加氢活性中心的毒物主要是那些能提供大量孤对电子的物质。对大多数非贵金属加氢裂化催化剂的中毒失活,主要是酸性中心中毒[257]。在绝大多数加氢裂化原料中可使酸性中心中毒的主要是有机含氮化合物及在反应过程中生成的氨。有关 NH_3 及有机氮化物对加氢裂化催化剂的影响 Nat[109] 等作了比较系统的阐述,他们发现, NH_3 及有机氮等不仅降低了催化剂的裂解活性,而且也改变了产物的分布,提高了中间馏分油的选择性。Dufresne[110] 等人的研究进一步表明, NH_3、N 的中毒是暂时的、可逆的。

（1） NH_3 的影响

NH_3 对加氢裂化反应的影响在本章的第一节中已有较详细的说明。分析图 10-4-10 和图 10-4-11 也不难了解 NH_3 对 HC 反应的作用特征。尽管 NH_3 对加氢裂化反应的影响非常明显,但在实际的应用中由于其影响的程度远低于有机氮化物（图 10-4-12）。且在大多数场合, NH_3 的影响处于近稳区（图 10-4-10 中氨分压>5kPa 的部分）,例如若原料的氮含量为 $1000\mu g/g$ 时,经加氢脱氮后所生成的氨的氨分压可达 6.1kPa。因此可以不考虑其对加氢裂化反应影响的校正。

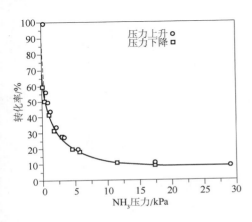

图 10-4-10　NH_3 对加氢裂化反应活性的影响

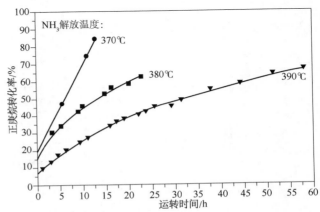

图 10-4-11　NH_3 脱附与反应温度的关系

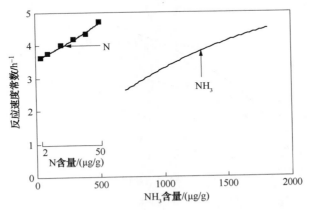

图 10-4-12　NH_3 及 N 对 HC 活性影响程度的比较

（2）有机氮化物的影响

有机氮化物对 HC 影响的作用机制与 NH_3 是一致的,但其作用强度要大得多。有机氮化物在酸性中心上的吸附速度快、强度大,而脱附速度很慢,一般只有在反应转化成氨之后才能比较顺利地解析出来,因此有机氮化物对加氢裂化催化剂的中毒效应具有一定条件的"不可逆性"。图 10-4-13 是一组典型的有机氮中毒对加氢裂化反应的影响结果。图中横坐标为运转时间,纵坐标为裂化转化率,原料中氮含量由精制段控制,从图中可以看出,当原料中N为20μg/g时,在372℃的裂解转化率为42%左右,将原料中N提高到100μg/g后,在相同的条件下裂解转化率逐渐降低,再将原料中N降至20μg/g时,裂解活性无法恢复,将反应温度提至376℃、380℃均未见裂解反应活性有明显的改善,当将反应温度提至386℃时,裂解转化率迅速恢复并达到69%,再将反应温度降至372℃时,裂解活性已基本得到恢复,转化率为40%。图10-4-14中的曲线则表明,原料氮含量与反应温度若能适时调整,两者是互补的。本章的第一节中也提及加氢裂化催化剂的HDN活性低与其抗有机氮化物中毒的能力具有很好的一致性,图10-4-14进一步证实具有更高加氢精制能力的加氢裂化催化剂(以分子筛含量多少表征,分子筛含量越少,相应的加氢精制功能越强)在相同氮含量下所需要的补偿温度要小得多。

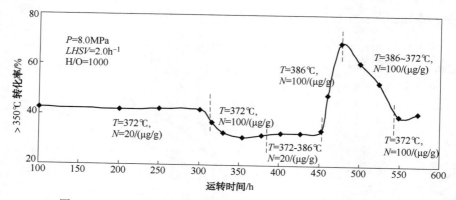

图10-4-13　原料有机氮含量对加氢裂化活性影响的累积性作用

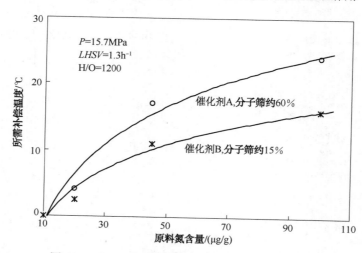

图10-4-14　不同催化剂对原料中氮含量的敏感性

由于氮化物影响的主要是催化剂的酸性中心,因此,在FRIPP模型中仅就与酸性中心有关的裂化、脱侧链及开环反应引入氮化物活性指数校正项,并认为其中毒效应对这三类反应是相同的,即:

$$a_c = \frac{1 - K_N \cdot N}{1 + K_N \cdot N}$$

(10-4-23)

式中,N为裂化原料的氮含量,μg/g;K_N为其吸附平衡常数,与一般的吸附平衡常数不同，K_N 除与反应温度有关之外，它还是催化剂 HDN 活性的函数。

$$K_N = K_N^0 \exp\left(-\frac{E_N - \alpha_{HDN}}{RT}\right) \tag{10-4-24}$$

实际上，在应用中目前尚无法给出 α_{HDN} 与 HDN 反应速度常数间的关联式，只能根据实验结果得到特定催化剂的 E_N-α_{HDN} 值。

对单体烃的加氢裂化动力学研究[110]表明，NH_3 及有机氮化物的存在不仅会影响裂化反应的活性，同时也会影响裂化产物的分布。一般来说，随着 NH_3 及 N 含量的上升，裂化产物中中间馏分油的选择性提高。这一点从机理上是易于理解的，NH_3 及 N 的吸附使催化剂的酸性降低，特别是强酸性中心降低更多，从而使反应物分子在催化剂上发生二次反应的机会减少。但对实际 VGO 的加氢裂化反应而言，这一影响却很小。表 10-4-5 的结果表明原料氮含量在 860~1810 的范围内，产品产率的分布基本相同。因此通常情况下不用对产物分布函数进行校正。

表 10-4-5　原料氮含量对加氢裂化产品分布的影响

项　目	原料氮含量/（μg/g）	产品产率分布/%			
		65~130℃	65~180℃	180~350℃	>350℃
大庆 VGO	860	4.92	11.03	28.22	56.69
胜利 VGO	1475	5.03	10.36	27.36	58.94
孤岛 VGO	1811	4.83	10.36	28.61	56.14

2. 永久性失活(失活)

引起加氢裂化催化剂失活的因素很多，如焦炭沉积[258]、金属聚集[259]、分子筛结构破坏[260]、孔口堵塞[261]等。与催化剂中毒相比，引起催化剂结焦和堵塞的物质要比催化剂毒物多得多。任何有机物几乎在加氢裂化催化剂上都有生焦倾向，它使催化剂表面被一层含碳化合物覆盖，严重的结焦甚至会使催化剂的孔隙被堵塞。金属化合物的沉积是造成催化剂堵塞失活的另一类原因，对加氢裂化原料，人们一般要求将这类金属化合物控制在非常低的范围内，使之不至成为影响催化剂失活的主要因素。对加氢裂化催化剂失活贡献最大的另一个因素是在水热作用下催化剂表面金属的聚集和分子筛结构的破坏。

典型的加氢裂化失活曲线见图 10-4-15，图中横坐标为每 kg 催化剂所加工原料油的吨数，纵坐标为达到相同裂化转化率时所需的反应温度。图 10-4-15 表明失活曲线可分为三个阶段，初始失活阶段，这一阶段催化剂的失活主要是由焦炭沉积引起的[262]，在这一阶段由于催化剂上部分超强酸性中心所引发的聚合生焦反应使活性中心自身被反应产物所覆盖，

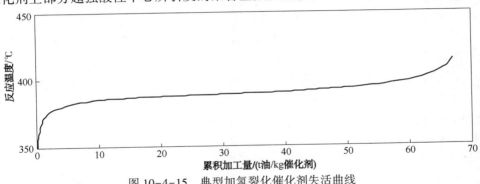

图 10-4-15　典型加氢裂化催化剂失活曲线

从而造成催化剂裂化活性的迅速下降，并随之进入催化剂活性的相对稳定阶段，这一阶段催化剂的活性下降很慢。占据了催化剂整个运转周期的绝大部分，在催化剂的运转末期，其活性呈加速丧失的趋势。

对加氢裂化动力学模型来说，其数据均取自活性稳定阶段，因此对初活性一般不必考虑进行关联。从模型应用的角度关心的是催化剂活性稳定阶段的失活速度及影响失活速度的各种操作条件，在大多数工业装置的操作中，加氢裂化催化剂很少使用到加速失活阶段，因此在下面的讨论中我们将仅讨论活性稳定阶段的失活速率关联。

活性稳定阶段的失活速率大小的影响因素有：催化剂上的平衡积炭量、原料中微量金属沉积物浓度、催化剂上金属组分的聚集倾向以及分子筛结构的破坏程度等。要阐述这些因素对催化剂失活机理及其对主反应速率的影响，如同探索主反应本身的机理一样困难，所幸的是加氢裂化过程中活性稳定阶段的失活速率以反应温度表示近似于线性关系。因此稳定运转时间内催化剂的失活速率通常以该时间段内温度增加多少，即以℃/d 来表示，或更完整地以℃/t 油·kg 催化剂来表示。该数的大小即是图 10-4-15 中稳定阶段曲线的斜率。

上述斜率的大小与原料的性质、反应条件有关，即：

$$\Delta T = f(K, \ P_{H_2}, \ T, \ \cdots), \quad ℃/(t \cdot kg) \tag{10-4-25}$$

对 FRIPP 模型，

$$\Delta T = A \cdot T^2 \ln(T \cdot P_{H_2}^3 / HO) + B \cdot T_{mv}^{1/3} / (K - K^*), \quad ℃/(t \cdot kg) \tag{10-4-26}$$

式中，K、T_{mv} 分别为原料的特性因素和体积平均沸点；P_{H_2}、T、HO 分别为反应氢分压、反应温度及氢油比；A、B 为常数。为便于应用式（10-4-25）、式（10-4-26）也可改写为：

$$a_{i+1} = a_i \exp[E/R(T + \Delta T)] \tag{10-4-27}$$

或

$$a = a_0 \exp[E/R(T + \sum_i \Delta T_i)] \tag{10-4-28}$$

三、滴流床反应器的传质与传热

与气固相催化反应类似，滴流床加氢反应也是由下列各步组成的：

1）反应物从流体主体扩散到催化剂的外表面（外扩散过程）；

2）反应物进一步向催化剂微孔内扩散（内扩散过程）；

3）反应物在催化剂的表面上被吸附（吸附过程）；

4）吸附的反应物转化成反应的生成物（表面反应过程）；

5）反应生成物从催化剂表面上脱附（脱附过程）；

6）脱附下来的生成物分子从微孔内向外扩散到催化剂表面处（内扩散过程）；

7）生成物分子从催化剂外表面扩散到流体主体中被带走（外扩散过程）。

对于滴流床反应，由于流体主体是由气、液两相组成，因此还有一个反应物由气相通过气、液界面传质的步骤。

如果上述的某一步骤的速度与其他各步的速度相比要慢得多，以致整个反应的速度就取决于这一步速度，那么该步骤就称为控制步骤。在讨论建立加氢裂化动力学模型时，隐含了催化剂上的表面吸、脱附及表面反应是该反应过程的控制步骤。即认为滴流床处于理想的条件下操作，这些条件包括

1）液体是平推流，没有任何返混；

2）反应为动力学控制，传质阻力可忽略，液体与气体始终处于平衡状态；

3）反应只在固体表面上进行，催化剂粒内及床层径向无温度梯度；

4）催化剂粒子全部润湿。

要建立一个囊括滴流床反应的所有影响因素，如流体流动状态、传质传热过程，吸附反应机理的动力学模型是非常困难的[263]，从实用的角度这里只是介绍在应用加氢裂化动力学模型时要考虑排除或要对其影响加以考虑的几个因素。当人们用试验室的试验数据指导工业装置的设计和生产时，考虑和检验试验结果是否排除了各种流体流动状况、传质传热等因素的影响是非常必要的。

（一）流体流动

1. 流动区域的判别

气液并流向下流经填料床层时的流动状态可分为滴流流动、脉冲流动、喷淋流动和气泡流动。不同的流动状态，其传质传热规律均有所不同，后面所有有关判据的建立过程中均假设为滴流流动状态，公式的推导采用三膜理论[264]。流动状态主要取决于气液两相的流速，也与填料的大小、性质及流体的性质有关。

Charpentier 等[265]根据大量的实验总结出图 10-4-16。图中 G 和 L_m 分别为气体和液体的表观质量流速，β_1 和 λ_1 为流动参数。

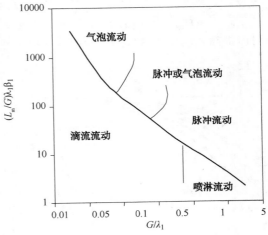

图 10-4-16　滴流床流体流动图

$$\beta_1 = \frac{\sigma_w}{\sigma_L}\left[\frac{\mu_L}{\mu_w}\left(\frac{\rho_L}{\rho_w}\right)^2\right]^{1/3} \quad (10-4-29)$$

$$\lambda_1 = \left(\frac{\rho_G \rho_L}{\rho_a \rho_w}\right)^{1/2} \quad (10-4-30)$$

式中，σ、μ 和 ρ 分别表示表面张力、黏度和密度；下标 w、a、L 和 G 分别为水、空气、液体和气体。

2. 边壁效应

边壁效应是指由于反应器器壁的限制，使靠壁处催化剂的空隙率高于床层主体，从而使流体在边壁处的流速高于床层主体流速的效应。Mears[266]指出，当 HDS 转化率为 90% 时，如壁流占总液体流的 1%，则须增加 5% 的催化剂才能弥补壁流造成的影响，且转化率越高，壁流的影响也越大。

影响壁流的因素很复杂，如液体的预分布、表面张力、催化剂的形状及大小等。Smith 等[267]用空气-水系统研究了 d_t/d_p、粒子形状和液体表面张力对壁流的影响，并推导出忽略壁流影响的准则：

$$\frac{\omega_\infty}{F_t} = \left[1 + \frac{f^2 R_0}{d_p S(1-f)}\right]^{-1} \leq 0.05 \quad (10-4-31)$$

式中，R_0 为床层半径；d_p 为粒径；ω_∞ 为平衡流动时的流体壁流量；F_t 为液体总流量；s 为径向扩散因子，定义为床层中径向流动的流动分率，当 $d_p < 6mm$ 时；$s = 1$；f 为壁流因子，定义为壁流量流回床层的分率，它是一个不随床高度变化的参数，主要与 d_t/d_p、还有粒子形状及液体表面张力等有关；d_t 为床层直径。根据式（10-4-31）及图（10-4-17）不难求得对

空气–水系统，消除壁效应的 d_t/d_p 值应为>16。

3. 轴向返混

在管式固定床反应器中轴向返混是影响反应结果的重要因素之一。BruJin[268]在 50mL 反应器中对 VGO HDS 的实验结果表明，消除轴向返混后实验数据的相对误差由原来的 10% 降低到 3.5%。

Mears[266]推导了消除轴向返混的判别式

$$L_B/d_p > \frac{20n}{Pe_d}\ln\frac{C_{Ai}}{C_{Ao}} \tag{10-4-32}$$

式中，L_B 为床层高度；n 为反应级数；C_{Ai}、C_{Ao} 分别为反应床层出口和进口的 A 反应物的浓度；Pe_d 为粒子的毕克列准数

$$Pe_d = L_m d_p/D_L \cdot \rho_L \cdot H_d \tag{10-4-33}$$

式中，D_L 为反应器的轴向扩散系数；H_d 为液体动滞留量。由此可见，提高床层高度 L_B 可以提高式(10-4-32)的左面值，而提高液体流速 L_m 可降低式(10-4-32)的右面值，从而有利于满足式(10-4-32)的条件。对于滴流床加氢反应器，一般认为 L_B/d_p 至少应大于 350 才能基本消除轴向返混的影响。

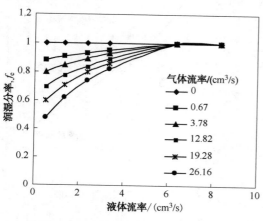

图 10-4-17　气液流率对润湿分率的影响

4. 催化剂表面润湿

在滴流床加氢裂化反应器中，大多数反应是在液相状态下进行，因此使所有催化剂表面都为液体所润湿以便充分利用催化剂的活性中心便显得十分重要。影响润湿的因素很多，流体分布、压力、温度、氢油比、相平衡条件等都会引起润湿分率的变化，但其中气液流速的影响最大。

图 10-4-17 表明了气液流速对润湿分率的影响，可以看出液速越小，气速对 f_e 的影响越大(润湿效率随气速增大而减小)，当液速增大到某一数值后，润湿效率与气速无关，且 f_e 趋近于 1。Mills 等[265,270]提出了如下关联：

$$f_e = \tanh[0.664R_{eL}^{0.333} \cdot F_{rL}^{0.195} \cdot W_{eL}^{-0.171} \cdot (a_t d_p/\varepsilon_B^2)^{-0.0615}] \tag{10-4-34}$$

式中，R_{eL}、F_{rL} 和 W_{eL} 分别为液体的雷诺数、费鲁德数和韦伯数；a_t 为粒子的外比表面积；ε_B 为床层空隙率。

(二)传质

对于加氢裂化过程，氢气总是过量的，而且由于它在液相中的溶解度很小，所以可以认为在气、液相界面上它始终处于平衡状态，而气相中的传质阻力可以忽略，故传质阻力主要是在外液膜及催化剂孔内。

1. 液膜传质

反应速率很快的过程($k>k_{LS}$)往往是液膜控制过程，此时总扩反应速度常数为

$$k_0 = 1/\left(\frac{1}{k} + \frac{1}{k_{LS}}\right) = k_{LS} \tag{10-4-35}$$

式中，k、k_{LS} 分别为反应速度常数和扩散速度常数。显然，如在这样的条件下评选催化剂，评价结果都将基本不变，总有 $k_0 \approx k_{LS}$，因此液膜控制不但干扰了催化剂评选，而且也

歪曲了动力学过程。Satterfield[271]认为当反应物表面浓度偏离无扩散阻力时的 5% 时，就是液膜控制，并提出反应不受液膜控制的判据如下：

$$r(d_p/2)/C^* k_{LS} < 0.15/n \tag{10-4-36}$$

式中，C^* 为催化剂表面上反应物的平衡浓度；n 为反应级数；r 为平均反应速度。

2. 催化剂孔扩散

无因次的 Thiele 膜数 ϕ_p 是表征内扩散影响的重要参数。一般来说，当 $\phi_p < 1/5$ 时，催化剂有效利用系数 $\eta > 0.9$，此时内扩散阻力可以忽略，在此情况下，操作变量的改变对 η 的影响较小。当 $d_p < 1mm$ 时，一般属于这类情况，而当 $\phi_p > 3$ 时，$\eta \approx 1/\phi_p$ 属内扩散控制。

对球形催化剂，一级反应

$$\phi_p = \frac{d_p}{2}\sqrt{k/D_e} \tag{10-4-37}$$

式中，D_e 为有效扩散系数。可见催化剂的颗粒越大，反应速度越快，扩散越慢，ϕ_p 就越大，η 就越小，即孔内传质阻力的影响越大。

判断是否可以忽略孔内传质阻力影响的另一个判据[272,273]为：

$$r(d_p/2)^2/C_s D_e < 1/n \tag{10-4-38}$$

式中：C_s 为催化剂表面反应浓度。满足式(10-4-38)即可认为消除了内扩散的影响。

(三) 传热

反应温度对加氢裂化反应过程可从如下的几个方面施加作用：

1）反应物的扩散系数、黏度、密度；

2）气液、液固表面的传质系数；

3）反应物的吸附平衡常数(Van't Hoff 方程)；

4）反应速度常数(Arrhenius 方程)。

因此，反应器内温度梯度(相间的、粒间的和粒内的)的存在，无疑会对反应的结果产生不可忽视的影响。

Mears[274]认为传热阻力大小的顺序为粒间热阻>相间热阻>粒内热阻，并导出消除各种温度梯度的判据如下：

粒内：

$$(-\Delta H)r(d_p/2)^2/\lambda_p T_0 < 0.75 R_g T_0/E \tag{10-4-39}$$

相间：

$$(-\Delta H)r(d_p/2)/h T_0 < 0.15 R_g T_0/E \tag{10-4-40}$$

粒间(床层径向)：

当忽略壁热阻

$$(-\Delta H)r R_0^2/\lambda_{er} T_w < 0.4 R_g T_w/E \tag{10-4-41}$$

不忽略壁热阻

$$(-\Delta H)r R_0^2/\lambda_{er} T_w < \frac{0.4 R_g T_w/E}{1 + 8(d_p/2)(B_{iof})_w/R_0} \tag{10-4-42}$$

式中：$(-\Delta H)$ 为反应热；λ_p，λ_{er} 分别为粒子和床层的有效导热系数；h 为液固相传热系数；T_0，T_w 分别为反应温度和反应器壁温；E 为反应活化能；R_g 为气体常数，$(B_{iof})_w$ 为一无因次准数：

$$(B_{iof})_w = h_w d_p / \lambda_{er} \tag{10-4-43}$$

这里，h_W 为壁热导。

参 考 文 献

[1] Wilhelmy F. Ann. Phys. , 1850, 81: 413~499.

[2] Berthelot M. and Saint-Gilles L. Ann. Chem. , 1862, 65: 385.

[3] Harcourt A. V. and Esson W. Phil. Trans. , 1866, 156: 193.

[4] Bodenstein M. and Lind S C. Phys. Chem. , 1906, 57: 168.

[5] Brϕnsted J N. Phys. Chem. , 1922, 102: 169.

[6] Franckaerts J and Froment G F. Kinetic study of the dehydrogenation of ethanol , Chemical Engineering Science, 1964, 19(10): 807-818.

[7] Madon R J, O'Connell J P and Boudart M. AIChE J. , Catalytic hydrogenation of cyclohexene: Part II. Liquid phase reaction on supported platinum in a gradientless slurry reactor 1978, 24(5): 904-911.

[8] Manes M, Hofer L J E and Weller S. Classical Thermodynamics and Reaction Rates Close to Equilibrium, J. Chem. Phys. , 1950, 18(10): 1355-1361.

[9] Manes M, Hofer L J E and Weller S. Reply to Christiansen's Letter, "Chemical Kinetics and Equilibrium" J. Chem. Phys. , 1954, 22(9): 1612.

[10] Horiuti J. A theorem on the relation between rate constants and equilibrium constant, Advances in Catalysis. , 1957, 9: 339-342.

[11] Happel J. A rate expression in heterogeneous catalysis Chem. Eng. Sci. , 1966, 22: 479-480.

[12] Happel J. Study of Kinetic Structure Using marked atoms , Catal. Rev. , 1972, 6(2): 221.

[13] Masuda M. Stoichiometric relations of complex chemical reaction network and stoichiometric number theory: A criterion for preserving overall stoichiometry in reduced mechanisms J. Chem. Phys. , 1990, 92(10): 6030.

[14] Langmuir I. J. Am. Chem. Soc. , 1918, 40: 1361.

[15] Taylor H S. Proc. Roy. Soc. , London, 1925, A108: 105.

[16] Hinshelwood C N. The Kinetics of Chemical Change in Gaseous Systems, Oxford, 3rd ed. , 1940.

[17] Hougon O A and Watson K M. Solid catalysts and reaction rates, Ind. Eng. Chem. , 1943, 35: 529-540.

[18] Yang K H and Hougen O A. Determination of mechanism of catalyzed gaseous reactions , Chem. Eng. Prog. , 1950, 46(3): 146-157.

[19] Kittrell J R. Adv. Chem. Eng. , 1970, 8: 97.

[20] Boudart M. Kinetics on ideal and real surfaces, AIChE J. , 1956, 2(1): 62-64.

[21] Lumpkin R E, Smith W D and Douglas J M. Importance of the structure of the kinetic mokel for catalytic reactions IEC Fund. , 1969, 8: 407-411.

[22] Smith J M. Chemical Engineering Kinetics, 2nd ed. , McGraw-Hill, NewYork, 1970.

[23] Hill H G. An Introduction to Chemical Engineering and Reactor Design, John Wiley and Sons. , 1977.

[24] Seinfield J H. Lapidus L. , Mathematical Methods in Chem. Eng. , Vol 3, Prentice-Hall, 1974.

[25] 林世雄. 石油炼制工程[M]. 北京: 石油工业出版社, 1980.

[26] 程之光. 重油加工技术[M]. 北京: 中国石化出版社, 1994.

[27] 吴辉. 高压加氢裂化集总动力学模型及工业反应的模拟与优化. 华东理工大学博士学位论文, 1996.

[28] Aris R. 5TH DANCKWERTS, P. V. MEMORIAL LECTURE PRESENTED AT GLAZIERS HALL, LONDON, UK, 16 OCTOBER 1990 - MANNERS MAKYTH MODELERS, Chemical Engineering Science, 1991, 46(7): 1535-1544.

[29] Knozinger H, Kochlefl K and Meye W. Kinetics of the bimolecular ether formation from alcohols over alumina , J. Catal. , 1973, 28(1): 69-75.

[30] Hayward D O and Trapnell B M W. Chemisorption, 2nd ed. , Buttorworths, 1964.

[31] Wei J and Prater C D. Adv. Catal. , 1962, 13: 203-236.

[32] Wei J and Kuo C W. A lumping analysis in monomolecular reaction systems Ind. Eng. Chem. Fundam,, 1969, 08: 114-123.

[33] Weekman V W, Lumps. Models and Kinetics in Practice, AIChE Monoglahh Series, 1979, 75(11)

[34] E G Christoffel. Laboratory reactors and heterogeneous catalytic processes, Catalysis Reviews, 1982, 24(2): 159-232.

[35] Levenspiel O. Chemical Reaction Engineering, 2nd Edition, New York, John Wiley, 1972

[36] 翁惠新，毛信军. 石油炼制过程反应动力学[M]. 北京：烃加工出版社，1987.

[37] 陈甘棠. 化学反应工程[M]. 北京：化学工业出版社，1981.

[38] Satterfield C N. Mass Transfer in Hetero-geneous Catalysis, Mass. , Camtridge, M. I. T. Pr. , 1970.

[39] Girgis M J, Gates B C. Reactivities, reaction networks, and Kinetics in high-pressure catalytic hydroprocessing, Industrial and Engineering Chemistry Research, 1991, 30(9): 2021-2058.

[40] Ishihara A, et al. Deep hydrodesulfurization of alkyl-substituted dibenzothiophenes in light oil, Chemistry Letters, 1992, 21, 669.

[41] Amorelli A, Amos Y D, et al. , ESTIMATE FEEDSTOCK PROCESSABILITY, Hydrocarbon Processing, 1992, 71(6): 93.

[42] Kabe T, Ishihara A, et al. Deep desulfurization of light oil. 3. Effects of solvents on hydrodesulfurization of dibenzothiophene, Ind. Eng. Chem. Res. , 1993, 32(4):: 753-755.

[43] Anderson J R, Boudart M. Catalysis Science and Technology, 11, NewYork, Springer-Verlag Berlin Heidellerg, 1996.

[44] Kabe T, et al. Sekiyu Gakkaishi, 1997, 40(1): 29.

[45] Henrik Topsøe, Bjerne S Clausent. In situ Mössbauer emission spectroscopy studies of unsupported and supported sulfided Co-Mo hydrodesulfurization catalysts: Evidence for and nature of a Co-Mo-S phase , J. Catal. , 1981, 68(2), 433-452.

[46] Kabe T, et al. Sekiyu Gakkaishi, 1997, 40(3): 185.

[47] Leglise J, et al. Evidence for H2S as active species in the mechanism of thiophene hydrodesulphurization Prepr. Petrol. Div. ACS, 1994, 39: 533-537.

[48] Lee H C, Butt J B. Kinetics of the desulfurization of thiophene: Reactions of thiophene and butene , J. Catal. , 1977, 49(3), 320-331.

[49] Lavopa V, Satterfield C N. J Catal. Poisoning of Thiophene Hydrodesulfurization by Nitrogen Compounds, 1988, 110(2), 375-387.

[50] Gutberlet L C, Bertolacini R J. Inhibition of hydrodesulfurization by nitrogen compounds IECPRD, 1983, 22: 246-250.

[51] Nagai M, Kabe T. Selectivity of molybdenum catalyst in hydrodesulfurization, hydrodenitrogenation, and hydrodeoxygenation: Effect of additives on dibenzothiophene hydrodesulfurization , J. Catal. , 1983, 81(2), 440-449.

[52] Ishihara A, Kabe T. Deep desulfurization of light oil. 3. Effects of solvents on hydrodesulfurization of dibenzothiophene , Ind. Eng. Chem. Res. , 1993, 32(4), 753-755.

[53] Yang J, Massoth F E. Poisoning of 2-methylthiophene and 2-methylfuran hydrogenolysis by piperidine and 2,

6-lutidine, Appl. Catal. , 1987, 34(2), 215-224.

[54] Hargreaves A E, Ross J R H. An investigation of the mechanism of the hydrodesulfurization of thiophene over sulfided Co-Mo/Al$_2$O$_3$ catalysts: II. The effect of promotion by cobalt on the C-S bond cleavage and double-bond hydrogenation/dehydrogenation activities of tetrahydrothiophene and related compounds , J. Catal. , 1979, 56(3), 363.

[55] Ruettel F, Iudena E V. Molecular orbital calculations of the hydrodesulfurization of thiophene over a Mo-Co catalyst , J. Catal. , 1981, 67(2), 266-281

[56] Sapre A V, et al. Hydrodesulfurization of benzo[b]naphtho[2, 3-d]thiophene catalyzed by sulfided CoO-MoO3/γ-Al2O3: The reaction network , AIChE, 1980, 26(4), 690-694

[57] Zdrazila M. The chemistry of the hydrodesulphurization process (Review), Appl. Catal. , 1982, 4(2), 107-125.

[58] Pratt K C, Sanders J V, Tamp N. The role of nickel in the activity of unsupported Ni-Mo hydrodesulfurization catalysts, J. Catal. , 1980, 66(1), 82-92.

[59] Hamdy Farag D D, et al. A fresh approach to kinetic analyses of the hydrodesulfurization of polyaromatic thiophenes Prepr. Petrol. Div. ACS, 1997, 43(3): 569-572.

[60] Zhang Q, Ishihara A, Kale T. Sekiyu Gakkaishi, 1996, 39(6): 410.

[61] Qlerhhnkol B A, et al. X. T. T. M. , 1996, 5: 34.

[62] Katzer J R et al. Catal. Rev. -Sci. Eng. , 1979, 20(2): 155.

[63] Coccheffo J F et al. Thermodynamic equilibria of selected heterocyclic nitrogen comounds with their hydrogenated derivatives IECPDD, 1976, 15(2): 272-277.

[64] Hoerl A E. Application of ridge analysis to regression problems, Chem. Eng. Prog. , 1962, 58(3), 54-59.

[65] Ho T C, et al. Hydrodenitrogenation catalysis , Catal. Rev. -Sci. Eng. , 1988, 30(1): 117.

[66] Shaltai J, et al. Catalytic functionalities of supported sulfides : V. C-N bond hydrogenolysis selectivity as a function of promoter type , J. Catal. , 1988, 113(1), 206-219.

[67] Nagai M, et al. Hydrodenitrogenation of carbazole on a molybdenum/alumina catalyst. Effects of sulfiding and sulfur compounds , Energy and Fuels, 1988, 2(5), 645-651.

[68] Hanlon R P. Energy and Fuels, 1981, 1: 424.

[69] Satterfield C N, et al. Effect of hydrogen sulfide on the catalytic hydrodenitrogenation of quinoline IECPDD, 1981, 20: 62-68.

[70] 方向晨, 谭汉森等. 重馏分油加氢脱氮反应动力学模型的研究. 石油学报(石油加工), 1996, 12(2): 19.

[71] Miller J T, et al. Non-first-order hydrodenitrogenation kinetics of quinoline, J. Catal. , 1984, 85(1), 117-126.

[72] Meyn V W, et al. A pilot plant designed for the process study of hydrodenitrogenation and hydrogen consumption , Ind. Eng. Chem. Res. , 1988, 27(7), 1186-1193.

[73] Uchytil J, et al. Hydrogenation of alkenes over a cobalt-molybdenum-alumina catalyst , J. Catal. , 1980, 64(1), 143-149.

[74] Vyskocil V, Kraus M. Collect. Czech. Chem. Commun. , 1979, 44: 3676.

[75] Tschernitz J L, et al. AIChE, 1946, 42: 883.

[76] Ramachandran R and Massoth F E. The effects of pyridine and coke poisoning on benzothiophene hydrodeulfurization over CoMo/Al$_2$O$_3$ catalyst, Chem. Eng. Commun. , 1982, 18(1-4) 239-254.

[77] Miciukiewicz J, et al. Proc. 8th Int. Congr. Catal. , Verlag Chemic. , Weinheim, 1984.

[78] Ramachandran R and Massoth F E. Can. J. Chem. Eng., 1982, 66: 162.

[79] Yang S H and Satterfield C N. J. Catal., Some effects of sulfiding of a NiMo/Al2O3 catalyst on its activity for hydrodenitrogenation of quinoline, 1983, 81(1), 168.

[80] 方向晨, 王燕. 石油学报(石油加工)英文专刊, 1997: 97.

[81] Cooper H B and Stanislaus A. Aromatic hydrogenation catalysis: A review, Catal. Rev. –Sci. Eng., 1994, 36(1): 75–123.

[82] Yui S M and Sanford E C. Prepr. Petroleum Div. ACS, 1991, 69: 1087.

[83] Wilson M F, Fisher I P and Kriz J F. Hydrogenation of aromatic compounds in synthetic crude distillates catalyzed by sulfided NiMo/γ–Al2O3, J. Catal., 1985, 95(1)155–166.

[84] Johnson A D. Study shows marginal cdtane gains from hydrotreating, Oil and Gas J., 1983, 81(22): 78.

[85] Yui S M and Sanford E C. Can. J. Chem. Eng., 1991, 69: 1087.

[86] Moreau C, et al. Structure–activity relationships in hydroprocessing of aromatic and heteroaromatic model compounds over sulphided NiO–MoO$_3$/γ–Al$_2$O$_3$ and Nio–WO$_3$/ γ –Al$_2$O$_3$ catalysts; chemical evidence for the existence of two types of catalytic sites, Catal. Today, 1988, 4(1), 117–131.

[87] Moreau C and Geneste P. Factors affecting the reactivity of organic model compounds in hydrotreating reactions, in Theoretical Aspects of Heterogeneous Catalysis, J. B. Moffat ed., Van Nostrand Reinhold, New York, 1990.

[88] Lepage L F. Applied Heterogeneous Catalysis, Technip, Paris, 1987.

[89] Lepage L F. Applied Heterogeneous Catalysis, Technip, Paris, 1987.

[90] Kasztelan S and Guillaume. Inhibiting effect of H$_2$S on toluene hydrogenation over A MOS$_2$ Al$_2$O$_3$ catalyst, Industrial and Engineering Chemistry Research, 1994, 33(2), 203–210.

[91] Shabtai J, Nag N K and Massoth F E. 9th Ing. Cong. Catal., 1989, 1, 1.

[92] Vivier L, Kasztelan S and Perot G. Kinetic Study of the Decomposition of 2, 6–Diethylaniline in the Presence of 1, 2, 3, 4–Tetrahydroquinoline over a Sulfided NiMo–Al2O3 Catalyst. I. Effect of the partial pressure of nitrogen compounds, Bulletin des Sociétés Chimiques Belges, 1991, 100(11–12): 801–805.

[93] Badilla-ohllaum R. A study of nickel–molybdate coal–hydrogenation catalysts using model feedstocks, Fuel, 1979, 58(4): 309–314.

[94] Aloluil Latif N. Catalysts in Petroleum Refining 1989, Elsevier Science Publishers, Amsterdam, 1990: 349.

[95] Matarresse G, Santoro E and Covini R. Process conditions are important in dearomatizing gas oil, Oil and Gas J., 1983, 81(24): 111–114.

[96] Wilson M F and Kriz J F. Upgrading of middle distillate fractions of a syncrude from Athabasca oil sands, Fuel, 1984, 63(2): 190–196.

[97] Magnabosco L M. Stud. Surf. Sci. Catal., 1990, 53: 481.

[98] Weisz P B. Adv. Catal., 1962, 13: 137.

[99] Steijns M, Froment G and Jacobs P, et al. Hydroisomerization and hydrocracking. 2. Product distributions from n–decane and n–dodecane, IECPRD, 1981, 20(4): 654–660.

[100] Vansina H, Baltanas M A and Froment G. Hydroisomerization and hydrocracking, IECPRD, 1983, 22: 526–539.

[101] Martens J A, Jacobs P A and Weitkamp J. Attempts to rationalize the distribution of hydrocracked products. 1. qualitative description of the primary hydrocracking modes of long-chain paraffins in open zeolites, Appl. Catal., 1986, 20(1–2): 239–281.

[102] Martens J A, Jacobs P A and Weitkamp J. Attempts to rationalize the distribution of hydrocracked prod-

ucts. 2. relative rates of primary hydrocracking modes of long-chain paraffins in open zeolites, Applied Catalysis, 1986, 20(1-2): 283-303.

[103] Martens J A, Tielan M and Jacobs P A. Attempts to rationalize the distribution of hydrocracked products. III. mechanistic aspects of isomerization and hydrocracking of branched alkanes on ideal bifunctional large-pore zeolite catalysts, Catalysis Today, 1987, 1(4): 435-453.

[104] Voge H H. Catalysis, Ed. by Emmett P. H., VG., New York, Reinhold, 1958.

[105] Maxwell I E. Zeolite catalysis in hydroprocessing technology, Catalysis Today, 1987, 1(4): 385-413.

[106] Ramachandran R, Massoth F E. The effect of H_2S on the hydrogenation and cracking of hexane over a CoMo catalyst, J. Catal., 1981, 67: 248-249.

[107] Satterfield C N, Smith M. USP 3, 706, 658(1972).

[108] Yang S H, Satterfield C N. Catalytic hydrodenitrogenation of quinoline in a trickle-bed reactor. Effect of hydrogen sulfide IECPDD, 1984, 23: 20-25.

[109] Nat P, Schoonhoven J and Plantenga F. Catalysts in petroleum Refining 1989, Elsevier Science Publishers, Amsterdam, 1990: 399.

[110] Dufresne P, Quesada A, and Mignard S. Catalysts in Petroleum Refining 1989, Elsevier Science Publishers, Amsterdam, 1990: 301.

[111] Gates B C, Katzer J R, Schuit G C. Chemistry of Catalytic Process, NewYork, McGraw-Hill Book Company, 1979.

[112] Chen J K, et al. Competitive reaction in intrazeolitic mediaIECR, 1988, 27: 401-409

[113] Qader S A, et al. J. Inst. Petrol., 1970, 56(500): 187.

[114] Nelson W L. Hydrocracking yields, Oil and Gas J., 1967, 65(26): 84.

[115] Maxwell I E. Catalysis Today, 1987, 1: 407.

[117] Laux H and Fratzscher W. Chem. Techn., 1985, 37(12): 498.

[118] Houalla M, et al. Hydrodesulfurization of dibenzothiophene catalyzed by sulfided $CoO-MoO_3-\gamma-Al_2O_3$: The reaction network, AIChE J., 1978, 24(6), 1015-1021.

[118] Ihm Son-K, et al. Hydrodesulfurization of thiophene over CoMo, NiMo, and NiW/Al_2O_3 catalysts: kinetics and adsorption IECR., 1990, 29(7): 1147-1152.

[119] Krishna R, et al. Use of an axial-dispersion model for kinetic description of hydrocracking, Chemical Engineering Science, 1989, 44(3): 703-712.

[120] Stangeland B E, etal. A kinetic model for the prediction of hydrocracker yield, IECPDD, 1974, 13: 71-75.

[121] Powell R T. Kinetic hydrocracker model helps engineers predict yields, targets, operations, Oil and Gas J., 1989, 87(2): 61.

[122] Gray M R, et al. Lumped kinetics of structural groups: hydrotreating of heavy distillate, Ind. Eng. Chem. Res., 1990, 29(4): 505-512.

[123] Neurock M C, et al. Monte carlo simulation of complex reaction systems: molecular structure and reactivity in modelling heavy oils, Chem. Eng. Sci., 1990, 45(8): 2083-2088.

[124] Fisher D A, Barker G P, et al. Catalysts in Petroleum Refining 1989, Elsevier Science Publishers, Amsterdam, 1990: 473.

[125] Qader, S A, Hill G R. Hydrocarcking of gas oil, Ind. Eng. Chem. Process Des. Develop., 1969, Vol. 8, 98-105.

[126] Hisamitsu T, et al. Bull. Japan. Petrol. Inst., 1976, 18, 146.

［127］Hisamitsu T, et al. Sekiyu Gekkaishi, 1986, 29(4), 295.

［128］黄志渊. 加氢精制数学模型的研究(Ⅲ)加氢脱硫过程的动力学模型[J]. 石油炼制, 1980, (3), 38 -46.

［129］Yitzhaki D. Hydrodesulfurization of gas oil, reaction-rates in narrow boiling rawge fractions, AICHE J., 1977, 23(3), 342-346.

［130］Schuit G. Chemistry and engineering of catalytic hydrodesulfurization, AICHE J., 1973, 19(3), 417-438.

［131］方向晨, 赵玉琢. 抚顺石油化工研究院院报, 1990, 3(4), 50.

［132］Sugimeto A, Tsuchiya F and Sagara H. NPRA Paper, 1992, AM-92-18.

［133］Kosugi M. J Japan Petrol. Inst., 1978, 21(3), 169.

［134］Flinn R A, et al. Petrol. Refiner, 1961, 40(4), 139.

［135］Nag NK, et al. Hydrodesulfurization of polycyclic aromatics catalyzed by sulfided: The relative reactivities, J Catal., 1979, 57(3), 509-512.

［136］Daly F R. Hydrodesulfurization of benzothiophene over CoO-MoO3-Al2O3, J. Catal., 1973, 51, 221-228.

［137］Parrott S I, et al. U. S. P. 5341313.

［138］Sau M, et al. Hydrotreatment and Hydrocracking of Oil Fractions, Elsevter Science B. V., 1997, 421.

［139］Chou M, Ho T C. Continuum theory for lumping nonlinear reactions, AIChE J, 1988, 34(9), 1519-1527.

［140］Kawaguchi T, et al. Sekiyu Gakkaishi, 1986, 29(4), 294.

［141］Gheit A. The Kinetics of Quinoline Hydrodenitrogenation through Reaction Intermediate Products, Can. J., cham Eng., 1975, 53(17), 2575-2579.

［142］One T, et al. Sekiyu Gakkaishi 1980, 23(2), 110.

［143］Mann R S. Catalytic hydrofining of heavy gas oil IECR, 1987, 26, 410-414.

［144］Yui S M, et al. Mild hydrocracking of bitumen-derived coker and hydrocracker heavy gas oils: kinetics, product yields, and product properties IECR, 1989, 28, 1278-1284Perof, G., Catalysis Today., 1991, 10, 447.

［145］谭汉森, 方向晨. 重油馏分加氢脱氮反应动力学模型的研究[J]. 石油学报(石油加工), 1992, 8 (1), 1-10.

［146］Migan T I, et al. Computer-Assisted modeling of hexadecane hydroisomerization Preprint of A. C. S., 1997, 666-669.

［147］Migan T I, et al. Computer-Assisted kinetic modeling of hydroprocessing Preprint of A. C. S., 1997, 670 -673.

［148］Sarille B A. J. Pharm, Sci, 1989, 78, 1003.

［149］Qader S A, et al. Hydrocarcking of polynuclear aromatic hydrocarbons over mordenite catalysts, Prep, Dir of Petrol, Chem, A. C. S., 1973, 18(1), 60-71.

［150］Qader S A. and Hill G R. Hyddrocracking of petroleum and coal oils, IECPDD, 1969, 8, 462-469.

［151］Mohanty S, et al. Hydrocracking: a review, Fuel, 1990, 69(12), 1467-1473.

［152］Sue H, et al. Petrotech 1982, 5, 942.

［153］史由. 炼油工艺过程关联式(三)[J]. 炼油设计, 1987, 17(2), 45-50.

［154］Nelson W L. Operating costs of hydrogen treating, Oil and Gas J., 1971, 69(9), 64-68.

［155］Nelson W L. Hydrogen run-around chart, Oil and Gas J., 1973, 71(44), 108-109.

［156］Stangeland B E and Kittrell J R. Jet fuel selectivity in hydrocracking, IECPDD, 1972, 11(1), 15-20.

［157］Sullivan R F, et al. Hydrocracking of alkylbenzenes and polycyclic aromatic hydrocarbons on acidic catalysts. Evidence for cyclization of the side chains, J. Catal., 1964, 3(2), 183-195.

[158] Tom T B, et al. "Hydrocracking for distillates"Symp Adv in distillate and Residual Oil Technol. , ACS meeting, New York, 1972.

[159] Zhorov Y M, et al. CHEMICAL SCHEME AND STRUCTURE OF MATHEMATICAL DESCRIPTION OF HYDROCRACKING , Int. Chem. Eng. , 1971, 11(2), 256.

[160] Quann R J and Jaffe S B. Structure-oriented lumping: describing the chemistry of complex hydrocarbon mixtures , Industrial and Engineering Chemistry Research, 1992, 31(11), 2483-2497.

[161] Prasad G N, et al. Modeling of coal liquefaction kinetics based on reactions in continuous mixtures. Part I: Theory, Part II: Comparison with experiments on catalyzed and uncatalyzed liquefaction of coals of different rank, AICHE J. , 1986, 32(8), 1277-1287, 1288-1300.

[162] 金思毅, 李建隆. MHC 反应器的性能与随机模拟[J]. 高校化学工程学报, 1996, 10(1), 95-99

[163] Chen Y W. Hydrodesulfurization reactions of residual oils over como/alumina-aluminum phosphate catalysts in a trickle bed reactor, iecr, 1990, 29(9), 1830-1840.

[164] Smith J M. Chemical Engineering Kinetics, 3rd Edition, McGraw-Hill, New York, 1981.

[165] Smith R B. Kinetic analysis of naphtha reforming with platinum catalyst Chem, Eng. Progr. , 1959, 55(6), 76-88.

[166] Wei J and Prater C D. On the structure and analysis of complex systems of first-order chemical reactions containing irreversible steps—I general properties, Chem. Eng. Sci. , 196722 (12), 1587-1606.

[167] Wei J and Prater C D. On the structure and analysis of complex systems of first-order chemical reactions containing irreversible steps—II Projection properties of the characteristic vectors, Chem. Eng. Sci. , 1968, 23 (10), 1191-1200.

[168] Wei J and Prater C D. On the structure and analysis of complex systems of first-order chemical reactions containing irreversible steps — III Determination of the rate constants, Chem. Eng. Sci. , 1970, 25 (3), 407 -424.

[169] Ptatenga F L, et al. Hydroconversion of vacuumgas oil and atmospheric residua , Prepr. Dir. Petrol Chem. , ACS, 1983, 28(3), 621-632.

[170] Opoko A N, et al. X. T. T. M. , 1970(8)2.

[171] 金思毅, 李建隆. MHC 反应器的性能与随机模拟[J]. 高校化学工程学报, 1996, 10(1), 95-99.

[172] 谭汉森, 赵玉琢等. 加氢裂化集总反应动力学模型研究[J]. 石油学报(石油加工), 1996(1), 33 -38.

[173] 朱豫飞, 张治和, 宋文模. 加氢裂化反应动力学模型初步探讨[J]. 炼油设计, 1990, 20(3), 18 -24.

[174] Mohanty S. Hydrocracking: a review, Fuel, 1990, 9(12), 1467-1473.

[175] De Donder Th. L' Affinite: Seconde Parete, Gauthier Villaris, 1931.

[176] Amundson N R, and Acrivos A. On the steady state fractionation of multicomponent and complex mixtures in an ideal cascade : Part 2. —The calculation of the minimum reflux ratio, Chem. Eng. Sci. , 1955, 29(4), 68-74.

[177] Malhotra A and Sadana A. Effect of activation energy microheterogeneity on first-order enzyme deactivation, Biotechnology and Bioengineering, J. , 1987, 30(1), 108-116.

[178] Aris R and Gavalas G. On the Theory of Reactions in Continuous Mixtures, Philosophical Transactions of the Royal Society. A: Mathematical, Physical and Engineering Sciences , 1966, 260(1112), 351-393.

[179] Kemp R R D, et al. The kinetics of mixed feed raactions Ind. Eng. Chem. Fundam. , 1974, 13, 332-336.

[180] Astarita G. Lumping nonlinear kinetics: Apparent overall order of reaction , AICHE. J. , 1989, 35(4),

529-532.

[181] Chou M Y and Ho T C. Continuum theory for lumping nonlinear reactions, AICHE J., 1988, 34(9), 1519 -1527.

[182] Prasad G N, et al. Modeling of coal liquefaction kinetics based on reactions in continuous mixtures. Part II: Comparison with experiments on catalyzed and uncatalyzed liquefaction of coals of different rank, AICHE J., 1986, 32(8), 1288-1300.

[183] McCoy B J and Wang M. Continuous-mixture fragmentation kinetics: particle size reduction and molecular cracking, Chem. Eng. Sci., 1994, 49(22), 3773-3785.

[184] Weekman V W and Nace D M. Kinetics of catalytic cracking selectivity in fixed, moving, and fluid bed reactors, AICHE J., 1970, 16(3), 397-404.

[185] Browarzik D and Kehlen H. Hydrocracking process of n-alkanes by continuous kinetics, Chemical Engineering Science 1994, 49(6), 923-926.

[186] Laxminarasimhan C S, et al. Continuous Lumping Model for Simulation of Hydrocracking, AICHE J., 1996, 42(9), 2645-2653.

[187] Eiff P M. J. Phys: A. Math, Gen., 1991, 24, 2821.

[188] Vansina H, Baltanas M A. Hydroisomerization and hydrocracking, Industrial & Engineering Chemistry Product Research & Development, 1983, 22, 526-539.

[189] Coonradt H L and Garwood W E. Mechanism of hydrocracking IECPDD, 1964, 3(1), 38-45.

[190] Liguras D K and Allen D T. Structural models for catalytic cracking. 1. Model compound reactions, Industrial and Engineering Chemistry Research, 1989, 28(6), 665-673.

[191] Bennett R N and Bourne K H. ACS Symposium on Advances in distillates and Residual Oil Technology, New York, 1972.

[192] El-Kardy F Y. India Chem. Technol., 1979, 17, 176.

[193] Ianglois G E and Sullivan P F. Chemistry of hydrocracking in Symposium on Refining Petroleum for Chemicals, Presented at the division of Petroleum Chemistry and the Division of Industrial and Engineeing Chemistry, American Chemical Society, New York, 7-12 September 1969, pp. D18-D39.

[194] 方向晨，谭汉森等．重馏分油加氢脱氮反应动力学模型的研究[J]．石油学报（石油加工），1996，12(2)，19-28.

[195] 方向晨等．计算机技术在加氢过程研究中的应用[J]．炼油设计，1996，26(6)，46-49.

[196] 齐艳华等．加氢裂化动力学模型及其工业应用[J]．石油学报(石油加工)，1999，15(2)，80-85.

[197] 杨朝合等．渣油加氢裂化反应的窄馏分集总动力学模型[J]．石油学报(石油加工)，，1999，15(5)，44-55.

[198] Tom T B, et al. Symposium on Advances in Distillate and Residual Oil Technology, ACSNew York, 1972, 27 Aug, G4-G15.

[199] Laux H. Chem. Tech, (Leipzig), 1985, 35(8), 8.

[200] 邱建国等．四氢萘在国产催化剂上加氢裂化反应网络的研究[J]．辽宁石油化工大学学报，1992，12(1)，7-14.

[201] 寿德清，向正为．我国石油基础物性的研究(一)[J]．石油炼制，1984(4)，1-8.

[202] 寿德清，向正为．我国石油基础物性的研究(二)[J]．石油炼制，1986(3)，76-85.

[203] 周卫锋，寿德清等．由石油馏分油的恩氏蒸馏曲线预测实沸点蒸馏曲线数学模型的初探[J]．石油炼制，1987(1)，46-52.

[204] 王丛岗，寿德清，向正为．我国石油基础物性的研究(3)直馏馏分油临界参数的测定与研究[J]．石

油炼制，1990(4)，48.

[205] Kesler M G and Lee B I. Improve prediction of enthalpy of fractions Hydro. Proc. , 1976, 55(3), 153 -158.

[206] Riazi M R and Daubert T E. Application of corresponding states principles for prediction of self-diffusion coefficients in liquids, American Institute Of Chemical Engineers , 1980, 26(3), 386-390.

[207] Gomez M and ThodosG. Generalized vapor pressure behavior of substances between their triple points and critical points , American Institute Of Chemical Engineers, 1977, 23(6), 904-913.

[208] Pederson K S, et al. Thermodynamics of petroleum mixtures containing heavy hydrocarbons. 1. Phase envelope calculations by use of the soave-redlich-kwong equation of state. Ind. Eng. Chem. Proc. Des. Dev. , 1984 (23), 163-170.

[209] Astarita G and R Oncone. LUMPING NONLINEAR KINETICS, AICHE J. 1988, 34(8), 1299-1309.

[210] Astarita G. Lumping nonlinear kinetics: Apparent overall order of reaction, AICHE J. 1989, 35(4), 529 -532.

[211] Ho T C and White S B. Experimental and Theoretical Investigation of the Validity of Asymptotic Lumped Kinetics, AICHE J. 1995, 41(6), 1513-1520.

[212] Parnas R S and Allen D T. Compound class modeling of hydropyrolysis, Chemical Engineering Science, 1988, 43(10), 2845-2857.

[213] Quann R J and Jaffe S B. Structure-oriented lumping: describing the chemistry of complex hydrocarbon mixtures , Industrial and Engineering Chemistry Research, 1992, 31(11), 2483-2497.

[214] Guitan J, et al. "Commercial Design of a New Upgrading Process, HDH", in "Proa Int Symp Heavy Oil Residue Upgrading Util,", Fushun, P. R. China, June 6-11, C. han, and C. Hsi, eds. International Academic, Beijing, 1992, 67.

[215] Nagaishi H, et al. Initial Coke Deposition on a NiMo/Al$_2$O$_3$ Bitumen Hydroprocessing Catalyst , Industrial and Engineering Chemistry Research, 1996, 35(11), 3940-3950.

[216] Gray M R, et al. The relationship between chemical structure and reactivity of alberta bitumens and heavy oils, Canadian Journal of Chemical Engineering , 1991, 69(4), 833-843.

[217] Klein M T, et al. "Monte Canlo Modelling of Complex Reaction Systems: An Asphaltene Example", Proc. Motil Workshop on Chemical Reaction in Complex Mixture, Van Nostrand Reinhold, New York, 1994.

[218] Petti T F, et al. Cpu issues in the representation of the molecular structure of petroleum resid through characterization, reaction, and monte carlo modelling Prepr. Div. Petrol. Chem. ACS 1993, 38(2), 440-445.

[219] Trauth D M, et al. CPU Issues in the Representation of the Molecular Structure of Petroleum Resid through Characterization, Reaction, and Monte Carlo Modeling, Energy and Fuels, 1994, 8(3) 570-575.

[220] Gray M R. Through a glass, darkly: kinetics and reactors for complex mixtures. Syncrude I nnovation Award lecture, Canadian Journal of Chemical Engineering, 1997, 75(6), 481-493.

[221] Stewart W E, Caracotsios M. Parameter estimation from multiresponse data, AICHE J. , 1992, 38(5), 641 -650.

[222] Broadbelt L J, Stank S M and Klein M J. Computer Generated Pyrolysis Modeling: On-the-Fly Generation of Species, Reactions, and Rates , Industrial and Engineering Chemistry Research, 1994, 33(4), 790-799.

[223] Broadbelt L J, Stark S M and Klein M T. Computer generated reaction networks: on-the-fly calculation of species properties using computational quantum chemistry , Chemical Engineering Science, 1994, 49(24), 4991-5010.

[224] Broadbelt L J, Stark S M and Klein M T. Computer generated reaction modelling: Decomposition and enco-

ding algorithms for determining species uniqueness , Computers and Chemical Engineering, 1996 20(2), 113-129.

[225] Qader S A. J Inst Pet(London), 1973, 59: 568, 178.

[226] Martens J A, et al. Attempts to rationalize the distribution of hydrocracked products. III. mechanistic aspects of isomerization and hydrocracking of branched alkanes on ideal bifunctional large-pore zeolite catalysts , Catalysis Today 1987, 1(4), 435-453.

[227] Sugioka M, et. al. Enhancing effect of hydrogen-sulfide for cracking of n-hexane over Alkali and alkeline-earth Metal zeolites, Studies in Surface Science and Catalysis, 1993, 77, 365-368.

[228] Chu C I, Wang I. Kinetic study on hydrotreating IECPDD 1982, 21, 338-344.

[229] Cottingham P L, et al. Hydrogenating shale oil to catalytic reforming stock I. E. C. 1957, 49, 679-684.

[230] Rollman L D. Catalytic hydrogenation of model nitrogen, sulfur, and oxygen compounds , Journal of Catalysis, 1977, 46(3), 243-252.

[231] Kenji Hashimoto, et al. Method for measuring acid strength distribution on solid acid catalysts by use of chemisorption isotherms of Hammett indicators, Industrial and Engineering Chemistry Product Research and Development, 1986, 25(2), 243-250.

[232] Kumakura M, et al. Heat enhancement effects in radiation pretreatment of cellulosic wastes , Industrial and Engineering Chemistry Product Research and Development, 1984, 23(1), 88-91.

[233] Shabtai J, et al. Kinetics of hydrodenitrogenation of src-II liquids and synfuel-simulating blends, Fuel, 1988, 67(3), 314-320.

[234] Mortimer C T. "Reaction Heats and Bonds Strength," Pergamon Press, New York. N. Y. , 1962

[235] Srutt D R, Westruem E F, Sinke G C. "The chemical Thermodynamics of Organic Compopourds", Wiley, New York, N. Y. , 1969.

[236] Van Nes K, Van Westen H A. "Affects of the Constitution of Mineral Oil", Elsevier, New York, N. Y. , 1951.

[237] 陈俊武，曹汉昌. 石油在加工中的组成变化与过程氢平衡[J]. 炼油设计，1990(6)，1-11.

[238] Winn F W. Physical properties by nomogram Pet. Refiner, 1957, 36(2), 157.

[239] Riaiz M R and Daubert T E. Simplify property predictions , Hydro. Proc. 1980, 59(3), 15-16.

[240] 陈俊武. 加氢过程中的结构组成变化和化学氢耗[J]. 炼油设计，1992, 22(3), 1-9.

[241] Jaffe S B. Kinetics of heat release in petroleum hydrogenation IECPDD, 1974, 13(1), 34-39.

[242] Alsi-Halabi et al. Coke formation on catalysts during the hydroprocessing of heavy oils Appl, Catal. , 1991, 72, 193-215.

[243] Thakun D S and Thomas. Catalyst deactivation in heavy petroleum and synthetic crude processing : Areview M. G. , Appl, Catal. , 1985, 15, 197-219.

[244] Zeuthen P, et al. Characterization and Deactivation Studies of Spent Resid Catalyst from Ebullating Bed Service, Ind. Eng. Chem. Res. , 1995, 34(3), 755-762.

[245] Maxwll I E. J. Inclusion Phenom. , 1986, 4, 1.

[246] Nace D M. Catalytic cracking over crystalline aluminosilicates IECPRD, 1970, 9, 203-209.

[247] Pedro B , et al. Synthesis of faujasite type zeolites from calcined kaolins , Industrial and Engineering Chemistry Product Research and Development, 1983, 22(3), 401-406.

[248] Moore R M and katzer J R. Counterdiffusion of liquid hydrocarbons in type Y zeolite: Effect of molecular size, molecular type, and direction of diffusion , AIChE, J. , 1972, 18(4), 816-824.

[249] Piccarolo S, et al. Thermodynamic behavior of single polymer-binary solvent systems. Qualitative comparison

with solubility parameter approach , Industrial and Engineering Chemistry Product Research and Development, 1983, 22(1), 146-149.

[250] Desikan P and Amberg C H. Catalytic hydrodesulphurization of thiophene: V. The hydrothiophenes. selective poisoning and acidity of the catalyst surface, Can, J. Chem, Eng, 1964, 42(4), 843-850.

[251] Gultekin S, et al. Ffects of hydrogen-sulfide and water on the liquid-phase catalytic hydrodenitrogenation of quinoline. 1. Behavior of the reaction system, Arab. J. Sci. Eng. , 1985, 10(3), 265-272.

[252] Laine R M. Comments on the Mechanisms of Heterogeneous Catalysis of the Hydrodenitrogenation Reaction Catal. Rev. , 1983, 25(3), 459-474.

[253] Bantholomew C H. In Catalytic Hydroprocessing of Petroleum and Distillates, Edited by M, C, Obella and s. s. Shih, Marcel Debker, New york, 1994.

[254] Weisz P B, et al. Iintracrystalling and molecular-shape-selective catalysis by zeolite salts J, Phys, Chem. , 1960, 64, 382-382.

[255] Weisz P B, et al. Catalysis by crystalline aluminosilicates II. Molecular-shape selective reactions , J, Catal. , 1962, 1(4), 307-312.

[256] Abdul Latif N. Catalysts in Petroleum Refining 1989, Elsevier Science Publishers, Amsterdam, 1990, 349.

[257] 李承烈等. 催化剂失活[M]. 北京: 化学工业出版社, 1989.

[258] Beuther H, Larson O A and Perrotta A J. Stud, Surf, Sci Catal. , 1980, 6, 271.

[259] Bartholomew C H. Catalytic Hydroprocessing of Petroleum and distillates, (Edited by M. C. Obella and s. s. Shih), Marcel Debker, New York, 1994.

[260] Diez F, Gates B C. DEACTIVATION OF A NI-MO GAMMA-AL2O3 CATALYST - INFLUENCE OF COKE ON THE HYDROPROCESSING ACTIVITY , Ind, Eng, Chem, Res, 1990, 29(10), 1999-2004.

[261] Furimsky E. Deactivation of Molybdate catalysts by nitrogen bases, ERDOL and KOHLE ERDGAS PETRO-CHEMIE, 1982, 35(10), 455-459.

[262] Marafi M and Sfanislaus A. Symposiuom on Catalysis in Fuel Processing and Environmental Protection Presented before the Division of Petroleum Chemistry, Inc, 214th National Meeting, American Chemical Society, Las Vegsas, NV, September 7, 1997.

[263] Korsten H and Hoffmann C P. Three-Phase Reactor Model for Hydrotreating in Pilot Trickle-Bed Reactors, AIChE J. , 1996, 42(5), 1351-1360.

[264] Hoffmann H. Int. Chem. Eng. , 1977, 17, 19.

[265] Charpentier J C and Farier M. Some liquid holdup experimental data in trickle-bed reactors for foaming and nonfoaming hydrocarbons , AIChE J. , 1975, 21(6), 1213-1218.

[266] Mears D E. The role of axial dispersion in trickle-flow laboratory reactors, Chem. Eng. Sci. , 1971, 26 (9), 1361-1366.

[267] Smith J M, et al. liquid distribution in trickle-bed reactors. 1. flow measurements, AIChE. J. , 1978, 24 (3), 439-450.

[268] BruJin A D. Proceeding of the 6th International Congress on Catalysis, London, 1976, 951.

[269] Mills P L. Some comments on models for evaluation of catalyst effectiveness factors in trickle-bed reactors , Chem. Eng. Sci. , 1981, 36(5), 947-950.

[270] Mills P L, et al. Evaluation of liquid-solid contacting in trickle-bed reactors by tracer methods , AIChE J. , 1981, 27(6), 893-904.

[271] Satterfield C N. Mass transfer limitations in a trickle-bed reactor , AIChE, J. , 1969, 15(2), 226-234.

[272] Ruether J A. Particle-liquid mass transfer in a three-phase fixed bed reactor with concurrent flow in the pul-

sing regime IECPDD, 1975, 14, 280-285.

[273] Mears D E. Test for transport limitations in experimental catalytic reactors IECPDD, 1971, 10, 541-547.

[274] Mears D E. Diagnostic criteria for heat transport limitations in fixed bed reactors, J. Catal. , 1971, 20 (2), 127-131.

[275] Hans K and Froment G F. Mechanistic Kinetic Modeling of the Hydrocracking of Complex Feedstocks, such as Vacuum Gas Oils, Ind. Eng. Chem. Res. , 2007, 46, 5881.

[276] Pecheco M A and Dassori C G. Hydrocracking: An improved Kinetic Model and Reactor Modeling, Chem. Eng. Commun. , 2002, 189(12), 1684.

[277] Singh U K, et al. Kinetics of Liquid-phase Hydrogenation Reactions over Supported Metal Catalyst-a Review, Appl. Catal. , 2003, 255(2), 361.

[278] Valery E, et al. , Kinetis Modeling of Acid Catalyzed Hydrocracking of Heavy Molecules: Application toSqualane, Ind. Eng. Chem. Res. , 2007, 46, 4755.

[279] Baltanas M A, et al. Single-event-lumped-parameter Hybrid Model for non-ideal Hydrocracking of n-octane, Catalysis Today, 2008, 130, 455.

[280] Thybaut, et al. Design of Optimum Zeolite Pore System for Central Hydrocracking of Long-chain n-alkanes Based on a Single-event Microkinetic Model, Top Catal. , 2009, 52, 1251.

[281] Mitsios, et al. Single-event Microkinetis Model for Long-chain Paraffin Hydrocracking ang Hydroisomerization on an Amorphous $Pt/SiO_2-Al_2O_3$ Catalyst, Ind. Eng. Chem. Res. , 2009, 48, 3284.

第十一章 反应器的流体力学特征

加氢裂化装置应用的反应器为非均相固体催化剂反应器，目前液体催化剂的均相反应器正在开发阶段，尚未工业化。非均相固体催化剂反应器形式主要有：固定床反应器、沸腾床反应器、悬浮床反应器。由于世界范围应用的馏分油加氢裂化工艺流程95%以上为固定床加氢裂化工艺，本章以非均相、固体催化剂、固定床、下流式、连续操作的滴流床加氢精制反应器及加氢裂化反应器为主进行讨论。

第一节 反应器内的流体流动状态

馏分油加氢裂化装置的加氢精制反应器和加氢裂化反应器，一般为气、液、固三相并存的滴流床反应器。气、液两相流体连续流动进入固体催化剂的反应器内，随着流体沿反应器向下流动，温度升高，为了保证催化剂的性能，需注入冷却介质（一般为冷循环氢），反应器内气相增大，液相减少。通常情况下，加氢精制反应器为典型的滴流床反应器，加氢裂化反应器下床层，在某些工艺条件下液相全部汽化，仅存气、固相而成为典型的固定床反应器。反应器内的气液相平衡不仅影响气、液相的物化性质，而且直接影响流体力学性能，这种较为复杂的流体流动特征，是评价反应器性能的基础，它直接关系催化剂的反应性能、催化剂床层压力降、传热、传质等性能。

加氢裂化装置原料油性质、目的产品、工艺流程及运转周期不同，加氢裂化的操作条件不同。一般总压力8~18MPa，平均反应温度320~425℃，入口氢油体积比700~1500左右。精制催化剂的体积空速0.5~1.2h⁻¹，裂化催化剂的体积空速0.8~2.5h⁻¹，后处理催化剂的体积空速10~15h⁻¹。本节将在上述条件下讨论反应器内的流体流动状态。

一、反应器内气、液负荷的变化

（一）反应器内气、液负荷

一段串联一次通过加氢裂化工艺流程加氢精制反应器入口含：原料油、循环氢，床层间有急冷氢；加氢裂化反应器入口含：加氢精制反应流出物，床层间有急冷氢；一段串联全循环流程加氢精制反应器或加氢裂化反应器入口还含有循环油。

反应器内气、液负荷随原料油性质、目的产品、工艺流程、运转周期、操作条件不同相差较大。一般加氢精制反应器入口混合氢占原料油10%~25%，床层间冷氢占原料油1.5%~5%。加氢裂化反应器入口混合氢占原料油1%~20%，床层间冷氢占原料油2.5%~25%。循环氢+新氢总量占原料油19%~55%左右。

表11-1-1列出了反应器内物流通量相对值实例。

表11-1-1 反应器内物流通量相对值实例

生产方式	一段串联全循环工艺流程		一段串联一次通过工艺流程	
规模/（Mt/a）	0.9	0.8	1.2	2.0
主产品	重石脑油	中间馏分油	重石脑油+中间馏分油	重石脑油+柴油+尾油

续表

生产方式		一段串联全循环工艺流程		一段串联一次通过工艺流程	
精制反应器					
入口	原料	1.0	1.0	1.0	1.0
	混氢	0.173	0.181	0.255	0.118
	急冷氢	0.025	0.025	0.041	0.035
裂化反应器					
入口	上游导入	1.198	1.206	1.296	1.153
	混氢	0.205	0.148	0.037	0.012
	循环油	0.572	0.605		
	急冷氢	0.143	0.082	0.056	0.028
出口		2.118	2.041	1.389	1.193

从表 11-1-1 可看出：随物流方向，物流通量逐段增加。到加氢裂化反应器出口，一段串联全循环工艺流程物流总量最大为原料的 2.041 倍，循环氢+新氢总量占原料的43.6%；一段串联一次通过工艺流程物流总量最低为原料的 1.193 倍，循环氢+新氢总量占原料的19.3%。一段串联全循环工艺流程需要的氢气量是一段串联一次通过工艺流程的 2.26 倍。

（二）反应器内的汽化率

加氢精制和加氢裂化过程均为放热反应过程，反应器内物流不与外界发生热交换（有微量散热损失），工业装置一般视为绝热过程，沿床层出现温升，温升大小与原料油性质、操作条件、催化剂活性等参数有关。表 11-1-2 列出了几种流程运转初期的反应器床层温升数据。

表 11-1-2　运转初期的反应器床层温升数据

生产方式			两段工艺流程	一段串联一次通过工艺流程	
规模/(Mt/a)			2.6	1.8	1.4
主产品			重石脑油	重石脑油+尾油	最大柴油
一段精制反应器/℃	一床层	入口温度	342	356	355
		出口温度	380	386	379
		温升	38	30	24
	二床层	入口温度	363	368	370
		出口温度	388	389	398
		温升	25	21	28
	三床层	入口温度	373	374	376
		出口温度	392	390	401
		温升	19	16	25
一段裂化反应器/℃	一床层	入口温度	374	379	384
		出口温度	385	385	393
		温升	11	6	9

生产方式			两段工艺流程	一段串联一次通过工艺流程	
一段裂化反应器/℃	二床层	入口温度	374	379	384
		出口温度	386	387	395
		温升	12	8	11
	三床层	入口温度	374	379	384
		出口温度	387	389	396
		温升	13	10	12
	四床层	入口温度	374	379	384
		出口温度	387	391	396
		温升	13	12	12

从表 11-1-2 可看出：一般精制反应器 2~3 床层少于裂化反应器 4~5 床层，精制反应器床层温升 67~82℃高于裂化反应器床层温升 36~49℃，精制反应器单床层温升较大（16~38℃），高于裂化反应器单床层温升 6~13℃。为了控制床层温升在适当范围内，一般床层间均设有冷氢箱或冷油箱，注入一定量冷却介质（氢气或轻质油品）以降低床层温度。由于床层内温升的存在，沿床层高度气液相处于不同的平衡状态，呈现出口汽化率大于入口汽化率；反应器内沿物流方向，生成 H_2S、NH_3、甲烷、乙烷、丙烷等气体组分，轻石脑油、重石脑油、喷气燃料、柴油、润滑油基础油等液体组分，相对分子质量变小，相对挥发度增高，也使汽化率增加。表 11-1-3 列出了反应器内汽化率变化数据实例。

表 11-1-3　反应器内汽化率变化数据实例

目的产品			中间馏分油		重石脑油		重石脑油+中间馏分油	
循环方式			全循环		全循环		一次通过	
生产方式			SOR	EOR	SOR	EOR	SOR	EOR
汽化率/%	精制反应器	入口	2.91	3.84	1.20	3.37	8.28	11.65
		出口	13.56	14.4	10.53	17.03	22.89	29.25
	裂化反应器	入口	8.54	10.64	37.84	42.40	22.74	27.82
		出口	57.25	62.10	100	96.40	100	91.00

从表 11-1-3 可看出：不同原料和产品方案的汽化率不同。生产重石脑油与生产中间馏分油方案相比，当原料性质相近时，精制反应器内的汽化率的变化两者基本相近，但裂化反应器内的汽化率变化，前者大得多，出口处的汽化率已达到 100%。即在裂化反应器出口处已接近没有液相，是典型的气-固相反应，此时的滴流床过渡到固定床了。生产中间馏分油时，尽管床层内气液比变化较大，但整个反应器仍属于气、液、固相并存的滴流床反应。入口汽化率从 10% 左右增加到 60% 左右，必然对床层的流体流动特性有较大影响。

反序串联加氢裂化的气液分布与一段串联加氢裂化有较大区别，表 11-1-4 列出了全转化生产中间馏分油的两种流程反应器内汽化率变化数据实例。

表11-1-4　反应器内汽化率变化数据实例

生产方式			反序串联		一段串联			SOR	EOR
			SOR	EOR				SOR	EOR
汽化率/%	第一反应器	入口	24.3	26.4	精制反应器	入口		2.91	3.84
		出口	43.6	45.4		出口		13.56	14.4
	第二反应器	入口	11.3	12.6	裂化反应器	入口		8.54	10.64
		出口	43.0	46.6		出口		57.25	62.10

从表11-1-4可看出：在操作条件相近，全转化最大量生产中间馏分油的两种流程反应器内汽化率变化数据相差较大，反序串联加氢裂化第一反应器入口由于含第二反应流出物，汽化率比一段串联加氢裂化多20个百分点以上，出口多40个百分点的原因是反序串联加氢裂化有40%以上转化率，而一段串联加氢裂化第一反应器只有精制功能；而反序串联加氢裂化第二反应器由于加工的原料不含硫，可最大量提高目的产品收率，第二反应器出口汽化率比一段串联加氢裂化就少了15个百分点左右。

由于催化剂床层间均设有冷氢箱或冷油箱，以冷氢箱为例，上部出口物流与急冷氢混合后迅速冷却降温，使部分物流冷凝，汽化率下降，然后再进入下一催化剂床层。反应器内汽化率变化的定性描述见图11-1-1。

（三）反应器内流体的质量速度

反应器内流体的质量速度为气、液两相在单位时间流过反应器截面积的质量。其数值是直接影响流体流动特征的重要因数，进而影响动量、质量和热量转递。由于沿物流方向汽化率逐渐上升，气相质量流速相应上升，液相质量流速则相应下降，典型数据实例见表11-1-5。

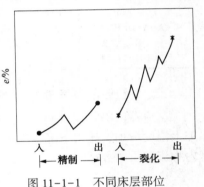

图11-1-1　不同床层部位
汽化率变化示意图

注：汽化率 e 系指转化为气相的原料或中间产物占原料的质量百分数。

表11-1-5　反应器内质量流速的数据实例（SOR）　　　kg/（$m^2 \cdot s$）

规模/（Mt/a）		0.8		0.9		1.2	
生产方式		尾油全循环		尾油全循环		一次通过	
目的产品		中间馏分油		重石脑油		重石脑油+中间馏分油	
		气相	液相	气相	液相	气相	液相
精制反应器	入口	0.91	4.24	0.54	2.92	1.22	3.32
	出口	1.49	3.79	0.89	2.64	1.90	2.79
裂化反应器	入口	1.75	5.23	2.95	2.89	1.91	2.80
	出口	4.68	2.37	6.26	0	4.91	0

工程实践过程中，一段反应器质量流速也有以装置处理能力与反应器截面积之比、二段反应器质量流速以循环油量与反应器截面积之比的说法，20世纪80年代引进装置典型数据为8~15 kg/（$m^2 \cdot s$）。表11-1-6列出了80年代引进装置反应器内质量流速的数据实例。

表 11-1-6　反应器内质量流速的数据实例　　　　　kg/(m²·s)

规模/(Mt/a)	0.8	0.9	1.2
生产方式	尾油全循环	尾油全循环	两段
目的产品	中间馏分油	重石脑油	重石脑油+中间馏分油
一段精制反应器	15.74	8.60	13.16
一段裂化反应器	12.44	8.66	13.16
二段裂化反应器	—		12.57

　　近年的工程实践过程中，大型化加氢裂化装置的质量流速在逐步提高，几套装置的典型数据见表 11-1-7。

表 11-1-7　反应器内质量流速的数据实例　　　　　kg/(m²·s)

规模/(Mt/a)	2.0	2.4	3.6	3.7
生产方式	一次通过	一次通过	一次通过	两段
目的产品	石脑油、柴油、尾油	石脑油、乙烯料	中间馏分油	中间馏分油
一段精制反应器	19.94	18.80	23.70	30.34
一段裂化反应器	19.94	18.80	28.20	30.34
二段裂化反应器	—	—	—	32.01

二、反应器内气液相的物性变化

　　反应器内沿物流方向中间产物不断裂解，相对分子质量不断变小、汽化率逐渐上升，再加上温度增加、压力下降，使得床层气、液相的物性在不断变化。表 11-1-8 列出了反应器内物流性质的数据。

表 11-1-8　反应器内物流性质的数据(SOR)

装置	物相	物性	精制反应器 入口	精制反应器 出口	裂化反应器 入口	裂化反应器 出口
全循环流程生产中间馏分油	气相	相对分子质量	5.11	7.88	6.38	14.34
		密度/(kg/m³)	16.57	23.75	19.63	42.36
		黏度/mPa·s	0.0182	0.0194	0.0189	0.0186
		导热系数/[W/(m·k)]	0.1600	0.1354	0.1454	0.1014
	液相	相对分子质量	274.4	267.4	265.4	191.8
		密度/(kg/m³)	729.6	719.6	671.4	616.4
		黏度/mPa·s	0.288	0.232	0.246	0.199
		导热系数/[W/(m·k)]	0.0818	0.0789	0.0787	0.0775
全循环流程生产重石脑油	气相	相对分子质量	4.53	7.05	10.50	16.42
		密度/(kg/m³)	13.21	18.92	28.6	43.34
		黏度/mPa·s	0.0173	0.0187	0.0178	0.0179
		导热系数/[W/(m·k)]	0.1692	0.1394	0.1125	0.0952
	液相	相对分子质量	309.7	281.8	256.2	—
		密度/(kg/m³)	743.5	695.1	684.6	—
		黏度/mPa·s	0.336	0.244	0.233	—
		导热系数/[W/(m·k)]	0.0822	0.0765	0.0787	—

从表 11-1-8 可看出：精制反应器中随物流方向的气相相对分子质量、密度和黏度逐渐增加，导热系数下降，液相相对分子质量、密度、黏度及导热系数均下降；裂化反应器与精制反应器变化趋势相同，但更突出：如气相相对分子质量和密度，在裂化反应器入口和出口增加了 1.5~2.2 倍左右。在生产重石脑油时，裂化反应器出口无液相。

表 11-1-9 列出了生产石脑油兼产中间馏分油，单程转化率 55%，一次通过流程，运转周期对反应器内物流性质的影响。

表 11-1-9　运转周期对反应器内物流性质的影响

物相	物性	运转周期	精制反应器		裂化反应器	
			入口	出口	入口	出口
气相	密度/(kg/m³)	SOR	19.46	25.64	26.39	50.95
		EOR	22.88	30.81	28.45	47.74
	密度/(kg/m³)	SOR	0.0179	0.0190	0.0189	0.0182
		EOR	0.0189	0.0198	0.0195	0.0191
液相	密度/(kg/m³)	SOR	722.6	684.8	685.8	601.4
		EOR	701.6	662.3	673.1	600.4
	密度/(kg/m³)	SOR	0.383	0.240	0.242	0.221
		EOR	0.332	0.202	0.220	0.209

从表 11-1-9 可看出：随着运转周期的延长，由于催化剂失活而导致的选择性变化，使得反应器内流体物流性质也发生了变化，且运转末期的物流性质变化更大。

综上所述，由于沿物流方向气相的数量和密度显著增加，使得精制反应器入口到裂化反应器出口相应的雷诺数增加了 2~10 倍左右，显然将直接影响反应器内不同部位的性能。

三、反应器内流体流动区域

固定床加氢裂化反应器中，气液两相并流向下，同时在固体催化剂表面发生反应。由于流体的流动过程涉及到三种相态，其流体力学现象十分复杂。根据操作条件，催化剂颗粒几何性质，流体物理性质及气、液相质量流速的不同范围，滴流床反应器(trickle bed reactor，简称 TBR)内可以产生不同的流型。

5 区域划分：滴流、分散气泡流、泡沫流、脉冲流、雾状流区域，见图 11-1-2。

2 区域划分：弱相互作用流区和强相互作用流区，滴流床内气相为连续相，液相以液膜形态从催化剂颗粒表面流过，气液相间相互作用较弱，称之为弱相互作用流区(low interaction regime，LIR)，其他流区统称强相互作用流区(high interaction regime，HIR)[3,4]。

4 区域划分：滴流、脉冲、喷洒和鼓泡流区域[5~7]。各区域的示意图见图 11-1-3。

TBR 流体流动的 4 区域划分较为常用。在相对低的气、液流速下，液相以液膜方式沿催化剂粒子外表面向下流动，而气相则在催化剂粒之间剩余的空隙中连续向下流动。气、液相间相互作用很弱，称为滴流区状态，在一定气液流速范围内就构成了滴流区域。当气液流速均相对增加时，在两相间的剪切作用下，液膜被气体搅动的波长大于液膜厚度时，液膜开始"架桥"，阻止气体膨胀而形成脉冲流动状态。当气体流速进一步增加，液体流速相对较低时，则液体在气体中呈喷洒流动状态。相反，当液体流速较高时，则气体在液体中呈鼓泡流动状态。

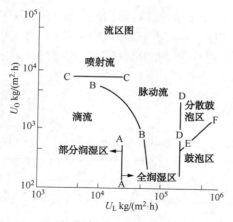

图 11-1-2　滴流床中的 5 区域流型[1,2]

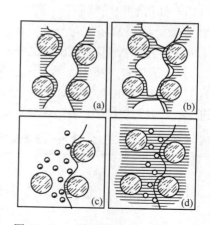

图 11-1-3　滴流床中的 4 区域流型
(a)滴流;(b)脉冲;(c)喷洒;(d)鼓泡

由于从滴流区域到脉冲区域的过渡段在工程上有现实意义,有许多研究者对上述过渡段进行了广泛研究[4,5,8~14]。认为这种过渡与反应器内流体物理性质,如黏度、密度、表面张力等有关[11~13];与催化剂粒径、形状、表面粗糙度、润湿性及催化剂与反应器的直径比相关[14,15];与操作压力有关[16]。图 11-1-4 和图 11-1-5[16,17]分别表示了催化剂粒径及操作压力对从滴流区域过渡到脉冲区域的影响。

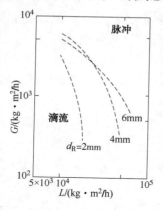

图 1-1-4　催化剂粒径对过渡

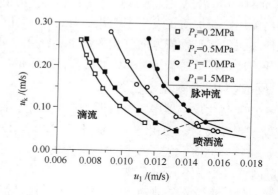

图 11-1-5　操作压力对过渡的影响

从图 11-1-4 和图 11-1-5 可看出:当催化剂粒径变小,床层持液量增加,在较低气速下就可能出现脉冲流动区域,所以过渡带向低气液速度方向移动。当压力增高时,在相同气液速度下由于气体密度增大,导致压力江增高,持液量下降,平均液膜厚度降低,因此过渡带向高气液流速方向移动[16]。

Charpentier 等[18]用物性修正了 Sato 等[19]的关联图,提出了以 $G/\lambda\varepsilon$ 对 $L\lambda\varphi/G$ 的关联图,Gianetto 等[5]进一步经密度、黏度、表面张力等修正后,归纳了文献数据,提出了较为完整的适合工业滴流床反应器的流动区域图(见图 11-1-6)。Talmor 等[20]提出了以 Froude 数、Weber 数和 Reynolds 数相关联的流动区域图。

图 11-1-6 中 G、L 分别表示气、液质量流速,kg/(m²·s);ε 为床层空隙率;λ、φ 为物性校正系数,分别为:

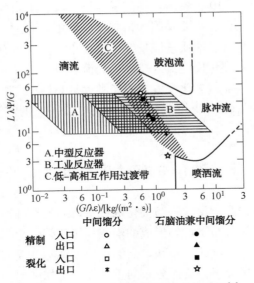

图 11-1-6 滴流床反应器的流动区域图[5]

$$\lambda = \left[\frac{\rho_G \rho_L}{\rho_{air} \rho_W} \right]^{0.5} \tag{11-1-1}$$

$$\varphi = \frac{\sigma_W}{\sigma_L} \left[\frac{\mu_L}{\mu_W} \left(\frac{\rho_W}{\rho_L} \right)^2 \right]^{\frac{1}{3}} \tag{11-1-2}$$

式(11-1-1)、式(11-1-2)中，ρ 为流体密度，kg/m³；μ 为流体黏度，Pa·s；σ 为流体表面张力，N/m；下标 G、L、W、air 分别代表气相、液相、水和空气。

馏分油加氢精制、加氢裂化及渣油加氢脱硫等反应器内的流体流动区域都在滴流区或接近脉冲区操作[18,21]。随着高活性催化剂的开发应用，反应器内流体的质量速度进一步提高，接近或进入脉冲区域操作的可能性增大[22~23]。

表 11-1-10 列出了 5 套加氢裂化装置的 $G/\lambda\varepsilon$ 对 $L\lambda\varphi/G$ 的设计计算数据，并将部分数据绘制于图 11-1-6 中。

表 11-1-10 流体流动状态特征数据

生产方案			石脑油	石脑油兼顾中间馏分油				中间馏分油	
生产方式			全循环60%转化率	一次通过60%转化率	一次通过55%转化率	一次通过39%转化率		全循环60%转化率	
						运转初期	运转末期	运转初期	运转末期
精制反应器	入口	$G/\lambda\varepsilon$	0.43	0.75	0.79	0.68	0.60	0.65	0.68
		$L\lambda\varphi/G$	45.1	30.6	29.0	32.5	39.9	41.4	49.0
	出口	$G/\lambda\varepsilon$	0.60	1.1	1.1	0.96	0.89	0.91	0.89
		$L\lambda\varphi/G$	30.0	15.3	17.3	19.2	18.9	28.6	29.7
裂化反应器	入口	$G/\lambda\varepsilon$	1.6	1.2	1.1	1.0	1.1	1.2	1.2
		$L\lambda\varphi/G$	12.0	15.4	17.2	18.6	16.5	31.2	31.6
	出口	$G/\lambda\varepsilon$	—	—	—	1.7	1.7	2.2	2.4
		$L\lambda\varphi/G$	—	—	—	3.4	5.1	8.2	7.1

从图 11-1-6 和表 11-1-10 可看出：精制反应器入口、出口的流动状态始终处于滴流区或接近脉冲区即过渡带内操作，主要是因为精制反应器中主要进行脱硫、脱氮及烯烃饱和等反应，物流性质变化较小，气、液质量流量变化也较小，生产重石脑油的加氢裂化稍大于生产中馏分油加氢裂化。加氢裂化反应器入口处于滴流区或接近脉冲区，出口的流动状态逐渐过渡到喷洒区，主要是因为加氢裂化反应器因烃类大量裂解反应，导致相对分子质量逐渐减小、气液比相应增加、物流性质变化大，因而从反应器入口的滴流区或脉冲区逐步向大气速、低液速的喷洒区过渡。

第二节　流体分布对反应器性能的影响

反应器内流体分布直接影响反应物与催化剂接触时间的均衡性，影响催化剂内、外表面被液体润湿的程度以及由于分布不均匀形成的沟流和短路等，会降低催化剂的利用效率，缩短使用寿命，最终影响床层温度的分布和产品的质量。特别是反应器向大型化、反应过程逐渐向分子炼油方向发展的情况下，流体分布的重要性就更加突出。

液体分布包括反应器进口的气、液相的分布均匀性和催化剂床层中气、液相的分布均匀性。后者还可分为径向分布和轴向分布。径向分布指反应器某截面上流体的分布均匀性，轴向分布指沿反应器轴向流体的分布均匀性。本节主要讨论流体的径向分布。

一、影响流体分布的主要因数

（一）流体径向分布的表征

流体径向分布包括气体径向分布和液体径向分布，是指反应器截面上各微元面积上的流体通量的均匀性。如果流体通量相等或基本相等，则认为流体的径向分布优良。工业化的加氢裂化装置反应器均存在流通量不均匀问题，只是程度大小有所不同。流体分布的不均匀性可用 M_f 来表征[24,25]，即：

$$M_f = \frac{1}{n} \sum_{i=1}^{n} \left(\frac{q_i - q}{q} \right)^2 \tag{11-2-1}$$

式中，q_i 和 q 分别为流体通过第 i 个微元面积的通量和通过整个反应器截面积的平均通量，$kg^3/(m^2 \cdot h)$；n 为微元数。显然 M_f 越大，表示流体径向分布越差。

（二）影响流体径向分布的主要因数

影响流体径向分布的主要因数有：流体的初始分布或预分布，也即反应器入口的流体分布；气、液质量流速；液体的性质；催化剂装填方式；催化剂颗粒形状及大小；床层直径与催化剂颗粒直径之比；污垢对床层的堵塞情况等。

流体的初始分布或预分布主要靠反应器入口扩散器、顶部分配盘、床层间再分配盘来完成，图 11-2-1 展示了均匀分布与不均匀分布。初始分布不均，或出现偏流甚至干床，就会影响催化剂作用的发挥；偏流也会导致局部空速高，相同条件下的转化率下降；而且这种偏流需要经过一定床层深度才可缓解；初始分布不均，也会给催化剂的均匀润湿带来较大影响。

催化剂装填方式、催化剂颗粒形状及大小与床层径向空隙率紧密相关。从反应器中心部位装入催化剂时，其空隙率分布见图 11-2-2[26~29]。

从图 11-2-2 可看出：在器壁附近空隙率最大，相应会出现壁效应。空隙率的分布从器壁开始呈周期性减幅震荡规律，这种震荡向反应器中心逐渐减弱。对于反应器直径与催化剂当量直径比较小$\left(\dfrac{D}{d_\mathrm{p}} < 8\right)$的球形或圆柱形催化剂，其反应器空隙率分布也有类似规律[30]。图 11-2-3 给出了两种反应器直径与催化剂当量直径之比的试验结果。

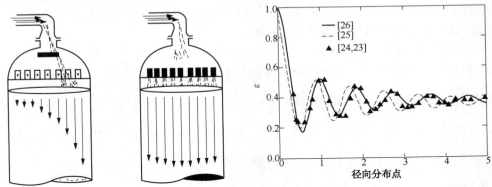

图 11-2-1　初始分布的影响　　　图 11-2-2　床层径向空隙率的分布趋势

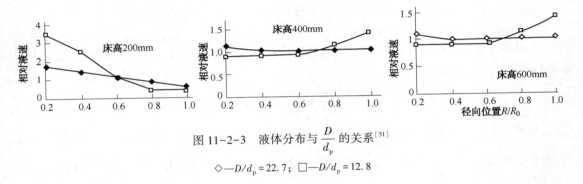

图 11-2-3　液体分布与$\dfrac{D}{d_\mathrm{p}}$的关系[31]

◇—$D/d_\mathrm{p} = 22.7$；□—$D/d_\mathrm{p} = 12.8$

从图 11-2-3 可看出：$\dfrac{D}{d_\mathrm{p}} = 22.7$ 时，不同径向位置的液体分布较为均匀，而 $\dfrac{D}{d_\mathrm{p}} = 12.8$ 时，边壁处的流速较大。

在气体流速 40mm/s，液体流速 4mm/s 试验条件下，催化剂装填造成床层表面呈现平面、凸面、凹面时的分布情况见图 11-2-4。

从图 11-2-4 可看出：催化剂床层表面呈现平面时，液体分布较为均匀，凸面和凹面时的液体分布较差。

图 11-2-5 表示了采用相同当量直径，不同催化剂形状，如球形、三叶草形、圆柱形，在床层表面均为凸面时的液体分布。

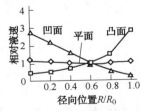 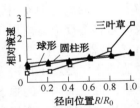

图 11-2-4　液体分布与催化剂床层径表面关系[31]　　　图 11-2-5　液体分布与催化剂形状关系[31]

从图 11-2-5 可看出：球形和圆柱形液体分布较为均匀，三叶草形的液体分布较差。

近年来，FRIPP 开发了既具有球形催化剂装填均匀的优点，又具有异形条形催化剂外比表面积大、传质效率高优点的齿球形催化剂，并取得了良好的工业应用效果[123]。

工业化加氢裂化装置，催化剂床层本身存在着使液体向边壁扩散的趋势，经过一定床层深度后，还会形成分布不均匀性。因此，即使初始分布良好，催化剂床层高度也要有一定限制，每隔一定距离，床层还需设置再分配设施。

（三）反应器结构尺寸的影响

反应器器壁处的空隙率与催化剂颗粒和器壁的接触点数目有关，当该数目增加，空隙率减少，相应边壁效应减小。接触点数目与 $\frac{D}{d_p}$ 的数值有关。一般认为，当 $\frac{D}{d_p}$ = 18~25 时，液体分布的均匀性好，边壁效应可以忽略[32,33]。催化剂形状对壁流大小的影响顺序为：无定形<球形<圆柱形。$\frac{D}{d_p}$ 的数值越小，边壁效应越大，甚至可观测到中心汇流现象。

随着气液向下流动，经与催化剂多次接触再分布，当达到一定催化剂床层高度后，径向、轴向的液体不再随床层高度而变化，即达到了平衡分布。更多的研究表明：这种平衡分布并不均匀。对工业化加氢裂化反应器，液体在径向的不均匀分布也较明显[34]。

滴流床反应器的轴向返混程度远大于气相反应器。Mears[35] 提出了式（11-2-2）的判别式，在相同转化率条件下，因返混偏离活塞流需增加的床高不大于5%时，若下式成立则表示轴向返混的影响可以忽略。

$$\frac{H}{d_p} > \frac{20n}{Pe_d}\ln\frac{C_f}{C_p} \qquad (11-2-2)$$

从式（11-2-2）可看出：当反应级数 n 越大，转化率越高，则需要的床层高度 H 与催化剂粒径 d_p 的比就越大。液体质量流速越高，相应的 Peclet 数就越大，所需的 $\frac{H}{d_p}$ 就越小。式中 C_f、C_p 分别表示原料和产品的浓度，Pe_d 为以催化剂当量直径为基准的 Peclet 数。在 VGO 加氢脱硫中证实，当 $\frac{H}{d_p} > 350$ 时轴向返混的影响可以忽略[36]。

对流体分布有显著影响的 $\frac{D}{d_p}$ 及 $\frac{H}{d_p}$ 等，对小型试验装置有更重要意义，它对改善试验数据的可靠性及重复性提供了指导[33]。对工业加氢反应器，上述要求均充分满足，但大型化的起始分布及催化剂装填等又给流体分布带来了新的影响因数。

二、主要内构件对流体分布的影响

加氢裂化过程中气液混合物经管道进入反应器时，流体流经的面积突然扩大80倍以上，加上进入反应器弯管的离心力作用，要使床层得到比较均匀的流体分布，广泛采用入口扩散器、分配盘及冷氢箱等反应器内构件来实现。

（一）入口扩散器的作用

入口扩散器的作用是：①将进入反应器的流体尽可能扩散到整个反应器截面；②减缓流体对顶部分配盘或催化剂床层的垂直冲击作用，侧向冲击反应器壁，为分配盘的稳定工作创造条件；③通过扰动促使气液两相产生预混和；④应具备结构简单，尺寸较小（减小法兰重量），易于安装拆卸等特点[37]。因此对它的要求：①扩散均匀分布的面积要大；②压力降要小；③操作弹性适宜。

表 11-2-1 列出了国内外入口扩散器的几种主要型式及说明。

表 11-2-1　国内外入口扩散器的主要型式及说明[15]

型　　式	说　　明
螺旋喷头形扩散器	流体线速高，易使催化剂粉碎，已少用
盘式扩散器	适用于直径较小的反应器
拉杆式扩散器	适用于硫化氢腐蚀较小场合
双层多孔板与多锥体组合扩散器	可兼作分配盘
中心板与多孔板组合扩散器	多应用于轻质油品
带过滤的多管式扩散器	对进料有一定过滤作用
锥体与双层多孔板组合扩散器	分配效果良好

图 11-2-6 为入口扩散器的典型结构。

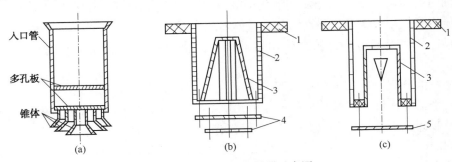

图 11-2-6　入口扩散器示意图
1—法兰；2—接管；3—缓冲器；4—孔板；5—分液板

LYHC-I 型入口扩散器由上部空心锥形体和下部错层叠置的两层锥盖组成，其结构简单，尺寸小，重量轻，强度大，能够适应多种不同反应原料，在对反应流体有良好预混作用的同时，可部分消除反应器入口管线内离心力作用形成的汽液偏转分离，采用双锥形体，尽可能地降低反应器中心汽液分布相对集中的趋势，易于安装维护[37]。

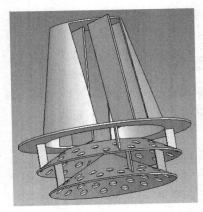

图 11-2-7　LYHC-I 型入口扩散器结构示意图[37]

两种类型入口扩散器的流体力学试验结果见图 11-2-8。

从图 11-2-8 可看出：ERI 型比 UOC 型的液体分布更均匀。

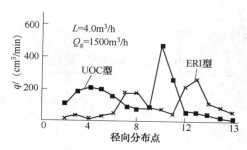

图 11-2-8　入口扩散器分布性能对比[39]

（二）分配盘的作用

汽液分配盘（或再分布盘）置于催化剂床层上，其作用是用以均匀混合进入下一床层流体，改善流体流动状态，使其能均匀分布到催化剂床层，实现与催化剂的良好接触，进而达到径向和轴向的均匀分布，充分发挥催化剂效能[14]。对它的要求：①使气液能更好地均匀分布；②压力降较小；③操作弹性适宜；④体积越小越好。

分配盘的结构形式多样，按其作用机理可分为溢流型、（抽吸）喷射型以及两者的混合型[38、39]。

溢流型汽液分配盘按其结构型式可分为平盘式、斜盘式、长短管式、斜口管式和 V 形缺口盒等：平盘式汽液分配盘结构简单，由几层不同结构的多孔平板组成，基本能够均匀分配，但不易装卸，不适用于大型反应器；斜盘式汽液分配盘结构较复杂，由几个大小不同并带锯齿形的同心圆筒焊接在一个多孔锥体上，冷氢管在底部环绕一周，较易装卸，基本能够均匀分配，占用空间相对较大，不适用于大型反应器；长短管式汽液分配盘结构简单，短管走液相，长管走气相，汽液分路，液相的局部分布可能不均匀，带溢流盒的流体分布略有改善，不适用于大型反应器；斜口管式汽液分配盘结构简单，斜口管上开有小孔（槽），液体走小孔（槽），气体走大斜孔，并流向下，气液流垂直碰撞，靠气流对液流的剪切作用造成液流粉碎，有利于气液两相混合与均布，适用于气体负荷较大的情况；V 形缺口盒的工作机理与斜口管式汽液分配盘相仿，但着重利用气体对液体的吹散作用[37]。

抽吸喷射型汽液分配盘的典型结构型式为泡帽式。泡帽圆柱面上均匀地开有数个平行于母线的齿缝，下降管置于泡帽里面，其上端与泡帽之间留有适当间隙，其下端与塔盘板相连，当塔盘上液面高于泡帽下缘时，分配器就进入工作状态。从齿缝进入的高速气流，在泡帽与下降管之间的环形空间内产生强烈的抽吸作用，形成沸腾状"混合流"、湍动的"气泡流"或"环雾状流"，致使液体被冲碎成液滴，为上升气流所携带而进入下降管，进行气液分配。其结构复杂，安装精度要求高，抽吸效果明显，长期的工程应用实践表明其压降较小，适用范围广，分配较均匀，但存在较为明显的下降管"中心汇流"现象[37]。

几种典型的汽液分配盘示意图见图 11-2-9。

LYHC-I 型气液分配器采用抽吸喷射型，针对其固有的下降管"中心汇流"现象，在下降管下部设置新型汽液碎流板以使汇集的汽、液重新分散；改变泡帽结构尺寸，增大喷淋密度；结构简单，安装拆卸方便，对传统的汽液分配盘未做大的改动而能达到较好的效果[37]。

两种类型分配盘的流体力学试验结果见图 11-2-11。

从图 11-2-11 可看出：ERI 型比 UOC 型的液体分布更均匀。

FRIPP 开发了喷嘴式分配器[122]，主体结构由垂直管、溅板构成。垂直管上设有管帽，

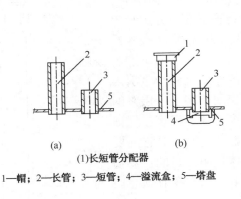
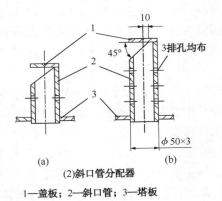

(1)长短管分配器

1—帽；2—长管；3—短管；4—溢流盒；5—塔盘

(2)斜口管分配器

1—盖板；2—斜口管；3—塔板

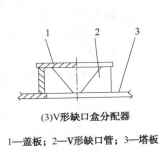
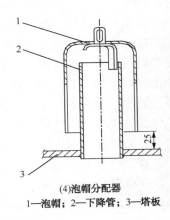

(3)V形缺口盒分配器

1—盖板；2—V形缺口管；3—塔板

(4)泡帽分配器

1—泡帽；2—下降管；3—塔板

图 11-2-9　几种典型的汽液分配盘示意图

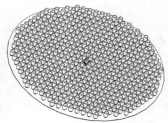

图 11-2-10　LYHC-I 型气液分配器及分配盘结构示意图[37]

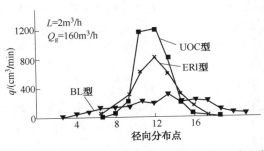
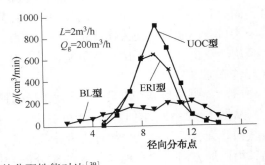

图 11-2-11　分配盘的分配性能对比[39]

管帽与垂直管之间为气相进入空间，垂直管上还设有圆形降液管，圆形降液管共设置4个，分两层对称分布，垂直管下端与分配盘相连、垂直管底部连接有溅板，溅板为"W"形，其结构见图11-2-12。

（三）急冷系统的作用

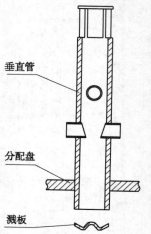

图 11-2-12　喷嘴式分配器

冷氢系统由冷氢管、冷氢箱组成。冷氢管的作用是将冷氢引入到反应器中，并与上床层流体预混；冷氢箱的作用是将上床层来的高温流体与冷氢管注入的冷氢充分混合，降低高温流体温度，保证下部再分配盘上的汽液均匀分布，温度场均匀[37]。因此对它的要求：①热交换效率要高，以实现接触时间短，体积小的目的；②物流出口温度控制灵敏、反馈快；③对液体进入下一床层要有理想的再分配性能。

冷氢箱按其结构可分为盘-箱-盘，按其作用可分为挡-混-分。首先是冷氢盘将上一层来的流体挡住，然后在箱体中与冷氢混和，最后喷射盘将混合好的流体分散至下一催化剂床层。其结构型式众多，理论不一，但究其混合作用机理可归纳为：①仅为通过自然扩散简单混合；②主要依靠喷射扩散混合；③主要依靠节流膨胀、对撞扩散混合；④主要依靠旋流、涡流扩散混合[37]。

蜂窝管式冷氢箱结构简单，特点在于冷氢管开有很多侧向冷氢孔，但仅为简单混合，汽液混合均匀度低，不适用于大型加氢反应器。

歧管式冷氢箱结构较复杂，类似于塔的爪型汽液分布器，可设有旋叶，主要是上下对撞，混合机理较单一，应用于大型加氢反应器需更复杂结构。

齿盒式冷氢箱的特点是急冷箱开有齿缝，具有喷射、节流膨胀混合机理。

绕流式冷氢箱使冷、热流体通过不同的途径进入混合室，粗混后送入急冷室产生扰动进行混合，其主要混合机理是节流膨胀、简单旋流、可增加组件以增加迷宫作用，结构复杂，占有空间大。

旋叶式冷氢箱同绕流式一样具有混合室和急冷室，其特点是急冷室带旋转叶片，具有节流膨胀、旋流混合机理，结构较复杂。

折流式冷氢箱结构简单，冷热流体混合进入急冷箱折流混合后从急冷箱下端小孔喷出，主要为喷射混合、具有简单的节流膨胀、对撞机理。

抽吸与溅液型冷氢混合箱结构简单，混合室面积较大，具有喷射、节流膨胀、对撞混合机理。

四分下旋式冷氢箱、中心下旋式冷氢箱、涡流下旋式冷氢箱的混合机理主要为旋流混合，同时具有喷射、节流膨胀的作用，其区别在于四分下旋式冷氢箱有4个各自独立的抽屉形下旋口，不能单独使流体旋转，中心下旋式冷氢箱只有一个圆柱形下旋口，通过隔板形成一条旋转流道，涡流下旋式冷氢箱也是只有一个圆柱形下旋口，但却是通过多个翼片形成多个旋转流道[37]。

UOP新型冷氢系统及冷氢箱示意图分别见图11-2-13及图11-2-14。

从图11-2-13、图11-2-14可看出：上催化剂床层的反应产物与急冷氢分配器喷出的冷氢初步混合，气液混合物进入液体收集盘，以一定的角度从四个溢流堰向下喷出进入混合箱，沿圆周方向流动实现与氢气的充分混合；混合产物从粗液体分配盘进入下部气液分配盘，分配后进入下部床层。UOP的混合箱为圆形，气液混合物从圆盘的中间位置进入，进

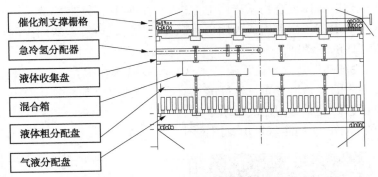

催化剂支撑栅格

急冷氢分配器

液体收集盘

混合箱

液体粗分配盘

气液分配盘

图 11-2-13　UOP 新型冷氢系统示意图[40]

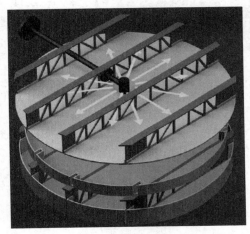

图 11-2-14　UOP 新型冷氢箱示意图[41]

入的角度和速度为气液混合物在圆盘中流动提供动力，充分混合后的产物从混合箱中间的溢流孔向下流动到粗液体分配盘。

CLG 公司的 ISOMIX 冷氢系统及分配盘示意图分别见图 11-2-15 及图 11-2-16。

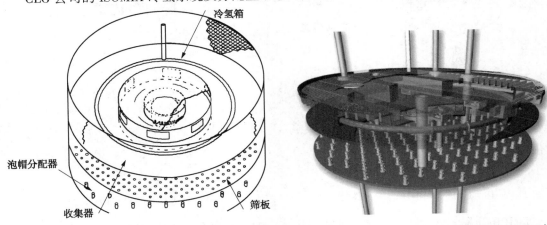

图 11-2-15　CLG 公司的 ISOMIX 冷氢系统示意图[42]　　图 11-2-16　CLG 公司的 ISOMIX 分配盘示意图[42]

从图 11-2-15、图 11-2-16 可看出：CLG 公司的 ISOMIX 关键部件之一是收集器塔盘，它带有大的位于中心的泡罩，特殊的挡板环绕泡罩四周，急冷轻在 ISOMIX 收集器塔盘上方进入，与热流体混合，液体混合物从床层上方进入内床层区。所有物流均以涡流方式流过挡板，混合后进入中心泡罩，立管内、外侧也有挡板，加强混合，泡罩周围的特殊溢流堰用于消弱和消耗涡流流体的角动能。

　　ISOMIX 第二关键部件是混合流量喷嘴，这些高效喷嘴在很宽的气、液流速范围内为催化剂床层提供了均匀的气、液分布，良好的气液混合与交换，流量在 ISOMIX 流量喷嘴截面上的均匀分布也更容易克服分配盘的不水平度。

　　LPEC 公司的 LYHC-I 型冷氢箱示意图见图 11-2-17。

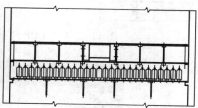

图 11-2-17　LYHC-I 型冷氢箱结构示意图[37]

　　从图 11-2-17 可看出：LYHC-I 型冷氢箱采用方箱结构：①在顶板节流孔上方增设预混合箱，预混合箱上设冷氢入口；②在中间箱体中设置多级湍流板，每个多级湍流板上具有多个倾斜表面，倾斜表面相对于水平面的倾斜角度依次增加，通过喷射、节流膨胀、迷宫、对撞，将冷、热流体混合均匀；③充分利用立体空间[8]。

　　UOP 公司的离心混合系统由急冷分布器、液体收集盘、混合室、初分布盘和再分配盘组成，见图 11-2-18。

　　UOP 公司的离心混合系统在加氢裂化装置的运转表明：径向温差<3℃。

　　FRIPP 开发了旋叶式冷氢箱[122]，其结构由旋转组件、撞击组件、冷氢箱盘板组成，见图 11-2-19。

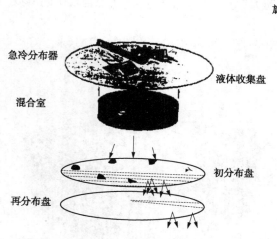

图 11-2-18　UOP 公司的离心混合系统[43]

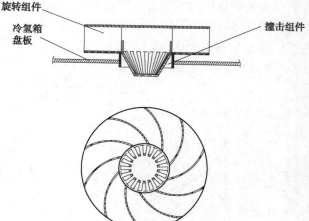

图 11-2-19　FRIPP 旋叶式冷氢箱[122]

　　FRIPP 开发的旋叶式冷氢箱在加氢裂化装置的运转表明：径向温差<2℃[122]。

　　（四）主要内构件改造后的效果

　　Shell GS 公司在北美洲某企业用新一代内构件替换旧内构件，使得反应器内催化剂体积增加 11%[44]，加上应用新型 TX 催化剂，使装置获得以下优点：

在较高产量和转化率(约提高 23%)条件下，加权平均温度降低；

极大地减少了 LPG 的生产量(以前是运转末期限制)和氢耗；

在整个催化剂运转周期，转化率不变的情况下，提高了全部馏分的 API 和收率，图 11-2-20 给出了实际运行情况。

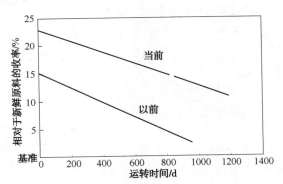

图 11-2-20　应用 Shell GS 公司反应器内构件提高馏分油收率的工业实例[45]

注：馏分油箱对于新鲜进料的收率提高约 8 个百分点；线中段开部分是由于更换预处理催化剂。

一套处理能力 1Mt/a 的馏分油加氢脱硫装置，在没有改变催化剂情况下，采用 Topsoe 新型分配系统，解决了流体在催化剂床层截面上分布的均匀性，得到了满意的效果。表 11-2-2 列出了改造前后对反应结果的影响。

表 11-2-2　不同分配系统的影响

项　　目	原有分配系统	Topsoe 新型分配系统
空速/h^{-1}	1.1	1.1
平均反应温度/℃	346	321
原料硫含量/%	0.7	0.9
产品硫含量/%	0.05	0.035
相对脱硫活性	1.0	2.5

从表 11-2-2 可看出：采用 Topsoe 新型分配系统即使原料硫含量提高 28.5%，床层平均温度还低 25℃，仍能使产品硫含量<0.05%，由此可见流体分布对反应性能影响的重要性。

（五）内构件对流体分布的检验

CFD 的检验：CFD（Computational Fluid Dynamics）技术把时间、空间域上连续的物理量的场(如速度场、浓度场、压力场等)，用一系列离散点上的变量集合来代替，建立大规模非线形方程组，并通过数值计算和图像显示，对流体流动、传质、传热等相关现象进行系统分析。采用"原尺寸模型构建-精细网格划分-CFX 动态求解"的 CFD 数值模拟技术路线，以 128 节点并行机群为硬件平台，采用 AnsysCFX 仿真模拟软件包为软件平台，可对反应器内构件流体流动进行研究，分析气液两相的流动状态和分布情况。

γ 射线断层摄影系统的检验：流体在反应器横向界面的分布可通过 γ 射线断层摄影系统确定，它可自动绕反应器旋转，绘制二维图像，且测量误差在 3%以内。

磁共振成像技术(MRI)、X 射线断层扫描技术、比色分析技术等也可以清晰地描述反应器内流体分布状况[47]。

三、催化剂装填方式对流体分布的影响

反应器内催化剂上部一般装填惰性填充物(各种规格瓷球、瓷环、瓷柱等)和形状大小

不同的保护剂，目的是保护主催化剂，并改善床层流体分布。目前催化剂在装填方式主要有：稀相装填（或布袋装填）和密相装填（或定向装填）。一个床层装填多种催化剂时，可采用分级装填技术。

（一）稀相装填方法

稀相装填是利用料斗、金属立管和帆布袋，在距催化剂床层一定高度下，使装有催化剂的帆布袋沿反应器内侧圆周缓慢放出催化剂，使分布比较均匀，尽可能减小架桥，避免产生沟流。

稀相装填反应器中心部位装填密度较小，周边较大。图 11-2-21[48,49] 表示了这种装填方式对液体分布的影响。

从图 11-2-21 可看出，床层高度相当于反应器直径时，液体分布还比较均匀，床层高度为反应器直径 3 倍时，反应器中心部位液体分布明显偏大。

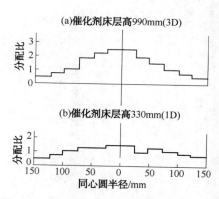

图 11-2-21　稀相装填对液体分布的影响

工业装置稀相装填的催化剂密度与实验室测量密度之间的关系[50]：

$$\rho_r = \rho_{nt} + \alpha(\rho_t - \rho_{nt})$$

（11-2-3）

式中　ρ_r——工业装置稀相装填的催化剂密度；

ρ_{nt}——实验室非密堆积床测量密度；

α——忽略器壁效应时，球形催化剂的 α 值：$0.3 \sim 0.5$；条形催化剂的 α 值：$0.2 \sim 0.3$，球形催化剂比具有同样等价直径的条形催化剂堆积得更好；

ρ_t——实验室密堆积床测量密度。

（二）密相装填方法

密相装填是利用专用密实装填器，在非净化压缩空气或氮气的推动下使催化剂每个粒子均匀分散在床层截面的恰当位置。常用的密相装填器有：法国 Total 公司开发的 UOP 公司密相装填技术、美国 ARCO 公司 COP 装填技术[51]、Densicat 装填机及密相装填技术、日本出光工程公司的 IDECAT 密相装填技术及美国 RSI 公司的超级催化剂定向技术（Super COP）等。

密相装填技术的优点：①反应器容积相同时可以多装催化剂。密相装填避免了稀相装填中的架桥和超过粒子大小空隙的存在；在反应器容积相同情况下，球形催化剂可增加 5% ~ 8% 的装填量，圆柱形可多装 10% ~ 20% 的催化剂，三叶草形可多装 20% ~ 25% 的催化剂[51,52]；据统计，9 套工业装置采用密相装填的平均增加量为 14.8%[53]；②改善了流体分布，提高了流体接触效率。床层中发生沟流、壁效应、偏流、轴相返混的几率减小，催化剂内外表面被流动液体以液膜形式润湿的分率增加，传质得到加强；③进而改善了床层温度分布，减少了热点出现的可能性，操作更加安全。因此，不增加反应器投资就可增加处理能力或生产出更高质量的产品。

密相装填技术的缺点：密相装填床层压力降大，所需的新氢压缩机、原料油泵、贫胺液泵出口压力提高，循环氢压缩机差压增大，动力消耗增大，装置能耗相应提高。

图 11-2-22 ~ 图 11-2-24[49,54] 分别表示了两种装填方式对液体径向分布、动持液量和轴向返混的影响。

从图 11-2-22 ~ 图 11-2-24 可看出：密相装填改善了液体径向分布，增加了动持液量，减少了轴向返混，主要是因为粒子间相互接触更加紧密导致。

图 11-2-25 列出了不同装填方式对催化剂位置取向的影响。

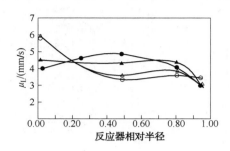

图 11-2-22　装填方式对液体径向分布的影响
密实装填：▲—无分布器；●—均匀分布盘
稀相装填：△—无分布器；○—均匀分布盘

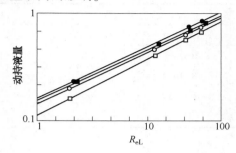

图 11-2-23　装填方式对动持液量的影响
气体质量速度/[kg/(m²·s)]　　0.005　0.052
密实装填　　　　　　　　　●　　■
稀相装填　　　　　　　　　○　　□

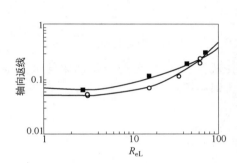

图 11-2-24　装填方式对轴向返混的影响
密实装填●　　稀相装填○

图 11-2-25　不同装填方式对
催化剂位置取向的影响

布袋装填　　密室装填

从图 11-2-25 可看出：不论何种形式的催化剂，密相装填时催化剂水平放置的几率增大，更有利于液体分布。同时，动持液量的增加，也有利于改善润湿效率。

（三）分级装填方法

分级装填方法利用催化剂的尺寸梯度，实现活性梯度的分配、延缓压降的积累。日本石油公司[55]对三种不同装填方式的催化剂床层，用含有细微颗粒的水流进行试验，试验 1 采用不同尺寸的催化剂按稀相装填的床层，试验 2 在梯度装填的基础上，催化剂上部装填 KG-1 保护剂，试验 3 只有一种催化剂。装填结果见表 11-2-3，三种不同装填方式压力降与相对处理量的关系见图 11-2-26。

表 11-2-3　三种不同装填方式的催化剂[26]

| | 试验 1 | | 试验 2 | | 试验 3 | |
	催化剂	高度/mm	催化剂	高度/mm	催化剂	高度/mm
一层	AS-20-6Q(6.4Q)	37	KG-1-5B	110	KFR-10-1.3Q	680
二层	AS-20-6Q(3.2Q)	101	KG-1-3B	110		

续表

	试验1		试验2		试验3	
	催化剂	高度/mm	催化剂	高度/mm	催化剂	高度/mm
三层	KFR-10-2.1E	101	KFR-10-1.5Q	110		
四层	KFR-10-1.5E	101	KFR-10-1.3Q	350		
五层	KFR-10-1.3E(1.3E)	340				
合计		680		680		680

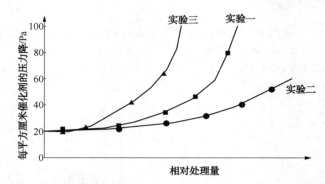

图 11-2-26　三种不同装填方式压力降与相对处理量的关系[55]

从图 11-2-26 可看出：试验 3 与试验 1 的差别是分级装填的催化剂床层可大幅度降低床层压降，应用保护剂的试验 2 则可进一步改善床层压降。

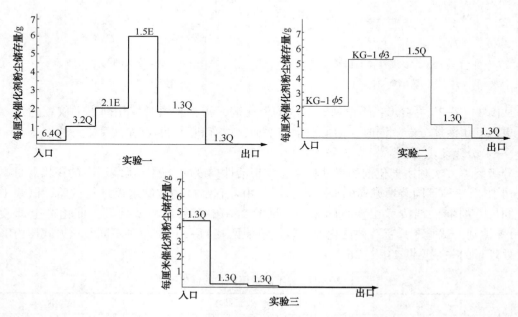

图 11-2-27　三种不同装填方式粉尘储存量示意[55]

从图 11-2-27 可看出：没有分级装填的催化剂床层容易在顶部堵塞；有分级装填的催化剂床层具有很大的沉积空间；多孔保护剂 KG-1 有最大的容垢能力。

图 11-2-28 和图 11-2-29[53] 分别表示不同形状催化剂的两种装填方式对床层初始压力降的影响。

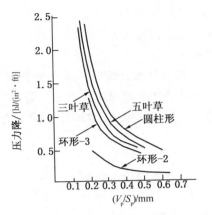
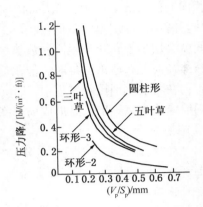

图 11-2-28　密相装填对床层初始压力降的影响　　图 11-2-29　稀相装填对床层初始压力降的影响

从图 11-2-28 和图 11-2-29 可看出：由于密相装填时，床层空隙率降低 5~7 个百分点，因此床层压力降增加。

有一套加氢裂化装置采用密相装填后，催化剂装填量增加了 17%，催化剂接触效率提高了 14%，生产能力相应提高了 33%[56]。显然，密相装填改善了流体分布，提高了催化剂的接触效率，同时又多装了催化剂，使相对体积活性明显提高，增加了处理能力，但会增加床层压力降及循环氢压缩机蒸汽消耗量。装置扩能改造、产品质量升级项目实施过程时，需结合装置实际综合考虑。

对硫含量为 1.5% 的柴油馏分经加氢精制生产硫含量为 0.3% 的产品。选定氢分压为 3.0MPa，体积空速为 4.0h⁻¹，氢油比 175。应用不同形状催化剂，考察了稀相装填与密相装填对反应的影响（见表 11-2-4）。

表 11-2-4　不同装填方式对反应的影响[51]

催化剂	条件	稀相装填	密相装填
球形	装填密度/(kg/m³)	610	635(+7%)
	相对体积活性(HDS)①	80	86
	初始反应温度/℃	352	350
KF-165-1.5E 圆柱形	装填密度/(kg/m³)	690	780(+13%)
	相对体积活性(HDS)①	125	141
	初始反应温度/℃	340	336
KF-742-1.3Q 三叶草形	装填密度/(kg/m³)	600	732(+22%)
	相对体积活性(HDS)①	135	165
	初始反应温度/℃	337	331

① 相对体积活性以 KF-124-1.5E 的稀相装活性以 100 计。

从表 11-2-4 可看出：密相装填时球形、圆柱形、三叶草形的装填密度分别增加 7%、13% 和 22%，相对体积活性分别增加 6、16 和 30 个百分点，而初始反应温度分别下降 2℃、4℃ 和 6℃。

四、流体分布对反应的影响

（一）流体径向分布不均对反应的影响

当径向局部液流量过大，相应的空速就会偏大，反应接触时间就会缩短，转化率就降低，放热量减小，床层温度就低；相反，径向局部液流量过小，相应的空速就会偏小，反应接触时间就会增加，转化率就高，放热量就大，床层温度就高。

当液体径向分布严重不足时，催化剂就可能仅与气相物流接触，或仅与液相物流接触。对于前者，在与催化剂接触过程中，若无气相反应，则该处催化剂对反应无贡献，若有气相反应，则反应热难以导出，易形成局部高温或热点。当催化剂仅与液相接触时，就可能形成沟流或壁流现象。

（二）液体沟流或壁流对反应的影响

假定壁流占液流量的1%，如要维持90%的转化率，就需要催化剂体积增加5%，才能弥补壁流造成的影响[35]。

表11-2-5列出了以硫含量1.35%的原料，生产不同硫含量的低硫柴油，假设沟流部分的原料没有脱硫率，且分别出现0.5%或1.0%的沟流时，对产品硫含量的影响。

表11-2-5　沟流对生产低硫柴油的影响

产品硫含量/（μg/g）	无沟流时的脱硫率/%	有沟流时的脱硫率/%	
		0.5	1.0
500	96.3	96.8	97.2
100	99.2	99.8	>100
50	99.6	>100	>100

从表11-2-5可看出：为满足对产品硫含量的要求，则剩余部分原料必须提高相应的脱硫率，来弥补沟流造成的影响。当沟流占0.5%时，不可能生产出<50μg/g硫含量的产品；当沟流占1.0%时，既不可能生产出<100μg/g硫含量的产品，更不可能生产出<50μg/g硫含量的产品，因理论脱硫率不可能>100%；如果生产<500μg/g硫含量的产品，在空速相同的情况下，需提高反应温度5.6℃[46]。

表11-2-6列出了沟流对馏分油加氢脱氮的影响。

表11-2-6　沟流对加氢脱氮的影响

生成油氮含量/（μg/g）	无沟流时的脱氮率/%	有沟流时的脱氮率/%	
		0.5	1.0
10	99.3	99.8	>100
5	99.7	>100	>100

从表11-2-6可看出：当原料油氮含量1500条件下，沟流占0.5%时，不可能生产出<5μg/g氮含量的产品；当沟流占1.0%时，既不可能生产出<10μg/g氮含量的产品，更不可能生产出<5μg/g氮含量的产品。

在裂化反应器中，当出现液体沟流时，不仅影响过程转化率，而且影响产品的选择性，图11-2-30表示了这种影响的趋势。

从图11-2-30可看出：1点表示原料油的理论转化率时，当有部分液体沟流时，该部分液体的转化率降为 2 点，实际转化率随沟流程度的变化就有可能落到 3 点位置。显然对于中间馏分油 B 的收率增加，石脑油 C 的收率下降。

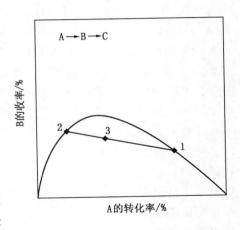

图 11-2-30 液体沟流对选择性的影响

五、流体分布对床层温度分布的影响

床层流体分布的均匀性直接影响径向温度分布，因为在某地流速区内，反应物与催化剂接触时间长，使得转化率增高反应放出热量多，但携热能力小，形成热量累积而出现高温区。相反，在高流速区，反应时间短，转化率偏低反应热也较低，而携热能力大，故可出现低温区。因此，径向温度分布是流体分布均匀性的直接反映，是床层内构件及催化剂装填好坏的最好评价，也是判断床层被污染物堵塞状况的根据之一。

常规工业反应器的径向和轴向温度分布的示意图如图 11-2-31 和图 11-2-32，良好催化剂装填及先进内构件技术的工业反应器的径向温度分布示意图如图 11-2-33。

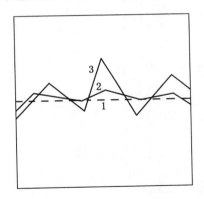

图 11-2-31 常规反应器床层径向温度分布示意图
1—理想分布；2—正常分布；3—出现热点

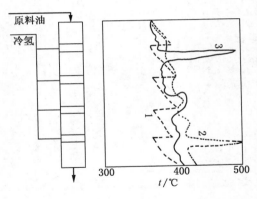

图 11-2-32 常规反应器床层轴向温度分布示意图
1—理想分布；2、3—出现热点

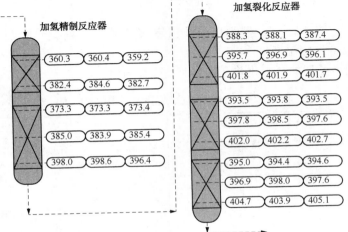

图 11-2-33 先进反应器床层径向温度分布示意图[37]

从图 11-2-31~图 11-2-33 可看出：一般工业装置总是偏离理想分布，只有良好催化剂装填及先进内构件技术才可将床层径向温度差降到 3℃ 以内。

当床层形成高温区后，该区内反应速度加快，放出更多的反应热，但携热能力差的地方，因此易形成更多的热量累积，使温度进一步提高并向周边扩散，最终形成热点。它将损害催化剂的活性、产品质量，形成床层的热不稳定区。床层出现热点与流体分布有关，因此，影响流体分布的诸因素，也是形成热点的重要原因。

在加氢裂化操作中，原料油量、冷氢量、反应器入口温度等出现操作不当或设备故障时，有可能导致床层飞温。而床层存在的热点，也将加速形成飞温。试验表明：分子筛型裂化催化剂，催化剂床层温度超过正常温度 12~13℃，裂化反应速度增加 1 倍，催化剂床层温度超过正常温度 25℃，裂化反应速度增加 4 倍，如果反应热不能及时从反应器取走，将引起反应器床层温度的骤升，即飞温。某专利公司要求反应器内任一点温度高出正常操作温度 14℃ 时，应立即降温；超过正常操作温度 27.8℃ 时，应紧急泄压处理，防止飞温事故的出现。图 11-2-34 表示某加氢裂化装置第 5、6 床层飞温时的温度变化情况。

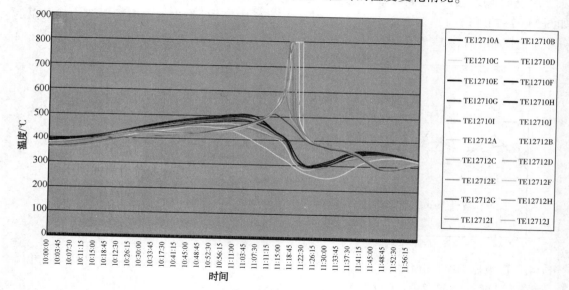

图 11-2-34　加氢裂化装置第 5、6 床层飞温时的温度变化[57]

从图 11-2-34 可看出：飞温时温度呈几何指数升高，快速降低飞温反应器内物料及压力可在几分钟内降低反应温度。

表 11-2-7 列出了某加氢裂化装置飞温时操作参数。

表 11-2-7　加氢裂化装置飞温时操作参数[58]

状态	反应器入口状态			反应器出口状态			
	原料油/ (m³/h)	液体质量流速/ [kg/(m²·h)]	温度/ ℃	汽化率/ %	液体质量流速/ [kg/(m²·h)]	温度/ ℃	放热量/ (kJ/mol)
波动前	38.7	1.89	359	77	0.803	395	548
波动时	38.7	1.89	365	88.5	0.414	412	582
飞温	10.6	0.497	366	100	0	453	2051

从表 11-2-7 可看出：当反应器入口温度突然升高 6℃时，操作者错误将原料油减少 72.6%，使得床层中流体分布的均匀性及催化剂润湿分率迅速恶化，造成大量气、固相反应，而携热能力大为减少，导致床层飞温失控。

六、床层流体分布性能的评价

（一）床层径向温度分布

加氢裂化过程中床层同一截面的径向温度分布是流体分布均匀性的最好评价，也是反应器内构件及催化剂装填好坏的最灵敏和最直接的反映。温差越小则表明流体分布均匀性越好。采用先进的内构件并安装良好、催化剂装填得当、反应器温度测量元件在同一截面并误差很小时，床层同一截面径向温差可达 3℃以内。

同一截面径向温差较大的原因可能有：内构件设计、安装、施工造成的流体分布不均，催化剂装填形成的密实不均、架桥、破碎等引起的分布不均，反应器温度测量元件不在同一截面、误差大造成的径向温差大，催化剂床层被污垢不均匀堵塞造成的流体无法分布均匀，埋在催化剂床层的积垢篮、泄料管造成的流体分布不均等。

（二）床层接触效率

假设床层内的流体分成若干微元，由于每个微元流经床层的路径和路况不完全相同，因此它们流出反应器所需时间有长有短，这就形成了流体在反应器内的停留时间分布。它反映了床层中发生沟流、壁效应、偏流、轴向返混及催化剂表面润湿等的综合影响。可用脉冲示踪法来评价小型及工业装置的反应器性能。

该技术将特殊的示踪剂从反应器入口注入液相，然后在反应器出口记录示踪剂浓度随进料时间的变化。一般要求示踪剂易溶于液相，且在试验条件下不分解，不被吸附和不气化。如在工业反应器中常选用以 ^{14}C 标记的 C_{18} 或 C_{20} 正构烷烃，在反应器出口测 ^{14}C 浓度的变化。在小型反应器中使用空气-水系统时，可用无机盐如 KCl 等作为示踪剂，在出口处测水的电导率变化。

图 11-2-35[60] 表示了工业加氢脱硫反应器的不同情况下的示踪剂与时间的分布关系。

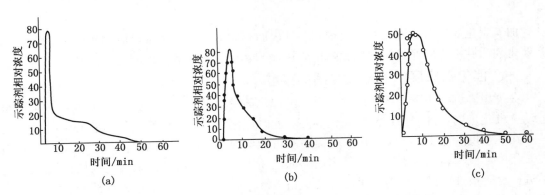

图 11-2-35　工业加氢脱硫反应器的示踪剂与时间的分布曲线

从图 11-2-35 可看出：图(a)的峰型很陡，拖尾较长且最高峰出现时间短，这表明液体在反应器内有较严重的短路，而且有少部分液体在反应器内流动不畅，长期存留。图(b)的流体分布得到了一定的改善。图(c)获得了较理想的流体分布。

加氢裂化过程中的脱氮或裂化反应都可用一级反应速度来表达，因此有：

$$\frac{C_p}{C_f} = \int_0^\infty e^{-kt} E(t)\,dt \qquad (11-2-4)$$

式中，C_p、C_f 分别表示反应物的进出口浓度，k 为一级反应速度常数，$E(t)$ 为停留时间分布密度函数，t 为时间。

停留时间分布函数的数学期望，即平均停留时间 t_m 可用下式计算：

$$t_m = \int_0^\infty t E(t)\,dt \qquad (11-2-5)$$

反应器的接触率 η_c 可以定义为：

$$\eta_c = \frac{t_p}{t_m} \qquad (11-2-6)$$

式中，t_p 是相同转化率及反应条件下，活塞流时所需的反应时间；t_m 是在上述相同条件下，非理想流动时所需的反应时间。应用实测的停留时间分布曲线，可用 η_c 定量描述流体在反应器中的分布好坏。根据分布曲线从式(11-2-4)求出 k 值。当在活塞流下与上述非理想流动具有相同的 k 值时，则它的反应时间应为：

$$t_p = \frac{1}{k} \ln \frac{C_f}{C_p} \qquad (11-2-7)$$

根据式(11-2-5)~式(11-2-7)就可计算出反应器的接触效率 η_c。图 11-2-35 工中 a、b、c 曲线的接触效率分别为 47%、63.5% 和 70%。

此外 Koch 公司的 Spect-Scaan 技术也在工业上成功用于测量床层流体分布，借以评价催化剂的装填及顶部分布器的性能[46]。该技术将一种含放射性同位素的示踪剂加入原料中，当原料通过床层时，示踪剂被吸附在催化剂上，吸附强度与液体分布有关。通过扫描，根据被吸附的示踪剂辐射的信号强弱，得到流体分布的信息。Mobil 公司也开发了应用于测定床层的流体分布热探针技术[61,62]。

第三节　催化剂润湿对反应的影响

加氢裂化反应器中液相对催化剂内、外表面的润湿程度是决定反应物从气相或液相扩散到催化剂活性中心的途径，直接影响传质过程，是反应器的重要性能之一。

一、催化剂床层中气、液、固的接触

在理想滴流状态下，液体以液膜形式沿催化剂表面向下流动，而气相在剩余空隙中连续流动，催化剂内、外表面被液体完全润湿。此时催化剂的内、外润湿分率为 1.0。

在工业反应器中，催化剂内、外表面有可能出现被液体部分润湿，而另一部分表面裸露在气相中形成干表面。被润湿的外表面的部位及程度具有随机性。在催化剂粒子间的接触点附近，尽管被液体润湿，但有可能出现更新缓慢，对传质的贡献很小，这部分润湿可称为静润湿或滞留区[63]。只有被流动液体所润湿的外表面，对传质过程才是最有效的。图 11-3-1 表示了实际反应器中三相的接触状况。

图 11-3-2 表示了部分润湿滴流床中的三种液流方式——膜流、细流和线流。

从图 11-3-2 可看出：膜流和细流均发生在单颗粒表面，膜流以薄膜形式铺展，与固相接触良好；细流收缩，润湿较窄区域，与液体表面张力过大有关；线流是气液相分离的流动状态，在床层中垂直流下，可能覆盖多个相邻的空隙通道，易出现于分配器和催化剂填充状况不佳时。后两种液流方式的传质效率均不高。多种液流方式并存造成滴流床流体力学特性难以描述和预测。

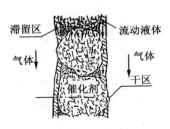

图 11-3-1　反应器中三相接触状况

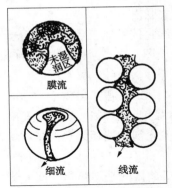

图 11-3-2　滴流床中液体的流动方式[64]

催化剂的内润湿分率是以被液体润湿的内表面积占总内表面积的分数来表述，它是内润湿程度的量度。由于毛细效应，在理想状况下一般认为催化剂内孔充满液体而被全润湿，内润湿分率为 $1.0^{[65~69]}$。当床层中存在液体分布不均时，或者对放热量高的反应，可能在孔口出现气节，阻止液体渗入，此时内润湿分率 < 1.0。有报道认为 $0.8 \sim 1.0^{[70]}$，也有为 0.66、$0.78^{[71]}$，加氢脱硫的内润湿分率为 $0.85^{[72]}$。

催化剂的外润湿分率是以被液体润湿的外表面积占总外表面积的分数来表述，它的大小与液体分布的均匀性密切相关，因此，影响液体分布均匀的一切因素都会影响外润湿分率。此外，催化剂的润湿特性和气液流速对它的影响也很大。在其他相同条件下，外润湿分率 f_w 与床层中液体质量速度 L 关系如图 11-3-3 所示[21,67,68]。

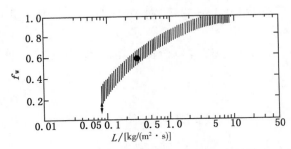

图 11-3-3　液体质量速度对外润湿分率的影响

从图 11-3-3 可看出：随着液体质量速度的增加，床层外润湿分率也增加，当 $L = 3 \text{kg/}$（$\text{m}^2 \cdot \text{s}$）左右时，$f_w$ 在 0.9 左右。

二、外润湿分率的预测模型

催化剂的外润湿分率 f_w 与可以用多种参数表示，并引申出相应的测定方法：①以被润湿的外表面积 a_w 对总外表面积 a_t 之比；②用消除返混后的表观反应速度常数 k_{ap} 对本征反应速度常数 k_{in} 之比；③气液同时存在时的液-固体积传质系数 $(k_{sa})_{LG}$ 对充满液体时的液-固体积传质系数 $(k_{sa})_L$ 之比。外润湿分率的测定方法主要有：示踪法和化学反应法。

（一）示踪法测定催化剂床层的外润湿分率

滴流床反应器中液体的停留时间分布 RTD 是反应器性能的重要表征，它与轴向返混、沟流、持液量、催化剂外表面润湿程度等流体力学性质相关。可以通过停留时间分布函数的数学特征即平均停留时间与方差分别与反应器的上述性能相关联。

在试验技术上,示踪法可分为脉冲示踪法和阶跃示踪法。图 11-3-4 为典型的脉冲示踪法的试验结果[73]。

图 11-3-4 是在 10MPa、350℃下以 ^{14}C 标记的 $C_{22}H_{46}$ 作示踪剂,以脉冲方式注入反应器。反应器内装脱金属催化剂,液相为含二苯并噻吩的白油,气相为氢气。

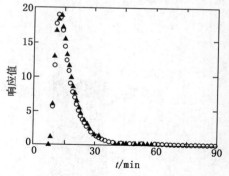

图 11-3-4　脉冲示踪法的应答曲线

该类曲线的平均停留时间 t_m 由式(11-2-5)计算,方差 σ 为:

$$\sigma^2 = \int_0^\infty t^2 E(t)\, \mathrm{d}t - t_m^2 \tag{11-3-1}$$

Colomb 等[65]及 Schwartz 等[71]最早提出应用示踪法测定催化剂床层的润湿分率。在滴流条件下,有效扩散系数 $(D_e)_{TF}$ 对反应器充满液体时的有效扩散系数 $(D_e)_{LF}$ 之比表示为外润湿分率 f_w [65],即

$$f_w = \frac{(D_e)_{TF}}{(D_e)_{LF}} \tag{11-3-2}$$

Sicardi 等[74]用扩散系数之比的平方根表示外润湿分率 f_w,即

$$f_w = \left[\frac{(D_e)_{TF}}{(D_e)_{LF}}\right]^{0.5} \tag{11-3-3}$$

Ramachandran 等[75]采用式(11-3-2),而 Muthanna 等[76]采用式(11-3-3)。Ring 等[73]对上两式进行了初步比较。

Colomb 等[65]提出了 RTD 的方差与有效扩散系数之比相关联,即

$$\sigma^2 = 2\left[\frac{1}{Pe} + \frac{1}{P_e^2}\right][1 - \exp(1 - Pe)] + \frac{\varepsilon_s^2 d_p^2}{30\varepsilon_d^2 t_m (D_e)_{TF}} \tag{11-3-4}$$

式中,ε_d、ε_s 分别表示床层的动持液量和静持液量,d_p 为催化剂的当量直径;Peclet 数 Pe 可用下式计算

$$Pe = \left(\frac{L}{d_p}\right) Re_L^{0.4} Ga_L^{0.33} \tag{11-3-5}$$

式中,$Re_L = \dfrac{Ld_p}{u_L}$ 为 Reynolds 数;$Ga_L = \dfrac{d_p^2 \rho_L g}{u_L^2}$ 为 Galileo 数;u_L 为液相空塔线速,m/s;g 为重力加速度,m/s^2。

应用式(11-3-4)可分别计算滴流及充满液体时的有效扩散系数。但对后者 Muthanna 等[76]用示踪剂的分子扩散系数 D_A 和催化剂的曲率因子 τ 计算得到。

对加氢脱金属的反应器,在 330~370℃和 10MPa 条件下,以含有二苯并噻吩的白油为原料,氢气为气相,以 ^{14}C 标记的 $C_{22}H_{46}$ 作示踪剂测定催化剂床层的外润湿分率,其计算模型为[73]

$$f_{w} = \left[\frac{(D_{e})_{TF}}{(D_{e})_{LF}} \right]^{0.5} = 1 - \exp(- 118u_{L}^{0.635}) \tag{11-3-6}$$

Muthanna 等[76]分别用球形及圆形催化剂，在分别测得滴流和反应器充满液体的平均停留时间分布 RTD 曲线，再计算无因次方差 σ^2 和相应的有效扩散系数，并应用式(11-3-3)得出：

$$f_{w} = \left[\frac{(D_{e})_{TF}}{(D_{e})_{LF}} \right]^{0.5} = 1.104 Re_{L}^{0.33} \left[\frac{1 + \dfrac{\Delta p}{\rho_{L} g}}{Ga_{L}} \right]^{0.11} \tag{11-3-7}$$

式中，Δp 为每单位床层高度压力降。

式(11-3-7)表达了气液质量速度及物性对润湿分率的影响。当固定液体质量速度时，提高反应压力或气相质量速度，润湿速率明显改善。此时，因压力降增加，尽管持液量减小，然而气相质量速度的增加有利于液膜在催化剂表面扩展。当液体质量速度增加时，由于床层压力降及持液量都增加，润湿将进一步改善。

（二）化学反应法测定催化剂床层的外润湿分率

Morita 等[77]最先提出应用化学反应法测定催化剂床层的润湿分率。该方法基于在活塞流下假设床层上下的润湿分率均相当的情况下，分别测定或计算气相及液相各自表观反应速度常数，再进行物料衡算求得外润湿分率。

在加氢裂化条件下，液体原料及中间产物将有一部分气化，此时总的反应速度将由两部分组成。一类是液相或气相反应物经润湿的催化剂外表面液膜扩散到活性中心的反应，另一类是气相反应物经催化剂干表面扩散到活性中心的反应。总的反应速度应为：

$$r = f_{w} \eta_{L} (r_{i})_{L} + (1 - f_{w}) \eta_{G} (r_{i})_{G} \tag{11-3-8}$$

假设反应器为活塞流，并有：

$$r = \frac{- d_{n}}{d_{w}} \tag{11-3-9}$$

$$n = n_{0}(1 - x) \tag{11-3-10}$$

式中，η_{L}、η_{G} 分别为催化剂被液相或气相包围的有效利用系数；$(r)_{L}$、$(r_{i})_{G}$ 分别为液相或气相反应的本征反应速度；n、n_{0} 分别为反应物及初始反应物的摩尔分率；w 为催化剂质量；x 为反应物的转化率。对上述三式整理得：

$$- \frac{n_{0} d(1 - x)}{d_{w}} = f_{w} \eta_{L} k_{L} C_{0} C_{H} (1 - x) + (1 - f_{w}) \eta_{G} k_{G} P_{0} P_{H} (1 - x) \tag{11-3-11}$$

式中，k_{L}、k_{G} 分别为液相或气相反应的本征反应速度；C_{0}、P_{0} 分别为反应物在液相或气相中的初始浓度或分压；C_{H}、P_{H} 分别为氢在液相或气相中的浓度或分压，它们可近视为常数。此时液相或气相的表观反应速度常数合并为：

$$k_{ap, L} = \eta_{L} k_{L} C_{H} \tag{11-3-12}$$

$$k_{ap, G} = \eta_{G} k_{G} P_{H} \tag{11-3-13}$$

将式(11-3-11)简化并积分为：

$$W = - \int_{1}^{1 - x_{f}} \frac{n_{0} d(1 - x)}{f_{w} k_{ap, L} C_{0}(1 - x) + (1 - f_{w}) k_{ap, G} P_{0}(1 - x)} \tag{11-3-14}$$

式中，x_{f} 为反应物的最终转化率；当 $k_{ap, L}$ 和 $k_{ap, G}$ 为已知时，则可求出润湿分率 f_{w}。

当 $f_{w} = 0$ 时表示为全气相反应，式(11-3-14)可简化为：

$$k_{ap,\ G} = \frac{-1}{W} \int_1^{1-x_f} \frac{n_0 d(1-x)}{P_0(1-x)} \qquad (11\text{-}3\text{-}15)$$

当 $f_W = 1$ 时表示为全液相反应或液体质量流速极大，催化剂外表面全部润湿，式(11-3-14)可简化为：

$$k_{ap,\ L} = \frac{-1}{W} \int_1^{1-x_f} \frac{n_0 d(1-x)}{C_0(1-x)} \qquad (11\text{-}3\text{-}16)$$

根据以上关联式，使试验在完全气相下反应，测得反应物的转化率，则可按式(11-3-15)计算出 $k_{ap,\ G}$。同样，当足够大的液体质量速度下，达到全部润湿时，利用式(11-3-16)就可计 $k_{ap,\ L}$ 算出。或通过实验，做转化率与气液比的关系图，用外推到气液比=0的转化率数据，计算出 $k_{ap,\ L}$。将 $k_{ap,\ G}$、$k_{ap,\ L}$ 代入式(11-3-14)就可得出具有相同压力、温度及催化剂床层条件下的外润湿分率 f_W。

Ruecker 等[78]应用联苯加氢，在295℃和5.2MPa条件下得出外润湿分率 f_W 与气液摩尔比 γ 的关系为：

$$f_W = 1.00 + 0.14\gamma - 1.17\gamma^2 \qquad (11\text{-}3\text{-}17)$$

Llano 等[63]及 Huang 等[79]应用萘及蒽在加氢条件下也测出了床层润湿分率。

在大多数情况下，应用示踪法和化学反应法测定的催化剂床层的外润湿分率的结果是一致的，Llano 等[63]认为在液相雷诺数偏低的情况会出现偏差。

Mills 等[67]及 Muthanna 等[76]提出了常压下的预测模型：

$$f_W = 1.617 Re_L^{0.1461} Ga_L^{-0.0711} \qquad (11\text{-}3\text{-}18)$$

$$f_W = \varepsilon_d^{0.224} \qquad (11\text{-}3\text{-}19)$$

$$f_W = \tanh\left[0.664 Re_L^{0.333} Fr_L^{0.195} We_L^{-0.171} \left(\frac{a_t d_p}{\varepsilon^2} \right)^{-0.0163} \right] \qquad (11\text{-}3\text{-}20)$$

式中，$Fr_L = \dfrac{u_L^2}{d_p g}$ 为 Froude 数，u_L 为液相速度；$We_L = \dfrac{L^2 d_p}{\rho_L \sigma_L}$ 为 Weber 数，σ_L 为表面张力。

上述模型是在常压下求得，且与气速无关。前述式(11-3-7)不仅包括了液相而且包括气相流速对外润湿分率 f_W 的影响，并在高压下求得，因此该模型适于高低压的结果，它更具有可靠性。

三、外润湿分率对反应的影响

(一)加氢裂化反应器中催化剂的润湿状况

在相同体积空速下，小型试验反应器及工业反应器内的液体质量流速相差甚远，表11-3-1列出了这种差别的实例。

表 11-3-1 不同大小反应器中液体质量流速比较

反应器形式	工业	中型	小型
反应器直径/m	2.845	57×10^{-3}	25×10^{-3}
床高/m	18.697	1.176	0.23
催化剂装量/m³	118.66	3×10^{-3}	1×10^{-4}
体积空速/h⁻¹	0.94	0.94	0.94

续表

反应器形式	工业		中型	小型
	入口	出口		
液体质量流速/[kg/(m² · s)]	4.26	3.93	0.27	0.052
液体线速度/(m/s)	$5.8×10^{-3}$	$5.68×10^{-3}$	$3.68×10^{-4}$	$7.13×10^{-5}$
液体雷诺数	32.6	35.6	2.06	0.40

从表 11-3-1 可看出：工业反应器的液体质量流速和液体雷诺数比中小型反应器高 1~2 个数量级，而它们对催化剂的外润湿程度有很大影响，因此可以估计，在相同体积空速下，不同大小反应器中外润湿程度差别很大。

一般认为中小型反应器外润湿分率 f_W 是影响反应器性能的重要因数，它仅为 0.15~0.6 左右。为克服外润湿程度低的影响，Satterfield 等[80] 及 Beck 等[81] 试验前用大空速对催化剂床层预润湿，Al-Dahhan 等[82] 以不同粒径的稀释剂对催化剂床层进行稀释装填等技术来改善床层内的轴向返混和外润湿状况。

在工业反应器中，尽管液体质量流速比小型反应器高 1~2 个数量级，外润湿应该达到理想状况，然而因为反应器大型化带来的流体分布、催化剂装填及工艺自身特点等，也同样存在外润湿程度不理想的状况。

在加氢裂化的精制反应器中，进出口汽化率变化较小，且液体质量流速较高，因此，在液体分布均匀的前提下，催化剂外润湿程度较好，且床层上下比较均匀。在加氢裂化反应器中，由于反应物不断发生裂化，中间产物的相对分子质量逐渐减小，更多的反应物或中间产物转移到气相，实际液体质量流速逐渐降低，外润湿分率 f_W 随之不断下降。在生产中馏分油为主的过程中，其出口汽化率>50%，进出口的 f_W 变化较大。当以生产石脑油为主时，加氢裂化反应器出口汽化率接近 100%，进出口的 f_W 变化很大，甚至为气固反应。

（二）外润湿程度对反应影响

催化剂被液体反应物部分润湿时，反应物可以通过两种方式传递到活性中心：

1）对有液膜润湿的表面，氢气扩散进液膜与液膜中的反应物——烃类、硫化物、氮化物一并扩散到活性中心反应。如气相中存在烃类和杂原子化合物时，它们也可从气相扩散进液膜与氢一道去活性中心反应。

2）对裸露在气相中的催化剂干表面，则只有气相中存在烃类和杂原子化合物时，通过干表面扩散到活性中心参与反应。Huang 等[79] 认为当气相不存在上述反应物时，该干表面对反应无贡献。

Ruecker 等[78] 认为，总反应速度 r_i 由被液膜润湿的反应速度 r_L 和干表面的反应速度 r_G 组成。

$$r_i = f_W r_L + (1 - f_W) r_G \qquad (11-3-21)$$

Yentekakis 等[83] 认为，在部分润湿条件下，总反应速度 r_i 可能比液膜全润湿的反应速度 r_L 更大或更小。当烃类及杂原子化合物仅存在于液相时，如渣油加氢脱硫，此时催化剂的干表面对加氢脱硫反应几乎没有贡献，总反应速度 r_i 小于液膜全润湿的反应速度 r_L。此时，提高外润湿分率 f_W 有利于总反应速度 r_i。精制反应器与此相似。对裂化反应器，随着物流方向，则因气相中的反应物或中间产物越来越多，催化剂的干表面积越来越大，因此气固相反应的贡献越来越大，加上气固相反应的扩散阻力相对较小，因此有可能使总反应速度 r_i 大于液膜全润湿的反应速度 r_L。但是这种通过干表面的反应会对选择性带来负面影响。

（三）部分外润湿时对催化剂有效利用系数的影响

Ramachandran 等[84]提出了催化剂被液体反应物部分润湿时，总的有效系数 η_t 可由完全被液体包围的粒子的有效利用系数 η_L 和完全被气体包围的粒子的有效利用系数 η_G 来表示：

$$\eta_t = f_W \eta_L + (1 - f_W) \eta_G \tag{11-3-22}$$

Specchia 等[4]应用式(11-3-22)对片状、球形及圆柱形催化剂计算的有效利用系数相对误差<10%。

在部分润湿条件下，催化剂的干表面对反应无贡献时，由于催化剂表面反应浓度的不均匀性，所以有必要对计算有效利用系数的经典方法进行修正。Tsamatsoulis 等[72]用外润湿分率 f_W 去修正西勒模数 ϕ_W，就可用经典方法计算催化剂的有效利用系数。

$$\phi_W = \frac{\phi}{f_W} \tag{11-3-23}$$

$$\phi_W = \frac{V_p}{S_p f_W} \left[\frac{(n+1) k_V C_b^{n-1}}{2De} \right]^{0.5} = \frac{V_p}{S_p} \left[\frac{(n+1) k_V V_b^{n-1}}{2De} \right]^{0.5} \tag{11-3-24}$$

当反应级数 $n = 1$ 时

$$\phi_W = \frac{V_p}{S_p} \left[\frac{k_V}{D_{eW}} \right]^{0.5} \tag{11-3-25}$$

式中，$f_W = \left[\dfrac{D_{eW}}{D_e} \right]^{0.5}$

对等温、球形一级反应则有效利用系数 η 按下式计算

$$\eta = \frac{2}{\phi_W} \left[\frac{1}{\tanh\phi_W} - \frac{1}{\phi_W} \right] \tag{11-3-26}$$

图 11-3-5 表示了应用上述修正西勒模数 ϕ_W 后的计算结果与有效利用系数 η 数值解的结果比较，误差<10%[72]。由此可以看出，在部分润湿条件下，催化剂的有效利用系数 η 是西勒模数 ϕ_W 和外润湿分率 f_W 的函数。在全润湿条件下，η 仅与西勒模数 ϕ_W 有关。

Yentekakis 等[83]及 Ramachandran 等[84]较详细研究了部分润湿条件下，挥发与不挥发组分同时存在，即催化剂干表面参与反应时的有效利用系数的校正，并列出了重油加氢脱硫时，挥发性的含硫轻组分与不挥发的含硫重组分对有效利用系数的影响。

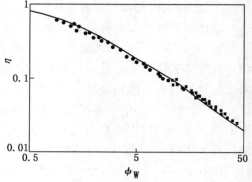

图 11-3-5　修正的 ϕ_W 与 η 的关系

第四节　反应器的床层压力降

一、概述

加氢裂化反应器的床层压力降，不仅是重要的设计参数，而且有时会成为装置长周期运

转的制约因数。有些加氢裂化装置不是因为催化剂的失活，而是反应器压力降超过设计允许值而被迫停工。加氢裂化装置床层压力降增大，会引起高压部分增压设备(如：原料油泵、新氢压缩机等)出口压力升高、循环设备(循环氢压缩机)差压增大，电、蒸汽消耗增加，能耗增高；反应器内构件承载负荷增大；严重时，会造成循环氢压缩机差压大，流量小，不能满足正常生产需要而被迫停工；有时会引起破坏性的后果。

表11-4-1列出了两套加氢裂化装置反应器压力降设计实例。

表11-4-1　装置反应器压力降设计实例

装置		精制反应器压降/MPa	裂化反应器压降/MPa	总压降/MPa	反应器压降/总压降/%	说明
1	SOR	0.23	0.45	1.73	39.3	反应器间压降0.07MPa
	EOR	0.42	0.72	2.24	50.9	裂化反应器出口到高分0.76MPa
2	SOR	0.22	0.23	1.26	35.7	反应器间压降0.14MPa
	EOR	0.42	0.43	1.69	50.3	裂化反应器出口到高分0.52MPa

从表11-4-1可看出：运转初期的反应器压力降占总压力降的35%~40%，运转末期则上升到51%左右。反应器的压力降包括床层压力降和内构件压力降，内构件压力降包括入口分配器、分布盘、冷氢箱、支撑盘、出口收集器等，典型的反应器内构件压力降如下[85]：

入口分配器　　　　　　　0.003~0.006MPa

分布盘　　　　　　　　　0.004~0.008MPa

冷氢箱　　　　　　　　　0.010~0.030MPa

支撑盘　　　　　　　　　0.003~0.006MPa

收集盘　　　　　　　　　0.004~0.007MPa

床层压力降由两部分组成：一是开工初期的压力降，简称床层压力降，一般以单位床层高度的压力降MPa/m表示。二是随运转周期产生的压力降增量，它是时间的函数，见图11-4-1。

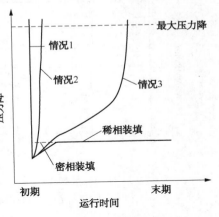

图11-4-1　压力降与装置运行时间的关系[55]

二、床层压力降

(一)床层压力降的影响因素

滴流床加氢裂化反应器的床层压力降主要由以下几种作用力的作用引起：①床层中流速的加速、减速及局部区域的气液湍动引起的惯性力的作用；②气-液、液-固及气-固界面的流体流动的黏滞力的作用；③界面力(毛细管力)的作用，对发泡液体尤为显著；④流体受静压力的作用[86]。在相互强作用区内，气-液相的惯性力将起主要作用，在相互弱作用区内，主要是黏滞力及界面力将产生较大的影响。

因此，床层压力降与气、液相质量流速、流体物性、床层空隙率等因数有关。而床层空隙率直接与催化剂形状、大小及装填方式有关。

Larachi等[86]在压力下进行的冷漠试验结果见图11-4-2~图11-4-5。

从图11-4-2~图11-4-5可看出：实验的气相介质为：氢气、氮气及氩气，液相介质为：水、乙二醇水溶液及丙烯碳酸酯水溶液。气、液相质量流速增大时，压力降相应增加；

气、液相质量流速一定，气相密度增加时，压力降相应减少；床层空隙率增加，压力降减少；催化剂粒径增大，床层空隙率就增加，压力降相应减少。其中，床层空隙率是决定床层压力降大小的关键因数。

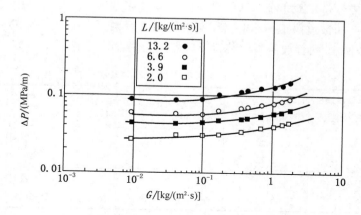

图 11-4-2　气、液相质量流速对压力降的影响
（P=5.1 MPa，乙二醇-氮气）

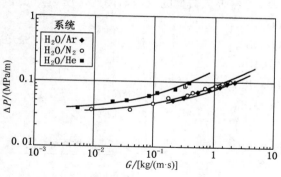

图 11-4-3　气相密度对压力降的影响
[P=5.1 MPa，L=13.2 kg/($m^2 \cdot s$)]

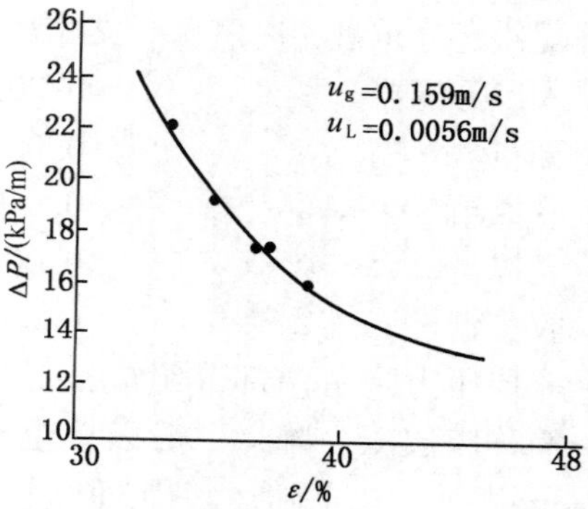

图 11-4-4　床层空隙率对压力降的影响

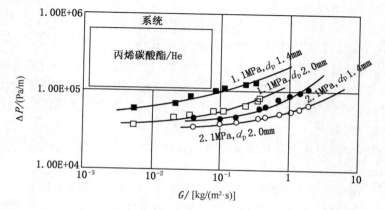

图 11-4-5　催化剂粒径对压力降的影响
[L=13.2 kg/($m^2 \cdot s$)]

Moyse[87]测得了球形、圆柱形及三叶草等不同形状催化剂的床层空隙率的典型数据，见表 11-4-2。

表 11-4-2　不同形状催化剂的床层空隙率

形　状	当量直径/mm	空隙率/%	
		稀相装填	密相装填
球形	1.6	35	30
圆柱形	1.6	42	36
三叶草形	1.6	46.5	39.5
五叶草形	1.6	45.5	38.5
拉西环	1.6	54.5	46

从表 11-4-2 可看出：对稀相装填方式，在粒径相同条件下，三叶草形比球形、圆柱形的床层空隙率分别高 11.5 及 4.5 个百分点。因此，在相同处理量下，三叶草形催化剂的床层压力降较低。

表 11-4-3 列出了三叶草形当量直径 $d_p = 2.27mm$、圆柱形当量直径 $d_p = 2.57mm$，空气-水条件下的冷漠试验结果。

表 11-4-3　不同形状催化剂的床层压力降

	气相速度/(m/s)		0.1	0.2	0.3	0.4
液相速度	4.08×10^{-3}/(m/s)	三叶草形/(kPa/m)	2.67	6.0	10.7	15.3
		圆柱形/(kPa/m)	6.40	13.9	24.0	41.3
	3.24×10^{-2}/(m/s)	三叶草形/(kPa/m)	36.0	57.3	74.7	90.7
		圆柱形/(kPa/m)	69.3	100	120	134.7

从表 11-4-3 可看出：三叶草形催化剂的床层压力降比圆柱形催化剂的床层压力降要低得多，而且三叶草形催化剂的外表面积大，扩散路径短，有利于减少内扩散阻力。因此，三叶草形等异形催化剂对降低床层压力降和改善传质过程堵较为有利。

催化剂的装填方式对床层压力降也有重要影响。表 11-4-2 数据表明：相同体积的反应器，催化剂采用密实装填时，可以多装 14.2%～15.6%的催化剂，有利于提高处理能力。但床层空隙率下降 5～8.5 个百分点，床层压力降相应增加。

反应器内的液相如果具有起泡倾向，如某些二次加工油品，也会影响床层压降。Larachi 等[86]在压力下进行的冷漠试验表明：在具有起泡倾向，其他条件相同时，床层压力降也相应增加，试验结果见图 11-4-6。

综上所述，根据加氢裂化反应器内的流体流动特征，其压力降具有以下特点：

1）精制反应器内，从反应器进口到出口由于流体的质量速度，流体的物性（如密度、黏度）等的变化幅度相对较小，因此床层中的每个微元的压力降可看成近似相等，这就简化了计算程序。

2）相反，裂化反应器内，流体的质量速度及物性从反应器进口到出口的变化幅度很大，甚至出现液相消失，成为气-固相接触。可以预计，每个微元的压力降差别较大，在工程计算时可以采用模型逐段计算或对进、出口数据加权平均，只是反应器出现气-固两相时，误差会较大。

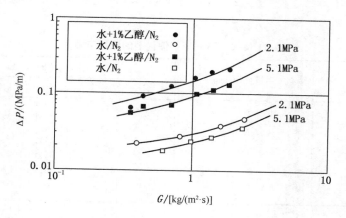

图 11-4-6　液相起泡性对床层压力降的影响

$[L = 13.2\ \mathrm{kg}/(\mathrm{m}^2 \cdot \mathrm{s})]$

（二）床层压力降的计算模型

国内外对滴流床反应器床层压力降的研究报道很多，适合于加氢裂化的几种计算模型如下：

1. 应用单相压力降关联的模型

Larkinsi 等[88]通过分析滴流床反应器床层压力降和气、液相分别以相同质量流速单独通过床层的的压力降之间的关系，提出了用单相压力降关联气、液相同时通过床层的的压力降，得出以下模型：

$$\lg \frac{\Delta P_{\mathrm{LG}}}{\Delta P_{\mathrm{L}} + \Delta P_{\mathrm{G}}} = \frac{0.416}{0.666 + \lg^2 X} \tag{11-4-1}$$

式中，Larkinsi–Martinelli 参数 $X = \left(\dfrac{\Delta P_{\mathrm{L}}}{\Delta P_{\mathrm{G}}} \right)^{0.5}$；$\Delta P_{\mathrm{L}}$、$\Delta P_{\mathrm{G}}$、$\Delta P_{\mathrm{LG}}$ 分别表示液相、气相单独或通过床层时的压力降，MPa/m。

Sato 等[89]对 Larkinsi 模型进行了修正，得出如下结果：

$$\lg \frac{\Delta P_{\mathrm{LG}}}{\Delta P_{\mathrm{L}} + \Delta P_{\mathrm{G}}} = \frac{0.7}{1 + \lg^2 \dfrac{X}{2}} \tag{11-4-2}$$

Tosun 等[90]通过对各种填料的大量试验，得出了另一种应用 X 参数表达的模型：

$$\left[\frac{\Delta P_{\mathrm{LG}}}{\Delta P_{\mathrm{L}}} \right]^{0.5} = 1 + \frac{1}{X} + \frac{1.424}{X^{0.576}} \tag{11-4-3}$$

Midoux 等[91]得出了与 Tosun 模型形式相同，但系数不同的另一种模型：

$$\left[\frac{\Delta P_{\mathrm{LG}}}{\Delta P_{\mathrm{L}}} \right]^{0.5} = 1 + \frac{1}{X} + \frac{1.14}{X^{0.54}} \tag{11-4-4}$$

Sato 等[89]还得出类似的模型：

$$\left[\frac{\Delta P_{\mathrm{LG}}}{\Delta P_{\mathrm{L}}} \right]^{0.5} = 1.3 + 1.85 X^{-0.85} \tag{11-4-5}$$

单相通过床层时的压力降 ΔP_L 和 ΔP_G 可根据 Ergun[92] 方程计算,计算时的流体单相质量流速分别与两相流体同时通过床层时相同。Ergun 方程如下:

$$\Delta P = A\frac{(1-\varepsilon)^2\mu u}{d_p^2\varepsilon^3} + B\frac{1-\varepsilon}{\varepsilon^3}\frac{\rho u^2}{d_p} \tag{11-4-6}$$

式中,A、B 为常数,分别为 150 及 1.75;ε 为床层空隙率;μ 为动力黏度,Pa/s;u 为线速度,m/s;d_p 为催化剂当量直径,m;ρ 为密度,kg/m³。

用单层通过床层的压力降关联工业加氢反应器床层压力降的方法计算简便,为许多公司采用。但它们属于经验型模型,在应用上受到一定限制。

2. 应用两相流动的默察因子关联的模型

Turpin 等[93] 从能量平衡出发,模拟单相流在直管中流动时的压力降计算方法,提出了用两相流间的摩擦因子 f_{LG} 来关联气、液相同时通过催化剂床层的压力降。f_{LG} 与气、液相的雷诺数 Re_G、Re_L 有关,即

$$f_{LG} = f(Re_G, Re_L) \tag{11-4-7}$$

进一步得到:

$$\ln f_{LG} = 7.96 - 1.34\ln Z + 0.002(\ln Z)^2 + 0.0078(\ln Z)^3 \tag{11-4-8}$$
$$0.2 < Z < 500$$

式中,$f_{LG} = \dfrac{\Delta P_{LG}d_e}{2\rho_g\mu_g^2}$(其中 $d_e = \dfrac{2\varepsilon d_p}{3(1-\varepsilon)}$)

$$Z = \frac{Re_G^{1.167}}{Re_L^{0.767}}$$

Specchia 等[94] 引入物性参数 ϕ 对 Z 进行修正,使之更加符合生产中的物性。ϕ 的定义见式(11-1-2)。

$$Z' = \frac{Re_G^{1.167}}{Re_L^{0.767}\phi^{1.1}}$$

并得出计算模型为:

$$\ln f_{LG} = 7.82 - 1.30\ln Z' - 0.0573(\ln Z')^2 \tag{11-4-9}$$
$$0.6 < Z' < 500$$

李顺芬等[95] 也得到了类似于式(11-4-8)的规律。

$$\ln f_{LG} = 7.625 - 1.047\ln Z' + 0.009(\ln Z')^2 - 0.022(\ln Z')^3 \tag{11-4-10}$$

3. 经修正后的 Ergun 方程的计算模型

Hutton 等[96] 分析了气、液两相并流通过催化剂床层的特点,提出了床层有效空隙率的概念来描述气相流经床层的通道。气相流经床层的有效空隙率为:

$$\varepsilon_G = \varepsilon - \varepsilon_t - \varepsilon_k \tag{11-4-11}$$

式中,ε 为床层空隙率,即总空隙率占床层体积的比;ε_t 为总持液量占床层体积的比,即液体流经床层的有效空隙率;ε_k 为床层空隙率的死区,即不能作为气相或液相流经床层的通道。Hutton 等认为 ε_k 为一常数。

Specchia 等[94] 根据试验发现死区 ε_k 为一变数。且与液相物性及催化剂特性有关,并以静持液量代替 ε_k。

$$\varepsilon_G = \varepsilon - \varepsilon_d - \varepsilon_s \tag{11-4-12}$$

式中，ε_d 和 ε_s 为液体在床层中的动持液量和静持液量。

王月霞等[97]进一步发展了有效空隙率的概念。假设气、液两相并流通过床层时，它们各自在自己的有效空间内流动，所产生的压力降遵循 Ergun 方程的规律。因此有：

$$\Delta P_G = A_G \frac{(1 - \varepsilon_G)^2 \mu_G u_G}{d_p^2 \varepsilon_G^3} + B_G \frac{1 - \varepsilon_G}{\varepsilon_G^3} \frac{\rho_G u_G^2}{d_p} \qquad (11-4-13)$$

$$\Delta P_L = A_L \frac{(1 - \varepsilon_L)^2 \mu_L u_L}{d_p^2 \varepsilon_L^3} + B_L \frac{1 - \varepsilon_L}{\varepsilon_L^3} \frac{\rho_L u_L^2}{d_p} \qquad (11-4-14)$$

式中，A_G、A_L、B_G、B_L 分别为气、液两相黏性阻力系数和惯性阻力系数；ε_G 和 ε_L 为气、液两相并流通过床层时各自的有效空隙率，它们与床层空隙率 ε 和床层空隙率的死区 ε_k 的关系为：

$$\varepsilon = \varepsilon_G - \varepsilon_L - \varepsilon_k \qquad (11-4-15)$$

在稳定状态下：

$$\Delta P_L = \Delta P_G = \Delta P_{LG} \qquad (11-4-16)$$

试验得出的计算公式为：

$$\varepsilon_k = \varepsilon_s \left[1 - \exp\left(\frac{-a}{Re^b} \right) \right] \qquad (11-4-17)$$

式中，a、b 为催化剂特性及床层特性有关的常数，经试验数据回归分析得：

$$a = 20.473 \phi_s \varepsilon - 2.396 \qquad (11-4-18)$$

$$b = 1.409 \phi_s \varepsilon^{0.5} - 0.3693 \qquad (11-4-19)$$

$$\varepsilon_s = 0.0586 + \frac{0.003386}{EO} \qquad (11-4-20)$$

式中，ϕ_s 为催化剂的球形度；$EO = \dfrac{\rho_L g d_p}{\sigma_L}$ 为 Eotvos 数。

Holub 等[98]及王月霞等[97]认为 Ergun 方程的黏性及惯性阻力系数 A、B 与催化剂及床层特性有关：

$$A = 72 C^2 \cdot \tau \qquad (11-4-21)$$

$$B = 0.5808 C^3 \qquad (11-4-22)$$

式中：

$$C = 1 - d \ln \varepsilon$$

$$d = 0.7184 + 0.03634 \frac{\delta}{\phi_s}$$

$$\tau = -0.3086 + \frac{1.3135}{\delta}$$

$$\delta = \frac{3(1 - \varepsilon)}{2\varepsilon}$$

式（11-4-13）~式（11-4-22）的适用范围为：

$$0.3 \leqslant \varepsilon \leqslant 0.65$$

$$0.11 \leqslant \frac{V_p}{S_p} \leqslant 0.4$$

$$0.6 \leqslant \phi_s \leqslant 1.0$$

式中，V_p、S_p 分别为催化剂粒子的体积和外表面积。

计算过程中如果假设：①床层内的空隙率沿床层分布均匀，边壁效应忽略不计；②床层压力降的存在所引起的气相在床层出口和入口的流速变化忽略不计；③气、液相均处于连续流动状况，就可根据图 11-4-7 计算床层压力降。

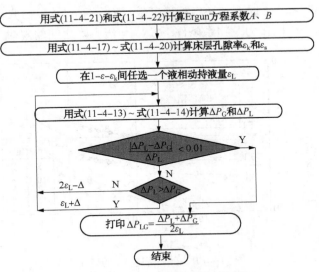

图 11-4-7 床层压力降计算框图

计算催化剂床层压力降的模型还有很多，如 Saez 等[99] 及 Levec 等[100] 运用相对渗透率的概念和毛细管压力降计算方法建立的模型；Holub 等[101] 开发的适于提高系统压力条件下的 Phenomenological 模型。

4. 高压下催化剂床层压力降的计算模型

加氢裂化过程在中、高压下进行，Larachi 等[86] 较详细考察了反应压力对床层压力降的影响，如图 11-4-8 所示。

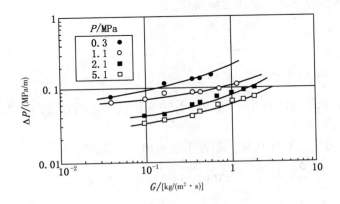

图 11-4-8 反应压力对床层压力降的影响

$$[L = 13.2 \text{ kg}/(\text{m}^2 \cdot \text{s})]$$

从图 11-4-8 可看出：在相同气、液相质量流速下，反应压力增加，气相密度增大，气相表面速度减小，床层压力降下降。

Ellman 等[103]应用无因次 X_G 来表征气、液相惯性力作用的大小，定义为：

$$X_G = \frac{G}{L}\left(\frac{\rho_L}{\rho_G}\right)^{0.5} \tag{11-4-23}$$

Larachi 等[86]进一步指出，对不起泡液相，当 $X_G > 0.1$ 时，压力降主要取决于惯性力及黏滞力的作用。当 $X_G < 0.1$ 时，即在气相速度较低时，重力及界面张力的作用也是不可忽略。图 11-4-9 表示了不同压力及物系条件下，X_G 与压力降之间的规律。

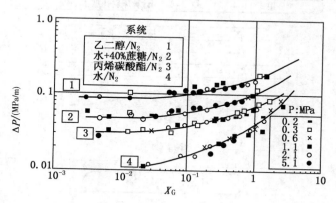

图 11-4-9 压力降随 X_G 的变化

[$L = 13.2\ kg/(m^2 \cdot s)$]

从图 11-4-9 可看出：①同一物系，不同的反应压力，床层压力降随 X_G 的变化有相同的规律。因此，在不同的反应压力下，只要 X_G 相同就有相同的床层压力降。即对相同物系，应用 X_G 参数可以关联不同压力下的试验结果，从而可以使低压下的结果放大到更高的压力下。②黏度有差别的不同物系，尽管 X_G 相同，压力降仍有较大差别。

Larachi 等[86]从因此分析出发，提出用 X_G 表征惯性力的作用，用雷诺数 Re_G、Re_L 表征黏滞力的作用，用 Weber 数 We_G、We_L 表征界面力的作用，Galilro 数 Ga 表征重力的作用，并提出适用于任何压力下的床层压力降模型。

$$\frac{\Delta P_{LG}\rho_G d_h}{2G^2} = \frac{1}{K^{1.5}}\left(31.3 + \frac{17.3}{K^{0.5}}\right) \tag{11-4-24}$$

式中，$K = X_G\ (Re_L \cdot We_L)^{0.25}$；$d_h = \left[\dfrac{16\varepsilon^3}{9\pi}(1-\varepsilon)^2\right]^{0.33} \cdot d_p$。

式(11-4-24)验证了 1500 个不同条件下的试验点，证明它适用于不起泡液相，在相互强、弱作用区内均适用。

Ellman 等[103]在反应压力 10MPa 条件下也得出了类似的模型：

$$\frac{\Delta P_{LG}\rho_G d_h}{2G^2} = 200\ (X_G \cdot \beta)^{-1.2} + 85\ (X_G \cdot \beta)^{-0.5} \tag{11-4-25}$$

式中，$\beta = \dfrac{Re_L}{0.001 + Re_L^{1.5}}$。

Wammes 等[104]在反应压力 7.5MPa 条件下得出：

$$\frac{\Delta P_{LG}d_p}{0.5\rho_G u_G^2} = 155\left[\frac{\rho_G u_G d_p \varepsilon}{\mu_G(1-\varepsilon)}\right]^{-0.37} \cdot \frac{1-\varepsilon}{\varepsilon(1-\varepsilon_t)} \tag{11-4-26}$$

此外，Holub 等[101]开发的 Phenomenological 模型，实质上应用 Ergun 方程形式，利用与两相流同时存在无关的变量，去关联两相流的压力降数据。Muthanna 等[102]在高压下进行了验证，该模型也适合于高压下的预测。

（三）模型的比较和应用

床层压力降的计算模型很多，应用试验数据对各自建立的模型验证都能得到比较满意的结果，但进行相互比较时，往往出现不一致。图 11-4-10[105]比较了几种模型的计算结果。

从图 11-4-10 可看出：除式（11-4-1）外，其他三种模型的计算结果较接近。

表 11-4-4 为空气-水和馏分油-氢气两系统试验测得的压力降与模型计算压力降的对比[97]。

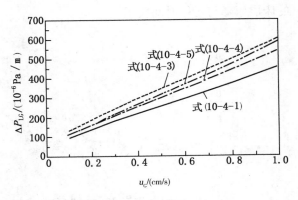

图 11-4-10　压力降关联模型比较

表 11-4-4　模型计算压力降与试验数据的对比

误差范围①	0%~20%	20%~30%	30%~50%	>50%	最大误差
式（10-4-1）[88]	0.16	0	1.3	98.5	−79
式（10-4-3）[90]	55.23	29.3	12.5	2.9	70
式（10-4-8）[93]	12.8	0.8	37.1	41	−90
文献[99，100]	80.7	16.3	2.12	0.06	60
式（10-4-13）~式（10-4-16）[97]	91.6	5.0	1.79	0.06	55.4

① 误差$=\dfrac{\Delta P_c-\Delta P_e}{\Delta P_e}\times100\%$；$\Delta P_c$ 为计算值，ΔP_e 为实测值。表中数据为相对误差点占数据总数的百分点。

从表 11-4-4 可看出：式（11-4-13）~式（11-4-16）计算的误差分布较好，Saez 等[99]及 Levec 等[100]运用相对渗透率概念建立的模型次之。

应用 5 种模型，对 4 套加氢裂化装置精制反应器运转初期数据进行了演算比较[97]，见表 11-4-5。

表 11-4-5　不同模型对加氢裂化工业数据的验证

装置	ΔP_e/MPa	式（10-4-1）[88] ΔP_c/MPa	误差/%	式（10-4-3）[90] ΔP_c/MPa	误差/%	式（10-4-8）[93] ΔP_c/MPa	误差/%	文献[99，100] ΔP_c/MPa	误差/%	式（10-4-13）~式（10-4-16）[97] ΔP_c/MPa	误差/%
S	0.03	0.0089	−70.3	0.025	−16.7	0.0232	−22.7	0.044	46.7	0.0284	−5.3
N	0.164	0.053	−67.7	0.132	−19.5	0.112	−31.7	0.62	278	0.185	12.8
Y	0.092	0.0147	−84.0	0.0469	−49.0	0.0199	−78.4	0.216	134.8	0.0805	−12.5
Z	0.10	0.0463	−53.7	0.0625	−37.5	0.0563	−43.7	0.1832	83.2	0.0993	−0.007

从表 11-4-5 可看出：式（11-4-13）~式（11-4-16）计算的结果较好，式（11-4-3）计算的结果次之。式（11-4-13）~式（11-4-16）经工业试验数据验证，误差在工程设计可接受的允许范围内。

三、床层压力降增量

加氢裂化反应器随运转周期延长，床层压力降逐渐增大，这种床层压力降的增大部分称为床层压力降增量。图 11-4-11 和图 11-4-12 分别表示了精制反应器和裂化反应器—床层的床层压降与运行时间关系。

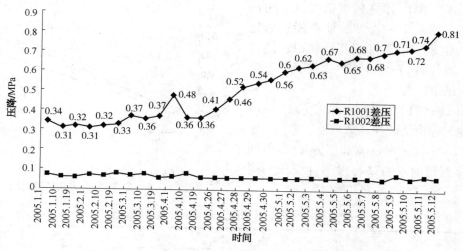

图 11-4-11　精制反应器床层压降与运行时间关系[105]

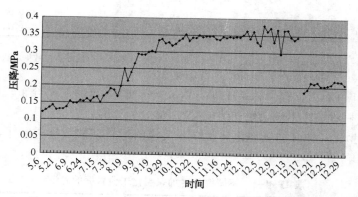

图 11-4-12　裂化反应器—床层压降与运行时间关系[106]

（一）床层压力降增大的影响因数

床层压力降随运转周期增大的原因是反应器内进入了各类污染物并发生一些有害反应的结果。致使床层空隙堵塞，影响流体的流动通道，有以下原因：

1. 原料油中携带的固体颗粒

这类固体颗粒主要是机械杂质、油泥、铁锈等。在加工焦化蜡油或催化裂化循环油时还有焦粉和催化剂粉末。原料油进装置前一般都设有过滤器，可使大部分固体微粒除去，过滤器滤孔一般为 $20\sim25\mu m$。表 11-4-6 列出了过滤后焦化蜡油颗粒分析数据[107]。

加氢裂化加工焦化蜡油时，即使过滤器运转正常，$<25\mu m$ 的固体颗粒质量分数仍占颗粒总质量分数的 60%以上。

表 11-4-6　过滤后焦化蜡油颗粒分析数据

颗粒大小/ μm	原料 1			原料 2		
	颗粒数/个	颗粒百分数/%	质量分数/%	颗粒数/个	颗粒百分数/%	质量分数/%
≥100	0	0	0	0	0	0
50~100	15	0.07	14.58	18	0.04	8.23
25~50	126	0.59	15.31	441	0.89	25.21
15~25	1294	6.01	23.85	1725	3.46	14.96
5~15	20088	93.33	46.27	47616	95.61	51.61

2. 反应生成的焦炭

原料油中的生焦母体，特别是掺炼二次加工油时，如不饱和烃、稠环芳烃以及氧、硫、氮等杂原子化合物在反应器顶部，在未接触催化剂前，在高温或在硫化铁的促进下迅速发生以自由基、非自由基或金属催化下的聚合反应，形成有机微粒沉积在床层中[108]。

表 11-4-7　某加氢裂化装置精制反应器碳含量采样分析[106]　　　　　　　　%

距顶部距离/mm	催化剂样品 1	粉尘样品 1	催化剂样品 2	粉尘样品 2
800	7.62	10.20	7.05	7.14
1500	7.27	8.52	5.35	8.16
1900	3.67	4.65	3.36	4.52

从表 11-4-7 可看出：粉尘样品与催化剂样品，碳含量明显增加，碳含量的来源应为加氢裂化加工原料中胶质、沥青质、焦化蜡油携带的焦粉及不饱和化合物在高温条件下缩合形成的大分子有机化合物沉积形成的积炭。

3. 催化剂强度及装填的影响

当催化剂强度较差，运转过程中遇水破碎而堵塞床层，因此对催化剂强度应有严格控制。床层下沉也会造成压力降增大，这与装填催化剂的方式密切相关，某加氢裂化装置运转 9 个月后撇头，一床层有一下陷区，占整个界面 30%，下陷高度 50cm，催化剂、保护剂、瓷球混合严重[105]。反应器内构件，特别是液体分布器设计或安装不当造成流体分布不均匀，甚至沟流，使原料在死角处积聚生焦，堵塞床层。某加氢裂化装置撇头时发现：冷氢管与隔栅连接处有较大缝隙，约 8~10mm，冷氢箱有 20 mm 的催化剂，多孔盘充满催化剂，再分布盘整体被催化剂淹没[105]。

4. 原料油中油溶性金属的沉积

曾对床层中的污染物粉尘发现金属元素多达 15 种[109]，床层中油溶性金属的种类很多，表 11-4-8 列出了某加氢裂化装置撇头时催化剂粉尘的分析结果。

表 11-4-8　反应器撇头时催化剂粉尘的分析结果[110]　　　　　　　　%

项　　目	粉尘试样距入口法兰距离		
	3000mm	3900mm	5100mm
灼烧增重	28.8	21.4	16.2
元素分析			
Ca	0.051	0.033	0.044
K	<0.01	<0.01	<0.01
Mo	0.080	0.071	0.088
Al	0.077	0.072	0.25

项　　目	粉尘试样距入口法兰距离		
	3000mm	3900mm	5100mm
Mg	<0. 01	<0. 01	<0. 01
Mn	0. 25	0. 26	0. 27
Zn	<0. 01	<0. 01	<0. 01
Co	<0. 01	<0. 01	<0. 01
Ni	0. 079	0. 062	0. 12
V	<0. 01	<0. 01	<0. 01
Fe	32. 29	32. 30	32. 11
Na	0. 12	0. 054	0. 033
C	1. 36	0. 84	—
H	0. 062	0. 16	—
S	21. 3	19. 5	

　　油溶性铁主要是环烷酸铁，在反应器中易发生氢解并与硫化氢反应生成硫化铁，这种硫化铁是非化学计量的多形态的"簇"，它含有 Fe—S、Fe— Fe 及 S—S 键。通常铁原子数小于硫原子数，以 FeS_x 表示。硫化铁簇之间的吸引力很强，很容易聚集覆盖上部床层。在高温下这种硫化铁能促进结焦母体的生焦反应，这也加速了床层的堵塞。表 11-4-9 列出了某加氢裂化装置原料油铁含量与精制反应器运行时间的关系。

表 11-4-9　原料油铁含量与精制反应器运行时间的关系[111]

项　　目	第一周期	第二周期	第三周期
原料 Fe/(μg/g)	3. 20~8. 87	4. 95~8. 90	6. 19~9. 00
初期压降/MPa	0. 08	0. 07	0. 08
末期压降/MPa	0. 26	0. 39	0. 37
运行时间/d	130	69	10

　　从表 11-4-9 可看出：原料油铁含量直接影响精制反应器运行时间。

（二）防止床层压力降过快上升的对策

1. 撇头处理

　　精制反应器床层压力降接近或达到设计允许值时，必须停工处理。可以采用撇头的办法，即将床层顶部已经结垢堵塞的催化剂卸出，过筛除去粉尘，再装回反应器或者更换新催化剂。撇头催化剂床层的深度，要根据堵塞程度确定。如有规定床层粉尘含量<1%时，则可停止撇出。粉尘含量与床层高度的典型关系如图 11-4-13 所示[112]。

　　撇头处理只能解决床层顶部一定深度内催化剂颗粒间的堵塞问题，而更深层的污染物仍保留在深层中。因此再开工后，压力降的上升速度更快，运转周期越来越短，如图 11-4-14 所示[87]。

　　从图 11-4-14 可看出：随着撇头次数增加，运转周期缩短。某加氢裂化装置运转 130 天，床层压降 0.26MPa，第一次撇头；再运转 69 天，床层压降 0.39MPa，第二次撇头；再运转 10 天，床层压降就 0.37MPa，不得不第三次撇头[113]，因此撇头处理不是解决问题的好办法。

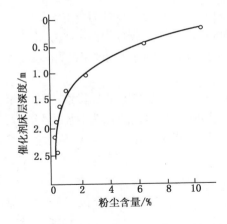

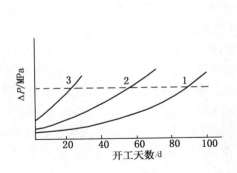

图 11-4-13　粉尘含量与床层高度的典型关系　　图 11-4-14　撇头对运转周期的影响

2. 提高原料油的纯净度，防止污染物进入床层

原料油中的固体颗粒可以通过选择适宜的过滤器，在进装置前除去绝大部分。但仍有更细的微粒进入反应器，在适当条件下，它们会聚集成更大的颗粒。同时在高温下，还会发生新的聚合反应，形成新的微粒。因此，仅靠过滤器是不能彻底解决问题的。

如上所述，油中铁是引起床层堵塞的重要原因。它有两种来源，一是原油中的原有铁，一是过程铁。后者是在原油加工、输送及储存过程中腐蚀形成。铁在原油或馏分油中可能是悬浮无机物形式存在，也可能是油溶性的盐和络合物形式存在。铁的来源和形态见图 11-4-15[114]。

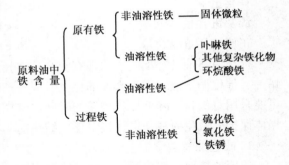

图 11-4-15　原油中铁的来源和形态

从图 11-4-14 可看出：随着撇头次数增加，运转周期缩短。某加氢裂化装置

对于原有铁可以通过深度电脱盐的方法除去大部分。加氢裂化原料中的铁，绝大部分是过程铁。原油经常减压装置切割后，铁含量可能增加十几倍，如表 11-4-10 所示[115]。

表 11-4-10　实沸点及常减压生产的铁含量比较

实沸点蒸馏	馏分/℃	310~500	310~520	310~540	>540
	铁/(μg/g)	0.2	0.2	0.4	27.8
常减压生产	馏分/℃	208~438	247~524	360~538	383~538
	铁/(μg/g)	2.2	1.7	13	15

文献[116]对加氢裂化原料油中的铁的来源进行了较详细的考察，结果认为，铁含量与原油的酸值（特别是环烷酸）有关。当环烷酸含量增加时，加氢裂化原料中的铁含量就成倍增加。环烷酸存在于大多数原油中，一般含量 0.02%~2.0%，相对分子质量 200~350 左右。在 230℃ 以上的环境中，环烷酸腐蚀性较强，在 270~280℃ 时腐蚀性最强，当达到 350℃ 时腐蚀性最大。环烷酸对铁腐蚀形成油溶性的环烷酸铁。

原料油中的硫在 230~410℃ 之间生产活性很强的硫化氢、单质硫和硫醇等，它们极易发生化学腐蚀。硫化氢在高温下与铁反应生成硫化亚铁，它对设备母体有保护作用。但在高温下环烷酸不仅与铁反应生成环烷酸铁，而且它还与硫化亚铁生成环烷酸铁与硫化氢，使已被保护的金属表面又暴露在硫化氢气氛中继续腐蚀。所以环烷酸是产生过程铁的重要原因，而原料油中的硫又加速过程铁的形成。

即使加氢裂化装置对原料油铁含量要求$<1.0\mu g/g$，一套$1Mt/a$的装置运转一年会在床层顶部沉积FeS_x至少在$1.57t$以上，它会堵塞催化剂颗粒间的空隙，造成压力降增大。

减少上游装置带来油溶性铁是控制反应器床层压力降过快增大的主要手段之一。我国一些常减压蒸馏装置的改造及其他措施提供了有益的经验[117,118]。主要有：

1）减压塔内构件包括填料或塔盘更换为耐腐蚀材质；

2）常压及减压转油线、减压炉出口管及减压侧线等高温、相变部位和易冲刷部位更换为耐腐蚀材质；

3）增加四线，强化洗涤效果，减少减压蜡油的雾沫夹带，降低残碳值等；

4）认真做好常减压"一脱四注"，严格控制减压蜡油的终馏点及残炭值。

典型加氢裂化原料控制值：

$0.8\mu m$ 以上颗粒物	$<0.2\mu g/g$
有机与无机氯离子含量	$<0.5\mu g/g$（$1\mu g/g$ 就需采取措施）
铁含量	$<1\mu g/g$
镍及钒含量	$<1\mu g/g$
正庚烷不溶物含量	$<100\mu g/g$

提高原料油纯净度的方法还有：合理选择加氢裂化原料，适当限制加工焦化蜡油、减黏蜡油、催化循环油、脱沥青油的比例，或对焦化、减黏、催化、脱沥青等装置提出要求；尽可能采用直供料或降低原料周转的时间，避免或降低罐底物的带入；原料油缓冲罐采用惰性气体保护，避免原料与空气接触形成结焦前驱物，可降低结垢速度$50\%\sim80\%$[106]。

3. 改进加氢裂化工艺流程

随着加氢裂化高硫原料的加工比例逐渐提高，常规加氢裂化循环油中铁离子含量也在增加，表11-4-11给出了这种变化[119]。

表 11-4-11　某加氢裂化装置铁离子含量采样分析　　　　　　　　　　　　　　　$\mu g/g$

	原料油	冷低分油	热低分油	脱丁烷塔底油	分馏塔底油	循环油
样品 1	0.78	0.15	0.40	7.29	2.90	21.03
样品 2	0.50	0.25	0.17	3.27	7.57	17.90
样品 3	0.28	0.39	0.35	2.53	2.38	21.70

从表11-4-11可看出：加氢裂化反应产物分离、分馏的整个流程中均有腐蚀发生，最终形成的腐蚀产物循环到裂化反应器，导致床层压降升高。表11-4-12列出了某加氢裂化装置裂化反应器卸剂采样分析结果[119]。

表 11-4-12　某加氢裂化装置裂化反应器卸剂采样分析结果　　　　　　　　　　　　$\mu g/g$

采样位置[①]	Fe	C	S	Mo	Ni	Na	Al
R302-3.2m 催化剂	0.510	6.83	9.58	0.012	5.910	0.031	21.24
R302-3.7m 催化剂	0.590	7.21	10.62	<0.01	5.690	0.028	19.05
R302-4.2m 催化剂	0.053	6.60	10.47	<0.01	5.900	0.025	19.35

续表

采样位置[1]	Fe	C	S	Mo	Ni	Na	Al
积垢篮顶部瓷球积垢	34.17	2.67	39.80	0.410	0.940	0.041	0.018
积垢篮内积垢	35.41	1.49	38.27	0.320	0.150	<0.01	0.021
R302-3.2m 积垢	41.30	0.82	41.52	0.370	0.082	0.013	0.100
R302-3.7m 积垢	36.58	0.92	41.76	0.340	0.097	<0.01	0.026
R302-4.2m 积垢	40.41	0.82	41.18	0.350	0.260	0.016	0.480
篮框间瓷球积垢	39.07			0.360	0.110	<0.01	0.120
分配盘上积垢	40.52	4.28	41.36	0.380	0.240	0.056	0.038

① R302 为裂化反应器，其后数字为床深。

从表 11-4-12 可看出：①撤出的催化剂中，镍、铝与新鲜催化剂含量基本相当；②催化剂经一段时间运行，有少量结炭；③裂化反应器撤出的催化剂粉尘积垢中 Mo 元素的含量不高，仅为 0.3% 左右；④粉尘中作为催化剂载体的 Al_2O_3 组分与新鲜催化剂载体的 Al_2O_3 组分接近，可以排除从精制反应器带入催化剂粉尘的因素；⑤自上而下撤出的粉尘中 Fe 含量在 40% 左右，S 含量也在 40% 左右，可以认为粉尘中的主要成分是铁的硫化物。

减少加氢裂化装置循环油中硫化铁生成的有效办法是设计适合加工含硫原料加工的加氢裂化新型分馏流程[120]。也可通过调整生产方案将全循环加氢裂化流程改为一次通过流程[119]。

4. 采用容垢能力强的催化剂

催化剂的形状、大小不同时，床层空隙率将有很大区别。床层空隙率大的反应器，不仅起始压力降小而且容垢能力强，可延长装置运转周期。不同形状催化剂的床层空隙率见表 11-4-2[87]。

在通常加氢裂化条件下，对气、液相有效的床层空隙率大于 20%~25% 时，维持在该空隙率下，床层压力降增大会很缓慢。当低于此值时，床层压力降将以指数形式迅速增大。显然球形催化剂可供容垢的空隙率比三叶草形低 10 个百分点。

不同形状催化剂的金属容受能力见图 11-4-16。

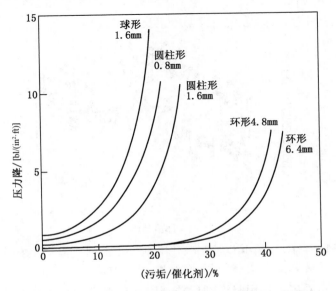

图 11-4-16 催化剂形状大小对金属容受能力的影响

从图 11-4-16 可看出：相同形状的催化剂，随颗粒的增大容受能力增大。形状不同容受能力不同，球形容受能力最小，拉西环最大。

5. 采用分级装填技术，扩大床层容垢能力

提高精制反应器容垢能力，也是延缓压力降增高过快的有效措施。其办法是增加床层空隙率，使它能容纳更多的粉尘而压力降增加缓慢。

表 11-4-13 列出了一种典型的分级装填与通用装填的比较。

表 11-4-13　分级装填与通用装填的比较

部位	分级装填			通用装填		
	催化剂	粒径/mm	厚度/m	催化剂	粒径/mm	厚度/m
第一层	TK-10	15.8	0.15	瓷球	8.0	0.15
第二层	TK-711	4.8	0.30	瓷球	3.0	0.15
第三层	TK-711	3.2	0.30	TK-755	1.6	1.65
第四层	TK-751	3.2	1.2			
第五层	TK-755	1.6	1.65			

从表 11-4-13 可看出：对直径 4.0m 的反应器，在主催化剂以上 1.95m 内，计算可得分级装填的空隙为 13.04m³，通用装填为 10.12m³，前者可多提供 2.92m³ 左右的容垢空间，可在一定程度上缓解压力降升高。

6. 应用抗垢剂

如前所述，床层压力降过快增长的主要原因是由于床层上部生成的硫化铁、焦粉及催化剂粉尘等由小聚大，最后形成以硫化铁为主的连续沉积层，堵塞了流体通道的结果。为了打通床层空隙，也可使用专门抗垢剂。这类抗垢剂能增强硫化铁颗粒间的吸引力，促使它们聚集形成球体，从而破坏连续的沉积层，再现床层空隙。这种办法适于装置压力降已明显增大而需维持到预定的检修期时采用。以间断形式注入抗垢剂，一般注入量为 20~30μg/g 为宜。

图 11-4-17 列出了某加氢裂化装置投用阻垢剂前后两个操作周期精制催化剂床层加权平均温度的变化趋势对比[121]。

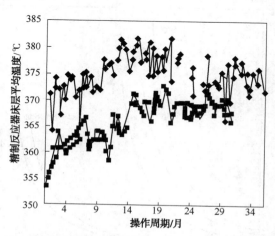

图 11-4-17　两个操作周期精制催化剂床层加权平均温度的变化趋势
◆—无阻垢剂；■—投用阻垢剂

从图 11-4-17 可看出：投用阻垢剂后精制段平均温升为 0.0150℃/d，未投入阻垢剂时

精制段平均温升为 0.0266℃/d。

符 号 说 明

C_f——原料油中的反应物浓度，$kmol/m^3$；

C_p——产品中的反应物浓度，$kmol/m^3$；

D——反应器直径，m；

D_e——有效扩散系数，m^2/s；

D_{ew}——部分润湿时的有效扩散系数，m^2/s；

D_z——轴向返混系数，m^2/s；

d_h——根据 Krischer 和 Kast 定义的水力学直径 $d_h = \left[\dfrac{16\varepsilon^3}{9\pi(1-\varepsilon)^2}\right]^{\frac{1}{3}} d_p$，m；

d_p——催化剂当量直径；

$E_1，E_2$——式(11-3-20)和式(11-3-21)中 Ergun 方程系数；

EO——Eotvos 数，$EO = \dfrac{\rho_L g d_p}{\sigma_L}$

$E_{(t)}$——停留时间分布密度函数；

Fr——Froude 数，$Fr = \dfrac{u^2}{d_p g}$；液相 Froude 数，$Fr_L = \dfrac{u_L^2}{d_p g}$；

f_w——催化剂外润湿分率；

G——气体空塔质量速度，$kg/(m^2 \cdot s)$；

G_a——Galileo 数，$G_a = \dfrac{d_p^2 \rho g}{u^2}$；液相 Galileo 数，$G_{aL} = \dfrac{d_p^2 \rho_L g}{u_L^2}$；

g——重力加速度，m/s^2；

H——催化剂床层高度，m；

L——液体空塔质量速度，$kg/(m^2 \cdot s)$；

n——反应级数；

ΔP——单位高度的床层压力降，MPa/m；

p_e——Peclet 数，$p_e = \dfrac{u d_p}{D_z}$；液相 Peclet 数，$p_{eL} = \dfrac{u_L d_p}{D_z}$；

R_e——Reynolds 数，$R_e = \dfrac{L d_p}{u}$；液相 Reynolds 数，$R_{eL} = \dfrac{L d_p}{u_L}$；

S_P——催化剂粒子外表面积，m^2；

t——反应时间或停留时间，s；

u——流体空塔质量速度，$kg/(m^2 \cdot s)$；

V_P——催化剂粒子体积，m^3；

W_e——Weber 数，$W_e = \dfrac{L^2 d_p}{\rho \sigma}$；液相 Weber 数，$W_{eL} = \dfrac{L^2 d_p}{\rho_L \sigma_L}$；

λ——图 11-1-6 的物性校正系数，$\lambda = \left[\dfrac{\rho_G \rho_L}{\rho_{air} \rho_W}\right]^{0.5}$；

μ ——流体动力黏度，Pa·s；

ρ ——流体密度，kg/m³；

σ ——流体表面张力，N/m；

τ ——催化剂曲率因子；

φ ——Thirle 模数；

φ_s ——催化剂的球形度；

ψ ——图 11-1-6 的物性校正系数，$\psi = \dfrac{\sigma_W}{\sigma_L}\left[\dfrac{\mu_L}{\mu_W}\left(\dfrac{\rho_W}{\rho_L}\right)^2\right]^{\frac{1}{3}}$；

参 考 文 献

[1] Ng K M, Chu C F. Trickle-bed reactors. Chemical Engineering Progress, 1987, 83(11): 55–63.

[2] 江志东，陈瑞芳，吴平东. 部分润湿滴流床的文献综述[J]. 化学工业与工程，1998, 15(1): 16-26.

[3] Charpenter J C, Favier M. Some liquid holdup experimental data in trickle-bed reactors for foaming and non-foaming hydrocarbons [J]. AIChE Journal, 1975, 21: 1213-1218.

[4] Specchia V, Baldi G. Chemical Engineering Science, 1997, (32): 515.

[5] Zhukova T B, Pisarenko V N, Kafarov V V. International Chemical Engineering, 1990, (1): 57.

[6] Gianetto A, Specchia V. Trickle-bed reactors. State of art and perspectives [J]. Chemical Engineering Science, 1992, 47(13-14): 3197-3218.

[7] 肖琼，Anter A. M.，程振民等. 滴流床反应器内典型流型的特征与实验确定[J]. 华东理工大学学报，2000, 26(1): 10-13.

[8] Gianetto A, Baldi A, Specchia V, Sieardi S. Hydrodynamies and solid-liquid Contacting effeetiveness in triekle-bed reaetors[J]. AlChE Journal, 1978, 24(6): 1087-1104.

[9] Herskowitz M, Smith J M. Trickle-bed reactors: a review[J]. AIChE Journal, 1983, 29(1): 1-18.

[10] 蒋正兴，程振民，李永祥等. 滴流床反应器流区改变的稳定性分析[J]. 华东理工大学学报，1997, 23(6): 633-640.

[11] Tosun G. A Study of cocurrent downflow for nonfoaming gas-liquid systems in a packed bed, flow regimes: search for a generalized flow map[J]. Ind Eng Chem Proc, Des, Dev, 1984, 23(1): 29-35.

[12] MorsiBI, Midoux N, Laurent A, et al. Ind Eng Chem, 1982, (22), 142.

[13] Chou T S, Worley F L, Luss D. Transition to pulsed flow in mixed-phase cocurrent downflow through a fixed bed [J]. Ind Eng Chem Process Des Dev, 1977, 16(2): 424-428.

[14] Rao V G, Ananth M S, Varma Y B G. Hydrodynamics of two-phase cocurrene downflow through packed beds [J]. AIChE Journal, 1983, 29(3): 467-482.

[15] Sicardi S, Gerhard M, Hoffmann M. Flow regime transition in trickle-bed reactors [J]. Chemical Engineering J, 1979, 18(2): 173-182.

[16] Wammes W J A, Mechielse S J, Westerterp K R. The influence of pressure on the liquid hold-up in a cocurrent gasliquid trickle-bed reactor operating at low gas velocities[J]. Chemical Engineering Science, 1991, 46(2): 409-417.

[17] Mills P L, Dudukovic M P. Evaluation of liquid-solid contacting in trickle bed reactors by tracer methods[J]. A. I. Ch. E. Journal, 1981, 27, 893-904.

[18] Charpentier J C, Favier M. Some liquid holdup experimental data in trickle-bed reaetors for foaming and non-foaming hydroearbons[J]. AIChE Journal, 1975, 21: 1213-1218.

[19] Sato Y, Hirose T, Takahashi F, et al. Flow pattern and pulsation properties of cocurrent gas-liquid downflow

in packed beds[J]. Journal of Chemical Engineering of Japan, 1973, 6, 315-319.

[20] Talmor E. Two-phase downflow through catalyst beds, I: flow maps[J]. AIChE J, 1977, 23(6): 868-874.

[21] Satterfield C N. Trickle-bed reactors[J]. AIChE Journal, 1975, 21(2): 209-228.

[22] Lerou J J, David G, Dan L. Packed bed liquid phase dispersion in pulsed gas-liquid downflow[J]. Ind Eng Chem Fund, 1980, 19(1): 66-71.

[23] Blok J R, Drinkenburg A A. Hydrodynamic properties of pulses in two-phase downflow operated packed columns[J]. Chemical Engineering Journal, 1982, 25, 89-99.

[24] Hoek P J, Wesselingghj A, Zuiderweg F J. Small scale and large scale liquid maldistribution in packed columns [J]. Chem Eng Res Des, 1985 (11): 431.

[25] WANG Y F, MAO Z S, CHEN J Y. The Relationship between Hysteresis and Liquid Flow Distribution in Trickle Beds [J]. Chinese J. Chem. Eng., 1999, 7(3): 221 - 229.

[26] Benenati R F. Brosilow C B. Void fraction distribution in beds of spheres [J]. AICHE J, 1962. 8: 359-361.

[27] Martin H. Low peclet number particle to fluid mass and heat transfer in packed beds [J]. Chem Eng Sci [J]. 1978, 33: 913-919.

[28] Cohen Y, Metzner A B. Wall effects in laminar flow of fluids through packed beds [J]. AIChE J, 1981, 27 (5): 705-713.

[29] Mueller G E. Prediction of radial porosity distributions in randomly packed fixed beds of uniformly sized spheres in cylindrical containers [J]. Chem Eng Sci, 1991, 46(2): 706-708.

[30] 于杰, 吴鹏, 李绍芬等. 床层与颗粒直径比小的固定床反应器径向空隙率分布[J]. 高校化学工程学报, 1997, 11(4): 388-393.

[31] 霍宏敏, 朱豫飞, 王更新. 滴流床反应器内液体分布的研究[J]. 炼油设计, 2001, 31(10): 29-32.

[32] 张治和, 张孟霖. 关于小型加氢滴流床的流体力学与传质[J]. 石油炼制, 1979, (6): 6-17.

[33] 张孟霖, 张治和. 滴流床加氢试验装置操作重复性的探讨 [J]. 石油炼制, 1981, (9): 46-56.

[34] Wang Yuefa, Mao Zaisha, Chen Jiayong. The Relationship Between Hysteresis and Liquid Flow Distribution in Trickle Beds[J]. Chinese J of Chem. Eng., 1999, 7(3): 221-229.

[35] Mears D E. The Role of Axial Dispersion in Trickle-Flow Laboratory Reactors. Chem Eng Sci, 1971, 26 (8), 1361-1366.

[36] Bruijn A D. Proceedinga of the 6th International Congress on Catalysis Landon, 1976: 951.

[37] 李立权, 陈崇刚. 大型化加氢反应器内构件的研究及工业应用[J]. 炼油技术与工程, 2012, 42(10): 27-32.

[38] 王兴敏. 固定床加氢反应器内构件的开发与应用 [J]. 炼油技术与工程, 2001, 31(8): 24-27.

[39] 蔡连波, 林付德. 新型加氢反应器内构件的研究 [J]. 炼油技术与工程, 2003, 33(10): 29-33.

[40] 孙伟, 张为国, 盛尊祥等. UOP 新型加氢裂化反应器内构件[J]. 中国科技信息, 2007, 20: 61-62.

[41] Roger Lawrence, David Myers, Hemant Gala, et al. Hydrocracking Technology Innovations for Seasonal and Economic Flexibility [C]. NPRA Annual Meeting, San Phoenix AZ, 2010, AM-10-144.

[42] Ujjal Mukherjee, Arthur J, Dahlberg, Abdenour Kemoun. Maximizing Hydrocracker Performance Using ISOFLEX Technology [C]. NPRA Annual Meeting, San Francisco, CA, 2005, AM-05-71.

[43] Timothly Heckle. The Unicracking Process: Striving for Operational Excellence. Presented at the NPRA 1996 Annual Meeting March 17-19, 1996, Convention Center, San Antonio, Texas, AM-96-61.

[44] A. Sharp B. Jones V. Hruska, et al. A Success Story: Significant improvement in hydrocracker profitability with USLD production through customized catalyst systers, state of the art eactor internals and outstanding technical cooperation [C]. NPRA Annual Meeting, San Antonio, TX, 2007, AM-07-67.

[45] Robert Karlin. Dieselization in North Amerrica: Flexible Solutions for a Range of Future Diesel Product Requirements [C]. NPRA Annual Meeting, San Antonio, TX, 2009, AM-09-10.

[46] Yeary D L, Wrisberg T, Moyse B. Hydro eng, 1997(5): 25.

[47] 赵辉, 喻芳, 山红红. 滴流床加氢裂化反应器内流体流动的数值模拟[J]. 中国石油大学学报(自然科学版), 2009, 33(4): 136-140.

[48] 丘立智, 栗翼袅. 重油固定床加氢反应器进料分配问题的研究[J]. 石油炼制, 1986, (3): 32-36.

[49] 李立权. 加氢裂化装置操作指南[M]. 北京: 中国石化出版社, 2005: 161-163.

[50] [法] J.F. 勒巴日等著. 李宣文, 黄志渊译. 接触催化[M]. 北京: 石油工业出版社, 1984: 183~184.

[51] Nooy F M. Oil and Gas [J]. Applied Catalysis, 1984, 12: 152-156.

[52] 赵开城. 应用 TK-RINGS 催化剂解决精制反应器压力降总结. 加氢裂化协作组第三届年会报告论文集[C]. 中国石化总公司加氢裂化协作组. 抚顺石油化工研究院, 1999: 182-188.

[53] Snow A I, Rauisch M K, et al. Oil Gas J, 1972, 33: 77.

[54] Tukae V, Hanika J. Chemical Engineering Science, 1992, 47(9-11): 2227-2232.

[55] 宫内爱光, 高田. 防止加氢装置固定床反应器压力降过快升高的对策[J]. 炼油设计, 2000, 30(1): 23-27.

[56] Cooper B H, Dennis B B L, Moyse B. Technology: hydroprocessing conditions affect catalyst shape selection [J]. Oil Gas J, 1986, 8(49): 39-44.

[57] 王从梁. 蜡油加氢裂化装置反应器飞温原因分析及对策 [J]. 广东化工, 2011, 215(38): 238-242.

[58] Grieb B J, Strebel M, Bertram R. State of the ART Reactor Temperature Measurature[C]. NPRA Annual Meeting March, San Antonio, Texas, 1996.

[59] 邱建国, 顾其威. 加氢技术, 1988, (2): 1.

[60] Murphree V E, et al. Ind Eng Chem, 1964, (3): 4.

[61] USP 4750357.

[62] Sapre A V, Anderson D H, Krambeck J. Heater Technique to Measure flow Maldistribution in Large Scale Trickle Bed Reactors[J]. Chemical Engineering Science, 1990, 45(8): 2263-2268.

[63] Llano J J, Rosal R, Sastre Het al. Catalytic Hydrogenation of Aromatic Hydrocarbons in a Trickle Bed Reactor[J]. J Chem Tech, 1998, 72: 74-84.

[64] 江志东, 陈瑞芳, 吴平东. 部分润湿滴流床的文献综述[J]. 化学工业与工程, 1998, 15(1): 16-27.

[65] Colombo A J, Baldi G, Sicardi S. Solid - Liquid Contacting Effectiveness in Trickle Bed Reactors [J]. Chemical Engineering Science, 1976, 31(12): 1101-1108.

[66] Herskowitz M, Carbonell R G, Smith J M, Effectiveness factors and mass transfer in Trickle-Bed Reactors [J]. AIChE J., 1979, 25(3), 272-283.

[67] Mills P L, Dudukovic M P. Evaluation of liquid solid contacting in trickle beds by tracer methods[J]. AICHE Journal, 1981, 27: 893-904.

[68] Mills P L, Dudukovic M P. AICHE Journal, 1982, 28: 526.

[69] Goto S, Lakota A, Levec J. Effectiveness factors of nth order kinetics in trickle-bed reactors[J]. Chemical Engineering Science, 1981, 36(1): 157-162.

[70] Gianetto A, Baldi A, Specchia V, Sieardi S. Hydrodynamies and solid - liquid Contacting effeetiveness in triekle-bed reaetors[J]. AlChE Journal, 1978, 24(6): 1087-1104.

[71] Schwartz J G, Weyer E, Dudukovic M P. A new tracer method for determination of liquid-solid contacting efficiency in trickle-bed reactors[J]. AIChE Journal, 1976, 22: 894-903.

[72] Tsamatsoulis D C, Papayannakos N G. Partial Wetting of Cylindrical Carriers in Trickle-Bed Reactors[J]. AIChE Journal, 1996, 42(7): 1853-1863.

[73] Ring Z C, Missen R W. Trickle-Bed Reactors: Tracer Study of Liquid Holdup and Wetting Efficiency at High Temperature and Pressure[J]. Canada Chemical Engineering Journal, 1991, 69(4): 1016.

[74] Sicardi S, Baldi G, Gianotto A, et al. Catalyst Areas Wetted by Flowing and Semistagnat Liquid in Trickle-Bed Reactos[J]. Chemical Engineering Science, 1980, 35(1/2): 67-73.

[75] Ramachandran P A, Dudukovic M P, Mills P L. A New Model for Assessment of External Liquid-Solid Contacting in Trickle-Bed Reactos from Tracer Response Measurements[J]. Chemical Engineering Science, 1986, 41(4): 855-860.

[76] Muthanna H, Al Dahhan M H, Dudukovic M P. Catalyst wetting efficiency in trickle bed reactors at high pressure[J]. Chemical Engineering Science, 1995, 50(15): 2377-2389.

[77] Morita S, Smith J M. Ind Eng Chem Fund, 1978: 113.

[78] Ruecker C M, Akgerman A. Determination of Wetting Efficiencies for a Trickle Bed Reactor at High Temperatures and Pressures[J]. Industrial & Engineering Chemmistry Research, 1987, 26(1): 164-166.

[79] Huang T C, Kang B C. Naphthalene Hhdrogenation over Pt/Al2O3 Catalyst in a Trickle Bed Reactor[J]. Industrial & Engineering Chemmistry Research, 1995, 34(7): 2349-2357.

[80] Satterfield C N, et al. AIChE Journal, 1973, 19: 1259.

[81] Beck H W, Evans D J, Hoffmann J L, et al. Panel gives hydrotreating guides[J]. Hydrocarben Process, 1989, 68(3): 113-116.

[82] Al-Dahhan, M. H., Dudukovic, M. P. Catalyst bed dilution for improving catalyst wetting in laboratory trickle-bed reactors[J]. AIChE Journal, 1996, 42(9): 2594-2606.

[83] Yentekakis I V, Vayenas C G. Effectiveness Factors for Reactions Between Volatile and Non-Volatile Components in Partially Wetted Catalysts [J]. Chemical Engineering Science, 1987, (6): 1323-1332.

[84] Ramachandran P A, Smith J M. Effectiveness factors in trickle-bed reactors[J]. AIChE Journal, 1979, 25: 538-542.

[85] 李立权. 加氢裂化装置工艺计算及技术分析[M]. 北京: 中国石化出版社, 2009: 368.

[86] Larachi F, Laurent A, Midoux N, et al. Experimental study of a trickle-bed reactor operating at high pressure: two-phase pressure drop and liquid saturation [J]. Chemical Engineering Science, 1991, 46(5-6): 1233-1246.

[87] Moyse B M. Little advantage gained by catalyst bed skimming[J]. Oil and Gas Journal, 1986, 37: 108-110.

[88] Larkins R P, White R R, Jeffer D W. Two-Phase Co-Current Flow in Packed Beds[J]. AIChE Journal, 1961, 7: 231-239.

[89] Sato Y, Hirose T, Takahashi F, Toda M, Hashiguehi Y. Flow Patten and Pulsation Properties of Cocurrent Gas-Liquid DownFlow in Packed Beds[J]. Journal of Chemical Engineering of Japan. 1973, 6: 315.

[90] Tosun G A. Study of cocurrent downflow of nonfoaming gas-liquid systems in a packed bed (Ⅰ): Flow regimes: search for a generalized flow map[J]. Ind. Eng. Chem. Process Des. Dev., 1984, 23: 29-34.

[91] Midoux N. M, Favier M, Charpentier J C. Flow pattern pressure loss and liquid holdup data in gas-liquid downflow packed beds with foaming and nonfoaming hydrocarbons[J]. Journal of Chemical Engineering of Japan, 1976, 9: 357-360.

[92] Ergun Sabri. Fluid Flow through Packed Columns[J]. Chem Eng Prog, 1952, 48(2): 89.

[93] Turpin J L, Huntington R L. Prediction of Pressure Drop for Two-Phase Two-Component Cocurrent Flow in Packed Beds[J]. AIChE Journal, 1967, (13): 1196-1202.

[94] Specchia V, Baldi G. Pressure Drop and Liquid Holdup for Two Phase Concurrent Flow in Packed Beds[J]. Chemical Engineering Science, 1977, 32(4): 515-523.

[95] 李顺芬, 赵玉龙. 小颗粒滴流床反应器的流体力学研究[J]. 化学反应工程与工艺, 1994, 10(2): 169-178.

[96] Hutton B E, Leung L S. Cocurrent Gas-Liquid Flow In Packed Columns [J]. Chemical Engineering Science, 1974, (29): 1681-1685.

[97] 王月霞，朱豫飞，郭文良等．滴流床反应器压力降的预测．加氢制氢装置工程设计40年论文集[C]．洛阳石油化工工程公司，1996：120-129.

[98] Holub R A, Dudukovic M P, Ramachandran P A. Pressure Drop, Liquid Holdup, and Flow Regime Transition in Trickle Flow[J]. AIChE Journal, 1993, (39): 302-321.

[99] Saez A E, Carbonell R G. Hydrodynamic parameters for gas-liquid concurrent flow in packed beds[J]. AIChE Journal, 1985, 31(1): 52-62.

[100] Levec j, Saez A E, Carbonell R G. The Hydrodynamic of Trickling Flow Through Packed Beds: Experimental Observations[J]. AIChE Journal, 1986, (32): 369-379.

[101] Holub R A, Dudukovic M P, Ramachandran P A. A phenomenological Model for Pressure Drop, Liquid Holdup, and Flow Regime Transition in Gas-Liquid Trickle-Bed Reactors[J]. Chemical Engineering Science, 1992, 47(9-11): 2343-2348.

[102] Muthanna A H, AL-Dahhan, Dudukovic M P. Pressure Drop and Liquid Holdup in High Pressure Trickle-Bed Reactors [J]. Chemical Engineering Science, 1994, 49(24B): 5681-5698.

[103] Ellman M J, Midoux N, Laurent A, et al. A new improved pressure drop correlation for trickle-bed reactors [J]. Chemical Engineering Science, 1988, 43 (8): 2201-2206.

[104] Wammes W J A, Middelkamp J, Huisman W J, et al. Hydrodynamics in a concurrent gas-liquid trickle bed at elevated pressures[J]. AIChE Journal 1991; 37 (12): 1849-1862.

[105] 胡勇，花小兵．加氢裂化装置精制反应器床层压降升高原因及对策分析[M]//2007中国石油炼制技术大会论文集．北京：中国石化出版社，2007：613-618.

[106] 李立权．馏分油加氢裂化技术的工程化问题及对策[J]．炼油技术与工程，2011，41(6)：1-7.

[107] 杨云峰．焦化蜡油过滤器的工业应用分析[J]．炼油技术与工程，2003，33(4)：36-38.

[108] Bernard C, Groce P E. Controlling Hydrotreater Fouling -Problem Identification is Key to Cost-Effective Solutions[C]. NPRA Annual Meeting March, San Antonio, Texas, 1994.

[109] 倪晓亮，李运鹏．国产化加氢裂化装置撤头总结[C]//加氢裂化协作组第二届年会报告论文集．中国石化总公司加氢裂化协作组．炼油设计编辑部，1996：130-134.

[110] 孙荣．加氢裂化反应器压力降上升过快的原因及对策[J]．炼油设计，2002，32(3)：53-55.

[111] 王庆峰，郭仕清．高压加氢裂化装置运行问题分析与对策[J]．石化技术与应用，2005，23(6)：442-444.

[112] 顾国璋，吴德俊．茂名加氢裂化装置努力实现"安稳长满优"生产 [J]．石油炼制，1991，22(3)：10-16.

[113] 陆汭珠，祝耀滨．加氢裂化预精制反应器床层压降升高浅析[J]．石油炼制，1991，22(9)：25-31.

[114] 张广林．原油中的铁对加氢裂化反应器床层压力降升高的影响及对策[C]//加氢裂化装置第三次技术交流会文集．中国石油化工总公司生产技术部编，炼油设计编辑部出版，1991：69-75.

[115] 颜志茂．加氢裂化原料油中的铁离子及其控制[C]//加氢裂化协作组第一届年会报告论文集．中国石化总公司生产经营协调部编，炼油设计编辑部，1994：184-189.

[116] 袁振华，帅绪平．加氢裂化原料铁离子来源探讨[J]．石油炼制与化工，1995，26(2)：19-23.

[117] 曹为廉．加氢裂化精制反应器压降增加的原因和对策[J]．石油炼制，1991，(8)：31-34.

[118] 严镦，祖超，郭志雄．扬子常减压装置解决加氢裂化原料铁离子的对策[J]．石油炼制，1993，24(2)：42-47.

[119] 沈春夜，戴宝华，罗锦宝等．加氢裂化装置加工高硫原料腐蚀问题的剖析及对策[J]．石油炼制与化工，2003，34(2)：26-30.

[120] 李立权，师敬伟，曾茜．含硫蜡油加氢裂化装置分馏流程的优化设计[J]．炼油技术与工程，2003，33(1)：44-50.

[121] 申涛，巫进文．XGF-2阻垢剂在加氢裂化装置上的工业应用[J]．石油炼制与化工，2004，35(1)：24

－27.

［122］李欣，彭德强，齐慧敏等．新型固定床加氢反应器内构件的研究与应用［J］．当代化工，2012，41
　　　　（8）：862-864.

［123］谷明镐，黄蔽，姜虹等．齿球形催化剂在加氢精制装置上的工业应用［J］．炼油技术与工程，2012，
　　　　42（7）：53-56.

第十二章　加氢裂化设备

本章所介绍的设备仅限于加氢裂化装置反应部分的一些最关键的设备。它包括加氢反应器、高压换热器、高压空冷器、高压分离器、加氢加热炉、压缩机等。由于该装置本身的特点，这些设备的操作条件都相当苛刻，或处于高温高压氢环境下，或处于常温高压的氢气氛中，而且有的设备的进料物流中还含有硫化氢和氨等一些带有腐蚀性的介质，因而带来了有可能发生一些其他类型装置的设备不会有或不容易有的腐蚀或损伤现象。特别是由于有氢气存在，一旦泄漏的话，与空气混合达到爆炸极限引起爆炸及发生二次灾害，其严重后果更不堪设想。这样的事故在国内外的生产中都发生过，如日本富士石油公司索狄咖乌拉（Sodegaura）炼油厂的燃料油间接加氢脱硫装置有一台高压换热器，由于检修与维护不当，使得螺纹锁紧结构中的垫片压板发生变形，引起氢气泄漏，于 1992 年 10 月 16 日发生了一起爆炸，而后又引起火灾，造成 10 人死亡，7 人受伤，炼油厂与邻近工厂部分设施与设备遭到破坏，总损失达 24 亿日元。此外，这些设备由于使用条件很苛刻，制造技术要求就很高，其价格相对较昂贵，一般上述这些设备（包括反应部分的压缩机和进料泵）的费用约占整个装置建设投资的 30%~40%，所占比例是很可观的。所以人们对于这些设备的设计都给予极大的重视，并至少要满足下述几点要求：

1）首先应满足工艺过程各种操作方案的要求。加氢裂化装置从建设中的单机试运到装置投产以及正常生产后的停工过程与检修（含有时需要在反应器器内进行催化剂再生等）将经历着很不同的操作条件，都必须给予充分的考虑。

2）使用可靠性高。这应该具体体现在不仅能满足需要的力学强度要求，而且还应具有较好的对环境强度（如氢环境等）的适应性。此外还应具有可靠的密封性能，以及能适应为获取更好的经济效益，要求延长开工周期，实现四年或更长时间进行一次检修的长周期运转的耐用性。

3）在结构上应便于维护和检修，且所需时间短。

4）投资费用较低。

第一节　工　艺　设　备

一、反应器

加氢反应器是加氢裂化装置的核心设备。它操作于高温高压临氢环境下，且进入到反应器内的物料中往往含有硫和氮等杂质，将与氢反应分别形成具有腐蚀性的硫化氢和氨。另外，由于加氢裂化反应是个放热反应，在反应过程中，其反应热较大（约 630~840kJ/kg），会使床层温度升高，但又不应出现局部过热现象。如此苛刻的使用条件给设计、制造带来很大难度。所以，反应器的问世，不仅体现出加氢高压设备技术的进步，而且在某种程度上也是一个国家总体技术水平的一个重要标志。

（一）反应器技术发展概况

在一方面原油价格高企、原油的劣质化越来越严峻，另一方面对产品质量的高清洁化、低硫和超低硫油品的要求越来越严的背景下，作为脱硫脱氮、提高产品质量、充分将重质原料转化为轻质油品的主要加工手段的加氢裂化以及各类加氢工艺技术，近几十年来得到广泛应用，并且一直基本上保持着向上发展的趋势，因而加氢工艺设备技术也相应得到了很快的发展与进步。具体表现在：

1）为了获得较佳的经济效益，装置日趋大型化带来了设备的大型化。以单台反应器的重量计，日本在20世纪60年代初期制造的反应器单台重量约300余吨，而1993年已制造出1450t大型加氢反应器，2007年已制造出内径5200mm，壁厚347mm，996t重的加氢反应器；我国在1989年依靠自己的力量自行研制成功的第一台锻焊结构热壁加氢反应器，重量约220t，而2006年已生产出内径达4.8m和单台重量约2044t的煤液化加氢反应器。在反应器的规格尺寸方面，到2012年末，国内一重、二重和以日本JSW和KOBE为代表的国外先进企业，均生产出内径达到5400~5200mm、壁厚340~347mm的反应器，而且均掌握现场组焊、热处理及无损检测技术，为克服运输困难，生产交付更大型的锻焊结构反应器创造了条件。图12-1-1、图12-1-2分别为我国和世界上制造加氢反应器最多的日本制钢所所制造的反应器的大型化进展情况。

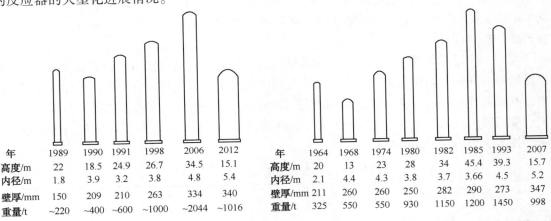

年	1989	1990	1991	1998	2006	2012
高度/m	22	18.5	24.9	26.7	34.5	15.1
内径/m	1.8	3.9	3.2	3.8	4.8	5.4
壁厚/mm	150	209	210	263	334	340
重量/t	~220	~400	~600	~1000	~2044	~1016

图12-1-1　国产化反应器大型化的进展

年	1964	1968	1974	1980	1982	1985	1993	2007
高度/m	20	13	23	28	34	45.4	39.3	15.7
内径/m	2.1	4.4	4.3	3.8	3.7	3.66	4.5	5.2
壁厚/mm	211	260	260	250	282	290	273	347
重量/t	325	550	550	930	1150	1200	1450	998

图12-1-2　国外反应器大型化的进展（日本制钢新制造）

2）在核心技术上，主要是围绕着提高其使用的安全性。无论是在设计方法上还是在结构上都有许多进步，特别是作为反应器安全使用最基本保障的反应器材料（包括焊接材料）技术的进步更加明显。这一系列成就为安全使用提供了牢靠的基础。这些技术的发展与进步是与科学、制造、冶金及电子计算机应用等技术的进步与发展分不开的。自1959年世界上第一套工业化加氢裂化试验装置在美国里奇蒙炼油厂建成投产以来的50多年间，从设计方法上说，由开始基本上是按"规则设计"，即"常规设计"的方法逐步发展到采用以"应力分析为基础的设计"，即"分析设计"的方法。前者是以弹性失效准则为理论基础，而后者是以塑性失效与弹塑性失效准则为理论基础。"分析设计"要求对容器有关部位的应力进行详细计算及按应力的性质进行分类，并对各类应力及其组合进行评价，同时对材料、制造、检验也提出了比"常规设计"更高的要求，从而提高了设计的准确性与使用可靠性，它是容器设计观点和方法的一个飞跃。从结构形式上说，反应器本体由使用单层壁开始，随着大型化的需要，在厚板质量又得不到可靠保证的年代（当然还有经济性的原因），曾出现过多层容器结构。可是到了20世纪70年代，由于冶炼、锻造等技术的进步，单层锻造结构或厚板卷焊结构的反应器又逐渐占领了统治地位。从使用状态下其高温介质是否直接与器壁接触来看，开始时，为了易于解决反应器用材的耐氢腐蚀和硫化氢腐蚀等问题而采用了在反应器内表面衬非金属隔热衬里的冷壁结构或通以温度不高的氢气以达到保护反应器不直接受高温高压氢腐蚀的另一种带"瓶衬"的冷壁结构（如图12-1-3）。随着冶金技术和堆焊技术的进步，后来出现了热壁结构。到20世纪60年代末、70年代初国外基本上是使用了热壁结构的加氢反应器。在国内，自80年代后期相继自行研制成功和采用技贸结合形式与国外合作制造出热壁加氢反应器以来，在新建的加氢装置中也都采用了热壁结构的反应器。因为热壁结构与冷壁结构相比，具有以下优点：① 器壁相对不易产生局部过热现象，从而可提高使用的安全性。而冷壁结构在生产过程中隔热衬里较易损坏，热流体渗（流）到壁上，导致器壁超温，使安全生产受到威胁或被迫停工。② 可以充分利用反应器的容积，其有效容积利用率（系反应器中催化剂装入体积与反应器容积之比）可达80%～90%，而冷壁结构一般只有50%～65%。③ 施工周期较短，生产维护较方便。

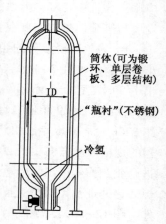

筒体（可为锻环、单层卷板、多层结构）

"瓶衬"（不锈钢）

冷氢

图 12-1-3 "瓶衬"结构冷壁反应器

当然，热壁加氢反应器，由于使用条件极为苛刻，在长期的使用过程中也曾出现过这样那样的一些问题与损伤现象，正是伴随着使用中相继出现的这些问题与损伤，促使人们有计划、有针对性地开展大量的科学实验研究，并利用有关领域中不断进步的各种技术去逐步解决这些问题，从而推动了加氢反应器技术向前发展。表12-1-1表示了几十年来热壁加氢反应器技术演变与发展的历史过程。

表 12-1-1 热壁加氢反应器技术的进展历程

代别 \ 演变	时期	技术特征	备 注
第一代	1972 年以前	开发初期	
第二代	1973～1980 年	改进期	
第三代	1981～1987 年	成熟期	
第四代	1988 年～现在	更新期	以开发新的 Cr-Mo 钢为标志

（二）结构特征

反应器的结构合理与否对设备的安全使用有很大的影响。在加氢反应器技术发展的过程中，曾有过因为局部结构设计得不完善或不合理而给各种损伤提供了有利条件的实例。所以，对反应器结构的最基本要求应该是使所采用的结构在设计时就能证明是安全的，而且应该使各个部位的应力分布得到改善，使应力集中减至最小。另外，还应方便生产中的维护。

1. 本体结构

用于反应器本体上的结构有两大类：一是单层结构，二是多层结构。在单层结构中又有钢板卷焊结构和锻焊结构两种。多层结构也有绕带式、热套式等多种形式。至于选择哪种结构，主要取决于使用条件、反应器尺寸和壁厚、材料生产技术、制造装备条件、经济性和制造周期等诸因素。多层结构具有合金钢用量少，设备一旦破坏，其本身的危害程度相对较小以及制造条件比较容易达到等优点；但是由于它结构上的不连续性，同时也存在着层间的空气层可能会使反应器器壁温差过大而造成热应力增大，且纵向和环向连接处的间隙的缺口效应也会使疲劳强度下降以及给制造中的无损检测带来困难等缺点，其结果会出现反应器在设计时或制造中就会有不能充分预测或判断的因素。另外又由于冶金技术上的钢水预处理、钢水炉外精炼及钢水化学成分分析与控制技术的开发与进步，可以生产出性能完全满足要求的450~500mm 厚度的大锻件和厚 300mm 的厚钢板，所以从 20 世纪 70 年代中期以后在加氢裂化反应器上几乎就没有使用多层结构。国外也有认为对于高温高压的使用环境及伴随有压力、温度急剧波动的装置，采用多层结构是不适宜的[1]。

在单层结构中，锻焊结构的优点更为明显。表现在：①以实心锭锻造时，在锻造过程中要把钢锭镦粗和冲孔，可清除钢锭中的偏析和夹杂，从而提高锻件的纯洁性。若中空锭锻造技术，由于中空锭的凝固时间比实心锭大大缩短，因而既可降低锭中的碳偏析，又可提高钢水的利用率、缩短锻件制造时间；②锻造变形过程的拔长、扩孔等工艺，使锻件各向性能差别减小，增加内部致密度，所以材料的均质性和致密性较好；③焊缝较少，特别是没有纵焊缝，从而提高了反应器耐周向应力的可靠性，同时也可缩短制造周期及减少制造和使用过程中对焊缝检查的工作量；④锻造筒的粗造度和尺寸精度高，可方便筒节对接，错边量小；⑤反应器内部支承结构(如支持圈)可加工成与筒体为一体的结构，这对于防止有关的脆性损伤很有好处。支承裙座也可由带缩口的壳体锻环车削而成(如图 12-1-4 所示)，使裙座连接焊缝变为对接形式，可进行射线检测，以提高使用的可靠性。当然，锻造结构由于从钢锭锻造到机加工成型的过程中材料的利用率要比板焊结构低，在反应器壁较薄时，其制造费用相对较高。但随着壁厚的增大，尤其是由于铸锭技术和锻造技术的进步，特别是目前，国内外已开发出筒形碾压机生产筒形锻件的技术，即将钢锭通过"压机初锻—碾压机碾压成形"方式生产大型筒节，钢锭的利用率不断提高；即使考虑到近 20 年来，厚钢板的制造技术和钢板卷焊能力的提高，依据当前的水平，当厚度约大于 150~180mm 时，锻焊结构加氢反应器在经济上的竞争力，就可与板焊结构相比拟。直径越大，壁厚越厚，锻造结构的经济性更显优越。所以，至于是采用钢板卷焊结构还是锻焊结构，主要取决于制造厂的加工能力与条件以及经济上的合理性和用户的需要。表 12-1-2 是板焊、锻焊、多层 3 种不同结构特征的对比。

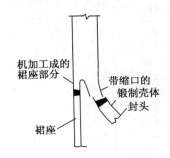

图 12-1-4　新的裙座结构

2. 细部结构

细部结构的设计也很重要。过去曾有一些脆性损伤事故就发生在一些细部结构部位，如内部承受重荷载的支持圈和较大法兰的应力集中的高应力区。对于这些部位以及对于一些不便于使用中的维护与检测或是不利于各类应力水平降低的细部结构都做了一些改进，避免或大大减少了各类损伤的出现。

表 12-1-2　各种结构反应器的特征

特　性		锻焊结构	板焊结构	多层结构
结构断面				
适用范围	条件	可用于高温高压场合,其最高温度取决于所用材料的性能(如抗氢腐蚀等)	可用于高温高压场合,其最高温度取决于所用材料的性能(如抗氢腐蚀等)	可用于高压,但温度不宜太高,因为它存在结构上不连续性的缺点,会造成较大的热应力和因缺口而使疲劳强度下降等,所以对于温度大于350℃和温度、压力有急剧波动的场合谨慎选用
	最大厚度	约 450mm	约 300mm	总厚约 600mm。一般内筒厚约 20mm,层板厚为 4~8mm
选材要求		(1) 选择满足力学性能和抗环境性能(如氢腐蚀)的材料; (2) 为防止 H_2S 腐蚀在内表面堆焊不锈钢堆焊层	(1) 选择满足力学性能和抗环境性能(如氢腐蚀)的材料; (2) 为防止 H_2S 腐蚀在内表面堆焊不锈钢堆焊层	(1) 内筒选用能抗氢腐蚀和 H_2S 腐蚀材料(如不锈钢); (2)层板可采用高强阀,以利设备轻量化
材料内质特性(致密性、纯洁性、均质性)		筒节锻坯需经墩粗、拉长、墩粗冲孔的煅造加工过程,可冲掉中心部位的偏析与夹杂,筒节材料的内质特性得到改善,可提高反应器的抗氢损伤能力	钢板内质特性不如锻件筒节,且厚度越厚时更难保证	由于钢板较薄,其内在质量较容易保证
设计时应力分析		可用有限元法等	可用有限元法等	对层间和焊缝部位应力需要根据实验来分析
焊　缝		仅有环焊缝,对提高反应器耐周向应力的可靠性有利,而且焊缝少	有纵、环焊缝,焊缝多,焊接工作量大	有纵、环焊缝,焊缝多,但焊缝系薄(或较薄)板焊接,其质量较易保证
射线或超声检测		易	易	难
声发射检测		易	较易	较易
焊后热处理		必需	必需	一般不进行
破坏行为		超过临界裂纹后迅速扩展	超过临界裂纹后迅速扩展	缓慢地、阶段性地扩展

(1) 催化剂支承结构

最早支承催化剂的支持圈多半都是直接焊于筒体上,如图 12-1-5(a)所示。使用中在支持圈处发现多起裂纹,而改进为图 12-1-5(b)的结构。

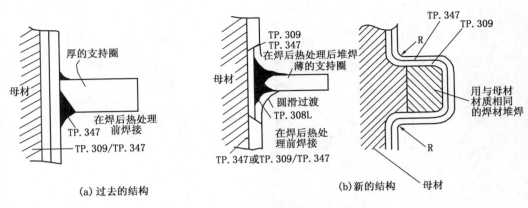

图 12-1-5　催化剂支承结构的改进

（2）反应器进出口大法兰密封结构

一般，反应器进出口管的尺寸较大，其法兰多采用环形八角形金属垫片密封。由于螺栓载荷大，且原先设计上有不完善之处，曾在法兰密封槽内发生过裂纹，因而将该结构的设计 12-1-6（a）改进为图 12-1-6（b）。

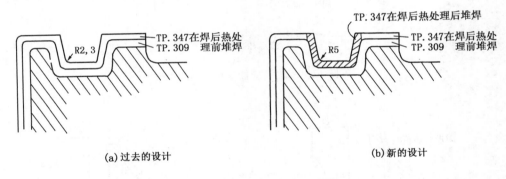

图 12-1-6　法兰密封设计的改进

（3）反应器支承结构

为了改善反应器裙座支承部位的应力状况和为使裙座连接处焊缝在制造与使用过程检修时能够进行超声和射线检测，将此处结构由图 12-1-7（a）的各种形式改进为图 12-1-7（b）的相应形式。

（4）改善裙座连接处应力水平的结构设计

反应器在操作状态下，裙座连接部位由于器壁和裙座的边界条件差别较大，在设计中往往发现此处的热应力相当大。为了能够使裙座连接部位的温度梯度减小，以降低其热应力，对此连接处的设计，由过去的图 12-1-8（a）改进成设有热箱的图 12-1-8（b）形式。

（5）反应器外部附件的连接结构

在反应器的外表面过去曾将保温支持圈、管架、平台支架、反应器本体表面热电偶等外部附件与其相焊接。由于结构上的原因，这些部位的焊缝很难焊透，这对于安全使用极为不利。因此近几十年以来，一般都不把管架、平台支架等放置于反应器上，而是另设钢结构支承。保温支承结构也多改为不直接焊于反应器外部而是披挂其上的鼠笼式结构（如图 12-1-9 所示）。

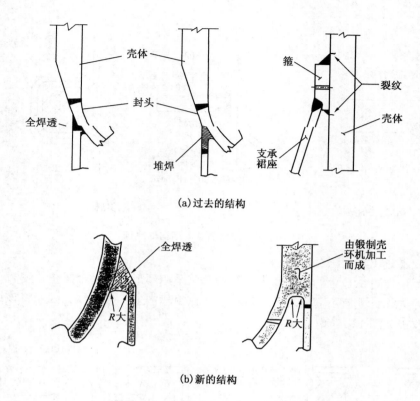

(a)过去的结构

(b)新的结构

图 12-1-7　反应器支承结构的改进

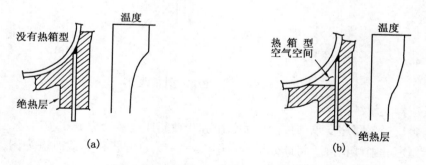

图 12-1-8　裙座连接部位的结构改进

（三）主要内件形式及作用

反应器内件设计性能的优劣将与催化剂性能一道体现出所采用加氢工艺的水平。在实际生产装置中曾有过由于分配器的分配效果很差而引起工艺过程失败的实例。由于加氢过程存在着气、液、固三相状态，所以反应器内件特别是液体分配盘的设计要点，关键是要使反应进料(气液相)与催化剂颗粒(固相)有效地接触，在催化剂床层内不发生流体偏流，以及针对加氢反应为放热反应之特点，对于多床层的情况还应设置有效的控温结构(如冷氢箱)，以保证生产安全和催化剂的使用寿命。

在加氢裂化装置中，到目前为止仍然还是采用固定床的工艺过程为多，而且出自于下面几点考虑，几乎都为气液并流的下流式。

1）为使进入反应器的液体停留时间不要过长，以避免过度反应；

2）可采用较大的液体流速，若为上流式则易引起催化剂流化或磨损；

3）可获得较小的压力降。

下面所介绍的内件均属气液并流的下流式结构。通常，在反应器内设有入口扩散器、气液分配盘、积垢篮、冷氢箱、热电偶和出口收集器等，如图12-1-10所示。各主要内件的作用、典型结构及其应注意要点见表12-1-3及相应的图示。

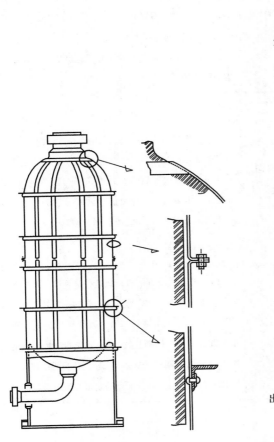

图 12-1-9 鼠笼式保温支承结构

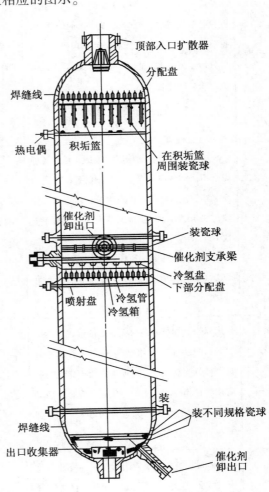

图 12-1-10 主要内件的设置

表 12-1-3 主要内件的作用、典型结构及注意要点

内容名称	设置目的及有关说明	典型结构形式	注意要点
入口扩散器（或称顶分配器）	防止高速流体直接冲击液体分配盘，影响分分配效果，从而起到预分配的作用，对于图示的(b)型，还可起到积存进料中的一些锈垢的作用	见图12-1-11 (a)(b)	(a)型：(1)进料方向应垂直于入口扩散器的两条开孔；(2)两层水平挡板上的开孔应对中；(3)水平挡板上的开孔应垂直于板面。 (b)型：根据液体及沉积物量确定长槽孔的大小，数量和位置

续表

内容 名称	设置目的及有关说明	典型结 构形式	注　意　要　点
气液 分配型	使进入反应器的物料均匀分散，与催化剂颗粒有效地接触，充分发挥催化剂的作用。目前国内外所用的分配器按其作用机型大致可分为溢流型和(抽吸)喷射型两类或二者机理兼有的综合型	见图 12-1-12 (a)(b)	(1)应保证分配盘上不漏液，可采用有关填料填密，安装后充水 100mm 高，在 5min 内液位降低小于 25mm 为合格；(2)控制安装水平度，对于喷射型，包括制造公差和梁在荷载作用下的挠度在内可按±5mm 控制，对于溢流型，要求还应稍严；(3)分配盘的设计荷载，应包括通过分配盘的压力降 ΔP，盘上的液量及分配盘自重(按最大的操作温度考虑)。此外，还要考虑到检修的工况，其支承件至少同时要满足常温下承受 120kg 集中荷载的要求
积 垢篮	积垢篮置于催化剂球层的顶部，是由各种规格不锈钢金饱和丝网与骨架的篮框，它为反应器的进入物料提供更多的流速面积，使催化剂床层可取集更多的锈垢和沉积物而不至引起床层压降过分地增加。 　　近些年来相当多的反应器都在顶部装填大空隙的惰性多孔球或脱金属催化剂替代此结构	见图 12-1-13	(1)积垢篮在装入反应器内时，其篮内应是空的，在安装催化剂时一定要注意这一点；(2)积垢篮按三角形排列，安装时用链条将其连在一起，并栓到上面的分配器支承梁上，其栓紧链条要有足够的长度裕量以适应催化剂床层的下沉(按下沉 5% 考虑)
冷 氢箱	用以控制加氢放热反应引起的催化剂床层温升，图示的冷氢箱结构由冷氢管、冷氢盘、再分配盘组成，可使来自上面床层的反应物料和起冷却作用的冷氢充分混合，而又将具有均匀温度的气液混合物再均匀分配到下部的催化剂床层上	见图 12-1-14	(1)冷氢管内设置的隔挡板应使从两个开孔中喷出的氢气量是相当的；(2)为发挥冷氢的作用效果，冷氢盘和冷氢箱部分应用填料填密，以保证不漏液，可按气液分配盘的试漏标准验收；(3)冷氢盘和喷射盘的安装水平度，包括制造公差，荷载作用下的挠度等在内，可按±6mm 控制，再分配盘的要求与气液分配盘同
热 电偶	为监视加氢放热反应引起床层温度升高及床层截面温度分布状况等对操作温度进行管理。热电偶的安装有从筒体上径向插入、从反应器顶封头上垂直方向插入以及以集束式热偶进入反应器内后分别引到测量点的多点分布等方式。径向水平插入的有横跨整个截面的和仅插入一定长度的	见图 12-1-15 (a)(b) (c)(d)	(1)平插入的热电偶套管要注意由于操作过程催化剂下沉和检修卸出催化剂时可能被压弯的问题；(2)顶部垂直插入的热电偶套管，当长度较长时，要适当设置导向结构，以利操作受热时伸长不受阻碍
出口 收集器	用于支承下部的催化剂床层，以减轻床层的压降和改善反应物料的分配	见图 12-1-16	应注意要在出口收集器与下封头接触的下沿或与其连接的定心环的周围上设数个缺口，以便停工时排液用

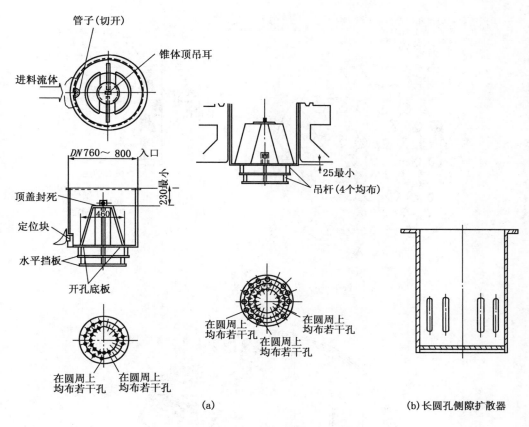

图 12-1-11　入口扩散器结构示意图

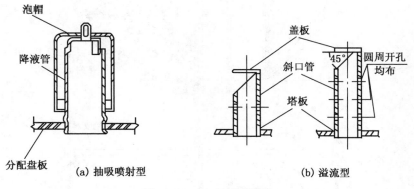

图 12-1-12　气液分配盘

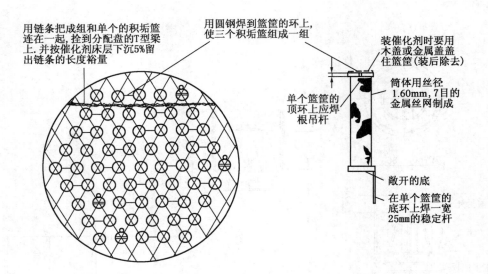

用链条把成组和单个的积垢篮连在一起,拴到分配盘的T型梁上.并按催化剂床层下沉5%留出链条的长度裕量

用圆钢焊到篮筐的环上,使三个积垢篮组成一组

单个篮筐的顶环上应焊一根吊杆

装催化剂时要用木盖或金属盖盖住篮筐(装后除去)

筒体用丝径1.60mm,7目的金属丝网制成

敞开的底

在单个篮筐的底环上焊一宽25mm的稳定杆

图 11-1-13　积垢篮结构及布置示意图

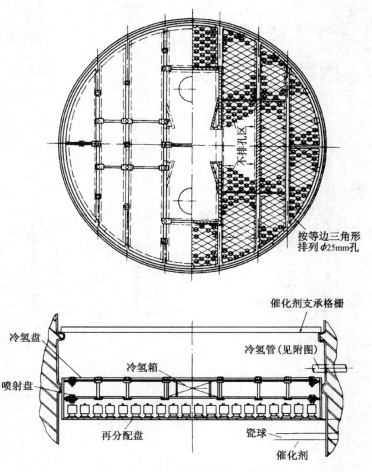

不排孔区

按等边三角形排列 φ25mm孔

催化剂支承格栅

冷氢盘

冷氢管(见附图)

冷氢箱

喷射盘

再分配盘

瓷球

催化剂

图 12-1-14　冷氢箱结构示意图

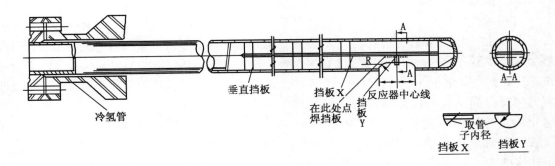

图 12-1-14 附图 冷氢管结构示意图

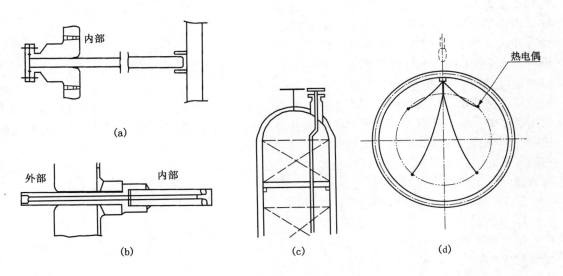

图 12-1-15 热电偶的安装方式

(a)径向水平插入(横跨整个截面)；(b)径向水平插入一定长度；(c)顶部垂直插入；(d)多点分布式

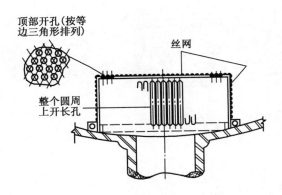

图 12-1-16 出口收集器示意图

二、高压换热器

(一)概述

在炼油厂中使用的换热器,其形式很多,但用于高温高压含有氢和硫化氢介质场合的换热器形式并不多。这是由于随着装置的大型化,所需换热器的尺寸也越来越大,这给必须解决的用在如此苛刻条件下的密封问题带来更大的困难。另外,在这类装置上通常所加工或处理的物料中都具有一定的腐蚀性和结垢倾向介质,换热器需要抽芯进行内部检查,这就要求管束的拆装要比较容易和方便。上述这些难点和要求,对于在炼油厂中使用较多的普通大法兰型换热器(如图12-1-17所示),虽具有结构简单等优点,但却难以满足上面的要求。特别是大型化后,这种形式换热器的紧固螺栓将很大,给紧固和拆卸带来相当的困难,既不便维修,又难以保证不泄漏。同时管壳程的大法兰、螺栓也随之变大、变厚,既不易加工,又

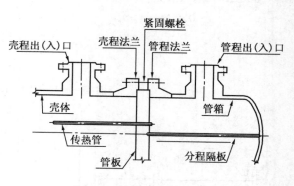

图12-1-17　普通大法兰型换热器

使金属耗量增加,从而使制造成本上涨。所以,近四十年来,在加氢裂化和加氢脱硫装置中使用较多的是螺纹环锁紧式和密封盖板封焊式(也称隔膜板式)两种具有独特特点的高压换热器。但螺纹环锁紧式和密封盖板封焊式两种换热器越来越难以适应装置大型化对设备大型化的要求,因此近年来缠绕管式换热器也开始在加氢裂化、蜡油加氢处理以及柴油加氢精制等装置高压换热器上有所应用[2]。

(二)螺纹环锁紧式密封结构高压换热器

1. 一般简介

螺纹环锁紧式密封结构高压换热器最早是由美国 Chevron 公司和日本千代田公司共同开发研究成功的。它的基本结构如图12-1-18所示。

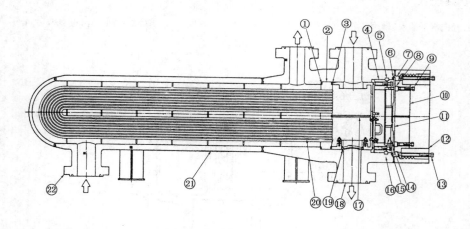

图12-1-18 螺纹环锁紧式高压换热器(H-H型)

1—壳程垫片;2—管板;3—垫片;4—内法兰;5—多合环;6—管程垫片;7—固定环;8—压紧环;9—内圈螺栓;10—管箱盖;11—垫片压板;12—螺纹锁紧环;13—外圈螺栓;14—内套筒;15—内法兰螺栓;16—管箱壳体;17—分程隔板箱;18—管程开口接管;19—密封装置;20—换热管;21—壳体;22—壳程开口接管

　　此换热器的管束多采用 U 形管式，它的独到结构在于管箱部分。图 12-1-18(称 H-H 型)适用于管壳程均为高压的场合。对于壳程为低压而管程为高压时，可用图 12-1-19 的结构形式(称 H-L 型)。

　　2. 主要特点

　　螺纹环锁紧式换热器相对于普通大法兰型换热器有如下几个突出优点：

　　(1) 密封性能可靠

　　这是由于本身的特殊结构所决定的。由图 12-1-18 可见，在管箱中由内压引起的轴向力通过管箱盖 10 和螺纹锁紧环 12 传递给管箱壳体 16 承受。它不像普通法兰型换热器，其法兰螺栓载荷要由两部分组成：一是流体静压力产生的轴向力使法兰分开，需克服此种端面载荷；二是为保证密封性，应在垫片或接触面上维持足够的压紧力。因此所需螺栓大，拧紧困难，密封可达性相对较差。而螺纹环锁紧式密封结构的螺栓只需提供给垫片密封所需的压紧力，流体静压力产生的轴向力通过螺纹环传到了管箱壳体上，由管箱壳体承受，所以螺栓小，便于拧紧，很容易达到密封效果。表 12-1-4 是此种结构换热器与普通法兰型换热器用于加氢装置在表列条件下螺栓大小的对比情况。

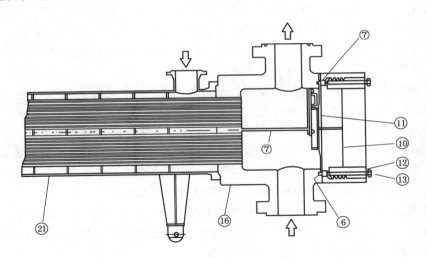

图 12-1-19　H-L 型螺纹环锁紧式换热器

(符号说明同图 12-1-18)

　　在运转中，若管壳程之间有串漏时，通过露在端面的内圈螺栓 9 再行紧固就可将力通过件 8→件 11→件 14→件 17→件 2 传递到壳程垫片(件 1)而将其压紧以消除泄漏。

　　还有，这种结构因管箱与壳体是锻成或焊成一体的，既可消除像大法兰型换热器在大法兰处最易泄漏的弊病，又因它在抽芯清洗或检修时，不必移动管箱和壳体，因而可以将换热器开口接管直接与管线焊接连接，减少了这些部位的泄漏点。

表 12-1-4　不同形式换热器用螺栓

设计条件	
压力：17.65MPa，温度：430℃，内径：900mm	
螺栓规格 X 数量	法兰型：M85×20 根
	螺纹环锁紧式：M38×40 根

（2）拆装方便

拆装可在短时间内完成。因为它的螺栓很小，很容易操作。同时，拆装管束时，不需移动壳体，可节省许多劳力和时间。而且在拆装的时候，是利用专门设计的拆装架，使拆装作业可顺利进行。一般，从拆卸、检查到重装，这种换热器所需的时间要比法兰型少三分之一以上。

（3）金属用量少

由于管箱和壳体是一体型，省去了包括管壳程大法兰在内的许多法兰与大螺栓，又因在壳体上没有带颈的大法兰，其开口接管就可尽量地靠近管板。这样，在普通法兰型换热器上靠近管板端有相当长度为死区的范围内不能有效利用的传热管面积，在此结构中可得到充分发挥传热作用，大约可有效利用的管子长度为500mm。它对于一台内径1000mm、传热管长6000mm的换热器，就相当于增加8%数量的传热管。上述种种，可使这种结构换热器的单位换热面积所耗金属的重量下降不少。

（4）结构紧凑，占地面积小

当然，这种换热器的结构比较复杂，其公差与配合的要求比较严格。

3. 设计、使用中应注意的问题

1）由于它的结构复杂，在设计中务必进行仔细的计算。无论在何种使用情况下都不应使管箱密封性能发生失效。特别是当管箱壳体为铬钼钢或碳钢材料而内件采用奥氏体不锈钢材质时，在高温下会产生很大的热应力。这时对内件的变形量和刚性的计算更显重要，要避免在结构较薄弱的重要部位发生集中的塑性变形。另外，为防止管箱端部的大螺纹发生变形，要充分考虑和控制此部分的受力情况，通过计算（包括应力分析）的同时，并根据实验或经验来确定管箱端部有足够的补强量。

2）从本章伊始介绍的一台螺纹环锁紧式换热器发生爆炸的事故教训中，可以认识到一定要保证管箱端部的螺纹啮合应有足够的高度，以不小于6mm为好。另外，在设计和制造中，在充分考虑螺纹锁紧环和管箱盖之间的径向热膨胀影响条件下，应使它们之间的径向间隙尽可能小，以制约螺纹锁紧环的弯矩，从而阻止螺纹啮合高度的变化。

3）在管束的拆装过程中，一定要使用专门的工夹具，以保护好管箱大螺纹。

4）在检修中，发现有关的零件超过规定的变形或损伤时，一定要及时更换。

5）综合此种换热器的优缺点，若用于压力较低的场合，经济上会不尽合理。一般以用于10.0MPa以上压力为宜。压力越高，设备费用越省，特别是当管壳程的压力很高，且二者间的差压又很小时，而管束部分又按差压设计的话，则这种结构的经济性比起普通大法兰型换热器就更为显著。

（三）密封盖板封焊式换热器

密封盖板封焊式换热器的管箱与壳体主体结构也和螺纹环锁紧式换热器一样，为一整体型。它的特点是管箱部分的密封是依靠在盖板的外圆周上施行密封焊来实现的。其结构如图12-1-20所示。

此种换热器也具有密封性能可靠，且结构

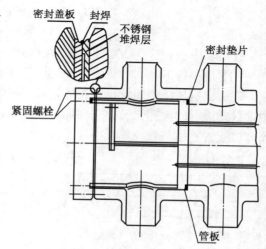

图12-1-20　密封盖板封焊型换热器

简单，金属耗量比螺纹环锁紧式换热器还省以及像螺纹环锁紧式换热器那样由于管箱与壳体为一体型所带来的各种优点。这种换热器的主要缺点是，当需要对管束进行抽芯检查或清洗时，首先需要用砂轮将密封盖板外圆周上的封焊焊肉打磨掉，才能打开盖子完成这一作业，然后重装时再行封焊。而换热器在整个使用寿命中不可避免地会进行多次管束抽查、清洗或更换，因而也就需要在密封盖板处多次进行打磨焊肉和重焊的作业，这对于高温高压设备来说是不理想的。

（四）缠绕管式换热器

缠绕管式换热器最早由 Linde 公司发明，类似于固定管板换热器，只是管束是由采用每层之间缠绕方向相反的螺旋状的盘管构成的，层与层之间由垫条控制间距，管与管之间由隔条控制间距，其结构如图 12-1-21 所示。缠绕管式换热器的主要特点是：

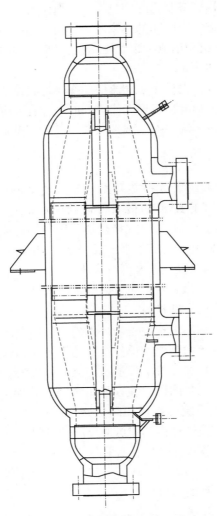

图 12-1-21　缠绕管式换热器结构示意图

1）结构紧凑、单位容积具有较大的传热面积。

绕管式换热器单位容积具有的传热面积是普通换热器的 2 倍以上。对管径为 8～21mm 的传热管，每 1m³ 容积的传热面积可达 100～170 m²；而普通列管式换热器，每 1m³ 容积的传

热面积只有 $54 \sim 77 \ m^2$，是绕管式换热器的 45% 左右。

2）传换热系数较高、介质温度端差小。

缠绕管式换热器实现了管程与壳程的纯逆流传热，层与层之间换热管反向缠绕，这种特殊结构极大地改变了流体流动状态，形成强烈的湍流效果，提高了传热系数，减小了传热面积。或者同样的换热面积和流动压降下，可以实现更深的换热深度，使介质的温度端差更低，回收更多的热量。

3）耐高压、密封简单、可靠性高。

除接管法兰采用八角垫密封外、缠绕管换热器为全焊接无密封面的管壳式结构，提高了密封可靠性，换热元件为相互缠绕的钢管，提高了换热元件耐高温、高压的性能。

4）抗振动、热补偿、耐高温差性能好。

缠绕管式换热器由于换热管绕制为螺旋盘管状，管端存在一定长度的自由弯曲段，因而换热管具有很好的挠性，管束与壳体间的热膨胀差，可通过换热管的变形自行补偿。层间反向绕制的换热管与垫条/管箍组合形成一个紧密结构，既紧凑又抗振。

5）介质流畅、不存在换热死区

管内介质以螺旋方式通过，壳程介质逆流横向交叉通过绕管，避免了折流板结构换热器在折流板背面存在的换热死区和垢物积聚沉淀；同时流体在相邻管之间、层与层之间不断地分离和汇合，使壳层侧流体的湍流加强，减少层流，降低了壁面附着的可能性、换热器结垢倾向低。

6）易实现大型化。

目前国外应用于 LNG 的缠绕管式换热器最大直径约 4500mm、最大换热面积约 50000 m^2，国产缠绕管式换热器应用于 LNG 的最大直径约 3800mm、最大换热面积约 45000 m^2。在加氢裂化等炼油加氢装置上应用缠绕管式换热器是国内的首创，已交付使用的高压加氢缠绕管式换热器的最大直径约 2600mm、最大换热面积已达约 4000 m^2。

7）壳程不能拆卸，对壳体在役检查难度较大。

管束不能抽芯清洗、检查，如要对管束外表面清洗只能采用化学清洗方式；对壳体的检测，只能采用从外壁超声检测的方式进行。

总体来说，除了管束不能抽芯清洗检查的缺点外，应用缠绕管式换热器的优势还是很明显的。主要表现在：一是因易于大型化且单位容积的换热面积较大，可以大大节省高压壳体的金属耗量，从而减少设备台数和配管工程量，降低工程投资；二是因缠绕管式换热器是立式安装，可以节省占地面积；三是同样的装置采用缠绕管式换热器后，其设备台位数量少、开口接管相应减少，高压换热系统的操作压降也减小，加之换热深度大、回收的反应热量多、以至正常操作仅通过高压换热器换热即可使反应器进料达到所需的温度，无需反应进料加热炉加热，这样可以大大节省操作费用，有利于节能减排。四是因缠绕管式换热器采用的是固定管板，除非管子或换热管头焊缝损坏，一般不会发生介质内漏现象，对于生产超低硫清洁燃料的装置有利于保障产品的质量。

三、高压空冷器

（一）概述

加氢裂化装置的反应流出物流经几台(组)高压换热器换热后，一般都还要进入高压空冷器，亦称反应流出物空冷器(Reactor Effluent Air Cooler，简称 REAC)进一步冷却到 $38 \sim 66℃$ 的温度(即空冷器出口温度)。图 12-1-22 是空冷器的总体结构图。

随着科学技术的进步，高压空冷器的结构、使用性能与可靠性等都相应得到不断的改进，而且在长期的炼制加工过程中，通过对各种各样原料加工时在高压空冷器中所显示出的腐蚀状况使人们逐渐总结出和认识了一些规律，为高压空冷器的安全使用提供了有利条件。

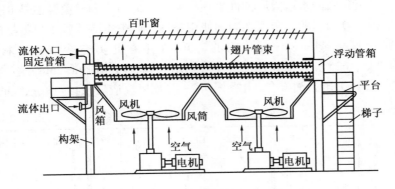

图 12-1-22　空冷器总体结构

（二）高压空冷器主要结构特点

1. 管箱结构

高压空冷器常采用的管箱结构一般有丝堵式管箱（见图 12-1-23）和集合管式管箱（见图 12-1-24）。集合管式管箱因对管束内腔的清扫很困难，所以对于介质较脏或操作中管内易有结垢或堵塞的场合不宜采用，一般以丝堵式管箱使用居多。此种管箱，早期曾采用过锻造式结构，它具有使用安全裕度大、制造和使用中的无损检测工作量少的优点，但它也存在着制造加工难度和金属耗量较大的缺点。随着焊接技术的进步，当今多采用板焊式丝堵管箱。

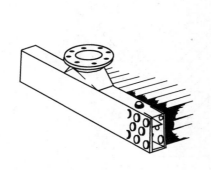

图 12-1-23　丝堵式管箱

图 12-1-24　集合管式管箱

2. 翅片管形式

翅片管的形式有多种。可根据高压空冷器的入口温度（一般在 120~205℃ 之间）和使用环境与要求等来选择。表 12-1-5 列出了常用的几种翅片管的适用温度与有关性能的对比。

（三）高压空冷器的主要损伤

此类空冷器及连同空冷器进出口管路的 REAC 系统，过去曾发生过的突出损伤问题是管子的腐蚀穿孔，主要的影响因素是系统中存在的硫氢化铵（NH_4HS）或氯化铵（NH_4Cl）盐[3]。这是由于来自反应器流出物中的 H_2S、HCl 和 NH_3 发生反应生成了硫氢化铵（NH_4HS）和氯化铵（NH_4Cl），在一定温度条件下，会出现铵盐在 REAC 系统内结晶的倾向，导致管子内结垢和堵塞现象。硫氢化铵（NH₄HS）的结晶温度见图 12-1-25 所示。氯化铵（NH₄Cl）的结晶温度见图 12-1-26。为了防止此现象发生，通常要在其上游直接注水予以冲洗。但是，水的注入，在 REAC 系统中则形成水溶液状态，这就可能引起管子的快速腐蚀。氯化铵（NH₄Cl）水溶液的腐蚀性比硫氢化铵的水溶液腐蚀性更强。所以如何防止和避免腐蚀是 REAC 系统在设计、使用中最值得注意的问题。依据不同的使用条件，此类空冷器管子材料早期有采用碳钢和 SUS 430、蒙乃尔与 AIIoy800 合金钢的。近 20 年来此类空冷器管子材料多数采用 SAF2205、合金 825、625 和 C-276，也有一些采用碳钢、11/4Cr-1/2Mo 的。详细的腐蚀特性与影响因素见 API（美国石油学会）出版物 932-A"加氢反应流出物空冷系统的腐蚀研究"。

表 12-1-5 主要翅片管形式

翅片名称与断面结构 / 项目	L 型	LL 型（双 L 型）	KL 型（滚花型）	镶嵌型（C 型）	双金属轧片型（DB 型）
最高使用温度/℃	150	170	250	350	280
抗大气腐蚀性能	可	中等	中等	差	好
传热性能	相对较差	比"L"型略好	比"L"型约高 7%以上	比"L"型的高 20℃	介于镶嵌型与绕片型之间
价格	低	略高	比双"L"型相当	较高	高

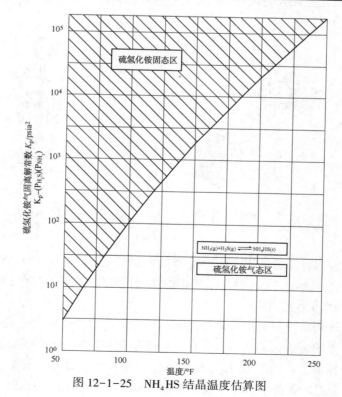

图 12-1-25 NH₄HS 结晶温度估算图

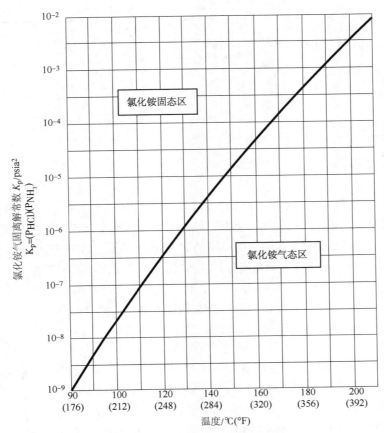

图 12-1-26　NH_4Cl 结晶温度估算图

（四）高压空冷器的腐蚀控制

为了保障 REAC 系统的安全运行，防止发生腐蚀，2004 年 API 颁发了 API RP 932-B，用以指导该系统的设计、材料、制造、操作及检测。由于影响高压空冷器系统的腐蚀因素非常复杂，特别是实际加工时原料中 S、N、Cl 的变化较大，在工程建设时还受到投资费用的极大制约，因此为了使用碳钢材料的安全，尽量减轻碳钢管子受腐蚀的程度，延长其使用寿命，通常需从结构设计、配管布置、操作控制上采用如下措施：①采用管箱结构，以避免在空冷器管束上使用回弯头（或 U 形管）；②在管箱上的所有管子的入口端加约 0.8mm 厚不锈钢衬套；③对于多片管束组成的空冷器，其空冷器入口物流应采取一分二、二分四、四分八……等对称平衡的分配方式进行配管布置，以利流体分配均匀；④在空冷器的上游注水，注水点应设置在铵盐结晶点之前，以防铵盐沉积；⑤注入的水量要足够，在注水点应保证在汽化后至少还有 25% 的液态水存在，且在高压分离器水中 NH_4HS 的浓度不超过 8%。从防止腐蚀的角度，注水最好采取连续注水的方式较好。⑥注入的水质应符合如表 12-1-6 的要求。

表 12-1-6　注水水质控制指标

指标名称	最大值	期望值
氧含量/（ng/g）	50	15
pH 值	9.5	7.0~9.0
总硬度/（μg/g）（Ca）	2	<1

续表

指标名称	最大值	期望值
铁离子含量/（μg/g）	1	0.1
氯化物含量/（μg/g）	100	5
H_2S 含量/（μg/g）		<1000
NH_3 含量/（μg/g）		<1000
氰化物含量/（μg/g）		0
悬浮物总含量/（μg/g）	0.2	0

四、高压分离器

（一）概述

加氢裂化装置中通常在高压反应器的下游设置高压分离器，以对反应器流出物进行分离。目前根据装置加工的原料特性，通常采用的反应流出物高分流程有冷高压分离器流程和热高压分离器流程两种。因此随着装置采用的高分流程不同，高压分离器（简称高分）也相应地分为热高分和冷高分两类。热高分的工作温度一般在 200~300℃ 左右，设于往反应器流出物中注入脱盐水点之前，将物流中的气、液进行分离。冷高分的工作温度一般在 40~60℃ 左右，设于往反应器流出物中注入脱盐水点之后，将物流中的油、气、水三相进行分离。从安装方式来看，高分有立式和卧式之分。卧式又有平卧和斜卧两种。斜卧高分的倾斜度，以分离液面所处的容器的对角线形成最大的椭圆面积为好。一般与地面成 8°~12° 放置。目前，立式高分由于占地面积小，而得到普遍应用。但立式高分由于不如卧式高分那样有利于油、水、气的分离，因此在冷高分设计时，应对内部构件进行特殊考虑，以满足工艺的需要。图 12-1-27 是一个典型的立式冷高分结构示意图。

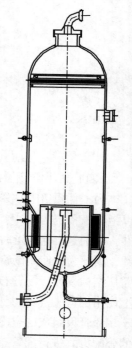

图 12-1-27 立式冷高分结构示意图

（二）设计

高分的设计主要考虑满足工艺操作和高分本身的长周期安全使用两方面。影响操作的因数主要有高分的结构、内部构件，而影响安全使用的主要因数是设备材料选择。

1. 高分的结构

加氢装置中的高分要实现气液两相分离需要有合适的气相分离空间和充分的液相停留时间。图 12-1-28 和图 12-1-29 分别为立式热高分和卧式冷高分的结构示意图；对于立式冷高分，由于要分离液相中的油和水比卧式冷高分难度大，因此须在液相部分设置有利于油水两相分离的聚液器，以利于缩小分离空间，减小高分体积，降低设备吨位，减少设备投资。

2. 内部构件

立式热高分和卧式冷高分的内部构件比较简单，通常仅在气相或气体出口处设置丝网除沫器。而立式冷高分除在气相设置丝网除沫器外，为使液相中的油和水在较小的分离空间内能较快地沉降分离，通常在液相部分设置丝网聚液器。聚液器的厚度和采用的丝网可根据需捕集的微小液珠和允许压降的大小确定，一般取其厚度为 200~300mm。丝网一般可采用普通型气液分离器用过滤网，丝网的密度约 150kg/m³，比表面积

约 $280m^2/m^3$，空隙率约 98%。

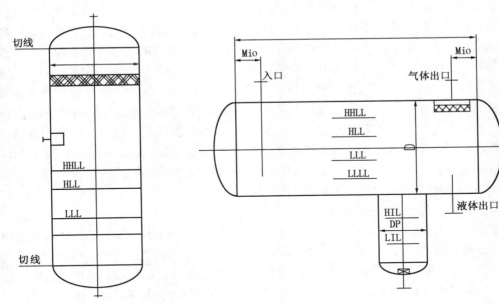

图 12-1-28 热高分示意图　　　　图 12-1-29 卧式冷高分示意图

（三）高分的选材

由于加氢裂化装置中冷高分和热高分的工况不同，操作介质也不同，因而设备可能发生的损伤也不一样，将有不同的材料选择。

1. 热高分

热高分是在高温、高压临氢（含 H_2S）条件下操作，设备的选材原则基本与热壁加氢反应器一样，可按本章第三节"加氢设备的主要损伤形式与选材"进行考虑。

2. 冷高分

冷高分的操作介质中含油、H_2、H_2S、NH_3 和 H_2O，设备选材主要考虑防止湿硫化氢环境的氢鼓包（HB）、硫化物应力腐蚀开裂（SSCC）、氢致开裂（HIC）以及应力导向氢致开裂（SOHIC）。当介质中 NH_4HS 浓度较高时，也需要采取措施防止引起较大的局部腐蚀。由于加工原油的劣质化，对于原料油中含有氯的装置冷高分，还需要防止点蚀。

（1）湿硫化氢环境的氢鼓包（HB）

湿硫化氢环境下，氢原子渗入钢中，在钢的空隙、夹杂物等组织缺陷处形成氢分子 H_2，随着氢分子 H_2 不断地聚集形成氢气，在钢材内部产生很大的气体压力，使钢材内部形成平行于钢板表面的层状开裂，在钢板母材的近表面形成鼓包。氢鼓包的形成取决于钢的纯洁度、夹杂物含量及钢的强度。

（2）硫化物应力腐蚀开裂（SSCC）

在湿 H_2S 环境下主要发生在碳钢和低合金钢设备的焊缝和热影响区等高硬度部位，在拉伸应力或残余应力作用下所产生的裂纹。SSCC 裂纹的形成主要取决于钢的成分、金相组织、强度、作用的拉伸应力和残余应力水平。在实际的工业实践中主要采取通过限制钢材强度的方法，采取对材料进行正火或正火+回火、限制材料的碳当量以及对焊缝进行焊后热处理、控制焊缝及热影响区的硬度不超过 200HB 等措施来防止产生 SSCC。

（3）氢致开裂（HIC）

氢致开裂是氢原子渗透到钢材内部组织比较疏松的夹杂物（主要是硫化物和氧化物）处聚集形成氢分子。随着氢分子数量的增加，材料内部的压力就越来越大，直到使其周围的钢材屈服并沿着夹杂物的方向进一步形成裂纹，即 HIC。如果裂纹靠近钢材的表面，就在该表面形成氢鼓包。HIC 的特点是裂纹平行于钢材的表面，与施加的应力大小无关。HIC 裂纹主要取决于钢材中硫化物和氧化物含量高低以及硫化物的形态。即硫化物和氧化物含量越低，钢材抗 HIC 的性能越好；如果硫化物在钢中以球状分布，则也能改善钢材抗 HIC 的性能。目前，冶金工业已能生产出硫含量低于 0.002% 的压力容器用钢；或者在炼钢中加钙处理使硫化物在钢中以球状存在。抗 HIC 钢应经过抗 HIC 试验验证，试验的溶液应接近实际操作条件下介质的 pH 值。通常的抗 HIC 试验方法可按照 NACE TM 0284《管线和压力容器用钢抗氢致裂纹（HIC）的评估》中规定的方法进行。

（4）应力导向氢致开裂（SOHIC）

应力导向氢致开裂（SOHIC）像 HIC 一样，氢原子渗透到钢材内部的显微缺陷处聚集并形成裂纹，而形成的成排小裂纹在应力引导下沿着垂直于应力的方向发展，即向设备的壁厚方向发展，甚至于贯穿整个壁厚。目前认为 SOHIC 的发生可能是 SSCC 和 HIC 的联合作用，互相促进的结果。即由于 SSCC 的形成产生应力集中而扩散形成 SOHIC，使开裂不断扩展；或由于 HIC 的形成在钢材表面造成微小的高应力区，促进 SSCC 的产生而扩散形成 SOHIC。SOHIC 裂纹常发生在焊缝的热影响区及高应力集中的区域。由于 SOHIC 与应力水平有关，因此焊后热处理则可以提高钢材抗 SOHIC 的能力。同时采用抗 HIC 钢并结合防止 SSCC 发生的措施，如进行焊后热处理，控制焊缝和热影响区的硬度等，是解决 SOHIC 的较好措施。

（5）冷高分用材料

过去，作为冷高分用材料除应符合 NACE MR0175《油田设备抗硫化物应力腐蚀开裂用金属材料》的要求外，尚应按 NACE TM0284《管线和压力容器用钢抗氢致裂纹（HIC）的评估》中的方法进行抗 HIC 试验，证明合格后方可采用。同时制造中应进行焊后热处理以消除残余应力，降低焊缝和热影响区的硬度。对于设备重量和壁厚不太大，且要求不高的冷高分，可采用如 20（或 Q245R）这类低碳钢。对于条件比较苛刻和较大型的冷高分宜采用低硫、低磷的有附加特殊要求的如 SA 516 GR70 这类具有较高强度的压力容器用低合金钢，即抗氢鼓泡或抗 HIC 钢。通过以上措施，较好地满足了使用的要求。

随着冶金技术的进步，目前，对于局部腐蚀不严重的冷高分，其主体材料除仍然主要采用 Q245R、Q345R 或 SA516 GR65/70 这些碳钢或低合金钢外，并要求：①必须是镇静钢；②根据钢板厚度和强度的要求采用正火、正火+回火甚至淬火+回火；③限制材料的碳当量 $CE=C+Mn/6+（Ni+Cu）/15+（Cr+Mo+V）/5 \leq 0.43$；④控制钢中的硫含量 $S \leq 0.002\%$，磷含量 $P \leq 0.010\%$；⑤钢板进行 100% 的超声检测，防止存在轧制缺陷；⑥按 NACE TM0284《管线和压力容器用钢抗氢致裂纹（HIC）的评估》中的方法进行抗 HIC 试验，要求裂纹长度率 CLR（Crack Length Ratio）低于 5.0%，裂纹厚度率 CTR（Crack Thickness Ratio）低于 1.5%，裂纹敏感率 CSR（Crack Sensitivity Ratio）低于 0.5%；⑦控制钢材（母材）的硬度低于 22HRC 或 237HB；⑧焊后进行热处理，限制焊缝及热影响区硬度不超过 200HB；

对于局部腐蚀比较严重的冷高分，当通过增加腐蚀裕量都难以满足要求时，需要采取在碳钢或低合金钢基层上进行复合或堆焊 304L 或 316L，如果介质可能含氯引起点蚀，还应采用堆焊或复合 625 或 C-276 合金。需要堆焊或复合合金的基层材料，一般不需要像无堆焊层时对材料进行特别的要求。

第二节　加氢加热炉

一、概述

加氢加热炉是为装置的进料提供热源的关键设备。它在使用上具有如下一些特点：

1）管内被加热的是易燃、易爆的氢气或烃类物质，危险性大；

2）与前述的压力容器不同，它的加热方式为直接受火式，使用条件更为苛刻；

3）必须不间断地提供工艺过程所要求的热源；

4）所需热源是依靠燃料（气体或液体）在炉膛内燃烧时所产生的高温火焰和烟气来获得。而炼油厂加热炉所消耗的燃料一般都要占全厂燃料总消耗的 65%~80%，是非常可观的。

因此，对于加热炉来说，一般都应该满足下面的基本要求：

1）满足工艺过程所需的条件；

2）能耗省、投资合理；

3）操作容易，且不易误操作；

4）安装、维护方便，使用寿命长。

二、加氢加热炉炉型

加热炉炉型的选择是加热炉设计者和使用者最为关心的问题之一。在对炉型进行选择时，需要考虑诸多方面的因素，例如装置的工艺特点与处理能力，还要考虑基本建设投资、操作费用、维护与检修、占地面积等因素。只有把这些因素综合来评价，并对各种炉型进行全面的计算和比较后，才能确定出既能满足工艺过程要求又能取得较好经济效益的炉型。

对于加热炉来说，根据装置所需的炉子热负荷（一般相对于常减压装置炉子热负荷小）和加氢工艺技术占有者设定的反应流出物换热流程（例如有氢和原料油在炉前混合后进炉加热的，也有仅是氢在炉中加热，出炉后才与原料油混合的）等特点，主要使用箱式炉、圆筒炉和阶梯炉等炉型，且以箱式炉居多。

在箱式炉中，对于辐射炉管布置方式有立管和卧管排列两类。这主要是从热强度分布和炉管内介质的流动特性等工艺角度以及经济性（如施工周期、占地面积等）上考虑后确定的。像前面所介绍的仅加热氢气的加氢加热炉，都是采用立管形式，因为它是纯气相加热，不存在结焦的问题，这样的炉型占地又省。而对于氢和原料油混合后才进入加热炉加热的混相流情况，有许多是采用卧管排列方式的。这是因为只要采取足够的管内流速时就不会发生气液分层流，且还可避免如立管排列那样，每根炉管都要通过高温区（当采用底烧时），这对于两相流来说，当传热强度过高时很容易引起局部过热、结焦现象。而卧管排列就不会使每根炉管都通过高温区，可以区别对待。

在炉型选择时，还应注意到加氢加热炉的管内介质中都存在着高温氢气，有时物流中还含有较高浓度的硫或硫化氢，将会对炉管产生各种腐蚀，在这种情况下，炉管往往选用比较昂贵的高合金炉管（如 SUS 321H、SUS 347H 等）。为了能充分地利用高合金炉管的表面积，应优先选用双面辐射的炉型，因为像单排管双面辐射与单排管单面辐射相比，其热的有效吸收率要高 1.49 倍。相应地炉管传热面积可减少⅓，既节约昂贵的高合金管材，同时又可使炉管受热均匀。

三、炉管材料

加氢加热炉炉管是在高温高压有氢或者还有硫与硫化氢等腐蚀介质下长期运转的，因此，在炉管材料选择时除了要考虑高温强度，特别是持久强度外，还要充分考虑抗氢腐蚀和抗硫化氢腐蚀以及抗高温氧化等性能，还应注意在操作条件下能保持高温组织的稳定性。在加氢加热炉中一般常用的炉管材料有表 12-2-1 所列的几种。表 12-2-2 是这几种常用炉管材料国内外钢号的对照表。

表 12-2-1 加氢加热炉常用炉管材料

钢号	最高使用温度/℃	抗氧化极限温度/℃	备 注
1Cr5Mo	600	650	抗氢腐蚀
1Cr9Mo	650	700	和硫化氢
1Cr18Ni9Ti	650	820	腐蚀性能
1Cr19Ni11Nb	650	820	参考第三节

表 12-2-2 常用炉管材料国内外钢号的对照表

序号	中国	日本	美国	德国
1	1Cr5Mo	STFA-25	A335 P5、A200 T5	12CrMo195
2	1Cr9Mo	STAF-26	A335 P9、A213 T9、A200 T9	
3	1Cr18Ni9Ti	SUS 321TF SUS 3211HTF	A213 TP321、A217 TP321 A312 TP321H、A376 TP321H	X10CrNiTi89 （1.454）
4	1Cr19Ni11Nb	SUS347TF SUS347HTF	A213 TP347、A217 TP347 A312 TP347H、A376 TP347H	X10CrNiNb189 （1.4550）

第三节 加氢设备的主要损伤形式与选材

一、概述

加氢裂化装置由于操作条件的特殊性，常引起一些特殊的损伤现象。本节仅就这些特殊的损伤现象给予论述，并且在高温区域以反应器为代表，在低温高压部位以影响注水后的高压换热器、高压空冷器和冷高分的 $H_2S-NH_3-H_2O$ 型腐蚀作为对象。

在加氢过程中，如反应器等设备处于高温高压氢气中，氢损伤就是一个很大的问题。高温高压硫化氢与氢共存时的腐蚀也很严重。正因为如此，为抗高温硫化氢的腐蚀通常也在反应器等设备内表面堆焊不锈钢（以奥氏体不锈钢居多）覆盖层和选用不锈钢材料制作内件。这样又有可能出现不锈钢的氢脆、奥氏体不锈钢的硫化物应力腐蚀开裂及堆焊层氢致剥离现象等损伤。另外还有 Cr-Mo 钢的回火脆性破坏也曾是举世瞩目的问题。在高压空冷器上，由于物流中存在氨和硫化氢等腐蚀介质可能引起传热管穿孔损伤等都是必须加以慎重考虑的。

掌握这些损伤的特征和影响因素，并正确地进行设备的选材及对其某些选用材料的冶金学问题做充分考虑是保证设备安全使用至关重要的一环。据国内外的资料报道，由于强度造成高压设备的破坏例子是极少的，可是由于腐蚀和材料选用不当所引起的损伤例子是较多的。所以，特别是对于使用在高温高压氢介质中的热壁加氢反应器等设备来说，腐蚀和材料冶金学问题显得更为突出。因此要求用于制造这类设备的材料要具有令人满意的综合性能。具体来说至少应满足：① 作为描述材料内质特性的致密性、纯洁性和均质性性能要优越，这对于厚（或大断面）钢材尤为重要；② 要满足设计规范要求的化学成分、室温和高温力学性能的要求；③ 要具有能够在苛刻环境下长期使用的抗环境脆化性能。

二、常见的损伤形式与对策

（一）高温氢腐蚀

1. 高温氢腐蚀的特征

高温氢腐蚀是在高温高压条件下扩散侵入钢中的氢与不稳定的碳化物发生化学反应，生成甲烷气泡（它包含甲烷的成核过程和成长），即 $Fe_3C + 2H_2 \longrightarrow CH_4 + 3Fe$，并在晶间空穴和非金属夹杂部位聚集，引起钢的强度、延性和韧性下降与劣化，同时发生晶间断裂。由于这种脆化现象是发生化学反应的结果，所以它具有不可逆的性质，也称永久脆化现象。

在高温高压氢气中操作的设备所发生的高温氢腐蚀有两种形式：一是表面脱碳；二是内部脱碳。

表面脱碳不产生裂纹，在这点上，与钢材暴露在空气、氧气或二氧化碳等一些气体中所产生的脱碳相似。表面脱碳的影响一般很轻，使钢材的强度和硬度局部有所下降而延性提高。

内部脱碳是由于氢扩散侵入到钢中发生反应生成了甲烷，而甲烷又不能扩散出钢外，就聚集于晶界空穴和夹杂物附近，形成了很高的局部应力，使钢产生龟裂、裂纹或鼓包，其力学性能发生显著的劣化。

高温高压氢引起钢的损伤要经过一段时间。在此段时间内，材料的力学性能没有明显的变化；经过此段时间后，钢材强度、延性和韧性都遭到严重的损伤。在发生高温氢腐蚀之前的此段时间称为"孕育期"（或称潜伏期）。"孕育期"的概念对于工程上的应用是非常重要的，它可被用来确定设备所采用钢材的大致安全使用时间。"孕育期"的长短取决于许多因素，包括钢种、冷作程度、杂质元素含量、作用应力、氢压和温度等。

2. 影响高温氢腐蚀的主要因素

（1）温度、压力和暴露时间的影响

温度和压力对氢腐蚀的影响很大，温度越高或者压力越大发生高温腐蚀的起始时间就越早。例如 Naumann 曾用碳含量为 0.11% 的碳素钢在 29.42MPa 氢压下，以各种温度加热100h 观察其力学性能的变化。直到350℃时，还未发现有变化，但一到400℃，力学性能就劣化了，氢的影响显著地表现出来。另外，在400℃下，改变其压力等级，加热100h，发现随着压力的增大，力学性能就容易劣化，特别是冲击功受到的影响更严重。当氢压增加到9.81MPa 以上时，各种力学性能都下降，明显地受到了氢腐蚀。

（2）合金元素和杂质元素的影响

从高温氢腐蚀的机理可知，金属碳化物的分解是很主要的原因。它对整个氢腐蚀现象的发生起着支配作用。已有试验证明，在钢中添加不能形成稳定碳化物的元素（如镍、铜等）对改善钢的抗氢腐蚀性能毫无作用；而在钢中凡是添加能形成很稳定碳化物的元素（如铬、钼、钒、钛、钨等），就可使碳的活性降低，从而提高钢材抗高温氢腐蚀的能力。图 12-3-1 是合金元素及其含量对抗氢温度界限的影响。在合金元素对抗氢腐蚀性能的影响中，试验还证明，元素的复合添加和各自添加的效果不同。例如铬、钼的复合添加比两个元素单独添加时可使抗氢腐蚀性能进一步提高。在加氢高压设备中广泛使用的铬-钼钢系，其原因之一也在于此。

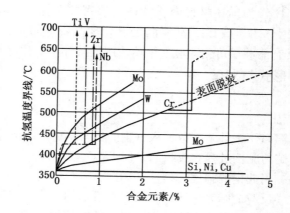

图 12-3-1　合金元素对 0.1%碳钢的抗氢温度界限的影响
氢压：30MPa；加热时间：100h

关于杂质元素的影响，在针对 $2\frac{1}{4}$Cr-1Mo 钢的研究中已发现，锡、锑会增加甲烷气泡的密度，且锡还会使气泡直径增大[4]，从而对钢材的抗氢腐蚀性能产生不利影响。因为甲烷"气泡"的形成，其关键还不在于"气泡"的生产，而是在于"气泡"的密度、大小和生成速率。

（3）热处理的影响

钢的抗氢腐蚀性能，与钢的显微组织也有密切关系。图 12-3-2 是将 1.5%Cr-0.5%Mo 钢经淬火+回火（组织为回火马氏体）和正火+回火（组织为铁素体+回火贝氏体）不同热处理状态的材料在 24.5MPa 氢压、550℃温度下加热观测其力学性能的变化，看到了其具有不同的抗氢腐蚀能力。还有，回火制度对钢的氢腐蚀性能也有影响。图 12-3-3 是淬火的 $2\frac{1}{4}$Cr-1Mo 钢在各种温度下回火并在氢气中加热后的抗拉强度和断面收缩率的变化情况。从图中可见，对于淬火状态，只需经很短时间加热就出现了氢腐蚀。但是一施行回火，且回火温度越高，由于可形成稳定的碳化物，抗氢腐蚀性能就得到改善。另外，对于在氢环境下使用的铬-钼钢设备，施行了焊后热处理同样具有可提高抗氢腐蚀能力的效果。曾有试验证明，

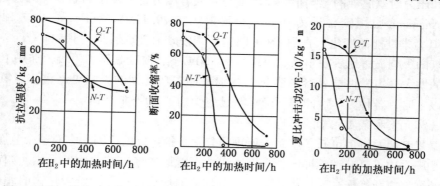

图 12-3-2　淬火+回火及正火+回火的 1.5Cr-0.5Mo 钢经氢腐蚀后的力学性能变化
氢压：25MPa；加热温度：550℃

$2\tfrac{1}{4}$Cr-1Mo 钢焊缝若不进行焊后热处理的话，则发生氢腐蚀的温度将比纳尔逊（Nelson）曲线表示的温度低 100℃ 以上[5]。

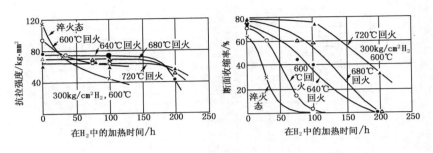

图 12-3-3　淬火后的回火温度对氢腐蚀的影响
材料：$2\tfrac{1}{4}$Cr-1Mo

（4）应力的影响

在高温氢腐蚀中，应力的存在肯定会产生不利的影响。已有一些试验证明，在高温氢气中蠕变强度会下降。特别是由于二次应力（如热应力或由冷作加工所引起的应力）的存在会加速高温氢腐蚀。例如对 SAE1020 钢给予各种冷变形量并在特定条件下试验时发现：当没有变形时，钢材具有较长的"孕育期"；随着冷变形量的增大，"孕育期"逐渐缩短。当变形量达 39% 时，则无论在任何试验温度下都无"孕育期"，只要暴露到此条件的氢气中，裂纹立刻就发生。

3. 高温高压氢环境中的材料选用及应注意问题

多少年来对于操作在高温高压氢环境下的设备材料选用，都是按照原称为"纳尔逊（Nelson）曲线"来选择的。该曲线最初是在 1949 年由 G. A. 纳尔逊收集到的使用经验数据绘制而成，并由美国石油学会（API）提出。1967 年前版权属 G. A. 纳尔逊；其后再版权由 G. A. 纳尔逊转让给 API，并由 API 于 1970 年作为 API 出版物 941（第一版）公开发行。从 1949 年至今，根据实验室的许多试验数据和实际生产中所发生的一些按当时的纳尔逊曲线认为安全区的材料在氢环境使用后发生氢腐蚀破坏的事例，相继对曲线进行多次修订，现最新版本为 API RP（推荐准则）941—2008（第 7 版）"炼油厂和石油化工厂用高温高压临氢作业用钢"。图 12-3-4 是本推荐准则中所列的临氢作业用钢防止脱碳和开裂的操作极限[6]。API 941 一直是最有用的抗高温氢腐蚀选材的一个指导性文件。

在应用图 12-3-4 进行选材时，还应该注意以下几点：

1）本图线仅仅只涉及到材料的高温氢腐蚀，它并没考虑在高温时的其他重要因素引起的损伤，比如系统中还存在着像硫化氢等其他腐蚀介质的情况，可能发生回火脆性、蠕变或其他高温损伤，氢与应力的相互作用以及高温氢腐蚀与蠕变的叠加作用等引起的损伤。

2）由于纳尔逊曲线已经过多次修订，使用时务必按照最新版的曲线选用，以保证使用的可靠性。此外，由于曲线图中绘制数据所采用的温度，都代表一个 ±11℃ 操作条件的范围，所以在选材时，宜在相应曲线下增加一定的安全裕量。

3）在实际应用中，对于一台设备来说，焊缝部位的氢腐蚀更不可忽视。因为通常焊接接头的抗氢腐蚀性能不如母材，特别是在热影响区的粗晶区附近更显薄弱。这从图 12-3-5 所示的 $2\tfrac{1}{4}$Cr-1Mo 钢母材和焊接接头在 29.4MPa 氢压，500~600℃ 下加热 360h 的有关力学性能的变化情况就可看出，尤应引起重视。

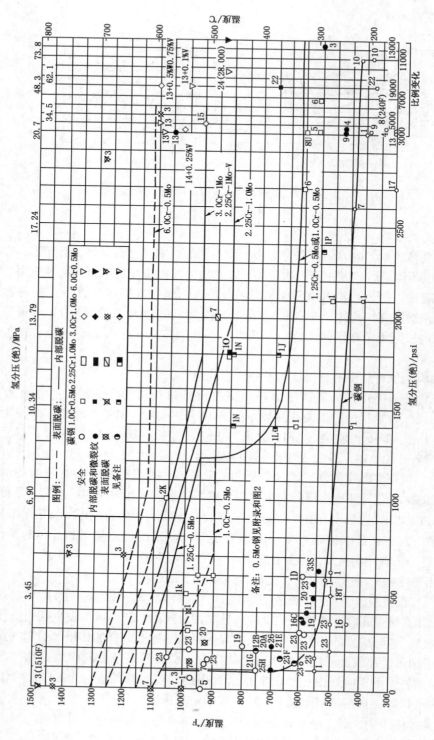

图12-3-4 临氢作业用钢防止脱碳和微裂的操作极限

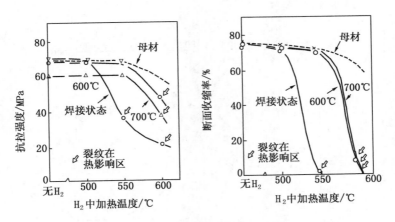

图 12-3-5　2¼Cr-1Mo 钢母材与焊缝的抗氢性能比较

焊后热处理时间：5h；氢压：30MPa；加热时间：360h；
曲线上的温度为焊后热处理温度

4）在依据图 12-3-4 进行选材时，尽量减少不利影响的杂质元素含量，注意控制非金属夹杂物的含量和作用应力水平以及进行充分的回火和焊后热处理等对提高钢材抗高温氢腐蚀都是有好处的。

（二）氢脆

1. 氢脆现象的特征

所谓氢脆，就是由于氢残留在钢中所引起的脆化现象。产生了氢脆的钢材，其延伸率和断面收缩率显著下降。这是由于侵入钢中的原子氢，使结晶的原子结合力变弱，或者作为分子状在晶界或夹杂物周边上析出的结果。但是，在一定条件下，若能使氢较彻底地释放出来，钢材的力学性能仍可得到恢复。这一特性与前面介绍的氢腐蚀截然不同，所以氢脆是可逆的，也称作一次脆化现象。

氢脆的敏感性一般是随钢材的强度的提高而增加，钢的显微组织对氢脆也有影响。钢材氢脆化的程度还与钢中的氢含量密切相关。强度越高，只要吸收少量的氢，就可引起很严重的脆化。这从图 12-3-6 所示的氢致裂纹扩展的临界应力强度因子 K_{IH} 与钢材的抗拉强度及钢中氢含量的关系曲线就可以看得很清楚。它表明随着钢中氢浓度的增加，其临界应力强度因子 K_{IH} 会下降。

对于操作在高温高压氢环境下的设备，在操作状态下，器壁中会吸收一定量的氢。在停工的过程中，若冷却速度太快，使吸藏的氢来不及扩散出来，造成过饱和氢残留在器壁内，就可能在温度低于 150℃ 时引起亚临界裂纹扩展，对设备的安全使用带来威胁[7]。

2. 加氢设备中的氢脆损伤

在高温高压临氢设备中，特别是内表面堆焊有奥氏体不锈钢堆焊层的加氢反应器，曾发生过一些氢脆损伤的实例。其部位多发生在反应器支持圈角焊缝上以及堆焊奥氏体不锈钢的梯形槽法兰密封面的槽底拐角处。图 12-3-7 所示是在反应器上所发生的典型的氢脆裂纹情况。这些裂纹经试验分析认为是下列因素作用的结果：①此类反应器从正常操作状态下停工时，在器壁的母材（如 2¼Cr-1Mo）中一般吸收有 2~5μg/g 的氢，而在 TP.347 不锈钢堆焊层或焊接金属中吸藏约 30~50μg/g 的氢而使材料发生氢脆；②TP.347 堆焊或焊接金属中因含有一定量的 δ 铁素体，在制造中的最终焊后热处理过程有一部分 δ 铁素体转变成脆性

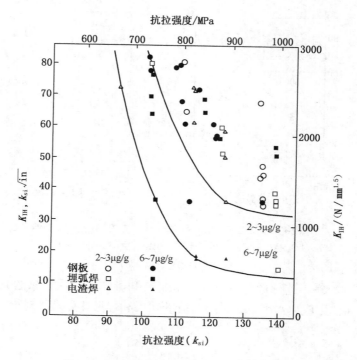

图 12-3-6 K_{IH} 与抗拉强度和氢含量的关系

的 σ 相；③由于铬-钼钢母材与奥氏体不锈钢堆焊层或焊接金属之间的线膨胀系数差别较大而形成较大的热应力，或这些部位存在一些尖角或过度半径偏小等造成较大的应力集中。此外，如图 12-3-7 (a) 的损伤例，是一反应器仅经历了约 3 年的使用时间，母材就发生了严重的回火脆化。已有许多试验证明，像回火脆化敏感性较强的 2¼Cr-1Mo 钢，有可能存在着回火脆化和氢脆的叠加效应。由于回火脆化使夏比断口转变温度 vTrs 上升，氢致裂纹的晶间断口率也随之增加，氢致裂纹临界应力强度因子 K_{IH} 相应就下降，如图 12-3-8 所示。由图可见，随着回火脆化量的增加，K_{IH} 可降到很低的值（约 $1000N/mm^{1.5}$）。所以此损伤实例就是因为氢致裂纹扩展引起了亚临界裂纹扩展而进入到母材。

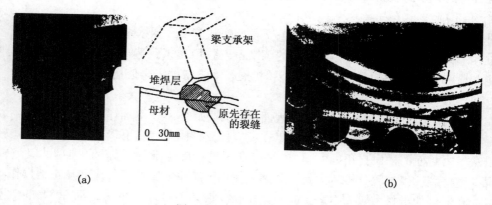

图 12-3-7 氢脆裂纹实例
(a) 反应器内部支承横梁托架处的裂纹；(b) 法兰密封槽处的裂纹

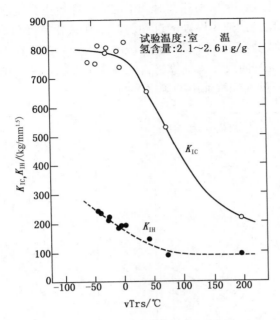

图 12-3-8　$2\frac{1}{4}$Cr-1Mo 钢的 K_{IC}、K_{IH} 与 $vTrs$ 的关系

3. 防止氢脆的若干对策

从上述一些氢脆损伤例的原因分析中可以归纳出，要防止此类损伤发生，主要应从结构设计上、制造过程中和生产操作方面采取如下措施：① 尽量减少应变幅度，这对于改善使用寿命很有帮助。采取降低热应力和避免应力集中等措施都是有效的。前述图 12-1-5、图 12-1-6 所做的改进就为此目的。② 尽量保持 Tp. 347 堆焊金属或焊接金属有较高的延性。为此，一是要控制 Tp. 347 中 δ 铁素体含量，焊态时最大值以 10% 为宜（为防止焊接中产生热裂纹，下限可控制不低于 3%），以避免含量过多时在焊后最终热处理过程转变成较多的 σ 相而产生脆性；二是对于前述那些易发生氢脆的部位，应尽量省略 Tp. 347 堆焊金属或焊接金属的焊后最终热处理，以提高其延性。因为不锈钢焊接金属的氢脆与奥氏体基体中的 δ 铁素体含量和 σ 相的存在密切相关。δ 铁素体量越多，经焊后热处理后所形成的 σ 相的比例越大，其材料延性越差，这时再吸收氢的话，焊接金属的延性将进一步降低。这从图 12-3-9 中就可清楚看到这一点。③ 装置停工时冷却速度不应过快，且停工过程中应有使钢中吸藏的氢能尽量释放出去的工艺过程，以减少器壁中的残留氢含量。另外，尽量避免非计划的紧急停工（紧急放空）也是非常重要的。因为此状况下器壁中的残留氢浓度会很高。

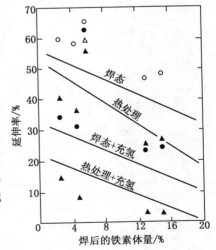

图 12-3-9　铁素体量、充氢和焊后热处理对 Tp. 347 焊接金属延伸率的影响

（三）高温硫化氢的腐蚀

在加氢装置中，一般都会有硫化氢腐蚀介质存在。对于以碳钢或低铬钢制的设备，在操作温度高于 204℃，其腐蚀速度将随着温度的升高而增加。特别是当硫化氢

和氢共存的条件下，它比硫化氢单独存在时产生的腐蚀还要更为剧烈和严重。氢在这种腐蚀过程中起着催化剂的作用，加速了腐蚀的进展。对于在硫化氢和氢共存条件下的材料选择，一是参考相似条件的经验数据来预计材料的腐蚀率后确定；二是在无经验数据时，可根据柯珀–哥曼（Couper-Gorman）曲线[8]来估算材料的腐蚀率。图 12-3-10~图 12-3-17 是几种常用材料在含 H_2S+H_2 的石脑油和汽油中的等腐蚀曲线。

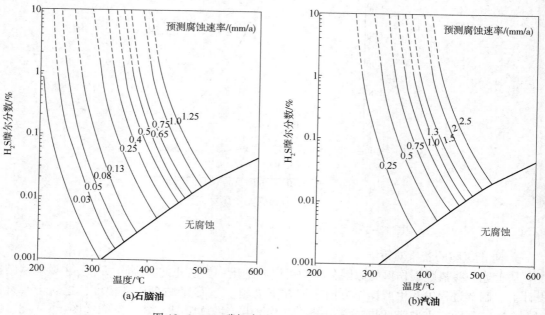

图 12-3-10　碳钢在 H_2S+H_2 中的等腐蚀曲线

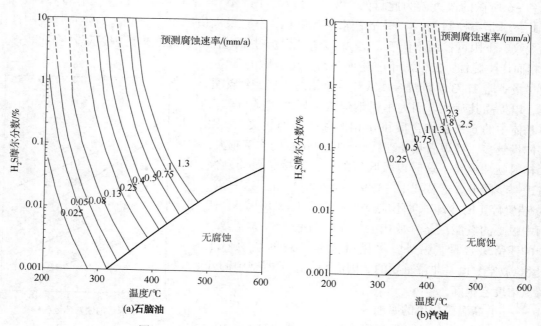

图 12-3-11　1.25Cr 钢在 H_2S+H_2 中的等腐蚀曲线

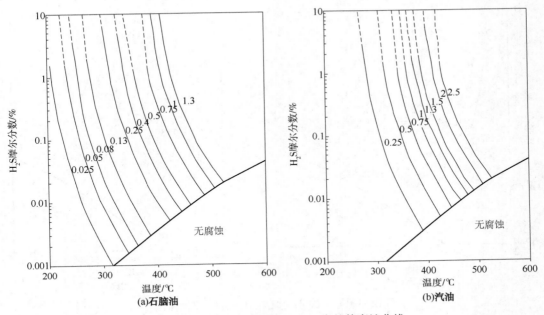

图 12-3-12 2.25Cr 钢在 H$_2$S+H$_2$ 中的等腐蚀曲线

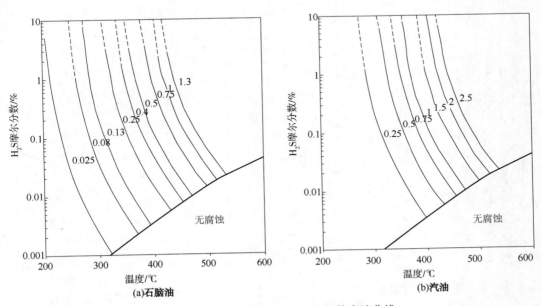

图 12-3-13 5Cr 钢在 H$_2$S+H$_2$ 中的等腐蚀曲线

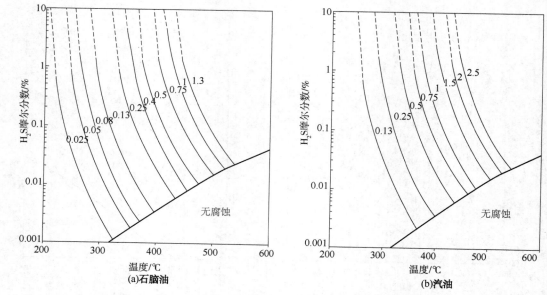

图 12-3-14　7Cr 钢在 H_2S+H_2 中的等腐蚀曲线

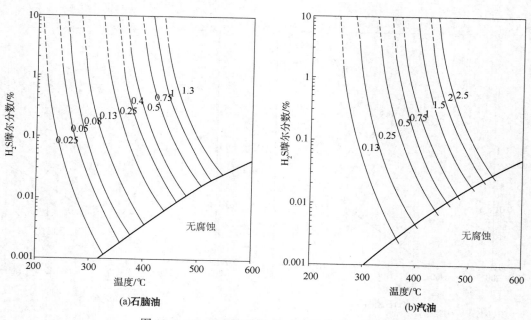

图 12-3-15　9Cr 钢在 H_2S+H_2 中的等腐蚀曲线

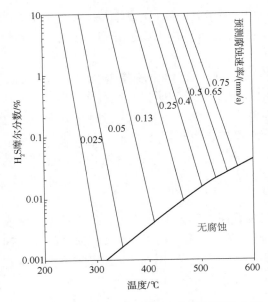

图 12-3-16　12Cr 钢在 H_2S+H_2 中的等腐蚀曲线

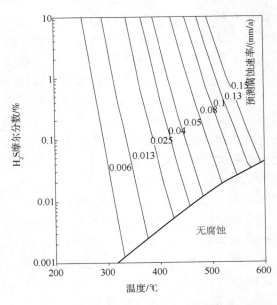

图 12-3-17　18-8 钢在 H_2S+H_2 中的等腐蚀曲线

（四）连多硫酸引起的应力腐蚀开裂

1. 连多硫酸应力腐蚀开裂的特征

应力腐蚀开裂是某一金属（钢材）在拉应力和特定的腐蚀介质共同作用下所发生的脆性开裂现象。奥氏体不锈钢对于硫化物应力腐蚀开裂是比较敏感的。连多硫酸（$H_2S_xO_6$，$x=3\sim6$）引起的应力腐蚀开裂也属于硫化物应力腐蚀开裂，一般为晶间裂纹。这种开裂与在高温运转时由于碳化铬析出在晶界上，使晶界附近的铬浓度减少形成贫铬区有关。连多硫酸的形成是由于设备在含有高温硫化氢的气氛下操作时生成了硫化铁，而当设备停止运转或停工检修时，它与出现的水分和进入设备内的空气中的氧发生反应的结果。即：

$$3FeS + 5O_2 \longrightarrow Fe_2O_3 \cdot FeO + 3SO_2$$

$$SO_2 + H_2O \longrightarrow H_2SO_3$$

$$H_2SO_3 + {}^1\!/_2 O_2 \longrightarrow H_2SO_4$$

$$FeS + H_2SO_3 \longrightarrow mH_2S_xO_6 + nFe^{2+}$$

$$FeS + H_2SO_4 \longrightarrow FeSO_4 + H_2S$$

$$H_2SO_3 + H_2S \longrightarrow mH_2S_xO_6 + nS$$

$$FeS + H_2S_xO_6 \longrightarrow FeS_xO_6 + H_2S$$

2. 连多硫酸应力腐蚀开裂实例

在石化工业装置中，奥氏体不锈钢或管道发生硫化物应力腐蚀开裂多有见到。连多硫酸应力腐蚀开裂在加氢装置中也都发生过。如日本一些加氢脱硫装置上的若干冷凝器的浮头盖连接螺栓由此原因发生过多根折断损伤。

3. 防止对策

针对此种损伤发生的机理和影响因素，为防止其发生，应从设计上、制造上和使用上采用如下措施：

1）设计上的措施。选用合适的材料是有效的措施之一。一般应选用超低碳型（$C \leqslant$

0.03%）或稳定型的不锈钢（如 SUS321，SUS347），采用奥氏体+铁素体双相不锈钢也有较好的使用效果。还可以选用铁素体不锈钢，因它对连多硫酸的应力腐蚀开裂不敏感，在结构上应尽量避免有应力集中。

2）制造上的措施。要尽量消除或减轻由于冷加工和焊接引起的残余应力，并注意加工成不形成应力集中或应力集中尽可能小的结构。因为已有试验表明，此种裂纹发生时间的对数值与应力大小大致成直线的关系[9]。这从国外曾对不锈钢设备发生应力腐蚀开裂原因之一的应力种类的调查统计分析中，发现80%以上的损伤是由于焊接和加工中造成的残余应力引起的也得到证实。另外，为不使碳化物在晶间上析出，在加工制造过程中尽可能使不锈钢不发生敏化，或在加工后进行固溶化热处理（约1100℃，急冷）。实行稳定化处理（约870~950℃）也可减少裂纹的敏感性。

3）使用上的措施。主要是缓和环境条件。在装置停工时，采取措施抑制连多硫酸生成或用中和溶液将形成的连多硫酸中和掉。根据不同的停工方案，用1.5%~2%浓度的碳酸钠溶液进行中和清洗或用惰性气（如氮气）封闭，以隔绝空气进入到设备中去或向系统中供给一定的热量（加热），以防止水汽析出等都是有效的措施。

（五）铬-钼钢的回火脆性

1. 铬-钼钢回火脆性现象及其特征

铬-钼钢的回火脆性是将钢材长时间地保持在343~593℃或者从该温度范围缓慢地冷却时，由于冶金的变化，使材料的断裂韧性引起劣化损伤的现象。它产生的原因是由于钢中的杂质元素和某些合金元素向原奥氏体晶界偏析，使晶界凝集力下降所至。从破坏试样所表明的特征来看，在脆性断口上呈现出晶间破坏的形态。回火脆性对于抗拉强度和延伸率来说，几乎没有影响，主要是在进行冲击性能试验时可观测到很大的变化。材料一旦发生回火脆性，就使其延脆性转变温度向高温侧迁移。图12-3-18是2¼Cr-1Mo钢发生回火脆化后引起夏比冲击转变曲线的迁移情况。

回火脆性除上述一些现象和特征外，还具有如下两个特征[10]：① 这种脆化现象是可逆的，也就是说，将已经脆化了的钢加热到600℃以上，然后急冷，钢材就可以恢复到原来的韧性；② 一个已经脆化了的钢试样的夏比断口上存在着的晶间破裂，当把该试样再加热和急冷时，破裂就可以消失。

2. 影响回火脆性的主要因素

影响回火脆性的主要因素很多，如化学成分、制造时的热处理条件、加工时的热状态、强度大小、塑性变形、碳化物的形态、使用时所保持的温度等。而且有些因素相互间还有关联，情况较为复杂。下面仅从实用效果上对主要影响回火脆性特性的化学成分和热处理条件加以说明。

（1）化学成分的影响

铬-钼钢化学成分中的杂质元素和某些合金元素对回火脆性影响很大。

1）磷、锡、砷、锑杂质元素的影响。在杂质元素中，P、Sn、As、Sb元素对回火脆化都有影响。特别是当P、Sn的含量较高时，脆化就特别显著。图12-3-19是这几种杂质元素分别对2¼Cr-1Mo钢回火脆性的影响。从图中可看到它们对脆性敏感性的影响顺序是：P>Sn>As、Sb。在这些元素中，Sn、Sb和As的含量可以通过对炼钢原材料的严格管理而使其降低到合适的程度，比较关键的是对P的控制。

2）硅、锰、铬、镍的影响。Si、Mn含量高时对脆化都有促进作用，特别是Si对回火脆

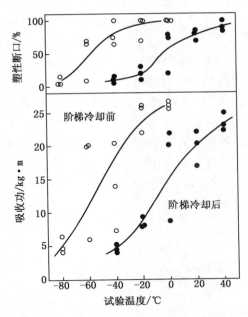

图 12-3-18　回火脆化引起夏比冲击转变曲线的迁移（2¼Cr-1Mo 钢）

性敏感性影响很大，从图 12-3-20 中就可以清楚地看到这一点。而且还可看到，对于 2¼Cr-1Mo钢来说，当 Si 的含量小于 0.10% 时，由于回火脆化引起的转变温度的变化量是很小的。但是当 Si 含量较高（>0.25%）时，对 P 的影响很强烈。图 12-3-21 是通过试验整理出的 Si、P 对 2¼Cr-1Mo 钢回火脆性特性影响的情况，它揭示了要控制回火脆性，调整好 Si-P 之间的比例是很有效的。已有实验表明，对于显微组织为贝氏体的 2¼Cr-1Mo 钢，要达到使钢材经阶梯冷却（Step Cooling）后几乎不产生脆化，Si 若为 0.25%时，P 应小于 0.007%；Si 为 0.10% 时，P 要小于 0.010%[11]。

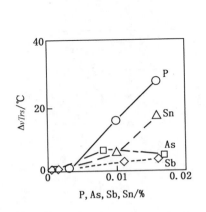

图 12-3-19　杂质元素对 2¼Cr-1Mo
钢回火脆性的影响

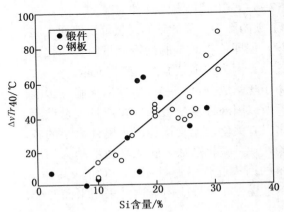

图 12-3-20　由阶梯冷却引起的
$\Delta vTr40$ 和 Si 含量的关系
（2¼Cr-1Mo 钢）

Mn 或 Cr 的添加，也会使回火脆性敏感性明显地提高。特别是 Cr 的含量在 2.0% ~

3.0%的范围内时，脆化敏感性较高。这从临氢装置中常用的几种 Cr-Mo 钢的回火脆性敏感性试验结果的比较也得到证明：以 2¼Cr-1Mo 钢和 3Cr-1Mo 钢的回火脆性敏感性最大，1Cr-0.5Mo 钢几乎看不到脆化现象，1¼Cr-¹/₂Mo 钢和 5Cr-1Mo 钢有一定程度的脆化，如图 12-3-22 所示。Ni 的影响不大，纯的镍钢没有回火脆性敏感性。但是在含有 P、Sn 等元素的合金钢中加入 Ni 时，回火脆性敏感性就增加，并且 Cr 和 Ni 共存时比起它们分别单独添加时的回火脆性还要显著。在这些元素中，影响回火脆性敏感性的顺序可以认为是：Mn>Cr>Ni。

　　3）钼、钨、铜的影响。含有少量的 Mo 和 W 时，回火脆性敏感性比较低。但是含量较高时，脆化敏感性就增高了。如以 Mo 为例，有认为只要钢中的含量在 0.5% 以上时，回火脆性现象就可以发生。像回火脆性敏感性比较明显的 2¼Cr-1Mo 和 3Cr-1Mo 钢，它们的 Mo 含量已达 1.0% 左右也是个说明。

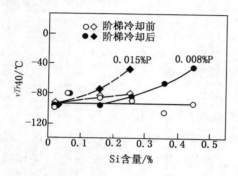

图 12-3-21　Si，P 对 2¼Cr-1Mo
钢回火脆性的影响

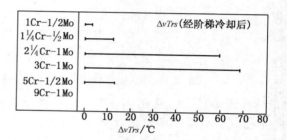

图 12-3-22　各种 Cr-Mo 钢回火脆性敏感性比较

　　Cu 也能提高脆化敏感性，但是它的有害影响只限于贝氏体组织和杂质元素含量较多的情况下。因此可以认为，Cu 本身并不是脆化的元素，但在一定条件下可促进脆化的作用。从图 12-3-23 中就可看到这种情况。

　　4）碳的影响。降低碳的含量可以使回火脆性减少。但即使将碳抑制到极微量时，脆化也不会消除，因为碳不是脆化的必需元素。

　　由于化学成分对 Cr-Mo 钢的回火脆性影响较大，所以国外许多学者和公司通过大量试验整理出以有关化学元素描述回火脆性大小的各种经验式——脆化系数。脆化系数值越大，说明材料的回火脆性敏感性越高。对于 2¼Cr-1Mo 钢来说，在工程应用上通常采用下面两个经验式：

　　J 系数，$J=(Si+Mn)\cdot(P+Sn)\times10^4(\%)$

　　(X) 系数，也称 Bruscato 系数，即

　　$(X)=(10P+5Sb+4Sn+As)\times10^{-2}\mu g/g$

　　上述 J 系数中化学成分按质量分数计；

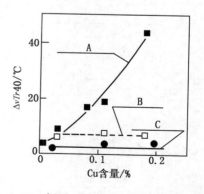

图 12-3-23　铜对 2¼Cr-1Mo 钢回火脆性的影响
A—含有商品钢材上限杂质含量的贝氏体钢；
B—含有商品钢材上限杂质含量的铁素体-贝氏体钢；
C—高纯度的贝氏体钢

（X）系数中化学成分按 μg/g 计。

J 系数适用于母材；（X）系数适用于焊接金属。

（2）热处理条件的影响

在热处理过程中，奥氏体化的温度和从奥氏体化的冷却速度都将对回火脆性敏感性产生很大的影响。就 $2\frac{1}{4}$Cr-1Mo 钢的回火脆性特性来说，提高其奥氏体化温度，就会使脆化敏感性增大（见图 12-3-24）。其原因一是因为奥氏体化温度越高，奥氏体晶粒就会越粗大，这时如果处于脆化条件下，则在晶界上所偏析的脆化元素量就增加；二是已有试验证明，即使在晶界上的脆化元素量是相同的，但在粗晶情况下，比起细晶来说，晶界更容易遭到破坏。

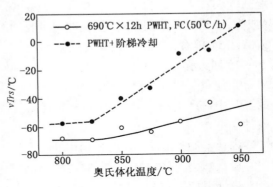

图 12-3-24　奥氏体化温度对 $2\frac{1}{4}$Cr-Mo
钢脆化敏感性的影响

另外，从奥氏体化温度以不同的冷却速度急冷时，也将对回火脆性产生不同的影响。因为随着冷却速度的不同，将会形成不同的显微组织。在急冷时，提高冷却速度将增加回火脆性的敏感性。从组织上来看，当钢的化学成分相同时，其脆性敏感性按着马氏体、贝氏体、珠光体的顺序递减。

3. 回火脆化度的研究方法

对材料的回火脆性度进行研究时，最理想的方法是在脆化温度范围内进行等温时效（Isothermal aging）处理，也即等温脆化处理。但是这种处理方法，需要几万小时的长时间试验。这在工程上是很难满足需要的。因此采取了一种在较短时间内给予加速脆化的手段来衡量脆化度的方法，这种方法叫做阶梯冷却法，并在工程上广泛地被采用。

所谓阶梯冷却法就是将试验材料的试样置于回火脆化温度范围内阶梯式地进行保温与冷却（一般多是采用 5 个阶梯），使它发生回火脆化的方法。

阶梯冷却模式较多，在国内外应用较多的是如图 12-3-25 所示的阶梯冷却工艺。

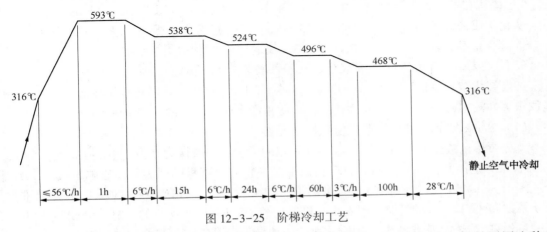

图 12-3-25　阶梯冷却工艺

阶梯冷却虽然能在较短时间内使材料发生脆化，并对其性能进行评价，但是要用这种方法来研究每一个元素的脆化特性是不能达到目的的，因为它需要使温度和所保持的时间在 5

个阶梯内发生变化。可是采用等温脆化的方法，就可以将温度维持在一个恒温的温度上，并且保持时间也可以设定为一个任意值。这样，对于每个元素引起脆化值的变化就可以随着时间的迁移来掌握。

作为脆化度的定量的表示，通常是通过采用 2mm V 型缺口夏比试验获得的延性–脆性转变温度 $vTrs$（或记为 $FATT$，即 Fracture Appearance Transition Temperature）的变化量 $\Delta vTrs$（或为 $\Delta FATT$）或是以 54J 夏比冲击吸收功的转变温度 $vTr54$ 的变化量 $\Delta vTr54$ 来表示。$\Delta vTrs$ 或 $\Delta vTr54$ 越大，说明回火脆化度就越大。

4. 回火脆性破坏实例

在加氢裂化和加氢脱硫装置中，于 20 世纪 70 年代初期曾发生过多起回火脆性破坏事故，其中最严重的实例是日本一台渣油直接加氢脱硫装置的反应器。其主要设计参数和操作条件如下：

内径：3350mm，长度：14100mm

设计压力：15.42MPa（157.2kg/cm²）

设计温度：427℃

操作压力：13.73～14.71MPa（140～150kg/cm²）

操作温度：350～400℃

主体材料：筒体 ASTM A336 F22+Tp.309L 和 Tp.347 堆焊

封头：ASTM A387 D 级+Tp.309L 和 Tp.347 堆焊

厚度：筒体 200mm，封头 120mm（均包括堆焊层最小厚度 6.5mm 在内）

金属质量：约 310t

该反应器于 1970 年 4 月投用，累积运行约 26000h 后为了它用目的，在 1974 年 3 月对内部检查时发现了内件支持圈填角焊缝上产生了裂纹，在对其焊缝修补后进行局部消除应力退火时发生了脆性破坏事故。经调查研究和开展各种试验结果发现，在制造状态，母材 $vTr54$ 的周向值为 -38℃，纵向值为 -46℃。而经三年使用后相应变为 53℃ 和 40℃，转变温度约提高了 100℃。另外从 J_{IC} 测定值换算得到的断裂韧性 K_{IC} 为：在 10℃ 下，使用前推算得 K_{IC} 为 732kg/mm$^{1.5}$，而使用后则下降为 330kg/mm$^{1.5}$，确认母材发生了严重的回火脆化现象（此外还确认有不锈钢焊接金属发生由于 σ 相引起的脆化和由于吸收了氢引起的氢脆）。

从化学成分分析结果来看，该反应器材料中能引起脆化或促进脆化的元素如 Mn、P、Si、Sn 等含量都比较高，其 J 系数达到 323，使钢材的脆性敏感性大为提高。

5. 防止 2¼Cr-1Mo 钢制设备发生回火脆性破坏的若干措施

加氢裂化装置所选用的铬–钼钢，以 2¼Cr-1Mo 钢为多，而它又是几种铬–钼钢中回火脆性敏感性较大的，下面以它作为代表提出防止产生回火脆性的一些措施。

（1）尽量减少钢中能增加脆性敏感性的元素

首先要尽量减少 P、Sb、Sn、As 杂质元素的含量。一般认为，当 2¼Cr-1Mo 钢中 As 和 Sb 的含量分别控制在 0.020% 和 0.004% 以下时，它们对钢材的回火脆性影响不大[5]。另外还应降低 Si、Mn 的含量。但是，为保证钢材的力学强度，Mn 降到 0.50% 以下就困难了。从 J 系数和（X）系数的经验式可看出，最终应着眼于降低 Si 或 P 的含量。为此国外对 2¼Cr-1Mo 钢的冶炼，基本形成了 2 种系列。一种是采用真空碳脱氧（VCD）的冶炼方法，生产低 Si-P 钢。Si 含量可控制到 0.01%～0.02% 的水平，且钢材纯洁度大为提高，偏析少，回火脆性敏感性小。另一种是采用新的冶炼工艺，降低 P 的含量（可控制到 0.005% 以下），生产高 Si-超低 P 钢。如日本已冶炼出 0.35%Si-0.003%P 的 $2\frac{1}{4}$Cr-1Mo 钢，既能达到规范要求的力学性能，又具有很好的抗回火脆性性能。

近三十几年来，由于采用了炉外精炼技术和不断强化对炼钢原材料的管理，所生产出的 $2\frac{1}{4}$Cr-1Mo 钢的 J 系数和（X）系数都呈较大下降趋势。如国外在 1970 年，1980 年以及到了 20 世纪 80 年代末以来的 J 系数的平均值从大约 230 降至 105 左右再降到 100 以下。（X）系数目前大约在 $10\mu g/g$，国内的水平基本与国外相当。如此低 J 系数和（X）系数的 $2\frac{1}{4}$Cr-1Mo 钢，其回火脆性敏感性非常小。

至于焊缝金属的回火脆性，一般比母材还要严重，而影响因素也要比母材复杂。它不仅受到焊接材料中杂质元素和某些合金元素的影响，而且还受到焊接金属自身焊接条件和层间多次再热的影响，也就是说，焊接金属中显微组织和晶粒度大小的变化都对脆化产生影响。已有试验研究表明，仅用由化学成分表示的脆化系数来描述焊缝金属的回火脆性敏感性是困难的。

在实际使用中，对于焊材或焊缝金属通常都是在控制杂质元素［采用（X）系数描述］的同时，再用阶梯冷却法引起的脆化量，参照最早由美国 Chevron 公司提出的下式表示的脆化度经验式及其控制值来评价所筛选的焊材和作为工程设计中对焊缝金属的要求，即

$$vTr54 + 1.5\Delta vTr54 \leqslant 38℃$$

式中　$vTr54$——脆化处理前 V 型缺口夏比冲击功为 54J 时的对应温度，℃；

　　　$\Delta vTr54$——按阶梯冷却工艺进行脆化处理后与处理前的 V 型缺口夏比冲击功 54J 时对应温度的增量，℃。

需要指出的是，为了更严格地控制回火脆性，随着技术的进步，上式中的系数"1.5"和"38℃"值，已趋更加严格。如现在 1.5 已提高至 2.5 或 3.0；38℃ 却降至 10℃ 或 0℃ 等。

（2）制造中要选择合适的热处理工艺

前面已经介绍过热处理条件会对回火脆性产生影响。值得注意的是，在实际使用中，从抗回火脆性角度和从对钢材力学性能要求的角度来选择热处理工艺时往往是有矛盾的。如选定较低的奥氏体化温度对减小回火脆性敏感性有利，但奥氏体化温度太低将会使力学性能，特别是屈服强度下降太多。所以只能选择一个既能满足设计对力学性能要求，又能满足抗回火脆性需要的综合性能优越的热处理工艺。

（3）采用热态型的开停工方案

当设备处于正常的操作温度下时，是不会发生由回火脆性引起的破坏的，因为这时的温度要比钢材的脆性转变温度高得多。但是，像 $2\frac{1}{4}$Cr-1Mo 钢制设备在经长期的使用后，若有回火脆化，包括母材、焊缝金属在内，其转变温度都有一定程度的提高。在这种情况下，于开停工过程中就有可能产生脆性破坏。因此，在开停工时必须采用较高的最低升压温度。这就是热态型的开停工方法。即在开工时先升温后升压，在停工时先降压后降温。在 20 世纪 70 年代中期，根据当时生产 $2\frac{1}{4}$Cr-1Mo 钢的实际水平（J 系数的平均值一般为 150～200），曾有人提出先将温度升到 93℃（200℉）以后再升压的建议[12]。近年来，由于钢材和焊材的冶炼制造技术都有很大进步，材料的纯洁度大有提高，且钢材的 J 系数一般已降至100 以下，焊材的（X）系数也多半在 $10\mu g/g$ 左右，所以最低的升压温度还有可能适当降低，这既可满足安全需要，又可缩短开停工时间。当然，要准确地计算加氢反应器的最低加压温度，目前还有一定的困难。因为还没有建立起能正确求得材料长期使用后的 $vTrs$ 的方

法。不过国外已有人提出参照过去的实际经验，根据阶梯冷却脆化数据来推算材料经过使用后的 $vTrs$ 的增量（与 J 系数有关），然后再对裂纹形状、作用应力等作一定假设，就可求出材料在任意温度下的 K_{IC}。图 12-3-26 就是按上述思路绘制出的 $2\frac{1}{4}$Cr-1Mo 钢制压力容器的安全分析图例[13]。从此图中可见，根据确定的材料 J 系数值（由 J 系数查有关图表可求出长期使用后的 $vTrs$-A.S）和假想裂纹深度及已知的 σy（上平台温度下的条件屈服极限强度，可用室温下的屈服极限代替）、 $vEus$（2mmV 型缺口冲击试验上平台的吸收功，由 $vEus$ 参照 Rolfe-novak 经验式可求出 K_{IC}-us——达到上平台温度下的 K_{IC}）等有关数据，分别从图中的（a）部分和（d）→（c）部分引线至（b）部分，两直线在（b）部分的交点所示温度就可以算作所求部件的最低升压温度。按此方法，求得设备各部分的温度后，选其中最高温度作为升压温度，就可避免低温区的脆性破坏。

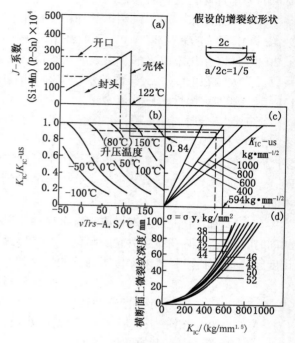

图 12-3-26　安全分析图

（4）控制应力水平和开停工时的升降温速度

已脆化了的钢材要发生突然性的脆性破坏是与应力水平和缺陷大小两个因素有关的。当材料中的应力值很高时，即使很小的缺陷也可以引起脆断。因此应将应力控制在一定的水平以内。一般认为，如果应力值不超过材料屈服强度的 20%，脆断的可能性是很小的[14]。另外在开停工时也要避免由于升降温的速度过大，使反应器主体和某些关键构件形成不均匀的温度分布而引起较大的热应力。当温度小于 150℃时，升降温速度以不超过 25℃/h 为宜。

（六）奥氏体不锈钢堆焊层的氢致剥离

1. 堆焊层氢致剥离现象的特征

加氢裂化装置中，用于高温高压场合的一些设备（如反应器），为了抵抗 H_2S 的腐蚀，在内表面都堆焊了几毫米厚的不锈钢堆焊层（多为奥氏体不锈钢）。1974 年在前述日本损坏的那台反应器上就发现了堆焊层剥离的问题，并开展试验研究，1980 年公开发表研究报告，引起不少国家重视，开展了许多试验研究后，一般认为堆焊层剥离现象有如下主要特征：

1）堆焊层剥离现象也是氢致延迟开裂的一种形式。

高温高压氢环境下操作的反应器，氢会侵入扩散到器壁中。由于制作反应器本体材料的 Cr-Mo 钢（如 $2\frac{1}{4}$Cr-1Mo 钢）和堆焊层用的奥氏体不锈钢（如 Tp.309 和 Tp.347）的结晶结构不同，因而氢的溶解度和扩散速度都不一样，使堆焊层界面上氢浓度形成不连续状态，如图 12-3-27 所示。而且由于母材的溶解度与温度的依赖性更大，当反应器从正常运行状态下停工冷却到常温状态时，氢在母材中溶解度的过饱和度要比堆焊层大得多，使在过渡区（系堆焊金属被母体稀释引起化学成分变化的区域）附近吸收的氢将从母材侧向堆焊层侧扩散移动。而氢在奥氏体不锈钢中的扩散系数却比 Cr-Mo 钢小，所以氢在堆焊层内的扩散就很慢，导致在过渡区界面上的堆焊层侧聚集大量的氢而引起脆化，使过渡区氢致开裂的临界应力强度因子 K_{IH} 比起堆焊层和母材都要低得多，如表 12-3-1 所示[15]。

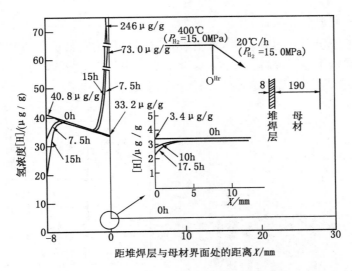

图 12-3-27　在正常运行和停工冷却过程（氢压 15.0MPa）
反应器器壁中的氢浓度分布（计算值）

表 12-3-1　反应器器壁吸收氢条件下的 K_{IH}

材料	加氢条件	吸收氢量/（μg/g）	K_{IH}/（kg/mm$^{1.5}$）
堆焊层（Tp. 347）	425℃ 13.73MPa H$_2$		109.3
堆焊层（Tp. 308）	425℃ 13.73MPa H$_2$		125.3
过渡区	450℃ 14.71MPa H$_2$	3.1（母材侧）	15~20
2¼Cr-1Mo 钢 （$\sigma_b = 1108.2$MPa）	454℃ 17.16MPa H$_2$	4~5	75.8
2¼Cr-1Mo 钢 （$\sigma_b = 686.5$MPa）	454℃ 17.16MPa H$_2$	4~5	283.4

　　另外，由于母材和堆焊层材料的线膨胀系数差别较大，在反应器制造时会形成相当可观的残余应力。据测试结果，堆焊层界面上的正拉伸残余应力可达 137.3~205.9MPa[16]。还有，由于过饱和溶解氢结合成分子形成的氢气压力也会产生很高的应力。

　　上述这些原因就有可能使堆焊层界面发生剥离，而且经过超声检测和声发射试验的监测，发现剥离并不是从操作状态冷却到常温时就马上发生，而是要经过一段时间以后（需要一定的孕育期）才可观察到这种现象。

　　2）从宏观上看，剥离的路径是沿着堆焊层和母材的界面扩展的，在不锈钢堆焊层与母材之间呈剥离状态，故称剥离现象，如图 12-3-28 所示。

　　3）从微观上看，剥离裂纹发生的典型状态有沿着熔合线上所形成的碳化铬析出区和沿着长大的奥氏体晶界扩展的两大类。

2. 影响堆焊层氢致剥离的主要因素

由于堆焊层的剥离是一种氢脆现象，所以下面一些环境因素和冶金因素都将影响到它的发生和扩展。

（1）氢气压力和温度的影响

在众多影响堆焊层剥离的因素中，操作温度和氢气压力是最重要的参数。由图12-3-29可见，氢气压力和操作温度越高，越容易发生剥离。因为它与操作状态下侵入到反应器器壁中的氢量有很大关系。氢气压力越高、温度越高侵入的氢量越多。

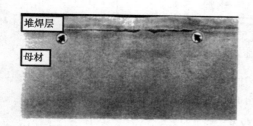

图12-3-28　不锈钢堆焊层剥离形态

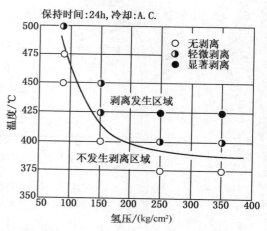

图12-3-29　氢压力与温度对发生剥离的影响

（2）从高温高压氢环境下冷却速度的影响

在高温高压氢气中暴露后，其冷却速度越快，越容易产生剥离。因为冷却速度的快慢将对堆焊层过渡区上所吸藏的氢量有很大影响。表12-3-2列出了一组不同冷却速度对剥离影响的试验数据。可见冷却速度大时发生了剥离，比较小时都不剥离。墨西哥有一炼油厂的加氢裂化装置的反应器着火时，不适当地采用了消防水龙头软带喷水急剧降温造成下部筒节大面积剥离也是个例证。

表12-3-2　冷却速度对氢致剥离的影响

冷却速度/ （℃/h）	剥　离[①]	氢浓度/（μg/g）		试　验　条　件
		堆焊层	母　材	
AC（≈200）	▲	37.0	2.9	
100	△	30.2	2.5	
50	△	36.2	2.0	
25	△	33.0	2.2	

① △—无剥离；▲—发生剥离。

（3）反复加热冷却的影响

当堆焊层过渡区吸藏有氢的情况下，反复加热冷却的次数越多，越容易引起剥离和促进剥离的进展。因为堆焊层材料与母材之间的线膨胀系数差别很大，反复地加热冷却会引起热应变的累积，已有实验证明，它可对剥离产生上述影响。

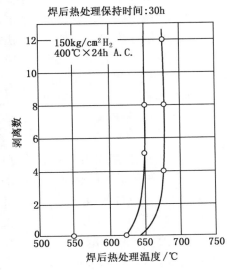

图 12-3-30　焊后热处理温度对
Tp. 309 堆焊层抗剥离性能的影响

（4）焊后热处理的影响

焊后热处理对剥离也是一个很重要的影响因素。随着焊后热处理的进行，在堆焊层过渡区上会有化学组成和显微组织的变化。因为母材和堆焊材料的化学成分不同，在堆焊时，一般在熔合线附近都会发生 C、Cr、Ni、Mn、Si、Mo 等的扩散迁移。如由于两者间存在着 Cr 的浓度差，因而在熔合线附近形成了碳化铬析出层，而且在其结晶晶界上也有碳化铬析出。焊后热处理温度越高，碳化铬析出层就更宽，将使材料的抗剥离性能明显下降。从图 12-3-30 上就可看到此趋势。

（5）焊接方法和焊接条件的影响

在对影响堆焊层剥离因素的研究中，发现焊接方法和焊接条件也有关系。但至今有些看法或实验结果还不完全统一。就焊接条件来说，已有实验证明采用高焊速大电流可以获得良好的抗剥离能力，或者说不产生剥离，如图 12-3-31 所示[17]。这是因为采用高焊速大电流焊接，其不锈钢焊接金属的稀释率较大，母材与不锈钢之间的化学成分的梯度较缓和之故。总之，只要能获得细晶的显微结构就能有好的抗剥离性能。

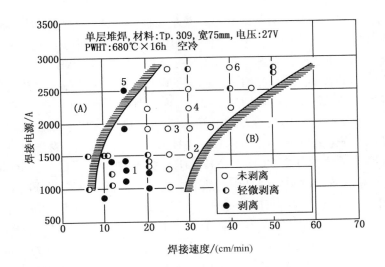

图 12-3-31　焊接参数对剥离的影响
A 区和 B 区分别为形成不合适的焊接形状和焊道过多的搭接和凸起的焊接条件

3. 堆焊层氢致剥离损伤实例

对于在设备内表面堆焊有奥氏体不锈钢的情况，由于氢的作用，在界面上可能发生剥离的问题，国外 20 世纪 70 年代中期在实验室的试验中就确认了。但在实际压力容器上发现剥离裂纹是对前面提到的日本那台产生严重回火脆化的反应器用超声从内外表面检测时才发现的。并取样作了大量试验研究，于 1980 年在国际会议上公开发表研究报告，提出这种损伤现象。其后又对在用的 38 台加氢裂化反应器等设备进行检测，发现 19 台有剥离裂纹存在。剥离面积最小的只有 1%，剥离面积最大的是南非 Natref 公司萨索尔堡炼油厂的加氢裂化反应器，达到了 30%，我国茂名石化公司 1980 年引进的加氢裂化装置，反应器也发现有剥离裂纹。产生剥离的反应器一般都在继续使用，因为这些剥离状态仅仅是平行于堆焊过渡区并沿着靠近熔合线附近的粗大晶界发生的，对反应器的功能还不产生影响。但是，剥离要是大范围扩展，还是可能导致所连接的内件脱落[15]，所以对此损伤仍要给予重视。

4. 防止堆焊层氢致剥离的对策

依上所述，可以将引起堆焊层剥离的基本因素归结为：① 界面上存在很高的氢浓度；② 有相当大的残余应力存在；③ 与堆焊金属的性质有关。因此，凡是采取能够降低界面上的氢浓度，减轻残余应力和使熔合线附近的堆焊金属具有较低氢脆敏感性的措施对于防止堆焊层的剥离都是有效的。比如对于以前采用较多的 2¼Cr-1Mo 钢堆焊 Tp. 309L+Tp. 347 的设备，近年在制造中认为采用大电流高焊速的堆焊条件较好。因为它与采用一般的堆焊方法在熔合线附近所形成的堆焊金属的显微组织与结构，形成的残余应力及其对氢的有关性质等都不同。对于焊后热处理条件，也宜在满足反应器其他各种性能要求的前提下，尽量优化焊后热处理参数，使在熔合线附近和奥氏体晶界上析出较少的碳化铬。在操作中应严格遵守操作规程，尽量避免非计划的紧急停车，以及在正常停工时要采取使氢尽可能释放出去的停工条件，以减少残留氢量。

（七）H_2S-NH_3-H_2O 型腐蚀

1. H_2S-NH_3-H_2O 型腐蚀特征

加氢裂化装置进料中常含有的硫和氮以及难以避免的氯（有机或无机氯的化合物），经加氢之后，在其反应流出物中就变成了 H_2S、NH_3 和 HCl 腐蚀介质，且互相将发生反应生成硫氢化铵和氯化铵，即 $NH_3+H_2S \longrightarrow NH_4HS$；$NH_3+HCl \longrightarrow NH_4Cl$。在加氢裂化装置中 NH_4HS 在大约 49~66℃ 时结晶，NH_4Cl 在大约 177~230℃ 时结晶，具体的结晶温度可根据相关组分分别参照图 12-1-25 和图 12-1-26 估算。因而此流出物在位于高压换热流程后面的高压换热器、高压空冷器内被冷却过程中，常在换热管内和下游管道中发生固体的 NH_4HS、NH_4Cl 盐的沉积、结垢。由于 NH_4HS、NH_4Cl 能溶于水，一般在空冷器的上游注水予以冲洗，这就形成了值得注意的 H_2S-NH_3-H_2O 型腐蚀。此腐蚀发生的温度范围在 38~204℃[18]，正好是装置中注水后的高压换热器、高压空冷器、冷高压分离器的通常使用温度区间。H_2S-NH_3-H_2O 型腐蚀对于碳钢材料，表现出氢鼓包（HB）、硫化物应力腐蚀开裂（SSCC）、氢致开裂（HIC）、氢应力导向开裂（SOHIC）以及局部腐蚀。关于碳钢预防氢鼓包（HB）、硫化物应力腐蚀开裂（SSCC）、氢致开裂（HIC）、氢应力导向开裂（SOHIC）的措施详见本章第一节冷高分。对于局部腐蚀，一般多发生在高流速或湍流区及死角的部位（如管束入口或转弯等部位）。

2. 影响 H_2S-NH_3-H_2O 型局部腐蚀的主要因素

美国腐蚀工程师协会（NACE）在 1975 年就曾对几十套加氢裂化和加氢脱硫等装置的反

应流出物空冷器在使用中的腐蚀情况进行详细调查、1996 年 Uncoal/UOP 对其专利工艺装置的反应流出物空冷器及其连接管道系统的腐蚀影响因素及其经验进行了深入调查后认为，影响 $H_2S-NH_3-H_2O$ 型局部腐蚀的主要因素有：① 硫氢化铵 NH_4HS 的浓度，浓度越大，腐蚀越严重。一般认为高分水中硫氢化铵 NH_4HS 的浓度低于 2.0% 时，对碳钢的腐蚀很小。当高于 8% 时，局部腐蚀就比较严重。介质中硫氢化铵 NH_4HS 的浓度取决于氨和硫化氢的浓度，因此当物流中氨和硫化氢的浓度越高时，其腐蚀也越大；②管内流体的流速越高，腐蚀趋剧烈；当然流速过低，会使铵盐沉积，导致管子的局部腐蚀；③氯的存在（主要是随原料油和氢带入）将产生更为严重的氯化铵 NH_4Cl 腐蚀，特别是会产生点腐蚀、应力腐蚀和不锈钢的晶间腐蚀。为防止氯的影响，一般规定装置原料油氯含量不超过 $1\mu g/g$。对于原料油氯含量超过 $2\mu g/g$，选材时需要考虑严重的 NH_4Cl 腐蚀影响；④某些介质如氰化物的存在，对腐蚀将产生强烈影响，氧的存在（主要是随着注入的水而进入）也会加速腐蚀等。

3. 在各种影响因素条件下的腐蚀状况

表 12-3-3 是国外一些反应流出物高压空冷器在上述各主要影响因素条件下的腐蚀状况。

表 12-3-3　不同条件下的空冷器腐蚀状况

实例	入口温度/℃	出口温度/℃	总进料中腐蚀介质组成						管内流速/（m/s）	管子材料	管子使用寿命
			NH_3/%（摩）	H_2S/%（摩）	Kp[①]	氯化物/（$\mu g/g$）	氰化物	氧			
1	177~204	38~60	0.2	1.8	0.36	6	无	无	3.6	碳钢	已用 13 年，估计还可用很长时间
2	154	49	0.108	7.38	0.80		有	有	6.4	碳钢	仅用一个月，U 形弯管处发生冲腐蚀破坏
3	135~157	46	0.46	0.94	0.44	3	有	无	6.4	碳钢	使用 5 年
4	133	49	0.0243	3.53	0.086				11.2~15.2	碳钢	仅用 1.5~2 年，U 形管处发生冲刷腐蚀破坏
5	143	43	0.3	6.0	1.8		无	无	6.1~9.1	碳钢	仅用 1 年
										Incoloy 800	至调查时已用 3 年，还可长期使用

① $Kp = [NH_3] \cdot [H_2S]$。

4. $H_2S-NH_3-H_2O$ 型腐蚀的控制与防止

加氢装置中 $H_2S-NH_3-H_2O$ 型腐蚀因设备和操作条件的差异不同，采用的控制与防止措施也不尽相同。

（1）冷高压分离器

除 NH_4HS 浓度高于 8% 或存在较高的氯的影响，采用堆焊 304L 或 316L、以及 625 合金的控制与防止措施外，其他情况见本章第一节的第四部分冷高压分离器。

（2）高压空冷器

高压空冷器的腐蚀是一个很复杂的现象，非由某个或几个参数所能确定的，有时要同时采取多种措施才可控制与防止。一般来说，除了在第一节的第三部分（高压空冷器）中所提到的一些措施外，对于选用碳钢材质时，控制好以下使用条件是至关重要的：① 总进料中

的 NH_3 的摩尔分数与 H_2S 的摩尔分数的乘积（称 Kp 系数）必须小于 0.5，最好小于 0.3；② 管内流体的流速应控制在 4.6~6.1m/s 范围内；③ 尽力减少如氰化物、氧等其他能促进腐蚀的介质（组成）的含量。由于高压空冷器的腐蚀影响因素太多，而实际生产中原料油的劣质化愈来愈重，因此近年来对于反应流出物高压空冷器或相近条件的热高分气空冷器的选材采用 825 合金的较为普遍，对于氯含量较高的装置采用 625 合金。

（3）高压换热器

因高压换热器基本上都是都是 U 形管式换热器，不能在结构上避免回弯头，因此对于长期存在 $H_2S-NH_3-H_2O$ 型腐蚀风险的换热器，一方面采用 2205 双相钢或 825 合金，另一方面要控制反应流出物侧的流速不宜超过 6.1m/s。对于采用 2205 双相钢的，应控制操作温度在 300℃ 以下。实际装置中临时注水洗盐的一些换热管采用 1Cr-0.5Mo 或 1¼Cr-0.5Mo 材料的换热器，也有比较满意的使用寿命。在加氢反应流出物存在 $H_2S-NH_3-H_2O$ 型腐蚀风险的换热器，不宜采用奥氏体不锈钢做换热管。

三、关于加氢反应器用 Cr-Mo-V 钢

（一）概况

加氢裂化和加氢脱硫装置中所用的反应器等高温高压设备，在 20 世纪 90 年代末期之前大多都是采用 2¼Cr-1Mo 钢制造。此类设备在高温高压氢苛刻环境下的长期运转中曾发生过如前述的氢腐蚀、氢脆、回火脆性以及堆焊层剥离等各种材料损伤问题。尽管一些问题在加氢设备技术发展过程中经过大量研究，从工程应用上已得到解决，但有的损伤（如堆焊层剥离）发现较晚，仍然在研究之中。此外，由于重质或超重质油裂化和煤液化等新工艺的出现使加氢设备的使用条件更趋高温高压化。原用的材料也难以适应发展的需要。同时，为了提高经济性，装置都向大型化发展，随之而带来的设备大型化，若仍采用原来的 Cr-Mo 钢，将会使设备壁厚很厚，而给制造、运输带来困难。因为这些材料在 450℃ 以上设计用来确定容器壁厚的材料最大许用应力值是受蠕变断裂强度控制的。在超过 450℃ 的高温区，其值急剧下降，如图 12-3-32 所示。因此也希望材料能有更高的强度，尤其是高温蠕变强度。在这种背景下，从 20 世纪 80 年代初开始，美国和日本几乎是同时开展了高温高压加氢反应器用新 Cr-Mo 钢材料的开发，并取得成功，已在工业装置的设备上采用。这是加氢反应器等设备技术的又一进步，国外有人认为它将加氢反应器技术推进到了一个新时代。

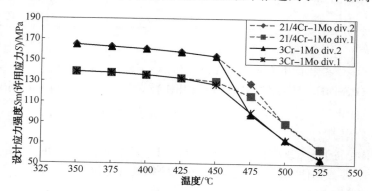

图 12-3-32   ASME 规定的 2¼Cr-1Mo 和 3Cr-1Mo 钢的最大许用应力值

（二）新 Cr-Mo 钢材料的开发

为了满足前面所说的需求，加氢反应器等设备用新 Cr-Mo 钢材料的开发是以下面几点

作为开发目标的:

1) 提高钢材的设计许用应力值(包括室温的抗拉强度及要有较高的蠕变断裂强度),以适应大型化的需要;

2) 更好的对环境强度的适应性(包括提高现有钢材的抗氢腐蚀、氢脆、回火脆性、堆焊层剥离的能力及更优的韧性),以满足更趋高温高压化氢环境的使用条件;

3) 好的加工工艺性能(包括更高的淬透性和好的可焊性等);

4) 低的成本。

为达到上述目标,主要通过两种途径来进行:一是通过改变原钢号的热处理条件,如所开发的增强型 $2\frac{1}{4}$Cr-1Mo 钢,就是把标准规定的原 $2\frac{1}{4}$Cr-1Mo 钢的回火温度由 675℃ 降低到 620℃(化学成分不变),从而使抗拉强度 σ_b 由原来的 515~690MPa 提高到 585~760MPa;二是在原钢号的基础上添加某些合金元素来达到所需的性能,主要是改进型 3Cr-1Mo 和改进型 $2\frac{1}{4}$Cr-1Mo 钢,也称为铬钼加钒钢或 Cr-Mo-V 钢,即在 3Cr-1Mo 基础上添加 V、Ti、B、Cb、Ca 等形成的 3Cr-1Mo-$\frac{1}{4}$V 钢,以及在 $2\frac{1}{4}$Cr-1Mo 钢基础上添加 V、Ti、B、Cb、Ca 等形成的 $2\frac{1}{4}$Cr-1Mo-$\frac{1}{4}$V。他们的共同点就是以原有的化学成分为基础,添加 0.2%~0.3% 的 V 等元素来达到高强度化,并且考虑到高温强度或淬透性及可焊性等性能,而在规定的范围内添加了 Cu、Ni、Nb、Ti、B、Ca 及 REM 元素等[19]。

这些新开发的材料,先后都被美国的 ASME 或 ASTM、日本的 JIS、英国的 BS5500、德国的 VdTüV 等一些国家标准所认可或纳入其中。并被用于制造工业装置的加氢反应器,因 $2\frac{1}{4}$Cr-1Mo-$\frac{1}{4}$V 钢受配套焊材研制的影响,实际应用较为晚些。但因 $2\frac{1}{4}$Cr-1Mo-$\frac{1}{4}$V 钢在高温下的最大许用应力比 3Cr-1Mo-$\frac{1}{4}$V 钢高不少,如在 450℃ 下,高约 12%,所以自从 $2\frac{1}{4}$Cr-1Mo-$\frac{1}{4}$V 钢成功应用以后,就得到更广泛的推广。Cr-Mo-V 钢虽然添加了某些合金元素,钢材单重价格要比常规钢稍贵,但由于它的强度比常规 $2\frac{1}{4}$Cr-1Mo 钢高很多,可使设备轻量化,其结果按同样设计条件(温度、压力、内径、高度)制造出的设备其所需费用基本上是相当的。然而,Cr-Mo-V 钢的抗环境强度性能却比常规钢优越得多,使得使用安全性更加可靠。

(三) 新 Cr-Mo 钢材料的优点

Cr-Mo-V 钢等研制成功后,之所以能很快地推广开来,主要是由于它的开发具有很明确的针对性,即为了解决或完善加氢反应器等设备原采用的 $2\frac{1}{4}$Cr-1Mo 钢在使用中存在的问题以及为了适应新加氢工艺发展的需要。具体地讲,新 Cr-Mo 钢材料具有如下优点:

1. 高强度

通过降低原 $2\frac{1}{4}$Cr-1Mo 钢的回火或焊后热处理条件或在原 Cr-Mo 钢中添加 0.2%~0.3% 的 V(在一定 Mn 含量下)等元素使新开发的 Cr-Mo 钢达到高强度化的目的。一般来说,常温抗拉强度都是随着回火参数的增大而降低,反之就可提高强度,另外在原 Cr-Mo 钢中添加 V 可提高钢的高温强度和蠕变断裂强度。这是由于析出了稳定的很细微的钒的碳化物所致。图 12-3-33 是

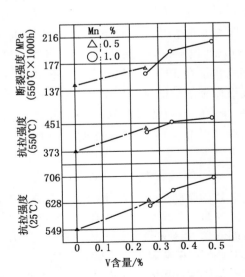

图 12-3-33 钒含量对 3Cr-1Mo 钢强度性能的影响
淬火时的冷却速度:30℃/min

3Cr-1Mo 钢的常温强度、高温强度、蠕变断裂强度随含 V 量的增加而提高的情况。图 12-3-34 反映出新开发 Cr-Mo 钢比常规钢的蠕变断裂强度有较大的提高，特别是加钒钢更明显。表 12-3-4 是加氢反应器常用的几种 Cr-Mo 钢在 ASME 规范 2010 版中规定的最大许用应力（Sec. Ⅷ，Div. 2 和 Sec. Ⅷ，Div. 1）。由表可知，按 Div. 2 在 450℃时 2¼Cr-1Mo-¼V 钢比 2¼Cr-1Mo 钢提高了 33%；温度更高时，提高更明显。如在 475℃下，2¼Cr-1Mo-¼V 钢的最大许用应力值比 2¼Cr-1Mo 钢提高了 35%。

表 12-3-4　加氢反应器常用的几种 Cr-Mo 钢的最大许用应力值

金属温度/ ℃	最大许用应力 S_m/MPa				
	2¼Cr-1Mo	3Cr-1Mo	Enh. 2¼Cr-1Mo	2¼Cr-1Mo-¼V	3Cr-1Mo-¼V
350	165（139）	165（139）	210（159）	244（159）	239（149）
375	163（138）	163（138）	208（158）	240（157）	234（147）
400	161（136）	161（136）	205（156）	235（153）	229（145）
425	158（133）	158（133）	202（151）	231（149）	223（144）
450	154（130）	154（127）	197（142）	205（145）	183（141）
475	128（116）	98.2（100）	119（133）	173（141）	153（139）
500	88.4（89.4）	73.5（72.8）		143（137）	125（136）
525	64.0（64.3）	54.7（54.9）			

注：括号外是 Dic. 2 给出的最大许用应力值，括号中的数值系 Div. 1 的最大许用应力值。

对于一套单系列的 2Mt/a 渣油加氢脱硫装置的反应器来说，采用 2¼Cr-1Mo-¼V 钢时，较之于 2¼Cr-1Mo 钢反应器总吨位大约可减轻 1000t。

2. 添加 V 的 Cr-Mo 钢对环境强度的适应性明显改善

（1）抗氢腐蚀性能大幅度提高

由于氢腐蚀是氢在高温下侵入钢中，和钢中不稳定的碳化物的碳发生化学反应，形成甲烷气泡的结果。可见金属碳化物的分解是很主要的因素，它对整个氢腐蚀现象的发生起着支配作用。钢中的合金成分和钢的热处理条件对钢中碳化物的稳定性是很敏感的。以合金成分来说，凡是在钢中能形成很稳定碳化物的元素就可使碳的活性降低。已有试验证明，当铬的含量增加时，析出碳化物将从 Fe_3C、Mo_2C 向 M_7C_3、$M_{23}C_6$ 稳定型碳化物转变（见图 12-3-35）。所以随铬含量的增加，抗氢腐蚀性能增强。从图中也可见，对于添加 V、Ti、B 钢，当铬含量在 3% 以下时，具有阻止 Mo_2C 析出的作用，并形成了热稳定性高的碳化钒，且它又极微细地分散于基体中。在观察暴露于高温氢中的试样所形成的气泡时也发现，添加 V、Ti、B 的 3Cr-1Mo 钢的母材和热影响区试样上，气泡形成的密度都很小，表明抗氢腐蚀性能大幅度提高。已有实验证明，添加 V、Ti、B 的 Cr-Mo 钢，抗氢腐蚀性能约提高 50℃ 以上[20]。

（2）抗氢脆性能得到改善

在高温高压氢中操作的反应器等设备，曾出现的氢脆问题，是与钢的强度和钢的组织有关。已有不少试验表明，在 Cr-Mo 中只要添加 0.2% 以上的钒时，对于抑制氢脆就可取得显著的效果。这从图 12-3-36 中就可看出。此效果是由于钒加到钢中形成了极微细的碳化物（VC），它在常温下具有较强的捕集钢中可扩散氢的作用。同时由于这种碳化物又微细地分散于基体中，则作为氢陷阱的碳化物界面面积就增多了，捕集的氢也就更多，这从图 12-3-38 也可看出。图 12-3-37 所示，随着钒含量的增加，尤其达 0.25% 以上时，氢的散逸率显著下降也可说明是微细 VC 对氢捕集的结果。而且添加钒的 2¼Cr-1Mo 钢及 3Cr-1Mo 钢，它的捕集作用一直可到 300℃ 以上才消失；而常规 Cr-Mo 钢仅在 100℃ 左右就消失了，就是在室温时也表现出很小的捕集浓度，这从图 12-3-38 中就可看得很清楚[21]。

在断裂力学试验中也看到，在同样的氢分压下，$2\frac{1}{4}$Cr-1Mo 钢随着充氢温度的增加，其断口由准解理型发展为晶间型，临界应力强度因子 K_{IH} 明显下降；可是加钒钢，在较高的充氢温度下，其断口仍为准解理型，临界应力强度因子 K_{IH} 明显比 $2\frac{1}{4}$Cr-1Mo 钢高的事实（见图 12-3-39），也说明添加钒的 Cr-Mo 钢材的抗氢脆性能得到明显改善。

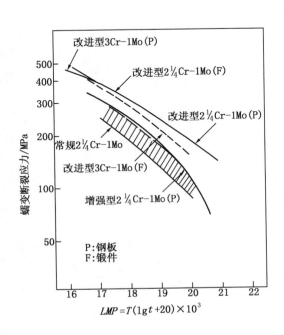

图 12-3-34　高强 Cr-Mo 钢的蠕变
断裂强度与回火参数的关系

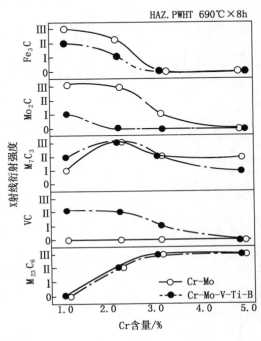

图 12-3-35　Cr 含量对析出碳化物类型的影响
强度：Ⅲ—强；Ⅱ—中；Ⅰ—弱；0—无

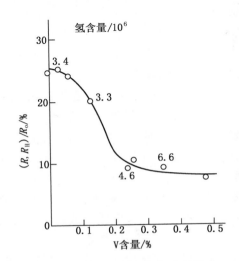

图 12-3-36　V 的添加对氢脆的影响
R_0、R_H 分别代表材料试样在充氢前后的断面收缩率

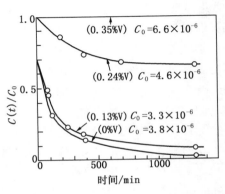

图 12-3-37　V 含量对 $2\frac{1}{4}$Cr-1Mo 钢氢
散逸率的影响（在 66℃ 时）

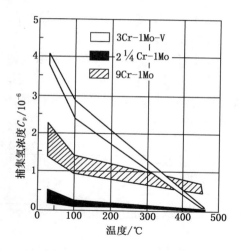

图 12-3-38　不同 Cr-Mo 钢捕集氢能力

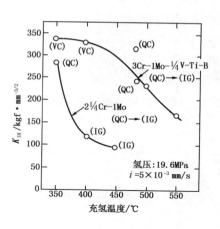

图 12-3-39　充氢温度对 $2\frac{1}{4}$Cr-1Mo 钢和
3Cr-1Mo-$\frac{1}{4}$V-Ti-B 钢 K_{IH} 的影响

VC—纤维空隙；QC—准解理裂纹；IG—晶间裂纹

（3）具有更好的抗高温回火脆化性能

虽然在长期的研究中，通过采用先进的冶炼工艺可控制对回火脆化影响很大的钢材的某些合金成分和杂质元素含量，从而在工程应用上解决了 Cr-Mo 钢的回火脆化问题。但是，加钒钢的抗回火脆化性能比常规 $2\frac{1}{4}$Cr-1Mo 钢还要好。如图 12-3-40 所示的是加钒 Cr-Mo 钢所表现出的抗回火脆化的优越性能。从图可见，无论是板材、锻件还是焊缝金属，在阶梯冷却试验前后的转变温度增量几乎是零（常规 $2\frac{1}{4}$Cr-1Mo 钢约为 30℃），这是由于钒的合金化作用的结果。

（4）优越的抗奥氏体不锈钢堆焊层的氢致剥离性能

从引起奥氏体不锈钢堆焊层剥离的因素来看，凡是影响堆焊层界面上氢分布和显微组织的参数都会对剥离的敏感性产生影响。氢分布场取决于使用条件（温度、氢分压）、堆焊层与母材的氢扩散率、溶解度和厚度以及反应器的冷却速度等；界面的显微组织与母材和堆焊层的成分有关（当然还与焊接参数和 PWHT 条件有关）。所以要提高抗剥离能力，仅仅从焊接方面（包括焊材）去处理是不够的，还很有必要从母材方面也进行改进。新开发的加钒 Cr-Mo 钢正体现了这一特色。特别是加钒 Cr-Mo 钢（堆焊 Tp.347 不锈钢）比常规的 $2\frac{1}{4}$Cr-1Mo 钢（堆焊 Tp.347 不锈钢）有很优越的抗氢致剥离性能。图 12-3-41 是在高压釜中试验得出的分别堆焊 Tp.347 的 3Cr-1Mo-$\frac{1}{4}$V-Ti-B 钢与 $2\frac{1}{4}$Cr-1Mo 钢发生氢致剥离裂纹的临界氢分压与温度对比曲线。图 12-3-42 是 3Cr-1Mo-V-Cb-Ca 钢在 29.4MPa、600℃的非常苛刻条件进行充氢后，以 150℃/h 的冷却速度冷却仍未观察到各个试件有剥离发生的情况；而常规的 $2\frac{1}{4}$Cr-1Mo 钢在温度大于 450℃时已有剥离现象出现。

这些钢具有优越抗剥离性能的原因是：① 加钒的和常规的 Cr-Mo 钢，其钢中微细析出物的组成、形态、分布等都不一样。如前所述，由于钒的添加，在钢中形成了稳定的微细析出物（VC），它具有捕集氢的能力，而且，母材中 C 的扩散是取决于碳化物的稳定性。热稳定性好的碳化物，是不易发生碳扩散的，它会减轻靠界部的增碳层，从而降低剥离的敏感性。② 由于加钒钢的 VC 具有捕集氢的功效，使得加钒钢的氢溶解度和氢扩散系数与常规

Cr-Mo 钢有很大差别。加钒钢在室温下的氢扩散系数小，氢溶解度大。有人通过试验计算得到 25℃时的加钒与常规 2¼Cr-1Mo 钢的氢扩散系数分别为 1.0×10^{-10} m²/s 和 3.14×10^{-10} m²/s；特定试验条件下得到的室温时的氢溶解度，加钒 2¼Cr-1Mo 钢是常规 2¼Cr-1Mo 钢的 6 倍[22]。由于加钒钢的氢扩散系数小，而氢溶解度大，因此从高温高压氢环境下冷却后，从母材向堆焊境界部扩散的氢浓度比常规钢明显小（见图 12-3-43），所以带来了优越的抗堆焊层氢致剥离能力。

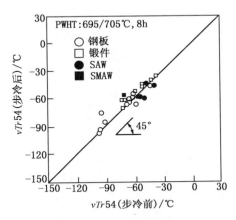

图 12-3-40　改进型 3Cr-1Mo 钢焊接部件
阶冷前后的 $vTr54$

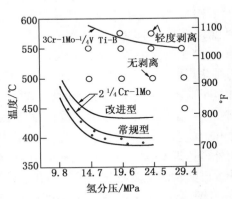

图 12-3-41　堆焊 Tp. 347 的 3Cr-1Mo-¼V-Ti-B
钢与 2¼Cr-1Mo 钢的临界剥离曲线

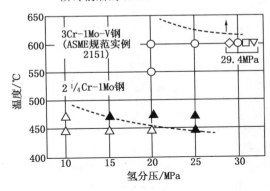

图 12-3-42　3Cr-1Mo-V-Cb-Ca 钢和 2¼Cr-1Mo
钢氢致剥离敏感性对比
3Cr-1Mo-V-Cb-Ca：○—SAW, 75W；□—FCAW；
▽—SMAW；◇—GTAW
2¼Cr-1Mo：△、▲—SAW, 75W
空心符号：无剥离；实心符号：轻微剥离

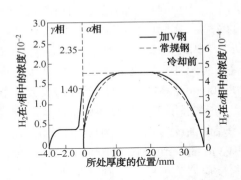

图 12-3-43　在带有堆焊层试样中的氢分布
从 450℃、14.7MPa 氢气氛下冷却至 25℃的状态

（四）我国 Cr-Mo-V 钢材料的生产和应用

我国从 20 世纪 80 年代初开始 2¼Cr-1Mo 热壁加氢反应器国产化研究，1989 年首台由自行设计、研究并用国产材料制造的 2¼Cr-1Mo 锻焊结构热壁加氢反应器顺利出厂，并投入装置运行。在 20 世纪 90 年代国外推出了在传统 2¼Cr-1Mo 和 3Cr-1Mo 钢基础上添加 V 的 Cr-Mo-V 钢后，我国于 1998 年成功开发 3Cr-1Mo-¼V 钢材料，1999 年国内首台 3Cr-1Mo-¼V 钢制国产化加氢反应器诞生，紧接着 1999 年又开发出 2¼Cr-1Mo-¼V 钢，并于 2002 年研制出首台 2¼Cr-1Mo-¼V 钢加氢反应器。国产加钒钢的研制成功，为近十几年来

国内炼油、煤制油加氢技术的大发展作出了贡献，极大地支持了国内石化工程建设对加氢反应器的需要。以此为标志形成了成熟的加氢反应器产业技术。其特点主要表现在：

1）我国加氢设备用钢实现国产化、$2\frac{1}{4}$Cr-1Mo-$\frac{1}{4}$V 的应用发展很快。各种加氢设备用钢，都实现了国产。常用的 $1\frac{1}{4}$Cr-$\frac{1}{2}$Mo、$2\frac{1}{4}$Cr-1Mo 钢，除特厚钢板还有部分引进外，其余钢板、锻件完全国产。3Cr-1Mo-$\frac{1}{4}$V、$2\frac{1}{4}$Cr-1Mo-$\frac{1}{4}$V 钢锻件基本不需进口，而且能提供合格材料的制造厂家数量多，有利于采购比选。但近十几年来，在各种高温、高压、临氢的加氢反应器中，高压、大直径、大厚度、大吨位的高参数加氢反应器，大多采用 $2\frac{1}{4}$Cr-1Mo-$\frac{1}{4}$V 钢制造。据不完全统计，仅中国一重从 2002 年第一台 $2\frac{1}{4}$Cr-1Mo-$\frac{1}{4}$V 钢反应器出厂到 2014 年中，其交付和在制的 $2\frac{1}{4}$Cr-1Mo-$\frac{1}{4}$V 钢反应器共计 198 台、143.4kt。

2）大型化全面进步。体现在反应器的大型化和锻件、钢板材料的厚重化。不仅有中国一重为神华煤制油生产的世界单台重量最重的 2044t 整台加氢反应器，还有内径 5600mm 的板焊加氢反应器。由于制造企业的技术改造，近年国内纷纷投用大型水压机和大型卷板机，如中国一重、上海重工和中国二重在原有 12500t 和 12000t 水压机的基础上，中国一重、中国二重和上海重工又分别新建了的 15000t、16000t、16500t 油压机，且均已投入使用。可提供最大外径达近 6800~7500mm、厚度 400~450mm、最大重量约 250t 的 $2\frac{1}{4}$Cr-1Mo-$\frac{1}{4}$V 筒形锻件。已交付的金陵石化、扬子石化渣油加氢 $2\frac{1}{4}$Cr-1Mo-$\frac{1}{4}$V 锻焊结构加氢反应器内径 5400mm、壁厚 340mm、切线长 15100mm、单台重量 1016t。不仅如此，国内制造企业独辟蹊径，开发出筒节整形机，可将筒节毛坯通过连续碾压，生产出壁厚均匀的、能大大减少锻件毛坯加工裕量的、性能符合锻件要求的、最大外径达 8000mm、最大毛坯重量 180t 的大型筒节。大型卷板机的投用，使国内具备了生产 250mm 或更厚 $2\frac{1}{4}$Cr-1Mo 钢板焊加氢反应器的能力，实际已提供 182mm 厚板焊式热壁加氢反应器。同时钢板的国产化也取得了很大进步，利用舞阳钢厂研制的 198mm 厚的 $2\frac{1}{4}$Cr-1Mo 钢板，已成功用于长岭渣油加氢装置的热高压分离器，解决了 200mm 厚度级的板焊加氢反应器的钢板供应，使我国成为国际上能提供 200mm 厚度的加氢厚钢板的少数几个国家之一。

3）掌握了工厂和现场大型加氢反应器制造成套技术。以中国一重制造的单台重量 2044t 神华煤制油反应器，1700t 广西石化加氢裂化反应器，金陵石化、扬子石化内径 5400mm、壁厚 340mm、切线长 15100mm、单台重量 1016t 渣油加氢锻焊结构加氢反应器为标志的大型加氢反应器，可根据用户所在地区的运输条件，灵活确定是采用工厂制造还是采用现场组焊。解决了我国内陆地区建设大型石化装置时遇到的大型设备的运输困难。同时培育出中国一重、中国二重、上海锅炉厂、兰州石油机械厂、抚顺机械厂、南京大化机等为代表的一批加氢反应器制造企业，保证了近年来国内石化建设高峰对加氢反应器的供应。开发了世界一流的材料、加工、内壁堆焊、主焊缝焊接、热处理、无损检测等一系列制造技术。普遍掌握了内壁单层、双层堆焊技术既满足了使用要求，又可以节省工期和制造成本；反应器除个别接管对接焊缝外基本实现了 100% 的自动焊，有效地保证了焊缝的质量；掌握了带堆焊的 90°整体弯管技术，进一步减少了反应器焊缝数量；在无损检测方面，普遍应用 TOFD 检测技术对部分主焊缝实现了灵敏、高效、绿色检测。

4）掌握了满足各种炼油工艺要求的加氢反应器的工程设计应用技术。大型加氢反应器由于高温高压、临氢的苛刻条件，一般均采用了以应力分析为基础的分析设计方法，目前国产加氢反应器壳体基本上都是按 JB4732—1995 版或 2005 确认版设计的。加氢反应器大多采用国内开发的内构件，通过与催化剂技术相匹配，经实际装置应用考核，从床层截面温度分布测量数据以及产品质量和催化剂的使用寿命等方面，都反映出国内加氢内构件基本达到国外同类反应器所用内构件的技术水平，满足了工艺的需要。各个使用单位积极摸索、严格管理，掌握了加氢裂化、渣油加氢、煤制油加氢反应器床层温度控制、防止飞温等设备操作、维护、在役检测等工程技术，有效地保障了装置的正常运行。

第四节　转动机械

一、概述

加氢裂化装置中的转动机械主要包括新氢压缩机、循环氢压缩机、进料油泵、循环油泵以及其他各类机泵。

每套加氢裂化装置中转动机械的应用和装置采用的工艺流程有关，如根据装置工艺所要求的反应压力以及新氢（补充氢）的来源及其压力等级来决定是否采用新氢压缩机以及该机的规格。循环油泵的采用则取决于是否采用未转化油的循环流程。用于回收功率的液力透平则通过技术经济的分析来决定其取舍。

加氢裂化装置中的转动机械，特别是以氢气为介质的新氢和循环氢压缩机，高温高压的循环油泵均是装置的关键设备，对装置的生产平稳及操作周期有重要作用。因而对转动机械的选型和配置必须十分重视。

新氢压缩机：因压缩介质为纯度 96%~99% 的纯氢，且压力比较大，均采用往复式压缩机，通常由增安型同步无刷励磁电动机驱动。

往复式压缩机应考虑备用。可根据压缩机的参数、工艺流程的要求以及技术经济的对比分析确定采用何种备用方式。

循环氢压缩机一般为离心式，为适应装置操作多工况的要求采用蒸汽轮机驱动，调节转速以满足要求。

对较小的装置，当循环氢气量不适宜选用离心式时可考虑选用往复式。

离心式压缩机不考虑备用机组。

工艺用泵一般均采用离心泵，进料油泵及循环油泵因其温度高、差压大，多采用筒形多级泵。一般均按 100% 备用考虑。

加氢裂化装置转动机械的选型、结构及材料规范的选用，控制及辅助设施的设置都涉及到生产操作的安全、高效、先进及可靠，因而均选择美国石油学会（API）为各类转动机械所制定的标准及规范作为首选项。

二、氢气压缩机

（一）氢气及其压缩

1. 氢气

氢气是最轻的化学元素，是无色、无味、无臭的气体。密度最小（空气的 1/14.5）。化学性质较活泼，能燃烧，易与许多金属和非金属直接化合，自然界的氢主要存在于化合物中，如水、碳氢化合物等。

加氢裂化装置即是将原料油在一定的温度压力氢气和催化剂作用下，将原料油的大分子转化为小分子的过程，在此过程中须耗用一定量的氢气，通常由新氢压缩机不断的向装置补充。

工业上加氢裂化装置所需的氢气通常来自下列途径：

1）专设的制氢装置。包括以轻烃为原料的蒸汽转化制氢；以重油（减压渣油）为原料的部分氧化制氢。氢气的净化过程则有化学吸收净化和变压吸附净化两种方式。

2）利用重整装置提供的副产品氢气。

3）利用从加氢等装置排出的低浓度氢气中，提纯回收氢气。

国内炼油厂广泛采用以轻烃为原料的蒸汽转化制氢和变压吸附净化，可得到纯度为99.9%的氢气；近年来以渣油或煤为原料的制氢工艺亦得到应用。

为满足加氢裂化工艺的要求，一定量的氢气按照氢油比的需要在一定压力下进行循环，同时还要不断补充在加氢反应中消耗掉的氢气。这两项要求是通过离心式循环氢压缩机和新氢（补充氢）压缩机来实现的。

2. 氢气的压缩

和其他气体一样，氢气可以通过往复式或离心式压缩机提高压力以满足工艺操作的要求，在每一典型应用条件中，应根据氢气的流量，需提高的压力来决定采用何种型式的压缩机，对大、中型加氢裂化装置，新氢压缩机采用往复式压缩机，循环氢压缩机采用离心式压缩机。

（1）氢气在往复式压缩机中的压缩

容积式压缩机是利用容积的改变使气体受到压缩，在往复式压缩机中就是利用活塞在气缸中的运动来实现的，氢气在往复式压缩机中的压缩，一般具有以下特点：

1）可通过多级压缩实现较大的压力比：

往复式压缩机对被压缩气体的相对分子质量不敏感，可以在每一压缩级中达到2~3的压力比，适合用于新氢的压缩。

2）要限制每一压缩级的出口温度不超过135℃。

氢气和空气相比具有较大的滑移位数，在压缩过程中，易通过活塞环泄漏，造成温度的升高，亦降低了容积效率，同时较低的气体出口温度亦有利于气阀的寿命和可靠性。还减少了氢气在材料中的渗透。

3）从安全角度要求，尽量采用无油或少油润滑。

经验证明，对气缸采用过多的润滑与润滑不充分相比，对可靠性的危害更大。目前在无油或少油润滑的压缩机上，活塞环寿命可达到4000~8000h，活塞支撑环和活塞杆密封环的寿命可达到3年（25000h）或更长。

4）控制活塞平均速度不大于3.5m/s。

活塞平均速度由下式定义：（对双作用气缸）

$$V = \frac{2Sn}{60}$$

式中　V——活塞平均速度，m/s；

　　　S——活塞行程，m；

　　　n——压缩机转速，r/min。

较高的活塞速度可能由较高的转速或较大的行程长度造成，则对应着较频繁的气阀的开闭次数以及往复运动部件较大的惯性力，同时对活塞杆密封环、活塞环及支撑环亦造成较大的磨损，从安全角度要求，要限制其活塞平均速度。

5）在多级压缩的往复式压缩机中，要采取级间回流的控制手段，使每级压力比尽量接近设计值。

往复式压缩机是对容积（或体积）敏感的机器，当每级气缸的进气量（一定入口压力下的）改变时，会造成级压力比的变化，进而影响各级活塞力的改变，会影响或恶化压缩机各列和整机的动力平衡。

（2）氢气在离心式压缩机中的压缩

离心式压缩机是通过高速旋转的叶轮将动能传递给被压缩的气体，继而在压缩机的静止部件（导流器，扩压器）中使速度能变为压力能，提高气体的压力，因而离心式压缩机是对气体相对分子质量敏感的机器。

在离心式压缩机中，通常用下式来估计所需压缩机的叶轮数。

$$H_{pol} = RT \cdot \frac{k \cdot \eta_{pol}}{k-1} \left[\left(\frac{P_2}{P_1} \right)^{\frac{k-1}{k\eta_{pol}}} - 1 \right] \qquad (12-4-1)$$

式中　H_{pol}——需提供的能量头，kg·m/kg；

　　　R_1——气体常数，R = 848/M_w；

　　　K——绝热指数；

　　　η_{pol}——多变效率；

　　　P_2——出口压力，MPa；

　　　P_1——入口压力，MPa；

　　　T_1——入口温度，K。

离心式压缩机中，高速旋转的叶轮向气体提供的能量取决于叶轮周速，由于材料强度的限制，在循环氢压缩机中一般均小于270m/s，因而每级叶轮能提供的能量头约为3000kg·m/kg，由上式，当气体的相对分子质量越小，为达到相同的压力比，压缩机所需提供的能量头则越大。

由表12-4-1可见，对上例要达到2.5的压力比，采用离心式压缩机来压缩氢气比空气需增加30个叶轮，通常离心式压缩机每一壳体最大可安装的叶轮数约为10个，所以对氢气需要4个壳体（缸），这几乎是不可能的方案。

表12-4-1　不同气体在压缩时所需能量头的比值[①]

气体	相对分子质量	气体常数 R	绝热指数 K	重度 γ	多变能量头 H_{pol}	圆周速度 U=280m/s 时所需叶轮数
空气	28.94	29.3	1.4	1.293	9400	2
焦炉煤气	11.77	72	1.36	0.525	22000	5
氢气	4	212	1.66	0.178	71500	17
氢气	2.014	421	1.41	0.09	134500	32

① 压力比 ε=2.5，入口温度 T=290K，多变效率 η_{pol}=0.83，绝对湿度=0.054。

氢气在离心式压缩机中的压缩一般具有以下特点：

1）能够达到的的压力比一般不超过1.3。由于氢气的低相对分子质量以及每一压缩机壳体中叶轮数的限制和叶轮最高圆周速度的限制，离心式压缩机不可能达到较大的压力比。

由式（12-4-1）

$$H_{pol} = \frac{848}{M} \times T_1 \times \frac{k\eta_{pol}}{k-1} \left[\left(\frac{P_2}{P_1} \right)^{\frac{R-1}{k\eta_{pol}}} - 1 \right]$$

设离心压缩机所能提供的能量头为 $[H_{pol}]_{max}$，则可能达到的最大压力比 $(P_2/P_1)_{max}$ 为：

$$\left(\frac{P_2}{P_1}\right)_{\max} = \left[\frac{[H_{\text{pol}}]_{\max} \times M}{848 \times T_1} \times \frac{k-1}{k\eta_{\text{pol}}} + 1\right]^{\frac{k\eta_{\text{pol}}}{k-1}}$$

设离心压缩机有 7 级叶轮，其 $[H_{\text{pol}}]_{\max}$ 按 21000kg·m/kg，$T_1 = 313K$，$M = 3.5$，$k = 1.38$（平均），$\eta = 0.75$，则：

$$\left(\frac{P_2}{P_1}\right)_{\max} = \left[\frac{21000 \times 3.5}{848 \times 313} \times \frac{1.38-1}{1.38 \times 0.75} + 1\right]^{\frac{1.38 \times 0.75}{1.38-1}}$$

$$= 1.101669432^{2.723684211}$$

$$= 1.30$$

2）离心式压缩机由变转速的蒸汽轮机驱动，通过转速的改变来适应不同工况（相对分子质量改变，流量或压力比改变）的要求。

加氢裂化操作中的不同阶段，如 SOR（操作初期）、EOR（操作未期）以及脱硫、再生等工况，压缩介质的相对分子质量在较大的范围内变化，通过改变压缩机的转速来改变向气体提供的能量头，以适应工艺操作的要求。

理论上压缩机叶轮向气体提供的能量头为：

$$H_{\text{pol}} = \frac{1}{g} C_{2u} \cdot U_2^2, \quad \text{kJ/kg} \tag{12-4-2}$$

式中 C_{2u}——叶轮出口绝对速度在周围速度方向的投影，m/s；

U_2——叶轮出口圆周速度，m/s；

g——重力加速度，m/s^2。

另一表达式为：

$$H_{\text{pol}} = \psi_2 \frac{U_2^2}{g}$$

式中 ψ_2——称为能量头系数。

U_2 的改变使压缩机向气体提供的能量改变，可以得到要求的性能。

3）循环氢压缩机可不设反飞动系统。

在加氢裂化装置中，循环氢压缩机的入口均设有可靠的压力控制系统，可保证压缩机入口压力和流量保持稳定，而压缩机出口亦有压力控制，所以在循环氢离心压缩机组上可不设反飞动系统。

（二）新氢压缩机

新氢压缩机又称补充氢压缩机，其主要参数根据所采用的工艺技术及氢气的来源确定。国内加氢裂化装置新氢压缩机的主要参数见表 12-4-2。

表 12-4-2 国内新氢压缩机的主要参数

厂名	处理量/（kt/a）	氢气来自	新氢压缩机操作参数				机器配置	备注
			流量/（Nm³/h）	入口压力/MPa	出口压力/MPa	入口温度/℃		
茂名石化	800	制氢装置	21470	1.2	19.3	40	2×60%	
南京石化	800	制氢装置	21470	1.2	19.3	40	2×60%	
辽阳化纤公司	1000	制氢装置	29233	2.396	19.3	40	2×60%	

厂名	处理量/(kt/a)	氢气来自	新氢压缩机操作参数				机器配置	备注
			流量/(Nm³/h)	入口压力/MPa	出口压力/MPa	入口温度/℃		
吉林化学工业公司	600	制氢装置及重整氢	16000	2.4	13.82	40	2×60%	Dress-land
镇海炼化	800	制氢装置	20850	1.2	19.23	40	2×60%	沈阳气体压缩机厂

注：新氢压缩机的设计参数通常为中小流量（20000~50000Nm³/h），大压力比（一般为8~20），属于往复式压缩机的应用范围。

1. 新氢压缩机单机参数的确定。

根据装置所需的新氢量，在选择新氢压缩机时，通常有三种方案可供选择，即 2×60%、3×50%、2×100%。

三种方案的一般性对比见表 12-4-3。

表 12-4-3 三种方案的比较

项目 / 方案		方案（一） 2×60%	方案（二） 3×50%	方案（三） 2×100%
1	操作方式	正常时 2 台同时操作，一台故障后，装置降量操作	正常时，两台并联操作，一台故障时，另一台投入，装置不降量	正常时，一台操作，一台备用
2	备用率	无备用	一台备用 50%	一台备用 100%
3	驱动电机	功率需求按总量 60%，容量中等	功率需求按总量 50%，容量最小	功率需求按总量 100%，容量最大
4	操作可靠性	取决于机器质量，但由于无备用，在一台故障时，装置需降量	有备用机组，故障后可迅速切换，保证装置处理量	有备用机组，故障后，可迅速切换，保证装置处理量
5	占地面积	最小	最大	大
6	投资	最少	最大	大

在选择配置方案时，还应考虑以下因素。

1）压缩机的气量控制及调节：

往复式压缩机可以通过设置无级气量调节装置、固定式或可变式余隙腔以及入口卸荷的方式实现气量控制。

无级气量调节装置是在每个活塞行程中延时关闭吸气阀的方法，对气量进行调节，压缩机的指示功消耗与实际容积流量成正比，是目前最为经济的气量调节方式，采用这种调节方法，理论上可实现 0~100% 的无级调节，实际应用中调节范围在 20%~100%。

固定式余隙腔可实现约 15% 的气量调节；可变式余隙腔可实现约 70%~100% 的无级气量调节。

通过入口卸荷可使具有二列一级缸的压缩机实现 0、25%、50%、75%、100% 的气量控制、对只有一列一级缸的压缩机可实现 0、50%、100% 的排量控制。

2）某些装置要求新氢压缩机在某一中间压力下抽出部分氢气，这将对压缩机级压缩比的选择提出要求。

3）为了使操作中当运行余隙腔调节及入口卸荷调节时，压缩机级压缩比能保持在设计值，新氢压缩机还需设置特殊的级间回流系统。

2. 新氢压缩机选型中的主要问题

（1）单台配置方案的优化

无论采用何种配置，对单台机的选型均需考虑级压缩比的合理分配，总列数及每级的气缸数。近代的往复式压缩机多采用卧式对称平衡型，按 API618 的要求，若配置单作用气缸，带台阶的活塞以及串联式气缸均需得到用户的同意。

压力比：从限制每级出口温度不超过 135℃ 的条件，每级的压力比一般均小于 3。

总列数：在确定总压缩级数及级压力比以后，根据每列为一个气缸的原则确定总列数，从压缩机动力平衡的要求，采用偶数列是理想的。

每级气缸数，由每级要求的入口流量计算出的气缸直径，再综合考虑总的级数，列数及动力平衡，确定每级的缸数。

美国 Ingersoll-Rand 公司 1982 年为 Gulf Coast 炼油厂提供了二台用于加氢裂化的新氢压缩机介质相对分子质量为 6，总压力比约为 19.78（从 0.66MPa 压缩到 13.1MPa），采用了 4 级压缩，每级各二个缸，总功率为 9560kW，这台 8 缸 4 级压缩号称世界上最大的氢气往复压缩机 HHE 型，行程为 381mm，各级缸径分别为 711.2mm、571.5mm、393.7mm 和 273mm。

对制造厂提出的选型报价，在单台配置方案上，需重点审查或讨论的问题是：

1）机架等级：根据确定的气缸尺寸及各级压力比和转速就可以计算出各级的综合活塞力（包括拉力及压力）及所需功率，据此可以选择标准的机架尺寸（数据示例见表 12-4-4～表 12-4-6）。

表 12-4-4　美国 D-R 公司 HHE 型的标准机架数据

机架型号	FB	VB	BDC-OF12H	VG	VL	BDC-OF18H3
额定功率/kW	600~1675	560~3725	1200~6130	1705~7045	5470~16778	11000~33555
最大综合活塞力/kN	133	222	355	467	800/889	1201/1334
最大转速/（r/min）	600	600	600	450	450	450
最大行程/mm	215~305	254~305	215~305	305~381	305~406	305~406
曲柄拐数	2，4	1~6	2，4，6	1~8	2~10	2，4，6，8，10

表 12-4-5　意大利 NOOVO Pignone 公司 H 型机架的数据

机架型号	HA	HB	HD	HE	HE-S	HF	HG
额定功率/kW	2120	3680	7800	21500	15300	34600	41000
最大综合活塞力/kN	145	236	322	533	670	1140	1550
最大转速/（r/min）	1000	800	700	600	800	514	450
最大行程/mm	180	230	280	330	330	360	450
曲柄拐数	2~4	2~4	2~6	2~10	2~6	2~10	2~10

表 12-4-6　中国沈鼓集团往复式压缩机机架的数据 （摘选）

机架型号	BX36-32	BX40-40	BX45-50	BX45-80	BX50-125	150 系列
额定功率/kW	5100	6600	8200	13000	13700	15000
最大综合活塞力/kN	250	320	400	630	1000	1300
最大转速/（r/min）	550	500	450	400	350	350

续表

机架型号	BX36-32	BX40-40	BX45-50	BX45-80	BX50-125	150 系列
最大行程/mm	360	400	450	450	500	360
曲柄拐数	6	6	6	6	4	4

由于制造厂设计和制造的标准化，按实际计算值选择机架尺寸时，应有足够的余量，一般认为有 10%～20%即可。

2）压缩级数及列数：

氢气压缩机对每级出口温度的严格要求（小于135℃）使制造厂在考虑配置方案时应综合考虑压力比的分配及总的列数，从动力平衡的角度选择偶数列的布置较为理想（见图12-4-1）。

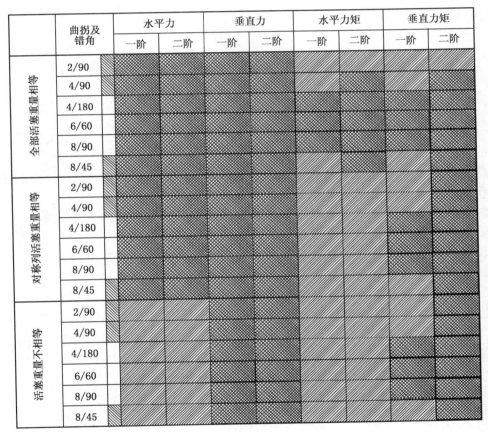

图 12-4-1 偶数列的气缸布置对机架受力和力矩的影响

目前工业上应用的往复压缩机从 2 列到 10 列，每列间相隔相同的角度。

为减少往复及旋转质量惯性力的影响可应用以下方法：

● 对 2 列，4 列 90°布置，8 列 45°布置的采用配重。

● 6 列 120°布置可不需要配重，所有往复惯性力全部平衡。

● 4 列 180°布置，8 列 180°布置虽然可以省去配重，但由于同时 4 个气缸在压缩气体，因而会造成驱动机大的扭矩波动，因而要求较大的曲轴直径，对飞轮或电机转子造成较大的附加惯性力影响，需要更大尺寸的联轴节。

从设计角度最佳的方案是所有各列的往复部分的质量相等，或相对的二列往复部分质量相等，最低的要求是使相对的二列往复部分质量尽可能接近，并采用较重的活塞、在十字头上加重。

在确认压缩级数和总列数及其布置时，制造厂应提出或说明该方案的工业实践以及和其他方案比较的优缺点。

3）对于 4 列或更多列的大型往复压缩机，应进行整个机组的轴系扭转振动分析。

（2）主要气动计算结果的确认

新氢压缩机出口压力高，压缩过程应按实际气体方程进行修正，主要热力参数如 C_p/C_v 及压缩性系数 Z，均要按入口和出口分别计算。

1）活塞平均活塞速度：

活塞平均速度由下式定义：

$$V_{cp} = \frac{2Sn}{60} \quad \text{m/s}$$

式中　　S——活塞行程，m；

　　　　n——转数，r/min。

API618 对平均活塞速度的要求是制造厂应根据规定的使用条件，为达到安全操作，减少维护的目的而确定的有足裕量的数值，而且采用润滑的机器应采取更低的活塞速度。

一些工程公司根据工程实践提出平均活塞速度应小于 3.5m/s，有些公司更提出转数应小于 300 r/min。

高的活塞速度除了引起更大的惯性力和惯性力矩以外，还会造成活塞杆密封、活塞环、支撑环更快的磨损，气阀阀片动作更加频繁，通过气阀的气速的增加等，从安全运行，减少维护的目的，对活塞速度的要求综合了对转速和气缸行程的限制，从而也进一步对气缸直径的选择提出了要求。

制造厂一般从标准气缸、标准机架以及驱动机转数等综合考虑做出总体方案，活塞速度有时会超过 3.5m/s，在电机转数不能改变的情况下，减少活塞行程会引起气缸直径的增大，造成动力平衡的改变，因而综合考虑制造厂的业绩，活塞杆密封，活塞环及支撑环的材料等因素，可以对此要求适当放宽，根据美国 DRESSER-RAND 公司氢气压缩机制造业绩，其最大活塞速度达到 4.3m/s，用于加氢裂化装置时，可将其值控制在 4m/s 以下。

2）级出口温度：

按级压力比计算的级出口（绝热压缩）温度：

$$T_2 = T_1 \left(\frac{P_2}{P_1}\right)^{\frac{k-1}{k}} \text{K}$$

气缸有充分冷却的往复式压缩机，其多变过程指数 n 一般均小于气体的 K 值，因而比绝热压缩有较高的效率，实际出口温度会略低于按绝热压缩过程的计算值。

在 API618 中规定氢气压缩机的级出口温度应小于 135℃，为此应采取较小的级压力比，有时不得不采用保守的设计即增大压缩级数来满足这一要求。

控制级出口温度的主要目的是提高可靠性，在制造厂有足够经验的情况下，也可以适当提高出口温度，从工程实际考虑，其最大允许值以不超过 140℃ 为准。

3）不同工况下各级压力比的变化情况：

在各级气缸尺寸及余隙容积确定的情况下，压缩机的总压力比将按照气缸的排容分配，入口压力或出口压力的改变将会造成压力比的重新分配。为使级压力比尽量接近设计值，达到动力平衡的理想效果，通常要核实各级压力比的变化，要求制造厂对变工况条件下的动力平衡情况进行评估。

4）变工况运转条件下的出口温度：

在加氢裂化生产周期中，如催化剂再生时，往往要求新氢压缩机处理空气或氮气，由于其绝热指数较高，同时压力比也不同，可能造成更高的出口温度，对此工况应采取以下措施。

- 改变气缸润滑油牌号，使用耐温的合成润滑油，尽量减少油用量。
- 禁止闭路循环运行，不进行旁路循环的部分负荷运行。
- 各级出口温度可允许比氢气运转时高 15℃。
- 对易积聚润滑油的部位，如出口缓冲器等处，注意经常排油。

（3）新氢压缩机的结构

在确认了单机配置方案即压力比分配、级数、列数及各列的位置后，对单机的结构的要求主要有下列各项。

1）机架：包括曲轴箱和十字头导轨两部分，两种基本的结构如图 12-4-2 和图 12-4-3 所示。

曲轴箱和十字头等机分别铸造后用螺栓连接在一起（如 I-R HHE VG, VK, VM 型，Nvovo PIGNONE 的小型机）

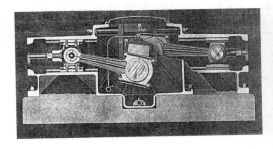 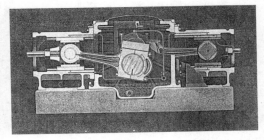

图 12-4-2　曲轴箱　　　　　　　　　　　图 12-4-3　十字头

曲轴箱和十字头导轨为整体铸件（如 Borsig 公司，I-R 公司 HHE VB, VC, VE 型），这两种结构在工业上均有成功的应用，整体式的结构，可使沿气缸轴线的载荷方向达到最大的刚度，使活塞力（气体力加上惯性力）引起的变形为最小。分离式的结构则通过精密加工保证两者的对中，通常在较大型机架上采用整体结构。

曲轴箱本身也有整体铸造和分段铸造后用螺栓连接的两种结构（对 2 列以上的机架）。

为了保证机架的刚性及在各种操作条件下机架的变形为最小，通常在每一曲轴轴承的位置，在机架上均放有拉紧螺栓。曲轴轴承通常的配置方式见图 12-4-4～图 12-4-6。

2）中体：按 API618 要求，选择 C 型加长双中体结构对氢气压缩机是必要的，这种结构一方面可防止和介质接触的活塞杆的任何部分不进入中间体的中间密封部分，绝对防止对曲轴箱润滑油的污染。另一方面在中体上可放置充 N_2（上部）及排凝（下部）、放空（上部）的设施。在两中体之间应设密封环。

3）十字头和活塞杆的连接：螺纹连接是活塞杆和十字头传统的连接方法，采用精制滚压螺纹以提高疲劳强度和减少应力集中。

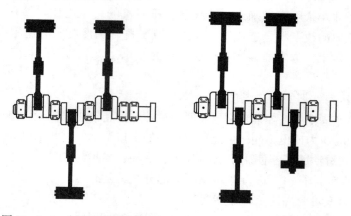

图 12-4-4　每列均放曲轴支承　　图 12-4-5　每二列放曲轴支承

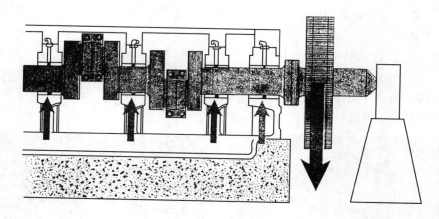

图 12-4-6　在驱动机端增加额外的支撑

另一种广泛应用的连接方法是采用液压予拉伸的连接方法。

常规的螺纹连接方法以通过活塞杆拧入十字头的深度来调节活塞死点间隙，液压连接中

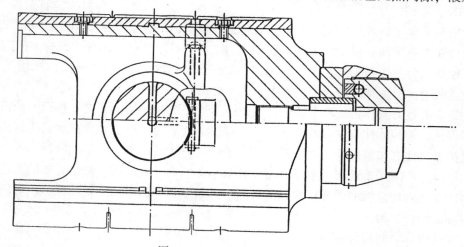

图 12-4-7　液压予拉伸连接

的需要将图 12-4-7 中件（10）预先精密磨削加工到规定值。

在螺纹连接中，活塞杆螺纹根部的许用应力对切削螺纹为 41.1MPa，切削后磨削螺纹为 52.1MPa，滚压螺纹为 56.2MPa。

活塞杆与密封接触部分应镀硬铬达到 RC50-55 的表面硬度。

氢气压缩机活塞杆采用的典型材料及性能见表 12-4-7。

表 12-4-7　氢气压缩机活塞杆采用的典型材料及性能

材料 性能	SAE-4140 热处理	SAE-4140 退火处理	SAE-8620 热处理	17-4PH 热处理
拉伸强度限/MPa	844	668	809	1406
屈服限（最小）/MPa	703	422	492	1301
疲劳强度限/MPa	387	281	351	5270
硬度 RC				
心部 max	40	22	22	40~50
表面 min	50	50	50	40~50
最大允许设计应力/MPa	60	42	53	70

4）气阀，活塞杆密封，活塞环及支撑环：往复压缩机的易损部件包括气阀，活塞杆密封及活塞环，支撑环。这些部件的寿命制约了压缩机的运转周期，据美国 DRESSER-RAND 公司对 200 家用户的调查统计，氢气往复压缩机非计划停止工的原因见图 12-4-8，其中前八项分别是气阀占 36%，活塞杆密封占 17.8%，工艺原因占 8.8%，活塞环占 7.1%，支撑环占 6.8%，卸荷器占 6.8%，气缸润滑系统及仪表各占 5.1%。

气阀：对氢气压缩机气阀结构型式，材料及设计参数的选择至关重要。

型式：根据美国 DRASSER-RAND 公司

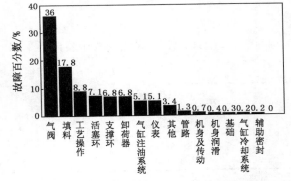

图 12-4-8　氢气往复压缩机非计划停工的原因分析

的统计在总数为 121 个气缸上使用的 1028 个气阀的使用寿命资料。使用效果最好的为环状阀，其次为网状阀，条形阀最差。

影响气阀可靠性的因素主要有：

腐蚀：在阀板、弹簧上极小的蚀点均可引起疲劳破坏。

温度：阀板、弹簧等所使用材料的温度极限。

对颗粒的容忍性：气流中携带的颗粒会引起泄漏和运动部件的疲劳。非金属材料对颗粒的容忍性较好，因为颗粒可嵌在其上面不影响可靠性。

差压：高的差压如果和高的温度组合则易造成阀板的变形。

冲击：阀板对阀座的冲击速度过大会造成"冲击疲劳"，其值和材料及阀的设计有关。

脉动：如果阀在打开的位置下，阀板在阀座和导杆间来回颤抖，这将减小可靠性。

DRESSR-RAND 公司的调查资料还表明气阀的升程直接影响气阀寿命，如气阀升程为 0.08in 的气阀寿命为 8000h，而升程为 0.04in 的则可达到 25000h。

在气阀的型式及结构的选择上，制造厂的经验和业绩非常重要，在相同使用条件下的使用经验更值得参考。

活塞环、支撑环及活塞杆密封：氢气压缩机的活塞环、支撑环及活塞杆密封的设计及材料选择，取决于气体的温度、压力、气缸的润滑、盘根的润滑及冷却。目前在氢压机上广泛应用的是充填 4F（石墨、玻璃纤维增强的 4F），不同的专利结构也在设计上广泛应用。

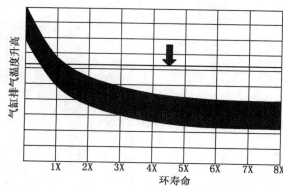

图 12-4-9　压缩机出口温度与环寿命的关系

压缩机出口温度与活塞环，支撑环及杆密封的关系见图 12-4-9。

当压缩机出口温度小于 118℃时，其寿命可达到 3 年以上，个别的可达 7~10 年。

其原因是，出口温度增加使：①强度及耐磨性降低；②润滑油黏度下降；③减小了材料的安全裕量。

图 12-4-9 所示的曲线适用于出口压力小于 12.8MPa 的场合，当出口压力超过这一值后，其寿命趋于降低。

（4）驱动机

1）驱动机选择：

按有关统计，工艺用往复式压缩机所采用的驱动机如表 12-4-8 所示。

表 12-4-8　工艺用往复式压缩机所采用的驱动机

序号	驱动机型式	安装总数/%	选择的原则
1	低速同步机	80	效率高，价格低功率因数高
2	低速异步机	12	简单，无需励磁
3	高速异步机+齿轮箱	1	起动时，低扭矩，低维护，防爆
4	汽轮机+齿轮箱	7	可使用廉价蒸汽

一般认为功率在 800kW，转数 500r/min 或以上是同步和异步电动机的选择界限，在功率更大或转数更低时应选择同步机。其主要优点是：低速同步机价格低于高速异步机加减速箱；效率高 2%；起动电流小，对电网要求低；功率因素高；可不需要单独的飞轮。其主要缺点是需要直流励磁，控制系统较复杂，以及起动和拖入扭矩较低，要求压缩机无负荷起动。

大型往复式压缩机采用的增安型或正压型无刷励磁同步电动机，国内已研制生产了从 4000~8800kW 的系列产品，其主要技术性能及指标见表 12-4-9。

表 12-4-9　中国南阳防爆集团大型同步电动机技术指标与性能（摘选）

额定功率/kW	4000	5300	5600	6400	7200	8600	8800
机座号/中心高	2600	2600	3250	3250	3250	3250	3250
额定电压/V	10000	6000	6000	6000	10000	10000	10000
相数				3			
极数	20	20	18	20	20	18	20
运行方式				S1			
绝缘等级	F	F	F	F	F	F	F

续表

额定功率/kW	4000	5300	5600	6400	7200	8600	8800
额定电流/A	267.3	590.3	626.9	709.1	480.6	568.8	582
效率/%	96	96	96	96.5	96	97	97
功率因数（超前）	0.9	0.9	0.9	0.9	0.9	0.9	0.9
励磁电压/V	177	226.5	179.6	214.7	230.8	245.2	266
励磁电流/A	206.7	205.2	266.78	285.65	252.3	241.78	265
堵转电流倍数	4.79	5.16	4.04	4.48	4.2	4.1	5.0
堵转转矩倍数	0.6	0.7	0.7	0.7	0.7	0.7	0.7
牵入转矩倍数	0.6	0.7	0.7	0.7	0.7	0.7	0.7
失步转矩倍数	1.6	1.8	1.8	1.8	1.8	1.6	1.6
主体防护等级	IP54	IP55	IP55	IP54	IP54	IP55	IP54
接线盒防护等级	IP55	IP55	IP55	IP55	IP55	IP55	IP55
tE（S）	10.3	9.0	13.3	10.4	11.5	13.9	10
防爆标志	Exe II T3	Exe II T3	Exe II T3	Exe II T3	Exe II T3	ExeIICT3 Gc	Exe II T3
GD^2（Tm^2）	30	42.6	65	95.6	75	130	130

2）防爆区域划分：

氢气是易燃、易爆气体，其爆炸极限（容积）为 4%（下限）~75.6%（上限）。循环氢和新氢压缩机的工作介质均为纯度很高（90%以上）的氢气，因而压缩机所在区域应视为爆炸危险场所。

按我国国标 GB 50058 和 GB 3836 的规定，氢气压缩机所在之场所属 II 区。

按爆炸性气体的分类的规定，氢气属于 II C 类（最大度试验安全间隙 MESG ≤ 0.5mm；最小点燃电流比 MICR ≤ 0.45）。

按国际电工协会 IEC 的标准，氢气压缩机所在之场所按 Zone 2。氢气为 II B。

按美国电气协会 NEC 的标准，氢气压缩机所在的场所按 CLASS 1，DIVISION II 氢气为 GROUP B。

按照上述的场所划分，在选择氢气压缩机的配套电气、仪表设备时，应根据适应标准的类别仔细确定。国内提供的电气、仪表设备按 GB 50058 及 GB 3836 执行。国外提供的电气、仪表设备则符合 IEC 标准。

需要说明的是氢气的引爆温度为 560℃，按引爆温度组别应为 T1，而由于在爆炸性气体分组中，按其引爆所需的能量则分在 IIC 组，温度组别和气体组别都是按从实验方法而得出的数据来划分的，两者无任何联系，而在工程中在选择防爆炸等级时，对用于氢气压缩机场合的电动机，隔爆型按 T4，增安型按 T3，这是考虑到介质组分除氢气以外还有其他气体，在确定温度组别时则按引爆温度低的气体选择。

按 NEC 标准，凡适用于 CLASS1，DIV1 的所有电气设备均可用于 CLASS1，DIV2，这包括了隔爆型（按美国标准 UL698，886）、正压通风型（按 NEPA 496）、本安型（NFPA493，FM3610，UL913）、充油型（按 UL698，Part II），适用于 CLASS1 DIVII 的有无火花型"n"（NON-SPARKING），以及经权威部门验证适用于 CLASS1，DIV2 的电动机。鉴于 NEC 标准与 GB 及 IEC 的差别较大，国内使用的电气、仪表设备不采用 NEC 标准。

依据相关标准及工程实践，在电机制造能力许可的前提下，防爆形式的优先选择顺序为：隔爆型（dIICT4）、增安型（eIIT3）、正压型（p）。

3）关于大型电机的几个技术问题：

① 增安型电机的吹扫系统：

近年来，随着国际电工委员会（IEC）关于防爆电机产品的技术标准的进一步完善，对增安型电机的安全性和可靠性要求也越来越严格。

国际电工标准 IEC 60079-7《爆炸性气体环境用电气设备 第 7 部分 增安型 "e"》中对增安型电机明确要求，需根据电机安全系数评定结果确定是否需加装启动预吹扫装置，包括需对转子进行潜在气隙火花危险的评定（表 12-4-10），定子绕组电位放电危险评定（表 12-4-11），若危险评定系数大于 5，则需增加启动预吹扫装置以提高增安型电机的安全性及可靠性。以国产 TAW4400-20/2600 增安型无刷励磁同步电动机为例，按表 12-4-10、表 12-4-11 要求其危险评定系数均大于 5，因而需配置吹扫系统，电机起动前对电机内部进行预吹扫和气体置换，一般 30min 左右。

表 12-4- 10　潜在气隙火花危险的评定

特性	数值	系数
转子笼结构	焊接转子笼	2
	铸铝转子笼≥200kW 每极	1
	铸铝转子笼<200kW 每极	0
极数	2 极	2
	4~8 极	1
	>8 极	0
额定功率	>500kW 每极	2
	>200~500kW 每极	1
	≤200kW 每极	0
转子中径向冷却风道	$L<200mm$（见注 1）	2
	$L≥200mm$（见注 1）	1
	否	0
转子或定子斜槽	是：>200kW 每极	2
	是：≤200kW 每极	0
	否	0
转子悬伸件	不符合（见注 2）	2
	符合（见注 2）	0
温度组别	T_1/T_2	2
	T_3	1
	$≥T_4$	0

注：（1）L 为铁心端部的长度，试验表明火花发生主要在靠近铁心端部的风道上。

（2）转子悬伸部件应设计能消除断续接触，并在温度组别内运行，符合这一规定的则系数为 0，否则为 2。

表 12-4-11 定子绕组电位放电危险评定

特性	数值	系数
额定电压	>6600~11000V	4
	>3300~6600V	2
	>1000~3300V	0
使用时平均启动次数	>1 次每小时	3
	>1 次每天	2
	>1 次每周	1
	<1 次每周	0
大修时间间隔	>10 年	3
	>5~10 年	2
	>2~5 年	1
	<2 年	0
防护等级（IP 代码）	<IP44	3
	IP44 和 IP54	2
	IP55	1
	>IP55	0
环境条件	非常脏和湿	4
	海岸户外	3
	其他户外	2
	清洁户外	1
	清洁和干燥户内	0

注：仅在清洁环境和经过培训的人员定期维护；"非常脏和湿"的位置包括那些可能承受集水系统或近海场所的中间开启式甲板作用的场所。

② 新版 GB 3836.3 国家标准对增安型电机的试验要求：

2011 年 8 月 1 日实施的新版 GB 3836.3 国家标准，第 6.2.3 条增加了电机的附加试验，6.2.3.1 条规定定子绕组绝缘系统试验，试验条件为在爆炸性环境中施加 1.5 倍额定电压和 3 倍峰值电压冲击试验，不会发生爆炸。

根据目前国内、外高压电机的制造经验，电压等级为 6kV，上述耐压冲击试验可以通过；电压等级为 10kV 时，试验结果的重复性有缺陷，需对绝缘系统进一步完善。

6.2.3.2 条规定转子经过老化处理后，试验条件为在爆炸性环境中，能在大于 90% 额定电压下，10 次满载起动或 10 次堵转试验，不会发生爆炸。

对于大容量电机（3000kW 以上），受电网正常运行影响，电机厂所在的城市电网不允许直接启动或堵转电机。也影响到增安型电机进行无火花试验和附加试验的基本防爆试验的进行。

③ 大型隔爆型电机应用：

隔爆型电机可以在"1"区和"2"区防爆场所使用，其防爆原理是利用自身坚固的壳体防止和阻止电机内部可能发生的爆炸火焰传往外部，以达到防爆的目的，使用过程中不需要系统提供过多的保护，操作使用简单，安全程度高。但受结构设计和制造技术影响，大型化受到限制。

- 电机容量较大时，电机体积越大，大尺寸的隔爆外壳的设计、制造及试验均存在困难，目前国内外一般隔爆型电机可以做到中心高 800mm。高转速、四级（dIICT4）隔爆型电机可达 4500kW。
- 高转速（dIICT4）隔爆型电机由于轴贯通部分间隙很小，易出现抱轴事故。

④ 正压型防爆电动机：

正压防爆型电动机是利用新鲜的空气或氮气对电机内腔原有气体进行有效的置换，在电机运行过程中保持电机内腔压力始终高于外界压力（至少 50 Pa），防止可燃性气体进入壳体内部，当出现压力偏低或失压状态时，不能保证正常的泄漏补偿时，控制系统会自动报警或切断电机电源，以此来达到防爆的目的。

正压防爆型电动机可以用 0 区、1 区和 2 区，但是由于该型电机的防爆是依赖于正压系统，受电机的结构、制造精度及正压吹扫系统可靠性影响极大，其操作维护水平要求亦较高。

（5）辅助系统

往复压缩机的辅助系统主要有入口过滤及级间气液分离、级间冷却、进出口缓冲、润滑及冷却系统等。

辅助系统的正确选择对压缩机的安全运转至关重要，上述系统的主要功能是：

1）保证各级气缸进入的气体是干净的，不含杂质颗粒及液滴（水滴及油滴）。为了防止气体中所含之水分在冷却的气缸（套）壁上会冷凝，API618 规定进入气缸的冷却水温度应比气体入口温度高约 5 ℃。特殊的电加热设施则是必需的。

2）严格要求的级间冷却系统应能使压缩后的气体冷却到规定的入口温度，这不仅是节省压缩功率的需要，同时也是保证压缩机正常吸入容积的要求，在不变的质量流量下，温度高则容积增加，造成各级间的不协调，改变级压力比。

3）正确的进出口缓冲罐的设计，可以防止和抑制往复式机器的脉冲效应。

4）润滑和冷却（气缸及盘根）系统则是保证运动机构——曲轴、连杆、十字头及活塞和活塞杆正常运转的命脉，DRSSER-RAND 公司对往复式压缩机的故障统计显示，活塞杆盘根、活塞环、支撑环、气缸润滑系统的故障共占 37.5%。而活塞环、支撑环及杆盘根的故障，除材料、操作等原因外，均和冷却及润滑系统有关。

3. 新氢压缩机的工厂试验及检查

（1）制造过程中的主要检查

按 API618 的规定，典型的检查项目为：

1）主要零部件材料的化学成份及机械性能数据。

包括：气缸体、缸盖、缸套、曲轴、连杆、活塞、活塞杆、十字头、机架、气阀阀盖、缓冲缸、中冷器及分离器等。

2）重要零部件的无损探伤检查：

对曲轴、连杆、十字头销、连杆大头螺栓、活塞杆等应进行磁粉检查和超声波探伤。

对按 ASME Ⅷ、DIV.1 要求需进行 X 射线检查的焊接接点。

3）水压试验及氮气试验：

对气缸夹套、冷却器及其他受压部件应进行 1.5 倍最大设计压力的水压试验。

对气缸，气缸盖及余隙腔应进行 1.0 倍设计压力的氮气试验。

其他检查：按制造厂的标准程序，常规的检查项目还包括气阀组件，阀座严密性，气路、油站及其组件等。

电气及仪表的检查按有关标准单独进行。

（2）出厂试验项目

通常进行无负荷机构运转试验。按规定在拆除进出口气阀的条件下，进行 4h 的全速运转试验。

（3）试验及检查中有关问题

1）适用标准问题：在某些试验检查项目中对检查结果的合格性判断涉及适用标准的问题，如磁粉，超声波，X 射线检查，国内已有 JB-5439（球墨铸件超声波探伤）、JB5440（锻钢超声波探伤）、JB5441（铸件超声波探伤）、JB5442（磁粉探伤）等标准。国外一般按 ASTM、ASME 及厂标等执行。进口压缩机在随机文件中应附有上述各项检查的结果及合格性报告。

2）对采用 X 射线检查的部件的适用比例：焊缝的 X 射线检查，应用于级间管路及级间冷却器、分离器、缓冲罐及其他附件，正常先进行 100% 液体渗透检查表面缺陷，然后采用 X 射线检查，正常规定平焊缝为 20%。

3）根据我国对进口受压容器及管道的有关规定，在设备进口的同时必须同时提交有关设计计算及检查报告，如容器强度计算，安全线阀放能力，质量合格证（包括材料检查），焊接热处理，气压、水压试验报告等。

4. 管路振动的模拟分析

往复式压缩机进气和排气的周期性，造成进气管和排气管（包括级间管道）内气流脉动，当进、排气的激发频率与管段内气柱的固有频率相同或成倍数时会出现共振，过大的振动会在管线内引起过大的应力，而造成损坏。气流的脉动还会造成气阀的故障，而使压缩机气量下降，效率降低。

为了在设计阶段比较准确地预测压缩机及其管路系统的气流脉冲及管线振动特性并采取措施予以控制，必须进行压缩机的配管系统的管路振动的模拟分析。

工业上广泛应用电子声学模拟分析法和数学模拟分析法。电子声学模拟分析法是用由一系列电子元件——电容、电感、电阻等所组成的电路来模拟实际的压缩机及其管路系统，进行各种操作条件下的分析；数学模拟分析则是利用计算机程序模拟进行分析。二种方法均可得到可靠的结果，但经验证明，当仔细地考虑模型的阻尼特征后，数字模拟可达到更高的准确性。据美国 DRESSER—RAND 公司的研究，电子模拟可达到的准确度为：在非共振条件下 -50%~50%；在共振条件下为 -50%~400%，而在数学模拟的准确度下为 -50%~100%。

根据美国西南研究院多年来的研究工作，对往复式压缩机的脉动分析的分类要求见表 12-4-12。

表 12-4-12　压缩机的脉动分析分类要求

压缩机出口压力/MPa			
20.7	3	3	3
6.9	2	3	3
3.45	2	2	3
	1	2	3
	112	373	
压缩机的额定功率/kW			

表 12-4-12 中的 1，2，3 表示按 API 618 所要求的分析类别，分述如下：

1 类——采用标准的声学技术分析缓冲罐、孔板及选择合适的管线长度。

在 1 类分析中须满足：

＊按下式决定出口及进口缓冲罐的最小尺寸：

$$V_s = 4PD \left(\frac{kT_s}{M} \right)^{1/4}$$

$$V_d = \frac{V_s}{R^{1/k}}$$

式中　V_s——需要的进口最小缓冲罐容积，ft^3；

　　　　V_d——需要的出口最小缓冲罐容积，ft^3；

　　　　T_s——入口气体温度，K；

　　　　M——气体相对分子质量；

　　　　k——吸入压力及温度下的绝热指数；

　　　PD——连在缓冲罐上所有气缸的双作用排容，ft^3；

　　　　R——压力比。

在压缩机各阶谐振下的峰-峰脉冲的最大百分数：（在脉冲抑止器接头处）

$$P_1\% = \frac{15}{P_L^{1/3}}$$

$$P_2\% = \frac{P_1\%}{2}$$

$$P_3\% = \frac{P_1\%}{4}$$

式中　P_L——管线压力；

P_1、P_2、P_3——分别为一阶、二阶、三阶谐振下的峰-峰值。

＊通过脉冲抑止器的最大压力降应限制为管线压力的 0.25%，或由下式计算的数值中的较高者。

$$\Delta P\% = 1.5 \left(\frac{R-1}{R} + \frac{R-1}{10} \right)$$

2 类——脉冲分析应包括压缩机及附属配管系统的模拟，包括其互相作用，采用声学模拟技术达到有效地控制压缩机气缸及整个系统的脉冲。

3 类——应包括声学和机械（力学）的分析，压缩机及附属于配管系统的声学模拟及其相互作用，并分析压缩机主管及辅助管线的应力水平。

对 2 类和 3 类分析应满足：

＊按 1 类分析初步决定入口及出口的缓冲罐，最终尺寸由声学模拟结果决定。

＊在压缩机气阀上最大允许的 P-P 脉冲应限制在管线压力的 7%，或由下式决定的值中的较低者。

$$P_V\% = 3R$$

式中　R——压力比。

若通过声学模拟，对于压缩性能及阀的寿命不产生不好的影响，较大的数值也可以接受。

● 对操作在 0.35~21MPa 的系统，在脉冲抑制器以外的配管中的任何一处的单独的脉冲抑制元件的峰-峰振幅最大允许值为

$$P\% = \frac{300}{(P_L \cdot 1D \cdot f)^{1/2}}$$

● 通过脉冲抑止器的最大压力降按 1 类分析的要求。

● 对 3 类分析，应采用成熟的机械（力学）的计算程序决定管线的振动响应及产生的合成循环应力，以保证与允许的循环应力持久限的要求相符合，这样的计算应是三维应力分析，还应包括管系中的重要元件，如冷却器、分离器等。

API618 规定的允许循环应力值为 183MPa，相当于一般碳钢或低合金钢在 106 循环下的允许持久应力值。ASME 通过大量的故障事例分析，认为将此值定在 107 循环次数下的允许持久应力值 140MPa 更为安全。

（三）循环氢压缩机

1. 循环氢压缩机各工况参数的确定

循环氢压缩机通常选用离心式筒形（双壳体）压缩机，由蒸汽轮机驱动通过改变转速以适应多工况的操作要求。

当装置规模小，循环氢量较少时，亦可选用往复式压缩机。

在加氢裂化装置的整个操作周期中，从开工初期的反应系统气密（介质为氮气 N_2）；反应系统干燥；催化剂的预硫化（采用以循环氢为载硫介质的气相硫化方法），正常操作中的不同阶段（指因催化剂积炭活性降低引起循环氢流量改变，以及反应器床层积垢造成压力降加大）直到停工后催化剂采用氮气为热载体的器内再生阶段，循环氢压缩机均应能适应工况要求，并平稳而可靠地连续运转。不同规模的加氢裂化装置循环氢压缩机操作条件见表 12-4-13 和表 12-4-14。

表 12-4-13　60×10^4t/a 加氢裂化装置循环氢压缩机操作条件

项　　目	正常工况[①]	工况 I	工况 II	工况 III	工况 IV
流量度/（m^3/h）	150000	150000	45000	150000	149080
进口条件					
压力/MPa	11.2	11.2	3.33	11.2	11.2
温度/℃	45	45	45	45	45
C_p/C_v	1.3840	1.3651	1.3986	1.4080	1.3803
相对分子质量	3.7051	4.9747	29.07	2.044	5.857
压缩性系数	1.0545	1.0461	0.9949	1.0637	1.0451

注：气体中含 H_2S：0.029%（正常工况）；2%（工况 IV）。

表 12-4-14　100×10^4t/a 加氢裂化装置循环氢压缩机操作条件

项　　目	正常工况	工况 I	工况 II	工况 III	工况 IV	工况 V
流量度/（m^3/h）	343350	334560	79000	376170	210130	100000
进口条件						
压力/MPa	16.08	16.08	3.43	16.08	16.08	15.0
温度/℃	43	43	43	43	43	43
C_p/C_v	1.3848	1.3747	1.3989	1.4100	1.3925	1.423
相对分子质量	3.4858	4.2850	29.07	2.03	4.544	28.013

项　　目	正常工况	工况 I	工况 II	工况 III	工况 IV	工况 V
压缩性系数	1.0823	1.0768	0.9944	1.0912	1.0786	1.0382
出口条件						
压力/MPa	18.633	18.83	≥5.13	17.65	18.83	16.2
温度/℃	61.2	61.9	102.3	54.8	63.8	52.7
C_p/C_v	1.3863	1.3718	1.3956	1.4099	1.3905	1.4225
压缩性系数	1.0956	1.0913	1.0080	1.0977	1.0922	1.0510
轴功率/kW	2526	2615	1724	1747	1756	382
多变效率/%	77.1	77.0	67.9	76.8	73.7	74.7
转速/（r/mim）	10066	9450	6777	10623	8634	2636

注：气体中含 H_2S：0.046%（正常工况）；2%（工况 IV）。

　　循环氢压缩机各工况参数由工艺操作要求确定，其进出口压力由工艺所选定的反应压力及在操作周期中可预见的压力降来决定，一般对直馏瓦斯油和轻蜡油可采用 8～10MPa，对重蜡油和二次加工生成油则是按照氢油比的要求来确定的，在加氢裂化中采用大大超过化学反应所需的高氢油比来提高氢分压，降低催化剂表面积炭速度，以及有效地导出反应热，使床层温度容易控制。对重馏分油加裂化通常的氢油比为 1000～1500m³/m³，甚至高达 2000m³/m³ 进料。

　　循环氢压缩机的操作工况根据工艺要求由产品方案，生产周期的初期、未期气体组成的变化，反应器超温时急冷氢的最大排气量，以及开工阶段的氢气循环工况、催化剂预硫化工况及催化剂氮气再生工况等因素的变化而确定，在上述各种工况与操作介质主要是氢气时，尽管相对分子质量略有变化但对机器操作影响不大，唯有在催化剂氮气再生工况时，由于相对分子质量达 29，而出口压力仅要求 5.0～6.0MPa，采取降转速操作，通常由制造厂提出在该工况下可能达到的流量以保证所需的操作压力。

　　在压缩机所有工况点中，应以正常工作点作为压缩机的性能保证点，亦是压缩机的设计点，使操作效率达到最佳。按照 API617 的规定，离心式压缩机的额定操作点是指在 100% 转速曲线上所有规定操作点中对应最大流量的操作点，这是一个并不实际存在的操作点，仅是为了定义的目的。而正常工作点是压缩机操作周期中工作时间最长的点，它可以不在 100% 转速曲线上，也不应理解为压缩机的额定操作点。

　　2. 循环氢压缩机气动计算结果的复核及确认

　　国内外制造厂商按用户要求提供报价书时，对压缩机和各操作工况均应按进出口的物性参数进行气动计算，并进行优化选型，提出各操作工况下的气动计算结果，对此进行技术上的复核以及对各厂商的报价进行分析比较以选择最佳的机型。

　　（1）压缩机主要参数的选择

　　循环氢压缩机属于高压、进口气体为高密度、低压比的多级压缩机，考虑到氢气的物性特点，在压缩机选型中叶轮级数及直径，转速的选择更为重要。

　　通常用下列方程表达多级压缩机的主要气动性能：

$$\phi = \frac{V}{D^2\mu} \tag{1}$$

$$H_p = \Sigma\mu u^2 \approx Zu^2\mu \tag{2}$$

$$U = \frac{\pi D n}{60} \tag{3}$$

$$H_e = \frac{H_p}{\eta_p} \tag{4}$$

式中　ϕ——流量系数（无量纲）；

　　　V——进口体积流量，m^3/s；

　　　U——叶轮出口圆周速度，m/s；

　　　H_p——多变能量头，J/kg；

　　　H_e——有效能量头，J/kg；

　　　μ——叶轮多变量头系数；

　　　n——转速，r/min；

　　　η_p——多变效率；

　　　D——叶轮出口直径，m；

　　　Z——叶轮级数。

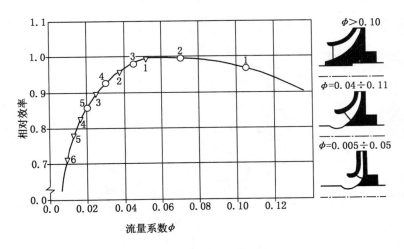

图 12-4-10　流量系数和相对效率间的关系

由图 12-4-10 可以看出，当流量系数为 0.03～0.09 时，多级压缩机可得到较为理想的效率，当流量系数增加时，气体在叶轮流道内的速度增加，导致效率降低；当流量系数减小时，由于叶轮轮毂的泄漏及叶轮轮盘和叶片的边界层磨擦的影响，效率下降更为显著。

由式（1）及式（2）还可以下式表示流量系数

$$\phi = \frac{\sqrt{Z}\sqrt{u}}{D^2} \cdot \frac{V}{\sqrt{H_p}}$$

对给定的操作条件，V 和 $\sqrt{H_p}$ 可视为固定值，而由于进口气体的高密度，使体积流量很小，因而趋向于降低流量数 ϕ。可以通过下列途径提高流量系数以达到较高的效率。

● 减小叶轮直径，但保持级数和圆周速度不变。这意味着增加转速，可能会受到叶轮材料及允许应力的限制，有时也会受到驱动机转速的限制。

● 增加叶轮级数而不改变叶轮直径，这时使转速降低，由于叶轮级数的增加使转子加长，临界转速降低。

● 采用上述两者综合的方式，利用计算机进行优化设计，综合考虑能量系数，轴向长度、不同直径的叶轮等方法使压缩机的参数得到优化。压缩机选型图示例见图 12-4-11 和图 12-4-12。

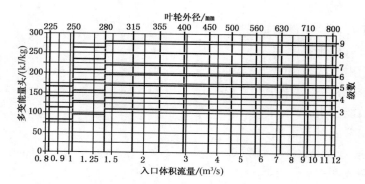

图 12-4-11　瑞士 SOLZER 公司的筒形压缩机初步选型图

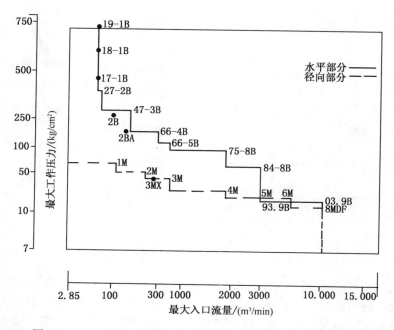

图 12-4-12　美国 DRESSER-RAND 公司通行压缩机的选型图

由表 12-4-15 所列的四家国外制造厂的报价参数，其流量系数极为接近，约为 0.016，多变效率在 70% ~ 75% 之间。对制造厂所提供的技术参数在进行评定时，下列原则可作参考：

● 叶轮级数较少：在兼顾叶轮圆周速度的情况下，较少的叶轮则表示转子长度较短。

● 圆周速度合适：评定时以正常工况为准，还应考虑在额定工况及 105% 连续运转工况及 115% 跳闸工况下的圆周速度，应保证有足够的强度安全系数。

● 效率：在综合考虑叶轮级数、圆周速度（转速及叶轮直径）的情况下，选取较高效率者，但不过于追求高效率。

表 12-4-15　60×10⁴t/a 加氢裂化报价厂商的气动参数的比较

项目	美国 A-C	日本 EBARA	日本 IHI	德国 BORSIG
进口体积流量/（m³/s）	0.45997	0.4593	0.4636	
气体相对分子质量	3.268	3.2533	3.2533	3.25
进口温度/℃	45	45	45	45
进口压力/MPa	11.2	11.2	11.2	11.2
出口压力/MPa	13.73	13.73	13.73	13.73
气体绝热指数（k）　进口	1.4114	1.391	1.496	1.571
出口	1.4079	1.387	1.526	1.513
叶轮级数	7	8	8	8
叶轮出口直径/m	0.34036	0.355	0.355	0.305
操作转速/（r/min）	13302	12302	12122	13730
多变能量头/（kJ/kg）	18224	18779	18752	18275
多变效率/%	69.8	71.9	75.3	75.29
叶轮出口圆周速度/（m/s）	237.06	228.67	225.32	255.2
流量系数/φ	0.01675	0.0159	0.0163	
轴功率（包括相关损耗）/kW	1740.6	1590	1525	1580
机器型号	VH307	25MBH8	RB358	GC355

（2）其余工况点的复核

循环氢压缩机所有工况点的复核包括转速、效率、功率等是否合理和符合工艺操作要求。

按正常工况点参数对压缩机进行初步选型后，根据已定的叶轮型式、直径及数量（级数）就可计算出在不同转数下叶轮所能提供的能量头，即按下式计算：

$$H_p = \Sigma\mu \cdot u^2 \approx Z\mu u^2 \quad \text{kJ/kg}$$

而每一工况点，压缩气体所需的多变能量头按下式计算：

$$H'_p = \frac{8.314}{M_w} \cdot Z_{avg} \cdot T_1 \frac{k\eta_{pol}}{k-1}\left[\left(\frac{p_d}{p_s}\right)^{\frac{k-1}{k \cdot \eta_{pol}}} - 1\right] \quad \text{kJ/kg}$$

对于每一工况点，叶轮提供的能量头应等于压缩气体所需的能量头：

即　　　　　　　　　　　　　$$H_p = H'_p$$

气体 k 值、T 值、P_s 值、M_w 值的改变均会引起压力比 P_d/P_s 或出口压力 P_d 的改变，图 12-4-13 为入口温度降低 10%（曲线 A），K 值降低 10%（曲线 B），进口压力 P_s 降低 10%（曲线 C），相对分子质量降低 10%（曲线 D）对压缩机压力升高（P_d-P_s）的影响。

由图 12-4-13 可见，k 值的影响不显著，而进口压力降 10%，引起出口压力降 10%；相对分子质量的影响略大于进口压力，而入口温度的影响则明显较大。

循环氢压缩机不同工况点的复核，其主要参数的变化应基本符合下列原则：

● 相对分子质量的增加趋向于降低转数。

● 压力比的降低亦趋向于降低转数。

● 其他操作点的效率低于正常操作点。

在复核中重点考虑在氮气或空气工况时的操作参数，如转数、进出口压力等。

（3）按 API617 的要求复核性能曲线

压缩机的性能曲线应包括所有操作工况，每一操作应提供在调速器操作范围内不同转速

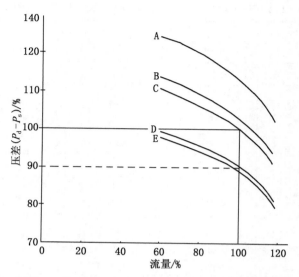

图 12-4-13　温度、k 值、进口压力、相对分子质量对压缩机压力升高的影响

下的性能曲线（通常为 60%～105% 额定转速）。

对性能曲线的复核应主要检查在每一工况的操作转速下（对正常工况应检查其工作转速及额定转速）的性能，即流量、出口压力（或压比）、效率、轴功率。

在正常工况下的性能曲线应检查从 10% 转速曲线上的额定点到飞动点的流量范围（称为稳定性），以及从额定点到额定点等压力线与飞动线交点的距离（称为调节范围）。

在性能曲线和复核中经常需要讨论的问题有：

1）正常工作点离飞动线过近；

2）正常转速与第一或第二临界转速隔离裕度不足；

3）正常工作点的效率不够理想；

4）正常工作点的转速。

上述 4 点中正常工作点的转速尤为重要，因为满足规定的压力比，转速越高意味可以采用较少的叶轮级数，而叶轮的圆周度则越高，因而需要复核在 105% 转速（MCR 转速）及跳闸转速下叶轮的周速及应力水平和应具备的安全系数是否足够。

在对所有操作工况下性能曲线的复核应注意的问题有：

1）操作点与飞动点的距离；

2）操作转速，某些工况其转速可能超过正常转速，应检查其与临转速的隔离裕度。

3）在氮气再生工况时的操作转速是否在调速器的控制范围内；

4）由于压缩机主要按满足正常操作点要求而设计的限制，不能完全满足某些工况的特定要求时，如氮气再生时受转速的限制流量不足或压力不足。

按 API617 的要求，压缩机应有性能保证点，通常应规定正常工作点，该点的流量和压力比应无负偏差，效率（或轴功率）允许 -4%。

3. 循环氢压缩机结构

循环氢压缩机的结构应按 API617 的规定条款进行设计制造，鉴于制造厂积累的经验以及技术上的不断发展，在设计中采用经过实际运转证明对提高效率、增加运转可靠性均为有效的新技术亦是可行的，但应取慎重态度。

（1）压缩机壳体

按 API617 规定，当压缩机处理的气体介质中氢分压（在最大允许工作压力下）大于 1.38MPa 时，压缩机应采用径向（垂直）剖分结构。对加氢裂化所采用的压缩机，设计规定采用双壳体筒形压缩机。

筒形压缩机由外壳、内壳及头盖三部分组成。

压缩机壳体应具有以下功能：

1）作为受压元件：压缩机壳体的设计、制造、试验通常不需要按 ASME 规定进行认证、检查及验证合格。但 API617 强调压缩机壳体的应力值应符合在规定的操作条件下所选择的结构材料的推荐值。

2）保证气密性：壳体的设计应保证所处理的易燃、易爆、有毒气体的气密性，不发生泄漏。

3）对其他组件如轴承、轴封、转子等起支承和定位作用。

4）提供平滑的气体通道：在进口、出口或中间抽出口，应对气体的加速、减速运动进行气体动力学优化设计。

外壳：外壳体通常为整体锻件或钢板卷焊件，或部分锻件和卷焊件用焊接方法连接。根据工艺要求外壳上除进口、出口以外也可以加上抽出口或补入口，所有开口一般均焊接在外壳体上。

大多数制造厂按叶轮标准化的结构尺寸，确定外壳体的几何尺寸，并相应标准化，并形成系列，美国 DRESSER-RAND 公司 B 型筒形压缩机共有 10 种外壳尺寸，从 08B 至 9B 按气体流量的大小分为三类，见图 12-4-14。

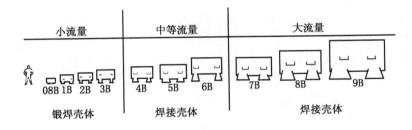

图 12-4-14 壳体的种类

其中，中等及大流量的壳体均为焊接结构，小流量壳体有锻造也有焊接结构，取决于压力等级，如 3B 型采用焊接外壳可用到 14MPa，而锻造外壳则允许 28MPa。

焊接的机壳可以方便地布置进出中侧线口的位置和方位，加工制造较锻造结构简单而可靠。

焊在外壳体上的接口法兰为锻钢件，按要求焊接后加工连接面及密封槽。

内壳：筒形压缩机的内壳为水平（轴向）剖分，转子在内壳抽出后可以整体吊出，内壳仅承受内外壳体的压差，上下壳间的密封易于解决。内壳体和转子也可以在外部完全装配调整。

内壳的上、下壳通常为整体铸件，也有采用分段铸造，各段间的垂直剖分面上用螺栓连接上、下面的结构，以使制造厂减少铸模而方便地适用叶轮数不同的壳体。

分段铸造用螺栓连接带有垂直和水平剖分面的内壳体有如下优点：

1）由于采用互相间螺栓连接的结构，因而结合紧密而且刚性好；

2）由螺栓连接的接合面为金属密封，不存在中间级的内循环；

3）不存在任何中间件，不产生附加的间隙及误差，因而转子及隔板和密封的对中更好；

4）在水平剖分面上，紧密结合的较大面积的连接面能得到更有效的密封；

5）采用经设计和试验成熟的元件（指隔板）使性能预测有更高的准确性；

6）采用标准元件缩短制造周期。

德国 Borsig 公司采用这种结构，可用到压力为 35MPa，并在很多机组上应用。

静止元件（回流器、扩压器等）则装配在内壳体上。

头盖：外壳体两端应与头盖连接，连接应考虑操作压力下的气密性、装入和抽出转子的方便性以及在抽出内壳时尽可能少拆卸有关辅助管线。

目前广泛使用的结构有如下几种：

1）两端头盖式（图 12-4-15 ）；

2）一端头盖式（图 12-4-16）；

3）一端大盖，一端小盖式（图 12-4-17）。

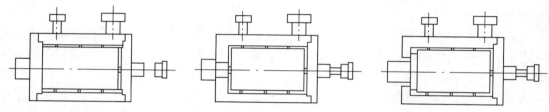

图 12-4-15　两端头盖式　　　　　图 12-4-16　一端头盖式　　　　图 12-4-17　一端大盖，一端小盖式

头盖与壳体的密封结构：

传统的螺栓加 O 形圈的连接方式仍是目前使用最广泛的方法，常见的结构见图 12-4-18。

采用螺栓连接的头盖不采用金属垫片来达到密封，因为难以控制合适的密封压力。螺栓的上紧主要靠上紧力矩来控制。

另一种广泛使用的是剪切环结构，此为美国 D-R CLARK 公司专利（US3552789），其结构简图见图 12-4-19。

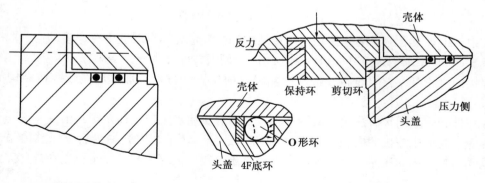

图 12-4-18　螺栓加盖 O 型圈连接方式　　　　　图 12-4-19　剪切环结构

剪切环通常由 4 段组成，装入壳体上槽内，压力侧通过头盖的作用力和保持环反力组成的力矩被反力矩平衡，两者互相垂直，分段的剪切环均匀受力不会变弯。同时剪切环不会因弹性变形而使头盖沿轴向运动。剪切环还具有装卸方便、易于安装的优点，减少了螺栓连接

中对上紧扭矩的控制要求。

内壳和外壳内表面间利用 O 形密封。也有的采用类似活塞环的金属密封圈。

（2）转子及叶轮

压缩机转子包括叶轮、轴、轴套、推力盘、平衡活塞及半联轴节。

转子是压缩机的核心部件，压缩机的性能主要取决于转子上叶轮的型式、数量和转速，压缩机操作的平稳和可靠则取决于转子动力学的计算及参数的合理选择。

循环氢压缩机所处理的是低相对分子质量，高密度、高纯度的氢，是多级非冷却式单轴压缩机，压缩机转子的特征是：

1）叶轮为单向顺序排列，通常为同一直径；

2）叶轮与轴为紧密配合加键或径向固紧；

3）级间密封大多为拉别令式，轴（或轴套）上开槽，密封片组件装在壳体上（也有装在转子上的设计，如德国 GHH Borsig 公司）；

4）推力盘（或平衡活塞）紧配合装于轴上并以锁紧螺母可靠定位；

5）径向轴头处通常与可倾瓦相配；

6）联轴节处多为无键液压紧固的结构。

在根据要求的气动性能确定叶轮的型式和数量以后，根据叶轮的选型尺寸进行一系列的计算后，最终确定压缩机转子的所有结构参数。这些计算应包括：

1）根据确定的轴承间距和各转动元件的质量分布进行转子横向振动特性的计算（临界转速）；以及根据 API617 要求的转子不平衡响应的计算；

2）根据压缩机的最大连续运转转速及跳闸转速进行强度校核；

3）转子轴向力及向位移。

主轴：应为整体锻件，经严格的热处理及精密加工，达到要求的尺寸、精确度和表面光洁度，在安装轴振动及轴位移探头处应按要求进行去磁处理，以限制该处的磁跳动。

按规定推力盘最好和轴做成整体，当采用油膜密封，机械密封等需拆卸密封轴套时，允许采用可拆卸的推力盘，并采用可靠的锁紧装置。

● 轴向力平衡：由于循环氢压缩机的介质相对分子质量小，要求的压力比一般为 1.2～1.5，因而正常不采用背靠背的叶轮布置来平衡轴向力，而是用平衡盘或平衡活塞。如平衡盘或平衡活塞与轴不做成整体，应对其固定方式认真复核。

● 半联轴节：联轴节的型式通常为挠性齿式或无润滑膜片联轴节，瑞士 SULZER 是唯一广泛使用刚性联轴节的厂家，刚性联轴节可把多个转子连在在一起而排除了悬臂元件的存在，减少了对不平衡的敏感性，同时有利于于轴承的布置。

● 轴套：为了保护轴不受磨损和腐蚀，在中间级密封处，轴端密封处应装设可拆换的轴套，轴套和叶轮组装时，不应使转子发生暂时和永久的变形。

为了保证转子在高速运转中的稳定性，也有将拉别令密封齿装在转子上的结构，这既可不加轴套，也易于更换。同时还防止在动静部分发生摩擦时，转子局部过热。

● 压缩机叶轮：循环氢压缩机采用的是闭式叶轮，流量系数 ϕ 一般为 0.01～0.05 左右，属于低比转速型，近年来随着流场计算分析的应用，目前国外较普通而又行之有效的方法是设计初始阶段用一元流动理论，详细计算时用准三元或全三元理论的方法。

国外主要制造厂都致力于叶轮标准化，系列化的研究和开发，以适应不是介质，不同操作参数的要求，德国 Borsig 公司经过设计、测量和试验建立了适应 10 种壳体尺寸的 21 种叶轮，每种叶轮直径有 20 种流量系数及 3 种叶轮型线，可适应介质相对分子质量从 2~140，流量从 0.2~70m³/s，美国 DRESSER-RAND 公司则是对应于每一壳体尺寸定义若干种叶轮，如 3M（B）有 8 种叶轮，4M（B）有 13 种叶轮，5M（B）有 15 种叶轮。

叶轮的制造方法主要有铆接，铸造，电火花加工及焊接，循环氢压缩机叶轮主要是焊接叶轮和铸造叶轮。

压缩机叶轮通常按直径流量系数按几何级数分类。

流量系数 φ≤0.05 的窄轩轮通常为二元叶轮，φ≤0.14 的宽叶轮为三元叶轮，宽叶轮采用大的叶片出口角，以提高能量头，窄叶轮采用较小的叶轮出口角以改善效率。

叶轮的直径、流量系数、叶片形状三者的组合可以达到理想的性能和效率。

叶轮还应进行三维的有限元应力和应变的分析，并计算和分析在最大圆周速度下叶轮的应力和变形。

焊接叶轮：在二种方法即槽焊和钎焊，用于叶轮的制造。

槽焊叶轮：当叶轮出口宽度在 16mm 以上时，可以采用通常的焊接方法，即轮盖，轮盘和叶片分别加工，然后将叶片与轮盖焊接，再和轮盘焊接。采用定位机夹具使精确找正。

当叶轮出口宽度小于 16mm 时，将叶片和轮盖作为整体锻件，在轮盖上将叶片加工成型后，再和轮盘焊接，事先在轮盘上按叶轮型线铣出空槽，将轮盖和叶片组放入后，在轮盘的背面焊接。

为保证叶轮的气动气体通道及详细尺寸和性能，所有叶轮均在数控机床上加工，叶轮的形状均按计算机优化设计的结果精密制造成型，制造过程中对叶轮材料要进行严格的检查，每次焊接后均要进行磁粉探伤检查，每次热处理前后也要进行磁粉探伤，在最终安装在转子上以前，经过动平衡及超速试验以后还要进行磁粉探伤。

图 12-4-20 和图 12-4-21 所示为焊接叶轮和槽焊叶轮焊接部分的示意。

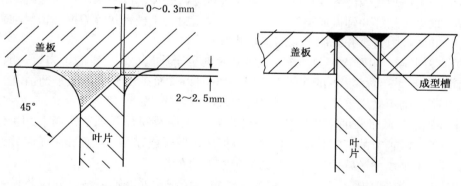

　　　　　　图 12-4-20　焊接叶轮　　　　　　　　　　图 12-4-21　槽焊叶轮

钎焊叶轮：钎焊又称为高温真空钎焊，其主要优点为：

1）可制造出口宽度极窄的叶轮；

2）叶轮出口宽度误差小，精确度高；

3）接头处的屈服强度可与母材相同；

4）叶片通道内无焊渣；

5）沿叶片全长焊接质量均匀可靠；

6）在施焊时可进行热处理；

7）无需采用焊剂。

钎焊用含金 82%、镍 18% 的合金作为焊料，钎焊间隙一般为 0.07~0.12mm，在真空炉中加热到 1050℃ 形成钎焊层，再经保温、冷却、再加热再冷却形成高强度的结合层。

这一制造工艺用于叶轮制造以来，已得到广泛应用，目前可用于制造直径为 600mm 的二元，直径为 400mm 的三元，德国 GHH 公司已成功地制造了 500 多个叶轮。

铸造化叶轮：精密铸造的叶轮用于循环氢压缩机以美国 A-C 公司为代表，该公司采用高强度低合金钢整体精密度铸造的叶轮，据介绍对每种铸造叶轮在加工前均进行 X 射线探伤磁粉或表面渗透检查，在叶轮加工完成后以及动平衡和超速试验后，除进行尺寸检查外，还要进行最终的磁粉或液体渗透检查。

并且每种新叶轮还要进行 140% 正常转速的超速试验以确定叶轮的变形。并进行解剖、以检查机械性能。

某些制造厂的铸造叶轮用于直径小于 500mm，流量系数大于 0.015，圆周速度小于 295m/s 的场合。

叶轮在轴上的安装，通常为热压配合和键或径向销的组合。

为保证叶轮在任何操作转速下不至于松脱，通常在叶轮背部的过盈量为 0.0025D，在叶轮入口处为 0.002D（安装处直径），这是考虑到叶轮孔的冷却速度不同以及和台肩处固紧不产生间隙，见图 12-4-22。

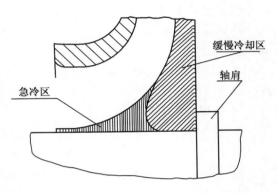

图 12-4-22　叶轮的安装

图 12-4-23 和图 12-4-24 分别表示在叶轮间不带轴套（叶轮定距套）和带轴套的两种转子结构示意图。

在热配合后，为了更可靠地防止叶轮的松脱，还采用在叶轮上加径向销钉固定的方式，见图 12-4-25。在需要拆卸叶轮时，通过绞孔换较大直径的销钉，拆卸 3 次后，叶轮转 45°再钻新孔。由于销钉孔在叶轮的低应力区，其开孔的应力集中系数和环向应力均小于键槽固定的方式。

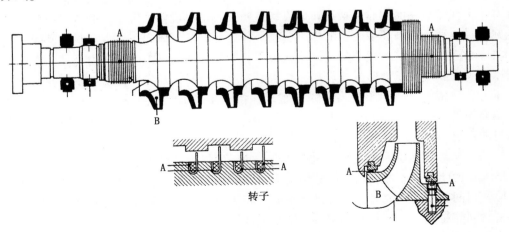

图 12-4-23　叶轮间无轴套的转子

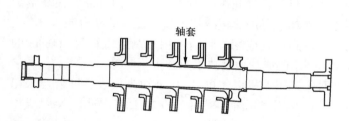

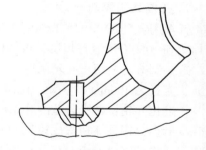

图 12-4-24　叶轮间带轴套的转子　　　图 12-4-25　在叶轮上加径向销钉固定的方式

（3）轴端密封

高压循环氢压缩机的轴端密封是安全运转的关键，工业上已成功运用的密封型式有以下几类：

径向间隙油膜密封：利用密封油在动静环部分极小的间隙处形成的油膜进行密封，根据这一原理衍生出若干种不同类型的型式，主要有：

- 常规的内外环油膜密封；
- 带有锥形套（TAPER CONE）的油膜密封；
- TBS（TRAPPED Bushing Seal）型油膜密封。

机械密封：利用动静环端面的接触形成密封，通入密封油在密封面上形成油膜。

干气密封：（Dry gas Seal），是一种非接触型气膜密封，现在已经广泛替代前两种密封。

干气密封在气体动压轴承的基础上发展而来的。干气密封于 1976 年由 JONH CRANE 公司研制成功，应用于输气管线离心压缩机上。是一种新型密封，干气密封是基于现代流体动压润滑理论的一种新型非接触式干气密封。干气密封在结构上与普通机械密封相比，其动环与静环密封端面较宽；在动环或静环端面上加工出特殊形状的流体动压槽，如螺旋槽、圆弧槽、T 形槽等，槽深一般在微米级。具有动压槽的环通常采用 SiC 材料，不具动压槽的环采用 C 石墨作为材料。

1）干气密封原理：

干气密封主要依靠端面相对运转产生的流体动压效应在两端面间形成流体动压力来平衡闭合力，实现密封端面的非接触运转。以螺旋槽干气密封说明干气密封的运行原理。当动环高速旋转时，动环或静环端面上的螺旋槽将外径处的高压气体向下泵入密封端面间，气体由外径向中心流动，而密封坝节制气体流向中心，于是气体被压缩引起压力升高，在槽根处形成高压区。端面气膜压力形成开启力，在密封稳定运转时，开启力与由作用在补偿环背面的气体压力和弹簧力形成的闭合力平衡，密封保持非接触、无磨损运转。干气密封正常工作时，端面间气膜一方面提供开启力来平衡闭合力，另一方面可起润滑冷却作用，因而省去复杂的封油系统。

如果出现某些扰动因素使密封间隙减小，此时由螺旋槽产生的气膜压力将增大，引起开启力增大，而闭合力不变，密封间隙将增大，直到恢复平衡为止；反之，如果出现某些扰动因素使密封间隙增大，此时由螺旋槽产生的气膜压力将减小，引起开启力减小，而闭合力不变，密封间隙将减小，密封将很快再次恢复平衡。

作为一种非接触式机械密封，由于其优越的摩擦润滑性能，更长的工作周期和更短的维护时间，节能、环保，以及更高的可靠性和稳定性，干气密封作为一种性价比高的密封产品，得到了广泛的应用。

干气密封的设计涉及诸多学科的内容。其中摩擦与润滑、流体力学、热力学、空气动力学、工程材料学、机械振动、控制理论是干气密封设计的需要涉及的核心内容。干气密封的几何参数（尺寸和槽型）和工况条件（密封压力、转速、气体温度和黏度）对其性能参数具有重要影响。

干气密封的性能参数涉及密封面压力分布、开启力、泄漏量、刚度、开启力/泄漏量比值、刚度/泄漏量比值等参数。

2）常用干气密封及其控制系统：

① 串联干气密封结构：

加氢裂化装置中的循环氢压缩机通常采用干气密封，该干气密封为串联结构、集装式。带中间迷宫密封并包括密封、隔离气控制系统。在密封的动环上加工有呈楔型的浅槽，运转时在动环和静环之间形成压力梯度，达到密封工艺气体的目的。干气密封是一种非接触式的密封，而且它不会污染工艺气体，运行维护方便。

在流程布置上，干气密封系统主要包括以下内容：

a. 一级密封气为压缩机出口工艺气，大部分气体经机组迷宫返回到机内，阻止机内气体外漏污染密封，少量气体经过密封端面泄漏至一级密封排气腔。一级密封气的控制采用与压缩机参考气自动差压控制。开车时采用氮气作为干气密封一级密封气。

b. 二级密封气为低压氮气，大部分气体经中间迷宫进入一级放空腔，阻止一级泄漏气体进入二级密封，少量气体经过二级密封端面泄漏至二级密封排气腔。

c. 隔离气为低压氮气，进入低、高压端隔离室，一部分隔离气经后置迷宫的前端与二级密封端面泄漏的气体混合，引至安全地点放空；另一部分经后置迷宫的后端，通过轴承回油放空孔就地排放，此部分气体能够阻止润滑油污染密封端面。

d. 一级密封泄漏气与大部分二级密封气经过流量计后接至火炬管网。

② 控制系统组成：

控制系统的主要作用是为干气密封提供干净的气体（过滤精度 $1\mu m$）和监视干气密封的运转状况，确保干气密封长周期运行。该压缩机干气密封控制系统由以下几个部分组成：

a. 过滤单元。由于干气密封工作时形成的气膜厚度在 $3\mu m$ 左右，气体中如果含有颗粒杂质会损坏密封面，对干气密封的正常运转产生巨大的威胁。因此，供给干气密封的气体需要非常干净，通常用高精度过滤器来达到这一目的。过滤单元由三组小单元组成，分别为主密封气除湿单元（过滤精度小于 $10\mu m$）、主密封气精过滤单元、缓冲气过滤单元。除湿单元采用高液位自动排液，并设有除湿器压差高报警。过滤单元由两台过滤器并联组成，一开一备。过滤单元设有过滤器压差高报警。

b. 密封气调节单元。干气密封的密封气控制采用压差控制。密封气控制的目的是始终保证密封气的压力高于密封腔中工艺介质的压力，气动薄膜调节阀可以始终保证密封气与平衡管保持设定的压差，防止缸体内介质反窜进入干气密封。

c. 密封泄漏监控单元。控制系统通过孔板流量计对干气密封的泄漏量进行监控，当干气密封的气体泄漏量超过一定值时，表明干气密封损坏，监控单元发出报警信号。该干气密封控制系统是通过对干气密封一次泄漏气体流量进行监视而实现的。

d. 缓冲气单元。缓冲气（氮气）从两级干气密封之间注入，保证串联式干气密封泄漏出的循环氢全部通过一次泄漏排放到火炬，后密封泄漏出的气体仅仅是氮气。缓冲气为氮气。

　　e. 隔离气单元。隔离气的作用是防止润滑油窜入干气密封部位对密封性能造成影响，对干气密封起保护作用。该干气密封隔离气采用氮气。

　　f. 密封气增压单元。当压缩机带压但未操作时或在启动时压缩机工艺气还未稳定时，或操作中压缩机出口压力较低不能保证充裕的干净密封气注入密封腔时，控制系统增压单元自动启动，将密封气增压后注入密封腔，保证足够的密封气进入干气密封，来维持密封的清洁。该供气源还使用在压缩机出口气源缺少的情况下。氮气接口管线并应配置单向阀以防系统倒流。干气密封和结构图和流程图分别见图 12-4-26 和图 12-4-27。

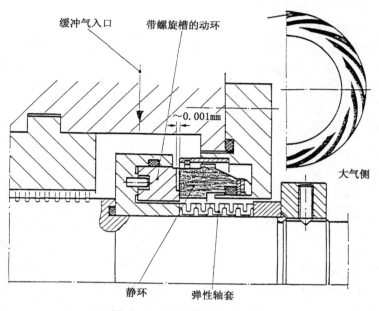

图 12-4-26　干气密封结构图

（4）轴承

　　循环氢压缩机通常属于高速轻载型转子，其径向轴承应采用可倾瓦型，推力轴承采用双向多块瓦型，如 Kings Bury 型。

　　1）布置方式：推力轴承一般在非驱动端，特别是采用挠性联轴器的场合，避免悬臂重量的影响。非驱动端通常也是压缩机的入口端。

　　2）测温元件：预埋测温元件以准确测量轴瓦温度。测温元件通常为 Pt100 热电阻。有采用 K 型热电偶的。一般要求每组径向轴承埋 2 块，止推轴承主推面埋 3 块，副推面埋 2 块。备用瓦块也应预埋同样数量。

　　3）轴承承载能力：推力轴承承受轴向推力应小于止推轴承额定负载的 50%。

　　径向轴承和推力轴承通常采用薄壁瓦，巴氏合金层厚度 1.5～1.7mm，径向轴承有 4 块瓦、也有 5 块瓦的型式，推力轴承一般是 6～8 块或者 10 块。轴承的型式、尺寸及承载情况通常由制造厂选择，由制造厂自制或外购，在选型时应了解制造厂的经验和有关资料。

　　4. 压缩机零部件的材料选择

　　压缩机零部件的材料应根据操作条件，介质组成按 API 617 或其他适用标准选择，目前按 API617 的要求，主要以美国标准 ASTM、AISI、ASME 或 SAE 等作为材料标准，不同地区应用时可允许采用和上述标准要求等同的材料。

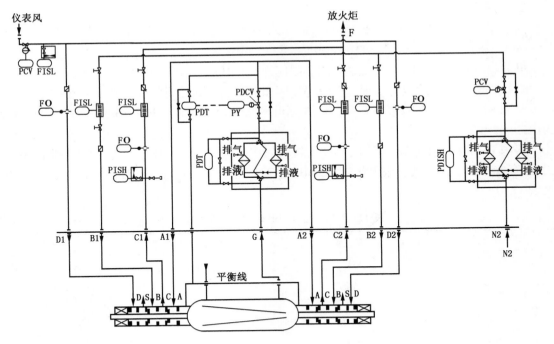

图 12-4-27　干气密封流程图

（1）壳体

按 API 规定循环氢压缩机处理可燃性气体，其材料应为碳钢。外壳通常为锻钢（按 ASTM A266 CLASS1 或 ASTM A336 CLASS F1）或钢板卷制（按 ASTM A414）。

内壳体包括隔板，无论为整体或用螺栓连接一般为铸铁（按 ASTM A48）。铸铁可用在最大工作压力小于 2.76MPa、温度小于 260℃ 的场合。

（2）叶轮

按 API 617 规定，当处理含氢气的介质，氢气分压大于 0.69MPa 或氢含量大于 90% 时，叶轮材料的屈服限不应大于 826MPa，硬度应小于 RC34。

（3）轴

轴应为整体锻件，并经适当热处理和精密加工。常用材料标准为 AISI 4140。

（4）隔板

通常用灰铸铁（按 ASTM A48 或 A278 CL. 30）或球墨铸铁（ASTM A536）制造。

（5）介质含 H_2S 时对材料的要求

H_2S 为无色气体，当空气中含 $20\mu g/g$ 时即对人体有害，在 $800\mu g/g$ 时会造成死亡（30min）。含 H_2S 的介质会对金属产生应力腐蚀。在含 H_2S 的环境中产生应力腐蚀裂纹的条件是：H_2S 有足够浓度；钢材有一定的硬度；材料内有残余应力；有湿汽。当气体中含有氯离子时，应力腐蚀会更加严重。

1）H_2S 在气体介质中的含量：

按 NACE MR-01-075F（1980）的规定，如果处理气体的总压等于和大于 0.45MPa 以及 H_2S 的分压大于 0.36kPa 者，应按防止 H_2S 应力腐蚀的条件选择材料（见图 12-4-28）。

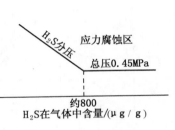

图 12-4-28　含 H_2S 气体的应力腐蚀区

2）材料选择：

所有暴露在 H$_2$S 介质中的部件应按 NACE 标准第 3～8 部分及相应图表选择。灰铸铁（ASTMA 278）、球墨铸铁（ASTM-A 395）可以应用。

叶轮材料可选用 AISI4320，最大屈服限应为 620MPa，硬度不超过 RC22。

焊接件应进行消除应力处理，以使焊接区和热影响区满足屈服限的要求。

对采用沉淀硬化钢如 17-4PH 作为叶轮材料者，应经过特殊热处理使其硬度为 RC29～33。

美国 D-R 公司多年来应用于 7-4PH 材料用作压缩机叶轮，H$_2$S 含量从微量到 1500μg/g，已有成功经验，且其屈服限超过 620MPa，其化学成分（D-R 公司的牌号 UNS S17400）见表 12-4-16。

表 12-4-16　压缩机叶轮材料的化学成分

成　分	含　量	成　分	含　量
C	0.07	Cr	15～17.5
Mg	1.0	Ni	3～5
P	≤0.025	Cu	3～5
S	≤0.01	Co+Ti	0.15～0.45
P+S	≤0.028	Al	0.03
Si	≤1.0	Fe	其余

铜及铜合金（不包括 Monel 合金及沉淀硬化钢），不应用于和 H$_2$S 介质接触的所有部件上。

5. 润滑油系统

循环氢压缩机的润滑及控制油系统应按 API 614 的规定，对系统组成，主要部件技术要求及系统的操作参数进行合理配置。

常规润滑及控制油系统的流程见图 12-4-29。

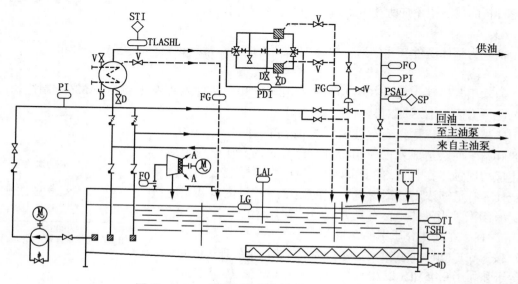

图 12-4-29　常规润滑及控制油系统的流程图

控制油是提供给汽轮机的主汽门及调节汽门作控制汽轮机的启动、转速调节及紧急停车用。

润滑油系统的选择和配置中应注意的主要问题有：

1）润滑油泵选择螺杆泵（三螺杆），主油泵由汽轮机驱动。备用泵由电动机驱动，可以保证在停电后，压缩机可保持运转。

2）润滑油泵出口压力按汽轮机控制油压力确定，流量则应考虑所有轴承的耗油量、控制油在调节过渡状态下的最大量以及一定的裕量（一般为总量的10%）。

3）在控制油路上应加蓄能器以稳定油压。

4）油的过滤精度由控制油及润滑油的要求确定，一般为 $15 \sim 20 \mu m$。

5）油系统的测量，监视及控制仪表按最大安全度考虑。

6. 离心压缩机组的试验及检查

（1）离心式压缩机

离心压缩机的试验和检查项目通常分为两类。

1）不需买方见证的项目：

① 主要零部材料的化学成分及机械性能数据。这些数据包括：壳体（内、外）隔板、主轴、叶轮、轴套（如果有的话）、平衡活塞、轴承以及外壳固定螺栓和螺母。

② 无损探伤检查：包括 PT（渗透）、MT（磁粉）、UT（超声）及 RT（X 射线）、对壳体上有焊缝处通常要求 100%RT 检查。UT 检查通常在粗加工后进行（主要对轴），对壳体和叶轮通常为 MT。

③ 尺寸检查，间隙检查及外观检查。

2）需买方见证的检查项目：下列需买方见证的试验是指重要的对压缩机运转及性能有较大影响的项目，但并不意味着每项试验均需见证，可根据供货厂商的制造经验，质量保证业绩以及买方安排进行选择和规定。根据 API617 的规定，有一类见证试验是只向买方通知但并不等待买方代表到场的试验，称为"观察"（Observed）。

① 水压试验（由卖方规定其程序及要求）：通常所有受压元件应进行 1.5 倍最大允许工作压力的试验，至少持续 30min。

② 叶轮超速试验（由卖方规定其程序和要求）：每个叶轮应在最大连续操作转速的 115%的转速下，超速 1min。

③ 机械运动试验：机械运转试验的程序、方法和要求，通常应由买卖双方共同商定，卖方应事先提供有关资料。

● 机械运转试验通常用制造厂的驱动机（电机或汽轮机）和监测设备。油系统、轴封、轴承、联轴器、各种非接触式探头应是供货设备。

● 试验程序及步骤可按 API617 以及制造厂提供的资料商定，但下列基本要求应满足，在跳闸转速下至少运行 15min；在最大连续转速下至少运行 4h。

● 订购备用转子时，应进行机械运转试验。

● 机械运转试验中对振动、轴瓦温度以及轴封泄漏应记录并要求合格。

④ 气体泄漏试验：试验通常在机械运转试验后进行，向压缩机内送入惰性气（N_2）以最大密封压力（或最大密封设计压力）保持 30min 并以气泡法检查泄漏。

⑤ 选择性试验：按 API617 规定，有若干试验项目属于选择性试验，如性能试验，全机组试验，全压、全负荷、全压试验，氦气泄漏等，通常仅选择性能试验一项。

- 性能试验：离心式氢压机的性能试验在制造厂进行时，由于制造厂无法提供实际处理的介质，通常按 ASTMPTC-10 规定进行 CLASS Ⅲ类试验。

- 试验气体：根据设计条件，试验气体通常采用氮气混合物，并满足 PTC-10 对容积比（q_i/q_d）、容积速度度比（q_i/N）、马赫数和雷诺数的要求。

- 试验要求：按 API617 规定，在正常转速下至少应进行包括喘振和过负荷点在内 5 个点的试验。

通常规定为飞动点、额定点、飞动点与额定间一点、最大流量点及额定点与最大流量点间一点共 5 点；对变转速的压缩机，多工况的操作要求有多操作转速，可以在其他转速下增加试验点，但由于费用太高，一般只试 5 个点。

- 试验结果换算：按 PTC-10 CLASS Ⅲ类试验，由于 K 值及压缩性系数偏差超出了理想气体的范围，应用真实气体方程计算。在性能试验后应将试验结果换算到设计条件，并和设计结果比较。

- 有关性能试验的几点讨论：性能试验是一项耗费很大的试验，其重要性在于在投产前可以比较准确地估计压缩机的性能，增加可信度。事实证明，性能试验后通常会发现预计的性能（计算值）和实际值存在差别，特别是飞动点（小流量点）和效率值。用户在决定是否进行这一试验时，主要应考虑制造厂的经验和业绩以及选购的压缩机在操作条件上有无特殊性。

如确定进行这一试验，应该在合同中明确按 PTC-10 ClassⅢ 试验气体、要求的试验点以及见证要求。

对有备用转子的机组，不应要求两个转子都进行性能试验。

通常在投产后还要进行现场的性能试验或称为验收试验。由于现场的仪表配置、管线安装以及辅助条件如数据采集整理等均达不到 ASTM PTC-10 的要求，因而试验结果不可能和性能试验结果很吻合，这是正常的。

（2）蒸汽轮机的试验及检查

试验及检查和压缩机相同，也分为两类。

1）不需买方见证的项目：

① 主要零部件的化学成分及机械性能数据，如南宁体、隔板、轮盘、轴、叶片等。

② 无损探伤检查，包括 MT（磁粉）、UT（超声）、RT（射线）；对壳体、轴、轮盘、叶子及静叶（喷嘴）进行 MT，叶子、轴及轮盘在粗加工后进行 UT，对焊缝（壳体上）通常要求 100RT 检查。

③ 尺寸检查及间隔检查。

2）需买方证的检查：

① 壳体的水压试验，所有受压元件应承受 1.5 倍最大允许工作的水压试验，至少 30min。某些大型壳体可以要求更长的时间。

② 机械运转试验，机械运转试验的程序、方法和要求，通常应由买卖双方共同商定。

试验通常在汽轮机制造厂进行，油系统为试验田车间设施，轴振动、位移、转速、相位探头应用本机所带，监测及记录仪器可用车间设施。

- 调速系统应进行试验；
- 应进行转子的不平衡响应试验；
- 有备用转子时也应进行机械运转试验；

- 试验时应记录轴振动、轴承温度。

7. 离心压缩机的辅助系统

油系统循环氢压缩机的油系统由润滑及控制油系统组成，油系统是重要的辅助系统，对机组正常运行关系极大，因而在选型中应予以重视。

基本要求：

① 油系统的设计、制造、检查及验收按 API614 要求进行。

② 润滑油泵的驱动机，应一汽一电配置，且油泵的驱动汽轮机采用和主蒸汽相同的蒸汽参数，其目的是保证不因为润滑油泵的电源或汽源故障而影响主机的运行。通常汽泵为主泵，电泵为备用。

油泵的流量是润滑和控制（汽轮机）油量的总和加上规定的裕量。而控制系统除正常量外，为防止在过渡状态下因用油量增加而引起油压下降，通常考虑增加蓄能器。

油泵型式通常宜采用螺杆式。油箱加热器宜采用防爆型电加热器。油过滤器的滤油精度，按控制油要求为 $10\mu m$。如润滑和控制油采用不同的精度时，要另加过滤器。$10\mu m$ 的过滤元件通常为纸质不能重复使用。润滑油压过低停机连锁应设三取二方式。

三、泵与液力透平

加氢裂化装置根据工艺不同大约有 80 余台泵，其中绝大部分是离心泵。液力透平则是根据工艺流程不同，设置用来回收高压液体减压时释放的压力能。本节重点对进料泵及压力透平进行叙述。

（一）离心泵技术参数的确定

泵的主要技术参数包括：流量、扬程、转速及汽蚀余量（NPSH），选型时，应根据有关规范和工艺操作可能出现的变化留有适当的裕量，以满足操作初期、末期或可能的产品变化方案。

1. 流量

流量是指工艺装置生产中，要求泵输送的介质量，工艺人员一般应给出正常最大量和最小量，选泵时可取泵的额定流量为装置最大流量的 $1.05 \sim 1.1$ 倍，并需考虑最小流量的要求，泵厂一般采用体积流量 Q，单位为 m^3/h，而工艺计算中，还采用质量流量 G，单位为 kg/h，两者之间的关系是：

$$Q = G/\rho$$

式中　Q——介质的体积流量，m^3/h；

　　　G——介质的质量流量，kg/h；

　　　ρ——介质的密度，kg/m^3。

2. 扬程

一般要求泵的额定扬程为装置所需的扬程，通常不宜取过大的安全系数。因为这不仅导致泵的尺寸定得过大，增加投资费用，而且操作时，泵长期在部分负荷下运行，造成泵的能耗增加，并使泵的寿命缩短。

3. 转速

为了提高单级叶轮的扬程，减少泵的级数，一般进料泵的转速在 $3000 \sim 4600 r/min$ 左右；泵一般由电动机和齿轮箱驱动。

4. 汽蚀余量（NPSH）

当泵送液体的绝对压力小于液体的汽化压力时，液体便开始汽化，产生蒸气，形成气泡，这些气泡随液体向前流动至某高压处时，气泡周围的高压液体致使气泡急剧缩小以致破裂，形成液击，产生噪声和振动，通常称这种现象为汽蚀。

为了确保离心泵能连续工作，必须有足够的进口压力以避免液体的汽化。泵在发生汽蚀的初生阶段，尚能继续泵送液体，只是流量略有下降，严重的汽蚀会引起汽封，使泵中的液体大部分汽化，泵停止泵送。泵不容易从汽封中恢复，因为泵为了继续泵送，产生更多的热量，导致更多的气体形成。为了使泵重新工作，必须关闭泵，重新灌泵以驱逐气泡。

为了便于理解汽蚀产生的原因，我们这里首先引进泵可获得的汽蚀余量（NPSHa）和泵所需要的汽蚀余量（NPSHr）的概念。

泵可获得的汽蚀余量（NPSHa）又称为有效汽蚀余量，是由吸入装置决定的，与泵本身无关。它同进口管路系统、入口罐、入口罐液位和压力、液体的温度和汽化压力有关，也同流量、液体的相对密度、进口管路尺寸、粗糙度和清洁度（直接关系到进口压力降）有关

NPSHa 的计算公式为：

$$NPSHa = \frac{P_c}{g\rho} - \frac{P_v}{g\rho} + \frac{V_i^2}{2g}$$

式中　P_c——泵进口压力；

　　　　P_v——液体汽化压力；

　　　　V_i——泵进口法兰处的速度头；

　　　　ρ——介质的密度。

必需汽蚀余量（NPSHr）是由泵本身决定的，同吸入装置无关。无论装在什么不同的系统中，泵的 NPSHr 都保持不变。NPSHr 是为了保证泵不发生汽蚀，要求泵进口处单位质量液体所具有的超过汽化压头的富裕能量，即要求装置提供的最小汽蚀余量。NPSHr 越小，要求装置提供的 NPSHa 越小，表示泵的抗汽蚀性能越好，图 12-4-30 表示了离心泵开始发生汽蚀的界限。

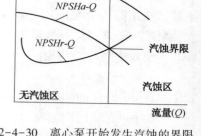

图 12-4-30　离心泵开始发生汽蚀的界限

由图 12-4-30 可得出泵汽蚀基本方程式为：

NPSHa = NPSHr　　　　泵汽蚀

NPSHa < NPSHr　　　　泵严重汽蚀

NPSHa > NPSHr　　　　泵无汽蚀

由此可以看出装置汽蚀余量（NPSHa）小于必需汽蚀余量（NPSHr）是泵发生汽蚀的直接原因，而引起 NPSHa 降低的主要原因有如下四个方面：

1）大流量引起叶轮进口速度增加，从而引起泵进口至叶轮以及进口管路中的压力降增加；

2）非常低的流量造成液体不正常升温，液体从叶轮获得能量，以及泵内部间隙增大引起内部泄漏增加，使液体获得附加能量，引起液体汽化；

3）系统的变化引起进口压力损失（液位下降或进口管路阻塞）；

4）泵进口系统中液体被意外加温，引起泵进口液体汽化压力升高。

当 $NPSH$ 余量（$NPSHa-NPSHr$）非常小，也许由于设计所迫，泵流量远大于正常流量，或由于过量的进口管路损失引起进口压力下降，通常会发生大流量汽蚀。

小流量汽蚀通常不会发生，因为泵不允许在非常小的流量下运行，由图 12-4-30 可以看出泵在小流量（不包括非常小的流量）运行时，$NPSHr$ 较低。当出口阀门关闭时，泵会出现很明显的汽蚀现象（离心泵的出口阀门关闭引起泵壳中的液体迅速升温并汽化）。

（二）选型中应注意的主要问题

加氢装置用高压进料泵应严格按，API 610 中有关规定制定泵的性能、材料选择、结构、试验及检查的技术要求，并结合制造厂采用的技术及加工制造水平进行具体技术条款的协商和讨论。

制造厂对 API 610 所提出的修改、增删的要求以及工程承包商的特殊要求也应逐条复核和确认。

1. 泵的水力性能

1）泵的性能曲线：

泵的性能曲线反映了泵在特定转速下的各项性能参数，通常制造厂提供的性能曲线应包括：$H-Q$ 线、$N-Q$ 线、$\eta-Q$ 线及 $NPSHr-Q$ 线，针对制造厂提供的性能曲线，我们应着重复核以下几点：

① 性能曲线的形状：$H-Q$ 曲线应随流量变小而逐渐上升，中间不得有"驼峰"产生，对加氢裂化的高压油泵，由于其扬程很高，其 $H-Q$ 曲线不宜太陡。一般从额定点到关死点泵的扬程变化不宜大于 15%。

② 在 $\eta-Q$ 曲线上，最佳效率点（BEP）应尽量靠近正常操作点，并且应不小于正常流量点。

③ $NPSHr-Q$ 曲线在操作流量范围内变化应较平坦且与 $NPSHa$ 之间有不小于 0.6m 的余度。该曲线必须是对应于常温下的清水，不应考虑烃类介质的修正系数。

2）制造厂应提供同类型不同叶轮直径的性能曲线，按照 API 610 的有关规定，在同一转速下，更换一个或几个更大直径的叶轮后，泵在额定工况下的扬程至少能提高 5%，这就要求额定叶轮直径应与最大叶轮直径之间留有足够的余度，以确保日后有提高泵性能的可能。

3）检查最小流量点的位置：有关泵的最小流量有两个概念，最小连续稳定流量与最小连续热流量。最小连续稳定流量是指泵在不超过标准规定的噪声和振动的限度下能够正常工作的最小流量，一般由泵厂通过试验测定并提供给用户。最小连续热流量是指泵在小流量条件下工作时，部分液体的能量转换成热能使进口处液体的温度升高，当液体温度达到使有效汽蚀余量等于泵必须汽蚀余量时，这一温度即为产生汽蚀的临界温度，泵在低于该点温度下能够正常工作的流量就是泵的最小连续热流量。对选泵而言应取其中较大者为最小流量点，为保证泵能平稳操作，最小流量点应远离正常操作点。

2. 结构

泵的结构型式、主要零部件的结构都应根据使用条件，本着可靠、高效、经济的原则认真选择。

（1）泵结构选择的主要依据

1）泵送的介质：影响泵结构的主要有液体的黏度、饱和蒸气压（泵工作温度下）、固体的含量、密度以及腐蚀性、易燃易爆性等。

2）泵送介质的温度及压力：泵送介质的温度及压力对泵的结构有着决定性影响，高温高压介质对泵体的型式、保温、暖泵及材料、间隙的选择都有着特殊的要求。

3）标准及规范的选择：加氢装置的进料泵属装置中的关键设备，因此应严格遵守美国石油学会标准 API 610 的要求。

4）泵的操作维护及配件的供应条件，应作为选泵的依据之一。另外对泵厂的工业实践经验，也应作充分考虑，一般情况下，泵厂新产品不能在生产装置上试验，供应商至少应提供一台在功率、转速、温度、压力、结构、材料及转子动力学上相似的泵组的运转经验。

（2）泵体结构

泵壳的剖分型式有水平剖分和径向剖分两种，根据 API 标准及工程经验，加氢装置的进料泵等须选用径向剖分双层壳体（即筒形泵壳）。外层壳体为径向剖分的筒形结构，该部分为泵的主要承压壳。内壳内装有转子，可整体装入和抽出，内壳通常只承受较小的压差，内壳有水平剖分（蜗壳式）和径向剖分（导叶式）两种形式，各有其优点。且在加氢装置上均有成功的应用。

① 导叶式内壳的特点：

a. 在一定的流量、扬程和速度范围下，导叶式内壳的结构更为紧凑，直径较小，所需的暖泵时间短，在温度周期性变化期间，发生内部温度分布不对称的可能性较小。

b. 导叶式设计中，流体出叶轮后有 6 条以上通道，可以较好地平衡径向力。蜗壳式设计因不能完全对称，其径向力不能平衡。

c. 导叶式零部件均为完整的圆形设计，其加工制造、检查较为方便。

② 蜗壳式内壳的特点：

a. 蜗壳式设计利用两个大的流体通道，保持较宽的高效操作区，而导叶式设计中，在设计流量下，可有很高的效率，但流量偏离设计点时，流体进入导叶的冲角将发生变化，其效率降低很明显。

b. 蜗壳式内壳为水平部分结构，其折装较为方便，转子部件整体装配，可单独进行动平衡试验。

c. 蜗壳式设计可采用背靠背形式叶轮布置平衡大部分轴向力，对平衡鼓的要求较低，而导叶式设计中，平衡鼓将承受进出口总压差，平衡鼓的磨损及损坏将会对轴向力的平衡产生很大影响。

3. 机械密封及冲洗系统

泵的轴封均采用机械密封，一般采用平衡型单端面机械密封；在温度较高场合，选用金属波纹管作为辅助密封。

机械密封的冲洗系统，作为改善机械密封工况的辅助系统，对机械密封的工作好坏起着重要的作用；API 610 中对机械密封冲洗系统的选择给出了规定。对于进料泵，可采用自冲洗方式，在冲洗回路上需设置降压孔板及过滤器；孔板直径不能太小，以免引起堵塞；API 规定孔板直径需大于 3 mm。对大于 205℃ 的高温油泵，建议采用外供冲洗冷却液的方法进行冲洗，一般可选用蜡油等。为保证机械密封的正常工作，一般在热油泵机械密封的压盖上设置蒸汽冷却线；其作用有两个，一方面使密封内外的温差较小，工作稳定；另一方面，一旦机械密封失效，蒸汽可起吹扫作用。

（三）性能试验

每台泵出厂前均应进行性能试验，试验一般采用 65℃ 以下的清水，试验采用合同规定的密封及轴承；采用强制润滑的泵，润滑油供油系统可利用卖方工厂的供油系统。

试验中，应取得至少 5 个点的扬程、流量、功率和振动试验数据，这 5 点应分别是：①关死点（不需振动数据）；②最小连续流量点；③最小流量和额定流量之间的中间点；④额定流量点；⑤最大允许流量点（至少为最高效率点的 120%）。

泵的性能（在额定转速下）应符合表 12-4-17 的要求。

表 12-4-17　离心泵性能允差

工况	额定点/%	关死点/%
额定扬程差	±2	±5
额定功率	+4	
额定 NPSH	+0	

另外，诸如 NPSH 试验、整台泵组试验、声级试验以及辅助设备试验等，API 610 将其归入了用户选择项，用户可根据要求在有关技术合同文件中予以规定。

（四）液力透平

液力透平是将高压流体工质中蕴有的能量（主要是压力能）转换成机械功的机械。加氢裂化装置中通常采用反转离心泵作为液力透平，回收高分液或循环氢脱硫富胺液中的能量，用来驱动进料泵等。

1. 加氢进料泵带液力透平时的布置

加氢裂化装置中用于驱动进料泵的典型泵组布置：泵+电机+ 离合器+液力透平（见图 12-4-31）。

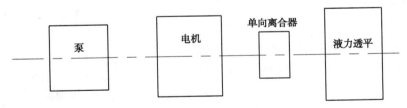

图 12-4-31　进料泵液力透平泵组的布置图

1）电机需采用双出轴；

2）鉴于进料泵和液力透平采用 BB5 结构，将泵和透平布置在机组的两端便于维护检修；

3）在电机与液力透平之间安装一台超越离合器（也称单向离合器），其作用是当新装置工艺参数还不稳定时，流量和压力的变化会使得液力透平的操作不稳定，有时还会对电机形成阻力，此时由于超越离合器的单向作用，使得泵在电机驱动下运转，超越离合器允许空转，液力透平处于脱离泵组状态，这样，即使在没有足够的能量驱动液力透平时，也能保证泵的稳定操作，同时，安装了超越离合器也可使液力透平的维修不影响泵的运转，给泵组的操作带来极大的灵活性。

2. 液力透平的调节与保护

带液力透平的泵组除根据需要配置泵/液力透平的轴承测温、轴振动、轴位移检测仪表外，对液力透平需配置速度传感器，以监测泵组的速度，实现超速保护，液力透平通常设置超速跳闸，当转速达到跳闸转速时，切断液力透平的进料。

　　液力透平典型的控制方案为在其入口安装入口调节阀来控制去液力透平的流量。并将超速保护并入到调节阀的控制系统中。同时还必须安装一个具有调节能力的全流量旁通阀。旁通控制阀和入口调节阀通常采用分程控制通过液力透平的流量。

四、机泵在线状态监测系统

　　往复压缩机组、离心压缩机组、泵组作为装置的关键设备，其设备的安全可靠运行是保证装置安全生产的基本保障。通过设置在线监测系统可以完成：

- 大幅度减少机组发生大型或重大事故次数；
- 促进关键机组管理和检维修计划的管理水平；
- 有效避免非计划停机次数、降低生产成本，实现机组安全、稳定运行；
- 为设备监测和设备管理人员提供优越的基于多种专业化分析图谱和监测诊断手段。

　　通过状态监测，为提高设备的性能而进行的技术改造及优化运行参数提供数据及信息支持。

　　系统主要特点：

- 旋转压缩机组、往复压缩机组、重点泵类设备的故障监测诊断功能在一个界面下完成，当点击不同类型设备时，自动调用该类设备分析诊断功能。
- 该系统将监测、诊断、报警、预防维修、设备管理集于一体。
- 所开发的设备诊断专家系统，包括半自动和自动诊断两种，为用户快速、准确诊断设备故障提供了有效的手段。对于常见故障准确率达到75%以上。
- 监测系统数据刷新速度可选1s、2s、5s、10s，满足故障诊断平台的要求，能及时有效地提供故障分析诊断功能。

　　(一)往复压缩机组在线监测系统

　　据统计，往复压缩机的维修费用约为离心压缩机的5倍，而配置往复压缩机组在线监测系统，实现故障诊断，及早发现问题，及时采取措施可大大减少维修费用。

　　对于临氢介质的往复压缩机组及关键往复压缩机组采用在线监测手段，该监测系统包括往复压缩机监测所需的各类测量传感器、数据采集器、服务器、往复压缩机远程状态监测诊断系统，能够分析诊断往复压缩机运行时出现的机械类故障、热力类故障，对往复机组安全运行及有针对性的维修提供决策支持，帮助优化设备的运行。并且设备检修部中心监控室可实现中心监控室远程监控、分析、诊断、维修决策。

　　1. 检测故障类型

- 测量进/排气阀温度，监测气阀故障。
- 测量活塞杆位置(沉降)，测量监测支承环、活塞环、十字头等故障。
- 测量冲击信号，监测拉缸、水击、连接松动等冲击类故障。
- 测量振动信号，监测基础振动、壳体振动、不平衡类故障。
- 键相信号，用于故障诊断参考。
- 振动监测保护系统：可保护设备不受撞击和振动带来的损坏，信号可同时进入 DCS (见表2-4-18)。

表 12-4-18　监测诊断一览表

监测类别	主要诊断信息
振动监测	◆ 吸/排气阀损坏 ◆ 气缸磨损 ◆ 活塞环/支承环磨损 ◆ 活塞杆：填料磨损、导向环磨损、裂纹 ◆ 连杆：裂纹、螺栓松动 ◆ 十字头磨损、螺栓松动 ◆ 大小头瓦磨损 ◆ 曲轴轴承磨损、烧蚀 ◆ 活塞螺栓松动、螺栓断裂 ◆ 拉缸、黏缸、撞缸 ◆ 介质带液、水击
活塞杆位置监测	◆ 活塞环/支承环磨损 ◆ 填料磨损 ◆ 活塞杆裂纹 ◆ 气缸磨损 ◆ 十字头与滑道间歇过大 ◆ 连杆螺栓松动 ◆ 气缸结构对中缺陷
工艺量监测（温度、压力、电流等）	◆ 十字头磨损、十字头松动 ◆ 气阀漏气 ◆ 活塞环、活塞杆磨损 ◆ 填料泄漏 ◆ 水套状态 ◆ 中间冷却器状态

2. 系统主要功能

- 常规图谱；
- 高级分析图谱；
- 报表、报告自动生成功能；
- 能量棒图及报警诊断；
- 智能报警功能；
- 多级报警管理功能；
- 设备管理系统接口；
- 提供开放式数据接口功能。

通过上述监测系统功能，给设备管理人员提供有效分析设备故障的手段，实现设备预知维修，降低维修成本，减少设备停机次数，提高生产效率，最大化生产效益。

可根据要求实现以下画面分析图/界面：

- 机组概貌图，反映机组配置、测量点设置及测量值等。
- 运行状态图，观察各种测点类型的特征值变化趋势，直观反映设备运行状态。如通过活塞杆沉降、缸体撞击次数、缸体振动、曲轴箱振动等历史运行状态分析，判断机组运行状态。

- 历史比较图，实现往复压缩机同一测点的历史比较、不同测点同一时刻的测量值比较。
- 单值棒图，可显示实时波形图及实时棒图。可以清晰地监测往复压缩机各个参数相对于"报警线"的情况，从而全面的判断机器的运行状况。
- 活塞杆位置监测。
- 振动监测：曲轴箱振动、缸体振动。
- 多参数分析。
- 示功图。
- 活塞杆载荷监测。
- 综合监测。
- 其他参数监测。
- 报警：统计各台设备的运行状态，反映机组是否发生报警，如果报警是哪个测点报警。
- 报表统计，诊断报告。

3. 系统组成

硬件系统组成：

- 隔离安全栅；
- 传感器；
- 数据采集器；
- 装置级服务器；
- 机柜、电源、路由器等。

（二）离心压缩机在线监测系统

1. 主要监测项目

通过轴位移、径向振动、键相信号等检测数据的实时采集，提供针对实时数据、短时趋势数据、历史数据、启停机数据及报警数据的各类分析图谱、分析工具及自动诊断专家系统工具包。可实现中心监控室远程监控、分析、诊断、维修决策。

2. 系统主要功能

- 常规图谱；
- 高级分析图谱；
- 智能报警功能；
- 故障诊断专家系统；
- 报表、报告自动生成功能；
- 设备管理系统接口；
- 提供开放式数据接口功能。

可根据要求实现以下画面分析图/界面：

- 机组概貌图，反映机组配置、测量点设置及测量值等。
- 运行状态图，观察各种测点的运行数据，判断机组运行状态。
- 历史比较图，实现压缩机测点的历史趋势对比。
- 三维瀑布图。
- 可显示实时波形图。

- 轴心轨迹。
- 报警：统计。
- 报表统计，诊断报告。

3．系统组成

系统硬件组成：

- 数据采集器；
- 装置级服务器；
- 机柜；
- 工业级网络路由器等。

（三）主要泵在线监测系统

对于生产装置中的主要泵采用在线监测手段，本系统包括机泵监测所需要的数据采集器、服务器、远程状态监测诊断系统，能够分析诊断机泵运行时出现的机械类（包括轴承/齿轮故障、不平衡、不对中、磨损、结构松动等故障）、气蚀类、管道类故障，对机泵安全运行及科学维修提供决策支持，帮助优化设备的运行。并且设备检修部中心监控室可实现中心监控室远程监控、分析、诊断、维修决策。

1．系统监测信号类别

1）滑动轴承类：

- 轴径向振动信号（水平垂直）——测量轴径向振动及轴心轨迹等监测分析诊断关键机泵故障。
  - 轴位移信号——测量轴位移值（静态量和动态量），监测轴位移故障。
  - 键相信号——提供信号采集触发，用于故障诊断参考。

2）滚动轴承类：

泵轴承振动、齿轮箱振动——加速度传感器，用来测量轴承/齿轮振动，监测机械类、气蚀类、管道类故障。

2．高级功能

- 轴承/齿轮冲击能量分析；
- 轴承/齿轮包络解调分析诊断功能；
- 轴承/齿轮故障特征频率趋势跟踪及预测；
- 轴承、齿轮箱故障自动诊断专家系统；
- 齿轮箱倒谱分析诊断功能；
- 分析诊断报告、报表自动生成功能；
- 智能报警功能（包括快变、缓变、趋势、常规报警）；
- 多级报警管理功能（公司级、厂级、装置级等）；
- 为专业管理平台提供准确的分析诊断结论；
- 设备管理系统接口；
- 提供开放式数据接口。

3．常规图谱

- 泵组状态图：清晰地显示机组结构、转速、各测点振动情况。
- 振动趋势图。
- 单、多值棒图：以柱状体的形式实时显示各测点的幅值是否超标。

4. 系统组成

硬件系统组成：

- 数据采集器；
- 装置级服务器；
- 工业级网络路由器；
- 机柜等。

参 考 文 献

［1］佐伯俊造等．最近における圧力容器の設計・制作技术［M］．日本：（株）日本制钢所，昭和 53 年 12 月 25 日．

［2］张贤安．高效缠绕管式换热器的节能分析与高压应用［J］．压力容器，2008，5.

［3］American Petroleum Institute. API RECOMMENDED PRACTICE 932−B. Design, Materials, Fabrication, Operation, and Inspection Guidelines for Corrosion Control in Hydroprocessing Reactor Effluent Air Cooler (REAC) Systems. 1st Editon July 2004.

［4］佐藤新吾，今中拓．中高温用圧力容器・技术の进步——母材编［J］．焊接学会志，1984（7）：13 −20.

［5］Murakami Y. Watanabe J, Mima S. HEAVY SECTION Cr−Mo STEELS FOR HYDROGENATION SERVICES. 日本：THE Japan Steel Works LTD, 1978.

［6］American Petroleum Institute. API RECOMMENDED PRACTICE 941 Steels for Hydrogen Service at Elevated Temperature and Pressure in Petroleum Refineries and Petrochemical Plants. 7th Ed. API, AUG, 2008.

［7］WATANABE J, NOMURA T, IWADATE T. SAFETY OF 2¼Cr−1Mo STEEL HYDROPROCESSING REACTORS WITH CONSIDERATION TO HYDROGEN EMBRITTLEMENT. 日本：THE JAPAN STEEL WORKS LTD, May 1986.

［8］American Petroleum Institute. API RECOMMENDED PRACTICE 939−C. Guidelines for Avoiding Sulfidation (Sulfidic) Corrosion Failures in Oil Refineries. 1st Edition May 2009.

［9］高温高圧化学装置用机器の动向．昭和 48 年 3 月．

［10］Welding Division Temper Embrittlement of 2¼Cr−1Mo Submerged Arc Multi−Pass Weld Metal. 日本：Kobe Steel Ltd, Japan, 1977, 5.

［11］田川寿俊等．健全性ぉょび耐环境脆化特性にすぐれた极厚 2¼Cr−1Mo 钢［J］．日本钢管技报，1984（91）：13−27.

［12］渡边十郎．超大型反应塔の设计と制造上の问题点について［J］．石油学会志，1974（11）：922 −926.

［13］村上贺国．压力容器用材料の韧性と脆性破坏对策［J］．日本：（株）日本制钢所，1981 年 10 月 14 日．

［14］Union Science and Technology Division. Project Report No. 79 − 24. California：Union Oil Company, August 1979.

［15］Task Group Ⅲ of the Subcommittee on Hydrogen Embrittlement of the JPVRC. Hydrogen Embrittlement of Bond Structure Between Stainless Steel Overlay and Base Metal. WRC Bulletin 305. NEW YORK：WELDING RESEARCH COUNCIL, June 1985.

［16］内藤胜之等．ステンレス钢オバレイを施した压力容器の水素ぜい化にかんする研究：第 2 报 オバレイ／母材境界层の水素ぜい化［J］．压力技术，1984（5）：39−46.

［17］JURO WATANABE. ADVANCEMENT OF MATERIALS AND MANUFACTURING TECHNIQUES FOR PRESSURE VESSELS IN JAPAN. Tokyo：The Japan Steel Works Ltd, 1984.

[18] Piehl R L. CORROSION BY SULFIDE CONTAINING CONDENSATE IN HYDROCRACKER EFFLUENT COOLERS. California：Standard Oil Corporation，May 1968.

[19] 稲垣道夫等. 高温压力容器用高强度 Cr-Mo 钢の技术基准と诸特性（第 2 报）：母材の制造方法と机械的诸特性 [J]. 压力技术，1993（6）：39-45.

[20] 石黑彻. 高温·高压水添压力容器用钢材の动向 [J]. 铁と钢，1987（1）：34-40.

[21] COUDREUSE L. Hydrogen Embrittlement resistance of new generations Cr-Mo and Cr-Mo-V steels. France：CREUSOT LOIRE INDUSTRIE，Dec 1992.

[22] 下村顺一等. V 添加 2¼Cr-1Mo 钢の肉盛溶接部の剥离割れ特性 [J]. 铁と钢，1989（5）：92-99.

第十三章　加氢裂化装置的自动控制

第一节　概　述

一、工艺流程简述

　　加氢裂化是重质油品轻质化的重要手段之一，尽管加氢裂化装置投资较大，操作费用较高。但它具有产品结构灵活、产品收率高、质量好、对市场需求应变能力强等优点。

　　加氢裂化工艺流程种类繁多，有单段一次通过流程，单段全循环流程，单段部分循环流程以及两段流程等，但均由高压反应部分和低压分馏部分组成，其工艺流程基本模式大体一致（详见第八章）。

　　本章节拟以图13-1-1加氢裂化单段部分循环工艺流程-Ⅰ和图13-1-2加氢裂化单段部分循环工艺流程-Ⅱ为例，介绍加氢裂化装置的自动控制要求。

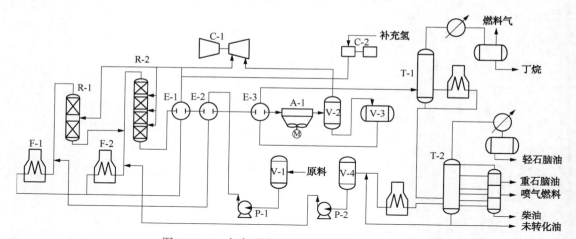

图 13-1-1　加氢裂化单段部分循环工艺流程-Ⅰ

F-1，F-2—循环氢加热炉；R-1—加氢精制反应器；R-2—加氢裂化反应器；E-1，E-2，E-3—热交换器；
A-1—空冷器；C-1—循环氢压缩机；C-2—补充氢压缩机；P-1—加氢进料泵；P-2—循环油泵；
V-1—进料缓冲罐；V-2—冷高压分离器；V-3—冷低压分离器；V-4—循环油缓冲罐；
T-1—脱丁烷塔；T-2—分馏塔

　　在图13-1-1加氢裂化单段部分循环工艺流程中，氢气加热炉为纯循环氢气加热炉，流程采用炉后混油，反应流出物与各种物料换热降温，最后经高压空冷器冷却到要求的温度后进入冷高压分离器。

　　该流程中，单一的或按一定比例混合的原料油进入装置，经与反应器流出物换热升温，再与经加热炉升温的循环氢混合后进入加氢精制反应器，该反应器流出物与循环油和经加热炉升温的循环氢混合后进入加氢裂化反应器。裂化反应器流出物与原料油、循环氢换热降温，并经高压空冷器冷却到要求的温度进入冷高压分离器。

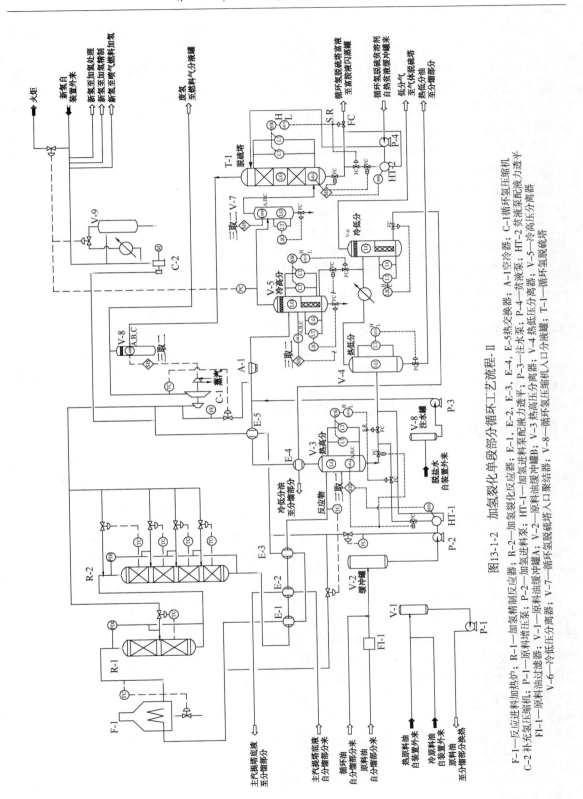

图13-1-2 加氢裂化单段部分循环工艺流程·Ⅱ

F-1—反应料加热炉；R-1—加氢精制反应器；R-2—加氢裂化反应器；E-1、E-2、E-3、E-4、E-5热交换器；A-1空冷器；C-1循环压缩机；
C-2补充氢压缩机；P-1—原料泵压缩机；P-2—加氢进料泵；HT-1—加氢精制液力透平；HT-2—资液泵；P-3—注水泵；P-4—资液料泵配液力透平；
F-1—原料油过滤器；V-1—原料油缓冲罐A；V-2—原料油缓冲罐B；V-3—热高压分离器；V-5—冷高压分离器；
V-6—冷低压分离器；V-7—循环氢脱硫塔；V-8—循环氢脱硫塔入口分液罐；T-1—循环氢脱硫塔

冷高分顶部的循环氢经压缩，换热，加热升温后与原料油混合进入反应器。从装置外来的补充的氢气，升压后进入反应系统。冷高分下部的液体油分水后进入分馏部分，分割成<C_4、轻石脑油、重石脑油、柴油以及塔底未转化油。未转化油可排出装置，也可作为循环油返回反应器。

虽然加氢裂化装置一般由反应部分和分馏部分组成，但在实际工业应用中，由于各自情况不同，具体的工艺流程也有所不同。例如：

当原料油较重，反应转化率较低，产品中未转化油较多时，为了降低能耗，也可在工艺流程中增设热高压分离器（见图13-1-2）。

当原料油中含硫量较高，为了减少循环氢中硫化氢含量，以增加氢分压、降低反应总压力，也可以对循环氢气进行硫化氢胺液洗涤脱硫（见图13-1-2）。

图13-1-2为加氢裂化单段部分循环工艺流程-Ⅱ，在该流程中，氢气加热炉为循环氢和原料油的混相加热炉。循环氢压缩机出口的循环氢气一路作为反应器的冷氢参与床层温度控制，另一路与新鲜进料混合经换热升温后进入反应加热炉，经加热进入加氢反应器。热高分气与反应物换热再经高压空冷器冷却后进入冷高压分离器。

冷高分顶部的循环氢，经循环氢分液罐分液后进入循环氢脱硫塔，再经压缩循环使用。反应过程中消耗的氢气，由外来的新氢经新氢压缩机升压后打入反应系统。热高分和冷高分的反应生成物经减压分别进入热低分、冷低分分水，热和冷低分液进入分馏部分的主汽提塔，主汽提塔底液经换热后进入分馏塔及其后续脱丁烷塔、脱乙烷塔等，分割成<C_4、轻石脑油、重石脑油、喷气燃料、柴油以及分馏塔底的未转化油（循环油）。未转化油根据情况可部分排出装置，也可循环至原料油缓冲罐油罐与新鲜原料合在一起开始新的循环反应。

二、加氢裂化装置对自动控制的要求

1）反应部分的仪表与设备、管线、阀门一样均处在高温、高压、临氢等苛刻工况下工作，而且循环氢中含有较多的硫化氢，因此，所有仪表材质和压力等级必须适应所处的操作条件。

2）加氢反应具有耗氢、放热的特点，因此，必须采用压力控制手段及时补充新鲜氢气，维持反应系统的氢分压；反应热的多少取决于反应速度的快慢和反应温度的高低。为避免反应温度过高导致产生过多的反应热，必须严格控制各床层入口温度，及时排除反应热，否则，会导致催化剂床层飞温，即温度失控。

3）高压分离器和低压分离器是高压反应部分和低压分馏部分的分界面或连接处的设备，在实行高压液体减压时，为避免液体脱空，导致高压气体串入低压分离器或低压设备，发生爆炸事故，必须严格控制高压分离器的液面和界面。

4）加氢裂化装置的重点在反应部分，因此，必须控制反应器催化剂床层不超温、高压分离器高压气体不串入低压部分，高压液体不串入循环氢压缩机，装置才能长周期、安全、高效和平稳地生产。

第二节　加氢裂化过程的温度控制与监视

加氢裂化反应温度增加会加快反应速度，释放较多的热量，如果不及时将反应热取出，势必引起反应器床层温度骤升，导致反应温度失控，严重时还会损坏催化剂及反应器。此外，反应温度的高低还影响反应深度，温度升高，反应深度增加，气体及轻馏分增多，未转化油减少；温度降低，反应深度减弱，气体和轻馏分减少，未转化油增多，因此控制反应温度是很重要的。

加氢裂化装置是温度控制和监视点最多的炼油装置。

一、加氢精制反应器温度控制及监视

1. 反应器入口温度控制

加氢精制反应器一般由 1~3 个催化剂床层组成。

氢气在循环氢加热炉升温后，与原料油混合后的温度即为加氢精制反应器入口温度。如果入口温度太低不会发生反应，温度太高又会导致床层超温。对于第 2 或第 3 床层，如果注入急冷氢不当，将导致床层入口温度超高，或床层严重超温，甚至损坏催化剂及设备。因此，由温度调节 TRC-101 与加热炉燃料气（油）压力（流量）调节 PIC-101 串级控制反应器入口温度，以克服来自燃料方面的干扰，如图 13-2-1 所示。

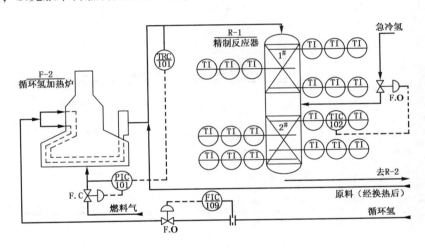

图 13-2-1　加氢精制反应温度控制及监视

反应器入口温度调节器为主调节器，它的输出值是燃料气压力调节器（副调节器）的给定值。当入口温度偏离给定值时，则温度调节器的输出值发生变化，即燃料气压力调节器的给定值变化，因而此调节器输出改变，燃料气调节阀开度相应变化，进入炉子燃料气量变化，使反应器入口温度达到给定值。当燃料气压力变化时，即压力调节器的测量值发生变化，而此时的给定值未变（即温度调节器的输出未变化），因此压力调节器的输出变化，调节阀开度相应改变而维持压力不变。从此看出，当燃料气压力变化（即干扰），还未引起炉出口温度（反应器入口温度）变化之前已由副回路压力调节器进行了修正。

加氢裂化装置有多台加热炉，共用一个燃料气系统，各个炉子单独进行温度控制，燃料压力常有波动，采用串级控制有利于克服加热炉燃料带来的干扰。在调节过程中，副回路具有先调、快调、粗调的特点；主回路则相反，具有后调、慢调、细调的特点。主、副回路互相配合与单回路控制（如只设温度控制）相比，大大改善调节过程的品质[1]，串级控制回路有此优点，在炼油厂、化工厂获得了广泛应用。

反应进料加热炉加热的介质为循环氢气或循环氢气和原料油的混相物，炉管的热强度高达 44000~56000W/m²，因此在炉管热强度最高的出口段设有炉管表面热电偶以监视炉管工况。

2. 反应器床层温度控制

氮、硫、氧非烃化合物的氢解反应及烯烃、芳烃的加氢均为放热反应，因此反应器1号床层出口温度必然上升，为了使2号床层入口温度不致过高，设有2号入口温度调节 TRC-102，测温点为2号床层入口处，调节阀设在急冷氢入口管线上，见图13-2-1。

当入口温度上升时，温度调节器 TRC-102 的测量值上升与给定值产生偏差，经调节器运算输出一个变化后的信号给调节阀，使其开度加大，注入更多的急冷氢，使入口温度下降与给定值一致。此阀尺寸应能保证反应器严重超温时能提供大量急冷氢气，即有大的流通能力，正常时阀的行程约为全行程的三分之一。

3. 反应器床层温度监视

1）加氢精制反应器床层测温热电偶，尺寸较小的反应器一般可采用三支或四支铠装热电偶横插入设备内一个共用保护管（保护管作为反应器内件一起设计和供货）。热电偶结构形式如图13-2-2 和图13-2-3。分别测量床层中心点和距离中心点三分之二半径处的温度。

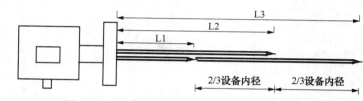

图 13-2-2　加氢精制反应器上的热电偶（三支）

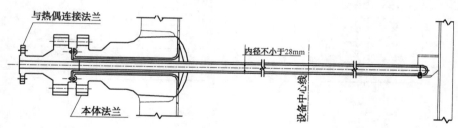

图 13-2-3　加氢精制反应器上的热电偶（三支）设备套管图

为了能监视整个反应器温度，在催化剂床层不同标高，即上、中和下三层设置测温点。尽可能让测温点分布均匀，交错排列（各床层入/出口方位一致，中间的与入/出口交错90°），温度测量点的分布见图13-2-1。

反应器床层入口、出口均设有高温报警，以提醒操作人员注意。

2）随着加氢装置处理量的不断加大，加氢反应器的尺寸也随着加大。对于这种情况，预加氢或加氢精制反应器床层测温热偶的上、中处的形式也可采用三点横插"⊥"（T-BAR）型钢梁支撑并分别穿管式的热电偶组合件。而每个床层的出口特别是反应器最后一个床层的出口测温，因温升大可采用直接承压的多点铠装柔性热电偶组合件。

3）某些特大尺寸的加氢反应器，根据工艺要求，床层的测温也可全部采用多于三点的多点直接承压的铠装柔性热电偶组合件。

二、加氢裂化反应器温度控制与监视

1. 裂化反应器入口温度控制

1）在循环氢加热炉（F-2）升温后氢气与加氢精制反应器流出物（或循环油）混合后的温度即为加氢裂化反应器入口温度。当入口温度超高时，易造成反应器温度失控，因此必须严格控制。采用反应器入口温度调节 TRC-103 与燃料气压力（流量）调节 PIC-102 串级控制方式如图 13-2-4 所示。

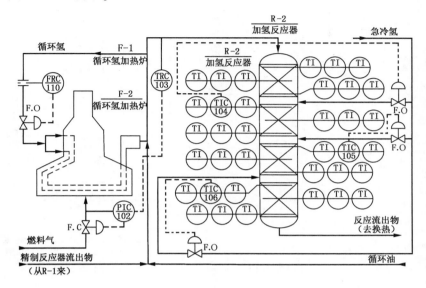

图 13-2-4 加氢裂化反应器温度控制与监视（一）

入口温度给定在某一温度，当测量值大于此值时，温度调节器 TRC-103 的输出值变化，即燃料气压力调节器的给定值变化，则调节器的输出改变而使燃料气管线上调节阀开度减小，减少供给加热炉的燃料量使炉出口温度下降，使反应器入口温度下降达到给定值。相反，则调节的结果使供给加热炉的燃料增加，而使反应器入口温度上升达到给定值。总之，严格地控制入口温度，以满足工艺过程的要求。

如同前文所述，温度与燃料气压力串级控制有利于克服燃料气方面的干扰，改善调节过程的品质。

2）对于图 13-1-2 所示加氢裂化流程，精制反应器的出口温度即为裂化反应器的入口温度，如图 13-2-5 所示。为控制裂化反应器的入口温度，根据工艺要求，也可设置冷氢注入点控制裂化反应入口温度。同样，裂化反应器各床层的入口温度采用注入冷氢的方式保持在工艺要求的温度点上。

2. 裂化反应器床层温度控制

为保证裂化反应器床层催化剂既充分发挥效能又尽量延长其寿命，工艺商有各自的设计理念，有的工艺商因其催化剂为分子筛型，要求每个床层尽力做到如图 13-2-6 所示的等温升。该工艺特点是床层出口温度等温升、等床高，可减小筒体热应力，催化剂利用率高，但急冷氢用量大。而反应器实际运行时，做到各床层的入口和出口的温度保持一样和等温升是很困难的。第二、第三、第四床层的入口温度也许会比上一个床层的入口温度高 1~2℃，但每个床层的温升应尽量保持一致，而整个反应器进出口温升（即出口温度）不能超过允许值。随着反应器的催化剂的运行时间加长进入末期，催化剂的活性和效能会慢慢下降，为保持反应深度，反应器的温度会有所提高，反应器床层的温升也不会再像初期那样整齐，但整个反应器进出口的温升亦不能超过允许值。

但有的工艺商，因其采用的催化剂为耐温高的无定形，所以其裂化反应器的床层温升为

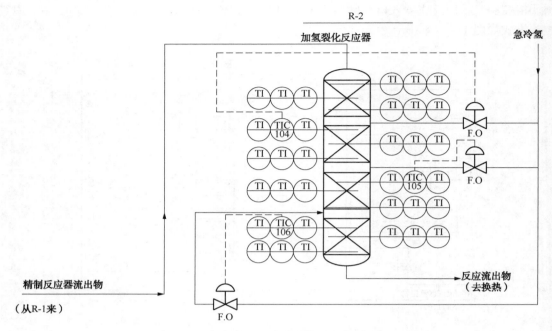

图 13-2-5　加氢裂化反应器温度控制与监视（二）

非等温升（见图 13-2-7），反应器的出口温度限制在催化剂规定的高限值。这种采用不等床层进出口温度，不等温升、不等床高的设计理念，其工艺的特点是可减少急冷氢量，适用于使用温度较高的催化剂，但筒体的热应力较大。

两种工艺的特点详见图 13-2-6 和图 13-2-7。

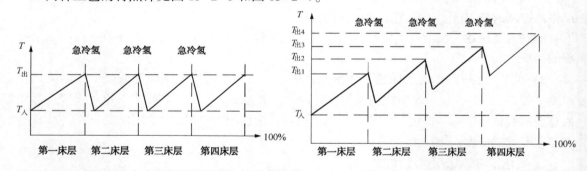

图 13-2-6　裂化反应各床层等温升温度控制示意图　图 13-2-7　裂化反应各床层非等温升温度控制示意图

分子筛载体的加氢裂化催化剂，反应温度增加 10℃，裂化活性上升一倍，催化剂床层入口温度较低的变化，将带来床层出口温度较大的变化。因此，加氢裂化装置的一个重要要求是必须提供或具有一个能精确或仔细控制反应温度的手段，避免操作失误或设备失灵时，催化剂床层"飞温"。为此，把催化剂床层分为几层，控制每层入口温度，就会控制好每层出口温度，这样最后一层入口温度达到给定值，出口温度就能满足要求了。采用各层之间注入急冷氢的方法控制下一层入口温度，尽量控制各层催化剂床层的入口温度相同，每层催化剂床层温升不大于 10~20℃[2]（根据工艺过程确定），以利延长催化剂的使用寿命。

第一催化剂床层入口温度即为反应器入口温度，由加热炉燃烧控制。第二催化剂床层入口温度控制 TRC-104 的测温点放在第二床层的入口层，调节阀在急冷氢进入第一、二床层之间的管线上。当第二催化剂床层入口温度高于给定值时，调节阀开度增加，更多的急冷氢气（约60℃）注入反应器，使入口温度降至给定值。第三、第四催化剂床层入口温度控制与第二床层相同。第四催化剂床层出口温度较入口高出 10～20℃。

为保证在催化剂床层温度骤然上升时，有足够的急冷氢进入反应器，不致造成床层温度失控（或称"飞温"），应设置急冷氢管线上的调节阀尺寸足够大，使之能流过更多的氢气量，以便在床层温度骤升时加大冷氢注入量，此阀正常时的开度约为全行程的三分之一。

3. 裂化反应器床层温度监视

反应器床层温度分布的测量常受限于测量方案的可实施性、测量元器件的精度、测量范围以及测温仪表的结构形式等。对于加氢裂化反应器，由于温升快，其床层测温仪表需要比加氢精制反应器测温反应更灵敏、时间更快的结构形式。

反应器入口设有温度高报警及温度超高联锁。当温度高报警时，如操作工不及时处理，温度继续上升达到超高限时，则启动安全联锁系统停止加热炉加热。

1）裂化反应器催化剂床层测温热电偶，可采用三根 φ14×3 不锈钢套管组成正三角行架式结构，每根套管内插入一支铠装"K"型热电偶。如图 13-2-8 所示。横向插入反应器的热电偶，分别测量床层中心和距中心点三分之二半径处的温度。

理论上，这种结构的测温组件，相比图 13-2-3 一根外套管中穿三根或多根铠装热电偶的测温组件，其 90% 全值温度反应时间已从 6～9min 降到 3min。

裂化反应器催化剂床层测温点的分布见图 13-2-4，每层催化剂床层分为不同标高的三层或四层（根据工艺要求）测温，尽可能能使测温点交错排列（入出口温度测点应在同一方位），分布均匀。也有采用单支热电偶的，不同标高的热电偶按一定角度排列，能较全面测量床层温度。

催化剂床层入口和出口均设有高温报警，当温度达到高限给定值时，有声光报警信号通知操作人员。

催化剂床层反应器也可采用多支热电偶（如图 13-2-2 和图 13-2-8）从反应器顶插入。不管何种安装方式，应使反应器催化剂床层测温点分布均匀，能全面地检测出反应器床层的温度。

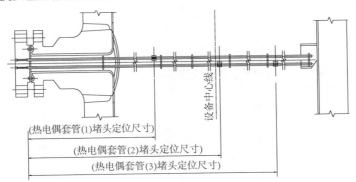

图 13-2-8　加氢裂化反应器上的三角架式热电偶

2）随着加氢装置处理量的不断加大，加氢反应器的尺寸也随着加大。对于这种情况，加氢裂化反应器床层测温热偶的上、中处的形式也可采用三点横插"⊥"（T-BAR）型钢梁支持并分别穿管式的热电偶组合件。而每个床层的出口特别是反应器最后一个床层的出口测温，因温升大可采用直接承压的多点铠装柔性热电偶组合件。

三点 T-BAR 式热电偶结构如图 13-2-9 所示。

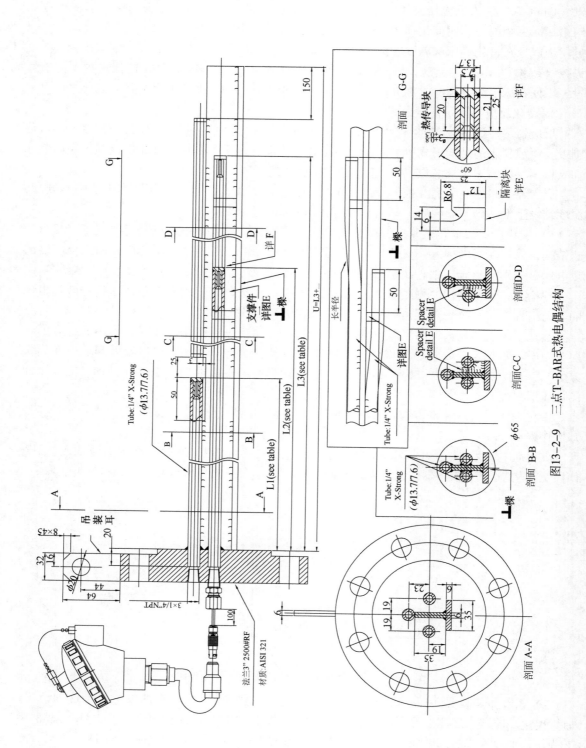

图13-2-9　三点T-BAR式热电偶结构

　　这种 T-BAR 式的测温组件，从结构形式上与图 13-2-8 三角架式的测温组件没有本质的不同，它采用了抗弯性更好的 T 梁支撑，而且，其热电偶外套管端部均向外稍作弯曲不接触 T 梁，以减少 T 梁的热传导对测温点的影响。理论上，这种结构的测温组件，其 90%全值温度反应时间已降到 30s。

　　3）某些特大尺寸的加氢反应器，根据工艺要求，床层的测温也可全部采用多于三点（点数基于计算）的多点直接承压的铠装柔性热电偶组合。铠装热电偶的测温点按照工艺和反应器内部测温的发布点用卡子固定在所需位置上。多点铠装热电偶可以是单支的，也可以是一只铠套内多测温点的。外观如图 13-2-10 所示的多支单点直接承压式铠装柔性热电偶。理论上其 90%全值温度反应时间已降到 4~7s [3]。

　　某种工艺的裂化反应器上中部床层多点测温点的布点及安装如图 13-2-11 所示，某种工艺的裂化反应器底部的多点测温点布点如图 13-2-12 所示。

图 13-2-10　多点直接承压式铠装柔性热电偶外观

上中部催化剂床层测温

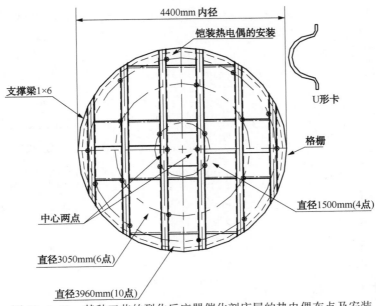

图 13-2-11　某种工艺的裂化反应器催化剂床层的热电偶布点及安装

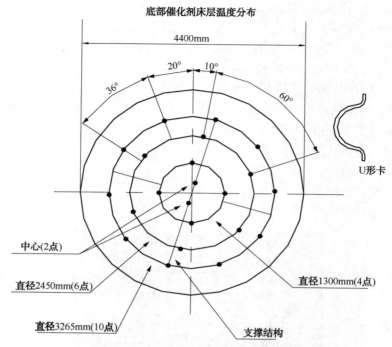

图 13-2-12　某种工艺的裂化反应器底部多点热偶布点

4）另外，加氢装置，如渣油加氢脱硫的反应器床层测温，除可采用横插式多点直接承压式铠装多点热电偶外，也可采用竖插式反应器自带套管的非承压式测温方式，国产化第一套茂名 2Mt/a 渣油加氢脱硫即采用了这种方式。这种竖插式的热电偶外套管的优点是，催化剂床层移动时，对套管根部剪切力小。

三、换热系统的温度控制

1. 换热系统流程

加氢裂化反应温度一般为 360~400℃，反应器流出物需要冷却到 40~60℃进入冷高压分离器，在冷高压分离器中，使富氢气体与油、水分离。

反应器流出物降温释放出的巨大热量，利用换热器将进入反应器的循环氢气及原料油加热，需要时，也可用以加热分馏部分的脱丁烷塔进料。其换热控制流程，如图 13-2-13 所示。

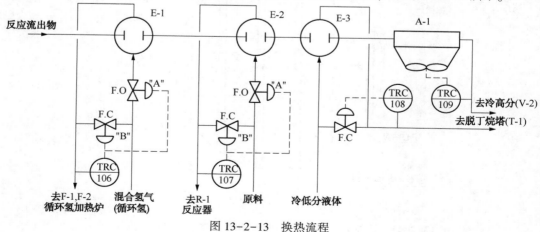

图 13-2-13　换热流程

2. 换热系统温度控制

（1）反应器流出物/循环氢换热器（E-1）

利用反应器流出物热量，在换热器中升高循环氢的温度到 300℃ 左右，再进入加热炉（F-1、F-2）升温。

TRC-106 的测温点放在 E-1 循环氢出口与旁路氢气汇合点的下游侧，此点要能真正代表混合后的温度。两个调节阀，一台设在 E-1 氢气入口线上，另一台设在旁路线上。当混合温度低于给定值，调节作用的结果使 A 阀开度加大，进入 E-1 的循环氢量大，吸收更多的热量，而旁路阀 B 开度减小，即旁路流量小，因此混合后温度上升达到给定值。相反，则 A 阀开度减少，B 阀开度加大，混合后温度下降达到给定值。

A 阀气关（F.O），B 阀气开（F.C），当仪表空气突然停止时，几乎全部循环氢进入热交换器 E-1，反应器流出物换热冷却后温度更低，即进入高压分离器的温度低，不会出现安全问题，相反，反应器流出物换热冷却后温度过高，即进入高压分离器的温度高，大量烃气体与氢气一同进入循环氢压缩机的管线，沿途降温会产生大量的凝液，严重时会损坏压缩机。因此 A 阀选用气关阀（F.O）是正确的。由此可见，调节阀的作用方式（F.O 或 F.C）当引起人们的关注。

这两个调节阀只起物流分配作用，不要求关严，因此，选用价位较低的蝶阀就能满足要求。但若采用两个调节阀的方式，可调整范围宽，这种方式工程上多有采用。

（2）反应流出物/原料油换热器（E-2）

原料油换热后的温度不能超过规定的反应器入口温度，既要充分利用反应器流出物的热量，又要使循环氢加热炉有一定的热负荷。

TRC-107 测温点及调节阀的选择与 TRC-106 类似。但其旁路调节阀 B（FC），宜带机械式最小阀位限制器，提高原料油换热温度的稳定性和防止旁路阀关闭致旁路管道介质凝结堵塞管道。

（3）反应器流出物/低分液体（脱丁烷塔进料）换热器（E-3）

低压分离器底液体换热升温后作为脱丁烷塔（T-1）的进料，其温度控制 TRC-108 使热交换器出口温度满足脱丁烷塔进料要求。

测温点设在低分液体从 E-3 出口与旁路物流混合的下游侧，仅在在旁路线上设置调节阀。这种方法主要基于换热器和换热管路的阻力降计算，调整的范围有限，但能满足工艺要求。工程上常用在主流路和旁路各设一个调节阀代替一个旁路调节阀。

（4）反应流出物冷却空冷器（A-1）

反应流出物换热降温后进入空冷器（A-1），A-1 出口温度即冷高压分离器入口温度，冷高分除压力控制（见下节）外，尚须控制入口温度，以避免轻烃气进入循环氢压缩机入口管线，温度降低时产生冷凝液造成故障，因此设置 TRC-109 控制出口温度。

TRC-109 测温点在 A-1 出口管线上，温度调节器的输出信号调节 A-1 叶片的角度，以改变风量，如出口温度大于给定值，则调节器的输出值使叶片角度加大，风量上升，因而使出口温度下降达到给定值。

另一种常用的控制方法，采用出口温度变频控制风机马达转速，调节空冷器风量的变化，既能控制冷高分出口温度，又节省电能。

（5）温度计的安装

高压、温度较高处的设备或管道上的热电偶或双金属温度计，采用法兰外套管安装形式，如图 13-2-14 所示，热电偶的铠装管或双金属温度计的检测元件插入外套管中。外套管上的法兰与设备或管道上的法兰管嘴相匹配，常用最小法兰尺寸为 $DN\ 1\frac{1}{2}''$（1.5in，1in＝0.0254m，余同）。

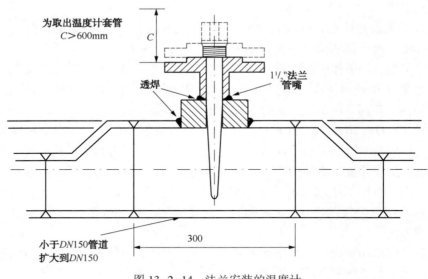

图 13-2-14　法兰安装的温度计

第三节　加氢裂化装置压力控制与监视

加氢裂化装置的压力控制都是调节气体的压力。气体压力是系统内进出物料不平衡的量度，因而气体压力控制不是改变流入量就是改变流出量。因为加氢及加氢裂化反应要消耗氢气，而且，要求在一定氢分压下进行，因此，为了维持系统氢分压和提供反应所需的氢气，必须补充新鲜氢或同时排放循环氢。反应系统压力的基准控制点一般在冷高压分离器。

一、进料缓冲罐（V-1）压力控制

进料缓冲罐的位置见图 13-1-1，缓冲罐下部为原料油，上部空间充入氮气（或燃料气），形成一个气相保护垫防止原料油被空气氧化变质，当原料油进入罐内时，液位上升；原料油被泵抽出时，液位下降。正常操作时液位在一定范围内波动，液位上升时上部气体去火炬，液位下降时则向上部空间补充氮气，保证缓冲罐一直为正压，空气不能进入缓冲罐。为此缓冲罐设置了压力控制 PIC-101（见图 13-3-1）。

一般压力控制的取压点就是需要控制处的压力。PIC-101 的取压点在缓冲罐（V-4）顶或罐顶与切断阀连接的管道上。压力调节器 PIC101 为正作用，调节器输出至两个调节阀：充气阀 PV-101A，阀开时向罐内补充氮气；排气阀 PV101B，阀开时罐内的气体排至火炬，如图 13-3-2 所示。调节器的输出分程为两部分：0～50%和 50%～100%，分别作用于 PV-101A 和 PV-101B，这种方式称为分程控制。两个调节阀均选用气开式（F.C），当净化压缩空气故障（即停风）时，两个阀都处于关闭状态，以便封闭气体进出口保持缓冲罐的气垫压力，减少恢复正常操作的时间以及氮气损失。当 PIC-101 输出在 0～50%范围（即罐内压力虽低于给定值但缓慢上升）时，排气阀 PV-101B 处于全关，输出的 0%～50%经过反向转换为 100%～0%作用于充气阀 PV-101A（A 阀），使之开度由大慢慢变小直至完全关闭。

当罐内测量压力大于给定值，A 阀关闭、进入缓冲罐氮气量停止，因而气垫压力慢慢下降，维持给定的压力；当压力继续上升，调节器的输出在 50%~100% 范围时，阀 PV-101A 全关，而 PV-101B 开始动作，阀开度加大，去火炬的气体量增多，缓冲罐压力下降，达到给定值。

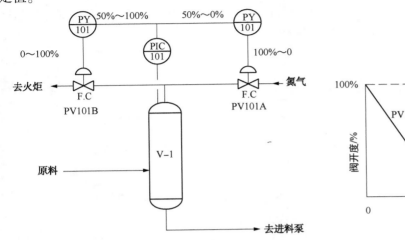

图 13-3-1　进料缓冲罐压力控制

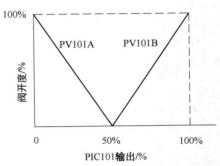

图 13-3-2　调节器输出与阀开度之间的关系

　　分程控制在石油化工装置得到广泛应用，它与简单控制不同之处在于一个调节器的输出控制两个或多个调节阀，而每个调节阀在不同的输出范围内工作。两个阀工作范围在某种情况下允许交叉，但在此处进料缓冲罐压力控制不能采用，因为这样会增加氮气耗量。调节器的输出 0~50% 和 50%~100% 范围信号经反正转换为 100%~0 和 0~100%，在分散控制系统（DCS）由软件组态完成，见图 13-3-1 所示。

二、反应系统压力控制与监视

　　由于反应耗氢、溶解、泄漏损失等因素，需要及时补充新鲜氢气。如不补充新氢，势必压力下降。

　　循环氢压缩机出口的循环氢气，一部分作为反应器急冷氢控制温度，另一部分与补充的新氢混合，经与反应器流出物换热升温后进入循环氢加热炉。原料油经进料泵升压后与反应器流出物换热升温，与循环氢加热炉加热后的氢气混合进入加氢精制、加氢裂化反应器，生成的反应产物及未反应物（反应器流出物），经换热、冷却降温后进入高压分离器（V-2），参见图 13-1-1。

　　或循环氢压缩机出口的循环氢气，一部分作为反应器急冷氢控制温度，另一部分与补充的新氢混合，经与热高分气换热升温后与升压后的原料油混合，在经反应物换热升温进入混相的反应进料加热炉（F-1），进入加氢精制和加氢裂化反应器，生成的反应产物及未反应物（反应器流出物），经换热、冷却降温至一定温度进入热高压分离器（V-3），参见图 13-1-2。

　　无论何种工艺流程，只须在冷高压分离器顶或循环氢压缩机入口设置一套压力控制，即可控制反应系统的压力。

　　1. 冷高压分离器压力控制

　　1）冷高压分离器压力控制，采用压力分程-自动选择控制方案，通过不断向反应系统补入新氢稳定反应系统压力。

　　加氢裂化每吨原料约耗氢 200～400Nm³。1.2Mt/a 加氢裂化装置每小时须补充氢气约 30000～60000Nm³。

　　由于从制氢装置或其他产氢装置来的氢气压力一般只有 1～2MPa，因此要经过压缩机升压后才能进入反应系统。往复式压缩机具有低排量、高出口压力的特点，适合于加氢裂化补充氢压缩机的工艺要求，一般补充氢压缩机都采用往复式。

　　往复式压缩机主要的应用特性：

$$R = P_d/P_s$$

式中，R 为压缩比；P_d 为压缩机出口压力；P_s 为压缩机入口压力。

　　往复式压缩机每级（段）最大的压缩比（即压力比）为 3:1（也可达 4:1）。

　　通常冷高分的压力控制往往与补充氢压缩机压力控制系统联系在一起，如图 13-3-3 所示。

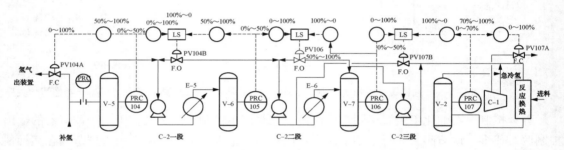

图 13-3-3　高分压力及新氢压缩机压力控制系统（一）

C-2—新氢压缩机；V-5——一段入口分液罐；V-6——二段入口分液罐；V-7——三段入口分液罐；
V-2—冷高压分离器；C-1—循环氢压缩机；E-5、E-6—中间冷却器；LS—低值选择器；○—转换器

　　高分压力的控制是加氢装置反应系统最重要的控制系统之一。它是一个基于物料供需平衡的压力控制系统。因此，从氢气供需平衡的角度，为保证反应系统的压力（氢分压）的需要，并尽量减少宝贵的氢气排空量，新氢的供应量应略高于需氢量，这就需要通过加氢和制氢装置建立系统控制来解决。

　　如果将高压分离器（或循环氢机入口分液罐）作为反应系统压力的基准控制点，则其压力的升高或降低，实际意味着反应系统氢气需要量的供需平衡，当氢耗量增大（进料量变化、进料物性变化、反应温度提高等工况变化，或由于系统中有泄漏点）时，需要提高新氢压缩机往反应系统的新氢打入量，以弥补其需要量（或损失），否则系统的压力就会降低。反之，当系统的氢耗量减小时，意味着要减少新氢往系统的打入量，否则系统的压力就会升高。

　　往复式压缩机是一种容积式压缩机，在各段气缸压缩比一定的情况下，提高级间气缸的入口压力，即可提高该级的出口压力。为了保护压缩机不致憋压和有利于稳定级间压缩比，各级间出口返回入口的管道上设置了气关（FO）式的压力调节阀（理想是能全量返回），因此需采用压力低选信号，控制各级出口返回入口的调节阀，使系统在压力高时，能通过各级间调节阀逐级从出口返回入口，直至排出系统外，使系统压力回复至设定值。

　　反之，当系统压力低时，通过逐级抬高各级入口压力，最终提高总出口压力，直至升高到系统压力的设定值。

总之，采用这套低值选择递推的压力控制系统，通过逐级返回，在反应系统压力高于设定值时，其阀门的动作是不断接收相邻两级间压力低选器的小信号，将多余的氢气逐级排出系统外，直至系统压力降至设定点。反之，是将新氢不断补充到反应系统，直至系统压力上升到设定值。

在特殊情况下，比如，在临时低速紧急泄压时，又不希望立即停止新氢压缩机，以便尽快恢复进料减少装置停工的损失。此时，可以通过将新氢压缩机置于"零负荷"，即通过级间循环维持各级入口的最低压力，短时间保持压缩机的零负荷运行，一旦装置故障排除，可以尽快速度回复装置进料。

该压力低选系统的另一个潜在的安全度是，当压缩机一级入口（制氢装置氢气来源或其他氢气来源）突然供氢压力降低，甚至中断，该系统能够保证一级入口压力的平衡，保护压缩机入口管道和压缩机不致损坏。

2）调节器输出及调节阀动作分析如下：

当冷高压分离器压力下降，其容器上的压力调节器 PRC-107 为正作用，因此输出在 0~70% 范围内时，经转换（反向）为 100%~0 进入低值选择器（LS），当选上时，则由 PRC-107 控制补充氢压缩机三段出口返回阀 PV-107B。冷高分压力下降，则 PV-107B 开度减小，返回量少则去高分的氢气量多，促使冷高分压力上升；冷高分压力上升时调节器输出趋近 70%，经转换（反向）趋近于 0%，三段出口返回阀 PV-107B 开度加大，返回量多，去冷高分的氢气量小，因而压力下降达到给定值。

从上述看出当冷高分压力下降时，补充氢压缩机三段出口返回量少，给冷高分补氢量多。此时，三段入口分液罐压力下降，其容器上的压力调节器 PRC-106 为正作用，其输出在 0~50% 范围，经转换为 0~100% 进入低值选择器（LS）。当三段入口分液罐压力很低时，去低值选择器的值接近 0，会被低值选择器选上。因此由 PRC-106 控制返回阀 PV-107B，以保证压缩机三级出口能达到进入系统的压力。选择器起着软限保护功能，使被控参数不会超过极限。根据往复式压缩机性能，则二段入口压力也低，一段入口压力也低，即一段入口分液罐压力低，则补充氢气量自动加大。补充氢气至一段入口分液罐只设有流量记录。

当冷高分压力上升，PRC-107 的输出在 70%~100% 范围时，经转换为 0~100% 去作用 PV-107A，即放空去火炬，装置操作不正常时才会出现此种情况。PRC-107 输出的另一路 0~70% 经转换（反向）为 100%~0，因为信号大于 70% 去低值选择器的信号为 0，当然为 LS 选上去 PV-107B，则 PV-107B 全开使大量氢气从新氢压缩机三段出口返回，因此三段入口分液罐压力上升，PRC-106 输出在 50%~100% 范围经转换（反向）为 100%~0 去低值选择器。根据往复式压缩机的性能，二段入口分液罐压力也高，PRC-105 的输出在 50%~100% 范围，因此低值选择器另一个输入为 100%，因此低选器选上 PRC-106 的信号，同样低选器也会选上 PRC-105 的输出，即由往复式压缩机每段出口压力控制返回入口阀开度，当压力上升时，调节器输出趋近于 100%，经反向转换趋近于 0 去作用于返回阀（F.O），返回氢气量大。一段入口分液罐（V-5）压力上升，PRC-104 为正作用，输出上升到 50%~100% 范围，打开氢气出装置阀 PV-104A，V-5 罐压力上升，因而进入氢气量自动减少。

人们称往复式压缩机逐段分程选择控制的方法为压力递推自平衡控制。

对于每台调节器的输出，调节阀在一定范围内动作如图 13-3-4 所示。

3）两套加氢装置共用一套新氢机组：

上述冷高分压力及补充氢压缩机压力控制系统中，采用补充的新氢与循环氢压缩机出口

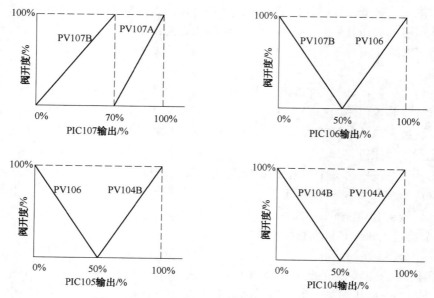

图 13-3-4　调节器的输出与阀开度之间的关系

的循环氢混合进入反应系统的流程方案。

当两套操作压力不同的加氢装置共用一套新氢机组的时候（如一套加氢裂化，一套渣油加氢脱硫），也有采用将补充氢气直接接到操作压力较高的渣油加氢装置循环氢压缩机入口的流程方案，工艺流程图和控制流程如图 13-3-5。

而图 13-3-6 所示的是往复式新氢压缩机末段出口的新氢汇入循环氢压缩机的出口（而非汇入冷高压分离器），用于循环氢供反应系统。

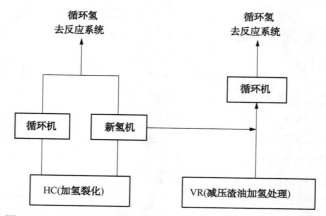

图 13-3-5　两套加氢装置共用一套新氢机组工艺流程示意图

不难看出高分压力及新氢压缩机控制的目的是：

① 自动补氢以平衡加氢裂化的氢耗，稳定反应系统的压力；

② 由于往复式压缩机每段都有氢气返回，因此每段的压缩比都等于或接近于设计值，有利于稳定地长周期运行。

多段往复式压缩机除采用逐段返回外，也有采用末段出口直接返回一段入口的方案。这种方案，机间返回调节阀少，省投资，但机间的压缩比不能自动调节，工作条件较之图 13-

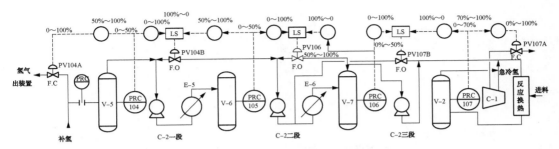

图 13-3-6 高分压力及新氢压缩机压力控制系统（二）

C-2—新氢压缩机；V-5——段入口分液罐；V-6—二段入口分液罐；V-7—三段入口分液罐；

V-2—冷高压分离器；C-1—循环氢压缩机；E-5，E-6—中间冷却器；LS—低值选择器；○—转换器

3-3 所示机组流程苛刻，其阀压降大、噪声大、易振动和磨损、泄漏量会增大，不利于机组长期运行，故采用此方案较少。

4）从控制机理讲，采用逐级返回维持各级入口压力的控制方案，对往复式气体压缩机的长期运行是有好处的，但在装置需氢量变化比较大的工况时，也多消耗了能量。因此，20世纪 90 年代以来出现了"hydrocom"无级调荷的控制方法，它是在常规逐级返回的控制方案上，通过在压缩机控制回路中增加与压缩机气缸中阀片联动的液压机构实现控制的，压缩机各级入口压力的 DCS 4～20mADC 信号直接输入到"hydrocom"中相对应的调荷的电/液转换元件。正常时，通过调节压缩机各级气缸中的阀片的开度，满足压缩机的打出量，使气体不返回，直接打入反应系统；而在调荷系统故障时，自动（或手动）转入常规的逐级返回控制模式，以维持生产过程的连续。由于这种无级调荷系统的费用较高，目前这种无级调荷控制仅用于机组其中的一台机器上。

2. 循环氢（气）压缩机出口压力控制

整个反应系统的氢气流路为一闭环回路，循环氢压缩机为该环路中的心脏，为氢气循环提供动力。可认为循环氢压缩机（C-1）出口压力是反应系统的启始压力，而高压分离器（V-2）的压力是反应系统的终点压力，两点的压力差即为物料流动的推动力。因此循环氢压缩机出口压力是主要的控制参数，涉及到补充新氢的压力、反喘振控制等，对于平稳操作，设备保护有着重要作用。

一般加氢裂化循环氢压缩机选用离心式，蒸汽透平驱动，以适应负荷变化大，循环氢（气）相对分子质量变化的要求。

离心式压缩机出口的压力与转速有密切关系，当转速增加时，出口压力及流量均发生变化，如流量不变，则出口压力就会上升。因此采用调节蒸汽透平入口蒸汽量，以改变压缩机转速的方法以控制压缩机出口压力。如图 13-3-7 所示。

从图 13-3-8 看出循环氢压缩机出口压力与转速关系，当转速从额定转速的 80%，上升到 90% 时，出口压力从 P_2 上升到 P_1。调节压缩机转速，只需开大蒸汽透平的主汽门，压缩机转速增加，出口压力就会上升，因此调整非常方便。

关于压缩机防喘振控制系统见本章第四节加氢裂化装置流量控制部分。

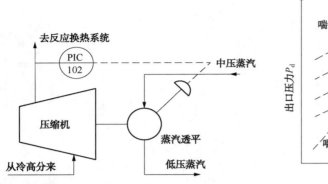

图13-3-7　循环氢压缩机出口压力控制

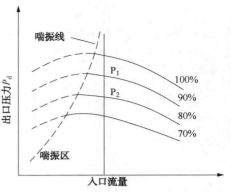

图13-3-8　离心式压缩机出口压力与转速关系

三、加氢裂化装置的差压、压力监视

1. 反应器压力降的测量

通过反应器催化剂床层温度数据的变化，可以了解装置的工作情况，但仅有温度数据，有时还很难判定工况发生变化的原因。如果能进一步了解催化剂床层压力降（差压）数据，对分析情况有利。例如反应器床层差压发生变化，加氢生成油变坏时，有可能造成床层中催化剂积炭、结块、堵塞和短路等。因此，反应器的差压测定，是十分重要的。

一般，反应器的压力降包括：入口扩大、出口收缩、内部构件和催化剂床层产生的压力降。由于加氢裂化装置的操作压力较高（10~20MPa），而反应器的总压降一般<1.0MPa，单床层压力降<0.1MPa。根据经验，反应器的第一床层最易结焦，因此，应注意测量单催化剂床层的压力降，特别是精制反应器或循环流程中裂化反应器顶部催化剂床层的压力降。

反应器压力降测量，一般采用分段测量每个床层进出口压力降和整个反应器进出口总压力降，引压管路中设置切断用根部截止阀用于床层测压切换。床层差压变送器置于反应器顶部最高处。为防止引压管路堵塞，除引压管路全程伴热保温外，可采用冷氢反吹，反吹采用高静压内藏孔板流量计或高精度自力式流量控制阀（PCV）或限流孔板；或采用高精度压力变送器分别测量各床层进出口压力，在DCS系统中运算得出床层压降。

2. 重要的压力监视

精制反应器入口压力；

裂化反应器入口压力；

分馏塔顶压力。

第四节　加氢裂化装置流量控制与监视

流量是石油化工装置一个最普通而又重要的参数，是计算装置物料平衡和热平衡、考核装置指标的重要依据。流量调节器的作用是调节管道内液体或气体的流量。流量调节器接受被测管道内流体的流量值与给定的流量值比较，输出信号给调节阀而产生相应的节流作用，改变管道内介质的流量使其与给定值一致。加氢裂化的流量控制大部分为简单的控制回路，但它的正常操作对整个装置平稳运行作用很大。温度、压力以及液位的控制，均是靠调节阀的节流作用改变管道内介质的流量而使被控变量达到给定值。

加氢裂化主要流量控制在进料油、加热炉进炉分支、循环油及循环氢等测控点。

一、原料油流量控制

原料油进料泵担负着向加氢反应系统输送原料的重任，也是整个装置中液体物料流动推动力的源头。因此，一旦原料油泵故障，反应系统将中断进料，物料停滞在设备和管道中，可能造成事故。所以，反应进料泵应设置多重控制和保护手段及措施，保证高压进料泵安全、可靠、长周期运行。

如图 13-4-1 所示，一种或多种原料油（如 HVGO、LVGO）进入缓冲罐（V-1），通常采用缓冲罐液位与一种原料流量串级控制，即缓冲罐液位调节器作为主调节器，它的输出作为流量调节器的给定值，而流量调节器的输出去调节阀，改变它的开度而使流量变化。

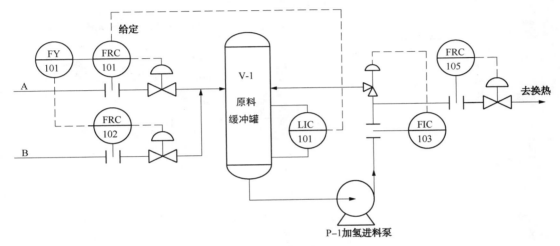

图 13-4-1　原料油流量控制

通常加氢裂化进料是几种原料油的混合油，进料组成的变化会给生产操作带来困难，因此要求各种物料要按一定比例，以稳定操作条件、产品质量及收率。图 13-4-1 中，假定进料油为 A、B 两种原料油的混合油，A 为主流量，B 为从流量，A 物流的流量 F_a 乘以比率系数 K（即 $K \times F_a$）作为 B 物流的给定值，因此 A、B 两物流按比率进入缓冲罐（V-1）。

进料缓冲罐液位-进料流量串数控制系统，一般液位调节器比例度大（大于150%），则调节器的放大作用小，当加氢进料量变化时，缓冲罐液位调节器输出变化不大，因而缓冲罐的进料缓慢变化，充分发挥了此罐容积大所起的缓冲作用。

进料泵（P-1）出口有两个流量控制回路 FIC-103 及 FIC-105，FRC-105 为加氢裂化进料流量，它随工艺操作要求变化。P-1 为高压泵，通常大型的高压泵均有一个固有的最低流量，为保护泵不受损坏，当加氢裂化低负荷操作即低进料流量时，有一部分泵出口流体返回入口的缓冲罐，使 FIC-103 流量大于泵的最低流量，因此，FIC-103 对高压泵起着保护作用，同时 FIC-105 又可根据工艺要求调节流量。

为保证泵组安全可靠运行，工程上通常设置如下：

1）泵总出口流控 FIC105 的流量孔板通过取压孔配出 4 台差压变送器，其中一台专门用于控制总出口流量，其余 3 台低低流量三取二，联锁停泵和其他相关设备。

2）为防止停泵时，反应系统的高压氢气倒流至泵的入口发生爆炸，单独设置一台气动快速紧急切断阀。

3）泵的小流量返回调节阀采用多级压降底进侧出的角阀。如阀满足不了出入口的压差

（约 15~17MPa），可在阀前装一块降压孔板与调节阀组合的办法来降低调常阀前后的压差，有利于阀的选择。

4）P-1 泵出口流控 FIC-103 设有低流量报警以及低低流量安全联锁，当达到低低流量时，联锁停止 P-1 运行以保护泵。V-l 设有高低液位报警。（详见第六节安全联锁）。

二、循环油流量控制

循环油（未转化油）自分馏塔底来，进入缓冲罐 V-4，受分馏塔底液位控制。

P-2 循环油泵属于高压泵，出口设有流量控制 FIC-106 作为低流量保护并有低流量报警，如流量继续下降达到低低限时，自动联锁停泵，以保护高压油泵不受损坏，见图 13-4-2。

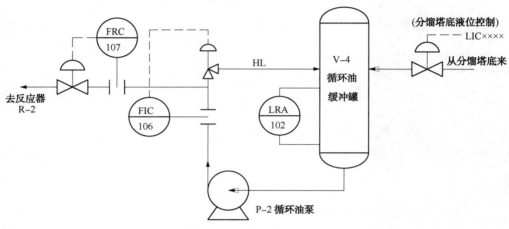

图 13-4-2　循环油流量控制

FRC-107 为循环油去反应器 R-2 流量控制。操作人员根据流量算出与新鲜原料的比例，即控制一定的回炼比。

一般缓冲罐有足够大的容积，能维持进反应器 R-1 或 R-2 的流量稳定并随液位缓慢调整，而让缓冲罐液位在一定范围内波动。缓冲罐液位设有高低液位报警。

这种流程中的循环油泵是高温高压的多级泵。由分馏塔底来的循环油在 300℃ 以上，出口压力相当高，结构复杂，泵制造要求很高，价格昂贵、故障率高。另外，主要由于工艺路线（单段串连全循环），采用将分馏塔底油（循环油）循环至循环油罐，经高温高压的循环油泵直接打入第二个裂化反应器入口的 20 世纪 70 年代末引进的加氢裂化流程方案。此方案目前已经很少采用，除非采用两段加氢裂化流程才有可能采用这种高压高温的循环油泵，而是将分馏塔底的未转化油循环至装置的原料油缓冲罐循环使用，以降低装置的建造难度。见图 13-1-2 中的原料油缓冲罐 V-2，进入的原料油的另一路是来自分馏塔底的循环油流量。

三、循环氢流量控制

加氢精制及加氢裂化反应是在高氢分压、高温条件下进行的加氢催化和加氢裂化反应。为了使反应顺利进行，进入反应器的氢气量远大于催化加氢反应所需的氢气量，通常采用大量的氢气循环。氢气循环量的大小采用氢油体积比表示。

氢油体积比是反应的重要参数。氢油比高，有利于加快反应速度，提高转化率；降低催化剂表面积炭速度，延长催化剂的使用寿命；大量氢气的循环还可将反应热带走，使反应器床层的温度容易控制。但是增加氢油比使循环氢气量增加，将会增加能耗。一般氢油比在 1000~2000 之间。

由于原料油、循环油已设流量控制，因此只需循环氢设流量控制（FRC-111），就能控制氢油比。其流程如图13-4-3所示。

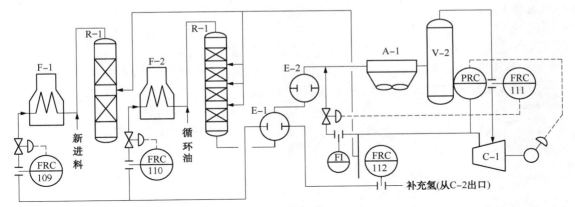

图 13-4-3 循环氢流量控制

F-1，F-2—循环氢加热炉；R-1—加氢精制反应器；R-2—加氢裂化反应器

E-1，E-2—换热器；A-1—空冷器；V-2—高压分离器；C-1—循环氢压缩机

循环氢流量测量采用高压孔板加差压变送器。一般氢气多路进入加热炉，因此，只在总管上设置一套流量控制即可，但要加热炉管道的均匀布置，保证氢气分配均匀。

补充氢气只设有流量记录累积，其流量多少受系统压力控制。

对于如图13-1-2加氢裂化单段部分或全循环流程，分馏塔底的未转化油循环至流程开始的原料油缓冲罐，反应进料出口设置有原料油计量，循环氢压缩机亦有循环氢流量计量，因此，可计算和控制反应系统的氢油比。

四、循环氢压缩机防喘振控制

蒸汽透平驱动的离心式循环氢压缩机，能适应加氢裂化负荷变化大的要求。和往复式压缩机相比，具有调节性能好，运行率高，输送气体不会被润滑油污染，体积小，重量轻，流量大及供气量均匀等优点。但它存在着特有的喘振问题。

当离心机工作在某转速时，如果其入口流量低于某一极限值，就会出现出口管道中的压力高于压缩机出口压力，因此被压缩的气体很快倒流回压缩机，此时管道内压力又下降，气体流动方向又返过来，这样反复进行引起剧烈的振动，这就是所谓的离心式压缩机"喘振现象"，严重时会损坏机器，为此离心式压缩机运行中要避免出现喘振。防止压缩机喘振的方法如下：

1. 固定极限流量防喘振控制

离心式压缩机的特性曲线（图13-4-4）是指压缩机出口压力与入口压力之比（即压缩比）与进口体积流量之间的关系曲线。从图13-4-4可看出，每一转速下有一个喘振点，且转速越高在相同流量下发生喘振的可能性越大，这些喘振点连接成一条曲线就是

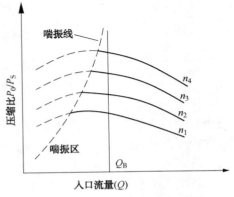

图 13-4-4 离心式压缩机特性曲线

所谓的压缩机喘振线，如图13-4-4虚线所示，虚线左边的区域叫做喘振区。

从图13-4-4看出，只要能保证压缩机入口流量始终大于某一极限值，就能保证压缩机

操作稳定，不会发生喘振现象。图中的 Q_B 就是固定流量的极限值，它大于任何转速下的喘振点流量，只要压缩机入口流量 $Q \geqslant Q_B$，就不会出现喘振。在图 13-4-3 中的压缩机防喘振控制就属于这种方法。压缩机入口流量调节器 FRC-111 的给定值为 Q_B，一旦入口流量小于极限值 Q_B 时，则调节阀自动打开，一部分出口气体返回入口（气体终冷却进入高分），以保证入口流量 $Q \geqslant Q_B$，从而防止喘振发生。固定极限流量防喘振控制方法简单，可靠性高，投资少，但压缩机在低转速运行时能耗较大，不够经济。

2. 可变极限流量防喘振控制（即随动防喘振控制）

变转速运行的离心式压缩机宜采用随动防喘振控制系统，随压缩机的不同工况（压缩比、出口压力或转速）自动改变防喘振流量调节器的给定值，克服了固定极限流量防喘振控制能耗较大的缺点。

随动防喘振流量控制系统采用如下所示的数学模型：

$$h/P_1 = V \cdot P_2/P_1 + k$$

式中　h——压缩机入口流量差压变送器量程的百分数；

　　　P_1——压缩机入口压力（绝）变送器量程的百分数；

　　　P_2——压缩机出口压力（绝）变送器量程的百分数；

　　　V——喘振限直线的斜率，见图 13-4-5；

　　　k——随动防喘振控制操作线的截距，见图 13-4-5。

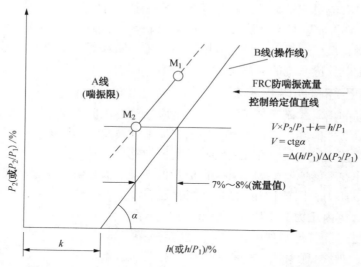

图 13-4-5　循环氢压缩机喘振限及随动防喘振控制操作线

图 13-4-5 所示喘振限为一直线，选择两个不同的转速（如 100%额定转速、70%额定转速）下两个喘振点 M_1 和 M_2，连接 M_1M_2 则作出喘振限的直线，此线左侧为喘振区域。为了保证压缩机在安全区运行，在喘振限直线右侧划一条与它平行的直线即为防喘振流量控制给定值直线，两个直线的间距为 7%~8%流量值。

随动防喘振控制系统如图 13-4-6 所示。

从上述看出，除做出防喘振流量控制给定值线外，还应把压力变送器测量值从表压换算为绝压。因此随动防喘振模型为：

$$h/P_1 \geqslant V \cdot P_2/P_1 + k$$

这样就能保证压缩机在安全区域内操作。

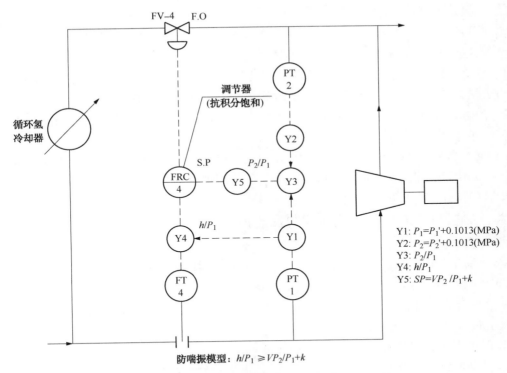

图 13-4-6　循环氢压缩机随动防喘振流量控制系统

我国的加氢裂化装置，循环氢压缩机多为蒸汽透平驱动离心式。

经验表明，由于拖动压缩机的蒸汽气轮机的动力蒸汽的参数在某些情况下并不稳定，其转速很难稳定在某一定值，这样压缩机出口的压力会不断变化。因此，正常时采用遥控（HIC）固定极限流量是一种简单可靠和有效的控制方法。

事实上，对于加氢装置中的离心式循环氢压缩机为闭路循环，其入口均设置有压力控制系统（即冷高分压力控制系统），且循环氢量远远大于压缩机的最小流量，除非压缩机入口发生堵塞等特殊情况外，发生压缩机喘振的可能性很小。因此，设置防喘振流量控制回路的目的有两个：一是预防压缩机在入口可能堵塞和流通不畅情况下自动打开循环旁路，加大循环量防止喘振；另一个目的就是将冷氢适当存储于旁路流量中，在反应器冷氢量变化时通过旁路流量阀的开度补偿，平稳反应系统的操作。

鲜有专利商将压缩机旁路流量调节阀纳入联锁系统中。

3. 一体化压缩机控制系统

随着以可编程逻辑控制器 PLC 为基础组成的 DCS 控制技术的成熟应用，近些年来，压缩机组控制系统多有采用 ITCC，即一体化压缩机控制系统（Integrated Compressor Control）。ITCC 除了将压缩机组的控制，包括：机组开车、停车、转速控制、反喘振控制、参数监视、报警等包含在内；还将压缩机组的联锁，包括：润滑油压力、压缩机转速、健相、轴振动、轴位移、轴温等诸多参数包含在内，组成一个完整的一体化的控制和联锁保护监控系统。

ITCC 作为一个单独的子系统，通过硬接线和通讯与装置级的 DCS 分散控制系统和 SIS/ESD 联锁保护系统相连接，接受或发出与装置 SIS/ESD 有关的停车指令。机组 ITCC 的有关信息可在装置 DCS 和 SIS/ESD 系统的人机界面上显示。

五、高压贫液泵及循环氢脱硫塔 （T-1） 控制

高压贫液泵接受贫液罐的胺液，升压后送入循环氢脱硫塔。如图 13-1-2 所示。

为保证泵组安全可靠运行，工程上通常设置如下：

1) 泵总出口流控的流量孔板通过取压孔配出 4 台差压变送器，其中一台专门用于控制总出口流量，其余 3 台低低流量三取二，联锁停泵和其他相关设备。

2) 为防止停泵时，反应系统的高压氢气倒流至泵的入口发生爆炸，泵总出口单独设置一台气动快速紧急切断阀。

3) 泵的小流量返回调节阀采用多级压降底进侧出的角阀。如阀满足不了出入口的压差（约 15~17MPa），可在阀前装一块降压孔板与调节阀组合的办法来降低调常阀前后的压差，有利于阀的选择。

六、加氢裂化装置其他流量控制及监视

1. 流量控制

1) 冷高压分离器顶氢气流量控制排火炬，以保证循环氢气的纯度。

2) 反应进料加热炉分支进料流量均衡控制。

加热炉分支进料流量均衡，主要靠加热炉入出口中间的配管要对称均衡，再辅助以进炉各分支流量流量均衡控制实现。

① 蜡油加氢裂化纯氢反应进料加热炉：

a. 仅设置加热炉进炉总管流控 （FICAL），进炉各分支管路对称均衡配管。

b. 不设加热炉进炉总管流控。

● 各分支管路设置流控 （FIC）。

● 分支节流装置各带 4 台变送器，其中 1 台用于流控 （FIC），另外 3 台三取二低低流量联锁 （FALL），关闭加热炉主火嘴。

● 各流量调节器输出分别低选，选中的低流量信号作为阀位信号给定分支流量调节器 （FIC），分支流量调节阀 （FO） 的开度便会增大。这样各流路的实时流量经过流量的低选和阀开度的增大和关小的调整，最后达到一个新的平衡，从而实现各分支流量维持在加热炉允许的流量范围内，达到流量均衡的目的。流量均衡控制见图 13-4-7。

② 渣油加氢脱硫反应进料炉：

对于介质黏度更大、更易凝结堵塞管道结焦的渣油加氢脱硫类反应进料加热炉，为防止炉管结焦，分支炉管的流量均衡控制就显得更为重要，所采用的控制方法需要更完善些。

这类加热炉一般是循环氢和原料油两种物料在炉前混合的混相加热炉。在入炉前，循环氢和渣油流路的各分支先自行流量均衡控制。控制方法与图 13-4-7 相同。

3) 分馏塔重沸炉支路流量控制。

加热炉分支进料流量均衡，仍然主要靠加热炉入出口中间的配管要对称均衡，再辅助以进炉各分支流量流量均衡控制实现。

加氢装置的分馏炉的支路流量控制，由于物性的苛刻程度降低，因此其控制相对简单些。一般采用：

① 分馏塔底液位或主汽提底液位或炉前设置的预闪蒸罐的液位 （LIC） 分别与炉各分支流控 （FIC） 串级。

② 分支节流装置各带 4 台变送器，其中 1 台用于流控 （FIC），另外 3 台三取二低低流

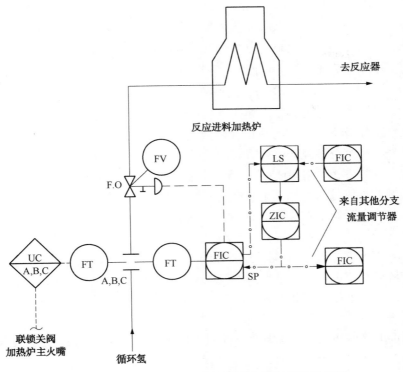

图 13-4-7 加热炉分支进料流量均衡控制系统示意图

量联锁（FALL），关闭加热炉主火嘴。

③ 有的装置，为了保证分馏加热炉入炉流量必须在最小流量之上，还专门在入炉总管设置了紧急流量补入循环线，紧急流量补入循环线由分馏塔底泵出口的支路接入。

4）塔进料、回流流量控制，有时罐（塔）液位与流量串级等常规控制。

2. 重要的流量指示或记录

1）丁烷出装置流量；

2）重石脑油出装置流量；

3）急冷氢去精制反应器流量；

4）补充氢气去补充氢压缩机一级入口分液罐流量；.

5）急冷氢去裂化反应器流量；

6）煤油出装置流量；

7）尾油出装置流量等。

第五节 加氢裂化装置液位控制

设备（塔、罐）的液位，表征其流入量与流出量之差的累积。在连续生产的石油化工装置中，液位控制是为物料平衡服务的。当设备内液位不变时，则表示其流入量与流出量平衡；允许液位在容器内高限和低限之内波动，并充分利用其缓冲能力以保证前后工序之间的负荷平衡，希望能平滑地调整流量，这些就是液位的作用。

液位并不是很多石油化工装置的重要参数，很多工艺专利商不要求液位进入数据库。但操作人员十分关心这一参数，因其涉及物料平衡，担心液位太低会造成泵抽空或太高气相带液冲入上部管道或设备造成堵塞或危及气体压缩机。在加氢裂化装置中应十分注意高压分离器、压缩机入口分液罐等具有高低压分界面容器中的液位控制及检测系统。

一、高压分离器液位的重要性

1. 高压分离器和低压分离器之间是高低压的分界面

裂化反应器流出物先与各种物料换热至一定温度进入热高压分离器，热高分油经液位调节阀减压进入热低压分离器；热高分顶气经换热降温，再经高压空冷器冷却至50℃左右进入冷高压分离器，冷高分油经液位调节阀减压进入冷低压分离器，热低分油和冷低分油送入分馏系统（见图13-1-2）。上节所述，冷高分设有压力控制系统，自动补充反应所耗的氢气。冷高分顶部的气体进入循环氢压缩机，下部的液体进入冷低压分离器。如果液位太低而脱空，热高压分离器高压气体会串入热低压分离器，冷高分气高压气体会串入冷低压分离器，虽然热、冷低压分离器都设置有安全阀和泄放管道系统，但其一旦失效，将引起严重事故。1987年国外某加氢裂化装置高压分离器的高压气体串入低分引起低分爆炸着火。我国某加氢裂化装置开工中也曾发生过少量串气现象，或使低分的安全阀起跳，或使低压分离器爆破，但未形成爆炸事故。因此高分液位是一个十分重要的控制参数，应设置低液位报警及低低液位安全联锁。

冷高分底部的含硫污水经界位调节器控制，排入含硫污水缓冲罐（常压容器），也应设置低界位报警及低低界位安全联锁。

2. 有的流程冷高压分离器是循环氢压缩机入口分液罐

冷高分顶部的气体进入循环氢压缩机。循环氢压缩机是加氢裂化装置的心脏，如果液位过高，进入压缩机的气体夹带液体，严重时会损坏压缩机，迫使装置停工，造成重大经济损失。因此，应设置高液位报警及液位过高安全联锁系统。

3. 目前大部分流程中单独设置循环氢压缩机入口分液罐

循环氢压缩机入口分液罐应设置液位控制，和三取二的高高液位检测联锁压缩机停车。但此分液罐气相容积有限，所以设置冷高分液位高高报警仍然非常重要。

因此，控制热、冷高分的液位、界位在要求的范围内是保证加氢装置安全运行的非常重要和关键的控制参数之一。

二、高压分离器液位、界位控制

1. 设置有液力透平时的液位控制

（1）带有液力透平的热高压分离器液位控制

高分的高压液体能量回收对经济效益起一定的作用，因此有的加氢裂化装置利用高分的高压液体驱动液力透平带动一台高压进料泵，以回收能量。

热高压分离器的液位控制如图13-5-1所示。

1）设置双差压液位计（滴注高压冲洗油防止引压管堵塞）切换使用，一个投用、一个备用和监视，液位调节器（LICAHL）输出分程控制去液力透平管路的调节阀A（首先动作）和热高分直接去热低分调节阀B和C（双置一大一小）（随后动作）。

2）设置三取二低低液位联锁切断热高分根部油出口管道切断阀和压力透平入口前紧急切断阀（联动液力透平超速）。

3）设置高高液位报警。

　　4）设置高压磁翻版液位计现场观察（图中略）。

　　一般，设计合理的液力透平的能量应占高分液体的大部分（85%~90%），使液力透平全量工作，最大限度地回收能量。剩下的10%~15%的高分液体直接去低分，不致去低分的管路长时间无量导致管路介质凝结堵塞，这也有利于高分液位控制平稳。

　　因此，正常时，液位阀A处于全开，小阀C工作，大阀B一般关闭；而一旦液力透平故障，或装置降量操作使反应生成物流量减少、高分液体进入流量不足、液位维持不住时，液力透平将停止工作，此时阀B则立即开始工作，全量通过。

　　至于流程中是否设置液力透平，则取决于多种因素，如：装置处理量、高分操作温度是否太高、液力透平制造难度及造价、当时市场电价以及是否能在最短时间段内回收机组等工程费用综合考虑而定。

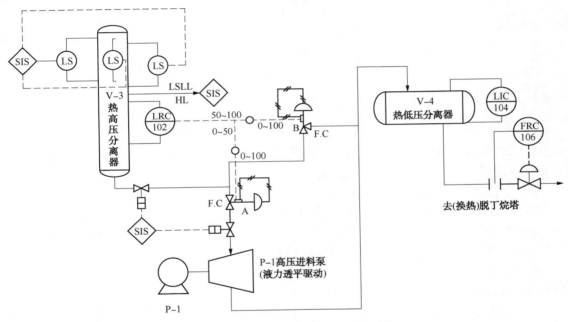

图13-5-1　热高压分离器液位控制系统

　　（2）带有液力透平的冷高压分离器液位控制

　　如加氢流程为高压冷分流程，则一般会在高压进料泵组配液力透平回收冷高分液体能量，其控制如图13-5-2所示。

　　1）设置双差压液位计（滴注高压冲洗油防止引压管堵塞）切换使用，一个投用、一个备用和监视，液位调节器（LICAHL）输出分程控制去液力透平管路的调节阀A（首先动作）和冷高分直接去冷低分调节阀B和C（双置一大一小）（随后动作）。

　　2）设置三取二低低液位联锁切断冷高分根部油出口管道切断阀（如果有）和液力透平入口前紧急切断阀（联动液力透平超速）。

　　3）设置高高液位报警。

　　4）设置高压磁翻板液位计现场观察液位（图中略）。

　　5）设置透光式高压玻璃板液位计现场观察界位（图中略）。

　　具体液位分程调节过程为：

　　高分液位调节器LRC-102输出的0%~50%（转换为0%~100%即为4~20mA DC标准

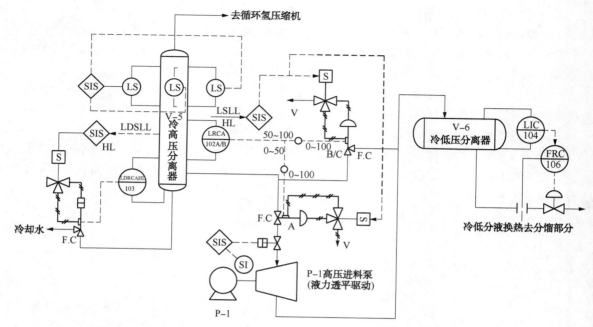

图 13-5-2　带液力透平冷高压分离器液位、界位及低压分离器液位控制系统

信号）去液力透平的调节阀 A；50%~100%再分程为 0%~50% 和 50%~100%（分别经转换为 0%~100% 即为 4~20mA DC 标准信号）给直接去低分的阀 B 和 C。

（3）未设置液力透平时的液位控制

在图 13-5-2 中去掉 A 阀，则高分的液体直接去低压分离器。液位调节器的输出信号 0%~100% 去控制高分到低分之间的调节阀 LV-102B。当液位上升时，调节阀开度加大，去低分的液体流量增多，高分的液体下降以保持液化达到给定值。

高分去低分管道上的调节阀压降大（约 13~14MPa），高压液体减压后产生气化，应采用多级平衡阀芯的角阀为好，流向宜为底进侧出，垂直安装。

随着加氢装置的处理量的逐渐增大，高压分离器的尺寸及液位调节阀的尺寸也随着增大。根据热、冷高分去热、冷低分的物性和压力降的不同，液体在通过这些高压力降液位调节阀的时候，会产生闪蒸、甚至空化。因此，有些时候需采用侧进底出的耐高压降、抗空化的角型调节阀。鉴于这种调节阀的结构尺寸和出口流速大的特点，一些场合需要水平安装。此时，应考虑增加阀本身抗因水平安装引起的执行机构与阀体的不平衡力的能力，和适当的支吊架，以免造成阀杆的变形、泄漏、甚至阀杆断裂，留下事故隐患。

2. 冷高压分离器界位控制

冷高压分离器底部的水包为油-水界位，油在上层，水在下层。由于油水密度一般相差较大，较容易检测。冷高分底部设有界位调节器 LDRC-103，控制冷高分底部的含硫污水去污水处理系统的流量，避免污水带油造成事故和经济损失。当界位上升时，界位调节器的输出增加。调节阀的开度加大，流量上升，而使界位回到给定值。

3. 冷高压分离器液位或循环氢压缩机入口分液罐液位过高联锁

如图 13-1-2 中所示，如果冷高压分离器液位或循环氢压缩机入口分液罐液位过高，因其顶出口的气体进入循环氢压缩机，液位过高会造成重大事故，因此设置液位高高安全联锁系统（SIS）。为了保证压缩机安全，又要保证液位确实过高时才启动联锁系统，因此液位高高（过高）联锁信号采用"三取二"表决式。三个液位计信号去安全联锁系统，至少有二个信号显示液位过高，才能启动安全联锁系统。

液位开关信号可由三个外浮筒（球）开关发出，或由外浮筒液位开关和其他类型液位仪表组合。无论何种仪表，均都要求采用在实践中经受过考验的可靠的仪表。

当高分液位过高启动安全联锁系统时，将导致循环氢压缩机自动停机，并联锁：加氢进料泵、循环油泵（如有）、反应进料加热炉以及补充氢气压缩机停止或零负荷运行，并且导致低速泄压系统自动启动，保证装置处于安全状态。

4. 热、冷高分液位、冷高分界位过低联锁

设置高分液位低低（过低）安全联锁，当高分处于低液位时，即发出报警信号提醒操作人员注意。如果液位继续下降达到低低液位时，即发出严重报警信号，并自动关闭高分与低分之间的调节阀（或另设的切断阀），避免高压气体串入低分引起爆炸。由于高分一般有较大容积，虽然切断了高分到低分的物流，其液位由低液位回升达到高液位报警前还有足够的时间供操作人员处理问题，此联锁不必与其他设备自动关联，但应注意当液位上升到一定高度时及时打开切断阀（如有）和液位调节阀。

高分低液位报警信号可由液位控制系统给出，而低低液位报警联锁信号由外（内）浮筒式液位开关发出。必要时也可采用放射性液位开关，射源铯137，可取得良好的效果。

冷高分底部油-水界位也设置低界位报警及低低液位安全联锁，避免油进入含硫污水系统引发事故和经济损失。低界位报警信号可由界位控制系统给出，而低低界位报警联锁信号宜由外浮筒液位计给出。冷高分的油水界位现场仪表宜采用高压透光式玻璃板液位计。

冷高分上安装的外浮筒、玻璃板或差压式液位计，都应进行良好的伴热绝热，避免因结蜡而失灵。蜡油加氢裂化、渣油加氢脱硫的热、冷高分的引压式差压计的引压管路宜采用高压油站滴注防止管路堵塞失效。如采用双法兰差压液位计测量冷高分液位，并宜在双法兰与一次阀接口间的冲洗环从双面法兰处用冷氢反吹，以保持引压一次阀管路的畅通。

三、低压分离器液位-流量串级控制

如图 13-1-2 所示，热、冷低压分离器（V-4、V-6）接受从热、冷高分来的液体，其量和质都受加氢裂化进料、反应转化率的影响，而冷低分底部的液体则是后部分馏系统的进料，要求流量恒定以保证下游工序稳定操作，为此，低分液位-流量控制有下列两种方法。

1. 液位-流量串级均匀控制

如图 13-5-2 所示，低分液位与流量串级控制。

如上游的流量作为下游容器的进料，工程上常用所谓均匀控制的控制方法。譬如热、冷低分的液位（LIC）和其抽出的流量（FIC）串级控制。利用热、冷低分容器的液位变化的停留时间的缓冲，让液位缓慢变化，抽出流量也缓慢变化，这样既能将热、冷低分的液位和流量的变化控制在过程能容许的程度，也满足了下游分馏系统的塔器进料变化的容许程度，使整个上下游系统变化协调一致。这类控制回路通过调节器的比例、积分、微分参数的调整得以实现。

2. 液位-流量串级非线性控制

上述串级控制系统中，流量是较重要的，能否设想液位在 20%~80% 范围变化，而流量不变化，即是一个定流量调节器，这样，对脱丁烷塔的操作大有好处。液位-流量串级非线性控制系统如图 13-5-3。

此系统较图 13-5-1 的串级系统多了一个低值选择器和一个高值选择器。C_1 为 20%液位量程值，C_2 为 80%液位量程值，C_i 为液位测量值，当 C_i 大于 20%而小于 80%时，进入高值选择器则选 C_i，C_i 又进入低值选择器与 80%比较，因 $C_i < 80$%，则低值选择器上 C_i 进入液位调节器 LIC-104 作为它的给定值，因此给定值与测量值（均为 C_i）之间偏差为零，它的输出不变。即流量调节器 FRC-106 的给定值不变，因此流量维持恒定。只有当液位在 C_1 和 C_2 范围（即 20%~80%）外变化时，液位调节器的输出才会变化，引起流量改变。

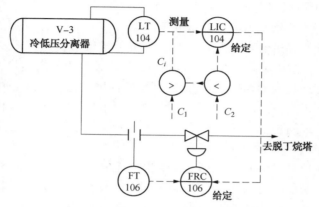

图 13-5-3　液位-流量串级非线性控制

因此采用这种液位-流量串级非线性控制，尽管液位在一定范围内波动，仍可保证下一塔进料流量不变，因而大大改善塔的操作。

四、循环氢脱硫塔（T-1）液位控制

如图 13-1-2 所示，循环氢脱硫塔通过注入贫胺液脱出循环氢中多余的硫化氢，以便提高循环氢中的氢分压，脱硫后的循环氢与新氢混合经循环氢压缩机压缩后用于反应系统的加氢原料循环使用。

装置若设置了高压贫液泵富胺液能量回收液力透平时，大部分的高压富胺液，一路（85%~90%）首先进入液力透平回收能量和降低压力，另一路剩余的（10%~15%）富胺液直接经塔底的高压降液位调节阀减压，并与回收能量后的富液合并进入装置外的低压的富胺液回收罐。

因此，循环氢脱硫塔基本控制如下：

1）设置两套量程相同的高静压智能差压液位变送器切换使用，分程控制液位调节阀；

2）液位调节器的输出，一路（0~50%）控制去液力透平的管路上调节阀 A（Globe 型，阀的压力降小到该阀可控为宜，以便最大限度地回收能量）；另一路（50%~100%）控制脱硫塔直接去低压的富胺液罐管路上的高压力降的角型液位调节阀；

3）直接去富胺液罐的高压降调节阀（角型，宜一大一小，大阀 B 能够通过液力透平不投用时的全部富液流量；小阀 C 能够通过液力透平投用时剩余的富液流量。

4）如果装置不设置富液液力透平，则液位调节阀宜双置（B、C 同口径），一用一备。

5）角型阀采用耐高压降、抗气蚀的多级阀芯式，宜底进侧出。

6）现场观察仪表宜采用高压磁浮子液位计。

7）为防止富胺液铵盐析出堵塞引压管，差压液位计宜采用双法兰式，并在双法兰与一次阀接口间的冲洗环接入循环氢反吹。

8）设置透光式高压玻璃板液位计用于观察撇油界面，同时设置外浮筒液位计远传至DCS 显示。

9）设置三取二低低液位联锁切断循环氢脱硫塔底出口总管快速切断阀，设置液力透平入口快速切断阀与液力透平超速和脱硫塔液低低联动。

第六节 加氢裂化装置的安全及安全仪表系统

一、加氢裂化装置安全的重要性

加氢裂化装置的反应部分在高压（操作压力>10MPa 为高压[4]）下操作。其内部介质有大量氢气及烃、非烃，氢气中含有相当数量的硫化氢（H_2S）。高压设备、管线易泄漏；氢气在气体中爆炸危险最高。为此，氢气通入装置之前或停工排出氢气之后，必须充分吹扫置换，保证系统内氢含量<1%，以免形成爆炸混合物。应避免发生泄漏，泄漏的氢气可能发生爆炸。

硫化氢是一种有臭鸡蛋气味的毒气体，$10mg/m^3$ 是允许的最高浓度，如果浓度达到$50\mu g/g$，人们接触 1h 以上将导致头晕，四肢无力倒下。

因此，加氢裂化装置是火灾和爆炸危险性极大的炼油装置[4]，装置中设置安全检测仪表和可靠的紧急停车/安全联锁系统是至关重要的。

二、安全检测仪表

1. 可燃性气体监视仪

（1）氢气检测报警器

加氢裂化装置反应部分的设备、管道中充满氢气，氢气的爆炸浓度（体积分数）下限为 4.0%，上限为 75%，由于氢气密度为 $0.09kg/m^3$[5]，远远低于空气的密度 $1.293kg/m^3$，泄漏后氢气向上飘逸，所以在氢气压缩机密闭厂房内，应安装在氢气压缩机机组压缩机侧上方（1.5~2.0m）和厂房的上部安装氢气检测报警器探头。

半敞开式的氢气压缩机棚，至少应在压缩机侧上方的 1.5~2.0m 处设置 1~2 台氢气检测报警器探头。

氢气压缩机厂房应设通风设拖，加强通风。室外由于靠地面一般不会产生氢气聚积。

（2）可燃气检测报警器

装置区内应根据最新规范《石油化工可燃气和有毒气体检测报警设计规范》GB 504932009 和具体情况，选择被检测气体，布置、安装可燃气体监视仪[6]。

2. 大气中硫化氢分析仪

硫化氢（H_2S）是一种有臭鸡蛋味的气体，爆炸浓度（体积分数）下限为 4.3%，上限为 45.5%，密度为 $1.54kg/m^3$。硫化氢不但是有毒气体而且具有爆炸性，在大气中靠地面积聚，对人体危害甚大，但由于在装置内的具体位置难于确定，操作人员离开中控室去外面巡回检查时，应带上便携式硫化氢报警器，遇到大气中 H_2S 含量高时发出警报，操作人员应迅速离开硫化氢含量高的区域，避免人员中毒。

三、紧急停车/安全仪表系统（ESD/SIS，Emergency Shutdown/Safety Instrumented System）

1. 加氢裂化装置的紧急停车/安全仪表系统（ESD/SIS）

加氢裂化是炼油厂中爆炸和火灾最危险的甲类装置，因此应对装置的重要工艺参数、关键单体设备（机组、泵组等）及相互之间的关系设置紧急停车/安全联锁系统（为叙述方便，下文称安全仪表系统 SIS），联锁系统的因果关系如表 13-6-1 所列。

表 13-6-1　加氢裂化装置安全联锁系统的因果关系

项　目	慢速泄压（自动/手动）	快速泄压（手动）	加氢进料泵	循环氢压缩机	补充氢压缩机	反应进料加热炉	高分→低分阀	注水泵	贫液泵	液力透平	备注
加氢进料泵出口流量过低（FLL）或严重故障			停			停				停（入口阀关闭）	总出口切断阀关
反应进料加热炉入口流量过低（FLL）						停					
反应器入口温度过高（THH）						停					
循环氢压缩机入口分液罐液位过高（LHH）或机组严重故障	自动泄压		停	停	停或0负荷	停		停	停		泵出口切断阀关
高分液位过低（LLL）							关			停（入口阀关闭）	
补充氢压缩机严重故障					停						
加氢裂化装置严重故障（反应器超温）		泄压	停	停	停	停		停	停	停（入口阀关闭）	出口切断阀关
装置火灾	手动泄压		停	停	停或0负荷	停		停	停		泵出口切断阀关
高压注水泵出口流量过低（FLL）或严重故障、重大火灾								停			出口切断阀关
高压贫液泵出口流量过低（FLL）或严重故障									停	停（入口阀关闭）	出口切断阀关
循环氢脱硫塔液位低低											关闭出口切断阀和液力透平入口切断阀

加氢裂化装置有两种不正常操作情况需要紧急处理：

（1）循环氢压缩机故障

由于循环氢压缩机停止运转，装置失去排除反应热的能力。如不紧急降压处理，氢气和油在反应器催化剂床层中继续反应将导致床层温度超高。

（2）反应器催化剂床层温度超高

一般来说，除了一些设备发生故障，例如冷氢管线堵塞、冷氢管线法兰漏气、冷氢阀门失灵等，可引起反应器催化剂床层温度超高而飞温和烧坏催化剂。如果反应器任一床层温度超过正常温度约30℃，为避免事故扩大，必须紧急降压处理。

针对上述情况，设置了两套紧急泄压系统，即：

1）慢速泄压系统——限制在泄压的第一分钟泄压约0.7MPa。此系统设置自动-手动两个位置，自动位置由循环氢压缩机严重故障（停机）触发，开始泄压；手动位置，当反应器床层温度尚正常，装置着火危险情况下，需要快速停工时，可手动慢速泄压。慢速泄压时，停止下列设备：原料油泵、循环油泵（如有）、补充氢压缩机（或零负荷运行）、循环氢加热炉、高压注水泵、高压贫液泵。

2）快速泄压系统——限制在泄压的第一分钟泄压约2.1MPa。第一分钟泄压速度不能>2.1MPa，泄压速度过快，可能导致反应器内部结构损坏。快速泄压只有手动位置，当装置发生严重事故，如装置发生火灾，反应器床层温度严重失控，则把快速泄压开关置于接通（ON）位置，开始泄压。快速泄压时，停止下列设备：原料油泵、循环油泵（如有）、循环氢压缩机、补充氢压缩机、循环氢加热炉、高压注水泵、高压贫液泵。

各安全联锁系统应自动相互关联，达到快速动作更为安全的目的，见图13-6-1。

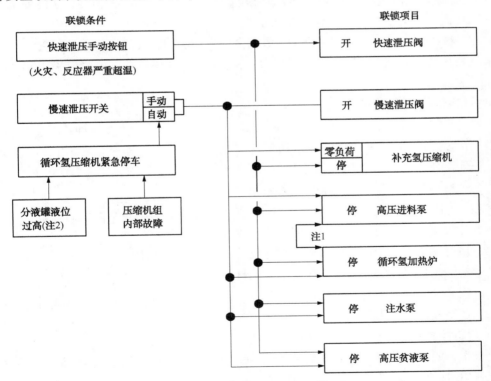

图13-6-1　加氢裂化装置联锁及相互关系

注：① 对混相加热炉，停炉时半自动停高压进料泵，停高压油泵时，亦半自动停加热炉；而对氢气加热炉，停高压进料泵，不停炉只降温；② 循环氢压缩机入口分液罐液位高高停循环氢压缩机。

2. 对于安全仪表SIS的要求

SIS比DCS在安全性、可靠性、可用性要求更严格。安全仪表系统应设计成故障安全型，即正常时最终元件上的电磁阀励磁带电，非励磁失电即动作。

安全仪表系统由测量仪表、逻辑控制器及人机接口和最终元件等部分组成。

SIS 系统对这几部分要求如下：

（1）测量仪表

测量仪表包括模拟量和开关量测量仪表。除紧急停车用的手动开关、按钮、继电器触点，采用开关量外，安全仪表系统应优先采用模拟量测量仪表；过程变量如：压力、差压（流量、液位）、温度变送器，不应采用开关仪表。其原因，是因为现场开关量仪表长期不动作，会出现触点粘合或接触不良，导致不动作或误动作，影响安全仪表功能的实现。测量仪表宜采用 4~20mA 叠加 HART 传输信号的智能变送器，不采用现场总线或气体方式作为安全仪表的输入信号。

基本原则如下：

1）尽可能减少中间环节[7]。在爆炸危险场所，安全仪表系统的现场测量仪表宜选用隔爆型。当采用本安系统时，应采用隔离式安全栅。

2）测量仪表独立设置原则。SIL 1 级安全仪表功能的，测量仪表可与基本工程控制系统共用；SIL 2 级安全仪表功能的，测量仪表宜与基本工程控制系统分开；SIL 3 级安全仪表功能的，测量仪表应与基本工程控制系统分开。

3）测量仪表冗余的设置原则。SIL 1 级安全仪表功能的，可采用单一的测量仪表；SIL 2 级安全仪表功能的，宜采用冗余的测量仪表；SIL 3 级安全仪表功能的，应采用冗余的测量仪表。

测量仪表冗余的选择原则：

当要求高安全性时，应采用二选一或三选一的"或"逻辑结构（即：一个环节动作，SIS 就动作）；当要求高可用性时，采用二选二的"与"逻辑结构（即：二个环节均动作，SIS 才动作）；当安全性和可用性均需保障时，宜采用"三取二"或"四取二"的逻辑结构。

三取二表决式中，有三个测量信号进入逻辑判断单元，最终输出与三个信号中两个一致的信号作为此参数的输出信号。如图 13-6-2 所示，这样既能满足高安全性，又能满足高可用性。

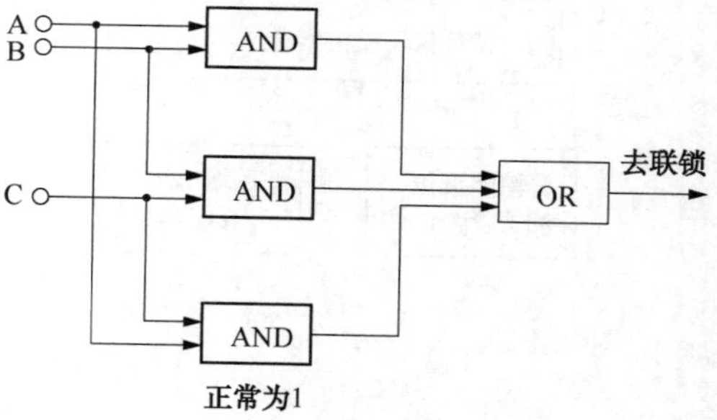

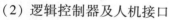

图 13-6-2　三取二逻辑图

（2）逻辑控制器及人机接口

1）逻辑控制器：

大、中型的加氢装置（裂化、处理等），安全仪表系统的逻辑控制器应采用以可编程逻辑控制器组成的电子系统。

① 加氢类装置（包括裂化、处理等）属于高危险性的重要装置，因此，其安全完整性等级 SIL 应为 SIL3，其逻辑控制器应为独立的冗余型。

② 逻辑控制器（及人机接口），应具有自诊断功能，自诊断功能应满足 SIL3 要求。逻辑控制器应具有防止外部直接访问，设置系统不同层次访问的私密性和对应用程序修改的跟踪记录功能[8]。

③ 安全仪表系统采用的继电器应为性能可靠的密封型。

2）人机接口：

安全仪表系统 SIS 的人机接口包括操作员站、工程师站、事件顺序记录站、辅助操作台等。

工程师站、事件顺序记录站、辅助操作台应单独设置。

操作员站可采用 SIS 系统的操作员站，也可采用 DCS 系统的操作员站，且操作员站失效时 SIS 系统的逻辑处理功能不应受影响，而且，SIS 系统的操作员站不应修改 SIS 系统的应用软件。

工程上，SIS 系统宜采用自己的操作员站，SIS 系统和 DCS 系统的操作站各自挂在自己的局域网 LCN 上，中间用网关隔离；而且，SIS 系统只能单向向 DCS 传输有关 SIS 的某些数据，不允许 DCS 向 SIS 系统写数据。

如果过程采用 DCS 系统，SIS 系统的人机界面采用 DCS 同样几何尺寸的操作站并挂在 DCS 的局域网主干线 LCN 上，则 SIS 系统的人机接口与 DCS 构成的一个网络，如图 13-6-3[8] 所示。

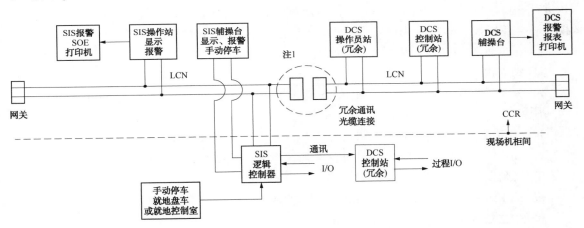

图 13-6-3　安全联锁系统与 DCS 组合图

注：如果 SIS 系统的人机界面设备采用自己的操作站时，则应在 DCS 的局域网与 SIS 的局域网间设置网关隔离。

应注意如下事项[9]：

① SIS 系统应设置维护旁路开关和操作旁路开关。

a. 维护旁路开关用于现场仪表和线路维护时暂时旁路信号输入，使 SIS 系统的逻辑控制器的输入不受维护线路和现场仪表信号的影响；

b. 操作旁路开关用于装置开车时过程变量尚未达到正常值之前，将输入信号暂时旁路，使 SIS 系统的逻辑控制器不受输入仪表信号的影响；

c. 维护旁路开关、操作旁路开关均应设置在输入信号通道上。

② 维护旁路开关、操作旁路开关和复位按钮的形式和位置：

a. 维护旁路开关、操作旁路开关和复位按钮可以是 SIS 系统操作员站的软按钮开关；但当采用软开关时，宜在每个联锁单元设置"允许"旁路的硬开关，且此硬开关应设置在 SIS 系统的辅助操作台上；

　　b. 紧急停车按钮/开关、信号报警器及灯应安装在 SIS 系统的辅助操作台上，采用硬接线连接。紧急停车按钮/开关不应设置维护及操作旁路开关；

　　c. SIS 系统的输出信号不应设置维护旁路开关；

　　d. SIS 系统的维护旁路开关、操作旁路开关、复位按钮、紧急停车按钮/开关的操作皆视为事件，所有动作皆应有报警，并按时间、日期、标识、状态等记录和备份记录在 SOE 事件记录站上。

　　③ 紧急停车按钮/开关不应设置维护及操作旁路开关。

　　④ 复位按钮只有在系统（或子系统）所有跳车的输入信号都恢复正常后才起作用，设备才能再次投入运行，在此之前启动复位按钮不起作用，因此能起到保护作用。

　　（3）最终元件[9]

　　SIS 系统的最终元件包括控制阀（调节阀、切断阀）、电磁阀、电机等。

　　虽然大型的加氢装置中安全仪表系统 SIS 的指挥中心"逻辑控制器"的安全完整性等级 SIL 一般按 SIL 3 设计，但工程上对现场测量仪表和最终元件在独立设置和冗余设置上并非完全逐一对应逻辑控制器的 SIL 3，这样配置工程上难度很大不易实现，而是要对现场各设备进行 SIL 等级评定，根据 SIL 等级评定设置现场仪表的配置，达到既能保证 SIS 系统的指挥中心"逻辑控制器"的 SIL 3 的要求，也满足现场仪表设置的要求。

　　1）最终元件独立设置和冗余设置原则：

　　① 独立设置：

　　a. SIL1 级安全仪表功能，在确保 SIS 动作优先的前提下，控制阀可与 DCS 系统的控制阀共用；

　　b. SIL2 级安全仪表功能，控制阀宜与 DCS 系统的控制阀分开；

　　c. SIL3 级安全仪表功能，控制阀应与 DCS 系统的控制阀分开；

　　② 冗余设置：

　　a. SIL1 级安全仪表功能，可采用单一控制阀；

　　b. SIL2 级安全仪表功能，宜采用冗余控制阀；

　　c. SIL3 级安全仪表功能，应采用冗余控制阀；

　　d. 不能冗余配置控制阀的场合，可采用单一的控制阀，但配套的电磁阀宜冗余配置。

　　综上所述，可见如果现场仪表特别是控制阀，完全按照 SIL 3 等级配置的话，工程上难度相当大。

　　2）最终元件配置注意事项：

　　① 电磁阀宜优先采用 DC24V、耐高温（H 级）绝缘线圈，长期带电的隔爆型，非励磁失电动作。

　　② 电磁阀宜带手动复位机构。

　　③ 当要求高安全性时，调节阀、切断阀冗余配置的电磁阀应采用如图 13-6-4 所示的气路连接方式。

　　④ 当要求高可用性时，调节阀、切断阀冗余配置的电磁阀应采用如图 13-6-5 所示的气路连接方式。

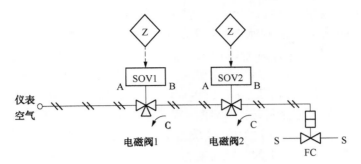

图 13-6-4　调节阀、切断阀带冗余电磁阀高安全性气路连接示意

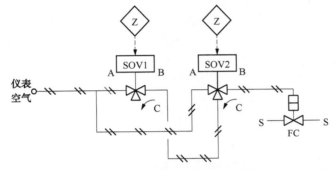

图 13-6-5　调节阀、切断阀带冗余电磁阀高可用性气路连接示意

第七节　加氢裂化装置的先进过程控制（APC）

一、加氢裂化装置的控制系统发展概况

自从 20 世纪 60 年代（1966 年）我国自行设计建设的第一套工业化加氢裂化装置投产，到 80 年代初（1982 年）我国成套引进的茂名和南京 800kt/a 加氢裂化装置，80 年代中期（1984 年）成套引进上海石化和南京扬子大芳烃中的 1000kt/a 加氢裂化，到 90 年代初（1993 年）我国首套国产化镇海石化 800kt/a 加氢裂化、辽阳石化 800kt/a 加氢裂化，到 2000 年以后的各种规模的国产的、引进工艺包的加氢裂化装置，我国加氢裂化装置的控制系统，已经从最初的气动仪表控制和联锁保护、电动单元组合仪表控制加计算机数据处理（Data Logger）加继电器型 ESD 联锁保护系统，发展到如今的 DCS 分散控制系统加 SIS 安全仪表系统。

DCS 集数据采集和处理、监视和控制于一体，具有分散控制、集中管理、方便操作、功能性强、画面丰富等特点，相比与常规仪表在过程控制、操作、数据处理和生产管理等方面上了一个新台阶。在监控功能上，由于其内部功能块仪表的种类齐全，通过内部连接各种功能块实现控制［如：单回路、串级、分程、均匀、选择（超驰）等］、显示、报警、温压补偿以及其他常规电动单元组合仪表很困难的复杂控制回路（如加热炉进料均衡控制、加热炉交叉限幅温度控制等）。

DCS 还可以通过软测量得到一些必要的数据，完成装置的物料平衡、热平衡计算，生成一些对装置工艺操作有指导意义的数据，并显示在 DCS 操作台画面上，如：反应器加权平均温度、换热器的传热系数、加热炉热效率、分馏塔能力（裕度）等。

但是，对于解决被控对象为非线性、大滞后、强耦合、实现质量闭环控制和卡边操作，单靠 DCS 本身提供的常规 PID 控制常常是无能为力。因为，常规的 PID 控制多采用比例-积分-微分即 PID 控制，以单回路或串级控制为主要手段，对产生偏差的被控参数进行调节。由于装置变量间存在相互关系，当装置状况或生产方案发生调整后，操作人员需要对多个控制回路进行调整，并确保各调节量相互匹配，才能将装置操作点控制在某一个范围内，工作强度大且不易稳定。而先进控制具有明显的优势。其主要特点是：通过先控软件滚动回归计算，将先控调节器的输出变量通过 OPC 模块给定常规 PID 控制器修正其给定值，而不再由操作员调整，大大减轻了操作员的劳动强度。

譬如，加氢裂化的裂化反应器的反应深度-转化率就是一个非线性、大滞后、多变量、强耦合的过程。要从进料经反应、到换热、高低压分离，再到分馏塔底液位变化才显示出来。这其中的关键在于优化控制裂化反应器的床层温度。使裂化反应器的各床层的温度和进出口温升达到所使用催化剂的最佳状态，既满足反应深度，又保护催化剂的使用寿命。这种控制就必须借助先进控制才能完成。

在这方面，国内外已有不少成功的实践和经验。

二、先进过程控制的概念及目的

1. 先进过程控制（APC）的概念

关于先进过程控制，人们难于给定一个确切的定义，一般可认为它是简单控制回路（如 PID 控制即比例+积分+微分控制）的上一级（见图 13-7-1 系统结构图[10]）。APC 由多个控制回路的组合达到更佳的调节性能，保证工艺过程和设备在不会超越约束条件下运行[11]。由 APC 软件计算出 PID 调节回路的给定值，其控制算法是基于所确定的装置的特定的控制方案。

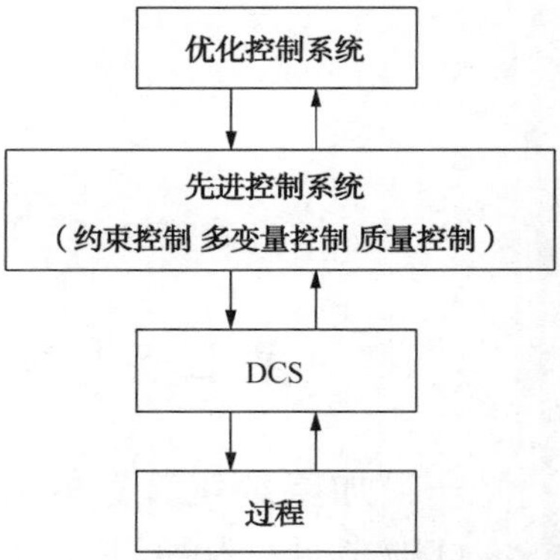

2. 加氢裂化装置实施先进过程控制的目的

前文已叙述了加氢裂化装置实施先进过程控制的必要性及可能性，先进过程控制的目的如下：

（1）最大限度地转化进料为高价值的产品

加氢裂化进料多为减压蜡油（VGO）和/或轻蜡油（LGO），在一定的催化剂和反应条件下，经加氢反应生成石脑油、煤油、柴油等轻质油馏分，或催化重整的原料。这就需要控制转化率，使得尽可能多地生成有价值的轻馏分，就需要优化控制反应器及分馏塔。

（2）发挥设备最大潜力提高处理量

进行多变量预估计算出约束条件，使每个单元操作接近于约束条件（卡边操作），以保证装置既能达到最大处理量又能安全运行，并防止计划外停工。

（3）延长操作周期并尽量减少催化剂失活

主要是严格控制反应器入口温度和各床层入口温度及其进出口为等温升，保持温度控制平稳、使裂化催化剂失活速率基本一致，避免高温损坏催化剂，最大限度延长催化剂使用寿命。跟踪催化剂的活性，防止由于加氢精制催化剂造成精制反应流出物达不到加氢裂化反应进料要求而停止运行。

例如，独山子 2000kt/a 加氢裂化对比实施先进控制（反应深度控制；反应物分离控制；分馏系统脱丁烷塔、常压塔、减压塔的顶/底/侧线抽出温度及回流罐、塔底液位控制；脱丁

图 13-7-1　系统结构图

烷塔、常压塔、减压塔各产品质量卡边控制；上下游容器液位均匀控制；分馏加热炉出口温度和进料支路流量均衡控制；多变量协调操作变量及相关变量不超限控制；适当降低回流量，重沸返塔温度的节能降耗控制等）后，关键的反应深度控制，取得了明显的效果：常规控制时，裂化反应器三个床层出口温度存在一定偏差，而且在提降量过程中变化较大；而在先进控制投用时，量和转化率给定大幅变化过程中，裂化反应器三个床层出口温度控制平稳性明显好于常规控制，而且三个床层出口温度偏差很小，基本重合。裂化反应器的深度控制为下游分馏系统的先进控制创造了成功条件。使装置在产品质量、收率、节能降耗等方面都收到了好的效果[12]。

三、先进过程控制（APC）技术简介

先进控制（APC），本质上集前馈（多变量模型预测）、反馈及优化于一体，通过减少关键工艺变量的波动，实现卡边控制。APC 技术采用先进的多变量控制理论和工程控制方法，以工艺装置多变量动态数学模型及优化控制计算为核心，以工厂 DCS 和网络为信息载体，充分发挥常规控制系统 DCS 的潜力，保证生产装置在稳定装置操作前提下，始终在最优卡边状态运行，以获取最大挖潜增效。

二十几年来，国内外杂志介绍的加氢裂化/加氢精制先进过程控制（APC）软件有好几种，如 MPC（多变量预估控制）、1DCOM（一种多变量控制技术）、MPC（模型预估控制[13]）以及 RMPCT（鲁棒性多变量预估控制技术）。我国多套催化裂化装置（FCCU）、连续重整装置已经实现了 RM PCT，近十年来在国内石化领域某些加氢裂化装置上（如：齐鲁、独山子、扬子、大庆、燕山等）的反应器、加热炉、分馏塔等也先后实施了先进控制，并取得明显的效益。下面就部分先进过程控制进行说明：

1. RMPCT 鲁棒性多变量预估控制技术

RMPCT（Robust Multivariable Control Technology）是霍尼威尔高精技术方案公司（Honegwell Hi-Spc Solution）开发的先进过程控制（APC）软件。"鲁棒"是 Robust 的译音，即健壮和强壮的意思。所谓"鲁棒性"是指控制系统在一定（结构、大小）参数摄动下，具有抗干扰的健壮性，能维持某些性能的特征。RMPCT 是一种多输入、多输出、基于模型的、采用多步预测和多步控制及滚动优化的方法，是在以前广泛应用的多变量预估控制的基础上，融合了范围控制算法和 Min-Max 原则的优化控制器，不但能处理复杂过程内多变量之间存在的耦合关系，而且显著地增加了控制器抗干扰能力，大大提高控制系统的鲁棒性，因此在石油化工装置获得了广泛应用，取得了显著的经济效益。

（1）应用

对于加氢反应这种受多参数影响、大滞后的过程采用 RMPCT 尤为适合。其应用如图 13-7-2所示。

加氢裂化反应器控制的主要目的是在约束条件下，保证安全、可靠的操作；第二个目的是控制转化率、床层温度分布和进料量最大。应用鲁棒性多变量预估控制技术（RMPCT）于加氢裂化的控制和优化，其效益由于选用多目的 RMPCT 调节器对反应器（包括并联反应器）及产品分馏塔进行优化而得到。

（2）控制方案

1）先进控制主要是将 RMPCT 应用于加氢反应器和产品分馏塔。RMCPT 采用了最新的鲁棒技术以改善系统的稳定性和多变量控制性能。传统的 MPC（多变量预估控制）技术也在此控制中采用。

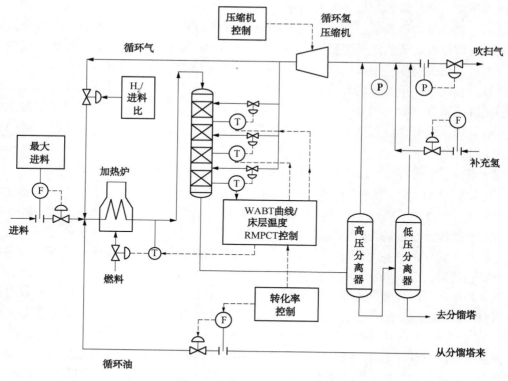

图 13-7-2　RMPCT 控制流程

反应器的控制为产品值的优化和进料量最大,调节加热炉的燃料气、急冷氢流量和进料流量以保证转化率和处理量,同时保证在安全条件下操作。

控制变量:

- 加权平均床层温度（WABT）
- 反应器温度分布（或床层温度）
- 反应转化率

约束条件:

- 反应器床层温度
- 反应器温差
- 急冷氢阀的阀位
- 补充氢的能力
- 氢油比
- 反应流出物冷却速度
- 计算积炭率

2）加氢裂化 APC 工具包,用于:

- WABT 曲线计算
- 苛刻度和转化率计算
- 推算产品性质（90%点温度、闪点、雷氏蒸气压）。

其中,加权平均床层温度（WABT, Weighted Average Bed Temperature）是反映加氢反应状况的一个重要指标,其计算方法如下:

$$WABT = \sum_{i=1}^{N} W_i (T_{IN} + T_{OUT}) / 2$$

式中　T_{IN}——催化剂床层入口温度，℃；

　　　T_{OUT}——催化剂床层出口温度，℃；

　　　W_i——正常情况下在床层中催化剂所占的百分数；

　　　N——催化剂的床层数。

3）运用精确的加氢裂化动力学模型，输入操作条件计算产品产量及积炭率，并用于催化剂活性监视。基于催化剂失活和需要运转周期，计算出最佳进料流量。为达到最大产品量和延长催化剂寿命的目的，而计算出相应的转化率和床层温度分布。

2. MPC（Model Predictive Control）模型预估控制

模型预估控制是属于先进过程控制（APC）范畴，是由 UOP（环球油品公司）、UNOCAL（联合油公司，现已归属 UOP）同 SETPOINT（现已更名）公司共同开发用于联合加氢裂化（Unicracking）先进过程控制。

加氢裂化是强放热反应、长时间常数，长的死时间和明显的相互作用为特点，这就要求严格控制。MPC 直接按响应于受控变量在过程中的预估曲线而先于发生实际变化之前，这种控制不会引起预料外的变化，如超出过程的约束等。

（1）应用

用于现有的或新建的加氢裂化装置，特别适合于联合加氢裂化专利（Unicracking 属于 UOP 技术）。

（2）控制方案

加氢裂化反应的转化率是一个重要指标。影响转化率的因素是反应温度、进料流量、进料组成、氢分压和催化剂活性。进料组成是由加工方案确定的是非控制变量。同样，反应器的压力（氢分压）也是由加工方案确定，而且对转化率影响小，氢纯度变化很小，催化剂失活非常缓慢。因此，反应温度和进料流量是满足此目标的操纵变量。为了发挥设备的最大潜力，以达到进料量最大，需调整反应温度（以维持转化率）。

1）进料量最大：本方案的目的是使新鲜进料量最大，而且受到工艺和装置条件的约束。当操作条件变化时，给定的进料流量接近或达到最大限约束值，如图 13-7-3 所示。

此方案是由约束调节器给定进料流量调节器的给定值。当增加进料流量时，循环氢量增加，压缩机和加热炉负荷增加，这些设备负荷可能超限，因此要设计一台约束调节器来给定进料流量，未超限时则可增加进料量，如有一台设备超限，则应降低进料量，始终维持装置在约束条件下安全运行。

约束条件如下：

- 加权平均床层温度（WABT）
- 床层最大温升
- 循环氢压缩机的最大负荷
- 加热炉的最大负荷
- 分馏塔的处理量

2）转化率控制：从进料到反应器，生成的反应流出物经换热、高分、低分再去分馏塔，塔底液位变化才能显示转化率高低，这一过程滞后太大，为此分为三个层次控制转化率：

- 控制反应器床层出口温度

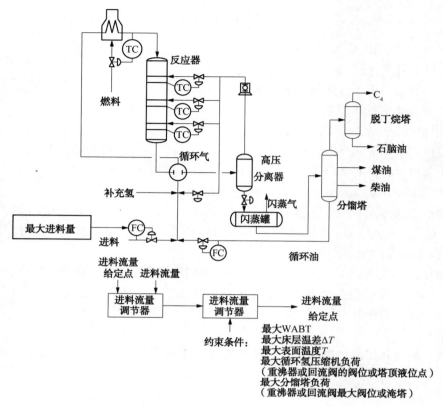

图 13-7-3　进料量最大控制

- 控制 WABT
- 控制分馏塔底液位

① 反应器床层出口温度控制。目的是维持每个反应器床层出口温度达到目标值，实现等温升。一台 MPC 预估出入口温度变化对床层出口温度的影响，从而相应地改变床层入口温度调节器的给定值。MPC 是用来更好地计算出反应器床层温度非线性变化，实际上床层出口温度是通过反应器的温度曲线求出。约束条件如下：

- 急冷阀的最大、最小阀位
- 通过反应器床层的最大温度变化
- 利用进料前馈控制使反应器温度干扰减到最小

② WABT 控制。目的是给反应器床层出口温度调节器一个满足 WABT 目标的给定值。WABT 的干扰因素的影响如进料流量、组成或氢纯度的变化等能用进料前馈控制减到最小。

③ 分馏塔液位控制。分馏塔底的液位变化（当液位是稳定的）是表明反应器转化率的主要参照点，当转化率低时，重组分多则液位上升，反之则液位下降。分馏塔液位控制确定 WABT 的给定值，而它又控制分馏塔的液位和作为转化率更高一级的控制，如图 13-7-4 所示。

一台 MPC 用于补偿联合加氢裂化（Unicracking）装置的长时间滞后。

3. 多变量模型预估控制（Multivariable Model Predictive Control，MPC）

为了补偿联合加氢裂化装置中进料与产品间的长时间滞后，有公司提出了 MPC 多变量模型预估控制的先控方案。

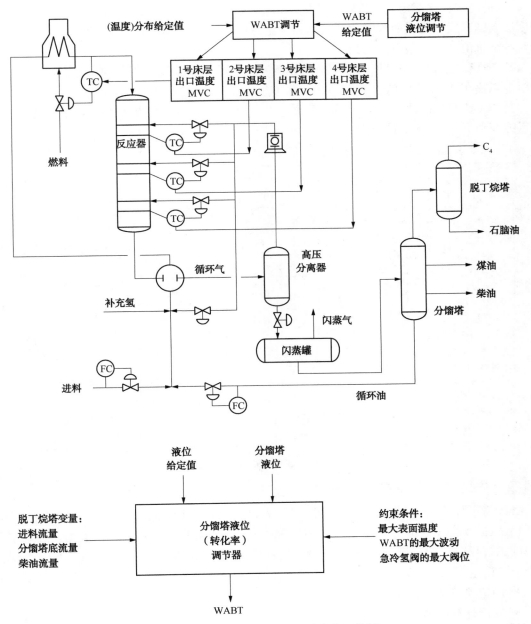

图 13-7-4　分馏塔液位（转化率）控制

（1）应用

ABB Simcon 公司提供先进过程控制和优化软件包给炼油厂，容易调整汽油/精馏物产品的最佳比率以满足季节性变化的市场需求达到最大效益，并且以最小的能耗达到最大处理量。控制软件具有灵活性能，可用于一段或二段装置以及缓和或高苛刻度的加氢，如 13-7-5 所示。

（2）控制方案

控制软件是由现代的多变量模型预估控制（MPC）技术和提供鲁棒性先进过程控制（APC）软件包组合而成。

1）进料和转化率控制：进料、转化率和能耗，用 MPC 在约束条件下调整反应器加权平均床层温度和氢气物流而同时达到控制和优化的目的。在分馏塔中，精馏产品的数量基于其相对经济价值，在规格范围达到最大量。

2）加热炉控制：加热炉的温度平衡控制、严格的出口温度控制、约束控制和过剩氢控制等都包括在 APC 软件包中。

3）氢纯度和氢/油比控制：用调节循环气（氢）量，排空净化和补充新氢的方法，维持氢纯度和氢/油比在最佳范围。

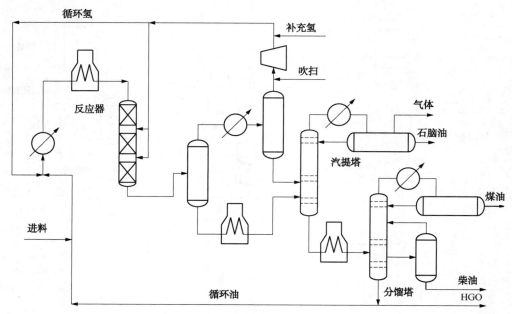

图 13-7-5　MPC 控制流程

四、先进过程控制实施步骤

各先进过程控制（APC）软件公司实施 APC 的步骤大同小异，其主要的步骤如下：

1）数据收集及初步功能设计。这一阶段的主要工作是收集大量的操作数据，确定工艺设备的运行状况（包括设备富裕量，哪些设备已达卡边操作）。在充分了解现有工艺条件的基础上，确定下列内容：

- 确定项目及其目标
- 支持计算的内容
- 确定先进过程控制回路
- 确定先进过程控制器的受控变量（C_v）、操纵变量（M_v）及干扰变量（D_v）。

2）功能设计及评价。用户收到先进过程控制软件公司提供的初步功能设计文件，与软件公司讨论后，由软件公司完善功能设计，并进行效益分析。

3）详细功能设计。这一阶段主要工作是工艺参数的支持计算、软件的编制和先进过程控制回路的组态。并对操作人员进行先进控制回路投运的培训，使其对先进过程控制有一定的了解。

4）先进过程控制器现场安装、调试及投运，这一阶段由先控软件公刊的工程师到现场对先进过程控制器的软件进行安装、调试及投运。同时培训操作员，使他们基本掌握先进过程控制器的操作。

5）考核验收。主要是检验各项技术指标是否达到合同要求，具体评估经济效益。

五、先进控制与优化控制在加氢装置应用中存在的问题、对策及发展方向

1. 存在的问题[14]

虽然目前的加氢装置的自控系统基本上都采用了功能强大的 DCS 分散控制系统，但其中绝大部分的 DCS 仍然而且仅仅是取代了常规仪表，仅有为数不多的实施了 APC 先进控制和优化控制系统。为什么资金投入少又能够为企业带来很大的经济效益的先进及优化控制系统却应用不多，这确实是一个值得思考的问题。先进控制系统及优化控制系统的实施应用是一个系统工程，归结起来大概有如下一些方面制约了 APC 先进控制系统的应用：

1）理念上将先进控制的重要性提升到一个高度，其中主管部门的理念是关键。

2）先进控制需要的在线分析仪表使用周期短，投用率低。

3）现场仪表，牵涉到物料平衡和热平衡的仪表设备，特别是现场执行机构系统，包括指示不准，仪表、调节阀故障，PID 参数不合理等都将影响先进控制和优化控制的投用。

4）先进控制器和优化控制器鲁棒性较差。当原料性质、操作条件等发生变化时，控制器和优化器因自身鲁棒性较差而不能充分发挥作用。

5）加氢装置，特别是加氢裂化装置，由于反应系统处于高温、高压、临氢的苛刻工况下运行，加上油品加工方案和原料油性质的变化，使装置在安全、平稳操作、保证主要产品的质量和收率满足工艺的目标，成为装置的主要的运行思想。加上实施先进控制需要诸多方面的配套工作，实施起来比较困难，所以造成加氢装置实施先进控制和优化控制比较落后的局面。

2. 对策

1）先进控制与优化控制的应用能为企业带来极大的经济效益和节能降耗、减少污染的社会效益。因此，建议主管部门对整个石化行业加氢装置实施先进控制和优化控制有一个安排，进行应用现状的交流、组织和协调，以便分步、分批的实施。

2）做好现场仪表的每个环节，为先进控制和优化控制搭建一个可靠的硬件平台。现场仪表（温度、压力、流量、液位等）信号输出的准确和可靠性是先进控制和优化控制的工艺计算和建立软测量模型的基础，因此，应注意设计、供货、安装、维护的每个环节。在线质量分析仪表则是先进控制系统应用必不可少的现场仪表系统。但其价格较贵，维护量大，需要专业人员实时维护，使其在线分析数据与离线分析数据尽量吻合，输入数据准确可靠，否则易出现故障，导致先进控制计算出现偏差和投用效果不佳。

3）生产方应使生产过程尽量保持平稳。当工艺过程处于不稳定状态，必然会给控制器和优化器带来很大干扰，扰动过于频繁将使控制器和优化器无法正常工作。出现这种情况，可能是工艺设计、工艺设备或工艺操作等方面存在问题。因此，应具体分析、及时处理，并反馈给每个环节，避免下次重复出现同类问题。

4）开发鲁棒性较好的控制器和优化控制器。控制器和优化控制器的完善设计对其长周期运行至关重要，应要求其具有较强鲁棒性，即较强的抗干扰性能、可靠性、容错性及故障自诊断能力，同时具有良好的用户界面，便于操作和监视。

5）先进控制和优化控制是一个系统工程，仅有软件人员积极努力远远不够，必须要有安全可靠的仪表设备、平稳的工艺操作、友好的人机界面，加上工厂有效的管理办法和考核手段，做好维护和操作人员的培训工作，使他们能深入理解控制和优化控制器的设计思想和

控制原理、熟练操作、提高应用先进控制和优化自觉性。只有这样,先进控制和优化控制技术的应用才能逐步提高和推广。

6)事实上,先进控制与优化控制的应用能为企业带来极大的经济效益。

有报道称,加氢裂化装置投用了先进控制后,装置在平稳操作、抑制扰动、降低操作人员的劳动强度、减少分析频次等方面取得了明显效果。使装置的"安、稳、长、满、优"等生产目标上升到了一个新水平。各项关键生产参数安全、稳定,实现了产品质量的卡边控制,提高了目标产品的收率,综合经济效益非常可观[10]。

因此,从自控专业的角度,在现场仪表设备、在线分析仪表、先进控制和优化控制软件以及相关其他方面的工作所花费的费用,对装置实施先进控制和优化控制所产生的效益所占的比例应该是值得的,关键还是理念和决心。

3. 发展方向

1)先进控制和优化控制的核心,仍然是先进控制和优化控制的软件是否能够满足工业工程中复杂工况、推出从实际工业过程特点出发,寻求对模型要求不高,计算方便,对过程和环境的不确定性有一定适应能力的控制策略和方法。

2)加强和提升在建模理论、辨识技术、优化控制、最优控制、高级过程控制等方面的研究,并对目前已经在用的一些先进控制和优化控制软件,进行进一步改善和完善,提高其抗干扰性和自适应性的鲁棒性。譬如多变量预估控制(MPC)的升级换代、模型预估控制(MPC)的升级换代、鲁棒多变量预测控制技术(RMPCT)的升级换代、软测量技术的进一步的深入研究等。

3)进一步开发鲁棒性强、适应性宽(操作条件、原料性质等)、性能价格比优的商品级的先进控制和优化控制软件,适应国内大中型企业的需要。

参 考 文 献

[1] 金德皓. 加氢裂化装置技术问答 [M]. 北京:中国石化出版社,2006.
[2] 韩崇仁. 加氢裂化工艺与工程操作手册 [M]. 北京:中国石化出版社,2001.
[3] Grieb B J, Strebl M, Bertram R. State of the ART Reactor Temperature Measurature [C]. NPRA Annual Meeting March, San Antonio, Texas, 1996.
[4] 《石油化工企业设计防火规范》GB 50160—2008.
[5] 爆炸和火灾危险环境电力装置设计规范. 中华人民共和国国家标准. GB 50058—2014.
[6] 《石油化工可燃气和有毒气体检测报警设计规范》GB 50493—2009.
[7] 石油化工安全仪表系统设计规范 GB/T 50770—2013.
[8] 加氢裂化工艺与工程 [M]:北京:中国石化出版社,2001.
[9] 黄步余等.《石油化工安全仪表系统设计规范》[J]. 解读石油化工自动化,2013,6.
[10] 敖辰虹等. 系统结构图 [J]. 石油化工自动化,2002,5.
[11] 蔡云飞等. 先进控制系统加氢裂化装置上的应用 [J]. 石油化工自动化,2008,6.
[12] 赵杰. 先进控制系统加氢裂化装置上的应用 [J]. 寰球市场信息导报,2013-6-4.
[13] Blatti D W. UOP Advanced Process Control Applications In The Unicracking Process.
[14] 敖辰虹等. 先进控制与优化控制在过程工业应用中的若干问题探讨 [J]. 石油化工自动化,2002,5.

第十四章　工业装置运行操作技术

加氢裂化是一种在高温、高压及氢气和催化剂存在下进行的馏分油加氢转化工艺过程。在加氢裂化过程中，主要发生加氢脱金属、加氢脱硫、加氢脱氮、加氢脱氧、烯烃和芳烃等加氢饱和、分子骨架异构、开环和裂化等反应。加氢裂化工艺技术成熟可靠，具有原料适应性强、生产灵活性大、目的产品选择性高、产品质量好，生产过程环境友好等特点，已经在工业上得到广泛应用。

加氢裂化装置通常可以加工从炼油厂常减压装置来的直馏石脑油、柴油和减压蜡油以及从其他二次加工装置得到的催化柴油、催化回炼油、焦化柴油、焦化蜡油、热裂化柴油、热裂化蜡油和溶剂脱沥青油等常规原料，并可以加工从油母页岩干馏得到的页岩油、煤炼焦工艺副产的煤焦油、煤高温高压临氢催化液化得到的直接液化油、煤或天然气间接液化得到的费-托合成油以及各种动植物油脂等非常规原料。

加氢裂化装置可以生产优质的液化气、汽油、煤油、喷气燃料、柴油等清洁燃料和轻石脑油、重石脑油、尾油等优质石油化工原料。加氢裂化装置生产的煤油、喷气燃料和柴油硫、氮和芳烃含量很低，燃烧性能很好，是环境友好的"绿色"石油产品；轻石脑油硫、氮、烯烃和芳烃含量均很低，既可直接用于调和生产超低硫清洁车用汽油，也可用于生产化工溶剂油，并可用作制氢和蒸汽裂解制乙烯装置进料；重石脑油芳烃潜含量高，硫氮含量低，是催化重整生产高辛烷值车用汽油或"三苯"等轻芳烃装置的优质进料；尾油饱和烃含量高，*BMCI* 值低，是蒸汽裂解制乙烯、异构脱蜡生产高黏度指数润滑油基础油和催化裂化生产车用汽油等装置的优质进料。

加氢裂化装置根据设计加工原料油构成性质及对产品方案和产品质量的要求，可以选择不同的工艺流程、工艺条件、运行方式及相应的催化剂类型、品种和牌号，从而可以最大限度地满足炼油厂实际生产要求，并取得最大的经济效益。

加氢裂化技术主要包括催化剂技术、工艺技术、工程技术和运行操作技术。加氢裂化工业装置通过集成应用上述各方面技术，实现长周期安全稳定运行，并最大限度满足不同企业加工不同原料生产不同产品的需要。

加氢裂化装置在高温、高压、临氢条件下运行，原料和产品均属易燃易爆有毒物质，反应过程放热量大，反应介质有腐蚀性，一旦出现异常恶性事故，容易引发严重后果，因此加氢裂化装置不仅对管道/设备选材、仪表/设备选型、安全控制系统设置等有很高要求，而且对运行操作等也有严格规定，以确保工业装置能够"安稳长满优"运行。

本章介绍加氢裂化工业装置运行操作技术，内容包括催化剂装填、开工、停工、紧急事故处理、生产运行注意事项、催化剂撇头和卸出等。

第一节　工业装置催化剂装填

加氢裂化装置采用固定床反应器，催化剂在反应器中的装填情况至关重要。催化剂的装填质量将直接影响催化剂床层的物料分布和压降，甚至影响催化剂的反应性能和使用寿命。

如果催化剂装填不当，则会造成催化剂装量不足、装填密度不均，导致催化剂床层压降不均、产生沟流、出现床层反应温度分布不均和无法控制的超温点，使催化剂使用性能恶化，影响产品分布和产品质量，严重时还会导致催化剂床层结焦堵塞，致使装置被迫停工。如果瓷球粒度与催化剂粒度搭配不当，则可能造成催化剂的迁移。因此，必须高度重视催化剂装填工作，严格按要求进行催化剂装填。

一、催化剂装填方案

加氢裂化反应过程放热量很大，存在较高的超温危险性。为了有效控制加氢裂化过程反应温度，工业加氢裂化装置都在大氢油比条件下操作。与此同时，在工程上还采用多床层设置的反应器，在每个床层入口设置物流分布系统，并在床层之间设置冷氢注入和均匀混合设施，以保证每个床层入口物流均匀分布和反应温度灵活控制。

工业加氢裂化装置通常设置 2~3 个精制床层和 3~4 个裂化床层，这些床层既可以集中设置在 1 台反应器中，也可以分设在 2~3 台串联使用的反应器中。加氢裂化装置通常从反应器前部床层到后部床层依次装填使用加氢保护剂、加氢精制催化剂、加氢裂化催化剂和加氢后精制催化剂。加氢保护剂的主要作用是脱除原料油中可能含有的微量镍、钒、铁、钠、钙等金属杂质，并过滤截留原料油中可能携带的微量固体颗粒物，其装填量通常按运行体积空速 $8.0~15.0h^{-1}$ 计算。加氢精制催化剂的主要作用是加氢脱氮，使精制油氮含量降低到后续加氢裂化催化剂能够允许的程度，通常为 $5~100\mu g/g$，其装填量通常按运行体积空速 $0.8~1.5h^{-1}$ 计算。加氢裂化催化剂的主要作用是异构、开环和裂化，将原料油转化成石脑油、煤油、柴油等目的产品，其装填量通常按运行体积空速 $1.0~2.5h^{-1}$ 计算。加氢后精制催化剂的主要作用是对加氢裂化反应生成的微量烯烃进行加氢补充精制，使之成为饱和烃，避免离开反应器后残留的微量烯烃与反应系统中的硫化氢发生加成反应生成硫醇而导致石脑油和煤油等产品硫醇硫含量异常偏高，其装填量通常按运行体积空速 $10.0~20.0h^{-1}$ 计算。

由于加氢裂化装置所用的催化剂粒度较小，因此在每个催化剂床层底部通常需要级配装填多层适宜粒度的支撑瓷球。支撑瓷球的颗粒直径应不大于其上所支撑催化剂/瓷球颗粒直径的 3 倍，避免发生催化剂/瓷球颗粒迁移现象。每层支撑瓷球装填高度通常为 70~200mm。

另外，当使用常规条形催化剂时，通常还需要在每个催化剂床层顶部装填 1 层高度为 80~150mm 的盖顶大颗粒瓷球或鸟巢保护剂，以避免来自床层上部分布盘的高速油气对催化剂直接冲刷扰动而导致催化剂破碎和磨损，并对油气起着再分布的作用。

图 14-1-1 和图 14-1-2 分别示出了某一典型加氢裂化装置精制反应器和裂化反应器条形催化剂装填方案。图 14-1-3 和图 14-1-4 分别示出了另一典型加氢裂化装置精制反应器和裂化反应器齿球形催化剂装填方案。

二、催化剂管理要求

1）催化剂作为商品从催化剂厂出厂运送到炼化企业物资材料库时，通常包装在密封的桶、吨袋或专用集装箱等容器内，应放置于阴凉干燥处。若临时在室外储存，应用整块防水布完全盖住催化剂桶、吨袋或专用集装箱等容器，防止雨淋、受潮，并严禁曝晒。禁止与酸、碱化学试剂等物质接触。

2）装填前催化剂运到现场，用防水帆布盖好。催化剂桶、吨袋或专用集装箱只能在装剂时打开。

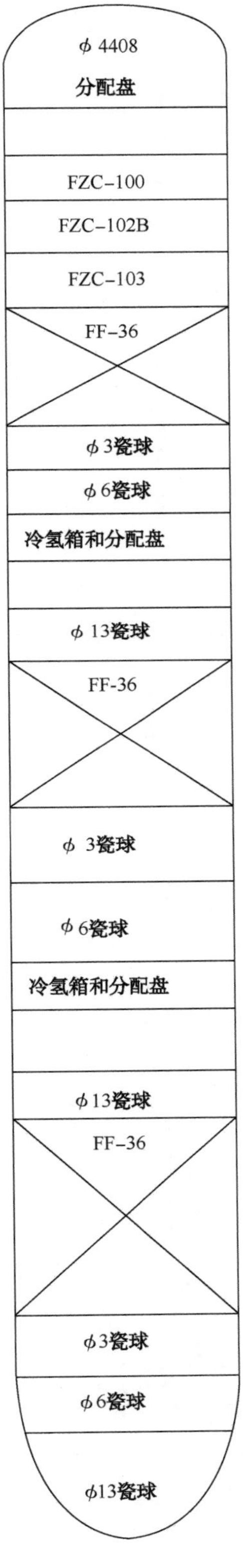

装填物	装填高度/ mm	装填体积/ m^3	装填质量/ t	装填密度/ (t/m^3)
空高	200			
FZC-100	156	2.38	2.02	0.85
FZC-102B	468	7.13	3.57	0.50
FZC-103	936	14.26	8.56	0.60
FF-36条形	2724	41.58	33.26	0.80
ϕ3瓷球	100	1.53		
ϕ6瓷球	100	1.53		
空高	200			
ϕ13瓷球	100	1.53		
FF-36条形	5654	86.29	69.03	0.80
ϕ3瓷球	100	1.53		
ϕ6瓷球	100	1.53		
空高	200			
ϕ13瓷球	100	1.53		
FF-36条形	7193	109.78	87.82	0.80
ϕ3瓷球	100			
ϕ6瓷球	200			
ϕ13瓷球	比收集器上 沿高200			

左侧装置示意图标注（自上而下）：
ϕ4408
分配盘
FZC-100
FZC-102B
FZC-103
FF-36
ϕ3瓷球
ϕ6瓷球
冷氢箱和分配盘
ϕ13瓷球
FF-36
ϕ3瓷球
ϕ6瓷球
冷氢箱和分配盘
ϕ13瓷球
FF-36
ϕ3瓷球
ϕ6瓷球
ϕ13瓷球

图 14-1-1 典型加氢裂化装置精制反应器条形催化剂装填方案

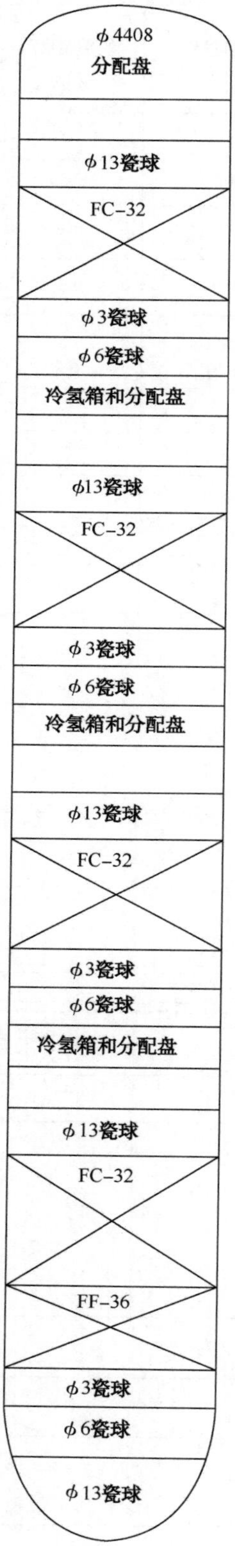

装填物	装填高度/mm	装填体积/m³	装填质量/t	装填密度/(t/m³)
空高	200			
φ13瓷球	100	1.53		
FC-32条形	3660	55.86	47.48	0.85
φ3瓷球	100	1.53		
φ6瓷球	100	1.53		
空高	200			
φ13瓷球	100	1.53		
FC-32条形	3660	55.86	47.48	0.85
φ3瓷球	100	1.53		
φ6瓷球	100	1.53		
空高	200			
φ13瓷球	100	1.53		
FC-32条形	3660	55.86	47.48	0.85
φ3瓷球	100	1.53		
φ6瓷球	100	1.53		
空高	200			
φ13瓷球	100	1.53		
FC-32条形	3660	55.86	47.48	0.85
FF-36条形	1558	23.76	19.01	0.80
φ3瓷球	100			
φ6瓷球	200			
φ13瓷球	比收集器上沿高200			

图 14-1-2　典型加氢裂化装置裂化反应器条形催化剂装填方案

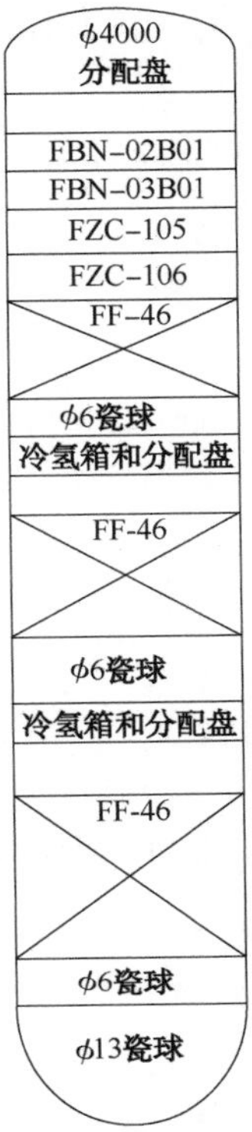

装填物	装填高度/mm	装填体积/m³	装填质量/t	装填密度/(t/m³)
空高	200			
FBN–02B01	175	2.20	1.72	0.78
FBN–03B01	500	6.28	4.78	0.76
FZC–105	500	6.28	2.70	0.43
FZC–106	1100	13.82	6.36	0.46
FF–46齿球	3135	39.40	36.24	0.92
φ6瓷球	100	1.26		
空高	200			
FF–46齿球	7130	89.60	82.43	0.92
φ6瓷球	100	1.26		
空高	200			
FF–46齿球	8670	108.95	100.23	0.92
φ6瓷球	100			
φ13瓷球	比收集器上沿高200			

图 14–1–3 典型加氢裂化装置精制反应器齿球形催化剂装填方案

装填物	装填高度/mm	装填体积/m³	装填质量/t	装填密度/(t/m³)
空高	200			
FC-32A齿球	3400	42.73	34.61	0.81
φ6瓷球	100	1.26		
空高	200			
FC-32A齿球	3400	42.73	34.61	0.81
φ6瓷球	100	1.26		
空高	200			
FC-32A齿球	3400	42.73	34.61	0.81
φ6瓷球	100	1.26		
空高	200			
FC-32A齿球	3400	42.73	34.61	0.81
FF–46齿球	1700	21.36	19.65	0.92
φ6瓷球	100			
φ13瓷球	比收集器上沿高200			

图 14–1–4 典型加氢裂化装置裂化反应器齿球形催化剂装填方案

3）装填催化剂应选在晴天进行。在装剂过程中，催化剂桶、吨袋或专用集装箱打开后，应立即将催化剂装入反应器，防止长时间暴露在空气中。

4）催化剂在运输及装填过程中，应小心轻放，不要滚动更不能摔打催化剂桶、吨袋或专用集装箱，以免催化剂破碎。

5）装催化剂时应准确计量，专人记录，并连续进行一次装完。

三、催化剂装填的安全措施

1）如果反应器内含有可燃的烃类气体，在打开反应器前用氮气吹扫，再用空气置换。

2）与反应器相联的管线均加盲板，确保人身安全。反应器出口管线加盲板。卸料口用惰性材料装填好并加法兰密封，防止空气流经反应器。

3）打开反应器入口法兰后，向反应器内通入足够的新鲜空气，保证反应器内氧含量不低于20%。

4）装剂前预先吹扫氮气线，确保管线畅通后将氮气管线加盲板。

5）在反应器内的工作人员必须穿上连体服，佩戴防护眼镜和防尘呼吸器。在反应器中至少要有两人操作，互相保护，并与反应器上部的工作人员用对讲机随时保持联系，加强监控。

6）在催化剂装填现场尤其是在反应器中，应特别注意防火，并采取必要的防静电措施。

四、催化剂装填前的准备工作

1）在反应器装填催化剂之前，装置临氢系统的爆破吹扫、氮气试压等开工准备工作要先完成。分馏系统吹扫时，要确保与临氢系统处于完全隔离状态，防止蒸汽串入临氢系统。严格防止铁锈、焊渣、水、污油污染催化剂。反应器内一定要打扫干净，整个系统不准有水和残油。

2）清扫好工作场地，保持反应器内及周围环境干净。头盖及冷氢口、热电偶法兰等梯形槽法兰面用石棉绳、胶布带封好保护。

3）检查反应器顶部起重用电动葫芦或塔吊是否好用。准备好装填催化剂时所用的工具，如橡胶软管、帆布袋、软梯、磅秤、皮尺、照明设备、通讯设备、反应器内通风设施等。装填人员需穿戴好干净的工作服、手套、鞋、帽、口罩等，并备好防毒面具、安全带等用具。

4）反应器彻底隔离，与反应器相通的氮气管线、急冷氢线及反应器底部法兰上加临时盲板。待催化剂装填完毕后，再拆除盲板。

5）进入反应器前必须分析反应器内氧含量。当氧含量大于或等于20%时，装剂人员方可进入反应器。否则，需带空气呼吸器或长管呼吸器进入。

6）检查反应器内下床层热电偶是否完好；检查底部卸料管制动器是否正常，并塞好；检查底部出口收集器定位螺栓是否处于正常状态，其过滤筛网目数和材质等规格是否与设计要求一致，是否有破损；检查上床层底部格栅上是否已按要求铺上并固定好白钢网，冷氢注入管周围白钢网是否已用白钢丝捆绑固定牢靠。

7）在催化剂装填前，应在反应器内壁上标出每一层瓷球和催化剂的装填高度标记。

8）确认各种规格的瓷球已运至现场。瓷球必须干净、干燥，其各项指标符合设计要求。为防止下雨对装填的影响，应事先搭好防雨棚存放瓷球及催化剂，并备好防雨布。反应器顶部也应搭设装剂操作平台和防雨棚。

9）确认催化剂品种、牌号、规格和数量等均准确无误。

10）检查所装填催化剂的破碎程度。如果粉尘量和破碎率较高，则需过筛。

11）反应器内冷氢箱和分配盘的中间部分在催化剂装填前应先拆下，便于人员上下和催化剂的装填。待下部床层催化剂及瓷球装好后再将冷氢箱和分配盘复位。同时，在未拆除的冷氢箱和分配盘上盖上雨布或石棉布，防止装填催化剂时催化剂颗粒掉入冷氢盘和分配盘，减少安装内构件时清除异物等的工作量。

12）反应器中插入一根临时用的软管，装剂时向反应器内通入干燥的净化空气，使反应器内保持微正压，同时也是为了保障在反应器内工作的人员的安全。

13）对参加催化剂装填工作的人员进行必要的培训，使每一个人明确催化剂装填工作的重要性、装填要求、装填步骤及催化剂装填的注意事项；安排、协调好人员，使每一个人都明确责任，各司其职；联系、安排好催化剂装填工作所需车辆。

14）制定、落实安全施工条例及应急、急救措施，安排专人进行安全监护，安全部门现场安全指导。

五、催化剂的装填

催化剂的装填很重要，不仅影响催化剂装填量，而且对油气分布影响很大。催化剂装填应密实均匀，避免出现沟流、短路。建议加氢裂化装置催化剂装填由专业催化剂装填队伍实施。

1）将装剂漏斗固定在反应器入口，并接好专用带隔板的钢制导流管和帆布导流管，以便将催化剂引入反应器内。

2）根据催化剂装填图，按照顺序装填不同规格的瓷球和催化剂。

3）装填底部瓷球时，应用桶依次将 $\phi 13$、$\phi 6$ 及 $\phi 3$ 等瓷球吊入反应器内，并由专人在反应器底部将桶内的瓷球慢慢倒在反应器内，耙平。根据反应器内做好的标记，准确装入瓷球，每装完一层，应平整瓷球表层。装填高度按照催化剂装填图，并安排专人记录好装入的各种瓷球数量，其中 $\phi 13$ 瓷球装填高度通常应超过出口收集器上表面 200mm。卸料管内装入 $\phi 6$ 瓷球。

4）装催化剂时，从催化剂桶倒入吊装料斗的过程一定要缓慢，勿让催化剂散溢和破碎。

5）在催化剂的装填过程中，根据情况随时检查催化剂料面平整和疏密程度，测量催化剂床层高度，计算装填密度，控制催化剂的装填质量，确保催化剂装填均匀。

6）当采用普通布袋法装填催化剂时，一定要通过人工均匀布料，保证催化剂料面平整均匀上升。当采用特殊密相装填设备装填催化剂时，更要注意按规程细心操作，保证催化剂料面尽量平整均匀上升，避免催化剂料面出现"倾斜"（一边高一边低）、"锅底"（周边高中间低）或"瓶底"（中间高周边低）等现象。

7）反应器每一床层催化剂和瓷球装填结束后，撤出反应器内装填人员，并按编号带出反应器内装填工具，然后将分配盘、冷氢箱及其他内构件严格按设计要求复位。在封分配盘和冷氢箱人孔前，彻底清扫分配盘和冷氢箱中残留的催化剂和瓷球，用吸尘器进行吸尘。以上工作需认真执行并由专业技术人员进行确认。

8）按照催化剂装填图顺序装填每一床层催化剂和瓷球。催化剂装填工作结束后，立即安装分配盘和油气入口分配器等顶部构件，并封上反应器顶盖。反应器内用氮气保护，以使催化剂和大气严密隔离。

9）清查、核实反应器内实际装入的催化剂质量和体积。

六、催化剂装填注意事项

1）催化剂在搬运过程中要轻放、轻卸，避免催化剂破碎。

2）催化剂装填应在干燥的晴天进行，催化剂在装填过程中应避免受潮。催化剂到用时方可打开包装桶、吨袋或专用集装箱，催化剂暴露于空气中的时间必须限定到最短。所用瓷球也需保证干燥。

3）当催化剂装填工作由于下雨必须中途暂时停止时，反应器入口必须封好。同时，反应器内应通上净化风，使反应器内保持微正压状态，防止湿空气进入催化剂床层。

4）由于催化剂易碎，采用普通布袋法装填催化剂时，催化剂自由落体高度应控制在 1~3m 之间。作业人员不得直接踩在催化剂料面上，而应站在面积大于 0.3m² 的垫板或雪橇板上操作。

5）装填过程要控制催化剂下放速度，不宜太快，以防止产生静电、砸碎催化剂和出现催化剂"搭桥"现象。

6）器内作业人员必须严格执行有关安全规定，而且必须有专人监护；作业人员必须穿戴整齐，不得携带与装填工作无关的物品，防止物品掉落、遗留在反应器内。

7）装填时，由专人统一指挥，下设计量、记录、搬运、装剂、监护、验收等小组，各小组明确责任，各司其职。

8）反应器内装入的催化剂和瓷球必须准确记录，散落到地面和受污染的催化剂不得装入反应器。

9）由于在反应器内注入冷氢对反应器床层温度的控制至关重要，因此，在催化剂装填前和装填过程中要重视以下两个问题：

① 安装冷氢箱、分配盘及相关内构件时，务必注意型号规格和安装精度符合原设计要求，务必注意清扫干净散落在冷氢箱和分配盘上的催化剂和瓷球等固体颗粒物。

② 装填催化剂时要及时安装热电偶套管，按设计要求插入热电偶，不得漏装。热电偶套管要烘干处理，防止升温后出现温度指示偏差。若采用柔性多点热电偶，则应严格按设计要求先安装固定好热电偶支架，而后再将热电偶布置捆绑固定在支架上。

10）当装填器外预硫化型催化剂时，要严格按照催化剂供应商要求进行装剂操作，并要严密监测催化剂床层温度变化，做好应急预案。

第二节　工业装置开工

新建加氢裂化装置建成中交后的首次开工过程通常包括设备检查、管线冲洗吹扫、单机试运、加热炉烘炉、反应系统干燥气密、分馏系统水联运、油联运、催化剂装填、氮气/氢气置换气密、催化剂硫化、钝化、换进原料油等。而对于现有加氢裂化装置停工检修后的再开工过程，则主要包括催化剂装填、氮气/氢气置换气密、催化剂硫化、钝化、换进原料油等步骤。

在加氢裂化装置开工过程中，大多数时间动静设备处于非正常状态，系统介质、流量、温度、压力等变化均较大，容易引发异常事故。因此，要求企业高度重视装置开工工作，及时成立开工指挥中心，认真制定详细开工方案，统一协调各方工作，严格按照程序要求，稳步推进开工进度，确保开工过程安全环保，实现装置开工一次成功。

加氢裂化装置开工过程中，需要重点注意以下几方面问题：

1）防止反应器"飞温"：加氢裂化不仅反应放热量很大，而且加氢裂化反应速度还受反应温度强烈影响。反应物流沿着反应器内催化剂床层自上而下流动时温度将升高。加氢裂化装置在引进低氮开工油和换进原料油升温过程中，反应温度控制不当，可能会使加氢裂化反应器在短时间内出现"飞温"。因此要随时注意控制好反应温度，这一点是十分重要的。

2）避免油气泄漏引发火灾：设备升/降温期间，热膨胀/冷收缩和热应力变化可能会使法兰和垫片接点处有微小泄漏。当发生这样的微小泄漏时，应在泄漏处放置蒸汽软管，用蒸汽将油气吹散。这样，可在连接点紧固好前，防止发生火灾。为使热膨胀/冷收缩的危害降到最小，一般要求升/降温速度不超过 25℃/h。

3）避免"反吹"扰动催化剂床层：当反应系统充气升压时，必须使气体按正常的自上而下流动方向通过反应器催化剂床层。杜绝气体反向流动扰动催化剂床层。

4）杜绝产生爆炸性混合物：在系统内空气未被置换合格之前，决不允许贸然将氢气和烃类物流引入到系统中。在引入氢气和烃类原料之前，系统所有管道和设备必须用惰性气体或蒸汽置换，并应经采样分析确认合格。

5）注意排尽明水：决不允许将热油引到即使只含少量明水的系统中，以免明水快速汽化导致系统压力骤增而引发事故。反应系统要用热气体循环干燥。分馏系统气密试验时，用气体加压后，将液体排干。要注意从容器底部、管道低点以及泵出入口等处排放明水。系统里残留的微量水要先用冷油冲洗，然后再在循环期间用热油冲洗。

6）避免"真空"损坏设备：新鲜原料缓冲罐和分馏部分的所有容器通常均没有按真空设计。这些设备用蒸汽吹扫后，决不允许将其出口全部关闭。在关闭蒸汽前，应采取有效措施，严防容器因冷却降温导致蒸汽冷凝产生真空而损坏设备。

7）严防凝堵：开工期间，部分在正常生产时按较轻物料设计运转的设备可能会短期加入高凝点的原料油，因此应适时投用蒸汽伴热管线。必要时，可以适当提高设备运转温度，以防止管道、设备等出现凝堵现象。

8）关注卤族元素离子可能引发的设备腐蚀：冲洗奥氏体不锈钢设备和管线用水，应严格控制其氯离子含量小于 $30\mu g/g$（最好小于 $20\mu g/g$），水温在 15℃以上。严格控制补充氢气中氯化氢含量小于 $1\mu L/L$ 和反应注水中氯离子含量小于 $50\mu g/g$。严密监测催化剂中氟、氯、溴、碘等易流失、强腐蚀性组分含量和高分排放酸性水中卤族元素离子含量，杜绝硫化开工过程中在反应器出口收集器、高压换热器、高压空冷器、高压分离器和低压分离器等初期低温容易出现露点部位因卤族元素离子富集引发材质点蚀和(焊口)应力腐蚀等问题而损坏设备，确保装置开工和生产运行安全。

一、开工前的准备

1. 设备检查

新建加氢裂化装置的设备检查是在装置建成中交时必须认真进行的一项工作。它是设备和安装工程检查验收的重要步骤。通过设备检查，可以及早发现问题，堵塞漏洞，消除隐患，为装置安全开工创造充分和必要的条件。

设备检查主要是按照项目工程承包者所提供的检查验收规范和标准以及行业主管部门的相关规定，并结合同类装置试车开工投产的实践经验，对加氢裂化装置的反应器、换热器、空冷器、分离器、塔器、容器、加热炉、废热锅炉、管线、阀门、机泵、电气、仪表、消防和报警设备等进行检查，发现问题及时整理，分类上报相关部门，妥善进行整改处理。

2. 管线冲洗吹扫

装置管线冲洗吹扫的目的是为了将施工中遗留在管线内的各类杂物清除，避免其在开工和运转过程中对管线、阀门和设备的堵塞及其对机泵等动设备机体、叶轮和叶片的磨损，确保装置的顺利开工和设备的安全平稳运转。

装置的水冲洗，一般使用 0.4MPa 的工业水；冲洗奥氏体不锈钢设备和管线用水，应控制其氯离子含量小于 30μg/g，水温在 15℃ 以上。吹扫反应系统设备和管线可用工业风、氮气和 1.0MPa 蒸汽等介质。但应切记，在引吹扫介质时，介质压力一定不能高于设备设计允许最高操作压力。对于直径大于 80mm 的管线，必要时可在 0.12~0.30MPa 的压力下进行爆破吹扫。

实施装置冲洗吹扫时，应注意以下事项：

1）冲洗吹扫应顺着流程走向有序进行，避免出现死角，并应遵循先管线后设备、先主线后副线、长管线分段、集合管线从头到尾的吹扫原则。

2）冲洗有开口端管线时，应保证流体通畅。冲洗由阀门连接的水平管线时，应拆开前后法兰，将前后段分别冲洗。发现阀门有问题时，有必要进行解体冲洗。

3）用蒸汽吹扫管线时，应在暖管排凝后再引汽。引汽后，要注意排凝和放空，严防水击发生。

4）泵体一般不用蒸汽吹扫，蒸汽应从副线通过。无副线时，可拆开入口法兰引出。

5）冲洗吹扫结束后，应组织专人检查验收。合格标准是：冲洗水应见本色、无杂物；吹扫气排放无灰尘、铁锈等污物。

加氢裂化工业装置管线冲洗吹扫的具体实施步骤在其装置操作手册中有详细的规定和要求。

3. 反应系统的气密和干燥

在反应器装填催化剂之前，需要用氮气循环升温，对由换热器、加热炉、反应器、空冷器、水冷器、高压分离器及物流管线和阀门等组成的高压反应系统进行干燥，避免开工过程中水对催化剂的负面影响。

在进行反应系统干燥之前，通常需要对系统进行负压"试漏"。即将高压反应系统与低压系统隔断，关闭循环氢压缩机吸入端、排出端的切断阀和所有的排放阀，启动蒸汽喷射真空泵，将反应系统抽空至 16.7kPa(绝压)。达到所要求的真空度时，关闭蒸汽喷射真空泵，在 30min 内真空度下降不大于 30mmHg(约 4kPa) 时为合格。否则，需要进行泄漏检查及处理。

在确认反应系统负压"试漏"合格后，从新氢压缩机和循环氢压缩机的出口引氮气破真空，并启动蒸汽喷射泵，使反应系统边充氮气边抽空，吹扫置换 15min。关闭喷射泵，使反应系统升压至 0.05MPa。再次启动喷射泵，将反应系统抽空至 16.7kPa(绝压)。然后，关闭蒸汽喷射泵，引氮气破真空，并将反应系统升压至 0.6~0.8MPa，或启动新氢压缩机将反应系统升压至 1.0MPa 以上进行气密。对气密点可直接采用喷涂气密液(肥皂水)的方法试漏，或用密封带将法兰包扎好，在密封带上扎一个针孔，喷涂肥皂水进行检查。

反应系统干燥，应在循环氢压缩机出口压力 0.7MPa(首次启动循环氢压缩机时要严格遵循制造厂商的建议)，反应器入口温度 200~250℃ 条件下进行。

启动循环氢压缩机，对急冷氢管线充分吹扫后，进行氮气全量循环。加热炉点火，以每小时 10~20℃ 的升温速度，将反应器入口温度升至 200~250℃，保持此温度对反应系统进行干燥。每小时从高压分离器排水一次，直至排水量小于 0.5kg/h。而后，加热炉熄火，氮气循环降温。

4. 催化剂装填及内构件安装

根据反应器结构，按照技术供应商推荐方案，进行催化剂装填，并严格按照设计要求安装好反应器内构件。

二、装置开工

（一）开工前检查确认

装置开工前，要做好下列各项检查核实工作：

1）核实反应部分已与水源和油源隔绝。

2）核实所有的安全阀已安装调校好，上、下游的截止阀都已打开。如果安全阀有旁通的话，旁通阀要关好，并记录在案。

3）核实所有的公用工程包括吹扫用的氮气等均已备好可用。

4）核实所需要的硫化剂、钝化剂、缓蚀剂等化学品以及硫化油和低氮开工油等均已备好可用。

5）核实界区工艺截止阀已关闭且盲板已按工艺流程要求转到正常开（或关）的位置。

6）核实 0.7MPa/min 和 2.1MPa/min 紧急卸压系统，确认限流孔板已安装好，并已锁上其上、下游阀门。

（二）气密试验

1. 氮气气密

1）供氢系统和反应系统分别引入氮气进行置换。当各系统氧含量（体积分数）<0.5% 时，视为置换合格；

2）当供氢系统和反应系统氮气置换合格后，充压至 0.8MPa，进行气密检查；

3）从新氢压缩机进口处引入氮气，启动新氢压缩机将反应系统充压至 1.6MPa，进行气密检查；

4）1.6MPa 氮气气密合格通过后，启动新氢压缩机继续将反应系统升压至 4.0MPa，进行气密检查；

5）当反应系统 4.0MPa 氮气气密合格通过后，停新氢压缩机，准备卸压。

2. 反应系统氢气气密和紧急卸压试验

1）供氢和反应系统氮气气密合格后，可从供氢管网或制氢装置引入氢气。当反应系统压力大于 0.7MPa 后，启动循环氢压缩机进行循环，同时加热炉点火，反应系统进行升温升压。

2）启动新氢压缩机，对反应系统进行升压和氢气气密。

注意：①氢气升压气密时，应遵循铬钼钢压力-温度要求，当所有反应器、高压换热器和热高压分离器的器壁温度大于 120℃（或大于 93℃，具体视设计选材而定）后，反应系统压力才能提升至 5.0MPa（或设计压力的三分之一）以上；②反应器入口温度不得大于 230℃，避免催化剂中活性金属被氢气还原成金属态；③对于某些器外预硫化型催化剂和近年新开发的一些采用络合浸渍技术制备的Ⅱ型活性中心催化剂，则对氢气气密温度有更为严格的限制，应严格遵循专利商提供的催化剂使用说明书及反应器升温-升压设计要求。

3）反应系统分别进行 2.4MPa、5.0MPa、8.0MPa、10.0MPa、12.0MPa 及全压氢气气

密检查。在此期间,启动新氢压缩机进行升压,升压速度不大于1.5MPa/h。

4)当反应系统全压氢气气密合格后,依次进行0.7MPa/min和2.1MPa/min紧急卸压试验,确认紧急泄压阀启动后在第一分钟内反应系统压力降低速度能够达到0.7MPa/min和2.1MPa/min的设计要求。而后,准备进行催化剂硫化、钝化开工。

(三)催化剂硫化/活化

加氢裂化催化剂通常以Mo-Ni或W-Ni为活性金属组分。在工业生产的新鲜和再生催化剂中,活性金属以氧化态形式存在,若直接使用,则不仅加氢活性低,而且在装置升温升压过程中还存在被还原为金属态的可能性,因此加氢裂化催化剂在投入正常工业使用前需要通过硫化步骤将其活性金属转化为硫化态,生成各种高加氢活性的Mo(W)-Ni-S活性中心,以满足加氢裂化反应过程的要求。

加氢裂化催化剂硫化可以在装置内进行,叫器内硫化,也可以在装置外(如在催化剂生产厂和催化剂器外再生厂)进行,称器外预硫化。

1. 催化剂器内硫化

加氢裂化催化剂器内硫化通常使用高含硫的化合物作为硫化剂,在正常操作压力、逐步升温及连续注入硫化剂的条件下进行。在催化剂硫化过程中,反应系统有硫化油循环,称为湿法硫化;无硫化油存在,则称为干法硫化。

催化剂器内硫化时,在反应器内会发生下述两类主要反应:

a. 硫化剂首先与氢气反应,生成硫化氢和甲烷等轻烃。此反应为放热反应,一般发生在精制反应器的上床层,反应速度较快。

$$CS_2 + 4H_2 = CH_4 + 2H_2S$$
$$CH_3-S-S-CH_3 + 3H_2 = 2CH_4 + 2H_2S$$

b. 催化剂中的活性金属氧化物(氧化镍、氧化钼、氧化钨等)与硫化氢反应,转变成为活性金属硫化物。该反应是放热反应,发生在反应器内各个催化剂床层上的每一粒催化剂中。预硫化时出现的床层温升现象即是此反应所致。

$$3NiO + 2H_2S + H_2 = Ni_3S_2 + 3H_2O$$
$$MoO_3 + 2H_2S + H_2 = MoS_2 + 3H_2O$$
$$WO_3 + 2H_2S + H_2 = WS_2 + 3H_2O$$

(1)硫化剂的选择

硫化剂是在硫化条件下,能与H_2反应,生成H_2S的有机含硫化合物。硫化剂选择应遵循下列原则:

1)在正常硫化条件下,分解温度较低,能在较低温度下分解生成H_2S,使硫化后催化剂有很高的加氢活性;

2)含硫量较高,有利于降低硫化剂用量;

3)价格较低,并容易从市场购得;

4)毒性小、闪点高、燃点高,储存、运输、使用安全。

二硫化碳(CS_2)作为硫化剂已有很长一段历史。它的优点是含硫量高、价格低廉、硫化后催化剂的活性较高。但其闪点低、沸点低、比热容小、汽化潜热小、自燃点低等缺点也十分突出,属于易燃、易爆、有毒危险化学品,储存、运输和使用危险性大,因此已被多数企业禁止使用。

二甲基二硫化物(DMDS)是目前加氢裂化装置催化剂器内硫化过程中最广泛使用的硫化

剂。二甲基二硫化物(DMDS)闪点15℃，明显高于二硫化碳(CS₂)，但仍属于甲类易燃危险化学品，因此其储存、运输和使用也已开始受到日益严格限制。

SZ-54和FSA-55硫化剂为联多有机硫化物，具有硫含量较高(达50%以上)、分解温度适宜、沸点高、闪点高、气味低、毒性小等特点，其闪点高达100℃以上，属于丙类普通可燃化学品，储存、运输和使用危险性较小，现已被业界日益广泛接受用于加氢裂化催化剂器内湿法硫化过程。

除此之外，加氢裂化装置也曾使用二叔壬基多硫化物(TNPS)、正丁硫醇(NBM)、乙硫醇(EM)、二甲基硫化物(DMS)、二甲基亚砜(DMSO)等硫化剂，但其也各有缺陷和不足，因此用量都很小，不是主流硫化剂产品。

加氢裂化装置所用硫化剂的主要物化性质见表14-2-1。

表 14-2-1 加氢裂化装置所用硫化剂的主要物化性质

硫化剂	DMDS	CS₂	TNPS	NBM	EM	DMS	DMSO	SZ-54	PSA-55
相对分子质量	94.2	76	414	90.2	62.1	62.1	78		
沸点/℃	109.7	46.1	160	96.1	34.4	36.1	189		
硫含量/%	67.2	84.2	37	35.6	56.1	51.6	41	54	55
相对密度 $d_{15.6}^{15.6}$	1.063	1.26	1.026	0.847	0.846	0.854		1.090	1.155
蒸气压(37.8℃)/Pa	3723	76532	1034	11032	111695	102732	不挥发	不挥发	不挥发
闪点(泰格闭口)/℃	15	-30	121	-7.2	-17.8	-17.8		100	≥110
黏度(20℃)/mPa·s	0.62	0.36	4.1	0.5	0.23	0.28		13	18
分解温度/℃	200	175	160		200	150		160	150
H₂条件下分解温度/℃	175~205		150~175	150~175		230~260	150~175		
水中溶解度/%	0.25	0.01	不溶	0.057	0.67	0.63			
反应热/(kJ/mol)	43496			28377	29773	66524			

(2) 硫化剂需用量

根据硫化反应方程式、催化剂金属组成及催化剂实际装填量，可以计算出硫化剂理论需用量。考虑到硫化过程的硫化氢损失和系统残留等因素，催化剂干法硫化时，硫化剂实际备用量通常应为理论量的1.15~1.25倍；催化剂湿法硫化时，硫化剂实际备用量通常应为理论量的1.25~1.50倍。

(3) 催化剂硫化条件

影响硫化反应完成的因素很多，如注硫温度、硫化油、硫化剂的种类和浓度、硫化温度、循环气中H₂S浓度、硫化压力及硫化时间等。

1) 注硫温度：

注硫温度与催化剂制作方法、金属组分、添加的微量元素及催化剂还原程度的影响有关。用CS₂或有机硫化物做硫化剂进行加氢裂化催化剂器内硫化时，注硫温度主要取决于硫化剂的分解温度。一般控制在分解生成H₂S温度以下。

采用CS₂为硫化剂时，CS₂常压下分解温度175℃，与H₂开始反应生成H₂S的温度还会降低，因此注入CS₂的温度应在175℃以下。

有机硫化物在催化剂和H₂条件下分解温度通常比常压下分解温度低10~25℃，因此注入温度应适当降低。较低的注硫温度有利于减少催化剂被还原的程度，有利于硫化后催化剂活性的提高。被还原的金属对油有强烈的吸附作用，会加速加氢裂解，造成催化剂积炭而使活性下降。

2）硫化温度：

硫化温度不仅影响硫化反应速度，也影响硫化后催化剂的活性。由于不同催化剂的制作方法不同、金属组分不同、添加的微量元素不同，就产生了不同的活性中心，各活性中心被硫化的难易程度不同，所需的硫化温度就不同。而催化剂硫化又需要缓慢升温、分阶段恒温进行，方能使各种不同的活性中心均能在较佳的温度下得到硫化。因此，应严格控制硫化过程各阶段的温度和升温速度。一般而言，不同催化剂有不同的硫化温度最佳点，需要通过试验确定。

① 硫化温度对催化剂表面物种化学形态的影响：

一般认为，硫化过程中形成的 MoS_2、WS_2 类晶相是硫化态催化剂表面的活性物种。在氧化态催化剂上，Mo 和 W 主要是以 Mo^{6+} 和 W^{6+} 形式存在，经过硫化后，Mo^{6+} 和 W^{6+} 变成 Mo^{4+} 和 W^{4+}，通过测定不同硫化温度下催化剂表面形成的 Mo^{4+} 和 W^{4+} 的相对含量，就可以知道催化剂硫化的程度。

一般认为，在 $300 \sim 400℃$ 范围内提高硫化温度，可使催化剂的硫化程度提高，这对提高催化剂的活性是有利的。

② 硫化终了温度：

硫化的完成程度取决于硫化终了温度。不同催化剂有不同的硫化终了温度，一般为 $290 \sim 370℃$。实际生产过程中，每一恒温阶段下都有一个平衡极限值。在此温度条件下，即使再延长硫化时间，催化剂上的硫含量也不再增加。

3）硫化压力：

硫化压力是湿法硫化的重要参数。提高硫化压力有利于 C═C 键的饱和，降低压力会导致烷烃脱氢而生成烯烃和烯烃环化生成芳烃。如果硫化温度较高，而硫化压力不高，会促进烷烃脱氢，生成烯烃和芳烃，会导致缩合反应直至生成焦炭。

4）循环气中 H_2S 浓度：

硫化过程中，随着循环气中 H_2S 浓度的增高，硫化反应速度加快。但每一恒温阶段下都有一个循环气中 H_2S 浓度的平衡极限值，即循环气中 H_2S 浓度达到平衡极限值后，硫化反应速度不再加快。

工业生产中，随着循环气中 H_2S 浓度的增高，H_2S 对设备的腐蚀加剧。一般通过控制硫化剂注入速率来调节循环气中的 H_2S 浓度。表 14-2-2 给出了加氢裂化催化剂不同温度硫化阶段循环气中 H_2S 浓度的典型控制值。

表 14-2-2　不同温度硫化阶段循环气中 H_2S 浓度的典型控制值

干法硫化		湿法硫化	
硫化阶段	循环气中 H_2S 浓度/%(体)	硫化阶段	循环气中 H_2S 浓度/%(体)
$175 \sim 230℃$	$0.1 \sim 0.5$	$150 \sim 230℃$	$0.3 \sim 0.5$
$230℃$ 恒温	$0.5 \sim 1.0$	$230℃$ 恒温	$0.3 \sim 0.5$
$230 \sim 290℃$	$0.5 \sim 1.0$	$230 \sim 290℃$	$0.5 \sim 1.0$
$290℃$ 恒温	$0.5 \sim 1.0$	$290℃$ 恒温	$\geqslant 1.0$
$290 \sim 370℃$	$1.0 \sim 2.0$	$290 \sim 320℃$	$\geqslant 1.0$
$370℃$ 恒温	$1.0 \sim 2.0$	$320℃$ 恒温	$\geqslant 1.0$

5）硫化时间：

硫化过程中，每一硫化温度条件随着硫化时间延长而增加。但每一恒温阶段下都有一个硫化时间平衡极限值，即硫化时间达到平衡极限值后，不论硫化时间如何延长，硫化反应深度不再增加。

工业生产中，不是硫化时间越长越好，也不是硫化时间越长硫化就越完全。硫化时间越长，H_2S 的腐蚀越严重。典型硫化时间如表 14-2-3 所示。

表 14-2-3　硫化时间的典型值

干法硫化		湿法硫化	
硫化阶段	硫化时间/h	硫化阶段	硫化时间/h
175~230℃	18	150~230℃	8
230℃恒温	8	230℃恒温	8
230~290℃	15	230~290℃	6
290℃恒温	4	290℃恒温	8
290~370℃	15	290~320℃	3
370℃恒温	8	320℃恒温	4

（4）催化剂器内湿法硫化

加氢催化剂器内湿法硫化方法具有硫化开工时间短等优点，已广泛用于实验室催化剂评价和工艺研究试验，并已在工业上广泛应用于石脑油、煤油、柴油、石油蜡加氢精制和蜡油、渣油加氢处理等装置开工过程，技术成熟可靠。

近年来，为了缩短加氢裂化装置硫化开工占用时间，提高装置在线率，国内外越来越多的加氢裂化装置也已采用了催化剂器内湿法硫化开工方法，并均取得了很好的开工效果。另外，近年开发的一些采用络合浸渍方法制备的高活性 Ⅱ 型活性中心催化剂则明确要求采用湿法硫化方法开工，以保证其硫化效果。

下面简要介绍加氢裂化催化剂器内湿法硫化开工方法，仅供参考。实际工业应用时，应以催化剂专利商提供的催化剂开工方案为准。

1）硫化油的准备：

催化剂器内湿法硫化是在硫化油循环条件下进行的。因此，需要准备足够量的开工用硫化油。对于 1 套加工能力 2Mt/a 的加氢裂化装置，硫化油备用量应在 3kt 左右。

不同的硫化油对催化剂硫化效果有一定的影响。一般要求硫化油安定性好，不含烯烃，氮含量低于 $100\mu g/g$，终馏点低于 350℃，在硫化条件下不易导致催化剂积炭结焦失活。因此，通常选择低氮直馏煤油或直馏柴油作为加氢裂化催化剂开工用硫化油。

硫化油使用前应在灌区静置脱水，保证其游离水含量低于 $100\mu g/g$，避免水对催化剂强度、活性的影响。

湿法硫化时，为避免硫化剂被大量吸附积聚在催化剂表面而在达到分解温度时集中放热，一般应在硫化剂注入前保证硫化油对催化剂的完全润湿，并应持续数小时。硫化油对催化剂的有效润湿，可消除催化剂表面的干燥区域，对改善催化剂硫化效果大有裨益。

2）催化剂器内湿法硫化步骤：

催化剂氮气干燥结束后，以 <25℃/h 的降温速度将反应器床层最高温度降到 <150℃，一般为 120℃，以为后续引进硫化油时催化剂吸附产生潜热留下足够的释放空间。

催化剂床层温度降低到预定值后，停运循环氢压缩机，反应系统卸压。而后，用 H_2 将反应系统压力升至 1.0MPa，并从高压分离器顶部采样分析 H_2 纯度。H_2 纯度>80% 为合格，否则重复以上步骤。

H_2 纯度合格后，启动新氢压缩机升压，以 1.5MPa/h 的速度提升反应系统压力。升压过程应符合铬钼钢的压力-温度关系。充压限度：高压分离器压力应不超过装置设计其正常操作压力。

启动循环氢压缩机，氢气循环 2h。与此同时，向原料油缓冲罐引进硫化油，通过分程调节控制原料油缓冲罐压力。而后，启动高压原料油泵，以小于或等于设计体积空速向反应系统引进硫化油。向反应系统引进硫化油后，在 120℃ 下润湿 2h。

当高压分离器出现液位时，开始投用液位控制系统。通过高压分离器液位控制将硫化油导入低压分离器，并通过压力调节控制低压分离器压力。当低压分离器建立起液位后，投用液位控制系统。

当采用低分油循环时，硫化油不导入分馏部分，而通过开工线循环至原料油缓冲罐。

当采用分馏部分大循环时，将硫化油导入分馏部分。依次建立各塔液位，投用液位控制系统、抽真空系统、换热系统、冷却系统，最终将硫化油循环至原料油缓冲罐。在反应部分开始注入硫化剂时，开分馏部分各塔汽提系统。

按照点火规程对反应进料加热炉（或循环氢加热炉）进行点火升温。将反应器入口温度升高到 150℃。

启动硫化剂泵。硫化剂注入量根据循环氢流率、催化剂装填量、硫化各阶段理论需硫量及硫化时间等因素确定。

注入硫化剂后，催化剂床层将产生 10℃ 左右的温波。此时，应控制好反应器的入口温度，并密切关注催化剂床层温度变化。当催化剂床层温波>30℃ 时，可短期停止注入硫化剂。如果此时催化剂床层温度仍得不到有效控制，则应立即降低反应器入口温度，以防止催化剂因异常高温而结焦积炭失活，并避免催化剂上的活性金属氧化物在未被硫化剂正常硫化成活性金属硫化物前就被高温氢气还原成为低加氢活性、高氢解能力的金属态。

注入硫化剂后，在 150℃ 恒温润湿 2~4h。期间，至少每 1h 检测 1 次循环氢中的硫化氢含量。

然后，以约 10℃/h 升温速度提升反应器入口温度至略低于 230℃。在 H_2S 穿透反应器之前，床层最高温度应不大于 230℃。当循环氢中 H_2S 浓度（体积分数）>0.1% 时，开始进行 230℃ 恒温，恒温时间应大等于 8h。在 230℃ 恒温期间，循环氢中 H_2S 浓度（体积分数）应控制在 0.1%~0.5% 之间，并最好控制在 0.3%~0.5% 之间。

H_2S 穿透后，循环气中甲烷含量上升，H_2 纯度下降。当 H_2 纯度低于规定范围时，应适当排放部分循环气，并开启新氢压缩机，补充新氢，以维持反应系统压力稳定。

230℃ 恒温结束后，调整硫化剂注入量，使循环氢中 H_2S 浓度（体积分数）控制在 0.5%~1.0% 之间。同时，以约 10℃/h 升温速度继续提升反应器入口温度至 290℃。当反应器入口温度达到 290℃ 时，开始进行 290℃ 恒温硫化，恒温时间应大等于 8h。

290℃ 恒温结束后，调整硫化剂注入量，使循环氢中 H_2S 浓度（体积分数）控制在 1.0%~2.0% 之间，并以 5~15℃/h 升温速度提升反应器入口温度至 320℃，进行终温硫化。终温硫化时间应大于等于 1h，并最好达到 4h 左右。

硫化结束的标志：

① 反应器入口和出口 H_2S 含量基本相等；

② 催化剂床层基本无温升；

③ 高压分离器中积攒的生成水量两次检测无明显增加；

④ 硫化剂注入量大于理论计算量。

硫化结束后，停硫化剂泵，降低反应器温度至预定的指标要求，等待分步切进新鲜进料。

3）催化剂器内湿法硫化注意事项：

① 硫化期间，应禁止开循环氢脱硫塔，并应维持循环氢中的 H_2S 含量在适宜范围内，以避免催化剂因失硫而降低活性。因故中断硫化，应立即降低反应器入口温度到安全温度 230℃以下。一旦因注硫中断时间较长，导致循环氢中 H_2S 含量（体积分数）低于 0.1%，则应进一步将反应器入口温度降低到 175℃。

② 硫化期间，应定期在高分排水，需要时可计量。

③ 硫化期间，应随时绘制硫化曲线，并保持数据、记录的完整性。

④ 特别需要指出的是，在加氢裂化装置中，裂化反应器大多装填使用含分子筛的高活性裂化催化剂，在高温硫化阶段，催化剂裂化活性很高，会使硫化油发生剧烈加氢裂化反应，反应放热量很大，裂化催化剂床层温度难以控制，容易出现裂化催化剂床层超温问题。此时，应将催化剂硫化和注氨钝化统合进行，在反应器入口温度达到 230~260℃时，开始边注硫、边注氨（胺），在氨穿透裂化反应器、裂化催化剂裂解活性得到有效抑制后，再进一步升温进行终温硫化。这样，不仅可确保湿法硫化过程装置安全，而且可保证催化剂硫化效果。

（5）催化剂器内干法硫化

1）催化剂硫化前的准备工作：

① 装置检修完毕，现场清扫干净，达到开工条件。

② 催化剂装填完成，系统综合气密合格。

③ 仪表、计算机、联锁系统联校合格。

④ 注硫系统已用氮气吹扫干净，硫化剂罐准备好足够硫化剂，对注硫泵进行标定，并准备好高分排水标定。对硫化剂储罐的硫化剂计量、高分排水的计量已全部做好标记，并制成表格。

⑤ 连续供氢正常。硫化分析人员已落实，联系化验室做好氢气纯度、反应器流出口气体中 H_2S 含量和冷高分排放水 H_2S 浓度分析的准备，现场准备好所需的硫化氢检测管和测定循环氢露点的准备。

⑥ 反应系统升温、升压达到要求温度和压力。

⑦ 硫化期间操作记录报表准备就绪。

2）催化剂硫化前系统需达到如下标准：

① 气密符合要求，所有发现的问题处理完毕。

② 整个反应系统的自动控制以及程序控制好用。联系仪表进一步检查临氢系统仪表、报警、控制阀、ESD 系统等可随时投用。

③ 紧急卸压系统符合要求。

④ 确认急冷氢阀的可操作性及急冷氢流量变化情况。按由下而上的顺序，逐个试验冷氢阀，使之全部灵活好用，每试验完一个阀后，将其逐一关闭，同时观察各阀开度在 20%

时，床层温度的变化情况，并做好记录。

⑤ 精制反应器入口温度在 175～190℃ 之间，所有床层温度介于 175～190℃ 之间。系统压力调整到比正常操作压力略低些(应视具体装置确定，以冷高压分离器压力为准)。

⑥ 开始以最大流率循环氢气，循环氢量为全量循环。

⑦ 化验室做好氢气纯度分析，循环氢纯度(体积分数)大于 85%。

⑧ 酸性水系统已可以投用。

上述条件达到即可开始硫化。

3) 催化剂器内干法硫化步骤：

下面以典型一段串联加氢裂化装置为例，采用 DMDS 为硫化剂，对加氢裂化催化剂器内干法硫化步骤进行简要介绍。工业装置实际硫化时，应以催化剂专利商推荐方案为准。

① 注硫、升温至 230℃ 恒温：

启动硫化剂泵，硫化剂先通过火炬线排放 5min。然后，关闭排放线，将硫化剂引入反应系统。此时，要密切注视反应器催化剂床层各点温度变化情况。硫化剂初始注入量不要太大。

在开始注入硫化剂的最初 30min 时间内，硫化剂注入量应不超过最大容许注入量的 1/3，之后再把硫化剂注入量提至最大。硫化剂最大注入量通常按 6.5kg DMDS/kNm³ 循环氢考虑，任何时候都不得超过此注入量。每次提高硫化剂注入量的时间间隔应大于 15min。

注意观察催化剂床层温度变化情况。注入硫化剂后，催化剂对硫化剂吸附通常会产生 15～30℃ 的温波。只有在温波通过整个反应器后，才能继续下一步工作。该过程约需 0.5～1h 甚至更长时间。

硫化期间，会不断有甲烷生成，使循环气中氢浓度下降。为了保持循环氢中氢纯度(体积分数)大于 85%，需外排部分循环氢入火炬系统，并补充新氢以维持系统压力。外排尾气应计量填表记录。

当温波通过反应器后，以≤3℃/h 的速度平稳地升高精制反应器入口温度，直至反应器催化剂床层最高温度达到 230℃。在裂化反应器出口测出 H$_2$S 之前，不允许反应器中任何一点温度超过 230℃。如超过，就应降低精制反应器入口温度，并根据需要适当降低硫化剂注入速率，直到催化剂床层温度被控制住为止。

开始注入硫化剂后，要求每 30min 测定一次裂化反应器出口气中的 H$_2$S 含量，直至测出有 H$_2$S 为止。而后，改为每 1h 测定一次裂化反应器出口气中的 H$_2$S 含量。确认 H$_2$S 贯穿后，调节硫化剂注入速率，维持反应器出口气中的 H$_2$S 含量在 0.1%～0.5% 之间。

调节精制反应器入口温度为 230℃，维持这个温度至少 8h 以上，并视催化剂床层温升情况决定是否延长恒温时间。在将反应器入口温度提高到 230℃ 以上之前，应将裂化反应器流出物的露点降低到 -19℃ 以下。

硫化开始后，会不断有水生成，要设专人负责生成水的计量记录工作。高分排水量通常要用专门的计量器具计量。在没有特别要求的情况下，可视高分液位情况定量排水。每次排水时，应计量排水量，并分析水中硫化氢含量。硫化过程中要实时绘制出相应的曲线，如硫化温度和生成水关系曲线、硫化剂注入速度和生成水关系曲线等。

② 230～290℃ 升温和 290℃ 恒温阶段：

完成 230℃ 阶段硫化并确认裂化反应器出口气露点低于 -19℃ 后，调节硫化剂注入速率，使裂化反应器出口气中 H$_2$S 含量在 0.5%～1.0% 之间。而后，开始以≤4℃/h 的速度把精制反应器入口温度升高至 290℃。在升温过程中，要求每 30min 测定一次裂化反应器出口气中 H_2S 浓度和露点。若发现裂化反应器出口气露点高于 -19℃ 或 H_2S 浓度（体积分数）低于 0.5%，则停止升温。

当精制反应器入口温度达到 290℃ 时，控制注硫速度，保持裂化反应器出口气中 H_2S 浓度（体积分数）在 0.5%~1.0% 之间，并在 290℃ 恒温硫化 4 小时左右，具体恒温时间长短视催化剂吸硫情况而定。

③ 290℃~370℃ 升温：

290℃ 恒温结束后，以 ≤6℃/h 的速度将精制反应器入口温度升至 370℃，并继续维持裂化反应器出口气中 H_2S 浓度在 0.5%~1.0% 之间。若发现裂化反应器出口气中 H_2S 含量（体积分数）下降到 0.5% 以下，则停止升温。

在提高精制反应器入口温度时，若催化剂床层最高温度超过入口温度 25℃ 时，则停止提高精制反应器入口温度；若催化剂床层最高温度继续升高，超过 35℃，则停止注硫化剂并把精制反应器入口温度降低 30℃，但不允许循环气中的 H_2S 浓度（体积分数）小于 0.2%。如果反应器催化剂床层温度不能靠降低加热炉出口温度和降低硫化剂注入量来控制，且反应器内任一点温度已超过 400℃，则应立即启动 0.7MPa/min 卸压系统，并将加热炉熄火，降压后引入氮气冷却反应器［氮气纯度（体积分数）应在 99.9% 以上］。

④ 370℃ 恒温：

当精制反应器入口温度达 370℃，且裂化反应器入口温度恒定时，把循环气中 H_2S 浓度（体积分数）提高到 1.0%~2.0%，同时尽量使精制和裂化反应器各催化剂床层温度均接近 370℃。然后，在上述条件下至少恒温 8h。

⑤ 硫化终止判定：

在精制反应器入口温度 370℃、循环氢中 H_2S 浓度（体积分数）1.0%~2.0% 的条件下：

a. 精制反应器入口气体与裂化反应器出口气体的露点差 ≤3℃，且均低于 -19℃。

b. 精制反应器入口气体与裂化反应器出口气体中的 H_2S 浓度基本相同，且至少连续 4h H_2S 浓度（体积分数）>1.0%。

c. 冷高压分离器无水继续生成。

达到以上条件即认为到达硫化终点。此时，需记录反应器各热偶指示温度，并进行 DCS 拷屏打印。然后，在该条件下继续恒温 1h。

⑥ 急冷氢系统试验及反应系统降温：

视情况从冷高压分离器底部间断地排出生成水。

逐步降低直至停止注入硫化剂，并保持系统内 H_2S 浓度（体积分数）不小于 0.1%。

进行急冷氢系统试验：

a. 试验各阀门的开关灵活性和准确性，检验阀位与控制信号的一致性。

b. 从最后一个反应器床层依次往前进行。手动开关冷氢温控阀，开度依次为 10%、20%、30%、50%、70%、90% 和 100%，分七个开度依次进行试验。记录冷氢温控阀开度为 10%、20%、30%、50%、70%、90% 和 100% 时各床层的冷氢流量。

c. 检验控温效果：记录温度变化幅度及滞后时间，记录全部过程中各床层温度变化情况。当冷氢温控阀开度为 50% 时，床层温降大于 15℃，即认为合格。

急冷氢系统试验结束后，以 ≤25℃/h 的速率降低精制反应器入口温度至 150℃，并使各催化剂床层温度稳定，准备引进低氮开工油、注氨（胺）钝化和切换原料油。

⑦ 硫化过程注意事项：

在出现反应器温度超高而需要降低催化剂床层温度时，一般不使用急冷氢，而是采用降低精制反应器入口温度和/或降低硫化剂注入量的办法来进行降温。

在硫化过程中，提温与提高硫化剂注入量不允许同时进行。

⑧ 事故预案及重新恢复硫化方案：

a. 硫化过程中如遇到供氢中断，应立即停止硫化：将反应器入口温度降低至230℃以下，调整循环氢中的硫含量（体积分数）在 0.1%～0.5% 之间，维持系统压力。

b. 硫化过程中如遇到紧急放空，应立即停止硫化：将反应器入口温度降低至230℃以下，调整循环氢中的硫含量（体积分数）在 0.1%～0.5% 之间。如此时催化剂床层温度无法降低，则需迅速向反应系统注入纯度>99.9%的高纯氮气。

c. 事故后，重新恢复硫化方案：

反应系统升压至略低于正常操作压力，反应器入口温度提升至190℃，反应器最高温度应控制<230℃。

升温过程严禁随意排放尾氢，严禁使用排放氢调节系统压力。

按照正常硫化方案，向反应系统注入硫化剂。

在 H_2S 穿透前，反应器最高温度应严格控制<230℃。待 H_2S 穿透后，调节硫化剂注入量，控制反应器出口 H_2S 含量（体积分数）在 0.1%～0.5% 之间。

如中断硫化前230℃恒温已结束，则以 5～6℃/h 的升温速度将反应器入口温度升至230℃，反应器出口 H_2S 含量（体积分数）控制在 0.1%～0.5% 之间。然后，按230℃恒温结束后硫化曲线，恢复至硫化前的状态。

如中断硫化前230℃恒温未结束，则按硫化曲线恢复至硫化前的状态。催化剂硫化升温曲线见图 14-2-1。

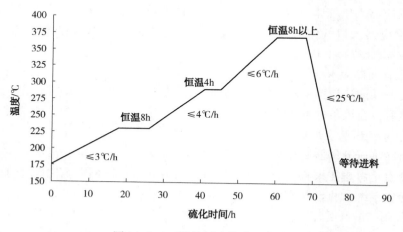

图 14-2-1　催化剂硫化升温曲线

2. 催化剂器外预硫化

催化剂器外预硫化是指新鲜或再生催化剂在装入工业加氢装置反应器之前，在催化剂生产厂或催化剂再生厂，采用特殊工艺方法，将硫化剂（如有机多硫化物、单质硫或单质硫与烃类混合物等）预先充填到催化剂颗粒的孔隙中或以某种硫氧化物的形式结合在催化剂的活性金属组分上的工艺过程。采用该方法制备的含硫催化剂被称为器外预硫化催化剂。这种器外预硫化催化剂在装入反应器后，在加氢装置开工过程中用氢气或者氢气和油进行循环升温，在某一温度范围内，用催化剂上携带的硫化剂或硫氧化物分解释放出的 H_2S 使催化剂硫化，并伴有不同程度的放热和水的生成。此外，还有一种催化剂器外直接预硫化方法，是将新鲜或再生催化剂，在工厂的专用装置上，用氢和硫化剂将催化剂上的活性金属组分直接由氧化态转化成相应的硫化态，再经钝化处理后，运到现场，装入加氢装置的反应器中，然后在加氢装置开工过程中用氢气或者氢气和油循环升温，在某一适宜温度条件下，再换进原料油。

与常规氧化态催化剂相比，器外预硫化催化剂具有下列优点：

1）可靠性好，装置使用的"每一粒"催化剂都经过充分预硫化处理，大大降低了催化剂中活性金属被还原为金属态的风险。

2）开工过程简便，FRIPP 的 Epres 预硫化催化剂、CRI 公司的 actiCAT 预硫化催化剂、EURECAT 公司的 SULFICAT 和 TRICAT 公司的 Xpress 预硫化催化剂升温活化开工条件相对宽松，开工过程易于操控。

3）开工时间大大缩短。装置使用器外预硫化催化剂时，开工过程无需对催化剂进行干燥脱水，氮气/氢气置换气密合格后可按 $10\sim35℃/h$ 升温速度直接将反应器入口温度提升至换进原料油条件。从装置氮气/氢气置换气密合格、引进低氮开工油时算起，器外预硫化催化剂升温活化及切换原料油整个开工过程占用时间通常仅为 $10\sim30h$。

4）预硫化催化剂含有适量的硫，开工过程中现场不需要再准备催化剂硫化所需的硫化剂。

5）开工阶段不用注硫泵。注硫泵因不常使用而往往失修，注硫设备维修会延误开工时间。

6）开工过程综合能耗低，"三废"排放少，可相对减少对周边社区的环境污染。

（1）器外预硫化催化剂活化开工步骤

器外预硫化催化剂颗粒空隙内载有硫和有机物，其装剂过程需要防火，其开工过程无需进行干燥脱水。器外预硫化催化剂原则上既可以采用湿法开工，也可以采用干法开工。但对于加氢裂化装置来说，由于裂化反应器所用催化剂含有结晶硅铝分子筛和/或无定形硅铝酸性组分，若采用干法开工，在未注氨钝化条件下，升温到 $240℃$ 左右，就会表现出较高的裂化活性，促使催化剂颗粒空隙中所含有机物发生加氢裂化反应，放出大量反应热，从而将导致催化剂床层温度难以控制，并将因催化剂床层局部温度过高引起结焦积炭而影响催化剂活性，因此建议工业加氢裂化装置器外预硫化催化剂采用湿法开工，并根据裂化催化剂中分子筛含量高低及其酸性强弱酌情决定是否需要在升温活化开工过程中进行注氨（胺）钝化。

1）EURECAT 公司推荐的 SULFICAT 器外预硫化催化剂开工步骤：

① 用氮气吹扫置换装置，直至氧含量（体积分数）小于 0.5%；

② 引新氢将反应器升压到 $2.0\sim6.0MPa$，开始氢气全量循环；

③ 提高反应器入口温度；

④ 当反应器入口温度升到 $100\sim120℃$ 时，以正常流率进油；

⑤ 提升反应器入口温度到 $320℃$（在 $130\sim150℃$ 时可能会出现放热）；

⑥ 由于活化过程有水生成，因此应从高压分离器底部排水；

⑦ 停止原料循环，转入正常运转。

2）CRI 公司推荐的 actiCAT 器外预预硫化催化剂开工步骤：

① 用氮气吹扫置换装置，直至氧含量（体积分数）小于 0.5%；

② 在反应器温度不大于 90℃ 条件下，开始引新氢将反应器升压到冷态设备材质所允许的最高压力；期间，要确信升压过程符合铬钼钢材质的压力-温度关系要求；

③ 启动循环氢压缩机，在允许的压力下进行氢气全量循环；

④ 加热炉点火加热，在氢气全量循环条件下，以设计允许或低于 55℃/h 的升温速率提升反应器入口温度；

⑤ 在室温或装置允许的尽可能低的温度下，以最大流量或不低于 75% 的设计流量，向反应系统引进终馏点低于 365℃ 的活化开工用直馏柴油，开路冲洗系统 30~60min，而后建立开工油循环；

⑥ 提升反应器入口温度到 120℃ 左右，并在尽可能大进油量、尽可能小循环氢量条件下，润湿催化剂 4h；

⑦ 而后，恢复循环氢全量循环，并继续以设计允许或低于 55℃/h 的升温速率提升反应器入口温度到 315℃；期间，密切关注催化剂床层温度变化情况；

⑧ 当反应器温度达到 150℃ 时，开始用量程为 100~2000μL/L 和体积分数 0.2%~7.0% 的 Draeger 检测管检测高分气中硫化氢含量；高分气中硫化氢含量高达 1%~2% 是正常的；

⑨ 由于活化过程有水生成，因此应从高压分离器底部排水；

⑩ 当反应器入口温度达到 315℃、反应器出口温度不大于 365℃ 时，恒温 1h。活化终温应根据专利商提供的操作手册确定；

⑪ 停止开工油循环，分步切换进料，转入正常运转。

3）FRIPP 推荐的 Epres 预硫化催化剂开工步骤：

① 用氮气吹扫置换装置，直至氧含量（体积分数）小于 0.5%；

② 引新氢将反应器升压到冷态设备材质所允许的最高压力，升压过程务必要遵循铬钼钢材质的压力-温度关系要求；

③ 启动循环氢压缩机，在允许的压力下进行氢气全量循环；

④ 加热炉点火升温，调节反应器入口温度约为 90℃；

⑤ 当反应器入口温度达到 90℃ 时，开始以 80% 以上负荷向反应系统引入开工活化直馏柴油，开路冲洗反应系统及管线 1~2h，然后改为循环操作；

⑥ 在分离器建立稳定液位以后，开始以 10~30℃/h 的速度提升反应器入口温度；

⑦ 当反应器入口温度达到 230℃ 时，恒温 2~6h；

⑧ 其间，应适时从冷高压分离器底部排放升温活化过程生成水；

⑨ 230℃ 恒温结束后，开始向反应器入口注入无水液氨（其量应视具体催化剂类型确定），并继续以 10~30℃/h 速度提升反应器入口温度至 315℃；

⑩ 注氨 2h 后，开始向高压空冷器前注入脱氧水；

⑪ 当反应器入口温度达到 315℃ 时，稳定 4h；

⑫ 而后，开始分步切换原料油；换进 75% 原料油 2h 后，停止注氨；

⑬ 换进 100% 原料油后，调整操作条件，使产品全部合格；

⑭ 然后，根据需要调整装置运行负荷，转入正常生产。

（2）器外预硫化催化剂开工过程注意事项

① 反应系统引氢升压过程应严格遵循铬钼钢的压力-温度关系。待反应器壁温提升到允许值后，应及时提升反应系统压力到高压分离器正常操作压力。

② 开工活化油要选用不含烯烃、芳烃含量较低、氮含量低于 $100\mu g/g$ 的直馏柴油，终馏点应低于 $350℃$，以降低其对催化剂可能造成的负面影响，并易于控制温度。

③ 开工活化过程中，氢气应最大量循环，硫化油量应尽可能达到设计流量，以利于催化剂充分润湿和将反应热及时带出反应器。

④ 注氨 2h 后，应在高分空冷前注水，并开始每小时检测 1 次高分水中氨含量，控制其含量（质量分数）不大于 1.5%。注水水质应满足：氯离子含量低于 $50\mu g/g$，氧含量低于 $50\mu g/kg$，钙离子含量低于 $3\mu g/g$，氨含量低于 $1000\mu g/g$，硫化氢含量低于 $1000\mu g/g$。

⑤ 当反应器入口温度达到 $90℃$ 时，开始每小时检测 1 次高分顶部循环气中的硫化氢浓度。

⑥ 反应器升温过程中，应密切注意反应器床层温度的变化情况。通常情况下，催化剂床层应看不到明显温升。

⑦ 当反应器床层任一点温度高于床层入口 $15℃$，则停止升温；高出入口温度 $25℃$，则加大床层冷氢量和/或加大注氨量；当加大床层冷氢量和/或加大注氨量仍不能控制温度上升，且床层温度高于入口 $30℃$，则加热炉熄火。

⑧ 在升温活化过程中，应尽量减少系统中硫化氢的损失。出现事故再启动设备时，原则上不需要另外补加硫化剂。

（四）催化剂钝化

含分子筛加氢裂化催化剂裂化活性很高，采用湿法硫化或湿法升温活化时，在温度达到 $240℃$ 左右时，通常就会表现出较高的裂化活性，因此在高温湿法硫化或活化阶段就需要向反应系统注入无水液氨或三正丁胺等有机胺对裂化催化剂进行钝化。这在前文中已有叙述。

而对于采用器内干法硫化的含分子筛（特别是高分子筛含量）加氢裂化催化剂，硫化后其裂化活性会更高，故在进原料油之前，须采取相应的措施对催化剂进行钝化，以抑制其过高的初活性，防止和避免进油过程中可能出现的温度飞升现象，确保催化剂、设备及人身安全。其中，引进低氮开工油和注无水液氨或正三丁胺等有机胺就是一种能有效抑制裂化催化剂初活性的钝化方法。注入的无水液氨（或正三丁胺等有机胺加氢分解产生的氨）被裂化催化剂吸附后，可有效地抑制催化剂的初活性，而随着反应温度的升高和运转时间的延续，裂化催化剂吸附的氨会逐渐解吸和流失，催化剂裂化活性就能逐步恢复到其正常的水平。

催化剂钝化的起始温度为 $150℃$。终止温度：精制段一般为 $325℃$，裂化段通常为 $315℃$。操作压力与催化剂硫化阶段相同。

通常要求低氮开工油不含烯烃，少含芳烃，并要求其氮含量小于 $100\mu g/g$，终馏点低于 $350℃$。因此大都采用直馏轻柴油作为低氮开工油。

催化剂钝化用无水液氨或正三丁胺等有机胺的注入量，通常应根据裂化催化剂分子筛含量及其装填量来确定（可由裂化催化剂专利商或其现场开工专家提供）。注氨（胺）量过少，不足以抑制其活性，在换油过程存在较大的飞温风险。注氨（胺）量过多，会影响催化剂活性的正常发挥，从而可能会延误开工进程。

通常，大型加氢裂化装置是在 60% 负荷的条件下开工，即低氮开工油的进料流率为正常设计进料量的 60%。

器内干法硫化后的催化剂具有较强的吸附性能。当低氮开工油进入反应器时，由于吸附热会使反应器内催化剂床层产生温升，有时可达 $30℃$ 以上。因此，在开始引进低氮油时，进料流率不宜过大，一般为正常进料的 20% 左右。待吸附热温波通过催化剂床层、高压分离器建立液面并正常投用其液位自动控制后，再将进料量提高到60%负荷。

待反应器内催化剂床层温度平稳后，启动注氨(胺)泵向反应系统注入无水液氨或正三丁胺等有机胺，然后以较慢速度提升精制段反应器入口温度，启动各催化剂床层之间的冷氢控制回路，使精制段反应器催化剂床层温度呈递降式温度分布，裂化反应器催化剂床层温升应控制≤6℃。

注氨(胺)2h后，启动高压注水泵，向换热系统注入脱氧水。注入洗涤水后，应以适宜的升温速度将精制反应的温度提升到230℃。通常，在注氨(胺)顺利的情况，注氨(胺)7~8h后，高分水中会有明显的氨气味道出现(即氨已穿透)。在氨穿透之前，精制反应器的入口温度不得超过230℃，裂化反应器入口温度不得超过205℃。在注氨6~7h后，至少每0.5h分析一次高分水中的氨含量。

在注氨(胺)钝化期间，应根据需要继续注入适量的硫化剂，以维持循环氢系统H_2S含量(体积分数)≥0.1%。当高分水中氨含量达1.5%时，即认为氨已大量穿透。此时，应将注氨(胺)量降低到起始注氨(胺)量的三分之一。

氨穿透催化剂床层之后，以适当的速度将精制反应器入口温度提高到325℃。

当精制反应器入口温度升到325℃，裂化反应器入口升到315℃，注氨(胺)钝化即告结束。此时，装置已具备切换新鲜进料的条件，但仍应继续适量注氨(胺)和注硫化剂。只有等到装置换进75%新鲜进料后，方可在2h内逐步停止注氨(胺)和注硫化剂。

对于含分子筛加氢裂化催化剂来说，注氨(胺)钝化是一个经常采用的开工步骤。但对于无定形硅铝加氢裂化催化剂和含少量低酸度分子筛的加氢裂化催化剂，由于其裂化活性低、正常操作温度高、开工期间催化剂床层超温可能性很小，因此其开工过程通常无需进行注氨(胺)钝化，而可用低氮油湿法硫化/活化开工，然后在290℃或320℃左右温度下直接分步换进新鲜原料油即可，其开工过程更为简便和高效。

(五) 换进原料油

加氢裂化装置在完成催化剂硫化、钝化之后，就可以适时开始分步换进原料油。

由低氮开工油到换进100%的新鲜原料油，通常分四步进行。每步更换25%新鲜原料油，并保持总进料量不变。每次换油应有足够的时间间隔(不少于3h)，以保持开工换油过程操作平稳。换油过程中，裂化反应器入口温度提升速度应控制不大于3℃/h。同时，必须严格控制精制油氮含量不超过5μg/g。若高于此值，应及时调整精制反应器温度，使精制油氮含量小于5μg/g后，方可进行下一步工作。

换进原料油期间，可使用冷氢调节反应器各床层的温升，使之控制在允许的范围内。

换进原料油过程中，要求控制循环氢纯度(体积分数)不低于85%，循环氢中H_2S浓度不低于1000μL/L。

对于较高分子筛含量的加氢裂化催化剂，换进75%新鲜原料油后，方可在2h内逐步停止注氨(胺)和注硫化剂。

换进100%新鲜原料油后，调整反应温度，使精制油氮含量和转化率达到指标要求。同时用冷氢调节，使裂化反应器每一床层的出口温度基本相同，确信在该负荷下操作已经比较平稳后，才允许将进料量调至设计值。

换油过程中，若任一反应器床层温度超过正常操作30℃，应按紧急情况处理。

在装置开工正常后的最初30天内，精制油氮含量最好按小于5μg/g控制，以后再逐步过度到按小于10μg/g控制，这样对维持裂化催化剂活性稳定很有好处。

对于一段串联的加氢裂化工艺来说，产品质量好、运转周期长是其重要的特点。工业加氢裂化装置在原料油变重、氮含量增高或需要提高处理量时，其主要制约因素是精制段催化剂的加氢脱氮活性。FRIPP 新开发的 FF-36、FF-46、FF-56 钼镍型加氢精制催化剂和 FTX-1、FTX-2 体相法催化剂具有很高的加氢脱氮活性，能够很好满足加氢裂化装置扩能改造和加工劣质重质高氮原料的需要。

第三节　工业装置正常停工

加氢裂化装置因全厂停工检修、设备故障停工消缺、催化剂撇头/更换、原料供应不足和公用工程系统停工消缺等原因而进行有计划的停工，均属正常停工。

在停工过程中，由于有可能发生多种特殊情况，停工步骤可能需要根据具体情况及时作出相应的变动，但最重要的是要千方百计防止反应系统超温、超压，避免温度、压力急剧波动而对设备造成危害，杜绝油气泄漏引发火灾而对人身、设备和环境等带来危害。

停工前，应制定详细的停工方案，明确停工原因、停工时间、停工范围、停工步骤和检、维修计划，及时通知运行操作和生产管理人员以及相关部门，以便各方面提前做好充分的准备工作。停工过程中如因故变更计划，更应及时通知装置界区内外的相关操作人员和管理人员，以便部门之间协调合作共同完成停工工作。

1）若要卸出催化剂或对催化剂进行撇头处理，在降温、降量切断进料后，须把高压分离器压力降低 1.0~1.5MPa（与正常操作压力比），并将反应器入口温度升到 400℃，保持此温度热氢吹扫气提 24h（或更长时间）。在气提阶段，应以最大流率循环氢气，关闭急冷氢，并根据需要从高压分离器排放部分循环气，使循环氢的 H_2 浓度（体积分数）保持在 80% 以上。若是对催化剂进行撇头处理，则在催化剂热氢吹扫气提阶段，应适量注入硫化剂，确保循环氢中的 H_2S 含量（体积分数）始终保持在 0.1% 以上。

2）热氢吹扫气提结束后，以小于 25℃/h 的降温速度用循环氢将反应器降温冷却到 150℃。在开始循环降温时，应停止向反应器流出物中注水，并尽可能地从高分排水，停止补充氢气。在裂化反应器温度低于 330℃后，开始排放氢气卸压。切记，在压力降到 3.5MPa 以前，不得将反应器温度降低到 135℃以下。

3）继续用循环氢降温至 100℃以下，停循环氢压缩机，并将反应系统降至常压。

4）从循环压缩机的出口和新鲜进料泵的出口分别引入氮气，进行反应系统吹扫。为对反应部分进行有效吹扫，吹扫用氮气应自上而下流过催化剂床层 10~15min。为确保所有管线都能吹扫到，调整指定流向的阀门，先从循环氢压缩机出口，通过热交换器、加热炉、反应器、热交换器、冷却器和高压分离器进行吹扫。然后，通过从新鲜进料泵和循环油泵出口的反冲洗管线引入氮气进行吹扫冲洗。最后，从各氢气连接口处引入氮气，升压，并启动循环压缩机循环 1h。停循环压缩机卸压。再反复升压、卸压，直至采样分析确认系统气体中的可燃性气体（H_2+烃类）含量（体积分数）小于 1.0%。

一、停工步骤

1）反应器降温；

2）逐步停止进料，分馏系统与反应系统大循环 4h；

3）催化剂进行汽提；

4）反应器冷却；

5）压缩机停车；

6）反应系统卸压；

7）反应系统氮气吹扫。

二、停工注意事项

1）为了防止反应器床层温度超温，应遵守先降温后降量原则；

2）为了防止催化剂损坏，反应系统中的物料在未吹扫干净以前，循环氢量应在最大流量和压力下进行循环；

3）反应器停止进料时，为避免反应器出口热交换器温度过高，在裂化反应器最底部床层进口注入急冷氢，以降低加氢裂化反应器出口的反应温度；当停止进料后，在进料管线中通入冲洗气体；引进气体要缓馒进行，防止高压法兰泄漏；

4）在停工过程中，要注意反应器铬-钼钢回火脆性危险的压力限制；

5）为避免形成爆炸性烃-氧混合物的可能性，反应系统必须用氮气全面吹扫；在打开反应器前，必须把反应器冷却到40℃以下，减少烃-氧爆炸性混合物和硫化铁自燃的危险；

6）降温速度应不大于25℃/h；

7）当系统压力低于氮气压力时，用氮气吹扫；

8）在停车过程中，对高倾点的物料根据情况进行加热或排放；

9）污油必须充分汽提，以防止 H_2S 对操作人员造成的危害。

三、降低反应器温度和停止进料

1）停车前将反应器温度降低30℃；

2）逐步停止引进VGO原料油，直至关闭界区VGO进料阀，分馏系统与反应系统进行大循环；

3）停液力透平，通常先关进口阀，打开排液阀，最后关出口阀；

4）当停止进料后，分别用循环氢吹扫管线中的油至反应器；

5）保持循环氢在全压下循环4h。

四、催化剂进行汽提

若反应器中催化剂准备全部卸出时，可执行下述步骤：

1）高压分离器降压到10.0MPa；

2）高压分离器为保持上述压力，必要时需补入氢气；

3）循环氢循环量增加到最大流量；

4）以40℃/h的升温速度，把每一反应器的进口温度提高到400℃，此温度保持24h，使吸附的烃类全部从催化剂中汽提出来；

5）停冷凝水注射泵，停止反应器出口物料的水洗；

6）把高压分离器中的油全部压入低压分离器，然后关闭液位控制阀（注意严防串压）；

7）把高压分离器中的水压入脱气罐，直至低位报警为止，然后关闭界位控制阀。

五、反应器冷却

1）以最大循环氢量循环，保持不超过25℃/h降温速度把系统冷却到150℃。

2）为了保持加热炉的负荷，以便更好地控制降温速度，以及当加热炉熄火后能迅速冷却，根据需要使用循环氢旁路通过反应器出口物料/循环气热交换器。

3）继续用循环氢冷却反应器。如果催化剂需要更换，则必须将整个反应系统冷却到反应器器壁温度小于 40℃，以便相关人员能够进入反应器进行操作。降温期间，应注意铬-钼钢回火脆性的压力限制。

4）把高压分离器中的存水排放至脱水罐。

六、压缩机停车

1）停氢气增压机和补充氢压缩机，关闭进出口阀，卸压，用氮气吹扫。

2）停循环氢压缩机，关闭进出口阀，卸压，用氮气吹扫。

七、反应系统卸压

1）在卸压以前要对以下各阀门进行检查，应处于关闭状态：

① 新鲜进料泵和循环油泵出口阀；

② 高压分离器油出口和水排出管线阀；

③ 高压分离器放空管线阀；

④ 补充氢压缩机出口阀；

⑤ 循环氢压缩机进出口阀；

⑥ 化学品及冷凝水注入管线上的阀；

2）打开去新鲜进料泵出口管线的吹扫阀。

3）通过高压分离器卸压系统旁通阀，对装置逐步进行卸压排放。

八、反应系统吹扫

1）在循环氢压缩机的出口和在新鲜进料泵的出口引入氮气，对反应器进行吹扫，方向由上至下流过催化剂床层。为保证所有管线都能吹扫到，先从循环氢压缩机出口通过反应器加热炉，然后通过各急冷管线，最后通过新鲜进料泵和循环油泵出口的冲洗管线；

2）反复升压和卸压，直到系统气体中氢和烃类浓度小于 1%；

3）设备装隔离盲板，在压缩机停车阶段中保持系统氮气正压；

4）当打开不锈钢设备或用不锈钢衬里的设备时，要注意连多硫酸应力腐蚀开裂的危险。

第四节　工业装置安全管理和事故处理

加氢裂化装置属高温、高压、易燃、易爆和含硫化氢等有毒有害化学品的一类高危险性炼油装置，一旦发生重大恶性事故，将对人身、设备、催化剂和环境等造成极大影响，因此其安全管理历来备受人们重视。

加氢裂化过程中发生着加氢脱硫、加氢脱氮、烯烃和芳烃加氢饱和及烃类大分子加氢裂化等一系列强放热反应。一般说来，在正常运行条件下，加氢裂化过程反应生成热和反应物流从催化剂床层中携带走的热量是相等的，两者是平衡的，因此，在正常情况下，加氢裂化装置催化剂床层温度是稳定的。但是，如果因某种异常突发原因导致反应物流从催化剂床层中携带出的热量少于加氢裂化过程反应生成热，且发现不及时和/或处理不妥当，就可能引发催化剂床层温度升高-加剧反应放热-床层温度飞升等连锁反应，从而对人身、设备、催化剂和环境安全构成严重威胁。因此，加氢裂化装置运行管理人员和现场操作人员均应认真研究加氢裂化装置可能发生的紧急事故，并制定有效措施加以严格管理和妥善处理。

仪表连锁系统是确保加氢裂化装置在生产过程保护生产设备不受损坏的主要安全措施。在生产过程中，应确保仪表连锁系统完好，未经书面逐级审批许可，不得私自解除、更改和临时下线检修仪表联锁系统。

为了装置运行安全,加氢裂化装置反应系统设有 0.7MPa/min 和 2.1MPa/min(或是 0.7MPa/min 和 1.4MPa/min)两套紧急卸压系统。设置紧急卸压系统的主要目的是在加氢裂化装置发生循环氢压缩机故障、催化剂床层温度过高(或超温)、设备泄漏着火等紧急情况下能够自动或手动启动反应系统紧急卸压和停车。

在加氢裂化装置生产运行过程中,出现以下两种情况时,必须紧急卸压和停车:

1. 循环氢压缩机停运

循环氢压缩机一旦停运,反应系统就失去了从催化剂床层中携带出反应生成热的能力,因此需要自动启动 0.7MPa/min 紧急卸压系统,进行紧急降压、降温,并切断进料,以阻断加氢裂化反应继续进行,避免催化剂床层温度失控而引起"飞温"。

2. 催化剂床层温度过高或超温

加氢裂化装置会因某些设备发生故障而导致催化剂床层温度过高和超温。一旦任一反应器催化剂床层温度超过正常状态 30℃或超过该反应器设计允许的最高使用温度,装置必须立即启动 2.1MPa/min 紧急卸压系统,并紧急停车。

一、紧急停车

加氢裂化装置紧急停车是指装置在事故状态时紧急卸压系统自动或手动启动而进行的停车。

(一)装置紧急停车的可能原因

加氢裂化装置紧急停车的可能原因:

1)循环氢压缩机停运。

2)催化剂床层温度超高和飞温。

一般认为,当反应器床层任一点温度超过正常温度 30℃或反应器温度超过反应器允许的最高操作温度,需紧急停车。

3)装置发生火灾等重大事故,经多方处理仍不能及时消除事故,且不能维持装置循环或生产。

4)反应部分的高压管线或设备发生大量泄漏或原因不明的突然爆炸。

5)设备发生故障,无法修复或启动,无法维持装置生产。

6)公用工程发生故障,短时间内无法恢复。

7)原料油或新氢供给中断后,无法恢复供给。

8)操作不当引发事故,无法维持生产。

9)相邻装置发生事故,严重威胁本装置安全生产。

10)指挥系统下达的紧急停车命令。

(二)紧急卸压系统启动方式

1. 0.7MPa/min 紧急卸压系统

0.7MPa/min 紧急卸压系统分自动和手动两种启动方式。

2. 2.1MPa/min 紧急卸压系统

3.1MPa/min 紧急卸压系统仅有手动一种启动方式。

（三）紧急卸压系统启动条件

1. 0.7MPa/min 紧急卸压系统启动条件

1）循环氢压缩机出现故障停运时，0.7MPa/min 紧急卸压系统自动启动卸压。

2）在反应器温度、压力正常时，发生设备、公用工程等事故，需要迅速停车时，可手动启动 0.7MPa/min 紧急卸压系统降压。

3）在装置失火或可能失火的情况下，可手动启动 0.7MPa/min 紧急卸压系统降压。

2. 2.1MPa/min 紧急卸压系统启动条件

1）当任一反应器催化剂床层温度超过正常温度 30℃或超过该反应器设计允许的最高使用温度，且 0.7MPa/min 紧急卸压系统已启动，但仍控制不住床层飞温或仍控制不住险情。

2）装置发生重大爆炸事故。

（四）紧急卸压系统关闭条件

1. 0.7MPa/min 紧急卸压系统关闭条件

当自动启动 0.7MPa/min 紧急卸压系统时，循环氢压缩机处于停运状态，反应生成热无法被正常携带出催化剂床层，因此中途不得关闭卸压阀；必须等到反应系统降压至 0.05MPa（表）以下时，才可关闭卸压阀。

当手动启动 0.7MPa/min 紧急卸压系统时，循环氢压缩机未停运。在这种情况下，也只有在反应器各热偶指示温度均比正常操作温度低 30℃时，才可关闭卸压阀。

2. 2.1MPa/min 紧急卸压系统关闭条件

当手动启动 2.1MPa/min 紧急卸压系统时，循环氢压缩机已停运，中途不得关闭卸压阀；必须等到反应系统降压至 0.05MPa（表）以下时，才可关闭卸压阀。

总之，在循环氢压缩机停运状态下，反应生成热无法被正常携带出催化剂床层。在较低压力时，尤其是在催化剂床层温度较高时，情况更是如此。因此，在紧急卸压过程中，中途不得关闭卸压阀；必须等到反应系统降压至 0.05MPa（表）以下时，方可关闭卸压阀。

（五）紧急卸压系统启动后的停车程序及注意事项

加氢裂化装置 0.7MPa/min、2.1MPa/min 紧急卸压系统启动后，部分设备将连锁动作：

1）0.7MPa/min 紧急卸压系统手动启动：

- 新鲜进料泵停运
- 循环油泵停运
- 新氢压缩机停运（可保留单台运行）
- 反应系统加热炉熄火

2）0.7MPa/min 紧急卸压系统自动启动

- 循环氢压缩机停运
- 新鲜进料泵停运
- 循环油泵停运
- 新氢压缩机停运（可保留单台运行）
- 反应系统加热炉熄火

3）2.1MPa/min 紧急卸压系统手动启动

- 循环氢压缩机停运
- 新鲜进料泵停运

- 循环油泵停运
- 新氢压缩机停运
- 反应系统加热炉熄火

需要说明的是，因各装置采用技术不同，有些装置在 0.7MPa/min、2.1MPa/min 紧急卸压系统启动时，进料泵不停。

1. 紧急卸压系统启动后的停车程序

1）紧急卸压系统启动后，应检查联锁程序系统是否动作，若没有动作，应及时到现场手动关闭或打开事故阀。

2）循环氢脱硫塔停止溶剂进料，控制循环氢脱硫塔和高压分离器一定液位，以防压空串压。反应系统压力在 0.7MPa 以下时，将溶剂和高分存油分别排入溶剂再生系统和分馏系统。

3）反应系统压力在 0.7MPa 以下时，把高压换热器和反应器之间的物料经正常流程排至分馏系统。反应温度低于 260℃ 时，停止向空冷前注水。

4）反应系统卸压至 0.05MPa（表），用纯度 99.9% 氮气吹扫反应系统，并用氮气升压至 3.0MPa（具体可根据各装置氮气压力及循环氢压缩机开机入口压力要求确定）。启动循环氢压缩机，循环冷却反应系统，把反应器冷却到 200℃ 以下。

5）恢复开工时，用氢气充压或开新氢压缩机升压至循环氢压缩机开机所要求的入口压力。启动循环氢压缩机，建立氢气循环。反应系统继续升压至操作压力。在升压过程中，应继续循环氢气，冷却反应器。

6）将反应器冷却到 175℃，并予以保持，直到开工准备就绪。若温度过低，需点加热炉升温。若不能开工，按正常停车步骤继续冷却反应器。

7）分馏系统按开工热油运循环流程进行循环，等待反应系统开工。脱硫系统用氮气充压，维持溶剂的热循环，等待接受干气。

2. 紧急卸压系统启动后的停车注意事项

1）紧急卸压系统启动后，应检查联锁系统是否动作。

2）紧急卸压系统启动后，反应系统流速增大，因此应密切注视高压分离器液位和循环氢脱硫塔液位，以防液位超高带入循环氢压缩机内或液位过低串压。液位控制要有专人看管。

3）当紧急卸压系统启动或循环氢压缩机故障停运，应迅速关闭循环氢压缩机出入口汽缸阀或电动阀，机体放空，以防损坏压缩机。

4）用氮气吹扫时，必须保证其纯度（体积分数）在 99.9% 以上，压力大于 0.7MPa，并小心进行。要密切监控反应器内各床层温度情况，以防因氮气纯度偏低造成催化剂床层温度升高。

5）防止铬钼钢回火脆变。任何情况下，在反应系统压力降至 3.5MPa 之前，不要把反应系统温度降低到 93℃ 以下（视所用材质而定，以热高压分离器入口温度为准）。

6）切断反应系统进料，用冲洗氢或氮气吹扫原料油和循环油线。循环油线吹扫，需等管线温度降低后进行，以防循环油管线急冷，使法兰泄漏，导致热油喷出着火。

7）联锁启动，加热炉主火嘴熄火。若常明火嘴也熄灭，则点炉前需用蒸汽吹扫炉膛，并作可燃气体分析。确认分析合格后，方可进行点炉操作。

8）装置紧急卸压后若要停车，加热炉炉管需及时用碱液中和清洗，或者重新点火，维持炉管管壁温度在 150℃，以防连多硫酸的产生。

二、事故处理

加氢裂化装置工艺复杂、动静设备繁多、对公用工程系统依赖性较大，在生产运行过程中难免会遇到一些偶发事故。一旦遇到事故，就需要在岗操作人员及时作出准确判断，立即采取应急补救措施，以防事态扩大。因此要求装置操作人员必须了解加氢裂化反应过程，熟练掌握岗位操作法，懂得岗位的紧急故障及一般故障的处理步骤和注意事项。另外，由于加氢裂化装置设有多个联锁程序控制系统，因此还要求装置操作人员必须彻底了解联锁程序控制系统的原理、联锁参数及其设定值以及连锁启动后各设备应处状态等，以提高稳定操作和应对事故的综合能力。

（一）事故处理应遵循的原则

1）事故处理应坚持以人为本的原则。任何情况下，均应保证操作人员人身安全，尽可能避免人员受到伤害。

2）加氢裂化装置处于高温、高压、临氢操作环境，高压设备投资高，制造周期长，运输、安装困难。因此，事故处理应尽可能减少设备损坏。

3）催化剂是加氢裂化技术的核心。加氢裂化催化剂用量大、价格较高，其费用占加氢裂化装置一次投资和操作费用的比例均较高，催化剂装填、卸出和再生等占用时间较长，其性能好坏直接影响到目的产品收率和目的产品质量，对装置运行经济效益有很大影响。因此，事故处理要注意保护好催化剂。

4）加氢裂化装置反应系统和产品分馏系统中富含硫化氢等有毒有害物质，一旦泄漏，会给社区环境带来极大危害。因此，事故处理要重视防止泄漏和保护环境，以防事态扩大。

5）加氢裂化装置事故发生后扩展很快，不允许拖延时间。当班班长在发生重大事故时有权立即作出紧急处理，而无需审批。但应尽快联系调度，迅速落实有关事故处理的外部配合，避免事故延误及扩大。

（二）事故处理注意事项

1）启动 0.7MPa/min 或 2.1MPa/min 和各联锁时，应迅速检查各联锁系统是否动作。若失效，应立即手动打开卸压阀和关闭隔断阀。

2）0.7MPa/min 紧急卸压系统自动启动后，中途不得关闭卸压阀。2.1MPa/min 紧急卸压系统启动后，中途也不得关闭卸压阀。反应系统必须卸压至 0.05MPa 以下，方可关闭卸压阀。

3）加氢裂化反应系统在高压操作，而分馏系统在低压下操作，在处理事故中任何时候都要控制好高压分离器和循环氢脱硫塔液位和界位，防止高压串低压。

4）事故处理中提降量应遵循："降量时，先降温，后降量"；"提量时，先提量，后提温"的原则，以防过度反应，造成超温或飞温。

5）氮气吹扫反应系统时，使用氮气的纯度必须保证其纯度在 99.9% 以上，压力必须大于 0.7MPa，并有专人监控反应器温度。

6）任何情况下，在反应系统降压至 3.5MPa 压力之前，不要把反应系统温度降低到 93℃ 以下（热高分入口温度为准）。

7）凡切断反应进料，必须用冲洗氢吹扫原料油及循环油线。循环油线需待温度降低后吹扫，以防因急冷而泄漏着火。

8）高压换热器在事故处理中要防止单程受压。根据高压换热器的要求，要控制一定的

压差。(可给上冲洗氢或扰动氢)

9)长时间停电,仪表系统供电也将停止。装置设计的不间断电源可以提供30min时间供仪表用电。当停电事故发生时,必须在30min内处理完成,使装置处于安全状态。

10)仪表风故障时,装置设计的风罐可提供约30min仪表用风。超过此时间,所有控制阀将处于或关闭或打开的安全位置。

11)有些装置在仪表风故障时可用氮气补充。在用氮气补充时,必须确认氮气压力要大于仪表风压力,以免仪表风倒流到氮气线中。

12)事故处理中,当反应压力低于设计操作压力20%左右时,要切断反应进料。因为操作压力低,催化剂结焦加快,影响催化剂的活性。

13)加热炉全部熄火后,必须用蒸汽吹扫炉膛,并作可燃气体分析,确认合格后方,可重新点炉。

14)事故后恢复生产,循环氢加热炉需用循环氢循环一定的时间。点主火嘴前必须确认加热炉各分支畅通,以免事故处理中油串入炉管,造成炉管结焦。

15)分馏部分加热炉升降温需遵循下列原则:升温时,先升脱丁烷塔(汽提塔)、第一分馏塔(常压塔)、第二分馏塔(减压塔);降温时,先降第二分馏塔(减压塔)、第一分馏塔(常压塔)、脱丁烷塔(汽提塔)。以免大量轻组分带入第二分馏塔(减压塔),造成气速过大冲翻塔盘。

16)换热器或冷却器一程使用时,另一程需有压力排放处,以免憋压损坏设备。

17)膜分离装置在气体脱硫操作不正常、进膜分离气体量和压力波动大时,要及时停止膜分离进料,必须严格防止膜分离器反向受压,即渗透气压力高于膜入口压力,造成膜的损坏。

需要说明的是,加氢裂化装置类型较多,不同装置有不同的规定,因此上述建议仅供参考。

(三)工艺事故处理

1.新鲜进料中断(原料缓冲罐进料)

(1)原因

1)装置内或装置外原料油线故障。

2)原料油罐区泵故障。

3)原料油过滤器程序控制失灵或阀故障。

4)原料油缓冲罐液控失灵,进装置流量控制阀关闭。

(2)现象

1)DCS和ESD报警。

2)进装置流量指示大幅度下降,或回零。

3)原料油缓冲罐液位下降。

(3)处理方法

原料油缓冲罐在正常液位下可保证反应系统进料30min。当发生缓冲罐进料中断需及时处理,以免造成反应进料中断。

1)装置外原料油线故障,可改线或切换其他替代原料,维持生产。

2)联系原料油罐区切换备用泵。

3)原料油过滤器程序控制失灵或阀故障时,可改旁路维持生产,并联系维修人员处理程序控制失灵或阀故障。

4）原料油缓冲罐液控失灵，进装置流量控制阀关闭改副线或改手动控制。

5）降低反应系统进料，有循环油进料可增加循环油量，延长进料时间。

2. 反应系统进料中断

（1）原因

1）进料泵故障停运。

2）原料油缓冲罐液位失灵，造成假液面。

3）进料泵出口流量过低联锁动作。

4）反应系统进料流量控制仪表失灵。

5）反应系统进料流量控制联锁失灵动作。

6）装置晃电或停电。

（2）现象

1）DCS 和 ESD 报警。

2）反应系统进料流量指示大幅度下降，或回零。

3）高压换热器反应生成油侧出口温度升高。

4）反应器入口温度升高。

（3）处理方法

1）进料泵故障而备用泵能在短时间内启动的，必须立即启动备用泵。

2）程序控制失灵的，应立即联系仪表工恢复。

3）如其他原因引起进料中断，不能恢复进料时，应采取下列处理方法：

① 裂化反应器入口温度降低 30℃，精制反应器入口温度降低 15℃。

② 继续氢气循环，保持系统压力。新氢量可视系统压力适当减少。

③ 循环油停止进原料油缓冲罐，通过未转化油线排出装置。

④ 控制冷、热高压分离器正常液位，低压分离器控制一定压力，以便于将高分排油压入分馏系统。

⑤ 如催化剂（新鲜或再生后）使用时间没有超过 30 天，进料泵能够在 5min 内启动，可恢复操作，把反应器温度升到正常温度。否则，将反应器温度降至 150℃，按低氮油开工。

⑥ 如催化剂使用时间已超过 30 天，进料泵短时间不能启动，将反应系统操作参数调整至进 VGO 的条件，等待重新进料，按 VGO 开工进行。

⑦ 在进料中断处理中，如果反应器温度超过正常操作温度 30℃或任一床层热偶点温度指示超过反应器允许的最高操作温度，则启动 2.1MPa/min 卸压，按紧急降压处理。

⑧ 反应温度低于 260℃时，停止向空冷注水。

⑨ 停止循环氢脱硫，以免催化剂失硫。

⑩ 平衡分馏系统各塔液位。

⑪ 塔底重沸炉降温，各塔改自循环，等待开工。

3. 新氢供应不足或中断

（1）原因

1）新氢压缩机故障。

2）制氢装置故障停车或降量。

3）新氢线路故障。

4）反应压力控制系统故障。

（2）现象

1）新氢系统的事故报警响，指示灯亮。

2）新氢压缩机入口压力下降，压缩比增大。

3）新氢压缩机出口温度高，严重时温度高，联锁停机。

4）循环氢纯度下降，系统压力下降。

（3）处理方法

如果新氢供应量不足，则按下述步骤处理：

1）调整反应器床层温度，以降低转化率，缓和压力下降速率。

2）降低进料量，使其与提供的新氢平衡，以维持反应系统的压力。当反应压力低于正常操作压力20%时，切断反应进料。

3）新氢部分中断时，联系停运一台新氢压缩机或改负荷，另一台维持正常运转。

如果新氢全部中断，则按下列步骤处理：

1）降低裂化反应器床层入口温度30℃。降低精制反应器入口温度15℃。

2）停反应进料泵，停循环氢脱硫塔操作，改循环油出装置。

3）紧急停运新氢压缩机。维持循环氢压缩机正常运转，保证反应系统氢气循环。

4）新氢长时间不能恢复供应时，按正常停工步骤外理。

5）分馏系统：如果是部分新氢中断，应根据反应进料、转化率的变化相应调整各塔的操作，保证产品质量合格。如不合格，马上改不合格罐。控制好各塔的液面。

6）如果是全部新氢供应不足，反应切断进料，这时分馏部分要注意各塔、容器的液面。如出现低液位报警，停相应的泵和停出各产品，各加热炉降温至150℃循环。

4. 催化剂床层超温

（1）原因

1）循环氢加热炉出口温度超高。

2）原料量及性质突变。

3）原料油或循环油减少或中断。

4）新氢纯度下降。

5）循环氢流量减少。

6）急冷氢调节失灵。

（2）处理方法

1）如果超温15℃以下，可使用降低循环氢加热炉出口温度和使用急冷氢来降低反应器温度。

2）如果反应器任一温度超过正常值15℃以上，则必须切断新鲜进料，降低裂化反应器入口温度比正常值低30℃，精制反应器入口温度比正常值低15℃。

3）在降低循环氢加热炉出口温度和使用急冷氢后仍无法降低反应器温度时，启动0.7MPa/min紧急卸压系统。

4）如果启动0.7MPa/min紧急卸压系统卸压仍控制不了床层温度，床层任一点温度超过正常温度30℃或任一点温度超过反应器设计允许的最高操作温度，则必须启动2.1MPa/min紧急卸压系统。

5）手动启动0.7MPa/min紧急卸压系统卸压时，循环氢压缩机不停机，维持好循环氢压缩机的正常运转，保证反应系统的循环。新氢压缩机自动停运，按紧急停机处理，盘车等待开工。

6）当 2.1MPa/min 紧急卸压系统启动时，应立即关闭循环氢压缩机进出口的气动阀，机体内压力往火炬排空，循环氢压缩机按紧急停车处理。

7）应加强对各塔的调整，排未转化油，平衡分馏各塔液位。

8）当 2.1MPa/min 紧急卸压系统启动时，即按"新鲜进料中断"处理。

5. 窜压(冷高分、热高分、循环氢脱硫塔)

（1）原因

1）仪表指示失灵，造成假液位，液面压空。

2）调节阀失灵。

（2）现象

1）低压部分容器压力猛增，液面波动大。

2）反应系统压力下降。

3）管线振动。

4）能量回收透平因转速骤降而停运。

5）循环氢压缩机入口流量波动。

（3）处理方法

1）高分液位控制改手动操作，关控制阀调整液位，联系仪表处理；同时严密注意高分液面，逐渐用副线调整至正常液位。

2）低压部分改放火炬线，将压力降至正常值。

3）停运液力透平，待高压分离器(循环氢脱硫塔)液位正常后，再启动液力透平。

4）分馏系统注意控制好各容器、塔的液面、压力，同时作相应的调整，保证产品的质量。

5）如果低分安全阀跳开不能复位，各岗位按正常停工程序处理。

6）酸性气改放火炬。

6. 注水中断

（1）原因

1）注水泵故障。

2）单向阀或管线故障。

3）软化水中断。

4）水罐液位失灵、水罐空。

（2）现象

1）注水量快速下降甚至为零。

2）高压空冷出口温度高。

3）循环氢纯度下降。

（3）处理方法

1）立即切换注水备用泵。如果为短期停水(不超过 3~4h)，可维持正常生产。

2）循环氢纯度下降，循环氢中氨含量增加，转化率下降，可适当降低反应器入口温度。

3）循环氢纯度下降，排放部分废氢提高氢纯度。

4）注意调整高压空冷器的出口温度，如大于 60℃，则要联系停运循环氢压缩机，启动

0.7MPa/min 紧急卸压系统，停工。

5）如果注水长期中断，则按如下处理：

① 降低精制反应器入口温度15℃和裂化反应器入口温度30℃。

② 停运反应进料泵，切断进料，引冲洗氢吹扫原料油管线。

③ 保持系统压力，维持循环氢压缩机运行和氢气循环。

④ 注水泵处理好后，按 VGO 进料重新开工。

7. 加热炉熄火

（1）原因

1）0.7MPa/min、2.1MPa/min 紧急卸压系统启动。

2）反应器入口温度超高。

3）加热炉燃料气压力过低，联锁动作。

4）烟道挡板调节不当，开度过大。

5）燃料气窜入氮气回火。

6）仪表失灵。

（2）处理方法

1）如果是"0.7MPa/min、2.1MPa/min 紧急卸压系统启动"造成的熄火，则各岗位按停工处理。

2）如果是"反应器入口温度超高"造成的熄火，则各岗位按"床层超温"事故进行处理。

3）如果是仪表失灵造成的熄火，则按规定重新点燃火嘴，恢复生产。

4）如果是"烟道挡板调节不当，开度过大"造成的熄火，则切断燃料气，重新调节烟道挡板，然后按规定重新点火。

5）如果是"燃料气窜入氮气"造成的熄火，则改燃料气卸压一段时间，然后重新点炉。

8. 减压塔失真空或真空不足

（1）原因

1）蒸汽喷射式增压器（抽空器、真空喷射泵）喷嘴堵塞。

2）1.0MPa 蒸汽中断或压力过低。

3）抽空器冷却器冷却水中断。

4）减压系统的管线设备穿孔或破裂。

（2）处理方法

1）如果是原因"1）"引起的真空不足，则迅速切换备用蒸汽喷射式增压器，维持正常生产。如果备用蒸汽喷射式增压器不能启用，则按原因"4）"的处理方法处理。

2）如果是原因"2）"引起的失真空，则各岗位按蒸汽中断处理。

3）如果是原因"3）"引起的真空不足，则按循环水中断处理，减压塔底重沸炉熄火，维持减压塔正常液面，未转化油外排至罐区。

4）如果是原因"4）"引起的失真空，则按下述办法处理：

① 迅速把减压塔压力给定值降到最低，切断蒸汽喷射式增压器的蒸汽，停抽空器冷却器冷却水，减压塔底重沸炉熄火。

② 开大蒸汽，保持塔内微正压，防止空气窜入塔内，组织人力用蒸汽封住穿孔或破裂处。

③ 熄灭加热炉，关闭减压塔馏出口阀，尽量维持塔底泵正常运转，把减压塔底油全部

送出装置。

④ 如果减压塔内有着火或爆炸的危险，则应立即切断减压塔的进料，并按"反应进料中断"处理。

（四）公用工程事故处理

1. 瞬间电源故障（晃电）

（1）原因

大部分电动机都设计有电源瞬间故障时能自动重新启动的功能，但部分高压电机、新氢压缩机、反应进料泵、循环氢脱硫溶剂泵、加热炉风机将不能自动启动，故须人为启动。同时，这些电动机要在无负荷下启动，恢复到正常运转还需有一定时间。因此，即使是瞬间电源故障，生产亦可能中断。

由于反应继续耗氢，反应系统压力会下降，为避免催化剂失活，须降低反应器温度。

（2）处理方法

1）反应系统：

① 立即降低裂化反应器入口温度 30℃，同时用急冷氢降低裂化反应器各床层入口温度，各降低 30℃。

② 立即降低精制反应器入口温度 15℃。

③ 改未转化油外排。

④ 密切注意反应器床层温度情况。若床层任一点温度超过正常操作温度 30℃或超过反应器允许的最高操作温度，启用 2.1MPa/min 紧急卸压系统。

⑤ 尽可能长时间运转循环氢压缩机，以冷却反应系统。

⑥ 如果裂化催化剂（新鲜或再生后）使用时间少于 30d（全进料时），不要重新进料而按停工处理。

⑦ 如果催化剂使用期在 30d 以上，且进料泵能在 5min 内重新开动起来，则可考虑重新进料恢复操作。重新启动循环油泵，逐渐把反应器温度升回到正常温度。

⑧ 恢复新氢压缩机的运转。

2）分馏系统：

① 如果反应岗位恢复生产，则维持正常操作。注意平衡各塔液位，控制好产品质量。

② 检查各泵（特别是塔底泵）是否自启动。未启动的，及时人为启动（联系电工）。

③ 如果反应岗位不能恢复生产，则按"新鲜进料中断"方案处理。

2. 停电

（1）原因

1）电源故障。

2）雷击。

（2）现象

① 照明灯熄灭，事故报警响，指示灯亮。

② 所有运转的电动泵、压缩机、空冷器风机停运。

③ 各泵出口压力、流量指示回零。

④ 反应系统压力下降。

⑤ 各容器、塔液面波动。

⑥ 各塔顶、各空冷器出口温度升高。

（3）处理方法

1）反应系统：

① 关闭加热炉主火嘴，留有少量常明灯，打开各床层急冷氢，尽快将裂化反应器各床层入口温度降低30℃。

② 立即将精制反应器入口温度降低15℃。

③ 因高压空冷器停运，为了降低循环氢的换热温度，可打开加热炉烟道挡板和风门，降低炉出口温度。

④ 注意监视冷高分、热高分和循环氢脱硫塔液面，控制正常液面，严防压空，造成窜压。

⑤ 密切监视调节反应器温度，避免温度急升急降。如果任一反应器最高点温度超过正常值的15℃，手动启用0.7MPa/min紧急卸压系统。

⑥ 尽可能维持循环氢压缩机运转，以冷却和带走反应热和反应器内的油。密切注视循环氢压缩机入口温度。当入口温度超过制造厂商允许的最大温度时，循环氢压缩机必须停车。这时，0.7MPa/min紧急卸压系统自动启动。若反应器床层任一点温度超过正常温度30℃或反应器床层任一点温度超过反应器设计允许的最高操作温度，则启用2.1MPa/min紧急卸压系统。

⑦ 装置停电仪表电源可维持供电30min。如果预计在30min内不能恢复供电，则必须启动紧急卸压系统降压，使装置处于安全状态。

⑧ 启用0.7MPa/min或2.1MPa/min紧急卸压系统后，按紧急降压程序处理。

⑨ 若电源恢复，按正常开工程序的规定开工。

2）分馏系统：

① 检查各加热炉联锁动作情况，关掉各加热炉的主火嘴，并适当减少常明灯。

② 维持各塔的正常压力。各塔底油因停电可以留在塔内，利用塔压平衡好各塔的液位。当各塔液面平衡后，切断各塔的联系。压力若维持不了，引入N_2充压，维持正常压力，等待开工。

③ 减压塔破真空，塔内通入氮气或蒸汽维持微正压。

④ 关闭各泵出口阀、各塔的馏出口流量控制阀的上游阀。

⑤ 机泵停运后，维护工作按正常停泵程序进行。

⑥ 其余按正常停工程序处理。

⑦ 若恢复供电，则按正常开工程序的规定恢复生产。

⑧ 若长时间停电，则按停工处理步骤处理。

3. 停蒸汽

蒸汽系统故障是反应系统最严重的故障，因为循环氢压缩机会因蒸汽透平的故障而停止运转，反应热无法带出反应器，严重威胁反应系统的安全操作。操作人员必须清醒地认识到：对此事故，如果处理不妥当，将是十分危险的。

（1）原因

1）锅炉故障。

2）蒸汽线路故障。

（2）现象

1）蒸汽系统事故警报响，DCS报警。

2）循环氢压缩机转速骤降直至停运，循环氢流量骤降。

3）循环氢加热炉联锁动作，加热炉熄火。

4）冷氢量减少，反应器床层温度上升。

（3）处理方法

1）反应系统：

① 循环氢压缩机停运，0.7MPa/min 紧急卸压系统自动启动，新鲜进料泵、循环油泵、新氢压缩机停运，检查各联锁动作情况。

② 此时，应密切注意反应器床层温度变化情况。如果反应器床层任一点温度超过正常值 30℃或反应器床层任一点温度超过反应器设计允许的最高操作温度，则启用 2.1MPa/min 卸压系统。

③ 停循环氢脱硫塔操作，冷高分和热高分液面必要时可改手动控制，由专人负责缓慢向低分减油，保持高分正常液面，同时要十分注意低分的压力，严防窜压。

④ 关闭循环氢加热炉主火嘴手阀。

⑤ 关闭循环氢压缩机进出口气动阀（电动阀），机体放空打开。

⑥ 新氢压缩机作紧急停机处理，关闭进出口阀。机体内维持正压，等待开工。

⑦ 向调度了解恢复蒸汽时间。如时间较长，则关闭界区阀。

⑧ 按紧急卸压处理。

2）分馏系统

如果反应因 3.5MPa 蒸汽停而停工，则分馏相应改循环。如果 1.0MPa 蒸汽停，则必然会引起 0.35MPa 蒸汽系统停。此时，分馏炉的雾化蒸汽停，应采取以下步骤：

① 分别关闭分馏加热炉的燃料油紧急事故控制阀，燃料油改循环。有瓦斯烧嘴的改烧瓦斯。

② 维持各塔循环，塔顶尽量维持回流，产品改不合格线，气体改放火炬。

③ 减压塔停止柴油外出，循环油改外排，控制塔底液面。

④ 尽可能维持各塔的正常压力，必要时可补入氮气。减压塔破真空，引氮气保持微正压。

⑤ 与有关岗位联系将瓦斯改往火炬，液态烃改不合格罐或放火炬。

⑥ 各机泵尽量维持运转，继续保持溶剂循环。

⑦ 引入氮气，保证系统压力在正压，严防压力低而产生真空。

4. 停循环水

由于停循环水会迫使循环氢压缩机、反应进料泵、新氢压缩机停运，同时也会使分馏部分、胺处理部分的大多数塔冷却器失去冷却能力，故必须按停蒸汽时的处理方法和处理步骤处理。

（1）原因

1）循环水泵故障。

2）供水线路故障。

（2）现象

1）水流量及压力下降。

2）各压缩机、泵轴承、轴瓦温度升高。

3）各塔压力、温度升高。

（3）处理方法

1）反应系统：

① 手动紧急停运循环氢压缩机，0.7MPa/min 紧急卸压系统自动启动，关闭循环氢压缩机进出口气动阀（电动阀），机体放空打开。

② 此时，应密切注意反应器床层温度变化情况。如果反应器床层任一点温度超过正常值 30℃ 或反应器床层任一点温度超过反应器设计允许的最高操作温度，则启用 2.1MPa/min 紧急卸压系统。

③ 停循环氢脱硫塔操作。冷高分和热高分液面必要时可改手动控制，由专人负责缓慢向低分减油，保持高分正常液面，同时要十分注意低分的压力，严防窜压。

④ 关闭循环氢加热炉主火嘴手阀。

⑤ 新氢压缩机作紧急停机处理，关闭进出口阀。机体内维持正压，等待开工。

⑥ 反应系统按紧急卸压处理。

2）分馏系统

① 分馏加热炉紧急停炉，燃料油全部改循环，用蒸汽吹扫主火嘴，用消防蒸汽吹扫炉膛。

② 发挥空冷的最大作用，控制好各回流罐的液面，监视各塔顶温度及压力，维持各塔回流，直到顶温被控制为止。

③ 停真空泵。如果减压塔压力上升，维持微正压，必要时可补充氮气以维持微正压。

④ 液态烃改不合格罐，瓦斯气、酸性气改入火炬系统。

⑤ 维持各塔的液面和系统压力。各塔液面平衡后，可切断各塔的联系。

⑥ 关各离心泵出口阀。其他方法、步骤均按轴承、轴瓦温度超高的处理方法进行。

⑦ 其余按停电的步骤处理。

5. 停仪表风

停仪表风后，凡是气电转换仪表均失灵，操作室内的二次仪表指示值也为假值。因此停仪表风后，二次仪表指示值要认真分析。

在仪表风故障时，所有控制阀都将处于安全位置，控制阀的动作按下列标准确定。

① 使系统处于安全状态，以保证安全。

② 切断进入装置的液体。

③ 切断装置中生成的液体。

④ 尽可能保持系统的压力。

⑤ 切断系统的热源。

⑥ 尽可能多地供给冷却介质。

⑦ 改变系统状态，以防设备损坏。

很多装置设有能供 30min 仪表风的仪表风储罐。当停仪表风后，必须在 30min 内处理完成，使装置处于安全状态。有些装置仪表风系统可用氮气来补充。但是必须注意：氮气补充到仪表风系统时，必须确认氮气压力大于仪表风压力；另外，一旦仪表风压力恢复，就必须立即关闭氮气阀，以防仪表风倒流入氮气系统。如果氮气系统已被窜入空气，则必须用氮气吹扫赶净，并需要通过分析确认氮气中的氧含量（体积分数）<0.05%。

如果不能用氮气补入仪表风系统来维持仪表风的正常压力，则应按以下步骤处理：

1）反应系统：

① 立即停进料泵并熄灭循环氢加热炉主火嘴，留少量常明灯，常明灯压控改副线。

② 从反应进料泵出口引冲洗氢，分别向精制反应器吹扫，赶净管线存油。

③ 尽可能利用循环氢压缩机的氢气循环来使反应系统冷却。如果系统被冷下来，则停新氢压缩机。

④ 反应降温至260℃以下时，停注水，并把高分酸性水排净。

⑤ 如果停风超出30min，所有调节阀均将处于全关或全开状态。所以，在停风30min内，系统必须改用调节阀的手轮或旁路进行调节。反飞动控制阀的上下游阀节流，保证循环氢加热炉循环氢的正常流量和系统的正常压力。如果反应器内已没有温升，则可用手轮关闭所有的冷氢阀，用副线阀调节。保证高分的正常液位，注意低分压力，严防窜压。

⑥ 如果循环氢压缩机不能维持正常运转或反应系统达停机条件后，则循环氢压缩机停运。此时，关循环氢压缩机进出口阀门，机体放空打开。

2）分馏系统：

仪表风出现故障后，装置内仍有30min的仪表风储量。所以，分馏系统必须在30min内紧急停工。

① 停重沸器热源，各加热炉熄火。

② 尽可能维持各塔回流，必要时流量改用副线控制，可适当加大回流量以降低塔顶温度。当回流罐抽空时，可停回流泵。

③ 联系油罐区和有关单位。改各产品去不合格线，气相改放火炬。

④ 维持各塔、容器的正常液位。当反应部分没有油来时，可改单塔循环。

⑤ 维持各塔的正常压力。

⑥ 长时间停风，按停工处理。方法与停电相同。

6. 仪表停电

仪表停电后，仪表备用电源(UPS)可为仪表提供30min备用电。超过30min后，所有仪表将没有指示，DCS停运。仪表停电与停风一样，调节阀均处于安全位置。

仪表停电的处理方法和步骤均按停仪表风的处理方法进行。

（五）物料泄漏事故处理

1. 含硫化氢气体泄漏

加氢裂化装置开工硫化过程和反应过程中有大量硫化氢生成，因此其循环氢、低分气、塔顶气、脱前液化气和酸性水中均含有高浓度的硫化氢。硫化氢是一种易燃易爆剧毒的物质，与空气可形成爆炸性混合物。自燃点：292~370℃，爆炸极限：4.3%~45.5%，遇明火即发生燃烧爆炸。一旦发生硫化氢泄漏，需及时进行处理：

1）根据硫化氢泄漏应急网络图，及时报警并联系相关人员。

2）及时疏散泄漏区域人员至安全地区，对泄漏区域进行隔离。泄漏现场应拉警戒线，严格控制人员的进入。

3）班长带领操作人员，正确佩戴好空气呼吸器，并携带便携式H_2S报警仪，迅速进入泄漏区域，尽快确定泄漏点具体位置，并尽可能地控制硫化氢气体的进一步扩散。

4）尽快切断泄漏点气源。泄漏气体若已着火，可采用泡沫、二氧化碳、水蒸气灭火，并对着火的设备喷水冷却。

5）若不能立即切断气源，不要熄灭已燃烧的气体。

6）对泄漏的气体喷水溶解、稀释，泄漏区域要强力通风。

7）对泄漏设备进行降温和降压处理，并尽快切断进料或转移物料，而后根据指示作进一步的处理。

2. 液态烃泄漏

加氢裂化装置工艺介质易燃易爆，生产过程高温、高压并临氢，生产区域属甲类火灾危险场所，各类生产设备存在氢腐蚀和硫腐蚀，压力管道、容器、阀门、法兰、密封垫片和弯头等均存在着泄漏的危险。

液态烃在常温常压下为气相，其蒸气密度比空气大；从压力容器或管线泄漏出后，会呈云雾状沉积在地面上，能经较低处扩散到相当远的地方；与空气可形成爆炸性混合物，遇高温或明火即发生燃烧爆炸。因此，一旦泄漏，可酿成火灾、爆炸和中毒等事故。

一旦发生液态烃泄漏，应遵循以下原则进行处理：

1）对含有 H_2S 的液化烃泄漏，要戴好呼吸面具到现场进行处理；

2）现场应拉警戒线，禁止无关人员进入；

3）处理过程中，工具要轻拿轻放，避免出火星。

处理步骤：

1）尽快向调度汇报，并向消防队报警。

2）及时疏散泄漏区域人员至上风处，对泄漏区域进行隔离，严格控制人员的进入。

3）班长和操作人员应正确佩戴好防护器材，尽快去现场确定泄漏部位，并进行应急处理。各岗位操作人员应各就各位，听从班长及内操的指令。

4）尽快切断泄漏点的液态烃源。管线泄漏，关闭两端阀门。容器泄漏，将容器内存液态烃用泵或自压送出。容器内压力撤除，可减少泄漏量。

5）对泄漏部位进行降温降压处理，对泄漏严重部位挂警示牌，拉警戒线，进行现场监护，并准备好灭火器材。

6）对泄漏区域的地漏和下水道等，可用石棉材料覆盖，防止气体进入而造成事态蔓延扩大。

7）对泄漏出的液态烃，用蒸汽加热稀释，以使其迅速蒸发，或用隋性气体将其吹散稀释。

8）控制火源。进入泄漏区域作业的人员必须按规定佩戴好防护器材，使用的工具需符合规定要求，防止碰击产生火花，引起爆燃。

9）泄漏液态烃若已着火，可采用泡沫、二氧化碳、水蒸气灭火。对着火的设备，可喷水冷却。

10）若不能立即切断泄漏的气源，不要熄灭燃烧的气体。

第五节　工业装置催化剂撇头和卸出

一、反应器卸出催化剂的几种方法

当催化剂失去活性需要进行器外再生、过筛处理或更换新催化剂时，都要将催化剂从反

应器卸出。卸出催化剂的方法有以下几种:

1. 器内烧焦再生后卸出催化剂

催化剂在器内进行烧硫、烧焦以后再从反应器中卸除,因其长期运转沉积在催化剂上的炭和硫等易燃物(尤其是硫化铁)已所剩无几,是最安全的一种卸催化剂的方式。在这种情况下,只要将再生后的催化剂经干燥空气或氮气循环充分地冷却后,在卸催化剂的过程中,用干燥的气体(压缩风或氮气)吹扫掩护,注意防尘即可。把催化剂卸出后,清洗反应器。若在运转过程中出现过压差或局部超温现象,可能会有催化剂结块,再生时这些结块不易充分烧硫、燃焦,在人工破碎时,要注意用氮气吹扫掩护,防止易燃的硫化铁暴露在空气中自燃着火,确保作业人员及设备安全。

2. 向反应器内注碱液后卸出未再生催化剂

当催化剂充分冷却之后,先用碱液充满反应器,将未再生的催化剂和碱液一起卸出。将卸出的催化剂装在有塑料衬里的桶内。在催化剂无结块能自由流动的条件下,采用这种方法,可节省氮气和缩短卸剂时间。该方法仅限于卸出报废催化剂,对冷壁反应器不适用。卸剂时应注意安全防护,避免碱液烧伤。卸剂后应对反应器进行清洗、吹扫和干燥处理。

3. 油洗后卸出未再生催化剂

在装置停工过程中,用油和氢气循环将催化剂降温冷却至常温,停循环压缩机后将反应系统卸压并将存油排净,催化剂仍被油沫所覆盖,卸催化剂时用氮气吹扫掩护反应器,卸出的催化剂用氮气保护,将卸出的含油催化剂装桶封存或送催化剂再生处理。

4. 热氢气提后卸出未再生的催化剂

在加氢硫化装置正常停工的相关章节中,已论述过催化剂热氢气提脱油的目的、操作方法及最后的停工状态。在这种情况下,可采用氮气吹扫掩护的方式卸出未再生催化剂,值得一提的是,应采取严密的安全防范措施,有效杜绝硫化铁自燃着火,至关重要。

5. 氮气保护真空抽吸卸出未再生催化剂

这是20世纪70年代以后开始采用新的卸剂方法。即在氮气的掩护下,由身着安全防护服的作业人员进到反应器里,拆卸反应器内构件、松动板结的催化剂床层和操作真空抽吸管抽吸卸出未再生催化剂。反应器经过氮气置换后,加盲板使其与所有工艺管线隔离,只与氮气吹扫系统相通,当反应器内的氮气浓度达到96%并稳定后,从安全考虑,定时取样分析气体的烃类、硫化氢和羰基镍。若只"撇头"卸出顶部催化剂时,反应器内的温度应不高于49℃;欲卸出全部催化剂时,反应器内的温度不得高于38℃。

抽吸卸催化剂工作组由五个作业人组成,三人须"全副武装"穿戴安全防护服(包括氧气面具、衣、帽和有冷却水循环的防护背心),其中两人进入反应器内作业,一个人在外面等待换班,三人轮流工作,组长不穿安全服,须始终守候在反应器顶部用电话与作业组人员保持联络,另一名作业组人员留在仪器车厢内,监视仪表、确保连续供风。

供抽卸催化剂作业用的氮气循环系统,由旋风分离器、过滤器、真空泵和空调制冷冷却器等设备与待卸出催化剂的反应器连接所构成。反应器中的催化剂和氮气由真空泵抽吸进入旋风分离器,其分离出的氮气,再通过真空泵经空调制冷冷却器循环,向反应器补充氮气,以确保真空抽卸作业区的"惰性环境"。若遇到催化剂结块,无法真空抽卸时,则可考虑"爆破"或用风镐进行人工破碎。

6. KEC 公司的加氢催化剂卸出工艺

该方法是在加氢装置停工时,先将反应器催化剂床层温度降至310℃,减少原料油进料量后，换进较重的油，继续降温至 $200 \sim 250℃$，再改注一种密度 $0.89 \sim 1.08g/cm^3$、闪点 $120 \sim 200℃$ 的称之为"KS-767"的多环芳烃化学品，注入约 $6 \sim 8h$ 后，继续用氢气循环降温至 $40℃$ 以下，卸压、氮气置换后，再进行卸出催化剂作业。

在进入反应器作业之前，还必须检测反应器内的氧含量，及对人体有害的 H_2S、SO_2、CO、CO_2、$Ni(CO)_4$（羰基镍）等的含量。由于 KEC 方法采用了 KS-767 化学品处理，并确认反应器内的氧含量和有害气体含量都已符合要求，因此操作人员只需戴上普通防尘面具，即可进入反应器作业，催化剂从卸料口卸出即可，无需特殊防护；如遇催化剂因结焦板结，不能从底部卸料口卸出的，则有真空抽吸系统从反应器顶部抽吸卸出。KEC 方法简便、安全。

7. 抽卸顶部催化剂(撇头)

当催化剂活性未丧失，只是因反应器入口积垢产生压降而被迫停工，其解决的办法就是把反应器顶部催化剂卸出，过筛后回填，或更换部分备用催化剂。

每次"撇头"卸出的催化剂数量，取决于催化剂寿命、压降大小和床层顶部的催化剂状态。一般，将积垢篮和瓷球取出后，只卸出必须卸出的部分催化剂，对卸出的催化剂，按卸出的顺序分批取样，进行筛分分析，测定其炭含量和相关杂质含量，根据分析结果判断、决定其"撇头"深度；若需要则再卸出一批催化剂，并取样进行上述分析，如果焦炭和细粉含量已相当低，或与前一批分析结果相近，床层表面已均匀松散，则可根据具体情况决定，将卸除的催化剂过筛后回填或换装部分备用催化剂。催化剂撇头时，将床层顶部结块松动破碎后，也可采用抽吸的方法将"撇头"物料卸出。抽吸卸催化剂工艺流程，见图 14-5-1 所示。

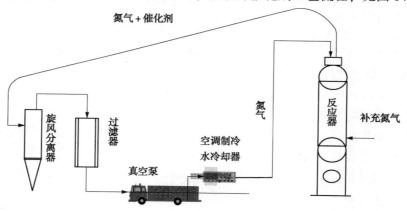

图 14-5-1　抽吸卸催化剂工艺流程示意图

二、卸出催化剂的相关注意事项

无论是加氢裂化或加氢精制装置，在卸出催化剂时，都有不容忽视的安全技术问题。

1. 未再生的催化剂和硫化铁易燃

未再生的催化剂(或无法再生的催化剂)，会不断释放逸出在长期运转使用过程中所吸附得到的氢气和烃类；在打开反应器之前，必须将催化剂床层循环降温到 $40℃$ 或更低，并用氮气置换、吹扫后，再打开反应器，保持氮气掩护堵绝空气进入反应器，以避免未再生催化剂和硫化铁暴露在空气中自燃，引起反应器着火。在卸催化剂的过程中，需用氮气连续吹扫掩护，防止卸剂时着火。

2. 预防硫化氢（H₂S）中毒

未再生的催化剂（或无法再生的催化剂），也吸附有一定量的 H_2S，H_2S 有明显令人不愉快的异味，它能持续麻痹人的嗅觉神经，当 H_2S 浓度为 $150\sim200\mu g/g$ 时，会立刻引起嗅觉疲劳和麻痹，因此必须将与 H_2S 接触的时间缩短到最低限度；在打开反应器及含硫化氢的设备、管线时，都应使用 H_2S 检测器，佩戴有效的防毒面具，工作人员必须"结伴"作业。

3. 严防羰基镍［Ni(CO)₄］中毒

特别应注意的是，目前加氢精制和加氢裂化，大都使用的是含金属镍组分的催化剂，含镍组分的加氢催化剂，经长期运转失活或因其他故障须卸出时，如操作处理不当，有可能产生羰基镍，羰基镍是致癌物。

羰基镍是一种剧毒易挥发的液体，被吸入体内或皮肤接触后，都有严重的致癌性。羰基镍是卸出废催化剂中的镍与 CO 在低温下化合反应的产物；一般在降温冷却过程中，必须严格遵守所推荐的开停工程序和操作步骤，当温度降到 $149\sim204℃$ 以下之前，必须确保用惰性气体把再生烟气中的 CO 浓度降至 $10\mu g/g$ 以下，才能继续降温，以避免羰基镍的生成。

羰基镍允许暴露的浓度极低，为 $1.0\mu g/kg$（$0.001\mu g/g$ 或 $0.007mg/m^3$），测试羰基镍的含量比较困难，它聚集在催化剂堆里，在翻动催化剂时会挥发逸散到大气中，在美国多采用海湾石油公司的 GR 1620 法及其改进的方法 G 1279—77 来检测羰基镍含量；此外，也可采用检测管法。

壳牌开发公司认为，当催化剂处于氧化态或硫化态时，不会生成羰基镍；如其为还原态，就可能会生成羰基镍。一般按正常停工步骤，在停止进原料油后换进轻油清洗降温，再经热氢循环气提吹扫，最后降温、降压、氮气置换，再卸出催化剂。在这一系列处理过程中，必须确保循环氢中的硫化氢含量（体积分数）不低于 0.1%，防止催化剂被还原，即可排除生成羰基镍的环境和条件。在正常情况下，待反应器冷却到 $38\sim66℃$（一般控制在 43℃ 左右），保持氮气正压吹扫，并用氮气掩护将催化剂卸入容器中，经氮封（或加干冰）后封存即可。

在清扫反应器时，操作人员必须佩戴氧呼吸器面罩，配带连续氧分析警报器，同时还应有专业救护人员在反应器人孔旁进行监护与联系。

在氮气惰性气氛中卸出或处理催化剂，既可有效避免催化剂氧化自燃，也能防范羰基镍的生成。开始卸催化剂之前和卸出催化剂的全过程中，都必须检测反应器中有无羰基镍存在，卸催化剂作业区附近的人员须身着全套安全防护服和配戴防毒面具。

第十五章 生产特种石油产品的
加氢裂化技术

第一节 概 述

特种石油产品通常指非燃料油型用油，包括润滑油、白油和溶剂油等产品。

润滑油是一种不挥发的油状润滑剂，由基础油和添加剂调和而成，成品润滑油中 70%~99% 是基础油，基础油的质量决定润滑油油品的蒸发性能、低温流动性、高温热氧化安定性和黏温性能等。从用途角度来看，润滑油主要包括车用油、工业油及其他特种油三大类。随着汽车制造、机械工业的快速发展以及环保法规日益严格，润滑油产品质量要求越来越高，迫切需要生产出具有高黏度指数、抗氧化安定性好、低挥发性的高档基础油。传统"老三套"工艺(溶剂精制、溶剂脱蜡和白土精制)生产的常规 I 类基础油，通过改变添加剂的种类和/或添加量已难以满足调制高档润滑油的需要。同时，世界范围内适合传统工艺生产优质基础油的石蜡基原油资源逐年减少；有限的环烷基原油资源与持续增长的高端电气用油、冷冻机油、橡胶填充油等特种油品需求之间的供需矛盾也日渐突出。为此，国外大石油公司和国内一些科研院所先后开发了生产优质润滑油基础油的加氢技术，主要包括：劣质原料加氢裂化(处理)提高基础油的黏度指数、含蜡油的催化脱蜡和异构脱蜡降低基础油倾点、加氢补充精制改善基础油的抗氧化性和光安定性等工艺。加氢技术生产基础油具有产品质量好、收率高、原料适应性强以及操作灵活性大等特点，在润滑油升级换代进程中发挥着越来越重要的作用。

白油又名白色油，是一种超深度精制的特种矿物油品，广泛应用于日化、食品加工、化纤、纺织、制药及农业等领域。按用途和精制深度不同，国内将白油分为工业、化妆、食品和医药等类别，一般认为化妆品级以上产品为高档产品。发达国家则将白油分成技术级和食品级，对应国内的工业级和化妆品以上级别产品。常用白油的馏程范围、黏度等指标与润滑油基础油相近，因此，通常以润滑油馏分为原料，采用磺化法或加氢法制取白油。磺化法具有工艺成熟、操作简单、一次性投资低等优点，但原料消耗大、收率低，特别是产生的酸渣不容易处理，造成对环境的严重污染；同时，由于采用间歇操作，磺化法生产的白油产品质量不稳定。随着对白油产量、品种和质量要求的不断提高以及环保法规越来越严格，白油加氢技术以无污染、产品收率高(>90%)、原料来源广泛、产品品种齐全、可生产高黏度白油等优点，自 20 世纪 60 年代问世以来得到快速发展。根据原料不同，白油加氢过程可分为一段法工艺和两段法工艺。以"老三套"传统加工流程生产的润滑油基础油馏分为原料时，一般采用原料预处理–产品后精制的两段加氢流程；以异构脱蜡–补充精制技术生产的润滑油基础油，产品的硫、氮、芳烃含量较低，倾点满足指标要求，只需采用一段加氢进行芳烃深度饱和即可生产白油产品。目前，国内外采用加氢法生产的白油占总产量的比例已分别达40%和90%以上[1]。

溶剂油是五大类石油产品之一，目前约有 400~500 个品种，广泛应用于涂料、食用油、印刷油墨、皮革、农药、杀虫剂、橡胶、化妆品、香料、化工聚合、医药及 IC 电子部件清洗等诸多方面[2]。由于溶剂油馏程较轻，挥发性较强，随着环保法规的完善和油品使用安全性能要求的提升，溶剂油产品的硫化物和芳烃含量等指标限制越来越严格。经过超深度精制，脱除芳烃、硫和氮等杂质得到的特种清洁溶剂油产品，以其无色、无味、无毒、化学惰性以及优良的光、热安定性等特点，成为产品市场发展的主流。与此同时，针对脱芳烃 D 系列特种溶剂油长期以来没有统一标准的现状，我国近期制定颁布了《轻质白油》行业标准，将脱芳烃 D 系列特种溶剂油纳入到轻质白油标准范畴，对产品的分类以及产品硫含量、芳烃含量、颜色、溴指数、铜片腐蚀等指标提出明确统一的规范，促进我国这类产品的质量标准和产品分类进一步向高端、专业、系列化方向发展。

国外以 ExxonMobil 公司和 Shell 公司为代表的轻质白油产品已向低硫、低芳烃、系列化方向发展[3]。轻质白油生产包括精制脱芳烃和精密分馏过程，而关键在于精制脱芳烃技术。加氢法以原料适应性强、产品质量好、产品收率高、操作简便、催化剂使用寿命长、经济效益好等特点，在国内外得到广泛应用。针对轻质白油的生产，中国石化抚顺石油化工研究院（FRIPP）开发了系列加氢催化剂以及配套的高压一段、中压两段及高压一段串联加氢工艺并相继实现工业化，利用不同的原料生产优质轻质白油，产品质量达到国外同类产品的水平[4]。

一、润滑油基础油的性能要求与生产技术

（一）润滑油基础油的组成与性能

基础油，既是润滑油添加剂的"载体"，同时也是润滑油的主体，是不同类型烃类的混合物，一般包括饱和烃、芳烃以及含硫、氧、氮的极性有机化合物和胶质、沥青质等非烃化合物。理想的润滑油基础油，应具有适当的黏度和好的黏温性能、低的蒸发损失、优良的低温流动性、良好的氧化安定性、适宜的对氧化产物及添加剂的溶解能力以及好的抗乳化型与空气释放值等性能。

基础油中不同组分对于润滑油的特性起着不同的作用，产生正面或负面的影响。

不同烃类对基础油性能的影响如表 15-1-1 所示，不同烃类的黏度指数列于表 15-1-2。可以看出，黏度指数的分布为：正构烃>异构烃>单环环烷烃>双环环烷烃>三环以上环烷烃。

表 15-1-1　不同组分对基础油主要理化特性的影响[5]

项目	饱和烃			芳烃			极性物		
	正构烷烃	异构烷烃	环烷烃	单环芳烃	双环芳烃	多环芳烃	硫化物	氮化物	氧化物
黏温性质	优	优	良	良	稍差	差	差	差	差
蒸发损失	低	你	较高	较高	高	高	差	差	差
低温流动性	差	优	良	良	差	差	差	差	差
氧化安定性	优	优	良	良	稍差	差	抗氧化	促氧化	促氧化
溶解能力	差	差	良	优	优	优			
抗乳化性	优	优	优	良	稍差	差			

表 15-1-2　不同烃类的黏度指数[5]

烃的类型	黏度指数	烃的类型	黏度指数
正构烃	约 175	三环以上环烷烃	约 50
异构烃	约 155	烷基苯	约 50
单环环烷烃	约 142	三环芳烃	约 60
双环环烷烃	约 70		

从表 15-1-2 可以看出，基础油的理想组分是异构烷烃以及少环带长侧链烷烃的环烷烃，而正构烷烃由于倾点高，多环烷烃及芳烃由于氧化安定性差等原因均非理想组分。传统"老三套"工艺通过物理分离模式将非理想组分(多环芳烃、极性物等)除去，不能改变油中既有的烃化物结构，因而基础油性能高度依赖于原油性质。相比之下，加氢工艺通过化学反应模式，可以改变原来的烃类结构，把油中的环状物、饱和烃、芳烃等转变为理想的组分，因而对原料的限制相对宽泛；与常规溶剂精制油相比，加氢基础油具有低硫、低氮、低芳烃含量、低毒性、较高黏度指数、优良热安定性和氧化安定性，挥发度较低，良好的黏温性能和添加剂感受性等特点。与 PAO 合成油相比，加氢油在性能上已与其接近，但价格上却比合成油低得多，仅为其 1/3~1/2，具有明显的价格优势[6]。

(二)生产润滑油基础油的加氢裂化技术

加氢裂化工艺是一个使用高效加氢和裂化双功能催化剂的重油轻质化过程，同时由于催化剂的酸性功能，反应过程中还伴随着不同程度的烃类异构化反应，其异构化反应深度随着催化剂的酸性载体及加氢金属的调变而有所不同。通过饱和、开环、脱除杂原子、裂化以及异构化反应等，加氢裂化过程把低黏度指数组分转变为高黏度指数组分(黏度指数可提高 50~60 个单位)，可以生产 API Ⅱ/Ⅲ 类基础油，产品收率高，原料适应性强，并副产高价值的煤油、柴油及少量石脑油。自 20 世纪 60 年代末第一套采用原美国海湾石油公司技术生产 API Ⅱ 类基础油的润滑油型加氢裂化装置投产以来，国外 BP、ExxonMobil、Chevron 公司相继开发出此类加氢裂化技术并实现工业应用。据报道[7]，Chevron 公司的润滑油加氢裂化(Isocracking)催化剂，在得到黏度指数相同的基础油时，收率比其他技术高 10% 左右；在基础油收率相同时，黏度指数提高约 8~10 个单位。目前国外采用润滑油型加氢裂化-异构脱蜡与加氢后精制生产 API Ⅱ/Ⅲ 类基础油的工业装置约 80% 都采用这种催化剂。同溶剂精制过程比，润滑油型加氢裂化最大特点是含蜡基础油收率高，原料品质与含蜡基础油收率的关系见表 15-1-3。可以看出，原料的黏度指数越低，加氢裂化过程的优越性越明显。提高加氢裂化操作苛刻度，可以增加目的产品的黏度指数和收率，黏度指数为 15 的原料，经加氢裂化后可提高到 100[8]。

表 15-1-3　原料品质同含蜡基础油收率的关系

减压馏分油原料黏度指数	含蜡基础油收率/%		
	溶剂精制过程	Isocracking 加氢裂化过程	加氢裂化与溶剂精制差值
25	20	55	+35
50	50	72	+22
75	70	82	+12

进入 20 世纪 90 年代，原油资源愈加重质化和劣质化，而市场对中间馏分油的需求却不断增加，因此，燃料型加氢裂化在世界范围内的应用快速增长，并成为现代炼化企业油、化、纤结合的核心工艺。根据目的产品不同，加氢裂化装置转化率一般控制在 60%~90%，即产生 10%~40% 的未转化油(尾油)。加氢裂化尾油具有颜色浅、硫/氮杂质少、芳烃含量低等特点，通过加氢脱蜡可以生产高黏度指数的 API Ⅱ/Ⅲ 类基础油以及工业级、食品级白油产品。因此，加氢裂化装置在满足生产清洁马达燃料和优质石油化工原料要求的同时，可以兼顾生产部分尾油供作优质润滑油基础油和白油原料。

燃料型加氢裂化与润滑油型加氢裂化生产基础油料的最大区别是目的产品收率不高。研究表明，燃料油型加氢裂化装置尾油中烷烃含量随转化率的提高而增加，因此，高转化率加氢裂化装置的尾油是生产 API Ⅲ 类基础油的优质原料[9]；相比之下，制取低黏度、低倾点、黏度指数大于 120 的 API Ⅲ 类基础油以燃料型加氢裂化尾油作为原料比较经济，二者的比较见表 15-1-4。

表 15-1-4 润滑油型与燃料型加氢裂化的比较[10]

项 目	润滑油型加氢裂化	燃料型加氢裂化
转化率/%	30	60
基础油组成/%		
链烷烃	17.6	45
环烷烃	76.5	50
芳烃	5.8	5.5

燃料型加氢裂化尾油的全馏分黏度很小，用其生产基础油时应进行分馏切割，将低沸点馏分回炼或作为蒸汽裂解原料，重馏分加工制取 API Ⅲ 类基础油；一般加氢裂化尾油凝点很高，且含有部分加氢的芳烃，因而光安定性差，生产 API Ⅲ 类基础油适宜采用异构脱蜡技术，使脱蜡与芳烃加氢饱和在同一套装置中进行。通过对加氢裂化尾油进行馏分切割，采用不同馏分分别进料方式，使得各馏分进料分别在各自适宜的工艺条件下操作，从而避免过度异构，造成倾点指标过剩和基础油黏度指数和收率的损失。

韩国 SK 公司最早采用 UCO 润滑油生产工艺，将燃料型加氢裂化尾油进行催化脱蜡，生产 API Ⅱ 类基础油。加氢裂化装置采用 UOP 公司技术及其 HCK 和 HC-22 催化剂，加工科威特减压馏分油；下游催化脱蜡原来采用 ExxonMobil 公司的 MLDW 技术，为了提高脱蜡油收率和质量，1997 年 6 月换用 Chevron 公司异构脱蜡催化剂，加氢裂化尾油分馏切出适当馏分，经异构脱蜡制取 API Ⅲ 类基础油[11]。

韩国 SK 公司生产的基础油性质见表 15-1-5。

表 15-1-5 韩国 SK 公司生产的基础油性质

项 目	YUBASE-4	YUBASE-6
运动黏度/(mm²/s)		
40℃	19.1	32.5
100℃	4.2	6.0
黏度指数	126	133
闪点/℃	220	234
倾点/℃	-15	-15
CCS 黏度(-25℃)/mPa·s	770	2220
Noack 蒸气损失/%	14.5	7.0
硫含量/(μg/g)	<1	<1
芳烃含量/%	<0.5	<0.5

制取 API Ⅲ 类基础油的另一种途径是用蜡膏作为润滑油加氢裂化装置的进料。20 世纪 70 年代 Shell 公司在法国 PetitCouronne 炼油厂以软蜡为原料，通过加氢裂化-加氢异构化/加氢后处理-溶剂脱蜡生产黏度指数为 145 的超高黏度指数基础油。90 年代，Mobil 公司开发了 Pt-β 分子筛加氢异构化催化剂，使软蜡加氢异构化的转化率有了较大提高。与燃料型加

氢裂化尾油生产的 API Ⅲ 类基础油相比，除黏度指数更高外，挥发性更低，氧化安定性更好[11]。

　　FRIPP 在自主知识产权加氢裂化和异构脱蜡技术开发与工业应用基础上，根据原料特点和用户实际工况，开发了以下三种加氢裂化尾油生产 API Ⅱ／Ⅲ 类润滑油基础油的工艺：一是加氢裂化尾油低压异构脱蜡技术，先后在中国石化金陵分公司 100kt/a 与齐鲁分公司 200kt/a 装置上工业应用，产品达到 API Ⅲ 类基础油标准，工业应用结果参见本章第三节；二是高压一段串联技术，采用加氢裂化尾油异构脱蜡–加氢补充精制工艺，原则流程见图15-1-1，该技术在海南某企业 230kt/a 润滑油加氢装置上工业应用，生产 API Ⅱ 类／Ⅲ 类润滑油基础油，工业生产数据参见本章第三节；三是加氢裂化与尾油异构脱蜡–补充精制组合工艺技术，该工艺包括加氢裂化和尾油异构脱蜡两个单元，加氢裂化单元的尾油直接供给异构脱蜡单元作原料。新氢（补充氢）一次通过异构脱蜡单元，尾氢直接返回给加氢裂化单元作补充氢，原则流程见图 15-1-2；由于两个单元实现深度联合，装置的建设投资和操作费用明显降低，采用该技术设计的 2.4Mt/a 加氢裂化–400kt/a 尾油异构脱蜡装置在中国石化茂名分公司建成投产。

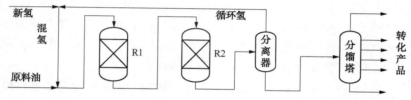

图 15-1-1　生产润滑油基础油的高压一段串联工艺流程

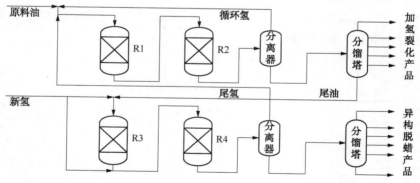

图 15-1-2　加氢裂化与尾油异构脱蜡–补充精制组合工艺流程

　　通常情况下，加氢裂化工艺以生产轻质馏分油为主，加氢裂化未转化油的链烷烃含量高，导致凝点比较高，达到 28～40℃，若生产润滑油基础油时，则增加后续加工过程的难度，同时也降低润滑油基础油的收率。如果能够有效降低加氢裂化未转化油的凝点，将大幅降低后续异构脱蜡单元的加工难度并显著增加润滑油基础油产品的收率。为此，FRIPP 率先提出并开发了双重异构化技术，在加氢裂化装置上选用具有较强异构性能的加氢裂化催化剂，显著增加未转化油的异构烃含量，同时较大幅度降低倾点，从而减轻下游异构脱蜡的苛刻度，在保持润滑油基础油高质量的基础上，使润滑油基础油收率大幅度提升。

　　FRIPP 选择自行开发具有异构化性能的 FC-14 加氢裂化催化剂与常规灵活型或高中油型加氢裂化催化剂，以伊朗 VGO 为原料进行加氢裂化得到润滑油基础油料，然后，采用相同的异构脱蜡催化剂 FIW-1 和补充精制催化剂 FHDA-1，在试验装置上进行双重异构化技术与一般异构化技术生产润滑油基础油的比较，结果见表 15-1-6。由表可知，由于 FC-14 催化剂的强异构性能，大幅降低了润滑油基础油料的凝点，这意味着异构脱蜡难度大大降低，因此，在异构脱蜡空速提高 50%、反应温度降低 15℃ 的情况下，双重异构化技术液体产品收率比一般异构化技术高 2~3 个百分点，润滑油基础油收率高近 10 个百分点。该技术在中国石化海南炼化分公司 1.2Mt/a 加氢裂化装置以及当地 230kt/a 异构脱蜡装置上工业应用，结果表明，主要目的产品润滑油基础油收率高达 96.88%，处于国际同类技术领先地位，是加氢裂化尾油高效生产 APIII 类润滑油基础油的适宜工艺技术。

表 15-1-6　FRIPP 双重异构化技术与一般异构化技术的比较

工艺过程	双重异构化	一般异构化
原料油	伊朗 VGO	
加氢裂化工艺条件		
催化剂(精制段/裂化段)	FF20/FC-14	FF36/FC-46
>385℃ 转化率/%	约 65	约 70
加氢裂化未转化油的性质:		
硫含量/(μg/g)	6.2	<10.0
氮含量/(μg/g)	1.4	1.0
凝点/℃	9	36
黏度指数	105	129
质谱组成/%		
链烷烃/芳烃	40.6/13.0	44.5/3.8
环烷烃	45.4	51.7
其中: 单环/双环/三环	15.3/14.1/7.3	18.6/14.5/8.6
四环/五环/六环	5.0/3.4/0.3	5.7/3.5/0.6
异构脱蜡-补充精制试验结果:		
液体产品收率/%	98.05	95.45
>280℃ 目的产品基础油收率/%	94.94	84.80
>400℃ 基础油产品性质		
倾点/℃	-18	-18
黏度指数	103	114

润滑油加氢裂化技术生产基础油，可以加工质量比较差的原料，目的产品收率和质量高，副产品价格高，缺点是目前还不能生产重质润滑油料；利用现有的燃料型加氢裂化尾油既有利于提高加氢裂化装置灵活性、缓和装置操作条件，还可以在无需扩大原油减压蒸馏装置的情况下提高基础油数量与质量。

目前加氢裂化与传统工艺、异构脱蜡加氢工艺相结合生产优质润滑油基础油的加工流程主要有如下几种：

流程①：润滑油加氢裂化→溶剂脱蜡；

流程②：润滑油加氢裂化→溶剂脱蜡→芳烃饱和；

流程③：润滑油加氢裂化→异构脱蜡→补充精制；

流程④：燃料型加氢裂化→异构脱蜡→补充精制；

流程⑤：燃料型加氢裂化→溶剂脱蜡→芳烃饱和；

流程⑥：蜡膏异构化→溶剂脱蜡→补充精制。

采用 FRIPP 加氢裂化/异构脱蜡技术的 6 套工业装置均采用流程④。流程③和流程④的全加氢工艺正在为许多国家所采纳，用来生产 API Ⅱ/Ⅲ类基础油以及高档白油等特种油品。

(三) 催化脱蜡和异构脱蜡技术

催化脱蜡、异构脱蜡在我国又分别被称为临氢降凝、异构降凝，可以统称为加氢脱蜡技术，从本质上讲，是属于加氢裂化的工艺过程。加氢脱蜡技术源于 20 世纪 60 年代末合成 ZSM-5 分子筛型择形催化剂的发现。70 年代末期，催化脱蜡技术开始用于工业装置从减压蜡油生产润滑油基础油。80 年代合成贵金属分子筛双功能催化剂，90 年代初，异构脱蜡技术开始用于从加氢裂化尾油生产高黏度指数润滑油基础油。为满足优质润滑油基础油日益增长的需求，加氢脱蜡技术近年来在许多国家得到大力的发展和应用。据不完全统计，到 2014 年年底，世界上已投产的润滑油加氢脱蜡装置已超过 60 套，总加工能力在 20Mt/a 以上；在我国，润滑油加氢脱蜡装置超过 15 套，总加工能力在 2.5Mt/a 以上。

以加氢裂化(处理)、催化脱蜡、异构脱蜡为核心的加氢工艺目前已成为润滑油生产技术发展的主流。

1. 催化脱蜡技术

催化脱蜡(Catalytic Dewaxing)，是在含有择形分子筛的催化剂和氢气条件下，利用分子筛对反应物的择形作用，选择性地使能进入孔道内的高凝点正构烷烃及类正构烷烃裂解成低凝点烃分子，从而降低油品凝点或倾点的过程，也称为择形裂化(Shape selective cracking)。催化脱蜡的技术关键是择形分子筛催化剂，可采用的分子筛有丝光沸石、毛沸石、ZSM-5 等。

早期的催化脱蜡催化剂大多采用丝光沸石[12]，采用石蜡基或环烷基润滑油馏分为原料生产低凝点油品，由于丝光沸石选择性较差，没能在工业上推广。随着中孔沸石的合成，ZSM-5 分子筛以其更优越的择形催化性能及稳定性，逐渐成为应用最广泛、技术最成熟的催化脱蜡催化剂组分。

伴随催化剂的开发，催化脱蜡工艺于 20 世纪 70 年代得到发展，主要分为三类，即汽油、中间馏分油(柴油或喷气燃料)和润滑油馏分的催化脱蜡。润滑油馏分进行催化脱蜡，主要目的是脱除油中的蜡从而降低油品的倾点/凝点、改善低温流动性，生产高黏度指数的润滑油基础油和白油。生产润滑油基础油的催化脱蜡工艺一般采用两台反应器串联流程，第一台反应器装填脱蜡催化剂降低凝点/倾点，第二台反应器装填补充精制催化剂，改进产品安定性、颜色等性能。

基础油中好的组分是异构烷烃及少环而带长侧链烷烃的环烷烃，而正构烷烃由于倾点高，多环烷烃及芳烃由于氧化安定性差等都不是理想组分。传统的溶剂脱蜡是一种物理分离技术，利用选择性溶剂对油溶解而对蜡不溶或少溶的特性，把油中的非理想组分(多环芳烃，极性物等)除去，不能改变油中既有的烃化物结构，因而产品性质大大依赖于原油性质。催化脱蜡是一种化学分离技术，它把含蜡原料油通过催化剂的择形作用使蜡选择性转化，从而达到分离的目的。相比之下，催化脱蜡表现出投资省、操作及维修费用低、原料适应性强、可以生产凝点极低的特种油品等优势，因此，Mobil 公司开发的 MLDW 技术一经问世，便打破了溶剂脱蜡垄断脱蜡技术的局面，成为工业装置应用最多的润滑油催化脱蜡技术。英国 BP 公司、美国 UOP 公司开发的润滑油催化脱蜡技术，虽然也有 1~2 套工业装置采用，但由于丝光沸石的择形脱蜡选择性不好，并没有得到大量工业应用。

英国 BP 公司开发的润滑油催化脱蜡工艺于 1977 年在美国 Exxon 公司 Baytown 炼油厂实现工业化，用环烷基和石蜡基油料生产低倾点、低黏度特种油及润滑油，如变压器油、冷冻机油和液压油等。ExxonMobil 公司采用 ZSM-5 择形分子筛催化剂的润滑油催化脱蜡技术（MLDW，Mobil Lube Dewaxing）1978 年在法国 Gravenchen 炼油厂 320kt/a 装置工业试验成功之后，从 1981 年起相继建成 14 套工业装置，生产从轻中性油到光亮油的基础油。我国 FRIPP、RIPP 和抚顺石油三厂开发的润滑油基础油催化脱蜡技术，分别在中国石化齐鲁分公司 200kt/a、中国石油克拉玛依石化分公司 300kt/a、中国兵器集团盘锦北方沥青股份有限公司 200kt/a、盘锦宏业石油化工有限公司 100kt/a、中国石油抚顺石化分公司 100kt/a 工业装置上得到工业应用，生产低温流动性能好、凝点低、黏度指数高和添加剂感受性好的优质润滑油基础油、环烷基特种油以及工业白油产品。

ExxonMobil 公司在 20 世纪 60 年代末期开发 ZSM-5 择形分子筛催化剂，在此基础上开发的润滑油催化脱蜡技术（MLDW，Mobil Lube Dewaxing）1974 年进行工业试验，1978 年在法国 Gravenchen 炼油厂 320kt/a 装置工业应用成功。从 1981 年开始，澳大利亚、美国、日本、沙特阿拉伯等国家相继建成 14 套 MLDW 工业装置，生产从轻中性油到光亮油的不同基础油。ExxonMobil 公司先后开发了四代 MLDW 催化剂，性能不断改进和提高，实现从锭子油到光亮油不同黏度等级基础油的有效脱蜡，装置运转周期不断延长、基础油质量提高，MLDW 是迄今工业应用最多的润滑油催化脱蜡技术。英国 BP 公司开发的以 Pt-丝光沸石为催化剂的润滑油催化脱蜡工艺曾于 1977 年和 1986 年用在美国 Baytown 炼油厂和 PortArthur 炼油厂，采用环烷基和石蜡基油料生产低倾点、低黏度特种油及润滑油，如变压器油、冷冻机油和液压油等，但由于丝光沸石的选择性较差，后来先后关闭停产[13]。

我国抚顺石油三厂在 20 世纪 70 年代初开展加氢法生产润滑油工艺的开发，1973 年完成两段法催化脱蜡技术的工业试验，随后又开发加氢裂化-催化脱蜡-加氢精制联合工艺，70 年代中后期实现工业化，直接处理大庆减压馏分油及其加氢裂化尾油，生产优质润滑油基础油[14]。FRIPP 先后开发了 FDW-1、FDW-10、FDW-3 催化脱蜡催化剂，分别在中国石化齐鲁分公司 200kt/a、盘锦北方沥青股份有限公司 200kt/a 工业装置上实现应用。齐鲁分公司以加氢裂化尾油为原料，经过催化脱蜡辅以磺化精制生产白油和多种润滑油产品[15]；盘锦北方沥青股份有限公司以进口高硫和高凝点环烷基馏分油为原料，生产低凝变压器油、冷冻机油和环烷基橡胶填充油，该过程所得产品根据需要还可用贵金属催化剂进一步加氢达到食品级产品要求[16]。RIPP 开发的 RDW-1 催化剂在中国石油克拉玛依石化分公司 300kt/a 工业装置应用，生产环烷基特种油品[17]。

催化脱蜡的进料与溶剂脱蜡相同，包括各种不同黏度等级（从锭子油料到光亮油料）的溶剂精制含蜡油和加氢处理或加氢裂化的含蜡油以及未精制的脱沥青油、环烷基馏分油等，溶剂精制的蜡下油也可以用作催化脱蜡的原料。与溶剂脱蜡采用的物理分离过程不同，催化脱蜡是一种化学分离过程，通过催化剂的择形作用，只允许原料油中正构烷烃和少侧链的异构烷烃进入催化剂孔道进行裂化反应，而倾点较低的多支链异构烷烃、多支链单环芳烃、多环环烷烃等组分不能进入孔道发生反应，从而达到分离的目的。相比溶剂脱蜡，催化脱蜡表现出投资省、操作及维修费用低、原料适应性强、可以生产凝点极低的特种油品等优势，因此，ExxonMobil 公司的 MLDW 技术一经问世，便打破了溶剂脱蜡垄断脱蜡技术的局面，成为工业装置广泛采用的润滑油催化脱蜡技术。催化脱蜡与溶剂脱蜡相比有许多优点，但也有一些缺点，比如，采用相同原料油得到相同倾点基础油的情况下，因为催化脱蜡比溶剂脱蜡脱除更多烷烃，造成基础油收率和黏度指数下降，但由于烷烃是低黏度高黏度指数组分，虽然催化脱蜡油的收率有所降低，但低温黏度好一些。

目前工业应用的催化脱蜡技术生产润滑油基础油的加工流程主要有以下四种：

流程①：溶剂抽提-催化脱蜡；

流程②：溶剂抽提-溶剂脱蜡-催化脱蜡；

流程③：加氢处理-催化脱蜡-加氢精制；

流程④：加氢裂化-催化脱蜡。

表15-1-7列出润滑油催化脱蜡的研究开发概况。

表 15-1-7 润滑油馏分催化脱蜡研究开发概况[18~21]

项　　目	英国 BP	美国 Exxon Mobil	中国抚顺石油三厂	中国石化 FRIPP
原料油	石蜡基馏分油	沙轻糠醛抽余油	大庆减压馏分油	加氢裂化尾油
馏程/℃	255~430	232~565	300~550	323~519
凝点/℃	-3~21		45~50	35~37
反应条件				
温度/℃	300~450	320~370	400~450	300
压力/MPa	3.5~21.0	1.7~20.7	15~20	4.0~8.0
产品	变压器油	低凝点、高黏度指数润滑油	>320℃馏分	中、轻质润滑油
凝点/℃	-45	<-40	-8~-13	-18

2. 异构脱蜡技术

异构脱蜡(Isodewaxing)在催化脱蜡技术基础上发展而来，它主要采用含中孔分子筛如 SAPO-11、ZSM-22 或 ZSM-23 类的贵金属双功能催化剂，使高凝点的长直链烃分子发生异构化反应，生成低凝点、含有 2~3 个侧链的异构烷烃，从而达到脱蜡、降低油品凝点/倾点的目的，也称为择形异构化(Shape Selective Isomerization)。异构脱蜡的技术关键是采用具有特定孔径和走向的择形分子筛催化剂，通过加氢异构化和选择性加氢裂化，降低油品凝点的同时，将理想组分异构烷烃保留在产品中，因而目的产品收率较高。

ZSM-5 分子筛催化剂虽然可有效裂解高凝点分子，降低油品凝点(倾点)，但不可避免地会造成目的产品收率的损失。因此，目前工业化异构脱蜡催化剂主要以低酸性的 ZSM-23/48 分子筛和 SAPO 类分子筛为酸性组分，以贵金属作为加氢组分。异构脱蜡技术目前主要用于生产低凝点柴油和高黏度指数润滑油基础油，国外 ExxonMobil、Chevron、Shell 等公司和我国 FRIPP 开发的润滑油异构脱蜡技术均获得较为广泛的应用，我国 RIPP 的技术即将实现工业应用。

ExxonMobil 公司在 20 世纪 70 年代后期成功合成 ZSM-23 分子筛基础上，开发了以 Al$_2$O$_3$ 为黏结剂的贵金属 Pt-(ZSM-23)异构脱蜡催化剂，80 年代前期率先推出生产 II/III 类润滑油基础油的 MSDW(MSDW, Mobil Selective Dewaxing)技术，1997 年 6 月首次用于新加坡 Jurong 炼油厂，生产 API II 类/III 中性油及光亮油，基础油产率和黏度指数均优于 MLDW 工艺，两者典型数据对比见表 15-1-8。2000 年 4 月开发第二代异构脱蜡催化剂 MSDW-2，在催化剂酸性、金属负载方法、提高加氢活性等方面作了改进，基础油产品的黏度指数更高，倾点更低。配套的加氢后精制新催化剂 MAXSAT，能够抗较多的极性化合物，即使有中等含量的极性化合物存在也能使芳烃高度饱和，而且密度低，金属用量少，成本低，也已在多套工业装置上使用。据该公司的宣传介绍，由于 MSDW 工艺异构选择性好，抗硫氮中毒能力强(可抗硫 50μg/g，抗氮 5μg/g)，运转寿命长，工业应用装置达 20 套，正逐渐成为国际技术市场的主导[22]。

表 15-1-8　MSDW 与 MLDW 技术生产光亮油的典型数据对比[22]

项　　目	MSDW 案例 1	MSDW 案例 2	MLDW
倾点/℃	-14	-7	-6
浊点/℃	-1	3	
运动黏度/(mm²/s)			
100℃	29.90	29.10	31.86
40℃	410.1	389.2	486.7
黏度指数	102	103	96
絮状物	无	无	无

与此同时，ExxonMobil 公司在 20 世纪 80 年代初开发了以 SiO_2 为黏结剂的贵金属 Pt-β 分子筛异构脱蜡催化剂，并在 90 年代前期率先推出用含油蜡生产超高黏度指数基础油的 MWI 工艺(MWI，MobilWaxDewaxing)技术，采用缓和加氢裂化-异构脱蜡-溶剂脱蜡组合工艺，可以得到收率在 60%以上、黏度指数高达 144~147 的 API Ⅲ类基础油，无论是收率还是黏度指数都比采用传统异构脱蜡催化剂高得多。第二代蜡异构化工艺 MWI-2 用于天然气合成蜡生产超高黏度指数Ⅲ类基础油，所得基础油的黏度指数高于聚 α-烯烃(PAO)，运动黏度(100℃)与 PAO 相近，但生产成本远低于 PAO。

Shell 公司也开发了以软蜡为原料生产Ⅲ类基础油的技术，采用缓和加氢裂化-异构脱蜡-溶剂脱蜡组合工艺，20 世纪 70 年代末在法国实现工业化，生产的基础油黏度指数高达 145。后来在澳大利亚和马来西亚又有两套工业装置建成投产。由于原料有限，催化剂不适用于含蜡量低的中间基油，且寿命不长，基础油收率不高，生产成本较高等原因，未能大量推广应用。

Chevron 公司在 20 世纪 80 年代中期合成 SAPO-11 分子筛的基础上，开发了以 Al_2O_3 为黏结剂的贵金属 Pt-(SAPO-11)异构脱蜡催化剂，80 年代后期推出异构脱蜡(Isodewaxing，IDW)工艺用于生产润滑油基础油。此后，又开发出贵金属 Pt-(SSZ-32)异构化催化剂，既扩大了原料油的范围，又提高了润滑油基础油的收率和黏度指数。IDW 技术 1993 年在美国 Richmond 炼油厂实现工业化，通过加氢裂化-异构脱蜡/加氢后处理，从阿拉斯加北坡原油生产低倾点、高黏度指数的优质 100N、240N 和 500N 润滑油基础油，这是世界上第一套润滑油异构脱蜡工业装置。自此，IDW 技术在世界范围内得到广泛应用，目前国外采用全氢法生产 API Ⅱ/Ⅲ类润滑油基础油的工业装置中，约 80%采用 Chevron 公司技术。据报道[23]，已获得 IDW 技术许可证的装置共 20 套，总加工能力 185000BPSD，约合 9.25Mt/a。

我国 FRIPP 从 20 世纪 90 年代后期开始加氢法制取优质基础油方面的研发工作。根据微中孔择形分子筛的异构化机理，选择适宜的分子筛合成路线，开发了新型分子筛，制备异构脱蜡催化剂；通过加氢裂化尾油、加氢处理蜡油和溶剂精制-加氢处理蜡油等不同原料适应性试验和含有分子筛贵金属催化剂反应环境等研究，开发出可生产优质 AP Ⅲ、Ⅲ类基础油的石蜡烃异构脱蜡(WSI，Wax Selective Isomerization)工艺，原料油可以是减压馏分油、轻脱沥青油和蜡下油等重质馏分油，也可以是加氢裂化尾油。以加氢裂化尾油为原料低压异构脱蜡技术，最早于 2005 年 1 月在中国石化金陵分公司 100kt/a 工业装置上成功应用，生产优质橡胶填充油和 API Ⅱ/Ⅲ 类润滑油基础油，装置已平稳运转超过 8 年；2008 年 4 月在中国石化齐鲁分公司 200kt/a 装置第二次工业化，产品达到 API Ⅲ 类基础油要求；异构脱蜡-补充精制一段串联技术，2011 年 1 月在某企业 230kt/a 润滑油加氢装置上工业应用，满足 API Ⅱ 类润滑油基础油、白油等特种油品的生产需要。迄今，以加氢裂化尾油为原料的工业应用装置已有 6 套。以含蜡馏分油为原料，采用加氢处理-异构脱蜡-补充精制高压两段加氢工艺生产 API Ⅱ/Ⅲ 类基础油技术于 2013 年 5 月在河北某企业首次应用，生产的基础油满足 Ⅲ+类 6 号基础油产品要求。

我国 RIPP 开发的润滑油异构降凝技术(RIW)，用糠醛精制油、减压馏分油、轻脱沥青油、加氢裂化尾油分别进行了试验，可以生产 API Ⅱ 类和 Ⅲ 类润滑油基础油[24]；中国科学院大连化学物理研究所、中国石油化工研究院联合开发的润滑油加氢异构脱蜡催化剂[25]可用于加工各种减压馏分油、加氢裂化尾油、蜡下油等含蜡原料，高收率生产高档润滑油基础油，并于 2008 年在中国石油大庆炼化分公司 200kt/a 润滑油基础油加氢异构脱蜡装置上替代引进技术实现工业应用，与原引进技术相比，装置加工能力可提高近 20%，重质基础油收率可提高 21 个百分点。

与溶剂脱蜡、催化脱蜡相比，异构脱蜡过程得到的基础油收率高、质量好，而且在投资和操作方面也有较大优势(表 15-1-9)。异构脱蜡除了能得到高收率、高黏度指数的 API Ⅱ/Ⅲ 类基础油主产品外，所得副产品中汽油和液化气很少，主要为低冰点、高烟点喷气燃料和低凝点、高十六烷值柴油，产品附加值提高，所以在工业上得到了比较好的应用。

表 15-1-9 异构脱蜡与其他脱蜡技术的比较[26]

项目	溶剂脱蜡	催化脱蜡	异构脱蜡
脱蜡方法	物理脱蜡	化学脱蜡-蜡裂化	化学脱蜡-蜡异构化
产品倾点/℃	−10~−15	−10~−50	−10~−50
产品收率/%	基准	相同或较低	较高
产品黏度指数	基准	低	高
副产品	蜡膏	较多气体和石脑油	较少的气体、石脑油和优质中间馏分
相对建设投资/%	100	60~80	60~85
相对操作费用/%	100	50~60	55~65

异构脱蜡催化剂一般采用贵金属 Pt 作为加氢-脱氢组分，对原料油中的硫、氮、金属等杂质都非常敏感，必须通过深度精制，把原料油中氮含量降到 2μg/g 以下、硫含量降到 15μg/g 以下。因此，已经工业应用的异构脱蜡技术多数采用加氢裂化(加氢处理)-异构脱蜡-加氢补充精制的全加氢工艺，也有采用与老三套工艺相结合的组合工艺，对原料进行预处理，主要是提高黏度指数并降低其硫、氮含量，补充精制的主要作用是使产品所含芳烃和烯烃进一步饱和，从而改善安定性和颜色。

目前工业应用的异构脱蜡技术生产 API Ⅱ/Ⅲ 类润滑油基础油的组合工艺流程主要有以下几种：

流程①：润滑油加氢裂化-异构脱蜡-加氢补充精制；

流程②：燃料型加氢裂化-异构脱蜡-加氢补充精制；

流程③：馏分油加氢处理-异构脱蜡-加氢补充精制；

流程④：蜡膏或软蜡缓和加氢裂化(加氢处理)-异构脱蜡-溶剂脱蜡；

流程⑤：溶剂抽提-加氢处理-异构脱蜡；

流程⑥：GTL 合成蜡加氢异构化-异构脱蜡。

二、白油与轻质白油的加氢生产技术

（一）生产白油的加氢技术

白油是经超深度精制脱除芳烃、硫和氮等杂质而得到的特种矿物油品，一般由相对分子质量为 300~400 的环烷烃和烷烃组成，属润滑油馏分，具有无色、无味、无嗅、化学惰性以及优良的光、热安定性。白油使用性能要求和安全性要求与一般的润滑油基础油有所不同，属于特种润滑油基础油产品。

国内将白油产品分为四个等级，工业级、化妆品级、食品级和医药级，发达国家则将白油分成技术级和食品级，对应国内的工业级和化妆品以上级别产品。工业白油除要求油品色度不低于+30 赛氏号外，其他指标要求不高，可以采用常规加工手段经过深度精制获得；而化妆用特别是食品（医药）级白油除色度外，对芳烃特别是稠环芳烃含量、闪点、氧化安定性等都有严格要求。近年来，随着食品加工安全、环保、日化、家电等制品的使用安全性要求日趋严格，产品质量以及高档白油需求量逐年增长，以减压馏分油、润滑油基础油、加氢裂化尾油、异构脱蜡基础油为原料，采用加氢法制取高档白油已成为主导技术；而工业级白油生产方面，国外大多数厂商是在生产 API Ⅱ类、Ⅲ类基础油的同时，附带产出一部分白油；我国一般以加氢基础油为原料，采用简单磺化法或中低压加氢法生产。

20 世纪 60 年代开始出现加氢法生产白油的技术，1965 美国利安德（Lyondell）公司建成第一套白油加氢装置。白油加氢过程的主要目的就是脱除原料油中的硫、氮等杂质，并使芳烃深度饱和，使之满足易炭化物、紫外吸光度等质量指标要求。白油加氢典型工艺过程有一段法流程和两段法流程，适用于不同的原料。

以加氢裂化尾油和低硫、低氮含蜡油为原料时，原料的硫含量一般小于 $10\mu g/g$，氮含量小于 $5\mu g/g$，芳烃含量小于 5%，倾点满足要求，一般采用一段加氢工艺流程；以传统"老三套"加工流程生产的润滑油基础油馏分为原料时，一般采用两段流程，第一段脱除原料中的含硫和含氮化合物，同时使大部分芳烃加氢饱和；第一段产物经过汽提或蒸馏拔顶后进入第二段，第二段为加氢后精制段，饱和残存的芳烃。

FRIPP 自 20 世纪 70 年代末开始开展加氢法生产白油的工艺及催化剂的研发，并于 1984 年实现工业应用。以加氢裂化尾油为原料，采用一段高压加氢，生产化妆级白油。随着自有知识产权异构脱蜡技术的开发与应用，FRIPP 又开发出加工不同原料、生产不同等级白油的加氢裂化成套技术，主要包括[27]：

1）一段加氢生产食品级白油技术：采用 FHDA-1 贵金属催化剂，以异构脱蜡基础油、加氢裂化尾油非临氢降凝生产润滑油馏分和低压异构基础油为原料，生产食品级白油。

2）一段串联加氢生产食品级白油技术：以加氢裂化尾油为原料，采用高压一段串联加氢工艺，原料经异构脱蜡降低倾点，再经过补充精制深度脱芳烃，改善产品颜色和安定性，再通过蒸馏得到各种牌号白油产品，食品级白油收率 80% 以上。

3）两段加氢生产高黏度白油技术：以 VGO 为原料，采用高压两段加氢工艺，一段进行加氢处理，脱除原料油中硫、氮等杂质以满足二段催化剂的需要；二段为异构脱蜡-补充精制，含蜡馏分油经异构过程降低倾点，再通过补充精制过程深度脱芳，改善产品颜色，生成油经蒸馏得到不同规格的白油产品，高黏度工业白油产品经过高压补充精制可做优质的 PS（聚苯乙烯）白油及聚丙烯填充油。

4）两段加氢生产食品级白油技术：以基础油馏分为原料，通过两段加氢生产各种牌号的食品白油。一段采用加氢精制-临氢降凝-补充加氢精制工艺流程。加氢精制过程主要脱除原料油中硫、氮等杂质，临氢降凝要求原料油有适度裂解，可以防止加氢生成油倾点回升，补充加氢精制过程进一步饱和生成油中芳烃，生产工业白油优级品。工业白油优级品再通过贵金属催化剂深度芳烃饱和，生产食品级白油。

（二）生产轻质白油的加氢技术

轻质白油是指由石油馏分或合成油馏分经加氢精制及精密分馏而制得的产品，包括铝箔轧制油、杀虫气雾剂油、环保型烃类填充剂等脱芳烃特种溶剂油，是经深度精制脱除芳烃、硫和氮等杂质而得到的溶剂油产品，馏程在120~320℃范围内，主要由烷烃、环烷烃和少量芳烃组成，可以看作是白油产品向下的延续，具有无色、无味、无毒、化学惰性以及优良的光、热安定性等特点。

轻质白油作为烃类溶剂，其性能视其用途不同而有别，选择产品主要考虑的性质有：溶解性、挥发性、安全性。当然，根据用途不同，其他性能也不能忽略，有时甚至更重要。

1995年以前，国内脱芳烃特种溶剂油几乎全部依赖进口，主要是 ExxonMobil 公司的 Dx 系列脱芳烃溶剂油和 Shell 公司的 SS 系列脱芳烃溶剂油，国内多数企业对产品的性质和用途分类时，参照以上两个系列产品标准和牌号。Dx 系列，D 代表脱去芳烃的溶剂油，x 代表闪点，主要牌号有 D20、D30、D40、D60、D70、D80 等，其主要物性指标见下表[29]。

表 15-1-10   Dx 系列特种溶剂油种类及典型性质

项　　　目	D30	D40	D60	D80	D110	D130
初馏点/℃	141	164	187	208	248	281
终馏点/℃	151	192	209	243	266	307
密度（20℃）/（kg/m³）	763	772	782	796	814	819
闪点/℃	30	48	66	82	118	145
赛氏颜色/号	+30	+30	+30	+30	+30	+30
芳烃/%	0.01	0.08	0.20	0.30	0.40	0.50
溴指数/（mgBr/100g）	15	15	20	40	50	25

我国特种溶剂油的开发和批量生产已有近20年，国家对溶剂油标准持续修订与更新，特别是对芳烃含量、硫含量等指标限制越来越严格，开发和应用的特种溶剂油品种历经灯煤、喷气燃料、无味煤油、Dx 系列脱芳烃溶剂油等，根据需求还可细分为馏程较窄（10℃左右）的各段馏分油。为进一步规范产品市场，增强同类产品国际竞争力，经由中国石油化工股份有限公司及全国石油产品和润滑剂标准化技术委员会批准，中国石化 FRIPP 牵头组织制定我国石油化工行业产品标准《轻质白油》（NB/SH/T0913—2015），2016年3月1日实施。标准中轻质白油延用脱芳烃溶剂油市场习惯，主要根据产品闪点进行命名。轻质白油标准分为Ⅰ和Ⅱ两篇，两篇标准中各自对应产品的馏程、闪点、40℃运动黏度基本一致，但芳烃含量、硫含量、溴指数有较大差别，而且产品色号规定也有细微区别。轻质白油（Ⅰ）技术要求相对较低，目前市场上主流的脱芳烃溶剂油产品基本均能达标，而轻质白油（Ⅱ）中技术要求较高，主要适用于较为高端的脱芳烃溶剂油产品。因此，产品品种细分、标准系列化以及质量指标的提高，促进了加氢技术的发展和应用。

特种油品清洁化的核心是降低硫、氮、芳烃等杂质含量，尤其是脱除具强致癌性的稠环芳烃等组分，而采用加氢技术将上述杂质降低至安全允许值至为关键；根据原料类型不同和目的产品用途差异，再辅以改质降低黏度等过程。国外轻质白油加氢技术，一般以直馏汽油为原料，经加氢精制脱芳烃、脱硫，分馏出目的产品。我国轻质白油加氢技术近年来发展也很快，以 FRIPP 为代表开发的加氢技术已形成系列化，适应不同原料和目的产品需求。原料主要有催化重整抽余油、喷气燃料、直馏煤、柴油等，可分别选择低压加氢、高压一段加氢、高压一段串联工艺流程，生产不同用途轻质白油产品。

1. 低压加氢脱芳烃技术

该技术开发之初，主要以催化重整抽余油为原料，在缓和的加氢条件下，通过加氢脱芳烃反应，将抽余油中的苯加氢饱和，深度脱除芳烃；然后进一步采用精密分馏切割出高纯度的正己烷油、异己烷油。FRIPP 和中国科学院山西煤炭化学研究所（简称山西煤化所）等单位均有技术工业应用[30]。

针对不同原料，FRIPP 开发了系列低压加氢技术。一是低压一段脱芳烃技术，以硫含量 <3.0μg/g、氮含量<2.0μg/g、芳烃含量 10%~15% 的加氢裂化喷气燃料组分为原料，在氢分压 2.0~4.0MPa、体积空速 0.5~1.2h^{-1} 等工艺条件下，生产芳烃含量小于 0.1% 的轻质白油。该技术 2008 年 4 月在 50kt/a 装置上工业应用；二是低压两段脱芳烃技术，以重整抽余油为原料，一段加氢饱和烯烃、脱除硫、硅等杂质，生成油经蒸馏得到的 C_6 组分进入二段加氢深度芳烃饱和，生产植物抽提溶剂或正己烷产品，该技术自 2008 年首次工业应用成功以来，至今已有 7 套装置工业应用；三是乙烯裂解 C_9 馏分低压两段工艺生产优质芳香烃溶剂油技术，第一段选择性加氢催化剂，脱除双烯和苯乙烯衍生物；再经过二段加氢精制催化剂，将烯烃饱和并脱除硫、氮等杂质；生成油经过蒸馏生产优质芳烃溶剂油产品，该技术 2008 年 10 月在东北某企业 50kt/a 装置上实现工业应用。

2. 中压两段加氢脱芳烃技术

2003 年 FRIPP 开发了以直馏喷气燃料或常二线分子筛料为原料，中压两段加氢生产轻质白油和 3 号白油技术。一段通过加氢精制，脱除原料油中硫、氮等杂质，同时最大程度地饱和芳烃；二段进行加氢深度脱芳烃，生产的清洁溶剂油产品芳烃含量小于 0.1%。该技术于 2004 年实现工业应用。

3. 高压加氢脱芳烃技术

FRIPP 开发的高压加氢脱芳烃技术主要包括两类。

一是以石蜡基直馏煤油为原料，采用高压一段加氢工艺，通过选择高效芳烃饱和加氢催化剂，进行深度脱硫、脱氮和脱芳烃反应，使加氢生成油中硫、氮含量小于 1.0μg/g，芳烃含量小于 0.1%。该技术可用于生产铝、钢材加工、精细化工等行业使用的特种系列窄馏分轻质白油，达到国外同类产品质量标准。2004 年首先实现工业应用，目前已经有 2 套工业装置。

二是以中间基煤油原料的加氢处理-加氢精制一段串联工艺。通过加氢处理催化剂和加氢精制催化剂的优化组合，适当降低产品黏度和芳烃深度饱和，生产出黏度适度、硫含量小于 1.0μg/g、芳烃含量小于 0.1%、满足国外同类产品标准的清洁铝箔油产品。该技术 2005 年在 50kt/a 工业装置上应用，2011 年该装置通过更换新一代加氢处理和补充精制催化剂，通过分馏系统和氢气系统必要改造，将装置加工能力扩到 120kt/a。2013 年，一段串联加氢生产清洁溶剂油技术又在 150kt/a 工业装置上应用，生产的轻质白油芳烃含量低于 0.03%，低黏白油达到化妆级白油指标要求。

4. 高压加氢精制-异构降凝技术

为适应高黏度系列轻质白油产品及低黏度工业白油产品不断增加的市场需求，FRIPP 开发出高压加氢精制-异构降凝脱芳烃技术。以直馏柴油或加氢精制柴油为原料，采用一段串联工艺流程，通过选择异构降凝性能好的加氢处理催化剂及芳烃饱和性能强的加氢精制催化剂以及操作条件的优化，可生产硫含量小于 $1.0\mu g/g$、芳烃含量小于 0.1% 的 D30、D40、铝箔轧制油和彩色油墨油等轻质白油产品，也可以通过选择不同的切割方案生产 3#、5#、7#低黏度优级品工业白油。该技术在扩大原料来源的同时，产品方案也具有较大的灵活性。

此外，费-托合成产品、全氢法(加氢处理-加氢异构脱蜡-加氢补充精制)生产润滑油基础油副产轻质油品，也是轻质白油产品的重要来源。这是因为费-托合成产品基本不含硫、氮及芳烃，正构烷烃含量高，通过加氢、精密分离、异构降凝(脱蜡)等工艺可以生产高正构烷烃溶剂油、液体石蜡和高档润滑油基础油等特种产品，还可将费-托合成油正构烷烃中有害杂质的含量降低到烯烃聚合过程可以接受的程度，用于烯烃聚合过程作为溶液聚合制备线性聚乙烯和高密度聚乙烯过程的溶剂、引发剂等。在全氢法生产润滑油基础油的工艺过程中，由于经过三段高压加氢深度精制，该过程副产的 80~230℃ 的轻质油品，硫、氮含量非常低，异构烷烃含量较高，可作为异构烷烃溶剂油。异构烷烃拥有较强的溶解能力，可用作复印稀释剂、油墨溶剂、金属加工清洗，防锈油、无味喷雾剂、无味油涂料、油漆、有机溶胶配方、高级衣服干洗油、过氧有机化合物载剂、洗涤日化产品的原料油。

三、环烷基特种油的加氢生产技术

包括变压器油、橡胶填充油、冷冻机油、低温液压油在内的环烷基基础油是用于化工、电气、橡胶加工等领域的特种润滑油类产品，它们的使用性能要求和安全性要求与一般的润滑油基础油有所不同。

环烷基馏分油既有饱和环状碳链结构，环上又连接着饱和支链。这种结构使环烷基油既有芳香烃的部分性质，又有直链烷烃的部分性质。与常见的石蜡基、中间基原油相比，环烷基原油基本不含蜡或含蜡很少，因此，环烷基油各馏分的凝点(倾点)都较石蜡基、中间基油低很多，用于生产润滑油基础油可以省去脱蜡过程。但环烷基油一般黏温性质较差，即使经过溶剂精制，黏度指数仍比较低，很难生产高黏度指数基础油；然而，环烷基油具有溶解能力强、传热性好、黏度高以及低温性能好的特点。因此，更适于生产对黏度指数要求不高而对倾点要求很低的专用润滑油品种，如变压器油、冷冻机油等。根据环烷基原油组成特点以及特种油品性能要求，采用加氢处理、催化脱蜡、异构脱蜡等加氢工艺生产低凝点特种油品具有产品收率高、质量好、操作灵活性大等特点，在世界范围内得到广泛的应用[28]。

针对环烷基特种油品的市场需求，FRIPP 开发了加氢处理、临氢降凝和补充精制三种工艺组合在一起的"组合加氢生产环烷基特种油品技术"。第一代技术采用加氢处理-临氢降凝-补充精制串联工艺流程，在深度加氢脱硫、脱氮、芳烃饱和、降低产品密度的同时，可大幅度降低产品的倾点，改善产品颜色和稳定性，生产优质低凝特种油品。

为提高原料适应性，提高重质白油产品的质量，在第一代技术应用基础上，FRIPP 开发了新一代组合加氢生产环烷基特种油品技术。一种是加氢处理-临氢降凝-补充精制组合工艺，采用两段加氢流程，加氢处理采用加氢精制-加氢改质催化剂级配技术，在较缓和条件下，降低生成油的芳烃含量；第一段加氢生成油经过汽提、分离后，部分或全部进入贵金属加氢反应器，进一步饱和芳烃提高产品的光、热安定性。另一种组合是针对环烷基原料高氮、高芳烃和高凝点的特点，FRIPP 提出加氢处理-异构脱蜡-补充精制工艺，进一步解决环烷基特种产品光、热安定性差的问题，提高产品品质，拓宽环烷基原油的来源。FRIPP 环烷基油组合加氢工艺技术迄今已有 3 套工业应用装置，加工规模达到 350kt/a，生产优质橡胶填充油、变压器油、冷冻机油等特种产品[27]。

四、特种油品的供需与问题

(一) 润滑油基础油

目前，润滑油基础油的国际分类通常采用 API(美国石油学会)和 ATIEL(欧洲润滑油工业技术协会)1996 年共同提出的分类标准(表 15-1-11)，根据硫含量、饱和烃组成和黏度指数将基础油分为五类，并将其并入 API 发动机油发照认证系统(EOLCS)中。

我国润滑油基础油标准列于表 15-1-12，主要以黏度指数作为分类标准，附以低温性能指标(W)及深度精制指标(S)，其中，HVI、VHVI、UHVI 类基础油为制取中高档润滑油的原料，VHVI、UHVI 类中对低温性质有较高要求者主要生产多级内燃机油，深度精制油则生产重负荷工业用油等。

表 15-1-11 API 和 ATIEL 对润滑油基础油的分类[31]

类 别	第 I 类	第 II 类	第 III 类	第 IV 类	第 V 类
硫/(μg/g)	>300	≤300	≤300	聚α烯烃合成油	未包括在第 I～IV 类中的其他油
饱和烃/%	<90	≥90	≥90		
黏度指数	80～120	80～120	>120		
制备工艺概述	传统溶剂精制方法	传统工艺炼制再经加氢裂解处理	经深度加氢裂解、异构脱蜡工艺加工	烯烃聚合齐聚	酯类、醚类合成
性质①					
100℃黏度/(mm²/s)	4.0	4.0	4.1	3.9	
黏度指数	96	98	127	123	
动力黏度/mPa·s(-25℃)	1300～1700	1400	900	<750	
动力黏度/mPa·s(-30℃)	2500～3000	2600	1300	800	
倾点/℃②	-12	-12	-15	-70	
氧弹试验/h③	5～10	15～24	30～40	40	
挥发度(Noack 法)/%	30	28	14	13	

①Chervon 公司数据；②不加降凝剂；③专用试验方法，消耗 1L 氧的时间，越长越好。

表 15-1-12 国内润滑油基础油分类标准(Q/SHR 001—1995)

类别	通用基础油	专用基础油	
		低凝	深度精制
超高黏度指数(VI>140)	UHVI	UHVIW	UHVIS
很高黏度指数(VI>120)	VHUI	VHVIW	VHVIS
高黏度指数(VI>90)	HUI	HVIW	HVIS
中黏度指数(VI>40)	MVI	MVIW	MVIS
低黏度指数(VI<40)	LVI	LVIW	LVIS

不同工艺生产的润滑油基础油组成列于表 15-1-13。

表 15-1-13　不同工艺生产的润滑油基础油组成[32]

基础油	芳烃/%(体)	硫/(μg/g)	氮/(μg/g)
溶剂精制生产的第 I 类油	15~30	2000~5000	20~40
加氢工艺生产的第 II 类油	<5	<20	<1

从生产工艺来看，API I 类基础油的生产基本以物理过程(溶剂抽提+溶剂脱蜡+补充精制)为主，不改变烃类结构，第 I 类基础油中的芳烃、硫、氮含量高，反应性强，因而氧化安定性和热安定性都不好，且容易与添加剂发生反应，不能长时间地保持润滑油的性质；经过加氢工艺制备的 API II/III 类基础油，非理想组分更少(芳烃含量小于 10%，硫含量低于0.03%)，低温性能好，黏度指数高，蒸发损失少，氧化安定性好，是生产高档内燃机油和优质工业润滑油的理想原料；第 III 类基础油和第 II 类基础油的生产工艺在本质上是一样的，只是 II 类基础油黏度指数为 80~120，III 类基础油黏度指数为 120 以上。

从润滑油质量及其对基础油质量要求日益提高来看，20 世纪 90 年代后期以来，节能、环保以及现代工业特别是汽车工业的发展，对车用润滑油(发动机油、自动传动液、齿轮油)的质量提出越来越高的要求(表 15-1-14)，产品升级换代的速度明显加快。总的发展趋势表现为：①提高燃料油的经济性——降低基础油的黏度等级；②提高低温流动性和泵送性——降低基础油的黏度等级，改善低温黏度；③控制高温剪切黏度——提高基础油黏度指数，减少黏度指数改进剂用量，提高剪切安定性；④延长发动机运转寿命——提高基础油的热氧化安定性；⑤延长换油期——降低基础油的挥发性，提高氧化安定性；⑥控制排放——降低基础油的挥发性，提高与催化剂的适应性。车用发动机油质量正在向高黏度指数、高氧化安定性、低挥发性和低黏度的方向发展，特别是近两年推出的 SL/ILSACGF-3、GF-4 汽油机油以及 API PC-9 重负荷柴油机油等高档发动机油更是如此。从自动传动液的情况看，调制新牌号所用的基础油都需要有更好的氧化安定性、低温流动性和剪切安定性。在工业润滑油品方面，随着连续性、自动化、高精度工业设备的不断增加，以及节能和环保要求不断提高，对工业润滑油产品提出了可靠性、长寿命、无污染等目标，也加速了液压油、工业齿轮油、汽轮机油、压缩机油等产品结构的高档化进程。采用常规老三套工艺生产的 API I 类基础油通过改变添加剂的种类和/或添加量已难以满足调制高档润滑油的要求。聚 α-烯烃合成油可以满足要求，但价格太高。因此，采用加氢处理(加氢裂化)、催化脱蜡/异构脱蜡-加氢后精制等全加氢技术，以及加氢与常规老三套工艺组合技术生产的 API II 类/III 类润滑油基础油迅速得到推广应用。

表 15-1-14　现代发动机对润滑油的要求[32]

润滑油名称	对润滑油的要求	对基础油的要求
发动机油	低排放、低油耗、省燃料油、换油期长	低黏度时挥发性低、低黏度高黏度指数、氧化安定性好
齿轮油	不换油、省燃料油	氧化安定性好、高黏度指数
传动液	极好的流动性、省燃料油	高黏度指数、低黏度、低挥发性

从不同工艺生产润滑油基础油来看，采用传统技术生产润滑油基础油投资大，操作费用高，影响炼油厂的经济效益。美国所罗门公司根据世界上 50 套润滑油基础油脱蜡装置的实

际数据，得到的结论为：用催化脱蜡技术生产基础油的装置与溶剂脱蜡装置相比，投资节省25%，操作费用节省30%，在节省的操作费用中，人工、能耗和维修大体上各占三分之一[32]。美国 SBA 咨询公司对 I 类和 II 类基础油的典型生产工艺也进行了比较（见表 15-1-15、表 15-1-16），结果表明[33]，采用加氢裂化工艺生产 II 类基础油具有较大的原料灵活性、基础油质量好、收率高，副产品价值也高得多，装置相对投资和操作费用较传统工艺低。

表 15-1-15　三种基础油生产工艺的原料、产品和副产品

项　　目	常规工艺生产 I 类基础油	混合工艺生产 II 类基础油	加氢裂化工艺生产 II 类基础油
原料油	石蜡基原油的减压瓦斯油	石蜡基原油的减压瓦斯油	多种原油生产的减压瓦斯油
基础油相对价格①	1.0	II 类 1.0~1.1 II⁺类 1.1~1.15	II 类 1.0~1.1 II⁺类 1.1~1.5
副产品	沥青/重燃料油 石蜡	沥青/重燃料油 芳烃抽出物、石蜡	柴油、煤油/喷气燃料 石脑油
副产品价值（加权平均）	低于原料油	低于原料油	高于原料油

①2011 年美国的平均价格。

表 15-1-16　三种基础油生产装置的投资和操作费用

项　　目	常规工艺生产 I 类基础油	混合工艺生产 II 类基础油	加氢裂化工艺生产 II 类基础油
工艺装置	常减压蒸馏、丙烷脱沥青、溶剂抽提、溶剂脱蜡、加氢补充精制	常减压蒸馏、丙烷脱沥青、溶剂抽提、加氢处理、溶剂脱蜡、加氢补充精制	加氢裂化、异构脱蜡、加氢补充精制、制氢
基础油生产规模/(kt/a)	350	350	750~1250
相对投资费用指数①	~1.8	~2.0	1.0
相对操作费用指数	1.0	0.95~1.10	0.85

① 依其单位投资折算所得。

从润滑油供需发展来看，近年来，世界润滑油基础油区域供需情况发生了较大变化，亚太地区成为全球润滑油需求增长最快的地区，2005~2010 年间，亚太地区润滑油需求量年平均增长速率为 3.2%，而同期全球平均增长率仅为 0.2%。据报道[34]，截至 2011 年 5 月 1 日，全球共有 157 个基础油生产厂（包括废油再生厂），总生产能力为 50.35Mt/a（9.5031×10⁵桶/d），其中：API I 类基础油占 57%，API II 类基础油占 27%，API III 类基础油占 6%，环烷基基础油占 9.3%；需求地区分布为：亚太 40%，北美 23%，欧洲 19%，南美 9%，中东 5%，非洲 4%。到 2015 年底，全球计划在 16 个厂新增基础油生产能力 669.9kt/a（1.3×10⁵bbl/d），且新增能力全部是 API II/III 类基础油，并且几乎有一半是位于中东的新建或扩建装置，这将使中东地区成为基础油的源动力。随着润滑油产品质量的提高，全球 API I 类基础油占总需求量的份额将会由 2010 年的 59% 下降到 2020 年的 43%，API II 类和 API III 类基础油需求量将不断增长。

Kline 公司对全球基础油供需结构变化的预测见表 15-1-17。

表 15-1-17　全球基础油供需结构变化预测

项　目	所占份额/%			
	Ⅰ类基础油	Ⅱ/Ⅱ⁺类基础油	Ⅲ类基础油	环烷基基础油
2006 年				
供应	66	19	2	8
需求	75	16	7	7
2010 年				
供应	57	26	8	8
需求	59	24	7	10
2015 年				
供应	43	31	16	10
需求	51	28	11	10
2020 年				
供应	37	35	18	10
需求	43	32	15	10

2010 年，中国 API Ⅰ 类基础油占总产能的比例由 2009 年的 41.3%下滑到 35.6%，API Ⅱ类基础油则由 4.8%上升到 6.7%，环烷基基础油由 18.8%增加到 20.3%，非标基础油由 35%上升到 37.3%。2010 年，中国 API Ⅰ 类基础油产能下滑了 2%，为 2.0Mt，其主要原因是中国石油加大了润滑油产品的升级换代，关闭了如玉门油田公司炼油化工总厂和锦西石化等子公司的过剩产能。

2011~2015 年间，中国石油在大庆石化公司、大连石化公司、抚顺石化公司和兰州石化公司建设加氢裂化装置，以便升级生产 API Ⅱ 类基础油。独山子石化公司通过扩建可使 API Ⅱ类基础油产能在 2011 年年初增加 200kt/a。到 2015 年，中国石化下属上海高桥分公司、茂名分公司、荆门分公司和济南分公司也计划扩大 API Ⅱ 类基础油产能。2011 年中国石化燕山分公司炼油厂通过扩建，可使 API Ⅱ 类基础油产能增加 300kt/a。中国海洋总石油公司（CNOOC）2011 年在中海石油炼化有限责任公司惠州炼油分公司投产一套新装置，使 API Ⅱ类基础油产能增加 400kt/a。据称，2010 年中国基础油的进口依存度达到了 27%。在进口基础油中，API Ⅰ 类基础油约占 51.7%，API Ⅱ 类基础油约占 36.8%，API Ⅲ 类基础油占 9%以上。

（二）白油、轻质白油和环烷基基础油

近年来，随着社会经济快速发展以及环保、卫生、安全要求的日益严格，市场对白油的产量需求和质量要求不断提高；特别是采用加氢工艺生产，用于食品、医药、化妆品以及聚苯乙烯行业的高档白油需求量逐年增长。全球目前世界高档白油总产量约 500~600kt；西欧高档白油的年产量约 200kt，年消费量约为 100kt，不仅能满足本地区的需求，每年还向东南亚出口 100kt 左右。据估计，我国到 2015 年，高档白油的消费量达到 411kt，其中用量最大的是聚苯乙烯（PS）行业和化妆品行业，占高档润滑油消费量的 68%，消费量分别达到 138kt和 140kt，2010~2015 年的市场需求年均增速在 10%以上[35]。

面对经济飞速发展、环保法规严格、使用安全性能提升的大趋势，用途广泛的溶剂油产品对芳烃含量和硫含量的限制越来越严格。经深度加氢脱硫、脱芳、无毒、无色、无味的环保型特种溶剂油，也就是轻质白油，成为溶剂油市场主流。近年来，我国年均消耗各类溶剂油产品约3000kt，根据主要厂家产量计算，轻质白油占溶剂油市场10%，烷烃类溶剂油占2%，两者产量占市场份额有限，但这两种环保型溶剂油是未来市场需求方向，潜在市场十分宽广。目前，国内开发生产的品种和牌号与进口ExxonMobil公司和Shell公司产品相接近，但产品总体质量还需提升，产品系列化、专业化、高端化还有待加强[36]。此外，企业可利用原料优势开发生产利润空间大的高端窄馏分特种溶剂油产品，扩大国内市场份额，占领高端溶剂油市场，提高生存及竞争能力，走特色发展的道路。

环烷基基础油以其独特的高溶解性、优异的低温性能、优良的橡胶相溶性、无毒、无害等特性，广泛应用于电器工业、橡胶制造业、润滑脂、金属加工、纺织等相关领域，近年来市场需求增长十分迅猛，市场出现供不应求[37]。特别是欧盟禁止在轮胎制造中使用芳烃抽取物的环保法规出台后，在橡胶和轮胎中使用高芳烃含量的石蜡基基础油受到限制，全球对环烷基基础油的需求激增，相关国家和地区纷纷暂停出口环烷基基础油。据相关预测，全球环烷基基础油需求到2020年将达到7.5×10^6t/a，2010年，中国环烷基基础油的产能为1.15×10^6t，比2009年增加了24%。采用加氢工艺生产低芳烃环烷基基础油市场前景将更为广阔[38]。

针对润滑油基础油与特种油品质量与需求的不断提高，采用加氢技术，加速油品升级换代，降低生产成本，实现节能降耗，仍是当前我国炼油厂亟待解决的重要问题之一。

第二节　生产API Ⅰ/Ⅱ类润滑油基础油的催化脱蜡技术

催化脱蜡又称择形裂化，在我国也被称为临氢降凝。20世纪70年代，ExxonMobil公司在合成中孔ZSM-5择形分子筛的基础上，成功开发了催化脱蜡催化剂及工艺技术。接着，英国BP公司、Fina公司分别开发了以铂-丝光分子筛和纯硅ZSM-5为催化剂的催化脱蜡技术。由于丝光分子筛的选择性较差，没能在工业上推广应用。Mobil公司开发的润滑油催化脱蜡MLDW(Mobil Lube Dewaxing)技术从1981年起相继建成多套工业装置。我国抚顺石油三厂1973年完成两段法催化脱蜡技术的工业试验，确立了加氢裂化-催化脱蜡-加氢精制联合工艺，70年代中后期实现工业化，直接处理大庆减压馏分油及其加氢裂化尾油，生产优质润滑油基础油。自1982年引进ExxonMobil公司技术建成首套柴油催化脱蜡装置以后，我国自行研制开发的催化脱蜡催化剂和工艺技术得到不断发展。FRIPP开发的FDW-1、FDW-10、FDW-3催化脱蜡催化剂以及中国石化石油化工科学研究院(RIPP)开发的RDW-1催化剂等相继实现工业应用，用于生产低温流动性能好、凝点低、黏度指数高和添加剂感受性好的优质润滑油基础油、环烷基特种油以及工业白油产品等。目前，我国润滑油催化脱蜡装置的总加工能力超过1.0Mt/a。

一、反应机理

低温流动性是喷气燃料、柴油和润滑油基础油产品的重要指标之一，分别以喷气燃料的冰点、柴油的凝点及基础油的倾点表示。研究表明，油品的低温流动性受烃组成及结构的影响，尤其是高凝点长直链烷基结构烃类(蜡)分子的影响最大。KrishaR[39]等人提出试油的低温流动性与含蜡量的对数有较好的相关性，潘翠菱等人[40,41]研究证明试油的低温流动性不但与其蜡含量有关，而且与蜡中正构烷烃的分布即蜡的组成(用正构烷烃的平均链长表示)有很好的相关性。油品中存在高凝点烃类，如长直链正构烷烃、短支链的长直链烷烃或长侧链的芳烃或环烷烃等，在低温下会析出形成网状结构包裹低凝点烃类，造成油品整体结构凝固，影响机械运行，严重时会发生事故。为了解决油品结构凝固带来的问题，需尽可能地除去蜡，改善油品的低温流动性。

长链正构烷烃(蜡)的择形催化是催化脱蜡工艺使油品凝点(倾点)降低的基础。

20世纪60年代，Weisz和Frilette[42]发现反应过程中产物的生成与反应物分子大小和分子筛孔道结构有关的现象，提出"择形催化"这一名词。70年代合成中孔分子筛ZSM-5的出现，促进了择形催化技术的发展。利用择形分子筛孔道尺寸的约束效应，择形催化使某些反应得以发生，而另外一些反应较难发生或不能发生，从而改变已知反应的反应途径及产物选择性。在通过择形加氢裂化实现催化脱蜡的过程中，这种择形催化主要表现在分子筛效应(包括反应物选择性和产物选择性)、传质选择性和过渡状态选择性等方面。

（一）分子筛效应

分子筛效应是指分子筛按其有效孔直径大小来决定，对不同大小和形状的分子进行取舍加以分离的效应。在分子筛择形催化中，这种效应主要体现为反应物选择性或产物选择性。在混合原料中，只有能进入分子筛孔道并与孔道活性中心接触，参与反应的分子才能作为反应物，而大于分子筛孔径的分子将被排斥于分子筛孔道之外，不参与反应，这所显示的就是反应物选择性。而在孔道中生成的各种产物中，只有那些具有特定尺寸和形状的产物分子，才能穿出孔道作为最终产物；而在孔道中形成的较大分子，则或者通过平衡转化为较小分子逸出或者就地堵塞孔道，最后导致催化剂失活，这所显示的就是产物选择性。

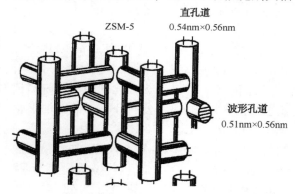

图15-2-1   ZSM-5分子筛的孔道体系

分子筛是一种理想的择形催化剂组分，因为它的有效孔径恰好与许多常用的有机分子的直径相近。ZSM-5是一种具有10元环的中孔分子筛，从其孔道体系结构可知(参见图15-2-1[43])，ZSM-5分子筛是由两种相互交叉的孔道系统组成，即直线形孔道和波形孔道，孔道大小分别为0.54nm×0.56nm和0.51nm×0.56nm，分子直径小于0.56nm、倾点较高的长直链烷烃、带甲基的短支链烷烃和长链单烷基苯能够进入孔道，与活性中心接触，被裂化为小分子烃；而倾点较低的多支链异构烷烃、多支链单环芳烃、多环环烷烃和多环芳烃都因不能进入孔道而不发生反应。

进入孔道中的烃类分子通过氢负离子分离或与质子化的小分子烯烃、烷烃和单烷基苯的支链反应转化为正碳离子，通过骨架异构化接着β位断裂，发生正碳离子的裂化。裂化产物扩散到孔道的外面，最终变为低分子产品。未进入孔道中的烃类分子不发生裂化反应，因而保持不变。见图15-2-2催化脱蜡反应机理。

（二）传质选择性

在分子筛催化中，不仅由于分子穿透分子筛孔口受到限制而产生择形作用，而且在分子进入内孔后还会受到传质的限制，并由于原料及产物的相对扩散速率之差异而产生择形作用。特别是当反应物或产物分子直径与分子筛孔径接近时，由于受到内孔壁场的作用及各种能垒的阻碍，分子在晶内扩散将会受到各种限制，这种扩散被Weiz称为构型扩散[44]，大多

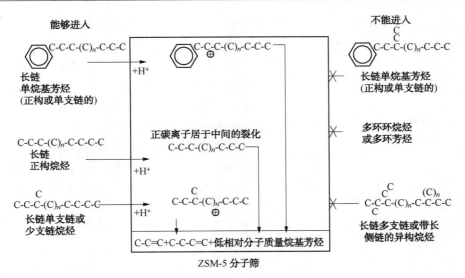

图 15-2-2　催化脱蜡反应机理[13]

发生在 0.4~10nm 范围内，此时，扩散不仅与分子的长度、大小有关，还和分子内部运动有关。分子筛孔径或扩散分子直径的微小变化，都会导致扩散系数的显著变化，其变化值有时可达十个数量级。一个受构型扩散限制的反应，其反应速率将受催化剂晶体大小及活性的影响。

$C_5 \sim C_7$ 烷烃在 HZSM-5 分子筛催化剂上的裂化反应速率随分子链长的增加而增加，随分子体积的增大（链分支程度的增加）而显著降低，如表 15-2-1 所列。即：

正庚烷>正己烷>正戊烷

正庚烷>2-甲基己烷>3-甲基己烷>二甲基戊烷>3-乙基戊烷

正己烷>2-甲基戊烷>3-甲基戊烷>二甲基丁烷

正戊烷>异戊烷

表 15-2-1　$C_5 \sim C_7$ 烷烃相对裂化反应速率[45]

烷烃名称	相对裂化反应速率	烷烃名称	相对裂化反应速率
正戊烷	0.23	正庚烷	2.1
异戊烷	0.01	2-甲基己烷	1.1
正己烷	1.5	2，3-二甲基戊烷	0.2
2-甲基戊烷	0.8	3-甲基己烷	0.8
3-甲基戊烷	0.5	2，2-二甲基戊烷	0.4
2，3-二甲基丁烷	0.2	3-乙基戊烷	0.7
2，2-二甲基丁烷	0.2	3，3-二甲基戊烷	0.13
		2，4-二甲基戊烷	0.11

对相同碳数的烷烃，正构烷烃的裂化反应速率最快，带一个甲基的异构烷烃次之，多甲基烷烃的裂化反应速率最慢。正构烷烃和异构烷烃虽然有时只差一个甲基，扩散速率却相差几个数量级。

C_6 烷烃分子临界直径与扩散系数的关系见图 15-2-3。二甲基丁烷分子直径比正己烷及甲基戊烷大得不多，其扩散系数却降低了 3 个数量级。这说明构型扩散效应对多支链烷烃裂

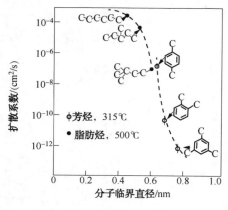

图 15-2-3　分子临界直径与
扩散系数的关系[46]

化慢起主要作用，表现出传质选择性。

（三）过渡状态选择性

当反应物及产物分子能在孔道内扩散，但如果生成最终产物所需的过渡状态(反应中间物)比反应物或产物大时，由于反应中间物的大小或定向需要较大的空间，而分子筛孔道有效空间却较小，无法提供所需的空间，而受到空间的限制，则在分子筛孔道内就不能形成过渡状态。此时，反应也就不能进行，从而表现为过渡状态选择性(也称空间适应选择性)。这种选择性与传质选择性不同，与分子筛晶体大小和活性无关，而只取决于分子筛的孔径和结构。

过渡状态选择性在中孔分子筛上表现得最为明显，它对烷烃在 HZSM-5 分子筛上选择裂化起重要作用。正己烷和单甲基戊烷都能迅速吸附在 HZSM-5 上，但单甲基取代烷烃的裂化速率明显地低于直链烷烃(见表 15-2-1)。这显然是因为 3-甲基戊烷分子体积比正己烷大，需要更大的反应空间来生成反应中间物，如图 15-2-4。Frilette 等还进一步测得正己烷对 3-甲基戊烷的相对裂化速率，并发现它与催化剂的晶体大小无关，因而证实上述选择裂化不是由传质选择性所致，而是由于过渡状态选择性所造成。

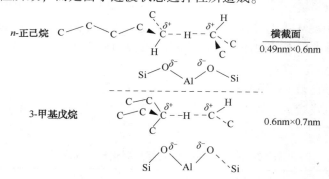

图 15-2-4　烷烃的过渡状态选择性[47]

此外，烃类在 HZSM-5 催化剂上的反应，即使在无加氢组分及不临氢条件下，裂化反应也能维持较长的反应周期而不结焦。这种非凡的低生焦稳定性主要是因为 ZSM-5 分子筛孔道的结构特点(如由 10 元氧环组成的均匀尺寸孔道、高硅铝比、没有小尺寸窗口的大超笼等[48])，使孔道空间上难以形成大的焦炭前身物(稠环芳烃)，低生焦趋势也是 ZSM-5 分子筛催化剂优于其他分子筛催化剂，并使之能成功地应用于工业上的一个主要因素。

正因为 ZSM-5 分子筛对正构烷烃分子的裂化反应具有很高的选择性以及其明显的抗结焦作用，而且，用不同方法得到的 ZSM-5 分子筛均可作为脱蜡催化剂的裂解组分，表现出优越的择形催化性能及稳定性[49]。因此，直到目前为止，水平较高的催化脱蜡生产润滑油基础油技术，都是采用以 ZSM-5 分子筛为载体并载有少量非贵金属的催化剂。

二、催化剂

催化剂是催化脱蜡技术的关键，工业应用的催化脱蜡催化剂，分为非贵金属和贵金属分子筛催化剂两类。由于贵金属催化剂昂贵，主要还是采用非贵金属催化剂。所用的分子筛，有丝光分子筛、ZSM 类中孔分子筛及 SSZ 或 Beta 分子筛。早期的催化脱蜡催化剂大多采用丝光分子筛，由于选择性较差，没有能在工业上推广应用。后来随着中孔分子筛 ZSM-5 的合成，因其孔口形状和孔道直径(参见图 15-2-1)，对高凝点长直链烷烃的择形选择性和稳定性好，并具有明显的抗结焦作用，特别适用于馏分油和减压蜡油(重中性油料和光亮油料)的脱蜡，ZSM-5 被广泛用于柴油和润滑油催化脱蜡催化剂的载体基质。

ExxonMobil 公司的 MLDW、RIPP 的 RHW、FRIPP 的 FDW 等技术均采用 ZSM-5 分子筛型催化剂，加工减压馏分油、溶剂精制油及加氢裂化尾油等进料，在得到相同倾点的基础油时，产品收率和黏度指数均比用丝光分子筛催化剂高，因此，在工业上得到了推广应用。英国 BP 公司、美国 UOP 公司由于合成分子筛的催化脱蜡选择性不好，虽然也有 1~2 套工业装置采用，但并未得到大量工业应用[50]。

（一）催化剂制备

研究发现，用不同方法得到的 ZSM-5 分子筛可作为催化脱蜡催化剂的裂解组分。催化脱蜡催化剂的一般制备过程为：将 ZSM-5 和黏结剂混合挤条，经过干燥、焙烧制成载体，然后负载活性金属。再经过干燥、焙烧，即制得催化脱蜡催化剂。过程各步骤均可采用专利技术进行改性，获得优异的性能。详细内容请参见本书第三章，此处从略。

（二）工业催化剂

世界各大石油公司都开发了自己的催化脱蜡催化剂，多数以 ZSM-5 为酸性组分。

表 15-2-2 列出部分公司开发的润滑油催化脱蜡催化剂。

表 15-2-2　国内外部分公司的润滑油催化脱蜡催化剂

公　司	催化剂牌号	催化剂构成	用　途
英国石油	CDW-12	Pt/H-丝光分子筛	润滑油脱蜡
美国 ExxonMobil	MLDW-1~4	Ⅷ族金属或无金属/ZSM-5	润滑油脱蜡
中国石化 FRIPP	FDW-1	非贵金属/择形分子筛	柴油/润滑油脱蜡
	FDW-3	非贵金属/择形分子筛	柴油/润滑油脱蜡
	FDW-10	非贵金属/择形分子筛	润滑油脱蜡
中国石化 RIPP	RDW-1	非贵金属/择形分子筛	润滑油/柴油脱蜡
中国石油抚顺石油三厂	3972	Ni-Mo/ZSM-8	润滑油脱蜡
	3902	Ni-Mo/ZSM-5	润滑油脱蜡

下面选择 ExxonMobil 公司和 FRIPP 的催化剂为代表进行介绍。

1. ExxonMobil 公司的 MLDW 系列催化剂

世界上以 ExxonMobil 公司的催化脱蜡技术应用最广泛，该公司在合成 ZSM-5 择形分子筛的基础上，开发了润滑油催化脱蜡(MLDW)催化剂及工艺，用于生产润滑油基础油。

ExxonMobil 公司自 1981 年推出润滑油催化脱蜡第一代催化剂 MLDW-1 以来，共开发了四代 MLDW 催化剂。这些催化剂均以 ZSM-5 为酸性组分，但都经过了改性，使得催化剂的运转周期不断延长，润滑油基础油的性能不断提高。MLDW 四代催化剂的性能对比见表 15-2-3，运转周期的比较如图 15-2-5[51]所示。

表 15-2-3　ExxonMobil 公司 MLDW 四代催化剂的性能对比

催化剂	首次工业应用	工业应用性能	组成
MLDW-1	1981 年用于澳大利亚 Adelaide 炼油厂	运转周期 4 周后要用高温氢气进行氢活化恢复活性。当运转周期缩短到 2 周以下时, 必须用氧气/空气进行再生	Ni-(ZSM-5)-Al$_2$O$_3$
MLDW-2	1992 年用于美国 Paulsboro 炼油厂	ZSM-5 经过改性, 扩散性能和抗中毒能力更好, 运转周期为第一代的 3 倍, 用氧气/空气再生次数减少, 减少装置停工次数, 降低能耗。	Ni-(ZSM-5)-SiO$_2$
MLDW-3	1993 年用于澳大利亚 Adelaide 炼油厂	配方有重大变化, 活性提高, 两次氢活化之间运转周期比 MLDW-2 延长 1 倍, 产品有更好的氧化安定性(相当于溶剂脱蜡油), Paulsboro 炼油厂用的第一批 MLDW-3 催化剂运转 1000 天也不需氧化再生	硅改性 H-(ZSM-5)-Al$_2$O$_3$
MLDW-4	1996 年用于澳大利亚 Adelaide 和法国 Gravenchen 炼油厂	两次氢气活化之间的运转周期进一步延长, 且由于降低了起始反应温度, 提高了反应末期温度, 运转周期比 MLDW-3 更长, 至少运转 1 年才需要氢活化	硅改性 H-(ZSM-5)-SiO$_2$

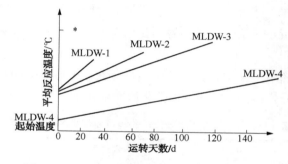

图 15-2-5　MLDW 四代催化剂运转周期的比较

* MLDW-4 运转末期 365d 时的反应温度

2. 我国工业应用的催化剂

我国自行开发并实现工业应用的润滑油催化脱蜡催化剂列于表 15-2-4。

表 15-2-4　我国自行研制的部分润滑油催化脱蜡催化剂

催化剂	FRIPP FDW-1	FRIPP FDW-3	FRIPP FDW-10	RIPP RDW-1
形状	圆柱形或三叶草形	三叶草形	三叶草条	三叶草形
理化性质				
比表面积/(m^2/g)	250	324	≮300	250
孔体积/(mL/g)	0.18	0.214	≮0.22	0.18
侧压强度/(N/mm)	13.7	12	≮10	12
堆密度/(g/cm^3)	0.65~0.75	0.65~0.75	0.70~0.80	~0.65
首次工业应用	1988 年 中国石化齐鲁分公司	2005 年 中国石化齐鲁分公司	2009 年 盘锦北方沥青公司	1995 年 中国石油克拉玛依石化
适用性	低凝点柴油 润滑油基础油	低凝点柴油 润滑油基础油	低凝点柴油 润滑油基础油	润滑油基础油

　　FRIPP 开发的 FDW-1 催化剂，是我国第二代催化脱蜡催化剂，采用国内自主技术无胺法合成的分子筛 ZSM-5 加 Ni 制得，相比于第一代用于柴油催化脱蜡的 NDZ 型催化剂，FDW-1 表现出无环境污染、抗氨能力强、反应温度低、价格低廉等优点，自 1988 年以来相继在 13 套工业装置上成功应用[52]，主要用于生产低凝点柴油，工业应用结果表明[53]：①FDW-1 催化剂的活性和稳定性均优于引进催化剂的水平，在相同原料油及操作条件下，FDW-1 催化剂的初期反应温度比引进催化剂低 15~20℃，使用寿命可长 1 年多；②催化剂强度好，反应过程中床层压降只有 0.02~0.025MPa；③抗冲击能力强，即使多次拆装操作，催化剂的粉尘极少；④对原料油的适应性强，不仅加工过终馏点超出常规原料 30~40℃，硫、氮、碱氮等杂质含量增加 1 倍的原料油，还处理过质量更差的孤岛油，尽管原料油质量变化较大，FDW-1 催化剂的活性仍能满足要求，实际使用寿命依然超过 3 年。

　　FDW-1 催化剂同样适用于轻质、中质润滑油的催化脱蜡。1993 年之后，以单段单程通过加氢裂化(SSOT)尾油为原料，在中国石化齐鲁分公司临氢降凝装置上先后生产白油和润滑油基础油料，结果表明[15,54]：反应温度 360℃、反应压力 4.0~8.0MPa、体积空速 0.8~1.5h^{-1}、氢油体积比 400~800m^3/m^3 条件下，润滑油收率为 69%，凝点由 33℃ 降至 -19℃。

　　为提高催化脱蜡催化剂的活性、选择性及低凝产品的质量，FRIPP 在 FDW-1 催化剂的基础上，通过对 ZSM-5 分子筛的改性研究，引入异构性能好的分子筛，协同作为催化剂的基质材料，并通过系统的催化剂制备规律性研究，成功开发了活性高、选择性高、稳定性好的 FDW-3 新型降凝催化剂[55]。2005 年，FDW-3 催化剂替代 FDW-1 在中国石化齐鲁分公司临氢降凝装置上使用，结果表明[56]，生产白油基础料时，FDW-3 平均温升 30℃ 左右，总液收达 91.97%，而 FDW-1 平均温升达 50℃ 左右，FDW-1 的总液收为 89%，表明 FDW-3 对单段单程通过加氢裂化(SSOT)尾油的适应性比 FDW-1 好，FDW-3 可作为催化脱蜡过程优先选用的新一代催化剂。其后开发的 FDW-10 催化剂，对茂名加氢裂化尾油、盘锦加氢处理尾油、辽河减三线及辽河常二、常三、减二混合油在中压条件下进行脱蜡实验，其降凝幅度显著[57]。

　　(三) 氢气活化和氧气再生

　　在催化脱蜡催化剂的使用过程中，原料油中的含氮化合物、稠环芳烃等极性物质逐渐吸附在催化剂的活性中心上，催化剂的活性逐渐降低，在高温条件下用热氢吹扫催化剂床层 15~30h，可使被吸附物质脱附，催化剂活性得到恢复。这一吹扫过程称为氢活化，氢活化可进行多次。经过数次氢活化后，催化剂上沉积的焦炭达到了一定数量，即使进行氢活化，也不能使活性恢复到足以使生成油倾点降到要求指标，此时就需要进行氧化再生，彻底将焦炭烧掉，催化剂活性也将再次恢复到新鲜剂水平。催化脱蜡催化剂数次氧化再生后，与其他加氢催化剂一样，就作为废剂卸出反应器另行处理。

　　催化脱蜡催化剂在早期工业应用中，需要经常进行氢活化。随着催化剂性能与制备技术的不断改进和提升，两次氢气活化之间的运转周期不断延长。在近年来的工业应用中，FRIPP 的催化脱蜡催化剂，在整个寿命周期内已经不再需要进行氢活化，就可以维持较长的运转周期，从而节省了装置投资和操作费用。

三、工艺流程和操作条件

　　(一) 工艺流程

　　润滑油催化脱蜡的工艺流程和设备要求类似于在中等氢压下运转的润滑油加氢补充精制

装置和中馏分油加氢脱硫装置，其原则流程见图 15-2-6。

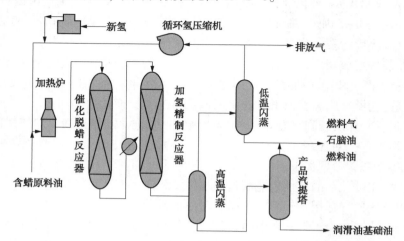

图 15-2-6　催化脱蜡生产润滑油基础油装置的原则流程[58]

　　早期 ExxonMobil 公司的 MLDW 工艺比较简单，原料油经过催化脱蜡后，再经气提塔、减压塔和干燥塔处理，即得到产品。后来为了改善润滑油的颜色及氧化安定性，一般将润滑油催化脱蜡和加氢补充精制结合起来。因此，润滑油催化脱蜡一般反应部分是两台反应器串联，第一台反应器装填催化脱蜡催化剂，进行催化脱蜡反应；第二台反应器装填加氢精制催化剂，主要是脱除微量烯烃，改进产品的安定性，特别是基础油的颜色和抗乳化能力。

　　(二)操作条件与影响因素

　　润滑油催化脱蜡装置的反应条件和运转周期主要与原料油含蜡量、杂质含量尤其是碱性氮含量和类型、要求降低倾点的幅度有关。原料油的含蜡量越高，产品要求的倾点越低，催化脱蜡的反应条件就越苛刻。

　　1. 反应压力

　　装置压力的选择与原料性质和产品要求有关。如果原料经过溶剂精制或加氢处理，或者直接加工加氢裂化尾油，因原料中的有害杂质基本被脱除，则催化脱蜡压力可以低些，一般采用中低压。有些流程，如中国石油克拉玛依石化总厂的全加氢型流程，由于加氢处理采用高压，为了减少压力的上下变化，催化脱蜡也采用高压，有利于降低能耗，减少减压和升压的麻烦。

　　2. 反应温度

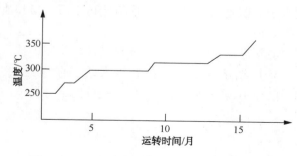

图 15-2-7　润滑油催化脱蜡工业装置升温情况

　　润滑油催化脱蜡反应温度决定于达到基础油合格倾点所需要的脱蜡苛刻度。与一般的加氢处理过程不同，在运转过程中，为使生产的基础油倾点符合所需的反应温度，随着催化剂的老化呈台阶式的升温变化(图 15-2-7[59])，稳定运行一段时间、保持产品倾点合格后，随着催化剂进一步老化，必须继续提高催化剂床层的温度，才能使产品倾点合格，直至将温度提高到产品质量不能保持合乎要求的最高温度。

3. 空速

空速决定于原料油性质和对所生产基础油倾点的要求。反过来，在其他操作条件一定的情况下，空速影响催化剂的稳定运转时间和降凝效果。研究表明[60]：润滑油催化脱蜡反应，在一定范围，空速增大一倍，催化剂的老化速率提高一倍以上。空速对降凝效果的影响依原料不同而异。以环烷基润滑油馏分为原料，两种原料油的倾点分别为−18℃和−23℃，因为含蜡量少，空速对降凝效果的影响不明显，虽然两种原料的空速相差5倍，但生成油倾点却相同，都是−40℃；以高含蜡的石蜡基润滑油馏分为原料，生成油的倾点随着空速的提高而上升。

尚俊影等[61]采用FRIPP开发的FDW-10催化剂，以加氢裂化尾油为原料，考察了反应温度和反应压力对催化脱蜡效果、产品色度、收率和黏度指数的影响。结果表明，提高反应温度和反应压力，可提高反应速度，提高反应的选择性，脱蜡效果更好，但过高的反应温度会造成气体、汽油、煤油、柴油产率增加，润滑油料收率降低；而且，过高的反应温度和反应压力，会增加设备投资和运行成本。当反应压力不变时，提高反应温度会导致胶质等一些物质的产生，使得基础油的色度变大；当反应温度不变时，提高反应压力则有利于加氢反应的进行，基础油的色度变小。提高反应温度，生成油的汽油馏分和润滑油基础油馏分收率均降低，液体收率降低，产气量增加。关于黏度指数，不论是提高反应压力还是反应温度，对提高黏度指数影响不大，只影响降凝生成油的某些性质如色度和降凝效果。黏度指数的大小主要与加氢裂化尾油的组成有关。

催化脱蜡生产润滑油基础油的典型操作条件是：氢分压3.0~16.0MPa，反应温度300~400℃，液时空速0.5~1.0h^{-1}，氢油体积比（100∶1）~（700∶1）[62,63]。

（三）工艺特点

润滑油馏分催化脱蜡，主要目的是脱除油中的蜡从而降低油品的倾点/凝点、改善低温流动性，生产高黏度指数的润滑油基础油和白油。基础油中好的组分是异构烷烃以及少环而带长侧链烷烃的环烷烃，而正构烷烃由于倾点高、多环烷烃及芳烃由于氧化安定性差等都不是理想组分。传统的溶剂脱蜡是一种物理分离技术，利用选择性溶剂对油溶解而对蜡不溶或少溶的特性，把油中的非理想组分（如多环芳烃、极性物等）除去，不能改变油中既有的烃化物结构，因而产品性质大大依赖于原油性质。催化脱蜡是一种化学分离技术，它把含蜡原料油通过催化剂的择形作用使蜡选择性转化，从而达到分离的目的。同传统的溶剂脱蜡过程相比，润滑油催化脱蜡（以下简称LDW）主要有下列特点：

1）工艺流程简单、投资少、操作费用低。LDW装置流程与中压加氢处理工艺的一次通过流程基本相同，基本建设费用相当于溶剂脱蜡的60%~80%，操作费用相当于溶剂脱蜡的50%~60%，加工1bbl原料平均多收益3~6美元[8]。

2）原料适应性强。LDW工艺可加工不同黏度等级（从锭子油料到光亮油料）的溶剂精制油、经过加氢处理的减压蜡油、润滑油加氢裂化的生成油、燃料油加氢裂化的尾油、未精制的脱沥青油、环烷基馏分油以及软蜡（蜡下油、蜡膏滤液）等，通过催化脱蜡生产低倾点润滑油基础油，并副产少量的高辛烷值汽油和液化气；可以从石蜡基油料生产倾点极低的（−50~−40℃）的润滑油基础油，而溶剂脱蜡因受制冷能力和输送限制，则不能从石蜡基油料生产这种倾点极低的基础油。

3）产品质量好，基础油收率略低。催化脱蜡生产的润滑油基础油具有凝点低，硫、氮及芳烃含量低，饱和烃含量高，低温黏度好，添加剂感受性好等优点，但光安定性较差；采用补充精制的办法，可使加氢基础油性能得到改善。加工相同的原料油、得到相同倾点基础油的情况下，由于 LDW 比溶剂脱蜡脱除更多烷烃的缘故，基础油收率低于溶剂脱蜡。原料油越轻，其中烷烃特别是正构烷烃含量也越多，经过 LDW 所得基础油收率下降得越多；原料油越重，其中烷烃特别是正构烷烃含量越少，LDW 所得基础油收率下降得越少。但光亮油料除外，因为 LDW 脱除微晶蜡的选择性比溶剂脱蜡更好一些。

4）工业生产多采用组合工艺。目前投产的催化脱蜡工业装置，主要采用溶剂精制-加氢处理-LDW-加氢后精制、加氢裂化-LDW-加氢后精制、加氢处理-LDW-溶剂脱蜡、溶剂精制-溶剂脱蜡-LDW、溶剂精制-LDW 等多种形式的组合工艺，加工不同黏度等级的多种原料油生产 API Ⅰ／Ⅱ类润滑油基础油，详见本节第五部分。

四、原料和产品

催化脱蜡可用的原料油范围很宽，包括全黏度范围（从锭子油料到光亮油料）的溶剂精制油、经过加氢处理的减压蜡油、润滑油加氢裂化的生成油、燃料油加氢裂化的尾油、未精制的环烷基馏分油、软蜡（蜡下油、蜡膏滤液）以及脱沥青油等，都可以通过催化脱蜡得到低倾点润滑油基础油，由于正构烷烃和少支链烷烃择形裂化，因此，还副产少量高辛烷值汽油和液化石油气。

催化脱蜡所产基础油的收率和质量，取决于原料油的性质（类型）和所采用的操作条件。我国大庆原油生产的 HVIW150 基础油凝点为-12℃，要将其凝点降至-18℃以下，采用冷冻脱蜡工艺有些困难，因为将使脱蜡装置生产能力大幅度降低。可是，调制多级发动机油和寒区用低温液压油，都需要用黏度指数在 95 以上、凝点在-18℃以下的 HVIW150 基础油。为此，RIPP 与中国石油大连石化分公司合作，以减二线脱蜡糠醛精制油为原料进行催化脱蜡试验，其试验结果如表 15-2-5 所列[44]。RIPP 还用克拉玛依原油润滑油馏分进行催化脱蜡生产凝点很低的 LVIW 环烷基基础油的催化脱蜡试验，其试验结果如表 15-2-5 所列，根据这个试验结果，一套年加工能力为 50kt 的催化脱蜡装置于 1995 年在中国石油克拉玛依石化分公司投产。

表 15-2-5   大庆油和克拉玛依油催化脱蜡的试验结果[64,65]

原料油	大庆原油减二线脱蜡糠醛精制油			克拉玛依原油润滑油馏分	
目的产品	HVIW150	HVIW150	HVIW150	LVIW60	LVIW150
催化脱蜡条件					
催化剂	RDW-1	RDW-1	RDW-1	RDW-1	RDW-1
反应温度/℃	270	290	310	270	270
氢分压/MPa	2.5	2.5	2.5	2.5	2.5
空速/h^{-1}	1.0	1.0	1.0	1.0	1.0
原料油性质					
凝点/℃	-13	-13	-13	-40	-18
颜色/(GB/T 6540)				0.5	1.5
产品性质					
凝点/℃	-19	-23	-26	-67	-48
颜色/(GB/T6540)				<0.5	<1.5
黏度指数	97	93	97		

新疆石油管理局重油加工研究所用克拉玛依环烷基原油常二线、减二线糠醛精制油为原料，进行催化脱蜡生产絮凝点<47℃全封闭冷冻机油的试验，其试验结果如表 15-2-6 所列。由所列数据可见，催化脱蜡的操作条件缓和，产品收率高，无论是用常二线还是减二线糠醛精制油为原料，凝点都可大幅度降低，都可以把絮凝点降至-47℃以下，满足全封闭冷冻机油的规格要求。

表 15-2-6　克拉玛依环烷基油催化脱蜡生产全封闭冷冻机油的试验结果

	克拉玛依常二线糠醛精制油		克拉玛依减二线糠醛精制油	
原料油性质				
比色	1.5		3.0	
密度(20℃)/(kg/m³)	884.7		897.6	
运动黏度/(mm²/s)				
40℃	15.94		49.14	
100℃	3.14			
闪点/℃	148		179	
凝点/℃	−36.0		−26.0	
倾点/℃	−36.0		−22.0	
碘值/(gI/100g)	0.58		0.38	
硫/(mg/L)	341		521	
碱氮/(mg/L)	106.76		177.98	
试验条件				
催化剂	RDW-1	RDW-1	RDW-1	RDW-1
压力/MPa	2.5	2.5	2.5	2.5
温度/℃	250	260	250	260
空速/h⁻¹	1.0	1.0	1.0	1.0
氢油比	200	200	200	200
产品收率/%				
初馏点～270℃	4.72	3.42		
≥270℃	94.67	94.09		
初馏点～320℃			2.73	3.06
≥320℃			96.77	96.23
产品性质				
运动黏度/(mm²/s)	≥270℃馏分	≥270℃馏分	≥320℃馏分	≥320℃馏分
40℃	17.54	16.99	54.70	54.20
100℃		3.26	5.96	6.00
凝点/℃	−55.5	−55.0	−40.0	−42.0
倾点/℃	−43.0		−33.0	−33.0
絮凝点/℃	−54.0		−49.0	
闪点/℃	149	149.5	189	186

FRIPP 采用四种不同的加氢裂化尾油和盘锦减压瓦斯油加氢处理尾油、辽河环烷基馏分油进行催化脱蜡生产润滑油基础油的试验，试验结果列于表 15-2-7 和表 15-2-8。由表中数据可以看出[66]，尽管加氢裂化装置原料不同，操作条件不同，尾油性质不同，催化脱蜡所得>320℃基础油收率不同，但凝点降低的幅度都比较大，杂质含量不高、黏度适中，残炭

低,是比较理想的白油和轻中质润滑油基础油料,经过补充精制可以生产白油和多种润滑油产品。中国石化齐鲁分公司利用加氢裂化尾油经催化脱蜡得到基础油馏分,经过磺化等补充精制已经工业生产白油和多种润滑油产品[67]。中国石化金陵分公司用加氢裂化尾油催化脱蜡得到的基础油馏分,经过加氢精制,得到符合国家标准的工业白油和 75SN、100SN 基础油[68]。

表 15-2-7　加氢裂化尾油和减压瓦斯油加氢处理尾油催化脱蜡的试验结果

原料油	抚顺石化大庆加氢裂化尾油	齐鲁石化胜利加氢裂化尾油	金陵石化管输加氢裂化尾油	茂名石化中东加氢裂化尾油	盘锦减压瓦斯油加氢处理尾油
原料油性质					
密度(20℃)/(kg/m³)		859.2		831.4	866.4
馏程/℃	338(10%)~485(95%)	304~502	320~472(95%)	330~519	323~481
运动黏度(100℃)/(mm²/s)		4.53		3.90	5.54
氮/(μg/g)	2.5	1.8	9.0	1.8	3.5
含蜡量/%		18.7		22.8	15.7
凝点/℃	26.0	33.0	37.0	37.0	35.0
试验条件					
催化剂	FDW-1	FDW-1	FDW-1	FDW-10	FDW-10
温度/℃	370	360	370	300	300
压力/MPa	3.92	4.0~8.0	3.92	4.0~8.0	4.0~8.0
空速/h⁻¹	1.0	0.8~1.5	1.0	0.8~1.5	0.8~1.5
氢油体积比	420:1	(400~800):1	420:1	(400~800):1	(400~800):1
基础油馏分收率/%	66.9	69.0	56.9	63.0	80.0
基础油馏分性质					
密度(20℃)/(kg/m³)		875.6		843.5	879.9
颜色(D1500)		1.5		1.0	1.5
黏度(40℃)/(mm²/s)	25.26	34.18	16.25	31.80	54.74
黏度指数		80		110	70
闪点/℃	213	210	207	250	220
酸值/(mgKOH/g)		0.01	1.72	0.01	0.01
残炭/%	<0.01	0.01	<0.01	0.01	0.01
碘值/(gI/100g)		0.5	0	0.02	0.64
凝点/℃	-16	-19	-18	-18	-18

表 15-2-8　辽河环烷基馏分油加氢精制-催化脱蜡的试验结果

项　目	辽河减三线油	辽河常二、常三、减二线混合油
原料油性质		
密度(20℃)/(kg/m³)	924.1	928.6
馏程/℃	373~504	293~442
运动黏度(100℃)/(mm²/s)	19.99	4.583
酸值/(kgKOH/g)	5.38	3.01
残炭/%	0.10	0.12
氮/(μg/g)	2476	1226
含蜡量/%	1.8	0.52
凝点/℃	4.0	-18

续表

项　　　目	辽河减三线油	辽河常二、常三、减二线混合油	
试验条件			
催化剂	3926/FDW-10	3926/FDW-10	
压力/MPa	6.4	8.0	
氢油体积比	800∶1	800∶1	
空速(精制/脱蜡)/h⁻¹	0.5/1.0	0.5/1.0	
温度(精制/脱蜡)/℃	370/340	385/350	
基础油馏分收率/%	90.0	92.7	
基础油馏分性质			
密度(20℃)/(kg/m³)	960.5	910.0	904.3
运动黏度/(mm²/s)			
40℃	398.0	53.59	9.75
100℃	16.02	5.55	
闪点/℃	250(开口)	208(开口)	159(闭口)
酸值/(mgKOH/g)	0.10	0.20	0.023
残炭/%	0.02	0.01	0.00
凝点/℃	-19	-40	-50
击穿电压/kV			35

空速(精制/脱蜡)/h^{-1}

五、工业应用现状和前景

(一)工业应用现状

ExxonMobil 公司开发的 MLDW 技术一经问世，1979 年首次工业应用成功，使得在工业上延用了 50 多年的溶剂脱蜡技术发生了变化，打破了溶剂脱蜡垄断脱蜡技术的局面。与溶剂脱蜡相比，催化脱蜡具有原料灵活性较大、工艺较简单、操作条件较缓和、建设投资和操作费用较低等特点，特别是把过滤速度缓慢的重原料油拿出来进行催化脱蜡，不经过溶剂脱蜡，可以提高原料装置的蜡产量；此外，催化脱蜡还可以生产溶剂脱蜡不能生产的凝点极低的特种油品，所以很快在工业上得到了推广应用。

目前国内外已投产的催化脱蜡生产润滑油基础油的部分工业装置如表 15-2-9 所列。我国的 6 套装置都是采用我国 FRIPP 和 RIPP 自行开发的催化脱蜡工艺和配套催化剂，国外装置大多采用 ExxonMobil 公司的 MLDW 技术和 ZSM-5 催化剂；Chevron 公司 Richmond 炼油厂和韩国 SK 公司 Ulsan 炼油厂加工加氢裂化尾油的催化脱蜡装置已先后于 1993 年和 1997 年被异构脱蜡所取代。

根据加工原料与目的产品的不同，目前工业应用的催化脱蜡技术生产润滑油基础油的加工流程主要有以下四种：

- 溶剂抽提-催化脱蜡；
- 溶剂抽提-溶剂脱蜡-催化脱蜡；
- 加氢处理-催化脱蜡-加氢补充精制；
- 加氢裂化-催化脱蜡。

表15-2-9　国内外催化脱蜡生产润滑油基础油的部分工业装置

应用企业	技术来源	加工能力①/(kt/a)	原料油	工艺流程	主要目的产品	催化脱蜡催化剂	投产时间
中国石油抚顺石化公司石油三厂	石油三厂	100	大庆原油	溶剂脱蜡-加氢精制-催化脱蜡;加氢裂化-催化脱蜡	调制多级发动机油、航空液压油等变压器油	3902	1990
中国石化齐鲁分公司	FRIPP	40	胜利原油	加氢裂化-催化脱蜡	调制白油和其他润滑油	FDW-1 FDW-3	1995 2003
中国兵器工业集团	FRIPP	200	环烷基原油	加氢处理-催化脱蜡-补充加氢一段串联	变压器油、冷冻机油、橡胶填充油	FDW-10	2009
中国江苏某企业	FRIPP	50	环烷基原油	加氢处理-催化脱蜡-补充精制两段加氢	白油、橡胶填充油	FDW-10	2015
中国石油克拉玛依石化分公司	RIPP	50	克拉玛依环烷基稠油	常压蒸馏-催化脱蜡	调制冷冻机油、变压器油	RDW-1	1995
中国石油克拉玛依石化分公司	RIPP	300	克拉玛依环烷基精制油	加氢处理-催化脱蜡-加氢精制	调制冷冻机油、变压器油	RDW-1	2000
法国ExxonMobil公司Gravenchen炼油厂	ExxonMobil	310(6200bbl/d)	中东原油	减压蒸馏-丙烷脱沥青-糠醛抽提-甲乙酮脱蜡-催化脱蜡	轻、中、重中性油	MLDW-1 MLDW-4	1978 1996
澳大利亚ExxonMobil公司Adelaide炼油厂	ExxonMobil	320(6400bbl/d)	中东原油	减压蒸馏-丙烷脱沥青-糠醛抽提-甲乙酮脱蜡-催化脱蜡		MLDW-1 MLDW-3 MLDW-4	1981 1993 1996
美国ExxonMobil公司Paulsboro炼油厂	ExxonMobil	555(11100bbl/d)	中东原油	减压蒸馏-丙烷脱沥青-糠醛抽提-催化脱蜡		MLDW-1 MLDW-2 MLDW-3	1983 1992 1995
ChevronRichmond炼油厂	ExxonMobil	448(8960bbl/d)	美国阿拉斯加北坡原油、加州石蜡基原油	加氢裂化-催化脱蜡	高黏度指数轻中性油和中中性油	MLDW-1	1984

续表

应用企业	技术来源	加工能力①/(kt/a)	原料油	工艺流程	主要目的产品	催化脱蜡催化剂	投产时间
日本出光兴产公司千叶炼油厂	ExxonMobil	75(1500bbl/d)	中东原油	加氢处理-催化脱蜡	-45℃极低倾点基础油、调制自动传动液、液压油、冷冻机油等	MLDW-1	1985
美国 Texaco 公司约瑟港炼油厂	ExxonMobil	135(2700bbl/d)	中东原油			MLDW-1	1986
日本东亚燃料工业公司和歌山炼油厂	ExxonMobil	265(5300bbl/d)	中东原油	减压蒸馏-丙烷脱沥青-NMP 抽提-溶剂脱蜡-催化脱蜡		MLDW-1	1987
日本石油公司新泻炼油厂	ExxonMobil	100(2000bbl/d)	中东原油			MLDW-1	1987
日本石油公司根岸炼油厂	ExxonMobil	166(3312.5bbl/d)	中东原油			MLDW-1	1988
沙特石油矿业组织第二润清油厂	ExxonMobil	4245(8940bbl/d)	中东原油	减压蒸馏-丙烷脱沥青-糠醛抽提-催化脱蜡		MLDW-3	1998

①按 1bbl/d=50t/a 折算。

1. 溶剂抽提-催化脱蜡组合工艺

以沙特第二润滑油厂为例,采用溶剂抽提-催化脱蜡的加工流程示意图如图 15-2-8 所示、各装置的进出物料如表 15-2-10 所列。沙特轻原油的常压重油经减压蒸馏塔分馏成轻、中、重中性油料及减压渣油。减压渣油进溶剂脱沥青,得到脱沥青油,连同减压蒸馏得到的中性油料进糠醛抽提装置,所得精制油作为 MLDW 原料。

MLDW 装置采用两个反应器串联,一反装填催化脱蜡催化剂,二反装填加氢精制催化剂,以确保润滑油产品满足规格要求。装置典型的操作条件为:反应温度 320~370℃,反应压力 1.7 ~ 20.7MPa,体积空速 0.5 ~ 1.0h^{-1},氢油体积比 89 ~ 890m^3/m^3,氢耗 17.8 ~ 35.6m^3/m^3。原料和产品性质如表 15-2-11 所列。

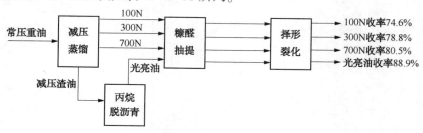

图 15-2-8　溶剂抽提-择形裂化生产润滑油基础油的示意流程

从图 15-2-8 和表 15-2-10 可以看出,催化脱蜡所生产的 100 号中性油收率 74.6%,300 号中中性油收率 78.8%,700 号重中性油收率 80.5%,光亮油收率 88.9%。轻、重中性油和光亮油的倾点都降低了很多,其黏度指数均在 95 以上。用这几种基础油调制了多种单级和多级车用机油、齿轮油、液压油和工业液压油供应市场;此外,还调制了多种润滑脂。

表 15-2-10　沙特第二润滑油厂基础油生产装置的能力、原料和产品

项　目	减压蒸馏	丙烷脱沥青	糠醛精制	催化脱蜡
进料	常压重油	减压塔过汽化油 减压渣油	轻中性物料 中中性物料 重中性物料 脱沥青油	100 号精制油 300 号精制油 700 号精制油 光亮油精制油
产品	塔顶重冷凝油 减压瓦斯油 轻中性物料 中中性物料 重中性物料 过汽化油 减压渣油	脱沥青油 沥青	100 号精制油 300 号精制油 700 号精制油 光亮油精制油	100 号中性油 300 号中性油 700 号中性油 光亮油

表 15-2-11　沙特第二润滑油厂 MLDW 装置的原料和产品

项　目	100 号中性油		300 号中性油		700 号中性油		光亮油	
	原料	产品	原料	产品	原料	产品	原料	产品
黏度/(mm^2/s)								
40℃	14.3~15.7	18.5~21.0	45	55~61	99	135	400	510
100℃	3.5	4.0	6.65~7.25	7.7	12.0~13.0	12.9~14.1	29.5~36.0	31.0~33.0
黏度指数		95		95		95		95
倾点/℃		−18		−9		−6		−6
密度(15.6℃)/(kg/m^3)	845~860	860	865~882	882	879~886	887	904~916	905

2. 溶剂抽提-溶剂脱蜡-催化脱蜡组合工艺

ExxonMobil 公司的法国 Gravenchen 炼油厂，在最初四周的工业运转中，所用的原料油是中东原油的含蜡糠醛抽提油，包括 6 种不同的糠醛精制油，从 $32mm^2/s(38℃)$ 的中性油料到 $32mm^2/s(99℃)$ 的光亮油料，另外，还加工了一种 $66mm^2/s(38℃)$ 的溶剂脱蜡油，目的是生产倾点极低的重质基础油。脱蜡基础油产品的倾点在 $-45.6 \sim -6.7℃$，除黏度指数和黏度外，其他性质与溶剂脱蜡油差不多，催化脱蜡所产轻中性油的黏度指数约比溶剂脱蜡的轻中性油低 6~8 个单位，但这个差值随基础油黏度升高而减少，对光亮油而言，这个差值为 0。用催化脱蜡生产的基础油加添加剂调制的发动机油、齿轮油、工业液压油、冷冻机油、变压器油等，质量都相当于溶剂脱蜡油的调和油，倾点极低的产品可以替代从环烷基原油才能得到的冷冻机油和变压器油。

采用溶剂抽提-溶剂脱蜡-催化脱蜡组合工艺流程的优点在于，先溶剂脱蜡得到倾点中等的脱蜡油，再催化脱蜡得到低温性能较好的基础油，同时可以得到高质量的石蜡，还不至于对基础油的收率影响太大。石蜡基润滑油原料中蜡的含量高、质量好、经济价值很高，如以催化脱蜡完全代替溶剂脱蜡，则得不到石蜡产品，而且由于脱蜡负荷大，反应温度高，催化剂寿命会明显缩短。另外，温度高会使裂化反应加剧，使润滑油基础油的黏度、黏度指数、收率都受到很大的影响，在技术经济上不合理。而采用先溶剂脱蜡再催化脱蜡的加工流程，不但能得到质量较高的石蜡，还能得到倾点更低的基础油产品。因此，溶剂抽提-溶剂脱蜡-催化脱蜡这种加工流程，对于加工石蜡基原油同时生产石蜡和润滑油基础油的老厂，适用性更好一些。

3. 加氢处理-催化脱蜡-加氢精制高压全氢型工艺

环烷基润滑油基础油是电气设备用油、橡胶加工用油及化妆用油的优选用油。中国石油克拉玛依石化分公司(克石化)300kt/a 环烷基基础油高压加氢装置于 2000 年 11 月建成投产。该装置采用我国 RIPP 开发的加氢处理-催化脱蜡-加氢后精制高压全氢型工艺流程(如图 15-2-9)，切换操作加工环烷基常三线、减二线、减三线馏分油与轻脱沥青油，生产各黏度等级的环烷基基础油。

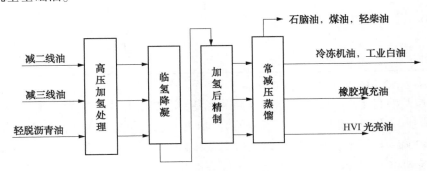

图 15-2-9　克石化加氢处理-催化脱蜡-加氢精制工艺流程示意图[17]

装置开工初期主要工艺条件列于表 15-2-12，各线原料油和高压加氢后主产品性质列于表 15-2-13，可以看出，油品的硫、氮杂质含量明显降低，低温性能得到较大改善，轻脱油的黏度指数提高较大，达到 API II 类基础油标准。

表 15-2-12　克石化催化脱蜡装置开工初期主要工艺条件[69]

项　目	减二线	减三线	轻脱油
处理段			
保护反应器床层平均温度/℃	336.9	335.3	368.5
处理反应器床层平均温度/℃	353.5	347.7	379.0
入口氢分压/MPa	15.75	16.08	16.33
氢油体积比	1312	1235	1480
体积空速/h^{-1}	0.451	0.436	0.40
降凝精制段			
降凝反应器床层平均温度/℃	276.9	276.0	274.4
入口氢分压/MPa	15.16	15.25	15.03
氢油体积比	594	591	765
体积空速/h^{-1}	0.91	0.88	0.79
精制反应器床层平均温度/℃	233.3	230.9	234.5
入口氢分压/MPa	15.02	15.10	14.88
氢油体积比	~594	~591	765
体积空速/h^{-1}	~0.91	0.87	0.79

表 15-2-13　各线原料油及主要产品典型性质[70]

项　目	原料	产品	原料	产品	原料	产品
	减二线	KN4006	减三线	KN4010	轻脱油	K150BS
密度(20℃)/(g/cm^3)	0.9155	0.8965	0.9254	0.9023	0.9165	0.8776
运动黏度/(mm^2/s)						
100℃	7.19	5.891	14.65	10.47	63.94	26.94
40℃	81.41	52.69	353.64	158.8	2788.84	393.4
黏度指数		27		-49		93
倾点/℃	-19	-30	-5	-21	0	-15
酸值/[(KOH)mg/g]	8.38		8.46		1.41	
含硫量/(μg/g)	1031	16.8	1050	1.4904	1460	75.9
含氮量/(μg/g)	1400	12.9	1800	28.3	2600	41.4
饱和烃/%		97.33		96.55		96.38
芳烃/%		1.505		3.44		2.24
旋转氧弹/min		360		335		475

注：表中数据为装置运转 12 个月后的标定数据。

　　针对环烷基油高凝点、高硫、高氮和高芳烃特点，FRIPP 先后开发了加氢处理-催化脱蜡-加氢后精制一段串联组合工艺以及高压两段加氢工艺。一段串联组合工艺技术于 2009 年10 月在一套 200kt/a 工业装置应用，以进口高硫和高凝点环烷基馏分油为原料，生产优质变压器油、冷冻机油和橡胶填充油。为进一步提高橡胶填充油的品质，改善油品的光、热安定性，FRIPP 优选不同功能的加氢催化剂，通过催化剂的合理级配及工艺条件的优化，开发了高压两段加氢生产环烷基润滑油技术。该技术组合加氢处理技术、催化脱蜡技术和贵金属补充精制技术，生产芳烃小于 1% 的的橡胶填充油产品，解决了环烷基橡胶填充油光、热安定性差的问题，提高环烷基润滑油和橡胶填充油产品的品质。该技术于 2015 年 5 月在江苏一套 50kt/a 特种油加氢装置上首次工业应用成功。

　　FRIPP 这两种组合工艺的工业应用结果参见本章第四节环加氢生产环烷基基础油的详细介绍。

　　4. 加氢裂化-催化脱蜡组合工艺

　　加氢裂化尾油富含直链烷烃，芳烃、烯烃含量极低，硫、氮含量很少，黏温性质好，是催化脱蜡的理想原料。FRIPP 以大庆、胜利、管输和中东四种不同原油 VGO 加氢裂化尾油为原料，进行催化脱蜡生产润滑油基础油的试验，结果表明，所得>320℃基础油杂质含量低，黏度适中，残炭低，是比较理想的白油和轻中质润滑油基础油料，经过补充精制可以生产白油和多种润滑油产品[71]。

　　中国石化齐鲁分公司炼油厂 1993 年 9 月在临氢降凝装置上，以加氢裂化尾油为原料，进行了工业试生产白油基础油，获得成功之后，又进行了润滑油基础油的生产。以高凝点（36℃）SSOT 尾油为原料，在反应压力 4.0~8.0MPa、体积空速 0.8~1.5h^{-1}、氢油体积比 400~800 的条件下，先后采用 FDW-1、FDW-3 催化剂进行催化脱蜡，得到收率约70%、倾点较低（-20℃左右）的基础油，经过白土精制生产白油和多种润滑油产品[72]。

　　中国石油抚顺石化分公司石油三厂采用加氢裂化-催化脱蜡的联合工艺，生产润滑油基础油原则流程见图 15-2-10。石蜡基原油经常减压蒸馏得到常三、减二、减三线馏分油，进加氢裂化装置加工；加氢裂化生成油经分馏出汽油、煤油和柴油组分，塔底油进入催化脱蜡段；生成油经再蒸馏生产不同黏度等级的润滑油基础油。根据不同牌号的润滑油产品要求，可对基础油进行补充精制或深度精制，以此来改善基础油的色度和光安定性，并生产白油产品。所得基础油凝点低，黏度指数高，低温流动性好，杂质含量低。

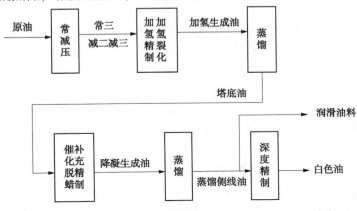

图 15-2-10　抚顺石油三厂润滑油生产工艺原则流程图[14]

　　催化脱蜡装置工业运转结果和润滑油基础油性质分别列于表 15-2-14 和表 15-2-15。

表 15-2-14　抚顺石油三厂催化脱蜡生产基础油的工业运转结果[14,73]

项　目	数　据	项　目	数　据
加氢裂化尾油进料性质		>320℃馏分	
密度（20℃）/（g/cm³）	0.8247	收率/%	74.3
馏程/℃	236~454（95%）	凝点/℃	-25
硫/氮/（μg/g）	59/10	黏度（100℃）/（mm²/s）	4.92
凝点/℃	+20	润滑油基础油料收率/%	
黏度（100℃）/（mm²/s）	3.4	N_5	12.93

续表

项　目	数　据	项　目	数　据
主要工艺条件		≤75SN	7.17
平均反应温度/℃	318	100SN	15.25
体积空速/h^{-1}	1.45	150SN	20.45
总压力/MPa	18.0	≥200SN	11.87
氢油体积比	765	合计/%	67.67

表 15-2-15　抚顺石油三厂催化脱蜡生产的基础油性质[73,74]

基　础　油	100SN	150SN	250SN
密度（20℃）/（g/cm^3）	0.8436	0.8476	0.8495
馏程/℃			
初馏点	357	308	414
95%	428	495	555
凝点/℃	-42	-22	-9
黏度/（mm^2/s）			
40℃	18.65	33.80	55.58
100℃	3.8	5.8	8.3
黏度指数	99	110	120
硫/（μg/g）	46	75	75

（二）应用前景

催化脱蜡生产润滑油基础油是技术上的一项重大突破。相比传统的溶剂脱蜡，催化脱蜡技术具有原料适应性较广、建设投资和操作费用较低、可生产凝点极低的特种油等优势，在20世纪90年代中期其应用达到巅峰。但由于催化脱蜡是通过将高凝点正构烷烃裂化成为小分子来达到降凝的目的，因而不可避免地造成目的产品产率的损失，也不能提高黏度指数，这成为制约其大量工业应用的主要因素。尽管很多研究机构也在不断开发尝试新的思路和方法，如开发新一代催化剂、原料油中添加少量降凝剂（α-烯烃共聚物）等，但随着异构脱蜡技术的开发成功，催化脱蜡在脱蜡方面的重要性正逐步被异构脱蜡所取代。特别是对于石蜡基润滑油馏分的催化脱蜡来说，脱蜡后不仅黏度指数降低，基础油收率也较低，因而更适用异构脱蜡技术进行脱蜡。对于含蜡较少、凝点相对较低的环烷基油料，由于催化脱蜡催化剂所采用的分子筛具有相对较强的抗氮能力，脱蜡效果好，目的产品收率高达95%～97%，而且该工艺过程的流程简单，投资较少，且催化剂所用分子筛生产成本低于目前采用的异构脱蜡分子筛，因此，催化脱蜡在生产环烷基润滑油基础油方面仍有其广阔的发展空间。

第三节　生产 API Ⅱ/Ⅲ 类及以上标准润滑油基础油的异构脱蜡技术

催化脱蜡与溶剂脱蜡相比具有原料灵活性较大、工艺较简单、操作条件较缓和、建设投资和操作费用较低、可生产凝点极低的特种油等优点，但也有一些缺点，特别是基础油的收率和黏度指数都低于溶剂脱蜡，更不能提高黏度指数，难以满足现代炼油厂生产 API Ⅱ/Ⅲ 类基础油的要求。因此，ExxonMobil、Chevron、Shell 等公司和我国 FRIPP、RIPP 又先后开发了生产 API Ⅱ/Ⅲ 类及以上标准基础油的异构脱蜡技术并实现工业应用。

ExxonMobil 公司开发的润滑油异构脱蜡（MSDW, Mobil Selective Dewaxing）技术于 1997 年 6 月首次用在新加坡 Jurong 炼油厂，生产 API Ⅱ/Ⅲ 类中性油及光亮油。Chevron 公司开发的润滑油异构脱蜡（IDW, Isodewaxing）技术于 1993 年 8 月在美国加州 Richmond 炼油厂首次工业应用，生产 API Ⅲ/Ⅲ 类润滑油基础油，此后，IDW 技术应用得到不断发展，目前，国外采用全氢法（加氢处理-加氢脱蜡-加氢后精制）生产Ⅱ/Ⅲ类润滑油基础油的工业装置中，约 80% 采用 Chevron 公司技术。我国的 FRIPP、RIPP 也于 20 世纪 90 年代先后开发成功异构脱蜡催化剂。FRIPP 开发的石蜡烃异构脱蜡技术（WSI, Wax Selective Isomerization）于 2005 年初实现工业应用，生产优质橡胶填充油和Ⅱ/Ⅲ类润滑油基础油，目前已有 10 套工业装置投入运行。

一、反应机理

油品的低温流动性不仅与烃组成有关、也与组分的分子结构有关。研究发现，支链异构体的凝点或倾点低于同碳数正构烷烃，而且，异构体的凝点随支链化的程度、支链位置的不同而异。从表 15-3-1 可以看到，对于碳数为 20 的烷烃，n-C_{20} 的凝点为 37℃，2-甲基-C_{19} 的凝点则为 18℃，而 5-甲基-C_{19} 的凝点仅为 -7℃；对于碳数为 26 的烷烃，$11n$-p-C_{25} 的凝点为 19℃，而 $11i$-p-C_{25} 的凝点为 -40℃。因此，若将油品中高凝点正构烷烃异构化为异构烷烃，既可降低油品凝点，也可将异构烷烃保留在产品中，从而可大大提高产品收率。

表 15-3-1　同碳数同分异构体的凝点[75]

分子名称	结构式	凝点/℃
n-C_{20}	$CH_3{-}CH_2{-}CH_2{-}CH_2{-}(CH_2)_{15}CH_3$	37
2-甲基-C_{19}	$CH_3{-}CH_2{-}CH_2{-}(CH_2)_{15}CH_3$ 下接 CH_3	18
5-甲基-C_{19}	$CH_3{-}CH_2{-}CH_2{-}CH_2{-}CH{-}(CH_2)_{13}CH_3$ 下接 CH_3	-7
$11n$-p-C_{25}	$CH_3(CH_2)_9{-}CH{-}(CH_2)_9CH_3$ 下接 $(CH_2)_4CH_3$	19
$11i$-p-C_{25}	$CH_3(CH_{29}){-}CH{-}(CH_2)_9CH_3$ / $H_3CH_2C{-}CH{-}CH_2CH_3$	-40

异构脱蜡（Isodewaxing）在催化脱蜡的基础上发展而来，它主要采用含中孔分子筛如 SAPO-11、ZSM-22 或 ZSM-23 类的贵金属双功能催化剂，使高凝点烃分子的长直链发生异构化反应，生成低凝点、含有 2~3 个侧链的异构烷烃，从而达到脱蜡、在降低油品凝点/倾点的目的，也称为择形异构化（Shape Selective Isomerization）。异构脱蜡的技术关键是采用具有特定孔径和走向的择形分子筛催化剂，通过加氢异构化和选择性加氢裂化，在降低油品凝点的同时，将异构烷烃保留在产品中，因而目的产品收率较高。

ZSM-5 分子筛催化剂虽然可有效地裂化高凝点分子，降低油品凝点（倾点），但不可避免地会造成产率的损失。因此，目前工业化异构脱蜡催化剂主要以低酸性的 ZSM-23/48 分子筛和 SAPO 类分子筛为酸性组分，以贵金属为加氢组分。

异构脱蜡的反应机理是典型的双功能烷烃加氢异构化和裂化反应机理。

（一）化学反应机理

长链正构烷烃的加氢异构化反应，从化学反应角度上，和加氢裂化一样，是典型的双功能反应机理，如图 15-3-1 所示。正构烷烃首先在催化剂的加氢-脱氢中心上生成相应的烯烃，此种烯烃迅速转移到酸性中心上得到一个质子生成正碳离子。正碳离子极其活泼，只能瞬时存在，一旦形成就迅速进行下列两种反应。

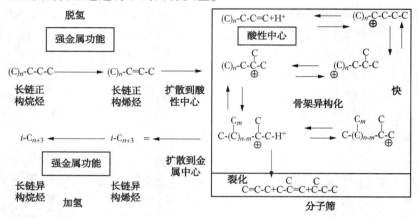

图 15-3-1　烷烃异构化的双功能催化反应机理[76]

1）异构化反应。异构化反应是通过环丙烷（PCP）正碳离子进行的。正碳离子通过氢原子或甲基转移进行重排，相继生成单支链、双支链、三支链的正碳离子，这些正碳离子将 H^+ 还给催化剂的酸性中心后变成异构烯烃，然后在加氢-脱氢中心加氢，即得到与原料分子碳数相同的各种异构烷烃。Sastre 等[77]研究了正构烷烃在中孔分子筛上的异构反应，以 nC_7 为例的异构化反应过程如图 15-3-2 所示。

2）裂化反应。大的正碳离子，特别是支链多的正碳离子不稳定，容易在其邻近的 β 位处，发生 C—C 键断裂，生成一个较小的烯烃和一个新的正碳离子，所生成的烯烃是 α-烯烃，在氢存在下迅速加氢生成低分子烷烃，新生成的正碳离子则进一步进行裂解或异构化反应。

一些研究认为，支链在直链中部或双支链的异构烷烃，具有较低的倾点，继续增加支链的数目，并不能使异构烷烃的倾点进一步降低，反而会导致其黏度指数下降，并且由于支链增加，将加剧不希望的加氢裂化反应。同时，异构程度和支链的位置对产品的倾点和黏度指数影响很大，图 15-3-3 示出碳数为 20 和 26 的烷烃，其凝点、黏度指数与结构的关系。

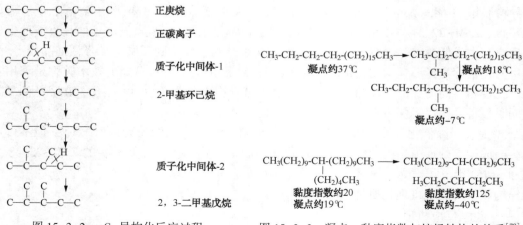

图 15-3-2　nC_7 异构化反应过程　　　　图 15-3-3　凝点、黏度指数与烷烃结构的关系[78]

因此，为了提高目的产物收率，就需要尽量减少裂化反应；而且从降低倾点的角度，希望生成少支链的异构体。这就要求催化剂具有高选择性，一方面要有很强的加氢性能，使异构得到的烯烃迅速加氢生成异构烷烃，以避免进一步异构化或加氢裂化；另一方面要求用于催化剂的分子筛，其孔道应比催化脱蜡催化剂的分子筛小，酸性中心的酸强度也应较低，以限制多支链异构烃的生成，从而避免过度的加氢裂化，也就是说，对所用分子筛孔大小和形状走向也提出要求，这就是择形异构机理。

（二）择形异构机理

研究者提出了孔嘴（Pore Mouth）和锁匙（Key-Lock）择形机理，该机理认为长链正构烷烃可以同时进入两个或以上孔口，异构化反应是在孔口处发生的，如图 15-3-4 所示。这较好解释了异构体形成的原因。由图可见，只有直链烃才能进入分子筛孔道发生反应，而侧链则被阻于孔道之外，进入孔道的直链烃可在催化剂活性中心上发生异构化反应或裂化反应，当孔道较小而又呈椭圆形时，还有产生侧链的空间，而裂化的可能性较小。

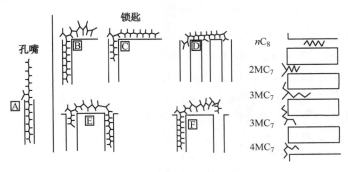

图 15-3-4　孔嘴和锁匙机理[79]

另一种择形效应表现在分子筛孔大小对反应的影响，10 元环和 12 元环直通道分子筛，其反应过程如下：

10 元环通道的反应过程：

12 元环通道的反应过程：

正构烷烃→单支链产物→多支链产物→裂解产物

综上所述，异构脱蜡对催化剂要求，除了具有适中的酸性和强加氢活性以外，还要求分子筛具有 10 元环或 12 元环的椭圆形直通道。表 15-3-2 列出了一些具有择形性的分子筛结构。

表 15-3-2　几种分子筛的孔径和酸性

分子筛	ZSM-5	β	丝光	SAPO-11	ZSM-22
分类	MFI	BEA	MOR	AEL	TON
孔口环数	10	12	12	10	10
孔口大小/nm	0.56×0.51	0.64×0.76	0.65×0.70	0.63×0.39	0.44×0.55
酸性/（mg/g）					

分子筛	ZSM-5	β	丝光	SAPO-11	ZSM-22
总酸	0.71	0.71	0.94	0.27	0.30
强酸	0.41	0.17	0.61	0.04	0.027
中酸	0.14	0.30	0.08	0.14	0.11
弱酸	0.16	0.24	0.25	0.09	0.16

由表中可以看出,丝光分子筛酸性太强,且强酸占大多数,虽然有异构活性,但裂化活性较强。ZSM-5 和 β 分子筛酸性次之,而 ZSM-5 除圆形通道以外,还有大小相近的 Z 字形通道,正构烷烃一旦进入 Z 字形孔道内,就很难扩散出来而裂解成更小的分子。β 分子筛酸性较强,具有 12 元环直通道,属于有一定异构性能的分子筛。SAPO-11 和 ZSM-22 不仅有较弱的酸性,还有很好的椭圆形孔道,对多支链异构体具有明显的限制,因而是较理想的长链正构烷烃异构化用分子筛。但 SAPO-11 是由 Si、P、Al 三组分组成,目前,在合成时重复性较差,造成反应性能差别大,而 ZSM-22 则无此弊病。

二、催化剂

异构脱蜡催化剂是一种加氢-酸性双功能催化剂。由加氢金属提供加氢/脱氢功能,由分子筛提供适当的酸性异构功能。根据加氢金属组分不同,可分为贵金属催化剂和非贵金属催化剂,目前只有贵金属催化剂得到工业应用,这类催化剂一般以弱酸性的中孔分子筛如 ZSM-23/48 和 SAPO 类分子筛为酸性组分、以贵金属 Pt 为加氢组分。从公开的资料看,异构脱蜡催化剂目前主要为 Chevron Lummus Global 公司和 Exxon Mobil 公司拥有,其中,Chevron 公司的催化剂应用居多。另外,Exxon Mobil 和 Shell 公司也有专门用于加工高含蜡原料如石蜡、蜡膏等生产黏度指数 140 以上基础油的催化剂。表 15-3-3 列出已实现工业应用的润滑油异构脱蜡部分催化剂。

表 15-3-3　工业应用的润滑油异构脱蜡部分催化剂

项　目	异构脱蜡催化剂	用　途
Chevron 公司		
ICR-404	Pt/SAPO	第一代润滑油馏分异构脱蜡催化剂
ICR-408		第二代润滑油馏分异构脱蜡催化剂
ICR-410		ICR-404 改进型
ICR-418		第三代润滑油馏分异构脱蜡催化剂
ICR-422		ICR-418 改进型
ICR-424		ICR-422 改进型
Exxon Mobil 公司		
MSDW-1	比 ZSM-5 选择性更高的分子筛	第一代润滑油馏分异构脱蜡催化剂
MSDW-2	催化剂活性和反应条件同 MSDW-1,但裂解活性更少	第二代润滑油馏分择形异构脱蜡催化剂
MWI-1	Pt/β+Pt/ZSM-23	蜡膏异构脱蜡
MWI-2	更适用于纯净蜡加氢异构化	蜡膏异构脱蜡
Shell 公司	Ni-W/F-Al$_2$O$_3$	蜡异构脱蜡
中国石化 FRIPP		
FIW-1	Ⅷ族贵金属/硅-铝分子筛 LKZ	润滑油馏分异构脱蜡

下面选择 ExxonMobil、Chevron 公司以及我国 FRIPP 催化剂为代表进行介绍。

（一）ExxonMobil 公司催化剂

ExxonMobil 公司在 20 世纪 70 年代成功合成 ZSM-23 分子筛的基础上，开发了以 Al_2O_3 为黏结剂的贵金属 Pt-（ZSM-23）异构脱蜡催化剂，接着在 80 年代前期推出用润滑油料生产 API Ⅱ/Ⅲ类润滑油基础油的异构脱蜡工艺（MSDW），后期又开发了硼改性的低酸性 Pt-β 分子筛加氢异构化催化剂（MWI-1、MWI-2）以及用含油蜡生产超高黏度指数（Ⅵ>140）基础油的加氢异构化工艺（MWI，MobilWax Isomerization），这是润滑油基础油生产技术的一项重要进展，通过缓和加氢裂化-异构脱蜡-溶剂脱蜡，以含油蜡为原料，可以得到收率在 60% 以上、黏度指数高达 144~147 的Ⅲ类基础油，无论是收率还是黏度指数都比用传统的异构脱蜡催化剂高得多。这项技术同样适用于天然气合成蜡生产超高黏度指数Ⅲ类基础油，所得到的基础油黏度指数高于聚 α-烯烃（PAO），运动黏度（100℃）与 PAO 相近，但生产成本远低于 PAO。近年来，为了扩大原料范围（如合成蜡、光亮油料等）和提高超高黏度指数基础油的收率，ExxonMobil 公司又对催化剂和工艺进行了许多改进。

以 MSDW 催化剂为例，第一代催化剂 MSDW-1 是一种具有强金属功能、平衡沸石裂化活性的中孔分子筛催化剂，专门设计加工加氢裂化所产轻、重中性油料。该催化剂 1997 年首次用于工业装置，采用润滑油型加氢裂化-异构脱蜡/加氢后精制流程，加工减压蜡油，生产 API Ⅱ类基础油；1999 年换用 MSDW-2 催化剂，生产 API Ⅱ/Ⅲ类基础油和光亮油。

第二代催化剂 MSDW-2，在第一代催化剂的基础上改进了酸性功能，也改进了加金属方法，使其活性达到优化，异构化选择性明显优于 MSDW-1，因而既提高了黏度指数又提高了基础油的收率，采用各种黏度的加氢蜡油作原料都能得到较高的产品收率和黏度指数。以一种加氢裂化重中性油为原料，分别采用 MSDW-1 和 MSDW-2 催化剂进行异构脱蜡，所得>343℃ 基础油收率和黏度指数如图 15-3-5 所示。在倾点相同

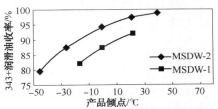

图 15-3-5　MSDW-2 与 MSDW-1
的性能比较[13]

时，用 MSDW-2 得到的基础油收率和黏度指数都高于用 MSDW-1 得到的产品收率和黏度指数，反映出 MSDW-2 催化剂烷烃异构化的选择性强、裂化选择性弱。

（二）ChevronLummusGlobal 公司催化剂

Chevron 公司在 20 世纪 80 年代中期合成 SAPO-11 分子筛的基础上，开发了以 Al_2O_3 为黏结剂的贵金属 Pt-（SAPO-11）异构脱蜡催化剂，在 80 年代后期，推出用润滑油料生产的异构脱蜡（IDW）工艺。此后，又开发了贵金属 Pt-（SSZ-32）异构化催化剂，既扩大了原料油的范围，又提高了润滑油基础油的收率和黏度指数。IDW 技术自 1993 年实现工业化以来，在世界上得到广泛的应用。

资料表明[80~82]，Chevron 公司已有三代异构脱蜡/加氢后精制催化剂实现工业应用，催化剂牌号及主要特点列于表 15-3-4。

表 15-3-4　Chevorn 公司开发的异构脱蜡/加氢后精制催化剂

催化剂牌号	主 要 特 点
ICR 404	第一代异构脱蜡催化剂，柴油是主要副产品，中等抗硫、氮能力
ICR 408	第二代异构脱蜡催化剂，高抗硫、氮能力，高活性
ICR 410	第一代异构脱蜡催化剂的改进型，对于高含蜡原料选择性好

催化剂牌号	主要特点
ICR 418	第三代异构脱蜡催化剂，润滑油基础油收率高、质量好
ICR 422	第三代异构脱蜡催化剂的改进型，润滑油基础油收率高、质量好，催化剂活性高
ICR 424	第三代异构脱蜡催化剂的改进型，润滑油基础油收率高、质量好，催化剂活性非常高
ICR 402	第一代加氢后精制催化剂
ICR 403	第二代加氢后精制催化剂，中等抗硫、氮能力
ICR 407	第三代加氢后精制催化剂，高抗硫、氮能力，高活性
ICR 417	第三代加氢后精制催化剂的改进型，高抗硫、氮能力，高活性

1993 年，第一代异构脱蜡/加氢后精制催化剂首次在 Chevron 公司美国 Richmond 炼油厂工业应用，随后在加拿大 PetroCanada、美国 Excel、芬兰 NesteOy 和中国石油大庆炼化等公司得到应用；1996 年第二代催化剂在 Richmond 炼油厂实现工业化；2002 年开发成功第三代催化剂并首先用于韩国 SK 公司 Ulsan 炼油厂一套工业装置，随后又有 4 套装置采用了第三代催化剂。第三代改进型催化剂 ICR-422 已用于我国高桥石化炼油厂的 300kt/a 异构脱蜡装置和 Chevron 公司自己的装置。目前工业上使用较多的异构脱蜡/加氢后精制催化剂是 ICR-408/ICR-407。

表 15-3-5 和图 15-3-6 给出 ICR-418 和 ICR-408 催化剂加工 Ⅱ 类 150N 轻中性油时的性能对比；表 15-3-6 和图 15-3-7 给出这两种催化剂加工 500N 中性油和光亮油的性能比较。

表 15-3-5　两种催化剂加工轻中性油性能比较

基础油性质	溶剂脱蜡	ICR-408	ICR-418	基础油性质	溶剂脱蜡	ICR-408	ICR-418
产物分布/%				基础油	90	91	93.5
气体		1.8	1.0	倾点/℃	−11	−12	−15
石脑油		2.7	1.5	黏度(100℃)/(mm²/s)	5.3	5.4	5.3
柴油		4.5	3.9	黏度指数	104	105	107

表 15-3-6　两种催化剂加工光亮油性能比较

基础油性质	溶剂脱蜡	ICR-418	基础油性质	溶剂脱蜡	ICR-418
收率/%	48	91	黏度(100℃)/(mm²/s)	30.4	27.8
倾点/℃	−20	−19	黏度指数	106	114

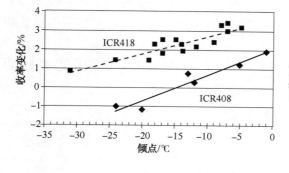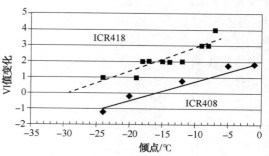

图 15-3-6　以轻中性油为原料所得基础油收率和 VI 值的改进(Ⅱ类，150N)

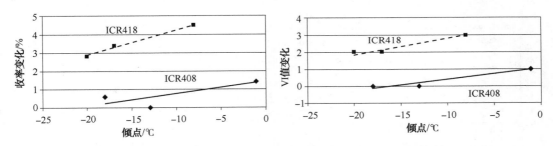

图 15-3-7　以重中性油为原料所得基础油收率和 VI 值的改进(500N)

从所列图表可以看到，无论是加工 150N 这样的轻中性油还是加工光亮油，在保持基础油相同黏度指数时，ICR-418 都表现出优越性，其裂解性能比 ICR-408 更低，气体和轻油产率明显减少，基础油产品收率更高、倾点更低，明显优于溶剂脱蜡结果。

（三）FRIPP 催化剂

中国石化 FRIPP 在 20 世纪 90 年代开发了异构脱蜡催化剂 FIW-1，分别以加氢裂化尾油、加氢处理蜡油和溶剂精制-加氢处理蜡油等为原料，开展生产 APIⅡ类和Ⅲ类基础油的试验研究；并在此基础上，开发了石蜡烃异构脱蜡（WSI）技术，用于生产优质 APIⅡ/Ⅲ类润滑油基础油及白油等特种油品。RIPP 也成功研制了异构脱蜡催化剂，用糠醛精制油、大庆减二线和轻脱油、加氢裂化尾油分别进行了试验，可以生产 APIⅡ类和Ⅲ类润滑油基础油[83]。

1. FRIPFIW-1 催化剂的性质与反应性能[84、85]

（1）主要物化性质

FIW-1 催化剂的主要物化性质列于表 15-3-7。

表 15-3-7　FIW-1 催化剂的主要物化性质

项　目	数　据	项　目	数　据
外形大小 $\varphi \times L$/mm	1.4~1.6×3~8	压碎强度/(N/cm)	>100
孔体积/(mL/g)	≥0.30	形状	圆柱形
比表面积/(m²/g)	≥180	活性金属含量/%	0.3~0.6
堆积密度/(g/cm³)	0.65~0.75		

（2）催化剂的反应性能

FRIPP 考察了反应温度、体积空速及反应压力对催化剂反应性能的影响，分别列于图 15-3-8a、图 15-3-8b 和图 15-3-8c。

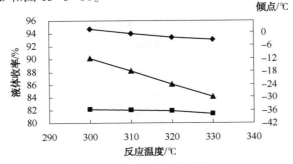

图 15-3-8a　反应温度的影响

◆─液收，%；　■─目的产品收率，%；　▲─目的产品倾点，℃

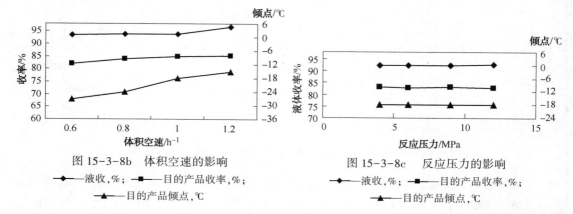

图 15-3-8b　体积空速的影响　　　　　图 15-3-8c　反应压力的影响
━◆━液收,%; ━■━目的产品收率,%;　　　━◆━液收,%; ━■━目的产品收率,%;
━▲━目的产品倾点,℃　　　　　　　　　━▲━目的产品倾点,℃

图 15-3-8a 为反应温度与总液体收率、>352℃润滑油馏分油的产率及其倾点的相关曲线。可以看出,在所考察的温度区域内,当反应温度升高时,除了总液体收率略有降低外,>352℃馏分油的产率基本没有变化,仍维持在82%左右;倾点则随着反应温度上升而降低,而且降凝效果非常明显。当反应温度提高30℃时,倾点由-12℃大幅度降至-30℃。这一结果表明,这种新型双功能催化剂具有良好的异构降凝选择性能。

图 15-3-8b 为体积空速与总液体收率、>352℃润滑油馏分油的产率及其倾点的相关曲线。可以看出,在所考察的空速区间内,随着空速的降低,除了总液体收率和>352℃目的产品收率略有降低外,目的产品倾点大幅度下降,降凝效果同样十分显著,说明 FIW-1 催化剂具有良好的异构降凝选择性能。

图 15-3-8c 给出氢分压从 4.0～12.0MPa 压力范围内的反应结果,压力条件已基本涵盖了低、中、高三种压力范围。可以看到,在考察的压力范围内,生成油的产品分布不随压力升高而有所变化,>352℃润滑油馏分油的收率一直保持在82%左右,与此同时,所有条件下的>352℃产品的倾点都在-18℃左右,不随反应压力变化而变化。表明催化剂的裂化反应及异构降凝性能基本不受压力影响,即不同压力下均可得到高收率及低倾点的主要目的产品。

（3）采用 FIW-1 催化剂的 WSI 工艺与其他脱蜡技术的比较

表 15-3-8、表 15-3-9 分别列出 WSI 与溶剂脱蜡、催化脱蜡技术的比较结果。可以看出,与溶剂脱蜡技术相比,加工轻质原料(加氢裂化尾油)和重中质原料(加氢处理减四线油),WSI 所得基础油,收率明显提高、倾点更低、黏度指数较高,基础油收率分别高 18.45 个百分点和 11.57 个百分点;黏度指数分别达到 API Ⅱ、Ⅱ⁺及Ⅲ类油的要求;与催化脱蜡技术相比,加工相同原料油时,WSI 所得基础油收率和黏度指数提高较多,倾点降得更低。

表 15-3-8　WSI 工艺与溶剂脱蜡的比较

项　　目	加氢裂化尾油		加氢处理减四线	
脱蜡工艺过程	WSI	溶剂脱蜡	WSI	溶剂脱蜡
350⁺℃脱蜡油收率(对原料)/%	79.25	60.80	79.47	67.90
350⁺℃脱蜡油主要性质				
黏度/(mm²/s)				
40℃	24.73	22.73	67.04	54.63
100℃	4.930	4.609	8.754	7.542
黏度指数	126	120	103	99
倾点/℃	-24	-9	-24	-6

表 15-3-9 WSI 工艺与催化脱蜡的比较

项　　目	加氢裂化尾油	
工艺过程	WSI 异构脱蜡	催化脱蜡
C₅₊液体收率/%	93.80	75.0
>350℃润滑油收率	81.25	60.70(>320℃)
>350℃馏分油性质		
黏度(40℃)/(mm²/s)	24.73	20.10
黏度指数	126	80
倾点/℃	-24	-15

2. 工业应用结果[86]

FIW-1 催化剂及 WSI 成套工艺技术 2005 年 1 月首次成功用于中国石化金陵分公司的 100kt/a 工业装置，以加氢裂化尾油为原料，经过低压异构脱蜡生产优质润滑油基础油。工业应用结果列于表 15-3-10。可以看出，即使在 3.1MPa 的低压条件下，FIW-1 催化剂仍显示了高活性和良好的稳定性，降凝效果明显、目的产品选择性高、基础油黏度指数达到 API Ⅲ类油标准，可以预期该催化剂在中、高压下将会有更加优异的表现。

表 15-3-10 FIW-1 催化剂工业应用结果

项　　目	数据	项　　目	数据
原料油	加氢裂化尾油	产品分布/%	
密度(20℃)/(kg/m³)	828.3	<320℃	12.9
黏度(100℃)/(mm²/s)	3.96	>320℃	81
硫/(μg/g)	8.58	>320℃产品主要性质	
氮/(μg/g)	1.5	密度(20℃)/(kg/m³)	834.8
倾点/℃	35	黏度(40℃)/(mm²/s)	19.346
蜡含量/%	19.85	氮/(μg/g)	1.7
馏程(D1160)/℃	384~488	硫/(μg/g)	3.5
主要操作参数		黏度指数	121
进料量/(t/h)	8.01	倾点/℃	-21
高分压力/MPa	3.1	闪点(开口)/℃	215
平均反应温度/℃	335.5	色度/号	1.0

三、工艺流程和操作条件

(一)工艺流程

异构脱蜡所用催化剂都是以贵金属作为加氢-脱氢组分的双功能催化剂，因此该工艺对原料中的硫、氮等杂质非常敏感，原料须经深度加氢精制。进入异构化反应器的原料，硫含量一般应低于 20μg/g，氮含量应低于 2μg/g；因此，在异构脱蜡装置前常建有原料油加氢处理装置，或者一套装置由加氢处理和异构脱蜡两部分组成，两部分设有独立的循环氢系统。已经工业应用的异构脱蜡技术一般采用加氢处理(或加氢裂化)-异构脱蜡-加氢后精制的工艺流程。

异构脱蜡技术生产润滑油基础油的原则工艺流程见图 15-3-9。

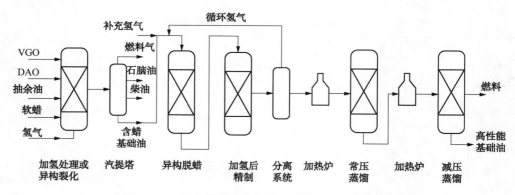

图 15-3-9　异构脱蜡生产润滑油基础油的工艺流程[87]

　　原料润滑油馏分首先进入异构脱蜡装置的加氢处理部分以大幅度降低硫、氮含量，该部分所用催化剂通常为工业上用于生产润滑油或中间馏分的加氢裂化催化剂或具有深度脱硫、脱氮能力的加氢处理催化剂，以保证后续异构脱蜡/后精制催化剂性能得到充分发挥，延长装置运转周期。若原料油为直馏减压馏分油，一般经过燃料型或润滑油型加氢裂化，所产尾油或润滑油馏分进入异构脱蜡段；若原料油为溶剂精制油，经过常规加氢处理进入异构脱蜡段。通常，加氢预处理段与异构脱蜡段之间，设有汽提塔用来脱除加氢生成油中夹带的 NH_3 和 H_2S，设置常压塔分离加氢生成油中的轻质油，从而保证异构脱蜡催化剂的活性发挥，并有利于降低异构脱蜡部分的负荷及设备投资。加氢处理(裂化)与异构脱蜡两部分设有独立的氢气循环系统。

　　异构脱蜡-加氢后精制是整个技术的核心，其性能的好坏直接影响润滑油基础油收率与质量。然而，进料经加氢处理和异构脱蜡后的生成油光安定性往往并不理想，在光照下与空气接触容易变色并生成沉淀，故需在高压低温的条件下，进一步加氢以除去残留的少量稠环芳烃，因此，加氢后精制的主要作用是使芳烃和烯烃饱和，改善油品的安定性和颜色。依原料和工艺条件不同，产品油可达到 API Ⅱ 类油或 Ⅲ 类油标准。通常，后精制反应器与异构脱蜡反应器串联，共用一个循环氢系统，可减少投资。

　　异构脱蜡后精制催化剂通常采用贵金属催化剂。由于钯具有高的加氢活性，故多被采用作为催化剂的金属组分，钯的缺点是抗硫性能差；铂具有高的抗硫性能，但加氢活性低，需要高的加氢温度，所得到的加氢油安定性不理想，因此，新一代的异构脱蜡后精制催化剂，采用铂-钯双金属作为加氢组分，此种催化剂不但保留有铂催化剂的抗硫能力，而且其加氢性能也不低于钯催化剂。随着后精制催化剂抗硫性能提高，可以降低原料加氢处理的苛刻度，异构脱蜡过程收率得到进一步提高。

　　根据原料油和加氢处理方法的不同，目前应用的异构脱蜡工业流程基本有四种：第一种燃料型加氢裂化-异构脱蜡/加氢补充精制；第二种是润滑油型加氢裂化-异构脱蜡/加氢补充精制；第三种是加氢处理-异构脱蜡/加氢补充精制；第四种是溶剂精制、溶剂脱蜡与加氢工艺相结合的流程。前三种为全加氢流程，产品收率高、产品质量好、原料适应性强，但投资较高；传统精制、脱蜡工艺与加氢技术的组合工艺投资较少，但产品收率和质量较差、生产灵活性小。此外，以蜡膏和软蜡为原料，通过缓和加氢裂化-异构脱蜡-溶剂脱蜡，可以得到高黏度指数的第Ⅲ类基础油，而且收率高达 75% 和 69%。

　　总体而言，目前工业应用的异构脱蜡技术生产 API Ⅱ/Ⅲ 类润滑油基础油的组合工艺流程主要有以下六种：

流程①：润滑油加氢裂化-异构脱蜡-加氢补充精制

流程②：燃料型加氢裂化-异构脱蜡-加氢补充精制

流程③：馏分油加氢处理-异构脱蜡-加氢补充精制

流程④：蜡膏或软蜡缓和加氢裂化（加氢处理）-异构脱蜡-溶剂脱蜡

流程⑤：溶剂抽提-加氢处理-异构脱蜡

流程⑥：GTL合成蜡加氢异构化-异构脱蜡

各组合工艺的应用情况详见本节第五部分。

（二）操作条件[88]

异构脱蜡的操作条件主要取决于原料油的性质以及对产品质量的要求，一般而言，反应压力2.8~21MPa、反应温度316~399℃。采用高压，有利于延长运转周期、提高黏度指数和产品收率。ExxonMobil公司对中东VGO加氢裂化的150N中性油料进行异构脱蜡时，反应压力是2.8MPa；对加氢处理的轻、重馏分油进行异构脱蜡时，反应压力是14.0MPa。此外，由于异构脱蜡反应器与加氢后精制反应器串联，压力高低对产品的质量特别是氧化安定性和储存安定性的影响很大（见表15-3-11）。

表15-3-11　不同压力对异构脱蜡/加氢后精制产品质量的影响

项　　目	燃料型加氢裂化尾油		加氢处理的溶剂精制油	
氢分压/MPa	6.3	13.3	7.0	9.8
基础油产品性质				
黏度（100℃）/（mm²/s）	4.1	4.1	5.0	5.0
颜色（ASTM）	<0.5	<0.5	<0.5	<0.5
氧弹安定性/min	>200	>200	>200	>200
储存安定性试验	通过	通过	通过	通过
芳烃（HPLC法）/%	<5	<5	<6	<5
紫外光吸收系数				
225nmAuL/gcm	0.0750	0.0108	1.0	0.5830
305nmAuL/gcm	0.0669	0.0048	0.0056	0.0030

（三）工艺特点

由于采用高选择性的择形异构催化剂，异构脱蜡工艺主要是把油中的蜡转化为基础油最理想的组分异构烷烃；它不像溶剂脱蜡那样，把蜡与油分开；也不像催化脱蜡那样，把蜡裂化为气体和石脑油。因此，同一种原料油，分别采用异构脱蜡、催化脱蜡、溶剂脱蜡技术进行脱蜡，生产黏度指数相同、倾点相同的基础油，用异构脱蜡得到的基础油收率最高。

异构脱蜡能够处理含蜡较高的原料，如蜡膏；能够与溶剂精制装置联合，提高基础油收率和质量；异构脱蜡与溶剂脱蜡和常规催化脱蜡比，如果前处理过程是加氢裂化，而脱蜡后产品的黏度指数一样，那么，异构脱蜡能够降低加氢裂化的操作强度，提高基础油收率和延长催化剂寿命；异构脱蜡装置投资和操作费用比溶剂脱蜡低。

不同脱蜡技术的技术经济与产品性质比较分别见表15-3-12和表15-3-13。

表 15-3-12　异构脱蜡与其他脱蜡技术的技术经济比较[8]

项　　目	溶剂脱蜡	催化脱蜡	异构脱蜡
产品倾点/℃	-15~-10	-50~-10	-50~-10
产品收率/%	基准	相同或较低	较高
产品黏度指数	基准	低	高
副产品	蜡膏	较多气体和石脑油	较少的气体、石脑油和高质量中间馏分
相对建设投资	100	60~80	60~85
相对操作费用	100	50~60	55~65

表 15-3-13　异构脱蜡与其他脱蜡技术的产品性质比较[89]

原　　料	阿拉斯加北坡原油加氢裂化 VGO		南美原油加氢裂化 VGO	
脱蜡过程	异构脱蜡	溶剂脱蜡	异构脱蜡	溶剂脱蜡
产品				
倾点/℃	-12	-12	-15	-15
运动黏度(100℃)/(mm^2/s)	4	4	5	5
黏度指数	96	87	134	131
收率/%(体)	92	90	84	68

(四) 原料和产品

异构脱蜡催化剂对原料油中的硫、氮、杂质非常敏感，所以，原料油必须是经过加氢裂化或加氢处理的尾油、蜡油或软蜡(含油蜡)，硫、氮和生焦母体(前身物)的含量都尽可能降至最低。

研究表明，异构脱蜡生产 API Ⅱ/Ⅲ 类基础油特别是高黏度指数的Ⅲ类基础油，最好的原料是加氢裂化尾油，因为加氢裂化可以改变原料油分子结构，提高黏度指数，降低硫、氮含量。加氢裂化原料的组成对黏度指数的影响很大，多次回归分析测定表明，不同类型烃的黏度指数为：正构烷烃 175，异构烷烃 155，单环环烷烃 142，两环以上环烷烃 70，芳烃 50。因此，要想得到高黏度指数的基础油料，要求具有较高的单环烷烃和异构烷烃的含量，而加氢裂化可将低黏度指数的多环环烷烃和多环芳烃转化为单环环烷烃和异构烷烃。在加氢裂化产品基础油料中，单环环烷烃和异构烷烃的含量随转化率的提高而增加。低空速和低反应温度加氢裂化有利于多环芳烃加氢、多环环烷烃开环和正构烷烃异构化，因此，可得到高黏度指数产品。采用相同原料分别进行加氢裂化和溶剂精制处理，所得基础油料黏度指数、氧化安定性以及对添加剂的感受性，加氢裂化明显优于溶剂精制法[90]。

但加氢裂化尾油全馏分黏度很小，用它来生产润滑油时，应将其低沸点馏分回炼或作为蒸汽裂解的原料，而将其重馏分加工以制取 API Ⅲ 类基础油。切割后的加氢裂化尾油凝点很高，而且含有部分加氢的芳烃，因而光安定性差，用它来生产 API Ⅲ 类基础油时，需要脱蜡以及进一步芳烃饱和。异构脱蜡生成油加氢补充精制，旨在减少总芳烃和多环芳烃含量，改善产品的氧化安定性。如采用较高的压力进行加氢精制，芳烃降低的幅度较大；加氢精制的温度高一些，有利于降低总芳烃含量，但若高于最佳温度，多环芳烃含量反而增多，不利于产品的氧化安定性[91]。

1. Chevron 公司研究结果

利用中型试验装置，针对不同原料油、不同加工工艺对异构脱蜡原料和产品的影响进行了试验。试验结果简介如下[32]。

（1）不同工艺生产异构脱蜡原料油的收率与质量

中试结果表明，以沙轻原油 VGO 为原料，分别采用加氢裂化/加氢处理、溶剂精制进行预处理，在生产相同黏度指数的异构脱蜡油时，加氢裂化/加氢处理方法得到的异构脱蜡原料油收率比用溶剂脱蜡法要高得多，而且在质量方面也好得多（图 15-3-10）；加氢裂化催化剂的类型对异构脱蜡原料油的收率和黏度指数也有很大影响（图 15-3-11）。

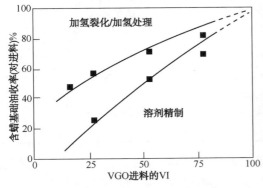

图 15-3-10　加氢裂化/加氢处理和溶剂精制
生产异构脱蜡原料油的比较[32]

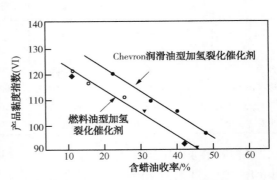

图 15-3-11　加氢裂化催化剂类型对异构
脱蜡原料油收率和黏度指数的影响[32]

（2）不同原料油生产异构脱蜡基础油的质量和收率

中试结果表明，沙轻 VGO 加氢裂化油，经过异构脱蜡/加氢精制得到的产品收率和质量明显优于溶剂脱蜡-加氢处理油异构脱蜡得到的产品（表 15-3-14）。

表 15-3-14　不同原料油异构脱蜡/加氢精制的试验结果

项　　目	沙轻 VGO 加氢裂化油			沙轻 VGO 溶剂精制-加氢处理油	
	轻中性油	重中性油	光亮油	重中性油	光亮油
进料					
硫/(μg/g)	2.5	54	142	83	98
氮/(μg/g)	0.8	1.1	2.8	0.5	1.6
基础油产品					
收率/%	92	93	93	89	93
倾点/℃	−1.5	−14.0	−16.0	−14.0	−15.0
黏度(100℃)/(mm²/s)	5.3	10.6	26.6	11.3	23.3
黏度指数	103	108	112	103	105

（3）溶剂精制-加氢处理油异构脱蜡生产 API Ⅱ类基础油

异构脱蜡原料油的质量对基础油产品的质量影响很大。大庆原油和沙轻原油 VGO 的溶剂精制油不加氢得到的 650N 提余油如表 15-3-15 所列。沙轻原油的 650N 提余油芳烃含量和硫含量都比较高，必须把硫含量大幅度降低，芳烃含量才能符合 API Ⅱ类基础油的要求。而且，如果采用非贵金属催化剂在中压下加氢精制，若达到 API Ⅱ类基础油芳烃含量的要求，黏度和产率都会大幅度降低。采用溶剂精制-中压加氢处理-中压异构脱蜡（使用 ICR-408 催化剂）/加氢后精制（使用 ICR-407 催化剂），可以得到高收率、低芳烃、低硫、低氮的 API Ⅱ类基础油产品（表 15-3-16）。

表 15-3-15　650N 提余油的质量[32]

原料油来源	大庆原油	沙特轻原油
黏度指数	96	96
芳烃/%	16	32
硫/(μg/g)	765	7340
氮/(μg/g)	381	53

表 15-3-16　溶剂精制-加氢处理-异构脱蜡生产Ⅱ类基础油的试验结果[32]

项　　目	VGO 溶剂精制		加氢处理		异构脱蜡/加氢精制	
	原料	产品	原料	产品	原料	产品
芳烃/%	50~55	35~45	35~45	20	20	<5
硫/(μg/g)	24000~26000	9000~14000	9000~14000	20~100	20~100	0.5~1.0
氮/(μg/g)	500~800	50~125	50~125	0.5~1.0	0.5~1.0	
相对进料量	140	100	100	96	96	84

　　异构脱蜡油中压加氢精制采用第三代贵金属催化剂 ICR-407,若采用第二代贵金属催化剂 ICR-403,加氢精制产品的芳烃含量仍不能符合Ⅱ类基础油的要求(表 15-3-17)。这些中试数据是美国约瑟港炼油厂异构脱蜡装置的设计基础数据。

表 15-3-17　异构脱蜡油用不同催化剂加氢补充精制的试验结果[32]

项　　目	VGO 溶剂精制-加氢处理油	异构脱蜡/加氢后精制的 300N 基础油	
		ICR-403 催化剂	ICR-407 催化剂
芳烃/%	20	12~13	<5
硫/(μg/g)	20~100		
氮/(μg/g)	0.5~2.0		

　　(4)蜡膏和软蜡异构脱蜡生产 APIⅢ类基础油
　　中试结果表明,以蜡膏和软蜡为原料,通过异构脱蜡/加氢精制,可以得到超高黏度指数的 APIⅢ类基础油,而且收率分别高达 75%和 69%(表 15-3-18)。

表 15-3-18　蜡膏和软蜡异构脱蜡生产第Ⅲ类基础油的试验结果[32]

项　　目	蜡　膏	软　蜡
进料		
硫/(μg/g)	<6	48
氮/(μg/g)	<1	0.5
基础油产品		
收率/%	75	69
倾点/℃	-15	-16
黏度(100℃)/(mm²/s)	8.1	5.8
黏度指数	135	132

　　2. FRIPP 研究结果
　　FRIPP 以加氢裂化尾油、含蜡 VGO、蜡下油、轻脱油等馏分油为原料,分别采用异构脱蜡-补充精制一段串联加氢工艺、加氢处理-异构脱蜡-补充精制两段加氢工艺进行中试和工业应用，结果简介如下。

（1）加氢裂化尾油生产 API Ⅱ/Ⅲ类基础油

针对加氢裂化尾油颜色浅、硫氮杂质少、芳烃含量低等特点，FRIPP 开发了异构脱蜡-补充精制高压一段串联加氢裂化与尾油异构脱蜡-补充精制组合工艺生产 API Ⅱ/Ⅲ类润滑油技术。

加氢裂化尾油、基础油性质分别列于表 15-3-19 和表 15-3-20。由表中数据可见，生产的 3#基础油符合中国石化 HVI Ⅱ类协议标准，生产的 6#基础油符合中国石化 HVI Ⅲ类协议标准。

表 15-3-19　加氢裂化尾油性质

项　目	数　据	项　目	数　据
密度(20℃)/(kg/m³)	835.6	硫/(μg/g)	6.0
馏程/℃	380~510	氮/(μg/g)	1.0
黏度(100℃)/(mm²/s)	4.596	残炭/%	0.01
凝点/℃	37	蜡含量/%	23.48

表 15-3-20　高压一段串联加氢生产的润滑油基础油性质

产品名称	4#基础油	HVI Ⅱ类要求	6#基础油	HVI Ⅲ要求
黏度(40℃)/(mm²/s)	15.95		31.62	
黏度(100℃)/(mm²/s)	3.59	3.50~4.50	5.68	5.50~6.50
黏度指数	106	≥90	121	≥120
倾点/℃	-39	≤-12	-18	≤-18
赛氏颜色/号	+30		+30	
旋转氧弹/min	>300	≥250	>300	≥300
(Noack 法 250℃，1h)蒸发损失/%	15	≤20	10	≤11

（2）含蜡馏分油生产 API Ⅱ/Ⅲ类基础油

FRIPP 以蜡下油、VGO 馏分油、轻脱油几种高蜡含量馏分油作原料，进行加氢处理-异构脱蜡-补充精制两段加氢工艺生产 Ⅱ/Ⅲ类基础油试验与应用研究。加氢处理催化剂为专用润滑油加氢处理催化剂，通过多环芳烃加氢开环转化成黏度指数较高的少环多侧链的环烷烃；异构化催化剂采用新型催化材料为载体，活性组分为贵金属的双功能催化剂，补充精制催化剂为贵金属催化剂。

不同原料的性质以及经过加氢处理-异构脱蜡-补充精制得到的润滑油基础油性质列于表 15-3-21~表 15-3-24。由表中数据可见：以蜡下油为原料，可得到能满足中国石化 HVI Ⅲ类润滑油基础油协议标准的 6#基础油；以 VGO 馏分油为原料，可得到能满足 HVI Ⅱ类协议标准的 3#基础油和满足 HVI Ⅱ+类技术要求的 10#基础油；以轻脱馏分油为原料，可得到能满足 HVI Ⅱ类协议标准的 10#基础油和满足 HVI Ⅱ+类技术要求的 20#(90BS)基础油。

表 15-3-21　不同原料油性质

分析项目	蜡下油	VGO 馏分油	轻脱油
硫/(μg/g)	868	18100	19100
氮/(μg/g)	56.4	1272	820
凝点/℃	32	34	>50
黏度(100℃)/(mm²/s)	6.737	12.72	28.35
含蜡量/%	48.2	15.85	20.17

表 15-3-22　蜡下油生产的基础油产品性质

项　目	6#基础油	HVI Ⅲ类技术要求
黏度(40℃)/(mm²/s)	32.78	
黏度(100℃)/(mm²/s)	5.967	5.50~6.50
黏度指数	129	≥120
饱和烃/%	99.6	≥90
硫/(μg/g)	1.0	≤0.03%
倾点/℃	−18	≤−18
闪点(开口)/℃	213	≥200
颜色(D1500)/号	<0.5	≤0.5
赛氏颜色/号	+30	
氧化安定性(150℃)/min	>300	≥300

表 15-3-23　VGO 原料生产的基础油产品性质

项　目	3#基础油	HVI Ⅱ类要求	10#基础油	HVI Ⅱ⁺类要求
黏度(40℃)/(mm²/s)	17.21		75.16	
黏度(100℃)/(mm²/s)	3.65	3.50~4.50	9.883	9.00~11.00
黏度指数	91	≥90	112	≥110
饱和烃/%	99.6	≥90	99.3	≥90
硫/(μg/g)	1.0	≤0.03%	1.0	≤0.03%
倾点/℃	−39	≤−12	−18	≤−18
闪点(开口)/℃	191	≥185	234	≥230
颜色(D1500)/号	<0.5	<0.5	0.5	≤0.5
赛氏颜色/号	+30		+30	
氧化安定性(150℃)/min	>300	≥250	>300	≥250

表 15-3-24　轻脱油原料生产的基础油产品性质

项　目	10#基础油	HVI Ⅱ类要求	20#基础油	HVI Ⅱ⁺类要求
黏度(40℃)/(mm²/s)	84.49		232.95	
黏度(100℃)/(mm²/s)	10.25	9.00~11.00	21.85	17.0~22.0
黏度指数	103	≥90	113	≥110
饱和烃/%	99.25	≥90	99.3	≥90
硫/(μg/g)	1.0	≤0.03%	1.0	≤0.03%
倾点/℃	−18	≤−12	−12	≤−12
闪点(开口)/℃	241	≥230	282	≥265
颜色(D1500)/号	<0.5	<0.5	0.5	≤1.5
赛氏颜色/号	+30			
氧化安定性(150℃)/min	>300	≥250	>300	≥250

四、工业应用现状和发展前景

(一)应用现状

异构脱蜡技术,除了能得到高收率、高黏度指数的 API Ⅱ/Ⅲ类基础油外,还生产较多的低冰点、高烟点喷气燃料和低凝点、高十六烷值柴油,因而产品价值也明显提高,但其生

产成本远低于聚 α-烯烃(PAO)，因此，该技术在世界上得到较快的推广应用。目前已工业应用的技术，主要有 ExxonMobil 公司的 MSDW、Chevron 公司的 IDW、Criterion 和 Lyondell 公司开发的 ISO-CDW 技术、Shell 公司的 SHVI 工艺技术、中国石化 FRIPP 的 WSI 技术等；另外，还有以软蜡为原料生产超高黏度指数基础油的异构脱蜡技术如 ExxonMobil 公司的 MWI 技术，F-T 合成蜡的异构化技术与蜡异构化技术相似。国内外工业应用较多的技术分别为 FRIPP 和 Chevron 公司的技术。

世界第一套润滑油异构脱蜡工业装置 1993 年在美国 Richmond 炼油厂投产，采用 Chevron 公司的 IDW 技术，通过加氢裂化-异构脱蜡/加氢后处理，从阿拉斯加北坡原油生产低倾点、高黏度指数的优质 100N、240N 和 500N 润滑油基础油。据报道，目前已获得 IDW 技术许可证的装置达到 32 套，总加工能力约合 12.3Mt/a；除了新建装置外，还有的是将原来的催化脱蜡装置改为异构脱蜡装置[17,92]。部门装置的有关情况参见表 15-3-25 所示。

采用 ExxonMobil 公司 MSDW 技术的第一套工业装置 1997 年投产，截至 2012 年年底，MSDW 技术已许可超过 23 套装置，总加工能力超过 4Mt/a[93,94]。其中 4 套装置的有关情况列于表 15-3-26。

表 15-3-25　采用 Chevron 公司技术的已投产异构脱蜡装置

厂　　址	生产能力 /(kt/a)	生产流程	异构脱蜡/加氢后精制催化剂	主要产品	投产时间
美国 Chevron 公司 Richmond 炼油厂	800	LDHC-异构脱蜡/加氢后精制	ICR-408/407	Ⅱ/Ⅲ类基础油	1993
加拿大石油公司 Missisauga 炼油厂	400	LDHC-异构脱蜡/加氢后精制	ICR-404/403	Ⅱ/Ⅲ类基础油	1996
美国 Excel 公司 LakeCharles 润滑油厂	1175	LDHC-异构脱蜡/加氢后精制	ICR-404/403	Ⅱ类基础油	1996
芬兰 Fortum 公司 Porvoo 炼油厂	250	FDHC-异构脱蜡/加氢后精制	ICR-404/403	Ⅲ类基础油	1997
韩国 SK 公司 Ulsan 炼油厂	250	FDHC-异构脱蜡/加氢后精制	ICR-408/407 ICR-418/417	Ⅲ类基础油	1997 2003
美国 Star 公司 PortArthur 炼油厂	800	溶剂精制-加氢处理-异构脱蜡/加氢后精制	ICR-408/407	Ⅱ/Ⅲ类基础油	1998
中国石油天然气公司大庆炼化分公司	200	溶剂精制-加氢处理-异构脱蜡/加氢后精制	ICR-404/403	Ⅱ类基础油	1999
美国 Star 公司 PortArthur 炼油厂	800	溶剂精制-加氢处理-异构脱蜡/加氢后精制	ICR-408/407	Ⅱ/Ⅲ类基础油	2000
印度 BharatOman 公司 Bina 炼油厂	390	LDHC-异构脱蜡/加氢后精制	ICR-408/407	Ⅱ类基础油	2000
亚洲某炼油厂	650	LDHC-异构脱蜡/加氢后精制	ICR-408/407	Ⅱ/Ⅲ类基础油	2001
马来西亚炼制公司 Melaka 炼油厂	420	LDHC-异构脱蜡/加氢后精制	ICR-408/407	Ⅱ类基础油	2002
俄罗斯 Lukoil 公司 olgograd 炼油厂				Ⅱ类基础油	2002
韩国 SK 公司 Ulsan 炼油厂	318	FDHC-异构脱蜡/加氢后精制	ICR-418/417	Ⅱ/Ⅲ类基础油	2004
中国石油化工股份公司高桥分公司	300	FDHC-异构脱蜡/加氢后精制	ICR-422/407	Ⅱ/Ⅲ类基础油	2004
韩国 SK 公司 UlsanLBO2 炼油厂	350	FDHC-异构脱蜡/加氢后精制		Ⅲ类基础油	2004
印度巴拉特石油公司(BPCL)	275	加氢处理-异构脱蜡/加氢后精制		Ⅱ类基础油	2006

厂　　址	生产能力 /(kt/a)	生产流程	异构脱蜡/加氢 后精制催化剂	主要产品	投产 时间
韩国 GS 公司 Caltex 炼油厂	850	加氢处理−异构脱蜡/ 加氢后精制		Ⅱ类基础油	2007
印度尼西亚 PT. PatraSK 公司	500	加氢处理−异构脱蜡/ 加氢后精制		Ⅲ类基础油	2008
芬兰 NestedOil 公司	500	加氢处理−异构脱蜡/ 加氢后精制		Ⅱ类基础油	2012
中海油惠州炼化公司	430	加氢处理−异构脱蜡/ 加氢后精制		Ⅱ/Ⅱ⁺类基础油	2012
美国 Chevron 公司 Pascagoula 炼油厂	1320	加氢裂化−异构脱蜡/ 加氢后精制		Ⅱ/Ⅲ类基础油	2014

注：(1) 按 1bbl/d=50t/a 计算；(2) LDHC−润滑油型加氢裂化；(3) FDHC−燃料油苛刻加氢裂化。

表 15-3-26　采用 ExxonMobil 公司技术的异构脱蜡装置

厂　　址	生产能力 /(kt/a)	原料	生产流程	异构脱蜡 催化剂	主要产品	投产 时间
新加坡 Jurong 炼油厂	400	减压蜡油	润滑油型加氢裂化−异构 脱蜡/加氢后精制	MSDW-2	Ⅱ/Ⅲ类基础油	1997
加拿大 Sarnia 炼油厂	175	溶剂精制油	加氢处理−异构脱蜡/ 加氢后精制	MSDW-2	Ⅱ/Ⅲ类基础油	2000
印度 Haldia 炼油厂		溶剂精制油①	加氢处理−异构脱蜡/ 加氢后精制	MSDW-2	Ⅱ类基础油	
英国 Fawley 炼油厂		含油蜡	缓和加氢裂化−加氢 异构化−溶剂脱蜡	WMI-2	Ⅲ类基础油	2003

① N-甲基吡咯烷酮精制油，还加少量含油蜡。

中国石化 FRIPP 开发的润滑油基础油异构脱蜡技术，已经在国内 10 套工业装置上成功应用，加工能力达到 1.38Mt/a[95]。

1. 以 VGO 为原料生产 API Ⅱ/Ⅲ类基础油

以 VGO 为原料生产 API Ⅱ/Ⅲ类基础油的异构脱蜡工业装置，生产流程基本可以分为四种：第一种是以轻、重 VGO 为原料，经润滑油加氢裂化得到轻、中、重中性油，再通过异构脱蜡/加氢后精制，生产Ⅱ类或Ⅱ/Ⅲ类基础油，这类装置占多数；第二种是 VGO 原料经过溶剂精制/溶剂脱蜡，所得溶剂精制油或蜡下油先加氢处理，再经过异构脱蜡/加氢后精制，生产Ⅱ/Ⅲ类基础油；第三种是 VGO 原料先进行加氢处理，生成油经过气提分离后，再经异构脱蜡/加氢后精制，生产Ⅱ/Ⅲ类基础油；第四种是 VGO 原料经过燃料型加氢裂化，所得尾油进行异构脱蜡/加氢后精制，生产Ⅲ类及以上标准润滑油基础油。

(1) Chevron 公司 Richmond 炼油厂的 IDW 装置[27,96]

该装置是采用 Chevron 公司 IDW 技术的第一套工业装置，原则流程可参见图 14-3-9 所示。

该装置由润滑油加氢裂化和异构脱蜡/加氢后精制两大部分构成。加氢裂化段有两个反应器，一个用于加工轻 VGO，另一个用于加工重 VGO。重 VGO 的硫、氮含量高，且稠环芳烃多，为保证异构脱蜡进料中的硫、氮合格，同时黏度指数有一定的提高，需要较苛刻的反应条件。加氢裂化生成物经适当的常减压蒸馏后进入异构脱蜡/加氢后精制段。异构脱蜡装置采用第一代异构脱蜡 ICR-404 催化剂。装置的原料性质、加氢裂化含蜡油及异构脱蜡后各中性油产品性质分别列于表 15-3-27 和表 15-3-28。

表 15-3-27　IDW 装置原料 VGO 性质

项　目	轻 VGO	重 VGO	项　目	轻 VGO	重 VGO
加氢裂化原料 VGO			加氢裂化所得含蜡油		
硫/%	1.2	1.3	含蜡/%	6.2	6.3
氮/(μg/g)	1300	2050	黏度(100℃)/(mm²/s)	6.2	16.8
黏度(100℃)/(mm²/s)	5.8	14.5	黏度指数	32	18
倾点/℃	30	41	倾点/℃	-9	-5

表 15-3-28　IDW 装置异构脱蜡产品性质

产　品	100N	240N	500N
运动黏度/(mm²/s)　40℃/100℃	20.1/4.04	46.1/6.71	92.5/11.1
黏度指数	97	98	104
色度/号	<0.5	<0.5	<0.5
倾点/℃	-12	-12	-12
闪点(开口)/℃	201	227	266
芳烃含量(n-d-m 法)/%	<1	<1	<1

（2）中国石油大庆炼化分公司异构脱蜡装置[97~100]

大庆炼化分公司的 200kt/a 异构脱蜡装置采用 Chevron 公司 IDW 技术，1999 年 10 月建成投产，与其他装置联合，采用溶剂精制-加氢处理-异构脱蜡/加氢后精制流程生产润滑油基础油，如图 15-3-12 所示。

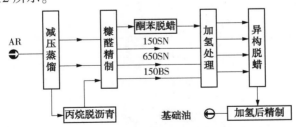

图 15-3-12　大庆炼化生产润滑油基础油的加工流程

异构脱蜡装置设计加工 3 种原料，分别是大庆原油经糠醛精制和酮苯脱蜡的减二线油（150SN 料）、经糠醛精制的减四线油（650SN 料）和经糠醛精制的轻脱沥青油（150BS 料），其中 150SN 料 40kt/a、650SN 料 60kt/a、150BS 料 100kt/a，3 种原料切换操作，经过加氢处理-异构脱蜡/加氢后精制，主要生产 100℃ 黏度为 5.0mm²/s、10.0mm²/s、20.0mm²/s 的 APII 类/Ⅱ类基础油，并副产石脑油、喷气燃料和柴油。

该装置包括加氢处理、异构脱蜡和加氢后精制三部分，加氢后精制反应器与异构脱蜡反应器串联。加氢处理反应器装填 ICR134KAQ 催化剂，将进料氮含量降至 2μg/g 以下，并使大部分芳烃饱和；异构脱蜡反应器装填 ICR404L 催化剂，可降低倾点，改进黏度指数，得到高收率、高质量的基础油;加氢后精制反应器装填 ICR403L 催化剂,它使残余的芳烃饱和,生产几乎无色、安定性好的基础油。

装置进料、主要操作条件及基础油性质分别列于表 15-3-29~表 15-3-32。

表 15-3-29　大庆炼化异构脱蜡装置的原料性质

原　料	150SN	650SN	150BS
密度(20℃)/(g/cm³)	0.866	0.875	0.879
馏程/℃			
初馏点/50%/95%	353/415/453	413/539/-	464/-/-
运动黏度/(mm²/s)			
40℃/100℃	29.8/5.2	-/12.73	-/31.52
硫/氮/(μg/g)	131/94	576/126	793/710
残炭/%	0.01	0.07	0.40
倾点/℃	-15	54	56

表 15-3-30　不同原料油的实际操作条件

原　料	150SN	650SN	150BS
加氢处理反应器			
进料/(t/h)	29.0	25.0	20.8
入口压力/MPa	13.0	13.8	13.9
床层平均温度/℃	333.1	373.8	384.5
异构脱蜡反应器			
入口压力/MPa	12.9	13.8	13.9
床层平均温度/℃	354.8	373.1	384.5
加氢后精制反应器			
床层平均温度/℃	203	233	233
各部分循环氢纯度/%	>90	>90	>90

表 15-3-31　主要的基础油产品分布

原　料	150SN		650SN		150BS	
产品	收率/%	黏度等级[①]	收率/%	黏度等级[①]	收率/%	黏度等级[①]
轻质润滑油	15.04	2.0	13.24	2.0	10.96	2.0
中质润滑油			6.21	4.0	10.41	5.0
重质润滑油	63.79	5.0	51.31	10.0	47.54	20.0
基础油总收率/%	78.83		70.76		68.91	

①为 100℃黏度,单位 mm²/s。

表 15-3-32　加工各种原料的基础油产品性质

原料油	150SN		650SN			150BS		
黏度等级(100℃)/(mm²/s)	2.0	5.0	2.0	4.0	10.0	2.0	5.0	20.0
倾点/℃	-37	-28	-31	-23	-15	<-40	-25	-15
闪点/℃	179	211	187	242	279	177	243	304
运动黏度/(mm²/s)								
40℃	10.1	31.20	12.16	29.5	79.06	11.21	37.91	153.60
100℃	2.17	5.31	2.87	5.51	11.25	2.95	6.55	18.80

续表

原料油	150SN		650SN			150BS		
馏程/℃								
初馏点	299	372	300	360	415	289	402	363
50%	364	422	403	475	509	376	446	
95%	393	451	441	529		421	464	
黏度指数		103		125	132		126	134
外观	透明	透明	透明	透明	透明	透明	透明	透明
比色/号	0	0	0	0	0	0	0	0
氧化安定性/min		380		400	440		400	455
氮/(µg/g)	0.77	0.88	0.70	0.70	0.95	0.80	0.85	1.31

　　采用同样的原料按"老三套"工艺生产，150SN 所得基础油黏度指数 103、倾点-9℃、氧化安定性 215min；650SN 所得基础油黏度指数 99、倾点-9℃、氧化安定性 140min。从所列数据可以看出，异构脱蜡生产的基础油收率比较高，各种产品质量都明显优于常规"老三套"工艺生产的基础油，氧化安定性大大改善，中、重质基础油的黏度指数可达到 120 以上，达到 API Ⅲ 类油要求。

　　2008 年，中国石油公司石油化工研究院采用自行研制异构脱蜡催化剂，在该装置上针对减二线脱蜡油、减三线脱蜡、650SN 精制油等不同原料进行工业放大应用研究，相关结果列于表 15-3-33。

表 15-3-33　异构脱蜡加工减二脱蜡油的操作条件、产品质量和收率

倾点/℃	40℃黏度/(mm²/s)	100℃黏度/(mm²/s)	黏度指数	重质基础油收率/%	反应温度/℃
<-27	37.54	6.084	107	73.63	316
<-27	40.32	6.282	103	74.20	315
-21	37.81	6.206	111	77.75	314
-27	42.75	6.576	105	78.66	319
-18	36.32	6.027	111	77.33	315

　　（3）新加坡 Jurong 炼油厂的 MSDW 装置[21]

　　这是采用 ExxonMobil 公司 MSDW 技术的第一套工业装置，1997 年 6 月建成投产。与润滑油加氢裂化联合，形成加氢裂化-异构脱蜡/加氢后精制生产流程，如图 15-3-13 所示。

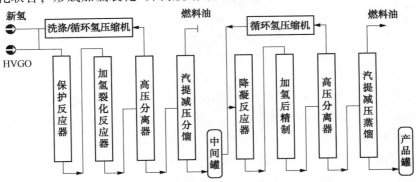

图 15-3-13　新加坡 Jurong 炼油厂的加氢裂化-异构脱蜡装置流程

润滑油加氢裂化装置的设计能力为 650kt/a，MSDW 设计加工能力 400t/a。利用中东、西非、东南亚混合原油的 VGO 为原料，通过润滑油加氢裂化，脱除其中的杂质和硫、氮等化合物，并使部分多环、低黏度指数(VI)化合物选择性加氢裂化生成少环长侧链高 VI 值化合物，经汽提和蒸馏除去轻质燃料油馏分，含蜡的润滑油馏分进入异构脱蜡/加氢后精制段，最后再经过汽提和蒸馏，除去轻质油部分，获得 II 类润滑油基础油。该加工流程对原油的适应性强，可加工不同类型的原油；减压蒸馏的拔出深度可达 560℃，MSDW 催化剂的抗硫、氮中毒的能力强。

MSDW 装置起初采用 MSDW-1 催化剂，2000 年换用 MSDW-2 催化剂后，用得到的基础油加添加剂调制发动机油、工业润滑油和船用润滑油，性能都很好，氧化安定性和低温黏度都优于溶剂精制-溶剂脱蜡油。采用>343℃的加氢裂化尾油为原料和 MSDW-1 催化剂情况下，装置的操作条件如表 15-3-34 所列，得到的基础油产品性质如表 15-3-35 所列。

表 15-3-34 新加坡 Jurong 炼油厂加氢裂化-异构脱蜡装置的操作条件

项 目	加氢裂化	异构脱蜡	项 目	加氢裂化	异构脱蜡
操作条件			体积空速/h^{-1}	1.0	0.5~1.0
压力/MPa	10.0~17.0	10.0~17.0	转化率/%	25	
温度/℃	380~390	315	基础油收率/%		90

表 15-3-35 新加坡 Jurong 炼油厂异构脱蜡基础油的性质

项 目	J150		J500
	II 类	III 类(工业试运转结果)	II 类
运动黏度/(mm^2/s)			
40℃/100℃	30/5.4	35.4/6.2	95/10.8
黏度指数	115	124	97
倾点/℃	-18	-24	-15
挥发性(Noack 法)/%	<15	7	3
总芳烃/%	<2	<2	<2

(4) 中国石化 FRIPP 异构脱蜡技术应用[84,86,101~106]

1) 金陵分公司的异构脱蜡装置：

FRIPP 开发的异构脱蜡(WSI)技术及配套催化剂 FIW-1，2005 年 1 月首次应用于金陵分公司 100kt/a 工业装置，采用燃料型加氢裂化-异构脱蜡-白土后精制联合工艺生产橡胶填充油，装置原则流程如图 15-3-14 所示。VGO 原料经过加氢裂化，>384℃的未转化油经换热后，与氢气混合进入异构脱蜡反应器发生异构化反应，降低油品倾点、提高黏度指数；然后，反应产物经过气液分离后进入分馏塔，塔顶分出轻组分，塔底油作为生产特种油品的原料。特种油料经过白土补充精制改善安定性，生产优质橡胶填充油产品。

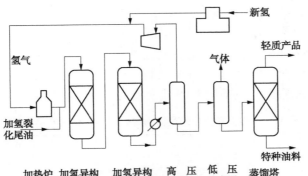

图 15-3-14　金陵石化的 WSI 装置原则流程

装置满负荷标定的结果列于表 15-3-36 和表 15-3-37。可以看出，尽管在低压下操作，FIW-1 催化剂仍表现出良好的活性和选择性，降凝效果很明显，目的产品橡胶填充油倾点 -17℃，收率达 96%，总液体收率达 98.2%。

表 15-3-36　WSI 装置满负荷标定操作条件及产品分布

项　　目	数据	项　　目	数据
主要操作参数		产品分布/%	
进料量/(t/h)	11.75	轻质油	2.2
高分压力/MPa	3.1	橡胶填充油	96.0
一反/二反入口温度/℃	320/315	液体收率/%	98.2

表 15-3-37　WSI 装置满负荷标定原料及产品性质

项　　目	加氢裂化尾油原料	橡胶填充油产品
密度/(kg/m³)	862.8	860.2
馏程/℃		
初馏点		362
10%/50%	394/415	395/415
90%/95%	469/484	469
终馏点	501	507
总硫/(μg/g)	6.5	
倾点/℃	11	-17
闪点(开口)/℃	220	
运动黏度/(mm²/s)		
40℃		29.775
100℃	5.21	
色度/号	3.5	2.0
水分		痕迹

2) 中国石化齐鲁分公司的异构脱蜡装置：

这也是一套低压异构脱蜡装置。原设计为催化脱蜡装置，加工规模 200kt/a，设计压力 4.0MPa。2008 年 4 月经过适应性改造，更换为 FRIPP 研发的新型异构脱蜡催化剂，加工加氢裂化尾油生产高黏度指数基础油。标定期间，目的产品经减压蒸馏分成 4 个馏分，然后分别进行连续白土补充精制，产品性质参见表 15-3-38。

由表中数据可知，异构脱蜡单元的液体收率为 95.28%，目的产品收率为 80.63%，表明异构脱蜡催化剂有较好的活性、选择性和稳定性。HVI 60 的倾点为-45℃、氧化安定性为 223min，色度小于 0.5 号，是较好的变压器油料，HVI 150、HVI 250 及 HVI 300 达到相应润滑油基础油的标准，黏度指数分别达到 API Ⅱ 类和Ⅲ类基础油标准。

表 15-3-38　齐鲁分公司异构脱蜡所得基础油产品性质

项　　目	HVI60	HVI150	HVI250	HVI300
黏度(40℃)/(mm²/s)	10.52	32.91	50.67	63.34
黏度(100℃)/(mm²/s)	2.642	5.68	7.755	9.245
黏度指数	77	112	119	124
倾点/℃	-45	-24	-18	-15
闪点(开口)/℃	167	216	233	236
色度(D1500)/号	<0.5	1.5	1.5	2.5
氧化安定性(旋转氧弹法)150℃/min	223	270	274	295

3) 一段串联双重异构化生产优质基础油工艺

基于自身加氢裂化与异构脱蜡技术特点以及市场需求，FRIPP 在加氢裂化-异构脱蜡（FHC-WSI）组合工艺技术应用基础上，又开发出 FDC-WSI 双重异构化生产润滑油基础油组合技术。两者比较见表 15-3-39。

表 15-3-39　FHC-WSI 技术和 FDC-WSI 技术比较

工艺过程	FHC-WSI	FDC-WSI
异构脱蜡体积空速/h⁻¹	基准	基准+0.6
补充精制体积空速/h⁻¹	基准	基准
异构脱蜡平均反应温度/℃	基准	基准-30
补充精制平均反应温度/℃	基准	基准
C₅₊ 液体收率/%	基准	基准+3
基础油收率/%	基准	基准+10

FDC-WSI 组合工艺，FDC 加氢裂化单元采用 FRIPP 开发、具有深度异构功能的加氢裂化催化剂体系，生产低冰点喷气燃料、低凝点清洁柴油以及低倾点尾油作为润滑油基础油生产原料。异构脱蜡-补充精制单元采用 FRIPP 开发的 FIW-1 和 FHDA-1 催化剂对基础油进一步异构降凝和芳烃深度加氢饱和。由于 FDC 加氢裂化段催化剂具强异构性能，可大幅降低润滑油基础油料的凝点，使得异构脱蜡难度下降，有利于增加装置的处理量。因此，在异构脱蜡空速提高 50%、反应温度降低 15℃ 的情况下，双重异构化技术液体产品收率比一般异构化技术高 2~3 个百分点，润滑油基础油收率高约 10 个百分点。

FDC-WSI 技术于 2011 年 2 月在海南某企业 230kt/a 工业装置上成功应用，采用异构脱蜡-贵金属补充精制高压一段串联工艺，原则流程见图 15-3-15。加氢裂化尾油通过进料泵升压后与循环氢及补充氢气混合后，进入异构脱蜡反应器，在催化剂的作用下，发生链烷烃异构化反应，降低原料油的倾点。加氢异构脱蜡反应产物经过换热器冷却后进入补充精制反应器，在贵金属补充精制催化剂的作用下，发生芳烃和烯烃的深度饱和反应，改善产品的颜色和安定性。补充精制反应器的反应流出物经换热器冷却后，进入高压分离器，进行气液分离。从高压分离器分离出来的富氢气体经过吸附脱硫反应器脱除硫化氢后循环回异构脱蜡反应器入口。从高压分离器分离出的液相进入低压分离器，进一步进行气液分离。分离出的生成油进入分馏系统，经常压分馏塔切出低芳溶剂油产品后，塔底油进入减压蒸馏塔切割生产工业白油和Ⅱ类润滑油基础油。

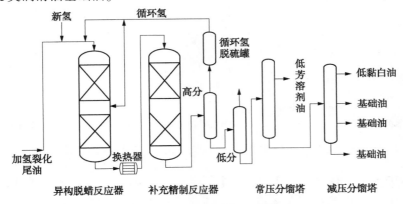

图 15-3-15　高压一段串联工艺原则流程

表 15-3-40 和表 15-3-41 分别给出装置标定的工艺条件及产品性质。可以看出，主要目的产品润滑油基础油收率为 96.21%；6#、8# 和 10# 润滑油基础油产品黏度指数分别为 103、106 和 108，倾点分别为 −30℃、−27℃和−18℃，颜色均小于 0.5 号，氧化安定性均大于 250min，满足 APIⅢ类润滑油基础油指标要求。

表 15-3-40　工业标定条件及产品收率

工艺过程	FDC-WSI	工艺过程	FDC-WSI
异构脱蜡体积空速/h^{-1}	1.80	补充精制平均反应温度/℃	225
补充精制体积空速/h^{-1}	1.45	C_{5+}液体收率/%	98.87
异构脱蜡平均反应温度/℃	309	基础油收率/%	96.21

表 15-3-41　工业标定原料及产品性质

项　　目	原料	产品			
		变压器油	6#基础油	8#基础油	10#基础油
黏度(40℃)/(mm²/s)	26.31	9981	38.72	58.12	83.48
黏度(100℃)/(mm²/s)	4.849		6.118	8.067	10.46
黏度指数(VI)	107		103	106	108
倾点/℃	+6	−47	−30	−27	−18
色度/号	<3.5		<0.5	<0.5	<0.5
赛氏颜色/号		+30	+30	+30	+30
饱和烃含量/%	89.5	>99	>99	>99	>99
氧化安定性(旋转氧弹)/min		412	445	428

4）高压两段加氢生产优质基础油工艺：

针对 VGO、蜡下油、轻脱油等高蜡含量馏分油，FRIPP 开发了加氢处理-异构脱蜡-补充精制高压两段加氢工艺，通过专用催化剂级配与操作条件优化，生产 APIⅡ/Ⅲ类基础油。工艺原则流程见图 15-3-16。

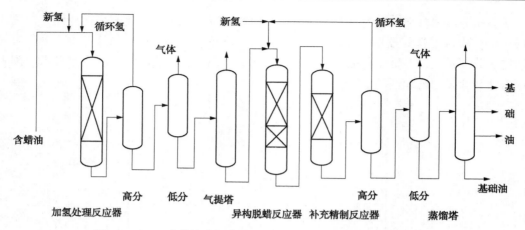

图 15-3-16　含蜡馏分油高压两段加氢生产优质基础油工艺流程

高压两段加氢工艺技术于 2013 年 5 月在河北某企业 50kt/a 装置上首次工业应用，表 15-3-42 和表 15-3-43 列出工业运转的初期结果。可以看出，减三线油倾点-18℃、黏度指数 135，满足Ⅲ⁺类 6#润滑油基础油产品要求。

表 15-3-42　工业装置原料油性质

项　　目	减三、减四线混合油	项　　目	减三、减四线混合油
密度(20℃)/(kg/m³)	923.2	硫/(μg/g)	9654
馏程/℃		氮/(μg/g)	265
初馏点/10%	378/431	黏度(100℃)/(mm²/s)	6.156
30%/50%	454/465	凝点/℃	27
70%/90%	481/511	蜡含量/%	36.73
95%/98%	524/546		

表 15-3-43　工业装置运转结果

项　　目	产品性质	项　　目	产品性质
减一线(5 号白油)		减三线(6#Ⅲ类基础油)	
闪点(开口)/℃	120	闪点(开口)/℃	206
黏度(40℃)/(mm²/s)	4.7	黏度(40℃)/(mm²/s)	25.32
赛氏颜色/号	+30	黏度(100℃)/(mm²/s)	5.132
倾点/℃	-30	黏度指数	136
减二线(2#Ⅱ类基础油)		赛氏颜色/号	+30
闪点(开口)/℃	149	凝点/℃	-18
黏度(40℃)/(mm²/s)	7.03	氧化安定性(旋转氧弹)150℃/min	>300
赛氏颜色/号	+30		
凝点/℃	-24		

2. 以软蜡和蜡膏为原料生产 API Ⅱ/Ⅲ类及以上标准基础油[21,107]

（1）ExxonMobil 公司的 MWI 工艺

以软蜡为原料，ExxonMobil 公司开发了加氢处理-异构脱蜡-加氢后精制-溶剂脱蜡的组合工艺生产很高黏度指数(VHVI)Ⅲ类基础油的技术，即 MWI 工艺，原则流程见图 15-3-17。原料软蜡先进行加氢处理(脱硫和脱氮)，再进行异构脱蜡，把正构石蜡转化为异构烷烃，之后进行加氢后精制，脱除残留的芳烃和烯烃，提高热氧化安定性和光安定性；最后对经过三次加氢的生成油进行蒸馏，得到重组分。然后对重组分进行溶剂脱蜡，得到 VHVI 基础油，其质量与 PAO 相当。采用这种技术的工业装置于 1993 年在英国 Fawley 炼油厂投产。典型操作条件为：反应温度 260~454℃、反应压力 1.4~17.5MPa、体积空速 0.15~5.0h^{-1}、氢油体积比 88~1760。由于这种技术的工艺流程较长、工序较多、生产成本较高，未得到推广应用。

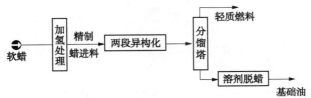

图 15-3-17　ExxonMobil 公司的 MWI 组合工艺流程

（2）Shell 公司的 UHVI 工艺

以软蜡为原料，Shell 公司开发了加氢裂化-异构脱蜡/加氢后精制-溶剂脱蜡组合工艺，生产黏度指数 145~150 的超高黏度指数(UHVI)基础油。组合工艺的原则流程见图 15-3-18。UHVI 工艺的产品与"老三套"工艺生产的基础油调和后得到所需的高黏度指数基础油。UHVI 工艺典型操作压力为 12.0~19.0MPa、温度为 320~390℃、氢耗约占进料的 1%；主要反应为异构化而不是裂化，蜡的总转化率为 80%~90%。

该技术先后在法国 Petite Couronne 炼油厂、澳大利亚 Geelong 炼油厂实现工业应用。

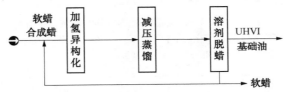

图 15-3-18　Shell 公司的软蜡异构脱蜡加工流程

（3）FRIPP 以石蜡为原料生产超高黏度指数基础油技术

FRIPP 采用 58 号石蜡等作为原料，开展生产优质润滑油基础油技术的研究，如表 15-3-44 所示。

表 15-3-44　FRIPP 费托合成油生产润滑油基础油结果

项　　目	数　据	项　　目	数　据
氢分压/MPa	中压	目的产品基础油收率/%	~58
氢油体积比	500~1000	基础油产品黏度(100℃)/(mm²/s)	3.93
体积空速(异构脱蜡/补充精制)/h^{-1}	基准/基准+0.5	基础油产品倾点/℃	-18
反应温度(异构脱蜡/补充精制)/℃	基准/基准-100	基础油产品黏度指数	141
液体收率/%	>90		

3. 以 GTL 合成油为原料生产Ⅱ/Ⅲ类及以上标准基础油[108~110]

GTL(天然气合成液态烃)技术合成润滑油基础油的生产工艺一般包括 3 个步骤：由天然气生产合成气、合成气采用低温法合成液体烃(Fischer-Tropsch，F-T 合成油)，通过加氢裂化、异构脱蜡等工艺过程将 F-T 合成油加工成润滑油基础油产品和其他石化产品。

　　F-T 合成产品基本上无硫、氮、芳烃，正构烷烃含量高，是生产基础油的理想原料。经过异构脱蜡制取的基础油，黏度指数高（>140），不含芳烃、硫和氮，属于 API Ⅲ/Ⅳ 类油，质量与聚 α-烯烃（PAO）相当，但生产成本却低得多。

　　目前世界上主要有 Shell、Sasol、ExxonMobil、Syntroleum 公司以及中国 FRIPP 开发了以 F-T 合成油为原料生产润滑油基础油的技术。已有 2 家以润滑油基础油为产品的合成油厂，分别采用 Shell 和 Syntroleum 公司技术进行工业生产。

图 15-3-19　马来西亚合成油厂的加工流程

　　图 15-3-19 为 Shell 公司在马来西亚合成油厂的加工流程。Syntroleum 公司与安然公司合资，在西澳大利亚的 BurrupPeninsula 兴建合成油厂，2003 年初投产。采用 Lyondell 公司的合成蜡异构化技术，生产 100℃ 黏度分别为 $2mm^2/s$、$4mm^2/s$、$6mm^2/s$ 和 $8mm^2/s$ 的 API Ⅲ 类润滑油基础油，年生产能力达 250kt。

　　采用 Shell 公司和 Chevron 公司的异构脱蜡技术，以 FT 合成油为原料，生产的基础油性质列于表 15-3-45。可以看出，与石油生产的优质润滑油基础油相比，F-T 合成基础油具有黏度指数高、硫及芳烃含量低等优异性能。

表 15-3-45　F-T 合成基础油与其他基础油的比较

项　　目	典型Ⅰ类油	典型Ⅱ类油	典型Ⅲ油	PAO	Shell 公司 GTL 基础油	Chevron 公司 GTL 基础油
所占市场份额/%	80	18	1	1		
变化趋势	减少	增长	增长	基本不变		
黏度指数	95	95~100	120~130	110~145	148	>145
硫/(μg/g)	2000~4000	<20	<20	<20	0	0
芳烃/%	>10	1-10	<1	0	0	<0.5

　　FRIPP 以 GTL 合成油为原料，采用异构脱蜡-补充精制工艺生产 API Ⅲ 类润滑油基础油的典型工艺条件及产品性质见表 15-3-46 和表 15-3-47。

表 15-3-46　GTL 合成油生产润滑油基础油的主要工艺条件

工艺条件	数据	工艺条件	数据
氢分压/MPa	3.0~16.0	氢油比/(Nm³/m³)	300~800
体积空速/h⁻¹	0.3~0.5	平均反应温度（异构脱蜡/补充精制）/℃	基准/基准-100℃

表 15-3-47　GTL 基础油产品的典型性质

润滑油基础油	2 号	4 号	6 号
馏分范围/℃	320~370	>320	>370
黏度(100℃)/(mm²/s)	2.212	4.328	6.033
黏度指数	132	156	158

续表

润滑油基础油	2 号	4 号	6 号
倾点/℃	-48	-30	-24
颜色(赛氏)/号	+30	+30	+30
闪点(开口)/℃	148	192	205
硫含量/(μg/g)	<1.0	<1.0	<1.0
饱和烃/%	99.5	99.6	99.7
蒸发损失/%		14.5	10.2
氧化安定性*(旋转氧弹法，150℃)/min	375	380	370
CCS 黏度(-30℃)/mPa·s		1010	2940

（二）发展前景

为适应汽车、机械工业的飞速发展和严格的环保要求，润滑油产品升级换代速度明显加快，由传统的润滑油基础油生产工艺制得的 API Ⅰ 类基础油需求正在减少，润滑油加氢工艺（包括加氢裂化、催化脱蜡和异构化、蜡异构化等）生产的 Ⅱ/Ⅲ 类基础油需求不断增加。在北美地区，用加氢工艺制取 Ⅱ/Ⅲ 类基础油的生产能力已占总生产能力的 50% 以上；在欧洲，API Ⅱ 类油的加工量比较有限，Ⅲ 类基础油的供应大大增加，因为混合的 Ⅰ 类和 Ⅲ 类基础油能提供所需的黏温性能；在亚洲，基础油市场继续以 Ⅰ 类油为主，并向生产 Ⅱ 类、Ⅲ 类发展。2010 年，全球 Ⅱ 类及 Ⅲ 类基础油需求占到基础油总需求量的 30%，预计到 2020 年，将达到 50%[111,112]。因此，生产 API Ⅱ 类和 Ⅲ 类基础油的技术越来越受到重视；此外，以天然气为原料，利用 F-T 合成油、合成蜡生产超高黏度指数基础油的技术正在成为基础油家族中的一支新生力量（图 15-3-20）。

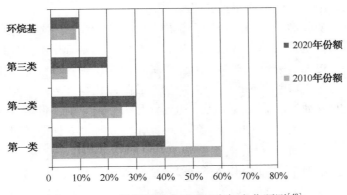

图 15-3-20　世界范围内基础油市场变化预测[48]

我国润滑油基础油的生产和需求也在发生变化。据国家统计局发布的数字，2012 年我国润滑油的表观消费量为 6.8Mt 左右，预计到 2015 年增加到 10Mt。目前，生产与销售市场中，央企、外资企业、民营企业为三大竞争主体，国外知名润滑油品牌牢牢占据我国润滑油高端市场，市场份额曾经高达 70% 以上；中国有影响力的民族品牌昆仑、长城等，主要占据中档、低档润滑油市场，在高端市场的份额逐步上升；民营企业异军突起，在高档润滑油基础油市场占有一席之地。我国的基础油生产中，仍然以生产 Ⅰ 类基础油的传统溶剂法占主导地位。目前国内对加氢法生产的高档基础油总需求量在 2Mt/a 以上，而国内生产的 API Ⅱ、Ⅲ 类基础油产量不足，还需要大量进口高档基础油。近年来，为了提高基础油质量，国内高档润滑油基础油生产能力不断扩大，目前通过引进国外全氢法技术、FRIPP 自主开发技术以及加氢处理–溶剂脱蜡结合技术生产的Ⅲ类、Ⅱ类和Ⅱ⁺类基础油已达到近 3Mt，2016 年中国石化茂名分公司 400kt/a 和泰州石化 200kt/a 高档润滑油加氢装置将投产，预计到 2016 年末国内高档基础油的年生产能力将达到 3.6Mt 左右，同时每年进口基础油相也有 1.0Mt 左右。但总体上Ⅱ、Ⅲ类基础油所占比例仍然较低，API Ⅲ类、Ⅲ类基础油预计未来 5 年将达到总量的 20%～30%[113]。

从目前的状况看，我国润滑油水平比美国落后 2～4 档次，比印度还低 1～2 个档次，所以必须提高我国基础油的生产水平和产品质量。催化脱蜡、异构脱蜡技术等工艺是提高基础油质量的有效途径，特别是异构脱蜡工艺还能生产橡胶、塑料填充油等专用油料；当采用较高反应压力和较低空速时还可以生产食品级白油和高黏度白油。相信，包括催化脱蜡、异构脱蜡在内的加氢脱蜡技术在本世纪将得到较快的发展和应用，成为生产 API Ⅲ类、Ⅲ类及以上标准基础油以及其他专用油料的主要技术。

第四节　生产优质白油、轻质白油及环烷基油的加氢技术

白油和环烷基油属于润滑油类特种产品，馏程范围属于润滑油馏分，使用性能要求和安全性能要求与一般的润滑油基础油有很大不同。白油以其无色、无味、化学惰性及优良的光、热安定性等特点，广泛应用于日用化工、食品加工、化纤、纺织、制药及农业等领域。环烷基油是以环烷基原油为原料经过分离、精制得到的润滑油馏分，具有溶解能力强、传热性好、黏度高以及低温性能好等特点，是用于电器工业、橡胶制造业、润滑脂、金属加工、纺织等相关领域的重要基础油资源，特别是在生产调制特种变压器油、橡胶填充油、冷冻机油以及其他特殊工艺用油方面的应用增长迅速[114]。

轻质白油是由石油分馏得到的馏程较轻较窄的溶剂油产品，主要对某些物质起溶解、稀释、洗涤、萃取作用，是重要的有机化工原料和工业生产的基础用油，应用领域广泛，涉及机械、冶金、电子、化工、医药、食品、农业、林业、纺织等各种行业。随着环保法规以及使用过程健康安全性能要求越来越严格，溶剂油产品的硫化物和芳烃含量限制日趋严格，部分和人们密切接触的溶剂油产品，甚至要求达到食品级标准。中、低档普通溶剂油产品正逐渐被具有低硫、低芳烃、无色、无味、无毒、环保无污染等良好性能的轻质白油也就是市场上惯称的脱芳烃清洁溶剂油所取代。

白油、轻质白油、环烷基油可以是润滑油生产工艺过程的副产品，也可根据需要选择专门的工艺技术加工生产。随着环保要求日益严格以及油品质量、使用性能要求的不断提高，特种产品不断向清洁、高端、专用、系列化方向发展。采用加氢技术生产的优质白油、轻质白油与环烷基基础油，以其良好的使用性能与安全性能，逐渐成为产品市场的发展主流。

一、生产优质白油的加氢技术

白油是一种深度精制脱除硫、氮和芳烃等杂质的特种矿物油品。它无色、无味、无荧光，具有优良的化学稳定性和光、热安定性。按用途和精制深度不同，国内将白油分为工业级、化妆品级和食品医药级，其主要性质指标为：黏度、色度、易碳化物、凝点和紫外吸收值等，产品按黏度大小分级。近年来，随着高黏度白油的出现，出现了一些企业标准或暂行标准，如聚苯乙烯用白油标准即属于企业标准。

不同类别的白油在用途上有所不同。工业白油主要用于化学纤维纺织的柔软剂和润滑剂，合成树脂和塑料加工中的润湿剂和溶剂，聚烯烃塑料生产中聚合引发剂的溶剂，高档SBS橡胶充填油，也用于纺织机械、精密仪器的润滑，以及压缩抗密封用油。食品机械专用白油用于食品非直接接触的食品加工机械的润滑，包括粮油加工、水果蔬菜加工、乳制品加工等食品工业机械设备的润滑。化妆用白油用作化妆品原料，制作发乳、发油、唇膏、护肤脂等。食品用白油主要用于食品加工工业如食品发酵中的消泡剂，面包加工脱模剂和食品切割机的润滑等。白油的级别不同，规格不同，其价格差别较大。一般来说，精制深度越深，黏度越高，其利润也越大。在国内外市场上也往往将白油称为液体石蜡。

白油生产方法主要有磺化法（包括发烟硫酸磺化法和 SO_3 磺化法）、吸附法、萃取法以及加氢法。加氢法以其产品收率高、原料来源广泛、产品品种多样，可生产高黏度白油，生产过程基本不产生污染等优点，近年来逐渐成为白油生产的主导技术。

（一）白油加氢过程的化学原理

白油生产原料中含硫、氮等杂原子化合物会影响白油产品颜色和气味，芳烃具有一定的毒性，特别是多环芳烃在影响白油颜色的同时，还具有致癌的可能性，医药、食品级白油标准中对这类物类（尤其是芳烃）含量具有严格的限值要求，因此，白油加氢过程的主要目的是脱除原料油中的硫、氮、金属、沥青质、胶质等杂质，并使芳烃深度饱和，使产品满足易炭化物、紫外吸光度等质量指标要求，以改善油品的颜色、气味、稳定性及使用安全性。

在加氢过程中的主要反应为硫、氮、氧等杂原子化合物氢解反应、烯烃和芳烃的饱和反应，另外也可能发生少量加氢裂化反应，由于该反应导致轻馏分生成，使白油产率降低，因此应尽量避免其发生。由于产品对芳烃含量的限制严格，而芳烃的加氢受热力学平衡限制难以在高温下进行，故白油加氢通常采用高压加氢工艺。当原料不同时，采用的工艺流程也不同，发生的反应也有所不同。

（二）白油加氢工艺流程

依据原料性质和产品质量要求的不同，可采用一段加氢、两段或多段加氢流程。典型一段法和两段法工艺原则流程分别示于图 15-4-1 和图 15-4-2[115]。

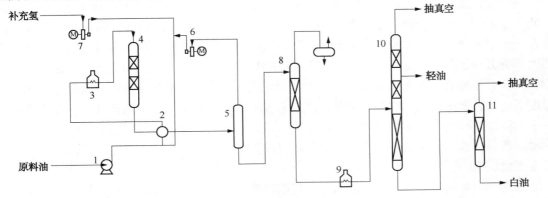

图 15-4-1　一段法白油加氢典型工艺流程

1—原料油泵；2—高压换热器；3—反应炉；4—反应器；5—高压分离器；6—循环氢压缩机
7—新氢压缩机；8—汽提塔；9—分馏塔；10—减压分馏塔；11—干燥塔

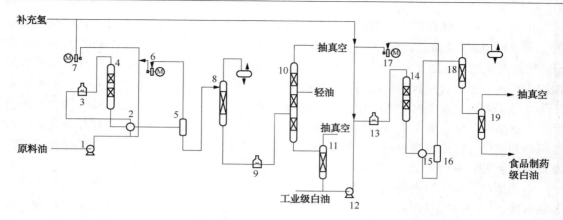

图 15-4-2　两段法白油加氢典型工艺流程

1—原料油泵；2——一段高压换热器；3——一段反应炉；4——一段反应器；5——一段高压分离器；6——一段循环氢压缩机；
7—新氢压缩机；8——一段汽提塔；9—分馏塔；10—减压分馏塔；11—干燥塔；12—二段原料油泵；
13—二段反应炉；14—二段反应器；15—二段高压换热器；16—二段高压分离器；
17—二段循环氢压缩机；18—二段汽提塔；19—减压干燥塔

　　以质量较好的原料，如加氢裂化未转化油、异构脱蜡-加氢精制得到的润滑油基础油或经过酸预精制的基础油，一般芳烃含量低于 5%，硫小于 $10\mu g/g$，氮含量小于 $5\mu g/g$，经过一段加氢可以得到工业级白油甚至食品级、化妆级白油。一段加氢法一般是原料的加氢精制过程，典型操作条件为压力 $10\sim20MPa$，反应温度 $300\sim400℃$，空速 $0.5\sim1.5$(体积)h^{-1}，氢油比 $500\sim1000$(体积比)。

　　以质量一般的原料，如传统"老三套"加工流程生产的润滑油基础油馏分为原料时，其芳烃含量为 $10\%\sim20\%$，一般采用两段加氢流程，一段加氢可以得到工业级白油，二段加氢可以得到食品级、化妆品级白油。如果原料更差，如减压馏分油，则需要三段以上加氢过程。两段加氢法制取白油技术因其原料来源广泛，工艺简单，而被广泛采用。阿尔科公司(Atlantic Richfield Co)、埃克森公司(Exxon Researchand Engineering Co)、巴斯夫公司(BASF Co)等均有采用两段加氢生产白油的装置或技术。

　　两段加氢法的操作条件一般为反应压力 $15\sim20MPa$，反应温度 $150\sim300℃$，空速 $0.2\sim1.0h^{-1}$，氢油比 $500\sim1000$(体积比)。第一段催化剂应具有很好的脱硫、脱氮及芳烃饱和活性，一般采用 NiMo 或 NiW 型硫化态催化剂，以便最大限度地脱除原料中的硫、氮杂质，并使大部分芳烃饱和，在此可以得到工业级各种牌号的白油；由于第一段的反应条件比较苛刻，反应温度较高，因而可能发生一些加氢裂化反应。第二段加氢一般在较高氢分压和较低温度下进行，要求催化剂在相对较低的反应温度下有较高的芳烃加氢饱和活性，而裂化反应较少，以保持较高的白油产品收率；通常为第Ⅷ族的非贵金属或贵金属还原态催化剂，加氢深度以产品白油易炭化、紫外吸光度分析项目作为主要控制指标，反应温度比较低，基本不发生裂化反应[116]。

　　采用一段加氢技术，加工一般原料，只能得到工业级白油；如加工硫、氮和芳烃含量低的原料，通过选用高活性贵金属催化剂，可以得到食品级白油。IFP 及雪佛龙研究公司(Chevron Research Co)均采用这类技术。

　　根据美国专利 US6187176131(药用级白油产品的加工)的介绍，采用三段加氢工艺可以生产高质量的白油，尤其是食品药用级白油。第一段加氢得到高质量的润滑油基础油，第二段加氢脱除芳烃与硫化物，最后一段加氢可以得到食品级白油，其工艺主要是对加氢催化剂作了合适的选择。借鉴他们的生产工艺条件，可以通过选择合适的催化剂，对润滑油加氢产品进行进一步精制。ARCO 公司针对一般减压馏分油，采用了三段或四段加氢生产食品医药级白油[117]。

（三）技术进展与工业应用

20 世纪 60 年代开始出现加氢法生产白油技术，1965 年美国 Lyondell 公司建成第一套白油加氢装置。据不完全统计[1]，迄今国外采用加氢法生产白油的装置主要涉及 7 家公司的专利技术，分别是法国石油科学研究院（IFP）、德国 BASF 公司以及美国的 ARCO、Lyondell、AMOCO、ExxonMobil、Chevron 等公司。

上述公司的主要技术路线为两段加氢工艺，一段反应压力为 16~22MPa，反应温度为 370~410℃，体积空速 0.18~0.3h^{-1}；第二段反应压力约 20MPa，温度约 260℃，大多采用高镍催化剂或贵金属催化剂（Pt-Pd）。目前，国外采用加氢法生产的白油已占总产量的 90% 以上，部分工业装置简况见表 15-4-1。

表 15-4-1　国外白油加氢技术应用情况

序号	公司名称	国家（地区）	采用技术
1	ARCO 公司	美国（休斯顿）	Lyondell、Duotreat 技术
2	EMCA 公司	巴西	Lyondell、Duotreat 技术
3	Toa Oil 公司	日本	Lyondell、Duotreat 技术
4	VASSA 公司	委内瑞拉	Lyondell、Duotreat 技术
5	NASA Petroleum 公司	埃及（亚历山大）	IFP&TOTAL
6	Bitumoll 公司	意大利	IFP&TOTAL
7	Neftochim 公司	保加利亚	IFP&TOTAL
8	WTTCO 公司	美国	WITO
9	AMOC 公司	美国	AMOCO
10	BP Oil Tech 公司	德国	BASF
11	DEA 公司	德国	BASF
12	Wintershall AG 公司	德国	BASF
13	Exxon Mobil 公司	法国	ExxonMobil

我国对于白油加氢技术的研究始于 20 世纪 70 年代。中国石化抚顺石油化工研究院（FRIPP）最早于 1979 年开展白油加氢工艺及催化剂的研发，白油加氢催化剂 1984 年成功应用于抚顺石油三厂的工业装置，采用一段加氢工艺，以催化脱蜡后的加氢裂化尾油为原料，生产低黏度化妆级白油。其后，FRIPP 对辽河、大庆、茂名中性油、合成油、重烷基苯、胜利加氢裂化尾油以及减压馏分油等进行一段、二段及串联加氢试验，得到工业级、化妆、食品级白油及 PS 专用白油等产品[118]。90 年代开始，FRIPP 开发的贵金属异构脱蜡催化剂 FIW-1、FHDA 补充精制催化剂以及 WSI 异构脱蜡技术相继实现工业化，使加氢法生产白油工艺原料更加广泛、工艺流程更加灵活。以异构脱蜡技术为核心，通过不同工艺的有效组合，针对不同原料特点，FRIPP 开发了系列加氢生产白油技术，包括中高压加氢生产工业级白油、食品级白油、高黏度白油技术。

1. 高压一段串联加氢生产工业白油技术

抚顺石化三厂以润滑油基础油为原料，采用加氢精制-临氢降凝（催化脱蜡）-补充精制一段串联加氢工艺生产工业白油,其工艺流程示于图 15-4-3。该装置采用三台反应器串联,分别装入 FRIPP 开发的 3996、3792 和 FV-1 催化剂,装置主要操作条件及应用结果列于表15-4-2[119]。

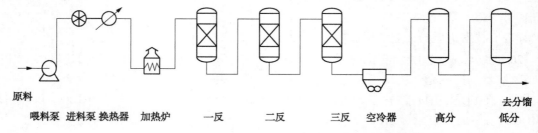

图 15-4-3　一段串联加氢生产白油的原则工艺流程

表 15-4-2　一段串联加氢生产白油工业运转结果

项　目	运转结果		
一段加氢主要操作参数			
反应压力/MPa	15		
反应温度/℃	320		
体积空速/h⁻¹	0.3		
氢油体积比	1200		
循环氢纯度/%	≥90		
原料油及产品性质	原料油	主要产品	
		10 号白油	32 号白油
馏程范围/℃	335~475	300~370	385~482
收率/%	100	9.8	80.3
密度(20℃)/(kg/m³)	874.1	789	858
黏度(40℃)/(mm²/s)	30.95	9.190	30.40
黏度(100℃)/(mm²/s)	5.321	2.501	5.525
倾点/℃	-9	-9	-9
闪点/℃	212	168	230
色度(赛氏)/号		+30	
硫酸显色		通过	

2. 中压两段加氢生产工业白油技术

生产低黏度、馏程较轻的白油,也可以采用中压两段法生产,如某厂生产 3 号白油,即采用 FRIPP 开发的加氢精制催化剂及中压两段加氢工艺,操作参数及产品质量分别列于表15-4-3 及表 15-4-4。

表 15-4-3　中压两段加氢生产低黏度白油的工艺条件

项　目	一段反应器(一反)	二段反应器(二反)
催化剂种类	FH-98	FH-5
高分压力/MPa	5.0	6.0
床层平均温度/℃	303~326	175~180
体积空速/h⁻¹	1.44~2.02	0.2~0.3
氢油体积比	820~1150	450~675

表 15-4-4　中压两段加氢的原料和产品质量

类　别	原　料	产　品
密度(20℃)/(kg/m³)	820.3	807.2
馏程/℃		
初馏点	229	222
终馏点	298	296
总氮/(μg/g)	64.7	<1
总硫/(μg/g)	1041	<1
芳烃/%	15.9	0.019
氯/(μg/g)	<1	<1
溴值/(gBr/100g)	3.46	<0.01
闪点/℃	102	91

3. 一段加氢生产食品级白油技术

以异构脱蜡润滑油基础油、加氢裂化尾油非临氢降凝生产的润滑油馏分和低压异构生产的白油为原料，采用 FRIPPFHDA 系列加氢催化剂和一段加氢工艺，可以生产食品级白油。FHDA 系列催化剂对原料中的硫、氮杂质和循环氢中硫化氢含量有严格的要求，要求原料油中硫小于 5μg/g，氮小于 2μg/g，氢气中硫化氢小于 0.5μL/L。

不同原料经过一段加氢生产的白油性质分别列于表 15-4-5～表 15-4-7。

表 15-4-5　异构脱蜡生产的润滑油基础油性质

分析项目	2cst	5cst	7cst
硫/(μg/g)	2.0	3.1	2.7
氮/(μg/g)	1.0	1.0	1.0
倾点/℃	-51	-27	-27
黏度(100℃)/(mm²/s)	2.274	5.906	7.905
黏度(40℃)/(mm²/s)	8.554	34.51	56.87
硫酸显色试验	通过	通过	通过
易炭化物(70℃)	未通过	未通过	未通过
颜色(赛波特)/号	>+30	+30	>+30
芳烃/%	0.15	0.21	0.23

表 15-4-6　以异构脱蜡润滑油基础油为原料所产白油性质

项　目	10 号白油	36 号白油	高黏度白油	食品级白油指标
黏度(40℃)/(mm²/s)	8.580	34.51	56.84	
闪点(开口)/℃	158	240	236	
倾点/℃	-51	-27	-27	
颜色(赛氏)/号	>+30	>+30	>+30	≮+30
水分/%	无	无	无	无
机械杂质/%	无	无	无	
水溶性酸或碱	无	无	无	无
易炭化物	通过	通过	通过	通过
固态石蜡	通过	通过	通过	通过
稠环芳烃紫外吸光度/cm(260～420nm)	<0.1	<0.1	<0.1	<0.1

表15-4-7　加氢裂化尾油非临氢降凝馏分油及白油产品性质

项目	加氢裂化尾油非临氢降凝馏分油	项目	15号食品级白油
黏度(40℃)/(mm²/s)	14.51	黏度(40℃)/(mm²/s)	14.28
硫含量/(μg/g)	1.0	倾点/℃	-12
氮含量/(μg/g)	1.0	闪点(闭口)/℃	183
倾点/℃	-12	颜色(赛氏)/号	+30
闪点(开口)/℃	204	易碳化物(100℃)	通过
颜色(D1500)/号	<0.5	硫酸显色	通过
质谱组成/%		稠环芳烃紫外吸光度	<0.1
芳烃	2.8	/cm(260~420nm)	

4. 高压一段串联加氢生产食品级白油技术

以加氢裂化尾油为原料,采用 FRIPP 开发的异构脱蜡(择形异构)-补充精制一段串联工艺技术即可获得食品级白油,其原则工艺流程示于图15-4-4。加氢裂化尾油硫、氮和芳烃含量极低,但蜡含量较高,需要采用脱蜡工艺降低其倾点,改善低温流动性。故采用一段串联工艺,第一反应器进行加氢异构脱蜡,第二反应器进行加氢补充精制,再经过分馏即可获得食品级白油。第一反应器采用贵金属异构脱蜡催化剂,第二反应器采用高 Ni 催化剂,在反应压力 13~17MPa、反应温度(一反/二反)340~380℃/200~240℃、体积空速 0.2~0.6h⁻¹和氢油体积比 500~1000 的条件下,可生产 10 号、15 号、26 号和 36 号化妆、食品级白油[120]。

加氢裂化尾油原料及加氢白油产品性质分别列于表15-4-8和表15-4-9。

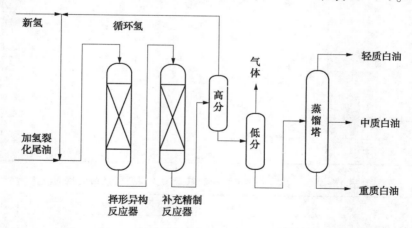

图 15-4-4　一段串联加氢生产白油的原则工艺流程[121]

表15-4-8　加氢裂化尾油主要性质

项目	数据	项目	数据
密度/(kg/m³)	835.0	馏程/℃	
黏度(100℃)/(mm²/s)	4.255	初馏点/10%	330/384
倾点/℃	31	30%/50%	409/426
硫/氮/(μg/g)	12.3/1.0	70%/90%	446/474
蜡含量/%	23.5	95%/终馏点	483/504

表 15-4-9 白油产品的主要性质

项 目	10 号食品级白油	高黏度食品级白油
产品总收率/%	>80	
黏度(40℃)/(mm²/s)	8.17	33.12
倾点/℃	-45	-27
颜色(赛氏)/号	>+30	>+30
闪点(开口)/℃	153	212
固态石蜡	通过	通过
易炭化物	通过	通过
稠环芳烃紫外吸光度(260~420nm)/cm	<0.1	<0.1

5. VGO 为原料两段加氢生产高黏度白油技术

以高硫、高氮减压馏分油为原料，FRIPP 开发了两段加氢工艺生产食品级白油技术。一段为加氢处理反应段，目的是脱除原料油中硫、氮等杂质以满足二段催化剂的需要；二段采用异构脱蜡-补充精制一段串联工艺流程，低硫含蜡馏分油经过异构脱蜡降低倾点，再通过补充精制过程深度脱芳烃，改善产品颜色，生成油经蒸馏得到不同规格的白油产品。原则工艺流程见图 15-4-5。

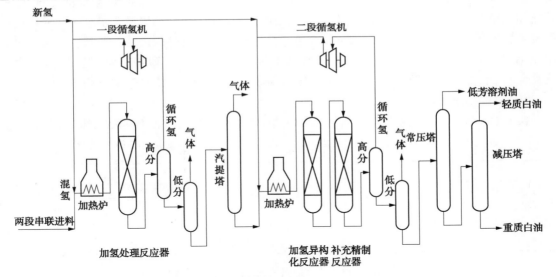

图 15-4-5 两段加氢生产白油的原则工艺流程[118]

减四线馏分油及加氢处理生成油性质见表 15-4-10，加氢白油产品性质见表 15-4-11。

表 15-4-10 减四线馏分油及加氢处理生成油性质

分析项目	减四线馏分油	加氢处理生成油
密度(20℃)/(kg/m³)	891	859.9
馏程(D1160)/℃	408~552	214~541
硫/(μg/g)	11500	14.7
氮/(μg/g)	80.2	1.0
倾点/℃	41	36
黏度(100℃)/(mm²/s)	11.23	6.019
质谱组成/%		
总芳烃	43.2	9.9

表 15-4-11　加氢白油产品性质

分析项目	10 号食品级白油	高黏度食品级白油
白油产品总收率/%	891	859.9
黏度(40℃)/(mm²/s)	8.07	67.04
倾点/℃	−39	−18
颜色(赛氏)/号	+30	+30
闪点(开口)/℃	223	234
固态石蜡	通过	通过
易炭化物	通过	通过
稠环芳烃紫外吸光度(260~420nm)/cm	<0.1	<0.1
链烷烃	33.8	19.5
总环烷烃	66.2	80.5

6. 基础油为原料两段加氢生产食品级白油技术

以"老三套"工艺生产的基础油馏分作为原料，需要采用两段加氢生产各种牌号的食品级白油。一段采用加氢精制-浅度临氢降凝-补充精制流程，加氢精制主要是脱除原料油中硫、氮等杂质，临氢降凝(催化脱蜡)使原料油有适度裂解，可以防止加氢生成油倾点回升，补充加氢精制进一步饱和生成油中的芳烃，以满足优级品工业白油质量要求。二段采用还原型贵金属催化剂将优级品工业白油进行深度芳烃饱和，生产食品级白油。通常，一段加氢采用硫化型(如 W-Ni、Mo-Ni)催化剂，反应压力为 13~17MPa，二段加氢采用还原型(如高镍或贵金属)催化剂，典型操作条件为反应压力 13~17MPa、反应温度 200~280℃、体积空速 0.2~0.5h⁻¹、氢油体积比 500~1000。

典型原料、一段加氢处理生成油与二段白油产品性质分别列于表 15-4-12 和表 15-4-13。

表 15-4-12　两段加氢工艺基础油原料主要性质

项　　目	原料 200SN	分析项目	原料 200SN
黏度(40℃)/(mm²/s)	38.61	闪点(开口)/℃	222
黏度指数	73	颜色(D1500)/号	1.0
硫/(μg/g)	495.6	倾点/℃	−9
氮/(μg/g)	25.0	质谱组成/芳烃/%	17.9

表 15-4-13　两段加氢工艺白油产品主要性质

项　　目	一段生成油 32 号优级品工业白油	二段生成油 36 号食品级白油
目的产品收率/%	>95	>99.5
黏度(40℃)/(mm²/s)	34.15	33.18
硫/(μg/g)	3.1	1.0
氮/(μg/g)	1.0	1.0
倾点/℃	−12	−9
闪点(开口)/℃	218	198
颜色(赛氏)/号	+30	>+30
硫酸显色	通过	
易碳化物	未通过	通过
质谱组成/芳烃/%	0.25	
稠环芳烃紫外吸光度(260~420nm)/cm		<0.1

中国石化石油化工科学研究院（RIPP）自 20 世纪 80 年代开始白油加氢催化剂与配套工艺的开发，目前已经发展两代技术。第一代白油加氢技术是以还原态 Ni 金属为活性组分的催化剂为基础，形成一段法和两段法白油加氢技术流程。一段法白油加氢技术主要以经过脱蜡的加氢裂化尾油为原料，生产工业级、化妆级及食品级白油，两段法白油加氢技术主要以润滑油基础油馏分为原料，生产工业级、化妆级、食品级及高黏度聚苯乙烯专用白油。RIPP 第二代白油加氢技术也包括一段法和两段法流程。一段法主要以润滑油异构降凝或临氢降凝得到的基础油为原料生产各种牌号的食品级白油或高黏度聚苯乙烯白油、耐黄变橡胶填充油等。两段法主要以目前过剩的 MVI 基础油馏分为原料，生产各种牌号的食品白油、高档橡胶填充油和聚苯乙烯白油等，使 MVI 基础油得以提质转化，提高产品的附加值。目前，RIPP 白油加氢技术已经在 3 套工业装置上实现应用[24]。

此外，1999 年杭州炼油厂采用美国 Lyondell 公司的专利技术，建设两段法白油加氢装置，一段采用非贵金属催化剂，二段采用贵金属催化剂。该装置加工能力为 20kt/a，以润滑油基础油为原料，生产各种黏度的工业级和食品级白油[122]。

二、生产轻质白油的加氢技术

作为主要的石油产品之一，溶剂油清洁化的核心是降低硫、氮等杂质及芳烃含量，尤其是脱除强致癌的稠环芳烃组分，因此，脱芳烃成为生产特种溶剂油的关键过程。加氢脱芳烃技术以其原料适应性强、产品质量好、产品收率高、操作简便、催化剂使用寿命长、无环保问题等特点得到广泛应用，并已形成系列化，满足不同原料和产品需求。加氢法生产的特种清洁溶剂油，正在逐渐取代普通溶剂油产品。

对照我国新实施的《轻质白油》行业标准，本节所提到的清洁溶剂油、特种溶剂油、低芳烃溶剂油产品，相关标准列入轻质白油标准范畴。为便于理解，本节对产品用途、加氢技术的介绍，依然沿用了市场上对脱芳烃溶剂油的这些惯称。

（一）产品质量与标准分类

溶剂油大部分是各种烃类的混合物，分别包含于汽油、煤油或柴油馏分中，也有如正己烷单体烃类溶剂油。特种脱芳烃溶剂油适用于香花香料、卷烟用胶黏剂、气雾剂、金属清洗剂、杀虫剂、塑料聚合反应助剂、日用化工、衣服干洗剂、液体蚊香、去脂剂、除草剂等多种行业，此外，还可用于食用油加工、食品包装、化妆品调和等精细化工领域。应用场合不同，对产品性能要求也不同。以铝箔轧制油为例，现代化铝型材的加工过程大致分为熔铸、轧制、精整和热处理等工序，其中在铝型材轧制过程中为保证冷板轧制的高氧化稳定性、良好的退火清净性及工艺润滑，需添加一定比例石油烃类溶剂油即铝箔轧制油。由于铝轧制油具有沸程窄、闪点高、安全性高、随压力升高黏度升高较小、退火清净性好、对材料无任何腐蚀性、不形成污斑、挥发排放量少、挥发物中无任何有毒物质等特点，其轧制的铝材也可广泛用于食品包装行业，如卷烟锡纸。

国外特种溶剂油生产已形成系列化，市场销售的品种较多，适应不同场合需要。美国 ExxonMobil、Shell 公司生产的部分低芳溶剂油产品性能列于表 15-4-14 和表 15-4-15。从表中数据可以看出，国外特种溶剂油的芳烃含量和硫含量都很低，基本做到无毒、无味。

表 15-4-14　Exxon Mobil 公司低芳烃溶剂产品性能[123]

名　称	初馏点/℃	终馏点/℃	密度/(g/cm³)	芳烃/%	硫含量/(μg/g)
Exxsol Pentane 80	(34)	(35)	0.630	<0.01	<2
Exxsol Hexane	64	69	0.672	<0.01	<2
Exxsol Heptane	94	99	0.717	0.0001	<2
SBP 80/100	78	98	0.708	<0.01	<2
Exxsol DSP100/140	106	139	0.738	0.005	≤5
Exxsol D30	141	159	0.763	<0.01	<2
Exxsol D40	164	192	0.772	0.08	<2
Exxsol D60	187	209	0.782	0.2	<2
Exxsol D80	208	243	0.796	0.3	<2
Exxsol D110	248	266	0.814	0.4	<2
Exxsol D130	281	307	0.819	0.5	<2

表 15-4-15　Shell 石油公司部分低芳烃溶剂产品性能[124]

名　称	初馏点/℃	终馏点/℃	密度/(g/cm³)	芳烃含量/(μg/g)	硫含量/(μg/g)
正己烷(聚合级)	65	69	0.675	10	<0.5
正己烷(抽提级)	65	69	0.675	10	<1.0
异己烷	57	63	0.665	10	<1.0
SBP60/95	67.5	92	0.7	10	<1.0
SBP80/95	86	93	0.715	10	<0.5
SBP80/110	88	105	0.714	5	<1.0
SBP94/100	94	99	0.710	10	<1.0
SBP100/140	107	137	0.728	100	<0.5
SBP140/165	143	160	0.750	100	0.5
SS TD	172	185	0.751	100	
SS TK	185	199	0.770	10	<0.1
SS TM	210	260	0.779	10	<0.1
SS BF	75	115	0.755	500	<1.0
SS D40	155	202	0.76~0.79	500	10
SS D70	193	245	0.788	300	1

　　自 20 世纪 80 年代以来，我国对溶剂油标准进行了多次修订或确认，增加或细化产品品种，对有些品种的硫含量及芳烃含量或终馏点限制提出更高的要求。例如：80 年代初期的国标 GB 1922—1988 中溶剂油各牌号不分级，对硫含量和芳烃含量不做要求或要求较低；90 年代的 SH 0004—1990、SH 0005—1990、SH 0114—1992、GB 16629—1996 标准中，各牌号分级要求严格，硫含量要求从不大于 0.05% 提高到不大于 0.018%，芳烃含量从不作要求或较低要求变化为最高要求不大于 1.5%。目前，我国现行的油漆及清洗用溶剂油、植物油抽提溶剂、工业乙烷、化学试剂石油醚、橡胶工业用溶剂油等国家标准，分别对芳烃、苯、溴指数、硫含量、不挥发物等指标提出严格要求[125]。在我国出台统一标准之前，国内采用加氢技术生产特种溶剂油的厂家，经常参照 Dx 系列产品指标与用途进行生产与销售，如 D30 溶剂油、D40 溶剂油、铝轧制油、彩色油墨溶剂油等。

　　为进一步规范生产和销售市场，增强特种溶剂油产品的国际市场竞争力，根据中国石油化工股份有限公司及全国石油产品和润滑剂标准化技术委员会批准，FRIPP 牵头组织制定了我国《轻质白油》(NB/SH/T 0913—2015)，该标准于 2016 年 3 月 1 日实施。

　　轻质白油是指由石油馏分或合成油馏分经加氢精制及精密分馏而制得的产品。轻质白油的特点：馏程范围窄、低硫、低芳，产品稳定性高，产品质量优于其他同类产品，是白油产品向下的延续，馏程在120~320℃范围内，主要由烷烃、环烷烃和少量芳烃组成。其产品种类丰富，用途也非常广泛，如适合作溶剂、分散剂和载体，喷雾剂和耐用型洗手液，金属加工液及润滑剂、家用气雾剂、医药及化妆品等，产品覆盖范围非常广，满足各种应用领域的需求。我国目前生产厂家达到10家，年加工能力近1Mt。

　　新实施的标准中，根据产品的馏程、闪点及黏度划分轻质白油牌号，其中，W-TA、W-TB分别为宽馏分的两个特种产品。该标准分为轻质白油（Ⅰ）和轻质白油（Ⅱ），标准中各自对应产品的馏程、闪点、40℃运动黏度基本一致，但芳烃含量、硫含量、溴指数有较大差别，而且产品色号规定也有细微区别，馏程、闪点及其他主要指标分别列于表15-4-16和表15-4-17。按照馏程、闪点及黏度的不同，轻质白油（Ⅰ）将产品分为W1-TA、W1-20、W1-30、W1-40、W1-60、W1-70、W1-80、W1-90、W1-100、W1-120、W1-130、W1-140和W1-TB共14个牌号，馏程范围120~320℃，轻质白油（Ⅱ）分类和馏程范围相同，只是牌号为W2系列。轻质白油（Ⅰ）技术要求相对较低，目前市场上主流的脱芳烃油产品基本均能达标，而轻质白油（Ⅱ）中技术要求较高，主要适用于较为高端的脱芳烃油产品。

表 15-4-16　轻质白油产品分类及其馏程、闪点指标[136]

项　　目	W1-TA	W1-20	W1-30	W1-40	W1-60	W1-70	W1-80
	W2-TA	W2-20	W2-30	W2-40	W2-60	W2-70	W2-80
馏程/℃							
初馏点，不低于	150	120	135	155	185	195	205
终馏点，不高于	275	160	170	200	225	235	245
闪点/℃（闭口），不低于	38	实测	30	40	60	70	80

项　　目	W1-90	W1-100	W1-110	W1-120	W1-130	W1-140	W1-TB
	W2-90	W2-100	W2-110	W2-120	W2-130	W2-140	W2-TB
馏程/℃							
初馏点，不低于	215	230	245	260	275	280	210
终馏点，不高于	255	270	285	300	315	320	320
闪点/℃（闭口），不低于	90	100	110	120	130	140	80

表 15-4-17　轻质白油产品主要质量指标[126]

项　　目		轻质白油（Ⅰ）	轻质白油（Ⅱ）	试验方法
芳烃含量/%	不大于	0.2/0.5	0.01/0.05	该标准附录A
硫含量/（μg/g）	不大于	2	1	SH/T 0689
倾点/℃	不高于	−3	−3	GB/T 3535
密度（20℃）/（g/cm³）		报告	报告	GB/T 1884
颜色（赛波特颜色号）/号	不低于	+28	+30	GB/T 3555
铜片腐蚀（50℃，3h）/级	不大于	1	1	GB/T 5096
溴指数/（mgBr/100g）	不大于	100	50	SH/T 0630

　　注：（1）轻质白油（Ⅰ）规定，W1-TA至W1-70产品芳烃含量不大于0.02%，W1-80至W1-TB产品的芳烃含量不大于0.5%；

　　（2）轻质白油（Ⅱ）规定，W2-TA至W2-70产品芳烃含量不大于0.01%，W2-80至W2-TB产品的芳烃含量不大于0.05%。

轻质白油标准的出台，填补了馏程 120~320℃ 这类产品的空白，满足了产品逐步朝低硫、低芳、系列化的方向发展的需求，无疑也有利于推动加氢脱硫、脱芳烃技术的发展。

（二）加氢技术进展与工业应用

加氢技术在氢气条件下，使溶剂油馏分在一定温度和压力条件下与催化剂接触，使溶剂油中的芳烃或烯烃组分加氢饱和，从而降低溶剂油产品中的芳烃。在脱除芳烃的同时，加氢过程还发生加氢脱硫、加氢脱氮和加氢脱氧等反应，可有效消除溶剂油的臭味，改善产品的颜色。与磺化、吸附分离、萃取蒸馏法等其他方法相比，加氢法原料适应性强、生产过程清洁，产品质量稳定，且不需要溶剂回收等辅助设施，可生产芳烃含量小于 200μg/g 的溶剂油。近 20 年来，我国溶剂油加氢技术开发和应用也取得了很大发展。中国石化 FRIPP 根据原料及产品要求不同，已开发系列、成套加氢技术并实现工业应用[127~131]。

1. 低压加氢生产正己烷和轻质白油工艺

一般情况下，以重整抽余油为原料的低压加氢过程，主要是进行烯烃饱和，改善产品的安定性能，发生的加氢反应主要包括脱硫、脱氮、烯烃饱和等，原则上属于加氢精制范畴。这类加氢过程的操作压力一般在 1.5~2.0MPa、反应温度为 180~240℃，加氢后的溶剂油产品溴值达到 0.05gBr/100g，满足质量指标要求。这类加氢装置在流程安排上也很灵活，可根据装置的建设情况，采取对重整抽余油加氢的"后加氢"形式，也可以采用对重整生成油进行加氢，然后再进行芳烃抽提的"前加氢"形式。

随着环保与安全性能要求的提高，植物油抽提溶剂新标准（GB 16629—2008）要求硫小于 0.0005%，苯含量小于 0.1%，溴指数小于 100mgBr/100g，此前常用的重整抽余油等产品已无法满足要求。为此，FRIPP 开发了重整抽余油低压两段加氢生产植物抽提溶剂及正己烷技术，并在中国石化金陵分公司工业应用，迄今已有 7 套装置应用。

两段加氢工艺原则流程如图 15-4-6 所示。芳烃抽余油原料先进入脱硅反应器，脱除原料中的硅，然后进入一段加氢反应器进行脱烯烃及脱芳烃反应，反应流出物去分馏部分进行产品分离。一段加氢反应器装填硫化型或贵金属加氢催化剂，用来加氢饱和抽余油中的烯烃和脱出残留的硫、硅等杂质，经一段加氢后经蒸馏即可得到满足 SH 0004—1990 要求的 120 号溶剂油产品。一段加氢后经蒸馏得到的 C_6 组分进入装填高镍催化剂的二段加氢反应器进行深度的芳烃饱和，脱除残余的苯，再经蒸馏得到满足 GB 16629—2008 要求的植物油抽提溶剂或正己烷产品。

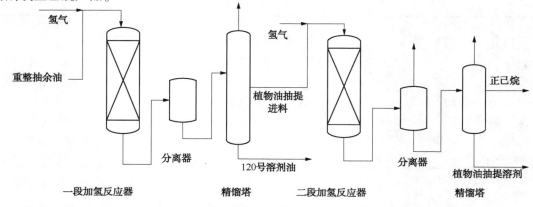

图 15-4-6　重整抽余油两段加氢工艺原则流程

两段加氢典型工艺条件见表15-4-18，正己烷产品性质见表15-4-19。

表15-4-18　两段加氢主要操作条件

项　　目	一段加氢反应器	二段加氢反应器
反应器入口氢分压/MPa	1.0~4.0	
体积空速/h⁻¹	1.0~4.0	1.0~4.0
反应器入口气油体积比	≮300	
反应器平均反应温度/℃	120~220	130~250

表15-4-19　正己烷产品典型性质

项　　目	数　据	项　　目	数　据
密度(20℃)/(kg/m³)	667.3~669.2	溴指数/(mgBr/100g)	<100
馏程/℃	66~75	颜色(赛氏)/号	+30
苯含量/(μg/g)	<100	硫/(μg/g)	<1.0

FRIPP开发了以加氢裂化喷气燃料低压加氢生产轻质白油技术。加氢裂化喷气燃料组分硫、氮含量低，但是芳烃含量不能满足要求，为此，FRIPP采用还原型贵金属或高镍催化剂，以硫含量小于1.0μg/g、氮含量小于1.0μg/g、芳烃含量10%~15%的加氢裂化喷气燃料组分为原料，在氢分压2.0~4.0MPa、体积空速0.5~1.2h⁻¹等工艺条件下，进行深度芳烃饱和，可生产芳烃含量小于0.05%的轻质白油。该技术于2008年4月在50kt/a工业装置上应用成功。

2. 低压加氢生产芳烃溶剂油工艺

FRIPP开发的乙烯裂解C₉馏分生产优质芳香烃溶剂油技术，采用低压两段加氢工艺，乙烯裂解C₉馏分首先将原料中的部分胶质和已经聚合的重组分脱除，然后经过第一段选择性加氢催化剂，脱除双烯和苯乙烯衍生物，再经过二段加氢精制催化剂，将烯烃饱和并脱除硫、氮等杂质，生成油经过蒸馏生产出优质芳烃溶剂油产品和高辛烷值汽油调和组分。原则工艺流程见图15-4-7。该技术2008年10月在50kt/a装置上工业应用。

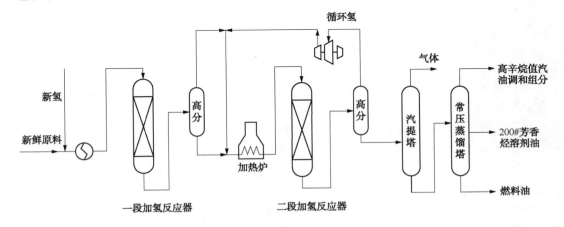

图15-4-7　乙烯裂解C₉馏分加氢生产特种溶剂油工艺流程

加氢生成油经过分馏后，124~145℃馏分芳烃含量为大于90%，其中C₇和C₈芳烃总量大于89%；145~160℃馏分芳烃含量大于90%，其中C₈芳烃量大于85%，可以作为芳烃抽提原料；160~190℃馏分芳烃含量大于85%，硫、氮含量均为 1.0μg/g，赛氏颜色+30，可作为高沸点芳烃溶剂油组分。

3. 中压两段加氢生产轻质白油工艺

以直馏喷气燃料或常二线分子筛料为原料，FRIPP 开发了中压两段加氢生产轻质白油技术。由于轻质白油产品芳烃指标要求苛刻，中压下深度芳烃饱和成为研究重点。从热力学平衡角度来讲，低温和高压对芳烃饱和反应有利，所以要求催化剂具有足够的低温活性，以便能够在较低温度下运转，具有高的产品选择性，避免副反应发生。根据芳烃饱和机理和工业应用试验结果，芳烃深度饱和催化剂宜采用还原型催化剂，而该类催化剂对原料和氢气中硫、氮及硫化氢有严格的限制。直馏馏分油由于硫、氮杂质无法满足催化剂活性及稳定性要求，故采用两段工艺流程，一段加氢预处理脱出原料中硫、氮等杂质，并最大程度饱和芳烃，满足二段催化剂的需要；二段进行深度芳烃饱和，达到产品规格要求，加氢预处理采用硫化型加氢精制催化剂，芳烃深度饱和催化剂采用还原型催化剂。中压两段加氢原则流程见图 15-4-8。

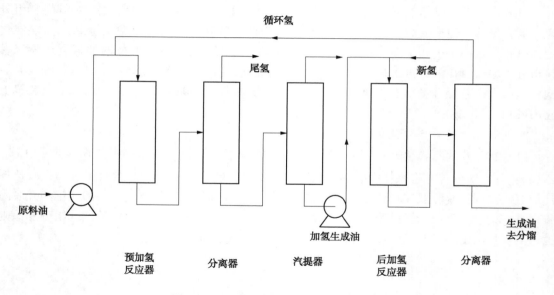

图 15-4-8　中压两段加氢工艺原则流程

原料油与氢气混合后先进入预加氢反应器，在较高的反应温度下进行脱硫、脱氮，生成硫化氢和氨。然后进入分离器，将气液分离，脱除大部分的硫化氢和氨。液相产品进入汽提塔，脱除溶解于油中的硫化氢和氨。然后，汽提后液相产品再与补充氢混合后进入第二反应器，在较低温度下进行芳烃饱和反应，芳烃含量降至小于 0.05%。根据产品质量要求，切割成不同馏分，生产不同牌号的轻质白油。典型操作条件和产品主要性质分别见表 14-4-20和表 14-4-21。

以直馏喷气燃料为原料时，可生产部分精制喷气燃料及芳烃含量小于 0.03%的轻质白油；以常二线分子筛料作原料时，可生产芳烃含量小于 0.03%的 3 号优级品工业白油（W2-TB）。该技术 2004 年在中国石化荆门分公司工业应用。2007 年，工业装置二段加氢（芳烃深度饱和）段换用 FHDA-10 贵金属催化剂，加工能力提高 40%，由 30kt/a 提高到52kt/a。

表 15-4-20 典型操作条件

项 目	一段加氢精制	二段深度脱芳
操作条件		
氢分压/MPa	4.0~6.0	5.0~7.0
反应温度/℃	280~360	160~260
体积空速/h^{-1}	1.5~2.5	0.5~0.8
氢油体积比	400	300

表 15-4-21 产品主要性质

产 品	W2-80	W2-100	W2-120	3 号优级品工业白油(W2-TB)
馏程/℃	205~245	235~270	265~305	232~302
芳烃含量/%	0.013	0.015	0.046	0.028
硫含量/(μg/g)	1.0	1.0	1.0	1.0
颜色(赛氏)/号	+30	+30	+30	+30
闪点(闭口)/℃	88.5	108.5	128.5	80
溴指数/(mgBr/100g)	40.5	41.2	45.4	41.45
硫酸显色	通过	通过	通过	通过

4. 高压一段加氢生产轻质白油工艺

以石蜡基直馏煤油为原料,采用高效的芳烃饱和催化剂,通过高压一段加氢工艺,脱除原料中的硫、氮等杂质,并深度饱和芳烃,再经过精馏,切割出硫、氮含量小于 1.0μg/g,芳烃含量小于 0.05% 的系列多种牌号轻质白油产品。该技术先后于 2004 年 6 月和 2011 年 1月在华南某厂和中国石化清江石化厂实现工业应用。

典型操作条件、原料与产品主要性质分别列于表 15-4-22 及表 15-4-23。产品满足国标《轻质白油(Ⅰ)》质量指标要求,芳烃、硫含量指标优于国外同类产品。

表 15-4-22 一段加氢工艺生产轻质白油

项 目	数 据	项 目	数 据
主要操作条件		反应温度/℃	300~380
氢分压/MPa	12.0~17.0	氢油体积比	400~800
体积空速/h^{-1}	0.5~1.5		

表 15-4-23 原料和产品主要性质

项 目	直馏煤油原料	W1-20	W1-30	W1-40	W1-80	W1-110
密度(20℃)/(kg/m^3)	804.5					
黏度(20℃)/(mm/s)	1.912					
馏程/℃	137~284	90~135	135~160	160~200	205~245	245~270
芳烃含量/%	12.5	<0.1	<0.1	<0.1	<0.1	<0.1
硫含量/(μg/g)	2319	<1.0	<1.0	<1.0	<1.0	<1.0
氮含量/(μg/g)	9.2	<1.0	<1.0	<1.0	<1.0	<1.0
闪点(闭口)/℃		30	40	80	110
溴指数/(mgBr/100g)	<50	<50	<50	<50	<50	<50

5. 高压一段串联加氢生产轻质白油工艺

采用中间基原油或环烷基原油的直馏煤油生产铝箔油时,虽然经过深度加氢,可以使硫、氮和芳烃降低到符合产品质量要求，但是由于其黏度较大，不仅影响铝箔轧制效果，而且还导致铝产品退火清净性差。为此，FRIPP 开发了高压加氢处理-加氢精制一段串联工艺，通过选择开环选择性高的加氢处理催化剂、芳烃饱和性能强的加氢精制催化剂以及工艺条件的优化，实现适宜降低产品黏度和芳烃饱和的目标，可以生产芳烃含量小于 0.05%、硫、氮含量均小于 1.0μg/g 的 1 号铝箔油(W2-80)和 2 号铝箔油(W2-100)产品。该技术于 2005 年 6 月在华北一套 50kt/a 装置首次工业应用，后扩能至 100kt/a。目前有 3 套装置投入工业运行。

高压一段串联加氢生产轻质白油的原则流程见图 15-4-9。典型原料油性质、操作条件与产品性质分别列于试验结果列于表 15-4-24 和表 15-4-25。可以看出，生产的清洁铝箔油产品达到国标《轻质白油(Ⅱ)》质量指标要求，芳烃、硫含量指标优于国外同类产品。

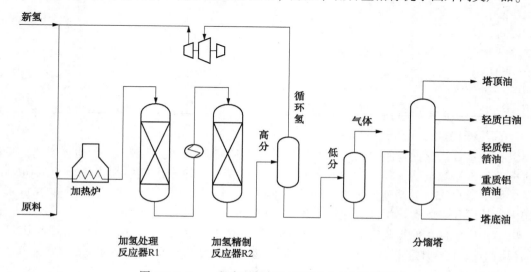

图 15-4-9　一段串联加氢生产轻质白油原则流程

表 15-4-24　一段串联加氢工艺典型数据

项　　目	数　　据	
主要操作条件		
氢分压/MPa	12.0~17.0	
总体积空速/h	0.3~0.8	
平均反应温度(R1/R2)/℃	300~380/300~380	
氢油体积比	300~600	
油品性质	原料油	加氢产品
密度(20℃)/(kg/m³)	831.6	802.6
黏度(40℃)/(mm/s)	1.814	1.587
颜色(赛波特)/号		+30
硫含量/(μg/g)	992	<1.0
氮含量/(μg/g)	29	<1.0
芳烃/%	22.9	0.048
溴指数/(gBr/100g)	494	20.6
馏程/℃	160~297	72~287

表 15-4-25　优质轻质白油产品性质

项　目	1 号铝箔油（W2-80）	W2-80 规格指标	2 号铝箔油（W2-100）	W2-100 规格指标
馏程/℃	205~245	205~245	230~265	230~270
密度（20℃）/（kg/m³）	818.5		825.1	
黏度（40℃）/（mm/s）	1.67	1.6~1.9	2.14	2.1~2.7
颜色（赛波特）/号	>+30	≤28	>+30	≤30
硫/（μg/g）	<1.0	≥1.0	<1.0	≥1.0
芳烃/%	0.023	≥0.05	0.034	≥0.05
闪点（闭口）/℃	86	≤80	103	≤100
溴指数/（gBr/100g）	≥50	≥50	≥50	≥50

此外，为适应高黏度系列溶剂油及低黏度工业白油的市场需求，FRIPP 开发了高压加氢-异构降凝-补充精制一段串联新工艺，生产轻质白油的同时联产低黏度白油。该技术以石蜡基直馏柴油或加氢精制柴油为原料，选择具有异构降凝性能的加氢处理催化剂及芳烃饱和性能强的加氢精制催化剂，在较高压力、温度下进行加氢脱硫、脱氮、脱氧、烯烃和芳烃饱和以及异构化、开环等反应，达到脱除杂质、降低原料倾点、深度饱和芳烃以及降低产品经济溴指数的目的。可生产硫含量小于 1.0μg/g、芳烃含量小于 0.02% 的 W2-30、W2-40、1 号铝箔油（W2-80）、2 号铝箔油（W2-100）产品和彩色油墨（W2-120）等轻质白油产品，也可以通过选择不同的切割方案生产 3 号（W2-TB）、5 号、7 号低黏优级品工业白油，产品方案十分灵活。

随着加氢裂化技术和润滑油加氢技术的广泛应用，轻质白油生产在原料来源方面得到进一步的扩展。由于加氢裂化、润滑油加氢过程副产的轻质馏分其芳烃含量和硫、氮杂质含量等均已很低，是进一步生产轻质白油的良好原料，将打破以重整抽余油、直馏煤油和油田轻烃为主要原料来源的模式，扩大特种油品生产规模。

全氢法（加氢处理-加氢异构化-加氢补充精制）生产润滑油基础油的工艺过程副产的轻质馏分，也是生产各种不同低芳烃溶剂油的理想原料。由于采用多段高压加氢的深度精制过程，其副产的 80~230℃ 的轻质油品，芳烃含量和硫含量均达到很低的水平，异构烷烃含量高于 70%，可用作生产异构烷烃溶剂油原料，通过精密分馏生产高异构烷烃含量的轻质白油。

费-托合成技术近几年得到较快发展，目前已经形成规模化。费-托合成所得产品中具有高正构烷烃含量，同时不含硫、氮及芳烃等杂质，所以其相应的液体馏分经加氢除去其中的烯烃和含氧化合物得到的产物经馏分窄切或精密分馏后，可以生产出基本无硫、无氮、无芳烃、无味的系列清洁正构烷烃溶剂油产品，以及植物抽提溶剂、正己烷、正庚烷等单体烃类。目前已有少量该类产品在工业装置上生产，并投入市场应用。

国外溶剂油的生产已向系列化和低硫、低芳烃含量的方向发展，市场销售的溶剂油品种较多，可以满足各种用途的需要，也占据着国内高端产品市场。我国轻质白油标准的实施以及市场对特种油品环保安全性能要求的提高，特别是芳烃含量、硫含量日趋严格的限制，应用加氢技术生产清洁特种油品成为主要发展方向。

三、生产环烷基油的加氢技术

环烷基原油的润滑油馏分化学组成以环烷烃、芳烃为主，直链石蜡烃少，密度和黏度大、凝点低，分子结构上既具有饱和环状碳链，环上通常还会连接着饱和支链，这决定环烷基油既具有芳香烃类的部分性质，又具有直链烃的部分性质，表现出良好的低温性能、较强的溶解能力、对添加剂的相容性好等优异性能，使其成为生产变压器油、冷冻机油、橡胶用油、聚苯乙烯用白油及其他低倾点润滑油的重要资源。

由于环烷基原油普遍酸值高，采用传统的糠醛精制–白土补充精制工艺流程很难生产合格的润滑油产品，存在设备腐蚀、结焦、产品色度及氧化安定性难以达到质量标准等问题。因此，环烷基油加氢技术开发，最早从加氢处理脱酸工艺开始，与传统精制流程组合应用。随着环保要求日趋严格以及润滑油产品质量的不断升级，相继开发出中、高压加氢处理、催化脱蜡、异构脱蜡、加氢与传统精制的组合工艺以及全氢型工艺，生产满足低硫、低氮、低芳烃、优良氧化安定性、挥发性和黏温性能要求的高等级基础油。国内 FRIPP、RIPP 等单位开发的环烷基油加氢技术，自 20 世纪 90 年代开始陆续得到应用[132~137]。

（一）典型环烷基特种油品及其性能

环烷基油的应用可分为主要和次要用途，主要用途包括用于生产变压器油、橡胶填充油、金属加工液（水基液和高添加剂加剂量的油基产品）和润滑脂；次要用途包括用于生产低添加剂加剂量的金属加工油、高芳烃溶剂油等。

1. 环烷基特种变压器油

变压器油类润滑油主要应用于变压器、互感器、油断路器等电气设备，要求油品绝缘性好、黏度小、抗氧化安定性好、凝点低，闪点高，既能满足绝缘、冷却要求，又能长期稳定工作。环烷基变压器油因其较低黏度、散热性能优异、溶解能力高和电气性能优越等特点，成为最安全经济的选择。非环烷基油制造的变压器油，在使用性能方面存在不足，由于在寿命、抗氧化、抗析气等方面仍然存在问题，只在小范围内使用。目前全球的变压器油制造商，特别是大型跨国公司，所生产的变压器油无一例外地采用环烷基油制造。

我国目前变压器油按使用的电压等级分为普通变压器油（GB 2536—1990）和超高压变压器油（SH 0040—1991），参见表 15-4-26。变压器油和超高压变压器油分别适用于 330kV 以下及 500kV 的变压器和有类似要求的电气设备。依据低温性能，普通变压器油分为 10#、25# 和 45# 三个牌号；超高压变压器油分为 25# 和 45# 两个牌号，25# 变压器油适用地区广泛，45# 变压器油适用于寒区。普通变压器油和超高压变压器油的区分主要体现在抗析气性能，同时电气性能也略有提高。

表 15-4-26　中国变压器油产品标准主要指标

项　目		GB/T 2536 变压器油			SH 0040 超高压变压器油		试验方法
		10#	25#	45#	25#	45#	
运动黏度（40℃）/（mm²/s）	不大于	13	13	11	13	12	GB/T 265
闪点（闭口）/℃	不小于	140	140	135	140	135	GB/T 261
凝点/℃	不大于			−45	报告	−45	GB/T510
倾点/℃	不大于	−22	−22	−22	−22	报告	GB/T 3535
色度/号	不大于				1	1	GB/T 6540
击穿电压（间隔 2.5mm 交货时）/kV	不小于	35	35	35	40	40	GB/T 5075
介质损耗因数（90℃）	不大于	0.005	0.005	0.005	0.002	0.002	GB/T 5654
析气性/（μL/min）	不大于				+5	+5	GB/T 1142

2. 环烷基橡胶填充油

橡胶填充油是橡胶加工过程的重要助剂，也是生产橡胶的重要组成部分，它不仅能提高橡胶的加工性能，还对提高橡胶制品的物理机械性能、降低生产成本等起到重要作用。目前使用的橡胶填充油一般按照 ASTM D2226 分类，分为高芳烃油、芳烃油、环烷基油和石蜡基油 4 类。主要性能指标列于表 15-4-27。

表 15-4-27　ASTM D2226 推荐的橡胶加工油分类

分　类	沥青质含量/%（最大值）	极性物含量/%	饱和烃含量/%
101（高芳烃油）	0.75	25	20（最大值）
102（芳烃油）	0.5	12	20.1~35
103（环烷油）	0.3	6	35.1~65
104（石蜡基油）	0.1	1	65（最小值）

为满足环保及使用安全性要求，橡胶填充油特别是芳烃型橡胶填充油和高芳烃型橡胶填充油产品质量标准不断提高，欧盟在 2005/69/EC 指令中对生产轮胎的橡胶填充油提出 8 种稠环芳烃致癌物 PAHs 限制要求。相比而言，环烷基油组成主要是饱和的环烷烃，与各类橡胶的相容性好、充油量大、多环芳烃少、安全环保。国内目前没有橡胶填充油的国家标准，表 15-4-28 列出中国石油克拉玛依石化分公司橡胶填充油产品的企业标准。

表 15-4-28　KN 系列高级环烷基橡胶油标准（Q/SY KL0084—2002）

项　目		KNH4006	KNH4008	KNH4010	试验方法
运动黏度（100℃）/（mm²/s）	不大于	5~7	7~9	9~11	GB/T 265
闪点（开口）/℃	不小于	185	200	210	GB/T 267
凝点/℃	不大于	−25	−18	−15	GB/T 510
苯胺点/℃	不小于	95	98	100	GB/T 262
色度/号	不大于	0.5	0.5	0.5	GB/T 267
赛波特颜色/号	不小于	+30	+30	+30	GB/T 3555
碳型结构/%					
CA%	不大于	1	1	1	ASTM D2140
CN%	不小于	40	40	40	
CP%		报告	报告	报告	
白土-硅胶组成分析					
饱和烃含量/%	不小于	97	97	97	ASTM D2007
芳烃含量/%		报告	报告	报告	
极性物质含量/%	不大于	1.0	1.0	1.0	
热稳定性能		330	330	330	Q/SY KL0101
蒸发损失/（163℃×3H）/%	不大于	5	3	2	
试验后颜色	不大于	0.5	0.5	0.5	
日光暴晒试验					Q/SY KL0103
暴晒试验后颜色	不大于	0.5	0.5	0.5	
280~360nm 紫外线照射 24h 照射后赛波特颜色	最小	+20	+20	+20	Q/SY KL0104

3. 环烷基冷冻机油

冷冻机油是专用油品，要求产品具有较强的润滑性、低温流动性、抗氧化安定性和高闪点；还要求冷冻机油与冷媒之间能够互溶，产品的化学稳定性极好，能够与压缩机同寿命，这些苛刻的要求，目前在矿物油中，只有环烷基油和合成油有能力达到。环烷基油具有润滑性能好、与制冷剂不起反应以及优异低温流动性能等特点，成为制造冷冻机油的主要原料。目前市场上的矿物油型冷冻机油，基本都是环烷基冷冻机油。其他类型的矿物油虽然也可以制造出很低的倾点，但它们与冷媒之间的互溶性差，无法在压缩机系统内正常循环而可能导致严重润滑故障，所以环烷基油成为制造冷冻机油的主要原料。

我国现有冷冻机油产品的标准代号为 GB/T 16630—1996，标准的制定等效采用 ISO 6743/3B—1988，如表 15-4-29 所示。

表 15-4-29　冷冻机油标准(GB/T 16630—1996)

项　目	质量指标				分析方法
ISO 黏度等级	22	32	46	68	
运动黏度(40℃)/(mm²/s)	19.8~24.2	28.8~35.2	41.4~50.6	61.2~74.8	GB/T 265
闪点(开口)/℃	≮150	≮160	≮160	≮170	GB/T 3536
倾点/℃	≯−35	≯−30	≯−30	≯−25	GB/T 3535
中和值/(mgKOH/g)	≯0.08	≯0.08	≯0.08	≯0.08	GB/T 4945
水分	无	无	无	无	GB/T 260
残炭/%	≯0.10	≯0.10	≯0.10	≯0.10	GB/T 268
灰分/%	≯0.01	≯0.01	≯0.01	≯0.01	GB/T 508
机械杂质	无	无	无	无	GB/T 511
腐蚀试验(铜片 100℃ 3h)/级	≯1b	≯1b	≯1b	≯1b	GB/T 5096
颜色/号	≯1	≯1.5	≯2.0	≯2.0	GB/T 6540
酸值/(mgKOH/g)	≯0.2	≯0.2	≯0.2	≯0.2	SH/T 0196
氧化后沉淀/%	≯0.02	≯0.02	≯0.02	≯0.02	SH/T 0196

4. 环烷基溶剂油

环烷基轻馏分油具有密度和黏度大，芳烃和环烷烃含量高等特点，生产十六烷值满足国标要求的柴油产品标准难度较大，用来生产优质低芳环烷烃溶剂油则是有效利用环烷基资源的较好选择。环烷烃因具有和芳烃类似的环状结构，与芳烃相比，具有相似的溶解能力，但毒性低很多。随着对溶剂油产品环保无毒要求的提高，低芳环烷基溶剂油在黏合剂工业、气雾杀虫剂、金属加工润滑、除油防锈、高档衣服干洗剂、液体电热杀虫剂、硅黏合剂、油墨、农药、有机化合物载剂、乳化液载剂等行业可以有很好的应用前景。国内目前没有环烷烃溶剂油产品，表 15-4-30 列出部分国外公司环烷烃溶剂油产品的企业标准。

表 15-4-30　环烷烃溶剂油产品质量典型值

产　品	Nappar™6	Cypar7 Solvent
公司	Exxon Mobil	Shell
馏程范围/℃	78~82	93~104
KB 值	48	>43
芳烃含量/%	0.0001	<10μg/g(苯)
颜色(赛氏)/号	+30	+30
溴指数/(mgBr/100g)	5	
环烷烃/%		>90

（二）加氢技术与工艺流程

环烷基基础油的加工流程，也是将原料中所含氧、硫、氮等杂环化合物除去，同时脱除胶质、重芳烃，尽可能降低芳烃含量，同时还需降低倾点。大多数环烷基原油具有酸值高、含蜡少、黏度高等特点，因此，针对环烷基油组成特点及产品要求，各公司先后开发出加氢脱酸、中压加氢处理、催化脱蜡以及高压加氢处理-催化脱蜡/加氢补充精制的全氢型工艺。

加氢工艺脱除环烷酸的过程原则上属于加氢精制范畴，采用常规加氢精制催化剂，在较缓和低温、低压条件下（反应压力 2.5~4.0MPa、反应温度 250~300℃），就能达到深度脱酸的目的，克服了传统溶剂精制工艺很难大幅度降低酸值的不足。因此，加氢脱酸更多与传统糠醛精制、白土精制形成组合工艺应用。一般而言，加氢脱酸产品酸值降至 0.5mgKOH/g 以下即可满足传统糠醛精制进料要求，而从实际结果看，加氢油酸值可以稳定达到 0.1mgKOH/g 以下。中国石油克拉玛依石化、大港石化、辽河石化等公司采用 RIPP、FRIPP 加氢脱酸技术的工业装置相继投产，典型的组合工艺流程如图 15-4-10 所示。

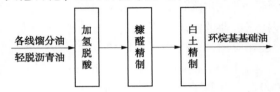

加氢脱酸工艺除深度脱酸外，脱硫、脱氮特别是降低芳烃、胶质含量的效果都不明显。而且，环烷基油链状烃含量低，特别是缺少长链分子，因此各馏分黏度指数都比较

图 15-4-10 加氢脱酸组合工艺流程

低。为了生产质量要求较高的基础油，国内研究单位又开发了中压加氢处理技术，采用专用催化剂，脱除原料油中的硫、氮、氧等杂质，并将芳烃和多环芳烃转化为饱和烃，可以较大幅度改善油品的黏温性质，同时可以达到降低芳烃含量与改善氧化安定性的目的。中国石油克拉玛依石化利用部分旧设备建设的 $8 \times 10^4 t/a$ 润滑润滑油加氢处理装置于 1994 年投产，在氢分压 6.0MPa 条件下加工环烷基减三线油与轻脱沥青油，生产橡胶填充油和 MVI 光亮油，装置原则流程见图 15-4-11。

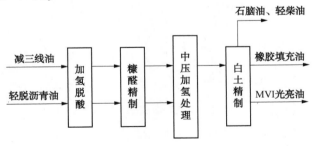

图 15-4-11 中压加氢处理组合工艺流程

由于环烷基油基本不含蜡或含蜡量很少，不适用酮苯脱蜡工艺，因此，如何降低原料倾点，生产低凝点产品如变压器油、冷冻机油等一直是一个难题。20 世纪 70 年代国内外开始开发催化脱蜡（又称临氢降凝）工艺并实现工业应用。与溶剂脱蜡这一物理分离过程不同，催化脱蜡采用对直链烃选择性很强的分子筛催化剂，通过催化剂及氢气使蜡择形加氢裂化或临氢异构化，将油中的蜡脱除，从而达到降低润滑油凝点（倾点）的目的，并保持较高目的产品收率，因此，催化脱蜡生产润滑油基础油技术得到大力发展和应用。在生产环烷基油方面，中国石油克拉玛依石化率先建设 $5 \times 10^4 t/a$ 润滑油催化脱蜡装置，1995 年投产，在氢分

压2.5MPa、体积空速1.0h^{-1}条件下加工环烷基常三线与减二线油，生产45$^\#$变压器油与冷冻机油，装置原则流程见图15-4-12。

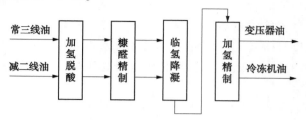

图15-4-12　临氢降凝工艺应用流程

发达国家如美国职业安全保健管理局(OSHA)多年前就颁布了关于限制环烷基基础油芳烃含量的规定。虽然加氢脱酸、中压加氢处理与催化脱蜡工艺应用成功，但生产深度加工的低芳烃基础油仍有一定难度。高压加氢技术脱除硫、氮、金属等杂质的同时，可以深度饱和芳烃、进一步降低凝点、改善颜色和稳定性，由此满足电器用油、冷冻机油、橡胶填充用油等特殊行业的需要。因此，加氢处理-临氢降凝-加氢补充精制的全氢型工艺近十年来得到发展和应用，分为高压两段加氢和一段串联加氢流程。

国外ExxonMobil、Shell、Chevron、国内RIPP等开发的全氢型工艺均为两段加氢流程。2000年，中国石油克拉玛依石化采用高压加氢处理-临氢降凝-补充精制两段法工艺技术建设一套300kt/a环烷基油加氢装置，生产变压器油、冷冻机油和橡胶填充油。该工艺需要将加氢处理生成油分离出氨气后，再进入临氢降凝和补充精制反应器，进行降凝和饱和芳烃反应，原则流程如图15-4-13所示。

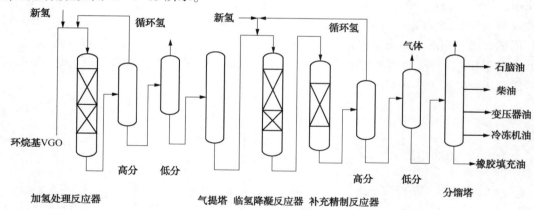

图15-4-13　克拉玛依石化环烷基油两段加氢工艺流程

伴随FRIPP具有良好抗氨性能临氢降凝催化剂的开发和应用，FRIPP开发了一段串联加氢工艺用于生产环烷基油，原则流程见图15-4-14。环烷基馏分油经加氢处理深度脱硫、脱氮，部分芳烃加氢饱和后的生成油，无需分离出氨气，直接进入临氢降凝反应器进行脱蜡反应，然后补充精制获得高质量产品。这种一段串联组合工艺技术，既简化了加工流程，又减少了投资，并能拓展生产环烷基油品的原料范围。

为提高原料适应性，提高重质白油产品的质量，FRIPP在一段串联工艺工业应用基础上，对加氢处理工段和补充精制工段进行改进，开发了新一代组合加氢生产环烷基特种油品技术，原则流程见图15-4-15。加氢处理采用加氢精制-加氢改质催化剂级配技术，加氢改

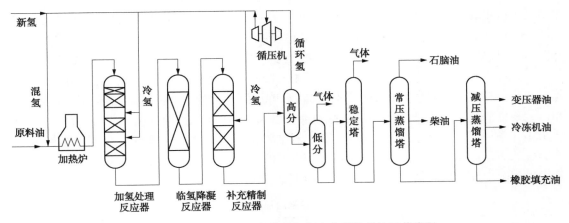

图 15-4-14　FRIPP 一段串联加氢生产环烷基油工艺流程

质催化剂具有选择性饱和芳烃的能力，在较缓和条件下，降低生成油的芳烃含量加氢生成油部分或全部进入补充精制反应器，进一步饱和芳烃提高产品的光、热安定性。

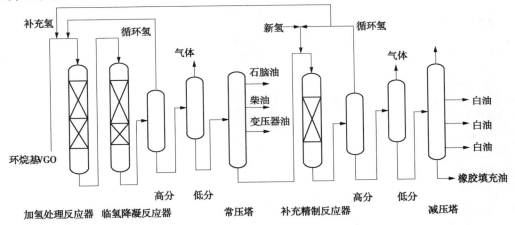

图 15-4-15　FRIPP 高压两段加氢生产环烷基油工艺流程

（三）技术发展与工业应用

近年来，国内以 FRIPP、RIPP 为代表开发的加氢处理、加氢降凝（根据需要，选择临氢降凝、异构降凝）、补充精制组合的全氢型工艺在生产环烷基基础油方面得到大力发展和应用。

1. RIPP 两段加氢工艺

RIPP 研发的两段加氢工艺应用于 300kt/a 润滑油高压加氢装置（工艺流程参见图 15-4-13），在加氢处理过程后需进行汽提脱除产物中的氨及硫化氢以满足临氢降凝段催化剂的要求。装置以环烷基减三线馏分油为原料，在总压 16.0MPa，总空速 0.219h^{-1}（加氢处理、临氢降凝及加氢补充精制的空速分别为 0.436h^{-1}、0.88h^{-1} 及 0.88h^{-1}），加氢处理、临氢降凝及加氢补充精制的反应温度分别为 347℃、276℃、230℃的操作条件下，生产的橡胶填充油产品赛氏颜色达到+30，芳烃含量 4.65%。

2. FRIPP 一段串联加氢工艺

作为生产环烷基油的第一代组合加氢工艺，FRIPP 开发的加氢处理-临氢降凝-加氢补充精制一段串联工艺,可以生产橡胶填充油、冷冻机油、变压器油等特种油品(工艺流程参见图 15-4-14)。该技术的主要特点在于加氢处理后无需进行汽提,加氢产物直接进行临氢降凝(催化脱蜡),因此,具有流程简单、投资少、操作简便等优点。加氢处理段发生脱硫、脱氮、芳烃饱和反应,饱和率 75%~80%;临氢降凝段通过择形裂化将高凝点馏分转化成低凝点油品;补充精制段进一步饱和芳烃,提高产品颜色和光稳定性;辅以催化剂的合理匹配和工艺条件的优化,生产优质环烷基特种油。以 SZ-361 环烷基馏分油为原料,在氢分压约15.0MPa 条件下,产品收率>99.0%,变压器油产品满足 SH0040 超高压变压器指标要求,冷冻机油满足 L-DRB/A 优等品质量标准,生产的橡胶填充油其颜色、稠环芳烃及总芳烃含量均达到国内优质橡胶填充油指标要求,详见表 15-4-31 和表 15-4-32。

表 15-4-31　环烷基油加氢主要操作条件

项　目	数　据	项　目	数　据
氢分压/MPa	14.0~17.0	临氢降凝反应温度/℃	320~350
总体积空速/h⁻¹	0.15~0.25	补充精制反应温度/℃	240~280
氢油体积比	800~1200	产品液收/%	>99
加氢处理反应温度/℃	340~370	目的产品收率/%	≮90

表 15-4-32　环烷基油加氢产品主要性质

项　目	变压器油	冷冻机油	橡胶填充油
密度(20℃)/(kg/m³)	≮895		895~920
黏度(40℃)/(mm²/s)	6.0~8.0	13.5~16.5	
黏度(100℃)/(mm²/s)			5~12
倾点/℃	≮-45	≮-35	≮-20
闪点(开口)/℃	≮135	≮150	≮200
色度(D1500)/号	<0.5	<0.5	<0.5
颜色(赛氏)/号	+30	+30	+30
酸值/(mgKOH/g)	≮0.03	≮0.03	≮0.03
芳烃/%	<3	<3	<5

该技术于 2009 年 10 月在辽宁盘锦 200kt/a 工业装置上应用,以进口环烷基馏分油为原料,生产低凝变压器油、冷冻机油和环烷基橡胶填充油产品。该装置初期标定原料性质列于表 15-4-33,产品性质列于表 15-4-34 和表 15-4-35。

表 15-4-33　工业装置初期标定原料性质

项　目	进口环烷基馏分油	项　目	进口环烷基馏分油
密度(20℃)/(kg/m³)	942.7	氮含量/(μg/g)	1883
馏程/℃		倾点/℃	5
初馏点/10%	302/395	酸值/(mgKOH/g)	3.66
30%/50%	415/426	质谱组成/%	
70%/90%	443/462	链烷烃	7.5
95%/终馏点	472/497	环烷烃	47.4
黏度(100℃)/(mm²/s)	10.34	芳烃	42.6
硫含量/(μg/g)	5526	胶质	2.5

表 15-4-34 工业装置初期标定产品性质(1)

项 目	45 号变压器油料	规格指标	22 号冷冻机油料	规格指标
密度(20℃)/(kg/m³)	893.2	≥895		
黏度(40℃)/(mm²/s)	9.677	≥11	23.93	19.8~24.2
黏度(100℃)/(mm²/s)			4.62	
闪点(开口)/℃	149	≮135	175	≮160
凝点/℃	<-50	≥-45		
倾点/℃			-45	≥-35
颜色(D1500)/号			<0.5	≥1.0
赛氏颜色/号	>+30		>+30	
硫含量/(μg/g)	1.0		2.1	≥0.03%

表 15-4-35 工业装置初期标定产品性质(2)

项 目	46 号冷冻机油料	规格指标	10 号橡胶填充油料	规格指标
黏度(40℃)/(mm²/s)	50.35	41.4~50.6	133.8	
黏度(100℃)/(mm²/s)	5.969		9.267	9~11
闪点(开口)/℃	187	≮170	215	220
凝点/℃				28
倾点/℃	-38	≥-30	-27	≥-15
颜色(D1500)/号	<0.5	≥1.0		
赛氏颜色/号	>+30		+30	≮+28
硫含量/(μg/g)	3.2	≥0.03%		

(3) FRIPP 组合加氢生产环烷基油工艺

为进一步提高橡胶填充油的品质,改善橡胶填充油的光、热安定性,FRIPP 根据环烷基油的特性,优选不同功能的加氢催化剂,通过催化剂的合理级配及工艺条件的优化,开发了加氢处理-临氢降凝-补充精制两段加氢组合工艺,工艺流程参见图 15-4-15。加氢处理段采用加氢精制-加氢改质催化剂级配技术,加氢改质催化剂具有选择性饱和芳烃的能力,在较缓和条件下,降低生成油的芳烃含量;加氢生成油部分或全部进入贵金属加氢反应器,利用贵金属加氢精制催化剂的优良加氢性,能进一步饱和芳烃,提高产品的光、热安定性,生产的耐黄变橡胶填充油产品芳烃小于 1%、光安定性 4 号(SH/T 0404)、热安定性 25 号(SH/T 0639),从根本上解决了环烷基橡胶填充油光、热安定性差的问题,可大幅提高环烷基橡胶填充油产品质量;也可根据需要将轻馏分油、变压器油和冷冻机油馏分全部进行贵金属补充精制,生产环烷烃低芳溶剂油、各种黏度的化妆级白油以及高黏度 PS 白油。

高压两段加氢生产环烷基润滑油技术于 2015 年 5 月在江苏一套 50kt/a 特种油加氢装置上首次工业应用成功,表 15-4-36 和表 15-4-37 列出工业运转的初期结果。

表 15-4-36 装置初期运行原料油性质

项 目	数 据	项 目	数 据
密度(20℃)/(kg/m³)	943.1	氮含量/(μg/g)	1674
馏程/℃		倾点/℃	0
初馏点/10%/30%/50%	311/355/379/397	酸值/(mgKOH/g)	4.18
70%/90%/95%/终馏点	417/443/455/474	质谱组成/%	
黏度(100℃)/(mm²/s)	11.58	链烷烃/环烷烃/芳烃/胶质	4.9/53/42.1/0
硫含量/(μg/g)	2900		

表 15-4-37　装置运行初期产品性质

分析项目	3 号白油	变压器油	15 号白油	4 号橡胶油	8 号橡胶油
黏度(40℃)/(mm²/s)	3.557	7.896	16.02	31.97	73.88
黏度(100℃)/(mm²/s)		2.138	3.102	4.609	8.207
光安定性/号	3	3~4	3~4	4~5	5~6
热安定性/号	22	25	18	17	13
倾点/℃	<-60	-51	-36	-24	-21
赛波特颜色	+30	>+30	>+30	>+30	+30
碳型组成/% CA/CN/CP		1/42/57		0/44/56	0/42/58

　　针对环烷基原料高氮、高芳烃和高凝点的变化趋势，FRIPP 又开发了环烷基油加氢处理-异构脱蜡-贵金属补充精制组合工艺技术，这也是高压两段加氢工艺，原则流程见图15-4-16。该组合工艺利用异构脱蜡催化剂在过程液体收率和目的产品收率方面的优势以及贵金属补充精制催化剂的优良加氢性能，在比较缓和的工艺条件下，改善产品低温性能，深度饱和芳烃，解决了环烷基油产品光、热安定性差的问题，提高了产品品质以及环烷基原料的适应性。

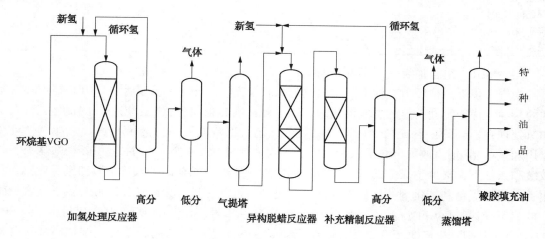

图 15-4-16　FRIPP 环烷基油组合加氢工艺流程

　　加氢处理-异构脱蜡-贵金属补充精制组合技术于 2015 年 5 月在辽宁一套 200kt/a 环烷基油加氢装置上首次工业应用，表 15-4-38 和表 15-4-39 中列出工业运转的初期结果。

表 15-4-38　工业装置原料油性质

项　　目	减二、减三混合油	项　　目	减二、减三混合油
密度(20℃)/(kg/m³)	937.7	氮含量/(μg/g)	2395
馏程/℃		倾点/℃	15
初馏点/10%/30%/50%/70%/ 90%/95%/终馏点	359/401/416/432/ 447/464/473/486	酸值/(mgKOH/g)	1.96
黏度(100℃)/(mm²/s)	9.167	质谱组成/%	
硫含量/(μg/g)	6800	链烷烃/环烷烃/芳烃	4.6/50.9/40.3/4.2

表 15-4-39　工业装置运行初期产品性质

分析项目	变压器油	15 号白油	6 号橡胶油	10 号橡胶油
黏度(100℃)/(mm²/s)	7.72	13.21	6.25	9.85
光安定性/号	2~3	2~3	3	3~4
热安定性/号	25	24	23	22
倾点/℃	-54	-48	-27	-18
赛氏颜色/号	>+30	>+30	>+30	>+30
碳型组成/% CA/CN/CP	0/44/56		0/45/55	0/46/54

（4）环烷基溶剂油加工工艺

FRIPP 根据环烷基油的特性，通过不同功能催化剂的优选级配以及工艺条件的优化，开发了加氢改质-芳烃饱和精制组合工艺技术（工艺流程见图 15-4-17）。采用的加氢改质催化剂具有较强的加氢性能，将高芳烃原料饱和转化为环烷烃；配以芳烃性能好的加氢精制催化剂，深度饱和芳烃，生产安定性好、芳烃含量低的环烷基溶剂油产品。该组合技术最早用于中间基煤油馏分生产清洁溶剂油、铝箔轧制油和优级品工业白油，以环烷基馏分油为原料生产低芳溶剂油的组合工艺于 2012 年末实现工业应用。

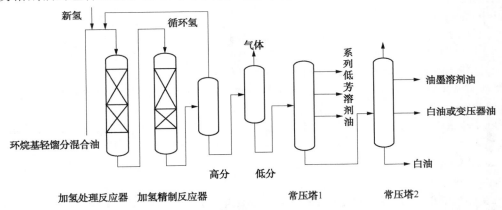

图 15-4-17　FRIPP 环烷基溶剂油加氢组合工艺技术

白油、轻质白油、环烷基础基础油等特种油品，广泛应用于食品、医药、日化、服装、涂料、冶金制造、汽车生产等众多行业。在环保及卫生安全要求日益严苛的大趋势下，与人类生产生活密切相关的这些特种石油产品呈现无害化、清洁化的发展趋势。产品标准不断提高，产品分类向高端、专用、系列化方向发展，产品质量升级步伐加快，系列加氢工艺技术成为生产低硫、低氮、低芳烃、无毒、无味、清洁特种油品的首选与主力军，特别是在满足如《轻质白油（Ⅱ）》等更高标准要求、拓展原料来源、降低生产成本方面将发挥更重要的作用，应用前景十分广阔。

参 考 文 献

[1] 李立权. 白油及白油生产技术[J]. 润滑油，2003，18(4)：1-6.

[2] 王彦伟，刘晓欣. 溶剂油生产与市场[J]. 石油化工技术经济，2004，19(1)：43-46.

[3] 王云芳，邢金仙. 石油烃类溶剂油溶剂油的现状和发展趋势[J]. 炼油设计，2002，32(10)：44-47.

[4] 刘平等. FRIPP 加氢生产超清洁溶剂油技术[J]. 当代化工，2007，36(4)：355-357.

[5] 润滑油生产技术. 抚顺石油化工研究院技术报告. 2012.

[6] 王德会主编. 工业润滑油生产与应用技术[J]. 北京：中国石化出版社，2011：6.

[7] 安军信等. 润滑油加氢催化剂的现状及进展[J]. 润滑油，2007，22(4)：1-7.

[8] 别东生. 国外润滑油基础油、蜡和专用油生产技术[J]. 润滑油，1997(12)4：9-18.

[9] 姚国欣. 润滑油基础油的发展和对我们的启示[J]. 当代石油石化，2004，12(3)：18-26.

[10] 祖德光. 国内外润滑油基础油生产技术[J]. 石油商技，2003，21(5)：2-7.

[11] 安军信等. 国外Ⅱ/Ⅲ类润滑油基础油生产工艺路线概述[J]. 润滑油，2004，19(4)：10-16.

[12] 李家鹏主编. 催化加氢技术第二分册加氢裂化，1993：277.

[13] Helton T E, et al. OGJ, 1998, 96(29)：58-67.

[14] 徐宪. 采用加氢裂化尾油研制生产高质量润滑油基础油及白色油[J]. 润滑油，1997，12(2)：38-41.

[15] 何刚. 临氢降凝技术在胜利炼油厂的工业应用[J]. 齐鲁石油化工，2004，32(3)：176-179.

[16] 卢建华. 加氢环烷基特种油品的开发及工业应用[J]. 辽宁化工，2011，40(3)：245-248.

[17] 范惠明等. 加氢技术在生产环烷基润滑油中的应用[C]. 加氢技术年会论文集，加氢技术情报站，1999：404-409.

[18] 李家鹏主编. 催化加氢技术第二分册加氢裂化，1993：278.

[19] 中国石油化工有限公司抚顺石油化工研究院. 临氢降凝催化剂及其制备[P]. 中国专利，CN1352231A，2002.

[20] Hydrocarbon Processing, 2006：85(9).

[21] 李立权. 润滑油加氢脱蜡技术进展[J]. 润滑油，2000，15(1)：22-25.

[22] 王鲁强等. 润滑油基础油生产技术现状及发展趋势[J]. 石油商技，2011(1)：6-12.

[23] 全球基础油生产能力分析. 石油化工要闻，2011(1474)：5-6.

[24] 郭庆洲等. RIPP 润滑油和白油加氢技术及新进展[C]//2012 年加氢装置生产技术交流会论文集：854-865.

[25] 胡胜. 中国石油润滑油基础油加氢异构脱蜡催化剂及成套技术[J]. 石化技术与应用，2012，30(3)：230.

[26] Recent Advances in Lube Hydroprocessing Technology. 2nd Annual Fuels and Lube A sia Conference, Singapore, 1996：29-31.

[27] 姚春雷等. FRIPP 加氢生产特种油品技术[C]//2011 年全国炼油加氢技术交流会议论文集：386-394.

[28] 刘广元. 加氢技术在环烷基润滑油生产中的应用[J]. 润滑油，2005，20(4)：28-32.

[29] 全辉等. 加氢低芳溶剂油技术[J]. 当代石油石化，2007，15(2)：1-10.

[30] 程国良. 脱芳烃溶剂油及其加氢生产技术的发展[J]. 中国石化，2011(1)：55-59.

[31] Rhodes A K. OGJ, 1997, 95(35)：63-70.

[32] Chevron Refining Hydroprocessing Technology Seminar, Beijing, China. April, 1998.

[33] 润滑油基础油生产的技术经济分析[J]. 石油化工要闻，2013(1552)：14-17.

[34] 安军信等. 国内外基础油的供需现状及发展趋势[J]. 石化文摘，2012，(2)：30-37.

[35] 润滑油和白油生产技术. 抚顺石油化工研究院技术报告. 2012.

[36] 徐义钱. 溶剂油研究与生产现状[J]. 广东化工，2011，33(10)：37-39.

[37] 袁洪申等. 环烷基原油的资源特征和利用[J]. 广州化工，2009，37(5)：48-51.

[38] 郑良全. 全球环烷基基础油市场现状及我国的对策[J]. 中国石化，2010，30(6)：36-38.

[39] Krishna R, et al. Use of an axial-dispersion model for kinetic description of hydrocracking[J]. Chemical Engineering Science, 1989, 44(3)：703-712

[40] 潘翠萩等. 大庆柴油馏分中蜡对其低温流动性的影响[J]. 抚顺石油学院学报，1995，15(4)：1-4.

[41] 潘翠萩等. 预测柴油凝点和冷滤点的经验方程-柴油中蜡对其低温流动性的影响[J]. 石油化工高等学

校学报，1996，9(3)：18-21.

[42] Weisz P B, et al. J Phys Chem, 1960, 64：382.

[43] Smith F A, et al. OGJ, 1990, 88(33)：51-55.

[44] 曾昭槐编著. 择形催化[M]. 北京：中国石化出版社，1994：7

[45] Chen, et al. OGJ, 1997, 95(23)：165-170.

[46] Smith F A, et al. OGJ, 1990, 88(33)：51-55.

[47] 陈遒沅编著. 择形催化在工业中的应用[M]. 北京：中国石化出版社，1992：44.

[48] 陈遒沅编著. 择形催化在工业中的应用[M]. 北京：中国石化出版社，1992：10.

[49] 李家鹏主编. 催化加氢技术第二分册 加氢裂化，1993：279

[50] 水天德主编. 现代润滑油生产工艺[M]. 北京：中国石化出版社，1997.

[51] Terry E Helton, et al. Oil and Gas J, 1998, 969(29)：58-67.

[52] 李永泰等. FDW-3 降凝催化剂的研制. 抚顺石油化工研究院技术专辑，2005，6：72-75.

[53] 彭焱等. 制取优质低凝柴油的工艺[J]. 炼油设计，1999，29(1)：12-15.

[54] 李立权. 润滑油加氢脱蜡技术进展[C]//加氢裂化协作组第三届年会报告论集，中国石化石油加氢裂化协作组，茂名，2001.91-95.

[55] 孟祥兰等. FDW-3 临氢降凝催化剂的开发及应用[J]. 辽宁化工，2004，(33)7：417-420.

[56] 宗树祥. 临氢降凝 FDW-3 催化剂的使用总结[M]//2006 加氢技术论文集，中国石化加氢技术情报站，2006：458-463.

[57] 韩崇仁主编. 加氢裂化工艺与工程[M]. 北京：中国石化出版社，2001：883.

[58] 陈遒沅编著. 择形催化在工业中的应用[M]. 北京：中国石化出版社，1992：143.

[59] 李大东主编. 加氢处理工艺与工程[M]. 北京：中国石化出版社，2004：1068-1069.

[60] 赵增丰等. 用临氢降凝技术工艺从环烷-中间基稠油生产冷冻机油的研究[J]. 石油炼制与化工，1990(12)：1-8.

[61] 尚俊影等. 用加氢裂化尾油生产润滑油基础油[J]. 精细石油化工，2002(4)：35-37.

[62] 韩崇仁主编. 加氢裂化工艺与工程[M]. 北京：中国石化出版社，2001：881.

[63] 李大东主编. 加氢处理工艺与工程[M]. 北京：中国石化出版社，2004：1070.

[64] 祖德光. 润滑油基础油研究进展[M]. 炼油设计，1995，25(5)：6-8.

[65] 祖德光. 用加氢工艺制取高质量润滑油基础油[M]. 润滑油，1997，12(6)：6-9.

[66] 姚宗君. 抚顺石油化工研究院院报，1993，6(1-2)：90-98.

[67] 孙海滨. 胜利原油深加工生产润滑油[J]. 石油炼制与化工，1996，27(2)：61.

[68] 熊春珠等. 环烷基润滑油临氢降凝生产全封闭冷冻机油工艺研究[J]. 润滑油，1997，12(3)：59-61.

[69] 李国英等. 全氢工艺生产优质环烷基润滑油[J]. 润滑油，2001，16(6)：23-27.

[70] 刘广元等. 加氢技术在环烷基原油加工中的应用[C]//加氢裂化协作组第五届年会报告论文选集，乌鲁木齐，2003：525-532.

[71] 孟祥兰等. 抚顺石油化工研究院技术报告，1997.

[72] 陈江南等. 利用加氢裂化基础油研制 25# 变压器油[J]. 齐鲁石油化工，2006，34(2)：181-183.

[73] 徐宪. 加氢法生产高质量润滑油基础油[J]. 石油炼制与化工，1998，29(2)：17-20.

[74] 桑玉丰. 催化脱蜡油润滑油工艺的开发及工业应用[J]. 炼油设计，1996，26(5)：14-18.

[75] 方向晨等. 长链正构烷烃的择形异构化[J]. 炼油技术与工程，2004，34(12)：1-4.

[76] 韩崇仁主编. 加氢裂化工艺与工程[M]. 北京：中国石化出版社，2001：891.

[77] German Stastre , et al. On the Mechanism of Alkane Isomerisation (Isodewaxing) with Unidirectional 10-Member Ring Zeolites-A Molecular Dynamics and Catalytic Study[J]. Jouranl of Catalysis. 2000, 195(2)：227-236.

[78] Almanza L O, et al. On the influence of the mordenite acidity in the hydroconversion of linear alkanes over

Pt—mordenite catalysts Applied Catalysis A. 1999, 178(1): 39-47.

[79] 廖士纲等. LKZ 异构脱蜡分子筛的合成和工业应用. 抚顺石油化工研究院技术报告, 2006.

[80] Kamala R. Krishna, et al. Maximizing Premium Base Oil Yields and Viscosity Index with All New ISODE-WAXING®, AM-05-39, NPRA 2005.

[81] 姚国欣. 国外炼油技术新进展及其启示[J]. 当代石油石化, 2005, 13(3): 18-25.

[82] Chevron 公司网站资料. www. Chvevron. com, 2007.

[83] 聂红等. RIPP 生产清洁油品的加氢技术[M]//加氢技术论文集, 2004: 18-48.

[84] 石蜡烃异构脱蜡(WSI)技术开发. 抚顺石油化工研究院技术报告, 2004.

[85] 加氢裂化尾油异构脱蜡技术开发. 抚顺石油化工研究院技术报告, 2005.

[86] 刘平等. 石蜡烃异构脱蜡(WSI)工艺技术的成功应用[M]//2005 石油炼制大会报告论文集: 873-878.

[87] 申宝武. 异构脱蜡技术生产高性能基础油研究进展[J]. 石油商技, 2006, 2: 34-37.

[88] 韩崇仁主编. 加氢裂化工艺与工程[M]. 北京: 中国石化出版社, 2001: 895.

[89] Kamala R. Krishna, et al. Maximizing Premium Base Oil Yields and Viscosity Index with All New ISODE-WAXING®, AM-05-39, NPRA 2005.

[90] Houde E. J. 加氢裂化生产润滑油[M]//美国加氢裂化技术发展译文集, 石油化工科学研究院, 1992: 118-127.

[91] Rhodes A K. Refinery operating variables key to enhanced lube (lubricating) oil quality, OGJ, 1993, 91(1): 45-51.

[92] Chevron Lummus Global 公司网站资料, www. Chvevron. com, 2014 .

[93] Ellis Ed, et al. Hydrocarbon Asia, 2001, 11(6): 25-29.

[94] Exxon Mobil 公司网站资料, www. Chvevron. com: 2012.

[95] 徐会青等. FRIPP 异构脱蜡催化剂研发及工业应用情况简介[C]//2015 年炼油加氢技术交流会论文集: 749-754.

[96] 韩鸿等. 国内外润滑油异构脱蜡技术[J]. 润滑油, 2003, 18(3): 1-5.

[97] 安军霞等. 国外Ⅱ/Ⅲ类润滑油基础油生产工艺路线概述[J]. 润滑油, 2004, 19(4): 10-16.

[98] 何秀云. 异构脱蜡技术的工业应用[J]. 石油炼制与化工, 2001, 32(4): 14-18.

[99] 崔民利等. 异构脱蜡工艺生产优质润滑油基础油[J]. 石油炼制与化工, 2001, 32(1): 16-19.

[100] 袁继成等. 异构脱蜡催化剂 PIC812 的工业化应用[J]. 中国石油和化工标准与质量, 2013(12): 252.

[101] 加氢裂化尾油异构脱蜡技术开发. 抚顺石油化工研究院技术报告, 2005.

[102] 面临市场挑战, 加快加氢法制取润滑油基础油技术的开发和应用. 抚顺石油化工研究院技术报告, 2005.

[103] 加氢法制取特种油、基础油工艺流程的选择. 抚顺石油化工研究院技术报告, 2005.

[104] 姚春雷等. 炼油新产品清洁化生产技术开发与应用[C]//2012 年炼油加氢技术交流会论文集: 847-853.

[105] 高效生产低凝清洁石油产品的 FDI 双重异构加氢技术. 抚顺石油化工研究院技术报告, 2014.

[106] 姚春雷等. 加氢生产高档润滑油基础油和白油技术[C]//2015 年全国石油蜡及特种油产品技术交流会论文集: 164-171.

[107] 姚国欣. 含硫原油润滑油基础油生产工艺和应该考虑的几个问题[J]. 润滑油, 1997, 12(4): 30-36.

[108] 周惠娟等. 天然气合成润滑油基础油技术发展动向[J]. 润滑油, 2002, 17(3): 10-15.

[109] 李雪静等. 非常规润滑油基础油生产技术现状及进展[J]. 石油商技, 2003, 21(4): 12-16.

[110] 徐金龙等. GTL 润滑油基础油工艺技术进展、优势及影响[J]. 润滑油, 2004, 19(2): 6-10.

[111] 钱伯章等. 世界和中国润滑油市场需求分析[J]. 润滑油, 2005, 20(4): 22-27.

[112] 赵江. 润滑油基础油的现状及发展趋势[J]. 石油炼制与化工, 2003, 34(3): 38-42.

[113] 张庆兵等. 我国润滑油市场竞争格局分析[J]. 中国市场, 2013, 46(761)：167-169.

[114] 郑良全. 全球环烷基基础油市场现状及我国的对策[J]. 石油商技, 2010, 30(6)：15-17.

[115] 黄钦炎. 对我国白油生产现状的看法[J]. 润滑油, 2002, 17(2)：7-9.

[116] 方向晨主编. 加氢精制[M]. 北京：中国石化出版社, 2006：112.

[117] US6187176131

[118] 祁兴维. 白油加氢技术[J]. 当代化工, 2007, 36(2)：122-124.

[119] 金熙俊. 白油加氢装置技术改造[J]. 当代化工, 2002(4)：223-225.

[120] 刘平等. 润滑油加氢异构脱蜡技术[J]. 炼油设计, 2002, 32(5)：11-13.

[121] 姚春雷. 抚顺石油化工研究院技术报告, 2014.

[122] 高金钟等. 两段加氢法生产高黏度食品级白油[J]. 山西化工, 2001, 21(1)：40-42.

[123] 埃克森美孚公司烃类溶剂油产品质量标准. http：//www.exxonmobilchemical.com.cn.

[124] 壳牌公司烃类溶剂油产品质量标准. http：//www.shellchemical.com.

[125] 项晓敏. 我国溶剂油产品规格的发展历程及趋势[J]. 石油商技, 2011(6)：80-84.

[126] 王丽君等.《轻质白油》产品标准制定情况简介[C]//2015年全国石油蜡及特种油产品技术交流会论文集：198-204.

[127] 张晓侠等. 国内溶剂油精制技术现状[J]. 工业催化, 2007, 15(7)：21-23.

[128] 朱迪珠. 重整抽余油加氢脱烯烃生产溶剂油的新技术[J]. 石油炼制与化工, 2000, 31(9)：20-23.

[129] 周军委. 山东齐胜15万吨/年溶剂油加氢装置运转总结[C]//2012年全国炼油加氢技术交流会论文集：181-186.

[130] 郭松松. 沧州华海特种油加氢装置换剂开工技术总结[C]//2015年全国炼油加氢技术交流会论文集：187-191.

[131] 全辉等. 加氢生产低芳溶剂油技术[J]. 当代石油石化, 2007, 15(12)：38-44.

[132] 储宇等. 环烷基油加氢生产润滑油技术进展[J]. 当代化工, 2010, 39(3)：261-264.

[133] 姚春雷等. 加氢法制取润滑油基础油技术的开发和应用[J]. 润滑油, 2007, 22(2)：19-23.

[134] 范惠明等. 利用高压加氢技术生产优质环烷基润滑油[C]//加氢裂化协作组第四届年会报告论文选集2003：190-198.

[135] 范惠明等. 加氢技术在生产环烷基油中的应用[J]. 润滑油, 2000(03)：15-17.

[136] 华仲文等. RDW-1临氢降凝催化剂及工艺的工业应用[J]. 加氢技术, 1998, 24(2)：30-35.

[137] 姚春雷等. FRIPP加氢生产润滑油技术[C]//2016年全国石油蜡及特种油产品技术交流会论文集：175-187.

第十六章 技术经济

根据《中国石油石化产业经济研究年度报告》的数据，近 10 多年来，世界加氢裂化装置加工能力占常压蒸馏装置能力的比重大幅提升。1992 年，加氢裂化加工能力占常压蒸馏装置能力的百分比为 3.7%；到 2010 年，这一比例升到 6.1%。在中国，加氢裂化装置的加工能力也取得了快速发展，1997 年原油加工能力为 312.30Mt/a，加氢裂化加工能力为 2.60Mt/a，2012 年我国原油加工能力 662.85Mt，加氢裂化装置加工能力 59.56Mt。在此期间，加氢裂化加工能力年均增长率大于蒸馏装置加工能力的增长率。随着政府对环境保护和油品质量的要求日益提高，未来加氢裂化在我国仍有较大的发展空间。

第一节 装置的建设费用

本节介绍建设费用的概念和影响建设费用的各种因素，测算了典型加氢裂化装置的工程费用。

一、装置建设费用的含义及划分

建设项目总投资是指为完成工程项目建设并达到使用要求或生产条件，在建设期内预计或实际投入的全部费用总和。生产性建设项目总投资包括建设投资、建设期借款利息和流动资金；非生产性建设项目总投资包括建设投资和建设期借款利息。其中建设投资和建设期借款利息之和对应于固定资产投资。固定资产投资与建设项目的工程造价在量上相等。加氢裂化装置的建设属生产性建设项目，其总投资包括建设投资、建设期借款利息和流动资金。建设投资和建设期借款利息是项目在建设期投入的费用，流动资金是项目在生产运营期投入的周转资金。

工程造价中的主要构成部分是建设投资，建设投资是指为完成工程项目建设，在建设期内投入且形成现金流出的全部费用。在固定资产投资管理工作中，常常根据建设投资费用的性质、用途和包括的范围等将其进行费用分类划分，从不同的角度说明建设项目的投资费用组成及其比例构成状况，此处仅介绍与本文阐述有关的分类方法。

1) 按照建设投资包括的工程内容或范围，投资费用可划分为工艺装置(或单元)界区内投资和界区外投资。其中，工艺装置(或单元)界区内投资是指在装置(或界区)界区线以内工程的投资费用；界区外投资是指与装置(或单元)正常生产密不可分的在装置(或单元)界区线以外和配套工程的投资费用。

2) 按照构成工程成本的费用性质，投资费用可分为直接费用和间接费用两部分。其中直接费用是指直接体现在工程实体上的费用，如设备费、材料费、机械费、直接人工费以及其他直接费用等；间接费用是指不直接体现在工程实体上，而是间接为工程服务所必须的费用，如工程建设的各类管理费用以及利润、税金等其他间接费用。

本文所讨论的装置建设费用主要指在炼油装置边界线以内的工程的投资费用，即又称装置界区内投资，按专业特点可以进一步划分为建筑物、构筑物、静置设备、机械设备、工业炉、电气及电信、自控仪表、采暖通风、管道、一次投入催化剂及化学药剂等费用部分。

二、我国的建设费用构成[1]

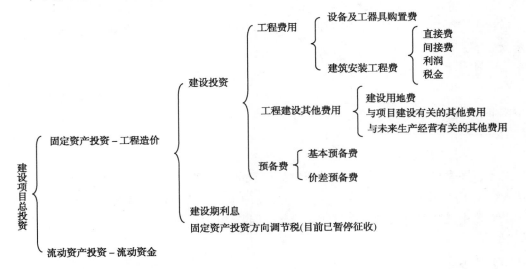

三、影响建设费用的因素

装置建设费用的高低不仅由装置规模、设计标准、工艺路线所决定，还与国民经济发展密切相关，受物价水平、相关行业的技术发展水平、装置所处地区的经济发展水平以及建设地点的自然地质条件等外部环境的影响。归纳起来，大致可分为以下几类因素：装置建设规模、技术路线、物价水平、所处地区的资源条件、地质因素、社会因素等。

1. 内在因素

（1）规模因素

装置规模的大小对装置建设费用的影响较为明显。对于加氢裂化装置，规模较大的装置，其反应系统、分馏系统等所需的工艺设备和机械设备等也会增大，在同一价格水平下，装置的建设费用也会随之增加；与之配套的管道、建筑物、构筑物等也会增大。根据统计分析结果，装置的规模与其工程费用之间的关系是指数关系，表示为：

$$\frac{T_1}{T_2} = \left(\frac{S_1}{S_2}\right)^x \tag{16-1-1}$$

式中　　T——装置的工程费用；

　　　　S——装置的生产能力（规模）；

　　　　x——规模指数。

在实际应用中，可以采用规模指数法进行工艺装置的建设费用估算，即针对不同的工艺装置选用相应的规模指数，利用已建类似工艺装置的工程费用来估算拟建工艺装置的工程费用，具体的测算可根据式（16-1-2）进行：

$$T_b = T_a \times \left(\frac{S_b}{S_a}\right)^x \tag{16-1-2}$$

式中　　x——规模指数；

　　　　S_a、S_b——已建装置 a、拟建装置 b 的生产规模；

　　　　T_a、T_b——已建装置 a、拟建装置 b 的工程费用。

使用上述公式时，必须注意拟建装置与已建装置的技术路线应基本一致。进一步还可根据拟建装置的建设时间、建设地点、建设条件等具体情况,采用相应的价格指数或调整(换算)系数对上述方法计算出来的投资估算值进行修正,以保证投资估算值的精确度。

通过上述公式还可以推导出不同规模装置的单位工程费用与生产规模之间的关系。具体表示为如下式:

$$\frac{A_b}{A_a} = \left(\frac{S_b}{S_a}\right)^{x-1} \tag{16-1-3}$$

式中　A——指装置的单位工程费用;

　　　S——指装置的生产能力(规模);

　　　x——规模指数。

对于不同类型的工艺装置、规模指数 x 有不同的范围值,通常 x 值介于 0 和 1 之间,因此从式(16-1-3)中可以看出,装置规模与装置的单位工程费用呈负指数关系,表示装置的单位工程费用随装置规模的扩大呈递减趋势,即装置的规模增大,装置的单位工程费用相对降低。

(2)技术因素

技术因素是指装置的工艺技术水平和工程设计水平,主要包括装置的工艺技术路线、工艺流程、操作条件、工程设计方案、设备材料选型等。装置的技术因素不同,其建设费用也存在不同程度的差异。

在装置工艺路线确定的情况下,提高设计水平,使装置工艺流程和总平面布置合理,设备选型得当,装置的投资节约就较明显。而另一方面,为提高产品质量而增加的某些中间工艺以及提高装置的自动控制水平,必然导致装置投资费用的增加,在实际工作中,技术因素对装置的建设费用的影响很难用一两个模型来量化表示,必须根据装置所采用的工艺技术和选用的设计方案作具体细致的分析,才能进行量化计算。

2. 外在因素

(1)物价因素

在装置内在因素相同的情况下,投入要素如设备材料和劳动力的价格水平对装置建设费用具有决定性的影响。不同时期的物价水平对装置建设费用的影响程度可用装置价格指数来反映,装置价格指数是指同一地区同一装置的建设费用随时间变化的变动系数,也即用同一货币表示的同一地区同一装置的建设费用在两个不同时期(年份)的相对价格。

从指数发展的历史来看,价格指数的编制方法主要有两种:一种是德国学者拉斯尔斯(Laspeyres)提出的用基期数量加权计算的价格指数,这一指数简称为拉氏指数;另一种是德国学者派煦(Paasche)提出的用报告期数量加权计算的价格指数,这一指数简称为派氏指数。拉氏指数的优点是用基期数量作权数可以消除权数变动对指数的影响,从而使不同时期的价格指数具有可比性。但该指数也有明显的缺陷,它是在假定销售量不变的情况下报告期价格的变动水平,这一指数尽管可以单纯反映价格的变动水平,但不能反映数量的变动,特别是不能反映数量结构的变动。而派氏指数由于以报告期数量加权,不能消除权数变动对指数的影响,因而不同时期的指数缺乏可比性,但派氏指数可以同时反映出价格和数量及其结构的变化。

拉氏指数表达为:

$$p^{La} = \frac{\sum\limits_{i=1}^{n} p_{1i}q_{0i}}{\sum\limits_{i=0}^{n} p_{0i}q_{0i}} \qquad (16-1-4)$$

派氏指数表示为：

$$P^{Pa} = \frac{\sum\limits_{i=1}^{n} p_{1i}q_{1i}}{\sum\limits_{i=0}^{n} p_{0i}q_{1i}} \qquad (16-1-5)$$

式中　p——价格；

　　　q——数量；

　　　0——基期；

　　　1——报告期。

拉氏指数反映了价格上涨的影响，消除了权重变化对指数的影响。派氏指数可反映由于权重变化对指数的影响，也能反映技术进步对指数的影响。

根据相近工艺流程的加氢裂化装置的投资数据分析，考虑技术进步的因素和价格上涨因素，近 10 年来我国加氢裂化装置建设费用的年增长指数为 5%~7%。

（2）地区因素

在同一时期内，由于各地区的自然环境千差万别，地区经济和行业经济发展的不平衡，人员素质及工资水平也有一定的差异等，加上税收政策、运输条件等投资环境各不一样，都会使不同地区的设备和材料价格、运费、建筑安装的人工和管理费用等存在差异，从而造成同类装置在不同地区建设其费用有所差别。这些差异通常用地区因子来描述和调整，地区因子是数量化地描述和调整地区差异的一种有效方式。用地区因子来调整装置建设费用的公式可表示为：

$$T_{b} = T_{a} \times d \qquad (16-1-6)$$

式中　d——表示 b 地对 a 地的地区因子；

　　T_{a}、T_{b}——分别表示 a 地、b 地建设同类装置所需的建设费用。

（3）其他影响建设费用的因素

与地区因素相关的还有地质条件、自然气候、社会因素等，这些因素从不同方面影响装置的工程建设费用。

地质条件对建设费用的影响体现在土壤不同的类型需对设备基础或建筑物、构筑物基础采用特殊的处理措施，如打桩基。地下水位高的地区施工时必须考虑降水措施，同时也需考虑对水泥基础采用防渗漏、防腐蚀手段，有可能需要对钢筋采用防腐处理。个别地区缺少建筑材料资源，如沙石，如从其他地区或其他国家进口。

天气因素对建设费用的影响体现在恶劣天气对项目施工带来不利的影响，除此之外，设计上还要考虑特殊的防雨、防风、防涝、防雷等的设备或材料。在热带多雨的地区建设工艺装置需考虑排洪、防暴雨的设施。在寒冷地区建设工艺装置需考虑寒冷条件下金属预热焊接、混凝土保温养护等费用。

社会因素对装置的建设费用也有较大的影响，政治体制、政局的稳定性、外部劳动力输入的许可制度、熟练劳动力资源的可得性等对装置的建设费用均会产生直接影响。是否属外汇管制国家、货币贬值、通货膨胀等也对项目的建设费用有较大的影响。

综合考虑影响建设费用的各种因素，可以根据已建工艺装置的建设费用来估计拟建同类工艺装置的建设费用，具体计算公式表示如下：

$$T_b = T_a \times \left(\frac{S_b}{S_a}\right)^x \times \frac{\left(\dfrac{n_t}{n_i}\right)}{\left(\dfrac{P_t}{P_i}\right)} \times d \qquad (16-1-7)$$

式中　　x——规模指数；

S_a、S_b——分别表示已建装置 a、拟建装置 b 的生产能力(规模)；

n_t、n_i——分别表示第 t、i 年的装置价格指数；

P_t、P_i——分别表示第 t、i 年的装置生产率系数；

d——表示 b 地对 a 地的地区因子；

T_a——表示第 i 年 a 地装置 a 的建设费用；

T_b——表示第 t 年 b 地装置 b 的建设费用。

使用上述公式估算装置建设费用时仍需考虑装置所在地区的其他特殊因素对项目费用的影响，而且这种特殊因素可能对项目的建设费用产生重要的影响。

四、加氢裂化装置的建设费用

据美国《油气杂志》2010 年统计，全世界炼油厂 662 座，常压蒸馏能力为 4411.48Mt，加氢裂化装置加工能力 270.85Mt，其中中国加氢裂化装置加工能力为 9.25Mt。近些年来我国的经济仍持续快速增长，加氢裂化装置建设也得以迅速发展，按近期的加氢裂化装置的概算资料统计，采用一次通过工艺流程的装置单位生产能力的工程费用为 420~590 元/t，全循环流程的装置单位生产能力的工程费用为 460~778 元/t。装置的加工能力在 1.5~3.6Mt/a 之间，原料硫含量 0.13%~3.2%。国内典型加氢裂化装置的投资费用构成见表 16-1-1。

表 16-1-1　　国内典型加氢裂化装置投资费用构成

装置名称	A	B	C
工艺方案	单段全循环	单段一次通过	两段，全循环
加工量/(kt/a)	1500	2000	2600
原料油	VGO+催化柴油	VGO	VGO
原料硫含量/%	0.135	0.130	2.960
各部分所占百分比/%			
催化剂	9	8	7
静置设备	31	31	37
机械	15	14	16
管道	12	15	14
仪表	10	6	8
炉	5	6	4
其他	17	20	14
装置组成			
	反应	反应	反应
	分馏	分馏	分馏

续表

装置名称	A	B	C
引进设备材料	轻轻回收	干气脱硫	低分气脱硫
	液化气、气体脱硫	低分气脱硫	
	公用工程	公用工程	公用工程
	新氢压缩机	新氢压缩机	新氢压缩机
	加氢进料泵	加氢进料泵	加氢进料泵
	注水泵	注水泵	注水泵
	炉管	炉管	炉管
	仪表	仪表	仪表
	阀门	阀门	阀门
	特殊材质管道	特殊材质管道	特殊材质管道
		催化剂	催化剂
	DCS/SIS	DCS/SIS	DCS/SIS
			循环油泵
			贫胺液泵
			液氨注入泵
单位投资(工程费)[①]/(元/t)	600	424	498

①分别为 2011 年、2006 年、2007 年概算数据。

第二节　装置的操作费用

生产成本包括原料费用和加工费。从加氢裂化装置的工艺过程看，一部分氢气在反应过程中形成了产品实体的一部分。另外一部分氢气在工艺过程中未形成产品实体，而与原料中的杂质进行反应。前部分氢气的费用可看作是原料费用，后者氢气的费用可看作是加工费的一部分。氢气的费用对加氢裂化操作费用影响较大。

一、装置操作费用的含义及构成

装置操作费用的含义因工业企业成本核算体系的演变，不同时期有所不同。根据目前的《工业企业会计准则》，工业企业的成本核算采用制造成本核算。制造成本法是将工业企业生产经营活动发生的各种费用分为产品制造成本和期间费用进行核算。其中制造成本是指工业企业为生产一定种类、一定数量的产品所发生的直接材料费用、直接工资、其他直接支出和制造费用的总和。期间费用是指在一定会计期间内发生的、不能直接归属于某个特定产品制造成本的费用，它包括管理费用、财务费用和销售费用。

此处讨论的装置操作费用是指炼油装置生产过程中，所发生的制造成本中除原料费用以外，有些文献称之为装置加工费用，它由辅助材料费用、燃料动力费用、人工费用和制造费用四部分组成。

辅助材料费用是指不构成产品实体，但有助于产品形成的材料。对加氢裂化装置而言，其费用的主要内容是精制、裂化以及后处理等工艺过程的催化剂及化学药剂费用。

燃料动力费用是指直接用于生产，为生产提供热能的各种燃料以及用于生产的水、电、蒸汽、压缩空气等费用。

人工费用指生产工人工资及附加,即指生产工人的工资、奖金、津贴、补贴和职工福利费。

制造费用是指企业各种生产单位(装置、车间)为组织和管理生产而发生的各项间接费用。它包括装置(车间)管理人员工资及福利费、折旧费、修理费、办公费、水电费、物料消耗、劳动保护费以及其他制造费用。

具体计算公式如下:

装置操作费用(加工费)= 辅助材料费用+燃料动力费用+人工费用+制造费用

产品制造成本 = 原材料费用+装置操作费用

二、关于加氢裂化装置制造成本中的氢气费用

从财务成本核算的定义看,构成产品实体的材料属原材料,就加氢裂化装置而言,氢气中的一部分在反应过程中构成了产品实体,另外部分在反应过程中与硫、氮等有害杂质反应不形成产品的实体,也有少量氢气损耗或在产品中溶解。制造成本包括原材料费用和操作费用,对加氢裂化装置含氢气费用的操作费用进行分析,氢气费用占装置操作费用的70%左右,氢气的费用对加氢裂化装置的操作费用和制造成本有重要的影响。因此在对加氢裂化装置的操作费用进行分析时,应该考虑氢气的费用。

根据加氢裂化装置的设计数据测算,按目前的市场价格测算,加氢裂化装置的不含氢气的操作费用为145~236元/t,由于不同装置所选择原料油的性质不同导致单位原料所消耗氢气数量也不相同,据统计,加氢裂化装置制造成本中氢气的费用为336~615元/t,氢气的费用在加氢裂化装置产品制造成本中占的比例很高。

三、装置操作费用的影响因素

炼油装置操作费用的内涵比较复杂,影响装置操作费用的因素是多方面的,例如装置规模、装置能耗、原料油性质、催化剂性能、装置自动控制水平、设备状况、辅助材料和燃料动力价格、装置生产负荷率、装置开工率、企业管理水平等。概括地讲,影响装置操作费用的因素可分为内在因素和外在因素两大类,它们对装置操作费用的影响可最终归结为量和价两方面上。内在因素主要包括装置规模、原料油性质、工艺流程、催化剂性能、耗用人工等直接对装置生产的产品数量和质量产生影响的因素,其影响主要表现在消耗量上;外在因素是指通过对各投入要素的作用,间接地引起装置操作费用变化的因素,具体包括管理水平、地区差异、时间因素、市场供需等,其影响主要体现在价格上。影响装置操作费用的主要因素可归纳为以下几点:

1. 管理因素

管理包括决策、计划、组织、指挥、控制、协调、激励等具体职能,是保证企业高效生产的重要组成部分,直接影响着企业的生产水平和操作成本,其对装置操作费用的影响主要体现在效率上,如人工效率、管理效率、材料效率等。管理水平高的企业,不仅组织机构高效,指挥调度协调统一,而且规章制度健全,生产稳定,消耗低,管理费用小,单位加工费用低。反之,各种消耗高,管理费用大,单位加工费用相对高。

2. 地区因素

地区因素对装置操作费用的影响主要是由于各地区在自然环境、投资环境、经济发展水平、人员素质及工资水平等方面差异,从而引起投入要素数量和价格不同,造成不同地区之间的装置操作费用也有所不同。加氢裂化装置的原料均是炼油厂上游装置的产品,其成本费

用会由于炼油厂所处地区不同而有所差异，如不同地区的炼油厂在加工原油品种和采购价格可比条件下，成本费用还受原油运输成本的影响，即在同等条件下，靠近油源的炼油厂装置原料费用比远离油源炼油厂的低；地理位置不同的炼油厂，其辅助材料运输成本、外购水、电、燃料等价格也不尽相同，也一定程度影响了装置的加工费用。工人工资水平也影响操作费用中的人工费用。

3. 时间因素

时间因素对装置操作费用的影响主要表现在装置投入要素随时间推移的变化上。一方面由于通货膨胀等社会经济发展的一般因素影响，使投入要素价格呈刚性上升的趋势；另一方面随着技术进步和企业经济规模的形成以及劳动生产率的提高，又使这些价格呈逐级降低趋势。这两个方面综合作用的结果，将最终影响装置加工费用的高低。

此外，同一年内，在夏季装置需要的保温蒸汽少而冷却水多，在冬季则相反，这些使装置的操作费用在夏季和冬季有所不同，但对装置的年操作费用而言，影响相对较小。

对同一装置，操作费用在运转周期的初期和末期也不相同，装置运行到后期，设备维修费用大大提高，使装置的操作费用相对增加。即使在同一催化剂使用周期内，装置操作费用亦有变化，催化剂寿命周期后期，催化剂的效能较低，对应的能耗就较高，造成装置的操作费用较高。

4. 市场因素

市场因素对装置操作费用的影响主要是指因原料市场及产品市场的供需变化而导致原料、产品在质、量、价等方面的变化以及装置开工率和产品收率等因素变化而引起装置投入要素的变化，从而造成装置操作费用的高低变化。

我国炼油厂由于加工国外进口含硫原油逐年增加，目前已有多套加氢裂化进行技术改造，以适应加工高硫原油的需要。随之就会增加装置固定资产的投入，直接导致装置加工费上折旧费和修理费的增加。

5. 装置生产能力

装置生产能力对装置操作费用的影响是多方面的。首先体现在固定成本费用上，在装置的单位可变成本费用一定的情况下，装置规模大，其单位投资相对小，从而使装置单位操作费用中的固定成本费用也减少。其次还表现在对能耗等的影响上，装置能耗是指工艺装置在生产过程中所消耗的燃料的能量和电力及能耗工质(各种蒸汽、水、压缩空气等)追溯到燃料的能量总和，它对装置操作费用的影响主要体现在燃料动力费用上。以同装置而言，规模扩大，其散热单耗相对较小，燃料动力费用相对减少，从而降低装置的单位操作费用。

6. 装置生产负荷率

装置生产负荷率是指装置正常生产的加工量与装置设计能力的比率，它对装置操作费用的影响主要体现在对单位产品固定成本的分摊上。同一装置，生产负荷率低，单位产品固定成本相对较高，导致单位产品加工费用也相对高。因此，提高装置的生产负荷率，保证装置满负荷和长周期运转是降低装置加工费的有效途径之一。装置的生产负荷受炼油厂的原油加工量、全厂各装置的物料平衡、市场对该装置的产品需求量、市场对油品质量的要求、全厂油品调和方案等因素的影响。

7. 技术因素

装置的技术因素不同，不仅其建设费用存在差异，导致装置操作费用中的折旧费、修理费等费用上的不同，而且也影响辅助材料与燃料动力消耗量和费用存在不同程度上的差异。

四、加氢裂化装置的操作费用

如前所述，加氢裂化装置的制造成本包括原料油费用、氢气费用、辅助材料费、燃料动力费和固定成本。

在全循环流程加氢裂化装置的加工费（含氢气费用）中，辅助材料费占2.1%，固定成本比例为7.9%，燃料动力费占18.2%，氢气费用为71.8%。

在一次通过流程加氢裂化装置的加工费（含氢气费用）中，辅助材料费占2.1%，固定成本占8.7%，燃料动力费占19.8%，氢气费用占69.4%。

如图16-2-1所示，在加氢裂化的加工费中，氢气的费用占加工费的最大比例，其次是燃料动力费。固定成本和辅助材料费在加氢裂化装置的加工费中所占的比例相对较小。

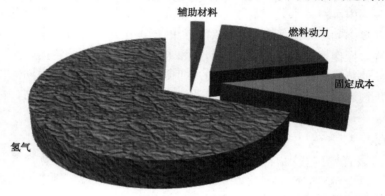

图16-2-1　加氢裂化装置加工费构成示意图

全循环工艺加氢裂化含氢气的单位加工费为777元/t，其中氢气的费用为558元/t。一次通过流程的单位含氢加工费为543元/t，其中氢气费用为377元/t。

第三节　影响装置经济效益的主要因素

本节主要分析影响加氢裂化装置经济效益的主要因素，包括装置的建设费用、原料费用、操作费用、工艺流程和产品方案的选择等。

一、加氢裂化装置的建设费用

如前所述，装置的建设费用包括固定资产投资和流动资金，影响建设费用的各种因素都可能会影响到项目的建设总投资额和项目的建设周期，从而对项目的经济效益产生影响。

生产能力系指装置的规模。装置建设规模的大小对装置建设费用的影响较为明显，装置规模与装置建设费用呈指数函数关系，而装置的装置规模与单位建设费用则呈负指数关系，其指数取值为 $x-1$。

原材料、辅助材料、产品等年周转次数影响项目的流动资金，企业的资金流动性、负债状况也能影响到项目的流动资金数额。

业主对加氢裂化装置的工艺流程选择可影响项目的专利费或无形资产费用。

土地费用在建设费用中也占有较大的比重，在沿海或人口密度较大的地区建设装置，土地费用比其他地区要高得多。

在项目提供同等使用价值和同等功效的前提下，项目的建设费用越低，其经济效益就越好。

二、加氢裂化装置的原材料费用

加氢裂化装置的制造成本包括原材料费用和加工费。

1. 原材料费用

原材料费用受原材料的价格支配，原材料价格是由原材料的性质和供求关系决定的。加氢裂化装置原材料性质的决定因素主要包括原料密度、硫含量、其他杂质含量等。

一般而言，原料越重，稠环芳烃和氮化物的含量相对较高，为维持一定的转化深度，必须提高氢分压，装置所需建设费用也越高。在相同氢耗水平下，原料密度是最重要的变量之一，并且与原料的特性因素密切相关。原料密度越小其价格就越高，反之价格就低。

原料硫含量的多少对原材料价格影响很大。原料油中硫含量越低，油品价格就越高。

2. 氢气

从原材料的定义上看，氢气中的一部分形成了加氢裂化装置的产品实体，属原材料的一部分。另外部分的氢气在反应过程中与油品中的杂质发生反应，这些氢气未构成产品实体。氢气的性质不仅对装置建设费用有巨大影响，同时也影响装置的操作费用。加氢裂化的氢耗量越大，装置操作费用越高。从另一角度来讲，使用低纯度氢，加氢裂化装置需要较高的氢分压，加氢所耗的公用工程费用也就越高，导致装置操作费用也提高。

在前文所述的操作费用中已经提及，在加氢裂化装置的成本费用中，氢气费用所占的比例较高。因此，氢气成本对加氢裂化装置的经济效益有非常重要的影响。

三、生产负荷

生产负荷为装置实际处理量与设计处理量的比率。

生产负荷对加氢裂化装置操作费用的影响主要反映在产能对固定成本的分摊上。一般的成本公式可表示为：

$$C = F + v \times Q$$

式中　C——装置的制造成本；

　　　F——装置操作的固定成本；

　　　v——装置操作的平均单位可变成本，指单位原材料费用、辅助材料费、燃料动力费；

　　　Q——装置的实际处理量。

装置的单位操作费用公式如下：

$$v = \frac{F}{Q} + v_1$$

式中　v——装置的单位操作成本；

　　　v_1——扣除原材料费用后的平均单位可变成本。

由此可见，在装置的单位可变成本一定的情况下，装置规模越大，其对固定成本的分摊能力越强，即装置的单位固定成本越低。因此只要扩大装置规模所减少的单位固定成本能够抵消为扩大装置规模而增加的投资费用，则扩大装置规模在装置操作费用上就具备规模经济的可行性。

四、毛利（Gross Margin）

毛利是指销售收入减去原材料费用后的差额，毛利是原材料经加工后产生的增值幅度，产品和原材料的价格由市场确定，原料组成和产品方案是由装置的工艺特性和市场所确定的。毛利减去企业加工费、期间费用和销售税金后形成企业的利润总额，是产品为企业所作的贡献。它首先用于收回企业的成本，如果还有剩余则成为利润，如果不足以收回成本则发生亏损。

单位毛利是指综合产品单价扣减单位原料成本后的差额。

五、税金

税金包括流转税金及附加和所得税。

流转税及附加包括增值税、消费税、城市维护建设税和教育费附加。增值税是价外税，不包含在产品价格中，是在产品向外销售时向购买者征收的税种，纳税额为当期销项税额抵扣当期进项税额后的余额，增值税税率一般为17%；消费税属于价内税，在我国，汽油、柴油、溶剂油、燃料油、石脑油、喷气燃料、润滑油均需缴纳消费税，它们是采用从量定额的办法计算纳税额；城市维护税与教育费附加费是地方税的组成部分，它以增值税和消费税为计税基础，按一般情况考虑，税率分别为7%和3%。具体的计算公式如下：

$$增值税 = \sum \frac{产品含税销售价格}{1+税率} \times 税率 - \sum \frac{购进货物含税价}{1+税率} \times 税率$$

$$消费税 = 销售数量 \times 单位税额$$

$$城市维护建设税和教育费附加 = (增值税+消费税) \times 费率$$

所以加氢裂化装置的产品流转税及附加计算公式为：

$$流转税及附加 = (增值税+消费税) \times (1+城建税税率+教育费附加费率)$$

所得税，按应税所得额乘以税率计算，目前企业所得税税率为25%。本文中不考虑所得税的影响。

六、工艺方案

加氢裂化装置选用的工艺方案是依据炼油厂物料平衡和产品市场供求关系所决定的。选用不同的工艺方案和产品方案对加氢裂化装置的原料费用、加工费、毛利、利润总额均会产生影响。选取全循环流程的加氢裂化与一次通过流程的加氢裂化进行经济对比（测算使用的原料性质近似）。原材料和产品的销售价格采用中国石化集团公司经济技术研究院发布的《投资项目效益测算价格——中国东海岸基础价格（ECBP）研究报告（2013版）》中的以布伦特原油100美元/桶为基准的价格体系。表16-3-1所示为全循环工艺与一次通过工艺加氢裂化装置的收入和原材料费用方面的对比。

表16-3-1 A 全循环工艺与 B 一次通过工艺加氢裂化装置的收入和原材料费用

产　品	价格/（元/t）	全循环流程		一次通过流程	
		数量/10kt	销售收入/万元	数量/10kt	销售收入/万元
轻石脑油	5523	6.39	35292	8.42	46504
重石脑油	5523	21	115983	33.89	187174
喷气燃料	6144	40.08	246252		0
柴油	6450	78.29	504971	101.26	653127
液化石油气	5093	5.28	26891	10.19	51898
脱硫低分气	4250	2.34	9945	2.05	8713
脱硫干气	4250	0.75	3188	0.7	2975

续表

产　品	价格/(元/t)	全循环流程		一次通过流程	
		数量/10kt	销售收入/万元	数量/10kt	销售收入/万元
尾油	5413			46.88	253761
销售收入合计			942521		1204152
原材料					
混合原料	4400	150	660000	200	880000
氢气	19040	4.56	86822	3.96	75398
原材料费用合计			746822		955398

A 加氢裂化装置处理量为 1500kt/a，单位原料销售收入 6283 元，单位原料费用 4979 元，毛利 1305 元，加工费 219 元，单位原料的利润总额 1085 元。

B 加氢裂化装置处理量 2000kt/a，单位原料销售收入 6021 元，单位原料费用 4777 元，毛利 1244 元，加工费 166 元，单位利润总额 1078 元。

经过上述计算对比，全循环流程的加氢裂化装置的单位投资、单位销售收入、单位加工费、单位毛利均高于一次通过流程加氢裂化装置。由于全循环流程消耗的氢气数量较多，影响到单位原料费用也相应较高。

第四节　装置的技术经济分析

本节测算了炼油厂中制氢装置的氢气成本价格。氢气的费用在加氢裂化装置的制造成本和加工费中占有较大比重。由于原料性质、产品方案、工艺过程、专利技术选择等因素的差异，导致氢气费用在加氢裂化装置成本中所占的比例也不相同。本节中介绍了加氢裂化原料油的密度、硫含量对原料费用的影响，并对加氢裂化装置的盈利进行测算。

一、项目的建设费用

项目建设总费用包括建设投资、建设期借款利息和流动资金。

1. 建设投资

加氢裂化装置的生产能力、拟定的工艺流程、产品方案、操作压力、氢气耗量、原材料的性质等均会对项目的建设投资产生影响。不同的专利技术、厂地选择、建设单位选择也能在一定程度上影响建设投资。

2. 建设期借款利息

项目的资金筹措方案影响项目的建设总费用，项目自有资金比例高，利息支出就减少，项目的总费用就降低。项目借款比例增加，投资者的资金风险减少，但支出的利息费用随之增加。

3. 流动资金

流动资金指运营期内长期占用并周转使用的营运资金。流动资金等于流动资产与流动负债之差。影响流动资金额的主要因素有原材料周转天数、产品的周转天数、企业资金的流动性、流动比率、速动比率等。流动资金的负债比率也影响项目的流动资金总额。

二、产品销售收入

根据装置工艺流程和全厂总流程的要求，确定加氢裂化装置的物料平衡和产品方案，产品销售价格可按权威机构发布的测算价或市场价确定,中间产品(如加氢裂化尾油)也可参考有关部门发布的测算价计算。按拟定的产品方案和产品价格来计算加氢裂化装置的销售收入。产品的价格按中国石油化工集团公司经济技术研究院2013年《投资项目经济效益价格测算研究》确定。

三、氢气价格

氢气是加氢裂化装置正常生产所不可缺少的主要材料,其费用水平对加氢裂化装置的制造成本有重要的影响,约占制造成本的7%~13%。在含氢气费用的加工费中,氢气的费用占加工费总额的70%。因此氢气价格的确定是不容忽视的。目前炼油厂的制氢装置普遍采用烃类水蒸气转化制氢工艺,制氢装置使用的原材料包括轻石脑油、天然气、焦化干气、液化石油气等,由于原材料价格和物耗各不相同,单位氢气所对应的原材料费也不相同。

根据制氢装置的统计数据,以天然气、炼厂干气为原料时,氢气的成本价格为1.2~1.63元/Nm³;以轻石脑油为制氢原料时,氢气的成本价格为1.8元/Nm³;以轻石脑油和炼厂气混合原料作为制氢原料时,氢气的成本价格为1.3~1.77元/m³n。考虑到目前我国炼油厂的制氢装置的原料中轻石脑油占有较大的比例,氢气价格确定为1.7元/Nm³。折算为19040元/t。

加氢裂化装置的制造成本中氢气的费用占有较大的比例。氢气的费用占加氢裂化装置原材料成本的7.3%~14.2%。以低硫VGO为原料的加氢裂化装置,氢气的费用占原材料费用的7.3%~7.9%。以高硫VGO为原料的加氢裂化装置,氢气费用占总原材料费用的11.5%~14.2%。加氢裂化装置原料油的硫含量对氢气的消耗量影响较大。

四、加氢裂化装置原料油价格

加氢裂化装置可加工的原料油较为广泛,它可以加工直馏或二次加工的石脑油、轻重瓦斯油和脱沥青油等多种原料油。本文以VGO为例进行加氢裂化装置的经济效益测算。

VGO组分属炼油厂的中间产品,在市场上很少有按产品直接销售的。权衡其品质的指标很多,例如,原料的密度、组分、硫含量、金属含量、氮含量等,这些指标反映了原料油的品质和质量。产品的价格由其价值决定,并受市场供求关系的影响,价格最终表现为消费者的支付意愿。参考不同品质原油的价格数据来测算硫含量、密度与油品价格的关系,借此确定加氢裂化装置原料油密度、硫含量与由此产生的油品差价的关系。以中国石化集团公司经济技术研究院发布的《投资项目效益测算价格(2013版)》中的以布伦特原油100美元/bbl为基准的价格体系确定原油和燃料油价格。布伦特原油价格为5090元/t,大庆原油的价格为4536元/t,燃料油4318元/t。VGO的价格应介于原油和燃料油之间,据此确定低硫VGO价格4400元/t。

依据原油的密度将原油分为四类。轻质原油API重度≥38,中质Ⅰ类API重度31~38,中质Ⅱ类API重度24~31,重质原油API重度≤24。

按硫含量把原油分为三类,低硫原油硫含量<0.5%,含硫原油硫含量0.5%~1.5%,高硫原油硫含量>1.5%。

选取低酸类的原油,忽略酸值对原油价格的影响,测算油品价格与硫含量、密度的关系,借此数据来确定不同品质VGO的价格。选用的原油品种和价格见表16-4-1和表14-4-2[2]。

表 16-4-1　原油价格离岸价表　　　　　　　　　单位：美元/bbl

年份	迪拜	布伦特	阿曼	米纳斯	塔皮斯	辛塔	沙轻	沙中	沙重
2001	22.79	24.45	22.67	23.96	25.33	23.11	20.25	18.87	17.99
2002	23.65	24.83	24.02	25.29	25.48	24.05	22.61	21.79	22.61
2003	26.85	29.01	27.88	30.05	30.01	31.63	27.31	26.05	25.32
2004	33.99	38.2	34.62	38.04	41.21	37.26	38.38	33.9	32.38
2005	49.32	54.38	50.44	53.95	57.78	52.1	48.98	46.14	43.52
2006	61.48	65.13	62.53	65.16	69.98	62.39	60.39	58.06	55.63
2007	68.37	72.52	68.83	73.51	77.85	70.17	69.86	67.55	65.21
2008	93.56	96.99	94.21	100.35	104.23	93.15	95.44	91.71	88.33
2009	61.68	61.59	61.9	64.74	64.87	60.39	59.18	57.76	56.92
2010	76.52	78.22	76.76	81.28	81.71	77.44	78.06	76.64	75.5
2011	106.19	111.26	106.06	114.73	117.08	110.83	108.13	105.98	104.05
2012	107.85	108.04	108.19	116.60	117.00	113.70	111.42	109.79	108.32

表 16-4-2　原油的密度和硫含量[2]

项目	迪拜	布伦特	阿曼	米纳斯	塔皮斯	辛塔	沙轻	沙中	沙重
密度	0.87	0.84	0.865	0.849	0.802	0.874	0.858	0.874	0.89
API 重度	31.2	37	32.2	35.2	45	30.4	33.4	30.5	27.5
S%	1.94	0.46	1.1	0.09	0.06	0.1	2	2.48	3.1

以 API 重度和硫含量作为自变量，以原油价格作为因变量，建立二元回归方程，回归分析的结果表明 API 重度和硫含量与原油价格有较好的相关性。将分析结果的平均值用于测算 VGO 的差价，以低硫大庆油 VGO 为基准，硫含量变化系数确定为-1.4，密度变化系数确定为-63.95。据此测算其他不同品质的 VGO 价格。以公式表达为

$$P_i = P_0 + \frac{-1.4(S_i - S_0) - 63.95(d_i - d_0)}{0.16 \, d_i} \times Ex \qquad (16\text{-}4\text{-}1)$$

式中　P_i——拟定原料油价格，元/t；

　　　P_0——基准原料油价格(本例中为大庆油 VGO)，元/t；

　　　S_i——拟定原料油的硫含量，%；

　　　S_0——基准原料油的硫含量，%；

　　　d_i——拟定原料油密度；

　　　d_0——基准原料油密度；

　　　Ex——汇率。

上式可以大致测算硫含量变化和密度变化对加氢裂化原料油价格差的影响。硫含量增加、密度增加，原料油价格降低，硫含量减少、密度减小，原料油价格增加。

五、毛利与利润总额

前文中已描述，毛利即产品销售收入与原料费用的差额——是由外部市场确定的。毛利减去加工费和税金形成企业利润。税金属外部不可控因素。加工费是企业内部的可控因素。增加加氢裂化装置利润的途径不外乎"开源"和"节流"，前者是增加毛利，后者是降低加工费和企业内部费用。

产品的销售价格由市场确定，企业可根据不同时期、不同产品的市场价格及时合理地调

整产品的产量，改进产品结构，提高装置的产品产值。适当选择价格较低的原材料，降低原材料费用。对于加氢裂化装置可适当地调整石脑油、喷气燃料、柴油、尾油的收率，在能满足全厂产品调和要求的前提下，增加高价值的产品。适当地增加一定比例的含硫、较重的原油降低原材料成本，这些都是提高产品毛利的有效途径。对企业内部而言，强化内部管理，做好节能降耗工作，可有效地降低企业加工费，是增加利润的途径。

以公式表达毛利：

$$Gm = R - F_{\mathrm{s}} \tag{16-4-2}$$

式中　　Gm——毛利；

　　　　R——销售收入；

　　　　F_{s}——原材料费用。

以公式表达利润总额

$$利润总额 = 毛利 - 加工费 - 期间费用 - 销售税金 \tag{16-4-3}$$

以中国石化测算价格为基础，对一次通过流程的加氢裂化进行经济效益测算，单位收入为 5774~6043 元，单位原料费用为 4620~4801 元，单位毛利 1011~1319 元，利润总额 849~1153 元。

对全循环流程的加氢裂化装置进行经济效益测算，单位收入 6148~6388 元，单位原料费用为 4611~4788 元，单位毛利 1386~1661 元，利润总额 1202~1476 元。销售收入和毛利水平高于一次通过流程的加氢裂化装置。但真实的盈利能力需把加氢裂化装置与全厂其他装置放在一起，才能最终比较不同流程的加氢裂化的盈利能力。

六、加氢裂化装置效益最大化

加氢裂化装置的盈利能力指标最重要是利润总额。毛利减去加工费和期间费用等于利润总额，再减去税金形成净利润。税金受项目外部因素的影响。所以仅计算利润总额即可评价加氢裂化装置的盈利能力。目前，已经有多种线性规划软件可以很容易实现这一任务，只要明确了目标函数和约束条件即可，简略的利润最大目标函数可表示为：

$$\mathrm{Max}\ Pr = \sum (Q_{\mathrm{ri}} \cdot P_{\mathrm{ri}}) - \sum (Q_{\mathrm{FSi}} \cdot P_{\mathrm{FSi}}) - F - Q \cdot v - C_{\mathrm{m}} - C_{\mathrm{t}}$$

产品质量各项约束

产品调和各项约束

装置馏程约束

……

式中　　Pr——利润总额；

　　　　Q_{ri}——i 产品的产量；

　　　　P_{ri}——i 产品的价格；

　　　　Q_{FSi}——i 原料的数量；

　　　　P_{FSi}——i 原料的价格；

　　　　F——加工费中固定成本；

　　　　Q——加工量；

　　　　C_{m}——期间费用；

　　　　C_{t}——销售税金；

　　　　v——加工费中单位可变成本。

　　在确定加氢裂化装置是否增加加工量以增加装置经济效益时，需充分考虑炼油厂中间产品的机会成本和全厂物料平衡的约束。VGO 组分可用作催化裂化原料、加氢裂化原料或润滑油原料等，轻石脑油既可用作制氢原料，也可以用作乙烯裂解的原料，还能用于全厂汽油调和组分。重石脑油大多用作催化重整原料，生产芳烃产品或高辛烷值汽油。柴油用于全厂柴油产品调和，增加全厂合格柴油的产量。尾油的间接效益体现在作为催化裂化装置的原料油生产汽油和柴油、液化石油气产品，或作为乙烯裂解装置的原料生产化工产品，也可以用于生产润滑油产品等。装置的原材料和产品应与全厂总流程进行平衡并满足市场需求才能最大限度地创造经济效益。

参 考 文 献

[1] 建设工程计价[M]. 北京：中国计划出版社，2013.

第十七章　节能减排与安全环保

资源短缺、环境污染以及气候问题已经成为世界经济、社会发展的严重障碍。《中华人民共和国节约能源法》对节能的定义是：加强能源管理，采用技术上可行，经济上合理及环境和社会可以承受的措施，从能源生产到能源消费各个环节，降低消耗，减少损失和污染物排放，制止浪费，有效、合理地利用能源。减排指减少工业生产过程中产生的废气、废水、固体废弃物、噪声等污染环境的废弃物的排放[1]。

石油化工行业的持续节能减排也取得了良好的效果，表17-0-1列出了我国石油化工行业能耗比重及年增长率[1,2]。

表17-0-1　我国石油化工行业能耗比重及年增长率

项　目	2005 年	2006 年	2007 年	2008 年	2009 年	2010 年
石化能耗/kt 标准煤	394270	419460	453580	455460	471920	481480
石化占中国能耗比重/%	16.71	16.22	16.17	15.63	15.39	14.81
石化占中国工业能耗比重/%	23.37	22.68	22.62	21.76	21.53	20.06
石化行业能耗增长率/%	6.87	6.39	8.13	0.41	3.61	2.03

石油化工行业的持续节能减排有两种三阶段表述方式：第一种为：经历了 1978~1980 年代中期的计划经济时代下的节能减排[3]、90 年代末至 2010 年市场经济条件下的节能减排[4]和正在经历的 2010~2030 年高油价时代的节能减排[5]。第二种表述为：第一阶段，主要表现在回收余热，着眼于生产过程中直接耗能的设备，如加热炉、机、泵等；第二阶段，考虑单元设备的节能，着眼于减少精馏塔的回流比、强化换热器的传热等来改进控制系统或合理操作来降低能耗；第三阶段，节能效果在于对整个过程系统的能量供求关系进行分析，改进现有的工艺及设备，达到全过程系统能量优化的目标，应用最广的就是夹点技术和㶲分析方法[6]。

本章的另一个主题：安全。加氢裂化技术集炼油技术、高压技术和催化技术为一体，加氢裂化装置处于高温、高压、临氢、易燃、易爆、有毒介质、有腐蚀性的危险品操作环境，其强放热效应有时使反应变得不可控制；工艺物流中的氢气具有强爆炸危险性和穿透性；脱硫反应产生的 H_2S 为有毒气体；高压串低压可能引起低压系统爆炸；高温、高压设备设计、制造产生的问题，可能引起火灾或爆炸；管线、阀门、仪表的泄漏可能产生严重的后果；设计方案的不合理、生产管理中的问题均可能引发事故。作为炼油装置中爆炸和火灾危险性最高的装置，其安全的可靠性取决于设计方案的可靠性、设备及其制造质量的可靠性和使用管理的正确性[7]。如何将加氢裂化生产过程巨大的潜在安全风险降为 0 或接近 0 是人们永恒的追求目标。

随着人类生存环境的恶化、环境意识的提高和环保立法的推动，既要求加氢裂化生产清洁产品，也要求生产过程污染物的排放符合严格的环保法规。

第一节　节能减排

一、加氢裂化装置能耗

能耗是规定的体系在一段时间内所消耗的能源数量，分实物能耗和综合能耗。本文所指能耗为综合能耗，即在生产过程中所消耗的各种燃料、电和耗能工质，按规定的计算方法和单位折算为一次能源的总和。加氢裂化装置所用的单位能耗系加工单位原料的能耗，而设计能耗是按燃料、电和耗能工质的设计消耗量计算的能耗，装置标定能耗是按燃料、电和耗能工质的实测消耗量计算的能耗。

GB/T50441 规定[8]：热进料和热出料热量的温度等于或大于 120℃ 时，全部计入能耗；油品规定温度与 120℃ 之间的热量折半计入能耗；油品规定温度以下的热量不计入能耗。如：热用户物流通过热交换得到热量后，温度升至 120℃ 以上的中高温位热量全部计入能耗；60~120℃ 之间的低温位热量折半计入能耗；60℃ 以下的热量不计入能耗。

（一）设计能耗、标定能耗和操作能耗

表 17-1-1 列出了几种类型加氢裂化装置的设计能耗。

表 17-1-1　几类加氢裂化装置的设计能耗

项　　目	A 装置[9]	B 装置[10]	C 装置[11]	D 装置[12]	E 装置[13]	F 装置[14,15]	G 装置[16]
原料油	VGO	VGO、HCO	VGO	VGO	VGO、CGO	VGO、CGO	VGO
馏程/℃	280~559 (98%)	192~540	360~531 (95%)	326~568	221~547	372~443 (90%)	345~525
处理量/(Mt/a)	1.2	1.2	2.2	1.0	1.5	4.0	1.5
流程	一段串联 一次通过	一段串联 一次通过	单段全循环	单段全循环	单段全循环	一段串联 一次通过	反序串联 全循环
反应压力(氢分压)/ MPa	(13.5)	(10.6)	16.87	14.7 (冷高分压力)	(15.0)	15.25	(13.17)
一反反应温度/℃	368	368	375	385	400	410	400.5
二反反应温度/℃	372	375		395		407	371.5
单位能耗/(MJ/t)							
净化水						60.67	
循环水	26.38	22.65	24.09	24.75	35.17	21.16	20.9
脱盐水		5.66		24.89	60.71		24.9
脱氧水	107.18	43.14	49.52			19.51	
凝结水	-4.61	-5.39	-4.75			-1.38	-10.9
净化污水	1.67						
燃料油	993.11		444.83	573.84	254.14		769.1
燃料气	363.41	808.45	371.53		643.30	761.34	238.3
电	671.56	371.16	782.76	543.00	690.82	633.56	1124.4
9.5MPa 蒸汽						1095.24	
3.5MPa 蒸汽	1143.82	601.78	1051.45	557.02	728.5	-1047.62	87.8

续表

项　目	A装置[9]	B装置[10]	C装置[11]	D装置[12]	E装置[13]	F装置[14,15]	G装置[16]
1.0MPa蒸汽	-1474.59	-514.42	-818.63	-241.42	-524.19	99.90	-363.7
0.5MPa蒸汽（0.35MPa蒸汽）	-249.95	-143.27	(-148.54)	-92.96		-158.71	
氮气	7.95	7.9		3.18		7.91	
净化压缩空气	4.19	3.34		4.11		3.13	
透平回收			-71.77				
低温热回收			-143.17	-103.77			
热进料			65.43	42.35			
能耗	1590.12	1201.00	1602.75	1334.97	1888.45	1494.71	1890.8

从表 17-1-1 可看出：加氢裂化装置设计能耗在 30~44MJt，电耗占比 29.8%~59.59%，燃料占比 42.98%~85%，蒸汽占比 -36.5%~16.67%。节能的重点是燃料和电能。

与设计能耗对应的几类加氢裂化装置的标定能耗见表 17-1-2。

表 17-1-2　几类加氢裂化装置的标定能耗

项　目	A装置[9]	B装置[10]	C装置[11]	D装置[12]	E装置[13]	F装置[14,15]	G装置[16]
原料油	VGO	VGO、HCO	VGO	VGO	VGO、CGO	VGO、CGO	VGO
馏程℃	260~540	205~493（95%）	321~501（95%）	292~545	334~508	336(5%)~449(90%)	321~516
处理量/(Mt/a)	1.18	1.2	2.14	1.0	1.5	4.0	1.5
流程	一段串联一次通过	一段串联一次通过	单段全循环	单段全循环	单段全循环	一段串联一次通过	反序串联全循环
反应压力（氢分压）/MPa	(13.5)	(12)	16.37	14.2（冷高分压力）	(15.0)	14.9	(14.60)
一反反应温度/℃	391	378	388	380	400	359	384
二反反应温度/℃	408	390		398		394	368.7
单位能耗/(MJ/t)							
新鲜水（净化水）		0.17			0.08	(41.77)	
循环水	57.78	23.94	10.34	40.10	49.74	18.75	37.6
脱盐水		6.6	4.08	10.90	7.16		25.1
脱氧水	131.47	23.46	61.33			29.38	
凝结水	-16.75					-0.27	-13.8
净化污水（污水）	10.89		(5.35)				
燃料油	598.26		870.02				392.9
燃料气	952.52	256.69		731.39	668.22	476.09	359.5
电	836.52	426.95	537.47	510.74	446.56	610.43	948.9
9.5MPa蒸汽						841.12	
3.5MPa蒸汽	1036.23	536.38	801.51	489.90	406.45	-804.55	380.4
1.0MPa蒸汽	-1547.44	-280.55	-885.42	-238.65	-170.99	63.63	-305.1

续表

项 目	A 装置[9]	B 装置[10]	C 装置[11]	D 装置[12]	E 装置[13]	F 装置[14,15]	G 装置[16]
0.5MPa 蒸汽 （0.35MPa 蒸汽）	−293.08	−98.58	（−4.08）	−63.50		−188.89	
氮气		0.90		22.10		0.23	
净化压缩空气		1.34		2.24		2.99	
透平回收							
低温热回收			−128.34	−13.50			
热进料			99.97	38.50			
总能耗	1766.40	897.3	1373.27	1512.22	1407.24	1090.66	1825.5

从表 17-1-2 可看出：加氢裂化装置标定期间的负荷率基本为 100%。从表 17-1-1 和表 17-1-2 的对比可看出：2 套装置标定能耗高于设计能耗，5 套装置标定能耗低于设计能耗。

图 17-1-1 列出了某加氢裂化装置操作能耗的变化[17]。

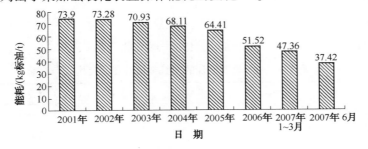

图 17-1-1 某加氢裂化装置操作能耗

表 17-1-3 列出了某加氢裂化装置操作优化前后能耗分解对比[18]。

表 17-1-3 加氢裂化装置操作优化前后能耗分解对比　　　　　　　MJ/t

项目	水	电	蒸汽	燃料	热输入	能耗
优化前	82.99	583.64	78.71	553.33	−13.10	1285.57
优化后	62.38	514.98	98.98	417.63	−39.98	1053.99

从图 17-1-1 和表 17-1-3 可看出：操作优化可大幅降低加氢裂化装置操作能耗。

表 17-1-4 列出了加氢裂化装置的能耗构成中蒸汽的分配。

表 17-1-4 加氢裂化装置的能耗构成中蒸汽的分配　　　　　　　%

项目	A 装置[9]	B 装置[10]	C 装置[11]	D 装置[12]	E 装置[13]
3.5MPa 蒸汽	71.9	50.1	65.6	41.7	38.6
1.0MPa 蒸汽	−92.7	42.8	−51.1	−18.1	−27.8
0.5MPa 蒸汽 （0.35MPa 蒸汽）	−15.7	1.2	（−9.3）	−7.0	
Σ	−36.5	6.1	5.2	16.6	10.8

从表 17-1-4 可看出：加氢裂化装置发生蒸汽越多，对降低能耗越有利。

表 17-1-5 列出了加氢裂化装置能耗构成中电的分配。

表 17-1-5　加氢裂化装置能耗构成中电的分配　　　　　　　　%

装　　置	4.0Mt/a		3.6Mt/a		2.4Mt/a		2.1Mt/a		2.0Mt/a	
电占能耗比例	42		45.8		36.9		33.9		38.2	
	构成	占比	构成	占比	构成	占比	构成	占比	构成	占比
10000V	28.8	68.6								
6000V	7.7	18.3	43.0	93.9	32.3	87.5	30.2	89.1	30.8	80.7
380220V	5.5	13.1	2.8	6.1	7.1	19.2	6.5	19.1	7.4	19.3
其中：高压电	36.5	86.9	43.0	93.9	32.3	87.5	30.2	89.1	30.8	80.7
液力透平					-2.5	-6.7	-2.8	-8.3		
Σ	42	100.0	45.8	100.0	36.9	100.0	33.9	100.0	38.2	100.0

　　从表 17-1-5 可看出：电耗占加氢裂化装置能耗的 33%~46%，高压电耗占加氢裂化电耗的 80%以上，液力透平可回收电耗的 6.7%~8.3%，可降低加氢裂化装置能耗 2.5%~2.8%。

（二）能耗分析

1. 能耗构成

　　表 17-1-6 列出了几套早期设计的加氢裂化装置的能耗构成[19]。

表 17-1-6　早期设计的加氢裂化装置能耗构成　　　　　　%

项目	装置 1	装置 2	装置 3	装置 4	装置 5	装置 6
水	4.64	3.66	3.18	2.34	2.09	0.87
电	37.44	36.23	25.52	33.89	32.80	26.15
蒸汽	4.27	5.71	12.39	19.24	2.88	1.34
燃料	53.65	54.40	58.91	44.53	62.23	71.64
Σ	100.00	100.00	100.00	100.00	100.00	100.00

　　从表 17-1-6 可看出：燃料消耗占能耗比例的 44%~71%，电耗占能耗比例的 25%~37%，蒸汽占能耗比例的 1%~19%，水占能耗比例的 1%~5%。

　　表 17-1-7 列出了几套近期设计的加氢裂化装置的能耗构成。

表 17-1-7　近期设计的加氢裂化装置能耗构成　　　　　　%

项目	装置 1	装置 2	装置 3	装置 4	装置 5	装置 6	装置 7
电	42.2	30.9	48.8	40.7	36.6	42.4	59.5
燃料	85.3	67.3	50.9	43.0	47.5	50.9	53.3
蒸汽	-36.5	-4.6	5.3	16.7	10.8	-0.7	-14.6
Σ	91.0	93.6	105.0	100.4	94.9	92.6	98.2
水	8.2	5.5	4.3	3.7	5.1	6.7	1.8
风	0.8	0.9		0.5		0.7	
能量回收			-4.5				
低温热			-8.9	-7.8			
热进料			4.1	3.2			
Σ	100.0	100.0	100.0	100.0	100.0	100.0	100.0

从表 17-1-7 可看出：燃料占能耗比例的 43% ~ 85%，电耗占能耗比例的 30% ~ 60%，蒸汽占能耗比例的 -36.5% ~ 16%，水占能耗比例的 1.8% ~ 8.2%，能量回收和低温热利用可以降低能耗 12%。

从表 17-1-6 和表 17-1-7 的比较可看出：近期设计的加氢裂化装置能耗计算项目增加了风(氮气、净化压缩空气等)、能量回收、低温热和热进料。

2. 能耗与装置组成

加氢裂化装置可以包括：反应部分、压缩部分、常减压蒸馏部分、气体分馏部分、轻烃回收部分、气体和液化气脱硫部分、溶剂再生部分、酸性水处理部分、氢气回收部分和公用工程部分等，两段流程的装置可能还包括两套反应部分。图 17-1-2 列出了同一套加氢裂化装置，不同装置组成的能耗。

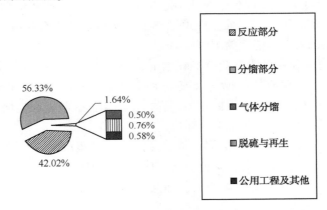

图 17-1-2 某加氢裂化装置能耗与装置组成关系[19]

3. 能耗与转化率

图 17-1-3 列出了同一套加氢裂化装置，不同转化率条件下的能耗。

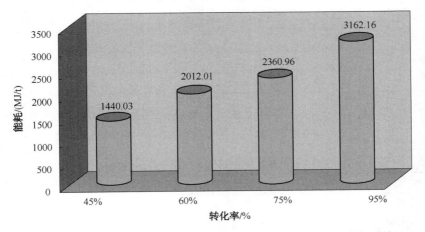

图 17-1-3 某加氢裂化装置不同转化率条件下的能耗及能耗组成[19]

4. 能耗与负荷率

表 17-1-8 列出了同一套加氢裂化装置，操作能耗与实际加工负荷率的关系[19]。表 17-1-9 列出了同一套加氢裂化装置，年度操作能耗与年度实际加工负荷率的关系[20]。

表 17-1-8　加氢裂化装置能耗与负荷率的关系

负荷率/%	100	76	70	66
能耗/(MJ/t)	基准	基准+55.26	基准+84.99	基准+184.64

表 17-1-9　加氢裂化装置年度操作能耗与年度实际加工负荷率的关系

负荷率/%	96.8	89.17	66	59.1[①]
能耗/(MJ/t)	1150	1313	1523.3	1650
能耗/%	基准	基准+14.2	基准+32.5	基准+43.5

①月度值。

负荷率与能耗关系主要表现在:

1)散热损失:降低负荷使管线、换热器、反应器、塔器、加热炉散热损失占比增加,能耗也相应增加;裸露的法兰、螺栓、管道散热损失折合能耗也会增加;华贲、陈安民[21]认为:装置的散热能耗约占总能耗的10%~20%。

2)电:降低负荷表现在照明不变时能耗增加;空冷器、普通泵不可调节时折合的能耗会增加;空冷器调角、变频或可停掉一台或多台时会降低能耗增加,泵变频会降低能耗增加;对往复式新氢压缩机一般采用返回调节,降低负荷会使级间返回量增大,能耗增加;采用无级调速的往复式新氢压缩机情况会变化。

3)蒸汽:降低负荷,固定汽提蒸汽、雾化蒸汽、伴热蒸汽时,会使能耗增加;离心式循环氢压缩机采用反飞动线调量时,降低负荷会使能耗增加。

4)燃料:降低负荷,一般加热炉的负荷降低,热效率减小,折算能耗会增加。

5. 能耗与流程设置

表 17-1-10 列出了同一套加氢裂化装置,两段全循环流程改造为单段一次通过流程操作能耗的变化[19]。

表 17-1-10　加氢裂化装置能耗与工艺流程设置的关系

项 目	两段全循环流程		改造为单段一次通过	
设计规模/(Mt/a)	1.2		2.0	
加工负荷率/%	96.24	99.31	92.4	99.7
能耗/(MJ/t)	3085.7	2811.0	2422.5	2391.9

表 17-1-11 列出了同一套加氢裂化装置,冷高分流程改造为热高分流程操作能耗的变化[19]。

表 17-1-11 加氢裂化装置能耗与冷热高分流程设置的关系　　　　　　　MJ/t

项 目	冷高分流程	改造为热高分流程
燃料气	796.706	696.056
新鲜水	0.060	0.079
循环水	51.916	69.5
电	421.563	469.34
蒸汽	396.291	186.313
能耗	1665.311	1421.288

6. 能耗与催化剂

表 17-1-12 列出了同一套加氢裂化装置，使用不同催化剂前后装置操作能耗的变化。

表 17-1-12　加氢裂化装置能耗与催化剂的关系　　　　　　MJ/t

项　目	催化剂系列 1	催化剂系列 2
燃料气	867.505	753.331
新鲜水	0.042	0.071
循环水	49.655	42.412
电	381.083	329.51
蒸汽	159.098	190.918
能耗	1457.383	1316.242

高活性催化剂可使加氢裂化操作条件缓和，降低反应温度和压力，从而在根本上降低装置的工艺总用能，相应地降低了装置能耗。

7. 能耗与节能设施的应用

从表 17-1-7 可看出：能量回收投用可降低装置能耗 4.5%，低温热回收利用可降低装置能耗 7.8%~8.9%。

8. 能耗与节能技术

蔡砚、冯霄[22]利用夹点技术分析了某加氢裂化装置的换热流程，提出了两种改造方案，见表 17-1-13。

表 17-1-13　夹点技术与加氢裂化装置能耗

项　目	节约加热公用工程/(kW/h)	节约空气冷却器耗电量/(kW/h)	节省的操作费用/(万元/年)	节省的能耗/(MJ/t)	节省的能耗占装置能耗的比例/%
方案 1	199499	196	2174.4	353	11.8
方案 2	24282	244	2707.8	283	14.7

9. 能耗与新氢纯度

于长青[20]将加氢裂化新氢纯度由 97.7% 提高到 99.9%，在装置负荷率 59% 左右时，标定得出：新氢纯度提高 2.2 个百分点，能耗降低 50MJ/t。

二、加氢裂化装置的能量分析方法

（一）"三环节"分析法

华贲[23]根据各过程设备在工艺过程中的功能不同而划分为能量转换、能量利用和能量回收三个环节，即将一次能源转换为工艺过程能够直接利用的能量形式的能量转换和传输环节、完成工艺核心过程的能量使用环节及从工艺利用环节排出能量中进一步回收利用的能量回收环节，以"环节"为分析单元，同时又将各环节关联为一整体进行用能分析。各环节之间各有侧重，但又相互制约和相互影响。该方法的突出优点是，能清楚地展示三个环节的用能状况，并能对此进行分析和评价。图 17-1-4 展示了工艺过程用能"三环节"模型。

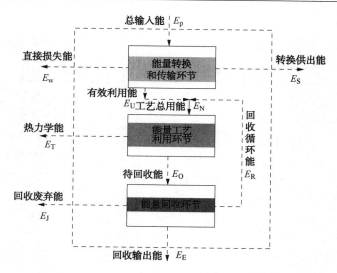

图 17-1-4　工艺过程用能"三环节"模型

"三环节"模型方程根据热力学定律推算而得，根据热力学第一定律的用能过程热力学表达式为：

$$E = -\Delta H = H - H_0 = Q + W \tag{17-1-1}$$

式中　E——一定环境、一定状态的体系所具有的能量；

　　　H——一定环境、一定状态的体系焓值；

　　　H_0——标准状态的体系焓值；

　　　Q——体系对外的热交换；

　　　W——体系对外作的功。

将热力学第一定律的用能过程热力学表达式转化为"三环节"的能耗方程：

$$E_A = E_T + E_W + E_J \tag{17-1-2}$$

式中　E_A——工艺过程净能耗(输入的燃料、电、蒸汽、热量等的总和)。

式(17-1-2)对图 17-1-4 而言，也可表述为：

$$E_A = E_P - E_B - E_E \tag{17-1-3}$$

式(17-1-2)、式(17-1-3)中：

$$E_P = E_{PF} + E_{PS} + E_{PE} + E_{PH} \tag{17-1-4}$$

式中　E_{PF}——反应加热炉、分馏加热炉燃料的化学能；

　　　E_{PS}——离心压缩机消耗蒸汽、汽提蒸汽、加热蒸汽、抽空蒸汽等输入的蒸汽能量；

　　　E_{PE}——新氢压缩机、原料油泵、塔底泵、回流泵等输入的电能；

　　　E_{PH}——装置热进料(超出规定温度以上部分)、回收环节回收后用于转换环节的能量(如：加热炉用的空气，转换环节用自发汽)等输入的热能。

$$E_W = E_{WX} + E_{WD} + E_{WP} \tag{17-1-5}$$

式中　E_{WX}——反应加热炉、分馏加热炉排烟损失的能量，化学不完全燃烧损失的能量，机械不完全燃烧损失的能量，加热炉的雾化蒸汽(以排烟温度下的焓进行计算)；

　　　E_{WD}——换热器、塔、泵、反应器等转换传输设备与环境交换的能量，供加氢裂化的热量及蒸汽传输过程的热损失；

　　　E_{WP}——无效动力损失的能量。

$$E_B = E_{BS} + E_{BW} + E_{BE} \qquad (17-1-6)$$

式中 E_{BS}——离心式循环氢压缩机汽轮机抽出或背压蒸汽的能量;

      E_{BW}——反应加热炉或分馏加热炉加热其他装置物料的热量;

      E_{BE}——转换环节供出装置的能量(主要指电量)。

$$E_U = E_P - E_W - E_B \qquad (17-1-7)$$

$$E_N = E_U + E_R \qquad (17-1-8)$$

$$E_T = E_{TR} + E_{TT} \qquad (17-1-9)$$

式中 E_{TR}——化学能差,基准温度和基准压力下,原料油转化为产品的化学焓差;

      E_{TT}——物理能差,产品与原料油的物理焓差,与离开体系的产品和进入体系的原料温度、压力有关。

$$E_O = E_N - E_T \qquad (17-1-10)$$

$$E_J = E_{JC} + E_{JD} + E_{JM} + E_{JO} \qquad (17-1-11)$$

式中 E_{JC}——冷却排放的能量,如:空冷器的热空气等;

      E_{JD}——非转换传输设备与环境交换的能量,如:管道、阀门等;

      E_{JM}——由回收环节排入环境的物流所携带的能量;

      E_{JO}——其他排出的能量。

    华贲[23]结合原则流程图、仪表自控流程图、深入的工艺总用能分析和"三环节"模型,进一步提出能量流程图,借以逐台设备地检查、剖析用能状况。

    (二)改进的"三环节"分析法

    陈安民[24]系统研究了用能"三环节"分析法后认为:①对于多种原料单一产品,应以目的产品为计算基准,对于多种原料多种产品时,应以单位时间为计算基准;②非工艺流体机泵有效动力实际上不进入能量利用环节,应将这部分有效动力自转换环节直接引到回收利用环节排弃,绕过工艺利用环节;③由于工艺利用环节设备散热的不可逆性,使其不可能进入回收环节待回收,只能直接从能量利用环节排出;④对于放热反应的装置,反应热来源于原料的化学能,在有效供入能和循环回收能之外,应视为供入体系的能量,在利用环节作为入方能量计入。

    图 17-1-5 展示了改进的工艺过程用能"三环节"模型。

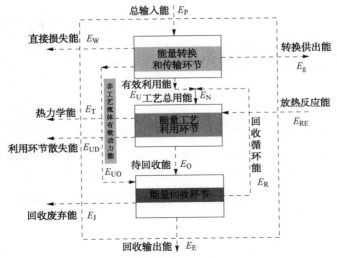

图 17-1-5   改进的工艺过程用能"三环节"模型

改进的"三环节"模型方程仍根据热力学定律推算而得，体系能量平衡关系为：

$$E_P = (E_W + E_T + E_{UD} + E_J) + (E_E + E_B) \qquad (17-1-12)$$

$$E_A = E_W + E_T + E_{UD} + E_J \qquad (17-1-13)$$

从体系供入能量和供出体系的能量平衡关系有

$$E_A = E_P - E_{RE} - E_E - E_B \qquad (17-1-14)$$

能量转换和传输环节能量平衡关系为：

$$E_P = E_B + E_W + E_U + E_{UO} \qquad (17-1-15)$$

转换和传输环节有效供出能有

$$E_U = E_P - E_B - E_W - E_{UO} \qquad (17-1-16)$$

能量利用环节能量平衡关系为：

$$E_U + E_{RE} + E_R = E_T + E_{UD} + E_O \qquad (17-1-17)$$

体系工艺总用能有

$$E_N = E_U + E_R + E_{RE} \qquad (17-1-18)$$

待回收能有

$$E_O = E_N - E_T - E_{UD} - E_{RE} \qquad (17-1-19)$$

能量回收环节能量平衡关系为：

$$E_O + E_{UO} = E_J + E_E + E_R \qquad (17-1-20)$$

待回收能有

$$E_O = E_J + E_E + E_{UO} - E_{UO} \qquad (17-1-21)$$

回收环节的废弃能有

$$E_J = E_O - E_E - E_{UO} + E_{UO} \qquad (17-1-22)$$

回收环节的废弃能可用实测数据较核

$$E_{JD} = E_O - E_{JC} - E_{JO} - E_{JM} \qquad (17-1-23)$$

式(17-1-12)~式(17-1-23)中：

E_P、E_W、E_B、E_U、E_T、E_O、E_R、E_P、E_E、E_{UO}、E_E、E_{UD}、E_N、E_{JC}、E_{JD}、E_{JM}、E_{JO}——同前。

张英等[25]用改进的用能"三环节"分析法分析了某加氢裂化装置的用能状况，分析结果见图 17-1-6，该装置处理能力 0.8Mt/a，原料为直馏减压蜡油，主要产品为石脑油，兼产喷气燃料和柴油，一段串联全循环流程，反应压力 16.6MPa，精制反应平均温度 343℃，裂化反应平均温度 350℃。

（三）"三箱"分析法

项新耀[25]用几种流模型分析了油田企业用能状况后提出了"三箱"分析法，王志国等[26~29]对其进行了完善，并拓展了应用领域。"三箱"分析法即根据系统、各组成单元或设备在工艺过程中的能量状况不同，分别采用粗略分析、精细分析及次精细分析对系统或主要耗能设备的用能状况进行评价，相对应的模型称为黑箱分析模型、白箱分析模型、灰箱分析模型。

图 17-1-7 表示了典型的"三箱"分析法。

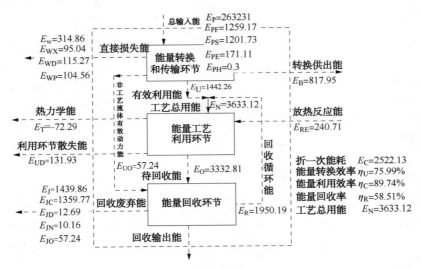

图 17-1-6　加氢裂化装置能量分析汇总图

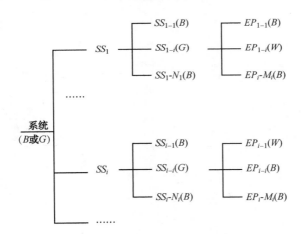

图 17-1-7　"三箱"用能分析模型

图 17-1-7 中：SS_i 表示子系统标号，SS_{i-i} 表示 i 类子系统中第 i 个子系统。EP_{i-i} 表示第 i 类子系统中进行灰箱或黑箱分析的第 i 个设备。

N 类子系统的系统，选取每类子系统能耗异常的进行灰箱分析（以 G 表示），其余进行黑箱分析（以 B 表示），对灰箱分析的子系统选取代表性的进行白箱分析（以 W 表示），其余进行黑箱分析。

1. 黑箱分析模型

是指将分析对象（系统、子系统或设备）视为由"不透明"的边界所包围的体系，通过相关参数计算输入、输出体系的物流或能流的㶲值，进而获得体系的供给㶲、有效㶲及损失㶲。图 17-1-8 表示了黑箱分析模型。

黑箱分析模型适用于系统、子系统

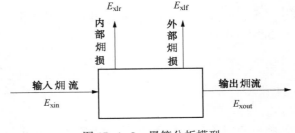

图 17-1-8　黑箱分析模型

或设备的用能分析评价。

烟效率计算式为:

$$\eta_{ex} = \frac{E_{xef}}{E_{xin}} = 1 - \frac{E_{xl}}{E_{xin}} \qquad (17-1-24)$$

式中　E_{xef}——有效㶲;

　　　E_{xl}——㶲损,内部㶲损与外部㶲损之和,$E_{xl} = E_{xlr} + E_{xlf}$。

㶲损计算式为:

$$\lambda = \frac{E_{xl}}{E_{xin}} \qquad (17-1-25)$$

2. 灰箱分析模型

将分析对象(系统、子系统)视为由"半透明"的边界所包围的体系,对象内的子系统或设备视为黑箱,黑箱之间以主流㶲流连结起来,由此构成灰箱分析模型。图17-1-9表示了灰箱分析模型。

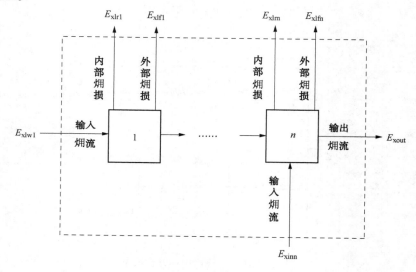

图17-1-9　灰箱分析模型

灰箱分析模型适用于系统或子系统的的用能分析评价。

㶲效率计算式为:

$$\eta_{ex} = \frac{E_{xef}}{E_{xin}} = 1 - \frac{\sum E_{xli}}{\sum E_{xini}} \qquad (17-1-26)$$

式中　E_{xli}——㶲损,内部㶲损与外部㶲损之和,$E_{xli} = E_{xlri} + E_{xlfi}$。

㶲损计算式为:

$$\lambda = \frac{E_{xl}}{E_{xin}} = \frac{\sum E_{xli}}{\sum E_{xini}} \qquad (17-1-27)$$

3. 白箱分析模型

将分析对象(设备)视为由"透明"的边界所包围的体系。除需计算输入、输出体系的物流或能流的㶲值,还需计算设备各个能量传递和转换过程的㶲损失。实际计算分析过程中,熵值需要根据压力、温度、流量及组成等计算而得。图 17-1-10 表示了白箱分析模型。

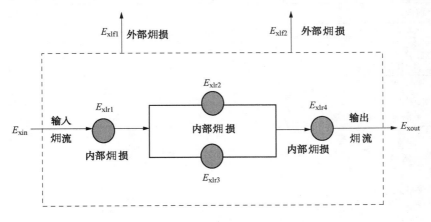

图 17-1-10　白箱分析模型

外部㶲损系数计算式为：

$$\lambda_{\mathrm{f}} = \frac{E_{\mathrm{xlf}}}{E_{\mathrm{xin}}} = \frac{\sum E_{\mathrm{xlfi}}}{\sum E_{\mathrm{xini}}} \tag{17-1-28}$$

内部㶲损系数计算式为：

$$\lambda_{\mathrm{r}} = \frac{E_{\mathrm{xlr}}}{E_{\mathrm{xin}}} = \frac{\sum E_{\mathrm{xlri}}}{\sum E_{\mathrm{xini}}} \tag{17-1-29}$$

三、加氢裂化装置的能耗评价方法

（一）能耗评价的基准

加氢裂化装置一般以单位原料为基准计算能耗。设计能耗按正常运行工况计算，不考虑开工、停工、事故、消防、临时吹扫等的能耗；正常生产的间断消耗应折算到连续值后，并计入能耗；输入能量和输出能量应以能耗计算的正负值计入能耗；装置加工的原料、消耗的氢气不计入能耗；正常生产过程中消耗的净化压缩空气、非净化压缩空气、氮气等各种气体介质和产生的含硫污水、含油污水应计入能耗。

表 17-1-14　加氢裂化装置能源及耗能工质折标准油系数

能源名称	计量单位	能量折算值/MJ	折千克标准油系数/kg 标准油
1. 能源折算系数			
燃料气			
天然气	t	38937	930
液化天然气	t	51497	1230
液化石油气	t	50241	1200
炼厂干气	t	39775	950
甲烷氢	t	41868	1000
PSA 尾气	t	18840	450
回收火炬气	t	29308	700
瓦斯气	t	41868	1000

能源名称	计量单位	能量折算值/MJ	折千克标准油系数/kg 标准油
燃料用油			
燃料油	t	41868	1000
渣油(重油)	吨	41868	1000
电力			
等价折标油系数	kW·h	10.89	0.26
当量折标油系数	kW·h	3.6	0.086
热力			
10.0MPa 蒸汽($P \geqslant 7$)	t	3852	92
5.1MPa 蒸汽($7 > P \geqslant 4.5$)	t	3768	90
3.5MPa 蒸汽($4.5 > P \geqslant 3$)	t	3684	88
2.5MPa 蒸汽($3 > P \geqslant 2$)	t	3558	85
1.5MPa 蒸汽($2 > P \geqslant 1.2$)	t	3349	80
1.0MPa 蒸汽($1.2 > P \geqslant 0.8$)	t	3182	76
0.7MPa 蒸汽($0.8 > P \geqslant 0.6$)	t	3014	72
0.3MPa 蒸汽($0.6 > P \geqslant 0.3$)	t	2763	66
<0.3MPa 蒸汽($0.3 > P$)	t	2303	55
2. 耗能工质换算系数			
水			
新鲜水	t	7.12	0.17
除氧水(锅炉给水)	t	385.19	9.2
除盐水	t	96.30	2.3
循环水	t	4.19	0.1
软化水(含一级除盐水)	t	10.47	0.25
凝汽式蒸汽轮机凝结水	t	152.8	3.65
加热设备凝结水	t	320.3	7.65
中水	t	2.9	0.07
净化压缩空气(仪表风)	m³	1.59	0.038
非净化压缩空气(工业风)	m³	1.17	0.028
氮气	m³	6.28	0.15
氢气	t	125604	3000

(二)能量评价的方法

1. 能量因数法(或称单位能量因数耗能指标,简称单因耗能)[30~33]

该法由美国阿莫科公司的汤姆逊于 20 世纪 80 年代提出,其要点如下:

1)以当时美国炼油厂工艺装置的平均能耗为基础。原油蒸馏(常压)装置的能耗为 1201MJ/t,令其能量因数为 1。单位能量因数能耗 U 定义为:

$$U = \frac{\sum\limits_{i=1}^{n} \left(\frac{A_i E_i}{A_i} \right)}{\sum\limits_{i=1}^{n} \left(\frac{A_i C_i}{A_1 C_1} \right)} \tag{17-1-30}$$

式中　　　　　n——装置套数;

　A_1、A_2……A_n——装置加工量;

E_1、E_2……E_n——装置能耗；

C_1、C_2……C_n——标准能耗。

2) 各工艺装置的平均电耗、蒸汽消耗和热能消耗以纳尔逊发表的数据为准（参见表17-1-15）。蒸汽消耗和热能消耗的热效率为80%，电力换算标准为10.55MJ/（kW·h）。

3) 其他工艺装置的能量因数是将该装置每加工一桶原料油所消耗的能量与原油蒸馏装置每加工一桶原油所消耗的能量进行对比，按原油蒸馏装置的能量因数为1换算而得（参见表17-1-16）。

4) 计算装置实际能耗时，以装置实际处理量乘以其能量因数求取。

表 17-1-15　主要装置复杂系数及公用工程消耗对比

装置名称	复杂系数	电力	蒸汽	热量	能量
原油蒸馏	1	1.0	1.0	1.0	1.0
烷基化	11	7.0	21.6	3.6	6.8
延迟焦化	5.5	2.0	2.1	2.8	2.5
催化裂化	6	3.3	6.0	1.1	3.7
加氢裂化	6	16.0	0.5	2.3	2.7
加氢处理	1.7	1.5	0.6	0.6	0.6
加氢脱硫	3	2.7	0.5	0.7	0.7
催化重整	5	2.7	1.5	3.0	2.7
减压闪蒸	1	0.8	1.3	0.7	0.9
润滑油生产	64	25.0	89.0	8.5	23.1

表 17-1-16　主要工艺装置能量因数

装置名称	$E/(10^3 \times Btu/bbl)$	U	装置名称	$E/(10^3 \times Btu/bbl)$	U
常减压	187	1.2	加氢处理	95	0.6
常压	154	1.0	烷基化	940	6.1
催化裂化	503	3.3	催化重整	432	2.8
延迟焦化	396	2.6	芳烃装置	400	2.6
加氢精制	90	0.6	溶剂脱沥青	407	2.6
加氢裂化	404	2.6	润滑油	3044	19.8
渣油加氢	244	1.6			

注：1Btu=1055.056J，余同。

2. 能耗系数法[30]

该法由壳牌集团提出，其要点如下：

1) 将各种形式的能耗换算为标准的炼厂燃料：标准燃料：高热值431.2MJ/kg；蒸汽：12t蒸汽=1t标准燃料；电力：3000kW·h=1t标准燃料。装置能耗和全厂能耗均以进料量的百分数表示。

2) 根据该集团炼油厂的平均数据，确定各工艺装置的能耗系数和公用工程的能耗系数。对各工艺装置来讲：

$$E_T = A \times \xi \times 100\% \qquad (17-1-31)$$

$$E_T = \sum_{i=1}^{n} E_{Ti} \times 100\% \qquad (17-1-32)$$

$$\gamma = \frac{E}{E_T} \times 100\% \qquad\qquad (17-1-33)$$

式中　E_{T_i}、E_T——i 装置理论能耗、全厂理论能耗；

　　　　ξ——能耗系数；

　　A、E——同前；

　　　　γ——能耗指数。

如果 $\gamma > 100\%$，则能耗存在不合理之处。如果 $\gamma < 100\%$，则说明节能工作富有成效。

3）加工损失的理论值 Δ_T 也可以用相似的方法计算

$$\Delta_T = A \times \Delta_\chi \times 100\% \qquad\qquad (17-1-34)$$

式中　Δ_χ——损耗系数。

壳牌集团炼油厂主要工艺装置能耗系数 ξ 和损耗系数 Δ_χ 见表 17-1-17。

表 16-1-17　壳牌集团炼油厂主要工艺装置 ξ 和 Δ_χ

装置名称	$\xi/\%$	$\Delta_\chi/\%$	装置名称	$\xi/\%$	$\Delta_\chi/\%$
常压装置	1.9	0.3	氧化沥青	4.4	0.5
减压装置	1.8	0.2	气体处理	2.6	0.3
铂重整	5.6	0.2	硫黄回收	2.5	12.2
柴油加氢	2.5	0.2	润滑油调和	1.2	0.2

3. 复杂系数法[30]

纳尔逊提出的复杂系数法以操作费用的高低作为衡量工艺装置复杂程度的标志。其要点如下：

1）令美国平均规模炼油厂的常压装置的复杂系数为 1。其他装置每加工 1bbl 原料的操作费用和常压装置每加工 1bbl 原油的操作费用相比，前者为后者的多少倍，就称某装置比常压装置"复杂"多少倍，或者说某装置的复杂系数为多少。

2）炼油厂复杂系数表示整个炼油厂每加工 1bbl 原油的操作费用为常压装置每加工 1bbl 原油操作费用的倍数。

3）炼油厂主要工艺装置的复杂系数 C_i 见表 17-1-18。全厂复杂系数 C 的计算方法如下：

$$C = \sum C_i \times F_i + C_t \qquad\qquad (17-1-35)$$

式中　C_t——常压装置的复杂系数 1.0；

　　　C_i——各二次加工装置的复杂系数；

　　　F_i——各二次加工装置的进料量占常压装置进料量的百分数。

表 17-1-18　各主要工艺装置的复杂系数 C_i

装置名称	C_i	装置名称	C_i
常压装置	1	流化焦化	5
减压装置	2	延迟焦化	5
热裂化	3	制氢	1.2
催化裂化	5.5	溶剂脱沥青	5
催化重整	4	溶剂抽提	4.5
加氢裂化	6	烷基化	9
加氢处理	3	异构化	3
加氢精制	4		

全厂复杂系数 C 和平均能耗 E_A 的关系见表 17-1-19。

表 17-1-19 全厂 C 和 E_A 的关系

C	$E_A/(10^6 \times Btu/bbl)$	C	$E_A/(10^6 \times Btu/bbl)$
6.0	525	9.0	760
7.0	600	10.0	850
8.0	675		

4. 能耗基准因数法[30]

EXXON 公司提出，其要点如下：

1）对常压、减压、催化裂化等 42 套工艺装置，分别建立标准的能量平衡，并将主要工艺参数（如常压重油收率、催化<430℉的转化率等）与装置能耗相关联，制定出标准状况下的能耗基准因数（Energy Guideline Factor，EGF）。在标准状况下，装置的关键工艺参数发生变化，EGF 也随着变化。

2）对上述 42 套工艺装置中的任何一套，均可根据其处理量、开工天数、能耗基准因数等求出有效能耗。装置的实际能耗与有效能耗之比称为基准线。若基准线值为 100%，说明装置在有效用能方面达到标准状况；若基准线值大于 100%，说明装置在使用能量方面有浪费现象，有待改进；若基准线值低于 100%，则说明装置在使用能量方面优于标准状况。

5. 能量密度指数（EII）[30,31]

EII（Energy Intensity Index）是 Solomon 公司于 1981 年建立的评价能耗水平的指标。炼油工艺装置的工艺水平、结构、复杂度和利用率不同，会对装置能耗产生很大的影响。EII 方法在综合考虑装置类型、进料性质、操作条件及产品质量的条件下，为每个加工单元制定了一个标准。EII 是炼油厂实际能耗与其原油加工设施的理论能耗的比值。

EII 的计算方法：每个工艺装置的利用能力乘以"装置标准能耗"。所有工艺装置的标准能耗结果加和就得到炼油厂标准能耗。EII 是实际能耗除以炼油厂标准能耗的比值。公式如下：

$$EII = \frac{\sum_{i=1}^{n}(A_i E_i)}{\sum_{i=1}^{n}(A_i C_i)} \tag{17-1-36}$$

各工艺装置公用工程消耗平均值见表 17-1-20。

表 17-1-20 主要工艺装置公用工程消耗平均值

装置名称	电力/(kW·h/bbl)	蒸汽/(kg/bbl)	吸热/(MJ/bbl)	冷却/(m³/bbl)
常压装置	0.6	7.39	108.67	0.93
常减压	0.71	8.89	131.88	1.49
催化裂化	1.97	44.45	119.22	2.46
催化重整	1.6	10.89	331.29	1.61
延迟焦化	1.2	15.42	303.86	2.65
加氢裂化	9.6	3.85	251.11	
渣油加氢	6.0	17.69	113.95	1.89
溶剂脱沥青	1.87	70.31	164.59	4.24
制氢	1.9	34.47	208.90	0.40
烷基化	4.2	159.67	386.15	12.53
异构化	2.9	77.56	141.38	1.51

各工艺装置标准能耗 C 见表 17-1-21。

表 17-1-21　EII 方法中的各工艺装置 C 值

装置名称	工艺类型	复杂系数	标准能耗
一、常规装置			
1. 原油常压蒸馏		1	$3+1.23 \times API_{crude}$
2. 减压蒸馏			
减压闪蒸(VFL)	VFL	0.8	30
标准减压装置(VAC)	VAC	1	$15+1.23 \times API_{crude}$
特大型减压装置(VFR)	VFR	1.2	$25+1.23 \times API_{crude}$
3. 减黏装置			
减渣减黏(VBF)	VBF	3.2	140
常渣减黏(VAR)	VAR	3.2	140
4. 热裂化		3.8	220
5. 焦化			
延迟焦化(DC)	DC	7.5	180
流化焦化(FC)	FC	7.5	400
灵活焦化(FX)	FX	11	575
6. 催化裂化			
蓄热式催化裂化(TCC)	TCC	8.2	$100+40 \times w\%_{coke}$
Houdry 裂化(HCC)	HCC	8.2	$100+40 \times w\%_{coke}$
流化催化裂化(FCC)	FCC	8.2	$70+40 \times w\%_{coke}$
重油催化裂化(HOC)	HOC	10	$70+40 \times w\%_{coke}$
渣油催化裂化(RCC)	RCC	10	$70+40 \times w\%_{coke}$
7. 加氢裂化			
石脑油裂化(HNP)	HNP	5.4	180
缓和加氢裂化(HMD)	HMD	7	$300+[0.08 \times (psi-1500)]$
苛刻加氢裂化(HSD)	HSD	8	$w\%_{disel}+1.5 \times (w\%_{VGO}+w\%_{other})$
氢-油法加氢裂化(HOL)	HOL	11	250
LC-Fining(LCF)	LF	11	350
8. 催化重整			
半再生(RSR)	RSR	3.4	$3.56 \times RON_{C_5^+}-120$
循环再生(RCY)	RCY	3.5	$3.56 \times RON_{C_5^+}-120$
连续再生(RCR)	RCR	3.6	$3.56 \times RON_{C_5^+}-133$
9. 制氢(产品)/(KSCF/d)			
蒸汽转化			
石脑油蒸汽转化(HSN)	HSN	3	200
甲烷蒸汽转化(HSM)	HSM	3	200

续表

装置名称	工艺类型	复杂系数	标准能耗
部分氧化(POX)	POX	4	400
煤气化		1.4	80
9. 氢气提纯(产品)/(KSCF/d)			
深冷处理法(CRYO)	CRYO	0.5	20
膜分离法(PRSM)	PRSM	0.5	20
变压吸附法(PSA)	PSA	0.5	20
10. 迭合(产品)			
丙烯(PC$_3$)	PC3	8.5	145
丙烯/丁稀混合物(PMIX)	PMIX	8.5	145
11. 丙烯选择性二聚合(产品)		7.5	130
12. MTBE(醚产品)		7	300
13. 烷基化(产品)			
HF 法(AHF)	AHF	8	450
H$_2$SO$_4$ 法(ASA)	ASA	8	400
14. C$_4$ 异构化		4	75
15. C$_5$/C$_6$ 异构化		3.7	100
16. 加氢处理			
汽油/石脑油加氢处理		2	90
煤油加氢处理		2.5	90
中间馏分油加氢处理		2.5	90
选择性加氢处理			
二烯烃转化为烯烃作原料	DIO	2.5	90
汽油选择性加氢处理	GASO	2.5	100
馏分油选择性加氢处理	DIST	2.5	100
17. 裂化原料或减压馏分油加氢脱硫			10335
VHDS, <10335kPa(1500psig)	VHDS	3.5	120
VHDN, >10335kPa(1500psig)	VHDN	5	170
18. 渣油脱硫处理			
常压渣油(DAR)	DAR	7.4	190
减压渣油(DVR)	DVR	7.4	190
19. 溶剂脱沥青		3	230
20. 硫黄回收(产品)/UK ton(长吨)		300	12000
21. 尾气回收(产品)/UK ton(长吨)		250	18000
22. 硫酸再生(产品)/sh ton(短吨)		150	3000
23. 沥青装置(产品)		1.1	115
24. 石油焦煅烧(产品)/sh ton(短吨)		150	4000
25. 脱盐装置		35	2600
26. CO$_2$ 液化(产品)/sh ton(短吨)		49	3920
27. 芳烃溶剂抽提		1.1	150

续表

装置名称	工艺类型	复杂系数	标准能耗
28. 异丙苯(产品)		9	100
29. 环己烷(产品)		5.3	220
30. 加氢脱烷基		8	170
31. 甲苯歧化/烷基转移(反应器进料)		3.3	55
32. 二甲苯异构化		2.9	400
33. 对二甲苯(产品)			
吸附法(ADS)	ADS	15	850
结晶法(CRY)	CRY	15	900
34. 乙苯		30	125
二、特种蒸馏			
1. 脱乙烷		0.7	120
2. 脱丙烷		0.8	120
3. 丙烷/丙烯分离		1	150
4. 脱丁烷		0.9	120
5. 脱异丁烷		1.5	135
6. 脱戊烷		1	120
7. 脱异戊烷		1.5	130
8. 脱己烷		1	120
9. 脱异己烷装置		1	60
10. 脱庚烷装置		0.7	60
11. 脱异庚烷装置		1	130
12. 烷基化油分离		0.5	55
13. 重整生成油分离		0.5	55
14. Splitter w/Heartcut，U69		1.5	60
15. 催化裂化汽油再蒸馏		0.5	55
16. 苯塔		0.7	70
17. 甲苯塔		0.7	70
18. 二甲苯回收塔		0.7	70
19. 二甲苯分离塔		0.7	70
20. 邻二甲苯回收塔		0.7	70
22. 重芳烃分离塔		0.7	70
23. 石脑油分离塔		0.5	55
三、其他工艺装置			
1. 胺再生(循环量)		0.5	100
2. 沥青残渣处理(ART)		6.2	410
3. 汽油苯饱和		2.9	130
4. CANMET(U63)		18	330

续表

装置名称	工艺类型	复杂系数	标准能耗
5. 凝析油分馏		1	50
6. LPG 深冷分离(进料)/(KSCF/d)		1.3	20
7. 馏分油芳烃饱和		3.5	200
8. 乙烷液化		1.6	40
9. 乙基叔丁基醚(醚产品)		7.5	350
10. 火炬气体回收/(KSCF/d)		0.5	10
11、燃料气脱硫/(KSCF/d)		0.3	0.6
12. H$_2$S 脱除装置(产品)/UK ton(长吨)		140	4400
13. 异丁烷脱氢(产品)		3	175
14. Isosiv(U18)		1.5	100
15. 甲醇生产装置		4	400
16. 中间馏分油脱蜡		3	110
17. Phosam(U59)(产品)/sh ton(短吨)		450	55000
18. 环烷酸(产品)		3	60
19. 外购瓦斯油分馏		1	35
20. Pyrotol(U23)(产品)		3	300
21. 油浆焚烧炉/sh ton(短吨)		200	7400
22. TAME(醚产品)		8.3	400
23. Unisol(26)		1	150
24. 显热			$44-0.23 \times API_{crude}$
25. 公用工程、界外设施和损失			$44+4C$

注：1UK ton≈1016.047kg，1sh ton≈907.185kg。

某企业的计算结果见表 17-1-22。

表 17-1-22　EⅡ 方法中的计算实例结果

装置名称	$A/(t/d)$	$C/(10^9 \times J/d)$
原油常压蒸馏	29872.88	8507.04
原油减压蒸馏	15348.55	5432.45
焦化	8915.62	10795.59
催化裂化	6082.19	15064.27
加氢裂化	5504.11	12244.61
催化重整	1644.29	3630.22
制氢	45.21	3386.45
氢提浓	11.51	86.20
MTBE	161.64	436.93
汽油/石脑油加氢处理	3586.22	2985.93
煤油加氢处理	0.00	0.00
中间馏分油加氢处理	10265.51	4252.52
选择性加氢处理	0.00	0.00

续表

装 置 名 称	$A/(\text{t/d})$	$C/(10^9 \times \text{J/d})$
裂化原料或减压蜡油脱硫	1394.25	1194.37
硫黄回收	256.99	2454.97
芳烃溶剂抽提	869.56	1182.89
丙烷/丙烯分离装置	295.34	527.46
苯塔	507.44	272.53
甲苯塔	438.78	236.67
二甲苯分离塔	814.59	439.49
临二甲苯回收塔	443.12	238.74
特种蒸馏	2499.27	1714.90
显热		8327.21
公用工程、界外设施和损失		19608.92
ΣC		101305.45

6. 基准能耗法

某公司系统分析了加氢裂化用能情况，提出了加氢裂化装置的基准能耗计算方法。

（1）燃料的计算

$$E_1 = [18.7-0.078(T_{RO}-T_E)]Y_G + [16.4-0.077(T_{RO}-T_E)]Y_{LPG} + [23.5-0.075(T_{RO}-T_E)]Y_{LN} +$$
$$[9.5-0.069(T_{RO}-T_E)]Y_{HN} + [10.8-0.066(T_{RO}-T_E)]Y_J + [25.8-0.067(T_{RO}-T_E)]Y_D +$$
$$[0.367(T_{RI}-T_{MH})] + 0.1M_{RG}(T_{RO}-T_E) - 0.1M_{RG}(T_{RI}-T_{RG})Y_H + 0.061(T_{RI}-60) +$$
$$[35.5-0.068(T_{RO}-T_{RI}-T_E+370)]\frac{1-C}{C} + \frac{0.2M_{RG}[R_{\overline{0}}^H(T_{RI}-T_{RG})-RT_{\overline{0}}^H(T_{RO}-T_E)]}{22414D}$$

$$(17-1-37)$$

式中　　Y_G、Y_{LPG}、Y_{LN}、Y_{HN}、Y_J、Y_D——干气、液化气、轻石脑油、重石脑油、喷气燃料、柴油的产率，%；

T_{RI}、T_{RO}、$R_{\overline{0}}^H$、$RT_{\overline{0}}^H$、T_E、T_{MH}、M_{RG}——反应器入口温度，℃；反应器出口温度，℃；反应器入口氢油体积比；总氢油体积比；反应流出物换热终温，℃；新氢压缩机出口温度，℃；循环氢相对分子质量。

（2）电耗的计算

气体绝热压缩的电耗：

$$W_1 = 4136 \times F \times \frac{Y_H}{(2 \times C_H)} \times B \times \left[\left(\frac{P_{HS}+\Delta P}{P_{MH}}\right)\frac{0.2857}{B}-1\right] \qquad (17-1-38)$$

反应进料泵：

$$W_2 = 0.272 \times \frac{V_F(P_{HS}+\Delta P)}{\eta_1} \qquad (17-1-39)$$

循环油泵：

$$W_3 = 0.272 \times \frac{V_U(P_{HS}+\Delta P)}{\eta_2} \qquad (17-1-40)$$

式（17-1-38）～式（17-1-40）中：

F、Y_H、C_H、B、P_{HS}、ΔP、P_{MH}、V_F、V_U、η_1、η_2——新鲜进料量，t/h；氢耗，%；新氢纯度，mol%；新氢压缩机级数；高分压力，MPa；循环氢压缩机出入口压差，MPa；新氢压力，MPa；反应进料泵体积流量，m³/h；循环油泵体积流量，m³/h；反应进料泵效率；循环油泵效率。

（3）3.5MPa 蒸汽耗量的计算

气体绝热压缩的蒸汽耗量：

$$W_4 = 0.00036 \times V_H \times \left[\left(\frac{P_{HS}+\Delta P}{P_{HS}}\right)0.408-1\right] \times (T_{HS}+273.13)+100 \qquad (17\text{-}1\text{-}41)$$

式中　V_H、T_{HS}——循环氢压缩机体积流量，m³/h；高分温度，℃。

（4）水耗量的计算

循环水：

$$E_2 = 0.12Y_G+0.2Y_{LPG}+0.29Y_{LN}+0.18Y_{HN}+0.18Y_J+0.42Y_D+0.27 \times \frac{1-C}{C}+0.01 \times \frac{W_1}{F}$$
$$(17\text{-}1\text{-}42)$$

基准能耗法计算中可能还有：低压电耗、1.0MPa 蒸汽、0.3（或 0.5）MPa 蒸汽、脱氧水、新鲜水、软化水、净化水、净化压缩空气、氮气等，所有能耗汇总即为装置基准能耗。随着工艺流程的变化，基准能耗也需要相应调整。

7. 最佳技术（BT）法[30,31]

KBC 最佳技术（BT）方法即 KBC Best Technology（BT）Methodology。是将实际能量使用状况与最佳技术的能量使用状况进行对比。100%BT 指标相当于最佳技术下的能量使用状况，近 5 年来的对比情况见图 17-1-11。

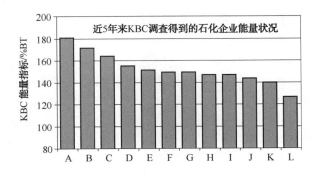

图 17-1-11　BT 指标 5 年来的对比情况

BT 指标 100% 的工厂需具备如下特点：

1）所有节能措施在经济上是合理的，投资回报期在 4 年之内；

2）所有加热炉的效率达到 92%；

3）所有装置热联合是基于经济目标分析方法（窄点法）的分析，换热终温达到优化；

4）公用工程的蒸汽锅炉都产高压蒸汽，工艺装置所用的中、低压蒸汽均由蒸汽透平的背压排汽供给，而且蒸汽无放空；

5）高效的机械和动力系统，所有机、泵、燃气轮机效率达到 85%。

对加氢裂化装置 BT 指标影响最大的是：装置规模、操作条件、原料性质、H₂消耗等。

四、加氢裂化装置节能减排技术

（一）节能技术概述

1）开发新型加氢裂化技术：如：第一代 SHEER 加氢裂化技术[34、35]。

2）改进加氢裂化装置内部单位热能利用：将渐次蒸馏概念应用于分馏部分[36]；改善烟道气废热回收；利用窄点技术优化换热流程[37]；利用基于贡献温差的换热网络超结构合成优化法优化换热流程[160]；采用高效换热设备提高换热效率[38]等。

3）实现加氢裂化装置与其他工艺装置之间的热联合：避免加氢裂化装置的原料和产品与其他工艺装置之间工艺物流的冷却和加热，将上游的热产品直接作为加氢裂化装置进料送入加氢裂化装置，改善产生热能装置和消耗热能装置之间的热联合[39]等。

4）改进工艺技术节能：改进催化剂，使加氢裂化装置在较低的氢分压和较低的反应温度下运转，减少燃料消耗，氢气利用更高效[40,43]；采用高纯度新氢，提高循环氢的氢含量[20,43]；采用氢气分级利用技术[41]；氢窄点技术[41]等。

5）采用先进的工艺设备：选用高效换热器，减少冷热端的温差[42]；采用高效复合空冷器，减少电力消耗；利用液力透平回收高压液流的动力能，减少高压电机消耗的功率；整合分馏与换热设备，开发一体化节能设备；采用高效节能电机[43]等。

6）采用单项节能技术：电机的变频调速技术[44]；烟气余热回收技术[17,44]；低温热回收技术[44]；压缩机的气量无级调节技术[42]；先进控制技术；采用高效节能衬里材料，减少散热损失[45]；分馏塔设置中段回流发生蒸汽[17]；加热炉低频声波除灰技术，降低排烟温度[46]；加热炉高效烧嘴技术，提高燃烧效率[46]；凝结水回收技术[46]等。

7）注入化学药剂节能：注阻垢剂，抑制换热器结垢，提高换热效率[17,43]；投用除灰剂，增加余热回收量[17]。

8）采用热电联产：通过采用热电联产技术，用燃气透平发电，同时用烟道气加热工艺物流，减少 CO_2 排放和燃料消耗。利用一套热电联产装置将整个工艺装置需要的所有热量联系起来。

9）加强生产管理节能：合理控制工艺介质进冷却器温度，加强保温伴热管理，减少热损失[45]；加强伴热蒸汽的管理，避免蒸汽无用的过量消耗；加强疏水器的管理，有效利用蒸汽，防止高品质蒸汽的低用[45]；根据气温、负荷的变化及时调节空冷风机、加热炉风门[43]；合理控制循环氢压缩机防喘振流量，降低蒸汽消耗[45]；尽可能利用污水汽提的净化水作为回注水，减少脱盐水的消耗[45]；合理控制循环水的温差，节约循环水用量[45]；使用新型节能火嘴，优化加热炉燃烧工况，严格控制过剩空气系数[43]。

（二）窄点技术优化换热流程节能

1. 典型加氢裂化装置的主干换热网络

某炼油厂加氢裂化装置为一次通过流程，以蜡油为原料，生产喷气燃料、柴油等中油型产品和加氢尾油。装置的主要热物流有反应流出物、尾油、柴油和喷气燃料，需要加热的冷物流包括原料油、低分油和各分馏塔的重沸物流等。图 17-1-12 表示了某加氢裂化装置的主要换热流程。

从图 17-1-13 可看出：最大的热公用工程消耗为反应进料加热炉，最大的冷公用工程消耗为高压空冷，高压热源：反应流出物。

2. 主要的冷热物流条件

表 17-1-23 列出了某加氢裂化装置的主要冷热物流条件。

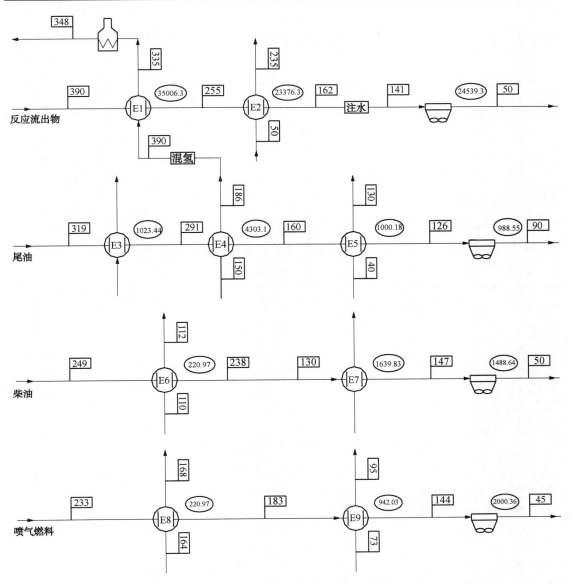

图 17-1-12 某加氢裂化装置的主要换热流程

E1—反应流出物/混合进料换热器；E2—反应流出物/低分油换热器；E3—喷气燃料汽提塔重沸器；

E4—尾油/原料油换热器；E5—尾油/脱丁烷塔进料换热器；E6—脱乙烷塔重沸器；

E7—柴油/石脑油分馏塔进料换热器 2；E8—脱丁烷塔重沸器；E9—柴油/石脑油分馏塔进料换热器 1

表 17-1-23 主要冷热物流条件表

序号	物流名称	代号	启始温度/℃	目标温度/℃	启始焓值/（MJ/kg）	目标焓值/（MJ/kg）	热容流率/（kW/℃）
1	反应流出物	H1	390	50	85.91	15.52	240.78
2	尾油	H2	319	90	7.84	1.57	31.84
3	柴油	H3	249	50	3.35	0.48	16.77
4	喷气燃料	H4	233	45	4.39	0.75	22.52
5	原料油	C1	150	186	11.69	15.39	119.53

序号	物流名称	代号	启始温度/℃	目标温度/℃	启始焓值/（MJ/kg）	目标焓值/（MJ/kg）	热容流率/（kW/℃）
6	混氢原料	C2	154	348	24.5	56.86	193.99
7	低分油	C3	50	236	3.8	23.84	125.30
8	喷气燃料汽提塔重沸物	C4	233	235	6.39	7.27	511.72
9	石脑油分馏塔进料	C5	73	130	2.49	4.72	45.50
10	脱丁烷塔重沸物	C6	164	168	6.06	7.16	319.83
11	脱乙烷塔重沸物	C7	110	112	1.33	1.52	110.49
12	脱丁烷塔进料	C8	40	130	0.29	1.17	11.37

3. 设 $\Delta T_{min} = 20℃$ ，列解题表确定窄点温度

表 17-1-24 列出了某加氢裂化装置确定窄点温度的初始解题数据。

表 17-1-24　初始解题数据表

子网络	冷流温度/℃	热流温度/℃	热负荷/MW	累计输入/MW	累计输出/MW
0		390			
1	348	368	-5.297		5.297
2	299	319	-2.293	5.297	7.59
3	236	256	-4.954	7.59	12.544
4	235	255	0.047	12.544	12.497
5	233	253	1.117	12.497	11.38
6	229	249	0.187	11.38	11.193
7	213	233	0.478	11.193	10.715
8	186	206	0.199	10.715	10.516
9	168	188	2.284	10.516	8.232
10	164	184	1.787	8.232	6.445
11	154	174	1.269	6.445	5.176
12	150	170	-0.268	5.176	5.444
13	130	150	-3.732	5.444	9.176
14	112	132	-2.335	9.176	11.511
15	110	130	-0.039	11.511	11.55
16	73	93	-4.8	11.55	16.35
17	70	90	-0.526	16.35	16.876
18	50	70	-2.868	16.876	19.744
19	40	60	-2.687	19.744	22.431
20	30	50	-2.801	22.431	25.232
21		45	-0.338	25.232	25.57

从表 17-1-24 可看出：各子网络的输入、输出热流量均大于零，说明该系统不需要热公用工程对物流加热，只需要冷公用工程对物流冷却，且冷却负荷为 25.57MW，说明系统中热量过剩。找出表 17-1-24 子网络中输出热流量的最小值为 5.176MW（子网络 11），令该处的输出值为零，则子网络 17 的输入值亦为零。据此调整后的解题见表 17-1-25。

表 17-1-25 调整后的解题表

子网络	冷流温度/℃	热流温度/℃	热负荷/MW	累计输入/MW	累计输出/MW
0		390			
1	348	368	-5.297		0.121
2	299	319	-2.293	0.121	2.414
3	236	256	-4.954	2.414	7.368
4	235	255	0.047	7.368	7.321
5	233	253	1.117	7.321	6.204
6	229	249	0.187	6.204	6.017
7	213	233	0.478	6.017	5.539
8	186	206	0.199	5.539	5.34
9	168	188	2.284	5.34	3.056
10	164	184	1.787	3.056	1.269
11	154	174	1.269	1.269	0
12	150	170	-0.268	0	0.268
13	130	150	-3.732	0.268	4
14	112	132	-2.335	4	6.335
15	110	130	-0.039	6.335	6.374
16	73	93	-4.8	6.374	11.174
17	70	90	-0.526	11.174	11.7
18	50	70	-2.868	11.7	14.568
19	40	60	-2.687	14.568	17.255
20	30	50	-2.801	17.255	20.056
21		45	-0.338	20.056	20.394

从表 17-1-25 可看出：调整后网络出现窄点，窄点温度为 174℃/154℃，冷公用工程用量变为 20.394MW，此值即为最小冷公用工程用量。

4. 换热网络优化

图 17-1-13 是原设计的换热网络，可以看出存在多处与上述窄点换热原则相违背的情况：通过窄点换热有热交换、反应进料加热炉、高热容流率物流没有分流而直接进行换热；但也有符合窄点理论的情况：窄点上方没有冷公用工程设施、窄点下方没有热公用工程设施。

依据窄点理论，可以得出以下换热优化的依据：

过剩热量可以通过换热的方式使混氢原料达到反应所需的温度，而不一定需要设置高压反应进料加热炉；通过分流的方式使反应流出物的高热容流率与原料油、低分油等冷流相匹配，以达到最佳的换热器设置效果；窄点以上不设置冷公用工程设施，窄点以下不设置热公用工程设施；尽量不通过窄点进行换热。

具体优化内容：增加原料油/喷气燃料换热器，原料油从 150℃ 升温到 154℃，喷气燃料从 183℃ 降温到 162℃，该换热器的增加，改变了原喷气燃料/重沸器跨窄点换热的情况，并通过合理的将新增换热器设置在喷气燃料与脱丁烷塔重沸物流换热以后窄点附近的温度范围内，符合从窄点开始进行匹配的原则；增加原料油/柴油换热器，新增低压换热器后，原料油预热温度上升到 200℃，经与反应流出物换热后，能够达到反应所需温度，从换热角度可以取消反应进料加热炉。

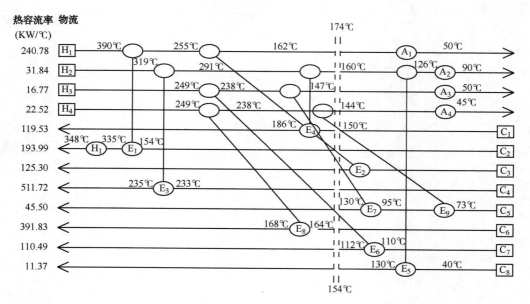

图 17-1-13 原设计的换热网络图

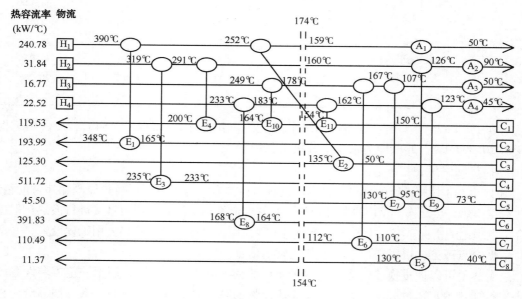

图 17-1-14 优化后的换热网络图

5. 技术经济分析

用窄点技术对该加氢裂化装置的换热网络优化后,加热负荷比原设计减少 2663kW·h,冷却负荷减少 1866kW·h,但换热面积增加。

技术经济分析:加热公用工程(燃料气)价格:1.5 元/Nm³,燃料气的燃烧热:41.868MJ/Nm³,加热炉的效率:90%,年运行时间:330d;空冷器的电机效率:97%,工业用电:0.64 元/kW·h。新增换热器投资计算采用拟合的估价方程:

$$BC = 0.55 + 0.31A^{0.6}$$

$$(17-1-43)$$

式中　*BC*——换热器价格，万元；

　　A——换热面积，m²。

改造费用系数：0.43，高压换热器费用系数：12，换热器改造总费用计算方程为：

$$BC = 1.43 \times [12 \times (0.55 + 0.31A^{0.6})] \tag{17-1-44}$$

式中　*BC*、*A*——同前。

换热改造技术经济分析见表 17-1-26。

表 17-1-26　换热改造技术经济分析

节约加热公用工程量	节约空冷器耗电量	增加高压换热面积	增加低压换热面积	节省加热炉投资	增加换热器投资	节省操作费用	回收期
kW/h	10⁴kW·h/a	m²	m²	万元	万元	万元/a	a
2663	1866	348	220	300	200	1277	—

6. 几种换热网络的优化方案

图 17-1-15 为某 179.4Mt/a 加氢裂化装置的基本换热网络[37]。图 17-1-16 和图 17-1-17 为其改动较小的换热网络，图 17-1-18 为其能量回收最大的换热网络。

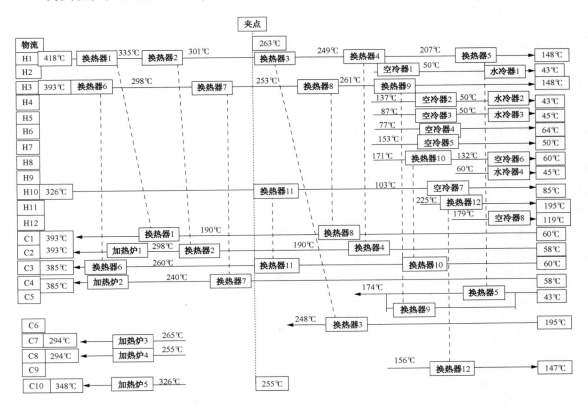

图 17-1-15　某加氢裂化装置的基本换热网络图

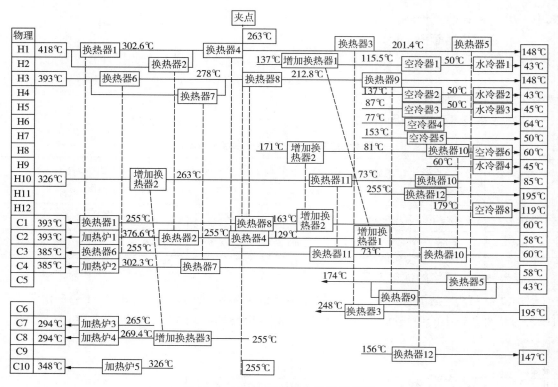

图 17-1-16　改动较小的换热网络图

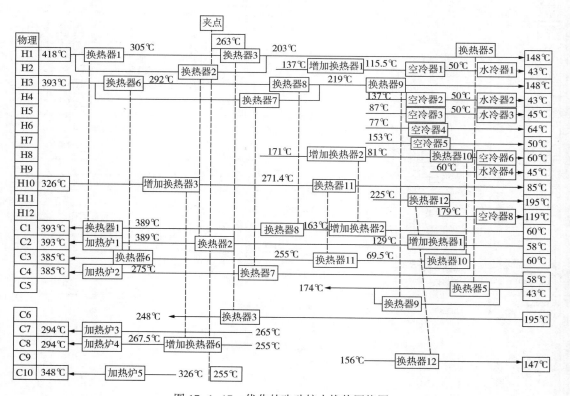

图 17-1-17　优化的改动较小换热网络图

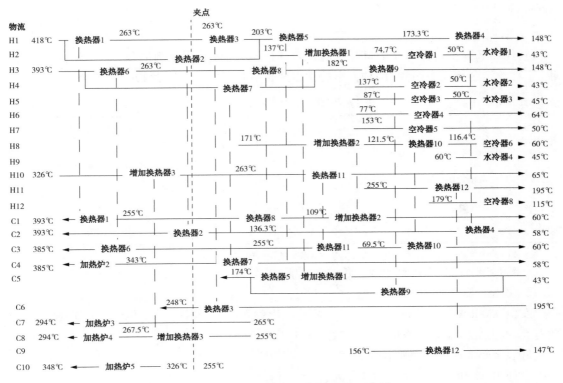

图 17-1-18 能量回收最大的换热网络图

（三）加氢裂化反应流出物余热发电节能[48,49]

某 4.0Mt/a 加氢裂化装置为全循环、热高压分离器流程，80℃以上的反应流出物余热量为 67.4MW。

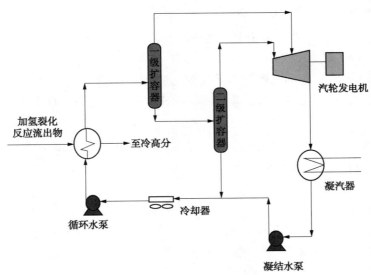

图 17-1-19 反应流出物余热回收示意流程

基准价格数据：电 0.45 元/kW·h，除盐水 14 元/t，冷却水 0.25 元/t，1.0MPa 蒸汽 100 元/t。

1. 投资

新建加氢裂化装置回收 41MW 低温位余热(下称新建装置动力回收)和已有装置改造回收(下称改造装置动力回收)两种方案的动力回收系统工程投资见表 17-1-27。

表 17-1-27　动力回收系统工程投资　　　　　　　　　　　　　万元

项　目	新建装置动力回收	改造装置动力回收
低温余热发电站	1700	1700
反应流出物换热器	0	400
热水管道	175	175
合计	1875	2275

注：(1)由于单独建低温余热发电站，故发电站与装置的距离按 500m 计；
(2)新建装置时，高低压换热器代替了高压空气冷却器，故投资不计。

2. 效益

发电 3500kW，年效益 1260 万元；换热器代替高压空冷器后，减少风机用电 160kW，年效益 57.6 万元。温余热发电的年总效益为 1317.6 万元。

低温余热电站的有关消耗及费用：

冷却水 3340t/h，年费用 660 万元；

电站自耗电(包括热水泵)200kW，年费用 72 万元；

热水补充用除盐水 2.5t/h，年费用 28 万元；

消耗 1.0MPa 蒸汽 0.5t/h，年费用 40 万元。

上述 4 项相加，年总费用 800 万元。

3. 投资回收期

低温发电的年净效益：517.6 万元，新建和改造装置动力回收方案的简单投资回收期分别为 3.6 年和 4.4 年。

投资回收期 5 年内，说明采用动力回收方式是经济可行的。

新建装置动力回收方案更合理，投资回收期比改造装置动力回收短 0.78 年。

4. 节能效果

发电 3500kW 并减少风机用电 160kW，节约能量：1098kg 标准油/h，各种消耗折一次能源量：438kg 标准油/h，此方案净节约能量为 660kg 标准油/h，每年节约标准燃料油 5280t。

(四) 高效换热设备节能[19,42]

缠绕管式高压换热器是典型的高压高效换热设备，采用缠绕管式高压换热器替代加氢裂化装置普遍采用的螺纹锁紧环式高压换热器，可实现节能降耗，降低投资的作用。

1. 换热流程

采用缠绕管式高压换热器后的换热流程见图 17-1-20。

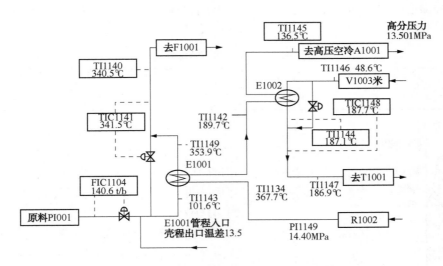

图 17-1-20　采用缠绕管式高压换热器后的换热流程

2. 节省钢材，减少投资

某厂两套加氢裂化装置实际使用高压换热器参数比较见表 17-1-28。

表 17-1-28　某厂两套加氢裂化装置实际使用高压换热器参数比较

处理能力/(Mt/a)	换热设备台数	换热面积/m²	质量/t	投资
0.8	1	237	41.5	
	2	572	88	
	1	170	30.8	
	2	508	68.8	
	2	584	53	
总计	8	2071	282.1	基准+46%
1.5	1	1348	87.9	
	2	1860	81.9	
总计	2	3208	169.8	基准

3. 换热效率非常高

高温流体入口温度与低温流体出口温差(热端温差)非常低，第一台缠绕管式高压换热器：13℃左右，第二台缠绕管式高压换热器：2℃左右。单台螺纹锁紧环式高压换热器一般热端温差：40℃左右。

4. 反应进料加热炉负荷为零

某加氢改质装置采用缠绕管式高压换热器后，装置运行一年来，反应进料加热炉主火嘴未点火。

（五）减少能量损失节能

加氢裂化装置的能量平衡是以理论计算为依据，而供给加氢裂化装置的能量经过换热降质后，以三种方式排出：通过水冷器和空冷器；通过设备和管线表面的散热；通过物流排

弃。典型分馏塔的排弃㶲损失见表 17-1-29，分馏塔侧线物流散热及冷却损失的比较见图
17-1-21。

表 17-1-29 　典型分馏塔的排弃㶲损失[19]

散热/%	冷却/%	物流排弃/%	合计/%
53.6	28.0	18.4	100

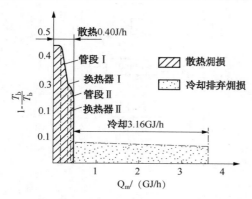

图 17-1-21 　分馏塔侧线物流散热及
冷却损失的比较[19]

1. 通过水冷器和空冷器节能

某 1.2Mt/a 加氢裂化装置在保持循环氢纯度相近的情况下，1 段、2 段反应流出物取消水冷器后，可节省冷却负荷分别为：38.22MJ/h 和 23.41MJ/h。

降低空冷器入口温度主要靠优化换热网络，提高换热效率和低温热的利用。如：汽提塔顶、分馏塔顶、喷气燃料、柴油低温热的利用，降低了相应空冷器的负荷，也降低了加氢裂化装置的能耗。

2. 减少设备和管线表面的散热节能

（1）散热㶲损失计算式[19]

$$D_{JD} = D_{JD}\left(1 - \frac{T_0}{T_b}\right) \tag{17-1-45}$$

式中　D_{JD}——散热量，kW/h；

T_0——环境温度，℃；

T_b——散热设备内部的介质温度，℃。

（2）散热㶲损失的特点：

1）能级较高：加氢裂化反应需要在高温下进行，而反应又是强放热反应，散热的㶲损失能级较高；分馏部分散热设备内部的介质温度总是比冷却器或排入大气的物流温度高，从图 17-1-26 可看出：散热和冷却的㶲损失相差无几。表 17-1-30 列出了常年运行设备、管道及附件运行工况下的允许最大散热损失[50]。

表 17-1-30 　常年运行工况下的允许最大散热损失

外表面温度/℃	50	100	150	200	250	300	350	400	450	500	550
热损失/(w/m²)	58	93	116	140	163	186	209	227	244	262	279

2）从散热设备向环境的排放热，具有最大的不可逆性，散失的热量无法回收，设计和生产中只能通过加强保温隔热力求减少。表 17-1-31 列出了季节运行设备、管道及附件运行工况下的允许最大散热损失[50]。

表 17-1-31 　季节运行工况下的允许最大散热损失

外表面温度/℃	50	100	150	200	250	300
热损失/(W/m²)	116	163	203	244	279	265

3）高温部位散失的㶲损，几乎要靠加倍的一次能源来补偿。

（3）改善散热的途径

1）减少裸露金属表面：一般认为，按照标准要求的保温措施可使裸露散热的95%得以避免，但反应器入口、出口法兰、高压换热器入口、出口法兰、调节阀、容器封头等少量的高温金属裸露表面，散热量也会很大。表17-1-32列出了每平方米表面裸露与保温的散热损失比[50]。

表17-1-32　每平方米表面裸露与保温的散热损失比

设备内介质温度/℃	表面散热损失/(W/m²)		散热损失相比的倍数	散热损失对散热损失的减少/%
	裸露	保温		
100	1160	93	12.5	91.98
200	2320	140	16.6	93.96
300	3480	180	18.7	94.83
400	4640	215	21.6	95.37

2）优化保温设计：经济合理的设计是应按㶲价而非热价设计保温。如：管线的最优保温厚度可按下式计算[19]：

$$D\ln\frac{D}{d} = 1.9\times10^{-3}(t_B-t_t)\sqrt{\frac{\lambda c_u H}{\alpha N t_B} - \frac{2\lambda}{\alpha_T}} \qquad (17-1-46)$$

式中　D——保温结构外径，mm；

d——管线外径，mm；

t_B——介质温度，℃；

T_t——环境温度，℃；

λ——保温材料的导热系数，W/(m²·℃)；

c_u——热㶲价，RMB/W；

H——年操作时数，h；

α——保温层的单位投资费用，元/mm；

N——投资年费用系数；

α_T——保温外表面的散热系数，W·(m²/℃)。

3. 减少物流排弃损失节能

减少显热排弃，如反应进料加热炉、分馏炉排烟、蒸汽发生器的连续排污、加热伙伴热蒸汽凝结水的排放；

减少潜热排弃，如生产过程的乏汽、燃油加热炉烟气中的水蒸气；

减少化学能的损失，如燃油加热炉烟气中的一氧化碳、减压抽空器排放的可燃成分。

（六）减排

加氢裂化的最大减排就是节能。

1. 加氢裂化装置CO_2排放的计算

加氢裂化的反应炉和分馏炉燃烧燃料气和燃料油，会相应排放CO_2。燃料气和燃料油排放的CO_2计算关系见表17-1-33[51]。

表 17-1-33　燃料气和燃料油排放的 CO_2 计算

组　分	分子式表述	M	计量单位	i_C	i_{CO_2}
甲烷	CH_4	16.042	kg	0.7487	2.7434
乙烷	C_2H_6	30.069	kg	0.7989	2.9273
丙烷	C_3H_8	44.096	kg	0.8171	2.9940
丁烷	C_4H_{10}	58.122	kg	0.8266	3.0288
液化气	C_3H_8、C_4H_{10}	51.109	kg	0.8218	3.0112
天然气	CH_4	16.042	kg	0.7487	2.7434
汽油	C_8H_{18}	114.228	kg	0.8412	3.0823
柴油	$C_{16}H_{34}$	226.441	kg	0.8486	3.1094

注：i_C——i 组分含碳量，kg；

　　i_{CO_2}——i 组分生成 CO_2 量，kg。

表 17-1-34 列出了以 1GJ 发热量为单位的燃料含碳量及生成 CO_2 量[51]。

表 17-1-34　以 1GJ 发热量为单位的燃料含碳量及生成 CO_2 量

组分	Q_i	C_{qp}	CO_{2i1GJ}
甲烷	55.448	13.503	49.477
乙烷	51.824	15.416	56.485
丙烷	50.295	16.246	59.529
丁烷	45.645	18.109	66.355
液化气	50.18	16.377	60.008
天然气	55.448	13.503	49.477
汽油	43.07	19.531	71.565
柴油	42.65	19.897	72.905

注：Q_i——燃烧热，kJ；

　　C_{qp}——1GJ 发热量为单位的燃料含碳量，kg；

　　CO_{2i1GJ}——1GJ 产热量生成 CO_2 量，kg。

从表 17-1-34 可看出：单位发热量的含碳量柴油最高，天然气、CH_4 最低，如果将 $C_{qp} \geqslant 18$ kg 定义为高碳燃料，$C_{qp} \leqslant 16$ kg 定义为低碳燃料，则 CH_4、C_2H_6、天然气为低碳燃料，C_3H_8、液化石油气、C_4H_{10}、汽油、柴油为高碳燃料。按表 17-1-34 数据，CH_4 比柴油的 CO_{2i1GJ} 少 32%，比汽油 CO_{2i1GJ} 少 30%，低碳燃料确有减排 CO_2 的显著效果。

2. 加氢裂化装置 CO_2 排放情况

2005 年中国石化原油加工量按 1.41488×10^8 t，各装置 CO_2 排放情况见表 17-1-35[52]。

表 17-1-35　加氢装置 CO_2 排放与其他装置排放情况对比　　　　　　　　Mt

装　置	直接排放	间接排放	总排放
催化裂化	10.08	2.34	12.42
常减压	4.59	1.96	6.55
催化加氢	2.62	2.38	5.00
催化重整	3.24	1.24	4.48
制氢	3.76	0.44	4.20
延迟焦化	2.15	1.98	4.13
Σ	26.44	10.34	36.78

从表 17-1-36 可看出：各类催化加氢装置 CO_2 直接排放占 2005 年中国石化直接排放 CO_2 的 9.91%，间接排放占 2005 年中国石化间接排放 CO_2 的 23%，各类加氢装置 CO_2 总排放占 2005 年中国石化总 CO_2 排放的 13.6%。

图 17-1-22 表示了加氢裂化装置 CO_2 排放的分布。

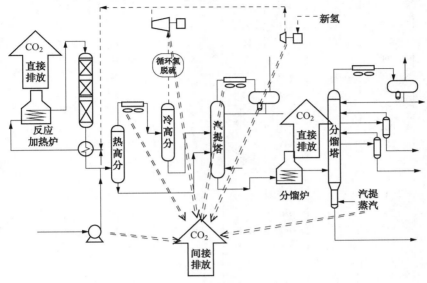

图 17-1-22　加氢裂化装置 CO_2 排放的分布

加氢裂化装置 CO_2 间接排放主要是 3.5MPa 蒸汽；1.0MPa 蒸汽；6000V 高压电；380/220V 低压电；氮气、净化压缩空气等消耗所导致的间接排放。

第二节　安　　全

工艺过程按安全性可分为两类：一类是本质安全的，即工艺过程采用的物料和操作条件都是安全无危险的；另一类则是需要将安全"设计进去"，就是要依靠安全联锁系统、安全泄压系统、消防喷淋、火灾报警、安全防护、安全距离等安全保护设施。对加氢裂化装置而言，工艺过程不容易实现本质安全性，而且当操作条件偏离设计值时往往会造成危险局面。因此，应采取有效的安全手段和措施，降低事故发生的概率，并且尽可能地把事故损失降到最小[1]。

装置的安全管理涉及：生产安全，职业安全和消防安全。生产人员应不断学习安全知识、安全规程、安全规范、经常性进行安全消防训练，不断提高安全意识和技术素质，保证装置和人员"安、稳、长、满、优"。

一、加氢裂化装置安全性分析

（一）火灾安全性分析

加氢裂化装置所用原料、所得产品多为易燃、易爆物质，按 GB 60160 规定：加氢裂化装置、加氢精制装置火灾危险性为甲类[71]。各物料在加工过程中处于高温、高压环境中，当泄漏温度超过其自燃点、泄漏遇静电或遇热就可能引发火灾，表 17-2-1 列出了生产过程中主要原料、中间产品、产品火灾危险性分类[71,77,78]。

表 17-2-1　生产过程中主要原料、中间产品、产品火灾危险性分类

介质名称	引燃温度/℃	温度组别[81]	爆炸极限(体)/%		沸点/℃	闪点/℃	火灾危险类别	备注
			下限	上限				
CH_4	538	T1	5.0	15.0	-161.5	-188	甲	液化后为甲$_A$
C_2H_6	515	T1	3.0	15.5	-88.9	<-50	甲	液化后为甲$_A$
C_3H_8	466	T1	2.1	9.5	-42.1	-104	甲	液化后为甲$_A$
C_4H_{10}	405	T2	1.9	8.5	-0.5	-60	甲	液化后为甲$_A$
C_5H_{12}	260	T3	1.4	7.8	36.07	<-40	甲$_B$	
H_2	510	T1	4.0	75	-252.8	气体	甲	
H_2S	260	T3	4.3	45.5	-60.4	气体	甲$_B$	
CS_2	90	T6	1.3	5.0	46.2	-30	甲$_B$	
NH_3	651	T1	15.0	28.0	-33.4	气体	乙	
燃料气	650	T1	3	13			甲	
液化石油气[82]	426~537	T2	5	33	-42.1~-0.5	-74	甲$_A$	气化后为甲类
轻石脑油	285	T3	1.2		36~68	<-20	甲$_B$	
重石脑油	233	T3	0.6		65~177	-20~20	甲$_B$	
喷气燃料	200	T4	0.6		80~250	<-28	乙$_A$	
煤油[84]	210	T3	0.7	5.0	175~325	43~55	乙$_A$	
柴油		T3	1.5	4.5	250~360	45~60	乙$_B$	
DMDS	339	T2	2.2	19.7	109.6	15	甲$_B$	
MDEA[72]		T1				126.7	丙$_B$	
DEA[73]	630	T1				85	丙$_A$	

对于闪点为 55~60℃的柴油产品,当操作温度≤40℃时,其火灾危险性可视为丙$_A$类。但随着柴油闪点降到 45~55℃,其发生火灾的几率增加,且加氢裂化装置、加氢精制装置柴油的介质温度均>40℃,因此柴油的火灾危险性应为乙$_B$类。

1. 氢气(H_2)

无色,无味,无臭,极易燃烧,液态氢无色透明。极易扩散和渗透。微溶于水,不溶于乙醇、乙醚。熔点-259.2℃,沸点-252.8℃,气体密度 0.0899g/L,液体密度 0.071g/cm³,临界压力 1.30MPa,临界温度-240℃,蒸气压 13.33kPa(-257.9℃),引燃温度 510℃,点火能量很低,在空气中的最小点火能 0.019mJ,在氧气中的最小点火能 0.007mJ,最大爆炸压力 0.720MPa。一般撞击、摩擦、不同电位之间的放电、各种爆炸材料的引燃、明火、热气流、高温烟气、雷电感应、电磁辐射等都可点燃 H_2-空气混和物;燃烧时火焰没有颜色,肉眼不易察觉[74]。火灾危险类别:甲。

H_2的危险性类别:第 2.1 类易燃气体。与空气可形成爆炸性混合物,在空气中的爆炸范围 4%~75%,在氧气中的爆炸范围 4.5%~95%,遇热或明火即发生爆炸。在低凹处不易积存,在室内使用和储存时,漏气上升滞留屋顶不易排出,遇火星会引起爆炸。H_2的化学活性很大,H_2与氧化剂、卤素(氟、氯、溴、碘)、乙炔、氧化氮接触后,在一定条件下会剧烈反应,甚至爆炸。

灭火:

1)灭火剂:雾状水、泡沫、二氧化碳、干粉;

2)切断气源;

3)若不能切断气源,则不允许熄灭正在燃烧的气体;

4）喷水冷却着火设备；

5）可能的话，将着火设备从火场移至空旷处，防止容器受热爆炸。

2. 硫化氢（H_2S）

H_2S 无色、有臭鸡蛋气味，溶于水、乙醇。相对密度（空气＝1）1.19。燃点：292℃，熔点：−85.5℃，沸点：−60.4℃，自燃点：292～370℃，燃烧热：3.524J/mol，临界温度100.4℃，临界压力：9.01MPa。爆炸极限：4.3%～45.5%，H_2S 的危险性类别：第2.1类易燃气体，火灾危险类别：甲。

H_2S 与空气可形成爆炸性混合物，高能热或明火即发生燃烧爆炸。与浓硝酸、发烟硝酸或其他强氧化剂能剧烈反应，发生爆炸。硫化氢比空气重，能在较低处扩散至相当远的地方，遇明火迅速引着回燃。遇高热，容器内压增大，有开裂和爆炸的危险。有害燃烧产物：氧化硫。

（1）灭火

1）灭火剂：泡沫、二氧化碳、雾状水；

2）切断气源；

3）不能立即切断气源，不允许熄灭正在燃烧的气体；

4）喷水冷却着火设备。

（2）泄漏处置

1）应疏散污染区人员至安全区域，并进行隔离，严格限制进入；

2）严格控制一切火源；

3）喷雾状水稀释、溶释、抽排和强力通风。

（3）防护措施

1）工作场地严禁吸烟；

2）生产过程密闭；

3）全面通风；

4）进入着火现场，应穿自供氧式呼吸装备的防护服，防止因缺氧发生危险；

5）不应携带探照灯、电机及开关等可能产生电火花的设备。

3. 氨（NH_3）

NH_3 在常温常压下为带刺激性气味的气体，自燃点：651.11℃，爆炸极限：15%～28%。最易引燃浓度17%[76]。

NH_3 与空气可形成爆炸性混合物，高能热或明火即发生燃烧爆炸。与氯、溴等卤素能发生剧烈的化学反应。遇高热，容器内压增大，有开裂和爆炸的危险。

（1）灭火

1）灭火剂：泡沫、二氧化碳、雾状水；

2）切断气源；

3）若不能立即切断气源，则不允许熄灭正在燃烧的气体；

4）喷水冷却着火设备。

（2）泄漏处置

1）应疏散污染区人员至安全区域，并进行隔离，严格限制进入；

2) 严格控制一切火源；

3) 喷雾状水稀释、溶释、抽排和强力通风。

4. 液化石油气

液化石油气的主要组分：丙烷、丁烷、丙烯和丁烯等。在常温常压下能迅速

挥发。丙烷、丁烷、丙烯和丁烯由于比空气重而更为危险。这些烃类从容器中漏出呈云雾状沉积在地面上。除非有 4.5m/s 以上的风速，这些物质是不易扩散至大气中去的。在装置地面上常设有明火加热炉。对有可能产生云雾状物烃类的操作，将会有潜在导致爆炸的危险[79]。

液化石油气闪点：<28℃，自燃点：426~537℃，爆炸极限：1%~1.5%，危险性类别：第 2.1 类易燃气体[82]，火灾危险类别：甲$_A$。

液化石油气与空气可形成爆炸性混合物，遇高能热或明火即发生燃烧爆炸。与氯、溴等卤素剧烈反应。蒸气比空气重，能经较低处扩散到相当远的地方，遇明火会引起回燃。遇高热，容器内压增大，有开裂和爆炸的危险[82]。

灭火[82]：

1) 灭火剂：泡沫、二氧化碳、雾状水；

2) 切断气源；

3) 若不能立即切断气源，则不允许熄灭正在燃烧的气体，喷水冷却容器，可能的话将容器从火场移至空旷处；

4) 消防人员应佩戴正压自给式呼吸器，穿防火服。

5. 石脑油

石脑油的主要组分：戊烷和己烷等。

轻石脑油闪点：<-20℃，引燃温度：285℃，爆炸下限：0.6%，火灾危险类别：甲$_B$。重石脑油闪点：-20~20℃，引燃温度：233℃，爆炸下限：1.2%，火灾危险类别：甲$_B$。石脑油自燃点：510~530℃。

石脑油蒸气与空气可形成爆炸性混合物，遇高能热或明火即发生爆炸。与氧化剂能发生强烈反应。蒸气比空气重，能经较低处扩散到相当远的地方，遇明火会引起回燃。

灭火：

1) 灭火剂：泡沫、二氧化碳、干粉、砂土、蒸汽；

2) 切断火源；

3) 切断泄漏源；

4) 防止进入下水道、排洪沟等限制性空间；

5) 小量泄漏用砂土或其他惰性材料吸收，大量泄漏构筑围堤或控坑收容。

6. 煤油

煤油闪点：43~72℃，引燃温度：210℃，爆炸极限：0.7%~1.5%，危险性类别：第 3.3 类高闪点液体[83]，火灾危险类别：乙$_A$。

煤油蒸气与空气可形成爆炸性混合物，遇高能热或明火引起燃烧爆炸。与氧化剂可发生反应。蒸气比空气重，能经较低处扩散到相当远的地方，遇火源会着火回燃。遇高热，容器内压增大，有开裂和爆炸的危险[83]。

灭火：

1) 灭火剂：泡沫、雾状水、干粉、砂土；

2）切断火源；

3）喷水雾可减少蒸发；

4）防止进入下水道、排洪沟等限制性空间；

5）大量泄漏构筑围堤或控坑收容。

7. 柴油

柴油闪点：45~60℃，自燃点：350~380℃，爆炸极限：1.5%~4.5%，火灾危险类别：丙$_A$；介质温度>40℃时，柴油的火灾危险性为乙$_B$类。

柴油遇高能热或明火接触，有引起燃烧爆炸的危险。遇高热，容器内压增大，有导致设备开裂和爆炸的危险。

灭火：

1）灭火剂：泡沫、雾状水、干粉、砂土、泡沫；

2）切断火源；

3）喷水雾可减少蒸发；

4）防止进入下水道、排洪沟等限制性空间；

5）大量泄漏构筑围堤或控坑收容。

8. 催化剂的自燃

未再生的废催化剂黏结和吸附有各种烃类、金属化合物如 FeS、$Ni(CO)_4$ 等，打开反应器，废催化剂暴露在空气中，硫化亚铁便迅速与氧发生氧化自燃，原料中微量铁和低合金钢管及设备脱落的铁可能有助于反应器硫化铁的积聚，硫化铁的自燃能点燃废催化剂，使反应器内着火。

预防措施：

为了防止反应器内形成易爆的 H_2+O_2 混合物，在卸催化剂的整个过程中，用 N_2 连续吹扫废催化剂。用 N_2 封住或用纯碱溶液注满反应器，反应器温度必须冷却到 50~60℃ 或更低，原料中微量铁和低合金钢管及设备脱落的铁可能有助于反应器硫化铁的积聚，硫化铁的自燃能点燃废催化剂，使反应器内着火。

9. 硫化亚铁的自燃

加氢裂化装置为典型的载硫装置，反应部分、分馏系统、液化气脱硫部分均处于硫化氢工作环境，硫化氢与设备材质发生化学反应，在设备和管道表面生成 FeS、FeS_2、Fe_2S_3 等几种物质的混合物。当打开设备检修时，硫化亚铁便迅速与氧发生氧化自燃，自燃时不产生火焰，只是发热到炽热状态，当达到一定温度时可引起其他物质燃烧，从而损坏设备材质。硫化亚铁自燃时会产生二氧化硫等有毒气体，严重危害设备检修人员的身体健康。

预防措施[80]：

1）隔离法：用氮气保护、水封保护等防止硫化亚铁与空气中的氧气接触。隔离法适用于在线保护，但在检修过程中很难有效防止硫化亚铁的自燃。

2）钝化法：用钝化剂进行设备处理，将易自燃的硫化亚铁转变为较稳定的化合物。纯粹的钝化法成本较高，且油垢的存在使得不能完全将硫化亚铁从设备上除去。

3）清洗法：将硫化亚铁从设备上清除，如对设备进行机械清洗、化学清洗等。清洗法包括物理清洗和化学清洗，物理清洗主要是利用特殊机械清洗设备表面垢层，化学清洗通常有碱洗、酸洗、有机溶剂清洗，以及根据不同结垢采用的表面活性剂与碱、有机溶剂等组成的混合化学清洗溶液的清洗。清洗法简便有效，而且成本低，是比较常见的方法。目前化工设备上广泛采用的化学清洗，实际上是传统的清洗法与钝化法的结合，即在化学清洗剂中再适当地添加了钝化剂的成分。

（二）生产岗位危险因素分析

表 17-2-2 列出了生产中主要危险设备及危险岗位。

表 17-2-2　主要生产岗位危险因素分析

场所或设备	介　质	危险性
加氢精制反应器、加氢裂化反应器	油、气体、H_2、H_2S	高温、高压、泄漏时易燃易爆、有毒
高压换热器	油、气体、H_2、H_2S	高温、高压、泄漏时易燃易爆、有毒
氢气(或反应进料)加热炉	油、气体、H_2、H_2S	高温、高压、泄漏时易燃易爆、有毒
脱丁烷(戊烷)塔底重沸炉	油、气体、H_2、H_2S	高温、噪声、泄漏时易燃易爆、有毒
常压(减压)分馏塔底重沸炉	油、气体	高温、噪声、泄漏时易燃易爆
新氢(循环氢)压缩机	H_2、H_2S、气体	高压、噪声、泄漏时易燃易爆
加氢进料泵	蜡油	高压、噪声、易燃
循环油泵	蜡油	高温、高压、噪声、易燃
分馏部分泵	油气、油	易燃、噪声(塔底泵为高温)
高压空冷器	油、气体、H_2、H_2S	高压、噪声、泄漏时易燃易爆、有毒
热高压分离器	油、气体、H_2、H_2S	高温、高压、泄漏时易燃易爆、有毒
冷高压分离器	油、气体、H_2、H_2S	高压、泄漏时易燃易爆、有毒
催化剂装填	粉尘	有毒
硫化剂储罐系统	DMDS、CS_2	泄漏时有毒、易燃易爆
分馏部分塔	H_2S、气体	多数有毒、泄漏时易燃易爆
溶剂再生塔	H_2S、NH_3、气体、胺液	有毒、易燃易爆

（三）有毒、有害物质危险性分析

生产中使用、产生的部分物料为有毒物质，对人体能产生一定程度的危害作用。

1. 硫化氢(H_2S)

加氢裂化装置大部分工艺介质中均不同程度含有 H_2S，反应流出物、热高分气、热高分油、低分油、低分气等，其中高分污水、富胺液、脱 H_2S 汽提塔顶、再生塔顶等部位 H_2S 富集。

（1）H_2S 物理化学特性

常温常压下为无色气体；相对分子质量：34.09；具有强烈的臭蛋样气味，易溶于水生成氢硫酸，也可溶于醇类、甘油、石油制品中；气体比空气略重，相对密度为 1.189；绝热指数：1.30；沸点：-60.2℃；熔点：-82.9℃；标准状态黏度：0.01166cP，$1cP = 10^{-3}Pa \cdot s$；临界压力：8.73MPa(绝)；临界温度：100.4℃；爆炸极限：4.3%~45.5%；自燃点：290℃；化学性质不稳定，在空气中容易燃烧及爆炸；对金属具有很强的腐蚀性，也易吸附于各种织物；属于神经性毒物，对呼吸道和眼有明显刺激作用，低浓度时刺激作用明显，高浓度时，表现为中枢神经系统症状，严重时可引起死亡，车间最高允许浓度 10mg/m³[77]。按 GB 5044《职业性接触毒物危害程度分级》[100]为 Ⅱ级(高度危害)。[77]

（2）毒理

H_2S 为窒息性气体，进入人体后，使血液运氧能力或组织利用氧的能力发生障碍，造成人体组织缺氧的有害气体；H_2S 主要经呼吸道进入，皮肤吸收很少，进入体内后迅速氧化成硫化物、硫代硫酸盐或硫酸盐，经过肾脏由尿排出，小部分则以原来的形态由肺脏排出；H_2S 是强烈的神经毒物，对黏膜有刺激作用；H_2S 对眼和呼吸道黏膜有很强的刺激作用，与黏膜表面的钠作用生成硫化钠，在眼部可引起结膜炎和角膜溃疡；在呼吸道可引起支气管炎，甚至造成中毒性肺炎和肺水肿；H_2S 的危害作用主要是它与细胞呼吸酶中的三价铁结合，抑制了酶的活性，使组织细胞内氧化还原过程发生障碍，造成组织缺氧。同时对其他一些酶的活性也有影响，例如与谷胱甘肽结合，使有关的酶失去活性，并能使脑、肝中的三磷酸腺苷酶的活性降低，H_2S 并不与正常血红蛋白起作用，但可以与高铁血红蛋白结合成硫高铁血红蛋白。

（3）临床表现

由于 H_2S 浓度>900mg/m^3，嗅神经麻痹而嗅不出硫化氢的存在，故不能依靠其气味强烈与否来判断硫化氢的危险程度，高浓度时，可直接抑制呼吸中枢，迅速窒息而死亡。表17-2-3 列出了不同浓度 H_2S 对人体的危害[96,97]。

表 17-2-3　不同浓度 H_2S 对人体的危害

H_2S 浓度/($\mu g/g$)	人 的 表 现
0.13	有明显和令人讨厌的气味
4~7	中等强度难闻臭味
10	眼睛受刺激
30~40	嗅觉疲劳
20	暴露 1h 或更长时间，眼睛有烧灼感，呼吸道受刺激
50	暴露 15min 嗅觉会丧失，1h，头痛、头晕甚至昏倒
100	3~15min 后，引起咳喘、刺激眼睛、失去嗅觉
200	迅速破坏嗅觉，灼烧眼睛和喉咙
300	1h 可引起眼和呼吸道黏膜强烈刺激症状，并引起神经系统抑制，6~8min 出现急性眼刺激症状，长期接触可引起肺水肿
500	数分钟内引起眩晕，失去知觉，判断能力和平衡，呼吸困难
700	迅速造成昏迷，不省人事
760	15~60min 可引起生命危险，发生肺水肿、支气管炎及肺炎
1000	数秒钟即引起急性中毒，出现明显的全身症状
1400	立即昏迷并呼吸麻痹而死亡

轻度中毒多因较长时间接触低深度 H_2S 所致，主要表现为明显的眼及上呼吸道刺激症状，如眼痛、流泪、羞明、眼睑痉挛、视力模糊或有彩环出现，流涕呛咳、胸痛、胸闷、恶心等；尚有逐渐加重的全身症状，如头痛、头晕、乏力、心悸、呼吸困难、冷汗淋漓、甚至可发生晕厥或意识模糊。

中度中毒多因轻度中毒后继续吸入 H_2S 气体或吸入较高浓度硫化氢（300~600mg/m^3）而直接引起，出现化学性肺炎及化学性肺水肿，患者呼吸困难、胸闷、气短、心悸、头痛、头晕、恶心等明显加重，很快由意识模糊陷入昏迷状态。查体可见患者面色灰白或发绀、皮肤湿冷、意识丧失、呼吸浅快、脉搏频弱、心音低钝、肺内可闻干性或湿性罗音；血压初可正常或偏高，继则下降；瞳孔常散大，各种生理反射减弱或消失；体温升高。

重度中毒多因吸入高浓度 H_2S 引起，重者可在数秒钟内昏迷倒地，似电击样，甚至造成呼吸中枢麻痹、死亡，病人常表现为深度昏迷，全身痉挛或强直，大小便失禁，皮肤湿冷发绀，瞳孔散大或缩小或不等大，生理反射全部消失；呼吸浅快而不规则，肺内可闻及散在的湿罗音；心音低钝，心律快而不齐，心电图可显示 ST-T 波异常及各种心律失常表现；病人常陷入休克状态；肌张力多增高，但严重者肌张力反见低下。此期病人往往有多种合并症存在，如肺炎、肺水肿、脑水肿、酸中毒、休克、心肌损害、肝肾损害等。

（4）预防

眼睛防护：戴防护面罩避免眼睛接触；皮肤防护：穿防护服、避免长期或经常重复接触该物质；呼吸防护：戴空气呼吸器；通风：严格遵守安全操作制度，在进入硫化氢环境作业区，应进行充分通风，确认安全后方可进入作业区，要经常检查安全操作制度的执行情况，并加强安全宣传教育。

2. 羰基化合物

羰基化合物是催化剂卸出过程中，元素 Ni、Fe、Co、Mo 与 CO 低温反应的产物。

典型的反应：

$$Ni+4CO \longrightarrow Ni(CO)_4$$
$$Fe+5CO \longrightarrow Fe(CO)_5$$
$$Fe+9CO \longrightarrow Fe(CO)_9$$
$$3Fe+12CO \longrightarrow Fe_3(CO)_{12}$$
$$2Co+8CO \longrightarrow Co_2(CO)_8$$
$$Mo+6CO \longrightarrow Mo(CO)_6$$

羰基化合物均具有毒性，而羰基镍 $[Ni(CO)_4]$ 的毒性最大，其次是羰基钴、羰基铁。羰基镍使人中毒的浓度在 $7\sim49mg/m^3$，使成人致死（30min）的浓度为 $210mg/m^3$[84]。

Ni、Fe、Co、Mo 的来源：催化剂含有的 Ni、Co、Mo；原料油中 Ni、Fe、Co、Mo 沉积在催化剂上。

CO 的来源：制氢装置产生的氢气中携带的 CO；当停工使用 N_2 保护，氮气中氧含量高、反应器床层温度高时，催化剂上的积炭也可形成 CO。

控制措施：严格控制制氢装置 CO<$10\mu g/g$。

在打开反应器检查或卸催化剂前必须确保 $Ni(CO)_4$<$0.001\mu g/g$（即：$0.007mg/m^3$），否则不允许打开反应器或卸催化剂。

（1）羰基化合物物理化学特性

表 17-2-4 列出了几种羰基化合物物理化学特性。

表 17-2-4　几种羰基化合物物理化学特性

项目	$Ni(CO)_4$	$Co_2(CO)_8$	$Fe(CO)_5$	$Fe(CO)_9$	$Fe_3(CO)_{12}$	$Mo(CO)_6$
颜色	清澈	橙色	清澈	黄色	绿色	无色
状态	液体	结晶体	液体	片状	小块	结晶体
沸点/℃	43		104.6			
比重	1.31	1.73	1.453	2.085	1.996	1.96
蒸汽压/mmHg	238(15℃)	0.72(15℃)	26(16℃)			43(100℃)
形成条件	30~50℃	220℃(15MPa)	173℃(20MPa)	<$Fe(CO)_5$		200℃(20MPa)
分解温度/℃	50℃(1MPa)	60℃(1MPa)	130℃(1MPa)		150℃	150℃

注：1mmHg=133.3224Pa。

$Ni(CO)_4$的物理化学特性：常温下呈无色透明状液体，受到日光照射后可变为透明稻秆黄色或草灰色，久置后成绿色。相对分子质量：170.73；相对密度 1.29(25℃)，蒸气压 0.05MPa(25℃)，常压下沸点 43.3℃，凝固点-19.3℃，闪点：<-20℃；熔点：-25℃；临界温度为 191~195℃，临界压力 3.05MPa。其蒸气较空气重 5.9 倍。浓度达 0.5~3μg/g 可嗅到煤烟气味；不溶于水(水中溶解 200μg/g)、稀酸及碱液，溶于有机溶剂和硝酸中；火灾危险性：液体与空气接触在 65℃下可自燃；爆炸下限：20℃时 2%；致癌剂；化学性质不稳定，可分解，加热到>95.6℃可爆炸，加热至 150℃，则绝大部分分解为金属镍和一氧化碳。与空气强烈反应和爆炸，可与氯酸盐、硝酸盐、过氧化物等强氧化剂反应。按 GB 5044《职业性接触毒物危害程度分级》[100]为Ⅰ级(极度危害)。

（2）$Ni(CO)_4$危害

$Ni(CO)_4$为高毒性化学品，60℃时分解成一氧化碳和镍的化合物损害肺毛细管壁而发生肺水肿、出血，中枢神经系统、肝脏、肾上腺和肾脏发生出血性和变性改变。

气体浓度>TLV(临界极限值)后，初始症状：头疼、眩晕、四肢无力、皮肤冷湿、出汗多、恶心、呕吐、胸闷、咳嗽、呼吸困难，移送到新鲜空气处可从症状中解放出来；12~36h 内，会出现剧烈胸痛伴随呼吸急促、体温升高、眩晕、失眠和焦虑不安；严重时，中风痉挛、中枢神经系统紊乱、化学性肺炎、肺水肿直至死亡。

眼睛接触：该物质为严重的眼睛刺激剂，可造成眼睛永久损坏和失明，症状：疼痛、流眼泪、肿胀、发红、视物模糊和眼睛发炎，伤害程度取决于进入眼睛的量和急救治疗的速度和彻底性。

皮肤接触：该物质为严重的皮肤刺激剂，症状：疼痛、肿胀、发热、爆皮，伤害程度取决于接触皮肤的量和急救治疗的速度和彻底性。

呼吸接触：可造成体内器官的严重中毒，伤害程度取决于在空气中的浓度和暴露时间长短。

（3）预防

眼睛防护：戴化学品眼镜和防护面罩避免眼睛接触；皮肤防护：穿不透气防护服、避免接触该物质；呼吸防护：戴空气呼吸器；通风：保持空气中浓度低于暴露标准。

3. 氨(NH_3)

加氢裂化装置 NH_3 浓度较高的部位：高分污水、污水汽提单元的脱硫塔、注 NH_3 设施等。反应流出物、热高分气、循环氢中也会含有 NH_3。

NH_3的来源：脱氮反应产生的 NH_3；催化剂钝化需要的外供无水液氨。

工业企业设计卫生标准规定车间空气中 NH_3 的最高容许浓度为 $30mg/m^3$。

（1）NH_3物理化学特性

NH_3为无色气体，有刺激性恶臭味，相对分子质量：17.03；标准密度：$0.771kg/m^3$；绝热指数：1.407；标准沸点：-77.7℃；蒸气密度：$0.6kg/m^3$；蒸气压 1013.08kPa(25.7℃)。爆炸极限：15%~28%；最易引燃浓度 17%；NH_3 在 20℃水中溶解度 34%，25℃时，在无水乙醇中溶解度 10%，在甲醇中溶解度 16%，溶于氯仿、乙醚，它是许多元素和化合物的良好溶剂；水溶液呈碱性[85]。按 GB5044《职业性接触毒物危害程度分级》[100]为Ⅳ级(低度危害)。

（2）毒性

表 17-2-5 列出了不同浓度 NH_3 对人体的危害。

表 17-2-5　不同浓度 NH_3 对人体的危害

NH_3浓度/(mg/m^3)	接触时间/min	人 的 表 现
0.5~1	45	感觉到气味
<3.5	45	可以识别气味
9.8	45	无刺激作用
47.2	45	鼻咽有刺激感，眼有灼痛感
70	30	呼吸变慢，皮肤电阻逆转
70~140	30	可以工作
140	30	眼和上呼吸道不适，恶心头痛
140~210	28	尚可工作，但有明显不适
175~350	28	鼻和眼刺激，呼吸脉搏加速
553		强烈刺激，可耐受，不能工作
700		立即咳嗽
1750~4500		危害生命
3500~7000		立即死亡

（3）临床表现

轻度中毒：症状：流泪、咽痛、声音嘶哑、咳痰并可伴有干性罗音、头痛、乏力等。体征：眼结膜、咽部充血、水肿、肺部有干性罗音。

中度中毒：症状：声音嘶哑、剧烈咳嗽、有时伴血丝痰、胸闷、呼吸困难并常伴有头晕、头痛恶心、呕吐及乏力等；体征：呼吸频速，轻度紫绀，肺部有干湿罗音。

重度中毒：症状：剧烈咳嗽，咳大量粉红色泡沫痰，气急胸闷，心悸等，常有烦躁恶心、呕吐或昏迷等；体征：呼吸窘迫，明显紫绀，双肺布满干湿罗音。

4. 二硫化碳(CS_2)

加氢裂化装置 CS_2 浓度较高的部位：注 CS_2 设施。

CS_2 的来源：催化剂硫化需要的外供硫化剂。

（1） CS_2 物理化学特性

清澈、无色；恶臭气味；相对分子质量：76.1；沸点：46.5℃；熔点：-110.8℃；闪点(闭口)：-30℃；饱和蒸气压(28℃)：53.33kPa(400mmHg)；饱和蒸气密度：2.64；水中溶解度：微溶；相对密度：1.261；单位体积挥发度：100%；挥发速率：大于1($H_2O=1$)。按 GB 5044《职业性接触毒物危害程度分级》[100] 为 Ⅱ 级(高度危害)。

（2）危害

CS_2 可造成强烈刺激作用，吸入、皮肤吸收而中毒，从而影响中枢神经系统，引起头痛、恶心、头晕、目眩、有麻醉感觉，甚至死亡。长期接触在 CS_2 中可能引起肾和肝脏损坏等。

眼睛接触：眼睛与蒸汽和液体接触会产生剧烈疼痛和刺激。

皮肤接触： CS_2 蒸汽接触会导致皮炎、灼伤、皮肤结疤和刺激黏液膜。

呼吸接触：刺激中枢神经系统，吸入低浓度 CS_2 气体会导致头痛、头晕和昏沉、咽喉和口唇干燥、胃部炎症及体内器官的严重中毒；吸入高浓度 CS_2 气会产生麻醉、呕吐、伤害神经中枢甚至死亡。伤害程度取决于在空气中的浓度和暴露时间长短。

吞食接触：从食道吸收了该物质，会造成意识模糊，痉挛和死亡。少量吞食会导致呕吐腹泻和头痛。

（3）预防

眼睛防护：戴化学品眼镜和防护面罩避免眼睛接触；

皮肤防护：穿不透气防护服、避免接触该物质；

呼吸防护：戴空气呼吸器；

通风：保持空气中浓度低于暴露标准。

5. 二甲基二硫化物（DMDS）

加氢裂化装置 DMDS 浓度较高的部位：注 DMDS 设施。

DMDS 的来源：催化剂硫化需要的外供硫化剂。

（1）DMDS 物理化学特性

灰黄液体；$0.9\mu g/g$ 可嗅到腐烂的蔬菜味；沸点 109.6℃；相对密度：1.0625；蒸汽密度：3.24；挥发性：100%；相对分子质量：94.2；冰点：-84.7℃；蒸汽压（20℃）：0.32psi（绝压，1psi = 6894.757Pa）；不溶于水，溶于酒精和醚；闪点：15℃；引燃温度：339℃。按 GB 5044《职业性接触毒物危害程度分级》[100] 为 Ⅱ 级（高度危害）。

（2）毒性数据

口服致死量 LD50（小鼠）：395mg/kg；吸入致死量 LC50（大鼠）：$805\mu g/g$；经皮致死量 DL50（兔子）：>2000mg/kg；皮肤刺激性（兔子）：轻微刺激；眼睛刺激性（兔子）：有刺激；活性污泥毒性：$500mg/cm^3$。

（3）危害

眼睛接触：该物质轻微刺激眼睛，可造成视觉长期（数天）模糊，症状：疼痛、流眼泪、肿胀、发红、视物模糊，伤害程度取决于进入眼睛的量和急救治疗的速度和彻底性。

皮肤接触：该物质为中度皮肤刺激剂，可造成皮肤表面长期（数天）伤害，症状：疼痛、肿胀、发热、起皮及变色，伤害程度取决于接触皮肤的量和急救治疗的速度和彻底性。

呼吸接触：可造成体内器官的适度中毒，吸入浓度大于暴露标准会损伤中枢神经系统，症状：头痛、眩晕、无胃口、协调能力消减并损失；伤害程度取决于在空气中的浓度和暴露时间长短。

吞食接触：可造成体内器官的适度中毒。

6. 一氧化碳（CO）

加氢裂化装置 CO 浓度较高的部位：高压反应部分、新氢压缩机部分。

CO 的来源：制氢装置产生的氢气中携带的 CO；当停工使用 N_2 保护，氮气中氧含量高、反应器床层温度高时，催化剂上的积炭也可形成 CO。

（1）CO 物理化学特性

无色无味有毒气体；相对分子质量：28；沸点：-191℃；相对密度：0.967；熔点：-207℃。

（2）CO 毒性

可以替代血液中的氧，如果人体内的浓度过高会在短时间内导致死亡；使得血液中的氧不能到达组织而造成窒息；CO 在空气中的最大允许浓度为 $100\mu g/g$；车间最高允许浓度 $30mg/m^3$[77]。它可以燃烧，其爆炸极限为 12.5% ~ 74%（体积分数）。按 GB 5044《职业性接触毒物危害程度分级》[100] 为 Ⅳ 级（低度危害）。

7. 催化剂

加氢裂化装置催化剂主要由 Co、Mo、Ni、W 等金属组分和 Al_2O_3、SiO_2 等载体组成。

（1）催化剂物理化学特性

无味，圆形、球形、三叶形、四叶形颗粒；熔点：1684～2240℃；微溶至不溶于水；密度：0.5～1.0kg/m³；挥发度：<3%。

（2）毒性数据

加氢裂化装置催化剂所含的 MoO_3，51%的动物在第十次接触时死亡；Ni 化合物具有潜在的致癌作用。

（3）危害

眼睛接触：该物质轻微刺激眼睛，可造成视觉长期(数天)模糊，症状：疼痛、流眼泪、肿胀、发红、视物模糊，伤害程度取决于进入眼睛的量和急救治疗的速度和彻底性。

皮肤接触：由于催化剂含有敏化剂成分，长时间、反复接触皮肤会导致皮肤过敏。

呼吸接触：吸入催化剂粉尘可引起呼吸道炎症，也可能引起过敏性呼吸反应，从而引起哮喘，症状：流鼻涕、喉咙疼痛、咳嗽、支气管炎、肺水肿及呼吸困难。

吞食接触：可引起消化道炎症，症状：恶心、呕吐及腹泻。

8. 液化石油气、石脑油、喷气燃料、柴油及粉尘

表 17-2-6 列出了液化石油气、石脑油、喷气燃料、柴油及粉尘的危害及特性[53]。

表 17-2-6　液化石油气、石脑油、喷气燃料、柴油及粉尘的危害及特性

物质名称	危害程度分级	主 要 危 害	车间允许浓度/（mg/m³）
液化石油气	Ⅳ	轻度麻醉，严重时意识丧失	1000
石脑油	Ⅳ	石脑油蒸气可引起眼及上呼吸道刺激症状，高浓度石脑油蒸气可产生呼吸困难、紫绀等症状。较长时期接触低浓度石脑油蒸气可产生轻度中枢神经系统症状	450
喷气燃料	Ⅳ	属低毒类和微毒类物质，其蒸气主要由呼吸道进入肌体，作用于中枢神经系统，对黏膜有刺激作用。急性中毒：吸入高浓度喷气燃料蒸气常先有兴奋、后转入抑制，表现乏力、头痛、神志恍惚、肌肉震颤、共济运动失调；严重时出现定向力障碍、意识模糊等；蒸气可引起眼及上呼吸道刺激症状。慢性影响：眼及呼吸道刺激症状，接触性皮炎、干燥等皮肤损害	
柴油	Ⅳ	吸入柴油雾滴可致吸入性肺炎；皮肤接触可引起接触性皮炎、油性痤疮。柴油废气可引起眼、鼻刺激症状，头晕及头疼	
粉尘	Ⅳ	对上呼吸道和肺有刺激作用	10

二、安全设计

安全设计是通过全面系统的过程分析、合理有效的安全对策措施，将可能产生的风险在法律和合同规定的范围内减小到当今社会可接受的水平，以达到项目安全设计的目标。安全设计应遵循：本质安全设计原则——采用削减、缓解、替代、简化等手段，通过局部改用没有危险或危险性较小的物料或过程，从设计源头上消除或削减危险；合理降低风险原则——在技术可行、经济合理的前提下，采用适宜、可靠的安全对策措施，将项目预期寿命周期内

的风险尽可能降到合理、可行的最低程度[86]。

（一）安全设计进展

1）HSE 审查：可行性研究、基础设计、详细设计（施工图设计），不同阶段采用不同方式的 HSE 审查。

2）安全评价（危险评价或风险评价）：涉及定性和定量风险评价，可对安全进行评价，也可对生产危险性进行评价。如：1964 年道化学（DOW）提出的火灾和爆炸危险指数评价法[87]、1974 年英国帝国化学（ICI）公司蒙德（Mond）分公司提出的 ICI 蒙德火灾、爆炸、毒性指数评价法[88]，20 世纪 60 年代后期出现的：故障模型与影响分析（Failure Mode Effects Analysis，FMEA）、风险矩阵评价法、人员可靠性分析（HRA）、事件树分析（Event Tree Analysis，ETA）故障树分析（Fault Tree Analysis，FTA）、危险与可操作性研究（Hazard and Operability Study，HAZOP）、预先危险性分析（Preliminary Hazard Analysis，PHA）、管理失效与风险分析（MORT）、故障假设分析方法（What⋯If，WI）、作业条件危险性评价法（Job Risk Analysis，LEC）等。

安全评价方法从定性方法到定量方法，又从定量方法到模糊评价方法，经历了由简单到复杂、由粗放到精确的发展过程。世界上的安全评价方法已有几十种之多，但仍然没有一种完全可靠有效的评价方法。专家们仍试图找到一些理想的、完善的定量数学模型应用于安全评价，如将模糊评价数学[89]、聚类分析[90]、层次分析法[91]、密切值法[92]等方法应用于安全评价中。

数值模拟、人工智能、神经网络方法和概率评价方法[93-95]将会随着计算机的高速发展广泛应用于系统安全评价。

3）应用新型软件使设计更加准确。如：采用 Invensys Simsci-Esscor 的动态流程模拟软件对事故状态下的流程进行模拟，更准确地反应事故条件下的操作条件；高压设备采用以应力分析为基础的设计方法，对某些几何不连续和温度不连续的关键部位进行应力分析和应力控制，改善了各部位结构的应力分布，减小了塑性应变振幅，提高了设计的准确性和使用的可靠性。

4）应用新设备、新材料，提高设备的安全性。如：开发了主体材质为 2.25Cr-1Mo-0.25V，3Cr-1Mo-0.25V-T-iB，3Cr-1Mo-0.25V-Cb-Ca 的热壁加氢反应器，提高了室温的抗拉强度、蠕变断裂强度、抗氢腐蚀、抗氢脆、抗高温回火脆性、抗奥氏体不锈钢堆焊层剥离的能力和韧性。

5）在材料制备、产品焊接、堆焊、热处理等方面的改进，能保证材料获得特殊的性能。

6）催化剂器外预硫化技术的应用，缩短了开工时间，减少了硫化剂（CS_2，DMDS）、H_2S、酸性水对人的危害，也减少了对环境的污染和对设备的腐蚀。

7）催化剂器外再生技术的应用，避免了器内再生可能产生的"飞温"、局部过热或超温而危害催化剂和设备，消除了 SO_2、SO_3 和含硫含盐污水排放及对设备的腐蚀。

8）催化剂表面成膜钝化处理技术的应用，防止催化剂卸出时自燃，减弱了有害物质对催化剂的危害。

9）加工高硫原料时，设置循环氢脱硫设施，将 H_2S 的危害降到最小。

10）对高压、高温、有毒介质的采样全部采用密闭方式，防止 H_2、H_2S 和可燃物的危害以及高温、高压引发的事故。

11）在大量调研和事故分析基础上形成了一整套安全设计规范。如 UOP 对 98 套装置高压空冷器冲蚀、腐蚀、磨蚀及众多事故的调研后得到下列结果：高压空冷器片数应为 2^n (n 为任意正整数)；集合管应采用对称型布置；腐蚀因子 K_p 应小于 0.02；硫氢化铵质量分数小于 2% 时，不发生腐蚀；空冷器管束内的介质流速大于 6m/s 时，可能发生严重腐蚀；管箱应采用丝堵结构，不使用回弯头或 U 形管结构；注水量应确保污水中硫氢化铵质量分数小于 8%；注水点处应保证至少 20% 的注水、保持液相，注水的质量(O_2，Fe^+，Cl^-，氰化物含量、pH 值)应符合要求。

12) 大型旋转机械在线状态监测技术、离线状态监测技术的应用，可随时了解机械的实时和历史信息，利用故障诊断专家系统对机组进行故障自动诊断，及时掌握设备的各种动态。

(二)安全设计

1) 装置设计应采用先进可靠的工艺技术和合理的工艺流程。如：性能稳定的催化剂，合理的注水流程、循环氢脱硫流程、避免 H_2、H_2S 贯穿装置的流程，优化的换热设备流程，完善的液位控制、压力控制及流量控制体系等。

2) 装置设计应设置事故(如：火灾、爆炸、反应器飞温等)条件下的紧急处置设施，如：慢速和快速两种紧急泄压系统，当循环氢压缩机出现故障时，慢速紧急泄压系统开启，反应系统降压；当反应器床层温度过高或装置发生火灾时，使用快速紧急泄压系统，使反应系统迅速降压，以避免催化剂和设备严重损坏。慢速和快速紧急泄压系统的设计应符合相关标准、规定的要求。

3) 装置设计应设置紧急停车的安全联锁系统。根据装置类型、催化剂体系需求不同设置不同的安全联锁方案。如：采用以下两种方案之一：

方案一：慢速紧急泄压系统启动时，可将原料油泵(包括液力透平)、循环油泵、新氢压缩机、反应加热炉停运；快速紧急泄压系统启动时，可将原料油泵(包括液力透平)、循环油泵、新氢压缩机、反应(循环氢)加热炉、循环氢压缩机停运。

方案二：慢速、快速紧急泄压系统启动时，只降反应压力，不联锁设备，但原料油泵(包括液力透平)、循环油泵、新氢压缩机、反应(循环氢)加热炉、循环氢压缩机在中控室、离设备 15m 处均设停机按钮，视情况停止运行。

4) 装置泄压系统设计应符合相关安全规范。如：慢速紧急泄压系统的泄压速率应在 0.5~1.0MPa/min 之间选取，可采用手动、自动两种方式；快速紧急泄压系统的泄压速率应在 1.4~2.1MPa/min 之间选取，一般只考虑手动方式泄压。

5) 装置设计应考虑在非正常操作工况下，装置、设备、催化剂处于安全状态或尽可能的安全状态。如氢气气密、催化剂硫化、钝化(如果需要的话)、紧急停工、停电、停汽、停止进料、净化压缩空气故障、压缩机故障、泵故障、新氢中断等。

6) 装置设计参数的选取应考虑非正常操作工况的影响。如：反应器内构件、高压换热器、热高压分离器、高压空冷器、冷高压分离器、循环氢脱硫塔入口缓冲罐、循环氢脱硫塔内件、循环氢压缩机入口缓冲罐等受到泄压影响的设备应考虑慢速、快速紧急泄压时对操作参数的影响。

7) 装置单体设备设计应考虑非正常操作工况的储备条件或储备条件的影响。如：循环氢压缩机采用离心式，循环氢压缩机流量、冷氢管线、阀门等应考虑反应器飞温的备用冷氢及备用冷氢的影响。

8) 装置设计应设置报警系统。如：冷高压分离器、循环氢压缩机入口缓冲罐、新氢压缩机入口缓冲罐的高、低液位报警系统。

9）装置设计可设置切断系统。如：高压原料油泵出口、高压循环油泵出口、高压贫胺液泵出口、循环氢压缩机进口和出口、热高压分离器向热低压分离器排放均可设置两位式快速切断阀。

10）装置设计应设置控制系统。如单回路控制系统、串级控制系统、均匀控制系统、分程控制系统、前馈控制系统、复杂计算控制系统、自动选择控制系统等。典型的如液位控制系统、压力控制系统、流量控制系统、温度控制系统等。

11）装置设计应设置安全联锁系统。如 SIS 安全仪表自动联锁保护系统、液位联锁系统、压力联锁系统、温度联锁系统等。如：冷高压分离器、循环氢压缩机入口缓冲罐、新氢压缩机入口缓冲罐液位高高联锁系统；冷高压分离器（或循环氢压缩机入口缓冲罐）压力高高联锁系统；反应器床层温度高高联锁系统。

12）装置设计应设置分散控制系统（DCS），以自动化技术和计算机技术为基础，实现过程控制。

13）对产生铵盐的设备和管线应设置注水系统。如：热高分气空冷器（或反应流出物空冷器）、热低分气空冷器设置注水系统：注水水质、注水量、空冷器内介质流速、材料选择、空冷器片数选择、管线布置等严格遵守相应规范。

14）控制、联锁系统的参数应考虑误差或故障。如：冷高压分离器（或循环氢压缩机入口缓冲罐）、新氢压缩机入口缓冲罐液位高高联锁应采用三取二表决式。

15）参数变化对操作有较大影响或导致安全问题时应考虑稳定参数设施。如：液力透平的流量相对固定。

16）参数变化对操作有较大影响或导致安全问题时也可考虑联锁设施。如：加热炉燃料压力过低，反应器入口温度过高，反应进料（循环氢）加热炉流率过低时，反应（循环氢）加热炉应联锁停运。

17）系统或设备故障对装置有较大影响时也可对该系统或设备分开设置。如：紧急停车逻辑设备（ESD）应独立于 DCS 之外设置：加氢裂化装置要求 ESD 快速动作（若用 DCS 实现起来不甚理想）；DCS 供全装置使用，处理信息多，通信系统复杂，出现故障的机率较专用的 ESD 要高；DCS 侧重于过程连续控制，需要频繁的人工干预，其误触发的机率较独立设置的 ESD 要高。

18）装置设计应考虑管线布置对设备操作、安全的影响。如两相加热炉、两相空冷器应严格遵守进、出管线对称布置要求，及对称布置要求的直管段、管件曲率半径等相应规范要求；

19）装置设计应考虑加氢裂化装置介质的特殊要求。处于高温、高压、易燃、易爆、有毒（部分介质剧毒）操作环境，设备、管线、阀门材料选择需严格执行相应规范、标准。

20）为确保装置安全生产，应配备不同来源的双动力电供应，设置 UPS 不间断电源，保证装置停电时的仪表用电。

21）设置安全检测仪器和设备。如对可能泄漏可燃气体或 H_2S 等有毒气体的地方，设置固定式的可燃气体报警仪和 H_2S 气体报警仪，设置的位置和个数应符合相关规范、标准。

22）设置安全阀。对生产过程中可能超压的设备（换热器、压缩机、泵、容器、反应器）、隔离的管件应设置安全阀，安全阀的泄放条件、型式、数量应符合相关规范、标准。

23）为保护设备和生产安全，在净化压缩空气故障情况下，高压到低压的液位调节阀、高压原料(循环)泵出口调节阀应选用风关阀,急冷氢阀、高压原料(循环)泵最小流量调节阀、新氢压缩机级间调节阀、循环氢压缩机副线阀应选用风开阀。

24)装置设计应考虑环境条件。如为防止仪表管道的冻凝和阻塞,高压分离器液位可设置仪表蒸汽伴热系统和高压隔离液滴注系统;沿海企业加氢裂化装置的高压奥氏体不锈钢设备均应保温(或防烫保温),避免由于海水蒸发而产生奥氏体不锈钢设备的应力腐蚀。

25)装置设计应考虑噪声危害。新氢压缩机、循环氢压缩机、高压原料(循环)泵、高压贫胺液泵应选用低噪声产品,在高噪声岗位设隔声间。

26)装置设计应考虑高压串低压的可能。如在热高压分离器底部、冷高压分离器底部、循环氢脱硫塔底部等差压较大地方设置双切断阀;高压原料油泵出口、高压循环油泵出口、高压注水泵出口、高压贫胺液泵出口等差压较大地方设置双切断阀和双单向阀。

27)对有毒、有害介质应排入密闭系统。如对有毒、有害介质的采样、切液作业应采用密闭形式,装置紧急泄压应排入密闭的火炬系统,紧急泄压的流速应在允许的马赫数范围内。

28)装置应设计泄漏着火的安全设施。如消火栓、消火泡、消防用高压水系统;由于反应器进出口法兰受热应力变化较大,高压氢气流泄漏容易着火,在反应器进出口管法兰处可增设中压蒸汽消防圈。

29)装置应设置检修通道。如:装置内应设置贯通式消防检修通道,并与装置四周的环形消防通道相连。

30)装置平面布置应满足防火规定要求,且在满足设备、建筑物防火间距要求及与四邻装置安全距离的同时,宜采用露天化、集中化和按流程布置,同类设备相对集中,高低压设备相对分开,反应炉、反应器尽可能靠近并位于装置一侧的原则。

31)装置设计应考虑当地地震条件及安全性评价。如装置桩基、设备强度设计等应符合当地地震烈度要求;按工程场地地震安全性评价工作分级,加氢裂化装置应按第Ⅱ级进行工程场地地震安全性评价。

32)装置设计应考虑高压含氢流体与其他介质衔接处的安全需求。如油品、水、公用工程管道与高压临氢管道相连时,应设高压单向阀,以防高压含氢流体窜入其他管道。

33)部分特殊设备应考虑其特殊安全设计要求。如往复式新氢压缩机应进行机组和管道的振动计算,使压力脉动和管道机械振动在允许范围内,管系设计应避开气柱共振区和机械共振区,防止阀板振碎、单向阀阀板焊道和安全阀阀座振裂、机组吸/排气阀损坏、管线法兰泄漏、安全阀失灵等。

34)装置设计应在现场配备必要的安全设施及安全通信设备。如洗眼站、淋洗设施、防爆对讲机、防爆扩音设备、安全警示牌、安全警戒线等。

三、本质安全分析及评价

(一)本质安全定义

本质安全的概念源于 20 世纪 60 年代的电气设备防爆构造设计,这种防爆技术不附加任何安全装置,只利用本身结构的设计,通过限制电路自身的电压和电流来预防产生过热、起弧或火花而引起火灾或引发可燃性混气的爆炸,它从根本上解决了危险环境下电气设备的防爆问题,故这样的电气设备被称之为本质安全型设备[102]。

1977 年,英国帝国石油化学公司(ICI)的安全顾问 Kletz 率先提出了本质安全的概念[103]：消除事故的最佳方法不是依靠附加的安全设施，而是通过在设计中消除危险或降低危险程度以代替这些安全装置，从而降低事故发生的可能性和严重性。

陈丙珍[104]强调本质安全设计是保障化工过程安全的源头，为此需要在设计时消除与过程系统有关的隐患。

Sanders[105]利用历史上的事故案例分析证明了设计考虑本质安全的重要性。

Faisal 和 Khan[106]认为：本质安全是从根源上预先考虑工艺、设备可能潜在的危险，从而在设计过程中予以避免，其主要思想是通过工艺、设备本身的设计消除或减小系统中的危险。

李求进等[107]认为：本质安全是以系统中物质的物化性质、工艺安全操作以及与工艺自身密切联系的有关特性为基础，这与危险的概念具有本质的对应性。

《职业安全卫生术语》(GB/T 15236—1994)本质安全定义[108]：通过设计等手段使生产设备或生产系统本身具有安全性，即使在误操作或发生故障的情况下也不会造成事故。

《机械工业职业安全卫生管理体系试行标准》本质安全定义[109]：设备或生产系统本身具有安全性，即使在误操作或发生故障的情况下也不会造成事故。

我国石化行业对本质安全的定义[110]：指通过追求人、机、环境的和谐统一，实现系统无缺陷、管理无漏洞、设备无故障。实现本质安全型企业，要求员工素质、劳动组织、装置设备、工艺技术、标准规范、监督管理、原材料供应等企业经营管理的各个方面和每一个环节都要为安全生产提供保障。

美国化工过程安全中心(CCPS)对本质安全定义[111]：本质安全就是营造一种安全的环境，在这种环境下的生产过程中伴随的物料及生产操作里存在的安全隐患都已经被减少或消除，并且这种减少或消除是永久性的。

黄剑峰[112]认为：从本质安全四大原理出发，设计可靠性高的生产工艺和设备，并建立科学的、系统的、主动的、全面的事故预防体系，使风险处于可控制、可接受的程度，就是本质安全。

Daniel 等[113]和 Edwards[114]认为：不存在绝对的本质安全过程，当某过程相比于其他可选过程消除或最小化了危害特征，就认为该过程是本质安全更佳的过程。

黄槐[115]认为：真正的本质安全是在寻求人的安全的可靠性，也就是人的行为安全；企业即使在技术和经济上有巨大投入，在机器、设备、装置上实现了本质安全，如果没有一批高素质的人，也未必能使技术、设备等方面的优势形成真正的本质安全；真正过程的本质安全是人的安全行为，应加强对人的教育和培训，把人的安全意识提高到自觉或自律的水平，并在此基础上，加强严格的安全管理，实施人本管理，向管理要安全。

石油化工装置实现本质安全，还需统一的指导思想和操作方案；具有操作性和实践性的理论标准；综合的本质安全评价方法；本质安全理论与本质安全评价技术的有机结合[112]。

（二）本质安全原理

本质安全是一种主动的风险管理方法，国外学者：Amyotte 等[116]、Kletz[117]、Mannan[118]及国内学者：樊晓华等[119]均将本质安全原理归纳为：最小化、替代、缓和和简化。

"最小化"指减少危险物质的使用数量，或减少危险物质在工艺过程中的使用次数。危险物质数量或能量越少，发生事故的可能性以及事故可能造成的严重程度就越小。

"替代"指使用安全的物质或相对安全的物质来替代原危险物质，使用相对安全的生产工艺来替代原生产工艺；

"缓和"指在不能最小化或替代危险物质时，应在安全的条件下操作，例如常温、常压和液态。缓和原理是在进行危险作业时，采用相对更加安全的作业条件，或者能减小危险材料或能量释放影响的材料设施的危险形式，或者用相对更加安全的方式存储、运输危险物质。

"简化"指简化工艺、设备、任务或操作，使设备状况清楚避免复杂设备和信息过载，使设备有充足的间隔布局来避免碰撞效应，使不增加过量的附加安全装置以减少错误发生的可能。

图 17-2-1　本质安全原理
优先顺序等级图

在实际应用中，本质安全原理具有一定的先后顺序，应当依次选择最小化原理、替代原理、缓和原理和简化原理，在前者无法实现的情况下再选择后者，通常应当将这些原理综合予以考虑，同时运用。图 17-2-1 表示了本质安全原理优先顺序等级图[107]。

吴宗之[120]认为：本质安全原理还应包括：限制影响——改变装置设计和操作来减少影响，如调节装置容错，大多数大型装置和工艺可以承受破坏，反应器可以承受未预料到的副反应；避免多米诺效应——有充足的间隔布局，可靠的关停设施和开放结构；避免组装错误——设计阀或管道系统，避免人为失误；明确设备状况——避免复杂设备和信息过载；容易控制——减少操作步骤等。

黄剑峰[112]认为：在当前科技水平下，石油化工企业真正的本质安全是无法实现的，危险源的存在是不可避免的，应用本质安全的方法只能减少危险，而无法消除系统中所有危险。为此提出了一种基于本质安全的综合风险管理模型：

1）工艺过程本质安全化。工艺过程本质安全是本质安全型石化企业的关键，可运用本质安全评价方法，从根源上找出工艺过程中可能潜在的危险，从而消除或减少工艺过程设计时未能考虑的危险。然后结合传统安全评价方法，找出系统中的危险源，增加安全措施，运用过程安全管理、风险管理计划等先进管理方法，把风险控制在最低水平。

2）生产设备本质安全化。同样，可运用本质安全评价方法，找出装置或设备在设计时未能消除的危险源，适当添加保护层，使设备具有较完善的防护和保护功能，以保证设备和系统能够在规定的运转周期内安全高效地运行。同时，对设备实施风险管理，运用 RBI、RCM、RAM、SIL、故障自愈调控等技术在设备层面上降低风险，这是保证工艺、防止事故的主要手段。

3）作业环境本质安全化。作业环境的本质安全化，即生产场所应确保职工的作业安全，在空间、气候等创造舒适安全的环境。作业环境本质安全化，主要通过本质安全的布局设计思想、"5S"管理、清洁生产、绿色化学等手段实现。

4）人员素质本质安全化。人员的本质安全化，要求操作者有较好的心理、生理、技术素质，以减少误操作而导致的事故。加强本质安全化和法治教育，提高职工的安全科技文化素质，营造良好的企业安全文化，是实现人员素质安全化的根本途径。

5）生产管理本质安全化。使生产管理从传统的"问题出发型"管理，逐渐转向现代的"问题发现型"管理，运用本质安全的原理和方法进行系统分析、事故预想、风险评价，从而做到超前管理、超前预防。建立和实施全面规范化生产维护管理体系 TnPM，这是其他管理体系的基础；完善 HSE 管理体系，在操作层面上降低风险，这是实现生产管理本质安全化的基础和保障。

6）评价方法本质安全化。引入全新的风险管理思想和策略，运用本质安全评价方法，查找系统中存在的固有危险源，结合各种防范措施和先进技术，增强石化企业的抗风险能力，从而达到本质安全化。

刘超明[121]提出了本质安全的设计原则：

1）安全第一、预防为主的原则。以人为本、安全第一是本质安全设计的最高目标。生产和安全相互依存，不可分割。离开生产活动，安全就失去了意义，没有安全保障，生产就不能顺利进行。安全和生产的辩证关系要求石油化工装置本质安全设计过程中必须执行有效性服从安全性原则。

2）设备技术优先原则。安全和危险是一对互为存在的概念，安全度和危险度分别是这对概念的定性和定量的度量。人的操作和管理失误、设备故障、意外因素等引发事故是不可避免的。

3）目标故障原则。本质安全系统的设计目标就是使系统具有零隐形故障，并且尽量少地影响有效性的显形故障，从而实现装置生产的零事故。

4）故障安全原则。故障安全包括失误安全和故障安全。失误安全是指误操作不会导致装置事故发生或自动阻止误操作的能力；故障安全即为设备、设施、工艺发生故障时，装置还能暂时正常工作或自动转变为安全状态的功能。

5）安全性、有效性、经济性综合原则。有效性和安全性的目标是矛盾的，有效性的目标是使过程保持运行（安全-运行），而安全性的目标是使过程停下来（安全-停车）。提高安全性必然降低有效性。经济性综合原则就是根据装置运行要求、工艺特点，在满足设计安全等级的前提下，尽量提高装置的有效性，以减少装置的无谓停车，提高生产的经济效益。

吴宗之[122]研究了本质安全与清洁生产和绿色化学之间的关系（图 17-2-2）：本质安全、清洁生产和绿色化学的产生反映了人类安全生产和环境保护思想由被动的末端治理到主动源头控制的客观发展过程。3 者从不同角度强调源头消减，全过程控制有害物质、事故和污染，以实现预防为主的目标。

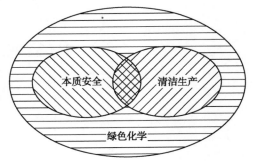

图 17-2-2　本质安全与清洁生产及绿色化学的关系

（三）本质安全评价

1）道火灾爆炸指标（Dow F&E Index）和蒙德指标（Mond Index）[123]：应用于概念设计阶段的本质安全评价，利用了工厂平面布置图、工艺流程图、过程类型、操作条件、设备及损失保护等详细信息，较好地覆盖化学工厂中的已存在的风险和危害。

2）本质安全指标的 Shepard 相似插值评价模型[124]：根据已知评价等级的样本系列，内插出对应于评价对象指标样本点的评价等级值。李求进等[107]利用该模型对三条生产工艺路线进行了评价。

3）原型本质安全指标（Prototype Inherent Safety Index，PⅡS）[125]：1993 年 Edwards 等提

出了ΡⅡS，该方法将本质安全指标分为两类，即化学类和过程类。目的是在概念设计阶段选择本质安全性较高的流程。

4）本质安全化设计指数体系[119]：根据物理化学性质、能量形式和控制原理归类分析建立评价指标体系。并以此为基础建立本质安全化设计指数体系，如图 17-2-3。

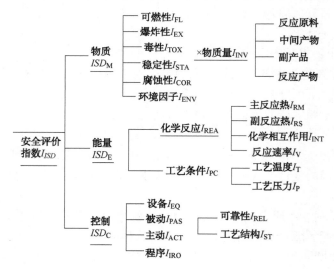

图 17-2-3　本质安全化设计指数及次指数

5）本质安全指标(Inherent Safety Index，ISI)[126]：1996 年 Heikkila 提出了本质安全指标 ISI，该方法在保持ΡⅡS 的基本结构不变的基础上，化学类指标中增加了腐蚀性、主反应热、副反应热、化学作用四个指标，过程类指标中增加了设备安全和安全过程结构两个指标，从而扩大了本质安全指标的范围，并将设备安全和结构安全纳入了本质安全考虑。以此为基础建立本质安全指标 ISI 结构，如图 17-2-4。

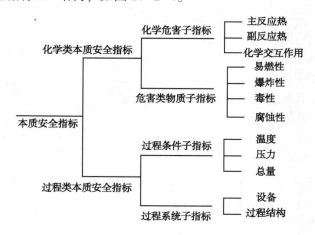

图 17-2-4　本质安全指标 ISI 结构

6）集成的本质安全指标(Integrated Inherent SafetyIndex，I2IS)[127]：2004 年 Khan 等提出了采纳 Gebtile 等提出的模糊概率理论的指标分析方法，将本质安全基本原理的应用转化成本质安全的子指标，然后与危害子指标进行集成，得到集成的本质安全指标评价方法。

7）基于模糊理论的本质安全评价指标（Fuzzy Based Inherent Safety Index）[128]：2003 年 Gebtile 等提出了将指标分析的区间边界模糊化，运用 if—then 规则能够系统地将定量数据与定性信息相结合，使指标分析具有逻辑性的本质安全评价指标。

四、加氢裂化装置事故及事故分析

（一）电力事故及事故分析

电力事故包括：停电、晃电等。表 17-2-7 列出了电力事故案例及事故分析。

表 17-2-7　电力事故案例及事故分析

时间	事故	现象	分析
2005.9	停电	0.7MPa/min 联锁未动作，温度上升至 420℃，2.1MPa/min 紧急泄压至 1.1MPa，开新氢机，系统压力上升至 2.0MPa，开循环机温度上升至 450℃，补入氮气温度温度上升至 882℃，高压换热器泄漏，部分催化剂发白烧坏	紧急泄压联锁未动；操作工误开新氢机
2005.5	停电	雷电致使全厂大面积停电，大部分机泵停运，空冷停运，液力透平联锁失灵	供电系统老旧，缺少保护措施
2004.4	停电	联合装置大面积停电，大部分机泵停运，空冷停运，反应温度快速上升，启动 0.7MPa/min 泄压放空	供电系统一路跳电故障未能及时恢复。
2001.5	停电	雷电致使全厂大面积停电，机泵停运，原料油、燃料油中断。几分钟恢复供电后，升温过程发生高压串低压	供电系统老旧，缺少保护措施。
2000.12	晃电	工厂 11×10^4V 变电所故障，引起装置晃电，机泵停运，UPS 失灵，DCS 停电，各参数无法监测和控制，启动 2.1MPa/min 泄压放空，装置紧急停工处理	2.1MPa/min 泄压后，循环氢压缩机停机联锁不动作，高压空冷电机启动不起来，部分现场表盘不供电等
1998.12	停电	配电房开关烧坏，引起装置停电，机泵停运，UPS 失灵，仪表电源停，启动 0.7MPa/min 泄压放空，装置紧急停工处理	管理不严，未按制度定期检查更换配电房开关。
1997.2	停电	全厂停电，3.5MPa 蒸汽中断，循环氢压缩机停运，启动 0.7MPa/min 泄压	工厂电网故障
1997.1	停电	全厂停电，装置动力电、仪表电全停，UPS 未自动投用，启动 0.7MPa/min 泄压、2.1MPa/min 泄压	工厂电网故障
1996.11	直流电源故障	新氢压缩机电机超电流，屏显严重故障报警，负荷降至空载，压缩机仍超电流，现场无法手动停机，强行拉闸停机	电气直流电电源系统超期使用，内部发生故障，造成电气直流电停电，控制装置高压电机开停的装置失电
1995.8	晃电	循环氢压缩机转速表被雷电击中损坏，停运，手动 0.7MPa/min 紧急泄压，装置停工	装置中虽然有静电保护装置和避雷装置，在雷雨天气仍要加强防雷、防静电的工作
1990.12	停电	电工测试变电所电器引起停电，空冷停 13 台，运行泵停 10 台，压缩机停 2 台	管理不严，未按制度办事

（二）飞温事故及事故分析

表 17-2-8 列出了飞温事故案例及事故分析。

表 17-2-8　飞温事故案例及事故分析

时间	现　象	分　析
2010[54]	循环氢压缩机透平背压蒸汽出口安全阀起跳后，导致循环氢压缩机停运，启动 0.7MPa/min 紧急泄压，系统压力 1.8MPa 时，启动循环氢压缩机，系统压力升至 3.62MPa 时，反应器最高温度 800℃	泄压时，未将压力泄到底就恢复生产，二次反应放热使温度升高；循环机开机程序过程共需要 1.5h 才能够带负荷运行，延误了通过冷氢量来控制床层温度的时间
2005.9	装置停电，0.7MPa/min 紧急泄压未启动，5min 启动 2.1MPa/min 紧急泄压，泄压到 1.07MPa 启动循环氢压缩机，15min 后出现飞温迹象，再次启动 2.1MPa/min 紧急泄压，第四床层中部温度上升到 882.81℃，第四床层下部温度上升到 782.95℃	装置停电，未及时启动紧急泄压；泄压时，未将压力泄到底就恢复生产，二次反应放热使温度升高
2003[55]	仪表故障，导致循环氢压缩机停运，自动 0.7MPa/min 启动紧急泄压，泄压倒 2.0MPa 时，温度从 460℃ 反弹上升到 600℃	泄压时，催化剂表面润湿率下降，二次反应放热使温度升高
1999.1 1999.2	切换原料油，反应器第五床层温度分别升至 453℃ 和 435℃，分别在加大冷氢无法控制的情况下，紧急泄压	原料油性质变化大，导致氢耗增加大，温升升高幅度
1991.7	循环氢压缩机突然停运，自动 0.7MPa/min 紧急泄压未启动，手动 0.7MPa/min 紧急泄压失灵，启动 2.1MPa/min 泄压放空，反应器最高温度 860℃	循环氢压缩机停运，装置满负荷生产，反应器温度 395℃，0.7MPa/min 紧急泄压失灵后，未立即启动 2.1MPa/min；循环氢压缩机转速无法升至要求时，进新氢，温度升至 500℃，启动 2.1MPa/min 引入纯度不够的高压氮气降温，温度升至 860℃
1988.2	硫化期间，循环氢中的硫化氢含量为 0.36%，20min 反应压力从 16.0MPa 降到 7.0MPa，裂化反应器第二床层温度快速升高到 414.8℃，紧急切断进料	进油前注硫量大，催化剂的活性高且不稳定，当反应温度达到蜡油初始反应温度时突然出现反应，并且迅速发展，床层温度难以控制出现超温；此时氢气供应恰好出现问题

(三) 火灾事故及事故分析

表 17-2-9 列出了火灾事故案例及事故分析。

表 17-2-9　火灾事故案例及事故分析

时间	现　象	分　析
2013.5	装置内操听到异常声响，观察视频监控画面，发现压缩机厂房起火，立即按下装置紧急停车按钮	新氢压缩机一级气缸端盖水套底部存在原始裂纹，在交变应力作用下逐渐扩展，最终导致开裂脱落，氢气泄漏着火
2011.1	原料油泵液力透平入口管线大量油气泄漏，起火，40min 被扑灭，烧毁部分电气及仪表电缆	设备升温后，温度变化导致螺栓预紧力变化，导致油气从高压金属垫圈法兰处溢出
2010.10	管线跨接施工过程中，蜡油泄漏，发生闪燃，烧伤 7 人，4 人重伤	施工管线泄漏后，私自带压堵漏；燃烧过程中，堵漏胶泥脱落导致火灾扩大

时间	现象	分析
2009.2	脱丁烷塔底泵入口介质温度为290℃，压力为1.5MPa，密封泄漏出来的高温油汽引发火灾	泵密封的波纹管外表面结垢，导致波纹管失去弹性而不能追踪补偿。该泵为自冲洗，备用状态下不能冲洗冷却，泵密封腔压力1.5MPa，系统波动导致密封失效
2008.4	分馏炉爆燃，着火，火灾持续20min，13辆消防车参与灭火	设备基础管理存在漏洞，管线材质鉴定没能准确判定该管段真实材质；腐蚀监测存在盲点，多次检测未发现该管段腐蚀减薄趋势
2004.3	分馏塔底循环油泵切换过程中，密封大量泄漏并着火	结焦导致密封波纹管高温疲劳，失去弹性。对密封的管理和维护存在漏洞
2002.1	分馏塔退油、扫线后，打开发生FeS自燃，关人孔，冷却，塔变形3m，并有倾斜	加工高硫油，导致腐蚀，形成FeS，未按操作规程处理即打开人孔
2000.6	脱丁烷塔底重沸炉烟囱突然冒出大量浓烟，当即判断炉管泄漏着火，立即将脱丁烷塔隔离泄压、停止塔底泵运行、炉膛通灭火蒸汽	对流段转辐射段的部位四路炉管平均厚度从8mm减为3mm；循环氢脱硫未开，高分油中的H_2S含量超2.7倍
1999.6	高压分离器液位控制发生偏差报警，反应系统压力从14.0MPa很快上升至15.4MPa，循环氢压缩机进出口压差也由1.2MPa上升至2.7MPa，转速从10000r/min降低至4700r/min，补充氢压缩机二段出口安全阀起跳，循环氢加热炉流量控制阀下部冒烟着火	循环氢加热炉流量控制阀瞬间关闭，造成了循环氢压缩机出口憋压，使其进出口压差增大，导致转速下降；随着反应系统压力的上升使补充氢压缩机二段安全阀也跟着起跳
1999.5	印度石油公司的加氢裂化装置发生火灾，导致5人死亡，2人烧伤，工厂和设备损失严重	氢气压缩机泄漏氢气
1999.2	操作人员采样过程中，高温尾油喷出着火，手动0.7MPa/min紧急泄压	操作人员违规采样。
1998.12	高温循环油泵密封泄漏着火，火势迅速扩大，火苗扑管架	管理存在漏洞，密封未定期检查更换。
1998.2	循环油泵流量表泄漏，高温油自燃着火	高温仪表垫片使用时间长，未定期更换，强度减小，引起垫片断裂
1997.5	处理高压空冷泄漏丝堵后，恢复正常流程时放空阀未关好，氢气泄漏着火，大火燃烧致使附近平台钢板和钢结构变形，烧伤1人	管理存在漏洞，放空阀未关就恢复正常流程
1996.10	更换备用反应进料泵出口高点排空手阀手轮，用力拆螺母时带动阀杆，使阀芯退出，温度350℃高温油从该阀喷出着火，作业人员烧伤	违章作业，且安全意识差
1996.8	高分界位玻璃板泄漏，高分油喷出，落到循环氢压缩机背压蒸汽管线引起大火	高分界位玻璃板破裂
1995.8	高温高压循环油泵入口过滤网法兰泄漏，热油线泄漏大，着小火，用泡沫及蒸汽消防掩护过程中，大量热油喷出，发生火灾	法兰螺丝未压紧，垫片严重变形，下方仅能压到5mm

续表

时间	现　象	分　析
1995.4	340℃循环油缓冲罐校验双法兰液面计时，高温蜡油喷出着火，火焰高达4m多	在没有确认双法兰液面计引压线手阀完全关闭时，撤下堵头放空
1992.1	分馏塔底温升到350℃后，各侧线仍无产品流出，塔顶也无流出物，塔顶压力0.35MPa，安全阀跳；降压过程中发生严重冲塔，塔顶温度250℃，塔顶空冷器风机有一半没开，温度激烈变化使四台空冷器共37个胀口泄漏；冲塔造成塔顶回流罐液面满，油随压控线进入减压分馏塔加热炉瓦斯线，该线炉前压力表检修中拆下，手阀开着，大量汽油喷洒到加热炉炉壁，引起大火，烧伤1人	仪表工在冬季停工防冻凝时将塔顶回流罐压控表表头丝堵拆下，在开工过程漏安装使该表失去作用；操作人员在分馏塔底温已升到350℃，反应已有生成物，分馏塔顶温仍停留在20℃左右，没有任何馏出物流出的异常情况下，没有进行现场检查，也是造成事故发生的一个重要原因
1988.4[101]	氢气加热炉熄火，引起氢气进料管八字盲板法兰的氢气泄漏着火。分馏塔底温升到350℃后，各侧线仍无产品流出，塔顶也无流出物，塔顶压力0.35MPa，安全阀跳；降压过程中发生严重冲塔，塔顶温度250℃，塔顶空冷器风机有一半没开，温度激烈变化使四台空冷共37个胀口泄漏；冲塔造成塔顶回流罐液面满，油随压控线进入减压分馏塔加热炉瓦斯线，该线炉前压力表检修中拆下，手阀开着，大量汽油喷洒到加热炉炉壁，引起大火，烧伤1人	反应系统降温降压时，降温速度过快，导致氢气加热炉联锁熄火；法兰前后温差大，导致氢气泄漏
1985.8[101]	燃料气自动切断，氢气加热炉突然熄火，引起加氢裂化反应器氢气进料管八字盲板法兰的氢气泄漏着火，火焰长达20m	燃烧气电磁阀电流短路，保险丝熔断，燃料气自动关闭；法兰前后温差大，导致氢气泄漏
1985.5[101]	燃料气供应中断，氢气加热炉突然熄火，引起加氢精制反应器氢气进料管八字盲板法兰的氢气泄漏着火	燃料气电磁阀断电，产生仪表联锁动作，自动关闭了燃料气阀门；法兰前后温差大，导致氢气泄漏
1969.6[58]	加氢裂化泄剂时，催化剂结焦，用铁棍捅，油气外泄，催化剂与空气自燃，引发大火，烧死1人	高压油泵总阀未关，催化剂尚有100℃温度，卸催化剂时，反应器内油未排干净

(四)爆炸事故及事故分析

表17-2-10列出了爆炸事故案例及事故分析。

表17-2-10　爆炸事故案例及事故分析

时间	现　象	分　析
2004.9	装置开工硫化期间，巡检人员循爆炸声赶往高压分离器，检查到玻璃板液位计时被喷出的高压氢气烧伤死亡	高压分离器玻璃板液位计中段石墨增强垫片呲开，氢气泄漏引发爆炸及着火；检修后未严格验收和跟踪管理
1997.1	反应器上的出口管破裂，1人被炸死，46名工人受伤，13名重伤人员被送医院	反应器出口管温度超过760℃，发生破裂；相应制度不健全
1994	高压分离器排放酸性水时，造成串压，导致低压的酸性水罐被炸飞	高压分离器酸性水液位测量仪表冻结失灵，显示满水位，实际水位已空

续表

时间	现　象	分　析
1993.8	高分压力升到 16.5MPa，超压后继续升到 17.16MPa，安全阀启跳，O 型密封圈损坏，不能复位，火炬管线剧烈摆动，200 多 m 管线从管架上甩下地面；另有 15m 火炬管线从龙门架上掉落，与地面碰撞产生火花，引起爆炸和火灾	操作工在岗睡觉，致使高分压力超高长达 1.5h；火炬系统管线和分液罐内存液
1992	高压换热器氢气泄漏导致爆炸和火灾，10 人死亡，7 人受伤	螺纹缩紧环高压换热器检修和维护不当，垫片压盖变形
1991.11	反应系统压力 6.5MPa，反应温度 250℃，司泵工在高压注水泵出口压力 5.0MPa 打开出口阀，致使 6.5MPa 高压氢油混合气反串至低压脱氧水罐，造成该罐超压物理性爆炸	司泵工违章操作；高压注水泵出口至换热器管线安装的两道止逆阀不起作用
1987.3[56]	英国格朗季蒙斯炼油厂加氢裂化装置紧急泄压后恢复生产期间，反应器升温至开工条件，低压分离器因超压发生爆炸，引发大火，火焰高 90 多 m，造成一人死亡，，经济损失 7850 万美元	反应器升温至开工条件，尚未进原料油，高分压力 15.5MPa，高分至低分液位控制阀处于全开，低分液位控制阀处于全关
1985.12[57]	美国 Citgo 石油公司炼油厂正在对氢气压缩机进行检查，发生爆炸和火灾，致 3 人死亡，2 人受伤	氢气压缩机入口管线 0.1m 裂口引起
80 年代[96]	氢气逸出，爆炸起火，8 人当场死亡，14 人受伤，相邻 4 套装置被炸毁	氢压机入口管线破裂
1967.9[58]	大庆加氢裂化装置高压油泵房 1967 年 9 月 9 日 10 时 15 分发生氢气泄漏爆炸，死亡 45 人，伤 58 人，炸毁厂房 4000 余 m²	氢气从泵出口管线倒串并泄漏

（五）泄漏事故及事故分析

表 17-2-11 列出了泄漏事故案例及事故分析。

表 17-2-11　泄漏事故案例及事故分析

时间	现　象	分　析
2013.5	内操听到异常响声，观测视频画面，发现压缩机厂房着火，装置紧急停工	新氢压缩机一级气缸端盖水套底部存在原始裂纹，在交变应力作用下逐渐扩展，最终导致开裂脱落，氢气泄漏
2002.8[67]	加氢裂化装置恢复正常生产时，发现加热炉烟气出炉温度 380℃，后又上升到 420℃，从对流室侧孔看去为氢气泄漏后的蓝色火焰	管内介质 H_2，压力 13.6MPa，温度 40～300℃，管外烟气出对流室温度 380℃，管内外可形成 H_2S 应力腐蚀、SO_2 和 SO_3 腐蚀及氢气露点腐蚀
2001.5	脱丁烷塔顶回流罐脱水包界位引出管泄漏，拆除保温后发现一道环焊缝约 2/3 圈开裂，并迅速扩展，装置被迫紧急停工、整个分馏塔隔离紧急泄压	该回流罐正常操作压力为 1.6MPa，温度 40～50℃，H_2S 含量 8%，介质为高硫液化气及含硫污水，由于长期处于高硫介质下，加之该引出管介质基本上处于静止状态，产生了低温硫化物应力腐蚀

续表

时间	现　象	分　析
2001.5	热高分前的温度270℃，开工进油后，热高分入口法兰温度瞬间从270℃下降到162℃，发生了大量高压氢气泄漏事故	进油量过大时，由于高压换热器的管程介质为循环氢气，热容小，与壳程原料油换热后，管程出口温度（即热高分入口法兰温度）瞬间急剧下降，法兰与螺栓因热膨胀系数有差异，产生泄漏
2000.10	反应外操在巡回检查时，发现高压分离器酸性水线有酸性水流射出最远达5m，装置紧急降量；当晚巡回检查中又发现高分酸性水付线下游手阀阀体焊缝开裂，泄漏出酸性水	阀体焊缝开裂，裂缝长约3cm，阀门本身缺陷所致
2000.3	循环氢压缩机出现润滑油压力低低信号，0.7MPa/min联锁设备全部停运，但循环氢压缩机蒸汽透平主汽门被卡死，循环氢压缩机未停下，0.7MPa/min泄压阀也未能开启动作	润滑油压力变送器气源环节故障和电气转换器故障所造成
2000.2	反应外操在巡回检查时，发现高压空冷出口处有大量白色雾状物，装置紧急停工	高压空冷出口管线焊缝撕裂所致
1997.3	装置运行4个月，高压循环氢换热器管程总长为228mm，外径33.7mm，内径19.5mm的排污管严重泄漏	高压换热器底部排污管线为不锈钢，长期受氯离子应力腐蚀、加工粗糙造成的局部应力集中和表面残余应力及含硫介质在管中沉积腐蚀而失效
1996.12	第三反应器底部3支热电偶断裂，400℃、16MPa油气泄漏，紧急停工处理期间，该反应器底部第4支热电偶断裂，油气泄漏	反应器空隙率小，导致流型由滴流转向脉冲流，低频脉动导致热电偶断裂
1995.6 1994.12	脱戊烷塔进料/反应器流出物换热器管程材质为16Mo5，管子外壁腐蚀严重，管子减薄，并有烂穿，发生2次爆管	管子外部，温度40~134℃，H_2S溶解于水，仅电离出H进行阴极极化反应，电离出的HS^-及S^{2-}吸附在金属表面，形成加速化学腐蚀的$Fe(HS)^-$复合离子，产生的裂纹发生爆管
1992.5	装置投料前一天，反应系统压力13.0MPa，反应器进口温度为180℃，原料油高压换热器底部排污口突然断裂，大量的氢气喷出发生了燃烧，大火烧坏平台及一些电缆线	高压换热器底部排污管线为不锈钢，长期受氯离子应力腐蚀及含硫介质在管中沉积腐蚀而失效
1989.6	装置临时停工，在停循环油泵用冲洗氢冲洗循环油进料管道过程中，循环油孔板法兰泄漏，响声使距法兰20m左右的地方互相听不见讲话的声音，立即启用2.1MPa/min紧急泄压系统	吹扫时间距停泵时间太近，管线温度300℃左右，冲洗氢阀开得过大过猛。使高压法兰温度急变，产生严重泄漏
1989.2	操作员在巡回检查中发现，脱丁烷塔回流罐玻璃板液面计接管下法兰漏液态烃，立即用蒸汽掩护，切断反应进料紧急停工	该法兰含铬高，是合金法兰而接管是碳钢，异种钢焊接造成焊缝开裂，最终开裂部分已占全焊缝的三分之二
1987.4 1986.6	脱乙烷塔顶冷凝器出口至脱乙烷塔塔顶回流罐管线2次穿孔泄漏	塔顶组分中含有较多的H_2S组分及微量水，形成了湿H_2S环境而造成腐蚀

（六）中毒事故及事故分析

表17-2-12列出了中毒事故案例及事故分析。

表 17-2-12　中毒事故案例及事故分析

时间	现　象	分　析
2014.4	装置开工烘炉前，拆卸低压瓦斯线上盲板，拆除后阀门内漏并着火，火扑灭后作业人员紧固法兰时，导致 1 人死亡	低压瓦斯含 H_2S，作业人员未正确佩戴空气呼吸器或空气呼吸器面罩密封损坏
2014.3	装置停工期间，拆卸过滤器安全阀，导致 1 人死亡，2 人中毒	安全阀出口至低压瓦斯截止阀未关闭，法兰拆开后，$2000\mu g/g H_2S$ 从拆开法兰倒串溢出；工人未带防毒面具
2013.7	工人巡回检查期间，发现 1 个 DN10 的排凝阀泄漏，用对讲机报告后试图关闭该阀，但该阀突然裂开，1 人死亡	排凝阀腐蚀引起泄漏，工人检查时未带防毒面具试图关闭，导致吸入高浓度 H_2S 死亡
2013.7	工人巡回检查期间，发现含硫氢气管线潮湿，进一步检查时泄漏量增大，4 人中毒	管线腐蚀减薄引起泄漏，工人检查时未带防毒面具。
2007.11[70]	脱 H_2S 汽提塔顶回流罐液位失灵，处理过程中，液位浮筒底部排凝阀排出的 H_2S，致 1 人中毒死亡	维修人员未带防隔离式呼吸防护用具，《H_2S 防护管理规定》执行不到位
2004.11	仪表工检修脱硫化氢汽提塔回流罐液位浮筒底部排凝阀时，含有硫化氢的烟雾突然从排凝阀排出，致 1 人死亡	仪表工未带防隔离式呼吸防护用具就打开含 H_2S 阀门，《H_2S 防护管理规定》执行不到位
1999.8[99]	一职工巡检时发现 H_2S 泄漏，处理过程中毒，班长发现后，立即救人，导致 2 人均死亡	管道腐蚀泄漏；工人未带防毒面具处理，救人的班长戴不防硫化氢的活性炭滤毒罐
1997.9	脱乙烷塔顶回流泵密封泄漏，含硫液化气外喷，处理过程中，含硫液化气越漏越大，2 人中毒	液位腐蚀造成失灵，导致回流泵抽空造成密封泄漏，工人未带防毒面具处理泄漏出的含硫液化气
1996.10	硫化期间分析催化剂排水量，打开高分排水阀，放至铁桶计量，现场 2 名操作工中毒倒地，多人前去救援，均不同程度中毒	高分酸性水所含 H_2S 挥发，形成致人中毒环境；操作工未携带防毒面具作业
1987.1	1 名工人作业过程中摘掉防毒面具，被泄漏的 H_2S 熏倒，安全员听到呼救，戴活性炭滤毒罐救人，被熏倒抢救无效死亡	H_2S 环境作业过程中不能摘掉防毒面具；活性炭滤毒罐不防 H_2S

（七）高压串低压事故及事故分析

表 17-2-13 列出了高压串低压事故案例及事故分析。

表 17-2-13　高压串低压事故案例及事故分析

时间	现　象	分　析
1997.9	高压分离器酸性水界位显示正常，酸性水汽提装置酸性水缓冲罐炸飞	高压分离器酸性水界位结冰，实际酸性水已排空，高压气体串至低压酸性水缓冲罐，安全阀来不及起跳，压力已超容器设计压力
1995.6	开注水泵过程中，高压油气通过高压换热器注水线倒串至装置的临时注水点，大量油汽弥漫了整个高压换热器区，启动 $0.7MPa/min$ 紧急泄压，致使加氢裂化装置火炬线部分管段从管架掉落	对注水流程未作详细检查确认的情况下，打开相关阀门，导致串压；火炬线有存液是造成火炬线掉落的原因之一

时间	现　象	分　析
1987.3	BP 格兰默思炼油厂加氢裂化低压分离器上的温度联锁动作停工,升压稳定温度,压缩机震动轻微偏高,等待进油时,发生爆炸,30km 外可听到,1 人被炸死	高分液位浮筒液位计失灵,安全停工的电磁阀被切断,液位控制处于手动。0 液位导致大量高压气体串入低压系统,导致低压分离器超压。低分液位控制阀被关闭,低分安全阀卸压能力不足,导致超压爆炸

(八) 高压空冷器泄漏事故及事故分析

表 17-2-14 列出了高压空冷器泄漏事故案例及事故分析[64]

表 17-2-14　高压空冷器泄漏事故案例及事故分析

原料	失效次数	泄漏原因	循环氢脱硫	流速/(m/s)	K_p值	NH_4HS 浓度/%
高硫	7	腐蚀	没有	6.0	0.38	9.6
高硫	6	腐蚀	有	3.1		4.86
高硫	3	腐蚀+制造	有	6.7	0.35	10.7
高硫	3	腐蚀、分配不均	有	3.0	0.10	2.5
高硫	2	腐蚀	有	2.9		4.86
高硫	1	制造	有	3.5	0.07	2.7
高硫	1	制造	有	3.4	0.10	6.39
高硫	1	腐蚀+制造	有	5.67	0.35	10.0
高硫	1	腐蚀	有	3.3	0.35	5.0

(九) 高压换热器事故及事故分析

表 17-2-15 列出了高压换热器事故案例及事故分析。

表 17-2-15　高压换热器事故案例及事故分析

时间	现　象	分　析
2013.6	高压换热器入口管线焊缝开裂、管板及管口腐蚀泄漏、管箱隔板变形焊缝开裂	NH_4Cl 垢下腐蚀及氯化物应力腐蚀
2013.6	高压换热器管束腐蚀泄漏	管束及管板结盐严重,NH_4Cl 垢下腐蚀及氯化物应力腐蚀
2010.6	装置开工升压到 4.0MPa,系统压力下降较快,排查发现反应产物/汽提塔进料换热器泄漏,停工	管程设计压力 17.41MPa,壳程设计压力 2.89MPa,管子被 NH_4HS 垢下腐蚀穿孔,堵管 60 根
2010.6[66]	反应产物/热原料油换热器管程的热原料油从管程检漏口泄漏到保温棉上,柴油自燃着火,手动启动 0.7MPa/min 紧急泄压停工	管程垫片质量差,压板与垫片的接触面已经被压变形
2010.5 2008	反应流出物/低分油换热器泄漏 2 次	大量注水导致低分油中水含量增大,形成低流速区及弯管部分水相聚集及浓缩引起腐蚀
2009.10	高压换热器内漏,导致产品不合格,停工处理	NH_4Cl 垢下腐蚀及氯化物应力腐蚀至 87 根换热管泄漏

续表

时间	现　象	分　析
2006.7	脱丁烷塔顶压力升高，打开安全阀副线仍无法降低，停工。反应流出物/低分油换热器换热管腐蚀穿孔	硫化氢、氯离子在冷凝水存在条件下导致管线腐蚀穿孔
2006.6	高压水冷器泄漏，装置紧急停车	加工高硫原料后引起的腐蚀穿孔
2004.9	检修完毕，开工气密过程中发现高压换热器管束泄漏，由于没有配件，无法更换管束，遂堵管 24 根（共 1268 根），装置继续开工	管束腐蚀穿孔，检修未发现
2003.9	反应流出物/循环氢换热器底部丝堵泄漏 14 滴/min	接管角焊缝开裂或硫化氢应力腐蚀开裂
2001.8	反应流出物/新鲜进料换热器管箱与管板之间的实心圆垫片与管箱的角焊缝泄漏	专用螺栓拉伸器空气液压泵最小油压远小于在操作状态单个螺栓能到达密封效果的最小油压及角焊缝强度不够
1999.5	低氮油穿透反应器后，换热器入口温度从190℃降到170℃，高压换热器入口法兰泄漏，冒青烟，降压、蒸汽掩护，反应器温度出口升到220℃，泄漏停止	温度聚降时，钢垫密封法兰与换热器头盖对温度的敏感性不同，形成间隙
1997.3	原料油高压换热器排污口漏油，0.7MPa/min 紧急泄压停工	排污管有一条 10cm 长的裂缝，约占排污管线 40%
1996.11	循环氢高压换热器壳程排污口严重泄漏，紧急泄压停工	NH_4Cl 垢下腐蚀及氯化物应力腐蚀导致排污管有一穿透裂纹呈"Y"型
1995.6 1994.12	脱戊烷塔进料/反应器流出物换热器 2 次爆管	碳钢管换热器存在 H_2S 高温、低温的不同腐蚀，堵管 120 孔（60 根 U 形管）
1992.8	化学清洗新鲜进料/反应器流出物换热器，清洗后发现管束大面积烂穿	化学清洗液所含的氯离子、硫离子造成不锈钢 U 形管束腐蚀
1992.6	循环氢高压换热器壳程排污口泄漏，紧急泄压停工	NH_4Cl 垢下腐蚀及氯化物应力腐蚀
1992.5	高压换热器排污口断裂，氢气泄漏，0.7MPa/min 紧急泄压停工；处理后开工，另一台漏油，停工	NH_4Cl 垢下腐蚀及氯化物应力腐蚀至泄漏，检查后多根换热管穿孔
1988.11	新鲜进料/反应器流出物换热器内漏造成循环油碱氮含量30μg/g	频繁的 0.7MPa/min、2.1MPa/min 紧急泄压

（十）催化剂作业事故及事故分析

表 17-2-16 列出了催化剂作业事故案例及事故分析。

表 17-2-16　催化剂作业事故案例及事故分析

时间	现　象	分　析
2009.12[65]	催化剂装填过程中，2 人中毒	为防待卸催化剂自燃及产生 SO_2 等有毒气体，卸剂在氮气保护下进行，导致窒息
2009.4[65]	催化剂撒头过程中，1 人中毒死亡	为防待卸催化剂自燃及产生 SO_2 等有毒气体，卸剂在氮气保护下进行，导致窒息
2002[65]	催化剂卸剂过程中，FeS 自燃，反应器内作业人员被及时救出	催化剂卸剂过程中防护处理及安全管理未到位

（十一）仪表事故及事故分析

表 17-2-17 列出了仪表事故案例及事故分析。

表 17-2-17　仪表事故案例及事故分析

时间	现　象	分　析
2006.7	DCS 系统控制站通讯卡故障，装置 400 多个回路不能在操作站显示和操作，反应系统和分馏系统的大部分数据丢失，装置紧急停工	2 块 CPU 均故障，2 块通信卡也故障
2004.7	循环氢压缩机汽轮机轴承温度瞬间由正常的 68℃ 突升至 197℃ 而联锁停机，系统压力没有下降，现场确认泄放阀没有打开，8min 后打开，三床、四床出口温度上涨到 397℃，系统压力降低到 3.5MPa 时，四床入口温度 350℃，出口达到 430℃	汽轮机轴承温度假指示，泄放阀未打开原因是仪表风堵
2003.7	高压进料泵推力轴瓦温度突然由 40℃ 升高到 99℃，导致联锁停泵，造成加氢裂化进料中断	温度假指示，原因是接线松动所致
2002.4	DCS 黑屏，20s 后闪两下又黑屏，各仪表输出值为 0，调节阀全开或全关，废热锅炉安全阀起跳，紧急泄压后 2 台高压换热器泄漏	DCS 死机；启用 2.1MPa/min 紧急泄压后，循环氢压缩机主气门卡，未停机
2000.7	循环氢压缩机因联锁压缩机轴位移超高报警，导致联锁停机，引起装置联锁全部动作	轴位移继电器老化失电；仪表设备的维护保不及时
2000.3	循环氢压缩机润滑油压力低，联锁 0.7MPa/min 设备全部停运，但由于循环氢压缩机蒸汽透平主汽门卡死，循环氢压缩机未停下，同时 0.7MPa/min 泄压阀也未能开启动作	润滑油压力变送器气源环节出现问题
1999.5	循环氢压缩机就地仪表盘手动按钮失灵，3 次导致循环氢压缩机停运	按钮老化造成误动作；仪表设备的维护保不及时
1996.9	13：20DCS 出现仪表风压力低限报警信号，但由于操作人员未打开报警蜂鸣器开关，操作人员未发现；13：40 再次出仪表风压力低低限报警信号，仍未引起操作人员注意，到 13：50 由于仪表风压力低导致了 0.7MPa/min 和 2.1MPa/min 动作，装置停止进料	仪表风故障时，自带的储罐仍有 30min 的供风能力，两次压力低报警均未引起当班操作人员的注意，最终导致了事故的发生

（十二）循环氢压缩机事故及事故分析

表 17-2-18 列出了某加氢裂化装置历年循环氢压缩机案例及事故分析。

表 17-2-18　循环氢压缩机事故案例及事故分析

开工时间	停工时间	停工原因	运行天数/d
1984.2.22	1984.3.20	蒸汽透平调速杆丝扣脱落	28
1984.3.23	1984.5.29	更换蒸汽透平调速阀	68
1985.4.30	1985.5.28	调速杆磨损、振动剧烈、停工	30
1985.7.27	1985.9.18	调速杆磨损、振动剧烈、停工	54
1986.1.13	1986.4.8	调速杆振动剧烈、停工	86
1986.4.15	1986.5.7	调速杆过紧、停工	23
1988.3.22	1988.12.15	调速器失灵、停工	268
1990.2.22	1990.11.21	调速器失灵、停工	272
1990.11.24	1991.4.15	调速器振动剧烈、停工	142

续表

开工时间	停工时间	停工原因	运行天数/d
1991.6.11	1991.7.3	调速杆固定弹簧振断、停工	23
1995.3.1	1995.6.1	调速杆振动剧烈、停工	92
2004.5.17	2006.4.25	调速杆振断、焊接处理	700
2006.4.25	2006.4.29	调速杆振断、焊接处理	4
2006.4.29	2006.8.5	调速杆振断、焊接处理	98

（十三）氢气中断事故及事故分析

表 17-2-19 列出了氢气中断事故案例及事故分析。

表 17-2-19　氢气中断事故案例及事故分析

时间	现　象	处　理
2002.8	制氢氢气中断，补充管网氢	降温降量
2002.4	补充氢大幅波动	降温降压降量
2001.10	重整氢中断	降温降压降量
2000.11	重整氢中断	降温降压降量
2000.9	重整氢中断	降温降压降量
2000.7	重整氢中断	降温降压降量
2000.6	外供氢中断	停工 3 天
2000.9	重整氢中断	降温降压降量
2000.9	重整氢中断	降温降压降量
2000.9	重整氢中断	降温降压降量

（十四）循环氢脱硫事故及事故分析

表 17-2-20 列出了循环氢脱硫事故案例及事故分析。

表 17-2-20　循环氢脱硫事故案例及事故分析

时间	现　象	分　析
2011.2	循环氢压缩机入口分液罐液位超高，联锁循环氢压缩机停机	调整高压空冷导致循环氢脱硫塔操作大幅波动，脱硫后循环氢携带油水混合物；胺液带油；循环氢压缩机入口分液罐液位开关与入口位置一致，液位未明显上升时，液位开关已联锁
2009.5[69]	循环氢脱硫塔液位下降，关阀，液位不上升，但循环氢压缩机入口分液罐液位超高，压缩机连续喘振	高分分液效果差，每 10 天循环氢脱硫塔撇液 20cm，塔内大量泡沫，气体带液
2007.5	循环氢压缩机入口分液罐液位超高，联锁启动 0.7MPa/min 紧急泄压停工，泄压过程中催化剂床层温度最高 454.3℃	循环氢脱硫塔胺液发泡，塔内油水乳化，脱硫后循环氢携带油水混合物，循环氢压缩机入口分液罐无法及时排放
1992.7 1992.5[68]	循环氢压缩机入口分液罐液位超高，联锁启动 0.7MPa/min 紧急泄压停工 4 次	填料选择失误，将 50mm 乱堆鲍尔环更换为 7550mm 乱堆鲍尔环后发泡问题得以解决

(十五)加热炉事故及事故分析

表 17-2-21 列出了加热炉事故案例及事故分析。

表 17-2-21　加热炉事故案例及事故分析

时间	现象	分析
2013.5[75]	加热炉空气预热器内发生着火,装置因事故被迫停工	预热器内因高温致使预热管大部分融化损坏
2009.10	装置恢复生产时,氢气加热炉炉膛温度多次出现超工艺卡片800℃,循环氢压缩机联锁停机后,发生火灾,炉体破损,2根炉管弯曲变形,6根不同程度局部变粗	氢气加热炉出口未装单向阀,压缩机停运后,蜡油到串入炉管,炉管内介质偏流,管壁温度超标
2005.9[60]	反应进料加热炉炉管破裂着火,装置紧急停工,大火燃烧超过了40min	炉管局部长期承受高温,导致材料组织性能退化,强度降低和塑性变形集中所致
2003.10[61]	韩国蔚山炼油厂加氢裂化分馏塔底重沸炉对流段第三排(沿烟气流动方向)左数第三根炉管上部破裂,导致原料油泄漏引起火灾。大火燃烧了2h,烧毁了重沸炉	分馏塔底重沸炉对流段炉管在高温 H_2S-H_2 环境长期腐蚀破裂,其余未破裂5路严重减薄,破裂炉管腐蚀产物的大部分是 FeS
2003.4[62]	外操巡检,发现分馏炉烟囱有黄烟冒出,油流从炉膛流到地面并着火,熄灭炉火,停鼓风机供风,关闭瓦斯进装置总阀,打开分馏炉炉膛消防蒸汽,关闭分馏塔进料阀,清理现场时,将站在炉底下清理现场的2人烧伤	管减薄开裂是造成事故的主要原因,裂口处炉管壁厚仅为 1.8~2.4mm,减薄是由于高温 H_2+H_2S 腐蚀造成,设计时炉管选材等级偏低
2000.6[63]	脱丁烷塔底重沸炉对流段转辐射段转油线炉管泄漏着火,装置紧急停工	加热介质存在硫及硫化物,加热炉出口温度355℃,在腐蚀最严重的350~400℃之间,油品的相变气化,流速提高,使腐蚀加快
1996.4[59]	日本冲绳加热炉着火,喷射的原料油进一步导致其他炉管故障,大火燃烧近8h	短期蠕变造成加热炉炉管中数段炉管破裂
1992.3	炉管出口管线暗红色,管壁温度超高停工	重整氢 $20\mu g/g$,导致棕褐色状结垢物 NH_4Cl 大量积聚加热管内
1987.11	装置开工升温阶段,循环氢加热炉其中1路管壁温度565.7℃,比其余3路高200℃,仪表检验后继续升温,该管壁温度597.8℃,停工	加氢反应系统氮气从循环氢加热炉出口单向阀倒窜去制氢,将部分蜡油带入炉管内;高压换热器内漏,生成油漏入氢气一侧

(十六)高压分离器事故及事故分析

表 17-2-22 列出了高压分离器事故案例及事故分析。

表 17-2-22　高压分离器事故案例及事故分析

时间	现象	分析
1999.7	冷高压分离器界位不明显,分不出水,低分油发黑	原料油 C_7 不溶物超标,精制油发黑,高分油水乳化
1999.5	冷高压分离器头盖在催化剂硫化期间泄漏,导致大量高浓度 H_2S 气体逸出,降压处理	冷高压分离器头盖预紧力不够,再紧,泄漏止住

续表

时间	现　象	分　析
1997.5	冷高压分离液位超高，引发循环氢压缩机自停，引发 0.7MPa/min 紧急泄压	管理存在问题，冷高压分离界位故障，操作工错误处理成液位
1997.2	冷高压分离气带液，影响循环氢脱硫，污染富胺液，导致贫胺液质量差	卧式冷高分分离空间不足，导致分离效果差
1996.9	冷高压分离界位玻璃板泄漏，冷高分油喷出，落在循环氢压缩机背压蒸汽管线引发大火，装置紧急泄压	冷高压分离界位玻璃板质量差
1998.6	热高压分离器液面大幅波动，3min 内液面可从 90% 降到 35%，也会从 20% 上涨到 80%	催化剂床层脉动导致系统差压大幅波动，引起热高压分离器液面的大幅波动

（十七）其他事故及事故分析

表 17-2-23 列出了其他事故案例及事故分析。

表 17-2-23　其他事故案例及事故分析

时间	现　象	分　析
2000.9	循环氢压缩机高位罐仪表液位指示现场一次表失灵，高位罐液面空，液位指示仍为 50%，密封油电泵未启动，高位罐液位低低联锁启动，循环氢压缩机跳闸，引发 0.7MPa/min 紧急泄压	蓄能器隔栅内皮囊破裂导致高位罐内油经外循环回至储油大罐
2000.7	装置按计划停工检修。减压分馏塔经过水洗，打开人孔后没有采取进一步的保护措施。操作人员上班去检修现场时发现塔上部塔身向西北方向倾斜，经观察是在塔填料段下部变形，并可观察到塔壁发红，证实是发生了硫化亚铁自燃，更换筒体 11.0m	加工含硫原料时，未对设备改造，水洗后未采取措施，导致 FeS 自燃
1990.2	新氢压缩机入口分液罐全开切水阀切水，无法制止水位上升，新氢压缩机停机，装置切断进料	制氢装置提供的氢气大量带水；新氢压缩机入口分液罐水停留时间短；排放水阀尺寸小
1989.12	减压分馏塔进料线发生强烈水击，侧线柴油汽提塔底泵抽空，3 天无法正常操作，停工	从进料口上部塔板向上翻起，15 层塔板全部损坏，集油箱严重变形，70% 填料环散落在塔内各处看，水的存在及强抽空产生的负压是事故主因。
1989.6	用冲洗氢吹扫循环油进料线，流量孔板法兰突然发生严重泄漏，巨大的响声使距法兰 20m 的地方互相听不见讲话的声音，立即启动 2.1MPa/min 紧急泄压	吹扫时间距停泵时间太近，管线温度仍在 300℃ 左右，冲洗氢阀开得过大过猛，使高压法兰温度急变，而产生严重泄漏
1988.2	脱丁烷塔压控线全开，塔底重沸炉熄火，塔顶安全阀全开，塔顶压力 30min2.3MPa 无法降到正常操作压力 1.8MPa	反应温度高致使反应深度过大，大量低分子烃类进入脱丁烷塔；塔顶安全阀前隔断阀仅开 4 扣，其中 2 扣系空扣
1987.8	1.0MPa 蒸汽管网压力波动，循环氢压缩机排汽背压升高，转速降低，开大界区 1.0MPa 蒸汽阀门后，排汽背压下降，转速回升，高分液面猛然升高，加大向低分减油，造成低分压力突然上升安全阀起跳	操作的调整的连贯性和系统性不足，缺乏系统指挥

续表

时间	现　象	分　析
1986.10	循环油缓冲罐液位高，开阀外排未转化油，但液位一直上升到满罐，安全阀起跳；减压分馏塔满塔；蜡油从大气水封罐顶排出并着火；分馏塔满塔；轻石脑油线、重石脑油线、喷气燃料线、柴油线全部串入蜡油	装置内外排未转化油阀打开，但罐区阀门没开，实际未排未转化油；提高反应温度，降低未转化油量的措施未采取
1986.10	减压分馏塔底重沸炉回火爆燃，接着常压分馏塔底重沸炉回火，减压分馏塔底重沸炉第二次回火，停炉	燃料油与雾化蒸汽差压仅 0.07MPa，燃料油雾化不良，部分火嘴熄火，大量燃料油漏入炉膛遇明火产生爆燃
1986.9	分馏单元热油运，在启动第二分馏塔底泵时出口压力表突然弹出，200℃热柴油从压力表引压管喷出，操作人员立即停泵，关闭泵出入口阀门	国产压力表与原压力表引压线接口螺纹规格不同，国产压力表头是公制螺纹，而引线接头是英制螺纹，两者不匹配
1986.9	高压气密阶段，高分液位超高联锁，循环氢压缩机紧急停车，引发 0.7MPa/min 紧急泄压，反应加热炉自动熄火。操作人员在主火嘴手阀未关闭的情况下，将控制阀复位，有四个主火嘴又自动点燃。反应加热炉管壁温度最高点升到512℃	当联锁系统动作后，操作人员应首先检查确认各联锁动作情况，并关闭主火嘴燃料阀门；当主火嘴手阀关闭后，方可将联锁复位

第三节　环境保护

一、加氢裂化装置污染物分析

加氢裂化的污染物主要为：污水——含硫污水和含油污水(含生活污水)；废气——工艺废气、加热炉烟气、跑、冒、滴、漏散发的气体；废渣——失活催化剂。图 17-3-1 为加氢裂化主要污染物示意图。

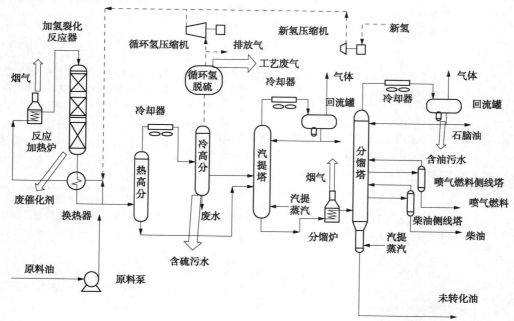

图 17-3-1　加氢裂化主要污染物示意图

(一)污水

1. 含硫污水

加氢裂化过程是将原料中的硫化物、氮化物在加氢反应过程中转化为 H_2S 和 NH_3，H_2S 和 NH_3 主要在冷高压分离器、冷低压分离器、脱 H_2S 汽提塔(或脱丁烷塔、脱戊烷塔)分水包连续排出，少部分在循环氢脱硫塔入口分液罐、循环氢压缩机入口分液罐底部间断排出。表 17-3-1 列出了加氢裂化装置含硫污水的组成，表 17-3-2 列出了加氢裂化装置含硫污水量，表 17-3-3 列出了加氢裂化装置各排放点含硫污水的组成，表 17-3-4 列出了加氢裂化装置含硫污水的其他杂质含量。

表 17-3-1 加氢裂化含硫污水的排放情况

位 置		COD mg/L	石油类 mg/L	挥发分 mg/L	硫化物 mg/L	氨氮 mg/L
加氢裂化[129]		23000	600	150	11250	8000
加氢裂化[130]	I	26200	323.5	7.9	17400	8770
	II	21900	211.3	32.5	11300	5640
加氢裂化[131]	I		60	4	25664	16305
	II		236	57.4	57785	61079
加氢裂化[133]			5	75	37000	23000
加氢裂化		45120	15	74	28197	8611
加氢裂化				680	64300	33800
加氢型(含两套加氢裂化)[136]		<1000	20~50	0~20	15000~25000	
加氢裂化[137]		30000	150		26300	
加氢裂化[137]		23575	89		14375	
加氢裂化[137]		37375	108		22475	
加氢裂化[137]		16717	50		25658	
加氢裂化[137]		30550	72		18088	
加氢裂化[137]		8007	20		4890	
加氢裂化[137]		23754	462		11462	
加氢裂化[137]		13540	32		5500	
加氢裂化[137]		21000	71		29800	
加氢裂化[137]		38150	136		21116	
加氢裂化[138]		53300		0.05	12000	

从表 17-3-1 可看出，加氢裂化含硫污水的 COD 排放：最大 53300mg/L，最小 8007mg/L，15 套数据的平均值为 26065mg/L；石油类排放：最大 600mg/L，最小 5mg/L，17 套数据的平均值为 155mg/L；挥发分排放：最大 680mg/L，最小 4mg/L，9 套数据的平均值为 105mg/L；硫化物排放：最大 64300mg/L，最小 4890mg/L，19 套数据的平均值为 23398mg/L；氨氮排放：最大 61079mg/L，最小 5640mg/L，8 套数据的平均值为 20650mg/L。

表 17-3-2　加氢裂化装置含硫污水量

位置	装置处理量	含硫污水量	每吨原料油的含硫污水量	备注
	Mt/a	t/h	kg/t	
加氢裂化[131]	0.8	9.287	93	设计数据
	0.8	9	90	生产数据
加氢裂化[131]	0.8	6.847	68	设计数据
加氢裂化[129]	3.2	33	86	设计数据
加氢裂化	0.8	6.5	65	生产数据
加氢裂化[137]	1.2	10.2	71	生产数据
加氢裂化[137]	1.0	11.0	134	生产数据
加氢裂化[137]	1.5	15.5	99	生产数据
加氢裂化[137]	1.1	12.0	96	生产数据
加氢裂化[137]	1.4	23.0	134	生产数据
加氢裂化[137]	1.0	9.6	81	生产数据
加氢裂化[137]	1.2	14.0	113	生产数据
加氢裂化[137]	1.3	11.0	76	生产数据
加氢裂化[137]	2.0	34.0	143	生产数据
加氢裂化[137]	0.65	5.0	65	生产数据

从表 17-3-2 可看出，加氢裂化每吨原料油的含硫污水排放量：最大 143kg/t，最小 65kg/t，15 套数据的平均值为 94kg/t。

表 17-3-3　加氢裂化装置各排放点含硫污水的组成

位置		COD	石油类	挥发酚	硫化物	氨氮	氰化物
		mg/L	mg/L	mg/L	mg/L	mg/L	mg/L
加氢裂化	低压分离器[131,132]	2160	163	0.3	4208		
	分馏塔顶[132]	3004	5030		2316		
加氢裂化[134]	低压分离器	7800	41	0.2	965	524	0.17
	分馏塔顶	534.5	9.4	1.6	265.4	2877	0.1
加氢裂化[135]	低压分离器	53300		0.05	12000		
	低压分离器和脱 H_2S 汽提塔	49000		0.4	16000		
加氢裂化	高压分离器	27097	7.0			26055	16985

表 17-3-4　加氢裂化装置含硫污水的其他杂质含量　　　　　　　　　mg/L

位置	Cl^-	Fe^{3+}	K^+	Na^+	Ca^+	Mg^{2+}
高压加氢裂化[136]	617	0.0	10.2		1.9	9.8
中压加氢裂化[136]	28.8	12.2	0.2	3.5	0.8	0.4

2. 含油污水

加氢裂化可能连续排放含油污水的地方包括：机泵冷却水、减压分馏塔水封罐等；间断排放含油污水的地方包括：地面冲洗水、设备清洗排放水、高温采样冷却器排水、生活设施排水等。表 17-3-5 列出了加氢裂化装置含油污水的组成，表 17-3-6 列出了加氢裂化装置含油污水量。

表 17-3-5　加氢裂化含油污水的排放情况

位　　置		COD	石油类	挥发酚	硫化物	氨氮
		mg/L	mg/L	mg/L	mg/L	mg/L
加氢裂化[129]	连续	280	120	2.5	1	1
	间断	300	50	0.5	2	80
加氢裂化	连续	103	13	0.28	14	
加氢裂化[137]	连续	250	150			
加氢裂化[137]	连续	552	20			
加氢裂化[137]	连续	126	10			
加氢裂化[137]	连续	107	65			
加氢裂化[137]	连续	351	143			
加氢裂化[137]	连续	106	10			
加氢裂化[137]	连续	230	12			
加氢裂化[137]	连续	215	50			
加氢裂化[137]	连续	256	50			
加氢裂化[137]	连续	183	14			
加氢裂化[138]	连续	280		0.03	1.0	0.68

从表 17-3-5 可看出，加氢裂化含油污水的 COD 排放：最大 552mg/L，最小 103mg/L，12 套连续排放数据的平均值为 238mg/L；石油类排放：最大 150mg/L，最小 10mg/L，12 套数据的平均值为 55mg/L。

表 17-3-6　加氢裂化装置含油污水量

位置	装置处理量	含油污水量	每吨原料油的含油污水量	备　　注
	Mt/a	t/h	kg/t	
加氢裂化[129]	3.2	12.2	32	连续
	3.2	3.0	8	间断
加氢裂化	0.8	3.8	38	连续
加氢裂化[137]	1.2	5.0	35	连续
加氢裂化[137]	1.0	4.5	55	连续
加氢裂化[137]	1.5	5.5	35	连续
加氢裂化[137]	1.1	2.5	20	连续
加氢裂化[137]	1.4	14.0	81	连续
加氢裂化[137]	1.0	2.7	23	连续
加氢裂化[137]	1.2	4.0	32	连续
加氢裂化[137]	1.3	4.6	32	连续
加氢裂化[137]	2.0	10.0	42	连续
加氢裂化[137]	0.65	2.0	26	连续

从表 17-3-6 可看出，加氢裂化每吨原料油的含油污水排放量：最大 81kg/t，最小 8kg/t，12 套连续排放数据的平均值为 38kg/t。

（二）废气

1. 加热炉烟气

加氢裂化加热炉烟气排放的地方包括：反应进料加热炉或氢气加热炉、脱丁烷塔底重沸炉、常压分馏塔进料加热炉或分馏塔底重沸炉及减压分馏塔进料加热炉或分馏塔底重沸炉。表 17-3-7 列出了加氢裂化装置加热炉烟气量和组成。

表 17-3-7　加氢裂化装置加热炉烟气量和组成

位　　置	装置处理量	加热炉排放量总和			加工吨原料产生的烟气量		
		排放量	SO₂	烟尘	排放量	SO₂	烟尘
	Mt/a	×10⁴m³/h	mg/m	mg/m³	m³/t	mg/t	mg/t
加氢裂化[137]	1.2	15.1	683	201	1057	424	118
加氢裂化[137]	1.0	5.46	3		666	1	
加氢裂化[137]	1.5	6.79	208		431	55	
加氢裂化[137]	1.1	9.16	112	30	730	82	22
加氢裂化[137]	1.4	1.65	233		96	22	
加氢裂化[137]	1.0	12.1	6		1016	3	
加氢裂化[137]	1.2	2.7	39		215	3	
加氢裂化[137]	1.3	2.2	46	33	153	7	5
加氢裂化[137]	2.0	3.3	54	28	139	7	4
加氢裂化[137]	0.65	0.68	15	18	88	1	2

从表 17-3-7 可看出，加氢裂化加工吨原料产生的烟气量：最大 1057m³/t，最小 88m³/t，10 套数据的平均值为 459m³/t；SO₂ 排放量：最大 424mg/t，最小 1mg/t，10 套数据的平均值为 42mg/t；烟尘排放量：最大 118mg/t，最小 2mg/t，5 套数据的平均值为 30mg/t。

2. 工艺废气

加氢裂化工艺废气排放的地方包括：原料油缓冲罐气封气、注水罐气封气、分馏塔顶回流罐气封气、减压分馏塔顶大气水封罐气体等。这些气体或排入放空罐回收，或通过单设的低压瓦斯火嘴烧掉，不单独排入大气。

3. 跑、冒、滴、漏散发的气体

加氢裂化跑、冒、滴、漏散发的气体排放的地方包括：法兰、阀门、孔板、安全阀、采样器等的泄漏。跑、冒、滴、漏散发的气体排放量取决于法兰、阀门、孔板、安全阀等的制造质量、建设过程中的安装质量(如法兰、阀门、孔板的现场保护，螺栓的预紧力选取、使用的工具及安装程序等)、生产过程的管理(如：采样程序及执行状况、盲板的位置、阀门的开关状态)等。

（三）废渣

加氢裂化废渣主要包括：加氢精制催化剂、加氢裂化催化剂及填充物。加氢裂化装置废渣量列于表 17-3-8。

表 17-3-8　加氢裂化装置废渣量

位置	装置处理量	废催化剂			废填充物	废催化剂			废填充物
		保护剂	精制剂	裂化剂		保护剂	精制剂	裂化剂	
	Mt/a	t	t	t	t	t/a	t/a	t/a	t/a
加氢裂化[129]	3.2	60	241.02	361.02	110.01	20	40.17	60.17	36.67
加氢裂化	3.6	72.57	281.99	499.65	54.43	24.19	47.00	83.28	18.14
加氢裂化[15,138]①	4.0	98.9	387.49	303.6		49.45	96.87	75.9	
加氢裂化[12]①	1.0	12.64	150.51	170.95		4.21	25.09	28.49	
加氢裂化[139]①	1.4	14.34	207.62	187.40		7.17	51.90	46.85	
加氢裂化[140]①	1.2	13.75	112.84	76.53		6.87	28.21	19.13	
加氢裂化[141]①	1.8	8.77	225.4	129.06	18.68	2.92	37.57	21.51	6.22
加氢裂化[142]①	2.2	26.96	162.23	352.52		8.99	27.04	58.75	

①由催化剂装填量计算得出。

从表 17-3-8 可看出，加氢裂化装置保护剂年平均卸出废剂量：最大 49.45t/a，最小 2.92t/a，8 套排放数据的平均值为 15.47t/a；精制剂年平均卸出废剂量：最大 96.87t/a，最小 25.09t/a，8 套排放数据的平均值为 44.25t/a；裂化剂年平均卸出废剂量：最大 83.28t/a，最小 19.13t/a，8 套排放数据的平均值为 49.26t/a。

二、加氢裂化装置清洁生产及泄漏检测与维修

（一）加氢裂化装置的清洁生产

1. 清洁生产

（1）清洁生产的概念

1989 年，联合国环境规划署对清洁生产的定义是：清洁生产是对工艺产品不断运用的一种一体化的预防性环境战略，以减少其对人类和环境的风险。对于生产工艺，清洁生产包括节约原材料和能源，消除有毒原材料，并在一切排放物和废物离开工艺之前削减其数量和毒性；对于产品，战略重点是沿产品的整个寿命周期，即从原材料获取到产品的最终处置，减少其各种不利影响[143,144]。

1994 年，国务院通过的《中国 21 世纪议程》对清洁生产的定义是：清洁生产是指既可满足人们的需要，又可合理地使用自然资源和能源，并保护环境的实用生产方法和措施，其实质是一种物料和能耗最少的人类生产活动的规划和管理，将废物减量化、资源化和无害化或消灭于生产过程之中。同时对人体和环境无害的绿色产品的生产亦将随着可持续发展进程的深入而日益成为今后产品生产的主导方向[145]。

1996 年，联合国环境规划署对清洁生产定义是：清洁生产是一种新的创造性的思想，该思想将整体预防的环境战略持续地应用于生产过程、产品和服务中，以增加生态效率和减少人类和环境的风险。对于生产过程，要求节约原材料和能源，淘汰有毒原材料，减少所有废物的数量和毒性；对于产品，要求减少从原材料提炼到产品最终处置的全生命周期的不利影响；对于服务，要求将环境因素纳入设计和所提供的服务中[137,146,147]。

1999 年国家经贸委发布"关于实施清洁生产示范试点计划的通知"，该通知对清洁生产的定义是：清洁生产是将污染预防战略持续地应用于生产全过程，通过不断地改善管理和技术进步，提高资源利用率，减少污染物排放，以降低对环境和人类的危害。清洁生产的核心是从源头抓起，预防为主，生产全过程控制，实现经济效益和环境效益的统一[148]。

2002 年第九届全国人民代表大会常务委员会第二十八次会议通过的《中华人民共和国清洁生产促进法》中第一章第二条规定：清洁生产是指不断采取改进设计、使用清洁的能源和原料、采用先进的工艺技术与设备、改善管理、综合利用等措施，从源头削减污染，提高资源利用效率，减少或者避免生产、服务和产品使用过程中污染物的产生和排放，以减轻或者消除对人类健康和环境的危害[149,150]。

2003 年国家环境保护总局于颁布了环境保护标准 HJ/T 125—2003《清洁生产标准 石油炼制业》，该标准给出了石油炼制业清洁生产标准，建立了石油炼制业清洁生产指标体系，但未列出加氢裂化装置清洁生产指标体系[137]。

（2）清洁生产的内容

清洁生产的主要内容包括：清洁的原料和能源、清洁的生产过程、清洁的产品[150,151]。

（3）清洁生产的目标

清洁生产的基本目标包括：提高资源利用效率，减少和避免污染物的产生，保护和改善环境，保障人体健康，促进经济与社会的可持续发展[150,152]。

（4）清洁生产的原理

清洁生产的原理：以生态学的理论观点研究工业活动与生态环境的相互关系，考察人类社会从取自环境到返回环境的物质转化全过程，探索实现工业生态化的途径[153]。也有以循环经济理论、可持续发展理论解释清洁生产的[150]。

（5）清洁生产的特点

清洁生产的特点包括：全过程控制、减量化、资源化、再利用和无害化等 5 个方面[153]；也有观点认为：清洁生产的特点是持续性、预防性、适应性及综合性[150]。

（6）清洁生产的意义

清洁生产的意义：推行清洁生产是实现可持续发展的必然选择和重要保障；推行清洁生产是促进经济增长方式转变，提高经济增长质量和效益的有效途径和客观要求；推行清洁生产是防治工业污染的最佳模式和必然选择；推行清洁生产是实现环境效益、经济效益、社会效益统一的重要途径[150,154,155]。

（7）清洁生产对环境影响评价的作用

清洁生产对环境影响评价的作用主要体现在：提高了环境影响评价的实用性；提高了建设项目污染防治措施的可靠性；提高了建设项目的环境可行性；减轻项目末端处理的负担；减低建设项目的环境责任风险[156,157]。

2. 加氢裂化装置清洁生产

加氢裂化过程本身是清洁产品的生产过程，但加氢裂化生产过程仍然会排放废水、废气，失活催化剂作为废渣仍需要处理，加氢裂化生产过程仍需要降低废弃物的排放，保护环境。

（1）设计阶段

1）采用节能降耗的新型加氢裂化技术，降低用能水平。如第一代 SHEER 加氢裂化技术可降低燃料消耗 44.85%，相应比例降低加热炉烟气 CO_2、SO_2 排放[34,35]。

2）采用高性能加氢精制及加氢裂化催化剂，降低失活催化剂的处理量。如一年运转周期的加氢裂化装置，装填高性能加氢精制及加氢裂化催化剂后，装置运转周期延长到 2 年，相应废催化剂排放量降低 50%。

3）采用新型节能技术或设备，减少排放。如采用热管空气余热回收技术，单台设备减少烟气排放 25%以上，应用前后燃料消耗对比见表 17-3-9[158]。

表 17-3-9　热管空气余热回收技术投用前后运转数据对比

炉管流量		炉进口温度		炉出口温度		排烟温度		燃料用量		燃料用量节省	烟气排放节省
m³/h		℃		℃		℃		m³/h		%	%
前	后	前	后	前	后	前	后	前	后		
111607	97175	303	299.4	388.9	366.5	312.7	308.3	314.1	221.4	29.5	29.5
80193	80665	303	299.4	403.7	363.9	326.5	305.4	182.2	136.3	25.2	25.2

4）采用气体回收利用技术。如将高压分离器和低压分离器产生的酸性水闪蒸，闪蒸气：80m³/h，含烃：37.29%、H_2S：49.41%、SO_2：5.71%，直接排火炬就造成了环境污染，将该气体经气体脱硫后，送至燃料气管网，每小时可多生产 0.064t 燃料气，每年可多生产 512t 燃料气[158]。既减少了火炬排放的 CO_2、SO_2，又节省了燃料消耗。

5）采用注水回用技术，降低补充水用量及外排污水量。如将加氢裂化分馏塔顶产生的 3t/h 含油蒸汽凝结水作为反应流出物空冷器的注水，可相应降低补充脱氧水 3t/h，同时减少装置产生含油污水排放 3t/h。

（2）生产阶段

1）制定清洁生产实施方案，明确环保排放指标。如：确定加氢裂化装置的排放指标：废气、废水、固体废物的排放量及影响环境的排放控制指标；确定加氢裂化装置的废物回收利用指标：废气、废水、固体废物重复利用率指标。

2）开展环境影响因数识别和环境影响评价[159]。开展对废气、废水、固体废物的排放、噪声产生、粉尘等环境因素的识别及相应的评价。

3）对影响环境的问题及时整改。如对有逸散性气体或恶臭气体的设备、阀门、管线的整改。

（二）泄漏检测与维修（Leak Detection and Repair，LDAR）

1. LDAR 概念

定期对阀门、法兰、机泵、压缩机、开口阀、密闭系统排放口、人孔、排污沟等经常存在物料泄漏的地方进行泄漏检测，筛查出发生泄漏的位置，安排人员进行维修和更换[161]。

2. LDAR 标准

美国于 1983 年立法要求炼油厂实施 LDAR，颁布了相关法规与标准，如新源标准（NSPS）[162]和有害空气污染物的国家排放标准（NESHAP）[163]，并进行了多次修订，详细规定了设备和管阀件的检测方法、检测频次、泄漏标准及维修要求。

欧盟于 1999 年建议成员国炼油厂实施 LDAR，2014 年 10 月发布的油气加工排放最佳可用技术文件将 LDAR 列为油气加工 VOC 无组织排放最佳可用技术。

我国《重点区域大气污染防治"十二五"规划》已将 VOC 列入控制指标，要求重点行业（包括石化业）现役源 VOC 排放削减 10%~18%；国务院 2013 年通过的《大气污染防治行动计划》明确在石化行业开展"泄漏检测与修复"技术改造。国家环保部 2014 年 12 月 05 日发布环发[2014]177 号关于印发《石化行业挥发性有机物综合整治方案》的通知，要求全面开展石化行业 VOC 排查和综合整治，2015 年年底前，全国石化行业全面开展 LDAR 工作，2017 年 7 月 1 日前，全国石化行业全面完成综合整治工作。北京市、广东省、天津市和上海市地方环保部门已分别于 2007 年、2013 年 7 月、2014 年 7 月和 2014 年 8 月颁布包括 LDAR 在内的 VOC 排放控制地方法规或标准。

中国石化 2012 年 5 月 1 日开始执行《石化装置挥发性有机化合物泄漏检测规范》。金陵石化执行企业标准"无泄漏管理系统"、镇海炼化执行企业标准"泄漏检测和修复系统"、广州石化"管维-LDAR 数据管理平台"[164]。

3. LDAR 工作模式

美国 LDAR 工作模式主要由专业的合约第三方提供，LDAR 检测仪器和数据库软件也各有专业开发商。

中国 LDAR 工作模式将是多元化的。国有大型石化企业可自主实施 LDAR，也可委托非上市部分的服务公司，或组建内部第三方实施 LDAR，国家和地方环保部门建立 LDAR 监督、管理和审计体系。外资或民营石化企业可合约第三方服务模式。化工园区的中小型化工企业可统一规划实施和集中管理 LDAR，合约第三方服务模式。

4. LDAR 程序流程

由前期准备和运行过程两个部分组成[165]。

5. LDAR 的检测频次

LDAR 的检测频次见图 17-3-2。

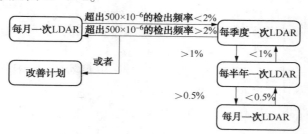

图 17-3-2　LDAR 的检测频次[165]

6. LDAR 信息化内容

LDAR 信息化内容见图 17-3-3。

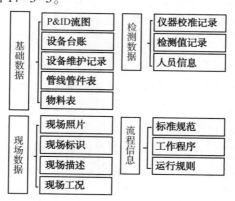

图 17-3-3　LDAR 信息化内容[165]

7. LDAR 信息化的业务流程

LDAR 信息化的业务流程见图 17-3-4。

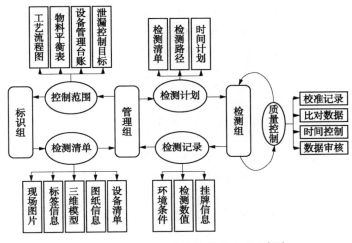

图 17-3-4　LDAR 信息化的业务流程[165]

8. 泄漏排放源

加氢裂化装置的泄漏排放源包括：阀门、法兰、新氢压缩机和循环氢压缩机的密封系统、正常生产的采样、停工期间的临时吹扫口、停工期间的临时排放口、低点放净口、高点放空口、反应加热炉和分馏加热炉的烟筒等。

9. EPA 泄漏排放源的计算方法[166]

（1）平均排放系数法

将系统中易出现泄漏的部件按类型给出排放系数，然后估算排放量。

（2）筛分法

按泄漏≥100000μmol/mol 和<100000μmol/mol 两种不同的排放系数估算。

（3）关联法

根据筛分数据与泄漏数据的函数关系估算排放量。

（4）特殊设备关联法

测量一系列特殊设备的筛选值和泄漏率数据，建立特殊设备关联式，将所有设备的筛选值输入估算排放量。

参 考 文 献

[1] 中国电子信息产业发展研究院编著，杨栓昌主编. 中国工业节能减排发展蓝皮书（2012）[M]. 北京：中央文献出版社，2013：004-005，125.

[2] 国宏美亚（北京）工业节能减排技术促进中心. 2011 中国工业节能进展报告——"十一五"工业节能成效和经验回顾[M]. 北京：海洋出版社，2012：51.

[3] 华贲. 世纪之交的中国炼油工业节能问题[J]. 炼油设计，2000，30（12）：1-5.

[4] 华贲. 中国炼油企业节能降耗——从装置到全局能量系统优化[J]. 石油学报（石油加工），2009，23（4）：463-471.

[5] 华贲，叶剑云. 低碳时代中国石化工业的节能减排（Ⅰ）[J]. 石油石化节能与减排，2011，1（7/8）：4-8.

[6] 夏翔鸣. 基于能级分析和场协同原理的歧化系统节能技术研究[D]. 上海：华东理工大学，2010.

[7] 李立权，朱华兴. 加氢裂化装置安全性分析[J]. 炼油技术与工程，2004，34（5）：54-60.

[8] 中华人民共和国国家标准 GB/T 50441—2007 石油化工设计能耗计算标准, 北京: 中华人民共和国建设部, 中华人民共和国国家质量监督检疫总局联合发布, 2007.

[9] 赛江海, 孙丽丽, 董贺双. 海南 1. 2Mt/a 加氢裂化装置的设计及运行[J]. 炼油技术与工程, 2008, 38 (1): 7-11.

[10] 赛江海, 李浩. 湛江 1. 20Mt/a 加氢裂化装置的设计及运行[J]. 炼油技术与工程, 2006, 36(10): 7-9.

[11] 李学华, 王志勇, 王国旗等. 2200kt/a 蜡油加氢裂化装置工程设计和标定[J]. 当代化工, 2012, 41 (10): 1124-1127.

[12] 康东华. 1. 0 Mt/a 加氢裂化装置运行状况标定[J]. 石化技术与应用, 2013, 31(6): 506-508.

[13] 赵颖, 王国旗. 1. 5 Mt/a 单段两剂全循环加氢裂化装置设计与标定[J]. 炼油技术与工程, 2006, 36 (9): 35-41.

[14] 张树广, 熊守文, 赵晨曦. 中海油 4000kt/a 加氢裂化装置工艺特点及运行工况[J]. 石化技术与应用, 2010, 28(5): 430-433.

[15] 吴青主编. 炼油企业技术与管理——中国海油惠州专辑[M]. 北京: 中国石化出版社, 2010: 122-128.

[16] 柳广厦, 于承祖, 杨兴等. 单段反序串联工艺在加氢裂化装置上的工业应用[J]. 石油炼制与化工, 2010, 41(8): 21-24.

[17] 邓茂广. 茂名加氢裂化装置用能分析及节能途径[J]. 中外能源, 2008, 13(1): 110-115.

[18] 杨永. 优化加氢裂化装置操作降低能耗[J]. 石油石化节能与减排, 2011, 1(3/4): 20-24.

[19] 李立权. 加氢裂化装置工艺计算及技术分析[M]. 北京: 中国石化出版社, 2009: 505-528

[20] 于长青. 加氢裂化装置用能分析及节能措施[J]. 中外能源, 2011, 16(3): 93-96.

[21] 华贲, 陈安民. 炼厂散热的实用计算与㶲经济分析[J]. 石油炼制与化工, 1984(2): 43-47.

[22] 蔡砚, 冯霄. 加氢裂化装置换热网络的节能改造[J]. 现代化工, 2006, 26(增刊): 289-294.

[23] 华贲. 工艺过程用能分析及综合[M]. 北京: 烃加工出版社, 1989: 71-79, 87-93.

[24] 陈安民. 石油化工过程节能方法和技术[M]. 北京: 中国石化出版社, 1995: 67-75.

[25] 项新耀. 工程分析方法[M]. 北京: 石油工业出版社, 1990: 249-262.

[26] 王志国, 关晓晶, 李东明, 等. NGL 深冷分离装置的分析方法及应用[J]. 哈尔滨工业大学学报, 2006, 38(6): 990-99.

[27] 王志国, 马一太. "三箱"-"三环节"组合用能工程分析方法研究[J]. 石油炼制与化工, 2003, 34 (5): 49-52.

[28] 王志国. 天然气深冷分离装置的分析用能改进建议[J]. 化学工程, 2006, 34(2): 71-74.

[29] 王志国, 杨文哲, 王竹筠等. 石油生产系统用能分析方法及节能潜力判别准则研究[J]. 中外能源, 2009, 14(2): 112-116.

[30] 张崇伟, 王志刚, 田慧. 国内外炼厂能耗评价方法概述[J]. 当代化工, 2011, 40(10): 1062-1065.

[31] 龚燕, 王广河, 郭彦等. 国内外炼油用能评价方法分析及应用探讨[J]. 当代石油石化, 2011, 201 (9): 25-28.

[32] 郭文豪, 许金林. 炼油厂的能耗评价指标及其对比[J]. 炼油技术与工程, 2003, 33 (11): 55-58.

[33] 苟蔚勇, 刘绪春. 炼油能量因数及其平均值的计算[J]. 油田节能, 1996, (1): 20-21.

[34] 李立权, 陈崇刚, 陈剑等. Sheer 加氢裂化技术——第一代 Sheer 加氢裂化的工业验证[J]. 炼油技术与工程, 2013, 43(6): 1-5.

[35] 李立权, 陈崇刚. Sheer 加氢裂化技术——第一代 Sheer 加氢裂化技术开发[J]. 炼油技术与工程, 2013, 43(2): 1-6.

[36] 李鑫钢. 原油渐次蒸馏节能设备和工艺方法[P]. 中国. CN 101348730A. 2009- 01- 21.

[37] 蔡砚, 冯霄. 加氢裂化装置换热网络的节能改造[J]. 现代化工, 2006, 26(增刊): 289-294.

[38] 陈永东，陈学东. 我国大型换热器的技术进展[J]. 机械工程学报，2013，49(10)：134-142.

[39] 张高博，樊栓狮，华贲. 热进料推动加氢装置深入节能[J]. 石油炼制与化工，2010，41(8)：55-60.

[40] 方向晨，张英. 加氢裂化用能分析及节能途径探讨[J]. 化工进展，2008，27(1)：151-156.

[41] 任洪理，刘登峰，卢慧杰等. 加氢型炼厂总加工流程氢气资源的优化[J]. 化工设计，2008，18(3)：15-18.

[42] 何文丰，沈永森. 节能设备在加氢裂化装置上的应用[J]. 中外能源，2012，17(2)：93-95.

[43] 王庆峰. 降低加氢裂化装置综合能耗的探索[J]. 中外能源，2006，11(3)：61-65.

[44] 龙有. 加氢裂化装置余热优化利用与节电改造[J]. 中外能源，2007，12(5)：107-110.

[45] 董兆海，袁永新，王明传. 加氢裂化装置能耗及节能分析[J]. 齐鲁石油化工，2011，39(2)：87 -91.

[46] 许金林. 炼油企业节能潜力及对策[J]. 中外能源，2006，11(2)：8-12.

[48] 郭文军. 加氢裂化装置反应流出物余热发电探讨[J]. 炼油设计，2002，32(7)：60-62.

[49] 何立波，可开智. 低温余热发电在石化行业的应用[J]. 广东化工，2013，41(4)：167-168.

[50] 蔡尔辅. 石油化工管道设计[M]. 北京：化学工业出版社，2002：327-328.

[51] 项新耀. 发展低碳能源与创新低碳技术[J]. 石油石化节能，2011，(1)：36-39.

[52] 马敬昆，蒋庆哲，宋昭峥等. 低碳经济视角下炼厂碳产业链的构建[J]. 现代化工，2011，31(6)：1-5.

[53] 李立权，朱华兴. 加氢裂化装置安全性分析[J]. 炼油技术与工程，2004，34(5)：54-60.

[54] 王从梁. 蜡油加氢裂化装置反应器飞温原因分析及对策[J]. 广东化工，2011，38(3)：238-242

[55] 张丽艳. 加氢裂化飞温隐患及新的处理方法探讨[J]. 石油化工安全技术，2004，20(3)：33-35.

[56] 林明清. 工业生产安全知识手册[M]. 北京：电子工业出版社，1987.

[57] 于晓芹，董定龙，宫本贵. 石油化工典型事故分析[M]. 哈尔滨：黑龙江科学技术出版社，2002：294.

[58] 石油工业部炼油化工生产司. 1950-1979炼油厂典型事故汇编[M]. 北京：石油工业出版社，1981：93-95.

[59] 赵培江. 加氢裂化装置的安全设计要求[J]. 炼油设计，2002，32(11)：58-61.

[60] 史青君，吴素君，刘诩之等. 对流室加热炉管的失效分析[J]. 失效分析与预防，2006，1(4)：46-50.

[61] 王德瑞，张铁峰，刘宝君. 加氢装置加热炉易爆管部位的分析[J]. 炼油技术与工程，2007，37(9)：34-38.

[62] 韩建宇，宜征南. 渣油加氢分馏炉炉管爆裂原因分析[J]. 现代制造工程，2004，27(6)：103-105.

[63] 偶国富，沈春夜. 加氢裂化装置加工高硫原料油的防腐蚀对策[J]. 石油化工腐蚀与防护，2002，19(6)：9-14.

[64] 偶国富，金浩哲，包金哲等. 加工高硫原油加氢空冷系统失效分析及防护措施[J]. 石油化工设备技术，2007，28(6)：17-21

[65] 王从梁. 加氢催化剂卸剂风险分析与防范措施[J]. 广东化工，2011，38(1)：103-104.

[66] 张翼，陶峰，田亮. 广西石化加氢裂化与加氢精制开工事故总结[J]. 广东化工，2011，39(21)：202-204.

[67] 刘兴山，陈岩. 加氢裂化反应加热炉炉管开裂原因及对策[J]. 石油化工设计，2006，23(2)：19-21.

[68] 蔡文军. 重油加氢高压脱硫塔液相夹带分析[J]. 胜炼科技，1998，(1)：17.

[69] 曹文磊，黄晨. 蜡油加氢装置循环氢脱硫系统问题分析及对策[J]. 齐鲁石油化工，2013，41(2)：113-115.

[70] 马晓亮. 从一起中毒死亡事故谈硫化氢的安全防范[J]. 安全、健康和环境，2007，7(12)，9-10.

[71] 中华人民共和国住房和城乡建设部，中华人民共和国国家质量监督检疫检验总局. 石油化工企业设计

防火规范[S]. 北京：中国计划出版社，2009：6-7，73-77，89.

[72] 张德义. 含硫原油加工技术[M]. 北京：中国石化出版社，2003：551.

[73] James G S 编著，陈晓春，孙魏译. 化学工程师实用数据手册-Perry's 标准图表及公式[M]. 北京：化学工业出版社，2006：124.

[74] GB 4962—2008. 中华人民共和国国家标准《氢气使用安全技术规程》[S]. 北京：中国标准出版社，2009：13.

[75] 肖洁，徐卫忠，张伟. 加氢装置检修期间硫化亚铁自燃预防与对策[J]. 石油化工安全环保技术，2013，29(4)：50-54.

[76] 王静，叶海明. 液氨少量泄漏事故风险预测分析[J]. 化学工程师，2013，212(5)：46-49.

[77] 中华人民共和国住房和城乡建设部，中华人民共和国国家质量监督检疫检验总局. GB 50493—2009《石油化工可燃气体和有毒气体检测报警设计规范》[S]. 北京：中国计划出版社，2009：14-19.

[78] 华泰工程公司，上海市化学品毒性检定所. HG 20660—2000《压力容器中化学介质毒性危害和爆炸危险程度分类》[S]. 北京：全国化工工程建设标准编辑中心，2001.

[79] 危险化学品安全卫生数据介绍——液化石油气[J]. 安全、健康和环境，2003，3(7)：32-33.

[80] 周国军，李越明，郭仕清. 硫化亚铁的化学清洗[J]. 安全、环境和健康，2003，(6)：4-5.

[81] SH 3038—2000《石油化工企业生产装置电力设计技术规范》[S]. 北京：中国石化出版社，2001.

[82] 危险化学品安全卫生数据介绍——液化石油气[J]. 安全、健康和环境，2003，3(7)：32-33.

[83] 危险化学品安全卫生数据介绍——煤油[J]. 安全、健康和环境，2003，3(10)：35-36.

[84] 屈子梅. 碳基镍的毒性与防护[J]. 粉末冶金工业，1998，8(2)：43-45.

[85] 王静，叶海明. 液氨少量泄漏事故风险预侧分析[J]. 化学工程师，1998，212(5)：46-49.

[86] 国家安全生产监督管理总局发布. AQ/T 3033—2010《化工建设项目安全设计管理导则》[S]. 北京：中国计划出版社，2011.

[87] Alkbhti. Dow's Fire&Explosion index hazard classofication guide[M]. NewYork：American institute of Chemical Engineers，1994.

[88] Siun. Risk assessment for dynamic system：an overview[J]. Reliability Engineering and System Safety，1994，12(43)：43-73.

[89] 王小群，张兴容. 模糊评价数学模型在企业安全评价中的应用[J]. 上海应用技术学院学报，2002，2(2)：99-100.

[90] 王铁. 模糊聚类分析在安全工作状况综合评价中的应用[J]. 工业安全与防尘，1998，7(2)：34-36.

[91] 王小群，陈洪彪. 模糊层次综合法在企业安全评价中的应用[J]. 铁道劳动安全卫生与环保，2003，30(4)：196-198.

[92] 李孜军. 密切值法在矿山安全管理评价中的应用[J]. 金属矿山，1997，11.

[93] 宋瑞，邓宝. 神经元网络在安全评价中的应用[J]. 中国安全科学学报，2005，15(3)：78-81.

[94] Hertz D B, et al. Risk Analysis and Its Applications[M]. JohnWiley and Sons，New York，1983.

[95] Hood R E, et al. Developmental Toxicology：Risk Assessement and the Future[M]. U. S. Environmental Protection Agency，Washington，D. C.，EPA/600/R-92/085（NTISPB92184993）1991.

[96] 宋元宁，史立新. 加氢装置主要危险性分析[J]. 中国职业安全卫生管理体系认证，2004，(2)：19-21.

[97] 李平，陈勇，张文勋. 硫化氢的防治措施[J]. 广东化工，2013，40(10)：95-96.

[98] 王樟龄，郭秀云. 硫化氢中毒的防治[J]. 安全、健康和环境，2004，4(2)：31-32.

[99] 魏训海. 硫化氢中毒事故分析与对策[J]. 安全、健康和环境，2002，2(5)：10-11.

[100] 国家标准局批准. GB 5044—1985《职业性接触毒物危害程度分级》

[101] 马祖健. 论加氢裂化装置临氢管线的防火灭火对策[J]. 化工劳动保护，1998，(2)：4-7.

[102] 江涛. 论本质安全[J]. 中国安全科学学报，2000，(05)：4-11.

[103] Kletz T A. What are the causes of change and innovateon in safety[J]. Chem. Ind., 1978, 9: 124.

[104] 陈丙珍. 本质安全过程设计——化工过程安全面临的挑战[C]. 2006 全国石油化工生产安全域控制学术交流大会, 北京, 2006.

[105] Sanders R E. Designs that lacked inherent safety: case histories[J]. Journal of Hazardous Materials, 2003, 104: 149-161.

[106] Faisal I, Khan P. How to make inherent safety practice a reality[J]. The Canadian Journal of Chemical Eeginering, 2003, 81(1): 2-16.

[107] 李求进、陈杰、石超等. 基于本质安全的化学工艺风险评价方法研究[J]. 中国安全科学学报, 2009, 5(2): 45-50.

[108] 中国标准化与信息分类编码研究所, 北京市劳动保护科学研究所, 中华人民共和国劳动部职业安全卫生监察局. GB/T 15236—1994 职业安全卫生术语[S]. 1995.

[109] 国家经贸委司(局)发文安全, [2000]50 号.《机械工业职业安全卫生管理体系试行标准》[S].

[110] 许正权, 宋学锋, 李敏莉. 本质安全化管理思想及实证研究框架[J]. 中国安全科学学报, 2006, (12): 3-83.

[111] Bollinger R E, Clark D, DoweH A M, et al. Inherently Safer Chemical Proeesses: a Life Cycle Approach [M]. New York, NY, USA: American Institute of Chemical Engineers, 1996.

[112] 黄剑锋. 石油化工企业本质安全系统研究[J]. 价值工程, 2011, (32): 26-27.

[113] Daniel A C, Robea E B, David G C. Inherently Safer Chemical Processes – A Life Cycle Approach [M]. New York: American Institute of Chemical Engineers, 1996.

[114] Edwards D W. Are We too Risk-averse for Inherent Safety? An Examination of Current Status and Barriers to Adoption[J]. Process Safety and Environmental Protection, 2005, 83(B2): 90-100.

[115] 黄槐. 本质安全别解[N]. 警钟长鸣报, 1996-4-29.

[116] Amyotte P R, Goraya A U, Hendershot D C, et al. Incorporation of inherent safety principles in process safety management[J]. Process Safety Progress. 2007, 26, (4): 333-346.

[117] Trevor Kletz. Process plants: A handbook for inherently safer design[M]. London: Taylor&Francis, 1998.

[118] Sam Mannan. Lee's loss prevention in the process industries: hazard identification, assessment, and control[M]. Amsterdam; Boston: Elsevier Butterworth·Heinemann, 2005.

[119] 樊晓华, 吴宗之, 宋占兵. 化工过程的本质安全化设计策略初探[J]. 应用基础与工程科学学报, 2008, 16(2): 191-199.

[120] 吴宗之. 基于本质安全的工业事故风险管理方法研究[J]. 中国工程科学, 2007, (05): 50-53.

[121] 刘超明. 石油化工装置本质安全设计[J]. 石油规划设计, 2011, 22(1): 12-15.

[122] 吴宗之, 樊晓华, 杨玉胜等. 论本质安全与清洁生产和绿色化学的关系[J]. 安全与环境学报, 2008, 8(4): 135-138.

[123] Etowa C B, Amyotte P R, Pegg M J, et al. Quantification of Inherent Safety Aspects of the Dow Indices [J]. Journal of Loss Prevention in the Process Industries, 2002, 15: 477-487.

[124] 严华生, 谢应齐, 曹杰. 非线性统计预报方法及其应用[M]. 昆明: 云南科技出版社, 1998.

[125] Edwards D W, Lawrence D. Assessing the Inherent Safety of Chemical Process Routes: Is There a Relation Between Plant Costs and Inherent Safety? [J]. Chemical Engineering Research & Design, 1993, 71(Part B): 252-258.

[126] Heikkila A M. Safety Considerations in Process Synthesis[J]. Computers and Chemical Engineering, 1996, 20: 115-120.

[127] Khan F I, Amyotte P R. Integrated Inherent Safety Index (I2SI): A tool for Inherent Safety Evaluation [J]. Process Safety Process, 2004, 23(2): 136-148.

[128] Gentile M, Rogers W J, Mannan M S. Development ofA Fuzzy Logic – Based Inherent Safety Index

[J]. IChemE, 2003, 81(part B): 444–456.

[129] 罗祖军. 华北石化千万吨炼油可行性研究[D]. 天津: 天津大学管理学院, 2008.

[130] 刘燕敦. 降低酸性水汽提装置净化水 COD 的含量[J]. 石油化工安全环保技术, 2013, 29(5): 50–53.

[131] 林本宽. 炼油厂含硫污预处理及综合利用[J]. 炼油设计, 1999, 29(8): 43–49.

[132] 王玉飞, 闫龙, 陈碧. 炼油废水处理现状及可行性研究[J]. 榆林学院学报, 2012, 22(4): 29–33.

[133] 夏秀芳, 王有义, 刘勇等. 含硫污水双塔汽提技术[J]. 石油化工环境保护, 1996, (2): 1–10.

[134] 李岚. 炼油厂酸性水的脱硫脱氨技术[J]. 精细石油化工进展, 2009, 10(7): 36–39.

[135] 吴青. 炼油企业技术与管理——中国海油惠州炼油专辑[M]. 北京: 中国石化出版社, 2010, 16.

[136] 佘浩滨, 花飞, 龚朝兵等. 污水汽提装置设备结垢原因分析及解决措施[J]. 中外能源, 2013, 18(4): 78–82.

[137] 李冬梅. 石油炼制行业加氢裂化装置清洁生产指标体系的构建[J]. 环境保护与循环经济, 2011, (11): 39–42.

[138] 吴青主编. 炼油企业技术与管理——中国海油惠州专辑[M]. 北京: 中国石化出版社, 2010: 9–25.

[139] 孙振光, 王智. 1.4Mt/a 加氢裂化装置的开工与运行[J]. 齐鲁石油化工, 2006, 34(2): 94–98.

[140] 张继昌, 王军霞, 刘黎明等. 长庆石化 1.2Mt/a 加氢裂化装置运行与标定[J]. 中外能源, 2011, 16(5): 98–102.

[141] 谢佳. 1.8Mt/a 加氢裂化装置开工过程出现的问题及对策[J]. 中国石油和化工标准与质量, 2011, (9): 265–266.

[142] 徐宗坤. 单段全循环蜡油加氢裂化装置开工及运行[J]. 广东化工, 2011, 38(8): 235–236.

[143] 张凯, 崔兆杰. 清洁生产理论与方法[M]. 北京: 科学出版社, 2005, 14–17.

[144] Hongyan He. Implementation of Cleaner Produetion at Industriesin Jiangsu, China[D]. P. H. Doctor Dissertation. Stanford University, September 2005: 24–26.

[145] 朱慎林等编. 清洁生产导论[M]. 北京: 化学工业出版社, 2001, 5.

[146] International Cleaner Production Information Clearing House, Diskette Version 1.0(ICPIC – DV 1.0), UNEP IE Cleaner Production Programme[S]. 1996.

[147] Berkel R. V. Cleaner production perspectives for the next decade (Ⅱ)[C]. UNEP's 6th international high– level seminar on cleaner production. Montreal, Canada, 2000.

[148] 汪琦. 以环境保护为目标的清洁生产在加氢裂化装置的推广[J]. 江苏化工, 2007, 35(6): 51–54.

[149] 中华人民共和国第九届全国人民代表大会常务委员会第二十八次会议. 中华人民共和国清洁生产促进法[S]. 北京: 化学工业出版社, 2003, 1.

[150] 张志宗. 清洁生产效益综合评价方法研究[D]. 上海: 东华大学, 2011.

[151] 熊文强, 郭孝菊, 洪卫. 绿色环保与清洁生产概论[M]. 北京: 化学工业出版社, 2002, 4.

[152] 赵家荣, 张德森. 清洁生产促进法问答[M]. 北京: 学苑出版社, 2003: 15–20.

[153] 戚雁俊, 胡统理, 郑翔. 清洁生产十年回顾及其"十二五"展望(Ⅱ)–中国清洁生产"十二五"展望[J]. 石油化工技术与经济, 2012, 28(2): 1–7.

[154] Swedish Intemational Development Cooperation Agency. Applying Cleaner Produetion to Muhilateral Environmental Agreements[M]. United Nations Environment Programme, 2006, 56–60.

[155] 顾国维. 绿色技术及其应用[Ml. 上海: 同济大学出版社, 1999, 5.

[156] 刘伟. 清洁生产在环境影响评价中的运用[D]. 天津: 天津大学环境科学与工程学院, 2010.

[157] 瞿森然. 清洁生产在环境影响评价中的运用[J]. 现代农业科技, 2009, (6): 297–298.

[158] 周会理, 张敏. 加氢裂化装置节能对策探讨[J]. 石油化工技术与经济, 2007, 23(1): 53–56.

[159] 杨斌. 实施清洁生产 提高炼油装置环保合格率[J]. 当代石油化工, 2003, 11(4): 37–39.

[160] 曹忠，王英龙，朱兆友. 基于贡献温差的换热网路超结构优化[J]. 计算机与应用化学，2008，25（11）：1374-1378.

[161] 邹兵，丁德武，朱胜杰. 石化企业泄漏检测与维修技术研究现状及进展[J]. 安全、健康和环境，2014，14(4)：1-4.

[162] United State Environmental Protection Ageney 'Slandards of Performance for New Stationary Sources [S]. CFR40, Part 60, 2003.

[163] Title 40: Protection of Environment Hazardous Air Pollutants for Source Categories [S]. Subpart H—National Emission Standards for Organic Hazardous Air Pollutants for Equipment Leaks.

[164] 邹兵，李鹏，高少华等. 炼化装置泄漏检测与维修(LDAR)现状及进展趋势[J]. 安全、健康和环境，2013，13(2)：1-4.

[165] 严龙. 石化企业泄漏检测与维修程序的信息化策略[J]. 安全、健康和环境，2014，14(4)：17-19.

[166] EPA - 453/R - 95 - 017, Protocol for equipment leak emission estimates. United States Environmental Protection Agency, 1995.